Paul Ehrlich

Enzyklopädie der mikroskopischen Technik

Erster Band

Verlag
der
Wissenschaften

Paul Ehrlich

Enzyklopädie der mikroskopischen Technik

Erster Band

ISBN/EAN: 9783957006882

Auflage: 1

Erscheinungsjahr: 2016

Erscheinungsort: Norderstedt, Deutschland

Hergestellt in Europa, USA, Kanada, Australien, Japan
Verlag der Wissenschaften in Hansebooks GmbH, Norderstedt

Enzyklopädie

der

Mikroskopischen Technik.

In Verbindung mit

Prof. Dr. **E. Ballowitz**, Münster i. W. — Prof. Dr. **C. Benda**, Berlin — Prof. Dr. **A. Bethe**, Straßburg — Prof. Dr. **F. Blum**, Frankfurt a. M. — Dr. **W. Cowl**, Berlin † — Prof. Dr. **A. Dogiel**, St. Petersburg — Prof. Dr. **A. Fischel**, Prag — Dr. **F. F. Friedmann**, Berlin — Dr. **R. Gonder**, Hamburg — Prof. Dr. **M. Heidenhain**, Tübingen — Dozent Dr. **H. Herzog**, Berlin — Prof. Dr. **B. Heymann**, Breslau — Prof. Dr. **H. Hoyer**, Krakau — Dr. **F. Juliusberg**, Posen — Prof. Dr. **C. Kaiserling**, Berlin — Prof. Dr. **E. Kallius**, Greifswald — Prof. Dr. **V. Klingmüller**, Kiel — Prof. Dr. **F. Krzysztalowicz**, Krakau — Prof. Dr. **A. Künnemann**, Hannover — Dr. **R. Ledermann**, Berlin — Prof. Dr. **O. Lubarsch**, Düsseldorf — Prof. Dr. **W. Magnus**, Berlin — Prof. Dr. **P. Mayer**, Neapel — Prof. Dr. **R. Metzner**, Basel — Prof. Dr. **F. Meves**, Kiel — Prof. Dr. **L. Michaelis**, Berlin — Prof. Dr. **E. Müller**, Stockholm — Prof. Dr. **C. Neuberg**, Berlin — Prof. Dr. **L. Neumayer**, München — Prof. Dr. **F. Nissl**, Heidelberg — Prof. Dr. **R. Oestreich**, Berlin — Prof. Dr. **K. Peter**, Greifswald — Prof. Dr. **H. Poll**, Berlin — Prof. Dr. **J. Schaffer**, Wien — Dozent Dr. **J. Schwenter-Trachsler**, Bern — Geh. Medizinalrat Prof. Dr. **H. Senator**, Berlin — Prof. Dr. **B. Solger**, Neisse — Prof. Dr. **W. Spalteholz**, Leipzig — Prof. Dr. **A. Spuler**, Erlangen — Geh. Medizinalrat Prof. Dr. **F. Strassmann**, Berlin — Prof. Dr. **L. Szymonowicz**, Lemberg — Prof. Dr. **K. v. Tellyesniczky**, Budapest — Prof. Dr. **P. G. Unna**, Hamburg — Prof. Dr. **Th. v. Wasielewski**, Heidelberg — Prof. Dr. **F. Weidenreich**, Straßburg — Prof. Dr. **G. Wetzel**, Breslau — Geh. Regierungsrat Prof. Dr. **O. N. Witt**, Charlottenburg — Prof. Dr. **O. Zoth**, Graz

herausgegeben von

Prof. Dr. Paul Ehrlich,
Geh. Ober-Medizinalrat und Direktor des königlichen Institutes für experimentelle Therapie zu Frankfurt a. M.

Dr. Rudolf Krause,
a. o. Professor der Anatomie und Prosektor am anatomisch-biologischen Institut der Universität Berlin

Prof. Dr. Max Mosse,
Berlin

Prof. Dr. Heinrich Rosin,
Berlin

weil. **Prof. Dr. Karl Weigert,**
Geh. Medizinalrat und Direktor des Senckenbergisch pathologisch-anatomischen Institutes zu Frankfurt a. M.

Zweite, vermehrte und verbesserte Auflage.

I. Band: A—K.

Mit 56 Abbildungen.

URBAN & SCHWARZENBERG

BERLIN — N., FRIEDRICHSTRASSE 105b

WIEN — I., MAXIMILIANSTRASSE 4

1910.

Vorwort
zur zweiten Auflage.

Sieben Jahre sind vergangen, seitdem diese Enzyklopädie zum erstenmal in die Öffentlichkeit trat als ein Werk, das als erstes eine umfassende Darstellung des Gesamtgebietes der tierischen und pflanzlichen Mikrotechnik anstrebte. Der Wunsch, den der Unterzeichnete damals im Vorwort zum Ausdruck brachte, daß das Werk eine günstige Aufnahme und wohlwollende Beurteilung finden möge, ist das dürfen wir, Mitarbeiter und Herausgeber, mit Stolz behaupten — in unerwarteter Weise in Erfüllung gegangen. Die Enzyklopädie der mikroskopischen Technik hat allseitige Anerkennung gefunden und sich einen angesehenen und gesicherten Platz in unserer wissenschaftlichen Literatur errungen.

In dieser zweiten Auflage, welche das sichtbare Zeichen dieses Erfolges bedeutet, waren die Herausgeber im Vereine mit den Mitarbeitern bestrebt, das Werk auf die Höhe der Zeit zu bringen, denn 7 Jahre bedeuten in unserer rastlos vorwärts strebenden Wissenschaft eine gewaltige Spanne Zeit. Doch bevor wir auf die dadurch bedingten Änderungen eingehen, ist es für uns eine Ehrenpflicht, derer zu gedenken, die der Tod aus unseren Reihen riß.

Am 5. August 1904 starb zu Frankfurt unser unvergeßlicher Karl Weigert. Was er für die Mikrotechnik gewesen ist, braucht hier nicht näher ausgeführt zu werden, das hat er selbst mit ehernem Griffel in die Tafeln unserer Wissenschaft eingegraben. Unserem Werke war er eifriger Förderer, ein stets bereiter Helfer, der sein ganzes reiches Wissen und technisches Können in seinen Dienst gestellt hat. Das Jahr 1906 entriß uns den Privatdozenten an der Universität Straßburg Dr. Richard Thomé, das folgende Jahr den Wirklichen Staatsrat und Professor an der Universität Warschau Dr. Heinrich Hoyer und den praktischen Arzt zu Altona Dr. Bargum und im verflossenen Jahr endlich starb zu Berlin Dr. William Cowl. Ehre Ihrem Angedenken!

Es war selbstverständlich, daß alle Artikel bis auf die letzte Zeit (Anfang 1909) nachgetragen wurden, außerdem aber mußte eine große, ja vielleicht die größte Anzahl aller Artikel einer vollständigen Umarbeitung unterzogen werden und eine ganze Reihe anderer neu eingefügt werden. Von solchen nennen wir, um aus der großen Zahl nur einige herauszugreifen: Blut, Blutgerinnung, Blutparasiten, Celloidin und Celloidineinbettung, Celloidinschnittaufklebemethoden, Eileiter, Experimentell-embryologische Methoden, Theorie der histologischen Färbungen, Fixation, Geißelfärbung, Geschwülste, Gonocokken, Granoplasma, Influenzabacillus, Knorpel, Mikrophotographie, Mikroskop, Mikrotom, Nervenendkörperchen, Neurofibrillen, Neuroglia, Paraffinschnittaufklebemethoden, Spongioplasma, Syphilis und viele andere.

Andrerseits konnte eine kleine Reihe von Artikeln, die sich als überflüssig oder zu umfangreich erwiesen, gestrichen oder doch wesentlich gekürzt werden. So kommt es, daß trotz einer ganz wesentlichen Bereicherung des Inhaltes der Umfang der zweiten Auflage sich doch nur um cca. 10 Druckbogen höher gestaltete, als der der ersten.

Um dem Leser die Benutzung des Werkes noch leichter zu machen, das Auffinden der Methoden noch schneller zu ermöglichen, wurde die Zahl der Stichworte und Hinweise erheblich vermehrt und durch Einführung von Sperrdruck an Stelle von Fettdruck eine weitere dadurch bedingte Raumzunahme wieder möglichst kompensiert.

Auch dem illustrativen Teil des Werkes wurde besondere Aufmerksamkeit gewidmet. Es ist die Zahl der Abbildungen, vor allem in den Artikeln Mikrophotographie, Mikroskop und Mikrotom, wesentlich vermehrt worden. Hierin hatten wir uns auch diesmal wieder des größten Entgegenkommens unserer Herren Verleger zu erfreuen, denen an dieser Stelle dafür unser wärmster Dank ausgesprochen sei.

Wie bei der ersten Auflage, so lag auch jetzt wieder die gesamte Redaktion in den Händen des Unterfertigten, von dem alle nicht gezeichneten Artikel herrühren.

Möge das Werk auch in der neuen Auflage wohlwollende Aufnahme finden und zu seinen alten Freunden neue gesellen.

Berlin, Weihnachten 1909.

Rudolf Krause.

A.

Abbe'scher Beleuchtungsapparat siehe: Mikroskop.

Abbe'scher Zeichenapparat siehe: Zeichnen mikroskopischer Präparate.

Abdominaltyphus. Der Erreger des Abdominaltyphus wurde von EBERTH und R. KOCH in den Organen von Typhuskranken nachgewiesen und von GAFFKY rein gezüchtet.

Der mikroskopische Nachweis in Organschnitten ist selbst an den Prädilektionsstellen, den Follikeln des Darms, den Mesenterialdrüsen und der Milz, meist schwierig, weil die Bacillen fast immer nur in kleinen, von den Gefäßen ausgehenden Häufchen im Gewebe liegen. KOCH empfahl zur Färbung besonders Bismarckbraun, GAFFKY bevorzugte Methylenblau. Seine Vorschrift lautet: Die Schnitte der in Alkohol gehärteten Organe verbleiben 20—24 Stunden in einer tiefblauen, undurchsichtigen Farbflüssigkeit, die durch Eingießen von gesättigter alkoholischer Methylenblaulösung in destilliertes Wasser zu jeder Untersuchung frisch bereitet wird. Dann werden sie in destilliertem Wasser ohne Säurezusatz abgespült, in absolutem Alkohol gut entwässert, in Terpentinöl aufgehellt und in Canadabalsam eingelegt. Übrigens bemerkt er, daß die Färbung auch mit Gentianaviolett, Bismarckbraun und Fuchsin brauchbare Bilder liefert und daß die braungefärbten Präparate vor den blaugefärbten den Vorzug längerer Haltbarkeit besitzen. Sie geben aber nicht so deutliche Bilder wie die Methylenblaupräparate. Besonders schön gelingt die Färbung nach unseren Erfahrungen mit LÖFFLERS alkalischer Methylenblaulösung unter leichtem Erwärmen zirka 10 Minuten lang. Die Fixierung des Materials (kleine Stückchen!) geschieht zweckmäßig in dem CARNOYschen Gemisch von 60 Teilen 96%igen Alkohols, 30 Teilen Chloroform und 10 Teilen Eisessig, die Einbettung nach der gewöhnlichen Technik in Paraffin.

BONHOFF hat im Anschluß an ein Verfahren von PICK und JACOBSOHN zur Differentialfärbung von Gonocokken und Eiterzellen eine Kontrastfärbung für Typhusbacillen in Schnitten angegeben: Der Schnitt kommt aus absolutem Alkohol auf den Objektträger, wird gewässert und in der Mitte des Glases fixiert. Jetzt läßt man zirka 5 Tropfen des frisch bereiteten Farbengemisches — 4 Tropfen gesättigte alkoholische Methylenblaulösung und 15 Tropfen ZIEHLsche Lösung zu 20 *ccm* destilliertem Wasser — zunächst etwa 2 Minuten kalt auf den Schnitt einwirken. Sodann wird einmal über niedriger Gasflamme solange erwärmt, bis deutlich Dämpfe aufsteigen. Dann wird sofort der Objektträger von der Flamme entfernt, der Farbstoff abgegossen, mit Wasser nachgespült und nun in gewöhnlicher Weise die Differenzierung mit 1%iger Essigsäure vorgenommen. Die Essigsäure entfernt nur blauen Farbstoff aus dem Schnitt. Es folgt Wasserspülung. Die Entwässerung geschieht nicht mit absolutem Alkohol, weil dadurch große Mengen Carbolfuchsin dem Schnitte entzogen werden würden, sondern, nach oberflächlichem Trocknen des Schnittes durch Fließpapier, mit mehreren Portionen Anilin — Xylol aa.

hintereinander, die man zusammen mindestens einige Minuten einwirken läßt. Auch damit wird nur Methylenblau entfernt. Wenn der Schnitt nach Xyloleinwirkung in Balsam unter dem Deckglas liegt, ist er in toto leuchtendrot gefärbt, auch die Kerne des Gewebes. Sind Herde von Typhusbacillen vorhanden, so sieht man sie schon bei schwacher Vergrößerung als intensiv himmelblau gefärbte Stellen verschiedenster Größe und Umgrenzung in dem roten Gewebe liegen.

Der direkte Nachweis von Typhusbacillen im Stuhl, Blut, Harn, Sputum etc. durch mikroskopische Präparate scheitert an ihrer geringen Zahl und an dem Mangel einer spezifischen Färbung. Nach der GRAMschen Methode wird der Bacillus entfärbt. Neuerdings hat PÖPPELMANN angegeben, daß es ihm gelungen sei, in jedem untersuchten Falle Typhusbacillen direkt in Blutausstrichpräparaten durch Färbung nachzuweisen. Seine Methode ist folgende: Nach gründlicher Reinigung der Fingerkuppe des Kranken durch Äther und Alkohol tiefer Einstich einer ausgeglühten Nadel am Interdigitalrande. Ausdrücken eines großen Bluttropfens. Auffangen auf einem Objektträger und Verteilung der Blutmasse auf 1—3 weitere Objektträger derart, daß die dünne Blutschicht je eine Hälfte eines Objektträgers überzieht. Die Objektträger — aus bestem geschliffenem Glase — werden vor dem Gebrauch gründlich mit Alkohol gereinigt, mit Äther entfettet und in trockener Hitze sterilisiert. Die lufttrockenen Präparate — keine Fixierung — stellt man in einen mit der Farblösung gefüllten kleinen Glascylinder aufrecht hinein, soweit, daß die Blutschicht ganz in die Farbe eintaucht. Zur Färbung hat sich am besten die MAY-GRÜNWALDsche Farblösung (fertig zu beziehen von Dr. Grübler & Co. in Leipzig) bewährt. Dauer der Färbung 2—6 Minuten. Aus der Farbe heraus wird das Präparat sofort für etwa 1 Minute in einen Glascylinder mit destilliertem Wasser gestellt. Rasches Trocknen. Untersuchung bei etwa tausendfacher Vergrößerung ohne Deckglas. Die roten Blutkörperchen erscheinen in dünnen Schichten des Präparats blaßorangerot, in dickeren grünlich gefärbt, die Polynucleären, Lymphocyten und Kerne der Eosinophilen blau, die Körner der Eosinophilen leuchtendrot. Die Typhusbacillen sind blau gefärbt, doch ist die Intensität der Färbung sehr verschieden. Neben gut gefärbten Bacillen sieht man oft zahlreiche schlecht oder gar nicht gefärbte. In dem am Vormittag, das heißt vor dem Fieberanstieg entnommenen Blute soll der Nachweis besser gelingen als in dem zu der Zeit der Fieberacme entnommenen. Bei guten Präparaten soll man nicht selten ganze Bacillennester zwischen den Blutkörperchen finden.

Die Angabe von PÖPPELMANN, daß der direkte mikroskopische Nachweis von Typhusbacillen im Blute in *jedem* Falle einer frischen Typhuserkrankung gelinge, muß nach früheren Erfahrungen auf Zweifel stoßen und bedarf jedenfalls der Nachprüfung. ROCCHI und GAMBERINI wollen bei ihrer Nachprüfung in 32 Fällen 15mal ein positives Ergebnis erzielt haben.

Präparate von Reinkulturen färben sich etwas schwieriger mit den gewöhnlichen, wässerigen Farblösungen als die meisten anderen Bacterien. Bei Innehaltung der gewöhnlichen Technik bleiben im Präparate stets eine Anzahl Individuen matt gefärbt, weshalb GAFFKY und nach ihm GÜNTHER empfohlen haben, die Farbwirkung durch leichte Erwärmung während der Färbung zu erhöhen. Außerdem schwankt die Färbbarkeit noch mit den verschiedenen Nährböden, dem Alter der Kultur und den Rassen, entsprechend den Schwankungen der morphologischen Eigentümlichkeiten, welche die Bacillen verschiedener Abkunft und unter verschiedenen Bedingungen aufweisen.

Der Typhusbacillus ist ein kurzes, ziemlich plumpes Stäbchen mit leicht abgerundeten Enden. Seine Dimensionen sind wechselnd und werden auf 0,5—0,8 : 1—3 μ angegeben. Sie bilden häufig völlig ungegliederte, weniger oft deutlich gegliederte Fäden. Fadenbildung erfolgt namentlich beim Wachstum bei niedriger Temperatur auf Gelatine und Kartoffeln. Von den ihm nahestehenden Bacillen der Typhuscoligruppe ist der Typhusbacillus *durch seine Form* nicht zu unterscheiden, wenn er im allgemeinen vielleicht auch zierlicher ist als die anderen. Die einzelnen Bacillen haben eine sehr lebhafte Eigenbewegung, welche am besten im hängenden, mit Bouillon angefertigten Tropfen zu beobachten ist. Hierbei bediene man sich stets nur junger, zirka 6—12stündiger Kulturen, welche man erst kurz vor Anfertigung des Präparates aus dem Brütschrank herausnehmen darf, weil die Beweglichkeit in niedrigeren Temperaturen oft schnell abnimmt. Außerdem hat man das Präparat durch Umrandung des Hohlschliffs mit Vaseline vor Eintrocknung zu schützen.

Die Eigenbewegung beruht auf dem Besitz von Geißeln, die zu 10—18 rings um den Bacillenleib angeordnet sind. Ihre Färbung gelang zuerst LÖFFLER mit Hilfe einer besonderen Beize. Dieselbe wird folgendermaßen hergestellt: 20 *g* (chemisch reines) Tannin löst man unter Erwärmen in 80 *ccm* destilliertem Wassers und setzt zu der Lösung 50 *ccm* einer kalt gesättigten wässerigen Ferrosulfatlöung und 10 *g* konzentrierter alkoholischer Fuchsinlösung zu. LÖFFLER empfahl zur Färbung der Typhusgeißeln, zu der Beize noch 22 Tropfen 1⁰/₀iger Natronlauge zuzufügen, doch haben GERMANO und MAUREA, GÜNTHER, KRUSE und LÖSENER und andere die Zweckmäßigkeit beziehungsweise Notwendigkeit dieses Zusatzes nicht bestätigen können. Auch nach unseren Erfahrungen im Breslauer hygienischen Institut ist dieselbe nicht nötig. Hingegen kommt für das Gelingen der Geißelfärbung offenbar das Alter der Kultur sehr in Betracht. Dasselbe soll 12—14 Stunden nicht überschreiten. Sodann müssen die Deckgläser peinlichst gesäubert sein. Wir nehmen diese Reinigung folgendermaßen vor: Die Deckgläser werden in einer Porzellanschale in reiner Schwefelsäure ½ Stunde lang gekocht. Hierauf läßt man die Säure langsam abkühlen, gießt sie ab und spült vorsichtig nacheinander je dreimal mit destilliertem Wasser, mit absolutem Alkohol, mit Ammoniakalkohol, mit 60⁰/₀igem und 96⁰/₀igem Alkohol und zuletzt mit Äther ab. Dann werden die Gläser einzeln mittelst Pinzette aus dem Äther herausgenommen, auf Fließpapier ausgebreitet und nach Verdunstung des Äthers in einer (nicht zugedeckten) Petrischale 2 Stunden im Trockenofen bei starker Hitze erwärmt. Nach dem Erkalten sind sie gebrauchsfähig und werden sorgfältig zugedeckt aufbewahrt.

Zur Anfertigung des Präparats nimmt man 3 Deckgläser mittelst Pinzette aus ihrem Behälter und bringt auf 2 je 1 Tropfen Leitungswasser. Nun impft man den ersten Tropfen mit einer Spur der Reinkultur und überträgt davon 1 Platinöse voll in den zweiten Tropfen und von diesem wiederum 1 Öse auf das dritte, noch leere Deckgläschen. Hier verteilt man (ohne stärkeres Verreiben!) das Tröpfchen und läßt es lufttrocken werden. Danach wird nicht, wie im allgemeinen empfohlen wird, das Deckgläschen durch die Flamme gezogen, sondern mittelst eines durch mehrmaliges Durchziehen durch die Flamme erhitzten Objektträgers fixiert, den man 1—2 Minuten in einer Entfernung von etwa 2—3 *cm* über das Deckglas hält. Nun wird die LÖFFLERsche Beize auffiltriert und 2 bis 4 Minuten auf dem Präparate belassen, sodann mittelst destillierten Wassers vorsichtig abgespült und hierauf auf 3—4 Minuten in ein Schälchen mit frischem konzentriertem Carbolfuchsin gebracht. Dann folgt wiederum Abspülen mit destilliertem Wasser, welches man nicht durch Abdrücken zwischen Fließpapier entfernen darf, sondern von selbst ablaufen lassen muß. Die letzten Reste von Feuchtigkeit entfernt man dadurch, daß man das Deckglas hoch über die Flamme hält. Hierauf Einschluß in Canadabalsam.

Derartige Präparate bieten fast stets gute Stellen; natürlich wechseln sie mit anderen, nicht brauchbaren ab, so daß eine gründliche Durchmusterung des Präparates notwendig ist.

Von anderen Methoden der Geißelfärbung sind die von ZETTNOW und von PEPPLER besonders zu empfehlen. Näheres hierüber siehe unter: Geißelfärbung.

Das weniger bewegliche typische Bacterium coli hat im allgemeinen auch weniger Geißeln (2—4); doch ist diese Differenz nicht konstant genug, um eine sichere Diagnose der Typhusbacillen darauf zu gründen.

Nicht selten, namentlich auf schwach angesäuerten Kartoffeln begegnet man in den Bacillen glänzenden, polständigen Körnern, „Polkörnern", Plasmaansammlungen, welche die Anilinfarben intensiver aufnehmen und zwischen sich eine mehr oder weniger große Vacuole freilassen, die schlecht färbbar ist. Diese Polkörner treten besonders bei Färbung mit wässeriger Methylenblau- oder Gentianaviolettlösung hervor. Die spezifische Sporenfärbung versagt an ihnen. Nach MÜLLER treten die Polkörner bei Bacterium coli nicht auf; doch dürfte auch diese Eigenschaft für eine Differentialdiagnose nicht ausreichen.

Auch die Betrachtung der Bacterienkolonien ermöglicht diese meist nicht. Am besten geschieht das mikroskopische Studium von Typhuskolonien auf Gelatineplatten, die man bei zirka 21° hält. Die nach zirka 18—24 Stunden entwickelten Kolonien bieten je nach ihrer Lage ein verschiedenes Aussehen: die tiefen Kolonien sind scharfrandig, oft wetzsteinförmig, gelblich, ganz leicht granuliert; die oberflächlichen Kolonien sind durchsichtige, irisierende Häutchen, welche bei schwacher (60facher) Vergrößerung eine unregelmäßige, weinblattähnliche Figur aufweisen, in welcher, meist etwas excentrisch gelagert, als dunklerer Punkt die tiefere Mutterpartie gelegen ist und die von feinen blattrippenartigen Falten durchzogen ist. Diese Beschaffenheit junger Kolonien ist sehr charakteristisch und derartige Kolonien sind stets als typhusverdächtig anzusehen. Da sie aber keineswegs ausschließlich bei Typhus vorkommen (andrerseits auch bei Typhus fehlen können, wobei namentlich kleine Schwankungen in der Zubereitung des Nährbodens von Einfluß sind), so ist eine sichere Diagnose auf diesem Wege nicht möglich.

Die Versuche, durch geeignete Nährböden noch charakteristischere und von den ähnlich wachsenden Coliarten sicher und stets unterscheidbare Kolonien zu erhalten, sind daher außerordentlich zahlreich, doch bisher sämtlich ohne den gehofften Erfolg geblieben. Es hat PIORKOWSKY dieses Ziel durch folgenden Nährboden zu erreichen gedacht: Durch zweitägiges Stehenlassen an der Luft alkalisch gewordener Harn vom spezifischen Gewicht 1,020 wird mit $^1/_2$% Pepton und 3·3% Gelatine versetzt, 1 Stunde ins kochende Wasserbad gestellt, filtriert, in Reagensröhrchen abgefüllt und 15 Minuten in Dampf sterilisiert; am anderen Tag kommen die Röhrchen nochmals für 10 Minuten in den Dampftopf.

Auf dieser Harngelatine sollen sich die Typhuskeime nach 20—24 Stunden (bei 22° C) stets zu faserförmigen, mit farblosen, um ein Centrum angeordneten Ranken versehenen Kolonien entwickeln, welche sich von den stets rund, gelblich, scharfrandig auswachsenden Coliarten ohne weiteres unterscheiden lassen sollen. Nach den Untersuchungen von PEPPLER, BISCHOF und MENZER, CLEMM und anderen ist dies jedoch durchaus nicht regelmäßig der Fall und so bedarf auch diese Methode stets der Unterstützung der übrigen, für den Typhusbacillus geltenden Kriterien.

Die Differentialdiagnose des Typhusbacillus gegenüber den anderen Bacillen der Typhuscoligruppe gründet sich hauptsächlich auf ihr verschiedenes Verhalten gegenüber verschiedenen Zuckerarten (Nährböden von V. DRIGALSKI-CONRADI und von ENDO). Doch ginge eine Besprechung der betreffenden Nährböden sowie der übrigen bewährten Differentialnährböden über den Rahmen dieser Enzyklopädie hinaus. Sie sind in jedem größeren Werke über Mikroorganismen oder bakteriologische Diagnostik ausführlich besprochen.

In jedem Falle muß noch die Identifizierung der verdächtigen Bacillen durch den Agglutinationsversuch oder durch den PFEIFFERschen Peritonealversuch erfolgen. Letzterer wird unter „Cholera" behandelt (siehe dort), ersterer unter „WIDALsche Reaktion".

Literatur: BISCHOFF und MENZER (Zeitschr. Hyg., Bd. 35, 1900), CLEMM (Inaug.-Diss., Gießen 1900), EBERTH (Arch. Pathol. Anat., Bd. 81 u. 83, 1880 u. 1881), GAFFKY (Mitt. d. Gesundheitsamts, Bd. 2, 1884), GERMANO und MAUREA (Beitr. Allg. Path., Bd. 12, 1892), GÜNTHER (Einführung in das Studium der Bakteriologie, Leipzig 1895), KOCH (Mitt. d. Gesundheitsamts, Bd. 1, 1881), KRUSE (in FLÜGGE, Mikroorganismen, 3. Aufl., Bd. 2), LÖFFLER (Zentralbl. Bakteriol., Bd. 7 u. 8, 1890), LÖSENER (Arb. d. Gesundheitsamts, Bd. 11),

MIGULA (System der Bakterien, Jena 1900), NEUFELD (Typhus in KOLLE-WASSERMANN, Handbuch der pathogenen Mikroorganismen, Bd. 2, 1903), PEPPLER (Inaug.-Diss., Erlangen 1900), PIORKOWSKI (Berlin. Klin. Wochenschr., Bd. 36, 1899). *Heymann*, Breslau.

Acariden siehe: Parasiten, tierische.

Acetaldehyd siehe: Aldehyd.

Acetessigäther, Aethylium acetico-aceticum, $\begin{array}{l}CO.CH_3\\|\\CH_2-CO.OC_2H_5\end{array}$. Farblose Flüssigkeit von aromatischem Geruch. Spezifisches Gewicht 1,0256. Siedepunkt bei 181°. In Wasser schwer löslich, mit Alkohol in jedem Verhältnis mischbar.

Von HERXHEIMER zum Differenzieren von Kresylechtviolett empfohlen.

Literatur: HERXHEIMER (Arch. Mikr. Anat., Bd. 54. 1899).

Aceton, Dimethylketon, $CH_3—CO—CH_3$. Farblose, angenehm nach Pfefferminz riechende Flüssigkeit. Siedepunkt bei 56,5°. Spez. Gew. 0,81 bei 0°. Mit Wasser, Alkohol und Äther in jedem Verhältnis mischbar. Aceton ist für viele organische Stoffe (Campher, Fette, Harze, Schießbaumwolle etc.) ein gutes Lösungsmittel. Um das Aceton wasserfrei zu erhalten, benutzt man ausgeglühtes Kupfersulfat (BRUNK).

Nach FISCHER hat das Aceton dieselben Fällungseigenschaften wie der Alkohol, d. h. es werden die folgenden Eiweißkörper aus ihren wässerigen Lösungen gefällt: Peptone, Albumosen, Albumine, Globuline, Nucleoalbumine, Hämoglobin, Nuclein und Nucleinsäuren. Die Niederschläge von Pepton, Deuteroalbumosen und Nucleinsäuren sind in Wasser löslich; die Protalbumose scheint koaguliert zu werden, was sicher mit Serumalbumin, Casein und Hämoglobin geschieht.

Aceton in Dampfform bei gewöhnlicher Temperatur verleiht binnen 24 Stunden und darunter in Gummi eingebetteten Präparaten gute Schnittkonsistenz (JUCKUFF).

Nachweis des Acetons. 1. Man versetzt mit Natronlauge und Jodjodkaliumlösung. Dabei bildet sich Jodoform, das durch seinen charakteristischen Geruch nachweisbar ist, resp. beim Stehenlassen der Probe direkt ausfällt. Diese Reaktion wird auch von Alkohol, Aldehyd, Milchsäure und anderen gegeben. Weniger empfindlich, aber beweisender ist die Reaktion, wenn man alkoholische Jodlösung und Ammoniak nimmt; hierbei entsteht anfangs ein schwarzer, dann aber verschwindender Niederschlag von Jodstickstoff (Reaktion von LIEBEN und Modifikation von GUNNING).

2. Man versetzt mit einigen Tropfen frisch bereiteter Lösung von Nitroprussidnatrium und dann mit Natronlauge: Rotfärbung, dann bei Zusatz von Essigsäure mehr Purpur- oder Carminfärbung. Diese LEGALsche Probe wird auch von Aldehyden gegeben.

3. Mit Orthonitrobenzaldehyd und Natronlauge erfolgt Ausscheidung von Indigo, das in Chloroform übergeht (PENZOLDT).

4. Eine Lösung von Quecksilberoxyd in verdünnter Schwefelsäure ruft einen weißen Niederschlag hervor, der sich mit überschüssiger Salzsäure gekocht wieder auflöst (DENIGÈS).

5. Man versetzt 10 *ccm* der zu untersuchenden Flüssigkeit mit einem Tropfen 10%iger Hydroxylaminlösung und einem Tropfen 5%iger Natronlauge, hierauf mit einem größeren Tropfen Pyridin. Mit Äther überschichtet, ruft hinzugesetztes Bromwasser Gelbfärbung des Äthers hervor, die bei Gegenwart von Keton und Zusatz von Wasserstoffsuperoxyd in Blaufärbung übergeht. Allgemeine sehr empfindliche Reaktion auf Ketone (STOCK).

Das Aceton hat in der mikroskopischen Technik bis jetzt Verwendung gefunden einmal als Fixationsmittel, und zwar sowohl von Trockenpräparaten (Blut, JAGIĆ), wie insbesondere von Gewebsstücken. HELD benutzt eine 1%ige Lösung von Sublimat in 40%igem Aceton und wäscht dann in Aceton von steigender Konzentration aus. Zum Auswaschen von Pikrinschwefelsäure aus Nervengewebe bringt HELD die Stücke in Alkoholacetonlösungen von gleicher prozentischer Stufe, dann in absolutes Aceton, dann durch Acetonxylol in Xylol. JUCKUFF und DÖLLKEN härten in Gummi eingebettete Präparate durch Acetondämpfe. FISH fixiert und entwässert die Objekte ebenfalls in Aceton und bringt sie dann zuerst in eine 4%ige, dann in eine 8%ige Lösung von Schießbaumwolle (Pyroxylin) in Aceton. In ähnlicher Weise geht SCHOLZ vor: Kleine Gewebsstücke nicht dicker als 3 *mm* kommen $^1/_2$—1 Stunde lang in warmes Aceton, dann in dünnes Celloidin, Auskratzungsprodukte und ähnliche Dinge erst 15 Minuten in Alkoholäther. Zur Schnelleinbettung in Paraffin bringen HENKE und ZELLER die Objekte $^1/_2$—$1^1/_2$ Stunden in Aceton, dann direkt in weiches Paraffin, BRUNK nur 20—50 Minuten, letzterer auch nach vorheriger Fixation in Formol, FLEMMINGscher Lösung und Sublimat. SITZEN wendet ebenfalls, um feine Strukturen zu erhalten, $^1/_4$—$^1/_2$stündige Fixation in 10%igem Formalin vor dem Aceton an, FUSS zu demselben Zwecke Alkoholsublimat und MÜLLERsche Lösung; im kalten Aceton bleiben die Stücke $^1/_4$—5 Stunden. Weil in Aceton Lecithin unlöslich ist, wenden es BING und ELLERMANN zur Fixation vom Nervensystem (Markscheiden) an. Eine ähnliche Lösung von Schießbaumwolle in Aceton verwenden DRASCH und GALLEMAERTS zum Aufkleben von Serienschnitten. HELD verdünnt die NISSLsche Methylenblaulösung mit gleichen Teilen 5%igen Acetons. Auch zum Entwässern von Methylenblau- und Thioninpräparaten ist das Aceton an Stelle von Alkohol empfohlen worden (PARKER, HENNEGUY) (vergleiche auch Celloidin). Ebenso verwenden es SCHRIDDE und ZIELER nach der Färbung mit GIEMSA-Lösung, bzw. JENNER-Lösung (blutbildende Organe im Schnitt!).

Literatur: BING und ELLERMANN (Arch. Physiol. 1901), BRUNK (Münch. Med. Wochenschrift, 1905), DÖLLKEN (Zeitschr. Wiss. Mikr., Bd. 14, 1897), FISH (Journ. of Appl. Micr., Bd. 2, 1899), FUSS (Arch. Pathol. Anat., Bd. 185), GALLEMAERTS (Bull. Soc. Belge Micr., Bd. 15, 1883), HELD (Arch. Anat. 1895 und 1897), HENKE und ZELLER (Zentralbl. Allg. Pathol.. Bd. 16, 1905), JAGIĆ (Wien. Klin. Wochenschr. 1906), JUCKUFF (Arch. Exp. Pathol., Bd. 32), LEE et HENNEGUY (Traité), PARKER (Zool. Anz., Bd. 15, 1892), SCHOLZ (Deutsch. Med. Wochenschr. 1905), SCHRIDDE (Zentralbl. Allg. Pathol., Bd. 16, 1905), SITZEN (Ebenda), ZIELER (Ebenda, Bd. 17, 1906). *Mosse,* Berlin.

Acetonchloroform, Chloreton, tertiärer Trichlorbutylalkohol, $(CH_3)_2 : C\langle^{OH}_{CCl_3}$. Farblose Krystalle, die in Wasser schwer, in Alkohol leicht löslich sind. Eine gesättigte Lösung von Acetonchloroform in Wasser kommt unter dem Namen Anesin in den Handel.

Von RANDOLPH ist das Acetonchloroform als Narkoticum für Süßwassertiere empfohlen worden.

Literatur: RANDOLPH (Zool. Anz., Bd. 23, 1900).

Acetylen, C_2H_2. Farbloses Gas von unangenehmem Geruch, das mit hell leuchtender Flamme brennt und sich bildet bei unvollkommener Verbrennung von Leuchtgas (Durchschlagen des Bunsenbrenners). Im großen wird es dargestellt dadurch, daß man Wasser auf Kohlenstoffbarium oder -calcium (Calciumcarbid) tropfen läßt. Es löst sich sowohl in Wasser als in Alkohol und bildet mit manchen Metalloxyden außerordentlich explosive Körper.

Von FÉRAN zur Kultur anaërober Bakterien empfohlen.

Literatur: FÉRAN (Zentralbl. Bakt., Bd. 24, 1898).

Achsencylinder siehe: Nervenfaser.

Achromatische Substanz siehe: Zellkern.

Acidophile Mischung von EHRLICH siehe: Blut.

Acridinrot, Pyroninfarbstoff. Marken B, BB, 3 B. Braune Pulver, die sich in Wasser und Alkohol mit blauroter Farbe und gelber Fluorescenz, in Schwefelsäure mit gelbbrauner Farbe und grüner Fluorescenz lösen. Durch Natronlauge wird die wässerige Lösung entfärbt. Färbt Wolle in neutralem oder saurem Bade, Baumwolle nach Beizung mit Tannin und Brechweinstein.

Von DUBREUIL als Kernfarbstoff empfohlen.

Actinien siehe: Coelenteraten.

Actinomyces. Der Erreger der Actinomycose ist zuerst von V. LANGENBECK (1845) in cariösen Lendenwirbeln gefunden worden. Die erste genaue Beschreibung der Krankheit beim Rinde gab BOLLINGER (77), beim Menschen J. ISRAEL (78). HARZ untersuchte den Pilz botanisch und nannte ihn wegen seines charakteristischen Aussehens „Strahlenpilz“ (Actinomyces). JOHNE (82) wies nach, daß die Erreger durch Pflanzenteile (Gerstengrannen) auf Tiere übertragen werden. PONFICK (82) stellte die Identität des Actinomyces bovis und Actinomyces hominis fest. Um die weitere Erforschung der Actinomycose haben sich besonders BOSTRÖM, J. ISRAEL, M. WOLFF, BERESTNEW u. a. verdient gemacht.

Die Actinomyceten sind botanisch noch nicht genau klassifiziert, sie werden teils als selbständige Familie, Actinomyceten, zwischen den Hyphomyceten und Schizomyceten, aufgezählt, teils unter den Hyphomyceten als Streptothrixart wegen der Bildung von Fäden, von winkligen Verzweigungen, von echter Dichotomie und Keulen (SCHLEGEL). Verwandt mit den Actinomyceten sind die Tuberkel-, Lepra-, Diphtherie- und Rotzbacillen.

Von den Actinomyceten sind eine große Reihe verschiedener Varietäten beschrieben, welche teils pathogen, teils nicht pathogen sind und sich hauptsächlich durch ihre Farbstoffbildung unterscheiden. Auch die beim Menschen gefundenen Strahlenpilze zeigen Verschiedenheiten im Wachstum (aërob, anaërob) und Farbstoffbildung.

Der Actinomyces ist in den pathologischen Produkten (Eiter, Gewebe) gewöhnlich in Reinkultur in Form von Drusen enthalten. Diese Drusen, meist schon makroskopisch sichtbar und in reichlicher Anzahl vorhanden, sind gewöhnlich stecknadelkopf- bis hirsekorngroß; seltener werden sie größer. Ihre Farbe ist wechselnd, weißlich bis gelblich, manchmal mit bräunlicher oder grünlicher Nuance. Ältere Herde können verkalken.

Ein solches Körnchen besteht aus einem mittleren Gerüst von Fäden, die nach der Peripherie zu in Kolben endigen. Mikroskopisch sieht man im Centrum der Druse kugelige Gebilde, die sich als rundliche Körner darstellen; sie sind aber nur die Enden der Kolben, deren fadenförmige Fortsetzung man bei der Betrachtung von oben nicht sieht.

Das innere Gerüst setzt sich zusammen aus einem Knäuel schmaler, welliger, dichotomisch ausgewachsener, durch Querteilung segmentierter Fäden. An der Peripherie stellen sich die Fäden radiär und endigen knopfförmig oder glatt in den Kolben. Die Kolben stammen anscheinend von den Fäden selbst her, da die Fortsetzung der Membran der Fäden die Kolbenmasse einhüllt (BOSTRÖM).

Zur Feststellung der Diagnose genügt es meist, die verdächtigen Knötchen, welche sich auf dunkler Unterlage leichter auffinden lassen, ungefärbt zu untersuchen. Bei schwacher Vergrößerung (90facher) sieht man das charakteristische Bild der Druse mit dem strahligen Kolben. Erschwert wird das Auffinden der Gebilde durch anhaftende Zellen und durch Verkalkungen. Zusatz von Kalilauge (30%) bei Zellen oder von unverdünnter Salzsäure bei Verkalkungen macht die Drusen sichtbar.

Die Färbung von Deckglastrockenpräparaten bietet keinen besonderen Vorteil, da in den zerquetschten Drusen das Strukturbild verwischt ist, die unzerquetschten sich nicht distinkt färben. Bei vorsichtiger Präparation (Trocknen an der Luft, vorsichtigem [dreimaligem] Durchziehen durch die Flamme) kann man aber auch an solchen Präparaten den feineren Bau studieren. Von besonderen Methoden sind folgende empfohlen. BOSTRÖM: Färbung mit Anilingentiana, Entfärbung in eosin- oder pikrinsäurehaltigem Alkohol. GRAM und GRAM-WEIGERT: (beide mit Vorfärbung von Lithion- oder Pikrolithioncarmin). BARANSKI: 2—3 Minuten in Pikrocarminlösung, leichtes Abspülen in Wasser oder Alkohol, Untersuchung in Wasser oder Glycerin oder, nachdem das Präparat lufttrocken geworden in Canadabalsam (Actinomycespilz gelb in verschiedenen Nuancen, Gewebe rot). BABES: 24 Stunden in Anilinsafranin (Überschuß des Farbstoffs in destilliertem Wasser, dazu 2% Anilinöl, erwärmen auf 60° C, warm filtrieren), Differenzierung in Jod-Jodkali, Alkohol, Nelkenöl.

Fixierte Präparate geben bessere Strukturbilder. Ebenso wie Gewebsteile kann man auch Eiter mit den gebräuchlichen Fixations- und Härtungsflüssigkeiten behandeln.

Eine der besten Methoden ist die Doppelfärbung mit Hämatoxylineosin: Hämatoxylin oder Hämalaun stark vorfärben, mit wässerigem Eosin überfärben;

mehrere Stunden in fließendem Wasser auswaschen, Alkohol, Canadabalsam. Zellkerne blau, Protoplasma bläulich, Mycel blau, Kolben, Strahlen und eosinophile Zellgranula rot. — Sehr gute Bilder gibt die VAN GIESONsche Färbung oder deren Modifikationen, z. B. HANSEN (Anatom. Anz., Bd. 15, 1908, Nr. 9). — BIRCH-HIRSCHFELD: Vorfärbung in Lithioncarmin oder Hämatoxylin, 2%ige Krystallviolettlösung mäßig erwärmt 5 Minuten, Abspülen in ½%iger alkoholischer Pikrinsäurelösung ½—1 Minute, absoluter Alkohol, bis die Schnitte bläulichgrün (etwa ½ Stunde), Origanumöl, Xylol, Balsam; Mycel blau, Randpartie der Kolben gelb. Will man die Kolben different färben, so bringt man die Schnitte vor der Krystallviolettlösung in Carbolfuchsin oder Anilinwasserfuchsin oder Anilinwassersafranin (etwa 5 Minuten), dann Alkohol usw. — SCHLEGEL: Schnitte in starker alkoholischer Eosinlösung während 4—5 Stunden im Thermostaten, kurzes Abspülen mit 96%igem Alkohol, 5—10 Minuten in gewöhnliche Hämatoxylinlösung, Schnitte nicht zu stark auswaschen, noch zu langsam auf den Objektträger auflegen, damit nicht die Keulen Zeit gewinnen, zuviel Farbe (Eosin) abzugeben; Kolben intensiv rot, Gewebe in bekannter Doppelfärbung. — WEIGERT: Härtung in Alkohol, Färbung 1 Stunde in Orseille (3faches, sogenanntes französisches Orseilleextrakt wird durch gelindes Erwärmen im Sandbad von überschüssigem Ammoniak befreit; in ein Gemenge von 20,0 Alcohol. abs., 5,0 Acid. acetic, 40,0 Aq. dest. wird von dem flüssigen Extrakt soviel hineingegossen, daß eine saturierte, dunkelrote Flüssigkeit entsteht, 1—2mal filtrieren; WEDELsche Vorschrift), oberflächliche Abspülung in Alkohol, 1%ige wässerige Lösung von Gentianaviolett, Alkohol, Nelkenöl, Canadabalsam; Kerne blauviolett, die innere körnige Zone der Actinomyceshaufen verwaschen blau, zuweilen durch eine farblose Zone von den peripherischen Strahlen abgesetzt, die Strahlen selbst rubinrot, Bindegewebe orange. Mit der Anwendung des Alkohols ist Vorsicht geboten, damit die rote Farbe nicht gänzlich ausgezogen wird. Die Lösungen von Orseille dürfen nicht zu alt sein. Zur Färbung der bei dieser Methode farblos bleibenden Schicht wird Pikrocarmin empfohlen. — BARANSKI: 2—3 Minuten oder länger in Pikrocarmin, Abspülung in Wasser, Untersuchung in Wasser oder Glycerin oder nach Entwässerung mit Alkoholeinschluß in Canadabalsam. Pilzrasen gelb, Umgebung rot. — ISRAEL: Gesättigte wässerige Orceinlösung, welche mit Essigsäure angesäuert wird; Färbung, bis die Schnitte eine dunkelbordeauxrote Farbe annehmen, Differenzierung in Alkohol bis zur völligen Entfärbung des umgebenden Gewebes, schnelles Übertragen der Schnitte auf den Objektträger; durch kräftiges Aufdrücken auf dickes Fließpapier wird der Alkohol entfernt, der Schnitt dadurch am Objektträger festgeklebt; nach mäßiger Eintrocknung des Schnittes an der Luft Einbettung in eingedicktes Cedernöl; Keulen des Pilzes rot, Mitte des Mycels mehr oder weniger blau.

Ferner sind für Schnittfärbungen zur Darstellung der Kolben empfohlen von MARCHAND Eosin, von DUNCKER Cochenillerot, von HANAU Säurefuchsin, von HEWLETT: Färbung ½ Stunde lang in EHRLICH-BIONDIscher Lösung, Entfärbung in Alkohol, bis die Schnitte bräunlich geworden sind, Aufhellung, Einschluß. Angegeben ist ferner von FUCHS die Tuberkelbacillenfärbung für eine Reihe von A.-Stämmen und von KOPFSTEIN die GABBETsche Methode der Tuberkelbacillenfärbung; von BERESTNEW für junge A.-Kolben die ZIEHLsche Lösung; von SATA die Färbung mit Sudan III, welches die A.-Rasen infolge ihres Fettgehaltes im Schnitt orangerot oder manchmal hellrot färbt; Fixierung in Formollösung, Abspülung im Wasser, Gefriermikrotomschnitte, schwache Hämatoxylinfärbung, einige Minuten in Spiritus, 12—24 Stunden in eine gesättigte alkoholische (96%ige) Lösung von Sudan III, Abspülen in Spiritus, Einschluß in Glycerin; Rasen orange- oder hellrot, Gewebe außer Fett blau gefärbt.

GRAM: Genaue Befolgung der Vorschrift ist notwendig. Vorfärbung mit Lithion- oder Pikrolithioncarmin. Gute Darstellung des centralen Fadenwerkes. — WEIGERT: Ebenfalls genaue Befolgung der Vorschrift. Vorfärbung wie bei GRAM. — Modifikationen dieser beiden Methoden nach GÜNTHER und KÜHNE. — BO-

STRÖM: Anilinwassergentianaviolett, direktes Übertragen ohne Abwaschen in WEIGERTsches Pikrocarmin, gründliches Abspülen in Wasser, absoluter Alkohol, bis die Schnitte rotgelb gefärbt sind. Aufhellung, Einbettung; centrales Fadengerüst blau, Keulen rot, umliegendes Gewebe rotgelb.

SCHMORL: Färbung nach GRAM-WEIGERT, aus Anilinöl in Alkohol 2—3 Minuten, Säurefuchsin (3 Tropfen einer konzentrierten wässerigen Lösung auf 15 *ccm* Wasser) 3 Minuten, Abspülen in Wasser etwa 2 Minuten, Alkohol, Xylol, Balsam. — V. KAHLDEN: Deckglasfärbung: Lufttrocken, Durchziehen durch die Flamme, 24 Stunden in Anilinwassersafranin, kurzes Abspülen in Wasser, gesättigte Anilinwassergentianaviolettlösung 5 Minuten, kurzes Abspülen in 0,6%iger Kochsalzlösung, Trocknen zwischen Fließpapier, Jodjodkali (1 : 2 : 300) 2 Minuten, Fließpapier, Entfärben in häufig gewechseltem Anilinöl, bis Farbe nicht mehr abgeht, Xylol, Balsam. Schnitte: Anilinwassersafranin 24—48 Stunden, gründlich Auswässern, Hämatoxylin $^1/_2$—1 Minute, gründlich Auswässern, gesättigte Anilinwassergentianaviolettlösung $^1/_2$—3 Stunden, Abspülen in 0,6%iger Kochsalzlösung, Jodjodkali 2—5 Minuten, Trocknen auf dem Spatel mit Fließpapier, Anilinöl, Anilinöleosin $^1/_2$ Stunde, Xylol, Balsam. Pilzrasen dunkelblau, Kolben braunrot, Zellkerne violett, Protoplasma rosarot. — ČIECHANOWSKI: Formalinhärtung. Celloidin. Schnitte im Uhrschälchen bis zur Dampfbildung erhitzen in einer 3—4mal verdünnten, frisch hergestellten KOCHschen Anilinwassergentianaviolettlösung, Abspülen in 0,6%iger Kochsalzlösung, Übertragen auf einem Spatel in Jodjodkali (1 : 2 : 300) mindestens 1 Minute, Abtrocknen mit Fließpapier, 70%iger Alkohol, Erwärmen im Uhrschälchen bis zur Dampfbildung in Orcein 1,0, Salzsäure 1,0, Aq. dest. 100,0, Differenzieren in Salzsäure 1,0, 96%iger Alkohol 200,0, Aq. dest. 50,0, Entfärben in absolutem Alkohol, bis die Drusen als dunkelblau gefärbte Punkte auf dem roten Grunde hervortreten, Xylol, Balsam. Centrales Fadengerüst blau, Peripherie (Keulen) rotviolett, Kerne dunkelrotbraun. — FLORMANN: 5 Minuten Färben in konzentrierter alkoholischer Methylviolettlösung 1 Teil, Wasser 2 Teile, 1%ige wässerige Lösung von kohlensaurem Ammoniak 2 Teile, gründlich Auswässern 10 Minuten, Jodjodkali (1:2:300) 5 Minuten, gründlich Auswässern, Fluoresceinalkohol (1 : 50) einmal wechseln 20 Minuten, 95%iger Alkohol, Anilinöl einige Minuten, Lavendelöl, Xylol, Balsam. Pilzrasen dunkelblau, Kolben zum Teil hellblau, zum Teil farblos.

Das Kulturverfahren ist zur Diagnose nicht notwendig, da sich die Kolonien meist nicht oder erst in einigen (5—6) Tagen deutlich entwickeln. Der Pilz wächst aërob und anaërob (nach BOSTRÖM aërob besser) auf den gebräuchlichen Nährböden. Zu beachten ist, daß man frisches Material möglichst keimfrei überträgt und sehr viel Kulturen anlegt (50—80 nach BOSTRÖM).

Literatur: BABES (Arch. Pathol. Anat., Bd. 105, 1886), BARANSKY (Deutsch. Med. Wochenschr., 1887), BERESTNEW (Zeitschr. Hyg., Bd. 29, 1898), BOLLINGER (Deutsch. Zeitschr. Tiermed., Bd. 3, 1877 und Zentralbl. Med. Wiss., Bd. 15, 1877), BOSTRÖM (Berlin. Klin. Wochenschr., 1885, Beitr. Pathol. Anat. 1890 und IV. Kongr. Innere Med., 1885), ČIECHANOWSKI (Centralbl. Bakt. Orig. 33), DUNCKER (Zeitschr. Mikr. Fleischb., H. 3, 1884), HANAU (Korresp. Schweiz. Ärzte, 1889), HEWLETT (Lancet 1894, ref. Zentralbl. Bakt., Bd. 16, 1894), ISRAEL (Arch. Pathol. Anat., Bd. 74, 78 und 105, 1878, 79 und 86), ISRAEL und WOLFF (Arch. Pathol. Anat., Bd. 126, 1891), KOPPSTEIN (Zentralbl. Bakt., Bd. 12. 1890, Referat), KRUSE (in FLÜGGE, Die Mikroorganismen, Bd. 2, Leipzig 1896), MARCHAND (Real-Enzyklopädie der gesamten Heilkunde), PONFICK (Die Actinomycose des Menschen. Festschr. VIRCHOW, Berlin 1882), SATA (Zentralbl. Pathol. Anat., 1900), SCHLEGEL (KOLLE-WASSERMANN, 1903), WEIGERT (Arch. Pathol. Anat., Bd. 84, 1881). *Klingmüller*, Kiel.

Actol, Argentum lacticum. Weiße, nadelförmige Kristalle, die sich zu 6,5% in Wasser lösen, in kaltem Alkohol unlöslich sind.

Von GUDDEN an Stelle von Höllenstein in der GOLGIschen, von MORENO in der CAJALschen Neurofibrillenmethode benutzt.

Literatur: GUDDEN (Neurol. Zentralbl., 20. Jg., 1901), MORENO (ref. Zeitschr. Wiss. Mikr., Bd. 24, 1907). *Mosse,* Berlin.

Adenoides Gewebe. Zur Untersuchung des adenoiden Gewebes in den verschiedenen lymphatischen Organen, wie Lymphdrüsen, Milz, Knochenmark.

Thymus, Tonsillen etc., hat man seit den Untersuchungen von BILLROTH, HIS und KÖLLIKER sich vor allem der sogenannten Pinselmethoden bedient. Man fertigt zu diesem Zwecke von den frischen oder durch Einlegen in indifferente Flüssigkeiten mazerierten Organen, eventuell mit dem Gefriermikrotom, Schnitte an, die man dann mit Hilfe eines Pinsels von den Lymphocyten zu befreien sucht. Der Schnitt wird in einen großen Flüssigkeitstropfen auf den Objektträger gebracht und mit dem gut befeuchteten Pinsel gleichmäßig betupft. Dabei trübt sich der Flüssigkeitstropfen durch die in ihn übergehenden körperlichen Elemente, und es muß deshalb von Zeit zu Zeit der Schnitt vorsichtig mit frischer Flüssigkeit durchgespült werden. Statt auf den Schnitt mit dem Pinsel aufzutupfen, kann man auch vorsichtig den durch eine Nadel oder besser noch durch einen zweiten Pinsel festgehaltenen Schnitt mit dem feuchten Pinsel bestreichen.

Man kann auch statt des Auspinselns die Schnitte vorsichtig mit einer indifferenten Flüssigkeit schütteln (Schüttelmethode).

Um die bei diesem Vorgehen unvermeidlichen postmortalen Veränderungen des Gewebes zu umgehen, hat man auch die zu untersuchenden Organstückchen zunächst fixiert. Natürlich muß man dann eine Fixationsflüssigkeit wählen, welche das Gewebe möglichst wenig härtet. Am geeignetsten erweist sich für diesen Zweck die konzentrierte wässerige Pikrinsäure, die man auch mit dem gleichen Volum Wasser verdünnen kann. Von Lymphdrüsen, die nicht allzu lange in dieser Flüssigkeit gelegen haben, lassen sich unschwer auch mit dem Rasiermesser feine Schnitte herstellen, die man leicht auspinseln kann.

In neuerer Zeit sind jedoch diese Methoden sehr in den Hintergrund getreten gegenüber der vor allem von MALL, HOEHL und SPALTEHOLTZ ausgebildeten Verdauungsmethode. (Näheres siehe dort.)

Aber auch an recht dünnen Paraffinschnitten kann man, wie DEMOOR gezeigt hat, schon recht gute Bilder des Reticulums erzielen. Fixation der Organstückchen am besten in Sublimat oder FLEMMINGscher Flüssigkeit. Außerordentlich vorteilhaft ist es, zur Untersuchung Tiere zu verwenden, die möglichst lange gehungert haben, oder denen man innerhalb mehrerer Tage einige starke Blutentziehungen gemacht hat. KOEPPE beschreibt, daß nach Unterbindung der zuführenden Lymphgefäße die Lymphzellen aus den Drüsen mehr und mehr verschwinden, die Follikel veröden und das Reticulum frei zutage liegt. Als Färbungsmethode für solche Paraffinschnitte empfiehlt sich hauptsächlich die VAN GIESONsche Dreifachfärbung. LÖWIT fixiert die Organe 12—24 Stunden in 0,1—0,3%iger Lösung von Platinchlorid, 24 Stunden auswaschen, steigender Alkohol, Paraffineinbettung. Die Schnitte werden 2—4 Minuten in alkoholischem Safranin (FLEMMING) gefärbt und in Alkohol ausgewaschen, bis keine Farbstoffwolken mehr abgehen. Differenzierung in Jodpikrinalkohol: Zu 3—5 *ccm* 1%iger alkoholischer Pikrinsäure werden kurz vor dem Gebrauch 1—2 Tropfen offiz. Jodtinktur gesetzt und der Schnitt 10—12 Sekunden darin belassen, dann Alkohol, Öl, Balsam. Das adenoide Gewebe, die Leucoblasten und das Hämoglobin gelb, die Kerne der Erythroblasten und die fixen Zellen dagegen leuchtend rot. THOMÉ fixiert in ZENKERscher Flüssigkeit und färbt die Schnitte nach Paraffineinbettung in Phosphormolybdänhämatoxylin. Sie kommen zuerst in 10%ige Phosphormolybdänsäure, werden kurz in Wasser gewaschen und in folgender Lösung 5—20 Minuten gefärbt. Hämatoxylin 1,75 *g* und 1 *g* Phosphormolybdänsäure gelöst in 200 *ccm* 5%igem Carbolwasser. Nach der Färbung kurz in Wasser waschen, Alkohol, Xylol, Balsam. Reticulumfasern dunkelblau, Reticulumzellen hellblau.

Literatur: BILLROTH (Arch. Anat., 1857), DEMOOR (Arch. de Biol., Bd. 13, 1891), HIS (Zeitschr. Wiss. Zool., Bd. 10 u. 11, 1861 u. 1862), KOEPPE (Arch. Physiol. 1890), LÖWIT (Arch. Mikr. Anat.. Bd. 38, 1891), MALL (Abh. Sächs. Ges. Wiss., 1890), THOMÉ (Jena. Zeitschr. Nat., Bd. 37, 1902).

Adenom siehe: Geschwülste.

Aether, Äthyläther, auch Schwefeläther, Aether sulfuricus genannt, $C_2H_5—O—C_2H_5$, entsteht beim Behandeln von Äthylalkohol mit Schwefelsäure. Wegen dieser Darstellungsweise schrieb man ihm früher einen Gehalt an Schwefel zu (Schwefeläther). Er bildet eine farblose Flüssigkeit von durchdringendem Geruch, die bei 17,5° ein spezifisches Gewicht von 0,7185 zeigt. Äther ist bei —100° noch flüssig und siedet bei + 35°. Er ist schon bei gewöhnlicher Temperatur leicht flüchtig; die schweren, zu Boden sinkenden Dämpfe bilden mit der atmosphärischen Luft explosive Gemenge. (Vorsicht!) Er entzündet sich leicht und brennt mit leuchtender Flamme. Außer als Anästheticum dient er als vorzügliches Lösungsmittel für zahlreiche organische Substanzen, insbesondere für Öle, Harze und Fette sowie manche Farbstoffe. Anorganische Körper sind in der Regel in Äther unlöslich, ausgenommen einige Metalloide und mehrere Halogenverbindungen der Metalle. Mit den meisten organischen Solventien ist Äther in jedem Verhältnis mischbar, auch mit konzentrierter Salzsäure. Bei 17,5° lösen 35 Teile Äther 1 Teil Wasser und umgekehrt 12 Teile Wasser 1 Teil Äther.

Er findet vielfach als „indifferentes Lösungsmittel" Anwendung, da er nur von konzentrierter Schwefelsäure, Chromsäure, Salpetersäure und Platinmohr angegriffen wird.

Einen Gehalt des Äthers an Wasser entdeckt man durch Schütteln mit dem gleichen Quantum Schwefelkohlenstoff, indem Trübung erfolgt. Einen Gehalt an Alkohol erkennt man durch Schütteln mit einer Spur festen Anilinvioletts; nur alkoholhaltiger Äther nimmt dabei eine Färbung an. *Neuberg*, Berlin.

Der Äther findet in der mikroskopischen Technik eine ausgedehnte und vielseitige Verwendung. Man hat ihn von verschiedenen Seiten als Fixationsmittel empfohlen, und zwar sowohl für sich allein, als auch vor allem in Verbindung mit Alkohol. Bethe fixiert Nerven in Äther, Garbini benutzt ihn zur Fixation von Polypen. Gemische von Äther und Alkohol meist zu gleichen Teilen stellen viel benutzte Fixationsmittel für Bluttrockenpräparate dar. Müller fixiert Ostracoden in einer Mischung von 5 Teilen Äther und 1 Teil abs. Alkohol. Zur Nachbehandlung dient in allen Fällen Alkohol verschiedener Konzentration.

Eine große Rolle spielt der Äther, ferner als Lösungsmittel und Intermedium für die Celloidineinbettung in Verbindung mit Methylalkohol, Äthylalkohol, Eugenol, Nelkenöl etc. Auch als Intermedium für die Paraffineinbettung ist der Äther in neuester Zeit von Federici empfohlen worden. Er soll bei 38° das doppelte Volum Paraffin lösen.

Schließlich spielt der Äther auch noch eine nicht unwichtige Rolle als Narkoticum.

Aetherische Oele siehe: Öle, pflanzliche.

Aetherwasser siehe: Narkose.

Aethylalkohol siehe: Alkohol.

Aethylchlorid, Choräthyl, Monochloräthan, C_2H_5Cl. Farblose Flüssigkeit, welche bei 12° siedet, in Wasser unlöslich, leicht löslich in Alkohol und Äther. Kommt in den Handel in zugeschmolzenen Glasröhren.

Vermöge seines niederen Siedepunktes findet das Äthylchlorid ausgedehnte Anwendung zum Durchfrieren mikroskopischer Präparate. Es bildet den wichtigsten Bestandteil des Anesthols (Äthylchlorid 20,5, Äther 56,75, Chloroform 43,25). Mischungen von Äthylchlorid und Methylchlorid finden sich unter dem Namen Anästhyl und Anästhol im Handel.

Aethylenblau syn. für Methylenblau (Oehler).

Aethylviolett, das Chlorhydrat des Hexaäthylpararosanilins (Ludwigshafen, Geigy). Grünes krystallinisches, in Wasser mit blauer Farbe leicht lösliches Pulver. Bei Zusatz von Salzsäure färbt sich die Lösung rotgelb, mit Natronlauge entsteht ein grauvioletter Niederschlag. In Schwefelsäure löst sich der Farbstoff mit brauner Farbe. Färbt Wolle, Baumwolle und Seide in neutralem (Zusatz von 10% Magnesiumsulfat) oder saurem (Zusatz von 0,25% Schwefelsäure und 10% Magnesiumsulfat) Bade wenig lichtecht.

Agar-Agar. Eine Pflanzengallerte, die aus verschiedenen in China heimischen Algen und Tangen hergestellt wird und beim Kochen mit verdünnter Schwefelsäure Galaktose liefert.

Der Agar hat in der Mikrotechnik ausgedehnte Verwendung gefunden zur Herstellung von Nährböden für Mikroorganismen und Blutkörperchen. Auch als Klebemittel für Paraffinschnitte eignet er sich sehr gut. GRAVIS läßt 1 *g* Agar in 1 Liter destilliertem Wasser quellen, kocht dann $^1/_4$ Stunde und filtriert durch dünne Leinwand. Man legt die Schnitte auf den mit dieser Lösung bestrichenen Objektträger, streckt sie durch vorsichtiges Erwärmen und läßt den Flüssigkeitsüberschuß ablaufen. Am nächsten Tag sind die Schnitte trocken und fest.

Literatur: DEETJEN (Arch. Pathol. Anat., Bd. 164, 1901), GRAVIS (Bull. Soc. Belge Micr., Bd. 15, 1889).

Aggregation siehe: Plasmaströmung.

Aktivierung, färberische siehe: Neurofibrillen.

Alaune. Unter Alaunen versteht man eine Reihe wasserhaltiger Doppelsalze, die analog dem Doppelsalz von Aluminium- und Kaliumsulfat zusammengesetzt sind, d. h. analog der Formel $Al_2(SO_4)_3 . K_2SO_4 + 24 H_2O$. Diese Doppelsalze krystallisieren in Oktaedern oder Würfeln. In der eben genannten Formel kann nun das Aluminium durch gewisse andere dreiwertige Metalle ersetzt werden, durch Eisen, Mangan und Chrom. Ebenso kann an Stelle des Kalium Natrium, Ammonium, Caesium, Rubidium und auch einwertiges Thallium treten. Es kommt demnach diesen Doppelsalzen die allgemeine Formel zu $\overset{III}{M}_2(SO_4)_3 . \overset{I}{M}_2SO_4 + 24 H_2O$.

Hierzu ist noch zu bemerken, daß ebenso wie die Sulfate auch die Seleniate entsprechende Verbindungen bilden können und daß auch die Doppelsalze aus Aluminiumsulfat und den Sulfaten von Eisenoxydul, Manganoxydul, Zink und Magnesium ihrer Zusammensetzung, nicht aber ihrer Krystallform nach hierher gehören.

Was nun die etwas verwickelte Nomenklatur der Alaune anlangt, so dürfte folgendes von Wichtigkeit sein:

1. Wenn von einem Alaun ohne weiteren Zusatz die Rede ist, so meint man stets einen Aluminiumalaun. Natriumalaun ist also Natriumaluminiumalaun, Kaliumalaun also Kaliumaluminiumalaun etc. Dieses letztere Salz, der Kaliumalaun, ist nun der Alaun κατ' ἐξοχήν. Unter Alaun ist also, wenn nichts anderes hinzugefügt ist, immer Kaliumalaun zu verstehen.

2. Dagegen versteht man unter Eisen-, Mangan-, Chromalaun die Doppelverbindungen mit Kaliumsulfat. Eisenalaun ist also Eisenkaliumalaun. Chromalaun ist Chromkaliumalaun. Wird Kalium aber durch ein anderes Metall ersetzt, so werden beide Metalle genannt, z. B. Eisenammoniumalaun.

Weiterhin sind die Bezeichnungen „neutraler" und „basischer" Alaun im Gebrauch. Unter einem neutralen Alaun versteht man diejenige neutral reagierende Lösung, die man erhält, wenn man zu einer wässerigen Alaunlösung vorsichtig Alkali zufügt, so daß ein gerade entstehender Niederschlag wieder in Lösung geht. Setzt man mehr Alkali zu, so löst sich dieser Niederschlag nicht mehr und man spricht dann von einem basischen Alaun. Der neutrale Alaun wird in der Färberei benutzt, er bildet mit organischen Farbstoffen Lacke.

Nach diesen allgemeinen Bemerkungen soll zur Charakteristik der einzelnen für die mikroskopische Technik wichtigen Alaune übergegangen werden.

Kaliumalaun, der „Alaun" schlechtweg, $Al_2(SO_4)_3 . K_2SO_4 + 24 H_2O$ vom spez. Gew. 1,75, bildet durchsichtige, regelmäßige Oktaeder. Er ist in Wasser leicht löslich, und zwar lösen sich bei 0° 3,9%, bei 10° 9,5%, bei 20° 15,1%, bei 50° 44,1% und bei 100° 367,5%. In absolutem Alkohol und in Äther ist er unlöslich, in Glycerin lösen sich 40%.

Natriumalaun $Al_2(SO_4)_3 . Na_2SO_4 + 24 H_2O$ vom spez. Gew. 1,6 ist in Wasser leichter löslich als der Kalium- und Ammoniumalaun. Er verwittert an der Luft.

Ammoniumalaun, $Al_2(SO_4)_3 . (NH_4)_2SO_4 + 24 H_2O$, vom spez. Gew. 1,6. In Wasser lösen sich bei 0° 5,2%, bei 10° 9,1%, bei 20° 13,6%, bei 50° 36,5% und bei 100° 422%. In seinen Eigenschaften gleicht er den beiden vorigen.

Ebenso gleichen Rubidium- und Caesiumalaun in Form und Verhalten dem Kaliumalaun. Sie unterscheiden sich von ihm durch ihre schwerere Löslichkeit in Wasser, indem sich bei 17° Rubidiumalaun nur etwa 2,2%, Caesiumalaun sogar nur 0,6% lösen.

Eisenalaun, Kaliumeisenalaun, $Fe_2(SO_4)_3 . K_2SO_4 + 24 H_2O$ ist ein hellviolettes, Oktaeder bildendes, in 5 Teilen kalten Wassers lösliches Salz. In der mikroskopischen Technik wird dagegen unter Eisenalaun der Ammoniumeisenalaun verstanden, schwefelsaures Eisenoxydammonium, $Fe_2(SO_4)_3 . (NH_4)_2SO_4 + 24 H_2O$. Dieses Salz, das aus der gemischten Lösung von schwefelsaurem Ammoniak und neutralem schwefelsaurem Eisenoxyd in der Regel in violettrosa gefärbten, seltener in farblosen Oktaedern und Würfeloktaedern kyrstallisiert, hat das spez. Gew. 1,71 und löst sich etwa in 3 Teilen Wasser von 15°. Es verwittert ziemlich leicht an der Luft und nimmt dann eine mehr gelbliche Farbe an.

Chromalaun, $K_2SO_4 . Cr_2(SO_4)_3 + 24 H_2O$, bildet große violette Oktaeder, die sich in 7 Teilen Wasser mit blauvioletter Farbe lösen. Beim Erhitzen der wässerigen Lösung über 70° tritt dunkelgrüne Verfärbung ein, nach längerem Stehen jedoch wieder die blauviolette Farbe. *Mosse*, Berlin.

Die hohe Bedeutung des Alauns für die mikroskopische Technik beruht vor allem auf der Eigenschaft des Aluminiums, mit Carminsäure und mit Hämatein Verbindungen von hoher Färbekraft einzugehen, die man als carminsaure Tonerde oder Hämatein-Tonerde bezeichnet. Diese in Wasser unlöslichen Verbindungen sind in Alaun leicht löslich, und so kommt es, daß Alaunlösung gleichzeitig auch wieder als Differenzierungsmittel dienen kann.

Das, was für den Alaun gilt, gilt auch der Hauptsache nach für den Chrom- und den Eisenalaun, nur daß hier die Rolle des Aluminiums von dem Chrom, resp. dem Eisen übernommen wird. Näheres hierüber siehe in den Artikeln: Färbung, Carmin, Hämatoxylin.

Aber auch für andere Farbstoffe ist der Alaun ein bequemes Lösungsmittel, so für Purpurin, Brasilin, Indoinblau, Methylenblau, Gallein etc., und spielt für manche derselben vielleicht eine ähnliche Rolle wie für Carmin und Hämatoxylin.

Im übrigen ist die Verwendung des Alauns in der mikroskopischen Technik nur eine beschränkte, so wird er manchen Fixationsmitteln als Quellung verhinderndes Mittel zugesetzt, z. B. der Salpetersäure, oder er dient zum Auswaschen stark saurer Entkalkungsmittel, wo Wasser Quellung hervorrufen würde.

Alauncarmin siehe: Carmin.

Alauncochenille siehe: Cochenille.

Alaunhämatoxylin siehe: Hämatoxylin.

Aldehyd, Acetaldehyd, $CH_3—COH$, ist eine farblose, unangenehm riechende Flüssigkeit vom spezifischen Gewicht 0,7876 bei 16° und neutraler Reaktion. Er muß luftdicht verschlossen aufbewahrt werden, da er sich sonst bald zu Essigsäure oxydiert. Mit Wasser, Alkohol und Äther mischt er sich in jedem Verhältnis. Siedepunkt 21°. Er ist ein außerordentlich reaktionsfähiger Körper, der stark reduzierend wirkt; Ätzalkalien zersetzen ihn, oxydierend wirkende Körper führen ihn in Essigsäure über.

Ähnlich wie den Formaldehyd hat man auch den Acetaldehyd an Stelle von Osmiumsäure bei der Golgimethode verwandt. Die Stücke kommen für 15—20 Tage in ein Gemisch von 1 Teil Aldehyd und 100 Teilen 3—4%igem Bichromat. LUGARO behandelt Schnitte vor der Färbung mit Toluidinblau in einer 1%igen Lösung von Aldehyd in absolutem Alkohol.

Literatur: LUGARO (Riv. Pat. Nerv. e Ment., Bd. 10, 1905), VASSALE und DONAGGIO (Riv. Sper. Fren. e Med. Leg. Reggio Emilia, Bd. 21, 1895).

Aldehyde in Pflanzenmembranen siehe: Zellmembranen, pflanzliche.

Aldehydgrün, syn. Anilingrün, Vert d'Usèbe, von LAUTH zuerst dargestellt durch Einwirkung von Acetaldehyd auf Rosanilin und Sulfurierung des entstehenden violetten Farbkörpers. Amorphes grünes Pulver, das in Wasser unlöslich, in Alkohol wenig, leichter dagegen in schwefelsäurehaltigem Alkohol löslich ist. Durch Salzsäure, Natronlauge und Chlorkalk wird die Lösung entfärbt. Früher in der Färberei viel benutzt. Das Pulver wurde mit der 20fachen Menge Wasser zu einem Brei verrieben, dann mit der doppelten Menge konzentrierter Schwefelsäure versetzt und in der 50—70fachen Menge Alkohol gelöst. Färbt Seide und Wolle direkt.

Das Anilingrün ist verschiedentlich in der mikroskopischen Technik zur Anwendung gelangt und von SCHIEFFERDECKER und H. LIST als Schleimfärbungsmittel gerühmt worden, doch muß es sich hier um einen ganz anderen Farbstoff, wahrscheinlich um Methylgrün gehandelt haben, da derselbe in Wasser löslich war.

Literatur: LIST (Zeitschr. Wiss. Mikr., Bd. 2, 1885), SCHIEFFERDECKER (Arch. Mikr. Anat., Bd. 23 und Zeitschr. Wiss. Mikr., Bd. 2, 1885).

Aleuronkörner bei Pflanzen siehe: Eiweißstoffe der Pflanzenzelle.

Algen, Kultur der. Eine dauernde sichere Kultur chlorophyllgrüner Algen (Conjugaten und Chlorophyceen) läßt sich nur innerhalb eines größeren Aquariums (30—40 Liter Inhalt) bewerkstelligen, das, an die Wasserleitung angeschlossen, dauernd von einem langsamen Strom frischen Wassers durchflossen wird. Viele Formen halten sich aber auch sehr lange und gedeihen üppig in viel kleineren Gefäßen (großen Farbschalen u. dgl.), doch ist es dann meist notwendig, ihnen Nährstoffe zuzuführen, am besten 0,2—0,5% Salz, KNOPsche Nährlösung: 4 Teile salpetersaurer Kalk, 1 Teil schwefelsaures Magnesium, 1 Teil salpetersaures Kali, 1 Teil phosphorsaures Kali, letztere drei, um Niederschläge zu vermeiden, erst in der notwendigen Verdünnung zugesetzt. Der Boden des Gefäßes wird mit einer fingerdicken Schicht Flußsand bedeckt, die Gefäße in ein kühles Nordzimmer ans Fenster gestellt; intensives Sonnenlicht ist jedenfalls zu vermeiden. Letzteres gilt besonders auch von den höheren grünen Algen, den Characaeen. Chara und Nitella (siehe Plasmaströmung) hält sich sehr gut und vermehrt sich in größeren Einmachgläsern. Reinkulturen, die ganz entsprechend dem bakteriologischen Verfahren sterilisiert hergestellt werden, können auch auf mit Nährlösung (siehe oben) gesättigten $^1/_2$%igen Agaragarboden mit Erfolg kultiviert werden.

Literatur: G. KLEBS, Die Bedingungen der Fortpflanzung bei einigen Pilzen und Algen. 1896, Engelmann, Leipzig. — Über Kultur in Farblösung vgl. Zellmembran, pflanzliche, 2. Membranwachstum. Über die Kultur von Meeresalgen vgl. NOLL, Flora, 1882, pag. 281. *Magnus*, Berlin.

Alizarin, Dioxyanthrachinon, $C_6H_4\left\langle{CO \atop CO}\right\rangle C_6H_2(OH)_2$, findet sich neben Purpurin in der Wurzel von Rubia tinctorum, dem sogenannten Krapp, in Form eines Glycosids, der Ruberythrinsäure und wird durch Extraktion mittelst Alaunlösung aus dem Krapp gewonnen. Es bildet rotbraune, in Wasser unlösliche, in Alkohol wenig lösliche Krystallnadeln. In Alkalilauge ist es mit violetter Farbe löslich, mit Chrom, Alaun, Eisen bildet es charakteristisch gefärbte Lacke. Früher hatte es in der Färberei zur Erzeugung des Türkischrot eine große Bedeutung, heute ist es durch das von GRAEBE und LIEBERMANN zuerst dargestellte künstliche Alizarin fast völlig verdrängt.

Für die mikroskopische Technik ist es durch die Knochenwachstumsuntersuchungen mittelst Krappfütterung, angestellt von LIEBERKÜHN und KÖLLIKER, von Bedeutung geworden. Auch zur Färbung des Centralnervensystems ist es von BENCZUR in alkoholischer Lösung gerühmt worden. FISCHEL ist es auch gelungen, mittelst des Alizarins bei Cladoceren eine spezifische Nervenfärbung zu erzielen, indem er den Farbstoff einfach dem die Tiere enthaltenden Wasser zusetzte. Es färben sich dabei Körnchen innerhalb der Perifibrillärsubstanz.

Alizarine, künstliche, Anthrachinonfarbstoffe, welche durch Schmelzen von anthrachinondisulfosaurem Natrium mit Ätznatron und chlorsaurem Kalium entstehen. Sie kommen in den Handel in Form von braungelben, in Wasser unlöslichen, in Alkohol, Äther, Benzol, Glycerin löslichen Pasten. In Schwefelsäure lösen sie sich mit rotbrauner, in Natronlauge mit blauvioletter Farbe.

Behandelt man Alizarin vorsichtig mit rauchender Schwefelsäure, so entsteht die Alizarinsulfosäure (Alizarin S).

Das künstliche Alizarin wird in der praktischen Färberei außerordentlich stark benutzt, und zwar so, daß man das zu färbende Material vorher mit einem Metalloxyde imprägniert, vor allem mit Tonerde und Eisenoxyd. Man erzielt dann in der zum Kochen erhitzten wässerigen Alizarinaufschwemmung sehr haltbare und schöne, rote, respektive violette Färbungen.

In der mikroskopischen Färberei hat das Alizarin nur geringen Anklang gefunden. RAWITZ benutzt zur Färbung von Material aus Flemming, Chromsäure oder Chrompikrinsalpetersäure eine 5%ige wässerige Aufschwemmung von Alizarin 1 (Höchst), die er vor dem Gebrauche mit dem gleichen, bei Chrompräparaten mit dem 6—10fachen Volum Wasser verdünnt. Vor der Färbung müssen die Schnitte 24 Stunden lang gebeizt werden. Als Beize benutzt er chromsaures Chromoxyd, das unter der Marke Chrombeize G. A. 1 (Höchst) in der technischen Färberei Verwendung findet. Dieselbe wird mit dem 6—30fachen Volum destillierten Wassers verdünnt. Nach der Beizung werden die Schnitte so lange in destilliertem Wasser ausgewaschen, bis das Wasser farblos bleibt und dann 24 bis 28 Stunden bei Bruttemperatur gefärbt. Der Farblösung werden vor dem Gebrauch einige Tropfen einer 1%igen Lösung von essigsaurem Calcium zugesetzt. Nach der Färbung $^1/_2$—1 Stunde in destilliertem Wasser auswaschen, mehrere Stunden in 96%igen Alkohol übertragen, Bergamottöl, Canadabalsam. Zellsubstanz hellorange, Attraktionssphären dunkelorange, Centrosomen rötlichbraun.

Literatur: RAWITZ (Anat. Anz., Bd. 11, 1895).

Alizarinsulfosaures Natrium, $C_6H_4\langle{}^{CO}_{CO}\rangle C_6H(OH)_2SO_3Na$. Behandelt man Alizarin mit rauchender Schwefelsäure bei niederer Temperatur, so entsteht die Alizarinsulfosäure, aus der man durch Sättigen mit Soda das alizarinsulfosaure Natrium in Form eines orangegelben, in Wasser und Alkohol leicht löslichen Pulvers erhält. Die wässerige Lösung färbt sich mit Salzsäure hellgelb, mit Natronlauge violett.

Von BENDA in seiner Methode der Neuroglia- und Mitochondrienfärbung benutzt (siehe dort). v. SCHRÖTTER färbt Rückenmarksschnitte 24 Stunden in einer 1—2%igen wässerigen Lösung und differenziert dann in Brunnenwasser bis zur Rotfärbung. Sämtliche Elemente sollen elektiv gefärbt sein.

Literatur: v. SCHRÖTTER (Neurol. Zentralbl., Bd. 21, 1902).

Alizarinblau R, Dioxyanthrachinonchinolin (Elberfeld), syn. Alizarinblau in Teig (Ludwigshafen); dunkelblaue oder violette Krystallnadeln, die in Wasser unlöslich, in Alkohol, Äther und Benzol wenig löslich sind. In Säuren mit roter, in Alkalien mit blauer Farbe löslich. In der Technik zur Blaufärbung mittelst Chrombeize benutzt.

Alizarinblau S entsteht durch Einwirkung von Natriumbisulfit auf das vorige (Ludwigshafen). In Wasser löslich, in Alkohol unlöslich. In Säuren mit gelber, in Alkalien mit violetter Farbe löslich.

Alizarincyanin 3 R, $C_6H_2(OH)_2\langle{}^{CO}_{CO}\rangle C_6H(OH)_3$, erhalten durch Oxydation von Alizarinbordeaux in schwefelsaurer Lösung (Elberfeld). Dunkelbraune, in Wasser unlösliche, in Alkohol lösliche Paste. In Schwefelsäure und Natronlauge mit blauer Farbe löslich.

RAWITZ färbt in einer 5%igen wässerigen Aufschwemmung, der vor dem Gebrauch einige Tropfen einer 1%igen Lösung von essigsaurem Calcium zugesetzt sind. Schnitte 24 Stunden im Brutschrank färben, nachdem sie vorher 24 Stunden mit Liquor ferri sulfurici oxydati gebeizt sind. Nach der Beizung und nach der Färbung wird in Wasser abgespült; der überschüssige, nicht durch die Beize gebundene Farbstoff wird in 96%igem Alkohol ausgezogen, dann Bergamottöl und Balsam.

Alizarinorange, $C_6H_4\langle{}^{CO}_{CO}\rangle C_6H(OH)_2NO_2$, β-Nitroalizarin, entweder braungelbe Paste, Alizarinorange in Teig (Ludwigshafen) oder gelbes Pulver, Alizarinorangepulver (Höchst). In Wasser unlöslich, in Alkalien mit roter, in Säuren mit gelbbrauner Farbe löslich. In der technischen Färberei zur Färbung von Wolle und Baumwolle mittelst Tonerde- (orange) oder Eisen- (rotviolett) oder Chrombeize (braun) benutzt.

Alkaliblau entsteht durch Behandlung von Anilinblau mit Schwefelsäure und stellt ein Gemenge von Natriumsalzen der Triphenylrosanilinmonosulfosäure und der Triphenylpararosanilinmonosulfosäure dar (Berlin, Elberfeld, Ludwigshafen). Blaues, in Wasser leichter als in Alkohol lösliches Pulver, mit Natronlauge färbt sich die Lösung rotbraun, mit Salzsäure entsteht ein blauer Niederschlag. In Schwefelsäure löst sich der Farbstoff mit rotbrauner Farbe. Zum Färben der Wolle vielfach benutzt, u. zw. in alkalischer Lösung (Soda oder Borax). Die Farbe wird dann in 0,2%iger Schwefelsäure entwickelt.

Alkaloide, pflanzliche. Die mannigfache chemische Konstitution der in Pflanzen vielfach vorkommenden, meist sauerstoffhaltigen (außer dem flüchtigen Piperidin, Coniin, Nicotin, Spartein*), stickstoffhaltigen organischen Basen, Alkaloide läßt keine allgemein gültige Reaktion zu, während die Alkaloide physiologisch, höchst wahrscheinlich als Abbauprodukte des Eiweiß, durch ihre Giftigkeit gut charakterisiert sind. Als beste Gruppenreaktion hauptsächlich für die Pyridinreihe gelten Phosphormolybdänsäure, farbloser bis grüngelber Niederschlag, Kaliumwismutjodid, brauner Niederschlag, Pikrinsäure, gelber Niederschlag (BEILSTEIN). Soll beim mikrochemischen Nachweis das Alkaloid in der Zelle selbst zur Darstellung gebracht werden, so darf nur frisches Material verwendet werden, da das Alkaloid beim Trocknen der Pflanze leicht wandert. Jodjodkalium gibt einen sehr charakteristischen rotbraunen Niederschlag, doch gehört einige Aufmerksamkeit dazu, ihn zumal im Assimilationsgewebe zwischen den gleichfalls mehr oder weniger gebräunten Chlorophyll- und Stärkekörnern, Plasma und Zellkern zu erkennen. Die Fällung ist dauernd (bald verschwindend nur bei Nicotin). Da auch andere, zumal Eiweißstoffe, siehe Eiweiß, durch Jodjodkalium gefällt werden, müssen aus Schnitten die Alkaloide in durch Weinsäure angesäuertem Alkohol (1 : 20) ausgezogen werden (2—24 Stunden) und dürfen die Schnitte dann keine Reaktion mehr geben (CLAUTRIAU). In gewissen Fällen geben Jod- und Bromdämpfe auf Schnitte gute Reaktionen (BARTH). Für viele Alkaloide existieren oft scharf charakterisierte Spezialfarbreaktionen, z. B. mit konzentrierter Tellur-, Selen-, Vanadin-, Schwefelsäure usw., deren mikrochemische Verwendbarkeit jedoch im Einzelfalle eingehender Prüfung zu bedürfen scheint, jedenfalls hinter den obigen fällenden Reagentien erheblich zurückstehen. (Vgl. Zusammenstellung der verschiedenen Farbenreaktionen bei F. NICKEL, ZIMMERMANN, dort Literatur, und BEHRENS.) Für viele Alkaloide der Purinreihe ist eine mikrochemische Lokalisation nicht gelungen. Kleine Mengen Theobromins und Coffeins werden nachgewiesen, indem man die Schnitte für eine Minute in konzentrierte Salzsäure legt, zu der dann eine 3%ige Goldchloridlösung gefügt wird. Nach einiger Zeit schießen am Rande des Deckglases die Krystalle auf (MOHLISCH). Man kann auch kleinere Pflanzenteile mit etwas Kohle kochen,

* Stickstoff kann cyklisch nicht gebunden sein, so bei Cholin, Betain, Muscarin, Colchicin, oder gebunden einerseits zur Pyridinreihe gehören, Alkaloide im engeren Sinne wie Coniin, Piperin, Nicotin, Pilocarpin, Spartein, Atropin, Cocain, Strychnin, Brucin, Chininalkaloide, andrerseits zur Puringruppe wie Xanthin, Theobromin, Coffein, Guanin (PICTET, FISCHER).

das Alkaloid sublimieren und mit Silbernitrat in schwach salpetersaurer Lösung als Krystalle abscheiden (BEHRENS 1897).

Literatur: BARTH (Bot. Zentralbl., Bd. 75, 1898), BEHRENS (Anleitung zur mikrochemischen Analyse der wichtigsten organischen Verbindungen, Heft 4, 1897), BEHRENS (Tabellen), BEILSTEIN (Handbuch der organischen Chemie, III. Aufl.), CLAUTRIAU (Ann. Soc. Sc. Méd. Nat. Bruxelles, Bd. 9, 2, 1900), FISCHER (Ber. Deutsch. Chem. Ges., Bd. 22, 1899), MOLISCH (Grundriß der Histochemie der pflanzlichen Genußmittel, Jena 1891), NICKEL (Farbenreaktionen der Kohlenstoffverbindungen. Berlin 1890), PICTET (La constitution chimique des alcaloides végétaux, II. Aufl., Paris 1897), ZIMMERMANN (Bot. Mikrotechnik, Tübingen 1892). *Magnus*, Berlin.

Alkanna. Es kommen unter dem Namen Alkanna zwei verschiedene Drogen im Handel vor, die Wurzel von Lawsonia alba Lam. und von Anchusa tinctoria L. Die letztere, die hauptsächlich aus Spanien, Griechenland und Südfrankreich kommt, wird mit Petroleumäther extrahiert, der letztere abdestilliert, und man erhält so ein dickflüssiges, rotes Extrakt, welches in der Technik vielfach zum Färben von Ölen und Fetten benutzt wird. LIEBERMANN und RÖMER haben aus diesem käuflichen Produkt ein reines Alkannin dargestellt und dafür die Formel $C_{15}H_{14}O_4$ berechnet. Es ist in Wasser unlöslich, etwas löslich in Alkohol, Äther, Benzol und fetten Ölen, leichter in Chloroform oder Eisessig. Von Alkalien werden die roten Krusten leicht mit blauer Farbe gelöst. Mit den verschiedenen Metallsalzen erhält man aus alkoholischer Alkannalösung verschiedenfarbige Lacke von inkonstanter Zusammensetzung. Nach LIEBERMANN und RÖMER ist das Alkannin als Dioxymethylanthrachinon anzusehen.

In der mikroskopischen Technik hat die Alkanna hauptsächlich eine Rolle als Fettfärbungsmittel gespielt (siehe dort). Außerdem ist sie zum Färben von Paraffin benutzt worden. SAMTER durchtränkt sehr kleine Objekte, um sie im ungefärbten Paraffinblock leichter aufzufinden, in solchem Alkannaparaffin.

Literatur: SAMTER (Zeitschr. Wiss. Mikr., Bd. 11, 1894).

Über die Darstellung der Alkannatinktur vgl. Öle, pflanzliche.

Alkohole. Mit dem Namen „Alkohole" oder „Carbinole" bezeichnet man alle diejenigen Derivate der Kohlenwasserstoffe, in denen ein oder mehrere Wasserstoffatome durch den Rest OH, die Hydroxylgruppe, ersetzt sind.

Verbindungen, die einmal die Hydroxylgruppe enthalten, bezeichnet man als „einwertige Alkohole", z. B. CH_3CH_2OH oder Äthylalkohol; solche, die zwei OH-Reste enthalten, als „zweiwertige Alkohole", z. B. $CH_2(OH)$—$CH_2(OH)$ (Äthylenalkohol), solche mit drei Hydroxylgruppen als „dreiwertige Alkohole", z. B. $CH_2(OH)$—$CH(OH)$—$CH_2(OH)$ oder Glycerin usw.

Scharf von dieser Einteilung zu trennen ist die Unterscheidung der Alkohole als primäre, sekundäre und tertiäre. Diese will nichts über die Zahl der vorhandenen Hydroxylgruppen aussagen, sondern charakterisiert die Stellung der Hydroxylgruppe zu den Kohlenstoffatomen.

Alkohole, deren Hydroxyl in eine Methylgruppe (—CH_3) eingetreten ist, heißen primäre Alkohole; sie enthalten demnach die Atomgruppierung: —CH_2.OH, die bei der Oxydation in die sogenannte Carboxylgruppe —COOH übergeht.

Sekundäre Alkohole sind solche, deren Hydroxylgruppe in eine Methylengruppe ($>CH_2$) eingetreten ist. Sie besitzen die Atomanordnung $>$CH.OH, die bei der Oxydation in die Ketogruppe $>$CO verwandelt wird.

Tertiäre Alkohole endlich enthalten die Atomanordnung $\gtrdot$C.OH, die aus der Methingruppe $\gtrdot$CH entstanden ist und durch Oxydation an sich nicht weiter verändert werden kann.

Den Alkoholen eigentümlich ist eine gewisse chemische Indifferenz. Sie sind neutrale Körper, die weder basisch noch sauer reagieren. Diese Zwitterstellung befähigt sie aber, gelegentlich basischen oder sauren Charakter anzunehmen. Ersteres erfolgt bei ihrer Vereinigung mit Säuren zu den sogenannten Estern, letzteres tritt in der Möglichkeit zutage, durch Ersatz eines Wasserstoffatoms mit

Metallen, so mit Kalium und Natrium, gelegentlich auch mit Barium, Zink und Aluminium, zusammenzutreten.

Dieser Vorgang ist der Salzbildung einer Säure vergleichbar und kommt durch die Reaktionsfähigkeit des Wasserstoffatoms in der Hydroxylgruppe, des sogenannten typischen H-Atoms, zustande.

Die Alkohole einer homologen Reihe zeigen mit zunehmendem Molekulargewicht stufenweise eine Änderung ihrer physikalischen Konstanten.

Die niederen Alkohole sind flüchtige, leicht bewegliche Flüssigkeiten von meist angenehmem charakteristischen Geruch. Die mittleren Glieder, etwa von C_4 an, sind ölig, und von C_7 an werden die Alkohole dickflüssig bzw. fest und fettähnlich.

Bei der Erhöhung des Molekulargewichtes steigt auch der Siedepunkt, und zwar bei normaler Kohlenstoffkette um ca. 19° für die Differenz CH_2. Die höheren Vertreter der Alkoholgruppe sieden nur im Vakuum unzersetzt.

Die Anfangsglieder der Reihe, Methyl-, Äthyl- und Propylalkohol, sind mit Wasser in jedem Verhältnis mischbar, bei den höheren nimmt die Löslichkeit im Wasser bald ab; so ist der Amylalkohol ($C_5H_{11}.OH$) erst in 40 Teilen Wasser löslich, während die noch höheren fettähnlichen Glieder ganz unlöslich sind.

Bemerkenswert ist die Fähigkeit der Alkohole, aus ihren Lösungen durch Pottasche oder Chlorcalcium abgeschieden oder „ausgesalzen" zu werden.

Das spezifische Gewicht sämtlicher Alkohole ist geringer als das des Wassers, also < 1.

Ein in manchen Punkten abweichendes Verhalten zeigen die Alkohole der Benzolreihe, die sogenannten Phenole (siehe diese). *Neuberg*, Berlin.

Alkohol, Äthylalkohol, Weingeist, Sprit oder Spiritus genannt, $C_2H_5.OH$, wird seit alters durch den Prozeß der Gärung aus verschiedenen Kohlehydraten, namentlich aus Traubenzucker, Saccharose und Invertzucker gewonnen. Dieser Vorgang ist früher als eine Lebenstätigkeit der Gärungserreger aufgefaßt worden, nach E. Buchners Untersuchungen der letzten Jahre aber auf ein in der Hefe enthaltenes Ferment, die Zymase, zurückzuführen, das von den lebenden Zellen getrennt werden kann. Die durch die Zymase bewirkte Zerlegung des Zuckers wird durch die Gleichung $C_6H_{12}O_6 = 2\,CO_2 + 2\,C_2H_5OH$ ausgedrückt, doch trägt dieselbe nicht der Bildung von Nebenprodukten, höheren Alkoholen, Bernsteinsäure, Glycerin etc. Rechnung. Diese entstehen aus Zerfallsprodukten der Hefezellen selbst.

Bei der Verarbeitung der vergorenen Flüssigkeiten (Maische) erhält man zunächst einen wasserhaltigen Alkohol (Sprit), der durch Destillation über wasserentziehenden Mitteln (kohlensaurem Kali, geglühtem Kupfersulfat, Bariumoxyd oder gebranntem Kalk) in „absoluten" (wasserfreien) Alkohol verwandelt wird.

Letzterer bildet eine wasserklare Flüssigkeit von angenehmem und zugleich berauschendem Geruch; sie erstarrt bei —130° zu einer schneeähnlichen Masse und siedet unter Atmosphärendruck bei +78°; spez. Gew. 0,806 bei 0°.

Absoluter Alkohol zieht begierig Wasser an, er mischt sich mit Wasser unter Volumcontraction und Erwärmung.

Alkohol ist ein vorzügliches Solvens für zahlreiche organische Körper; auch anorganische sind in ihm löslich, so besonders bestimmte Chloride und Nitrate, während Sulfate und Carbonate in der Regel unlöslich sind; Gase lösen sich in ihm oft reichlicher als in Wasser.

Das typische Wasserstoffatom der Hydroxylgruppe ist im Alkohol durch Metalle ersetzbar. So löst sich Natrium- und Kaliummetall unter Wasserstoffentwicklung in ihm, wobei die Verbindung $C_2H_5.ONa$ bzw. $C_2H_5.OK$ (Natriumäthylat bzw. Kaliumalkoholat) entstehen; auch Barium-, Zink- und Aluminiumalkoholat sind bekannt.

Alkohol ist ungemein beständig gegen reduzierende Agenzien, wenig widerstandsfähig gegen oxydierende Mittel. Chromsäure oder Mangansuperoxyd + Schwefelsäure führen ihn in Aldehyd (charakteristisch) und weiterhin in Essigsäure über. Jod und Alkali verwandeln ihn in Jodoform.

Zur Erkennung eines Gehaltes an Wasser versetzt man Alkohol mit der mehrfachen Menge Benzol; sind mehr als 3% Wasser zugegen, so erfolgt Trübung (durch Ausscheidung von Wassertröpfchen). Spuren von Wasser weist man durch folgende Probe nach: Zu 1 *mg* Anthrachinon fügt man den zu untersuchenden Alkohol und etwas Natriumamalgam, Rotfärbung zeigt Wassergehalt an, während absoluter Alkohol sich dungelgrün färbt.

Nachweis von Alkohol: 1. Man versetzt die zu untersuchende Flüssigkeit in einem Reagensglase mit verdünnter Schwefelsäure und einem Körnchen Kaliumbichromat. Bei schwachem Erwärmen entweicht Acetaldehyd, $CH_3 . CHO$, der ein in die Mündung eingeführtes, mit ammoniakalischer Silberlösung getränktes Reagenspapier schwärzt ($CH_3 CH_2 OH + O = H_2 O + CH_3 CO H$).

2. Man erwärmt eine Probe schwach (auf 60—70°) mit Alkalilauge und einem Körnchen Jod oder mit etwas Jod-Jodkaliumlösung. Beim Erkalten scheidet sich Jodoform, CHJ_3, aus, das an seiner gelben Farbe, seinem mikroskopischen Bilde (sechseckige Täfelchen) und dem charakteristischen Geruche erkannt wird ($C_2 H_5 . OH + 6 KOH + 8 J = 5 H_2 O + 5 KJ + HCOOK + CHJ_3$). (Zu der Jodoformprobe ist zu bemerken, daß die meisten Substanzen mit der Atomgruppierung $— CH_2 — CO —$ oder $— CHOH — CO —$ dieselbe Reaktion geben, so Aceton, Aldehyd, Milchsäure, Zucker.)

3. Beim Schütteln von Alkohol mit Benzoylchlorid und Natronlauge tritt der charakteristische Geruch nach Benzoesäureäthylester auf.

Die quantitative Bestimmung von Alkohol erfolgt am einfachsten durch Ermittlung des spezifischen Gewichtes mit Hilfe eines Aräometers (Alkoholometer nach TRALLES), das den Alkoholgehalt in Volumprozenten anzeigt. Da die Gegenwart anderer Stoffe das spezifische Gewicht des Alkohols beeinflußt, destilliert man ihn zunächst ab. *Neuberg*, Berlin.

Alkohol als Fixationsmittel. Der Alkohol ist das älteste und bis auf den heutigen Tag eines der am häufigsten angewendeten Fixationsmittel. Auch die große Umwälzung in der mikroskopischen Technik, die Einführung des Mikrotoms, hat für ihn nur einen Rollenwechsel zur Folge gehabt; hatte er vorher unmittelbar dazu gedient, als „Härtemittel" dem Objekte schnittfähige Konsistenz zu verleihen, so wurde er nunmehr zur Nachbehandlung auch der in anderen Flüssigkeiten fixierten Objekte ein unentbehrliches, aber nicht ganz ungefährliches Hilfsmittel bei der Einbettung in die neu zur Aufnahme kommenden Einschlußmassen.

Der Alkohol gelangt nahezu in allen Stärkegraden zur mikroskopisch-technischen Verwendung, wird in der Regel indessen als 90%iger und als 99·8%iger Spiritus von den Fabriken bezogen; aus jenem werden in den Laboratorien die gewünschten Verdünnungen bereitet. Um eine bestimmte Anzahl Kubikzentimeter verdünnten Alkohols von bestimmter Stärke zu erhalten, braucht man von dem vorhandenen stärkeren Alkohol $b \frac{x}{y}$ *ccm*, wobei b die gewünschte Alkoholmenge, x die gesuchte, y die gegebene Konzentration bedeutet. Es ist praktisch, sich ein- für allemal für jedes Vorratsgefäß, in dem man Alkohol bestimmter Konzentration aufbewahrt, die notwendigen Alkohol- und Wassermengen auszurechnen und in den betreffenden Höhen am Glase Marken, mit einem Striche versehene Etiketten, anzubringen, bis zu denen man bei jeder Erneuerung auffüllt. Da sich Alkohol und Wasser nicht sofort miteinander mischen, müssen die frisch bereiteten Lösungen jedesmal tüchtig umgeschüttelt werden.

In älteren Arbeiten begegnet man häufig der Bezeichnung der Alkoholkonzentration nach Graden. Diese Gradeinteilungen beziehen sich auf die Aräometerskalen, deren man sich zur Stärkebestimmung bedient. TRALLES verzeichnet in seiner Skala die Stärke in Volumprozenten, RICHTER und STOPANI nach Gewichtsprozenten. Die Volumprozentbezeichnung ist in Deutschland gesetzlich eingeführt und alle unsere Angaben beziehen sich auf diese. Die Bezeichnung x° TRALLES bedeutet demnach x% Alkohol.

Besonders sorgsame Behandlung erfordert der absolute Alkohol, der sehr begierig und rasch aus der Luft Wasser anzieht. Um ihn von den letzten Prozenten Wasser zu befreien oder ihn vor dem Anziehen von Wasser zu bewahren, bringt man stark hygroskopische, in Alkohol unlösliche Mittel in die Vorratsflasche hinein. FOL benützt dazu gebrannten Kalk, RANVIER Kupfersulfat, aus dem durch längeres Glühen auf dem Sandbade das Krystallwasser ausgetrieben wurde (weißes, geglühtes, calciniertes Kupfersulfat). Um das Auftreten freier Säure zu vermeiden, setzt ELSCHNIG vor dem Glühen etwas gepulverte Kreide zu. Im Alkohol bläut sich das weiße Salz allmählich durch Wasseraufnahme und muß dann erneuert werden. In den chemischen Laboratorien verwendet man zu diesem Trocknen des Alkohols Bariumoxyd, das in absolutem Alkohol gänzlich unlöslich ist. Am besten wickelt man alle diese Trockenmittel in Gaze und umschnürt das Ganze fest, damit beim Abgießen von dem freien auf dem Boden liegenden Satze nicht Teilchen mitgeschwemmt werden. Auf Spuren von Wasser untersucht man absoluten Alkohol nach YVON durch Zusatz von Calciumcarbidpulver, das schon Spuren von Wasser durch Acetylengasentwicklung und Trübung der Flüssigkeit anzeigt.

Es gibt wohl kaum ein Objekt, für das die Alkoholfixation nicht einmal benützt worden wäre. Früher begann man mit schwächeren Konzentrationen und steigerte allmählich den Stärkegrad. Die „Fixation in steigendem Alkohol" ist im ganzen als schlecht erkannt, sobald es sich nicht nur um die Erhaltung der groben Formverhältnisse, z. B. für systematisch-zoologische Zwecke handelt; sie wird aber dennoch hie und da auch für feinere Zwecke empfohlen, z. B. von NANSEN für Anneliden; von ARNOLD für anormale Mitosen in der Milz: 25—96% Alkohol in 36—48 Stunden; von FRIEDLÄNDER für Bauchmark von Lumbricus; von LUDWIG für Holothurienentwicklung erst 50%, dann 70%; von HEATH für das Nervensystem von Solenogastren: 50%iger Alkohol 1 Stunde, dann Verstärkung auf 85%; von ESCHWEILER für das Mittelohr; von JOANNOVICS und SCHLESINGER nach UNNA für die Untersuchung der Plasmazellen; von STITZ für den Genitalapparat der Lepidopteren. SCHOTTLÄNDER hat über die Schrumpfung der Chromatinfäden bei Behandlung des Bulbus mit steigendem Alkohol (je 8 Stunden in 25, 50, 75 und 100%) über gute Erhaltung der Spindeln und scharfe Begrenzung der mitotischen Figur berichtet.

Der starke, nicht absolute Alkohol von 90—95% liefert schon in einer größeren Anzahl von Fällen brauchbare Resultate, sofern es sich nicht um stark wasserhaltige Gewebe handelt, die allerdings bis zur Unkenntlichkeit schrumpfen können. Von vielen Seiten ist er als unzureichend bezeichnet, von anderen Autoren indessen noch für die Darstellung feinerer Strukturen benutzt worden. So erklärt MINOT den 96%igen Alkohol für brauchbar, REDDINGIUS sogar für Studien an Kernkörperchen.

Die relativ größte Sicherheit einer tadellosen Fixation bietet der wirklich absolute Alkohol, der denn auch vielseitige Empfehlungen selbst aus der jüngsten Zeit für sich hat, z. B. von KÜCHENMEISTER für Speicheldrüsen, KUCZINSKI für BRUNNERsche Drüsen, LEWASCHEW für Pancreas, MARTINOTTI und RESEGOTTI für Kernteilungsfiguren, V. MARSCHALKÓ für Plasmazellen, BERGONZINI für granulierte Zellen des Bindegewebes. TEDESCHI fixiert das Myocard, CAVALIÉ das elektrische Organ von Torpedo in absolutem Alkohol. Für die Fixation der Spongien ist der absolute Alkohol sogar das klassische Fixierungsmittel geworden, besonders auf die Empfehlung von F. E. SCHULZE hin. So fixiert MAAS Spongilla in absolutem Alkohol nach vorhergehendem Ausschwenken, ROUSSEAU empfiehlt ihn ebenfalls für diesen Zweck und nach LENDENFELD tritt sogar Osmiumtetroxyd dagegen zurück.

Die Fixation mit absolutem Alkohol muß unter gewissen Vorsichtsmaßregeln geschehen: jede Erniedrigung des Stärkegrades infolge der Vermischung mit dem Wasser der Gewebe nähert seine Wirkung der des schlecht fixierenden verdünnten Alkohols um so mehr, je wasserreicher ein Organ ist (Corpus vitreum des Bulbus!)

Daraus ergeben sich zwei praktische Regeln:

1. Man fixiere in recht großen Mengen, damit der Prozentgehalt möglichst wenig herabsinke (BANNWARTH).

2. Da der wasserhaltige Alkohol spezifisch schwerer ist als der wasserärmere, so muß man das Objekt stets in die höchsten Flüssigkeitsschichten bringen, nicht etwa auf dem Boden des Gefäßes in dem dort nur zu bald recht dünnen Alkohol liegen lassen. Man legt es entweder auf Watte oder hängt es entsprechend im Glase auf.

Alkohol gehört zu den am schnellsten die Gewebe durchdringenden Agenzien. Dünne Membranen sind in 5—10 Minuten fixiert, größere Stücke (5 *ccm*) in 2—3 Stunden, sehr große Stücke läßt man 24—48 Stunden darin; bei einigermaßen größeren Präparaten wechselt man in der Regel aus den oben angeführten Gründen den Alkohol mehrere Male.

Für größere Organe empfiehlt es sich auch sehr, zur Fixation reichliche Mengen absoluten Alkohols in die Gefäßbahn zu injizieren und dann das ganze Organ in absolutem Alkohol aufzuhängen. Es liefert diese Methode, z. B. für die Säugetierniere, für die Lunge häufig ausgezeichnete Resultate.

In wenigen Minuten wirkt bereits der bis zum Kochen erhitzte Alkohol; doch kommt hier sowohl für die Schnelligkeit als die Güte der Gewebeerhaltung vermutlich mehr die Hitze, denn der Alkohol in Betracht. Er bildet ein sehr brauchbares Fixationsmittel für die Arthropoden, deren starrer Chitinpanzer jedem anderen Mittel den Zutritt so lange wehrt, bis im Inneren schon oft grobe cadaveröse Veränderungen aufgetreten sind (MAYER, BRÜEL). ADELUNG fixiert Locustiden in kochendem Alkohol, entpigmentiert sie mit Chloroform, dem $^1/_2$—1$^0/_0$ Salpetersäure zugesetzt sind, bringt sie in ein Gemisch von 1 Teil absolutem Alkohol und 2 Teilen Äther für einen Tag bei 50—60°. Nach CARNOY ergibt diese Methode für die Fixation der Nematodeneier unzulängliche Resultate. DU BOIS fixiert den Darm vom Schwein in kaltem oder in kochendem absolutem Alkohol: er erklärt ihn für das einzige Mittel, die basophilen Granulationen in einzelnen Zellenarten der Schleimhaut zu konservieren.

Da bei diesem Verfahren, wie oben betont, wohl wesentlich die Hitze koagulierend wirkt, so sind auch schwächere Konzentrationen brauchbar: KLUGE bedient sich für Vespa des 60$^0/_0$igen Alkohols bei 40°, um die Luft aus dem Parenchym zu vertreiben. MAZZARELLI fixiert kleine Stücke der Keimorgane von Aplysia 10 Minuten in warmem Alkohol (70—80°), VAN REES Fliegenpuppen in Alkohol von 30—100$^0/_0$, der bis zur Gerinnungstemperatur des Eiweißes erwärmt ist, RITTER Chironomuseier in heißem, 30$^0/_0$igem Alkohol und bringt sie dann in absoluten, RAUTHER fixiert Mermis in heißem Alkohol, SCHWARZ Cypridenmännchen zum Studium der Spermatogenese in 30$^0/_0$igem Alkohol bei 70° und behandelt mit steigendem Alkohol weiter.

Die Bequemlichkeit der Nachbehandlung bei der Alkoholfixation ist einer ihrer lockendsten Vorteile.

Will man die Objekte, wie auf einer größeren Expedition, oder als Vorratsmaterial aufbewahren, ohne sie sofort weiter zu verarbeiten, sie weiterhin in gleicher Weise für makroskopische, wie mikroskopische oder zoologisch-systematische Zwecke verwerten, so ist nur die Überführung, sei es aus dem absoluten, sei es aus dem schwachen Alkohol in solchen von etwa 80$^0/_0$ notwendig, in dem man das Material nahezu unbegrenzt lange aufbewahren kann. Allerdings leidet bei mehrjährigem Aufenthalt im Alkohol schließlich die Färbbarkeit einiger Objekte, doch begegnet man in der Literatur Angaben derart, daß die einer Arbeit zugrunde liegenden Materialien 7—20 Jahre lang in Alkohol gelegen hätten. Einige andere Gewebeteile, z. B. Dotter, werden auch schon bei kürzerer Aufbewahrung unschneidbar hart.

Anderseits ist aber auch die Alkoholfixation eine der schnellsten der üblichen Methoden, wenn man die fixierten Objekte gleich weiter zu bearbeiten wünscht;

es ist kein Überschuß des Fixationsmittels zu entfernen, die Präparate brauchen nicht besonders entwässert, nicht besonders gehärtet zu werden, sondern sind aus dem absoluten Alkohol, den man noch ein- oder mehreremal wechselt, sogleich zur Überführung in Celloidin oder Paraffin mittelst der betreffenden Intermedien bereit.

Die hauptsächlichste Verwendung in der Mikrotechnik, gegenüber der die Verwendung als Fixiermittel weit zurücktritt, findet der Alkohol in seinen steigenden Stärkegraden zur Entwässerung der in anderen Agenzien fixierten und mit Wasser oder dünnem Alkohol ausgewaschenen Präparate. FISCHER hat gezeigt, daß der Alkohol hierbei, sobald er erst einmal den wirksamen Konzentrationsgrad erreicht hat, nach manchen Fixiermitteln, z. B. nach Osmiumtetroxyd, noch eine nicht zu unterschätzende Rolle bei der Ausfällung der durch voraufgegangene Mittel nicht gefällten und durch das Auswaschen nicht entfernten Eiweißkörper spielt.

Schon die wenigen angeführten Literaturangaben beleuchten den Widerstreit der Meinungen über die Brauchbarkeit des Alkohols zur Fixation.

Für die Erhaltung feiner Strukturen ist als leitender Grundsatz zu betrachten, daß der Alkohol konzentriert genug sein muß, um durch rasche Wasserentziehung alles Gerinnbare so schnell zu koagulieren, daß keine Zeit zum Eintreten großer Schrumpfungen übrig bleibt.

Mit steigendem Stärkegrad erhöht sich sowohl die Fällungskraft als die wasserentziehende Wirkung. Besonders in großem Überschuß angewandt, würde ein schwächerer Alkohol die durch ihn überhaupt koagulierbaren Eiweißkörper wohl ausfällen, aber er würde dem Objekte infolge seines eigenen Wassergehaltes das Wasser so langsam entziehen, daß Schrumpfungen eintreten können. Man muß also über den zur Fällung notwendigen Stärkegrad soweit hinausgehen, daß alle Objektteile, auch die in der Tiefe des Präparats, mit hinreichend starkem Alkohol möglichst rasch in Berührung kommen. Natürlich kommt man dann bei ganz dünnen Membranen (Blattoberhäutchen, Epidermis) mit schwächeren Stärkegraden aus, als bei dicken; bei der wasserarmen Haut mit dünnerem Alkohol als bei dem wasserreichen Bulbus, und bei den Drüsen, für die man den Alkohol gar nicht konzentriert genug anwenden kann.

Die vielfachen Klagen über Verunstaltungen der Zellen und der Gewebe, für die es unnötig erscheint, Belege anzuführen, sind nicht dem Alkohol als solchem zur Last zu legen, sondern eben dem Umstande, daß er nicht allseitig im Augenblick der Berührung mit der Zelle konzentriert genug war. TELLYESNICZKY und v. WASIELEWSKI haben gezeigt, wie der Inhalt der Zelle und der Inhalt des Kernes gleichsam in der Richtung auf das Centrum des Stückes zu flüchten und sich an der abgewandten Zellen- und Kernwand zusammenballen. Solche Bilder sind der Ausdruck des Herandiffundierens erst schwächeren, dann stärkeren Alkohols an die Zelle von einer Seite her, wie es in den tieferen Objektschichten naturgemäß eintreten muß.

Doch auch bei nicht in grobem Sinne verzerrten Kern- und Zelleibformen kann der Alkohol feinere Strukturverunstaltungen hervorrufen, die auf Fällungen gelöster Eiweißkörper beruhen: so daß Gebilde, wenn sie ausschließlich nach Alkoholfixation zu beobachten sind, stets im dringenden Verdacht eines Kunstproduktes stehen müssen.

Anderseits ist nach FISCHER der Alkohol nicht imstande, Albumosen und Nucleinsäure in Wasser unlöslich auszufällen: daher rührt die von HERTWIG betonte, mehr gleichmäßige Gerinnung des Kerninhalts, daher die vergröberte, lückenhafte Kernstruktur in den Spinalganglienzellen des Frosches, die BÜHLER schildert, daher die Netzbildungen an Stellen, wo andere Fixationsmittel Bilder von Körnern und sonstige abweichende Fällungsformen aufweisen. (PANETH in den Körnchenzellen der LIEBERKÜHNschen Krypten.)

Endlich fehlen naturgemäß im Alkoholpräparat alle in Alkohol löslichen Bestandteile der Gewebe: die Neutralfette, die allerdings im kalten Alkohol schwer löslich sind, deren Reste dann aber dem Äther, dem Xylol, dem Chloroform zum Opfer fallen, ferner das Myelin, die fettähnlichen Körnchen der Nebennierenrinde;

allerdings erhält man von der Verteilung dieser Substanzen durch die Ausfällung der alkoholunlöslichen plasmatischen Substanzen, die sie in der lebenden Zelle umhüllten, schöne Negativbilder von ihrem Vorkommen und ihrer Anordnung im Gewebe.

Auch andere im Plasma eingelagerte Stoffe verändert der Alkohol: schon nach minutenlanger Wirkungsdauer gibt das Protoplasma der Nebennierenmarkzellen nicht mehr die Chromreaktion; das Eleidin der Epidermiszellen wird quantitativ und qualitativ durch Alkoholwirkung verändert (DREYSEL). Nach RIBBERT schwinden in den Lymphdrüsenzellen die Granula teilweise bei allen Methoden, bei denen überhaupt Alkohol zur Verwendung kommt. Nach AL. SCHMIDT entzieht der Alkohol die zymoplastischen Substanzen. Der Schleim zeigt hingegen nach Alkoholfixation nach SUSSDORF noch innige Verwandtschaft zu Farbstoffen, wie Methylviolett, Fuchsin, Methylenblau. SOLGER hat mittelst des Alkohols Differenzen in der Struktur der Knorpelgrundsubstanz aufgefunden: diese „Alkoholreaktion“ besteht im Auftreten opaker und hyaliner Stellen und wird von SOLGER als Unterschied in der Molekularstruktur gedeutet.

Für die Volumverminderung (Schrumpfung) der Gesamtobjekte hat STOELTZNER einige Zahlen gegeben, aus denen die Irregularität der Erscheinung, sowohl bei Anwendung von verdünntem 70%igem, von absolutem Alkohol, als auch bei seiner Verwendung in steigender Konzentration hervorgeht. Für das Verständnis dieser Erscheinungen bei der Anwendung des Alkohols sind auch die Untersuchungen von AIGNER von hohem Interesse, der zu anderem Zwecke die Schrumpfungsbilder an Gelatineinjektionsmassen studierte und die Gleichmäßigkeit der Schrumpfung vom Wassergehalt der Injektionsmasse abhängig fand. Solche Verhältnisse bieten auch natürliche Gebilde, wie die secreterfüllten Drüsenräume, z. B. das Colloid der Schilddrüsenbläschen dar, über deren Schrumpfung in Alkohol auch BOLAU berichtet. Unter Umständen kann der Mikroskopiker von der Schrumpfwirkung des Alkohols mit Vorteil Gebrauch machen: so findet BETHE die jungen, sich entwickelnden Nervenfasern in geschrumpftem Zustande nach Fixation in 90%igem Alkohol der Färbung und Untersuchung zugänglicher.

UNNA erblickt den V o r t e i l des Alkohols für die Plasmafixation darin, daß er keine Verbindung mit den Eiweißstoffen eingehe, sondern lediglich durch Wasserentziehung wirke. Die oben erwähnte große Bequemlichkeit der Alkoholmethode bleibt stets ihr größter Vorzug. Am Alkoholmaterial sind fast alle Färbungen möglich.

Daher wird man überall, wo es nicht sowohl auf peinliches Studium feinster Strukturen, als auf topographische Übersichtsbilder ankommt, sich seiner mit Nutzen bedienen: z. B. bei der Konservierung injizierter Organe: ferner für viele zoologische, besonders systematische Zwecke.

Für feine Untersuchungen kann dagegen der Alkohol nur empfohlen werden, wenn die oben angeführten Bedingungen der guten Fixation erfüllt sind: z. B. bei Trockenpräparaten des Blutes (EISEN), bei dünnen Zellmembranen. Bei einigermaßen dichten, wasserhaltigen Objekten muß man stets darauf gefaßt sein, daß nicht immer alle Schichten in gleicher Weise für feinere Untersuchungen brauchbar sich erweisen.

Die Alkoholfixation ist in neuerer Zeit durch die Empfehlung von NISSL und REHM zur Darstellung der Granulationen der Nervenzellen wieder besonders in Aufnahme gekommen. Ferner ist für einzelne Färbemethoden zur Untersuchung von Geweben auf bestimmte Einzelheiten die Alkoholfixation als beste vorgeschlagen worden: so von CANALIS der absolute Alkohol für die Bizzozerofärbung der Nebenniere mit Gentianaviolett. Weiterhin ganz allgemein für die Darstellung der Plasmazellen und die neueren Methoden der Darstellung der elastischen Fasern mit Orcein und Kresofuchsin und der Färbung nach MARTINOTTI (siehe Elastische Fasern) (FERRIA). Endlich ist sie wohl das hauptsächlichste Fixationsmittel für die Fixation der zum Glycogennachweis dienenden Gewebestücke: hierbei muß besonders auf die vollkommene Wasserfreiheit geachtet und die Flüssigkeit häufig erneuert werden (FISCHERA).

Vielfach hat man versucht, die Mißstände des Alkoholmaterials zu beseitigen und besonders alte, lange aufbewahrte Stücke noch für histologische Zwecke nutzbar zu machen. KÜKENTHAL behandelt Alkoholmaterial von Opheliaceen mit Osmiumtetroxyd nach (vgl. Osmiumtetroxyd). BENDA stellt mit seiner sekundären Chromierung noch Centrosomen am Alkoholpräparat dar. LEWIS fixiert absichtlich erst 24 Stunden im Kühlen in 90%igem Alkohol und läßt dann erst die Chrombehandlung der Centralorgane nachfolgen.

Literatur: ADELUNG (Zeitschr. Wiss. Zool., Bd. 54, 1892), AIGNER (Sitz. Akad. Wiss. Wien, Bd. 108, Abt. 3, 1899), ARNOLD (Arch. Mikr. Anat., Bd. 31, 1888), BANNWARTH (Arch. Mikr. Anat., Bd. 38, 1891), BENDA (Arch. Physiol. 1901), BERGONZINI (Anat. Anz., Bd. 6, 1891), BETHE (Allg. Anat. u. Physiol. d. Nervensystemes, Leipzig 1903), DU BOIS (Anat. Anz., Bd. 25, 1904), BOLAU (Inaug.-Diss., Jena 1899), BONNET (Technik 1884), BRÜEL (Zool. Jhb., Bd. 10, 1897), BÜHLER (Verh. Physik. Med. Ges., Würzburg [2], Bd. 36, 1888), CANALIS (Int. Mon. Anat. Physiol., Bd. 4, 1887), CARNOY (Cellule, Bd. 3, 1887), CAVALIÉ (C. R. Soc. Biol., Bd. 58, 1905), DREYSEL (Arch. Derm. Syph., Bd. 30, 1895), EISEN (Journ. of Morph., Bd. 15, 1899), ELSCHNIG (Zeitschr. Wiss. Mikr., Bd. 10, 1893), ESCHWEILER (Arch. Mikr. Anat., Bd. 53, 1898), FERRIA (Zeitschr. Wiss. Mikr., Bd. 5, 1888), FISCHER (Protoplasma 1899), FISCHERA (Beitr. Pathol. Anat., Bd. 36, 1904), FOL (Lehrbuch etc., p. 104), FRIEDLÄNDER (Zeitschr. Wiss. Zool., Bd. 47, 1888), KLUGE (Arch. Naturgesch., 61 Jg., Bd. 2, 1895), KUCZINSKI (Int. Mon. Anat. Physiol., Bd. 7, 1890), KÜCHENMEISTER (Arch. Mikr. Anat., Bd. 46, 1895), HEATH (Zool. Jhb., Bd. 20, 1904), HERTWIG (Morph. Jhb., Bd. 3, 1877), JOANNOVICS (Zeitschr. Heilk., Bd. 20, 1899), KÜKENTHAL (Jena. Zeitschr. Nat., Bd. 20, 1887), LENDENFELD (Zeitschr. Wiss. Mikr., Bd. 11, 1894), LENZI (Monit. Zool. Ital., Bd. 9, 1898), LEWASCHEW (Arch. Mikr. Anat., Bd. 26, 1886), LEWIS (Human Brain 1882), LUDWIG (Sitz. Akad. Wiss. Berlin, Bd. 32, 1891), MAAS (Zeitschr. Wiss. Zool., Bd. 10, 1890), v. MARSCHALKO (Arch. Derm. Syph., Bd. 30, 1895), MARTINOTTI und RESEGOTTI (Zeitschr. Wiss. Mikr., Bd. 4, 1887), MAZZARELLI (Atti Ac. Napoli [2], Bd. 4, 1891), MAYER (Mitt. Zool. Stat. Neapel, Bd. 2, 1880), MINOT (Zeitschr. Wiss. Mikr., Bd. 3, 1886), Mc. MURRICH (Journ. of Morph., Bd. 3, 1889), NANSEN (Bergens Mus. Aarsberetning for 1886), NISSL (Tagbl. Vers. Deutsch. Naturf., Straßburg 1885; Zentralbl. Nervenheilk., Bd. 17, 1894), PANETH (Arch. Mikr. Anat., Bd. 31, 1887), RANVIER (Journ. Micr. Soc. London, [2], Bd. 4, 1884), RAUTHER (Zool. Jhb., Bd. 22, 1906), REDDINGIUS (Arch. Pathol. Anat., Bd. 162, 1900), VAN REES (Zool. Jhb., Bd. 3, 1888), REHM (Münch. Med. Wochenschr. 1892), RIBBERT (Arch. Pathol. Anat., Bd. 150, 1897), RITTER (Zeitschr. Wiss. Zool., Bd. 50, 1890), ROUSSEAU (Annal. Soc. Belge Micr., Bd. 26, 1899), SCHLESINGER (Arch. Pathol. Anat., Bd. 169, 1902), SCHMIDT zit. nach UNNA (Monatsh. Prakt. Derm., Bd. 19, 1894), SCHOTTLÄNDER (Arch. Mikr. Anat., Bd. 31, 1888), SCHWARZ (Ber. Nat. Ges. Freiburg 1888), SOLGER (Arch. Anat. 1886), STITZ (Zool. Jhb., Bd. 15, 1901), SUSSDORF (Deutsch. Zeitschr. Tiermed., Bd. 14, 1889), TEDESCHI (Atti Accad. Fisiocritici, Bd. 9, 1894), TELLYESNICZKY (Arch. Mikr. Anat., Bd. 52, 1898), UNNA (Monatsh. Prakt. Derm., Bd. 19, 1894), v. WASIELEWSKI (Zeitschr. Wiss. Mikr., Bd. 16, 1899), YVON (C. R. Ac. Sc., Bd. 125, Paris 1897).

Poll, Berlin.

Alkoholgemische. Durch passende Mischung des Alkohols mit anderen fixierenden Agenzien kann man ihn, ohne die Vorteile der Bequemlichkeit, des schnellen Eindringens und der Auflösung vieler Substanzen einzubüßen, von seinen Nachteilen großenteils befreien. Man muß nur — auch bei der Erfindung neuer Fixationsgemische — sich gegenwärtig halten, daß der Alkohol, wenigstens in stärkeren Konzentrationen, kein indifferentes Lösungsmittel, etwa wie das Wasser, sondern ein recht zersetzlicher und mit anderen Körpern infolge seiner chemischen, zumal seiner reduzierenden Eigenschaften leicht neue Verbindungen bildender Körper ist.

Alkohol und Essigsäure, das Gemisch von CARNOY, liefert eines unserer besten Fixationsmittel; die Essigsäure bessert in zweifacher Weise:

1. Sie arbeitet mit ihrer quellenden Wirkung der schrumpfenden des Alkohols entgegen und verhindert so die gröberen Verunstaltungen, wenn das Verhältnis beider Substanzen auf das einzelne Objekt gerade richtig eingestellt ist.

2. Sie ergänzt die mangelhafte Kernkonservierung: denn sie fällt in den starken Konzentrationen, in denen sie gewöhnlich beigemischt wird, die Nucleinsäure selbst bei alkalischer Reaktion.

v. WASIELEWSKI bestätigt die gute Konservierung der Mitosen durch Essigsäure allein und stellt auch am botanischen Material die von TELLYESNICZKY betonte Brauchbarkeit des Gemisches zur Fixation fest. Daran ändert die Konstatierung FISCHERS nichts, daß Alkoholessigsäure ein unsicheres Fällungsmittel sei.

Die CARNOYsche Flüssigkeit besteht aus 100%igem Alkohol 3, Eisessig 1. In einer halben bis einer Stunde sind selbst größere Stücke (1 *ccm*) fixiert. Nachbehandlung: absoluter Alkohol, der nach 24 Stunden einmal gewechselt wird. Einbetten durch Chloroform. Dies Gemisch ist für eines der am schwierigsten zu behandelnden Objekte, die Eier des Pferdespulwurms, Ascaris clavata und anderer Ascariden, ausgedacht, deren Eier nach VAN GEHUCHTEN in 5—20 Minuten abgetötet werden, während sie in den meisten anderen Flüssigkeiten tagelang am Leben bleiben. Es ist, nachdem man seine hervorragende Brauchbarkeit erkannt hatte, für mannigfache ähnliche Objekte, z. B. Eier und Embryonen anderer Wirbelloser (VAN GEHUCHTEN, CAMERANO, PEDASCHENKO), aber auch für ganz andersartige, z. B. das Centralnervensystem (KOLSTER, MÜLLER) verwandt und vielfach modifiziert worden. Aus diesem Grunde trägt das CARNOY-Gemisch in der Literatur eine Unzahl verschiedener Namen (VAN GEHUCHTEN etc.). Um dieser Verwirrung zu steuern, soll dieses erste, ursprünglich von CARNOY angegebene Mittel hier mit dem Namen Carnoy (3:1) bezeichnet werden. Es ist wesentlich in drei Richtungen modifiziert worden: *a)* in seiner prozentualen Zusammensetzung, *b)* in der Verwendung verdünnten Alkohols, *c)* durch Zusatz anderer Agenzien.

Modifikationen von Carnoy (3:1).

a) 1. Nach VAN BENEDEN und NEYT 100%iger Alkohol und Eisessig zu gleichen Teilen. Auch dieses Gemisch ist für Ascariseier angegeben und dafür z. B. von KULTSCHITZKY erprobt worden. Für viele andere zoologische Objekte (Eier von Strongylocentrotus lividus nach SCHNEIDER), zumal solche mit chitinöser oder sonst sehr undurchlässiger starker Haut, wie viele Anneliden, ist dieses Gemisch das einzige bis jetzt gefundene brauchbare Fixationsmittel: z. B. für Polychoerus caudatus (GARDINER) und erfreut sich daher einer großen Verbreitung. 2. Nach BONNEY für Zellenstudien: Alcohol absolutus 2, Eisessig 1. 3. Nach BOVERI ebenfalls für Ascariseier; er erhitzt die Alkoholessigsäure (100%iger Alkohol 100, Eisessig 1) zum Kochen und läßt die Eier darin zwei Stunden abkühlen. Auf die Gefahren grober Veränderungen bei diesem Vorgehen hat VAN GEHUCHTEN hingewiesen. Es wird dennoch hin und wieder angewandt (CAMERANO, für Eierstock von Gordius). 4. Nach SAUER: 100%iger (oder 90%iger) Alkohol 90, Eisessig 10 für Niere. 5. Nach KULTSCHITZKY (95) für Milz: ein Gemisch von Alkohol 100, Eisessig bis zu 1. 6. Nach HERLA und ZOJA für Ascaris: 100%iger Alkohol 5, Eisessig 1 auf 24 Stunden. Von allen den für die wichtigen Ascarispräparate, die häufig zum Studium der Mitose, der Befruchtung und Eireifung usw. verwandt werden, empfohlenen Fixationsgemischen liefert diese Lösung die besten und zuverlässigsten Ergebnisse. 7. Nach DUBOSQ für Chilopoden: 100%iger Alkohol 10, Eisessig 1. 8. Nach BLACKMAN und FRASER für Uredineen 20—25 Teile Essigsäure auf 100 Teile absoluten Alkohols. 9. Nach METALLNIKOFF für Larven von Culex Alcohol absolutus 4, Essig 1. 10. Nach KRONTHAL: $^1/_2$—1 *ccm* große Stücke des Centralnervensystems kommen nacheinander auf je 20—30 Minuten in Alcohol absolutus und Eisessig im Verhältnis von *a)* 8:2, *b)* 8,5:1,5, *c)* 9:1, *d)* 9,5:0,5, dann auf 1—2 Tage in einmal zu wechselndem absoluten Alkohol. Die Methode gibt auch für andere Objekte hübsche Resultate (Speicheldrüsen, Nebennieren, Niere). Für die Fixation stark bindegewebehaltiger Objekte beginne man mit gleichen Teilen Alkohol und Eisessig und vermindere den Essiggehalt alle halbe Stunden um 5—10%; wesentlich ist das allmähliche Fallen des Säuregehaltes.

b) Modifikationen von CARNOY (3:1) mit verdünntem Alkohol: Nach MC GREGOR für Amphibienhoden: 70%iger Alkohol 2, Eisessig 1. Nach SAUER siehe oben. Nach NABIAS für die Ganglien von Pulmonaten eine Stunde lang fixieren mit 6 Teilen Eisessig auf 100 Teile 90- oder 100%igen Alkohol, und zwar im eröffneten Tiere. Nach ERLANGER und MÜLLER für Ascariseier: 95%iger Alkohol 80, Eisessig 20. Darin können die Eiröhren aufgehoben werden; die Eier sind leicht isolierbar und lassen sich mit Glycerinfarblösungen färben; zum Schneiden Nachbehandlung mit 95%igem Alkohol, Chloroform. Nach BOVERI (99) für Ascaris:

70%iger Alkohol 100, Eisessig 5—10. KLINKOWSTRÖM benutzt für Prostheceraeus vittatus nach BOVERI 70%igen Alkohol 100, Eisessig 4. Nach ZUR STRASSEN 24 Stunden in 96%igen Alkohol 4, Essigsäure 1, daraus in absoluten Alkohol. Nach BERNARD: 2 Teile 80%igen Alkohols, 1 Teil Eisessig; von KOERNICKE für Zellenstudien an Angiospermen angewandt.

c) Modifikationen des CARNOYschen Gemisches mit Zusatz anderer Agenzien. CARNOY (87) selbst hat seinem Gemisch, um die Wirkung zu beschleunigen, Chloroform zugesetzt: 100%iger Alkohol 6, Chloroform 3, Eisessig 1. Fixationsdauer selbst für größere Stücke ½—1 Stunde; Nachbehandlung mit absolutem Alkohol, Einbettung.

Auch diese Flüssigkeit ist zu den besten, bequemsten und meist verwandten Fixationsmitteln zu zählen und soll hier fortan mit der Benennung CARNOY (6:3:1) bezeichnet werden. Es leistet für Niere nach SAUER 3—5 Stunden lang, für Nerven zur Fixation des Achsencylinders nach HELD, besonders aber seiner hohen Durchdringungsfähigkeit für chitinöse Objekte, z. B. die Pauropoden (KENYON), ausgezeichnete Dienste und dürfte wohl für nur sehr wenige Gewebe und Tiere gänzlich ohne Nutzen verwandt werden. Von besonderem Werte erweist es sich auch für die Fixation glycogenhaltiger Objekte, bei denen diese Substanz reaktiv nachgewiesen werden soll.

Es eignet sich recht gut zur Fixation mittelst Injektion, sei es in die Blutbahn eines Organes oder größerer Tiere. Auch bei niederen Tieren ist es zur Injektion verwandt worden (ILLINGWORTH bei Lucapina).

Die prozentuale Zusammensetzung von Alkohol, Chloroform und Eisessig in diesem Gemisch ist von den Forschern vielfach variiert und dem gerade vorliegenden Objekte angepaßt worden, je nach dessen leichterer oder schwererer Durchdringbarkeit, je nach seiner größeren oder geringeren Neigung, zu quellen oder zu schrumpfen: höherer Eisessiggehalt arbeitet der Schrumpfung, ein größerer Prozentsatz Alkohol der Quellung entgegen. CARLSON benutzt z. B. für Nisslpräparate der Vogelretina das Mischungsverhältnis Alkohol-Chloroform-Eisessig 6:3:2, SAAME für den Embryosack von Fritillaria 5:2:4, MAIRE für Basidiomyceten 1:1:1.

CARNOY und LEBRUN lösen zur Fixation der Eischläuche von Ascaris im Carnoy (6:3:1) Sublimat bis zur Sättigung, lassen diese Flüssigkeit 10 Minuten einwirken, bis der Oviduct zu Boden sinkt, waschen in schwachem Alkohol aus und bringen die Eier allmählich in 80%igen Alkohol. Nach OHLMACHER: abs. Alkohol 80, Chloroform 15, Eisessig 5, Sublimat zirka 20 *g*; für allgemeine neurologische Zwecke verwendbar. Nach ZOJA (93) für Ascaris: abs. Alkohol, Eisessig aa., Sublimat bis zur Sättigung. Nach ZOJA (96) für Ascaris: abs. Alkohol 5, Eisessig 1. Für Schnitte setzt er auf je 2—3 *ccm* 1 Tropfen 10%iges Platinchlorid zu und behandelt 1—2 Tage in absolutem Alkohol nach. Nach LAVDOWSKY: 95%iger Alkohol 10, 1%iges Platinchlorid 10, 0,5%ige Essigsäure 100. JUEL (05, 07) fixiert für Tetradenstudien Taraxacum und Saxifraga mit einer Lösung von 2 Teilen Zinkchlorid und 2 Teilen Eisessig auf 100 Teile 50%igen Alkohols mit immer gutem Resultate. Das gleiche Gemisch benutzte HABERMANN für das Studium des Fadenapparates in den Synergiden der Angiospermen und STRASSBURGER zum Vergleich mit Flemmingpräparaten bei Marsilia. ZACHARIAS verwendet für Ascariseier ein Gemisch von absolutem Alkohol 8 *ccm*, Eisessig 2 *ccm*, 1%igem wässerigem Osmiumchlorid 2 bis 3 Tropfen und setzt ein wenig Chloroform oder Glycerin hinzu. Fixation bei gewöhnlicher Temperatur 20—25 Minuten, bei 24° 10—15 Minuten. Auswaschen 2—3 Stunden in absolutem Alkohol, Aufbewahren in 70%igem Alkohol. LAVDOWSKY benutzt für Mitosestudien: 95%igen Alkohol 20, Eisessig 1, Formol 6, Wasser 40 und 95%igen Alkohol 15, Eisessig 1, Formol 5, Wasser 30. CAMERON fixiert Amphibienretina mit einem Gemisch aus 90 Teilen 70%igen Alkohols, 3 Teilen Eisessig, 7 Teilen Formol 1 Woche lang, überträgt in 90%igen Alkohol, entwässert und schließt mittelst erwärmten Cedernöles in Paraffin ein. WEYSSE und BURGESS fixieren Hühnerembryonen mit diesem, ursprünglich von BLES angegebenen Gemisch; sie behandeln mit 70%igem Alkohol nach. SCHWABE benutzt Alkohol-Eisessig-Formol für die tympanalen Sinnesorgane der Orthopteren.

Alkohol und Ameisensäure. RETTERER (87) fixiert 24 Stunden in 90%igem Alkohol 10, Ameisensäure 1. Auswaschen in Alkohol. Färbung mit Alauncarmin 24 Stunden lang. Zur Unterscheidung von glatten Muskelfasern und Bindegewebe. REGNAULD benutzte dieselbe Mischung zur Untersuchung der glatten Muskelfasern der Prostata, RETTERER (98) zum Studium der elastischen Fasern.

Alkohol und schweflige Säure. CARNOY (85) benutzt als Fixationsmittel für zarte, zerzupfte Arthropodenhoden zum Studium der Kernteilung die Dämpfe der schwefligen Säure, gelöst in Alkohol, und empfiehlt diese Methode als ausgezeichnete Kern-, aber weniger gute Plasmafixation. Die Objekte werden 3—5 Sekunden über den Hals der Flasche gebracht, die die Lösung enthält. Die Nachbehandlung muß durch sorgfältiges Auswaschen jede Spur der Säure entfernen. Später (86) benutzte er für die Eier von Ascaris megalocephala die Flüssigkeit selbst: die in Methylgrünlösung auspräparierten Ovarienstücke kommen auf dem Objektträger in einen großen Tropfen der Flüssigkeit, bis diese entfärbt ist; dann folgt Auswaschen, bis keine Spur der Säure mehr vorhanden ist und Einschluß in Glycerin oder dem Gemisch von RIPART und PETIT. Material zum weiteren Gebrauch fixiert man 1—8 Stunden, wäscht aus und bringt es in starken Alkohol. — GILSON gibt einige genauere Vorschriften: die Mischung wird hergestellt durch Durchleitung der gasförmigen, gut getrockneten schwefligen Säure durch abgekühlten absoluten Alkohol. Die Flüssigkeit muß vor Licht geschützt, am kühlen Ort in einem Gefäß mit kaltem Wasser stehend aufbewahrt werden. Zur Fixation mit der Lösung sind 2 bis 10 Minuten erforderlich, je nach der Größe; das Stück gelangt in schwachen Alkohol sehr kurze Zeit, dann in saure Methylgrünlösung. Für Paraffinpräparate eignet sich die Methode nicht. Die Räucherung mit den Dämpfen der schwefligen Säure geschieht einige Minuten lang über dem geöffneten Flaschenhalse; die Lösung wird erhitzt, und durch einen seitlichen Tubus leitet man die überschüssigen Dämpfe ins Freie. Nach CARNOY (87) tötet Alkohol, der 100—150 Volumina schweflige Säure enthält, Ascarislarven in 3 Minuten ab. Die Mischung verwenden in gleicher Weise VAN GEHUCHTEN (89), LEBRUN für Amphibienoviduct und WADDINGTON. Nach OVERTON liefert sie für botanische Objekte treffliche histiologische Bilder und völlige Entfärbung.

Alkohol und Salpetersäure. MAYER fixiert Seetiere in einem Gemisch von 40%igem Alkohol 97, Salpetersäure 3, unter Zusatz von etwas Pikrinsäure so lange, bis sie gut durchtränkt sind; Auswaschen mit 90%igem Alkohol, bis die gelbe Farbe geschwunden ist. Das Gemisch ist wesentlich für makroskopische Zwecke erdacht. SAUER erhält gute Bilder vom Nierenepithel bei Anwendung von 90%igem Alkohol 90, Salpetersäure 10. Zum Entkalken siehe: Knochen und Zähne, zum Bleichen siehe: Pigment, zum Erweichen von Chitin siehe: Chitin.

Alkalischer Alkohol nach HELD: 80%iger Alkohol 100, Natriumhydroxyd 0,025—0,25, zum Lösen der Nißlschollen (vgl. Nervenzellen).

Jodalkohol. Auch die Kombination von Alkohol verschiedener Stärkegrade mit Jod hat vielfach Anwendung gefunden. MASON fixiert Amphibien- und Reptiliengehirne in Jodalkohol 6—12 Stunden und behandelt mit Kaliumbichromat nach (vgl. auch: Chromsaure Salze). In ähnlicher Weise benutzt FRITSCH den Jodalkohol mit nachfolgender Chromierung zur Behandlung von Fischgehirnen. BETZ fixiert das Centralnervensystem in 75—80%igem Alkohol mit Jod bis zur hellbraunen Färbung: Weiterbehandlung siehe bei Kaliumbichromat. P. SCHULTZ benutzt für Giftdrüsen von Kröten und Salamandern die BETZsche Jodalkoholchromatmethode. BRANDT nimmt für Sphärozoen Jodspiritus: 1 Teil 70%igen Alkohol, 1 Teil Meerwasser mit Jodtinktur bis zur hellgelben Färbung für 15 bis 30 Minuten, Auswaschen in Süßwasser. HÄCKER empfiehlt Jodalkohol für Amöben, KAPELKIN 70%igen Alkohol mit Jod für Haut von Petromyzon, LAUTERBORN für Protozoen (Ceratium hirundinella) u. a. auch 45%igen Jodalkohol für 10 Minuten.

Formolalkohol. Er kombiniert die schrumpfende Alkoholwirkung mit der quellenden des Formols. Nach FISH: Fixieren 12—24 Stunden in 95%igem Alkohol 100, Formol 10. Nachbehandlung: Absoluter Alkohol oder direkt in Chloroform oder Cedernöl. Nach BENARIO: Formol 1, Wasser 9, absoluter Alkohol 90. Nach NIKIFOROW: Formol 10, Alkohol 90. Nach PARKER und FLOYD: Formol 1, Wasser 49, 95%iger Alkohol 75 für Gehirn. Nach GUILLARD: Formol 1, Alkohol 9, für Blut. Weitere Gemische siehe: Formol.

Alkoholäther. Mischungen von absolutem Alkohol mit Äther haben hauptsächlich zur Fixation des Blutes Verwendung gefunden, und zwar zu gleichen Teilen gemischt (NIKIFOROW), außerdem auch für Gemmosporidien des Blutes (LABBÉ), für Ausstrichpräparate von Riesenzellen (SALVO) und Sperma (REDDINGIUS). Fixationsdauer 2 Stunden. (Näheres siehe bei Blut). SCHENK schätzt Alkoholäther (1 : 5) als Fixationsmittel für Schneckenfühler. Ostracoden fixiert MÜLLER (94) in Äther 5, Alcohol absolutus 1 Teil und bringt sie dann in 70%igen Alkohol. RAMSCH fixiert darin Cypridina mit sehr gutem Erfolg für das Studium des weiblichen Geschlechtsapparates. Ätheralkohol dient als Fixans bei der von RÜDNER angegebenen Methode, deren Wesen in der gleichzeitigen Fixation, Entwässerung und Einbettung in einer ätheralkoholischen Celloidinlösung liegt.

Alkohol und Chloroform benutzt HOLM als Fixationsmittel für die Leber von Acanthias im Verhältnis von 5 : 1.

Alkohol mit essigsaurem Äther. Nach KULTSCHITZKY für Ascaris: Essigsaurer Äther 3 Teile, absoluter Alkohol 1 Teil, eventuell dazu $^1/_3$ Aq. dest.

Alkohol, Glycerin, Wasser. Von KUPFFER für Präparate der Gastrulation meroblastischer Eier empfohlen: 4 Stunden in gleiche Teile absoluten Alkohol, Glycerin, Wasser; dann in absoluten Alkohol.

A. und Osmiumtetroxyd siehe: Osmiumtetroxyd. A. und Chromsäure siehe: Chromsäure. A., Chromsäure und Oxalsäure siehe: Chromsäure. A., Chromsäure und Salpetersäure siehe: Salpetersäure. A. und Eisenchlorid siehe: Eisenchlorid. A. und Kaliumbichromat siehe: Chromsaure Salze. A. und Kupfersulfat siehe: Kupfersulfat. A. und Sublimat siehe: Sublimat.

Literatur: BENARIO (Deutsch. Med. Wochenschr. 1894). VAN BENEDEN und NEYT (Bull. Ac. Sc. Bruxelles, 3. S.. Bd. 14, 1887), BERNARD (Journ. de Bot., Bd. 19, 1905), BETZ (Arch. Mikr. Anat., Bd. 39, 1893), BLACKMAN and FRASER (Ann. of Bot., Bd. 20. 1906), BLES (Trans. R. Soc. Edinburgh, Vol. 41, 1905). BONNEY (Arch. Pathol. Anat., Bd. 185, 1906), BOVERI (Jena. Zeitschr. Nat., Bd. 21, 1887), BOVERI (Festschr. KUPFFER 1899), BRANDT (Flor. Faun. Golf Neapel, Bd. 13. 1885), CAMERANO (Mem. Ac. Torino [2], Bd. 40, 1890), CAMERON (Journ. of Anat. Phys., Bd. 39, 1905), CARLSON (Amerc. Journ. Anat., Bd. 2, 1903), CARNOY (Cellule, Bd. 1, 1885), CARNOY (Cellule, Bd. 2, 1886). CARNOY, (Cellule, Bd. 3, 1887), CARNOY und LEBRUN (Cellule, Bd. 13, 1897), DEFLANDRE (Journ. de l'Anat., Jahrg. XL), DUBOSQ (Arch. de Zool. Exp. [3]. Bd. 6, 1899), v. ERLANGER (Arch. Mikr. Anat., Bd. 49. 1897), FISCHER (Protoplasma 1899. pag. 10). FISH (Trans. Amer. Micr. Soc., Bd. 18, 1897), FRITSCH (Untersuchungen über den Bau des Fischgehirns, Berlin 1878), GARDINER (Journ. of Morph, Bd. 11, 1895), VAN GEHUCHTEN (Anat. Anz., Bd. 3, 1888, u. Cellule, Bd. 5, 1889), GILSON (Cellule, Bd. 2, 1886), GUILLARD (Zeitschr. Wiss. Mikr., Bd. 17. 1900), HABERMANN (Bot. Zentralbl., Bd. 20, 1906), HÄCKER (Zellen- u. Befruchtungslehre, Jena 1899), HELD (Arch. Anat., 1897), HERLA (Zeitschrift Wiss. Mikr., Bd. 13, 1896), HOLM (Zool. Jhb., Bd. 10, 1897), ILLINGWORTH (Zool. Jhb., Bd. 16, 1902), JUEL (Svenska Vetenskab. Akad. Handl., Bd. 39. 1905), JUEL (Nova Acta R. Soc. Scientiar. Upsala, Ser. IV, Bd. 1, 1907), KAPELKIN (Schrift. Ges. Nat., Moskau, Nr. 3, 1896, und Zeitschr. Wiss. Mikr., Bd. 14). KENNYON (Tufts. Coll. Stud. 1896). KLINKOWSTRÖM (Arch. Mikr. Anat., Bd. 48, 1897), KÖRNICKE (Flora, Bd. 96, 1906). KOLSTER (Anat. Anz., Bd. 17, 1900), v. KUPFFER (Arch. Anat. 1884), KULTSCHITZKY (Arch. Mikr. Anat., Bd. 31 u. 32, 1888 1889), KULTSCHITZKY (Arch. Mikr. Anat., Bd. 46, 1895), LABBÉ (Arch. de Zool. Exp. [3], Bd. 2, 1894), LAUTERBORN (Zeitschr. Wiss. Zool., Bd. 59, 1895). LAVDOWSKY (Anat. Hefte, Bd. 4, 1894), LEBRUN (Cellule, Bd. 7. 1891), Mc. GREGOR (Journ. of Morph., Bd. 15, Suppl. f. 1889), MAIRE (Recherches cytologiques et taxonomiques sur les Basidiomycètes. Thèse Lons le Saunier 1902). MASON (WHITMAN, Methods), MAYER (Mitt. Zool. Stat. Neapel, Bd. 2, 1880), METALNIKOFF (Bull. Acad Sc. Petersbourg, Bd. 17, 1902), MÜLLER (Fauna, Flora. Golf von Neapel. 21 Monogr., 1894. p. 8). MÜLLER (Zoologica, H. 41). E. MÜLLER (Arch. Mikr.

Anat., Bd. 55, 1899), NABIAS (Rech. centr. nerveux gastéropodes, Bordeaux 1894. p. 23), NIKIFOROFF (Zeitschr. Wiss. Mikr., Bd. 12, 1895), OHLMACHER (Bull. Ohio Hosp. Epileptics 1898 u. Zentralbl. Nervenheilk. 1899), OVERTON (Zeitschr. Wiss. Mikr., Bd. 7, 1890), PARKER und FLOYD (Anat. Anz., Bd. 11, 1895), RAMSCH (Arb. Zool. Inst. Wien, Bd. 16, 1906), REDDINGIUS (Arch. Pathol. Anat., Bd. 162, 1900), REGNAULD (Journ. de l'Anat., Bd. 28, 1892), RETTERER (C. R. Soc. Biol. [8], Bd. 4, 1887), RETTERER (C. R. Soc. Biol. [10], Bd. 5, 1898), RUDNEW (Zeitschrift Wiss. Mikr., Bd. 24, 1907), SAAME (Ber. Deutsch. Bot. Ges., Bd. 24, 1906), SALVO (Giorn. Assoc. Napol. Med., Jahrg. 5, 1894), SAUER (Arch. Mikr. Anat., Bd. 46, 1895), SCHENK (Zool. Jhb., Bd. 17, 1903), SCHNEIDER (Arb. Zool. Inst. Wien, Bd. 9, 1891), SCHULTZ (Arch. Mikr. Anat., Bd. 34, 1889), SCHWABE (Zoologica. H. 50, 1906), STOELTZNER (Zeitschr. Wiss. Mikr., Bd. 23, 1906), STRASSBURGER (Flora, Bd. 97, 1907), ZUR STRASSEN (Arch. Entwickl.-Mech., Bd. 3, 1896), TELLYESNICZKY (Arch. Mikr. Anat., Bd. 52, 1898), WADDINGTON (Journ. Micr. Soc. [2], Bd. 3, 1883), v. WASIELEWSKI (Zeitschr. Wiss. Mikr., Bd. 16, 1899), WEYSSE and BURGESS (Amerc. Natur., Bd. 40, 1906), ZACHARIAS (Arch. Mikr. Anat., Bd. 30, 1887, und Anat. Anz., 3. Jahrg., 1888), ZOJA (Boll. Scient. Pavia, 15. Jahrg., 1893), ZOJA (Arch. Mikr. Anat., Bd. 47, 1896). *Poll*, Berlin.

Allium siehe: Kernteilung, pflanzliche.

Altmann'sche Granulamethoden. I. ALTMANNS Theorien. ALTMANN geht in seinen theoretischen Betrachtungen von der echten Pigmentzelle als dem Prototyp des protoplasmatischen Baues und von der Muskelfaser aus. Er nimmt von den Körnchen der ersteren, welche in der gleichen Zellgattung alle sowohl von gleicher Größe als auch von gleicher Form und daher mit den unregelmäßigen Schollen und Brocken der hämatogenen Pigmente nicht zu vergleichen sind, an, daß sie ebenso gut organisierte Körperchen seien, wie dies allgemein von den Elementen (Disdiaclasten) der Muskelfibrille angenommen werde. Zwischen den Körnchen (Granulis) der Pigmentzelle wäre eine Intergranularsubstanz gelagert, die ebenfalls von granulärem Baue sei, nur von sehr viel feinkörnigerem Gefüge, und welche zugleich die Matrix für die gröberen Granula, also wohl den wichtigsten Teil des Zelleibprotoplasmas darstelle. Zwischen diesen feinsten Granulis, diesen letzten Elementen, bleibt wieder ein intergranulärer Raum übrig; es sei aber nirgends bewiesen, daß dieser Raum noch einen lebendigen, homogenen Inhalt besitze.

Daß nach diesem Typus der Leib der meisten Zellen gebaut sei, glaubt ALTMANN durch seine Methoden der Granulafärbung bewiesen zu haben, welche überall gröbere Granulationen aufzeigen, zwischen denen eine sich färbende Intergranularsubstanz liegt, die in sehr vielen Fällen (Speicheldrüsen und deren Verwandte, Leber, Interfibrillärgranula der Muskelfibrillen und der Achsencylinderfibrillen des Nerven) in Granula feinster Art, sei es in Körnchen oder in Stäbchen, aufgelöst werden konnte. Die gröberen Granula dienen dem intracellulären Stoffwechsel, indem sie durch Assimilation sich mit Stoffen beladen und infolgedessen eine veränderte Reaktion zeigen (Osmiumreaktion bei Fettgranulis sowohl der Leber, des Darms als des embryonalen Fettgewebes, der Milchdrüse, der Bürzel- und Analfettdrüsen, Verlust der spezifischen Fuchsinreaktion bei den Secretgranulis der Eiweiß- und Schleimdrüsen).

In vielen Fällen gelingt der experimentelle Nachweis, daß die kleineren Granula der Intergranularnetze die Matrix der gröberen Granula darstellen (Leber, Speicheldrüsen und ihre Verwandten, Pancreas, Eileiterdrüsen der Anuren). Sind die assimilierenden gröberen Granula erschöpft (starke Fettanhäufung oder profuse Secretion, z. B. nach Pilocarpinvergiftung, Milchsecretion), so tritt eine lebhafte Vermehrung der kleinen Granula der Matrix ein, indem diese Körnchen Fäden bilden, respektive zu solchen auswachsen; durch multiple Teilung dieser Fäden werden viele neue Körner geschaffen, die dann rasch heranwachsen und bis zu einer gewissen Größe — die manchmal die der ausgebildeten groben Granula annähernd erreicht — ihre spezifische Fuchsinreaktion bewahren. Letztere geht dann in dem Maße wieder verloren, als diese Körner durch eigene assimilatorische Tätigkeit sich zu spezifischen Secretkörnern (Zymogenkörnern) umwandeln. Bei der Secretion werden diese Körner meist eingeschmolzen; in den Oberkiefer- und Augendrüsen der Schlangen sind sie aber noch in den größeren Ausführungsgängen vorhanden, desgleichen sieht man auch in früheren Stadien der Milchsecretion (Colostrumbildung) viele noch unverfettete Granula in den Ausführungsgängen (ALTMANN, 94, Taf. XVII, Fig. 2). [Über die Abstoßung ganzer granulagefüllter Zellteile siehe die Anal- und Präputialdrüsen, HARDERsche Drüse, Nieren u. a. 94, pag. 109 u. ff.]

Neben diesen vegetativen Prozessen hat ALTMANN auch den Leistungen der Nerven und Muskeln vom Standpunkte seiner Theorie aus Aufmerksamkeit geschenkt. An Embryonen von Fröschen, Salamandern (der Referent) und von Proteus anguineus ließ sich die Entstehung der Muskelelemente aus fuchsinophilen Granulis verfolgen, die, erst regellos auftretend, sich bald in Zügen und Reihen ordnen; mit der Ausbildung der Muskelfibrille hat jedoch der „Disdiaclast ebenso wie das ausgebildete Secretkorn" seine spezifische Färbbarkeit verloren; zwischen den Reihen der contractilen Elemente liegen aber im ausgebildeten Muskel (94, Taf. IX u. X) noch kleine echte rote Granula oder solche, die sich mit Osmium schwärzen, welche dann, dem Sarcoplasma angehörend, für die Ernährung des Muskels von Bedeutung sind.

Für die Nervenfibrille nimmt ALTMANN eine Zusammensetzung aus kurzstäbchenförmigen Granulis an (Silberbilder ohne Angabe der Methode, 94, pag. 62, Fig. 5); die KUPFFERschen (94) Körnchenreihen würden der Interfibrillärsubstanz des Achsencylinders angehören. Nach ALTMANN soll der Fibrille, sei sie nun contractil oder nur leitend, immer eine Zusammensetzung aus kleinsten Elementen (Körnern oder Kurzstäbchen) eigen sein. (Referent [94] hat eine solche Zusammensetzung für die Spindelfibrillen der Kernteilungsfiguren nachgewiesen.)

Der Kern zeigt nach ALTMANN ebenfalls eine Zusammensetzung aus Granulis und einer intergranulären Substanz. Letztere gibt Chromatinreaktion und stellt ein äußerst zartes intergranuläres Netz dar; dieses Netz soll mit den gewöhnlichen Kernfixierungsmitteln zu dem Kerngerüst der Autoren vergröbert werden. Das intergranuläre Netz hält ALTMANN für das intakte Protoplasma, für den wichtigsten Teil des Kernes, die darin eingelagerten Granula nur für Assimilationsorgane, deren Stoffwechselprodukte uns noch unbekannt sind (92, pag. 228). Eine Auflösung des intergranulären Kernnetzes in feinste Granula ist ALTMANN im ruhenden Kern nicht gelungen, wohl aber tritt diese granuläre Natur hervor bei der Kernteilung. Bei beginnender Teilung treten statt des intergranulären Netzes jene feinen Knäuel auf, die sich augenscheinlich durch Conjugation ihrer Elemente vergröbern und schließlich zur Bildung der Äquatorialplatte führen (92, pag. 228 unten.)

Anmerkung des Referenten: Der granuläre Bau der Chromatinschleifen ist ja schon von PFITZNER, BALBIANI, VAN BENEDEN, NEYDT u. a. gesehen worden, ebenso vom Referenten (94). Die von ALTMANN gegebenen Abbildungen (94, Taf. 33, Fig. 1—15), die sich zum Teil vollständig mit den vom Referenten gegebenen decken, zeigen die Cyaninfärbung nach Osmium-Goldchloridbehandlung an den Schleifengranulis ganz wie an den Granulis des ruhenden Kerns, welche in den Maschen des intergranulären Netzes liegen (siehe ALTMANN, 92, pag. 224, Fig. 1A u. 1, Taf. VI, Fig. 3 u. 4). Wie diese Veränderung der doch nach ALTMANN vom intergranulären Netze stammenden Granula der Schleifen vor sich geht, hat er nicht angegeben. Die vom Referenten untersuchten Objekte (Spermatocyten der Salamanderhoden) zeigen die Granula des ruhenden und die zu Schleifen angeordneten des sich teilenden Kerns von gleicher Größe und Reaktion durch alle Phasen hindurch, wenigstens soweit es die homoiotypen Formen der Mitose betraf.

ALTMANN ist nun durch seine Untersuchungen auf einen ganz besonderen Standpunkt gelangt, von dem er die Lehre von der Zelle und von den Organismen aus reformieren will. Das Granulum ist der eigentliche Elementarorganismus, die Zelle nur eine Kolonie von solchen.

Das Granulum ist der organisierte Krystall, es ist aber kein Abscheidungsprodukt eines homogenen Protoplasmas, es kann nur aus Granulis hervorgehen — omne granulum e granulo. Außerhalb des Zellverbandes kann es nicht mehr existieren, daher es als Cytoblast, und zwar nackter, von den freilebenden, mit einer Hülle versehenen Autoblasten (Mikroorganismen) zu unterscheiden ist; je nach dem Auftreten in einzelnen Körnern oder aneinandergereiht zu Fibrillen wären als Formelemente die Monoblasten und die Nematoblasten zu charakterisieren; je nachdem sie den Kern oder den Zelleib aufbauen, sind sie Caryoblasten oder Somatoblasten. Wie im Leben der einzelnen Zelle, und zwar sowohl im Kern wie im Zelleibe die Körnchen der Intergranularsubstanz die Matrix für die gröberen Granula darstellen, so ist für die Entwicklung der Zelle der Kern als Matrix, als die ursprüngliche Kolonie, aufzufassen. Derselbe hätte sich encystiert und sekundär den Zelleib gebildet. (ALTMANN führt 87, pag. 240 u. ff. u. a. a. O. die Erscheinungen der Encystierung der Protozoen durch Bildung von Grenzschichten an, die durch Lücken permeabel bleiben und durch welche das encystierte Plasma heraustritt.) An die Granula, sowohl die gröberen als die feinen der Intergranularsubstanz, sind daher alle vitalen Prozesse gebunden, die restierende Zwischensubstanz ist tot.

Den Weg der Zellkolonieentwicklung aus der ersten Stufe der Autoblasten markiert ALTMANN in Anlehnung an HÄCKEL durch die Moneren — Granula mit ausgeschiedener Intergranularsubstanz ohne Centralkörper, ähnlich der Zoogloea (siehe HAUSER) —, weiters die Metamoneren — sie enthalten die Bildungsstufen des Kernes, entsprechend den Verhältnissen vieler Protozoen resp. größerer Sproß- und Hefepilze — und endlich die Zellen.

Die theoretischen Anschauungen ALTMANNS haben eine eingehende Kritik durch FLEMMING, OSKAR HERTWIG, ROUX, EHRLICH u. a. erfahren. EHRLICH, dem wir ja den ersten Hinweis auf die biologische Bedeutung gewisser Zellgranulationen und dementsprechend eine ganze Reihe von Arbeiten verdanken, welche die klinische Bedeutung dieser Gebilde darlegen, hat auch der Methodik ALTMANNS einige kritische Bemerkungen gewidmet; in großem Umfange ist dies dann von FISCHER geschehen (vgl. auch A. BETHE).

Der Referent hat seinen Standpunkt diesem Teile der ALTMANNschen Lehren gegenüber mehrfach dargelegt (— zuletzt in NAGELS Handb. d. Physiol., II, 2, pag. 936 —) und betont, daß ALTMANN niemals den Beweis geliefert hat für seine Behauptung, daß die Zellgranula Elementarorganismen seien, vor allem auch nicht für seinen Satz: omne granulum e granulo. Dagegen ist zu konstatieren, daß andrerseits ALTMANNS Verdienste um die Zellforschung jetzt wohl allgemeine Anerkennung gefunden haben, und daß die Bedeutung der „Granula" für die so rätselhaften Leistungen des Zellprotoplasmas (Bildung von Schleim, Fermenten u. a. Secretstoffen, sowie Pigment; Speicherung und Assimilation von Eisen, Fett, Glycogen, Harnsäure etc.) voll gewürdigt wird. Ebenso allgemein ist aber wohl die Ansicht vertreten, daß diese Granula, entgegen ALTMANNS Ansicht, Produkte der Tätigkeit des Cytoplasmas darstellen, Mechanismen, deren sich die Zelle zur Ausübung ihrer Funktionen bedient. Eine Aufzählung der Namen und Arbeiten auf diesem Gebiete verbietet sich an dieser Stelle von selbst, erwähnt mag nur sein, daß die Bedeutung der Granula für den Zellstoffwechsel am umfassendsten und vielseitigsten aus den Arbeiten von J. ARNOLD erhellt.

Daß für die Aufdeckung dieser Leistungen der Granula die ALTMANNschen Methoden nicht ausreichend sind, ist jedem bekannt, der auf diesem Gebiete gearbeitet hat: in dem Abschnitte dieses Werkes über „vitale Färbung" z. B. werden die betreffenden Forschungsmethoden vor allem zu finden sein.

Hier kann nur dasjenige erwähnt werden, was sich direkt an die ALTMANN-Methoden anschließt (vgl. unter „Methoden".)

II. Methoden der Fixierung und Färbung. Die hauptsächlichste Granulamethode bildet die Fixierung in der Osmium-Kalibichromatmischung, die gemeiniglich unter dem Namen ALTMANNS Gemisch bekannt ist. Kalibichromatlösung 2,5%, Osmiumsäure 2% zu gleichen Teilen gemischt. Für diese neutrale Mischung ist Hauptbedingung, daß die zu fixierenden Organstücke vollkommen frisch hineingelangen. Daß nur kleinste Stückchen, resp. nur dünne Platten von größeren Stücken eingelegt werden dürfen, ist wegen der bekannten geringen Eindringungstiefe der Osmiumlösungen selbstverständlich. Die Menge der verwendeten Mischung soll immer das 15—20fache des Volumens der Organstückchen betragen. Die Stücke verweilen 24 Stunden in der Mischung, doch können sie meist auch ohne Schaden bis 48 Stunden darin bleiben. Dann werden sie in fließendem Wasser ausgewaschen, was 12—24 Stunden in Anspruch nimmt; bei ganz kleinen Stückchen genügen oft 6 Stunden. Hierauf folgt ein mehrstündiges Einlegen in destilliertes Wasser und dann die Entwässerung in 70%igem, 90%igem und absolutem Alkohol; jeweils 5—6 Stunden bei häufigem Wechsel und genügend großer Menge des Alkohols. Jetzt kommen die Stücke in eine Mischung von Alcoh. absol. und Xylol, nach 12—20 Stunden in reines Xylol, dann in Xylol-Paraffin, um darauf in Paraffin eingebettet zu werden. Das Xylol ist mehrmals zu wechseln, und sollen die Stückchen nicht länger als 20—24 Stunden darin bleiben — meist genügt schon eine kürzere Zeit —, sonst werden sie spröde. Dagegen schadet nicht ein längeres Verweilen in einer Mischung von Xylol-Paraffin, welche soviel Paraffin von 58—59° C Schmelzpunkt enthält, daß sie in einem Thermostaten von 25° C eben anfängt zu erstarren. Ja für manche Organe, welche viel Bindegewebe enthalten, wirkt ein längeres Verweilen in Xylol-Paraffin sogar günstig auf die Schnittfähigkeit. Jedoch beeinträchtigt ein zu langes — etwa Monate dauerndes — „Aufweichen" in Xylol-Paraffin etwas die Färbbarkeit. Darauf kommen die Stückchen in eine Mischung von Xylol-Paraffin von höherem Paraffingehalte, die soviel davon enthält, daß sie auf der Platte des auf 60° gehaltenen Paraffinofens in einer Kapelle stehend, in ihren oberen Schichten erstarrt. Hierin sollen sie nicht länger als 10—12 Stunden bleiben, ebensowenig wie in dem jetzt folgenden geschmolzenen Paraffin von 58—59° Schmelzpunkt. Für kleinste Stückchen sind auch schon 3—4 Stunden genügend, um alles Xylol verdunsten zu lassen, wenn nur die versenkten Schälchen des Ofens, die das Paraffin enthalten, ganz flach und breit sind. Über die Anfertigung der Schnitte und die Färbung siehe weiter unten.

Wie erwähnt, ist die Fixierung in dem Kalibichromat-Osmiumgemisch die wichtigste der ALTMANNschen Methoden, denn sie erlaubt die Zellgranula überall — mit Ausnahme der Mucingranula —, sowohl in Organen der Kaltblüter, als in denen der Warmblüter, darzustellen. Weniger universell ist die folgende Fixierung mit salpetersaurem Quecksilberoxyd: wo sie anwendbar, gibt sie allerdings noch lebhaftere Färbungen. Rotes, trockenes Quecksilberoxyd wird durch Verreiben in der Reibschale bis zur Sättigung in Salpetersäure von 1,185 p. s. gelöst; von dieser vorrätig gehaltenen Lösung jeweils beim Gebrauch 1 Volumen mit 3 Volumina Wasser und 1 Volumen Ameisensäure von 1,12 p. s. vermischt. Die kleinen, ganz frischen Organstückchen werden sofort nach der Vermischung in diese Flüssigkeit eingelegt und 2—3 Stunden darin belassen. Es tritt bald ein Niederschlag auf, anscheinend nur auf der Oberfläche der Organstückchen, im Innern fand ALTMANN keine Quecksilberniederschläge. Die Stückchen werden dann direkt in absoluten Alkohol übertragen, dieser mehrmals gewechselt und darauf die Stücke wie oben bis zur Einbettung weiter behandelt.

Setzt man anstatt der Ameisensäure dem Quecksilbergemisch 1 Volumen Eisessig zu, so ist die Mischung haltbar und es treten keine Niederschläge auf.

Zur Fixierung embryonalen Gewebes empfiehlt ALTMANN eine Lösung von rotem Quecksilberoxyd in Pikrinsäure mit gleicher Weiterbehandlung wie oben. Im allgemeinen stehen nach Ansicht des Referenten diese letzteren Gemische wegen der primären Fällungen, die in unbeherrschbarer Weise darin auftreten, dem Kalibichromat-Osmiumgemisch bei weitem nach.

SCHRIDDE (05, a) hat eine Modifikation der ALTMANNschen OsO_4-Kalibichromatmethode angegeben, welche die direkte OsO_4-Fixierung umgeht und somit Einlegen größerer Stücke (bis etwa 1 *cm* Seitenlänge) erlaubt. Die „lebendfrischen" Präparate kommen in ein auf 35° erwärmtes Gemisch von Formol-MÜLLER 1 : 9 für 24 Stunden, und werden dann 1—2 Tage in reiner MÜLLERscher Flüssigkeit nachgehärtet und gebeizt. Nach 12—24stündiger Wässerung im fließenden Strome zerschneidet man die Objekte in ca. 2 *mm* dicke Scheiben, legt sie für 6 Stunden in destilliertes Wasser und bringt sie dann für 24 Stunden in eine 1%ige OsO_4-Lösung bei Lichtabschluß; es folgt dann wieder eine Spülung in fließendem Wasser für 12 Stunden und Nachhärtung in steigendem Alkohol. Daraus Alkohol-chloroform und Chloroform. Bis zu diesem Punkte sollen die Präparate im Dunkeln bleiben. Die Einbettung erfolgt — durch Chloroform-Paraffin hindurch —

in Paraffin von 58° (betreffs Färbung siehe unten). Die Methode hat sich nach SCHRIDDES Angaben (8, III) auch für Blut- und Gewebsausstrichpräparate (EHRLICHS Verfahren) bewährt. Die Fixation in Formol-Müller soll hier 12 Stunden, Nachhärtung in Müller 12 Stunden, Osmiumbeizung im Dunkeln 30—60 Minuten dauern.

Die Untersuchungen von LANGLEY (86, 89 a u. b), A. FISCHER (91), HARDY (99) und des Referenten (94) haben gezeigt, daß die Fixierung mit OsO_4-Lösungen bzw. Osmiumgemischen nicht für alle Granula eine vollständige ist, derart, daß eine folgende Wässerung, Nachhärtung in steigendem Alkohol keine erheblichen Veränderungen mehr hervorbringen könnte bzw. daß dünne wässerige OsO_4-Lösungen an solchen Granulis keine Fixierung ohne Formveränderung gewährleisten. Für die große Mehrzahl der Granula ist allerdings die OsO_4-Fixierung eine genügende und die obige Nachbehandlung annähernd irrelevant, die Granula der Schleim- und Schleimspeicheldrüsen machen jedoch hiervon eine Ausnahme. Das zeigen auch die Abbildungen ALTMANNS von der Gl. submaxillaris (vgl. Hauptwerk, Taf. 28, Fig. 1), in der nur die Granula der „Halbmonde" einigermaßen erhalten sind, während die „Schleimzellen" an ihrer Stelle nur leere Maschen aufweisen. Setzt man zu einem überlebenden, mit einer Spur Ringer oder Humor aqueus hergestellten Zupfpräparat einer solchen Drüse 0,5—2%ige OsO_4-Lösung, so quellen die Granula und lösen sich schließlich auf. LANGLEY fixierte daher kleinste Stückchen der Gl. submaxillaris in OsO_4-Dampf; diese Fixation mußte aber mindestens 24 Stunden dauern, wenn die Granula resistent gegen die folgende Nachbehandlung werden sollten. Diese Nachbehandlung bestand in einem ganz kurzen Abspülen (wenige Minuten) mit Wasser, 30%igem und 50%igem Alkohol je 15 Minuten, 75%igem und 95%igem Alkohol je $1/2$ Stunde; darauf 1—2 Stunden im absoluten Alkohol, $1/2$—1 Stunde in Benzol, und dann Einbetten in hartes Paraffin. Der Referent (08) hat dann eine Methode zur Fixierung von Schleimdrüsen angegeben, die sich auch auf andere Drüsen anwenden läßt, bei der er die quellende Wirkung der wässerigen Osmiumlösungen dadurch vermied, daß er das OsO_4 in 2—3%igen NaCl-Lösungen auflöste. Die kleinsten, lebendfrischen Stücke kommen für 24 Stunden in ein Gemisch von 3 Volumina 5%iger OsO_4-Lösung (bereitet mit 2—3%iger NaCl-Lösung), 1 Volumen kalt gesättigter wässeriger Kalibichromatlösung. Darauf werden sie in 2%iger fließender NaCl-Lösung gespült, da auch hier sich gezeigt hat, daß die Granula noch auf Wasserzusatz sich verändern und ein nur kurzes Abspülen mit Wasser die Färbbarkeit nach mancher Richtung hin beeinträchtigt. Die Spülung soll je nach der Größe der Stücke — es kommen an und für sich nur solche bis höchstens Kleinerbsengröße oder dünne Platten zur Verwendung — etwa 2—4 Stunden dauern; dann werden die Objekte in 90%igen Alkohol gebracht, und dieser so oft gewechselt, bis der letztverwendete mit Silbernitrat keine Cl-Reaktion mehr zeigt. Dabei kann man natürlich zugleich mit der Konzentration des Alkohols steigen. Vom absoluten Alkohol kommen die Stücke in Toluol, Toluolparaffin, Paraffin von 45° Schmelzpunkt für 6—8 Stunden und schließlich für 20—30 Minuten in Paraffin von 58° Schmelzpunkt zur Einbettung oder man überträgt sie in Cedernöl bis zur völligen Aufhellung, schwenkt sie dann für wenige Minuten in Petroläther und führt sie dann, wie oben, durch 45° Paraffin in solches von 58° Schmelzpunkt über.

Die mit diesen Methoden gewonnenen Präparate müssen in sehr dünne Schnitte zerlegt werden, im Mittel 2—2,5 μ dick. Die Schnitte werden auf den Objektträger aufgeklebt und nach Entfernung des Paraffins mittelst Xylol gefärbt. Zum Aufkleben genügt in den meisten Fällen die Methode von KRAUSE mittelst 40%igen Alkohols, hierbei ist die Schnittstreckung eine sehr gute. Für solche Präparate, die sehr fettreich und mit der Osmiummischung fixiert sind, ist folgende, von ALTMANN ausgearbeitete Methode vorzuziehen. Die Objektträger werden mit einer Traumaticinlösung (die käufliche Lösung im Verhältnis 1 : 25 mit Chloroform verdünnt) übergossen, abgetropft und lufttrocken gemacht. Dann werden sie über dem Bunsenbrenner stark erhitzt, bis der angenehme Geruch deutlich geworden ist. Die so vorgerichteten, mit einer dünnen Kautschukschicht überzogenen Objektträger lassen sich aufbewahren. Die Paraffinschnitte werden auf ihnen angepinselt mit folgender Flüssigkeit: 2 *g* Schießbaumwolle in 50 *ccm* Aceton gelöst; 5 *ccm* der Lösung mit 20 *ccm* absoluten Alkohols verdünnt. Die angepinselten Schnitte werden mit Fließpapier unter starkem Druck angepreßt. Die Schnitte halten dann alle Manipulationen des Färbens etc. aus, werden aber nicht gestreckt, so daß für ein möglichst glattes Abkommen der Schnitte schon beim Schneiden zu sorgen ist. SCHRIDDE (05, a) hat es für die Färbung seiner 1—2 μ dicken Paraffinschnitte vorteilhaft gefunden, das Aufkleben auf Objektträger, die mit einer dünnsten Lage von Eiweißglycerin überzogen waren, direkt oder mit Hilfe von erwärmtem Wasser vorzunehmen.

Die Färbung der Zelleibgranula geschieht in folgender Weise: Die mit Xylol vom Paraffin befreiten Schnitte werden durch 96%igen Alkohol vom Xylol befreit und dann mit der Farbflüssigkeit übergossen. Diese ist eine Anilinwassersäurefuchsinlösung* und wird wie folgt bereitet. In 100 *ccm* einer kalt gesättigten und filtrierten Lösung von Anilin in Aqua dest. trägt man 20 *g* Säurefuchsin ein und filtriert. Die Lösung wird in möglichst hoher Schicht auf den Objektträger gegossen und letzterer dann langsam erwärmt, bis er sich auf dem Daumenballen heiß anfühlt und die Farblösung dampft. Man läßt dann ein wenig abkühlen und wiederholt das Erwärmen. Dann läßt man vollständig erkalten, gießt ab und wischt mit einem Tuche auch die angetrockneten Farbstoffränder und die überschüssige Farblösung unter Neigung des Objektträgers bis dicht an die Schnittgruppe ab. Dann beginnt die Differenzierung mit Pikrinalkohol. Nach den Erfahrungen des Referenten (01, pag. 301) hält man sich am besten 2 Konzentrationen von diesem vorrätig: Lösung I: gesättigte Pikrinsäurelösung in absolutem Alkohol 1 Vol., dazu 20%igen Alkohol 4 Vol.; Lösung II: gesättigte, alkoholische Pikrinsäurelösung 1 Vol., dazu 20%igen Alkohol 7 Volumina.

Man gibt von der Lösung I auf den Träger, schwenkt hin und her und gießt ab, wobei der allergrößte Teil des Farbstoffes entfernt wird. Man gießt dann wieder von Lösung I auf und beobachtet, bis die Schnitte einen gelblich-roten Farbenton zeigen, dann ist gemeiniglich die Reaktion beendet, d. h. es sind alle Granula des Zelleibes rot gefärbt, die Kerne, das Bindegewebe gelbgrau; an Drüsen, welche das intergranuläre Netz gut zeigen, hat dieses ebenfalls den Fuchsinton. Man spült dann rasch die überschüssige Pikrinsäure mit Alkohol ab. Im Sommer oder in stark geheiztem Zimmer ist ein Erwärmen des Objektträgers mit der Pikrinsäurelösung nicht nötig, wohl aber bei niedriger Zimmertemperatur. Das Erwärmen geschieht am besten, indem man die Träger auf die Platte des Paraffinofens oder in einen Thermostaten legt. Es ist aber angezeigt, bei mangelnder Übung hierfür die Lösung II zu benützen und die fortschreitende Differenzierung unter dem Mikroskope zu kontrollieren. Man spült zu dem Zwecke mit 96%igem und dann mit absolutem Alkohol ab, gibt Xylol und Deckglas darauf. Ist obiges Bild noch nicht erreicht, liegen die Granula noch nicht isoliert, sondern zeigen sich diffus rote Farbstoffflecken, so wiederholt man die Differenzierung. Auch hier ist es gut, die Lösung II zu benutzen, wenn nur noch geringe Unterschiede beseitigt werden sollen. Will man die Präparate einschließen, so ist darauf zu achten, die Pikrinsäure mit 96%igem Alkohol gründlich auszuwaschen, dies erhöht die Haltbarkeit der Präparate, die bis 4—5 Jahre dauern, wesentlich. Man übergießt dann mit absolutem Alkohol, entfernt den Alkohol mit Xylol und schließt in Xylol-Dammar ein. Wie gesagt, färben sich auf diese Weise alle färbbaren Granula des Zelleibes prachtvoll rot, die Kerne erscheinen gelbgrau und anscheinend homogen. Im gleichen graugelben Tone erscheinen die „secretreifen" Granula der serösen

* Zur Erzielung eines lebhaft roten Farbtones eignet sich ausgezeichnet ein von Dahl & Cie. in Barmen bezogenes Präparat (s. a. METZNER, 02, pag. 301).

Drüsen; sie haben ihre Färbbarkeit durch Fuchsin eingebüßt im Laufe ihrer Umwandlung aus kleinen, sogenannten „Protoplasmakörnern“, welche noch fuchsinophil sind, zu Secretkörnern.

Ein Vorzug der SCHRIDDEschen Modifikation (siehe oben) von ALTMANNS Osmium-Kalibichromat-Fixation liegt nun nach den Angaben des Autors auch darin, daß an solchen Präparaten die eben beschriebene ALTMANNsche Fuchsin-Pikrinfärbung nicht, wie erwähnt, eine gleichmäßig rote Färbung der Granula aller Objekte gibt, sondern daß für die einzelnen Zellarten spezifische Töne herauskommen. So färben sich nach SCHRIDDE (05, a) „die Körner der Belegzellen violettrot, die der Hauptzellen rotbraun, die der eosinophilen Zellen schwarzrot, die der Plasmazellen ziegelrot, die der neutrophilen Leucocyten bräunlichrot, während die Körnelungen der Mastzellen kein Rot aufweisen, sondern einen grauschwarzen Ton besitzen“. An Blutausstrichpräparaten, nach SCHRIDDE fixiert (siehe oben) und mit Fuchsin-Pikrin gefärbt, sollen nach des Autors Angaben (05, c) — außer den eben angeführten Differenzen in dem Körnelungsfarbenton der Formelemente — in den basophil gekörnten Elementen die Granula farblos erscheinen, die Lymphocyten gelblichkarmoisinrote Körnelungen aufweisen, in ihrer Größe etwa zwischen den eosinophilen und neutrophilen Granulationen stehend. Die Auffindung von Lymphocyten in solchen Präparaten soll einmal dadurch erleichtert werden, daß die Kerne derselben einen klaren, hell sepiafarbenen Ton besitzen, die Kerne der neutrophilen Leucocyten dunkler, schmutzig-gelbrot erscheinen, und weiterhin, daß durch weitgehende Pikrinalkoholdifferenzierung die Körnelungen der letzteren ganz entfärbt werden, die Lymphocytenkörner aber ihren gelbroten Ton noch behalten.

Die Färbung der Schleimzellengranula haben LANGLEY sowohl als HARDY mit Methylenblau ausgeführt; ich selbst habe Toluidinblau mit vorgängiger Beizung von Eisenalaun verwendet, und damit recht haltbare metachromatische Färbungen erzielt, welche gegen Alkohol resistent sind und somit auch das Aufhellen und Einschließen der Präparate in Balsam gestatten. Die sehr dünnen Schnitte solcher, wie oben beschrieben, mit OsO_4 NaCl + Kalibichromat fixierter Schleim- oder Schleimspeicheldrüsen werden mit Xylol vom Paraffin befreit, das Xylol durch Alkohol entfernt und nach Übergießen mit sehr verdünntem Alkohol in wässeriger Eisenalaunlösung 45 Minuten — eventuell auch länger, im Notfall bis zu 2 Tagen — gebeizt, darauf mit Wasser abgespült und dann der Objektträger mit einer dünnen oder mäßig konzentrierten wässerigen Lösung von Toluidinblau überschichtet. Nach 10—20 Minuten differenziert man mit 50%igem Alkohol, bis keine blauen Wolken mehr abgehen, entwässert mit absolutem Alkohol, hellt mit Xylol auf und montiert in Xyloldammar oder Canadabalsam. Für Serien, bei denen man ein Fortschwimmen der Schnitte, bedingt durch Auflösung von Präparatteilen infolge von Behandlung mit wässerigen Lösungen, befürchten muß, kann man mit Vorteil eine 40stündige alkoholische Eisenalaunbeize und Färbung mit alkoholischer Toluidinblaulösung verwenden.

Es erscheinen alle nicht Schleim- oder Schleimvorstufen führenden Zellen und Zellteile grün bis grüngelb, die Mucingranula blaugrün bis opakblau, bzw. dort, wo sie ins Secret übergehen, blauviolett gefärbt. Desgleichen werden die Schleimfäden und was von noch nicht gelösten Schleimgranulis im Lumen der Tubuli bzw. Speichelgänge sich befindet, in gleichem Tone sehr distinkt gefärbt. (Vgl. meine Tafeln in NAGELS Handb., III, 2.) Daß infolge der Balsameinschließung der rotviolette Ton der Schleimpartien, den dieselben zeigen, wenn man in der verdünnten Farblösung (Thionin resp. Toluidinblau) selbst untersucht, in ein Blau mit leichtem Violettstich umschlägt, ist bekannt; aber alles, was schleimhaltige Substanz ist, bleibt doch gut erkennbar. Einen Vorteil der von mir angegebenen Schleimdrüsen- (inklusive Becherzellen-) Fixierung sehe ich auch in der Möglichkeit, verschiedene Färbungen an solchen Präparaten mit Erfolg vornehmen zu können. Das intergranuläre Protoplasma färbt sich an solchen Präparaten sehr gut mit ALTMANNS Fuchsin-Pikrinmethode oder mit Eisenalaun-Hämatoxylin nach M. HEIDEN-

HAIN. Ein weiterer Vorzug besteht darin, daß man auch andere Objekte, als Schleimdrüsen, damit fixieren und Granula- resp. Protoplasmafärbungen der verschiedensten Art daran vornehmen kann. Mit dieser Methode ist die von mir entdeckte (vgl. 06/07 u. 08) Umwandlung der Katzenparotis aus einer von der Anlage bis zur Geburt aus Schleimzellen und „serösen“ Zellen aufgebauten Drüse in eine seröse Drüse (— mit Einsprengung einiger Schleimacini —) auf allen Stufen dieser Umwandlung zu verfolgen, die etwa im 2. Monat post partum vollzogen ist. Am besten verwendet man hierzu Serienreihen von je 15—20 Schnitten (à 2,5 μ im Mittel), die man abwechselnd, die eine mit der Eisenalaun-Toluidinblaumethode, die andere mit Fuchsin-Pikrin nach ALTMANN färbt. Das gleiche Objekt ist übrigens auch geeignet, um zu zeigen, daß (siehe oben) die „Wasserspülung“ fixierter Organe nicht immer ein irrelevantes Verfahren ist. Denn hier erhält man auch nach ALTMANN-Fixation leidliche Bilder, wenn man die Präparate in 2% Na Cl spült, indeß nach Wasserspülung dies nicht der Fall ist. In ganz prägnanter Weise gibt die OsO_4 NaCl-Methode auch Aufschluß über die histologischen Veränderungen der Schleimdrüsen bei ihrer Tätigkeit; als einfachstes Objekt, das sehr übersichtliche Bilder gibt, wählt man hierzu die Gl. buccalis ventralis der Katze (METZNER 07, 08) oder die Gl. orbitalis von Hund oder Katze.

Die OsO_4 NaCl-Fixierung — eventuell mit Zusatz von HNO_3 (siehe unten „Kern“) — bietet den weiteren Vorteil, daß sie an serösen Drüsen auch die Färbung der „reifen Secretgranula“ (siehe oben) mit Safranin, Fuchsin oder mit Eisenhämatoxylin erlaubt. Recht instruktiv für eine Übersicht der Verhältnisse an der tätigen Parotis (Katze) ist folgende Methode, die mir von Dr. E. KNOCHE (vgl. NAGELS Handb., II, 2) angegeben wurde: I. Safranin nach FLEMMING 12 bis 24 Stunden; II. Abspülen in Wasser; III. ganz kurz 96%iger Alkohol; darauf IV. Mischung von *a)* absolutem Alkohol 10 *ccm*, *b)* gesättigter, alkoholischer Pikrinsäurelösung gutt. 15—25, *c)* wässeriger Methylenblaulösung gutt. 4—8; damit färben 20 Sekunden bis 1½ Minuten (Lösung vor dem Färben filtrieren); V. kurz 96%iger und dann absoluter Alkohol; VI. Xylol, Balsam. Die Granula erscheinen rot gefärbt, die intergranuläre Substanz im gelben Pikrinton, dazwischen aber allerfeinste blaugraue Linien. Daß diese wohl Secret darstellen, erkennt man an den Stellen, wo die Einmündung eines Schaltstückes in ein Speichelrohr sich findet; das Secret hat den gleichen blaugrauen Ton. Zwischen den Granulis der Acinuszellen erkennt man weiterhin kleinere und größere Secretflecke (Tropfen) (vgl. meine Abbildung in NAGELS Handbuch, II, 2, Taf. II, Fig. 3).

Um die granuläre Struktur der Kerne darzustellen, hat ALTMANN ebenfalls eine Reihe von Methoden ausgearbeitet, aber leider nur stückweise publiziert. Die eine dieser Methoden ist insofern eine universelle, als sie sämtliche Zellteile in einer unerreichten Vollkommenheit fixiert, also sowohl die Granula des Zelleibes als die des Kernes zur Darstellung bringt. Es ist dies die Methode des Gefrierens der Organstücke und des Trocknens derselben unterhalb der kritischen Temperatur. Als solche bezeichnet ALTMANN denjenigen Kältegrad, der auch im Verlaufe des Trocknens, also beim Steigen der Konzentration der im Präparat vorhandenen Lösungen, ein Auftauen und damit ein Zusammenbacken und Schwinden der Präparate nicht zuläßt. Man muß also die Temperatur auf etwa —25° bis —30° C konstant erhalten, bis die Präparate trocken sind, was selbst bei kleinsten Organstückchen 50—60 Stunden dauert. Das Trocknen der frischen, rasch zum Gefrieren gebrachten Präparate geschieht über Schwefelsäure im Vakuum. Sind die Stückchen vollkommen trocken, so werden sie ebenfalls im Vakuum mit geschmolzenem Paraffin durchtränkt und sind jetzt schnittfähig. Da die Präparate mit Reagenzien nicht in Berührung gekommen sind, so ist die Reaktionsfähigkeit der Schnitte nach allen Richtungen hin eine sehr große, und ALTMANN hat an solchen Präparaten seine Fixations- und Färbungsmethoden ausprobiert. Die Schwierigkeit liegt nur darin, daß es nötig ist, die Konstanz der tiefen Temperaturen ein paar Tage ohne Unterbrechung zu überwachen. Die außerordentlich feinen und prägnanten granulären Kern- und Protoplasmastrukturen der Blutkörperchen von Proteus anguineus auf Taf. VI des ALTMANNschen Hauptwerkes (94) sind durch diese Fixierung mit folgender Cyaninfärbung gewonnen worden. Die Vorbehandlung der Schnitte vor der Färbung, sowie die Technik der letzteren hat ALTMANN nicht angegeben. Die andere Darstellung der Kerngranula im ruhenden Kern wie die granuläre Zusammensetzung der Chromatinschleifen an den mitotischen Figuren, wie sie sich in (94), Taf. VI, Fig. 1 und 2, sowie Taf. XXXIII, Fig. 1 bis 15 finden, hat ALTMANN ebenfalls nur unvollkommen bekanntgegeben. Er ist dabei von der Annahme ausgegangen, daß die Behandlung osmierter Präparate, welche reduziertes Osmiummetall bzw. dessen niedere Oxydationsstufen enthalten, mit oxydierenden Agenzien eine Oxydation zu Überosmiumsäure herbeiführen und somit die nachträgliche Entfernung des die Färbbarkeit beeinträchtigenden Osmiums gestatten soll. Sowohl von FLEMMING, als von HEIDENHAIN u. a. sind solche Reagenzien, wie ozonisiertes Terpentin, Chromsäure etc., angegeben worden, ALTMANN hat Goldchlorid dazu verwendet. Es ist hier nicht der Ort, die Berechtigung dieser Annahme zu diskutieren, es soll aber wenigstens auf die Beobachtungen A. BETHES (I) über die oxydierende Wirkung der Osmiumsäurelösungen und auf seine Resultate der Behandlung osmierter Präparate mit reduzierenden Mitteln hingewiesen werden (sieh Artikel Osmiumtetroxyd). Die so behandelten Schnitte wurden dann mit Cyanin gefärbt, wodurch eine deutliche Darstellung der Kerngranula erfolgte (siehe oben zit. Tafeln aus 94 und 92, Fig. 1 A, pag. 224). Mündliche Mitteilungen ALTMANNS an den Referenten sowohl als Andeutungen in seinen Publikationen (92, pag. 225, I, pag. 43 u. a.) zeigen, daß die Manipulationen der Wiederoxydation sowohl als die des Färbens in viel verwickelterer Weise verliefen, als angegeben ist; ein trauriges Geschick hat ALTMANN verhindert, die Methoden in extenso zu veröffentlichen. Das Gleiche gilt, wenn auch in geringerem Maße, von der Methode zur Darstellung des intergranulären Netzes im Zellkern. Die Fixation geschieht in einer 2,5%igen Lösung von molybdänsaurem Ammoniak mit einem Zusatze von 0,25% Chromsäure, wobei selbstverständlich darauf zu achten ist, daß nur lebendfrische, kleine Organstücke eingelegt werden. Nach 24 Stunden kommen die Präparate direkt in Alkohol, und zwar zuerst in verdünnten, da absoluter Alkohol einen sehr feinen weißen Niederschlag mit Ammon. molybd. gibt. Doch kann gleich 70—80%iger Alkohol verwendet werden; dann steigend bis zu absol. Alkoh., wobei nach ALTMANN zu beachten ist, daß die Nachfixierung in Alkohol eine mehrtägige sein muß. Darauf in bekannter Weise durch Xylol-Alkohol, Xylol, Xylol-Paraffin in Paraffin. Die Schnitte müssen sehr dünn sein, bis 1 μ herunter, um eine Auflösung der außerordentlich dichten Struktur zu erhalten. Die Färbung geschieht mit Gentiana oder Hämatoxylin nach der Technik der gebräuchlichen Kerntinktionen. ALTMANN fügt aber auch hier hinzu, daß die Methode einmal nur an gewissen Objekten gelingt (z. B. Niere von Salamandra macul.), daß weiterhin je nach den verschiedenen Organen oder je nach dem physiologischen Zustande des gleichen Organs die Chromsäurezusätze modifiziert werden müssen, und endlich, daß die Färbung mit Gentiana oder Hämatoxylin nicht so deutliche Bilder liefert als die mit anderen Kernfarbstoffen, wobei man entweder in der Weise der Sukzessivfärbungen mehrere solche Farben aufeinander wirken läßt, oder sie durch Jod, Anilin und andere Reagenzien beeinflußt. Aber auch hier fehlt jede nähere Angabe über das Wie der Technik oder über die Art der verwandten Farben (92, pag. 224 225).

Für die Darstellung des granulären Aufbaues an den Kernen gewisser Zellen (Spermatocyten von Salamandra macul.) eignet sich sehr gut auch eine von dem Referenten (86 u. 92) angegebene Methode. Sie teilt mit den letzterwähnten von ALTMANN den Übelstand, daß sie sich nur für gewisse Objekte eignet.

Die Präparate (Hoden) werden lebendfrisch eingelegt in eine gesättigte Lösung von Osmiumsäure in 1,5%iger NaCl-Lösung, der $^1/_8$ Vol. gesättigter Kalibichromatlösung zugemischt ist. Zu 12 *ccm* dieser Mischung (siehe 92, pag. 300) werden IV—VI gutt. rauchender Salpetersäure zugesetzt. In dieser Mischung verweilen die Stücke 15—20 Minuten, um dann für 24—36 Stunden in eine gleiche Osmiumbichromatlösung, doch ohne Salpetersäurezusatz zu gelangen. Das von HERMANN (91) empfohlene Durchstechen der frischen Hoden mit Nadeln behufs leichterer Durchdringung ist auch hier zu empfehlen, da ein Zerschneiden nach den vom gleichen Autor entwickelten Gründen nicht tunlich. Die Präparate werden dann in fließendem Wasser gründlich ausgewaschen, in steigendem Alkohol entwässert und durch Xylol-Alkohol, Xylol, Xylol-Paraffin in Paraffin von 58—59° Schmelzpunkt eingebettet.

Auch hier ist es nötig, dünne Schnitte von 1,5—1,0 μ anzufertigen, um die sehr dicht gelagerten Elemente der Chromatinschleifen, der Gegenpolkegel, der Doppelkegel des Zwischenkörpers etc. erkennen zu können.

Die Färbung geschieht ganz wie oben geschildert nach ALTMANN mit Anilin-Säurefuchsin und nachfolgender Pikrinalkohol-Differenzierung. Es sind dann nicht nur alle granulären Elemente der verschiedenen mitotischen Stadien gefärbt, sondern auch die Polkörperchen und die Spindelfibrillen. Insofern ist die Methode der ALTMANNschen Cyaninfärbung überlegen, wie ein Vergleich der Abbildungen des Referenten (94) mit den Figuren 1—15 der Tafel 33 von ALTMANNS Hauptwerk (94) zeigt. Die Methode gibt auch ausgezeichnete Bilder der Mitosen an Darmepithelien etc., doch ist sie hier nicht genügend, um mit Sicherheit den granulären Bau der Chromatinschleifen zu zeigen, und vor allen Dingen versagt sie hier für die Bilder des ruhenden Kerns sowohl als für manche Übergangsstadien. Sie zeigt hier, mit Ausnahme der intensiven Färbung der Spindelfibrillen, nicht mehr als die mit FLEMMINGS, HERMANNS Gemisch erhaltenen Bilder.

Die Darstellungen der Granula im lebenden Gewebe werden an anderen Stellen dieses Werkes behandelt (vgl. Vitale Färbung).

Literatur: ALTMANN (Die Elementarorganismen und ihre Beziehung zu den Zellen, 2. Aufl., Leipzig 1894), derselbe (Studien über die Zelle, 1. Heft, Leipzig 1886), derselbe (Arch. Anat. 1892), derselbe (Ebenda 1889), derselbe (Verh. Anat. Ges. Wien, 1892), derselbe (Verh. Anat. Ges. Göttingen, 1893), derselbe (Festschr. LUDWIG, Leipzig 1887), derselbe (Arch. Anat. 1896), derselbe (Ebenda, 1897), derselbe (Ebenda, 1889), derselbe (Ebenda. 1893a), derselbe (Ebenda, 1890), BETHE und MÖNCKEBERG (Arch Mikr. Anat., Bd. 54, 1899), EHRLICH (Farbenanalytische Untersuchungen. Berlin 1891), FISCHER (Fixierung, Färbung und Bau des Protoplasma. Jena 1899), HARDY (Journ. of Physiol., Bd. 24, 1899), HERMANN (Arch. Mikr. Anat., Bd. 34, 1891), v. KUPFFER (Sitz. Akad. München, 1883), LANGLEY (Proc. R. Soc. London, Bd. 40, 1886), derselbe (Journ. of Physiol., Bd. 10, 1889), derselbe (Proc. Physiol. Soc. London, 1889a), METZNER (Arch. Anat. 1890), derselbe (Arch. Physiol. 1894), derselbe (Zeitschr. Wiss. Zool., Bd. 70, 1901). derselbe (in NAGELS Handbuch der Physiologie, Bd. 2, Braunschweig 1906/07), derselbe (Korresp. Schweiz. Ärzte, 1907), derselbe (Verh. Nat. Ges. Basel, Bd. 20, H. 1, 1908), SCHRIDDE (Anat. Hefte, H. 85/86, 1905), derselbe (Zentralbl. Allg. Pathol., Bd. 16, 1905a), derselbe (Münchener Med. Wochenschr. 1905b), STARKE (Arch. Anat. 1891), derselbe (Arch. Physiol. 1895). *Metzner*, Basel.

Aluminiumacetat, essigsaure Tonerde, neutrales Aluminiumacetat, $Al_2(O.C_2H_3O)_6$, stellt eine stark nach Essigsäure riechende, farblose Flüssigkeit dar, die erhalten wird, wenn man eine Lösung von Bleiacetat mit einer Lösung von Aluminiumsulfat mischt oder Tonerdehydrat in Essigsäure löst. Die Lösung zersetzt sich bei höherer Temperatur unter Abspaltung von Essigsäure und Bildung unlöslicher basischer Salze. Der offizinelle Liquor Aluminii acetici wird dadurch erhalten, daß man in eine Lösung von Aluminiumsulfat in Essigsäure Calciumcarbonat einträgt. Er soll 7—8% basisches Aluminiumacetat enthalten, reagiert sauer und riecht schwach nach Essigsäure. Beim Stehen an der Luft und beim Erwärmen scheidet sich basisches Aluminiumacetat aus.

Die auf verschiedene Weise hergestellten Aluminiumacetate werden in der technischen Färberei in ausgedehnter Weise unter dem Namen Rotbeize vor allem im Baumwollendruck verwendet. Die käuflichen Rotbeizen enthalten neben Aluminiumacetat und Aluminiumsulfat auch noch Aluminiumsulfoacetat. Vor allem dienen sie zum Rotfärben mittelst Alizarin in der Türkischrotfärberei.

Ebenso wie der Alaun bildet auch das Aluminiumacetat mit Hämatoxylin Lacke. So beizt z. B. WOLTERS Schnitte vom Nervensystem, die nach KULTSCHITZKY fixiert sind, 24 Stunden in einer Mischung von 5 Teilen einer 8%igen Lösung von Aluminiumacetat und 1 Teil einer 10%igen Lösung von Chlorvanadium. Dann färbt er 24 Stunden in essigsaurem Hämatoxylin ($^1/_2$% Hämatoxylin in 2%iger Essigsäure). Es bildet sich also hier Tonerde-Vanadium-Hämatein.

Literatur: WOLTERS (Zeitschr. Wiss. Mikr., Bd. 7, 1891).

Aluminiumchlorid, Al_2Cl_6, weiße, krystallinische Masse, löst sich zu 25% in kaltem Wasser, zu 50% in Alkohol und ist auch in Äther etwas löslich. Der offizinelle Liquor Aluminii chlorati enthält 10% Chloraluminium.

Auch das Aluminiumchlorid wird, aber weit seltener, wie das Acetat als Beize in der technischen Färberei benutzt.

In der Mikrotechnik ist das Salz vor allem von PAUL MAYER zur Herstellung seiner verschiedenen Hämatein- und Carminlösungen verwendet worden, wie Hämacalcium, Muchämatein, Mucicarmin etc.

Amaranth, syn. für Echtrot (Höchst).

Ameisensäure, Acidum formicum, $H.COOH$, kommt natürlich in den Ameisen und in dem Safte der Brennesseln vor; technisch wird sie u. a. durch Erhitzen von Oxalsäure mit Glycerin gewonnen. Wasserfreie, krystallisierbare Ameisensäure ist eine scharf riechende, bei 100·8° siedende Flüssigkeit, die auf der Haut Blasen zieht; sie ist mischbar mit Wasser und organischen Solvenzien wie Alkohol und Äther. Beim Erhitzen mit konzentrierter Schwefelsäure zerfallen Ameisensäure und ihre Salze in Wasser und Kohlenoxydgas: $H_2CO_2 = H_2O + CO$, welch letzteres mit blauer Flamme brennt und beim Einleiten in eine Blutlösung Kohlenoxyd-Hämoglobin liefert (charakteristisch). Die offizinelle Ameisensäure enthält zirka 50—54% Säure. Die Salze der Ameisensäure (Formiate) sind in kaltem Wasser leicht löslich, bis auf das Blei-, Quecksilberoxydul- und Silbersalz. Die beiden letzteren färben sich beim Erwärmen im festen Zustand wie in wässeriger Suspension leicht grau bis schwarz (charakteristisch). Dieses letztere Verhalten beruht auf dem Reduktionsvermögen der Ameisensäure gegen reduzierbare Schwermetallsalze und findet in der Formel der Ameisensäure: $OH.COH$ (Oxyformaldehyd) seinen Ausdruck.

Erkennung der Ameisensäure: 1. Durch ihre oder ihrer Salze beschriebene Reaktion mit konzentrierter Schwefelsäure, 2. durch das Verhalten ihres Silbersalzes; dieses schwärzt sich bei Erwärmung unter Abscheidung von metallischem Silber: $2\,H.COOAg = CO_2 + HCOOH + 2\,Ag$. *Neuberg*, Berlin.

Die Ameisensäure hat in der mikroskopischen Technik ausgedehnte Anwendung gefunden, und zwar vor allem wegen ihrer Eigenschaft, die reduzierbaren Salze der Schmermetalle zu reduzieren. In dieser Hinsicht dient sie bei der Vergoldung zur Reduktion des Goldchlorids, bei der Versilberung zur Reduktion des Silbernitrats.

In ihrer Wirkung auf das frische tierische Gewebe gleicht sie außerordentlich der Essigsäure, nur wirkt sie weniger intensiv. Unter ihrer Einwirkung quillt das Gewebe stark auf und wird glasig durchsichtig. Als Fixationsmittel kann sie für sich allein kaum Verwendung finden, doch ist sie sehr wohl befähigt, die schrumpfenden Eigenschaften anderer Fixationsmittel zu paralysieren. Man hat sie so in Verbindung mit Alkohol, Chromsäure, Osmiumsäure, Platinchlorid und Kaliumbichromat als Fixationsmittel verwendet. Ihre außerordentlich große Durchdringungsfähigkeit kommt dabei vortrefflich zustatten.

Ameisensäurecarmin siehe: Carmin.

Amethystviolett, Tetraäthylsafraninchlorid (KALLE). Schwarzgraues Pulver, das in Wasser und Alkohol, in letzterem mit blauroter Fluorescenz, löslich ist. Mit Schwefelsäure grüne, mit Salzsäure blaue Lösung.

Von EHRLICH und LAZARUS als guter basischer Farbstoff zur Herstellung neutraler Farbgemische an Stelle von Methylgrün oder Methylenblau empfohlen in folgenden Kombinationen: Orange, Amethystviolett, Methylgrün—Orange G, Säurefuchsin, Amethystviolett—Narcein, Säurefuchsin, Amethystviolett.

Literatur: EHRLICH und LAZARUS („Die Anämie" in Spezielle Pathologie und Therapie von NOTHNAGEL, Bd. 8, Wien 1898).

Amide, pflanzliche, siehe: Asparagin.

Amidol. Unter diesem Namen wird das salzsaure Salz des Diamidophenols, $C_6H_3(NH_2)_2 . OH$, in den Handel gebracht und als photographischer Entwickler viel benutzt.

CURRERI empfiehlt eine Lösung von 1 *g* Amidol und 3 *g* Natriumsulfit in 100 *ccm* 10%igem Alkohol als Entwickler für Golgipräparate. Zum Gebrauch wird sie mit dem 5—10fachen Volum Wasser verdünnt.

Ammoniak, NH_3, ist ein farbloses, stechend riechendes Gas vom spez. Gew. 0,5895, das sich in Wasser, Alkohol und Äther leicht löst. Die stark alkalisch reagierende, wässerige Lösung ist der Liquor Ammonii caustici. Die Fähigkeit des Wassers, Ammoniak zu lösen, nimmt mit der Steigerung der Temperatur ab. Durch Kochen läßt sich sämtliches Ammoniak austreiben. Der offizinelle Liquor ammonii caustici enthält bei 15° zirka 10% NH_3 und hat ein spez. Gew. von 0,960. Der Liquor ammonii caustici duplex hat bei 15° ein spez. Gew. von 0,925 und enthält 20% NH_3. Außerdem kommen auch noch stärkere Lösungen in den Handel mit über 35% NH_3.

Ammoniak wird in der mikroskopischen Technik hauptsächlich in dünner wässeriger oder auch alkoholischer Lösung zum Differenzieren bei verschiedenen Färbemethoden verwendet, z. B. für Methylenblau (APÁTHY), Methylgrün (BALBIANI), Anilinblau (GARBINI), Kernschwarz (PLATNER) etc. Andrerseits wird es benutzt zur Neutralisation von gefärbten Schnitten, welche in Säuren differenziert worden sind, wie das z. B. vielfach bei überfärbten Hämatoxylinpräparaten geschieht. Entfärbung in dünner Salz-, resp. Essigsäure und Neutralisation in Ammoniakwasser.

Ammoniak ist ein gutes Lösungsmittel für Fette und fettartige Körper, z. B. für das Myelin, das auch in osmierten Präparaten von Ammoniak noch gelöst wird. Früher wurde das Ammoniak in ausgedehntem Maße zur Lösung von Carmin und auch Hämatoxylin verwendet, doch sind diese Färbemittel, Ammoniakcarmin, resp. -hämatoxylin, heute durch weit bessere ersetzt.

Ammoniak ist ferner ein gutes Lösungsmittel für manche Zellbestandteile, vor allem hat man es in dieser Beziehung zur Beseitigung der Nisslschollen der Nervenzellen vielfach benutzt (BETHE, KOLSTER).

Ammoniak, carminsaures, siehe: Carmin.

Ammoniakalaun siehe: Alaune.

Ammoniakalisches Carmin siehe: Carmin.

Ammoniumbichromat und Ammoniummonochromat siehe: Chromsaure Salze.

Ammoniumchlorid, Chlorammonium, Salmiak, Ammonium chloratum, NH_4Cl. Weißes krystallinisches Pulver. In Wasser lösen sich bei 10° 32,84%, bei 20° 37,28%, bei 100° 72,8%. In absolutem Alkohol unlöslich. Die wässerige Lösung reagiert neutral, nach längerem Stehen aber sauer durch Bildung freier Salzsäure.

Als indifferentes Zusatzmittel für manche Färbe- und Fixationslösungen an Stelle von Kochsalz benutzt, z. B. von LAVDOWSKY und HARRIS zu $^1/_{10}$—$^1/_{20}$% zu Methylenblau- und Toluidinblaulösungen zugesetzt für vitale Färbung. An Stelle von Ammoniumchlorid verwendet man auch Ferrum ammonio-chloratum.

Ammoniummolybdat, Ammon. molybdaenicum, $(NH_4)_6Mo_7O_{24} + 4H_2O$, wird aus dem natürlich vorkommenden Molybdänglanz und Gelbbleierz dargestellt. Farblose, sechsseitige Prismen oder krystallinische Krusten, die beim Erhitzen unter Abspaltung von Ammoniak Molybdänsäureanhydrit liefern. In Wasser leicht löslich. Die wässerige Lösung wird durch Tannin rot gefärbt.

Von KRAUSE in 5%iger Lösung als Macerationsmittel für verschiedene Gewebe empfohlen.

Altmann benutzt eine 2,5%ige wässerige Lösung in Verbindung mit 0,25%iger Chromsäure als Fixationsmittel zur Darstellung der Granula des Zellkerns (vgl. Altmannsche Methoden).

Seine Hauptbedeutung aber hat das Salz durch die Arbeiten von Bethe erhalten, der es einmal als Fixationsmittel für Methylenblaupräparate und dann in seinen Methoden zur Darstellung der Fibrillen in den Nervenzellen verwendet. (Näheres siehe: Methylenblau und Neurofibrillen.)

Literatur: Altmann (Arch. Anat. 1892), Krause (Int. Mon. Anat. Phys., Bd. 1, 1884).

Ammoniumpersulfat, $(NH_4)_2 S_2 O_8$, farblose, monokline Krystalle, die durch Elektrolyse einer konzentrierten Ammoniumsulfatlösung hergestellt werden. Mit Salzsäure erwärmt, entwickelt es Chlor. Wie alle Alkalipersulfate stellt auch das Ammoniumpersulfat ein kräftiges Oxydationsmittel dar. Es ist in trockenem Zustand vollkommen beständig, in Lösung dagegen zerfällt es unter Sauerstoffabgabe in Ammoniumsulfat und Schwefelsäure.

In der Mikrotechnik findet es als Bleichmittel Verwendung.

Ammoniumpikrat, $C_6 H_2 (NO_2)_3 ONH_4$, bildet leicht lösliche gelbe Nadeln und entsteht durch Neutralisation von Pikrinsäure mit kohlensaurem Ammoniak.

Von Dogiel zur Fixation von Methylenblaupräparaten empfohlen und seit dieser Zeit viel benutzt, auch zur Fixation anderer Anilinfärbungen, z. B. Methylviolett. (Näheres siehe: Methylenblau.)

Bethe setzt der konzentrierten wässerigen Pikrinsäure auf 3 Teile 1 Teil konzentriertes wässeriges Ammoniumpikrat zu und fixiert damit die Ganglien von Astacus und Carcinus.

In neuerer Zeit ist es auch vielfach an Stelle der Pikrinsäure zur Herstellung von Farbgemischen, z. B. mit Säurefuchsin oder Indigcarmin, benutzt worden. Siehe auch Pikrinsäure.

Literatur: Bethe (Zeitschr. Wiss. Mikr., Bd. 17, 1900), Mayer (Anat. Anz., Bd. 7, 1892).

Ammoniumrhodanat, $CN.S(NH_4)$, Rhodanammonium, Ammoniumsulfocyanat. Farblose, hygroskopische Prismen, die sich auch in Alkohol leicht mit neutraler Reaktion lösen. Beim Erhitzen geht Rhodanammonium zunächst in Schwefelharnstoff, dann in rhodanwasserstoffsaures Guanidin über.

Henneguy benutzt das Rhodanammonium als Beize vor der Safraninfärbung und differenziert dann in der gleichen Lösung. Lugaro setzt dem Goldbad zur Vergoldung versilberter Schnitte, ähnlich wie das ja allgemein in der photographischen Technik geschieht, Rhodanammonium zu.

Ammoniumsulfat, Ammonium sulfuricum, $(NH_4)_2 SO_4$, farblose, rhombische Krystalle, welche sich bei 15° zu zirka 75% in Wasser mit neutraler Reaktion lösen und in Alkohol fast unlöslich sind.

Ammoniumvanadinat, das Ammoniumsalz der Metavanadinsäure, $NH_4 VO_3$, bildet eine weiße, krystallinische, in Wasser zu zirka 1% lösliche Masse. Behandelt man dieselbe mit Salzsäure, so entsteht eine rotgelbe Lösung von Vanadylchlorid, die sich unter Chlorentwicklung sehr bald blau färbt. Versetzt man eine solche Lösung mit einer Lösung von salzsaurem Anilin, so bildet sich unlösliches Anilinschwarz.

Von Mandelin als Reagens auf Alkaloide empfohlen. Man bereite sich eine Mischung von 96 Teilen konzentrierter Schwefelsäure und 36 Teilen Wasser und löse darin das Salz zu 1‰—1%.

Über die Verwendung des Salzes zur Vergoldung und zur Hämatoxylinfärbung siehe Goldmethoden und Hämatoxylin-Vanadium.

Amnion. Zur Fixation des seit Polanos Arbeiten mehrfach untersuchten Amnionepithels der Säuger empfiehlt Mandl neben Sublimat und Sublimatgemischen, welche die Zellgranula sehr gut erhalten, vor allem Carnoy und Flemming. Zur Demonstration der Protoplasmafortsätze, mit welchen die Epithelzellen besetzt sind, ist vor allem das Amnion der Katze gegen Ende der Trächtigkeit geeignet.

Am besten werden dieselben nach BONDI durch 1%ige Osmiumsäure und durch Müller fixiert, Carnoy macht sie nach BONDIS Erfahrung schrumpfen. Ganz besonders lang, peitschenförmig werden diese Fortsätze nach MANDLS Untersuchung nach doppelseitiger Nierenexstirpation. Die Granula lassen sich vital durch Neutralrot färben. Zur Untersuchung der glatten Muskelfasern im Amnion des Hühnchens fixiert VERZÁR in Pikrinsäure, welche bis zur Sättigung in einer Mischung von 75 *ccm* konzentrierter Sublimatlösung, 5 *ccm* Eisessig und 25 *ccm* 50%igem Alkohol gelöst ist. (Siehe auch Artikel Kernteilung.)

Literatur: BONDI (Zentralbl. Gynäk., Bd. 29, 1905), MANDL (Zeitschr. Geburt. Gynäk., Bd. 54, 1905), derselbe (ebenda, Bd. 58, 1906), POLANO (Habilitationsschrift, Würburg 1904), derselbe (Zentralbl. Gynäk., Bd. 29, 1905), VERZÁR (Int. Mon. Anat., Bd. 24, 1908).

Amnionflüssigkeit, als indifferente Zusatzflüssigkeit neben Humor aqueus vielfach empfohlen. Man gewinnt sie in größerer Menge aus der Tracht eines großen Säugers, am besten der Kuh. Der Uterus wird angestochen mit einem großen gekrümmten Troikart und die auslaufende Flüssigkeit eventuell in sterilisierten Gefäßen aufgefangen. Mit sterilen Instrumenten und in sterilen Gefäßen aufgefangen, hält sich die Flüssigkeit sehr lange. Man kann ihr auch zur Haltbarmachung Jod in Substanz oder in Form der Jodtinktur zusetzen und erhält dann das MAX SCHULTZEsche Jodserum, ein geschätztes Macerationsmittel.

Das Amnionwasser enthält ungefähr 1% feste Bestandteile, darunter zirka $^1/_4$% Eiweiß, ferner Spuren von Schleim, Globulin, Traubenzucker, Harnstoff und Kreatinin, von anorganischen Salzen Chlornatrium und phosphor- und schwefelsauren Kalk.

Amoeben siehe: Protozoen, siehe auch: Protoplasmaströmung.

Amphioxus. Man kann die ja ziemlich kleinen und dünnen Tiere entweder in toto fixieren oder sie nach vorheriger Narkose in cocainhaltigem Seewasser in einzelne Stücke schneiden und dann fixieren. Zahlreiche Fixationsmittel sind für Amphioxus empfohlen worden: Sublimat in konzentrierter Lösung in 0,6%igem Kochsalz oder Seewasser, Sublimat-Essigsäure, Sublimat-Pikrinsäure-Essigsäure (SOBOTTA), Pikrinschwefelsäure, Perénji (JOSEPH), Flemming (VAN WIJHE), 10%iges Formalin (VAN WIJHE), Hermann. Sublimat gibt nach VAN WIJHE für Chorda und Muskeln recht gute Resultate, doch hebt sich streckenweise das Epithel ab. BOVERI fixiert zur Untersuchung der Nierenkanälchen in gleichen Teilen konzentrierter Pikrinsäure und 10%iger Salpetersäure. Für das Studium der Geschlechtsorgane empfehlen NEIDERT und LEIBER Sublimat-Essigsäure, ZARNIK 6%ige Sublimatlösung mit 4% Salpetersäure oder Flemming. Die Struktur der Nervenzellen wird nach RHODE am besten von Alkohol, Osmiumsäure oder konzentriertem Sublimat erhalten. LEGROS dagegen warnt vor dem letzteren für diesen Zweck. Er empfiehlt eine Mischung von Sublimat, 1%igem Platinchlorid, Osmiumsäure und Essigsäure. Diese Mischung gibt auch nach den Erfahrungen von BOEKE bessere Resultate als alle anderen Mittel.

Für die Darstellung der Nerven des Amphioxus lassen sich die verschiedensten Methoden mit Vorteil verwenden. Vorzügliches leistet die vitale Methylenblaufärbung. Man bringt die lebenden Tiere einfach in eine dünne Lösung von Methylenblau in physiologischer Kochsalzlösung für $1^1/_2$—3 Stunden und kontrolliert dann auf dem Objektträger unter fortwährender Befeuchtung mit Kochsalzlösung den Eintritt der Färbung (DOGIEL). Auch die Golgimethode hat in der Hand zahlreicher Untersucher wichtige Aufschlüsse über den Bau des Nervensystems von Amphioxus geliefert. VAN WIJHE empfiehlt für die zerschnittenen Tiere einen Aufenthalt von 6—9 Tagen in der Osmiumbichromatmischung. Von den neueren Neurofibrillenmethoden loben EDINGER und BOEKE vor allem die Bielschowskymethode für das Studium der Amphioxusnerven.

Literatur: BOEKE (Ak. Wetensch., Amsterdam 1907), derselbe (Ebenda 1908), derselbe (Anat. Anz., Bd. 33, 1908), BOVERI (Zool. Jhb., Bd. 5, 1892), DOGIEL (Anat. Hefte, H. 66, 1903), JOSEPH (Arb. Zool. Inst. Wien, Bd. 12, 1900), NEIDERT und LEIBER (Zool. Jhb., Bd. 18, 1903), RHODE (SCHNEIDERS Beitr., Bd. 2, 1888), SOBOTTA (Arch. Mikr. Anat., Bd. 50, 1897), VAN WIJHE (PETRUS CAMPER, Bd. 1, 1902), ZARNIK (Zool. Jhb., Bd. 21, 1904).

Amylalkohol, Alcohol amylicus, Fuselöl, $C_5H_{11}OH$, entsteht als Nebenprodukt bei der Darstellung des Äthylalkohols aus Kartoffeln und stellt eine farblose, stark lichtbrechende Flüssigkeit von unangenehmem Geruch und Geschmack dar. Spez. Gew. bei 15° 0,8142. Siedepunkt 130°, Brechungsexponent 1,407. In Wasser ist der Amylalkohol nur sehr wenig löslich, ungefähr 2%, mit Alkohol, Äther und Xylol mischt er sich in jedem Verhältnis. Gewöhnlich ist der käufliche Amylalkohol mit Pyridin verunreinigt, das sich durch Schütteln mit verdünnter Salzsäure entfernen läßt.

Da der Amylalkohol noch kleine Mengen Wasser aufzunehmen vermag, sich mit Xylol mischt und Celloidin gar nicht angreift, so ist er an Stelle von ätherischen Ölen oder Carbolxylol empfohlen worden, um Celloidinschnitte aus 90- bis 95%igem Alkohol in Xylol zu übertragen.

Auch in der vielfach als Reduktionsmittel benutzten PRITCHARDschen Mischung ist er enthalten, sie besteht aus 1 Teil Amylalkohol, 1 Teil Ameisensäure und 98 Teilen Wasser.

Amylnitrit, Amylium nitrosum, C_5H_{11}—O—NO. Farblose Flüssigkeit, die beim Stehen gelblich wird, von nicht unangenehmem fruchtartigen Geruch und brennendem Geschmack, mit Wasser kaum, mit Alkohol und Äther in jedem Verhältnis mischbar. Spez. Gew. 0,87—0,88. Siedepunkt 97—99°.

Amylnitrit findet in der praktischen Medizin vielfach Verwendung, die auf seiner gefäßerweiternden Wirkung beruht. Aus diesem Grunde ist es auch in der Mikrotechnik von OVIATT und SARGENT verwandt worden, und zwar in der Injektionstechnik in der Weise, daß die Tiere mit einem Gemisch von Amylnitrit und Äther betäubt und dann durch Einatmung von Amylnitrit getötet werden. Bevor dann die eigentliche Injektionsmasse eingespritzt wird, injiziert man physiologische Kochsalzlösung mit etwas Amylnitrit.

Literatur: OVIATT und SARGENT (St. Louis Med. Journ. 1886 und Journ. Roy. Micr. Soc. 1887). *Mosse,* Berlin.

Amylodextrin siehe: Stärke.

Amyloidentartung. Unter Amyloidentartung versteht man die Ablagerung eines hyalinen, zu den Eiweißkörpern gehörigen Stoffes in den Geweben. Dieser Stoff ist durch bestimmte optische, chemische und färberische Eigentümlichkeiten gekennzeichnet.

Man unterscheidet allgemeine und lokale Amyloidentartung (besser Amyloidentartung aus allgemeinen und aus lokalen Ursachen). Die allgemeine Amyloidentartung findet sich bei solchen Krankheiten, die mit schweren Eiweißverlusten verbunden sind: 1. allen langwierigen, chronischen Eiterungen, gleichviel, wo ihr Sitz ist und um welche besondere Art von Eiterung es sich handelt, daher am häufigsten *a)* bei chronischer ulceröser Lungen-, Darm- und Knochentuberkulose, *b)* bei Actinomycose, *c)* bei ulcerierenden Carcinomen (besonders Magen-, Darm-, Gebärmutter- und Speiseröhrenkrebsen), *d)* bei zerfallenden Sarcomen, *e)* bei chronischer Dysenterie; 2. bei chronischer Syphilis (auch solcher, die ohne Eiterungen verläuft); 3. bei chronischer Nierenentzündung; 4. bei Malariakachexie; 5. bei Leukämie und Pseudoleukämie; 6. bei chronischer Anämie. — Das lokale Amyloid findet sich in hyperplastischen bindegewebigen Neubildungen der Augenbindehaut, der Nasen-, Kehlkopf-, Luftröhren- und Bronchialschleimhaut, der Zunge, Lunge, des Darms und des Herzens, ferner in sarcomatösen und endothelialen Neubildungen der Zunge, Lymphknoten, der Speicheldrüsen, sehr selten in epithelialen Neubildungen (Uteruspolyp, Carcinomen). — Die Ablagerungsstätte der Amyloidsubstanz ist ausschließlich die Zwischensubstanz der Gewebe, nicht der Zelleib. In den seltenen Fällen, wo Amyloid im Leib von weißen Blutkörperchen und Riesenzellen gefunden wurde (LEBER, LUBARSCH, KOCKEL), war es dort nicht entstanden, sondern zum Transport oder zur Resorption von ihnen aufgenommen.

Das Amyloid tritt meist in Form glänzender Balken und Knollen sowie verzweigter Wülste und kaktusartiger Gebilde auf; es ist optisch durch Glanz und Durchsichtigkeit ausgezeichnet, chemisch durch die Unlöslichkeit in Wasser, Alkohol und Alkalien, Schwerlöslichkeit in konzentrierten Säuren und große Widerstandsfähigkeit gegenüber der Magen- und Trypsinverdauung, der Autolyse und der Fäulnis. Nach den neueren Untersuchungen KRAWKOWS schien festgestellt, daß das Amyloid eine Verbindung von Chondroitinschwefelsäure mit Eiweißkörpern sei und seine Zusammensetzung wurde folgendermaßen angegeben: C 48,86—50,38%, H 6,65—7,02%, N 13,79—14,07%, S 2,65—2,89%, O 25,6—28,0%. Allein die Untersuchungen O. HANSSENS (unter HOFMEISTER) ergaben, daß das aus Sagomilzen mechanisch isolierte Amyloid keine gepaarte Schwefelsäure, somit auch keine Chondroitinschwefelsäure enthielt; nur die Beobachtung bleibt bestehen, daß amyloide Organe einen erhöhten Gehalt an Chondroitinschwefelsäure besitzen.

Von allen übrigen hyalinen Stoffen unterscheidet sich das Amyloid durch seine färberischen Eigentümlichkeiten. Alle Reaktionen, sowohl die Jodreaktionen wie die Färbungen mit Anilinfarbstoffen, fallen am besten am nicht gehärteten Material aus. Es empfiehlt sich am meisten, Gefriermikrotomschnitte zu benutzen. Doch lassen sich alle Reaktionen auch an gehärteten Stücken vornehmen, nur ist hier oft der Farbenton kein so scharfer und glänzender wie bei ungehärtetem Material. Zur Härtung empfiehlt sich am meisten Alkohol, Formol, Formol-MÜLLER, Sublimat, weniger Chromsäuregemische, von denen noch die ZENKERsche Flüssigkeit am empfehlenswertesten ist. Zur Einbettung ist Celloidin vorzuziehen, da mitunter an Paraffinpräparaten die Reaktion ganz versagen kann oder wenigstens nicht sehr scharf ausfällt. Am besten ist es aber, von den in Formol etwa 2 Tage gehärteten Objekten Gefriermikrotomschnitte anzufertigen.

Die Jodmethoden. Die Schnitte werden aus destilliertem oder abgekochtem Wasser in dünne Jodjodkalilösungen überführt (Jod 1,0, Jodkali 2,0, Wasser 300,0), wo sie, je nach der Dicke der Schnitte, 1—10 Minuten verbleiben. Darauf mehrmaliges Auswaschen in Wasser und Untersuchen in Wasser, Glycerin oder Gummischleim. Die amyloiden Teile erscheinen dunkelbraunrot (mahagonibraun), das übrige Gewebe strohgelb. Ganz ausnahmsweise kann das Amyloid auch einen grünlichen Farbenton annehmen. Das findet sich besonders oft (nahezu regelmäßig) bei der spontanen, an Carcinom- oder Sarcomübertragungen anschließenden Amyloidentartung bei Mäusen; nicht ganz selten auch im Nierenamyloid von Rindern (LUBARSCH). Eine Verwechslung mit Glycogen ist auszuschließen: 1. durch die weiteren Reaktionen (Jodschwefelsäurereaktion) und Färbungen, 2. durch die Form und Ablagerungsstätte des Amyloids (Amyloid: in Wülsten und Strängen fast nie in den Zellen; Glycogen: in Kugel-, Körnchen- und Schollenform, oft im Zellleib), 3. durch die Löslichkeitsverhältnisse und das Verhalten zum Speichel. — Die Jodreaktion schwindet in Wasser, Glycerin und Glycerinleim meist nach einigen Stunden, hält sich in Gummischleim etwas länger. Bei Anwendung einer der Jodhämatoxylinmethoden LUBARSCHS (siehe unter Glycogen) kann man Balsampräparate herstellen, in denen die Jodreaktion einige Tage Bestand hat. Die dauerhaftesten und sehr klare Präparate erhält man bei Anwendung der LANGHANSschen Glycogenmethode, die man nach LUBARSCH am besten folgendermaßen ausführt:

1. Färbung der Schnitte in alkoholischer Carminlösung nach P. MAYER.
2. Überführen in LUGOLsche Lösung, 5—10 Minuten.
3. Rasches Entwässern in einem Gemisch von absolut. Alkohol 4,0 und offizin. Jodtinktur 1,0, Abtupfen mit Klosettpapier.
4. Aufhellen und Konservieren mit Origanumöl.

Um das Verdunsten des Öls zu verhindern, umgibt man die Deckgläser mit einem Rand von Paraffin und Siegellack. — Die Reaktion hält sich etwa 6 Monate.

Die Jodschwefelsäurereaktion. Man bringt die Schnitte nach Anstellung der Jodreaktion auf ca. 2—5 Minuten in 1%ige Schwefelsäure und untersucht in Wasser, Glycerin oder Gummischleim. Die vorher braunroten Partien verändern nun ihre Farbe, indem sie entweder nur gesättigter rot erscheinen oder blau, blaugrün, violett, schmutzigdunkelgrün oder fast schwarz werden. Diese Farbenveränderungen treten aber keineswegs gleichmäßig an allen amyloiden Teilen auf, sondern, wie es scheint, nur an den am längsten entarteten, so findet man z. B. in der Niere öfter, daß nur an den Glomerulischlingen eine Blau- oder Grünfärbung eintritt; während die Arteriolae rectae mahagonibraun bleiben; doch sind in dieser Hinsicht auch Unterschiede vorhanden, die sicher nicht nur von dem Alter des Amyloids abhängen.

An dem rein dargestellten Amyloid fällt die Jodreaktion nicht stets positiv aus (Krawkow). Es hängt dies von der physikalischen Beschaffenheit ab, da das in Lösung übergeführte Amyloid die Jodreaktion nicht gibt.

Die Färbungen mit Anilinfarbstoffen. Die Färbung mit Anilinfarbstoffen hat den Vorteil, daß neben dem äußerst scharf metachromatisch gefärbten Amyloid, die Zellkerne und der Zelleib deutlich hervortreten und so eine viel genauere Betrachtung der Beziehungen des Amyloids zu den einzelnen Gewebseinheiten möglich ist. Auch sind die Präparate viel dauerhafter und halten sich bei geeigneter Konservierung über 15 Jahre.

Die Färbung mit Methylgentianaviolett oder Methylgrün.

1. Die Schnitte werden in 2%ige wässerige Farblösungen auf ½—20 Minuten gebracht.

2. Abspülen in 1—2%iger Essigsäure. Man wechselt die Lösung öfter, so lange noch reichlich Farbwolken abgehen. Im allgemeinen dauert die Prozedur nicht länger wie 2—3 Minuten.

3. Sehr gründliches Abspülen und Auswaschen in öfter zu wechselndem destilliertem Wasser.

Die Dauerhaftigkeit der Präparate hängt hauptsächlich von der Gründlichkeit ab, mit der die Essigsäure wieder ausgewaschen wird.

4. Abtupfen mit Fließ- oder Klosettpapier; Einschließen in dicker Lävulose- oder Zuckersiruplösung. Glycerin weniger zu empfehlen; Glycerinleim ist dagegen brauchbar, wenn auch nicht so gut wie Lävulose und Zuckersirup.

Die Amyloidsubstanz erscheint intensiv leuchtend rot, Zellkerne blau, Protoplasma und Zwischensubstanz blaßgraublau. — Außer dem Amyloid zeigen die gleiche Metachromasie 1. Schleim; 2. manche colloide Massen, z. B. ein Teil der colloiden Ausfüllungen der Schilddrüsenbläschen; 3. die Mastzellengranula; 4. junges Knochen- und Knorpelgewebe. Eine Verwechslung ist außer durch die morphologischen Verhältnisse durch Anstellung der Jodreaktionen auszuschließen, ferner dadurch, daß die Rotfärbung meist keine intensive ist. Strittig ist es, ob die hyalinen, in Form und Lokalisation mit den amyloiden übereinstimmenden Massen, die nur die Anilinfärbung und nicht die Jodreaktionen geben, zum Amyloid gehören. Nachdem Krawkow-Hanssen gezeigt haben, daß das rein dargestellte Amyloid als konstanteste Reaktion die Anilinfärbung darbietet, muß die Frage wohl bejaht werden; Hanssen ist sogar der Meinung, daß die Färbbarkeit des Amyloids durch Anilinfarbstoffe dem Eiweißsubstrat des Amyloids (dem Amyloidprotein) zukommt, die Jodreaktion aber einer unbekannten, sehr veränderlichen beigemengten Substanz.

Sehr empfehlenswert ist die Doppelfärbung nach Birch-Hirschfeld.

1. Vorfärben mit Bismarckbraun 5 Minuten.

2. Auswaschen in Alkohol und Übertragen in Aq. dest.

3. Nachfärben in 0,5%iger wässeriger Gentianalösung 5 Minuten.

4. Auswaschen in 1%iger Essigsäure, bis der braune Farbenton des Vesuvins wieder hervortritt.

5. Gründliches Auswaschen im Wasser und Einschließen in Lävulose. Auch die von P. Mayer angegebene Methode der Schnittfärbung vor der Entparaffinierung gibt gute Resultate und ist zu empfehlen, da hierbei die Präparate in Canadabalsam aufbewahrt werden können.

Man verfährt folgendermaßen:

1. Färbung in ½%iger Gentianaviolettlösung 5—10 Minuten. Man kann auf den Objektträger aufgeklebte Schnitte benutzen. Besser ist es aber, man überträgt die Paraffinschnitte direkt vom Messer in die (auf ca. 40°) erwärmte Farbflüssigkeit, wo sie sich gut ausstrecken.

2. Abspülen in Wasser und Differenzieren in 1%iger Essigsäure 10—15 Minuten.

3. Gründliches Auswaschen in Wasser.

4. Übertragen in zur Hälfte mit Wasser verdünnte konzentrierte wässerige Alaunlösung. Abspülen mit Wasser.

5. Benutzt man bereits auf Objektträger aufgeklebte Schnitte, so trocknet man das Wasser sorgfältig ab oder läßt es im Brutschrank bei 40—42° verdunsten. Sind die Schnitte nicht aufgeklebt, so fängt man sie mit dem Objektträger auf und läßt das Wasser allmählich verdunsten. Darauf Paraffinentfernung durch Xylol, Einschluß in Canadabalsam.

Auch bei der von KANTOROWICZ angegebenen Färbung mit Thionin können die Präparate in Canadabalsam eingeschlossen werden, ebenso bei der Färbung mit UNNAS polychromem Methylenblau, mit Kresylechtviolett nach LITTEN und Toluidinblau nach HARRIS. Doch sind die Farbenunterschiede lange nicht so intensiv und glänzend wie bei den übrigen Methoden.

Nach KANTOROWICZ färbt man die von Alkohol oder Sublimatpräparaten gemachten Schnitte in einer gesättigten, wässerigen Thioninlösung 3—5 Minuten. Abspülen in Wasser, gründliches Trocknen der Schnitte mit Fließ- oder Klosettpapier. Aufhellen in Anilinxylol oder Carbolxylol. Auswaschen in Xylol. Einschluß in Balsam. — Das Amyloid erscheint hellblau bis lila, das übrige Gewebe mehr violett.

Bei der Färbung in polychromem Methylenblau wird 10—15 Minuten lang gefärbt, dann in Wasser abgespült. Darauf Eintauchen in $^1/_2$%ige Essigsäure 10—20 Minuten. Einbringen in konzentrierte, zur Hälfte mit Wasser verdünnte Alaunlösung 2—5 Sekunden. Abspülen in absolut. Alkoh. $^1/_2$ Minute. Entwässern in absolutem Alkohol $^1/_4$—$^1/_2$ Minute. Aufhellen in Xylol. Einbetten. Das Amyloid erscheint besonders an Formalinpräparaten hellrot, Zellkerne dunkel-, Protoplasma hellblau. Im Dunkeln aufbewahrte Präparate halten sich lange.

Die von H. STILLING angegebene Färbung mit Jodgrün (24stündiges Färben in Jodgrünlösung 1 : 300 Wasser. Abspülen in Wasser. Einschließen in Glycerin oder Lävulose) hat keine erheblichen Vorzüge vor der Färbung mit Methyl- oder Gentianaviolett. Zur raschen Orientierung über Verteilung und Vorkommen des Amyloids empfiehlt sich, besonders bei tierischem Amyloid, die Färbung mit Sudan oder Fettponceau, wobei das Amyloid sich durch Rosafärbung scharf (auch vom tiefrot gefärbten Fett) abhebt.

Eine befriedigende Theorie über die Ursache der Metachromasie des Amyloids besitzen wir noch nicht. Die Tatsache, daß auch das rein dargestellte Amyloid die Reaktionen gibt, spricht dafür, daß es sich um chemische Umwandlungen handelt.

Über die Amyloidkörper siehe unter Corpora amylacea.

Literatur: BIRCH-HIRSCHFELD (Festschr. f. E. L. WAGNER, Leipzig 1887), CORNIL (C. R. Ac. Paris 1875), HANSSEN (Biochem. Zentralbl., Bd. 13, 1908), HESCHL (Wien. Med. Wochenschr. 1875), JÜRGENS (Arch. Pathol. Anat., Bd. 65, 1875), KANTOROWICZ (Zentralbl. Allg. Path., Bd. 5, 1894), KRAWKOW (Arch. Exper. Path., Bd. 40, 1899), LANGERHANS (Arch. Pathol. Anat., Bd. 120, 1890), LUBARSCH (Arch. Pathol. Anat., Bd. 135 und Artikel Technik in Ergebnissen der allgemeinen Pathologie etc., Jahrg. 1, Abt. 2, 1895), derselbe (EULENBURGS Real-Enzyklopädie, 4. Aufl., Bd. 1), STILLING (Arch. Pathol. Anat., Bd. 103, 1886), SCHMORL (Die pathologischen Untersuchungsmethoden, 2. Aufl., 1901), VIRCHOW (Arch. Pathol. Anat., Bd. 6, 1854).

Lubarsch, Düsseldorf.

Amylum siehe: Stärke.

Anästhol und Anesthol siehe: Äthylchlorid.

Anethol, der Methyläther des Allylphenols, $C_6H_4(CH_5)—CH_3$, bildet farblose Blätter, die bei 21,6° schmelzen und sehr wenig in Wasser, leicht löslich in Alkohol, Äther, Chloroform, Schwefelkohlenstoff sind. Anethol hat aromatischen Geruch und süßen Geschmack. Das Anethol bildet einen Bestandteil des Anisöles, außerdem des Sternanis-, Fenchel-, Estragonöles.

Über seine Verwendung siehe Anisöl. — Es ist bei SCHIMMEL (Leipzig) erhältlich.

Mosse, Berlin.

Anilin, Amidobenzol, $C_6H_5.NH_2$, führt seinen Namen auf Grund der ersten bekannt gewordenen Bildungsweise aus Indigo, der im Spanischen Anil heißt. Es ist die Muttersubstanz der meisten künstlichen und natürlichen Farbstoffe. Technisch wird es seit dem Jahre 1864 durch Reduktion des Nitrobenzols (mit Zink, Zinn, Eisen und Schwefel-, Salz- oder Essigsäure) gewonnen:

$$C_6H_5 . NO_2 + 6 H = 2 H_2O + C_6H_5 . NH_2.$$

In reinem Zustande bildet Anilin eine farblose Flüssigkeit von eigentümlichem Geruch, die im Kältegemisch krystallinisch erstarrt und bei 183° siedet. Es löst sich leicht in organischen Lösungsmitteln, aber nur wenig in Wasser (bei 12° in 31 Teilen). Spez. Gew. 1,037 bei 0°. Brechungsexponent 1,588. An der Luft färbt sich Anilin bald dunkel. Obgleich ohne alkalische Reaktion auf Lackmus, dokumentiert Anilin seinen basischen Charakter durch die ausgesprochene Neigung zur Salzbildung und die Fähigkeit, in der Hitze Ammoniak aus seinen Verbindungen auszutreiben.

Reaktionen auf Anilin. 1. Setzt man zu einer Lösung von Anilin in konzentrierter Schwefelsäure einige Tropfen wässeriger Kaliumbichromatlösung, so färbt sich die Flüssigkeit rot, später blau.

2. Ein Fichtenholzspan wird intensiv gelb gefärbt.

3. Chlorkalklösung erzeugt mit wässeriger Anilinlösung eine Violettfärbung, die auf Zusatz von Schwefelammonium in Rot umschlägt. *Neuberg*, Berlin.

Das Anilin ist durch EHRLICH in die Mikrotechnik eingeführt worden und dient seit dieser Zeit den mannigfachsten Zwecken. Vor allem wird es benutzt zur Herstellung von Farblösungen und hier meist in der Form des Anilinwassers. Es wird dasselbe entweder so erhalten, daß man Anilin im Überschuß mit destilliertem Wasser schüttelt und vor dem Gebrauch filtriert, oder indem man 3 *ccm* Anilin in 10 *ccm* absol. Alkoh. löst und mit destilliertem Wasser auf 100 verdünnt. Ein solches Anilinwasser vermag ungleich mehr Farbstoff zu lösen als destilliertes Wasser oder 10%iger Alkohol. Außerdem besitzen die Anilinwasser-Farbstofflösungen eine höhere Färbekraft als Wasserlösungen.

Eine zweite Art der Verwendung findet das Anilin in der Färbetechnik zum Entfärben (Differenzieren) überfärbter Präparate. Wie WEIGERT gezeigt hat, wird die Fähigkeit des Anilins zu entfärben durch Zusatz von Xylol gemildert, und es entstanden so die verschiedenen Anilinxylolgemische. Ebenso kann man, wie das in der NISSLschen Methode geschieht, die entfärbende Kraft des Alkohols durch Zusatz von Anilin erhöhen. Andrerseits hat aber auch UNNA gezeigt, daß man durch Zusatz von Säuren und Salzen zum Anilin seine differenzierende Kraft bedeutend erhöhen kann, so empfiehlt er zu diesem Zweck z. B. Zusatz von Salpetersäure (1%), Tannin (5—10%), Chlornatrium (im Überschuß), salzsaures Anilin (1%), Jod (1%). Man kann auch gleichzeitig einen sauren Farbstoff als Kontrastfarbe zumischen, z. B. Tannin (1%) und Eosin (1‰) oder Salpetersäure (1‰) und Pikrinsäure (1‰).

Das Anilin hat die wertvolle Eigenschaft, ähnlich wie viele stark lichtbrechende ätherische Öle oder Phenol noch eine bestimmte Menge Wasser aufzunehmen und sich auch mit Xylol in jedem Verhältnis zu mischen. Es ist deshalb in Verbindung mit Xylol von WEIGERT empfohlen worden, um Celloidinschnitte unter Umgehung des absoluten Alkohols in reines Xylol überzuführen.

Auch als Überführungsmittel von Alkohol in Paraffin ist es von CIAGLINSKI gerühmt worden. Es macht die Präparate weniger hart, indem es einen kürzeren Aufenthalt im starken Alkohol zuläßt. Er bringt MÜLLERsche Präparate des Rückenmarkes zunächst aus dem absoluten Alkohol für 24 Stunden in Anilin, dann 2 bis 3 Stunden in Xylol, dann Xylol-Paraffin und Paraffin. Nach unseren Erfahrungen kann man den absoluten Alkohol dabei ganz fortlassen und direkt aus dem 95%igen Alkohol in Anilin übertragen. Die Präparate werden gleichzeitig sehr stark aufgehellt.

Schließlich wäre noch der Verwendung des Anilins als Reduktionsmittel zu gedenken. So empfiehlt NABIAS eine 1—2%ige Lösung von Anilin in Wasser zur Reduktion von Goldpräparaten.

Literatur: Ciaglinski (Zeitschr. Wiss. Mikr., Bd. 8, 1891), Nabias (C. R. Soc. Biol. Paris, Bd. 56 u. 57, 1904 u. 1905), Unna (Mon. Prakt. Derm., Bd. 21, 1895).

Anilin, salzsaures, $C_6H_5 . NH_2 . HCl$ (Anilinsalz der Färber), entsteht durch Sättigen von Anilin mit der äquivalenten Menge Salzsäure und bildet weiße, in Wasser und Alkohol leicht lösliche Nadeln.

Von Unna dem Anilin zu 1% zugesetzt, um die differenzierende Kraft desselben zu erhöhen.

Über die Bildung von Anilinschwarz aus salzsaurem Anilin vergleiche Anilinschwarz.

Anilin, schwefelsaures, $(C_6H_5NH_2)_2 H_2SO_4$, entsteht beim Sättigen von Anilin mit äquivalenten Mengen Schwefelsäure. Es bildet farblose Krystalle, welche sich beim Liegen an der Luft rötlich verfärben und in Wasser leicht, in Alkohol schwer löslich sind.

Das Anilinsulfat wird als Reagens auf Verholzung benutzt (siehe Zellmembranen, pflanzliche).

Anilinblau. Unter den im Handel vorkommenden verschiedenen Arten Anilinblau werden die Salze des Mono-, Di- und Triphenylrosanilins verstanden, entweder die reinen Salze oder Mischungen derselben. Das Anilinblau R oder 2 R besteht hauptsächlich aus den Salzen der beiden ersteren, Anilinblau B—6 B ist das nahezu reine Salz des Triphenylrosanilins oder des Tritolylrosanilins. Man unterscheidet ferner die in Wasser unlöslichen Chlorhydrate der Basen als Spiritusblau und bezeichnet dann die Alkalisalze der Sulfosäuren dieses Spiritusblaus als wasserlösliches Blau.

Anilinblau B—6 B, 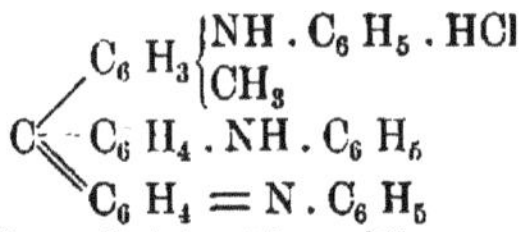 syn. Grünstichblau, Lichtblau, Bleu lumière, Alkoholblau, Spiritusblau, Bleu vert extra, Bleu de Lyon, Bleu de Paris, Feinblau, Kopalblau, entsteht durch Erhitzen von Rosanilin, reinem Anilin, Benzoesäure und Eisessig. Je nach den verschiedenen Mischungsverhältnissen erhält man verschiedene Nuancen. Reinigung mittelst alkoholischer Salzsäure.

Anilinblau R oder 2 R, syn. Rotstichblau, Parmabläulich, Violettbläulich, Rotblau, entsteht durch Erhitzen von Fuchsin mit Natriumacetat.

Das Anilinblau ist in Wasser schwer löslich, ebenso in Benzol, Petroleumäther, leichter löslich in Methyl-, Äthyl- und Amylalkohol, leicht löslich in Anilin, Phenol und Nitrobenzol. Mit Mineralsäuren gibt es blaue bis braune Niederschläge, ebenso mit Natronlauge, Ammoniak, Chlorkalk und Zinnchlorür. In der technischen Färberei färbt man Seide und Wolle in alkoholischer, mit Schwefelsäure oder Alaun versetzter Lösung unter Zuhilfenahme von Zinnchlorür und Weinstein.

Anilinblau wasserlöslich. Die unter dem Namen lösliches Blau, Bleu soluble, Nicholsonblau, Wasserblau, Alkaliblau, Chinablau, Marineblau im Handel vorkommenden Farbstoffe stellen die Salze der Sulfosäuren des Triphenylrosanilins dar, und zwar bezeichnet man speziell das Natronsalz der Monosulfosäure als Alkaliblau, das Ammoniaksalz der Disulfosäure als Wasserblau, außerdem kommen noch Salze der Tri- und Tetrasulfosäure vor. Mit der Zahl der eingeführten Sulfogruppen steigt im allgemeinen die Löslichkeit in Wasser, aber die Färbekraft nimmt ab. Diese Farbstoffe werden erhalten durch Erhitzen von Anilinblau mit Schwefelsäure (Sulfurieren), je nach der Höhe der Temperatur und der Art des verwendeten Anilinblaus entstehen dann die verschiedenen Farbstoffe. Sie sind sämtlich in Wasser und Alkohol leicht löslich, geben mit Salzsäure einen blauen Niederschlag, mit Natronlauge Rotfärbung.

Das Anilinblau gehört zu den am frühesten in die Mikrotechnik eingeführten Farbstoffen, wahrscheinlich ist es zuerst von Waldeyer unter dem Namen Pariser Blau verwendet worden. Das Spiritusblau hat nur geringe Verbreitung gefunden, vor allem wird es in der Technik der Knochenfärbung verwendet, wo seine Unlöslichkeit in Wasser von Vorteil ist. (Näheres siehe bei Knochen.)

Das wasserlösliche Anilinblau erfreut sich dagegen einer großen Verbreitung, vor allem als Plasmafarbstoff nach oder vor Kernfärbungen, zuerst wohl von FOOLE nach Hämatoxylin und von DUVAL nach Carmin benutzt. Es hat die Eigenschaft, Schleim ziemlich intensiv zu färben, doch zieht Alkohol den Farbstoff leicht wieder aus.

Auch zur Färbung der Achsencylinder, besonders in embryonalen Geweben, eignet es sich vorzüglich. Entweder benutzt man sehr dünne (4‰), schwach alkoholische Lösungen und färbt vor oder nach dem Kernfärbemittel, dann Auswaschen in Wasser oder 50%igem Alkohol, oder man benutzt konzentrierte Lösungen und differenziert in alkalischem Alkohol.

Eine empfehlenswerte Methode ist die Doppelfärbung von STROEBE-HUBER. Schnitte von Material aus MÜLLERscher Flüssigkeit werden 5 Stunden in gesättigter wässeriger Lösung von Anilinblau gefärbt, in Wasser abgespült und dann 1 bis 2 Minuten in alkalischem absolutem Alkohol differenziert (30—40 Tropfen 1%iger Kalilauge auf 30 *ccm* absoluten Alkohols). Waschen in destilliertem Wasser 10 Minuten und Färben ½ Stunde in konzentrierter wässeriger Safraninlösung, Auswaschen in Wasser und Entwässern.

Auch zur Vorfärbung bei der HEIDENHAINschen Eisenhämatoxylinmethode und zur Dreifachfärbung mit Carmin und Bismarckbraun eignet sich der Farbstoff.

GARBINI färbt Schnitte vom Magen oder Speicheldrüsen zuerst 1—4 Minuten in einer Lösung von Anilinblau 1, Wasser 100, absolutem Alkohol 1—2, dann Abwaschen in Wasser und Einlegen in 1%iges Ammoniak, bis sie fast völlig ihre Farbe verloren haben, Neutralisieren 5—10 Minuten in 0,5%iger Salzsäure, Waschen in viel Wasser, Färben 4—5 Minuten in 0,5%igem wässerigen Safranin, das mit der Hälfte absoluten Alkohols verdünnt ist, dann absoluter Alkohol, Nelkenöl, Xylol, Balsam.

GALLI färbt Nerven, die zuerst 20 Tage in reiner, dann noch zwei Tage in verdünnter MÜLLERscher Flüssigkeit gelegen haben, in wässeriger Lösung von Anilinblau, nachdem sie vorher noch ¼ Stunde in angesäuertem Glycerin gewaschen sind (2 Tropfen Eisessig auf 2 *ccm* Glycerin). Färbung 15—20 Minuten, dann Alkohol, Terpentin, Balsam. Es erscheint der Achsencylinder und die SCHWANNsche Scheide gefärbt.

BÜHLER mischt zur Färbung von Nervenzellen gleiche Teile einer 1%igen wässerigen Lösung von Anilinblau und Vesuvin und ferner in denselben Verhältnissen Rubin S und Safranin. Kurz vor dem Gebrauch wird 1 Teil der ersten Lösung mit 2 Teilen der letzteren gemischt und mit dem vierfachen Volum Wasser verdünnt. Färbung 24 Stunden.

MALLORY verwendet das Anilinblau in Verbindung mit Säurefuchsin und Orange zur Bindegewebsfärbung nach Sublimat oder Zenker. Färbung der Schnitte 3 Minuten in 0,1%iger Lösung von Säurefuchsin, Auswaschen in Wasser, dann Einlegen in 1%ige Lösung von Phosphormolybdänsäure für einige Minuten, Auswaschen in zweimal gewechseltem Wasser und Färbung 2 Minuten oder länger in Anilinblau 0,5, Orange G 2,0, Oxalsäure 2,0, Wasser 100, Auswaschen in Wasser, 95%iger Alkohol, Origanumöl, Balsam. Amyloid und Schleim blau, Kerne, Protoplasma, Neuroglia und Achsencylinder rot, Erythrocyten und Markscheiden gelb. MALL hat die Methode unwesentlich modifiziert. Er bringt aus dem Säurefuchsin direkt in eine 10fach verdünnte konzentrierte Lösung von Phosphormolybdänsäure und wäscht dann nicht in Wasser, sondern in 95%igem Alkohol aus.

Anilin blue black siehe: Blue black.

Anilinfarben. Mit diesem Namen bezeichnet man einem allgemeinen Sprachgebrauch zufolge diejenigen Farbstoffe, welche als Produkt industrieller Tätigkeit in den Handel kommen im Gegensatz zu den von der Tier- und Pflanzenwelt gelieferten Farbendrogen. Die Industrie der künstlichen Farbstoffe ist im

Anfang der Sechzigerjahre des neunzehnten Jahrhunderts zuerst in Frankreich und England begründet und sehr bald auch nach Deutschland und der Schweiz verpflanzt worden. Sie hat sich namentlich in Deutschland zu außerordentlicher Größe und Bedeutung entwickelt. Da die ersten künstlich dargestellten Farbstoffe aus Anilin und aus Gemischen desselben mit seinen Homologen, welche in der Technik ebenfalls als „Anilin" bezeichnet werden, hergestellt wurden, so erhielt die ganze Gruppe dieser industriellen Erzeugnisse den Namen der Anilinfarbstoffe, welcher heute kaum mehr als zutreffend erscheint, nachdem die Industrie längst auch andere Rohmaterialien in den Kreis ihrer Tätigkeit einbezogen und die oben erwähnten Gemische zum größten Teil durch einheitliche Ausgangsmaterialien ersetzt hat. Man pflegt daher heute vielfach die Bezeichnung „Anilinfarbstoffe" durch den Ausdruck „Teerfarbstoffe" oder „Synthetische Farbstoffe" zu ersetzen, durch welchen letzteren indessen der Gegensatz zu den von der Natur gelieferten Farbstoffen ebenfalls nicht streng logisch zum Ausdruck gebracht wird, da es der Industrie seit längerer Zeit gelungen ist, viele der natürlichen Farbstoffe synthetisch in solcher Weise aufzubauen, daß die künstlichen Erzeugnisse mit den gleichartigen natürlichen in erfolgreichen Wettbewerb auf den Weltmarkt treten können. Die Synthese sämtlicher von der Tier- und Pflanzenwelt hervorgebrachter Farbstoffe ist nur noch eine Frage der Zeit, und die Entscheidung darüber, welche derselben auch in Zukunft ihren natürlichen Quellen entnommen und welche als Produkte der chemischen Industrie künstlich hergestellt werden sollen, wird lediglich von wirtschaftlichen Gesichtspunkten abhängen.

Aus dem Vorstehenden ergibt es sich, daß ein scharfer, auf wissenschaftlichen Merkmalen beruhender Unterschied zwischen den natürlichen und künstlichen oder Anilinfarbstoffen nicht besteht. In der Tat verdanken beide Körpergruppen ihre sie zu gleicher Verwendung befähigende Eigenart den gleichen, in ihrer chemischen Konstitution begründeten Gesetzmäßigkeiten, welche heute ziemlich vollständig erkannt sind.

Die Aminbasen der aromatischen Reihe, deren erstes und einfachstes Glied das Anilin ist, zeigen eine große Neigung, unter dem Einflusse der verschiedensten Reagenzien in Farbstoffe überzugehen. Es war die genauere Untersuchung dieser etwa um die Mitte des neunzehnten Jahrhunderts uns zugänglich gewordenen Substanzen, welche denen, die sich mit ihr befaßten, die ersten Anilinfarbstoffe (Mauvein, Fuchsin und Derivate desselben) in die Hände spielte. Da diese ältesten Farbstoffe irgend welche Analoga unter den natürlichen Erzeugnissen der Tier- und Pflanzenwelt nicht besitzen, da sie ferner an Glanz und Reinheit der Nuance die Naturprodukte weitaus übertrafen, so schienen sie zu denselben in scharfem Gegensatz zu stehen. Dieser Gegensatz zeigte sich auch in ihrer im Vergleich zu den geschätzteren Naturprodukten größeren Vergänglichkeit. Man findet daher noch heute vielfach die Ansicht verbreitet, die Anilinfarbstoffe seien zwar glänzender, aber auch viel vergänglicher als die natürlichen und in diesem für die Verwendung der Farbstoffe so hochwichtigen Unterschiede sei der Gegensatz beider Körperklassen begründet. Auf das Irrtümliche dieser Auffassung kann nicht nachdrücklich genug hingewiesen werden. Die weitere Erforschung der Farbstoffe hat mit voller Sicherheit gezeigt, daß der Glanz der Nuance keinerlei Beziehungen zu der Empfindlichkeit gegen Licht und andere Agenzien besitzt. Es gibt unter den künstlichen Farbstoffen ganz ebenso wie unter den natürlichen glänzende und trübe, echte und vergängliche. Dagegen gilt für alle Farbstoffe die Regel, daß nur im Zustande völliger Reinheit der volle Glanz der Nuance eines Farbstoffes in Erscheinung tritt und daß höchst geringfügige Verunreinigungen ausreichen, um die erzielte Färbung ganz erheblich zu trüben. Gerade auf der Gegenwart solcher geringfügiger und sehr schwer zu beseitigender Verunreinigungen beruht (zum Teil) der geringe Glanz vieler mit natürlichen Farbdrogen hergestellter Färbungen. Den synthetisch hergestellten Farbstoffen fehlen in den meisten Fällen von Haus aus diese trübenden Verunreinigungen, wodurch sich in vielen Fällen die größere

Frische und Reinheit der mit ihnen hergestellten Färbungen erklärt. Es mag indessen hinzugefügt werden, daß die glänzendsten aller überhaupt bekannten Farbstoffe sich schließlich unter den synthetisch aufgebauten gefunden haben.

Die industrielle Synthese der Farbstoffe war während der ersten 20 Jahre ihres Bestehens auf empirische Methoden angewiesen, welche indessen ein ziemlich reiches Material an brauchbaren Produkten lieferten. In dem Maße, wie diese chemisch genauer durchforscht und ihrer Konstitution nach ergründet wurden, erwuchs die Möglichkeit, die Gesetzmäßigkeiten zu erkennen, welche zwischen der Konstitution und den Eigenschaften der Farbstoffe bestehen, und damit die Bedingungen festzustellen, welche erfüllt sein müssen, wenn eine chemische Verbindung den Charakter eines Farbstoffes annehmen soll. Diese Gesetzmäßigkeiten sind in der von OTTO N. WITT im Jahre 1876 aufgestellten Theorie der Farbstoffe zusammengestellt, welche gegenwärtig allgemein angenommen ist und nicht nur der planmäßigen Synthese neuer Farbstoffe zugrunde gelegt wurde, sondern auch das jetzt allgemein gültige Klassifikationsprinzip der Farbstoffe geworden ist.

In den Sprachen aller zivilisierten Völker wird der Begriff des Farbstoffes in scharfen Gegensatz gestellt zu demjenigen des farbigen Körpers, obgleich es vom rein physikalischen Standpunkte aus schwierig ist, beide Begriffe getrennt zu halten. Die Chemie hält die sprachliche Unterscheidung aufrecht, indem sie sich auf technologische Gesichtspunkte stützt und von den Farbstoffen verlangt, daß man mit denselben färben kann. Diese Forderung bedingt in erster Linie eine ganz erhebliche Intensität der Eigenfärbung des Farbstoffes, außerdem aber noch die Fähigkeit, aus wässeriger Lösung auf die zu färbenden Materialien, als welche in erster Linie die verschiedenen Arten der ausnahmslos colloidalen Charakter besitzenden Gespinstfasern in Betracht kommen, überzugehen und sich mit denselben waschecht zu verbinden; ein Vorgang, den man als „Färbeprozeß" bezeichnet. Über die Theorie dieses letzteren siehe unter „Färbung". Über die Bedingungen, unter welchen organische Verbindungen zu Farbstoffen werden, gibt die WITTsche Farbstofftheorie Auskunft, welche sich in den nachfolgenden Sätzen kurz zusammenfassen läßt.

Alle Farbstoffe sind Abkömmlinge von Kohlenwasserstoffen und eine überwältigende Mehrheit derselben sind Derivate von Kohlenwasserstoffen der aromatischen Reihe. Fast alle diese Kohlenwasserstoffe sind an sich farblose Körper, erst in neuerer Zeit sind einige wenige von Haus aus farbige Kohlenwasserstoffe bekannt geworden, welche letzteren an sich schon einen solchen Bau besitzen, daß sie ohne weiteres zu den sogleich zu erwähnenden Chromogenen gehören. Doch ist durch neuere Untersuchungen der Beweis dafür erbracht worden, daß auch die ungefärbten Grundkohlenwasserstoffe der aromatischen Reihe eine selektive Lichtabsorption ausüben. Da aber dieselbe im ultravioletten Ende des Spektrums liegt, so ist sie für das menschliche Auge nicht sichtbar. Bei der Umwandlung der aromatischen Kohlenwasserstoffe in Farbstoffe wird die Stelle der Absorption in die sichtbaren Teile des Spektrums geschoben.

Die Farbstoffnatur des Abkömmlings eines aromatischen Kohlenwasserstoffes ist an das gleichzeitige Vorhandensein zweier eigenartiger Atomkomplexe im Molekül desselben gebunden, welche als „chromophore" und „auxochrome" Gruppen bezeichnet werden.

Die chromophoren Atomkomplexe sind solche, welche erfahrungsgemäß überall da, wo sie auftreten, Farbstoffbildung veranlassen. Ihr Eintritt in einen Kohlenwasserstoff macht diesen allerdings noch nicht zum Farbstoff, wohl aber zum Chromogen, d. h. zu einer Substanz, welcher nur noch die auxochrome Gruppe eingefügt zu werden braucht, um sofort die Farbstoffnatur des Körpers in Erscheinung treten zu lassen. In den Chromogenen ist somit der Farbstoffcharakter latent vorhanden. Diese Tatsache macht sich mitunter durch eine Eigenfärbung der Chromogene bemerkbar, doch ist dies nicht immer der Fall. Man kennt bis jetzt einige zwanzig chromophore Gruppen und es unterliegt keinem

Zweifel, daß die Zahl derselben in dem weiteren Verlauf der chemischen Forschung noch vergrößert werden wird. Das Gesetz der Chromophorie ist ausnahmslos, d. h. es ist kein Fall bekannt, in welchem eine Substanz, welche eine der als chromophor erkannten Gruppen mit Sicherheit enthält, sich nicht als ein Chromogen erwiesen hätte. Mit Recht sind daher die chromophoren Gruppen als Einteilungsmerkmal für die Farbstoffe adoptiert worden. Während ältere Veröffentlichungen über Farbstoffe dieselben nach dem rein zufälligen Merkmale der Nuancen klassifizieren, unterscheiden die heutigen Lehrbücher dieses Gegenstandes eine Reihe von natürlichen Farbstoffamilien, deren Angehörige jeweilig eine und dieselbe chromophore Gruppe enthalten.

Die auxochrome Gruppe verwandelt durch ihren Eintritt in das Molekül eines Chromogens dieses letztere in einen Farbstoff. Allen auxochromen Gruppen ohne Ausnahme kommt die Fähigkeit zu, den bei den Chromogenen gewöhnlich vorhandenen neutralen Charakter zu stören und sie in Substanzen von entweder basischem oder saurem Charakter zu verwandeln. Bei der ersten Aufstellung der WITTschen Farbstofftheorie wurde die Annahme gemacht, daß in dieser Fähigkeit allein die Wirkung der auxochromen Gruppen begründet sei; diese letztere wurde daher nicht als solche besonders bezeichnet, sondern es wurde lediglich der Eintritt einer salzbildenden Gruppe in das Molekül des Chromogens gefordert, um dieses zum Farbstoff zu machen. Weitere Forschungen haben indessen gezeigt, daß die Fähigkeit der Salzbildung keineswegs zusammenfällt mit der Fähigkeit der Entwicklung der latenten Farbstoffeigenschaften eines Chromogens. Diese Erkenntnis führte zur Aufstellung des Begriffes der Auxochromie, welche bei verschiedenen salzbildenden Gruppen in verschiedenem Maße entwickelt ist. Als am stärksten auxochrom haben sich die phenolische Hydroxylgruppe, —OH, und die Aminogruppe, — NH_2, erwiesen. Die auxochromen Eigenschaften der letzteren werden nicht verändert, in vielen Fällen sogar erhöht dadurch, daß die in ihr enthaltenen Wasserstoffatome durch organische Radikale ersetzt werden. Dagegen wirkt der Übergang der Aminogruppe in die Ammoniumgruppe, soweit derselbe nicht durch Halogenwasserstoff, sondern durch die Anlagerung von Halogenalkylen herbeigeführt wird, völlig vernichtend auf die auxochromen Eigenschaften. Wir haben somit in der Ammoniumgruppe eine sehr stark basische, also salzbildende Gruppe, welcher die Eigenschaft der Auxochromie fehlt. Gewisse andere stark salzbildende Gruppen, wie z. B. die Sulfoxylgruppe, —SO_3H, die Carboxylgruppe, —COOH, die Sulfamidgruppe, —SO_2NH—, sind als schwach auxochrom zu bezeichnen. Die auxochromen Eigenschaften aller salzbildenden Gruppen ohne Ausnahme können dadurch latent gemacht werden, daß man sie in einer Weise beeinflußt, welche ihre Fähigkeit, Salze zu bilden, aufhebt. So wird z. B. die Aminogruppe auxochrom unwirksam durch Acetylierung, bei der Hydroxylgruppe geschieht das gleiche durch Ätherbildung oder Veresterung. Der verschiedene Grad der Auxochromie aller dieser Gruppen scheint eine direkte Funktion ihrer Ionisationsfähigkeit zu sein, d. h. ein Farbstoff wird in um so höherem Grade seine Farbstoffnatur geltend machen, je mehr er die Neigung besitzt, in seinen Lösungen sich (elektrolytisch) zu dissoziieren. Dies ist ohne weiteres begreiflich, wenn man den Charakter des Färbeprozesses in Betracht zieht. (Siehe unter „Färbung“.)

Sowohl für die chromophoren wie für die auxochromen Gruppen gilt die Regel, daß sie sich häufen lassen, d. h. es ist keineswegs notwendig, daß sie nur ein einziges Mal in dem Molekül des Farbstoffes vorhanden seien, es kann vielmehr durch ihr mehrmaliges gleichzeitiges Auftreten sehr häufig eine erhebliche Verbesserung der färberischen Eigenschaften eines Farbstoffes herbeigeführt werden. Im allgemeinen aber gilt die Regel, daß die gehäuften chromophoren und auxochromen Gruppen gleicher Art sein müssen; das gleichzeitige Auftreten verschiedener derartiger Gruppen führt mitunter zu einer Herabsetzung der Farbstoffnatur. Es sind sehr wenige Farbstoffe bekannt, in denen verschiedene chromophore Gruppen gleichzeitig vorhanden sind, dagegen bildet die gleichzeitige Einführung verschiedener auxochromer Gruppen eines der wichtigsten Hilfsmittel der Farbensynthese zur Herbeiführung feinerer Modifikationen in den Eigenschaften der dargestellten Farbstoffe.

Die im Vorstehenden skizzierte Theorie der Farbstoffe ist während der 25 Jahre ihres Bestehens in allen wesentlichen Gesichtspunkten unverändert geblieben, sie hat aber eine wichtige Erweiterung in den in neuerer Zeit von verschiedener Seite gemachten Beobachtungen über den sogenannten chinoiden Charakter sehr vieler Farbstoffe erhalten. Es ist notwendig, auch diese Seite unserer theoretischen Kenntnisse über die Natur der Farbstoffe hervorzuheben.

Das seit den ältesten Zeiten ausgeübte Verfahren der Küpenfärberei (siehe unter „Färbung"), welches namentlich für den Indigo sehr wichtig, aber auch auf andere Farbstoffe anwendbar ist, fand frühzeitig seine Erklärung in dem Umstande, daß die in diesem Verfahren benutzten Farbstoffe befähigt sind, durch Anlagerung von 2 Atomen Wasserstoff an ihre Moleküle in nahe verwandte, häufig farblose Verbindungen überzugehen, welchen man den gemeinsamen Namen der Leucoverbindungen zuerteilte. Das aus der Indigoküpe abscheidbare Indigweiß ist die Leucoverbindung des Indigos und ähnliche Verbindungen sind für eine sehr große Zahl von anderen Farbstoffen bekannt geworden. Graebe und Liebermann wollten schon im Jahre 1868 in dieser Tatsache eine allgemeine Gesetzmäßigkeit aller Farbstoffe erkennen, doch hat sich dieselbe in dieser weiten Form nicht halten lassen. Der Grund dafür zeigte sich später in der außerordentlich großen Verschiedenartigkeit in der Konstitution der sehr zahlreichen Substanzen, welche einen Farbstoffcharakter besitzen. Später wurde man darauf aufmerksam, daß die große Körperklasse der Chinone, welche sich von fast allen aromatischen Kohlenwasserstoffen ableiten lassen, eine eigentümliche Analogie mit der Fähigkeit vieler Farbstoffe zur Bildung von Leucoverbindungen aufweist. Denn auch die gewöhnlich intensiv gefärbten Chinone sind imstande, zwei Wasserstoffatome aufzunehmen und dadurch in die zugehörigen, meist farblosen Hydrochinone überzugehen. Der Zusammenhang dieser Erscheinung mit derjenigen der Bildung von Leucoverbindungen bei den Farbstoffen ergibt sich ohne weiteres daraus, daß alle Chinone Chromogene sind. Mit anderen Worten, die Atomgruppen, durch deren Eintritt ein Kohlenwasserstoff zu einem Chinon wird, sind chromophore Gruppen. Sehr viele Farbstoffe lassen sich daher ohne weiteres als Chinone charakterisieren, welche auxochrome Gruppen enthalten.

Die Chinone sind ursprünglich für eine nur in der aromatischen Reihe auftretende Körperklasse gehalten worden, die weitere Entwicklung der theoretischen Chemie hat aber zu der Erkenntnis geführt, daß die Chinone nichts anderes sind als Diketone, deren Auftreten indessen bis jetzt nur in der α- oder Ortho- und γ- oder Paraform beobachtet wurde. Durch die Erkenntnis der Chinone als Diketone werden Beziehungen zu der Fettreihe erschlossen, in welcher bekanntlich Mono- und Diketone zu den alltäglichen Erscheinungen gehören. In der Tat hat sich später gezeigt, daß nicht nur aromatische Diketone chromogen sind, sondern daß auch schon das einmalige Auftreten der Ketogruppe genügt, um zur Farbstoffbildung Veranlassung zu geben. Die in den Ketonen vorkommende Carbonylgruppe, —CO—, ist nicht nur als solche eine Gruppe von ausgesprochen chromophorem Charakter, sondern mit ihr auch die von ihr abgeleiteten Gruppen, nämlich die zweiwertigen Ketimido-, Ketoxim- und Hydrazongruppen, für welche es ebenfalls gilt, daß ihre Häufung den chromogenen Charakter des Komplexes, in dem sie enthalten sind, wesentlich erhöht.

Im Hinblick auf die soeben geschilderten nahen Beziehungen vieler Farbstoffe zu der weitverzweigten Körperklasse der Ketone und speziell zu den als Chinone bezeichneten Angehörigen derselben wird es begreiflich, daß man ohne besonderen Zwang vielen Farbstoffen direkt einen chinonartigen Charakter zuschreiben kann. Bei anderen Farbstoffen wird dies häufig ebenfalls möglich durch eine geeignete Umgestaltung der Konstitutionsformel, durch welche ein Chinoncharakter zum Ausdruck gebracht wird, ohne daß ein direkter Zwang dazu aus den bei dem Studium der Umsetzungen des Farbstoffes gemachten Beobachtungen vorhanden wäre. In solchen Fällen führt also nur das Bestreben, für möglichst viele Farbstoffe die Chinonnatur anzunehmen, zu der Wahl einer derartigen Konstitutionsformel, welche man als „chinoide" Formel bezeichnet und neben der lediglich auf experimenteller Basis gefundenen mit in Betracht ziehen kann. So lassen sich beispielsweise fast alle Azofarbstoffe auch als Glieder der nahe verwandten Klasse der Hydrazone auffassen und viele Chemiker tun dies mit Vorliebe, nachdem es sich gezeigt hat, daß Substanzen, welche unzweifelhaft Hydrazone sind, in ihren Eigenschaften den Azofarbstoffen außerordentlich nahestehen. In vielen Fällen ferner führen zwei Reaktionen, von welchen die eine ein Hydrazon, die andere den mit ihm isomeren Azofarbstoff ergeben müßte, zu einem und demselben Produkt, so daß es zweifelhaft erscheinen kann, ob diesem letzteren die eine oder die andere Konstitution zukommt. In solchen Fällen wird heutzutage die Hypothese der Tautomerie zur Erklärung herangezogen, d. h. es wird angenommen, daß der betreffende Farbstoff eine Konstitution von labilem Gleichgewicht besitze, welche ihm gestattet, je nach den obwaltenden Verhältnissen bald in der Form eines Hydrazons, bald in derjenigen eines normalen Azofarbstoffes aufzutreten. Ähnliche Verhältnisse walten in anderen Farbstoffamilien ob. In letzter Linie gehen alle Erwägungen derartiger Verhältnisse zurück auf die grundlegende Spekulation über die Lagerung der Kohlenstoffaffinitäten in dem Kern der aromatischen Kohlenwasserstoffe. Hält man, wie es früher geschah, streng daran fest, daß der Benzolkern die ihm von KEKULÉ zugeschriebene Konstitution besitzt, so ist die Durchführung chinoider Formeln für die meisten Farbstoffe kaum möglich. Nimmt man aber in Übereinstimmung mit den Ergebnissen der neueren Forschung an, daß die Absättigung der freien Kohlenstoffvalenzen im Benzolkern unter sich je nach den vorhandenen Seitenketten eine verschiedenartige sein kann, dann wird es leicht, durch Verschiebung der Doppelbindungen chinoide Strukturformeln für die allermeisten Farbstoffe aufzustellen.

Die Betrachtungen über den chinoiden Charakter vieler Farbstoffe besitzen einen Wert, der weit über den theoretischer Spitzfindigkeiten hinausgeht. Sie sind unter Umständen absolut notwendig für die Erklärung gewisser Eigentümlichkeiten in dem Verhalten von Farbstoffen, sie haben einen befruchtenden Einfluß auf die experimentelle Erforschung der Farbstoffe ausgeübt und in einzelnen Fällen (z. B. in der Rhodamingruppe) nicht nur zu einer wesentlichen Erweiterung der Erkenntnis geführt, sondern auch die Veranlassung zu weiterem technischen Fortschritt gegeben.

Bei der Einteilung der Farbstoffe in natürliche Familien werden im allgemeinen nur diejenigen chromophoren Gruppen berücksichtigt, deren Erforschung bereits abgeschlossen ist. Die noch ungenügend erforschten Farbstoffe, deren Zahl keine sehr große ist, werden dann gewöhnlich am Schlusse der Betrachtung zusammengestellt. Einige Farbstoffe, welche, streng genommen, verschiedenartige chromophore Gruppen enthalten, denen aber sehr ähnlich gebaute Kohlenstoffkerne gemeinsam sind, wie z. B. die Triphenylmethanfarbstoffe und die Chinolinfarbstoffe, werden gewöhnlich auf Grund dieses letzteren Gesichtspunktes in eine Familie vereinigt.

Die Anzahl der theoretisch möglichen Farbstoffe geht in die Millionen, diejenige der experimentell bereits hergestellten in die vielen Tausende, im Handel befinden sich als Erzeugnisse des fabrikatorischen Großbetriebes erheblich mehr als 1000 verschiedene Farbstoffe. Die Möglichkeit, daß diese vielen verschiedenen Produkte dauernd im Handel nebeneinander bestehen können, während doch nach physikalischen Prinzipien sich jede nur mögliche Nuance durch Mischung von drei Farbstoffen sollte herstellen lassen, beruht auf dem Umstande, daß für die technische Verwendung eines Farbstoffes nicht nur seine Nuance, sondern auch noch alle seine anderen Eigenschaften maßgebend sind. Für die Herstellung gemischter

Färbungen muß ferner die Forderung gestellt werden, daß die zu mischenden Farbstoffe in ihren färberischen Eigenschaften sich nahestehen. Der Färber bedarf daher unbedingt einer sehr großen Palette, wenn er imstande sein soll, jeder Anforderung zu entsprechen. Man kann sagen, daß unserem Bedürfnis nach verschiedenartigen Farbstoffen selbst durch die gegenwärtige Mannigfaltigkeit der Fabrikation noch nicht vollständig entsprochen ist. Diese Tatsache sowie das fortwährende Streben nach Verbilligung werden die Produktivität der Farbenindustrie noch sehr lange nicht zum Stillstand kommen lassen.

Die Herstellung der künstlichen Farbstoffe wird heutzutage von einigen 20 Fabriken betrieben, von welchen mehrere zu den größten chemischen Fabriken der Welt gehören. Die früher vorhandenen kleinen Fabriken dieser Art sind entweder im Laufe der Zeit zu großen Anlagen herangewachsen oder von den größeren aufgesogen worden. Fast alle diese Fabriken sind im Besitze von Aktiengesellschaften. Da ihr Gedeihen an die Bedingung der Hervorbringung immer neuer Farbstoffe geknüpft zu sein scheint, so sind sie genötigt, ausgedehnte Forschungslaboratorien zu unterhalten, in welchen sehr zahlreiche Chemiker mit der steten Erweiterung unseres Besitzes an brauchbaren Farbstoffen beschäftigt sind. Durch eine derartige Organisation hat die moderne Farbenindustrie einen tiefgreifenden Einfluß auch auf die Entwicklung der chemischen Wissenschaft überhaupt und speziell der organischen Chemie ausgeübt.

Obgleich die Farbenfabriken sich gegenseitig eine scharfe Konkurrenz machen, so kann man doch beobachten, daß sie im allgemeinen ihren Arbeiten eine gleichartige Richtung geben. Es lassen sich daher in der Entwicklungsgeschichte der Farbenindustrie gewisse Epochen unterscheiden, in welchen ganz bestimmte Familien von Farbstoffen bevorzugt wurden und eine starke Erweiterung erfuhren. Derartige Verhältnisse haben sich namentlich herausgebildet, seit die rein empirischen Methoden der Farbstoffgewinnung einer zielbewußten und von bestimmten Gesichtspunkten geleiteten Synthese Platz gemacht haben.

Die ältesten, empirisch gefundenen Farbstoffe gehörten zu den Familien der Nitrofarbstoffe, Safranine, Triphenylmethanderivate und Induline. Die Farbstoffsynthese begann mit der Begründung der Alizarinindustrie und erreichte eine fast mathematische Präzision in dem Aufbau der Azofarbstoffe. Der Ausbau dieser beiden großen Gebiete hat die Farbenindustrie mehr als drei Jahrzehnte beschäftigt und ist selbst heute noch nicht abgeschlossen. Mit dem Beginn der achtziger Jahre setzte daneben eine zielbewußte synthetische Arbeit auf dem Felde der Triphenylmethanfarbstoffe ein, welche um eine große Zahl höchst wichtiger Neueinführungen bereichert wurden. In derselben Weise führte die gegen Ende der achtziger Jahre gelungene Ergründung des Wesens der Azine, Safranine, Induline, Oxazine und Thiazine alsbald eine Vermehrung dieser Farbstoffamilien um wichtige neue Glieder herbei. Gegen Ende des XIX. Jahrhunderts gelang dann schließlich auf Grund von mehr als 20jähriger theoretischer Arbeit die technische Synthese des Indigos, welche mit Recht als der höchste Triumph der Farbstoffchemie gefeiert wird und in ähnlicher Weise zu einer Verdrängung des natürlichen Indigos durch den künstlichen führte, wie einst das synthetische Alizarin den Krapp verdrängt hatte. Und wie seinerzeit dem Alizarin eine ganze Reihe gleichgearteter, in der Natur nicht vorkommender künstlicher Farbstoffe sich beigesellt hatte, so ist jetzt die Farbenindustrie damit beschäftigt, neben dem Indigo andere „Küpen"-Farbstoffe einzuführen, welche ihm in der eigentümlichen Anwendungsweise und in seiner außerordentlichen Echtheit ähnlich, in der Nuance aber von ihm verschieden sind. Es mag hier erwähnt werden, daß zu diesen Farbstoffen auch der antike Purpur gehört, dessen künstliche Synthese ebenfalls bereits gelungen ist.

Eine ganz eigenartige Richtung schlug die Farbenindustrie etwa um die Jahrhundertwende durch die Aufnahme der Schwefelfarbstoffe ein, welche nach rein empirischen Methoden durch Verschmelzung der verschiedenartigsten Rohmaterialien mit Alkalipolysulfiden erhalten werden und ihrem ganzen Wesen nach vorläufig noch als unerforscht bezeichnet werden müssen. Diese meist trübe und düster gefärbten Substanzen sind ausgezeichnet durch die Leichtigkeit, mit welcher sie sich färben lassen, sowie durch die Echtheit der mit ihnen herstellbaren Färbungen. Da sie namentlich auch schwarze und dunkelblaue Töne liefern, so werden sie in ganz ungeheuren Mengen verbraucht.

Ein streng synthetisch aufgebautes Mittelglied zwischen der Indigogruppe und den Schwefelfarbstoffen ist der Thioindigo, in welchem die Iminogruppen des Indigos durch Schwefelatome ersetzt sind, wodurch die Farbe des Produktes von Blau nach Rot verschoben wird.

Ein Überblick über das weite Gebiet der künstlichen Farbstoffe wird durch das allgemein zu diesem Zweck benutzte und in regelmäßig erscheinenden neuen Auflagen fortwährend vervollständigte Tabellenwerk von GUSTAV SCHULTZ, „Tabellarische Übersicht der künstlichen organischen Farbstoffe" ermöglicht, welches für alle im Handel befindlichen Farbstoffe, soweit die erforderlichen Daten vorliegen, neben dem Handelsnamen die wissenschaftliche Bezeichnung, Konstitution, Darstellungsweise, das Jahr der Einführung und den Namen des Erfinders, die einschlägigen Patente und Literaturangaben sowie die charakteristischen Reaktionen angibt. An der Hand dieses Schlüssels gelingt es dann leicht, weitere Aufklärungen in der zugehörigen, außerordentlich umfangreichen Quellenliteratur aufzufinden. Eine noch vollständigere Zusammenstellung der im Handel vorkommenden Farbstoffe findet sich in der dritten, vierten und fünften Lieferung von OTTO N. WITT und LUDWIG LEHMANN, Chemische Technologie der Gespinstfasern.

Witt, Berlin.

Anilingelb, syn. Spritgelb, salzsaures Amidoazobenzol $C_6H_5 - N = N . C_6H_4 - NH_2 . HCl$. Einer der ältesten Azofarbstoffe, der als Ausgangspunkt für die Darstellung anderer hierher gehöriger Körper dient. Blaue, in Wasser schwer, in Alkohol leicht lösliche Nadeln.

Anilingrün, syn. Aldehydgrün, Vert d'Usèbe, entsteht durch Einwirkung von Acetaldehyd auf Fuchsin in Schwefelsäure gelöst. Der Farbstoff wird jetzt nicht mehr dargestellt.

Anilinöl siehe: Anilin.

Anilinrot, syn. für Fuchsin.

Anilinschwarz, syn. Nigranilin, entsteht durch Oxydation von Anilinsalzen durch Mangansuperoxyd, Chromsäure, Chromaten, Kupfersalzen, Eisenoxydsalzen etc. Es ist ein schwarzer, amorpher Körper, der in Wasser, Alkohol, Äther, Chloroform unlöslich, in Phenol, Kresol oder Anilin mit blauer Farbe löslich ist. Nach NIETZKI kommt ihm die Formel $(C_6H_5N)_x$ zu. Es ist eine Base und liefert mehrere Reihen von Salzen. Das Anilinschwarz ist außerordentlich lichtecht und findet in der Färberei ausgedehnte Verwendung, indem es auf der Faser selbst durch Anilin und Oxydationsmittel erzeugt wird. So bringt man z. B. Wolle in ein Bad von stark schwefelsaurer Anilinlösung und Kaliumbichromat, beim Erhitzen schlägt sich dann das entstehende Anilinschwarz auf der Faser nieder.

In ähnlicher Weise geht BETHE vor, um das Chitin bei Mysis zu färben. Die Schnitte kommen zunächst für 3—4 Minuten in eine schwach angesäuerte, frisch bereitete Lösung von salzsaurem Anilin (auf 10 *ccm* einer 10%igen Lösung 1 Tropfen Salzsäure), kurzes Abspülen in Wasser, Übertragen in 10%ige Lösung von Kaliumbichromat. Die Operation wird mehrmals wiederholt, bis die Färbung intensiv genug ist. Durch Abspülen in Brunnenwasser werden die anfangs grünen Präparate blau. Es färben sich Kern und Protoplasma tiefblau, ebenso das Chitin.

Literatur: BETHE (Zool. Anz., Bd. 8. 1895.)

Anilinviolett, syn. Mauvein,

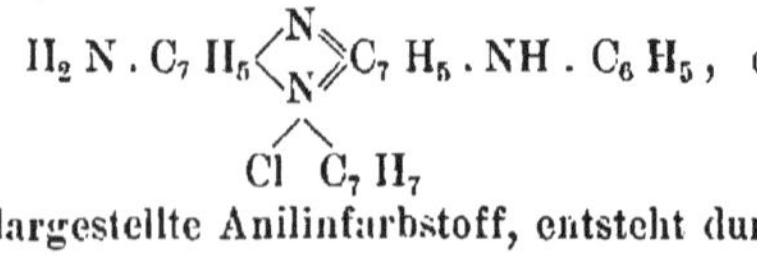

der erste, von W. H. PERKIN 1856 technisch dargestellte Anilinfarbstoff, entsteht durch

Oxydation von Anilin und Toluidin mittelst Kaliumbichromat. Seine Bildung wurde bereits im Jahre 1834 von RUNGE in Berlin beobachtet und in ihrer Tragweite auch richtig erkannt. Das Mauvein ist ein krystallinisches, schwarzes Pulver, das in Wasser, Äther und Benzol unlöslich, in Alkohol löslich ist. Es ist eine starke Base, von deren Salzen das Sulfat und Chlorhydrat in Wasser etwas löslich sind.

Von BAUMGARTEN zur Knorpelfärbung benutzt, Färbung 2—3 Minuten, Differenzierung in dünner Salzsäure (2—3 Tropfen auf ein Uhrschälchen Wasser), Auswaschen in Wasser, Einschluß in Glycerin. Knorpel bläulich, verkalkte Grundsubstanz violett, Knochen rötlich, Markgewebe hellblau.

Anilinwasser siehe: Anilin.

Anilinxylol siehe: Anilin.

Anisöl, Oleum Anisi viridis, wird aus den Samen der vor allem in Südrußland kultivierten Pimpinella Anisi durch Destillation gewonnen. Es ist ein farbloses, dickflüssiges Öl, spez. Gew. 0,985 bei 15°. Brechungsexponent 1,557. Seine wichtigste Eigenschaft ist, bei zirka 10° zu einer krystallinischen Masse zu erstarren. Mit 90%igem Alkohol ist es in jedem Verhältnis mischbar. Es besteht zu 90% aus festem und zu 10% aus flüssigem Anethol und einem Terpen. Durch langes Aufbewahren kann sich sein Schmelzpunkt unter 0° erniedrigen.

Das Anisöl ist zuerst von GRIESBACH als Intermedium, später von KÜHNE wegen seines hohen Gefrierpunktes zur Einbettung empfohlen worden. Die Präparate werden in abs. Alkohol entwässert und dann 12—24 Stunden mit dem Öl durchtränkt. Auf dem Gefriermikrotom erhalten sie dann mittelst des Äthersprays eine sehr gute Schnittkonsistenz und tauen nur sehr langsam auf. Die Schnitte werden sehr gleichmäßig und brechen nicht. Entfernung des Öls, das die Färbung durchaus nicht beeinträchtigt, in abs. Alkohol.

Später ist es dann besonders von HEIM und STEPANOW für den gleichen Zweck empfohlen worden. Der letztere bringt die Objekte aus 85%igem oder gar 70%igem Alkohol für 1—2 Stunden in Anilin, bis sie durchsichtig werden, dann für 1—2 Stunden in einmal zu wechselndes Benzol, dann für mehrere Stunden in Anisöl oder Anethol.

Literatur: HEIM (Lehrbuch der Bakteriologie, II. Aufl., 1900), KÜHNE (Zentralbl. Bakt., Bd. 12, 1892), STEPANOW (Zeitschr. Wiss. Mikr., Bd. 17, 1900).

Anisolrot, roter Azofarbstoff, der heute nicht mehr im Handel ist.

Anneliden siehe: Würmer.

Anstichversuche nach ROUX siehe: Experimentell-embryologische Methoden.

Anthozoen siehe: Coelenteraten.

Anthocyan. Der in der Pflanze weit verbreitete, meist in den rotvioletten und blauen Blumenblättern oder in den rotblättrigen Varietäten auftretende Farbstoff, der auch die herbstliche Rotfärbung der Blätter bedingt, ist löslich in Wasser, Alkohol und Äther. Charakteristisch ist seine Rotfärbung in saurem und seine Blaufärbung in schwach alkalischem, seine grünblaue bis grüne Färbung (bis Entfärbung) in stärker alkalischem Medium. Es werden unter Anthocyan sicher verschiedene chemische Stoffe zusammengeworfen, von denen einige zur Krystallisation gebracht wurden (MOLISCH).

Literatur: MOLISCH (Bot. Zeitschr., Bd. 63, 1905). *Magnus,* Berlin.

Anthracenblau (Ludwigshafen). Unter diesem Namen kommen Hydroxy- und Amidohydroxyderivate des Alizarins in Form dunkler Teige oder Pulver (SWR, SWG) in den Handel. Die letzteren sind in Wasser mit rotvioletter oder blauvioletter, in Natronlauge mit blauer, in Schwefelsäure mit violetter Farbe löslich.

KAPLAN färbt Schnitte von dem in MÜLLERscher Flüssigkeit fixierten Centralnervensystem 24 Stunden in 1%iger, wässeriger Lösung von Anthracenblau SWR und differenziert dann nach der PALschen Methode.

Literatur: KAPLAN (Arch. Psych. Nervenkr., Bd. 35, 1902).

Anthrapurpurin, syn. Isopurpurin, ein Oxyketonfarbstoff, Oxyisoanthraflavinsäure, braungelb, in kaltem Wasser gar nicht, in heißem Wasser etwas und in heißem Alkohol leicht löslich. Mit Alkalien bildet es eine violette, mit Schwefelsäure eine kirschrote Lösung. Färbt mit Tonerde gebeizte Baumwolle scharlachrot.

Antimonsalze siehe: Brechweinstein.

Antipyrin, Analgesin, Dimethyl-Phenylisopyrazolon, 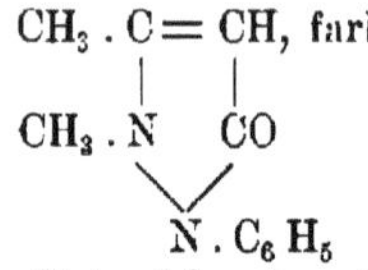 farblose, monokline Krystalle von etwas bitterem Geschmack. Es löst sich etwa in 1 Teil Wasser oder 1 Teil 90%igen Alkohols, weniger in Chloroform oder Äther. Eisenchlorid ruft in Antipyrinlösung, selbst noch bei sehr starker Verdünnung, Rotfärbung hervor.

Das in der praktischen Medizin bekanntlich in ausgedehnter Weise als Antipyretikum verwendete Antipyrin kann auch zur Lähmung mancher kleinen Wassertiere (Rotatorien, Protozoen) benutzt werden in dünnen Lösungen (1%—1‰).

Apochromate siehe: Mikroskop.

Apparato reticolare siehe: Trophospongien und Neurofibrillen.

Arabin, der Hauptbestandteil des Gummi arabicum, wird erhalten, wenn man eine konzentrierte wässerige Lösung des letzteren stark mit Salzsäure versetzt und dann mit Alkohol ausfällt. Der Niederschlag wird durch wiederholtes Lösen und Fällen gereinigt und dann getrocknet. Das trockene Arabin löst sich in Wasser nur auf Zusatz von etwas Alkali.

Es ist an Stelle von Gummi arabicum empfohlen worden.

Arachniden siehe: Arthropoden.

Argentamin, farblose, alkalisch reagierende Flüssigkeit, die durch Auflösen von 10 Teilen Silberphosphat und 10 Teilen Äthylendiamin in 100 Teilen destillierten Wassers gewonnen wird. Das in den Handel kommende Präparat ist demnach bereits 10%ig. Um keine Mißverständnisse hervorzurufen, tut man gut, statt einfach von einer „1%igen Argentaminlösung" von einer „1%igen Lösung der in den Handel als Argentamin kommenden Flüssigkeit" zu reden.

Argentamin ist zur Darstellung des feineren Baues der Nervenzellen und zur Darstellung der Markscheiden verwandt worden (MOSSE). (Näheres siehe Silber.)

Mosse, Berlin.

Arsenige Säure. Diese Säure ist in freiem Zustande nicht bekannt, dagegen gibt es ein Arsenigsäureanhydrid, As_2O_3 ($A_2O_3 + 3\,H_2O = 2\,H_3AsO_3$), das in amorpher und in krystallinischer Form vorkommt. Das amorphe, durchsichtige Trioxyd ist in 25 Teilen kalten Wassers und in 94 Teilen absoluten Alkohols, das krystallinische, undurchsichtige in 80 Teilen kalten Wassers und in 400 Teilen absoluten Alkohols löslich. Beide Modifikationen gehen leicht ineinander über. Die wässerige Lösung des Trioxyds reagiert sauer.

Bekannt sind ferner Salze der arsenigen Säure, die Arsenite, die sehr beständige Verbindungen darstellen.

Arsentrioxyd und die Arsenite sind stark giftig.

Arsenigsäureanhydrid findet Verwendung:

1. als Antiseptikum *a)* als Zusatz zur Gelatine nach GERLACH (für Embryonen). Die Gelatine besteht aus 40 *g* Gelatine, 200 *ccm* konzentrierter Lösung des Anhydrids, 120 *ccm* Glycerin; *b)* als Zusatz zur Glyceringelatine zur Injektion nach ROBIN;

2. als Macerationsmittel von THIEM in gesättigter Lösung für quergestreifte Muskelfibrillen;

3. in dem von THOMPSON zur Untersuchung angegebenen Medium, das außerdem aus Brom und Schwefel besteht.

Literatur: GERLACH (Beiträge zur Morphologie, 1884), THIEM (Inaug.-Diss. Greifswald 1876), THOMPSON (Journ. Micr. Soc. London, 1882). *Mosse,* Berlin.

Arsensäure, H_3AsO_4, kommt im Handel als dicke, sauer reagierende Flüssigkeit vom spez. Gew. 2,0 vor. Beim Abdampfen der Flüssigkeit bilden sich weiße, aus kleinen Nadeln bestehende Massen. Die Salze der Säure, die Arseniate, rufen in neutraler Lösung mit Silbernitrat einen rotbraunen Niederschlag hervor. Auch diese Verbindungen sind stark giftig.

Von UNNA ist eine 1⁰/₀ige Lösung empfohlen worden zur Entfärbung von Bacterienpräparaten, um gleichzeitig Bacterien in der Hornschicht der Haut in unverhornten Zellen im Eiter darzustellen. Die Schnitte werden zuerst mit Carmin, am besten mit Pikrocochenille vor und dann mit Boraxmethylenblau nachgefärbt. Sie werden bis zur genügenden Differenzierung abwechselnd in 1⁰/₀ige Arsensäure und Alkohol getaucht, dann durch Bergamottöl in Balsam montiert. Hornschicht entfärbt, Cokken blau, Kerne rot, Mastzellen und viele Leucocytenkerne ebenfalls blau.

GOLGI reduziert Goldpräparate in 1⁰/₀iger Arsensäure, MARTINOTTI und SQUIRE entkalken in 4⁰/₀iger Arsensäure (näheres siehe Goldmethoden und Knochen und Zähne).

Literatur: UNNA (Berlin. Klin. Wochenschr., 1891). *Mosse,* Berlin.

Arterien siehe: Gefäße.

Arthropoden, Kaum eine ander Tierklasse bietet der exakten Konservierung solche Schwierigkeiten wie die Arthropoden. Es hängt das wesentlich damit zusammen, daß ihr Körper von einem chitinigen Hautskelet umgeben ist, das den meisten Fixationsmitteln, unter gewöhnlichen Bedingungen angewandt, den Eintritt in das Innere des Körpers verwehrt. Dazu kommt noch, daß, natürlich gilt das nur von den Tracheaten und nicht von den Branchiaten, sich die Luft beim Einlegen der Tiere in den Tracheen fängt und so auch ein Eindringen der fixierenden Flüssigkeit verhindert. Es muß deshalb als erster Grundsatz für die gute Konservierung von Arthropoden die Bedingung gestellt werden, daß die Tiere vor dem Fixieren geöffnet oder zerschnitten werden, um der Fixierflüssigkeit den Weg in das Innere zu öffnen. Ist das aus irgend welchen Gründen nicht angängig, so muß man Fixiermittel anwenden, welche möglichst leicht eindringen. Da wäre nun in erster Linie die feuchte Hitze zu nennen, sie ist bekanntermaßen ein Fixationsmittel von nicht zu unterschätzendem Wert und in allen den Fällen, in denen man heiße Fixationslösungen anwendet, wird die Hitze jedenfalls das primäre Fixativ sein, ob man nun heiße Sublimatlösung oder heißes Wasser wähle. Erst nach und nach wird dann auch das betreffende chemische Agens (Sublimat, Alkohol, Pikrinsäure) in die Tiefe dringen und seine Wirkung ausüben. Man kann deshalb sehr wohl auch die Tiere zunächst durch kurzes, wenige Minuten dauerndes Eintauchen in heißes Wasser töten und dann in die kalte Fixationslösung einlegen.

Was die Wahl der Fixationslösung anlangt, so hängt das natürlich ab von dem speziellen Zweck, den man verfolgt (siehe unten). Es sind für die Totalfixation von Arthropoden eigentlich alle die bekannten Mittel angewandt worden, man wird aber wohl am besten immer möglichst leicht eindringende wählen, wie Alkohol und alkoholhaltige Mischungen (Sublimatalkohol, Perénji, Carnoy etc.) und dann Pikrinsäuregemische (Pikrinschwefelsäure, Pikrinsalpetersäure etc.). Einer besonderen Beliebtheit erfreut sich in dieser Beziehung die PERÉNJIsche Flüssigkeit, die auch für andere Objekte bisweilen Vorzügliches leistet, und wir können in dieser Beziehung dem absprechenden Urteil, welches LEE und MAYER über diese Flüssigkeit fällen, in keiner Weise beistimmen. Als sehr schnell eindringendes Gemisch wird von CUNNINGTON für Daphniden eine konzentrierte Lösung von Pikrinsäure in einer Mischung von 5 Teilen Äther und 1 Teil Alkohol gelobt. Die Tiere werden darin 1 Minute lang geschüttelt und dann in 70⁰/₀igen Alkohol übertragen. HOFFMANN empfiehlt für Collembolen ein Gemisch von 10 Teilen 1⁰/₀igen Platinchlorids, 5 Teilen konzentrierter Sublimatlösung, 5 Teilen absoluten Alkohols und 1 Teil Essigsäure. Für einige Minuten in die 60⁰ heiße, dann für 2 Stunden in die kalte Flüssigkeit.

Die Angaben über das, was man unter einer heißen Fixationslösung zu verstehen hat für Arthropoden, schwanken sehr, zwischen 50 und 90°, doch scheinen im allgemeinen Temperaturen von 70 bis höchstens 80° zu genügen.

Ein anderer Weg, um das Eindringen der Fixationslösung zu erleichtern, ist der, daß man die Lösung mittelst einer vorsichtig in das Abdomen eingeführten Pravazspritze injiziert. Schließlich kann man auch durch vorsichtiges Evakuieren, indem man das in der Fixationslösung befindliche Objekt unter die Luftpumpe bringt, die Luft aus den Tracheen entfernen und der Lösung Eingang verschaffen. Allerdings muß man dabei sehr vorsichtig vorgehen, wenn man grobe Zerreißungen vermeiden will.

Nur sehr kleine Arthropoden, wie kleine Crustaceen, kann man ohne weitere Vorsichtsmaßregeln in toto fixieren.

In vielen Fällen wird es sich empfehlen, die zur Totalfixation bestimmten Tiere zuerst zu betäuben, wozu meistens Chloroform seinen Zweck aufs beste erfüllt. BASSE betäubt Tardigraden dadurch, daß er sie in ausgekochtes Wasser bringt und das letztere mit einer Ölschicht von der Luft abschließt.

Das Chitinskelet bringt aber auch noch andere Unannehmlichkeiten für die technische Bearbeitung der Arthropoden mit sich dadurch, daß es sich, in Paraffin eingebettet, sehr schwer schneidet. Um diesem Übelstand möglichst abzuhelfen, kann man das Chitin, nachdem die Objekte fixiert sind, erweichen und benutzt zu diesem Zwecke Eau de Labarraque 5—6fach verdünnt, Eau de Javelle, 40%igen Alkohol mit Salpetersäurezusatz, allmählich bis zu 20% steigend, Holzessig, 1%iges Kupfersulfat, Fixation in 10%igem Formol. Da die erstgenannten Flüssigkeiten, Eau de Javelle und Eau de Labarraque, die weichen Gewebe des Tieres nicht unerheblich alterieren, so kann man ihnen den Zutritt ins Innere des Objekts durch Verschließen mit etwas leicht schmelzbarem Paraffin verwehren (vgl. auch den Artikel Chitin).

Aber auch trotz dieser Vorsichtsmaßregeln werden oft die Objekte im Paraffin noch sehr brüchig, und es ist nötig, den Block vor jedem Schnitt mit einer Masse zu bestreichen, welche das Bröckeln verhindert. Als solche empfiehlt sich am meisten das von HEIDER empfohlene Mastix-Collodium (näheres siehe Mastix).

Für spezielle Zwecke sind die folgenden Methoden beschrieben worden.

Muskeln: (Man vergleiche auch den Artikel Muskelfasern, quergestreifte). MAZZONI vergoldet Heuschreckenmuskeln aus der Coxa, indem er sie für 1/2 Stunde in dreifach mit Wasser verdünnte Ameisensäure einlegt, dann 7 bis 8 Minuten in 1%iges Goldchlorid, dann wieder 12 Stunden lang Behandlung mit verdünnter Ameisensäure im Dunkeln. ENDERLEIN benutzt zur Fixation von Hexapodenmuskeln eine Mischung von 1 Teil konzentrierten Sublimats und 2 Teilen 96%igen Alkohols, heiß zu fixieren. BIEDERMANN empfiehlt zur Darstellung der Muskelnerven vor allem den Öffnungsmuskel der Schere von Astacus, den man freilegen kann, wenn man den ganzen Schließmuskel entfernt. Man kann ihn leicht herausheben und vergolden, 15 Minuten 1%iges Goldchlorid, dann Reduktion im Dunkeln in zweifach verdünnter Ameisensäure. AGGOZZATI bedient sich zur Darstellung der Muskelnerven der Insekten der Hämatoxylinfärbung nach NEGRO (siehe Muskelfasern, quergestreifte). Färbung 24—48 Stunden. Zerzupfen in halb verdünntem, eventuell mit Salzsäure angesäuertem Glycerin.

Bindegewebe: Zur Darstellung des Bindegewebes der Chilopoden fixiert DUBOSCQ Stücke des Tieres in Flemming oder gleichen Teilen von 1%iger Chromsäure, 1%iger Salpetersäure und 95%igem Alkohol. Man kann auch das frische Gewebe in der RIPART-PETITschen Lösung untersuchen, die man mit Thionin versetzt.

Blut: Um Blut zu gewinnen, kann man dasselbe bei vielen Arthropoden direkt aus dem Herzen entnehmen (Decapoden) oder man reißt dem Tier (Hexapoden) einen Flügel oder Flügeldecke aus und fängt den hervorquellenden Tropfen mit dem Objektträger auf (CATTANEO). DUBOSCQ mischt zur Konservierung und Färbung des Chilopodenblutes einen Tropfen Blut mit einem Tropfen der folgenden Flüssigkeit: 1%ige Lösung von Kupferacetat in 1%iger Essigsäure, 1%iges Kupferchlorid, 1%ige Osmiumsäure und 1%iges Thionin zu gleichen Teilen. GADZIKIEWICZ fixiert das Herz von marinen Crustaceen entweder in dem Gemisch von HENNINGS (konzentrierte alkoholische [60%] Sublimatlösung 12 Teile, 0,5%ige Chromsäure 8 Teile, Salpetersäure 8 Teile, konzentrierte Pikrinsäure 6 Teile, absoluter Alkohol 21 Teile) oder in dem Gemisch von GILSON (Sublimat 20 *g*, Salpetersäure [1,45] 15 *ccm*, Essigsäure 4 *ccm*, 60%iger Alkohol 100 *ccm*, Wasser 880 *ccm*).

Darmkanal: Zur Untersuchung des Darmkanals von Coleopteren fixiert RENGEL 1—2 Stunden (Tenebrio) in Flemming oder Hermann, SCHOENICHEN für Isopoden in Pikrinessigsäure, MC. MURRICH für den gleichen Zweck in Sublimat oder Hermann. DIERCKS schneidet bei Coleopteren das Abdomen des lebenden Tieres auf, hebt die Seitenränder empor, zieht die Rückenhaut ab und schüttelt etwas in der Fixationslösung. Dadurch lösen sich die Organe voneinander und das Fixativ dringt leichter ein. Für den Darmkanal der Crustaceen sind nach GUIEYSSE (07) Sublimat-Essigsäure, Zenker und Flemming die weitaus besten Fixative, die beiden ersteren liefern auch für den Darmkanal der Scorpioniden die zufriedenstellendsten Bilder.

Drüsen: Für die Mitteldarmdrüse von Crustaceen sind empfohlen worden alkoholisches Sublimat mit Salpetersäurezusatz, Platinchlorid-Chromsäure nach MERKEL (FRENZEL), konzentriertes Sublimat allein oder mit gleichen Teilen 10%iger Salpetersäure (FRENZEL); Osmiumgemische leisten nichts für diesen Zweck (FRENZEL), das Beste ist in dieser Hinsicht die BRANCAsche Sublimat-Pikrin-Formol-Essigsäure. Fixation 1—2 Stunden, ebensolange fließendes Wasser, dann steigender Alkohol (VIGIER). Für Speicheldrüsen kleiner mariner Crustaceen empfiehlt IDE den abgeschnittenen Kopf in gewöhnlichem oder GILSONschem Sublimat zu fixieren, dieselbe Flüssigkeit empfiehlt neben 0,5%iger Osmiumsäure BUGNION für die Speicheldrüsen der Dipteren. GILSON fixiert die Stinkdrüse von Coleopteren 10 Minuten lang in 5%igem wässerigem Sublimat, KORSCHELT die Spinndrüsen von Lepidopteren in Flemming, Hermann oder Sublimat.

Tracheen: Um die Endverzweigungen der Tracheen in den Spinndrüsen studieren zu können, benutzt HOLMGREN bei Lepidopterenlarven die vitale Methylenblaufärbung oder die Golgimethode, es färbt sich besonders das Protoplasma der Matrixzellen. MARTIN injiziert Indigweiß in die Leibeshöhle und bringt die Tiere in heißes, durch Kochen luftleer gemachtes Wasser. Die Tracheen färben sich blau. PRENANT fixiert zur Untersuchung der Trachealzellen parasitäre Dipterenlarven in Formol-Pikrinsäure nach BOUIN, in Flemming oder WEIGERTS Neurogliafixativ. Färbung in Eisenhämatoxylin.

Kiemen: KIMUS fixiert die Kiemen von Crustaceen in Flemming 12 bis 14 Stunden oder GILSONschem Sublimat 30—40 Minuten. Um die Präparate besser schneidbar zu machen, legt er sie vor der Einbettung 24 Stunden in Holzessig oder 5—6 Stunden in 1%iges Kupfersulfat.

Nervensystem: Das Nervensystem der Arthropoden und vor allem der Crustaceen hat durch die Untersuchungen von BIEDERMANN, RETZIUS, BETHE und anderer eine sehr eingehende Bearbeitung gefunden, vor allem mittelst der vitalen Methylenblaumethode. Man injiziert den Tieren mit einer kleinen Spritze 1—2 *ccm* einer 0,2%igen Methylenblaulösung in das Abdomen oder den Thorax, ohne das Herz zu verletzen. Ist die Injektion gelungen, so müssen die Gefäße der Scherenarme sofort blau durchscheinen. Entweder öffnet man direkt, indem man die ventrale Decke des Abdomens entfernt (RETZIUS), oder läßt zunächst 2—4 Stunden in der feuchten Kammer liegen und setzt dann erst die zu untersuchenden Teile der Luft aus (BIEDERMANN). In beiden Fällen dauert es (feuchte Kammer) mehrere Stunden, bis eine gehörige Bläuung eingetreten ist (manchmal bis zu 20 Stunden). BETHE (97) legt das Herz frei und tropft 5—6 Tropfen einer 1%igen Lösung von EHRLICHschem Methylenblau auf die venösen Ostien auf, alle 2 bis

3 Minuten. Sobald das Tier tot ist, werden die Eingeweide herausgenommen, Gehirn und Bauchmark vom Bindegewebe befreit und 2 Stunden der Luft ausgesetzt. HALPERN legt den dem lebenden Tier entnommenen Bauchstrang für 30 Minuten in 1%ige Methylenblaulösung und setzt ihn dann der Luft aus.

Auch bei Coleopteren (Hydrophilus) gelingt die Methylenblaufärbung, wenn man dem Tier zwischen dem letzten und vorletzten Hinterleibsring $^1/_2$ *ccm* einer konzentrierten Methylenblaulösung in physiologischer Kochsalzlösung injiziert und 3—4 Stunden leben läßt (BIEDERMANN). Dann tötet man das Tier durch Kopfabschneiden, legt die zu untersuchenden Teile frei, reinigt sie von Tracheen und setzt sie der Luft in der feuchten Kammer aus, in die man am besten noch eine Schale mit Terpentinöl stellt.

Die rasche Golgimethode ist von SCHREIBER zur Darstellung der peripheren Nervenendigungen von Astacus (Scaphopodid, Abdominalfüßchen) benutzt worden (1 Tag in 2,5%iges Bichromat 25 Teile und 4%iges Formaldehyd 5 Teile oder 2 Tage in 2,5%iges Bichromat 6 Teile und 5%iges Formaldehyd 12 Teile), ähnlich verfährt KENNYON für das Gehirn der Honigbiene. Auch fixiert er in 10- bis 20%igem Formol oder in einer Mischung von 40 Teilen 5%igen Kupfersulfats und 20 Teilen Formol, Auswaschen, Entwässern. Paraffin. Färbung der Schnitte in MALLORYschem Hämatoxylin.

Auch die LÖWITsche Goldmethode ist von DOGIEL mit Vorteil für das Studium der Herznerven von Astacus angewandt worden.

Für die Untersuchung des feineren Baues des Bauchstrangs von Astacus empfiehlt BINET Fixation in Flemming, Hermann oder 5%igem Sublimat mit 15% Essigsäure. In letzterem Falle wäscht er zunächst aus, bringt dann 24 Stunden in 1%iges Kupfersulfat, 6 Stunden auswaschen, dann 12 Stunden in 0,1%iges Hämatoxylin in 30—40%igen Alkohol, dann wieder 1%iges Kupfersulfat, Entwässern und Einbetten. Die Schnitte können in Safranin nachgefärbt werden. HALPERN empfiehlt für das gleiche Objekt neben Flemming auch Sublimatalkohol, Perénji und Kaliumbichromat-Essigsäure. BETHE (1900) fixiert die Ganglien von Decapoden zur Darstellung der Neurofibrillen in einer Mischung von 3 Teilen konzentrierter Pikrinsäure und 1 Teil konzentrierten pikrinsauren Ammoniaks mit darauf folgender Molybdänierung. (Näheres siehe: Neurofibrillen.)

Auge: Für das so vielfach untersuchte Auge der Arthropoden sind die verschiedensten Fixationsmethoden angegeben worden, nach HESSE leistet jedoch Sublimat-Essigsäure weitaus die besten Dienste. Wichtig ist die Entfernung der Cuticula, die man am besten von dem in Paraffin eingebetteten Objekt ablöst und dann noch einmal frisch einbettet. PURCELL fixiert für Opilioneen den abgeschnittenen Cephalothorax 3 Stunden oder länger, eventuell bei 45° in einer Mischung von gleichen Teilen konzentrierter Pikrinsäure und absolutem Alkohol, dann 60%iger Alkohol. Für die Fixation des Branchiopodenauges gibt nach NOWIKOFF die GILSONsche Flüssigkeit (Sublimat 20 *g*, Essigsäure 4 *ccm*, Salpetersäure (1,45) 15 *ccm*, 60%iger Alkohol 100 *ccm*, Wasser 800 *ccm*) die besten Resultate. PARKER fixiert die Augen von Decapoden in v. RATHS Platinchlorid-Osmium-Essig-Pikrinsäure mit nachfolgender Holzessigbehandlung. Entpigmentieren in 0,1%igem Ätzkali. Zum Studium der Augenganglien dient die vitale Methylenblauinjektion nach RETZIUS. CREVATIN fixiert die Augen von Lepidopteren in Flemming oder Sublimatalkohol, Entpigmentieren mittelst nascierenden Chlors nach MAYER. ROSENSTADT fixiert die Augen von Decapoden in einem erwärmten Gemisch von 3 Teilen konzentrierten Sublimats und 1 Teil Perénji. Die Entfernung des Pigments geschieht in einer Lösung von je 3 Teilen Salzsäure und Salpetersäure in 150 Teilen Wasser bei 58°. REDIKORZEW fixiert die abgeschnittenen Köpfe der Hexapoden in Pikrinschwefelsäure, Pikrinessigsäure oder konzentriertem Sublimat, eventuell mit 2% Essigsäure. Durchfärben mit Boraxcarmin und Nachfärben mit Bleu de Lyon. Isolieren der Ocellen in 2%iger Essigsäure bei 45°, geringen Mengen von 0,005%iger Chromsäure, 10%igem Alkohol oder stark verdünntem Eau de Javelle. Entpigmentieren in 25%iger Salpetersäure oder Chromsalpetersäure. REITZENSTEIN fixiert zum Studium der Stirnaugen von Periplaneta die abgeschnittenen Köpfe frisch getöteter Tiere in heißer PERÉNYIscher Flüssigkeit. LANG schneidet bei Hydrachniden den Hinterleib ab und fixiert in Sublimat-Essigsäure oder Zenker. Einbettung in Celloidin, Celloidin-Paraffin oder bei ganz harter Cuticula zuerst im Collodium elasticum, dann in Paraffin.

Gehörorgan und Otocyste: V. ADELUNG fixiert das Gehörorgan der Locustiden in kochendem Alkohol, entfernt das Pigment durch mehrtägige Behandlung in Chloroform mit 1% Salpetersäure und erweicht das Chitin mit Eau de Javelle. Will man Totalpräparate anfertigen, so ist das letztere unnötig, dagegen muß man das Fett durch eine Mischung von 1 Teil Alkohol und 2 Teilen Äther bei 50—60° einen Tag lang extrahieren. Durchfärben in Boraxcarmin, Alkohol, Nelkenöl, Balsam. HERBIG maceriert zu dem gleichen Zweck bei Gryllus die Tibia in Eau de Labarraque, bis sie vollkommen durchsichtig wird, wäscht gut in destilliertem Wasser aus, färbt leicht in Alauncarmin und schließt in Glycerin ein. Zur Untersuchung der Gehörstifte entfernt er das Chitin der inneren Beinseite und dann unter dem Mikroskop das ganze das Beinlumen erfüllende Gewebe bis auf das Hämal-, respektive endolymphatische Organ. Dann wird in 1%iger Osmiumsäure fixiert, in Wasser ausgewaschen, mit Holzessig behandelt und zerzupft. Bei Acridieren trennt SCHWABE das Abdomen im zweiten Abdominalsegment und den Thorax zwischem dem zweiten und dritten Beinpaare ab. Das Mittelstück enthält die Tympanalorgane. Man kann von ihm noch die Sprungbeine und Flügel wegschneiden und das Präparat fixieren 6—8 Stunden in Formol-Chrom-Essigsäure oder Formol-Alkohol-Essigsäure. BETHE (95) fixiert die Otocyste von Mysis mit Sublimat, Pikrinschwefelsäure oder VOM RATHS Pikrin-Platinchlorid-Osmium-Essigsäure. Erweichung des Chitins durch 8—14tägiges Einlegen in 40%igen Alkohol, dem allmählich bis zu 20% Salpetersäure zugesetzt wird. Färbung mit Anilinschwarz.

Für die antennalen Sinnesorgane empfiehlt VOM RATH (88) bei Hexapoden Fixation in Osmiumdämpfen (wenige Minuten). CHILD bei Dipteren Sublimatalkohol (50%), Macerieren durch mehrtägige Einwirkung von 0,02%iger Chromsäure, RÖHLER bei Orthopteren und Dipteren Pikrinsalpetersäure oder Sublimat, PREUSSE bei Hemipteren konzentriertes Sublimat 5—10 Minuten, Flemming oder Platinchlorid mit Nachbehandlung in Holzessig, SCHENK bei Lepidopteren und Hymenopteren Pikrin-Sublimat-Essigsäure und ein Gemisch von 1 Teil absolutem Alkohol und 5 Teilen Äther.

Geschlechtsorgane. Zum Studium der Ei- oder Samenbildung bei den Arthropoden sind von vielen Untersuchern vor allem die verschiedenen VOM RATHschen Gemische empfohlen worden, so für Hoden von Decapoden (VOM RATH 91), von Orthopteren (VOM RATH 92), Ovarien von Hymenopteren (BICKFORD), Ovarien von Hemipteren (GROSS), Copepoden (HÄCKER 1901). Dagegen fixiert HERMANN die Hoden von Decapoden 5 Stunden in Flemming, BOUIN und COLLIN die Hoden von Myriapoden in Pikrin-Essig-Formalin (konzentrierte wässerige Pikrinsäure 75, Formol 20, Eisessig 5), 24—48 Stunden, 4—5 Stunden auswässern und sehr vorsichtig entwässern. Im Laufe des Monats Mai ist bei Geophilus die Spermatogenese am lebhaftesten. Die Hoden von Myriapoden fixiert SCHMIDT in Sublimat, TÖNNIGES in HERMANNscher Flüssigkeit. Man lege die Hoden für kurze Zeit ganz ein, zerschneide dann und lasse noch 2 Stunden einwirken. Auswaschen in 60%igem Alkohol. Für Gryllus eignet sich nach GUTHERZ am meisten Flemming, aber auch Zenker gibt ganz gute Resultate, das gleiche gilt nach WASSILIEFF für Blatta. VERSON fixiert die Hoden von Lepidopteren in Pikrinschwefelsäure, WILCOX die Hoden von Rhynchoten in Flemming, Sublimat, Müller oder heißem Wasser, BÖSENBERG die Hoden von Arachnoiden am besten in Hermann 1—2 Stunden, KLUGE tötet Vespa durch Einlegen in 60%igen Alkohol, der auf 40° erwärmt ist. Nur die Tiere, die nach 10 Sekunden untergesunken sind, werden benutzt und in 80%igen Alkohol übergeführt. SILVESTRI fixiert Hoden und

Ovarien von Chilognathen in GILSONschem Sublimat, abgelegte Eier in Pikrinschwefelsäure, MONTGOMERY Hoden von Rhynchoten in Hermann, OBST die Ovarien von Arachnoideen in Sublimat, MUNSON die Ovarien von Xiphosuren in einem Gemisch von gleichen Teilen 10%iger Salpetersäure und Pikrinschwefelsäure. Zur Fixation der Ovarien der Bienenkönigin benutzt PAULCKE heißen Sublimatalkohol, eventuell mit Eisessigzusatz. Um das Eindringen zu erleichtern, wird der Thorax abgetrennt und vorsichtig der erste Unterleibsring entfernt. Im starken Alkohol kann man dann später die sämtlichen Chitinringe exklusive Legeapparat abschneiden. MOLLISON empfiehlt zur Fixation der Ovarien von Melolontha die Sublimatlösung von PETRUNKEWITSCH (destilliertes Wasser 300, absoluter Alkohol 200, Eisessig 90, Salpetersäure 10, Sublimat bis zur Sättigung). Dieselbe Flüssigkeit wird neben Zenker von HENDERSON für die Hoden von Dytiscus, das GILSONsche Sublimatgemisch neben Flemming und Hermann von MARSHALL für die Ovarien von Hymenopteren (Polistes) empfohlen.

Embryologisches. In bezug auf die allgemeinen Verhältnisse gilt auch hier das oben Gesagte. Crustaceen: KINGSLEY fixiert die Eier von Decapoden in Perénji. WELDON durch Einlegen in warmes (50°) konzentriertes Sublimat, die Eier lassen sich dann durch Nadeln leicht von den Schalen befreien, KISHINOUYE fixiert die Eier von Xiphosuren durch Eintauchen in Wasser von 70 bis 80° und läßt sie darin erkalten, dann 70%iger Alkohol. Vorher kann man bei jungen Stadien den Dotter an mehreren Stellen mit einer Nadel durchbohren, ROULE läßt Crustaceenembryonen nur solange in konzentriertem Sublimat mit 25% Eisessig, bis sie weiß werden, dann 40%iger Alkohol. BRAUER fixiert Eier von Phyllopoden ausschließlich in heißem Sublimat, HÄCKER (98) in heißem Sublimatalkohol (100 *ccm* absoluter Alkohol, 1—2 *ccm* konzentriertes Sublimat). BUTSCHINSKY fixiert Eier von Decapoden in heißem Perénji, Kleinenberg oder Sublimatalkohol, Einbettung zuerst in Photoxylin, dann Paraffin, WAITE fixiert Hummereier in Flemming oder Pikrinschwefelsäure. Will man den Dotter mitschneiden, so muß man die Lösung lange einwirken lassen. Will man ihn entfernen, so läßt man sie höchstens 30 Minuten einwirken. Bringt man die Eier aus starkem Alkohol in schwächeren zurück, so quillt die Eischale und man kann sie leicht entfernen. Für Copepoden benutzt HÄCKER (95 u. 97) ausschließlich die VOM RATHsche Platinchlorid-Osmium-Essig-Pikrinsäure, man läßt sie zunächst einige Minuten in der konzentrierten, dann bis zu 24 Stunden in der verdünnten Lösung. Um beliebige Teilungsstadien von Cyclopseiern zu erhalten, empfiehlt derselbe Verfasser (99) folgendes Verfahren: Man sucht große eiersacklose Weibchen von Cyclops viridis aus und isoliert dieselben mit einigen Männchen in einer Porzellanschale, in welcher man einige Spirogyrafäden und etwas Pflanzendetritus gebracht hat. Man bringt dann die Weibchen mit jungen Eisäckchen in Uhrschälchen und untersucht nach Absaugung des Wassers bei schwacher Vergrößerung. Zwischen einzelnen Teilungen verstreicht ungefähr immer 1 Stunde. Amphipoden: HEIDECKE entnimmt die Eier von Gammarus dem frisch gefangenen Tiere und bringt sie in heiße konzentrierte Sublimatlösung. Sobald sie sich orange färben, wird kaltes Wasser zugegossen. Im 70%igen Alkohol wird das Chorion mit einer Nadel angeritzt. Für Isopoden empfiehlt MC. MURRICH Fixation in alkoholischer Pikrinschwefelsäure (100 konzentrierte Pikrinsäure in 70%igem Alkohol, 2 Schwefelsäure). PATTEN fixiert die Eier der Embryonen von Xiphosuren in Perénji 24 Stunden, die gequollenen Hüllen lassen sich dann leicht entfernen. Wichtig ist, daß man zur Nachbehandlung gleich starken Alkohol nimmt.

Arachnoidea: KISHINOUYE fixiert Embryonen von Araneinen durch Erwärmen in Wasser auf 70—80°, Furchungsstadien werden direkt in heißes Wasser getaucht, bis sie opak werden, dann 70%iger Alkohol. Ist die Eihaut noch nicht geplatzt, so muß sie angestochen werden. BRAUER (94) fixiert die Eiröhre von Scorpioniden in früheren Stadien direkt ½—1 Stunde in Flemming, in späteren Stadien bringt man sie zuerst für 1—2 Minuten in nahezu kochendes Wasser, dann für 10—20 Minuten in Flemming. In der letzteren werden die Embryonen herausgenommen, aber in der Embryonalhülle belassen. Da der Dotter von Pedipalpeneiern im Paraffin stark bröckelt, bettet GOUGH zuerst in Celloidin ein und überträgt die Blöcke durch Chloroform in Paraffin. Die von zarten Hüllen umgebenen Eier von Ammothea fixiert MEISENHEIMER in Zenkerscher Flüssigkeit. PAPPENHEIM fixiert die dem Cocon entnommenen Eier von Dolomedes $1^1/_2$ bis 2 Minuten in konzentrierter wässeriger Sublimatlösung von 80° und bringt sie dann in Wasser. Um das Eindringen des Alkohols bei der Nachbehandlung zu erleichtern, werden die noch nicht geplatzten Eier mit der Nadel angestochen. Bringt man sie aus dem 70%igen Alkohol in Wasser, so lassen sie sich mit Pinzette und Nadel leicht schälen.

Myriapoda: Die Eier von Glomeris haben ein sehr hartes Chorion. HENNINGS übergießt die aus den Erdkapseln geschälten Eier mit Wasser von 90°. Dadurch löst sich das Chorion vom Ei, platzt auch oft und die Eier können nach 2—3 Minuten in konzentriertem Sublimatalkohol fixiert werden.

Hexapoda: WHEELER präpariert die Eier von Orthopteren in physiologischer Kochsalzlösung aus und fixiert dann in Perénji oder Sublimat. Abgelegte Eier tötet man durch langsames Erwärmen in Wasser oder Pikrinschwefelsäure auf 80—90°, die chitinösen Eihüllen können dann leicht entfernt werden. Man kann die letzteren nach MORGAN auch zuerst $^1/_2$—1 Stunde in 5—6fach verdünntem Eau de Labaraque erweichen und dann die Eier in Pikrinschwefelsäure fixieren. CHOLODKOWSKY legt die aufgeschnittenen Cocons 12 Stunden in Perénji, im 90%igen Alkohol werden die Eier mit Nadeln isoliert und dann einige Minuten bis zum Sieden in Jodjodkalium (1 : 1 : 300) erhitzt, dann 70%iger Alkohol.

HEYMONS entnimmt dem Weibchen von Blatta den Cocon, schneidet ihn an einem Ende an, bringt ihn 2 Minuten in Wasser von 90°, dann in Flemming, wo man ihn vorsichtig öffnet und die Embryonen leicht herauspräpariert. KNOWER fixiert Eier von Termiten in heißer alkoholischer Pikrinschwefelsäure, dann 70%iger Alkohol. Die Keimscheiben werden vom Dotter abpräpariert.

VAN REES fixiert Puppen von Dipteren in heißen Flüssigkeiten, Wasser, Alkohol, dünner Chromsäure, bis zur Gerinnungstemperatur des Eiweißes. HENKING (88) übergießt abgelegte Fliegeneier mit kochendem Wasser oder er legt sie in ein Reagensglas mit wenig Flemming und taucht dasselbe in kochendes Wasser.

HENKING (90) fixiert Eier von Lepidopteren dadurch, daß er sie, in einem Uhrschälchen mit wenig kaltem Wasser liegend, mit fast kochendem Wasser übergießt. MAYER fixiert Larven oder Puppen von Lepidopteren nach teilweiser Entfernung der Chitinhülle mit warmem (55°) Perénji oder konzentriertem Sublimat in 35%igem Alkohol. Zur Erhaltung der Vorstufen des Pigments im Schmetterlingsflügel präpariert FRIEDMANN denselben aus der Puppe heraus und fixiert 48 Stunden in Hermann. SCHWARTZE fixiert Eier von Lepidopteren in heißem (70°) konzentriertem Sublimat. Will man kalt fixieren, so muß man zuvor in heißem Wasser abtöten. Für ältere Embryonen eignet sich besser warmer Sublimatalkohol. SCHWANGART empfiehlt für die Eier von Endromis und Zygaena Fixation in Perénji. Später müssen die Eier geschält werden, was man sich dadurch erleichtern kann, daß man sie 5 Stunden in 5%iges Formol bringt.

PETRUNKEWITSCH fixiert die Eier von Coleopteren in Perénji 12 bis 24 Stunden. Nachdem sie dann 1 Woche in 70%igem Alkohol gelegen haben, kann man die Hülle mit feinen Nadeln abpräparieren. KARAWAIEW tötet die Larve von Tenobium durch heißes (80°) Wasser, dann läßt er sie auf dem Gefriermikrotom mit dem Bauch nach oben frieren und schneidet von der Seite einen dünnen Streifen weg, dann Fixation in Pikrinschwefelsäure. Auf diese Art glaubt er sicher Dislokationen vermeiden zu können. DEEGENER fixiert die Eier von Hydrophilus und Dytiscus in heißer $^1/_2$%iger Chromsäure oder Pikrinschwefelsäure 2—3 Minuten, dann kalte Lösung. Für ältere Eier ist mehr zu empfehlen heißes konzentriertes Sublimat oder kaltes konzentriertes Sublimat in 60%igem Alkohol. Für Schnittpräparate brauchen die Eier nicht geschält zu werden, wohl aber für Totalpräparate.

SALING fixiert die Eier von Tenebrio in einem Gemisch von 56 Teilen konzentrierter Sublimatlösung, 40 Teilen 96%igen Alkohols und 4 Teilen konzentrierter Salpetersäure. In dem siedenden Gemisch bleiben die Eier 2 Minuten lang und kommen dann in 90%igen Alkohol. Auch nach Fixation in siedendem 25%igem Formalin erwies sich der Dotter als gut schneidbar. Ausgewachsene Mehlwürmer kamen lebend für 5 Minuten in ein Reagensglas mit frisch bereitetem kochendem Eau de Labarraque, dann waschen in warmem destilliertem Wasser und überführen in Alkohol.

DICKEL fixiert die Eier der Biene in Perénji, DUESBERG in Sublimatessigsäure.

KARAWAIEW (98) tötet die Larven von Hymenopteren zuerst in 80° heißem Wasser und bringt sie sofort für 24 Stunden in Pikrinschwefelsäure. Ältere Larven müssen vor dem Abtöten seitlich aufgeschnitten werden.

MARCHALL und DERNEHL töten die Eier von Polistes durch Einlegen in heißes Wasser ab, dem nach einigen Sekunden die gleiche Menge konzentrierter Sublimatlösung zugesetzt wird. Nach 20—40 Minuten langer Einwirkung wird in 70%igen Alkohol übertragen.

Onychophora. SHELDON fixiert die Eier von Peripatus in Sublimatessigsäure (2 : 1).

Literatur: v. ADELUNG (Zeitschr. Wiss. Zool., Bd. 54, 1892), AGGOZZOTTI (Atti Ac. Sc. Torino. Bd. 37. 1902), BASSE (Zeitschr. Wiss. Zool., Bd. 80, 1905), BETHE (Zool. Jhb., Bd. 8. 1895), derselbe (Arch. Mikr. Anat., Bd. 50, 1897), derselbe (Zeitschr. Wiss. Mikr., Bd. 17, 1900), BICKFORD (Zool. Jhb., Bd. 9. 1895), BIEDERMANN (Sitz. Ak. Wiss. Wien, Bd. 96. 1888), BINET (Journ. de l'Anat., Jg. 30, 1894). BÖSENBERG (Zool. Jhb., Bd. 21, 1905), BOUIN und COLLIN (Anat. Anz., Bd. 20, 1901), BRAUER (Arch. Mikr. Anat., Bd. 43, 1894), derselbe (Zeitschr. Wiss. Zool., Bd. 57, 1894), BUGNION (Arch. d'Anat. Micr., Bd. 10, 1908), BUTSCHINSKY (Zool. Anz., Bd. 17, 1894), CATTANEO (Boll. Scient. Pavia, Jg. 11, 1889), CHILD (Zeitschr. Wiss. Zool., Bd. 58, 1894), CHOLODKOWSKY (Mém. Ac. Pétersbourg, 7. Sér., Bd. 38, 1891), CREVATIN (Ric. Lab. Anat. Roma, Bd. 5, 1895). CUNNINGTON (Jena. Zeitschr. Nat., Bd. 37, 1903), DEEGENER (Zeitschr. Wiss. Zool., Bd. 68, 1900), DICKEL (Zeitschr. Wiss. Zool., Bd. 77. 1904). DIERCKS (Cellule, Bd. 16, 1899), DOGIEL (Arch. Mikr. Anat., Bd. 43, 1894), DUBOSQ (Arch. de Zool. Exp., Bd. 6, 1899). DUESBERG (Anat. Anz., Bd. 32, 1908). ENDERLEN (Arch. Mikr. Anat., Bd. 55. 1899), FRENZEL (Ebenda, Bd. 39 u. 41, 1892 u. 1893), FRIEDMANN (Ebenda, Bd. 54, 1899), GADZIKIEWICZ (Jena. Zeitschr. Nat., Bd. 39, 1904), GILSON (Cellule, Bd. 5. 1899). GOUGH (Quart. Journ. Micr. Sc., Bd. 45, 1902), GROSS (Zeitschr. Wiss. Zool., Bd. 69, 1901). GUIEYSSE (Arch. d'Anat. Micr., Bd. 9 u. 10, 1907 u. 1908), GUTHERZ (Arch. Mikr. Anat., Bd. 69, 1907). HÄCKER (Ebenda, Bd. 42, 1893). derselbe (Ebenda, Bd. 46 u. 49. 1895 u. 1897). derselbe (Praxis und Theorie der Zellen- und Befruchtungslehre, Jena 1899), HALPAN (Arb. Zool. Inst. Wien. Bd. 14, 1903). HEIDECKE (Jena. Zeitschr. Nat., Bd. 38, 1904). HEIDER (Die Embryonalentwicklung von Hydrophilus, Jena 1889), HENDERSON (Zeitschr. Wiss. Zool., Bd. 87, 1907), HENKING (Ebenda, Bd. 46, 1888), HENNINGS (Ebenda, Bd. 76. 1904). HERBIG (Arch. Mikr. Anat., Bd. 61. 1903). derselbe (Zeitschr. Wiss. Zool., Bd. 49, 1890), HERMANN (Bull. Scient. France Belgique, Bd. 22, 1890). HESSE (Zeitschr. Wiss. Zool., Bd. 70. 1901). HEYMONS (Ebenda, Bd. 53. 1892). HOFFMANN (Ebenda, Bd. 89. 1908), HOLMGREN (Anat. Anz., Bd. 11, 1895), IDE (Cellule, Bd. 7, 1891), KARAWAIEW (Zeitschr. Wiss. Zool., Bd. 64, 1898), derselbe (Biol. Zentralbl., Bd. 19. 1899), KENNYON (Journ. of Comp. Neur., Bd. 6, 1896), KIMUS (Cellule, Bd. 15, 1898), KINGSLEY (Journ. of Morph., Bd. 1, 1887), KISHINOUYE (Journ. of Coll Sc. Univ. Japan. Bd. 4 u. 5. 1891 u. 1892), KLUGE (Arch. Nat., Jg. 61, Bd. 1. 1895), KNOWER (Journ. of Morph., Bd. 16. 1900), KORSCHELT (Arch. Mikr. Anat., Bd. 47, 1896), LANG (Zool. Jhb. Bd. 21, 1905), MARCHALL und DERNEHL (Zeitschr. Wiss. Zool., Bd. 80. 1905), MARTIN (C. R. Soc. Biol. Paris, 1893). MAYER (Bull. Mus. Comp. Zool. Harvard, Bd. 29, 1896), MAZZONI (Mem. Ac. Sc. Bologna, Bd. 9, 1889). Mc. MURRICH (Journ. of Morph., Bd. 9 u. 14, 1895 u. 1897), MEISENHEIMER (Zeitschr. Wiss. Zool., Bd. 72, 1902), MOLLISON (Ebenda, Bd. 77, 1904). MONTGOMERY (Zool. Jhb., Bd. 12. 1898). MORGAN (Amer. Nat., Bd. 22, 1888), MUNSON (Journ. of Morph., Bd. 15, 1899). NOWIKOFF (Zeitschr. Wiss. Zool., Bd. 71. 1905). OBST (Ebenda, Bd. 66, 1899), PAPPENHEIM (Ebenda, Bd. 74. 1903), PARKER (Mitt. Zool. Stat. Neapel. Bd. 12, 1895), PATTEN (Journ. of Morph., Bd. 12, 1896), PAULCKE (Zool. Jhb., Bd. 14, 1900), PETRUNKEWITSCH (Zool. Anz., Bd. 21. 1898), PRENANT (Arch. d'Anat. Micr., Bd. 3. 1900). PREUSSE (Zeitschr. Wiss. Zool., Bd. 59, 1895). PURCELL (Ebenda, Bd. 58, 1894), vom RATH (Zeitschr. Wiss. Zool., Bd. 46, 1888), derselbe (Zool. Anz., Bd. 14, 1891), derselbe (Arch. Mikr. Anat., Bd. 40, 1892),

Redikorzew (Zeitschr. Wiss. Zool., Bd. 68, 1900), Reitzenstein (Zool. Jhb., Bd. 21, 1904). Rengel (Zeitschr. Wiss. Zool., Bd. 62, 1896), Retzius (Biol. Unters. N. F., Bd. 1. 1890), Röhler (Zool. Jhb., Bd. 21, 1905), Rosenstadt (Arch. Mikr. Anat., Bd. 47, 1896), Rolle (Ann. Sc. Nat. Zool., Bd. 18, 1894), Saling (Zeitschr. Wiss. Zool., Bd. 86, 1907). Schenk (Zool. Jhb. Bd. 17, 1903), Schmidt (Zeitschr. Wiss. Zool., Bd. 59, 1895), Schoenichen (Ebenda, Bd. 65, 1898), Schreiber (Anat. Anz., Bd. 14, 1898), Schwabe (Zoologica. H. 50. 1906), Schwangart (Zeitschr. Wiss. Zool., Bd. 76, 1904), Schwartze (Ebenda. Bd. 66, 1899), Silvestri (Ric. Lab. Anat. Roma, Bd. 6, 1898), Sheldon (Quart. Journ. Micr. Sc., 1887), Tönniges (Zeitschr. Wiss. Zool., Bd. 71, 1902), van Rees (Zool. Jhb., Bd. 3, 1888), Verson (Zeitschr. Wiss. Zool., Bd. 58. 1894), Vigier (C. R. Assoc. Anat. Nancy, 1901), Waite (Bull. Mus. Comp. Zool. Harvard, Bd. 35, 1899), Wassilieff (Arch. Mikr. Anat., Bd. 70, 1907), Weldon (Quart. Journ. Micr. Sc., Bd. 33, 1892), Wilcox (Bull. Mus. Comp. Zool. Harvard. Bd. 27, 1895), Wheeler (Journ. of Morph., Bd. 3, 1889).

Ascidien siehe: Tunicaten.

Asparagin gleich Amidobernsteinsäureamid. Von den in dem pflanzlichen Eiweißumsatz auftretenden Amiden, Asparagin, Leucin, Glutamin u. a. hat das erstere bei weitem die größte Verbreitung (etiolierte Lupinenkeimlinge, Spargelspitzen). Zu seinem mikrochemischen Nachweis werden die Schnitte in absoluten Alkohol gebracht. Läßt man das Präparat eintrocknen, schießen überall in den Zellen und am Deckglasrand Krystalle, meist rhombische Plättchen, auf. Asparagin krystallisiert auch in den Zellen aus, wenn die Schnitte in reines Glycerin gebracht werden (Belzung). Von anderen Krystallen unterscheiden sie sich durch ihre Unlöslichkeit in konzentrierter wässeriger Asparaginlösung, etwa 0,5 *g* auf 29 *ccm* Wasser von gleicher Temperatur, Borodinsche Prüfung, von den ähnlich gestalteten Kaliumnitratkrystallen durch deren intensive Blaufärbung mit Diphenylamin 0,01—0,1 *g* auf 10 *ccm* H_2SO_4, von Tyrosin durch seine Rotfärbung in Millons Reagens (siehe Eiweißstoffe der Pflanzenzelle). Bei 100° verwandeln sich die Asparaginkrystalle in homogene, stark lichtbrechende, in Wasser leicht lösliche Tropfen.

Magnus, Berlin.

Literatur: Borodin (Einige Arbeiten ref. bei Zimmermann, Bot. Mikrot. 1892), Belzung (Journ. de Bot. 1892).

Asphalt, ein wahrscheinlich durch Verharzen von Erdölen (Kohlenwasserstoffen der Sumpfgasreihe) entstandenes Produkt, das sich an manchen Orten in ziemlicher Reinheit (Totes Meer, Trinidad), an anderen Stellen als Bestandteil verschiedener Gesteine findet. Durch Eindicken des Teers der Gasfabriken wird gegenwärtig eine große Menge des technisch verwendeten Asphalts erhalten. Es ist eine schwärzliche, brennbare Masse, die bei ungefähr 100° erweicht, in Wasser ganz unlöslich, in Alkohol oder Äther wenig, in Terpentin oder Benzol völlig löslich ist.

In der mikroskopischen Technik hat eine Lösung von Asphalt in Benzol als Injektionsmasse Eingang gefunden (siehe Injektion). Außerdem findet noch Asphaltlack als Deckglaskitt Verwendung, der nach Behrens folgende Zusammensetzung hat: Asphalt 450 *g*, Leinöl 250 *g*, Terpentinöl 1000 *ccm* oder Asphalt 115 *g*, Leinöl 120 *g*, Terpentinöl 280 *ccm*.

Asteroideen siehe: Echinodermen.

Atropin (siehe auch Alkaloide, pflanzliche) kommt bis zu 0,5% in den verschiedenen Teilen, besonders den Wurzeln von Atropa Belladonna und Datura Stramonium vor und bildet farb- und geruchlose Krystalle, die bei 115° schmelzen. In kaltem Wasser nur zu 0,1—0,2% löslich, leicht löslich in Alkohol und Chloroform, weniger in Äther und Benzol. Die wässerige Lösung reagiert stark alkalisch. Das Atropin ist eine starke Base und bildet eine Reihe von Salzen, die in Wasser und Alkohol leicht löslich sind. Die Lösungen zersetzen sich bei längerem Stehen. Die wichtigsten dieser Salze sind das Atropinchlorhydrat, $C_{17}H_{23}NO_3HCl$, Atropinsulfat $(C_{17}H_{23}NO_3)_2H_2SO_4$, Atropinsalicylat, $C_{17}H_{23}NO_3 . C_7H_6O_3$.

Das Atropin findet in der experimentellen Technik vielfach Anwendung, z. B. zur Lähmung der Drüsensecretion. In der eigentlichen Mikrotechnik ist es wohl nur von Thoma zur Lähmung der Gefäßmuskulatur bei Injektionen von Indigocarmin benutzt worden. Er setzt zu 100 *ccm* der Injektionsflüssigkeit 3 *ccm* einer 1%igen Lösung von Atropinsulfat.

Literatur: Thoma (Arch. Anat. 1899).

Aufhellungsmittel. Um Schnitte oder auch dickere Präparate aufzuhellen, kann man einmal chemische Mittel anwenden, welche gewisse Teile des Präparates gänzlich auflösen, oder sie quellen und dadurch durchsichtiger machen. Andrerseits aber, und das geschieht wohl in der Mehrzahl der Fälle, durchtränkt man die Schnitte oder Stücke mit einem flüssigen Medium von hohem Brechungsindex.

Zu den Aufhellungsmitteln der ersteren Art gehören vor allem Kalilauge, Eau de Javelle, Kaliumacetat, Carbolsäure, Essigsäure und andere organische Säuren, zu der zweiten Kategorie sind zu rechnen die zahlreichen ätherischen Öle, Xylol, Anilin, Pyridin, Glycerin, Kreosot. Auf der Grenze beider stehen Chloralhydrat und Natriumsalicylat.

Die Aufhellungsmittel haben in der heutigen tierischen Mikrotechnik mit der exakten Ausbildung der Einbettungs- und Mikrotomtechnik viel von ihrer früheren Bedeutung eingebüßt.

Im folgenden seien einige der gebräuchlichsten Aufhellungsmittel mit ihren Brechungsindices angeführt: Bergamottöl 1,464, Terpentinöl 1,473, Ricinusöl 1,481, Cedernöl 1,510, Cedernöl eingedickt 1,520, Nelkenöl 1,533, Anisöl 1,577, Glycerin 1,473, Kaliumacetat 1,370, Chloroform 1,449, Toluol 1,496, Xylol 1,497, Benzol 1,501, Dammarharz 1,520, Canadabalsam 1,535, Kreosot 1,538, Carbolsäure 1,550, Anilin 1,588, Schwefelkohlenstoff 1,628, Tolubalsam 1,640, Monobromnaphthalin 1,661.

Aufklebemethoden siehe: Celloidinschnitte und Paraffinschnitte, Aufkleben derselben.

Aufhellung pflanzlicher Gewebe. Viele lebend untersuchte pflanzliche Gewebe sind durch eingeschlossene Luft sehr undurchsichtig; sie wird vertrieben durch Erhitzung unter dem Deckglase bis zur Blasenbildung oder durch Zusatz von Alkohol oder am besten durch Einlegen in frisch ausgekochtes Wasser; auch durch mehrstündiges Einlegen in Glycerin wird die Luft vertrieben und gleichzeitig durch seinen der Zellmembran näher kommenden Brechungsindex eine gewisse Aufhellung bewirkt. Wird auch der plasmatische Inhalt meist völlig unbrauchbar (langsames Absterben mit Plasmolyse), wird Glycerin doch häufig angewandt, wenn gleichzeitig das Präparat kürzere oder längere Zeit aufbewahrt werden soll. Das Aufhellen mit ätherischen Ölen und Balsam geschieht genau wie bei tierischen Objekten, nur liegt sehr oft noch mehr wie dort die Gefahr eines Zusammenfallens und Schrumpfens vor. Empfindlichere Objekte, z. B. weitlumige Algen, werden nach ihrer Tötung, resp. Fixierung in 10%ige Glycerinlösung gebracht, man läßt vor Staub geschützt das Wasser abdunsten, schließlich auf dem Wärmeschrank (oder auch die ganze Operation im Exsiccator) und kann dann direkt in absoluten Alkohol überführen.

Für viele zu untersuchende pflanzliche Gewebe, die durch starken Plasmagehalt undurchsichtig sind, kommt es nur darauf an, die Zellwände scharf hervortreten zu lassen (Vegetationskegel, Bau der Blätter, Gefäßbündelverlauf, Embryoentwicklung etc.). In allen diesen Fällen wird durch geeignete Reagenzien das Plasma zerstört (siehe auch Eiweißstoffe der Pflanzenzelle).

1. Kalilauge in den verschiedensten Konzentrationen, erwärmt in beschleunigter Wirkung, wurde hierzu früher allgemein angewandt; das Auswaschen geschieht oberflächlich in Wasser, dann in verdünnter Säure (Salz- oder Essigsäure); sollten sie zu durchsichtig sein, werden sie mit verdünnter Alaunlösung nachbehandelt. Heute werden folgende vorgezogen: 2. Chloralhydrat, besonders für Alkoholmaterial, Blätter. 8 Teile Chl., 5 Teile Wasser (Strassburger); 3. Javellesche Lauge (Eau de Javelle, Kaliumhypochlorit) der Apotheke oder herzustellen (Noll): Chlorkalk 20 *g*, Kaliumcarbonat 15 *g*, Wasser 200 *ccm*; Aus-

waschen in Wasser wiederholt, eventuell Essigsäure, wenn zu durchsichtig, Alaunlösung. Oft ist auch kurze Nachbehandlung mit konzentrierter Kalilauge zu empfehlen. Die Zellwände, z. B. Vegetationspunkt, können mit Bismarckbraun 1 Minute nachgefärbt werden oder sie kommen 1—2 Minuten in verdünnte Tanninlösung und möglichst rasch durch sehr verdünnte Eisenchloridlösung. Aufbewahren in Glycerin oder Canadabalsam.

Gepreßte Pflanzen werden zur Untersuchung einige Zeit in verdünnter Kalilauge aufgekocht, eventuell auch mit Eau de JAVELLE oder Chloralhydrat behandelt.

Literatur: OVERTON (Zeitschr. Wiss. Mikr., Bd. 7, 1890). *Magnus,* Berlin.

Auge. I. Lider und Conjunctiva.

A. Mikroskopische Untersuchung der normalen Struktur des Lides und seiner Bestandteile.

1. Abgesehen von der Anfertigung von Gefrierschnitten und der Methode des trockenen Schneidens der Lidhaut (JOSEPH und LÖWENBACH) handelt es sich in der Regel um die Untersuchung von Schnitten des regulär fixierten und eingebetteten Materiales:

Die Fixierung erfolgt am besten in Alkohol, dem Universalfixierungsmittel der Dermatologen, in MÜLLERscher Lösung, Formol-MÜLLER, in Osmiumsäure, bzw. mit dieser hergestellten Gemischen (Fettnachweis in den Epithelien der Knäueldrüsen, der MOLLschen Drüsen, der KRAUSE-WALDEYERschen Drüsen), in Zenkerscher Flüssigkeit. Das Lid wird in möglichst großer Ausdehnung unter Mitnahme der am Limbus corneae abgelösten Conjunctiva bulbi abgetrennt und auf einer Kork- oder besser auf einer Wachsmodellierplatte sorgfältig ausgebreitet und mit Igelstacheln befestigt. Die Alkoholfixierung und Härtung ist relativ einfach und sind die damit zu erzielenden Resultate als für alle dermatologischen Zwecke völlig ausreichend zu bezeichnen.

Einbettung in Celloidin oder Paraffin; mit letzterem muß die Einbettung mit Rücksicht auf die Einlagerung ausgedehnter Massen derben Bindegewebes sehr vorsichtig und unter möglichster Abkürzung des Aufenthaltes in Alkohol wie der Einwirkung höherer Temperaturen erfolgen; nur bei vollkommenster Beherrschung der Paraffintechnik ist es, sobald es sich um einen derberen Tarsus (älterer Personen) handelt, möglich, ausreichend feine Schnitte zu erhalten. Eine wesentliche Erleichterung gewährt in diesen Fällen die kombinierte Celloidin-Paraffineinbettung (siehe Celloidin). Ebenso zweckdienlich ist die Durchtränkung mit Anilinöl behufs Abkürzung bzw. Umgehung der Einwirkung des absoluten Alkohols. Bei der Aufhellung mit Anilinöl werden in sehr instruktiver Weise die zierlichen Formen der MEIBOMschen Drüsenkörper sichtbar gemacht (HERZOG, 1904, 1908).

2. Bezüglich der Darstellung des Keratohyalin, Eleidin, Keratin, der Konfiguration des Epithelprotoplasma, des Mucins siehe unter Haut, bzw. Schleimfärbung. Die Anstellung von Mucinreaktionen ist besonders wichtig zum Nachweis der schon in der normalen Conjunctiva vorhandenen sogenannten STIEDAschen Becherzellen (Darstellung der Öffnungen durch Versilberung).

3. Cilien: Unzerzupft in Kochsalzlösung, Glycerin oder Xylol. Zur Isolierung der Elemente Einlegen in 40%ige Kalilauge oder in konzentrierte Schwefelsäure, Deckglas, mit der Nadel drücken; oder Maceration teils frischer, teils in MÜLLERS Lösung fixierter Haare bei 40° C in Pepsin-Salzsäure-Glycerin ($^1/_2$%ige Lösung von Pepsin in 1%igem Salzsäure-Glycerin); zur Darstellung der Elemente des Haarbalgs Ausschneiden eines 2 *cm* großen Stückes des Wimperbodens und Einlegen für 2 Tage in 5%ige Essigsäure, Ausziehen der einzelnen Haare mit Scheiden, Zerzupfen.

Für Schnittpräparate:

Fixierung in MÜLLER, Härtung in Alkohol, Einbetten in Paraffin, Färbung in verdünntem Hämatoxylin-BÖHMER, 12 Stunden Differenzierung in salzsaurem Alkohol, Auswaschen, Nachfärbung mit verdünnter Pikrineosinlösung, Auswaschen in 70%igem Alkohol; Alkohol, Xylol, Balsam.

Alle diese Methoden reichen jedoch, sobald es sich um einzelne epilierte Cilien oder Haare handelt, zum Studium des feineren Baues, wie auch besonders des Verhaltens im pathologisch veränderten Zustande durchaus nicht aus, und muß im Gegensatz zu den bisher herrschenden Anschauungen der Dermatologen für die Untersuchung der Cilien, wie ganz allgemein der Haare überhaupt, die Notwendigkeit der Zerlegung in Schnitte entschieden betont werden. Bei den umfangreichen Untersuchungen des Verf. bewährte sich folgende Methode als rasch fördernd, sicher und für alle Zwecke ausreichend:

Querschnitte des einzelnen Haarschaftes anzufertigen und zu untersuchen, ist nahezu zwecklos und aussichtslos. Es handelt sich fast ausschließlich um die Anfertigung von Längsschnitten, wobei das Messer von der Wurzel nach der Haarspitze zu durchgeführt wird. Schnittdicke 5—10 μ. Fixierung in Alc. absol. (1—2 Stunden). Aufhellung in Anilinöl. Einbringung in einmal gewechseltes Xylol, Übertragung in Weichparaffin (in kleinen Tuschenäpfchen, 1 Stunde; darauf werden Glasschälchen mit absolut ebenem Boden (kleine Petrischalen) mit Glycerin ausgestrichen, mit flüssigem Hartparaffin gefüllt und hierin die Cilien aus dem Weichparaffin eingebracht. Brutschrank 56° 1 Stunde. Eintauchen des Schälchens in kaltes Wasser, Herausheben der Paraffinscheibe mit den oberflächlich eingeschmolzenen, horizontal gelagerten Haaren, was dank dem Glycerinausstrich stets leicht gelingt, aus der Schale, Herausschneiden eines rechteckigen, je ein Haar enthaltenden Paraffinstückes. Aufkleben desselben auf einen Paraffinblock. Färbung der Schnitte mit Eisenhämatoxylin-Pikrinfuchsin oder Doppelfärbung nach Pick-Jacobsohn, wobei gleichzeitig bacterielle Keime mitgefärbt werden, während die Hornsubstanz rot gefärbt wird. — Die Methode wird hier zum erstenmal veröffentlicht. — Mit der genannten Doppelfärbung sind an den Zellen des Haarmarkes alle Phasen der Entstehung des Epithelhyalins darzustellen.

4. Collagen und Elastin. Über die Verteilung und Anordnung des Bindegewebes und des Elastins in der Substanz des Lides vgl. Alfieri, Bietti, Zietschmann, H. Virchow, Herzog (1904). Der Nachweis der Degenerationsprodukte (Collacin, Collastin, Elasin) ist besonders wichtig bei der Untersuchung der Pinguecula, des Pterygiums, des Nachweises des Schwundes des Collagens und Elastins bei der Blepharochalasis. Über die Methoden siehe den hierüber handelnden Artikel.

5. Fettgewebe ist im subcutanen Zellgewebe der Lider — der Muskelschicht aufgelagert — nur außerordentlich dürftig entwickelt, bisweilen fehlend (nach Merkel und Kallius fehlt es absolut, so daß das erste Auftreten von Fetttränbchen die Grenze des Lides anzeigt. Eine Ausnahme bildet das Augenlid der Japaner (Adachi). Über den Nachweis s. Fett).

6. In der Tunica propria der Conjunctiva findet sich bekanntlich reticuläres, adenoides Gewebe, in dessen Maschen sich Lymph- und Plasmazellen befinden. Über die Darstellung siehe Adenoides Gewebe und Plasmazellen.

7. Muskel und Drüsengewebe der Lider. Die Nervenendigungen der quergestreiften Lid- und äußeren Augenmuskeln sind mittelst der üblichen Methoden darzustellen.

8. Das Blutgefäßsystem der Lider ist sowohl von der Art. ophthalmica, wie von der Art. infraorbitalis (Ast der Maxillaris interna), wie auch schließlich von der Maxillaris externa (Elschnig) zu injizieren. Über die Gefäßversorgung des Lidapparates vgl. H. Virchow.

Von Bedeutung ist, daß bei dem Fehlen von Klappen in den Venen der Orbita eine bestimmte Richtung dem Blutstrom in dem Stamme der Vena ophthalmica nicht gegeben ist. Für gewöhnlich fließt jedoch nach neueren Untersuchungen (Gurwitsch) das venöse Blut, auch von der Stirn und den Lidern nach dem Sinus cavernosus, nicht nach der Vena facialis ant. (Sesemann 1869) ab.

Dagegen kann die Entleerung des venösen Blutes der Gesichtshaut in den Sinus cavernosus wegen der Klappen in der Vena angularis und an der Kommunikationsstelle der Vena ophthalmica inferior mit den Venen der Unterschläfengrube nur teilweise erfolgen.

9. Die Darstellung der Lymphbahnen der Lider erfolgt durch Einstichinjektion. Nach dem Verfahren von Fuchs gelingt es *a)* durch Einstich unter die Conjunctiva tarsi ein conjunctivales und prätarsales Lymphgefäßnetz zu injizieren, *b)* durch Einstich im Limbus corneae die Lymphgefäße der Conjunctiva bulbi zu füllen.

Grunert hat durch Einstich in die Lidhaut in der Nähe der Lidkante das Abflußsystem der Lymphe aus den Lidern, indem er sich des Verfahrens und der

Injektionsflüssigkeiten von GEROTA bediente, in größter Vollständigkeit darstellen können.

Nach GRUNERT besteht außer dem conjunctivalen und prätarsalen noch ein reich entwickeltes Lymphgefäßnetz der Lidhaut, das aus dem supramuskulären Fettgewebe des Lides hervorgeht. Alle drei Systeme anastomosieren vielfach. Der Abfluß der Lymphe erfolgt von der medialen Hälfte des Lides im Wangenfett und nasalwärts von der über dem Musculus buccinator gelegenen Anhäufung von Fettgewebe nach unten zu den Lymphknoten in der Umgebung der Submaxillardrüse; von der temporalen Hälfte des Lides nach den Präauricular-, bzw. Parotislymphknoten. Die Resultate GRUNERTS sind fast durchweg durch die Untersuchungen von MOST bestätigt.

B. 1. Circulationsstörungen: Für den Nachweis von Ödem der Lidhaut ist die Kochmethode (POSNER) und die nachherige Anfertigung von Gefrierschnitten zu empfehlen.

2. Entzündungen und parasitäre Erkrankungen: Schuppen werden nach UNNA (zit. nach JOSEPH und LOEWENBACH) durch Heftpflaster erweicht, mit dem Pflaster abgehoben, von diesem durch Benzin oder Xylol entfernt. Das Material wird durch Einbringen in Ätheralkohol oder Alkohol allein auf 1—2 Tage entfettet, dann in Aq. dest. oder Kochsalzlösung auf dem Objektträger zerzupft, fein verteilt, getrocknet, durch Erhitzen fixiert und mit einem beliebigen Anilinkernfarbstoff, besonders vorteilhaft mit dem Carbolfuchsin-Methylenblaugemisch nach PICK-JACOBSOHN gefärbt.

Nach einem anderen Verfahren kann man die Färbung in vivo auf den abzukratzenden Hautpartien vornehmen, abkratzen und in Glycerin untersuchen.

Bei den an der Lidhaut selten zur Beobachtung kommenden Favuserkrankungen empfiehlt sich die Untersuchung nach KELLOGG.

Die Untersuchung der besonders zur Zeit der Vaccination an den Lidern zur Beobachtung kommenden Vaccinepusteln unterscheidet sich in nichts von derjenigen an anderen Hautstellen.

Molluscum contagiosum: 1. ROMANOWSKY-Färbung. 2. Färbung der Schnitte nach PICK-JACOBSOHN (HERZOG, 1904). 3. Geißelfärbung zur Darstellung der von LIPSCHÜTZ gefundenen Gebilde.

Der Nachweis des Acarus folliculorum in unzerlegtem Zustande bedingt keine besondere Methodik. Für die Differenzierung gegenüber der Umgebung empfiehlt KRAUS (HERZOG, 1908) Färbung nach ZIEHL-NEELSEN, bzw. GABBET-ERNST (Parasit rot), Gewebe blau. Einzelheiten im Bau sind jedoch auch mit dieser Färbemethode nicht festzustellen, und eignet sich für Färbung in Schnitten am besten noch eine einfache Hämatoxylin-Säurefuchsinfärbung.

Über die Darstellung der vom Verf. zum erstenmal am Auge überhaupt bei einem Primäraffekt des Lides (Fall KOWALEWSKI) nachgewiesenen Spirochaete pallida siehe den betreffenden Artikel.

Cysticercusblasen werden als elastische Geschwülste zwischen den Muskelbündeln der Augenlider, umgeben von einer fibrösen, bzw. aus chronischem Granulationsgewebe bestehenden Kapsel gefunden. Zu ihrer Untersuchung genügt es, die Blasen mit einer feinen Schere zu öffnen oder die Scolices zwischen zwei Objektträgern zu zerquetschen.

Über den Nachweis von Kalk, speziell bei Conjunctivitis petrificans (Leber), siehe Verkalkung.

Bezüglich der Technik der mikroskopischen Untersuchung der bacteriellen Mikroorganismen, saprophytärer wie pathogener Natur an den Lidern, wie im Conjunctivalsack sei auf die grundlegende und erschöpfende Monographie von AXENFELD verwiesen.

Zur Darstellung der von KATHARINA KASTALSKY bei Trachom gefundenen sogenannten Hyalinkugeln, die gegenüber Alkohol, Äther, Chloroform, Säuren und Alkalien resistent sind, Färbung mit Hämatoxylin-Eosin verweigern, dagegen basische Anilinfarben intensiv annehmen, empfiehlt dieselbe folgendes Verfahren: Färbung nach GRAM; Differenzierung mit Aceton und Alkohol mit Zusatz von Pikrinsäure. Dieses Differenzierungsmittel läßt bei kürzerer Einwirkung die violette Färbung der Kugeln bestehen, bei längerer wird dagegen letztere durch die Pikrinsäurefärbung ersetzt. Diese Kugeln haben mit dem Epithel- und Bindegewebshyalin nur den Namen gemeinsam; dieselben werden auch bei anderen chronischen Bindehautaffektionen gefunden.

Bei Trachom sind ferner von PETERS nachgewiesen ovale Gebilde, die, mit einem Fasergewirr zusammenhängend, ein seiner chemischen Konstitution nach unbekanntes Gerinnungsprodukt darstellen, welches sich frisch mit Methylenblau, in Schnitten im Gegensatz zu den sogenannten hyalinen Kugeln mit allen gebräuchlichen Kerntinktionen, am besten nach VAN GIESON färben läßt (siehe auch SELIGMANN).

Über die Färbung der ebenfalls von PETERS gleichfalls bei Trachom gefundenen RUSSELschen Fuchsinkörper siehe Fuchsin.

Nach demselben Autor sind mit den letztgenannten Körpern wohl identisch die in den sogenannten LEBERschen Körperchenzellen vorkommenden Zelleinschlüsse, obwohl dieselben im frischen Zustande durch Triacid nicht gefärbt werden (vgl. HERZOG, 1908).

Über die Färbung der Mastzellen siehe Mastzellen.

Alle diese Gebilde werden außer bei Trachom bei allen chronischen Bindehauterkrankungen gefunden.

Ferner wird bekanntlich bei Trachom, aber auch an vorher gesunden Augen vom subconjunctivalen, adenoid gewucherten Zellgewebe ausgehende amyloide Degeneration der Conjunctiva, der eine hyaline Entartung des Gewebes vorausgeht, gefunden.

Über den Nachweis von Amyloid, Epithel- und Bindegewebshyalin siehe Amyloid und Hyalin.

Die von HALBERSTÄDTER und V. PROWAZEK, GREEFF, FROSCH und CLAUSEN sowie von A. LEBER bei Trachom in den Epithelzellen gefundenen Körper, bzw. die sie bildenden, auf gewissen Stadien mit einem plastinartigen (v. PROWAZEK) Mantel versehenen Elementarorganismen sind in Epithelausstrichpräparaten mittelst der Giemsamethode darzustellen, und zwar sowohl nach der alten Giemsamethode (6 St.), wie mit der neuen Giemsalösung, 1:40, 1—2 Stunden im Brutschrank bei 37° (HERZOG); nach A. LEBER und M. HARTMANN nach den Prinzipien der nassen Ausstrichfärbung SCHAUDINNS auch mittelst der Eisenhämatoxylinmethode. VON KRÜDENER empfiehlt Formalin-Methylalkoholfixierung, bei großen Mengen von trüben Schleimmassen das Ausspülen der Secretmassen in Kochsalzlösung. Im Schnittpräparat sind nach Sublimatfixation und Paraffineinbettung (Anilinöl-Xylol) die Trachomkörper mit BENDA-HEIDENHAINS Methode sowohl in den oberflächlichen wie in den basalen Epithellagen nachzuweisen (HERZOG).

Die Untersuchung tuberkulöser und lepröser Krankheitsprodukte an den Lidern bietet keine Besonderheiten.

3. Geschwülste. Die beim Xanthom in den Lymphlücken und größeren Lymphräumen der Cutis liegenden, aus einer Wucherung der Endothelzellen der Lymphspalten (Endothelioma lipomatodes) hervorgehenden Xanthomzellen, neben welchen auch Zellen mit kleinen, gelben Pigmentkörnern vorkommen, geben die Reaktionen der Zellen des Fettgewebes.

Darstellung der Fettzellen in subconjunctivalen Lipomen, im subepidermoidalen Gewebe der paracornealen Dermoide siehe: Fett.

II. Tränendrüsen. Technik siehe: Drüsen. Zum Nachweis des normalerweise in fast sämtlichen (besonders in den secernierenden) Epithelien der Drüsentubuli und der Ausführungsgänge enthaltenen Fettes, welches nach AXENFELD einer Ausstoßung in das Drüsenlumen nicht unterliegt, dient Fixation der Drüsen in FLEMMINGscher Lösung und Färbung mit Safranin. Darstellung der Zellgranula mit dem ALTMANNschen Fuchsinpikrinsäuregemisch. Zur Untersuchung besonders geeignet ist die Tränendrüse der Katze.

III. Augapfel als Ganzes. Die Herausnahme erfolgt nach dem jedem Mediziner geläufigen BONNETschen Verfahren. Bei Tieren mit sehr leicht zerreißlicher Conjunctiva bulbi faßt man bei der circulären Ablösung derselben vom Hornhautrande mit der Pinzette nicht diese selbst, sondern das derbe Bindegewebe in der Nähe der Nickhaut, bzw. Plica semilunaris, und macht den ersten Schnitt mit der Schere medialwärts von der Pinzette. Man hat dann bei dem weiteren Vorgehen einen festen Haltpunkt. — Darf man nur die hintere Hälfte entfernen, so geschieht das in bekannter Weise nach Entfernung des Orbitaldaches oder, wenn die Gehirnsektion unterbleibt, nach dem Vorschlage von GREEF durch Herausnehmen des Bulbus von vorn, Abtrennen der hinteren Hälfte und Reposition der vorderen. — Ersatz von Leichenaugen durch die heute so billigen Glasaugen, oder in Formol vorrätig gehaltene Tieraugen. — Anbringung einer beliebigen Orientierungsmarke vor der Enucleation.

Bei Stauungspapille empfiehlt es sich, die Centralgefäße und den Opticus vor der Durchtrennung abzubinden, ferner, wenn man ihn nicht vollständig herausnehmen will, ihn zum mindesten soweit abzusetzen, daß sich die Durchtrittsstelle der Vena centralis (6 bis 20 *mm* hinter dem Bulbus) mit am Präparat befindet. Über die morphologischen Unterschiede im Bau der Augen der verschiedenen Wirbeltiere behufs Klassifizierung und Orientierung an denselben vgl. DEYL, SELIGMANN.

Ein ausreichendes Orientierungsvermögen des Untersuchers kann jedoch, zumal da die differentiellen Maße doch nur Durchschnittswerte darstellen und nach Alter und Entwicklung variieren, wohl weniger durch Beschreibungen wie auf Grund praktischer, an einem reichhaltigen Material gesammelter Erfahrungen gewonnen werden.

Ein Aufschneiden des Bulbus vor der Fixation kommt nur in Betracht:

1. wenn Teile des Bulbusinhaltes oder seiner Wandungen in frischem Zustand untersucht, ihre Elemente isoliert, der Wirkung verschiedener Reagenzien ausgesetzt, Exsudate unverändert untersucht werden sollen;

2. wenn die verschiedenen Teile verschiedenen Behandlungsmethoden (der Einwirkung verschiedener Fixationsflüssigkeiten) ausgesetzt oder überhaupt nur einzelne Teile des Inhaltes oder der Wandungen unter Vernachlässigung der übrigen untersucht werden müssen;

3. behufs makroskopischer Orientierung über die topographischen Verhältnisse von krankhaften Veränderungen oder Produkten oder von Fremdkörpern nur dann, wenn letztere absolut notwendig erscheint.

Eine solche ist allerdings für den Anfänger ganz besonders wichtig, der noch nicht Gelegenheit gehabt hat, sich über das Aussehen der in Betracht kommenden Verhältnisse bei makroskopischer Untersuchung nach Wegfall der bei der ophthalmoskopischen Untersuchung vorhandenen Vergrößerung und Farbenverhältnisse zu informieren. Abgesehen von dem instruktiven Wert läßt sich durch häufige Übung im makroskopischen Betrachten eine ganz bedeutende Schärfung des Blickes erzielen, die das weitere Arbeiten häufig außerordentlich erleichtert. Leider wird von einer solchen Übung im Interesse der geschulteren Untersucher, denen es behufs Feststellung mikroskopischer Details auf die Erhaltung des Bulbus in toto ankommt, nur allzu oft Abstand genommen.

Und es ist in der Tat für die mikroskopische Untersuchung außerordentlich wesentlich, daß der Bulbus mit seinem Inhalt vor der Fixierung der Gewebe durch Zerteilen nicht mehr oder weniger hochgradig lädiert wird. Jede Eröffnung des Glaskörperraumes des menschlichen Auges — sobald dieselbe nicht von vornher vorgenommen wird — hat ein Zusammensinken des Glaskörpergerüstes an der entsprechenden Stelle und damit korrespondierend eine Ablösung der Netzhaut — zunächst in der Circumferenz des Loches und sodann von hier aus konzentrisch fortschreitend — zur Folge. Vom Standpunkt einer einwandfreien, sich auch auf die jeweilige Beschaffenheit der Komponenten der Stäbchenzapfenschicht erstreckenden Netzhautforschung aus ist als Netzhautablösung bereits derjenige Zustand zu bezeichnen, bei welchem, ohne daß makroskopisch Faltenbildung zu bemerken ist, die normale Verschränkung zwischen den Elementen der Sehepithelschicht und den Fortsätzen der Pigmentepithelzellen aufgehoben ist, ein Zustand, welcher eine exakte Beurteilung der Beschaffenheit der einzelnen Komponenten des Sehepithels, besonders hinsichtlich ihrer Dimensionen von vornherein ausschließt. Für eine intakte Lagerung der Teile ist es deshalb von der größten Wichtigkeit, daß der Glaskörper möglichst bis zur Durchtränkung mit dem Einbettungsmedium unangetastet bleibt.

Zum Zweck der **Fixierung** ist es für gewöhnlich nicht erforderlich, den Bulbus aufzuschneiden. Bei den dünnhäutigen Wandungen der Augen von Amphibien (Frösche) dringt die Salpetersäurelösung oder das Sublimatgemisch selbst für die Zwecke exakter physiologischer Untersuchungen genügend rasch ein, um postmortale Veränderungen hintanzuhalten (HERZOG, 1905). — Für Nißlfärbung nach BIRCH-HIRSCHFELDscher Fixation empfiehlt SCHREIBER — wie es seitens des Verf. bereits in der ersten Auflage der Enzyklopädie bei der Paraffineinbettung vorgeschlagen ist, siehe weiter unten — die Abtragung des vorderen Bulbusabschnittes und Entfernung der Linse, um ein möglichst rasches Eindringen des Fixiergemisches zu erzielen, sodann um den Glaskörper als Vermittler des Ausgleiches der Konzentrationen vor die Netzhautinnenfläche vorzuschalten. Als außerordentliche wichtige Errungenschaft ist — zum Zweck der Fixation ohne Schrumpfung unter Umgehung des Aufschneidens — die Methode E. v. HIPPELS zu bezeichnen:

1. Abpräparieren der Sclera. 2. **Einlegen des Bulbus in frisch gewonnenes Schweineblutserum**; Bestreuen der Flüssigkeitsoberfläche mit **Thymolpulver**. Aufbewahrung an kühlem Ort 4 Tage lang. 3. Fixierung in Müllerlösung.

Bei der Eigenart der anatomischen Verhältnisse des Augapfels gibt es kaum ein Fixationsmittel, das allgemein und gleichmäßig für alle Gewebe des Augapfels als ideales zu bezeichnen ist. Es müssen deshalb je nach dem besonderen Zweck verschiedene Fixationsmittel verwendet werden.

1. **Alcohol absolut.** Ist als Fixationsmittel für das Auge wegen seiner mehr minder hochgradige Schrumpfung des Bulbus herbeiführenden Eigenschaft nur dann zu verwenden, wenn die Schrumpfung im Interesse besonderer Bacterienfärbungen (Tuberkel-, Leprabacillen) vernachlässigt werden darf. — Der von v. TELLYESNICZKY empfohlene Zusatz von 5% Eisessig hat sich nach den Erfahrungen von BECK und KROMPECHER insofern nicht bewährt, als der Eisessig die Färbbarkeit der Gewebe beeinträchtigte, indem dieselben mit Anilinfarben weniger scharf, etwas mehr diffus gefärbt erschienen. Immerhin kommt für die Verwendung des Alkoholessiggemisches gerade am Auge in Betracht, daß die aufquellende Wirkung der Säure die schrumpfende des Alkohols in gewissem Grade zu kompensieren imstande ist.

Worauf die gerade am Auge auffallend hohe Schrumpfung und Verunstaltung bei Anwendung des Alkohols beruht, ist noch nicht hinlänglich klar: Die bedeutende Schrumpfung des seines Wassergehaltes beraubten Glaskörpers hat wohl eine Netzhautablösung zur Folge; es brauchte aber deshalb, sobald das Defizit an Wasser durch Alkohol ersetzt ist, doch noch keine Einziehung der mit der abgelösten Netzhaut nur in beschränktem Grade verbundenen übrigen Bulbuswandungen einzutreten, ebenso wie wir im Leben bei einer Amotio retinae an sich durchaus noch keine Schrumpfung des Bulbus eintreten sehen, beziehungsweise bei auf **Glaskörperschrumpfung** beruhender Amotio eine Deformation des nach Verminderung oder Aufhebung des Capillarattraktionsvermögens des schwammigen Glaskörpergerüstes in seinem Volumen reduzierten — Augapfels sich nur **unter dem Einfluß der äußeren Augenmuskeln** (Viereckigwerden des Bulbus) vollzieht. Vgl. den Vorschlag von v. WICHERKIEWICZ, betreffend die Formerhaltung phthisischer Bulbi.

Es gibt hiernach nur zwei Möglichkeiten:

1. entweder der Alkohol dringt — im Verhältnis zu der Diffusionsgeschwindigkeit des im Bulbus enthaltenen Wassers nach außen — zu langsam ein; es wäre dann die Schrumpfung des Bulbus bei Alkoholfixation durch Anbringung eines Fensters, bzw. durch Abtragung der Hornhaut und Entfernung von Iris und Linse zu vermeiden; die praktische Erfahrung lehrt, daß dieses Moment in erster Linie das die Schrumpfung bedingende ist;

2. oder es wirken bei der Schrumpfung des Bulbus durch Alkoholfixierung noch andere physikalische Momente mit:

a) die bei der Mischung mit Wasser und Alkohol als eigenartiges Phänomen auftretende Volumsverminderung,

b) die Bulbuswandung, exklusive Retina, schrumpft und faltet sich infolge der **an ihr selbst stattfindenden Wasserentziehung selbständig**, ebenso wie etwa eine Platte von frischem, nassem Holz, an einen warmen Ofen gebracht, sich wirft; hiergegen schafft auch ein vorheriges Aufschneiden keine Abhilfe. Dieses Moment ist bei der Vornahme der Entwässerung insofern von Bedeutung, als mit Rücksicht hierauf die Entwässerung **möglichst langsam** stattfinden muß. WOLFRUM (1908a) sucht diesem bereits in der ersten Auflage der Enzyklopädie aufgestellten Postulat dadurch gerecht zu werden, daß er den im Wasser befindlichen Bulbus mit 96%igen Alkohol überschichtet.

II. Müllerlösung. Ist trotz ihrer bedeutenden Nachteile noch nicht zu entbehren; ist es doch gerade die vorteilhafte Härtung des Auges, welche der Müllerlösung Beachtung verschaffte. Doch muß man sich bei ihrer Anwendung auf die Entstehung fädiger Gerinnungen oder eine ungenügende Protoplasma- und Kernfixation gefaßt machen.

III. Orthsche Mischung. Für Nißlfärbung empfiehlt Altland folgendes Gemisch: Sol. Müller. 100, Formalin 5, Eisessig 1—2 *ccm*. Für Linsenfixation schafft Formol-Müller aa. nach E. v. Hippel (1905) relativ wenig Kunstprodukte.

IV. Tellyesniczkys Gemisch ist als eine höchst zweckmäßig zusammengesetzte Fixierflüssigkeit auch für das Auge sehr zu empfehlen.

V. Zenkersche Lösung. Anerkannt eines der wichtigsten und wertvollsten Fixationsmittel des Bulbus, besonders in der Modifikation nach Birch-Hirschfeld: Sublimat 3.0, Kal. bichrom. 2,5, Natr. sulf. 1,0, Aq. dest. 100.0. Vor dem Gebrauch erwärmen und Zusatz von: Eisessig 3,0, Formalin (40%) 0,5. Dauer der Fixierung 24 Stunden, Auswässern 24 bis 48 Stunden.

6. Formol. Nach des Verf. Erfahrungen sicher eines der besten Fixationsmittel für das Auge. Zu berücksichtigen ist, daß der Gehalt an Ameisensäure für das Zustandekommen einer guten Formolfixation von größtem Wert ist (vgl. den Ameisensäurezusatz zu Alkohol nach Retterer). Bei der Inkonstanz der Säuremenge empfiehlt es sich, um sicher zu gehen, für die ersten 24 Stunden 3—5% Eisessig zuzusetzen.

7. Flemmings Chromosmiumessigsäure, wie ganz besonders Hermanns Gemisch sind — abgesehen von ihrer Eigenschaft, nur schwer einzudringen, ferner daß man bisweilen die Überschwärzung durch Bleichungsmittel wieder beseitigen muß, sowie daß ihrer ausgedehnten Anwendung durch ihre Kostspieligkeit Grenzen gezogen sind — wie für alle übrigen Organe, so auch für das Auge so vorzügliche Fixationsmittel, daß sie überall da, wo es sich um exakte Ermittlung der Lageverhältnisse der Zellen, der Protoplasma- und Kernstruktur handelt, zum mindesten in beschränktem Umfange zur Kontrolle der mit anderen Fixationsmethoden erhaltenen Resultate verwandt werden müssen.

Eine besondere Anwendungsform der Osmiumsäure stellt das Verfahren von Johnson dar.

Der Bulbus wird in toto an einem Faden in ein seiner Größe entsprechendes Reagensglas, das am Boden 2%ige Osmiumsäure enthält, gebracht, das Glas zugekorkt und nun über der Flamme erwärmt, bis reichlich Dämpfe aufsteigen. Die Räucherung, bzw. Dämpfung wird fortgesetzt, bis der Bulbus geschwärzt ist. Dann wird derselbe in Johnsons Gemisch gebracht, für 2 Stunden: $2^1/_2$%ige Lösung von Kaliumbichromat 70, 2%ige Lösung von Osmiumsäure 10, 1%ige Lösung von Platinchlorid 15, Essig- oder Ameisensäure 5 Teile. Alsdann Einlegen in reine Kaliumbichromatlösung. Mittelst dieses Verfahrens gelingt es, die Osmiumsäure auch ohne Eröffnung des Bulbus in kürzester Zeit in dem Maße zur Einwirkung zu bringen, daß eine tadellose Fixation der nicht abgelösten Retina resultiert. Es widerspricht indessen bei diesem Verfahren die Vorbehandlung mit Osmiumsäure durchaus den Grundsätzen moderner Fixationstechnik, indem Osmiumsäure an sich nicht fixiert, sondern hierzu die vorbereitende Wirkung der Essigsäure — wie in Flemmings Gemisch — gehört. Die Nachbehandlung nach der Räucherung dürfte hier das Wesentliche darstellen. Weit rationeller ist die gleichzeitige Räucherung mit Osmiumsäure- und Essigsäuredämpfen nach Gilson.

8. Carnoys Gemisch. Eignet sich nur für Augen mit geringer Ausbildung des Glaskörperraumes (Embryonen).

9. Salpetersäure. 3% oder 5% ohne wesentlichen Unterschied, ist ausgezeichnet durch ihre außerordentliche Penetrationskraft (näheres siehe Linse und Netzhaut). Fixationsdauer für kleine Bulbi (Frosch) 6 Stunden, für größere Tieraugen 24 Stunden. Hervorragend wichtig ist eine Nachfixierung des Bulbus in Müllerlösung. Hierbei schwindet die durch die Salpetersäure bewirkte, einer detaillierten Zerlegung oft im Wege stehende Weichheit der Gewebe. Durch die Vorfixierung mit Salpetersäure werden die Nachteile des langsamen Eindringens der Müller-Lösung vermieden, durch die Nachfixierung mit Müllerlösung wird die durch erstere bewirkte Aufquellung der Gewebe rückgängig gemacht und ein gewisser erwünschter Grad von Härtung erzielt.

Für eine Fixation, d. h. totale Gerinnung ohne Schrumpfung, kommt nach Versuchen des Verfassers die Isotonie nicht in Betracht. Es handelt sich bei dem zu fixierenden Objekt um albuminöse, bzw. colloide Substanzen, welche den Gsetzen des osmotischen Druckes, wie sie für aufeinander wirkende Salzlösungen gelten, nicht unterworfen sind (vgl. Nernst, W., Lehrbuch der physikalischen Chemie). Läßt man z. B. neutrale Gelatine in einem Beutel aus semipermeabler Membran (Tierblase) erstarren und bringt man dann den Gelatinebeutel in eine Sodalösung, so nimmt das Volumen der Sodalösung zu; bringt man dagegen einen gleichartigen Gelatinekörper in verdünnte Essigsäure, so nimmt der Gelatinekörper unter gleichzeitiger Aufquellung bis ad infinitum, d. h. bis zur Verflüssigung der Gelatine, zu. Schrumpfung und Quellung sind daher nicht abhängig von dem jeweiligen Verhalten des Molekulargewichtes der Fixierlösungen an sich, als vielmehr von der verschiedenen, in ihren Ursachen noch unbekannten Einwirkung gewisser chemischer Stoffe auf die organische Substanz.

Aufschneiden nach der Fixierung. Über den für das Aufschneiden des Bulbus am meisten geeigneten Zeitpunkt lassen sich allgemein gültige Regeln nicht aufstellen. Derselbe hängt ab 1. von der Beschaffenheit, speziell von dem Wassergehalt des Glaskörpers — je mehr derselbe verflüssigt und wässerig geworden ist, je größer der Bulbus ist, desto früher muß das Aufschneiden, um während der Entwässerung dem Alkohol freien Zutritt zu gestatten, vorgenommen werden, 2. von der Art des benutzten Fixationsmittels — zahlreiche Fixationsmittel lassen die Gewebe des Bulbus trotz vollständiger Gerinnung des Protoplasma weich, und ist dann eine noch vor dem Aufschneiden zu erzielende Härtung durch eine längere Einwirkung des allmählich verstärkten Alkohols erwünscht, 3. von dem besonderen Zweck der Untersuchung. — Die hier erforderliche Erfahrung ist nur durch eigenes Arbeiten zu gewinnen.

Einbetten. 1. Verf. stimmt Greef vollständig darin bei, daß man sich das Einlegen in Ätheralkohol schenken kann, und daß es im Interesse einer das Punctum saliens der Celloidinbettung darstellenden möglichst absoluten Entwässerung viel zweckmäßiger ist, den gewonnenen Tag zu einem nochmaligen Einlegen in absoluten Alkohol zu verwenden. Über das Verfahren von Elschnig, um bei der Calcinierung des Cupr. sulf. Säurebildungen zu vermeiden, siehe Alkohol. Für die Art des Aufschneidens hat Greef zweckmäßige, als praktisch einleuchtende Anleitungen gegeben, die hauptsächlich dahin gehen, daß:

1. bei dem Durchtrennen in meridionaler Richtung der Bulbus nicht halbiert werden soll, sondern daß seitliche, der Sagittal- oder Horizontalebene parallele Kalotten abgetragen werden sollen, um den natürlichen Zusammenhang der besonders wichtigen centralen Teile zu wahren.

2. Daß von den abgetrennten Kalotten mit auf die Basis derselben senkrecht geführtem Schnitte Stücke abgetragen werden, die es ermöglichen, die Kalotten so aufzukleben, daß die Mikrotomschnittebene zur Kalottenbasis nicht parallel, sondern senkrecht steht.

Bei dem ungleichen Gefüge im Aufbau des Auges, der Zusammensetzung aus Geweben der verschiedenartigsten Konsistenz, dem Reichtum an derber, collagener Substanz, die bei der Paraffinbehandlung stark schrumpft und brüchig wird, ist die Celloidineinbettung als das „normale“ Verfahren bei der Untersuchung des Auges im Gegensatz zu der Untersuchung anderer Organe (cfr. Lee und Mayer, pag. 72) zu bezeichnen. Bei der Wichtigkeit des Celloidinverfahrens speziell für das Auge seien einige Punkte noch ganz besonders hervorgehoben:

1. Ein guter Block muß hornartig, transparent sein.

2. Das frisch gekaufte, wie das bereits gebrauchte (abgeschnittene) Celloidin muß vor der weiteren Verwendung unter allen Umständen zerkleinert und getrocknet werden, bis die Stücke hart und transparent wie die Stücke einer Leimtafel geworden sind.

3. Vor dem Einbringen des Blockes in Alkohol ist es erforderlich, ihn so lange an der Luft abdunsten zu lassen, bis annähernd die erforderliche Härte erreicht ist. Bringt man ihn früher in Alkohol, so ist eine genügende Härtung auch durch die sogenannten Härtungsmittel (Glycerin, schwacher Alkohol, Formol, Chloroformdämpfe) nicht zu erzielen.

4. Es ist nicht notwendig, drei verschiedene Lösungen zu verwenden, und überhaupt fraglich, ob die in einem Präparat bereits vorhandene dünne Lösung durch die dickeren in absehbarer Zeit verdrängt wird. Es genügt vollkommen, eine einzige mitteldicke Lösung zu verwenden, wie es an der hiesigen königl. Universitätsaugenklinik üblich ist: nur muß man dafür Sorge tragen, daß die Abdunstung des Äthers noch langsamer wie üblich stattfindet, damit die oberen Schichten nicht hart werden, bevor der Äther aus den tieferen in genügendem Maße entwichen ist.

5. Das Schnelleinbettungsverfahren nach Gilson ist kein technischer Fortschritt. Bei dem Gilsonschen Verfahren ist es sehr störend, stundenlang dabei stehen zu müssen, bis die dünne Lösung auf $^1/_3$ ihres Volumens eingedickt ist. So sehr die Methode der Schnelleinbettung auch auf einem technisch durchaus richtigen Gedanken beruht, so bietet sie doch keine Vorteile vor dem bisherigen Verfahren.

6. Dagegen ist es außerordentlich wichtig, die Luft aus dem in Celloidin eingebrachten Präparat mit einer Wasserluftpumpe — langsam! — abzusaugen.

Mit der Celloidintrockenmethode, sei es in der Form des von WOLFRUM (1905) empfohlenen Verfahrens nach LEE (Härtung des Celloidinblocks in Chloroformdämpfen, Durchtränkung mit Cedernöl) oder nach der Methode von STEPANOW (Einbettung in Nelkenölcelloidin) bzw. nach TSCHERNISCHEFF, ist Verf. nicht zurecht gekommen. Es gelang wohl eine Anzahl brauchbarer Schnitte, jedoch nicht mit Sicherheit gleichmäßige lückenlose Serien zu erzielen. Verf. hat deshalb von der Aufnahme dieses Verfahrens in der ersten Auflage der Enzyklopädie Abstand genommen.

3. Über dem Celloidinverfahren ist die Paraffineinbettungsmethode nicht zu vernachlässigen. Es gibt keine Methode, mit der man rascher und exakter arbeiten und bei Objekten unter 1 *cm* Durchmesser so feine Schnitte erhalten kann, wie bei der Paraffineinbettung. Es gilt das besonders für die Verarbeitung einzelner Abschnitte des Bulbus oder seiner Wandungen und sodann für embryonale Augen, bei denen Augapfel und Adnexe noch aus weicher, protoplasmatischer Substanz bestehen und eine reichlichere Entwicklung collagenen Gewebes noch nicht stattgefunden hat.

Eine weitere, durchaus zweckmäßige Ausdehnung des Paraffinverfahrens gestattet die Methode der vorherigen Durchtränkung mit recht dünner Celloidinlösung (kombinierte Einbettung).

Um Retina nebst Chorioidea isoliert d. h. ohne Sclera und doch unter möglichster Erhaltung ihrer natürlichen Lagerung in Paraffin verarbeiten zu können, verfährt Verf. in der Weise, daß der fixierte und gehärtete Bulbus nach Abtragung der Hornhaut, Entfernung der Iris und Linse zunächst einmal vorläufig in Paraffin eingebettet wird, dann das Paraffin an der hinteren Fläche des Bulbus abgeschabt wird, darauf die Sclera abpräpariert, bzw. mit der Pinzette in zusammenhängenden Lamellen abgezogen wird, eventuell auch noch die Chorioidea abgeschabt wird, und dann das Präparat noch einmal eingebettet wird (Eintauchen in absoluten Alkohol. Einbringen auf einer Platte in den Paraffinofen, Erwärmen, bis das im Präparat enthaltene Paraffin eben oberflächlich zu schmelzen anfängt, Einbettungsrahmen herumlegen und zum zweitenmal definitiv mit flüssigem Paraffin übergießen. In gleich schonender Weise kann die Iris ohne Läsion durch die sonst bei der Herausnahme erforderlichen Manipulationen eingebettet werden, indem nach der ersten Einbettung die schwer schneidbare Sclera abpräpariert, bzw. abgezogen und das Präparat dann noch einmal eingebettet wird.

Über Acetonparaffin-Schnelleinbettung nach HENKE und ZELLER, über Acetoncelloidin-Schnelleinbettung nach SCHOLZ, über die Verwendung von Anethol, bzw. reinem Anisöl zur Anfertigung von Gefrierschnitten, siehe Celloidin, bzw. Gefriermethoden.

Als allgemeine Übersichtsfärbungen kommen Färbungen mit einfachen Kernfärbungen (Hämatoxylin, Carmin, Alauncarmin) oder Doppel- und Mehrfachfärbungen mit Hämatoxylin-Eosin, nach VAN GIESON, bzw. mit Eisenhämatoxylin als die hauptsächlichsten in Betracht. Zur Färbung von Paraffinschnitten, besonders von Embryonenaugen sei auch besonders wegen ihrer wundervollen, distinkten und eleganten Farbeneffekte die BENDAsche Safranin-Lichtgrünfärbung empfohlen.

IV. Cornea.

A. Normale Histologie.

1. Epithel. Am besten zu erhalten durch Konservierung des Auges in toto. Über den Nachweis von Keratin unter normalen Verhältnissen (W. KRAUSE), wie bei parakeratotischer Schuppenbildung (LENZ), siehe Haut. — Injektion der intraepithelialen Spalten von den Spalten des Bindegewebes aus *a)* von den Gefäßen aus mit Berlinerblau, bzw. Indigcarmin, *b)* von der Cornea propria aus mit Terpentinöl, Tinte. Imbibition derselben Spalten mit Öl. — Bräunung der „Epithellymphe" durch Behandlung mit Arg. nitr. (FLEMMING). — Über die Darstellung der Zellbrücken und ihres Verhaltens beim Durchwandern von Leucocyten sowie bei dem „Gleiten" nach Epitheldefekten siehe Intercellularbrücken. — Darstellung des Inhaltes der Epithelzellen: *a)* Granula, vitale Färbung durch Einbringung von Neutralrot oder Methylenblau in den Conjunctivalsack (ARNOLD), *b)* Vacuolen, durch Osmium, *c)* Secrettropfen, teils zwischen, teils in den Zellen neben den Granula liegend, siehe FISCHEL.

2. Cornea propria.

a) Darstellung der Hornhautfaser.

Interstitielle Injektion der Hornhaut des Rindes mit 1%iger Chromsäure, Einlegen des Bulbus in 1%ige Chromsäure (ein bis mehrere Tage), Ausschneiden der Hornhaut, Alkohol, Celloidin, Flachschnitte, Färbung mit Bleu de Lyon (VIRCHOW, H.); für den gleichen Zweck sind benutzt Gerbsäurelösung, Tinte (RÄHLMANN), 5%ige Chromalaunlösung (VIRCHOW, H.). Bei den interstitiellen Injektionen entstehen außer dem interfibrillären Ödem, welches eine einzelne Lamelle auffasert, als zweite Folgeerscheinung — vergleichbar den Sprüngen in einer Eisfläche — die ebenfalls interfibrillär, bzw. innerhalb der Lamellen sich hinziehenden BOWMANschen Röhren — ROLLETS Sprenglücken. Nach der chemischen Analyse ist die Faser collagener Natur ($^4/_5$ der Grundsubstanz), die Zwischensubstanz ein Mucoid ($^1/_5$).

b) Lamellen. Auf Querschnitten entsprechen die streifigen Lagen nicht längs getroffenen Fasern und die punktierten Lagen nicht quergetroffenen Fasern. In beiden Fällen handelt es sich nicht um je ein einheitliches, sondern um eine ganze Anzahl von Fasersystemen verschiedener Richtung, die je einer Lamelle entsprechen, innerhalb welcher die Fasern der Fläche wie der Dicke nach parallel liegen. Die Darstellung der Fasern durch Injektion ist bereits besprochen; hier handelt es sich darum, mit Hilfe des BOWMANschen corneal tubes die Faserverlaufsrichtung in den einzelnen Fasersystemen, bzw. Lamellen und damit die Zahl und die (blätterartige) Anordnung der Lamellen in einem Schnitt zu bestimmen. Für diesen speziellen Zweck sind ölige Injektionsmassen (GEROTAsche Masse, siehe Injektion) zu bevorzugen.

c) BOWMANsche Membran. Gleichmäßiger Faserfilz, dessen einzelne Fasern nicht zu färben sind. Die kleinen Fortsätze (Zacken) der Vorderfläche sind mit MALLORYS Hämatoxylin darzustellen, ebenso die längeren Fortsätze der Tunica propria der Conjunct. limbi.

d) Zur Darstellung der sogenannten Suturalfasern empfielt RANVIER Fixierung der Cornea in 1%iger Osmiumsäure, 24 Stunden lang, Auswaschen, Färbung 24 Stunden in reinem Pikrocarmin, Lamellieren und Zerzupfen, Zusatz von Glycerin mit 1% Ameisensäure (oder Zerzupfen der in Osmiumsäure gehärteten Hornhaut auf dem Objektträger, Abspülen, Zusatz von Pikrocarmin, Deckglas, an den Rand einen Tropfen ameisensaures Glycerin).

e) Elastische Fasern. Färbung nach TARTUFERI (1900 u. 1903), Behandlung der in Natronhyposulfit gequollenen Hornhaut mit Chlorsilber. COLOMBO glückte die nachträgliche Färbung der TARTUFERIschen Fasern mit Orcein.

f) Zellen. *α*) Fixe Zellen. Den klarsten Einblick in die Verhältnisse der Saftlücken zu den fixen Hornhautzellen wie zu den Wanderzellen erhält man nach WALDEYER durch Untersuchung der frischen Cornea (Frosch, Mensch) im Kammerwasser; RANVIER empfiehlt zu diesem Zweck, die Hornhaut eines eben getöteten Frosches mit dem Starmesser abzutrennen, sie auf dem Deckglas in einen Tropfen Humor aqueus zu bringen, den man vorher mit einem Capillarröhrchen gesammelt hat. Nach Entfernung von anhaftendem Pigment oder Irisgewebsfragmenten mit einem feinen Marderhaarpinsel wird die Hornhaut mit der Hinterfläche auf dem Deckglas ausgebreitet, das mit der Pinzette gefaßte Deckglas über die von ENGELMANN empfohlene feuchte Kammer ohne centrale Scheibe gebracht und der Rand mit Paraffin umsäumt.

Durch Imbibition der Fibrillenbündel mit Kammerwasser, während die Hornhautzellen, solange sie am Leben bleiben, davon freibleiben, kommt eine Differenz im Brechungsvermögen im Laufe einer Stunde zustande, die zur Folge hat, daß die Zellen mit ihren Fortsätzen, aber ohne Kerne, in scharfer Zeichnung sichtbar werden. Die Kerne erscheinen erst nach dem Absterben der Zellen. Die Lebenserscheinungen der Zellen sind nun unter dem Einfluß verschiedener Temperaturen (heizbarer Objekttisch), der Einwirkung von Gasen (Gaskammer in Gestalt eines hohlen Objektträgers) oder Reagenzien, oder elektrischen Ströme zu studieren. Dagegen die von RECKLINGHAUSENsche Anschauung, daß in den sogenannten Saftlücken außer den fixen Zellen noch ein für die Circulation der Lymphe und ihrer Zellen bestimmter Raum vorhanden ist und demnach Hornhautzellen und sogenannte Hornhautkörperchen nicht zu identifizieren sind, von der Gegenpartei (ENGELMANN) der Einwand erhoben wird, daß die Resultate der ersteren nur dann zu erzielen seien, wenn die Hornhautzellen bereits geschrumpft seien und dieselben sich deshalb von einem Teil der Wandungen zurückgezogen hatten, sind außer der oben beschriebenen Methode der Beobachtung am überlebenden Objekt zur Feststellung der wirklichen Sachlage noch andere Methoden, durch welche überlebend fixierte Zellen zur Beobachtung gelangen, erforderlich. — Diesbezüglich das vollkommenste Verfahren die Vergoldung (siehe Goldmethoden) und die Anfertigung von Abblätterungspräparaten (Flachschnitte oft irreführend). Handelt es sich hierbei um positive Bilder, so werden negative Bilder erzielt durch Versilberung (siehe Silbermethoden) und durch Imprägnation mit Berlinerblau (LEBER): Eine frische Hornhaut wird ganz oder teilweise in eine 1%ige Lösung eines Ferrosalzes (Ferr. sulf.) gebracht, kurz darauf vom Epithel befreit, wieder in die Eisenlösung (zusammen auf 5 Minuten) zurückgelegt, kurz abgespült und bis zur intensiven Blaufärbung unter Schwenken in eine 1%ige Lösung von Ferricyankalium gebracht, Kernfärbung mit Carmin oder Safranin. WALDEYER hat mit denselben Reagenzien die Saftlücken imprägniert.

β) Wanderzellen. Bei Vergoldung dunkler. Nachweis von Fetttröpfchen (RANVIER) und Granula (SCHNAUDIGL) frisch und am fixierten Präparat. Der Begriff „Wander“zelle hat — wenigstens für entzündliche Zustände —, nachdem besonders durch die Untersuchungen von MAXIMOW der Nachweis des „Wanderns“ — in Glaskammern hinein — auch für die gewöhnlichen präexistierenden Bindegewebszellen geliefert ist, seine Bedeutung verloren.

g) Nerven (RANVIER, ENGELMANN, HOYER, COHNHEIM, DOGIEL, BACH). Durchschneidungsversuche zur Beurteilung der (nach RANVIER fehlenden) Bedeutung der Anastomosen für den Faseraustausch. Für die Kerne der Proprianerven empfiehlt H. VIRCHOW Methylenblaufärbung. Darstellung der Nervenendplättchen nach DOGIEL.

h) Membrana Descemeti. Wird durch Behandlung mit manchen Reagenzien (Osmiumsäure, Chromsäure, Müllerlösung) in hohem Maße spröde (Brüche an mikroskopischen Schnitten); auch ohnedies im Alter steifer, spröder, zum Brechen geneigt (H. MÜLLER). Quillt nicht und wird durch kochendes Wasser nicht verändert. Zerlegung in HENLEsche Plättchen erst nach 30stündigem Kochen. Isolierung der Membran: Mechanisch, am leichtesten beim Frosch, durch schichtenweises Abtragen der Hornhautgrundsubstanz; durch Einlegen der Hornhaut in angesäuertes Wasser und Erwärmung auf 35—40° (KÜHNE, Überführung der collagenen Substanz in Leimlösung), in 10%ige Kochsalzlösung (SCHWEIGGER-SEIDEL), 2—3tägige Leichenmaceration. Leicht gelingt nach ROLLETT die Ablösung der Membrana Descemeti von der Hornhaut nach Behandlung mit Kal. permang. Zerlegung in Lamellen durch Kochen, Einlegen in Jodserum, 10%ige Kochsalzlösung.

Ihr Membranin (MÖRNER) nimmt eine Mittelstellung zwischen den Mucinarten und dem Elastin ein.

Spezialfarbstoffe: 1. Boraxcarmin. 2. Pikrocarmin. 3. Hämatoxylin. 4. Osmiumsäure; auf der Basis der letzteren auch Safraninfärbung. 5. Kresofuchsin. Aus der Färbung hiermit ist zu schließen, daß Kresofuchsin nicht ein absolut sicheres Mittel zur Feststellung elastischer Fasern ist, nicht daß die Membr. Desc. aus elastischer Substanz besteht (H. VIRCHOW).

Fettnachweis in der Descemethaut bei stark ausgebildetem Greisenbogen siehe: Fett.

Endothel: Sehr empfindlich; dadurch viele Irrtümer über Vorkommen von sternförmigen Zellen, Lücken, Stomata, amöboide Eigenschaften entstanden. —

Darstellung der hochinteressanten, von NUÉL und CORNIL sowie von SMIRNOW (1888, 1890) entdeckten — bereits 5 Minuten nach dem Tode veränderten — Protoplasmastrukturen in der äußeren (cornealwärts) Schicht der Zelle, welche die Zellgrenzen überschreiten.

α) Frisch in Humor aqueus (SMIRNOW), β) durch Osmiumsäure. — Färbung der Fäden durch Bismarckbraun.

Darstellung der „Körbe" (BALLOWITZ) in den Endothelien: Sublimatfixation, Eisenhämatoxylin.

Granula: Vitale Methylenblaufärbung (Kranz in den Randteilen).

HASSALsche Warzen: Hyalinreaktion.

i) Der LEBERsche, bzw. SCHLEMMsche Venenplexus ist sowohl von den Venen wie von den Arterien (Art. ophthalmica) zu injizieren; auch direkt durch Einsetzen einer feinen Kanüle in das freigelegte Lumen einer größeren Vene können der Ciliarkranz und die vorderen Ciliarvenen injiziert werden (mit Quecksilber oder gelösten Farbstoffen).

Die Injektion des Venenplexus von der vorderen Kammer ist nur möglich: 1. wenn diffusionsfähige Farblösungen verwandt werden, 2. wenn die Farbstoffpartikel der Farblösung so klein sind, daß sie die Kittlinien der Zellen des Endothelbelages der inneren Wand des Venenplexus passieren können.

Färbung der elastischen Fasern, die die Grundlage des Lig. pectinatum bilden (LEBER, LAUBER), nach WEIGERT oder mit Orcein siehe Elastin.

k) Untersuchung der Hornhaut im polarisierten Licht zur Feststellung der doppelt brechenden Eigenschaft der fibrillären Substanz sowie des Verhaltens bei abgeänderten Spannungsverhältnissen.

B. Pathologische Histologie der Cornea.

1. Circulations- und Ernährungsstörungen:

Die bei Circulationsstörungen (Atrophie des Bulbus, Glaucom, Perivasculitis, des Randschlingennetzes, der Gefäße des Plexus venosus oder der Ciliargefäße) auftretenden Epitheldefekte an der vorderen oder an der hinteren Hornhautwand (E. v. HIPPEL) sind an dem in situ befindlichen Auge bequem durch Einträufeln einer Fluorescinlösung darzustellen.

Über den Nachweis der beim Arcus senilis bei der Pinguecula und beim Flügelfell auftretenden Einlagerungen von Hyalin siehe Hyalin. FUCHS empfiehlt zum Nachweise des Hyalins: 1. die Prüfung des Verhaltens beim Zusatz von Säuren, Alkalien, Äther und Chloroform; 2. Färbung mit Alauncarmin, wobei sich das Hyalin stärker färbt als die übrigen Gewebsbestandteile, mit Ausnahme der Kerne; 3. Färbung mit WEIGERTS Hämatoxylin (graubraun bis rotbraun); 4. Färbung mit WEIGERTS Gentianaviolett, wobei sich Hyalin im Gegensatz zum Amyloid gar nicht oder schwach blau färbt; 5. Färbung mit LUGOLscher Lösung, Hyalin gelblich; nur bei vorgeschrittener hyaliner Degeneration findet in den größeren Concrementen und den hyalin verdickten elastischen Fasern mahagoniartige Braunfärbung statt, ein Verhalten, welches den Übergang im Amyloid andeutet.

Nach FUCHS muß man außer den feinen hyalinen Körnchen und den größeren, durch Agglutination aus den letzteren entstandenen Concrementen noch eine dritte Art von Hyalinbildung an den Fibrillen des conjunctivalen Hyalins unterscheiden, die darin zum Ausdruck kommt, daß die Fibrillen im ganzen, ohne ihre Selbständigkeit zu verlieren und ohne daß die Bindegewebszellen zugrunde gehen, hyalin entarten (Entstehung von Gebilden von dem Aussehen von Darmconvoluten).

Besonders charakteristisch ist nach E. v. HIPPEL — siehe auch v. MICHEL — für beginnende bandförmige Keratitis das Auftreten von Kalkkörnchen in den Kittleisten des Epithels, in den vorderen Schichten der Grundsubstanz, ganz besonders aber in der BOWMANschen Membran. Färbung mit Hämatoxylin tiefdunkelblau. Über den Nachweis von Fibrin (Durchblutung der Hornhaut, Entzündung), das in mehr weniger feinen Fäden, in Knötchen aus dicken Fäden bestehend, in Gestalt kurzer Stäbchen auftritt (siehe unter Fibrin). LEBER empfiehlt besonders die Prüfung des Verhaltens auf Pikrinsäure-Eosin, ferner Behandlung mit Schwefelsäure, Auswaschen und Färbung durch Jod (braun).

2. Entzündung: Die Cornea ist dank ihrem Bau von jeher das Lieblingsobjekt zum Studium der entzündlichen Veränderungen gewesen. Die hauptsächlichsten, grundlegenden Kenntnisse über die Entstehung der Entzündung und die Wirkung der entzündungserregen-

den Schädlichkeiten verdankt die moderne Medizin einem Ophthalmologen. Um sich über die wichtigsten charakteristischen Veränderungen eine Anschauung zu verschaffen, kann man nach dem Vorgange von Leber durch Impfung der Hornhaut oder durch Anlegung einer Tasche in der Hornhautsubstanz mit einer Lanze das Hornhautgewebe der Einwirkung der verschiedensten infektiösen, rein chemisch oder mechanisch wirkenden Substanzen unterwerfen. Als Infektionsmaterial empfehlen sich besonders wegen der Größe der Pilzelemente und der leichten Kontrollierbarkeit der Wachstumsverhältnisse Kulturen von Aspergillus fumigatus, auf Fruchtsäften oder festen Nährböden gezüchtet.

Die anatomische Untersuchung erfolgt entweder frisch oder nach Vergoldung oder nach vorheriger Härtung, wofür Leber die Müllersche Lösung am vorteilhaftesten fand. Anfertigung von Gefrierschnitten oder nach Einbettung in Celloidin oder Paraffin (Hess). Färbung der Kerne und Pilzelemente in Hämatoxylin oder Alauncarmin.

Letztere werden durch Vergoldung rotviolett. Zur Untersuchung der streng radiär nach dem Infektionsherd gerichteten amöboiden Bewegungen der Wanderzellen empfiehlt sich die Untersuchung der Meerschweinchencornea auf dem heizbaren Objekttisch. Ebenderselbe wird benutzt, um die lähmende Wirkung von Faulextrakten auf die amöboiden Bewegungen der Eiterkörperchen unter dem Mikroskop zu beobachten. Daß die Einwanderung vollkommen unabhängig von vitalen Vorgängen erfolgt, läßt sich erweisen dadurch, daß man tote Hornhäute von Schweinen reinigt, trocknet, in sterilisierter 0,75%iger Kochsalzlösung geschmeidig macht, nun mit Faulextrakt injiziert und in die Peritonealhöhle eines Kaninchens einführt. Man erhält dann an der toten Cornea dieselben typischen Veränderungen wie an der lebenden.

Um sich davon überzeugen zu können, daß die Eiterzellen bei intakter Hornhaut sämtlich nicht in loco etwa durch Umwandlung aus den fixen Zellen entstanden, sondern vom Randnetz eingewandert sind, verfährt man nach Leber in der Weise, daß mit einer spitzen Capillare am oberen Rande der Hornhaut eines Frosches ein Quecksilbertröpfchen in die Vorderkammer gebracht und gleichzeitig in den Rückenlymphsack eine Zinnoberaufschwemmung eingespritzt wird. Das Quecksilbertröpfchen senkt sich auf den Boden der Vorderkammer an die Hinterwand der Cornea und übt dort teils eine necrotisierende, teils chemotactische Wirkung aus. Um die necrotisierte Stelle in der Hornhaut bildet sich ein typischer Infiltrationsring, der aus Eiterkörperchen gebildet ist, die sämtlich mit Zinnober beladen sind. Nach Lebers Entdeckung besitzen die Eiterkörperchen ein histolytisches Enzym, auf dessen Wirkung *a)* die Einschmelzung der eitrig infiltrierten Gewebe, sowie *b)* die Verflüssigung der anfänglich fibrinösen Exsudation beruht. Um sich von diesen beiden Tatsachen zu überzeugen, injiziert man ad *a)* die Hornhaut eines Kaninchens mit sterilisierter, mit alkoholischer Anilinlösung gefärbter Staphylocockenaufschwemmung vollständig; dieselbe wird herausgeschnitten, der nicht injizierte Randteil entfernt, die Hornhaut mit einprozentigem Sublimat, dann mit Kochsalzlösung abgewaschen, dann in verschlossener Glaswanne bei 38° langsam getrocknet und eventuell vor der Benutzung 1 Stunde lang auf 130° erhitzt oder ½ Stunde lang strömendem Dampfe ausgesetzt. Ein Stück der so behandelten Hornhaut, die also sterilisierte phlogogenetische Substanz enthält, wird einem zweiten Kaninchen in die Vorderkammer gebracht. Es entwickelt sich eine deutliche Iritis mit eitriger Exsudation und diffuser Cornealtrübung und das fremde Hornhautstück wird in eine blaue Eitermasse verwandelt. Da bei der Bildung derselben, wie auch noch die nachträgliche bacteriologische Untersuchung bestätigt, Mikrobien nicht beteiligt sind, die Gewebsflüssigkeit in keinem Zustande histolytische Eigenschaften besitzt, kann die eitrige Einschmelzung der fremden Hornhaut nur durch die Eiterkörperchen hervorgerufen sein. Wenn es auch durch Lebers Untersuchungen als erwiesen gelten kann, daß die Eiterzellen eingewandert, sowie daß sich weder aus diesen fixe Zellen, noch aus fixen Zellen Eiterkörperchen entwickeln, so bleibt von diesen Forschungsresultaten ganz unberührt die Tatsache, daß sich die fixen Zellen sowohl bei der Entzündung beteiligen, wie auch das Material für den Wiederaufbau des Gewebes liefern. Zum Studium der Veränderungen an den fixen Zellen empfiehlt sich nach Hertel Fixierung in Formol, Sublimat oder Flemming, Färbung mit Thionin, Behandlung mit Natr. biborac. oder Lithion carbonic. Differenzierung in Salmiak oder Seignettesalzlösung, Anfertigung von Flächenschnitten, Untersuchung bei Auerlicht behufs besserer Unterscheidung der rosaviolett gefärbten plasmatischen Gebilde von der fast farblos erscheinenden Grundsubstanz. — Differentielle Diagnose zwischen den leucocytären Entzündungsspießen und den aus den fixen Hornhautzellen hervorgehenden Regenerationsspießen:

1. durch den größeren Chromatinreichtum der leucocytären Elemente:
2. durch den Nachweis färbbarer Granula in dem Zelleib der letzteren:

a) Gefrierschnitte, ½ Minute gefärbt in Ehrlichs Triacid.

b) Formolhärtung, Färbung mit Hämatoxylin-Eosin (Schnaudigl, 1899). Die Kerne der Regenerationsspieße sind blaß, epitheloid, die Zelleiber frei von Granulationen.

Bei der Wucherung der Endothelschicht nach vorheriger Zerstörung derselben wird neue, glashäutige (Descemet-)Substanz gebildet, die sich von der alten durch eine scharfe Linie absetzt (Wagenmann, E. v. Hippel).

Auf den Hornhautnarben zeigt das Epithel bisweilen Verhornung, fettig oder kalkig veränderte Stellen; im Narbenbindegewebe hyaline Einlagerungen. Über den Nachweis von Hyalin etc. siehe Hyalin.

V. Sclera. Die Untersuchung der Sclera erfordert keine besonderen Methoden.

Die Darstellung der auch in ihr vorhandenen Lymphwege, deren Wandungen zum Teil endotheliale Bekleidung zeigen (v. MICHEL), erfolgt nach den bei der Cornea angegebenen Methoden. Die Darstellung der elastischen Fasern in dem Scleralgewebe mit den üblichen Nachweisungsmethoden für das Elastin, cfr. SATTLER, ELSCHNIG (1905), BIRCH-HIRSCHFELD (1905).

Die elektive Färbung ergibt einen großen Reichtum an elastischen, meistens sehr feinen Fasern.

Über das Verfahren der provisorischen Paraffineinbettung behufs Ablösung der Sclera und isolierter Weiterverarbeitung der übrigen Augapfelhäute siehe oben.

VI. Iris. Die Darstellung des Endothelhäutchens — entwicklungsgeschichtlich dem Endothel der Membr. Descemeti und auf den Bündeln des Lig. pectinatum völlig gleichzustellen, das nach v. MICHEL besonders bei älteren Personen eine verschiedene Dicke zeigt und dadurch möglicherweise die Verschiedenheit der Atropinwirkung bedingen kann —, erfolgt nach FUCHS durch Aufträufeln einer 1%igen Silberlösung, Härtung in schwachem Alkohol, Auslösen der Iris, Abpinseln der Zellen der Pars iridica retinae, Entwässern, Einbettung in toto in Dammarlack. Im übrigen erfolgt die Untersuchung der Iris nach v. MICHEL frisch oder an Präparaten, die 14 Tage in MÜLLERscher Lösung oder in Alkohol fixiert sind. Um das Präparat nach der Behandlung mit MÜLLERS Lösung für Isolierungszwecke besonders brauchbar zu machen, empfiehlt sich nach dem Auswaschen und Färben in Carmin, Aufbewahrung in Glycerin, mindestens 8 Tage lang, unter öfterem starken Umschütteln. Zur Entfernung des Pigments empfiehlt v. MICHEL mechanisches Abstreichen des Pigments mittelst eines Spatels oder einer Starnadel von der in Aq. dest. ausgebreiteten Iris unter reichlichem Wechsel des Wassers, um ein Eindringen des Pigments in das Gewebe der Iris zu verhüten. Als recht zweckmäßig empfiehlt ferner derselbe Autor die Injektion einer $^1/_4$%igen Osmiumsäurelösung in die vordere Kammer, Härtung in Alkohol und Färbung mit Hämatoxylin.

Als schonendste Methode zur Bleichung des Augenpigmentes gilt mit Recht das von ALFIERI angegebene und besonders von GRUNERT zum Nachweis und Studium des Musc. dilatat. pupillae in Anwendung gezogene Verfahren.

Es handelt sich um die altbekannten Entfärbungsmittel, wie sie bei der Markscheidenfärbung nach PÁL, bei der Bleichung überosmierter Präparate schon lange gebraucht werden. Das Neue liegt in der Anwendung auf das natürliche Augenpigment.

GRUNERT will die Methode auf Celloidinschnitte beschränkt wissen. Die Schnitte werden in Kal. permanganic-Lösung 1 : 3000 gebracht, bis sie intensiv braun geworden sind. Aus dieser kommen sie nach Abspülung in eine $^1/_3$%ige Oxalsäurelösung, wo sie nur solange verbleiben, bis die Braunfärbung der nicht pigmentierten Gewebe wieder verschwunden ist — die Oxalsäure verwandelt das braune, ungelöste, unter dem Einfluß des Kal. permang. entstandene Oxydationsprodukt in eine lösliche, ausspülbare Leucoverbindung —; ist dann das Pigment an den pigmenthaltigen Stellen noch vorhanden, so hilft auch ein längeres Liegenlassen in der Oxalsäure nicht; die Schnitte werden dadurch nur unnütz maceriert; sie kommen deshalb nochmals in die Kal. permang.-Lösung zurück und dann wieder in die Oxalsäure. Dieser Turnus wird solange wiederholt, bis das Pigment in dem gewünschten Grade entfernt ist. Wenn die Schnitte lange in Kal. permang. gelegen haben, dauert es relativ lange, bis sie unter dem Einfluß der Oxalsäure farblos werden. Dieser Prozeß kann nun nach des Verfassers Erfahrungen ganz wesentlich abgekürzt werden, wenn man der Oxalsäurelösung ebenso wie bei dem PÁLschen Bleichungsmittel in demselben Verhältnis Kal. oder Natr. sulfurosum zusetzt. Indem so ein rascher Turnus ermöglicht ist, können ganze Tage an der sonst zur Depigmentierung erforderlichen Zeit erspart werden.

Genau in derselben Weise können nach des Verfassers Erfahrungen mit Eiweißglycerin aufgeklebte Paraffinschnitte behandelt werden; dieselben werden, wenn sie gut aufgeklebt sind, nicht abgelöst. Nur empfiehlt es sich, da die Schnitte nicht durch eine Celloidinschicht geschützt sind, die Lösungen bedeutend zu verdünnen, die Kal. permang.-Lösung auf $^1/_5$, die Sol. acid. oxal. und Natr. sulfuros. auf $^1/_{10}$, ferner den Einfluß der Reagenzien unter dem Mikroskop zu kontrollieren und bei beginnender Maceration und noch ungenügender Bleichung die Lösung noch weiter zu verdünnen. Allgemeine Regeln über den Grad der Verdünnung und die Dauer der Exposition können bei Paraffinschnitten nicht gegeben werden, da die Menge des Pigments nach der Dicke der Schnitte und der Entwicklung des Pigments verschieden ist.

Je mehr Pigment in Paraffinschnitten zu bleichen ist, desto mehr müssen die beiden Bleichungsreagenzien verdünnt werden. Auch hierbei erweist sich der Zusatz von Natr. sulfuros. zweckmäßig, indem dadurch jeder nicht unbedingt erforderliche Aufenthalt in der schon durch ihren Wassergehalt macerierend wirkenden Oxalsäurelösung vermieden wird.

Unter keinen Umständen ist es ratsam, feine Paraffinschnitte in den Reagenzien sich selbst, etwa während der Nacht über, zu überlassen. Muß das Arbeiten unterbrochen werden, so empfiehlt es sich, die Objektträger mit den aufgeklebten Schnitten in eine Mischung von Aq. dest., Glycerin und Alkohol aa. hineinzustellen. Längerer Aufenthalt der entparaffinierten Schnitte in 70⁰/₀igem Alkohol wirkt macerierend auf dieselben ein und beeinträchtigt die Färbung.

Es gibt noch eine große Zahl von Bleichungsmitteln (Chlor, schweflige Säure, Wasserstoffperoxyd, Chromsalpetersäure etc.), die besonders von Zoologen verwandt werden. Die Methode nach ALFIERI mit ihren Modifikationen ermöglicht jedoch ein so sicheres Arbeiten und gibt so gute Resultate, daß man wenigstens bei der Untersuchung menschlicher Augen auf diese mit gutem Recht sich beschränken kann.

Bekanntlich besitzen die Capillaren der Iris eine perivasculäre, endotheliale Scheide (V. MICHEL) im Gegensatz zu der Choriocapillaris (SCHWALBE). Über die Darstellung siehe Chorioidea. Die Darstellung der Irisnerven erfolgt nach den allgemeinen Methoden (Vergoldung, GOLGIS Silberimprägnation, EHRLICH und DOGIELS Methode).

Eingeschaltet zwischen die Elemente des von V. MICHEL entdeckten protoplasmatischen Stromazellnetzes ist mit Hilfe des BETHEschen Molybdänverfahrens nach MÜNCH ein System von Nervenzellen und von diesem ausgehendes Nervenfaserwerk, dessen Fasern an den Stromazellen ansetzen, darzustellen. Zum Studium des Stromazellnetzes empfiehlt sich besonders die Iris gewisser Affenarten (Macacus nemestrinus, HERZOG 1902).

Die Fixierung der Iris mit Erhaltung des jeweiligen, vitalen Contractionszustandes der Irismuskulatur erfolgt nach HEINE am besten in FLEMMINGscher Lösung, bei 40⁰ im Brutofen. HEERFORDT empfiehlt zu diesem Zweck die Injektion von Formol in das Auge.

Über die verschiedene Entwicklung des collagenen Gewebes im Irisstroma der menschlichen Iris entsprechend den verschiedenen Lebensaltern ist durch die Verdauungsmethode, vgl. GUTMANN, Aufschluß zu gewinnen.

Zur experimentellen Erzeugung von Iritis empfiehlt V. MICHEL die Injektion einer $^1/_4$ bis $^1/_2$⁰/₀igen Silbernitratlösung in die vordere Kammer. Es sind natürlich auch sämtliche von LEBER zu demselben Zwecke von der Hornhaut oder von der Vorderkammer aus benutzten Methoden in gleichem Maße verwendbar.

In keinem Fall ist die Untersuchung der bei einer Iridectomie excidierten Irisstücke zu unterlassen (V. MICHEL).

VII. Chorioidea und Ciliarkörper.

Zur Erhaltung der normalen strukturellen und dimensionalen Verhältnisse empfiehlt WOLFRUM (1908) das Injektionsverfahren mit verdünnter ZENKERscher Lösung von der Carotis aus. Zuerst Injektion von 150 *ccm* physiologischer Kochsalzlösung bei Körpertemperatur, dann Nachschicken von 350 *ccm* nach BIRCH-HIRSCHFELD (siehe oben) modifizierter ZENKERscher Lösung (zur Hälfte mit Wasser verdünnt). Nach 1 Stunde Dekapitation, Einlegen des Kopfes in ZENKER 1 Woche lang, Auswaschen in Brunnenwasser.

1. Basalmembran und Lamina elastica. Basalmembran aus Protoplasma und Collagen bestehend, durch collagene Fasern verbunden mit der Lamina elastica, welche aus elastischen und collagenen Fasern zusammengesetzt ist: Protoplasmafärbung nach HELD (WOLFRUM 1908) — in ihrer Zusammensetzung zur Zeit noch unbekannt — Färbung mit Mallory, Eisenhämatoxylin-Fuchsin, siehe Elastinfärbung.

2. Choriocapillaris. Nackte Endothelröhren, umgeben von dem Gewebe der Lamina elastica und dem Fibrillennetz der subcapillaren Fibrillenlage (Elastin und Collagen) siehe ad 1.

3. Zellenlage der subcapillaren Schicht, der die Gefäße polypenartig umgreifenden Muskelzellen, des Stromazellnetzes, siehe Iris (Uvea von Macaken).

Zum Studium des endothelialen Belages des sogenannten Perichoriodealraumes empfiehlt SCHWALBE, albinotische Kaninchenaugen zu verwenden, das Retinalepithel abzupinseln, die Aderhaut von der Sclera abzuziehen, abzuspülen, in $^1/_4$%ige Silbernitratlösung zu tauchen und mit der Innenfläche auf den Objektträger zu legen. Zur Isolierung des Endothelbelages hält es SCHWALBE für ratsam, lieber den scleralen Anteil desselben zu verwenden, am besten von einer Sclera, die nach der Silberimprägnation einen Tag in verdünnter Glycerinlösung gelegen hat.

Zur isolierten Darstellung der Ciliarmuskulatur verfährt man am besten nach F. E. SCHULZE in folgender Weise:

1. Herstellung einer Lösung von Chlorpalladium 10 : 1000; hierzu 4—5 Tropfen konzentrierte Salzsäure. Auflösung in 24 Stunden. Diese dunkelrotbraune Lösung wird nach Bedarf verdünnt, für gewöhnlich auf 1 : 800 (weingelb).

2. Halbierung des Augapfels, Auspinseln des Glaskörpers, Eröffnung der hinteren Kapsel und Auslösung der Linse, Anlegung eines mäßig großen Loches in der Cornea.

3. Dieses Präparat wird auf 2—3 Tage (länger schadet nichts) in die Lösung von Palladiumchlorid (1 : 800) gelegt. Dasselbe erhält eine derbe Konsistenz, und können direkt ohne Einbettung genügend feine Schnitte mit dem Rasiermesser angefertigt werden. Gründliches, mehrstündiges Auswaschen der Schnitte im Wasser: Protoplasma dunkelgelb, quergestreifte Muskulatur bräunlichgelb, glatte hell strohgelb, Nerven schwarzgrau bis tiefschwarz, Collagen absolut farblos. Letzteres kann mittelst einer mäßig konzentrierten ammoniakalischen Carminlösung (mehrere Stunden lang) gegensätzlich gefärbt werden. Celloidineinbettung ist zulässig.

Auf welche Weise IWANOFF (JEROPHEEFF) seine wundervollen Flächenbilder von der hinteren Ausbreitung der Ciliarmuskulatur erhalten hat, ist leider nicht zu ermitteln.

Zur Darstellung des sogenannten Reticulum des Ciliarkörpers mit seiner mit den Jahren zunehmenden Verdickung und im Alter erfolgenden Einlagerung von Hyalin und Kalkkörnern empfiehlt H. MÜLLER einfaches Abziehen der Glashaut.

Zum Nachweis der Ablagerung von Kalkkörnchen, von Umwandlung in Knochengewebe, der fettigen und hyalinen Degeneration der Gefäße siehe die allgemeinen Methoden. Ganz besonders instruktiv und zur Demonstration der hyalinen Degeneration der Gefäßwände geeignet sind, abgesehen von Querschnitten, Flächenpräparate von der Choriocapillaris (v. MICHEL).

Über den Nachweis der Malariaplasmodien, deren Wirkung bisweilen die Verstopfung der Capillaren mit Pigmentschollen zuzuschreiben ist, siehe Blutparasiten.

In den Tumoren des Uvealtractus, wie auch bei vielen anderen geschwulstartigen und entzündlichen Prozessen am Auge, wird nach BEST oft ein bedeutender Gehalt an Glycogen gefunden, siehe Glycogen.

Über den Nachweis von Eisen, siehe XIII. Die Körnchen des in den Sarcomzellen autochthon gebildeten Pigmentes geben Eisenreaktion, und zwar bei Abwesenheit von Blutextravasaten, jedoch nur in dem Falle, wenn die Tumorzelle mit dem darin enthaltenen melanotischen Pigment degeneriert ist (SCHIECK).

VIII. Linse und Strahlenbändchen. Linse. Fixation nach C. RABL am besten in Sublimat-Platinchlorid (konzentrierte wässerige Sublimatlösung, 1%ige Platinchloridlösung aa. 1, Aq. dest. 2) oder in Pikrinsublimat oder in FLEMMINGS Chromosmiumessigsäure. Man verfährt dabei am zweckmäßigsten in der Weise, daß der sorgfältig reinpräparierte Bulbus in toto auf ca. $^1/_2$ Stunde in das Fixiergemisch gebracht, dann herausgenommen, im Äquator halbiert und auf 24 Stunden wieder in das Fixierbad zurückgebracht wird. Durchfärbung mit alkohol. Boraxcarmin. Über Fixation mit BIRCH-HIRSCHFELD-ZENKER und Formol MÜLLER vgl. E. v. HIPPEL (1907).

Die Einbettung erfolgt in Paraffin oder in Celloidin. Linsen von Embryonen können, solange sie noch genügend weich sind, behufs Erzielung feiner Schnitte mit großem Vorteil in Paraffin eingebettet werden.

C. RABL scheint sein ungeheures Linsenmaterial zum großen Teil in Paraffineinbettung verarbeitet zu haben, nach gütiger brieflicher Mitteilung von Herrn Prof. A. FISCHEL-Prag in der Weise, daß die Schnittfläche des Paraffinblocks vor jedem Schnitt immer wieder von neuem mit flüssigem Paraffin überzogen wurde. RABL findet bei der Paraffineinbettung, daß sich bisweilen in der Centralfaserschicht Luft in feinster Verteilung einlagert.

Linsen, die mit Eintritt des Sclerosierungsprozesses ein ungleich hartes Gefüge erhalten haben, werden jedoch zweckmäßiger in Celloidin eingebettet. Gerade hier ist jedoch zu erwägen, ob man nicht noch einen Mittelweg in Form der kombinierten Einbettung einschlagen kann. Es gelingt hierbei oft noch in Fällen, die bereits zur Celloidineinbettung verurteilt schienen, mittelst der Celloidin-Paraffineinbettungsmethode recht feine Schnitte zu bekommen. Über die Miteinbettung der Sclera in Paraffin siehe oben unter Bulbus.

Hochgradig sclerosierte Linsen (besonders von alten Fischen, die bisweilen im Centrum geradezu steinartige Konsistenz haben) können natürlich in toto, ob man sie nun in Paraffin oder Celloidin einbettet, überhaupt nicht verarbeitet werden. Will man hierbei fatale Überraschungen beim Schneiden vermeiden, so muß der harte Kern vor dem Einbetten entfernt werden.

Über die Einbettungsmethode nach CALBERLA sind seit dem Erscheinen von BECKERS großem Linsenwerk nähere Erfahrungen nicht bekannt geworden.

Über die Fixation der Linse, entsprechend dem jeweiligen Accommodationszustande mit Hilfe der Gefriermethode (flüssige Kohlensäure), vgl. V. PFLUGK (1906) und FISCHER.

Außer Meridionalschnitten kommen besonders zur Darstellung der Zusammensetzung aus radiären, nicht konzentrischen Faserlamellen Äquatorialschnitte in Betracht.

Der lamelläre Bau der Linsenkapsel läßt sich nach Behandlung mit Kal. permanganic. ($^1/_{10}$%, mehrtägige Anwendung, SCHIRMER), mit Kochsalzlösung 10%, Kalkwasser, 20%iger Salpetersäure (nicht mit Kalilauge) erkennen; die elegantesten Präparate erhält man jedoch mittelst der Verdauungsmethode (CHITTENDEN, SCHIRMER).

Die Kapselsubstanz steht dem Sarcolemm wohl nahe, indem beide, wie alle Glashäute durch Trypsin verdaut werden, wobei an der Linsenkapsel eine von innen nach außen zu fortschreitende dichte und feine Streifung auftritt (SCHIRMER), unterscheidet sich jedoch vom Sarcolemm dadurch, daß, wenn beide zuerst mit Osmiumsäure (24 Stunden), dann mit Alkohol behandelt, darauf gekocht und schließlich der Trypsinwirkung ausgesetzt werden, das Sarcolemm unverändert bleibt, während die Linsenkapsel doch allmählich aufgelöst wird (CHITTENDEN).

Um das Epithel mit der Kapsel zu entfernen, kann man die Linse in Alcohol absol. zum Schrumpfen und nachher durch Einbringen in Wasser wieder zum Aufquellen bringen.

Dieses Verfahrens bediente sich C. RABL, sowohl um den Ringwulst abzuheben, wie um Präparate zu gewinnen, die in der Gegend der Epithelgrenze die Umordnung der ungeordnet liegenden Epithelzellen in meridional angeordnete erkennen lassen. Die fixierte und gefärbte Linse kommt in Alkohol, darauf in Wasser, und wird alsdann durch Eingehen mit einer Nadel das Epithel (oder der Ringwulst) abgehoben oder mit der Pinzette abgezogen. V. PFLUGK (1908) fixiert zu dem gleichen Zweck vor dem Einbringen in Alkohol die Linse 30 Minuten lang in $3^1/_2$%iger Salpetersäure.

Einigermaßen brauchbare Präparate erhält man auch dadurch, daß bei den Kataraktextraktionen ein Teil der Vorderkapsel mit der Kapselpinzette entfernt wird.

Linsenfasern: Zur Isolierung die üblichen Macerationsmittel. Darstellung der Linsenfasergrenzen an Schnitten, die mittelst der Gefriermethode gewonnen sind, durch Versilberung.

Studium der Lageverhältnisse der Central-, Übergangs- und Hauptfasern an Äquatorialschnitten.

Um das Verhältnis des Ringwulstes zur übrigen Linsenfasermasse (den Index des Ringwulstes) zu ermitteln, schlägt RABL vor, den Schnitt auf Papier abzuzeichnen, die betreffenden Teile auszuschneiden und einzeln zu wägen.

Linsentrübung ist experimentell zu erzeugen.

1. Durch Abkühlung (v. MICHEL), beim Erwärmen verschwindend.
2. Durch Naphtalinvergiftung, Ergotinvergiftung (KORTNEFF). Einlegen der Linse in Zuckerlösung.
3. Durch Erschütterung durch Schallwellen.
4. Durch Abtötung des Kapselepithels durch elektrische Schläge.
5. Durch Konzentration von Sonnenlicht mit einer Sammellinse (HESS).
6. Durch Einwirkung von konzentriertem elektrischen Bogenlicht (Verf., 1903). Die Linsentrübung stellt sich auch dann ein, wenn die Wärmestrahlen durch zahlreiche, mit Alaunwasser gefüllte Wannen in dem Grade ferngehalten werden, daß ein direkt vor dem Auge aufgehängtes Thermometer mit berußter Kugel nicht höher wie auf 40° C steigt und außerdem die Hornhaut mit physiologischer Kochsalzlösung berieselt wird.

Die Katarakterzeugung hiermit gelingt besonders leicht bei recht alten Kaninchen (in längstens 2 Stunden), während man bei jungen Kaninchen in der Regel vergebens auf den Eintritt der Linsentrübung wartet. Hat bei alten Kaninchen die Einwirkung des elektrischen Lichtes nur kürzere Zeit bestanden, so bildet sich die Linsentrübung nach einigen Tagen wieder zurück.

7. Durch Röntgenbestrahlung trächtiger Tiere (Kaninchen), und zwar auch nach Abdeckung der Bauchgegend duch dicke Bleiplatten (E. v. HIPPEL, 1907).
8. Durch Cholininjektionen (1 Woche lang 10 *ccm* einer $1^0/_0$igen Lösung.) (E. v. HIPPEL, 1907).
9. Durch Exstirpation der Glandulae parathyreoideae (Epithelkörperchen), POSSEK; Objekt RATTE.

In den meisten Fällen ist eine Darstellung der Starschicht, insbesondere auch in den Randpartien des Linsenkerns, durch Hämatoxylinfärbung zu erzielen. Die sogenannten „Tröpfchen“ sind nur dann als das anatomische Substrat der Schichtstartrübung anzusprechen, wenn sie dichter zusammenliegen, und ihre Lage mit der beobachteten Trübung genügend übereinstimmt (E. v. HIPPEL, 1907).

Über den Nachweis von Kalk in überreifen Katarakten siehe Verkalkung.

Das hierbei ebenfalls vorkommende Cholesterin wird erkannt durch Zusatz von Jod (Braunfärbung) und Zufügung einiger Tropfen 30—$40^0/_0$iger Schwefelsäure. (Durchlaufen der Farbentöne von Blaurot, Blaugrün, bis zu Reinblau). Lithion carbonic., das schon 30 Minuten nach der Fütterung (bei kataraktösen Linsen nach $2^1/_2$—3 Stunden) in der Linse gefunden wird, erkennt man bekanntlich daran, daß eine Spur von der Linsenmasse, mittelst eines Platindrahtes in die Flamme des Bunsenbrenners gebracht, mit carminroter Farbe verbrennt; bei Anwesenheit von Natrium beobachtet man durch eine dünne Schicht Indigolösung.

Nachweis von Jod, bzw. der speziellen Eintrittsstellen des Jods durch Aufträufeln von $2^0/_0$igem Natriumpalladiumchlorür (MERCK) auf die herausgenommene, in destilliertem Wasser abgespülte Linse (v. PFLUGK, 1908).

2. Strahlenbändchen. Um sich von der Zonula auf rein präparatorischem Wege eine genauere Vorstellung zu verschaffen, fixiert man ein möglichst frisches Auge in toto in Formol ($5^0/_0$) oder Chromessigsäure (O. SCHULTZE) — Chromsäure ($0,5^0/_0$), Essigsäure ($0,1^0/_0$), zu gleichen Teilen —, halbiert den Bulbus im Äquator, entfernt den Glaskörper, löst Cornea und Sclera nach meridionalen Einschnitten von der vorderen Hälfte ab und schneidet die Iris am Ciliarrande ab.

Wenn man dann noch das Bändchen von hinten her mit der Schere von den Ciliarfortsätzen abtrennt und aus dem so aus Linse und Zonula bestehenden Präparat einen feinen, etwa 1 *mm* breiten meridionalen Sektor mit einem Skalpell herausschneidet, so erhält man eine leidliche Orientierung über die Anordnung der Zonulafasern an ihren Ansatzstellen am Linsenrande.

Über ihr Verhalten zu den Ciliarfortsätzen, ihren Verlauf hauptsächlich in den Ciliartälern, ihren Ansatz kurz vor der Ora serrata, über das Eindringen der Fasern zwischen die Zellen der inneren Lage der Pars ciliaris retinae informiert man sich vollkommen ausreichend durch Anfertigung von Meridionalschnitten durch in oben beschriebener Weise hergestellte Präparate, an denen Linse und Zonula sich noch im Zusammenhang mit dem Strahlenkörper befinden.

Die Fasern der Zonula verhalten sich bei der Verdauungsmethode sowie bei der Färbung mit Orcein, Safranin, Viktoriablau, Jodviolett fast genau so wie elastische Fasern, nur mit dem Unterschiede, daß sie sich mit den genannten Farbstoffen in der Regel noch intensiver färben. Nach TOPOLANSKI lassen sie sich von den Fasern der Membrana hyaloidea dadurch unterscheiden, daß bei einer Färbung mit Säurefuchsin die Hyaloideafasern violett, die Zonulafasern intensiv rot färben. Ganz besonders wichtig ist aber das Verhalten der Zonulafasern insofern, als sie sich mittelst der WEIGERTschen Neurogliamethode elektiv färben lassen. Die Fasern des Strahlenbändchens repräsentieren hiernach eine Übergangsstufe zwischen Neuroglia und elastischem Gewebe (AGABABOW). Neuerdings hat die Anwendung der z. Z. noch nicht näher bekannten HELDschen Gliaprotoplasmamethode (Alsolhämatoxylin) auf die Zonulafasern durch WOLFRUM (1908 b) weitere wichtige Ergebnisse gezeitigt (Identität mit der Gliafibrille, intracellulärer Verlauf im Ciliarepithel, Ansatz an der Limitans externa — zwischen Ciliarepithel und Pigmentepithel). WOLFRUM empfiehlt Schnitte mehr oder weniger parallel der Äquatorialebene.

IX. Glaskörper. Um sich von der Gegenwart fester Substanz im frischen Glaskörper eine sichere Überzeugung zu verschaffen, preßt man nach H. VIRCHOW frischen Ochsenglaskörper durch Verbandmull durch. Es läuft eine dünne Flüssigkeit, keine Gallerte, ab, die in dem aus Fasern zusammengesetzten Gefüge des Glaskörpers enthalten war. Anstellung einer Belastungsprobe des faserigen Rückstandes — nach Ausschluß der Glaskörperhaut —, um eine Vorstellung von der relativ sehr bedeutenden Festigkeit desselben zu gewinnen.

Um den Aufbau des Fasergerüstes möglichst unverändert zur Anschauung zu bringen, ist jede Eröffnung des Bulbus beim Einlegen in die Fixierungsflüssigkeit unbedingt zu unterlassen, indem die an der Stelle der Eröffnung ihres Haltes beraubten Glaskörperfibrillen sich nach der entgegengesetzten Seite zurückziehen, vgl. oben bei Bulbus. Auch nach der Fixierung ist es bei dem Einbetten in Celloidin außerordentlich schwierig, jede Abänderung des natürlichen Gefüges zu vermeiden.

Darstellung des konzentrisch geschichteten Baues etwa derart, wie wir ihn vergleichsweise bei jedem hart gekochten Hühnerei am Dotter desselben finden:

1. Durch die Gefriermethode (BRÜCKE), Einlegen des Bulbus in eine Gefriermischung, Herausschälen des Glaskörpers, Abblättern von Eisscheibchen.
2. Aufträufeln von Farblösungen (Berlinerblau, Carmin) auf die Schnittfläche des Glaskörpers (STILLING).
3. Härtung in dünner MÜLLERscher Lösung (IWANOFF).
4. Härtung in dünner Chromsäurelösung (HANNOVER) mindestens ein halbes Jahr, besser aber 6—7 Jahre lang (zitiert nach H. VIRCHOW).

Der von STILLING entdeckte Centralkanal, der insofern kein Kanal ist, als er einer zelligen oder häutigen Auskleidung entbehrt, eine Abgrenzung vielmehr dadurch zustande kommt, daß an der betreffenden Stelle das faserige Gewebe verdichtet ist (HÄNSSEL), ist nachzuweisen:

1. Durch Aufträufeln einer Farblösung auf die der Papilla n. opt. entsprechende Stelle eines herauspräparierten Glaskörpers (STILLING).
2. Durch Einspritzen von gelöstem Berlinerblau oder Alkanninterpentin unter die Pialscheide des Sehnerven (SCHWALBE).
3. Durch Einstichinjektion in die vordere Kammer (v. MICHEL).
4. Beim lebenden Kaninchen durch Injektion von Tusche in die hintere Augenkammer (LEBER).

Nach WOLFRUM (1906 u. 1908 b) ist der STILLINGsche Kanal ein Kunstprodukt, bedingt durch Zerstörung der Verbindungen, welche der Glaskörper am Papillenrande mit dem dort befindlichen sogenannten vorderen Gliaring (KRÜCKMANN) besitzt.

Die Frage nach der histogenetischen Natur der Glaskörperhaut des erwachsenen Menschen hängt auf das engste zusammen mit der Frage der Entwicklung der Glaskörperfasern und der Zonulafasern. Eine erfolgreiche Beobachtung der in Betracht kommenden Verhältnisse, ohne Verwirrung durch die temporär stattfindende Bindegewebsbildung behufs Produktion von Glaskörper- und Netzhautgefäßen, ist nur am Vogelauge möglich, das weder Netzhautgefäße, noch Linsenkapsel-, noch Glaskörperhautgefäße besitzt (KESSLER, H. VIRCHOW).

Die Fixierung erfolgt nach G. RETZIUS am besten in Kal. bichromat. (3%) oder in FLEMMINGscher bzw. HERMANNscher (WOLFRUM) Lösung oder in Sublimatlösung (1—2%); die Glaskörperfasern färben sich am besten mit Anilinfarben; zu brauchen sind jedoch, wenn man nicht in Paraffin einbettet — Embryonen —, nur solche Farben, die das Celloidin nicht mitfärben. Als besonders geeignet hat RETZIUS hierfür das Rubin gefunden.

Ob die Glaskörperfasern mit den Zonulafasern gleichzustellen und demnach als ein Gebilde ectodermalen Ursprungs aufzufassen sind (TORNATOLA), ist noch nicht entschieden. Jedenfalls geht aus der Abbildung von AGABABOW hervor, daß derselbe mit der WEIGERTschen Neurogliafärbung nur die Zonulafasern, nicht aber auch Glaskörperfasern gefärbt erhalten hat. vgl. v. LENHOSSEK, A. v. SZILY. Die erste Entwicklung des Glaskörpers, und zwar ohne Beteiligung des Mesoderms, ist nach C. RABL an Embryonen von Pristiurus melanostomum zu beobachten.

X. Retina. Untersuchung in situ nach dem Aufschneiden des Bulbus, um die Elastizitätsverhältnisse in der Retina kennen zu lernen. An der Froschretina sieht man nach dem Durchschneiden des Bulbus den Schnittrand Falten bilden. Diese Faltenbildungen beschränken sich jedoch auf die Schichten bis zur Membrana limitans externa, von innen gerechnet, während die Stäbchenzapfenschicht glatt dem Pigmentepithel anliegend bleibt. Diese Faltung beruht darauf, daß die inneren Netzhautschichten in höherem Maße elastisch sind und die Stäbchen- und Zapfenschicht in radiärer Richtung sehr dehnbar ist (KÜHNE). Die Faltenbildung ist stärker im Dunkel- wie im Hellauge, so daß man sich hierdurch auf den ersten Blick darüber informieren kann, welcher Zustand in der Pigmentepithel-Stäbchenzapfenlage vorliegt.

Die artifizielle Ablösung der frischen Retina behufs alleiniger Weiteruntersuchung, oder um nach ihrer Ablösung Teile des Pigmentepithels isolieren zu können, findet im ersten Falle zu den verschiedensten Zwecken statt (Herstellung von Flächenpräparaten, Isolierung der Nervenfaserschicht, Behandlung nach GOLGI-CAJAL oder EHRLICH-DOGIEL, Beobachtung und Photographie des Mosaiks der Stäbchenzapfenschicht etc. siehe unten). Man geht dabei am zweckmäßigsten in der Weise vor, daß man entweder vorher am uneröffneten Bulbus den Sehnerven von außen herauspräpariert, bzw. den Opticus, der durch Kompression des Bulbus herausgepreßt wird, hart am Bulbus (Frosch) abschneidet, oder nach Eröffnung des Augapfels, vorsichtiger Entfernung des Glaskörpers (unter physiologischer Kochsalzlösung) die Papille mittelst eines Locheisens mit nicht allzu scharfem Rande auf einer Bleiplatte ausstanzt (KÜHNE).

Alsdann macht man 3—4 radiäre Einschnitte in gleichem Abstande und von solcher Länge, daß es gelingt, den hinteren Augapfelsabchnitt einigermaßen flach auszubreiten, dreht das Präparat auf die andere Seite, so daß die Innenfläche der Retina auf den Objektträger zu liegen kommt, setzt dann die radiären Einschnitte durch die Sclera allein bis zum Sehnervenloch fort und löst Sclera und Chorioidea ab. Die Weiterbehandlung richtet sich nach dem speziellen Zweck der Untersuchung (siehe unten).

Besteht die Absicht, einzelne bestimmte Bezirke zu untersuchen, die daselbst vorhandenen Elemente zu isolieren, ein Zupfpräparat anzufertigen, so kann man sich diese immerhin delikate Schichtenpräparation ersparen und das betreffende Stück direkt mit Pinzette und Schere heraustrennen. Um das Gewebe jedoch für diesen Zweck etwas widerstandsfähiger zu machen und es gleichzeitig für die Zerzupfung geeignet zu machen, empfiehlt es sich, vor dieser Heraustrennung das hintere Augapfelsegment der Behandlung mit Härtungs-, bzw. Macerationsflüssigkeiten zu unterwerfen. Als solche kommen in Betracht:

1. Osmiumsäure *a)* nach M. SCHULTZE: Fixation 24 Stunden in $^1/_5$—$^1/_2$%iger Lösung; dann Maceration 2—3 Tage lang in $^1/_{50}$%iger Chromsäurelösung. Zerzupfen in verdünntem Glycerin; *b)* nach RANVIER: Fixation 24 Stunden in 1%iger Lösung, Augen von kleinen Tieren in toto; Macerieren 2—3 Tage in Wasser; *c)* nach KUHNT wie *b*; Maceration jedoch 2 Wochen lang in Wasser, darauf 4 Wochen lang in einem Gemisch von verdünntem Alkohol mit Glycerin (10%).
2. Jodserum (MAX SCHULTZE).
3. MÜLLERsche Lösung.
4. RANVIERS Drittelalkohol; nach THIN 36—48 Stunden lang.

5. Nach W. KRAUSE: *a)* in Chloralhydrat 10%, mehrere Tage lang; *b)* in Lysol 10%, 3—24 Stunden lang; Zerzupfen in Wasser (REINKE).

6. SCHIEFFERDECKER: Gemisch von Glycerin 10, Methylalkohol 1, Aq. dest. 20; einige Tage lang.

7. Für den speziellen Zweck der Untersuchung der Bewegungsvorgänge empfiehlt sich folgendes Verfahren (HERZOG, 1905): *a)* Fixation des Bulbus in Salpetersäure (3—5—7%), siehe oben. *b)* Durchtrennung des Bulbus im Äquator, Abheben des vorderen Abschnittes mit Linse und Glaskörper. *c)* Flache Ausbreitung des hinteren Abschnittes mit der Skleralseite auf einer Glasplatte nach Anlegung folgender Einschnitte durch Netzhaut, Aderhaut und Sclera α) oben und unten radiär auf die Papille zu; β) seitlich, rechts und links von der Papille, je zwei horizontale Einschnitte parallel dem horizontalen Meridian, so daß der foveale Bezirk unberührt bleibt; δ) Ausstanzen — mit rechteckig geformter Stanze — eines Streifens temporal von der Papille bis auf die Sclera; ε) Abpinseln, bzw. Abziehen der Aderhaut von der Rückseite des Streifens, wobei das Pigmentepithel auf der Netzhaut bleiben muß. Präparate, bei welchen sich das Pigmentepithel von der Stäbchenzapfenschicht abgelöst hat, sind für die exakte Beurteilung der jeweiligen Zapfenstellung, bzw. der Dimensionen der Stäbchen und Zapfen absolut unbrauchbar, eine Schwierigkeit, die besonders bei der leicht ausschlüpfenden Dunkelnetzhaut in Betracht kommt; γ) Paraffineinbettung (Xylol, 10 Minuten); ζ) Färbung (Hämatoxylin, Lith. carbonic., Säurefuchsin). — Für den gleichen Zweck benutzte GARTEN Fixierung in Zenker, Färbung mit Methylenblau, Thionin, Erythrosin, bzw. zur Darstellung des Zapfenellipsoids Hämatoxylinfärbung nach WEIGERT-KULTSCHITZKY. Um Längenänderungen der Zapfen durch eventuell bei der Enucleation sich geltend machende Einflüsse auszuschließen, fixierte GARTEN die Affenretina in folgender Weise: In tiefer Äthernarkose wurde von der Herzspitze aus, nach dem MANNschen Verfahren, zunächst körperwarme RINGERsche Lösung injiziert und, sobald aus dem eröffneten rechten Vorhof die Flüssigkeit klar abfloß, wurde die ZENKERsche Lösung eingespritzt, die, wie die Streckung der Extremitäten anzeigte, fast momentan zur Starre sämtlicher Muskeln führte. Die Augen blieben also hierbei ganz unberührt im Körper und wurden erst nach der Fixierung enucleiert.

Um Querschnitte zu gewinnen, und wenn es auf eine isolierte Behandlung der Retina nicht ankommt, wird in jedem Falle der Bulbus im ganzen und uneröffnet fixiert; siehe: Bulbus.

Spezielle Darstellung der einzelnen Schichten und ihrer Elemente:

1. Pigmentepithel.

Die KUHNTschen Hüte, aus Neurokeratin bestehend, bleiben bei der Verdauung mit Trypsin unverändert.

Das Fuscin löst sich teilweise in dem MAYERschen Bleichungsmittel (Sol. Kal. chloric. + Acid. mur.) langsam in heißer Kalilauge (KÜHNE); es erweist sich sehr resistent bei der Fäulnis, wobei es bisweilen amorph wird.

Lipochrin (beim Menschen fehlend) ist durch die gewöhnlichen Fettlösungsmittel extrahierbar, färbt sich mit Osmiumsäure tiefbraun, mit LUGOLscher Lösung grün bis blau, mit Salpetersäure blaugrün, mit Schwefelsäure violett.

Myeloidkörner (beim Menschen fehlend) sind in Fettlösungsmitteln unveränderlich, werden jedoch durch Osmiumsäure bei langer Einwirkung unrein braungrün gefärbt.

Guanin (von BRÜCKE entdeckt, von KÜHNE eingehend studiert) ist in den Pigmentfortsätzen der Fischretina — und der Retina einiger Reptilien —, dieselben perlschnurartig auftreibend, massenhaft, in der Zellbasis spärlicher enthalten, liefert durch seine Anhäufung daselbst und sein kreidig weißes Aussehen das retinale Tapetum genannter Wirbeltiere, und zwar an derjenigen Stelle des Hintergrundes, welche nach der Orientierung des Auges am Kopf und dem Bau desselben unter gewöhnlichen Verhältnissen das meiste — vom Grunde kommende — Licht empfängt (hinten oben). Das Vorkommen des Guanins hat dadurch eine ganz besondere Bedeutung gewonnen, daß 1. der Stäbchenpurpur sich hiervon sehr deutlich abhebt und es dadurch ermöglicht ist, bei Fischen (Abramis brama) und Reptilien (stäbchenhaltige Netzhaut der Krokodile, ABELSDORFF) den Einfluß quantitativ und qualitativ verschiedener Belichtung auf den Sehpurpur intra vitam ophthalmoskopisch zu untersuchen; 2 daß es eine Marke abgibt, vermittelst deren man sich über die Ausdehnung und das Verhalten der Pigmentepithelfortsätze (Verkürzung der guaninhaltigen Fortsätze im Dunkelauge) bei der Belichtung und im Dunkeln sowie über die Wege, welche dabei die Pigmentkörnchen einschlagen, orientieren kann. Betrachtung mit auffallendem, bzw. polarisiertem Licht mit gekreuzten Nicols.

Nachweis des zwischen den Stäbchen, bzw. Zapfen und den Pigmentfortsätzen vorhandenen, intra vitam mit einer strukturlosen, elastischen Substanz ausgefüllten Zwischenraumes durch Injektion mit Berlinerblau unter die Pialscheide des Sehnerven.

2. Stäbchen.

a) Außenglied: An — nach Maceration in Osmiumsäure (nach RANVIER) — isolierten Stäbchen einer menschlichen Retina sieht man, daß sich das Außenglied schmutzig grünbraun gefärbt hat; durch längere Maceration gelingt es, einen Zerfall in Plättchen herbeizuführen; dasselbe Resultat erhält man beim Zerzupfen der Retina in Humor aqueus. Die Kittsubstanz zwischen den Plättchen ist mit Osmiumsäure nicht zu färben. Durch Verdauung mit Trypsin kann man an dem Außenglied eine Neurokeratinhülle nachweisen, die sich auch noch auf das Innenglied bis zur Membrana limitans externa erstreckt.

Einen Zerfall in Kugeln, Schollen und Körner, ebenso wie bei der Nervenmarkscheide kann man an dem Außenglied herbeiführen, wenn man die Retina in Wasser zerzupft oder mit MÜLLERscher Lösung fixiert.

Die Schollen sind ebenfalls mit Osmiumsäure, ebenso wie das Myelin zu färben, unterscheiden sich von dem letzteren jedoch durch die Farbennuance (nicht braun, resp. schwarz, sondern grünbraun). Die Intensität der Färbung dieser als Myeloidkörner bezeichneten Zerfallsprodukte mit Osmiumsäure richtet sich nach dem Gehalt an Myeloid.

Eine wesentlich andere Anschauung von dem Aufbau des Stäbchenaußengliedes soll man erhalten, wenn man die Stäbchen mit 10%iger Lysollösung (W. KRAUSE) nach dem REINKEschen Verfahren maceriert, indem man hierbei Gebilde erhalten soll, die aus Fasern in korkzieherlockenartiger Anordnung zusammengesetzt erscheinen.

Sehpurpur:

Untersuchung in der frischen Netzhaut. Im Gegensatz zu den sonst zu beobachtenden Prinzipien (cf. oben) ist hier ein möglichst erleichtertes Ausschlüpfen und Pigmentfreiheit der Netzhaut erwünscht. Hierzu empfehlen sich nach GARTEN folgende Kunstgriffe: α) Erzeugung eines Curareödems (KÜHNE) und hiermit kombiniert β) Chininvergiftung des Frosches zwecks Lähmung der Pigmentepithelien (OVIO).

Fixation. Die Purpurbleiche erfolgt auch in der mit 4%igem Alaun gehärteten sowie in der stundenlang mit 4%iger Formollösung behandelten Netzhaut. Alaun und Formol sind demnach keine Fixationsmittel des Sehrots. Ein solches ist erst neuerdings in der von STERN angegebenen 2,5%igen Platinchloridlösung gefunden, welche zwar den Purpur in ein orangefarbenes Produkt verwandelt, letzteres jedoch selbst bei Paraffineinbettung konserviert.

Optogramm. α) Curaresierung, Chininvergiftung; β) Belichtung; γ) Enucleation, Abtragen des Opticus unter Kompression des Bulbus, Halbierung des Bulbus im Äquator; δ) Isolierung der Netzhaut in Ringerlösung, Aufbringen mit der Innenfläche auf einem Porzellanknopf; ε) Auftropfen einer 2,5%igen Platinchloridlösung, 1/4 Stunde; ζ) photographische Aufnahme.

Autoregeneration in der toten Netzhaut; Anagenese beim Auflegen der gebleichten Netzhaut in den Epithelgrund.

b) Innenglied (im Dunkelauge ausgestreckt, im Hellauge contrahiert):

1. Myoid. Ist, wie die contractile Substanz, der Färbung auch durch Kernfarbstoffe (Hämatoxylin) zugänglich.

2. Ellipsoid. Bevorzugt in ausgesprochenstem Maße sauere Farbstoffe (Eosin, Säurefuchsin, Lichtgrün, Erythrosin).

Über Färbung nach WEIGERT-KULTSCHITZKY siehe oben.

Die Faserkörbe sind am leichtesten ablösbar bei Maceration in Osmiumsäure oder Jodserum.

3. Zapfen. Untersuchungsmethoden wie beim Stäbchen.

Durch Querschnitte aus der Maculagegend an in Salpetersäure gehärteten (Alkohol zieht die Farbe aus) Netzhäuten kann man sich überzeugen, daß der Farbstoff die Zapfen nicht durchtränkt.

Ölkugeln. Demonstration des roten Feldes im hinteren oberen Quadranten, des gelben Feldes in den drei übrigen Teilen bei der Taube nach Halbierung des Bulbus im Äquator und Eintauchen in physiologische Kochsalzlösung.

Härtung mit Salpetersäure (3—5%) zur Herstellung von Flächenpräparaten, Querschnitten und Zupfpräparaten. Die Salpetersäure konserviert die Ölkugeln in ihrer natürlichen Farbe. Die Grundlage der Kugel schwärzt sich mit Osmiumsäure. Der Farbstoff ist mit Fettlösungsmittel zu extrahieren; darauf basiert die Herstellungsweise von drei Pigmentarten (Chlorophan, Xantophan, Rhodophan). An isolierten Zapfen einiger Vögel und Reptilien kann man sich überzeugen, daß der Farbstoff in diffuser Verteilung auch im Innenglied vorhanden ist.

Untersuchung der chemischen Umsetzungen in der Stäbchenzapfenschicht bei der Belichtung:

Die alkalische Reaktion der Dunkelnetzhaut geht bei der Belichtung mehr und mehr in die sauere über (ANGELUCCI). Über den mikro-chemischen Nachweis dieser Umstimmung mittelst der Färbung nach BIONDI-HEIDENHAIN vgl. BIRNBACHER und SGROSSO. — Die Säurebildung in der isolierten Hellnetzhaut ist auch durch die Phenolphthaleinprobe nachzuweisen. Die bei der Belichtung entstehenden Stoffwechselprodukte vermögen auch die Zapfen der unbelichteten Netzhaut zur Kontraktion zu bringen: *a)* beim Auflegen der belichteten Netzhaut auf die Dunkelnetzhaut, *b)* beim Einbringen einer Dunkelnetzhaut in RINGERsche Lösung, in welcher eine andere Dunkelnetzhaut der Belichtung ausgesetzt war (DITTLER).

4. Membrana limitans externa. Nachweis des Zusammenhanges der MÜLLERschen Stützfasern mit der Membrana l. externa durch Behandlung mit Jodserum und durch das GOLGIsche Verfahren. Um von dem siebartigen Charakter der Membran sich eine Vorstellung zu verschaffen, empfiehlt es sich (nach W. KRAUSE), die Retina in dünner Chromsäure (0,05%) zu härten, mit dem Gefriermikrotom Flächenschnitte anzufertigen und die Schnitte aus dem Niveau der Membr. limit. externa mit einem feinen Pinsel zu behandeln.

5. Äußere Körnerschicht und Gehirnschicht der Netzhaut.

a) Bezüglich der sogenannten anatomischen Methoden zur Darstellung der Elemente der Nerven- und Stützsubstanz in ihrem Aufbau und gegenseitigen anatomischen Beziehungen sei auf die Artikel Golgimethode, Methylenblau zur Nervenfärbung und Neurofibrillen verwiesen.

Über die Anwendung der Silberimprägnationsmethode auf die Netzhaut vgl. R. Y CAJAL, bezüglich derjenigen der Neurofibrillenmethode auf das Säugetierauge vgl. BIELSCHOWSKI und POLLACK, auf die Netzhaut der Selachier, vgl. SCHNAUDIGEL.

WEIGERTsche Neurogliamethode, auf die Retina angewendet (PINES. SELIGMANN), gibt keine elektive Färbung (GREEF, 1900). Die hier bestehende Lücke ist durch die Gliaprotoplasmamethode von HELD ausgefüllt (KRÜCKMANN). Leider kann dieselbe hier nur erwähnt werden, da die nähere Zusammensetzung des Alsol-Hämatoxylingemisches und die Art seiner Anwendung noch nicht der Öffentlichkeit übergeben ist. Alsol ist eine Doppelverbindung von essigsaurer und weinsaurer Tonerde, welche von der Firma Athenstaedt & Redeker, Hemelingen bei Bremen, hergestellt wird. Es vereinigt in sich die Vorzüge der essigsauren Tonerde, ohne deren bekannte schlechte Eigenschaft, ihre Zersetzlichkeit, zu besitzen.

b) Cytologische, bzw. cytopathologische Methoden, siehe Bulbus.

Dank der hervorragenden Sicherheit, mit welcher eine klinische Diagnose gestellt werden kann, sowie dank der Möglichkeit, spezifische adäquate Reize anzuwenden, und vermöge der relativen Leichtigkeit, mit welcher die Retina als ein alle Elemente des Nervensystems enthaltendes Untersuchungsobjekt verwertet werden kann, erscheint der spezifische nervöse Apparat des Auges ganz besonders geeignet, Aufschluß darüber zu geben, welchen Einwirkungen der verschiedensten Art bestimmte, mikroskopisch nachweisbare Veränderungen der Zellen des Nervensystems überhaupt entsprechen: hier, wenn überhaupt irgendwo, können sichere klinische Beobachtung und mikroskopische Untersuchung unmittelbar Hand in Hand gehen. So unendlich wertvoll die anatomischen Methoden geworden sind zur Aufdeckung des komplizierten Baues der Retina, ebenso wichtig ist die cytologische Untersuchung der nervösen Elemente der Retina für das Studium der Physiologie und Pathologie der Nervenzellen.

Als allgemeine Übersichtsfärbungen dienen die Färbungen mit Hämatoxylin nach VAN GIESON, mit Eisenhämatoxylin, Eisenhämatoxylin-VAN GIESON, nach BIONDI-HEIDENHAIN, mit Safranin etc. Speziell für die Untersuchung der nervösen Körner und der Ganglienzellen der Retina empfiehlt sich nach BIRCH-HIRSCHFELD folgendes Verfahren:

1. Fixation mit dem von BIRCH-HIRSCHFELD angegebenen Gemisch siehe Bulbus.
2. Einbettung in Paraffin.
3. Sehr feine Schnitte (1 μ mit ZIMMERMANNschem Mikrotom): Aufkleben.
4. Färbung 10 Minuten in 1%iger Thioninlösung; kurz Abspülen mit Aq. dest.
5. Schnell mit Erythrosinlösung nach HELD (1 : 150.0 und einige Tropfen Acid. acet.) übergießen und wieder mit Aq. dest. abspülen. Kurze Entwässerung, Xylol, Kontrolle der Färbung — besonders an dem Verhalten des Zellkerns der inneren und äußeren Körner zu prüfen —, nochmals Xylol. Canadabalsam.

Ein besonderes Verhalten gegen saure Anilinfarben, mit denen sie sich stärker tingieren, zeigen die sogenannten vorgelagerten Körner. Die zu diesen Körnern gehörigen Zapfen lassen dabei keine Trennung in Außen- und Innenglied erkennen (GREEF).

6. Margo limitans interna. Versilberung nach SCHELSKE mit 0,3%iger Silbernitratlösung, nach Entfernung des Glaskörpers und der Hyaloidea, zur Darstellung der Kittlinien zwischen den Fußplatten der Stützzellen.

Denselben Zweck erreicht man auch durch GOLGIS Verfahren. Isolierung der Radiärfasern durch Maceration in Drittelalkohol (nach RANVIER), wobei jedoch die seitlichen Anhänge der Stützzellen geknickt oder zum Teil aufgerollt werden oder durch Maceration der versilberten Retina in Glycerin.

Durch Einstichinjektion unter die Pialscheide des Sehnerven gelingt es, eine Trennung zwischen der Membrana hyaloidea und Margo limitans herbeizuführen (SCHWALBE).

7. Macula lutea. Zur Konservierung des bekanntlich nur beim Menschen und Affen vorhandenen, nunmehr endgültig gegen GULLSTRAND sicher gestellten (CHEVALLERAU und POLLACK), in Alkohol löslichen Farbstoffes, Fixierung in Salpetersäure (3—5%). Das Foramen centrale, die sogenannte Plica centralis sind Leichenerscheinungen.

Die mehrschichtige Anordnung der Amacrinen in der Umgebung der Fovea erkennt man am besten vermittelst einer Safraninfärbung (die Kerne der Amacrinen zeichnen sich bekanntlich durch ein stärkeres Färbungsvermögen mit Kernfarbstoffen aus).

8. Die Art der Verteilung der Blutgefäße in der Nervenfaserschicht erkennt man am deutlichsten an Flächenpräparaten nach V. MICHEL.

Zur Darstellung der beiden Capillarnetze in der inneren plexiformen Schicht und an der äußeren Grenze der inneren Körperschicht dienen die üblichen Injektionsmethoden.

Forciert man hierbei den Druck, so kommt es nach dem Zerreißen der Gefäßwand zu einem Übertritt der Injektionsmasse in die eigenartigen perivasculären, nach außen durch ein Endothelrohr abgegrenzten Lymphräume, die die Capillaren und Venen kontinuierlich, die Arterien nur streckenweise umgeben. Eben dieselben Lymphräume werden durch Einstichinjektion unter die Pialscheide des Sehnerven gefüllt (SCHWALBE). Hierbei erhält man jedoch außerdem noch ein zweites perineurales, von der Papille radiär ausstrahlendes System von Lymphwegen injiziert, dessen weitere Füllung eine Loslösung der Membrana hyaloidea von der Margo limitans interna bewirkt (siehe oben). Eine wesentlich von der bisherigen abweichende Anschauung über die Natur dieser Gefäßscheiden verschafft die Anwendung der HELDschen Gliaprotoplasmamethode auf die Netzhaut, vgl. KRÜCKMANN.

Experimentelle Erzeugung von Embolien der Netzhautgefäße durch Injektion von Quecksilber in die Carotis interna (BIRCH-HIRSCHFELD).

Degeneration der nervösen Elemente, Wucherung der Stützsubstanz ist artefiziell zu erzielen durch Blendung mit Sonnenlicht (3/5 Sekunden ausreichend, Verf.) mit elektrischem Bogenlicht (WIDMARK, BIRCH-HIRSCHFELD, Verf., 1903); mit Chinin, Farnwurzelextrakt, Schwefelkohlenstoff (BIRCH-HIRSCHFELD), Methylalkohol, Atoxylvergiftung — wobei sogenannte Pseudo-Marchifärbung des Sehnerven — (IGERSHEIMER), durch Durchschneidung des Sehnerven, ohne oder mit (absichtlicher) Durchtrennung der hinteren Ciliar- und Centralgefäße (V. MICHEL, BIRCH-HIRSCHFELD, HERTEL, 1898).

Über den Einfluß der Entziehung, bzw. Einschränkung der Sauerstoffzufuhr (Phosphorvergiftung) auf die Entstehung von Fettdegenerationsherden in der Retina siehe A. FRAENKEL.

Netzhautentzündung, Netzhautablösung ist experimentell hervorzurufen durch Einbringung von entzündungserregenden Substanzen, bzw. Fremdkörpern in den Glaskörper (SCHÖLER, W. WOLFF, LEBER, BACH).

Die Untersuchung von arteriosclerotisch veränderten Gefäßen der Netzhaut (wie des Sehnerven) hat ergeben, daß das Wesentliche des Prozesses in einer Wucherung des elastischen Gewebes besteht. Es ist deshalb in jedem Fall von Arteriosclerose der Gefäße die Untersuchung auf elastisches Gewebe vorzunehmen. HERTEL empfiehlt zu diesem Zweck ganz besonders die WEIGERTsche Methode, 1900.

Über den Nachweis von Verfettung und hyaliner Entartung siehe die betreffenden Artikel.

Die Untersuchung von Gliomen ergibt außerordentlich interessante Verhältnisse, indem mit der GOLGIschen Silberimprägnationsmethode typische Neurogliazellen und Ganglienzellen in der Tumormasse nachzuweisen sind.

Dagegen gelingt es nicht mit Sicherheit, vermittelst der WEIGERTschen Neurogliafärbung Gliafasern aufzufinden, HERTEL, 1897, GREEF, 1895. Bisweilen ist wegen hochgradiger Ablagerung von Kalkconcrementen, als Folgeerscheinung der regressiven Metamorphose, behufs Anfertigung von Schnittpräparaten Entkalkung des Gewebes erforderlich.

Als technische Besonderheit hervorzuheben ist die Flächendarstellung der Nervenfaserschicht nach v. MICHEL (1874). v. MICHEL gelang es durch eine besondere Isolationsmethode, den Verlauf und die Anordnung der Nervenfasern in einem bis dahin unbekannten Grade der Vollendung zur Anschauung zu bringen. Es ist sehr zu bedauern, daß die v. MICHELschen Tafeln bisher keine allgemeine Verbreitung gefunden haben. Die sonstigen Abbildungen in Lehr-, Handbüchern und Atlanten geben auch nicht annähernd eine Vorstellung von dem wirklichen Verhalten des Nervenfaserverlaufes, insbesondere von der Anastomosierung der Faserbündel, von dem verschiedengestaltigen Aussehen der Maschen in den centralen und peripheren Partien, der doppelten Schichtung nach oben-außen von der Papille, der eventuellen Überlagerung der Centralgefäße von den Papillomacularfasern, von dem Verlauf der Gefäße innerhalb der Bündel etc.

Die den Abbildungen zugrunde liegenden Präparate gewinnt man nach v. MICHEL in der Weise, daß man 1. die in MÜLLERscher Lösung oder 2%iger Kal. bichrom.-Lösung fixierte Retina von der Chorioidea und Sclera in der Weise ablöst, wie es bei der Isolierung der frischen Retina oben beschrieben ist, mit dem Unterschiede, daß man den Sehnerv nicht vollständig herauslöst, sondern ihn in der Lamina cribr. durchtrennt, so daß sich die Papille im Präparat befindet; 2. daß man die mit ihrer Innenfläche auf einem Objektträger ausgebreitete und geglättete Netzhaut durch Aufträufeln einer filtrierten Lösung von Glycerin und Gummi (mit Zusatz von etwas Acid. carbol.) und Verdunstenlassen unter einer Glocke auf dem Objektträger zum leichten Antrocknen, bzw. Ankleben bringt; 3. die über der homogenen, durchsichtigen Nervenfaserschicht befindlichen Lagen durch Ansetzen einer Starnadel mit der scharfen Kante an der Papille abschabt, indem man sich dabei an die Richtung der Nervenfaserbündel hält; 4. das durch Abspritzen gereinigte Präparat durch Eintauchen mit dem Objektträger in Wasser vom Klebemittel befreit, eine Kernfärbung vornimmt, entwässert, aufhellt und in Balsam einschließt.

XI. Sehnerv. *A.* Scheiden. Injektion der zwischen den Lamellen der äußeren, lockeren, longitudinalen Schicht der Duralscheide vorhandenen, mit dem großen Arachnoidealsack kommunizierenden Lymphgefäße (Capillaren) durch Einstichinjektion in die Duralscheide. Darstellung des die Lymphcapillaren kontinuierlich auskleidenden Endothelbelages durch Zerzupfen am frischen Präparat (V. MICHEL 1872) oder nach Maceration eines Duralscheidenstückes in Kal. bichrom., 3—5% (einige Tage) oder nach Fixation in 1%iger Osmiumsäure und anschließender Maceration in Drittelalkohol oder verdünntem Glycerin (KUHNT).

Isolierung des den Supra- und Intravaginalraum, sowie die Verbindungsbalken auskleidenden Endothelüberzuges nach Maceration in MÜLLERscher Lösung (SCHWALBE, KUHNT). Versilberung der Kittlinien durch $^1/_4$%ige Silbernitratlösungen.

Getrennte Injektion des subduralen und des Subarachnoidealraumes vom Gehirn aus (KEY und RETZIUS).

Darstellung des elastischen Gewebes der Duralscheide durch Einlegen eines Duralstückes in Kalilauge für mehrere Tage und Zerzupfen (SATTLER) oder an Schnittpräparaten durch die UNNA-TÄNZERsche Orceinmethode (SATTLER) oder WEIGERTS Methode. Ebenso wie man bei der sogenannten Argyrosis conjunctivae eine tadellose Imprägnation der elastischen Fasern findet, so gelingt es auch an der Duralscheide, die elastischen Fasern mittelst der Silberimprägnationsmethode darzustellen (MARTINOTTI, TARTUFERI).

Beim Ablösen der Duralscheide vom Sehnerven verbleibt die Arachnoidea bei der Duralscheide und ist von dieser mit einer Pinzette abzuziehen (GREEF, 1900). Untersuchung der spärlichen elastischen Fasern im Innern, ferner an der Oberfläche der Verbindungsbalken.

B. Sehnervenstamm. Eine Orientierungsmarke am Sehnerven gewinnt man nach GREEF 1901 am einfachsten dadurch, daß man an der temporalen Seite einen Schnitt durch die Duralscheide zieht. Der intrabulbäre Teil des Sehnerven wird gewöhnlich an Längsschnitten untersucht, für die übrigen Abschnitte bevorzugt man aus leicht verständlichen Gründen Querschnitte. Fixation in MÜLLERscher Lösung oder Formol-MÜLLER. Um ein leichteres Eindringen der Fixier-, Härtungs- und Einbettungsmedien zu erzielen, wird der Sehnerv in Abschnitte von 5—10 *mm* Länge zerlegt in der Weise, daß die Segmente durch eine an der medialen Seite stehen gelassene Brücke noch im Zusammenhang erhalten werden (cave Eintrittsstelle der Centralgefäße, in der Norm 10—12 *mm*, aber auch 7—15—20 *mm* hinter dem Bulbus).

Einbettung in der Regel in Celloidin. Bei sehr dünnen Scheiden, spärlicher, intraneuraler Bindegewebsentwicklung (Sehnerven mancher Tiere oder von Embryonen) oder wenn aus besonderen Gründen die Untersuchung der Scheiden vernachlässigt und letztere deshalb abgelöst werden können, ist auch Paraffin-, bzw. kombinierte Einbettung zulässig, bzw. vorteilhaft. Es gilt das besonders dann, wenn es sich mehr um den Nachweis von Entzündungs- oder Neubildungsprozessen handelt.

1. Bindegewebiges Septum. Isolierung nach Maceration des Sehnerven in 0,05%iger Chromsäure, Anfertigung von Quer- und Längsschnitten mit dem Gefriermikrotom und Auspinseln der Nervenfasern. Einfache Kern- oder Mehrfachfärbung, Untersuchung der Querbalken (die eines der unterscheidenden Merkmale des Sehnerven gegenüber allen übrigen Nerven repräsentieren) an Längsschnitten. — Untersuchung auf elastische Fasern nach den üblichen Methoden.

Darstellung der mit dem Bindegewebe eindringenden Nerven (von den Ciliarnerven abstammend) durch Maceration des Sehnerven in 3%iger Essigsäure (W. KRAUSE). Dieselben unterscheiden sich von den Opticusfasern durch den Besitz von Schnürringen (KUHNT), welche ebenso wie eine Neurilemmscheide den Opticusfasern fehlen (RANVIER).

2. Opticusfasern. Isolation (wegen der Querbalken schwierig) nach Fixation in Osmiumsäure (1%) und Maceration in Wasser — vgl. Retina, Sehepithel. Man kann dabei auch so verfahren, daß man Osmiumsäure in den Sehnerv einspritzt (RANVIER). Oder nach Maceration in Chromsäure (0,05%). Darstellung auf Schnitten nach GOLGI-CAJAL. — BIELSCHOWSKI-CAJALS Methode zur Darstellung der Fibrillen der Opticusfasern läßt völlig im Stich. Dagegen gelingt nach BARTELS die Färbung der Primitivfibrillen — wenn auch sehr schwierig — mit der Methode von MÖNCKEBERG und BETHE, sowie mit der Modifikation der BETHEschen Methode nach LUGARO.

Ob die an den Fasern wahrnehmbaren Verdickungen, die allerdings stellenweise Einschnürungen aufweisen, den sonst an markhaltigen Fasern vorhandenen Schnürringen entsprechen, dürfte wohl noch dahinstehen. Jedenfalls erkennt RANVIER, der Entdecker der Schnürringe, solche an den Opticusfasern nicht an.

3. Gliöse Zwischensubstanz. Isolierung der Gliazellen durch Zerzupfen (LEBER); durch Injektion von Osmiumsäure, 2%, in den Sehnerven, Ausschneiden eines geschwärzten Stückes, Zerzupfen (RANVIER); Fixierung in 1%iger Osmiumsäure, Maceration in Wasser, Zerzupfen (KUHNT); vollständige Darstellung der Zellen mit ihren Ausläufen nach GOLGIS Verfahren. — Bei der WEIGERTschen Neurogliamethode bleibt das Zellprotoplasma ungefärbt. Färbt man mit Pikrocarmin, nach Fixation mit Ammon. bichrom., so werden Kern, Zelle und Fasern rot gefärbt; legt man jedoch die mit Pikrocarmin gefärbten Schnitte 10—12 Stunden lang in ein Gemisch von Alkohol und Ameisensäure, so behalten die Achsencylinder eine schwache Rosafärbung, während die Gliakerne rot gefärbt bleiben, alles übrige (Gliafasern, Protoplasma der Gliazellen) wird farblos (RANVIER). — Färbt man nach Härtung in Ammon. bichrom. mit RANVIERscher Orceinlösung, so werden die Achsencylinder und die Neurogliazellen dunkelbraun gefärbt, die Gliafasern dagegen fast gar nicht. Über die Neurogliafärbung nach MALLORY siehe Neuroglia, nach WEIGERT vgl. JACOBY, nach HELD vgl. KRÜCKMANN, 1906.

C. Über die Veränderungen des Sehnerven und seiner Scheiden beim Eintritt in den Bulbus und beim Passieren des Durchschnittsloches informiert man sich am besten durch die Untersuchung von horizontalen Meridionalschnitten (Längsschnitte). Über den Reichtum der Lamina cribrosa an elastischen Fasern auf Längs- und Querschnitten durch dieselbe. Glia, vgl. KRÜCKMANN, JACOBY.

D. Lymphräume.

1. Injektion des Subduralraumes vom Gehirn aus (KEY und RETZIUS, 1870).

2. Injektion des Subarachnoidealraumes vom Gehirn aus (KEY und RETZIUS, 1870).

3. Injektion des supravaginalen, des TENONschen Raumes und der intraduralen Lymphräume vom Intravaginalraum aus (v. MICHEL, Injektion mit Druckschwankungen, 1874).

4. Injektion des Perichorioidealraumes vom Supravaginalraum aus (v. MICHEL, 1874).

5. Injektion der subpialen, subtrabekulären (Trabekel der Lamina cribrosa einschließlich), der perineuralen (Papille und angrenzende Retina), der interneuroepithelialen (Pigmentepithel-Stäbchen-Zapfen) und subhyaloidealen (Margo limitans retinae — Membrana hyaloidea) mit einer Endothelauskleidung nicht versehenen Lymphbahnen, durch Einstichinjektion unter die Pialscheide (SCHWALBE, 1872, KEY und RETZIUS).

6. Injektion der subtrabekulären Saftbahnen der Lamina cribrosa vom Gehirn aus (SCHMIDT-RIMPLER), vom Intervaginalraum aus (WOLFRING).

7. Injektion der subpialen Saftbahnen des Opticus der einen Seite durch Injektion unter die Pia des Opticus der anderen Seite (HORNER und KNIES).

Zum Nachweis entzündlicher, degenerativer und atrophischer Veränderungen dient als beste Übersichtsfärbung diejenige mit Eisenhämatoxylin-VAN GIESON: Achsencylinder rot, Markscheiden gelb, normale und gewucherte Glia tiefrot, Ganglienzellen blaßrot, Kerne blaugrau-schwarz bis tiefschwarz, eventuell auch Alauncarmin-Pikrofuchsin (Resultat wie vorher, nur erscheinen die Kerne violettbraun); WEIGERTS Markscheidenfärbung und MARCHIS Verfahren siehe Nervenfasern, Markscheiden und Nervensystem. Über die Entstehung von Kunstprodukten vgl. ELSCHNIG, 1902.

Über die Darstellung der Achsencylinder (möglichst vollständige Färbung sämtlicher, überhaupt vorhandener normaler oder degenerierter Achsencylinder) nach v. KUPFFER an mit Osmiumsäure fixierten Präparaten mit Säurefuchsin, über die Färbung der Neurofibrillen mit APATHYS Hämateintonerde oder mittelst der sogenannten Nachvergoldung von APATHY siehe Neurofibrillen.

Corpora amylacea, die aus den Kernen des Gliagewebes entstehen sollen, färben sich wie die Kerne mit Hämatoxylin blau, mit LUGOLscher Lösung gelb, mit Jod- und Schwefelsäure blau.

Experimentelle Erzeugung von Degeneration des Sehnerven an Kaninchen durch Vergiftung mit Methylalkohol (BIRCH-HIRSCHFELD, 1900).

Durch Einspritzung von $^1/_2$%iger Kochsalzlösung (lauwarm) in die Subarachnoidealräume des Gehirns unter konstantem Druck (40—140 *mm* Hg) lassen sich die der Entwicklung einer Stauungspapille vorangehenden Circulationsstörungen künstlich erzeugen. Siehe auch DEUTSCHMANN.

Injiziert man in den Glaskörper des einen Auges Aufschwemmungen von Kulturen von Aspergillus fumigatus oder Crotonöl (DEUTSCHMANN) oder Jequirityinfus (ALT), so erhält man Papillitis am zweiten Auge und entzündliche Veränderungen in beiden Sehnerven und im Chiasma.

Untersuchung des Faserverlaufes im Chiasma an Horizontal- und Frontalschnitten (BERNHEIMER).

RAMON Y CAJAL gelang es mittelst der EHRLICHschen Methode, Bifurkationen (Anastomosierungen) der Opticusfasern im Chiasma von Kaninchen nachzuweisen, ebenso bei Katzen mit GOLGIS Methode. Dagegen ist es im Gebiet des Thalamus opticus des Menschen BERNHEIMER nicht gelungen, mit der letzteren befriedigende Resultate zu erhalten.

XII. Augenhöhle. Die Untersuchung der Augenmuskelnerven bedingt keine Besonderheiten.

Durch Injektion des TENONschen, bzw. supravaginalen Lymphraumes läßt sich dessen Kommunikation mit den Glandulae faciales profundae, welche auf dem hinteren Teil des Musc. buccinator und der Seitenwand des Pharynx liegen, erweisen (v. MICHEL, 1890).

Zum Nachweis degenerativer Veränderungen im Ganglion ciliare (nach Exenteratio bulbi) bediente sich BACH (1898/99) der Doppelfärbung mit Thionin-Erythrosin.

Darstellung der nervösen Elemente des Ganglion ciliare im normalen Zustand nach GOLGIS Verfahren (G. RETZIUS, v. MICHEL, 1894).

XIII. Pigmente, Fremdkörper und Parasiten. Das normale Augenpigment ist bekanntlich schwefel- und eisenfrei. Über den Eisengehalt der Melanosarcome siehe SCHIECK, unter Art. VII.

Um die bei einer mikrochemischen Untersuchung auf Eisengehalt sich abspielenden Vorgänge auseinanderhalten zu können, sei daran erinnert, daß nach NEUMANNS Entdeckung extravasiertes Blut, je nachdem es unter dem Einfluß lebender Zellen der Umgebung steht oder nicht, Hämosiderin oder eisenfreies Hämatoidin liefert, ferner daß der Eisengehalt des Hämosiderins Veränderungen unterliegt, insofern, als er nach mehr weniger langer Zeit verschwinden kann. Bei der Beurteilung der Resultate einer auf den Nachweis von Eisen gerichteten mikrochemischen Analyse ist daher zu berücksichtigen:

1. daß der negative Ausfall gegen die Bildung gewisser Pigmentarten aus dem Hämoglobin des Blutes nichts beweist, einmal, weil der Eisengehalt bereits verschwunden sein kann (E. Neumann, M. Schmidt), zweitens weil das Eisen Verbindungen mit Eiweißstoffen oder anderen Substanzen eingegangen sein kann, in denen sich das Eisen dem Nachweis durch die betreffende Methode entzieht (Schmorl).

2. Bei positivem Ausfall, inwieweit zu diesem etwa aus gleichzeitig vorhandenen Extravasaten oder intravasculär in Thromben abgestorbenem Blut herstammende Eisensalze (Hämosiderine) beteiligt sind. Die Verwertung einer positiv ausgefallenen Reaktion für die Diagnose einer penetrierenden Eisensplitterverletzung mit Zurücklassung des Fremdkörpers ist dann zulässig, wenn die in dem Präparat vorhandenen Blutextravasate, bzw. die aus dem Blut stammenden Zerfallsprodukte, soweit ihre Provenienz erkennbar ist, die Eisenreaktion nicht geben (E. v. Hippel, 1895). Über den Einfluß von Eisensplittern im Fundus auf die Netzhaut siehe Leber und v. Hippel, 1896).

Über den Nachweis von Eisen vgl. Artikel: **Eisen.**

In das Auge gelangtes Eisen verwandelt sich unter dem Einfluß der Kohlensäure zunächst in kohlensaures Eisenoxydul ($FeCO_3$), dann durch weitere Oxydation in körniges Eisenoxydhydrat [$Fe(OH)_3$], das sich besonders in der Umgebung des Fremdkörpers ablagert (Rost); isolierter Nachweis des letzteren, durch Einlegen in Gerbsäure (2%, schwarzblaue Fällung) oder in Rhodankalium [CN(SK)] 1%, (blutrote, in Salzsäure unlösliche Färbung). Außerdem verbindet sich das Eisen mit den Eiweißstoffen zu krystallinischen Eisenalbuminaten, die nach Leber (1891) folgende Reaktionen geben:

1. Resistenz gegen Kalilauge, Essigsäure, verdünnte Salpetersäure;
2. Färbung mit Jodviolett und Hämatoxylin;
3. starke Berlinerblaureaktion.

Einbringen von Eisen in die Vorderkammer und in den Glaskörper zum Studium der je nach der Applikationsstelle außerordentlich verschiedenen Wirkung (Leber, 1891).

Nachweis von Kupfer und Messing durch Perls Eisennachweisungsmethode oder auch durch Behandlung mit kalter Schwefelammoniumlösung, wobei schwarzbraunes Schwefelkupfer (CuS) gefällt wird.

XIV. Herstellung von makroskopischen Dauerpräparaten zu Demonstrationszwecken.

Nach dem Verfahren von Tchemolossow:

1. Das frisch enucleierte Auge wird in 5%iger Formollösung beliebig lange aufgehoben.

2. Man läßt das Auge in einer Kältemischung von Kochsalz und fein gestoßenem Eis (oder Schnee) gleichmäßig hart frieren und schneidet es mit einem starken, keilförmigen Rasiermesser in der gewünschten Richtung in zwei gleiche Hälften.

3. Die zur Aufhebung in Gelatine bestimmte Hälfte des Auges kommt sukzessive in Lösungen von Chloralhydrat 5% und Glycerin 15%, 25% und 50%. In jeder dieser Lösungen bleibt sie in der Regel 24 Stunden, eventuell auch länger, jedenfalls aber solange, bis sie darin zu Boden sinkt.

4. Die Gelatine wird hergestellt durch gründliches Kochen von 1 Teil feinster Gelatine in 8 Teilen Wasser und 8 Teilen Glycerin unter Zusatz von Eiweiß (2 Eier auf 1 Liter Mischung). Die so bereitete Glyceringelatine wird sorgfältig durch Fließpapier filtriert; zum Gebrauch wird sie im warmen Wasserbade bis zu dünnflüssigem Zustande erwärmt und in den bereit gehaltenen Glasnapf, der das Präparat aufnehmen soll, bis zur halben Höhe des letzteren gefüllt.

5. Die zur Einbettung in die Gelatine bestimmte Hälfte des Auges wird mit der Schnittfläche nach oben in die flüssige Gelatine versenkt und unter deren Oberfläche vorsichtig, mit Vermeidung von Luftblasen, umgekippt. Hat das Präparat die Neigung, in der Gelatine aufzusteigen, so wird es bis zum Erstarren der letzteren mit einer feinen Nadel zu Boden gedrückt.

6. Nachdem die Gelatine erstarrt ist, wird der Glasnapf von oben durch einen aufgeschliffenen Glasdeckel mittelst Canadabalsam luftdicht verschlossen.

Vermes verbindet die Vorteile der Gelatineeinschließung mit denen der Aufbewahrung in Flüssigkeit. Nach Formolfixation und Auswaschen in Wasser Einbringung der Bulbi in dünne Gelatinelösung auf einige Minuten, oder es werden die Schnittränder der feinen Augenhäute mit dicker Gelatine verklebt. Darauf werden die Präparate mit Gelatine an die Wand einer Glascuvette angeklebt und mit 10% Formalinlösung überschichtet. Durch diese Methode wird die allmähliche Zerbröckelung der inneren Augenhäute verhindert.

Literatur: Abelsdorf (Arch. Physiol. 1898), Adachi (Mitt. Med. Fakul. Tokio, Bd. 7, 1907), Agababow (Arch. Mikr. Anat., Bd. 50. 1897), Alfieri (Ann. di Othalm., Bd. 27. 1898), Alt (Amer. Journ. Ophthalm. 1884), Altland (Monatsbl. Augenhlk. 1904), Arnold (Anat. Anz., Bd. 18, 1900), Axenfeld (Ber. Ophthalm. Ges., Heidelberg 1900), derselbe (Bacteriologie in der

Augenheilk., Jena 1907), Bach (Arch. Augenhlk., Bd. 33. 1896), derselbe (Arch. Ophth., Bd. 47, 3, 1898 1899), Ballowitz (Arch. Mikr. Anat., Bd. 56, 1900), derselbe (Arch. Ophth., Bd. 50, 1900), Bartels (Ber. Ophth. Ges., Heidelberg 1907), Beck und Krompecher (Primäre Hautcarcinome. Hamburg und Leipzig 1903). Becker (Anatomie d. ges. u. kr. Linse, 1883). Bernheimer (Graefe-Saemisch, 2. Aufl., I. T.), Best (Zeitschr. Wiss. Mikr., Bd. 23, 1906), Bietti (Arch. di Ottal., Jg. V. 1897). Bielschowsky und Pollack (Neurol. Zentralbl. 1904), Birch-Hirschfeld (Arch. Ophth., Bd. 50, 1900). derselbe (Ber. Ophth. Ges., Heidelberg 1900). derselbe (Arch. Ophth., Bd. 60, 1905), Chittenden (Unters. Physiol. Inst. Heidelberg, Bd. 3, 1880), Clausen (Klin. Jhb., Bd. 19, I, 1908), Chevallereau und Pollack (Annal. d'Oculist. 1907). dieselben (Monatsbl. Augenhlk., Bd. 45. 1907). Cohnheim (Arch. Mikr. Anat., Bd. 38. 1867), Colombo (Monatsbl. Augenhlk., Bd. 41, 1903), Deutschmann (Über Neuritis optica, Jena 1897). Deyl (Ber. Int. Med. Kongr. Moskau, Bd. 6, 1901), Dittler (Arch. Ges. Physiol., Bd. 117, 1907). derselbe (Ebenda, Bd. 120, 1907), Dogiel (Anat. Anz., Bd. 5, 1890), derselbe (Arch. Mikr. Anat., Bd. 37, 1891). Engelmann (Über die Hornhaut d. Auges, Leipzig 1867). Elschnig (Ber. Ophth. Ges., Heidelberg 1902), derselbe (Wien. Klin. Rundschau 1905), Fischel (Anat. Hefte. Bd. 15, 1900). Fischer (Arch. Augenhlk., Bd. 56, 1906). Fränkel (Arch. Pathol. Anat., Bd. 67, 1876). Fuchs (Arch. Ophth. 1891). derselbe (Arch. Ophth., Bd. 37), derselbe (Arch. Ophth., Bd. 31. 1884). Garten (Graefe-Saemisch, 2. Aufl., 1907), Gutmann (Zeitschr. Augenhlk., Bd. 10, 1903), Greeff (Anl. z. mikr. Unters. d. Auges, 2. Aufl., 1901), derselbe (Deutsch. Med. Wochenschr. 1907), Greeff, Frosch und Clausen (Arch. Augenhlk. 1907 u. 1908), Greeff (Graefe-Saemisch, 2. Aufl., I. T., Bd. 1, 1900), derselbe (Ber. Ophth. Ges., Heidelberg 1895), Grunert (Ber. Ophth. Ges., Heidelberg 1901), Gurwitsch (Arch. Ophth., Bd. 29. 1883). Halberstädter und v. Prowazek (Deutsch. Med. Wochenschr., Bd. 32, 1907), dieselben (Arb. Gesundheitsamt Bd. 26, 1907). Hänsell (Bull. de la Clin. Ophthalm., Bd. 21, 1886). Heine (Ber. Ophth. Ges., Heidelberg 1897), Hertel (Ber. Ophth. Ges., Heidelberg 1898, 1900 u. 1901), derselbe (Monatsbl. Augenhlk., 35. Jg., 1897), Herzog (Arch. Mikr. Anat., Bd. 60, 1902), derselbe (Ber. Ophth. Ges., Heidelberg 1903), derselbe (Zeitschrift Augenhlk., Bd. 11 u. 12, 1904). derselbe (Arch. Pathol. Anat., Bd. 176. 1904). derselbe (Arch. Physiol. 1905), derselbe (Arch. Ophth., Bd. 69. 1908), derselbe (Deutsch. Med. Wochenschr., 1909), Hess (Graefe-Saemisch. 2. Aufl., Linse). v. Hippel (Arch. Ophth., Bd. 40 u. 42, 1895, 1896), derselbe (Ber. Ophth. Ges., Heidelberg 1900 u. 1901), derselbe (Arch. Ophth., Bd. 65 u. 68, 1907 u. 1908), Horner, Knies und Pflüger (Ber. Ophth. Ges., Heidelberg 1882), Hoyer (Arch. Anat. 1866), derselbe (Arch. Mikr. Anat., Bd. 9, 1873). Jacoby (Monatsbl. Augenhlk., 1904), Igersheimer (Ber. Ophth. Ges., Heidelberg 1908), Johnson (Lee und Mayer, Grundzüge 1898), Joseph und Löwenbach (Dermato-histol. Technik 1900), Kastalsky (Ber. Int. Med. Kongr. Moskau, Bd. 6. 1901), Key und Retzius (zit. nach Jahresber. Virchow-Hirsch 1870), Kortneff (Arch. d'Ophth. 1893), Kowalewski (Berliner Ophth. Ges. 1905), Krückmann (Arch. Ophth., Bd. 60, 1905), derselbe (Monatsbl. Augenhlk., 54. Jg., 1906), v. Krüdener (Ber. Ophth. Ges., Heidelberg 1908), Kühne (Unters. Physiol. Inst., Heidelberg, III, 1880), Lauber (Anat. Hefte, H. 59, 1901), Leber (Ber. Ophth. Ges., Heidelberg 1907), derselbe (Entzündung, Leipzig 1891), derselbe (Graefe-Saemisch. 2. Aufl., Bd. 2. Abt. 2, 1903), Lenz (Monatsbl. Augenhlk., Jg. 45. 1907), v. Lenhossek (Ungar. Akad. Wiss., Oktob. 1902), Lipschütz (Wien. Klin. Wochenschr., Nr. 9. 1907), Maximow (Beitr. Allg. Pathol., 5. Suppl., 1902), v. Michel (Lehrbuch d. Augenheilkunde, 1890), derselbe (Arch. Ophth., Bd. 29, 1883), derselbe (Festschr. Fick, 1899), derselbe (Festschr. Ludwig, Leipzig 1874). derselbe (Arch. Ophth., Bd. 18, 1872), derselbe (Edinburger Kongreßbericht 1894), Müller (Gesammelte Schriften, Leipzig 1872), Münch (Zeitschr. Augenhlk., Bd. 14, 1905). Mönckeberg und Bethe (Arch. Mikr. Anat., Bd. 54. 1899), Most (Arch. Anat. 1905), Nuel und Cornil (Arch. de Biol., Bd. 10, 1890), dieselben (Arch. d'Ophth., Bd. 10, 1890), Ovio (Ann. di Ottalm., Bd. 24, 1895), Peters (Monatsbl. Augenhlk., 40. Jg., 1902), v. Pflugk (Über d. Accommodat. d. Auges d. Taube, Wiesbaden 1906), derselbe (Arch. Ophth., Bd. 67, 1908), Pick (Arch. Ophth., Bd. 44, 1897), Pollack (Arch. Mikr. Anat., 1896), Posner (Arch. Pathol. Anat., Bd. 79, 1880), Posser (Monatsbl. Augenhlk., 45. Jg., 1907), Rabl (Zeitschr. Wiss. Zool., Bd. 63 u. 65), derselbe (Morphol. Jhb., Bd. 15, 1889), Ramon y Cajal (Retina d. Wirbeltiere, Wiesbaden 1894), Rählmann (Arch. Ophth., Bd. 23, 1877), Retzius (Biolog. Unters., N. F., Bd. 6.), Rollet (Strickers Handb., Bd. 2), Ranvier (Traité technique 1898), derselbe (Leçons sur l'histologie du système nerveux, Paris 1878), Sattler (Arch. Mikr. Anat. 1896), derselbe (Ber. Ophth. Ges., Heidelberg 1896), Schieck (Melanosarcom d. Uvealtr., Wiesbaden 1906), Schirmer (Arch. Ophth., Bd. 35). Schmidt-Rimpler (Arch. Ophth., Bd. 15. 1869), Schmorl (Pathol.-histol. Unters.-Meth., 1897), Schnaudigel (Arch. Ophth., Bd. 47 u. 51, 1898 u. 1899), derselbe (Ber. Ophth. Ges., Heidelberg), Schreiber (Arch. Ophth., Bd. 64, 1906). Schultze (Graefe-Saemisch, 2. Aufl. [Linse u. Zonula], 1900). Schwalbe (Ber. Sächs. Ges. Wiss. 1872), Seligmann (Mikrosk. Unters.-Meth. d. Auges, Berlin 1899), derselbe (Zeitschr. Augenhlk., Bd. 20, 1908), Sgrosso (Rend. Congr. dell' Assoc. Ottalm. Ital., Napoli, 1905), Smirnow (Beil. Protok. Ges. Univ. Kasan 1888), derselbe (Int. Monatsschr. Anat. Physiol., Bd. 7. 1890), Stern (Arch. Ophth., Bd. 61, 1905), v. Szily (Anat. Anz., Bd. 16 u. 17. 1904), Tartuferi (Arch. Ophth., Bd. 56, 1903), Tornatola (Ber. Int. Med. Kongr. Moskau, Bd. 6, 1901), Tschemolossow und Blessig (Ebenda). Virchow (Verh. Physiol. Ges., Berlin, Jg. 1903/1904). derselbe (Graefe-

Saemisch, 2. Aufl. [Lider, Hornhaut, Sclera], 1906), derselbe (Ergebn. Anat., Bd. 10, 1900), Wagenmann (Arch. Ophth., Bd. 37), Vermes (Zeitschr. f. Augenhlk., Bd. 20, 1908), Waldeyer (Graefe-Saemisch, 1. Aufl., Bd. 1), v. Wicherkiewicz (Pöstep Okul., Nr. 1. 1907), derselbe (Monatsbl. Augenhlk., 46. Jg., 1908), Widmark (Beitr. Ophth., Leipzig 1891). Wolfring (Arch. Ophth., Bd. 18, 1872), Wolfrum (Monatsbl. Augenhlk., 43. Jg., 1905). derselbe (Arch. Ophth., Bd. 67 u. 69, 1908), Zietschmann (Arch. Ophth., Bd. 58, 1905).

Herzog, Berlin.

Auramin, $C\begin{cases}C_6H_4 . N(CH_3)_2 \\ NH_2 \\ C_6H_4 : N(CH_3)_2Cl\end{cases} + H_2O$, das Chlorhydrat des Amido-tetramethyl-diamido-diphenylmethans (Ludwigshafen, Höchst), gelbes Pulver, das in heißem Wasser und Alkohol leicht löslich ist. In Schwefelsäure unter Entfärbung löslich. Die wässerige Lösung färbt sich mit Salzsäure dunkelgelb, mit Natronlauge entsteht ein weißer Niederschlag. In der technischen Färberei mit Tannin-Brechweinstein verwendet, hauptsächlich zum Abtönen anderer Färbungen.

Von Vinassa zur Färbung pflanzlicher Objekte empfohlen.

Von Fischel zur vitalen Färbung von Salamandralarven benutzt, dünne Lösungen sind ungiftig und bewirken eine Gelbfärbung des Tieres. Der Farbstoff findet sich in den Leydigschen Zellen des Epithels.

Kühne verwendet eine Lösung von Auramin oder Fluorescin in Nelkenöl (durch Verreiben hergestellt) zum Differenzieren von Methylenblaufärbungen.

Literatur: Fischel (Anat. Hefte, 52 53, 1901), Kühne (Zeitschr. Hyg., Bd. 8, 1896), Vinassa (Zeitschr. Wiss. Mikr., Bd. 8, 1891).

Aurantia, syn. Kaisergelb, Ammonium- oder Natriumsalz des Hexanitrodiphenylamins, $NH_4N\begin{cases}C_6H_2(NO_2)_3 \\ C_6H_2(NO_2)_3\end{cases}$. Gelbes Pulver oder rotbraune Krystalle, in Wasser und Alkohol löslich. Mit Salzsäure gelber Niederschlag, mit Natronlauge tiefgelbe Lösung, in Schwefelsäure blaßgelbe Lösung, in der bei Zusatz von Wasser ein gelber Niederschlag entsteht. Wird in der praktischen Färberei in schwefelsaurer Lösung zum Färben von Wolle und Seide verwendet, soll aber unangenehme Hautaffektionen verursachen.

Nach Galeotti wirkt es stark giftig. Zur Doppelfärbung nach Hämatoxylin in konzentrierter wässeriger, mit Essigsäure leicht angesäuerter Lösung empfohlen (siehe auch Indulin). Joris kombiniert es mit Rubin S in folgender Weise: Zu 30 *ccm* einer konzentrierten alkoholischen (absoluten) Lösung setzt man 30 *ccm* Chloroform, 2 Tropfen Ammoniak und 6—7 Tropfen einer konzentrierten wässerigen Rubinlösung. Kernfärbung zunächst in Hämatoxylin, Überführen der Schnitte durch Alkohol in Chloroform, Färben in dem Gemisch 10 Minuten und Abspülen in Chloroform.

Aurin, Farbstoff der Triphenylmethanreihe, der in reinem Zustand aus p-Rosolsäure besteht, das Handelsprodukt, englischer oder französischer Herkunft ist ein Gemisch von Corallinphthalin, Pseudorosolsäure etc. Gelbe Stücke, die in Wasser unlöslich, in Alkohol mit gelber Farbe löslich sind.

Auronatrium chloratum siehe: Goldmethoden.

Aurum chloratum siehe: Goldmethoden.

Auswaschen. Das Auswaschen hat meistens den Zweck, chemische Agenzien, welche durch unsere Behandlungsmethode in die Präparate hineingebracht worden sind, wieder aus denselben zu entfernen, indem man sie mit einem passenden Lösungsmittel behandelt; in den weitaus meisten Fällen wird dieses Lösungsmittel Wasser sein, in selteneren Fällen Alkohol oder ein anderes flüssiges Medium.

Meistens handelt es sich darum, Fixationsmittel, mit welchen wir die Objekte fixiert haben, nach vollendeter Fixation wieder auszuwaschen. Um dies gründlich zu besorgen, muß die Waschflüssigkeit öfters gewechselt werden, und am gründlichsten wird dies natürlich geschehen, wenn man einen kontinuierlichen Flüssigkeitsstrom durch das die Präparate enthaltende Gefäß schickt.

Solche Präparate, welche in gewöhnlichem Wasser gewaschen werden sollen, schließt man am besten an die Wasserleitung an. Man soll das Wasser aus dem Hahn dabei nicht direkt in das das Präparat enthaltende Glas leiten, sondern ein etwas größeres Glas als Reservoir dazwischen schalten. Um ein Überlaufen des Präparatenglases *(P)* zu vermeiden, muß dasselbe etwas höher stehen als das Reservoir *(R)*. Beide verbindet man durch einen kleinen Heber *(H)*, den man sich

Fig. 1.

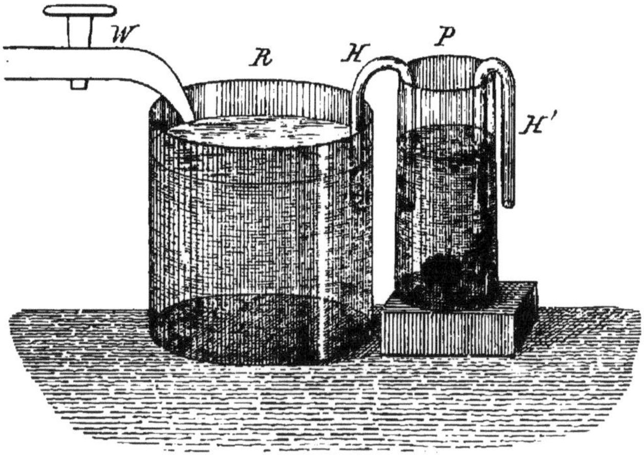

leicht aus einem Stück dünnen Glasrohrs zurechtbiegen kann. Ein zweiter Heber *(H')*, der in dem Präparatenglas hängt, sorgt für einen kontinuierlichen Abfluß des Waschwassers. Derselbe soll mit seinem einen Schenkel bis auf den Boden des Präparatenglases reichen. Da es sich ja meist um Fixationslösungen handelt, die schwerer wie Wasser sind, so wird sich am Boden um das hier befindliche

Fig. 2.

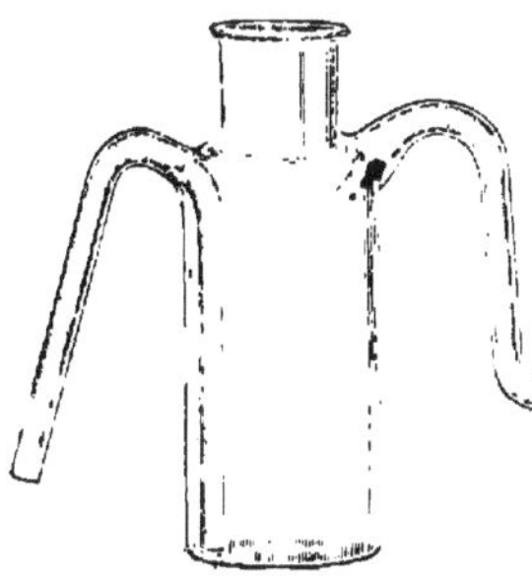

Fig. 3.

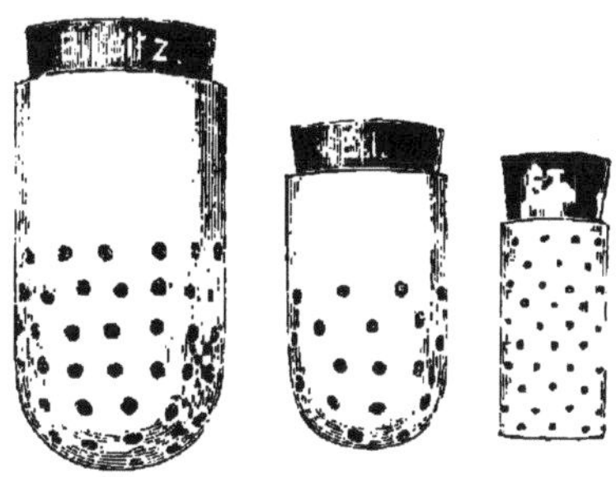

Objekt herum eine stark Fixationsflüssigkeit haltige Wasserschicht bilden, die abgeführt werden muß. Um ein Ansaugen des Präparates zu vermeiden, soll das Ende des Hebers 1 *mm* vom Boden des Glases entfernt sein. Handelt es sich um sehr kleine Präparate oder dünne Fasern, so umbindet man zweckmäßig das im Präparatenglas befindliche Ende des Hebers mit einem Stückchen Gaze.

Man kann auf diese Weise eine beliebige Anzahl von Präparaten zu gleicher Zeit auswässern, da man an das Reservoir eine beliebige Anzahl von Hebern anhängen kann, nur muß dann der Wasserzufluß gehörig reguliert werden. Ganz in gleicher Weise können natürlich auch Schnitte ausgewässert werden.

Soll anstatt mit Leitungswasser mit destilliertem Wasser oder Alkohol ausgewaschen werden, so tritt an die Stelle der Wasserleitung ein höher stehendes Gefäß mit der betreffenden Flüssigkeit.

Nach dem gleichen Prinzip ist das in Fig. 2 dargestellte Waschglas konstruiert. Zum Gebrauch wird es umgekehrt und der mit einem Kniestück versehene Zulaufheber mit Wasser gefüllt. Kehrt man es dann um und hängt es an ein beliebiges, von der Wasserleitung gespeistes Reservoir an, so ergießt sich ein kontinuierlicher Wasserstrom in das Glas, der durch den Ablaufheber abgeführt wird. Das innere Ende des letzteren ist abgeschliffen und steht auf den Boden des Glases auf, so daß sich zwischen beiden nur ein capillärer Spaltraum befindet, der selbst ganz kleinen Objekten den Durchtritt verwehrt. Es läßt sich deshalb dieses Glas auch sehr vorteilhaft zum Auswaschen von Celloidinschnitten verwenden. Daß ein Überlaufen des Glases ausgeschlossen ist, geht aus der Konstruktion ohne weiteres hervor.

Es ist eine große Anzahl von mehr oder weniger komplizierten Apparaten für das Auswässern angegeben worden. Ganz brauchbar erscheint z. B. der kleine Apparat von Cruz. Er legt die auszuwaschenden Präparate in ein in einem Halter befestigtes trichterförmiges Glas. Über ihm befindet sich ein etwas kleinerer umgekehrter Trichter an demselben Stativ befestigt. Der Zwischenraum zwischen Glaswand und unterem Rand des Trichters wird so reguliert, daß er für die Präparate undurchgängig ist. Das Wasser fließt von oben durch einen Schlauch zu, läuft über den Rand des Wassergefäßes über und wird unten von einem Trichter aufgefangen.

Von anderen Wässerungsvorrichtungen seien noch die ursprünglich für Schnittbehandlung gedachten Siebdosen von Steinach und die Porzellansiebe von Fairchild erwähnt. Die ersteren bestehen aus einer auf drei Füßen ruhenden Glasdose, deren Boden eine große Anzahl Löcher enthält. Um Capillarwirkung möglichst auszuschließen, sind diese Löcher trichterförmig mit unterer, weiterer Öffnung gebohrt. Das ganze Sieb steht entweder in einer etwas größeren, die Wasch- oder Färbeflüssigkeit enthaltenden Glasdose oder wird direkt, wie das Zimmermann tut, in einem Reservoir unter die Wasserleitung gebracht.

Die Fairchildschen Porzellansiebe (Fig. 3) sind größere oder kleinere durchlöcherte Porzellancylinder, die durch einen Kork geschlossen und dadurch in fließendem Wasser schwimmend gehalten werden.

Weniger praktisch erscheint uns die Waschvorrichtung von Kolster. Sie gleicht mit geringen Änderungen der zuerst von uns beschriebenen Anordnung, nur läßt er das Zuflußrohr bis zum Boden des Waschgefäßes gehen, während der Abfluß an dem oberen Ende angebracht ist. Die umgekehrte Anordnung erscheint uns zweckdienlicher.

Literatur: Cruz (Zeitschr. Wiss. Mikr., Bd. 15, 1898), Fairchild (Ebenda, Bd. 12, 1896), Kolster (Ebenda, Bd. 17, 1900), Krause (Ebenda, Bd. 25, 1908), Steinach (Ebenda, Bd. 4, 1887), Zimmermann (Ebenda, Bd. 7, 1890).

Azalein, Salpetersaures Rosanilin, cantharidenglänzendes, krystallinisches Pulver, in Wasser und Alkohol löslich.

Von List in ganz dünner, wässeriger Lösung (0,0001%) zur Kernfärbung von Flemmingpräparaten empfohlen. Färbung 10—15 Minuten und Ausziehen in absolutem Alkohol.

Literatur: List (Zeitschr. Wiss. Mikr., Bd. 2, 1885).

Azarin S, $C_6H_2Cl_2(OH)NH-N\langle{}^{C_{10}H_6(OH)}_{SO_3 . NH_4}$, Azofarbstoff (Höchst). Gelbe, in Wasser schwer lösliche Paste, in Schwefelsäure und kochender Natronlauge mit roter Farbe leicht löslich.

Azoblau, $$\begin{array}{l} \quad\diagup CH_3 \\ C_6H_3 - N = N \begin{cases} SO_3 . Na \\ OH \end{cases} \\ C_6H_3 \quad N = N \begin{cases} OH \\ C_{10}H_5 . SO_3Na \end{cases} \\ \quad\diagdown CH_3 \end{array}$$, Oxytetrazofarbstoff (Berlin, Elberfeld). Blauschwarzes, in Wasser mit violetter, in Schwefelsäure mit blauer Farbe lösliches Pulver. Die wässerige Lösung färbt sich mit Natronlauge rot und gibt mit Salzsäure violetten Niederschlag. Es wird als direkter Baumwollfarbstoff (in alkalischer Flotte) in der technischen Färberei viel benutzt. Die Färbung ist ziemlich licht-, aber wenig waschecht.

In die Mikrotechnik ist das Azoblau durch GRIESBACH eingeführt und zur Färbung von collagenem und elastischem Gewebe gerühmt worden. Er kombiniert es mit Metanilgelb und färbt entweder in einem Gemisch beider oder zunächst in einer konzentrierten wässerigen Lösung von Metanilgelb, dann in einer gleichen Lösung von Azoblau. Muskulatur und Zellprotoplasma gelbbraun, Bindegewebe und elastische Fasern blau. KUCZYNSKI mischt gleiche Teile von konzentrierten wässerigen Lösungen beider Farbstoffe und färbt darin 10 Minuten lang. VINASSA hat es zur Färbung pflanzlicher Objekte empfohlen.

Literatur: GRIESBACH (Anat. Anz., Bd. 3, 1888), KUCZYNSKI (Int. Mon. Anat. Physiol., Bd. 7, 1890), VINASSA (Zeitschr. Wiss. Mikr., Bd. 8, 1891).

Azocarmin B, ein Aposafranin, und zwar das saure Natriumsalz der Phenylrosindulintrisulfosäure (Ludwigshafen). Rotbraunes, in Wasser leicht, in Alkohol schwer lösliches Pulver. Zur Färbung von Wolle in saurem Bade sehr viel benutzt. Die Färbung ist sehr lichtecht, aber säure- und alkaliempfindlich.

HEIDENHAIN empfiehlt den Farbstoff in konzentrierter Lösung in absolutem Äthyl- oder Methylalkohol zur Nachfärbung von Hämatoxylinpräparaten, besonders für chromiertes Material, doch kommt es leicht zur Bildung störender Niederschläge. Protoplasma, Basalmembran, Bindegewebe rubinrot.

Literatur: HEIDENHAIN (Zeitschr. Wiss. Mikr., Bd. 22 1905).

Azoflavin, syn. für Azogelb (Ludwigshafen).

Azogelb, syn. Azoflavin, Indischgelb, Helianthin (Höchst). Azofarbstoff. Gelbes, in warmem Wasser lösliches Pulver, die Lösung färbt sich mit Salzsäure braun, mit Natronlauge braun. In Schwefelsäure mit roter Farbe löslich.

Azorubin S, syn. Azosäurerubin, Azorubin A, Echtrot C (Berlin). Monazofarbstoff, braunes Pulver, das sich in Wasser leicht mit carmoisinroter, in Schwefelsäure mit violetter Farbe löst. Salzsäurezusatz ergibt eine rote Fällung. Natronlauge macht die Lösung gelber: färbt Wolle und Seide in saurem Bade licht- und walkecht.

BRANDEIS löst 1 *g* Azorubin und 1 *g* Alaun in 25 *ccm* destilliertem Wasser auf dem Wasserbad und verdünnt die Lösung auf 50 *ccm*. Färbung der Schnitte 10 Minuten, Auswaschen in Wasser und Entfärben in konzentrierter wässeriger Pikrinsäure. Nach Entfernung der letzteren in 60%igem Alkohol und kurzem Abspülen in Wasser Nachfärben 1—2 Minuten in einer 0,2%igen wässerigen Anilinblaulösung. Einschluß nicht in Balsam, sondern in Cedernöl. Kern, Muskeln, Fibrin rot, Protoplasma und Stützgewebe blau, Colloid und Hyalin gelb.

Literatur: BRANDEIS (C. R. Soc. Biol. Paris, 1906).

Azoschwarz O, syn. Blauschwarz B (Höchst).

Azoviolett, Azofarbstoff (Höchst, Elberfeld). Schwarzblaues, in Wasser mit violetter Farbe lösliches Pulver. Mit Natronlauge rote, mit Schwefelsäure blaue Lösung.

Von VINASSA zur Färbung pflanzlicher Präparate benutzt.

Azur siehe: Blut, Blutparasiten, Methylenblau.

B.

Bariumbichromat siehe: Chromsaure Salze.

Bariumhydroxyd, Barythydrat, $Ba(OH)_2 + 8\,H_2O$, krystallisiert in großen farblosen Blättern; wird es zur Rotglut erhitzt, so verliert es sein Krystallwasser und es bleibt eine krystallinische Masse zurück: das wasserfreie Bariumhydroxyd. Es löst sich bei 15° zu 5% in Wasser zu einer stark alkalisch reagierenden Flüssigkeit, dem Barytwasser.

Das Barytwasser ist von FOL zum Macerieren von Muskeln, Nerven und Sehnen empfohlen worden. Es wirkt bedeutend rascher als das zu demselben Zwecke empfohlene Kalkwasser.

FAYERSZTAYN setzt dem zur Reduktion von versilberten Präparaten des Nervensystems dienenden Formol zur Beschleunigung des Reduktionsvorganges Barytwasser zu.

Literatur: FAYERSZTAYN (Neurol. Zentralbl., 1901).

Bariumsulfat, Schwerspat, $BaSO_4$, findet sich in ausgedehnten Lagern in der Natur, ist unlöslich in Wasser und verdünnten Säuren, löslich in konzentrierter Schwefelsäure bei 100°. Das künstlich durch Fällung eines löslichen Bariumsalzes mittelst verdünnter Schwefelsäure erhaltene Bariumsulfat dient in der Technik unter dem Namen Permanentweiß als Malerfarbe.

HARTING benutzt das letztere zur Herstellung einer weißen Injektionsmasse. (Näheres siehe: Injektionsmethoden.)

Basen, organische, siehe: Alkaloide, pflanzliche.

Basische Farbstoffe siehe: Färbung.

Basophile Granulationen siehe: Blut.

Baumwollblau, 2 B, syn. für Methylblau (Ludwigshafen). COX färbt Schnitte von Spinalganglien mit Alaun-Baumwollblau an Stelle von Indoinblau (siehe dort), da der erstere Farbstoff beständiger ist.

Literatur: COX (Anat. Hefte, Bd. 31, 1898).

Bayrischblau, DSF und DBF, syn. für Methylblau (Berlin).

Becherzellen siehe: Schleimfärbung.

Befruchtung, künstliche, siehe: Embryologische Technik.

Beizen siehe: Anilinfarben und Färbung.

Beleuchtungsapparat siehe: Mikroskop.

Bengal Rosa, syn. Rose bengale (Ludwigshafen, Berlin), Tetrajodtetrachlorfluorescein. Das Natriumsalz ist in Wasser mit roter Farbe leicht löslich. Die alkoholische Lösung fluoresciert. Salzsäure und Zinnchlorür geben roten Niederschlag.

Zum Nachfärben von Hämatoxylinpräparaten in wässeriger Lösung empfohlen. PELAGETTI färbt zunächst die Kerne in UNNAschem Hämatein, überträgt einige Sekunden in Lithionwasser, wäscht in Wasser aus und färbt nach in einer 2%igen Lösung von Bengal Rosa in 5%iger Tanninlösung.

Literatur: Pelagetti (Monatschr. Prakt. Derm., Bd. 38, 1904).

Benzaldehydgrün, syn. für Malachitgrün.

Benzin, Petroleumbenzin, Benzinum Petrolei, findet sich im amerikanischen Petroleum und besteht hauptsächlich aus Hexan, C_6H_{14}, und Heptan, C_7H_{16}. Es ist eine farblose, eigentümlich riechende und leicht entzündliche Flüssigkeit vom spez. Gew. 0,66. Siedepunkt zwischen 60 und 80°. In Wasser ist es unlöslich, in 90%igem Alkohol lösen sich 15—20%, mit Chloroform, Äther, Schwefelkohlenstoff und fetten Ölen mischt es sich in jedem Verhältnis. Jod löst sich in ihm mit roter Farbe.

Benzin ist ähnlich wie Benzol als Intermedium benutzt worden, vor allem aber von Nissl zur Herstellung seines Benzinkolophoniums (1 Teil Kolophonium in 10 Teilen Benzin gelöst). (Näheres siehe unter Nervonzellen.)

Benzoaurin, ein Disazofarbstoff, der in den Marken G und 3 G in den Handel kommt (Elberfeld, Berlin). Grau- oder blauschwarzes Pulver, das sich in Wasser oder Alkohol mit violetter Farbe löst. Die Lösung färbt sich mit Natronlauge rötlich, mit Schwefelsäure oder Salzsäure entsteht ein violetter Niederschlag.

Benzoazurin, 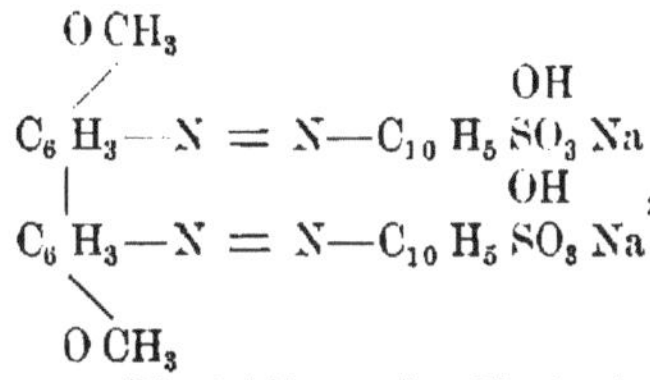 , ein Azofarbstoff, der entsteht durch Kombination von o-Dianisidin und α-Naphtol-α-Monosulfosäure (Berlin, Elberfeld). Blaugraues Pulver in kaltem Wasser zu zirka 2% löslich mit blauer Farbe, in Alkohol schwer mit roter Farbe löslich. In Salzsäure unlöslich, in konzentrierter Schwefelsäure löslich, beim Verdünnen Niederschlag. Mit Natronlauge Rotfärbung, mit Bichromat Braunfärbung. In Borax mit blauer Farbe leicht löslich.

Ein sehr empfehlenswerter, von Zschokke eingeführter Kernfarbstoff für Sublimatpräparate, doch erwies sich nur das aus Elberfeld bezogene Präparat brauchbar. Man färbt 1/4—1/2 Stunde in einer 1‰igen Lösung, Auswaschen in Wasser und gleich in 95%igen Alkohol, da schwacher Alkohol den Farbstoff extrahiert. Es färben sich Kern und Protoplasma blauviolett, ähnlich wie in Hämatoxylin. Wäscht man in Salzsäurealkohol aus, so erhält man reine Kernfärbung.

Literatur: Zschokke (Zeitschr. Wiss. Mikr., Bd. 5. 1888).

Benzol, C_6H_6, ist die Muttersubstanz aller der sogenannten „Aromatischen Reihe" angehörigen Substanzen; sie alle sind dadurch charakterisiert, daß sie einen „Benzolkern" enthalten, für den Kekulé im Jahre 1865 das Symbol  eingeführt hat.

Benzol bildet einen beträchtlichen Teil des Steinkohlenteeröls. Es wird aus der bei 80—85° siedenden Fraktion durch Ausfrieren gewonnen.

Reines Benzol ist eine ätherisch riechende Flüssigkeit vom Siedepunkt 80,5°. Es erstarrt bei 0° zu einer blätterig-krystallinischen Masse. An der Luft brennt Benzol mit stark russender, leuchtender Flamme. Es mischt sich nicht mit Wasser, aber mit den meisten organischen Solvenzien; es löst viele feste organische Körper, besonders leicht Harze, Öle und Fette und nimmt auch Schwefel, Phosphor und Jod zum Teil reichlich auf.

Reines Benzol erhält man durch Glühen von Benzoesäure mit Natronkalk. Das Handelsbenzol ist häufig durch Thiophen (C_4H_4S) verunreinigt.

Einen Gehalt an letzterem erkennt man: 1. Durch Mengen mit etwas konzentrierter Schwefelsäure und einem Körnchen Isatin; dabei färbt sich thiophenhaltiges Benzol intensiv blau (Indopheninreaktion). 2. Ferner kann man einen

Thiophengehalt durch Erhitzen mit metallischem Kalium entdecken. An dieses gibt Thiophen seinen Schwefel ab und das gebildete Schwefelkalium kann durch die Violettfärbung nachgewiesen werden, die es einer kalten Nitroprussidnatriumlösung erteilt. *Neuberg*, Berlin.

Da das Benzol ein gutes Lösungsmittel für Paraffin ist — es vermag nach den Angaben von APÁTHY bei 20° zirka 8% Paraffin von 57—58° Schmelzpunkt zu lösen —, so ist es von BRASS als Intermedium bei der Paraffineinbettung vorgeschlagen und von MINOT, LEE und MAYER auch warm für diesen Zweck empfohlen worden. Es hat vor dem Xylol und Chloroform den Vorzug, daß es wesentlich billiger ist und vor anderen Intermedien den, daß es ohne Rückstand verdunstet und ein Verschmieren des Paraffins dadurch ausgeschlossen ist.

Es kann auch die Stelle des Xylols als Lösungsmittel für Canadabalsam übernehmen und bewirkt dabei infolge seines hohen Brechungsindex (1,501) eine stärkere Aufhellung des Präparates.

Da das Benzol ein gutes Lösungsmittel für Fette und fettartige Körper ist, so ist es auch in Verbindung mit Alkohol zum Entfernen des Myelins aus markhaltigen Nervenfasern benutzt worden (vide Myelin).

Benzopurpurine, Disazofarbstoffe der Formel

$$\begin{array}{l} C_6H_3(CH_3)-N=N-C_{10}H_5(NH_2)SO_3Na \\ | \\ C_6H_3(CH_3)-N=N-C_{10}H_5(NH_2)SO_3Na \end{array} \quad \text{(Elberfeld).}$$

Rote oder braune Pulver, in Wasser leicht, in Alkohol schwerer löslich. Zusatz von Kalilauge verändert die Lösung nicht, Zusatz von Salz- oder Essigsäure färbt sie blau. Handelsmarken: B, 4 B, 6 B.

Von ZSCHOKKE ist Benzopurpurin B als Plasmafarbstoff in Verbindung mit Hämatoxylin empfohlen worden und soll bedeutend mehr als Eosin leisten. Auch HEIDENHAIN empfiehlt diese Marke in konzentrierter alkoholischer Lösung zur Nachfärbung von Hämatoxylinpräparaten. Die Schnitte müssen vor der Nachfärbung in schwach alkalischen Alkohol kommen. PELAGETTI benutzt eine 1%ige Lösung in 5%iger Tanninlösung. Vor der Färbung wird kurz mit Lithionwasser behandelt.

Von MARTIN ist Benzopurpurin 6 B in dünner, wässeriger Lösung als Kernfarbstoff sehr gerühmt worden. Färbung ½—4 Stunden und Differenzieren in Salzsäurealkohol. Dem enthusiastischen Lob des letzteren Autors können wir uns nicht anschließen, unser Präparat zeigte jedenfalls keinen Vorzug vor Hämatoxylin und war dem Benzoazurin unterlegen.

BIRCH-HIRSCHFELD benutzt das Benzopurpurin zur Färbung lebender Sporen von Typhusbacillen.

Literatur: BIRCH-HIRSCHFELD (Zeitschr. Hyg., Bd. 7, 1887), HEIDENHAIN (Zeitschr. Wiss. Mikr., Bd. 20, 1903), MARTIN (Deutsche Zeitschr. Tiermed., Bd. 14, 1889), PELAGETTI (Monatsschr. Prakt. Derm., Bd. 38, 1904), ZSCHOKKE (Zeitschr. Wiss. Mikr., Bd. 8, 1888).

Benzoylgrün, syn. Malachitgrün, Viktoriagrün, Bittermandelölgrün, Neugrün, Solidgrün, das Zinkdoppelsalz des Tetramethyldi-p-amidotriphenylcarbinols,

$$C\begin{cases} C_6H_5 \\ C_6H_4 . N(CH_3)_2 \\ C_6H_4 . N(CH_3)_2Cl \end{cases} + 2\,ZnCl_2 + 2\,H_2O.$$

Es bildet sich bei der Oxydation von Tetramethyldiamidotriphenylmethan mit Kaliumbichromat und Schwefelsäure. Glänzende, grüne Blättchen, die in Wasser und Alkohol leicht löslich sind. Es zeichnet sich vor dem Methylgrün durch eine größere Beständigkeit aus. Wird in der Färberei viel benutzt, entweder direkt oder nach Beizen in Tannin und Brechweinstein oder in Natriumthiosulfat.

Von RICHARDSON (1881) in die botanische Mikrotechnik eingeführt, wurde es später von CAMERANO zur Färbung der Fibrillen in der Cuticula der Nemathelminthen empfohlen. SCHÜRMAYER hat es zur Färbung von Infusorien intra vitam benutzt und soll es hier die lebenden Organismen färben. KÜHNE rühmt es in konzentrierter Lösung in Anilin zum Differenzieren von Fuchsin-, Methylenblau- und Krystallviolettpräparaten.

Beobachtungsflüssigkeiten, indifferente. Wenn man kleine Teile von frischem überlebendem Gewebe unter dem Deckglas untersuchen will, wird man meistens genötigt sein, eine indifferente, das Objekt nicht schädigende Flüssigkeit zuzusetzen. Die für diesen Zweck idealste Flüssigkeit wird natürlich die die Zellen auch intra vitam umspülende Lymph-, resp. Blutflüssigkeit abgeben und man wird, wo es möglich ist, z. B. in dem Blutserum des betreffenden Tieres, untersuchen.

Ist solches nicht zur Hand, so kann man sich einer anderen normalen Körperhöhlenflüssigkeit bedienen, z. B. für warmblütige Tiere Fruchtwasser oder Kammerwasser, letzteres auch für kaltblütige Tiere, verwenden.

Bei wirbellosen Tieren wird man sich der Leibeshöhlenflüssigkeit, bei marinen Wirbellosen einfach des Seewassers bedienen.

Man hat nun vielfach versucht, diese natürlichen Beobachtungsmedien durch künstliche zu ersetzen, und zwar dadurch, daß man durch Zusatz indifferenter Salze und colloider Substanzen die Beobachtungsflüssigkeit den Gewebssäften isotonisch und möglichst ähnlich in der Zusammensetzung machte. Von diesen Zusätzen spielt das Chlornatrium die größte Rolle, daneben finden sich noch Chlorkalium, Chlorcalcium, Natriumsulfat, Manganchlorid, Hühnereiweiß, Albumosen etc.

Die einfachste und am meisten verwendete Lösung ist die sogenannte physiologische Kochsalzlösung, auch als Normalsalzwasser bezeichnet. Dieselbe soll für Säugetiere einen Gehalt von 0,9—1%, für Amphibien etwas weniger, 0,8%, an Kochsalz besitzen, für Seefische dagegen wieder mehr, 1,5—2,5%. LOCKE setzt dem Normalsalzwasser für Säugetiere noch 0,01% Chlorkalium und 0,02% Chlorcalcium zu, RINGER außerdem noch Natriumbicarbonat (Chlornatrium 0,8, Chlorkalium 0,02, Chlorcalcium 0,02, Natriumbicarbonat 0,02, Wasser 100. FRIEDENTHAL empfiehlt eine Lösung von Kochsalz 6,0, Natriumbicarbonat 4,0, Chlorkalium 0,3, einbasisches Calciumphosphat 0,3, Traubenzucker 2,0, Wasser 1000. Dieselbe soll in bezug auf osmotischen Druck, elektrische Leitfähigkeit und Reaktion dem Blutserum vollkommen gleichen.

Um diese indifferenten Flüssigkeiten dem Blutserum noch ähnlicher zu machen, kann man ihm Eiweißkörper zusetzen; so nimmt FREY auf 100 *ccm* ungefähr 10—12 *ccm* Hühnereiweiß. TORNIER gibt auf 100 Teile 0,6%iger Kochsalzlösung 20 Teile einer 2%igen Lösung von LIEBIGS Fleischextrakt und eine Spur von Pepton. Dieses künstliche Blutserum hat den Vorteil, daß man es sterilisieren kann durch Hitze. Rote Blutkörperchen vom Hund sollen sich 10 Tage darin unverändert halten.

PICTET hat als indifferente Zusatzflüssigkeit für Gewebe von Seetieren eine 5—10%ige Lösung von Chlormangan, für Landtiere eine solche von 1—3%, beide mit einem geringen Zusatz von Dahlialösung, empfohlen.

Literatur: FRIEDENTHAL (Arch. Physiol. 1902), LOCKE (Boston Med. Surg. Journ. 1896) PICTET (Mitt. Zool. Stat. Neapel, Bd. 10, 1891), TORNIER (Inaug.-Diss., Breslau 1890).

Bergamottöl wird aus dem Saft der Schalen von Citrus Bergamia Risso als ein dünnflüssiges, grünes Öl von angenehmem Geruch und bitterem Geschmack gewonnen. Es siedet gegen 183°; spez. Gew. 0,856, Brechungsindex 1,464. In frischem Zustande reagiert es neutral, bei längerem Stehen schwach sauer. Mit 80%igem Alkohol soll sich gutes Bergamottöl klar mischen. Es muß möglichst vor Licht geschützt aufbewahrt werden.

Es ist nicht einheitlicher Natur und besteht im wesentlichen aus Substanzen der Terpenreihe. Diesen „ungesättigten Verbindungen“ verdankt es sein großes Absorptionsvermögen für Chlorwasserstoffgas. Isoliert sind aus dem Bergamottöl besonders der olefinische Terpenalkohol l-Linalool, $(C_{10}H_{18}O) = \frac{CH_3}{CH_3} \rangle C = CH—CH_2—CH_2—C \langle {CH_3 \atop OH} CH = CH_2$, und das Bergapten, welches wahrscheinlich als ein Cumarinderivat aufzufassen ist. *Neuberg*, Berlin.

Von STIEDA in die Mikrotechnik eingeführt, hat es die wertvolle Eigenschaft, daß es Celloidin gar nicht angreift, und wird deshalb in der Celloidintechnik vielfach verwendet, besonders zum Glätten und Überführen von Celloidinschnitten aus 90%igem Alkohol in Balsam.

Da es osmierte Fette in ziemlich erheblichem Grade löst, so kann man Präparate, die in Flemming oder Hermann fixiert sind, durch Behandlung mit Bergamottöl als Intermedium zur Paraffineinbettung bleichen. Es ist überhaupt als schonendes Intermedium für Paraffineinbettung von vielen Seiten empfohlen worden, so von HEIDENHAIN und RABL für tierische, von ROSEN für pflanzliche Objekte. Doch ist der hohe Preis (zirka 20 Mk. pro Kilogramm) wohl etwas hinderlich.

Literatur: HEIDENHAIN (Festschr. KÖLLIKER 1892), RABL (Zeitschr. Wiss. Mikr., Bd. 11, 1894), ROSEN (Jahresber. Schles. Ges. Vat. Kult. 1893), STIEDA (Arch. Mikr. Anat., Bd. 2, 1866).

Berlinerblau. In bezug auf die Darstellung und Verwendung als Injektionsfarbe siehe Injektion. Im übrigen vergleiche man vor allem die Artikel Eisen, Auge (Cornea) und Zellmembranen, pflanzliche.

Beweglicher Objekttisch siehe: Mikroskop.

Bichromate siehe: Chromsaure Salze.

Biebricher Scharlach, syn. Scharlach 3 B, Ponceaux 3 RB, das Natriumsalz des Amidoazobenzoldisulfosäure-azo-β-naphtols, $(SO_3Na)C_6H_4 . N:N . C_6H_3(SO_3Na) . N:N . (C_{10}H_6)OH$ (KALLE). Ein roter Azofarbstoff, löslich in Wasser und Alkohol, gibt mit Natronlauge braune Färbung; in konzentrierter Schwefelsäure mit grüner Farbe löslich. Färbt Wolle im Alaunbad, Seide bei Ansäuerung mit Schwefelsäure.

Ziemlich ungiftig. Findet als Plasmafarbstoff Verwendung, doch wird die Färbung durch Wasser und Alkohol leicht wieder ausgezogen.

Von GRIESBACH in die Mikrotechnik eingeführt, ist es dann von GERMANO in wässeriger oder alkoholischer Lösung zur Färbung von Hoden, auch zur Stückfärbung empfohlen worden.

PALADINO benutzt eine 2%ige wässerige Lösung und mischt sie im Verhältnis von 1 : 2 mit Alaunhämatoxylin. Nach der Färbung kommen die Präparate für einige Stunden in 3%iges Alaunwasser.

PELAGETTI empfiehlt eine 1%ige Lösung in 5%iger Tanninlösung zur Nachfärbung nach polychromem Methylenblau. Kern blau, Collagen rot, Protoplasma rosa, Muskulatur violett. Oder er färbt die Kerne mit UNNAschem Hämatein, behandelt mit Lithionwasser, wäscht in Wasser und färbt nach in einer 1%igen Scharlachlösung in 10%igem Tannin.

Literatur: GERMANO (Int. Mon. Anat. Phys., Bd. 9, 1892), PALADINO (Rend. Acc. Sc. Fis. Mat. Napoli, Bd. 1, 1895), PELAGETTI (Mon. Prakt. Derm., Bd. 38, 1904).

Bierwürze als Nährboden für Hefe und andere Pilze wird hergestellt, indem man frische Bierwürze etwa 4 Stunden bis zur Sirupdicke einkocht und zu jedesmaligem Gebrauch mit sterilisiertem Wasser entsprechend verdünnt. Oder man kocht Bierwürze in einem Kolben auf, der mit einer doppelten Lage Fließpapier überbunden ist, sie hält sich so jahrelang unverändert, ist aber erst nach einem Monat völlig klar. (Nach STRASSBURGER, Gr. bot. Pr., 3. Aufl., 1897, pag. 423 u. 445). Es wird auch empfohlen, das gemahlene Malz erst mit Wasser versetzt, 250 *g* auf 1 *l* bei 65° 1 Stunde zu halten, durch ein Tuch zu filtrieren und dann 2—3 Stunden gelinde zu kochen, bis die Flüssigkeit auch kalt klar bleibt, dann wird filtriert und sterilisiert (BEHRENS, Tab. z. G. m. A., pag. 141).

Magnus, Berlin.

Bindegewebe siehe: Collagenes Gewebe.

Bindegewebe, Leucocyten in demselben, siehe: Blut.

Binoculäres Mikroskop siehe: Mikroskop.

Biondifärbung siehe: EHRLICH-BIONDI-R. HEIDENHAINsche Farblösung.

Bismarckbraun, syn. Phenylenbraun, Manchesterbraun, Vesuvin, ein Azofarbstoff, das salzsaure Salz des Triamidoazobenzols, $C_6H_4 \langle^{NH_2}_{N_2 . C_6H_3(NH_2)_2} . 2HCl$ (Berlin, Elberfeld). Es entsteht beim Zusammenbringen kalter, verdünnter, neutraler Lösungen von salzsaurem m-Phenylendiamin mit salpetrigsaurem Natrium und Behandeln des Niederschlages mit Salzsäure. Gelbbraune Blättchen, welche in kaltem Wasser schwer, leichter in kochendem Wasser, leicht in Alkohol oder Äther löslich sind. Fixiert sich auf Wolle und Seide ohne Beize.

Das Bismarckbraun ist von WEIGERT in die Mikrotechnik eingeführt worden. Er benutzt entweder wässerige oder schwach alkoholische Lösungen. Der Farbstoff wird durch Kochen gelöst und nach dem Erkalten filtriert. Färbung wenige Minuten und Auswaschen in starkem Alkohol. Ein sehr guter Kernfarbstoff, der auch andere Elemente, wie Schleim, Knorpel, Bacterien etc. färbt. Vor allem bildet er ein unschätzbares Mittel zur Knorpelfärbung für embryologische Zwecke. Empfehlenswert dabei ist es, mit Boraxcarmin durchgefärbtes Material zu benutzen. Färbung nur einige Minuten in der obigen Lösung und Differenzieren in starkem Alkohol, bis nur noch der Knorpel intensiv braun gefärbt erscheint.

Bismarckbraun ist ein gutes Schleimfärbungsmittel (siehe dort). Auch zur Färbung lebender Organismen und Gewebe ist es wegen seiner geringen Giftigkeit hervorragend geeignet. BRANDT benutzt zu letzterem Zweck Lösungen von 0,3%, ebenso MARTINOTTI. Der letztere empfiehlt dann zur Fixation 0,2%ige Chromsäure, MAYER Sublimat, LOISEL 1%ige Osmiumsäure, COLOMBO Sublimat-Osmiumessigsäure. Die nachfolgende Alkoholbehandlung muß möglichst abgekürzt werden. GALEOTTI will mit Bismarckbraun, ähnlich wie mit Methylenblau vitale Nervenfärbung erzielt haben (vgl. auch Vitale Färbung).

VOIGT färbt den Darm von Schweineembryonen nach ZENKERscher Fixation zuerst in BÖHMERschem Hämatoxylin, dann 1 Stunde lang in 3%igem Bismarckbraun in gleichen Teilen Wasser und Glycerin, Ausziehen in Salzsäurealkohol und rasches Entwässern.

ROTTMANN färbt zuerst die Kerne nach M. HEIDENHAIN mit Eisenhämatoxylin, dann mit einer Lösung von Bismarckbraun in absolutem Alkohol. Es färbte sich dann bei Cephalopodenembryonen die neugebildete Radulasubstanz intensiv braun.

NÖSSKE benutzt eine Doppelfärbung von Bismarckbraun und Bleu de Lyon zur Darstellung eosinophiler Granulationen. Fixation 12—24 Stunden in 4%igem Formol. Die Schnitte werden durch Erwärmen über der Flamme, bis reichlich Dampfbildung eintritt, in einer Farblösung gefärbt, die durch Vermischen von 30 Teilen der folgenden Stammlösung I mit 5 Teilen der Stammlösung II und Zufügen von 25 Teilen Alkohol und 40 Teilen Wasser erhalten wird. Stammlösung I: 20 Teile 1%iger wässeriger Lösung von Bleu de Lyon werden mit 1 Tropfen 15%iger Kalilauge versetzt, 5 Minuten gekocht und mit 20 Teilen Alkohol verdünnt. Stammlösung II: Die gleiche Lösung mit Bismarckbraun hergestellt. Nach der Färbung werden die Schnitte in Salzsäurealkohol abgespült und dann vorsichtig mit einem Gemisch von gleichen Teilen Anilin, Alkohol und Wasser behandelt, bis sie leicht braun erscheinen, dann Entwässern in Alkohol.

LIST empfiehlt Doppelfärbung mit Methylgrün: Färbung mehrere Minuten in WEIGERTscher Lösung, Auswaschen in Alkohol, Übertragen in ½%ige wässerige Methylgrünlösung, bis die Schnitte dunkelgrün sind, Auswaschen in Alkohol. Hauptsächlich für Drüsen geeignet. Statt Methylgrün kann man auch in gleicher Weise Anilingrün verwenden.

HERLA nimmt Malachitgrün, er löst davon 0,25 *g* und ebensoviel Bismarckbraun in einer Mischung von 10 Teilen Glycerin und 100 Teilen Wasser und wäscht nach der Färbung mit verdünntem Glycerin aus.

Nach UNNA kann man sich das Bismarckbraun selbst bereiten, wenn man zu einer wässerigen Lösung von m-Phenylendiamin 1 Tropfen 5%ige Lösung von Natriumnitrit setzt.

Literatur: BRANDT (Biol. Zentralbl., Bd. 2, 1885), COLOMBO (Zeitschr. Wiss. Mikr., Bd. 20, 1904), GALEOTTI (Ebenda, Bd. 11, 1894), HERLA (Arch. de Biol., Bd. 13, 1893), LIST (Zeitschr. Wiss. Mikr., Bd. 2, 1885), LOISEL (Journ. de l'Anat. 1898), MARTINOTTI (Zeitschr. Wiss. Mikr., Bd. 5, 1888), NÖSSKE (Deutsch. Zeitschr. Chir., Bd. 55, 1900), ROTTMANN (Zeitschr. Wiss. Zool., Bd. 70, 1901), UNNA (Mon. Prakt. Derm., Bd. 6, 1887), VOIGT (Anat. Hefte, H. 38, 1899), WEIGERT (Arch. Mikr. Anat., Bd. 15, 1878).

Bittermandelölgrün, syn. für Malachitgrün.

Bittermandelwasser, Aqua amygdalarum der Pharmakopöe, ist eine farblose, meist ganz klare, neutrale oder schwach saure Flüssigkeit von angenehmem Geruch, die ihre Wirksamkeit der Anwesenheit von Benzaldehyd-Cyanwasserstoff verdankt, welcher sich durch Spaltung des in den bitteren Mandeln sich findenden Amygdalins bildet.

In der mikroskopischen Technik ist das Bittermandelwasser von REMAK zum Narkotisieren von Froschlarven empfohlen worden.

Biuretreaktionen siehe: Eiweißstoffe der Pflanzenzelle.

Blätter, Durchsichtigmachen der, siehe: Aufhellung pflanzlicher Gewebe.

Bauholz siehe: Hämatoxylin.

Blausäure, Cyanwasserstoff, HCN, entsteht als Spaltungsprodukt des in den Samen und Blättern vieler Pflanzen, besonders Pomaceen und Pruneen, enthaltenen Amygdalins. Künstlich wird sie durch Destillation von Cyankalium mit einer Mineralsäure bereitet; sie stellt eine farblose, bei 26,5° siedende Flüssigkeit von 0,6969 spez. Gew. dar. Sie ist eines der heftigsten momentan wirkenden Gifte. Mikrochemisch läßt sie sich in Pflanzen in nicht zu dünnen Schnitten mit alkoholischer Kalilauge, Eisensulfat, Eisenchlorürlösung mit 20% Salzsäure nachweisen. In den blausäurehaltigen Zellpartien entsteht ein Niederschlag von Berlinerblau (TREUB).

Die offizinelle Blausäure ist eine 2%ige Blausäurelösung in Alkohol, die durch Destillation von Ferrocyankalium mit verdünnter Schwefelsäure erhalten wird.

Man kann diese verdünnte Blausäure, subcutan angewandt, zum momentanen Töten größerer Tiere, wie Hunde und Katzen, benutzen, wenn es darauf ankommt, äußere Verletzungen zu vermeiden.

Blauschwarz B, ein schwarzer Azofarbstoff der Badischen Anilin- und Sodafabrik, der sich durch große Säurebeständigkeit und Lichtechtheit auszeichnet. Färbt Wolle in saurem Bade.

Von HEIDENHAIN in 1%iger wässeriger Lösung zur Nachfärbung von Carminpräparaten empfohlen.

Literatur: HEIDENHAIN (Zeitschr. Wiss. Mikr., Bd. 20, 1903).

Bleichen siehe: Pigment.

Bleiacetat, neutrales essigsaures Blei, Plumbum aceticum, Bleizucker, $(C_2H_3O_2)_2Pb + 3H_2O$, wird durch Lösen von Bleioxyd in 50%iger Essigsäure erhalten. Tafelförmige oder nadelförmige, monokline Krystalle, die an der Luft verwittern und sich zu ca. 10% in Wasser, zu 3—4% in 90%igem Alkohol und nur sehr wenig in Äther lösen. Die wässerige Lösung trübt sich leicht durch Ausscheidung von Bleicarbonat.

Das Bleiacetat wird in der technischen Färberei vielfach verwandt, um rot oder gelb zu färben, indem man durch Zusatz von Kaliumbichromat Bleichromat ausfällt. Ähnlich geht man auch in der Mikrotechnik zur Erzielung gelber Injektionsmassen vor (siehe Injektionstechnik, vgl. auch Auge, Hornhaut).

Zur Fixation ist eine 10%ige Lösung von Bleiacetat von KOTLAREWSKI für Nervenzellen empfohlen worden. Auch zur Fixation pflanzlichen Schleims hat man es benützt.

Literatur: KOTLAREWSKI (Mitt. Nat. Ges. Bern 1887).

Bleiformiat, $(HCO.O)_2Pb$. Glänzende Nadeln, welche in Wasser zu ca. 1,5% löslich, in Alkohol unlöslich sind. Bildet mit Bleiacetat Doppelsalze von der Formel $(C_2H_3O_2)_2Pb + \left.\begin{matrix}C_2H_3O_2\\ CHO_2\end{matrix}\right| Pb + 2H_2O$.

KRONTHAL stellt sich Bleiformiat her, indem er in eine wässerige Lösung von Bleiacetat langsam Ameisensäure eintropft, die sich ausscheidenden Krystallnadeln werden konzentriert in Wasser gelöst. In gleiche Volumina dieser Lösung und 10%igen Formalins werden kleine Stückchen des Centralnervensystems für 5 Tage eingelegt und dann direkt in gleiche Teile 10%igen Formalins und Schwefelwasserstoffwasser übergeführt. Das entstehende Bleisulfat imprägniert ähnlich wie bei der Golgimethode als feinkörniger Niederschlag Nervenzellen und -fasern.

CORNING hat diese Methode so modifiziert, daß er zuerst die Stückchen mit 10%igem Formalin fixiert und dann in eine gesättigte Lösung des käuflichen Bleiformiats (MERCK) einlegt. Die Methode gibt bei jüngeren Tieren oft vollständigere und konstantere Resultate als die Golgimethode.

Literatur: CORNING (Anat. Anz., Bd. 16, 1900). KRONTHAL (Neurol. Zentralbl., Bd. 18, 1899).

Blepharoplasten siehe: Centrosomen pflanzlicher Zellen.

Bleu Borrel. Konzentrierte Methylenblaulösung wird mit frisch gefälltem Silberoxyd (Höllensteinlösung wird mit Natronlauge gefällt, der Niederschlag sorgfältig gewaschen) geschüttelt, einige Tage stehen gelassen und dekantiert.

LAVERAN benutzt es in Verbindung mit Eosin zur Färbung von Blutparasiten. 1 *ccm* Bleu Borrel wird versetzt mit 5 *ccm* einer 1‰igen wässerigen Eosinlösung und 4 *ccm* Wasser. In diesem Farbgemisch werden die Präparate 15 bis 18 Stunden gefärbt, in Wasser ausgewaschen und in 5%ige Tanninlösung eingelegt.

Literatur: LAVERAN (C. R. Soc. Biol., Bd. 51. 1899).

Bleu de Lyon, syn. für wasserlösliches Anilinblau (Höchst). Vielfach als Plasmafärbungsmittel empfohlen und als solches besonders für mit Carmin durchgefärbte embryologische Objekte auch vorzüglich geeignet. Man verwendet es in wässerigen Lösungen entweder konzentriert oder, was mehr zu empfehlen ist, mit dem gleichen Volum Wasser verdünnt. Die Färbungsdauer beträgt nur wenige Minuten. Es verleiht dem Protoplasma eine schön himmelblaue Färbung, auch die Achsencylinder werden, zumal in Carnoy- und Sublimatpräparaten, sehr distinkt gefärbt.

Sehr empfehlenswert ist die folgende Dreifachfärbung für embryologische Objekte: Carmin-Bismarckbraun-Bleu de Lyon. Die Objekte werden in Boraxcarmin im Stück gefärbt. Dabei ist zu beachten, daß die Carminfärbung nicht zu intensiv sein darf, man also nicht zu lange färben und gut mit Salzsäurealkohol auswaschen muß. Nach stattgefundener Paraffineinbettung kommen die Schnitte für wenige Minuten in möglichst frische, konzentrierte wässerige Bismarckbraunlösung (durch Aufkochen hergestellt) und werden dann in 70%igem Alkohol so lange ausgewaschen, bis nur noch der Knorpel braun erscheint. Dann Nachfärbung in wässeriger, halb verdünnter Lösung von Bleu de Lyon, kurzes Auswaschen in 70%igem Alkohol, absoluter Alkohol, Xylol, Balsam. Kerne rot, Protoplasma, Nerven, junger Knochen, acidophile Granulationen blau, Knorpel leuchtend gelbbraun.

BURCKHARDT verwendet eine 1‰ige schwach alkoholische Lösung nach Durchfärbung in GRENACHERschem Boraxcarmin.

Baumgarten benutzt für den gleichen Zweck eine 0,2%ige Lösung von Bleu de Lyon in absolutem Alkohol, färbt 12 Stunden und wäscht 6 Stunden lang aus. Diese längere Färbungsdauer sucht Tonkoff dadurch abzukürzen, daß er der Lösung einige Tropfen Jodtinktur zusetzt oder sie vor der Färbung in stark verdünnter Jodtinktur beizt. Überfärbte Schnitte lassen sich in ganz schwach alkalisch oder ammoniakalisch gemachtem Alkohol differenzieren (Fiedler).

Maurice und Schulgin färben Ascidienembryonen nach Fixation in heißer Pikrinschwefelsäure in Boraxcarmin, dann 15—18 Stunden lang in einer sehr schwachen, mit etwas Essigsäure angesäuerten Lösung von Bleu de Lyon in 70%igem Alkohol.

Skrobansky mischt 2 Teile gesättigter alkoholischer (95%) Lösung von Bleu de Lyon, 5 Teile gesättigter wässeriger Pikrinsäure und 50 Teile destilliertes Wasser. Die in Boraxcarmin vorgefärbten Schnitte werden in dieser Mischung 2—3 Minuten gefärbt und dann in 70%igen Alkohol übertragen.

Roewer verwendet eine ähnliche Mischung. 25 *ccm* 1%ige wässerige Lösung von Bleu de Lyon, 65 *ccm* konzentrierte wässerige Lösung von Ammoniumpikrat, 10 *ccm* konzentrierte wässerige Pikrinsäure, 75 *ccm* destilliertes Wasser und 50 *ccm* absoluter Alkohol. Färbung ganz kurz, Abspülen in Alkohol.

Literatur: Baumgarten (Arch. Mikr. Anat., Bd. 40, 1892), Burckhardt (Das Centralnervensystem von Protopterus, Berlin 1892), Fiedler (Zeitschr. Wiss. Zool., Bd. 47, 1888), Maurice und Schulgin (Ann. Sc. Nat. Zool., Bd. 17, 1885), Roewer (Jena. Zeitschr. Nat. Bd. 41, 1906), Skrobansky (Int. Mon. Anat., Bd. 21, 1904), Tonkoff (Arch. Mikr. Anat. Bd. 56, 1900).

Bleu de nuit, syn. für Gentianablau 6 B.

Bleu de Roux siehe: Dahlia.

Bleu diamine 2 B, syn. für Diaminblau.

Bleu lumière, syn. für Gentianablau 6 B.

Bleu marine, syn. für Wasserblau.

Bleu soluble, syn. für Wasserblau.

Blue Black, syn. Anilin-Blue Black, Blackley-Blue. Der von Sankey und Bevan Lewis unter diesem Namen in die histologische Technik eingeführte Farbstoff ist nichts anderes als ein wasserlösliches Anilinblau englischer Provenienz (Levinstein, Manchester). Das, was man heute unter dem Namen Anilin-Blue Black bei Grübler erhält, ist das oben erwähnte Blauschwarz B, das den Namen Anilin-Blue Black völlig zu Unrecht führt, da es mit dem älteren englischen Präparat gar nichts zu tun hat, auch überhaupt nicht in England fabriziert wird.

Jelgersma verwendet den Farbstoff in wässeriger Lösung von $^1/_{100}$ bis $^1/_{2000}$% und färbt Schnitte des Centralnervensystems 15 Minuten bis 12 Stunden lang, dann einfach Übertragung in Alkohol, Öl, Balsam. Zellen mit ihren Ausläufern hellblau, Kerne dunkelblau.

Schmaus färbt Rückenmarksschnitte von Müllermaterial, das eventuell auch schon gekupfert sein kann, in einer 0,25%igen Lösung in 50%igem Alkohol, die eine Spur Pikrinsäure enthält. Der Zusatz der letzteren bewirkt, daß das Celloidin fast ungefärbt bleibt.

Blut. Die Darstellung der verschiedenen histologischen Untersuchungsmethoden des Blutes erfordert eine besondere Gliederung, für die entweder die Art dieser Untersuchung oder die speziell darzustellenden Elemente oder Details des Blutes maßgebend sein können. Der hier gegebenen Einteilung liegt das erste Prinzip zugrunde, jedoch ist die Anordnung so getroffen, daß bei den speziellen Methoden die einzelnen Elemente wieder gesondert berücksichtigt wurden. Selbstverständlich aber ist es unmöglich, von allen Untersuchungsverfahren eine detaillierte Beschreibung zu geben und alle mitunter sehr zahlreichen Varianten aufzuführen.

Inhaltsübersicht: *A.* Untersuchung des circulierenden Blutes. I. Allgemeine Methoden. *a)* Untersuchung des frischen Blutes: 1. im Körper: 2. außerhalb des Körpers, α) ohne Zusatzmittel, β) mit Zusatzmitteln, γ) mit besonderen technischen Hilfsmitteln. *b)* Fixierung des Blutes: 1. nach Ausstreichen oder Ausbreitung eines Tropfens: α) Antrocknen und nachfolgende Fixation durch 1. trockene Hitze oder 2. chemische Mittel, β) Dampffixation und nachfolgendes Antrocknen, γ) feuchte Fixation, durch 1. Eintauchen in Flüssigkeiten oder 2. Ausbreiten auf imbibierbaren Medien; 2. durch Eintropfen in Flüssigkeiten: 3. durch Fixation von Blutgefäßen mit Inhalt. *c)* Färbungsmethoden: 1. vitale Färbung, 2. allgemeine Färbungsmethoden des fixierten Objektes. II. Spezielle Methoden. *a)* Methoden zur Gewinnung bestimmter Blutelemente: 1. rote Blutkörperchen, 2. weiße Blutkörperchen, 3. Blutplättchen; *b)* Methoden zur Darstellung besonderer morphologischer Verhältnisse: 1. rote Blutkörperchen, 2. weiße Blutkörperchen, 3. Blutplättchen, 4. Spindelzellen. — *B.* Untersuchung des Blutes in Organen, im Gewebe und sonst außerhalb der Circulation. 1. Erste Entwicklung der Blutzellen, 2. Blutorgane, 3. Bindegewebe und Lymphräume.

A. Untersuchung des circulierenden Blutes.

I. Allgemeine Methoden.

a) Frisches Blut.

1. Im Körper des lebenden Tieres. Um am lebenden Tier die Blutelemente der mikroskopischen Untersuchung zugänglich zu machen, sind zahlreiche Verfahren angegeben worden: meist handelt es sich dabei um die gleiche Versuchsanordnung, die für die Beobachtung des Kreislaufes in den Capillaren ausgearbeitet wurde oder zum Nachweis der Präexistenz der Blutplättchen.

Von den ausgewachsenen Kaltblütern ist das meist benutzte Tier der Frosch, dessen Schwimmhäute am leichtesten einer direkten Beobachtung zugänglich sind. Das Verfahren besteht darin, daß das Tier auf einer Korkplatte festgebunden oder durch Nadeln fixiert wird und dann die stark auseinander gespannten Zehen über dem durchlochten und mit der centralen Durchbohrung des Objekttisches korrespondierenden Teile der Korkplatte mit Nadeln festgeheftet werden: man kann einen Tropfen Wasser auf die zu betrachtende, am meisten durchscheinende Stelle bringen und ein kleines Deckglas auflegen, aber auch ohne diese Bedeckung auskommen. Um das Tier unbeweglich zu machen, spritzt man in den Rückenlymphsack 0,1—0,2 *ccm* einer 1%igen Lösung von Curare ein. Der Schwanz, und zwar die Spitze und die Ränder, von Frosch-, Kröten- oder Tritonenlarven bietet auch ein sehr bequemes Untersuchungsobjekt; um die Tiere auf dem Objektträger richtig lagern zu können, hat F. E. SCHULZE einen eigenen Träger konstruiert, über den das Nähere unter „Lebendes Objekt" nachzusehen ist: in neuerer Zeit hat auch STRZYKOWSKI einen Froschhalter angegeben. Es genügt aber auch, den Kopf und Rumpf der Larven mit einem Streifen angefeuchteten Filtrierpapiers zu bedecken. Etwas schwieriger ist es, die Froschzunge zu benutzen, man kann sie herausziehen und über der durchlochten Korkplatte ausspannen: komplizierter ist das Verfahren THOMAS.* Stets ist dies auch dann der Fall, wenn innere Körperteile als Objekt verwertet werden, das gilt namentlich für die Lunge, die HOLMGREN* und A. EWALD empfahlen und für die Harnblase, worüber HAELLSTÉN Angaben macht. Leichter zugänglich ist das Mesenterium: COHNHEIM geht dabei zum Studium der Emigration der Leucocyten folgendermaßen vor: Einem männlichen Frosch wird durch eine kleine Incision linkseitig die Bauchhöhle eröffnet und die Blutung durch einen kalten Schwamm gestillt, das Tier wird dann rücklings auf ein großes Objektglas gelegt, auf das eine Glasscheibe von 12 *mm* Durchmesser und 1,5 *mm* Dicke gekittet wurde, die ihrerseits wieder von einem schmalen Korkring eingefaßt wird: der Darm wird hervorgezogen, über

---

* Die nähere Beschreibung dieser Verfahren siehe unter „Lebendes und überlebendes Objekt".

die Scheibe gespannt und das Mesenterium mit kleinen Nadeln an dem Korkring befestigt; man befeuchtet mit Kochsalzlösung und betrachtet mit oder ohne Deckglas. Ähnlich geht HERING** vor.

Bei Warmblütern ist vor allem der Fledermausflügel ein günstiges und oft benutztes Objekt, das speziell für Blutplättchen von BIZZOZERO (84) empfohlen wurde; das Verfahren ist das gleiche wie bei der Untersuchung der Froschschwimmhaut; nimmt man winterschlafende Tiere, so bedarf es nicht einmal einer besonderen Fixation, sonst bindet man das Tier fest und breitet den Flügel mit starken Nadeln aus. Weniger geeignet wegen ihrer immerhin beträchtlichen Dicke sind die Ohren kleiner albinotischer Tiere (LOEWIT, 87). Besonders gut gelingt die Beobachtung an den Capillaren des Mesenteriums oder des Netzes; jedoch stagniert die Bewegung hier sehr bald. Für die Beobachtung der einzelnen Blutelemente kommen natürlich nur solche Capillaren in Frage, in denen die Strömung keine zu rasche ist und in denen auch andrerseits keine Stase eintrat. Um das zu beobachtende Gewebe dauernd feucht und bei geeigneter Temperatur halten zu können, haben STRICKER** und THOMA** etwas komplizierte Apparate ersonnen. Zur Untersuchung der Zellelemente genügen die folgenden Verfahren. EBERTH und SCHIMMELBUSCH nehmen eine Glaswanne von 3—4 *cm* Tiefe, die durch Zu- und Abflußvorrichtung mit einer auf Körpertemperatur erwärmten Kochsalzlösung gespeist wird; kleinere Tiere werden in Guttaperchapapier eingewickelt und den Kopf über dem Wasser in die Wanne gelegt, vorher macht man im linken Mesogastrium einen Einschnitt, zieht Darm und Mesenterium oder Netz heraus und breitet es ohne Fixation auf einer Glasplatte aus, die auf Korken über den Boden der Wanne prominiert; größere Tiere, wie Hunde, werden auf einem neben der Wanne befindlichen Brett aufgeschnallt. BIZZOZERO (82) gibt an, das Tier auf eine 20 *cm* breite Glasplatte zu legen, die auf dem Mikroskoptisch verschiebbar befestigt wird; auf der Platte, und zwar über der centralen Öffnung des Tisches wird ein 15 *mm* hoher Hohlcylinder von Kork aufgekittet, der oben eine Glasscheibe von 18 *mm* Durchmesser trägt; die Scheibe wird mit Kochsalzlösung befeuchtet und das Netz oder Mesenterium darüber gezogen. ARNOLD (99) befestigt kleine Mäuse auf einem mit Kork belegten THOMAschen Objektträger (siehe oben), bringt in der hinteren Hälfte der linken Bauchseite einen kleinen Schnitt an und zieht eine Darmschlinge heraus; das Mesenterium läßt sich leicht über einem Glasring ausbreiten und mit Kochsalzlösung irrigieren. LOEWIT (87) nimmt einen hohlen Metallcylinder und füllt ihn mit Ricinusöl, das ihm auch zur Bedeckung des Mesenteriums dient; sicher ist aber die Kochsalzlösung noch indifferenter als Öl. Zur Immobilisierung der Tiere werden Narkose oder Einspritzungen von Morphium oder Chloralhydrat oder beidem angewandt.

2. Außerhalb des Tierkörpers. Entnahme des Blutes. Zum Zwecke der mikroskopischen Untersuchung genügt es, das Blut in Tropfenform dem Körper zu entnehmen. Bei Kaltblütern, besonders bei Amphibien, empfiehlt es sich, das Herz freizulegen und dann durch Einstich einer feinen Pipette das Blut zu gewinnen oder einfach die Herzspitze abzutrennen; beim Abschneiden von Kopf, Schwanz oder Gliedmaßen kommt das Blut bei seinem Austritt fast stets mit anderem Gewebe oder mit der Haut in Berührung, was, besonders im letzteren Falle, die Gerinnung außerordentlich beschleunigt. Bei Warmblütern entnimmt man das Blut am bequemsten durch Einstich in die Ohrvenen, die man durch einfache und leichte Ligatur der Ohrwurzel zum Anschwellen bringt; das Abschneiden der Ohrspitzen ist unnötige Quälerei. Die Haare werden vorher eventuell durch Rasur entfernt und die Haut durch Abreiben mit Kochsalzlösung gereinigt und danach sorgfältig abgetrocknet. Als Ort der Blutentnahme beim Menschen eignet sich die Fingerbeere am besten, jedenfalls dann, wenn das eigene

** Siehe Anmerkung auf der vorhergehenden Seite.

Blut zur Untersuchung dienen soll; das Ohrläppchen, das von klinischer Seite vielfach bevorzugt wird, ist für mikroskopische Zwecke weniger brauchbar, weil rascheres Manipulieren wegen der geringen Bewegungsfreiheit hier im Gegensatz zu dort nicht möglich ist. Die Haut ist vor allem von Schweiß zu reinigen; am besten geschieht dies durch Abreiben mit einem mit absolutem Alkohol oder Äther befeuchteten Läppchen; der Einstich darf jedoch erst vorgenommen werden, wenn man sicher ist, daß alle Flüssigkeit sich verflüchtigt hat. Sublimatlösungen zu benutzen ist nicht ratsam, da leicht etwas davon zurückbleiben kann und andrerseits beim Gebrauch reiner Einstichinstrumente keinerlei Gefahr besteht. Vor dem Einstechen empfiehlt es sich, eine schwache Ligatur am mittleren Fingerglied anzulegen. Für den Stich genügt eine gewöhnliche ausgeglühte Mikroskopiernadel; recht bequem zu handhaben ist auch die Frankesche Nadel, die besonders für die Entnahme bei Tieren zu empfehlen ist. In jedem Falle hat man schon alles fertig bereitzustellen, ehe man einsticht; den ersten austretenden Tropfen wische man ab und benutze zur Untersuchung erst die nächsten.

α) Ohne Zusatzmittel (sogenanntes Nativpräparat). Will man das Blut untersuchen, ehe Veränderungen durch Verdunstung etc. sich bemerkbar machen, so hat man sehr rasch zu manipulieren. Selbstverständlich sind Objektträger und Deckgläschen vorher sorgfältig unter Umständen mit heißem Seifenwasser zu reinigen und gut zu trocknen. Nachdem man alles zurecht gerichtet hat, macht man den Einstich und tupft den austretenden Tropfen mit dem Deckgläschen, das man am besten nicht mit einer Pinzette, sondern mit zwei vom Schweiß gereinigten Fingern an den Ecken anfaßt, ohne die Haut zu berühren oder aufzudrücken rasch ab; der Tropfen soll weder zu groß noch zu klein sein. Das Deckgläschen legt man rasch, aber vorsichtig und ohne zu drücken oder zu verschieben auf den Objektträger. Will man längere Zeit beobachten, so muß die Verdunstung verhindert werden; es geschieht dies am besten und einfachsten dadurch, daß man mit einem breiten Haarpinsel vorher zum Schmelzen gebrachtes Paraffin von etwa 52° Schmelzpunkt in vier breiten Strichen an den Rändern des Deckglases aufträgt. Das Paraffin erstarrt sofort und fixiert dadurch das Deckglas, so daß man auch mit Immersionssystemen beobachten kann, ohne Gefahr zu laufen, das Deckglas zu verschieben. Muß man einen heizbaren Objekttisch benutzen, so nimmt man Paraffin mit einem höheren Schmelzpunkt, von etwa 60°, weil dies weniger leicht erweicht.

Für die meisten Zwecke ist diese Präparationsmethode völlig ausreichend; bei raschem und geschicktem Vorgehen zeigen noch nach Stunden die roten Blutkörperchen ihre natürliche Napfform und die Leucocyten bewahren ihre amöboide Bewegungsfähigkeit. Es sind nun aber noch eine Reihe anderer Methoden empfohlen worden. Zunächst wird angegeben, daß man ein Haar oder Deckglassplitter unter das Deckglas legen oder das Deckglas mit Wachsfüßchen versehen soll, um Druck zu vermeiden; wenn der Tropfen genügend groß war, ist es unnötig; bei wenig Material, z. B. bei Quetschblut aus Organen, vermeidet man den Druck dadurch, daß man nach Neumann Deckglassplitter auflegt. Aus den gleichen Gründen und auch um eine Art feuchte Kammer zu schaffen, empfiehlt Hayem (89) einen Glasring (cellule à rigole), in den man den Blutstropfen hineinbringt und den man dann mit einem Deckglas bedeckt. Arnold (96 a) rät, das Blut mit einem sehr dünnen Hollundermarkplättchen aufzusaugen. Zur Verhütung der Verdunstung sind eine Reihe von feuchten Kammern angegeben worden, über die das Nähere in dem Artikel „Lebendes und überlebendes Objekt“ nachzusehen ist. Zum Umranden der Deckgläschen hat man vielfach auch Öl, Vaselin oder Paraffinum liquidum benutzt; alle diese mehr oder weniger flüssigen Mittel schädigen durch Abgabe von Stoffen die Blutelemente — die Erythrocyten z. B. werden oft rasch kugelig und lassen das Hämoglobin austreten —, vor allem aber fixieren sie auch das Deckglas nicht in seiner Lage, so daß es sich bei Anwendung von Immersionssystemen leicht verschiebt. Vielfach läßt sich mit Erfolg auch im „hängenden

Tropfen" beobachten. Zu diesem Zwecke nimmt man einen hohlgeschliffenen Objektträger, bringt einen kleinen Tropfen Blut an ein Deckglas und legt einen kleinen Deckglassplitter auf; dann dreht man das Ganze herum und legt das Deckglas — Tropfen und Splitter nach unten — auf die Höhlung des Objektträgers, in die man einen kleinen, das Präparat nicht berührenden Tropfen einer Kochsalzlösung bringen kann; das Deckglas ist auch hierbei mit erwärmtem Paraffin zu umranden. Ähnlich geht SCHLEIP vor, nur füllt er zur Abdichtung die Höhlung mit Cedernöl aus, das auch das Präparat selbst umschließt; allein Öl ist kein ganz indifferentes Mittel.

An Stelle von Blut kann man auch frische, dünne und capillarenhaltige Gewebspartien rasch unter das Deckglas bringen. Speziell für die Beobachtung der Spindelzellen und der Blutplättchen wurde dies von EBERTH (87) und von KOPSCH (04) empfohlen, ersterer nimmt das Mesenterium vom Frosch, letzterer Netz von Säugetieren. Das Deckglas ist auch hier zu umranden. Zur Demonstration der Napfform der Erythrocyten benutzt man am besten Netz oder kleine Muskelstückchen (WEIDENREICH, 04).

β) Mit Zusatzmitteln. Um das Blut möglichst unverändert zu erhalten, hat man den Blutstropfen direkt in besondere Flüssigkeiten einlaufen lassen. So benutzt LOEWIT (88) ein Gemisch von Ricinusöl und Lebertran, PLEHN flüssiges Paraffin und TRIOLO Vaselinöl. Daß alle diese Stoffe aber keineswegs indifferent sind, wurde schon hervorgehoben. DEKHUYZEN (01) empfiehlt das Blut unter besonderen Kautelen in eine bestimmt bereitete Kochsalzlösung einlaufen zu lassen, die Kochsalzlösung muß isotonisch sein, und zwar 0,8% für Amphibien und Neunaugen, 0,9—0,95% für Säugetiere; alle Glasgeräte, auch Objektträger und Deckgläser, müssen vor dem Gebrauch mit Salpetersäure gereinigt und stark erhitzt werden; das Kochsalz muß durch wiederholtes Schmelzen und Umkrystallisieren gereinigt sein; die Lösung muß sterilisiert und ebenso aufbewahrt werden etc.

Als direkte Zusatzmittel zum Blut und Blutstropfen hat man eine Reihe von Flüssigkeiten empfohlen, so M. SCHULTZE (64) das Jodserum, RINDFLEISCH Humor aqueus, BRANDT Hühnereiweiß, vor allem aber Kochsalzlösung. Die neueren Untersuchungen, so besonders die HAMBURGERS (02) haben gezeigt, daß die sogenannte physiologische Kochsalzlösung von 0,75% nicht als isotonisch mit dem Blutserum zu betrachten ist und die Zellen verändert; die Einwirkung des wechselnden Salzgehaltes hat schon früher MALASSEZ (96) untersucht. Als isotonisch wird angesehen für Säuger eine 0,9%ige und für Amphibien eine 0,6%ige. Vielfach im Gebrauch sind an Stelle reiner Kochsalzlösungen solche Lösungen, die in der Zusammensetzung der Salze und ihrer Konzentrationen dem Blutserum entsprechen; die jeweils angegebenen Zahlen wechseln etwas, die folgenden sind einer Zusammenstellung von SCHROEDER entnommen; RINGERsche Lösung: 100 *ccm* enthalten 0,8—0,9 NaCl, 0,02 $CaCl_2$, 0,02 KCl und 0,01—0,02 $NaHCO_3$; LOCKEsche* Lösung: 100 *ccm* enthalten 0,9 NaCl, 0,024 $CaCl_2$, 0,042 KCl und 0,01 $NaHCO_3$. Alle diese Zusatzmittel haben den Nachteil, daß sie nicht ganz indifferent sind, auch nicht die isotonischen Salzlösungen, und zwar deswegen, weil sie im Gegensatz zum Blutserum keine colloidalen Substanzen enthalten, deren Vorhandensein, wie WEIDENREICH (05 a) gezeigt hat, namentlich zur Erhaltung der natürlichen Formen nötig ist. Man vermeidet sie daher am besten und wähle wirklich indifferente Mittel, wie Lymphe oder Blutserum; namentlich das letztere ist leicht auch vom Menschen zu beschaffen (Aderlaß, Geburten); Sera fremder Arten schädigen bei längerer Einwirkung besonders die roten Blutkörperchen. Zusatzmittel, die Sublimat enthalten, sind natürlich nichts weniger als indifferent und haben direkt fixierenden Charakter; hierzu gehören die HAYEMsche (89) Mischung: Aq. dest. 200,0, Nat. chlorat. 1,0, Natr. sulfur. 5,0, Hydrarg. bichlor. 0,5, die PA-

* LOCKE empfahl auch auf 100 *ccm* Wasser 0,02 $CaCl_2$, 0.01 KCl und NaCl: für Frösche 0,6 und für Säuger 0,9.

CINIsche Mischung: Aq. dest. 226,0, Nat. chlorat. 4,0, Hydrarg. bichlorat. 2,0, Glycerin 26,0 und die MARCANOsche Flüssigkeit: Lösung von Natr. sulf. vom spez. Gew. 1020 100 *ccm*, käufliches Formol 1 *ccm*. Auch das von HAYEM (99) später empfohlene Gemisch, das an Stelle des Sublimats 3—4 *ccm* einer Jodjodkaliumlösung (1 *g* Jodkali auf 20 *ccm* Wasser, dazu Jod im Überschuß) enthält, ist nicht einwandfrei. Als Verdünnungsmittel des Blutes lediglich zum Zwecke der Zählung der Zellen können aber diese Zusatzflüssigkeiten verwendet werden.

Eine ausgezeichnete Methode, die dem Blute nicht direkt Flüssigkeit zuführt, aber doch Ersatz verschafft für das durch die Verdunstung abgegebene Wasser, hat DEETJEN (00 u. 01 a) eingeführt; allerdings ist sie von diesem Autor für spezielle Zwecke der Blutplättchenuntersuchung empfohlen worden, sie ist aber sehr gut auch sonst verwendbar, besonders für das Studium der Leucocyten und ihrer Bewegung. Nach WEIDENREICH (08) verfährt man dabei folgendermaßen: Man stellt sich eine 1%ige Lösung von Agar her in 0,8%iger Kochsalzlösung, die zu je 3—5 *ccm* in sterile Reagenzgläser abgefüllt wird; die Agarlösung soll nicht älter als höchstens vier Wochen sein. Die erstarrte Masse wird bei Gebrauch in kochendem Wasser erhitzt und auf einer ebenen Glasplatte in nicht zu dünner Schicht ausgegossen; nach dem Erstarren schneidet man kleine viereckige Plättchen aus, die allseitig ein Stück kleiner als die Deckgläschen sind, die man verwendet; mit einem Deckglas nimmt man dann ein Tröpfchen Blut vom Finger ab und legt das Gläschen vorsichtig — ohne zu drücken oder zu schieben, den Tropfen natürlich nach unten — auf das Agarplättchen, worauf sich das Blut in dünner Schicht ausbreitet. Bei diesem Verfahren erleiden die Erythrocyten eine Formveränderung, da sie ziemlich platt gepreßt werden, dagegen heften sich die Leucocyten an das Deckglas an und kriechen dort herum, namentlich wenn man das Präparat auf einen heizbaren Objekttisch bringt oder in einen Thermostaten von entsprechender (ca. 37°) Temperatur. Eine Umrandung des Deckgläschens ist nicht gerade nötig, da aus dem Agar immer so viel Wasser entnommen wird als verdunstet; die Blutelemente erhalten sich so sehr lange unverändert und können ohne weiteren Zusatz untersucht werden. Auf die besondere Verwertbarkeit der Methode für die Fixation wird unten (siehe unter A I b 1 γ 2) hingewiesen werden.

γ) Mit besonderen technischen Hilfsmitteln. Die Blutelemente kann man natürlich auch mit der mikroskopischen Einrichtung der Dunkelfeldbeleuchtung und im ultravioletten Lichte beobachten und untersuchen. Bei beiden Verfahren hat man ein Präparat anzufertigen nach denselben Vorschriften, wie sie oben für das frische (native) Blutpräparat gegeben wurden. Die ältere Methode der Dunkelfeldbeleuchtung mit Abblendung im Objektiv und Wechselkondensor bei koaxialer Beleuchtung wurde von RAEHLMANN, von L. MICHAELIS (05) und von W. ROSENTHAL angewandt; in neuester Zeit ist durch die Einführung des ZEISSschen Paraboloidkondensors, der die Anwendung stärkster Trockensysteme ermöglicht, ein wesentlicher Fortschritt erzielt worden, ihn hat DIETRICH für die Blutuntersuchung nutzbar gemacht; der Spiegelkondensorvorrichtung hat sich LÖWIT (07) bedient.

Für die Beobachtung des Blutes im ultravioletten Licht ist die Anwendung von Quarzdeckgläschen und Quarzobjektträgern nötig. Das Verfahren wurde für frisches Blut von GRAWITZ und GRÜNEBERG benutzt, für fixiertes von SCHRÖTTER.

Auf die rein technischen Details und Vorschriften bei den beiden Untersuchungsmitteln kann natürlich hier nicht näher eingegangen werden; das Nähere darüber ist in den einschlägigen Arbeiten nachzusehen.

b) Fixierung des Blutes.

Die Fixierung des Blutes wird in der Weise vorgenommen, daß man einen Blutstropfen zuerst auf Deckglas oder Objektträger ausstreicht oder sich ausbreiten läßt und dann fixiert oder ihn direkt in fixierende Flüssigkeiten eintropft, oder endlich, indem man bluthaltige Gefäße genau wie andere Gewebsstücke fixiert. Am gebräuchlichsten ist die erstgenannte Methode.

1. Fixation nach Ausstreichen oder Ausbreitung.

Um die Blutelemente in dünner Schicht zu erhalten und sie andrerseits auch rascher fixieren zu können, hat man den Tropfen ursprünglich einfach auf einem Deckglas oder Objektträger ausgestrichen; um sie aber vor der rasch einsetzenden Wirkung der Wasserverdunstung zu bewahren, mußten die Blutkörperchen irgendwie fixiert werden. Eine einfache Fixierung stellt schon das Antrocknen der Blutschicht auf dem Glase dar, es genügt, um sich ganz im groben zu orientieren; zur genaueren Untersuchung ist aber nötig, die Eiweißsubstanzen zur Gerinnung zu bringen.

α) Antrocknen und nachfolgende Fixation.

Die Gerinnung der Eiweißsubstanzen wird am einfachsten durch Erhitzen erreicht; auf dieser Erfahrung beruht die Methode EHRLICHS, die sich auch heute noch großer Beliebtheit erfreut. Es muß aber darauf aufmerksam gemacht werden, daß das von dem Autor selbst (78/79) als „etwas roh" bezeichnete Verfahren anfänglich nur zum Nachweis chemischer Verbindungen gedacht war. Die Methode ist folgende (98): Zwei Deckgläser, nicht dicker als 0,1 *mm*, von nicht sprödem, leicht biegbarem und schlierenfreiem Glas, werden sehr sorgfältig gereinigt und durch Behandlung mit Äther und absolutem Alkohol entfettet. Das eine Deckglas wird in eine Schieberpinzette eingeklemmt und in der linken Hand bereit gehalten; die rechte Hand bringt eine zweite besondere Pinzette mit dem zweiten Deckglas an den Blutstropfen und hebt ihn, ohne den Finger zu berühren, ab; nun läßt man schnell das Gläschen mit dem Blutstropfen leicht auf das andere fallen. Nachdem der Tropfen sich in gleichmäßiger Schicht ausgebreitet hat, zieht man, ohne zu drücken oder zu heben, das obere Glas von dem unteren ab. Die Blutschicht läßt man nun an der Luft eintrocknen, was in 10—30 Sekunden geschehen ist.

Anstatt die beiden Deckgläser voneinander zu ziehen, kann man auch den Tropfen dadurch in dünner Schicht ausbreiten, daß man ihn mit einem Glasstab oder Deckglas auf einem Objektträger ausstreicht. Nach STERNBERG (05) berührt man im ersteren Falle den Tropfen mit einem dünnen, runden, vollkommen cylindrischen Glasstab, faßt den Objektträger an seinen beiden Schmalseiten mit der linken Hand und legt den Stab mit der beschickten Stelle an dem linken Ende des Objektträgers senkrecht zu dessen Längsachse auf, so daß sich der Tropfen längs des Stabes ausbreitet; nun führt man den Stab, ohne zu drücken oder ihn zu heben, rasch über den Objektträger nach rechts. JANSCO und ROSENBERGER nehmen den Tropfen mit der Kante eines Deckglases ab und stellen das Gläschen mit der Kante schräg geneigt derart auf einem anderen Deckglas oder einem Objektträger auf, daß der Blutstropfen im stumpfen Winkel sich ausbreitet; nun wird das schräg gestellte Glas so über das andere weggezogen, daß das Blut dem Glase nachfolgt; bei diesem Verfahren unterliegen die Zellen keinem direkten Druck oder Zug.

1. Fixation durch trockene Hitze. Nach EHRLICH und LAZARUS genügt es, die lufttrockenen Präparate für eine $^1/_2$—2 Minuten einer Temperatur von ca. 110° auszusetzen; man bedient sich dabei am einfachsten einer Kupferplatte auf einem Stativ, unter deren einem Ende eine Bunsenflamme brennt. Durch Auftropfen von Wasser, Toluol oder Xylol lassen sich leicht die Punkte ermitteln, wo die Temperatur der Platte dem Siedepunkte der betreffenden Flüssigkeit entspricht (Toluol: Siedepunkt 110°). Dieselben Autoren empfehlen auch den VIKTOR MEYERschen Toluolkochapparat, TÜRK besondere kupferne Brutkästchen.

2. Fixation durch chemische Mittel. An Stelle der Hitzefixation kann man auf die lufttrockenen Präparate auch die Dämpfe fixierender Reagenzien einwirken lassen; SCHMORL empfiehlt Osmiumsäure, DEETJEN (97) und GULLAND (99)

Formol, DOMINICI Joddämpfe. Von Flüssigkeiten finden besonders folgende Anwendung: Absoluter Alkohol — färbt man danach in einer alkoholischen Farblösung, so genügt eine Fixation von 5 Minuten —, bei Verwendung einer mehr wässerigen oder alkalischen Lösung, muß lange fixiert werden (TÜRK); eine Mischung von gleichen Teilen absolutem Alkohol und Äther empfahl NIKIFOROW bei einer Fixationsdauer von 1—2 Stunden, in 1%iger alkoholischer Lösung von Formalin fixiert BENARIO 1 Minute lang, in Aceton — besonders für Triacidfärbung — JAGIÇ 5 Minuten; in neuerer Zeit erfreut sich der reine und unverdünnte Methylalkohol großer Beliebtheit, die Fixationsdauer beträgt 3 bis allerlängstens 5 Minuten; auch die in der allgemeinen histologischen Technik gebräuchlichen Sublimat- und Osmiumlösungen und -gemische haben vielfach Anwendung gefunden.

β) Dampffixation und nachfolgendes Antrocknen.

Die Methode, das Blut erst anzutrocknen und dann für die nachfolgende Färbung zu fixieren, hat den Nachteil, daß durch das Antrocknen des nicht fixierten Blutes schon eine Schädigung eintritt, besonders wird dabei die natürliche Form der Erythrocyten stark deformiert. Es erscheint daher viel rationeller, die Blutelemente erst zu fixieren und dann auf dem Deckglas oder dem Objektträger nur zur bequemeren Manipulation zum Ankleben zu bringen. Dies Verfahren hat zuerst MALASSEZ (82) zur Anwendung gebracht, er verteilte Knochenmarksaft auf dem Objektträger und setzte den Ausstrich Osmiumdämpfen aus, JOLLY (02) benutzte diese Methode auch für das Blut, kam aber wieder davon ab, weil er keine gute Färbbarkeit danach erhielt. Dieser Nachteil ist jedoch leicht zu vermeiden, wenn man die Osmiumdämpfe nicht zu lange einwirken läßt. WEIDENREICH (06, 06b) verfährt folgendermaßen: Die gereinigten Objektträger werden für etwa 1—2 Minuten auf eine Glasschale gelegt, in die man einige Kubikzentimeter einer 1%igen Osmiumsäurelösung gegeben hat; dann streicht man den eben austretenden Blutstropfen rasch in einer engen Spiraltour — ohne zu stark zu drücken — auf der den Dämpfen ausgesetzt gewesenen Seite des Objektträgers aus und bringt diesen wieder für höchstens 30 Sekunden — es genügen 20 meist völlig — auf die Schale zurück, die bestrichene Seite natürlich den Dämpfen zugekehrt; nach Ablauf der angegebenen Zeit entfernt man den Objektträger und läßt die Blutschicht antrocknen. Es läßt sich danach mit jeder beliebigen Farbe und Farbmischung färben. Vor allem hat man zu vermeiden, daß eine länger dauernde Einwirkung der Osmiumdämpfe stattfindet, weil dann die Färbbarkeit stark leidet, etwas läßt sich diese dann wieder dadurch verbessern, daß man die Präparate etwa 1 Minute lang in eine hellrote Lösung von Kaliumpermanganat bringt und dann abwäscht. Um Kernstrukturen deutlicher hervortreten zu lassen, kann man der Osmiumsäure Eisessig zusetzen, vielleicht 2 Tropfen auf 1 *ccm*; zuviel Eisessig macht das Blut lackfarben. Der große Vorteil dieser Osmiumdampffixation besteht darin, daß sie stets gelingt und nur wenig Übung erfordert, was gerade von den üblichen Trockenmethoden nicht gesagt werden kann, daß sie ferner vor allem alle Blutelemente in hervorragender Weise zur Darstellung bringt: die Erythrocyten in ihrer natürlichen Napfform und die Leucocyten mit Kernen, Granulationen und Centrum, und daß sie endlich jede Art von Färbung ermöglicht. Für den Gebrauch im Laboratorium und am Krankenbett hat HAMM eine praktische Fixationsröhre eingeführt, die aus einer weiten Glasröhre mit eingeschliffenem Glasstöpsel und abgesetzter Kuppe besteht, die Kuppe wird mit Glaswolle gefüllt, die mit der Osmiumsäure imprägniert wird, in die eigentliche Röhre kommt der Objektträger; die Vorrichtung ist von J. MESCHENMOSER in Straßburg i. E., Reibeisengasse, zu beziehen. Statt der Osmiumsäure lassen sich auch Formalindämpfe benutzen, besonders für Amphibienblut vorzuziehen!

γ) Feuchte Fixation.

Für manche Zwecke, namentlich für speziellere Darstellungen der Leucocyten, erreicht man mehr, wenn die Blutelemente nicht zum Eintrocknen gebracht, sondern mit Fixierungsflüssigkeiten in feuchtem Zustande behandelt werden. Man kann dabei in doppelter Weise vorgehen, entweder indem man das Blut ausstreicht und dann Deckglas oder Objektträger sofort in die Fixierungsflüssigkeit überführt oder indem man das Blut sich zwischen Deckglas und einem imbibierbaren Medium ausbreiten läßt.

1. Eintauchen in Flüssigkeiten: MUIR legt die feuchten Deckglaspräparate auf eine warme konzentrierte Sublimatlösung für eine halbe Stunde auf, wäscht dann ab und behandelt die Präparate mit immer stärkerem Alkohol. GULLAND (97) verteilt den Blutstropfen auf zwei Deckgläschen, zieht sie voneinander ab und legt sie für 3—4 Minuten auf folgende Mischung: Abs. Alkohol und Äther je 25 *ccm*, dazu 5 Tropfen Sublimatlösung in abs. Alkohol (2,0 : 10,0); dann wird abgewaschen und gefärbt; statt dieser Mischung empfiehlt der Autor noch 5 Minuten lange Fixation in 10 Teilen Formol und 90 Teilen Alkohol. JOLLY (02) bringt den Objektträger mit der noch feuchten Blutschicht für 10—15 Minuten in FLEMMINGsche Lösung, BLUMENTHAL empfiehlt neben dieser Lösung besonders die Fixation in der HERRMANNschen Flüssigkeit für 24 Stunden. In neuerer Zeit hat MARCHAND (08) wieder gegenüber der Fixation durch Antrocknen auf die Vorteile der feuchten Fixation aufmerksam gemacht; er rät die Abstrichpräparate sofort auf Deckglas oder Objektträger in die Fixierungsflüssigkeit zu bringen, und zwar in FLEMMINGsche oder ZENKERsche Lösung oder Formol oder Alkohol; bei Anwendung reiner Sublimatlösung löse sich die fixierte Schicht leichter ab.

2. Ausbreiten auf imbibierbaren Medien. Ganz ausgezeichnete Resultate erhält man, wenn man das Blut erst in sehr dünner Schicht zur Ausbreitung bringt und dann feucht mit rasch wirkenden Reagenzien fixiert, ohne die Elemente irgendwie durch Zug oder Druck gefährden zu müssen. Dies erreicht man durch die von DEETJEN (00, 01 a) angegebene Agarmethode, die ursprünglich nur für das Studium der Blutplättchen bestimmt war, aber nach WEIDENREICHS (08) Angaben für alle zelligen Elemente Vorzügliches leistet. Das Verfahren ist oben schon (siehe unter I *a*, 2 β) für die Untersuchung frischen Blutes geschildert worden. Will man das Blut fixieren, so läßt man einige Zeit nach Anfertigung des Präparates, wenn die Leucocyten schon begonnen haben am Deckglase hinzukriechen, nach zirka 5—10 Minuten mit einer Pipette einige Tropfen einer einprozentigen Osmiumsäurelösung unter den über das Agarplättchen vorstehenden Rand des Deckglases fließen, ohne aber dabei das Deckglas selbst zu berühren. Nach etwa 5 Minuten hebt man das Deckglas sorgfältig ab, spült kurz mit Wasser ab und trägt dann, ohne eintrocknen zu lassen, sofort die Farblösung auf. Besonders schön werden so die Leucocyten fixiert, die Erythrocyten sind dabei wie bei den gewöhnlichen Trockenmethoden plattgedrückt, lassen aber etwaige morphologische Details, wie Kerne und Kernreste, ausgezeichnet erkennen und studieren. Neben der Osmiumdampffixation leistet diese Methode das Beste und weit mehr als alle anderen Blutausstrich- oder Ausbreitungsverfahren, allerdings gilt das nur für Säugerblut.

2. Eintropfen in fixierende Flüssigkeiten.

Größere Mengen von Blut lassen sich dadurch fixieren, daß man sie in die fixierenden Flüssigkeiten einträufeln läßt. Das Verfahren hat allerdings den Nachteil, daß dabei die roten Blutkörperchen meist starke Formveränderung erleiden und die weißen ihres contrahierten Zustandes wegen wenig deutliche Bilder geben und daß vor allem auch die weitere Behandlung des Färbens etc. recht umständlich ist. BIONDI träufelt 2 Tropfen Blut in 5 *ccm* einer 2%igen Osmiumsäurelösung, mischt durch Hin- und Herbewegen, läßt dann das Ganze stehen und das

Blut sich absetzen; nach 24 Stunden entnimmt er mit einer Pipette einige Tropfen des Bodensatzes und führt sie in eine warme Agar-Agar-Gelatine, deren Bereitung hier des Raumes wegen nicht angegeben werden kann; man läßt in Papierkästchen erstarren, führt in 85%igen Alkohol über und schneidet in Hollundermark oder bettet erst in Paraffin ein. FLESCH läßt das Blut 1—24 Stunden in der 1—2%igen Osmiumsäurelösung und bewahrt es dann in Liquor Kalii acetici auf. ROSSI tropft Herzblut in eine 1—1½%ige Lösung von Osmiumsäurelösung ein und färbt gleich durch Zusatz von Methylgrün; um Dauerpräparate zu erhalten, gibt er allmählich Glycerin hinzu. SPRONCK träufelt Blut aus der Fingerbeere in ein Reagenzglas, das 10 *ccm* FLEMMINGsche Lösung enthält; nach 24 Stunden wird das Fixationsmittel abgegossen und durch Wasser ersetzt, dann wird das Blut allmählich in Alkohol überführt und zuletzt in eine dicke Lösung von Celloidin gebracht; diese wird auf einen Kork aufgeträufelt und nach dem Festwerden in Alkohol geschnitten. ARNOLD (97) geht ganz ähnlich vor, nur nimmt er 1%ige Osmiumsäure und gießt das Celloidin in dünner Schicht auf einer Glasplatte aus; die feinen Membranen hebt er mit Wasser von dem Glas ab und färbt sie. EWALD bringt das Fixationsmittel schon auf die Einschnittstelle, auf 3 bis 4 Tropfen Blut kommen 10 *ccm* Flüssigkeit, und zwar für Amphibien und Reptilien eine ½%ige Osmiumsäurelösung in 0,6 Kochsalzlösung, für Säuger das gleiche in 0,9 Kochsalzlösung; nach 24 Stunden hebert er mit dem Capillarheber die Flüssigkeit ab, ersetzt sie durch Wasser und bewahrt das Blut in 50%igem Alkohol auf. DEKHUYZEN (01) läßt das Blut in eine Mischung („Osmacet") einlaufen, die 3 oder 9 Volumteile 2%iger Osmiumsäurelösung und 1 Volum einer 6%igen Essigsäure enthält, der ⅛% Methylenblau zugesetzt wird. SCHAUDINN fixiert das Blut in einem 60—70° warmen HERMANNschen Gemisch, centrifugiert sofort, wäscht aus und untersucht nach Färbung in Glycerin, Kaliumacetat oder Cedernöl; zur Fixation benutzt er auch ein Gemisch von 2 Teilen gesättigter Sublimatlösung und 1 Teil abs. Alkohol. BARJON und REGAUD lassen das Blut 5 bis 10 Minuten in der Osmiumsäure und führen es mittelst der Centrifuge allmählich in offizinelles, zehnfach verdünntes Collodium über.

3. Fixation von Blutgefäßen mit Inhalt.

Die Untersuchung des Blutes kann auch in der Weise vorgenommen werden, daß man es im Herzen oder in den Gefäßen eingeschlossen fixiert. Selbstverständlich müssen dabei die betreffenden Gefäßabschnitte an beiden Enden unterbunden werden. Die Fixation kann mit den üblichen histologischen Fixationsmitteln vorgenommen werden, die Stücke werden in Celloidin oder Paraffin eingebettet und wie Organstücke geschnitten und weiter behandelt. SPRONCK empfiehlt besonders die Venen zu diesem Zwecke zu benutzen und speziell die Vena cava inf. Die Methode findet vor allem Anwendung beim Studium der Thrombose. EBERTH und SCHIMMELBUSCH fixieren die Gefäßstücke für einige Tage in 60%igem Alkohol, bringen sie dann auf 8 Tage in 90%igen, entwässern 1—2 Tage in abs. Alkohol und betten in Celloidin ein. SCHWALBE (05) härtet in MUELLERscher Flüssigkeit mit Formol- oder Sublimatzusatz; die Einbettung geschieht in Paraffin, die Dicke der Schnitte beträgt 2,5—7,5 μ.

c) Färbungsmethoden.

Die Blutelemente können entweder im unfixierten Zustande durch Farbstoffzusatz deutlicher gemacht werden, sogenannte vitale Färbung, oder nach der Fixation gefärbt werden. Verfolgt man nicht ganz bestimmte Zwecke, so bedient man sich der zuletzt genannten Methode.

1. Vitale Färbung.

Auf die Theorie dieser Färbung kann nicht eingegangen werden; es sei dafür auf das entsprechende Kapitel: „Vitale Färbung" hingewiesen, wo auch das Nähere über die Natur der Farbstoffe nachzusehen ist.

Wegen der leichten Schädigung der Blutelemente empfiehlt es sich nicht, den Farbstoff in Lösung dem frischen Blutpräparat zuzusetzen; wie schon oben hervorgehoben wurde, ist auch die gewöhnliche sogenannte physiologische Kochsalzlösung nicht indifferent; alkoholische Lösungen sind selbstverständlich durchaus zu vermeiden. Die Färbung geschieht jetzt meist in der Weise, daß man den trockenen oder angetrockneten Farbstoff in möglichst feiner Verteilung dem frischen Präparate zusetzt. PAPPENHEIM (95) brachte zuerst eine minimale Spur trockener Farbe (Neutralrot) auf den Objektträger, legte darauf das Deckglas mit dem Blutstropfen und umrandete mit Wachs. ARNOLD (96 a) bestreute seine Hollundermarkplättchen mit den Farbstoffkörnchen. WOLFF löste die Farbe in dem DEETJENschen Agarboden und führte ihn so dem Blute zu. LEVADITI (01) empfahl dann mit einer alkoholischen Lösung der Farbe das Deckglas zu bestreichen und nach dem Trocknen damit in der üblichen Weise ein Blutpräparat anzufertigen, ebenso verfährt NAKANISHI. ROSIN und BIBERGEIL (04) benetzen eine Kante eines Deckgläschens mit der Farblösung und stellen sie dann so auf die Fläche eines zweiten zu färbenden, daß das eine über die Fläche des anderen schräg geneigt hinweggezogen werden kann; die Farblösung soll dabei der hinübergleitenden Kante nachfolgen; die Farbe darf nur wie ein Hauch auf dem Gläschen sitzen; nach dem Trocknen erfolgt die Ausbreitung des Blutstropfens in der gleichen Weise wie das Auftragen der Farbe. Das Präparat muß vor Verdunstung geschützt werden, was man am besten durch Umranden mit warmem, rasch erstarrendem Paraffin erreicht. Das Verfahren gelingt auch, wenn man weniger sorgfältig mit der Ausbreitung der Farbe verfährt; es genügt für die meisten Zwecke, die Farblösung auf das Deckglas gleichmäßig mit einem Glasstab aufzutragen und nach dem Trocknen den Blutstropfen mit dem beschickten Gläschen aufzunehmen und auf den Objektträger zu legen, dann umrandet man rasch mit Paraffin.

Vitalgefärbte Präparate lassen sich auch durch nachträgliche Fixation zu Dauerpräparaten machen. ROSIN und BIBERGEIL (04) verfahren dabei folgendermaßen: In eine Petrischale bringt man 1%ige Osmiumsäure und deckt eine zweite Glasschale darüber, dann hebt man das Deckgläschen, auf dem noch das Immersionsöl der Untersuchung haftet, ab und klebt es mit diesem Tropfen an die Unterseite der als Deckel dienenden Glasschale; die Fixation ist beendet, wenn das Präparat eine opake Färbung annimmt, nach 10—15 Sekunden; dann reinigt man das Präparat von Öl oder auch von dem von der Umrandung herrührenden Vaselin und schließt in Canadabalsam ein. Hat man das vitale Präparat in der oben zuletzt beschriebenen Weise angefertigt, so verfährt man einfacher: Das erstarrte Paraffin wird vorsichtig mit einem Messer an den Deckglaskanten abgeschabt, dann das Deckgläschen rasch abgehoben und über Osmiumdämpfe für etwa eine halbe Minute gehalten; die Farbe wird nun fixiert, indem man die trocken gewordene Blutschicht mit einer 10%igen wässerigen Ammoniummolybdatlösung übergießt und dann mit Wasser abspült, danach läßt sich noch eine Kontrastfärbung vornehmen; man schließt in Balsam ein, nachdem man den Rest des Paraffins entfernt hat (WEIDENREICH, 06 b).

Die Farbstoffe, die hauptsächlich zur vitalen Färbung des Blutes Verwendung finden, sind die folgenden: Methylenblau, Toluidinblau, Thionin, Brillantkresylblau, Dahlia, Methylenazur, Gentianaviolett, Methylviolett, Neutralviolett, Neutralrot, Fuchsin, Pyronin, Safranin, Methylgrün.

2. Allgemeine Färbungsmethoden des fixierten Objektes.

Die meisten der oben besprochenen Fixierungen gestatten die Blutelemente in der verschiedensten Weise zu färben; einzelne Fixationsmethoden machen die Anwendung ganz bestimmter Farbstoffe notwendig, wie es auch für die allgemeine histologische Technik gilt; so tingieren sich in FLEMMINGscher oder HERMANNscher Lösung, besonders nach dem feuchten Verfahren, fixierte Präparate am besten mit Safranin.

Hämatoxylin-Eosin. Einen allgemeinen Überblick über die Blutelemente verschafft man sich am einfachsten durch die Färbung mit Hämatoxylin-Eosin, die besonders auch für das morphologische Studium der Leucocytenkerne zu empfehlen ist. Die Färbung gelingt sowohl nach den üblichen Trockenmethoden der Fixation wie auch besonders nach der Osmiumdampffixation. Von den verschiedenen Hämatoxylinfarbstoffen verdient das Hämalaun den Vorzug; am besten färbt man zweizeitig, d. h. erst mit Hämalaun, danach erst mit Eosin; die Resultate sind besser als bei einzeitiger Färbung mit EHRLICHS Hämatoxylin-Eosingemisch (98). Das Eosin verwendet man in alkoholischer oder wässeriger Lösung: französisches, reines Eosin 1,0, abs. Alkohol 140,0, Aq. dest. 60,0 oder Eosin BA Höchst 0,2, Aq. dest. 200,0.

Eosin-Methylenblau. Die zweite Hauptmethode ist die Färbung mit Eosin und Methylenblau; mit dieser Färbung werden nicht nur alle Blutelemente dargestellt, sondern man erhält auch die verschiedenen Granula der Leucocyten in ihren verschiedenen Farbennuancen. EHRLICH (98) empfahl für diesen Zweck die CHENZINSKYsche Lösung: Konzentrierte wässerige Methylenblaulösung 40 *ccm*, $^1/_2$%ige Eosinlösung in 70%igem Alkohol 20 *ccm*, Aq. dest. 40 *ccm*; die Lösung ist vor dem Gebrauch zu filtrieren, Dauer der Färbung 6—24 Stunden im Brutschrank. Die hierbei auftretenden Farbstoffniederschläge werden vermieden, wenn Essigsäure oder Aceton zugesetzt wird; dieser Forderung entsprechen die vielfach angewendeten Farbmischungen von v. WILLEBRAND und L. MICHAELIS (99); die Methode des ersteren ist folgende: Man mischt gleiche Teile einer 0,5%igen Eosinlösung in 70%igem Alkohol und einer konzentrierten wässerigen Methylenblaulösung, hierzu setzt man 1%ige Essigsäure, und zwar 10—15 Tropfen auf 50 *ccm*, bis ein rötlicher Farbton eintritt; die Lösung muß vor Gebrauch stets filtriert werden. MICHAELIS fertigt zwei Stammlösungen an: I. 1%ige wässerige Lösung von reinem Methylenblau 20 *ccm* und Alkohol abs. 20 *ccm*, II. 1%ige wässerige Lösung von reinem Eosin 22 *ccm*, Aceton rein 28 *ccm*; je 1 *ccm* von I und II werden zusammengegossen und $^1/_2$—10 Minuten unter Kontrollieren gefärbt. Man kann auch hier zweizeitig färben. TÜRK empfiehlt folgendermaßen vorzugehen: Zuerst Färbung in einer $^1/_2$%igen Eosinlösung in 60—70%igem Alkohol 3—5 Minuten lang, Abspülen und Trocknen, einige Male über der Bunsenflamme leicht erwärmen, Nachfärbung mit 1%iger wässeriger Lösung von Methylenblau B. pat. $^1/_2$—1 Minute lang, Abspülen, Trocknen, Einschließen.

Eine ausgedehnte Verwendung namentlich für klinische Zwecke haben die Färbungsmethoden gefunden, bei denen die Farbstoffe in einem Mittel gelöst sind, das gleichzeitig die Blutpräparate, wenn sie nach der gewöhnlichen Trockenmethode hergestellt sind, fixiert; dieses Mittel ist vor allem der Methylalkohol. Die hauptsächlichsten Methoden sind die nach JENNER und MAY-GRUENWALD; die Farbmischung ist hierbei das eosinsaure Methylenblau. Die Farblösungen sind fertig aus den bekannten Quellen zu beziehen (z. B. Gruebler). Nach JENNER wird der Farbstoff in der Weise hergestellt, daß man gleiche Teile einer 1,25%igen Lösung von GRUEBLERS wasserlöslichem, gelbem Eosin und einer 1%igen Lösung von Methylenblau medic. in einer offenen Schale zusammenmischt und umrührt; dann läßt man 24 Stunden stehen, filtriert, wäscht das Filtrat und trocknet es; für den Gebrauch werden 0,5 *g* dieses Pulvers in 100 *ccm* reinem Methylalkohol gelöst und filtriert. MAY und GRUENWALD verfahren ganz ähnlich; nur nehmen sie von Eosin und Methylenblau je eine 1%ige Lösung und stellen dann eine konzentrierte Lösung des trockenen Pulvers in Methylalkohol her; die Präparate werden 2 Minuten und länger gefärbt und in destilliertem Wasser abgespült, dem einige Tropfen der Farblösung zugesetzt werden. Eine neuere Variante MAYS (06) besteht darin, daß er in einer $^1/_4$%igen methylalkoholischen Lösung des Pulvers färbt, danach 1 Minute lang in destilliertem Wasser auswäscht und dann mit einer $^1/_2$%igen Methylenazurlösung 2—4 Minuten lang nachfärbt.

Romanowsky-Färbungen. Ganz ausgezeichnete Färbungen und gleichzeitige Darstellung aller wesentlichen Strukturbesonderheiten der Blutelemente erhält man durch die Färbungsmethoden, die an die Beobachtung ROMANOWSKYS anknüpfen, wonach bei Mischung von Eosin- und Methylenblaulösungen ein neuer Farbstoff auftritt, dessen Entstehen, wie die Untersuchungen weiterhin ergaben, ein bestimmtes Mischungsverhältnis der beiden Farben zur Voraussetzung hat; dieser Farbstoff ist das eosinsaure Salz des Methylenazur. GIEMSA ist es geglückt, den Farbstoff (Azur) rein darzustellen; da diese Färbung gegenüber allen anderen Varianten die größte Sicherheit des Gelingens bietet und die schönsten Präparate liefert, sei sie allein hier ausführlicher besprochen: Azur II (fertig als Farbstoff von Gruebler zu beziehen) 3 *g* und Eosin BA 0,8 *g* werden durch ein feines Seidensieb zerrieben und in 250 *ccm* chemisch reinem Glycerin (Merck) gelöst, bei 60° dauert dies ca. 1 Stunde; nach dem Erkalten setzt man 250 *ccm* Methylalkohol (KAHLBAUM I) hinzu. Diese Mischung ist am besten gleich zum Gebrauche fertig von Gruebler zu beziehen. Man verdünnt die Lösung, und zwar meist so, daß auf 1 *ccm* destillierten Wassers 1 Tropfen kommt; diese Verdünnung ist stets unmittelbar vor dem Gebrauch frisch zu bereiten und danach wegzugießen. Man färbt 15 Minuten bis 24 Stunden, eine Überfärbung tritt kaum ein, Abspülen in Wasser, Trocknen, Einschließen. Für Amphibienblut ist eine viel stärkere Verdünnung (c. 1 Tropfen Farbe auf 3 *ccm* Wasser) nötig.

Auf die älteren vielfachen Varianten der ROMANOWSKYschen Färbung kann hier nicht näher eingegangen werden; sie besitzen, nachdem wir in der Giemsalösung eine zuverlässige Methode haben, nur noch mehr theoretisches und historisches Interesse. Wer sich besonders dafür interessiert, sei auf TÜRKS ausführliche Zusammenstellung hingewiesen; verschiedene gelegentlich gebrauchte Methoden seien hier aber nach den Namen ihrer Autoren aufgezählt, mit Hilfe des Literaturnachweises können die betreffenden Originale leicht eingesehen werden: ZIEMANN (98), NOCHT (98), ZIEMANN (98 a), NOCHT (99), REUTER, L. MICHAELIS (01), RUGE, NOCHT (03), MAURER, LEISHMAN. Näheres ist auch in dem Abschnitt „Blutparasiten" und „Neutrale Farbstoffe" enthalten.

Ganz ausgezeichnet bewährt sich die Giemsalösung bei vorausgegangener Fixation der Blutpräparate nach der oben geschilderten Osmiumräucherung oder der Osmiumfixation auf Agarplättchen. Die roten Blutkörperchen sind dabei grünlich gefärbt, ihre etwa vorhandenen Kerne oder Kernreste ebenso wie die Kerne der Leucocyten blauviolett, die Centrosomen der Leucocyten dunkelblau, die eosinophilen Granulationen und ebenso die neutrophilen in verschiedener Nuance des Rotvioletts, die körnige Substanz der Blutplättchen ebenfalls rotviolett, die Granula der Mastleucocyten sind blauviolett. Da alle Details bei der einfachen Färbung mit der verdünnten, fertig zu beziehenden Lösung in ein und demselben Präparat nachzuweisen sind, da ferner die Färbung ebenso wie die Osmiumfixationen außerordentlich leicht gelingen, so können die beiden Verfahren der Fixation und Färbung als die zuverlässigsten und universellsten bezeichnet werden. Besonders empfehlenswert ist die Färbung nach vorausgegangener Osmiumdampffixation für Kurszwecke, da sie nicht nur jedem Anfänger leicht gelingt, sondern auch das kürzeste Verfahren für die Gewinnung guter Blutpräparate ist.

Speziellere Färbungen sind unten (unter *A*, II, *b*) beschrieben.

II. Spezielle Untersuchungsmethoden.

a) Methoden zur Gewinnung bestimmter Blutelemente.

1. Rote Blutkörperchen.

Um rote Blutkörperchen für die Zwecke der histologischen Untersuchung zu gewinnen, bedarf es keiner besonderen Verfahren; es genügt, Blutpräparate in der Weise herzustellen, wie es oben bei den allgemeinen Methoden besprochen wurde. Will man Erythrocyten in etwas größeren Mengen und möglichst frei von anderen zelligen Blutelementen haben, so entnimmt man Blut bei größeren Tieren aus der Ohrvene, beim Menschen durch Punktion einer Armvene und defibriniert es in der üblichen Weise durch Schlagen mit einem Holzstab; kleineren Tieren durchschneidet man die Carotiden. Das defibrinierte Blut läßt man in einem Meßcylinder längere Zeit in der Kälte ruhig stehen, wodurch eine Sedimentierung der corpusculären Elemente derart eintritt, daß die roten Blutkörperchen eine so gut wie reine Unterschicht bilden. Auch nach mehrstündigem Stehen zeigen die meisten Erythrocyten keine Veränderung und lassen noch ihre natürliche Napfform erkennen. Eine raschere Absetzung erreicht man durch Centrifugieren. Anstatt zu defibrinieren, gerinnungshemmende Substanzen dem Blute beizusetzen, ist nur dann ratsam, wenn man keine spezielleren histologischen Zwecke bei der Untersuchung verfolgt; die Gerinnung verhindert man durch Zusatz einer 10%igen wässerigen Lösung von Ammoniumoxalat (ca. 50 *ccm* auf 1 Liter) oder durch Mischung 1 Volumens gesättigter Magnesiumsulfatlösung mit 3 Volumina Blut; oder man kann Natrium- oder Kaliumoxalat in Pulverform mit dem Blut vermengen, und zwar in einem Verhältnis, daß das Blut 0,1% Oxalat enthält, von Natriumfluorid nimmt man ca. 2,0 *g* und von Natriumcitrat (in Tablettenform zu beziehen) ca. 4,0 *g* auf 1 Liter.

2. Weiße Blutkörperchen.

Weiße Blutkörperchen können in größeren Mengen gleichfalls auf dem eben beschriebenen Wege der Sedimentierung gewonnen werden: sie sammeln sich beim Absetzen in verhältnismäßig reiner Schicht an der Grenze zwischen Serum und der roten Blutkörperchenmasse an; die betreffende Zone ist durch ihr grauweißliches Aussehen charakterisiert. Mit Hilfe einer Pipette lassen sich die Zellen leicht zur Untersuchung in reichlicher Menge herausnehmen. Noch reiner sind sie zu gewinnen, wenn man nach dem Absetzen Serum und Leucocytenschicht centrifugiert; HAMBURGER und HEKMA centrifugieren 5 Minuten lang mit einer Wassercentrifuge von 600—800 Touren in der Minute.

Die eigentlichen Lymphzellen (Lymphocyten der verschiedenen Größen) können nahezu rein und reichlich unschwer direkt dem Ductus thoracicus entnommen werden. Bei größeren Tieren, z. B. Hunden, verfährt man dabei in der Weise, daß man den Ductus an seiner Einmündungsstelle in den Venenwinkel freilegt und eine kleine Kanüle einlegt; für weniger große Mengen schneidet man das Lymphgefäß ein und faßt die zellenhaltige Flüssigkeit mit Pipetten auf. Kleinere Tiere tötet man am besten mit Chloroform und eröffnet dann vorsichtig, ohne die größeren Gefäße zu verletzen, die linke Pleurahöhle, wälzt die Lunge nach der rechten Seite und tupft die Höhle sauber mit Watte aus; der Ductus thoracicus ist im Mediastinalraum ohne weiteres, besonders gut bei Kaninchen, als weißlicher, knotiger Strang sichtbar; man schneidet ihn ein und faßt die Flüssigkeit mit einer Pipette auf (WEIDENREICH, 09). Die Zellen der serösen Höhlen gewinnt man dadurch, daß man beim toten Tier die betreffenden Höhlen unter möglichster Vermeidung einer größeren Blutung eröffnet und mit Glascapillaren oder feinen Pipetten die Flüssigkeit aufsaugt. Will man das Tier am Leben erhalten, so muß man aseptisch verfahren; man rasiert die betreffende Hautstelle, wäscht mit Alkohol und Sublimat ab und durchsticht die Haut- und Muskelschicht mit einem starken Troicart, in die Öffnung führt man eine sterile feine Pipette ein und saugt die Flüssigkeit auf. Zur weiteren histologischen Untersuchung der so gewonnenen Flüssigkeit verfährt man, je nach dem Zwecke, den man verfolgt, genau wie beim Blut.

Größere Mengen von weißen Blutkörperchen lassen sich auch dadurch gewinnen, daß man eine Entzündung auslöst und so leucocytenreiche Exsudate erzeugt. Das einfachste Verfahren besteht darin, daß man reizende Stoffe in das subcutane Gewebe oder besser in die serösen Höhlen einspritzt. Viel verwendet wird zu diesem Zwecke sterile Aleuronataufschwemmung. NEISSER und WECHS-

BERG schwemmen Aleuronat (Merck) in einer 0,85%igen Kochsalzlösung im Verhältnis 3 : 40 auf, sterilisieren und spritzen 7—12 *ccm* einem Kaninchen in die Pleurahöhle; nach 24 Stunden kann das Exsudat entnommen werden. OPIE empfiehlt eine intraperitoneale Injektion einer Aufschwemmung von 5,0 *g* Aleuronat und 15,0 *g* Stärke in 100,0 *g* Wasser. An Stelle von Aleuronat lassen sich auch andere sterilisierte Substanzen einspritzen, so Aufschwemmungen von Lycopodiumkörnern, Zinnober und Tusche oder von artfremden Erythrocyten in isotonischer Kochsalzlösung. Leucocytenexsudate erhält man auch schon nach einfacher Einspritzung von isotonischer Salzlösung oder steriler Bouillon in die Peritonealhöhle (5—10 *ccm*, je nach der Größe des Tieres). Die Entnahme geschieht in der oben für die Zellen der serösen Höhle geschilderten Weise nach Ablauf von 12 bis 24 Stunden.

Schwieriger ist es, bestimmte Leucocytenformen zu gewinnen. Für Lymphocyten genügt die Lymphe; feingranulierte, sogenannte polymorphkernige Leucocyten sind stets in überwiegender Menge in den auf die bezeichnete Weise gewonnenen Exsudaten vorhanden. Exsudate mit vorwiegend eosinophilen Leucocyten erhält man, wenn man nach dem Vorgange STSCHASTNYIS Meerschweinchen oder Kaninchen artfremde Erythrocyten (2—4 *ccm* einer 25%igen Aufschwemmung in 0,9%iger Kochsalzlösung) in Abständen von 5—7 Tagen vier- oder fünfmal intraperitoneal einspritzt.

TARRASEWITSCH empfiehlt zur Gewinnung von polynucleären Leucocyten subcutane Injektionen von Silbernitrat, zur Gewinnung lymphocytärer Elemente ebensolche von Terpentinöl.

Beim Frosch lassen sich Einspritzungen auch in den Rückenlymphsack ausführen. Zur Gewinnung von Leucocyten verfährt hier ARNOLD (96 a) so, daß er mit dem Mikrotom fein geschnittene und in kochender 0,6%iger Kochsalzlösung sterilisierte Hollundermarkplättchen in den Lymphsack schiebt; nach wenigen Stunden sind die Maschen mit Leucocyten gefüllt; man nimmt das Plättchen heraus und beobachtet unter den nötigen Kautelen (siehe oben unter I, *a*, 2, *α*) direkt oder fixiert das ganze Plättchen und färbt.

Um in Deckglaspräparaten von Blut die Leucocyten mehr von den roten zu isolieren oder sie mehr hervortreten zu lassen, kann man dem Blutstropfen unter dem Deckglas einen Tropfen Essigsäure zusetzen; die roten Blutkörperchen werden durch den Verlust des Hämoglobins undeutlich und die Kerne der weißen treten scharf hervor. Macht man Präparate nach der oben (siehe unter I, *a*, 2, *β*) beschriebenen Agarmethode, so werden die weißen Elemente dadurch aus dem Präparate mehr herausgehoben, daß sie an dem Deckglase hinkriechend durch die nachfolgende Fixierung dort festkleben, während die Erythrocyten durch das gleiche Reagens weggespült werden. Auch darauf sei aufmerksam gemacht, daß man bei den Ausstrichpräparaten die Leucocyten besonders an den Rändern des Ausstrichs und an seinem Ende angehäuft findet. Um die Leucocyten an einer Stelle des Präparates anzusammeln, geht PLATO folgendermaßen vor: Auf einen Objektträger gibt man einen Tropfen Kochsalzlösung (Neutralrotlösung) und bringt in ihn einige feinste Fäserchen Fließpapier; dann setzt man dem Tropfen ein Tröpfchen Blut zu und bläst durch ein feines Glasröhrchen gegen das Tröpfchen, so daß in ihm eine Wirbelbewegung entsteht; nach Auflegen des Deckglases saugt man von einer Seite mit Fließpapier ab und läßt von der anderen Salzlösung zufließen; dadurch werden die Erythrocyten weggeschwemmt und die Leucocyten bleiben an den Fäserchen hängen.

3. Blutplättchen.

Blutplättchen lassen sich in größerer Menge gewinnen, wenn man die Gerinnung des Blutes verhindert; man kann sich dazu der Kälte oder chemischer Stoffe bedienen. BÜRKER (08) geht bei dem Kälteverfahren in folgender Weise vor: Innen paraffinierte Meßcylinder von 10 *ccm* werden in ein Gefäß gestellt und hoch herauf mit Eisstückchen umgeben; sind sie auf ca. 0° abgekühlt, dann führt man in die Carotis eines narkotisierten Tieres eine innen paraffinierte Kanüle ein und läßt das Blut in die Meßcylinder einfließen und ruhig stehen; nach einiger Zeit ist eine Sedimentierung eingetreten, die oberste Schicht der Blutsäule besteht aus einer farblosen kleisterartigen Masse, die aus einer ungeheuren Zahl von Blutplättchen besteht. Als gerinnungshemmende chemische Stoffe kommen die oben bezeichneten Mittel in Anwendung; das Blut wird mit ihnen vermischt und bleibt 24 Stunden in einem hohen Meßcylinder stehen; nach dem Vorgang von SCHITTENHELM und BODONG hebert man die oberste Serumschicht ab und centrifugiert längere Zeit mit einer Centrifuge von ca. 4000 Touren in der Minute, der Bodensatz bleibt unberücksichtigt und die darüber stehende Flüssigkeit wird erneut centrifugiert; der nun entstehende Bodensatz soll ausschließlich aus Blutplättchen bestehen; die genannten Autoren benutzten ihn, um auf chemischem Wege Kernsubstanzen in den Plättchen nachzuweisen. Nachprüfungen haben mir (WEIDENREICH) ergeben, daß man nicht einmal bei dreimaligem Centrifugieren die Blutplättchen absolut rein erhält, sondern stets mehr oder weniger mit Leucocyten vermischt, auf deren Vorhandensein auch der chemische Nachweis von Kernsubstanzen zurückzuführen ist. Für histologische Zwecke ist die Methode eher brauchbar.

Ein weiteres Verfahren zur Darstellung größerer Blutplättchenmengen rührt gleichfalls von BÜRKER (04, 08) her: Ein Stück Paraffin wird durch Abschaben mit der Kante eines Objektträgers geglättet; aus einer nicht zu kleinen Hautwunde läßt man nun einen großen Tropfen Blut direkt auf die Paraffinfläche fallen, und zwar gleich mehrere nebeneinander, das Ganze bringt man in eine feuchte Kammer; die Gerinnung bleibt aus und es tritt eine Sedimentierung ein, wobei die Plättchen sich auf der Höhe der Kuppe der Tropfen ansammeln; ein mit einem Deckglas nach 10—20 Minuten abgehobenes Tröpfchen Plasma enthält eine Unmasse von Plättchen.

In frischen Deckglas- oder Ausstrichpräparaten finden sich die Plättchen in größerer Zahl stets da, wo der Tropfen Blut zuerst mit dem Glas in Berührung kam, da die Plättchen sofort an diesem festkleben; zum Studium der Plättchen hat man also besonders diese Stellen aufzusuchen. Bei frischen Plättchen hat man sich daran zu erinnern, daß man in eine höhere Ebene, und zwar direkt auf die Unterfläche des Deckglases einzustellen hat. Auf der Eigenschaft der Plättchen am Glase festzukleben basiert auch das Verfahren LAKERS, die Plättchen durch die „Schwemmethode" darzustellen: Man bringt auf einen Objektträger einen Tropfen Konservierungsflüssigkeit und daneben ohne Berührung einen kleinen Tropfen Blut; dann legt man das Deckgläschen von der Seite der Konservierungsflüssigkeit auf, es entsteht so eine energische Strömung, wodurch die roten und weißen Blutkörperchen weggeschwemmt werden, während die Plättchen an der Stelle hängen bleiben, an der das Blut mit dem Objektträger in Kontakt war.

b) Methoden zur Darstellung besonderer morphologischer Verhältnisse.

Es können hier selbstverständlich nicht alle Verfahren angegeben werden, mit deren Hilfe es gelingt, in den verschiedenen Blutelementen alle möglichen, natürlichen und artifiziellen, Details zur Darstellung zu bringen. Die Beschreibung der Methoden mußte sich beschränken auf die wesentlicheren und neueren Verfahren.

1. Rote Blutkörperchen.

Form. Um die natürliche Form der roten Blutkörperchen der Säuger (Napfform) in der Circulation zu sehen, geht man in der Weise vor, wie es oben (unter I, *a*, 1) geschildert wurde. Außerhalb des Körpers und der Gefäße verändern sich die Zellen sehr rasch; bei der Anfertigung eines Nativpräparates muß man daher mit größter Eile vorgehen; umrandet man schnell mit Paraffin, so erhalten sich die Napfformen recht lange. Verdünnt man das Blut mit Serum, so treten die Formänderungen bedeutend langsamer ein. Weitere Verfahren siehe oben unter I, *a*, 2, *α*! Um die Napfformen im Dauerpräparat festzuhalten, streiche man das Blut direkt aus der Wunde (Finger) auf dem vorher mit Osmiumdämpfen angeräucherten Objektträger in dünner Schicht aus und setzt ihn augenblicklich wieder für 15—30 Sekunden den Dämpfen aus; man färbt mit Eosin oder Gentianaviolett oder Giemsalösung. Bikonkave Scheiben und Maulbeerformen erhält man, wenn das Blut mehr oder weniger Zeit zum Verdunsten hat, ihre Bildung kann man auch einfach durch Zusatz eines Tropfens einer 0,9- oder 1,5%igen Kochsalzlösung auslösen. Geldrollen entstehen, wenn man einen größeren Tropfen Blut für kurze Zeit auf dem Objektträger sich selbst überläßt, ehe man ein Deckglas auflegt; Kugelformen durch Zusatz einer 0,3%igen Kochsalzlösung; Kugelstechäpfel, wenn man danach wieder eine hyperisotonische Salzlösung zugibt. Alle diese Veränderungen lassen sich im Dauerpräparat dadurch fixieren, daß man die Blutschicht nach Eintritt der gewünschten Veränderungen, den man ohne ein Deckglas aufzulegen unter dem Mikroskope kontrolliert, mit Osmiumdämpfen räuchert. Am schönsten sind die Verdunstungsbilder und Geldrollen, die man ohne Zusatz von Reagenzien erhalten kann, indem man den Objektträger mit der ausgestrichenen Schicht entsprechende Zeit lang in einer feuchten Kammer sich selbst überläßt.

Strukturen. Die Membran der Blutkörperchen ist am frischen Präparat bei seitlicher Beleuchtung als dunkle Konturlinie zu erkennen [WEIDENREICH (04)], nach DEETJEN (01) als helle Zone zwischen zwei unmittelbar nebeneinander liegenden Körperchen. SCHAEFER färbt die Membran am frischen Präparat, indem er einen Tropfen einer 1%igen Methylviolettlösung unter das Deckglas laufen läßt; LOEWIT (07) tingiert die Membran an Trockenpräparaten: die gut ausgestrichenen und lufttrockenen Präparate kommen möglichst frisch zunächst in eine methylalkoholische Lösung von Orange und Säurefuchsin (0,5 *g* : 90 *ccm*) für 4—8 Minuten, dann wird getrocknet und danach die Deckgläschen mit der Schicht nach unten für 3—5 Sekunden auf eine wässerige 1%ige Lösung von Toluidinblau, Thionin oder Methylenblau aufgelegt; Abwaschen, Trocknen, Einschließen; die Membran tritt als blau gefärbte periphere Linie hervor. Auch mit dem LEVADITIschen Silberimprägnationsverfahren läßt sich nach dem gleichen Autor die Membran nachweisen. An Schnitten durch Blut oder bluthaltige Organe kann die Membran gefärbt werden: mit HEIDENHAINschem Eisenhämatoxylin nach WEIDENREICH (03), mit SPULERS Cochenille-Eisenalaunmethode nach FUCHS, mit der Methode der WEIGERTschen Markscheidenfärbung nach STOEHR. Die Membran wird vom Inhalt des Körperchens (Endosoma) am einfachsten isoliert durch Zusatz von Wasser; sie (der „Schatten“) wird deutlicher sichtbar durch nachträglichen Zusatz von Osmiumsäure oder Sublimatlösung (WEIDENREICH, 03), sie kann dann auch durch basische Farbstoffe, wie Methylenblau, Methylviolett etc. gefärbt werden. HERZOG hat die Membran an Trockenpräparaten isoliert und gefärbt in folgender Weise: Dünne Ausstrichpräparate des Blutes werden 2 Stunden lang bei Zimmertemperatur getrocknet und ohne Fixation 24 Stunden lang in verdünntem Carbolfuchsin (Fuchsin 4, Alk. abs. 40, Acid. carb. 20, Aq. dest. 200) gefärbt (1 Vol. Farbe: 9 Vol. Wasser); Abspülen, Trocknen, Einschließen. Hämoglobinreste in den den Inhalt nach außen abgebenden Blutkörperchen können durch Zusatz einer 1%igen Lösung von Chromsäure, Pikrinsäure, Gerbsäure etc. nachgewiesen werden, diese Reste sind mit Eosin, Orange, Magenta, Anilinblau etc. färbbar; PETRONE stellt diese Reste, die er für Kerne hält, dar, indem er eine stark verdünnte Osmium- und Pikrinsäurelösung (1 : 4000) dem Blute zugibt und dann mit ameisensaurem Carmin färbt. Die Trennung von Membran und Inhalt ist sehr schön demonstrierbar, wenn man dem mit isotonischer Kochsalzlösung verdünnten Blute unter dem Deckglas eine $^3/_4$%ige Gerbsäurelösung zufließen läßt [ROBERTS; WEIDENREICH (03)].

Innenstrukturen als natürliche Bildungen sind in den Säugererythrocyten nicht nachweisbar, auch nicht bei Beobachtung im ultravioletten Licht (siehe oben unter I, *a*, 2, γ: GRAWITZ und GRÜNEBERG) oder mit Dunkelfeldbeleuchtung (siehe oben ebenda: DIETRICH). Ausfällungen des Endosomas, die wie Strukturen aussehen können, erhält man bei Behandlung der Erythrocyten mit Pikrinsäure, Chromsäure, MÜLLERsche Flüssigkeit, Sublimat etc.; färberisch lassen sich solche Pseudostrukturen nachweisen, wenn man frisches Blut nach dem oben (unter I, *c*, 1) geschilderten Verfahren vital mit Methylviolett färbt; solche Präparate lassen sich auch leicht zu Dauerpräparaten machen (ebenda: WEIDENREICH, 06 b). Körnige oder fädige Bildungen treten in roten Blutkörperchen bei vitaler Färbung mit Neutralrot, Dahlia, Thionin, Toluidinblau, Brillantkresylblau etc. auf, auch hierbei handelt es sich aber nicht um präformierte Strukturen. Sogenannte Innenkörper oder Nucleoide sind namentlich durch Doppelfärbungen mit Kontrastfarben zur Darstellung gebracht worden durch MAXIMOW (99) mit Eosin-Methylenblau, durch LOEWIT (07) neuerdings durch Fuchsin-Toluidinblau nach dem eben für die Membrandarstellung geschilderten Verfahren; alle „Innenkörper" sind nach den Untersuchungen WEIDENREICHS (04, 06 b) und JOLLYS (07) Kunstprodukte; die verschiedenen Methoden ihrer Darstellung sind bei den beiden Autoren aufgeführt. Die in Amphibien- und Vogelerythrocyten beschriebene fibrilläre periphere Bildung, „Randreifen", hat DEHLER bei Hühnerembryonen an Schnitten durch Färbung mit HEIDENHAINschem Eisenhämatoxylin dargestellt, MEVES (04) an Salamandererythrocyten durch vitale Färbung mit $^1/_4$—$^1/_2$%iger Lösung von Gentiana- oder Methylviolett; isoliert wird dieser Reifen nach MEVES durch Behandlung der Erythrocyten mit 3%iger Kochsalzlösung — man läßt das Blut in die Lösung einlaufen, schüttelt und läßt dann langsam absetzen — (04), ferner durch Einwirkung von Dämpfen einer Mischung von 1 Teil einer 25%igen Ammoniaklösung und 20—40 Teilen Wasser (05); Membran und Randreifen treten hervor, wenn man Salamandererythrocyten erst mit Salpetersäure nach MEVES (04 a) behandelt — ein Tropfen Blut wird unter dem Deckglas mit einem Tropfen einer 0,9%igen Kochsalzlösung, der auf 100 *ccm* 3—4 Tropfen Salpetersäure von 1,4 spez. Gew. beigefügt sind, gemischt — und dann mit einer $^1/_2$%igen Gentianaviolettlösung nachgefärbt (WEIDENREICH, 05). SMIRNOW konnte am Blute vom Axolotl durch 1—2 Monate lange Behandlung mit der KOPSCHschen Trophospongienmethode ($^1/_2$—2%ige Osmiumsäure) Randreifen und oberflächliche Netzstrukturen nachweisen.

Degeneration. Die bei manchen Krankheiten, so besonders bei der Bleivergiftung, auftretende basophile Körnelung läßt sich in den Trockenpräparaten mit den üblichen basischen Farben, besonders mit alkalischer Methylenblaulösung, nachweisen. ASKANAZY empfiehlt zu ihrer Darstellung 10 Minuten lange Fixation in absolutem Alkohol und Färbung mit LOEFFLERS Methylenblau ohne Anwärmung 3 Minuten lang. Sehr gut gelingt ihr Nachweis bei Osmiumdampffixation und nachfolgender Giemsafärbung (WEIDENREICH, 06 b; JOLLY, 07). Die Körnelung läßt sich jederzeit auch an den Erythrocyten des normalen Meerschweinchens nachweisen. Mit dem gleichen Fixations- und Färbungsverfahren wird die Polychromasie zur Darstellung gebracht.

Abschnürungen erhält man, wenn man frisches Blut auf ca. 52° erhitzt (SCHULTZE, 65) oder nach ARNOLD (96 b) mit einer 10%igen Jodkaliumlösung vermischt, man träufelt Blut in das 10fache Volumen der Lösung, schüttelt und läßt einige Stunden stehen, von dem sich absetzenden unteren Teile fertigt man dann ein Deckglaspräparat an; WLASSOW setzt zu dem gleichen Zwecke Sublimatlösung zu, und zwar: Konzentrierte wässerige Sublimatlösung 10,0, Aq. dest. 50,0. Werden diese Abschnürungen auf Agarplättchen vorgenommen, so lassen sich die Präparate mit Osmiumsäure fixieren, färben und zu Dauerpräparaten machen. Abgeschnürte Teile finden sich oft spontan im circulierenden Blute neugeborener Katzen (WEIDENREICH, 06 a).

Kerne und Kernreste. Kernhaltige Erythrocyten der Säuger finden sich normalerweise im embryonalen Blute und im Knochenmark. Im ersteren sind sie ohne weiteres der Untersuchung nach denselben Verfahren zugänglich, die für das Blut erwachsener Tiere Anwendung finden; besonders zu empfehlen ist hierfür die Osmiumdampffixation und die Agarmethode; will man das Blut frisch untersuchen, so ist es zweckmäßig, es mit dem Serum aus dem Blute des Muttertieres zu verdünnen. Die Elemente des Knochenmarks gewinnt man, indem man ein Stückchen Mark im Serum des Tieres zerteilt; einen Tropfen behandelt man dann wie einen Tropfen Blut nach den beiden eben erwähnten Verfahren. Im Blute neugeborener Tiere trifft man stets Erythrocyten, die noch größere oder kleinere Kernreste enthalten; sie werden mit den üblichen Fixationsmethoden und Färbung mit basischen Farbstoffen dargestellt, besonders gut mit der Osmiumfixation und nachfolgender Giemsafärbung. JOLLY (07) empfiehlt neben dieser Methode vor allem auch das Verfahren COCHINALS: Ausstrich-Trockenpräparat, Fixation mit 1%iger Chromsäure, Wasser, 70%iger Alkohol, Wasser, Färbung mit frischer, wässeriger, 1%iger Lösung von Toluidinblau, Wasser, Azurblaulösung 1 : 1000, 5%ige Tanninlösung, 70%iger Alkohol, Trocknen, Einschließen; diese Färbung läßt sich auch bei anderer Fixation anwenden.

Mitosen im strömenden Blute erhält man normalerweise nur im embryonalen Blute früher Stadien, sonst nur bei der Blutregeneration nach großen Blutverlusten, die bei Tieren durch wiederholte Aderlässe zu erzielen ist. Bei Amphibien, besonders bei Tritonen, treten im Blute nach JOLLY (04) Mitosen auf, wenn man die Tiere mehrere Monate lang fasten läßt und danach sehr reichlich mit Chironomuslarven füttert; im Frühjahr gefangene Tiere läßt man bis zum Sommer oder Herbst ohne Nahrung. Die Mitosen finden sich gegen den 10. bis 12. Tag nach dem Beginn der Fütterung im Blute. Das Blut wird auf einem Objektträger ausgestrichen und sofort für 10 Minuten oder länger in Chromosmiumessigsäure (1% Chromsäure 30 Teile, 1% Osmiumsäure 15 Teile, Essigsäure 0,5 Teile) fixiert, dann wird sorgfältig gewaschen und mit Thionin, Safranin oder Eisenhämatoxylin gefärbt. Bei frisch gefangenen ganz jungen Amphibien finden sich fast stets zahlreiche Mitosen in den Erythrocyten des strömenden Blutes.

2. Weiße Blutkörperchen.

Amöboide Bewegung. Zur Beobachtung der amöboiden Bewegung genügt es, frische Blutpräparate nach den oben (I, *a*, 2, *α*) angegebenen Methoden anzufertigen; bei Kaltblütern kriechen die Leucocyten ohne weiteres an der Unterfläche des Deckglases, bei Säugern im Hochsommer schon bei gewöhnlicher Zimmertemperatur, sonst bei Benutzung des heizbaren Objekttisches. Am besten läßt sich die Bewegung auf den Agarplättchen beobachten, wenn man sich gleichzeitig des heizbaren Objekttisches bedient; will man hier die Leucocyten in der Bewegung fixieren, so gibt man einen Tropfen Osmiumsäure unter das Deckglas und verfährt weiter, wie oben (unter I, *b*, 1, *γ*, 2) beschrieben; legt man keinen Wert auf die direkte Beobachtung der Bewegung, so bringt man den Objektträger mit dem beschickten Agarplättchen für ca. 10 Minuten in den Thermostaten und setzt danach die Osmiumsäure zu (WEIDENREICH, 08). DEETJEN (06) benutzt Deckgläser und Objektträger aus Quarz, die vorher sorgfältig gereinigt werden, da Glas die Zellen schädige; Quarz habe allerdings den Nachteil, daß man nicht mit Immersionssystemen beobachten könne; die Präparate werden mit Vaselin umrandet und auf dem heizbaren Objekttisch beobachtet. Zur Fixation hebt DEETJEN bei den umrandeten Präparaten das Deckglas ab und läßt rasch lufttrocken werden; bei den nicht umrandeten gibt er einen Tropfen FLEMMINGsche Lösung oder Formalin an den Rand des Deckglases, der sich aber oft nicht rasch genug mit dem Blute mische; man färbt mit Giemsalösung.

Kerne. Die Kerne sind am besten darstellbar mit der Osmiumdampffixation oder der Agar-Osmiummethode; im ersteren Falle können alle üblichen Kernfarbstoffe angewendet werden, in letzterem ist die Giemsafärbung zu bevorzugen. Leucocyten mit degenerierenden Kernen findet man im Eiter oder in jedem experimentell erzeugten Exsudat (siehe oben unter II, *a*, 2). MARCHAND (08) empfiehlt besonders für die Darstellung der Lymphocytenkerne das oben (unter I, *b*, 1, γ, 1) beschriebene feuchte Fixationsverfahren. Die Nucleolen sind sehr schön durch vitale Färbung darstellbar; ROSIN und BIBERGEIL (04 a) bedienen sich als Farbstoff hierzu besonders des Pyronin-Methylgrüns; es gelingt aber auch, sie mit Methylviolett äußerst scharf umgrenzt zu tingieren (WEIDENREICH, 09).

Mitosen der lymphocytären Elemente trifft man oft in großen Mengen in der Lymphe des Ductus thoracicus des Kaninchens, über deren Gewinnung oben (unter II, *a*, 2) das Nähere nachzusehen ist; man fixiert mit der Agar-Osmiummethode und färbt mit Giemsalösung. Bei der Leichtigkeit der Darstellung und der Reichlichkeit ihres Vorkommens ist dieses Objekt besonders für Kurszwecke zu empfehlen (WEIDENREICH, 09).

Centren. Die einfachste Methode, um die Centren zur Darstellung zu bringen, ist Fixation der Blutpräparate mit Osmiumdämpfen oder mit Osmiumsäure auf Agarplättchen und nachfolgender länger dauernder Giemsafärbung; die Mikrocentren färben sich dabei dunkelblau (WEIDENREICH, 08). Zur Darstellung an Schnitten von Blutorganen oder Blut bedient man sich der sonst üblichen Methoden, besonders des Eisenhämatoxylins.

Spezielle Plasmastrukturen. Der basische Charakter des Lymphocyten-Protoplasmas wird nach PAPPENHEIM (01) besonders durch Methylgrün-Pyroninfärbung nachgewiesen: Man bereitet nach GRAWITZ sich 2 Lösungen vor, und zwar I. Acid. carb. liquef. 0,25, Aq. dest. 100,0, Methylgrün pur. 1,0 und II. Acid. carb. liquef. 0,25, Aq. dest. 100,0, Pyronin pur. 1,0; 15 Teile von I. mischt man mit 35 Teilen von II., schüttelt, filtriert und färbt einige Sekunden lang die in der Hitze fixierten Präparate. Azurophile Granula in Lymphocyten sind nach MICHAELIS und WOLFF darstellbar, indem man Trockenpräparate, die 1 Stunde lang in absolutem Alkohol fixiert sind, 15 Minuten lang mit einer frischen Mischung von 2 *ccm* Azurblau und 10 *ccm* Eosin färbt; ihre Darstellung gelingt aber auch mit Osmiumdampffixation und Giemsafärbung. SCHRIDDE (05 a) weist Körnelung in den Lymphocyten des Blutes in folgender Weise nach: Die Objektträger mit der ausgestrichenen Blutschicht werden sofort in eine Lösung von Formalin und MÜLLERscher Flüssigkeit (1 : 9) für 12 Stunden und danach ebenso lange in reine MÜLLERsche Lösung gebracht; Abspülen, Einlegen in 1%ige Osmiumsäure bei Luftabschluß ½—1 Stunde lang, Abspülen, unter Erwärmen Färben in Anilinwasser-Fuchsin S (20 *g* Fuchsin S : 100 *ccm* kalt gesättigtes Anilinwasser), Differenzieren in Pikrinalkohol (1 Teil gesättigter alkoholischer Pikrinsäurelösung : 7 Teile 20%igen Alkohol), Abspülen in absolutem Alkohol, Xylol, Einschließen.

Die Granula der grobgranulierten (eosinophilen) Leucocyten tingieren sich mit allen sogenannten sauren Farbstoffen, wie Eosin, Orange, Aurantia, Fuchsin S etc. Am einfachsten werden sie mit der oben (unter I, *c*, 2) angegebenen Eosinlösung dargestellt. Die Granula der feingranulierten (neutrophilen) Leucocyten werden besonders gut durch die EHRLICHsche Triacidlösung (98) gefärbt. Man mischt 13—14 *ccm* einer gesättigten wässerigen Orange G-Lösung, 6—7 *ccm* ebensolcher Fuchsin S-Lösung, 15 Aq. dest., 15 Alkohol, 12,5 gesättigter wässerige Methylgrünlösung, 10 Alkohol und 10 Glycerin; in dieser Reihenfolge werden die Stoffe in dem gleichen Meßgefäß abgemessen und gründlich durchgeschüttelt; die Färbung ist in etwa 5 Minuten beendet, sie ist nach jeder Fixationsart möglich, nach TÜRK gelingt sie gut nur nach starker Hitzefixation (10—15 Minuten lang bei einer Temperatur von 135—136°). Die Granula der Mastleucocyten (basophile) färben sich mit allen basischen Farbstoffen; da sie leicht wasserlöslich sind, vermeide man allzu lange dauernde Einwirkung von wässerigen Fixationsmitteln und Farblösungen; sehr gut sind sie durch die Osmiumdampffixation oder die Agar-

Osmiummethode mit nachfolgender Giemsalösung darstellbar; im übrigen sei auf den Artikel „Mastzellen“ verwiesen!

Mit Giemsalösung bei vorausgegangener Osmiumfixation (Räucherung oder Agarplättchen) werden alle die eben genannten Granulationen in schönster Weise gleichzeitig zur Darstellung gebracht; Triacid färbt auch die acidophilen Granula, Fuchsin S mit Methylenblau gemischt (5 Teile gesättigter wässeriger Fuchsin S-Lösung, 1 Teil starker wässeriger Methylenblaulösung und 5 Teile Wasser werden gemischt, mehrere Tage stehen gelassen und filtriert) auch die neutrophilen und die SCHRIDDEsche Methode für Lymphocytengranula (siehe oben) auch die der eigentlichen granulierten Leucocyten.

Über Glycogennachweis in Leucocyten siehe den Artikel „Glycogen“.

3. Blutplättchen.

Zusammenfassende Darstellungen der Methoden der Blutplättchenuntersuchung geben E. SCHWALBE (04) und KOPSCH (04). Für die Beobachtung der Plättchen im circulierenden Blute bedient man sich der oben (unter I, *a*, 1) angegebenen Verfahren.

Besondere Fixationsmethoden. Da die Blutplättchen im frischen Blutpräparat auch bei Befolgung aller Kautelen sich rasch verändern, läßt man das Blut zu ihrer Beobachtung direkt in das Fixationsmittel eintreten. Man bringt zu diesem Zwecke die Fixationsflüssigkeit auf die Fingerkuppe und sticht mit der Nadel durch sie hindurch in die Haut; das hervorquellende Blut wird durch Umrühren mit der Nadel in der Flüssigkeit verteilt und dann von einem Tropfen in der üblichen Weise ein Präparat angefertigt. Zur Fixation eignet sich am besten eine 1%ige Osmiumsäurelösung; Jodjodkaliumlösung, HAYEMsche Flüssigkeit etc. sind weniger zu empfehlen. DEKHUYZEN (01) läßt das Blut in „Osmacet“ (siehe unter I, *b*, 2) einlaufen, dem 1/8%ige Methylenblaulösung zur Färbung zugesetzt ist. Zur Färbung im frischen Präparat bedient man sich nach dem Vorgange BIZZOZEROS (82) einer wässerigen Methylviolett-Kochsalzlösung. Um Dauerpräparate anzufertigen, muß man die Trockenmethoden benutzen; bei den gewöhnlichen Trockenverfahren leiden die Plättchen meist schon, wenn man die Blutschicht nach dem Ausstreichen lufttrocken werden läßt; ausgezeichnetes leistet hier die Fixation des frischen Ausstriches durch Osmiumdämpfe, namentlich wenn schon vor dem Ausstreichen der Objektträger längere Zeit den Dämpfen ausgesetzt gewesen war. Man färbt mit Eosin-Methylenblau, vor allem aber mit der Giemsalösung (WEIDENREICH, 06 a).

Bewegung. Nach DEETJEN (00, 01 a) läßt sich eine amöboide Bewegung der Plättchen beobachten, wenn sie auf einen besonderen Agar gebracht werden. 5 *g* Agar werden in 500 *g* destilliertem Wasser durch Kochen gelöst und danach filtriert; zu je 100 *ccm* Filtrat setzt man 0,6 NaCl, 6—8 *ccm* einer 10%igen Lösung von Natriummetaphosphat und 5 *ccm* einer 10%igen Lösung von Dikaliumphosphat; im übrigen verfährt man, wie es oben (unter I, a, 2, β) bei der Beschreibung der Agarmethode geschildert wurde. Bei der Beobachtung auf dem heizbaren Objekttisch sieht man das Aussenden von Fortsätzen; es dürfte sich dabei aber weniger um eine amöboide Plasmabewegung als um ein Zerfließen des Plättchens handeln. Will man die Plättchen fixieren, so gibt man 1 Tropfen 1%iger Osmiumsäurelösung unter das Deckglas, läßt sie ca. 5 Minuten einwirken, spült mit Wasser ab und färbt.

Centrale körnige Masse (sogenannter Kern). Die centrale körnige Masse der Plättchen, die von manchen Autoren für einen Zellkern gehalten wird, tritt an den Osmiumdampfpräparaten bei Giemsafärbung besonders deutlich hervor. ROSIN und BIBERGEIL (04) haben sie vital mit Methylgrün-Pyronin, Toluidinblau und Eosin-Methylenblau gefärbt. Bei der DEETJENschen (00, 01 a) Darstellungsmethode der Plättchen läßt sie sich mit Hämalaun oder Eisenhämatoxylin tingieren, noch deutlicher mit Giemsalösung. KOPSCH (06) färbt kurz mit Thionin, spült mit Wasser ab und färbt mit halbgesättigter Pikrinsäurelösung nach. Behandlung der Präparate mit Essigsäure oder Eisessigdämpfen löst die körnige Masse auf (WEIDENREICH, 06 a). Das Protoplasma allein stellt EHRLICH (98) in folgender Weise dar: Man versetzt in einem Reagenzglas etwas Eosin- oder Erythrosinlösung mit etwas Salzsäure, es entsteht ein Niederschlag von Tetrajodfluorescin, der mit etwas Toluol oder Chloroform ausgeschüttelt wird, lufttrockene Präparate, die sonst nicht fixiert sind, werden einige Minuten in diese Toluol- oder Chloroformlösung gebracht, Abspülen mit Toluol oder Chloroform, Einschließen.

4. Spindelzellen.

Spindelzellen sind in variierender Zahl in fast jedem Präparat von Amphibienblut zu finden. MEVES (06) schneidet einem Salamander die Schwanzspitze ab und spült den blutenden Stumpf kurz in einem Gefäß mit 0,8%iger Kochsalzlösung, die für Salamanderblut isotonisch sei. Da die Spindeln an allen Gegenständen, mit denen sie in Berührung kommen, haften bleiben, empfiehlt EBERTH das Blut möglichst rasch und direkt auf den Objektträger zu bringen. Zur Fixation nimmt HAYEM (89) PACINIsche Flüssigkeit (siehe oben unter I, *a*, 2, β) oder Osmiumsäurelösung, in die man den Bluttropfen einlaufen läßt; EBERTH mischt unter raschem Umrühren eine kleinere Blutmenge in einem größeren, mit Osmiumsäure gefüllten Uhrschälchen. DEKHUYZEN (92) fixiert mit seinem „Osmacet" (siehe oben unter I, *b*, 2), das zur Färbung 6%ige kalt gesättigte wässerige Methylenblaulösung enthält.

Zur Herstellung von Trockenpräparaten empfiehlt GIGLIO-TOS das Blut in dünner Schicht auf einem Objektträger auszustreichen und sofort über einer Flamme zum Trocknen zu bringen. EBERTH trennt die Herzspitze ab oder eröffnet schnell ein Gefäß und läßt einen großen Tropfen Blut auf das schräg gehaltene Deckgläschen fallen; breitet es sich nicht sofort aus, so kann man durch eine rasche Schleuderbewegung die Ausbreitung befördern; man fixiert in Alkohol oder über der Flamme. MEVES (06) breitet das Blut gleichfalls durch Schleuderbewegung auf dem Objektträger aus und bringt diesen sofort in ein mit der Fixierungsflüssigkeit (1%ige Sublimat-Kochsalzlösung oder das schwache Gemisch der FLEMMINGschen Chromosmiumessigsäure mit Zusatz von 1% Kochsalz) gefülltes Glas. Eine sehr gute Fixation erhält man auch hier durch die Osmium- oder Formalindampfräucherung des feuchten, in dünner Schicht ausgestrichenen Präparates.

Um die an den Spindelzellen auftretenden Veränderungen zu studieren, streicht MEVES (06) etwas Blut in nicht zu dünner Schicht auf einem Objektträger aus und bringt ihn in eine feuchte Kammer, wo man ihn verschieden lange Zeit sich selbst überläßt, dann steckt man ihn in Fixierungsflüssigkeit, nachdem man ihn vorher ein paarmal in der Luft umhergeschwenkt hat, damit die Ränder der Schicht leicht antrocknen. Als feuchte Kammer benutzt MEVES einen Blechkasten, dessen nähere Beschreibung in dem Artikel „Blutgerinnung" einzusehen ist.

Zur Färbung empfiehlt EBERTH Hämatoxylin, Methyl- oder Gentianaviolett und danach Eosin, GIGLIO-TOS kalt gesättigte wässerige Methylenblaulösung. MEVES (06) färbt die mit Sublimat fixierten Präparate mit EHRLICH-BIONDIscher Lösung, die mit FLEMMINGschem Gemisch fixierten mit Safranin und verdünntem DELAFIELDschem Hämatoxylin (24 Stunden 1%ige wässerige Safraninlösung, Extraktion mit neutralem Alkohol, 6—12 Stunden stark verdünntem Delafield-Hämatoxylin) oder mit Safranin-Gentiana-Orange nach FLEMMING. Zur Färbung kann man sich auch nach EISEN des Toluidinblaus, Eosin-Methylenblaus und Eisenhämatoxylins bedienen; gute Bilder erhält man auch mit der stark verdünnten Giemsafärbung (ca. 5 Tropfen Farbe auf 8—10 *ccm* Wasser).

B. Untersuchung des Blutes in Organen, im Gewebe und sonst außerhalb der Circulation.

I. Erste Entwicklung der Blutzellen.

VAN DER STRICHT (91) studiert die erste Entwicklung der Blutelemente an Hühnerembryonen, die mit Chromessigsäure, KLEINENBERGscher Flüssigkeit, Sublimat oder FLEMMINGscher Lösung fixiert waren; die besten Resultate ergibt das letztere Reagens in der starken Form; gefärbt wurde mit Safranin. SAXER fixiert Säugetierembryonen in Sublimateisessig (3%ige wässerige Sublimatlösung mit Zusatz von 1% Eisessig) oder in ZENKERscher Flüssigkeit, auf Körpertemperatur erwärmt; eingebettet wird in Paraffin oder Celloidin und in beiden Fällen Serien angefertigt; gefärbt wird in Hämatoxylin-Eosin. BRYCE fixiert die Larven von Lepidosiren paradoxa in Sublimateisessig und färbt die 10 μ dicken Serienschnitte mit Eisenhämatoxylin, Methylenblau-Eosin oder Triacid.

DANTSCHAKOFF (08) benutzte Hühnerembryonen; die Eier wurden in der üblichen Weise eröffnet und bis zum Stadium von 3 Tagen der Keim mit dem ihn umgebenden Gefäßhof zusammen fixiert. Zur Erzielung von Flächenpräparaten wurde die Keimscheibe zuerst unter der Kochsalzlösung auf der konvexen Fläche eines Uhrgläschens ausgebreitet, dann mit dem Glas herausgenommen und einige Tropfen der Fixierungsflüssigkeit darauf getröpfelt, nach Verlauf einiger Sekunden wird die Scheibe durch Schwenken in einer mit der Fixierungsflüssigkeit gefüllten Schale abgelöst; in späteren Tagen wurden Embryo und Gefäßhof gesondert fixiert; vom 7. Tage ab ist es ratsam, vor der Fixation die vordere Rumpfwand der Länge nach aufzuschneiden. Der Dottersack wurde in einzelne Stücke zerschnitten und in ausgedehntem Zustande mit Hilfe eines Uhrglases fixiert; es ist zu empfehlen, dabei den Dotter mit Kochsalzlösung möglichst vollständig zu entfernen. Zur Fixation diente vor allem HELLYS Zenkerformol, das auf 38° erwärmt war; die Objekte bleiben darin je nach der Dicke 15 Minuten bis 4 Stunden. Eingebettet wurde in Celloidin und nach der von der Autorin modifizierten RUBASCHKINschen Methode (08 a) 5—7,5 μ dicke Serienschnitte angefertigt. Gefärbt wurde mit Eosin-Azur II nach NOCHT (siehe Artikel: „Blutparasiten") 2—24 Stunden lang oder mit Giemsalösung (2 Tropfen auf 1 *ccm* Wasser, 2 bis 4 Stunden) oder — besonders die Flächenpräparate der Keimscheiben — nach DOMINICI: zuerst Färben in einer Lösung von 0,3 Orange G und 0,25 Eosin w. g. in 50 *ccm* Wasser 10 Minuten bis 24 Stunden, Abwaschen in 60%igem Alkohol, Färben in einer Lösung von 0,25 Toluidinblau in 50 *ccm* Wasser während 1/2 bis 5 Minuten, Differenzieren in 60%igem Alkohol, absoluter Alkohol, Xylol, reinster neutraler Xylolbalsam (es tritt leicht Entfärbung ein, namentlich bei Anwesenheit von viel Dotter); auf Mastzellen wurde nach Fixation mit absolutem Alkohol mit alkoholischer Kresylechtviolettlösung oder Thionin gefärbt.*

II. Blutorgane.

Um das Blut in den eigentlichen Blutorganen: embryonale Leber, Knochenmark, Milz und Lymphdrüsen zu studieren, muß man sich vor allem der Schnittmethode bedienen, Ausstrichpräparate können nur als Ergänzung Verwendung finden. Über die Technik dieser Untersuchungen sind die Artikel: „Knochen und Zähne" und „Lymphatische Organe" nachzusehen, ferner oben unter *A*, I, *a*, 2, β und *A*, II, *b*, 1 „Kerne".

Frischen Gewebssaft der Organe bekommt man meist nicht in genügender Menge, um darin die Zerteilung des Gewebes zur frischen Untersuchung vornehmen zu können; am besten bedient man sich als Zerteilungsmedium des frisch

* Zus. bei der Korrektur: Auf die neuerdings von MAXIMOW empfohlene Methode für Säugetierembryonen kann nur noch kurz hingewiesen werden (siehe Arch. Mikr. Anat., Bd. 73, 1909).

gewonnenen Serums des eigenen Tieres, man tötet das Tier durch Öffnen der Carotiden, defibriniert das aufgefangene Blut durch Schlagen und centrifugiert; dadurch erhält man sofort ein paar Tropfen reines Serum, indem man auf dem Objektträger ein kleines Stückchen des betreffenden Organes zerteilt, im übrigen verfährt man wie bei Anfertigung eines Blutpräparates; handelt es sich um embryonale Leber, so untersucht man sie am besten im Serum des Muttertieres oder im eigenen meist reichlich vorhandenen Leberblut. Um Dauerpräparate herzustellen, streicht man einen Serumtropfen mit dem zerteilten Organsaft aus und fixiert mit Osmiumdämpfen oder man fertigt davon ein Präparat nach der Agarmethode mit nachfolgender Giemsafärbung an; letzteres Verfahren gibt besonders vom Knochenmark bei einiger Übung ausgezeichnete Bilder (siehe auch Artikel: „Knochen und Zähne"). Solche Organausstrich-, Quetsch- oder Zerteilungspräparate kann man auch nach den gleichen Methoden wie die Blutpräparate fixieren, besonders eignet sich hierfür die feuchte Fixation durch Eintauchen in die Fixationsflüssigkeit (siehe oben unter *A*, I, *b*, 1, γ, 1). Vitalfärbungen nimmt man nach den oben (unter *A*, I, *c*, 1) beschriebenen Methoden vor.

Rote Blutkörperchen. VAN DER STRICHT (91) empfiehlt für die Fixierung der embryonalen Leber zu Schnittpräparaten neben Sublimat und HERMANNscher Flüssigkeit vor allem die FLEMMINGsche mit nachfolgender Safranin- und Gentianaviolettfärbung. SAXER benutzt Sublimatlösung (3% mit 1% Eisessig), ZENKERsche und FLEMMINGsche Flüssigkeit und färbt mit Hämatoxylin-Eosin oder Safranin. LOBENHOFFER fixiert Leber in Formol-MÜLLER (1 : 9) und färbt mit Azur II-Eosin nach NOCHT (siehe Artikel: „Blutparasiten") mit Acetonentwässerung oder mit Pyronin-Methylgrün nach PAPPENHEIM. Für das Knochenmark junger Kaninchen und Meerschweinchen benutzte ALBRECHT Sublimat, FLEMMINGsche oder HERMANNsche Flüssigkeit, in Sublimat fixierte Objekte wurden mit EHRLICH-BIONDI, die anderen mit Safranin und Safranin-Gentiana gefärbt. MAXIMOW (07) empfiehlt für myeloides Gewebe Fixation in der HELLYschen Modifikation der ZENKERschen Flüssigkeit (ZENKERsche Flüssigkeit mit 5% käuflichen Formols anstatt der Essigsäure, das Formol wird ex tempore zugesetzt); kleine Stücke kommen in die auf 37° erwärmte Mischung für 1/4 Stunde und für weitere 4—5 Stunden bei Zimmertemperatur, Auswaschen in fließendem Wasser, Alkohol in steigender Konzentration, Celloidineinbettung; gefärbt wird mit Azur II-Eosin nach NOCHT (siehe Artikel: „Blutparasiten") oder mit der DOMINICIschen Mischung (siehe oben unter *B*, I). Sehr gute Resultate erhält man auch — allerdings nicht konstant — wenn man das Knochenmark in kleinen Stücken in 3%igem Sublimat-Kochsalz und Formol (1 Teil der käuflichen Lösung : 10 Teile) mit Zusatz einiger Tropfen Essigsäure fixiert und mit Triacid nach vorausgegangener Kernfärbung durch UNNAS Hämatein färbt; bei dieser Fixation bekommt man manchmal auch mit der PELAGATTIschen Hämoglobinfärbung ausgezeichnete Bilder; PELAGATTI fixiert in ZENKERscher Flüssigkeit, die Schnitte kommen zunächst 12—24 Stunden in UNNAS Hämatein, dann Wasser, gesättigte wässerige Lösung von Lithium carbonic., Wasser, Helianthin-Tanninlösung (1 *g* Helianthin : 100 *ccm* 5%iger wässeriger Tanninlösung), Wasser, Alkohol, Xylol, Balsam.

Über die Darstellung roter Blutkörperchen im übrigen embryonalen Gewebe siehe den vorhergehenden Abschnitt (DANTSCHAKOFF). Das Netz größerer Embryonen oder neugeborener Tiere fixiert man, indem man nach FUCHS ZENKERsche Flüssigkeit in die Bauchhöhle einspritzt und nach 1/2 Stunde den Magen mit dem Netz vorsichtig herausnimmt, dann wird das Netz zerschnitten und wie dünne Gewebsplatten weiter behandelt; zur Färbung empfiehlt FUCHS Triacid nach Vorfärbung mit Hämalaun oder die SPULERsche Cochenille-Eisenalaunmethode.

Weiße Blutkörperchen. Bei der Darstellung der weißen Blutkörperchen handelt es sich besonders um den färberischen Nachweis der verschiedenen Granulationen. Von diesen sind die sogenannten eosinophilen am leichtesten mit Eosin, Fuchsin S oder Orangefärbung darzustellen, es genügt dazu die Fixation in ZEN-

KERscher Flüssigkeit (HELLYsche Modifikation) oder in Formol-MÜLLER. Auch die anderen Granulationen lassen sich, wenn auch nicht in jedem Falle konstant, durch Triacid, durch die Färbung nach DOMINICI (siehe oben unter *B*, I) oder PELAGATTI (siehe oben) tingieren. STERNBERG (05 a) fixiert Organstückchen in Alkohol und bettet in Paraffin ein, die 5—8 μ dicken Schnitte werden 20—24 Stunden lang in erwärmter Giemsalösung (10 Tropfen auf 20 *ccm* gekochten destillierten Wassers) gefärbt, Abspülen in Wasser, kurzes Differenzieren in $^1/_2$%iger Essigsäure, Abwaschen, Differenzieren in Alkohol, Einbetten. SCHRIDDE (05 b) fixiert in Formol-MÜLLER und färbt die 5 μ dicken Paraffinschnitte 20 Minuten lang in verdünnter Giemsalösung (2 Tropfen Farbe : 1 *ccm* Wasser), Waschen, Abtrocknen mit Fließpapier, wasserfreies reines Aceton für 1 Minute, Xylol, Balsam; die Methode gelingt auch nach anderen Fixationen. ZIELER fixiert in ZENKERscher Flüssigkeit oder Formol-MÜLLER, die Paraffinschnitte werden in der MAY-GRÜNWALDschen Farblösung (siehe oben unter *A*, I, *c*, 2) 2—3 Minuten gefärbt, in destilliertem Wasser gewaschen, mit Fließpapier getrocknet und in säurefreies Aceton überführt, Xylol, Balsam. ASSMANN färbt die Schnitte mit GRÜBLERschem Eosin-Methylenblau in methylalkoholischer Lösung mehrere Stunden lang, übergießt dann mit 20 *ccm* destilliertem Wasser, dem 5 Tropfen 0,1%iger Essigsäure zugesetzt sind, für 15 Minuten Abspülen in absolutem Alkohol, Xylol, Balsam. NAEGELI empfiehlt besonders das FISCHERsche Färbungsverfahren: Fixation in ZENKERscher Flüssigkeit, in ihrer HELLYschen Modifikation, in Formol-MÜLLER oder in FLEMMINGscher Flüssigkeit; Färbung in Alauncarmin für 5—20 Minuten, Abspülen in Wasser und Differenzieren mit salzsaurem Alkohol (4 Tropfen konzentrierter Salzsäure: 100 *ccm* 70%igen Alkohol), Wässern 5—15 Minuten lang, Abspülen mit destilliertem Wasser, Färbung in verdünnter und angesäuerter MAY-GRÜNWALDscher Farblösung (Aq. dest. 30 *ccm*, 0,1%ige Essigsäure 7 Tropfen, Farbe [siehe oben unter *A*, I, *c*, 2] 60 Tropfen) 1—24 Stunden lang, Abwaschen und Differenzieren unter der Kontrolle des Mikroskops in angesäuertem Wasser (1—2 Tropfen Eisessig : 150 *ccm* Wasser), Abspülen in destilliertem Wasser, Abtrocknen des Objektträgers und Absaugen des Wassers auf dem Schnitte mit Filtrierpapier, Entwässern in absolutem Alkohol, Xylol, Balsam. Zellen mit basophilem Protoplasma (Lymphocyten, Plasmazellen) können an Schnittpräparaten durch die PAPPENHEIMsche Methylgrün-Pyroninfärbung (siehe oben unter *A*, II, *b*, 2) dargestellt werden, zur Fixation der Färbung bringt PAPPENHEIM (01) die Schnitte in eine Lösung von Resorcin in absolutem Alkohol. Zum Nachweis von Granulationen in Lymphocyten des Gewebes fixiert SCHRIDDE (05) in Formol-MÜLLER (1 : 9) sehr kleine Stückchen, lebenswarm eingelegt, 1—2 Tage lang und wäscht 12 bis 24 Stunden lang aus, dann kommen die Stücke 6 Stunden lang in destilliertes Wasser und danach für 24 Stunden bei Lichtabschluß in 1%ige Osmiumsäure, Auswaschen, Einbetten in Paraffin; die 1—2 μ (!) dicken Schnitte werden in Anilinwasser-Säurefuchsinlösung (siehe oben unter *A*, II, *b*, 2) gefärbt. Für die Darstellung der übrigen morphologischen Details der Leucocyten in den Blutorganen bedient man sich der auch sonst üblichen Fixationen und Färbungen.

Über die Darstellung der Mastleucocyten siehe den Artikel: „Mastzellen".

Blutplättchen und Spindelzellen. Thrombosierte Gefäße werden nach E. SCHWALBE (05) in MÜLLERscher Flüssigkeit mit Formol oder Sublimat gemischt fixiert; die Blutplättchen werden in den 2,5—7,5 μ dicken Schnitten mit DELAFIELDschem Hämatoxylin und Eosin oder mit Eisenhämatoxylin nachgewiesen. WRIGHT (06) härtet vollkommen frisches Gewebe, am besten Milz oder Knochenmark junger Katzen, in Methylalkohol und bettet in Paraffin ein; die höchstens 4 μ dicken Schnitte werden in der WRIGHTschen Modifikation der Romanowsky-Färbung für Malariaplasmodien (02) gefärbt und durch Aceton und Terpentinöl in Terpentinkolophonium eingeschlossen: neben den anderen Blutelementen werden besonders die Blutplättchen tingiert; die komplizierte Darstellung der Farblösung ist in SCHWALBES Jahresber. d. Anat. u. Entw., Bd. 8, Lit. 1902, 1. Teil, pag. 32 beschrieben. Zur Darstellung der Spindelzellen an Schnittpräparaten empfiehlt MARQUIS die Fixation von Froschknochenmark in der BIZZOZEROschen Sublimatlösung (gesättigte Sublimatlösung in 1%iger Kochsalzlösung) und Färbung der 2—6 μ dicken Paraffinschnitte mit DELAFIELDschem Hämatoxylin und Pikrin- oder Eosinalkohol oder mit Triacid.

III. Bindegewebe und Lymphräume.

Die Blutelemente des Bindegewebes lassen sich frisch am einfachsten dadurch untersuchen, daß man in das Gewebe nach RANVIER mit einer Pravazspritze physiologische Kochsalzlösung einspritzt — am besten in das Unterhautbindegewebe der abpräparierten Haut; von der so entstehenden Ödembeule schneidet man mit der Schere ein kleines Stück ab und bringt es mit Kochsalzlösung auf den Objektträger; man legt dann ein Deckglas auf, komprimiert vorsichtig und umrandet mit erwärmtem Paraffin. MAXIMOW (06 a) färbt vital, indem er in der Kochsalzlösung Neutralrot bis zur Sättigung auflöst, er spritzt ein paar Tropfen in das intermuskuläre Bindegewebe eines bloßgelegten Muskels ein. ARNOLD (03) legt das Gewebe (Harnblase) in eine Neutralrot-Kochsalzlösung (0,01—0,1 Neutralrot : 100 *ccm* einer 0,75%igen Kochsalzlösung) ein oder bespült es damit am lebenden Tier (bloßgelegtes Froschmesenterium) oder er bestäubt es mit einem feinen Pinsel (ausgestreckte Froschzunge), auch empfiehlt er (06) eine Nadel mit dem Farbstoff in Substanz oder Lösung zu beschicken und dann in das Gewebe einzustechen.

Um die Blutelemente im Bindegewebe an fixierten Präparaten zu untersuchen, verfährt man folgendermaßen: Dünne Membranen, wie Netz oder Mesenterium, werden nach MAXIMOW (02) über der abgeschnittenen Öffnung eines Reagensglashalses rasch ausgespannt und mit einem langen Seidenfaden um den Rand des Halses festgebunden; dann erst umschneidet man das Stück und bringt das Präparat rasch in eine Fixierungsflüssigkeit, am besten in absoluten Alkohol; hier bleiben die Präparate 24 Stunden, dann werden sie weiterbehandelt, indem man alle Manipulationen, wie Waschen, Färben, Entwässern, an dem noch ausgespannten Objekt vollzieht, das man mit dem Seidenfaden von einem Gefäß in das andere überträgt; ist man so bis zum Einschließen gelangt, dann nimmt man einen größeren Objektträger, bringt einen Tropfen Balsam darauf und setzt den Glashals so auf den Objektträger auf, daß die Membran auf den Balsam zu liegen kommt, dann umschneidet man rasch die Membran an der äußeren Seite des Halses und hebt ihn vorsichtig unter Trennung der etwa noch zusammenhängenden Teile ab, legt ein Deckglas auf und beschwert mit einer Bleikugel. Ausgezeichnete Resultate erhält man, wenn man sich dabei zur Färbung der stark verdünnten Giemsalösung (ca. 20 Tropfen Farbe : 50 *ccm* Wasser) bedient und 24 Stunden lang färbt, man spült dann ordentlich mit destilliertem Wasser ab, überführt zum Entwässern in reines Aceton (für jedes Präparat frisches Aceton), dann in Xylol und schließt in säurefreien Balsam ein (WEIDENREICH, 07). Will man blutzellenhaltiges Bindegewebe schneiden, so fixiert man kleine Stücke, die MAXIMOW (06 a) speziell für die Bauchwand auf Korkstückchen gespannt aufzustecken rät, in absolutem Alkohol oder warmer ZENKERscher Flüssigkeit nach HELLY ca. 4 Stunden lang, bettet in Paraffin oder Celloidin ein und färbt je nach dem Zweck, den man verfolgt, mit Eisenhämatoxylin, UNNAS polychromem Methylenblau, Triacid, Eosin-Azurblau nach NOCHT (siehe Artikel: „Blutparasiten“) oder mit der DOMINICIschen Farbmischung (siehe oben unter *B*, I).

Zum Studium der bei der Entzündung und Eiterung auftretenden Zellformen des Blutes bedient man sich der schon besprochenen Methoden; von dem entzündlichen Exsudate oder Eiter stellt man sich Ausstrichtrockenpräparate her, die man am zweckmäßigsten mit Osmiumdampf fixiert, ausgezeichnetes leistet auch hier die Agarmethode mit Fixation durch 1%ige Osmiumsäure und nachfolgender Giemsafärbung. Exsudate aus Lymphräumen, besonders den serösen Höhlen, entnimmt man, wie oben (unter *A*, II, *a*, 2) angegeben, mit feinen Pipetten. Entzündung und Eiterung erregt man entweder durch Einspritzung bestimmter Stoffe (siehe oben unter *A*, II, *a*, 2) oder Bouillonaufschwemmungen von Mikroorganismen oder aber durch Einführung eines besonderen Materials, das die Entzündungszellen in sich aufnimmt und weitere Verarbeitung leicht gestattet. ARNOLD (96 a) führt kleine Stückchen von Hollundermark in den Rückenlymphsack von Fröschen ein, wo sie sich mit Leucocyten infiltrieren; die Hollundermarkstückchen werden dann wie ein Gewebsstück fixiert, geschnitten und gefärbt; MARCHAND (89) heilt Schwammstückchen in die Bauchhöhle von Meerschweinchen ein. MAXIMOW (02) benutzt als Fremdkörper 2 Glasplättchen, die aufeinandergelegt und an einem Rande miteinander verschmolzen werden oder kleine Celloidinstücke, aus vorher ausgekochtem Celloidin geschnitten, in die 2 tiefe, der Oberfläche parallel gerichtete Einschnitte gemacht werden, oder Celloidinröhrchen; diese Glas- oder Celloidinkammern werden steril in das Unterhautbindegewebe oder in das lockere intermuskuläre Bindegewebe der Bauchmuskeln von Kaninchen oder Hunden eingeführt; zur Erregung von Eiterung werden die Celloidinkammern zuvor mit eitererregenden Mikroorganismen infiziert (05). Um zu fixieren, nimmt man die Glaskammer, die längere oder kürzere Zeit im Körper verblieben war, auseinander und bringt die Plättchen einzeln in die Fixierungsflüssigkeit, die Celloidinkammern werden vorsichtig herausgeschnitten, in toto fixiert und dann wie Gewebsstücke weiter behandelt, d. h. in Celloidin eingebettet, geschnitten und gefärbt. Die Fixation erfolgt in absolutem Alkohol, warmem Kochsalz-Sublimat oder warmer ZENKERscher Flüssigkeit; gefärbt wird mit polychromem Methylenblau, Eisenhämatoxylin, Pyronin-Methylgrün, BIONDIscher Lösung, besonders aber mit Hämatoxylin-Fuchsin S-Aurantia (stark verdünntes DELAFIELDsches Hämatoxylin 24 Stunden lang, ebensolang Auswaschen in destilliertem Wasser, $^1/_2$ Minute in einer Mischung von Fuchsin und Aurantia; ein paar Messerspitzen der Farbstoffe werden mit 15 *ccm* Wasser einige Minuten geschüttelt, dann wird die Aurantialösung abfiltriert und tropfenweise Fuchsinlösung zugesetzt, bis ein rein roter Ton auftritt). Auch beim Axolotl kann man nach MAXIMOW (06) solche Celloidinkammern zwischen Haut und Muskeln der seitlichen Rumpfwand zur Einheilung bringen. KLEMENSIEWICZ macht mit einem Krystall von Silbernitrat einen Ätzschorf auf der Hornhaut von Amphibien und fixiert die Hornhaut in Sublimat, FLEMMINGscher oder HERMANNscher Lösung.

Weitere Verfahren zur Erregung von Exsudaten sind schon oben unter (*A*, II, *b*, 2) angegeben worden.

Literatur: ALBRECHT (Inaug.-Diss., München 1902), ARNOLD (Centralbl. Pathol. Anat. Bd. 7, 1896 a), derselbe (Arch. Pathol. Anat., Bd. 145, 1896 b), derselbe (Ebenda Bd. 148, 1897), derselbe (Ebenda, Bd. 150, 1897a), derselbe (Ebenda, Bd. 155, 1899) derselbe (Anat. Anz., Bd. 24, 1903), derselbe (Münch. Med. Wochenschr., Nr. 13, 1906) ASKANAZY (Zeitschr. Klin. Med., Bd. 64, 1907), ASSMANN (Münch. Med. Wochenschr., Nr. 28 1906), BARJON et REGAUD (C. R. Soc. Biol., Bd. 55, 1903), BENARIO (Deutsch. Med. Wochenschr. Nr. 27, 1894), BIONDI (Arch. Mikr. Anat., Bd. 31, 1887), BIZZOZERO (Arch. Pathol. Anat., Bd. 90 1882), derselbe (Gaz. d. Osped., Nr. 57, 1884), BLUMENTHAL (Trav. Lab. Physiol. Inst. Solv. Bd. 6, 1904), BRANDT (Arch. Mikr. Anat., Bd. 13, 1877), BRYCE (Trans. R. Soc. Edinb., Bd. 41 T. II, 1904), BÜRKER (Arch. Ges. Physiol., Bd. 102, 1904), derselbe (Zeitschr. Biol. Techn. Bd. 1, 1908), COHNHEIM (Arch. Pathol. Anat., Bd. 40, 1867), DANTSCHAKOFF (Anat. Heft., Bd. 37 1908), dieselbe (Zeitschr. Wiss. Mikr., Bd. 25, 1908 a), DEETJEN (Münch. Med. Wochenschr., Nr. 43, 1897), derselbe (Habil.-Schr. Kiel 1900), derselbe (Arch. Pathol. Anat., Bd. 165, 1901), derselbe (Ebenda, Bd. 164, 1901 a), derselbe (Arch. Physiol., 1906), DEHLER (Arch. Mikr. Anat., Bd. 46, 1895), DEKHUYZEN (Verh. Anat. Ges. Wien 1892), derselbe (Anat. Anz., Bd. 19, 1901), DIETRICH (Arb. Pathol. Inst. Tübingen, Bd. 6, 1908), DOMINICI (C. R. Soc. Biol., Bd. 54, 1902), EBERTH (Festschr. KOELLIKER Leipzig 1887), derselbe und SCHIMMELBUSCH (Arch. Pathol. Anat., Bd. 103, 1886), EHRLICH (Verh. Physiol. Ges. Berlin, Jg. 1878/79), derselbe und LAZARUS (D. Anämie, Wien 1898), EISEN (Proc. Calif. Acad. Soc., Ser. 3, Zool., Bd. 1, 1897), EWALD (Zeitschr. Biol., Bd. 34, 1896), FLESCH (Zeitschr. Wiss. Mikr., Bd. 5, 1888), FUCHS (Anat. Hefte, Bd. 22, 1903), GIEMSA (Centralbl. Bakt., Bd. 37, 1905), GIGLIO-TOS (Mem. Accad. Sc. Torin, Ser. II, Bd. 48, 1898), GRAWITZ (Klin. Path. d. Blut., 3. Aufl., 1906), derselbe und GRÜNEBERG (D. Zell. menschl. Blut. im ultrav. Licht, 1906), GULLAND (Brit. Med.

Journ., I. 1897), derselbe (Scott. Med. and Surg. Journ. 1899), Haellstén (Zeitschr. Biol., Bd. 22, 1886), Hamburger (Osmot. Druck u. Ionenl., Bd. 1, 1902), derselbe und Hekma (Biochem. Zeitschr., Bd. 3, 1907), Hamm (Centralbl. Bakt., Bd. 43, 1907), Hayem (Du sang 1899), derselbe (C. R. Soc. Biol. 1899), Hering (Akad. Wiss. Wien, Bd. 56, II, 1867), Herzog (Arch. Mikr. Anat., Bd. 71, 1908), Holmgren (Festg. Ludwig I. 1874), Jagic (Wien. Klin. Wochenschr., Nr. 20, 1906), Janssco und Rosenberger (Deutsch. Arch. Klin. Med., Bd. 57, 1896), Jenner (Lancet, I, 1899), Jolly (In Trait. Histol. Path. 1902), derselbe (Arch. d'Anat. Micr., Bd. 6, 1904), derselbe (Ebenda, Bd. 9, 1907), Klemensiewicz (Festschr. Rollett 1893), Kopsch (Int. Monatsschr. Anat., Bd. 21, 1904), derselbe (Ebenda, Bd. 23, 1906), Laker (Sitz. Akad. Wiss. Wien, Bd. 86, Abt. III, 1882), Leishman (Journ. Micr. Soc. London, 1901), Levaditi (Journ. de Physiol. Path. Gén. Bd. 3, 1901), derselbe (Centralbl. Bakt., Bd. 41, 1906), Lobenhoffer (Beitr. Pathol. Anat., Bd. 43, 1908), Locke (Journ. of Physiol., Bd. 18, 1895), Loewit (Arch. Exp. Pathol. Pharm., Bd 23, 1887), derselbe (Ebenda, Bd. 24, 1888), derselbe (Beitr. Pathol. Anat., Bd. 42, 1907), Malassez (Arch. de Physiol., Bd. 9, 1882), derselbe (C. R. Soc. Biol. 1896), Marcano (Arch. de Méd. Exp., Bd. 11, 1899), Marchand (Beitr. Pathol. Anat., Bd. 4, 1889), derselbe (Münch. Med. Wochenschr., Nr. 8, Med. Ges. Leipzig 1908), Marquis (Inaug.-Diss. Dorpat 1892), Maurer (Centralbl. Bakt., Bd. 28, 1900), Maximow (Arch. Anat. 1899), derselbe (Beitr. Pathol. Anat., 5. Suppl. 1902), derselbe (Ebenda, Bd. 38, 1905), derselbe (Ebenda, Bd. 39, 1906), derselbe (Arch. Mikr. Anat., Bd. 67, 1906a), derselbe (Beitr. Pathol. Anat., Bd. 41, 1907), May (Münch. Med. Wochenschr., Nr. 8, 1906), derselbe und Grünwald (Centralbl. Inn. Med., Nr. 11, 1902), Meves (Anat. Anz., Bd. 24, 1904), derselbe (Verh. Anat. Ges. Jena 1904a), derselbe (Anat. Anz., Bd. 27, 1905), derselbe (Arch. Mikr. Anat., Bd. 68, 1906), Michaelis (Deutsch. Med. Wochenschr., Nr. 30, 1899), derselbe (Centralbl. Bakt., Bd. 29, 1901), derselbe (Arch. Pathol. Anat., Bd. 179, 1905), derselbe und Wolff (Ebenda, Bd. 167, 1902), Muir (Journ. of Anat. Physiol., Bd. 26, 1892), Naegeli (Blutkrankh. 1907/08), Nakanishi (Münch. Med. Wochenschr., Nr. 20, 1900), Neisser und Wechsberg (Zeitschr. Hyg., Bd. 36, 1901), Neumann (Arch. d. Heilk., Bd. 10, 1869), Nikiforow (Zeitschr. Wiss. Mikr., Bd. 5, 1888), Nocht (Centralbl. Bakt., Bd. 24, 1898), derselbe (Ebenda, Bd. 25, 1899), derselbe (diese Enzyklopädie, 1. Aufl., 1903), Opie (Journ. of Exp. Med., Bd. 8, 1907), Pacini (Journ. de Microgr., Bd. 4, 1880), Pappenheim (Inaug.-Diss. Berlin 1895), derselbe (Arch. Pathol. Anat., Bd. 166, 1901), Pelagatti (Fol. Hämat. 1904), Petrone (Boll. Ac. Gioen. Sc. Nat. Catania 1897/98), Plato (Arch. Mikr. Anat, Bd. 56, 1900), Plehn (Malariastud. 1890), Raehlmann (Deutsch. Med. Wochenschr., Nr. 29, 1904), Ranvier (Trait. Techn. Histol. 1875), Reuter (Centralbl. Bakt., Bd. 30, 1901), Rindfleisch (Experimentalstud. üb. Histol. d. Blut. 1863), Roberts (Quart. Journ. Micr. Sc., Bd. 3, 1863), Romanowsky (St. Petersb. Med. Wochenschr., Nr. 34, 1891), Rosenthal (Festschr. J. Rosenthal 1906), Rosin und Bibergeil (Zeitschr. Klin. Med., Bd. 54, 1904), dieselben (Arch. Pathol. Anat., Bd. 178, 1904a), Rossi (Zeitschr. Wiss. Mikr., Bd. 6, 1889), Ruge (Zeitschrift Hyg., Bd. 33, 1900), Saxer (Anat. Hefte, Bd. 6, 1896), Schäfer (Essent. Histol., 6. Aufl., 1902), Schaudinn (Arb. Gesundheitsamt, Bd. 19, 1902), Schittenhelm und Bodong (Arch. Exp. Path. Pharm., Bd. 54, 1906), Schleip (Atl. d. Blutkrankh. 1907), Schmorl (Path.-hist. Untersuch.-Meth., 2. Aufl., 1901), Schridde (Anat. Hefte, Bd. 28, 1905), derselbe (Münch. Med. Wochenschr., Nr. 26, 1905a), derselbe (Centralbl. Pathol. Anat., Bd. 16, 1905b), Schröder (Arch. Ges. Physiol., Bd. 116, 1907), Schrötter (Arch. Pathol. Anat., Bd. 183, 1906), Schultze (Ebenda, Bd. 30, 1864), derselbe (Arch. Mikr. Anat., Bd. 1, 1865), Schulze (Ebenda, Bd. 2, 1866), Schwalbe (Unters. z. Blutger. 1900), derselbe (Ergeb. Pathol. Anat., 8. Jg., 1904), derselbe (Beitr. Pathol. Anat., 7. Suppl., 1905), v. Smirnow (Anat. Anz., Bd. 29, 1906), Spronck (Nederl. Tijdschr. Geneesk. I. D. 1889), Sternberg (Primärerkr. d. lymph. u. hämatop. App. 1905), derselbe (Centralbl. Pathol. Anat., Bd. 16, 1905a), Stoehr (Lehrb. d. Histol., 12. Aufl., 1906), Stricker (Wien. Med. Jhb. 1871), Strzyzowski (Zeitschr. Angew. Mikr., Bd. 12, 1907), Stschastnyi (Beitr. Pathol. Anat., Bd. 38, 1906), Tarrasewitsch (Ann. Inst. Pasteur, Bd. 16, 1902), Thoma (Arch. Pathol. Anat., Bd. 65, 1875), Tirolo (Gaz. d. Osped., Nr. 37, 1905), Türk (Klin. Hämatol., I, 1904), van der Stricht (Arch. de Biol., Bd. 11, 1891), derselbe (Ebenda, Bd. 12, 1892), Weidenreich (Arch. Mikr. Anat., Bd. 61, 1903), derselbe (Ergeb. d. Anat., Bd. 13, 1903, 1904), derselbe (Arch. Mikr. Anat., Bd. 66, 1905), derselbe (Fol. Hämat. 1905a), derselbe (Ebenda, 1906), derselbe (Verh. Anat. Ges. Rostock 1906a), derselbe (Arch. Mikr. Anat., Bd. 69, 1906b), derselbe (Verh. Anat. Ges. Würzburg 1907), derselbe (Arch. Mikr. Anat., Bd. 72, 1908), derselbe (Ebenda. Bd. 73, 1909), v. Willebrand (Deutsch. Med. Wochenschr., Nr. 4, 1901), Wlassow (Beitr. Pathol. Anat., Bd. 15, 1894), Wolff (Berl. Klin. Wochenschr., Nr. 52, 1901), Wright (Journ. of Med. Research., Bd. 7, 1902), derselbe (Arch. Pathol. Anat., Bd. 186, 1906), Zieler (Centralbl. Pathol. Anat., Bd. 17, 1906), Ziemann (Malariaparas. 1889), derselbe (Centralbl. Bakt., Bd. 24, 1898a).

Weidenreich, Straßburg.

Blut (forensisch). Zweifach sind gewöhnlich die Aufgaben des Gerichtsarztes bei Untersuchungen auf Blut; er soll zunächst nachweisen, ob eine verdächtige Flüssigkeit, ob ein verdächtiger Fleck auf Kleidern, Instrumenten etc. überhaupt von Blut herstammt; bejahenden Falles hat er in zweiter Reihe, wenn möglich, festzustellen, ob dieses Blut vom Menschen oder einer Tierart stammt.

Für die erste Aufgabe bedarf er des Nachweises des Blutfarbstoffes. Von mikroskopischen Methoden kommen hier zwei in Betracht, die Mikrospektroskopie und die Herstellung der Häminkrystalle. Diese von TEICHMANN 1853 angegebene Reaktion besteht darin, daß ein Teil, ein abgelöstes oder ausgeschnittenes Stückchen der zu untersuchenden Spur auf den Objektträger mit einigen Tropfen Eisessig und einem Körnchen Kochsalz langsam bis zum Verdampfen erhitzt wird, wobei sich dann Krystalle von salzsaurem Hämatin bilden. Dieselben erscheinen in Form größerer scharf abgegrenzter rhombischer Tafeln, kleinerer unvollkommen ausgebildeter derartiger Gestalten, kleinster hanfsamenartiger Kryställchen, die sich häufig in Kreuz- oder Sternform über- und nebeneinander anordnen. Sie besitzen im mikroskopischen Präparat eine gelbbraune Farbe. Im Mikropolarisationsapparat erscheinen sie bei Einstellung auf 0° gelblichbraun auf dunklem Gesichtsfeld, bei Einstellung auf 90° dunkelbraun, fast schwarz auf hellem Gesichtsfeld. Bei Drehung um 360° erscheint der Häminkrystall infolge seines Pleochroismus viermal dunkel und ebensooft hell.

Die Häminprobe mißlingt nicht so selten. Eine Reihe von Schädlichkeiten können, wenn sie auf die zu untersuchende Blutspur eingewirkt haben, das Zustandekommen der Probe verhindern. Sie scheinen hauptsächlich dadurch störend zu wirken, daß sie den Blutfarbstoff verändern und dadurch die Lösung des Fleckes erschweren. Es sind besonders atmosphärische Einflüsse (wie Sonnenlicht), ferner die Beschaffenheit der Unterlage (Eisen zum Beispiel), die hier in Betracht kommen. In manchen dieser Fälle erhält man noch ein positives Resultat, wenn man die Essigsäure länger einwirken läßt und die Spur demnach nicht sofort, sondern erst nach 12—24stündigem Stehen in Essigsäure zur Reaktion benutzt (MAX RICHTER).

In anderen Fällen ist der negative Ausfall bedingt durch die — stets zu vermeidende — Überhitzung des Objekts bei Anstellung der Probe; die Essigsäure soll nicht sieden. Deshalb ist neuerdings (WACHHOLZ) wieder warm die Verwendung von 90—95%igem Alkohol, dem 0,01% konzentrierter Schwefelsäure zugesetzt wird, an Stelle des Essigs empfohlen worden, weil diese Lösung schon bei niedrigerer Temperatur aufkocht und eine Überhitzung bis zum Mißlingen der Reaktion bei ihrer Anwendung weniger leicht eintritt. Sonst scheint der Ersatz der Essigsäure durch andere Säuren ebenso wie der des Chlornatrium durch andere Salze keine besonderen Vorteile zu bieten.

Bei der neuerdings von LECHA-MARZO empfohlenen Modifikation (Zusatz je eines Tropfens von 1. alkalischer oder wässeriger Lösung von Jod oder auch von Chlorwasser, 2. von Pyridin, 3. von Schwefelammonium zu dem Fleck auf den Objektträger und Bedecken mit einem Deckglas ohne Erwärmung) entstehen nicht Hämatin-, sondern Hämochromogenkrystalle (DE DOMINICIS).

Die Mikrospektroskopie wird in der gerichtsärztlichen Praxis verwendet, wenn nur sehr geringe Mengen Blut oder verdächtiger Substanzen zur Verfügung stehen, so daß die gewöhnliche spektroskopische Untersuchung nicht anwendbar ist. Man beschränkt sich dann am besten auf die sicherste Methode, auf den Nachweis des Hämochromogens. Der betreffende Fleck wird auf den Objektträger gebracht, etwas 30%ige Kalilauge zugesetzt und dann ein Tropfen Schwefelammonium zugefügt. Bei Betrachtung durch das Mikrospektroskop (siehe den entsprechenden Artikel) erkennt man alsdann das Spektrum des Hämochromogens, besonders deutlich den ersten schärferen Streifen zwischen *D* und *E*. Handelt es sich um einen Fleck auf einem eisernen Gegenstand, so ist Schwefelammonium nicht zweckmäßig, man kann dann Hämochromogen erzielen, indem man die 30%ige Kalilauge heiß etwa eine halbe Stunde einwirken läßt oder den Fleck mit Pyridin oder verdünnter Hydroxylaminlösung behandelt.

Für die Unterscheidung von Menschen- oder Tierblut haben wir allenfalls die verschiedenen Eigenschaften der einzelnen Hämoglobine und die verschiedene Form und Größe der roten Blutkörperchen zu berücksichtigen. Die sehr subtilen Unterschiede in dem Aussehen der weißen Blutkörperchen (erheblichere Häufigkeit der neutrophilen Granulationen u. a.) kommen für die gerichtliche Praxis, die es nie mit lebendem oder ganz frischem Blut zu tun hat, nicht in Betracht.

Die einzelnen Hämoglobinarten unterscheiden sich auf chemischem Gebiete durch ihre verschiedene Resistenz gegen Alkalien, auf mikroskopischem durch ihre Krystallform, indes sind die Unterschiede in dieser Beziehung nicht so charakteristisch, daß sie für eine gerichtliche Entscheidung ausreichen. Näheres hierüber siehe in den unten angeführten Arbeiten von DWORNITSCHENKO und bei STRASSMANN-CARRARA.

Die Untersuchung der roten Blutkörperchen kann bei frischem oder noch feuchtem Blute, das uns aber, wie gesagt, nur ausnahmsweise zur Verfügung steht, geschehen, indem dasselbe mit einer indifferenten Flüssigkeit, wie physiologischer Kochsalzlösung, auf den Objektträger gebracht wird. Empfohlen ist hier auch (MOSER) die Anwendung von Formol (Formol 5,0, Liq. Kali acet. 5,0, Kali nitr. 2,0, Aq. dest. 250). Mit dieser Lösung soll das feuchte Material im Verhältnis von 1:4 vermischt und nach einiger Zeit ein Tropfen der Mischung auf den Objektträger gebracht werden. Dann fügt man etwas Eosinlösung hinzu, bedeckt mit dem Deckglas, schützt das Präparat durch Wachseinschluß vor Verdunstung und untersucht. Dabei erscheint in dem gefärbten Blutkörperchen des Menschen ein blasses Centrum, das bei anderen Säugetierblutkörpern nicht in gleicher Größe und Deutlichkeit hervortritt und neben der Messung der Blutkörperchen zur Unterscheidung dienen kann.

Die Messung selbst wird mit dem Okularmikrometer bei Immersion und gleicher Tubuslänge vorgenommen. Die zu messende Blutzelle muß sich in ihrer Mitte mit der Mitte des Gesichtsfeldes, resp. des Okularmikrometers decken. Nach einmaliger Messung wird die rote Blutzelle nach rechts unter den Strichen weiter gezogen und noch einmal gemessen, darauf in die Mitte zurückgebracht, dann nochmals gemessen, endlich nach links weiter geschoben und zum vierten Male gemessen (DÄUBLER). Die Messung hat stets an einer größeren Anzahl zu geschehen, da die Differenzen der einzelnen Körperchen desselben Blutes nicht unerheblich sind und nur die Durchschnittsgröße maßgebend ist. Diese beträgt 8 Mikromillimeter beim Menschen, beim Hunde ist sie nur 0,1, beim Kaninchen und Meerschweinchen 0,3 Mikren kleiner; eine Differenz, die wegen ihrer Geringfügigkeit kaum verwertet werden kann. Größer ist der Unterschied gegenüber anderen Säugetieren (Ziege, Schaf, Schwein, Rind), wo er 2—3 Mikren beträgt. Wenn es sich um Unterscheidung von Menschenblut und dem dieser Säugetiere handelt, ist also ein Gutachten eher möglich. Gegenüber den kernhaltigen, ovalen Blutkörperchen anderer Wirbeltiere ergibt sich diese Möglichkeit ohne weiteres.

Besteht unser Untersuchungsmaterial, wie zumeist, aus Flecken, welche auf Gegenständen angetrocknet oder in solche eingezogen sind, so müssen kleine Teilchen von dem Flecke abgelöst werden. Bestehen sie aus Blut, so lassen sie bei der Untersuchung ohne weiteres Zusatzmittel nichts Näheres erkennen, da die geschrumpften, zerknitterten Blutkörperchen untereinander und mit den Zwischensubstanzen zu strukturlosen Massen zusammengebacken sind. Es bedarf des Zusatzes von Auflösungssubstanzen, die die roten Blutkörperchen möglichst intakt lassen, die Zwischenmasse lösen sollen.

Als solche sind in Gebrauch 32%ige Kalilauge (VIRCHOW u. a.), welche man neuerdings, um der starken Quellung der Lauge entgegenzuwirken, mit gleicher Menge Formol (40%iges Formaldehyd) zu vermischen empfohlen hat (PUPPE), die HOFMANN-PACINIsche Flüssigkeit (300 Teile Wasser, 100 Teile Glycerin, 2 Teile Kochsalz, 1 Teil Sublimat), die ROUSSINsche (3 Teile Glycerin, 1 Teil konzentrierte Schwefelsäure, destilliertes Wasser bis zum spezifischen Gewicht von 1,028), die DRAGENDORFFsche (Natriumchlorid 1 Teil, krystallisiertes Natriumsulfat 5 Teile, Wasser 94 Teile), 15%ige Weinsäure (A. LESSER), Alkohol und Äther aa. (MOSER) u. a. m. Eine vollständige Übersicht der (40) angeführten Flüssigkeiten gibt MAX RICHTER in seinem unten zitierten Artikel. RICHTER selbst empfiehlt GRÜBLERS Pepsinglycerin, dessen Verwendung gewiß rationell erscheint, aber leider nach des Autors eigenen Erfahrungen durch die große Ungleichmäßigkeit des Präparates beeinträchtigt wird. Später ist noch von MARX und HOROSKIEWICZ eine Mischung von 33%iger Kalilauge mit 1%iger Lösung von salzsaurem Chinin zu gleichen Teilen empfohlen worden.

Nach Einwirkung dieser Lösungen lassen die betreffenden Schollen eine pflastersteinartige Struktur erkennen; sie bestehen aus dichtgedrängten, schwachkonturierten, blaßgelben, kernlosen Scheiben. Bei Zusatz von 5%iger Essigsäure läßt sich das Fehlen von Blutkörperchenkernen noch besonders konstatieren. Säugetier- resp. Menschenblut löst sich dann optisch vollkommen auf, während man im Blute der Vögel, Amphibien etc. die Kerne in der strukturlosen Substanz deutlich und so reichlich hervortreten sieht, daß eine Täuschung etwa durch die Kerne der weißen Blutkörperchen von Säugetieren nicht denkbar erscheint.

An den Rändern der Schollen sieht man oft mehr oder weniger wohlerhaltene einzelne Blutkörperchen. An solchen nicht verzerrten, genügend freiliegenden Blutkörperchen kann man auch eine Messung vornehmen, dieselben sind aber meist nur gering an Zahl, so daß hier die Gewinnung eines bestimmten Resultates noch viel mehr erschwert ist als beim frischen Blute. Dazu kommt, daß die Blutkörperchen beim Eintrocknen schrumpfen, daß sie bei Aufweichen mehr oder weniger aufquellen. Unter diesen Umständen ist ein Gutachten über die Herkunft des Blutes an solchen alten Flecken nur ausnahmsweise möglich, und zwar nur in dem Sinne, daß man bei gleichmäßigen, sehr kleinen, sonst wohlerhaltenen Blutkörperchen die Abstammung einer Blutspur von Menschen oder einem Säugetier mit größeren Blutkörperchen ausschließen kann.

Von KOCKEL wird lebhaft an Stelle der Abschabung oder Zerfaserung der blutbefleckten Leinwandstücke, deren Einbettung in Celloidin und die Färbung der gewonnenen Schnitte mit Hämatoxylin-Eosin empfohlen. Man sieht dabei auch besonders deutlich etwaige anderweitige Beimengungen zum Blut, die in forensischer Beziehung wichtig sein können, um zum Beispiel festzustellen, ob Menstrualblut oder Blutung aus anderer Quelle vorliegt. Handelt es sich um Flecke auf Metallinstrumenten, so ist auch eine direkte Betrachtung der Flecke an Ort und Stelle im auffallenden Lichte möglich und zweckmäßig, wie FLORENCE und P. FRÄNKEL gezeigt haben. Dieser bediente sich zu der genannten Untersuchung eines von E. LEITZ konstruierten Opakilluminators.

Die entscheidende Feststellung, ob Tier- oder Menschenblut vorliegt, geschieht jetzt nicht mehr auf mikroskopischem Wege, sondern durch serologische Methoden (Präzipitinreaktion, Komplementablenkung). Als Vorprüfung kann dabei aber eine mikroskopische Methode, die von MARX-EHRNROOTH angegebene Agglutininprobe, dienen. Man stellt sich aus den zu untersuchenden Blutflecken mittelst 0,6%iger Kochsalzlösung eine hochkonzentrierte Lösung dar, bringt von dieser einen großen Tropfen auf den Objektträger, entnimmt mit geglühter Nadel der eigenen Fingerkuppe einen Tropfen Blut, bringt diesen auf das Deckgläschen und bedeckt damit den Tropfen der zu untersuchenden Lösung. Nach etwa 10 Minuten unterrichtet man sich durch das Mikroskop darüber, ob die Blutkörperchen zusammengeballt oder isoliert geblieben zu vermuten sind. Bei vorhandener Agglutination ist Tierblut, bei Ausbleiben Menschenblut oder Affenblut zu vermuten.

Literatur: DÄUBLER (Vierteljahrsschr. Ger. Med., 1899), DE DOMINICIS (Giorn. di Med. Leg., 1902), DWORNITSCHENKO (Vierteljahrsschr. Ger. Med., 1900), FLORENCE (Arch. Gén. d'Anthrop. Crim., 1907), HIRSCHFELD (Arch. Pathol. Anat., Bd. 149, 1897), FRÄNKEL (Vierteljahrsschrift Ger. Med., Bd. 35, Beil. 1908), KOCKEL (in SCHMIDTMANNS Handb. Ger. Med., Bd. 1, Berlin 1905, derselbe (Vierteljahrsschr. Ger. Med., Bd. 35, Beil. 1908), LACASSAGNE (Précis de Méd. Lég., Paris 1906), LECHA-MARZO (Manchas de sangre, Madrid 1906), MARX (Prakt. Ger. Med., Berlin 1907), MOSER (Vierteljahrsschr. Ger. Med., 1900), RICHTER (Ebenda), derselbe (FRIEDREICHS Blätter 1900), STRASSMANN-CARRARA (Manuale di Medicina leg. 1901), WACHHOLZ (Vierteljahrsschr. Ger. Med., 1901), ZIEMKE (Zeitschr. f. Medizinalbeamte, Beilage 1900).

Strassmann, Berlin.

Blutbildende Organe, Untersuchung derselben im Ausstrich. Neben einer Herstellung von Schnittpräparaten von Knochenmark, Milz und Lymphdrüsen sollte in allen Fällen die Untersuchung sich auch auf Ausstrichpräparate dieser Organe erstrecken. In nicht wenige Stunden nach dem Tode erfolgten Sektionsfällen gelingt es überhaupt nur auf diese Weise, die Granula zur Darstellung zu bringen. Ebenso ist megaloblastische Degeneration des Knochenmarks kaum in Schnittpräparaten erkennbar. Die Herstellung von Trockenpräparaten erfolgt nach allgemeinen Regeln, zu denen insbesondere gehört, daß man nur mit sorgfältigst gereinigten Deckgläsern und Objektträgern arbeitet. HELLY empfiehlt zur Knochenmarksuntersuchung — nach einem von EHRLICH herrührenden Verfahren — kleine vierseitige, $^1/_2$—1 *cm* breite Stückchen von steifem Papier in eine Pinzette zu fassen und eine der gegenüberliegenden Kanten in das Knochenmark zu tauchen und dann mit dieser Kante über ein in der anderen Hand gehaltenes Deckglas zu streichen. Das zu untersuchende Knochenmark verreibt GULLAND mit 0,75—1%iger (am besten 0,9%iger) Kochsalzlösung.

Die Färbung wird nach den im Artikel „Blut“ genannten Methoden ausgeführt. Vornehmlich kommen zur Darstellung der Granula neutrales Methylenblaueosin in methylalkoholischer Lösung (JENNER-MAY-GRÜNWALD), das EHRLICHsche Triacid und die Giemsalösung in Betracht. Man muß sich aber klar darüber sein, daß diese Methoden nicht in gleicher Intensität die Granula darstellen. Es ist BUTTERFIELD vollkommen beizustimmen, wenn er sagt, daß das Jenner-Maypräparat zur ersten Orientierung dient, daß man aber die feineren neutrophilen Granula nur mit Triacid gefärbt erkennt.

Literatur: BUTTERFIELD (Deutsch. Arch. Klin. Med., 92. Bd., 1908), GULLAND (Fol. Hämatol. 1904), HELLY (Die hämatopoetischen Organe etc. 1906), MOSSE (Centralbl. Pathol. Anat. 1905). *Mosse*, Berlin.

Blutgefäße. Die histologische Bearbeitung der Blutgefäße richtet sich nach den allgemeinen Prinzipien der Mikrotechnik und erfordert keine wesentlichen besonderen Vorkehrungen. Man wird kleinere und mittelgroße Gefäße, wenn möglich immer mit ihrem natürlichen Inhalte, zusammen fixieren, um eine Deformierung des Querschnittes tunlichst zu vermeiden, eventuell kann man sie auch vor der Fixation mit einer Gelatinemasse ausfüllen oder noch besser sie mit der Fixationsflüssigkeit injizieren und die prall gefüllten Gefäße in jene einlegen. In jedem Falle wird man gut tun, das zu untersuchende Gefäßstück doppelt zu unterbinden, der Länge nach auf ein dünnes Holz- oder Glasstäbchen aufzubinden und in die Fixationslösung einzulegen.

Zum Fixieren der Gefäßwand eignet sich vor allem der absolute Alkohol, ferner das konzentrierte Sublimat und seine Gemische, wie Zenker, Pikrinsublimatessigsäure etc. ARGAUD empfiehlt vor allem 10%iges Formalin.

Von Färbungsmitteln empfehlen sich neben den verschiedenen Kernfarbstoffen hauptsächlich die Methoden zum Studium der elastischen Elemente und von diesen wieder vor allem die WEIGERTsche Methode zur Färbung der elastischen Fasern (siehe Elastin). Sehr instruktive Bilder erhält man, wenn man die mit dem WEIGERTschen Farbstoff behandelten und in Alkohol differenzierten Schnitte mit der GIESONschen Pikrinsäurefuchsinmischung kurze Zeit nachfärbt. Man erhält dann die elastischen Fasern blauschwarz, das Bindegewebe rot und die Muskulatur gelb. Man kann mit Vorteil für diesen Zweck in Boraxcarmin durchgefärbte Präparate verwenden. Zur Differenzierung von Muskulatur und Bindegewebe färbt ARGAUD zunächst eine Viertelstunde mit RANVIERschem Pikrocarmin und dann fünf Minuten in neutralem Carmin und hebt in Glycerin auf.

Literatur: ARGAUD (Journ. de l'Anat. 1908).

Blutgerinnung. I. Extravasculäre Gerinnung. Wenn man einen Tropfen Blut auf einen Objektträger bringt, tritt, wie LAKER (84) gezeigt hat, als erste Gerinnungserscheinung eine Fibrinausscheidung in Form einer homogenen, dem Glase dicht anliegenden Membran, der sogenannten „primären Fibrinmembran", auf. Von der Existenz dieser Membran kann man sich auf folgende Weise überzeugen: Man schwemmt einen schnell auf den Objektträger gebrachten Tropfen Blut, ohne ihn mit einem Deckgläschen zu bedecken, rasch aber vorsichtig in gleichmäßigem Strome mit 1%iger Osmiumsäure weg, bis mit freiem Auge nichts mehr oder nur eine leise Trübung zu entdecken ist. Setzt man nun der Osmiumsäure etwas Methylviolett zu und bedeckt vorsichtig mit einem Deckgläschen, so ist häufig außer mehr oder weniger gut erhaltenen Blutscheibchen und einzelnen weißen Blutkörperchen auch mit den stärksten Vergrößerungen nichts zu entdecken. Wenn man jedoch vor dem Bedecken mit dem Deckgläschen die Stelle, wo der Blutstropfen adhäriert hatte, mit der Spitze einer scharfen Nadel mehrfach durchkratzt, so gelingt es meist ganz gut, die Spuren, welche die Nadelspitze in der primären Fibrinmembran zurückgelassen hat, als Furchen mit leicht aufgeworfenen Rändern, die sich stärker tingieren als die Umgebung, mit stärkeren Vergrößerungen aufzufinden.

Da man einwenden könnte, daß die beschriebene Membran durch Einwirkung der Osmiumsäure zustande kommt, so stellte LAKER Kontrollversuche an, bei welchen er als Schwemmflüssigkeit konzentrierte Magnesiumsulfatlösung benutzte, welche bereits gebildetes Fibrin nicht mehr in Lösung bringt, dagegen als eminent gerinnungshindernd bekannt ist. Bei Anwendung dieser Lösung gelingt es ebenfalls, die Fibrinmembran zur Darstellung zu bringen.

GUTSCHY (03) hat die Angaben LAKERS über die Bildung einer primären Fibrinmembran mit Hilfe der von ARNOLD angewandten Methode der Hollundermarkplättchen (siehe unten) nachgeprüft und bestätigt gefunden. Über den Nachweis der Fibrinmembran durch MEVES vgl. diesen Autor 06, pag. 339—340.

Die übrigen Erscheinungen der Fibringerinnung und die Beteiligung der Blutzellen bei derselben kann man am frischen Präparat studieren, welches man durch Umrandung mit Paraffin vor Eintrocknung geschützt hat. Jedoch ist das Fibrinnetz an derartigen Präparaten nur sehr unvollkommen sichtbar. Um es deutlich zu machen, kratzt RANVIER (75) den Paraffinrand nach mehreren Stunden wieder ab, entfernt das Deckglas und wäscht die koagulierte Blutschicht, indem er aus einer Pipette destilliertes Wasser darauf träufelt, so lange aus, bis sie farblos geworden ist; dann bedeckt er von neuem mit einem Deckglas.

Auf diese Weise wird aber, wie HAYEM (78) bemerkt, ein mehr oder weniger ausgedehnter Teil des Fibrinnetzes regelmäßig zerstört. HAYEM befolgt daher folgende Methode: Er überläßt einen eingedeckten Blutstropfen in einer feuchten Kammer mehrere Stunden sich selbst und wäscht dann mit Wasser aus, welches er unter dem Deckglas durchsaugt. Durch den Wasserstrom werden die roten Blutkörperchen fortgeschwemmt und das Fibrinnetz bleibt isoliert zurück. Wenn die Waschung vollständig ist, wird das Wasser durch eine Jod- oder Fuchsinlösung ersetzt. — Bei Froschblut empfiehlt HAYEM statt Wasser Jodserum durchzusaugen.

EBERTH und SCHIMMELBUSCH (88, pag. 39) bringen ca. 1 *cm* von der Höhlung eines hohlgeschliffenen Objektträgers auf diesen einen nicht zu kleinen Tropfen Blut, breiten ihn durch Auflegen eines Deckglases aus und schieben dieses schnell mit einem Ruck über den Konkavschliff, so daß die Ränder des Deckglases völlig auf dem Planum des Objektträgers aufliegen. Auf diese Art sind die centralen Partien der Blutschicht am Deckglase in einen Raum gebracht, der sich bald mit einer minimen Menge verdunstenden Plasmas sättigt und länger feucht bleibt. Man hat dann bloß nötig, um die Blutschicht unter den Rändern des Deckplättchens vor dem Eintrocknen zu schützen, dasselbe mit Paraffin oder Öl oder Lack zu umziehen oder es in einen feuchten Raum zu bringen. Will man den Gerinnungsprozeß unterbrechen, so braucht man nur das Deckglas abzuheben und das Blut schnell zu trocknen.

Außer der oben angegebenen hat HAYEM (78) noch folgende Methode empfohlen: Man breitet einen Tropfen Blut in nicht zu dünner Schicht auf dem Objektträger aus und bringt den Objektträger dann in eine feuchte Kammer, in welcher man ihn verschieden lange Zeit sich selbst überläßt; weiter kann man die geronnene Blutschicht entweder trocknen oder mit Fixierungsflüssigkeiten behandeln und dann färben.

Die Technik dieser Untersuchung ist von MEVES (06, pag. 313) in folgender Weise weiter ausgebildet worden: In die feuchte Kammer bringt er nicht Wasser, sondern 0,8%ige, mit dem Blut isotonische Kochsalzlösung, welche den gleichen Dampfdruck hat wie dieses. Nimmt man Wasser, so muß das Blut Wasserdampf anziehen und absorbieren; in der Tat werden die roten Blutkörperchen, wie schon BÖTTCHER (Arch. Pathol. Anat., Bd. 35, 1866) konstatiert hat, bei längerem Aufenthalt in einer mit Wasser beschickten Kammer zerstört. Als feuchte Kammer gebraucht MEVES einen Blechkasten (Fig. 4) von 14 *cm* Länge, $7^1/_2$ *cm* Breite, $5^1/_2$ *cm* Höhe, welchem an einer der beiden langen Seitenwände eine dicke Metallplatte angelötet ist. Seitenwand und Metallplatte werden in halber Höhe des Kastens von einem horizontalen, $8^1/_2$ *cm* langen, ca. 4 *mm* hohen Spalt durchsetzt.

Fig. 4.

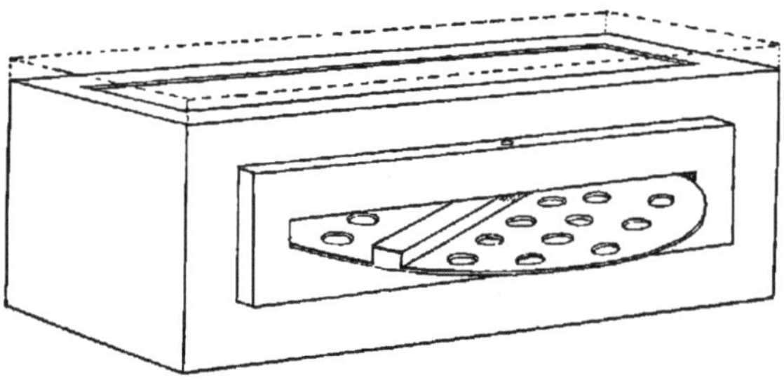

In diesen ist ein Metallbalken (mit Hilfe von Vaselin luftdicht) eingepaßt, der eine horizontal stehende, kreisförmige Scheibe trägt. Metallbalken und Scheibe sind um eine durch ihre Mitte gehende senkrechte Achse drehbar. Der Kasten, welcher oben offen ist, wird, nachdem 0,8%ige Kochsalzlösung bis zu ca. 1 *cm* Höhe hineingefüllt ist, durch eine Glasplatte mit Hilfe von Vaselin luftdicht geschlossen und ist dann, sobald Dampfsättigung im Innern eingetreten ist, zur Verwendung fertig. Man legt den mit frisch ausgestrichener Blutschicht bedeckten Objektträger (MEVES benutzt solche von Gießener Format; größere Objektträger haben bei den für die Scheibe gewählten Dimensionen auf dieser keinen Platz) auf die außerhalb des Kastens befindliche Hälfte der Scheibe und bringt diese dann mitsamt dem Objektträger durch eine Drehung um 180° in das dampfgesättigte Innere hinein. Die ganze Manipulation läßt sich sehr schnell vornehmen. Der Luftwechsel im Kasten ist unter diesen Umständen äußerst gering.

Bevor man den Objektträger in die Fixierungsflüssigkeit steckt, empfiehlt MEVES, denselben vorher ein paarmal in der Luft umherzuschwenken, damit die Ränder der geronnenen Blutschicht leicht antrocknen. Als Fixierungsflüssigkeit hat MEVES für Salamanderblut vorwiegend 1%ige Sublimatlösung oder FLEMMINGsche Chromosmiumessigsäure, letztere in Form des sogenannten schwachen Gemisches, beide mit Zusatz von 1% Kochsalz, benutzt. Die mit Chromosmiumessigsäure fixierten Präparate überträgt er nach der Färbung und Entwässerung in absolutem Alkohol aus diesem nicht sofort in Xylol, sondern vorher in ein Gemisch von absolutem Alkohol und Xylol zu gleichen Teilen; auf diese Weise werden Zerreißungen der fixierten Blutschicht, welche sonst auftreten, verhindert.

ARNOLDsche Methode der Untersuchung in Hollundermarkplättchen (ARNOLD, 96). Man sterilisiert ein Hollundermarkplättchen, welches man mittelst des Mikrotoms möglichst dünn geschnitten hat, in kochender, 0,6- bis 0,7%iger Chlornatriumlösung, beschickt es mit einem kleinen Blutströpfchen und bringt es an die Unterseite eines größeren Deckgläschens, dessen Ränder mit Vaselin bestrichen sind. Dieses legt man auf einen hohlgeschliffenen Objektträger. Man muß darauf achten, daß die Ränder des Deckglases gut gedichtet sind. Das Blut ist auf diese Weise gegen Druck und Verdunstung geschützt und kann viele Tage hindurch beobachtet werden. Gewöhnlich verwendet ARNOLD Plättchen, die mit Kochsalzlösung befeuchtet sind, weil der Blutstropfen sich auf ihnen gleichmäßiger ausbreitet. Man kann aber auch die Plättchen zuvor trocknen und den Blutstropfen ohne Verwendung von Zusatzflüssigkeiten untersuchen. Die Methode bietet den weiteren Vorteil, daß die an den Plättchen haftenden Blutschichten der Einwirkung der verschiedensten Reagenzien ausgesetzt werden können. ARNOLD hat die Plättchen in $^1/_2$—1%iger Osmiumsäure, Formaldehyd (4%), Sublimat oder Müllersublimat fixiert, dann mit Alkohol von steigender Konzentration behandelt und schließlich nach zweckentsprechender Tinktion in Canadabalsam eingelegt. Man kann von solchen Plättchen, wenn sie in Celloidin oder Paraffin eingebettet sind, auch feine Schnitte anfertigen. Sehr dünne, oft nur aus einer Blutschicht bestehende Präparate lassen sich herstellen, indem die gefärbten Plättchen mit der die Blutschicht führenden Seite auf einen Objektträger aufgelegt und mit Papier auf diesen aufgedrückt werden. Bei Ablösung des Plättchens bleiben dann dünne Lagen des Blutes an dem Objektträger haften, welche nach Bespülung mit Xylol in Canadabalsam sich aufbewahren lassen. An solchen Abklatschpräparaten, deren Herstellung ARNOLD dringend empfiehlt, sind speziell auch die Bestandteile der Fibrinnetze einer Untersuchung mit den stärksten Vergrößerungen zugängig.

Die mit Blut beschickten Hollundermarkplättchen kann man nach ARNOLD (97) auch bei Kaninchen und Meerschweinchen ins Unterhautzellgewebe, beim Frosch in den Lymphsack versenken und sie nach verschieden langer Zeit entweder einer Untersuchung in der Vaselinkammer unterziehen oder sie konservieren, tingieren und eventuell in feine Schnitte zerlegen.

II. Intravasculäre Gerinnung, **Thrombose.** Die Bildungsweise des Thrombus verfolgt man durch Beobachtung des in den Gefäßen strömenden Blutes, indem man die Gefäße mechanisch durch Kompression oder Überstreichen mit einer Nadel oder einem Draht oder durch Anwendung chemischer Mittel (EBERTH und SCHIMMELBUSCH nennen Crotonöl, Alkohol, Äther, 1%ige Sublimatlösung, salpetersaures Silber, Kochsalz in Substanz) verletzt. Für die Technik der Circulationsbeobachtungen darf im allgemeinen auf den Artikel Blut bzw. lebendes Objekt verwiesen werden. An dieser Stelle sei nur die von EBERTH und SCHIMMELBUSCH (88) vorgeschlagene Versuchsanordnung mitgeteilt, da diese Autoren über die größte Erfahrung speziell in thrombotischen Circulationsstörungen verfügen.

EBERTH und SCHIMMELBUSCH konstruierten für Beobachtungen am Mesenterium und Omentum von Säugetieren einen 20 *cm* langen, 10 *cm* breiten und 5 *cm* hohen Blechkasten, in dessen Boden eine Glasscheibe eingesetzt war. Dieser Kasten trug auf der einen Seite in der Nähe des oberen Randes eine Abflußöffnung, so daß einströmendes Wasser den Kasten zwar bis zum Rande füllen konnte, aber nicht überlief. Der Kasten wurde dann durch einen kontinuierlich auf gleicher Temperatur befindlichen Behälter mit Kochsalzlösung von 0,75% gespeist. Durch genaue Temperierung des großen Behälters und Regulierung des Kochsalzzuflusses kann man leicht eine konstante Wärme des Kochsalzbades erhalten. Ist dies erzielt, so wird das narkotisierte oder gefesselte Tier mit starkem, breitem, sog. Guttaperchapapier fest umwickelt, so daß Kopf und Extremitäten völlig bedeckt sind und dasselbe durch einige Schnüre zusammengehalten wird. Nun wird etwas seitlich von der Gegend der Linea alba durch das Guttapercha bis auf das Peritoneum in einer Länge von 2—3 *cm* inzidiert. Dann kommt das Tier in das Salzbad, so daß die über die Schnauze und über die Extremitäten überragende Emballage auf den Rändern des Kastens ruht und die Kochsalzlösung nicht direkt das Tier selbst umspült und so verunreinigt wird. Im Kochsalzbad eröffnet man nun die Bauchhöhle vollständig und bringt durch sanften Druck auf das Abdomen eine Darmschlinge zum Prolaps; bei Meerschweinchen kann man noch bequemer sanft das vorliegende Omentum maius hervorziehen. Diese extraperitoneale Membran wird dann auf einen allseitig gut geschliffenen, durch einen Korkrahmen etwas über den Kastenboden erhobenen Objektträger gelagert und mit zwei Nadeln ohne jede Gefäßverletzung an den Kork festgesteckt. Dann wird der ganze Blechkasten mit seinem Boden von Spiegelglas auf den Tisch eines Mikroskopes gesetzt und mit immergierendem Objektiv das Gefäßgebiet unter der indifferenten Kochsalzlösung betrachtet. EBERTH und SCHIMMELBUSCH brachten hierfür sowohl die SEIBERTschen Immersionen VI, VII, VIII als auch die Tauchlinse X HARTNACK in Anwendung.

Wie schon die Dimensionen des Kastens verraten, wurden hierzu nur kleinere Tiere, nicht über 300—500 *g*, verwandt, und zwar Meerschweinchen und junge Kaninchen. Die Tiere wurden meist mit Chloral narkotisiert (2—3 *g* einer 5%igen Lösung); bei Kaninchen kann man auch ohne jede Narkose bei passender Fesselung arbeiten.

Die von EBERTH und SCHIMMELBUSCH erdachte Vorrichtung, Gefäßgebiet und Linse beide tief in eine indifferente und wohltemperierte Flüssigkeit einzutauchen, hat sich bei stundenlangen Beobachtungen der thrombotischen Circulationsstörungen durch Einfachheit und Güte bewährt. Die Methode hat ferner den großen Vorteil, der besonders bei stundenlanger Beobachtung sehr ins Gewicht fällt, daß die Tiere selbst in der normalwarmen Badeflüssigkeit liegen und bei der langen Dauer absoluter Ruhe, in der sie bleiben müssen, sich nicht abkühlen können.

Bezüglich der Art und Weise, wie EBERTH und SCHIMMELBUSCH ihre Untersuchungen an größeren Säugetieren, speziell Hunden, ausgeführt haben, muß auf das Original (88, pag. 46) verwiesen werden.

Beim Frosch ist nach EBERTH und SCHIMMELBUSCH für eine detaillierte Beobachtung der morphologischen Bestandteile des Gefäßinhaltes nur das Mesenterium als Objekt zu gebrauchen. Dieses wird auf ein rundes Glasplättchen mit gut abgeschliffenem Rand aufgelegt. Das Glasplättchen ist einem Korkring und dieser wiederum einer größeren Glasplatte, der Lagerungsstelle für den Frosch, aufgeklebt. Zur Befeuchtung der Membran verwendet man 0,6%ige Kochsalzlösung von Zimmertemperatur und zur Immobilisierung des Tieres Curare*, eventuell Äthernarkose. Bei Ätzungen wird es gewöhnlich nötig, nach der Applikation des Causticums energisch das Mesenterium mit Kochsalzlösung abzuspülen; EBERTH und SCHIMMELBUSCH haben es deshalb für praktisch befunden, die Glasplatte, auf welche man den Frosch lagert, mit einem erhöhten Rande zu umgeben, damit nicht die Spüllösung direkt auf den Tisch des Mikroskopes fließt. Man kittet zu dem Zweck einfach Holzleisten auf die Ränder der Platte mit Canadabalsam auf. Die Kochsalzlösung, welche nun auf der Glasplatte stehen bleibt, wird mit Schwämmchen oder Fließpapier abgesogen. Eine konstante Berieselung des Mesenteriums haben EBERTH und SCHIMMELBUSCH in sehr einfacher Weise und mit Umgehung komplizierter Tropfvorrichtungen sich derart hergestellt, daß sie einen mehrfach zusammengefalteten Streifen Fließpapier in ein erhöht (ca. 1 *dm*) über dem Frosch befindliches, Kochsalzlösung enthaltendes Schälchen mit dem einen Ende eintauchen ließen und das andere Ende an das Mesenterium anlegten. Dieser Streifen saugt langsamer oder schneller, je nach seinem Volumen, die indifferente Kochsalzlösung aus dem Uhrschälchen und ergießt sie auf das Gefäßgebiet. Ein gleiches, oder besser voluminöser konstruiertes, Fließpapierstück kann man von der Glasplatte, auf welcher der Frosch liegt, die überschüssige Flüssigkeit absaugen und in eine auf dem Arbeitstisch stehende Schale entleeren lassen. — Zur genauen Beobachtung feiner morphologischer Verhältnisse, wie sie hier in Frage kommen, ist eine stärkere Vergrößerung nicht zu missen. Man kann

* Frisch gefangene Frösche vertragen nach EBERTH und SCHIMMELBUSCH Curare sehr gut, aber längere Zeit schon ihrer Freiheit beraubte Tiere sind sehr widerstandslos dagegen. Schon nach geringen Gaben erlahmt bei den letzteren die Circulation und das vorgezogene Mesenterium zeigt überall Stase.

etwa HARTNACK Objekt VII, Okular 3 oder 2 in Anwendung ziehen und dann die Linse in die bespülende Kochsalzlösung immergieren lassen, bequemer aber ist es, eine schwächere Linse mit weiterem Focus und stärkerem Okular zu wählen und sich z. B. des Objektives IV mit dem Okular 8 zu bedienen.

Um das Studium der intravasculären Gerinnung zu vervollständigen, kann man schließlich die Zusammensetzung von Thromben und Gerinnseln, welche man der Leiche möglichst bald nach dem Tode entnommen hat, an Schnitten unter Anwendung verschiedener Konservierungs- und Tinktionsmethoden untersuchen.

Literatur: ARNOLD (Centralbl. Pathol. Anat., Bd. 7, 1896; Arch. Pathol. Anat., Bd. 150, 1897), EBERTH und SCHIMMELBUSCH (Die Thrombose nach Versuchen und Leichenbefunden, 1888), GUTSCHY (Beitr. Pathol. Anat., Bd. 34, 1903), HAYEM (Arch. de Physiol., Ser. 2, Bd. 5 u. 6, a. 11. 1878 und 1879), LAKER (Sitzungsber. Akad. Wiss. Wien, Bd. 90, Abt. 3, 1884), MEVES (Arch. Mikr. Anat., Bd. 68, 1906), RANVIER (Traité technique d'histologie 1875).

Meves, Kiel.

Blutkörperchen siehe: Blut.

Blutkörperchenzählmethoden. Die Zahlenverhältnisse der Blutkörperchen werden am frischen Blute mittelst eigener Präzisionsapparate bestimmt und am Trockenpräparat mit Hilfe der EHRLICHschen Okularblenden.

Für ersteren Zweck ist in Deutschland der THOMA-ZEISSsche Blutkörperchenzählapparat im Gebrauch. Er besteht aus einem großen Objektträger, auf welchem sich ein Glasplättchen mit netzförmiger Einteilung in 256 Quadrate befindet (Fig. 5 und 6). Um dieses herum, durch eine Rinne von ihm getrennt,

Fig. 5.

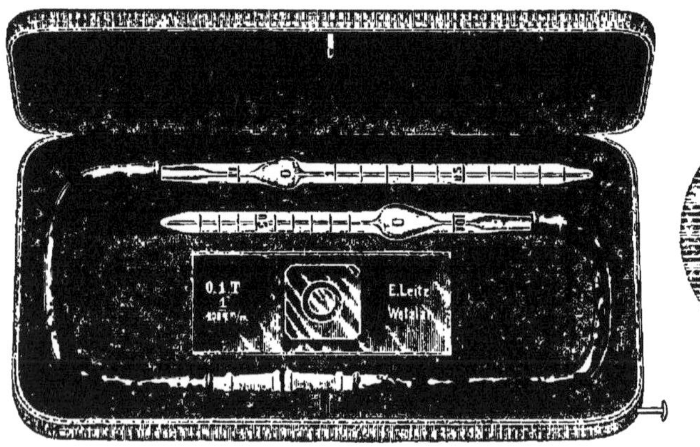

Fig. 6.

ist ein Glasring aufgeklebt, dessen plane obere Fläche die Ebene, in der das Netz liegt, um $^1/_{10}$ *mm* überragt. Der Flächeninhalt jedes Quadrates in dem Netze beträgt (bei $^1/_{20}$ *mm* Seitenlänge) $^1/_{400}$ *qmm*. Jedes 5. Quadrat ist durch eine Horizontal-, resp. Vertikallinie in zwei Rechtecke geteilt, um die Übersicht über die Felder zu erleichtern. Besser als dieses ältere Modell sind Zählkammern, die auch noch eine Einteilung der seitlichen Teile enthalten. Hierdurch ist die Möglichkeit gegeben, eine größere Anzahl von Quadraten zur genaueren Bestimmung der Leucocytenwerte durchzuzählen. Am zweckmäßigsten ist die Zählkammer nach TÜRK. Man geht so vor, daß man das Centrum der Kammer für die Zählung der roten Zellen benutzt, die seitlichen Quadrate auch zu der der weißen. Übrigens ist es vorteilhaft, zuerst die Leucocyten zu zählen, da manchmal in pathologischen Fällen (beim Mensch) eine Leucolyse in der Verdünnungsflüssigkeit erfolgt.

Das Blut wird in eine Mischpipette mit Gummischlauch aufgesaugt. Ein Teil Blut wird in dieser (nach Abwischen des unteren Endes) mit 10 (oder 20) Teilen dünner Essigsäure ($^1/_3$%) für die Zählung weißer Blutkörperchen, mit 100 (oder 200) Teilen Konservierungsflüssigkeit zur Zählung roter Blutkörperchen vermischt und mittelst der im oberen erweiterten Ende der Pipette befindlichen Glasperle tüchtig durchgeschüttelt. Als Verdünnungsflüssigkeit für die Zählung der roten Blutkörperchen dienen physiologische Kochsalzlösung, HAYEMsche, PACINIsche und ganz besonders TOISONsche Flüssigkeit: Methylviolett 4 B 0,025, Chlornatrium 1,0, Natriumsulfat 8,0, Neutrales Glycerin 30,0, Aq. destill. 160,0.

Von der Blutverdünnung werden die ersten Tropfen aus der Pipette herausgeblasen, dann ein kleines Tröpfchen auf das Zählnetz aufgetragen und mit einem plangeschliffenen Deckelglas bedeckt. Dieses muß ganz trocken sein und so dicht auf dem Rand der Zählkammer aufliegen, daß beim Andrücken NEWTONsche Farbenringe unter dem Deckglasrand erscheinen. Um dieses Ziel zu erreichen, ist peinliche Sauberkeit des ganzen Apparates notwendig, namentlich darf keine Flüssigkeit zwischen Deckglas und Rand des umgebenden Glasringes eindringen. Nach

Fig. 7.

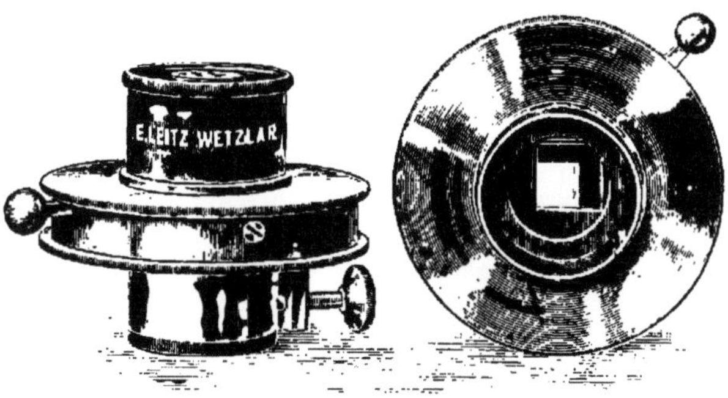

einigen Minuten, wenn die Blutkörperchen sich zu Boden gesenkt haben und zur Ruhe gekommen sind, wird mit starkem Trockensystem (ZEISS C oder D, SEIBERT 5, LEITZ 5—7) gezählt, wieviel Blutkörperchen in jedem Quadrat sich befinden. Da jedes Quadrat bei $^1/_{400}$ *qmm* Bodenfläche und $^1/_{10}$ *mm* Höhe $^1/_{4000}$ *cmm* entspricht, ergibt die in ihm liegende Blutkörperchenmenge bei 10-, resp. 100facher Verdünnung $^1/_{40000}$ der weißen, resp. $^1/_{400000}$ der roten Blutkörperchen, bei 20-, resp. 200facher Verdünnung $^1/_{80000}$ der weißen, resp. $^1/_{800000}$ der roten Blutkörperchen im Kubikmillimeter. Praktisch angewendet zählt man die am linken und am oberen Rand der Quadrate anliegenden Zellen mit, die am rechten und unteren Rande nicht.

Zur Bestimmung des Verhältnisses zwischen weißen und roten Blutkörperchen wird die Zählung am Trockenpräparate mittelst der EHRLICHschen quadratischen Okularblenden vorgenommen. Diese werden entweder als einzelne Blenden in ein durch Abschrauben der oberen Linse geöffnetes Okular eingelegt und sind dann in 10 verschiedenen Nummern (von 1—10 *mm* Seitenlänge) vorhanden, oder sie sind in Form einer Irisblende mit 4 verschiebbaren Rändern (EHRLICH-LEITZ), von 1—10 verstellbar, fest im Okular untergebracht und durch einen Schieber von außen her regulierbar (Fig. 7). Erforderlich sind ganz gleichmäßig ausgestrichene Trockenpräparate. Mit weiter Blende (z. B. 8 Seitenrand = 64 Quadratfläche) werden die weißen Blutkörperchen in einer Reihe von Gesichtsfeldern gezählt und der Durchschnittswert berechnet; sodann werden an einer Anzahl von Gesichtsfeldern mit enger Blende (z. B. 2 Seitenlänge = 4 Quadratfläche) die roten Blutkörperchen gezählt und der Durchschnittswert festgestellt. Durch Berechnung erhält man das gesuchte Verhältnis. Ergab letztere Zahl 24, so kommen auf die zur Zählung der weißen Blutkörperchen verwendete Fläche $24 \times \frac{64}{4} = 384$ rote

Blutkörperchen; ergab die Zahl der weißen Blutkörperchen in dieser Fläche 4, so ist das Verhältnis w : r = 1 : 96.

Die Bestimmung des Verhältnisses der weißen Blutkörperchen zueinander wird durch einfache Auszählung am Trockenpräparat vorgenommen, wobei auf eine Liste, die alle möglicherweise vorkommenden Leucocytenarten vermerkt, durch Striche die einzelnen gesehenen Zellen eingetragen werden. Die Verschiebung des Objektträgers geschieht beliebig mit der Hand oder besser mittelst des Kreuztisches. Zur Ausführung dieser Bestimmungen ist die Durchzählung einer großen Menge von Gesichtsfeldern empfehlenswert, möglichst auch die Kontrolle durch Untersuchung mehrerer verschiedener Präparate aus demselben Blute. Nur große Zahlen (1000—2000 Leucocyten) können hier ein sicheres Bild geben. Erhalten wir bei der Zählung z. B. 1095 neutrophile, 327 Lymphocyten, 25 eosinophile, 2 Mastzellen, 51 Übergangsformen, so ist das prozentuale Verhältnis zwischen diesen 1500 Zellen 73% neutrophile, 21,8% Lymphocyten, 1,7% eosinophile, 0,1% Mastzellen, 3,4% Übergangsformen.

In zerstörtem Blut, das nur noch Schatten von roten Blutkörperchen enthält, lassen diese sich wieder sichtbar machen (LANDOIS) durch Zusatz von 20%iger Pyrogallollösung, 3%iger Argent. nitric.-Lösung, gesättigter Pikrinsäurelösung oder dünner Jodjodkaliumlösung. *Mosse*, Berlin (nach dem Artikel von F. PINKUS der 1. Aufl.)

Blutkreislauf siehe: Lebendes Objekt, Beobachtung desselben.

Blutkrystalle. Das Oxyhämoglobin der verschiedenen Tierarten besitzt die Fähigkeit, aus dem Blut in charakteristischen 3—10% Krystallwasser enthaltenden Krystallen auszukrystallisieren, und zwar erfolgt die Ausscheidung derselben um so leichter, je schwerer das Oxyhämoglobin löslich ist. Man kann in dieser Beziehung folgende Reihe aufstellen: Am leichtesten löslich ist das Oxyhämoglobin des Menschen, dann folgen Rind, Schwein, Hund, Pferd, Eichhörnchen und Meerschweinchen. Das Blut des letzteren Tieres wird gewöhnlich zur Darstellung der Krystalle benutzt.

Zur Darstellung der Oxyhämoglobinkrystalle auf dem Objektträger genügt es oft, einen Tropfen des defibrinierten Blutes mit einem Tropfen Wasser anzurühren und dann zu warten, bis die Randschichten eingetrocknet sind. Legt man dann ein Deckglas auf, so schießen sehr bald aus dem flüssig gebliebenen Blut die Krystalle an.

Bessere Resultate erhält man, wenn man auf dem Objektträger einen Ring von nicht zu dünnflüssigem Canadabalsam zieht, in seine Öffnung einen Tropfen Blut bringt und das Ganze mit einem Deckglas bedeckt. Die ersten Krystalle schießen gewöhnlich beim Meerschweinchen ungefähr nach einer Stunde an.

Noch sicherer geht man, wenn man das zu untersuchende Blut mit Wasser verdünnt in einem Reagensglas mit Äther schüttelt und dann einen Tropfen der sich am Boden absetzenden dunklen Flüssigkeit in der oben erwähnten Weise behandelt.

Nach GAGE kann man sehr große Oxyhämoglobinkrystalle von Necturus erhalten, wenn man einen Tropfen defibrinierten Blutes mit einem Tropfen 2%igen Chloralhydrats mischt, ein Deckglas auflegt und dann durch Umranden vor Verdunstung schützt.

Um Methämoglobinkrystalle zu erhalten, schüttelt HALLIBURTON erst einige Kubikzentimeter defibrinierten Blutes mit einigen Tropfen Amylnitrit so lange, bis es dunkelschokoladefarbig wird. Dann verfährt er ähnlich wie oben.

Literatur: GAGE (Proc. Amer. Soc. Micr., Bd. 14, 1891), HALLIBURTON (Quart. Journ. Micr. Sc. N. S., Bd. 28, 1887).

Blutlaugensalz siehe: Ferricyankalium und Ferrocyankalium.

Blutparasiten mit besonderer Berücksichtigung der Malariaplasmodien. Die Untersuchung der Blutparasiten von Menschen und Tieren, insbesondere die der menschlichen Malariaplasmodien in gefärbten Präparaten, ist nicht nur für das Studium der feineren Struktur und der Entwicklung dieser meist protozoischen, überaus zarten Gebilde, sondern schon zur sicheren Erkennung in vielen Fällen unentbehrlich. Geübte Beobachter sind zwar imstande, unter günstigen Verhältnissen die Parasiten auch in frischen, ungefärbten Präparaten nach Art und Entwicklungsstadium zu bestimmen, unter Umständen begegnet das aber sehr großen Schwierigkeiten. So kann als untrügliches Erkennungsmerkmal der menschlichen Malariaparasiten im ungefärbten Präparat nur das in ihnen enthaltene Pigment angesehen werden. Pigment ist aber durchaus nicht in allen Malariaparasiten vorhanden, es fehlt allen Jugendformen. Außerdem gibt es viele andere Blutparasiten, die in allen ihren Entwicklungsstadien kein Pigment führen. Auch die Zahl der erkennbaren Parasiten ist meist in gefärbten Präparaten größer als im ungefärbten Blut. Die feineren Strukturverhältnisse sind bei fast allen Blutparasiten nur in gefärbten Präparaten am besten zu erkennen. Hier ist allerdings hervorzuheben, daß unsere modernen Mikroskope in letzter Zeit so sehr vervollkommnet worden sind, daß ein geübter Untersucher sogar Kerndetails der Blutparasiten unter richtiger Benutzung der Beleuchtungsapparate gut zu erkennen vermag. Helles, weißes Licht ist hierbei eine Hauptbedingung.

Für die Beobachtungen am lebenden Objekt versetzt man das Blut am besten mit physiologischer Kochsalzlösung oder mit citronensaurem Natron (besonders geeignet zur Untersuchung von Babesia). Das Deckglas ist gut nach außen abzuschließen mit Paraffin oder Vaseline. Auf diese Weise kann man häufig Blutparasiten mehrere Tage am Leben erhalten. Um möglichst den natürlichen Bedingungen gerecht zu werden, arbeitet man auf geheiztem Objekttisch, der die Temperatur des zu untersuchenden Parasitenträgers haben soll.

Während die sogenannten Vitalfarbstoffe, wie Bismarckbraun, Methylenblau rectific., Brillantkresylblau und Neutralrot, stark verdünnte Hämatoxylinlösungen und andere beim Studium freilebender Protozoen häufig ausgezeichnete Dienste leisten, so sind sie weniger wertvoll für die Blutparasiten. Von den genannten Farbstoffen haben sich für die Blutparasiten am besten das zu der Oxacinreihe gehörige Brillantkresylblau und das zu der Gruppe der Eurhodine gehörige Neutralrot bewährt. Ersterer Farbstoff färbt viele Granulationen in den Parasiten dunkelblau bis violett und ist besonders zu empfehlen für Trypanosomenuntersuchungen, da er bei absterbenden Formen deutlich das Caryosom färbt. Ähnlich verhält sich das Neutralrot, das man nur wegen seiner häufig giftigen Wirkung in starkverdünnter, höchstens 1%iger Lösung (physiologische Kochsalzlösung) anwenden darf. Besonders bei absterbenden Individuen färben sich die Kerne rötlich. Für das Studium der Morphologie und Entwicklung des Parasiten sowohl als auch für die Schnelligkeit einer Diagnose bietet also die vitale Färbung keine besonderen Vorteile, so daß das einfache lebende Objekt oder gut gefärbte Dauerpräparate vorzuziehen sind.

Eine Färbung der Blutparasiten läßt sich mit den meisten Methoden, die für die Blutfärbung überhaupt ausgebildet sind, erreichen. Die Leistungen der einzelnen Methoden sind aber so verschieden, daß von der Unzahl der Blutfärbemethoden doch nur sehr wenige für diesen besonderen Zweck in Betracht kommen. Umgekehrt gibt eine, für die Differenzierung des feineren Baues der Malariaparasiten besonders ausgearbeitete Methode soviel Einzelheiten des histologischen Blutbildes her, daß sie für die Blutpathologie überhaupt mindestens als gleichwertig mit den besten, sonst üblichen Färbemethoden gelten darf. Die Färbung der Tierblutparasiten gelingt ebenfalls am besten mit dieser Methode.

Wie beim Studium des Blutes überhaupt, handelt es sich auch bei dem der Blutparasiten hauptsächlich um die Anfertigung und Färbung von guten Dauerpräparaten, das sind Trockenpräparate und feucht fixierte Präparate.

Zur Entnahme von Menschenblut eignen sich für die Untersuchung von Blutparasiten sowohl die Fingerkuppe wie das Ohrläppchen. Die Wahl der Fingerkuppe empfiehlt sich besonders, wenn man von einem Patienten mehrere Objektträger oder eine größere Anzahl von Deckgläschen mit Blut bestreichen will. Die Fingerkuppe ist zuvor mit Seife gründlich abzuwaschen, die oberste, dicke, schmutzige, Epidermisschicht muß eventuell mit der

Schere vorsichtig abgetragen werden, die darunter liegende zarte Haut wird mit Alkohol und Äther gereinigt und dann mit einer nach EHRLICH präparierten Stahlfeder (cf. Artikel Blut) angeschnitten. Wo es gilt, mehrere Male an einem Tage in kurzen Zwischenräumen von einem Patienten Blut zu entnehmen, ist das Ohrläppchen unbedingt vorzuziehen, da dort auch ein wiederholter Eingriff — es genügt ein seichter Einschnitt mit einer feinen Nadel — keine Schmerzen und Unbequemlichkeiten verursacht, während die öftere Wiederholung des Anzapfens der empfindlicheren Fingerkuppen mittelst Schreibfederschnittes von dem Patienten meist nicht gern gesehen wird. Im übrigen ist die Entscheidung zwischen Fingerkuppe und Ohrläppchen oder einer anderen Stelle Geschmacksache. Bei Vögeln ist vorsichtig mit feinster Iridiumnadel eine kleine Flügelvene anzustechen, bei Ratten (Trypanosomen) empfiehlt sich die Amputation eines kleinen Stückchens vom Schwanz; Affen (Malariaplasmodien, Trypanosomen oder Filarien) werden in den Schwanz, in ein Ohrläppchen oder in einen Finger gestochen. Bei den übrigen Säugetieren (Hunden, Einhufer und Wiederkäuer — Filaria, Babesia, Trypanosoma etc.) wählt man am besten eine Ohrvene. Bei Kaltblütern amputiert man den Schwanz, oder wenn dieses nicht zum Ziele führt, schneidet man tiefer in die Gegend von größeren Gefäßen, wobei jedoch größte Vorsicht geboten ist.

Zur Herstellung von guten Trockenpräparaten ist in jedem Falle das hervorquellende Blut möglichst schnell, möglichst dünn und möglichst gleichmäßig auf sehr sorgfältig gereinigte und in Alkohol und Äther entfettete, trockene Deckgläser oder Objektträger auszustreichen, wobei mit Sorgfalt darauf zu achten ist, daß weder die Finger des Untersuchenden noch die Haut, Haare, Federn u. dgl. von dem Blutliefernden mit der Ausstrichfläche des Glases in Berührung kommt. Auch darf die Fläche nicht durch Feuchtigkeit (z. B. vom Hauch des Mundes oder von feuchten Fingern) beschlagen werden. Für Objektträger empfiehlt es sich, das Blut nach der Methode JANCSO-ROSENBERGER auszustreichen. Ob man auf solche Weise auch Deckgläschen mit Blut beschicken oder lieber nach der EHRLICHschen Art verfahren will, steht, die nötige Übung vorausgesetzt, im Belieben des Untersuchenden. Bei JANCSO-ROSENBERGER bleiben, wie die weißen Blutkörperchen, auch sehr viele der mit Parasiten behafteten roten Blutkörperchen an den Rändern des Präparates kleben. Diese Methode ist daher, wie sich dies ja auch in bezug auf die Leucocyten herausgestellt hat, nicht zu empfehlen, wenn man sich über die Anzahl und Verteilung der Parasiten im Blut orientieren will. Für die einfache Untersuchung zu klinischen Zwecken empfehlen sich Objektträgerausstriche. Auf Reisen und dann wenn man die Präparate in größeren Mengen aufheben, erst später färben und verschicken will, sind Deckgläschen vorzuziehen. Die in Papier eingeschlagenen und mit Aufschrift versehenen Deckgläschen sind sorgfältig vor dem Feuchtwerden zu schützen. ROBERT KOCH empfiehlt deshalb, sie mit Fließpapier zu umwickeln und in einem leeren Deckglasschächtelchen zu sammeln. Die von verschiedenen Blutlieferanten stammenden und zu verschiedenen Zeiten entnommenen Deckgläschen sind auf ihrer Umhüllung zu etikettieren. Das gefüllte Deckglasschächtelchen wird in Fließpapier gewickelt und in ein Glas mit weitem Hals und Glasstöpsel gelegt, in dem sich einige Stückchen Chlorcalcium befinden. Ohne diese Vorsichtsmaßregeln verderben die Präparate in den Tropen häufig in wenigen Tagen, aber auch die in dieser Weise aufbewahrten Präparate büßen nach 6—8 Monaten an Färbbarkeit mehr oder weniger erheblich ein, namentlich gilt dies von den färbbaren Kernbestandteilen der Blutparasiten. Besser erhalten sich die in Paraffin aufbewahrten Deckglaspräparate. Die Färbbarkeit scheint sich am besten in Canadabalsam zu konservieren, wenigstens gelingt es fast regelmäßig ganz gut, alte, abgeblaßte Canadabalsampräparate wieder nachzufärben und dabei den Kern der Präparate wieder zur Anschauung zu bringen.

Die Härtung und Fixierung dieser Ausstrichpräparate, die vorher vollständig lufttrocken sein müssen, kann mit Alkohol-Äthermischung oder durch Alkohol allein oder durch Erwärmen nach EHRLICH vorgenommen werden. Wesentliche Unterschiede in der Güte der Färbung treten dabei nicht zutage. Am bequemsten ist die Alkoholhärtung, die in $^1/_2$—1 Stunde vollendet oder bei Anwendung von Methylalkohol bereits nach 5 Minuten vollzogen ist. Ob die Präparate gehärtet oder ungehärtet aufbewahrt werden, macht für ihre spätere Färbbarkeit keinen Unterschied aus. Es empfiehlt sich aber, auch die schon gleich nach dem Bestreichen in Alkohol gehärteten, älteren Präparate, ehe sie gefärbt werden, noch einmal auf einige Minuten in ca. 70%igen Alkohol zu legen, weil sie sich sonst oft nur schwer benetzen und darum ungleichmäßig und schlecht färben. Erfahrungsgemäß färben sich nach der neuesten GIEMSAschen Färbemethode (cf. unten) diejenigen Präparate am besten, welche längere Zeit in absolutem Alkohol fixiert wurden. Besonders zu empfehlen ist für die Färbung von Trypanosomen und Babesien, die Ausstrichpräparate über Nacht in absolutem Alkohol stehen zu lassen, dann aber gut zu trocknen und zu färben.

Die Malariaplasmodien und die übrigen Blutparasiten lassen sich einfarbig oder zweifarbig färben. Im ersten Fall bleibt der Kern bei allen Blutparasiten — mit Ausnahme mancher Blutparasiten von Kaltblütern — gänzlich ungefärbt, nur das Protoplasma nimmt den angewandten Farbstoff an. An der Stelle des Kernes erscheint eine helle Lücke im Parasitenleibe. Für die Diagnose ist diese einfache Färbung in jedem Falle vollkommen genügend. Bei den menschlichen Malariaparasiten z. B. kann man nicht nur die Anzahl, sondern auch die Art der Entwicklungsstadien häufig genau feststellen.

Für die einfache Färbung eignen sich am besten wässerige Methylenblaulösungen; am schnellsten und zuverlässigsten färbt die durch R. KOCHS Empfehlung jetzt zur allgemeinen Anwendung gelangte MANSONsche Borax-Methylenblaulösung, 5% Borax, 2% Methylenblau. Nicht alle Sorten Methylenblau sind gleichwertig. R. KOCH benutzt das Methylenblau medicinale der Höchster Farbwerke. Auch das MERCKsche Methylenblau ist empfehlenswert.

„Die Methylenblaulösung wird soweit mit Wasser verdünnt, daß sie in einer Schicht von 1 *cm* Dicke eben anfängt, durchscheinend zu werden. In diese verdünnte Lösung wird das aus dem Alkohol genommene und vollkommen getrocknete Deckglas einigemal eingetaucht und mit gewöhnlichem Wasser gespült, bis es einen grünlichblauen Färbeton angenommen hat. Es wird zwischen Fließpapier getrocknet und in Cedernöl untersucht. Wenn das Präparat gut gelungen ist, dann müssen die roten Blutkörperchen gleichmäßig ausgebreitet in einfacher Schicht liegen, nicht Haufen oder Rollen bilden. Ihre Farbe muß hellgrünblau sein. Die Kerne der Leucocyten sind dunkelblau, die Malariaparasiten erscheinen ebenfalls prächtig gefärbt und sind auf den blassen, grünlichen Blutkörperchen leicht zu sehen. In einem solchen Präparat kann kein Parasit von einem einigermaßen geübten Beobachter übersehen werden.“ *R. Koch.*

Die MANSONsche Lösung hält sich nur 6 Monate in ihrer vollen Färbepracht und muß deshalb öfters erneuert werden.

Zur einfachen Färbung der Blutparasiten ist auch die Färbung mit den sonst zur Blutfärbung üblichen Farbgemischen, wie Triacidlösung, Hämytoxylineosin, Methylenblaueosin, zu rechnen, da sich hierbei zwar die weißen und roten Blutkörperchen in verschiedenen Farben präsentieren, die Blutparasiten selbst aber immer nur einfarbig erscheinen. Die schönsten Bilder geben die Eosinmethylenblaukombinationen. Die Parasiten sind blau gefärbt und heben sich von den eosinfarbenen roten Blutkörperchen sehr schön ab. Über die zweckmäßigste Art der Mischung von Eosin und Methylenblau gibt es in der Literatur sehr viele Angaben, aber alle leiden an Unzuverlässigkeit, auch die PLEHN-CZENCZINSKYsche Lösung, die in der Regel wunderschön färbt, versagt manchmal gänzlich.

Ein sehr einfaches und sicheres Verfahren besteht darin, daß man einer wässerigen Eosinlösung (ca. 1 : 10.000) solange tropfenweise wässerige Methylenblaulösung hinzufügt, bis die Mischung wieder ganz reinblau geworden ist oder höchstens an den Rändern noch einen Eosinton zeigt. Durch den Zusatz der Methylenblaulösung bildet sich ein reichlicher Niederschlag, der sich, wenn man mit dem Zumischen des Methylenblaus solange fortfährt, wie es nötig ist, zum Hervorbringen des reinblauen Tones in der Mischung, zum größten Teil wieder löst. In der Mischung bleiben die Präparate ½—1 Stunde.

Im Jahre 1891 gab ROMANOWSKY eine Färbemethode an, mittelst der es gelang, in den Blutparasiten deutlich Kern und Protoplasma zu unterscheiden. Die Methode erfuhr in der Folgezeit Modifikationen und erreichte durch GIEMSA die höchste Vervollkommnung. Die Romanowskyfärbung besteht in einer Mischung von wässeriger Eosin- und Methylenblaulösung, die das Protoplasma blau, die Kernelemente rot tingiert. Nicht nur bei den Blutparasiten, wie Malariaparasiten,

Trypanosomen, Babesien etc., sondern auch bei vielen anderen pflanzlichen und tierischen Mikroorganismen wie Bacterien, Spirochäten, Coccidien, Sarcosporidien usw. erscheinen durch die Romanowskyfärbung rote, sonst gar nicht oder nur schwer sichtbare Kernbestandteile. — Die Romanowskyfärbung findet heute in der Protozoologie und in der Blutpathologie in der durch GIEMSA verbesserten Modifikation wegen ihrer Schönheit und Einfachheit allgemeine Anwendung.

LÖFFLER meinte, daß man bei der Romanowskymethode schon an der Farbe der Kerne es sehen könnte, ob man eine Körperzelle oder ein parasitisches Wesen vor sich habe. Die Kerne der Lymphocyten und der großen mononucleären Leucocyten sind in Blutpräparaten ebenso leuchtend rot als die der Blutparasiten. Als kompaktere Gebilde haben sie allerdings mehr Farbstoff aufgenommen als die unendlich zarten, färbbaren Kernbestandteile der Parasiten, sie zeigen deshalb eine sattere, tiefere Schattierung. Das ist aber nur ein Grad-, aber kein Artunterschied. FEINBERG hat dann später darauf aufmerksam gemacht, daß ein durchgehender Unterschied zwischen einzelnen tierischen Organismen und den Körperzellen darin zu finden sei, daß der Kern bei den selbständigen tierischen und vielleicht auch den pflanzlichen Mikroorganismen aus einem färbbaren Körperchen und einer dasselbe umgebenden ungefärbten Zone, die ihrerseits durch einen scharfen Rand von dem Plasma getrennt sei, bestände. v. LEYDEN habe diesen Kern mit dem Aussehen eines Vogelauges verglichen. Da die Kerne der Körperzellen diese Formen nie haben, so sei ein so beschaffener Kern immer ein Beweis für das Vorhandensein eines selbständigen Mikroorganismus. Nach vielen Untersuchungen über Blutparasiten, Malariaplasmodien des Menschen und Affen etc. ist es richtig, daß bei manchen Entwicklungsstadien, besonders der Malariaparasiten, häufig um den gefärbten Kernbestandteil herum eine weniger oder mehr breite Zone ungefärbt bleibt, bei anderen aber wiederum die helle Zone verschwunden ist und der blaue Plasmaleib dem roten Kern unmittelbar angrenzt. In dieser Weise färben sich z. B. die frischen, eben durch Teilung entstandenen und noch nicht in ein neues Blutkörperchen eingedrungenen Jugendformen der Parasiten und dasselbe findet man, wenn nicht durchgängig, so doch häufig bei den ganz erwachsenen, kurz vor der Teilung befindlichen und bei den Gametenformen sowie bei den Ookineten und Sichelformen. Die für die endogene Entwicklung bestimmten Formen der Proteosomaformen des Vogelblutes lassen sämtlich die helle Zone vermissen, auch die Blutparasiten der Kaltblüter haben keine helle Zone um ihren Kern. Auf der anderen Seite hat schon EHRLICH darauf hingewiesen, daß die Lymphocyten des Blutes häufig um ihren Kern einen schmalen, ungefärbten Hof haben. Auch konnte NOCHT bei geeigneter Entfärbung von nach ROMANOWSKY gefärbten Blutpräparaten um den Kern der großen mononucleären Leucocyten eine breite, ungefärbte Zone zur Darstellung bringen, die nach außen nur noch von einem schmalen, blaßblauen Ring begrenzt war, so daß also in dieser Beziehung jeder Unterschied zwischen Leucocyten und Malariaparasiten fehlte.*

Nach der GIEMSAschen Methode der Romanowskyfärbung hat man es sogar in der Hand, je nach der Länge der Einwirkung des Farbstoffes innerhalb der Kerne feinere Strukturen sichtbar zu machen (z. B. Caryosom, Centriol).

Der allgemeine Wert der ROMANOWSKYschen Methode beruht nicht darin, daß man damit protozoische Parasiten von Metazoenzellen ohne weiteres unterscheiden kann, sondern darin, daß man damit in den allermeisten zelligen Gebilden einen Kern, und zwar anscheinend überall, auch dort, wo dies mit anderen Methoden nicht zu erreichen ist, nachweisen und dadurch organisierte Gebilde von Kunstprodukten und Degenerationsformen unterscheiden kann. So kann man mittelst dieser Methode auch in den Blutplättchen einen Kern nachweisen, was die Angaben von DEETJEN über die Struktur und die Bedeutung der Blutplättchen bestätigt. Neuerdings hat GIEMSA eine Methode erdacht, vermittels welcher es möglich ist, auch feucht fixierte Präparate und Schnitte nach ROMANOWSKY zu färben (s. Anhang dieses Artikels). Für Ausstrichpräparate verdient die Romanowskymethode weiteste Verbreitung, so daß sie nicht nur bei der Blutfärbung, sondern auch bei allen anderen Trockenpräparaten, wie Darmausstrichen usw., zur Auffindung vieler neuer Einzelheiten führt.

Die Wirkung der Romanowskymethode, auch dort, wo dies mit anderen Färbungen nicht gelingt, Kernbestandteile sichtbar zu machen, beruht auf der Anwesenheit eines dritten Farbstoffes, der in den geeigneten Eosinmethylenblaumischungen die Kernfarbe hergibt. ROMANOWSKY selbst hatte dies noch nicht erkannt. Seine Angaben waren deshalb für die Erzielung einer sicheren Wirkung ungenügend und die Herstellung richtig gefärbter Prä-

* NOCHT: Über angebliche Unterschiede in der Färbung der Kerne selbständiger tierischer Mikroorganismen und der Kerne der Körperzellen hochorganisierter Tiere, Münch. Med. Wochenschr. 1902, Nr. 14.

parate hing vom Zufall ab. ZIEMANN gebührt das Verdienst, die wegen ihrer Unsicherheit verlassene Methode aufgenommen und durch genauere Angaben brauchbar gemacht zu haben. Er stellte das richtige Mischungsverhältnis fest, damit der in den unpräparierten Farblösungen nur sehr spärlich und nur als zufällige Beimischung vorhandene dritte Farbstoff genügend zur Geltung kommt. Wenn nicht ganz bestimmte Farbmarken angewandt werden und nicht peinlich genau nach den komplizierten ZIEMANNschen Angaben verfahren wird, bleibt die Färbung aus. NOCHT hat festgestellt, daß es ein durch die Einwirkung von Alkalien auf wässerige Methylenblaulösungen gebildeter Farbstoff ist, der die spezifische Romanowskyfärbung bewirkt. Diesen durch Chloroform oder Äther aus einer mit Alkalien behandelter Methylenblaulösung ausziehbaren Körper nannte NOCHT „Rot aus Methylenblau". REUTER hat dann später behauptet, daß das von NOCHT sogenannte „Rot aus Methylenblau" die Chromatinfärbung der Malariaparasiten nicht verursachen und die wirksame Farbkomponente nicht enthalte, sondern nur den Indicator dafür abgebe, daß der wirksame Farbkörper in der zu benutzenden Methylenblaulösung überhaupt vorhanden sei. NOCHT wies aber nach, daß das polychrome Methylenblau allein sowie mit Eosin, und zwar dann immer die Romanowskyfärbung gibt und daß bei Zusatz von Rot aus Methylenblau zu Eosin und zu Eosinmischungen bei allen Blutparasiten zutage tritt.

Nachdem zuerst MICHAELIS, der seinen Untersuchungen die klassische Arbeit von BERNTHSEN über das Methylenblau zugrunde gelegt hatte, darauf hingewiesen hatte, daß äußerst wahrscheinlich der wirksame Körper des „Rot aus Methylenblau" das Methylenazur sei, hat GIEMSA auf Grund sehr sorgfältiger Untersuchungen im Hamburger Institut für Schiffs- und Tropenkrankheiten diese Vermutung zur Gewißheit erhoben und es ist ihm gelungen, das Methylenazur auf eine sehr einfache und billige Weise rein zu gewinnen, so daß es jetzt im Handel zu haben ist (Grübler, Leipzig).

Das Methylenazur bildet sich aus Methylenblau durch Einwirkung von Alkalien. Es kommt darauf an, geringe Mengen von Alkalien bei nur mäßig erhöhter Temperatur einwirken zu lassen, beim Kochen und Einwirken größerer Mengen von Alkalien fällt das Azur aus und muß dann erst durch besondere Methoden isoliert und gelöst werden.

Die besten, sogleich fein differenzierten Färbungen geben die GIEMSAschen, rein wässerigen Azurlösungen in Verbindung mit Eosin. Man benutzt am besten eine 1‰ige wässerige Eosinlösung und eine 1,5‰ige wässerige Azurlösung. Man entnimmt zuerst 1 *ccm* Eosinlösung, setzt 10 *ccm* Wasser und 1 *ccm* Azurlösung zu und bringt die Präparate sofort in diese Mischung hinein. Die Färbung ist oft schon in wenigen Minuten, sicher nach einer Stunde vollendet. Niederschläge sind nicht zu fürchten. Auch alte, für andere Färbungen unbrauchbare Präparate werden, nachdem sie in Alkohol gebracht und dann reichlich mit Wasser nachgespült sind, durch das GIEMSAsche Azureosingemisch noch sehr befriedigend gefärbt. Die alten Präparate müssen bis zu 24 Stunden im Gemisch liegen bleiben.

Nach dem Herausnehmen werden alle nach ROMANOWSKY gefärbten Präparate, einerlei, welche Modifikationen man benutzt hat, am besten in folgender Weise behandelt: Die Präparate werden kräftig in Wasser abgespült und zwischen Fließpapier getrocknet. Sind die Blutkörperchen dunkelblau oder dunkelblaurot, so suche man sich einen großen mononucleären Leucocyten, deren Anzahl bei Protozoenkrankheiten fast immer stark vermehrt ist. Ist der Kern des Leucocyten tiefdunkelrot, so ist auch die richtige Färbung der Blutparasiten vorhanden und man braucht nur die überfärbten roten Blutkörperchen durch „sekunden"langes Einwirken von verdünntem Alkohol aufzuhellen. Sind die Kerne der mononucleären Leucocyten blau, so ist die Färbung mißlungen. Sind die Blutkörperchen rot, so wird man leicht am Parasiten erkennen, ob die Farbmischung genügend lange eingewirkt hat.

Man muß bei allen Romanowskyfärbungen sorgfältig darauf achten, daß der zur Einbettung benutzte Canadabalsam säurefrei ist, weil sonst die charakteristische Färbung verloren geht. Auch darf man nicht die gefärbten Präparate über der Gasflamme trocknen. Am besten tut man, die Präparate zuerst zwischen Fließpapier und dann an der Luft zu trocknen. Auch allzu langes Einwirken von Alkohol beim Ausziehen der Farbe ist schädlich. Wenn möglich, montiere man die Präparate überhaupt nicht in Canadabalsam, sondern man lasse sie unbedeckt. Zur jeweiligen Untersuchung mit Immersion bringe man das Cedernöl direkt auf das Objekt. Nach der Untersuchung kann man stets leicht mit Xylol das Öl entfernen, ohne das Präparat zu beschädigen.

Die jetzt gebräuchliche Methode der Romanowskyfärbung ist die GIEMSAsche „unter Benutzung der GIEMSAschen Lösung für die Romanowskyfärbung“. GIEMSA gelang es, eine geeignete Lösung herzustellen, in welcher die in Frage kommenden basischen und sauren Farbstoffe kombiniert sind. Die Schwierigkeit lag nämlich darin, ein geeignetes Lösungsmittel für die Farbstoffe Azur-Eosin und Methylenblau-Eosin („Azur II-Eosin“ nach GIEMSA) zu finden. Nach eifrigem Suchen fand GIEMSA in dem dreiwertigen Alkoholglycerin dieses Mittel. Der Azur II-Eosinlösung mußte aber, um eine volle Brauchbarkeit zu erzielen, in Überschuß der basische Farbstoff Azur II zugesetzt werden.

Die Farblösung wird nach GIEMSA in folgender Weise hergestellt: „Azur II-Eosin 3,0 *g* und Azur II 0,8 *g* werden im Exsikkator über Schwefelsäure gut getrocknet, aufs feinste gepulvert, durch ein feinmaschiges, seidenes Sieb gerieben und in Glycerin 250 *g* (Merck, chemisch rein) bei 60° unter Schütteln gelöst. Hierauf wird Methylalkohol 250 *g* (Kahlbaum I) hinzugefügt, den man vorher auf 60° angewärmt hat, gut geschüttelt, 24 Stunden bei Zimmertemperatur stehen gelassen und filtriert.“

Die Färbung wird in der Weise ausgeführt, daß die lufttrockenen Ausstriche in Äthyl- oder — schneller — in Methylalkohol gehärtet und dann zwischen Fließpapier wieder getrocknet werden. Die fertige Farblösung (Grübler, Leipzig, „GIEMSAsche Lösung für Romanowskyfärbung“) wird in einem weiten graduierten Reagierglas unter Schütteln mit Wasser verdünnt, wobei man sich beim Zusetzen der Farblösung am besten einer Tropfflasche bedient. Ein vorheriges Anwärmen des Wassers auf 30 oder 40° begünstigt etwas die Färbung. 1 *ccm* Wasser setzt man einen Tropfen der Farblösung zu. Die Präparate werden mit dieser verdünnten Lösung übergossen oder, falls man Deckglasausstriche benutzt, br ngt man die Ausstriche in eine Uhrschale, mit der Ausstrichseite nach unten ge kehrt. Nach einer Färbedauer von 10—15 Minuten wäscht man die Präparate in ei nem scharfen Wasserstrahl ab. Die Präparate werden dann wieder zwischen Fli eßpapier getrocknet.

Wichtig ist auch hier, wie schon früher für die übrigen Romanowskyfärbungen erwähnt wurde, die Säurefreiheit der zur Herstellung der Farblösung zu benutzenden Lösungsmittel. Bei Anwendung der fertigen Farblösung muß man das destillierte Wasser auf seinen Säuregehalt prüfen. GIEMSA empfiehlt im Institut für Schiffs- und Tropenkrankheiten die Prüfung des Wassers mit Hämatoxylin.

Zu diesem Zwecke stellt man sich eine alkoholische Hämatoxylinlösung her (es genügen einige Krystalle Hämatoxylin auf 1—3 *ccm* absoluten Alkohol) und setzt einige Tropfen von dieser Lösung ca. 10 *ccm* des zu benutzenden destillierten Wassers hinzu. Bleibt das Wasser nach 2 Minuten farblos, so ist es gebrauchsfähig. Enthält das Wasser aber wie das käufliche destillierte Wasser gewöhnlich Spuren von Säure, so wird dasselbe nach Zusatz der Hämatoxylinlösung hellrosa. Enthält das Wasser Alkalien, so nimmt dasselbe nach Zusatz von Hämatoxylin einen rotvioletten Ton an. Bei Säuregehalt des Wassers genügt tropfenweiser Zusatz einer 1%igen Kalicarbonatlösung, um es neutral und gebrauchsfertig zu machen.

Will man alte, abgeblichene Präparate wieder neu färben, so entfärbt man am besten fast gänzlich die Präparate mit Alkohol und Essigsäure. Natürlich muß man sie dann, um sie wieder neu zu färben, durch langes Auswaschen in Wasser und Trocknen im Thermostaten von der Essigsäure befreien. Sehr alte, in Canadabalsam montierte Präparate werden selten wieder gut, so daß wieder empfohlen werden muß, die gefärbten Präparate uneingebettet aufzubewahren.

Für endoglobuläre Parasiten des Blutes, Malariaplasmodien, Babesien, Pirosomen, Hämogregarinen sowohl der Warm- als auch der Kaltblüter ist diese letzte GIEMSAsche Methode der Romanowskyfärbung die beste aller Romanowskyfärbungen. In einem gelungenen Romanowskypräparat sind die roten Blutkörperchen rot, in älteren Präparaten erscheinen sie sehr häufig blaßgrau bis blaßblau, was weder der Differenzierung der Parasiten noch dem Erkennen basophiler Körnelung noch der Beobachtung von Polychromatophilie der Blutkörperchen Abbruch tut. Bei fast allen mit protozoischen Parasiten infizierten Menschen und Tieren findet man unter den roten Blutkörperchen diese basophilen, gekörnten und polychromatophilen Formen. Bei Infektion mit dem Tertianaparasiten des Menschen und bei manchen Affenmalariaplasmodien zeigen die damit behafteten roten Blutkörperchen regelmäßig eine rote, zuerst von SCHÜFFNER beschriebene Tüpfelung, die durch ihre Farbe und gröbere Beschaffenheit deutlich von basophiler Körnelung verschieden ist. Die basophile Körnelung tritt in blauroter bis blauer Farbe nur bei nicht infizierten Blutkörperchen auf.

Die Blutparasiten, endoglobuläre Parasiten sowohl (Malariaplasmodien) als auch frei im Serum lebende Parasiten (Trypanosomen) zeigen einen rein blau gefärbten Zellkörper mit einem oder mehreren intensiv rot gefärbten Kernelementen von verschiedener Größe. In den Kernen selbst sind häufig Chromatin und Achromatin deutlich differenziert. Das Caryosom (Blepharoblast) nimmt eine tiefdunkelrote Farbe an. Die geschlechtlichen Formen Gametocyten, Mikro- und Makrogameten, sind durch Romanowskyfärbung ebenfalls zu unterscheiden. Die weiblichen Formen unterscheiden sich im großen und ganzen von den männlichen dadurch, daß das Plasma der weiblichen eine blauere Farbe annimmt, und die Kerne chromatinärmer sind und dadurch hellroter erscheinen.

Die frischen Blutpräparate lassen bei den Romanowskyfärbungen namentlich bei der nach GIEMSA ausgeführten sämtliche Einzelheiten auf einmal erscheinen, die sonst nur bei Vergleich mehrerer nach verschiedenen Methoden gefärbter Präparate festzustellen sind. Sie ist eine sog. panoptische Färbung. Die polymorphkernigen neutrophilen Leucocyten zeigen eine prachtvolle hochrote feine Granulierung und einen blauvioletten Kern. Ihre Kernfarbe ist durch einen blauen Ton immer deutlich verschieden von den Kernen der mononucleären großen Leucocyten und der Lymphocyten. Bei diesen färbt sich der Kern leuchtend rot. Durch geeignete Entfärbung läßt sich in vielen Präparaten der Gegensatz in der Kernfarbe so weit treiben, daß die Kerne der Neutrophilen rein blau, die der Mononucleären und Lymphocyten rein rot sich präsentieren. Bei zarter Färbung sieht man in den einkernigen Zellen regelmäßig in den Kernen ein intensiv gefärbtes Kernkörperchen, auch in den Kernen der Polymorphen und zerfallenen Kernen der Neutrophilen heben sich einige Stellen durch besonders tiefe Färbung hervor. Bei den — meist vermehrten — großen mononucleären Elementen ist das umgebende Protoplasma blaßblau. bei den Lymphocyten rein und tiefblau. Im Protoplasma vieler großer einkerniger sieht man unregelmäßig zerstreut einzelne rote Körner, zuerst von MACKER erwähnt, nachher von MICHAELIS ausführlicher beschrieben. Einkernige, mit dichter neutrophiler Körnung kommen im Malariablut und im mit anderen protozoischen Parasiten infizierten Blut in Fällen äußerst schwerer Anämie vor; sie zeigen neben dem roten Kern und über denselben hinweg gestreut eine intensiv hochrote Granulation. Deutlich von dieser hochroten Granulation der Neutrophilen, einkernigen und mehrkernigen weißen Blutkörperchen verschieden ist die Färbung der eosinophilen Zellen. Bei kurzer Dauer der Färbung heben sich die eosinophilen Granulationen zart eosinfarben von den leuchtend hochroten Kernen ihrer Zellen ab, bei längerer Dauer werden sie violettgrau bis blau. Die Mastzellenkörnung zeigt sich durch grobe, dunkelrote, unregelmäßig verteilte Körner bei sehr intensiver, roter Kernfärbung an. Die Blutplättchen sind blaßrot bis blaßblau mit zackigen Konturen und hochrotem Kerngerüst.

Eine andere Methode, die Blutparasiten zu konservieren und zu färben, ist die feuchte Fixierung und Färbung mit Hämatoxylinfarbstoffen. Sie hat besonders für denjenigen einen Wert, der sich mit morphologischen und entwicklungsgeschichtlichen Untersuchungen der Blutparasiten befaßt. Die feuchte Fixierung und Färbung der „endoglobulären" Parasiten der „Warmblüter" versagt leider meistens, da die Blutkörperchen den Farbstoff so intensiv aufnehmen, daß von den eingeschlossenen oder aufsitzenden Parasiten nichts mehr zu sehen ist. Man muß sich also bei Untersuchungen dieser Parasiten auf lebende Untersuchungen oder der Untersuchung der Trockenpräparate oder feucht fixierten Präparaten, nach ROMANOWSKY gefärbt, beschränken (s. Anhang dieses Abschnittes). Dagegen erzielt man ausgezeichnete Resultate mit der feuchten Konservierung bei den endoglobulären Parasiten der „Kaltblüter", Hämogregarinen, Caryolysis und bei allen im Serum lebenden Formen (Trypanosomen). SCHAUDINN ließ das Blut in die Fixierflüssigkeit eintropfen, centrifugierte schnell ab und wusch die fixierten Blutkörperchen und die Parasiten aus. Die besten Fixierflüssigkeiten sind die Osmiumgemische, HERMANNsche und FLEMMINGsche Lösung und Sublimatalkohol nach SCHAUDINN unter Zusatz von Eisessig, zwei Drittel konzentrierter Sublimatlösung und ein Drittel absoluter Alkohol, auf 100 *ccm* des Gemisches 5 *ccm* Eisessig. Das Blut ist dann, wenn es in Osmiumgemischen fixiert wurde, in destilliertem Wasser gut auszuwaschen, wenn es in Sublimat fixiert wurde, in Jodalkohol auszuwaschen. Gefärbt werden die Parasiten in verdünnter DELAFIELDscher Hämatoxylinlösung oder mit Eisenhämatoxylin nach HEIDENHAIN. Das Blut bringt man am besten in der Centrifuge durch die Alkoholreihe in Nelkenöl. Statt das parasitenhaltige Blut in die Fixierflüssigkeiten eintropfen zu lassen, kann man sich auch der Ausstrichmethode bedienen, nur muß man bei letzterer schneller zu Werke gehen, ehe das Blut antrocknet. Die Ausstriche werden dann in der gleichen Weise, wie oben beschrieben, behandelt. Die auf diese Weise fixierten und gefärbten Parasiten zeigen deutlich alle Strukturen, besonders in ihren Kernapparaten in allen ihren Details. Zur Darstellung des Caryosoms der Trypanosomen ist für morphologische Untersuchungen stets die feuchte Fixierung und Färbung mit Eisenhämatoxylin zu empfehlen. Bei Überfärbung zieht man den Farbstoff wieder aus entweder, wenn nach DELAFIELD gefärbt, mit Salzsäurealkohol (30 Tropfen auf 150 *ccm* 70%igem Alkohol), oder mit Eisenalaun, wenn nach HEIDENHAIN gefärbt wurde.

Auf dieselbe Weise wie die im Blute parasitierenden Protozoen werden auch die im Überträger lebenden fixiert und gefärbt.

Neuerdings gelang es GIEMSA, auch feucht fixierte Präparate nach ROMANOWSKY einwandfrei zu färben und der Autor ist in erfolgreicher Weise dabei, diese Methode auch der Schnittfärbung nutzbar zu machen (Arbeit erscheint demnächst im Centralbl. f. Bact.). Am geeignetsten sind die in Sublimat-Eisessigalkohol fixierten Ausstriche. Nachdem die Präparate in Jodalkohol gut ausgewaschen worden sind, werden sie in Aqu. dest. gebracht, das während des Auswaschens mehrmals gewechselt werden soll, und dann nach GIEMSA gefärbt (s. oben). Es empfiehlt sich, die Präparate mehrmals, zwei-, dreimal je 15—20 Minuten zu färben. Paraffinschnitte werden durch die Alkoholreihe in Aqu. dest. gebracht, gut darin ausgewaschen und gefärbt. Bei der weiteren Behandlung werden die Präparate ohne abzuspülen durch eine „Aceton"-Reihe in Xylol gebracht und eingebettet. Es werden gesättigte Azur II-Eosinlösungen in Aceton hergestellt, und zwar eine Reihe von 60%, 70%, 80%, 90%, 100% Aceton und Aceton + Xylol (1 : 1). (Das GIEMSAsche Azur II-Eosin ist in Aceton etwas löslich, ca. 0·2 : 100). Von 90% Aceton und Aceton + Xylol halte man sich in der Reihe je zwei Gläser. Die Präparate werden durch diese Reihe nach dem Färben bis in reines Xylol gebracht und können dann in Canadabalsam oder Cedernöl eingebettet werden.

Literatur: FEINBERG (Deutsch. Med. Wochenschr. 1902), GIEMSA (Centralbl. Bakt., Bd. 31 u. 37, 1902 u. 1904), derselbe (Deutsch. Med. Wochenschr. 1907), MAURER (Centralbl. Bakt., Bd. 28, 1900), MICHAELIS (Ebenda, Bd. 29 u. 30, 1901), NOCHT (Ebenda, Bd. 25, 1899), PROWAZEK (Arb. Gesundheitsamt, Bd. 23, 1905), REUTER (Centralbl. Bakt., Bd. 30, 1901), ROMANOWSKY (Petersburg. Med. Wochenschr. 1891), ROSIN (Berlin. Klin. Wochenschr. 1899), RUGE (Zeitschr. Hyg., Bd. 33, 1900), derselbe (Deutsch. Med. Wochenschr. 1900), derselbe (Einführung in das Studium der Malariakrankheit, Jena 1901), SCHAUDINN (Arb. Gesundheitsamt, Bd. 19, 1902), SCHÜFFNER (Arch. Klin. Med., Bd. 84 u. 71, 1899 u. 1901), VIERECK (Münch. Med. Wochenschr. 1906), v. WASIELEWSKY (Zeitschr. Hyg., Bd. 33, 1900), ZIEMANN (Über Malaria und andere Blutparasiten, Jena 1898). *Gonder*, Hamburg.

Blutpigment. UNNA benutzt zur Erkennung des Blutpigments in der Haut zwei Methoden. Färbung der Schnitte mit Carbolfuchsin und Entfärben mit konzentrierter wässeriger Tanninlösung, bis nur noch die Kerne leicht gefärbt sind, oder Färbung mit polychromem Methylenblau mit Differenzieren in Tannin. Das Hämosiderin färbt sich nach der ersten Methode intensiv rot, nach der zweiten blauschwarz. Das Melanin dagegen färbt sich nach der ersten Methode gar nicht, nach der zweiten smaragdgrün.

Blutplättchen siehe: Blut.

Blutserum. Das bei der mikroskopischen Untersuchung vielfach als indifferente Zusatzflüssigkeit verwendete Blutserum wird dadurch erhalten, daß man das Blut im kühlen Raum stehen läßt, es entsteht dann bei der Gerinnung der Blutkuchen, der bei seiner Zusammenziehung das Blutserum auspreßt. Es ist meist eine gelbe, klare Flüssigkeit, die beim Menschen ein spezifisches Gewicht von 1,028 hat. Es enthält beim Pferd nach HOPPE-SEYLER 9,2% feste Stoffe, darunter 7,7% Eiweiß, 0,1% Fett, 0,4% Extraktivstoffe, 0,6% lösliche und 0,17% unlösliche Salze. Unter den Säugern bleibt die Menge der anorganischen Stoffe ziemlich konstant, die Eiweißmenge ist dagegen erheblicheren Schwankungen unterworfen, so enthält Hundeserum nur 5,8% Eiweiß. Bei Vögeln sinkt die Eiweißmenge auf 3,9, bei Amphibien (Frosch) sogar auf 2,5%.

Künstliches Blutserum siehe Beobachtungsflüssigkeiten, indifferente.

Borax, Natriumpyroborat, Natrium biboracicum, $Na_2B_4O_7 + 10H_2O$. Das Natriumsalz der Pyroborsäure findet sich unter dem Namen Tinkal im Wasser vieler asiatischer Seen gelöst. Heutzutage wird der Borax hauptsächlich durch Neutralisation der in den toskanischen Maremmen natürlich vorkommenden Borsäure mit Natriumcarbonat oder durch Kochen des amerikanischen Borkalkes mit Natriumcarbonat gewonnen. Farblose Prismen, welche bei 15° zu 7% in Wasser löslich sind. Beim Erhitzen bläht der Borax auf und verliert sein Krystallwasser (gebrannter Borax), bei noch weiterem Erhitzen schmilzt er zu einem farblosen, durchsichtigen Glas. In kaltem Alkohol ist Borax unlöslich, kochender Alkohol von 70% löst nach MAYER noch nicht 1/4% Borax. Die wässerige Lösung reagiert schwach alkalisch und wird durch Mineralsäuren unter Bildung von Borsäure zersetzt.

Der in der Technik außerordentlich viel benutzte Borax findet auch in der Mikrotechnik vielfache Verwendung, vor allem deshalb, weil seine wässerige Lösung ein sehr gutes Lösungsmittel für viele unserer Farbstoffe ist, vor allem für Carmin, aber auch für manche Anilinfarben, wie Methylenblau, Methylgrün, Thionin etc.

Boraxcarmin siehe: Carmin.

Bordeaux, das Natriumsalz der α-Naphtalin-azo-β-naphtol-A-disulfosäure (Höchst) kommt in verschiedenen Nuancen in den Handel R, RB, B; braunes bis violettes Pulver, das sich in Wasser leicht, je nach der Marke mit mehr roter oder brauner oder gelbbrauner Farbe löst. Säuren verändern die Lösung kaum, Natronlauge gibt rote Fällung. In konzentrierter Schwefelsäure löst sich der Farbstoff mit blauer Farbe. Gibt sehr beständige, direkte Färbungen.

Von GRIESBACH in die Mikrotechnik eingeführt und als Kernfärbungsmittel für Hermannpräparate empfohlen, wird es in neuerer Zeit ausschließlich als Plasmafarbstoff, vor allem bei der Hämatoxylin-Eisenalaunmethode verwendet.

GRÅBERG kombiniert es mit Methylgrün und Thionin zusammen zu einer Dreifachfärbung. Man bereite sich eine 1%ige Lösung von Bordeaux R, eine 1/2%ige von Thionin und eine 1%ige von Methylgrün. Der letzteren setzt man auf 100 Teile 25 *ccm* absoluten Alkohols zu. Man mische nun 4 Teile Bordeaux mit 2 Teilen Thionin und 9 Teilen Methylgrün und verdünne zur Färbung 5 Teile dieser Stammlösung mit 95 Teilen destillierten Wassers. Filtrieren. Schnitte von Sublimatmaterial werden in dieser Lösung 24 Stunden lang gefärbt und in 93%igem Alkohol, dem auf 100 Teile 4—6 Tropfen Essigsäure zugesetzt sind, so lange ausgewaschen, bis keine Farbwolken mehr abgehen. Zur Neutralisierung der Essigsäure setzt man die Schnitte dann einige Sekunden lang Ammoniakdämpfen aus. Absoluter Alkohol, Xylol, Balsam. Die Methode eignet sich nur für Sublimatmaterial und vor allem für Milz, Hoden und Leber.

Borodin'sche Prüfung. Unlöslichkeit einer Substanz in ihrer konzentrierten Lösung zur mikrochemischen Identifizierung (vgl. Bot. Zeitschr. 1878, pag. 805) siehe Asparagin. *Magnus*, Berlin.

Borsäure, Acidum boricum, H_3BO_3, bildet glänzende, schuppige Krystalle, die sich zu 4% langsam in kaltem, zu 30% in kochendem Wasser lösen. Die

Lösung reagiert schwach sauer. Absoluter Alkohol löst ca. 12—15%, Glycerin etwa 10%, Äther nur sehr wenig. Sowohl beim Kochen von wässerigen, als auch vor allem alkoholischen Lösungen verflüchtigen sich erhebliche Mengen von Borsäure.

Die Borsäure, die in der Technik vielfach zum Konservieren von Nahrungsmitteln dient, hat in der Mikrotechnik nur eine sehr beschränkte Anwendung gefunden.

Nach ENGELMANN soll sie in konzentrierter wässeriger Lösung ein sehr gutes Macerationsmittel für das flimmernde Darmepithel von Muscheln sein. ZACHARIAS empfiehlt einen Zusatz von Borsäure zu konzentrierter Sublimatlösung zur Fixation von Flagellaten (konzentrierte Borsäure 2 und konzentriertes Sublimat 3).

ARCANGELI benutzt die Borsäure an Stelle von Borax zur Bereitung von Carminlösungen. Er löst 0,5 *g* Carmin in 100 *g* 4%iger wässeriger Borsäure durch 10 Minuten langes Kochen, oder er setzt zu 100 *ccm* konzentrierter Alaunlösung 2 *g* Borsäure und löst in derselben Weise darin 0,25 *g* Carmin. Ganz ähnlich stellt LÜBIMOFF ein Borsäurefuchsin zur Färbung der Tuberkel- und Leprabacillen dar.

Literatur: ARCANGELI (Proc. Verb. Soc. Toscana Sc. nat. 1885), ENGELMANN (Arch. Ges. Physiol., Bd. 23, 1880), LÜBIMOFF (Centralbl. Bakt., Bd. 3, 1888), ZACHARIAS (Zool. Anz., Bd. 22, 1899). *Mosse*, Berlin.

Bouin'sche Flüssigkeit, ein Gemisch von 15 Teilen konzentrierter wässeriger Pikrinsäure, 5 Teilen Formalin und 1 Teil Eisessig.

Brachiopoden siehe: Molluscoideen.

Branca'sche Flüssigkeit. In konzentrierter wässeriger Sublimatlösung wird Pikrinsäure bis zur Sättigung gelöst und 60 *ccm* dieser Flüssigkeit mit 10 *ccm* Formalin und 1 *ccm* Eisessig versetzt.

Brasalaun siehe: Brasilin.

Brasilin ($C_{16}H_{14}O_5$, genauere Struktur nicht sicher bekannt), wird aus dem Rotholz (Fernambuk- und Sappanholz, von Caesalpinia brasiliensis etc.) ähnlich wie das Hämatoxylin aus dem Blauholz gewonnen und krystallisiert mit 1 oder $1^1/_2$ H_2O. Es geht an der Luft allmählich in Brasilein ($C_{16}H_{12}O_5$) über, verhält sich also auch hierin analog dem Hämatoxylin. In der Mikrotechnik wird es in Verbindung mit Aluminium, Chrom oder Eisen benutzt:

a) Mit Aluminium. Das dem Hämalaun entsprechende Brasalaun (MAYER, 1 *g* Brasilin, 0,2 *g* Natriumjodat, 3 Liter 5%ige Alaunlösung) färbt ähnlich, aber lange nicht so intensiv wie jenes oder das Carmalaun und ist daher entbehrlich; zur Tinktion der Ganglienzellen verwendet HEIMANN ein dem DELAFIELDschen Hämatoxylin entsprechendes Gemisch.

b) Mit Chrom. FLECHSIG bringt Schnitte durch das in Kaliumchromat (2%) gehärtete Nervengewebe erst in Alkohol (96%), dann auf 3—8 Tage in eine wässerige Lösung von Sappanholzextrakt (1 *g* in 900 Wasser, dazu etwas Weinsteinsäure und Natriumsulfat) und entfärbt sie zuletzt nach PAL. Die Methode ist veraltet.

c) Mit Eisen. Die Schnitte werden nach HICKSON zuerst 1—3 Stunden lang mit einer alkoholischen Lösung von Eisenalaun (1 *g* zu lösen in 23 *ccm* Wasser, dazu 77 *ccm* Alkohol von 90%; setzt allmählich stark ab) behandelt, dann mit Alkohol von 70% abgespült, auf 3—6 Stunden in eine $^1/_2$%ige Lösung von Brasilin in 70%igem Alkohol gebracht, wieder mit Alkohol gewaschen und in Balsam übertragen. Nur ausnahmsweise ist eine Nachbehandlung mit dem Eisenalaun nötig.

Literatur: LEE und MAYER (Grundzüge, 3. Aufl., 1907, pag. 218 ff.), HICKSON (Q. Journ. Micr. Sc. [2], Bd. 44, 1901). *Mayer*, Neapel.

Brechweinstein, Tartarus stibiatus, Antimonkaliumtartrat, $K(SbO)C_4H_4O_6 + {}^1/_2 H_2O$, weiße Krystalle oder krystallinisches Pulver, das zu 5—6% in kaltem, zu 30% in siedendem Wasser löslich, in Alkohol unlöslich ist. Bei längerer Aufbewahrung verlieren die Krystalle auch in geschlossenen Gefäßen einen Teil ihres Krystallwassers. Die wässerige Lösung reagiert schwach sauer und hat einen widerlich süßen Geschmack. Versetzt man eine Tanninlösung mit Brechweinstein, so scheidet sich ein auch im Überschuß des Fällungsmittels unlöslicher Niederschlag von unbekannter Zusammensetzung aus.

Auf der letzteren Eigenschaft beruht die Anwendung des Brechweinsteins in der technischen Färberei. Er wird nämlich zur Fixation von Tannin auf der Baumwollfaser benutzt in Gegenwart von Chlorammon. Als Ersatz des Brechweinsteins dienen andere Antimonsalze, wie Antimoniumkaliumoxalat, Fluorantimon mit schwefelsaurem Ammon, sogenanntes Antimonsalz und frisch gefälltes Antimonhydroxyd.

Ähnlich wird der Brechweinstein auch in der Mikrotechnik von RAWITZ, ZETTNOW, COX und SCHUBERG benutzt (vgl. Tannin). *Mosse*, Berlin.

Brillantblau, grünlich, syn. für Methylblau (Elberfeld).

Von VAN WISSELINGH als Kernfärbungsmittel für botanische Zwecke empfohlen.

Literatur: VAN WISSELINGH (Bot. Zeitschr., Bd. 57, 1899).

Brillantcongo R, roter Azofarbstoff, erhalten durch Kombination von Tolidin mit Naphtylamindisulfosäure (Berlin, Elberfeld). Die braunrote wässerige Lösung gibt mit Salzsäure braunen und mit Natronlauge roten Niederschlag. In Schwefelsäure mit blauer Farbe löslich, beim Verdünnen entsteht ein braunschwarzer Niederschlag.

Brillantkresylblau, Oxazinfarbstoff (LEONHARDT), blaugrünes Pulver, das sich in Wasser mit blauer, in Schwefelsäure mit grüner Farbe löst. Die wässerige Lösung gibt mit Natronlauge braune Fällung.

Von LEVADITI in alkoholischer Lösung zur Blutfärbung empfohlen. MOREL und DALOUS haben ein Dreifarbengemisch aus Brillantkresylblau, Orange und Rubin zusammgestellt. Man stellt sich eine Lösung von 0,1 *g* Orange G und 0,1 *g* Rubin S in 190 *ccm* 4%igem Formalin und 10 *ccm* 1%iger Essigsäure her und zweitens eine Lösung von 0,5 *g* Brillantkresylblau in 180 *ccm* 4%igem Formalin und 20 *ccm* Methylalkohol. Man mische gleiche Teile dieser beiden Lösungen und färbe in dem Gemisch 15—20 Minuten, dann Alkohol, Xylol, Balsam. Es färben sich die acidophilen Granulationen der Leucocyten intensiv rot, die neutrophilen rosa, die basophilen blau. CESARIS-DEMEL benutzt den Farbstoff zur Vitalfärbung der Leucocyten und der Blutparasiten.

Brillantcrocein, Disazofarbstoff (Höchst, Elberfeld), braunes, in Wasser und Alkohol mit roter Farbe lösliches Pulver. Mit Salzsäure brauner Niederschlag, mit Natronlauge färbt sich die Lösung braun. In Schwefelsäure mit rotvioletter Farbe löslich. Gibt auf Wolle und Baumwolle licht- und säureechte Färbungen.

Brillantgelb, brauner Disazofarbstoff (Berlin), der in Wasser und Alkohol mit gelber Farbe löslich ist. Die Lösung färbt sich mit Natronlauge gelbrot, mit Salzsäure violetter Niederschlag. In Schwefelsäure rotviolett löslich.

Brillantgrün, Triphenylmethanfarbstoff, Sulfat des Tetraäthyldi-p-amidotriphenylcarbidrids (Ludwigshafen, Höchst, Elberfeld). Goldglänzende, in Wasser und Alkohol leicht mit grüner Farbe lösliche Krystalle. Die Lösung wird durch Salz- oder Schwefelsäure gelbrot verfärbt, Natronlauge fällt den grünen Farbstoff aus. Das Brillantgrün ist dem Malachitgrün nahe verwandt, besitzt aber geringere Färbekraft.

Brillantschwarz 3 B, Disazofarbstoff (Ludwigshafen). Blauschwarzes Pulver das in Wasser leicht löslich ist. Natronlauge gibt in der wässerigen Lösung einen blauen, Salzsäure einen violetten Niederschlag. In der technischen Färberei wird der Farbstoff zum Schwarzfärben der Wolle unter Zusatz von Glaubersalz und Schwefelsäure zur Farbflotte viel benutzt.

HEIDENHAIN empfiehlt den Farbstoff in 1%iger wässeriger Lösung zum Nachfärben von Carminpräparaten, besonders zur Darstellung der Schaltstücke in den Herzmuskelfasern. FLEISCHER färbt in Sublimat, Pikrinsäure oder Trichloressigsäure fixiertes Material zunächst wenige Minuten in der obigen Lösung, dann ebensolang in 1%iger wässeriger Toluidinblaulösung und differenziert in einer 0,5%igen alkoholischen Safraninlösung.

Literatur: HEIDENHAIN (Zeitschr. Wiss. Mikr., Bd. 20, 1903), FLEISCHER (Anat. Hefte, Bd. 26, 1904).

Bromäthyl. Aether bromatus, $C_2 H_5$—Br. Klare, farblose, flüchtige, angenehm ätherisch riechende Flüssigkeit von neutraler Reaktion. Bromäthyl ist in Wasser unlöslich, in Weingeist und Äther löslich. Siedepunkt 38—40°; spezifisches Gewicht 1,45. Bromäthyl wird zur allgemeinen Narkose verwendet, von HEYMANS zur Betäubung der Cephalopoden in subcutaner Injektion.

Literatur: HEYMANS (Bull. Acad. Belg., Bd. 32, 1896). *Mosse,* Berlin.

Bromwasser. Eine Lösung von Brom in Wasser (1 : 30). Braunrote Flüssigkeit von sehr unangenehmem Geruch, welche die Schleimhäute stark reizt. Bei starkem Abkühlen liefert das Bromwasser ein krystallinisches Bromhydrat von der Zusammensetzung $2\,Br + 10\,H_2O$.

Das Brom besitzt, ähnlich wie das Chlor, stark oxydierende Eigenschaften, darauf ist auch seine Verwendung in der Mikrotechnik als Entpigmentierungsmittel begründet.

Bromwasserstoff ist ein farbloses Gas, das sich bei 73° zu einer farblosen Flüssigkeit verdichtet. In Wasser löst sich das Gas bei 0° zu 82,02% zu einer stark sauren Flüssigkeit, der Bromwasserstoffsäure, Acidum hydrobromicum, vom spez. Gew. 1,78. Die destillierte konzentrierte Bromwasserstoffsäure soll bei 15° 48% Bromwasserstoff enthalten und ein spez. Gew. von 1,49 besitzen. Sie soll frei von Brom und deshalb ganz farblos sein. Beim Stehen an der Luft bräunt sie sich unter Abscheidung von Brom. Das offizinelle Acidum hydrobromicum enthält 25% Bromwasserstoff und hat ein spez. Gew. von 1,209.

Die Bromwasserstoffsäure ähnelt in ihrer Wirkung auf die tierischen Gewebe sehr der Essigsäure und gibt wie diese, vor allem in Verbindung mit Alkohol, ein gutes Fixationsmittel ab. Am meisten empfehlen sich Gemische von absolutem Alkohol mit 10 20% Bromwasserstoffsäure (spez. Gew. 1,49).

GREPPIN benutzt die Säure zur Bromierung von Golgipräparaten (siehe dort).

Brot als Nährboden für Pilze. Gewöhnliches ungesäuertes Brot wird von seiner Kruste befreit, im Trockenapparat einer Temperatur von 120° ausgesetzt, es ist dann sicher sterilisiert und wird in eine sterilisirte Krystallisierschale gelegt und mit der heißen sterilisierten Nährflüssigkeit bespritzt, bis es sich vollgesogen hat.

Literatur: STRASBURGER (Gr. Bot. Pr. 4 A.) *Magnus,* Berlin.

Brucin siehe Alkaloide, pflanzliche.

Bryophyten siehe Moose.

Bryozoen siehe Molluscoidea.

C.

Cadmiumchlorid, $CdCl_2 + 2\,H_2O$, farblose Krystalle, die sich in Wasser leicht, schwerer in Alkohol lösen. Durch Lösung des Salzes in Glycerin wird der Brechungsexponent des letzteren (1,433) auf 1,504 erhöht.

Cadmiumsulfür, CdS, wird erhalten durch Fällung eines Cadmiumsalzes mit Schwefelwasserstoff, Schwefelammonium oder Schwefelnatrium. Gelbes oder rotes Pulver, das unter dem Namen Jaune brillant ausgedehnte Anwendung als Malerfarbe findet.

Robin benutzte es zur Herstellung einer opaken gelben Leimmasse. (Näheres siehe Injektion der Blut- und Lymphgefäße.)

Cajeputöl, Oleum Cajeputi, entsteht bei der Destillation sämtlicher Teile (Äste, Zweige, Blätter) der auf den Molukken heimischen Myrtacea Melaleuca Cajeputi. Es ist nicht einheitlicher Natur und läßt sich durch fraktionierte Destillation in mehrere Anteile zerlegen. Der bei 176° siedende Anteil bildet das Cineol, $C_{10}H_{18}O$, eine campherartig riechende Flüssigkeit, die als zweiwertiger Alkohol folgender Konstitution angesehen wird:

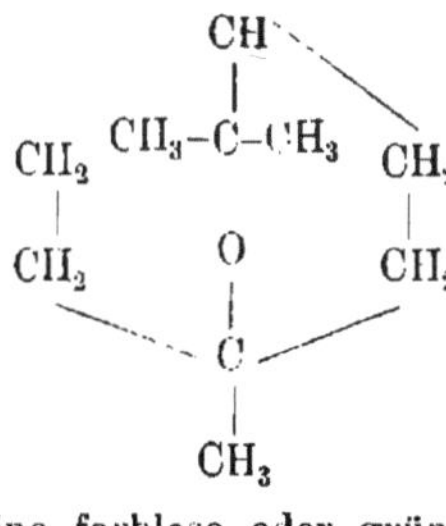

Neuberg, Berlin.

Das Cajeputöl bildet eine farblose oder grünliche Flüssigkeit von campherartigem Geruch. Sein spezifisches Gewicht beträgt bei 15° 0,92. Mit Alkohol von 80% ist es nach vorübergehender Trübung klar mischbar, mit Schwefelkohlenstoff mischt es sich klar. Gepulvertes Jod löst sich in Cajeputöl leicht und erstarrt beim Abkühlen zu einem Krystallbrei. Es greift Celloidin und Anilinfarben nicht an. Für die Mikrotechnik ist es zuerst von Stieda empfohlen, dann aber hauptsächlich von Nissl als Intermedium für den Einschluß in Benzinkolophonium eingeführt worden.

Calciumacetat, Calcium aceticum, $(C_2H_3O_2)_2Ca + H_2O$, durch Neutralisation von 30%iger Essigsäure mit Calciumcarbonat in der Wärme erhalten. Nadelförmige, leicht verwitternde Krystalle, die leicht in Wasser, schwer in Alkohol löslich sind.

Das Calciumacetat spielt in der technischen Färberei eine große Rolle als Zusatz zu den verschiedensten Färbebädern, vor allem für Blauholz, Brasilholz, Alizarin. Es färben diese Stoffe nur in kalkhaltigem Wasser und man setzt deshalb da, wo mit kalkfreiem Wasser gearbeitet wird, dem Färbebad Calciumacetat zu. Mit Alizarin bildet es eine salzartige Verbindung, das Calciumalizarat, das in Wasser löslich ist. In ähnlicher Weise wird es auch von RAWITZ bei seiner Alizarinmethode verwendet (siehe Alizarin).

Calciumbichromat siehe: Chromsaure Salze.

Calciumcarbid, CaC_2, grauschwarzes Pulver oder Stücke, welche durch Zusammenschmelzen von Ätzkalk und Kohle im elektrischen Ofen erhalten werden. Es wird in neuerer Zeit in ausgedehnter Weise zur Darstellung des Acetylens verwendet, indem man auf den trockenen Körper Wasser auftropfen läßt.

YVON benutzt das Calciumcarbid zur Erkennung des Wassers im Alkohol. Eine Spur Wasser ruft schon Acetylengasentwicklung hervor.

Literatur: YVON (Compt. Rend. Ac. Sc., Bd. 125, 1897).

Calciumcarbonat findet sich bekanntlich in weiter Verbreitung in der Natur als Kalkspat, Marmor, Kalkstein, Kreide etc. Es bildet in reinem Zustand ein weißes, krystallinisches Pulver, das beim Glühen in Kohlensäure und Calciumoxyd zerfällt. In reinem Wasser ist es nahezu unlöslich, löslicher in kohlensäurehaltigem Wasser. Es reagiert schwach alkalisch.

In der Mikrotechnik wird es zum Neutralisieren von durch Säure entkalkten Präparaten benutzt, indem man die Präparate z. B. aus Salpetersäure in Alkohol überträgt, dem man pulverisiertes Calciumcarbonat zugesetzt hat.

Calciumchlorid, Chlorcalcium, $CaCl_2$, bildet hexagonale Säulen, die an der Luft leicht zerfließen. Erwärmt man sie, so schmelzen sie zunächst in ihrem Krystallwasser und verwandeln sich bei 200° in eine poröse Masse, die das bekannte Trockenmittel der Chemiker liefert. Dasselbe ist zu 66% in Wasser von 15°, zu 13% in Alkohol löslich, in Äther unlöslich. Chlorcalcium dient zum Nachweis von Weinsäure und ihren Salzen.

Chlorcalciumlösung ist von SCHACHT und KOCH als Einschlußmittel für zartwandige, protoplasmaarme botanische Objekte empfohlen worden. Sie hellt wegen ihres geringen Brechungsindex (1,411 bei 15°) die Präparate nur wenig auf und verdunstet nicht infolge ihrer starken Wasseranziehung. An Stelle der reinen 10- bis 20%igen Chlorcalciumlösung kann man auch eine Lösung von 20 *g* Chlorcalcium in einer Mischung von 40 Glycerin, 25 Alkohol und 100 Wasser benutzen.

Calciumchlorid dient ferner zur Herstellung mancher Farblösungen, wie Paracarmin, Hämacalcium, Cochenille, wie ja auch die Calciumsalze in der technischen Färberei eine große Rolle spielen.

Literatur: HARTING (Das Mikroskop, 2. Aufl., 1886), KOCH (Jhb. Wiss. Bot., Bd. 24. 1892), SCHACHT (Das Mikroskop, Berlin 1862).

Calciumnitrat, $Ca(NO_3)_2$, weiße, hygroskopische Masse, die auch in Alkohol leicht löslich ist.

MAYER setzt einer 20%igen Gelatine 20% Calciumnitrat zu und verwandelt dieselbe dadurch in auch in der Kälte flüssige Metagelatine.

Calciumpikrat, $(C_6H_2(NO_2)_3O)_2Ca + 5H_2O$, entsteht durch Neutralisation von Calciumhydroxyd mit Pikrinsäure und bildet sehr leicht in Wasser und Alkohol lösliche Prismen.

Es wird von WHITE in Verbindung mit Erythrosin zur Färbung von glatten Muskeln benutzt. Siehe auch Pikrinsäure.

Literatur: WHITE (Journ. of Anat. Physiol., Bd. 35, 1901).

Calciumverbindungen in tierischen Geweben. Über ihren Nachweis vergleiche man den Artikel Verkalkung.

Calciumverbindungen in Pflanzenzellen. Die in lebenden Pflanzenzellen auftretenden Krystalle oder krystallinischen Ablagerungen gehören fast alle (außer Carotin und Eiweißkrystallen) den Calciumverbindungen, und zwar am häufigsten dem Calciumoxalat, weniger häufig dem Carbonat, sehr selten dem Sulfat oder Tartarat an.

1. Calciumoxalatkrystalle treten im Zellsaft in den mannigfachsten wohl ausgebildeten Formen des tetragonalen oder monosymmetrischen Systems (Blatt-

parenchym von Tradescantia discolor) auf, häufig in Büscheln parallel liegender Krystallnadeln, Raphiden (Blätter der Entengrütze, Lemma) oder in komplizierten Drusen (Rinde der Linde), die mehr oder weniger (Sphärite) die Krystallform erkennen lassen, oder sie sind der Membran eingelagert (Sternhaare im Stengel der Seerose, Nuphar). — Sie sind unlöslich in Wasser und Essigsäure, löslich in Salzsäure, manchmal auch, wenn sie etwa von Schleim umhüllt, auch in konzentrierter nur langsam. Schwefelsäure löst unter Abscheidung von Gipsnadeln, die bei sehr geringer Menge auch in Wasser gelöst bleiben können. Direkt in Gips verwandelt werden sie beim Kochen in konzentrierter Schwefelsäure. Konzentrierte Kalilauge löst oxalsauren Kalk erst nach Stunden unter Neubildung anderer Krystalle. — Um über die topographische Lage der Krystalle im Gewebe im allgemeinen Aufklärung zu erhalten, werden die in Chloralhydrat, das Calciumoxalat wenig angreift, aufgehellten Teile (Blätter, siehe Aufhellung) in polarisiertem Licht untersucht.

2. Das zumeist der Membran ein- oder aufgelagerte Calciumcarbonat ist unter Aufbrausen leicht löslich in verdünnter Essigsäure und in Salzsäure. Um das Aufbrausen gut sichtbar zu machen (beim langsamen Auflösen löst sich die Kohlensäure leicht sofort im Untersuchungswasser), ist heiße Salzsäure anzuwenden. Soll dagegen die feine Schichtung und radiäre Streifung der Grundsubstanz der kalkreichen Cystolithen (z. B. Querschnitt durch das Blatt des Gummibaumes, Ficus elastica) sichtbar gemacht werden, muß die Auflösung möglichst langsam mit sehr verdünnter Salzsäure geschehen. Die Kalkalgen (Corallineen) werden vorteilhaft mit der PERÉNYIschen Flüssigkeit (vgl. Salpetersäuregemische) entkalkt (JENDO).

3. Calciumsulfatkrystalle sind mit Sicherheit nur bei Desmidiaceen (Cosmarium), in den Endvacuolen und auch im ganzen Plasma zerstreut gefunden worden. Sie sind unlöslich in konzentrierter Schwefelsäure, mit Chlorbarium und Salzsäure werden sie in Bariumsulfat verwandelt, während Calciumoxalatkrystalle in ihnen verschwinden. Sie sind unlöslich in Essigsäure, löslich in Kali, Salz- und Salpetersäure.

4. Calciumtartarat (nur beobachtet in vergilbten Blättern des echten und wilden Weins, Vitis und Ampelopsis) ist fast momentan löslich in 10%iger Kalilauge.

5. Calciumphosphat kommt fast nur innig mit Magnesium in organischer Substanz vereint in den Globoiden der Aleuronkörner (siehe Eiweißstoffe der Pflanzenzelle) vor, z. B. bei Ricinus in kugeliger, bei Paranuß in traubiger Gestalt. Sonst tritt es ähnlich der folgenden Verbindung nur in Form von Sphäriten, Sphärokrystallen (konzentrisch geschichtete krystallinische Kugeln, die aus radiär angeordneten Krystallnadeln bestehen) beim Einlegen der Pflanzenteile in Alkohol oder Glycerin, meist jedoch erst nach längerer Zeit (Wochen) auf. (Grundparenchym fleischiger Euphorben: E. caput medusae.) Sie enthalten, sei es nur in der Mitte, sei es durch die ganze Masse, eine organische Substanz und sind entsprechend teilweise oder ganz in Boraxcarmin oder Methylenblau tingierbar (siehe Inulin) (LEITGEB).

Sie sind langsam löslich in Wasser, leicht löslich in Salz- und Salpetersäure. In Schwefelsäure werden sie unter Ausscheiden von Gipsnadeln gelöst. Zum Nachweis der Phosphorsäure, wie allgemein in der botanischen Mikrotechnik, wird die Reaktion mit Magnesiumsulfat und Chlorammonium, die von der Anwesenheit organischer Säuren unabhängig, angewandt; 25 Vol. konzentrierte wässerige Magnesiumsulfatlösung, 2 Vol. konzentrierte wässerige Chlorammoniumlösung, 15 Vol. Wasser. Die entstehenden rhombischen phosphorsauren Ammoniummagnesiumkrystalle haben charakteristische Sargdeckelform oder X-Gestalt. In anderen Fällen, zumal in Aschen, wird zum Nachweis der Phosphorsäure auch die gewöhnliche Reaktion mit durch Salpetersäure angesäuertem, molybdänsaurem Ammonium benutzt; meist ist leichtes Erhitzen notwendig. Die entstehenden grünlichgelben phosphormolybdänsauren Krystalle des regulären Systems sind meist Kombinationen von Würfel und Oktaeder.

6. Calciummalat. Apfelsaurer Kalk im Wedelstiel von Angiopteris erecta in 60%igem Alkohol (BELZUNG und POIRAULT). Nachweis mit der BORODINschen Probe (siehe Asparagin).

7. Calciumpektat (siehe Zellmembran pflanzlicher Zellen).

Der Nachweis des Calciums in der Pflanzenasche geschieht durch Gipsbildung mit 2%iger Schwefelsäure, eventuell durch Eintrocknen (tafelförmige Krystalle 127° 31′ und Zwillingskrystalle). Im Zellsaft scheidet sich bei Zusatz von oxalsaurem Ammonium Calciumoxalat in Form kleiner tetragonaler Pyramiden, heiß monokliner schmalovaler Krystalle aus.

Literatur: SCHIMPER (Flora 1890). LEITGEB (Mitt. Bot. Inst. Graz, 2. H., 1888). JENDO (I. Coll. Tokyo XIX). BELZUNG und POIRAULT (Journ. Bot. 1892). *Magnus*, Berlin.

Callose = Callus; siehe: Zellmembran, pflanzliche.

Camera lucida siehe: Zeichnen, mikroskopisches.

Camera, mikrophotographische, siehe: Mikrophotographie.

Campescheholzextrakt, Blauholzextrakt, wird bereitet durch Extraktion, eventuell unter 1—2 Atmosphären Druck, des zerkleinerten Holzes von Haematoxylon campechianum, einer hauptsächlich in Centralamerika, Mexiko und den Antillen heimischen Cäsalpiniacee. Das Extrakt enthält neben Farbstoffen gewöhnlich noch wechselnde Mengen von Harzen, Fetten, Gerbsäure, Glycosiden etc. Die einzelnen Extrakte sind außerordentlich verschieden in ihrer Zusammensetzung und werden außerdem noch häufig durch Melasse oder andere Extrakte verfälscht. Zur Wertbestimmung muß man eine Probe auskochen und auf Wolle färben, welche mit Kaliumbichromat und Weinstein gebeizt ist.

Der Farbstoff des Campescheholzes ist das Hämatein, das aber nur in reducierter Form als Hämatoxylin in dem Holze enthalten ist, wahrscheinlich in Form eines Glycosids.

In der technischen Färberei, und zwar hauptsächlich in der Wollfärberei, wird das Blauholzextrakt mittelst Eisenoxydsalzen oder chromsauren Salzen zum Schwarzfärben oder -drucken viel benutzt. Die Eisenlacke sind gegen Licht, Alkalien, Seifen und Säuren wenig resistent, viel haltbarer dagegen sind die Chromlacke. Die Baumwolle wird 2 Stunden in ein kaltes Bad aus Blauholzextrakt, Natriumbichromat und Salzsäure gebracht und bis zum Sieden dann erhitzt. Die entstehende tiefblaue Farbe verwandelt sich nach dem Auswaschen in kalkhaltigem Wasser in Schwarz. In neuerer Zeit wird das Blauholzextrakt mehr und mehr durch Anilinfarben, besonders das Azoschwarz, verdrängt.

In der Mikrotechnik wird das Blauholzextrakt nur noch ganz vereinzelt verwendet und läßt sich auch in jeder Beziehung durch Hämatoxylin, resp. Hämatein ersetzen.

Campher. Die Campherarten sind im Pflanzenreiche sehr verbreitete Verbindungen. Der gewöhnliche Campher, der Japancampher, $C_{10}H_{16}O$, wird aus dem Campherbaum (Laurus camphora) durch Destillation mittelst Wasserdämpfen gewonnen. Er stellt eine weiße, krystallinische Masse von eigenartigem Geruch und brennendem Geschmack dar. Spez. Gew. 0,98. Er ist in Wasser fast gar nicht, in Alkohol, Äther, fetten und ätherischen Ölen, Chloroform, Kreosot, Schwefelkohlenstoff, wasserfreier Essigsäure leicht löslich. Um Campher zu pulvern, wird er vorher mit Äther oder Weingeist besprengt (Camphora trita).

Der Campher findet in der praktischen Medizin ausgedehnte Verwendung; in der mikroskopischen Technik beruht sein Gebrauch vornehmlich auf seinen antiseptischen Eigenschaften. So als Zusatz zu den von FABRE-DOMERGUE angegebenen Untersuchungsflüssigkeiten; es werden 10 Teile eines Sirups von Traubenzucker vom spez. Gew. 1,2, 2 Teile Methylalkohol, 1 Teil Glycerin, Campher, so viel sich löst, genommen und die Säure der Mischung durch Soda neutralisiert; nach einer neueren Vorschrift werden 200 Teile Zucker in 400 Teilen kalten

Wassers gelöst, 1 Teil Formaldehyd, Campher, so viel sich löst, hinzugefügt, neutralisiert und in einer Verdünnung dieser Flüssigkeit untersucht. STRASBURGER empfiehlt einen Zusatz von Campher zu mit Wasser verdünntem Hühnereiweiß zur Untersuchung pflanzlicher Eier. DUVAL setzt bei der Härtung von Gehirnen in Chromsalzen ebenfalls etwas Campher hinzu.

Zur Injektion der Lymphbahnen setzt POLANO eine Äthercampherlösung zu den Farben hinzu. Ebenfalls zu Injektionszwecken verwendet KRASSUSKAJA eine Mischung aus Photoxylin 30, Campher 20, Aceton 600.

Campher findet ferner Verwendung infolge seiner Eigenschaft, die Löslichkeit des Sublimats in Wasser, Alkohol und Äther zu erhöhen. Er wird deshalb bei der Fixation in Sublimatlösungen diesen zugesetzt. Auf der gleichen Eigenschaft beruht das Ausziehen überschüssigen Sublimats, durch Einlegen der Objekte in eine auf 58—60° erwärmte Lösung von Campher in 60 bis 70%igem Alkohol (KEISER). OGAWA färbt Tuberkel- und Leprabacillen unter anderem mit einer Mischung von Fuchsin und Mentholwasser.

Literatur: DUVAL (Journ. de l'Anat. Physiol., Bd. 12, 1876), FABRE-DOMERGUE (La nature, 1889, und Bull. Soc. Philomatt., Bd. 1, 1899), KEISER (Biblioth. Zool., Bd. 7, 1891), KRASSUSKAJA (Anat. Hefte, Bd. 13, 1904), OGAWA (Centralbl. Bakt. 1905), POLANO (Deutsch. Med. Wochenschr. 1902), STRASBURGER (Bot. Praktikum). *Mosse*, Berlin.

Campherspiritus. 1 Teil Campher wird in 7 Teilen Spiritus gelöst, 2 Teile Wasser zugefügt und filtriert. Klare, farblose Flüssigkeit von starkem Geruch. Spez. Gew. 0,88.

FOL setzt Campherspiritus zur Glyceringelatine hinzu: *a)* Mischung von 30 Teilen Gelatine, 70 Wasser, 100 Glycerin, hierzu 5 Teile Campherspiritus; *b)* 20 Teile Gelatine, 150 Wasser, 100 Glycerin, 15 Campherspiritus.

COLLINGE härtet Teleostiereier in einem Gemisch von 1 Teil Campherspiritus, je 4 Teilen 2%iger Essigsäure und Alkohol, nachdem die Eier in Seewasser, dem auf je 30 *ccm* 3—4 Tropfen einer mit 5%iger Salzsäure vermischten Pikrinsäurelösung hinzugesetzt werden, getötet sind.

Literatur: COLLINGE (Ann. Mag. N. H., Bd. 10), FOL (Lehrbuch). *Mosse*, Berlin.

Campherwasser ist eine Camphermaceration, die in verschiedenen Ländern verschieden bereitet wird. Während Campherwasser in der deutschen Pharmakopöe nicht geführt wird, werden nach der amerikanischen 8 Teile Campher mit 5 Spiritus und 5 Calcar. phosphor. praecipit. angerieben, dann genügend destilliertes Wasser zugesetzt, um 1000 Filtrat zu erhalten. In England wird dagegen eine 0,31%ige, in Frankreich eine 0,2%ige Maceration vorgeschrieben.

In der mikroskopischen Technik hat Campherwasser bisher nur wenig Verwendung gefunden, in den wenigen Fällen analog dem Campher selbst.

Mosse, Berlin.

Canadabalsam wird aus verschiedenen in Nordamerika heimischen Coniferen (Abies balsamea, Abies canadensis) gewonnen und stellt ein hellgelbes, klares, dickflüssiges Harz dar. Er enthält außer 75—80% amorphen Harzes noch 20—25% ätherisches Öl. Canadabalsam reagiert schwach sauer, er löst sich klar in Äther, Benzol, Terpentinöl, Xylol, Cedernholzöl und Amylalkohol, teilweise löslich ist er in Alkohol, Schwefelkohlenstoff und Aceton. Der Brechungsindex des Canadabalsams beträgt bei 15—20° 1,535.

Canadabalsam ist heute das bei weitem am meisten gebrauchte Einschlußmittel für mikroskopische Präparate und als solches auch den meisten anderen vorzuziehen, da er einmal ausgezeichnet definiert und zweitens die meisten Färbungen gut konserviert. Da Canadabalsam meistens etwas sauer reagiert, diese saure Reaktion aber vielen Färbungen verderblich wird, so soll man den Balsam durch Eintragen von etwas Kaliumcarbonat neutralisieren und dann auf dem Sandbad so lange erhitzen, bis er beim Erkalten eine glasharte, spröde Masse bildet. Dadurch werden die flüchtigen Bestandteile vertrieben.

Als Lösungsmittel für den so zubereiteten Balsam empfiehlt sich am meisten das Xylol. Man halte sich eine sirupdicke Lösung vorrätig und verdünne nach

Belieben. Im allgemeinen wird man für dünne Schnitte auch einen dünnen Balsam nehmen, da so die Balsamschicht, in der das Präparat liegt, eine möglichst dünne wird. Für dickere Schnitte nehme man einen dickeren Balsam, da sich sonst beim Verdunsten des Xylols Hohlräume zwischen Deckglas und Objektträger bilden, die man durch Nachfüllen beseitigen muß. Von anderen Lösungsmitteln kommen noch Chloroform, Benzol und Terpentinöl in Betracht. Die beiden ersteren haben den Vorzug, daß sie rascher verdunsten als Xylol, und können manchmal mit Vorteil Verwendung finden. Terpentinölbalsam wird nur sehr langsam hart und wird vielen Färbungen gefährlich. Alkoholbalsam, von SEILER empfohlen, ist für die meisten Anilinfarben ebenfalls unverwendbar. SAHLI benutzt als Lösungsmittel das Cedernholzöl. Um den Brechungsindex des Canadabalsams zu erhöhen, setzt MADAN 1 Teil Balsam 4 Teile Piperin zu (1,657).

Capillaren, Verwendung derselben zur mechanischen Veränderung der Eiform, siehe: Experimentell embryologische Methoden.

Capillarrotator siehe: Experimentell embryologische Methoden.

Carbazol, Imidodiphenyl, $C_{12}H_8NH$, wird als Nebenprodukt bei der Anilinfabrikation gewonnen; farblose, bei 238° schmelzende Blättchen.

Es wird in alkoholischer Lösung zum Nachweis von Lignin benutzt.

Carbolfuchsin siehe: Fuchsin.

Carbolsäure, Phenol, $C_6H_5 - OH$, bildet eine farblose, krystallinische Masse. In ganz reinem Zustande krystallisiert sie in farblosen Prismen: sie schmilzt bei 42°, löst sich in 15 Teilen Wasser bei 16°, ist sehr leicht in Alkohol, Äther, Chloroform, Glycerin, Schwefelkohlenstoff, Eisessig und Natronlauge löslich. Carbolsäure besitzt einen charakteristischen Geruch und stark antiseptische Eigenschaften. In einer Lösung von 20 Teilen Carbolsäure und 20 Teilen Weingeist ruft 1 Teil Eisenchlorid eine schmutziggrüne Färbung hervor; diese geht beim Verdünnen in Wasser bis zu 1000 Teilen in eine schön violette Färbung über.

Carbolsäure findet in der praktischen Medizin Verwendung wegen ihrer antiseptischen Eigenschaft, in der mikroskopischen Technik zum Teil aus demselben Grunde. So setzt KAISER zu 100 *g* einer Gelatine, die zum Einbetten benutzt wird, 1 *g* Carbolsäure hinzu; zu Zuckersaft, der als Untersuchungsflüssigkeit dient, wird in demselben Verhältnis Carbolsäure zugefügt, ebenso wird Glyceringelatine mit Carbolsäure versetzt, und zwar zu Zwecken der Injektion, wie als Untersuchungsflüssigkeit.

Weiterhin findet Carbolsäure als Zusatz zu Anilinfarbstoffen Verwendung, und zwar in ausgedehnter Weise als Zusatz zum Fuchsin in Form des Carbolfuchsins, das in der bacteriologischen Technik, besonders bei der Färbung der Tuberkelbacillen, viel gebraucht wird. Ebenso ist ein Carbolwassergentianaviolett, ein Carbolmethylenblau, ein Carbolthionin (NICOLLE) in der bacteriologischen Technik im Gebrauche; das letztere wird auch bei der Untersuchung entkalkter Knochen verwendet. Eine Thionincarbolfärbung wenden ferner GRAND-MOURCEL und TRIBONDEAU, sowie PENSA zur Deutlichmachung der LANGERHANSschen Inseln des Pancreas an. Zur Färbung der Plasmazellen (siehe diesen Artikel) dient eine Carbolsäure-Pyronin-Methylgrünmischung (PAPPENHEIM-UNNA). BENDA verwendet eine Carboltoluidinlösung zur Nachfärbung mit Orcein (E. WOLFF).

Statt der Fixation mit wässeriger Sublimatlösung allein benutzt PAPPENHEIM diese Lösung mit Carbolsäure geschüttelt und filtriert.

Ferner wird Carbolsäure allgemein nach WEIGERT als Aufhellungsmittel von Celloidinschnitten zusammen mit Xylol benutzt. Es werden 3 Teile Xylol und 1 Teil Carbolsäure benutzt. Ähnlich nimmt EYCLESHYMER ein Gemisch von Bergamottöl, Cedernöl und Carbolsäure zu gleichen Teilen. GAGE hellt in einem Gemisch auf, das aus 40 *ccm* geschmolzener Carbolsäure und 60 *ccm* Terpentinöl besteht. Für auf Papierstreifen aufgeklebte Schnittserien nimmt zum Zwecke der Entwässerung und zur Regulation der Färbung SCHOENEMANN ein Carbolxylolbad 1 : 3.

Literatur: EYCLESHYMER (Americ. Natural., Bd. 26, 1892), GAGE (Amer. Soc. Micr., Bd. 13, 1890), GRAND-MOURSEL and TRIBONDEAU (C. R. Soc. Biol., Bd. 53), PAPPENHEIM (Arch. Pathol. Anat., Bd. 157, 1899), PENSA (Int. Monatsschr. Anat. 1905), SCHOENEMANN (Zeitschr. Wiss. Mikr., Bd. 19, 1902), WEIGERT (Zeitschr. Wiss. Mikr., Bd. 3, 1886), WOLFF (Centralbl. Pathol. Anat. 1902). *Mosse*, Berlin.

Carmalaun siehe: Carminsäure.

Carmin ist nicht etwa mit Carminsäure identisch, sondern nach C. LIEBERMANN eine Verbindung der Carminsäure mit Aluminium, Calcium und Proteinstoffen (eine gute Sorte enthielt etwa 56% Carminsäure, je 3% Tonerde und Kalk, 20% stickstoffhaltige Substanzen und 17% Wasser), kommt aber im Handel auch mit allerlei Verunreinigungen vor. Es muß in einer wässerigen Lösung von Borax leicht und klar löslich sein, soll sich dagegen in destilliertem Wasser auch bei längerem Kochen nur spurweise lösen und in Alkohol überhaupt nicht. Leicht löslich ist es ferner in Wasser bei Zusatz von kaustischen und kohlensauren Alkalien, weniger leicht und teilweise unter Zersetzung in Lösungen von Alaun, Aluminiumchlorid (oder -nitrat), sowie in Essigsäure und Mineralsäuren; in starkem Alkohol nur bei Gegenwart von Säure (besonders Salzsäure). Beim Glühen auf dem Platinblech darf es nur wenige weiße Asche hinterlassen.

Gewonnen wird das Carmin aus der Cochenille (siehe Cochenille), jedoch sind die Einzelheiten der Bereitung das Geheimnis der Fabrikanten.

Zum Färben von tierischen Geweben hat es zuerst CORTI (1851) gebraucht, für Pflanzen zuerst HARTIG; die allgemeine Verwendung datiert von GERLACH (1858). Von wässerigen Carmingemischen sind sehr viele angegeben worden, die meisten freilich ohne guten Grund; die alkoholischen hat GRENACHER eingeführt. In der Regel dienen sie zur Färbung der Kerne und des Plasmas, einige jedoch sind exquisite Kernfärbemittel, und eines (Mucicarmin) tingiert nur den Schleim. Die Färbungen sind, wo nicht anders angegeben, bei richtigem Vorgehen in Balsam wohl absolut haltbar, ebenso in VOSSELERS Terpentin, in Glycerin meist nur, wenn dieses nicht alkalisch reagiert.

Zum Injizieren löst man gewöhnlich das Carmin in Ammoniak und fällt es durch Zusatz einer Säure als ganz feines Pulver wieder aus. Näheres siehe unter Injektion.

A. Saure wässerige Gemische. Sie enthalten entweder freie Säure oder Alaun; in ihnen ist das Carmin nicht unzersetzt vorhanden, und auch nicht alle Carminsäure in Lösung gegangen.

1. Essigsäurecarmin nach A. SCHNEIDER. Man löst in kochender Essigsäure von 45% Carmin bis zur Sättigung auf und filtriert. Die Lösung verdünnt man entweder auf 1% und benutzt sie zum langsamen Färben, oder gibt sie direkt zu dem lebenden Objekt unter dem Deckglase; alsdann fixiert sie und färbt zugleich. Sie dringt sehr leicht ein und gibt eine reine Kernfärbung, die aber nicht haltbar ist. — Über die nachträgliche Behandlung dieser Tinktion mit einem Eisensalz siehe die Methode von ZACHARIAS (pag. 175).

2. Ameisensäurecarmin nach PIANESE. Wird in ähnlicher Weise angefertigt. Soll für die Färbung der Nerven dienen.

3. Die sogenannten Holzessigfarben von BURCHARDT, d. h. meist durch Kochen erhaltene Lösungen von Carmin (oder Cochenille oder Hämatoxylin) in Holzessig teils mit, teils ohne Alaun sind nach RAWITZ und P. MAYER irrationell und unnötig (Näheres siehe Holzessigfarben).

4. Alauncarmin nach GRENACHER. Man kocht eine 1—5%ige wässerige Lösung von Kali- oder Ammoniakalaun 10—20 Minuten lang mit $^1/_2$—1% Carmin und filtriert nach dem Erkalten. Die Lösung hält sich auch mit einem Antisepticum nicht lange unverändert. Wesentlich kommt sie einem verdünnten Carmalaun gleich; wie in diesem ist das färbende Prinzip das Aluminiumcarminat, das beim Kochen des Carmins mit Alaun entsteht. Das Alauncarmin eignet sich aber nur für Schnitte; man muß diese hinterher mit Wasser gut auswaschen, um keine Alaunkrystalle im Präparat zu haben. Es gibt ungemein scharfe Kernfärbungen.

Nach P. MAYER färbt das Alauncarmin stärker und mehr nach rot hin, wenn man 2 *g* Carmin mit 5 *g* Alaun und 100 *ccm* Wasser 1 Stunde lang kocht: es ist dann ziemlich stark sauer geworden, indem der Alaun etwas Schwefelsäure abgegeben hat, die aus dem Carmin Carminsäure frei macht. Man erreicht also dasselbe, wenn man dem Alauncarmin (oder dem Carmalaun) etwas Carminsäure zusetzt.

Unwesentliche und zum Teil auch irrationelle Abänderungen der GRENACHERschen Formel haben TIZZONI, PISENTI und GRIEB veröffentlicht.

HENNEGUY kocht Carmin in einer konzentrierten Lösung von Kalialaun in Wasser, fügt nach dem Erkalten 10% Eisessig hinzu, läßt einige Tage absetzen und filtriert. Zum Färben gibt er nur so viel von dem Gemisch zu destilliertem Wasser, daß dieses tief rosa wird, bringt die Objekte direkt aus Alkohol hinein, läßt sie 1—2 Tage darin und wäscht sie 1—2 Stunden in destilliertem Wasser aus. Dieses Alauncarmin soll tiefer eindringen als das gewöhnliche und überall gleichmäßig gut färben.

LEGAL färbt mit einem Gemisch von 10 Vol. Alauncarmin und 1 Vol. gesättigter wässeriger Lösung von Pikrinsäure. Indessen wäscht sich die Pikrinsäure nachher leicht ganz aus, also färbt man besser die mit Alauncarmin tingierten Schnitte mit Pikrinsäure in Alkohol oder Xylol nach.

B. Basische oder sogenannte neutrale wässerige Gemische. Da das Carmin in neutralem, d. h. destilliertem, Wasser nur ganz wenig löslich ist, so müssen auch die sogenannten neutralen Lösungen stets alkalisch reagieren; es ist also beim Färben darauf zu achten, daß die alkalische Reaktion den Geweben nicht schade. Speziell die Ammoniakcarmine haben die unangenehme Eigenschaft, zwar durch die allmähliche Abgabe des Ammoniaks an die Luft immer weniger alkalisch zu werden, zugleich aber Carmin in Pulverform abzusetzen und so an Färbekraft zu verlieren.

1. Ammoniakcarmin. Nach RANVIER löst man Carmin in Wasser und Ätzammoniak, filtriert die Lösung und überläßt sie in einer tiefen Schale der Verdunstung; fault das Carmin dabei, so scheint das nur vorteilhaft zu sein. Das trockene Pulver löst man in Wasser und filtriert die Lösung. (Andere, zum Teil komplizierte Vorschriften siehe unter C.)

Das sogenannte carminsaure Ammoniak von HOYER ist nicht dieses, sondern ein trockenes Ammoniakcarmin, das sich in Wasser ohne weiteres klar lösen muß. Dies tut es aber nur dann, wenn es noch ziemlich viel Ammoniak enthält. Bereitung kompliziert und teuer. — Ähnlich wie HOYER verfährt VAN WIJHE: er mischt eine alte starke Lösung von Carmin in Ammoniak mit vielem Alkohol, wäscht den dunkelroten Niederschlag mit Alkohol und trocknet ihn. Eine frische Lösung soll ein anderes Produkt ergeben, und das Reifen der Lösung auf Oxydation beruhen; koche man daher Carmin mit Wasser, Ammoniak und Wasserstoffhyperoxyd, so erhalte man bereits in wenigen Minuten eine Lösung mit den gewünschten Eigenschaften. (Beim Kochen mit Kaliumhypermanganat gehe die Oxydation leicht zu weit.) — Natürlich reagiert das Pulver schwach alkalisch, löst sich trotzdem nicht klar in Wasser und setzt auch später fortwährend ab.

2. Natroncarmin, fälschlich als carminsaures Natron bezeichnet, wird analog dem HOYERschen Ammoniakcarmin gewonnen und ist als Pulver bei Grübler & Hollborn zu haben.

3. Lithioncarmin nach ORTH. In konzentrierter wässeriger Lösung von Lithiumcarbonat werden durch Kochen $2^1/_2$—5% Carmin aufgelöst. Überflüssig, maceriert nach P. MAYER stark. Behandlung der gefärbten Objekte wie beim alkoholischen Boraxcarmin (siehe unten bei D. 1.).

4. Magnesiacarmin nach P. MAYER. Die beiden Arten (starkes und schwaches) sind nicht nur relativ konstant, sondern schädigen auch während des Färbens die Gewebe relativ wenig (z. B. lösen die mit Eiweiß aufgeklebten Schnitte nicht los). Das starke wird bereitet, indem man 2 *g* Carmin und 0,2 *g* Magnesia

usta mit 100 *ccm* destillierten Wassers 5 Minuten lang kocht, filtriert und mit 6 Tropfen Formol versetzt. Beim Kochen löst sich reichlich $1^1/_2$ *g* Carmin, aber ein Zusatz von Magnesia bessert das nicht, sondern schlägt nur schon gelöstes nieder: man halte sich also genau an die Vorschrift. — Zur Bereitung des schwachen Magnesiacarmins löst man 0,2 *g* Carmin durch halbstündiges Kochen in 100 *ccm* Magnesiawasser, filtriert und setzt ebenfalls Formol zu. (Das Magnesiawasser gewinnt man, indem man 0,1 *g* Magnesia usta mit 100 *ccm* Brunnenwasser eine Woche lang unter öfterem Umschütteln in Berührung läßt und beim Gebrauch klar abzieht: es bleibt nur dann alkalisch genug, wenn es auf der ungelösten Magnesia steht.)

Beide Arten halten sich sehr lange klar, das schwache sogar mehrere Jahre. Sie färben nicht nur Schnitte, sondern auch Objekte in toto: das starke wirkt nicht erheblich stärker als das schwache. Nach dem Färben wäscht man mit Wasser gut aus. Am besten verwendet man das Magnesiacarmin mit einem Zusatz von Magnesiumpikrat (siehe unten pag. 172).

5. Boraxcarmin nach GRENACHER. 4—8 Teile Borax und 2—3 Teile Carmin werden in 400 Teilen Wasser durch Kochen gelöst; die Lösung wird tropfenweise mit verdünnter Essigsäure versetzt, bis sie hochrot geworden ist, und frühestens nach 24 Stunden filtriert. Schnitte färbt sie in $^1/_2$—3 Minuten, aber ganz diffus, so daß sie mit saurem Alkohol behandelt werden müssen. Dieses Gemisch ist nie in Aufnahme gekommen, weil das alkoholische Boraxcarmin (s. unten bei D. 1.) viel besser ist.

C. Andere wässerige Gemische (meist veraltet oder kaum in Aufnahme gekommen). Hierher gehören von den bekannteren: Ammoniakcarmin nach BEALE oder FREY (beide enthalten viel Glycerin und etwas Alkohol, sind auch stark alkalisch); nach HAMANN („neutrale essigsaure Carminlösung“, d. h. eine Lösung von Carmin in Ammoniak wird mit verdünnter Essigsäure bis zur neutralen oder schwachsauren Reaktion versetzt); Osmiumsäurecarmin nach DELAGE (ein Gemisch von möglichst neutralem Ammoniakcarmin mit 1%iger Lösung von Osmiumsäure; frisch bereitet soll es zum Fixieren und Färben zugleich dienen, aber schon nach einigen Tagen nur noch zum Färben); Urancarmin nach SCHMAUS („carminsaures Natron“, d. h. trockenes Natriumcarmin 1 *g*, Urannitrat $^1/_2$ *g*, Wasser 100 *ccm* werden eine halbe Stunde lang gekocht; die filtrierte Lösung muß aber noch offen stehen bleiben und schimmeln).

D. Alkoholische Gemische. In starkem Alkohol ist Carmin nur mit Hilfe von Säure und nicht unzersetzt löslich.

1. Boraxcarmin nach GRENACHER. Man löst in einer 4%igen wässerigen Lösung von Borax durch Kochen 2—3% Carmin auf, setzt das gleiche Volumen Alkohol von 70% hinzu und filtriert nach längerem Stehen. Die Objekte läßt man in der Lösung, bis sie gut damit durchtränkt sind, eventuell tagelang, bringt sie, ohne sie auszuwaschen, in Alkohol von 70%, der mit Salzsäure (4—6 Tropfen auf 100 *ccm*) angesäuert ist, und läßt sie darin, bis die Farbe sich aus dem Plasma auf die Kerne zurückgezogen hat, was ebenfalls tagelang dauern kann; sie sehen dann hellrot, durchsichtig aus und kommen nun in neutralen Alkohol. (Überträgt man die gefärbten Objekte aus dem Boraxcarmin in schwachen Alkohol oder Wasser, so wäscht sich fast der ganze Farbstoff aus; man muß sie also direkt in 70%igen Alkohol bringen; in diesem schlägt sich aber das Carmin diffus nieder und wird erst durch Säuren wieder gelöst, so daß es nun die Kerne tingiert; daher ist saurer Alkohol vorgeschrieben.)

Das Boraxcarmin war früher von den Mitteln zum Durchfärben das gebräuchlichste. Es läßt sich leicht handhaben und gibt eine sehr schöne Färbung. Indessen dringt es nicht besonders gut durch und bildet zuweilen in dicken Stücken Präcipitate, die sich auch im sauren Alkohol nicht lösen. Ferner reagiert es alkalisch, eignet sich also für Zellenstudien nicht. Man ist daher von seiner Anwendung etwas zurückgekommen. — Rein wässeriges Boraxcarmin maceriert gleich dem Lithioncarmin so stark, daß es für feinere Arbeiten unbrauchbar wird. Unter Umständen nimmt man sogar statt des Gemisches von GRENACHER besser das nach MAYER (siehe unten Nr. 2).

Zur Gegenfärbung der Schnitte eignet sich besonders eine schwache Lösung von Pikrinsäure in Benzol.

2. Boraxcarmin nach P. MAYER. Es dient für zarte Objekte und unterscheidet sich vom GRENACHERschen dadurch, daß es mit stärkerem Alkohol (50 bis 70%) bereitet wird und, weil dieser nur wenig Borax löst (70%iger noch nicht 1/4%, 50—60%iger nur 1%), nicht so stark alkalisch reagiert. Freilich löst sich auch nur wenig Carmin (in Alkohol von 50—60% nur etwa 1%), und so sieht das Boraxcarmin mit 70%igem Alkohol ganz hell aus, aber das ist für kleine Objekte gerade vorteilhaft. Bereitung und Anwendung analog dem Boraxcarmin nach GRENACHER (siehe oben).

3. Salzsäurecarmin. Die Vorschrift von GRENACHER hat P. MAYER etwas genauer formuliert und vereinfacht: 4 *g* Carmin werden in 15 *ccm* Wasser und 30 Tropfen Salzsäure durch Kochen gelöst; dann fügt man 95 *ccm* Alkohol von 85% hinzu, filtriert heiß, neutralisiert mit Ammoniak, bis ein bleibender Niederschlag gerade entstehen will, und filtriert nach dem Erkalten eventuell nochmals. Zum Auswaschen der Objekte dient Alkohol von 80—90%, und wenn man reine Kernfärbung haben will, so muß er mit Salzsäure versetzt sein; auch die Lösung darf man nur mit starkem Alkohol verdünnen, da sonst der Farbstoff ausfällt.

Das Salzsäurecarmin ist nur dann nützlich, wenn man die Gewebe nicht in schwachen Alkohol oder gar Wasser bringen darf. Es färbt auch Stücke gut und kräftig durch. Zur Gegenfärbung der Schnitte dient eine schwache Lösung von Pikrinsäure in Benzol.

4. Mucicarmin nach P. MAYER. Es färbt bei richtiger Bereitung und Anwendung in Schnitten oder dünnen Membranen nur den Schleim (Mucin), nicht auch die Kerne; diese mag man vorher mit Hämalaun färben. Carmin 1 *g*, Chloraluminium 0,5 *g* und destilliertes Wasser 2 *ccm* werden über einer kleinen Flamme etwa 2 Minuten lang erhitzt, bis das Gemisch ganz dunkel geworden ist. Dazu setzt man nach und nach 100 *ccm* Alkohol von 50% und filtriert 24 Stunden später. Diese Stammlösung gebraucht man aber nur ausnahmsweise entweder direkt oder nach Verdünnung auf 1/5—1/10 mit Alkohol von 50 oder 70%, vielmehr in der Regel mit Wasser auf 1/10 zu Mucicarmin (Gehalt an Carmin 1/1000) verdünnt. Die Färbung ist in Balsam oder VOSSELERS Terpentin unbegrenzt lange haltbar.

Sollten sich auch die Kerne mitfärben, so zeigt das an, daß die Lösung etwas sauer ist (wahrscheinlich ist das Chloraluminium zu sauer), und dann muß man zum Verdünnen der Stammlösung gewöhnliches Wasser nehmen oder wohl gar eine Spur Natriumcarbonat zusetzen (siehe auch unten pag. 174, Nr. 3). Ferner gelatiniert mitunter die Lösung nach einiger Zeit; alsdann muß man etwas mehr Chloraluminium (statt des 1/2 *g* bis zu 1 *g*) nehmen; freilich färbt sich nun der Schleim langsamer, weniger stark und mehr nach blau hin.

E. Gemische für Doppelfärbungen. Pikrocarmine. Recht einfach und seit lange gebräuchlich ist die Verwendung der Pikrinsäure oder eines ihrer Salze vor, während oder nach der Tinktion der Gewebe mit einem Carmingemisch, z. B. Carmalaun oder Boraxcarmin (siehe oben). In der Regel färbt sich dabei das Plasma oder Einlagerungen und Abscheidungen darin gelb, während das Carmin den Kern tingiert. Besonders häufig wurden früher die Pikrocarmine benutzt, jedoch erhält man wohl immer ebenso gute, wenn nicht bessere Resultate durch Vorfärben mit Borax- oder Paracarmin und Nachfärben mit einer schwachen Lösung von Pikrinsäure in Alkohol oder Benzol. Genaueres über die Pikrocarmine siehe unten.

Ferner wurde früher oft verwandt das Gemisch von Borax- und Indigcarmin nach MERKEL (fälschlich nach NORRIS und SHAKESPEARE); es ist aber nach P. MAYER unpraktisch in der Zubereitung, wegen des vielen Borax stark alkalisch sowie unnötig teuer. Man erhält dieselben Resultate durch Färbung mit Carmalaun und Indigcarmin (siehe pag. 174).

Andere Kombinationen sind: erst Boraxcarmin, dann Jodgrün (in Alkohol gelöst) oder Malachitgrün (ebenso) oder Bleu de Lyon (ebenso); erst Ammoniakcarmin, dann Methylenblau (in Alkohol gelöst) etc. Es würde sich aber nicht lohnen, alle diese Gemische hier näher zu erörtern, da die meisten nur für ganz spezielle Zwecke gedient haben, einige auch von ihren Verfertigern nicht genau genug angegeben werden. Dies gilt z. B. von STRELZOFFS Doppelfärbung zum Studium der Ossification (Tinktion der Schnitte zuerst mit einer Art Hämalaun, dann mit Ammoniakcarmin oder einem Pikrocarmin) sowie von WESTPHALS Dahlia-Alauncarmin (Gemisch von Alauncarmin mit Dahlia, Essigsäure, absolutem Alkohol und Glycerin zum Durchfärben von Geweben beim Studium des Blutes).

Pikrocarmine. Es sind Gemische, worin Pikrinsäure, Ammoniak (seltener Natron oder Lithion), Kohlensäure (auch wohl Essigsäure), Carmin und Wasser in durchaus inkonstanten Mengen vorkommen. Zwar nannte RANVIER, der Erfinder des Ammoniakpikrocarmins, dieses geradezu Ammoniumpikrocarminat. Das ist aber schon deswegen unrichtig, weil Carmin keine Carminsäure ist, sondern auch Tonerde und Kalk enthält (siehe pag. 167). Vielmehr ist nach P. MAYER das gewöhnliche Pikrocarmin ein ganz unsicheres Gemisch von Ammoniumpikrat, Ammoniakcarmin und freiem Ammoniak, schädigt daher oft die Gewebe. Enthält es nur wenig freies Ammoniak und auch genug Ammoniakcarmin, so ergibt es mitunter gute Doppelfärbungen (rot und gelb); indessen seine Verwendung ist nur dann anzuraten, wenn selbst so schwach saure Gemische wie Carmalaun etc. nicht gebraucht werden dürfen, z. B. falls Kalknadeln erhalten bleiben sollen oder wenn macerierte Gewebe zu färben sind, die nicht schrumpfen dürfen. Da aber die gewöhnlichen Pikrocarmine meist entweder selber zu stark macerieren oder, wenn sie nur wenig freies Ammoniak enthalten, oft nicht distinkt genug färben, so ist das Feld ihrer Wirksamkeit noch enger. — In den Vorschriften heißt es oft, man solle die gefärbten Objekte mit schwacher Säure behandeln, um distinktere Färbungen zu bekommen.

Gewöhnlich wird ein Ammoniakpikrocarmin dadurch hergestellt, daß man eine Lösung von Carmin in Ätzammoniak mit einer Lösung von Pikrinsäure in Wasser so lange mischt, wie noch kein Niederschlag von Carmin entsteht. (Ein solches Gemisch enthält freies Ammoniak; letzteres mag in Kontakt mit der Luft wohl teilweise in Ammoniumcarbonat übergehen und so weniger alkalisch wirken, verdunstet aber auch teilweise, und in eben demselben Maße fällt Carmin aus, so daß nach einiger Zeit das Pikrocarmin an Färbkraft einbüßt.) Oder man neutralisiert das Gemisch möglichst genau mit Essigsäure (WEIGERT), aber das ist schwer ausführbar. Dies gilt auch von der Bereitung des Natronpikrocarmins (LÖWENTHALS „picrocarminate de sodium“). Am stärksten färbt ein Pikrocarmin, wenn es entweder selber so wenig alkalisch ist, daß das Carmin gerade ausfallen will, oder wenn die Gewebe oder wenigstens ihre Kerne sauer reagieren oder Salze enthalten. Allerdings ist dann die Färbung stets diffus, und um sie distinkt zu machen, muß man mit einer ganz schwachen Base (z. B. Magnesiawasser) oder mit saurem Glycerin oder, wie beim Boraxcarmin, mit saurem Alkohol differenzieren.

Von den vielen Vorschriften zur Bereitung eines Pikrocarmins seien folgende genauer besprochen.

a) Pikrolithioncarmin nach ORTH: Das Lithioncarmin (siehe pag. 168) wird mit der 2—3fachen Menge gesättigter wässeriger Lösung von Pikrinsäure vermischt. Indessen verlangt nach P. MAYER das sehr stark alkalische Lithioncarmin etwa dreimal mehr Pikrinsäure zur Neutralisierung, als ORTH angibt, und färbt selbst dann nicht besonders gut; genau nach der Vorschrift zubereitet, ist das Gemisch für feinere Gewebe schädlich.

b) Pikromagnesiacarmin nach P. MAYER. Es muß schwach alkalisch reagieren. Zur Herstellung dient außer dem Magnesiacarmin (siehe pag. 168) eine Lösung von Magnesiumpikrat, die man entweder durch Erhitzen von 200 *ccm* einer $^1/_2$%igen wässerigen Lösung von Pikrinsäure mit 0,25 *g* Magnesiumcarbonat bis zum Kochen, Absetzenlassen und Filtrieren, oder durch Lösen von 0,6 *g* festen Salzes (bei Grübler & Hollborn in Leipzig zu haben) in 100 *ccm* destillierten Wassers erhält. Zu 10 Vol. dieser Lösung gibt man 1 Vol. des starken Magnesiacarmins oder mischt gleiche Teile der Lösung und des schwachen Magnesiacarmins miteinander. Gegen Schimmelpilze setzt man etwas Formol zu.

Beide Arten Pikromagnesiacarmin enthalten höchstens $1^1/_2$‰ Carmin, färben aber Schnitte meist schon in einigen Minuten und eignen sich auch zum Durchfärben von Stücken, wirken überhaupt rascher und stärker als die gewöhnlichen Pikrocarmine, die meist viel mehr Carmin enthalten sollen. Will man die Flüssigkeit noch schwächer alkalisch haben, so setzt man auf 3 Volumina bis zu 1 Volum $^1/_2$%ige Pikrinsäurelösung zu.

c) Pikroammoniakcarmin nach VAN WIJHE. Man löst $^1/_2$% des trockenen Ammoniakcarmins (siehe pag. 168) in einer 1%igen Lösung von neutralem Ammoniumpikrat, kocht die nicht ganz neutrale Flüssigkeit in einem Kolben so lange, bis sich rotes Lackmuspapier in den Dämpfen nicht mehr bläut, und setzt 1% Chloralhydrat zu. — Nach P. MAYER färbt dieses Gemisch, da es nur Spuren von freiem Ammoniak enthält und sich in sogenannter Schwebefällung befindet, relativ stark, aber nicht distinkt genug. Dagegen maceriert es so gut wie gar nicht und gehört daher ohne Zweifel zu den besseren Pikrocarminen. Aber es hält sich ebenso wenig, wie alle anderen Pikrocarmine, die mit Ammoniak bereitet werden.

Literatur: GRENACHER (Arch. Mikr. Anat., Bd. 16, 1879), MAYER (Mitt. Zool. Stat. Neapel, Bd. 10, 1892), derselbe (Ebenda, Bd. 12, 1896), derselbe (Zeitschr. Wiss. Mikr., Bd. 14, 1897), derselbe (Ebenda, Bd. 16, 1899), LEE und MAYER (Grundzüge, 3. Aufl., 1907, pag. 150ff. etc).

Mayer, Neapel.

Carmingelatine siehe: Injektion der Blut- und Lymphgefäße.

Carminrot siehe: Carminsäure.

Carminsäure (nach C. LIEBERMANN wahrscheinlich $C_{22}H_{22}O_{13}$, genauere Konstitution noch unbekannt) kann aus der Cochenille, wo sie als Alkalisalz vorkommt, durch Fällen des wässerigen Auszuges mit Bleizucker (oder Bariumhydrat), Zersetzen des Carminats mit Schwefelsäure in starkem Alkohol, Eindunsten der alkoholischen Lösung bei niedriger Temperatur, Wiederauflösen in absolutem Alkohol, Fällen mit Äther und Auswaschen des Niederschlages mit Benzol gewonnen werden. Zur Erzielung guter Krystalle ist aber die weitere Reinigung durch Auflösen in starker Essigsäure, Verdunsten über Schwefelsäure und Auswaschen mit Äther erforderlich. Auch aus Carmin läßt sie sich darstellen. Chemisch rein ist sie im Handel nicht zu haben, annähernd rein und in mikroskopisch kleinen Krystallen liefert sie C. A. F. Kahlbaum in Berlin, und leidlich gut Grübler & Hollborn in Leipzig. Das früher in der Mikrotechnik von ROLLETT etc. angewandte Carminrot sollte aus der Zersetzung der Carminsäure durch Schwefelsäure entstehen, ist aber wohl mit der Carminsäure identisch.

Gute Carminsäure ist carminrot (die weniger gute, rotbraune wird mit der Zeit dunkler, zerfließt und löst sich nicht mehr klar). In Wasser und schwächeren Alkoholen muß sie leicht und klar löslich sein; beim Glühen auf dem Platinblech darf sie keine Asche hinterlassen. Es ist eine dreibasische Säure, die aus Marmor die Kohlensäure austreibt und mit den Alkalimetallen lösliche, mit den Erd- und Schwermetallen unlösliche Verbindungen liefert, über die wenig Genaues bekannt ist. In der Mikrotechnik wird die Carminsäure nur zum Färben (in Verbindung mit Aluminium, Calcium, Strontium, Eisen, Kalium und Natrium) benutzt: entweder geht man direkt von ihr aus oder bedient sich als Zwischenstufe des Carmins (siehe pag. 167), das wesentlich ein Aluminiumcalciumcarminat ist. (Das Zinncarminat, obwohl in der technischen Färberei früher ungemein wichtig, das Kupfercarminat etc. haben bisher für die Mikroskopie keine brauchbaren Resultate geliefert). Das sogenannte carminsaure Ammoniak und carminsaure Natron, die zum Injizieren in die Leibeshöhle oder Gefäße von Tieren, aber auch zum Färben dienen, sind nicht diese Salze, sondern lockere Verbindungen des Carmins mit Ammoniak und Soda, heißen daher richtig Ammoniak- und Sodacarmin.

Dagegen ist mikrotechnisch von Bedeutung das Aluminiumcarminat (siehe unten) und für spezielle Fälle mag das Eisencarminat nützlich sein.

A. Carminsäure mit Kalium oder Natrium. Ist das wirksame Prinzip in der Cochenilletinktur (siehe Cochenille). Beim Färben mit dieser Tinktur muß aber eine brauchbare Basis, z. B. Tonerde oder Eisen, in den Objekten entweder bereits vorhanden sein oder durch die Fixierung hineingelangen oder eigens durch eine Beize hineingeschafft werden.

B. Carminsäure mit Aluminium. Das Aluminiumcarminat ist in Wasser oder schwachem Alkohol löslich bei Gegenwart von Säuren und sauren Salzen, aber auch von Alkalien und basischen Salzen (z. B. Borax). Man erhält es durch Fällen einer Lösung von Carminsäure (oder Ammoniumcarminat) mit Aluminiumacetat, ferner, aber nur teilweise, mit Chloraluminium, nicht hingegen mit Alaun, da sich das entstehende Aluminiumcarminat gleich wieder zum sogenannten Carmalaun (siehe unten) auflöst. Fällt man die Carminsäure mit Chloraluminium aus und setzt dann mehr von letzterem hinzu, so löst sich der Niederschlag ebenfalls wieder auf. Diese Lösung und das Carmalaun färben violett, etwa wie Alauncarmin. Fügt man Chlorcalcium zum Carmalaun, so wird der Ton der gefärbten Objekte lebhafter rot; nur bildet sich zugleich durch Umsetzung Calciumsulfat, das unlöslich ist; man mischt daher das Chlorcalcium zweckmäßiger mit Chloraluminium und erhält so das Paracarmin (siehe unten). Ferner gehören hierher die Mucicarminsäure (siehe unten) und die Alauncochenille (siehe Cochenille). Alle Gemische, die mit Alaun bereitet werden, besonders stark aber die Alauncochenille, scheiden bald rascher, bald langsamer Farbstoff aus, verlieren daher an Färbkraft und müssen eventuell vor dem Gebrauch jedesmal filtriert werden. Die Haltbarkeit der Färbungen ist wie bei denen mit Carmin.

1. Carmalaun nach P. Mayer. Man löst 1 *g* Carminsäure und 10 *g* Kali- oder Ammoniakalaun in 200 *ccm* destillierten Wassers, läßt absetzen und gießt ab oder filtriert, fügt auch ein Antisepticum zu (am besten 1 *ccm* Formol oder $^1/_5$ *g* Salicylsäure oder 1 *g* Natriumsalicylat). Die Lösung ist ziemlich haltbar und färbt selbst die mit Osmium konservierten Objekte durch. Alkalisch dürfen aber die Objekte nicht reagieren. Wäscht man hinterher bloß mit Wasser aus, so behält das Plasma etwas Farbe zurück; will man also eine ganz reine Kernfärbung haben, so nehme man zum Auswaschen Alaunlösung (und dann muß man diese später wieder mit Wasser fortschaffen) oder in hartnäckigen Fällen eine schwache Säure. Der allgemeine Effekt ist der einer Färbung mit Alauncarmin: jedoch färbt letzteres nicht gut durch, Carmalaun hingegen wohl.

Eine Lösung, die dem Alauncarmin von Grenacher nahe kommt und nur etwas roter färbt, erhält man aus 1 Teil Carminsäure, 30—50 Alaun und 1000 Wasser (ebenfalls mit einem Antisepticum).

Das Glycerincarmalaun von Rawitz (1 *g* Carminsäure, 10 *g* Ammoniakalaun, 75 *ccm* destillierten Wassers, 75 *ccm* Glycerin), nach seinem Erfinder nur für Schnitte empfehlenswert, gewährt keinen sonderlichen Vorteil vor dem gewöhnlichen Carmalaun, zumal da sich ebenfalls nach einiger Zeit viel Farbstoff absetzt.

Eisencarmalaun von De Groot: 200 *ccm* Carmalaun, 0,1 *g* Eisenoxydulammonsulfat, 2 Tropfen Salzsäure, etwas Thymol. Dient zum Durchfärben. Für Schnitte gibt man zu 20 *ccm* davon 80 *ccm* 5%iger Alaunlösung und noch 1 Tropfen Salzsäure. Färbung kräftiger als mit Carmalaun.

Zur Plasmafärbung nach Carmalaun sind geeignet des starken Kontrastes wegen Lichtgrün SF oder Indigcarmin, beide in 70%igem Alkokol gelöst (etwa $^1/_2$% oder noch schwächer) oder nach CALLEJA Indigcarmin (1 *g*) in gesättigter wässeriger Lösung von Pikrinsäure (400 *ccm*) gelöst. Speziell letztere Prozedur soll sehr günstige Resultate für die Unterscheidung von Bindegewebe und Muskeln geben (siehe jedoch unten bei Indigcarmin): das Indigcarmin wird dabei durch rasches Auswaschen der Schnitte mit Essigsäure (5—6 Tropfen auf 10 *ccm* Wasser) fixiert, wärend die überschüssige Pikrinsäure durch den absoluten Alkohol ausgezogen wird. Auch kann man zur Doppelfärbung benutzen: 1 Volum einer Lösung (1 : 500) von Indigcarmin in Wasser (oder 5%iger Alaunlösung) und 4 bis 20 Volumen Carmalaun; am besten nimmt man das Indigcarmin recht schwach, weil es sonst leicht überfärbt.

2. Carminsäure und Aluminiumchlorid nach P. MAYER. In 200 *g* destillierten Wassers löst man 1 *g* Carminsäure und 3 *g* Aluminiumchlorid und setzt wie beim Carmalaun ein Antisepticum hinzu. Anwendung wie beim Carmalaun; färbt blauviolett, sehr stark und elektiv, aber nicht so exklusiv die Kerne wie jenes.

3. Mucicarminsäure nach RAWITZ (zum Färben des Schleimes, analog dem Mucicarmin, siehe pag. 170): 1 *g* Carminsäure, 2 *g* Chloraluminium und 100 *ccm* Alkohol von 50% werden in einer Schale zur Trockne abgedampft, und der Rückstand wird von neuem in derselben Menge Alkohol von 50% gelöst. Verwendung wie beim Mucicarmin. — Nach P. MAYER wird durch das Abdampfen der Lösung das Chloraluminium weniger sauer. Wenn man also von vornherein etwas Natriumcarbonat oder Tonerdehydrat hinzufügt, so wird die Bereitung der Mucicarminsäure einfacher. MAYER benutzt daher auch wohl ein Gemisch von 1 Teil Carminsäure, 1 Teil Natriumcarbonat, 2 Teilen Chloraluminium und 200 Teilen Alkohol von 50%, das sich gut hält und den Schleim scharf, allerdings blauviolett, mithin nicht so gut wie das Mucicarmin, färbt.

C. Carminsäure mit Aluminium und Calcium oder Strontium. Hierher gehören das Paracarmin und die neue Cochenilletinktur von P. MAYER (siehe Cochenille).

Paracarmin nach P. MAYER. 1 *g* Carminsäure, $^1/_2$ *g* Chloraluminium und 4 *g* Chlorcalcium werden in 100 *ccm* 70%igen Alkohols warm oder kalt gelöst; nach dem Absetzenlassen wird filtriert. Hellrot, besonders gut zum Durchfärben, kommt einigermaßen dem Boraxcarmin nahe. — Statt des hygroskopischen Chlorcalciums kann man ebensoviel Chlorstrontium nehmen; Färbung nicht so lebhaft rot, sonst ebenso gut.

Die Objekte dürfen nicht alkalisch reagieren oder viel Kalk (Spicula, Skelete) enthalten, der zu Niederschlägen Veranlassung geben würde. In der Regel färbt sich das Plasma etwas mit, aber das ist für Objekte, die geschnitten werden sollen, oder für Schnitte meist vorteilhaft, also wäscht man einfach mit Alkohol von 70% aus. Sollen aber die Objekte ungeschnitten in Balsam kommen, oder braucht man eine präzise Kernfärbung, so setzt man zum Waschalkohol ein wenig Chloraluminium oder etwa 5% Essigsäure von 50% ($2^1/_2$% Eisessig). Färbt man große Tiere mit umfangreichen Höhlungen, so verdünnt man am besten das Paracarmin stark mit 70%igem Alkohol, säuert es aber ein wenig an, da sonst leicht etwas Farbstoff ausfällt. — Das Paracarmin gibt zwar keine so schön roten Tinktionen wie das Boraxcarmin, ist aber den Geweben weniger schädlich, dringt auch besser durch, bildet in den Objekten nicht so leicht Niederschläge und hält sich, aus guter Carminsäure bereitet, jahrelang völlig klar. Die Färbungen sind in Balsam oder VOSSELERS Terpentin ungemein haltbar.

D. Carminsäure mit Eisen. Im Gegensatze zum Aluminiumcarminat bietet man den Geweben das Eisencarminat meist nicht in einer fertigen Lösung dar, sondern läßt es in ihnen erst entstehen, indem man die Eisenlösung und die Carminsäure (auch wohl als Aluminiumcarminat) getrennt einführt. So erhielt WEIGERT eine braunviolette Färbung der Präparate, die mit Carmin gefärbt und mit einem

Gemisch von Alkohol und etwas Eisenchlorid ausgewaschen wurden: ferner behandelt PFEIFFER V. WELLHEIM Süßwasseralgen nacheinander mit einer sehr schwachen Lösung von Eisenchlorid und einer Lösung von Carminsäure, korrigiert aber die Färbung mit schwacher Salzsäure ($^1/_{10}$—$^1/_2$%ig). Als Lösungsmittel und zum Waschen braucht er Alkohol von 50%. — ZACHARIAS färbt die Objekte mit Essigsäurecarmin durch (nach P. MAYER ist hierzu Carmalaun genau so gut), spült sie mit schwacher Essigsäure ab, läßt sie dann in 1%iger Lösung von Eisenoxydammoncitrat so lange liegen, bis sie gut durchtränkt sind (etwa 2—3 Stunden, Schnitte nur wenige Minuten), wäscht sie tüchtig aus und bringt sie durch Alkohol etc. in Balsam. Eine reine Kernfärbung kommt bei keiner von diesen Methoden zustande. Über das Eisencarmalaun siehe oben pag. 173.

Literatur: MAYER (Mitt. Zool. Stat. Neapel, Bd. 10, 1892), derselbe (Zeitschr. Wiss. Mikr., Bd. 16, 1899). LEE und MAYER (Grundzüge, 3. Aufl., 1907). RAWITZ (Anat. Anz., Bd. 15, 1899). Siehe auch die chemischen Mitteilungen von LIEBERMANN, MILLER und ROHDE, SCHUNCK und MARCHLEWSKI, WILL und LEYMANN etc. (Ber. Deutsch. Chem. Ges., Bd. 18, 26, 27, 33 etc.). *Mayer*, Neapel.

Carminsaures Ammoniak siehe: Carminsäure.

Carminsaures Natron siehe: Carminsäure.

Carnoy's Gemisch siehe: Alkoholgemische.

Carotin siehe: Chromatophorenfarbstoffe, pflanzliche.

Caryokinese siehe: Kernteilung.

Cassiaöl, Ol. cinnamomi cassiae. Ol. cassiae, Zimtöl, durch Destillation des Zimts gewonnen. Gelbliches, dickes Öl von angenehmem, aromatischem Geruch. Besteht im wesentlichen aus Zimtsäurealdehyd, C_9H_8O. Spez. Gew. bei 15° 1,06. Siedep. bei 200°. Reagiert schwach sauer. Mischt sich mit 90° $_0$igem Alkohol ohne Trübung. Brechungsindex 1,567.

Von STIEDA als Aufhellungsmittel empfohlen. Für Celloidinschnitte ungeeignet, da es Celloidin löst.

Cedernholzöl, Cedernöl, Oleum cedrae virginicae, durch Destillation des Holzes von Juniperus virginiana gewonnen, bildet es ein dickflüssiges, gelbliches Öl, welches aus dem Cedren, $C_{15}H_{23}$, und dem Cederncampher, $C_{15}H_{26}O$, besteht. Spez. Gew. 0,95 bei 15°. Brechungsindex 1,51—1,52 bei 20°. Mischt sich mit 95%igem Alkohol.

Das Cedernöl ist, abgesehen von seiner Bedeutung als Immersionsöl, vor allem als Intermedium von SCHIEFFERDECKER und BOLLES LEE empfohlen worden, es soll sehr schonend wirken bei der Überführung aus Alkohol in Paraffin, hat aber den Nachteil, daß es nur sehr langsam eindringt. Nach unseren Erfahrungen hat es durchaus keine Vorzüge vor dem Chloroform oder Benzol. Es wird ferner in ausgedehntem Maße in der Celloidintechnik verwendet (siehe Celloidin). In neuester Zeit ist es außerdem noch vielfach als Einschlußmedium an Stelle des Canadabalsams empfohlen worden. Empfindliche Anilinfarben sollen sich in ihm weit besser halten als in jenem.

Celloidin und Celloidineinbettung. Kombinierte Einbettungsmethoden. Das zu Einbettungszwecken benutzte, von der chemischen Fabrik vorm. E. Schering in Berlin hergestellte Celloidin ist das von allen Beimischungen freie Dinitrat der Cellulose und demnach seiner chemischen Konstitution nach ein dem Collodium identischer Körper. Die in den Handel gebrachte reine Celloidinwolle hat die Form von gelatinefarbigen, durchsichtigen Tafeln, welche, zum Schutze gegen Austrocknen, in gut schließenden Blechbüchsen verpackt, je 40 *g* getrocknetes Celloidin enthalten. Dasselbe ist löslich in absolutem Alkohol, einer Mischung von Alkohol und Äther, in Nelkenöl, unlöslich in Origanum-, Bergamott-, Cedernholzöl, in Xylol, Toluol und Chloroform. In wasserfreiem Alkohol und Äther (zu gleichen Teilen) gelöst, gibt dasselbe eine fast wasserklare, leicht gelblich gefärbte Lösung, die je nach der Menge des gelösten Celloidins dünnflüssige bis sirupartige Konsistenz haben kann. Vor der Herstellung der zu Einbettungszwecken dienenden Lösung empfiehlt es sich, das frisch bezogene und eine knorpelartige Konsistenz aufweisende Celloidin bei Zimmertemperatur oder im Brutschrank bei möglichstem Staubabschluß zu trocknen. Man schneidet zu diesem Behufe vorher die Tafeln in kleine Würfel oder Späne, welche dann, vollkommen getrocknet hart, durchsichtig und leicht gelblich gefärbt erscheinen.

Zu Einbettungszwecken wurde das Celloidin zuerst von P. SCHIEFFERDECKER auf Anregung F. MERKELS verwendet, welchem auch die Ausarbeitung dieser Methode durch die Angabe eines Verfahrens zur Entwässerung der Schnitte ohne Extraktion des zur Einbettung verwandten Celloidins zu danken ist. Bei den schon vorher von LATTEUX und DUVAL geübten Verfahren kam Collodium in Anwendung; dabei wurden von dem ersteren die zu schneidenden Objekte nicht durchtränkt, sondern nur in Collodium getaucht und zusammengeklebt. Von DUVAL hingegen wurde zuerst die Bedeutung des Durchtränkungsverfahrens erkannt und hiermit auch die ersten praktischen Erfolge erzielt.

Die von DUVAL gewonnenen Schnitte wurden noch in Glycerin eingeschlossen, da es ihm nicht gelang, auf andere Weise die beim Einschlusse der Schnitte z. B. im Canadabalsam auftretende Trübung zu vermeiden.

Bevor ich zur Beschreibung des heute geübten Einbettungsverfahrens mit Celloidin übergehe, seien vorher in Kürze Zweck und Vorteile dieser Methode angegeben.

Ebenso wie durch die älteren Einschlußmethoden in Gummi arabicum, Glyceringelatine, Eiweiß, Seife u. a. wird mit der Einbettung in Celloidin eine Erhöhung der Konsistenz und Festigung des zu schneidenden Objektes angestrebt und der Zweck des Verfahrens kann erst dann als erreicht gelten, wenn das Einbettungsmedium sich nicht nur in Form eines Mantels um das Objekt legt, sondern wenn es auch das Gewebe durch und durch zu durchtränken vermag und im allgemeinen nach dem Erhärten eine etwas festere Konsistenz besitzt als das eingebettete Objekt. Dabei bietet das Celloidin anderen Einbettungsmitteln, z. B. dem Paraffin gegenüber, den großen Vorteil, daß die Einbettung nicht wie bei diesem unter höheren Temperaturgraden, sondern bei Zimmertemperatur ausgeführt wird, ein Umstand, der für die gute Erhaltung zarterer Gewebe und Strukturverhältnisse sowie für die Schnittfähigkeit gewisser Gewebe, wie Knochen, Knorpel von größter Bedeutung ist. Ein weiterer großer Vorteil der Celloidineinbettung liegt in der Möglichkeit, daß Celloidin sowohl bei kalter wie warmer Witterung schneidbar ist und in vielen Fällen bei dem nachfolgenden Färbungsprozesse nicht ausgezogen werden muß, da es durch eine große Zahl der zu Färbungszwecken verwendeten Farben nicht mitgefärbt wird oder diese andernfalls ausgezogen werden können. Ein weiterer, in gewissem Sinne sehr bedeutungsvoller günstiger Faktor besteht darin, daß die Celloidinschnitte für alle mit denselben auszuführenden Prozeduren nicht aufgeklebt zu werden brauchen, was namentlich für bestimmte Färbungen — z. B. die WEIGERTsche Markscheidenfärbung — von ausschlaggebender Bedeutung ist; es können nämlich auf freie Schnitte die Reagenzien von allen Seiten in gleicher Weise einwirken, ein Vorzug, der allen durch Aufklebemethoden vorbereiteten Schnitten ermangelt. Andrerseits erfordert die Einbettung in Celloidin allerdings eine längere Zeitdauer als z. B. die Paraffinmethode; auch erlaubt die Celloidineinbettung unter gewöhnlichen Verhältnissen auch bei kleineren Objekten nur bei exaktester Ausführung jene Dünne der Schnitte zu erreichen, welche das Paraffinverfahren ermöglicht; — hingegen sind gerade Celloidinobjekte wieder vorzüglich geeignet, um Übersichtspräparate ganzer Organe wie von ganzen Gehirnen oder Hemisphären u. a. herzustellen, welche auf speziell hierfür konstruierten Mikrotomen — sogenannten Tauchmikrotomen — nach geeigneter Vorbehandlung selbst in Serien bis zu 15 μ Dicke zerlegt werden können.

Um nun die Schnittfähigkeit des Celloidins zu erhöhen und namentlich seine Elastizität, ein Haupthindernis für die Erzielung feiner Schnitte, zu vermindern, wurden von UNNA verschiedene Zusätze empfohlen, von welchen namentlich Ricinusöl, Terpentinöl und stearinsaures Natron relativ befriedigende Resultate ergeben. Derartig mit Zusatz von 2% obiger Stoffe präpariertes Celloidin wird nunmehr von der chemischen Fabrik auf Aktien vorm. E. Schering in Berlin hergestellt und unter dem Namen Celloidinum inelasticum — ricinatum, terebinthinatum, saponatum — in den Handel gebracht.

Auch einige Ersatzmittel wurden an Stelle des Celloidins zur Verbesserung der Methode empfohlen. So bediente sich KRYSINSKI des dem Celloidin chemisch nahe verwandten Photoxylins.

Dasselbe löst sich wie Celloidin in gleichen Mengen absol. Alkohol und Aether sulfuricus als durchsichtige, klare Flüssigkeit. Sein Vorzug dem Celloidin gegenüber besteht vor allem in der Eigenart, auch nach der Härtung im 70% Alkohol relativ durchsichtig zu bleiben, so daß auch dann noch eine Orientierung des Präparates möglich ist. MITROPHANOW hebt auch die bessere Schnittfähigkeit des Photoxylins dem Celloidin gegenüber hervor, ein Vorzug, der demselben jedoch keineswegs in eklatanter Weise eigen ist. Als weiteres Ersatzmittel wurde auch das Colloxylin gebraucht, das in einer Mischung von Eugenol oder Nelkenöl mit Äther und absol. Alkohol gelöst (10 *g* Colloxylin werden in 10 *ccm* Eugenol oder Nelkenöl mit 50—60 *ccm* Äther und bis zu 1 *ccm* absolutem Alkohol zur Lösung gebracht) Verwendung findet. Dasselbe liefert nach den Angaben S. TSCHERNISCHEFFS ebenso vollkommene und gut färbbare Schnitte wie das Celloidin; Colloxylin hat außerdem noch den Vorzug, daß die Lösung dieses Stoffes zu jeder Zeit rasch herzustellen ist, während die Vorbereitung des Celloidins durch Trocknen der Spähne immer geraume Zeit beansprucht.

Als weiterer Ersatz wird von GAGE eine Lösung von Schießbaumwolle in Äther und 95%igem Alkohol empfohlen. Es werden hiervon zwei Lösungen, eine dünne (1½%) und eine dicke (6%), bereitet, die wie das Celloidin zu Einbettungszwecken angewendet werden. Über den Prozeß der Härtung und Aufhellung bei diesem Verfahren folgen unten weitere Angaben.

Die Einbettung in Celloidin gliedert sich in drei Prozesse, von welchen der erste der Vorbereitung der Objekte zur Einbettung, der zweite der Einbettung selbst und der dritte der Nachbehandlung der durchtränkten Stücke dient.

Um die für die Celloidineinbettung bestimmten Stücke in entsprechender Weise vorzubereiten, müssen dieselben vollkommen wasserfrei gemacht werden. Zu diesem Zwecke findet in den meisten Fällen der absolute Alkohol Anwendung, der durch Zusatz von ausgeglühtem Kupfersulfat vollkommen wasserfrei gemacht werden kann. Da das dem Alkohol zugesetzte, pulverförmige Kupfersulfat beim Ausgießen des Alkohols aufgewirbelt wird und sich mit dem Alkohol mischt, so bringt man dasselbe am besten vor dem Einfüllen in die gut verschließbare Flasche in Leinwandbeutel, die zwecks Erneuerung resp. Wiederausglühen des wasserhaltig und dadurch grün gewordenen schwefelsauren Kupfers aus weithalsigen Flaschen leicht wieder herausgenommen werden können. Ein anderes, namentlich zur Entwässerung größerer Objekte sehr praktisches Verfahren wird von HELBING angegeben. Derselbe empfiehlt die im chemischen Laboratorium gebrauchten Exsiccatoren in ihrem unteren Abteil zur Hälfte mit dem ausgeglühten Kupfersulfat und dann den ganzen Exsiccator mit absolutem Alkohol zu füllen, worauf die zu entwässernden Stücke auf ein Drahtnetz gelegt werden, das auf dem den oberen vom unteren Exsiccatorraum trennenden Halse aufliegt. Das zur Entwässerung dienende Kupfersulfat kann nach dem Ausglühen ebenso wie der absolute Alkohol immer wieder Verwendung finden. Zu dem gleichen Zwecke können auch eine Reihe der für Entwässerung der Objekte angegebenen Apparate, so die von CORI angegebenen Auftriebsiebchen, der POKROWSSKIsche Entwässerungsapparat u. a. gebraucht werden.

Als Ersatz für den Alkohol wurde von SOUZA das Pyridin, von FISH das erst in neuerer Zeit auch für Paraffineinbettung angewandte Aceton empfohlen, das vollkommen geruchlos sich mit Wasser, Alkohol und Ölen mischt und wegen seiner dem Alkohol gleichen Eigenschaften sowohl als Fixations- wie Entwässerungsmittel die Schnittfähigkeit auch schwer zu schneidender Objekte günstig beeinflußt. Auf dieser Anwendung des Acetons basiert das von F. SCHOLZ angegebene Verfahren der Acetoncelloidinschnelleinbettung, wobei frische oder vorher in Formalin oder Alkohol fixierte Objekte im Wärmeschrank $^1/_2$—1 Stunde in Aceton behandelt, dann 4—5 Stunden bei 37—40° mit dünnem, dann 2—3 Stunden mit dickem Celloidin durchtränkt werden. Nach 12—14 Stunden ist der Celloidinblock knorpelhart und wird dann noch in dünnem Alkohol nachgehärtet.

Um die zeitraubende und teuere Entwässerung mit dem absoluten Alkohol zu vermeiden, empfiehlt POKROWSSKI diese Prozedur mit einem nach seiner Meinung billigeren Ätherverfahren auszuführen. Er bringt die frischen oder vorher gehärteten Gewebsstücke in Alkohol von mehr als 54%, woraus dieselben direkt in Äther und nach öfters wiederholtem Wechsel in eine reine Ätherlösung des Celloidins — ohne Alkoholzusatz — übergeführt werden. Nach vollendeter Durchtränkung, die sich in der Äthercelloidinlösung schneller als in der Alkohol-Äther-Celloidinmischung vollzieht, sind die Stücke, um eine zu intensive Schrumpfung zu vermeiden, in eine Mischung von etwa 3 Teilen Chloroform und 1 Teil Äther zu bringen, wo sich ihre Härtung bis zur nötigen Schnittkonsistenz vollzieht. Dieses Verfahren besitzt der gebräuchlichen Alkoholäthermethode gegenüber keine Vorzüge; nach dieser bleiben kleinere Stücke etwa 4—6 Stunden, die größeren, ca. 1 *ccm* im Durchmesser messenden bis zu 12 Stunden in durch Kupfersulfatzusatz vollkommen wasserfrei gemachtem absolutem Alkohol, eine Vorschrift, welche jedoch in bezug auf die Zeitdauer nach Bau resp. Konsistenz der betreffenden Objekte Modifikationen unterworfen ist. In der Folge werden die Stücke entweder direkt in die Celloidinlösung oder, was mehr zu empfehlen ist, in eine Mischung von absolutem Alkohl und Äther zu gleichen Teilen übergeführt, wobei Alkohol wie Äther am besten vorher ebenfalls durch Kupfersulfatzusatz wasserfrei gemacht werden. Das in diesem Falle zu benutzende Verhältnis von Alkohol zu Äther wird von den verschiedenen Autoren verschieden gewählt; so bediente sich DUVAL einer Äther-Alkoholmischung im Verhältnis 1 : 10, SCHIEFFERDECKER einer solchen zu gleichen Teilen, welche jetzt allgemein Anwendung findet.

Da für die Lösung des zur Einbettung dienenden Celloidins immer ein oder mehrere Tage notwendig sind und die jeweilige Bereitstellung der betreffenden Menge somit eine Verzögerung resp. Verlängerung des ohnehin relativ lange Zeit beanspruchenden Verfahrens bedingen würde, empfiehlt es sich, eine „Stammlösung“ des Celloidins von der Konsistenz eines dicken Sirups im Vorrat zu halten. Dieselbe wird am besten in der Weise hergestellt, daß die in oben beschriebener Weise getrockneten Celloidinstückchen in dem durch Kupfersulfat vollkommen wasserfrei gemachten Alkohol-Äthergemisch zu gleichen Teilen bis zur Konsistenz eines dicken Sirups gelöst und in gut schließendem Glase oder Flasche mit weitem Halse aufbewahrt werden. Zu diesem Zwecke werden u. a. die weithalsigen sog. Ölflaschen empfohlen; sehr gut bewähren sich mir die mit Patentverschluß versehenen „Reform-Konservengläser“, deren Gummiringdichtung ich durch eine solche von Asbest oder Linoleum ersetze. Aus diesen Gläsern wird das zum Gebrauch notwendige Celloidin, um eine Verunreinigung des Randes zu vermeiden, nicht ausgegossen, sondern mit einem Schöpfer entnommen. Die so im Vorrat gehaltene und immer zu ergänzende Celloidinlösung soll eine leicht bräunlichgelbe Farbe besitzen und vollständig klar sein; sowie die Spur einer milchigen Trübung zu bemerken ist, wird die Lösung am besten nicht mehr benutzt, kann jedoch nach dem Trocknen wieder gelöst und aufs neue verwendet werden.

Um die Lösung des Celloidins zu beschleunigen, empfiehlt es sich, die Mischung öfters mit dem Glasstabe umzurühren oder die getrockneten Celloidinspähne auch nach dem Vorschlage von ELSCHNIG durch vorherige Behandlung mit absolutem Alkohol zur Quellung zu bringen, wodurch deren Löslichkeitsvermögen befördert wird. Aus dieser so hergestellten Stammlösung werden durch Verdünnung mit absolutem Alkohol und Aether sulfuricus — welche ebenfalls vorher mit Kupfersulfat wasserfrei gemacht wurden — zwei weitere Lösungen hergestellt; eine sehr dünnflüssige Lösung I, welche etwa 1 Teil der Stammlösung auf 10 Teile des Äther-Alkoholgemisches enthält, und eine konzentriertere Lösung II, welche ihrer Konzentration nach zwischen Lösung I und der Stammlösung steht, somit ca. 5 Teile der letzteren auf 10 Teile der Alkohol-Äthermischung enthält. Die so vorbereiteten Lösungen I und II werden, ebenso wie eine als Lösung III zu bezeichnende Quantität der Stammlösung in möglichst hermetisch schließende Gläser gefüllt. Die zu diesem Behufe von verschiedenen Firmen hergestellten Gläser sind in der Regel weithalsige Glasdosen mit gut schließendem, eingeschliffenem Deckel, erfüllen aber ihren Zweck, das Celloidin möglichst vollkommen abgeschlossen zu halten, d. h. vor Aufnahme von Wasser aus der Luft und vor dem allmählichen Eindicken zu schützen, nicht in idealer Weise. Um dieses Ziel in möglichst vollkommener Weise zu erreichen, bringe ich eine jede der drei Celloidinlösungen zur Einbettung größerer Objekte in je eine gut schließende Deckelschale, für kleinere Stücke in sog. Wägeröhrchen und stelle die so beschickten Gefäße auf ein dem Exsiccatorhals aufliegendes Drahtgitter. Auf den Boden des Exsiccators wird vorher eine etwa $^1/_2$ *cm* hohe Lage von gebranntem Kupfersulfat und darüber absoluter Alkohol oder Alkohol und Äther zu gleichen Teilen geschichtet. Wird der so vorbereitete Exsiccator geschlossen und der Deckel mit Vaselin, Paraffinum liquidum oder Glycerin u. a. luftdicht aufgerieben, so füllt sich der Exsiccatorraum mit Alkohol- oder Alkoholätherdämpfen und die davon umgebene Celloidinlösung kann aus der Umgebung keine Wasserdämpfe aufnehmen und an die Celloidinlösung abgeben. Diese zeigt bei exakter Befolgung der Vorschriften trotz der relativ kleinen, in Verwendung kommenden Menge, auch nach 2—3maligem Gebrauche, keine Trübung, wobei selbstverständlich die in das Celloidin überzuführenden Objekte vollkommen wasserfrei sein und die Manipulationen bei der Überführung von einer in die andere Lösung möglichst rasch ausgeführt werden müssen.

Für die Herstellung der Celloidinlösung resp. Celloidinstammlösung werden von verschiedenen Autoren verschiedene Vorschriften gegeben. So empfiehlt APÁTHY die vorher getrockneten, harten Celloidinstückchen in einem möglichst luftdicht schließenden Gefäß nur mit soviel absol. Alkohol und Äther (vollkommen säurefrei) in der Weise zur Lösung zu bringen, daß nur ein Teil des Celloidins gelöst wird, ein anderer aber ungelöst und gequollen am Boden zurückbleibt. Der gelöste, noch flüssige Teil — Urlösung — wird abgegossen und gibt mit je einem halben Maßteil absol. Alkohol und Äther die Einbettungslösung. Aus dieser wird, in derselben Weise verdünnt, die zweite und ebenso die erste, zur Durchtränkung dienende Lösung hergestellt, in die das im absoluten Alkohol entwässerte Objekt übergeführt wird. In etwas anderer Weise verfährt SAMASSA; er setzt der das Präparat enthaltenden Alkohol-Äthermischung allmählich kleine Stückchen des getrockneten Celloidins zu, wodurch die Konsistenz der Lösung gradatim erhöht und an Stelle der getrennten, verschieden starken zwei — SCHIEFFERDECKER — oder drei — APÁTHY u. a. — Lösungen durch die kontinuierlich und gleichmäßig zunehmende Konzentration eine schonendere und sicherere Einwirkung des Einbettungsmittels gewährleistet werden soll.

An Stelle der Alkohol-Äthermischung wurde von E. M. STEPANOW die Verwendung des Nelkenöles in Verbindung mit Äther und unter Zusatz einiger Tropfen absoluten Alkohols empfohlen. Das von ihm eingeschlagene Verfahren ist folgendes: es werden 1,5 *g* feinste, gut getrocknete Celloidinspähne zu einer Mischung von 5 *ccm* Nelkenöl oder Eugenol, 20 *ccm* Äther und tropfenweise bis zu 1 *ccm* absoluter Alkohol zugesetzt, wobei der Alkoholzusatz um so größer sein muß, je absoluter der Äther ist. In etwa 4—5 *ccm* dieser Lösung, welche von STEPANOW als Normallösung bezeichnet wird, kommt das in Alkohol gut gehärtete und entwässerte sowie sorgfältig vom Alkoholüberschuß befreite Objekt; nach 3—6 oder noch mehr Stunden wird das gut verschlossene Celloidingefäß geöffnet und unter einer Glasglocke 4—6 Stunden an der Luft eingedickt. Nun wird das Stück zusammen mit einer genügenden Menge der Celloidin-Nelkenöllösung in ein frei hängendes Filter aus feinem Seidenpapier ausgegossen und am besten an einem warmen und trockenen Ort eingedickt. Mit fortschreitender Eindickung der Celloidinmasse beginnt sich das anfangs gelbe und undurchsichtige Präparat aufzuhellen und kann zum Schneiden in Alkohol nach dem Aufkleben mit Nelkenöl-Celloidin auf Blöcken entweder in 70—80%igem Alkohol mit oder ohne Zusatz von (10—30%) Chloroform oder in Chloroform (Chloroformdämpfen) allein erhärtet werden. Zum Schneiden auf trockenem Wege wird das Stück nach dem Aufkleben Chloroformdämpfen ausgesetzt, wodurch das Öl entzogen und der Block nach 10—12 Stunden mit trockenem Messer geschnitten werden kann. Am meisten empfiehlt es sich, derartig eingebettete Stücke in Benzol überzuführen, wobei eine allmähliche und gleichmäßige Härtung und Entölung erzielt wird, worauf die Präparate unbegrenzt lang bis zum Schneiden in Alkohol oder auf trockenem Wege aufbewahrt oder auch noch in Paraffin — siehe kombinierte Einbettung — eingebettet werden können. Um derartig in Benzol aufbewahrte Celloidinobjekte in Alkohol zu schneiden, werden dieselben vorher in 87%igen Alkohol eingelegt oder zum Trockenschneiden zuerst Chloroformdämpfen ausgesetzt. Für sehr brüchige und spröde Objekte — z. B. Axolotleier — empfiehlt STEPANOW der ersten Nelkenöl-Celloidin-Äthermischung etwas mehr Alkohol-Äther zuzusetzen und zwar um so mehr, je feiner die Schnitte werden sollen. Die wesentlichsten Vorteile dieser Methode bestehen in der relativ kurzen Einbettungsdauer, in der Möglichkeit einer genauen Kontrolle des Einbettungsvorganges, gegeben im Aufhellen des Präparates und der Herstellung sehr dünner Schnitte — bis zu 3 μ Dicke — auch bei sonst schwer zu schneidenden Objekten. Auch bei größeren, entkalkten Objekten, z. B. Köpfen von älteren Säugetierembryonen, sowie Knochen leistet diese Methode sehr gute Dienste, die TSCHERNISCHEFF weniger gute Resultate ergab, da derartig eingebettete Stücke, z. B. des Rückenmarkes, nach der Chloroformbehandlung so hart geworden waren, daß das Messer sie fast gar nicht zu schneiden vermochte. Um diesen Nachteil zu vermeiden, empfiehlt TSCHERNISCHEFF folgende Modifikation: er entwässert die beliebig fixierten Objekte 24 Stunden in absolutem Alkohol und bringt sie auf ebenso lange in zu wechselndes Anilinöl, das dann durch eine Mischung von 1 Teil Alkohol und 2 Teilen Äther ersetzt wird. Nach weiteren 24 Stunden wird das Präparat auf ebenso lange in die halb mit Äther verdünnte Normal-Nelkenöl-Äther-Celloidinlösung übergeführt, die dann bei offenstehendem Glase eingedickt wird. Das Stück kommt dann auf eine Viertelstunde in Benzol, darauf in 80—85%igen Alkohol, bis es die nötige Härte erlangt hat. So vorbereitete Stücke, z. B. des Rückenmarkes, ließen sich in 5 μ dicke Schnitte zerlegen, ohne daß die Färbbarkeit in irgend einer Weise alteriert war.

Ein anderes Verfahren wurde von H. JORDAN angegeben und speziell bei seinem Celloidinaufklebeverfahren erprobt. Er bettet die Stücke in üblicher Weise in Celloidin unter Zusatz von 1 Teil Cedernöl auf 4 Teile der Celloidinlösung ein. Bei der zuletzt angewandten starken Celloidinlösung ändert sich der Zusatz in der Weise, daß auf 5 Teile des 8%igen Celloidins 1 Teil Cedernöl genommen wird. Die hernach vorzunehmende Härtung erfolgt nicht in Alkohol, sondern in einem Gemisch von 5 Teilen Chloroform und 1 Teil Cedernöl, wobei das Präparat mit der Cedernöl-Celloidinmischung in eine Papierform ausgegossen und bis zur Bildung einer Haut Chloroformdämpfen ausgesetzt und dann in die öfter zu wechselnde Härtungsflüssigkeit übergeführt wird.

Für die Einbettung in Celloidin und die Vorbereitung zum Schneiden eines vollkommen entwässerten Objektes gelten im allgemeinen folgende Regeln:

Es empfiehlt sich, wenn irgend möglich, das entwässerte Objekt nicht direkt in die dünnste Celloidinlösung (Lösung I) zu bringen, sondern dasselbe ist besser in möglichst schonender Weise zuerst in eine Mischung von absolutem Alkohol und Aether sulfur. zu gleichen Teilen für einige Stunden einzulegen. Diese Alkohol-Äthermischung kann entweder direkt in dem angegebenen Verhältnis Verwendung finden oder sie ist, um die größtmögliche Schonung der Objekte zu gewährleisten, durch allmählichen Zusatz von Äther bis zu dem oben angegebenen Verhältnis zu bringen.

Aus dieser Alkohol-Äthermischung werden die Stücke der Reihe nach in die verschiedenen Celloidinlösungen, von der schwächsten angefangen, übergeführt. Bestimmte, allgemein gültige Vorschriften über die Zeit, welche für den jeweiligen Aufenthalt in jeder derselben notwendig sind, können nicht gegeben werden; in vielen Fällen vermag darüber nur die Übung und Erfahrung zu entscheiden. Für gewisse Fälle mögen folgende Angaben eine Direktive geben: vor allem gilt als Regel, das einzubettende Präparat je länger je besser in den dünneren Celloidinlösungen (Lösung I und II) zu belassen, und zwar kleinere Stücke von einem bis zu mehreren Tagen, während für größere ein Aufenthalt bis zu mehreren Wochen notwendig ist. Von ausschlaggebender Bedeutung für die Dauer der Einbettungszeit ist außer der Größe resp. Dicke der Objekte auch deren Gefüge. Es ist klar, daß je kleiner und dünner ein einzubettendes Stück ist, desto günstigere Bedingungen für das rasche Durchtränken wie mit jedem Einbettungsmittel so auch mit Celloidin gegeben und die gleichen Verhältnisse bei lockerem Gefüge der betreffenden Gewebe maßgebend sind. Um einige bestimmtere Angaben zu machen, seien hier folgende Daten angegeben: für Stücke bis zu 0,5 *cm* Dicke genügt in der Regel ein Aufenthalt von je 1 Tag in jeder der drei Celloidinlösungen, um eine genügende Schnittfähigkeit zu erzielen. Bei Objekten von 0,5 *cm* bis 1 *cm* Dicke ist ein Verweilen von mindestens je 2 Tagen in jeder Lösung zu empfehlen; hiebei sei nochmals hervorgehoben, daß ein längeres Liegenlassen vornehmlich in den dünneren Celloidinlösungen die Schnittfähigkeit nur begünstigt. Für poröse, von zahlreichen und größeren Hohlräumen durchsetzte Gewebe reduzieren sich die aufzuwendenden Zeiten um die Hälfte, so daß z. B. für Stücke des Lungengewebes eine verhältnismäßig kürzere Zeit zur Celloidineinbettung als für das konsistentere Leber- oder Muskelgewebe oder das nach diesem Einbettungsverfahren sehr gut schneidbare Gewebe der Aorta und des entkalkten Knochens notwendig ist.

Hat nun das Objekt in sämtlichen Celloidinlösungen entsprechend lange verweilt, so kann dasselbe direkt aus der dicken Lösung genommen und zum Schneiden vorbereitet werden. Zu diesem Behufe hat man dem sirupdicken, flüssigen Celloidin eine schnittfähige Konsistenz zu verleihen, indem aus demselben das Lösungsmittel in geeigneter Weise entfernt wird. Das geschieht bei dem in Alkohol-Äther gelösten Celloidin am einfachsten so, daß das Präparat direkt aus dem dicksten Celloidin auf einen Präparatenklotz aufgelegt und dort mit einem dicken Celloidinmantel überschichtet wird. Offen oder unter einer Glasglocke aufgestellt, bildet sich schon nach 5—10 Minuten auf der Oberfläche des Celloidins eine Haut, welche das Stück zunächst auf dem Blocke fixiert. Bleibt das Präparat noch einige Zeit zum „Vorhärten“ der Luft zum Trocknen ausgesetzt, so schreitet der Prozeß weiter und es würde schließlich nach vollkommener Verdunstung der Äther-Alkoholmischung zu einem vollkommenen Eintrocknen des Celloidins und des Stückes selbst kommen. Um dieses zu verhüten, bringt man den Präparatenblock mit dem daraufklebenden Celloidinstück in Alkohol, wo nach ca. 5 Stunden, bei größeren Objekten nach entsprechend längerer Zeit eine genügende Härtung des Celloidins eingetreten ist, ein Prozeß, welcher als „Nachhärtung“ oder „definitive Härtung“ bezeichnet wird. Über die günstigste Konzentration des zu diesem Zwecke zu verwendenden Alkohols bestehen verschiedene Angaben. SCHIEFFERDECKER (Zeitschr. Wiss. Mikr., Bd. 5, pag. 506, 1888) empfiehlt die Celloidinblöcke, nachdem das Celloidin so weit eingedickt ist, daß die Fingerspitze keinen Eindruck mehr machen kann, mit 50- bis 70%igem Alkohol zu übergießen, nach einigen Tagen zu umschneiden und in 50—60%igen Alkohol überzuführen, wo dieselben beliebig lange bleiben und das Celloidin die zum Schneiden sehr geeignete Härte des Knorpels annimmt. Während APÁTHY nach wie vor als günstigste Konzentration 70—80%igen Alkohol empfiehlt, haben Versuche an Pflanzenobjekten von BUSSE, deren Resultat auch P. MAYER zustimmt, ergeben, daß ein Alkohol von etwa 85% sowohl hinsichtlich der Durchsichtigkeit der Celloidinmasse wie der Schnittfähigkeit die besten Resultate liefert, bessere, als z. B. 70%iger Alkohol. Ein andrerseits zwar nicht zu unterschätzender Nachteil dieses hohen Prozentgehaltes liegt in der Gefahr des raschen Austrocknens der damit behandelten Celloidinblöcke während des Schneidens und der Notwendigkeit einer aus dem gleichen Grunde in kurzen Intervallen zu wiederholenden Befeuchtung des Messers, ein Übelstand, dem jedoch durch automatisch wirkende Befeuchtungsvorrichtungen (siehe diese) begegnet werden kann.

An Stelle dieser schon von SCHIEFFERDECKER empfohlenen Härtungsmethode des Celloidins in Alkohol wurden in der Folge andere Verfahren angegeben, welche zum Teil Modifikationen jener darstellen und den Alkohol mit anderen Reagenzien kombiniert oder durch solche ersetzt empfehlen.

So wurde Alkohol mit Zusatz von etwas Formol zuerst von F. BLUM zur definitiven Härtung empfohlen und auch E. FRIEDMANN sowie JOSEPH und LÖWENBACH rühmen die Vorzüge dieser Kombination, wodurch auch weniger gut eingebettete Celloidinstücke schnittfähiger werden.

Ein in letzter Zeit vielgebrauchtes Ersatzmittel des Alkohols zur definitiven Härtung des Celloidins ist das Chloroform. Dasselbe wurde hierzu zuerst von VIALLANES angewendet und von BOLLES LEE speziell für kleinere Objekte empfohlen, die in demselben rascher und ebensogut gehärtet werden als in Alkohol, während es für größere Stücke weniger zu empfehlen ist, da die rasch entstehende, gehärtete Außenschichte ein tiefergehendes Einwirken des Chloroforms und gleichmäßige Härtung der inneren Partien verhindert. Kleinere Objekte können direkt nach dem Aufkleben auf den Block ohne vorherige längere Härtung an der Luft sofort nach Bildung einer feinen Haut der Chloroformeinwirkung ausgesetzt werden. Die Härtung kann durch Einlegen der Stücke in das Chloroform selbst oder, was vorzuziehen ist, durch die Einwirkung der Chloroformdämpfe erfolgen. Dieselbe beansprucht einige Stunden bis zu mehreren Tagen, wobei jedoch der Fortgang des Prozesses einer fortwährenden Kontrolle zu unterziehen ist, da bestimmte, allgemeingültige Vorschriften hierfür nicht gegeben werden können. Im Chloroform nimmt das Celloidin die Konsistenz von Wachs mit dem Brechungsindex von Glas an, wobei es weich-elastisch und durchsichtig wird. Manchmal zeigt dasselbe bald nach dem Einlegen in Chloroform eine starke Trübung, gewinnt aber dann später wieder seine Transparenz. Eine conditio sine qua non einer guten Chloroformhärtung ist die Verwendung eines guten, wasserfreien Chloroforms, da wasserhaltiges sowohl für Härtung wie Aufhellung des Celloidins ungeeignet ist. Diese Härtung des Celloidins in Chloroform wurde von SCHIEFFERDECKER weniger vorteilhaft gefunden als die Anwendung des Alkohols. Er rühmt zwar die Transparenz, welche die Celloidinstücke darin annehmen, findet aber die Schnittkonsistenz nicht so angenehm wie bei Härtung im verdünnten Alkohol, wozu als weiterer Übelstand beim Schneiden die Notwendigkeit der Befeuchtung mit 96%igem Alkohol tritt.

Am empfehlenswertesten finde ich das auch von P. MAYER geübte Verfahren, das einzubettende Objekt in der dickflüssigen Celloidinmasse in einen Exsiccator zu bringen, auf dessen Boden sich einige Tropfen Chloroform befinden. Auf diese Weise wird eine rasche und gleichmäßige Härtung des Celloidins bei großer Transparenz und ebenso guter Schnittfähigkeit wie bei Alkoholhärtung erzielt.

Chloroform wurde auch von STEPANOW zur Härtung nach der von ihm angegebenen Nelkenöl-Celloidineinbettung empfohlen, wobei die Härtung entweder 1—2 Stunden im Chloroform oder bis zu 2 Stunden in Chloroformdämpfen zu erfolgen hat, der sich eine Nachhärtung in 70—85%igem Alkohol anschließt. Des Chloroforms bedient sich auch JORDAN, welcher die mit Cedernöl-Celloidin durchtränkten Stücke in eine Papierform bringt, dieselben zunächst Chloroformdämpfen aussetzt und dann, nachdem sich eine Haut gebildet hat, in ein öfter zu wechselndes Gemisch von 5 Teilen Chloroform und 1 Teil Cedernöl überführt. Nach Abschluß der einige Tage dauernden Härtung ist das Stück hart genug geworden und kann nach Anfeuchten in absolutem Alkohol und Äther auf den Block zum Schneiden aufgekittet werden.

Nach einer von G. GILSON angegebenen Methode wird das Celloidin in einer Schale mit warmem Paraffin bis zur Sirupdicke — auf etwa ein Drittel seines Volumens — eingedickt. Nach dem Ausgießen wird das Präparat auf einen Block von gehärtetem Celloidin gebracht und in Chloroform oder Chloroformcedernöl etwa 1 Stunde gehärtet. Nach Behandlung mit reinem Chloroform muß nachträglich noch mit Cedernöl durchtränkt werden, worauf das Schneiden unter Anfeuchtung des Messers mit Cedernöl vorgenommen wird.

An Stelle des Cedernöles benutzt BUMPUS Thymianöl zur Aufhellung der in Chloroform gehärteten Celloidinblöcke, wodurch bei großer Transparenz eine genaue Orientierung des eingebetteten Objektes auch unter dem Mikroskop möglich ist. Geschnitten wird in diesem Falle unter Befeuchtung des Blockes wie Messers mit Thymianöl.

Von A. C. EYCLESHEIMER wurde zur raschen Härtung der Celloidinblöcke Carbolsäure oder ein Gemisch von Carbolsäure, Bergamott- und Cedernöl oder Glycerin empfohlen und damit auch geschnitten.

GAGE bringt die in Schießbaumwolle eingebetteten Stücke, sobald die Oberfläche hart zu werden beginnt, auf einen Kork mit dem Objekt nach unten in Chloroform, das nach einigen Stunden durch den „clarifier" ersetzt wird. Dieser besteht aus einer Mischung von 3 Vol. Xylol und 1 Vol. Ricinusöl und hellt die Celloidinblöcke vollkommen auf, wenn dieselben nicht vorher mit Wasser oder Wasserdämpfen in Kontakt gekommen sind. Zum Schneiden benetzt man das Messer mit einem Gemisch von 4 Vol. Xylol und 1 Vol. Ricinusöl und hebt die fertigen Schnitte mit Klosett- oder Zigarettenpapier ab, um sie auf den Objektträger mit Äther anzukleben.

Das Bestreben, die auf den Block aufzuklebenden Präparate zur Festigung mit einem dickeren Mantel von Celloidin zu umgeben, hat zur Angabe verschiedener Methoden geführt. Ein sehr einfaches und viel geübtes Verfahren besteht in der Verwendung von Papierkästchen, wie sie z. B. auch für die Paraffineinbettung gebraucht werden oder dadurch hergestellt werden können, daß man den zum Aufkleben der Celloidinstücke dienenden Kork- oder Holzblock mit einem dessen oberen Rand der Höhe des Präparates entsprechenden Papierstreifen umwickelt. In diese Behälter — auch die kleinen, zur Aufbewahrung der Deckgläschen dienenden Schächtelchen sind hierzu geeignet — werden zunächst die vom Celloidin durchtränkten Objekte eingelegt, mit der dicksten Celloidinlösung übergossen und in entsprechender Weise orientiert. Es empfiehlt sich, die so beschickten Kästchen, deren Boden selbstverständlich dicht sein muß, zunächst unter einer Glasglocke stehen zu lassen, worauf sie, nachdem das Celloidin namentlich oberflächlich etwas erhärtet ist, in Alkohol übergeführt werden. Die unter dem Einfluß der Luft durch Verdunsten des Ätheralkohols eintretende Festigung des Celloidins bezeichnet man, wie bereits erwähnt, als „Vorhärtung", jene, welche darauffolgend in Alkohol oder anderen Medien vorgenommen wird, als „Nach-" oder „definitive Härtung". Als Kriterium, wann die Vorhärtung vollendet ist, dient im allgemeinen jener Moment, wo die Fingerkuppe — nicht der Nagel — keinen Eindruck mehr im Celloidin hinterläßt. Bei dem in Kästchen ausgegossenen Celloidin dauert die Härtung des Celloidins an der Luft relativ länger als bei der oben angegebenen Überschichtungsmethode, da zunächst nur die Oberfläche unter Bildung einer Haut erhärtet, während die Seiten, durch die Wände des Kästchens geschützt, ebenso wie die centralen Partien des Celloidinblockes und dessen Boden keinen oder nur wenig Ätheralkohol abgeben können und demnach diese Teile des Celloidins längere Zeit flüssig bleiben. Auch aus anderen Gründen rät APÁTHY von dem Gebrauch des Kästchens ab; vor allem läßt sich das Papier schwer vom Celloidin ablösen, auch ändern derartige meist aus dünnerem Papier bestehende Schächtelchen durch den Druck des Celloidins leicht ihre Form und vor allem, weil durch das permeable Papier an Stelle des Alkoholäthers Luftbläschen treten und nicht nur dem Celloidin eine schwammige, der Schnittfähigkeit sehr ungünstige Konsistenz verleihen, sondern auch in das Präparat selbst eindringen können. Allerdings können derartige Luftblasen, wenn sie größer sind, mit einer Präpariernadel aufgestochen werden, worauf sich der Hohlraum meist im Verlauf der Härtung noch auszufüllen pflegt; treten aber, wie das namentlich beim sofortigen Aufkleben auf neue Holz- und Korkstücke der Fall ist, sehr zahlreiche kleinere Bläschen auf, die aus den Poren des Holzes aufsteigen, so ist deren mechanische Entfernung in der Regel meist nicht mehr möglich und das betreffende Stück muß, falls das Celloidin schon durchgehärtet ist, entweder umgebettet oder, falls die Härtung noch nicht erfolgt ist, am besten z. B. nach einem von P. MAYER angegebenen Verfahren behandelt werden. Derselbe bringt die Präparate in einen Exsiccator oder in ein sonst gut schließendes Gefäß, wo dieselben 1—2 Stunden Ätherdämpfen ausgesetzt bleiben, ohne mit dem flüssigen Äther selbst in Berührung zu kommen. Auf diese Weise kommt es nur langsam zur Bildung eines relativ dünnen Celloidinhäutchens, das von den aufsteigenden Luftblasen leicht durchbrochen werden kann. In dem oben erwähnten Falle der Anwendung neuer Holz- und Korkblöcke zum Aufkleben der Celloidinstücke kann die Bildung der Luftblasen auch dadurch vermieden werden, daß man die Kork- und Holzklötze vor dem Gebrauch in eine dünne Celloidinlösung einlegt, worauf nach kurzer Zeit auf der Querschnittsebene der Holzfasern die Luftbläschen aus den Poren in großer Zahl herausgetrieben werden. Denselben Zweck suchte STEPANOW in weniger wirksamer Weise zu erreichen, indem er zum hermetischen Abschluß der Poren eine Celloidinschichte auftrug und APÁTHY taucht dieselben kurze Zeit in flüssiges Paraffin von 56—58° Schmelzpunkt, das, zum Teil in die Poren eindringend, auch um den ganzen Block einen Paraffinmantel bildet. Auf diese Weise und ebenso durch längeres Auslaugen in 70%igem Alkohol oder Alkohol und Äther suchte man auch der beim Einlegen der Stücke in den Alkohol auftretenden Extraktion von Gerbsäure und Harzen aus dem Holze zu begegnen, welche den Alkohol gelb bis bräunlich färben und bei längerer Einwirkung die Färbbarkeit des Stückes in sehr ungünstiger Weise beeinflussen. Diese, beim Gebrauche von Holz- oder Korkblöcken, an deren Stelle APÁTHY auch das gerbsäurefreie, aber sehr elastische Hollundermark empfiehlt, auftretenden Nachteile sind nunmehr durch die Einführung anderer Materialien beseitigt.

So wird außer rektangulär bearbeiteten Stücken von gehärtetem Celloidin nunmehr das in der Elektrotechnik als Isolationsmittel gebrauchte Stabilit zum Aufkleben der Celloidinstücke verwendet. Dasselbe wurde von JELINEK zu diesem Zwecke empfohlen und ist eine rote oder graue, etwas nach Kautschuk riechende solide Masse vom spez. Gew. 1,6, die leicht bearbeitet werden kann und im Alkohol untersinkt. Dasselbe ist nicht hygroskopisch, unlöslich in Wasser und Alkohol und resistent gegen Salzsäure, Schwefelsäure und Ätzkali. Da auf demselben das Celloidin leicht und fest haftet und dasselbe sowohl mit Tinte wie chinesischer Tusche behufs Signierung beschrieben werden kann, so stellt es ein in jeder Hinsicht ideales und billiges Aufklebematerial nicht nur für Celloidin-, sondern auch für Paraffinobjekte dar. Es wird für diese Zwecke in Form von rektangulären Blöcken oder Scheibchen mit geriffter Oberfläche in den Handel gebracht; für letztere wurden von der Firma Jung in Heidelberg auch spezielle Objektcylinder konstruiert, die in gleicher Weise zum Schneiden von Celloidin- wie Paraffinobjekten verwendbar sind.

Von FRESEMANN wurde zu demselben Zweck Glas und von STREETER der Marmor empfohlen. Glas wurde bereits von C. KAHLDEN in Form kleiner Glasplättchen zum Aufkleben verwendet; FRESEMANN gebraucht Blöcke, welche aus 10 *mm* dickem, sogenanntem gerippten englischen Glas in der Größe 35 × 35 *mm* geschnitten und deren Ränder geglättet werden. Leichter zu bearbeiten, aber gegen Reagenzien weniger widerstandsfähig ist der Marmor, auf dessen unpolierter Oberfläche Celloidin wie Paraffin sehr gut haften und der auch leicht behufs Signierung beschrieben werden kann.

Von anderen, der definitiven oder Nachhärtung des Celloidins dienenden Methoden, seien noch folgende hervorgehoben:

SCHIEFFERDECKER bringt Präparate und Celloidinlösung in ein flaches Glasschälchen oder in eine der von APÁTHY zu diesem Zwecke angegebenen Glasdosen; zwischen Deckel und Glasschale wird ein Streifen Papier eingeschoben und auf diese Weise ein zu schnelles, oberflächliches Erhärten der Celloidinlösung verhindert. Ähnlich verfährt FLORMANN, der das in eine nicht ganz geschlossene Glasschale eingefüllte Celloidin bis zur Schnittfähigkeit eindickt und ohne nachträgliche Härtung unter 95%igem Alkohol schneidet.

Bei diesem Verfahren besteht der Übelstand, daß eine fortwährende Kontrolle über den Fortgang der Erhärtung ausgeübt werden muß, da bei zu langem Stehen der Präparate der zur Schnittfähigkeit tauglichste Härtegrad des Celloidins überschritten und das Stück zu hart werden kann. Aus diesem Grunde empfiehlt sich die von APÁTHY angegebene Methode, welcher die von ihm zum Ausgießen des Celloidins konstruierten Glasdosen nach dem Beschicken zunächst einige Stunden geschlossen und das Celloidin dadurch flüssig hält, wodurch auch ein nachträgliches Ordnen der Präparate möglich ist. Erst nach Ablauf von einigen Stunden wird der Deckel abgenommen und die offene Dose mit einer Glasglocke überdeckt und so in einem beschränkten Luftraum das Verdunsten des Ätheralkohols vorgenommen. Auf diese Weise kann in 6—24 Stunden eine ausreichende Härtung des Celloidins erzielt werden, die, wie auch WOLFFS Mitteilungen ergeben, konform der Größe des Verdunstungsraumes eine längere oder kürzere Zeit beanspruchen. Die Härtung wird bei diesem Verfahren selbstverständlich beschleunigt, wenn man, wie MAYER empfiehlt, die hermetisch schließende Glasglocke öfters lüftet, wodurch die mit Alkohol-Ätherdämpfen geschwängerte Luft des Rezipienten erneuert wird. Eine wesentliche Verbesserung bedeutet in dieser Hinsicht eine von HELLER angegebene Modifikation, der die in Korkpapierkästchen eingelegten Präparate in eine Schale bringt, welche in eine größere, hermetisch schließende gesetzt wird, deren Boden mit Alkohol bedeckt ist. Auf diese Weise wird das Celloidin unter dem Einfluß von Alkoholdämpfen innerhalb 24 Stunden zum Erstarren gebracht, ohne daß das Präparat aus seiner Lage bewegt, die Entstehung von Luftblasen verhindert und eine Überhärtung des Celloidins durch Eintrocknen verhindert wird.

Ein ähnliches Verfahren wurde von BUSSE vorgeschlagen, der an Stelle des Alkohols die Präparate Äther-Alkoholdämpfen aussetzt, wodurch ebenso wie bei der von mir geübten Härtung in dem mit Ätheralkohol beschickten Exsiccator — der Deckel ist öfters zu lüften oder nicht ganz zu schließen — eine langsame und gleichmäßige Konsolidierung bei möglichster Erhaltung der Durchsichtigkeit des Celloidins und Vermeidung von Luftblasen erzielt wird.

Ein für manche Zwecke praktisches Härtungsverfahren ist das Gefrierenlassen der Celloidinblöcke, worüber unten bei den Schnittmethoden berichtet werden soll.

Aufbewahren und Schneiden der Celloidinstücke. Wurde die definitive Härtung des Celloidins auf eine der angegebenen Arten ausgeführt, so können die eventuell bereits auch auf Blöcke aufgeklebten Präparate entweder feucht im Alkohol, Öl oder nach geeigneter Vorbehandlung trocken bis zur Weiterverarbeitung ohne Schaden für ihre Schnittfähigkeit oder tinktoriellen Eigenschaften monatelang aufbewahrt werden.

Für die Aufbewahrung im Alkohol eignet sich am besten ein Alkohol von 70—80%; in denselben sind die Stücke so einzulegen, daß dieselben von der Flüssigkeit vollkommen bedeckt werden. Auf diese Weise gelingt es wohl am besten, sowohl Schnitt- wie Tinktionsfähigkeit der auch monatelang aufbewahrten Celloidinstücke zu erhalten, entgegen der von A. FLORMAN geäußerten Anschauung, dessen an der Luft gehärteten Stücke, wie auch APÁTHY hervorhebt, viel zu zähe und hart werden und, wenn dünn geschnitten werden soll, das Messer abgleiten lassen. Dazu kommt, daß die äußere Schichte auch bei langsamer Härtung an der Luft eine festere Konsistenz bekommt als der Kern des Blockes, was zu Verzerrungen des Präparates führt und ein Rollen der Schnitte beim Schneiden auftritt, ein Übelstand, dem nur durch Abtragen der oberflächlichen überhärteten Celloidinschichte etwas abgeholfen werden kann. Auch die zu Aufhellungszwecken für Celloidinobjekte angegebenen Medien können ebenso wie Glycerin (E. MEYER), Carbolsäure, Carbolsäure-Glycerin oder ein Gemisch von Bergamottöl, Cedernöl und Carbolsäure zu gleichen Teilen (EYCLESHEIMER), Cedernöl (GILSON), Paraffinium liquidum sowie das von BUMPUS und FISH angegebene weiße Thymianöl zum Einlegen und Aufbewahren der Celloidinobjekte verwendet werden, ohne daß dieselben in ihrer Schnitt- oder Tinktionsfähigkeit Schaden leiden.

Für die Trockenaufbewahrung wurden namentlich von APÁTHY, BOLLES LEE und P. MAYER empfehlenswerte Verfahren angegeben. Ersterer bringt den mit Paraffin durchtränkten Kork mit dem Celloidinobjekt, nachdem es auf eine von Paraffin befreite Seite desselben aufgeklebt und mit Löschpapier abgetrocknet wurde, in etwas über den Schmelzpunkt erhitztes Paraffin. Es bildet sich auf diese Weise um das ganze Celloidinobjekt ein Paraffinmantel, der das Eintrocknen des Blockes verhütet. Beim Schneiden — mit angefeuchtetem Messer — fällt der dünne Paraffinrahmen entweder von selbst ab oder kann z. B. in Bergamottöl zum Lösen gebracht werden. Soll das Schneiden derartig vorbereiteter Stücke unterbrochen werden, so ist bloß ein Tropfen Paraffin auf die abgetrocknete Schnittfläche zu bringen und diese damit von der Luft abgeschlossen; das Stück kann nun aufgehoben und später ohne Verlust eines Schnittes weiter verarbeitet werden. Nach einer anderen, ebenfalls von APÁTHY empfohlenen, bewährten Methode werden die nach der Alkoholhärtung in Wasser gründlich abgespülten Celloidinstücke in eine Lösung von Glyceringelatine gelegt, die bei gewöhnlicher Temperatur erstarrt. Um die Schimmelbildung zu verhindern, werden auf die erstarrte Gelatine einige Thymolkrystalle gelegt. Zum Schneiden des Stückes wird die Gelatine nach Entfernung der Krystalle ein wenig erwärmt, die dann noch anhaftende Gelatine in lauwarmem Wasser abgewaschen und dann in 95%igem Alkohol geschnitten.

BOLLES LEE und P. MAYER empfehlen zur Trockenaufbewahrung die Celloidinblöcke in das von GILSON angegebene Chloroform-Cedernölgemisch im Verhältnis von 1 Teil Chloroform und 1—2 Teilen Cedernöl einzulegen. Nach und nach wird der Gehalt des Cedernöles erhöht, bis nur noch reines Cedernöl vorhanden ist. Wenn dann der Celloidinblock ganz durchsichtig geworden ist, bringt man denselben zur Verdunstung des eventuell noch vorhandenen Chloroforms an die Luft und dann bis zum Schneiden, das trocken ausgeführt wird, in ein gut schließendes Glas. Die angeschnittene Fläche des Blockes kann ohne Schaden stundenlang offen der Luft ausgesetzt bleiben, ohne einzutrocknen.

Für bestimmte Zwecke kann es notwendig werden, einzelne Schnitte von Paraffinobjekten in Celloidinschnitte umzuwandeln. Zu diesem Behufe kann das unten beschriebene Verfahren der „Collodionnage" oder eine von STRASSER speziell hierzu angegebene Methode Anwendung finden, der mit Gummiglycerin auf Papier aufgeklebte Schnitte in Xylol, dann nach Verdunsten desselben auf $^1/_2$—1 Stunde in 95%igen Alkohol überführt und zweimal mit Collodium simplex oder einmal mit Collodium duplex collodiniert.

Eine sehr zweckmäßige Vorrichtung empfiehlt R. BORRMANN zur Aufbewahrung von Celloidinblöcken, welche namentlich von Nutzen ist, wenn eine große Anzahl von Celloidinblöcken z. B. für Kurszwecke bereit gehalten und zu rascher Orientierung signiert werden sollen. In einem aus verzinktem Eisenblech hergestellten Kasten, der durch parallel gestellte, sich kreuzende Blechstreifen in 100 Fächer abgeteilt ist, werden die sei es mit durch eingesteckte Reißnägel angehefteten oder mittels Collodium angeklebten Etiketten oder durch Beschreiben mit Glastinte, Tusche, Nubianlack, Lampenschwarzzaponlack — signierten Stücke in 70—80%igen Alkohol eingelegt und das Ganze mit einem Deckel, dessen Rand ebenso wie der des Gefäßes selbst mit Filzstreifen zwecks vollkommenen Abschlusses armiert ist, verschlossen. Dieser Apparat, zu dessen Füllung 500 *ccm* Alkohol nötig sind, kann selbstverständlich auch mit anderen, zum Aufbewahren geeigneten Medien, wie Cedernholzöl, Glycerin etc., gefüllt werden.

Zu einfacher und dennoch sicherer Signierung der Präparate empfiehlt APÁTHY an Stelle der angeklebten Etiketten die Bezeichnung — entweder vor dem Eingießen der Celloidinlösung oder, was weniger zu empfehlen ist, nach diesem, jedoch immer, bevor die Oberfläche des Celloidins erhärtet ist — mit einem gelben Ölstift auf das Glas zu schreiben, wohin das einzubettende Objekt gelegt wird. Nach dem Herausheben des erhärteten Celloidins haftet die ganze Schrift unverwischbar auf dem Celloidin im Spiegelbild und kann durch das transparente Celloidin von oben her gelesen werden.

Das Aufkleben der in Celloidin eingebetteten Stücke auf Blöcke zum Schneiden kann, wenn anders es nicht bereits vor der Härtung erfolgt ist, auf verschiedene Weise erfolgen. In 70—80%igem Alkohol aufgehobene Stücke bringt man zu diesem Zwecke für kurze Zeit — es genügen 10—15 Minuten — in absoluten Alkohol, dann auf ebenso lange Zeit in eine Mischung von absolutem Alkohol und Schwefeläther oder in diesen allein und taucht dann das Stück mit der aufzuklebenden Seite in die dicke Celloidinlösung. Das Präparat wird nun auf den Präparatenklotz leicht aufgedrückt und nach kurzem Verweilen an der Luft in 70- bis 80%igen Alkohol oder Chloroform gelegt oder Chloroformdämpfen zur Härtung ausgesetzt. Als Klebemittel kann an Stelle der Celloidinlösung auch Klebegummi, Leim u. a. Verwendung finden; auch der von J. JOHNSON empfohlene, von den Metalldrehern zum Aufkitten von Metallgegenständen auf Holz benutzte Kitt, aus 1 Teil Wachs und 2 Teilen Kolophonium bestehend, eignet sich hierzu sehr gut. Man bringt von demselben einige Tropfen in geschmolzenem Zustande auf den wenig erwärmten Objektblock und drückt dann den an der Unterseite gut getrockneten Celloidinblock darauf, der, nach dem Erstarren der Masse, in einigen Sekunden festklebt.

Zum Schneiden, und zwar speziell zum Feuchtschneiden der Celloidinpräparate, empfiehlt sich vor allem die Verwendung jener Mikrotome, bei welchen durch den eventuell abfließenden Alkohol vitale Teile des Instrumentes nicht beschädigt werden können. Es sind deshalb hierzu vor allem jene Instrumente geeignet, bei welchen durch die horizontale Messerführung ein Abfließen des zum Schneiden verwendeten Alkohols fast ausgeschlossen ist. Wenn auch im Notfalle die sogenannten Schaukel- und automatischen Radmikrotome, z. B. das sogenannte CATHCARTsche oder MINOTsche Instrument, Verwendung finden können, so sind doch aus obigem Grunde vor allem für kleinere Objekte die Schlittenmikrotome mit horizontaler Mikrometerschraubenführung, z. B. jene von Jung in Heidelberg, Reichert in Wien, Becker-Sartorius in Göttingen, Miehe in Hildesheim u. a., und speziell für größere Stücke, wie z. B. ganze Gehirne, die sogenannten Tauchmikrotome am besten geeignet.

Die zum Celloidinschneiden verwendeten Messer sollen, wie z. B. die nach System WEIGERT von Walb hergestellten, an ihrer Unterseite plan, an der Oberseite konkav geschliffen und mit besonders starkem Rücken versehen sein, um jedes Federn derselben auszuschalten. Das Messer ist am besten so in den Messerhalter einzuspannen, daß es mit der Sagittale des Mikrotomes einen möglichst spitzen Winkel bildet und so mit dem größten Teile seiner Schneide durch das Präparat mehr ziehend als drückend geführt werden kann.

Von den beiden beim Celloidinschneiden in Betracht kommenden Methoden, dem Schneiden mit 1. feuchtem und 2. trockenem Messer, ist das erstere Verfahren das ältere und am meisten geübte. Bei dieser Methode wird sowohl Messer wie Präparat mit einer Flüssigkeit, z. B. Alkohol, benetzt und diese Prozedur muß, um gleichmäßige und tadellose Schnitte zu erhalten, immer erneut ausgeführt werden. Die Stärke des hierbei zu verwendenden Alkohols wird von den verschiedenen Autoren verschieden angegeben und schwankt zwischen 50% und 95%. So empfiehlt FLORMANN 95%igen, BUSSE 85%igen, APÁTHY für die in Glyceringelatine aufgehobenen Celloidinstücke 95%igen Alkohol. Am geeignetsten erweist sich und am meisten gebraucht wird 70—80%iger Alkohol, der am einfachsten entweder mit einem weichhaarigen, dicken Pinsel auf Messer und Objekt oder mit einer zu diesem Zwecke speziell konstruierten Tropfvorrichtung aufgebracht wird. Solche Apparate wurden z. B. von der Firma Jung in Heidelberg und von BERNHARD konstruiert. Der von letzterem angegebene Apparat besteht, aus einem kleinen Alkoholreservoir, welches zugleich mit dem Mikrotommesser durch die Flügelschraube an dem Messerschlitten fixiert wird. Vom Boden des Reservoirs führt ein kleines, mit Hahn versehenes Abflußrohr den Alkohol auf die Oberseite des Mikrotommessers. Je nachdem der Hahn geöffnet wird, wird schneller oder langsamer die Flüssigkeit auf das Messer tropfen und sich an der Schneide desselben ausbreiten.

Auf leicht zu improvisierende Weise erreicht WEIGERT denselben Zweck, indem er in einer der im Laboratorium gebräuchlichen Spritzflaschen das zum Boden führende Rohr mit einem Quecksilberventil versieht, dasselbe dann außerhalb der Flasche zweimal rechtwinklig abbiegt und das Ende in eine feine Spitze auszieht. Soll der in der Spritzflasche enthaltene Alkohol auf das Messer gebracht werden, so wird durch einen vom kurzen Glasrohr zum Munde führenden Gummischlauch die gewünschte Quantität durch Luftdruck aus der Flasche getrieben.

Eine relativ häufige, namentlich mit viel Materialverlust verbundene Unannehmlichkeit besteht in dem Abfließen des auf das Messer gebrachten Alkohols. Dem kann in etwas dadurch abgeholfen werden, daß man nach APÁTHYS Vorschlag das Messer vor dem Schneiden mit etwas gelbem Vaselin bestreicht, wodurch dasselbe außerdem nicht nur nicht vom Alkohol angegriffen wird, sondern auch besser schneidet. NIKIFOROFF stellt aus demselben Grunde das Messer horizontal oder sogar etwas nach rechts geneigt ein, ein Verfahren, daß auch das Herunterschwimmen der Schnitte gegen die Schneide zu vermeiden gestattet.

In idealer Weise wird das kontinuierliche Befeuchten des Messers sowie Präparates durch spezielle, von verschiedenen Firmen konstruierte Mikrotome erreicht: so durch das sogenannte Tauchmikrotom von JUNG, das Unterwassermikrotom von REICHERT — beschrieben von STARLINGER — das von H. H. GODDARD angegebene Hirnmikrotom u. a. Dieselben zeichnen sich sowohl in großen wie kleineren Ausmessungen hergestellt durch Sicherheit der Messerführung und große Präzision der Arbeit aus.

An Stelle des Alkohols können auch die meisten jener Medien zur Anfeuchtung von Messer und Präparat Anwendung finden, welche zum Aufbewahren der eingebetteten Celloidinstücke angegeben wurden. So wird von P. MAYER und EYCLESHEIMER das Glycerin, von GAGE ein Gemisch von 4 Vol. Xylol und 1 Vol. Ricinusöl, von FISH Thymianöl-Ricinusöl, von GILSON Cedernholzöl, dasselbe in einer Mischung mit gleichen Teilen Bergamottöl und Carbolsäure von EYCLESHEIMER und zusammen mit Chloroform im Verhältnis von 1 : 5 von JORDAN, ferner von BUMPUS Thymianöllösung empfohlen.

Das zweite beim Celloidinschneiden anwendbare Verfahren, das T r o c k e n s c h n e i d e n, wird am besten nach den Angaben von B. LEE und P. MAYER in folgender Weise ausgeführt: Das in gewöhnlicher Weise mit Collodium, Celloidin oder nach GILSONS oben angegebenem Verfahren eingebettete Objekt wird in Chloroform gehärtet und durch Chloroform-Cedernholzöl allmählich in reines Cedernholzöl übergeführt. Ist das Stück hier ganz durchsichtig geworden, so läßt man das meiste Chloroform an der Luft verdunsten, klebt das Präparat mit einem dicken Tropfen Collodium auf den Block und schneidet wie beim Paraffinverfahren mit trockenem Messer. Der angeschnittene Block kann stundenlang offen an der

Luft bleiben ohne zu schrumpfen oder seine Schnittfähigkeit zu verlieren, da er durch das Cedernholzöl weich und geschmeidig erhalten wird.

Trotz genauester Befolgung aller technischen Vorschriften und Verwendung tadellos geschliffener Messer erweist sich in einigen Fällen die Schnittfähigkeit mancher Celloidinstücke als sehr schlecht. Unter solchen Umständen ist, falls die Einbettung nicht genügend ist, Abhilfe nur durch Umbetten, d. h. Neueinbetten des Stückes, durch die Anetholbehandlung nach STEPANOW, durch die sogenannte Collodionnage oder in einigen Fällen durch Gefrierschneiden des in Celloidin eingebetteten Stückes möglich.

Zwecks Umbettung, resp. Neueinbettung ist das Stück zunächst am besten auf 1—2 Stunden in absoluten Alkohol einzulegen, dann durch eine Mischung von absoluten Alkohol und Äther am besten ganz vom Celloidin zu befreien, worauf der Einbettungsprozeß, mit der dünnsten Celloidinlösung beginnend, wiederholt wird.

Sollen Celloidinobjekte wegen schlechter Schnittfähigkeit oder zwecks rascher Diagnosestellung nach kurzem — 1—2 Tage langem — Verweilen in einer dünnen Celloidinlösung auf dem Gefriermikrotome geschnitten werden, so sind dieselben nach den zuerst von BARETT gemachten Angaben nach der Härtung im Alkohol für 6—24 Stunden auszuwässern, um den dem Gefrierprozeß hinderlichen Alkohol möglichst zu entfernen. Das Stück wird dann mit Gummi arabicum auf die Platte des Gefriermikrotoms aufgeklebt und zum Frieren gebracht; das Messer kann, falls das Celloidin zu hart gefroren ist, mit etwas erwärmtem Wasser befeuchtet und die Schnitte in vorher durch Auskochen luftfrei gemachtes — wodurch die Bildung von Luftbläschen an der Unterseite derselben vermieden wird — und wenig erwärmtes Wasser oder verdünnten Alkohol übergeführt werden. Nach einer von STEPANOW angegebenen, in manchen Fällen empfehlenswerten Methode, die auch eine Verbesserung der Schnittfähigkeit von Celloidinstücken ermöglicht, werden in Celloidin eingebettete Objekte entweder in 95%igem Alkohol, in 95%igem Alkohol und Benzol oder in Anilinöl und Benzol entwässert und durch 6—24 Stunden in Anethol eingebettet. Besser als die eben angeführten Verfahren ist folgende Modifikation, die vor allem jede Schrumpfung der Präparate zu vermeiden erlaubt: Anstatt in das reine Anilinöl bringt man die Stücke in ein Gemisch von 1 Teil Anilinöl und 1 bis 3 Teilen Nelkenöl oder Eugenol. Je mehr Nelkenöl, das in Verbindung mit Anilinöl Celloidin nicht löst, verwendet wird, desto länger — bis zu 3 Stunden — dauert die Aufhellung. Dieses Ölgemisch wird in zweimal zu erneuerndem Benzol innerhalb 1—2 Stunden extrahiert und dann 6—8 Stunden in Anethol eingebettet. Der Celloidinblock wird dann mit Anethol auf die Gefrierplatte des Mikrotoms geklebt und mit einem JUNGschen Messer geschnitten. Auf diese Weise lassen sich Schnitte bis zu 2,5 μ Dünne herstellen, welche sich beim Übertragen vom Alkohol in Wasser meist vollkommen glätten. Auch bei sorgfältiger Celloidineinbettung lassen sich unter Anetholanwendung fast doppelt so dünne Schnitte erzielen als ohne dasselbe.

Ein einfaches, in den meisten Fällen ausreichendes Hilfsmittel zur Verbesserung der Schnittfähigkeit von Celloidinstücken besitzen wir in der sogenannten schon von DUVAL im Jahre 1888 angegebenen Collodionnage, die sowohl hier wie in der Paraffinschneidetechnik Anwendung finden kann. Zu diesem Zwecke trocknet man mit Fließpapier die Schnittfläche des Celloidinstückes und pinselt auf dieselbe rasch in gleicher, dünner Schichte Collodium oder von der dünnsten Celloidinlösung. Man läßt nun einige Sekunden trocknen und befeuchtet dann diese Schichte wie sonst die Fläche des Blockes mit 70—80%igem Alkohol. Auf diese Weise können von schwer schneidbaren oder sehr großen Objekten, wie z. B. ganzen Gehirnen, tadellose Schnitte erzielt werden. Von JORDAN wird an Stelle des Collodiums oder Celloidins zu dem gleichen Zwecke eine Mischung von 15 *ccm* einer $^1/_2$—1%igen Celloidinlösung und 5 Tropfen Cedernholzöl empfohlen.

Zur Weiterbehandlung kommen die fertigen Celloidinschnitte, falls sie nicht auf dem Objektträger mit einer der hierfür ausgearbeiteten Celloidinaufklebemethoden behandelt werden sollen, zunächst in 70%igen Alkohol. Von da werden dieselben auf Spateln von Horn oder Metall — zu empfehlen sind hierzu auch die sehr widerstandsfähigen Nickelinstrumente — in die zur Färbung notwendigen Reagenzien überführt.

Ein Ausziehen des Celloidins ist zu diesem Zwecke nicht notwendig, ja die Festigkeit des Gewebegefüges direkt störend. Ist die Extraktion des Celloidins, wie das bei einigen Methoden notwendig ist, dennoch vorzunehmen, so bringt man die Schnitte in eine Mischung von Alcohol absolutus und Aether sulfuricus zu gleichen Teilen oder in Nelkenöl. Die auf diese Weise vom Celloidin befreiten Schnitte müssen nun mit der größten Vorsicht in die verschiedenen Reagenzien übergeführt werden; namentlich ist beim Übergang vom Alkohol in Wasser wegen der starken Diffusionsströme mit der größten Vorsicht zu verfahren und der Schnitt von einem Medium in das andere unter allmählich sich ändernder Konzentration zu übertragen, da sonst durch Zerreißungen der Schnitt vollkommen oder größtenteils zerstört wird. Die Extraktion des Celloidins kann auch, was unter Umständen mehr zu empfehlen ist, auf dem Objektträger durch tropfenweisen Zusatz der oben angegebenen Lösungsmittel ausgeführt werden; am sichersten gestaltet sich diese Prozedur so, daß man den betreffenden Schnitt vorher mit einer der Celloidinaufklebemethoden auf dem Objektträger fixiert und dann die Extraktion vornimmt.

Für gewisse Zwecke, z. B. zur Ersparung von Richtlinien bei den Rekonstruktionsmethoden, ist es von Vorteil, das dicke Celloidin der Lösung III mit einem Farbstoffe, z. B. alkoholischem Boraxcarmin, Pikrinsäure oder Safranin, zu färben, wodurch sich die Grenzen der Schnitte scharf durch das angefärbte Celloidin abheben und an Stelle von besonderen Marken Verwendung finden können. Man kann auch anstatt die Celloidinlösung zu färben, das Celloidin in den einzelnen Schnitten tingieren, wodurch, falls die Färbung nicht zu intensiv ausgeführt wird, die spezifische Tinktion der Gewebe im Präparate im allgemeinen selbst keine wesentlich störende Beeinflussung erleidet.

Bei vielen Färbemethoden wird der Farbstoff, welcher dem Celloidin anhaftet, durch die bei der Färbung in Anwendung kommende Differenzierungsflüssigkeit, z. B. angesäuerten Alkohol oder Wasser, dann das bei der WEIGERTschen Markscheidenfärbung zur Differenzierung in Anwendung gebrachte Boraxferridcyankalium u. a. vollkommen und rascher als aus den Geweben ausgezogen.

Ist der Schnitt in entsprechender Weise gefärbt, so kann derselbe nach dem Vorgange von DUVAL entweder sofort aus dem Wasser oder Alkohol in Glycerin übertragen und in üblicher Weise durch Umranden mit Paraffin oder Lack u. a. zum Dauerpräparat vorbereitet werden. Soll jedoch der Einschluß in einem der zur Herstellung von Dauerpräparaten gebrauchten Harze, wie Canadabalsam, Dammarlack u. a., erfolgen, so ist der Schnitt zuerst zu entwässern, und zwar, falls das Celloidin nicht extrahiert werden soll, unter Anwendung von Reagenzien, welche dieses nicht lösen, oder auf mechanischem Wege. Letzteres Verfahren, zuerst von WELCH, dann auch von WEIGERT empfohlen, ist unter dem Namen der „Abtupfungsmethode" bekannt und wird in folgender Weise ausgeführt: die in 95%igem oder 96%igem Alkohol bis auf einen kleinen Rest entwässerten Schnitte werden mit dem Spatel auf den Objektträger übertragen und dort vollkommen glatt ausgebreitet. Um nun den Schnitt zu trocknen, wird glattes Fließpapier vierfach zusammengelegt und vorsichtig, so daß sich keine Falten bilden können, von einer Seite beginnend, über den ganzen Schnitt gebreitet. Liegt nun das Papier gut auf, so führt man den Daumenballen der rechten Hand unter mäßigem Drucke über dasselbe hinweg, während die linke Hand das Papier auf dem Objektträger fixiert, so daß es nicht verschoben werden kann. Hat man diese Prozedur 2—3mal wiederholt, wobei das Papier zu wenden ist, so bringt man auf den Schnitt, bevor er vollkommen eintrocknet und sich aufrollt, rasch einige Tropfen Xylol oder besser Toluol — dieses nimmt eventuell noch vorhandene geringe Mengen Wasser besser auf als jenes — und saugt dieselben, nachdem sie über das ganze Präparat ausgebreitet wurden, wieder ab. Nach ein- oder zweimaligem Wiederholen der Prozedur ist das Präparat vollkommen wasserfrei und klar, worauf es direkt mit dem flüssigen Canadabalsam beschickt und mit dem Deckglase bedeckt werden kann.

Nach dem zweiten, von SCHIEFFERDECKER zuerst empfohlenen Verfahren wird der Celloidinschnitt zunächst in 95—96⁰/₀igem Alkohol entwässert und dann zur vollkommenen Entwässerung in ein hygroskopisches Öl übergeführt. Hierzu eignen sich z. B. Bergamottöl, Sandelholzöl, Origanumöl; von ätherischen Ölen ist Nelkenöl allein für sich wegen seiner Eigenschaft, das Celloidin zu lösen, nicht zu gebrauchen, wohl aber mit Thymianöl im Verhältnis 1 : 4 gemischt. FISH empfiehlt ebenfalls das Thymianöl, und zwar 3 Teile desselben mit 1 Teil Ricinusöl gemischt.

Eine Reihe von Medien, welche zum Aufhellen der Celloidinschnitte nach der Entwässerung zu gebrauchen sind, sind Benzolderivate und stammen aus der Steinkohlenteerproduktion: es sind das Toluol und Xylol. Beide sind in der von WEIGERT angegebenen Weise mit krystallisierter Carbolsäure, welche zuerst von URBAN für sich allein als Aufhellungsmittel vorgeschlagen wurde, im Verhältnisse 3 : 1 gemischt, auch vorzügliche Entwässerungsmittel für Celloidinschnitte, die nur dann kontraindiziert sind, wenn die betreffenden Schnitte mit Anilinfarben, namentlich basischer Natur, gefärbt sind. Aber auch in diesem Falle können diese Mischungen Verwendung finden, wenn die aus dem 95—96⁰/₀igen Alkohol vollkommen glatt in das Carboltoluol oder -Xylol für 2—3 Minuten überführten Schnitte in öfters gewechseltem reinem Toluol oder Xylol von jeder Spur der den Farbstoffen schädlichen Carbolsäure befreit wurden. Auch Anilinöl (1 Teil) mit Xylol (2 Teile) nach WEIGERT, ferner Terpentinöl, dann das im Origanumöl enthaltene Carvol oder Carvacrol sowie das Concol (MARPMANN) wurden für sich oder mit Terpentinöl — 5 Teile Carvacrol und 1 Teil Terpentinöl — gemischt empfohlen. Auch Chloroform kann als Aufhellungsmedium verwendet werden und wird von NIKIFOROFF in Verbindung mit Alkohol vorgeschlagen.

Um die Vorteile der Paraffinmethode, welche mit größerer Sicherheit als das Celloidinverfahren feine Schnitte herzustellen erlaubt, mit jenen der Celloidinmethode zu vereinigen, hat man versucht, beide Verfahren zu kombinieren. Eine derartige **kombinierte Einbettung** wurde schon von HEIDER angewandt und KULTSCHITZKY hat zuerst genauere Angaben über die von ihm geübte Celloidin-Paraffineinbettung veröffentlicht, welche in der Folge in unwesentlichen Punkten von RYDER modifiziert wurde. Es waren vor allem die komplizierte und mühsame Celloidineinbettung, welche nach seinen Ausführungen nur schwer feine Schnitte liefert, dann gewisse Mängel des Paraffinverfahrens, wie z. B. die leichte Zerreißbarkeit der Schnitte, welche ihn veranlaßten, die beiden Methoden zu kombinieren. Nach seinen Vorschriften kommt das in Alkohol entwässerte Objekt auf einige Stunden in Alkohol und Äther zu gleichen Teilen und dann für 24 Stunden in eine beliebig starke Celloidinlösung. Von hier wird dasselbe, je nach seiner geweblichen Beschaffenheit, verschieden lange in Origanumöl und hierauf in eine bis zu 40⁰ erwärmte Mischung von Paraffin- und Origanumöl übergeführt. Das dann in reines Paraffin eingeschlossene Objekt hat vor der einfachen Paraffineinbettung den Vorzug, daß auf den Schnitten die einzelnen Teile, durch das Celloidin zusammengehalten, ihre gegenseitige Lage sicher behalten und die relativ feinen Schnitte trocken wie Paraffinschnitte hergestellt werden können.

Die wenig günstigen Resultate, welche mit dieser Methode zu erzielen waren, veranlaßten FIELD und MARTIN, Versuche mit einem neuen Verfahren anzustellen, bei welchem Paraffin und Celloidin zu gleicher Zeit in gelöstem Zustande in die Gewebe gebracht wird. Das in absolutem Alkohol vollkommen entwässerte Objekt wird mit absolutem Alkohol und Toluol zu gleichen Teilen durchtränkt und dann in eine Lösung von Celloidin und Paraffin in Alkohol und

Toluol zu gleichen Teilen gebracht, welche aus gut getrocknetem Celloidin hergestellt wird, das zuerst mit ein wenig Toluol durchtränkt wurde, worauf die Mischung von Toluol und Alkohol zugesetzt wird. In der so hergestellten, etwa die Konsistenz des Nelkenöles zeigenden Celloidinlösung werden nach und nach kleine Stücke des Paraffins gelöst, wobei die Flüssigkeit, um eine raschere Lösung zu erzielen, z. B. auf dem Brutschrank ein wenig erwärmt werden kann. Jetzt kann das Präparat entweder, von einer kleinen Quantität des Paraffin-Celloidingemisches umhüllt, in mit Paraffin gesättigtes Chloroform gebracht und die definitive Einbettung nach BÜTSCHLIS Verfahren durchgeführt werden oder man bringt das Objekt in ein kleines Fläschchen, in das ein kleines Quantum des Einbettungsgemisches gegossen wird, genügend, um das Objekt zu bedecken. Unter mäßiger Erwärmung werden kleine Stücke Paraffin allmählich zugesetzt, bis der Inhalt fast ausschließlich aus reinem Paraffin besteht. Nach der Einbettung in reines Paraffin wird wie beim gewöhnlichen Paraffinverfahren mit quergestelltem Messer geschnitten. Bei der Aufhellung sind alle jene Reagenzien, welche Celloidin lösen, zu vermeiden, es sei denn, daß das Celloidin gelöst werden soll. Falls die Schnitte, was jedoch selten zu beobachten ist, sich gerollt haben, können dieselben durch leichtes Erwärmen wieder gestreckt werden. Eine von MARTIN angegebene Modifikation empfiehlt, die Durchtränkung der Objekte zunächst mit einem Gemisch von Celloidin und Campher vorzunehmen, dann in eine gesättigte Lösung von Campher in Chloroform und endlich in reines Paraffin überzuführen, wobei der Campher vom Paraffin verdrängt wird.

Das von FIELD und MARTIN geübte Verfahren hält SAMASSA für eine Durchtränkung mit Celloidin nicht geeignet, da die zur Lösung des Celloidins verwandte Mischung von Toluol und Alkohol das Celloidin wohl zum Quellen, aber nicht zur Lösung bringe. Aus diesem Grunde setzt derselbe den von ihm benutzten 2 Teilen Toluol und 1 Teil absolutem Alkohol noch 1 Teil Schwefeläther zu. In diese Mischung kommen zunächst die im Alkohol entwässerten Objekte, worauf sie in die gleiche Lösung übergeführt werden, der Celloidin und Paraffin bis zur Sättigung zugesetzt wurden. Hier bleiben die Stücke 24 Stunden und werden dann etwa $^1/_2$ Stunde lang an der Luft bis zur Bildung eines Celloidinhäutchens lufttrocken gemacht. Es wird nun in Petroleumäther, welcher das Celloidin nicht so übermäßig härtet wie das Chloroform, gehärtet und das Stück nach der Härtung auf weitere 24 Stunden in Petroleumäther übertragen und dann in Paraffinöl aufgehellt. Hier wird die Einbettungsmasse so durchsichtig, daß eine Orientierung der Objekte auch unter dem Mikroskope möglich ist, worauf dieselben jederzeit direkt in reines Paraffin eingelegt und eingebettet werden können.

Auch das Photoxylin wurde an Stelle des Celloidins von einigen Autoren zur kombinierten Einbettung verwendet, so von KONCEWICZ, SABUSSOW, MITROPHANOW, PRSHESMYSKI.

Ersterer bedient sich, um eine möglichst rasche und durchgreifende Durchtränkung zu erzielen, einer sehr schwachen Photoxylinlösung von 0,5—1%, in welche das Objekt direkt aus absolutem Alkohol eingelegt wird. Hernach kommt dasselbe in Xylol, Bergamottöl oder besser Origanumöl und wird dann in reines Paraffin eingebettet. SABUSSOW rühmt die dem Photoxylinobjekte zukommende größere Transparenz, wodurch eine sichere Orientierung ermöglicht wird. Nach seinen Angaben wird das Stück in 95%igem Alkohol gehärtet und auf je 24 Stunden in eine 0,5- und 5%ige Lösung von Photoxylin in 95%igem Alkohol und Äther zu gleichen Teilen übertragen. Das so vom Photoxylin durchtränkte Objekt wird dann in einem Tropfen 5%iger Photoxylinlösung 24 Stunden in Chloroform gehärtet, nach Wegschneiden des überschüssigen Photoxylins in einer Chloroformparaffinmischung und dann in reinem Paraffin je 1 Stunde erwärmt und dann in gewöhnlicher Weise in reines Paraffin eingebettet.

In ähnlicher Weise durchtränkt MITROPHANOW die Stücke zunächst mit einer 0,5%igen und dann 1%igen Photoxylinlösung, worin dieselben 1—3 Tage, je nach der Größe, verbleiben. Nachdem dann das Stück mit der stärker konzentrierten

Photoxylinlösung auf einem Objektträger angeklebt und oberflächlich gehärtet wurde, wird dasselbe in 70%igem Alkohol nachgehärtet und nach dem Zuschneiden des Blockes in 95%igem Alkohol entwässert, mit Origanum- oder Bergamottöl durchtränkt und in Paraffin vom Schmelzpunkt 48—52° eingebettet.

In wenig wesentlichen Punkten wurde dieses Verfahren von PRSHESMYSKI modifiziert, der sich die Vorteile des durchsichtigen Photoxylins speziell für die Einbettung kleinerer Objekte, wie Insuforien, zunutze macht. Nach seinen Angaben werden die entwässerten Präparate für 24 Stunden in eine 0,5%ige Photoxylinlösung gebracht, von wo sie in eine etwas konzentriertere zweite Lösung kommen, welche dadurch hergestellt wird, daß das 0,5%ige Photoxylin mit einer 1,5%igen Lösung zu gleichen Teilen gemischt wird. Hier bleiben die Objekte weitere 24 Stunden und werden dann in einen hohlgeschliffenen Objektträger ausgegossen. Wenn sich an der Oberfläche ein feines Photoxylinhäutchen gebildet hat, wird der Objektträger mit den Präparaten in 70%igen Alkohol und nach Ablösung des erhärteten Photoxylinhäutchens in 90%igen Alkohol übergeführt. Nach 2 Stunden bringt man das Präparat in eine Mischung von 90%igen und absoluten Alkohol, dann in nach 1½ Stunden zu erneuerndes Origanumöl. Nach Zufügen von Paraffin bleiben die Objekte 4—5 Tage im Brutschranke und werden dann in üblicher Weise in Paraffin eingeschlossen.

Auch eine von APÁTHY angegebene Celloidin-Paraffindurchtränkung gehört ebenso wie die von STEPANOW und JORDAN zu den Verfahren, bei welchen der Celloidineinbettung die Paraffineinbettung zeitlich getrennt folgt. Nach APÁTHY werden die mit Paraffin zu durchtränkenden, in üblicher Weise in Celloidin eingebetteten Stücke anstatt in 70%igem Alkohol in Chloroform gehärtet und dann mit Chloroformparaffin und Paraffin durchtränkt und eingebettet.

Die von STEPANOW angewandte kombinierte Einbettung basiert auf dem von ihm angegebenen Celloidinverfahren vermittelst Anethol (s. pag. 179). Er bringt auf diese Weise eingebettete Präparate nach der Härtung und Imprägnation mit Benzol in eine Mischung von gleichen Teilen Benzol und einer Masse, welche aus 2 Teilen Paraffin von 40° Schmelzpunkt und 1 Teil Anethol besteht, deren Erstarrungspunkt bei etwa 35° liegt. Hier bleiben die Stücke 6—12 Stunden im Thermostaten bei 37°, worauf sie in ein mit dieser Mischung gefülltes Papierkörbchen eingelegt und zum Erstarren gebracht werden. Mit einem Tropfen Anethol auf den Präparatenklotz aufgeklebt werden dieselben mit schräg gestelltem Messer geschnitten, in destilliertem Wasser geglättet und können dann wie einfache Paraffinschnitte auf den Objektträger aufgeklebt werden.

Bei der von JORDAN angegebenen Methode wird an Stelle der üblichen Celloidinmischung in der Celloidin-Cedernöllösung (s. pag. 180) eingebettet und aus dieser Mischung nach der zur Durchtränkung notwendigen Zeit in 4 Teile Chloroform und 1 Teil Cedernholzöl übertragen. Nachdem dieses zur Entziehung des Alkohols und Äthers öfters gewechselt wurde, kommen die Stücke in eine Mischung von Paraffin und Chloroform oder Benzol mit einigen Tropfen Cedernholzöl, wo sie bei etwa 30° bis zur Durchtränkung bleiben. Es folgt dann Durchtränkung mit öfter zu wechselndem reinen Paraffin bei nicht zu lange dauernder Einwirkung. Hierbei gilt als Regel, daß die Masse weicher wird, wenn man Celloidin von geringer Konzentration (2%) wählt und das Objekt behält eine weichere Konsistenz, wenn die Paraffindurchtränkung hauptsächlich in der Benzollösung, also bei 30° ausgeführt wird, wodurch die Zeit des Verweilens im reinen Paraffin bei den höheren Thermostatentemperaturen abgekürzt wird. Von Wichtigkeit ist, daß alles Cedernöl aus dem Paraffin entfernt wird; dieses ist daher beim Durchtränken öfters zu wechseln, da es sich sonst schlecht schneidet. Auf diese Weise lassen sich Dotterstücke von Selachiern, sowie Embryonen solcher mit im Darm suspendiertem Dotter, bindegewebige und muskelhaltige Organe mit bestem Erfolge schneiden und mit dieser Methode ist es möglich, die älteren kombinierten Celloidin-Paraffinverfahren auch für größere Objekte anzuwenden.

Im Anschlusse an diese Methode empfiehlt JORDAN eine Durchtränkung von Celloidin mit Paraffin ohne Anwendung hoher Wärmegrade, deren Ausführung sich namentlich bei bindegewebsreichen Organen, sowie bei Anwesenheit von viel Muskulatur empfiehlt, also bei Objekten, welche sonst zum Schneiden leicht zu hart werden. Die mit Cedernöl-Celloidin in gewöhnlicher Weise (s. pag. 180) durchtränkten Organe werden nach der Härtung und Entziehung des Alkohols und Äthers in eine möglichst konzentrierte Lösung von Paraffin von ca. 50° Schmelzpunkt — derselbe kann den verschiedenen Organen entsprechend verschieden sein — in Benzol oder Toluol in geschlossenem Gefäße übergeführt, dem einige Tropfen Cedernöl zugesetzt sind. Bei ca. 30° C wird das Objekt mit dieser Paraffinmischung durchtränkt und das Benzol oder Toluol bei geöffnetem Gefäße verdunstet, wobei die Lösung bei Objekten, welche nicht sehr konsistent und hart sind, gewechselt werden kann. Das Stück wird dann, wenn die Lösung breiartig geworden ist, zunächst 1 Tag bei 30°, dann bei Zimmertemperatur 2—8 Tage zum Trocknen aufbewahrt, wobei der Rest des Benzols verdunstet und der Block eine Schnittfähigkeit annimmt, welche bei mittelgroßen Objekten eine Schnittdicke von 5 μ, bei kleineren bis zu 3 μ erzielen läßt. Geschnitten wird wie bei Paraffinobjekten und ebenso auf den Objektträger aufgelegt, gestreckt und aufgeklebt.

Literatur: APÁTHY (Mitt. Zool. Stat. Neapel, Bd. 7, 1887), derselbe (Zeitschr. Wiss. Mikr., Bd. 5, 1888), derselbe (Ebenda, Bd. 6, 1889), derselbe (Mitt. Zool. Stat. Neapel, Bd. 12, 1897), derselbe (Die Mikrotechnik der tierischen Morphologie, 1. Abt., 1896), BARETT (Quart. Journ. Micr. Sc. N. S., Bd. 26), derselbe (Journ. of Anat. Physiol., Bd. 19), BERNHARD (Zeitschr. Wiss. Mikr., Bd. 8, 1891). BINDO DE VECCHI (Monit. Zool. Ital., Jg. 17, 1907), derselbe (Zeitschr. Wiss. Mikr., Bd. 24, 1907), BORRMANN (Zeitschr. Wiss. Mikr., Bd. 15, 1898), BLUM (Anat. Anz., Bd. 11, 1895), BUMPUS (Amer. Nat., Bd. 26, 1892), BUSSE (Zeitschr. Wiss. Mikr., Bd. 8, 1891), derselbe (Ebenda, Bd. 9, 1892), BÜTSCHLI (Biol. Centralbl. 1891). CORI (Zeitschr. Wiss. Mikr., Bd. 10, 1893), DIMMER (Zeitschr. Wiss. Mikr., Bd. 16, 1899), DUNHAM (Zeitschr. Wiss. Mikr., Bd. 3, 1886), DUVAL (Journ. de l'Anat. Physiol., Bd. 15, 1879), ELSCHNIG (Zeitschr. Wiss. Mikr., Bd. 10, 1893), EYCLESHEYMER (Amer. Nat., Bd. 26, 1892), FIELD-MARTIN (Zeitschr. Wiss. Mikr., Bd. 11, 1894), FISH (Proc. Amer. Micr. Soc., Bd. 15, 1893), FLEMMING (Zeitschr. Wiss. Mikr., Bd. 4, 1887), FLESCH (Ebenda, Bd. 1, 1884), FLORMANN (Ebenda, Bd. 6, 1889), FRIEDMANN (Ebenda, Bd. 18, 1901), GAGE (Trans. Amer. Micr. Soc., Bd. 17, 1896), GARBINI (Manuale Tecn. Mod. Microsc., 1885), GIESON, VAN (Monthly Micr. Journ., Bd. 8), GILSON (Cellule, Bd. 6, 1890), HELBING (in: Enzyklop. d. mikr. Technik, 1. Aufl., Bd. 1, 1903), HELLER (Zeitschr. Wiss. Mikr., Bd. 16, 1899), IDE (Cellule, Bd. 7, 1891), derselbe (Ebenda, Bd. 8, 1892). JELINEK (Zeitschr. Wiss. Mikr., Bd. 11, 1894), JORDAN (Ebenda. Bd. 15, 1898), derselbe (Ebenda, Bd. 16, 1899), derselbe (Ebenda, Bd. 17, 1900), KONCEWICZ (Arb. Zool. Lab. Univ. Warschau, Lief. 7, Ref. in: Zeitschr. Wiss. Mikr., Bd. 11, 1894), KRYSINSKY (Arch. Pathol. Anat., Bd. 108, 1887), KÜHNE (Centralbl. Bakt., Bd. 12, 1892), KULTSCHITZKY (Zeitschr. Wiss. Mikr., Bd. 4, 1887), LATTEUX (Manuel de Technique microsc. 1. Aufl.), LEE und MAYER (Grundzüge 1898), MARPMANN (Zeitschr. Angew. Mikr., Bd. 1, 1896), MAYER (Mitt. Zool. Stat. Neapel, Bd. 4. 1883), MEYER (Biol. Centralbl., Bd. 10, 1890). MILLER (Journ. Applied Micr., Bd. 6), MITROPHANOW (Ref. in: Zeitschr. Wiss. Mikr., Bd. 15, 1898), derselbe (Arch. de Zool. Expér., Bd. 3, 1886), NIKIFOROFF (Zeitschr. Wiss. Mikr., Bd. 8, 1891), POHROWSSKI (Med. Obosr. 1899, Ref. in: Zeitschr. Wiss. Mikr., Bd. 17, 1900), PRSHESMYSKI (Ref. in: Zeitschr. Wiss. Mikr., Bd. 13. 1896), ROLLETT (Ref. in: Zeitschr. Wiss. Mikr., Bd. 3, 1886), RYDER (Journ. Micr. Soc. London, Bd. 8, 1888), SABUSSOW (Mitt. Zool. Stat. Neapel, Bd. 12, 1896), SAMASSA (Arch. Entwickl.-Mech., Bd. 7. 1898), derselbe (Arch. Mikr. Anat., Bd. 40, 1892), SCHIEFFERDECKER (Arch. Anat. 1882), derselbe (Zeitschr. Wiss. Mikr., Bd. 1, 1884), derselbe (Ebenda, Bd. 5, 1888), SCHOLZ (Deutsch. Med. Wochenschr., Jg. 31, 1905), SOUZA (C. R. Soc. Biol., Bd. 4, 1888. Ref. in: Zeitschr. Wiss. Mikr., Bd. 5, 1888), STEPANOW (Zeitschr. Wiss. Mikr., Bd. 17, 1900), STRASSER (Ebenda, Bd. 12, 1895), TSCHERNISCHEFF (Ebenda, Bd. 17. 1900), TUBBY (Nature, Bd. 47, 1892), UNNA (Monatsh. Prakt. Dermat., Bd 30, 1900), VIALLANES (Ann. Sc. Nat., Bd. 6, 1883), WEIGERT (Zeitschr. Wiss. Mikr., Bd. 3, 1886), derselbe (Ergeb. Anat., Bd. 3. 1883), WOLFF (Zeitschr. Wiss. Mikr., Bd. 16, 1899).

Neumayer, München.

Celloidinschnittaufklebemethoden. Das Bestreben, die einfachere Behandlung der aufgeklebten Paraffinschnitte und die Herstellung von Reihen- oder Serienschnitten auch auf die in Celloidin eingebetteten Objekte anzuwenden, führten zur Ausarbeitung zahlreicher Celloidinschnittaufklebe- oder Celloidinschnittserienmethoden, welche sich in zwei Gruppen teilen lassen: Zur einen zählen alle jene Verfahren, bei welchen die Schnitte auf dem Objektträger angeklebt und wie die Paraffinschnittserie mit diesem in die verschiedenen Reagenzien übergeführt werden; die zweite Gruppe umfaßt die Methoden, bei welchen die Schnitte zu einer Lamelle oder einem einzigen zusammenhängenden Schnitt vereinigt und dann von der Unterlage losgelöst wie ein einzelner Schnitt frei in die verschiedenen Reagenzien übergeführt werden.

Hierher gehört zunächst die von GIACOMINI bereits im Jahre 1885 angegebene Methode. Derselbe überzieht tadellos gereinigte, glatte Glasplatten mit einer dünnen, gleichmäßigen Schichte von Collodium, indem er das Collodium über die Platte gießt und dieselbe so nach allen Richtungen wendet, daß sich die Lösung in vollkommen ebener Fläche ausbreiten kann. Den Überschuß läßt man abfließen, die collodinierte Platte wird in horizontale Richtung gelegt und hier so lange belassen, bis der Alkohol und Äther verflüchtigt ist. Ist die Platte vollkommen trocken, so wird dieselbe in eine 8—10%ige reinste Gelatinelösung gelegt, die auf 50—55° auf dem Wasserbade erwärmt gehalten wird. Hier kommt es zu einer innigen Verbindung zwischen Collodium und Gelatine, worauf die Schnitte aus destilliertem Wasser in die erwärmte Gelatine übergeführt und vermittelst eines Pinsels auf der collodinierten Glasplatte ausgebreitet resp. geordnet werden. Die so beschickte Glasplatte wird nun aus dem Gelatinebad genommen, einige Zeit horizontal gehalten, die überschüssige Gelatine abgegossen und die Platte vor Staub geschützt in horizontaler Lage aufbewahrt. Nach 12—18 Stunden ist die Gelatine vollkommen erhärtet, das Präparat völlig durchsichtig geworden und kann zwecks Signierung mit Tinte u. a. beschrieben werden. Nun wird das Ganze mit einer zweiten dünnen Collodiumschichte wie im ersten Falle übergossen und nach dem Trocknen die dünne Collodium-Gelatineschichte von der Glasplatte abgetrennt, indem man 1 *cm* vom Rande des Glases einschneidet und mit einem Skalpell das Präparat vom Glase abhebt, was leicht gelingt, wenn die erste Collodiumschichte auf vollkommen reines Glas aufgebracht wurde. Die auf diese Weise in Collodiumgelatine eingeschlossenen gefärbten Schnitte werden, um sie vor dem Einrollen zu bewahren, am besten in ein Buch eingelegt und können so unbegrenzt lange, vollkommen durchsichtig aufgehoben und ohne weiteres bei schwächeren Vergrößerungen unter dem Mikroskop untersucht werden.

Auch die von STRASSER speziell für Paraffinschnittserien angegebene Papier-Gummi-Collodiumplattenmethode kann in gleicher Weise für Celloidinschnitte in Anwendung gebracht werden, indem die mit Gummi arabicum und nach dem Trocknen noch mit Collodium überzogenen Blätter von starkem, glattem Schreibpapier auf die den Schnitten entsprechende Ausdehnung mit einer Mischung von 2 Teilen Collodium und einem Teil Nelkenöl bestrichen und dann mit den aufzuklebenden Schnitten beschickt werden. Sind so sämtliche Schnitte aufgetragen, so wird die beklebte Seite der Platte mit einer gleichmäßigen, dünnen Schicht von Nelkenöl-Collodium überzogen, nach dem Trocknen für einige Minuten in 95%igen Alkohol gebracht, eventuell noch mit Fließpapier abgetrocknet und mit einer zweiten Schicht von Nelkenöl-Collodium überstrichen, in 85—80%igen Alkohol auf mindestens eine Viertelstunde übergeführt und dann die Färbung in wässerigen oder wässerig-alkoholischen Lösungen vorgenommen. Im Wasser oder $^1/_{10}$%igen Alkohol löst sich die Gummischicht, worauf die Collodiumplatte leicht in toto abgehoben und für sich weiterbehandelt und in Canadabalsam eingeschlossen werden kann.

Zu den meistgebrauchten und eleganteren Verfahren zählen die Methoden von OBREGIA und WEIGERT. Ersterer bereitet eine Lösung von 3 Teilen Zuckersirup, 2 Teilen Alkohol (95%) und 1 Teil durchsichtigem Dextrin, womit entsprechend große Objektträger oder Glasplatten bestrichen und nach dem Trocknen — was auch auf dem Brutschrank bei ca. 30° geschehen kann — eventuell im Vorrat aufbewahrt werden. Auf diese, wenn gelungen, spiegelglatte Schichte werden die Celloidinschnitte — auch Paraffinschnitte können so aufgeklebt werden —, nachdem sie vorher auf mit 95%igem Alkohol feucht gehaltenes, satiniertes Seidenpapier oder Klosettpapier, mit der satinierten Seite nach oben, aufgereiht wurden, aufgelegt und mit leichtem Druck von einer zur anderen Seite gehend angepreßt.

Das Papier wird dann wie bei den sogenannten Abziehbildern langsam abgehoben und die nun haftenden Schnitte, nachdem sie durch Pressen mit vierfach zusammengelegtem, glattem Fließpapier abgetrocknet wurden, mit $3^0/_0$iger Photoxylinlösung übergossen. Man läßt nun diese Photoxylinschichte trocknen und führt die Objekte in Wasser über, wo sich die Zuckerdextrinschichte löst und die Schnitte sich mit der Photoxylinhaut vereinigt vom Glase abheben. Derartige Serien können dann wie ein einzelner Celloidinschnitt in gewöhnlicher Weise weiterbehandelt werden. Eine von GULLAND angegebene Modifikation empfiehlt an Stelle obiger Zucker-Dextrinlösung eine Mischung von 300 *ccm* einer sirupartigen Lösung von gepulvertem Kandiszucker in destilliertem Wasser, 20 *ccm* absolutem Alkohol und 10 *ccm* einer sirupartigen Lösung von Dextrin in destilliertem Wasser, womit die Glasplatten beschickt werden. Die übrigen Prozeduren werden genau nach den Vorschriften OBREGIAS ausgeführt.

Nach dem von WEIGERT angegebenen Verfahren werden die Schnitte mit Collodium aufgeklebt und mit einer zweiten Schichte desselben überzogen, so daß die Schnittserie zwischen zwei Collodiumblätter eingeschlossen wird, ein Umstand, der dem Verfahren von OBREGIA gegenüber den Nachteil aufweist, daß manche nachträgliche Färbungsmethoden ebenso wie die eventuelle Differenzierung hierdurch eine Verzögerung erfährt, da der Schnitt von beiden Seiten von einer Collodiumschichte eingeschlossen ist. Das Verfahren selbst gestaltet sich folgendermaßen: Die mit dem durch Alkohol befeuchteten Messer hergestellten Celloidinschnitte werden mit einem Streifen Klosettpapier, der mit Alkohol getränkt ist, vom Messer abgezogen und so fortgefahren, bis eine entsprechende Reihe von Schnitten auf dem Papierstreifen aufgelegt ist. In derselben Weise wird ein zweiter, dritter etc. Streifen beschickt, die, um sie feucht zu halten, auf mehrfach übereinandergelegtes, mit Alkohol (70—$80^0/_0$) befeuchtetes Filtrierpapier ausgestreckt werden. Die einzelnen Papierbänder werden dann mit den Schnitten — nach abwärts — auf Glasplatten übertragen, welche vorher mit einer dünnen Collodiumschichte überzogen wurden. Durch leichten Druck können die Schnitte so fixiert werden, daß sie glatt haften bleiben. Die am besten in zwei Reihen — um ein Eintrocknen zu verhüten — aufgelegten, nicht zu feuchten Schnitte werden dann mit einer Schichte Collodium überzogen und können bis zur Weiterbehandlung in $80^0/_0$igen Alkohol eingelegt und aufbewahrt werden. In wässerigen Farbmischungen und in Wasser lösen sich beide Collodiumblätter in Form einer zusammenhängenden Schichte ab und können ebenso wie die nach OBREGIA hergestellten Schnittserienblätter gefärbt und eingeschlossen werden.

H. WINTERSTEINER vermeidet wegen verschiedener Inkonvenienzen die Anwendung des von WEIGERT bei seinem Verfahren empfohlenen Klosettpapiers durch folgende Modifikation: Die Objektträger werden mit einer durch Alkohol-Äther um $^1/_3$ oder $^1/_4$ ihres Volumens verdünnten Collodiumlösung überzogen und getrocknet. Die Celloidinschnitte werden der Reihe nach auf dem Messer geordnet und, wenn die genügende Zahl hergestellt ist, vom Messer direkt auf die mit schwachem Alkohol befeuchtete Collodiumschichte herübergeschoben. Hier werden sie noch mit einem Pinsel geordnet, die Falten geglättet und mit satiniertem Filtrierpapier so weit der Alkohol abgesaugt, daß die Schnitte eben noch feucht sind. Das Ganze wird dann mit einer um das Doppelte oder Dreifache verdünnten Collodiumlösung übergossen und nach dem Trocknen in Alkohol gelegt, wo sich die Collodiumplättchen mit den Schnitten leicht abziehen lassen, worauf sie wie gewöhnliche Celloidinschnitte weiterbehandelt werden können. Zur Signierung können mit den Schnitten kleine Zettelchen zwischen die Collodiumblätter eingeschlossen werden, die mit Tusche etc. beschrieben die Bezeichnung unverlöschbar in allen Reagenzien festhalten.

Zur zweiten Gruppe, den Celloidinaufklebeverfahren mit Fixation der Schnitte auf den Objektträger, zählen zunächst die von FOL, DUVAL und SUMMER mitgeteilten Methoden.

Einer der ersten, welcher dieses System, die Celloidinschnitte auf dem Objektträger aufzukleben, in Anwendung brachte, war FOL. Derselbe empfiehlt 4 *g* Gelatine unter stetem Umrühren in 20 *ccm* Eisessig auf dem Wasserbade zu lösen und dann zu je 5 *ccm* der Lösung 70 *ccm* Alkohol (70 % stark) und 1—2 *ccm* einer 5 %igen Lösung von Chromalaun in Wasser zuzufügen. Auf den Objektträger gegossen und getrocknet wird die Gelatine, in Wasser getaucht, klebrig und so geeignet, aufgelegte Celloidinschnitte zum Haften zu bringen. Man kann auf diese Weise besonders große (Gehirn-) Celloidinschnitte behandeln, welche direkt mit dem in obiger Weise präparierten Objektträger herausgefischt werden.

Die von DUVAL (1888) geübte Methode besteht in einer reihenweisen Ordnung der Schnitte auf dem Objektträger, worauf dieselben mit 36 %igem Alkohol, dann mehreremal mit absolutem Alkohol beschickt und mit dem Deckglase bedeckt werden. Der unter dem Deckglas befindliche Alkohol wird dann durch Nelkenöl oder besser Benzin (Benzin COLLAS), welches das Collodium nicht löst und durch die Feuchtigkeit der Atemluft nicht getrübt wird, ersetzt, indem einige Tropfen desselben an einem Rande des Deckglases deponiert werden, während man am entgegengesetzten Rand mit einem Streifen Fließpapier den Alkohol absaugt. Ist im ganzen Präparat so der Alkohol durch Benzin ersetzt, so wird in derselben Weise Canadabalsam in Benzin gelöst zugesetzt.

Dieses und ebenso das von BUMPUS angegebene Verfahren, welcher zwecks Herstellung von Serienschnitten die mit Thymianöl hergestellten und durchtränkten Celloidinschnitte einfach auf dem trockenen Objektträger ordnet, den Überschuß des anhaftenden Öles verdunsten läßt und in Canadabalsam einschließt, bewirken keine wirkliche Fixation der Schnitte auf dem Objektträger und werden infolgedessen jetzt kaum mehr geübt.

SUMMERS Verfahren dient in gleicher Weise zum Aufkleben sowohl von Paraffin- wie Celloidinschnitten auf den Objektträger. Die Celloidinschnitte kommen für kurze Zeit in 95 %igen Alkohol und werden dann auf den Objektträger aufgelegt, der mit einer dünnen Schichte Collodium, sei es durch Überpinseln oder Übergießen, überzogen wurde. Die Schnitte werden hier geordnet, abgetrocknet — am besten mit mehrfach zusammengelegtem, faserfreiem Fließpapier — und dann mit einer Mischung von Alkohol und Äther zu gleichen Teilen übergossen. Nach dem Trocknen wird der Objektträger in 80 %igen oder schwächeren Alkohol eingelegt und in gewöhnlicher Art weiterbehandelt. An Stelle der Alkohol-Äthermischung können auch Ätherdämpfe Anwendung finden, wodurch die auf dem Objektträger befindliche Celloidinschichte erweicht und der aufgelegte Schnitt zum Haften gebracht wird. Die so behandelten Schnitte haften so fest, daß dieselben in alle üblichen Reagenzien — natürlich mit Ausnahme der das Celloidin lösenden — gebracht werden können.

Eine nur in unwesentlichen Punkten von SUMMERS Verfahren abweichende Methode publiziert INO KUBO. Er benutzt an Stelle des Collodiums Celloidin und klebt die auf numerierten Fließpapierscheiben beliebig lange in einem mit Alkohol leicht befeuchteten Glasbehälter aufbewahrten Celloidinschnitte in folgender Weise auf. Die zu verwendenden Objektträger werden zunächst mit dem Diamant oder japanischer Tusche signiert und nach intensivster Reinigung mit absolutem Alkohol und Äther mit einer dünnen Celloidinlösung übergossen, die nach dem Trocknen durch eine zweite und dritte Schicht verstärkt wird. Die Celloidinschnitte kommen, um sie von der Papierunterlage abzuheben, in Wasser und werden dann mit dem Spatel auf den mit der Celloidinmembran überzogenen Objektträger gebracht und geordnet, wozu eine unter den Objektträger gelegte, mit Kreuzzeichen in regelmäßigen Abständen versehene Unterlage gute Dienste leistet. Sind die Schnitte geordnet, so wird das Wasser vorsichtig mit Fließpapier abgesaugt und die Schnitte mit zwei- bis vierfach gefalteten Papierstreifen fest auf die Celloidinschichte gedrückt, die Objektträger in Alkohol von 80 %, 90 %, 96 % und 98 % getaucht und die Schnitte immer fest mit dem mehrfach gefalteten Fließpapier angedrückt.

Nun bestreicht man mit einem in Äther oder Alkohol-Äther befeuchteten Pinsel die ganze mit Schnitten belegte Fläche und die sich berührenden Ränder der Schnitte, wodurch die einzelnen Schnitte zu einer zusammenhängenden Celloidinmembran umgewandelt und auf dem Objektträger befestigt werden. Nach kurzem Trocknen kommen diese in die Farbe etc. Beim Überführen der Schnitte aus dem Alkohol in Wasser empfiehlt sich die Anwendung von Alkohol in allmählich abgeschwächter Konzentration, da sich die Celloidinmembran sonst leicht ablöst, die jedoch in diesem Falle dann auch für sich wie ein einfacher Celloidinschnitt weiterbehandelt werden kann.

Nach einer von Kaiser ausgeführten und von Schiefferdecker mitgeteilten Modifikation können vorher im Stück gefärbte Schnitte aus dem 96%igen Alkohol direkt auf reine Objektträger ohne Celloidinüberzug aufgelegt, geordnet und durch Ätherdämpfe fixiert werden. Für nachträgliche Färbung ist jedoch ersteres Verfahren, wie auch Schiefferdecker angibt, mehr zu empfehlen, da auch im Falle des Ablösens der den Objektträger überziehenden Collodiummembran der Zusammenhalt und die gegenseitige Lagerung der einzelnen Schnitte nicht alteriert wird.

Die von Apáthy mitgeteilte Celloidinserienmethode, welche auch für trockene, unter dem Schutze eines Paraffinmantels aufbewahrte Celloidinobjekte — Apáthy, pag. 186 — Anwendung finden kann, wird in folgender Weise ausgeführt: Das im Stück gefärbte Objekt wird mit möglichst schief gestelltem Messer geschnitten und die Schnitte auf grünes, terpentinfreies Bergamottöl gelegt, das sich mit 90%igem Alkohol ohne Trübung mischt. Von hier werden die auf dem Öl schwimmenden Schnitte mit Pauspapier von der Breite eines Objektträgers herausgefischt und zugleich in Reihen geordnet. Ist die gewünschte Zahl von Schnitten auf das Papier gebracht, so wird die Unterseite desselben mit Löschpapier abgetrocknet, das Papier mit den Schnitten nach unten auf einen gut abgetrockneten Objektträger angedrückt, geglättet und mit Löschpapier unter schwachem Drucke abgetrocknet. Das Pauspapier kann dann wie von einem Abziehbilde abgezogen und die auf dem Objektträger haftenden Schnitte mit einem Streifen von glattem Löschpapier von allem Öl befreit und in Canadabalsam eingeschlossen werden. Sollen die Schnitte erst nachträglich gefärbt oder behufs Kontrastfärbung noch mit einem anderen Farbstoff behandelt werden, so bringt Apáthy die vom Öl abgetrocknete Serie auf einige Minuten in eine Eprouvette, auf deren Boden einige Tropfen Alkohol und Äther gebracht wurden. Die vordem opaken Schnitte hellen sich hier auf und die Äther- und Alkoholdämpfe erweichen das Celloidin und kleben dieses fest an das Glas an. Sowie sich auf dem Objektträger Tropfen von Äther-Alkohol zeigen, wird derselbe in eine andere Eprouvette mit 90%igem Alkohol übertragen, wo das Celloidin erhärtet und jede Spur des Bergamottöles entfernt wird. Nach $^1/_4$ Stunde kann der Objektträger in jedem 70%igen Alkohol enthaltenden oder wasserfreien Reagens behandelt werden. Sollen wasserhaltige Reagenzien, z. B. Farben, Anwendung finden, so legt man die Schnitte beim Ordnen so, daß sie sich mit ihren Rändern gegenseitig decken oder berühren. Durch die Alkohol-Ätherdämpfe werden dann die Schnitte zu einer einzigen Lamelle vereinigt, welche vom Objektträger losgelöst als ein großer Schnitt, ähnlich wie bei dem Verfahren von Obregia, weiterbehandelt werden kann.

Dieses Verfahren hat Apáthy in der Folge so modifiziert, daß er die fertiggestellten Schnitte auf dem mit Vaselin bestrichenen Messer in der gewünschten Weise ordnet, so daß sich die Schnitte mit ihren Rändern dachziegelförmig decken, worauf die Serie von den Rändern her mit aufgelegtem Löschpapier abgetrocknet wird. Da die Schnitte infolge ihrer größeren Adhäsion am vaselinbestrichenen Messer an diesem haften bleiben, kann die Trocknung ohne Gefahr für Verschiebung u. a. vollkommen sicher ausgeführt werden. Hierauf wird die Serie mit der dünnsten Celloidinlösung — Lösung I — gleichmäßig bestrichen und nach dem Verdunsten des Alkohol-Äthers nach etwa 5 Minuten mit 70%igem Alkohol befeuchtet und weitergeschnitten; das Messer wird dann nach Vollendung der

Serie in 70%igen Alkohol eingelegt, wo sich die Schnitte in Form von zusammenhängenden Lamellen ablösen und in gewöhnlicher Weise weiterbehandeln lassen. APÁTHY rät, diese Serien gleich auf einen Objektträger zu legen, ihre Ränder mit Alkohol-Äther zu bestreichen, damit sie sich nicht loslösen und das Präparat dann in die Färbeflüssigkeit etc. zu übertragen.

Um dieses Loslösen zu verhindern und ein sicheres Haften der Celloidinschnitte auf dem Objektträger zu gewährleisten, streicht APÁTHY zunächst ein paar dünne Linien von verdünntem Hühnereiweiß auf den gut gereinigten Objektträger und koaguliert durch Erwärmen. Nun wird eine dünne, 2%ige, Celloidinlösung aufgepinselt, welche an dem rauhen Eiweiß sicherer haftet als auf der glatten Fläche des Objektträgers. Auf die getrocknete Celloidinschichte werden dann die Schnitte aufgelegt und unter Befolgung der angegebenen Regeln Alkohol-Ätherdämpfen ausgesetzt, in eine einheitliche Celloidinmembran umgewandelt und in gewöhnlicher Weise weiterbehandelt.

Dasselbe Verfahren, in allerdings etwas modifizierter Form, bringt auch GAGE in Anwendung. Derselbe taucht vor dem Aufbringen der Collodiumschichte die Glasplatte oder den Objektträger in eine Lösung von Eiereiweiß (1 *ccm* in 200 *ccm* Wasser) und erzielt hierdurch nach dem Trocknen ein sicheres Haften der Collodiumschichte, auf welche dann die Celloidinschnitte aufgelegt werden.

Einen wesentlich verschiedenen Weg schlägt J. TANDLER ein, der die Anfertigung von Celloidinserien ohne Fixation der einzelnen Schnitte weder untereinander noch auf dem Objektträger vorschlägt. Die einzelnen Celloidinschnitte werden der Reihe nach auf den reinen Objektträger aufgelegt, der überflüssige Alkohol mit Filtrierpapier entfernt und das Ganze dann mit einem mit destilliertem Wasser befeuchteten Filtrierpapierstreifen von der Breite und der doppelten Länge der verwendeten Objektträger bedeckt, die freie Hälfte des Streifens auf die untere Seite des Objektträgers umgeschlagen und dieser mit einem leeren Objektträger, der fest angedrückt wird, bedeckt. Die so behandelten Objektträger werden dann der Reihe nach in einer mit destilliertem Wasser gefüllten Wanne übereinander geschichtet, der, wenn die Serien nicht sofort gefärbt werden sollen, durch 70- bis 80%igen Alkohol ersetzt wird. Zwecks Färbung, z. B. mit Hämatoxylin, tränkt man Filtrierpapierstreifen, wie oben beschrieben, mit der sehr stark verdünnten Farblösung, legt dieselben an Stelle der zuerst gebrauchten Papierstreifen auf und bringt die so beschickten Objektträger in eine mit Brunnenwasser gefüllte Wanne. Nach der Färbung werden die Platten in analoger Weise mit Papierstreifen bedeckt, ausgewaschen, eventuell mit Eosinpapierstreifen bedeckt und folgend in gleicher Weise mit 95%igem Alkohol, Carbolxylol, eventuell Xylol u. a. behandelt und in Canadabalsam eingeschlossen. Die einzelnen Schnitte bleiben bei exakter Ausführung der Manipulationen unverrückt und lassen bei keinem der gebrauchten Farbstoffe ein Mitfärben des Celloidins erkennen.

In demselben Jahre wurde von G. AUBURTIN ein Verfahren publiziert, welches lediglich das den Celloidinschnitten selbst anhaftende Celloidin als Klebemittel in Anwendung bringt. Die in möglichst ausgiebiger Weise zugeschnittenen Celloidinstücke werden in 70%igem Alkohol geschnitten und die Schnitte direkt auf einen sorgfältig gereinigten Objektträger aufgelegt und geordnet oder zunächst in einer Schale, auf dem Messer etc. der Reihe nach gelegt. Auf dem Objektträger werden die Schnitte mit Fließpapier sorgfältig getrocknet, worauf tropfenweise absoluter Alkohol zugesetzt wird, der von der Seite an die Schnitte herangebracht, nach etwa 1/2 Minute mit Fließpapier abgesogen wird, was bei zahlreicheren Schnitten am besten zu wiederholen ist. Die so entwässerten Celloidinschnitte werden nun zur Lösung des Celloidins mit Alkohol-Äther aa. behandelt, wobei jede Bewegung des Objektträgers zu vermeiden ist. Ist das Celloidin ganz und gleichmäßig nach eventuell wiederholtem Aufbringen von Alkohol-Äther gelöst, so läßt man diesen verdunsten und die nach dem Trocknen entstehende Celloidinmembran haftet in gleichmäßiger dünner Schichte so fest auf dem Glase, daß sie nur noch mit Gewalt und nur in kleinen Stücken abgezogen werden kann. Das Entwässern der Präparate geschieht am besten mit 95%igem Alkohol; absoluter Alkohol ist nur mit Vorsicht zu gebrauchen und auch bei Gebrauch des von WEIGERT empfohlenen Carbolsäure-Toluols resp. -Xylols zu entbehren.

Auch verschiedene Gelatineaufklebemethoden für Paraffinschnitte (s. diese!), so jene von EYCLESHYMER, EISEN und ALLEGER, der die $^1/_2$%ige Gelatinelösung durch Zusatz von etwas Formol unlöslich macht, fanden für Celloidinschnitte sinngemäße Anwendung.

Besondere Erwähnung möge hier noch das sowohl für Celloidin- wie Paraffin- und Gefrierschnitte brauchbare Verfahren von OLT finden, das ein sicheres, serienweises Aufkleben der Schnitte erlaubt. Man löst zu diesem Zweck 10 *g* Gelatine in 100 *ccm* Wasser auf dem Wasserbad, zur Klärung wird die Lösung mit dem Eiweiß eines Hühnereies versetzt und dem Filtrat 10 *ccm* einer 5%igen Phenollösung zugegeben. Mit einem etwa linsengroßen erwärmten Stückchen dieser Phenolgelatine bestreicht man den Objektträger und legt die Schnitte direkt dem Alkohol entnommen darauf, drückt sie an und bedeckt dieselben mit einem in 10%iger Formollösung getränkten Papierstreifen, auf den ein zweiter Objektträger aufgelegt wird. Die so behandelten Schnitte können dann noch in 10%ige Formollösung gebracht oder Formoldämpfen ausgesetzt werden. Die Methode ist auch für in Celloidinparaffin eingebettete Schnitte zu verwerten, aus denen das Paraffin durch Benzol ausgezogen wird. In einigen Fällen nimmt die Klebegelatine, worauf auch R. KRAUSE verweist, den Farbstoff in sich auf, der dann nicht wieder leicht abgegeben wird.

Eine Fixation der Celloidinschnitte mit Agar auf dem Objektträger bezweckt die von M. A. GRAVIS angegebene Aufklebemethode. Hierzu werden 3 *g* Agar zerkleinert und einen Tag lang in 400 *g* Wasser (destilliert) gewässert. Nach Erwärmen im Sandbad und sechs Minuten langem Kochen wird die Masse in kleine Gläser durch feines Musselin filtriert und Campher zugefügt. Diese nur in dicker Schichte etwas wolkig-trübe Masse wird zum Gebrauch erwärmt und, wenn geschmolzen, in dünner Schichte über den Objektträger gestrichen, die Celloidinschnitte direkt vom Messer weg aufgelegt und die Serie mit einer zweiten Schichte von Agar bedeckt. Ist der Agar abgekühlt und 15—20 Minuten lang getrocknet, so werden die Objektträger bis zum nächsten Tag in 94%igen Alkohol eingelegt, wodurch der Agar entwässert und fest wird, worauf am nächsten Tag gefärbt, aufgehellt und eingeschlossen werden kann. Bei der Nachbehandlung der Schnitte können alle Reagenzien verwendet werden mit Ausnahme von destilliertem Wasser, das der Agar zum Quellen und Erweichen bringt.

Von R. FISCHEL wird ein von PICK angegebenes Linimentum exsiccans zum Aufkleben der Celloidinschnitte empfohlen. Dasselbe besteht aus 5 Teilen Traganth, 2 Teilen Glycerin und 100 Teilen Aqu. dest. Man trägt dasselbe in dünner Schicht auf den Objektträger auf, legt die feuchten, gut gestreckten Schnitte darauf und drückt dieselben mit Fließpapier an. Nachdem das Papier wieder abgenommen wurde, bringt man die Objektträger auf $^1/_4$—$^1/_2$ Stunde in 96%igen Alkohol, worauf die Schnitte vom Celloidin befreit werden können. Bei der Färbung und Nachbehandlung ist die längere Einwirkung von wässerigen Farben und Wasser sowie von Säuren wegen Gefahr des Ablösens der Schnitte zu vermeiden.

Schon von P. MAYER war die für Paraffinschnitte in Anwendung gebrachte Eiweißaufklebemethode auch für Celloidinschnitte empfohlen worden und in der Folge hat die Technik dieses einfachen Verfahrens von einer Reihe von Autoren vielfache Verbesserungen und Modifikationen erfahren.

So bringt H. JORDAN die Celloidinschnitte direkt aus 80—90%igem Alkohol auf einen mit dünner Eiweißschichte versehenen Objektträger, wo sie mit starkem Seidenpapier angedrückt und einem zweiten Objektträger überdeckt werden. Nachdem das Eiweiß durch Erwärmen zum Koagulieren gebracht ist, werden die zwischen den beiden Objektträgern befindlichen Schnitte in 96%igen Alkohol übergeführt, der aufliegende Objektträger und das Seidenpapier entfernt, worauf zur definitiven

Fixation das Celloidin in Alkoholäther, Kreosot, Eugenol oder einem zweiwertigen Phenol gelöst wird.

In ähnlicher Weise verfährt F. MÜLLER, der auf den Objektträger Eiweißglycerin (nach P. MAYER) in dünnster Schichte aufträgt und bis Dämpfe aufsteigen erwärmt. Darauf werden die Celloidinschnitte direkt aus 95%igem Alkohol aufgelegt, ausgebreitet und angedrückt. Nun läßt man die Schnitte, bis sie eben anfangen grau zu werden, trocknen und bringt Alkohol und Äther aa. auf dieselben. Nach 5—10 Minuten, wenn der Ätheralkohol verdunstet und zugleich das Celloidin gelöst ist, wird der Objektträger in 70%igen Alkohol, dann in Wasser übergeführt, worauf gefärbt und durch Carbolxylol in Canadabalsam eingeschlossen wird. Die aufgeklebten Schnitte können auch trocken aufbewahrt werden, wenn dieselben auf 5—10 Minuten in 95%igen Alkohol zum Erweichen des Celloidins gebracht wurden.

Auch bei dem von DANTSCHAKOFF angegebenen Verfahren, das sich im wesentlichen an die von RUBASCHKIN gegebenen Vorschriften anschließt, werden die unter Anwendung von 55—60%igem Alkohol angefertigten Schnitte auf dem mit Eiweiß bestrichenen Objektträger aufgeklebt. Man läßt die einzelnen Schnitte am besten auf dem Messer liegen, bis eine genügende Zahl derselben hergestellt ist; von hier kommen dieselben der Reihe nach auf den mit Eiweiß beschickten Objektträger, das am besten nicht mit der Fingerbeere, sondern mit einem reinen Stück Leinen ausgebreitet und fast ganz wieder abgewischt wird. Ist eine genügende Zahl von Schnitten aufgelegt und geglättet, so wird der Alkoholüberschuß entfernt und die Schnitte mit 4fach zusammengefaltetem schwedischen Filtrierpapier fest angedrückt, eine Mischung von 2 Teilen Nelkenöl und 1 Teil Anilinöl aufgeträufelt und nach dem Aufhellen abgegossen. Man preßt nun die Schnitte mit Filtrierpapier an das Glas, bringt den Objektträger in 96%igen Alkohol, der zweimal erneuert wird, dann folgen absol. Alkohol und Aether sulfuric., worauf nach dem Lösen des Celloidins durch absol. Alkohol, 96%igen und 75%igen Alkohol in Wasser übergeführt wird, worauf alle beliebigen Färbungen vorgenommen werden können.

Während bei den eben angegebenen Verfahren die Schnitte durch das Eiweiß und das zur Lösung gebrachte sowie in eine Haftmembran umgewandelte Celloidin auf dem Objektträger fixiert werden, bedienen sich ARGUTINSKY sowie TELLYESNICKY und DI CHRISTINA der Klebekraft des ersteren allein. Die Methode von ARGUTINSKY wird in folgender Weise ausgeführt: Das in dünnster Schichte auf den Objektträger aufgetragene Glycerineiweiß wird durch Erwärmen auf 100° C zum Gerinnen gebracht und die unter Anwendung von 70%igem Alkohol angefertigten und gut geglätteten Celloidinschnitte faltenlos daraufgelegt. Nach dem Absaugen des überschüssigen Alkohols werden die Schnitte mit 8—12mal gefalteten Filtrierpapierstreifen fest angedrückt, wodurch dieselben genügend fixiert sind, um in Wasser aufbewahrt oder in die zum Färben nötigen Lösungen übergeführt zu werden. Zu vermeiden sind auch hier alle jene Reagenzien, welche das Eiweiß lösen oder das Celloidin angreifen.

Die von TELLYESNICKY angegebene Modifikation der ARGUTINSKYschen Methode empfiehlt an Stelle von P. MAYERS Glycerineiweiß einfach mit Wasser verdünntes Eiweiß, wozu das Eiweiß eines Hühnereies mit 100 *ccm* Wasser verdünnt, gut geschüttelt und filtriert wird. Auch auf Glimmerplatten und nach meiner Erfahrung ebenso auf Celluloidlamellen lassen sich hiermit die Schnitte gut aufkleben, wo man sie mit den in den photographischen Laboratorien gebräuchlichen Walzen gut andrücken kann.

Auch DI CHRISTINA'S Methode beruht im wesentlichen in der Anwendung einer modifizierten Eiweißklebemasse, die nach seinen Angaben aus 5 Teilen Hühnereiweiß und 1 Teil neutralem Glycerin hergestellt wird. Hierauf kleben die Schnitte einzig und allein durch die koagulierende Wirkung des 95%igen Alkohols, aus welchem dieselben direkt herausgenommen und aufgelegt werden, worauf dieselben alle Prozesse ohne abzufallen durchmachen können.

Fast in derselben Weise wie beim Aufkleben von Paraffinschnitten nach P. Mayer verfährt G. Perna. Er bestreicht Objektträger oder Deckgläschen zuerst mit einer dünnsten Schicht von Eiweißglycerin, worauf die auf Fließpapier serienweise angeordneten Schnitte aus 94%igem Alkohol vorsichtig, so daß keine Luftblasen eindringen, übertragen und sorgfältig angedrückt werden. Nach dem Erwärmen kann man die Präparate in 80%igem Alkohol aufbewahren und das Celloidin entweder in den Schnitten belassen oder mit Alkoholäther extrahieren und dann durch Carbolxylol etc. in Canadabalsam einschließen. Dieselbe Möglichkeit bietet das Verfahren von W. Rubaschkin. Derselbe schneidet das Celloidinobjekt unter Befeuchtung des Messers mit 50—60%igem Alkohol, worauf die Schnitte mit Eiweißglycerin (nach P. Mayer) aufgeklebt werden. Hierbei ist darauf zu achten, daß nicht zu viel Alkohol auf den Objektträger gebracht wird und die Schnitte keine Falten werfen. Die noch feuchten Schnitte werden dann mit einer Mischung von Nelken- und Anilinöl (Anilinum purum) zu gleichen Teilen übergossen, bis sie vollständig klar und durchsichtig sind. Nach dem Entfernen des Öls taucht man die Serie in 90%igem Alkohol, der zweimal gewechselt wird und kann dieselbe dann in 70%igem Alkohol aufbewahren. Will man das Celloidin aus den Schnitten extrahieren, so bringt man den Objektträger auf 5 Minuten in 96%igen oder absoluten Alkohol, in absol. Alkohol und Äther aa. und dann zur weiteren Behandlung in 96%igen und 70%igen Alkohol.

An Stelle des Hühnereiweißes wurde von A. Kraus zum Aufkleben der Paraffin- wie Celloidinschnitte auch Albumin empfohlen, von dem 1 *g* (Mercksches Albumin) mit 100 *g* kaltem Aqu. dest. angesetzt, erwärmt und filtriert wird. Mit der erhaltenen opaleszierenden Flüssigkeit wird der Objektträger bestrichen, die Schnitte aufgelegt, die überschüssige Flüssigkeit abgesaugt und der Objektträger bis zum Schmelzpunkt des Paraffins erwärmt; bei Celloidinschnitten ist zuerst das Celloidin in absol. Alkohol und Äther aa. zu lösen.

Literatur: Allegeb (Proc. Amer. Micr. Soc., Bd. 15, 1894), v. Apáthy (Mitt. Zool. Stat. Neapel, Bd. 7, 1887), derselbe (Zeitschr. Wiss. Mikr., Bd. 5 u. 6, 1888 u. 1889), Argutinsky (Le Physiolog. Russe, Bd. 2, 1900), Auburtin (Anat. Anz., Bd. 13, 1897), Bumpus (Amer. Nat., Bd. 26, 1892), Breckner (Zeitschr. Wiss. Mikr., Bd. 25, 1908), di Christina (Zeitschr. Wiss. Mikr., Bd. 22, 1905), Dantschakow (Zeitschr. Wiss. Mikr., Bd. 25, 1908), Duval (C. R. Soc. Biol., Paris 1879), derselbe (Journ. de Microgr., Bd. 3 u. 12, 1879 u. 1888), Eisen (Proc. Californ. Ac. Sc., Bd. 5, 1895), derselbe (Journ. Micr. Soc., London 1895), Eycleshymer (Amer. Nat., Bd. 26, 1892), Fischel (Zeitschr. Wiss. Mikr., Bd. 20, 1904), Fol (Lehrbuch der vergleichenden mikroskopischen Anatomie, 1. Lieferung, 1884), Gage (Proc. Amer. Soc. Microsc., Bd. 14, 1892), Giacomini (Gazz. Clin., Milano 1885, Ref. in: Zeitschr. Wiss. Mikr., Bd. 2, 1885), Gravis (Bull. Soc. Belg. Micr., 23. Jg., Ref. in: Journ. Micr. Soc., London, Pt. 5, 1897), Gulland (Journ. of Pathol. 1893), Jordan (Zeitschr. Wiss. Mikr., Bd. 15, 1898), Kraus (Arch. Dermat. Syph., Bd. 80), Krause (Centralbl. Norm. Anat., Bd. 4), Kubo (Arch. Mikr. Anat., Bd. 70, 1907), Müller (Centralbl. Pathol. Anat., Bd. 14, 1903), Obregia Neurol. Centralbl., Bd. 9, 1890), Olt (Zeitschr. Wiss. Mikr., Bd. 23, 1906), Perna (Rend. Soc. Med. Chir. Bologna 1905), Rubaschkin (Anat. Anz., Bd. 30, 1907), Schiefferdecker (Zeitschr. Wiss. Mikr., Bd. 5, 1888), Stepanow (Ebenda, Bd. 17, 1900), Strasser (Ebenda, Bd. 12, 1895), Summer (Amer. Monthly Micr. Journ., Bd. 7, 1887, Ref. in: Zeitschr. Wiss. Mikr., Bd. 4, 1887), Tandler (Zeitschr. Wiss. Mikr., Bd. 14, 1897), Tellyesnicky (Verh. Anat. Ges., Jena 1904), Weigert (Zeitschr. Wiss. Mikr., Bd. 2, 1885), Wintersteiner (Ebenda, Bd. 10, 1893).

Neumayer, München.

Celluloid wird erhalten durch Lösen von 50%iger Collodiumwolle in einer 25%igen Lösung von Campher in Äther und Auswalzen der Masse. Seine Löslichkeitsverhältnisse sind ähnlich wie die des Celloidins.

Es ist an Stelle von Celloidin als Injektionsmasse empfohlen worden; auch als Material für Plattenrekonstruktion können Celluloidplatten Verwendung finden.

Cellulose siehe: Zellmembranen, pflanzliche.

Centralkörper. Zur Fixation von Material, welches auf das Vorkommen von Centralkörpern in den Zellen untersucht werden soll, können eigentlich alle unsere anerkannten Fixationsmittel benutzt werden: konzentrierte Sublimatlösung, Sublimatessigsäure, Sublimatsalpetersäure, ZENKERsche Flüssigkeit. Von den Osmiumgemischen wären in erster Linie zu nennen die FLEMMINGsche und HERMANNsche Flüssigkeit, daneben die VOM RATHschen Gemische und die von VAN DER STRICHT empfohlene Mischung von 16 Teilen 1%igem Platinchlorid und 4 Teilen 2%iger Osmiumsäure. Ferner das von RABL mit Vorliebe benutzte 0,1—0,3%ige Platinchlorid mit Untersuchung der Schnitte in Methylalkohol. Auch die von CARNOY und VAN BENEDEN eingeführten Alkoholeisessiggemische erlauben bei manchen Objekten eine vorzügliche Färbung der Centralkörper.

Von den Methoden zur Färbung der Centralkörper dürfte die von M. HEIDENHAIN ausgearbeitete Eisenalaunhämatoxylinmethode wohl die allererste Stelle einnehmen. Sie läßt sich nach allen den vorher erwähnten Fixierungen mit Vorteil anwenden. Schnitte aus Osmiumgemischen werden zweckmäßig vor der Färbung gebleicht. Auch die übrigen regressiven Hämatoxylinmethoden können unter Umständen gute Dienste leisten. So färbt PLATNER die Objekte im Stück 24 Stunden in einer 1%igen Lösung von Hämatoxylin in 70%igem Alkohol und behandelt dann 12—24 Stunden mit einer Mischung von 30 Teilen 3%iger wässeriger Bichromatlösung und 70 Teilen absolutem Alkohol. HERMANN färbt ebenfalls in Stück mit dem gleichen Hämatoxylin und differenziert dann die Schnitte nach der PALschen Methode mit ganz dünner Permanganatlösung und schwefliger Säure (Kal. sulfurosum 1 *g*, Acid. oxalic. 1 *g*, Aqua dest. 200 *g*).

Für Sublimatmaterial ergibt neben der Eisenalaunhämatoxylinmethode auch die EHRLICH-BIONDIsche Dreifachfärbung ganz vorzügliche Resultate. Wir erhielten die distinktesten Färbungen, wenn wir der fertigen Farblösung auf 100 *ccm* 1—2 Tropfen einer 2%igen Osmiumlösung zusetzten.

Für Flemming- und Hermannmaterial ist dann zur Darstellung der Centralkörper von FLEMMING, MEVES und vielen anderen die Dreifachbehandlung mit Safranin, Gentianaviolett und Orange G mit dem größten Erfolge in Anwendung gezogen worden. Auch die BENDAsche Doppelfärbung mit Safranin und Lichtgrün oder Säureviolett wäre hier zu nennen.

Hermannpräparate lassen auch ohne weitere Färbung dann, wenn sie mit rohem Holzessig nachbehandelt sind, oft, aber nicht immer, die Centralkörper sehr hervortreten.

Nähere technische Details finden sich in den Artikeln Hämatoxylineisen, EHRLICH-BIONDI-R. HEIDENHAINsche Farblösung, FLEMMINGsche Dreifachbehandlung, FLEMMINGsche Lösung, Platinchloridessigosmiumgut säure, Safranin.

Centrosomen in Pflanzenzellen. Der Nachweis von Centrosomen ist bisher nur bei niederen Pflanzen gelungen, bei Braunalgen (Phaeophycaceen): Scheitelzelle von Sphacellaria und besonders schön von Dictyota (MOTTIER) und jungen Keimpflanzen von Fucus (STRASBURGER) und bei Lebermoosen: Sporenmutterzellen und keimende Sporen von Aneura, Pellia, Fegatella (FARMER), bei letzteren nur im Monasterstadium deutlich. Fixierung mit FLEMMINGS starkem Gemisch (für Meeresalgen ½ und ½ Seewasser) oder mit HERMANNS (nicht für Meeresalgen). Färbung mit FLEMMINGS Dreifarben. Auch nach HEIDENHAINS Eisenhämatoxylinmethode gelingt der Nachweis, jedoch hier viel besser nach Fixierung mit Sublimatgemischen. Das centrosomenartige, zur Centralspindel auswachsende Organ der Diatomeen (Surirella) wird nach Fixierung mit Flemming und sehr vorsichtiger Härtung in Alkohol nach der HENNEGUYschen Methode (Journ. de l'Anat. Phys., Bd. 27, 1891) zur Darstellung gebracht. Die Diatomeen werden 10 Minuten in 2%igem Kalibichromat und 5 Minuten in 1%iger Lösung hypermangansauren Kalis gebeizt und in alkoholischer Safraninlösung bis zur völligen Überfärbung (im Innern gänzlich rot) gefärbt, was meist in kürzerer Zeit eintritt. Mit Nelkenöl wird unter dem Mikroskop ausgewaschen und differenziert, bis nur noch die Centrosomen (und Nucleolen) intensiv rot, während Kerngerüst und Plasma viel schwächer tingiert bleibt (LAUTERBORN). Ob bei höheren Pflanzen

Centrosomen auftreten, ist viel umstritten; während GUIGNARD zumeist mit seinem Chromsäureeisenchloridessigsäuregemisch (s. Chromsäuregemische), aber auch ebensogut mit Flemming, zumal bei Wasserpflanzen (Nymphaea), individualisierte Centrosomen erhalten will, bestreitet STRASBURGER ebenso energisch ihr Auftreten auf Grund zahlreicher mit allen möglichen Methoden und Färbungen angestellter Untersuchungen, wenn er auch gewisse aktivierte Kinoplasmamassen während der Caryokinese zugibt. FISCHER leugnet überhaupt die Existenz von Centrosomen.

Es ist davor zu warnen, häufiger an den Spindelpolen sich teilender Zellen höherer Pflanzen auftretende größere oder kleinere, oft schön kugelige und auch manchmal von Strahlen umgebene Gebilde für Centrosomen anzusehen (z. B. Wurzelspitzen von Mais-Zea mays, Zwiebel-Allium Cepa, Hibiscus). Sie sind vielmehr nach ihrem Verhalten gegen Farbe und ihrer Entstehungsweise sicherlich Nucleolen, die auch künstlich durch Temperaturerniedrigung hervorzurufen resp. zu verstärken sind (NEMEC).

Centrosomähnliche Gebilde sind als Blepharoplasten oder Cilienbildner in den spermatogenen Zellen 1. der Gefäßkryptogamen und 2. niederen Gymnospermen beschrieben worden (1. Chara, Marsilia, Onoclea, Filicinen, Equisetum, 2. Gingko, Cycas, Zamia). Sie treten zuerst, und zwar meist direkt an den Spindelpolen in den Großmutterzellen (oder einer noch früheren Generation) der Spermatozoen auf und bilden sich direkt oder, nachdem sie bei der Teilung wieder verschwunden, in die Spermatozoencilien um. Besonders günstig ist der Nachweis bei Marsilia. In den von Microsporocarpien umschlossenen Microsporangien keimen die Microsporen im Wasser bei einer Temperatur von 18° im Laufe von 8—10 Stunden zu Prothallien mit Spermatozoen aus. Zur Untersuchung werden dann die Microsporangien im ganzen von ihrem gelatinösen Ring abgeschnitten und in Hermann fixiert. Nach Aufhellung mit Wasserstoffsuperoxyd werden die Mikrotomschnitte mit HEIDENHAINS Eisenhämatoxylin behandelt und zeigen in allen Stadien der Spermatogenese die Blepharoplasten mit den ihnen anhaftenden achromatischen Fasern (BELAJEFF).

Literatur: STRASBURGER (Gr. Bot. Prakt., dort weitere Lit.) und MOTTIER (Ber. Deutsch. Bot. Ges. 1898), Über die centrosomenartigen Körper der Pilze vgl. Lit. Ascomyceten: HARPER (Jhb. Wiss. Bot., Bd. 30, 1897), Basidiomyceten: JUEL (Jhb. Wiss. Bot., Bd. 32, 1899), LAUTERBORN (Unters. über Bau, Kernteilung und Bewegung der Diatomeen, Leipzig 1896), GUIGNARD (Ann. Sc. Nat., 8., sér. 6, 1897), FISCHER (Fixierung etc.), STRASBURGER (Über Reduktionsteilung, Spindelbildung, Centrosomen und Cilienbildner im Pflanzenreich, Jena 1900, pag. 156—177, dort auch gesamte Literatur), NEMEC (Sitz. Böhm. Ges. Wiss. 1899 und Ber. Deutsch. Bot. Ges., Bd. 19, 1901), BELAJEFF (Ber. Deutsch. Bot. Ges., Bd. 18, 1900), STRASBURGER (l. c.), HERBERT J. WEBBER (U. S. Depart. of Agric. Br. of Plant. Industry Bull., Nr. 2, 1901), KOERNICKE (Flora, 1906), BERNARD (Journ. de botan. 1905). *Magnus*, Berlin.

Cephalopoden siehe: Mollusken.

Cerasinrot, syn. für Sudan III.

Cercarien siehe: Parasiten, tierische.

Cerise. Unter diesem Namen kommen Farbstoffe in den Handel, welche im wesentlichen durch Phosphin verunreinigtes Fuchsin darstellen (Ludwigshafen, Casella, Kalle).

Cestoden siehe: Würmer.

Chabry's Apparat siehe: Experimentell-embryologische Methode.

Chaetopoden siehe: Würmer.

Characäen. Über Lebendbeobachtung von Nitella vgl. Plasmaströmung, über Kultur vgl. Algen, Kultur der.

Nitella enthält in jeder Internodialzelle außer den Zellkernen mit ihnen leicht zu verwechselnde Eiweißkörper (Stachelkugeln), die im Strom mit herumgeführt werden. Legt man N. in äußerst verdünnte Methylenblaulösung, so speichern die Kugeln die Farbe auf, ohne daß das Plasma sonst geschädigt würde.

Die zahlreichen Zellkerne der N.- und Charainternodien entstehen durch amitotische Teilung der mitotisch entstandenen Einzelkerne der Glieder- und Embryonalzellen. Fixiert werden die Characäen in Flemming ca. 24 Stunden lang, auch mit RATHschem Gemisch 1:10 in Wasser 10 Minuten lang und zur Entkalkung 12 Stunden in 1%iger Essigsäure. Da das Paraffin sehr schwer eindringt, zumal in die Eiknospe, so müssen sie oft 8—14 Tage in demselben bleiben. Zur Färbung ist FLEMMINGS Dreifarbengemisch am geeignetsten.

Literatur: GÖTZ (Bot. Zeitschr., Bd. 57, 1899), OVERTON (Bot. Centralbl., Bd. 44, 1890). *Magnus*, Berlin.

Chiasma siehe: Sehorgan.

Chinablau, ein lösliches Anilinblau (Berlin, Elberfeld). Schöne, kupferglänzende Krystalle, in Wasser ziemlich leicht löslich, in Alkohol ganz unlöslich, in Schwefelsäure mit rotbrauner, in Salz- oder Essigsäure mit blauer Farbe löslich. Mit Natronlauge Rotfärbung.

Chinablau ist von GALLI zur Färbung des Neurokeratins empfohlen worden. Die Nerven kommen für 18—20 Tage in MÜLLERsche Lösung, werden dann zerkleinert und noch für zwei Tage in verdünnte MÜLLERsche Lösung (1 : 2 Wasser) eingelegt, dann kann man sie noch etwas zerzupfen und für $^1/_4$ Stunde in angesäuertes Glycerin einlegen (1 oder 2 Tropfen Essigsäure auf 1 oder 2 *ccm* Glycerin), dann unmittelbar in wenige Tropfen einer wässerigen Lösung von Chinablau, schwacher Alkohol, absoluter Alkohol (5—10 Minuten), Terpentin, Dammar.

KULTSCHITZKY färbt Milz, deren Gefäße durch Unterbindung gefüllt sind, in Chinablau. Fixation in Sublimat oder Müller. Färbung der Schnitte mehrere Minuten in einer $^1/_4$—$^1/_2$%igen Lösung von Patentsäurefuchsin in 3%iger Essigsäure, Auswaschen in 9%iger Essigsäure, dann Färben in einer $^1/_2$%igen Lösung von Chinablau oder Wasserblau in 2%iger Essigsäure, bis die Schnitte blau werden, dann 95%iger Alkohol, Öl, Balsam.

Literatur: GALLI (Zeitschr. Wiss. Mikr., Bd. 3, 1886), KULTSCHITZKY (Arch. Mikr. Anat., Bd. 46, 1895).

Chininderivate siehe: Alkaloide, pflanzliche.

Chinolin, $C_6H_4\left\langle\begin{array}{l}CH = CH\\ \quad\;\; | \\ N \;= CH\end{array}\right.$, farblose, stark lichtbrechende Flüssigkeit von eigenartigem unangenehmen Geruch. Spez. Gew. bei 20° 1,647. Siedep. bei 230°. Es reagiert alkalisch, ist in Wasser nur wenig löslich, mischt sich aber in jedem Verhältnis mit Alkohol, Äther, Schwefelkohlenstoff und ätherischen Ölen. Durch Neutralisation mit Säuren bilden sich feste Salze. Sie haben antiseptische und antipyretische Eigenschaften.

Von AMANN ist das Chinolin wegen seines hohen Brechungsindex als Beobachtungsmedium empfohlen worden.

Ein analog dem Anilinwasser hergestelltes Chinolinwasser empfiehlt BURCHARDT als Lösungsmittel für Anilinfarben. Dieselben sollen fester am Gewebe haften. Man spüle nach der Färbung in Chinolinwasser ab.

Das Chinolinchlorhydrat wurde von ROSENTHAL als Konservierungsmittel für tierische Gewebe empfohlen, sie sollen sich lange Zeit unverändert halten (Chinolinchlorhydrat 5, Kochsalz 6, Glycerin 100, Wasser 900).

Literatur: AMANN (Zeitschr. Wiss. Mikr., Bd. 16, 1899), BURCHARDT (Centralbl. Allgem. Pathol., Bd. 5, 1894), ROSENTHAL (Biol. Centralbl., Bd. 9, 1890).

Chinolinblau. Syn. Cyanin (GEIGY), ein Chinolinjodcyanin, erhalten durch Behandlung von Amylchinolinjodid mit Alkalien. Metallisch glänzende, grüne Krystalle, die in kaltem Wasser und Äther unlöslich, in warmem Wasser wenig, in Alkohol leichter löslich sind. Durch Salz- oder Schwefelsäure wird die Lösung entfärbt, mit Natronlauge gibt sie einen blauen Niederschlag.

Zuerst von RANVIER benutzt und empfohlen sowohl zur Färbung frischer, als auch fixierter Gewebe. Sehr verdünnte, schwach alkoholische Lösung. Nach erfolgter Färbung wird in Wasser ausgewaschen und in Glycerin eingeschlossen. Es färbt sich vor allem das Fett blau.

Vielfach zum Färben einzelliger Organismen benutzt. CERTES bringt einen Tropfen der alkoholischen Lösung auf den Objektträger, läßt verdunsten und setzt dann den Tropfen mit den zu untersuchenden Organismen darauf. Nach GALEOTTI ist jedoch der Farbstoff ziemlich giftig, Salamander starben 5—6 Stunden nach der Injektion. Die Flimmerbewegung steht fast augenblicklich.

VIVANTE benutzt das Cyanin zur Färbung von entkalktem Knochen.

Auch zur Färbung pflanzlicher Fettstoffe ist es von WAKKER für Präparate empfohlen worden, die mit Pikrinsäure vorbehandelt waren.

Nach GOLENKIN ist das Cyanin ein gutes Reagens auf freies Jod oder stärkebläuende Jodverbindungen. Sie färben sich damit braun.

ZIMMERMANN benutzt gleiche Teile einer Lösung von Cyanin in 50%igem Alkohol und Glycerin zum Nachweis von verholzten und verkorkten Membranen.

Literatur: CERTES (Amer. Micr. Journ., Bd. 3, 1882), GALEOTTI (Zeitschr. Wiss. Mikr., Bd. 11, 1894), GOLENKIN (Bull. Soc. Imp. Nat. Moscou, 1894), RANVIER (Technisches Lehrbuch), VIVANTE (Int. Mon. Anat., Bd. 9. 1892), WAKKER (Maan. vor Naturweten. 1892), ZIMMERMANN (Zeitschr. Wiss. Mikr., Bd. 9, 1892).

Chinone siehe: Chrysophansäure.

Chitin ($C_{15}H_{26}N_2O_{10}$ oder $C_{18}H_{30}N_2O_{12}$?) bildet das Hautskelet der Arthropoden, kommt aber auch sonst im Tierreich hie und da vor. Man gewinnt es aus Krebspanzern, den Flügeldecken von Käfern, am bequemsten jedoch aus den Schulpen von *Sepia*, indem man diese mit verdünnter Salzsäure vom Kalk befreit, dann nacheinander mit Kalilauge, Alkohol und Äther auskocht, zuletzt in konzentrierter Salzsäure durch Kochen löst und durch Wasser wieder ausfällt. Unlöslich in Wasser, Alkohol, Äther, Alkalien, verdünnten Mineralsäuren, auch in Kupferoxydammoniak, löslich dagegen in heißer konzentrierter Salz- oder Schwefelsäure. Zum Nachweis kocht man das zu prüfende Gewebe mit Ätzlauge. Das Chitin bleibt ungelöst, muß dann aber auch verdünnter Schwefelsäure widerstehen, sich dagegen in konzentrierter Säure lösen. (Auch soll es beim Kochen mit konzentrierter Salzsäure und Eindampfen der Lösung viel salzsaures Glycosamin in Krystallen liefern, die in Wasser leicht, in Alkohol schwer löslich sein und süß, hinterher aber salzig schmecken sollen.) Oder man unterwirft das Chitin der Jodprobe (AMBRONN, ZANDER): eine $33^1/_3$%ige wässerige Lösung von Chlorzink, der man auf je 10 *ccm* 3—5 Tropfen einer konzentrierten wässerigen Lösung von Jodjodkalium zugesetzt hat, bringt man auf das vorher mit Kalilauge behandelte, dann aber sehr gut ausgewaschene Chitin, das sich nun außen braun, innen violett färben muß. (Das Skelet der Bryozoen hat nur sich bräunendes Chitin; bei einigen Arthropoden ist die äußere Schicht im Vergleich zur inneren äußerst dünn. Die beiden Schichten verhalten sich auch sonst gegen Farbstoffe, namentlich beim Tingieren des Schnittes verschieden; meist nimmt die innere besser die Farben an als die äußere.)

Manches Chitin ist für Farblösungen fast undurchdringlich und schneidet sich nach Einbettung in Paraffin nur schwer oder gar nicht. Zum Erweichen legt man (nach LOOSS) die chitinösen Gewebe auf 24 Stunden oder länger in käufliches Eau de Javelle oder Labarraque, das mit dem 4—6fachen an Wasser verdünnt ist, und wäscht sie dann gut aus. Oder man bringt sie allmählich in immer saureren Alkohol und läßt sie zuletzt wochenlang in absolutem Alkohol mit 12% Salpetersäure von 49% (BETHE, HERBST). Zum Bleichen verwendet man entweder nascierendes Chlor, das man aus Salzsäure und Kaliumchlorat (MAYER) entwickelt, oder die oben genannten Hypochlorite. Zum Färben hellen, dünnen Chitins, besonders solchen, das vorher mit Kalilauge von den Weichteilen befreit und gut ausgewaschen ist, nimmt MAYER eine Lösung von Pyrogallussäure in Alkohol oder Glycerin (Überfärbung ist durch Essigsäure zu korrigieren), BETHE dagegen erzeugt im Chitin selber Anilinschwarz, indem er die Schnitte abwechselnd in eine 10%ige wässerige Lösung von Anilinchlorhydrat und nach gutem Abspülen in eine ebensolche von Kaliumbichromat bringt. (Näheres siehe Anilinschwarz, vgl. auch Artikel Arthropoden.)

Literatur: AMBRONN (Mitt. Zool. Stat. Neapel, Bd. 9, 1890), BÜTSCHLI (Arch. Anat., 1874), KRUKENBERG (Vgl. Physiol. Vorträge, Nr. 4, Heidelberg 1885), LEE und MAYER (Grundzüge, 3. Aufl., 1907), ZANDER (Arch. Ges. Physiol., Bd. 66, 1897). *Mayer,* Neapel.

Chitin in Pflanzen siehe: Zellmembranen, pflanzliche.

Chlor. Das gasförmige Chlor entsteht, wenn man ein sauerstoffreiches Salz, wie Kaliumchlorat, Kaliumbichromat oder Mangansuperoxyd, mit Salzsäure behandelt. Leitet man das so erhaltene Chlor in ausgekochtes Wasser bei 10 bis 15°, am besten in einer umgekehrten Retorte, so erhält man beim Schütteln das Chlorwasser, eine ca. 2,5%ige Lösung von Chlor in Wasser, das Farbe und

Geruch des Chlors besitzt. Beim Stehen am Licht zersetzt es sich unter Bildung von Chlorwasserstoff oder bei intensiver Beleuchtung unter Bildung von Chlorsäure.

Die für unsere Zwecke wichtigste Eigenschaft des Chlors ist seine große Verwandtschaft zum Wasserstoff, die es befähigt, aus Wasser Sauerstoff frei zu machen, vor allem in Gegenwart organischer Substanzen. Der nascierende Sauerstoff wirkt seinerseits wiederum oxydierend auf die vorhandenen organischen Körper ein. Auf dieser Eigenschaft beruht die desinfizierende, bleichende und manche organische Stoffe, wie Chitin und Eiergallerte, lösende Wirkung des Chlors.

In der Mikrotechnik benutzt man zum Entwickeln des Chlors chlorsaures Kalium mit Salzsäure (MAYER), Eau de LABARRAQUE mit Salzsäure (HEILMEYER), oder man legt die zu bleichenden Gewebe in Chlorwasser (KOGANEI), Eau de JAVELLE oder Eau de LABARRAQUE ein. (Näheres siehe auch Chitin und Pigment.)

Zum Nachweis von Chlor im Zellsaft benutzt SCHIMPER entweder Silbernitrat oder Thalliumsulfat. Das im ersteren Falle entstehende amorphe Silberchlorid ist kenntlich an seiner Löslichkeit in Cyankalium, konzentriertem Quecksilbernitrat oder unterschwefligsaurem Natron. Löst man die amorphen Massen in Ammoniak, so scheiden sich beim Verdunsten reguläre Krystalle ab, die sich am Licht violett färben. Das im zweiten Falle entstehende Thalliumchlorid bildet reguläre Oktaeder.

Literatur: SCHIMPER (Flora, 1890).

Chloralhydrat = Trichloracetaldehyd (Chloral) + Wasser, $CCl_3 - - CHO + H_2O$. farblose Krystalle von stechendem Geruch und bitterem Geschmack. Schmelzpunkt: 57°, spez. Gew.: 1,9 bei gewöhnlicher Temperatur. Leicht löslich in Wasser, Alkohol und Äther, in 45 Teilen Schwefelkohlenstoff bei gewöhnlicher Temperatur, in 4—5 Teilen siedendem Schwefelkohlenstoff, langsam in 5 Teilen Chloroform löslich. Beim Erwärmen mit Alkalien wird Chloroform abgeschieden; hierauf beruht nach LIEBREICH die anästhesierende Wirkung des Chloralhydrats nach dem Übergange ins Blut. Dem Chloralhydrat kommen antiseptische Eigenschaften zu, indem es mit den Albuminaten nicht faulende Verbindungen eingeht.

Chloralhydrat hat ausgedehnte Verwendung in der mikroskopischen Technik gefunden:

1. In der botanischen Technik, und zwar: *a)* zur Untersuchung sehr kleiner Pilze in frischem Zustande in einer Konzentration von 5:2 oder noch besser kalt gesättigt (H. MÖLLER); *b)* zum Nachweis des gleichzeitigen Vorkommens von Chlorophyll und einem roten Farbstoff, wobei sich das Chlorophyll gleichmäßig in der Zelle verteilt, der rote Farbstoff in roten Tropfen zusammenfließt, dann in Nadeln auskrystallisiert (OVERTON); *c)* zum Sichtbarmachen caryokinetischer Figuren ohne vorherige Fixation durch Einlegen von Schnitten lebender Pflanzenteile direkt in eine konzentrierte wässerige Lösung von Chloralhydrat (ZIMMERMANN); ebenso zur Hervorrufung abnormer Caryokinesen (VAN WISSELINGH); *d)* mit Jod zusammen zum Nachweis von Stärkekörnern (konzentrierte wässerige Lösung, ARTHUR MEYER); *e)* als Einschlußmittel mit Gelatine versetzt in 10%iger Lösung (GUIGNARD, GEOFFROY); *f)* als Aufhellungsmittel pflanzlicher Gewebsstücke (MOELLER, SCHIMPER, LENZ); *g)* in wässeriger Lösung als Lösungsmittel für Sudan III zum Zwecke der Fettfärbung (GUIGNARD 1904).

2. In der anatomischen Technik, und zwar: *a)* beim Studium der Befruchtungs- und Teilungsvorgänge des tierischen Eies unter dem Einflusse äußerer Agenzien (Gebrüder HERTWIG); *b)* beim Studium des Einflusses äußerer Agenzien auf einzellige Wesen (SCHÜRMAYER); *c)* zum Betäuben niederer Tiere (von FOETTINGER, KÜKENTHAL, VERWORN, HÉROUARD, LO BIANCO, HAMAKER); *d)* als Zusatz zu Sirup bei der Untersuchung von Geweben in frischem Zustande (1—7%, LEE und HENNEGUY); *e)* zum Aufbewahren von gehärteten Großhirnscheiben (1 : 10, HAMILTON); *f)* als Zusatz zur Konservierung von Leimwasser — wegen der antizymotischen Wirkung — zur Injektion (HOYER); *g)* zur Maceration der Retina (von ANDRÉ, W. KRAUSE, HICKSON, der letztere insbesondere für die Retina der

Arthropoden); ferner in einer Macerationsflüssigkeit, bestehend aus einem Teil gewöhnlicher Essigsäure, einem Teil Glycerin, 6 Teilen 1%iger Chloralhydratlösung in einer Methode, die Nervenendigungen an Muskelfasern und Gefäßen nachzuweisen, und zwar zunächst zur Maceration der Bindesubstanzen, dann zum Färben (1 Teil EHRLICHsches Hämatoxylin, 1 Teil Glycerin, 6 Teile 1%iger wässeriger Chloralhydratlösung von SIHLER, mitgeteilt von GAD); dann zur Maceration und gleichzeitig zur Konservierung der Speicheldrüsen (LAWDOWSKY), für das Gehirn (von BUTZKE, s. a. TRINKLER); *h)* als Zusatz zur neutralen Carminlösung (HOYER), als saures Chloralhydratcarmin (KULTSCHITZKY), als Zusatz zum Ammoniakpikrocarmin (VAN WIJHE); *i)* bei der Färbung des Nervensystems mit Hämatoxylin, mit Molybdän (MALLORY), ebenso in einer Chloralhydrat-Hämatoxylinlösung (GAGE); *k)* zum Auswaschen von Schnitten, die mit ½—1%iger Lösung von Anilin-blue-black gefärbt sind (BEVAN LEWIS); *l)* als Medium zur Untersuchung in wässeriger Lösung 5% (LAWDOWSKY), 1% (MUNSON), in einer Gummi-Chloralhydratlösung (HOYER), in einer Glycerin-Chloralhydratlösung (LEE und MAYER). Vgl. besonders Hämatoxylin und Injektion der Blut- und Lymphgefäße.

Literatur: ANDRÉ (Journ. de l'Anat. Physiol. 1874), BUTZKE (Arch. Physiol. 1872), FOETTINGER (Arch. de Biol., Bd. 6, 1885), GAD (Verh. Physiol. Ges., Berlin 1893, im Arch. Physiol.), GAGE (Proc. Amer. Soc. Micr., Bd. 14, 1892), GEOFFROY (Journ. Botan. 1893), GUIGNARD (Annal. Sc. Nat. Bot., Sér. VII, P. XIV, Journ. de Botan. 1904), HAMAKER (Bull. Mus. Comp. Zool. Harvard, Bd. 32, 1898), HAMILTON (Journ. of Anat. Physiol., Bd. 12, 1878), HÉROUARD (Arch. Zool. Expér., Bd. 7, 1883), O. und R. HERTWIG (Jena. Zeitschr. Natur., Bd. 20, 1887), HICKSON (Quart. Journ. Micr. Soc., 1885), HOYER (Biol. Centralbl. 1882—1883), KRAUSE (Inter. Monat. Anat. Physiol., Bd. 1, 1884), KULTSCHITZKY (Zeitschr. Wiss. Mikr., Bd. 4, 1887), KÜKENTHAL (Mikroskopische Technik 1885, und Jena. Zeitschr. Natur., Bd. 20, 1887), LAWDOWSKY (Arch. Mikr. Anat., Bd. 13, 1877), LEE und HENNEGUY (Traité des méthodes techniques, 1896, pag. 260), LENZ (Zeitschr. Wiss. Mikr., Bd. 11, 1894), BEVAN LEWIS (Quart. Journ. Micr. Soc., Bd. 16, 1876, und Med. Times and Gaz. 1876), LO BIANCO (Mitt. Stat. Neapel, Bd. 5, 1890), MALLORY (Anat. Anz., 1891), MAYER (Das Chlorophyllkorn, Leipzig 1883), MÖLLER (Ber. Deutsch. Bot. Ges., Bd. 7, 1850), OVERTON (Bot. Centralbl., Bd. 44, 1890), SCHÜRMAYER (Jena. Zeitschr. Natur., Bd. 24, 1890), SIHLER (siehe bei GAD), TRINKLER (Arch. Mikr. Anat., Bd. 24, 1884), VERWORN (Zeitschr. Wiss. Zool., Bd. 46, 1887), VAN WISSELINGH (Bot. Zeitschr. 1903), ZIMMERMANN (Botanische Mikrotechnik 1892).

Mosse, Berlin.

Chlornatrium, $NaCl$, krystallisiert in farblosen, luftbeständigen und wasserfreien Würfeln, bei 772° schmilzt es und verdampft allmählich. Es löst sich bei 14° zu 35,87%, bei 50° zu 36,98% und bei 100° zu 39,61% in Wasser. In Alkohol ist es fast unlöslich, in 95%igem Alkohol lösen sich 0,172%, in 70%igem Alkohol 1% Chlornatrium.

Das Chlornatrium, der wichtigste organische Bestandteil aller Organismen, hat auch in der Mikrotechnik eine ausgedehnte Anwendung gefunden, in isotonischer Lösung 0,7—1,0% als indifferentes Zusatzmedium. Höherprozentige Kochsalzlösungen haben eine macerierende Wirkung und wirken gleichzeitig durch Wasserentziehung schrumpfend auf die Gewebe ein. Chlornatrium ist in zahllosen Fixations-, Entkalkungs- und Macerationsgemischen enthalten, es dient als Zusatz zu Farblösungen besonders für lebende oder überlebende Objekte.

Chloroform, Trichlormethan, $CHCl_3$, wird im großen durch Oxydation von Äthylalkohol oder Aceton mit Chlorkalk gewonnen und durch Destillation und Ausfrieren gereinigt (PICTET). Sehr reines Chloroform entsteht durch Zerlegung von Chloral und Natronlauge ($CCl_3 . CHO + NaOH = HCOONa + CHCl_3$, LIEBREICH).

Reines Chloroform ist eine farblose, stark lichtbrechende (Brechungsindex bei 10° 1,449) Flüssigkeit von betäubendem Geruch und süßlichem, zugleich brennendem Geschmack. Es siedet bei +61°, seine Dämpfe sind kaum brennbar; bei starker Abkühlung krystallisiert es (Reinigung nach PICTET). Spez. Gew. 1,526 bei 0°, mischbar mit organischen Solvenzien, aber nicht mit Wasser, in dem es untersinkt, sich aber allmählich etwas löst. Dieses Chloroformwasser wirkt stark antiseptisch (SALKOWSKI). Bei 17,5° vermag das Wasser 0,712% Chloroform zu lösen. Alkalien und Ammoniak wirken, namentlich bei Gegenwart von

Alkohol und erhöhter Temperatur, chemisch auf Chloroform ein. Vorzügliches Lösungsmittel für Öle, Fette, Harze, Kautschuk; viele Alkaloide und freies Jod (letzteres mit violetter Farbe) werden von Chloroform aufgenommen. Das offizinelle Chloroform enthält 1% Äthylalkohol, da sich reines Chloroform unter Einwirkung von Luft und Licht leicht zersetzt.

Die Prüfung auf Reinheit erfolgt durch Schütteln mit konzentrierter Schwefelsäure, wobei reines Chloroform farblos bleibt. Dasselbe darf beim Verdunsten keinen Rückstand hinterlassen. *Neuberg*, Berlin.

Bekannt ist die narkotisierende Wirkung des Chloroforms, von der auch in der Mikrotechnik zum Betäuben von Wirbeltieren und Wirbellosen ausgedehnter Gebrauch gemacht wird. (Näheres siehe Narkose.)

Von GIESBRECHT und BÜTSCHLI ist ungefähr gleichzeitig das Chloroform als Intermedium für Paraffineinbettung eingeführt worden und nimmt in dieser Beziehung auch heute noch eine hervorragende Stelle ein. Es wirkt als Intermedium außerordentlich schonend, vor allem aber verdient es vor Xylol und Benzol überall da den Vorzug, wo es sich um an Bindegewebe reiche Organe handelt. Sie erlangen in Chloroform eine entschieden bessere Schnittkonsistenz als in anderen Intermedien. Von großer Wichtigkeit ist es auch, daß Chloroform rückstandslos verdunstet, wodurch ein Verschmieren des Paraffins verhindert wird.

Das Chloroform hat die Eigenschaft, Celloidin zu härten und ist für diesen Zweck vor allem von VIALLANES, LEE und GILSON sowohl in Dampfform als auch in Verbindung mit Cedernholzöl benutzt worden (näheres siehe Celloidin). Nach unseren Erfahrungen leistet es aber in dieser Beziehung nicht mehr als Alkohol und weniger als Formalin-Alkohol.

Die Eigenschaft des Chloroforms, Fette, Harze und ähnliche organische Körper zu lösen, findet ausgedehnte Anwendung zur Lösung von Canadabalsam, Guttapercha, auch zur Entfernung des Myelins der markhaltigen Nervenfasern.

Ähnlich wie dem Chloralhydrat kommen auch dem Chloroform antiseptische Eigenschaften zu und man benutzt das Chloroformwasser z. B. zur Haltbarmachung von leicht faulenden Lösungen, wie Gelatine, Carminlösungen etc.

Auch zu manchen Fixationslösungen, wie zu dem CARNOYschen Alkoholessigsäuregemisch, hat man Chloroform zugesetzt und damit die Durchdringungsfähigkeit des Fixationsgemisches erhöht.

Literatur: BÜTSCHLI (Biol. Centralbl., Bd. 1, 1881), GIESBRECHT (Zool. Anz., Bd. 4, 1881), GILSON (Cellule, Bd. 6, 1890), LEE und MAYER (Grundzüge), VIALLANES (Ann. Sc. Nat. [6], Bd. 14, 1883).

Chlorophyceen. Die Konservierung und Präparation der Grünalgen, Chl. (ebenso wie die der Conjugaten), wird durch die relative Undurchlässigkeit und andrerseits leichte Kollabierung sehr erschwert. Als das allgemeinste brauchbare Fixiermittel hat sich (neben Chromosmiumessigsäure, 1%iger Chromsäure, 1%iger Osmiumsäure, konzentrierter wässeriger Pikrinsäure) Chromessigsäure (70 *ccm* 1%iger Chromsäure, 5 *ccm* Eisessig, 50 *ccm* Wasser) bewährt. Sollte das Material kalkhaltig sein, muß die Fixierungsflüssigkeit bald erneuert werden. Die Einwirkung geschieht wenige, bis 12 (höchstens 24) Stunden, Auswaschen unter häufigem Wasserwechsel. Zarte Algen können auch nach Ausschwenken im Wasser mit schwacher wässeriger Lösung, schwefliger Säure und dann wieder Wasser ausgewaschen werden. — Material, das nur zur Bestimmung konserviert werden soll, fixiert man am besten in einer Mischung von gleichen Teilen Formol, Holzessig und Methylalkohol.

Die Überführung in Alkohol geschieht am besten durch 10%iges Glycerin, aus dem im Exsiccator das Wasser entfernt wird, dann kann in 95%igen und absoluten Alkohol übertragen werden. Auch die Überführung durch das F. E. SCHULTZEsche Entwässerungsgefäß ist unter Umständen zu empfehlen. Zur Färbung neben vielen anderen, zumal Carmin- und Hämatoxylinfarbstoffen wird besonders Magdalarot empfohlen, das in 85- bis 95%igem Alkohol gelöst ist. Es wird tropfenweise dem 95%igen Alkohol, in dem sich die Objekte befinden, zugefügt. Überfärbung der fertigen Präparate wird durch Belichtung in der Sonne auf weißer Unterlage korrigiert. Eine Nachfärbung kann mit verdünntem wasserlöslichen Anilinblau in 85%igem Alkohol vorgenommen werden, das durch momentanes Eintauchen in 0,25%igen Salzsäurealkohol differenziert wird. Anilinblau ist bei Algen mit starker Gallerthülle, die sich mitfärbt, nicht angebracht. Scharfe Konturen im Zellinhalt und Struktur der Membranen werden durch Eisenfärbungen erzielt: Eine Stunde und länger in konzentrierter 95%iger alkoholischer Lösung von Eisenchlorid, tagelanges sorgfältiges Auswaschen in 95%igem Alkohol, zu dem schließlich ein paar Tropfen von Gallussäure zugesetzt werden; bei Überfärbung Auswaschen mit 1%igem Säurealkohol. Ähnlich ist das Verfahren mit Echtgrün und Gallein. — Aufbewahrt werden die Präparate in 10%igem venetianischen Terpentin, der im Exsiccator eingedickt wird, doch muß das Deckglas dann mit Canadabalsam oder WITTSchem Cement eingerahmt werden. — Die Übertragung kann auch mit Hilfe des F. E. SCHULTZEschen Senkcylinders (Alkohol, Xylol, Canadabalsam) geschehen oder die Algen werden in 10%ige alkoholische Lösung von Nelkenöl übertragen und im Exsiccator eingedampft. Würde Alkohol zu stark die Farbe ausziehen, kann auch vorsichtig von Alkohol in Chloroform übertragen und erst dies, wenn die betreffenden Einbettungsmedien in ihm aufgelöst, verdunstet werden.

Sollen Fadenalgen mit dem Mikrotom geschnitten werden, müssen sie in geeigneter Weise orientiert werden. Man kann die büschelweis mit der Pinzette erfaßten Algen auf Fließpapier bringen und einrollen und dann das ganze Paket weiter behandeln. In ähnlicher Weise können auch die schon vorher fixierten Algen in ein Photoxylinhäutchen eingerollt werden, das man sich herstellt, indem man einen gut mit Glycerin eingeriebenen Objektträger in Photoxylin (oder auch Collodium) taucht und in senkrechter Stellung bis zum Trockenwerden stehen läßt. Das Paket wird bis zum Paraffin auf einem flachen Kork mit Nadeln befestigt. Verzweigte Algen breite man auf einem erwärmten, in obiger Weise zubereiteten Objektträger aus, der mit Paraffin bedeckt wird. Nach dem Erwärmen wird das Ganze abgehoben, auf Paraffin geklebt und die Haut abgezogen. — Sehr kleine Algen, Schwärmsporen u. dgl. können in einer Photoxylinblase eingebettet werden. Man stellt dieselbe am Ende einer Glasröhre her, in der man die in der Flüssigkeit suspendierten Objekte heruntersinken läßt, dann wird die Blase abgenommen, mit Photoxylin zugestrichen und die weiteren Operationen mit dieser etwa noch mit Gentianaviolett gefärbten Blase ausgeführt. Kultur s. Algenkultur.

Literatur: PFEIFFER VON WELLHEIM (Jhb. Wiss. Bot., Bd. 26, 1894 und Österr. Bot. Zeitschr., Bd. 48, 1898), STRASBURGER (Gr. Bot. Prakt., 4. Aufl.). *Magnus,* Berlin.

Chlorophyll. Das Chlorophyll, hergestellt durch 24stündige Alkoholextraktion der Blätter von Syringa vulg., Eindampfen des Filtrats und Lösen in Wasser, wurde von TRINKLER zur Färbung der Magenschleimhaut verwendet.

Nach PAPPENHEIM soll sich das Chromatin intensiver mit Methylgrün färben, wenn man die Schnitte vorher mit einer gesättigten wässerigen Lösung von Chlorophyll behandelt.

Literatur: PAPPENHEIM (Arch. Pathol. Anat., Bd. 157, 1899), TRINKLER (Arch. Mikr. Anat., Bd. 29, 1885).

Chlorophyll siehe: Chromatophoren, pflanzliche.

Chloroplastin siehe: Zellchemie.

Chlorsäure, $HClO_3$, ist nur in wässeriger Lösung bekannt und entsteht entweder durch Zerlegung von Bariumchlorat oder Kaliumchlorat mit äquivalenten Mengen von Schwefelsäure resp. Kieselfluorwasserstoffsäure. Die Chlorsäure gibt, wie alle Sauerstoffverbindungen des Chlors, ihren Sauerstoff sehr leicht ab und stellt deshalb ein äußerst kräftiges Oxydationsmittel dar.

GRYNFELTT und MESTREZAT benutzten Chlorsäure zum Entpigmentieren.

Chlorzinkjod, Hauptreagens auf Cellulose, siehe Zellmembranen, pflanzliche. Darstellung: Chlorzink 20 *g* (30 *g*), Jodkalium 6,5 *g* (5 *g*), Jod 1,3 *g* (1 *g*), Wasser 10,5 *g* nach BEHRENS (Tabellen). In dunklen Flaschen haltbar.

Magnus, Berlin.

Cholera asiatica. Der Erreger der Cholera asiatica, der Choleravibrio, auch Kommabacillus genannt, wurde 1883 von R. KOCH nachgewiesen.

Die Choleravibrionen sind mit den gewöhnlichen Farblösungen färbbar. Sie erscheinen im gefärbten Präparate als kurze, leicht gekrümmte Stäbchen von durchschnittlich 1,5 μ Länge. Die Dicke ist ungefähr ein Viertel des Längendurchmessers. Nicht alle Exemplare einer Reinkultur zeigen die typische Form.

Häufig hängen zwei Kommabacillen so zusammen, daß sie einen Halbkreis bilden. Häufig kommen auch ε- oder S-förmige Figuren vor und in älteren Kulturen kommt es sehr häufig zur Bildung von langen Fäden in Schraubenform. Die Windungen der Schrauben können ganz verstrichen sein; dann scheinen sich in einer solchen Kultur neben den einzeln liegenden Kommabacillen gerade Fäden zu befinden. Außerdem treten in älteren Kulturen Involutionsformen auf, stark gequollene Stäbchen oder kleinere, kugelige Gebilde, Formen, die mit den ausgesäten Choleravibrionen keine Ähnlichkeit mehr zeigen.

Bei der Färbung mit den gewöhnlichen Farblösungen bleiben in solchen degenerierten Stäbchen oft ungefärbte Stellen, die — wie auch die freien Körnchen — von manchen Forschern für Sporen erklärt worden sind. Diese Auffassung ist aber, nachdem einwandfrei nachgewiesen worden ist, daß es sich nur um Absterbeformen handelt, fast allgemein verlassen. Bei Kulturen, die viele Jahre hindurch ohne Einschaltung von Tierpassagen nur auf Agar fortgezüchtet sind, geht die typische Krümmung der Vibrionen meistens verloren. Derartige Kulturen enthalten dann nicht mehr gekrümmte Kommabacillen, sondern oft ganz gerade Stäbchen, die nur noch durch sichere Identifizierungsverfahren (s. unten) als echte Cholerakulturen erkannt werden können.

Überhaupt differieren verschiedene Cholerastämme konstant in bezug auf die Größe ihrer einzelnen Individuen. Es gibt Stämme mit ganz langen, schlanken Individuen von geringer Krümmung, die große Ähnlichkeit mit geraden Bacillen haben. Andere Stämme bestehen aus kurzen, stark gebogenen Exemplaren, ja es kommen gar nicht so selten Kulturen vor, deren Vibrionen so kurz und wenig gekrümmt sind, daß sie von Cokken oder ganz kurzen ovoiden Stäbchen schwer zu unterscheiden sind. Aus den morphologischen Kennzeichen der einzelnen Individuen läßt sich daher eine sichere Diagnose nicht stellen.

Untersucht man Choleravibrionen lebend, im hängenden Tropfen, so sieht man die Vibrionen mit sehr großer Schnelligkeit durch das Gesichtsfeld schießen (Mückenschwarm!). Die Bewegungsfähigkeit beruht auf dem Besitz einer endständigen Geißel; daß es Choleravibrionen mit mehr als einer Geißel gebe, wird von KOLLE nach seinen und GOTTSCHLICHS Untersuchungen bestritten. Die Geißeln sind nach den Methoden der Geißelfärbung (s. dort und unter Abdominaltyphus) leicht darstellbar. In derartigen Präparaten sehen die Vibrionen dicker aus als in den auf gewöhnliche Weise gefärbten, weil in ihnen infolge der Beizung auch die Bacterienhüllen mitgefärbt sind.

Der mikroskopische Nachweis der Choleravibrionen gelingt meist sehr leicht in Ausstrichpräparaten möglichst frisch entleerten Stuhles, bzw. Darminhalts, insbesondere der in demselben überaus häufigen, kleinen Schleimflöckchen. Man trocknet und fixiert das ausgestrichene Material in der üblichen Weise und färbt es mit verdünnter Fuchsin- oder Methylenblaulösung. In derartigen Präparaten trifft man häufig die Choleravibrionen in ganzen Häufchen oder in eigenartiger, besonders charakteristischer, „fischzugähnlicher“ Lagerung an. Sehr gute Untersuchungsobjekte stellen auch mit Stuhl beschmutzte und einige Zeit in feuchtem Zustande aufbewahrte Wäschestücke dar, da sich, nach KOCHS Angabe, unter diesen Umständen die Choleravibrionen vorübergehend stark vermehren können.

Weit schwieriger ist der Nachweis in Schnitten von der Darmschleimhaut; am ehesten soll er noch im Stadium der fleckenweisen Rötung gelingen, in welchem man die Vibrionen relativ häufig in den obersten Schichten der Darmschleimhaut vorfindet. Zur Färbung derartigen Materials wird am meisten alkalische Methylenblaulösung empfohlen. Irgend eine brauchbare Doppelfärbung ist bisher nicht bekannt geworden. Nach der GRAMschen Methode sind die Vibrionen nicht färbbar. Der tinktorielle Nachweis von Choleravibrionen in anderen Organen als dem Darm ist von einzelnen Autoren berichtet, gehört aber zweifellos zu den größten Seltenheiten.

Völlig aussichtslos ist der Versuch des direkten mikroskopischen Nachweises in anderem verdächtigen Material, z. B. Wasser, Milch u. a. Hier müssen ebenso wie bei Darmentleerungen, wenn der direkte Nachweis versagt, Kulturverfahren angewendet werden. Diese müssen aber auch dann angewendet werden, wenn bereits im mikroskopischen Präparat Vibrionen nachgewiesen sind, die morphologisch Choleravibrionen gleichen. Denn, wie oben erwähnt, ist in jedem Falle zur Choleradiagnose, insbesondere zur Unterscheidung von choleraähnlichen Vibrionen, die Identifizierung der verdächtigen Kultur mit Hilfe der Immunitätsreaktionen notwendig, die nur an Reinkulturen angestellt werden können. Wenn auch die genaue Beschreibung der gebräuchlichen Kulturverfahren über den Rahmen dieser Enzyklopädie hinausgeht, so sollen sie doch kurz angeführt werden, zumal da in verschiedenen Phasen der Züchtung auch mikroskopische Untersuchungen stattfinden müssen.

Wir schließen uns eng an an die „Anweisung des Bundesrats zur Bekämpfung der Cholera" (amtliche Ausgabe, Berlin, Julius Springer).

Zunächst werden aus den Fäces oder dem Darminhalt, unter besonderer Berücksichtigung kleiner Schleimflöckchen, mikroskopische Präparate hergestellt (siehe oben) und mit Carbolfuchsin 1 : 10 gefärbt. Sind die Cholerabacterien als typische Kommaformen überwiegend oder ausschließlich vorhanden, so kann schon aus diesem Befunde die Wahrscheinlichkeitsdiagnose „Cholera" gestellt werden. Sind die Vibrionen nicht in der Überzahl vorhanden, so wird ein Tröpfchen Fäces in einen Tropfen Peptonlösung (s. unten) ausgesät, als hängender Tropfen, und eine Stunde bei 37° bebrütet, wodurch bereits eine beträchtliche Vermehrung eintreten kann. Man muß sich aber hüten, die feinen Spirillen, die sich in normalen und diarrhoischen Fäces, namentlich im Darmschleim, oft in großen Mengen finden, mit Choleravibrionen zu verwechseln. Sie können sich bei Cholera nostras fast in Reinkultur in den Schleimflocken vorfinden. Mit Rücksicht hierauf sei hier eingeschaltet, daß Dunbar vorgeschlagen hat, bereits in diesem Stadium der Untersuchung die Choleradiagnose durch Anwendung der Agglutinationsmethode zu stützen. Er empfiehlt folgendes Verfahren, das sich ihm in 3 Fällen bewährt hat: In zwei hängenden Tropfen von Peptonlösung wird eine verdächtige Schleimflocke verrieben. Zu dem einen Tropfen setzt man einen Tropfen 50fach verdünnten normalen Kaninchenserums, zu dem anderen einen ebenso großen 500fach verdünnten hochwertigen Choleraimmunserums (s. Widalsche Reaktion). Sind Choleravibrionen vorhanden, so sind sie im ersten Tropfen stark beweglich, während sie im zweiten Tropfen sehr schnell ihre Beweglichkeit einbüßen. Werden beide Präparate bei 37° bebrütet, so ist schon nach $^1/_2$ Stunde im ersten Präparat deutliche Vermehrung der Vibrionen mit reger Bewegung zu beobachten, im zweiten aber nicht. Vielmehr ist im zweiten Präparat zu dieser Zeit deutliche Agglutination vorhanden. Aber auch bei positivem Ausfall dieser Reaktion muß die Reinzüchtung erfolgen.

Zur Züchtung werden:

1. Gelatineplatten gegossen. (Menge der Aussaat 1 Öse, zu den Verdünnungen je 3 Ösen, 2 Serien von je 3 Verdünnungen, Brutschrank von 22°. Über die Zusammensetzung der Gelatine wie der übrigen Nährböden siehe „Anweisung", Anhang Nr. 1.)

2. Oberflächenausstriche auf Agar (stark alkalisch, 3%ig, näheres siehe „Anweisung", Anhang 2) angelegt. (2 Serien zu 3 Platten, in beiden Serien je 1 Öse ausgestrichen. Brutschrank von 37°.)

3. Zur Anreicherung 1 Kölbchen und 6 Röhrchen mit Peptonlösung (siehe „Anweisung", Anhang 3) geimpft. (Menge der Aussaat in den Röhrchen 1 Öse, im Kölbchen mindestens 1 *ccm*. Bebrütung bei 37°.)

Das Wachstum der Choleravibrionen in Gelatineplatten ist sehr charakteristisch. Nach 18—24 Stunden bilden sie eben sichtbare kleinste, helle Pünktchen. Unter dem Mikroskop sieht man bei schwacher Vergrößerung, daß diese kleinsten

Kolonien eigenartig granuliert sind; sie sind hellglänzend und erscheinen „wie mit kleinen Glasstückchen bestreut“ (KOCH). Je älter die Kolonien werden, desto unregelmäßiger wird ihr Rand. Später wird die Gelatine verflüssigt, die Kolonien sinken tiefer und gehen in wenig charakteristische, gelbe oder bräunliche, körnige, oft konzentrisch geschichtete, scharfrandige Gebilde über. Viele choleraähnliche Vibrionen wachsen auf der Gelatineplatte genau so wie echte Choleravibrionen, so daß die Gelatineplatte nicht mehr als Differenzierungsmittel für verdächtige Kulturen gelten kann. Von der Gelatineplatte werden Klatschpräparate oder (von isolierten Kolonien) Ausstrichpräparate hergestellt und mit ZIEHLscher Lösung 1 : 10 gefärbt. Von isolierten Vibrionenkolonien werden Reinkulturen auf Agar angelegt. Da aber zu der Zeit, wo auf den Gelatineplatten zum ersten Male etwas zu sehen ist, die Untersuchung mit den anderen Methoden (II und III) meist schon abgeschlossen ist, empfehlen PFEIFFER und GAFFKY die Verwendung von Gelatineplatten aus der „Anweisung“ zu streichen.

Auch auf Agar zeigen die Cholerakolonien ein sehr charakteristisches Verhalten, so daß sie leicht von Colikolonien unterschieden werden können. Während Bacterium coli weißliche, undurchsichtige Kolonien bildet, sind die Cholerakolonien blasse, glashelle Scheiben, die bei durchfallendem Licht eigenartig opalescieren. Bei schwacher Vergrößerung zeigen die Agarkolonien keine spezifischen Eigentümlichkeiten. Sowie isolierte Kolonien auf der Platte sichtbar sind, werden von verdächtigen Kolonien Ausstrichpräparate gefärbt (ZIEHL 1 : 10); von Kolonien, die aus verdächtigen Vibrionen bestehen, werden Reinkulturen auf Agar angelegt und außerdem werden solche Kolonien sofort der sogenannten probatorischen Agglutinationsprobe unterworfen.

Sind im Ausgangsmaterial Choleravibrionen einigermaßen reichlich vorhanden, so wird man schon auf diesen Agarplatten isolierte Kolonien erhalten und neben den Colikolonien herausfinden können. Waren sie aber sehr spärlich, so führt häufig erst die Anreicherung der Vibrionen in Peptonlösung zum Ziel, diese aber immer, wenn überhaupt lebensfähige Vibrionen vorhanden sind. Nach 6 Stunden werden die Peptonkölbchen und -röhrchen untersucht. In ihnen haben sich die Vibrionen stark vermehrt an der Oberfläche angesammelt, wo sie häufig ein deutliches Häutchen oder wenigstens einen leichten Schleier bilden. Daher werden von der Oberfläche der Röhrchen (Vorsicht! Schütteln vermeiden!) Deckglaspräparate hergestellt, schnell über der Flamme getrocknet, fixiert und mit Carbolfuchsin 1 : 10 gefärbt. Die Bilder, die man dabei erhält, sind aber sehr häufig — namentlich wenn nur wenig Bacterien vorhanden sind —, sehr unklar und schlecht, da der Untergrund — Bestandteile des Peptonwassers — sich intensiv mitfärbt. Dieser Übelstand wird nach BÖHME und M. NEISSER vermieden, wenn man der Fuchsinfärbung eine Behandlung der Präparate mit alkoholischer Jodlösung vorausschickt. Ihre Vorschrift lautet: Flammenfixierung, $^1/_2$—1 Minute Behandeln mit verdünnter Jodtinktur (1 Teil der käuflichen 10%igen Tinct. Jodi, 9 Teile 96%igen Alkohols), Abspülen in Wasser, Färben mit ZIEHLscher Lösung 1 : 10 eine Viertelstunde. Häufig haben sich an der Oberfläche der Röhrchen und Kölbchen schon nach 6 Stunden wahre Reinkulturen von Vibrionen angesammelt. Daher werden von der Oberfläche wieder Agarplatten und Gelatineplatten angelegt. Außerdem werden von einem Röhrchen drei weitere Peptonröhrchen mit je einer Öse geimpft. Sind nach 6 Stunden noch keine Kommabacillen in den Peptonkulturen zu sehen, so wird nach 12, ferner nach 18 und 24 Stunden die Untersuchung wiederholt und ebenso verfahren.

Sind auf diese Weise Reinkulturen erzielt worden, so werden sie durch den Agglutinationsversuch und den PFEIFFERschen Versuch als echte Choleravibrionen identifiziert. Über die Agglutination siehe näheres in der „Anweisung des Bundesrates zur Bekämpfung der Cholera“, Anhang 4, sowie unter „WIDALsche Reaktion“. Der PFEIFFERsche Versuch, der auch zur Diagnose des Typhusbacillus verwendet wird, beruht darauf, daß das Serum von Tieren, die gegen Cholera (oder

Typhus) immunisiert sind, die Eigenschaft hat, bei gleichzeitiger Injektion mit Cholera-(oder Typhus-)bacillen in den Peritonealraum eines Tieres (Meerschweinchen) die injizierten Bacillen zum Zerfall zu bringen, und zwar in strengster Spezifität nur echte Cholera-(oder Typhus-)bacillen, nicht aber Stämme von ähnlichen Vibrionen oder Stäbchen.

Das erforderliche bacteriologische Serum ist aus dem königl. Institut für Infektionskrankheiten zu Berlin zu beziehen. (Über die Technik der Gewinnung der Sera ist in den Spezialbüchern der bacteriologischen Technik oder der Technik der Immunitätslehre einzusehen.) Nach Einverleibung des Serum- und Bacillengemisches (näheres hierüber sowie über die notwendigen Kontrollen usw. siehe „Anweisung", Anhang 5) in das Peritoneum des Versuchstieres entnimmt man sofort, nach 20 Minuten und nach 1 Stunde mit feinen Glascapillaren geringe Mengen Peritonealflüssigkeit und überzeugt sich im hängenden Tropfen von der Wirkung des Serums auf die Bacillen. Handelt es sich um echte Stämme, so zerfallen sie in kleine Kügelchen und Körnchen, die allmählich ganz aufgelöst werden.

Literatur: Koch (Deutsch. Med. Woch. 1883 und 1884), Koch und Gaffky (Arb. Gesundheits., Bd. 3, 1887), Konferenz zur Erörterung der Cholerafrage, I. Jahr 1884 und II. Jahr 1885 (Deutsch. Med. Woch. 1884 u. 1885), Pfeiffer und Issaeff (Zeitschr. Hyg., Bd. 16—20, 1894—1895), Kolle (Cholera asiatica in Kolle-Wassermann, Handbuch der pathogenen Mikroorganismen). Anweisung zur Bekämpfung der Cholera, Berlin, Springer, 1907), Kirchner und viele andere (Klin. Jhb., Bd. 16, Heft 1, 1906). *Heymann,* Breslau.

Cholesterin, $C_{27}H_{45}.OH + H_2O$, findet sich als Bestandteil zahlreicher Gewebe: Nerven, Blut, Fett etc. weit verbreitet im tierischen Organismus. Es krystallisiert in farblosen Täfelchen, die in Wasser unlöslich, leicht löslich in heißem Alkohol, Äther, Chloroform und Eisessig sind. Es hat den Charakter eines einatomigen Alkohols und bildet mit Säuren zusammengesetzte Äther. Konzentrierte Schwefelsäure färbt das Cholesterin gelbrot bis braunrot (Moleschott), konzentrierte Schwefelsäure und eine Spur Jod rufen zunächst Violett-, dann Blau-, Grün- und Rotfärbung hervor (Meckel, Virchow).

Von den zahlreichen Reaktionen auf Cholesterin eignen sich nach Golodetz und Unna zum mikrochemischen Nachweis nur die von Moleschott und Golodetz. Nach ersterer bringt man auf den frischen Gefrierschnitt ein Deckglas, das mit einem Tropfen konzentrierter Schwefelsäure beschickt ist. Noch besser, weil weniger eingreifend für die Schnitte ist die Reaktion von Golodetz, er verdünnt die Schwefelsäure mit 30%igem Formalin im Verhältnis von 5:2. Schon nach 1 bis 2 Minuten ergibt sie eine intensive Braunfärbung cholesterinartiger Gewebe. Eine ähnliche Reaktion geben viele Fette und freie Ölsäure. Zur Unterscheidung dient die Osmiumreaktion: gibt die betreffende Stelle mit dem Golodetzschen Reagens Braunfärbung und bleibt bei Räucherung mit Osmiumdämpfen farblos, so handelt es sich um reines Cholesterin, verhält sie sich umgekehrt, so ist es Fett, gibt sie beide Reaktionen, so handelt es sich um cholesterinhaltiges Fett.

Literatur: Golodetz (Chem. Zeit., 1908), Golodetz und Unna (Monatsh. Prakt. Derm., Bd. 47, 1908).

Cholin siehe: Alkaloide, pflanzliche.

Chondrin siehe: Knorpel.

Chorioidea siehe: Sehorgan.

Chromalaun siehe: Alaune.

Chromatin siehe: Zellchemie.

Chromatleim. Bekanntlich hat die Chromsäure und ihre Salze die Eigenschaft, Gelatine unlöslich zu machen, wenn man die mit ihr versetzte Gelatine dem Licht aussetzt. Diese Eigenschaft benutzt van Walsem zur Herstellung eines Klebemittels für Celloidinpräparate, indem er 2 Teile einer 20%igen Gelatinelösung durch Erwärmen flüssig macht und ihr 1 Teil 2%ige Lösung von Kaliumbichromatlösung zusetzt.

Literatur: van Walsem (Zeitschr. Wiss. Mikr., Bd. 11, 1894).

Chromatophoren, tierische. Ein ausgezeichnetes Objekt zum Studium der Chromatophoren ist nach den Untersuchungen von Solger und Zimmer-

MANN die Haut der Knochenfische. Nach SOLGER (89) läßt man einen lebenden Hecht $^1/_2$—1 Stunde in einem verdunkelten Bassin, trennt dann den Kopf ebenfalls im Dunkeln mit einer Knochenschere ab und legt in FLEMMINGsche Lösung ein. Nach einigen Stunden entfernt man das Epithel und legt den Kopf in die gleiche Flüssigkeit, die mit dem gleichen Volum 1%iger Chromsäure verdünnt ist, noch für 24 Stunden ein, dann Auswaschen, steigender Alkohol und Anfertigung von Flächenschnitten mit dem Rasiermesser.

ZIMMERMANN benutzt die Rückenflosse, fixiert dieselbe in $^1/_4$%iger Chromsäure mit 5% Eisessig und pinselt das Epithel ab. Man kann nun das Präparat noch für 24 Stunden in reine $^1/_4$%ige Chromsäure oder verdünnte HERMANNsche Flüssigkeit einlegen. Nach 24stündigem Auswaschen zieht man möglichst große Cutisstücke ab und färbt in Hämatoxylin-Eosin. Zum Bleichen des Pigments bringt man die Stückchen in kleine, gut schließende Fläschchen, die zu einem Viertel mit chlorsaurem Kali gefüllt sind. Dann fügt man 96%igen Alkohol und einige Tropfen konzentrierter Salzsäure zu. Ist nach 24 Stunden noch keine Entfärbung eingetreten, so fügt man noch einige Tropfen Salzsäure zu. Auswaschen mit 96%igem Alkohol und Färbung mit BÖHMERschem Hämatoxylin oder Eisenhämatoxylin.

Zur Färbung der Nerven der Chromatophoren behandeln EBERTH und BUNGE kleine Stückchen der Haut von der Mundspalte von Fischen nach der Golgimethode. Die Schnitte kommen zum Bleichen des Pigments 15—20 Minuten in Chlorwasser, werden $^1/_4$ Stunde ausgewaschen in destilliertem Wasser, dann Alkohol, Nelkenöl, Balsam. Reduktion des gebildeten Chlorsilbers am Licht.

Ausgezeichnetes Material zum Studium der Chromatophoren liefern auch viele Wirbellose, vor allem Mollusken und Arthropoden. Bei ihnen gelingt auch die Färbung der Chromatophorennerven mittelst Methylenblau relativ leicht (JOUBIN, PHISALIX, SOLGER [99]).

Literatur: EBERTH und BUNGE (Arch. Mikr. Anat., Bd. 46, 1895), JOUBIN (C. R. Ac. Sc. Paris, Bd. 112), derselbe (Arch. de Zool. Expér., II. Sér., Bd. 10, 1892), PHISALIX (Arch. de Physiol., V. Sér., Bd. 4, 1892), SOLGER (Zool. Anz., Bd. 12, 1889), derselbe (Arch. Mikr. Anat., Bd. 53, 1899), ZIMMERMANN (Arch. Mikr. Anat, Bd. 41, 1893).

Chromatophoren, pflanzliche. Den Pflanzenzellen charakteristisch sind meist rundliche, stark eiweißhaltige Körper, die dem lebenden Protoplasma angehören und wahrscheinlich (SCHIMPER) nur aus sich selbst durch Teilung entstehen. (Demonstrationsobjekte: Prothallien von Farnen, Blätter von Laubmoosen, Mnium, Funaria.) Sie werden nach ihrer Färbung unterschieden in farblose Leucoplasten oder Stärkebildner im eigentlichen Sinne, grüne Chloroplasten oder Chlorophyllkörner und andersfarbige Chromatophoren, die alle in genetischem Zusammenhange stehen und vielfach ineinander übergehen können. Die Chromatophoren degenerieren sehr leicht, so daß ihre Lebendbeobachtung auf Schnitten besonders zum Studium ihrer Struktur nur in etwa 5%iger Zuckerlösung anzuraten ist. Soll nur Stärke in ihnen, z. B. im Chlorophyllkorn, nachgewiesen werden, so werden sie unter Hervortretenlassen der Stärkekörner mit Chloralhydratjod zerstört. Spuren von Stärke in den Chlorophyllkörnern werden nachgewiesen durch Quellen in Kalilauge, Neutralisieren mit Essigsäure und Färben mit Jod. Zu ihrer feineren Untersuchung, zumal um über ihre Anteilnahme bei der Stärkebildung Aufschluß zu gewinnen, sind Fixierung und Färbung erforderlich. Als Fixierung haben sich am besten bewährt konzentrierte alkoholische Sublimatlösung, konzentrierte alkoholische Pikrinlösung oder am besten eine konzentrierte alkoholische Lösung von Sublimat und Pikrinsäure 24 Stunden lang, Auswaschen in fließendem Wasser (Jod meist unnötig) oder bei Pikrinsäure in Alkohol von steigender Konzentration. Auch Flemming wird empfohlen, scheint aber vielfach Quellungen hervorzurufen. Die Färbung besonders nach Sublimat geschieht mit ALTMANNS Säurefuchsinmethode (20 *g* Säurefuchsin in 100 *ccm* Anilinwasser erwärmt auf Objektträger, Auswaschen mit 1 Teil konzentrierter alkoholischer Pikrinsäure und 2 Teilen Wasser, Alkohol, Nelkenöl, Canadabalsam) oder ebensogut HEIDENHAINS Eisenhämatoxylin. Besonders bei letzterer Färbung treten die Schichten der Stärkekörner scharf hervor. Siehe diese. — Sonst wird nach Säurefuchsin noch für die Stärkekörner Gentianaviolett und Orange angewandt oder schließlich nach FLEMMING das FLEMMINGsche Dreifarbengemisch. (Demonstrationsmaterial: Kartoffelknollen, wenige Schichten unter dem Kork, Scheinknollen von Phajus grandifolius, Stengel von Pelionia deveana.)

Über Proteinkrystalloideinschlüsse siehe Eiweißstoffe der Pflanzenzelle. Über Carotinkrystalle in Chromatoplasten siehe Chromatophorenfarbstoffe.

Um die Chromatophoren vom anhaftenden Plasma zu befreien und sie so scharf hervortreten zu lassen, wird Flußsäure von 40—45% angewendet. Die Erwärmung im Platintiegel geschieht sehr vorsichtig, die Flüssigkeit soll nicht öfter als 3—4mal aufstoßen. Dann wird sofort mit einem Platindraht das Pflanzenmaterial herausgenommen und für mehrere Stunden bis einen Tag in eine große Schale ruhigen Wassers gebracht. Es wird gefärbt 2—4 Stunden in 1—2%iger wässeriger Lösung von Lichtgrün oder auch mit Säurefuchsin und Gentianaviolett (FISCHER).

Die Chromatophoren der Algen enthalten oft abgegrenzte, meist rundliche Teile, die von Stärke umgeben sind, Pyrenoide oder Stärkeherde, die typisch Eiweißreaktion zeigen. Sie werden nach der Methode für Krystalloide (siehe Eiweißstoffe oder Pflanzenzelle) zur Darstellung gebracht oder auch schnell durch Behandlung mit kochendem Wasser. Da sie gegen MILLONS Reagens widerstandsfähiger sind als die Chromatophoren, werden sie hierdurch deutlich sichtbar (BOUBIER).

Über die den Chromatophoren nahe verwandten Eleioplasten vgl. Öle, pflanzliche.

Die Chlorophyllkörner zeigen vielfach Eigenbewegung. Werden Blätter der Laubmoose (Funaria), die in diffusem Tageslicht verweilt, intensivem Sonnenlicht unter dem Mikroskop ausgesetzt, so runden sich nach wenigen Minuten die bis dahin polygonalen Chlorophyllkörner ab. — Durch Bewegung des sie umgebenden Plasmas werden sie auch von der Vorderseite nach dem Rande geführt. Demonstrationsobjekt: Dreiblätterige Entengrütze (Lemna trisulca).

Literatur: ZIMMERMANN (Bot. Mikrotechnik, Tübingen 1892), SALTER (Jhb. Wiss. Bot., Bd. 32, 1898), STAHL (Bot. Zeit. 1880), BOUBIER (Bull. Herb. Brin., Bd. 7, 1899), FISCHER (Bot. Zeit., Bd. 63, 1905). *Magnus*, Berlin.

Chromatophorenfarbstoffe der Pflanzen. Die grünen Chromatophoren, die Chlorophyllkörner, enthalten zwei Hauptgruppen von Farbstoffen, die nach ihrer leichteren Löslichkeit in Benzol oder Alkohol, erstere mit grüner Farbe löslich als Cyanophyll, letztere mit gelber Farbe löslich als Xanthophyll unterschieden werden. Zu einer konzentrierten alkoholischen Lösung (über Färbung verkorkter Zellmembranen und Darstellung siehe Zellmembrane, pflanzliche) wird Benzol und dann ein paar Tropfen Wasser hinzugefügt, dann geschüttelt. Die grüne Benzolschicht enthält das eigentliche Chlorophyll, kenntlich an seiner roten Fluorescenz und charakteristischem Absorptionsspectrum (besonders im Rot) makroskopisch, mikroskopisch erstens durch die sogenannte Chlorophyllan- oder Hypochlorinreaktion; beim Zusatz von Eisessig zum Präparat scheiden sich bald amorphe Massen des zersetzten Chlorophylls an der Oberfläche der Chloroplasten ab. Zweitens nach Zusatz von konzentrierter wässeriger Kalilauge verschwindet die grüne Farbe, um nach längstens $^1/_4$—$^1/_2$ Stunde, schneller nach Erwärmen, wieder zu erscheinen (MOLISCH).

Weiter enthält die Benzolschicht einen gelben Farbstoff, das Carotin, der auch sonst oft in Form rhombischer Krystalle in Chromoplasten vorkommt. Sehr schön in der Mohrrübe (Carota daucus), daraus durch Petroläther leicht zu extrahieren. Mit Jodlösung färbt es sich grünlich, mit konzentrierter Schwefelsäure indigblau, ebenso auch der rote „Augenfleck" der Schwärmsporen und Flagellaten (KLEBS). — Die alkoholische gelbe Xanthophyllösung enthält einmal gelbe Farbstoffe, das amorphe Xanthophyll (Xanthocarotin und eigentliches Xanthophyll nach TSCHIRCH [Ber. Deutsch. Bot. Ges., 1896]), das sich mit starker Salzsäure grün bis dunkelblau färbt, dann aber auch einen von dem obigen amorphen etwas verschiedenen krystallisierbaren Chlorophyllfarbstoff (MONTEVERDE).

Von den die mannigfachen Färbungen der Algen hervorrufenden Farbstoffen, die meist zusammen mit dem Chlorophyll dasselbe verdecken, seien hervorgehoben:

Der gelbe Farbstoff, Phycoxanthin oder Diatomin, der Diatomeen (auch in Phaeophyceen, Oscillaria), leicht löslich in 40%igem Alkohol (NEBELUNG).

Der braune Farbstoff, Phycophäin der Phäophyceen, ist leicht löslich in Wasser, wenig löslich in verdünntem Alkohol, unlöslich in konzentriertem Alkohol, Äther, Benzol. fetten Ölen etc. Säuren geben braunen Niederschlag (SCHÜTT).

Der rote Farbstoff, Phycoerythrin, der Florideen ist löslich in Wasser, unlöslich in Alkohol und Äther. In gesättigter Lösung erscheint er bei durchfallendem Licht dunkel bläulichrot, bei auffallendem infolge starker Fluorescenz orangegelb. Er kann in der Zelle zum Auskrystallisieren gebracht werden durch Einlegen in 10%ige Kochsalzlösung, der ein paar Tropfen Benzol zugefügt sind. Die Krystalle zeigen eiweißartiges Verhalten. (Farbstoffspeicherung, Gerinnung etc.) (MOLISCH.)

Der blaue Farbstoff Phycocyan, der Cyanophyceen, in Wasser löslich (hellblau mit roter Fluorescenz), in Alkohol unlöslich (REINKE).

Das Peridin und Phycopirrin der Peridineen ist gleichfalls unter die Chromatophorenfarbstoffe zu zählen (SCHÜTT).

Literatur: MEYER (D. Chlorophyllkorn, Leipzig, A. Felix, 1883), MOLISCH (Ber. Deutsch. Bot. Ges. 1896), MOLISCH (Ber. Deutsch. Bot. Ges. 1894), MONTEVERDE (Act. hort. petrop., Bd. 13, 1893), NEBELUNG (Algen, Bot. Zeitschr. 1878), REINKE (PRINGSHEIMS Jhb., Bd. 10), SCHÜTT (Ber. Deutsch. Bot. Ges. 1887), SCHÜTT (Ber. Bot. Ges. 1890). *Magnus,* Berlin.

Chromatophylie siehe: Zellchemie.

Chromgummi von FRENZEL als Aufklebemittel empfohlen. Zu einer dünnflüssigen Lösung von Gummi arabicum gibt man eine wässerige Chromalaunlösung im Überschuß, reichlich Glycerin und etwas Alkohol. Auf der ganz dünn ausgestrichenen Masse werden die feuchten oder trockenen Paraffinschnitte bei 30—45° aufgelegt und $^1/_4$ Stunde trocknen lassen. Sie vertragen alle Manipulationen, doch färbt sich die Klebemasse in vielen Farbstoffen mit.

Chromogen, das saure Natriumsalz der Chromotropsäure (Höchst). Hellbraunes Pulver, in Wasser leicht löslich. Durch Oxydation mit Kaliumbichromat entsteht ein echter brauner Farbstoff.

Von WEIGERT als Reduktionsmittel bei seiner Neurogliafärbung benutzt (siehe Neuroglia).

Chromoplaste siehe: Chromatophoren, pflanzliche.

Chromosmiumessigsäure siehe: FLEMMING'sche Flüssigkeit.

Chromotrope, Azofarbstoffe, welche durch Einwirkung von Anilin, p-Nitranilin, α-Naphtylamin und ähnlichen Körpern auf die Chromotropsäure (Dioxynaphtalindisulfosäure) entstehen (Höchst). Sie kommen in den Marken 2 R, 2 B, 6 B, 8 B, 10 B, FB etc. in den Handel und stellen rote oder braune Pulver dar, die in Wasser leicht, in Alkohol schwerer löslich sind. Mit Metallbeizen bilden sie blaue (Alaun, Kupfervitriol) oder schwarze (Bichromat) Farblacke. Sie werden zum Färben von Wolle in saurem Bade benutzt ohne oder mit Nachbehandlung mit Metallbeizen. Sie liefern sehr echte Färbungen.

HEIDENHAIN benutzt konzentrierte Lösungen der verschiedenen Chromotrope in absolutem Alkohol zur Nachfärbung nach Hämatoxylin. Aus dem letzteren werden die Schnitte in Wasser gewaschen; zuerst in 96%igen Alkohol, dann in ammoniakalischen Alkohol (1 *ccm* Salmiakgeist auf 1 *l* 96%igen Alkohol), dann wieder in reinen Alkohol übertragen und dann in der erwähnten Lösung gefärbt. Abspülen in absolutem Alkohol, Xylol, Balsam. Bindegewebe, Basalmembranen, embryonale Knochensubstanz intensiv rot.

Literatur: HEIDENHAIN (Zeitschr. Wiss. Mikr., Bd. 22, 1905).

Chromsäure, Chromsäureanhydrid, Acidum chromicum, Chromtrioxyd, CrO_3, wurde zuerst zur Herstellung mikroskopischer Präparate von HANNOVER empfohlen, der seinerseits ihren ersten Gebrauch auf JACOBSON zurückführte; sie bildet seitdem ein für viele Zwecke unentbehrliches Hilfsmittel, besonders im Gemisch mit anderen Agenzien. Sie krystallisiert in langen, roten, rhombischen Nadeln oder Prismen, die sich zu 160% in Wasser mit rotbrauner Farbe lösen. Enthält das Präparat noch von der Darstellung her Schwefelsäure ($K_2CrO_3 + H_2SO_4 = CrO_3 + H_2O + K_2SO_4$), so sehen die Krystalle mehr scharlachfarben aus und zerfließen an der Luft. Chromtrioxyd ist ein starkes Oxydationsmittel, das organische

Stoffe in konzentrierter Lösung zerstört, daher man letztere nicht durch Filtrierpapier filtrieren darf. Es wird dabei selbst zu den niederen Oxydationsstufen des Chroms (Cr_2O_3, $Cr(OH)_3$) reduziert: diese fallen sehr häufig aus den Chromsäurelösungen als unlösliche Niederschläge aus, wenn sie mit organischen Substanzen längere Zeit in Berührung stehen oder mit reduzierenden Mitteln vermischt werden, z. B. mit Alkohol. Dieser Gesichtspunkt wird bei der Neuerfindung von Chromsäuregemischen häufig übersehen, worauf besonders MAYER (LEE und MAYER) aufmerksam gemacht hat.

Zur Aufbewahrung von Lösungen empfiehlt FOL einen geringen Carbol- oder Campherzusatz zur Vermeidung des Schimmelns. Zur Fixation wird zumeist eine wässerige Lösung der Chromsäure von geringer Konzentration von $^1/_{10}$ bis $1^0/_0$ gebraucht. Die speziellen Angaben der Autoren hierüber sind sehr verschieden. Vereinzelt finden auch stärkere — $2^0/_0$ige — Lösungen Anwendung, z. B. von KORSCHELT für Amöben; von MC DOUGALL für quergestreifte Muskelfasern. Sehr hoch schätzt sie HANSEMANN, der bei Salamanderlarven die Mitosen durch eine $2^0/_0$ige Chromsäure ebensogut darstellbar findet, wie durch HERMANNsche oder FLEMMINGsche Lösung; Kunstprodukte finden sich erst in den inneren Organen infolge des verzögerten Herandiffundierens an die Zellen.

Zur Beschleunigung der Wirkung hat man auch hier zur Kombination des Einlegens der Organe mit der Injektion der Flüssigkeit entweder in die Gefäße oder bei Hohlorganen in deren Binnenraum gegriffen: BELLARMINOW injiziert 0,2—$0,3^0/_0$ige Chromsäure in die Gefäße des Auges; FLEMMING (89) füllt die Harnblase mit $^1/_2{}^0/_0$iger Chromsäure und legt sie dann in die Lösung ein; STILLING und PFITZER füllen den Magen mit $0,25^0/_0$iger Lösung, entfernen die Mucosa, lassen ihn noch 2—3 Tage in der Flüssigkeit liegen und waschen ihn 6 bis 24 Stunden in Wasser aus.

Heiße Chromsäure hat BORN für Amphibieneier zur Fixation verwandt. Er bringt sie in 80—90° warme $^1/_3{}^0/_0$ige Lösung, läßt sie abkühlen und 2 Tage darin liegen. Ihm folgen darin PFISTER und LUBOSCH (02), dieser (04) auch für Petromyzon. LEVI findet die Temperatur zu hoch, bei Erhitzung auf nur 20° seien die Präparate besser färbbar. Auch auf Eier anderer Tierstämme ist diese Methode übertragen worden: DEEGENER fixiert Hydrophiluseier in 80—90° warmer $^1/_2{}^0/_0$iger Chromsäurelösung.

Von anderen Autoren wird, zumal für die nervösen Centralorgane, empfohlen, die Behandlung mit geringeren Stärkegraden zu beginnen und so die Gewebe zu fixieren, alsdann mit stärkeren Lösungen fortzufahren und darin die Gewebe zu härten. So legt FLEMMING (90) die Schwanzflosse der Salamanderlarven in dünne Chromsäure auf $^1/_2$ Stunde ein, pinselt das Epithel ab und härtet mit stärkerer Chromsäure nach. BRASS tötet kleine Tiere und Embryonen in $^1/_8$ bis $^1/_2{}^0/_0$iger Chromsäure ab und bringt dann einige Tropfen stärkerer Lösung hinzu; in dieser Mischung läßt er sie liegen.

Chromsäure dringt im allgemeinen schwer in die Gewebe ein, so daß je nach der Größe des Stückes bei der gewöhnlich benutzten schwachen Lösung zur hinreichenden Wirkung doch 24—48 Stunden erforderlich sind. Die Chromeiweißverbindungen, die sich rindenartig in den äußeren Objektschichten bilden, behindern oft die weitere Wirkung sehr. Große Stücke Gehirn oder Rückenmark bedürfen natürlich vieler Wochen und großer Flüssigkeitsmengen, da man im allgemeinen auf 1 *ccm* Objekt mindestens 200 *ccm* Lösung rechnet. Vor sehr langem Aufenthalt in Chromsäure ist zu warnen, da erstens die Objekte brüchig werden und zweitens die Entfernung der überschüssigen Lösung erschwert und damit die Färbbarkeit der Objekte beeinträchtigt wird.

Die Nachbehandlung hat neben der Entwässerung den Hauptzweck, die Gewebe zu „entchromen". Meistens ist von den Autoren angegeben worden, man solle die Chromsäurepräparate lange mit fließendem Wasser, möglichst bis zur totalen Entfärbung auswaschen. EDINGER entfernt, um das lästige lange Wässern zu vermeiden, das Chrom durch Behandlung mit 1 Teil Salpetersäure auf 20 Teile destilliertes Wasser, MAYER ebenfalls mit Salpetersäure 1 : 10 Wasser oder mit Schwefelsäure (1 : 20 Wasser) 1 Stunde lang. Die Stücke werden hellgraugrün; die Säure wird durch Wasser oder Alkohol entfernt. UNNA beseitigt das Chrom mit Wasserstoffsuperoxyd, GILSON durch eine alkoholische Lösung von Schwefeldioxyd, OVERTON durch eine schwache wässerige Lösung von Schwefeldioxyd: nachdem er das Material kurz in Wasser abgeschwenkt hat, bringt er es nach wenigen Minuten aus der Säure wieder in reines Wasser.

Sind die Chromsäurereste nicht vollständig aus dem Präparat entfernt, so bilden sich im Alkohol auf der Oberfläche wie im Gewebe selbst störende graugrüne Niederschläge. STIRLING und H. VIRCHOW haben gezeigt, daß diese nur bei gleichzeitiger Einwirkung des Lichtes entstehen und sich somit durch Vornahme der Alkoholbehandlung im Dunkeln vermeiden lassen. Der Lichtabschluß verhindert andrerseits die Entfernung des überschüssigen Chroms in keiner Weise. Das Chromsäurematerial nimmt mit der Zeit im Alkohol eine schöne hell- bis dunkelgrüne Farbe an. Nach UNNA und SOLGER kann diese Färbung durch Behandlung mit Wasserstoffsuperoxyd leicht und rasch herbeigeführt werden.

Die Chromsäure vereinigt in sehr vollkommener Weise mit der fixierenden zugleich eine erhärtende Einwirkung, welch letzterer sie, wie der Alkohol, ihre erste Anwendung verdankt. So ist es möglich, Chromsäurematerial, das etwas längere Zeit in der Lösung verweilt hat, als eben zum Fixieren notwendig ist, mit dem Rasiermesser in brauchbare Schnitte zu zerlegen, ein Verfahren, das sich für Kurszwecke wohl eignet. Der Alkohol dient also hier wie beim Osmiumtetroxyd durchaus nur als Entwässerungs-, nicht als Erhärtungsmittel.

Der erhärtenden Wirkung halber benutzt man auch Chromsäure nach anderen Fixationsmitteln im zweifachen Verfahren, z. B. Kaliumbichromat. Hierher gehört auch die Nachbehandlung von Präparaten, die mit anderen Agenzien fixiert waren, zum Zwecke der Entkalkung (KAZZANDER) und zur Verbesserung der Färbbarkeit, z. B. bei Osmiumpräparaten nach FLEMMING, WISSELINGH (siehe Osmiumtetroxyd).

Ähnliche Zwecke verfolgt BENDA mit seiner sekundären Chromierung für die Darstellung der Secretgranula, Mitochondria usw., deren Wesen in Nachbehandlung der mit 10%igem Formol fixierten Stücke je einen Tag lang mit 0,25%iger, 0,33%iger und 2—3 Tage mit 0,5%iger Chromsäure besteht, und zwar ohne dazwischen geschobenes Auswässern. Ähnlich verfährt CAGNETTO bei der Hypophysis cerebri, die er 3—4 Tage in 10%igem Formol fixiert, je 2 Tage mit 0,1- und 0,25%iger Chromsäure nachbehandelt, dann wässert, entwässert und einbettet. Vorfixation durch heißes Wasser (60—70°) unter langsamer Temperatursteigerung und Nachbehandlung mit Chromsäure in $^1/_2$%igen Lösungen 24 Stunden, Auswaschen und Entwässern ist häufiger benutzt worden, z. B. von REICHENBACH für Flußkrebsembryonen.

Für das zweifache Chromsäureverfahren mit voraufgehender Chromsäurebehandlung hat PFITZNER gezeigt, daß nachfolgender Aufenthalt von solchem Material in Kaliumbichromat oder MÜLLERscher Lösung alle protoplasmatischen und chromatischen Strukturen deutlich hervortreten läßt, während das Achromatin optisch nicht differenziert ist. DOSTOIEWSKI verfuhr in dieser Weise bei der Untersuchung der Iris und des Corpus ciliare: 24—28 Stunden Fixation in 2—3%iger Chromsäure, dann tage- bis monatelange Nachbehandlung mit MÜLLERscher Lösung. Auch Pikrinsäure ist zur Nachbehandlung von Chromsäurepräparaten herangezogen worden. KORSCHELT wäscht jüngere Cephalopodenembryonen nach Fixation in 0,2%iger Chromsäure mit Pikrinsäure aus.

Für einzelne spezielle Zwecke ist die Entfernung des Chroms nicht erwünscht; die Nachbehandlung hat dementsprechend die Wässerung bis auf ein starkes Abspülen zu verkürzen. Hier muß besonders genau auf die Erfüllung der H. VIRCHOWschen Vorschrift der Dunkelbehandlung achtgegeben werden. Nachbehandlung mit

Alaun hat HENCHMANN für das Gehirn von Limax marinus und seiner Embryonen angegeben: Fixation in $^1/_3$%iger Chromsäure 2—3 Minuten lang, Behandlung mit Wasser nebst einigen Tropfen Chromsäure, dann mit reinem Wasser 5 Minuten lang; darauf halbstündige Nachbehandlung mit 5%iger Alaunlösung, an die sich Wässerung und Entwässerung anschließen.

Die Präparate werden bei Chromsäurebehandlung, besonders bei etwas zu lange ausgedehnter Behandlung leicht brüchig: man muß daher besonders bei zarten Objekten, Keimscheiben, Entstehen starker Diffusionsströmung (bei Überführen aus Alkohol in Chloroform z. B.) zu vermeiden suchen. Manche Teile werden bei der Behandlung mit Chromsäure unschneidbar hart, z. B. Dotter, daher man auf seine Beseitigung z. B. aus dem Dottersack der Teleostier aufs sorgsamste bedacht sein muß; denn hier hilft auch die beste Einbettung nichts. Glycerinzusatz zur Fixationslösung, der das Brüchigwerden verhindern soll, nützt nach FOL gar nichts.

Bei der Bearbeitung der fertigen Schnitte kann die Entfernung der lästigen grauen Niederschläge infolge mangelhafter Beseitigung des Chromüberschusses durch Behandlung mit Cyankalium nachgeholt werden. Schnitte von Chromsäurematerial müssen mit Eiweißglycerin und Wasser auf den Objektträger aufgeklebt werden; sie zeigen sonst die Neigung, zumal bei alkalischer Reaktion der verwendeten Färbe- und Differenzierungsflüssigkeiten, sich vom Objektträger abzulösen. Chrompräparate sind der schlechten Färbbarkeit der Kerne halber allgemein berüchtigt; zum Teil mag dies allerdings an ungenügender Entchromung liegen. FISCHER stellt die Chromsäure nur zu seinen partiellen Farbfeinden; seine Tabelle aber lehrt, daß gerade gegen unsere mit am häufigsten benutzten Kernfarbstoffe sich das Chromsäurematerial ablehnend verhält. MAYER empfiehlt die Behandlung der Schnitte mit gewöhnlichem Salzsäurealkohol, indem sie rasch ihre graubraungrüne Farbe verlieren, weiß werden und sich mit allen üblichen Mitteln vorzüglich färben sollen. Die einzige Färbemethode, die auch nach Chromsäurefixation niemals versagt, ist die Eisenalaunhämatoxylinfärbung (W. MÜLLER). RENAUT hat ein besonderes Glycerineosin und -hämatoxylin zur Färbung der Chromsäurepräparate angegeben.

Von den durch FISCHER untersuchten Eiweißstoffen fällt 0,5%ige Chromsäure nur die echten Peptone nicht in wasserunlöslicher Form aus, wird aber von alkalischer Reaktion merklich gehemmt. Nach FOL tritt die Unlöslichkeit dieser Körper bei Lichtzutritt schon in Sekunden ein. Die zahlreichen Klagen über Kunstprodukte durch Chromsäurefixation führt FISCHER auf die außerordentliche Fällungskraft zurück und belegt diese Deutung mit zahlreichen Beispielen körniger oder fadenförmiger Gerinnungen im histologischen Bilde. Schon FOL hatte darauf hingewiesen, daß im natürlichen Objekt flüssige Substanzen durch Chromsäure in Fadenform ausfallen können. Ein treffliches Beispiel bilden die von TELLYESNICZKY beobachteten bacillenförmigen Schollen im Cytoplasma der roten Blutzellen. Auch KULTSCHITZKY schildert einen gewebeähnlichen Niederschlag in Chromsäurepräparaten; sie bringt geradezu ein neues Strukturbild ins Gewebe hinein. Im übrigen wird nach TELLYESNICZKY und WASIELEWSKI das Cytoplasma zerstört; der Kern erscheint in Pflanzenzellen „contrahiert". Diese lösende Wirkung vermag die Chromsäure sogar noch auf fixierte Elemente auszuüben; diese Eigenschaft wird von botanischer Seite zur Unterscheidung verschiedener Inhaltsbestandteile benutzt (V. WISSELINGH). TELLYESNICZKY klagt insbesondere, wie FLEMMING, über die ungleiche Wirkung der Chromsäure bei gleicher Konzentration auf das gleiche Objekt und stimmt keineswegs der Empfehlung als ausgezeichnetes Fixationsmittel durch RAWITZ bei. Auf die mitotische Figur insbesondere wirkt Chromsäure derart, daß die einzelnen Chromatinfäden etwas schwellen (SCHOTTLÄNDER), daher die ganze Figur eine plumpe Gestalt annimmt. SCHENK findet überdies die Mitosen weniger zahlreich (?) als bei Anwendung anderer Fixationsmittel. Im Gegensatz hierzu steht die Schrumpfung, welche die Objekte nur allzu häufig im ganzen, aber auch in ihren einzelnen Teilen durch Chromsäure erleiden; als gutes Beispiel dienen die Injektionsmassenschrumpfungen, die AIGNER geschildert hat. Diese schrumpfende Wirkung scheint im übrigen nicht eine direkte Folge der Chromsäurefixation zu sein, sondern tritt wahrscheinlich erst bei der Alkoholnachbehandlung auf: wenigstens fand STOELTZNER bei Milz, Niere, Hoden, Gehirn, Leber von der Katze nicht nur keine Volumenverminderung, sondern eine Quellung des Gesamtvolumens um 25—95%: allerdings ist die Veränderung des Volumens im ganzen kein ohne weiteres verwertbarer Maßstab.

Die Schrumpfwirkung, mag sie wie immer zustande kommen, kann unter Umständen dem Mikroskopiker auch von Nutzen sein. Die Keimscheiben zeigen deutlich abgegrenzte Keimblätter, die Bilder von einzelnen Kanälen treten durch sie deutlicher hervor.

Die Schrumpfung kann bis zu einem gewissen Grade durch Vermischung mit quellenden Agenzien, wie Essigsäure, beseitigt werden. Eine Nebenwirkung, der man sich oft zugleich mit der Fixation durch Chromsäure bedient hat, ist die Entkalkung, die dem Charakter des Mittels als schwache Säure entsprechend sehr milde verläuft und daher für zarte Objekte recht angebracht ist: so für embryonale Knochen (LESER), Zähne, kleine Echinodermen (HAMANN). Auch die entkalkende Wirkung der MÜLLERschen Lösung beruht auf ihrem Gehalte und der in ihr ständig vor sich gehenden Abspaltung von Chromsäure.

In mikrochemischer Hinsicht hat die Chromsäure besondere Wichtigkeit durch die Verbindungen erlangt, die sie mit dem Myelin der Nervenfasern eingeht und der die intensive Färbreaktion des Nervenmarks bei der WEIGERT-PALschen Methode zu danken ist. Ferner ist sie nebst ihren Salzen bei der Unterscheidung der neutralen Fette, des Lecithins und bei der Untersuchung der Gewebe auf Gehalt an phäochromen Zellen (Sympathicus, Nebenniere, Carotisdrüse) wichtig geworden (s. Nebenniere). Nach WASIELEWSKI färbt sich in Chromsäurepräparaten Stärke blau.

Chromsäure für sich allein ist heute für histologische Zwecke wohl gänzlich verlassen; sie erweist sich dagegen sehr brauchbar für die Darstellung und photographische Wiedergabe sehr zarter Oberflächenbilder, z. B. von jungen Keimscheiben, auf denen die feinsten Einzelnheiten außerordentlich schön hervortreten. Dieser ausgezeichneten makroskopischen Konservierungsfähigkeit verdankt sie auch ihre Einführung in die anatomische Technik durch JACOBSON (1832).

Literatur: AIGNER (Sitz. Akad. Wien, Bd. 108, Abtlg. 3, 1899), BELLARMINOW (Anat. Anz., Bd. 3, 1888), BENDA (Arch. Physiol. 1900), BORN (Anat. Anz., Bd. 8, 1893), BRASS (Zeitschr. Wiss. Mikr., Bd. 1, 1884), CAGNETTO (Zeitschr. Wiss. Mikr., Bd. 22, 1905), DEEGENER (Zeitschr. Wiss. Zool., Bd. 68, 1900), DOSTOIEWSKY (Arch. Mikr. Anat., Bd. 28, 1886), EDINGER (Zeitschr. Wiss. Mikr., Bd. 1, 1884), FISCHER (Fixierung, pag. 85 u. 21), FLEMMING (Zellsubstanz, Kern- und Zellteilung, Leipzig 1882), derselbe (Arch. Mikr. Anat., Bd. 34, 1889), derselbe (Ebenda, Bd. 35, 1890), FOL (Lehrbuch, pag. 97 u. 98), GILSON (zit. n. LEE u. MAYER), HAMANN (Jena. Zeitschr. Nat., Bd. 21, 1887), HANNOVER (Arch. Anat. 1840), HANSEMANN (Arch. Mikr. Anat., Bd. 43, 1890), HENCHMANN (Bull. Mus. Comp. Zool. Harvard, Bd. 20, 1890), KAZZANDER (Anat. Anz., Bd. 16, 1900), KORSCHELT (Zool. Anz., 5. Jg., 1882), derselbe (Festschr. f. LEUCKART 1892), KULTSCHITZKY (Zeitschr. Wiss. Mikr., Bd. 4, 1887), LESER (Arch. Mikr. Anat., Bd. 32, 1888), LEVI (Arch. Mikr. Anat., Bd. 55, 1899), LUBOSCH (Jena. Zeitschr. Nat., Bd. 37, 1902), derselbe (Ebenda, Bd. 38, 1904), MC DOUGALL (Journ. of Anat. Physiol., Bd. 31, 1897), MAYER (LEE u. MAYER, Grundzüge), MÜLLER (Arch. Mikr. Anat., Bd. 49, 1897), OVERTON (Zeitschr. Wiss. Mikr., Bd. 7, 1890), PFISTER (Arch. Mikr. Anat., Bd. 52, 1898), PFITZNER (Morph. Jhb., Bd. 11, 1885), RAWITZ (Leitfaden, 1895), REICHENBACH (Abh. SENCKENBERG-Ges., Bd. 14, 1886), RENAUT (Arch. Physiol., 13. Jg., 1881), SCHENK (Inaug.-Diss. Bonn 1890), SCHOTTLÄNDER (Arch. Mikr. Anat., Bd. 31, 1888), SOLGER (Centralbl. Med. Wiss. 1883), STILLING u. PFITZNER (Arch. Mikr. Anat., Bd. 28, 1886), STOELTZNER (Zeitschr. Wiss. Mikr., Bd. 23, 1906), TELLYESNICZKY (Arch. Mikr. Anat., Bd. 52, 1898), UNNA (Monatsh. Prakt. Dermat. 1883), derselbe (Arch. Mikr. Anat., Bd. 30, 1887), VIRCHOW (Arch. Mikr. Anat., Bd. 24, 1889), VAN WISSELINGH (Beih. z. Bot. Centralbl., Bd. 23, 1908; vgl. MOLL in Progressus rei botanicae, Bd. 2, 1908).

Poll, Berlin.

Chromsäuregemische. Die Gesichtspunkte, von denen ausgehend man die Chromsäurefixation durch Mischung mit anderen Agenzien zu bessern versucht hat, sind im wesentlichen: Beseitigung der starken Schrumpfungen, Verbesserung der Färbbarkeit, Beschleunigung des Eindringens in das Gewebe. Bei der Verwendung und Neuempfehlung von Chromsäuregemischen ist zweierlei wohl zu beachten: erstens eilen der langsam vorschreitenden Chromsäure oft andere Gemischkomponenten weit voraus und zweitens fixiert durchaus nicht immer das Gemisch, das man bereitet hat, sondern es wirken die neu entstandenen Verbindungen, die die leicht zersetzliche Chromsäure bei dem Zusammentreffen mit anderen, zumal reduzierenden chemischen Körpern bildet. Diese wichtige Tatsache ist oft übersehen worden, worauf besonders MAYER (LEE und MAYER) hingewiesen hat.

Übersicht der Chromsäuregemische.

1. Chromsäure und Alkohol.
2. Chromsäure und Formol.
3. Chromsäure und Alkohol, Formol.
4. Chromsäure und andere Säuren
   - *a)* Ameisensäure,
   - *b)* Essigsäure,
   - *c)* Salzsäure,
   - *d)* Oxalsäure.
5. Chromsäure und Schwermetalle
   - *a)* Platinchlorid.
   - *b)* Sublimat,
   - *c)* Eisenchlorid.
6. Chromsäure und Osmiumtetroxyd.
7. Chromsäure und Ammoniumhydrat.

1. Chromsäure und Alkohol

gehört zu der Kategorie der oben erwähnten, leicht veränderlichen Fixationsmittel: PRITCHARD fixiert Retina in Chromsäure 1, Wasser 20, 84%igem Alkohol 180. KLEIN empfiehlt für Zellenstudien ein Gemisch von $^1/_6$%iger Chromsäure 2, 90%igem Alkohol 1. STOWELL bereitet zur Fixation eine Lösung von $^1/_6$%iger Chromsäure 1, Alkohol absol. 2, stets frisch, fixiert darin 8—10 Tage und erneuert es am zweiten Tage. LO BIANCO konserviert manche Seetiere in gleichen Teilen 1%iger Chromsäure und 70%igem Alkohol.

WASIELEWSKI findet die Fixation der Pflanzenzelle in alkoholischer Chromsäurelösung nur mittelgut, das Plasma dünn, die Spindel schlecht erhalten.

2. Chromsäure und Formol

benutzen BRAUS bei der Golgidarstellung der Gallencapillaren: Formol 1, $^1/_3$%ige Chromsäure 3, und ARNOLD für das Studium der Plasomen und Granula der Nierenzellen.

Nach LEE und MAYER verwendet LO BIANCO ein Gemisch von Formol 1, 1%iger Chromsäure 10, Seewasser 9, für weiche Seetiere $^1/_2$—1 Stunde lang: dann kommen die Tiere in steigenden Alkohol.

3. Chromsäure mit Alkohol und Formol.

MARINA legt das Centralnervensystem 4—8 Tage in ein täglich gewechseltes frisches Gemisch von 90%igem Alkohol 100, Formol 5, Chromsäure 0,1. Auswaschen in 45%igem Alkohol, Schneiden in 90%igem Alkohol.

4. Chromsäure mit anderen Säuren.

a) Chromsäure und Ameisensäure nach RABL: möglichst kleine Stückchen bleiben 12—24 Stunden in $^1/_3$%iger Chromsäure 100 *ccm*, Ameisensäure 2 bis 3 Tropfen, werden ebensolange mit Wasser, dann mit 60—70%igem Alkohol behandelt und gelangen dann in absoluten Alkohol. Die chromatische Figur quillt etwas bei dieser Fixation. Im übrigen gleicht nach TELLYESNICKY ihre Wirkung der bei weitem verbreiteteren Chromessigsäure. WASIELEWSKI erklärt die Fixation des botanischen Objekts für mäßig. ROHL fixiert indessen sogar Cyanophyceenmitosen in 200 *g* $^1/_3$%iger Chromsäure mit 4—5 Tropfen konzentrierter Ameisensäure

(12—24 Stunden, Auswaschen in 60—70%igem Alkohol, 24 Stunden in absolutem Alkohol). Nach SCHOTTLÄNDER liefert sie von der chromatischen Substanz bessere Bilder als Chromsäure allein, wenn man 3—4 Stunden fixiert, 12—24 Stunden wässert und je 24 Stunden mit 60%igem und absolutem Alkohol behandelt. Dann soll sie der Chromessigsäure oder der FLEMMINGschen Lösung nicht nachstehen. Sie ist auch für spezielle Zwecke zuweilen besonders angegeben worden: z. B. von MEAD für Embryonen mariner Anneliden, von PETERS für das Corneaepithel u. a.

b) Chromsäure und Essigsäure ist eines der wichtigsten einfach sauren Fixiergemische. Nach FLEMMING besteht es aus Chromsäure 2,0—2,5 *g*, Eisessig 1 *ccm* und 1000 *ccm* Wasser. Die Stücke, etwa von 0,5 *ccm* Inhalt, kommen auf 24 Stunden hinein, wässern 24 Stunden aus und gelangen auf je 12 Stunden in die steigenden Alkohole. TELLYESNICZKY findet das Plasma mangelhaft, aber besser als durch reine Chromsäure fixiert; Kerne und Mitosen sind gut erhalten und treten scharf hervor. Nach WASIELEWSKI bewährt sie sich am Pflanzenobjekt noch schlechter: die Spindelfasern sind oft nicht deutlich. Neben diesem Fixationsgemisch, das sehr häufig zugleich zum Studium von Oberflächenbildern in der embryologischen Technik dient (z. B. HENNEBERG bei der Entwicklung der Mammarorgane) existieren eine große Anzahl anderer Gemische, die sich sowohl im Chromsäure- als im Eisessiggehalt unterscheiden.

HERTWIG konserviert Froscheier und -Embryonen in einer 1%igen Chromsäure mit Zusatz von 0,2% Essigsäure. BATAILLON fixiert Eier von Rana fusca 48 Stunden oder länger bis zum Entfernen der Gallerthülle in 90 Teilen 1%iger Chromsäure, 10 Teilen Eisessig. Dann folgt 24 Stunden Auswaschen mit Wasser, übertragen in Essigsäure-Alkohol (10:90 absolutus), möglichst schnelle Einbettung durch Alkohol und Toluol. Die Eier von Rana esculenta verändern sich indessen bei der gleichen Behandlung. Für Petromyzon benutzt BATAILLON die von HELEN DEAN KING für Bufo angegebene Mischung von 25 Teilen 1%iger Chromsäure, 10 Teilen Eisessig, 65 Teilen Aqua destillata.

FICK benutzt für Axolotleier innerhalb der Hüllen 1%ige Chromsäure 25 *ccm*, Eisessig 0,1 *ccm*, Wasser 25 *ccm* 24 Stunden, sodann trennt er die Gallerte ab; 24 Stunden Wässern, Entwässern. FELIX fixiert Hühnerembryonen in Chromsäure 2,5, Eisessig 1, Wasser 100, FAUSSEK Cephalopodeneier mit 1%iger Chromsäure 100 mit 5 Tropfen Eisessig.

ARNOLD empfiehlt für abweichende Mitosen in der Milz: Chromsäure 0,3, Essigsäure 0,5, Aqua destillata 100,0 als rasch und vollständig eindringendes Gemisch: 24 Stunden in 10—15 *ccm* davon, dann Alkoholbehandlung im Dunkeln. DEMARBAIX benutzt für Riesenzellen des Knochenmarks 24 Stunden lange Fixation in 1%iger Chromsäure 14, Wasser 18, Eisessig 1. 24 Stunden wässern, Alkoholbehandlung. CZERMAK fixiert die Darmwand in ¼%iger Chromsäure 99, Eisessig 1 ½ Stunde, dann ⅛%ige Chromsäure 12—24 Stunden, Auswaschen und Entwässern in Alkohol 35—100,0. ZIMMERMANN verwendet für Knochenfischflossen zum Pigmentzellstudium 0,25 *g* Chromsäure in Seewasser 100, Eisessig 5, pinselt dann das Epithel ab und bringt sie in reine 0,25%ige Chromsäure oder in HERMANNS Lösung. M'ILROY und HAMILTON fixieren für das Studium der elastischen Elemente die Cornea in 0,25 Teilen Chromsäure, 1 Teil Eisessig auf 100 Teilen Wasser. Der ganze Bulbus verbleibt in dieser Lösung 10—14 Tage, für den aufgeschnittenen Augapfel genügen 24 Stunden.

LO BIANCO hat zwei derartige Gemische angegeben: seine Chromessigsäure Nr. 1 besteht aus 50%iger Essigsäure 1, 1%iger Chromsäure 20. Jetzt soll er ihr nach LEE und MAYER den doppelten Essigsäuregehalt geben. Sie eignet sich für Cephalopoden, Copepoden, Stomatopoden (GIESBRECHT nach LEE und MAYER, pag. 429). Chromessigsäure Nr. 2 setzt sich zusammen aus 50%iger Essigsäure 100, 1%iger Chromsäure 10. FOL nimmt 1%ige Chromsäure 15, 2%ige Essigsäure 50, Wasser 25. EHLERS (LEE und MAYER, pag. 36) benutzt für Anneliden Chromsäure ½—1 *g*, Wasser 100, Eisessig 1—5 Tropfen.

SIMONS fixiert Sargassum in 25 *ccm* 1%iger Chromsäure, 10 *ccm* 1%iger Essigsäure, 65 *ccm* Wasser. SCHAFFNER behandelt für Chromosomenstudien Lilium mit Chromsäure 0,3 *g*, Eisessig 0,7 *ccm*, Wasser 99 *ccm*. YAMANOUCHI fixiert für die Untersuchung der Spermiogenese und die Keimung der Carpo- und Tetrasporen von Polysiphonia mit 1%iger Chromsäure 25 *ccm*, 1%iger Eisessig 10 *ccm*, Meerwasser 65 *ccm*, 5—15 Minuten, Auswaschen in Seewasser. CLAUSSEN fixiert Saprolegnia für Entwicklungs- und Befruchtungsstudien mit 0,5 Chromsäure, 1,0 Essigsäure auf 100 Wasser, 24 Stunden, Auswaschen, vorsichtiges Entwässern. Ähnlich MÜCKE in 1 *g* Chromsäure, 1 *ccm* Eisessig, 100 *ccm* Wasser, halb verdünnt für Achlya, und GATES für Pollenstudien an Oenothera in: 1%iger Chromsäure 70 *ccm*, Eisessig 0,5 *ccm*, Wasser 30 *ccm*.

Heiße Chromsäure mit Essigsäure: BARFURTH überträgt die BORNsche (pag. 218) Methode der Hitzefixation für Amphibieneier auf die Anwendung der FLEMMINGschen Chromessigsäure.

Chromsäure, Essigsäure und Alkohol nach LAVDOWSKY besteht aus 0,5%iger Essigsäure 100, 2%iger Chromsäure 10, 95%igem Alkohol 10 und findet für das Studium von Kernstrukturen Anwendung.

Chromsäure mit Essigsäure und Formol: RETTERER fixiert embryonale Knochen 6—12 Stunden mit 3%iger Chromsäure 66, Formol 33, Essigsäure 8, wäscht aus und entwässert. SCHWABE fixiert die tympanalen Sinnesapparate der Orthopteren mit gutem Erfolg in Formol-Chrom-Essigsäure.

c) Chromsäure und Salzsäure benutzt CALVET für Bryozoen in folgenden Zusammensetzungen: $^1/_3$%ige Chromsäure 100, 3%ige Salzsäure 1 und $^1/_5$%ige Chromsäure 100, 5%ige Salzsäure 1. Dieses Gemisch wird auch häufig zum Entkalken benutzt.

d) Chromsäure und Oxalsäure nach GRAF (1%ige Chromsäure 3, 8%ige Oxalsäure 4, 95%iger Alkohol 3) lieferte BERLINER bei der Untersuchung des Kleinhirns sehr gute Resultate; HATAI SHINKISHI verwendet diese Flüssigkeit mit gutem Erfolge für das Studium des Nervensystems von Säugerembryonen.

5. Chromsäure und Schwermetalle.

In ihrer Fixationswirkung müssen in dieser Kategorie die Gemische ohne und mit Säurezusatz getrennt werden.

a) Chromsäure mit Platinchlorid oder MERKELS Gemisch: Platinchlorid, Chromsäure aa. 1 *g* oder 2 *g*, Wasser 800 *ccm*. Fixationsdauer 3—4 Tage; Nachbehandlung mit Alkohol. Dieses Gemisch ist von MERKEL zuerst für die Retina, später aber vielfach für ganz allgemeine Fixationszwecke empfohlen worden. WASIELEWSKI rühmt die Reinlichkeit der mit ihm erhaltenen Präparate: das Plasma schrumpfe nicht, doch werde ein Teil gelöst. OXNER benutzt MERKELS Flüssigkeit für die Fischepidermis, RAMLOW für Theleborus stercoreus. EISIG fixiert 5 Stunden kleine Capitelliden in MERKELS Gemisch zum Studium der Seitenorgane. Er hat als Modifikation folgende Zusammensetzung angegeben: gleiche Teile $^1/_4$%igen Platinchlorids und 1%iger Chromsäure. Hierin fixiert WHITMAN Froscheier 1—2 Tage lang, WENCKEBACH pelagische Fischeier nach AGASSIZ und WHITMAN.

MERKELS Gemisch ist auch zur Nachbehandlung von Osmiumpräparaten empfohlen worden: von BLACKMAN und FRASER für Humaria nach FLEMMINGS Flüssigkeit, von DOWNING für Spermiogenese von Hydra: die Tiere wurden in ausgestrecktem Zustande mit etwa 10 *ccm* $^1/_2$%igem OsO_4 übergossen und nach einer Minute in das Platinchlorid-Chromsäure-Gemisch übergeführt.

Saure Chromsäure-Platinchloridgemische: BRASS fixiert Protozoen in Chromsäure, Essigsäure, Platinchlorid aa. 1, Wasser 400—1000. Die passende Verdünnung muß jedesmal ausprobiert werden. FLEMMING empfiehlt dies Gemisch in starker Konzentration für die Teilung der Spermatocyten, ARNOLD für Wanderzellen. LAVDOWSKY benutzt für Kernstrukturen 5%igen Eisessig 100, 1%ige Chromsäure 10, 1%iges Platinchlorid 5.

b) Chromsäure und Sublimat siehe Sublimat. Chromsäure-Sublimat-Eisessig nach NOWACK für Hühnerkeimscheiben besteht aus 30 *ccm* 0,5%iger Chromsäure, 30 *ccm* konzentrierten wässerigen Sublimats, 30 *ccm* Eisessig, 37 *ccm* Aq. dest.

c) Chromsäure mit Eisenchlorid und Essigsäure nach GUIGNARD: auf 100 *ccm* Wasser, 0,5 *g* Eisenchlorid und 2 *g* Eisessig zur Fixation von Wasserpflanzenembryonen behufs Darstellung der Centralkörper. Von HABERMANN wird dieses Gemisch zur Darstellung des Fadenapparates in den Synergiden der Angiospermen benutzt.

d) Chromsäure und Kaliumbichromat. Nach LEE und MAYER beschleunigt ein Zusatz von 1—2 *ccm* einer 1%igen Chromsäurelösung auf je 30 *ccm* des Kaliumbichromats die Härtung besonders der nervösen Centralorgane ohne zu schaden.

6. Chromsäure mit Osmiumtetroxyd

und alle von dieser Kombination abgeleiteten Gemische siehe bei Osmiumsäure, FLEMMINGsche Flüssigkeit, HERMANNsche Flüssigkeit.

7. Chromsäure mit Ammoniummolybdat

siehe ALTMANNsche Granulamethoden.

Literatur: AGASSIZ und WHITMAN (Proc. Amer. Ac. Arts, Bd. 20, 1884). ARNOLD (Arch. Mikr. Anat., Bd. 30). ARNOLD (Arch. Mikr. Anat., Bd. 31. 1888). ARNOLD (Arch. Pathol. Anat., Bd. 169, 1902), BARFURTH (Anat. Hefte, H. 9, 1894), BATAILLON (Arch. Entw.-Mech., Bd. 18, 1904), BERLINER (Inaug.-Diss. Breslau 1904), BLACKMAN und FRASER (Proc. Roy. Soc. B., Bd. 77, 1906), BRASS (Zeitschr. Wiss. Mikr., Bd. 1, 1884), BRAUS (Denkschr. Med. Nat. Ges. Jena, Bd. 5, 1896), CALVET (Contr. Hist. Nat. Bryoz. Ectopr. Mar. Montpellier, 1900), CLAUSSEN (Ber. Deutsch. Bot. Ges., Bd. 26, 1908), CRAMPTON (Journ. of Morph., Bd. 15, Suppl. 1899), CZERMAK (Arch. Mikr. Anat., Bd. 42, 1893), DEMARBAIX (Cellule, Bd. 5, 1889), DOWNING (Zool. Jhb., Bd. 21, 1905), EISIG (Mitt. Zool. Stat. Neapel, Bd. 1, 1878). FAUSSEK (Mitt. Zool. Stat. Neapel, Bd. 14, 1900). FELIX (Festschr. NÄGELI und KÖLLIKER 1891), FICK (Zeitschr. Wiss. Zool., Bd. 56, 1893), FLEMMING (Zelle, pag. 382, 1882), FLEMMING (Arch. Mikr. Anat., Bd. 29, 1887), FOL (Lehrbuch, pag. 99), GATES (Bot. Gaz., Bd. 43, 1908), GRAF (Contrib. Path. Inst. New York State Hop., Bd. 1/2, 1898), GUIGNARD (Ann. de Bot., 8 sér. VI, 1898), HABERMANN (Beih. z. Bot. Centralbl., Bd. 20, 1906), HATAI SHINKISHI (Journ. of Comp. Neurol. Physiol., Bd. 14, 1904), HENNEBERG (Anat. Hefte, H. 41, 1899), HERTWIG (Arch. Mikr. Anat., Bd. 39, 1892), KLEIN (Quart. Journ. Micr. Soc. [2], Bd. 18. 1878), KOHL (Organisation und Physiologie der Cyanophyceenzelle etc. Jena, Fischer, 1903), LAVDOWSKY (Anat. Hefte, Bd. 4, 1894), LEE und MAYER (Grundzüge, pag. 66 u. 338), LO BIANCO (Mitt. Zool. Stat. Neapel, Bd. 9, 1890), M'ILROY and HAMILTON (Journ. of Anat. Physiol., Bd. 40, 1901), MARINA (Riv. Patol. Nerv. Ment. Firenze, Bd. 2, 1897; Neurol. Centralbl., Jg. 16, 1897), MAYER (LEE und MAYER, Grundzüge), MEAD (Journ. of Morph., Bd. 13, 1897), MERKEL (Macula lutea, pag. 19, 1870; Mitt. Zool. Stat. Neapel, 1881), MÜCKE (Ber. Deutsch. Bot. Ges., Bd. 26a, 1908), NOWACK (Inaug.-Diss. Berlin 1902), OXNER (Jena. Zeitschr. Nat., Bd. 40, 1905), PETERS (Arch. Mikr. Anat., Bd. 33, 1889), PRITCHARD (Quart. Journ. Micr. Soc. [2], Bd. 13, 1873), RABL (Morph. Jhb., Bd. 10, 1884), RETTETER (Journ. de l'Anat., Jg. 36, 1900), RAMLOW (Bot. Zeitschr., Bd. 64, 1906), SCHAFFNER (Bot. Gaz., Bd. 41, 1906), SCHOTTLÄNDER (Arch. Mikr. Anat., Bd. 31, 1888), SCHWABE (Zoologica, H. 50, 1906), SIMONS (Bot. Gaz., Bd. 41, 1906), STOELTZNER (Zeitschr. Wiss. Mikr., Bd. 23, 1906), STOWELL (The Microscope, Vol. 4, 1884), v. WASIELEWSKI (Zeitschr. Wiss. Mikr., Bd. 16. 1899). WENCKEBACH (Arch. Mikr. Anat., Bd. 28, 1886), WHITMAN (Methods, pag. 152), YAMANOUCHI (Bot. Gaz., Bd. 41, 1906), ZIMMERMANN (Arch. Mikr. Anat., Bd. 41, 1893).

Poll, Berlin.

Chromsaure Salze, Chromate, sind die früher nächst dem Alkohol am häufigsten benutzten und auch heute noch in ihren Gemischen für die Untersuchung z. B. des Centralnervensystems unersetzbaren Fixationsmittel. JACOBSON (zitiert nach TELLYESNICZKY) verwandte zuerst das Kaliummonochromat, HEINRICH MÜLLER zuerst das Kaliumbichromat, das auch heute noch unbestritten den ersten Platz unter allen Chromaten behauptet.

Die Trennung der Chromate in Monochromate und Bichromate führt leicht zu irrigen Vorstellungen über den Bau dieser Salze: Bichromate in dem Sinne, als seien sie die sauren oder primären Salze der Chromsäure, sind in Wirklichkeit nicht bekannt; die Bichromate sind die Salze der Dichromsäure, $Cr_2O_7H_2$ oder

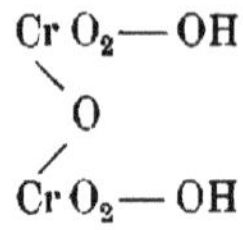

die nur in der Form eben dieser Salze vorkommt. Die Monochromate sind dagegen die neutralen, sekundären Salze der Chromsäure. Außer der Dichromsäure gibt es noch andere Polychromsäuren, die ebenso wie die Dichromsäure durch H_2 O-Austritt aus entsprechend mehreren Chromsäuremolekülen entstanden zu denken sind. Die Überführung von Chromaten in Polychromate gelingt leicht bei Einwirkung von Säuren, die Polychromate gehen durch Alkalibehandlung in die Chromate über. Diese Umsetzungen sind für die Beurteilung der Chromatgemische von Bedeutung. Die Chromate sind heller, meist gelb, die Polychromate dunkler, meist rotbraun gefärbt.

Das Kaliumbichromat, gewöhnlich rotes oder saures (s. oben) chromsaures Kali genannt, krystallisiert in großen roten, triklinischen Prismen, die sich bei Zimmertemperatur in Wasser etwa im Verhältnis von 1:10 lösen. Was die Konzentration und die Zeitdauer der Fixation betrifft, so verwendet man es in der Mikrotechnik in etwa 2—5%iger wässeriger Lösung, und dabei gilt die Regel, daß man im allgemeinen mit schwächerem — 2% — Stärkegrad beginnt und zum höheren — 5% — ansteigt. Kaliumbichromat wirkt langsam: die Flüssigkeit muß mehrmals gewechselt werden, und dabei geschieht der Ersatz der schwachen durch stärkere Lösung. Stets hat ein Wechsel der Flüssigkeit, ob gleicher, ob stärkerer Konzentration, stattzufinden, wenn sich in der Flüssigkeit Niederschläge gebildet haben: dies tritt in den ersten Tagen sehr schnell, später nur noch selten ein. Der Gebrauch des reinen Bichromats ist ziemlich selten geworden. Die übliche Anwendungsform ist die der MÜLLERschen Flüssigkeit, die HEINRICH MÜLLER angab: Kaliumbichromat 2—2,5 *g*, Natrium sulfuricum 1 *g*, Wasser 100 *ccm*. Hierbei fällt die Steigerung des Stärkegrades natürlich fort, über den Wechsel der Flüssigkeit bleibt die oben aufgestellte Regel bestehen.

Die Kaliumbichromatlösungen vereinen mit der fixierenden auch erhärtende Wirkung, aber in erheblich geringerem Grade als die Chromsäure. Beabsichtigt man daher eine Erhärtung, so bedarf es wochen-, ja monatelanger Behandlung. Für das Gehirn des Menschen braucht man $^1/_4$—$^1/_2$ Jahr, für das Rückenmark etwa 2 Monate. Die Objekte ins Dunkle zu stellen, ist nicht unbedingt notwendig, indessen bilden sich dann in der Tat die störenden Niederschläge erst später und spärlicher als bei der Belichtung, so daß man mit etwas selteneren Wechseln der Flüssigkeiten auskommt. Nach LEE und MAYER soll man die Chromate kalt stellen, um die Zersetzung zu vermeiden, wenn man mit ihnen fixiert. Auch SAHLI empfahl als beste Methode für das Centralnervensystem 3—4%iges Kaliumbichromat in der Kälte.

In der Hitze verläuft die Chromsalzfixation bedeutend schneller als bei Zimmertemperatur, so daß man bei diesem Verfahren die Zeitdauer der Fixation bedeutend abkürzen kann. WEIGERT hat darauf nachdrücklich hingewiesen; mit MÜLLERscher Lösung erreicht man bei 39—40° C mit 8—10 Tagen eine Wirkung wie mit 6 Wochen in der Zimmertemperatur.

Auch für manche Gemische, wie Formol-MÜLLERsche Lösung (WOLFF) und die TELLYESNICZKYsche Flüssigkeit (s. unten, pag. 233), ist die Fixation in der Wärme empfohlen worden.

Nach SAHLI härten die Chromate in der Hitze schlechter. Dies bestätigt auch MINOT. OBERSTEINER fixiert die nervösen Centralorgane 1—2 Wochen bei 35—45° in 1%igem Kaliumbichromat, dann weiter 4—6 Wochen bei gewöhnlicher Temperatur und bringt sie dabei in 2—3%ige Lösung. ZIETSCHMANN behandelt Haut von Cerviden bei 37° 8—10 Wochen mit MÜLLERscher Flüssigkeit, wechselt jeden zweiten Tag.

Die Nachbehandlung ist sowohl beim reinen Bichromat als bei der MÜLLERschen Flüssigkeit nach denselben Grundsätzen zu regeln wie bei der Chromsäure; die sehr lange, unbequeme Wässerung ist ebenso wie dort durch Alkoholbehandlung im Dunkeln nach H. VIRCHOW ersetzbar, so daß man meist mit gründlichem Abspülen in Wasser auskommt. Natürlich wird man große Objekte, bei denen es nicht, wie beim Centralnervensystem, auf Erhaltung des Chromgehaltes ankommt, schon um Alkohol zu sparen, gründlich wässern.

In Kaliumbichromatlösungen mittlerer Konzentration und in MÜLLERscher Lösung lassen sich Objekte, die man nicht sogleich weiter verarbeiten will, besonders die nervösen Centralorgane, sehr lange aufbewahren: man muß nur entsprechend die Wasser- oder Alkoholbehandlung länger ausdehnen oder zu den nicht immer empfehlenswerten Entchromungsmitteln greifen, wenn die Gewebe mit den gewöhnlichen Färbungen behandelt werden sollen.

Die Einbettung, Aufklebung und Entfernung etwaiger Niederschläge aus den Schnitten hat nach denselben Regeln wie bei der Chromsäure zu erfolgen.

So gut direkt aus dem Chromsalz kommende Schnitte sich z. B. mit Ammoniakcarmin färben lassen, selbst wenn die Objekte 1 Jahr lang in der Lösung gelegen haben, wie WIEDERSHEIM berichtet, so sehr beeinträchtigt die Alkoholnachbehandlung die gute Färbbarkeit.

MERKEL hat als Beize das Chlorpalladium (1 : 300—600 Wasser) angegeben; darin bleiben die Schnitte, bis sie sich gelb färben, werden dann abgespült und nunmehr gefärbt. OBERSTEINER färbt die Chromsalzschnitte in Carmin in einem Uhrglas über kochendem Wasser. ELISE WOLFF empfiehlt zur besseren Kernfärbung mit Alkohol entwässerter Müllerpräparate mit Hämatoxylin einen Zusatz von so viel 5%iger Oxalsäure, daß die Farbe nicht ins Rötliche umschlägt. Für einzelne Färbeverfahren, auch abgesehen von denen für die Markscheiden, ist die Fixation in Chromsalzen erwünscht oder sogar vorgeschrieben, so für viele Färbungsmethoden der elastischen Fasern; hier wirkt der Chromgehalt wie eine Beize.

Die übrigen Bichromate und die Monochromate treten an Wichtigkeit gegenüber dem Kaliumsalz bei weitem zurück.

Ammoniumbichromat hat zuerst GERLACH (zitiert nach R. HEIDENHAIN) für das Studium der nervösen Centralorgane benutzt: für diesen Zweck findet es auch heute noch zuweilen Verwendung. Die 0,5—0,1%ige Lösung ist von H. SCHULTZE mit bestem Erfolg für Nervenzellen der Wirbellosen gebraucht worden; während es, wie die Chromsalze überhaupt, für cytologische Studien an Wirbeltiernervenzellen in Mißkredit geraten ist. Nach RAWITZ bewirkt es in 0,1%iger Lösung Schrumpfungen und Veränderungen der Gewebe. Dennoch wird es hin und wieder z. B. von DUVAL für die nervösen Centralorgane in 2,5%iger Lösung angewandt: nach 2—4 Tagen wechseln, nach 2—3 Wochen Chromsäure 3 : 1000, 1 Woche lang alle Tage wechseln, dann bis zur Mitte des zweiten Monats alle 8 Tage; 2 Monate darin liegen lassen mit etwas Campherzusatz.

Nach LEE und MAYER soll man das Ammoniumsalz etwa in der halben Stärke des Kaliumsalzes zur Fixation des Centralnervensystems verwenden, sonst genau in der gleichen Weise; für das Kleinhirn kann man bis zu 5%igen Lösungen gehen.

Natriumbichromat ist nach HOSCH für die Golgimethode (s. diese) benutzt worden, ebenso Lithiumbichromat nach STRONG.

Die Wirkungsweise des Kaliumbichromats, auf das sich naturgemäß die meisten Angaben in der Literatur beziehen, und der MÜLLERschen Lösung ist von vielen Seiten, vor allem von FLEMMING gleichgesetzt worden; und der Äußerungen sind viele, die dem geringfügigen Gehalt an Glaubersalz, das, für sich angewandt, z. B. jede Kernstruktur zerstört (BURCHARDT), keine Veränderung des Charakters der Lösung beimessen (SCHIEFFERDECKER). PFITZNER deutet schon auf die Notwendigkeit des Natrium sulfuricum hin. FISCHER erblickt seine Aufgabe, wie LEE und HENNEGUY, in der langsamen, stetigen Chromsäureabspaltung. Auf das Gesamtvolumen der Objekte wirkt die MÜLLERsche Flüssigkeit nach STOELTZNER bald schrumpfend (Leber, Niere, Hoden der Ratte zwischen 6,7% und 13%), teils quellend (Gehirn der Ratte 9,4%).

Histologisch muß man die Wirkung des Bichromates auf den Kern und auf den Zellkörper trennen.

AUERBACH lieferte den Nachweis, wie verschieden die differenten Stärkegrade der Bichromatlösung auf die Kerne wirken, wobei in der Reihe Quellung und Erhärtung miteinander abwechseln. FLEMMING hat nachdrücklich auf die unberechenbare Unregelmäßigkeit der mit Kaliumbichromat erhaltenen Kernbilder hingewiesen, die man bei verschiedenem, aber auch bei gleichem Objekt mit der gleichen Konzentration erhält. BURCHARDT hat noch weitere Literaturangaben (MAYZEL, CARNOY) zur Bestätigung dieses Satzes gesammelt, der im großen und ganzen auch für die MÜLLERsche Lösung gilt. Im ruhenden Kerne liefert das Bichromat nach FLEMMING „Zerrbilder" durch Verschwinden des natürlichen Netzwerkes und Auftreten von neuen unnatürlichen „Chromsalznetzen"; die Mitose verunstaltet es durch Verklumpung des Chromatins und Achromatins; er gelangt schließlich (1880) zu der völligen Verdammung der Chromsalze für das Studium der Mitose und ihm stimmen eine große Anzahl von Autoren zu (CARNOY, PFITZNER, BARFURTH, RAWITZ). FRANK SCHWARZ hat die einzelnen Zellenkernbestandteile einer Prüfung bezüglich ihres Verhaltens gegen konzentrierte Bichromatlösung unterworfen und findet das Chromatin unlöslich; das Linin (Gerüstsubstanz), das Paralinin (Zwischensubstanz) stark quellend; Pyrenin (Nucleolen) partiell löslich; Amphipyrenin (Kernmembran) unlöslich. Auf das Schwinden der Nucleolen wies bereits FLEMMING (1882) hin; PFITZNER (1885) führte das Kernbild nach Behandlung mit MÜLLERscher Lösung auf die Fixierung des Achromatins zurück, während das Chromatin unter Vacuolenbildung stark verändert und aufgelöst werde. Nach FISCHER fällt Kaliumbichromat unter keiner Bedingung Pepton, Nuclein, Nucleinsäure; nur aus saurer Lösung Albumose, Albumine, Globuline, Nucleoalbumine; Hämoglobin wird stets gefällt.

BURCHARDT hat dem Verhalten der Bichromate zum Zellenkern eine ausführliche Arbeit gewidmet, der wir meist gefolgt sind. Er kommt zu dem Resultat, daß das K-, Cs-, Rb-, Na-, Li-, NH_4-, Mg-, Sr-, Zn-Salz die Kernstruktur zerstören; und zwar alle in gleicher Weise: „Die Kerne sind zu einer homogenen Blase verwandelt und lassen auch nach der Färbung keine chromatischen Klumpen hervortreten" (LÖWIT). Durch den Zusatz von Natriumsulfat wird diese Wirkung abgeschwächt; ersetzt man es durch Magnesiumsulfat, so wird der Kern ebenso homogen, aber färbt sich leicht und stark mit Hämatoxylin (BURCHARDT). Diese Wirkung ist gleichartig, aber nicht gleich stark bei allen Bichromaten. Das Ca-, Ba-, Cu-Salz erhalten dagegen den chromatischen Anteil der Kernstruktur, ähnlich wie die Chromsäure, nur mit dem Unterschiede, daß diese auch das Achromatin fixiert. Er kommt auf Grund weiterer hier nicht zu referierender Überlegungen und Versuche schließlich zur Konstruktion von brauchbar fixierenden Bichromatgemischen (s. unten, pag. 231) und gelangt zu dem Schluß, daß den Bichromaten zwei antagonistisch in bezug auf das histologische Resultat wirkende fixierende Eigenschaften eigen sind, deren eine die geformten, die andere die ungeformten Zellkernbestandteile angreift: nach dem Verhältnis dieser beiden ihnen zukommenden antagonistischen Eigenschaften lassen sich die Bichromate wahrscheinlich in eine kontinuierliche Reihe (Na, NH_4, K, ... Zn, Cu, Ca, Ba) ordnen.

Die cytologische Hauptbedeutung der Chromsalze liegt in ihrer besonders von TELLYESNICZKY und WASIELEWSKI betonten ausgezeichneten Plasmaerhaltung, die allerdings nicht allen Bichromaten in gleicher Weise eigen ist, dem Kalisalz aber in hervorragendem Grade zukommt. Auch die Zellkörperderivate, wie Bindegewebsfibrillen (LEWOFF), fixiert es ausgezeichnet, ferner das Hämoglobin, so daß es als Fixationsmittel für die Erythrocytenentwicklung mehrfach gedient hat (SMIECHOWSKI, BANNWARTH). In diese Kategorie gehört auch die Fixation des phäochromhaltigen Zellenleibes der Nebennierenmarkzellen, der diesen ähnlichen Zellen im Sympathicus und der Carotidendrüse, deren Zelleninhalte von den Chromsalzen unter stärkerer oder schwächerer Bräunung unlöslich fixiert werden, während alle übrigen Fixationsmittel mit Ausnahme des Osmiumtetroxyds ihn sofort zerstören und nur Spuren des Zelleibes zurücklassen. Einige paraplasmatische Stoffe werden aufgelöst, wie das Eleidin nach DREYSEL und OPPLER, und der Schleim wird gerüstförmig ausgefällt.

Da wir als plasmafixierendes Mittel außer dem Kaliumbichromat nur noch das teure und unbequeme Osmiumtetroxyd besitzen und der mangelhaften Kernfixation durch Vermischung mit anderen, schon ganz einfachen Mitteln, wie der Essigsäure nach TELLYESNICZKY, abgeholfen werden kann, so verdienen die Chromsalze die ihnen heutzutage für histologische Zwecke entgegengebrachte Verachtung in diesem Maße sicherlich nicht. Als geschätzte Nebenwirkung kommt für die Chromsalze ihre erhärtende Eigenschaft wohl in Betracht, der sie ihre Einführung in die Technik verdanken. Ferner für die MÜLLERsche Lösung die milde entkalkende Wirkung, die auf ihrem Gehalt an Chromsäure beruht.

Die Hauptbedeutung der Chromsalze liegt heute auf dem Gebiete der Untersuchung des centralen und auch des peripherischen Nervensystems; fast alle Gemische und die Einführung neuer, vorher noch nicht gebrauchter Salze zielen auf die Verbesserung und Erleichterung der Nervensystemchromierung ab. Daneben sind noch die Chromsalze ebenso wie die Chromsäure für die Phäochromreaktion des Gewebes der sympathischen Ganglien (KOSE 3%iges Kal. bichr. 9, Formol 1 oder reines 3%iges Kal. bichr.), der Marksubstanz der Nebenniere (STILLING 10%iges Formol 100, Kal. bichr. 2,5—3; HULTGREN, ANDERSSON: MÜLLERsche Flüssigkeit 100, Formol 4 oder Alkohol 40, 5%iges Monochromat 50, Formol 10) und der Carotisdrüse in Gebrauch (SCHAPER: MÜLLERsche Lösung, 3%iges Kalium- oder Ammoniumbichromat, KOHN: Formol 1, Kaliumbichromat 9). Näheres siehe bei Nebenniere.

Die zweifachen Chromsalzverfahren, bei denen der Fixation in einem anderen Agens die Nachbehandlung mit Chromsalzen, und zwar meistens mit reinem Bichromat in wechselnder Konzentration oder mit MÜLLERscher Lösung folgt, nützen neben der guten Fixation des Zellenleibes und den übrigen den Chromsalzen spezifischen Wirkungen (Markscheidenbeizung, Chrombraunreaktion) noch zwei weitere Vorteile aus: erstens die gute Nachhärtung der Gewebe ohne Alkoholbehandlung, zweitens die Möglichkeit, ohne die Nachteile längerer Alkoholbehandlung Material fast beliebig lange aufbewahren zu können. Sehr verbreitet ist der Gebrauch, den Fixationslösungen aus Chromsalzgemischen oder aus Chromsäuregemischen eine längere Chromsalznachbehandlung folgen zu lassen; ganz allgemein ist dies Verfahren bei den Chrom-Formalingemischen üblich: z. B. fixiert MÖLLER die Magenschleimhaut im Gemisch von KOPSCH und behandelt mehrere Tage mit MÜLLERscher Lösung nach. SIEMERLING fixiert nervöse Centralorgane in ORTHs Gemisch und läßt ebenfalls MÜLLERsche Lösung folgen. REGAUD empfiehlt, die in der TELLYESNICZKYschen Lösung fixierten Präparate mit Kaliumbichromat nachzubehandeln. MIHALKOVICS wendet nach der ZENKERschen Lösung (siehe Sublimat) MÜLLERS Flüssigkeit an, um Jodalkohol zu vermeiden, der den Strukturen schädlich sei. PFITZNER (1885) gibt an, daß die Chromsäurefixation mit Nachbehandlung mittelst Kaliumbichromat oder MÜLLERscher Lösung alle protoplasmatischen und chromatischen Substanzen deutlich darstelle, die achromatischen aber nicht optisch differenziere. Diese Kombination wirke ebenso wie Kaliumbichromatfixation und Nachbehandlung mit Osmiumtetroxyd. DOSTOIEWSKY fixiert z. B. das Corpus ciliare und die Iris 24—48 Stunden in 2- oder 3%iger Chromsäure und legt sie dann auf Tage bis Monate in MÜLLERsche Lösung.

Zur besonderen Methode wurde die sekundäre Anwendung bei den Verfahren ausgebildet, die die Chromsalznachbehandlung einer Fixation in ganz anders zusammengesetzten Fixationsmitteln folgen lassen. Die älteste hierher gehörige Methode scheint die BETZsche Nachbehandlung von Alkoholpräparaten des Centralnervensystems zu sein. BETZ benutzt für das Centralnervensystem 10 Tage lange Fixation in Jodalkohol, dann Behandlung mit 3%igem Kaliumbichromat so lange, bis sich ein brauner Niederschlag bildet; es folgt Auswaschen in Wasser und Aufbewahren in $^1/_2$—1%igem Kalium bichromicum. MASON (zitiert nach WHITMAN) empfiehlt für Reptilien- und Amphibiengehirne 3%iges Kaliumbichromat zur Nachbehandlung nach 6—12 Stunden langer Jodalkoholfixation. Dauer 6—10 Wochen; alle 14 Tage wechseln. Nach LEWIS fixiert man das Nervensystem erst 24 Stunden in 70- bis 80%igem Alkohol und läßt dann erst die übliche Chrombehandlung folgen.

TEDESCHI empfiehlt Fixation des Myocards in absolutem Alkohol, dann 8 Tage lange Nachbehandlung mit MÜLLERscher Lösung bei 40°, die täglich gewechselt und eventuell halb mit Wasser verdünnt wird, MORIYA behandelt die Herzmuskulatur mit 80—93%igem Alkohol vor und mit 2%igem Kaliumbichromat nach. LESER gibt für Ossificationspräparate Fixation in absolutem Alkohol oder 0,2—0,4%iger Chromsäure an, Nachbehandlung statt mit steigendem Alkohol mit MÜLLERscher Lösung.

Nach Fixation in reinem Formol wendet GEROTA das Kaliumbichromat an. 1. Nervensystem in 5—10%igem Formol 1 Woche, 2. 3—5 Tage in 4%igem Kaliumbichromat; ähnlich MARCUS nach 2—4 Wochen langer Fixation in $^1/_2$%igem Formol 1 Woche lang Behandlung mit MÜLLERscher Lösung bei 37°.

BENDA hat für spezielle Zwecke eine sekundäre Chromierung nach Salpetersäurefixation ausgearbeitet, die von vielen anderen benutzt und empfohlen worden ist, so von P. SCHULTZ für die Giftdrüsen der Kröten und Salamander, von HENNEBERG für Oberflächenbilder von Embryonen, von ANGELUCCI für die Netzhaut und das Centralnervensystem (näheres siehe Salpetersäure).

Über die Nachbehandlung von Osmiumpräparaten und Chromsalzen siehe bei Osmiumtetroxyd.

BIGELOW empfiehlt für Scyphistomen von Cassiopeia nach Fixation im Sublimat-Kupfersulfatgemisch von LO BIANCO Nachbehandlung mit 5%igem Kaliumbichromat, Auswaschen in 35%igem Salpetersäurealkohol, Konservieren in 70%igem Alkohol.

Kupferbichromat ist von STRONG für das Nervensystem sehr empfohlen worden: es fixiert und härtet energischer als andere Bichromate. Er verwendet es entweder für sich allein oder im Gemisch mit Formol (5%ige Kupferbichromatlösung und Formol zu gleichen Teilen, Nachbehandlung mit 3%iger Lösung 9 Teile und Formol 1 Teil etwa eine Woche lang). Auch als Beize gibt es für die WEIGERT-PALsche Methode sehr gute Resultate.

Monochromate: Das Kaliummonochromat hat selten zur Fixation gedient; häufiger für die Versilberungsmethoden. Das Ammoniumsalz ist früher in der mikroskopischen Technik oft verwendet worden, z. B. in den Arbeiten von EIMER, HEIDENHAIN. HEIDENHAIN hat für die Niere das Ammoniummonochromat in 5%iger Lösung zum Studium der Glomeruli an Zerzupfungspräparaten, aber auch an Schnitten benutzt, die nach Auswaschen und Alkoholentwässerung gewonnen waren. MAC CARTHY legt Spinalganglien 3 Wochen in 2%ige Lösung und wechselt 2—3mal. KLEIN wendet es für die Untersuchung von Kernstrukturen am Tritonmagen u. a. Objekten in 5%iger Lösung 14 Stunden an und zerzupft nach $^1/_2$stündigem Wässern und Färbung mit Pikrocarmin, Glycerineinschluß. V. D. STRICHT verwendet für den hyalinen Knorpel 5%ige Lösung von neutralem chromsauren Ammoniak 24 Stunden lang für 1—2 *cm* große Stücke; andere läßt er bis 10 Tage darin.

Literatur: AUERBACH (Organologische Studien, 1874, pag. 37 ff.), BANNWARTH (Arch. Mikr. Anat., Bd. 38, 1891), BARFURTH (Arch. Mikr. Anat., Bd. 37, 1891), BETZ (Arch. Mikr. Anat., Bd. 9, 1893), BIGELOW (Mem. Boston Soc., Bd. 5, 1900), BURCHARDT (Cellule, Bd. 12, 1897), CARNOY (Biologie Cellul., pag. 210), DOSTOIEWSKY (Arch. Mikr. Anat., Bd. 28. 1886), DREYSEL und OPPLER (Arch. Derm. Syph., Bd. 30, 1895), DUVAL (Journ. de l'Anat. Physiol., Bd. 12, 1896), EIMER (Arch. Mikr. Anat., 1871, 1872, 1875, 1877), FISCHER (Protoplasma, pag. 15), FLEMMING (Arch. Pathol. Anat., Bd. 47, 1879; Arch. Mikr. Anat., Bd. 18, 1880), FLEMMING (Zellsubstanz,

Zellkern etc., pag. 107, 1882), GEROTA (Int. Mon. Anat. Physiol., Bd. 13, 1893), HEIDENHAIN (Arch. Mikr. Anat., Bd. 10, 1873), HOSCH (Arch. Ophthal., Bd. 41, 1895), HULTGREN-ANDERSSON (Skand. Arch. Physiol., Bd. 9, 1899), KLEIN (Quart. Journ. Micr. Sc. [2], Bd. 18, 1878; Bd. 19, 1879), KOHN (Arch. Mikr. Anat., Bd. 65, 1900), KOSE (Sitz. Deutsch. Nat. Med. Ver. Lotos, Prag 1898), LEE und HENNEGUY (2. Aufl., 1896, pag. 44), LESER (Arch. Mikr. Anat., Bd. 32, 1888), LEWIS (Human Brain, pag. 102), LÖWIT (Beitr. Pathol. Anat., Bd. 10, 1891), MAC. CARTHY (Quart. Journ. Micr. Sc. [2], Vol. 15, 1875), MARCUS (Neurol. Centralbl., Bd. 14, 1895), MARTINOTTI (Comm. R. Acc. Med., Torino 1888), MERKEL (HENLES Handbuch der Anatomie, 1871), MIHALKOVICS (Anat. Hefte, H. 34, 35, 1898), MINOT (Zeitschr. Wiss. Mikr., Bd. 3, 1886), MORIYA (Anat. Anz., Bd. 24, 1904), MÜLLER (Zeitschr. Wiss. Zool., Bd. 64, 1898), H. MÜLLER (Verh. Physik. Med. Ges. Würzburg, Bd. 18, 1859 und gesammelte und hinterlassene Schriften, Bd. 1, 1859), OBERSTEINER (Anleitung beim Studium des Baues der nervösen Centralorgane. 3. Aufl., 1896), PFITZNER (Morph. Jhb. 1880), PFITZNER (Morph. Jhb., Bd. 11, 1895), RAWITZ (Jena. Zeitschr. Nat., Bd. 20, 1887), RAWITZ (Arch. Mikr. Anat., Bd. 44, 1895), REGAUD (Arch. d'Anat. Micr., Bd. 4, 1901), SAHLI (Zeitschr. Wiss. Mikr., Bd. 2, 1885), SCHAPER ((Arch. Mikr. Anat., Bd. 40, 1892), SCHIEFFERDECKER (Mikroskop, pag. 152), SCHWARZ (Beitr. Biol. d. Pflanz., Bd. 5, 1892), SCHULTZE (Arch. Mikr. Anat., Bd. 16, 1879), SIEMERLING (Neur. Centralbl., Jg. 18, 1899), SMIECHOWSKI (Inaug.-Diss. Dorpat 1892), STILLING (Arch. Mikr. Anat., Bd. 52, 1898), STOELTZNER (Zeitschr. Wiss. Mikr., Bd. 23, 1906), v. D. STRICHT (Arch. de Biol., Bd. 7, 1886), STRONG (New York Ac. Sc., Bd. 13, 1895), STRONG (Journ. Comp. Neur., Bd. 13, 1903), TEDESCHI (Att. Acc. Fisiocr. Siena [4], Bd. 9), TELLYESNICZKY (Arch. Mikr. Anat., Bd. 52, 1898), VIRCHOW (Arch. Mikr. Anat., Bd. 24, 1885), WEIGERT (Centralbl. Med. Wiss., Jg. 20, 1882), WHITMAN (Methods, pag. 196), WIEDERSHEIM (Arch. Mikr. Anat., Bd. 25, 1895), ELISE WOLFF (Zeitschr. Wiss. Mikr., Bd. 15, 1898), WOLFF (Arch. Klin. Chir., Bd. 59, 1899), ZIETSCHMANN (Zeitschr. Wiss. Zool., Bd. 74, 1903).

Poll, Berlin.

Chromsalzgemische. Die MÜLLERsche Lösung, das am häufigsten gebrauchte Chromsalzgemisch, ist oben (pag. 226) bereits besprochen worden. RÜHLE hat für die Niere eine MÜLLERsche Flüssigkeit angegeben, die statt 2,5 *g* Kaliumbichromat 5,0 *g* enthält.

In der folgenden Übersicht ist sie nicht als besonderes Fixationsgemisch, sondern zusammen mit dem Kaliumbichromat, seinem wesentlichen Bestandteil, aufgeführt worden. Für die Beurteilung und die Zusammensetzung der Chromsalzkombinationen haben mutatis mutandis die gleichen Gesichtspunkte Gültigkeit, auf die bei den Chromsäuregemischen hingewiesen wurde.

Übersicht der Chromsalzgemische.

1. Chromate und Alkohol.
2. Chromate und Aldehyd.
3. Chromate und Formol.
4. Chromate und Säuren:
   a) Essigsäure,
   b) Ameisensäure,
   c) Chromsäure,
   d) Chromsäure und Salpetersäure.
5. Chromate und Schwermetalle:
   a) Platinchlorid,
   b) Sublimat,
   c) Kupfersulfat,
   d) Kupferacetat.

1. MÜLLERsche Flüssigkeit und Alkohol

nach HAMILTON für das Centralnervensystem: man bringt dieses in ein abgekühltes Gemisch von MÜLLERscher Lösung 3, 90%igem denaturiertem Alkohol 1 und stellt das Gefäß in den Eisschrank, nach 2—3 Tagen wird die Flüssigkeit gewechselt und, sobald sie genug eingedrungen ist, durch Ammoniumbichromat 1:400, nach je 1 Woche durch 1%iges und 2%iges Ammoniumbichromat ersetzt. Aufbewahrt wird das Material in Chloralhydrat 1:40.

2. Kaliumbichromat und Aldehyd

nach VASSALE und DONAGGIO für die Golgimethode: 1 *ccm* große Stücke in Aldehyd 5, 3—4%iges Kaliumbichromat 100, 15—20 Tage, wenn sie dunkel wird, wechseln. Dann folgt die Golgimethode.

3. Chromate und Formol.

Kaliumbichromat und Formol. Gemische von Kaliumbichromat oder MÜLLERscher Lösung mit Formol erfreuen sich in der jüngsten Zeit großer Beliebtheit; sie vereinigen die schnelle und für gröbere Zwecke auch brauchbare Fixierung durch Formol mit den vielen guten Eigenschaften, die dem Chromsalzmaterial eignen: besonders die nervösen Centralorgane, in der pathologisch-anatomischen Technik aber auch alle übrigen Organe, werden darin fixiert. Die übliche Fixationsdauer ist im allgemeinen mehrere Tage; häufig behandelt man die Objekte mit reinem Bichromat oder mit reiner MÜLLERscher Lösung nach, wäscht dann aus und entwässert. Nach RABL ist das Gemisch für feinere Kernstrukturen ein schlechtes Fixationsmittel. Immerhin ist es auch für feinere Zwecke häufig angewendet worden. E. MÜLLER fixiert für Neurogliastudien an niederen Wirbeltieren in 3%igem Kaliumbichromat 1, Formol 4, ebenso JOSEPH (02 *a*) für Stützsubstanzen im Centralnervensystem der Anneliden und BÄCKER für Gastropodenaugen.

MÖLLER legt die Darmschleimhaut 24 Stunden in 3%iges Kaliumbichromat 40, Formol 10, behandelt darauf 3—4 Tage lang mit 3%igem Kaliumbichromat nach und wäscht 3 Stunden lang aus. KOSE stellt die „chromaffinen“ Elemente der Nebenniere und des Sympathicus mit 3%igem Kaliumbichromat 9, Formol 1 dar und findet die Zellen besser fixiert als mit 3%igem Kaliumbichromat allein, dagegen ist die Chromfärbung nicht so ausgeprägt. Mit der gleichen Lösung behandelt KOHN die Carotisdrüse. STILLING benutzt zum gleichen Zwecke neben ZENKERscher Lösung 10%iges Formol 100 *ccm*, Kaliumbichromat 2,5—3,0 *g* und färbt die Elemente mit Eisenalaunhämatoxylin. HULTGREN und ANDERSSON erwähnen auch neben ihrem Monochromatgemisch für die Nebennierenfixation als brauchbar eine Zusammenstellung von MÜLLERscher Lösung 100, Formol 4.

Das Gemisch von MÜLLERscher Flüssigkeit mit Formol ist zuerst von ORTH in größerem Maßstabe angewandt worden, und zwar im Verhältnis von MÜLLERscher Lösung 10, Formol 1, und als „Müllerformol“ besonders im Kreise der pathologischen Anatomen im ausgiebigsten Gebrauch. Nach der Fixation folgt Auswaschen, bis das Wasser nicht mehr gefärbt ist, und die Alkoholbehandlung. Abgesehen von der großen Bequemlichkeit der Methode, die nach nötigenfalls mehrmaligem Wechsel ein nahezu unbegrenztes Aufbewahren des Materials in MÜLLERscher Lösung gestattet, soll sie sich sogar auch für feinere Zellstrukturen, sogar für Mitosen als brauchbar erwiesen haben. JOSEPH (02) schätzt es ganz besonders für Zellen- und Centrosomenpräparate sowohl von Wirbellosen als von Wirbeltieren und betont insbesondere die Güte der Färbungen mit HEIDENHAINschem Eisenhämatoxylin, die man bei derart fixierten Objekten von feinsten Zellenstrukturen (Centrosomen) erhält. SCHREIBER benutzt für die Epithelkörperchen ein Gemisch aus gleichen Teilen Formol und MÜLLERscher Flüssigkeit und läßt unmittelbar die Alkoholbehandlung folgen. BRAUS fixiert die Leber zur Darstellung der Gallencapillaren in Formol 1, MÜLLERsche Lösung 3; dann folgt die Golgimethode. LANDSTEINER studiert die trübe Schwellung nach Fixation in einem Gemisch von gleichen Teilen MÜLLERscher Flüssigkeit und 10%igem Formol.

Kaliummonochromat, Formol und Alkohol. Für die Nebenniere benutzen HULTGREN und ANDERSSON: 5%iges Kaliummonochromat 50, Alkohol absolutus 40, Formol 10. Diese Fixation gibt besonders mit der Eisenhämatoxylinfärbung nach HEIDENHAIN sehr gute Resultate. Die phäochromen Zellen nehmen eine hellgelbe Farbe an. Für die einzelnen Tierklassen soll man das Verhältnis des Monochromats und des Formols ändern. Auch eine 2%ige Formolbeimengung gibt brauchbare Resultate. Nachbehandlung: 70%iger Alkohol.

4. Chromate und Säuren.

Die sauren Chromsalzgemische stehen allen anderen an Bedeutung voran.

a) Mit Essigsäure: Kaliumbichromat mit Essigsäure nach TELLYESNICZKY: Kaliumbichromat 3 *g*, Essigsäure 5 *ccm*, Wasser 100. Die Zusammensetzung und Anwendung ist nicht an eine heikle Vorschrift gebunden. Kleinere Stücke bleiben 1—2 Tage, größere länger darin. Auswaschen in reichlichem Wasser; steigende, mit 15% anfangende Alkoholbehandlung. Dieses Gemisch ist von sehr vielen Seiten bereits erprobt und brauchbar befunden worden; häufig als einziges von vielen probierten Fixationsmitteln. Eine Liste der Gewebe und Organe, für die es von den einzelnen Forschern empfohlen worden ist, würde so ziemlich alle Teile des Tierkörpers umfassen, darunter auch die empfindlichsten und am schwierigsten zu behandelnden Objekte (Spermiogenese, Nebenniere, Mitose- und Zellenstrukturstudien).

Als Modifikationen der Anwendungsform ist zu erwähnen, daß REGAUD nach der TELLYESNICZKYschen Lösung für Rattenhoden einige Tage bis Wochen Nachbehandlung mit 3%igem Kaliumbichromat empfiehlt, NETTOVICH Argulus in 50° warmer TELLYESNICZKYscher Lösung, BRESSLAU Turbellarienembryonen in 60 bis 70° warmem Gemisch fixiert.

Kaliumbichromat, Bariumbichromat, Essigsäure nach BURCHARDT: 4%iges Bariumbichromat oder Calciumbichromat 2, 5%iges Kaliumbichromat 6, Eisessig 1. Statt des Bariumbichromats kann 4%iges Calciumbichromat oder 6%iges Kupferbichromat angewendet werden. Diese Kombination ergibt die beste Fixation der chromatischen Figur. Ersetzt man die 4%ige Bariumbichromatlösung durch 1%ige Chromsäure, so wird auch das Achromatin fixiert. Ferner gibt BURCHARDT als brauchbares Mittel an: 6%iges Cuprum bichromicum 60, 5%iges Kalium bichromicum 30, Acidum aceticum glaciale 5.

Kaliumbichromat mit essigsaurem Natrium nach LAVDOWSKY: Fixation 4—7 Tage lang in Wasser 100, Kaliumbichromat 3, essigsaures Natrium 2. Dieses Gemisch ist empfehlenswert als nahezu neutrales Fixationsmittel für Kernstrukturen. Die Kombination mit Osmiumtetroxyd siehe dort.

Kaliumbichromat, Essigsäure und Formol empfehlen SELIGMANN und KATZ als WITTMAACKsche Flüssigkeit zur Fixation des menschlichen Gehörorgans in folgender Zusammensetzung und Anwendungsweise: Kaliumbichromat 5,0, Aqua destillata 85,0, Formalin 10,0, Eisessig 3,0 6—8 Wochen im Brütofen; Auswaschen 24 Stunden; 1—4 Wochen in ein häufig gewechseltes Gemisch von Formalin 10, Eisessig 3—5, Aq. dest. ad. 100; Vorentkalkung in Formalinsalpetersäure, Osmiumbichromat 1—3 Wochen, Reduktion mit Pyrogallol. — Nach CIACCIO für Nebenniere siehe Nebenniere.

Kaliumbichromat-Holzessig-Formol nach SMIRNOW besteht aus gleichen Teilen von 5%igem Kaliumbichromat, Formol und Acetum pyrolignosum. Das Gemisch wird nach 24 Stunden filtriert und dann erst benutzt.

b) Kaliumbichromat, Ameisensäure und Formol ist von CIACCIO in verschiedenen Modifikationen für Zellenstudien an Nebennieren verwandt worden (s. Nebenniere).

c) Kaliumbichromat und Chromsäure: LEE und MAYER empfehlen für die Fixation des Centralnervensystems den Zusatz von 1—2 *ccm* 1%iger Chromsäurelösung zu je 30 *ccm* Kaliumbichromat zur Beschleunigung der Härtung.

d) Kaliumbichromat-Chromsäure-Salpetersäure nach KOLLMANN: Kaliumbichromat 5 *g*, Chromsäure 2 *g*, Salpetersäure 2 *ccm*, Wasser 100. Empfohlen für Salmonideneier: 12 Stunden, Auswaschen in Wasser 12 Stunden, Entfernung der Hüllen, 70%iger Alkohol.

5. Chromate und Schwermetalle.

a) Mit Platinchlorid ergeben nach BURCHARDT brauchbare Resultate, abgesehen von der fehlenden Achromatinfixation: 4%iges Calcium oder Barium bichromicum oder 6%iges Cuprum bichromicum 60, Platinchlorid (1 : 1500) 40, Eisessig 5; oder 2%iges Calcium bichromicum 60, 0,3%iges Platinchlorid 30,

Eisessig 5; oder 1%iges Calcium bichromicum 60, 1%iges Platinchlorid 30, Eisessig 5; oder 2%iges Calcium bichromicum 60, 1%iges Sublimat 30, Eisessig 5.

b) Mit Sublimat siehe Sublimat.

Kaliumbichromat-Sublimat-Formol nach HARVEY für cytologische Studien der Magendrüsen besteht aus gleichen Teilen Formol, 3%iger wässeriger Kaliumbichromatlösung, gesättigter wässeriger Sublimatlösung und Wasser. Fixationsdauer 2 Stunden, dann Auswaschen und Entwässern.

COX benutzt für die Golgiimprägnation 5%iges Kalium bichromicum 10, Sublimat 10, 5%iges Kaliummonochromat 8, Wasser 15—20. Zur gleichzeitigen Härtung und Imprägnation. Die Stücke kommen auf 2—3 Monate hinein.

c) Mit Kupfersulfat. Kaliumbichromat und Kupfersulfat nach ERLICKI: Kaliumbichromat 2,5 *g*, Kupfersulfat 0,5 *g*, Wasser 100 *ccm*. Fixationsdauer 1—5 Tage bis Wochen, Wässern 1—2 Stunden, Entwässerung. Bei 39 bis 40° fixiert nach WEIGERT die ERLICKIsche Lösung selbst große Stücke in etwa 4 Tagen. LEE und MAYER und ebenso KINGSBURY geben 1 *g* Kupfersulfat statt 0,5 *g* an. FOL hält die ERLICKIsche Flüssigkeit für eines der zweckdienlichsten Fixiermittel. Sie wirkt in der Tat schneller als das MÜLLERsche Gemisch. Zur Beseitigung der Niederschläge, die die Erlickipräparate oft verunzieren, behandelt EDINGER mit warmem oder salzsäurehaltigem Wasser, TSCHIRSCH und LÖWENTHAL mit 0,5%iger Chromsäure, und zwar entweder die Stücke oder die Schnitte. GRAUPNER bringt zur intensiven Gelbfärbung der Markscheiden die Stücke aus MÜLLER noch auf kurze Zeit in ERLICKIS Gemisch.

MONTI imprägniert die Nervenzellen in brauner Farbe mit einem Gemisch von Kupfersulfat und Kaliumbichromat.

ERLICKIsches Gemisch mit Essigsäure erwähnt AIGNER unter anderen Flüssigkeiten für die Fixation des Nebenhodens: ERLICKIsche Lösung 100, Eisessig 1.

Kaliumbichromat, Kupfersulfat, Formol benutzt KENYON für das Bienengehirn: 10%iges Kalium bichromicum 40, 5%iges Kupfersulfat 40, Formol 20. Einige Stunden fixieren, Auswaschen, Entwässern. Kaliumbichromat kann auch fortgelassen werden, auch kann man nur in Formol fixieren und das Kupfersulfat auf die Schnitte wirken lassen.

Kaliumbichromat, Cuprum sulfuricum, Essigsäure, Alkohol nach KULTSCHITZKY: 50%iger Alkohol, Kaliumbichromat, Kupfersulfat (ad libitum bis zur Sättigung). Auf 100 *ccm* vor dem Gebrauch Eisessig 5—6 Tropfen. Hierin wird 12—24 Stunden im Dunkeln fixiert, Auswaschen in Alkohol, Entwässern. Diese Mischung hat KULTSCHITZKY für Neuroglia, BOHEMANN für die Darstellung der Intercellularbrücken der glatten Muskelfasern empfohlen. Eine sehr ausgedehnte Anwendung hat dieses Gemisch nicht gefunden.

d) Mit Kupferacetat. Kaliumbichromat und Kupferacetat in gesättigter Lösung in 50%igem Alkohol verwendet VARELA DE LA IGLESIA zur Fixation des Rückenmarkes.

Kaliumbichromat, neutrales Kupferacetat, Eisessig, Formol injiziert RUBASCHKIN zur Fixation für Neurogliastudien. Der siedenden Lösung von 2,5%igem Kaliumbichromat auf 100 Teile, für junge Tiere 0,5 Teile, für alte 1 Teil neutrales, essigsaures Kupfer und dann die zur Lösung notwendige Menge von 3 Teile Eisessig zugesetzt. Klärt sich die Flüssigkeit nicht nach 5 bis 10 Minuten langem Kochen, so muß filtriert werden. 10 Teile Formol setzt man jedesmal vor dem Gebrauch frisch dazu. Zur Injektion wird die halb verdünnte, auf 37° erwärmte Flüssigkeit benutzt, nach 10 Minuten werden die Hirnteile in unverdünnte Lösung von 35—40° auf 5—7 Tage eingelegt. Die Flüssigkeit muß in den ersten 4 Tagen gewechselt werden. Ohne Auswaschen in 95%igem Alkohol entwässern.

Die Kombinationen von Chromsalzen mit Osmiumtetroxyd siehe dort. Vergleiche auch die Artikel Goldmethoden, Golgimethode, Maceration und ALTMANNsche Granulamethoden.

Literatur: Aigner (Sitz. Ak. Wien, Bd. 109, 1900), Bäcker (Arb. Zool. Inst. Wien, Bd. 14, 1902), Bohemann (Anat. Anz., Bd. 10, 1894), Braus (Denkschr. Med. Nat. Ges. Jena, Bd. 5, 1896), Bresslau (Zeitschr. Wiss. Zool., Bd. 76, 1904), Cox (Arch. Mikr. Anat., Bd. 37, 1891), Edinger (Zeitschr. Wiss. Mikr., Bd. 2, 1885), Erlicki (Warschauer Med. Zeitschr., 22. Jg., Nr. 15, Progrès médical 1877), Fol (Lehrbuch, pag. 106), Graupner (Beitr. Pathol. Anat., Bd. 24, 1898), Hamilton (Journ. of Anat. Physiol., Bd. 12, 1878), Harvey (Amer. Journ. Anat., Bd. 6, 1907), Joseph (Arbeit Zool. Inst. Wien, Bd. 14, 1902), derselbe (Ebenda, Bd. 13, 1902 *a*), Katz (Arch. Ohrenheilk., Bd. 74, 1907), Kollmann (Arch. Anat. 1885), Kenyon (Journ. Comp. Neur., Bd. 6, 1896), Kingsbury (Proc. Amer. Mikr. Soc., 1894), Kohn (Arch. Mikr. Anat., Bd. 65, 1900), Kose (Sitz. Deutsch. Nat. Verein Lotos, Prag 1898, Nr. 6), Kultschitzky (Zeitschr. Wiss. Mikr., Bd. 4, 1887, u. Anat. Anz., Bd. 8, 1893), Landsteiner (Beitr. Pathol. Anat., Bd. 33, 1903), Lavdowsky (Anat. Hefte, Bd. 4, 1894), Löwenthal (Rec. Zool. Suisse, Bd. 4, 1886, Rev. Méd. Suisse Romande, 5. Jg.), Nettovich (Arb. Zool. Inst. Wien, Bd. 13, 1900), Möller (Zeitschr. Wiss. Zool., Bd. 66, 1899), Müller (Arch. Mikr. Anat., Bd. 55, 1899), Orth (Berl. Klin. Wochenschr. 1896), Rabl (Arch. Mikr. Anat., Bd. 54, 1899), Regaud (Arch. d'Anat. Micr., Bd. 4, 1901), Rubaschkin (Arch. Mikr. Ant., Bd. 64, 1904), Rühle (Arch. Physiol. 1897), Seligmann (Frankf. Zeitschr. Pathol., Bd. 1, 1907), Schreiber (Arch. Mikr. Anat., Bd. 52, 1898), Smirnow (Anat. Hefte, H. 96, Bd. 32, H. 1, 1906), Stilling (Arch. Mikr. Anat., Bd. 52, 1898), Stoeltzner (Zeitschr. Wiss. Mikr., Bd. 23, 1906), Tschirsch (Arch. Pathol. Anat., Bd. 97, 1884), Vassale und Donaggio (Monit. Zool. Ital., 6. Jg., 1893), Varela de la Iglesia (Contribución al estudio de la médula espinal Madrid. 1904, Text franz. und span.), Weigert (Centralbl. Med. Wiss., 20. Jg., 1882). *Poll,* Berlin.

Die chromsauren Salze werden in der technischen Färberei, besonders ausgedehnt in der Wollfärberei als Beizen benutzt, da sich das Chromsalz auf der Baumwollfaser weniger gut fixieren läßt. Die Wolle wird einfach in einem Bad von Kaliumbichromat und Schwefelsäure gekocht, ausgewaschen und dann in das Färbebad gebracht. Von denjenigen Farbstoffen, welche mit Chromsalzen lichtechte Lacke liefern, spielt das Hämatein, der Farbstoff des Blauholzes, die größte Rolle. Die Farbe dieser Lacke schwankt zwischen Blau und Schwarz. Aber auch für Rotholz, Krapp, Gelbholz, Quercitron und manche Anilinfarbstoffe liefern die chromsauren Salze wertvolle Beizen.

In der mikroskopischen Färberei hat man von der erwähnten Eigenschaft der Chromate ausgedehnten Gebrauch gemacht, und zwar auch hier wieder hauptsächlich in Verbindung mit Hämatoxylin. Näheres siehe bei Hämatoxylin und Nervenfasern (Markscheiden).

Chromsalze. Von den in der technischen Färberei eine bedeutsame Rolle spielenden Chromsalzen, Chromoxydsalzen seien hier die folgenden aufgeführt:

Chromchlorid, Chlorchrom, $CrCl_3$, viollette Krystalle, die in Wasser sehr leicht löslich sind. Die Lösung zersetzt sich mit der Zeit unter Entwicklung von Salzsäure.

Chromchlorat $Cr(ClO_3)_3$, violette Flüssigkeit, die deutlich nach Chlor riecht und sich bald zersetzt.

Chromfluorid, Fluorchrom, $CrF_3 + 4 H_2O$. Grünes Krystallpulver, das sich leicht in Wasser löst.

Chromsulfat $Cr_2(SO_4)_3 + 15 H_2O$. Blauviolette Krystalle, in Wsser leicht mit violetter Farbe löslich.

Chromalaun siehe: Alaune.

Chromsulfocyanat, Rhodanchrom $Cr_2(CNS)_6$. Amorphe, grüne, hygroskopische Massen.

Chromnitrat, $Cr(NO_3)_3$, amorphe, grüne Masse; die wässerige Lösung ist sehr unbeständig.

Chromacetat $Cr(C_2H_3O_2)_3 + H_2O$, violette Krystalle, deren wässerige Lösung beim Erhitzen grün wird.

Chromchromat $Cr_2(CrO_4)_3$ wird erhalten durch Lösen von Chromhydroxyd in Chromsäure.

Die Chromsalze finden in der technischen Färberei eine sehr ausgedehnte Anwendung als Beizen, hauptsächlich für Baumwolle und Seide, weniger für Wolle. Es handelt sich dabei wohl immer um eine entweder durch den Farbstoff oder die Faser bewirkte Reduktion zu Chromoxyd oder Chromhydroxyd, das dann die Befestigung auf der Faser besorgt.

In der Mikrotechnik haben die Chromsalze gegenüber den chromsauren Salzen bis jetzt nur eine sehr geringe Verwendung gefunden. Nur das Chromfluorid und der Chromalaun sind auf die Empfehlung von WEIGERT als Ersatzmittel der Bichromate in die Technik der Markscheiden- und Neurogliafärbung eingeführt worden. (Näheres siehe Nervenfasern, Markscheide und Neuroglia.)

Chromsilbermethode siehe: Golgimethode.

Chrysamin G. Disazofarbstoff, Natriumsalz der Benzidin-Disazo-Bisalicylsäure (Elberfeld, Berlin). Gelbbraunes, in Wasser schwer lösliches Pulver. In Schwefelsäure mit rotvioletter Farbe löslich. Die wässerige Lösung gibt mit Salz- oder Essigsäure braune Fällung, mit Natronlauge rotbraune Färbung. Bildet mit Chromsalzen Lacke.

Chrysaurein. Syn. Orange II. Monazofarbstoff. Natriumsalz des Sulfanilsäure Azo-β-Naphtols (Ludwigshafen). Gelbrotes, in Wasser und Alkohol lösliches Pulver, in Schwefelsäure mit roter Farbe löslich. Die wässerige Lösung färbt sich mit Natronlauge dunkelbraun, mit Salzsäure entsteht ein gelbbrauner Niederschlag.

Chryseolin. Syn. für Chrysoin.

Chrysoidin. Monazofarbstoff. Salzsaures Diamidoazobenzol. $C_6H_5.N:N.C_6H_3(NH_2)_2.HCl$ (Berlin, Ludwigshafen, Elberfeld). Rotbraunes krystallinisches Pulver oder schwarze Krystalle, die in Wasser und Alkohol mit brauner Farbe löslich sind. In Schwefelsäure braune Lösung, die beim Verdünnen kirschrot wird. Salzsäure oder Natronlauge bringen in der wässerigen Lösung einen braunen Niederschlag hervor. Wird durch Reduktionsmittel entfärbt, ohne daß die Farbe wieder durch Oxydation erzeugt werden kann.

In der technischen Färberei vielfach zum Orangefärben von Baumwolle benutzt ohne oder mit vorheriger Beizung in Gerbsäure.

Chrysoin. Syn. Akmegelb, Goldgelb, Resorcingelb, Tropaeolin O, Natriumsalz des Sulfanilsäure-Azo-Resorcins, $(SO_3Na)C_6H_5.N:N.C_6H_3.(OH)_2$ (Ludwigshafen). Braunes Pulver, das in Wasser mit gelbroter Farbe löslich ist, die Lösung färbt sich mit Natronlauge mehr braun. In Schwefelsäure mit gelber Farbe löslich.

Chrysolin. Pyroninfarbstoff französischer Provenienz. Natriumsalz des Benzylfluoresceins. Rotbraunes, in Wasser und Alkohol mit brauner Farbe lösliches Pulver. Die Lösung fluoresciert und gibt mit Natronlauge braunen Niederschlag. In Schwefelsäure mit gelber Farbe löslich.

Chrysophansäure, $C_{14}H_5O_2CH_3(OH)_2$. Zur Chinongruppe gehörig, in Flechten (Physcia parietina) und Wurzeln (von Polygonaceen), färbt sich mit Kalilauge purpurrot, mit Kalkwasser etwa nach einem Tage. Über die Unterschiede zwischen den sonstigen in Pflanzen vorkommenden Chinonen (Emodin, Nucine) siehe ZIMMERMANN (Bot. Mikrotechnik, pag. 85).

Literatur: SCHWAN (COHNS Beitr., Bd. 3). *Magnus,* Berlin.

Chrysophenin, Disazofarbstoff, der bei Äthylierung des Brillantgelbs entsteht (Berlin, Elberfeld). Orangegelbes, in Wasser schwer lösliches Pulver. Mit Natronlauge Gelbfärbung, mit Salzsäure brauner Niederschlag. In Schwefelsäure mit rotvioletter Farbe löslich.

Ciliarkörper siehe: Sehorgan.

Ciliata siehe: Protozoen.

Cilien der Algen. Zur Fixierung werden empfohlen: Osmiumsäuredämpfe oder auch 1%ige Osmiumsäure, 1%ige Chromsäure oder Jodjodkaliumlösung. ZIMMERMANN (Bot. Mikrotechnik, pag. 209). Sonst ist aber wohl die bei dem Nachweis der Bacteriengeißeln übliche Methode zu verwenden. (LÖFFLERsche Beizungsmethode, modifiziert von FISCHER.) Zum Studium der Insertionsstellen der Cilien bei Schwärmsporen der Algen (Vaucheria Oedogonium etc.) hat sich Fixierung mit FLEMMINGS Flüssigkeit oder GUIGNARDS Chromsäure-Eisenchlorid-Eisessig und nach sehr vorsichtiger Einbettung Mikrotomschnitte von 1—2 μ gefärbt mit FLEMMINGS Dreifarbengemisch bewährt.

Literatur: A. FISCHER (Jhb. Wiss. Bot., Bd. 26 u. 27, 1894 u. 1895), STRASSBURGER (Über Reduktionsteilung, Spindelbildung, Centrosomen und Cilienbildner im Pflanzenreich. Hist. Beitr., H. 6. Jena 1900). *Magnus*, Berlin.

Citronensäure, Acidum citricum, $C_6H_8O_7 = C_3H_4(OH)(COOH)_3$, findet sich in freiem Zustande im Pflanzenreiche sehr verbreitet. Farblose, durchscheinende, rhombische Prismen vom spez. Gew. 1,54. Löslich in $^3/_4$ Teilen kalten Wassers. 100 Teile Weingeist von 80% lösen bei 15° 87 Teile krystallisierte Citronensäure; 100 Teile Alkohol von 90% bei 15° 52,8 Teile; 100 Teile absoluten Alkohols 75,9 Teile. 100 Teile Äther lösen $2^1/_4$ Teile wasserfreier Citronensäure.

In der botanisch-mikrochemischen Technik wird Citronensäure durch Silbernitrat nachgewiesen (vgl. RICHTER).

Citronensäure hat Verwendung gefunden zur Konservierung von Infusorien von CATTANEO, bei der Präparation der Nerven von Selachiern von PAUL MAYER, von demselben beim Verfolgen feiner mit Berlinerblau injizierter Gefäße, von UNNA bei der Färbung der Mikroorganismen im Horngewebe, von MÜNCH in 3—5%iger Lösung zur frischen Untersuchung der Muskulatur. Vgl. auch Goldmethoden.

Literatur: CATTANEO (Boll. Scient., 1883), MAYER (Mitt. Zool. Stat. Neapel, Bd. 6, 1886, und Bd. 8, 1888), MÜNCH (Arch. Mikr. Anat., Bd. 62, 1903), RICHTER (Zeitschr. Wiss. Mikr., Bd. 22, 1902), UNNA (Monath. Prakt. Dermat., Bd. 13. 1891). *Mosse*, Berlin.

Citronensaft. Der frisch ausgepreßte und filtrierte Saft von Citrus medica, limonum und bergamia (am besten sind etwas unreife Früchte) enthält neben freier Citronensäure noch citronensaures Kalium und Calcium.

Der Citronensaft wird in der Mikrotechnik hauptsächlich nach dem Vorgang von RANVIER zur Vorbehandlung bei der Vergoldung benutzt. Die in ihm enthaltene Citronensäure läßt dabei das Bindegewebe stark aufquellen und macht es durchscheinend. (Näheres siehe Goldmethoden.)

Auch zum Abtöten von kleinen Wirbellosen, wie Hirudineen und Anneliden, ist er von LEE empfohlen worden.

Cocain, $C_{17}H_{21}NO_4$, ist das bekannteste der in den Blättern von Erythroxylon Coca vorkommenden Alkaloide, das sich indes nur höchstens bis 1% in diesen Blättern findet. Es wird aus der wässerigen Lösung seiner Salze durch Ammoniak oder Soda gefällt. Dieser Niederschlag löst sich wieder auf Zusatz von Wasser; aus dieser Lösung scheiden sich kleine, glänzende Nadeln von wasserfreiem Cocain ab. Schmelzpunkt bei 98°. Cocain ist in Wasser schwer löslich, und zwar löst sich ein Teil in 704 Teilen Wasser bei 12°, in 1300 Teilen kalten Wassers; in Alkohol und Chloroform ist es leicht, noch leichter in Äther löslich. Die Lösungen haben einen bitteren Geschmack und reagieren alkalisch.

Das in der Technik und in der praktischen Medizin verwandte salzsaure Salz, das Cocainum hydrochloricum, bildet glänzende Prismen. Es löst sich in 0,75 Teilen Wasser und krystallisiert aus dieser Lösung mit zwei Teilen Krystallwasser. Es bildet mit Sublimat einen weißen, in Alkohol löslichen Niederschlag.

Das Cocainum hydrochloricum hat bisher Verwendung gefunden u. a. beim Studium des Einflusses äußerer Agenzien auf den Befruchtungs- und Teilungsvorgang des tierischen Eies von den Gebrüdern HERTWIG, von deren Schüler SCHÜRMAYER beim Studium des Einflusses äußerer Agenzien auf einzellige Wesen, von v. LENDENFELD bei experimentellen Studien über die Physiologie der Spongien (Vergiftungsversuche u. a. mit Cocain). Hauptsächlich aber wird es zum Betäuben niederer Tiere, auch von Larven benutzt (von RICHARD, WEBER, CORI, ROBERT, PIZON, KORSCHELT, ROUSSELET, CONSER, MEISENHEIMER, ZOGRAF, EISIG, LO BIANCO u. a.); von ROBERT im besonderen zur Beobachtung lebender Rotatorien.

Literatur: CONSER (Trans. Amer. Micr. Soc., Vol. 17, 1896), CORI (Zeitschr. Wiss. Mikr., Bd. 6, 1889), EISIG (Mitt. Zool. Stat. Neapel, Bd. 13, 1898), O. und R. HERTWIG (Jena. Zeitschr. Nat., Bd. 20, 1887), KORSCHELT (Zeitschr. Wiss. Zool., Bd. 57, 1893), v. LENDENFELD (Zeitschr. Wiss. Zool., Bd. 48. 1889), MEISENHEIMER (Zeitschr. Wiss. Zool., Bd. 62, 1896), PIZON (Annal. Sc. Nat., Bd. 14, 1893), RICHARD (Zool. Anz., 8. Jg., 1885), ROBERT (Bull. Scient. France Belgique,

Bd. 22, 1890), Rousselet (Journ. Queck. Micr. Club, Bd. 6, 1895), Schürmayer (Jena. Zeitschr. Nat., Bd. 24, 1890), Weber (Arch. de Biol., Bd. 8, 1888), Zograf (C. R. Ac. Sc. Paris, Bd. 124, 1897). *Mosse*, Berlin.

Cochenille (Coccionella). Die Droge, welche diesen Handelsnamen führt, besteht aus den getrockneten Weibchen der Cochenilleblattlaus, des Coccus cacti coccinelliferi L., welche, wie andere Vertreter dieser Familie, einen roten Farbstoff enthalten. Das Insekt ist in Mexiko heimisch und lebt namentlich auf Cactus opuntia.

Schon von den alten Mexikanern ward es kultiviert, nach der Eroberung Mexikos durch die Spanier die Kultur monopolisiert und die Ausfuhr des lebenden Insektes verboten; gleichwohl aber wurde es bald in andere Gegenden verpflanzt: nach Westindien, Peru, Brasilien, den Kanaren, Algier, Südspanien und Sizilien, ferner nach Java und den Philippinen.

Das viel kleinere zierliche Männchen ist geflügelt und lebt nur ca. 1 Monat. Ungefähr 200—300mal so häufig ist das bedeutend größere Weibchen. Es ist oval, dick angeschwollen, dunkelrot, mit weißem Filz bedeckt und lebt 6 Wochen. Die Jungen sind sehr klein, zuerst unbeweglich; schon nach einem Tage beginnen sie behende auf der Pflanze umherzulaufen. Mit zunehmender Größe werden sie unbeweglicher und setzen sich, ausgewachsen, auf der Ostseite der Kaktuspflanzen fest. Kurz vor dem Eierlegen werden die Weibchen auf Tücher gestrichen, mit Dampf, Hitze, oder auch durch Insolation getötet und getrocknet.

Man unterscheidet die wilde oder Feldcochenille, die aber auch kultiviert wird, indes weniger Farbstoff enthält, von der Kulturrasse.

Von den Handelssorten gilt die von Mesticha in Honduras, Grana fina mestica genannt, für die beste, und zwar die erste Ernte, die Zaccatilla. Sie ist besonders großkörnig und wird nach ihrer Färbung als silbergraue, schwarze, rötliche und braune (Zaccatilla) unterschieden.

Die kleinkörnige unechte (wilde) Cochenille, Campechiana oder Granilla genannt, ebenso Cochenillenstaub und die in $^1/_2$ *cm* dicke, harte Kuchen gepreßte Kuchencochenille enthalten oft nur die halbe Farbstoffmenge und sind somit minderwertig.

Die silbergraue Hondurascochenille wird vielfach durch Zusatz pulverisierter Mineralien, wie Talk, Schwerspat, Kreide verfälscht; dem ist die schwarze Zaccatilla nicht ausgesetzt, weshalb sie als das zuverlässigste Ausgangsmaterial gelten kann.

Die trockenen Insekten sind 3—5 *mm* lang, 2—4 *mm* breit, flachkonvex mit gleichmäßigen Querrunzeln, der Segmentierung des Tierchens entsprechend, wenig riechend und von etwas bitterem Geschmack.

Gute Hondurascochenille enthält nach Liebermann 9—10%, eine sehr gute 14% Farbstoff, Carminsäurederivate, vorwiegend carminsaures Alkali, jedenfalls nicht eine chemisch einheitliche Substanz, und zwar, nach P. Mayer, nur im Fettkörper und im Dotter der Eier.

Verfälschungen mit gefärbtem und geformtem Tragant, oder Stärkekörnern sind durch die Breibildung beim Übertragen pulverisierter Cochenille in heißes Wasser leicht nachzuweisen; Beimengungen von Mineralien durch Einbringen in Chloroform, auf dem die Cochenille schwimmt, während die etwa beigefügten Verunreinigungen zu Boden sinken.

Die Färbekraft wird am besten nach Penny bestimmt, indem man 1,0 pulverisierte Cochenille mit 5,0—6,0 Ätzammoniak in 20 *ccm* Wasser digeriert, dann auf 100 verdünnt und 1%ige Ferridcyankali-Lösung zusetzt, bis die Lösung gelbbraun geworden, oder mit Kaliumpermanganatlösung oxydiert. Die Vergleichung mehrerer Sorten ergibt die beste.

Über die Carminsäure, deren Konstitution in neuester Zeit von M. Liebermann aufgedeckt worden ist, ihre Salze und Derivate siehe unter Carminsäure und Injektion, physiologische.

Cochenille wird in der Färberei benützt, scharlachrote Töne zu erzeugen, doch ist ihr Verbrauch durch die Entdeckung der roten Azofarbstoffe wesentlich eingeschränkt worden. Der Zinnlack besitzt eine schön rote, der Tonerdelack eine violette, der Eisenlack eine schwärzliche Farbe, weshalb Eisengeräte, eisenhaltige Beizen und eisenhaltiges Wasser beim Rotfärben mit Cochenille streng vermieden werden müssen.

In der histiologischen Technik wird die Cochenille leider verhältnismäßig wenig angewandt, obgleich sie für diese Zwecke, namentlich für Stückfärbungen, uns ausgezeichnete Farben liefert.

Seit vielen Jahren sind schon die Alauncochenille sowie Cochenilletinktur in Gebrauch, während die Cochenilleeisenalaunfärbung erst in neuester Zeit angewandt worden ist.

Die Herstellung der **Alauncochenille** geschieht nach PARTSCH so, daß man zerriebene Cochenille in 5%igem Alaunwasser einige Zeit kocht, filtriert und, um die Lösung haltbar zu machen, etwas Salicylsäure zusetzt. Ganz ähnlich ist die zumeist angeführte Vorschrift von CZOKOR, an der indes P. MAYER — und damit stimmt unsere Erfahrung überein — aussetzte, daß sie zu wenig Alaun enthalte.

Nach CZOKOR werden 7 *g* Cochenille und 7 *g* Alaun in einer Porzellanschale fein zerrieben, mit 700 *g* Aqua dest. gekocht und bis auf 400 eingedampft. Nach dem Abkühlen wird (eventuell mehrmals) filtriert und etwas Carbolsäure als Desinficiens zugefügt.

Der Vorschrift von PARTSCH entspricht ziemlich genau die nach einer Mitteilung CZOKORS von C. RABL gegebene, die ich für die brauchbarste halte. 25 *g* pulverisierte Cochenille und ebenso viel reiner Alaun werden mit 800 *g* Aqua dest. gekocht und auf 600 eingedampft. Nach dem Erkalten wird (eventuell mehrmals) filtriert und etwas Thymol zugesetzt.

Alauncochenille ist eine Farbe, die zur Schnittfärbung wenig geeignet ist, dagegen bei der Färbung ganzer Stücke sehr gute Resultate gibt, indem die Kerne schön violettrot, Blut und Muskulatur bleich gelbrot, das Protoplasma ebenfalls leicht gefärbt erscheinen, Schleim und Chondromucoid werden nicht gefärbt. Besonders schöne Bilder liefert mit Pikrinsäure oder Pikrinsäuregemischen vorbehandeltes Material. Die Farbe dringt schnell ein — am besten wird im Brutschrank gefärbt — und liefert auch nach Anwendung von Osmiumgemischen zur Fixierung gute Resultate, wenn das Material frisch verarbeitet wird. Nach 24stündigem Verweilen im Brutofen sind nicht allzu dicke Stücke (nicht über 7,5 *mm* Dicke) durchgefärbt, sie werden dann so lange mit Wasser abgespült, als noch erhebliche Farbwolken entweichen, und im Verlaufe von 1—2 Stunden in 70%igen Alkohol übergeführt, worin sie dann nach Belieben verweilen können.

Sollen Nachfärbungen der Schnitte in wässerigen Lösungen vorgenommen werden, wozu sich, des Kontrastes wegen, Bleu de Lyon gut eignet, so empfiehlt sich die Anwendung der Alauncochenille weniger; indes können die Schnitte, wenn sie zu viel Farbe durch langes Verweilen im Wasser verlieren, mit anderen Kernfarbstoffen behandelt werden. Im Alkohol aufbewahrte Objekte sind in Wasser zu übertragen, bevor die Stücke in die Farbe kommen. Für Stückfärbungen, besonders von Embryonen, ist Alauncochenille eine so vorzügliche Farbe, daß sie häufiger angewendet zu werden verdiente, als es zur Zeit geschieht.

Chromalaun-Cochenille. F. C. C. HANSEN kocht 5 *g* Chromalaun mit 200 *ccm* Aqua dest. und 10 *g* Cochenille 15—20 Minuten, eventuell unter Zusatz von 5 *ccm* 10%iger H_2SO_4, das abgedampfte Wasser stets ersetzend. Nach dem Filtrieren erhält man eine dunkelblaugraue, vorwiegend kernfärbende Lösung, die sich besonders zur Stückfärbung eignet. Kocht man die Farbe unter Zusatz von 2 *g* Kaliumacetat oder fügt man 5—9 gutt. einer 25%igen Ammoniaklösung auf 200 *ccm* Farbe zu, so färbt dieselbe diffuser. Mit Chromalaun-Cochenille gefärbte Schnitte werden in 0,5‰iger Bichromatlösung schwarz, mit 2‰iger Urannitratlösung zuerst schwarz, dann dunkelgrün.

Cochenilletinkturen hat wiederholt P. MAYER empfohlen, zuerst auf folgende Weise bereitet: Gepulverte Cochenille wird mit der 8—10fachen Menge 70%igen Alkohols infundiert, nachdem das Gemenge mehrere Tage gestanden, wird es filtriert. Er hat diese Farbe zunächst für säurefreie Alkoholpräparate empfohlen; sie färbt nur Objekte, soweit sie Aluminium, Eisen etc. enthalten oder mit ihnen gebeizt worden sind, und ist daher nur in beschränktem Maße zu verwenden. Sie färbt sehr zart, überfärbt so gut wie nie und verdient besonders für ganz aufzubewahrende Keimscheiben und ähnliches Material empfohlen zu werden. Die Objekte kommen aus 70%igem Alkohol in die Farbe und wieder in 70%igen Alkohol zurück.

Wesentlich anders zusammengesetzt ist P. MAYERS neue Cochenilletinktur.

10 *g* Cochenille werden fein gepulvert und mit 10 *g* Chlorcalcium und 1 *g* Chloraluminium gemischt, dann mit 200 *g* 50%igen Alkohols übergossen, 16 Tropfen Salpetersäure (von 1,20 spez. Gew.) zugefügt und bis zum Kochen erhitzt. Nachdem die Lösung unter häufigem Umschütteln einige Tage kalt stehen geblieben, wird filtriert. Die Objekte kommen aus 50%igem Alkohol in die Farbe und wieder in diesen zurück. Färbung ähnlich der mit P. MAYERS Paracarmin.

In einer mit größerer Cochenillemenge bereiteten Alauncochenille scheidet sich allmählich ein roter feiner Satz ab. Dieser liefert mit einer kalt gesättigten Lösung von Alaun in 60%igem Alkohol bei längerem Stehen, nachdem die Mischung erhitzt, eine Farbe, welche eine sehr angenehme, zarte Färbung von Keimscheiben u. dgl. liefert, die der mit Alauncarmin natürlich nahe steht.

Eisenalaun-Cochenille (A. SPULER). Es schien mir wünschenswert, eine Färbemethode zu besitzen, welche die scharfen Bilder lieferte wie die Hämatoxylin-Beizmethoden, sich aber im Stücke anwenden läßt und den für Kurszwecke und zum Photographieren so angenehmen, schwärzlichen Farbenton erzielte. Diesen Bedingungen genügt das folgende, auch für größere Stücke anwendbare Verfahren, dessen Resultate aber nur gute sind, wenn ganz sauber gearbeitet, nur reines destilliertes Wasser benutzt und nicht zu rasch vorgegangen wird.

Man bereitet sich ein Dekokt von 40 *g* Cochenille mit 250 *g* destillierten Wassers und filtriert nach dem Erkalten. Durch nochmaliges Kochen des Rückstandes mit 150 *g* Aqu. dest. wird der Farbstoff ganz gelöst, das Filtrat mit dem zuerst gewonnenen vereinigt und auf 200 *ccm* eingedampft. Nun wird es mit 96%igem Alkohol versetzt, bis eine Fällung eintritt, dann dekantiert und filtriert; das Filtrat auf 400 eingedampft (und eventuell durch einige Stückchen Thymol gegen Schimmel etc. geschützt). Diese Cochenillelösung wird für Stückfärbung zum Gebrauch auf das doppelte Volumen verdünnt. Die Stücke, nicht über $^1/_2$ *cm* dick (Embryonen können auch bis reichlich 1,5 *cm* dick sein, wenn man die Epidermis an einigen Stellen entfernt) werden aus destilliertem Wasser in die Lösung gebracht und verweilen darin 48 Stunden (eventuell auch 3 Tage) im Brutschrank oder auf dem Paraffinofen, dann werden sie mit destilliertem Wasser abgespült und in $^3/_4$%ige Eisenalaunlösung übertragen, worin sie alsbald schwarz werden. Diese wird allmählich auf 1% verstärkt. Nach einem bis einigen Tagen, je nach der Stückdicke, sind die Stücke durchgebeizt und werden dann 1—2 Tage in destilliertem Wasser gewaschen und dann beliebig eingebettet. Eine Wiederholung der ganzen Prozedur kann stattfinden, wenn die Färbung nicht intensiv ausgefallen, ist aber bei Anwendung genügender Farbstoffmengen nicht nötig. Ein Vorbeizen der Stücke in $^1/_2$—$^3/_4$%igem Eisenalaun empfiehlt sich bei größeren Objekten, wenn man nicht Blut und Dotter rot gefärbt erhalten will.

Statt der oben angegebenen wässerigen Cochenillelösung kann man auch eine durch Extraktion der pulverisierten Cochenille mit 96%igem Alkohol gewonnene, vom Fett befreite Cochenillentinktur zum Färben benutzen. Diese liefert eine weniger intensive, mehr graue Färbung, die von Vorteil sein kann bei Objekten, welche in dicke Schnitte zerlegt werden sollen.

Statt des Eisenalauns ist man auch in der Lage, mit gewöhnlichem Alaun, Brechweinstein, Tannin zu beizen, doch scheint mir der Eisenlack vorzuziehen.

Die so mit Eisenalaun gewonnenen Präparate sehen aus wie Federzeichnungen. Sie zeigen die Zellgrenzen, die Schlußleisten, die Basalkörperchen in Flimmerzellen (nicht hervortretend aber die, allerdings auch gefärbten, Centralkörper) deutlich gefärbt, ebenso vielfach Protoplasmastrukturen. Quergestreifte und glatte Muskulatur werden gut tingiert, namentlich tritt auch die Querstreifung der Herzmuskulatur ebenso wie die Zwischenscheiben zwischen deren einzelnen Einheiten gut hervor. Blut erscheint rötlich und beim Übergang der kernhaltigen in die kernlosen Erythrocyten der Säugetierembryonen läßt sich sehr bequem nachweisen, wie der Kern seine Färbbarkeit mit Kernfarbstoffen einbüßt, sich nicht mehr schwarz, sondern rot färbt.

Diese Blutfärbung ist auch bei Schnitten, Mesenterien u. dgl. schön zu erzielen, doch darf nicht vorgebeizt werden. Vielleicht ist dies dadurch bedingt, daß das Hämoglobin als stärkere Basis so fest mit dem Farbstoff verbunden ist, daß der unorganische Eisenalaun nicht die Bildung des Eisenlackes bewirken kann. Die rote Tönung vieler Nucleolen dürfte ebenso zu erklären sein.

Im Bindegewebe werden die Zellenleiber der fixen Bindegewebs- wie auch der Wanderzellen gut dargestellt. Als Stückfärbung nach Fixierung mit MÜLLERscher oder ZENKERscher Flüssigkeit leistet die Methode gute Vorfärbung der Nervenzellen und der Gliaelemente, wenn eine Markscheidenfärbung mit Eisenhämatoxylin angeschlossen werden soll.

Für die Nachbehandlung mit M. HEIDENHAINS Eisenhämatoxylin eignet sich mit dieser Methode vorgefärbtes Material recht gut, dagegen ist die Anwendung von Protoplasma-Anilinfarbstoffen etwas erschwert.

Man kann das Verfahren natürlich auch gut zur Schnittfärbung (auch für Mesenterien, Eihautlamellen u. dgl.) benutzen und die Dauer der Färbung durch Verwenden einer konzentrierteren (unverdünnten) Farbe verkürzen. Nachdem (in der Wärme, 20—37°) 2—24 Stunden gefärbt ist (Schnitte aus destilliertem Wasser!), wird mit $^3/_4$—1%igem Eisenalaun gebeizt, bis der gewünschte Ton erzielt ist, dann in destilliertem Wasser gut gewaschen und beliebig eingeschlossen.

Da die geringsten Alkalimengen die Resultate erheblich beeinträchtigen, so kann man sowohl die Cochenillelösung (mit Essigsäure oder Salzsäure) wie auch die Eisenalaunlösung (mit Essigsäure) ansäuern; dabei wird manchmal auch die Muskulatur rot gefärbt erhalten (R. SPULER). Um mit Sicherheit den Dotter in den Zellen von (Amphibien und Reptilien) Embryonen leuchtend rot zu erhalten, verfährt K. PETER so, daß er dem Cochenilledekokt (10 *g* Cochenille mit 250 *g* Aqu. dest. gekocht, auf 50 *ccm* eingedampft, auf 150 *ccm* mit Aqu. dest. verdünnt und filtriert) auf je 40 *ccm* 3 Tropfen konzentrierter Salzsäure zusetzt und den entstehenden Niederschlag sich absetzen läßt. Sowohl die Schnitt- wie die Stückfärbung ergeben die gewünschten Bilder.

Ferricochenille. F. C. C. HANSEN löst 8 *g* Eisenalaun (nicht Ferroammoniumsulfat, das rote Farbe gibt) in 250 *ccm* Aqua dest., verteilt darin sorgfältig 5—10 *g* Cochenillepulver und fügt 15 *ccm* 10%ige H_2SO_4 zu. Unter stetem Umrühren wird zum Kochen erhitzt, und man läßt, von Zeit zu Zeit das verdampfte Wasser ersetzend, 15—20 Minuten sieden. Nach 10 Minuten werden weitere 10 *ccm* von 10%iger H_2SO_4 zugesetzt. Nach dem Filtrieren erhält man eine dunkelbraune bis schwarze Lösung. Schnitte färbt man darin 5—10 Minuten, eventuell in der Wärme, spült in Aqua dest., dann in Leitungswasser ab und kann in 2—4%iger Essigsäure, schneller in 1—4—5%iger H_2SO_4, differenzieren. Stücke werden 3—4—5 Tage, auch länger, in der Lösung gefärbt.

Literatur: Czokor (Arch. Mikr. Anat., Bd. 18, 1880), Hansen (Zeit. Wiss. Mikr., Bd. 22, 1905), Mayer (Zool. Anz. 1878), derselbe (Mitt. Zool. Stat. Neapel, Bd. 10, 1892), Partsch (Arch. Mikr. Anat., Bd. 14, 1877), Peter (Zeit. Wiss. Mikr., Bd. 21, 1904), Rabl (Ebenda, Bd. 11, 1894), Spuler (Deutsch. Med. Wochenschr., Vereinsbeil. 1901). *Spuler,* Erlangen.

Coelenteraten. Die mikroskopische Bearbeitung der Coelenteraten bietet mancherlei Schwierigkeiten. Einmal ziehen sich viele Arten, vor allem die Actinien, Alcyonarien, Hydromedusen bei der leisesten Berührung oder der gewöhnlichen Verwendung der Fixiermittel zu formlosen Massen ein, so daß eine ordentliche Zerlegung nicht mehr möglich ist. Man muß deshalb die Tiere zuerst zweckmäßig betäuben und dann fixieren oder bei der Fixation gewisse Kunstgriffe anwenden, um die Tiere im ausgestreckten Zustande zu erhalten. Andrerseits sind die Gewebe der meisten Coelenteraten so außerordentlich weich und wasserhaltig, daß sie bei der technischen Behandlung leicht stark schrumpfen und eine Einbettung häufig unmöglich machen. Auch das Kalkskelet vieler Coelenteraten bietet der Bearbeitung mannigfache Schwierigkeiten.

Als Fixationsmittel stand früher wohl die Osmiumsäure in Verbindung mit Essigsäure an erster Stelle, doch haben neuere Untersuchungen gezeigt, daß man mit anderen Fixationen, z. B. Sublimat, auch recht gute Resultate erzielen kann.

Die Spongien bieten unter den Coelenteraten in bezug auf die Fixation wohl die geringsten Schwierigkeiten. Das souveräne Fixationsmittel für sie ist, wie von vielen Seiten betont wird, die Osmiumsäure. Sie sollen möglichst sofort nach dem Fang fixiert werden, da die Gewebe außerordentlich schnell macerieren. Rousseau fixiert in $^1/_2$—1%iger Osmiumsäure, ebenso Dendy und Vossmaer und Pekelharing. Die beiden letzteren lassen die Präparate 1 Stunde im Dunkeln in 2%iger Osmiumsäure verweilen, waschen dann kurz in destilliertem Wasser aus und entwässern. Nach Loisel darf Osmiumsäure nur wenige Sekunden, andere Flüssigkeiten wenige Minuten einwirken. Auch Osmiumgemische, wie Flemmingsche und Hermannsche Lösung, lassen sich mit Vorteil verwenden, doch sind auch mit Sublimat (konzentriert in absolutem Alkohol, Rousseau, konzentriert wässerig mit gleichen Teilen Wasser, Fiedler), Pikrinschwefelsäure (Fiedler), Chromsäure (Vogt und Yung), absolutem Alkohol (Rousseau) gute Resultate erzielt worden. Vorzüglich soll sich für die Fixation von Spongien nach Loisel Millonsches Reagens eignen, doch müssen Seespongien erst in Süßwasser ausgewaschen werden. Bei den Kalkschwämmen muß der Fixation für Schnittpräparate Entkalkung folgen, für die Alkohol mit Salpetersäure (20—50% Säure, Rousseau), Holzessig (Vogt und Yung), Pikrinsäure-Alkohol (Vosmaer und Pekelharing) empfohlen worden sind. Kieselschwämme müssen entkieselt werden, indem man dem 90%igen Alkohol 20—40% Fluorwasserstoffsäure zusetzt (natürlich muß man dabei Glasgefäße vermeiden oder dieselben innen mit Paraffin überziehen). Die Entkalkung wie Entkieselung nimmt man nach Rousseau am besten erst dann vor, wenn die Objekte in Celloidin eingebettet sind. Zur Einbettung eignet sich wohl im allgemeinen Celloidin besser als Paraffin, in dem die Gewebe leicht schrumpfen. Für Totalfärbung empfiehlt Rousseau vor allem 1%iges wässeriges Nigrosin, für Schnittfärbung Pikromagnesiacarmin oder Pikronigrosin. Zur Untersuchung der Hornfasern unterwirft Sukatschoff kleine Stückchen von Schwämmen der Behandlung mit künstlichem Magensaft, bis das weiche Schwammgewebe völlig verdaut ist, dann 2 Tage in 5%ige Kalilauge, Auswaschen in Wasser, Alkohol, Xylol, Austrocknen im luftverdünnten Raum und Aufheben unter dem Deckglas entweder in Luft oder in geschmolzenem Balsam. Man kann die gereinigten Fasern auch $^1/_2$—1 Stunde in Eau de Javelle behandeln, in Wasser auswaschen, in 1%ige Chromsäure übertragen und dann in Gentianaviolett färben. Um Schnitte von den Fasern zu erhalten, bettet man sie in Gummiglycerin ein und schneidet mit dem Rasiermesser. Zur Färbung frischer Schnitte von Spongien leistet nach Loisel eine Lösung von Congo in Süßwasser gute Dienste. Um Kalkschwämme mit den Weichteilen zu schleifen, fixieren Johnston-Lawis und Vosmaer den Schwamm erst in absolutem Alkohol und bringen ihn langsam durch Benzol in Benzol-Canadabalsam, trocknen im Luftbad bei 80° mehrere Tage oder Wochen und schleifen mit alkoholischer Seifenlösung. Um die Nadeln von Kieselschwämmen zu isolieren, kocht LENDENFELD haselnußgroße Schwammstücke zuerst in Wasser und legt in konzentrierte Salpetersäure ein. Nach einigen Stunden wird so lange gekocht, bis die Säure hell wird, dann mit Wasser verdünnt und tüchtig durchgeschüttelt. Durch fraktioniertes Sedimentieren kann man dann bei stetiger Verdoppelung der Sedimentationsdauer die Flüssigkeit zuerst von den groben, dann von den immer feineren Nadeln befreien. Sind mit bloßem Auge keine Nadeln mehr zu erkennen, so wird zentrifugiert. Die Nadeln werden gewaschen, auf dem Objektträger getrocknet und in Balsam eingeschlossen. DESZÖ empfiehlt zur Isolation Kalilauge, NOLL Eau de JAVELLE.

Für die Anthozoen muß man besondere Vorsichtsmaßregeln bei der Fixation beobachten. Die Tiere werden am besten zunächst betäubt. Hierzu eignet sich nach O. und R. HERTWIG vor allem Tabakrauch; man bläst in das zugedeckte Gefäß mit den Tieren Tabakrauch so lange, bis sie auf Kneifen der Tentakel nicht mehr reagieren. HOFER betäubt mit einer $^1/_4$%igen Lösung von salzsaurem Hydroxylamin, dann gut in Wasser auswaschen. SORBY verwendet Menthol, TULLBERG und DUERDEN Chlormagnesium oder Magnesiumsulfat: man setzt dem Seewasser langsam innerhalb einer halben Stunde bis zu 1% zu. LO BIANCO gießt auf das Seewasser eine Mischung von 1 Teil Glycerin, 2 Teilen 70%igen Alkohols und 2 Teilen Seewasser und läßt sie langsam diffundieren. Man kann aber auch die Tiere durch plötzliches Übergießen mit großen Mengen Fixationslösung (eventuell heiß) überraschen und so ein Zusammenziehen verhindern. So bringt MC. MURRICH die Tiere in Gefäße, die sie gerade eben fassen, spritzt dann plötzlich mit einer Glasspritze PERÉNYIsche Flüssigkeit in den Mund und übergießt sie dann damit. ANDRES verwendet in gleicher Weise konzentrierte Sublimatlösung. In bezug auf die Wahl der Fixationsmittel und die Einbettung gilt im wesentlichen das bei den Spongien Gesagte. LO BIANCO fixiert kurz in heißem Sublimat und behandelt dann einige Minuten mit $^1/_2$%iger Chromsäure. Auch Formol in 3—5%iger Lösung wird in neuerer Zeit empfohlen. Zur Entkalkung empfiehlt MENNEKING vor allem konzentrierte Lösungen von schwefliger Säure.

Auch für die Hydrozoen gilt in bezug auf die Vorsichtsmaßregeln bei der Fixation ähnliches wie bei den Anthozoen. KOROTNEFF läßt auf dem die Tiere enthaltenden Wasser eine Uhrschale mit Chloroform schwimmen und bedeckt das Ganze mit einer Glocke. Bei den kleineren Hydromedusen, besonders bei den Süßwasserformen, kann man eine Einstülpung des Tieres meistens schon dadurch vermeiden, daß man den in ganz wenig Wasser ausgestreckten Polypen plötzlich mit einer größeren Quantität Fixationslösung übergießt. Zu letzterem Zwecke benutzt WETZEL die VOM RATHsche Pikrinosmiumessigsäure, VOGT und YUNG 0,5%ige Osmiumsäure, LANG neben dem erwähnten VOM RATHschen Gemisch noch heiße konzentrierte Sublimatlösung. Nach MORGENSTERN und PAULY leistet für Cordylophora Sublimat mit 2% Eisessig die besten Dienste. GUENTHER empfiehlt für Hydra ein modifiziertes GILSONsches Gemisch (dest. Wasser 300, abs. Alkohol 200, Eisessig 90, Salpetersäure 10, Sublimat bis zur Sättigung), Einwirkungsdauer 24 Stunden. DOWNING übergießt die in einem möglichst kleinen Wassertropfen befindliche Hydra mit 10 *ccm* 0,5%iger Osmiumsäure und überträgt nach einer Minute in eine Lösung von 1 *g* Platinchlorid und 1 *g* Chromsäure in 800 *ccm* Wasser. Für marine Formen eignet sich zur Fixation nach LANG mehr konzentrierter Sublimatalkohol (70%), nach O. und R. HERTWIG (78) 0,5%ige Osmiumsäure. Die Fixation soll nur kurze Zeit dauern, höchstens 15 Minuten. Zum Betäuben empfiehlt sich salzsaures Hydroxylamin, Cocain. LO BIANCO fixiert Medusen und Siphonophoren in einem Gemisch von 10 Teilen 10%igen Kupfersulfats und 1 Teil konzentrierten Sublimats. Man gießt diese Mischung direkt in größerer Menge in das die Tiere enthaltende Seewasser. Nachher gut in Süßwasser auswaschen. Auch Medusen und Siphonophoren kann man ausgestreckt in Formol konservieren, nur muß dasselbe langsam in das Seewasser diffundieren (am besten 6—8%ige Lösung, DAVIDOFF). Zur Maceration verwendet man nach dem Vorgang von O. und R. HERTWIG Mischungen von Osmiumsäure, Essigsäure und Seewasser, z. B. 0,2% Essigsäure und 0,4% Osmiumsäure in Seewasser oder 1%ige Osmiumsäure 2 Teile, Eisessig 1 Teil, Seewasser 22 Teile (SCHNEIDER), Dauer der Einwirkung 5—10 Minuten.

Für Ctenophoren eignen sich als Fixationsmittel Osmiumsäure, das LO BIANCOsche Kupfersulfat-Sublimatgemisch und Formol.

Zur Darstellung des Nervensystems der Ctenophoren ist von BETHE mit Vorteil die vitale Methylenblaufärbung benutzt worden. Er setzt die Tiere bis zur eingetretenen Färbung (1—2 Stunden) in Seewasser mit 0,025% Methylenblau, oder er schneidet Stücke des lebenden Tieres heraus und legt sie in eine Mischung von gleichen Teilen See- und destillierten Wassers mit einigen Tropfen Methylenblaulösung. Die Nerven färben sich erst dann, wenn schon andere Teile blau sind.

Zur Fixation von Eiern und Jugendstadien von Coelenteraten sind empfohlen worden konzentriertes Sublimat in Seewasser mit 2% Essigsäure für Acraspeden (HEIN), 90%iger Alkohol oder konzentriertes Sublimat für Spongilliden. BRAUER fixiert beschalte Hydraeier in heißem Sublimat, unbeschalte in Flemming. Einbetten in Paraffin. Da die ersteren leicht splittern, muß man die Schnittfläche mit HEIDERschem Mastixcollodium überstreichen. Um die Larven von Spongien leicht in die verschiedenen Flüssigkeiten transportieren zu können, legt MAAS Deckgläser in die die Tiere enthaltenden Uhrschalen. Die Larven setzen sich daran fest und können leicht transportiert werden. Fixation für Totalpräparate in Alkohol, für Schnittpräparate in Flemming. FRIEDEMANN narkotisiert die Larven von Aurelia zunächst durch Zusatz von konzentrierter Chloralhydratlösung zum Seewasser und fixiert dann in einer 7%igen Sublimatlösung in Seewasser mit oder ohne Zusatz von 2% Essigsäure. MAAS fixiert die Knospen von Tethya am besten in Sublimatalkohol mit oder ohne Zusatz von Eisessig. Zur Färbung der Schnitte eignet sich vor allem eine Kombination von Hämatoxylin und Congorot.

Literatur: ANDRES (Mitt. Zool. Stat. Neapel, Bd. 2, 1880), BETHE (Biol. Centralbl., Bd. 15, 1895), BRAUER (Zeitschr. Wiss. Zool., Bd. 52, 1891), DAVIDOFF (Anat. Anz., Bd. 11, 1898), DENDY (Quart. Journ. Micr. Sc., Bd. 32, 1891), DESZÖ (Arch. Mikr. Anat., Bd. 16, 1879), DOWNING (Zool. Jhb., Bd. 21, 1905), DUERDEN (Journ. Inst. Jamaika, Bd. 2, 1898), FIEDLER (Zeitschr. Wiss. Zool., Bd. 47, 1888), FRIEDEMANN (Ebenda, Bd. 71, 1902), GÜNTHER (Zool. Jhb., Bd. 5, Suppl. 1894), HEIN (Zeitschr. Wiss. Mikr., Bd. 17, 1900), O. u. R. HERTWIG (Nervensystem und Sinnesorgane der Medusen, Leipzig 1878), dieselben (Jena. Zeitschr. Nat., Bd. 13 u. 14, 1879 u. 1880), HOFER (Zeitschr. Wiss. Mikr., Bd. 7, 1890), JOHNSTON-LAWIS und VOSMAER (Journ. Roy. Micr. Soc., [2], Bd. 7, 1887), LANG (Zeitschr. Wiss. Zool., Bd. 54, 1892), v. LENDENFELD (Zeitschr. Wiss. Mikr., Bd. 21, 1904), LO BIANCO (Mitt. Zool. Stat. Neapel, Bd. 9, 1890), LOISEL (Journ. de l'Anat., Jg. 34, 1898), MAAS (Zeitschr. Wiss. Zool., Bd. 67 u. 70, 1900 u. 1901), MC. MURRICH (Journ. of Morph., Bd. 3, 1889), MENNEKING (Arch. Naturgesch., Jg. 61, Bd. 1, 1905), MORGENSTERN (Zeitschrift Wiss. Zool., Bd. 70, 1901), NOLL (Zool. Anz., Bd. 5, 1882), PAULY (Jena. Zeitschr. Nat., Bd. 36, 1901), ROUSSEAU (Ann. Soc. Belge Micr., Bd. 24, 1889), SCHNEIDER (Jena. Zeitschr. Nat., Bd. 27, 1893), SORBY (Journ. Roy. Micr. Soc., 1899), SUKATSCHOFF (Zeitschr. Wiss. Zool., Bd. 66, 1899), TULLBERG (Verh. Biol. Ver. Stockholm, Bd. 4, 1891), VOGT und YUNG (Lehrbuch), VOSMAER und PEKELHARING (Verh. Ak. Wet. Amsterdam, D. 6, 1898).

Coerulein, Pyroninfarbstoff, der aus dem Gallein entsteht durch Erhitzen mit Schwefelsäure. Schwarze, in Wasser und Alkohol unlösliche Paste, die sich in Schwefelsäure mit schmutzigbrauner Farbe löst. Mit Natronlauge Grünfärbung. Färbt mit Chrom gebeizte Wolle und Seide grün. Siehe auch Indigcarmin.

Coerulein S entsteht durch Behandlung des vorigen mit Natriumbisulfat (Höchst, Elberfeld). Schwarzes, in kaltem Wasser und Alkohol schwer lösliches Pulver.

Von LENHOSSÉK ist es als das „beste Färbemittel zur Darstellung der Myofibrillen in den glatten wie in den quergestreiften Muskeln“ besonders in Verbindung mit Toluidinblau bezeichnet worden. HEIDENHAIN kombiniert es mit Safranin. Man färbt zuerst in konzentrierter wässeriger Coeruleinlösung, dann in Safranin. RAWITZ löst 1 *g* Brechweinstein in 100 *ccm* warmem destillierten Wasser, setzt

1 *g* Coerulein zu und kocht auf dem Sandbad. Nach dem Erkalten gießt man vom Bodensatz ab. Färbung von Rückenmarksschnitten in der 10—20fach verdünnten Lösung.

Literatur: v. LENHOSSÉK (Anat. Anz., Bd. 16, 1899), HEIDENHAIN (Anat. Anz., Bd. 20, 1901), RAWITZ (Anat. Anz., Bd. 22, 1902).

Coffein siehe: Alkaloide, pflanzliche.

Collacin. Collacin ist eine Substanz, welche einen strukturellen Zusammenhang mit präexistenten Collagenfasern, tinktoriell aber die Basophilie des Elacins aufweist.

Das Collacin bildet sich nach längerem Bestande in collastinreicher Umgebung (s. Artikel Collastin), also vorzugsweise bei verwitterter oder myxödematöser degenerierter Gesichtshaut älterer Leute im oberen Teile der Cutis. Daselbst bildet das Collacin unförmliche Klumpen oder Krümel, die sich durch ihre Tingibilität mit basischen Farben auszeichnen, geradeso wie die bei denselben Affektionen meist im unteren Teil der Cutis vorkommenden Elacinfasern. Wie das Elacin (s. Artikel Elacin) basophil gewordenes Elastin, so ist Collacin basophil gewordenes Collastin.

Zum Nachweise des Collacins dienen daher dieselben Methoden wie zum Nachweise des Elacins, vor allem die in diesem Werke (s. Collagen) beschriebenen: pol. Methylenblau — Säurefuchsin + Tanninmethode und die Safranin — Wasserblau + Tanninmethode. Die genauere Untersuchung des strukturellen Zusammenhanges und der stets vorhandenen Übergangsformen muß andrerseits den Beweis liefern, daß es sich nicht um Elacin, sondern um mit Elastin imprägniertes (Collastin) und sekundär basophil degeneriertes Collagen handelt. Zu diesem Zwecke kombiniert man eine der angegebenen Färbemethoden mit einer vorhergehenden Orceinfärbung auf Elastin.

Genauere Angaben über Collacin findet der Leser in UNNA: Basophiles Collagen, Collastin und Collacin (Monatsh. prakt. Derm., Bd. 19, 1894), KRZYSZTALOWICZ: Inwieweit vermögen alle bisher angegebenen spezifischen Färbungen des Elastins auch Elacin zu färben? UNNA: Histopathologie der Haut, 1894, Hirschwald, Berlin.

Unna, Hamburg.

Collagen. Collagen soll leimgebende Substanz bedeuten; eigentlich müßte es κολλαγενέτωρ, Erzeuger des Leims, nicht κολλαγενής, vom Leim abstammend, heißen. Zu den leimgebenden Substanzen im allgemeinen gehört auch noch das Chondrogen der Knorpel, welches beim Kochen den Knorpelleim (Chondrin) liefert. Hier soll in tinktorieller Hinsicht nur das Collagen im engeren Sinne betrachtet werden, welches in dem Bindegewebe, den Sehnen, Fascien, Bändern, Knochen und Zähnen der Wirbeltiere vorhanden ist und beim Kochen den Sehnen- oder Knochenleim (Glutin) liefert.

Innerhalb der Bindesubstanzen befindet sich das Collagen im engsten Verein mit den protoplasmatischen Ausläufern der Bindegewebszellen (Fibroblasten) und mit elastischen Fasern; das erste Erfordernis einer tinktoriellen Isolierungsmethode für das Collagen ist mithin eine scharfe Differenzierung vom Elastin und von demjenigen Teile des Protoplasmas, welcher die Zellenausläufer der Hauptsache nach bildet, dem Spongioplasma. Da diese drei Substanzen sämtlich oxyphil sind und von den meisten sauren Farben mehr oder weniger gut gefärbt werden, so bedarf es für den vorliegenden Zweck einer ganz besonderen Auswahl unter den sauren Farbstoffen. Für die tinktorielle Definition des Collagens eignen sich diejenigen Farbstoffe am besten, welche wie die Sulfofarbstoffe der Rosaniline (Säurefuchsin, Wasserblau) neben der allgemeinen Affinität zu den oxyphilen Substanzen noch eine individuelle (spezifische) zum Collagen und gleichzeitig eine geringere zum Elastin und Spongioplasma besitzen.

Am leichtesten ist die Trennung vom elastischen Gewebe, da dieses ganz besondere, nur ihm eigentümliche physikalische und chemische Eigenschaften besitzt; so genügt z. B. bei der Orceinsäure (Orcein GRÜBLER), welche zu beiden

Substanzen eine starke Verwandtschaft zeigt, der Zusatz einer Mineralsäure zu der (spirituösen) Lösung, um den Farbstoff dem Collagen zu entziehen und auf dem säurefesteren Elastin zu fixieren. Viel schwieriger ist die tinktorielle Trennung der collagenen Fasern von den Ausläufern der normalen Bindegewebszellen. In pathologischen Präparaten freilich, welche ja meistens eine Hypertrophie der Zellenleiber aufweisen, ist diese Schwierigkeit viel geringer, da mit der Hypertrophie des wabigen Spongioplasmas gleichzeitig eine mehr oder minder starke Anhäufung des amorph-körnigen, stark basophilen Granoplasmas (s. Artikel Plasmazellen) einhergeht, welches die Tingibilität des Protoplasmas beherrscht und in günstiger Weise modifiziert. Es ist daher eine der leichtesten tinktoriellen Aufgaben, die der Hauptsache nach granoplastischen Plasmazellen mit dem sie umgebenden Collagen kontrastierend zu färben; diese Bindegewebszellen haben eben ihre schwer vom Collagen zu trennenden Ausläufer eingezogen. Auch die großen, mit langen und dicken Ausläufern versehenen Spinnen- und Plattenzellen der Granulome und des Granulationsgewebes lassen wegen des nicht unbedeutenden Granoplasmagehaltes noch relativ leicht eine Gegenfärbung zum Collagen zu. Dagegen gehört die Untersuchung der feinsten collagenen Fibrillen sowohl bei ihrer Bildung im Embryo wie im Granulationsgewebe neben den Ausläufern der Fibroblasten zu den schwierigsten Aufgaben der tinktoriellen Histologie.

Im übrigen ist die tinktorielle Definition des Collagens eine einfache und seine Abgrenzung von den eingelagerten parenchymatösen Organen, Epithelschläuchen, Drüsen, Muskeln, Nerven durch die charakteristische Gegenfärbung letzterer stets eine scharfe. Auch die früher von Histologen für schwierig und oft für unmöglich gehaltene Differenzierung einzelner collagener Bündel von glatten Muskelfasern, z. B. im Haarbalge, in der Tunica propria gewisser Drüsen, ist mittelst der folgenden Färbemethoden stets leicht auszuführen. Die in mucinöse Grundsubstanz eingebetteten collagenen Fibrillen der Nabelschnur sind dank der neueren Mucinfärbungen unschwer in Kontrastfarbe darstellbar und als solche sicher zu erkennen. Die tinktoriellen Eigenschaften des Nervenbindegewebes werden andernorts beschrieben; die collagenen Scheiden der Nerven verhalten sich tinktoriell wie die übrigen Arten des Collagens.

Was nun die verschiedenen Formationen des Bindegewebes betrifft, so wächst der Wert der elektiven Färbemethoden natürlich mit der Feinheit und gleichmäßigen Verteilung des Collagens. Die massigen und festen Formen, wie sie in den Sehnen, Aponeurosen, in der Sclera und Cornea und in den fibrösen Tumoren vorliegen, bedürfen derselben kaum, da hier die histologische Diagnose nie schwanken kann. Für diese Formationen haben dagegen einige Färbemethoden Wert, welche uns über die feinere physikalische und chemische Struktur des Collagens und eventuelle Degenerationen desselben Aufschluß erteilen und welche, da sie bisher noch sehr spärlich sind, am Schlusse kurz erwähnt werden sollen.

Wo das Collagen nicht so rein, sondern untermischt mit Elastin, Muskeln, Fettgewebe und zum Teil in lockerer Form vorliegt, wie in den großen Gefäßen, der Haut, dem Uterus, der Lunge, sind die elektiven Tinktionsmethoden hauptsächlich am Platze, und diesen Fällen reihen sich von pathologischen Vorkommnissen diejenigen an, wo in collagenarmen Geweben, z. B. Leber, Niere, Herz, Bindegewebe neu entsteht oder wo es in collagenreichen, z. B. Sehnen, Hirnhäuten, krankhaft zugrunde geht. Für diese Fälle paßt die Mehrzahl der im folgenden näher zu beschreibenden Färbungen.

Es gibt aber einzelne Fälle, wo dieselben nicht ausreichen und wo nur die sorgfältige Ausführung ganz besonderer, nur diesem Zwecke dienender Methoden das gewünschte Ziel erreichen läßt. Es sind dieses die bereits erwähnten Untersuchungen über die Entstehung der Fibrillen bei der Entwicklung und Regeneration des Bindegewebes, denen sich die ebenso schwierige über die Struktur des reticulären Bindegewebes der Lymphdrüsen, Lymphfollikel, der Milz usf. und des sogenannten Reticulums der Granulome anschließt. Alle diese Fälle haben das

Gemeinsame, daß im engsten Raume eine Färbung die Differentialdiagnose: Protoplasma oder Collagen entscheiden muß.

In der folgenden Übersicht sind die hierzu brauchbaren Methoden als solche „zur feineren Analyse" besonders hervorgehoben; für die gewöhnlichen Bedürfnisse sind dieselben zu umständlich und einseitig.

A. Kern-Collagenmethoden.

Als solche fasse ich alle diejenigen — und es sind die große Mehrzahl — zusammen, welche ohne besondere Rücksichtnahme auf die tinktorielle Definition der Zellenleiber und Muskeln konstruiert sind und gewöhnlich außer der guten Färbung des Collagens nur noch die Kerne der Zellen als basophiler Elemente in Kontrastfarbe zeigen. Wir haben unter den hierher gehörigen Methoden zwei Gruppen zu unterscheiden. Die erste Gruppe enthält die wertvolleren, bei denen die Färbung eine genaue Scheidung zwischen oxyphilen und basophilen Substanzen im Gewebe trifft, die zweite die minderwertigen, welche weniger genau oxyphile und basophile Elemente erkennen lassen, dafür aber unter den ersteren weitere Differenzen, besonders zwischen Protoplasma und Collagen, aufdecken. Wegen ihrer Einfachheit eignen sich diese letzteren zu Übersichtsbildern und genießen zu diesem Zwecke auch eine große Verbreitung; zu genaueren wissenschaftlichen Untersuchungen, bei denen sie mit Unrecht auch noch vielfach in Gebrauch sind, genügen sie dagegen nicht; sie leiten über zu den Methoden der zweiten Hauptgruppe der (genauen) Protoplasmacollagenmethoden.

I. Genaue Scheidung zwischen oxyphilen und basophilen Substanzen. Keine Scheidung zwischen Collagen und Protoplasma.

a) Pol. Methylenblau — Säurefuchsin + Tanninmethode: 1. Polychrome Methylenblaulösung (GRÜBLER) 2—5 Minuten, je länger, je dünner der Schnitt. 2. Wasser, gut abspülen. 3. ($^1/_2$%ige) Säurefuchsin + (33%ige) Tannin-Mischung (GRÜBLER) 10—15 Minuten. 4. Lange Abspülung in destilliertem Wasser (oder kurze in Leitungswasser). 5. Alcohol absol., Öl, Balsam.

Mit dieser Methode werden alle oxyphilen Substanzen: Collagen, Protoplasma, Muskeln säurefuchsinrot gefärbt, während auf den basophilen Substanzen: dem Chromatin des Kerns, auf dem Keratin, gewissen Formen des Hyalins usw. das Methylenblau dank der dem Säurefuchsin zugefügten Tanninbeize erhalten bleibt.

Wegen der präzisen Kernfärbung eignet die Methode sich für Übersichtsbilder; doch liegt ihr Hauptwert in dem raschen Aufschluß über die Ausbreitung und Stärke der Oxyphilie und Basophilie im Gewebe. Unersetzlich (nebst der folgenden Methode) ist sie beim Studium der künstlichen (durch Beizung) oder natürlichen (pathologischen) Basophilie oxyphiler und Oxyphilie basophiler Elemente im Gewebe (s. Artikel Elacin und Collacin).

In hervorragendem Maße eignet sich für diese Methode die Fixation der Gewebe in Chromsalzen und MÜLLERscher Lösung; sodann auch die in Chromsäure, Alkohol, Sublimat und Pikrinsäure; dagegen ist sie nicht für Präparate verwendbar, die in den Gemischen von HERMANN und ERLICKI oder in Formol und Kupfersalzlösungen fixiert sind. Schnitte aus FLEMMINGscher Lösung zeigen bei dieser Färbung als Nebenwirkung blaues (künstlich basophiles) Elastin zwischen rotem Collagen.

b) Safranin — Wasserblau + Tanninmethode: 1. 1%ige wässerige Safraninlösung 10 Minuten. 2. Wasser, gut abspülen. 3. (1%ige) Wasserblau + (33%ige) Tanninmischung (möglichst frisch bereitet) 10—15 Minuten. 4. In destilliertem Wasser lange (oder in Leitungswasser kurz) abspülen. 5. Alcohol absolutus, Öl, Balsam.

Diese Methode ist das genaue Pendant der vorhergehenden; sie hat auf die Gewebe eine analoge Wirkung und demgemäß auch dasselbe Anwendungsgebiet. Sie unterscheidet sich von derselben hauptsächlich nur dadurch, daß sie bei Fixation der Gewebe in Alkohol, Salpetersäure und Pikrinsäure die besten Färbungen gibt und nur die Fixationen in Formol und HERMANNscher Lösung kontraindiziert sind. Die aus FLEMMINGS Mischung stammenden Schnitte zeigen bei dieser Färbung rote (künstlich basophile) elastische Fasern zwischen blauem Collagen.

c) Säurefuchsin + Orange + Methylgrünmethode (EHRLICH-BIONDI-HEIDENHAIN-Methode). Vgl. das Genauere über dieselbe pag. 277 dieses Werkes.

Diese ursprünglich für Blutpräparate ersonnene Methode sollte eigentlich neben grünen Kernen rotes Collagen und orangefarbenes Protoplasma erzielen. Täte sie das wirklich auch an Schnitten in zuverlässiger Weise, selbst nur bei einer einzelnen, bestimmten Fixation, so würde sie mehr leisten als die beiden vorigen Methoden und ihnen vorzuziehen sein. Nach meiner Erfahrung aber steht sie hinter jenen beiden zurück. Die Schwierigkeit, die ihr mit auf den Weg gegeben ist und bei der raschen, fast momentanen Färbung von Blut- und Secretpräparaten nicht, wohl aber bei der langsamen der Schnitte zur Geltung kommt, ist die Beigabe des basischen Methylgrüns zu den sauren Farben, welches die Kernfärbung besorgen soll. Der Erfolg der Färbung mit dieser Mischung hängt ganz von dem Gewichtsverhältnis der Komponenten und der Reaktion der Mischung ab; ersteres wird von jedem Autor anders angegeben, letzteres muß vor der Färbung korrigiert werden (meist durch Zusatz von etwas Säure); außerdem verändert sich mit der Zeit die Wirkung durch gegenseitige Bindung der Komponenten. Die Ansäuerung der Mischung verwischt zumeist den beabsichtigten Kontrast zwischen Collagen und Protoplasmafärbung, so daß das Säurefuchsin die Oberhand behält. Dieser Kontrast läßt sich viel sicherer erreichen, wenn man das Methylgrün aus der Mischung fortläßt und seine Wirkung durch eine vorhergehende Kernfärbung mit Alaunhämatein ersetzt (s. unten, Säurefuchsin — Orangemethode).

Wegen ihrer großen Verbreitung habe ich diese Methode wenigstens unter den Kern-Collagenmethoden aufgenommen; nach meiner Erfahrung zeigen am sichersten: grüne Kerne neben rotem Collagen die Schnitte von Geweben, welche in Formol oder MÜLLERscher Lösung fixiert wurden, nicht solche aus sublimatfixierten Geweben.

II. Weniger genaue Trennung von oxyphilen und basophilen Substanzen. Mehr oder minder deutliches Hervortreten von Protoplasma neben Collagen.

a) Eosinmethode. Hierunter verstehe ich die Nachfärbung des Gewebes mit einer beliebigen wässerigen oder alkoholischen Eosinlösung nach vorausgegangener Hämatein-, Thionin-, Methylenblau- oder polychromen Methylenblaufärbung. Das Eosin färbt das Collagen schön rot, aber in derselben Nuance auch das Protoplasma. Die eventuelle Differenzierung des letzteren hängt mithin ganz von der Färbung desselben bei der Vorfärbung ab. Ist dieselbe gesättigt, wie bei der Färbung mit der polychromen Lösung von Methylenblau, so wird durch die Nachfärbung mit Eosin zuweilen ein schöner Gegensatz zwischen Collagen und Protoplasma hervorgerufen und die Bilder sind dann den durch die einfachen Kern-Collagenmethoden der ersten Gruppe gewonnenen vorzuziehen. Sie sind wie jene nur Übersichtsbilder, aber ohne zugleich den Wert einer chemischen genauen Reaktion auf oxyphiles und basophiles Gewebe beanspruchen zu können.

Für genauere Untersuchungen der Grenzen und feineren Struktur des Collagens sind sie wertlos. Was ihnen ihre Verbreitung verschafft hat, ist die bekannte Anspruchslosigkeit des Eosins, schon als bloßer Zusatz zu dem entwässernden Alkohol eine angenehme Gegenfärbung zu erzeugen.

Am besten eignen sich zu diesen Eosinnachfärbungen Schnitte aus Geweben, welche mit Sublimat, Pikrinsäure oder den Mischungen von FLEMMING und ERLICKI fixiert wurden. Aber auch so ziemlich alle sonstigen Fixationen vertragen sich mit dieser Collagenfärbung, nur nicht die HERMANNsche.

b) Pikrocarminmethode. Eine ähnliche Verbreitung wie zurzeit die Eosinmethode genoß vor 20 Jahren die ursprünglich von RANVIER ersonnene, sodann vielfach variierte und schließlich in Deutschland fast allseitig aufgegebene Pikrocarminmethode. Sie hat vor der Eosinmethode den Vorzug der einzeitigen Kern-Collagenfärbung voraus, besitzt andrerseits aber nicht die Variationsfähigkeit jener. Durch bestimmte Mischungsverhältnisse der verwendeten Carmin- und Pikrinsäure kann man neben der Kernfärbung zugleich einen Farbenkontrast zwischen Collagen und Protoplasma erzeugen, der jedoch nie in dem Grade rein ist, wie bei der VAN GIESON-Methode der analoge Kontrast zwischen Säurefuchsinrot und Pikringelb. Am besten tritt derselbe nach Fixation der Gewebe in Sublimat, Kupfersalzen, FLEMMINGscher Lösung und Formol hervor. Ganz unbrauchbar hierfür hat sich mir die Fixation in MÜLLERS und HERMANNS Mischungen erwiesen.

c) Hämateinmethode. Die Collagenfärbung durch Alaunhämatein tritt bei den gebräuchlichen Hämatoxylinmethoden nur hervor, wenn die Schnitte nicht mit Säure nachbehandelt werden. Dann hält auch das Protoplasma einen gewissen Farbrest zurück und diese Farbanteile des Collagens und Protoplasmas neben dem stets überwiegenden der Kerne können durch bestimmte Fixationen der Gewebe erhöht werden. Wie bei der Pikrocarminmethode sind hauptsächlich die Fixationen in Kupfersalzen und Sublimat gute Beizen für die Hämateinfärbung des Collagens, dann aber auch die Fixationen in HERMANNS und ERLICKIS Mischung und in Formol.

B. Protoplasma-Collagenmethoden.

Im Gegensatz zu den drei letztgenannten, zum Teil vielgebrauchten Methoden, welche trotz der hier und da bewirkten Gegenfärbung des Protoplasmas der Hauptsache nach doch lediglich Kern-Collagenmethoden sind, haben wir es hier mit durchaus zuverlässigen Differenzierungsmethoden für Protoplasma und Collagen zu tun. Wie schon oben bemerkt, zerfallen dieselben in zwei Gruppen, je nachdem sie weniger scharf, dafür aber allgemein verwendbar oder nur bei besonderer Vorbehandlung, dafür aber zur feinsten Gewebsanalyse brauchbar sind.

Ein anderer Unterschied, der sich innerhalb der Methoden jeder Gruppe geltend macht, beruht auf der Möglichkeit, Protoplasma (und Muskelsubstanz) sowohl mit sauren wie basischen Farben auzufärben. Da das Collagen unter allen Umständen zu einer haltbaren Färbung saure Farben verlangt, so sind zwischen Collagen und Protoplasma sowohl Doppelfärbungen mit zwei sauren Farben wie mit einer sauren und einer basischen möglich. Bei der ersten Kategorie empfiehlt sich Säurefuchsin als Collagenfarbe und eine nicht zu den Sulfofarben der Rosanilingruppe gehörige, gelbe, saure Farbe als Protoplasmafarbe, z. B. Pikrinsäure, Orange. Bei der zweiten Kategorie ist als gleichzeitige Kern- und Protoplasmafärbung die mittelst polychromer Methylenblaulösung allen anderen Färbungen vorzuziehen und als Collagenfarbe die Orceinsäure, da sie eine weit geringere Verwandtschaft zum Protoplasma besitzt. Danach hätten wir die folgenden, exakten Protoplasma-Collagenmethoden:

I. Allgemein verwendbare, für Übersichtsbilder empfehlenswerte Methoden.

a) Säurefuchsin+Pikrinmethode. (Modifizierte VAN GIESON-Methode.) Säurefuchsin 0,25, Pikrinsäure 1,5, Salpetersäure 1,5, Glycerin 10,0, Aq. dest. ad 100,0.

Man löst das Säurefuchsin und die Pikrinsäure in der Mischung von Wasser und Glycerin unter Kochen und setzt zuletzt die Salpetersäure zu. In dieser haltbaren Mischung werden die Schnitte 5—10 Minuten gefärbt, dann in Alkohol entwässert, in Öl aufgehellt und in Balsam eingeschlossen. Es resultiert eine sehr scharfe Rotfärbung des Collagens, während Protoplasma, Muskeln und Elastin sich gelb oder orange färben. Diese Färbungsdifferenzen hängen sehr von der Art der

Fixation ab, wie denn die letztere auch die Nuance der Rotfärbung des Collagens wesentlich mitbestimmt. Aber stets ist der Kontrast zwischen Collagen und Protoplasma ein befriedigender. Man kann Schnitte aus Geweben, die in Alkohol, Formol, Sublimat, Pikrinsäure, Salpetersäure, Chromsäure, Kalibichromat, Kupfersalzen und den Mischungen von MÜLLER, FLEMMING, HERMANN und ERLICKI fixiert sind, mit gleich gutem Erfolge nach dieser Säurefuchsin + Pikrinmethode auf Collagen färben. Aber nur die Grenzen des Collagens nach außen treten scharf hervor; ein feineres Strukturbild desselben erhält man nicht. Ebensowenig finden sich die Details innerhalb der eingelagerten Protoplasma- und Muskelmassen gezeichnet. Es fehlt selbst jede Kernfärbung, welche man aber durch eine vorherige Hämateinfärbung stets erzielen kann, wie es ja auch bei der VAN GIESON-Färbung, welche das Vorbild für diese Methode lieferte, allgemein gebräuchlich ist. Endlich ist diese Methode auch für die pathologischen Veränderungen des Collagens weniger brauchbar als die folgende; insbesondere eignet sie sich nicht für die Untersuchung der Basophilie des Collagens.

b) Pol. Methylenblau—neutr. Orceinmethode: 1. Pol. Methylenblaulösung 10 Min. 2. Wasser, gut abspülen. 3. Schnitte auf dem Spatel mit Fließpapier etwas entwässern. 4. 1%ige spirituöse Orceinlösung ohne Säurezusatz 15 Min. 5. Alcohol absolut., Bergamottöl (eventuell beides zu wiederholen, falls der Schnitt noch zu blau ist). 6. Balsam.

Mit Ausnahme der Fixationen in Salpetersäure, Pikrinsäure, Formol, MÜLLERS und HERMANNS Mischungen sind alle eben erwähnten Arten der Fixierung für diese Färbemethode geeignet. Sie liefert wie die vorige Methode einen scharfen und schönen Kontrast zwischen orceinrotem Collagen und bläulich-bräunlichem Protoplasma (und Muskeln), welcher besonders gut an Geweben hervortritt, die in Alkohol, Sublimat, Kalibichromat, Kupfersalzen und ERLICKIS Mischung fixiert sind. Die Fixationen in Chromsäure und FLEMMINGS Mischung bewirken auch einen scharfen Kontrast bei dieser Färbemethode, aber in der Weise, daß das Collagen orceinrot, das Protoplasma und die Muskeln vollkommen entfärbt erscheinen. Von diesen Fällen abgesehen ist aber stets das Protoplasma nebst Kernen und die Muskelsubstanz nicht bloß äußerlich differenziert, sondern auch in ihrer Struktur durch die polychrome Methylenblaulösung gezeichnet. Insbesondere gibt die einfache Alkoholhärtung vorzügliche Bilder des Grano- und Spongioplasmas der Zellen. Daher ist diese Methode der vorigen überall dort überlegen, wo das Collagen unter pathologischen Verhältnissen und in zellenreichen Geweben zu untersuchen ist. Insbesondere gibt sie auch Aufschlüsse über eine etwaige Basophilie des Collagens (bläuliche Färbung).

Als Nebenbefund ist zu erwähnen, daß die elastischen Fasern hin und wieder stärker orceinrot vor dem Collagen hervortreten, nämlich nach Fixation in Formol, Chromsäure und Flemming. Die oben als nicht geeignet für diese Methode bezeichneten Fixationen: Formol, Pikrinsäure und MÜLLERsche Lösung ergeben allerdings auch ein schön orceinrotes Collagen, nur ist bei ihnen die Aufnahme des Methylenblaus im Protoplasma und den Muskeln so schwach, daß der Kontrast ein zu geringer wird. Eine stärkere Methylenblauvorfärbung kann auch solche Präparate für die Methode geeignet machen.

II. Methoden für die feinere Analyse; sie bedürfen einer besonderen Vorbehandlung.

a) Säurefuchsin + Orangemethode: Säurefuchsin 2,0, Orange 1,0, Glycerin 7,0, Aqua destillata ad 100,0.

Diese Farbmischung ist achtmal so stark an Säurefuchsin wie die oben besprochene Säurefuchsin + Pikrinmethode und muß so stark sein, da nur die schwerer färbbaren mit Chromsäure- oder FLEMMINGS Lösung gebeizten Schnitte dazu verwendbar sind und die Farbmischung keine freie Säure enthalten darf. Der Zusatz einer solchen würde die feinere Auslese zwischen

Spongioplasma und Collagen verwischen und fleckweise Mischfärbungen der Schnitte herbeiführen, die gerade streng vermieden werden sollen. Auch hier dient ein Zusatz von Glycerin dazu, die Auslese zu verschärfen, wobei allerdings die Zeitdauer der Färbung etwas verlängert wird (20—30 Sekunden). Aus der Farblösung kommen die Schnitte in Alkohol zur Entwässerung, Öl und Balsam.

Diese Methode hat lediglich den engbegrenzten Zweck, die feinsten collagenen Fasern in sehr zellenreichen Geweben sicher kenntlich zu machen. Sie beruht auf der Wirkung der Chromsäure, das Protoplasma im Gegensatz zum Collagen überhaupt weniger färbbar zu machen und den ohnehin schon vorhandenen Unterschied zwischen den Affinitäten des Protoplasmas und des Collagens zum Säurefuchsin derart zu verstärken, daß nur das letztere das Säurefuchsin, das Protoplasma aber lediglich das Orange aufnimmt. Außer dem Protoplasma werden auch die Kerne deutlich orange gefärbt; überdies treten noch feinere tinktorielle Differenzen an den verschiedenen Zellenarten und den Blutkörperchen ein, auf die hier nur hingewiesen werden kann.

Diese Methode ist hauptsächlich zu dem Zwecke ausgearbeitet, die Struktur des reticulären Collagens in den Lymphdrüsen und dem adenoiden Gewebe überhaupt, sowie das atrophische Collagen innerhalb der Plasmome (sogenanntes Reticulum der infektiösen Geschwülste) besser studieren zu können.

b) Neutr. Orcein—polychr. Methylenblau—Glycerinäthermethode. 1. 1%ige spirituöse Orceinlösung ohne Säurezusatz 15 Min. 2. Alcohol abs. oder Alkohol 80%. 3. Wasser; in beiden nur kurz abspülen. 4. Pol. Methylenblaulösung (Grübler) 2—5 Min. 5. Wasser, kurz abspülen. 6. Glycerinäthermischung verdünnt (1:3 Aq.) 1—2 Min. 7. Wasser (gut abspülen). 8. Alcohol absol., Öl, Balsam.

Was die vorhergehende Methode für die Erkennung der feinsten Collagenfibrillen unter Protoplasmamassen, das ist die Orcein—Methylenblau—Glycerinäthermethode für die tinktorielle Analyse feinster Protoplasmaausläufer zwischen Collagenmassen. Wegen der möglichst intensiven Färbung der spongioplastischen Ausläufer mittelst des basischen Methylenblaus (resp. Methylenazurs) paßt für diese Methode nur eine einzige Vorbehandlung, diejenige mit absolutem Alkohol. Auf das Sorgfältigste ist insbesondere die Berührung der Schnitte mit Gerbsäure vor und nach der Färbung zu vermeiden, wozu schon der Verschluß der Präparatengläser mit Korken oder das Aufkleben der Blöcke auf Kork oder Holz gehört (falls dieselben nicht durch Auskochen mit Alkalien von Gerbsäure vollständig befreit sind). Ebenso macht die Berührung des Gewebes mit Metallsalzen die Färbung unmöglich.

c) Flemmings Safranin—Gentiana—Orangemethode. In seinen Arbeiten: Zur Entwicklungsgeschichte der Bindegewebsfibrillen (Virchows Festschrift, 1891, Hirschwald) und über die Entwicklung der collagenen Bindegewebsfibrillen bei Amphibien und Säugetieren (Arch. Anat., 1897, pag. 171) hat Flemming mitgeteilt, daß mit seiner Dreifarbenmethode in ausgezeichneter Weise feinste, junge Collagenfibrillen innerhalb der Zellen tinktoriell zur Anschauung gebracht werden können. Auch für diese Methode ist eine spezielle Vorbehandlung, welche die Kluft zwischen den tinktoriellen Affinitäten des Protoplasmas und des Collagens erweitert, notwendig: die Fixation in Flemmings Chromessigosmiumgemisch. Diese Färbemethode wird in einem besonderen Artikel dieses Werkes ausführlich besprochen, weshalb hier dieser Hinweis genügen wird.

Wahrscheinlich hat diese Methode, ebenso wie die beiden vorhergehenden, eine allgemeine Anwendbarkeit für die feinere Analyse der Protoplasma-Collagengrenze.

C. Elastin—Collagenmethoden.

I. Für normales Elastin.

Säurefuchsin—Orceinmethode: Orcein (Grübler) 1,0, Säurefuchsin 0,1, Salzsäure 2,0, Alcohol absolutus 60,0, Glycerin 10,0, Wasser ad 100,0.

Es kann nicht im Plane dieses Werkes liegen, alle möglichen oder auch nur besten Methoden anzugeben, nach denen Elastin und Collagen in Kontrastfarben dargestellt werden können; ihre Zahl läßt sich beliebig vermehren, vorausgesetzt, daß man das Ziel in doppeltem Färbegang erreichen will. Hier kann es sich nur um die praktischeste Art handeln, Elastin und Collagen in einzeitiger Färbung schön in Kontrastfarben darzustellen.

Die hier angegebene Methode beruht auf dem Umstande, daß die Orceinsäure in saurer Lösung wenig Affinität zum Collagen, dagegen eine große zum Elastin bekundet, während das Säurefuchsin gar keine Verwandtschaft zum Elastin, dagegen eine sehr starke zum Collagen besitzt, vorzüglich in saurer Lösung. Um eine kräftige Elastinfärbung zu erreichen, genügt eine kurze Färbung nicht. Die Schnitte bleiben 2—4 Stunden in obiger Mischung. Sie kommen aus derselben direkt in Alcohol absolutus, Öl und Balsam. Diese Färbemethode ist auf Gewebe aus allen möglichen Fixationsflüssigkeiten in gleicher Weise anwendbar. Man erhält außer einer schön braunen Elastinfärbung und einer dunkelroten Collagenfärbung die anderen oxyphilen Substanzen (Muskeln, Protoplasma), in verschiedenem Grade säurefuchsinrot mitgefärbt, ebenso aber auch paradoxerweise Kerne und sogar — wenn auch schwach — das Granoplasma. Eine zu starke Säurefuchsinfärbung schwächt man momentan ab durch Eintauchen in (kalkhaltiges) Leitungswasser oder Sodalösung, muß aber dann vor dem Einbetten die Schnitte erst wieder in sauren Alkohol bringen; man erhält dann unter Umständen feinere Abstufungen des Säurefuchsinroths auf den oxyphilen Substanzen.

II. Für künstlich basophiles Elastin.

Wie schon oben bemerkt, ist das Elastin nach Behandlung mit FLEMMINGS und HERMANNS Mischungen künstlich basophil geworden und fixiert, besonders bei nachträglicher Tanninbeize in hohem Grade basische Farbstoffe. Daher erscheint es blau auf rotem Grunde bei der Methylenblau—Säurefuchsin + Tanninfärbung und rot auf blauem Grunde bei der Safranin—Wasserblau + Tanninfärbung von FLEMMING- (resp. HERMANN-) Schnitten.

D. Glatte Muskel—Elastin—Collagenmethode.

Wasserblau + Orceinmethode. Orcein (GRÜBLER) 1,00, Wasserblau 0,25, Alcohol absol. 60,00, Glycerin 10,00, Wasser ad 100,00.

Diese Mischung von Orceinsäure und Wasserblau gibt bei längerer Färbung (am besten eine Nacht) eine ganz vorzügliche einzeitige Kontrastfärbung aller Bindesubstanzen und Epithelien in fein abgestuften Nuancen in der Weise, daß das Collagen das Wasserblau, das Elastin das Orcein, die Muskeln aber, sowie das Protoplasma Mischungen beider Farben bevorzugen. Entwässert man die Schnitte mit einfachem Alkohol, so wiegt die Orceinfärbung in roten und violetten Tönen vor, entwässert man durch sauren Alkohol, so bleiben diese Orceintöne den Muskeln, dem Protoplasma und dem Elastin größtenteils erhalten, während das Collagen sich rein blau umfärbt. Auf diese Weise entstehen in saurem Alkohol noch kontrastreichere Bilder als in neutralem bei den meisten Fixationen; doch zeigen Schnitte, die in Formol, MÜLLERscher und FLEMMINGscher Lösung fixiert sind, auch bei einfacher Alkoholentwässerung sehr kontrastreiche Bilder. Noch weit besser als mit der vorhergehenden Säurefuchsin + Orceinmethode treten bei dieser Methode durch den besonderen Einfluß des Wasserblaus Zelleiber und Kerne hervor und kommt durch „reciproke Beizung" selbst eine nicht üble Kernchromatin- und Granoplasmafärbung mittelst dieser Mischung zweier sauren Farben zustande. Ein weiterer Vorzug dieser ebenso einfachen wie vielseitigen Färbemethode ist ihre Anwendbarkeit auf alle, in den verschiedensten Flüssigkeiten fixierten Gewebe; es wechseln nur die Nuancen der Farben, die Kontraste bleiben bestehen.

E. Methoden zur Darstellung der fibrillären Struktur des collagenen Gewebes.

Die Fixierung in FLEMMINGS Mischung hat außer ihren mannigfachen Vorzügen für die Darstellung des Kernchromatins und des basophilen Elastins auch in bezug auf das Collagen einen unschätzbaren Vorzug, der durch keine andere Fixationsmethode bisher erreicht wird, sie befördert an den dickeren Collagenbündeln das Sichtbarwerden der fibrillären Struktur, so daß diese bei geeigneter Färbung ungemein klar zur Anschauung kommt. Am besten erreicht man dieses Bild durch ein 10 Minuten langes Färben der Schnitte von in FLEMMINGscher Lösung fixierten Geweben in der auf 37—40° erwärmten, spirituösen Orceinlösung ohne Säurezusatz. Wünscht man an denselben Schnitten gleichzeitig eine kontrastierende Elastinfärbung, so müssen dieselben eine Nacht entweder in angesäuerter Orceinlösung oder in polychromer Methylenblaulösung vorher verweilen. In ersterem Falle erscheint das Elastin dunkel orceinbraun, in letzterem blau; bei ersterem ist die abgeschwächte Orceinophilie des Elastins, bei letzterem die künstlich gewonnene Basophilie des Elastins in Anspruch genommen. Die neutrale Orceinlösung erzeugt das fibrilläre Strukturbild des Collagens wahrscheinlich durch eine leichte Maceration desselben während der Färbung.

Eine ähnliche Färbung der Fibrillen erhält man durch die oben besprochene Wasserblau—Orceinmethode an Schnitten aus nach FLEMMING fixierten Geweben.*

Anhang.

Basophiles Collagen.

Bei der Bildung des Collagens im Granulationsgewebe tritt ein provisorisches, grobes, parallelfaseriges oder genauer: in parallel zur Oberfläche gelagerten Platten abgesondertes, collagenes Gewebe auf, welches erst allmählich durch normales, feinfibrilläres Collagen ersetzt wird. Auch tinktoriell verhält es sich abweichend, es hält basische Farbstoffe fester, es ist basophil. Auch beim Schwunde des Collagens und bei den verschiedensten Degenerationsprozessen: Verwitterung, beim Myxödem der Haut, bei Vereiterung, Nekrosen usf. läßt sich an einzelnen Faserbündeln eine Basophilie nachweisen; oft befällt sie nur einen Teil langgestreckter Balken, ein Ende oder den centralen Teil, in anderen Fällen ganze Faserbündel oder selbst Gruppen solcher. Stets herrscht in dieser Veränderung eine auffallende Unregelmäßigkeit, so daß sich weder ganze, systematisch abgegrenzte Bindegewebsschichten basophil verändert zeigen, noch bestimmte Organe, Regionen, Altersstufen oder Prozesse regelmäßig damit behaftet sind. Bis jetzt bildet daher die Basophilie des Collagens nur einen zufälligen Nebenbefund.

Bei dem Nachweise basophilen Collagens, speziell einzelner basophiler Fasern ist besondere Vorsicht nötig, da eine Eintrocknung der Präparate sowohl im Celloidin, wie bei den Färbungsprozeduren durch veränderte Farbenreaktion des Collagens eine spontane Basophilie desselben vortäuscht; diese „künstliche Basophilie" läßt sich jedoch meistens leicht erkennen; sie befällt mit Vorliebe die Schnittränder, die Außenwand von Gefäßen, Muskeln, eingelagerten Drüsen etc.

Zum Nachweise dienen die beiden oben zur Trennung oxyphiler und basophiler Substanzen angegebenen Methoden, die pol. Methylenblau—Säurefuchsin + Tanninmethode und die Safranin—Wasserblau + Tanninmethode. Es ist durchaus nötig, die auf basophiles Collagen zu untersuchenden Gewebe wenigstens teilweise in reinem Alkohol zu fixieren, da die bisherigen Untersuchungen und Angaben sich nur auf solches Material beziehen. Keinenfalls dürfen Fixationen wie die in FLEMMINGS oder HERMANNS Lösung allein benutzt werden, welche selbst eine künstliche Basophilie des Elastins herbeiführen; aber auch andere Fixationen,

* Die Praxis und Theorie der in diesem Artikel erwähnten Collagenmethoden finden sich ausführlich erörtert in UNNA 94 und UNNA 02.

z. B. die in Chromsalzen und Pikrinsäure, welche bei der Trennung der oxyphilen und basophilen, normalen Substanzen gute Dienste leisten, müssen vorderhand noch, wenn sie zur Aufsuchung von basophilem (pathologischem) Collagen dienen, durch ebenso gefärbte, in Alkohol fixierte Präparate kontrolliert werden.[3 u. 4])

Über Collacin und Collastin siehe die betreffenden Artikel dieses Werkes.

Literatur: Unna (Monatsh. Prakt. Derm., Bd. 18, 1894), derselbe (Ebenda, Bd. 34, pag. 359, 1902), derselbe (Ebenda, Bd. 19, 1894 a), Krzysztalowicz (Ebenda, Bd. 30, 1900).

Unna, Hamburg.

Collastin. Collastin ist eine Substanz, welche sich tinktoriell wie Elastin verhält, der Struktur nach aber dem collagenen Gewebe gleicht oder ihre Herkunft aus demselben durch analoge Struktur oder stofflichen Zusammenhang mit demselben dokumentiert.

Aus dieser Definition geht hervor, daß die Methoden der Elastindarstellung auch zugleich zum Nachweise des Collastins dienen können, obwohl tatsächlich bisher nur die Orceinmethode in ausgedehntem Maßstabe hierfür verwertet ist. Erst das weitere Studium der feineren Gewebsstruktur erlaubt, das Collastin einerseits vom Elastin zu trennen, andrerseits seine genetischen Beziehungen zum Collagen aufzudecken.

Das Aussehen des Collastins, wie es sehr reichlich in verwitterter Gesichtshaut (sog. senile Degeneration der Haut) und bei der colloiden Degeneration der Gesichtshaut vorkommt, ist teils das von groben, wie gequollenen Massen und Blöcken oder kleineren vielgestaltigen Körnern und Krümeln, teils das von dichtverfilzten, dicken, unregelmäßig gewundenen Fasern; die letzteren Fasern scheinen die weniger stark degenerierten zu sein. Diese Massen sind von der sich wie Elastin färbenden Substanz meistens nicht vollständig durchdrungen, sondern häufig nur oberflächlich imprägniert, so daß bei einer geeigneten Kontrastfärbung zwischen Collagen und Collastin, z. B. mit Säurefuchsin und Orcein, die rote Collagenfarbe noch an den inneren Schichten haftet, während die Rinde derselben orceinfarben wird.

Besonders schön zeigen dieses partielle Eindringen der Elastinfärbung in das Innere gröberer Collagenbalken degenerierte Partien beim Myxödem der Haut.

Zur genaueren Untersuchung des Collastins eignet sich am besten die Kombination einer starken Vorfärbung des Elastins mittelst angesäuerter Orceïnlösung mit einer Nachfärbung mittelst einer der Säurefuchsinfärbungen für Collagen. Man kann als letztere ebensogut die von mir angegebene Säurefuchsin—Pikrinmethode* wie die modifizierte van Gieson-Färbung (Säurefuchsin—Pikrinmethode** benutzen. Bequemer noch sind die ebenfalls unter Collagen in diesem Werke beschriebenen einzeitigen Doppelfärbungen, die Säurefuchsin—Orceinmethode und die Wasserblau—Orceinmethode.

Genaueres über Collastin findet der Leser in den folgenden Artikeln: Unna, Basophiles Collagen, Collastin und Collacin (Monatsh. Prakt. Derm., Bd. 19, 1894); Krzysztalowicz (Monatsh. Prakt. Derm., Bd. 30, 1900); Unna, Histopathologie der Haut, 1894, Hirschwald, Berlin.

Unna, Hamburg.

Colloid. Unter Colloid versteht man glänzende, durchscheinende, dickflüssige, meist in Kugel- oder Schollenform auftretende Substanzen, die sich mit sauren Anilinfarbstoffen intensiv färben. Als Paradigma gilt das Schilddrüsencolloid. Die colloiden Massen sind aber nicht nur epithelialer Entstehung, sondern können auch aus Bindegewebszellen, Wanderzellen, vielleicht selbst roten Blutkörperchen entstehen; sie decken sich also nicht mit dem „epithelialen Hyalin" von Klebs und Ernst, wohl aber mit Lubarschs „secretorischem und degenerativem, intracellulär gebildetem Hyalin", von dem wieder *a)* epitheliales, *b)* conjunctivales unterschieden wird. In diese Gruppe gehören auch die Russelschen Fuchsinkörperchen. Spezifische Färbungen für das Colloid gibt es nicht; alle sauren Anilinfarbstoffe lassen sie scharf hervortreten, doch sind manche colloide Substanzen

---

* Unna, Neue Untersuchungen über Collagenfärbung. (Monatsh. Prakt. Derm., Bd. 34.)

** Ebendaselbst; siehe auch Artikel: „Collagen" in diesem Werke.

auch mit den Kernfarbstoffen gut färbbar. Sehr gut und sinnfällig treten sie hervor durch die WEIGERTsche Fibrinfärbung, die Triacidlösungen EHRLICHS, PAPPENHEIMS Methylgrün-Pyroninfärbung, die HEIDENHAINsche Eisenhämatoxylinfärbung sowie die RUSSELsche Fuchsinfärbung und die VAN GIESON-Färbung.

Lubarsch, Düsseldorf.

Congocorinth B, Disazofarbstoff (Berlin, Ludwigshafen). Dunkelgrünes Pulver, das sich in Wasser und Alkohol mit dunkelgrüner Farbe löst. Natronlauge färbt die Lösung kirschrot, Essigsäure violett, Salzsäure gibt einen violetten Niederschlag. Es liefert in alkalischem Bad eine rotviolette Färbung für Baumwolle.

HEIDENHAIN rühmt den Farbstoff in konzentrierter alkoholischer Lösung zum Nachfärben von Hämatoxylinpräparaten. Die mit irgend einem Hämatoxylin gefärbten Schnitte werden in Alkohol übertragen, dem einige Tropfen Ammoniak oder $2^0/_0$ige Natronlauge zugesetzt sind, dann kommen sie in die Farblösung, werden hier überfärbt und in absolutem Alkohol differenziert.

Congorot, Azofarbstoff, erhalten aus Tetrazodiphenyl und Naphtionsäure, das Natriumsalz der Tetrazodiphenyldinaphtylamindisulfosäure

$$\begin{array}{l} C_6H_4N = N - C_{10}H_5\begin{array}{l}NH_2\\SO_3Na\end{array} \\ \mid \\ C_6H_4N = N - C_{10}H_5\begin{array}{l}NH_2\\SO_3Na\end{array} \end{array} \quad \text{(Berlin, Elberfeld).}$$

Rotbraunes Pulver, in Wasser leicht löslich, sehr säureempfindlich, gibt mit Salzsäure und verdünnter Schwefelsäure blauen, mit Natronlauge rotbraunen Niederschlag. Färbt Baumwolle und Wolle direkt rot. Reaktion des chemisch reinen Präparats neutral, des Handelsprodukts alkalisch.

Zuerst von SCHOLZ benutzt zur Färbung lebender Rotatorien. Während sich das ganze Tier rot färbt, erscheint der Magen durch Anwesenheit freier Säure blau gefärbt. Doch ist es nach den Untersuchungen von WURSTER kein absolutes Reagens auf freie Säure, da die Blaufärbung bei Gegenwart von Ammoniak nicht eintritt. Nach ČELAKOWSKÝ verliert auch der Farbstoff diese Eigenschaft, sobald er an koaguliertes Eiweiß gebunden ist. Kohlensäure reagiert überhaupt nicht auf Congorot.

Auf seine Brauchbarkeit in der histologischen Technik hin ist der Farbstoff zuerst von GRIESBACH untersucht und später von ihm zur Färbung des Achsencylinders empfohlen worden. NISSL benutzt es in $0,8^0/_0$iger wässeriger Lösung zur Färbung der Achsencylinder von Müllerpräparaten, Färbung dreimal 24 Stunden, dann 10 Minuten in $95^0/_0$igen Alkohol und 6 Stunden in $3^0/_0$ige alkoholische Salpetersäure, Alkohol, Origanumöl, Balsam. ALT empfiehlt zur Färbung des Achsencylinders, besonders der peripheren Nerven, Färbung der Schnitte nach beliebiger Fixation $^3/_4$—2 Stunden im Brutofen in einer konzentrierten filtrierten Lösung von Congo in absolutem Alkohol und Differenzieren in absolutem Alkohol, in dem das Präparat blau wird. Bergamottöl, Chloroform, Balsam. Für denselben Zweck empfiehlt REHM konzentrierte wässerige Lösung, Färbung einige Minuten, bis alle überschüssige Farbe entfernt ist, dann 10 Minuten in Alkohol mit einigen Tropfen Salzsäure, Origanumöl, Balsam.

SCHAFFER färbt Schnitte von Schafembryonen, die Knorpel und Knochen enthalten, aus MÜLLERscher Flüssigkeit mit wässeriger Congolösung und entfärbt dann ganz kurz in Salzsäurealkohol ($^1/_{200}$). Zellen und Zellkerne rot, Pericellularsubstanz blau.

Auch zu Doppelfärbungen ist das Congorot benutzt worden von GRIESBACH in Verbindung mit Metanilgelb und Anisolrot, von LENDENFELD nach Alauncarmin für Spongien, von STINTZING nach Hämalaun für den Magen, von CARNOY und LEBRUN in gleicher Weise für Froscheier. LENDENFELD gibt auch eine Dreifachfärbung an, Durchfärben mit Alauncarmin, Schnittfärbung in Congo, Auswaschen in Wasser, Nachfärbung in Anilinblau, Wasser, Alkohol, Nelkenöl, Balsam. Von HORREL ist eine Doppelfärbung mit Gentianaviolett angegeben worden, 24 Stunden in konzentriertes wässeriges Gentianaviolett, dann 10—20 Sekunden in alkoholische Congolösung.

STEIN färbt Magenschnitte 15—20 Minuten in konzentrierter alkoholischer Congolösung, eventuell mit Zusatz von Anilin, Abspülen in absolutem Alkohol und Einlegen in Salzsäurealkohol, bis die Schnitte blau sind. Belegzellen tiefblau, Hauptzellen fast ungefärbt. MAAS färbt Darmstücke zunächst in Boraxcarmin durch und die Schnitte erst mit einer 2%igen Lösung von Congo und dann mit verdünntem Hämalaun.

Auch für botanische Zwecke ist Congo viel benutzt worden, so ist es von KLEBS als Reagens auf Cellulose empfohlen worden, doch ist es nach HEINRICHER für diesen Zweck nur mit Vorsicht zu benützen, dagegen erwies es sich als ein sehr gutes Färbungsmittel für pflanzlichen Schleim. AF KLERCKER empfiehlt für ausschließliche Membrantinktion Behandlung der Stücke mit Eau de JAVELLE, sorgfältiges Auswaschen, Stückfärbung mit wässerigem Congo, Auswaschen, Einbetten.

Literatur: ALT (Münch. Med. Wochenschr. 1892), CARNOY und LEBRUN (Cellule, Bd. 12, 1897), ČELAKOWSKY (Flora 1892), GRIESBACH (Zeitschr. Wiss. Mikr., Bd. 3, 1886), derselbe (Anat. Anz., Bd. 3, 1888), HEINRICHER (Zeitschr. Wiss. Mikr., Bd. 5, 1888), KLEBS (Unters. Bot. Inst. Tübingen, Bd. 2, 1888), AF KLERCKER (Verh. Biol. Ver. Stockholm, Bd. 4, 1892), v. LENDENFELD (Zeitschr. Wiss. Mikr., Bd. 11, 1894), MAAS (Festschr. f. KUPFFER, Jena 1899), NISSL (Münch. Med. Wochenschr. 1886), REHM (Ebenda, 1892), SCHAFFER (Zeitschr. Wiss. Mikr., Bd. 5, 1888), SCHOLZ (Centralbl. Med. Wiss. 1886), STEIN (Mitt. Embr. Inst., Wien 1892), STINTZING (Festschr. f. KUPFFER, Jena, 1899), VAN HOBBEL (Journ. of Linnean Soc., Bd. 33, 1897), WURSTER (Centralbl. Physiol., Bd. 1. 1887).

Coniferen. Zur Fixierung der Coniferen hat sich starke FLEMMINGsche Flüssigkeit am besten bewährt, wenn auch meist ziemliche Schwärzung eintritt, die jedoch durch Wasserstoffsuperoxyd leicht entfernt werden kann. Der Befruchtungsvorgang, der im Ruhezustand des männlichen und weiblichen Kernes eintritt, ist relativ leicht zu beobachten. Im Jahre, wo die Fichte reichlich blüht, werden etwa vom 10. Juni an täglich ganze Blütenzapfen in Alkohol, die leicht loszutrennenden, am Grunde der Fruchtschuppen sitzenden Samenanlagen in Flemming fixiert und die ersteren in Freihandschnitten (vorher 1 Tag in Alkoholglycerin), letztere in Mikrotomschnitten untersucht. Frische Eier sind in mit Wasser verdünntem Hühnereiweiß mit etwas Campher zu untersuchen.

Literatur: FERGUSON (Ann. de Bot., Bd. 15, 1901). — Für die den Coniferen nahe verwandten Cycadeen vgl. Literatur: IKENO (Jhb. Wiss. Bot., XXXII, 1898), STRASBURGER (Gr. Bot. Prakt.).

Magnus, Berlin.

Coniferin (Abietin) siehe: Zellmembranen, pflanzliche.

Coniin siehe: Alkaloide, pflanzliche.

Conjugaten. Für die Konservierung der Conjugaten: Desmidiacäen, Zygnemacäen (Spirogyra) etc. gilt im allgemeinen das für die Chlorophycäen Gesagte. Über die Färbung der ihnen meist charakteristischen Gallertscheiden siehe Schleime, pflanzliche. Über die Gipskrystalle in den Endvacuolen der Desmidiacäen vergleiche Calciumverbindungen in Pflanzenzellen.

Die verbreitetste der Conjugaten (Spirogyra) ist besonders geeignet zur Lebendbeobachtung der Kernteilung. Man suche sich hierzu Formen — überall in Teichen und Torfstichen als dichte grüne Matten — mit wenig Spiralbändern, um den Zellinhalt gut sehen zu können. Die Kernteilung geschieht normal zwischen 11 und 1 Uhr nachts. Wird jedoch üppig wachsendes Material abends einer Temperatur von + 4° C ausgesetzt und die Teilung bis zum nächsten Tag verschoben, so können alle ihre Einzelheiten, Kernplatte, Spindelbildung, Zellwandbildung, innerhalb 2 Stunden beobachtet werden.

Durch Abkühlung auf —4° C. während der Teilung werden zweikernige Zellen erzielt (GERASSIMOFF). Durch Kulturen in 1%igem Ätherwasser sollen sich die Zellen fortdauernd amitotisch teilen (NATHANSON).

Conjugationen werden leicht im Februar bis Mai in sonniger Lage erzielt, in 2- bis 4%iger Rohrzuckerlösung oder auch in wenig Wasser (KLEBS).

Zur Untersuchung der Kerne fixierten Materials ist noch eine interessante Methode beschrieben worden. Die in FLEMMINGS Chromessigsäure fixierten Algen werden mit cca. 50%iger Chromsäure (schwächer oder stärker, doch nie so stark, daß die Zellmembran weggelöst wird) behandelt, um gewisse Teile des Kernes wegzulösen, andere hervortreten zu lassen (streitiger Punkt, ob Chromosomen aus Nucleolen entstehen). Mit Wasser ausgewaschen und mit Brillantblau Extragrünlich (Triphenyl-pararosanilintrisulphosaures Natron, BAYER & Co., Elberfeld) gefärbt, oder es werden in zugeschmolzenen Röhren in Wasser von 140 bis 150° oder Glycerin von 230—250° im Ölbad hintereinander verschiedene Teile des Plasmas weggelöst (am längsten widersteht Kerngerüst und caryokinetische Figur) und in Brillantblau mit etwas Essigsäure gefärbt. Über ähnliche Verdauungsmethoden siehe Kernchemie (WISSELINGH).

Literatur: KLEBS (Beding. der Fortpflanz. bei einig. Algen u. Pilzen, 1896), NATHANSON (Jhb. Wiss. Bot., Bd. 35, 1900), WISSELINGH (Bot. Zeitschr. 1898 u. 1899).

Magnus, Berlin.

Copepoden siehe: Arthropoden.

Corallin, syn. Päonin, Triphenylmethanfarbstoff französischer Provenienz, der durch Einwirkung von Ammoniak auf Aurin entsteht und wahrscheinlich rosolsaures Rosanilin enthält. Rotbraunes Pulver, das in Wasser schwer, in Alkohol leicht mit rotbrauner Farbe löslich ist. Mit Salzsäure Gelbfärbung. In Schwefelsäure mit gelbbrauner Farbe löslich.

Es ist als Reagens auf Cellulose benutzt worden. (Näheres siehe Zellmembranen, pflanzliche.)

Corallineen vgl. Calciumverbindungen in Pflanzenzellen.

Cornea siehe: Sehorgan.

Corpora amylacea oder **versicolorata** (SIEGERT). Unter diesem Namen hat man Gebilde sehr verschiedener Größe und Herkunft zusammengefaßt, die durch das Auftreten konzentrierter Streifung, sowie der Jodreaktion charakterisiert sein sollten. Erst neuerdings ist eine schärfere Scheidung vorgenommen worden (SIEGERT), nachdem sich herausgestellt, daß keineswegs alle konzentrisch geschichteten kugeligen und ovalen Körper der verschiedenen Organe die Amyloidreaktionen geben. Da ferner die Jodreaktion bei diesen Gebilden nicht ganz identisch mit der Amyloidreaktion ist, so ist es empfehlenswert, die Bezeichnung Corpora amylacea ganz fallen zu lassen und für die bei Zusatz von Jodlösungen eine Metachromasie aufweisenden Körper mit SIEGERT die Bezeichnung Corpora versicolorata und für die jene Reaktion nicht aufweisenden Gebilde den Namen „Corpora flava" zu wählen.

Zu den Corpora versicolorata sind zu rechnen: 1. der größte Teil der sogenannten Amyloidkörper des Centralnervensystems (am besten im Ependym der Seitenventrikel und Rückenmark); 2. die in den Lungen älterer Personen (besonders bei Emphysem) vorkommenden geschichteten Körper; 3. ein Teil der Prostataconcremente; 4. die in den Schleimhäuten der Harnwege, besonders bei chronischen Allgemeinerkrankungen vorkommenden Amyloidkörper; 5. die von OPHULS in syphilitischen Knochentumoren, von HILDEBRAND in Knochensarcomen gefundenen Amyloidkörper; 6. die in Speiseröhren-, Nieren-, Harnblasen-, Tuben- und Uterusschleimhautcysten, sowie in Adenomyomen des Uterus vorkommenden geschichteten Körper. In der Reaktion unterscheiden sich alle diese Bildungen von der amyloiden Substanz dadurch, daß sie alle bereits bei Zusatz dünner Jodjodkalilösung eine blaue bis violette oder auch grünliche Farbe annehmen, bei weiterem Zusatz von Schwefelsäure aber rötlich werden.

Zu ihrem Nachweis genügt es vielfach, Scherenschnitte der frischen Gewebe vorzunehmen und sie mit Jodjodkalilösung zu behandeln. Sehr empfehlenswert ist auch die von SIEGERT angegebene Behandlung. Man wäscht die Schnitte in Wasser gut aus und färbt sie mit starker Jodjodkalilösung tiefbraun, um sie dann in absolutem Alkohol so zu entfärben, daß sie wieder ganz ungefärbt aussehen. Darauf kommen sie in 10%ige Salzsäurelösung, werden in Wasser wieder entsäuert und in jodhaltigem Alkohol (4 Teile Alcohol absolutus auf 1 Teil offizinelle Jodtinktur) entwässert, in Origanumöl eingeschlossen. Auch an Schnitten gehärteter Objekte gibt die Methode gute Resultate, die Corpora versicolorata sind tiefbraun gefärbt, alles übrige farblos. Für gehärtetes und eingebettetes Material ist ferner die LANGHANSsche Glycogenmethode mit Carminvorfärbung empfehlenswert. Die Anilinfarbstoffamyloidreaktionen fallen bei den Corpora versicolorata ebenfalls positiv aus, doch ist die Metachromasie meist eine viel weniger intensive und mehr verwaschene (besonders bei denen der Lungen und des Gehirns). Am besten ist noch die Färbung mit Methyl- oder Gentianaviolett. Die Färbung mit Thionin nach KANTOROWICZ und mit polychromem Methylenblau, sowie Kresylviolett versagt dagegen fast ganz.

Für die Färbung der Corpora flava, zu denen 1. die Corpora arenacea des Centralnervensystems, 2. ein Teil der Prostatakörper, 3. VIRCHOWS Psammomkörner und die in verschiedenen epithelialen Geschwülsten der Lunge, Schilddrüse und des weiblichen Genitaltractus gefundenen Körper gehören, kommen alle für colloide und hyaline Substanzen geltenden Färbungen in Betracht.

Literatur: LUBARSCH (Ergebnisse der allgem. Pathol., Jg. I, Abt. 2 und EULENBURGS Real-Encyclopädie, 4. Aufl., 1908), SCHMORL (Pathol.-histol. Untersuchungsmethoden), SIEGERT (Arch. Pathol. Anat., Bd. 129). *Lubarsch,* Düsseldorf.

Cortisches Organ siehe: Gehörorgan.

Crinoiden siehe: Echinodermen.

Crocein 3 B X, Azofarbstoff (Elberfeld). Rotes, in Wasser leicht lösliches Pulver, mit Natronlauge färbt sich die Lösung gelbbraun. Färbt Wolle in saurem Bade rot.

Von GRIESBACH als brauchbares Kernfärbungsmittel empfohlen.

Literatur: GRIESBACH (Arch. Mikr. Anat., Bd. 22, 1883).

Croceinscharlach, eine Gruppe von Tetrazofarbstoffen, welche aus β-Naphtolsulfosäure und Amidobenzolsulfosäure oder Amidoazotoluolsulfosäure dargestellt werden (Ludwigshafen). Im Handel sind die Marken 3 B, 5 B, 7 B, 8 B. Braunrote Pulver, welche sich in Wasser leicht, in Alkohol schwerer mit mehr oder weniger rein scharlachroter Farbe lösen. Findet für Wolle und Baumwolle vielfach Anwendung in saurem Bade (Zusatz von Alaun, Essigsäure und Kochsalz).

Crustaceen siehe: Arthropoden.

Ctenophoren siehe: Coelenteraten.

Cuprammoniumoxyd (SCHWEIZERS Reagens) siehe: Zellmembranen, pflanzliche.

Curare, ein seit Jahrhunderten von den Eingeborenen Südamerikas hergestelltes Pfeilgift, das auch arzneiliche Verwendung findet. Es besteht aus dem eingedickten Saft verschiedener Strychnosarten. Man unterscheidet nach R. BOEHM Tubocurare (in Bambusröhren), Topfcurare (in Tontöpfen), Calebassencurare (in Flaschenkürbissen). Das Tubocurare enthält das am schwächsten wirkende Tubocurarin (tödliche Gabe 1 *mg* pro Kilogramm Kaninchen), das Topfcurare das Protocurarin (tödliche Gabe 0,25 *mg* pro Kilogramm Kaninchen), das Calebassencurare das Curarin (tödliche Gabe 0,34 *mg* pro Kilogramm Kaninchen). Letzteres ist am leichtesten zu gewinnen und kommt nur in Betracht.

Die Wirkung des Curare auf den Tierkörper äußert sich in einer allgemeinen Lähmung. Diese beruht auf einer Lähmung der motorischen Nerven im Muskel, während die sensiblen Nerven funktionieren.

Curare ist angewandt worden bei Untersuchungen über den feineren Bau des Regenwurms, und zwar werden zur Tötung des Tieres 2 *ccm* einer Lösung von 1:500 injiziert (CERFONTAINE). Ferner hat es v. LENDENFELD bei Vergiftungsversuchen an Spongien benutzt. Nach LEE-MAYER dient es zur Untersuchung lebender Larven in 1%iger Lösung; 5—10 Tropfen auf ein Uhrglas Wasser, es wirkt in $^1/_2$—1 Stunde.

Literatur: CERFONTAINE (Arch. de Biol., Bd. 10, 1890), LEE-MAYER (Technik, pag. 314, 1907), v. LENDENFELD (Zeitschr. Wiss. Zool., Bd. 48, 1889). *Mosse,* Berlin.

Curcumein, syn. Citronin, Jasmin, Monazofarbstoff (Berlin), gelbes Pulver, das in heißem Wasser ziemlich leicht löslich ist. Die Lösung färbt sich mit Salzsäure rot, mit Natronlauge braun. In Schwefelsäure mit rotvioletter Farbe löslich.

Curcumin S, syn. Sonnengelb. Azofarbstoff (Berlin, Elberfeld). Rotbraunes, in Wasser lösliches, in Alkohol unlösliches Pulver. Mit Salzsäure braune, mit Natronlauge rote Fällung. In Schwefelsäure mit roter Farbe löslich.

Cuticula (pflanzlich) siehe: Zellmembranen, pflanzliche.

Cutin siehe: Zellmembranen, pflanzliche.

Cyanin, syn. für Chinolinblau.

Cyankali, KCN, das Kaliumsalz der Blausäure, bildet eine in Würfeln oder Oktaedern krystallisierende Substanz, die sich sehr leicht in Wasser, sehr schwer in kaltem, etwas leichter in kochendem Alkohol auflöst. Die Lösung reagiert alkalisch und ist von scharfem Geschmacke. Cyankali wird durch die schwächsten Säuren zersetzt; so zersetzt es sich schon durch die Kohlensäure der Luft, wobei Blausäure frei wird und sich durch ihren charakteristischen Geruch bemerkbar macht.

Das Cyankali findet bei der galvanischen Vergoldung Verwendung. Es ist ein starkes Gift; die Ursache der Giftwirkung ist noch nicht gefunden.

Cyankali dient in der mikroskopischen Technik dazu, zu stark vergoldete Präparate zu bleichen — vgl. darüber Goldmethoden, ebenso um Silberniederschläge zum Verschwinden zu bringen (vgl. Silbermethoden). Ferner ist es ein Lösungsmittel der chromatischen Substanz der Zellen (CARNOY: Lösung von 40 bis 50:100).

Literatur: CARNOY (La Biologie cellulaire, pag. 244), DELAGE (Arch. Zool. Expér., Bd. 4, 1886), GEBERG (Inter. Monat. Anat. Physiol., Bd. 10, 1893). *Mosse,* Berlin.

Cyanophilie siehe: Kernchemie.

Cyanophycäen. Die niedersten Algen, Cyanophycäen oder Phycochromacäen oder auch Spaltalgen, Schizophycäen genannt, sind in ihrer Organisation der Gegenstand zahlreicher interessanter Untersuchungen. Der Hauptstreitpunkt dreht sich um die Frage, ob hier nicht kernlose Zellen vorliegen. Über die zur chemischen Identifizierung hierbei vielfach angewandten gut ausgearbeiteten Verdauungsmethoden siehe Kernchemie. Material liefert jederzeit die symbiotisch in dem in allen botanischen Gärten kultivierten Wasserfarn, Azolla caroliniana, in den Höhlungen des oberen Blattes lebende Nostocacäe Anabaena Azollä oder die in jedem stagnierenden Wasser auftretenden olivengrünen Fladen der sich ziemlich lebhaft bewegenden Oscillarienfäden.

Die meist von pektinhaltiger Gallerte eingeschlossenen Algenfäden enthalten innerhalb der vielleicht Chitin enthaltenden Membran (siehe Zellmembranen, pflanzliche) eine durch Chlorophyll und Phycocyan (siehe Chromatophorenfarbstoffe der Pflanzen) gefärbte Schicht, die den hellen Innenraum des „Centralkörpers" umschließt. Wird der Farbstoff mit Chloroformwasser in ca. 4 Stunden ausgezogen, erkennt man, daß die äußere Schicht aus Körnern besteht, die als isolierte Chromatophoren gedeutet werden; dies wird noch deutlicher, wenn in einer mit Chloroform geschüttelten, gesättigten wässerigen Lösung von Magnesium- oder Ammoniumsulfat der Farbstoff in der Zelle selbst niedergeschlagen wird. Die Wandschicht enthält außerdem noch die sogenannten Cyanophycinkörner und Schleimkugeln. Das Wichtigste ist die Natur der ungefärbten Partie der Zelle des „Centralkörpers". Auch rein morphologisch scheint er nach den letzten Untersuchungen als Kern aufzufassen zu sein. Er besteht danach aus einer wenig färbbaren Grundmasse, der Chromatinkörnchen eingelagert sind, doch fehlen Nucleolen und Kernmembran. Er teilt sich mitotisch; zur allgemeinen Orientierung tritt er gut in konzentrierter Carbolsäure hervor. Alle Einzelheiten sind jedoch ausschließlich nach ganz bestimmten Fixierungs- und Färbemethoden zu erkennen. Fixierung in schwefligsaurem Alkohol (oder nicht ganz so gut Formolalkohol): gesättigte schwefligsaure Lösung 7 Teile und 94%igen Alkohol 93 Teile Auswaschen 12—24 Stunden in absolutem Alkohol (enthält die Alge viel Kalk, soll überall statt Alkohol Wasser genommen werden). Färbung der Mikrotomschnitte mit Alaunhämatoxylin: 1. Ammoniakalaun 75 in Wasser 750, 2. Glycerin 125, 3. Alkohol 100, 4. gesättigte alkoholische Hämatoxylinlösung, die mehrere Wochen am Licht reifen muß, davon 10 Teile in 100—200 Teile 1%iger Formollösung. Auswaschen mindestens 1 Stunde in fließendem Leitungswasser. Differenzieren in 1 Teile konzentrierter alkoholischer Pikrinsäurelösung, 1 Teil Wasser, 2 Teile 94%igen Alkohols einige Sekunden bis

Minuten, Abspülen in 75%igen Alkohol, wenn zu stark, zu korrigieren mit Ammoniumcarbonatlösung 1‰ in 30%igem Alkohol. Auswaschen in Wasser 1 Stunde durch 50-, 75-, 94%igen absoluten Alkohol, Toluol, in Dammar in Toluol gelöst (hauptsächlich nach HEGLER).

Literatur: GUILLERMOND (Rev. Génér. Bot., T. XVIII, 1906), HEGLER (Jhb. Wiss. Bot., Bd. 36, 1901), KOHL (Organisation und Physiologie der Cyanophyceenzelle. Jena 1903), MASSART (Rec. d. trav. Jard. Brux. 1904), FISCHER A. (Bot. Zeitschr., Abt. 1, Bd. 63, 1905), ZACHARIAS (Abh. Nat. Ver. Hamburg, Bd. 16, 1900). *Magnus,* Berlin.

Cyanophyll siehe: Chromatophorenfarbstoffe der Pflanzenzelle.

Cyanosin, syn. für Phloxin.

Cyanosin, spritlöslich. Pyroninfarbstoff, der durch Äthylierung von Phloxin entsteht (Höchst, Kalle). Rotbraunes, in Wasser fast unlösliches, in Alkohol mit blauroter Farbe und gelbroter Fluorescenz lösliches Pulver. Bei Zusatz von Salzsäure verschwindet die Fluorescenz. In Schwefelsäure mit gelber Farbe löslich.

Cycadeen siehe: Coniferen, siehe auch Centrosomen in Pflanzenzellen.

Cytolithen siehe: Calciumverbindungen in Pflanzenzellen.

Cytoplastin siehe: Kernchemie.

Cytase siehe: Enzyme.

Cytosin siehe: Kernchemie.

D.

Dahlia, syn. HOFMANNS Violett, Primula, Jodviolett (KÜCHLER), Triphenylmethanfarbstoff, das chlorwasserstoffsaure Salz des Triäthylrosanilins,

$$C \begin{cases} C_6H_3 \begin{cases} CH_3 \\ NHC_2H_5 \end{cases} \\ C_6H_4 \, . \, NHC_2H_5 \\ C_6H_4 : NHC_2H_5 \, . \, HCl \end{cases}$$

Entsteht durch Erhitzen von Rosanilin mit Jodmethyl. Einer der ältesten Anilinfarbstoffe (A. W. HOFMANN, 1862). Grünglänzende Stücke, welche sich in Wasser und Alkohol leicht mit blauvioletter Farbe lösen. Die wässerige Lösung färbt sich mit Salzsäure grün, mit Natronlauge braunroter Niederschlag. In Schwefelsäure mit brauner Farbe löslich, beim Verdünnen färbt sich die Lösung blaugrün. Für die technische Färberei ist es heute ohne Bedeutung.

Von HUGUENIN zur Färbung des Achsencylinders in die Mikrotechnik eingeführt, ist es dann von EHRLICH vor allem studiert und empfohlen worden. Als Farblösung verwendet er eine gesättigte Lösung des Farbstoffs in einer Mischung von absolutem Alkohol 50 Teile, Aqua dest. 100, Eisessig 12,5, Färbung zwölf Stunden lang. Differenzieren in absolutem Alkohol. Es färbt sich das Protoplasma blau, Amyloid rot, besonders intensiv gefärbt sind die Plasmazellen. Auch der Schleim färbt sich stark. Ähnlich verfährt FLEMMING. WESTPHAL färbt in einem Gemisch von gleichen Teilen Alauncarmin, Glycerin und dahliahaltigem, absolutem Alkohol, dem er 7% Essigsäure zusetzt. SCHUBERG benutzt eine Lösung von 0,3 bis 1% Dahlia in 20%iger Essigsäure, wäscht aus, fixiert zunächst in 10%iger Tanninlösung, wäscht nochmals aus und fixiert dann in 1—3%iger Brechweinsteinlösung.

Von UNNA ist dann der Farbstoff zur Darstellung der elastischen Fasern in der Haut an Osmiumpräparaten gerühmt worden. Färbung 12—24 Stunden in folgender Lösung: Dahlia 0,2, Aqua dest., Alkohol 95% aa. 10,0, Misce solve adde Acid. nitric. 2,0, Aqua dest. 18,0, Alkohol 95% 10,0. Differenzieren in Eisessig oder verdünnter Essigsäure und Auswaschen in Wasser. Später wurde diese UNNAsche Methode mit einer Durch- und Nachfärbung in Alauncarmin kombiniert. So färbt HANSEN die in FLEMMINGscher Lösung fixierten Präparate zuerst in Alauncarmin durch, die Schnitte werden in der UNNAschen Dahlialösung gefärbt, dann Wasser, Alkohol und Nachspülen in Alauncarmin. Kerne rot, elastische Fasern blau.

Auch zur isolierten Darstellung der Bindegewebs- und Gefäßzellen im Centralnervensystem ist der Farbstoff in Verbindung mit Eosin von REHM empfohlen worden. Fixation in Alkohol, Celloidineinbettung. Färbung der Schnitte wenige Minuten in 1%igem, wässerigem Eosin, Abspülen in Wasser und Alkohol, dann für einige Minuten in warme, wässerige, 0,1%ige Dahlialösung, Differenzieren in Alkohol, Origanumöl, Balsam.

In Frankreich ist unter dem Namen „Bleu de Roux“ eine Kombination von Dahlia und Methylgrün bekannt. 1 *g* Dahlia wird mit 10 *ccm* absolutem Alkohol verrieben und die Lösung auf 100 *ccm* mit destilliertem Wasser aufgefüllt. Ebenso werden 2 *g* Methylgrün in 20 *ccm* absolutem Alkohol gelöst und auf 200 *ccm* aufgefüllt. Nach 24 Stunden mischt man beide Lösungen, filtriert und bewahrt die Mischung in gut verschlossener Flasche auf. PACAUT und VIGIER färben Drüsenschnitte zunächst 5—15 Minuten in dieser Mischung, waschen in Wasser aus und färben 1 Minute in einer konzentrierten, wässerigen Bismarckbraunlösung. Rasches Entwässern in Alkohol, Xylol, Balsam.

Auch als Färbungsmittel für Bacterien hat der Farbstoff Eingang gefunden. So benutzt RIBBERT zur Färbung der Pneumoniebacillen eine Mischung von 100 *ccm* konzentrierter, wässeriger Dahlialösung, 50 *ccm* Alkohol, 12,5 *ccm* Eisessig. Färbung einige Sekunden, Abspülen in Wasser, Trocknen, Balsam.

REED empfiehlt für Celloidinmaterial zur Bacterienfärbung eine Mischung von 20 *ccm* gesättigter alkoholischer Dahlialösung und 100 *ccm* destillierten Wassers. Färbung 15—30 Minuten, Auswaschen in 95%igem Alkohol, bis das Celloidin entfärbt ist.

Literatur: EHRLICH (Arch. Mikr. Anat., Bd. 13, 1876), FLEMMING (Ebenda, Bd. 19. 1881), HANSEN (Arch. Pathol. Anat., Bd. 137, 1894), HUGUENIN (Korrespbl. Schweiz. Ärzte 1874), PACAUT und VIGIER (C. R. Soc. Biol. Paris 1906), REED (Trans. Amer. Micr. Soc., Bd. 19, 1897), REHM (Münch. Med. Wochenschr. 1892), RIBBERT (Deutsch. Med. Wochenschr. 1885), SCHUBERG (Zeitschr. Wiss. Zool., Bd. 74, 1903), derselbe (Arch. Protistenk., Bd. 6, 1905), UNNA (Monatsh. Prakt. Derm., Bd. 5, 1886), WESTPHAL (Inaug.-Diss., Berlin 1880).

Dammarharz ist das Harz einer auf den Molukken heimischen Conifere, Dammara orientalis. Es bildet farblose oder ganz schwach gelbliche, durchsichtige, leicht zerreibliche Stücke, welche enthalten: Dammarylsäure und ein indifferentes Harz. Es schmilzt bei 100°, hat ein spez. Gew. von 1,04—1,12 und ist vollkommen löslich in Äther, warmem Alkohol, Chloroform, Xylol, Benzin und ätherischen Ölen. Brechungsexponent bei 20° 1,520.

Dammarharz ist an Stelle von Canadabalsam vielfach als Einschlußmittel, besonders für in Anilinfarben gefärbte Präparate empfohlen worden, so von FLEMMING, PFITZNER, MARTINOTTI und RESEGOTTI, KOCH und anderen. Man löst das gepulverte Harz am besten entweder in Xylol oder in einer Mischung von gleichen Teilen Terpentinöl und Benzol. Man nehme zunächst viel Flüssigkeit, lasse einige Tage unter öfterem Schütteln stehen, filtriere und lasse die Lösung bis zur gewünschten Konsistenz verdunsten. GARBINI mischt gleiche Teile von Dammarharz in Terpentinöl und Canadabalsam in Xylol.

Literatur: FLEMMING (Arch. Mikr. Anat., Bd. 19, 1881), GARBINI (Manuale Tec. Mod. Micr., 4. Aufl., Milano 1899), KOCH (Zeitschr. Wiss. Mikr., Bd. 10, 1893), MARTINOTTI und RESEGOTTI (Ebenda, Bd. 4, 1887), PFITZNER (Morph. Jbb., Bd. 6, 1880).

Darm. Will man, wie das wohl meistens der Fall ist, die sämtlichen Teile der Darmwand in situ fixieren und dann an Schnittpräparaten studieren, so wird man bei größeren Tieren den Darm fast immer vor der Fixation öffnen müssen. Da die dicke Darmmuskulatur das Eindringen der Fixationslösung nur langsam gestattet, kann das Epithel schon maceriert sein, bevor es fixiert wird. Am besten ist es allerdings, wenn man die auf Körpertemperatur erwärmte Fixationslösung von der Aorta oder bei größeren Tieren von einem Aste der Art. mesenterica aus injiziert und dann kleinere Stücke des Darms in toto in die Fixationslösung einlegt. Nach dem Auswaschen und Entwässern kann man die Stücke in 95%igem Alkohol beliebig zerkleinern. Man vermeidet so eine Verletzung des Epithels, die beim Aufschneiden des frischen Darmes sehr leicht eintreten kann. Man kann auch bei größeren Tieren und beim Menschen die Fixationslösung durch die Bauchdecken hindurch in die Peritonealhöhle injizieren, doch wird man auf diese Weise selten gut erhaltene Zottenepithelien bekommen.

Will man den Darm nicht mit dem Fixationsmittel injizieren, so muß man ihn an der dem Mesenterialansatz gegenüberliegenden Seite aufschneiden und kleinere Stücke auf Kork oder besser dünne Wachsplatten mit Igelstacheln aufspannen und fixieren. Ein Abspülen mit Kochsalzlösung vor der Fixation zur Entfernung der Ingesta ist dringend zu widerraten, da dadurch sehr leicht das Epithel verletzt wird. Man kann die anhaftenden Ingesta viel leichter entfernen, wenn das Präparat schon in starkem Alkohol liegt.

Nur bei kleinen Tieren, Maus, Vögel, Frosch etc., ist es nicht nötig, den Darm aufzuschneiden, man kann ihn dann in toto fixieren.

Was die Wahl der Fixationslösung anbetrifft, so wird von den meisten Autoren die konzentrierte, wässerige Sublimatlösung bevorzugt (R. HEIDENHAIN, KUCZYNSKI, STEINHAUS, KINGSBURY) oder sublimathaltige Lösungen, so KULTSCHITZKY (Kaliumbichromat 2 *g*, Sublimat 0,25, 96%igen Alkohol 50, 2%ige Essigsäure 50), SCHIRMANN (ZENKERsche Lösung), LENHOSSÉK (Sublimat 2 *g*, Kochsalz 0,4 *g*, Eisessig 5 *ccm*, 70%iger Alkohol 100), MINGAZZINI (konzentriertes, wässeriges Sublimat 2 Teile, Eisessig 1 Teil, absoluter Alkohol 1 Teil), CLOETTA (10%iges warmes Kochsalzsublimat), SCHUMANN und TRAUTMANN Sublimatessigsäure. Wir möchten von allen Sublimatgemischen der auf Körpertemperatur erwärmten ZENKERschen Lösung den Vorzug geben. Nur für Amphibien dürfte derselben die konzentrierte wässerige Sublimatlösung mit 0,5—1% Essigsäure vorzuziehen sein. Von anderen Fixationslösungen empfiehlt KUCZYNSKI PERÉNYIsche und schwache FLEMMINGsche Lösung für den Menschen, PANETH konzentrierte wässerige Pikrinsäure, R. HEIDENHAIN ebenfalls Pikrinsäure oder Alkohol, BIZOZZERO für den Hund HERMANNsche Lösung oder Alkohol, für die Maus konzentrierte Pikrinsäure, für Petromyzon Alkohol, CLOETTA für den Vogeldarm 3%ige Salpetersäure, doch erhält sie nicht den Schleim, KINGSBURY für Necturus Pikrinalkohol (95%igen Alkohol 250, Wasser 250, Pikrinsäure 1 *g*), SCHIRMANN für Meerschweinchen 3%ige Salpetersäure oder FLEMMINGsche Flüssigkeit, HOPKINS für Ganoiden Pikrinalkohol (Wasser und 95%iger Alkohol aa. 250, Pikrinsäure 1,0 *g*), MÖLLER Formolbichromat (3%iges Bichromat 40, Formol 10) 24 Stunden, dann 3%iges Bichromat 3—4 Tage, ANILE konzentrierte Lösung von Pikrinsäure in 75%igem Alkohol mit 5—10% Formol, SCHUMANN und TRAUTMANN CARNOYsche Flüssigkeit für den Säugerdarm, M. HEIDENHAIN für Amphibiendarm konzentrierte Salicylsäure in 1/3 Alkohol. Sie soll Schleimgranula und Bindegewebe glänzend konservieren.

Zur Isolation des Darmepithels eignen sich Drittelalkohol, 5%iges Ammoniummonochromat (R. HEIDENHAIN), verdünnte MÜLLERsche Flüssigkeit, 1/4—1/10%ige Osmiumsäure (KINGSBURY) oder verdünnter Pikrinalkohol. Zur Isolation der Muskulatur 33,5%ige Kalilauge, 20%ige Salpetersäure, Aufheben in konzentriertem wässerigen Alaun mit 2% Kalilauge (HOPKINS).

Von Färbungsmethoden kommen einmal die verschiedenen Methoden der Schleimfärbung in Anwendung (s. dort), auch die zahlreichen Dreifarbengemische geben gute Resultate, so vor allem die EHRLICH-BIONDIsche (s. dort), die GRÅBERGsche (s. Bordeaux), VAN GIESONsche (s. Säurefuchsin), BERGONZINIsche (siehe Goldorange), OPPELsche (s. Methylgrün) etc. MAAS färbt im Stück mit Boraxcarmin und dann die Schnitte zunächst in einer 2%igen Lösung von Congorot und dann mit verdünntem Hämalaun. BENSLEY färbt zunächst mit Orange-Säurefuchsin, dann mit Toluidinblau (s. Orange G).

Über die Untersuchung der Blut- und Lymphgefäße des Darms vgl. Injektion.

Für die Darstellung der Darmnerven hat sowohl die Goldimprägnation als auch die Methylenblaufärbung Verwendung gefunden. Von ersteren eignet sich nach OBREGIA am meisten die RANVIERsche Citronensaftmethode. Man kann nach der Vergoldung die Muskelschichten voneinander trennen und zu Flächenpräparaten verarbeiten. Zur vitalen Methylenblaufärbung kann man entweder mit einer dünnen Methylenblaulösung eine abgebundene Darmschlinge prall injizieren,

1—2 Stunden einwirken lassen, dann die Schleimhaut entfernen und warten, bis die Bläuung eingetreten ist, oder man färbt die von der Mucosa entblößten Darmmuskelstücke auf dem Objektträger mit Methylenblau. Zur Darstellung der Epithelnerven des Darms empfiehlt sich mehr die Golgimethode. (Näheres siehe Goldmethoden, Methylenblaufärbung, vitale, und Golgimethode.)

Zum Studium der Fettresorption im Darm kann man die Tiere mit einem beliebigen Fett füttern, am besten Milch, und dann die Darmstückchen in Osmium fixieren. KREHL bläst zu diesem Zwecke Fröschen, die mindestens 14 Tage gehungert haben, 6—10 Tropfen Olivenöl oder süße Sahne in den Oesophagus. Nach einiger Zeit werden die Tiere getötet, der obere Teil des Darms aufgeschnitten und in Osmiumbichromat fixiert (Osmium 1,0, Bichromat 2,5, Wasser 100). Zur Überführung in Paraffin müssen natürlich Intermedien gewählt werden, welche osmiertes Fett nicht angreifen. (Näheres siehe Osmiumsäure.)

Literatur: ANILE (Studio anatomo-istologico, Napoli 1903), BENSLEY (Amer. Journ. Anat., Bd. 5, 1906), BIZOZZERO (Atti Ac. Sc. Torino, Bd. 24 u. 27, 1889 u. 1891), CLOETTA (Arch. Mikr. Anat., Bd. 41, 1893), HEIDENHAIN, R. (Arch. Ges. Physiol., Bd. 43, Suppl. 1888), HEIDENHAIN, M. (Sitz. Physik. Med. Ges., Würzburg 1899), HOPKINS (Journ. of Morph., Bd. 11, 1895), KINGSBURY (Proc. Amer. Micr. Soc. 1894), KREHL (Arch. Anat. 1890), KUCZINSKI (Int. Mon. Anat. Physiol., Bd. 7, 1890), KULTSCHITZKY (Arch. Mikr. Anat., Bd. 49, 1897), v. LENHOSSÉK (Anat. Anz., Bd. 16, 1899), MAAS (Festschr. f. KUPFFER, Jena 1899), MINGAZZINI (Atti Ac. Lincei, Roma, Bd. 9, 1900), MÖLLER (Zeitschr. Wiss. Zool., Bd. 66, 1899), OBREGIA (Verh. Int. Med. Kongr., Berlin 1891), PANETH (Arch. Mikr. Anat., Bd. 31, 1887), SCHIRMANN (Verh. Physik. Med. Ges. Würzburg, N. F., Bd. 32, 1898), SCHUMANN (Inaug.-Diss., Zürich 1907), STEINHAUS (Arch. Physiol. 1892, Suppl.), TRAUTMANN (Inaug.-Diss., Zürich 1907).

Deckgläser und Objektträger, Reinigen derselben. So wie die Deckgläser und Objektträger von dem Händler bezogen werden, können sie nicht direkt benutzt werden, sondern müssen erst, besonders gilt das für die zur Blutuntersuchung benutzten Deckgläser, einer gründlichen Reinigung unterworfen werden. Man legt sie am besten für einige Stunden in konzentrierte Schwefelsäure oder Eisessig, wäscht gründlich zuerst in fließendem, dann in destilliertem Wasser aus und bringt dann in Alkohol und Äther. Objektträger kann man ebenso behandeln oder sie nach DE GROOT zunächst mit angefeuchteter Schlemmkreide polieren und dann mit einem Tuche trocken reiben.

Von gebrauchten Objektträgern muß man zunächst durch mehrtägiges Einlegen in Xylol oder Terpentin die Deckgläser losweichen, dann kocht man am besten nach ZETTNOW in einer heiß bereiteten 20%igen Lösung von Kaliumbichromat, der man 20% Schwefelsäure zusetzt, 10 Minuten lang, spült gut mit Wasser aus, dann 1%ige Natronlauge und wieder Kochen und nochmals Lauge, Abspülen, Alkohol. Oder man kocht nach FUNCK im Wasserbad in Salzsäure, der auf 30 *ccm* 2—3 Messerspitzen chlorsaures Kali zugesetzt sind, bis zur Entfärbung, spült in heißem Wasser ab und erhitzt unter öfterem Umschwenken in einer mit Wasser zu Brei angerührten Mischung von gleichen Teilen Soda, gesiebten Sägespänen und Talcum ½ Stunde lang, dann Abspülen in mit Salzsäure angesäuertem heißen Wasser, reines heißes Wasser, Ätheralkohol, Abtrocknen. RÖSSLER legt gebrauchte Deckgläser zunächst in Sublimatlösung und erhitzt dann in dünner Schwefelsäure. Sobald die Flüssigkeit zu sieden anfängt, setzt man einige Tropfen Kaliumpermanganatlösung zu. Durch Abreiben mit einem Tuch werden die Gläser dann vollkommen sauber.

Literatur: FUNCK (Centralbl. Bact., Bd. 16, 1894), DE GROOT (Zeitschr. Wiss. Mikr., Bd. 15, 1898), RÖSSLER (Apotheker-Ztg., Bd. 21, 1906), ZETTNOW (Centralbl. Bact., Bd. 15, 1894).

Deckgläser, Messung der Dicke derselben. Während für schwache und mittelstarke Systeme die Dicke des Deckglases von keiner Bedeutung ist, spielt dieselbe bei stärkeren Objektiven eine sehr wichtige Rolle. Man unterscheidet in dieser Beziehung feste Fassung des Objektivs und Korrektionsfassung. Bei der ersteren ist das Objektiv auf eine bestimmte Deckglasdicke ein- für allemal eingestellt (ZEISS 0,15—0,2 *mm*, wo nicht anders angegeben, LEITZ 0,17 *mm*), bei den Korrektionsfassungen kann durch einen Korrektionsring der Abstand der beiden Linsensysteme des Objektivs geändert und auf die vorhandene Deckglasdicke eingestellt werden.

Da die von den Lieferanten angegebene Deckglasdicke durchaus nicht immer der Wirklichkeit entspricht, empfiehlt es sich, in wichtigen Fällen die Dicke des verwendeten Deckglases selbst zu messen. Man bedient sich dazu der sogenannten Deckglastaster. Die Firma Zeiss bringt einen solchen Taster in den Handel, der aus einer Dose besteht, aus der seitlich eine Zange hervortritt. Zwischen die Branchen der letzteren wird das Deckglas gehalten und die Dicke dann von einem auf dem Deckel in einer Kreisteilung spielenden Zeiger abgelesen. In der Hand des Unkundigen gibt der Apparat leicht zu hohe Werte, wenn das Deckglas etwas schief in die Zange gesetzt wird.

Deckglaskitte. Früher spielten die Deckglaskitte oder Verschlußlacke in der Mikrotechnik eine große Rolle, und eine ganze Anzahl verschiedener Vorschriften zur Herstellung solcher Kitte sind angegeben worden. Heute, wo die überwiegende Mehrzahl der mikroskopischen Präparate in fest erstarrendem Balsam eingeschlossen wird, haben diese Dinge nur noch geringen Wert, doch wird man sie wohl nie ganz entbehren können, weil die flüssigen Einschlußmedien wohl nie ganz verschwinden werden.

Ein guter Deckglaskitt soll einen vollständigen Abschluß des Präparates liefern und ein Verdunsten des Einschlußmediums verhindern, er soll das Deckglas mit dem Objektträger unverschieblich verbinden, soll nicht zu spröde sein, damit er nicht splittert und soll eine Betrachtung des Präparates mit Immersionslinsen gestatten, also durch Cedernöl nicht angegriffen werden und eine Reinigung des Deckglases vom Öl erlauben.

Der bekannteste Deckglaskitt, der auch den meisten dieser Anforderungen entspricht, ist der KRÖNIGsche Lack. Er wird so hergestellt, daß man zu zwei Teilen geschmolzenen Wachses 7—9 Teile Kolophonium setzt. Von den zahlreichen anderen Deckglaskitten, deren Zusammensetzung teils unbekannt ist, leistet der HEYDENREICHsche Bernsteinkopallack das Beste. Zu seiner Herstellung löst man 25 Teile besten hellen Bernsteins und 25 Teile härtesten Zanzibarkopals unter starkem Erhitzen (170°) in 50 Teilen Leinölfirnis, läßt etwas abkühlen, setzt der noch heißen Lösung 50—60 Teile Lavendelöl zu und verreibt auf einer matten Glasplatte 40—60 Teile künstlichen Zinnobers damit.

Beim Gebrauch trägt man den Deckglaskitt mit einer heißen, dreieckigen Spatel auf, legt zuerst die vier Ecken des Deckglases fest und dann die Kanten. Wichtiger als die Zusammensetzung des Verschlußlackes ist die Regel, daß die Einschlußflüssigkeit nicht über den Rand des Deckglases hinausgehen darf, man muß deshalb bei dünnen Objekten einen möglichst kleinen Tropfen nehmen.

Von anderen Kitten seien noch genannt der BELLsche Kitt (Grübler & Hollborn, Leipzig), wird mit dem Pinsel aufgetragen, Asphaltlack (Grübler & Hollborn, Leipzig), Maskenlack (Beseler, Berlin, Schützenstraße 66), Goldsize (Grübler & Hollborn, Leipzig), Bernsteinlack (E. Pfannenschmidt, Danzig).

Literatur: HEYDENREICH (Zeitschr. Wiss. Mikr., Bd. 2, 1885), KRÖNIG (Arch. Mikr. Anat., Bd. 27, 1886).

Deckglaspinzetten. Zum Halten der Deckgläser, besonders für Anfertigung von Blutpräparaten hat man besondere Pinzetten konstruiert, deren bekannteste, in vielen Modifikationen verbreitet, die CORNETsche ist. Durch die federnden, über Kreuz gebogenen Branchen derselben wird das Deckglas fixiert und braucht während der verschiedenen Manipulationen nicht mit den Fingern berührt zu werden.

Deckglastrockenpräparate siehe: Blut.

Definierebenen und -linien siehe: Rekonstruktion, plastische.

Delafield'sches Hämatoxylin siehe: Hämatoxylin.

Deltapurpurin, ein Amidotetrazofarbstoff (Elberfeld). Rotbraunes, in Wasser mit roter Farbe lösliches Pulver. Die wässerige Lösung gibt mit Eisessig oder Salzsäure braunen, mit Natronlauge roten Niederschlag.

Von ZSCHOKKE ist es in wässeriger Lösung zur Nachfärbung nach Hämatoxylin empfohlen worden.

Literatur: ZSCHOKKE (Zeitschr. Wiss. Mikr., Bd. 5, 1888).

Dendrocölen siehe: Würmer.

Dentin siehe: Knochen und Zähne, Methoden zur Bearbeitung derselben.

Desmidiaceen siehe: Conjugaten.

Destilliertes Wasser. Absolut reines destilliertes Wasser ist außerordentlich schwer herzustellen, es darf nicht aus Glas- oder Porzellangefäßen destilliert und nicht in solchen aufbewahrt werden, da sie mit der Zeit von ihm angegriffen werden. Der ganze Destillierapparat, Retorte, Kühlschlange und Vorlage müssen aus Platin bestehen. Ein solches absolut reines destilliertes Wasser ist aber für mikrotechnische Zwecke wohl niemals nötig (nur APÁTHY verlangt ein solches für seine Hämateintonerdefärbung der Neurofibrillen). Von einem guten destillierten Wasser muß man verlangen, daß es frei von Säuren, Ammoniak und organischen Substanzen sei. Man stellt sich am besten ein destilliertes Wasser selbst her, indem man es aus einer kupfernen oder gläsernen Blase oder Retorte destilliert. Ist das zu benutzende Wasser (Brunnen- oder Leitungswasser) mit organischen Substanzen verunreinigt, so setzt man ihm vor der Destillation etwas Kaliumpermanganat zu.

Prüfung auf Ammoniak: Durch Zusatz von NESSLERschem Reagens (5 Tropfen auf 10 *ccm* Wasser) darf keine Gelbfärbung entstehen.

Schwefelsäure. Man säuert das Wasser mit Salzsäure an und versetzt mit etwas Chlorbariumlösung, es darf keine Trübung entstehen.

Chlor. Versetzt man das Wasser mit Salpetersäure und etwas Silbernitratlösung, so darf sich keine Opalescenz zeigen.

Organische Substanzen. Versetzt man 100 *ccm* Wasser mit 1 *ccm* verdünnter Schwefelsäure (1:5), kocht und setzt 0,3 *ccm* 1%igen Kaliumpermanganats zu, so darf beim weiteren Kochen die Flüssigkeit nicht entfärbt werden.

Man soll destilliertes Wasser möglichst staubfrei aufheben in gut schließenden Gefäßen.

Destilliertes Wasser, Vorsichtsmaßregeln bei der Verwendung zur Larvenzucht siehe: Experimentell embryologische Methoden.

Dextrin. Das käufliche Dextrin wird durch Einwirkung von Hitze (230 bis 260°) oder Säuren oder Diastase auf Stärke dargestellt und ist gewöhnlich durch Traubenzucker verunreinigt. Es kommt in Form eines gelbbraunen oder weißen Pulvers oder farbloser Stücke in den Handel, ist in der gleichen Menge Wasser löslich, in Alkohol und Äther unlöslich. Die Lösung ist stark rechtsdrehend.

In der Mikrotechnik ist es als Einbettungsmasse benutzt worden, außerdem findet es Verwendung als Unterguß mit Zucker zusammen bei der Aufklebemethode von OBREGIA (näheres siehe Celloidinschnittaufklebemethoden).

Dextrin siehe auch Stärkekörner.

Dextrose (Traubenzucker) siehe: Zucker in pflanzlichen Geweben.

Diamidophenol siehe: Amidol.

Diaminblau, Azofarbstoffe, welche durch Kuppelung von tetrazotiertem Benzidin, Tolidin oder Anisidin mit Amidonaphtoldisulfosäure in alkalischer Lösung entstehen (CASELLA). Sie kommen in den Handel in den Marken B, 2 B, 3 B, BH. Blaue oder blaurote Pulver, welche sich in Wasser schwer, in Alkohol leicht mit blauer Farbe lösen. Sie färben Baumwolle, Wolle und Seide in saurem Bade.

CURTIS färbt Schnitte zuerst mit Safranin, wäscht schnell in Wasser und Alkohol aus und färbt nach mit einer Mischung von 0,5 *ccm* Diaminblaulösung und 95 *ccm* konzentrierter Pikrinsäure. Die erstere besteht aus 1 *g* Diaminblau 2 B, 20 *ccm* Glycerin und 80 *ccm* Wasser. Färbung 3—4 Minuten, Auswaschen in

Wasser, 95%iger Alkohol. Kerne rot, Protoplasma gelb, Bindegewebe stärker, Basalmembranen schwächer blau.

Literatur: Curtis (C. R. Soc. Biol. Paris, Bd. 58, 1905).

Diaminrot, syn. für Deltapurpurin (Berlin).

Diaphragma siehe: Zwerchfell.

Diastase siehe: Enzyme.

Diatomeen. Die durch ihre fein gezeichneten Kieselskelete leicht erkennbaren Diatomeen sind überall auf Wasserpflanzen und größeren Algen des Süß- und Meerwassers in großer Artenzahl erhältlich. Ihre Lebendbeobachtung (eventuell auch Copulationsvorgänge) geschieht vorteilhaft auf einem gut gereinigten, völlig benetzbaren Objektträger, der in frisch gesammeltes Diatomeenmaterial schräg aufgestellt wird: er ist bald mit Diatomeen bedeckt und können sie dann eventuell gleich auf ihm fixiert und gefärbt werden. Eine gewisse Trennung kann dadurch herbeigeführt werden, daß das Material in Musselinsäckchen in die Kulturflüssigkeit, etwa auf einem Suppenteller, gebracht wird, wo dann die beweglichen Formen durch die Maschen nach außen wandern; auch sammeln sich eine große Reihe von Formen bei Belichtung an der Oberfläche zu einem Häutchen an und können dann eventuell mit einem Kartenblatte abgehoben werden. Reinkulturen werden am zweckmäßigsten in der Miquelschen Kammer vorgenommen, eine gewöhnliche, feuchte Kammer, in der im Objektträger ein exzentrisches Loch gebohrt ist. Zur Kultur der Süßwasserformen wird Flußwasser mit Grasstücken, Kleie, Moosstückchen und dergl. versetzt. 8 Tage nach der Aussaat pflegt das Material üppig zu wachsen. Absolute Reinkulturen auf Agaragar vergl. O. Richter.

Als Diatomeennährlösung, die gleichfalls mit etwas Stroh oder Moos zu versetzen ist, wird auch speziell empfohlen:

A. Magnesiumsulfat 10 *g*, Chlornatrium 10 *g*, Natriumsulfat 5 *g*, Ammoniumnitrat 1 *g*, Kaliumnitrat 1 *g*, Natriumnitrat 1 *g*, Bromkalium 0,2 *g*, Jodkalium 0,1 *g*, Wasser 100 *ccm*.

B. 1. Natriumphosphat 4 *g* in 40 *ccm* Wasser, 2. Chlorcalcium 4 *g* in 40 *ccm* Wasser, 3. Salzsäure, rein, 22°, 2 *ccm* + Eisenchlorid, 45°, wässerig, 2 *ccm*.

Der Niederschlag ist nicht abzufiltrieren. Auf 1 Liter Flußwasser kommen 40 Tropfen *A* und 20 Tropfen *B*. Alle 14 Tage muß das abgedunstete durch destilliertes Wasser ersetzt werden. — Für Meeresdiatomeen wird von folgender Lösung 1 *ccm* auf 200 *ccm* filtrierten Quellwassers gegeben, mit gelöschtem Kalk neutralisiert und ein wenig pulverisierte Kieselerde und sterilisierte Grasinfusion hinzugefügt: Chlornatrium 10 *g*, Natriumsulfat 5 *g*, Kaliumnitrat 2.5 *g*, Kaliumpyrophosphat 2,5, Wasser 100 *ccm*.

Zur Fixierung und Färbung dienen außer den bei den Chlorophyceen angegebenen für spezielle Organe folgende Methoden: Für die allgemeine Lage der Zellorgane des Plasmas, der Chromatophoren etc. Pikrinschwefelsäure plus 1 Tropfen 1%iger Osmiumsäure, für Chromatophoren und Leucoplasten 1%ige Chromessigsäure und Gentianaviolett. Für Kernteilung ist Flemmings Fixierung und eine schwache Lösung von Delafields Hämatoxylin bei weitem das Beste. Zur Darstellung der „roten Körnchen" Bütschlis dient 45%iger Jodalkohol mit Hämatoxylinfärbung, für Centrosomen, resp. Centralspindel siehe Centrosomen im Pflanzenreich. — Das Studium der Schalenstruktur wird meist am Kieselskelet nach Entfernung aller organischen Substanzen vorgenommen. Unter den zahlreichen auch zur Darstellung von Testobjekten angegebenen Methoden sei folgende hervorgehoben: Reines Material wird bis 2 Minuten im Reagensrohr mit Salpetersäure gekocht, dekantiert, wiederholt mit Wasser dekantiert, behandelt mit verdünntem Ammoniak und in Alkohol aufbewahrt. Enthält das Material viel organischen oder anorganischen Detritus, so wird zur Salpetersäure Schwefelsäure gefügt und minutenlang gekocht, der noch warmen Flüssigkeit mit einem Glasstabe tropfenweise eine Lösung von chlorsaurem Kali zugefügt, bis das Ganze völlig klar ist, eventuell hat die ganze Operation noch einmal zu geschehen. Auswaschen und Aufbewahren wie oben. Zur Anfertigung von Dauerpräparaten werden die in Alkohol suspendierten Schalen auf ein Deckglas gebracht und abgebrannt, wodurch sie gut ausgebreitet werden, und dann in dicken Canadabalsam eingeschlossen.

Zum genauen Verständnis der Skulptur, Poren, Leisten wird das Eindringen gefärbter Flüssigkeiten oder Gummi arabicum unter dem Mikroskop verfolgt. — Die Kieselsäure wird durch Fluorwasserstoffsäure in 24stündiger Behandlung im Platintiegel auf dem Wasserbade entfernt. Von der Zellwand bleibt manchmal ein organisiertes Häutchen zurück, oft auch nur der Zellinhalt. Geschieht die Anwendung der Fluorwasserstoffsäure unter dem Mikroskop, so müssen die Linsen durch ein mit Cedernholzöl aufgeklebtes Glimmerplättchen geschützt werden.

Literatur: van Heurk (Traité des diatomées, Anvers 1899. ref. Zeitschr. Wiss. Mikr.. 1899). Lauterborn (Diatomeen, 1897), Strassburger (Gr. Bot. Prakt.), Richter (Akad. d. Wiss., Wien 1909).

Magnus, Berlin.

Diatomin siehe: Chromatophorenfarbstoffe der Pflanze.

Diazingrün. Syn. für Janusgrün (Kalle).

Differenzieren siehe: Färbung.

Digitalin siehe: Glycoside.

Dimethylorange, Syn. für Goldorange.

Dinitroresorcin siehe: Solidgrün O.

Diphenylamin dient zum Nachweis von Nitraten und Nitriten in Pflanzenzellen (0,01—0,1 *g* auf 10 *ccm* Schwefelsäure).

Diphenylaminblau, Syn. für Methylblau.

Diphtheriebacillus. Der Erreger der Rachendiphtherie wurde zuerst von LOEFFLER genauer beschrieben, nachdem vor ihm schon KLEBS den gleichen Bacillus in diphtheritischen Membranen der Rachenschleimhaut gesehen hatte.

Außer in diesen findet er sich häufig auch bei Erkrankungen der anderen Teile des Respirationstractus, von der Nase bis hinab zu den feinsten Alveolen, ferner bei Erkrankungen des Auges und des Ohres sowie der Vagina vor, schließlich auch auf Wunden, deren normalen Heilungsverlauf er hemmt.

Weiterhin kann er sich aber auch nach Ablauf der Krankheit noch lange auf dem genesenen Organ aufhalten, ja sogar, wenn auch selten und unter meist feststellbarem Zusammenhang mit kranken Menschen, bei völlig Gesunden vorkommen.

Die häufigste Lokalisation besteht im Rachen. Der Nachweis des Diphtheriebacillus an Schnitten von Rachenmembranen, bzw. von mit Membranen bedeckten Organstücken gelingt nach der üblichen Fixierung und Einbettung des Materials in vielen Fällen durch Färbung mit LOEFFLERS Methylenblau oder nach der Methode von GRAM.

In vielen Fällen ist eine schnellere Entscheidung erforderlich oder zur Anfertigung von Schnitten geeignetes Material nicht vorhanden. Es genügt dann manchmal, besonders in vorgeschritteneren Stadien der Erkrankung, mittelst eines Wattebausches etwas Schleim von der erkrankten Stelle abzuwischen und Ausstrichpräparate mit verdünnter Carbolfuchsinlösung nach der GRAMschen Methode und nach M. NEISSERS Doppelfärbung davon anzulegen, um in demselben die Diphtheriebacillen zu konstatieren. Sehr häufig führt dieses einfache Verfahren nicht zum Ziele, so daß man zum Kulturverfahren greifen muß. Der hierzu geeignetste Nährboden ist das LOEFFLERsche Serum. Dasselbe wird folgendermaßen hergestellt: Man läßt eine größere Menge Rinderblut in einem hohen Standcylinder an einem kühlen Orte absetzen und füllt das nach einigen Tagen abgepreßte Serum mittelst Pipette in gut verschließbare Flaschen über, zu denen, falls der Verbrauch nicht sogleich erfolgt, etwa 5% Chloroform zugesetzt und durch kräftiges Schütteln gut durchgemischt werden, worauf man die Flaschen im Eisschrank verwahrt. Zur Anfertigung des Nährbodens macht man ein Gemisch von 3 Teilen Serum, 1 Teil neutraler Fleischwasserbouillon, der 1% Dextrose zugesetzt ist, gießt es in sterile Petrischalen und bringt es in einem geeigneten Serumofen durch langsames Erhitzen auf 100° zum Erstarren.

Auf diesen opak durchscheinenden Platten werden nun mit dem zur Entnahme verwandten Wattebausch (die größeren Centraluntersuchungsstationen geben im allgemeinen sterile, mit Watte armierte und in sterile Röhrchen eingeschlossene Entnahmeapparate aus) 6—8 parallele, voneinander getrennte Striche gemacht und die Platten in einen Brütschrank von 34—35° gebracht. Dieselben werden nach 6—8 Stunden mittelst Klatschpräparats untersucht, das mit verdünnter Carbolfuchsinlösung gefärbt wird, eventuell ein zweites nach der GRAMschen Methode. Sieht man in diesen Präparaten Häufchen typischer Diphtheriebacillen, so ist die Diagnose mit Sicherheit abzugeben. Derartige Häufchen bestehen aus wirr durcheinander geworfenen, oft V- oder Y-förmig zusammenstehenden, oft wie die gespreizten Finger beider Hände übereinander liegenden Stäbchen von keilförmiger, oft leicht gekrümmter Gestalt.

Meist liegen noch andere Bacterien, vor allem Cokken, zwischen und neben ihnen. Sieht man jedoch in zahlreichen (6) Präparaten lediglich Cokken, so ist schon jetzt die Diagnose mit größter Wahrscheinlichkeit negativ zu stellen. In allen anderen Fällen sowie in Augenfällen mit anscheinend sicherem positiven Befund wartet man am besten mit einer Äußerung weitere 6—12 Stunden ab und macht nun von möglichst vielen Stellen der Platte Ausstrichpräparate. Dieselben werden teils mit gewöhnlicher Carbolfuchsinlösung, teils nach der sogenannten M. NEISSERschen Doppelfärbung gefärbt. Die Vorschrift zu derselben lautet: Methylenblau, 1 *g* pulverförmiges Methylenblau (GRÜBLER) in 20 *ccm* 96°/₀igen Alkohols gelöst; dazu 950 *ccm* Wasser und 50 *ccm* Eisessig. Ferner Vesuvin, 2 *g* in 1000 *ccm* kochenden Wassers gelöst. Beide Lösungen filtriert. Färbung: Eintauchen des Präparates 1—3 Sekunden in das Methylenblau, Abspülen mit Leitungswasser, Eintauchen in die Vesuvinlösung 3—5 Sekunden, wieder Abspülen in Leitungswasser.

Nach dieser Färbemethode ist der Leib der Diphtheriebacillen schwach braun gefärbt und trägt an einem der beiden Enden, manchmal in der Mitte, ein dunkelblauschwarz gefärbtes, ovales, die Kontur des Bacillus anscheinend etwas überragendes Körnchen. Diese „typische" Form der Doppelfärbung tritt aber nur auf Rinderserum (nicht Pferdeserum) bei 34—35° Blutwärme und in der Zeit zwischen der 9. und höchstens 24. Stunde des Wachstums auf. Die dem Diphtheriebacillus morphologisch ähnlichen Bacillen zeigen unter diesen Bedingungen diese Erscheinung nicht.

NEISSER hat 1903 eine Modifikation seiner Färbung angegeben. Hierzu braucht man zwei Lösungen: *a)* Methylenblaupulver 1,0, Alkohol 20,0, Aqua dest. 1000,0, Acid. acet. glac. 50,0; *b)* Krystallviolett (Höchst) 1,0, Alkohol 10,0, Aqua dest. 300,0. In einem Gemisch von Lösung *a* 2 Teile + Lösung *b* 1 Teil färben etwa 1 Sekunde. Dann Abspülen mit Wasser, sofortige Nachfärbung mit Chrysoidin (1 *g* in 300 *ccm* heißen Wassers gelöst und filtriert), Färbungsdauer etwa 3 Sekunden, Abspülen mit Wasser.

Außerdem sind noch seitens anderer Autoren zahlreiche Modifikationen der NEISSERschen Färbung angegeben worden, welche BLUMENTHAL und LIPSKEROW an einem großen Material vergleichend geprüft haben. Auf Grund dieser Untersuchungen empfehlen sie am meisten die von FALIÈRES angegebene Methode, bei der anstatt des Acid. acetic. glac. Borax benutzt wird, also: Färben in einer Lösung Methylenblau 2,0, Borax 0,5, Aqua dest. 100, Alcohol abs. gutt. VIII; Abspülen mit Leitungswasser; hierauf $^1/_2$ Minute in 1°/₀₀iger Vesuvinlösung färben. — Als bestes Färbemittel für die Körnchen erklären BLUMENTHAL und LIPSKEROW das Pyoctanin, welches sie in Abänderung einer von LJUBINSKI angegebenen Methode folgendermaßen verwenden: Färben in Pyoctanin (MERCK) 0,25, Acid. acetic. (5°/₀) 100,0 $^1/_2$—2 Minuten lang, Abspülen mit Leitungswasser, Nachfärben in Chrysoidinlösung (3,0 auf 300 *ccm* heißes Wasser) mehrere Sekunden, Abspülen mit Wasser.

Neuerdings hat LOEFFLER noch folgende Färbung für die Körnchen in Diphtheriebacillen sehr empfohlen: Zu 4 Teilen Borax(2,5°/₀)-Methylenblau (1°/₀) wird 1 Teil polychromes Methylenblau Unna (Grübler, Leipzig) hinzugegeben und diese Mischung mit der gleichen Menge einer Lösung von 0,05°/₀igem Bromeosin B extra oder extra A. G. (Höchst) versetzt. Hat man ältere, gereifte Boraxmethylenblaulösungen zur Verfügung, so empfiehlt es sich, die Bromeosinlösung nicht 0,05°/₀ig, sondern nur 0,05°/₀₀ig zu nehmen. Mit dieser Farblösung wird 1 Minute gefärbt und alsdann das Präparat in eine Lösung von Tropaeolin 00 (konzentrierte, wässerige Lösung) 5 Teile, Essigsäure 0,5, Wasser 100 eingetaucht. Darauf wird mit Wasser abgespült.

Die älteren Kulturen zeigen die Bacillen meist viel größer, nicht mehr recht keilförmig, oft zu grotesken Involutionsformen ausgebuckelt. In seltenen Fällen findet man die von C. FRÄNKEL genauer beschriebene Bildung von verzweigten Formen.

Von derartigen Serumausstrichplatten gelingt es nun meist auch unschwer, durch Anlegung weiterer Platten Reinkulturen des Diphtheriebacillus zu gewinnen und seine Morphologie in Reinkultur zu studieren. Es ergibt sich hierbei, daß seine Gestalt je nach dem Nährboden schwankt. Auf neutralem Agar und ebenso auf Glycerinagar gibt er meist kleinere Formen als auf der Serumplatte. Die Involutionsformen treten früher, die Doppelfärbung sehr viel später auf. Die Kolonien stellen sich als feine, gekörnte, mit unregelmäßigem Rande versehene Gebilde dar.

Auf Gelatine lassen sich nur sehr spärliche, kleine Kolonien erzielen.

Literatur: Blumenthal und Lipskerow (Centralbl. Bact., Bd. 38, 1905), Fränkel (Hyg. Rund. 1896), Loeffler (Mitt. Gesundheits., Bd. 2, 1884), derselbe (Deutsch. Med. Wochenschr. 1907, Nr. 5), Neisser (Zeitschr. Hyg., Bd. 24, 1897), derselbe (Hyg. Rund., XIII), Neisser und Heymann (Klin. Jhb., Bd. 7, 1899). — Scheller, Diphtherie in Kolle-Wassermann, Hdb. d. pathog. Mikroorg., Ergänzungsbd. *Heymann,* Breslau.

Dipteren siehe: Arthropoden.

Direkte Kernteilung, künstliche, bei Spirogyra siehe: Conjugaten.

Dissociation siehe: Maceration.

Doppelbrechung siehe: Polarisationsmikroskop.

Doppelfärbung siehe: Färbung.

Doppelmesser. Die Doppelmesser dienen zur Anfertigung möglichst dünner Schnitte von frischen, weichen Geweben. Zuerst von Valentin angegeben, ist das Doppelmesser seit dieser Zeit vielfach modifiziert worden und besteht in seiner vollkommensten Konstruktion (Schiefferdecker) aus zwei Messern, deren Schneiden durch einen zwischen den Stielen angebrachten Keil genähert und entfernt werden können, und zwar so, daß dieselben immer parallel stehen. Die Schnittdicke kann an einer an dem Stiele angebrachten Teilung abgelesen werden.

Doppelsäge siehe: Knochen und Zähne.

Doppelspat siehe: Polarisationsmikroskop.

Doppeltchromsaure Salze siehe: Chromsaure Salze.

Doppelte Einbettung siehe: Celloidin.

Dotterkern. Zur Demonstration des Dotterkernes eignen sich am besten die Eier der Hausspinnen, Tegenaria domestica (Schütz). Der Hinterleib wird abgetrennt, in der Mittellinie durchschnitten und mit zwei stumpfen Nadeln ohne Verletzung der Spinndrüsen die traubigen Ovarien isoliert. Untersuchung in künstlichem Jodserum nach Frey. (Auf 30 *ccm* Hühnereiweiß nimmt man 2,5 *g* Kochsalz, 270 *ccm* destilliertes Wasser und 10 *ccm* Bittermandelwasser, Umrühren und Filtrieren durch Watte.) Sehr klare Bilder liefern auch die Eier vieler Asseln, wie Polyzonium, Polydesmus, Blaniulus (Němec) und Würmer (Allolobophora, Foot).

Kappenförmige Dotterkerne findet man bei Pholcus phalangioides (van Bambeke). Konservierung der Ovarien in Hermannscher Lösung. Färbung der Schnitte mit Safranin. Bisogni behandelt die Eier von Salticus und Scutigera entweder mit 1%iger Osmium- oder 1%iger Pikrinsäure. Im ersten Fall färbt sich der Dotterkern braun, im zweiten intensiv gelb. Die besten Resultate gibt Behandlung mit 1%iger Essigsäure und Färbung in Ammoniakcarmin.

Zur Darstellung des Dotterkernes im Froschei empfiehlt Lams Fixation des Ovariums in Zenkerscher, Bouinscher oder Bendascher Flüssigkeit (vgl. Artikel Mitochondrien).

Von Säugetieren eignen sich zur Demonstration des Dotterkerns vor allem die Ovarien von Fledermäusen (Pipistrella), neugeborenen Meerschweinchen und Ratten (Henneguy). Er färbt sich sehr intensiv mit Hämatoxylin, mit Safranin rosa. Die gleichen Objekte wurden empfohlen von Gurwitsch, Spuler, van der Stricht, Lams und Doorme. Sie benutzen zur Fixation meist Flemming oder Zenker. Färbung mit Eisenhämatoxylin oder nach der Bendaschen Mitochondrienmethode. Von Korschelt und Calkins ist zur Färbung des Dotterkernes die Doppelfärbung Carmin-Bleu de Lyon empfohlen worden. Foot färbt die Schnitte von Sublimatmaterial 1—2 Tage in Lithioncarmin, differenziert in Salzsäure-Alkohol und färbt in einer ganz dünnen Lösung von Bleu de Lyon nach. Eiprotoplasma rot, Dotterkern blau.

Literatur: van Bambecke (Arch. de Biol., Bd. 15, 1898), Bisogni (Int. Mon. Anat., Bd. 15, 1895), Calkins (Trans. New York Ac. Sc. 1895), Foot (Journ. of Morph., Bd. 12, 1897), Gurwitsch (Arch. Mikr. Anat., Bd. 56, 1900), Henneguy (Journ. de l'Anat., Jg. 29, 1893), derselbe (Leçons sur la cellule, Paris 1896), Korschelt (Zool. Jhb., Bd. 4, 1889), Lams (Arch. d'Anat. Micr., Bd. 9, 1907), Lams und Doorme (Arch. de Biol., Bd. 23, 1905), Němec (Anat. Anz., Bd. 13, 1897), Schütz (Inaug.-Dissert. Bonn, 1882), Spuler (Anat. Hefte, H. 50, 1900), van der Stricht (Arch. de Biol., Bd. 21, 1904).

Dreifachfärbung siehe: Färbung.

Drittelalkohol siehe: Maceration.

Drüsen. Allgemeines und Speicheldrüsen. Für die Bearbeitung der Drüsen spielt die Untersuchung des lebenden oder überlebenden Organs, eine außerordentlich große Rolle (siehe Lebendes Organ, Beobachtung desselben). Um die verschiedenen Zustände der Zellen während der Ruhe und Tätigkeit zu untersuchen, wird man entweder Tiere wählen, die mehrere Tage gehungert haben, und solche, die eine entsprechende Zeit nach einer reichlichen Fütterung getötet worden sind, oder man wird zur Reizung der Drüsennerven mittelst des elektrischen Stroms schreiten, oder schließlich wird man Gifte (Alkaloide) verwenden, welche entweder die Secretion anregen (Pilocarpin, Physostigmin, Nicotin) oder sie lähmen (Atropin). Auch die Durchschneidung der Secretionsnerven einer Drüse kann zu wichtigen Ergebnissen über Bau und Funktion der Drüsenzellen führen.

Bei der Tötung solcher Tiere müssen gewisse Vorsichtsmaßregeln beobachtet werden, besonders dann, wenn es sich um Untersuchung ruhender Drüsen handelt. Man soll die Tiere für die Tötung womöglich nicht fesseln, da dadurch erfahrungsgemäß bei den Speicheldrüsen schon Secretion erregt wird. Ganz zu vermeiden sind Narkotica, wie Chloroform oder Äther oder gar Morphium, die alle lebhaften Speichelfluß veranlassen. Am besten wird man die Tötung durch rasch ausgeführten Halsschnitt oder durch subcutane Injektion von Blausäurelösung bewirken.

Man sollte neben der Untersuchung der lebend frischen Drüsenzellen auch niemals die eingehende mikroskopische oder mikrochemische Untersuchung des Drüsensecrets vernachlässigen.

Von den Fixationsmitteln, welche für die Drüsen in Betracht kommen, spielen gewiß die konzentrierte Sublimatlösung in 0,6%iger Kochsalzlösung oder die Sublimatgemische weitaus die erste Rolle. Das Sublimat besitzt die wichtige Eigenschaft, daß es die Secretionsprodukte und auch, wenigstens zum Teil, die Vorstufen des fertigen Secretes an Ort und Stelle fixiert. Man wird aber immer die Beobachtung machen, daß die Fixation der Drüsengranula in der Peripherie des Stückes die vollkommenste ist, deshalb gilt als Regel, daß man nur möglichst kleine Stückchen einlege in die auf Körpertemperatur erwärmte Fixationslösung, oder aber, wo es angängig ist, die Lösung durch die zuführenden Gefäße injiziere. Das Einlegen kleinster Stücke empfiehlt sich aber auch noch aus einem anderen Grunde. Viele Drüsen, vor allem die Parotis und das Pancreas, besitzen ein außerordentlich starkes interlobuläres Bindegewebe, das der Anfertigung feiner Mikrotomschnitte, und diese sind für die Untersuchung der Drüsen unerläßlich, einen erheblichen Widerstand entgegensetzt. Das Bindegewebe schrumpft leicht, wird sehr hart und die Schnitte bröckeln und splittern, oder die einzelnen Drüsenläppchen fallen aus. Dagegen wird das Einlegen kleinster Stückchen am besten schützen.

Die konzentrierte Sublimatlösung hat den Vorteil, daß sie alle Färbungen erlaubt, und wird darin nach unserer Erfahrung von keinem anderen Fixationsmittel übertroffen.

Natürlich sollte man neben dem Sublimat auch noch mindestens ein anderes Fixativ wählen, um eine Kontrolle zu besitzen; als solche empfehlen sich vor allem Osmiumgemische, wie das Altmannsche Osmiumbichromat, die Hermannsche oder Flemmingsche oder Podwissotzkysche Lösung. Von anderen Angaben seien noch die folgenden angeführt: Langley fixiert in Osmiumdämpfen recht kleine Stückchen, Frenkel in einer Mischung von 15 Teilen 1%igen Palladiumchlorürs und 5 Teilen 2%igen Osmiums mit einigen Tropfen Essigsäure, Küchenmeister mit absolutem

Alkohol, ZEITLIN in folgender Lösung: Bichromat 2 *g*, Sublimat 0,25 *g*, 2%ige Essigsäure 50, 96%iger Alkohol 50, GARNIER entweder in einer Mischung von 1%iger Chromsäure 15, Formalin 4, Essigsäure 1 oder konzentrierter wässeriger Pikrinsäure 30, Formol 10, Essigsäure 2, betont aber, daß nach beiden die Färbbarkeit eine schlechte ist. Eine besondere Methode hat KOLOSSOW ausgearbeitet. Er bringt, indem er seiner Fixationslösung eine beträchtliche Menge eines Neutralsalzes zusetzt, die Drüsenzellen zum Schrumpfen und will so die Zellbrücken demonstrieren. (Näheres siehe Intercellularbrücken.)

Zur Färbung der Drüsenschnitte eignen sich die verschiedensten Methoden, vor allem die VAN GIESONsche, die Ehrlich-Biondifärbung, die Eisenhämatoxylinmethode, Safranin-Lichtgrün, die ALTMANNsche Säurefuchsinmethode, die zahlreichen Methoden zur Schleimfärbung, die R. HEIDENHAINsche Stückfärbung mit Chrom-Hämatoxylin (sehr zu empfehlen für Kurszwecke), Hämatoxylin-Toluidinblau nach GARNIER (siehe Toluidinblau) und viele andere.

Die zuerst von SOLGER beschriebenen, später hauptsächlich von GARNIER studierten fädigen Strukturen des körnchenfreien Teils der Drüsenzellen, die unter dem Namen Basalfilamente oder **Ergastoplasma** bekannt sind, lassen sich, wie SOLGER gezeigt hat, in Gefrierschnitten frischer Drüsen leicht erkennen. MICHAELIS vermochte sie durch Einlegen kleiner Drüsenpartikel in sehr dünne Lösung von Janusgrün ($^1/_{30000}$) postvital zu färben. Sie zeigen eine gewisse Vorliebe für basische Farbstoffe, ohne jedoch ausgesprochen basophil zu sein. GARNIER stellt sie mit den verschiedensten Fixations- und Färbungsmethoden dar, vor allem aber mit FLEMMINGscher Flüssigkeit und Dreifachfärbung der Schnitte nach FLEMMING oder er fixiert in BOUINscher Flüssigkeit und fäbt die Schnitte zunächst in Hämatoxylin, differenziert in Salzsäure-Alkohol, wäscht in Leitungswasser, behandelt 4—5 Minuten mit verdünnter Jodtinktur, wäscht in Wasser und färbt nun in konzentrierter wässeriger Toluidinblaulösung; Differenzierung in absolutem Alkohol oder Nelkenöl. Die Basalfilamente erscheinen dann intensiv blau gefärbt.

Die so vielfach untersuchten und in ihrer biologischen Wertung immer noch zweifelhaften Drüsengranula wird man am schönsten immer im frischen Präparate erkennen und wir verweisen in dieser Beziehung auf den Artikel Lebendes Objekt. Unter den Fixationsmitteln steht für diesen Zweck das ALTMANNsche Osmium-Bichromatgemisch oben an, doch leisten auch Sublimat und Sublimatgemische, wie oben erwähnt, vorzügliches, vorausgesetzt, daß man nur kleinste Stückchen fixiert und nach der Fixation das Auswaschen in Wasser vermeidet. Zur Erhaltung der Mucingranula fixiert SCHAFFER in einem Gemisch von 2 Teilen 90%igem Alkohol und 1 Teil Formalin 2 Tage lang und überträgt dann direkt in 95%igen Alkohol. Bei der Weiterbehandlung sind Wasser und wässerige Farblösungen streng zu vermeiden. Zur Färbung der Secretgranula im Schnitt dienen vor allem die ALTMANNschen Färbungsmethoden, die EHRLICH-BIONDIsche und andere simultane Mehrfachfärbungen. Über die Färbung der Schleimgranula vgl. den Artikel Schleimfärbung.

Zur Darstellung der Secretgänge innerhalb der Drüse kann man einmal mit leichtflüssigen Massen vom Ausführungsgang aus injizieren, oder man kann zur physiologischen Injektion mittelst indigschwefelsauren Natrons schreiten (siehe dort). Mit beiden Methoden wird man bei einiger Übung meistens zum Ziele kommen. Außerordentlich elegante und demonstrative Präparate liefert ferner die vitale Methylenblaufärbung, vor allem an den Speicheldrüsen. Man injiziere entweder dem lebenden Tier intravenös oder dem eben getöteten Tier vom linken Ventrikel aus 1%ige Methylenblaulösung, und zwar in recht reichlicher Menge und körperwarm. Nach der Injektion warte man $^1/_4$—$^3/_4$ Stunden und fixiere dann die freigelegten Drüsen in 10%iger Ammoniummolybdatlösung 24 Stunden. Nach mehrstündigem Auswaschen und möglichst beschleunigter Entwässerung fertige man von dem in Xylol befindlichen Material Rasiermesserschnitte an. Die Secretwege erscheinen dann auf weite Strecken mit Farbstoff gefüllt. Auch die Golgimethode gibt bekanntermaßen oft sehr schöne, allerdings nicht immer einwandsfreie Bilder der Secretgänge. Für Darstellung der Gänge im Schnitt eignet sich vor allem die Eisenhämatoxylinmethode, dann aber auch die Ehrlich-Biondifärbung und die WEIGERTsche Neurogliamethode.

Zur Nervenfärbung ist neben der Golgimethode (HUBER) vor allem die Färbung frischer Schnitte mit Methylenblau von ARNSTEIN, DOGIEL und ihren Schülern ausgeübt worden (siehe dort).

Für die Demonstration des Drüsenbindegewebes eignen sich die Methoden von VAN GIESON, CALLEJA, MALLORY und viele andere. Auch die Verdauung im Stück und Schnitt leistet hier vorzügliches, ebenso die Silberimprägnation von BIELSCHOWSKY.

Literatur: FRENKEL (Anat. Anz., Bd. 8, 1898), GARNIER (Bibl. Anat., Bd. 5, 1898), derselbe (Journ. de l'Anat., Jg. 36, 1900), HUBER (Journ. of Exper. Med., Bd. 1, 1896), KOLOSSOW (Arch. Mikr. Anat., Bd. 52, 1898), KÜCHENMEISTER (Ebenda, Bd. 46, 1895), LANGLEY (Proc. Physiol. Soc., Bd. 2, 1889), SCHAFFER (Zeitschr. Wiss. Zool., Bd. 89, 1908), SOLGER (Anat. Anz., Bd. 9, 1894), derselbe (Boll. Ac. Roma, Jg. 21. 1894), derselbe (Festschr. GEGENBAUR, Leipzig 1896), ZEITLIN (Warschauer Universitätsnachrichten, 1898).

Durchsichtigmachen siehe: Aufhellen.

Durchströmungskompressorien siehe: Lebendes Objekt, Beobachtung desselben und Experimentell-embryologische Methoden.

Dysenterie siehe: Parasiten, tierische.

E.

Eau de Javelle. Eine Lösung gleicher Moleküle Chlorkalium und Kaliumhypochlorit. Sie wird erhalten, indem man 20 Teile Chlorkalk mit 100 Teilen Wasser anrührt und unter Umrühren eine Lösung von 50 Teilen Kaliumcarbonat in 500 Teilen Wasser zusetzt. Man läßt absetzen und filtriert. Oder man leitet Chlor in eine 10%ige kalte Lösung von Kaliumhydroxyd. Sie bildet eine farblose, schwach nach Chlor riechende Flüssigkeit, die kräftig bleichend wirkt, diese Wirkung verdankt sie dem Gehalt an Chlor, das schon durch die Kohlensäure der Luft aus der Lösung von Kaliumhypochlorit frei wird, daher erklärt sich auch die Unwirksamkeit alter Lösungen. Noch stärker wird die Chlorentwicklung, wenn man der Lösung geringe Mengen einer verdünnten Schwefelsäure zusetzt. (Über die Wirkung des freien Chlors vgl. Chlorwasser.)

Aus den angeführten Eigenschaften ergibt sich die Anwendung des Eau de Javelle zum Bleichen von tierischen Pigmenten oder zum Entfärben von Hämatoxylinfärbungen, dann zum Auflösen oder Erweichen mancher tierischer Stoffe, wie Chitin, Eigallerte (Amphibieneier), Eihüllen der Arthropoden, Aufhellen von pflanzlichen Präparaten (siehe dort) und zu ähnlichen Zwecken.

Eau de Labarraque. Dasselbe ist genau so zusammengesetzt wie Eau de Javelle, nur daß das Kalium durch Natrium ersetzt ist. Es gilt deshalb auch alles dort Gesagte.

Echinodermen. Die Totalfixation größerer Echinodermen läßt sich durch einfaches Einlegen in die Fixationsflüssigkeit meistens nicht bewerkstelligen, da das Kalkskelet dem Eindringen der Fixationslösungen einen zu großen Widerstand entgegensetzt. Es empfiehlt sich deshalb, entweder zwei Löcher anzubringen (Echinoiden), oder die Lösungen in die Leibeshöhle zu injizieren (Asteroideen).

Ein Betäuben vor der Fixation ist eigentlich nur bei den Holothurien nötig, da sie sonst leicht ihre Eingeweide bei der plötzlichen Einwirkung des Fixativs herausschleudern. Zum Betäuben benutzt man nach Lo Bianco mit Vorteil Cocain, von dem er eine 2%ige Lösung dem die Tiere enthaltenden Seewasser zusetzt; man kann die Tiere auch ersticken dadurch, daß man sie längere Zeit in einer kleinen Menge Wasser läßt, oder sie durch eingeleitete Kohlensäure vergiften, was besonders von Uexküll für Echiniden empfohlen wird. Gerauld betäubt Holothurien dadurch, daß er sie in relativ wenig Seewasser bringt und von Zeit zu Zeit einen Teelöffel voll Magnesiumsulfat zusetzt. Auch Chloroform oder Äther dem Seewasser zugesetzt leisten zur Narkose der Holothurien gute Dienste. Um ein Zurückziehen der Tentakel und ein Herausschleudern der Eingeweide zu verhindern, kann man auch den After mechanisch verschließen und dicht hinter den Tentakeln mit einer Pinzette fest zukneifen.

Als Fixationsmittel sind empfohlen worden für Holothurien: Perényi (GERAULD), 90%iger Alkohol (LO BIANCO, BECHER), dünne Lösung von Formol (LEE und MAYER), Flemming, Hermann, konzentriertes Sublimat mit 20% Essigsäure (BECHER), für Echiniden konzentriertes Sublimat oder mit gleichen Teilen Wasser verdünnte Pikrinsäure (WILSON), Formol (LEE und MAYER), Alkohol (LO BIANCO), für Asteroideen 0,2—0,4%ige Chromsäure, Chromessigsäure (LO BIANCO), für Ophiuroideen 70%iger Alkohol (STERZINGER), Pikrinessigsäure, Flemming, Hermann (DAVIDOFF), konzentriertes Sublimat, 4%iges Bichromat (BONHARD), heißes 2%iges Sublimat, alkoholische Sublimatessigsäure (2 Teile konzentrierten Sublimats, 1 Teil 70%igen Alkohols, 1 Teil Essigsäure), 0,5%ige Osmiumsäure (RUSSO, STERZINGER), für Crinoiden 70%iger Alkohol (VOGT und YUNG) oder 90%iger Alkohol (LO BIANCO). PIETSCHMANN injiziert bei Asteropecten konzentrierte Sublimatlösung vom Ende eines Armes aus so lange, bis sich alle Füßchen strecken, dann wird das ganze Tier in die Lösung für 24 Stunden eingelegt. Einbettung kleinerer Stücke in Celloidin und Entkalkung im Block nach der Methode von ROUSSEAU (siehe Knochen).

Von einzelnen Organen empfiehlt SAINT-HILAIRE für Echinidendarm Sublimatessigsäure, FIELD für Geschlechtsorgane Flemming, Hermann oder 3%iges Platinchlorid, BOUIN für denselben Zweck eine Mischung von 20 Teilen 1%igen Platinchlorids, 20 Teilen konzentrierter Pikrinsäure, 10 Teilen Formol und 5 Teilen Ameisensäure.

Die Entkalkung erfolgt entweder durch längeres Verweilen in einem passenden Fixationsmittel, z. B. Pikrinsäure, oder in schwach mit Salpetersäure oder Essigsäure angesäuertem Alkohol.

Zur Darstellung des Skelets kann mit Vorteil 25%ige Kalilauge benutzt werden. Auch die Anfertigung von Schliffen nach der Versteinerungsmethode von KOCH (siehe Knochen und Zähne) wird in vielen Fällen von Nutzen sein.

Für die Fixation der zu entwicklungsphysiologischen Studien ja so häufig benutzten Eier der Echinodermen wird man meist mit den gewöhnlichen Fixationsmethoden auskommen, Pikrinschwefelsäure (FIELD), Pikrinessigsäure (BOVERI 95, DOFLEIN), konzentriertes Seewassersublimat 15—30 Minuten (HAMMAR), Zenker Sublimatessigsäure (konzentriertes Sublimat 2 Teile, Eisessig 1 Teil, ganz kurze Zeit, dann 2—3 Stunden reines konzentriertes Sublimat, REINKE), BOVERI (90) fixiert und färbt die Eier gleichzeitig, indem er unter dem Deckglas 5—30 Minuten lang SCHNEIDERsches Essigcarmin einwirken läßt, dann Essigsäure und später Glycerin durchsaugt. Nach PETRUNKEWITSCH leistet die folgende Mischung (dest. Wasser 300, abs. Alkohol 200, Eisessig 90, Salpetersäure 10, Sublimat bis zur Sättigung) für die Fixation der Eier von Strongylocentrotus vorzügliche Dienste. Die Einbettung der Eier in Paraffin macht keine Schwierigkeiten. Um größere Mengen dicht zusammen zu haben, kann man sie in abgehäutete Amphibienepidermis einhüllen (BOVERI 95). HERTWIG fixiert Echinideneier wenige Minuten in 0,1%iger Osmiumsäure, KOSTANECKI in Sublimat, Pikrinsublimat oder Sublimatsalpetersäure. HARTMANN empfiehlt für die Fixation der Ovarialeier von Asterias vor allem konzentrierte Sublimatlösung mit 5% Essigsäure, für die Reifungsstadien hauptsächlich Pikrinessigsäure.

Um ältere Embryonen (Pentacrinus, Bipinnarien, Auricularien, Pluteusformen) gut ausgestreckt zu erhalten, ist es oft vorteilhaft, sie zu betäuben und dann erst zu fixieren: 0,5—1,0%ige Osmiumsäure 10- resp. 5 Minuten (MC. BRIDE), konzentriertes Seewassersublimat mit 1—2% Essigsäure (SEELIGER), WOODLAND zentrifugiert zuerst die Larven und fixiert dann in abs. Alkohol. Färbung 1 Woche lang in konzentrierter alkoholischer (abs.) Safraninlösung, dann $^1/_4$ Stunde lang in konzentrierter alkoholischer (abs.) Lichtgrünlösung.

Literatur: BECHER (Zeitschr. Wiss. Zool., Bd. 88, 1907), BONHARD (Jena. Zeitschr. Nat., Bd. 34, 1900), BOUIN (Bibl. Anat., Bd. 6, 1898), BOVERI (Verh. Physik. Med. Ges. Würzburg, N.F. Bd. 29, 1895), DAVIDOFF (Zeitschr. Wiss. Zool., Bd. 69, 1901), DOFLEIN (Arch. Mikr. Anat.,

Bd. 50, 1897), FIELD (Quart. Journ. Micr. Sc., Bd. 34, 1892). GERAULD (Bull. Mus. Comp. Zool. Harvard, Bd. 29, 1896), HAMMAR (Arch. Mikr. Anat., Bd. 47, 1896), HARTMANN (Zool. Jhb., Bd. 15, 1902), HERTWIG (Morph. Jhb., Bd. 4, 1878), v. KOCH (Zool. Anz., Bd. 1, 1878), v. KOSTANECKI (Anz. Ak. Wiss. Krakau 1895), LEE und MAYER (Grundzüge), LO BIANCO (Mitt. Zool. Stat. Neapel, Bd. 9, 1890), PETRUNKEWITSCH (Zool. Jhb., Bd. 7, Suppl. 1904), PIETSCHMANN (Arb. Zool. Inst. Wien, Bd. 16, 1905), REINKE (Sitz. Ak. Wiss. Berlin 1895), RUSSO (Atti Ac. Sc. Napoli, Bd. 5, 1892), derselbe (Ric. Lab. Anat. Roma, Bd. 4, 1895), SAINT-HILAIRE (Trav. Soc. Imp. Nat. St. Pétersbourg, Bd. 27, 1897), SEELIGER (Zool. Jhb., Bd. 6, 1892), STERZINGER (Zeitschr. Wiss. Zool., Bd. 88, 1907), v. UEXKÜLL (Mitt. Zool. Stat. Neapel, Bd. 12, 1896), VOGT und YUNG (Lehrbuch), WOODLAND (Quart. Journ. Micr. Soc., Bd. 49, 1905).

Echtblau R und B. Natriumsalze der Sulfosäure verschiedener Induline, die entstehen durch Behandlung alkohollöslicher Induline mit konzentrierter Schwefelsäure (Berlin, Höchst, Ludwigshafen). Bronzeglänzendes Pulver, das in Wasser und Alkohol leicht löslich ist. Mit Natronlauge braune Fällung, mit Salzsäure Blaufärbung. In Schwefelsäure mit blauer Farbe löslich.

Von VAN WALSEM zur Färbung des Centralnervensystems empfohlen.

Literatur: VAN WALSEM (Verhand. Kon. Ak. Wetensch. Amsterdam, II. Sect., Decl VII, 1899).

Echtbraun. Unter diesem Namen kommen verschiedene Azofarbstoffe, teils Monazo-, teils sekundäre Disazofarbstoffe in den Handel, so entsteht das Echtbraun N (Ludwigshafen) durch Kombination von Naphtionsäure mit α-Naphtol, das Echtbraun (Elberfeld) durch Kombination von zweimal Naphtionsäure mit Resorcin, das Echtbraun O N T (Höchst) durch Kombination von zweimal Xylidinmonosulfosäure mit α-Naphtol. Es sind das alles braune, pulverförmige Körper, die in Wasser mit brauner Farbe, in Schwefelsäure mit violetter Farbe löslich sind. Durch Natronlauge färbt sich die Lösung mehr gelb oder rot. Sie färben alle Wolle in saurem Bade braun.

Echtgelb. Ein Gemenge von amidoazobenzoldisulfosaurem und -monosulfosaurem Natron; entsteht durch Einwirkung von konzentrierter Schwefelsäure auf salzsaures Amidoazobenzol (Berlin, Elberfeld). Gelbes, in Wasser lösliches Pulver, die Lösung bleibt bei Zusatz von Natronlauge unverändert, mit Salzsäure gibt sie einen roten, in Wasser leicht löslichen Niederschlag. Färbt Wolle und Seide in saurem Bade.

Von GRIESBACH in die Mikrotechnik eingeführt und von SCHAFFER zur Knochenfärbung empfohlen. Ersterer verwendet konzentrierte wässerige Lösungen und färbt damit Alkoholmaterial. Die verschiedenen Gewebselemente färben sich in den verschiedenen Nuancen von gelb bis braun.

Literatur: GRIESBACH (Arch. Mikr. Anat., Bd. 21, 1883), SCHAFFER (Zeitschr. Wiss. Mikr., Bd. 5, 1888).

Echtgrün. Unter diesem Namen gehen zwei gänzlich verschiedene Farbstoffe, einmal ein Triphenylmethanfarbstoff und ferner ein Nitrosofarbstoff, der hier als Solidgrün bezeichnet werden soll. Außerdem wird Echtgrün auch als Syn. für Malachitgrün gebraucht. Das Echtgrün ist das Natriumsalz der Tetramethyldibenzylpseudorosanilindisulfosäure (Elberfeld). Es ist ein blaugrünes, in Wasser und Alkohol lösliches Pulver. In Schwefelsäure mit gelber Farbe löslich. Die wässerige Lösung färbt sich mit Salzsäure gelb, mit Natronlauge entfärbt sie sich. Färbt Wolle in saurem Bade grün.

Das, was man in der Mikrotechnik als Echtgrün bezeichnet, scheint durchweg Solidgrün zu sein.

Echtrot. Syn. Brillantrot, Cerasine, Roccelline. Monazofarbstoff, entstanden durch Kombination von α-Naphtylaminsulfosäure und β-Naphtol (Berlin, Ludwigshafen, Elberfeld). Rotbraunes, in Wasser leicht lösliches Pulver, in Schwefelsäure mit violetter Farbe löslich. Die wässerige Lösung färbt sich mit Natronlauge braun, mit Salzsäure bleibt sie unverändert. Färbt Wolle in saurem Bade.

Von GRIESBACH empfohlen zur Färbung des Achsencylinders in konzentrierter wässeriger Lösung.

Literatur: GRIESBACH (Zeitschr. Wiss. Mikr., Bd. 3, 1886), derselbe (Verh. Anat. Ges. Würzburg, 1888).

Echtscharlach B. Primärer Disazofarbstoff, entstanden durch Kombination von Amidoazobenzolsulfosäure und β-Naphtolsulfosäure S (Kalle). Rotbraunes, in Wasser mit scharlachroter Farbe lösliches Pulver. In konzentrierter Schwefelsäure mit blauer Farbe löslich, beim Verdünnen wird die Lösung rot. Die wässerige Lösung färbt sich mit Natronlauge rotviolett, mit Salzsäure braun.

EHRLICH'sche Blenden siehe: Blut.

EHRLICH'sches Hämatoxylin siehe: Hämatoxylin.

Ehrlich-Biondi-R. Heidenhainsche Farblösung. Diese Farblösung ist eine Mischung, welche zwei saure Farbstoffe, Orange G und Säurefuchsin (bzw. Säurerubin), neben einem basischen, Methylgrün, enthält.

Eine derartige Mischung ist zur Färbung von Bluttrockenpräparaten zuerst von EHRLICH empfohlen worden.

EHRLICH mengt 125 *ccm* der gesättigten wässerigen Orangelösung mit einer ebenfalls gesättigten, 20% Alkohol enthaltenden Säurefuchsinlösung, fügt 75 *ccm* absoluten Alkohol und dann allmählich unter Umschütteln 125 *ccm* einer gesättigten wässerigen Methylgrünlösung hinzu. Die Lösung ist unmittelbar nach ihrer Bereitung nicht verwendbar, da sich noch innerhalb der ersten Tage Niederschläge bilden, die sich auf den Präparaten fixieren und deren Untersuchung erschweren, resp. unmöglich machen. Man ist daher gezwungen, die Lösung längere Zeit* stehen zu lassen; es scheidet sich dann der gebildete Niederschlag zu einem Teil am Boden oder an der Wand der Gefäße ab, während er zum anderen Teil die Oberfläche der Flüssigkeit als eigentümlich glänzende Haut überzieht. Filtrieren nutzt hier wenig, da dasselbe einerseits die Zusammensetzung der Farbe ändert und andrerseits das einmal erlangte Gleichgewicht der Lösung stört und so neue Niederschläge hervorbringt. Folgender kleine Kunstgriff führt dagegen zu einer klaren, zum Färben geeigneten Flüssigkeit. Man führt eine Pipette in die Mitte der Flüssigkeit und entnimmt dann so beliebige niederschlagsfreie Quantitäten. Pipette und Färbegefäße müssen absolut trocken sein, da Anwesenheit von Wasser die homogene Lösung wiederum trübt.

REINBACH benutzte ein nach EHRLICHS neuester, privatim gemachter Angabe modifiziertes Gemisch, welches folgendermaßen zusammengesetzt war:

Gesättigte wässerige Lösung von Orange G	120	Teile
„ „ „ „ Säurefuchsin	80	„
„ „ „ „ Methylgrün	100	„
Aqua destillata	300	„
Alcohol absolutus	180	„
Glycerin	50	„

Die zur Mischung verwandten wässerigen Lösungen müssen unbedingt konzentriert sein, die Mischung selbst darf nie umgeschüttelt werden, der jedesmal nötige Bedarf muß vorsichtig mittelst einer Pipette entnommen werden.

Die (vorher erhitzten) Bluttrockenpräparate werden der Einwirkung dieses Farbgemisches 5—10 Minuten lang ausgesetzt, dann von dem überschüssigen Farbstoff durch Abspülen mit Wasser befreit, mit Fließpapier getrocknet und in Canadabalsam eingeschlossen.

Für Schnittfärbung wurde die EHRLICHsche Mischung zuerst von BABES angewandt; dann aber besonders von BIONDI-R. HEIDENHAIN, welche die drei Farbstoffe in anderen Verhältnissen als EHRLICH zusammenmischten: BIONDI-R. HEIDENHAINsche Farblösung. Die von ihnen gegebenen Färbungsvorschriften sind von M. HEIDENHAIN und von R. KRAUSE vervollständigt worden.

Vorbehandlung des Materials. Für die Schnittfärbung mit der von BIONDI-R. HEIDENHAIN modifizierten EHRLICHschen Lösung darf unter keinen Umständen außer Acht gelassen werden, daß nur in ganz bestimmter Weise fixiertes Material zur Verwendung kommen kann.

Das Material, von welchem die zu färbenden Schnitte stammen, muß in Sublimat fixiert sein.

Zusatz von Essigsäure beeinträchtigt die Färbung nicht. Einigermaßen gute Resultate liefert auch noch Fixation in Sublimatpikrinsäure, vorausgesetzt, daß die letztere aus den Präparaten völlig entfernt ist, ZENKERsche Flüssigkeit und Alkohol.

Ganz ungeeignet für die Biondifärbung ist Material aus Osmiumgemischen, Platinchlorid und Salpetersäure (R. KRAUSE, 97).

---

* ISRAEL fügt in Klammern hinzu: einige Monate.

Schnittdicke. Was die Schnittdicke anlangt, so soll sie im allgemeinen 10 μ nicht übersteigen. Schnitte von 10 μ Dicke sind aber schon gut verwendbar. Die Angabe, daß man nur ganz dünne Schnitte (solche von 3—5 μ Dicke) wirklich gut färben könne, ist jedenfalls irrtümlich.

Bereitung der Stammlösung. BIONDI-R. HEIDENHAIN stellen sich von den drei Farbstoffen, Orange G, Fuchsin S und Methylgrün, kaltgesättigte wässerige Lösungen her, welche sie in bestimmtem Verhältnis miteinander mischen. Die Mischung (Stammlösung) wird zur Färbung mit Wasser verdünnt.

Um gesättigte Lösungen zu erhalten, muß man die Farbstoffe mehrere Tage mit Wasser stehen lassen und häufig umschütteln. Dann filtriert man und mischt zusammen (nach Versuchen von BIONDI) 100 *ccm* Orange und 20 *ccm* Säurefuchsin und setzt unter stetem Umrühren 50 *ccm* Methylgrün hinzu.

Zu dieser Vorschrift gibt R. KRAUSE (93 u. 97) folgende Ergänzungen: Zunächst betont er wie auch M. HEIDENHAIN, daß die zur Verwendung kommenden Farbstoffe unbedingt chemisch rein sein müssen. Es ist durchaus notwendig, daß sie in letzter Linie von der Berliner Aktiengesellschaft für Anilinfabrikation stammen; am besten sind sie direkt daher zu beziehen.

Man verwende kalt gesättigte, wässerige Lösungen, die mindestens ein paar Tage unter öfterem Umschütteln über dem Farbstoff gestanden haben, welcher in größerer Menge den Boden des Gefäßes bedecken soll. Es lösen sich in 100 *ccm* Wasser ungefähr je 20 *g* Rubin S*, 8 *g* Orange und 8 *g* Methylgrün.

Folgende Zusammensetzung der Stammlösung hat R. KRAUSE die besten Resultate geliefert: 4 *ccm* der Rubinlösung werden mit 7 *ccm* der Orangelösung gemischt und 8 *ccm* der Methylgrünlösung hinzugegeben. Verfährt man so, dann entsteht kein Niederschlag, welcher sonst fast unvermeidlich ist.

R. KRAUSE warnt davor, fertig bezogene Lösungen oder trockene Farbstoffgemische zu verwenden.

Herstellung der definitiven Farblösung. Die Stammlösung wird zur Färbung im Verhältnis 1:60—100 (nach R. KRAUSE 1:50—100) mit Wasser verdünnt, je nachdem man eine mehr oder weniger intensive Färbung wünscht.

Bei dieser Verdünnung muß die Farblösung durch Essigsäurezusatz deutlich stärker rot werden; auf Fließpapier muß sie einen Fleck machen, der in der Mitte blaugrün, nach den Rändern orange erscheint. Wird diese orangefarbene Zone von einer breiteren roten umgeben, so enthält die Farblösung zu viel Fuchsin.

In der verdünnten Farblösung bleiben die Präparate 6—24 Stunden.

Nach der Färbung ist ein eigentliches Extraktionsverfahren nicht nötig. Nur der überschüssige, in den Schnitten imbibierte Farbstoff wird durch kurze Einwirkung von destilliertem Wasser oder Alkohol herausgespült; darauf werden die Schnitte in absolutem Alkohol entwässert, in Xylol aufgehellt und in Canadabalsam eingeschlossen.

Anwendung stark verdünnter Säure beim Färbeverfahren. Schnitte, die in der oben beschriebenen Weise gefärbt werden, bleichen, wie sich gezeigt hat, leicht aus. Um diesem Übelstand abzuhelfen und ferner, um eine größere Intensität der Tinktion zu erzielen, empfiehlt es sich, bei dem Färbeverfahren stark verdünnte Säure in Anwendung zu bringen.

M. HEIDENHAIN stellt die Schnitte vor der Färbung in Essigsäure 1:1000 für ca. 2 Stunden auf und säuert ferner die verdünnte Farblösung mit Essigsäure 1:500 vorsichtig an, bis der Farbenton in ein kräftiges Karmoisinrot umschlägt. Die richtigen Säuregrade der Farblösung zu treffen, ist nach M. HEIDENHAIN einigermaßen umständlich. Die Vorschrift, welche es dafür gibt, ist folgende:

Man richte zwei gleichgroße Bechergläser mit destilliertem Wasser her und bringe in beide einige Tropfen der verdünnten Farblösung, derart, daß die Färbungsintensität in beiden Bechergläsern die gleiche ist. Nun zeigt sich, daß die

* R. KRAUSE (ebenso M. HEIDENHAIN) verwenden statt Fuchsin S das Rubin S.

Flüssigkeiten außer dem rötlichen Farbenton des Rubins einen Stich ins Gelbe, von dem Orange herrührend, erkennen lassen, während das Methylgrün sich durch eine grauliche Nuance geltend macht. Darauf setze man dem einen Becherglase von einer stark verdünnten Essigsäure (1:500) tropfenweise unter stetem Umrühren so viel zu, bis der Farbenton in ein kräftiges Karmoisinrot umschlägt. Hierbei verschwindet der vorher vorhandene Stich ins Gelbe und der von dem Methylgrün sich herschreibende grauliche Ton der Flüssigkeit tritt zurück. Diese beiden Bechergläser dienen als Testobjekte für den Grad der Acidität, welchen man der zum Gebrauch fertigzustellenden Lösung geben muß, um differente Färbungen zu erzielen. Das aus der Stammlösung durch Verdünnung gewonnene Quantum wird mit der gleichen schwachen Essigsäure (1:500), die schon vorher benutzt wurde, sukzessive angesäuert und dabei kräftig umgeschüttelt. Von Zeit zu Zeit entnimmt man dem Farbstoffgemisch einige Tropfen, welche wiederum in ein Becherglas mit destilliertem Wasser hineingegeben werden. Man vergleicht mit den beiden ersten Bechergläsern: Wenn der schöne karmoisinrote Farbenton erreicht ist, den man bei der Ansäuerung des einen Probeglases erhielt, dann ist die Lösung gebrauchsfertig und eine weitere Ansäuerung unterbleibt vorläufig. Fallen die Präparate dann noch nicht ganz nach Wunsch aus, so müssen noch geringe Mengen Säure zugesetzt werden.*

In der Farblösung bleiben die Schnitte ca. 12—18 Stunden; sie werden dann der Reihe nach kurz mit destilliertem oder spurweise angesäuertem Wasser, absolutem Alkohol und Xylol abgespült und in Canadabalsam aufgestellt.

R. Heidenhain (nach Mitteilung an Israel) empfiehlt, 100 *ccm* der verdünnten Farblösung mit 15—24 Tropfen Essigsäure 1:500 anzusäuern**; über Aufstellung der noch ungefärbten Schnitte oder Abspülung der gefärbten in saurem Wasser wird nichts angegeben.

R. Krause (1893) scheint auf eine Ansäuerung der Farblösung zu verzichten, erklärt es dagegen ebenso wie M. Heidenhain für vorteilhaft, die Schnitte vor der Färbung 1—2 Stunden in verdünnter Essigsäure (1:500, Krause) verweilen zu lassen. Auch säuert man nach ihm zweckmäßig den zum Entwässern dienenden Alkohol an, indem man zu 50 *ccm* Alkohol 1—2 Tropfen konzentrierter Essigsäure hinzusetzt.

Färbung mit der Stammlösung. Während alle übrigen Forscher die „Stammlösung" nach dem Vorgang von Biondi-R. Heidenhain zur Färbung mit Wasser verdünnen, tingiert Drüner die auf dem Objektträger aufgeklebten Schnitte 10 Minuten lang mit der unverdünnten Lösung, spült sie dann ganz flüchtig (zwei Sekunden) mit Brunnenwasser ab, bringt sie für 1 Minute in absoluten Alkohol, welcher $^1/_{10}$% Salzsäure enthält, und darauf in reinen absoluten Alkohol.

Färbungsergebnisse. Die Kerne, beziehungsweise ihre Chromatingerüste färben sich bläulich oder grünlich, die Nucleolen der Kerne intensiv rot. Die Strukturen des Cytoplasmas werden rot in verschiedenen Nuancen. Intensiv rot tingieren sich die acidophilen (eosinophilen oder α-) Granula der Leucocyten. Die roten Blutzellen werden orangegelb bis rubinrot.

Über den Wert der Methode sind merkwürdigerweise abweichende Ansichten laut geworden. R. Krause, dem ich mich völlig anschließe, erklärt, daß

* Um die Farblösung auf dem richtigen Säuregrad zu erhalten, soll man (M. Heidenhain, 94) die nach obiger Vorschrift regulierten Lösungen nicht filtern, da während des Filterns der Grad der Acidität abnimmt. Ferner müssen Lösungen, die längere Zeit gestanden haben, immer wieder von neuem durch Zusatz geringer Mengen Säure aufgefrischt werden, und zwar aus dem Grunde, weil alle wässerigen Lösungen Spuren von Glas ablösen. Hierbei gehen alkalisch reagierende Silikate in die Flüssigkeit über, welche den Aciditätsgrad herabmindern. Rationell wäre mithin einzig und allein, die Lösungen in paraffinierten oder Guttaperchagefäßen aufzubewahren.

** Die Empfehlung wird gegeben für eine Farblösung, welche aus einer von Grübler (Leipzig) zu beziehenden pulverförmigen Mischung hergestellt wird. Aus diesem Pulver bereitet man sich zunächst eine 12%ige wässerige „Stammlösung", welche, weil das Pulver sich langsam löst, erst nach einigen Tagen gebrauchsfähig wird.

die Methode vielfache Verwendung gestattet und dabei leicht und sicher zu handhaben ist. Mißerfolge haben wohl hauptsächlich darin ihren Grund, daß man versucht hat, ungeeignet fixiertes Material zu färben.

Schließlich sei noch bemerkt, daß M. HEIDENHAIN (94) auch die EHRLICHsche Originallösung („Triacid"lösung), welche er in gleicher Weise wie die BIONDI-R. HEIDENHAINsche Mischung behandelte, zur Schnittfärbung verwandt und damit ausgezeichnete Resultate erhalten hat.

Literatur: BABES (Arch. Pathol. Anat., Bd. 105, 1886), DRÜNER (Jena. Zeitschr. Natur., Bd. 29, 1894), EHRLICH (Charité-Ann., Bd. 9, 1882), R. HEIDENHAIN (Arch. Ges. Physiol., Bd. 43, Suppl. 1888), M. HEIDENHAIN (Festschr. KÖLLIKER 1892), derselbe (Arch. Mikr. Anat., Bd. 43, 1884), ISRAEL (Practicum der pathologischen Histologie, 2. Aufl., Berlin 1898), KRAUSE (Arch. Mikr. Anat., Bd. 42 u. 49, 1893 u. 1897), REINBACH (Arch. Klin. Chir., Bd. 46, 1893).

Meres, Kiel.

Eier der Coniferen siehe: Coniferen.

Eierstock. Zur Fixation des Eierstocks der Säugetiere bildet die FLEMMINGsche Flüssigkeit wohl das klassische Fixationsmittel, sie ist von zahlreichen Untersuchern (SOBOTTA, LANGE, AIMÉ, MONTUORO, SAINMONT und WINIWARTER etc.) benutzt und empfohlen worden. Man soll nach SOBOTTA und LANGE von den verschiedenen FLEMMINGschen Gemischen das schwächere wählen, weil das stärkere leicht Schrumpfungen hervorruft. Von anderen Fixationsmitteln wären dann vor allem das Sublimat und die Sublimatgemische zu nennen. Reine konzentrierte Sublimatlösung ist von H. RABL empfohlen worden, sie soll aber nach SOBOTTAS Erfahrung erhebliche Schrumpfung verursachen. Weit bessere Resultate erzielt man nach dem letzteren mit einer Mischung von gleichen Teilen konzentrierter Sublimatlösung und Pikrinsäurelösung, verdünnt mit 2 Teilen Wasser unter Zusatz von 2% Essigsäure. Sublimatessigsäure benutzt SAINMONT für Katzenovarien (1 bis 4 Stunden). Das ZENKERsche Gemisch erfreut sich zur Fixation des Ovariums einer sehr großen Beliebtheit, es ist empfohlen worden u. a. von RUBASCHKIN, LOEB und ATHIAS für Meerschweinovarien. Wichtig ist, daß man in diesem Gemisch nicht zu lange fixiert, 18 Stunden dürften wohl das Maximum sein. Das BRANCAsche Gemisch wird von SIMON für Kaninchen, das PETRUNKEWITSCHsche Gemisch von RUBASCHKIN für Meerschwein empfohlen. Die TELYESNICZKYsche Bichromatessigsäure loben REGAUD und POLICARD für Hund und Kaninchen, die ORTHsche Müllerformolmischung STOECKEL und JANKOWSKI für menschliche Ovarien. Nach H. RABL ist sie jedoch für diesen Zweck ein ganz ungeeignetes Fixationsmittel. Die BOUINsche Pikrin-Formalin-Essigsäure wird bevorzugt von MULON und LOYEZ.

Für Selachier empfiehlt SCHMIDT Sublimatessigsäure (2%), CERRUTI ebenso, außerdem Zenker und Flemming, für Teleostier LOEWE Flemming oder Alkohol, MARÉCHAL Gilson oder Hermann. Für das unreife Amphibienei (Triton) liefert nach LUBOSCH die vor allem von BORN und PFISTER empfohlene 0,3%ige heiße (80—90°) Chromsäure die beste Konservierung, aber die schlechteste Färbbarkeit, während sich die FLEMMINGsche Flüssigkeit gerade umgekehrt verhält. Das GILSONsche und ZENKERsche Gemisch nehmen in dieser Beziehung eine Mittelstellung ein. Das letztere wird in etwas abgeänderter Form (Müller 80, konzentriertes Sublimat 20, Eisessig 5) auch von SCHMIDT empfohlen. 0,25—0,3%ige Chromsäure mit Zusatz von 0,1—1% Essigsäure empfehlen HERTWIG und FICK, FLEMMINGsche Flüssigkeit SCHULTZE. Die letztere wird neben der BOUINschen Flüssigkeit auch von LAMS gelobt. Reptilienovarien fixiert TRINCI in Zenker, Bouin oder Gilson, LOYEZ entweder ½—2 Stunden in Sublimatessigsäure (5%) oder 2 bis 4 Stunden in Zenker. Läßt man länger darin, so entsteht Schrumpfung. Für das Ovarium der Vögel empfiehlt SONNENBRODT Sublimatessigsäure oder ein Gemisch aus 20 Teilen 2%igem Calciumbichromat, 10 Teilen 2%igem Sublimat und 1 Teil Eisessig.

Zur Färbung der Schnitte können alle möglichen Färbemethoden herangezogen werden. SOBOTTA lobt besonders eine etwas modifizierte BENDAsche Eisenhämatoxylinfärbung. Die Schnitte kommen für 12—20 Stunden in mit 2 Teilen Wasser verdünnten Liquor ferri sulf. oxyd., Auswaschen in Wasser und Übertragen in WEIGERTsches Hämatoxylin mit Lithionzusatz für 1 Minute, Differenzieren in 1—2‰iger Salzsäure und Neutralisieren in ammoniakalischem Wasser. REGAUD und DUBREUIL färben in ihrem Methylblau-Pikrinsäuregemisch (s. Methylblau), CARNOY und LEBRUN zunächst 4—5 Minuten in mit Essigsäure angesäuerter Indigcarminlösung und dann 2 Stunden in alkoholischer (50%) Safraninlösung.

Zum Nachweis seiner Trophospongien in den Eizellen färbt HOLMGREN nach der WEIGERTschen Elastinmethode oder mit Toluidinblau-Erythrosin oder mit Eisenalaun-Hämatoxylin. Zum Studium der Zona pellucida fixiert FISCHER hauptsächlich in Zenker oder Kleinenberg. Zum Nachweis von Fett oder fettartigen Substanzen in den Luteinzellen fixiert MULON 24 Stunden in der BOUINschen Flüssigkeit und bringt dann die Gefrierschnitte für 48 Stunden in 2%ige Osmiumsäure. Zum Nachweis von Krystalloiden in den Eiern empfiehlt sich nach SIMON vor allem Fixation in BRANCAscher oder FLEMMINGscher Flüssigkeit (vgl. auch den Artikel: Dotterkern). Für das Studium der Markzellen färbt MONTUORO Schnitte von Hermann- oder Flemmingmaterial nach GALEOTTI (s. Methylgrün), HÖRMANN fixiert zum Nachweis von Decidualzellen im Ovarium Schwangerer in 5%igem Formalin und färbt mit Eisenalaun-Hämatoxylin.

Zum Nachweis des Bindegewebes im Ovarium eignet sich neben der MALLORYschen Färbung (COHN) vor allem die Silberimprägnation nach BIELSCHOWSKY (siehe Neurofibrillen) (HÖRMANN).

Zur Färbung der vielfach studierten Eierstocksnerven leistet sowohl die Golgimethode, als auch die Methylenblaufärbung (1%ige Lösung von Methylenblau rect. in die Aorta injiziert, Ovarien freilegen und nach 1/2 Stunde herausnehmen), als auch die Goldimprägnation nach GOLGI gute Dienste (RIESE, v. HERFF). GANFINI empfiehlt besonders Hundeovarien, nach der doppelten Methode von GOLGI behandelt. WINTERHALTER läßt 6—8 Wochen in der Osmium-Bichromatmischung liegen, MANDL empfiehlt dagegen nur 3—4 Wochen liegen zu lassen und dann in halbgesättigter Kupferacetatlösung zu waschen, bis kein Niederschlag mehr entsteht, dann wieder 5—6 Tage Osmium-Bichromat, dann Silber.

Literatur: AIMÉ (Arch. Zool. Expér., Bd. 7. 1907). ATHIAS (Bull. Soc. Portug. Sc. Nat., Bd. 2, Lisbonne 1908), BORN (Arch. Mikr. Anat., Bd. 43, 1894), CARNOY und LEBRUN (Cellule, Bd. 17, 1900), CERRUTI (Anat. Anz., Bd. 26. 1905). COHN (Arch. Mikr. Anat., Bd. 69, 1903). FICK (Zeitschr. Wiss. Zool., Bd. 56, 1893), FISCHER (Anat. Hefte, Bd. 29. 1905). GANFINI (Arch. Ital. Anat., Bd. 2, 1903). VON HERFF (Zeitschr. Geburts. Gynäk., Bd. 14, 1892). HERTWIG (Jena. Zeitschr. Nat., Bd. 19, 1883), HÖRMANN (Sitz. Ges. Morph. Physiol. München, Bd. 22, 1906). derselbe (Verh. Gynäk. Kongr. Dresden 1907), derselbe (Arch. Gynäk., Bd. 82, 1907), HOLMGREN (Anat. Anz., Bd. 18, 1900), JANKOWSKI (Arch. Mikr. Anat., Bd. 64, 1904). LAMS (Arch. d'Anat. Micr., Bd. 9. 1907), LANGE (Verh. Physik. Med. Ges. Würzburg, N. F., Bd. 30, 1896), LOEB (Anat. Anz., Bd. 28, 1906), LOEWE (Arch. Mikr. Anat., Bd. 63, 1903), LOYEZ (C. R. Ac. Sc. Paris, Bd. 130. 1900), derselbe (Arch. d'Anat. Micr., Bd. 8, 1905). LUBOSCH (Jena. Zeitschr. Nat., Bd. 37, 1902), MANDL (Arch. Gynäk., Bd. 51, 1896), MARÉCHAL (Anat. Anz., Bd. 26, 1905), MONTUORO (Arch. Ital. Anat., Bd. 2, 1903). MULON (C. R. Soc. Biol. Paris 1906). PFISTER (Arch. Mikr. Anat., Bd. 52, 1898), RABL (Anat. Hefte. Bd. 11, 1898), derselbe (Arch. Mikr. Anat., Bd. 54. 1899). REGAUD und DUBREUIL (Verh. Anat. Kongr. Genf 1905), REGAUD und POLICARD (C. R. Assoc. Anat. Lyon 1901), RIESE (Anat. Anz., Bd. 6, 1891), RUBASCHKIN (Anat. Hefte, Bd. 29. 1905), SAINMONT (Arch. de Biol., Bd. 22. 1905). SAINMONT und WINIWARTER (Ebenda, Bd. 24, 1908), SCHMIDT (Anat. Hefte, Bd. 27, 1904), SCHULTZE (Zeitschr. Wiss. Zool., Bd. 45. 1887), SIMON (Bibl. Anat., Bd. 12, 1903), SOBOTTA (Arch. Mikr. Anat., Bd. 45, 1895), derselbe (Anat. Hefte, Bd. 8, 1897), SONNENBRODT (Arch. Mikr. Anat., Bd. 72, 1908), STOECKEL (Ebenda, Bd. 53. 1898), WINTERHALTER (Arch. Gynäk., Bd. 51, 1896).

Eileiter. Zur Fixation des Eileiters der Säugetiere und des Menschen, dessen Epithelverhältnisse in den letzten Jahren den Gegenstand zahlreicher Untersuchungen abgegeben haben, sind die verschiedensten Reagenzien benutzt worden. Neben Alkohol (ORTHMANN, POPOFF, GRUSDEW, BUCHSTAB), MÜLLERscher Flüssigkeit (POPOFF, ORTHMANN), ERLITZKYscher Flüssigkeit (POPOFF) wird vor allem die FLEMMINGsche Flüssigkeit (POPOFF, GRUSDEW, GIACOMINI, SOBOTTA, VOINOT, LINARI, KUHN) empfohlen. Konzentrierte Sublimatlösung benutzen JANOT, GURWITSCH und KUHN, die BOUINsche Flüssigkeit VOINOT. Sehr häufig wird behauptet, daß die Cilien der Flimmerzellen schwer zu erhalten sind, deshalb empfiehlt PROCOPIO die Fixationslösungen in den Eileiter zu injizieren. Nach SCHAFFER sind aber hier die Cilien nicht schwerer zu erhalten, als an anderen Stellen, er empfiehlt zur Fixation eine Mischung von 2 Teilen 96%igem Alkohol und 1 Teil Formalin oder von gleichen Teilen Formalin, konzentrierter Sublimatlösung und 96%igem Alkohol.

Eileiter von Selachiern fixiert WIDAKOVICH in MÜLLERscher Flüssigkeit, die das Flimmerepithel sehr gut erhalten soll oder in Sublimatgemischen. ZENKERsche Flüssigkeit soll die Nidamentaldrüsen sehr stark verquellen.

Für Amphibien empfiehlt LEBRUN hauptsächlich die GILSONsche Flüssigkeit, ELLERMANN die BOUINsche und STÜVE die MÜLLERsche oder FLEMMINGsche Flüssigkeit. Will man von Amphibienoviducten mit den in ihnen enthaltenen Eiern gute Schnitte erhalten, so muß nach LEBRUN der Aufenthalt in absolutem Alkohol und Chloroform möglichst beschränkt werden.

Für den Eileiter der Reptilien und Vögel geben nach GIACOMINI FLEMMINGsche und HERMANNsche Flüssigkeit die besten Resultate.

Zur Färbung der Schnitte werden alle jene Methoden herangezogen, die zur färberischen Differenzierung der verschiedenen Zellbestandteile dienen können, die HEIDENHAINsche Eisenhämatoxylinfärbung, die BENDAsche Mitochondrienmethode, die EHRLICH-BIONDIsche Färbung, die FLEMMINGsche Dreifachfärbung, die verschiedenen Schleimfärbungsmethoden und viele andere. Die Secretkörner der nicht flimmernden Zellen färben sich nach BOUIN und LIMON sehr intensiv mit basischen Farbstoffen.

Zur Darstellung des Tubenbindegewebes eignet sich nach HÖRMANN vorzüglich die Bielschowskymethode, die elastischen Fasern hat BUCHSTAB mittelst Orcein dargestellt.

Die mehrfach untersuchten Tubennerven lassen sich sowohl mittelst Methylenblau, als auch mittelst der Golgimethode färben. Letztere gibt nach JACQUES bessere Resultate für die Nervenendigung, ersteres für die Nervenverteilung. Die rasche Golgimethode gibt nach KUHN die besten Resultate am Schweineoviduct.

Literatur: BOUIN und LIMON (C. R. Soc. Biol. Paris, Bd. 52, 1900), BUCHSTAB (Centralbl. Gynäk., Bd. 21, 1897), ELLERMANN (Anat. Anz., Bd. 18, 1900), GIACOMINI (Monit. Zool. Ital., Bd. 4, 1893), GIANNELLI (Arch. Ital. Anat., Bd. 6, 1907), GRUSDEW (Centralbl. Gynäk., Bd. 21, 1897), GURWITSCH (Arch. Mikr. Anat., Bd. 57, 1901), HÖRMANN (Arch. Gynäk., Bd. 84, 1907), JACQUES (Bibl. Anat., Bd. 3, 1897), JANOT (Thèse, Lyon 1898), KUHN (Inaug.-Diss., Gießen 1906), LEBRUN (Cellule, Bd. 7, 1891). LINARI (Annal. Facolt. Med. Perugia, Ser. 3. Bd. 4, 1904), ORTHMANN (Arch. Pathol. Anat., Bd. 108, 1887), POPOFF (Arch. Gynäk., Bd. 44, 1893), PROCOPIO (Arch. di Ostetr. Ginecol., 11. Jg., 1904), SCHAFFER (Mon. Geburtsh., Bd. 27, 1908), SOBOTTA (Arch. Mikr. Anat., Bd. 45, 1895), STÜVE (Ebenda, Bd. 34, 1889), VOINOT (Thèse. Nancy 1900), WIDAKOWICH (Zeitschr. Wiss. Zool., Bd. 80, 1906).

Einbettungsmethoden siehe: Celloidin und Paraffin.

Einbettung pflanzlicher Gewebe. Für die Einbettung pflanzlicher Gewebe hat sich folgendes Verfahren zur Mikrotombehandlung am besten bewährt: Die Stücke sollen möglichst klein sein, und man wird durch zweckentsprechende Operation, z. B. Aufschneiden des Fruchtknotens zum Studium der Samenanlagen, die Einbettungsmedien möglichst dicht herantreten lassen. Aus absolutem Alkohol kommen die Objekte in Mischung von $^1/_2$ absolutem Alkohol und $^1/_2$ Chloroform bis zum Untersinken, mindestens jedoch 4 Stunden, dann in reines Chloroform bis zum Untersinken, mindestens 1 Tag, sinken sie nicht, mindestens 3 Tage oder auch noch länger (s. Characëen). Auf die notwendige Dauer der Paraffineinbettung kann aus dem raschen oder langsamen Eindringen des Chloroforms geschlossen werden. Durchschnittlich stimmt folgende Zeitangabe: 2 Stunden in Chloroform, dem Paraffinspäne (Schmelztemperatur 45°) zugesetzt sind, dann auf dem Wärmeschrank, wo es unter Zuführung neuer Paraffinspäne 12 Stunden verbleibt, dann bleibt es offen 12 Stunden, kommt für 1—2 Tage im Wärmeschrank in reines Paraffin von 45°, schließlich für 12 Stunden oder länger in Paraffin von 52°. Das Einbetten unter der Luftpumpe hat sich als zumeist nicht wesentliche Vorteile bringend herausgestellt.

Magnus, Berlin.

Einschlußmittel. Um Präparate unter dem Mikroskop auch mit starken Linsensystemen beobachten zu können, muß man sie in den meisten Fällen mit einem durchsichtigen Medium durchtränken und den Raum zwischen Deckglas und Objektträger mit diesem Medium ausfüllen, so daß das Objekt vollständig und allseitig in jenes Medium eingebettet erscheint. Solche Medien müssen auf jeden Fall natürlich flüssig sein, entweder von Haus aus, wie Glycerin, manche ätherische Öle etc., oder sie müssen durch Lösen in passenden Solvenzien flüssig gemacht werden, wie die Harze, essigsaures Kali etc., oder schließlich durch Erwärmen verflüssigt werden, wie Glyceringelatine, Harze etc.

Alle Einschlußmittel müssen, soll das Präparat ein Dauerpräparat sein, konservierende Eigenschaften besitzen, also vor allem eine Fäulnis, ein Zugrundegehen des Objekts verhindern.

Eine große Rolle bei der Wahl des Einschlußmittels spielt der Brechungsindex desselben. Feine Strukturen werden, vor allem, wenn es sich um ungefärbte Präparate handelt, um so mehr verwischt, je stärker das Brechungsvermögen des sie einschließenden, resp. durchtränkenden Mediums ist. Man wird deshalb für solche Fälle ein Einschlußmittel von niederem oder mittlerem Index wählen (1,3—1,4). Für gefärbte Präparate ist das weniger von Bedeutung, ja es wird sogar meistens bei different gefärbten Präparaten die Definition mit dem Lichtbrechungsvermögen des Mediums zunehmen. Andrerseits kann man aber auch, indem man mit dem Brechungsindex des Einschlußmediums über den des Objektes hinausgeht, also sehr stark brechende Medien verwendet (1,7—1,9), manche allerfeinste Strukturen sichtbar machen; vor allem spielt das eine große Rolle in der Technik der Diatomeenuntersuchung.

Wir können die Einschlußmittel ganz allgemein in flüssige, d. h. flüssig bleibende und feste, erstarrende einteilen. Die ersteren bedürfen, um die Verdunstung der Mittel und die Verschiebung des Deckglases zu vermeiden, eines Abschlusses nach außen. Das Deckglas wird rundum mittelst einer festen Masse mit dem Objektträger verbunden und so der zwischenbleibende Raum nach außen hermetisch abgeschlossen (siehe Deckglaskitte).

Im folgenden sollen die wichtigsten Einschlußmedien, zunächst die flüssigen, dann die festen, aufgeführt werden.

Destilliertes Wasser kommt als Einschlußmedium nicht in Betracht, da die in ihm aufbewahrten Präparate sehr bald dem Verderben ausgesetzt sind. Dagegen kann es vermöge seines geringen Brechungsindex (1,33) sehr gut als Beobachtungsmedium für ungefärbte und auch gefärbte dünne Schnitte dienen. Will man es als Einschlußmittel verwenden, so muß man ihm antiseptisch wirkende Mittel zusetzen, wie Chloroform, Thymol, Campher, Carbolsäure, Chloralhydrat etc.

Zuckerlösungen können mit Vorteil für manche Objekte, auch gefärbte, Verwendung finden. Mit dem Gehalt an Zucker steigt das Lichtbrechungsvermögen (5% = 1,341, 10% = 1,347, 30% = 1,376). Noch höher ist der Brechungsexponent der Lävulose, ca. 1,50. Um das Verderben der Lösungen zu verhindern, kann man Chloralhydrat zusetzen.

Kaliumacetat ist in konzentrierter wässeriger Lösung auf Empfehlung von MAX SCHULTZE als Einschlußmedium vielfach benutzt worden, besonders ist es für Osmiumpräparate empfohlen worden. Sein Brechungsexponent beträgt 1,370. Es hat die Annehmlichkeit, daß es vermöge seiner starken hygroskopischen Eigenschaften nicht eintrocknet. Gegenwärtig wird es nur noch wenig benutzt.

Glycerin ist das bei weitem am meisten verwendete flüssige Einschlußmedium. Sein Brechungsexponent beträgt bei 20° 1,456. Durch Zusatz von Wasser kann derselbe erheblich heruntergedrückt werden, so hat eine Mischung von gleichen Teilen Wasser und Glycerin nur noch einen Brechungsexponenten von 1,397. Glycerin ist ein vorzügliches Einschlußmittel, es hellt die Präparate weniger auf wie die gebräuchlichen Harze, ist nur wenig der Zersetzung durch Mikroorganismen unterworfen und verdunstet nicht. Ein sehr großer Übelstand aber besteht darin, daß sich nur sehr wenige Färbungen in ihm halten. Glycerinfest sind im allgemeinen Carminfärbungen, dagegen wird Hämatoxylin schon nach verhältnismäßig kurzer Zeit zerstört. Ähnlich ergeht es den meisten Anilinfarben. Da das konzentrierte wasserfreie Glycerin begierig Wasser den Objekten entzieht, so kommt es leicht zu Schrumpfungen, wenn man die Objekte direkt aus Wasser oder auch Alkohol in reines Glycerin überführt. Man setzt deshalb dem Wasser am besten zunächst etwas Glycerin zu und läßt, vor Staub geschützt, verdunsten. Die verdunstete Flüssigkeit ersetzt man dann immer durch reines Glycerin so lange, bis alles Wasser oder Alkohol verdunstet ist. Um den Brechungsindex des Einschlußmittels herabzudrücken, hat man das Glycerin mit Wasser und Alkohol verdünnt, für Seetiere auch mit Seewasser. Andrerseits hat man auch das Glycerin mit Körpern von stärkerer Lichtbrechung gesättigt (Chloralhydrat, Chlorcadmium, Zinkjodat) und dadurch Einschlußmedien von höherem Brechungsindex erzielt.

Von den ätherischen Ölen haben nur wenige als Einschlußmittel Eingang gefunden, sie haben mittelhohen Brechungsindex und stehen in dieser Beziehung über dem Glycerin, aber unter den Harzen. Lee, Brandeis, Israel u. a. rühmen eingedicktes Cedernöl (1,510), Böhmer und Grenacher Ricinusöl (1,481). In dem ersteren scheinen sich Anilinfärbungen bedeutend besser zu konservieren als in den Balsamen.

Die flüssigen Einschlußmittel mit sehr hohem Brechungsindex, über 1,65, spielen in der tierischen Mikrotechnik eine geringe Rolle, werden dagegen in der pflanzlichen Mikrotechnik nicht selten verwendet, da sie eine bessere Ausnutzung der stärksten Immersionssysteme ermöglichen. Von diesen Medien seien erwähnt das Monobromnaphtalin (1,661); Kaliumquecksilberjodid (1,712) wird hergestellt durch Lösen von 65 *g* Quecksilberjodid und 50 *g* Jodkalium in 25 *g* Wasser. Meates erwärmt 10 *g* Brom mit 30 *g* Schwefel bis zum Schmelzen des letzteren, fügt dann 13 *g* pulverisiertes Arsen zu, kocht bis zur Lösung und erzielt so ein Medium vom Brechungsindex 2,4. Auch Phosphorlösungen in Schwefelkohlenstoff oder Cassiaöl ergeben einen sehr hohen Brechungsindex.

Von den festen Einschlußmitteln spielt neben den harzigen Massen die Glyceringelatine immer noch eine gewisse Rolle. Sie hat vor dem Glycerin den Vorteil, daß sie fest wird und keinen Lackrand braucht, aber den Nachteil, daß sie nur sehr schwer wirklich klar und schlierenfrei zu bekommen ist und daß die Objekte in der Wärme mit ihr durchtränkt werden müssen. Für ihre Darstellung existieren zahllose Vorschriften. Die Hauptsache ist, daß man eine ganz auserlesene Gelatine zur Verfügung hat. Man weicht dieselbe in einem kleinen Quantum Wasser mehrere Stunden ein, läßt das etwa noch vorhandene Wasser ablaufen und erwärmt auf dem Wasserbade bis zur Verflüssigung, dann gibt man gleiche Teile Glycerin und irgend ein fäulniswidriges Mittel zu, etwa 10%iges Chloralhydrat oder 5%ige Carbolsäure. Die Masse muß sorgfältig im Heißwassertrichter durch Glaswolle, feine Leinwand oder ähnliches filtriert werden. Für Mischungen von Glycerin und Gummi arabicum existieren zahlreiche Vorschriften, am bekanntesten ist das Gemisch von Farrants. Man löst 10 *g* bestes Gummi in 10 *ccm* destilliertem Wasser und setzt 5 *g* Glycerin zu. Um das Gemisch zu konservieren, fügt man ein Stück Campher bei. Oder man löst 0,1 *g* arsenige Säure in 10 *ccm* siedendem Wasser und 30 *g* Gummi in 20 *ccm* kaltem Wasser. Nach dem Erkalten der ersteren setzt man ihr zunächst 30 *ccm* Glycerin und dann die Gummilösung zu. (Siehe auch Gummi arabicum.)

Eine weit größere Rolle als alle die erwähnten Medien spielen aber heutzutage die harzigen Einschlußmedien. Von Harzen kommen hauptsächlich in Frage der Canadabalsam, das Dammarharz, das Kolophonium und der Styrax. Von ihnen hat der erste einen Brechungsindex von 1,535, der letzte einen solchen von 1,582. Man löst die Harze gewöhnlich in Xylol, Chloroform,

Benzin, Terpentinöl oder auch in Cedernöl, dadurch wird natürlich der Brechungsindex etwas heruntergedrückt. Sehr wichtig ist die Tatsache, daß die meisten Balsame saure Reaktion besitzen, wohl hauptsächlich durch die Anwesenheit von Ameisensäure, Bernsteinsäure und Dammarylsäure. Das wird vielen gefärbten Präparaten verderblich. Man sollte deshalb den Balsam vor dem Gebrauch neutralisieren, indem man ihn längere Zeit erhitzt und etwas kohlensaures Kalium zusetzt (FISH und COLLUCI), dann wird heiß durch Leinwand filtriert und nach dem Erkalten in Xylol oder Chloroform gelöst. Nach UNNA beruht das Verbleichen von Balsampräparaten auf dem „Sättigungsbestreben der Balsame für Sauerstoff". Dasselbe ist bei Balsam in Chloroform viel größer als bei Balsam in Xylol gelöst. Welches Harz man dann wählt, bleibt sich ziemlich gleich, die ausgedehnteste Anwendung findet jedenfalls der Canadabalsam, manche ziehen allerdings das Dammarharz vor. Das letztere soll nach FOL nicht in Chloroform, sondern in gleichen Teilen Benzol und Terpentinöl gelöst werden. Die Präparate müssen aus dem absoluten Alkohol zunächst mit dem betreffenden Lösungsmittel des Harzes (Intermedium) durchtränkt werden und können erst dann eingeschlossen werden.

Schließlich wäre an dieser Stelle noch der venezianische Terpentin zu erwähnen, der in dem gleichen Volum 96%igen Alkohols gelöst von VOSSELER als Einschlußmedium empfohlen wird. Sein Brechungsindex ist etwas niedriger als der des Canadabalsams. Er hat den Vorzug, daß man das Objekt direkt aus starkem Alkohol einlegen kann, aber den großen Nachteil, daß er die meisten Färbungen sehr bald ausbleicht.

Bezüglich anderer weniger gebrauchter Einschlußmittel vgl. die Artikel: Glycerin, Kolophonium, Laevulose, Paraffinum liquidum, Methylsalicylat, Piperin, Ricinusöl, Sandarak, Styrax.

Literatur: BÖHMER (Arch. Mikr. Anat., Bd. 4, 1868), BRANDEIS (C. R. Soc. Biol. Paris. Bd. 60, 1906), GRENACHER (Zeitschr. Wiss. Mikr., Bd. 2, 1885). ISRAEL (Arch. Pathol. Anat., Bd. 105. 1886), LEE und MAYER (Grundzüge). MEATES (Journ. Roy. Micr. Soc., II, Bd. 6, 1886). UNNA (Monatsh. Prakt. Derm., Ergänzgsbd. 1885), VOSSELER (Zeitschr. Wiss. Mikr., Bd. 6, 1889).

Eisen. Zum Nachweis des Eisens in den Geweben fixiert man nach MACALLUM die Objekte am besten in Alkohol. Die Schnitte oder auch kleine Gewebspartikelchen kommen unter das Deckglas in einen Tropfen Schwefelammonium, dann wird Glycerin zugesetzt und das Präparat 20 Tage im Wärmeschrank bei 60° gehalten. Die eisenhaltigen Stellen erscheinen dann grün bis schwarz. Man kann auch das Schwefelammonium mit Glycerin auswaschen und ein Gemisch von Salzsäure und frisch bereiteter Ferrocyankaliumlösung zusetzen, dann entsteht an jenen Stellen Blaufärbung. Zu bemerken ist dabei, daß die zum Anfertigen der Schnitte benutzten Messer absolut rostfrei und mit reinem absoluten Alkohol benetzt sein müssen. HALL fixiert Milz und Leber in einer Mischung von Schwefelammonium 30 und absolutem Alkohol 70, den Darm in Schwefelammonium 5, absoluten Alkohol 70, Wasser 25. Die Objekte werden in gewöhnlicher Weise in Paraffin eingebettet und mikrotomiert. Die Schnitte kann man entweder noch einmal mit Schwefelammonium behandeln oder gleich in eine 1,5%ige Lösung von Ferrocyankalium mit 0,5% Salzsäure für 20 Minuten bringen, abspülen, Alkohol, Xylol, Balsam. Durch die Fixation in dem schwefelammoniumhaltigen Alkohol wird das Eisen in den Geweben unlöslich gemacht, während es durch reinen Alkohol in erheblichem Grade ausgezogen wird. Auch QUINCKE fixiert nur in Alkohol, Fixation in Bichromat erschwert die Reaktion sehr. Man soll kein frisch bereitetes, aber auch kein zu altes Schwefelammonium verwenden, es muß bereits gelb sein. Man lege die Schnitte entweder in reines oder in zehnfach verdünntes Schwefelammonium einige Minuten bis zu einer Stunde, spüle ganz flüchtig in Wasser ab und übertrage in Glycerin. Erst nach $1/2$—1 Stunde treten die Details hervor, nach 24 Stunden sind die Präparate unbrauchbar. Man darf in der schwefelammoniumhaltigen Flüssigkeit nur mit Glas- oder Platininstrumenten arbeiten. Das Ferrocyankalium hat vor dem Schwefelammonium als Reagens den Vorzug, daß die Präparate haltbar sind und auch eventuell nachgefärbt werden können, am besten mit Alauncarmin, an Feinheit steht es aber dem vorigen nach und kann zu groben Täuschungen führen. Man fixiert auch hierbei am besten in Alkohol und bringe die Schnitte in eine Lösung von Ferrocyankalium, der man vor dem Gebrauch $^1/_2$—$1^0/_0$ Salzsäure zusetzt, für einige Minuten bis höchstens $^1/_4$ Stunde, Auswaschen in angesäuertem Wasser, Alkohol, Xylol, Balsam. LIST fixiert in Sublimat, bringt auf die Schnitte 2 Tropfen einer $1{,}5^0/_0$igen Lösung von Ferrocyankalium für 5 Minuten, dann Abgießen und 2 Tropfen $1^0/_0$iger Salzsäure zufügen, kurz Auswaschen und Nachfärben in Carmin. CARAZZI verfährt ähnlich, räuchert abèr vorher die Schnitte mit Osmiumsäure. TARTAKOWSKY fixiert die möglichst blutleeren Organstückchen 24 Stunden in einer Mischung von 95 Teilen $70^0/_0$igem Alkohol und 5 Teilen Schwefelammonium, dann ebenso lange in absolutem Alkohol mit einigen Tropfen Schwefelammonium, dann werden sie oberflächlich mit destilliertem Wasser abgespült und in eine $1{,}5^0/_0$ige Lösung von Ferrocyankalium für $^1/_4$—$^1/_2$ Stunde gebracht und daraus für 5—10 Minuten in $0{,}45^0/_0$ige Salzsäure. Nach gründlicher Wässerung in destilliertem Wasser können die Stücke dann jeder Nachbehandlung unterzogen werden. TIRMANN behandelt die Schnitte mit gelb gewordenem Schwefelammonium, spült in Wasser ab und überträgt in $20^0/_0$ige, mit Salzsäure versetzte Lösung von Ferricyankalium. Nachfärbung mit Alauncarmin.

Literatur: CARAZZI (Int. Mon. Anat., Bd. 14, 1897), HALL (Arch. Physiol. 1896), LIST (Mitt. Zool. Stat. Neapel, Bd. 12, 1896), MACALLUM (Proc. Roy. Soc. London, Bd. 50, 1892), QUINCKE (Arch. Exper. Pathol., Bd. 37, 1896), TARTAKOWSKY (Arch. Ges. Physiol., Bd. 100, 1903), TIRMANN (GÖRBERSDORFERS Veröffentl., H. 2, 1898).

Eisen in pflanzlichen Geweben. Die Schnitte müssen mit Silber- oder Platinmesser angefertigt sein. Zum Nachweis der Eisenoxydverbindung wird eine weingeistige Lösung von Rhodankalium benutzt. Tritt sofort eine Rötung ein, ist eine lösliche, erst nach Zusatz von Salzsäure, eine unlösliche Verbindung anzunehmen. In gleicher Weise wird auf Eisenoxydulverbindung durch Rotfärbung mit Rhodankalium und Chloroform oder Salpetersäure geschlossen. Auch $20^0/_0$iges Ferro- und Ferricyankalium, die mit etwas Salzsäure versetzt werden, zeigen durch Berlinerblaubildung Eisenoxyd oder -oxydul an, eventuell erst nach Behandlung der Gewebe mit (eisenfreier) Kalilauge (s. auch Eisennachweis in Kernchemie).

Literatur: MOHLISCH (Ber. Deutsch. Bot. Ges., Bd. 11, 1893). Für die übrigen Zeitschriften vgl. ZACHARIAS (Progress. Rei. bot., III, pag. 124, 1909). *Magnus*, Berlin.

Eisenalaun siehe: Alaune.

Eisenalizarin siehe: Neurogliamethode von BENDA.

Eisenbrasilin siehe: Brasilin.

Eisen-Carmalaun siehe: Carminsäure.

Eisencarminat siehe: Carminsäure.

Eisencochenille siehe: Cochenille.

Eisenhämatein siehe: Hämatein.

Eisenhämatoxylin siehe: Hämatoxylin-Eisen.

Eisensalze. Allgemeines. Das Eisen geht als zwei-, als drei- und als sechswertiges Metall eine Reihe von Verbindungen ein. Von diesen haben die beiden ersten Gruppen größere Wichtigkeit. Als zweiwertiges Metall bildet es die Eisenoxydul- oder Ferroverbindungen, die Verbindungen des Eisens, in denen es dreiwertig auftritt, heißen Eisenoxyd- oder Ferriverbindungen, die Verbindungen der dritten Reihe Eisensäureverbindungen. Es ist noch zu bemerken, daß bei den Ferrisalzen oft statt eines dreiwertigen Eisenatoms ein Doppelatom, das also sechswertig ist, angenommen wird, z. B. beim Eisenchlorid, Fe_2Cl_6.

Es gibt eine Reihe charakteristischer Reaktionen, sowohl auf die Ferro- wie auf die Ferrisalze, durch die ihre Unterscheidung leicht möglich ist. So zeigen die Lösungen der Ferrosalze folgendes Verhalten:

1. Ammoniak, Kali- und Natronlauge rufen einen weißen, durch Oxydation alsbald grün, dann braun werdenden Niederschlag hervor, der zuerst Ferrohydroxyd, $Fe(OH)_2$, dann Ferrihydroxyd, $Fe_2(OH)_6$, ist.

2. Schwefelwasserstoff ruft keine Fällung hervor.

3. Schwefelammonium bewirkt einen schwarzen Niederschlag von Eisensulfid, FeS.

4. Die Carbonate geben einen schmutzig-weißen Niederschlag von Ferrocarbonat, $FeCO_3$.

5. Ferrocyankalium erzeugt einen bläulich-weißen Niederschlag, der an der Luft schnell blau wird.

6. Ferricyankalium erzeugt einen dunkelblauen Niederschlag (TURNBULLS Blue).

Dagegen verhalten sich Ferrisalze folgendermaßen:

1. Ammoniak, Kali- und Natronlauge rufen sofort einen braunen Niederschlag von $Fe_2(OH)_6$ hervor.

2. Schwefelwasserstoff läßt Schwefel (weißliche Trübung) ausscheiden.

3. Schwefelammonium verhält sich wie bei den Ferrosalzen.

4. Die Carbonate geben einen braunen Niederschlag von $Fe_2(OH)_6$.

5. Ferrocyankalium erzeugt einen dunkelblauen Niederschlag von Berlinerblau.

6. Ferricyankalium färbt braun, ohne daß eine Fällung erfolgt.

7. Rhodankalium bewirkt eine tiefrote Färbung bei Gegenwart von freier Salzsäure; diese Färbung ist sehr charakteristisch und schon bei den kleinsten Mengen eines Ferrisalzes nachzuweisen. Beim Ausschütteln mit Äther färbt sich dieser stark rot.

Ferro- und Ferriverbindungen gehen leicht ineinander über. Durch Oxydationsmittel werden die ersteren in die letzteren übergeführt; durch Reduktionsmittel findet das Umgekehrte statt. *Mosse,* Berlin.

Die Eisensalze besitzen für die technische Färberei eine außerordentliche Bedeutung einmal als Reduktionsmittel (Ferrosulfat) in der Indigofärberei, dann als Oxydationsmittel (Ferrisalze), in der Anilinschwarzfärberei, im größten Maßstabe aber als Beizen, und zwar werden hauptsächlich verwandt Ferrosulfat, Ferrisulfat, Ferriacetat und die sogenannte Schwarzbeize, die erhalten wird durch Sättigen von rohem Holzessig mit Eisendrehspänen. Von denjenigen Farbkörpern, welche mit Eisensalzen gefärbte Lacke liefern, ist in erster Linie das Blauholz zu nennen. Es liefert mit Eisensalzen sehr haltbare Schwarzfärbungen, vor allem für Baumwolle und Seide. Das Eisen wird auf der Faser zunächst entweder in der Form des Eisenoxyds oder des gerbsauren Eisens fixiert, indem man die Faser entweder zuerst mit einem Eisensalz und dann mit Kalkmilch oder zuerst mit einem Gerbstoff (Sumach, Galläpfel etc.) und dann mit dem Eisensalz behandelt. Dann folgt in beiden Fällen die Färbung in einer frisch bereiteten Blauholzabkochung. Rotholz liefert mit Eisensalzen violette, Gelbholz olivfarbene Töne. Von den Anilinfarbstoffen ist es besonders das zu den Phtaleinen gehörige Gallein und Coerulein, welche mit Eisensalzen gebeizt werden.

In der Mikrotechnik werden von den Eisensalzen als Beizen hauptsächlich verwandt der Eisenalaun, das Eisenchlorid, Eisensulfat und Eisentartrat.

Eisenacetat, Ferriacetat, basisches Eisenoxydacetat, $Fe_2\begin{cases}(OH)_2\\(O.C_2H_3O)_4\end{cases}$ entsteht beim Lösen von Eisenhydroxyd in Essigsäure und stellt eine rote amorphe Masse dar, die in Wasser und Alkohol sehr leicht löslich ist. Neutrales Eisenacetat, $(C_2H_3O_2)_6F_2$, ist in reinem Zustand nur sehr unbeständig, es bildet eine sirupöse, schwarze Masse. Eine 17,05%ige wässerige Lösung von basischem Eisenacetat ist offizinell unter dem Namen Liquor ferri acetici. Es ist eine dunkelrote Flüssigkeit, die sich unter der Einwirkung von Luft und Licht leicht zersetzt und ein spez. Gew. von 1,09 besitzt. Die Tinctura ferri acetici Rademacheri enthält neben neutralem Eisenacetat noch Eisensulfat und Alkohol.

Eisenammoniumchlorid, Eisensalmiak, Ferrum ammoniochloratum, wird nach der Pharmakopöe durch Eindampfen eines Gemisches von Chlorammonium und Eisenchloridlösung erhalten. Es bildet ein gelbes, hygroskopisches Pulver.

Von LAVDOWSKY ist es in dünner Lösung als indifferentes Zusatzmittel für Methylenblaulösungen benutzt worden.

Literatur: LAVDOWSKY (Zeitschr. Wiss. Mikr., Bd. 11, 1895).

Eisenchlorid, Eisenperchlorid, Ferrichlorid, Ferrum sesquichloratum: Fe_2Cl_6, ist eine gelbbraune, an der Luft zerfließende, leicht in Wasser, Alkohol, Äther lösliche Krystallmasse. Der Liquor ferri sesquichlorati des Arzneibuches für das Deutsche Reich ist eine 29%ige Lösung von Eisenchlorid in Wasser, enthält 10 Teile Eisen und soll in dunklen Flaschen aufbewahrt werden. Das Eisenchlorid wurde zuerst von FOL in Form der Tct. ferri perchlorati (einer 26%igen Eisenchloridlösung in Alkohol) der britischen Pharmakopöe, mit Wasser zu einer 2%igen Lös ung verdünnt, empfohlen. Später verdünnte FOL diese Tct. ferri perchorati mit dem 5- bis 10fachen Volumen 70%igen Alkohols. Den in dieser Lösunlg mit der Zeit sich bildenden Niederschlag löst man durch Ansäuern mit einigen Tropfen Salzsäure und kräftiges Umschütteln auf. Die Nachbehandlung besteht in Auswaschen in neutralem, dann saurem Alkohol: von 50% mit $^1/_2$—1% Gehalt an Oxalsäure; dann Behandlung mit neutralem Alkohol.

Nach FOL ist das Eisenchlorid zur „naturgetreuen Erstarrung von Wimper- und Pseudopodienbildungen ein bisher unübertroffenes Fixierungsmittel". Ebenso leistet diese Methode für kleine pelagische Organismen Vorzügliches.

Auch für manche botanische Zwecke ist das Eisenchlorid empfohlen worden: so von PFEIFFER V. WELLHEIM für Süßwasseralgen. Das Eisenchlorid dringt nur langsam ins Gewebe ein, also sind nur kleine Stücke zu fixieren.

Die Ferrisalze — unter diesen als bequemstes das Eisenchlorid — bieten leicht die Möglichkeit, Färbungen im Gewebe selbst durch Nachbehandlung der mit ihnen fixierten Stücke oder Schnitte entstehen zu lassen. Schon 1866 hat POLAILLON die schwarze Reaktion der Eisensalze mit Tannin, Gerbsäure, Pyrogallussäure zu Färbungszwecken an peripherischen Ganglien benutzt, besonders zur Unterscheidung des ungefärbt hervortretenden Bindegewebes. FOL setzte dem Entwässerungsalkohol eine Spur Gallussäure zu, um den Bau der mit Eisenchlorid fixierten Objekte besser hervortreten zu lassen. KRAUSE färbte die Kerne der Retina durch Fixation mit 1%igem Ferrichlorid und Nachbehandlung mit einer 2%igen Gerb- oder Pyrogallussäurelösung. — Die Blaufärbung mittelst der Berlinerblaureaktion ist ebenfalls schon lange benutzt worden: von LEBER zur Darstellung des Saftlücken- und Saftkanälchensystems der Cornea (siehe Auge). LIST hat sich neuerdings dieser Färbemethode zur Schleimdarstellung bedient. Er bringt Schnitte auf eine halbe Stunde in Eisenchloridlösung, die mit Salzsäure angesäuert ist, und bläut sie mit Ferrocyankalium. — Neueren Datums ist die von PLATNER angegebene Fixation von Nervenfasern zur Darstellung des Neurokeratingerüstes mit Liquor ferri sesquichlorati 1, Aq. dest. oder Spirit. rectif. 3—4 mehrere Tage lang; Auswaschen in Wasser oder Alkohol, bis Rhodankaliumlösung keine Rotfärbung der Flüssigkeit mehr gibt. Färbung mit Solidgrün. — Über die ebenfalls hierher gehörige Kernschwarzfärbung nach PLATNER siehe Kernschwarz. Eisenchlorid mit Osmiumtetroxyd siehe Osmiumtetroxyd. — Eisenchlorid mit Chromsäure siehe Chromsäure (Eisenchlorid für die VULPIANsche Reaktion siehe Nebenniere).

Literatur: FOL (Zeitschr. Wiss. Zool., Bd. 38, 1883 und Lehrbuch, pag. 102), KRAUSE (Int. Mon. Anat., Bd. 1, 1884). LEBER (Arch. Ophth., Bd. 14, 1868), LIST (Mitt. Zool. Stat. Neapel. Bd. 12, 1896), PFEIFFER V. WELLHEIM (Zeitschr. Wiss. Mikr., Bd. 15, 1898), PLATNER (Zeitschr. Wiss. Mikr., Bd. 6, 1887), POLAILLON (Journ. de l'Anat., 3. Jg., 1866). *Poll,* Berlin.

Eisenoxyd-Ammoniumcitrat, Ferrum citricum ammoniatum, Ferri-Ammoniumcitrat, $(C_6H_5O_7)Fe_2 + C_6H_6(NH_4)_2O_7$, entsteht, wenn man eine Lösung von Ferricitrat in Citronensäure mit Ammoniak neutralisiert, eindampft zur Sirupkonsistenz und trocknen läßt. Gelbbraune, amorphe, hygroskopische Masse, die in Wasser und Alkohol leicht löslich ist.

Über seine Anwendung in der Carminfärbung vgl. Carminsäure.

Eisenoxyd-Ammoniumsulfat siehe: Eisenalaun.

Eisenoxydul-Ammoniumsulfat, Ferro-Ammoniumsulfat, Ferrum sulfuricum ammoniatum, MOHRsches Salz, $FeSO_4 + (NH_4)_2SO_4 + 6H_2O$. Grüne Krystalle, die sich in kaltem Wasser zu 25% lösen. In Alkohol sind sie unlöslich. Sie sind luftbeständiger, wie Eisenalaun und Ferrosulfat.

Es ist von BENDA als Beize für Hämatoxylin und von DE GROOT als Beize für Carmin benutzt worden. LÖFFLER verwendet es mit Tannin zusammen als Beize für basische Anilinfarbstoffe (siehe Geißelfärbung).

Eisenoxydsulfat, Ferrisulfat, Ferrum sulfuricum oxydatum, $Fe_2(SO_4)_3$, farblose, krystallinische Masse, die an der Luft zu einem gelbroten Sirup zerfließt. Der offizinelle Liquor ferri sulfurici oxydati enthält 35·7% wasserfreies Ferrisulfat. Er ist in unverdünntem Zustand, in gut verschlossenen und vor Licht geschützten Gefäßen aufbewahrt unverändert haltbar. Verdünnte Lösungen zersetzen sich beim Erwärmen.

Der Liquor ferri sulfurici oxydati ist von BENDA als Beize bei seiner Eisenhämatoxylinfärbung benutzt worden (siehe Hämatoxylin), er dient ferner zur Bereitung von Berlinerblau (siehe Injektion der Blut- und Lymphgefäße).

Eisenoxydulsulfat, Ferrosulfat, Eisenvitriol, Ferrum sulfuricum purum, $FeSO_4 + 7H_2O$, bildet große, blaugrüne, monokline Krystalle, die leicht verwittern unter Bildung wasserärmeren Salzes. Bei 15° lösen sich ca. 70% in Wasser, in Alkohol und Äther ist es unlöslich. Bis auf 300° erhitzt verliert das Eisensulfat sein Krystallwasser und bildet ein weißes Pulver, das aus der Luft oder wasserhaltigen Flüssigkeiten begierig Wasser aufnimmt. Bei Gegenwart von Sauerstoff bildet sich dabei geichzeitig basisches Eisenoxydulsulfat. Frisch bereitete Eisensulfatlösung reagiert fast neutral, beim Stehen an der Luft tritt jedoch, mit der Zeit immer stärker, saure Reaktion auf durch Bildung freier Schwefelsäure. Das Ferrum sulfuricum siccum der Pharmakopöe enthält noch ein Molekül Krystallwasser.

Das Eisensulfat wird in ausgedehntem Maße in der Färberei als Beize gebraucht. Man hat davon auch in der Mikrotechnik, aber nur in sehr beschränktem Maße, Gebrauch gemacht, z. B. für Hämatoxylin, doch tritt es hier hinter dem Eisenalaun weit zurück. Auch als Beize für Anilinfarbstoffe, Methylviolett, Fuchsin etc. kann es in Verbindung mit Tannin benutzt werden. DELAGE fixiert Turbellarien mit einer konzentrierten wässerigen Lösung und THIEM isoliert Muskelfibrillen in einer 3—5%igen Lösung von Eisensulfat. Über die Anwendung des wasserfreien Salzes zum Entwässern von Alkohol siehe Alkohol, zur Darstellung von Berlinerblau siehe Injektion und Auge (Hornhaut).

Literatur: DELAGE (Arch. Zool. Expér. [2], Bd. 4, 1686), THIEM (Inaug.-Diss., Greifswald 1876).

Eisentartrat, $(C_4H_4O_6)_3Fe_2$, entsteht durch Lösung von frisch gefälltem Eisenhydroxyd in Weinsäure. Gelbliches, leicht in Wasser lösliches Pulver, das sich bei 50° unter Entwicklung von Kohlensäure zersetzt.

Das Eisentartrat kann ebenso wie alle anderen Eisensalze zur Beizung von Hämatoxylinpräparaten dienen. So benutzt es FRANCOTTE bei der Eisenhämatoxylinmethode an Stelle des Eisenalauns, zum Differenzieren nimmt er aber den letzteren.

Literatur: FRANCOTTE (Arch. Zool. Expér. [3], Bd. 6, 1898).

Eisessig siehe: Essigsäure.

Eiter siehe: Blut.

Eiweiß. Das Eieralbumin wird als schwach opalescierende, alkalisch reagierende, klare Flüssigkeit erhalten, wenn man frisches Hühnereiweiß durch feine Siebe oder Leinwand koliert. Es gerinnt bei 75°, ist in Wasser löslich und koaguliert durch Zusatz von Alkohol oder Äther zu einer festen, gut schneidbaren Masse. Durch organische Säuren wird es nicht aus seiner wässerigen Lösung gefällt, wohl aber durch Metaphosphorsäure, überschüssige Salzsäure, Salpetersäure, Kalilauge und Metallsalze.

In der Technik findet das Eiweiß vielfach Anwendung zum Klären und zum Befestigen unlöslicher Farben auf der Faser.

Der Eigenschaft, durch Hitze oder Behandlung mit Alkohol zu koagulieren, verdankt das Eiweiß seine Verwendung in der histologischen Technik als Einbettungs- (siehe Paraffineinbettung), als Aufklebe- (siehe Celloidinschnittaufklebemethoden und Paraffinschnittaufklebemethoden) und Injektionsmasse. Auch als indifferentes Lösungsmittel für Farbstoffe bei der vitalen Injektion findet es hier und da Verwendung.

Eiweißglycerin, eine Mischung von gleichen Teilen filtriertem Hühnereiweiß und Glycerin, der man zur Verhinderung der Fäulnis 1% Natriumsalicylat oder einige Stückchen Campher zusetzt. Seit seiner Einführung in die Mikrotechnik durch Paul Mayer wird Eiweißglycerin in ausgedehntem Maße zum Aufkleben von Paraffin und Celloidinschnitten benutzt.

Eiweißkrystalloide siehe: Eiweißstoffe der Pflanzenzelle.

Eiweißschläuche siehe: Enzyme.

Eiweißstoffe der Pflanzenzelle. Proteinstoffe mannigfacher Natur kommen unorganisiert, als konkrete Ablagerungen in amorphen Körnern oder Krystalloiden oder gelöst im Zellsaft weit verbreitet in Pflanzenzellen vor, wie sie Hauptbestandteile des organisierten Cytoplasmas, Zellkerns, Chromatophoren usw. bilden. — Eine spezielle, ausschließlich ihnen zukommende mikrochemische Reaktion gibt es bekanntlich nicht, doch existieren in der botanischen Mikrotechnik eine Reihe für gewöhnlich ausreichender, scharfer Farbenreaktionen. Falls der Nachweis der Eiweißstoffe exakt geführt werden soll und es auf strukturelle Feinheiten nicht ankommt (siehe unten), müssen die Schnitte vorher mit absolutem Alkohol behandelt werden, um einerseits etwa gelöstes Eiweiß zu fällen, andrerseits Harze, Gerbstoffe, ätherische, manchmal auch fette Öle, Phloroglucin, Farbstoffe, Alkaloide zu entfernen, letztere unter Zusatz krystallisierter Weinsäure 1 : 20 (siehe Alkaloide). Fette, Öle und Harze sind durch Chloroform zu entfernen, durch Alkohol gefällte Diastase, Gummiarten, Pektinstoffe, Kohlenhydrate, organische Säuren usw. durch Kochen in Wasser. Für gewöhnliche Zwecke, besonders bei zur Demonstration geeigneten Objekten, sind aber alle diese Vorbehandlungen unnötig. So treten sehr schön alle folgenden Reaktionen bei einem im Wasser ausgebreiteten Körnchen käuflicher Preßhefe auf. Diese Reaktionen sind: 1. Jod, Jodlösung, Jodglycerin und Jodjodkalium (nicht zu verdünnt) färbt gelb bis gelbbraun. Der tierische Eiweißstoff: Virchowsches Amyloid, gibt eine rötlich violette bis blaue Farbe. 2. Millonsches Reagens (Gemisch Quecksilberoxyd und Oxydulnitrat und salpetrige Säure) dargestellt: 1 Gewichtsteil Hg + 2 Gewichtsteile HNO_3, spez. Gew. 1,42, oder 1 *ccm* Hg + 9 *ccm* HNO_3, spez. Gew. 1,52 (falls beim Schluß der Darstellung Krystallnadeln auftreten, bis zur Hälfte mit Wasser zu verdünnen!) hält sich nicht lange, ist aber durch einige Tropfen Kaliumnitrit zu regenerieren. Reaktion oft erst bei schwacher Erwärmung (nicht Kochen) rosenrot bis ziegelrot. (Gleiche Reaktion gibt auch unter Umständen Gummi und Stärkemehl. Bei Eiweißanwesenheit?) Es ist die allgemeine Reaktion auf Phenol und seine Derivate, ebenso auf Tyrosin (siehe Zellmembranen, pflanzliche). 3. Gewöhnliche konzentrierte Salpetersäure färbt gelb (Xanthoproteinreaktion), verstärkt durch Kali- und Ammonsalze (ebenso einige ätherische Öle, Harze und Alkaloide wie allgemein Verbindungen der aromatischen Reihe). 4. Rohrzucker und konzentrierte Schwefelsäure (Raspailsche Reaktion) Rosafärbung, aber noch bei vielen anderen organischen Stoffen (z. B. Ölen). Hier unwichtiger: 5. *a)* Kupfersulfat, stark verdünnt, *b)* konzentrierte Kalilauge (Biuretreaktion) violett. 6. Phosphormolybdänsäure gelb. 7. Pikrinsäure gelb und andere, letztere beiden auch für Alkaloide (s. Alkaloide, Nickel, de Wèvre).

Als spezifische Eiweißfärbung gilt Eosin (siehe auch unten). Färbung etwa eine Stunde in sehr verdünnter Lösung und Differenzierung in Glycerin. Charakteristisch ist auch die Färbung mit gelbem Blutlaugensalz und Eisenchlorid: 1 Stunde lang in frisch bereitetem Gemisch von 1 Teil 10%iger wässeriger Lösung von gelbem Blutlaugensalz, 1 Teil Wasser, 1 Teil Essigsäure, spez. Gew. 1,063. Auswaschen in 60%igem Alkohol, so lange derselbe noch sauer reagiert. In verdünnter Eisenchloridlösung färben sich jetzt die Eiweißstoffe, die durch das Salz gefällt wurden, blau (Berlinerblau) (ZACHARIAS). — Die Eiweißstoffe (Plasma) sind löslich in JAVELLEscher Lauge und verdünnter Kalilauge (auch zur Durchsichtigmachung der Schnitte, siehe Aufhellung pflanzlicher Gewebe). Durch gewisse Fermente, Pepsin und Pancreatin (siehe Enzyme), werden Proteinstoffe in leichtlösliche Verbindungen (Peptone usw.) übergeführt. Frisches oder besser 24 Stunden in Alkohol gehärtetes Material wird zur Pepsin-, resp. Pancreatinverdauung zweckmäßig in einem Gemisch von 1 Teil Pepsin-, resp. Pancreatinglycerin, 3 Teilen Wasser, 1 Teil 0,2%iger Salzsäure bei 40° behandelt. Die Methode ist von Wichtigkeit für die Unterscheidung phosphorfreier und phosphorhaltiger Eiweißstoffe (Nucleine) und damit zur morphologischen Unterscheidung der einzelnen Kernelemente (näheres siehe Zellchemie) oder auch zur Entfernung undurchsichtiger Eiweißmassen. So werden leichtlösliche Aleuronkörner durch 0,3%ige Salzsäure, schwerlösliche durch Einwirkung einer schwach angesäuerten Lösung von Pepsinpancreatinglycerin (1 Teil Pepsinglycerin, 1 Teil Pancreatinglycerin, 20 Teile 0,3%ige Salzsäure), beides von Dr. GRÜBLER, Leipzig, entfernt. (STRASBURGER.)

Als amorphe Körner sind die Proteinkörper als A l e u r o n k ö r n e r in Samen (z. B. zur Demonstration: in der Erbse, in der Kleberschicht des Weizens) weit verbreitet. Da sie teilweise in Wasser löslich, müssen sie in Glycerin untersucht oder vorher fixiert werden, am besten in Sublimat oder konzentriertem Pikrinsäurealkohol. Als Färbung ist allgemein Boraxcarmin oder Eosin zu empfehlen. (Über „Globoideninhalt“ vgl. Calciumverbindungen in Pflanzenzellen.) In diesen amorphen Eiweißmassen, aber auch sonst frei im Cytoplasma, im Zellsaft, im Zellkern, in Chromatophoren und Pyrenoiden tritt das Reserveeiweiß häufig in krystallartigen, von regelmäßigen Flächen begrenzten Gebilden: Eiweißkrystalloiden auf, die dem regulären hexagonalen System anzugehören scheinen (SCHIMPER, SCHULZE).

Als sicherstes Fixiermittel der Krystalloide hat sich Sublimatalkohol bewährt; in difficileren Fällen ist jedenfalls ein Säuregemisch nicht verwendbar, wie überhaupt, um eine schnelle Desorganisation zu vermeiden, die Präparationen meist einige Vorsicht erfordern, resp. möglichst leicht durchtränkbare Stücke (eventuell nach Ablösung der Oberhaut) zu verwenden sind. Zur Färbung dient Säurefuchsin: die gut ausgewaschenen Schnitte werden in 0,2%iger Säurefuchsinlösung (durch etwas Campher haltbar gemacht) ca. 24 Stunden gefärbt und in fließendem Wasser bis zur Entfärbung der übrigen Zellbestandteile (½ bis 24 Stunden) ausgewaschen. Zur Unterscheidung von Nucleolen dient eine Vorfärbung mit DELAFIELDschem Hämatoxylin, das das Kerngerüst und die Nucleolen violett im Gegensatz zu den roten Krystallen hervortreten läßt (ZIMMERMANN). Zur Demonstration geeignet: Ricinussamen und Samen von Bertholetia excelsa (Paranuß), in denen bei dünnen Freihandschnitten die großen Krystalle bei Zusatz von absolutem Alkohol sehr scharf hervortreten. Um bei Ricinuspräparaten die Formen noch schärfer sichtbar zu machen, resp. die Präparate in Glycerin zu konservieren, wird zunächst mit absolutem Alkohol gehärtet und entfettet, 10 Minuten in verdünnter wässeriger Tanninlösung gebeizt und in 2%ige Osmiumsäure übertragen (OVERTON). Für Konservierung der Präparate in Canadabalsam werden die Alkoholschnitte 1 Stunde lang in 25%iger wässeriger Tanninlösung gebeizt, ausgewaschen und 1 Stunde mit 10—20%iger Eisenvitriollösung behandelt; die Krystalle sind jetzt tiefblau; dann Auswaschen in Wasser, Übertragen in Alkohol, Nelkenöl, Balsam (PAULSEN). Frei im Zellsaft liegen große wohlausgebildete Krystalle in den subepidermalen Schichten gelagerter Kartoffeln, jedoch immer nur in einzelnen Exemplaren, sehr reichlich. Demonstrationsobjekt. Im Zellkern sind die Krystalloide sehr verbreitet und leicht mit Nucleolen zu verwechseln. (Unterscheidungsfärbung siehe oben. ZIMMERMANN, HEINRICHER.)

Als im Gegensatz zu nicht organisiertem toten, nur dem lebenden organisierten Eiweiß zukommende Reaktion ist die mit alkalischer Silberlösung angegeben worden: entweder *A.* 13 *ccm* Kalilauge, spez. Gew. 1,33 (33½%), und 10 *ccm* Ammoniumliquor, spez. Gew. 0,96 (9% NH_3), gemischt und auf 100 *ccm* verdünnt: 1 *ccm* hiervon unmittelbar vor Gebrauch mit 1 *ccm* 1%iger Silbernitratlösung mischen und auf 1 Liter verdünnen. Oder *B.:* 1 Liter 1/1000%iger Silbernitrat- und 5—10 *ccm* gesättigter Kalklösung. Die mit diesen Reagenzien behandelten

Schnitte werden in die Sonne gelegt, und tritt durch Silberreduktion nach 5 Stunden Schwärzung ein, während dies in der toten Zelle nicht der Fall ist, auch geeignetes Demonstrationsobjekt. (LÖW und BOKORNY in zahlreichen Schriften, letzte: Flora, 1895, pag. 68.) Wird auch im Gegensatz zu LÖW und BOKORNY, die gemeint hatten, daß die Aldehydgruppen im lebenden Eiweiß die Reaktion bewirken und daß sie beim Absterben zugrunde gehen, gezeigt, daß beim Absterben nur die reduzierenden Stoffe exosmieren, andrerseits sich auch außerhalb der lebenden Zelle die gleiche Reaktion erzielen läßt (PFEFFER, Pflanzenphysiologie, II. Aufl., Bd. I, 58 f., 1897, dort auch Literatur), so haben dennoch diese Methoden gewissen heuristischen Wert. — Unter Umständen kann Farbstoffspeicherung tote Eiweißkörper im Gegensatz zu lebenden anzeigen: In den Staubfadenhaaren von Tradescantia virginica nimmt der etwa mit Alkohol getötete, sonst farblose Plasmaleib aus dem violetten Zellsaft die Farbe auf. Abgestorbene Hefe wird unter lebender durch schnelle Färbung in Farbstofflösungen erkannt. Siehe auch Plasmolyse, Vitalfärbung.

Literatur: HEINRICHER (Jhb. Wiss. Bot., Bd. 35, 1900), NICKEL (Farbenreaktionen der Kohlenstoffverbindungen, Berlin, 1890), OVERTON (Bot. Centralbl., Bd. 44, 1900), PAULSEN (Rev. Gén. de Bot., Bd. 2, 1890), SCHIMPER (Zeitschr. Krystall., Bd. 5, 1881), SCHULZE (Die Krystallisation von Eiweißstoffen und ihre Bedeutung für die Eiweißchemie. Jena, 1901), STRASSBURGER (Bot. Prakt., 5. Aufl., 1906), DE WÈVRE (Bull. Soc. Belg. Micr., Bd. 20, 1894), ZACHARIAS (Bot. Zeitg. 1883), ZIMMERMANN (Zeitschr. Wiss. Mikr., Bd. 10, 1893), derselbe (Morphologie und Physiologie des Zellkerns. Jena, 1896). *Magnus*, Berlin.

Elacin siehe: Elastin.

Elaioplasten siehe: Öle, pflanzliche und Chromatophoren.

Elasthämatin siehe: Elastin und Hämatein.

Elastin. Die für den Nachweis des elastischen Gewebes angegebenen Methoden gehen von verschiedenen Prinzipien aus.

Im Anfange der histologischen Technik hat man das elastische Netz indirekt durch Einwirkung auf das collagene Gewebe, nämlich durch Quellenlassen desselben, nachgewiesen; die bei dieser Art der Behandlung relativ unverändert bleibenden elastischen Fasern heben sich dann als mehr oder weniger scharf konturierte Fäden von dem Hintergrunde ab. Die bei einigen von diesen Methoden gebrauchten Färbungen dienen nur als minderwertige Hilfsmittel, weshalb man diese Methoden Macerationsmethoden nennen kann. (EBNER (75), RENAULT (75), SCHÄFFER (78), BALZER (82), KÖLLIKER (86), KUSKOW (87), DÜHRSSEN (92), SAPPEY (94). Diese Methoden haben den Nachteil, daß durch die Quellung oder Zerstörung des collagenen Gewebes die ursprüngliche Lagerung des um letzteres herum geschlungenen elastischen Fasernetzes vollständig verändert und verschoben wird.

Was die eigentliche Färbung anbelangt, so hat man zuerst das Elastin substantiv gefärbt zur Darstellung bringen wollen, namentlich mit einem sauren Farbstoff, wie Pikrocarmin (RANVIER), wobei es die gelbe Pikrinsäure aufnimmt.

Einen basischen Farbstoff haben LUSTGARTEN und HEITZMANN benutzt, — es handelt sich aber bei diesen Färbungen um eine Beizenfärbung, da das Gewebe mit Osmiumsäure fixiert wurde.

LUSTGARTEN (86) empfiehlt Viktoriablaulösung (1 Teil konzentrierte alkoholische Lösung auf 4 Teile destilliertes Wasser), in welcher die Schnitte 24 Stunden gehalten und danach nur in Alkohol abgespült werden.

Bei der HEITZMANNschen Methode (90) bleiben die elastischen Fasern ungefärbt, da die ammoniakalische Carminlösung nur die Collagenbalken rosa färbt.

Die anderen älteren substantiven Methoden, bei welchen man basische Farbstoffe benutzt hat, beruhen auch auf Imprägnation mit Osmium oder Bichromatfixierung. Die Anilinfarbstoffe werden also nur dort fixiert (der Entfärbung gegenüber), wo vorher ein genügender Niederschlag von metallischem Osmium oder Chromsalzen stattgefunden hat (UNNA). Es sind also Imprägnationsmethoden, da bei Anwendung derselben die basische adjektive Färbung den gleichen Effekt gehabt haben wird, wie die substantive saure Färbung (PAPPENHEIM).

UNNA (86) hat Dahlialösung empfohlen: Dahlia 0,2, Aq. dest., Spir. (95%) aa. 10,0 M. Solve, adde: Ac. nitric. 2,0, Aq. dest. 18,0, Spir. (95%) 10,0; in dieser Lösung bleiben die

Schnitte 24 Stunden und werden dann in Eisessig vorsichtig entfärbt. — Die elastischen Fasern sind schwärzlich blau gefärbt. — Hansen hat bei dieser Methode die Schnitte mit Alauncarmin (12—24 Stunden) vor- oder nachgefärbt.

Martinotti (87) gebraucht eine Safraninlösung (5:100 Alkohol), zu welcher er nach einigen Tagen 200 *g* destilliertes Wasser zugibt und in diese Mischung die Schnitte (aus Flemming) auf 24 Stunden legt, wonach er sie in absolutem Alkohol entfärbt. — Ferria gibt die in Alkohol gehärteten Schnitte auf 5 Stunden in Chromsäurelösung (1:1000) bei einer Temperatur von 37° C und färbt sie dann nach gründlichem Auswaschen im Wasser in Martinottis Safranin. Dadurch erhält man rötlichbraun gefärbte elastische Fasern.

Kulczycki (04) färbt die bei Gegenwart von Chromsalzen gehärteten Schnitten in gesättigter G. Safraninlösung in 2%iger Essigsäure durch 1—2 Tage, wonach er in Alkohol auswäscht. Die elastischen Fasern sind schwarz, Epithel rot, Leucocyten gelb oder orange tingiert.

Schütz (92) gibt zwei Methoden mit Carbolfuchsin an. *a)* Man mischt (immer frisch) 2 Teile kalt gesättigter wässeriger Pikrinsäurelösung mit 1 Teil Carbolfuchsinlösung zusammen und färbt die Schnitte aus Flemming nur an der Oberfläche dieses Gemisches durch fünf Minuten. Dann werden sie in Wasser abgespült, auf dem Spatel getrocknet, kurz in Alkohol entwässert und in Cedernöl getaucht. *b)* Man färbt die Schnitte durch fünf Minuten in Carbolfuchsin (Gabetts-Lösung I), spült sie in Wasser ab und entfärbt dann 2—8 Sekunden in saurer Methylenblaulösung (Gabetts-Lösung II) oder in 25%igem SO_4H_2-Wasser, spült sie wieder in Wasser ab und entwässert so rasch als möglich in Alkohol. — Diese beiden Methoden färben die elastischen Fasern rosarot.

Die in Flemmingscher Flüssigkeit gehärteten Schnitte können mit verschiedenen basischen Farbstoffen, wie polychromem Methylenblau (Unna), Carbolfuchsin, Gentiana, Safranin gefärbt und sodann mit konzentrierter wässeriger Tanninlösung entfärbt werden; die elastischen Fasern treten nach diesen Färbungen ganz deutlich gefärbt hervor (Krzysztalowicz).

Burci (91) färbt die in Müllerscher Flüssigkeit fixierten Schnitte mit Carmin oder Hämatoxylin, wäscht sie dann in Wasser und legt sie in alkoholische, gesättigte Aurantialösung (Dinitrophenylamin) auf 1—2 Stunden ein. Die elastischen Fasern und die Kerne halten das Hämatoxylin resp. Carmin fest, das andere Gewebe ist gelblich tingiert.

Hierher kann man auch die Arsen-Imprägnationsmethode Martinottis (88) rechnen. Martinotti legt die 2—3 *ccm* großen Stückchen von Geweben in eine 2%ige Lösung von Arsensäure und läßt sie darin 24 Stunden liegen; dann kommen sie für 5—15 Minuten in Müllersche Flüssigkeit und hierauf in folgende Silberlösung: 2 *g* Silbernitrat werden in 3 *ccm* destillierten Wassers gelöst und zu dieser Lösung 15—20 *ccm* reinen Glycerins zugefügt. In derselben bleiben die Schnitte 24 Stunden. Dann wäscht man sie schnell in destilliertem Wasser aus und entwässert in Alkohol. Damit das Licht sie nicht in kurzem verderbe, taucht man die Schnitte ganz kurz in eine 3/4%ige Kochsalzlösung und bringt sie aus dieser schnell in absoluten Alkohol. Dann hellt man sie in Kreosot auf und bringt sie in Canadabalsam. Bewahrt man sie dann einigermaßen vor Licht geschützt auf, so halten sich die Präparate sehr gut.

Es gibt aber auch unter den älteren Methoden mehrere solche, die adjektiver Natur sind; sie zeichnen sich vor dem substantiven Verfahren dadurch aus, daß sie die Fasern durch regressiv nachträgliche Entfärbung des Unerwünschten distinkter und präziser hervortreten lassen. Hierher gehören die Methoden, bei welchen saure Farblösungen (Fuss) gebraucht werden und die Entfärbung mit Säurelösung geschieht (Taenzer, Manchot, Mibelli).

Taenzer (87) empfiehlt die Vorfärbung der Schnitte in Vesuvin oder Wasserblaulösung und dann eine Färbung durch 24 Stunden in folgender Lösung: Fuchsin 0,5, Aqu. dest., Alkohol aa. 25,0, misce, adde Ac. nitrici (25%) 10,0, wonach man die Schnitte auf 2 bis 3 Sekunden in 25%ige Salpetersäure und zur Entfärbung des Collagens in schwaches Essigwasser gibt. — Die elastischen Fasern erscheinen dunkelrot auf braunem resp. blauem Grunde.

Fuss (06) legt die Schnitte nach Vorfärbung in Vesuvin und nach Abspülen in Wasser auf 24 Stunden in folgende Lösung ein: Fuchsin 0,5, Alkohol 25,0, Ac. nitric. 10,1 und danach für einige Sekunden in eine 25%ige Lösung von Ätzkali. Die Schnitte müssen in Wasser oder Glycerin untersucht werden.

Manchots (86) Methode ist folgende: Färbung durch eine halbe Stunde in konzentrierter wässeriger Fuchsinlösung, Abspülung in Wasser und Entfärbung durch 1—12 Stunden in wässeriger Zuckerlösung (von der Konsistenz des Glycerins), welcher auf je 10 *ccm* 3 bis 4 Tropfen Schwefelsäure zugesetzt werden. Die Schnitte werden in nicht angesäuerter Zuckerlösung eingeschlossen. — Die Methode färbt Elastinfasern dunkelrosa, doch ist die Färbung nicht dauerhaft. — Hilbert gibt der Zuckerlösung 8—10 Tropfen wässerigen Vesuvins hinzu.

Mibelli (90) gebraucht zur Färbung eine Safraninlösung, welche auf folgende Weise zubereitet wird: Eine 1%ige Lösung in heißem (80° C) Wasser und 1%ige alkoholische (90%) werden zusammengegossen und in solcher Mischung die Schnitte 36—48 Stunden gefärbt.

Dann spült man sie in immer frisch erneuertem 1%igen Salzsäurealkohol so lange ab, bis die Schnitte noch Farbstoff abgeben, und läßt sie zuletzt in ganz reinem Alkohol durch 5—10 Minuten liegen. Die rötlichbraun gefärbten elastischen Fasern treten scharf aus dem nur leicht gelblich gefärbten Collagen hervor.

Die anderen adjektiven Färbungen zerfallen in solche, bei welchen ein saurer Beizenfarbstoff, das Hämatoxylin, mit einer Metalloxydbeize (Eisenchlorid usw.) resp. mit Phosphorwolframsäure oder Vanadium mit nachfolgender Tannisierung, also mit einer sauren Beize (Herxheimer I, Wolters, Mallory, Harris) — und in solche, die ein modifiziertes Weigert-Gram-Verfahren bilden, also basische Farbstoffe mit einer sauren Beize (Jod) in Anwendung bringen (Herxheimer II, Koeppen, Beneke).

Herxheimer (I) (86) gebraucht zur Färbung eine Lösung von 1 *g* Hämatoxylin, 20 *ccm* absol. Alkohols, 20 *ccm* destillierten Wassers, 1 *ccm* kalt gesättigter wässeriger Lösung von Lithion carbonicum. Die Schnitte kommen auf 3—5 Minuten in die Lösung, dann direkt auf 5—20 Sekunden in die offizinelle Eisenchloridlösung (Hämatoxylineisenlack), wonach man sie gut in Wasser spült, in Alkohol entwässert und in Bergamottöl, Nelkenöl oder Xylol aufhellt. Die elastischen Fasern erscheinen blauschwarz bis tiefschwarz, das umliegende Gewebe hellgrau.

Wolters (92) beizt zuerst die Schnitte durch 24 Stunden in einer Lösung von 10%igem Vanadium chloratum 2 Teile, 8%igem Aluminium aceticum 8 Teile, spült sie dann im Wasser ab und färbt 24 Stunden im Wärmeschrank in Kultschitzkischer Hämatoxylinlösung. Dann folgt eine Differenzierung in Weigerts Borax-Blutlaugensalzlösung oder kurzes Eintauchen in Eisenchloridlösung und Abspülung in Wasser. — Die Fasern erscheinen schwarz auf gelblichem Grunde.

Mallory (00) verwendet als Basis Wolfram (1 Liter 1%iger Lösung von Phosphorwolframsäure, 1 *g* Hämatoxylin; oder: 200 *ccm* 10%ige Lösung der Säure, 800 *ccm* Wasser, 2 *ccm* Wasserstoffsuperoxyd, 1 *g* Hämatoxylin).

Harris (01) hat eine Hämatoxylinlösung angegeben, die er Elasthämatein (wie Mucihämatein nach Mayer) nennt: Hämatoxylin 0,2 *g*, Aluminiumchlorid 0,1 *g*, 50%igen Alkohol 100 *ccm*. Er bringt diese Mischung zum Kochen und gibt 0,6 *g* Quecksilberoxyd zu und nach dem Filtrieren 1 Tropfen Salzsäure. Der Farbstoff kann erst nach einigen Wochen benutzt werden. Man färbt in diesem die Schnitte durch 5—10 Minuten, wonach man sie in Salpetersäurealkohol (1%) auf 1 Minute bringt.

Herxheimer (II) (90) färbt die entcelloidinierten Schnitte auf dem Objektträger in Anilinwassergentianaviolett, trocknet sie dann sorgfältig ab und entfärbt mit immer frisch zugesetztem 2%igen Mentholvasogen, bis ein hellblauer Ton zurückbleibt. Die elastischen Fasern werden violett gefärbt.

Köppen (89). Die von jedem fremden Bestandteile freien Schnitte bleiben 24 Stunden oder auch länger in absolutem Alkohol, worauf sie in folgende Lösung gebracht werden: konzentrierte alkoholische Krystallviolett- oder Gentianaviolettlösung 5.0 *ccm*, Ac. carbolic. 5 *g*, Aqu. dest. 100,0 *ccm*, welche immer frisch bereitet werden soll. Die Schnitte verbleiben in dieser Lösung 15—24 Stunden, wonach man sie ganz glatt vermittelst des Spatels in Jodjodkalilösung (1:2:300) auf 2 Minuten und dann auf 15 Sekunden in 1%ige wässerige Salzsäurelösung bringt, in welcher sie fortwährend bewegt werden. Die Entfärbung erfolgt in immer erneutem absoluten Alkohol. Zur Aufhellung übertrage man die Schnitte in Tereben bis zum Untersinken und für eine gleiche Zeitdauer in Xylol. Zur Vorfärbung kann Ammoniak-, Pikro- oder Alauncarmin gebraucht werden; die Nachfärbung ist auf die Weise auszuführen, daß man zu dem entfärbenden Alkohol die Kontrastfarbe (Eosin, Fuchsin, Vesuvin) zusetzt. — Die elastischen Fasern treten in dunkelblauer Farbe hervor.

Beneke (90) führte die Weigertsche Fibrinmethode als Elastinmethode ein, welche er in der Weise modifiziert hat, daß er sich anstatt der Weigertschen Mischung (1 Teil Xylol auf 2 Teile Anilinöl) einer stärker verdünnten (3 Teile Xylol auf 2 Teile Anilin) zur Entfärbung bediente. Die elastischen Fasern erscheinen leuchtend rot neben dem tiefblauen Collagen und den bläulich violetten Kernen.

„Wirklich wissenschaftlich brauchbar, absolut zuverlässig und gleichzeitig völlig elektiv sind einzig und allein die Verfahren von Taenzer-Unna und Weigert. Hier treten die elastischen Fasern, und zwar lediglich nur diese, dafür aber überall bis in die feinsten Äste und mit Farbstoff völlig gesättigt in die Erscheinung" (Pappenheim).

Die Taenzer-Unnasche (89) Methode erzielt die Elastinfärbung durch Orcein. Anstatt der zuerst gegebenen Vorschrift zweier Lösungen (Orcein und Säure) ist jetzt eine 1%ige Orceinlösung (Orcein D) in 1%igem Salzsäurealkohol im Gebrauch. Man färbt in dieser Lösung die Schnitte durch 30—60 Minuten und entfärbt sie dann nur kurz in Alkohol oder noch besser in Salzsäurealkohol (1%). Man kann eine Schnellfärbung ($^1/_4$ Stunde) des Elastins dadurch erzielen, daß man durch gelindes Erwärmen die Orceinlösung zum Verdampfen bringt (UNNA).

Die elastischen Fasern nehmen eine mehr oder weniger dunkle braune Farbe auf dem fast ganz ungefärbten Grunde an. Diese Methode ermöglicht auch, die Präparate mittelst anderer spezifischer Methoden zu behandeln und auf diese Weise auf einem und demselben Präparate alle Gewebe durch differente Farben darzustellen.

STUTZER empfiehlt folgende Mischung: 1%ige alkoholische Orceinlösung 100 *ccm*, destilliertes Wasser 50 *ccm*, Salzsäure 50 Tropfen und zur Färbung 10 Minuten (für Paraffinschnitte) resp. 30 Minuten (für Celloidinschnitte).

MERK bediente sich auch einer modifizierten Lösung: Orcein 0.5 *g*, Alcohol absolutus 40 *ccm*, destilliertes Wasser 20 *ccm*, Salpetersäure 20 Tropfen. Von dieser Stammlösung nimmt man 8—10 Tropfen in etwa 10 *ccm* eines 3%igen Salzsäurealkohols und hierin verbleiben die Schnitte 24 Stunden.

ELISE WOLFF empfiehlt eine alkoholische Stammlösung von Orcein fertig zu halten und von derselben einige Tropfen in 1%igen Salzsäurealkohol (70%) zu träufeln.

PRANTER rühmt als sicherste und bequemste Anwendungsweise folgende gut haltbare Lösung: Orcein D 0.1, Salpetersäure 2,0, 70%iger Alkohol 100,0 (Gewichtseinheiten). Die Schnitte bringt man in die Farblösung auf 8—24 Stunden (durchschnittlich über Nacht), sie werden dann ohne Differenzierung in Wasser abgespült und eingebettet. Für Simultanfärbungen gibt er zu der Orceinlösung eine konzentrierte wässerige Lösung von Wasserblau oder Vesuvin oder Pikrinsäure 5 *g* oder konzentrierte alkoholische Pikrinsäurelösung 2 *g* und färbt während derselben Zeit. — Für die raschere Färbung des elastischen Netzes eignet sich folgende Lösung: Orcein D 1,0, Salpetersäure oder Salzsäure 5.0, 70%iger Alkohol 100,0. Färbung 10—60 Minuten.

HÜTE färbt die Schnitte nach dem Orcein in 1%iger wässeriger Toluidinblaulösung durch 3 Minuten.

DELAMARE hat eine simultane Färbung angegeben: eine 1%ige saure Orceinlösung nach UNNA, zu welcher 2 *ccm* saurer Hämatoxylinlösung nach EHRLICH, 1 *ccm* gesättigter wässeriger Säurefuchsinlösung und 200 *ccm* konzentrierter wässeriger Pikrinsäurelösung zugegeben werden. Färbezeit: 20—30 Minuten bei 45° C; darauf Auswaschen auf einen Augenblick in angesäuertem Wasser (4—5 Tropfen Salzsäure auf 100 *ccm* Wasser).

Die WEIGERTsche Methode wurde im Jahre 1898 bekannt gegeben.

Zu 200 *ccm* 1%iger Fuchsinlösung (es kann auch Rubinrot, Magentarot, Anilinrot gebraucht werden) gibt man 4 *g* Resorcin (statt dessen kann man auch Carbolsäure benutzen), kocht die Mischung längere Zeit, gießt nach dem Sieden 25 *ccm* Liquor ferri sesquichlor. zu und kocht wiederum 2—5 Minuten. Nach dem Erkalten filtriert man die ganze Lösung und gibt den Bodensatz in die Schale, in welcher noch der Rest der früheren Lösung sich befindet, gießt dann 200 *ccm* 94%igen Alkohol zu und filtriert abermals. Zum Filtrat werden 4 *ccm* konzentrierte Salzsäure zugegeben und das Ganze wird bis auf 200 *ccm* durch Alkohol nachgefüllt.

Jetzt stellt Grübler diesen Farbstoff in Trockensubstanz unter dem Namen Resorcinfuchsin her, welches in 1%igem Salzsäurealkohol gelöst in Anwendung kommt. In dieser Lösung färbt man die Schnitte 15—30 Minuten und entfärbt sie dann in Alkohol, wonach sie nur in Xylol aufgehellt zu werden brauchen. Eine Differenzierung in Salzsäurealkohol ist meistens nicht nötig. Die elastischen Fasern erscheinen fast schwarz auf leicht violett gefärbtem Grunde.

PRANTER hat die WEIGERTsche Methode in derselben Weise modifiziert wie die Orceinmethode: Resorcinfuchsin 0,02, offizinelle Salpetersäure (oder Salzsäure) 1.0, 70%iger Alkohol 100.0 (Gewichtseinheiten); Färbezeit 8—24 Stunden. Zweite Lösung für Schnellfärbung ($^1/_4$—1 Stunde): Resorcinfuchsin 0.2, offizinelle Salpetersäure (oder Salzsäure) 3.0, 70%iger Alkohol 100,0.

HART kombiniert mit der WEIGERTschen Lösung Kernfärbung, indem er zu 100 *ccm* des zur Differenzierung der Carminfärbung dienenden Salzsäurealkohols 5 *ccm* der WEIGERTschen Lösung zusetzt und die Schnitte darin über Nacht liegen läßt.

JORES empfiehlt auch eine Kombination mit Kernfärbung: Die WEIGERTsche Resorcinfuchsinlösung, $^1/_2$—1 Stunde; 4%ige Resorcinlösung, 10 Minuten; eine frisch bereitete 1,5%ige Pyroninlösung und Kali aceticum 1:100, 3 Minuten. Protoplasma und Zellkerne erscheinen intensiv rot, die elastischen Fasern intensiv blau gefärbt.

HORNOWSKI verbindet die WEIGERTsche mit der VAN GIESONschen Methode, indem er folgende Lösungen benutzt: I. Hämatoxylin. cryst. 0.2, Resorcinfuchsin 0,02, 70%igen Alkohol 100,0; II. Liqu. ferri sesquichlor. 1 *ccm*. Ac. muriatic. concentr. pur. 2 *ccm*. Auf 5 *ccm* der Lösung I gibt er einen Tropfen der II. Lösung und färbt in der Mischung durch 12 bis 24 Stunden. Dann spült er die Schnitte (aus Paraffin) genau in Leitungswasser und färbt

$^1/_2$ Minute in Lösung III: Fuchsin S 0,1, Ac. picronitric. concentr. aqu. 100,0, wonach er die Schnitte in Alkohol von 96% eintaucht und sie dann durch Carbolxylol, Xylol und Balsam durchführt.

IWANOFF benutzt eine 3fach mit Alkohol verdünnte WEIGERTsche Lösung, in welcher er die Schnitte 24 Stunden färbt.

SAWADA empfiehlt eine Nachbehandlung der Schnitte nach der WEIGERTschen Färbung mit 0,5%iger Chromsäurelösung.

PAPPENHEIM hat durch seine interessanten Versuche einen wertvollen Beitrag zur Aufklärung der chemischen Konstitution der Elastinfarbstoffe, namentlich hinsichtlich der nahen Beziehungen zwischen UNNAscher und WEIGERTscher Elastinfärbung geliefert.

Zwischen diesen letzterwähnten Färbemethoden besteht wohl eine prinzipielle Gleichheit: bei WEIGERT die Oxydation einer aromatischen Base (Rosanilin) in saurer (HCl, Carbolsäure) Lösung, — bei UNNA die Oxydation eines aromatischen Alkohols (Orcin) in ammoniakalischer Lösung. Man dürfte, nach PAPPENHEIM, die beiden Farbstoffe als amphotere Farbkörper, und zwar vorwiegend saurer (plasmophiler) Natur mit accidentellem, basischem Einschlag ansehen. Ist die Elastinfärbung nach UNNA eine substantive Färbung mit einem sauren Farbstoff besonderer Konstitution, so erhalten wir bei WEIGERT eine eigenartige adjektive Färbung mit einem basischen Farbstoff, bzw. mit einem konstituierten Farblack.

MICHAELIS stellte Versuche mit der WEIGERTschen Elastinfärbung an, indem er die drei Komponenten des Farbstoffes (Fuchsin, Resorcin, Eisenchlorid) gegen andere Körper vertauschte und dadurch verschiedene gute Elastinfarbstoffe erhielt. Er hat zuerst das Fuchsin durch andere basische Farbstoffe substituiert und Thionin, Toluidinblau, Kresylviolett, Methylviolett, Safranin und Amethyst mit Resorcin und Eisenchlorid zu Elastinfärbemitteln kombiniert. Im weiteren faßt MICHAELIS die Rolle des Eisenchlorids lediglich als oxydierende auf, da er auch mit anderen Oxydationsmitteln, so Ammoniumpersulfat, aus Resorcinfuchsin ebenfalls ein sehr brauchbares Elastinfärbemittel erhalten konnte.

FISCHER hat gezeigt, daß man aus Fuchsin und Eisenchlorid den Farbstoff darstellen kann, der der WEIGERTschen Färbung im wesentlichen zugrunde liegt. Man kann nicht nur mit Fuchsin, sondern auch mit anderen Farbstoffen für die WEIGERTsche Methode geeignete Farben herstellen. FISCHER nennt die mit Eisenchlorid und Resorcin nach WEIGERTscher Vorschrift dargestellten Farbstoffe: Fuchselin, Safranelin, Vesuvelin, Gentianaviolettelin etc. Wurde dagegen bei der Darstellung das Resorcin weggelassen, so bezeichnet er den Farbstoff einfach mit Ferrifuchsin, Ferrivesuvin, Ferrisafranin etc. Er ist aber der Anschauung, daß Fuchselin von WEIGERT allen anderen Elastinfarbstoffen vorzuziehen ist und empfiehlt als beste Vor- oder Nachfärbung Lithioncarmin. Er gibt auch eine besondere Farbmischung an von WEIGERTschem Fuchsin mit Sudan III oder Scharlach R, um gleichzeitig Fett und elastische Fasern darzustellen.

MINERVINI hat auch ähnliche Farbstoffe hergestellt, erstens, indem er anstatt Fuchsin in der WEIGERTschen Farbmischung Safranin gebrauchte, und zweitens, indem er zu Resorcinfuchsinlösung anstatt Eisenchlorid 2%ige Chromsäure oder 5%ige Kalibichromatlösung zufügte. INOUYE rühmt diesen Chromsäurezusatz.

PAPPENHEIM hat alle diese Tatsachen mit seinen Versuchen bestätigt und dieselben in chemisch färberischem Sinne erklärt. Er konstatierte, daß auch Gentianaviolett und Amethyst mit Resorcin und Ammoniumpersulfat sowie mit Resorcin und Kaliumhydrat brauchbare Elastinstoffe liefern. Es ist also eine Tripelverbindung aus basischem Farbstoff, saurer Beize und basischer Beize. Er fand weiter, daß nicht nur Pikrinsäurezusatz zur sauren Farbflotte der UNNAschen oder WEIGERTschen Farbmischung bedeutend die Färbung unterstützt, sondern auch dieser Zusatz ohne Salzsäure, ebenso Aurantia eine günstige elektive Elastinfärbung gewährleistet. Es ist auch durch ihn nachgewiesen worden, daß eine simultane Kombination und Mischung des WEIGERTschen und UNNAschen Farbstoffes oder der Gebrauch dieser Lösungen nacheinander eine vortreffliche und sehr schnelle Elastinfärbung liefern. PAPPENHEIM hat auch die Angaben von MICHAELIS bestätigt, daß mittelst Carbolfuchsineisenchlorid sowie durch Fuchsinorcineisenchlorid (Orcifuchselin) eine ausgezeichnete Elastinfärbung erzielt wird. Er hat auch aus NH_3, Orcin, Eisenchlorid einen schönen, leuchtend roten Farbstoff (Orcilin) erhalten, der eine schöne Elastin- neben äußerst präziser Collagenfärbung liefert.

KLETT bestätigt auch die Angaben von FISCHER und MICHAELIS und meint, „daß es bei der Färbung mit WEIGERTschem Ferrifuchsin sich um eine chemische Umsetzung zwischen diesem Farbstoff und den elastischen Fasern handelt, und zwar scheint es die Methylgruppe zu sein, wodurch der spezifische Farbstoff entsteht".

Die Versuche SPIEGELS haben wiederum die Angaben PAPPENHEIMS über den WEIGERTschen Farbstoff bestätigt. Die Farbstoffe SPIEGELS (Kresofuchsin) waren nach einem dem WEIGERTschen entsprechenden Verfahren, aber unter Anwendung von Biphenol, bzw. 0,01 Bikresol, gewonnen worden.

RÖTHIG hat mit diesem neuen basischen Farbstoff, dem Kresofuchsin, Versuche nach folgender Formel angestellt: Kresofuchsin Spiegel 0,5 *g*, 95%iger Alkohol 100 *ccm*. Salzsäure 3 *ccm*, dient als Stammlösung zur Herstellung einer Farbflüssigkeit: Stammlösung 40 *ccm*, 95%iger Alkohol 24 *ccm*, wässerige Pikrinsäurelösung 1:2. 32 Tropfen. Dauer der Färbung 2–24 Stunden. — Zur Gegenfärbung empfiehlt sich das Orange G und in diesem letzten Falle werden die Kerne braun und die elastischen Fasern blau gefärbt.

Anhang (basophiles Elastin, Elacin).

Bei der Färbung mit der Orceinmethode überzeugt man sich, daß es zuweilen in dem untersuchten Gewebe elastische Fasern gibt, welche sich mit Orcein viel schwächer tingieren als die normalen. UNNA hat diese veränderten basophilen Fasern Elacin genannt*. KRZYSZTALOWICZ, dann SCHENK und AUSTERLITZ haben nachgewiesen, daß keine andere als nur die Orceinmethode die Färbung dieser Degenerationsprodukte des Elastins, d. h. des Elacins, zuläßt. Diese Elacinfasern bekommt man mit aller Schärfe, wenn man die Schnitte vorher mit basischen Farben (polychromes Methylenblau, Carbolfuchsin, wässerige Safraninlösung, Gentianaalauntinktion) behandelt und sie dann mit 33%iger wässeriger Tanninlösung entfärbt.

Eine andere Methode, die Elacinfasern nachzuweisen, ist folgende: Die Schnitte kommen auf einige Minuten in eine 1%ige Wasserblaulösung, werden dann in Wasser abgespült und in eine Anilinwassersafraninlösung gebracht, wo sie etwa 3 Minuten bleiben: dann werden sie in Wasser mit etwas Essigsäure abgespült und in absolutem Alkohol rasch entwässert. Das Elacin wird natürlich rot auf blauem Grunde gefärbt.

Alle diese Methoden für Elacinfärbung können mit der Orceinmethode kombiniert werden. Nach der Färbung mit Orcein kommen die Schnitte aus Wasser in polychromes Methylenblau auf 5 Minuten; nach dem Abspülen in Wasser entfärbt man die Präparate einige Minuten in 33%iger wässeriger Tanninlösung, welcher man etwas Goldorange zusetzt. Nach gründlichem Auswaschen in Wasser sind die Schnitte lange Zeit in Alcohol absolutus zu entwässern und in der üblichen Weise einzuschließen.

Literatur: BALZER (Arch. de Physiol. 1892), BENEKE (Verh. Anat. Ges. Göttingen 1893), BLASCHKO (Arch. Mikr. Anat., Bd. 27, 1886), BURCI (Journ. Roy. Micr. Soc., Bd. 6, 1891), DELAMARE (C. R. Soc. Biol. Paris, Bd. 58, 1905), DELBANCO (Monatsh. Prakt. Derm., Bd. 35, 1902), DÜHRSSEN (Arch. Gynäk., Bd. 41, 1892), EBNER (Sitz. Akad. Wiss. Wien, Bd. 72, 1875), ENGELMANN (Inaug.-Diss. 1907), FERRIA (Zeitschr. Wiss. Mikr., Bd. 5, 1888). FISCHER (Arch. Pathol. Anat., Bd. 170 u. 172). FUSS (Ebenda, Bd. 185, 1906). GARDNER (Inaug.-Diss., Moskau 1898), HANSEN (Arch. Pathol. Anat., Bd. 137, 1894). HARRIS (Zeitschr. Wiss. Mikr., Bd. 18, 1901). HART (Centralbl. Pathol. Anat., Bd. 19, 1901), HEIDENHAIN (Zeitschr. Wiss. Mikr., Bd. 20, 1903), HEITZMANN (Arch. Derm. Syph., Bd. 27, 1894). HERXHEIMER (Fortschr. Med., Bd. 4, 1886; Arch. Derm. Syph., Bd. 29, 1896), HILBERT (Arch. Pathol. Anat., Bd. 142, 1895), HORNOWSKI (Centralbl. Pathol. Anat. 1908), HUIE (Brit. Journ. Derm. 1904), INOUYE (Arch. Pathol. Anat., Bd. 169), ISRAEL (Ebenda, Bd. 105, 1886), IWANOFF (Ebenda, Bd. 169), JACKSON (Arch. Anat. 1904), JONES (Centralbl. Pathol. Anat. 1903), JORES (Beitr. Pathol. Anat., Bd. 41, 1907), JOSEPH und LOEWENBACH (Derm.-Histol. Technik, Berlin 1900), KATSURADA (Beitr. Pathol. Anat., Bd. 21, 1902), KLETT (Zeitschr. Exper. Pathol. 1906), KÖLLIKER (Zeitschr. Wiss. Zool., Bd. 44, 1886), KÖPPEN (Zeitschr. Wiss. Mikr., Bd. 6 u. 7, 1889 u. 1890), KRZYSZTALOWICZ (Monatsh. Prakt. Derm., Bd. 30, 1900), KULCZYCKI (Pirogow. Kongr. 1904), KUSKOW (Arch. Mikr. Anat., Bd. 30, 1887), LEDERMANN und RATKOWSKI (Die mikrosk. Technik im Dienste d. Dermatologie, Wien u. Leipzig 1894), LEDERMANN und BLANCK (Berlin 1902), LEDERMANN (Die mikrosk. Technik, Hölder, Wien 1903), LETULLE und NORMAND (Bull. Soc. Anat. Paris 1907), LINSER (Anat. Hefte 1900). LIVINI (Monit. Zool. Ital., Bd. 7, 1896), LUSTGARTEN (Wien. Med. Jhb. 1886), MANCHOT (Arch. Pathol. Anat., Bd. 121), MARTINOTTI (Zeitschr. Wiss. Mikr., Bd. 4, 1887; Com. Accad. Med. Torino 1888), MERK (Sitz. Akad. Wiss. Wien, Bd. 108, 1899), MIBELLI (Monit. Zool. Ital., Bd. 1, 1890), MICHAELIS (Deutsch. Med. Wochenschr., Bd. 44, 1901; Zeitschr. Exper. Pathol. 1907), MINERVINI (Zeitschr. Wiss. Mikr., Bd. 18), NAKAI-MOTOKICHI (Arch. Pathol. Anat., Bd. 182), OBERMÜLLER (Beitr. Pathol. Anat., Bd. 27), PAPPENHEIM (Grundriß d. Farbchemie, Berlin 1901; Monatsh. Prakt. Derm., Bd. 38 u. 39), PFEIFFER (Arch. Mikr. Anat., Bd. 16), POKROWSKY (Inaug.-Diss., Moskau 1897), PRANTER (Centralbl. Pathol. Anat., Bd. 13, 1902), RENAULT (Arch. de Physiol. 1875), ROTHFELD (Anat. Anz., Bd. 32, 1908), RÖTHIG (Arch. Mikr. Anat. 1900). SAPPEY (Traité d'Anat. Génér. Paris 1894), SAWADA (Arch. Pathol. Anat., Bd. 169), SCHÄFFER (Zeitschr. Wiss. Mikr., Bd. 10, 1893), SCHENK und AUSTERLITZ (Zeitschr. Heilk., Bd. 24, 1903), SCHIFFMANN (Zentralbl. Pathol. Anat., Bd. 14, 1903). SCHÜTZ (Arch. Derm. Syph. 1892), SPIEGEL (Arch. Pathol. Anat., Bd. 189). SSUDAKEWITSCH (Arch. Pathol. Anat., Bd. 115, 1889), STUTZER (Arch. Ophth., Bd. 44, 1898), TAENZER (Monath. Prakt. Derm., Bd. 6, 1887), TEUFEL (Arch. Anat. 1902). UNNA (Monatsh. Prakt. Derm., Bd. 5, 1886. Bd. 12, 1891, Bd. 19, 1894; Verh. Ges. Deutsch. Nat. Bremen 1890),

* Näheres über das Vorkommen von Elacin siehe außer UNNAS Histopathologie der Haut (1894, Hirschwald, Berlin) auch die Artikel von UNNA über Elastin und Elacin in Monatsh. Prakt. Derm., Bd. 19, und von KRZYSZTALOWICZ, Bd. 30.

WEIGERT (Centralbl. Pathol. Anat.. Bd. 9, 1898), WOLFF (Ebenda, Bd. 13, 1902), WOLTKE (Beitr. Pathol. Anat.. Bd. 27), WOLTERS (Arch. Derm. Syph. 1892), ZENTHOEFER (Derm. Stud. 1892).

Krzysztalowicz, Krakau.

Eleidin siehe: Haut.

Elektrische Organe. Das Gewebe der elektrischen Organe der Fische setzt sich aus einem die gröberen Nerven und Gefäße führenden Bindegewebsgerüst und den elektrischen Riesenzellen, den Elektroplaxen, elektrischen Platten, zusammen. Die letzteren sind der wichtigere Bestandteil, an welchem die elektrischen Nerven ihre Endigung finden und in welchem die Elektrizität erzeugt und im Momente des Schlages ausgelöst wird.

Bei der Konservierung kommt es darauf an, in erster Linie die Substanz dieser Elektroplaxen mit den daran befindlichen Nervenendigungen möglichst lebensgetreu zu fixieren. Da das elektrische Gewebe sehr hinfällig und zart ist und sich nach dem Tode sehr bald verändert, ist es geboten, die Präparate dem schlagkräftigen lebenden oder frisch getöteten Fische zu entnehmen. Kleine Organstücke kommen in ein reichliches Quantum der Fixierungsflüssigkeit.

So verschieden, wie Form und Aufbau der elektrischen Organe bei den einzelnen Gattungen der elektrischen Fische sind, ebenso verschieden reagiert im allgemeinen auch ihr elektrisches Gewebe auf die Reagenzien, obwohl die feinste Struktur der Elektroplaxe bei allen elektrischen Fischen eine sehr bemerkenswerte Übereinstimmung zeigt. Die Untersuchungsmethoden müssen daher für eine jede Gattung der elektrischen Fische gesondert besprochen werden.

Im folgenden können nur die als zuverlässig erprobten und wichtigeren Untersuchungsmethoden berücksichtigt werden.

Stark elektrische Organe.

I. Zitterrochen, Torpedinidae.

(Es wurde bis jetzt nur das Genus Torpedo näher untersucht.)

A. Ausgewachsenes Tier.

Die dünnen, durchsichtigen, mit ebenen Oberflächen versehenen Platten (Elektroplaxe) des Zitterrochens eignen sich am meisten unter allen elektrischen Organen zur Untersuchung in lebensfrischem Zustande. Zu diesem Zwecke isoliert man sie frisch am besten in der folgenden von M. SCHULTZE näher angegebenen Weise.

Nach Entfernung der Haut von der Oberfläche des Organes oder nach Anlegung eines frischen Querschnittes durch einige Prismen desselben werden die letzteren durch den untergelegten Finger so angespannt, daß sich die freigelegten Flächen der Prismen halbkugelig vorwölben. Meist treten nach sorgfältiger Entfernung der Haut von der Oberfläche des sonst unverletzten Organs die Oberflächen der Prismen auch schon ohne Druck kuppelförmig hervor. Jetzt trage man eine dieser Kuppen mit einer aufs Blatt gebogenen feinen Schere, wie es schon SAVI getan hat, oder mit einem scharfen Rasiermesser so ab, daß man ein Schnittchen nur aus der Mitte des Prismas erhält, nicht aber die bindegewebige Seitenwand mit abschneidet. Das Präparat wird nun möglichst schnell in einen Tropfen Liquor cerebrospinalis des Zitterrochens, den man sich vor Beginn der Untersuchung sammelt, unter einer Präparierlupe so zerlegt, daß man die immer noch zahlreich übereinander geschichteten Blätter voneinander abhebt. So erhält man nach einiger Übung wenigstens das eine oder das andere Plättchen ganz isoliert, wenn auch die Isolierung im frischen Zustande des Organs, in welchem das Gallertgewebe zwischen den einzelnen Plättchen eine ziemliche Resistenz besitzt, nicht ganz leicht ist. Nimmt man dagegen einen Querschnitt des ganzen Prismas mit einem Teil seiner bindegewebigen Umhüllung zum Zerzupfen, so bemerkt man sogleich, daß die Platten in der Nachbarschaft der Hülle so fest aneinander hängen, daß die Loslösung einzelner bei der großen Zartheit, die sie besitzen, nur in Bruchstücken möglich ist.

Statt des Liquor cerebrospinalis kann man auch die Organflüssigkeit des elektrischen Organs selbst oder Humor aqueus des Rochens nehmen; weniger zu empfehlen ist physiologische Kochsalzlösung (0,5—0,75%).

In Liquor cerebrospinalis werden auch die mit dem Gefriermikrotom hergestellten Schnitte untersucht.

Zur Fixierung des Torpedoorgans sind von den einzelnen Autoren alle möglichen Reagenzien, oft die allerunzweckmäßigsten, in Anwendung gebracht worden; es würde zu weit führen und zwecklos sein, sie alle namhaft zu machen.

Das für die Fixierung der Torpedoplatte am meisten zur Anwendung gekommene Reagens ist die von M. SCHULTZE 1864 in die mikroskopische Technik eingeführte

a) Osmiumsäure. M. SCHULTZE selbst hat sie bei seinen Untersuchungen der elektrischen Organe noch nicht benutzt; sie wurde zuerst von BOLL bei Torpedo versucht. Entschieden ist die Osmiumsäure allein oder in Komposition mit anderen Reagenzien für das Zitterrochenorgan das zuverlässigste Fixierungsmittel. Sie fixiert am besten das Terminalnetz, die Stäbchen, das Bild der BOLLschen Punktierung und das Gerüstwerk der Platte. Das Bild, welches eine mit Osmiumsäure fixierte isolierte Platte von der Fläche gesehen darbietet, gleicht am meisten demjenigen der frischen Platte, nur daß alle Strukturen deutlicher und schärfer hervortreten. Den Nachteil hat sie indessen, daß die Substanz der Platte durch ihre Einwirkung etwas schrumpft.

Mit Bezug auf die Untersuchung der mit Osmiumsäure fixierten und isolierten Platte im Flächenbild sei betont, daß die Platte horizontal ausgebreitet sein muß, keine Faltungen besitzen und auch nicht einseitig gezerrt sein darf. Besonders der letztere Umstand wirkt störend auf die Form der terminalen Nervenverästelung. In den Zupfpräparaten sind auch die Rißstellen der Platten für die Untersuchung wertvoll, weil in den Osmiumpräparaten dabei die Schichten der Platten sich leicht voneinander trennen und isoliert zur Ansicht kommen. Schließlich darf nicht unerwähnt bleiben (und gilt dies auch für Zupfpräparate der Elektroplaxe der anderen elektrischen Fische), daß es von Wichtigkeit ist, die Untersuchung dieser zarten Strukturen in Wasser vorzunehmen, da Glycerin oder gar Balsam ohne weitere Färbung zu sehr aufhellen. Für den Einschluß dieser Präparate empfiehlt sich gleichfalls Wasser mit etwas (1%) Carbolsäurezusatz, wie RANVIER vorgeschlagen hat, oder konzentrierte Lösung von Kali aceticum, weniger verdünntes Glycerin.

Man benutzt zur Fixierung 0,1—2%ige, gewöhnlich 1%ige Lösung von Osmiumsäure. Ihre Anwendung auf das lebende Organgewebe kann in zweifacher Weise stattfinden.

Entweder legt man herausgeschnittene Stücke, am besten abgeschnittene Prismenkuppen (s. oben unter 1.), in die Lösung hinein. Die Stücke müssen klein sein, da die Osmiumsäure bekanntlich schwer eindringt. Zur Fixierung bleiben die Stücke 24 Stunden in der Säure.

Oder man injiziert die Osmiumsäure in stärkerer (2%iger) Konzentration vermittelst einer feinen Spritze in das lebende Torpedoorgan. Diese Methode, welche den Vorteil bietet, daß die Elektroplaxe in ihrer natürlichen Lagerung ausgebreitet fixiert werden, ist zuerst von RANVIER für die Untersuchung des Torpedoorgans eingeführt worden. RANVIER injizierte in der Weise, daß er die Nadel der Spritze horizontal quer durch ein Prisma hinreichend tief hindurchstieß, so daß ihre Spitze ein zweites oder drittes Prisma nahe unter der Oberfläche erreichte, und dann die Flüssigkeit in die Nachbarschaft austrieb. Mit Recht bemerkt hierzu IWANZOFF, daß die Flüssigkeit bei der Injektion sich leichter in den Scheidewänden zwischen den Prismen als innerhalb der die Platten enthaltenden Fächer ausbreitet. Dieser Autor hat daher empfohlen, die Nadel der Spritze senkrecht von oben nach unten in ein Prisma einzustechen und während der Injektion allmählich herauszuziehen. Die injizierten Stellen bräunen sich nach einigen Minuten und werden dann herausgeschnitten, um noch auf 24 Stunden in Osmiumsäure gelegt zu werden.

Wenn man der Osmiumsäurelösung ein Stück Campher hinzusetzt, so lassen sich die osmierten Stücke eine Zeitlang darin konservieren. Besser ist es aber, wenn das Material zum Zerzupfen benutzt werden soll, dasselbe nach Wasserspülung in eine Mixtur von Aqua destillata, Alcohol absolutus und Glycerin zu gleichen Teilen zu legen, worin es sich lange hält.

Sollen die osmierten Stücke später geschnitten werden, so muß die Härtung in Alkohol sehr vorsichtig vorgenommen werden, da sonst leicht ungleichmäßige Schrumpfungen der dünnen Platten eintreten. Man muß nach der Wasserspülung mit dünnem Alkohol (30%) beginnen und allmählich zu stärkeren Konzentrationen vorschreiten. Alkoholmaterial läßt sich nach eingetretener Härtung auch noch zu Zupfpräparaten verwerten. Um von diesem Material die Platten durch Zupfen zu isolieren, verfährt man am besten in der Weise, daß man ringsherum die Prismen beschneidet, so daß nur der mittlere Teil der Platten übrig bleibt, der sich dann in seine Elemente zerlegen läßt.

Zur Nachbehandlung der mit Osmiumsäure durch Einstich in das Organ erhaltenen Fixierungen haben RANVIER, W. KRAUSE und IWANZOFF Chromsäuresalze (MÜLLERsche Flüssigkeit, Ammonium bichromicum [2%] und besonders Kalium bichromicum [2%]) empfohlen; die Stücke kommen nach der Wasserspülung direkt in diese Lösungen und können darin längere Zeit, nach RANVIER selbst jahrelang, verbleiben. Die Platten sollen hierin weniger schrumpfen als bei einfacher Osmiumsäurebehandlung. Auch Eisenchloridlösung (1—2%ige Lösung in dünnem Alkohol) ist hierzu benutzt worden.

Nicht minder gute Dienste als die reine Osmiumsäure leistet die

b) Chromosmiumessigsäure nach FLEMMING, und zwar sowohl das starke (1%ige Chromsäure 15 Vol., 2%ige Osmiumsäure 4 Vol., Eisessig 1 Vol. [oder weniger]) als das schwache (1%ige Chromsäure 25 Vol., 1%ige Essigsäure 10 Vol., 1%ige Osmiumsäure 1 Vol., Aq. dest. 55 Vol.) Gemisch, deren Anwendung die gleiche ist wie die der Osmiumsäure.

c) Auch Chromsäuresalze wurden für manche Strukturen, z. B. die Fixierung des Bildes der Punktierung, mit Erfolg angewandt, insbesondere MÜLLERsche Flüssigkeit, Kalium bichromicum (2%) und Ammonium bichromicum (2%).

Die Organstücke können in diesen Flüssigkeiten längere Zeit konserviert werden, nur muß ein Stückchen Campher hinzugesetzt werden.

Versilberung. *a)* Argentum nitricum. Eine große Rolle haben eine Zeitlang in der Untersuchungstechnik des Torpedoorgans die negativen Silberbilder gespielt, welche hauptsächlich von CIACCIO, BOLL und RANVIER zum Studium der Plattenstruktur herangezogen wurden. Indessen ist die Versilberung der Platten sehr unzuverlässig und liefert meist Trugbilder. Gelingt sie stellenweise, so gibt sie im besten Falle ein negatives Bild des Nervenendnetzes.

Auch die Silberlösung (1%ige wässerige Lösung von Argentum nitricum) wird am besten mit einer PRAVAZschen Spritze in das Organ injiziert. Die weiß gewordenen Stellen werden herausgeschnitten, mit Wasser abgespült und in Wasser oder 1/3-Alkohol dem Sonnenlicht ausgesetzt.

RANVIER erzielte dadurch gute Resultate, daß er die frei präparierte Oberfläche der Prismen mit einem Argentum nitricum-Stift betupfte.

EWALD bestrich die Prismenflächen vermittelst eines Pinsels mit Argentum nitricum-Lösung (1%). Die so behandelten Platten wurden dann herausgeschnitten und in mit Ameisensäure angesäuertem 1/3-Alkohol im Sonnenlichte reduziert. Die Platten lassen sich nach dieser Methode leicht isolieren.

b) PAGHINI wandte die von CAJAL angegebene Neurofibrillenfärbung mit Argentum nitricum auf die noch mit Querstreifung versehenen Elektroblasten von Torpedo ocellata an und erzielte eine Färbung der feinsten an die Muskelfasern herantretenden Nervenfäden.

c) Vergoldung. Die Vergoldung der Platten liefert ein positives Bild des Terminalnetzes, gelingt aber bei Torpedo nur selten. Der Grund hierfür ist wohl darin zu suchen, daß die dabei angewandten Säuren die Nervenendigungen verändern oder selbst ganz zerstören. Schon V. KÖLLIKER hat nachgewiesen, daß Säurezusatz auf das Nervenendnetz sehr deletär einwirkt. Auch bleibt die Färbung der Nervenenden in den Goldpräparaten nur schwach.

Folgende Vergoldungsmethoden sind versucht worden:

Kleine Organstücke werden in 1%iger Lösung von Goldchlorid oder in schwache (1/10%ige) Lösung von Kalium-Goldchlorid auf 1/4—1/2 Stunde gelegt und darauf in dünnem Alkohol, dem einige Tropfen Ameisen- oder Essigsäure zugesetzt sind, im Sonnenlicht reduziert.

Nach der Vergoldungsmethode von RANVIER kommen die Stücke auf 1 Stunde in eine zuvor abgekochte und abgekühlte Lösung von 4 Teilen 1%iger Goldchloridlösung und 1 Teil Ameisensäure. Sie werden dann in mit etwas Essigsäure angesäuertem Wasser dem Sonnenlicht ausgesetzt.

Auch die LÖWITsche Methode hat Anwendung gefunden. Nach Vorbehandlung während ganz kurzer Zeit mit Ameisensäure (1 Teil Säure auf 2 Teile Aq. dest.) werden die Stücke auf eine Viertelstunde im Dunkeln in 1%ige Goldchloridlösung und schließlich auf je 24 Stunden in Ameisensäure von obiger Konzentration und in konzentrierte Ameisensäure gelegt. Eine kombinierte Osmium-Goldchloridbehandlung wird von RANVIER befürwortet. Elektrische Platten, welche nach interstitieller Injektion von 2%iger Osmiumsäure (s. oben) und nach 24stündiger Maceration in demselben Reagens isoliert wurden, werden einige Tage lang in verdünntem Alkohol aufbewahrt. Mit destilliertem Wasser gewaschen, werden sie auf einen Objektträger gelegt mit nach oben gekehrter ventraler Fläche. Man gießt sodann auf ihre Oberfläche einige Tropfen einer 1/2%igen Goldchloridkaliumlösung. Beinahe unmittelbar darauf tritt eine Änderung in der Färbung ein. Die elektrische Platte, welche schwärzlich war, wird grünlich, schmutzigblau oder violett. Die violetten Platten sind allein brauchbar. Sie werden nach Spülung in destilliertem Wasser in Glycerin konserviert. Die Färbung der Nervenendigungen wird dadurch kräftiger als bei einfacher Osmiumbehandlung.

Auch eine Kombination der Silber- und Goldmethode ist von CIACCIO versucht worden, liefert aber nur sehr zweifelhafte Resultate. CIACCIO legte Organstücke zuerst auf $^1/_2$ Stunde in 0,5—1%ige Lösung von Goldchlorid, dann auf einige Minuten in 0,2%ige Silbernitratlösung, worauf die Reduktion in Wasser am Sonnenlichte vorgenommen wurde.

Nach einem anderen Verfahren desselben Autors wird mit einer Spritze 0,33%ige Lösung von Argentum nitricum in das Organ injiziert. Die weiß gewordenen Stücke werden herausgeschnitten, in Wasser schnell abgespült und auf einige Sekunden in 0,1%ige Goldchloridlösung getaucht. Reduktion in Wasser wie oben. Die Behandlung mit Argentum nitricum kann auch durch Bestreichen mit einem Argentum nitricum-Stift vorgenommen werden.

Neuerdings hat CAVALIÉ die Osmiumsäurefixierung mit der Vergoldung nach der Methode von NABIAS kombiniert.

Nach vorheriger Fixierung durch Einspritzung einer 2%igen Osmiumsäurelösung, wobei nur die hellbraun gefärbten Platten brauchbar sind, werden die Präparate auf dem Objektträger 2—5 Minuten mit der GRAMschen Lösung (Jod 1 Teil, Jodkalium 2 Teile, Aq. dest. 300 Teile) behandelt, dann mit Aq. dest. abgewaschen und mit einigen Tropfen einer 1%igen Goldchloridlösung auf einige Minuten bedeckt; alsdann nach wiederholtem Abwaschen in Aq. dest. Zusatz von einigen Tropfen einer sehr schwachen Anilinwasserlösung oder einer sehr schwachen Resorcinlösung auf 1—2 Minuten, schließlich destilliertes Wasser und zur Untersuchung Glycerin. Die violette Färbung darf nicht zu dunkel ausfallen.

d) GOLGIsche Methode. Die Imprägnation mit chromsaurem Silber nach dem von RAMÓN-Y-CAJAL angegebenen sogenannten schnellen GOLGIschen Verfahren wurde zuerst von dem Unterzeichneten bei den elektrischen Fischen versucht und führte zu wertvollen Ergebnissen. Durch sie lassen sich nicht allein die an das Terminalnetz herantretenden Geweihfasern, das Terminalnetz selbst, die Stäbchen und ein Stäbchennetz imprägnieren, es inkrustieren sich auch das zarte Gerüst innerhalb der Platte, die Körner und im Gallertgewebe die Zellen bis in ihre feinsten Ausläufer. Mithin lassen sich die meisten und zugleich wichtigsten Strukturen des elektrischen Gewebes von Torpedo vermittelst der GOLGIschen Methode sichtbar machen, wie auch CREVATIN bestätigt hat, welcher diese Methode einige Jahre nach BALLOWITZ bei Torpedo anwandte. Wie ja auch sonst bei der GOLGIschen Methode färben sich diese Bestandteile nicht immer gleichzeitig, sondern stellenweise einzeln. Bei der Herstellung der Golgipräparate vom Torpedoorgan verfährt man folgendermaßen.

In dem elektrischen Organ des erwachsenen Tieres wird nach Entfernung der Haut jedesmal ein elektrisches Säulchen in dem Gewebe der benachbarten Säulchen umschnitten und in der Höhe von $^1/_2$—1 *cm* mit einem scharfen Rasiermesser abgetragen, so daß kleine Stückchen des elektrischen Gewebes erhalten werden, in deren Mitte sich ein intakter Abschnitt eines einzelnen Säulchens befindet. Hierdurch wird eine Quetschung und Verletzung des herausgeschnittenen Säulenstückchens vermieden. Die Stücke werden sofort in ein reichliches Quantum des Gemisches (Kalium bichromicum 3%ige Lösung 4 Vol., 1%ige Osmiumsäurelösung 1 Vol.) gelegt. Von der Osmiumsäure kann auch ein um das Doppelte größerer Zusatz genommen werden. Nach einem 3—4tägigen Aufenthalte in dem Gemisch werden die Stücke schnell in einer dünnen Lösung von Argentum nitricum abgewaschen und sodann auf 1—3 Tage in $^3/_4$%ige Lösung von Argentum nitricum gebracht. Geschnitten wird freihändig ohne weitere Behandlung, die Schnitte kommen in Xylolbalsam. Eine gute Färbung tritt nur in dem umschnittenen, central gelegenen Säulchen auf, während das verletzte elektrische Gewebe der Umgebung unregelmäßige, meist krystallinische Niederschläge zeigt. Die guten Stellen verraten sich schon durch eine braunrote bis dunkelbraune Färbung. Eigentümlich ist das fleckenweise Auftreten der Färbungen, welche sich auf die übereinander gelagerten elektrischen Platten unregelmäßig verteilen.

Zu Tinktionen sind in erster Linie Hämatoxylin- und Hämateingemische und Carmine in Anwendung gebracht worden, besonders die ersteren, wobei aber zu bemerken ist, daß die ausschließlich mit Osmium fixierten, mit Alkohol nachbehandelten elektrischen Platten sich schlecht färben. Eine bessere Färbung mit Hämatoxylin ermöglicht die Nachbehandlung der osmierten Stücke mit Chromsäuresalzen, insbesondere mit Ammonium bichromicum (2%) und Kalium bichromicum (2%) (s. oben). Alkoholisches Hämatoxylin (nach KLEINENBERG) verdient den Vorzug. IWANZOFF empfiehlt hierfür das folgende Verfahren. Isolierte Platten oder kleine Stückchen des Organs, welche durch Injektion von 1%iger Osmiumsäure fixiert und mit

2%iger Kalium bichromicum-Lösung nachbehandelt wurden, werden leicht mit Wasser abgespült und darauf für 24 Stunden in eine stark verdünnte wässerige Lösung von Hämatoxylin gelegt. Die Farbstofflösung wird zweckmäßig einmal erneuert. Eine Überfärbung tritt nicht ein. Im Falle des Mißlingens kann man die Manipulation wiederholen, d. h. die Platten auf einige Zeit in Kalium bichromicum, dann in Hämatoxylin überführen. Besonders die Achsencylinder der feineren Nervenzweige und die sie bekleidende SCHWANNsche Scheide, oft auch das Terminalnetz, werden gut gefärbt.

W. KRAUSE benutzte zur Tinktion Anilinfarben, besonders Säurefuchsin. Das durch Injektion von 1%iger Osmiumsäure fixierte Stück wird nach Wasserspülung in gesättigte wässerige Lösung von Säurefuchsin auf 24 Stunden gelegt und dann ebensolange in mit Säurefuchsin gesättigten 50%igen, 70%igen, 90%igen und schließlich absoluten Alkohol übergeführt. Sodann Chloroform- und Paraffineinbettung.

Für die Untersuchung isolierter Platten und von Zupfpräparaten leistet schließlich die Färbung mit stark tingierenden Anilinfarben, besonders mit Gentianaviolett, Dahlia, Methylviolett u. a. sehr gute Dienste, wenn die tingierten Präparate in Wasser untersucht werden.

Bei dem elektrischen Organ von Torpedo wollte die Nervenfärbung mit Methylenblau bis jetzt noch nicht gelingen, wie aus den von CREVATIN angestellten Versuchen hervorgeht. Auch der Unterzeichnete konnte damit noch nicht befriedigende Resultate bei Torpedo erzielen.

Kommt es darauf an, die elektrischen Platten des Torpedoorgans in ganzer Ausdehnung zu isolieren, ohne daß auf die Konservierung ihres feineren Baues Rücksicht zu nehmen ist, so kommen die folgenden Verfahren in Betracht.

Nach M. SCHULTZE gelingt die Isolierung an Holzessigpräparaten, an denen das Bindegewebe so weich und locker wird, daß die einzelnen Prismen fast spontan auseinanderfallen, und auch die Plättchen sich ohne große Mühe bis zum Rande trennen lassen. Ganz vollständig isolieren sich die letzteren durch Kochen in Wasser, wobei das Bindegewebe in Leim aufgelöst wird, oder durch 24stündige Maceration in verdünnter Salzsäure 1‰, der die Plättchen, nicht aber die Bindegewebshäute widerstehen, so daß erstere allein zurückbleiben. Durch halbstündiges Kochen können ansehnliche Stücke des elektrischen Organs fast ganz in einzelne Plättchen verwandelt werden.

IWANZOFF wandte zu dem gleichen Zweck 5%ige Lösung von Salpetersäure (spez. Gew. 1,20) in Alkohol an. Äußerlich verändern sich darin die Organstückchen sehr wenig, zerfallen aber leicht in einzelne Prismen, welche sich ihrerseits wieder durch leichtes Schütteln in die Elektroplaxe zerlegen lassen.

Dasselbe wird nach W. KRAUSE durch 2tägige Maceration in 10%iger Chloralhydratlösung erreicht.

In konzentrierter wässeriger Lösung von Pikrinsäure gelingt nach CREVATIN die Isolierung der Platten leicht.

B. Torpedoembryonen.

Bei der Untersuchung der Entwicklung des elektrischen Organs an Torpedoembryonen bediente sich OGNEFF der folgenden Methoden.

Von lebenden Embryonen wurden kleine Organstücke mit einer scharfen Schere abgeschnitten, und zwar so, daß die Säulchen nie quer getroffen wurden, sondern immer der Länge nach in dorso-ventraler Richtung. In der Mitte eines kleinen kubischen Stückchens blieben dann einige Säulen gänzlich unversehrt, welche allein untersucht wurden.

Zur Fixierung bediente sich OGNEFF der 1—2%igen Osmiumsäure, der FLEMMINGschen (s. oben) und besonders der HERMANNschen Flüssigkeit (15 Teile 1%iger Platinchloridlösung, 1 Teil Eisessig und 4 Teile 2%iger Osmiumsäure). Nach Behandlung mit der letzteren (24—48 Stunden) wurden die Stücke in 70%igen Alkohol übertragen. Lösungen von Sublimat und verschiedene Gemische desselben mit Pikrinsäure, Osmium und anderen Säuren boten keinen Vorteil vor reiner Osmiumsäure und HERMANNscher Flüssigkeit, gaben vielmehr schlechtere Bilder.

Zur Färbung wurde Safranin oder Hämatoxylin (nach DELAFIELD, Hämalaun, Hämacalcium) benutzt. Nach OGNEFF liefern die so gefärbten Präparate aber keine besseren Bilder als die ungefärbten. Sehr gute Resultate gab die Färbung nach R. HEIDENHAIN (Hämatoxylin, Kalium bichromicum); an solchen Präparaten traten die Nervenendigungen merklich schärfer hervor, während die Schwärzung nach KOLOSSOW (Osmium, Pyrogallol) gar keine besonderen Vorzüge darbot.

Auch die GOLGIsche Methode glückt bei Torpedoembryonen und wird hier ebenso ausgeführt, wie oben für den ausgewachsenen Fisch angegeben ist. Die Schnitte müssen bei dem Zerschneiden des embryonalen Organs durch die ganze Dicke des Organs geführt werden. Auch hier imprägnieren sich nur die mittleren, von den schneidenden Instrumenten nicht berührten Säulchen. Längeres Verweilen der Stücke in dem Golgigemisch, als 1 bis 3 Tage, wirkt schädlich. Sehr oft tritt eine Imprägnation bei Embryonen nicht ein, ohne daß sich dafür ein Grund auffinden ließe. OGNEFF schien es, daß das Gelingen der Golgipräparate vom Alter des Embryos abhängt. Wenigstens gelangen ihm die besten Imprägnationen an sehr jungen und dann an schon ziemlich entwickelten (5—7 *cm* Länge) Embryonen. In einigen Perioden der Entwicklung wollte trotz aller Mühe die GOLGIsche Methode nicht glücken.

Die vitale Methylenblaufärbung nach EHRLICH wurde von OGNEFF in verschiedenen Modifikationen versucht (gewöhnlich wurde eine $^1/_4$%ige Lösung von Methylenblau in filtriertem Meerwasser benutzt), eine Färbung der Nerven wollte aber nicht eintreten.

II. Zitteraal, Gymnotus electricus.

Die Elektroplaxe des Zitteraales stellen schmale bandartige, im Vergleich mit denen vom Torpedo relativ dicke Gebilde dar, deren Vorderfläche durch die abgerundeten Papillen, deren Hinterfläche durch die mit den Nervenendigungen besetzten Zotten uneben und rauh erscheint.

Am besten bewährten sich dem Unterzeichneten schwache FLEMMINGsche Lösung und konzentrierte wässerige Sublimatlösung, welche die feinere Struktur der Platte, die Stäbchen usw. am besten fixierten. Zur Anfertigung von Schnitten Härtung in von 30—90% langsam ansteigendem Alkohol und Einbettung in Celloidin oder Paraffin von 52—55° C Schmelzpunkt.

Die Osmiumsäure, besonders die 1%ige, erwies sich dagegen als wenig geeignet, da sie durchgehends eine oft starke Schrumpfung und Verunstaltung der elektrischen Platte des Zitteraales hervorruft.

Die mit FLEMMINGscher Lösung und Osmiumsäure behandelten Stücke eignen sich auch zu Zupfpräparaten, wenn sie nach der Wasserspülung in der Mixtur von Aq. dest., absol. Alk. und Glycerin zu gleichen Teilen aufbewahrt werden.

Behandlung des frischen Gewebes mit Alkohol und MÜLLERscher Lösung ist nur imstande, die gröberen Strukturen zu erhalten.

Goldchlorid (0,5%ige Lösung mit nachfolgender Reduktion in essigsäurehaltigem Wasser am Licht) bringt bei gutem Gelingen der Imprägnation die feineren markhaltigen und die kurzen marklosen Nerven mit den Nervenendigungen zur Darstellung; auch geben Goldpräparate oft sehr instruktive Übersichtsbilder der Platten. In Mixtur (s. oben) aufbewahrte vergoldete Organstücke liefern auch gute Zupfpräparate.

Die GOLGIsche Methode wollte dem Unterzeichneten bei Gymnotus nicht glücken; es ließen sich mit ihr nur Teile des in der Platte befindlichen Netzgerüstes inkrustieren.

Zur Färbung kommen dieselben Methoden wie bei Torpedo (s. oben) zur Anwendung.

Nach Vorversuchen an einem lebenden Exemplar scheinen die Nervenfasern des Zitteraales im elektrischen Organ an der Hinterfläche der Platten auf Methylenblau durch spezifische Färbung zu reagieren.

III. Zitterwels, Malopterurus electricus.

Das elektrische Organ des Zitterwelses ist mit der Haut, unter welcher es liegt, fest verwachsen und überzieht als dicker Mantel den Körper, nur die Kopfgegend, die Flossen und den Schwanz freilassend. Bei der Konservierung bleibt das elektrische Gewebe am besten an der Haut, da es nicht ohne Verletzung abpräpariert werden kann.

Als geeignete Fixierungsmittel erwiesen sich dem Unterzeichneten folgende Reagenzien.

a) Pikrinsäure-Sublimatlösung. 3 Teile konzentrierte wässerige Pikrinsäurelösung und 1 Teil einer in 0,75%iger Kochsalzlösung gesättigten Sublimatlösung; sodann Alkoholhärtung und Konservierung in absol. Alk. In dieser Lösung schrumpft zwar die bindegewebige Gallertsubstanz zwischen den Elektroplaxen infolge von Wasserentziehung sehr erheblich, die Platten selbst dagegen schrumpfen nur wenig und machen den Eindruck einer guten Fixierung. Besonders gut sind das Netzgerüst der Platte, die Stäbchen und die Punktierung erhalten.

b) 5%ige Lösung des Doppelsalzes, welches Sublimat mit doppelchromsaurem Kali bildet. Alkoholhärtung und Konservierung in absol. Alk. Die Plattensubstanz konserviert sich gut, färbt sich aber schlecht. Besonders die Stäbchen sind deutlich und schon im ungefärbten Präparat zu erkennen. Die Gallertsubstanz schrumpft weniger als bei *a)*, ist aber zum größten Teil erweicht und aufgelöst.

c) 5%ige Lösung von Kalium bichromicum und 4%ige Lösung von Formol zu gleichen Teilen. Sodann Alkoholhärtung und Konservierung in absol. Alk. Gibt ähnliche Resultate wie *b*, nur schrumpft die Gallertsubstanz etwas, aber nicht so stark wie bei *a*.

d) 4%ige und 5%ige Formol-Lösung in 0,75%iger Kochsalzlösung. Später Alkoholhärtung und Konservierung in absol. Alk. Das Gewebe der Elektroplaxe fixiert sich schlecht, weil eine sehr starke Schrumpfung der Plattensubstanz eintritt. Dagegen werden die Gallertsubstanz und das Bindegewebegerüst des Organs besser konserviert

e) 0,5—1%ige Osmiumsäure. Einwirkung auf kleine Organstückchen während 24 Stunden, sodann nach Wasserspülung Überführung in Mixtur (s. oben) für Zupfpräparate, in Alkohol für Schnittpräparate. Die Osmiumsäure bewirkt eine Plattenschrumpfung. Die gekörnten Fadenbildungen treten in der geschrumpften Platte sehr deutlich hervor.

f) Schwache FLEMMINGsche Lösung (s. oben), Nachbehandlung wie bei *e*. Die Stücke können auch längere Zeit in der Lösung selbst verbleiben. Auch in diesem Reagens tritt eine Plattenschrumpfung ein, jedoch nicht in dem Grade wie in Formol. Die Stäbchen und die Punktierung werden deutlich.

(Nach OGNEFF ist die HERMANNsche Flüssigkeit [s. oben] zur Fixierung des Malopterurusorgans völlig unbrauchbar, weil sie die elektrischen Platten bis zur Unkenntlichkeit zusammenschrumpft und entstellt.)

Vergoldung. Kleine Organstücke werden bis 10 Minuten mit 25%iger Ameisensäure behandelt und kommen sodann in 1%ige Goldchloridlösung. Reduktion in 50%iger Ameisensäure oder in 1%iger Essigsäure am Licht. Für Zupfpräparate in Mixtur (s. oben), für Schnittpräparate in Alkohol. Nur die feineren Nerven imprägnieren sich, die Nervenendigungen werden indessen nicht deutlich, da Endknopf und Trichterstiel, welche zugleich bei dieser Behandlung etwas schrumpfen, eine violette Färbung annehmen.

Imprägnation nach GOLGI. Schnelles Verfahren nach RAMÓN-Y-CAJAL. Gelingt bei Malopterurus nicht immer. Es inkrustieren sich nur die feineren Nervenverästelungen mit den Nervenendigungen am Endknopf des Trichterstieles. Dagegen bleiben alle Plattenstrukturen ungefärbt, insbesondere auch die Stäbchen. Außerdem kommen die Gefäßnerven zur Darstellung.

Zur Färbung sind Hämatoxylinlösungen dem Carmin vorzuziehen. Besonders empfehlenswert ist die Färbung mit Eisenalaunhämatoxylin nach M. HEIDENHAIN. Nachfärbung mit Eosin wirkt sehr günstig. Auch die Färbung mit stark tingierenden Anilinfarben mit nachfolgender Untersuchung in Wasser liefert wertvolle Resultate (s. oben bei Torpedo).

a) Für die Isolierung der Platten leistet die MÜLLERsche Flüssigkeit vorzügliche Dienste. Kleine Organstücke kommen auf längere Zeit in ein nicht zu großes Quantum der Flüssigkeit. Nach einiger Zeit lassen sich dann die Platten durch Zerzupfen isolieren, da das Bindegewebe des Organs weich, nachgiebig und gelockert ist, zum Teil sich auch wohl aufgelöst hat. Vor dem Zerzupfen muß mit einer feinen Schere die Cutis und innere Organhülle von dem Stücke abgelöst werden. Die Form der Elektroplaxe von Malopterurus bleibt in MÜLLERscher Lösung vorzüglich erhalten; dabei bewahrt die Substanz der Platten ihre Weichheit, so daß die Platten nicht zerbrechen, wenn sie nicht bei dem Zerzupfen gerade zerrissen werden. Schon BABUCHIN erwähnt, daß Kalium bichromicum bei Malopterurus nicht schrumpfend wirkt und die Plattenform gut erhält.

Die isolierten Platten werden sodann in Aqua destillata abgespült und mit Hämatoxylin und Eosin gefärbt. Einschluß in Balsam.

Bei der Behandlung mit MÜLLERscher Lösung bleibt auch von der feineren Struktur der Plattensubstanz mancherlei, z. B. die gekörnten Fäden, die Stäbchen u. a., wenn nicht gut, so doch meist deutlich sichtbar erhalten.

b) Längeres Liegen kleiner Organstücke in gesättigter, wässeriger Pikrinsäurelösung erweicht das Bindegewebe, so daß die Platten sich leicht trennen. Die Stücke zerfallen alsdann bei dem Zerzupfen in eine große Zahl isolierter Platten. Die letzteren sind etwas geschrumpft und spröde, zerbrechen daher leichter als in den Präparaten aus MÜLLERscher Lösung, in welcher sie mehr weich und biegsam bleiben. Auch gelingt die Färbung in den mit Pikrinsäure behandelten Präparaten nicht mehr gut.

c) Nach M. SCHULTZE hat auch bei Malopterurus längeres mehrstündiges Kochen den Erfolg, daß nach Auflösung aller bindegewebigen Scheidewände und Hüllen die elektrischen Platten allein und nur durch Blutgefäße und Nervenfädchen noch untereinander zusammenhängend dargestellt werden können. Das Kochen in Wasser ist nach M. SCHULTZE das beste Mittel, die elektrischen Platten ohne Verletzung zu isolieren, sie bleiben durchsichtig, wenn auch die Grundsubstanz körnig gerinnt; freilich wird die feinere Struktur dadurch zerstört. Auch an Spirituspräparaten läßt sich nach vorherigem Auswässern das Kochen in Wasser zur Isolierung der Platten mit Vorteil anwenden, während in Chromsäurelösung und solcher von doppelchromsaurem Kali die Bindegewebsgebilde Veränderungen eingehen, welche ihre spätere Löslichkeit beeinträchtigen.

Schwach elektrische Organe.

IV. Raja-Arten. Genus Raja und Laeviraja.

Das elektrische Organ der Raja-Arten liegt in dem dünnen Schwanze der Fische zu jeder Seite der Wirbelsäule und besitzt eine lang ausgezogene Spindelform. Man legt es frei, indem man die derbe Haut längs der Wirbelsäule in der Mittellinie spaltet und von der Oberfläche des Organs vorsichtig abpräpariert.

Zur Fixierung eignen sich:

a) Konzentrierte Sublimatlösung in 0,6%iger Kochsalzlösung.

b) Eisessigsublimat (5 Teile Eisessig auf 100 Teile konzentrierte wässerige Sublimatlösung).

c) Schwache FLEMMINGsche Lösung (s. oben).

d) Chromessigsäure.

Osmiumsäure ist weniger geeignet, weil sie ein Schrumpfen der kuchenförmigen Platte verursacht.

G. RETZIUS hat bei Raja radiata auch 1/2%ige Chromsäure und Kalium bichromicum-Formolmischung benutzt.

a) Die Goldbehandlung bietet bei Raja nicht viel, vor allem gelingt damit keine gute Färbung der Nervenendigungen.

b) Die GOLGIsche Methode (schnelles Verfahren nach RAMÓN-Y-CAJAL s. oben) findet bei dem Rochenorgan eine vielseitige Anwendung. Durch dieses Verfahren können manche sonst schwer nachweisbare Strukturen mit großer Prägnanz dargestellt werden. So lassen sich die feinfädige Struktur der vorderen Rindensubstanz und die Netzfäden innerhalb der lamellären Schicht durch keine andere Methode so deutlich zur Anschauung bringen. Außerdem inkrustieren sich die feineren Nerven, die Nervenendigungen und die damit in Beziehung stehenden Netze sowie die elektrischen Stäbchen.

Die Doppelfärbung mit Hämatoxylin (nach BÖHMER, DELAFIELD u. a.) und Eosin gibt sehr instruktive Übersichtsbilder, da durch sie die Substanz der Elektroplaxen rot, das Gallertgewebe und Bindegewebsgerüst hingegen bläulich gefärbt werden. IWANZOFF benutzte statt Hämatoxylin Hämacalcium.

Färbung dünner Schnitte mit intensiv färbenden Anilinfarben (Gentianaviolett, Dahlia, Safranin, Toluidinblau, Säurefuchsin, BIONDIscher Flüssigkeit u. a.) mit nachfolgender Untersuchung in Wasser bietet gleichfalls für manche Strukturen Vorteile. So färben sich in Sublimatpräparaten von Raja clavata mit Säurefuchsin die Stäbchen.

G. RETZIUS erhielt bei Raja radiata die besten Tinktionen mit kombinierter Toluidinblau- und Säurefuchsinfärbung oder mit Säurefuchsin allein, und zwar vor allem an dem in FLEMMINGscher Lösung fixierten Material; gute Präparate erhielt er auch von dem in derselben Weise gefärbten, in Sublimat gehärteten Gewebe.

Die vitale Methylenblaufärbung ist von G. RETZIUS für die Färbung der Nervenendigungen mit Erfolg bei Raja clavata und Raja radiata ausgeführt worden. Die Methylenblaulösung wird dem noch lebenden oder eben getöteten Tiere entweder ins Blutgefäßsystem oder mittelst Stichinjektion interstitiell in das elektrische Organ beigebracht. Die scharfe Färbung tritt erst ein nach vorsichtiger

Zerzupfung des Organs unter der Lupe und nach dem Zutritt der Luft zu dem Gewebe.

a) Für Zupfpräparate ist das mit Osmiumsäure, FLEMMINGscher Lösung, MÜLLERscher Flüssigkeit und Kalium bichromicum (2—5%) behandelte Material geeignet. Die Aufbewahrung der mit Osmium und FLEMMINGscher Lösung behandelten Stücke geschieht nach Wasserspülung wieder in Mixtur (s. oben). Das Osmiummaterial kann nach Wasserspülung auch in 3%ige Lösung von Kalium bichromicum getan werden.

b) Wenn es nur darauf ankommt, die Form der Elektroplaxe von Raja, die bei den Arten nach dem Vorhandensein und der Ausbildung eines hinteren Schwanzanhanges variiert, isoliert zur Anschauung zu bringen ohne Berücksichtigung der feineren Struktur, redet M. SCHULTZE dem Aufkochen das Wort.

Aufkochen in Wasser macht die im frischen Zustande und bei Betrachtung mit bloßem Auge fast ganz durchsichtig erscheinenden Elektroplaxe undurchsichtig und weiß wie geronnenes Eiweiß. Das Gewebe derselben verdichtet sich, schrumpft etwas ein und wird härter. Das angrenzende Gallertgewebe, welches die hintere Hälfte des Faches ausfüllt, ist dagegen ganz durchsichtig geblieben. Nach 4—6stündigem Kochen eines Stückes des Rajaorgans ist im Gewebe der Elektroplaxe eine wesentliche Veränderung nicht weiter eingetreten. Schon nach 2stündigem Kochen beginnt das Bindegewebe der Scheidewände sich zu lösen, und bald fällt das ganze Organ in einzelne Blättchen auseinander, welche aus den meist ziemlich gut erhaltenen Nervenausbreitungen und den angehörigen Elektroplaxen bestehen, die sich auf diese Art von allem angrenzenden Bindegewebe vollständig isolieren lassen. Von den Zellen der Platten sind nach M. SCHULTZE nur noch die Kerne sichtbar, während sich die wellige Streifung der intermediären Schicht erhält. Beim Kochen in verdünnter Essigsäure löst sich das Bindegewebe viel schneller, die Platten mit den Nerven bleiben nach M. SCHULTZE aber auch dann ungelöst zurück.

c) Zur Isolierung der Elektroblasten aus dem elektrischen Organ von Rajaembryonen benutzte EWART Acidum nitricum (Konzentration nicht angegeben).

V. *Mormyriden, „Nilhechte“.*

Diese interessante Fischgruppe ist von OGNEFF nach neueren Methoden auf den Bau ihrer elektrischen Organe untersucht worden, und machte dieser Forscher hinsichtlich der Untersuchungsmethodik folgende Erfahrungen:

Sehr geeignet erwiesen sich für die Fixierung der Elektroplaxe der Mormyriden 1—1½%ige Osmiumsäure, Sublimat und HERMANNsche Flüssigkeit. Das Material wurde zum Teil zerzupft, zum Teil gehärtet und geschnitten.

Besondere Schwierigkeit macht die Fixierung der quergestreiften Muskelsubstanz innerhalb der Elektroplaxe. Auf die Ursache der Schwierigkeit, diese Streifung wahrzunehmen und die Muskeln zu untersuchen, hat schon BABUCHIN hingewiesen. Sehr bald nach der Tötung des Fisches, möglicherweise, wie OGNEFF scheint, noch während er am Leben ist, beginnt bei der erhöhten Tätigkeit der elektrischen Organe während des Tötungsprozesses und des Präparierens des Fisches eine eigentümliche Veränderung in den Muskelfasern, welche BABUCHIN eine Gerinnung derselben nennt. Letztere Erscheinung besteht darin, daß die Querstreifung verschwindet und die Fasern sich in wurstförmige, manchmal unregelmäßig gebogene Körper verwandeln. Die Osmiumsäure schien OGNEFF nicht geeignet zur Fixierung dieser Muskellage. Bessere Resultate ergab die Anwendung der HERMANNschen Flüssigkeit. Um mittelst derselben ein gutes Präparat zu erhalten, muß man den Fisch, ohne ihn anzurühren, in einer Schüssel mit Wasser sterben lassen. In diesem Falle bleibt die Streifung sogar an Weingeistexemplaren sichtbar.

Nach SCHLICHTER, welcher unter Anleitung des Unterzeichneten arbeitete und von Prof. LOOSS in Kairo nach Angaben des Unterzeichneten konserviertes Material untersuchte, bewährten sich für Mormyrus oxyrhynchus die HERMANNsche und die schwache FLEMMINGsche Lösung, in welchen sich auch die Querstreifung der Fibrillen der Fibrillenschicht in der Regel sehr deutlich erhalten hatte. Zum Nachweis der Stäbchenbildung eignete sich am besten Material, welches aus HERMANNscher Lösung stammte und mit HANSENschem Hämatoxylin nicht zu stark gefärbt war (Schnittfärbung 24 Stunden in ganz schwacher Farblösung).

Goldbehandlung. Die Imprägnation mit Gold mittelst Goldchloridkaliums und Reduktion in einer schwachen Lösung von Kaliumbichromat und auch nach anderen Methoden hat OGNEFF keine besonderen Resultate ergeben, wenigstens keine solchen, die nicht auch auf andere Weise hätten erreicht werden können.

Vermittelst der GOLGIschen Methode (schnelles Verfahren, s. oben Torpedo) gelingt es bei den Mormyriden nach OGNEFF verhältnismäßig leicht, die Verzweigungen der blassen Fasern bis zu den Endverzweigungen mit Silber zu imprägnieren, doch bleibt die Imprägnation immer an der hinteren Fläche der Platte stehen und geht nicht weiter als bis an die hinteren Stäbchen. Bei den Mormyriden gelang es OGNEFF niemals, Stäbchen zu imprägnieren (vgl. oben Gymnotus und Malopterurus), was bei Torpedo und Raja, wie der Unterzeichnete zuerst gezeigt hat, verhältnismäßig leicht gelingt.

Zur Färbung benutzte OGNEFF Hämatoxylin nach DELAFIELD, MAYERS Hämalaun, die BIONDIsche Mischung und Safranin. Die mit Osmiumsäure und HERMANNscher Flüssigkeit behandelten Präparate gewannen durch die Tinktion nicht viel, da sie schon durch die Osmiumsäure eine genügend dunkle Färbung erhalten hatten. Nach SCHLICHTER wirkt Eisenhämatoxylin nach M. HEIDENHAIN auf die quergestreifte Fibrillenschicht ebenso ein wie auf quergestreiftes Muskelgewebe.

Neuerdings (1906) haben DAHLGREN und SILVESTER bei dem amerikanischen Teleostier Astroscopus ein schwach elektrisches Gewebe in einer vorläufigen Mitteilung beschrieben, aber noch keine näheren Mitteilungen über die von ihnen angewandten Untersuchungsmethoden gemacht.

Literatur: BABUCHIN (Centralbl. Med. Wiss. 1870), derselbe (Ebenda, 1872), derselbe (Ebenda, 1875), derselbe (Arch. Physiol. 1877), derselbe (Centralb. Med. Wiss. 1882), BALLOWITZ (Arch. Mikr. Anat., Bd. 42, 1893), derselbe (Zeitschr. Wiss. Mikr., Bd. 13, 1896), derselbe (Anat. Hefte, II. 23, 1897), derselbe (Arch. Mikr. Anat., Bd. 50, 1897), derselbe (Das elektrische Organ des afrikanischen Zitterwelses, Jena 1899), BOLL (Arch. Mikr. Anat., Bd. 10, 1874), derselbe (Arch. Anat. 1876), CAVALIÉ (Bibl. Anat., Bd. 13, 1904; C. R. Soc. Biol. Paris, Bd. 58, 1905), CIACCIO (Mem. Acad. Sc. Bologna, III, Bd. 8, 1877), CREVATIN (Saggio di osservazioni sugli organi elettrici, Mantova 1897?), DAHLGREN und SILVESTER (Anat. Anz., Bd. 29, 1906), EWALD (Habilitationsschrift, Heidelberg 1881, auch Unters. Physiol. Inst. Heidelberg, Bd. 4), EWART (Phil. Trans., Bd. 179, 1889), derselbe (Ebenda, Bd. 183, 1893), IWANZOFF (Bull. Soc. Nat. Moscou 1894), derselbe (Ebenda, 1895), KRAUSE (Int. Mont. Anat. Physiol., Bd. 3, 1886), derselbe (Ebenda, Bd. 4, 1887), derselbe (Ebenda, Bd. 8, 1891), OGNEFF (Arch. Physiol. 1897), derselbe (Zeitschr. Wiss. Zool., Bd. 64, 1898), PIGHINI (Anat. Anz., Bd. 32, 1908), RANVIER (Leçons sur l'histologie du système nerveux, Paris 1878), derselbe (Technisches Lehrbuch), RETZIUS (Biol. Unter., N. F., Bd. 8, 1898), SCHLICHTER (Zeitschr. Wiss. Zool., Bd. 84, 1906), SCHULTZE (Abh. Naturf. Ges. Halle, Bd. 4, 1858), derselbe (Ebenda, Bd. 5, 1860), derselbe (Arch. Anat. 1858).

Ballowitz, Münster i. W.

Elodea siehe: Plasmaströmung.

Embryologische Technik. Die embryologische Technik umfaßt alle Methoden, welche embryologisches Material für die wissenschaftliche Untersuchung vorbereiten und geeignet machen. Sie zerfällt in die folgenden Kapitel:

1. Künstliche Befruchtung,
2. Beobachtung des lebenden Objekts,
3. Präparation der Eier und Embryonen,
4. Fixierung und Härtung,
5. Färbung,
6. Einbettungs-, Schneide- und Aufklebetechnik.

Hierzu kommen dann noch:

7. Rekonstruktion der Embryonen nach Serienschnitten,
8. Experimentelle und operative (sogenannte entwicklungsmechanische) Methoden.

In der folgenden Bearbeitung werden nur Kapitel 1—6 in einem allgemeinen und einem speziellen Teile hinsichtlich der Wirbeltiere berücksichtigt, da Kapitel 7 und 8 an anderer Stelle dieser Enzyklopädie besonders behandelt sind (s. Rekonstruktion und experimentell embryologische Methoden). Auch können für die Beschaffung des embryologischen Materials (Aufsuchen, Haltung und Züchtung der Muttertiere, Anlegung von Tierzuchten, Fortpflanzung, Laichzeiten, Aufsuchen und Fischen der Eier und Embryonen, künstliche Fischzucht, künstliche Eierausbrütung) hier keine näheren Anweisungen gegeben werden. Mit Bezug hierauf verweise ich auf das Handbuch der embryologischen Technik von PAUL RÖTHIG, Wiesbaden 1904, welches nach Herausgabe der ersten Auflage dieser Enzyklopädie inzwischen erschienen ist und welches sich zur Aufgabe gestellt hat, eine möglichst vollständige und eingehende Darstellung aller bisher veröffentlichten embryologischen Untersuchungsmethoden zu geben. Ich werde Gelegenheit haben, auf dieses Handbuch, in welchem auch die Wirbellosen berücksichtigt sind, des öfteren Bezug zu nehmen, ebenso auch auf die kleineren Zusammenstellungen von Methoden zu embryologischen Untersuchungen in der Mikroskopischen Technik von A. B. LEE und PAUL MAYER, 3. Auflage, 1907, pag. 280—312, und von H. E. ZIEGLER, Lehrbuch der vergleichenden Entwicklungsgeschichte der niederen Tiere, Jena 1902.

Für die Behandlung des embryologischen Materials gelten im allgemeinen die gleichen Grundsätze und Regeln, welche sich für die makroskopische und mikroskopische Untersuchungstechnik des ausgebildeten Wirbeltierkörpers bewährt haben, nur daß die Methoden der Eigenart des embryonalen Gewebes angepaßt sind und dadurch mancherlei Modifikationen erlitten haben, deren Zweckmäßigkeit die Erfahrung gelehrt hat.

In dem allgemeinen Teile sollen die allgemeinen Gesichtspunkte und die allgemein gültigen Methoden dargelegt werden. In dem speziellen Teile wird die embryologische Technik nach den einzelnen Klassen und Ordnungen der Wirbeltiere abgehandelt. Dabei können nur die Methoden berücksichtigt werden, welche sich bewährt und allgemeinere Verbreitung und Anerkennung gefunden haben.

I. Allgemeiner Teil.

In allgemeinen Zügen charakterisiert, ist der Gang der embryologischen Untersuchung folgender:

Wenn möglich, sind die Keimscheiben und Embryonen, die eventuell durch künstliche Befruchtung gewonnen werden, zunächst lebend unter einer guten Lupe oder schwachen mikroskopischen Vergrößerungen zu studieren. Derartige Objekte eignen sich für experimentelle und operative entwicklungsmechanische Versuche.

Das lebensfrische Objekt wird sodann fixiert und gehärtet.

Nach der Fixierung sind die Keimscheiben und Embryonen wiederum unter einer nicht zu starken Lupe oder bei schwächeren mikroskopischen Vergrößerungen eingehend zu betrachten, zu messen und zu zeichnen, eventuell zu photographieren, die Keimscheiben nicht allein von der Oberseite, sondern, wenn möglich, auch von der Unterseite. Diese Untersuchung wird am besten in einer flachen Schale mit Alkohol auf einer dunklen Unterlage bei auffallendem Lichte und, wenn es das Objekt gestattet, auch bei durchfallendem Lichte vorgenommen. Das auffallende Licht muß hinreichend stark, am besten kondensiert sein, eventuell künstliches Licht oder direkte Sonnenbeleuchtung, auch muß das Objekt unter dieser Beleuchtung in verschiedenen Stellungen und Lagen studiert werden, wenn es darauf ankommt, feinere Reliefverhältnisse oder Bildungen der Oberfläche zu erkennen, die nicht selten erst sichtbar werden, wenn die betreffende Keimscheibe oder der Embryo in einer ganz bestimmten Stellung bei guter Beleuchtung betrachtet wird.

Ein jedes Objekt wird mit genauer Bezeichnung und einer fortlaufenden Nummer versehen, welche mit der Nummer des Untersuchungsprotokolles übereinstimmt.

Hieran kann sich, wenn das Objekt geeignet ist, die Färbung in toto anschließen.

An dem in toto gefärbten Objekt ist dann die Untersuchung bei auffallendem Licht in der oben angegebnen Weise zu wiederholen, weil nach der Tinktion oft Dinge sichtbar werden, die vorher nicht erkannt werden konnten. Auch empfiehlt es sich, die gefärbten Keimscheiben und Embryonen, falls sie diese Behandlung vertragen, aufzuhellen und dann in dem aufhellenden Medium bei durchfallendem Lichte zu studieren. Sollen die Objekte nicht geschnitten werden, so ist es besser, sie sogleich in Balsam einzuschließen, mit einem Deckgläschen, das durch Wachsfüßchen, Glassplitter, Glaszelle od. dgl. Schutzvorrichtungen gestützt werden muß, zu bedecken und die Untersuchung mit durchfallendem Licht erst dann an dem Balsampräparat vorzunehmen. Aber auch diese Präparate können durch Auflösung des Balsams in Xylol auch später noch jederzeit herausgenommen und zum Schneiden eingebettet werden.

Die in toto gefärbten, resp. die ungefärbten Objekte werden sodann in Paraffin eingebettet, um mit dem Mikrotom in lückenlose Serien zerlegt zu werden, deren einzelne Schnitte der Reihe nach auf Objektträgern aufgeklebt, und falls sie noch nicht gefärbt sind, auf dem Objektträger gefärbt werden. Als Schnittdicke ist nach der Eigenart des Objektes eine solche von 5—20 μ in der Mehrzahl der Fälle von 10 μ zu wählen. Nach dem definitiven Einschluß der Serien in Balsam folgt dann das genaue Studium der Serienschnitte unter dem Mikroskop mit Zeichnung der wichtigeren Schnittbilder. Bei schwieriger verständlichen Bildungen und komplizierten Entwicklungsvorgängen ist die plastische Rekonstruktion nach den Serienschnitten vorzunehmen.

Bei älteren Embryonen kann es schließlich geboten sein, zum Studium der Organogenese die Embryonen zu eröffnen and die einzelnen Organe mit Nadeln und anderen feinen Instrumenten herauszupräparieren.

1. Künstliche Befruchtung.

Unter künstlicher Befruchtung versteht man die durch Menschenhand ausgeführte Besamung und Befruchtung der Eier. Sie ist unter den Wirbeltieren bei Fischen (z. B. Amphioxus, Cyclostomen, Knochenfischen) und Amphibien (s. diese im speziellen Teil) sehr leicht ausführbar und gibt ein bequemes Mittel an die Hand, um sich in den Besitz der frühesten Entwicklungsstadien bei den genannten Tieren zu setzen.

2. Beobachtung des lebenden Objektes.

Bei manchen Vertebraten, deren Eier sich außerhalb des mütterlichen Organismus entwickeln, läßt sich die Entwicklung unter der Lupe oder dem Mikroskope wenigstens eine Zeitlang verfolgen. Voraussetzung hierfür ist, daß die Eier und Embryonen unter den natürlichen Verhältnissen möglichst entsprechenden Bedingungen untersucht werden. Diese Objekte eignen sich naturgemäß in erster Linie für entwicklungsmechanische Experimente. Hierher gehören die Eier und Embryonen von Amphioxus, Fischen, Amphibien und Vögeln (s. diese im speziellen Teil).

Bei der Beobachtung der Entwicklungsvorgänge an undurchsichtigen Eiern empfiehlt es sich nach dem Vorgange von PFLÜGER, das Uhrschälchen, welches das zu beobachtende Ei enthält, auf die unbelegte Seite einer dicken Spiegelplatte zu stellen und bei auffallendem Lichte zu untersuchen. Alsdann kann man auch die Entwicklungsvorgänge an der nach unten gewandten Eihälfte im Spiegelbilde beobachten, ohne die Lage des Eies zu verändern.

3. Präparation der Eier und Embryonen.

Da das embryonale Gewebe sehr zart ist, können die Embryonen bei der Präparation auch schon durch ganz geringfügige Insulte verletzt und unbrauchbar gemacht werden. Die Freilegung der Eier und Embryonen muß daher mit größter Vorsicht ausgeführt werden. Am besten und schonendsten findet die Präparation unter Flüssigkeiten statt, seien es nun indifferente, sogenannte physiologische Flüssigkeiten oder Fixierungsmittel. Es ist nicht überflüssig zu betonen, daß bei der Präparation kleinerer Embryonen auch die Instrumente (Messer, feine Scheren, auch über die Fläche gebogene, sogenannte COOPERsche Scheren, Nadeln) entsprechend fein und scharf schneidend sein müssen; von Pinzetten empfehlen sich vor allem die mit ganz feinen, spitzen, sicher fassenden Branchen versehenen. Ferner ist es geboten, bei Präparation an frischen zarten Embryonalhäuten ganz glatt polierte Instrumente zu gebrauchen, da die ersteren leicht an den Instrumenten ankleben. Auch gehören feinste, weiche Marderpinsel zu den für den Embryologen unentbehrlichen Instrumenten. Hauptsache bleibt natürlich bei allen diesen Manipulationen eine geschickte Hand.

4. Fixierung und Härtung.

Für die Fixierung ist in erster Linie als Hauptregel aufzustellen, daß die Embryonen ganz lebensfrisch in die Fixierungsflüssigkeit gelegt werden; sie müssen daher, wenn es nur irgend angeht, aus dem frisch getöteten Muttertier sofort herausgeschnitten werden. Da besonders die jungen Embryonen sehr zart sind und in der Mutter meist von einem blutreichen, sich leicht zersetzenden Gewebe umlagert werden, macerieren die Embryonen sehr leicht und werden oft schon in wenigen Stunden innerhalb der Mutter für wissenschaftliche Untersuchungen völlig unbrauchbar. Besonders gilt dies für erlegtes Mutterwild, Wiederkäuer und andere Säugetiere, zumal in heißen Klimaten.

Aber auch für kaltblütige Tiere ist dies gewöhnlich zutreffend. So erwähnt z. B. Voeltzkow von den Krokodileiern, daß die Eier in den getöteten Tieren ungemein rasch verderben. Voeltzkow war daher auf Madagaskar gezwungen, die gefangenen Krokodile gefesselt und lebendig nach seiner Wohnung tragen zu lassen, um dort die Eier herauszuschneiden und sofort zu konservieren. Erwähnenswert ist auch das Verfahren, welches Voeltzkow einschlug, um sich verschiedene Stadien zu verschaffen, da die sämtlichen Eier eines Krokodilweibchens (wie auch bei anderen Reptilien) sich stets auf derselben Entwicklungsstufe befinden. Voeltzkow ließ die trächtigen Krokodile in geeigneter Rückenlage auf einem Baumstamm festschnüren, öffnete die Bauchhöhle durch einen kurzen Schnitt, der gerade zur Einführung der Hand genügte und entnahm dem Eileiter alle paar Stunden eine Reihe von Eiern. Dann wurde die Wunde gewaschen, verbunden und mit Carbollappen bedeckt, so daß es gelang, die Tiere noch zwei Tage am Leben zu erhalten. Auch bei Säugetieren ist dies Verfahren schon in Anwendung gebracht worden.

Die lebensfrisch gewonnenen Embryonen, resp. die Eier kommen in ein reichliches Quantum der Fixierungsflüssigkeit, welches nach Bedarf (vor allem bei größeren Embryonen) des öfteren gewechselt werden muß. Erforderlichenfalls kann die Fixierungsflüssigkeit vor dem Einlegen des Embryo auch injiziert werden. Am besten nimmt man die Fixierung in flachen Schalen vor, in denen man bequem die Lage der Embryonen regulieren und die Stücke umlegen kann, damit die Fixierungsflüssigkeit möglichst gleichmäßig von allen Seiten hinzutreten und eindringen kann. Der Boden der Schale sei mit einer dünnen Schicht guter Baumwolle (Watte) belegt, um das Plattliegen der Eier und Embryonen zu verhüten. Auch ist darauf zu achten, daß die Stücke sich nicht berühren; jedes Stück muß isoliert liegen und in seiner Lage eventuell durch Wattepolster, resp. Lockerung der Watteunterlage unterstützt werden.

Nach genügender Fixierung werden die Embryonen in Alkohol gehärtet. Die Alkoholhärtung muß allmählich vorgenommen werden, um eine sonst leicht eintretende Schrumpfung zu vermeiden. Die für die Härtung (durch Wasserspülung usw.) vorbereiteten Eier und Embryonen kommen zuerst in eine ganz dünne Alkohollösung von 30%, eventuell auch noch schwächer, verbleiben darin je nach der Größe der Stücke ein bis mehrere Stunden, werden dann in stärkeren Alkohol von 40% übergeführt, um darin wieder einige Zeit zu liegen, bis sie völlig davon durchdrungen sind, usw. bis zum 90%igen oder absoluten Alkohol. Meist wird es genügen, wenn man 30-, 40-, 50-, 70- und 90%igen Alkohol nimmt; bei ganz zarten Objekten ist es ratsam, auch noch die Zwischenstufen zu nehmen und mit dünnerem Alkohol anzufangen. Bei derberen Objekten kann man schon mit 70%igem Alkohol die Härtung beginnen.

Da es nicht gut ist, die Embryonen bei dem Wechseln der Flüssigkeit herauszunehmen, wobei sehr leicht Verletzungen stattfinden können, habe ich die zu wechselnden Flüssigkeiten aus den Schalen stets mit einer dünnen Glasspritze herausgesogen und dann die neue Flüssigkeit vorsichtig hinzugegossen. Bei diesem Verfahren bleiben die Embryonen in der ihnen von vornherein gegebenen zweckmäßigen Lage und werden darin fixiert und auch gehärtet. Um besonders zarte embryologische Objekte möglichst schonend aus der einen Flüssigkeit in die andere überzuführen, kann man sich auch der von FAIRSCHILD, SCHAFFER und RÖTHIG angegebenen Gefäße mit Siebboden bedienen.

Bei dotterreichen Eiern muß man mit starkem Alkohol vorsichtig sein, da derselbe den Dotter brüchig und zum Schneiden unbrauchbar macht. Dotterreiche Eier bewahrt man daher am besten in 70—80%igem Alkohol auf und setzt sie der Einwirkung starker Alkohollösungen möglichst kurze Zeit aus. Überhaupt ist es nicht gut, Embryonen in starkem Alkohol lange aufzubewahren, 80—90%iger genügt hierzu. Schließlich ist zu raten, das konservierte embryologische Material möglichst bald aufzuarbeiten, wenigstens in Paraffin einzuschließen, da es durch jahrelanges Liegen an seiner Brauchbarkeit leidet.

Zur Fixierung der Eier und Embryonen der Vertebraten sind sehr viele Reagenzien empfohlen und erprobt worden. Ihre Zweckmäßigkeit hat bei den einzelnen Objekten die Erfahrung gelehrt. Um Wiederholungen im speziellen Teil zu vermeiden, ist es geboten, diejenigen Lösungen, welche sich bewährt haben, hier zusammenzustellen; ich werde dann im speziellen Teil nur nötig haben, die Reagenzien und Kompositionen einfach zu nennen. Ich folge hierin vorwiegend den Zusammenstellungen in den oben genannten Handbüchern von LEE und MAYER und RÖTHIG und verweise im einzelnen auf die Spezialartikel dieser Enzyklopädie, welche die genannten Reagenzien und Farbstoffe behandeln.

Um etwas Übersichtlichkeit in diese Zusammenstellung zu bringen, habe ich die zahlreichen Fixierungsflüssigkeiten nach einem charakteristischen, wesentlichen, darin enthaltenen Bestandteil gruppiert.

Danach sind die folgenden Gruppen zu unterscheiden:

a) Osmiumsäure und osmiumhaltige Flüssigkeiten,

b) Chromsäure, Chromsäuresalze und Chromsäure, resp. Chromate enthaltende Flüssigkeiten,

c) Sublimat oder sublimathaltige Kompositionen,

d) Pikrinsäure und pikrinsäurehaltige Kompositionen.

e) Salpetersäure,

f) Essigsäure,

g) Platinchlorid,

h) Alkohol,

i) Formol und formolhaltige Kompositionen.

a) Osmiumsäure und osmiumhaltige Flüssigkeiten.

Diese Reagenzien eignen sich nur zur Fixierung kleinerer Objekte, denn die Osmiumsäure dringt schwer ein. Da die Säure eine leichte Schrumpfung der Zellen hervorruft, läßt sie die Zellgrenzen, ferner die Spalten zwischen den Keimblättern und die sich bildenden Kanäle und Hohlräume gut hervortreten. Sie eignet sich daher als Zusatz zu solchen Reagenzien, durch deren Einwirkung allein die Zellgrenzen verwischt werden. Zu betonen ist schließlich, daß sie fettige Substanzen, also auch die Dottertröpfchen der Eier schwärzt. Ebenso schwärzt sie die Marksubstanz der markhaltigen Nerven, ist demnach von Bedeutung für das Studium der Entwicklung des Nervensystems.

a) 1. Osmiumsäure.

Wird gewöhnlich in 0,5—2%iger wässeriger Lösung angewandt. Dringt schwer ein, besonders in fetthaltige Substanzen (dotterhaltige Eier). Je nach der Größe der Objekte, die nur klein sein dürfen, bleiben diese im Dunkeln einige Stunden bis mehrere Tage in dem Reagens. Sodann Wasserspülung und Alkoholhärtung. Die Totalfärbung mit Hämatoxylin u. a. wird am besten vor der Alkoholhärtung vorgenommen. Zur Färbung des frischen Objektes empfiehlt MAYER das Methylgrün.

Zur Fixierung kleinerer Eier, Furchungen usw. empfiehlt sich auch die Fixierung durch Osmiumdämpfe. Etwas Osmiumsäurelösung wird in ein Schälchen gegossen, das zu fixierende Objekt legt man dann auf einem Objektträger im hängenden Tropfen darüber. Reine Osmiumsäurelösung wird in der embryologischen Technik nur selten benutzt, meist findet sie in folgenden Mischungen Verwendung.

a) 2. FLEMMINGsche Lösung, Chromosmiumessigsäure.

Im Gebrauch sind:

a) 2. *a)* Eine schwache Lösung: Chromsäure $2^1/_2$ *g*, Osmiumsäure 1 *g*, Eisessig 1 *g*, Wasser 1000 *g*.

a) 2. *b)* Eine starke Lösung: 2%ige Osmiumsäure 4 Vol., 1%ige Chromsäure 15 Vol. Eisessig 1 Vol.

Die beiden Lösungen werden am besten jedesmal vor dem Gebrauch frisch hergestellt.

Da die Lösungen schwer eindringen, eignen sie sich nur für kleine Eier und kleine Embryonen, die darin einige Stunden bis Tage (ja sogar Wochen und Monate) verbleiben. Nach der Einwirkung sorgfältiges Auswaschen in Wasser. Färbung entweder (nach LEE und MAYER) in toto mit Hämateintonerde oder besser noch der Schnitte mit Safranin, Eisenhämatoxylin u. a.

a) 3. HERMANNS Gemisch, Platinosmiumessigsäure.

In ihm ist die Chromsäure der starken FLEMMINGschen Lösung durch 1%ige Platinchloridlösung ersetzt: 15 Teile 1%iger Platinchloridlösung, 4 Teile oder weniger 2%iger, Osmiumsäure, 1 Teil Eisessig. Für Amphibien ist die Hälfte der Osmiumsäure zu nehmen. BOUIN hat die Osmiumsäure der HERMANNschen Vorschrift durch Formol ersetzt. Nachbehandlung und Tinktion wie bei den FLEMMINGschen Gemischen.

a) 4. Osmium-Pikrinsäure-Platinchlorid-Essigsäure (VOM RATH), 200 *ccm* gesättigter Lösung von Pikrinsäure, 1 *g* Platinchlorid (in 10 *ccm* Wasser gelöst), 2 *ccm* Eisessig, 12, resp. 25 *ccm* einer 2%igen Lösung von Osmiumsäure. (Die Osmiumsäure kann auch fortgelassen werden.)

b) Chromsäure, Chromsäuresalze und Chromsäure, resp. Chromate enthaltende Flüssigkeiten.

Durch Einwirkung der Chromsäure und der chromsauren Salze nehmen die Keimscheiben und die Embryonen eine in verschiedenen Nuancen auftretende, mattbraune bis grüne Färbung an, die bei längerem Aufenthalt in Alkohol aber in ein mehr gleichmäßiges Hellgrün übergeht. Frisch chromierte Keimscheiben und Embryonen eignen sich daher für das Studium der Oberflächenbilder mehr als bei anderer Behandlung. MEHNERT empfiehlt, die durch Alkoholeinwirkung hellgrün gewordenen Embryonen auf einige Stunden in $^1/_2$%ige Chromsäure zurück zu legen, nach welcher Behandlung die Oberflächenzeichnung wieder auf das schärfste hervortritt.

b) 1. Chromsäure.

Wird zur Fixierung und Härtung verwendet in 0,1—1%igen (meist wohl in $^1/_2$%igen) wässerigen Lösungen, worin die Objekte je nach der Größe mehrere Tage bis Wochen verbleiben; es ist ein großes Quantum der Lösung zu nehmen und nach Bedarf zu erneuern.

Chromsäure und Alkohol zersetzen sich in ganz kurzer Zeit gegenseitig; alkoholische Chromsäurelösungen sind daher stets unmittelbar vor dem Gebrauch anzufertigen.

Die Objekte müssen nach der Chromsäurebehandlung durch längere Wasserspülungen von der Chromsäure möglichst befreit werden. Die Wasserspülung läßt sich umgehen, wenn man (nach H. VIRCHOWS Vorschrift) die mit Chromsäure (und Chromsäuresalzen) behandelten Stücke sogleich in Alkohol überführt und im Dunkeln aufbewahrt; der gelbwerdende Alkohol ist öfter zu wechseln. Hierdurch wird auch die Bildung von Niederschlägen in den Objekten verhindert.

Ein großer Mangel der Chromsäurebehandlung embryologischen Materials ist, daß die Kernfärbung nach derselben nur ungenügend oder gar nicht mehr zu erzielen ist. Um das Chromsäurematerial wieder fähig zu machen, die gewöhnliche Kerntinktion anzunehmen, schlägt MAYER vor, die Stücke nach der Alkoholbehandlung entweder in verdünnte Schwefelsäure (1 Vol. auf 20 Vol. Wasser) oder Salpetersäure (1:10) zu bringen; hierin werden sie in längstens einigen Stunden hell graugrün und färben sich nach Entfernung der Säure gut durch. Die aufgeklebten Schnitte von Chromsäurematerial behandelt man nach LEE und MAYER zu dem gleichen Zwecke einfach mit dem gebräuchlichen salzsauren Alkohol; sie werden in kurzer Zeit fast weiß und färben sich dann nach der Entsäuerung mit den gewöhnlichen Färbemitteln.

E. BURCHARDT hat zur Färbung der Chromsäurepräparate Holzessigfarben angegeben. (Vgl. Artikel Holzessigfarben.) VOELTZKOW hat diese Holzessigfarben zur Tinktion von mit Chromsäure fixierten Embryonen auch für ganz alte, dunkelgrüne Chromsäurepräparate unter folgender Modifikation mit Erfolg angewandt. Man suche sich ungereinigten Holzessig von möglichst klarer, etwas gelblicher Farbe zu verschaffen und koche darin eine Menge besten Carmin im Überschuß bei kleiner Flamme stundenlang, so daß die Flüssigkeit nur gerade kocht, bis sie eine tiefdunkle, ölige Farbe angenommen hat, und filtriere dann. Dauer der Durchfärbung je nach Größe des Objekts; bei kleineren genügen 1 bis

2 Stunden, größere Objekte werden gewöhnlich über Nacht oder auch bis 24 Stunden in der Färbeflüssigkeit gelassen. Ausgewaschen wird mit gewöhnlichem Wasser so lange, bis sich die vorher rötliche Farbe der Objekte in eine tiefviolette umgewandelt hat. Dann überführt man wieder in Alkohol von steigender Konzentration. Ist die Kernfärbung nicht klar genug, so kann man, nachdem man die frisch gefärbten Objekte mit 50%igem Alkohol ausgewaschen, mit 50%igem Alaunalkohol differenzieren, den man sich herstellt, indem man Kalialaun im Überschuß in 50%igen Alkohol wirft, tüchtig umschüttelt und absetzen läßt. Ausgewaschen wird mit 50%igem Alkohol. Die Färbung ist sehr gleichmäßig und dringt selbst in sehr große Objekte ein, ohne daß eine Überfärbung eintritt. VOELTZKOW hat darin Embryonen von 4—5 *cm* Länge in toto gefärbt. Zu bemerken ist, daß der ungereinigte Holzessig möglichst klar sein muß. Vollständig zu verwerfen ist der fast tintenfarbene, wie man ihn gewöhnlich in Drogerien erhält. Bei gereinigtem Holzessig, den man auch benutzen kann, muß man aber tagelang kochen, um eine einigermaßen brauchbare Lösung zu erhalten; die damit erhaltene Farblösung färbt auch weniger intensiv und bildet Niederschläge. VOELTZKOW meint, daß im ungereinigten Holzessig Stoffe enthalten sind, die für Carminaufnahme eine besondere Fähigkeit besitzen, die aber bei den Rektifikationen des Holzessigs verloren gehen.

VOELTZKOW, welcher die embryologischen Konservierungsmethoden in dem tropischen Klima von Madagaskar erprobte, zieht die Chromsäure auf Reisen jedem anderen Konservierungsmittel vor, und zwar aus dem sehr einfachen Grunde, weil man stets ein kleines Gläschen mit fester Chromsäure bei sich tragen kann. VOELTZKOW war hierdurch bei tagelang dauernden Jagdausflügen, bei denen jedes Mitnehmen von Alkohol oder anderen Konservierungsmitteln ausgeschlossen blieb, doch stets genügend ausgerüstet, um Seltenheiten, wie Embryonen der Tagesbeute, zu konservieren. (Vgl. VOELTZKOW, Beiträge zur Entwicklungsgeschichte der Reptilien. Abh. herausgegeben von der Senckenbergischen Naturforschenden Gesellschaft, Bd. 26, Frankfurt a. M. 1899.)

b) 2. **PERÉNYIS Gemisch.** 4 Teile 10%iger Salpetersäure, 3 Teile Alkohol (90%), 3 Teile 1/2%iger Chromsäure.

Nach MAYER zur Fixierung eine „irrationelle" Mixtur, da Chromsäure und Alkohol sich in demselben bald zersetzen; ihre günstige Wirkung beruht wohl hauptsächlich auf der Salpetersäure, ist aber trotzdem von manchen Embryologen zur Fixierung von Eiern und Embryonen mit Erfolg gebraucht worden.

b) 3. **Chromessigsäure.** Chromsäure 2—2 1/2 Teile, Essigsäure 1 Teil, Wasser 1000 Teile.

Nachfärbung mit Hämateintonerde (für Safranin und andere Teerfarben eignen sich die Präparate nicht).

b) 4. **Chromameisensäure (RABL).** Zu 200 *ccm* einer 1/3%igen Chromsäurelösung werden unmittelbar vor dem Gebrauche 4—5 Tropfen konzentrierter Ameisensäure zugesetzt. Fixierung 12—24 Stunden, Wasserspülung, Alkoholhärtung, Hämatoxylin oder Safranin.

b) 5. **Chromsäure und Platinchlorid (MERKELS Gemisch).** 1 Teil Platinchlorid, 1 Teil Chromsäure, 800 Teile destillierten Wassers.

Fixiert nur langsam. Auswaschung mit 50—70%igem Alkohol. Gute Tinktion möglich. Eignet sich für sehr zarte Objekte.

WHITMANN hat gleiche Teile von 1/4%igem Platinchlorid mit 1%iger Chromsäure empfohlen, sonst wie oben.

b) 6. NOWACK verwendet (für Keimscheiben von Vögeln und Reptilien) das folgende Gemisch: 1/2%ige Chromsäure 30 *ccm*, Sublimat in physiologischer Kochsalzlösung gesättigt 30 *ccm*, Eisessig 3 *ccm*, Aqua dest. 37 *ccm*. GERHARDT ersetzt in dieser Flüssigkeit 10 *ccm* Aqua dest. durch 10 *ccm* Formol. Einwirkung 24 Stunden, 24 Stunden Spülung in fließendem Wasser, Alkohol.

b) 7. Bichromate.

Diese dienen in erster Linie zur Härtung, weniger zur Fixierung.

b) 7. *a)* **Kaliumbichromat in 2—5%iger wässeriger Lösung.** Man beginnt mit schwacher Lösung und geht dann zu stärkeren über (bis 5%). Die Härtung dauert längere Zeit (Wochen); die Stücke können lange in der Lösung liegen bleiben. Auswaschen und Alkoholbehandlung wie bei der Chromsäure.

b) 7. *b)* **MÜLLERsche Lösung.** Kaliumbichromat 2—2 1/2 *g*, Natriumsulfat 1 *g*, Wasser 100 *ccm*. Anwendung wie bei *b)* 5. *a)*. Zur Konservierung und Härtung größerer Embryonen oft angewendet.

b) 7. *c)* **ERLICKIS Gemisch.** Kaliumbichromat 2 1/2 *g*, Kupfersulfat 1 *g*, Wasser 100 *ccm*.

Härtet schneller als die MÜLLERsche Lösung. Für Konservierung großer Embryonen empfohlen. Nachbehandlung wie bei der MÜLLERschen Lösung.

ZENKERsches Gemisch siehe unter Sublimat.

c) Sublimat (Quecksilberchlorid) und sublimathaltige Kompositionen.

Ist für embryonales Gewebe ein ausgezeichnetes Fixierungsmittel, welches auch den Vorteil bietet, daß nach seiner Anwendung Plasma- und Kernfärbung sehr gut gelingen. Da es etwas schwer eindringt, empfiehlt sich der Zusatz von anderen leicht eindringenden Reagenzien, besonders Essigsäure (s. unten).

Nach der Fixierung kommen die Stücke in Alkohol (70%); die Spülung mit Wasser unterbleibt oder wird nur ausnahmsweise vorgenommen. Konzentrierte reine Sublimatlösungen bewirken meist eine stärkere Schrumpfung zarter Embryonen.

Alle mit Sublimat oder sublimathaltigen Kompositionen fixierten Gewebe müssen sorgfältig mit Jod behandelt werden, um den Überschuß des Sublimats zu entfernen und die in den Geweben sich bildenden Krystalle zu beseitigen. Für kleinere Objekte empfiehlt MAYER Zusatz von Jodtinktur zu dem Waschalkohol, der so lange zu wechseln ist, bis er nicht mehr durch die Objekte entfärbt wird. Für große Objekte ist es nach MAYER besser, Jodjodkalium anzuwenden; man hält sich ein Gemisch einer Lösung von 5 *g* Jodkalium in 5 *ccm* Wasser und von 0,5 *g* Jod in 45 *ccm* 90%igen Alkohols vorrätig und läßt es nach Bedürfnis in den Waschalkohol einträufeln. Am besten behandelt man in dieser Weise zuerst die Keimscheiben und Embryonen und dann noch einmal die aufgeklebten Schnitte vor dem Färben mit einer schwachen alkoholischen Lösung von Jodjodkalium. Die mit Jod behandelten Schnittserien müssen noch einmal durch Alkohol geschickt und dadurch von Jod befreit werden, bevor sie in die Färbeflüssigkeiten kommen. (Im speziellen Teil ist bei Angabe der Technik nach Sublimatfixierung die Jodbehandlung als selbstverständlich nicht besonders erwähnt.)

Sublimat wird in den folgenden Lösungen und Kompositionen für embryologische Zwecke angewendet:

c) 1. In der Kälte gesättigte Lösung (6—7%) in Aqua destillata.

c) 2. Heiß gesättigte Lösung in Aqua destillata.

c) 3. Heiß gesättigte Lösung in ½%iger Lösung von Chlornatrium; wirkt mehr schrumpfend als die einfache wässerige Lösung.

c) 4. Eine kalt oder auch heiß gesättigte Lösung in Aqua destillata mit Zusatz von 5% Eisessig (Eisessigsublimat). Überall, wo im speziellen Teil von Eisessigsublimat die Rede ist, ist diese 5%ige Lösung gemeint. Statt der konzentrierten Lösung kann man auch eine 5%ige Sublimatlösung nehmen. Wirkt besser und dringt leichter ein als die einfachen Sublimatlösungen. Stärkerer Zusatz von Eisessig als 5% schadet der Färbbarkeit der Kerne. Die Essigsäure wird am besten jedesmal kurz vor dem Gebrauche zugesetzt.

c) 5. Alkoholische Lösung mit oder ohne Zusatz von Eisessig und Kochsalz.

c) 6. Sublimat mit Salpetersäure. Salpetersäure (etwa 1,456 spez. Gew.) von 46% = 15 *ccm*, Eisessig 4 *ccm*, Sublimat 20 *g*, 60%iger Alkohol 100 *ccm*, Aqua destillata 880 *ccm*. (Vorschrift nach GILSON.)

c) 7. Sublimat und Pikrinsäure. Gesättigte Lösung von Sublimat in Wasser und desgleichen von Pikrinsäure in Wasser, je 1 Teil, Aqua destillata 2 Teile. Vorschrift nach RABL; eignet sich namentlich für ältere Embryonen, z. B. Hühnerembryonen von 3 bis 4 Tagen und entsprechend große Embryonen anderer Wirbeltiere. Einwirkungsdauer je nach Größe 12 Stunden bis 2 Tage. Wasserspülung für ein paar Stunden.

(Pikrinsäuresublimatosmiumgemisch s. oben.)

c) 8. Sublimatpikrinsäureeisessig nach VOM RATH. Konzentrierte wässerige Pikrinsäure, in Kochsalz gesättigte Sublimatlösung aa. 100 Teile, Eisessig 2 Teile.

c) 9. Sublimat und Kaliumbichromat (ZENKERsches Gemisch). 5% Sublimat und 5% Eisessig in MÜLLERscher Lösung (s. oben); (25 *g* Kal. bichrom., 10 *g* Natr. sulfuricum, 50 *g* Sublimat in 1000 *ccm* heißen dest. Wasser gelöst). Einwirkung auf mittelgroße Stücke 24 Stunden. Auswaschen in Wasser; bei dotterhaltigen Eiern empfiehlt es sich aber, in Alkohol im Dunkeln auszuwaschen. Der Eisessig darf erst kurz vor dem Gebrauche dem Gemisch zugesetzt werden. Zur Färbung empfiehlt sich Boraxcarmin oder Cochenillealaun.

c) 10. Sublimat und Platinchlorid. 1 Vol. konzentrierter Sublimatlösung, 2 Vol. 1%iger Platinchloridlösung, 2 Vol. Wasser.

RABL empfiehlt diese Lösung besonders für junge Embryonen und Keimscheiben, die darin kaum schrumpfen; keine Wasserspülung.

NOWACKsches Gemisch siehe unter Chromsäure.

d) Pikrinsäure.

d) 1. Die Pikrinsäure wird zur Fixierung der embryonalen Gewebe in starker (meist kalt gesättigter) wässeriger Lösung angewandt, worin die Objekte bis 24 Stunden verbleiben; schwache Lösungen macerieren. Die Säure muß stets mit 60—70%igem Alkohol ausgewaschen werden, welcher die Säure bei genügend langer Einwirkung leicht aus dem Gewebe entfernt; Wasserspülung wirkt schädlich. Aus diesem Grunde empfiehlt es sich nach MAYER, auch bei allen übrigen Manipulationen das Wasser zu vermeiden und in alkoholischen Flüssigkeiten (Paracarmin, Boraxcarmin, Hämacalcium) zu färben, mit alleiniger Ausnahme vielleicht der wässerigen Färbemittel, die selbst etwas härten, wie Hämalaun, Carmalaun u. a.

d) 2. Pikrinschwefelsäure (KLEINENBERGsche Flüssigkeit) (siehe den Artikel Pikrinsäure). Je nach der Größe bleiben die Objekte (Embryonen) mehrere Stunden in der Flüssigkeit, worauf sie auf Stunden in 70%igen und dann in 90%igen Alkohol kommen; der letztere wird so lange gewechselt, bis die gelbe Farbe ganz oder fast ganz verschwunden ist. Das Auswaschen in Wasser ist streng zu vermeiden.

Die Pikrinschwefelsäure dringt schnell ein, läßt sich aus dem Gewebe mit Alkohol völlig und leicht entfernen und gestattet eine gute Färbung. Ist brauchbar zum Studium des embryonalen Schichtenbaues, eignet sich aber nicht für feinere Untersuchung. Das Bindegewebe quillt durch die Einwirkung der Schwefelsäure. Die Zellgrenzen der embryonalen Keimlagen, welche bei Anwendung der reinen KLEINENBERGschen Flüssigkeit nicht sehr scharf sind, werden nach Zusatz einer geringen Menge von Osmiumsäure deutlicher.

d) 3. Pikrinsalpetersäure (nach MAYER): Wasser 100 *ccm*, Salpetersäure (von 25% Salpetersäureanhydrid) 25 Vol., dazu Pikrinsäure bis zur Sättigung. Wird unverdünnt angewandt.

MAYER empfiehlt die Pikrinsalpetersäure zur Fixierung dotterreicher Eier; die Säure läßt sich aber mit Alkohol langsamer auswaschen als die KLEINENBERGsche Flüssigkeit.

d) 4. Pikrinsäureplatinchlorid: 1 Teil 1%iger Platinchloridlösung, 2 Teile konzentrierter wässeriger Pikrinsäurelösung, 7 Teile Aqua dest.

Gibt nach RABL nicht ganz sichere Resultate. Das Auswässern darf nur kurze Zeit dauern.

d) 5. Pikrinsäureplatinchloridessigsäure nach VOM RATH: 200 *ccm* gesättigter Lösung von Pikrinsäure, 1 *g* Platinchlorid (in 10 *ccm* Wasser gelöst), 2 *ccm* Eisessig.

d) 6. Pikrinessigsäure nach BOVERI: Konzentrierte Lösung von Pikrinsäure 100 Vol., Aq. dest. 200 Vol., Eisessig 2—3 Vol. Auswaschen in 70%igem Alkohol.

e) Salpetersäure.

In 3—5%iger wässeriger Lösung ein gutes Fixierungsmittel für kleinere Embryonen, da sie schnell eindringt. Ausgewaschen darf die Säure nur mit Alkohol (70%) (nicht mit Wasser) werden. Die Salpetersäure ist auch in starker Lösung (10%) (Einwirkung 1 bis 2 Tage) für embryologische Zwecke oft benutzt worden, auch mit nachträglicher Überführung (auf 2—3 Tage) in wässerige Lösung von Kaliumbichromat.

e) 1. Salpetersäure-Chromsäure: Zur Fixierung von Keimscheiben und Embryonen leistete mir die Kombination von Salpetersäure mit Chromsäure (3 Teile 3%iger Salpetersäure, 1 Teil 1%iger Chromsäure) gute Dienste. Keine Wasserspülung, sondern direkte Überführung in 70%igen Alkohol, der bis zur Entfernung der Säuren gewechselt werden muß.

f) Essigsäure.

Die Essigsäure allein wird für embryologische Zwecke wohl nur bei vorübergehender Untersuchung zur Aufhellung, Sichtbarmachung und Fixierung der Kerne benutzt, zu letzterem Zwecke nach FLEMMING am besten in einer $\frac{1}{2}$—1%igen Lösung. Im Verein mit anderen Reagenzien bildet sie aber einen wichtigen Zusatz (bis 5%) zu vielen Fixierungsmitteln (s. oben).

g) Platinchlorid.

Für die Fixierung zarter Objekte in einer wässerigen Lösung von 1:300 empfohlen, findet es in der embryologischen Technik hauptsächlich nur in Zusammensetzung mit anderen Reagenzien Anwendung. Nach Fixierung in reiner Platinchloridlösung färben sich nach RABL die Embryonen gewöhnlich schlecht, geben aber gute Oberflächenbilder.

h) Alkohol.

Konzentrierter Alkohol bewirkt eine starke Schrumpfung wasserreicher Gewebe, ist daher für zarte embryonale Objekte als Fixierungsmittel wohl nur sehr ausnahmsweise verwendbar. Dagegen ist er unentbehrlich für Fixierung und Konservierung größerer Embryonen, in denen die Gewebe schon differenziert sind, besonders bei dem Sammeln von Vertebratenembryonen auf wissenschaftlichen Reisen, durch Sammler usw. Für nicht zu große Objekte, welche eine schwach schrumpfende Einwirkung vertragen können, empfiehlt sich absoluter Alkohol, für größere Embryonen schwächere Lösung (50—90%). Man muß dabei

Sorge tragen, daß der Alkohol schnell und überall eindringt. Größere Embryonen müssen aufgeschnitten, eventuell injiziert werden. Auch ist der Alkohol häufig zu wechseln, und die Embryonen dürfen nicht einfach auf den Boden des Glases gelegt werden, sondern müssen darin auf Watte ruhen oder aufgehängt werden, damit sie stets von reinem, konzentriertem Alkohol umgeben sind, während das Wasser des Objektes sich zu Boden senkt. Die definitive Aufbewahrung findet in 90%igem Alkohol statt. Wird mit diesen Kautelen verfahren, so konservieren sich die Zellen, Zellkerne und Gewebslagen in Wirbeltierembryonen durch Alkoholbehandlung recht gut, wie ich z. B. an größeren Gürteltierembryonen, welche von Sammlern in Südamerika lediglich mit Alkohol konserviert waren, habe ersehen können.

Über die Verwendung des Alkohols in Verbindung mit anderen Fixierungsmitteln, deren Vermögen, in die Gewebe leicht einzudringen, durch Alkoholzusatz bedeutend erhöht wird, s. oben.

Ranviers Drittelalkohol (2 Teile Aq. dest. und 1 Teil Alkohol 90%) findet bei embryologischen Untersuchungen wohl nur selten Anwendung, wenn es sich darum handelt, Zellenelemente (besonders Epithelien) durch Maceration zu isolieren.

i) Formol oder Formalin (käufliche 40%ige Lösung von Formaldehyd in Wasser).

Formol ist in neuerer Zeit vielfach als Fixierungs- und Härtungsmittel empfohlen worden, sei es in wässerigen Verdünnungen oder in Mischung mit anderen Substanzen.

Auch in der embryologischen Technik ist es nach meiner Erfahrung verwendbar, besonders wenn es sich darum handelt, ganze, mit Embryonen versehene Eier oder auch größere Embryonen in ihrer natürlichen Lage und in ihrem natürlichen Aussehen zu erhalten. Gebraucht werden 3—10%ige, meistens 4%ige Lösungen des käuflichen Formols in Wasser.

Aus dem Formol kommen die Embryonen nach einigen Stunden bis Tagen in (70%igen) Alkohol, können aber auch längere Zeit, selbst jahrelang, in Formol verbleiben; in diesem Falle muß die Formollösung aber einigemale erneuert werden. Formolembryonen sehen makroskopisch wie frisch aus.

Ziegler rät, Eier und Embryonen für 8 Tage in eine 4%ige Lösung von Formol zu legen, sodann für je 1 Tag in 30%igen und 70%igen Alkohol zu bringen und in 95%igem Alkohol aufzubewahren.

Formol ist auch in Verbindung mit anderen Reagenzien verwendet worden.

Es seien genannt:

i) 1. Formolalkohol: Statt des Wassers Alkohol von 70—96%; auch Zusatz von 1—3% Eisessig ist empfohlen worden.

i) 2. Formolsublimat: 1 Teil Formol, 3 Teile gesättigter wässeriger Sublimatlösung. Einwirkung 2—3 Stunden. Kurzes Abspülen und Überführung in 70%igen Alkohol (Bouin).

i) 3. Formol mit Kaliumbichromat: 1 Teil Formol und 4 Teile 3%ige Lösung von Kaliumbichromat.

i) 4. Formol und Müllersche Flüssigkeit: 9—10 Teile Müllerscher Flüssigkeit, 1 Teil Formol (Orth).

Stets erst vor dem Gebrauch zusammen zu gießen.

5. Färbung.

Bei der Tinktion embryologischer Objekte kommt es in erster Linie auf eine distinkte Kernfärbung an, mit welcher vorteilhaft eine differente Protoplasmafärbung verbunden wird. Die letztere kann durch einen zweiten Farbstoff bewirkt werden und wird am besten an die Kernfärbung angeschlossen. Hierzu kommen dann noch elektive Färbungen, durch welche nur ganz bestimmte Zellbestandteile, z. B. Centralkörper, Knorpel usw. gefärbt werden sollen; je nach den Aufgaben, welche man sich stellt, kann man natürlich alle Färbemethoden auf das embryonale Gewebe anwenden. Hier sollen auch wieder nur die bewährten und praktisch allgemein brauchbaren Tinktionsmittel aufgezählt werden, und das sind im Grunde nicht allzu viele; man kommt auch bei umfangreichen embryologischen Untersuchungen schon mit wenigen zuverlässigen Färbemitteln gut aus. Das Nähere über die aufgeführten Farbstoffe ist in den betreffenden Artikeln dieser Enzyklopädie nachzulesen.

Die Färbung wird ausgeübt als Stück- und als Schnittfärbung.

Bei der Stückfärbung werden die Keimscheiben und die Embryonen in toto gefärbt, wozu je nach der Größe und Durchdringlichkeit des Objektes Stunden oder Tage erforderlich sind. Die alkoholischen Farbstoffe verdienen hierbei den

Vorzug; zur Stückfärbung werden vorwiegend benutzt; Boraxcarmin, Carmalaun, Alauncochenille.

Bei der Schnittfärbung werden die aufgeklebten Serien gefärbt, und gelten hierfür alle in der histologischen Technik gebräuchlichen Regeln.

Für jeden Einzelfall gültige, allgemeine Regeln können für die Verwendung eines jeden Farbstoffes nicht aufgestellt werden, da dessen Verwendbarkeit von der Eigenart des jedesmaligen embryologischen Materiales, von der Vorbehandlung desselben, vor allem von den angewandten Fixierungsmitteln abhängt.

A. *Kernfärbemittel.*

a) Carmingemische.

Außer der Kernfärbung läßt sich durch diese Farbstoffe bei nicht zu weit getriebener Differenzierung der Kerntinktion eine genügende Plasmafärbung meist gleichzeitig erzielen, so daß in dem embryonalen Gewebe auch die Zellkörper mit ihren Fortsätzen deutlich hervortreten. Sonst empfiehlt sich die Anwendung eines zweiten, das Protoplasma tingierenden Farbstoffes.

Bei Anwesenheit von kleinen Skeletbildungen, die erhalten werden sollen, darf keins der sauren Gemische oder der GRENACHERschen Lösungen angewandt werden.

Alkoholische Gemische.

a) 1. Boraxcarmin nach GRENACHER. Besonders für Stückfärbung, läßt sich aber auch sehr gut zur Färbung von Serienschnitten verwenden. Die gefärbten Präparate kommen direkt in Alkohol von 70%, dem Salzsäure (4–6 Tropfen auf 100 *ccm*) zugesetzt ist. Bei der Färbung der Serienschnitte dürfen die Objekte nicht zu lange in dem Salzsäurealkohol liegen.

a) 2. Paracarmin nach MAYER. Besonders für Stückfärbung bei solchen Objekten, die keine wässerigen Farblösungen vertragen, wenn sie einmal in Alkohol gewesen sind. Die Objekte dürfen nicht viel Kalk (Skelete) enthalten, der zu Niederschlägen Veranlassung gibt. Auswaschen in 70%igem Alkohol.

Wässerige Gemische.

a) 4. Carmalaun nach MAYER.

a) 5. Alauncarmin nach GRENACHER. Besonders für Schnittfärbung; da es schwer in die Tiefe eindringt, eignet es sich nicht zum Durchfärben größerer Stücke. Nach der Tinktion Abspülung in Wasser. Überfärbt nicht.

a) 6. Alauncochenille (CZOKOR) nach der Vorschrift von RABL. Von RABL für Keimscheiben und Embryonen sehr empfohlen; dieser Autor fand für die Eier und Embryonen von Petromyzon aber Boraxcarmin mehr geeignet. Besonders für Stückfärbung.

a) 7. Pikro-Lithioncarmin nach ORTH.

a) 8. Pikrocarmin nach WEIGERT.

b) Hämatoxylin- und Hämateingemische.

Besonders für Schnitt-, aber auch für Stückfärbung. Färben Kerne, aber auch etwas das Protoplasma. Das letztere wird sehr zweckmäßig nach der Hämatoxylintinktion mit Eosin nachgefärbt. Die meisten Hämatoxylingemische überfärben sehr leicht. Überfärbte Präparate werden durch Auswaschen mit Alaunlösung oder mit schwacher Säure (Salzsäure von $^1/_{10}$%) wieder brauchbar gemacht. Die Säure muß sodann durch reichliche Wasserspülung wieder entfernt werden.

b) 1. Alaunhämatoxylin nach BÖHMER, nach DELAFIELD und nach HANSEN. Ich verwende diese Gemische zur Färbung von Serienschnitten von Embryonen, z. B. von Säugetieren, in ganz dünner Lösung, worin die Objektträger 24 Stunden verbleiben; alsdann werden die Präparate mehrere Stunden mit Leitungswasser abgespült. Gibt dann sehr gute Kernfärbung und bei nachfolgender Färbung mit Eosin sehr instruktive Bilder.

JOSEPH hat kürzlich auch die Stückfärbung für Embryonen vermittelst ganz dünner Lösung von DELAFIELDs Hämatoxylin empfohlen. Hiernach kommen die aus dem Aufbewahrungsalkohol in Wasser gebrachten, nicht allzu großen Stücke nach dem Zubodensinken in eine stark verdünnte (etwa 1:25—30) Lösung von DELAFIELDschem Hämatoxylin, darin verweilen sie 1—3 Tage, auch noch länger. Die Lösung färbt auf diese Weise selbst verhältnismäßig große Stücke sehr gleichmäßig durch, wobei es sich fast immer um eine ganz reine Kernfärbung handelt. Nach Ablauf der Zeit, deren Dauer sich nach der Konzentration des Färbemittels,

Größe der Objekte und deren sonstiger Beschaffenheit richtet und daher meist erst durch Erfahrung festgestellt werden muß, werden die Stücke flüchtig in Wasser abgespült, in Alkohol übertragen usw. Kalkhaltige Gewebe können so behandelt werden, da bei der Reinheit der Färbung eine Differenzierung mit Salzsäure nicht nötig ist. Zur Nachfärbung dieser Präparate empfiehlt JOSEPH die VAN GIESONsche Pikrinsäure-Säurefuchsinmethode.

b) 2. EHRLICHS essigsaures Hämatoxylin. Gibt eine sehr scharfe Kernfärbung. Auch für Stückfärbung empfohlen.

b) 3. Hämalaun nach MAYER. Für Schnitt-, besonders aber Stückfärbung. Ausgewaschen wird in einer 1—2%igen Alaunlösung, wonach reinere Kernfärbung resultiert. Der Alaun muß sorgfältig wieder ausgewaschen werden, worauf die gefärbten Objekte zur Bläuung noch mit Leitungswasser gewaschen werden. Bei dem Einschluß sind Bergamott- und Nelkenöl zu vermeiden, dafür Chloroform, Xylol oder Benzol; hierin muß auch der Balsam gelöst sein. Für Doppelfärbung empfiehlt MAYER: Carmalaun, Säurefuchsin, Indigocarmin u. a.

b) 4. Noch präziser färbt nach MAYER dessen saures Hämalaun (mit Zusatz von 2% Essigsäure).

b) 5. Alkoholisches Hämacalcium nach MAYER. Färbt nach MAYER nicht so gut wie Hämalaun. Hauptsächlich für solche Objekte, die keine wässerige Farbstofflösung vertragen, wenn sie einmal in Alkohol gewesen sind. Dient als Ersatz für das früher oft verwendete KLEINENBERGsche alkoholische Hämatoxylingemisch.

b) 6. Hämatoxylinchrom nach R. HEIDENHAIN. Reich abgestufte Kern- und Plasmafärbung, eignet sich auch zur Stückfärbung. Nach Fixierung mit Alkohol, Pikrinsäure, Chromsäure und FLEMMINGscher Lösung.

b) 7. Eisenhämatoxylin nach M. HEIDENHAIN. Nur für Schnittfärbung. Hauptsächlich zum Nachweis der Centralkörper, dann aber auch zur Färbung der Kerne, Chromosomen, Muskelstruktur usw.

b) 8. Färbung mit Hämatoxylin-Pikrinsäure-Säurefuchsin nach VAN GIESON.

c) Teerfarbstoffe.

In der embryologischen Technik meist zur Nachfärbung und Doppelfärbung der (schon mit Kernfärbung versehenen) Serienschnitte benutzt. Für Stückfärbung nicht verwendbar. Nur wenige werden auch zur direkten Kernfärbung benutzt; von letzteren seien als am meisten gebräuchlich hier nur die folgenden aufgeführt:

c) 1. Methylgrün. In starker wässeriger Lösung unter Zusatz von etwa 1% Essigsäure. Dient hauptsächlich zum Färben der Kerne von frischem oder von frisch fixiertem Gewebe.

c) 2. Safranin. Wird angewandt nach Fixierung mit FLEMMINGschem Gemisch zur Tinktion der Kerne und besonders auch der Mitosen. Die Schnitte müssen mehrere Stunden dem Farbstoff ausgesetzt sein. Aus dem Farbstoff kommen die Schnitte in neutralen oder auch etwas angesäuerten Alkohol, bis die Differenzierung eingetreten ist. Einschluß in Balsam.

c) 3. Gentianaviolett. Anwendung wie bei *c)* 2. Färbt dunkler und intensiver als das Safranin. Eignet sich zu Doppelfärbungen mit roten oder gelben Plasmafarbstoffen.

B. Plasmatinktionen.

Werden bei der Tinktion am besten nach der Kernfärbung vor dem Einschluß in Canadabalsam in der Weise angewandt, daß man sie in dem Alkohol löst, der zum Entwässern der mit dem Kernfarbstoff gefärbten Objekte benutzt wird. Es seien hier nur die folgenden genannt.

a) Pikrinsäure. In alkoholischer Lösung, besonders nach Carminfärbung angewandt.

b) Orange G. Zum Nachfärben nach Eisenhämatoxylin, DELAFIELDschem Hämatoxylin. Hämalaun geeignet. Wird in konzentrierter wässeriger Lösung benutzt, worin die Schnitte 5—10 Minuten verbleiben.

c) Säurefuchsin. In schwacher (1:500) wässeriger Lösung zur Nachfärbung nach Hämalaun und Methylgrün zu verwenden.

d) Säurefuchsin und Pikrinsäure. Von VAN GIESON zuerst empfohlen.

e) Eosin. Nach Hämatoxylinfärbungen die geeignetste Protoplasmafärbung. Wird in wässeriger oder besser alkoholischer Lösung angewandt.

f) Lichtgrün S. F. In wässeriger oder alkoholischer Lösung. Zur Plasmafärbung nach roter Kerntinktion. (Safranin und besonders Carmin.)

g) Indigocarmin. Zur Nachfärbung nach Carminfärbungen in wässeriger oder alkoholischer Lösung (1:200 70%igen Alkohol.)

h) Methylenblau.

Anmerkung. Auf die vitale Methylenblaufärbung nach Ehrlich, die auch für Embryonen, z. B. von Amphioxus, schon angewandt ist, ferner auf die Metallimprägnation mit Silber, Gold, Chromsilber (Golgi), die gelegentlich für spezielle Zwecke bei embryologischen Studien in Anwendung kommen, kann hier nicht eingegangen werden, und muß mit Bezug darauf auf die entsprechenden Kapitel dieser Enzyklopädie verwiesen werden. Erwähnt sei nur, daß sich das embryonale Gewebe ganz hauptsächlich für die Anwendung der Golgischen Methode eignet; für das Studium des Nervensystems sind daher auch vorwiegend Wirbeltierembryonen benutzt worden.

Über die Injektionstechnik und die Hochstettersche Methode der Darstellung der Formverhältnisse gewisser Hohlräume und Gangsysteme des embryonalen Körpers siehe den Artikel Injection.

6. Einbettungs-, Schneide- und Aufklebetechnik.

6. *a)* Einbettung.

Die Einbettung hat in erster Linie den Zweck, zu ermöglichen, die Keimscheiben und Embryonen in Serienschnitte zu zerlegen.

Gerade bei embryologischem Material muß die Einbettung aber auch aus dem Grunde oft ausgeführt werden, um zarte Objekte transportfähig zu machen. Das gilt vor allem für Keimscheiben und kleine zarte Embryonen, z. B. von Vögeln und Reptilien; ich weiß aus eigener Erfahrung, daß z. B. Keimscheiben von Vögeln auch nach sorgfältigster Fixierung und bei bester Verpackung durch die Erschütterungen einer zweistündigen Wagenfahrt so leiden, daß sie unbrauchbar sind. Forschern und Sammlern, welche embryologisches Material auf wissenschaftlichen Reisen sammeln, ist daher nicht dringend genug anzuraten, irgendwie zarteres embryologisches Material sogleich nach der Härtung im Laboratorium, in welchem die Konservierung vorgenommen wurde, wenn auch nur provisorisch einzubetten, bevor es noch irgendwie transportiert wird. Mehnert und Mitrophanow benutzten zur Einbettung das Photoxylin, welches von ihnen für Expeditionen besonders empfohlen wird, weil es den großen Vorteil besitzt, daß es in der Form von Photoxylinwatte mitgeführt werden und bei etwaigem Gebrauche im Laufe weniger Minuten in einer jeden gewünschten Konzentration in absol. Alkohol und Äther zu gleichen Teilen aufgelöst werden kann. Das Photoxylin durchdringt nach Mehnert die Gewebe auch rascher als Celloidin und hat außerdem den Vorzug größter Durchsichtigkeit. Die mit Photoxylin eingebetteten Stücke werden am besten in 70%igem Alkohol aufbewahrt.

Für den provisorischen Einschluß zum Zwecke gefahrlosen Transportes sind aber auch Celloidin und Paraffin nicht minder verwendbar.

Voeltzkow umging die provisorische Einbettung bei dem Transport seiner auf Madagaskar gesammelten Keimscheiben von Reptilien durch eine besondere Art der Verpackung, welche sich bewährte und daher hier erwähnt sein mag. Dieser Forscher bediente sich kleiner Gläschen von 25 *mm* Höhe und 10 *mm* Durchmesser mit geradem Boden. In je ein Gläschen wurde eine Keimscheibe verpackt, und zwar so, daß sie flach dem Boden des Gläschens anlag und durch einen Wattepfropf, dessen zarte Spitzen die Keimscheibe gerade berührten und jede Bewegung verhinderten, in ihrer Lage verblieb. Das Gläschen wurde dann durch einen stärkeren Wattepfropf verschlossen. Bei besonders wichtigen Stadien wurden die kleinen Gläschen mit Watte umhüllt und in größere eingelegt, und dann das Ganze nochmals endgültig mit Watte in Standgläser verpackt. Bei dieser Art der Verpackung ließ sich das Schütteln der Keimscheiben, die dem Boden des Gläschens fest anlagen, vermeiden.

6. *a)* 1. Paraffineinbettung.

Für lückenlose Serien ist ausschließlich diese verwendbar. Vorbedingung ist, daß die einzubettenden Gegenstände durch Behandlung mit absolutem Alkohol durchaus wasserfrei gemacht sind. Als Zwischenmittel (Intermedium P. Mayer) zur Überführung embryonalen Materials aus dem absoluten Alkohol in Paraffin sind verschiedene Reagenzien in Gebrauch, deren Auswahl sich etwas nach dem einzubettenden Gegenstand richtet. Die gebräuchlichsten Zwischenmittel sind: Chloroform, Cedernholzöl, Bergamottöl, Benzol, Xylol. Das Chloroform verwende ich selbst mit bestem Erfolge schon seit vielen Jahren. Sind bei zarten Objekten Diffusionsströme möglichst zu vermeiden, so kommen die Objekte zuerst in Mischungen des Zwischenmittels mit absolutem Alkohol, dann in das reine Zwischenmittel, von diesem in Mischungen des Zwischenmittels mit dem Paraffin und schließlich in reines Paraffin. Das letztere ist zu wechseln, besonders wenn größere Objekte eine größere Menge des Zwischenmittels in das Paraffin übergeführt haben. Auch Röthig betont, daß das Chloroform nach seinen Erfahrungen für alle Fälle brauchbar ist, da es gut eindringt, die Objekte lange Zeit ohne Schaden in ihm liegen bleiben können und sich nach ihrer Einbettung gut schneiden. Nach Lee ist Cedernöl das beste Zwischenmittel, besonders für dotterreiche Objekte, da in ihm das Material nie hart oder brüchig wird und unter Aufhellung eine schnelle und vollkommene Durchtränkung mit Paraffin ermöglicht. Xylol dagegen macht die Objekte sehr leicht hart und spröde. Als Einbettungsgefäße sind am einfachsten kleine flache Glasschalen, die mit einem Glasdeckel bedeckt werden, zu benutzen. Um den Gang der Einbettung, wie sie bei gewöhnlichen embryologischen Objekten auszuführen ist, kurz zu skizzieren, so kommt das einzubettende Objekt aus dem absoluten Alkohol (sorgfältigste Entwässerung ist die erste Hauptbedingung!) in ein Gemisch von absolutem Alkohol und Chloroform zu gleichen Teilen, darauf in reines Chloroform, in welchem es im Paraffinofen angewärmt wird. Sodann kann man (bei zarten Objekten) stückweise Paraffin von 45° Schmelzpunkt bis zur Sättigung des Chloroforms allmählich hinzutun; oder man gießt das Chloroform bis auf einen kleinen Rest, in welchem das Objekt schwimmt, vorsichtig ab und ersetzt dasselbe durch flüssiges Paraffin von 45° Schmelzpunkt oder zuvor auch noch durch eine Mischung von Chloroform und Paraffin. Hierin verbleiben die Objekte, bis sie völlig durchtränkt sind. Alsdann gießt man dieses Paraffin ab und füllt dafür flüssiges Paraffin von 52—58°, durchschnittlich 56° Schmelzpunkt, vorsichtig nach; in letzterem verbleiben die Präparate kürzere Zeit als in dem von 45°. Die Einwirkungsdauer dieser Reagenzien richtet sich nach der Größe und Beschaffenheit des Objektes. Bei ganz kleinen Objekten (kleinen Eiern) genügen oft schon Minuten, bei größeren Embryonen sind Stunden (6—8) erforderlich. Röthig schaltet zwischen Alkohol und Chloroform und zwischen diesem und Paraffin immer je mindestens eine Mischung ein, bei zarterem und schwerer zu durchtränkendem Material mehrere; nach ihm gestaltet sich die Reihenfolge folgendermaßen: 1. absol. Alkohol, Chloroform aa., 2. Chloroform, 3. Mischung von Chloroform und Paraffin (Schmelzpunkt 42°) aa., 4. Paraffin von 42° Schmelzpunkt, 5. Mischung von Paraffin (42°) $^1/_3$ und Paraffin (58°) $^2/_3$, 6. Reines Paraffin vom Schmelzpunkt 58°. Zu beachten ist, daß man die Objekte nicht unnütz lange in heißem Paraffin läßt, sondern nur so lange, als zur völligen Durchtränkung erforderlich ist. Besonders dotterreiche Eier, z. B. von Amphibien und Petromyzon, dürfen nur ganz kurze Zeit in heißem Paraffin verweilen. Auch darf die Erwärmung des Paraffinofens den Schmelzpunkt der Paraffinsorte nicht wesentlich übersteigen. Wichtig ist, daß das Paraffin, in welchem die Embryonen schließlich eingebettet sind, ganz frei von Chloroform, resp. den anderen angewandten Zwischenmitteln ist.

Das Abkühlen des Paraffins habe ich stets in Eiswasser, in welchem noch etwas Eis schwimmt, vorgenommen und so jede Krystallisation im Paraffin sicher vermieden.

Vor dem Abkühlen sind die Objekte in Paraffin vermittelst erwärmter Nadeln zu orientieren. Über spezielle Methoden der Orientierung, ferner über die Anbringung von Richtlinien am Paraffinblock zum Zwecke der Rekonstruktion s. Artikel Paraffineinbettung und Rekonstruktion.

Das Paraffin wird erst schnittfähig, wenn es die Temperatur des Laboratoriums angenommen hat.

6. *a)* 2. Celloidin- (Collodium- und Photoxylin-) Einbettung.

Wird für embryologische Zwecke nur noch hier und da angewandt, wenn es nicht darauf ankommt, lückenlose Serien oder besonders dünne Schnitte zu erhalten, und wenn es sich um besonders brüchige und sehr große Objekte handelt.

Die einzubettenden Stücke kommen aus absolutem Alkohol in ein Gemisch von Alcohol absol. und Äther zu gleichen Teilen, darauf zuerst in eine dünne, dann in eine dicke Lösung von Celloidin in Alcohol absol. und Äther zu gleichen Teilen.

Photoxylin hat vor dem Celloidin noch den Vorzug, daß es ganz durchsichtig ist, die Einzelheiten an den Embryonen also darin leicht zu erkennen sind.

6. *a)* 3. Die kombinierte Celloidin-, resp. Photoxylin-Paraffineinbettung

empfiehlt sich bei in ihrem Zusammenhang leicht verschieblichen Objekten zur Erhaltung der topographischen Verhältnisse und bei älteren Embryonen.

Mitrophanow bringt die Embryonen zuerst auf 1—3 Tage in $^1/_2$—1%ige Lösung von Photoxylin, darauf zur Härtung in Alkohol von 70%. Nach der Härtung wird der zurechtgeschnittene Block mit dem Objekt in 95%igem Alkohol erwärmt, mit Bergamottöl, Origanumöl oder Chloroform durchtränkt und darauf in Paraffin eingebettet. Weitere Methoden sind von Kultschitzky, Ryder, Field und Martin, Koncewicz, Jordan u. a. angegeben.

In betreff alles Näheren über die Celloidin- und Photoxylintechnik und kombinierte Einbettungsmethoden s. die betreffenden Artikel der Enzyklopädie.

6. *b)* Die Anfertigung von Serienschnitten.

Zur Anfertigung von Serienschnitten leisten die mittelgroßen Schlittenmikrotome von Jung, Schanze und Becker (s. unter Mikrotom) die besten Dienste. Es ist viel darüber debattiert worden, ob es besser ist, mit schräg oder quer gestellter Klinge zu schneiden; die letztere Messerstellung dient besonders zum Schneiden zusammenhängender Schnittbänder. Ich persönlich schneide meine Serien gewöhnlich mit schräger Messerhaltung und nehme ich jeden Schnitt mit einer feinen Pinzette einzeln ab. Das ist allerdings zeitraubend, scheint mir aber mehr Garantie dafür zu bieten, daß keine Verschiebung und Verzerrung des eingebetteten Objekts im Paraffinschnitt entsteht, was für die Feststellung der embryonalen Schichtenlagerung sehr wesentlich ist. Schnittstrecker sind sehr überflüssig, da ein kleiner, feiner, geschickt gebrauchter Pinsel vollständig ausreicht, das Rollen der Schnitte zu verhindern.

Bei manchen Embryologen sind die Minotschen Mikrotome (s. unter Mikrotom) in Gebrauch, bei welchen das Objekt sich an der quergestellten festen Messerklinge vertikal vorbei bewegt, und welche eine fabrikmäßig schnelle Herstellung von Schnittbändern gestatten. Für manche embryologische Objekte, die es vertragen können, ist diese Schneidemethode recht bequem. Hauptbedingung hierfür ist, daß das zu schneidende Objekt eine ganz gleichmäßige Konsistenz besitzt.

6. c) Das Aufkleben der Schnitte.

Die mit dem Mikrotom aus dem Paraffinmaterial hergestellten Serienschnitte, seien sie nun einzelne oder Schnittbänder, müssen auf größeren Objektträgern genau in der Schnittfolge und der gleichen Lage aufgeklebt werden, und zwar so, daß jede Seite eines jeden Schnittes stets nach der gleichen Richtung sieht. Zum Aufkleben sind eine ganze Menge von Mitteln empfohlen worden, z. B. Wasser, Alkohol, Eiweiß, Schellack, Kollodium, Gummi arabicum u. a.; alle werden aber für embryologische Zwecke übertroffen durch ein Verfahren, welches zuerst von Henneguy geübt wurde und welches ich mit einigen Modifikationen schon seit Jahren für Serien anwende. Nach meinen Erfahrungen ist dieses Verfahren geradezu ideal und genügt allen Anforderungen, welche man füglich an eine Aufklebemethode bei embryologischen Untersuchungen stellen kann. Es ist dabei gleichgültig, mit welchem Fixierungsmittel die Stücke vorbehandelt waren; mit Chromsäure und Chromsäuresalzen fixierte Schnitte kleben ebenso fest wie mit Alkohol oder Sublimat fixierte. Ich verfahre beim Aufkleben der Serienschnitte folgendermaßen.

Objektträger von größerem Format werden sorgfältig gereinigt, indem man dieselben mit 70—80%igem Alkohol abwäscht und dann mit einem ganz reinen Leinentuche trocken reibt. Sodann wird etwas Eiweißglycerin mit dem Finger auf der einen Objektträgerfläche in bekannter Weise möglichst dünn verrieben. Als Eiweißglycerin verdient die von Mayer zuerst angegebene Mischung vor allen andern den Vorzug (s. Eiweißglycerin). Auch wenn die Schnitte erst nach dem Aufkleben gefärbt werden sollen, schadet der dünne Eiweißunterguß für embryologische Untersuchungen nichts, da er höchstens nur eine ganz minimale Färbung annimmt. In dieser Weise werden gerade so viele Objektträger vorbereitet, als für die anzufertigende Serie erforderlich sind. Ich kann nicht empfehlen, einen größeren Vorrat davon herzurichten, da diese Gläser, auch wenn sie unter einer Glasglocke aufbewahrt werden, doch leicht verstauben. Die Vorbereitung der Objektträger läßt sich übrigens so schnell ausführen, daß es nichts verschlägt, wenn man während langer Serien zwischen dem Schneiden nach Bedarf noch Objektträger reinigt, obwohl es ja besser ist, wenn das Schneiden der Serien möglichst wenig unterbrochen und gleichmäßig von Anfang bis zu Ende durchgeschnitten wird. Den mit dünnem Eiweißüberzug versehenen Objektträger legt man nun neben das Mikrotom auf ein Blatt weißen Papiers, auf welchem die Größe des zu benutzenden Deckgläschens durch Umrißstriche verzeichnet ist, so daß dieser Deckglasumriß mit der Mitte des Objektträgers zusammenfällt. Ein Schälchen mit reinem destillierten Wasser und einem Glasstab stellt man daneben. Nun benetzt man den Teil des Deckglasfeldes des Objektträgers, welcher zuerst mit den Schnitten beschickt werden soll, mit einem Tropfen Wasser, der möglichst verteilt wird. Jetzt werden die Schnitte einzeln mit einer feinen Pinzette von dem Mikrotommesser abgehoben und auf das Wasser gelegt, in der Reihenfolge und der Lage, die man beabsichtigt. Je nach Bedürfnis wird mit der Zunahme der aufgelagerten Schnitte sukzessive Wasser tropfenweise zugesetzt. Da das Wasser überall netzt, ohne dabei anszulaufen, kann die regelmäßige Anordnung der Schnitte leicht getroffen und eingehalten werden. Ist das Deckglasfeld des Objektträgers voll belegt, so nimmt man den Objektträger behutsam in die Hand und entfernt den Überschuß des Wassers mit Filtrierpapier, doch nur so weit, daß die Schnitte noch gut auf Wasser schwimmen. Dabei korrigiert man mit einem feinen Pinsel etwaige in der Anordnung eingetretene Unregelmäßigkeiten. Sodann bringt man den beschickten Objektträger über eine möglichst kleine Spiritusflamme und erwärmt ihn, indem man ihn darüber bewegt, gerade so lange, bis die sämtlichen Schnitte sich gestreckt haben. Dabei muß man sich sehr hüten, zu stark zu erwärmen; denn sowie das Paraffin der Schnitte schmilzt, sind die letzteren unbrauchbar geworden. Bei der Streckung verkleben die Schnitte an ihren Rändern gewöhnlich etwas untereinander, so daß sie nicht mehr so leicht aus der Ordnung kommen. Die gestreckten Schnitte nehmen dabei ein größeres Areal ein als vorher. Man muß daher schon bei der Belegung des Objektträgers am Rande des Deckglasfeldes einen breiten Saum frei lassen.

Nach vorgenommener Streckung entfernt man mit Filtrierpapier oder einem nicht fasernden Tuche das an den Rändern beim Schräghalten des Objektträgers etwa herausfließende Wasser und läßt jetzt den beschickten Objektträger trocknen. Am besten wird die Trocknung in einem Wärmofen bei 35°, höchstens 45° C während 2—3 Tagen ausgeführt.

Die Objektträger sind nach dem Austrocknen zur Weiterbehandlung fertig; die Schnitte haften so fest, daß sie allen Manipulationen unterzogen werden können, ohne daß sich ein einziger oder auch nur Stücke eines solchen ablösen. Auf zweierlei muß man bei dem obigen Verfahren indessen besonders achten, erstens daß der Eiweißunterguß nicht zu dick ist, sondern ganz dünn, und zweitens, daß die Schnitte genügend ausgetrocknet werden; sonst hat man Mißerfolge. Auch ist bei dem Strecken der Schnitte darauf zu sehen, daß sich zwischen Schnitt und Wasseroberfläche keine Luftbläschen festsetzen. Etwaige Bläschen müssen vor dem Trocknen entfernt werden.

Sind die aufgeklebten Serienschnitte schon gefärbt. so kommen sie nach dem Austrocknen in Xylol zur Auflösung des Paraffins, vom Xylol in absoluten Alkohol, von diesem in ätherisches Öl oder auch wieder in Xylol und dann in Balsam. Die Behandlung mit absolutem Alkohol ist bei dieser Aufklebemethode mit Eiweißglycerin in jedem Falle vorzunehmen, um das Glycerin vor dem Balsameinschluß zu entfernen.

Sind die Schnitte noch nicht gefärbt, so werden sie gleichfalls zunächst in Xylol von dem Paraffin befreit, kommen dann in Alcohol absolutus, dann in schwachen Alkohol und Wasser und von da in die betreffenden Farbstoffe, die man anwenden will, und in denen sie beliebig lange liegen können, ohne daß sie sich ablösen.

Um allzu starke Diffusionsströme zu vermeiden, ist es ratsam, die Objektträger aus dem Wasser und den wässerigen Lösungen nicht direkt in absoluten Alkohol und umgekehrt zu bringen, sondern erst dünneren Alkohol als Zwischenstufe zu benutzen.

Für Massenbehandlung zahlreicher Objektträger sind von verschiedenen Seiten kleine Apparate empfohlen worden, welche ermöglichen, gleichzeitig eine größere Anzahl von beschickten Objektträgern z. B. mit Alcohol absolutus oder mit Farbstoffen zu behandeln. Das sind entweder Glaströge mit Rillen oder Leisten, in welche mehrere Objektträger einzeln eingestellt werden, oder Gestelle, vermittelst welcher die Objektträger zusammen aus einer Flüssigkeit in die andere gehoben werden können. Recht praktisch scheint die kleine Vorrichtung aus Glas zu sein, welche Holzapfel kürzlich für diesen Zweck konstruiert hat, und welche samt dazu gehörigen Trögen von dem Glastechniker Heinrich Müller in Kiel zu beziehen ist. (Holzapfel, Gestell für Objektträger bei Reihenschnitten. Arch. Mikr. Anat., Bd. 59, 1901.)

Ich selbst ziehe es vor, die mit den Serien belegten Objektträger einzeln zu behandeln, und benutze ich zu diesem Zwecke flache, auf dem Boden mit zwei niedrigen Leisten versehene viereckige Schalen aus Porzellan oder glasiertem Steingut, sogenannte Seifenschalen, die auch den Vorzug der Billigkeit haben und bei der Benutzung nicht viel Flüssigkeit beanspruchen. In dieselben werden die Objektträger mit der beschickten Seite nach unten gelegt, worauf die Schale mit einem Glasdeckel zugedeckt wird.

Zum Einschluß dient dünnflüssiger, in Xylol (auch Chloroform und Benzol) gelöster Canadabalsam. Manche Embryologen geben dem Dammarlack, der in Xylol gelöst wird, den Vorzug. Rabl befolgt bei letzterem die Vorsicht, das Deckglas vor dem Auflegen zu erwärmen und glaubt dadurch die sonst zuweilen nach längerer Zeit auftretende Trübung des Dammarlackes zu verhüten.

II. Spezieller Teil.

A. Fische.

a) Amphioxus.

Günstige Orte für die Gewinnung reichlichen entwicklungsgeschichtlichen Materiales sind: auf Messina der Pantano, ein kleiner in der Nähe des Fischerdorfes Faro am nördlichen Eingange der Meerenge von Messina gelegener, mit dem Meere nur durch einen engen Graben zusammenhängender Salzsee; es fehlen allerdings noch Nachrichten, ob die lokalen Verhältnisse hier durch das jüngste Erdbeben wesentlich andere geworden sind. Ferner der Golf von Neapel, besonders am Posilip. Der Amphioxus lebt hier in großer Zahl im Meeressande der flachen Ufer.

1. Künstliche Befruchtung.

Die Gewinnung der Befruchtungsstadien ist an die Laichzeit des Amphioxus gebunden, welche nicht allein zu bestimmter Jahreszeit, sondern auch in bestimmten Tagesstunden eintritt. Nach Hatschek laicht der Amphioxus am Pantano im Mai bei nicht stürmischem, warmem Wetter gegen Abend ungefähr 8 Uhr, nach van der Stricht (in der Zeit vom 20.—30. Mai) von 5—6 Uhr nachmittags; nach Sobotta am Posilip bei Neapel im Juni bald nach 6 Uhr abends.

SOBOTTA verfuhr zur Gewinnung befruchteter Eier folgendermaßen: Er entnahm dem Grunde des Wassers etwas Sand, der immer eine größere Anzahl Tiere enthält, suchte die letzteren heraus und brachte sie wieder in Wasser in einer ganz reinen Glasschale zurück. Die Tiere legten dann meist schon nach $^1/_2$ Minute, spätestens nach 2–3 Minuten, ihre Geschlechtsprodukte ab. Erfolgt das nicht innerhalb dieser Zeit, so sind nach SOBOTTA weitere Versuche für diesen Tag unnötig, da die Tiere in der Laichzeit nicht jeden Abend laichen: an dem einen Tage laichen fast alle ohne Ausnahme, an einem anderen Tage dagegen kein einziges. Da Männchen und Weibchen meist in gleicher Anzahl vorkommen, so wird man in der Glasschale bei genügender Anzahl der Tiere sicher beide Geschlechter antreffen. Die gelaichten Eier sind als feine weiße Pünktchen (von nicht mehr als 0,105 *mm* im Durchmesser) auch nach der ziemlich schnell erfolgenden Verteilung im Seewasser noch einzeln zu erkennen, während das Sperma, welches anfangs als weißliche Wolke erscheint, sich sehr bald bei der Verteilung den Blicken entzieht. Binnen wenigen Augenblicken ist nach dem Hineinsetzen der laichenden Tiere die ganze Wassermasse spermahaltig, so daß selbst Eier, welche am entgegengesetzten Ende der Schale ausgeworfen sind, sofort besamt werden. Die Ausstoßung der Geschlechtsprodukte geschieht nach den neueren Beobachtern aus dem Abdominalporus. Die älteren Angaben von KOWALEWSKY und HATSCHEK, wonach die Geschlechtsprodukte durch den Mund entleert werden sollen, erklärt SOBOTTA damit, daß die genannten Autoren Tiere unter anormalen Bedingungen vor sich hatten, die am Laichen gehindert waren und deren Eier oder Sperma sich in der Kiemenhöhle anhäufte.

Der Schale werden dann in Zeiträumen mit reinen, jedesmal gewechselten Pipetten eierhaltige Wassermengen zur Untersuchung und Fixierung entnommen.

2. Beobachtung am lebenden Objekt.

Wie KOWALEWSKY und besonders HATSCHEK gezeigt haben, eignen sich die befruchteten Amphioxuseier in hervorragender Weise zum Studium der ganzen Embryonalentwicklung bis zum Auftreten des Mundes und der ersten Kiemenspalte am lebenden Objekt. Die Embryonalentwicklung geht sehr rasch vor sich und läuft in 48 Stunden ab, während die daran anschließende Larvenentwicklung Monate in Anspruch nimmt.

Da die Besamung der Eier abends stattfindet, vollzieht sich die ganze Furchung zur Nachtzeit, muß also bei künstlichem Lichte studiert werden; nach HATSCHEK ist sie ungefähr nach 12 Uhr nachts beendigt. (HATSCHEK gibt genaue, nach der Zeit geregelte Entwicklungstabellen.) Zum Studium der Entwicklungsvorgänge entnimmt man den Gläsern in bestimmten Zeiträumen lebende Embryonen und untersucht sie unter einem mit Wachsfüßchen versehenen Deckgläschen mit dem Mikroskop. Um einen Embryo von verschiedenen Seiten betrachten zu können, verschiebt man das Deckgläschen mit den Wachsfüßchen und wälzt so das Objekt, ohne es zu drücken.

Die Entwicklung der Larven ist an pelagisch gefischtem Material zu untersuchen.

3. Fixierung.

Nach VAN DER STRICHT und SOBOTTA ist für das Amphioxusei zum Studium der Befruchtungserscheinungen das FLEMMINGsche Gemisch (Einwirkungsdauer 24 Stunden) das beste Konservierungsmittel. Sublimatlösungen rufen eine starke Schrumpfung hervor. Pikrinessigsäure gibt nur ausnahmsweise gute Resultate. Nach VAN DER STRICHT leistet auch die HERMANNsche Lösung gute Dienste.

Die laichenden Tiere werden in toto in Pikrinsäuresublimatlösung mit Essigsäurezusatz unzerschnitten fixiert, da die Konservierungsflüssigkeit schnell genug in die Ovarien eindringt: das Gleiche leistet auch die HERMANNsche Lösung, wenn man die Tiere nach kurzem Aufenthalte darin zerschneidet und die Stücke dann weiter fixiert.

Für die Konservierung der Furchungsstadien eignet sich nach HATSCHEK und BURCHARDT die Pikrinschwefelsäure, welche bei Aufbewahrung der Stadien in Glycerin gute Demonstrationspräparate liefert. Reine Osmiumsäure schwärzt die Objekte zu sehr. Die letztere wird erst brauchbar von den Stadien an, in welchen die Ursegmentbildung beginnt.

Die Stadien vom Beginne der Ursegmentbildung bis zur Abgrenzung von drei Ursegmenten erfordern nach HATSCHEK eine etwas andere Behandlung als die späteren, da sie durch den reichlicheren Gehalt an Dotterkörperchen sich gegen die Reagenzien anders verhalten. HATSCHEK tötete diese in Seewasser unterhalb des Deckgläschens befindlichen Embryonen (bis zum Stadium mit drei Ursegmenten) durch Zufließenlassen eines Tropfens einer $^1/_2$%igen Osmiumsäure und setzte bei beginnender schwacher Bräunung verdünntes Glycerin vorsichtig hinzu. Diese Behandlung ist so zu regeln, daß erstens die Bräunung nicht zu tief wird, zweitens ist auch darauf zu achten, daß die Form der Larve vollkommen erhalten bleibt, ohne daß Schrumpfung eintritt.

Bei der großen Raschheit, mit welcher sich die embryonale Entwicklung anfangs vollzieht, ist es gut, sehr viele Stadien zu konservieren in sehr kurzen Zeiträumen, etwa jede halbe Stunde. Später genügt es, in größeren Zeitintervallen zu fixieren, da sich dann der Embryo selbst in mehreren Stunden nur unbedeutend verändert. Mit einer Saugpipette werden die Embryonen, die in den frühesten Stadien innerhalb der Eihülle auf dem Boden des Glases liegen, sobald sie aber die Eihülle verlassen, in die Höhe steigen und auf der dem Licht abgewendeten Seite des Glases unmittelbar unter der Oberfläche des Wassers sich in dichtem Schwarme ansammeln, in kleine Uhrschälchen mit Seewasser übertragen, denen man einige Tropfen einer $^1/_2$%igen Osmiumlösung (eventuell auch anderer Fixierungsmittel, z. B. Sublimatlösungen, Pikrinsäuresublimat, FLEMMINGsche Lösung) zusetzt. Nach genügender Einwirkung wird der ganze Inhalt der Uhrschälchen in ein kleines cylindrisches Gläschen geschüttet, in dem man die Embryonen sich zu Boden setzen läßt. Nachdem das Seewasser abgeschüttet, nahm HATSCHEK sogleich die Färbung vor, indem er eine Carminlösung hinzugoß, an deren Stelle nach genügender Färbung Wasser und schließlich Alkohol von ansteigender Konzentration tritt.

Bei größeren Larven gaben JOSEPH Sublimatlösungen (Eisessigsublimat, in Aq. dest., in Seewasser und in physiologischer Kochsalzlösung), ferner Pikrinsäuresublimat und die PERÉNYIsche Flüssigkeit die besten Präparate. Auch SAMASSA, MORGAN und HAGEN erhielten durch Fixierung mit Eisessigsublimat die prägnantesten Oberflächenbilder, während HERMANNsche und starke FLEMMINGsche Lösung die Embryonen so stark schwärzten, daß sie für Oberflächenpräparate unbrauchbar sind; dagegen kommen durch die letzteren Reagenzien die Dotterkörner und das Zellgewebe sehr klar zur Darstellung.

4. Färbung und Einbettung.

Für die Befruchtungsstadien ist die Eisenhämatoxylinfärbung geboten, und zwar mit langer Einwirkungsdauer des Hämatoxylins (24—48 Stunden). Mit Safranin und Boraxcarmin konnte SOBOTTA keine gute Kernfärbung erzielen. VAN DER STRICHT empfiehlt für den gleichen Zweck Doppelfärbung mit Safranin und Gentianaviolett.

HATSCHEK färbte die späteren Entwicklungsstadien mit Carmin und Pikrocarmin; Aufbewahrung entweder in Glycerin oder Balsam.

JOSEPH wandte für größere Larven einfache Hämatoxylinfärbung mit DELAFIELDschem Hämatoxylin und Nachfärbung vermittelst der VAN GIESONschen Pikrinsäure-Säurefuchsinmethode an.

Bemerkt sei noch, daß bei Amphioxuslarven auch die vitale Färbung mit Methylenblau und Neutralrot mit Erfolg versucht worden ist.

Eingebettet werden die kleinen Eier am bequemsten in großer Zahl in kleinen Stücken vom Amnion eines Säugetiers.

Literatur: BURCHARDT (Jena. Zeitschr. Nat., Bd. 34, 1900), HATSCHEK (Arb. Zool. Inst. Wien, Bd. 4, 1881), JOSEPH (Ebenda, Bd. 12, 1900), KOWALEWSKY (Mém. Acad. Sc. St. Pétersbourg, VII. Ser., Bd. 11, 1867), derselbe (Arch. Mikr. Anat., Bd. 13, 1867), LANKASTER (Quart. Journ. Micr. Soc., Bd. 19, 1889), derselbe (Ebenda, N. S., Bd. 31, 1890), MAC BRIDE Ebenda, Bd. 40, 1898), MORGAN und HAGEN (Journ. of Morph., Bd. 16, 1900), SAMASSA (Arch. Entw.-Mech., Bd. 7), SOBOTTA (Arch. Mikr. Anat., Bd. 50, 1897), VAN DER STRICHT (Bull. Acad. Belg., III. Ser., Bd. 30, 1895), derselbe (Arch. de Biol., Bd. 14, 1896), WILLEY (Quart. Journ. Micr. Soc., Bd. 32, 1891), H. E. ZIEGLER (Lehrbuch d. Entwicklungsgesch., Jena 1902).

b) Cyclostomata. Petromyzontidae.

1. Künstliche Befruchtung

ist bei Petromyzon leicht auszuführen. Nach dem Beispiele VEJDOVSKYS nahm HERFORT anfangs die „nasse" Befruchtung vor. Emaillierte, flache Schüsseln wurden zur Hälfte mit Wasser gefüllt und in letzteres die Eier aus dem in ein Tuch gewickelten Rogner ausgestrichen. Während ein Assistent mit einem Glasstabe das Wasser mit dem frisch abgestrichenen Rogen umrührte, setzte er die Milch hinzu, die schon bei schwachem Drucke auf die Bauchwände des Männchens in feinem Strahle hervorspritzt. Doch kam HERFORT zu der Erfahrung, daß auf diesem Wege viele Eier unbefruchtet bleiben, ein Übelstand, welcher das Studium sehr erschwert: er empfiehlt daher die Vornahme der „trockenen" Befruchtung (s. unten, Knochenfische). HERFORT gelang es nur, Gastrulastadien aufzuziehen, da ihm Saprolegnien die ganze Zucht vernichteten. VEJDOVSKY, welcher alle mit Saprolegnien befallenen Eier täglich beseitigte, glückte es dagegen, bis 4 *cm* lange Ammocoeten aufzuziehen.

KUPFFER und BENECKE operierten bei Vornahme der künstlichen Befruchtung in folgender Weise: In eine trockene Porzellanschale mit ebenem Boden wird an einer Stelle eine kleine Portion Eier aus einem reifen Weibchen entleert, die Eier in genügender Entfernung voneinander, um jede unmittelbare Berührung zu vermeiden. In dieselbe Schale wird aus einem bereit gehaltenen Männchen Sperma in entsprechender Menge ausgedrückt, die Schale dann nach der Seite hin, wo das Sperma sich befindet, geneigt, etwas Wasser auf das Sperma gegossen und nun die Schale nach der anderen Seite gekippt, die die Eier enthält. In dem Moment, wo das spermahaltige Wasser die Eier aufschwemmt, faßt man einige wenige derselben mit einem kleinen Löffel und bringt sie in die Mulde eines hohlgeschliffenen Objektträgers, legt das Deckgläschen darauf (was nie zu versäumen ist, da man mit schwachen Systemen von größerem Abstande wenig ausrichtet) und bringt das Präparat zum Studium der Befruchtungserscheinungen unter ein vorher bereit gestelltes Mikroskop. Verfließt zwischen dem Zeitpunkte der Berührung des spermahaltigen Wassers mit den Eiern und der Einstellung des Mikroskopes auf ein Ei mehr als eine halbe Minute, so kommt man in der Regel zu spät, um den einleitenden Vorgang der Befruchtung zu sehen. Nach OWSIANNIKOW lassen sich Sperma und Eier in einer feuchten Kammer 12—18 Stunden entwicklungsfähig halten.

In der freien Natur erhält man nach den obigen Autoren die befruchteten Eier am reinsten, wenn man in den Bächen, in welchen die Neunaugen in der Weise laichen, daß das Männchen sich am Genicke des Weibchens festsaugt, eine kleine Strecke stromabwärts von den laichenden Tieren einen Kätscher aus Gaze vorsichtig ins Wasser taucht; der Strom führt dann stetig befruchtete Eier hinein. Auch im Kies der Bäche findet man die Eier, die den Kiespartikeln anhaften. Nach dem Laichgeschäfte sterben die Muttertiere.

2. Beobachtung am lebenden Objekt.

Die Entwicklung der befruchteten, 1 *mm* großen (Petromyzon fluviatilis), gelblich weißen, sehr klebrigen Eier läßt sich in einem flachen Uhrschälchen unter dem Mikroskop gut beobachten, und ist das Neunaugenei für das Studium der Befruchtungsphänomene geradezu ein klassisches Objekt. Die Klebrigkeit des Eies ist bei der Anstellung von Beobachtungen, besonders auch des Befruchtungsvorganges, sehr von Vorteil, da das Ei infolge davon in jeder wünschenswerten Lage in dem Schälchen befestigt werden kann; auch wird die Lage des Eies daher durch Wasserströmungen nicht verändert. Zur Beobachtung des Befruchtungsvorganges stellte CALBERLA zunächst unter dem Mikroskope die „äußere Mikropyle" eines in einem Uhrschälchen liegenden Eies ein und setzte dann einige Tropfen frisch ausgestrichenen, mit Wasser verdünnten Spermas hinzu unter Erzeugung eines Flüssigkeitsstromes im Gläschen, um die Spermien darin zu verteilen.

3. Fixierung.

HERFORT wandte mit Erfolg zur Fixierung der befruchteten Eier VOM RATHS Pikrinosmiumplatinchlorid-Essigsäure, ferner Pikrinplatinchlorid-Essigsäure und Sublimateisessig an. Bisweilen war allerdings der Dotter zu bröckeligen Massen zusammengeschmolzen, so daß die Eier nicht geschnitten werden konnten. HERFORT warnt davor, die Eier zu lange in absolutem Alkohol zu lassen, da anfangs sehr brauchbare Eier, welche lange in Spiritus aufbewahrt waren, sich dann als vollkommen unbrauchbar erwiesen.

LUBOSCH empfiehlt ZENKERsche Flüssigkeit und für die Konservierung der Eiform heiße Chromsäure von $^1/_3$—$^1/_2$%.

v. KUPFFER führte seine Untersuchungen an mit FLEMMINGscher Lösung eine halbe Stunde fixierten Embryonen aus, welche sodann in 30-, 70- und 90%igem Alkohol gehärtet waren. Die Behandlung mit 1%iger Osmiumsäure bewährte sich nicht, da die Eier damit bald zu brüchig wurden.

Ebenso verfuhr BÖHM bei der Konservierung der Befruchtungsstadien von Petromyzon Planeri. KOLTZOFF benutzte für Embryonen GILSONS Gemisch. HERMANNsche Flüssigkeit fand er nicht geeignet. Stückfärbung mit Boraxcarmin, Einbettung zuerst in Celloidin, alsdann Chloroform und Paraffin von weniger als 55° Schmelzpunkt.

Für ältere Entwicklungsstadien nennt RÖTHIG reine Sublimatlösung und Eisessigsublimat.

4. Färbung.

BÖHM benutzte (für sein mit FLEMMINGscher Lösung fixiertes) Material Safranin und mit bestem Erfolge Violette de fuchsine (1 *g* Farbstoff und 100 *ccm* 30%igen Spiritus); Auswaschen der Schnitte in absolutem Alkohol. Nicht so günstige Resultate lieferten die vor dem Schneiden in toto mit Boraxcarmin gefärbten Eier. HERFORT fand für das Studium der Befruchtungsvorgänge am vorteilhaftesten Eisenhämatoxylin und DELAFIELDsches Hämatoxylin (Nachfärbung mit Eosin), ferner Fuchsin und Safranin. v. KUPFFER färbte seine mit FLEMMINGscher Lösung fixierten Neunaugenembryonen in toto mit Boraxcarmin; die Färbung mit Safranin war hier wegen der intensiven Färbung des Dotters weniger brauchbar.

Literatur: BÖHM (Sitz. Akad. Wiss. München, Bd. 17, 1887), derselbe (Arch. Mikr. Anat., Bd. 32, 1888), CALBERLA (Zeitschr. Wiss. Zool., Bd. 30, 1877), HERFORT (Arch. Mikr. Anat., Bd. 57, 1901), KOLTZOFF (Bull. Soc. Nat. Moscou, Bd. 15, 1902), KUPFFER und BENECKE (Fest. TH. SCHWANN, Königsberg 1878), KUPFFER (Arch. Mikr. Anat., Bd. 35, 1890), LUBOSCH (Jena. Zeitschr. Nat., Bd. 38, 1903), MÜLLER (Schrift. Physik.-ökon. Ges. Königsberg, 5. Jg., 1864), NUEL (Arch. de Biol., Bd. 2, 1881), OWSJANNIKOW (Mél. Biol. Acad. Sc. Pétersbourg, Bd. 13, 1889), RÖTHIG (Embryol. Technik 1904), SCHULTZE (Die Entwicklungsgeschichte des Petromyzon Planeri, Haarlem 1856; vgl. auch Abh. Nat. Ges. Halle, Bd. 3, Jg. 1855), SHIPLEY (Quart. Journ. Micr. Sc., Bd. 27, 1887), VEJDOVSKY (Sitz. Böhm. Ges. Wiss. Prag 1893).

Myxinidae.

Die Eier der Myxinoiden sind länglich-cylindrisch, relativ groß (bei Bdellostoma im längsten Durchmesser 22 *mm* lang), dotterreich und von einer derben, an den beiden Eipolen mit einem Hakenapparat besetzten Schale umgeben. Am einen Ende ist an der Schale durch eine circuläre, dunklere Linie eine Art von Deckel begrenzt; dies ist der vordere Pol des Eies, an welchem sich das Kopfende des Embryos befindet. Die Eier werden in größerer Tiefe auf dem Boden des Meeres abgelegt und sind schwer zu fischen. DOFLEIN fixierte die dotterreichen Eier von Bdellostoma mit Eisessigsublimat und mit ZENKERscher Flüssigkeit, indem er in geringer Entfernung vom Embryo Einschnitte in die Eischale machte.

Literatur: DEAN (Fest. KUPFFER, Jena 1899), derselbe (Quart. Journ. Micr. Sc., Bd. 40, 1898), DOFLEIN (Sitz. Ges. Morph. Physiol., München 1898, 2. H.; Verh. Deutsch. Zool. Ges. 1899; Festschrift für KUPFFER, Jena 1899), PLATE (Sitz. Ges. Nat. Freunde Berlin, Jg. 1896), PRICE (Sitz. Akad. Wiss. München, Bd. 26, 1896), derselbe (Verh. Anat. Ges. in Berlin 1896), ZIEGLER (Vgl. Entwicklungsgesch., Jena 1902).

c) Chondropterygii.

1. Beobachtung am lebenden Ei, Präparation.

HIS hat zuerst die Entwicklung des lebenden Selachierkeimes (Scyllium und Pristiurus) in der Weise direkt beobachtet, daß er die oberste trübe Schicht der hornigen Eischale wegschnitt. Hierdurch wird es möglich, fortlaufende Beobachtungsreihen lebender Keime dadurch zu gewinnen, daß man an durchsichtig gemachten Eiern bei gegebener (etwa 40facher) Vergrößerung täglich die Konturen mittelst der Camera nachzeichnet und mißt. KASTSCHENKO kam zu demselben Ziel, indem er die oberflächliche, wenig durchsichtige Schicht der Eischale mit einem scharfen Messer abschabte: durch die innere durchsichtige Schicht der Schale kann man im Anfang der Furchung sogar die einzelnen Furchungszellen unterscheiden.

Nach BRAUS ist die Gewinnung der Embryonen aus dem Uterus lebendig gebärender Haifische (Spinax niger) nicht immer ganz leicht, da die Eier in dem stark gedehnten Uterus unter solchem Druck stehen, daß sie beim Öffnen des Uterus plötzlich ausgepreßt und, wenn die Öffnung im Uterus zu klein ist, meist zerstört werden. BRAUS schützte sich dagegen durch einen einfachen Handgriff, indem er den Fisch auf eine schräg stehende Unterlage brachte und mit schnellem Scherenschlage eine möglichst große Öffnung an der obersten Stelle des Uterus einschnitt. Die Schwerkraft wirkt dann den Contractionen der Uteruswand soweit entgegen, daß die Eier langsamer herausgepreßt werden und die Embryonen einzeln abgehoben werden können.

2. Fixierung und Färbung.

Zur Fixierung jüngerer und älterer Entwicklungsstadien benutzten die meisten Autoren Sublimatlösungen, meist mit Zusatz von Eisessig, bisweilen auch von anderen Reagenzien.

Nach LEE und MAYER gelingt die Fixierung der Selachierkeimscheiben und Embryonen recht gut in gesättigter wässeriger Sublimatlösung ohne oder besser noch mit 5% Eisessig. Nach der Fixierung ganz kurze Wasserspülung; Härtung in Alkohol von 50-, 70- und 90%. In letzterem werden die Stücke auch mit Jodjodkalium behandelt. Nach der Sublimatfixierung Durchfärbung mit Boraxcarmin, Hämalaun oder Carmalaun. Gegenfärbung der Schnitte mit Eosin, Orange G, Lichtgrün oder Indigcarmin.

Damit die älteren Embryonen sich möglichst gerade strecken (für Längsschnitte!), schiebt MAYER die Embryonen, während sie gerade im Sterben begriffen sind, mit einem Pinsel oder Hornspatel vorsichtig mit dem Schwanz voran in den keilförmigen Raum zwischen zwei in der Schale mit der Sublimatlösung bereit liegenden Glasklötzen bis etwa zur Kiemenregion hinein.

Ältere Entwicklungsstadien von Haifischen (1—10 *cm* Länge) konserviert LO BIANCO in konzentrierter Sublimatlösung in Meerwasser (5—15 Minuten), von Torpedo in einem Gemisch von konzentriertem Sublimat, 1%iger Chromsäure aa. (15 Minuten), darauf Alkohol. RABL empfiehlt Sublimatpikrinsäure, Platinchloridsublimatlösung und Platinchloridpikrinsäure. BRAUS fixierte Embryonen von Spinax mit ZENKERscher Flüssigkeit, daneben auch mit Eisessigsublimat, Sublimatpikrinessigsäure und Formolgemischen. Die Serien wurden mit Hämatoxylin und Eosin oder Congorot gefärbt.

Zur Aufhellung älterer Embryonen erwies sich Glycerin mit Zusatz einer Spur von Kalilauge als nützlich.

RÜCKERT schnitt zum Studium der Befruchtungs- und Furchungserscheinungen bei Torpedo, Pristiurus und Scyllium die Keimscheibe mit einem Stück des umgebenden Dotters aus dem Ei heraus und legte sie auf einer Unterlage von Fließpapier in die Fixierungsflüssigkeit. Als letztere diente gesättigte Sublimatlösung in Aq. dest. mit oder ohne Zusatz von 5% Eisessig. Stückfärbung mit Boraxcarmin und mehrtägiges Ausziehen des Farbstoffes in 70%igem Alkohol mit 1% Salzsäure.

ZIEGLER rät, die Embryonen in der Lage auf dem Dotter zu fixieren und den letzteren erst später zu entfernen.

RÖTHIG führt als Fixierungsmittel noch die NOWACKsche Flüssigkeit (siehe pag. 225) auf, welche häufig erneuert werden muß.

Literatur: BRAUS (Morph. Jhb., Bd. 27, 1899). HIS (Arch. Anat., Jg. 1897), KASTSCHENKO (Anat. Anz., 3. Jg., 1888), LEE und MAYER (Technik, II. Aufl., 1901), RABL (Zeitschr. Wiss. Mikr., Bd. 11, 1894), RÖTHIG (Embryol. Technik, 1904), RÜCKERT (Fest. KUPFFER 1899), SWAEN (Arch. de Biol., Bd. 7, 1887). H. E. ZIEGLER (Arch. Mikr. Anat., Bd. 39, 1892, vgl. Entwicklungsgesch. 1902).

d) Teleostei, Dipnoi, Ganoidei.

1. Künstliche Befruchtung und Beobachtung am lebenden Objekt.

Bei der künstlichen Befruchtung der Fische, speziell der Knochenfische, wird nur noch das „trockene Verfahren“ geübt, da in Wasser die Spermien sehr bald absterben und bei dem „nassen“ Verfahren viele Eier unbefruchtet bleiben.

Rogen und Milch lassen sich von dem Fisch leicht abstreichen und werden in zwei besonderen Gefäßen voneinander getrennt aufgefangen. Man faßt nach P. VOGEL den Fisch mit der linken Hand am Kopf, um welchen ein Tuch geschlagen ist, und streicht mit der rechten Hand den abwärts gewandten Bauch des Fisches, den Daumen oben, den Zeigefinger unten, von den Brustflossen nach dem Schwanze zu sanft und ohne Druck ab, so lange bis man fühlt, daß die Bauchhöhle von Eiern geleert ist. Man darf nur so lange abstreichen, als kein Blut kommt. Die Eier werden in einer unter der Aftergegend des Fisches stehenden reinen Porzellanschüssel aufgefangen. Bei großen Fischen muß noch eine zweite Person den gleichfalls in ein Tuch eingeschlagenen Fischschwanz halten. Bei dem Milchner verfährt man genau ebenso. Die Milchner kann man mehrmals zum Abstreichen gebrauchen. Bei manchen, z. B. dem Stichling, muß man aber den Milchner töten, den Hoden herausschneiden und zerzupfen, um das Sperma zu gewinnen.

Zum Zwecke der Befruchtung gießt man die abgestrichene Milch (am besten von zwei oder mehreren Männchen) auf die frisch entleerten, in der Schüssel ohne Wasser befindlichen Eier. Nun neigt man die Schüssel ein wenig hin und her, damit die Milch möglichst mit den Eiern in Kontakt tritt, gibt dann ein wenig reines Wasser hinzu und rührt vorsichtig einige Minuten mit der Fahne einer Feder die Eier etwas durcheinander unter weiterem Zugießen von Wasser; das letztere tue man aber nicht direkt auf die Eier, sondern auf den Rand der Schüssel, so daß es an der Schüsselwand herabläuft. Das milchige Wasser gießt man nach 10 Minuten allmählich ab, indem man neues reines hinzusetzt, so lange, bis die Eier in völlig klarem Wasser schwimmen. Die so befruchteten Eier kommen zur Weiterentwicklung in sogenannte Fischbrutträge mit fließendem Wasser. Frisch abgestrichene Eier und Sperma, in eine verschlossene Flasche gebracht, bleiben 6—8 Tage befruchtungsfähig. (S. PAUL VOGEL, Ausführliches Lehrbuch der Teichwissenschaft, Bauzen 1898, Ergänzungsband dazu 1900.)

Fischbrutträge für Laboratoriumszwecke sind von LA VALETTE ST. GEORGE, KOPSCH und RÖTHIG konstruiert worden und können (für Forelleneier) von Warmbrunn, Quielitz & Comp. in Berlin bezogen werden.

KOPSCH führte die künstliche Befruchtung bei Cristiceps in Neapel (März und April) in der Weise aus, daß er die durch Schütteln aus dem herausgeschnittenen Ovarium befreiten, durchsichtigen Eier in zerdrückte Hodenmasse des Männchens ohne Wasserzusatz auf eine Minute brachte. Darauf wurden die Eier in fließendem Wasser auf Algen liegend zur weiteren Entwicklung gebracht.

An den befruchteten, aus dem Brutkasten von Zeit zu Zeit herausgenommenen und in kleine Uhrschälchen oder hohl geschliffene Objektträger gesetzten Eiern und Embryonen läßt sich die Weiterentwicklung mit der Lupe und unter dem Mikroskope am lebenden Objekt verfolgen. Um ältere Embryonen noch lebensfrisch zu untersuchen, werden dieselben ohne weiteres durch Zerreißen der Eischale freigelegt, vom Dotter befreit und bei durchfallendem Licht beobachtet. Ihre außerordentliche Durchsichtigkeit erleichtert ihre Beobachtung.

Ein sehr günstiges Objekt für diese Untersuchung ist das glashelle, durchsichtige Ei von Belone, nachdem die Fäden, welche von seiner Eihülle entspringen, zuvor abgeschnitten sind. WENCKEBACH brachte die Eier auf einen tiefausgeschnittenen Objektträger mit Seewasser und legte ein ganz dünnes Deckgläschen darauf; dann war es möglich, die Entwicklungsvorgänge am lebenden Ei mit ziemlich starker Vergrößerung zu studieren. Nach KOPSCH ist bei den Untersuchungen des Belone-Eies der Umstand erschwerend und störend, daß bei normaler Stellung des Eies die Keimscheibe unten liegt. Dieser Autor benutzte daher das ZIEGLERsche Kompressorium, in welchem er in einer bestimmten Stellung sich normal entwickelnde Belone-Eier tagelang lebend erhalten konnte, der angewandte Druck darf nur gering sein. Über ZIEGLERS Kompressorium s. Artikel Lebendes Objekt, Beobachtung desselben.

ZIEGLER beobachtete in gleicher Weise die Furchung am ganz durchsichtigen Labrax-Ei. An dem gleichen (Belone) und ähnlichen lebenden Objekten ist auch die Entwicklung der Circulation zu studieren.

Durchsichtig sind u. a. auch die Eier vom Barsch und Stichling.

2. Fixierung und Färbung.

KUPFFER fixierte die Eier von Acipenser sturio in einer Mischung von Sublimat und Chromsäure, worin die Eier leicht von ihren Schleimhüllen befreit werden können.

Bei den Eiern von Knochenfischen, z. B. den oft untersuchten Salmoniden, machen die derbe Eihaut und der Dotter bei der Konservierung und besonders bei dem Schneiden Schwierigkeiten.

Der Dotter wird infolge der Fixierung und Härtung steinhart, so daß er nur sehr schwer geschnitten werden kann, während die gleichfalls hart werdende Eihaut sich nach der Fixierung in der Regel von dem Keime ohne dessen Verletzung nicht mehr abheben läßt. Es empfiehlt sich daher, Dotter und Eihaut möglichst früh zu entfernen; dabei ist zu beachten, daß der frische Dotter in Wasser gerinnt, bei der Präparation also Wasserzusatz zu vermeiden ist.

BÖHM, welcher zur Fixierung der Befruchtungsstadien (Forelleneier) teils die BOVERIsche Flüssigkeit, teils Sublimateisessig benutzte (in letzterem nur cca. $^3/_4$ Stunden), hat empfohlen, die den Keim tragende Eikalotte möglichst früh nach der Fixierung mit einem scharfen Rasiermesser abzutragen.

KOLLMANN verfuhr in der Weise, daß er die Eier in eine Flüssigkeit von der Zusammensetzung: Kalibichromat. 5%, Acid. chrom. 2% und Acid. nitricum conc. 2% auf 12 Stunden brachte, dann ebenso lange in Wasser spülte und dann erst die Eischale entfernte; darauf Überführung in Alkohol von 70%.

RABL-RÜCKHARD wandte bei Salmoniden folgendes Verfahren an. Die Eier wurden möglichst kurze Zeit ($^1/_4$ Stunde) in 10%iger Salpetersäure koaguliert. Sobald der Embryo hinreichende Konsistenz erhalten, was an seinem Weißwerden und dem Durchscheinen durch die Eihülle zu erkennen ist, wird die Eischale mit spitzen Pinzetten zerrissen und der freipräparierte Embryo noch eine Stunde in der Salpetersäure gehärtet. Wendet man diese Vorsicht nicht an, so wird das zarte Gebilde durch die sich zusammenziehende Eischale abgeplattet und verunstaltet. Dies gilt auch von der längeren Wirkung der ebenfalls benutzten Chromsäure (1—0,3%); der Kopf der Embryonen erscheint dann je nach der Lage, in der diese abgestorben, durch Druck deformiert. Nach mehrstündiger Neutralisation in 1—2%iger Alaunlösung werden dann die Embryonen in schwachem, schließlich in absolutem Alkohol gehärtet. Zum Studium der Oberflächenbilder empfiehlt RABL-RÜCKHARD starke künstliche Beleuchtung des in einem schwarzen Glasnäpfchen liegenden Embryos von oben durch eine große Sammellinse.

GORONOWITSCH hat dieses Verfahren etwas modifiziert, indem er 5%ige Salpetersäure nahm und die Eier etwa 3 Minuten darin liegen ließ. Länger darf das Ei in der Lösung nicht liegen, damit der Dotter nicht gerinnt. Dann übertrug er das uneröffnete Ei in eine Alaunlösung von etwa 5%, worin nach einer Stunde der Dotter ganz durchsichtig erschien, während nur der Embryo weiß hindurchschimmerte. In derselben Alaunlösung wurde sodann das Ei halbiert, weil die Alaunlösung im Überschuß die Dottermasse auflöst, was den großen Vorteil hat, daß der Embryo sich nicht mit den äußerst störenden weißen Flocken geronnenen Dotters bedeckt, wie es beim Arbeiten mit anderen Reagenzien, außer Pikrinschwefelsäure, geschieht. Sogar sehr verdünnter (40%iger) Alkohol bringt junge Keimscheiben schon zur Schrumpfung. Das Aufbewahren solcher Keimscheiben gelingt schwer; am besten empfiehlt sich, behufs Anfertigung späterer Zeichnungen, die Aufbewahrung in 10%igem Glycerin, dem etwas Sublimatlösung zugesetzt war.

Zur Anfertigung von Schnittpräparaten benutzte GORONOWITSCH KLEINENBERGsche Lösung, worin der Embryo 3 Stunden verblieb, dann Nachbehandlung mit 40-, 70- und 90%igem Alkohol.

Auch GORONOWITSCH legt besonderes Gewicht darauf, daß die Eihülle möglichst schnell vom Embryo abgelöst wird. Beim Konservieren mit KLEINENBERGscher Flüssigkeit wurde diese Operation gewöhnlich 10 Minuten nach dem Einlegen vorgenommen. Das Ablösen gelingt in KLEINENBERGscher Flüssigkeit besser als an Chromsäurepräparaten, da jene Lösung im Anfange ihrer Wirkung den Dotter nicht koaguliert.

HENEGUY verwirft die Chromsäurefixierung, weil dadurch der Dotter zu stark gehärtet und brüchig wird. Dieser Autor wandte zwei Methoden an. Die eine besteht darin, daß die Eier zuerst in eine $^1/_{100}$%ige Lösung von Osmiumsäure kommen, bis sie eine braune Farbe angenommen haben. Alsdann werden sie in MÜLLERscher Lösung mit zwei feinen Pinzetten von der Eihaut befreit und darin einige Tage gelassen. Nach Wasserspülung Härtung in Alkohol. Dieses Verfahren eignet sich nur für erste Stadien, nicht für weiter entwickelte Embryonen. Um die letzteren zu fixieren, bringt HENNEGUY die Eier für 10 Minuten in KLEINENBERGsche Flüssigkeit, zu welcher 10% Eisessig hinzugesetzt sind. Sodann werden die Eier in 10%iger Essigsäure, worin der Dotter löslich ist, an dem dem Embryo entgegengesetzten Ende eröffnet und der Embryo herauspräpariert. Der letztere wird darauf in reine KLEINENBERGsche Flüssigkeit für einige Stunden gelegt, sodann in Alkohol von 60, 75 und 90%. Diese Methode gibt nach HENNEGUY die besten Resultate, weil sie nicht allein die Form, sondern auch die Zellen und Mitosen konserviert.

Zur Stückfärbung benutzte HENNEGUY Boraxcarmin und Hämatoxylin, für Schnittfärbung Safranin, Gentianaviolett etc.

Zum Studium der äußeren Körperform empfiehlt HENNEGUY mit Chromsäure fixierte und von der Eikapsel und dem Dotter befreite Embryonen mit Carmin zu färben und in Balsam einzuschließen. Zu dem gleichen Zwecke tingierte KOPSCH die nach dem Verfahren von H. VIRCHOW (s. unten) fixierten Embryonen 24 Stunden lang mit Boraxcarmin.

Um die Gewebe für die histologische Untersuchung vorzubereiten, erwies sich HARRISON eine gesättigte Lösung von Sublimat in 5%iger Essigsäure am geeignetsten; zur Färbung diente DELAFIELDsches Hämatoxylin mit nachfolgender Pikrinsäurebehandlung.

BÖHM und OPPEL empfehlen gleichfalls Sublimateisessig: 80 *ccm* wässeriger Sublimatlösung und 20 *ccm* Eisessig läßt man $^1/_3$—$^3/_4$ Stunden einwirken und bringt dann die Eier in 70%igen Alkohol, worauf nach einer Stunde die Keime mit einem Rasiermesser abgeschnitten werden. Man darf zur Aufbewahrung nicht stärkeren als 85%igen Alkohol anwenden.

Nach FELIX sind die Teleostiereier je nach dem Grade der Entwicklung verschieden zu behandeln.

Von dem ersten Tage nach der Befruchtung bis zu dem Stadium, in welchem der Embryo seinen Schwanz zu krümmen beginnt, werden die ganzen Eier ohne eine vorherige Präparation in Sublimateisessig (konzentrierte wässerige Sublimatlösung 80 Teile, Eisessig 20 Teile) 45 Minuten lang fixiert. 5 Minuten nach dem Einlegen wird die Flüssigkeit gewechselt. Härtung in von 30—80 % steigendem Alkohol. Manchmal ist allerdings infolge starker Schrumpfung der Eihaut der Kopf etwas zusammengedrückt. Nach vollendeter Nachhärtung — gewöhnlich am anderen Tage — werden die Embryonen mit Nadeln abpräpariert. Färbung mit Boraxcarmin, Nachfärbung mit Jodgrün (2 *g* Jodgrün in 100 *ccm* 50%igen Alkohols). Vor der Jodgrünfärbung muß die Säure, die infolge der Nachbehandlung mit Säurealkohol im Embryo geblieben ist, sorgfältig durch Auswaschen in 70%igem Alkohol entfernt werden. Im Jodgrün bleiben die Embryonen 12—24 Stunden und kommen dann in 70%igen Alkohol, in welchem sie so lange verweilen, bis unter der grünen die rote Farbe wieder zum Vorschein kommt.

Beginnt der Embryo sich auf dem Dotter zu strecken, so muß er frisch herauspräpariert werden, und zwar in physiologischer Kochsalzlösung, damit bei einer Verletzung des Dottersackes und dadurch bedingtem Austritt des Dotters der letztere nicht gerinnt. Der frei präparierte Embryo wird in ZENKERscher Flüssigkeit fixiert. Ganze Eier in ZENKERscher Flüssigkeit zu fixieren, ist nicht ratsam, weil unter der Einwirkung dieser Flüssigkeit der Dotter jedesmal zersprengt, und damit gewöhnlich der Embryo verletzt wird. Um ein Krümmen des herauspräparierten Embryos zu verhindern, übertrug FELIX die lebenden Embryonen auf einem Hornspatel in die ZENKERsche Flüssigkeit und tauchte zunächst den Kopf und nach und nach das ganze Tier ein.

Sind die Forellen- und Lachsembryonen ausgeschlüpft, so soll man sie nach FELIX nicht mit dem Dotter fixieren. Einmal dringt die fixierende Flüssigkeit viel schwerer ein, und es werden die Teile des Embryos über dem Dotter schlecht fixiert, andrerseits wird bei der Entfernung des fixierten Dotters — der bei Paraffineinbettung ein Schneiden unmöglich macht — regelmäßig die Leber verletzt. Öffnet man aber den Dottersack in 0,75%iger Kochsalzlösung und läßt das Tier noch eine Weile in derselben herumschwimmen, so wird der Dotter bis auf den letzten Tropfen entfernt.

Ist der Dottersack scheinbar verschwunden, so liegt doch noch eine beträchtliche Menge vom Dotter in der Leibeshöhle (bei dem Lachs verschwindet der Dotter erst gegen Ende des dritten Monats nach dem Ausschlüpfen) und kann ein Schneiden unmöglich machen; der Dotter muß daher durch Öffnen des Bauches entfernt werden. FELIX verfuhr so, daß er die Tiere erst in ZENKERscher Flüssigkeit abtötete, in Kochsalz öffnete und dann mit einem Pinsel den Dotter entfernte.

Die obigen Methoden, welche von mir der Vollständigkeit wegen aufgeführt sind und welche für diesen oder jenen Zweck nützlich werden können, werden übertroffen durch das Präparationsverfahren, welches H. VIRCHOW zuerst für Teleostiereier ausgebildet und KOPSCH näher beschrieben hat, und welches ermöglicht, Dotter und Keim völlig voneinander zu trennen und die sämtlichen Dotterelemente schon während der Konservierung zu entfernen. Dasselbe gibt gleich ausgezeichnete Resultate für das Studium der Oberflächenbilder wie für die mikroskopische Untersuchung.

Dieses Verfahren besteht in einer Vorfixierung und einer Nachbehandlung, für welche letztere die verschiedensten Flüssigkeiten benutzt werden können. Die erstere wird immer ausgeführt vermittelst einer Chromessigsäure, welche aus Chromsäure 2,0 *g*, Aqua dest. 900,0 *ccm*, Acid. acet. glaciale 100,0 *ccm* zusammengesetzt ist.

In 30 *ccm* dieser Mischung (in einer weithalsigen Flasche) bringt man auf 5—10 Minuten 5—10 Eier. Es empfiehlt sich, das Gefäß wiederholt schonend hin und her zu bewegen, damit die Eier von allen Seiten mit der Flüssigkeit in Berührung kommen, bis der Keim trübe wird. Die Einwirkungsdauer beträgt 10 Minuten für junge Stadien bis zur halben Umwachsung des Dotters; von diesem Stadium an immer weniger, so daß für Embryonen bei Dotterlochschluß 5 Minuten ausreichend sind.

Nach genügender Einwirkung der Vorfixierungsflüssigkeit werden die Eier in eine Chromsäurelösung 2 : 1000 Wasser auf ungefähr $1^1/_2$ Stunden gebracht und möglichst sofort weiter verarbeitet, indem man das einzelne Ei, dessen Keimscheibe man gewinnen will, in ein Schälchen mit 0,7—1%iger Kochsalzlösung bringt und die Eischale in schonender Weise entfernt. In dieser Kochsalzlösung bleibt der durch die Vorfixierung nicht geronnene Dotter vollständig flüssig und kann mittelst einer Pipette oder besser eines feinen, spitz ausgezogenen Röhrchens, in welches man die Kochsalzlösung saugt, durch Abblasen von der Unterseite der Keimscheibe entfernt werden.

Darauf wird die Keimscheibe mittelst eines Löffelchens, in dessen Höhlung schwimmend, in die gewünschte Nachbehandlungsflüssigkeit übertragen. Am besten zur Erhaltung und Sichtbarmachung des Reliefs haben sich nach Kopsch erwiesen die konzentrierte wässerige Sublimatlösung und die Chromosmiumessigsäure. In ersterer genügt ein Aufenthalt von 2 Stunden, darauf Behandlung mit Jodalkohol usw. Bei der Fixierung mittelst der Chromosmiumessigsäure ist ganz besonders auf sorgfältiges, lang andauerndes Auswaschen Gewicht zu legen. Die Keime dunkeln sehr stark nach. Die deutlichsten Oberflächenbilder erhält man bei Anwendung der letztgenannten Fixierungsflüssigkeit, doch sagt Kopsch mit Recht, daß man nach einiger Übung auch an den mit Sublimat fixierten Embryonen alle Einzelnheiten ebenso deutlich erkennen kann. Statt der Sublimatlösung und Chromosmiumessigsäure kann auch jedes andere Fixierungsmittel genommen werden, z. B. Sublimat-Eisessig oder Sublimat-Pikrinsäure (Sublimatlösung konz. 90, Pikrinsäurelösung konz. 10, Swaen und Brachet) oder Pikrinschwefelsäure (Röthig).

Um die nach dem obigen Verfahren gewonnenen Oberflächenpräparate von Salmoniden zu färben, legte Kopsch sie auf 24 Stunden in eine frisch bereitete Mischung aus Boraxcarmin 1 Teil und salzsaurem Alkohol 10 Teile (Alkohol 70% und 1% Acid. hydrochloricum). Bei Überfärbung Auswaschen in salzsaurem Alkohol.

Sobotta führte die Stückfärbung des nach H. Virchow-Kopsch fixierten Materials in der Weise aus, daß er die Embryonen zuerst in Wasser, dann für kurze Zeit in 5%ige Alaunlösung und darauf für 1—24 Stunden in unverdünntes oder zur Hälfte mit Alaun verdünntes Böhmersches Hämatoxylin brachte; zur Differenzierung der Färbung diente 5%ige Alaunlösung.

Behrens benutzte die Kopschsche Methode auch zur Präparation der Befruchtungsstadien von Forelleneiern. Behrens eröffnete nach der oben geschilderten Vorbehandlung die Eier auf der dem Keime abgewandten Seite in Kochsalzlösung und entfernte den Dotter durch „Abblasen“, bis die Unterfläche des Keimes völlig sauber war. Der letztere löste sich dann von selbst von der Schale los. Auf diese Weise erhält man nicht allein den losgelösten Keim mit dem unter ihm gelegenen, von Ölkugeln durchsetzten Protoplasma, sondern auch das in der Peripherie desselben gelegene, den Dotter bedeckende Protoplasmahäutchen in großer Ausdehnung.

Behrens macht darauf aufmerksam, daß die befruchteten Eier nicht länger als $1^1/_2$ Stunden in der Chromsäure verweilen dürfen, weil sonst der Keim nicht mehr durch die Schale hindurch vom Dotter zu unterscheiden und auch schwer von ihm zu trennen ist.

Der losgelöste Keim wurde von Behrens etwa 3 Stunden in Pikrinsublimat (gesättigte wässerige Pikrinsäure 1 Vol., Sublimat ges. wässerig 1 Vol., Aq. dest. 2 Vol.) fixiert und dann in 50- und 70%igen Spiritus übergeführt, alsdann in absol. Alk., Chloroform und absol. Alk., Chloroform, Chloroformparaffin und auf höchstens $^1/_2$ Minute in reines Paraffin. Die Einbettung geht sehr schnell vor sich, da der Keim ohne Dotter leicht vom Paraffin durchtränkt wird.

Die Schnittserien werden mit Eisenhämatoxylin gefärbt, mit oder ohne Vorfärbung mit Bordeaux. Die Richtungskörperchen bleiben trotz Entfernung der Schale doch meist an der Oberfläche des Keimes haften.

Schließlich seien noch die folgenden Methoden genannt:

Blanc benutzte zum Studium der Befruchtungserscheinungen folgende Mischung: 600 Vol. Wasser, 2 Vol. konzentrierter Schwefelsäure, 100 Vol. konzentrierter Pikrinsäure, 8 Vol. Eisessig. Darin verbleiben die Eier mehrere Stunden und werden darauf in 10%iger Essigsäure geöffnet, worin auch der Keim abpräpariert wird.

Dasselbe Fixierungsmittel wandte His bei seinen Zellenstudien am Forellenkeim mit Erfolg an (Färbung mit Eisenhämatoxylin).

Kowalewski fixierte mit einer Mischung von 1%iger Chromsäure (1 Teil) und Pikrinschwefelsäure (8 Teile) 1¼ Stunde, alsdann Alkohol.

Olt behandelte die Eier des Bitterlings mit 3%iger Salpetersäure auf 3 Minuten, sodann mit 5%iger Alaunlösung und Wasser.

Für ältere Teleostierembryonen empfiehlt Rabl heiße Lösung von Platinchloridsublimat, um Rupturen der Muskeln und das Schrumpfen der Chorda zu verhindern.

Ziegler verwendet für jüngere Entwicklungsstadien von Lachs und Forelle ½%ige Chromsäure mit etwas Salpetersäure (etwa ½%) für 24 Stunden, sodann Wasserspülung für 12 Stunden, darauf nach Austechen der Eihaut mit einer Nadel 30%igen Alkohol für 12—24 Stunden, für weitere 24 Stunden 70%igen Alkohol, schließlich 95%igen Alkohol; das Blastoderm oder der Embryo läßt sich dann später von der Dotterkugel abheben. Färbung mit Alauncochenille nach Czokor 24 Stunden.

Formollösung haben Bouin und Gudger (zitiert nach Lee und Mayer) bei Fischeiern mit Erfolg angewandt. Ersterer fixiert die Eier auf Watte 36—48 Stunden lang in seinem Formolgemisch (ges. Pikrinsäurelösung 15 Teile, Formol 5 Teile, Eisessig 1 Teil), wäscht sie unter der Wasserleitung 3—4 Stunden lang aus und härtet die abpräparierten Keimscheiben in 60%igem Alkohol. Gudger behandelt die Eier ½—1 Stunde mit Worcesters Gemisch (1 Teil Eisessig und 9 Teile gesättigter Lösung von Sublimat in 10%igem Formol), wäscht sie mit Wasser aus; sodann Alkohol. Da in letzterem der Dotter leicht zu hart wird, müssen die mit Formol fixierten Eier bald in Paraffin eingebettet werden.

In betreff der Fixierung pelagischer Fischeier zitiere ich nach Lee und Mayer (Technik, 3. Aufl., 1907, pag. 297) die folgenden Methoden:

Methode von Whitmann (Amer. Nat., Bd. 17, 1883): Die Eier kommen auf 5—10 Minuten in ein Gemisch von ⅓%iger Osmiumsäure und Seewasser zu gleichen Teilen, sodann in ein Gemisch von ¼%igem Platinchlorid und 1%iger Chromsäure nach Merkel-Eisig auf 1—2 Tage; darauf Anstechen der Eikapsel, Alkohol.

Methode von Collinge (Ann. Mag., N. H., Bd. 10. 1892): Abtöten der Eier durch Zusatz von gesättigter, mit 5%iger Salzsäure vermischter Pikrinsäurelösung zum Seewasser (3 bis 4 Tropfen zu 30 *ccm*) während 3 Minuten unter Umrühren, Auswaschen in Wasser und Härtung in einem Gemisch von Campherspiritus 1 Teil, 2%iger Essigsäure und Alkohol je 4 Teile.

Methode von Raffaele (Mitt. Zool. Stat. Neapel, Bd. 12, 1895): Fixierung mit Hermannschem Gemisch (1—3 Tage) oder mit dem Eisessigsublimatalkoholgemisch von Mingazzini (2 Vol. konzentrierter wässeriger Sublimatlösung, 1 Vol. Eisessig, 1 Vol. abs. Alkohol). Formol (1 Vol. Formol auf 39 Vol. Seewasser) wandten Heinke und Ehrenbaum an (Wiss. Meeresunters., Bd. 3, 1900); die Eier schrumpften darin so gut wie gar nicht.

Literatur: Behrens (Anat. Hefte, H. 32, 1898), Blanc (Fest. Weissmann, Ber. Nat. Ges. Freiburg, Bd. 8, 1894), Böhm (Sitz. Ges. Morph. Physiol. München. Bd. 7, 1891). Böhm und Oppel (Taschenbuch), Felix (Anat. Hefte. Bd. 7. H. 3), Goronowitsch (Morph. Jhb., Bd. 10, 1885), Harrison (Arch. Mikr. Anat., Bd. 26, 1885), Henneguy (Journ. de l'Anat., 24. Jg., 1888), derselbe (Ebenda, 27. Jg., 1891). His (Abh. Sächs. Ges. Wiss., Bd. 24, 1898), Kollmann (Arch. Anat. 1885), Kopsch (Arch. Mikr. Anat., Bd. 51, 1898), derselbe (Int. Monat. Anat. Physiol., Bd. 18, 1901). derselbe (Ebenda, Bd. 16, 1899), derselbe (Gastrulat. bei den Chordaten, Leipzig 1904), Kowalewski (Zeitschr. Wiss. Zool., Bd. 48), Kupffer (Sitz.-Ber. Ges. Morph. Physiol. München, Bd. 7. 1893). La Valette St. George (Arch. Mikr. Anat., Bd. 21), Mayer und Lee (Technik, 2. Aufl., 1901), Olt (Zeitschr. Wiss. Zool., Bd. 55), Rabl (Zeitschr. Wiss. Mikr., Bd. 11, 1894). Rabl-Rückhard (Arch. Anat., Jg. 1882), Röthig (Embryol. Technik 1904), Salensky (Arch. de Biol., Bd. 2, 1881), Semon (Zool. Forschungsreisen in Australien und dem mal. Archipel. Bd. 2, Wiesbaden 1901), Sobotta (Anat. Hefte, Bd. 19, 1902). Swaen und Brachet (Arch. de Biol., Bd. 16. 1899), Wenckebach (Arch. Mikr. Anat., Bd. 28, 1886), Ziegler (Anat. Anz., Bd. 12, 1896; vgl. Entwicklungsgesch., 1902). Ziegenhagen (Verh. Anat. Ges. Berlin 1896).

B. Amphibien.

1. Künstliche Befruchtung. Beobachtung am lebenden Objekt.

Bei Amphibien ist die künstliche Befruchtung leicht auszuführen und oft geübt worden.

Hierzu eignen sich von den deutschen Batrachiern Rana esculenta, Rana fusca, Bombinator igneus und die Bufoarten. Bei Rana esculenta müssen die reifen Eier aber schon bei der Gefangennahme im Uterus des Weibchens sein, da sie in der Gefangenschaft nicht reifen, während dagegen bei Rana fusca die Reifung der Eier unter der Umarmung des Männchens auch in der Gefangenschaft eintritt.

ROUX empfiehlt, für die Vornahme der künstlichen Befruchtung bei Rana fusca folgendermaßen zu verfahren: Die gefangenen Paare werden getrennt und Männchen und Weibchen in verschiedene Körbe mit feuchtem Moos verpackt, um die Laichung zu verzögern, so daß man länger Versuchsmaterial hat, wie es schon PFLÜGER und BORN angeraten haben. Damit diese Männchen aber wieder Samen bilden, werden sie am Tage vor ihrer Verwendung in einem Glase mit etwa 2 *cm* hohem Wasserstand zum Weibchen gesetzt, am besten 3 Männchen und 2 Weibchen.

Man zerschneidet nun nach der Dekapitation und Zerstörung des Rückenmarkes des brünstigen Frosches die Hoden desselben in einer flachen Schale mit Wasser und gießt die gewonnene Flüssigkeit in eine frische Schale ab, um den Bodensatz zu entfernen; oder, wenn die Samenblasen prall mit der trüben, milchigen Samenflüssigkeit gefüllt sind, entleert man nur diese in das Wasser. Damit die Befruchtung gelingt, müssen die Spermien beweglich sein, wovon man sich durch mikroskopische Untersuchung zuvor überzeugt. Von dieser Samenflüssigkeit wird etwas in eine flache Schale mit ebenem Boden getan, deren Boden etwa 2 *mm* hoch mit Wasser bedeckt wurde, und umgerührt.

Darauf werden dem dekapitierten Weibchen die vorderen und seitlichen Bauchwandungen und der Darm ausgeschnitten und der Uterus vorsichtig ohne Quetschung der Eier mit der Schere weit geöffnet. Man entnimmt ihm mit einem trockenen Spatel eine Anzahl Eier und bringt sie in die Schale mit Sperma unter mittelrascher Bewegung, wobei sich die Eier zu einer einfachen Lage ausbreiten. Um leicht auftretenden späteren Verschimmelungen vorzubeugen, rät ROUX, nach 6—10 Minuten den Samen abzugießen, darauf die Eier mehrmals mit aufgegossenem Wasser abzuspülen und schließlich Wasser bis doppelt so hoch, als die Eier zur Zeit sind, hinein zu tun. Darauf werden die infolge von Quellung der Gallerthüllen bei festem Haften am Boden des Gefäßes sich pressenden Eier mit einem biegsamen Mikroskopierspatel vom Boden abgelöst, damit sie sich ausbreiten können. O. HERTWIG empfiehlt, um die Eiballen schwimmend zu erhalten, kleine Stückchen von Hollundermark darunter zu legen.

Daß die Befruchtung geglückt ist, erkennt man nach ROUX daran, daß spätestens 1 Stunde nach dem Abgießen des Spermas sich die Eier mit dem weißen Pole nach abwärts gedreht haben.

Nach $2^1/_2$—3 Stunden beginnt an den im Zimmer stehenden Eiern die erste Furchung, $^1/_2$ Stunde nach der ersten die zweite.

Will man die Tiere am Leben erhalten, so kann man die Eier in ähnlicher Weise wie bei den Fischen auch ausdrücken und in einem Uhrschälchen einzeln vermittelst eines Pinsels oder einer Pipette mit etwas Sperma benetzen.

Zur Beobachtung muß nach der Befruchtung die zähe Gallertschicht, welche im Wasser bald quillt, sobald als möglich abgestreift werden.

Auch bei den Urodelen läßt sich die künstliche Befruchtung vornehmen. O. HERTWIG schildert diese Prozedur bei Triton taeniatus folgendermaßen: Eine größere Anzahl frisch eingefangener männlicher und weiblicher Tritonen wird getötet. Die Oviducte eines Weibchens, welche gewöhnlich 10 reife, von Gallerthüllen umgebene, aber noch unbefruchtete Eier bergen, werden in einem Uhrschälchen in kleine Stücke zerschnitten, aus welchen die Eier gewöhnlich durch

Contraction der Eileiterwandung von selbst herausgepreßt, andernfalls mit Nadeln vorsichtig herausgezogen werden. Man befeuchtet die Eier nun mit einigen Tropfen einer 1%igen Kochsalzlösung oder des Serums der Bauchhöhle der Tritonen oder des verdünnten Humor aqueus eines beliebigen Wirbeltieres, in welchen Flüssigkeiten die Spermien längere Zeit lebensfrisch bleiben. Wenn man 20—30 Eier in einem Uhrschälchen gesammelt hat, bringt man sie mit dem Sperma in Berührung. Um das letztere zu gewinnen, wird von einem Männchen das vom Mai bis Juli mit Samen angefüllte Vas deferens freigelegt und in einem Uhrschälchen in kleine Stücke zerschnitten. Das Sperma läßt man über den Eiern ausfließen. Man muß dafür sorgen, daß die Samenflüssigkeit überall eindringt, sei es durch öfteres Schütteln des Uhrschälchens oder noch besser dadurch, daß man mit einem in eine capillare Spitze ausgezogenen Glasröhrchen das Sperma aufsaugt und tropfenweise über die einzelnen Eier wieder entleert. Darauf bleiben die Uhrschälchen etwa ½ Stunde in einer feuchten Kammer stehen und werden zuletzt in eine Schale mit Wasser gesetzt, in welcher nun die weitere Entwicklung ungestört vonstatten geht. In wenigen Stunden kann man auf diese Weise in verschiedenen Uhrschälchen an 100 Eier befruchten, die sich nahezu gleichzeitig entwickeln. Nur bei einem sehr geringen Bruchteil der Eier hatte O. Hertwig nach diesem Verfahren keine Befruchtung erzielt. Pathologische Bildungen können durch diese künstliche Befruchtung begünstigt werden.

Röthig beschreibt als Befruchtung auf trockenem Wege eine Modifikation dieses Verfahrens, welche darin besteht, daß die Eier von Triton in einer trockenen Schale sorgfältig aus dem Eileiter herauspräpariert und einzeln mit dem heraustretenden Spermainhalt des Samenleiters befruchtet werden, indem man mit dem letzteren über die Eier hinstreicht.

Eycleshymer präparierte zum Studium der Entwicklungsvorgänge am lebenden Ei von Amblystoma die Hüllen ab, indem er die Gallertmasse mit der Pinzette aufaßte und stückweise mit einer Schere abschnitt. Die von den Hüllen befreiten Eier wurden unter der Lupe oder dem Mikroskop in einem Uhrschälchen untersucht, welches auf einen Planspiegel gestellt war; es gelingt so, die Veränderungen an den beiden Polen des Eies zu sehen, ohne die Lage der Eier zu ändern (vgl. oben Pflügers Methode).

Braus schnitt von Tritoneneiern (Triton alpestris) mit einem möglichst scharfen Rasiermesser eine möglichst große Kuppe der ovalen Gallerthüllen durch ziehende Bewegung des Messers ab. Als Führung für die ebene Seite des plankonkaven Messers benutzte Braus eine feine Insektennadel, mit welcher er die Gallerthüllen des Eies mit einem kurzen Ruck durchstach, um die Nadel dann tief in ein Stück Klemmleber zu bohren, auf welches er vorher das Ei mit dem anhaftenden Blatt oder Stengelstück gelegt hatte. Die Insektennadel hat den weiteren Vorteil, das Ei ganz an die Peripherie des Zwischenraumes zwischen ihm und der Gallertkapsel zu drängen, der von einer serösen Flüssigkeit erfüllt ist. Das Ei liegt, wenn der Schnitt gelungen ist, sehr oft frei auf dem Leberstück und kann durch Eintauchen des letzteren in jede gewünschte Flüssigkeit ohne Verletzung übergeführt werden, sei es nun zur Untersuchung des lebenden Objektes oder zur Fixierung.

Wenn man Froschlaich unter den aufrecht stehenden Tubus des Mikroskopes bringt, so sieht man die in den Gallertkugeln des Laiches befindlichen Embryonen immer nur in der Rückenansicht, weil die an der Bauchseite befindliche Masse der Dotterzellen sich stets nach unten kehrt. Fr. Ziegler legte deshalb, um die Entwicklungsvorgänge der Kopf- und Aftergegend direkt beobachten zu können, den Tubus des Mikroskopes horizontal, nahm den Schlitten mit der Blendung aus dem Objekttisch heraus, füllte eine kleine Menge des Laiches in ein dünnwandiges, 2,5 *cm* weites Glasrohr (Reagensglas), brachte dasselbe hinter das Loch des Objekttisches und beobachtete die Embryonen mittelst einer großen Beleuchtungslinse mit Gaslicht oder direktem Sonnenlicht. Bei dieser Methode wird es möglich,

Entwicklungsvorgänge, wie z. B. den Schluß des Blastoporus, in den sukzessiven Stadien mit einem schwachen System kontinuierlich zu verfolgen.

Über den großen ZEISSschen Apparat, welcher gestattet, dasselbe Ei zu verschiedenen Zeiten von oben und von unten zu photographieren sowie über die Methode von KOPSCH, dasselbe Ei zugleich von der Unter- und der Oberseite zu photographieren, siehe die Artikel Mikrophotographie und Experimentell-embryologische Methoden.

2. Präparation, Einbettung, Fixierung und Färbung.

Da die Eier der Amphibien von einer dicken, mehrschichtigen, im Wasser alsbald nach der Eiablage quellenden Gallerthülle umgeben sind, muß diese Hülle zur Gewinnung der Eier und Embryonen sobald als möglich entfernt werden. Daß dies möglichst bald geschieht, womöglich noch vor der Einwirkung der Fixierungsflüssigkeit, liegt im Interesse der feineren histologischen Fixierung, um so mehr, als nach RÖTHIG das frische Ei vor der Fixierung elastisch ist und leichter aus den Hüllen entfernt werden kann, während es nach der Fixierung die Elastizität verloren hat und daher leichter verletzt werden kann. Nach RÖTHIG verfährt man bei der mechanischen Entfernung der Gallerthülle vom frischen Ei in der Weise, daß man das im Wasser befindliche Ei mit einer feinen Pinzette faßt und mit einer scharfen Schere von der Hülle eine möglichst große Kuppe abschneidet. Aus dem so erhaltenen Einschnitt der Hülle läßt sich das Ei durch sanften Druck heraustreiben. Über die Entfernung der Hülle auf chemischem Wege vermittelst Natriumhypochlorit (Eau de Labarraque) und Kaliumhypochlorit (Eau de Javelle) siehe unten die Methoden von WHITMANN und BLOCHMANN.

Bei der Fixierung des Amphibieneies ist weiterhin der Übelstand zu beachten, daß der Eidotter sehr leicht hart und brüchig wird, so daß das Mikrotomieren erschwert, selbst unmöglich gemacht wird. Das letztere tritt besonders bei Einwirkung der Chromsäure ein, in welcher sich durch Schütteln die Gallerthüllen aber bald lockern und mit Pinzetten leicht entfernen lassen. Um das Brüchigwerden des Dotters zu verhindern, ist es gut, die frischen Eier möglichst kurze Zeit der Einwirkung des starken Alkohols, der Zwischenmittel und vor allem des heißen Paraffins auszusetzen. CARNOY brachte daher die Batrachiereier aus 80%igem Alkohol für $^1/_4$ Stunde in 95%igen Alkohol und darauf 5 Minuten in absoluten Alkohol. Sodann wurden die Eier in eine Mischung von Chloroform und absolutem Alkohol und, sobald sie darin untergesunken waren, in reines Chloroform gebracht, worin sie bis 15 Minuten verblieben. Dann wurde zu dem Chloroform Paraffin hinzugesetzt und das Gefäß $2^1/_2$—3 Stunden einer Temperatur von 35—36° C ausgesetzt, worauf die Eier zum Schluß auf höchstens 5 Minuten in Paraffin mit dem Schmelzpunkt 52° C kamen.

Nach ADLERS Erfahrungen ist es hauptsächlich ein zu langer Aufenthalt im heißen Paraffin, welcher die Amphibieneier brüchig macht. In absolutem Alkohol, Chloroform und Chloroformparaffin können sie tagelang verbleiben, dürfen dagegen nur bis höchstens 30 Minuten im definitiven, geschmolzenen Paraffin verweilen.

RÖTHIG erzielte bei Anureneiern gute Resultate (15 μ Schnittdicke) mit folgendem Verfahren: Aus dem Chloroform, in welchem die Eier lange ohne Schaden liegen können, kommen sie in ein Gemisch von Chloroformparaffin (42°) zu gleichen Teilen (auf dem Paraffinofen 1 Stunde, im Paraffinofen $^1/_2$ Stunde), sodann in Paraffin von 42° 1 Stunde (einmal wechseln), schließlich in eine Mischung von Paraffin (42°) 1 Teil und Paraffin (56°) 2 Teile 1 Stunde.

Zur Fixierung, die bald vor, bald nach der Entfernung der Gallerthüllen vorgenommen wird, sind von den Autoren Sublimat, Chromsäure, Essigsäure, Pikrinsäure, Osmiumsäure, Salpetersäure und Formalin in den mannigfachsten Mischungen angewandt worden, während sich für die Färbung Boraxcarmin und Hämatoxylin mit oder ohne Nachfärbung (Orange G, Congorot u. a.) bewährt haben.

Es seien die folgenden Methoden näher erwähnt:

O. HERTWIG wandte zur Vorfixierung der Ranaeier nahezu kochendes Wasser (90—95° C) mit 5—10 Minuten Einwirkungsdauer an. Dadurch wird das Ei koaguliert und in einem, wenn auch geringen Grade gehärtet, während die Hülle und namentlich die innerste Dotterhaut brüchig wird und sich ein wenig von der Oberfläche des Eies abhebt. Mit einer feinen, scharfen Schere schneidet man sodann unter Wasser die Gallerthülle vom Ei ab, bis die innerste Dotterhaut selbst mit einreißt. Bei einiger Übung gelingt es meist mit dem ersten Schnitt, dieses Resultat zu erreichen und durch Schütteln das Ei aus dem Riß in der Umhüllung herausschlüpfen zu lassen. Da das Ei noch ziemlich weich ist, wird es in schonender Weise mit einer Glasröhre herausgenommen und in 0,5%ige Chromsäure oder in Alkohol von 70, 80 und 90% gebracht. Da die Eier in der Chromsäure leicht brüchig werden, dürfen sie darin nicht länger als 12 Stunden verweilen. Die Färbung dieser in Chromsäure gehärteten Eier bleibt schlecht. Auch wird nach O. HERTWIG die Pigmentierung des Eies teilweise zerstört.

Die Eier von Urodelen (Triton) brachte O. HERTWIG dagegen mit ihren Hüllen direkt in ein Gemisch von 2%iger Essigsäure und 0,5%iger Chromsäure. Die Essigsäure läßt die Hüllen etwas quellen und tötet die Zellen rasch ab, worauf sie durch die 0,5%ige Chromsäure noch mehr erhärtet werden. In 10 Stunden ist die Härtung so weit vorgeschritten, daß die Eier aus der Umhüllung leicht und ohne Schaden zu leiden herausgelöst werden können. Mit einer Schere schneidet man ein Stück von der Gallerthülle ab, so daß der Raum, in welchem das Ei liegt, geöffnet wird, und läßt das Ei aus der Öffnung heraustreten, wobei man mit Nadeln nachhilft. Darauf Übertragung in 70-, 80-, 90%igen Alkohol und Färbung mit alkoholhaltigem Boraxcarmin.

MORGAN bringt die einzelnen aus dem Froschlaich herausgeschnittenen Eier auf 1—12 Stunden in eine gesättigte Lösung von Pikrinsäure in 70%igem Alkohol, dem 2% Schwefelsäure hinzugesetzt sind, sodann in 70- und 80%igen Alkohol. Dadurch schwillt die Hülle so an, daß man sie anstechen und das Ei herausholen kann. Zum Einbetten bringt sie MORGAN nur auf 2—5 Stunden in Alcohol absolutus, dann auf 2—5 Stunden in Terpentinöl, von da auf je 1/2 Stunde in weiches und hartes (56—58° C Schmelzpunkt) Paraffin und schneidet sie bei 24—25° C; der Dotter ist dann nicht brüchig.

KING fixierte Eier von Bufo mit Eisessigsublimat (5% Eisessig) und entfernte die Gallerte nach der Alkoholbehandlung, SCOTT und OSBORN rühmen für Tritoneneier Pikrinschwefelsäure, die sie nach vorheriger Entfernung der Gallerthülle von dem frischen Ei benutzten.

Den genannten Präparationsmethoden ist unzweifelhaft überlegen das von WHITMAN und BLOCHMANN zuerst benutzte Verfahren, die Amphibieneier nach der Fixierung durch Einwirkung von Natriumhypochlorit oder Eau de Javelle zu behandeln, welche Reagenzien die Gallerthüllen auflösen.

WHITMAN läßt die fixierten (Urodelen-)Eier in einer 10%igen Lösung von Natriumhypochlorit (Eau de Labarraque), die mit dem 5—6fachen Wasserquantum verdünnt ist, so lange, bis man sie durch Schütteln von den Hüllen frei machen kann. Bei Necturus tritt das in einigen Minuten ein. Man muß sich aber hüten, die Eier zu lange in der Flüssigkeit zu lassen, da sie sonst verderben. Nach der Herausnahme werden die Eier wiederholt mit Wasser abgespült.

Auch EYCLESHYMER benutzte zur Entfernung der Hüllen der fixierten und auch schon mit Alkohol gehärteten Eier eine schwache Lösung von Eau de Labarraque, indem er die Eier aus dem 70%igen Alkohol durch 50%igen Alkohol und Wasser in die Lösung überführte.

BLOCHMANN behandelte Froschlaich nach Fixierung mit FLEMMINGscher Lösung und nach dem Auswaschen mit verdünntem Eau de Javelle (1 Teil auf 3 bis 4 Teile Wasser). In ca. 15—20 Minuten ist die Gallertschicht aufgelöst, die Eier sind zu Boden gesunken. Nun werden diese in Wasser ausgewaschen und allmählich in Alkohol übergeführt, müssen aber sorgfältig behandelt werden, da sie leicht verletzbar sind. Färbung mit Boraxcarmin.

Schließlich mögen der Vollständigkeit wegen noch die folgenden Methoden aufgeführt werden, welche von verschiedenen Autoren für Amphibieneier und Embryonen empfohlen worden sind.

MICHAELIS behandelte die Eier von Tritonen, welche von dem Weibchen einzeln an Wasserpflanzen abgelegt werden, zum Studium der Befruchtungserscheinungen mit einer Sublimatpikrinsäuremischung, welche sich ihm für diesen Zweck vorzüglich bewährte (konzentrierte Sublimatlösung 1000, konzentrierte Pikrinsäure 1000, Eisessig 50, Wasser 2000). Nach dem Fixieren wurden die Gallerthüllen mit Schere und Pinzette abpräpariert, was jedenfalls vor dem Einlegen in Alkohol geschehen muß. Sodann Härtung der Eier in allmählich ansteigendem Alkohol, Einbettung vermittelst Chloroform in Paraffin, Färbung der Schnittserien mit Eisenhämatoxylin.

GRÖNROOS fixierte die Eier von Salamandra besonders zum Studium der Oberflächenbilder mit einem Gemisch von gesättigter Sublimatlösung und $^1/_2$%iger Chromsäure je 50 Teile und Eisessig 1 Teil.

R. FICK legte die Eier vom Axolotl zum Studium der Befruchtungserscheinungen auf 24 Stunden in Chromessigsäure (25 *ccm* 1%iger Chromsäure, 75 *ccm* Wasser, 0,1 *ccm* Eisessig). Erst nach der Fixierung wurden die Eier mittelst Schere und Nadel von ihren Hüllen befreit. Sodann wurden die hüllenlosen Eier 24 Stunden lang in fließendem Wasser ausgewaschen und kamen auf abermals 24 Stunden in 60%igen Alkohol, alsdann auf 24 Stunden in 80%igen Alkohol und von da auf dieselbe Zeit in eine alkoholische Boraxcarminlösung. Hierauf Differenzierung in 70%igem salzsaurem Alkohol und Härtung in 90%igem Alkohol (3 Stunden lang). Die gehärteten Eier wurden in Bergamottöl für die Paraffineinbettung vorbereitet (2—4 Stunden), Einbettung in Paraffin von 50° C Schmelzpunkt. In Paraffin verbleiben die Eier $^1/_2$—1 Stunde, bei längerem Verweilen werden sie hart und brüchig.

V. SCHMIDT behandelte die Larven vom Axolotl mit $^1/_4$%iger Lösung von Chromsäure. Die älteren Larven wurden zuerst einige Stunden mit FLEMMINGscher Lösung und dann mit Chromessigsäure behandelt, einige auch mit Pikrinschwefelsäure. Färbung mit Boraxcarmin oder Hämatoxylin nach DELAFIELD.

CORNING fixierte die Embryonen von Anuren in RABLS Pikrinsäuresublimatlösung und färbte sie dann sofort mit frisch zubereiteter Alauncochenille. Die sofortige Färbung ist sehr wesentlich für die Erhaltung klarer Bilder. Eingebettet wurde nach dem Verfahren von O. SCHULTZE.

Der letztere Autor hatte 1887 zur Fixierung der Eier von Anuren und Urodelen folgendes Verfahren angegeben: Die von den Hüllen möglichst befreiten Eier kommen zur Fixierung auf 24 Stunden entweder in FLEMMINGsche Chromosmiumessigsäure oder in FLEMMINGsche Chromessigsäure. Nach reichlicher Wasserspülung eignen sich die Eier vorzüglich zum Oberflächenstudium. In Alkohol von 50% gebracht, verbleiben sie in diesem 24 Stunden und dann je 24 Stunden in Alkohol von 70, 85 und 95%. Letzterer wird mehrmals abgegossen und durch neuen ersetzt. Aus dem starken Alkohol kommen die Eier in Terpentin, welcher die Eier je nach ihrer Größe in 1—2 Stunden durchtränkt hat. Jetzt muß die Eischale entfernt werden, was O. SCHULTZE vermittelst eines kleinen chirurgischen Löffels ausführte. Darauf werden die Eier sogleich auf $^1/_2$—1 Stunde in Paraffin von 50° C gebracht. Zur Vermeidung der Brüchigkeit des Dotters kommt nach O. SCHULTZE alles auf die genaue Einhaltung der angegebenen Zeiten an. Sollen die Eier durchgefärbt werden, so kommen sie aus 50%igem Alkohol auf 24 Stunden in alkoholische Boraxcarminlösung, sodann in salzsauren Alkohol. Bei häufigem Wechseln des letzteren entfärben sich auch die Dotterkörner und nur die chromatische Substanz bleibt intensiv rot.

In neuerer Zeit hat derselbe Autor zur Erhaltung des normalen Reliefs und der normalen Pigmentierung des Froscheies das folgende Verfahren empfohlen: Die Eier werden, nachdem die Gallerthülle bis auf die die Dotterhaut umgebende innerste Gallertschicht mit der Schere entfernt ist, in erwärmte 2%ige wässerige Formollösung von 75, höchstens 80° C auf 5 Minuten übertragen. Sie sterben momentan ab und wie bei der älteren Fixierungsmethode in heißem Wasser hebt sich die auf dem Ei zurückbleibende Hülle so weit vom Ei ab, daß dieses mit Nadeln aus der Kapsel leicht herausgeholt werden kann. Die Eier eignen sich durch ihre lederähnliche und doch nicht harte, elastische Konsistenz ausgezeichnet zur Präparation unter der Lupe. Bis die Eier zur weiteren Untersuchung kommen, bleiben sie in 2%iger Formollösung in der schützenden Hülle. Sie behalten hierin monatelang ihre auch für die Schnittmethode ideale Konsistenz. Zur Einbettung empfiehlt O. SCHULTZE Einlegen der Eier aus der Formollösung in Alkohol von 70 und 95%, dann in Bergamottöl je mindestens 2 Stunden, darauf je 10 Minuten in einmal gewechseltes Paraffin zur definitiven Einbettung. In dieser Weise kann man morgens abgetötete Eier am Abend desselben Tages geschnitten auf dem Objektträger im Balsam vor sich haben. Die natürliche Färbung des Eies kann die Tinktion überflüssig machen.

Auch BOUIN fixiert die jungen Larven von Rana mit Formol 1 Teil, dem 3 Teile gesättigte, wässerige Sublimatlösung zugesetzt sind, während 2—3 Stunden und bringt sie nach raschem Abspülen in Wasser direkt in Alkohol von 70%.

BRAUS benutzte das Sublimatessigsäuregemisch mit oder ohne Osmiumsäurezusatz (Eisessigsublimat und Osmiumsäure je 1 Teil, Wasser 20 Teile).

ERLANGER fixierte Eier und Embryonen von Rana, Bufo und Bombinator mit FLEMMINGscher Lösung und befreite sie sodann nach der BLOCHMANNschen Methode von der Gallerte, indem er sie in einem weiten Glascylinder in mit dem 5—6fachen Volumen Wasser verdünntes Eau de Javelle brachte und sie hierin langsam hin und her bewegte. In etwa ¼ Stunde ist die Gallerte aufgelöst, und kann man dann die Eier nach sorgfältigem Auswaschen mit Alkohol weiter behandeln.

Die Untersuchung der Oberflächenverhältnisse der konservierten, dunkeln Amphibieneier und Embryonen nahm ERLANGER bei auffallendem Licht in einer mit weißem Wachs ausgegossenen Glasschale vor. In dem Wachs können Löcher und Rinnen angebracht werden, um darin den Embryo in beliebiger Lage festzuhalten. Man kann nach ERLANGER die gehärteten Eier oder Embryonen auch trocken untersuchen, da sie ihre Form gar nicht verändern, wenn man sie aus absolutem Alkohol langsam trocknen läßt. Findet sich in den Eiern bereits eine größere Höhle, so muß man sie, um das Kollabieren zu verhindern, in Paraffin tränken und ihre Oberfläche darauf vom anhaftenden Paraffin durch Terpentinöl oder Chloroform befreien. Man klebt dann das Objekt auf dem Objektträger in der gewünschten Lage fest und kann es so bequem untersuchen.

RÖTHIG stellte nach der SEMPERschen Methode Trockenpräparate von mit Chromsäuresublimat fixierten Anureneiern her, indem er sie mit absolutem Alkohol 2 Tage lang entwässerte, mit reinem Terpentin durchtränkte und den Terpentin alsdann verdunsten ließ.

Literatur: ADLER (Int. Mon. Anat. Physiol., Bd. 18, 1901), BLOCHMANN (Zool. Anz., Bd. 12, 1899), BOUIN (Arch. de Biol., Bd. 17, 1900), BRAUS (Jena. Zeitschr. Nat., Bd. 29, 1895), CARNOY et LEBRUN (Cellule, Bd. 12, 1897), CORNING (Morph. Jhb., Bd. 27, 1899), v. ERLANGER (Zool. Jhb., Bd. 4, 1891), EYCLESHYMER (Journ. of Morph., Bd. 10, 1895), FICK (Zeitschr. Wiss. Zool., Bd. 56, 1893), GRÖNROOS (Anat. Anz., Bd. 14, 1898), HERTWIG (Jena. Zeitschr. Nat., Bd. 15, 1882 und Bd. 16, 1883), JORDAN (Journ. of Morph., Bd. 8, 1893), KING (Journ. of Morph., Bd. 17, 1901), LEE und MAYER (Technik, 2. Aufl. 1901), MICHAELIS (Arch. Mikr. Anat., Bd. 48, 1897), MORGAN Development of the Frog's Egg., New York 1897; zitiert nach MAYER), ROBINSON and ASSHETON (Quart. Journ. Micr. Sc., Bd. 32, 1891), RÖTHIG (Embryol. Technik 1904), ROUX (Anat. Anz., Bd. 9, 1894), SCHULTZE (Zeitschr. Wiss. Zool., Bd. 45, 1887), derselbe (Arch. Mikr. Anat., Bd. 55, 1899), SCHMIDT (Die Entstehung des Hinterendes der Chorda von Siredon pisciformis, 1891), SCOTT and OSBORN (Quart. Journ. Micr. Sc., Bd. 19, 1879), ZIEGLER (Anat. Anz., 7. Jg., 1892).

C. Reptilien.

Die Eier der Reptilien sind sehr dotterreich und von einer meist derben, oft mit Kalksalzen imprägnierten Schale umgeben. Bei den Schildkröten und Krokodilen kommt dazu noch eine zwischen Schale und Dotterhaut gelegene dicke Eiweißlage, welche den Eiern der Lacertilier und Schlangen fehlt.

Die früheren Entwicklungsstadien bilden sich regelmäßig im Eileiter aus, die späteren Stadien im abgelegten Ei; bei den Schlangen und Sauriern sind manche Gattungen ovovivipar.

Bei der Konservierung werden die früheren Stadien auf dem Dotter in situ fixiert, die älteren Embryonen schneidet man am besten heraus und fixiert sie einzeln.

Beobachtung am lebenden Objekt.

Die Embryonen lassen sich auf dem von der Schale zum Teil befreiten Ei in indifferenten Medien (physiologische Kochsalzlösung, Humor aqueus) einige Zeit lebend beobachten.

a) Sauria.

Präparation, Fixierung und Färbung.

Zum Studium der Befruchtungsvorgänge am Ei von Anguis fragilis benutzte OPPEL teils Eisessigsublimat (konz. wässerige Sublimatlösung 9 Teile, Eisessig 1 Teil), teils behandelte er die Eier mit FLEMMINGscher Lösung und Sublimat (10 Teile FLEMMINGscher Lösung auf 90 Teile konzentrierter Sublimatlösung) etwa $^1/_4$ Stunde und übertrug sie dann in Sublimat oder Sublimateisessig. Die Eier wurden in der Fixierungsflüssigkeit sofort geschält. Diejenigen aus der Befruchtungszeit lassen sich schon beim Schälen an der Beschaffenheit der Schale erkennen. Während nach OPPEL sonst Blindschleicheneier am leichtesten mit Pinzette und Schere geschält werden können, geschieht dies bei Befruchtungsstadien leichter mit zwei Pinzetten allein. Die Schale ist nämlich bei letzteren außerordentlich dünn und läßt sich so leicht wie ein Spinngewebe zerreißen. In der Fixierungsflüssigkeit wurden die Eier 2 Stunden lang belassen, dann nach den gewöhnlichen Regeln mit Alkohol behandelt. Nach 24 Stunden, nachdem die Eier aus dem $70^0/_0$igen Alkohol in $80^0/_0$igen übertragen waren, schnitt OPPEL die Keimscheiben mit einem Rasiermesser ab, was zu dieser Zeit leicht geht; später wird der Dotter im Alkohol hart. Mit Nadeln und Schere läßt sich die Keimscheibe nur schlecht abpräparieren. Stückfärbung mit Boraxcarmin und Nachfärbung der Schnitte mit BÖHMERschem Hämatoxylin.

NICOLAS fixierte die Befruchtungsstadien von Anguis teils mit BOUINS Formolpikrinessigsäure (15 Teile gesättigter Pikrinsäure, 5 Teile Formol und 1 Teil Eisessig), teils mit Eisessigsublimat, teils mit alkoholischer Sublimatlösung nach V. LENHOSSÉK (v. APÁTHYS Sublimatalkohol [Alk. $50^0/_0$ 100 *ccm*, Kochsalz 0,5 *g*, Sublimat 4 *g*] 75 Teile, absol. Alk. 25 Teile, Eisessig 5 Teile; Einwirkungsdauer 6 Stunden, Härtung in $90^0/_0$igem Alkohol); die letztere ist jedoch für die Fixierung ganzer Eier nicht gut.

Die Dotterhaut ist bald zu entfernen, da NICOLAS beobachtete, daß sich ein Niederschlag zwischen Ei und Haut bildete, der störend wirkt. Färbung der Schnitte mit Eisenhämatoxylin.

STRAHL präparierte die Embryonen von Lacerta aus dem frischen Ei und legte sie zur Fixierung in KLEINENBERGsche Flüssigkeit. Die Herausnahme selbst ist nicht immer ganz leicht, da man in einzelnen Fällen zwar die Stelle der Keimscheibe von außen durchschimmern sieht, in anderen dagegen äußerlich nichts davon zu bemerken ist. Färbung mit Pikrocarmin.

BÖHM und OPPEL erzielten die besten Resultate, indem sie von den frischen Eiern die Schalenhaut unter physiologischer Kochsalzlösung entfernten. Das letztere wird nach diesen Autoren nicht allzu schwer erreicht, wenn man mit einer spitzen Pinzette das Ei so faßt, daß sich eine niedrige Falte bildet. Diese wird nun mit einem möglichst langen Schnitt entfernt. Ist die Öffnung eine sehr kleine geworden, so kommt es leicht zur Bildung eines Extraovates, welches gewöhnlich mit dem Platzen der Dotterhaut, resp. dem Ausfließen des Dotters endet, wobei das Ei zugrunde geht. Das von den Eihäuten befreite Ei führten sie sodann mit einem Hornlöffel in die Fixierungsflüssigkeit über, als welche sie $^1/_3{}^0/_0$ige Chromsäure

(24 Stunden), Pikrinschwefelsäure (5 Stunden), konzentrierte Sublimatlösung mit 20% Eisessigzusatz oder ein Gemisch von 2 Teilen konzentrierter wässeriger Sublimatlösung mit 1 Teil 1%iger Chromsäure (1—1½ Stunden) benutzten. Die Keimscheiben wurden darauf in Wasser herausgeschnitten und in Alkohol gehärtet. Bei ganz jungen Stadien schnitten sie die Keimscheiben aber erst nach der Härtung des Eies in Alkohol mit einem Rasiermesser ab. Als bequemere Methode schlagen BÖHM und OPPEL vor, die ganzen Eier ungeschält in Pikrinschwefelsäure auf 5—6 Stunden oder in die BOVERIsche Eisessigpikrinsäurelösung auf 24 Stunden zu legen. Hierauf werden die Eier in destilliertes Wasser übertragen und mit Schere und Pinzette von der Schalenhaut befreit; sodann Härtung in Alkohol.

Ich habe es am zweckmäßigsten gefunden, die Eier von Lacerta und Anguis ungeschält direkt in Eisessigsublimat (5% Eisessig) oder ZENKERsche Lösung oder (bei älteren Stadien) in RABLS Pikrinsäuresublimatlösung auf etwa 12 Stunden zu bringen, alsdann die Eischale zu entfernen, die Fixierungsflüssigkeit noch 1 bis 2 Stunden einwirken zu lassen und dann weiter zu behandeln. Direkte Überführung in Alkohol von ansteigender Konzentration unter Vermeidung der Wasserspülung, Färbung mit Boraxcarmin.

WILL nahm die Öffnung der Eier und Präparation der Embryonen von Platydactylus unter der Konservierungsflüssigkeit selbst vor. Die Embryonen wurden mit dem Dotter gehärtet und eine Ablösung derselben erforderlichenfalls später ausgeführt. Jüngere Keimscheiben wurden mit dem Dotter geschnitten. Von Konservierungsflüssigkeiten wurden besonders Chromsäure und Chromosmiumessigsäure angewandt, von denen die letztere aber nur so viel Osmiumsäure enthielt, als gerade nötig war, um dem Dotter eine dunklere Färbung zu verleihen, die geeignet ist, die Keimscheibe mit dem Embryonalschild besonders scharf hervortreten zu lassen. Sublimat macht nach WILL Dotter und Keimscheibe bei dem Gecko so gleichmäßig weiß, daß man die Keimscheibe überhaupt nicht mehr erkennt und bei der Präparation in steter Gefahr schwebt, den Embryo zu verletzen. Gefärbt wurde mit Boraxcarmin und Hämatoxylin.

v. DAVIDOFF fixierte Ascalabotes- und Lacertaembryonen, nachdem die Eier unter physiologischer Kochsalzlösung eröffnet waren, mit Eisessigsublimat oder RABLscher Sublimatpikrinsäure. Von einer Abwaschung in Wasser wurde Abstand genommen, die Objekte kamen vielmehr in schwachen Alkohol, der sehr behutsam verstärkt wurde. Die Färbung mit Boraxcarmin gelingt an den Sublimateisessigpräparaten am besten. Nachfärbung der Schnitte mit Bleu de Lyon.

Im anat.-biol. Institut zu Berlin hat sich nach RÖTHIG für jüngere und ältere Stadien der Blindschleiche und Eidechse (ebenso der Ophidier) eine Mischung von 1%iger Chromsäure (30 Vol.), in Kochsalzlösung ges. Sublimatlösung 30 Vol., Eisessig 3 Vol., Formalin 10 Vol., Aq. dest. 27 Vol. bewährt. Die Eier bleiben darin 24 Stunden, werden 24 Stunden in fließendem Wasser gespült und erst in Alkohol geschält.

Weiter sind noch zu nehmen: 4%ige Formollösung, ein Gemisch von ½%iger Chromsäure 1 Teil und 3%iger Salpetersäure 3 Teile und Pikrinessigsäure (konzentrierte wässerige Lösung von Pikrinsäure mit 2 Vol. Wasser verdünnt erhält den Zusatz von 1% Eisessig, BÖHM und OPPEL).

Literatur: BÖHM und OPPEL (Taschenbuch, 4. Aufl., 1900), v. DAVIDOFF (Festschr. f. GEGENBAUR, 1896), NICOLAS (Arch. d'Anat. Micr. 1900). OPPEL (Arch. Mikr. Anat., Bd. 39), RÖTHIG (Embryol. Technik 1904), STRAHL (Arch. Anat., Jg. 1881), WILL (Zool. Jhb., Bd. 6).

b) Ophidia.

Präparation, Fixierung und Färbung.

Die im Befruchtungsstadium befindlichen Eier der Ringelnatter schälte OPPEL, nachdem sie etwa 3 Stunden in Sublimatchromsäure gelegen hatten. In Alkohol wurden die Keimscheiben nach 24 Stunden mit dem Rasiermesser abgetragen, mit Boraxcarmin im Stück gefärbt und im Schnitt mit BÖHMERS Hämatoxylin nachgefärbt.

Ich verfuhr bei der Konservierung der Schlangeneier (Ringelnatter, Schlingnatter, Kreuzotter) folgendermaßen: Aus der mit Chloroform* getöteten Schlange werden die eierhaltigen langen Oviducte herausgeschnitten und auf etwa 1—2 Stunden in die Fixierungsflüssigkeit gebracht, nachdem man sie zwischen den Eiern in einzelne Abschnitte zerlegt hat. Alsdann läßt sich die erhärtete Eileiterwandung mit 2 Pinzetten von den Eiern durch Einreißen leicht ablösen. Versucht man die Entfernung der Wandung am frischen Objekt, so kommen besonders die dünnwandigen Eier der Schlingnatter und Kreuzotter in Gefahr. Als Fixierungsflüssigkeiten bewährten sich Eisessigsublimat, ZENKERsche Flüssigkeit und (für die älteren Stadien) auch die RABLsche Sublimatpikrinsäure. Außerdem empfiehlt sich auch die Anwendung von $^1/_2$%iger Chromsäure und 4%iger Formollösung; auch ein Gemisch von $^1/_2$%iger Chromsäure (1 Teil) und 3%iger Salpetersäure (3 Teile) tat gute Dienste. Die Eier werden in toto 12—24 Stunden in einer der genannten Flüssigkeiten fixiert. Alsdann wird die Schälung der derbschaligen Ringelnattereier vorgenommen. Man faßt in der Fixierungsflüssigkeit das Ei mit einer feinen Pinzette an dem einen Eipol, hält es etwas gegen das Licht, wobei man die Keimscheibe, resp. die Embryonalanlage als dunklere Stelle erkennt, und schneidet sodann an der keimfreien Seite des Eipoles auf einer weichen Unterlage mit einer feinen Schere eine Öffnung in die Schale, die man mit Schere oder Pinzette auf der keimfreien Seite bis zum anderen Keimpole erweitert. Dann läßt sich das Ei leicht aus der Schale herausheben. Bei den mit einer sehr zarten, durchsichtigen Schalenhaut versehenen Kreuzottereiern macht die Entfernung der Schale mit zwei Pinzetten wenig Mühe. Es empfiehlt sich, das geschälte Ei noch 1—2 Stunden in der Fixierungsflüssigkeit zu belassen. Alsdann Überführung der Eier direkt in 40—50%igen Alkohol und vorsichtige Härtung in allmählich ansteigendem Alkohol. Später werden die jungen Keimscheiben aus dem Eidotter herausgeschnitten, mit Nadeln von dem überflüssigen Dotter vorsichtig befreit und mit einer dünnen Dotterunterlage geschnitten. Färbung der Schnitte mit Boraxcarmin oder dünnen Hämatoxylinlösungen nach DELAFIELD.

Bei älteren Embryonen ist es geboten, die Embryonen aus dem frischen Ei herauszupräparieren und isoliert zu fixieren.

GERHARDT benutzte zur Fixierung von Keimscheiben der Ringelnatter ein Chromsäuresublimatformolgemisch, welches sich auch bei der Konservierung von Hühnerembryonen bewährt hatte, von folgender Zusammensetzung: Chromsäure, 1%ig, 150 *ccm*, Sublimat, gesättigte Lösung, 150 *ccm*, Aqua destillata 135 *ccm*, Eisessig 15 *ccm*, Formol 50 *ccm*.

Fixationsdauer 24 Stunden. Darauf wurden die Eier in fließendem Wasser ausgewaschen, um dann in 70-, resp. 85%igen Alkohol gebracht zu werden. Sodann Abtrennung der Keimhäute nebst anhaftendem Dotter mit dem Rasiermesser. Schnittfärbung mit Boraxcarmin und Nachfärbung mit Pikrinsäure oder Orange. Anfangs benutzte GERHARDT das Gemisch von CARNOY (Eisessig 1 Teil, Alcohol absolutus 6 Teile, Chloroform 3 Teile), fand aber, daß die Schlangeneier darin sehr stark schrumpfen. (S. auch RÖTHIG unter *a)* Saurier.)

Literatur: BALLOWITZ (Zeitschr. Wiss. Zool., Bd. 70, 1901), derselbe (Entwicklungsgeschichte der Kreuzotter. Jena 1903), BÖHM und OPPEL (Mikr. Technik), GERHARDT (Anat. Anz., Bd. 26, 1901), OPPEL (Arch. Mikr. Anat., Bd. 39).

c) Chelonia.

Präparation, Fixierung und Färbung.

Da bei den Schildkröteneiern das sehr zähe Eiweiß und eine früh eintretende Verklebung des Embryos mit der Eihaut Schwierigkeiten machen, muß auf die Präparationsmethode näher eingegangen werden.

---

* Die Abtötung mit Chloroform ist der Decapitation durchaus vorzuziehen, um die sonst außerordentlich störenden Reflexbewegungen des Tieres auszuschalten. Das gilt auch für andere Tiere.

MEHNERT verfuhr bei der Präparation der Embryonen von Emys lutaria folgendermaßen. Bei Eiern, welche dem Oviducte entnommen sind oder ein paar Tage nach der Eiablage untersucht werden, eröffnet man die Kalkschale und gießt den gesamten Inhalt ohne weiteres in eine $^1/_2$%ige Chromsäurelösung. In reinem Wasser und in $^1/_2$%iger Kochsalzlösung erscheint das Eiweiß nahezu durchsichtig. Chromsäurelösungen lassen hingegen schon nach wenigen Minuten die Eiweißumhüllungen schärfer hervortreten; die letzteren werden nun sukzessive mit Pinzetten vom Dotter entfernt, was mit größter Vorsicht geschehen muß, da die Eidotterhülle äußerst zart ist und selbst die geringste Verletzung derselben das Zerfließen des Dotters und das Verlorengehen des ganzen Keimes zur Folge hat.

Die Eidotterkugel wurde von MEHNERT stets in toto fixiert. Erst nach 1 bis 2 Tagen wurde sodann der Keim unter $^1/_2$%iger Chromsäure in weitem Umkreise umschnitten. Der in der Dotterkugel herrschende Innendruck hebt die Keimscheibe jetzt ohne Beihilfe ab und läßt sie in der Fixierungsflüssigkeit flottieren. Aus ihr wird der Keim mit einem Löffel herausgefischt. Versäumt man, sich des umschnittenen Blastoderms schnell zu bemächtigen, so ist der Keim meist verloren, da die reichlichen, sehr flüssigen Eidottermassen das Wasser in kürzester Zeit undurchsichtig machen.

Die umschnittenen Keimscheiben brachte MEHNERT ohne Auswässerung aus der Fixierungsflüssigkeit direkt in 30%igen Alkohol, dann sukzessive auf je 24 Stunden in 50-, 80- und 96%igen Alkohol.

Zur Fixierung benutzte MEHNERT außer der $^1/_2$%igen Chromsäure noch gesättigte Pikrinsäurelösung, und zwar besonders bei älteren Embryonen, bei denen Ossificationen zu vermuten waren.

Sehr schwierig ist nach MEHNERT die Auffindung des Keimes in den allerersten Entwicklungsphasen vor dem Auftreten des Embryonalschildes. Eine dem Eileiter von Emys entnommene befruchtete Eidotterkugel gewährt anfänglich weder bei der Betrachtung mit bloßem Auge noch bei der Zuhilfenahme einer Lupe einen Anhaltspunkt, an welcher Stelle der Keim in Bildung begriffen ist. Selbst nach der Härtung in Chromsäure oder Pikrinsäure markiert sich der Keimfleck in keiner Weise. Dagegen tritt er bei Anwendung von schwachen Osmiumsäurelösungen als ein etwas dunkler tingierter Fleck hervor. Die Fixierung durch Osmiumsäure führte MEHNERT in der Weise aus, daß er vermittelst einer Pipette tropfenweise eine $^1/_4$%ige Osmiumlösung auf die von den Eiweißhüllen befreite, in physiologischer Kochsalzlösung suspendierte Dotterkugel so lange träufelte, bis der Keim sich durch stärkere Dunkelfärbung von der Umgebung abhob. Sodann wurde die Keimscheibe in weitestem Umfange umschnitten und in Alkohol gebracht.

Sehr störend für die Konservierung ist nach MEHNERT die eigentümliche Verklebung der vorderen Amnionfalte mit der Innenmembran der Kalkschale, welche schon sehr früh gleich nach Ausbildung der vorderen Amnionfalte eintritt. Ein jeder Versuch, in einem solchen Stadium den Eidotter herauszugießen, führt zum unfehlbaren Einreißen der fixierten Amnionfalte und ausnahmsloser Vernichtung des ganzen Embryos. Anfänglich entfernte MEHNERT die Kalkschale, ohne die innerste Membran derselben zu verletzen, und erhärtete sodann den Embryo mitsamt der ihm anliegenden Schalenhaut. Diese Methode ist sehr umständlich, erfordert viel Zeit und große Vorsicht bei der Ausführung.

In den meisten Fällen bediente sich MEHNERT eines anderen Verfahrens. Zunächst ermittelte er bereits an der Kalkschale den Sitz des Embryos und kehrte denselben nach unten. An der jetzt nach oben gewandten, dem Keime entgegengesetzten Stelle legte er in der Kalkschale vermittelst einer spitzen Schere eine möglichst große Öffnung an und suspendierte dann die untere Hälfte der Kalkschale mitsamt dem Eidotter und Eiweiß in einer $^1/_2$%igen Chromsäurelösung. Nach 24 Stunden wurde die Öffnung in der Kalkschale mit einer Schere vergrößert. Um eine Verletzung der Dotterkugel zu verhindern, müssen die Ränder der Öffnung möglichst glatt sein. Durch die 24 Stunden währende Einwirkung der Chromsäure hatte sich die Verklebung der Amnionfalte gelöst, und die ganze Dotterkugel konnte jetzt leicht ohne jede Schädigung herausgezogen werden.

Erst wenn der Gefäßhof die Hälfte der ganzen Dotteroberfläche überzogen hat, ist es nach MEHNERT gestattet, bei dem Aufschneiden der Kalkschale auch die Eidotterkugel anzustechen und den Inhalt unter Chromsäure zum Teile herausfließen zu lassen. Dabei müssen der Gefäßhof und der Embryo der Kalkschale angelagert in situ verbleiben.

Die Embryonen von dem Auftreten der vorderen Amnionfalte bis zur Bildung eines Nabelstranges fixierte MEHNERT mitsamt der anliegenden Kalkschale 24 Stunden in Chromsäure, löste sie dann von der Kalkschale und härtete noch weitere 24 Stunden in Chromsäure nach.

Bei größeren Embryonen nach der Ausbildung einer prallen Amnionblase und eines Nabelstranges kann die Amnionblase sogleich geöffnet und der Nabelstrang durchschnitten werden.

VOELTZKOW entfernte zur Erlangung der jüngsten Stadien an den dem Eileiter von frisch gefangenen Podocnemis madagascariensis entnommenen Eiern die Eischale zur Hälfte, präparierte unter $^1/_2$%iger Chromsäure das schnell darin gerinnende Eiweiß mit Nadel und Pinzette vom Dotter ab, was einige Vorsicht erfordert, und härtete dann in toto in $^1/_2$%iger Chromsäure. Nach einigen Stunden wurde der Keim unter Chromsäure abgeschnitten und mit einem Uhrschälchen abgenommen. Dies muß möglichst rasch geschehen, da sonst der hervorfließende Dotter die Flüssigkeit trübt und der Keim verloren geht. Der letztere wurde sodann für sich in 0,25%iger Chromsäure weiter fixiert, in Alkohol von steigender Konzentration gehärtet und schließlich in 80%igem Alkohol aufbewahrt.

MITSUKURI behandelte die Embryonen von Schildkröten (Trionyx, Clemmys, Chelonia) hauptsächlich mit Pikrinschwefelsäure.

Die jungen, gewöhnlich an der Schale anhaftenden Embryonen fixierte er, ähnlich wie MEHNERT, mit dem betreffenden Schalenstücke wie in einem Uhrglase, löste sie nach $^1/_2$ Stunde ab und härtete sie für sich weiter. Waren aber schon die Embryonalhüllen vorhanden, so schabte er die Schale an einer Stelle ab und behandelte sie mit Pikrinschwefelsäure, bis ein kleines Loch entstand; von hier aus fuhr er mit dem Schaben und Auftröpfeln der Säure fort, bis sich ohne Verletzung der Hüllen die ganze Schale entfernen ließ.

Literatur: MEHNERT (Morph. Arb., Bd. 1, 1892), MITSUKURI (Journ. Coll. Sc. Imp. Univ. Japan, Bd. 6, 1893), VOELTZKOW (Abh. Senckenberg. Nat. Ges., Bd. 26, 1901).

d) Crocodilina.

Präparation, Fixierung und Färbung.

Nach CLARKE und VOELTZKOW ist das Crocodilierei das zarteste und am schwierigsten zu behandelnde Objekt, und gelingt es nur selten, den Embryo ganz unverletzt zu präparieren.

Nach VOELTZKOW bieten die frisch gelegten Eier keinen Anhalt zur Bestimmung der Lage des Embryo in ihm. Erst einige Tage später wird am Ei eine weiße Stelle sichtbar, welche sich immer mehr ausdehnt und schließlich das Ei im Bereiche des schmäleren Durchmessers ringförmig umfaßt, wodurch die Lage der Frucht angedeutet wird.

An den dem Eileiter entnommenen Eiern, welche die ersten Stadien enthalten und welche einige Minuten ruhig liegen müssen, damit der Keim sich auf der oberen Seite des Eies anordnet, präparierte VOELTZKOW die Eischale auf der oberen Seite des Eies ungefähr in der Ausdehnung des Dotters ab, was sich ganz gut bewerkstelligen läßt, wenn man mit einem spitzen Instrument seitwärts eine kleine Öffnung macht und von dort ausgehend mit einer Pinzette die Schale abbröckelt. Alsdann wird vermittelst einer Nadel so weit wie möglich das sehr zähe Eiweiß entfernt, was gar nicht schwer ist, wenn man sich einer gebogenen Nadel bedient und schichtenweise vorgeht. Das über die Schalenränder quellende Eiweiß muß man sofort mit der Schere abschneiden, da es sonst auf einer Seite ganz herausfließt, das Eigelb zum Rotieren und den Keim zum Verschwinden bringt. Bei einiger Geschicklichkeit gelingt es, das Eiweiß bis auf die Dottermembran abzupräparieren. Verletzt man dabei den Dotter nur im geringsten, so fließt alles auseinander.

Das so zubereitete Ei härtete VOELTZKOW nun in toto in $^1/_2$—$^3/_4$%iger Chromsäure $^1/_2$—1 Tag lang, wobei von Zeit zu Zeit die Reste des Eiweißes, die schnell gerinnen, mit einer Pinzette schichtenweise abgezogen wurden. Hierauf trennte VOELTZKOW durch einen raschen Schnitt unter Chromsäure den Keim ab, fing ihn mit einem Uhrschälchen auf und härtete ihn noch einen Tag in $^1/_4$- bis $^1/_2$%iger Chromsäure nach. Nach der Wässerung Härtung in Alkohol von steigender Konzentration und Aufbewahrung in 80%igem Alkohol.

Über die von VOELTZKOW angewandte Färbung der Chromsäurepräparate siehe oben unter Chromsäure.

Literatur: VOELTZKOW (Abh. Senckenberg. Nat. Ges. Frankfurt a. M., Bd. 26, 1899).

D. Vögel.

1. Beobachtung des lebenden Objektes.

Das klassische, seit alters her für embryologische Studien benutzte Objekt ist das bebrütete Hühnerei. Die Furchung des Hühnerkeims vollzieht sich schon im Eileiter der Henne, so daß in dem frisch gelegten Ei meist schon die beiden Keimblätter vorhanden sind. Die befruchteten, möglichst frisch gelegten Eier werden einer Henne untergelegt oder besser und bequemer in einer guten Brutmaschine künstlich ausgebrütet, um sie jederzeit derselben zur Untersuchung entnehmen zu können. Eier, welche vor der Bebrütung einen Transport durchgemacht haben, müssen erst einen Tag horizontal in einem kühlen Raum liegen. In der Brutmaschine ist für Luftwechsel und Luftfeuchtigkeit zu sorgen; die Temperatur in ihr muß 38—39° C betragen und darf 39° C nicht überschreiten. Die Eier müssen horizontal liegen.

Wenn es nur darauf ankommt, den Embryo kurze Zeit lebend zu beobachten, empfehlen FOSTER und BALFOUR, das noch warme bebrütete Ei in auf 38° C erwärmter physiologischer Kochsalzlösung zu eröffnen, indem man den stumpfen Pol anschlägt, um die Luft aus der Luftkammer zu entlassen, und darauf von hier aus die Schale und die Schalenhaut mit Pinzetten vorsichtig zu entfernen. Will man den Embryo isoliert untersuchen, so wird der Keim nach außen vom Gefäßhof schnell umschnitten, in einem Uhrschälchen mit physiologischer Kochsalzlösung aufgefangen, durch sanftes Schütteln von dem anhaftenden Dotter befreit und auf einem Objektträger untersucht.

DUVAL legte an dem unter Kochsalzlösung eröffneten Ei auf den aus der Flüssigkeit herausgehobenen Dotter einen Ring von gummiertem Papier derart, daß der Ring wie ein Rahmen die Keimhaut umgibt. Nachdem nach einigen Minuten das Papier an der Dotterhaut angeklebt ist, wird das Blastoderm nach außen vom Papier durchschnitten, so daß der Keim in dem Ringe wie in einem Rahmen hängt und mit demselben unter das Mikroskop gebracht werden kann.

Um den Hühnerembryo längere Zeit und wiederholt während seiner Bebrütung beobachten zu können, hat L. GERLACH das folgende Verfahren erprobt: Man setzt das Ei mit nach unten gewandtem stumpfen Pole in einen Eierbecher und durchbohrt an seinem spitzen Pole die Schale mit einer gebogenen Schere in einer annähernd kreisförmigen Linie, so daß eine kleine, runde Öffnung in der Schale entsteht, welche mit einem Glasschälchen, am besten Damenuhrgläschen, von 2,5—3 *ccm* Durchmesser bedeckt wird. Dabei ist darauf zu achten, daß die Öffnung in der Schale nicht zu groß wird; das Gläschen muß mit seiner Peripherie die Öffnung überragen. Nach der Entfernung des spitzen Pols wird aus der Eischale eine kleine Quantität Eiweiß abgesogen, wobei sich der Dotter mit seiner Keimscheibe nach oben dreht. Hierauf wird das Eiweiß in das Ei zurückgegossen, und das letztere bis zum Rande der Fensteröffnung wieder damit angefüllt. Nun kann das Uhrschälchen auf die Fensteröffnung gekittet werden, was dadurch erzielt wird, daß man den Schalenrand der Öffnung mit konzentrierter Gummi arabicum-Lösung bestreicht, ringsumher mit einem Wattestreif belegt, das am Rande gleichfalls mit Gummilösung bestrichene Uhrschälchen auf die Öffnung setzt und, indem man es fest aufdrückt, durch einen aufgepinselten Kollodiumring in seiner Lage fixiert. Bei dem Auflegen des Schälchens ist das Eindringen von Luftbläschen zu vermeiden. GERLACH verkittete den Fensterrand dann noch zum Schluß mit Bernsteinlack.

Die mit Polfenster versehenen Eier vertragen im Brütofen nicht die vertikale Stellung, sterben vielmehr bald ab; sie müssen im Brütofen daher horizontal liegen. Bei dieser Stellung verläuft fast ausnahmslos die Embryonalentwicklung in ganz normaler Weise. Will man den Embryo eines solchen Eies betrachten, so braucht man nur nach Herausnahme desselben aus dem Brütofen das Fenster nach oben zu kehren, worauf sich der Dotter so stellt, daß der Keimhof unter dem Uhrschälchen liegt. Schon bei einem 2tägigen Embryo kann man das Ei über eine Viertelstunde aus dem Brutofen herausnehmen, ohne daß in dem Rhythmus der Herzpulsation eine merkliche Veränderung eintritt. Vom 5. Tage an dagegen erhält der Embryo eine fixierte Lage, so daß es nicht mehr gelingt, ihn unter das Fenster einzustellen. Will man dies durch kräftiges und rasches Umdrehen erzwingen, so erfolgt meistens ein Einreißen der um diese Zeit schon sehr umfangreichen Keimhaut, worauf der Dotter austritt und der Embryo bald abstirbt.

L. GERLACH hat auch einen Apparat mit einem abschraubbaren Fenster, sein sogenanntes „Embryoskop", angegeben; siehe das nähere hierüber im Artikel „Experimentell-embryologische Methoden".

2. Präparation.

Um den Embryo freizulegen, müssen Schale und Eiweiß entfernt werden. Dabei ist verschieden zu verfahren, je nachdem man Befruchtungs- und Furchungsstadien und die frühen Keime innerhalb des ersten Bebrütungstages oder ältere Stadien konservieren will. Die ersteren müssen mit dem Dotter fixiert werden, bei den letzteren läßt sich die Keimscheibe vom Dotter abpräparieren und wird für sich fixiert. Man öffnet das Ei, indem man an seinem breiten, die Luftkammer führenden Pole die Schale einschlägt und dieselbe von hier aus vorsichtig in kleinen Stücken mit einer Pinzette abbricht und wegnimmt. NOWACK und RÖTHIG eröffnen das Ei in der Mitte zwischen spitzem und stumpfem Eipol durch vorsichtiges Schlagen mit einer Pinzette, nachdem sie das Ei in die dem Ei entsprechende Vertiefung eines Holzklötzchens gelegt haben. Noch vor der völligen Eröffnung legt man das Ei in eine Schale mit 0,75%iger, am besten auf Bruttemperatur erwärmter Kochsalzlösung, welche letztere das Ei völlig bedecken muß, und entleert aus der weit eröffneten Eischale den ganzen Eiinhalt vorsichtig in die Kochsalzlösung. Sodann entfernt man das Eiweiß möglichst vom Dotter, was am wirksamsten dadurch geschieht, daß man die Chalazen dicht am Dotter mit einer gebogenen Schere abträgt. Darauf fischt man die intakte Dotterkugel mit einem großen Hornlöffel, in dessen Höhlung der Dotter schwimmt, aus der Kochsalzlösung heraus und bringt sie in eine zweite Schale mit Fixierungflüssigkeit, welch letztere das Ei vollständig bedecken muß. Das sofort gerinnende Eiweiß, welches auch nach sorgfältiger Reinigung den Dotter immer noch in dünner Schicht bedeckt, wird von der Region der Keimscheibe mit einem weichen Pinsel behutsam und wiederholt abgepinselt, solange, bis die glatte, glänzende Dotterhaut in der Region des Embryos vollkommen bloßliegt. Nachdem der letztere genügend fixiert ist, wird der Keimhof ringsherum umschnitten, das Blastoderm vom Dotter losgelöst, was vom 2. Bebrütungstage an leicht auszuführen ist, in einem Uhrschälchen oder Löffelchen noch einmal auf kurze Zeit in Fixierungsflüssigkeit gebracht und sodann in Alkohol gehärtet. Vor der Härtung empfiehlt es sich, die Dotterhaut mit einer Pinzette unter Schütteln von dem Blastoderm zu entfernen. Während des ersten Bebrütungstages läßt sich das Blastoderm nur schwer vom Dotter isolieren.

Man fixiert und härtet daher die Keimscheibe am besten mit dem ganzen Dotter oder schneidet die Keimscheibe mit einem Teil des Dotters alsbald in Alkohol heraus und härtet sie besonders.

Um das Wechseln der Flüssigkeiten beim Auswaschen und Übertragen in die verschiedenen Alkohole so schonend wie möglich zu machen, legt Röthig die Präparate in einen breiten, trichterartigen Becher, der unten in eine mit Verschlußhahn versehene Abflußröhre übergeht. Je nachdem unten die verbrauchte Flüssigkeit abgelassen wird, wird aus einer daneben befindlichen, mit Hahn versehenen Flasche die neue darauf gelassen, so daß das Präparat in seiner Lage bleibt.

Es ist darauf zu achten, daß der Aufenthalt der Dotterkugel in der Kochsalzlösung möglichst kurz ist. Will man ihn ganz vermeiden, so kann man die Dotterkugel nach möglichster Befreiung von dem Eiweiß auch direkt in die Fixierungsflüssigkeit bringen. Die Koagulation der Eiweißlagen fällt dann reichlicher aus und sind die Eiweißlagen mit dem Pinsel von der Keimscheibe schwieriger zu entfernen.

Um das Überführen des Dotters aus der Kochsalzlösung in die Fixierungsflüssigkeit zu umgehen, empfehlen Lee und Mayer, den Dotter aus der Kochsalzlösung mit einem Löffel ein wenig herauszuheben, so daß das Blastoderm nicht mehr davon bespült wird, und auf das letztere mit einer Pipette ein Fixierungsmittel zu tropfen. Indem man das obere Ende der Pipette geschlossen, das untere aber in Kontakt mit der Flüssigkeit auf dem Blastoderm hält, kann man dieses ganz leicht einige Minuten unter der Flüssigkeit halten, so daß es dann hart genug wird, um herausgeschnitten zu werden. Nun taucht man das Ei wieder in der Salzlösung unter, schneidet rund um den Keimhof herum und löst das Blastoderm los, um es in der oben beschriebenen Weise weiter zu behandeln. Aus eigener Erfahrung kann ich die Zweckmäßigkeit dieses Verfahrens bestätigen.

Um nachträglich entstehende Verbiegungen und Einrollungen der Keimscheibe zu verhindern, verfährt man am besten in der Weise, daß man in eine Schale mit flachem Boden die Fixierungsflüssigkeit mit einer Spritze oder Pipette so weit absaugt, bis die Keimscheibe glatt auf dem Boden des Schälchens liegt, und dann Alkohol tropfenweise hinzusetzt.

Röthig legt zu dem gleichen Zweck die noch nicht vollständig fixierten, von der Dotterhaut befreiten Keimscheiben auf einen Hornspatel, träufelt mehrmals das Fixierungsmittel darauf und läßt sie, mit dem Fixierungsmittel angefeuchtet, auf dem Spatel etwa 1 Minute liegen.

3. Fixierung, Orientierung, Färbung und Einbettung.

Für die Fixierung der Keime von Vögeln haben sich besonders bewährt Eisessigsublimat und Sublimatlösungen, das von Rabl empfohlene Pikrinsäuresublimat und Sublimatplatinchlorid, Pikrinsäure-Sublimat-Eisessig, $1^1/_2$—1%ige Osmiumsäure, Flemmingsche, Hermannsche, Zenkersche und Nowacksche Lösung, 3—5%ige und 10%ige Salpetersäure, 4—15%ige Formollösung, schließlich Chromsäurelösungen und Pikrinschwefelsäure. Für jüngere Stadien fanden die meiste Anwendung: Pikrinsublimat, Pikrinsäure-Sublimat-Eisessig, Eisessigsublimat, Nowacksche Flüssigkeit mit oder ohne Formol, 3—10%ige Salpetersäure. Nach E. Hoffmann hat die 10%ige Salpetersäure den Vorzug, daß sie die Ablösung der Keimscheibe vom Dotter und von der Dotterhaut sehr erleichtert.

Mitrophanow redet der 3%igen Salpetersäure sehr das Wort und empfiehlt sie überhaupt für das Studium der ersten Entwicklungsvorgänge an dotterreichen Eiern. Die Salpetersäurelösung bewahrt einerseits gut die Zellenstruktur, andrerseits erhält sie den Dotter plastisch und verleiht ihm bei der weiteren Bearbeitung eine mit den Zellenelementen des Keimes ungefähr gleiche Festigkeit. Nur für die Furchungsstadien und die ersten Stadien der Blastodermbildung ist noch die Nachbehandlung mit Sublimatpikrinsäure, Flemmingscher Lösung u. a.

erforderlich. Die Keimscheiben bewahrt MITROPHANOW für spätere Bearbeitung derart auf, daß er sie aus 30%igem Alkohol in 70%igen und alsdann in eine Mischung von 70%igem Alkohol und Glycerin zu gleichen Teilen bringt.

Bei der Fixierung jüngerer Stadien, welche mit einem Teil des Dotters gehärtet werden müssen, sind die Reagenzien, welche den Dotter schnell hart und brüchig machen, wie die starke Chromsäurelösung, Osmiumsäure, abs. Alkohol, weniger brauchbar, besonders auch deswegen, weil sie auf das Blastoderm anders als auf den Dotter einwirken.

NOWACK und RÖTHIG haben neuerdings mit gutem Erfolge, insbesondere für jüngere, aber auch für ältere Stadien, die folgende Fixierungsflüssigkeit verwandt: $^1/_2$%ige Chromsäure 30 *ccm*, in physiologischer Kochsalzlösung ges. Sublimatlösung 30 *ccm*, Eisessig 3 *ccm*, Aqua dest. 37 *ccm*; Einwirkungsdauer 3 Tage unter häufiger Erneuerung der Flüssigkeit. Setzt man unter Abzug von 10 *ccm* Aqua dest. 10 *ccm* Formol hinzu (s. auch oben unter Reptilien), so beträgt die Zeitdauer der Fixierung 24 Stunden, worauf die Keimscheibe vor der Alkoholhärtung noch auf 2 Tage in die erstere Flüssigkeit kommt.

OPPEL erhielt instruktive Bilder mit reinen Silbergrenzen, indem er zu der 3—5%igen Salpetersäure 5—10 Tropfen Silbernitrat auf 100 *ccm* hinzusetzte.

Um von der Keimscheibe Schnitte in einer bestimmten Richtung anfertigen zu können, ist es oft geboten, während der Fixierung eine bestimmte Region der Embryonalanlage zu bezeichnen, was am einfachsten durch einen Einschnitt geschieht.

Schwieriger ist die Orientierung der Keimanlage vor dem Auftreten des Primitivstreifens. Die beiden ältesten Methoden sind diejenigen von DUVAL und KIONKA.

DUVAL ging dabei von der Beobachtung aus, daß bei den Hühnereiern in der weit überwiegenden Anzahl der Fälle (ca. 90%) der Embryo eine bestimmte Stellung mit Bezug auf die Eiachse besitzt, und zwar derart, daß er quer zum längsten Durchmesser des Eies liegt und dabei dem stumpfen Eipol seine linke, dem spitzen Eipol des Hühnereies seine rechte Seite zukehrt. Um an der zu fixierenden Keimscheibe nun diese Lage dauernd zu markieren, faltet DUVAL einen Papierstreifen von 5 *mm* Breite und 50 *mm* Länge zu einem kleinen Kästchen von der Form eines gleichschenkeligen Dreiecks ohne Boden und setzt dasselbe, nachdem er die dem Dotter aufliegende Eiweißschicht mit einer Pipette weggesogen hat, auf den Dotter so auf, daß der Boden des Kästchens durch die Oberfläche des Dotters mit der Keimscheibe gebildet wird. Dabei wird der Papierrahmen so gestellt, daß die Basis seines Dreiecks dem zukünftigen vorderen Ende, seine Spitze dem späteren hinteren Ende des Embryos entspricht. Sodann füllt er das Papierkästchen vermittelst einer Pipette mit Osmiumsäure (1 : 300) und läßt diese einige Minuten einwirken, bis der dem Boden des Papierkästchens entsprechende Dotterabschnitt sich geschwärzt hat. Darauf kommt das ganze Ei in verdünnte 3%ige Chromsäure; nun wird schnell der Dotter von dem Eiweiß und der Schale befreit und vermittelst eines Uhrschälchens in ein anderes Gefäß mit Chromsäure übergeführt, in welcher er noch einige Tage bis zur vollständigen Härtung verbleibt. Nach der Härtung schneidet man das auf dem Dotter deutlich hervortretende schwarze Dreieck heraus, welches die Lage der Keimscheibe genau angibt und nach Einbettung in Kollodium oder Paraffin in der bestimmten gewünschten Richtung geschnitten wird. Ein Nachteil dieser Methode ist, daß sich der Keim auf den frühen Stadien infolge der einseitigen Osmiumwirkung im Verein mit der nachfolgenden Chromsäurehärtung vom Dotter ablöst.

KIONKA markierte an aus dem Uterus von Hühnern herausgeschnittenen Eiern die Lage des Keimes dadurch, daß er in der Verbindungslinie zwischen den beiden Chalazen zwischen diesen und dem Keimhof zu beiden Seiten des letzteren, etwa 1 *cm* davon entfernt, je einen Igelstachel in die Dotterkugel einsteckte, von denen der auf der Seite des stumpfen Pols gelegene durch einen roten Seidenfaden bezeichnet war. Die so bezeichneten Eier wurde mit Hilfe eines Löffels auf Watte in ein großes Gefäß mit kochendem Wasser gelegt, nachdem die Flamme, welche das Wasser zum Kochen erwärmt hatte, ausgelöscht war. In diesem Wasser, welches eine Temperatur von ungefähr 90° C hatte und nur ganz allmählich abkühlte, verblieben die Eier 10 Minuten lang. Hierauf wurden die jetzt völlig erstarrten Dotter ebenfalls noch auf Watte in 70%igen Alkohol gelegt, in welchem sie 24 bis 36 Stunden verblieben. Mit einem scharfen Messer wurde nun unter Alkohol die Keimscheibe nebst umgebendem Dotter nach DUVALS Vorgange in Form eines gleichschenkeligen Dreiecks herausgeschnitten, wobei die beiden Igelstachel als Marken dienten. Die herausgeschnittenen Dotterstücke mit der Keimscheibe wurden schließlich in steigendem Alkohol weiter gehärtet, durch dickes Cedernholzöl in Paraffin eingeschmolzen und in bestimmter Schnittrichtung geschnitten.

MITROPHANOW beträufelte an dem vorsichtig geöffneten Ei die Keimscheibe in situ mit der Fixierungsflüssigkeit (3%iger Salpetersäure) etwa 1/2 Stunde lang, wobei er das koagulierende Eiweiß mit einem Pinselchen entfernte, und schnitt dann den Keim an dem Dotter so heraus, daß er im Centrum eines Fünfeckes lag, dessen zwei hintere Ecken rechtwinkelig und dessen obere — Kopfecke — spitz war.

NOWACK legt das Ei horizontal mit dem stumpfen Pole nach links, dem spitzen nach rechts vor sich hin, eröffnet vorsichtig in der Mitte die Schale, sticht in der Nähe des Keimes am spitzen Pole innerhalb der Verbindungslinie der beiden Pole einen Igelstachel in den Dotter, isoliert und fixiert alsdann den Dotter in dem von ihm angegebenen Gemisch (s. oben). Bei Beginn der Härtung in 70%igem Alkohol wird darauf die Keimscheibe in Form eines an einer Ecke zugespitzten Fünfecks derart herausgeschnitten, daß die Spitze nach dem Igelstachel, d. h. nach dem ehemaligen spitzen Eipol gerichtet ist; nach der DUVALschen Regel (s. oben) ist die Keimscheibe für die Schnittrichtung alsdann orientiert.

Zur Durchfärbung des ganzen Keimes wurden unter anderem benutzt: Boraxcarmin mit Nachfärbung durch Pikrinsäure oder Orange, KLEINENBERGS Hämatoxylin, MAYERS Hämalaun. Zur Färbung der aufgeklebten Schnittserien: Carmine, Pikrocarmine, Hämatoxylin zum Teil mit Eosinnachfärbung, Eisenhämatoxylin. SUSCHKIN wendet für mit Sublimat fixierte Embryonen die Stückfärbung mit Hämacalcium an, Färbungsdauer 5 Tage; das Hämacalcium muß mit Alkohol verdünnt werden.

RÖTHIG empfiehlt die Schnittfärbung mit Boraxcarmin nach der Fixierung mit NOWACKscher Flüssigkeit (s. oben); da die Chromsäure dieser Flüssigkeit die Färbung erschwert, bringt er die Objektträger für 24 Stunden in Aqu. dest. und erst dann durch die Alkoholreihe in Boraxcarmin für 24 Stunden, ebenso lange in salzsäurehaltigen Alkohol (einmal wechseln) und in 70%igen Alkohol.

Bei der Einbettung der Vogelkeimscheiben und Embryonen hält RÖTHIG folgende Zeiten inne: 1. für junge isolierte oder noch im Zusammenhang mit dem Dotter befindliche Keimscheiben: Chloroform und Paraffin (42°) aa. im Ofen 3/4 bis 1 Stunde, Paraffin (42°) 1/2 Stunde, Paraffin (42°) 1/3, Paraffin (56°) 2/3 1/2 Stunde, Paraffin (56°) 1/2 Stunde; 2. für ältere Embryonen: Chloroform und Paraffin (42°) aa. auf dem Paraffinofen die Nacht hindurch, im Paraffinofen bei 58—60° 1/2 Stunde, Paraffin (42°) 1/2—1 Stunde, Paraffin (42°) 1/3, Paraffin (56°) 2/3 1/2—1 Stunde, Paraffin (56°) 1/2—1 Stunde.

Literatur: BÖHM und OPPEL (Taschenbuch, 4. Aufl., 1900), DUVAL (Ann. Sc. Nat. Zool., 6. Sér., Bd. 18, 1884). FOSTER und BALFOUR (The Elements of Embryology, London 1874). GERLACH (Sitz. Physik. Med. Soc. Erlangen, 17. Heft, 1885), derselbe (Anat. Anz., 2. Jg., 1887), HOFFMANN (Arch. Mikr. Anat., Bd. 41, 1893), KIONKA (Anat. Hefte, Bd. 3, 1894), LEE und MAYER (Technik, 3. Aufl., 1907), MITROPHANOW (Anat. Hefte, Bd. 12, 1899), NOWACK (Dissert. Berlin 1902), RÖTHIG (Embryol. Technik, Wiesbaden 1904), SUSCHKIN (Nouv. Mémoir. Soc. Nat. Moscou, Bd. 16, 1899).

E. Säugetiere.

1. Beobachtung am lebenden Objekt. Präparation der Eier und Embryonen.

Isolierte unbefruchtete Säugetiereier werden durch Anstechen eines reifen GRAAFschen Follikels erhalten und können in Liquor folliculi lebend auf dem heizbaren Objekttisch unter dem Mikroskop untersucht werden.

Die künstliche Befruchtung führte schon SPALANZANI bei der Hündin in der Weise aus, daß er frisches Hundesperma in die Scheide spritzte. SCHENK, OTT und GRUSDEW versuchten sie in der Weise, daß sie isolierte Ovula in Kontakt mit der Schleimhaut des weiblichen Genitaltractus mit Sperma zusammenbrachten.

Befinden sich die Eier noch frei in den Tuben und im Uterus, so schneidet man nach LEE und MAYER diese letzteren aus dem frisch getöteten Tiere heraus, wartet, bis sie erkaltet sind und keine Contractionen mehr zeigen, präpariert den Peritonaealüberzug ab, schneidet die Organe der Länge nach auf und breitet sie auf einer Unterlage mit der Innenseite nach oben aus. Alsdann untersucht man mit einer Lupe. Die gefundenen Eier werden je mit einem Tropfen physiologischer Kochsalzlösung, Humor aqueus o. dgl. benetzt und mit einer Messerspitze oder besser einer Pipette von der Mucosa abgehoben. Will man das Ei lebend untersuchen, so wird die Untersuchung in der Peritonaealflüssigkeit der Mutter oder in Humor aqueus oder Amnionwasser vorgenommen. Andernfalls kommen die Eier sogleich in die Fixierungsflüssigkeit.

Findet man die Eier nicht sogleich, so schabt man nach den genannten Autoren das Epithel der Mucosa mit einem Messer ab, mischt die abgeschabte Masse mit etwas physiologischer Kochsalzlösung oder Humor aqueus und untersucht unter dem Mikroskope ohne Deckglas.

Ein anderes Verfahren, welches sich mir bei kleinen Säugetieren besonders für die Aufsuchung der Furchungsstadien sehr bewährt hat, besteht darin, die herausgeschnittene Tube in kleine Segmente zu zerlegen und die einzelnen Stücke auf einem größeren Objektträger in etwas indifferenter Flüssigkeit vorsichtig von ihrer Mitte ab nach den beiden Enden hin auszudrücken. Die ausgedrückte Masse wird in der Flüssigkeit etwas zerteilt und unter dem Mikroskope auf die Anwesenheit von Eiern untersucht.

Auch durch Injektion der Tuben mit einer fixierenden Flüssigkeit kann man zum Ziele kommen, wenn man die ausfließende Flüssigkeit in Uhrgläsern auf dunkler Unterlage auffängt und sie unter dem Mikroskope durchsucht. v. Kölliker benutzte zur Injektion schwache Osmiumsäure, man kann aber auch alle anderen Fixierungsflüssigkeiten in nicht zu starker Lösung hierzu verwenden, z. B. Chromsäure, Chromessigsäure, Sublimatlösungen usw., oder zunächst physiologische Kochsalzlösung benutzen und dann erst die Eier fixieren.

Bei dem Ausspritzen des Uterushornes zur Gewinnung der Uteruseier des Meerschweinchens mit $^3/_4$%iger Kochsalzlösung vom vaginalen Ende aus spannt Graf Spee das vom Mesometrium befreite Horn durch Feststecken mit Nadeln unter Wasser, um alle Falten auszugleichen; das Blut muß zuvor sorgfältig entfernt werden. Auch ist darauf zu achten, daß das feine Eileiterlumen am abdominalen Ende des Hornes mit weggeschnitten wird, weil sich dieses Lumen sonst leicht verstopft und ein Ausspülen des Horns unmöglich macht.

Eine Modifikation dieses Injektionsverfahrens besteht darin, die Ostia abdominalia der Tuben vor der Injektion zu unterbinden und sodann vom vaginalen Ende des Uterus aus den ganzen Genitalschlauch prall mit einer Fixierungsflüssigkeit zu füllen. Nach der Injektion unterbindet man auch die vaginale Injektionsstelle. Die Fixierungsflüssigkeit läßt man einige Zeit einwirken, indem man zugleich das ganze Organ in die Fixierungsflüssigkeit hineinlegt. Nach einiger Zeit schneidet man den Genitalschlauch auf und untersucht den Inhalt.

Bei dem Schwein und den Wiederkäuern lassen sich diese Methoden nicht anwenden, wenigstens sobald die Keimblasen zu langen, bandartigen, gefalteten Schläuchen ausgewachsen sind, die sehr zart und leicht verletzbar sind. Keibel verfuhr daher zur Gewinnung der Eier und Keimscheiben des Schweins folgendermaßen. Aus dem frisch geschlachteten Schwein schnitt er den Uterus in der Weise heraus, daß er zunächst die Scheide durchschnitt, dann den Genitaltractus faßte und die beiden Uterusschläuche mit möglichster Schonung von der Vagina zur Tube hin von ihrem Mesometrium abtrennte. Tube und Eierstock wurden entfernt. Nach sorgfältiger Beseitigung etwaiger den Uteri noch anhaftender Reste des Mesometriums, um ein gleichmäßiges Aufstecken derselben zu ermöglichen, wurden die Uterusschläuche in großen, flachen Wannen mit Wachsboden so aufgesteckt, daß die Mesometriumseite dem Wachse zugekehrt war, worauf vom Tubenende her möglichst genau dem Ansatze des Mesometriums gegenüber mit einer scharfen Schere ein etwa 1 *cm* breiter Muskelstreifen so ausgeschnitten wurde, daß die Schleimhaut frei zutage lag. Erst jetzt goß Keibel Pikrinschwefelsäure oder Salpetersäure von $4^0/_0$ in die Wanne, riß sodann unter diesen Flüssigkeiten mit zwei spitzen Pinzetten die Schleimhaut vorsichtig ein, glich dabei die Schleimhautfalten möglichst aus und brachte das Ei durch sanftes Schütteln zum Flottieren. Die vielfach gefalteten, oft über 1 *m* langen Eier aus dem Uterus in toto herauszubekommen, erfordert Zeit und Mühe. Ist der Embryo oder die Keimscheibe an dem Ei gefunden, so ist es ratsam, dieselben sofort in Sicherheit zu bringen. KEIBEL schnitt sie aus dem Ei heraus und fixierte sie noch gesondert in Pikrinschwefelsäure oder Salpetersäure von $4^0/_0$, einzelne auch in konzentrierter wässeriger Sublimatlösung.

Erwärmte Kochsalzlösung von $0{,}75^0/_0$, wie sie BONNET bei der Präparation von Schafeiern ohne Schädigung der Eier angewandt, hat KEIBEL bei Eröffnung der Uteri vom Schwein nicht benutzt, weil ihm frühere Erfahrungen gezeigt hatten, daß die ganz jungen, zarten Keime dadurch etwas beeinträchtigt werden. Nach WEYSSE dagegen schadet ein ganz kurzer Aufenthalt der Keime in der Kochsalzlösung, in welcher es sich leichter als in den die Instrumente angreifenden Fixierungsflüssigkeiten präparieren läßt, nicht. WEYSSE benutzte eine auf 40^0 erwärmte Lösung.

Bei der Präparation der kleinen Hundeeier entfernte BONNET an dem herausgeschnittenen, in einer Glaswanne mit Wachsboden festgesteckten Uterus mit einer COOPERschen Schere die Mesometrien mit einem Teile der Muscularis uteri bis auf die Schleimhaut. Darauf wurde die Schleimhaut vorsichtig mit spitzen Pinzetten in $75^0/_0$iger, auf 37—38^0 C erwärmter Kochsalzlösung eröffnet. Die kleinen, durchsichtigen Keimblasen, welche leicht zu übersehen sind, werden aus der Kochsalzlösung mit einem möglichst glatten Hornlöffel herausgefischt und in ein Schälchen mit Fixierungsflüssigkeit (besonders Sublimatkochsalzlösung, dann auch KLEINENBERGsche Flüssigkeit, $4^0/_0$ige Salpetersäure, $^1/_{10}{}^0/_0$ige Chromsäure, letztere nur für ganz junge Keimblasen) übergeführt.

Handelt es sich um kleine Tiere mit dünnwandigen Tuben und Uterus, so kann man auch den herausgeschnittenen und frei präparierten Genitaltractus in toto fixieren (Sublimateisessig, Sublimateisessigformol, Pikrinsublimat, ZENKERsche Flüssigkeit u. a.). Bei der Fixierung ist darauf zu achten, daß Tuben und Uterus in möglichst geradlinig gestrecktem Zustande gehärtet werden. Nach der Fixierung und Härtung wird der Genitaltractus in Abschnitte zerlegt, die nach der Einbettung mit ihrem Inhalt in Serien mikrotomiert werden. Um unnütze Arbeit zu vermeiden, sieht man die Objektträger mit den aufgeklebten Schnitten vor der Schnittfärbung unter dem Mikroskope durch und entfernt die Objektträger, auf welche keine Keimblasendurchschnitte entfallen sind.

Nach der Anheftung der Keimblasen im Uterus ist der letztere, wenn irgend möglich, an der Seite aufzuschneiden, welche der Anheftungsstelle des Embryos gegenüberliegt. Beim Kaninchen, bei welchem die Anlagerung stets an der mesometrischen Seite erfolgt, muß der Uterus daher an der antimesometrischen Seite geöffnet werden, beim Maulwurf, Igel und der Maus ist die Lage der Fruchtblasen dagegen gerade umgekehrt, so daß der Uterus an der mesometrischen Seite aufgeschnitten werden muß. Beim Hunde ist die Lage des Embryo nach BONNET keine konstante und wird bald an der mesometrischen, bald an der antimesometrischen Wand, bald zwischen beiden angetroffen.

Die Eröffnung des Uterus ist an bestimmte Kautelen geknüpft, von deren Innehaltung die Gewinnung eines unverletzten Embryo abhängt.

Um ein Platzen der Keimblasen durch die Contractionen der Uterusmuskulatur bei der Eröffnung zu vermeiden, wartet man, bis der Uterus erkaltet und erschlafft ist und auf den Schnittreiz nicht mehr reagiert. Die Streifen der Mucosa, an welcher der Embryo sitzt, werden mit Nadeln in einer mit Wachs belegten Präparatenschale festgesteckt, worauf die Präparation des Embryo mit möglichst glatt polierten Instrumenten erfolgt und am besten unter einer Flüssigkeit vorgenommen wird.

VAN BENEDEN und JULIN benutzten hierzu blutwarmes Serum von KRONECKER (Seesalz 6 *g*, Ätznatron 0,06 *g*, Wasser 1 Liter) und erhielten darin den Embryo (Kaninchen, Fledermäuse) stundenlang am Leben.

SELENKA rät, bei der Präparation von Beutler- (Didelphys-) Embryonen die dem trächtigen Weibchen entnommenen Uterushörner, bevor sie geöffnet werden, 5—7 Minuten in absoluten Alkohol zu legen, um die Muskulatur abzutöten. Unterläßt man diese Vorsichtsmaßregel, so quillt beim Ausschneiden der Uteruswand das weiche Drüsengewebe heraus, so daß die Keimblasen durch die zusammenfallenden Wände des Uterus zerquetscht und gesprengt werden.

Bei den Fruchtblasen kleiner Säugetiere fand ich es zweckmäßig, die Blasen uneröffnet mit einem leicht eindringenden Reagens, z. B. ZENKERscher Flüssigkeit, zu fixieren und erst nach der Härtung in Alkohol zu präparieren. In anderen Fällen kann es besser sein, die Fruchtblasen zu eröffnen, das ganze Präparat aber möglichst im Zusammenhang zu lassen, in situ zu fixieren und erst nach der Fixierung auszupräparieren.

Älteren Früchten wird die Leibeswand eröffnet, damit die Konservierungsflüssigkeit eindringen kann.

2. Fixierung und Färbung.

Für isolierte Ovula und die frühesten Stadien wurden im allgemeinen erprobt: Osmiumsäure (0,1—1%ig) resp. Osmiumsäuredämpfe, Sublimatlösungen, 3%ige Salpetersäure, FLEMMINGsche Lösung, Chromessigsäure, Pikrinschwefelsäure und Pikrinsalpetersäure.

Für ältere größere Embryonen nennt RÖTHIG in erster Linie das Alkohol-Chloroform-Eisessiggemisch nach CARNOY (abs. Alkohol 6 Teile, Chloroform 3 Teile, Eisessig 1 Teil), welches in kurzer Zeit fixiert, aber auch ohne Schaden bis 24 Stunden einwirken kann; nach der Fixierung abs. Alkohol. Die topographischen Verhältnisse sind nach RÖTHIG gut erhalten, ebenso Kerne und Zellen gut fixiert. Weiterhin kommen dafür in Betracht die oben genannten Sublimatgemische, besonders die ZENKERsche Flüssigkeit, ferner Pikrinschwefelsäure, besonders aber Formol (3- bis 10%ig), MÜLLERsche Flüssigkeit, Salpetersäure (3-, 4- und 10%ig) und Chromsäure. (Nach O. SCHULTZE auch in Verbindung mit Essigsäure oder Pikrinsäure.) Die Färbungen sind die üblichen.

VAN BENEDEN fixierte die ersten Stadien (Furchungsstadium und Blastoderm von Kaninchen) mit 1%iger Osmiumsäure. Das den Tuben oder dem Uterus lebend entnommene Ei wurde auf einem Objektträger in einen Tropfen 1%iger Lösung und von da in MÜLLERscher Lösung gebracht. Nach einer Stunde wurde die Flüssigkeit gewechselt und das Präparat auf 2—3 Tage in eine feuchte Kammer gelegt. Dann fügte VAN BENEDEN einen Tropfen sehr verdünnten Glycerins und darauf reines Glycerin hinzu und bewahrte das Ei schließlich in reinem, mit etwas Ameisensäure versetztem Glycerin auf. Direkte Einwirkung von MÜLLERscher Flüssigkeit, Pikrinsäure und Chromsäure schädigen das Ei sehr. Das Ei kann nach Behandlung mit Osmiumsäure auch mit Carmin oder Pikrocarmin gefärbt werden.

Ich kann nach eigener Erfahrung dieses VAN BENEDENsche Verfahren für kleine Säugetiere sehr empfehlen, halte aber die Behandlung mit MÜLLERscher Lösung für überflüssig. Der durch Ausdrücken der Tuben gewonnenen, eierhaltigen, mit physiologischer Kochsalzlösung verdünnten Masse fügte ich einige Tropfen 1%iger Osmiumsäure hinzu oder ließ einige Zeit Osmiumsäuredämpfe einwirken. Sodann wird ohne weiteres erst verdünntes, dann stärkeres Glycerin hinzugesetzt, worauf die Präparate hierin, vor Druck seitens des Deckgläschens durch zwischengelegte Glassplitterchen geschützt, eingeschlossen werden.

Um die Zellgrenzen des Blastoderms vom Kaninchen gut zur Darstellung zu bringen, brachte VAN BENEDEN die Eier in eine ⅓%ige Lösung von Silbernitrat auf ½—2 Minuten, spülte dann in Wasser ab und exponierte das Präparat dem Lichte. Die Präparate sind aber nach wenigen Tagen verdorben, da sie zu dunkel werden.

Vier Tage alte und ältere Keimblasen vom Kaninchen öffnete VAN BENEDEN mit Nadeln, färbte das Blastoderm mit Pikrocarmin, Carmin, Hämatoxylin, Eosin oder Anilinfarben, auch mit Argentum nitricum und Goldchlorid und breitete es dann auf einem Objektträger in Glycerin oder Balsam zur Untersuchung aus. Die besten Präparate erhielt er sowohl durch Färbung mit Pikrocarmin und Einschluß in Glycerin, dem etwas Pikrinsäure zugesetzt war, als auch durch Färbung mit Hämatoxylin und Einschluß in Canadabalsam.

Um die Keimscheiben zur Anfertigung von Schnitten vorzubereiten, fixierte VAN BENEDEN 24 Stunden mit Chromsäure (1 Teil auf 400 Teile Wasser). Die Chromsäure härtet die Keimblase und läßt dabei die Ectodermzellen in Kontakt mit der Zona pellucida.

Zu gleichem Zweck verwandte VAN BENEDEN die Pikrinschwefelsäure. Die letztere hat gerade bei Säugetieren vielfache Anwendung gefunden und wird sehr empfohlen, v. KÖLLIKER (Kaninchen), HENNEGUY (Keimscheiben und ältere Embryonen von Kaninchen), PIERSOL (ältere Embryonen von Kaninchen), SELENKA (uneröffnete, trächtige Uteri von Mus), KEIBEL und WEYSSE (Keimscheiben vom Schwein), HUBRECHT (Erinaceus, Sorex), CARIUS (Meerschwein).

Bei der Konservierung der frühen Keimblasen von Didelphys erhielt SELENKA mit der Pikrinschwefelsäure, welcher $^1/_{10}$% Chromsäure zugesetzt war, die besten Präparate. Nach dem Entsäuern wurden die Präparate in Boraxcarmin oder Hämatoxylin durchgefärbt.

Dieselbe Pikrinschwefelsäure benutzte auch KEIBEL zur Fixierung der Embryonen von Meerschweinchen und Kaninchen. Färbung mit Boraxcarmin; dem zum Entwässern dienenden Alkohol wurde ein geringes Quantum Pikrinsäure zugesetzt.

Auch 3- und 5%ige Salpetersäure ist vielfach in Anwendung gekommen.

In neuerer Zeit haben sich zur Fixierung von Säugetierkeimscheiben und jüngeren Embryonen, besonders auch zum Studium der feineren Zellstruktur, der Befruchtungs- und Teilungsvorgänge usw. FLEMMINGsche und HERMANNsche Lösung und Sublimatmischungen sehr bewährt. In den ersteren verbleiben die Embryonen je nach Größe 24 Stunden bis 4 Wochen.

Als Sublimatlösungen empfehlen sich konzentrierte wässerige Lösung, konzentrierte Sublimatlösung in 0,5%iger Kochsalzlösung, dann besonders Eisessigsublimat (5% Eisessig), ferner ZENKERsche Flüssigkeit, RABLsche Sublimatpikrin- und Platinchloridgemische.

Da nach VAN BENEDEN und Graf SPEE sich die Zona pellucida der Säugereier (Kaninchen, Fledermaus, Meerschweinchen) in Säuren löst, müssen diese vermieden werden, wenn es auf Darstellung der Zona ankommt. Alsdann sind zur Fixierung Lösungen von Sublimat, Formol, Alkohol und auch Osmiumsäure zu benutzen, in denen die Zona sich erhält.

Von besonderem Werte ist die von Graf SPEE (bei dem Meerschweinchen) angewandte Methode der Nachosmierung, welche sich vorwiegend zur Erzielung scharfer Ausprägung von Zellkonturen bei sehr guter Erhaltung der sonstigen histologischen Strukturen und Lageverhältnisse im Präparate eignet. Die Erhaltung scharfer Ausprägung der Zellkonturen im Präparat ist zur Zeit der Einbettung des Säugereies in die Uteruswand deshalb nötig, weil, wie SPEE nachgewiesen, in der Umgebung des Eies Histolysen auftreten, die mit Schwund von Zellkonturen verknüpft sind. Graf SPEE härtete (nach mir freundlichst übermittelter brieflicher Mitteilung) das Uterushorn des Meerschweinchens in Sublimatlösung (halb oder ganz gesättigter). In 12—24 Stunden pflegt diese ganz durchgedrungen zu sein. Dann wird das Objekt oberflächlich abgespült und im Dunkeln in eine hinreichende Menge einer $^1/_2$%igen Osmiumsäure gelegt, in welcher eine leichte Braunfärbung eintritt. Die Osmiumlösung dringt merkwürdig rasch durch das ganze Präparat, so daß dasselbe gleichmäßig durchosmiert ist. Ist letzteres geschehen, so wird kurze Zeit mit fließendem Wasser der im Präparate etwa noch vorhandene Rest von Osmiumlösung ausgewaschen; dann kommt das Präparat in Jodalkohol, wird in der üblichen Weise mit Alkohol nachbehandelt und mit DELAFIELDschem Hämatoxylin nachgefärbt. Während des Verweilens in Jodalkohol tritt die Reduktion des im Präparat fixiert gebliebenen Osmiums ein, wobei das Präparat dunkelbraun bis schwärzlich werden kann. Will man die Sublimatfixierung beschleunigen, so empfiehlt sich nach SPEE, zu diesem Zweck vorsichtig durch die Gefäße, welche zum Uterus hinführen, nach vorheriger Ausspülung derselben mit einer das Blut nicht zur Gerinnung bringenden Flüssigkeit, Sublimatlösung zu injizieren. Das Gewebe ist dann fast augenblicklich fixiert, die Gefäße darin haben offenstehende blutleere Lumina und saugen von einer am Präparat angebrachten Schnittfläche aus wie ein Schwamm alle für die weitere Nachbehandlung angewendeten Flüssigkeiten viel rascher auf als Präparate, die nach der gewöhnlichen Methode behandelt sind.

SOBOTTA fixierte zum Studium der Befruchtungs- und Furchungsvorgänge die Tuben und Ovarien der Maus in schwacher FLEMMINGscher Lösung 24 Stunden lang oder in RABLS Pikrinsublimat; er warnt vor Pikrinschwefelsäure und konzentriertem Sublimat, in welchem letzteren die Tubeneier schrumpfen. Für die Fixierung des trächtigen Uterus der Maus bevorzugt er die ZENKERsche Flüssigkeit, in der auch die Uterusmuskulatur gut schneidbar bleibt, worin ich ihm für Erinaceus beistimmen kann.

WINIWARTER benutzte zur Konservierung junger Embryonen vom Kaninchen ein Gemisch von 50 *ccm* gesättigter Sublimatlösung (in Kochsalzlösung von $^1/_2$%), 50 *ccm* Alkohol von 95%, 20 *ccm* 1%iger Lösung von Platinchlorid und 5 *ccm* Essigsäure.

Nach NEUMAYER ist das beste Fixierungsmittel für Schafembryonen das CARNOYsche Gemisch (s. oben).

Zur Fixierung uneröffneter, keimblasenhaltiger Uteri mit etwas dickerer Wandung leistete mir die Mischung von in der Wärme gesättigter Sublimatlösung 500,0, 4%iger Formollösung 200,0, Alcohol absolutus 300,0, Eisessig 25,0 gute Dienste.

Zur Färbung dienen Carmin und Hämatoxylinlösungen; für das Studium der Befruchtung Eisenhämatoxylin. Zur Färbung der aufgeklebten Serienschnitte ist besonders zu empfehlen die Tinktion mit dünnen Hämatoxylinlösungen und nachfolgender Eosinfärbung. Graf SPEE behandelte die Uteruseier des Meerschweinchens mit Pikrocarmin nach WEIGERT. Tingierte Flächenpräparate werden mit Hämatoxylin oder Boraxcarmin ebenso hergestellt, wie bei den Reptilien oben angegeben.

Literatur: BONNET (Arch. Anat. 1884), derselbe (Anat. Hefte, Bd. 9, 1897), CARIUS (Über die Entwicklung der Chorda und der primitiven Rachenwand beim Meerschweinchen und Kaninchen, 1888), HUBRECHT (Quart. Journ. Micr. Sc.. Bd. 30, 1889), derselbe (Ebenda, Bd. 31, 1890), KEIBEL (Arch. Anat. 1889), derselbe (Morph. Arb., Bd. 3, 1893), KÖLLIKER (Festschr., Würzburg 1885), LEE und MAYER (Technik, 3. Aufl., 1907), NEUMAYER (Festschr. f. KUPFFER 1899), PIERSOL (Zeitschr. Wiss. Zool., Bd. 47, 1888), RÖTHIG (Embryol. Technik, Wiesbaden 1904), SELENKA (Studien zur Entwicklungsgeschichte der Tiere, 1. H., Wiesbaden 1883), derselbe (Ebenda, 4. H., 1886/87), SOBOTTA (Arch. Mikr. Anat., Bd. 45, 1895), derselbe (Anat. Hefte, Bd. 8, 1897), Graf SPEE (Arch. Anat. 1883), derselbe (Zeitschr. Morph. Anthrop., Bd. 3, 1901), VAN BENEDEN (Arch. de Biol., Bd. 1, 1880), VAN BENEDEN und JULIN (Ebenda), WEYSSE (Proc. Amer. Ac. Arts Sc., Bd. 30, 1894), WINIWARTER (Arch. de Biol., Bd. 17, 1901).

Ballowitz, Münster.

Embryoskop siehe: Experimentell-embryologische Methoden.

Emodin siehe: Chrysophansäure.

Emulsin siehe: Enzyme.

Endozymase siehe: Enzyme.

Endotrypsin siehe: Enzyme.

Enteropneusten. Um Enteropneusten gut ausgestreckt fixieren zu können, empfiehlt es sich, sie zunächst zu narkotisieren. LO BIANCO setzt zu diesem Zweck dem Seewasser Alkohol zu, CAULLERY und MESNIL Chloralhydrat. Zur Fixation eignet sich 0,5%ige Chromsäure (LO BIANCO), konzentrierte Lösung von Sublimat in Seewasser mit Zusatz von 1% Essigsäure (CAULLERY und MESNIL), Chromosmiumsäure (100 Teile 1%ige Chromsäure und 2 Teile 1%ige Osmiumsäure, WILLEY).

Literatur: CAULLERY und MESNIL (Zool. Jhb., Bd. 20, 1904), LO BIANCO (Mitt. Zool. St. Neapel, Bd. 9, 1890), WILLEY (Zool. Res. WILLEY Cambridge, Bd. 3, 1899).

Entfetten siehe: Knochen und Zähne, Bearbeitung derselben.

Entkalken siehe: Knochen und Zähne, Bearbeitung derselben.

Entkieseln siehe: Knochen und Zähne, Bearbeitung derselben.

Entpigmentieren siehe: Pigment.

Entsäuern siehe: Knochen und Zähne, Bearbeitung derselben.

Entwässern siehe: Paraffineinbettung.

Eosin. Unter dem Namen Eosin sind eine Reihe von Farbstoffen, fabriksmäßig dargestellt, im Handel käuflich und zum Teil für die mikroskopische Technik in Anwendung, welche chemisch nahe verwandt sind. Einige ebenfalls in die gleiche Gruppe gehörende tragen andere Bezeichnungen. Sie mögen zunächst in folgendem, soweit sie von Bedeutung sind, verzeichnet werden:

I. Verschiedene Farben der Eosingruppe und ihre Eigenschaften.

1. „Eosin" (schlechtweg) oder „Eosin gelblich" oder „wasserlösliches Eosin".

Wichtigere synonyme Fabriksbezeichnungen: Eosin A (Ludwigshafen), Eosin G extra (Chemische Fabrik Weyler ter Meer, Uerdingen a. Rh.), Eosin extra (Höchst).

Dieser von Caro entdeckte Farbstoff ist das Alkalisalz des Tetrabromfluoresceins ($C_{20}H_6O_5Br_4Na_2$ oder $C_{20}H_6O_5Br_4K_2$).

Wahrscheinliche Formel:

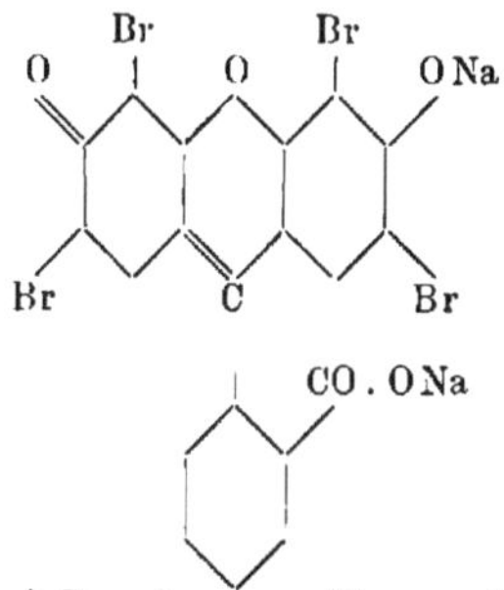

Die Darstellung erfolgt durch Bromieren von Fluorescein, einer schwachen und schwach färbenden, schön fluorescierenden Säure in alkoholischer oder wässeriger Lösung.

Der Farbstoff bildet kleine, rote, etwas bläulich glänzende Krystalle oder ein bräunlichrotes Pulver und ist in Wasser leicht löslich. In konzentrierter Lösung sieht er dunkelviolett aus, in verdünnter rotgelb bis rosarot und zeigt stark gelbgrüne Fluorescenz. In Alkohol ist er ebenfalls leicht löslich, konzentriert rotgelb, verdünnt rosarot mit noch besonders intensiver, gelbgrüner Fluorescenz.

2. Eosin, spirituslöslich, „Methyleosin".

Der Farbstoff ist das Alkalisalz des Tetrabromfluoresceinmethylesters. Darstellung durch Methylierung des Eosins. Grünglänzendes Pulver oder Blättchen. Im kalten Wasser schwer, kirschrot löslich; in Alkohol mit roter Farbe löslich, bräunlichgelbe Fluorescenz: das Äthyleosin, ähnlicher Konstitution und Eigenschaften, hat wie das vorige für die Mikroskopie noch keine Bedeutung gewonnen.

3. Eosinscharlach oder Safrosin.

Alkalisalze des Dibromdinitrofluoresceins, welche durch Nitrieren der (wässerig gelösten) Dibromverbindung oder Bromieren der (alkoholisch gelösten) Dinitroverbindung des Fluoresceins entstehen. In Wasser leicht mit gelbroter Farbe löslich; verdünnt schwach grüne Fluorescenz. In der Mikroskopie wenig eingeführt.

4. Erythrosin oder Jodeosin (Eosin bläulich).

Alkalisalze des Dijod- und des Tetrajodfluoresceins, $C_{20}H_6O_5J_4Na_2$ (oder K_2), Konstitution:

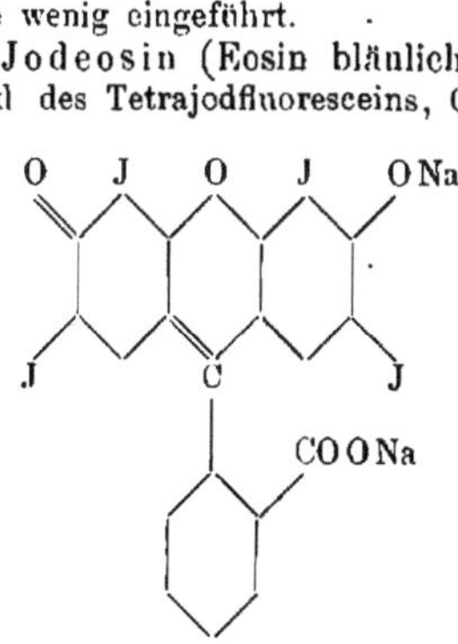

Darstellung durch Jodieren von Fluorescein in wässeriger oder alkoholischer Lösung.

Braunes Pulver, in Wasser mit kirschroter Farbe löslich, ohne Fluorescenz.

5. Rosebengale.

Alkalisalze des Tetrajoddichlorfluorescein, durch Einwirkung von Jod auf Dichlorfluorescein dargestellt.

Braunes Pulver, in Wasser leicht mit kirschroter Farbe löslich ohne Fluorescenz.

6. Phloxin.

Natriumsalz des Tetrabromtetrachlorfluoresceins. Ziegelrotes Pulver, in Wasser leicht löslich mit blauroter Farbe und schwach dunkelgrüner Fluorescenz, in Alkohol löslich mit blauroter Farbe und ziegelroter Fluorescenz.

II. Allgemeine Verwendung der Eosinfarbstoffe in der mikroskopischen Färbetechnik.

Das Eosin (und alle seine Verbindungen) gehört als Carbonsäure zu den sauren zweibasischen Farbstoffen.

Im speziellen gehört es nach Caro, Bayer und seinen Schülern zu den Farbkörpern der Fluoresceinreihe, der Phtaleine. Wird im Fluorescein, dem Anhydrid des Resorcinphtaleins, der Wasserstoff in der Resorcinreihe durch Brom möglichst ersetzt, so erhält man Tetrabromfluorescein, dessen Kalisalz das Eosin ist.

Seine Verwendung für die Gewebsfärbung, soweit sie in chemischem Sinne erfolgen soll, ist abgegrenzt: Nur mit oxyphilen Elementen der Zelle kann der Farbstoff eine chemische Verwandtschaft haben. Doch hat das Eosin auch die Fähigkeit in physikalischer Weise, d. h. als Tünche, leicht zu färben, wiewohl die erzielte Färbung im allgemeinen unschwer durch ziemlich indifferente Extraktionsmittel entfernt werden kann.

Die oxyphilen Gewebsbestandteile, die zu allen sauren Farbstoffen eine besondere mikrochemische Verwandtschaft haben, bezeichnet man gern als eosinophile; obwohl sie im allgemeinen alle sauren Anilinfarbstoffe, manche sogar noch in höherem Maße als Eosin, an sich zu binden geneigt sind, so ist beim Eosin diese Eigenschaft zuerst erkannt worden und kann in der Regel mit ihm am markantesten dargestellt werden.

Man bedient sich hierzu des Eosins sowohl in wässeriger als in alkoholischer und selbst in glyceriniger Lösung und benutzt nur das „Eosin gelblich“, welches am besten färbt. Die wässerigen Lösungen werden ebenso wie die alkoholischen im allgemeinen 0,5%ig genommen, für die alkoholische ist 70%iger Alkohol zumeist gebräuchlich. Die Vorbehandlung des Materials ist gleichgültig, die Färbung kann bei allen Fixierungsmethoden vorgenommen werden, nicht nur an Gewebsschnitten, sondern auch am Blute und an Se- und Exreten nach Alkoholfixation oder Fixation durch Hitze.

Die Einwirkung der Lösungen braucht nicht länger als 5 Minuten zu dauern. Nachher muß gründlich mit destilliertem Wasser, solange Farbe abgeht, gewaschen werden; mit Alkohol wird sodann (in steigender Konzentration bis zum Alcohol absolutus) so lange ausgezogen, als gröbere Farbstoffmengen damit noch entfernt werden. Für die Einbettung darf kein ätherisches Öl oder Glycerin, sondern nur Xylol und Canadabalsam oder Paraffinum liquidum verwendet werden.

Im Protoplasma treten dann so die eosinophilen Granula besonders hochrot hervor, während das übrige Gewebe blasser gefärbt bleibt. Doch zeigt der Zelleib der Organe ohnehin eine gewisse Affinität zum Eosin; er hält den Farbstoff zurück, ja er färbt sich nicht ganz diffus, sondern mehr oder weniger strukturiert. Da das Protoplasma für basische Farbstoffe keinerlei Verwandtschaft hat, während es sich auch mit anderen sauren Farben stets mehr oder weniger intensiv, je nach dem Färbevermögen des Farbstoffes, tingiert, so beruht diese Eigenschaft der Rotfärbung des Zelleibes durch Eosin auf der Oxyphilie desselben, und wir haben allen Grund, diese wiederum auf basische Eigenschaften desselben im chemischen Sinne zurückzuführen.

Anders wie der Leib der Zellen verhält sich der (basophile) Kern dem Eosin gegenüber, er färbt sich nur äußerst schwach und homogen bei längerer Einwirkung stärkerer Lösungen und gibt beim Auswaschen die Farbe sehr leicht wieder ab.

Intensiv färbt sich wiederum das Kernkörperchen mancher Zellen und erweist sich damit im Gegensatz zum Kern als oxyphil. Eine besondere Verwandtschaft hat das Eosin noch zum Hämoglobin der roten Blutkörperchen, besonders nach Formol-, Chrom- oder Pikrinsäurefixation. Bei den Keimsubstanzen endlich färbt es, wie AUERBACH gezeigt hat, stets den „erythrophilen" Anteil.

III. Spezielle Anwendung der Eosine in der Färbetechnik.

1. Eosin gelblich.

a) Am häufigsten findet Eosin Verwendung in Verbindung mit kernfärbenden Mitteln, namentlich mit Hämatoxylin. Nach der Färbung mit letzterem kommen die Schnitte in eine Lösung von 0,5% Eosin in 70%igem Alkohol. In 2—5 Minuten sind sie intensiv rot und werden in destilliertem Wasser so lange ausgewaschen, als Farbe abgeht. Sodann kommen sie in absoluten Alkohol, in dem sie nur so lange verweilen, als gröbere Farbstoffmengen abgehen. Nur dann behält der Zellleib die rote Farbe kräftiger zurück, während er bei langer Alkoholbehandlung ganz blaßrosa wird; die eosinophilen Granulationen, oft auch die Adventitia der Gefäße, der Blutfarbstoff der roten Blutkörperchen, zuweilen auch die Nucleoli, die hyalinen und colloiden Bestandteile, sowie das osteoide Gewebe, behalten den Farbstoff länger und in intensiverer Nuance zurück. Aus dem Alkohol kommen die Schnitte in Xylol und von da in Canadabalsam.

Das Verfahren wird in gleicher Weise auch bei der Blutfärbung, sowohl an Alkohol- wie an Hitzepräparaten verwendet.

Die Anwendung eines Gemisches von Hämatoxylin und Eosin (RENAUT) empfiehlt sich nicht.

b) Methylenblau-Eosinfärbung.

Es wird meistens mit einem Gemisch beider Farbstoffe gefärbt (s. neutrale Farben und neutrale Farbgemische). Doch wird zuweilen die Nacheinanderfärbung geübt. Man färbt zunächst mit starker Methylenblaulösung (1%iger) längere Zeit, etwa eine Stunde, wäscht mit Wasser und Alkohol, so lange deutlich Farbe ausgezogen wird, und färbt 1—2 Minuten in $^1/_2$%iger Lösung von Eosin in 70%igem Alkohol. Dann Entwässern in Alkohol, so lange Farbstoff in gröberen Wolken extrahiert wird. Xylol, Canadabalsam.

Außer Hämatoxylin und Methylenblau ist noch Krystallviolett (SJÖBRING) empfohlen worden, ferner Toluidinblau (HARRIS), Gentiana (UNNAsche Modifikation der WEIGERTschen Fibrinfärbung), Dahlia, Methylviolett und Anilingrün (SCHIEFFERDECKER).

c) Eosinmethylgrün nach LIST.

Zwei Lösungen. Lösung I: 0,5 *g* Eosin, 100 *ccm* Aq. dest. und 300 *ccm* Alc. abs. Lösung II: $^1/_2$%ige wässerige Methylgrünlösung. Man färbt 15 Minuten in Lösung I, wäscht aus und färbt 5 Minuten in Lösung II. Dann wird ausgewaschen und in Alkohol so lange ausgezogen, bis die Eosinfarbe wieder erscheint.

d) Eosinmethylblau nach MANN.

35 *ccm* 1%iger Methylblaulösung, 35 *ccm* 1%iger wässeriger Eosinlösung und 100 *ccm* destillierten Wassers werden gemischt. Die nach Sublimat- oder Fixation in MANNscher Lösung (1 *g* Pikrinsäure und 2 *g* Tannin in 100 *ccm* gesättigter wässeriger Sublimatkochsalzlösung gelöst) hergestellten Schnitte kommen für 24 Stunden in die Farbe, werden dann in Wasser abgespült, in Alkohol entwässert und in folgende Lösung gebracht: 1%ige Natronlauge (in absolutem Alkohol) 4 Tropfen, Alc. abs. 50 *ccm*.

In diesem Gemisch werden die Schnitte rötlich. Hierauf werden sie in absolutem Alkohol kurz abgespült, dann in Wasser gebracht und dort von überschüssiger blauer Farbe befreit; nach etwa 2 Minuten kommen sie in mit etwas Essigsäure angesäuertes Wasser, in welchem sie wieder blau werden und keine

Farbe mehr abgeben. Einschluß in Canadabalsam wie gewöhnlich. Die Zellen sind blau, die Kernkörperchen und die Blutgefäße rot.

e) Hämateineosin nach RAWITZ.

Färben der Schnitte in konzentrierter wässeriger Eosinlösung 24 Stunden, Auswaschen in destilliertem Wasser, Nachfärben $^1/_2$—2 Minuten in reiner Hämateinlösung oder in Hämalaun. Auswaschen in Wasser, dann in 96%igem Alkohol, bis kein Eosin mehr ausgezogen wird. Kerne dunkelblau, Mucin veilchenblau, Bindegewebe graublau, Muskeln, Protoplasma rot.

f) Eosinfärbung des Sputums nach TEICHMÜLLER.

Das Sputum wird auf dem Objektträger dünn verstrichen, über der Flamme erhitzt und sofort und noch warm auf 5 Minuten mit 0,5%iger alkoholischer (70%) Eosinlösung in Berührung gebracht. Abspülen in Wasser. Nachher Nachfärben 2 Minuten lang mit konzentrierter, wässeriger Methylenblaulösung.

g) Das Eosin bildet einen Bestandteil von EHRLICHs acidophilem Glyceringemisch (Indulin, Eosin, Aurantia). Über dasselbe s. Blut.

2. Von den übrigen, oben genannten Eosinfarben ist nur das Erythrosin in die Technik dauernd eingeführt worden.

HELDs Methode der Nervenzellenfärbung.

1. Fixation kleiner Stücke 24 Stunden in KLEINENBERGscher Pikrinschwefelsäure. Nachhärten in allmählich steigendem Alkohol, welcher zugleich die gelbe Farbe extrahiert, oder in 96%igem Alkohol durch 3 Tage.

2. Paraffineinbettung. Die Paraffinschnitte werden auf dem Objektträger in bekannter Weise aufgeklebt.

3. Färben auf dem Objektträger 1—2 Minuten unter leichtem Erwärmen mit: Erythrosin 1 *g*, Aq. destill. 150,0, Eisessig 2 Tropfen.

4. Auswaschen im Wasser.

5. Nachfärben mit folgender Lösung: Acetonlösung (wässerig) 1 : 20 und gleiche Teile der NISSLschen Methylenblauseifenlösung (s. d.) unter starkem Erwärmen, bis der Acetongeruch verschwunden ist, dann erkalten lassen.

6. Differenzieren in $^1/_{20}$%iger Alaunlösung, bis der Schnitt rötlich wird (einige Sekunden bis wenige Minuten je nach der Dicke).

7. Abspülen in Wasser, rasches Entwässern in Alkohol-Xylol, Benzinkolophonium nach NISSL (s. d.), NISSLsche Granula blau, Kernkörperchen blau, Nebennucleolen violett, Kernchromatin, Kernmembran und Grundsubstanz rot.

Literatur: AUERBACH (Sitz. Akad. Wiss. Berlin, Bd. 35, 1891), BAYER (Ber. Deutsch. Chem. Ges. 8, 1875 und LIEBIGS Annalen 183 und 202), BERNTHSEN (Chem. Zeitschr., 16, 1892), BOGDANOFF (Biol. Centralbl., Bd. 18, 1898), HARRIS (Amer. Journ. Med. Sc., 1898, und Philadelphia Med. Journ., 1900), HELD (Arch. Anat. 1897), HELLER (Ber. Deutsch. Chem. Ges., Bd. 28, 1895), HOFMAN (Ber. Deutsch. Chem. Ges. Bd. 8, 1875), LANG (Anat. Anz., Bd. 2, 1879), LIST (Zeitschrift Wiss. Mikr., Bd. 2, 1885), PAPPENHEIM (Grundriß der Farbchemie, Berlin 1901), RENAUT (C. R. Ac. Sc. Paris, Bd. 88 und Arch. de Physiol. 1881), SACHAROFF (Arch. Mikr. Anat., Bd. 44, 1895), SCHIEFFERDECKER (Arch. Mikr. Anat., Bd. 15, 1878), SCHULTZ (Chemie d. Steinkohlenteeres, Bd. 2), SCHULTZ und JULIUS (Tabellen, 2. Aufl., Berlin 1897), SJÖBRING (Anat. Anz., Bd. 17, 1901), TEICHMÜLLER (Deutsch. Arch. Klin. Med, Bd. 63, 1899), UNNA (Monatsh. Prakt. Dermat., Bd. 20, 1895).

Rosin, Berlin.

Epidermis siehe: Haut.

Epiglottis. Zur Fixation der Epiglottis eignen sich vor allem Sublimatgemische, so Sublimatessigsäure, Pikrinsublimatessigsäure und ZENKERsche Flüssigkeit. Daneben werden auch empfohlen FLEMMINGsche Flüssigkeit und Alkohol-Formalingemische. Die Anfertigung von Paraffinschnitten macht bei nicht zu alten Tieren keine Schwierigkeiten, sonst ist Celloidineinbettung vorzuziehen.

Von Färbungsmethoden kommen neben den gebräuchlichen Methoden vor allem die spezifischen Knorpelfärbungsmethoden in Betracht (s. Knorpel), daneben auch die Methoden der Elastinfärbung (s. Elastin). Zur makroskopischen Abgrenzung der Epithelbezirke eignet sich vorzüglich die Methode von ZILLIACUS (s. Flimmerepithel). Für das Studium der Nervenausbreitung können die vitale

Methylenblaufärbung, die Golgimethode und die Imprägnationsmethoden von CAJAL und BIELSCHOFSKY (s. Neurofibrillen) Verwendung finden.

EHRLICKI'sches Gemisch siehe: Chromsaure Salze.

Erythrocyten siehe: Blut.

Erythrophilie siehe: Kernchemie.

Erythrosin, Alkalisalze des Tetrajodfluoresceins, entsteht beim Jodieren von Fluorescein (Berlin, Höchst). Braunes, in Wasser mit kirschroter Farbe lösliches Pulver. In Schwefelsäure mit braungelber Farbe löslich. Die wässerige Lösung gibt mit Salzsäure braungelben Niederschlag, mit Natronlauge keine Veränderung. Färbt Wolle direkt und mit Tonerde gebeizte Baumwolle.

Ein ausgezeichneter Plasmafarbstoff, der vielfach dem Eosin vorgezogen wird, vor allem von HELD zur Färbung der Nervenzellen benutzt. Man verwendet ihn auch mit Vorteil in 0,2%iger wässeriger Lösung zur Nachfärbung nach Hämatoxylin, Eisenhämatoxylin, Thionin etc. Näheres s. Eosin und Nervenzellen.

Eserin oder Physostigmin $C_{15}H_{21}N_3O_{21}$, zuerst in der Calabarbohne gefunden. Prismen vom Schmelzpunkte 105—106°. In kaltem Wasser nicht leicht löslich, dagegen leicht löslich in Alkohol, Äther, Benzol, Schwefelkohlenstoff und Chloroform. Die Lösung reagiert alkalisch.

Eserin ist stark giftig, indem es auf das Centralnervensystem lähmend einwirkt. Ferner bewirkt es eine starke Verkleinerung der Pupillen und findet deshalb in der Augenheilkunde Verwendung, und zwar in Form des salicyl- und schwefelsauren Salzes.

Eserinum sulfuricum hat in der Mikrotechnik durch LONGHI Verwendung gefunden. Er benutzt eine Mischung, bestehend aus je 10 *ccm* einer 1,1%igen Eserinsulfatlösung und je einem Tropfen einer 1%igen Sublimatlösung, zur Konservierung von Protisten, besonders der Rhizopoden.

Literatur: LONGHI (Boll. Mus. Zool. Univ. Genova, 1892). *Mosse,* Berlin.

Essigsäure (Acidum aceticum) $CH_3.COOH$, entsteht bei der Zersetzung vieler organischer Substanzen, namentlich bei der trockenen Destillation von Holz und Zucker (Holzessig), und wird technisch auf diesem Wege bereitet.

Eine andere wichtige Darstellung beruht auf der Oxydation des Äthylalkohols zur Essigsäure ($CH_3.CH_2.OH \rightarrow CH_3.COOH$), die durch Sauerstoff der Luft unter Vermittlung von Kontaktsubstanzen (Platinschwarz) oder durch den Pilz Mycoderma aceti bewirkt wird (Schnellessigfabrikation).

Reine wasserfreie Essigsäure bildet ein farbloses, stechend riechendes Liquidum (Eisessig) vom Siedepunkt 118°; bei ca. 17° erstarrt sie, wenn absolut wasserfrei, zu einer blättrig krystallinischen Masse. Spez. Gew. (bei 20°): 1,0514.

Der gewöhnliche Essig ist eine 5—15%ige Lösung von Essigsäure in Wasser.

Reaktionen auf Essigsäure:

a) Reine Essigsäure darf einen Tropfen wässeriger Kaliumpermanganatlösung nicht entfärben.

b) Die Dämpfe von Eisessig müssen brennen.

c) Essigsaure Alkalisalze geben mit Silbernitratlösung einen krystallinischen Niederschlag von essigsaurem Silber, das in heißem Wasser löslich ist und in der Kälte wieder auskrystallisiert.

d) Feste essigsaure Salze geben beim Glühen mit etwas Arsenik (As_2O_3) einen penetranten Geruch nach Kakodyl. *Neuberg,* Berlin.

Die Essigsäure ist für sich allein kaum als ein Fixationsmittel zu bezeichnen, da sie den ganzen Zellenleib total zerstört; daher hat man sie auch nur in vereinzelten Fällen gebraucht, sofern es sich um Durchdringung sehr undurchlässiger Membranen handelte: für Ascariseier in Form des Eisessigs nach VAN BENEDEN und NEYT; ferner für Ascidien nach einer Methode von VAN BENEDEN, die C. MAURICE an LEE mitgeteilt hat (LEE und MAYER): man läßt kleine Tiere sich gut ausstrecken, steckt sie rasch mit dem Finger für 2—6 Minuten je nach der Größe in Eisessig, bringt sie in 50%igen und allmählich in stärkeren Alkohol. MARTINI fixiert die durch Zerzupfen des Muttertieres frei präparierten Embryonen von Cucullanus in einer von BÜTSCHLI empfohlenen 2%igen Lösung von Essigsäure in physiologischer Kochsalzlösung und erhält nach Färbung mit Alauncarmin gute Totalpräparate; BURKHARDT fixiert Rückenmark von Triton 24 Stunden in 5%iger Essigsäure. SCHNEIDER fixiert Eier von Strongylocentrotus lividus außer in Carnoy (s. Alkohol) auch in Eisessig.

Zum Nachweis des Indigogehalts der Zellen indigoliefernder Pflanzen fixiert LEAKE die Objekte in einem Gemisch von Eisessig 2 *ccm*, konzentrierter Schwefelsäure 1 *ccm*, Ammoniumpersulfat 0,5 *g* auf 100 Aq. dest. Ausgewaschen wird in 50%igem Alkohol 3—4 Tage lang.

Auch die Essigsäuredämpfe sind schon zur Fixation und Isolation benutzt worden, aber ebenfalls nur im Gemisch mit anderen Substanzen.

Die Resultate der Essigsäurefixation zeigen denn auch ihre Unbrauchbarkeit, die WASIELEWSKI für das botanische Objekt ebenfalls festgestellt hat, in den gröbsten Verunstaltungen der Kerne, wie des Zellkörpers und der schlechten Färbbarkeit der Präparate.

Dagegen kann bei der Hitzefixation ein Essigsäurezusatz sehr vorteilhaft wirken: so erhält LANDAU recht gute Resultate bei der Behandlung 3—4 *mm* dicker Gewebescheibchen mit kochend heißer 0,9%iger Kochsalzlösung unter Beifügung von 2—3% Essigsäure; darauf bleiben die Objekte 20—25 Minuten in heißem Wasser. Selbst die Mitosen der Saubohnenwurzel sind gut erhalten.

Die Hauptbedeutung der Essigsäure auf fixationstechnischem Gebiet liegt in ihrer Verwertung im Gemisch mit anderen fixierenden Agenzien. FISCHER hat diese Rolle als Ansäurer kennen gelehrt; sie ermöglicht gewissen Fixierungsmitteln, wie dem Osmiumtetroxyd und dem Kaliumbichromat überhaupt erst ihre Fällungskraft gegenüber den alkalischen Zelleninhalten zu betätigen, und erleichtert dies anderen, wie dem Platinchlorid und der Chromsäure, die durch alkalische Reaktion in ihrer Wirkung gehemmt werden. Diese Bedeutung wird recht klar, wenn man Kerne der gleichen Art einmal mit neutralem und zum Vergleich mit angesäuertem Bichromatosmiumgemisch von ALTMANN fixiert.

Außerdem aber dient die Essigsäure in stärkeren Konzentrationen auch wirklich zur Fällung der Nucleinsäure (FISCHER) und des Nucleins.

Damit stimmt die Angabe von V. WASIELEWSKI über die gute Erhaltung der Mitosen trotz der im übrigen schlechten Konservierung überein. Das gleiche Resultat erzielt BURCHARDT. Die Fällung der Kernsubstanzen wird dadurch kompliziert, daß Nuclein nach KULTSCHITZKY zwar gefällt, durch starke Essigsäure aber und auch durch schwache bei langdauernder Wirkung wieder gelöst wird; diese Erscheinungen treten auch am Kern auf. FISCHER hat aus der Literatur die Beispiele gesammelt, in denen zuerst durch die Essigsäure feinkörnige Gerinnungen auftraten, die später verschwanden, und deutet diese nun dahin, daß diese Kerngerüste also nicht aus Nuclein oder Nucleinsäure beständen. Die Fällungen durch Essigsäure schwinden nach FISCHER sowohl durch den Überschuß des Mittels als durch Neutralisation; von der Stärke der Alkalescenz einer Eiweißlösung hängt es ab, welche Säurekonzentration eine dauernde, welche eine verschwindende Fällung hervorrufe. Drittens ist für ihre Brauchbarkeit in Gemischen die quellende Wirkung wichtig, die bei der Überwindung der schrumpfenden Eigenschaften vieler sonst guter Fixiermittel sich nützlich erweist.

Für die Analyse der Gewebe am frischen Objekt ist die Essigsäure ein geradezu unentbehrliches Hilfsmittel geworden. Hierbei tritt ihre Wirkungsweise am klarsten zutage. Die Essigsäure, hier meist in verdünnter bis 2%iger Lösung benutzt, bewirkt eine Quellung einzelner Zell- und Gewebeteile; diese werden durchsichtiger und die nicht gequollenen Substanzen treten infolgedessen klarer hervor. Bei Essigsäurezusatz quillt der Zellenleib; schon dadurch, ganz abgesehen von etwaigen Fällungen, werden die Zellkerne besser sichtbar; ferner quellen die Bindegewebefibrillen, nicht aber die elastischen Fasern. Dies ist die einfachste

Methode für deren Nachweis im frischen Präparate. Unberührt bleiben ferner Fettkörnchen, während andere aus Albuminen, Globulinen und Nucleoalbuminen bestehende „Eiweißkörnchen“ im Überschuß sich lösen; hierauf beruht die optische Trennung von albuminös getrübten und fettig metamorphosierten Zellen, z. B. in der Niere.

Auch zur Fixierung frischer, nicht zur Aufbewahrung bestimmter Präparate von einzelnen Gewebezellen oder Protozoen, aber auch von Geweben benutzt man praktisch ein Essigsäurefarbgemisch, vor allem Methylgrün-Essigsäure (s. Methylgrün).

Die Durchsichtigkeit, die einzelne Gewebeteile, z. B. die Sehnenfasern, das lockere Bindegewebe bei der Essigsäurebehandlung gewinnen, kann auch für Dauerpräparate durch nachfolgende Färbung oder Metallimprägnation der übrigen Gewebebestandteile nutzbar gemacht werden, wie dies vielfach bei den Goldmethoden, aber auch bei anderen Färbungen geschieht, z. B. von Kölliker für die Darstellung der Sharpeyschen Fasern angegeben wurde (Behandlung mit konzentrierter Essigsäure bis zur Durchsichtigkeit, $^1/_2$—1 Minute konzentriertes Indigocarmin, Wasser-, Glycerin- oder Balsameinschluß. Fasern rot, Grundsubstanz blau).

Die Lockerung der Stützsubstanzen bei lange dauernder Einwirkung macht endlich die Essigsäure zu einem unserer besten Isolationsmittel.

Literatur: van Beneden und Neyt (Bull. Ac. Sc. Bruxelles [3], Bd. 14), Burchardt (Cellule, Bd. 12, 1892). Burkhardt (Arch. Mikr. Anat., Bd. 34, 1889), Fischer (Protoplasma, pag. 10 ff.), Kölliker (Zeitschr. Wiss. Zool., Bd. 44, 1886), Kultschitzky (Zeitschr. Wiss. Mikr., Bd. 4, 1887), Landau (Sitz. Nat. Ges. Univ. Dorpat, Bd. 15, 1906), Leake (Ann. of Bot., Bd. 19, 1905), Martini (Zeitschr. Wiss. Zool., Bd. 74, 1903), Schneider (Arb. Zool. Inst. Wien, Bd. 9, 1891), v. Wasielewski (Zeitschr. Wiss. Mikr., Bd. 16, 1899). *Poll,* Berlin.

Essigsäurecarmin siehe: Carmin.

Etikettieren. Jedes mikroskopische Präparat sollte nach seiner Fertigstellung etikettiert werden, und zwar soll auf der Etikette bemerkt werden Art und Herkunft des Objekts, Angabe der Fixation, der Färbung und Tag der Fertigstellung. Bei Objektträgern von englischem Format kann man zur Etikettierung die beiden Enden benutzen, bei kleineren Formaten muß man sich mit einem Ende behelfen. Die Daten werden zumeist auf Papier- oder noch besser Kartonetiketten von passender Größe geschrieben. Die letzteren haben den Vorteil, daß man, ohne ein Zerdrücken des Deckglases befürchten zu müssen, die Objektträger aufeinanderschichten kann. Die mit gewöhnlichem Gummi aufgeklebten Etiketten springen häufig sehr bald wieder ab. Um ein sicheres Kleben herbeizuführen, soll man nach Fol zunächst den Objektträger mit einer Lösung von Chromalaungelatine in Essigsäure bestreichen und auf diese Unterlage erst aufkleben. Ein vorzügliches Klebemittel erhält man durch Lösung von 120 *g* Gummi arab. in wenig Wasser, ebenso 30 *g* Tragant, man mische beides und filtriere durch feine Leinwand. Dann setzt man 150 *g* Glycerin zu, in dem 2,5 *g* Thymianöl gelöst sind und, verdünnt mit Wasser auf 1000. Das Klebemittel muß in gut verschlossenen Flaschen aufgehoben werden.

Zum vorläufigen Bezeichnen von Präparaten kann man sich entweder eines Fettstiftes oder eines Schreibdiamanten oder schließlich gewöhnlicher Tinte oder Tusche bedienen. Will man die letztere unabwischbar machen, so setzt man ihr nach dem Vorschlag von Schöbel Wasserglas zu. Natürlich kann man auch an Stelle der Tusche eine beliebige Farbe nehmen, z. B. Kremserweiß. Auch Flußsäure läßt sich für diesen Zweck verwenden. Clevenger überzieht das zu bezeichnende Ende des Objektträgers mit Paraffin, ritzt die Signatur ein und bringt darauf mit einem Holzstäbchen einen Tropfen Flußsäure.

Eucain B. Unter diesem Namen wird das salzsaure Benzoylvinyldiacetonalkamin in den Handel gebracht (Schering) und als Ersatz für Cocain vielfach verwandt. Es ist weniger giftig als dieses und löst sich zu 3—4% in Wasser.

Eucain kann zur Lähmung von Wassertieren mit Vorteil verwandt werden.

Eugenol, ein Allylderivat, $C_6H_3\begin{cases} OH \\ OCH_3 \\ C_3H_5 \end{cases}$, der wirksame Bestandteil des Nelkenöls, eine aromatisch riechende Flüssigkeit. Sie wurde mit Äther zusammen von STEPANOW zur Lösung von Celloidin empfohlen. Seine Normallösung besteht aus feinsten Celloidinspänen 1,5 *g*, Eugenol 5 *ccm*, Äther 20 *ccm*. Man setzt derselben absoluten Alkohol tropfenweise zu (aber höchstens 1 *ccm*) bis zur Lösung des Celloidins.

Eukalyptusöl wird durch Destillation aus den Blättern von Eucalyptus globulus gewonnen. Blaßgelbes, aromatisch riechendes Öl, das leicht verharzt. Mischt sich mit 90%igem Alkohol ohne Trübung und besteht hauptsächlich aus Cineol, $C_{10}H_{18}O$, und geringen Mengen von Pinen und Eukalypten.

Von FOL ist das Eukalyptusöl als Lösungsmittel für Canadabalsam empfohlen worden.

Euparal siehe: Paraldehyd.

Experimentell-embryologische Methoden. Die Darstellung beschränkt sich auch in dieser zweiten Auflage auf die der Entwicklungsphysiologie eigentümlichen experimentellen Methoden. Sie umfaßt also nicht die der gesamten experimentellen Morphologie. Somit sind die Regenerationsexperimente und Transplantationsverfahren, wie sie inzwischen besonders in der Biologischen Versuchsanstalt in Wien systematisch gepflegt worden sind, ausgeschlossen. Die damit verbundenen Operationen sind also ebenfalls nicht dargestellt. Nicht berücksichtigt sind ferner: Die Beobachtung und Konservierungstechnik des embryologischen Materials, die Methoden der künstlichen Befruchtung, die Laichzeiten der Tiere und die Wege der Materialbeschaffung sowie schließlich alle diejenigen experimentellen Methoden, welche der Physiologie und physiologischen Chemie angehören und auch auf die Entwicklungsphysiologie anwendbar sind. Dasselbe gilt von physikalisch-chemischen Methoden (Kryoskopie). Ferner sind nicht mitgeteilt diejenigen Methoden, welche sich an die Immunitätsforschung (Serumtherapie, Serumdiagnose) anlehnen. Die Methoden der Aufzucht und Haltung der Tiere mußten, obwohl für experimentelle Arbeiten von allergrößter Wichtigkeit, doch fortgelassen werden, da sie eine zu große Erweiterung des Umfanges bedingt hätten. Die Methoden der Bastardierung sind diesmal mitberücksichtigt, da hier das experimentelle Vorgehen neue Versuchsbedingungen geschaffen hat, welche für das Studium der Bastarde und Vererbung von enormer Wichtigkeit geworden sind.

Leider bin ich gezwungen, an vielen Stellen mehr eine einfache Aufzählung der Methoden als eine eingehende Darstellung zu geben, da viele Autoren über ihre Versuchsanordnungen nur sehr dürftige Mitteilungen gemacht haben. Zugegeben, daß eine Zurückhaltung technischer Einzelheiten zuweilen im Interesse des Autors gerechtfertigt erscheint, so ist doch im allgemeinen der Wunsch nach detaillierteren Angaben berechtigt und diese für eine gedeihliche Entwicklung der Methodik der Entwicklungsphysiologie unerläßlich. Oft ist der Grund für summarische Angaben auch ein rein subjektiver: der Autor, dem eine Versuchsanordnung oder eine Operation spielend gelingt, übersieht vollkommen die Schwierigkeiten, die sich anderen und besonders den noch Unkundigen entgegenstellen.

Beim experimentellen morphologischen Arbeiten bilden zwar die einzelnen operativen oder anders gearteten Methoden zunächst den wichtigsten Teil der Untersuchung, ebenso wichtig aber ist die richtige Art der Behandlung und Aufzucht der Objekte. Obwohl es sich hier um Regeln handelt, welche jeder erfahrene Experimentator von selbst handhabt, dürfte doch ein Hinweis auf das Wichtigste für Anfänger erwünscht sein.

Hält man Versuchsobjekte unter verschiedenen Bedingungen in getrennten Aquarien oder Käfigen, so ist es notwendig, alles übrige, außer den absichtlich verschiedenen Lebensbedingungen, völlig gleich zu machen, also gleich große und gleich eingerichtete Räume, gleicher Zutritt von Licht und Sauerstoff, gleiche Wärme, gleiche Ernährung und vor allem auch gleich viel Versuchstiere oder Eier oder Embryonen. In Aquarien Süßwasser von beliebiger Herkunft miteinander zu vertauschen, ist nicht zulässig. Ich konnte z. B. konstatieren, daß Hydra grisea nur in dem aus Teichen, Seen oder Gräben der Umgebung Berlins entnommenen Wasser zu züchten war. Im Leitungswasser ging sie in kurzer Zeit zugrunde. Vielleicht kommt wesentlich nur der Härtegrad in Betracht, vielleicht aber auch andere Bedingungen. Die Sorgfalt des Experimentators muß aber auf diesen Punkt gerichtet sein. Tote oder erkrankte Individuen oder Eier, auch der überschüssige Samen bei künstlicher Befruchtung sind stets sofort zu entfernen, da sie zur Quelle von Infektionen werden können. Außerdem müssen sie entfernt werden, weil sie z. B. bei Fütterungsversuchen zu Fehlerquellen Veranlassung geben können, da die überlebenden sich gern über die gefallenen Tiere hermachen.

Muß in zahlreichen kleinen Aquarien für den Wasserwechsel Sorge getragen werden, so dürfen die Aquarien nie hintereinander geschaltet werden. Benutzt man nun eine Süßwasserleitung, so ist das Wasser direkt aus einem für jedes Aquarium bestimmten Hahn zu entnehmen. Solche Vorrichtungen besitzen die meisten Laboratorien für die gleichzeitige getrennte Auswässerung fixierter histologischer Objekte. Außerdem kann man sich an jedem Wasserleitungshahn mit Leichtigkeit eine geeignete Vorrichtung anschließen. Ein langes, an einem Ende geschlossenes Glasrohr ist mit senkrecht abgehenden kurzen Röhren in geeigneten Abständen zu versehen, der Wasserhahn wird mit dem offenen Ende in Verbindung gesetzt und die kurzen Röhren werden mittelst Schlauch zum Zufluß und zur Regulierung in je ein Aquarium geleitet. In ähnlicher Weise kann man von einem Haupthahn zahlreiche Aquarien gleichzeitig speisen, indem man Gabelröhren in beliebiger Anzahl hintereinander schaltet. Statt auf diese Weise eine große Anzahl von Zuflüssen zu schaffen, kann man auch ein großes Centralgefäß verwenden und von diesem aus die kleinen Aquarien speisen. Zum Beispiel beschreibt BABAK (Arch. Entw.-Mech., Bd. 21) folgende Vorrichtung: In einem großen Centralgefäß wird durch einen starken Leitungswasserstrom fortwährend Circulation unterhalten. Durch einen großen Heber wird für konstantes Niveau im Reservoir gesorgt. Die Versuchsaquarien entnehmen das Wasser aus U-förmigen Röhren mit geraden, langen, am Ende aufwärts umgebogenen Enden. Diese Röhren können niemals auslaufen und gestatten durch Verlängerung und Verkürzung der umgebogenen Röhre ein Regulieren des Zuflusses. Der Abfluß wird auch durch eine solche Röhre bewirkt. Auf ihren in den Versuchsaquarien befindlichen Enden tragen die Röhren Kappen aus Drahtnetz, dessen Maschen für die Versuchstiere zu eng sind. (Siehe ferner auch unter *F*, I. Amphibien.)

Operierte Embryonen sind stets für sich in einer besonderen Schale oder Behälter zu halten, welche nichts weiter enthalten dürfen und in denen für regelmäßigen, täglich mehrmaligen Wasserwechsel Sorge getragen werden muß.

Alle Versuche, bei welchen die Entwicklungsvorgänge oder die Befruchtung unter abnormen oder überhaupt abweichenden Bedingungen studiert werden, müssen von Kontrollversuchen unter normalen Bedingungen begleitet sein. Dies ist unerläßlich, um sich vor den allergrößten Irrtümern zu schützen. Bei Aufstellung einer Versuchsreihe mit Embryonen hat man, sofern die Menge des von einem Tier gelieferten Laiches groß genug ist, stets darauf zu achten, daß zu allen Versuchen nur Eier von einem Weibchen stammend und mit dem Samen eines Männchens befruchtet verwendet werden.

Zur Wahl eines geeigneten Objekts ist das Material vorher nach allen Richtungen zu prüfen. Für Versuche aller Art kommen im allgemeinen folgende Punkte in Betracht:

1. Die Muttertiere müssen in großer Anzahl vorhanden sein, die Geschlechtsprodukte möglichst massenhaft und möglichst unempfindlich. Je mehr ein Embryo

sich abgeschlossen von der Außenwelt entwickelt, desto schwieriger ist das erfolgreiche Operieren an ihm.

2. Der Grad der Empfindlichkeit gegen Veränderung des umgebenden Mediums. In erster Linie kommen also solche Tiere in Betracht, deren Eier und Samen in das Wasser entleert werden und bei denen die Befruchtung außerhalb des Muttertieres vor sich geht (z. B. Echinodermen, Amphibien, Fische). Von den dieser Abteilung angehörenden Tieren bieten diejenigen größere Schwierigkeiten dar, bei welchen das vom Muttertier abgelegte Ei vom Männchen einzeln befruchtet wird. Das ist z. B. der Fall bei Tritonen. Hier wird die Befruchtung daher nach O. HERTWIGS Verfahren so ausgeführt, daß man aus dem mit Samen gefüllten Samenleiter ein Stück ausschneidet und den aus den Anschnittstellen hervorquellenden Samen direkt ohne Verdünnung auf das ebenfalls frisch aus dem Eileiter entnommene Ei bringt. Bei allen diesen Tieren hat man den großen Vorteil, den Zeitpunkt der Befruchtung selbst bestimmen zu können. Sobald man einige Erfahrung über das zeitliche Verhalten gewonnen oder aus der Literatur die Daten entnommen hat, weiß man nun genau, zu welcher Zeit die einzelnen Entwicklungsvorgänge eintreten werden, welche für das Experimentieren von Wichtigkeit sind. Zu diesem Zweck würden besonders bei den wirbellosen Tieren Normentafeln von unschätzbarem Wert sein, wie wir sie für eine Anzahl von Wirbeltieren in den KEIBELschen Normentafeln besitzen, ein Desiderat, auf welches z. B. auch PETER (Arch. Entw.-Mech., Bd. 27) aufmerksam macht.

Schwieriger sind Experimente an solchen Tieren, deren Eier nach außen hin durch feste Hüllen abgeschlossen sind. Das Durchbrechen dieser Hülle zu experimentellen Zwecken kommt dabei als mechanische Schwierigkeit am wenigsten in Betracht. Die Eier schließen sich von der Außenwelt ab, weil sie sich nur in einer besonders beschaffenen Flüssigkeit entwickeln können. Öffnen wir die Hülle eines derartig geschützten Eies, z. B. des Haifisches, so dringt Seewasser in das Innere der Hülle ein, die chemische Zusammensetzung und der osmotische Druck der Flüssigkeit verändert sich und das Ei stirbt ab. Solche Eier müssen außerhalb des Wassers operiert werden und die Hülle muß sofort wieder wasserdicht geschlossen werden, bevor man sie wieder in das Wasser zurücktut. Etwas leichter ist es, mit Eiern zu arbeiten, welche sich dauernd in der Luft befinden, z. B. Hühnereier oder überhaupt Eier von Vögeln. Hier ist nur für die Verhinderung einer septischen Infektion Sorge zu tragen. Ein für mechanische Eingriffe, die mit Eröffnung der Hülle verbunden sind, ungeeignetes Ei ist z. B. das von Ascaris; nach ZOJA folgt auf Verletzung seiner Hülle stets in kurzer Zeit der Tod.

3. Die Größe des Eies. Sie setzt für das experimentelle Eingreifen eine untere Grenze. Je größer ein Ei, desto leichter ist im allgemeinen das Operieren.

4. Durchsichtigkeit der Objekte. Diese kommt vor allen Dingen behufs Beobachtung der operierten Eier in Betracht.

5. Leichte Dosierbarkeit. In dieser Hinsicht ist der in langen Schnüren abgelegte Laich der Kröte vorteilhaft, ebenso Froschlaich, welcher flach ausgebreitet ist. Ganz kleine Eier lassen sich, wenn man sie gleichmäßig im Wasser verteilt, leicht dosieren, indem man eine geeichte Pipette stets bis zu einer bestimmten Marke mit der Flüssigkeit anfüllt. Man kann so in alle Gefäße dieselbe Menge von Eiern übertragen.

6. Die Beurteilung der Geschwindigkeit im Ablaufe der eingetretenen Prozesse. Eine sich über Wochen erstreckende Entwicklung ist unter Umständen ungünstig für das Experimentieren. Eine raschere Entwicklung bietet den Vorteil, daß man im Falle des Fehlschlagens der ersten Versuche leicht Wiederholungen vornehmen kann. Andrerseits ist ein sehr rasches Fortschreiten der Entwicklung für die Fixierung der Beobachtung oder des Aussehens auf den einzelnen Stadien durch Zeichnung ungünstig.

7. Die Jahreszeit. Einige Tiere bieten den Vorteil, daß sie das ganze Jahr hindurch laichen, wenn auch die Brut zu einer Jahreszeit häufiger, zu einer anderen weniger zahlreich zu finden ist (Seeigelarten, Ascidien).

8. Bei längerer Aufzucht von Larven ist die Möglichkeit, sie leicht ernähren zu können, zu berücksichtigen.

9. Nicht übersehen darf man die Tatsache, daß das Verhalten derselben Tierarten in verschiedenen Verhältnissen sehr verschieden sein kann. In Villefranche findet sich Strongylocentrotus mit einem deutlichen roten Pigmentring (BOVERI) vor. Anderswo scheint dieser Ring nicht vorzukommen. GARBOWSKI unterscheidet (nach FISCHEL, Arch. Entw.-Mech., Bd. 22) 2 Rassen von Strg. (den er übrigens Paracentrotus nennt), die allgemein verbreitete Diffusa und die südfranzösische Rufocincta. Erstere scheint an allen Orten, außer Südfrankreich, die einzige Art zu sein. Für Rovigno kann ich dies ebenfalls bestätigen. Man findet dort nur selten eine matte Färbung an der Stelle des BOVERIschen Ringes. Bei der Ausführung der künstlichen Parthenogenese haben sich die amerikanischen Seeigelarten ganz anders verhalten wie europäische. Die Möglichkeit der Bastardierung zwischen Seeigelarten ist ebenfalls an verschiedenen Orten eine ganz abweichende.

Inhaltsübersicht:

A. Methoden zum Studium der prospektiven Potenz von Teilen des Eies oder des Embryos.

Die prospektive Potenz eines Eiteiles wird bestimmt, indem man entweder den betreffenden Teil vom Ganzen trennt und seine Entwicklung in isoliertem Zustande verfolgt, oder indem man ihn abtötet und die Entwicklung des Ganzen ohne seine Beteiligung beobachtet. Im Einzelfalle werden in der Regel beide Methoden notwendig sein.

I. Isolierung von Eiteilen.

a) Schüttelmethode.

Sie ist zuerst von O. und R. HERTWIG angewandt worden, um Bruchstücke der Eier von Echinodermen zu erhalten. Die Eier werden auf dem gewünschten Stadium in einem mit Wasser bis zu einem Drittel oder höchstens bis zur Hälfte gefüllten kleinen Reagenzglase geschüttelt. DRIESCH (92) verwendet Röhrchen von 4 *cm* Länge und 0,6 *cm* Durchmesser. MORGAN schüttelt zuweilen mit Deckglassplittern.

Auf das geringere oder stärkere Auseinanderweichen der Furchungszellen ist die Temperatur von Einfluß (DRIESCH) (92). Bei 31° (nach DRIESCH) und schon bei

26° (HERBST) gehen die Furchungszellen (Echinus) in gewöhnlichem Seewasser bei der Teilung fast so weit auseinander wie sonst nur in kalkfreiem (HERBST).

Bei höheren Temperaturen ist daher die Trennung der Blastomeren durch Schütteln oder mit dem Skalpell leichter ausführbar.

Für das verschiedene Material ist folgendes zu beachten:

1. Seeigel. Die Eier werden vorher membranlos gemacht. Dies geschieht nach DRIESCH (93) durch Schütteln der Eier kurze Zeit nach der Befruchtung, wenn die Membran deutlich abgehoben ist. Dies ist etwa 3 Minuten nach der Befruchtung der Fall. — Die membranlosen Eier werden 4—5 Sekunden mittelstark geschüttelt. Sphaerechinus granularis. Echinus micro-tuberculatus.

Nicht membranlos gemachte Eier müssen nach DRIESCH (92) mindestens 5 Minuten lang, nach FIEDLER 5—10 Minuten stark geschüttelt werden, werden also dementsprechend stärker geschädigt.

Zur Gewinnung von Bruchteilen der Blastula und Gastrula ist nach MORGAN starkes Schütteln notwendig. Eventuell Schütteln mit Glassplittern: Echinus. Sphaerechinus blastulae vertragen die Operation nicht.

Um kernlose Bruchteile des unbefruchteten Eies zu erhalten, schüttelt BOVERI die frisch aus dem Weibchen entnommenen Eier, läßt absetzen, gießt die milchig getrübte Flüssigkeit ab, füllt auf und wiederholt dies, bis das überstehende Wasser klar ist. Aus dem Bodensatz werden Tropfen entnommen und mit Leitz 3 und 7 oder entsprechenden Vergrößerungen kernlose Stücke ausgesucht. Diese werden mit einer feinen Pipette auf einen zweiten Objektträger gebracht, kontrolliert und bei Vorhandensein kernhaltiger Stücke weiter übertragen, bis die gewünschten kernlosen Stücke isoliert sind. Die Pipetten können zweckmäßig vor der Entleerung in horizontaler Lage unter dem Mikroskop untersucht werden, wodurch oftmaliges Übertragen erspart werden kann. Die Befruchtung der Stücke wird erst nach 2 Stunden vorgenommen, 1. um sie wieder kugelig werden zu lassen, 2. um sie noch einmal auf Kerne zu untersuchen.

MORGAN schüttelt zu demselben Zweck mit kleinen Deckglassplittern. Gegen das Ende der Saison zerbrechen die Eier auch bei einfachem Schütteln ohne Glassplitter leicht, Sphaerechinus. Echinuseier lassen sich leicht durch Schütteln ohne Glassplitter zerstückeln.

Nach der Befruchtung ist es leicht, durch einfaches Schütteln membranlos gemachter Eier gekernte und ungekernte Fragmente zu erhalten. DRIESCH cca. 1 Stunde nach Befruchtung $^1/_2$ Minute lang.

2. Asteriden. Diese sind für die Anwendung der Schüttelmethode ungünstig. Bei Asterias glacialis gelingt es nicht (DRIESCH), die anliegende Membran durch Schütteln zu entfernen. Bei Astropecten gelingt dies zwar durch Schütteln, aber die so behandelten Eier zeigen stets baldigen Entwicklungsstillstand, der sich unter der Erscheinung von Kernteilung ohne Zellteilung vollzieht.

3. Ascidien. Nach DRIESCH (95) genügen 25 Sekunden mittelstarken Schüttelns. Phallusia mammillata. Die feste Hülle platzt nie.

4. Amphioxus. Schütteln nach WILSON ohne jede Schwierigkeit anwendbar. Dies gilt für den sizilianischen Amphioxus (von Faro bei Messina). Beim Neapler Amphioxus gelingt die Isolierung nicht (DRIESCH)(95). Hier kann man erst durch die Anwendung von kalkfreiem Seewasser nach HERBST zum Ziele gelangen. Die Blastomeren trennen sich aber auch nach dieser Vorbehandlung erst nach wiederholtem Pigmentieren der Eier vollständig.

5. Ctenophoren. Beroë ovata. Schüttelmethode nach DRIESCH und MORGAN nicht anwendbar.

Literatur: DRIESCH (Zeitschr. Wiss. Zool., Bd. 55, 1892), derselbe (Anat. Anz., Bd. 8, 1893), derselbe (Arch. Entw.-Mech., Bd. 1 und 17, 1895 und 1904), FIEDLER (Festschr. Nägeli u. Kölliker, Zürich, 1891), HERBST (Arch. Entw.-Mech., Bd. 9, 1899), HERTWIG (Jena. Zeitschr. Naturw., Bd. 20, 1887), MORGAN (Arch. Entw.-Mech., Bd. 2, 1895/96), WILSON (Anat. Anz., Bd. 8, 1892).

b) Einer dem Schütteln sehr nahe verwandten Methode bedient sich H. E. CRAMPTON bei Gasteropoden, speziell bei Ilyanassa obsoleta.

Die Eier liegen zu 30—100 in einer Kapsel. Diese wird geöffnet, indem man sie mit einer feinen Pinzette an der einen Seite festhält und an der anderen mit einer feinen Schere anschneidet. Bei der einen Modifikation des Verfahrens werden nun die Eier nicht vorsichtig, sondern durch sehr energisches Hineintreiben von Wasser mit einer Pipette entleert. Hierbei finden viele Isolationen statt und die gewünschten Bruchstücke werden in dem entleerten Inhalt ausgesucht. Bei der anderen Modifikation überträgt man ein oder zwei Eier in ein Uhrschälchen mit Seewasser und erregt durch Spritzen mit einer Pipette lebhafte Strudel, wodurch die Eiteile auseinandergerissen werden. Meistens werden alle Eier vollständig zerstört, jedoch erhält man in einem von etwa 10 Fällen unverletzt isolierte Blastomeren.

Die Methode ist ferner angewendet bei Urosalpinx und Anachis.

c) Zerschneiden mit Messer, Schere oder Lanzettnadel.

Die Methode gewährt vor der vorigen den Vorteil, daß man von vornherein über die Herkunft der erhaltenen Produkte orientiert ist (vgl. jedoch 3).

1. Die Blastomeren der Meduseneier isoliert Zoja mit einer Lanzette, welche durch Anschleifen einer sehr feinen Stahlnadel auf einem Schleifsteine hergestellt wird. Jedes Ei wird einzeln in einem Tropfen Seewasser auf dem Objektträger bei schwacher Vergrößerung (Zeiss A, 3) zerschnitten. Um $^1/_4$ Blastomeren zu erhalten, wird das Ei schon auf dem Stadium der zwei ersten Blastomeren in diese zertrennt und jede $^1/_2$ Blastomere wieder, wenn sie sich zur weiteren Teilung anschickt. Clytia flavidula, Liriope mucronata, Geryonia proboscidalis, Mitrocoma Annae, Laodice cruciata. Außerdem Strongylocentrotus lividus.

Das günstigste Objekt ist Clytia; die Eier haben nach Metschnikoff 0,25—0,27 *mm* Durchmesser, werden (Messina) im März um 9, im April um 8 Uhr morgens abgelegt, später noch früher. Laodice laicht am Abend. Mitrocoma hat etwa halb so große, Liriope noch nicht halb so große Eier wie Clytia. Die Eier von Geryonia sind 0,33 *mm* (cit. Zoja).

2. Bei Ctenophoren (Beroe ovata) trennt Fischel die Blastomeren innerhalb der unverletzten Eihülle, indem er „das Ei (oder vielmehr die Eihülle), ohne es jedoch zu drücken, zwischen die Arme einer Pinzette faßt und mit einer zweiten feinen Pinzette oder einem feinen Messerchen (ähnlich dem bei Augenoperationen benutzten Knappschen Messer) zwischen die Furchungszellen eindringt. Man gewinnt bald genügende Fertigkeit, um ohne sichtliche Beschädigungen minutiöse Isolierungen oder Verlagerungen der Zellen auszuführen und nachher die Eihülle entweder in ihre ursprüngliche Form zurückschnellen oder an bestimmten Stellen als isolierende Falte zwischen die Teilstücke schieben zu können". Das Ei von Beroe ovata besitzt einen Durchmesser von 1,2 *mm* (H. E. Ziegler).

Driesch und Morgan (95/96) trennen die Blastomeren durch Zerschneiden mit feinen Scheren. Das Zerschneiden soll vorgenommen werden, wenn schon die nächstfolgende Teilung beginnt, da die Blastomeren dann einen lockeren Zusammenhang zeigen. Die so isolierten Objekte waren sehr empfindlich, keines lebte über 5 Tage.

3. Um Teile von Echinodermenblastulae oder Gastrulae zu erhalten, züchtet man nach Driesch viele Larven in einem Gefäß, entnimmt einen Tropfen, den man „in ein passendes Gefäß" bringt, und schneidet aufs Geratewohl 200—250mal mit einer feinen Schere hinein. Echinus, Sphaerechinus, Asterias glacialis. Diese Methode besitzt natürlich den großen Nachteil, daß jede sichere Orientierung über die Herkunft der erhaltenen Bruchteile fortfällt und somit auch alle Schlüsse, die man daraus zieht, auf unsicherer Basis beruhen. Zuweilen aber erhält man durch Zufall (Driesch) die zusammengehörigen Hälften eines Eies, wenn nämlich der Schnitt das Ei bis auf eine kleine Brücke von Substanz zertrennt hat, die erst nach Isolierung zerreißt. Eine Einzeldurchschneidung der Asteridengastrula ist nach Driesch nicht durchführbar.

4. Ascidien. Beim Zerschneiden der Blastomeren von Phallusia sterben die aus der Hülle isolierten Blastomeren schon auf frühen Stadien der Entwicklung ab (Driesch). Die Methode ist daher hier nicht anwendbar. Jedoch ist der Zweck mit Leichtigkeit dadurch zu erreichen, daß man eine der beiden ersten Blastomeren, ohne die Hülle erheblich zu verletzen bzw. zu durchbrechen, mit einer feinen Nadel zerdrückt. Zu Durchschneidungsversuchen an Gastrulis von Ascidien sind Phallusia mammillata und Mentula nach Driesch zu empfehlen. Ich kann bestätigen, daß Phallusia mammillata sich für den Zweck vorzüglich eignet, ebenso ist Ascidiella virginea in Helgoland ein vortreffliches Untersuchungsobjekt. Ciona soll sich nach Driesch weniger eignen, da die Embryonen stets beim Zerschneiden zerfließen. Die bei der Durchschneidung erhaltenen Hälften bleiben dabei in den beiden Eikapselhälften eingeschlossen. Für Versuche in weiter vorgeschrittenen Larvenstadien ist Ciona geeigneter, da Phallusialarven zu schwierig aufzuziehen sind. Zur Orientierung bei der queren Durchschneidung dient für die Bechergastrula die Zellteilungsgrenze des Ectoderms als Richtschnur. Sie bildet in der Medianlinie einen nur wenig gebrochenen einheitlichen Strich. An der gestreckten Gastrula ist die Orientierung von selbst gegeben.

d) Zerschnüren der Eier mittelst eines Fadens oder Haares.

Zuerst hat O. Hertwig die Methode verwendet, das Ei von Triton auf dem Zweizellenstadium durch Einschnüren in zwei Hälften zu zerlegen. Später wurde das Verfahren von v. Ebner, Endres, Herlitzka, Spemann, Levy wieder aufgenommen und von einigen weiter ausgebildet.

1. Die Methode ist von den auf Amphibieneier anwendbaren die vollkommenste, da sie den beabsichtigten Eingriff sehr genau auszuführen und zu kontrollieren gestattet. Sie ist bisher nur auf Triton angewendet, dessen Eier,

wenigstens zu Querdurchschnürungen, wegen ihrer länglichen Gestalt besonders geeignet sind.

Die Tritoneier* bilden außerdem ein sehr widerstandsfähiges Material, sind jedoch nach SPEMANN zu Anfang der Laichperiode empfindlicher als auf der Höhe der Laichzeit. Die Laichzeit dauert für Würzburg (SPEMANN) von Mitte April bis Ende Juni, nach BORN für Breslau von April bis Juni. Ebenso liegen die Verhältnisse in Berlin.

Als Material sind geeignet Kokonfäden (O. HERTWIG, V. EBNER, ENDRES) oder Haare. Nach SPEMANN sind Kinderhaare am besten geeignet, dicke und krause Haare unbrauchbar. HERLITZKA verwendet Frauenhaare, die er in Borsäure desinfiziert und zur Entfernung der Borsäure mit destilliertem Wasser abwäscht.

Das Tritonei besitzt 3 Hüllen, eine äußere Klebschicht, eine starke elastische, spiralig aufgewickelte Hülle und eine weiche gallertige, zu innerst gelegene. Von diesen wird die Klebschicht vor der Operation vorsichtig entfernt, sie erschwert sowohl die Schnürung wie auch die Beobachtung (v. EBNER). Eine eingehende Darstellung des Baues der Hülle von Triton gab CHIARUGI.

2. Die Ausführung des Verfahrens gebe ich in erster Linie nach SPEMANN. Man legt das Haar in eine doppelte Schlinge und macht die Öffnung so weit, wie der kleinste Umfang der Gallerthülle, „faßt das eine freie Ende mit einer feinen Pinzette und schiebt mit einer anderen Pinzette das Ei in die Schlinge. Dann schnürt man die Hülle möglichst genau in der Mitte ganz wenig ein und läßt das Ei durch Hin- und Herneigen so lange unter der Ligatur hindurchgleiten, bis z. B. die erste Furchungsebene genau unter der Ligatur liegt, worauf man die letztere anzieht".

Am leichtesten gelingt die Einschnürung auf dem Blastulastadium, weniger leicht auf dem ersten und zweiten Furchungsstadium, schwierig auf dem Gastrulationsstadium. In schwierigen Fällen schlägt SPEMANN vor, das Ei durch die Ligatur in eine Ecke zu drängen, so daß es in die eng anliegende Hülle wie in eine Form gepreßt wird. „Diese Form kann man noch dadurch verändern, daß man an bestimmten Stellen durch Anschnitt der äußeren Kapsel mit einem feinen Messer einen Bruchsack erzeugt, in den das Ei oder der Embryo hineintritt." Oder er durchstach „die Hülle mit einer feinen Nadel oder einem schräg abgeschnittenen feinen Silberdraht derart, daß das Ei in die Ecke gedrängt und bohnenförmig eingebuchtet wurde. Auf diese Weise eine Morula mit Erfolg median einzuschnüren, gelang mir aber nicht; gegen Schluß der Medullarwülste entwand sich der Keim regelmäßig dem Zwang. Ich versuchte deshalb, die Ligatur durch die Hülle zu ziehen. Als Nadel diente eine Capillare, so fein, daß man gerade noch ein Haar durchstecken konnte. Das Haar wurde durch die kürzeste Achse der Hülle gezogen und um den in die Ecke gedrängten Keim als Ligatur geschlungen. Da das Haar dabei dem zarten Dotterhäutchen direkt aufliegt, so schneidet es leicht in das Ei ein. Die beste Methode, die Eiwirkung der Schnürung in den späteren Stadien zu studieren, scheint mir immer noch die zu sein, daß man das Ei im Zweizellen- oder Blastulastadium möglichst wenig einschnürt und dann die Ligatur in dem gewünschten Stadium schärfer anzieht." Ganz leichte Schnürung ist ohne jeden Einfluß auf das Endprodukt. „Um die Ligatur wieder zu lösen, schneidet man ihre freien Enden kurz ab. Namentlich wenn das Ei vorher gehärtet worden ist, muß jeder Druck vermieden werden. Deshalb ist es wichtig, dünne Haare zum Schnüren und eine Schere mit dünnen Blättern zum Schneiden zu verwenden." In dem ersten Furchungsstadium muß man während des ersten Ein- und Durchschneidens der ersten Furche zuschnüren und beim Fortschritt der Furchung nachschnüren. Dabei zertrennt man nicht das Material, sondern man legt bloß das sich selbst trennende auseinander und verhindert es an der Wiedervereinigung. Auf diese Weise kann man die beiden ersten Furchungskugeln ohne Verletzung auseinanderbringen (SPEMANN).

„Nach der gelungenen Schnürung liegt die Ligatur so fest, daß bei Druck auf die eine Hälfte der Hülle nicht etwa Flüssigkeit aus der einen in die andere getrieben wird, sondern das Ei. Ist das Ei aber nicht in der Mitte geschnürt worden und zieht man die Ligatur stärker an, so wird das Ei in die durch das Anziehen verhältnismäßig weniger gespannte größere Hälfte gedrängt." Die Hülle muß also möglichst in der Mitte gefaßt werden.

3. A. HERLITZKA hat zu dem vorliegenden Zweck einen besonderen Apparat (Fig. 8) konstruiert. Dieser besteht aus zwei Teilen, einem Stativ mit einer einfachen Klammer *C* zum Halten des einen Fadenendes und einem zweiten Stativ mit einer Klammer *A*, welche in eine rasche und eine feine Bewegung versetzt werden kann. Die rasche wird durch die Schraube *r*, die langsame durch die Mikrometerschraube *r* vermittelt. Das Ei liegt in der Höhlung eines ausgeschliffenen Objektträgers auf einem Tischchen *B* zwischen beiden Stativen. Das erste Anziehen des Fadens bzw. Haares wird durch eine rasche Bewegung mit der großen Schraube *r* ausgeführt, das langsame Durchschnüren mit der Mikrometerschraube *r*.

---

* Speziell Triton taeniatus, die Eier von Triton cristatus, sind jedoch sehr empfindlich.

4. MORGAN (93) hat die Zerschnürung bei Fundulusеiern ausgeführt. Sie werden mit einem Seidenfaden im Zweizellenstadium oder später umschnürt, so daß das Ei eine hantelförmige Gestalt bekommt.

Fig. 8.

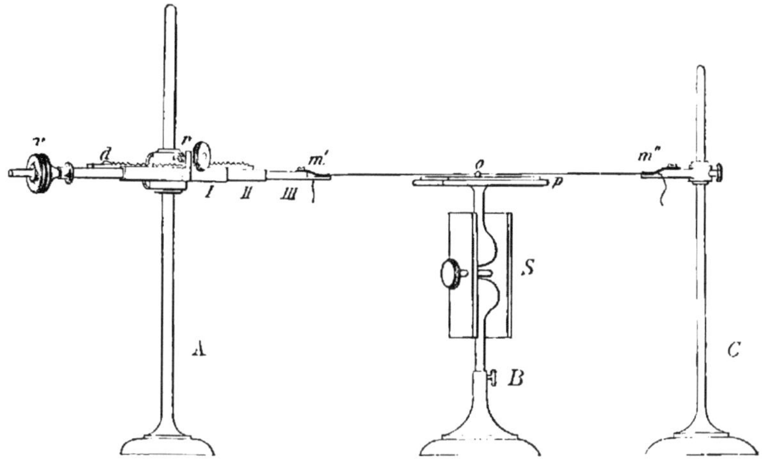

Literatur: BORN (Arch. Mikr. Anat., Bd. 42, 1894), CHIARUGI (Lo Sperimentale, Jg. 53, 1899), CRAMPTON (Arch. Entw.-Mech., Bd. 3, 1896), DRIESCH (Zeit. Wiss. Zool., Bd. 53, 1895), v. EBNER (Festschr. Rollett, 1893), ENDRES (Jhber. Schles. Ges. Vat. Kultur, 1895), FISCHEL (Arch. Entw.-Mech., Bd. 6, 1897/98), HERLITZKA (Arch. Entw.-Mech., Bd. 2 und 4, 1895/96 und 1897), HERTWIG (Arch. Mikr. Anat., Bd. 51, 1898), METSCHNIKOFF (Embryologische Studien an Medusen, Wien, 1886), derselbe (Arb. Zool. Inst. Wien, 1886), MORGAN (Anat. Anz., Bd. 8, 1893), derselbe (Arch. Entw.-Mech., Bd. 2, 1895/96), SPEMANN (Arch. Entw.-Mech., Bd. 12, 1901), ZOJA (Arch. Entw.-Mech., Bd. 1 und 2, 1895).

e) Chemische und physikalische Agenzien.

α) Methode von J. LÖB. Die befruchteten Eier (von Arbacia) kommen 10 bis 20 Minuten nach der Befruchtung in verdünntes Seewasser. Die für Arbaciaeier genügende Verdünnung wird durch Zusatz des gleichen Volumens destillierten Wassers erreicht. Infolge der osmotischen Druckdifferenz dringt Wasser in das Innere der Membran, diese platzt und ein Teil des Eies tritt heraus. Das Extraovat kann sich ganz ablösen oder mit dem Ei in Zusammenhang bleiben. Das Platzen der Membran kann auch an mehreren Stellen erfolgen und mehrere Extraovate entstehen. Die Eier bleiben zwei Stunden in dem verdünnten Seewasser und werden dann zur weiteren Entwicklung in unverdünntes zurückgebracht.

Methodisch ist zu bemerken, daß das Verfahren eine sichere Beherrschung des Endeffektes nicht ermöglicht.

β) Die Methode von DRIESCH ist erprobt für Echinus microtuberculatus. Es wird eine Mischung von 70 Teilen Seewasser und 30 Teilen Süßwasser hergestellt. In diese Mischung werden die Eier (entweder nach Entfernung der Membran durch Schütteln oder mit unverletzter Membran) etwa $^1/_2$ Stunde nach der Besamung übertragen. Die Mischung wirkt auf das zweite Teilungsstadium fast ebenso sicher trennend ein wie die Methode von HERBST mit kalkfreiem Seewasser. Aber schon vom 4. Stadium ab unterbleibt die Wirkung. Aus der Mischung müssen die Objekte spätestens auf dem Stadium der freischwimmenden Blastula in normales Seewasser übertragen werden, da die Gastrulation sonst ungünstig verläuft. Außer einzelnen Larven halber Größe erhält man bei dieser Methode besonders zahlreiche, in höherem oder geringerem Grade verwachsene Zwillinge.

γ) Methode von HERBST. Sie beruht darauf, daß in kalkfreiem Seewasser der Zusammenhang der Blastomeren aufgehoben wird und die Zellen auseinander weichen. Bleibt die Hülle erhalten, so fügen sich die Blastomeren nach dem Übertragen in normales Seewasser wieser zusammen. Um sie dauernd zu isolieren, müssen sie daher in membranlosem Zustande in die kalkfreie Mischung kommen.

Die kalkfreie Mischung wird bereitet durch Herstellung einer wässerigen „Mischung, welche 3% Chlornatrium, 0,08% Chlorkalium, 0,66% Lithionphosphat, schwefelsaure Magnesia und etwas Eisen“ enthält. Dazu kommt ein Zusatz von etwas Magnesiumphosphat. Nur in Kulturen mit diesem letzten Zusatz bildeten sich bei Seeigeleiern wimpernde Zellen, in den Kulturen ohne phosphorsaure Magnesia nicht. Ein weiterer Unterschied zwischen beiden Mischungen konnte jedoch nicht konstatiert werden. Zur Herstellung der Lösung s. auch pag. 396.

Das Verfahren gestaltet sich daher so (DRIESCH (00):

1. Die befruchteten Seeigeleier werden durch Schütteln ihrer Membran beraubt (s. pag. 366).

2. Sie kommen in die kalkfreie Mischung.

3. Auf dem durch den Versuchszweck zu bestimmenden Stadium werden die isolierten Blastomeren herauspipettiert und zur weiteren Entwicklung in normales Seewasser übertragen.

Für die einzelnen Furchungsstadien ist nach DRIESCH folgendes zu beachten:

Will man die $^1/_8$-Blastomeren isoliert verfolgen, „so genügt es nicht (DRIESCH), die Objekte herauszunehmen, wenn die 8 Zellen eben deutlich vorhanden sind: in diesem Falle würden die mit der Pipette herausgefischten Keime in vier Pakete zu je zwei Zellen zerfallen; die kalkfreie Mischung muß vielmehr erst auf die Achterzellen als solche genügend eingewirkt haben, dann wird Herauspipettierung der Keime diese prompt in ihre acht Konstituenten zerfallen lassen. Ja, man kann sogar ruhig die Versuchsobjekte in der kalkfreien Mischung belassen, bis die sechzehner Teilung einzutreten beginnt, und für eine Sonderung der achter Zellen in „animale“ und „vegetative“ ist dies sogar der einzig gebotene Weg“. Man erhält acht Pakete zu je zwei Zellen und hat „dabei den Vorteil . . ., jedem Paket an der Art seiner Konstituenten (ob Makro- und Mikromere oder ob Zweizellenwesen) ansehen zu können, ob es ein animales oder ein vegetatives Achtel repräsentiert“.

„Die Aufzucht der $^1/_2$- und $^1/_4$-Blastomeren gelingt sehr leicht; diejenige der $^1/_8$- und $^1/_{16}$-Zellen in Sonderversuchen recht schwer . . . Die einzelnen Blastomeren werden offenbar durch das unvermeidliche Pipettieren bei der Isolirung stark geschädigt und scheinen auch bezüglich ihrer oberflächlichen Schicht und bezüglich eines Schädigungen fernhaltenden Vermögens derselben geschwächt zu sein . . .“ Bedeutend bessere Resultate erlangt man, „wenn das Wasser, in dem sich die der kalkfreien Mischung entnommenen Objekte weiter entwickeln sollten, bis auf 70° C erhitzt und dann wieder abgekühlt war“.

Von HERBST und DRIESCH angewendet bei Sphaerechinus granularis und Echinus microtuberculatus. Die Auflockerung ist bei Echinus radikaler. Von MORGAN bei Toxopneustes variegatus angewendet. Wie Vorversuche von HERBST an Ascidien und an Myzostoma zeigen, ist die Methode wahrscheinlich sehr weiter Ausdehnung fähig.

δ) Anwendung der Wärme. Nach Angaben von DRIESCH (95) sind unter den bei 26—31° C gehaltenen Seeigeleiern Zwillinge häufig, Vierlinge sehr selten und Mehrlinge wurden nicht beobachtet. Eine eigentliche Methode kann die Anwendung der Wärme für die Isolierung von Eizellen wohl nicht abgeben. Über Beobachtung des Einflusses der Wärme vergleiche im übrigen pag. 391 und die zum Schluß aufgeführten größeren Werke.

ε) Anwendung der Wirkung der Schwerkraft nach O. SCHULTZE. Werden Eier von Amphibien immobilisiert und auf dem Zweizellenstadium umgekehrt (um 180°), so tritt in einer Anzahl von Fällen Zwillingsbildung auf. Das Verfahren zur Immobilisierung s. unter *E*.

Angewendet an Rana fusca (O. SCHULTZE, G. WETZEL), Triton taeniatus (W. TONKOFF). Äußerlich bleiben die Blastomeren bei diesem Verfahren verbunden, es tritt nur getrennte Entwicklung ein.

Literatur: DRIESCH (Zeit. Wiss. Zool., Bd. 55, 1893), derselbe (Arch. Entw.-Mech., Bd. 10, 1900), HERBST (Arch. Entw.-Mech., Bd. 9, 1899), LÖB (Arch. Ges. Physiol., Bd. 55, 1894), derselbe (Arch. Entw.-Mech., Bd. 1, 1895), MORGAN (Arch. Entw.-Mech., Bd. 13, 1901). SCHULTZE (Verh. Physik. Med. Ges. Würzburg, N. F., Bd. 28, 1894), derselbe (Arch. Entw.-Mech., Bd. 1 1895), TONKOFF (Sitzber. Ak. Wiss. Berlin 1900), WETZEL (Arch. Mikr. Anat., Bd. 46, 1895).

II. Eliminieren bestimmter Elemente durch Abtöten.

a) Die Anstichmethode Roux'

wird für Rana esculenta und zur Abtötung einer der beiden ersten Blastomeren nach seiner eingehenden späteren Vorschrift folgendermaßen ausgeführt. Die frühere Vorschrift siehe Arch. Pathol. Anat., Bd. 114, 1888 und Gesammelte Abhandlungen, Bd. 2, Leipzig 1895.

Die Gallerte des Eies darf nur mäßig gequollen sein, so daß die Eier sich noch in unvollkommener Zwangslage befinden. Zu diesem Zwecke *bleiben* sie nach der Besamung noch etwa 20—30 Minuten in Wasser, um dann nach Abgießen des Wassers an der Luft unbedeckt aufbewahrt zu werden.

Zum Anstechen dient „eine etwas dicke, mikroskopische Präpariernadel". Diese trägt eine von ihr in der Achse durchbohrte, etwa 7 *mm* dicke Messingkugel so, daß die Spitze in einer Länge von etwa 12 *mm* frei bleibt. Spitze und Kugel werden in einer Spiritusflamme erhitzt, die Gallerthülle des Eies mit einer Pinzette derb fixiert und mit der Nadel in die eine Blastomere parallel der ersten Furche eingestochen. Die Nadel bleibt einige Sekunden im Ei. Sie muß in die schwarze Hälfte der Blastomere eingeführt werden, da diese die Hauptmasse des Bildungsdotters enthält.

Es werden immer drei Eier so behandelt, bevor die Nadel zum weiteren Male erhitzt wird. Auf diese Weise kommen stets verschiedene Hitzgrade zur Wirkung.

Nur bei denjenigen Eiern darf die Abtötung der angestochenen Blastomere als gelungen betrachtet werden, welche bis zum Ende der Blastula nur zur Hälfte gefurcht sind.

Im wesentlichen in dieser Form ist diese Methode ferner angewendet worden für Rana fusca von O. Hertwig, H. Endres, E. Walter; für Rana esculenta von T. H. Morgan, H. Endres; für Rana fusca, Triton taeniatus und Axolotl von Barfurth, neuerdings noch von A. Brachet (1906).

Barfurth verwendet statt der Nadel oder Lanzette ein besonderes, von ihm angegebenes keilförmiges Messerchen von V-förmigem Querschnitt. Er verwendet ferner für Rana fusca nicht den oben von Roux angegebenen Quellungsgrad der Eihülle, sondern Pflügersche Zwangslage. Die Eier des Axolotl bringt er von den Wasserpflanzen auf Fließpapier, bis sie auf diesem so viel Flüssigkeit verloren haben, daß sie sich fast in Zwangslage befinden. Er faßt die Eier sowohl von Siredon wie von Triton zwischen Daumen und Zeigefinger und operiert sie unter einer Lupe.

Die Anstichmethode auf Teleostier hat Morgan (93) angewendet. Sein Experimentierobjekt ist Fundulus:

α) Zur Entfernung einer der beiden ersten Blastomeren stößt man durch die Eihaut in die eine Furchungshälfte. Beim Herausziehen tritt ein Teil des Dotters durch die Eihaut heraus und durch vorsichtiges Drücken mit der Nadel läßt sich in vielen Fällen alles Plasma der einen Zelle entfernen.

β) Entfernung eines Teiles des Dotters. Es wird wie im vorigen Versuch, aber in die untere Eihälfte gestochen und durch Zusammendrücken des Eies mit zwei Nadeln ein großer Teil des Dotters herausgedrückt. Bis zu zwei Drittel des Dotters läßt sich entfernen, ohne die Entwicklung eines normalen Embryos zu verhindern. Das Ei kollabiert zuerst, dehnt sich aber infolge von Wassereintritt wieder aus.

Die Anstichmethode hat Mitsukuri auf Schildkröteneier angewendet. Seine Experimentierobjekte sind Clemmys und Trionyx.

Die Eier müssen frisch gelegt sein. Da kurze Zeit nach ihrer Ablage das Weiße oberhalb des Blastoderms verschwindet, so haftet alsdann das Blastoderm der inneren Oberfläche der Schale an, und Entfernung dieser ohne Verletzung des Blastoderms ist unmöglich.

Das Ei wird mit einem in Carbolsäure getauchten Tuch abgewischt. Mit einer sterilisierten Schere wird ein Stück aus dem oberen Pole der Schale herausgeschnitten und daneben auf ein sterilisiertes Papier gelegt. Die Verletzungen an dem Blastoderm werden mit einem zu einer feinen Spitze ausgezogenen Glasstab ausgeführt. Ein sichtbares Extraovat bildete sich nicht infolge der Operationen. Einige Eier, in welchen die Schale nicht wieder verschlossen wurde, entwickelten sich doch bis zur Bildung von zwei Somiten. In allen übrigen Fällen wurde das Schalenstück wieder eingefügt und zuweilen noch mit einem Stück Seidenpflaster (surgeon silk-plaster) befestigt. Von 120 operierten Eiern entwickelten sich 30 Embryonen.

Die Eier werden auf besondere Weise in feuchter Erde aufbewahrt, worüber das Nähere im Original nachzusehen ist.

Abtötung einzelner Blastomeren bei Wirbellosen mit der kalten Nadel hat ZOJA ausgeführt an Cione intestinalis, Clavellina (sp.?) und Sagitta (sp.?). Bei Ascaris megalocephala ist der Versuch zwar ausführbar, endigt aber stets mit dem frühzeitigen Absterben der unverletzten Blastomere (ZOJA).

Ferner FIEDLER bei Seeigeleiern. (Benutzt Glimmerobjektträger als Unterlage beim Schneiden.)

γ) Einen Schießapparat zum Abtöten von Eiteilen mit feinen Glasnadeln hat CHABRY konstruiert. Die CHABRYsche Methode gestattet, nach ihrem ursprünglichen Erfinder und nach Fr. KOPSCH, den abzutötenden Eiteil sicherer zu erreichen und den Grad der Zerstörung genauer zu bemessen, als dies mit der ursprünglichen Methode ROUX' der Fall ist, und ist dieser dadurch überlegen. Der Apparat ist zunächst nur auf kleine Eier, etwa von der Größenordnung der Seeigeleier, berechnet. Versuche, ihn auf Eier von der Größe der Amphibieneier anzuwenden, sind mir nicht bekannt.

Ich beschreibe ausführlich nur die von KOPSCH angegebene Modifikation des Apparates. Angabe der Unterschiede siehe unten.

(Der Apparat wird von der Firma E. Leitz, Berlin NW., angefertigt.)

Die wesentlichen Teile des Apparates (Fig. 9) sind:

1. Eine Glascapillare, welche einen langen und einen rechtwinklig dazu gebogenen kurzen Schenkel hat. Die Capillare ist in gebrauchsfertigem Zustande ganz mit Wasser gefüllt und am kurzen Schenkel mit Klebwachs verschlossen. In einiger Entfernung vom offenen Ende des langen Schenkels befindet sich das zu operierende Ei. Die Capillare wird von einer Feder festgehalten, ihr kurzer Schenkel ruht lose zwischen den Hebeln *B* und *T* der unten zu beschreibenden Drehvorrichtung.

2. Eine Glasnadel mit feiner Spitze. Die Achse der Nadel fällt mit der der Capillare zusammen. Die Nadel bewegt sich gleitend in einer kurzen mit Seewasser gefüllten Capillare, die von einer gleichen Klemme wie die große Capillare festgehalten wird. Die Nadel wird an ihrem stumpfen Ende nahe dem einen Ende des gleichnamigen Hebels *U* befestigt. Der Arm *G* drückt sie gegen diesen mittelst einer auf der Figur nicht sichtbaren Feder.

Capillare und Nadel ruhen auf einer starken Glasplatte. An deren einer Längsseite ist eine starke Metallschiene befestigt, welche den beiden die große und die kurze Capillare an die Glasplatte drückenden Federn *KK* sowie der Drehvorrichtung links und dem Schießapparat rechts als Träger dient.

Die Drehvorrichtung dient dazu, mit der Capillare das in ihr enthaltene Ei so zu drehen, daß die abzutötende Blastomere vor die Spitze der Nadel zu liegen kommt. Die Nadel ist nicht drehbar. Die Drehvorrichtung befindet sich an dem kurzen Arm der Messingschiene *A*. Ihre Achse fällt mit der Hauptachse des Apparates, d. h. der Achse von Capillare und Nadel zusammen. Sie trägt eine größere Scheibe *S* und eine kleinere *s*. An der kleineren ist excentrisch der Stab *T* befestigt, welcher einen kürzeren Parallelstab *B* trägt, der mittelst eines Querstücks an ihm entlang verschiebbar ist. Zwischen beiden Stäben ruht der kurze Schenkel der Capillare. Er muß daher der Drehung der Scheibe in beiderlei Sinne folgen. Die Verschieblichkeit des kurzen Stabes macht Capillaren von 5—10 *cm* verwendbar. Der Umfang der großen Scheibe *S* ist in 100 gleiche Teile geteilt. (Jeder Teil = 3,6°.)

Die Schießvorrichtung weist einen gleicharmigen Metallhebel auf, welcher um die senkrechte Achse *N* drehbar ist. An dem einen Arm ist bei *E* in schon beschriebener Weise die Nadel befestigt. Der andere kann durch die Feder *F* vorgeschnellt werden. Die Feder wird in gespanntem Zustande durch einen Zahn *Z* festgehalten, der sich auf einer starken, nach abwärts drückbaren Zunge *L* befindet. Wird durch Herabdrücken der Zunge die Feder befreit, so treibt sie den Arm *R* nach rechts, also den Arm *U* und damit die Nadel nach links und in das Ei hinein. Das äußerste Ende des Hebels *R* schlägt gegen eine Schraubenmutter, durch deren Stellung die Exkursionsweite des Hebels und damit der

Nadelspitze bestimmt wird. Jeder Teilstrich der Schraubenmutter entspricht einer Verschiebung derselben auf ihrer Achse um 5 μ.

Bei entspannter Feder hält diese den Hebelarm *R* dauernd gegen die Schraubenmutter angedrückt. Der Hebel und damit die Nadelspitze folgt dann der Bewegung der Mutter in beiden Richtungen.

Fig. 9.

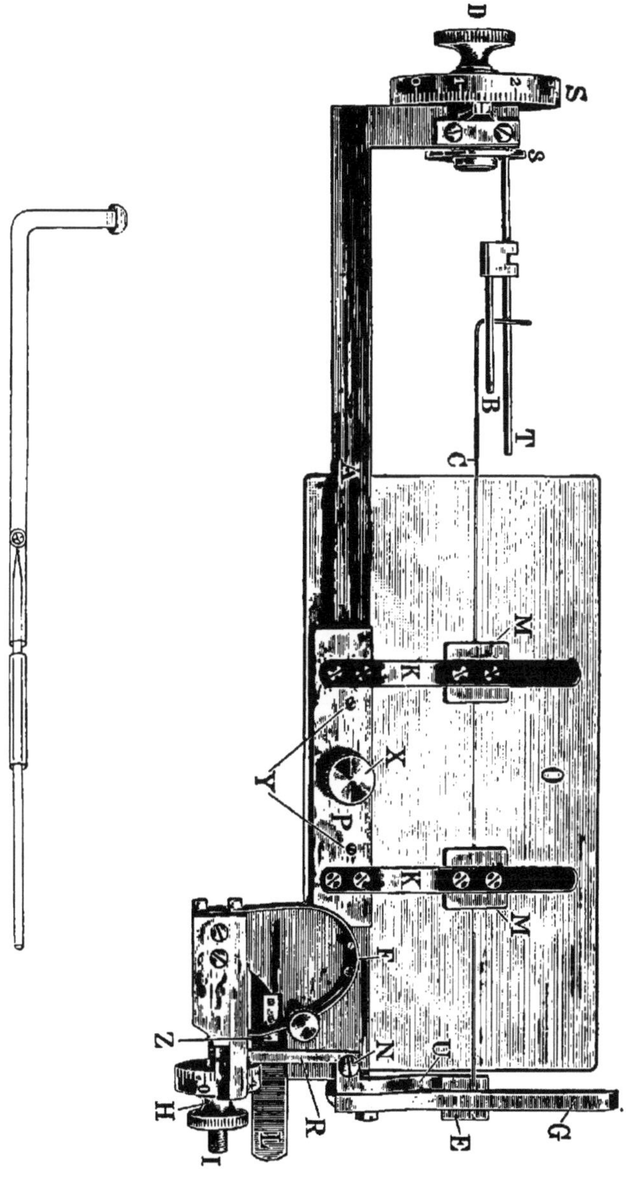

Die Exkursion des Hebels *U* nach links ist durch die Seitenwand der Glasplatte begrenzt.

Herstellung der Glascapillaren und Glasnadeln. Zur Herstellung der Capillaren dürfen keine streifigen Röhren genommen werden. Um ein möglichst gleichmäßiges Lumen zu erhalten, nimmt man von einem langen ausgezogenen Capillarrohr nur den mittleren Teil. Die Eier sollen mit leichter Reibung in der Röhre liegen, danach ist die mit der Größe der Eier wechselnde Weite der Capillaren zu bemessen.

Die Capillaren müssen ebenso wie die durch Ausziehen von Glasstäben herzustellenden Glasnadeln zuerst mit bloßem Auge geordnet und dann mit Mikrometer und Mikroskop gemessen werden.

Zur Herstellung feiner Spitzen empfiehlt Korsch folgendes Verfahren: „Man nehme in eine Hand einen Glasstab und erwärme das eine Ende in einer Bunsenlampe bis zu schwacher Rotglut. Sobald dies erreicht ist, wird das glühende zur Hälfte aus der Flamme genommen, die andere Hälfte bleibt in den Randteilen der Flamme, um eine zu schnelle Abkühlung zu vermeiden. Dann nähert die andere Hand das eine Ende des Glasfadens dem glühenden Ende, berührt dasselbe und zieht den Glasfaden mit schneller gerader Bewegung wieder zurück. Dadurch entsteht eine Spitze von äußerster Spitzigkeit. Der Charakter der Spitze hängt ab von der Hitze des Glasstabes, der Länge der Berührung und der Schnelligkeit des Abziehens.“ Die Spitzen müssen unter dem Mikroskop untersucht und die für den jeweiligen Zweck geeigneten ausgesucht werden.

Zur Aufbewahrung werden die Nadeln mit dem stumpfen Ende in ein Gefäß mit Sand gesteckt oder in Glascapillaren oder auf einen paarigen Bock aus Papier gelagert (Korsch).

Ausführung der Operation.

1. Die Glasnadel „wird mit dem nicht zugespitzten Ende voran in eine mit Seewasser gefüllte Capillare von 2 *cm* Länge gesteckt, welche nach dem Aufrichten des Armes *G* und Aufheben der rechten Klammer *K* unter die Rille des Stückes *M* der rechten Klammer gelegt wird“. Die Spitze der Glasnadel sieht nach links und soll im Innern der Capillare vor dem Abbrechen geschützt sein, „während das rechte Ende auf der Platte *E* liegt und dort nach vorsichtigem Herablassen des Armes *G* befestigt wird.

2. „Mit der Pipette werden einige Eier in den Hohlschliff des Objektträgers gebracht; ein passendes von ihnen wird unter dem Mikroskop ausgesucht. Dann nimmt man die Capillare zur Hand und taucht den längeren Schenkel in das Wasser, in welchem sich die Eier befinden. Die Flüssigkeit steigt durch Capillarität auf. Die Schnelligkeit des Aufsteigens kann man durch senkrechte Stellung der Capillare etwas vermindern, durch schiefe Lage etwas beschleunigen. Sobald die Wassersäule nahezu das Knie der Capillare erreicht hat, wird die Öffnung der Capillare in die Nähe des Eies gebracht, welches durch den Wasserstrom mitgerissen in das Lumen derselben gelangt. Vorbedingung zum guten Gelingen ist, daß die Mündung der Capillare glatt abgebrochen ist. Man läßt das Wasser solange eindringen, bis auch der kurze Schenkel der Röhre ganz gefüllt ist. Die Öffnung desselben wird alsdann mit Klebewachs fest verschlossen. Nun sieht man zu, wie weit entfernt das Ei von der Mündung des langen Schenkels der Capillare liegt. Die Entfernung darf in maximo 20 *mm* nicht überschreiten. Daß Maß ist gegeben durch die Entfernung der Objektklammern voneinander. Man wählt aber mit Vorteil eine geringere Entfernung, ungefähr 10 *mm*. Sobald also das Ei mehr als 10 *mm* von der Öffnung des langen Schenkels entfernt ist, bricht man unter Wasser das Zuviel ab. Die Capillare kann durch das Abbrechen bis auf 5 *cm* verkürzt werden, der Apparat erlaubt seiner Einrichtung nach die Anwendung von 5—10 *cm* langen Capillaren. Ist die Capillare nunmehr fertiggestellt, so wird sie genau in derselben Weise wie die Capillare, welche die Glasnadel enthält, unter die linke Klammer gebracht, wobei hier nur darauf zu achten ist, daß der kurze Schenkel zwischen die beiden Stäbe *T* und *B* gelangt.

Nunmehr wird der Arm *G* wieder gehoben, die Feder *F* entspannt, die mit dem Ei beschickte Capillare und die mit der Glasnadel versehene Capillare bis zur Berührung genähert, ein Deckglas auf beide gelegt, unter dasselbe ein Tropfen Seewasser getan und unter dem Mikroskop die Glasnadel in die mit dem Ei beschickte Capillare eingeführt. Nun sucht man durch Drehung der Capillare die Zelle, welche abgetötet werden soll, vor die Spitze der Nadel zu bekommen. Muß dazu das Ei in einer anderen Richtung gedreht werden, als es durch die Drehvorrichtung geschehen kann, so genügen leichte Stöße der Glasnadel an die Eihülle. (Daß dabei eine Nadel mit etwas excentrischer Spitze bessere Dienste leistet als eine genaue, centrische, dürfte einleuchten.) Sobald die betreffende Blastomere günstig liegt, wird die Spitze der Glasnadel dicht an dieselbe herangeführt, der Arm *G* gesenkt und durch Drehen der Schraube *H* die Nadelspitze der Blastomere noch näher gebracht, wobei die Eihülle von der Nadel vorgeschoben wird. Dann wird die Feder *F* gespannt, die Schraube *H* um eine entsprechende Zahl von Teilstrichen nach derselben Richtung wie vorher bei Annäherung der Nadelspitze an die Blastomere gedreht, der Abzug *L* nach unten gedrückt.

Die Feder *F* schnellt gegen den Hebelarm *R* und drückt ihn fest an die Mutter *H* an, dadurch wird der Hebelarm *U* nach links und damit die Glasnadelspitze vorwärts getrieben und entweder durch die ganze Blastomere durchgestochen oder nur eingestochen.* Es kommt auch vor, daß die Nadelspitze nicht weit genug vorschnellt, dann kann man denselben Vorgang noch einmal wiederholen.

---

* Natürlich ist darauf zu achten, daß der Arm *U* nicht an die Glasplatte anschlägt. Gibt man ihm eine mit der Glaskante parallele Lage, so ist genügend Platz.

Nach erfolgreicher Operation wird der Arm *G* etwas gehoben, die Glasnadel in ihre Scheide zurückgezogen, die Capillare, welche das Ei enthält, vom Apparat genommen, der kurze Schenkel abgebrochen und das operierte Ei in ein Glasschälchen geblasen."

Die ursprüngliche Form des CHABRYschen Apparates unterscheidet sich von der obigen hauptsächlich dadurch, daß nur die Schießnadel und die Capillare samt Drehvorrichtung an der Glasplatte selbst angebracht ist. Die Feder zum Schießen sowie die Hemmungsvorrichtung für die Bewegung des Schießhebels sind am Stativ des Mikroskops befestigt. Die übrigen Unterschiede sind nicht wesentlich.

Ich kenne den Apparat durch eigenen Gebrauch nur in der Modifikation von KOPSCH. Mit dieser habe ich zahlreiche Operationen an Cionaciern ausgeführt.

Um mit diesem, welcher sicher arbeitet, auch eine gewisse Geschicklichkeit im Arbeiten zu erreichen, ist eine große Übung erforderlich. Da man die Tiefe, auf welche die Nadel in den zu bohrenden Eiteil eindringen soll, genau in der Hand hat, so läßt sich in der Tat die Größe der Verletzung sehr gut bemessen. Falls es darauf ankam, eine der beiden ersten Blastomeren oder eine, zwei oder drei der ersten vier abzutrennen, kommt man mit dem Apparat zurecht. Diejenige Blastomere, deren Abtötung gewünscht wird, genau der Nadel gegenüber zu bringen, ist beim Zweizellenstadium einfach, beim Vierzellenstadium ist es meistens zu erreichen, beim Achtzellenstadium jedoch gelang mir die Erreichung des Zieles, welches ich mir vorgesetzt hatte, nämlich entweder die 4 animalen oder die 4 vegetativen Zellen abzutrennen, nicht exakt. Entweder blieben mir 3 oder 2 der 4 Zellen übrig oder es gelang überhaupt nicht, sämtliche 4 Zellen der einen Hälfte zu erreichen.

Dagegen gelingt es, wenn man mit einem feinen Skalpell (aus einer Nadel hergestellt) bei schwacher Vergrößerung arbeitet, zuweilen mit einem glücklich geratenen Schnitt, diese Trennung zu bewerkstelligen. Was also die Erreichung des Zieles überhaupt betrifft, so ist dieses für die Abtötung einzelner Blastomeren bis zum Achtzellenstadium auch mit der einfachen und rascher zu handhabenden Lanzette zu erreichen. Die exakte Beherrschung der Tiefe, bis zu welcher die Nadel vordringt, ist aber bei dem Apparat größer und die Verletzung der Eihüllen geringer. Auch kann man nach einiger Übung in einer Sitzung eine große Anzahl Eier operieren, falls man nur das Zwei- oder Vierzellenstadium im Auge hat.

Anders wird sich die Sache stellen, wenn man darauf ausgeht, bestimmte kleine Bezirke an der Blastula oder auf noch späteren Stadien zu treffen. Dann dürfte der CHABRYsche Apparat mehr als die Lanzette leisten. Jedoch habe ich hierüber keine eigenen Erfahrungen.

Beim Arbeiten mit der Lanzette gehen gelegentlich mehr Eier verloren, der Verlust wird aber dadurch, daß man rascher arbeitet, ausgeglichen.

Literatur: BARFURTH (Anat. Hefte, Bd. 3, 1893), CHABRY (Journ. de l'Anat., Jg. 23, 1887), ENDRES & WALTER (Arch. Entw.-Mech., Bd. 2, 1895), FIEDLER (Festschr. Kölliker, Zürich, 1891), HERTWIG (Arch. Mikr. Anat., Bd. 42, 1893), KOPSCH (Int. Mon. Anat. Physiol, Bd. 17, 1900), MITSUKURI (Anat. Anz., Bd. 10, 1895), MORGAN (Anat. Anz., Bd. 7 und 10, 1893 und 1895), ROUX (Anat. Anz., Bd. 9, 1894), ZOJA (Arch. Entw.-Mech., Bd. 1 und 2, 1895/96).

c) Abtötung durch den elektrischen Strom.

1. Der elektrische Strom ist zuerst von O. HERTWIG zur Abtötung einer der zwei ersten Blastomeren von Rana fusca verwendet worden.

2. SAMASSA verwendet bei Rana folgendes Verfahren (pag. 372): „In den primären Kreis eines DU BOISschen Schlitteninduktionsapparates wird ein kleines Trockenelement und ein Stromunterbrecher eingeschaltet. Der eine Pol des sekundären Kreises wird an die Wasserleitung angeschlossen, um den Strom zur Erde abzuleiten, der andere Pol mit einer Kupferplatte leitend verbunden, die auf die Rückseite eines Tellers aufgekittet ist. Man nimmt nun eine größere Portion Laich, in dem die Eier das achtzellige Stadium eben erreicht haben; es ist dies notwendig, um dem Strom eine möglichst große Eintrittsfläche zu gewähren. Hierauf berührt man mit einer Nadel, die in ihrer unteren Hälfte mit Ausnahme der Spitze mit Lack isoliert ist und im nichtisolierten Teil mit der Hand leitend gehalten wird, die Zelle, die man töten will, und unterbricht einige Male den primären Strom. Ich habe nach verschiedenen Versuchen Rollenabstände von 14—20 *cm* verwendet; ich habe es aber nicht erreichen können, jedesmal mit Sicherheit die gewünschten Zellen zu töten." Fast immer wird entweder das ganze Ei getötet oder einige der zu tötenden Zellen bleiben lebend.

Die Gefäßanlage des Hühnerembryo haben HAHN (im Laboratorium von RÜCKERT) und GRÄPER zum Gegenstande experimenteller Eingriffe gemacht. GRÄPER zerstörte den ganzen Keimwall einer Seite, um die Bildung der einen Seite des Gefäßsystemes zu unterdrücken. Sein Verfahren ist folgendes:

„Ein dünner Platindraht wurde zu einer Schleife gebogen, deren Krümmung ungefähr der des Randes der unbebrüteten Keimscheibe entsprach. Diese Schlinge, in passender Fassung, wurde unter Vorschaltung eines Schlüssels und eines Flüssigkeitswiderstandes an die Starkstromleitung angeschlossen. Der Strom wurde so stark gewählt, daß der Draht, wenn man ihn an der Luft zum Glühen gebracht hätte, gerade noch durchgebrannt wäre." In die Eischale wird ein Loch von 7—10 *mm* Durchmesser gebrochen. Die Glühschlinge wird an den unteren und seitlichen Rand der Keimscheibe gebracht und der Strom auf kurze Zeit geschlossen. Das Verschließen der Öffnung geschieht mit Schalenstückchen eines anderen Eies nach Peebles oder es wurde auch mit Erfolg das Gerlachsche Embryoskop verwendet.

Verfasser fand den Embryo durchaus nicht immer in typischer Lage vor. Seine Längsachse bildete oft einen atypischen Winkel mit der des Eies. Manchmal lag es umgekehrt, links von ihm der spitze, rechts der stumpfe Pol des Eies.

Die Brandoperation wurde am seitlichen hinteren Rande der Area pellucida ausgeführt und die Eier dann noch etwa 36 Stunden bebrütet. „Bei diesen Versuchen machte sich der Umstand störend bemerkbar, daß die Dotterhaut oft verletzt wurde und der austretende Dotter die Embryonalanlage zerriß, ganz abgesehen davon, daß solche Löcher die Konservierung äußerst erschweren. Um diesem Nachteile aus dem Wege zu gehen, wurde die Schädigung durch Auflegen von mit Paraffin überzogenen Kupferdrahtstückchen bewirkt. Besser als diese wirkten noch kleine galvanische Elemente. (Es wurde ein 12 *mm* langes Stück Eisendraht mit einem ebenso langen Stück Kupferdraht parallel zusammengelegt, an einem Ende verlötet und diese Lötstelle lackiert.) Diese kleinen Elemente wurden so aufgelegt, daß das Kupfer nach dem Embryo zu lag. Die Schädigung war intensiv und scharf begrenzt. Ein Nachteil war nur die große Verschieblichkeit und später das leichte Festkleben der aufgelegten Drähte auf der Dotterhaut und der Keimscheibe. Auch mit dieser Methode wurden günstige Resultate erzielt. Noch besser bewährte sich folgende Methode. Die Enden der sekundären Spule eines kleinen Induktionsapparates wurden mit zwei Elektroden verbunden. Die indifferente Elektrode bestand aus einem Messingblechstreifen 10 × 60 *mm*, der halbkreisförmig gebogen, in das Ei unter den Dotter geschoben werden konnte. Die differente Elektrode war ein mit einer Platinspitze versehener Draht, der zur besseren Handhabung durch eine ausgezogene Glasröhre geschoben und mit Paraffin umgossen war. Nach einigen Versuchen ergab es sich, daß es nicht nötig war, die indifferente Elektrode in das Ei einzuschieben, sondern es genügte, sie in ein Gefäß mit Kochsalzlösung zu legen und das Ei in diese zu tauchen. Die differente Elektrode wurde bei der Operation in langsamem Striche über die zu schädigende Stelle geführt.

Die besten Wirkungen aber bekam ich, wenn ich diese beiden Elektroden statt an einen Induktionsapparat direkt an die Starkstromleitung unter Vorschaltung einer Glühlampe anlegte.

Bei allen oben beschriebenen Methoden wurde zwar nicht aseptisch, aber doch möglichst reinlich gearbeitet, so daß Verluste, durch Bacterien verursacht, so gut wie nicht vorkamen. Wichtig für die Bebrütung der operierten Eier ist nur, daß sie, wenn es die Operationsmethode erlaubt, von Zeit zu Zeit gewendet werden. Dann vertrocknet die Keimscheibe nie und klebt auch nicht an den Rändern des in die Eischale gebrochenen Fensters an."

Rabaud verfährt bei Öffnung und Verschluß zu operierender Hühnereier folgendermaßen:

Die Eier werden durch zwei Sägeschnitte von $1/2$ *cm* Länge, die sich rechtwinklig kreuzen, geöffnet. Dazu dienen feine Laubsägen, welche am besten in einer schweren Fassung verwendet werden. Ein Stückchen Schale, nicht größer als 2—3 *mm* im Durchmesser, wird mit einer Pinzette oder der Spitze eines Skalpells abgehoben. Nachdem durch die kleine Öffnung die Lage des Embryos festgestellt ist, öffnet man weiter oder geht an einer geeigneten Stelle ein. Der Embryo befindet sich keineswegs immer entsprechend dem höchsten Punkte des Eies, er liegt oft weit entfernt davon.

Das Gerlachsche Embryoskop ist nach ihm im ganzen wenig praktisch. Dagegen verwendet er die Gerlachsche Kittmasse (s. Embryoskop). Es wird mit ihr ein Kittwall um die Öffnung gezogen, auf den ein erwärmtes Deckglas gedeckt wird. Etwaige gebliebene Öffnungen verschließt man nachträglich mittelst eines erwärmten Instrumentes durch Verstreichen.

Bei sorgfältig ausgeführter Operation braucht kein Tropfen Eiweiß verloren zu gehen und man hat daher nicht nötig, das Weiße eines zweiten Eies zum Auffüllen zu verwenden.

Eigentlich aseptisch braucht man nicht zu verfahren, besonders wenn das Ei nur noch einige Tage bebrütet werden soll.

Literatur: Gräper (Arch. Entw.-Mech., Bd. 24, 1907), Hertwig (Arch. Mikr. Anat., Bd. 42, 1893), Rabaud (Arch. Entw.-Mech., Bd. 26, 1908), Samassa (Arch. Entw.-Mech., Bd. 2, 1895), Schaper (Anat. Anz., Bd. 22, 1903. Injektion von Carminpulversuspension in den oberen Teil der Dotterkugel, zum Beweis der Fähigkeit des fertigen Dottersackepithels, geformte Elemente in sich aufzunehmen).

Mc Clendon hat auf mechanische Weise die erste Polspindel von Seeigeleiern entfernt. Er möge sein Verfahren selbst berichten:

„For removal of the Chromatin the apparatus described and figured in a former paper (Mc Clendon 07) was used, with the exception, that an improved „mechanical hand", figured in a paper in press (Mc Clendon 08) replaced the old device for holding and moving the capillary pipette used in sucking the chromatin out of the egg. This apparatus consists of a Zeiss binocular microscope, obj. a 3, oc. 4, with Greenough stand, having the „mechanical hand" clamped to the right side of the stage. In the mechanical hand is held the capillare pipette connected by a rubber tube to the mouth of the operator. The three milled heads of the mechanical hand are close together, in a row, on the right hand side of the stage and may be so turned by the fingers of the right hand as to move the point of the pipette in the field of the microscope in any direction."

Die zu operierenden Eier werden etwa 5 *mm* tief in Seewasser in ein kleines Uhrglas gebracht, welches auf einem Objektträger auf dem Gestell des Mikroskops ruht. Dabei ist darauf zu achten, daß die Eier nicht nahe beieinander liegen. Durch Verschieben des Objektträgers und Drehen des Uhrglases mit der linken Hand wird jedes Ei in eine für die Operation geeignete Stellung gebracht.

Die Capillarpipette, welche sukzessiv erhitzt und ausgezogen wird, bis sie genügend fein ist, wird in das Wasser getaucht und über die Eier gebracht. Sobald das durch Capillarität in die Pipette eindringende Wasser nicht mehr ansteigt, wird die Mündung der Pipette unmittelbar über den sich bildenden Polkörper eines Eies gebracht (Fig. 10). Das

Fig. 10.

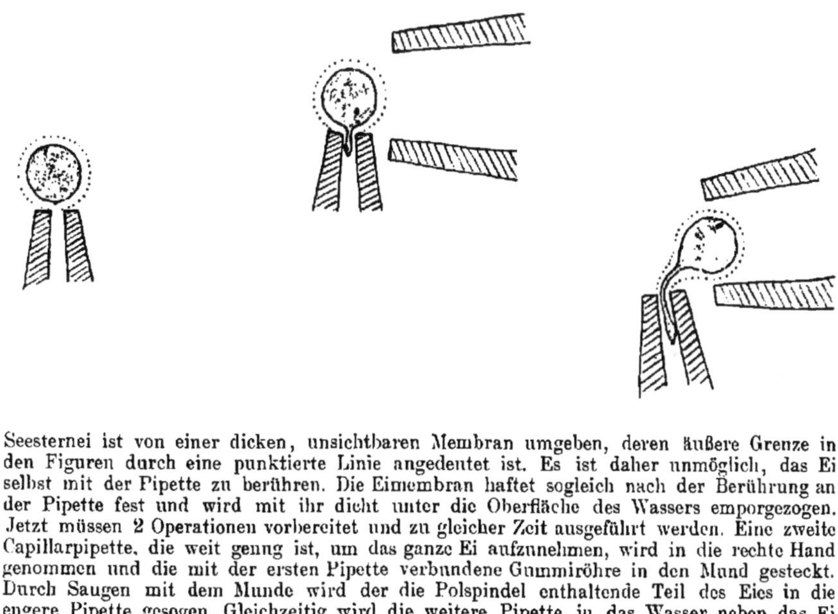

Seesternei ist von einer dicken, unsichtbaren Membran umgeben, deren äußere Grenze in den Figuren durch eine punktierte Linie angedeutet ist. Es ist daher unmöglich, das Ei selbst mit der Pipette zu berühren. Die Eimembran haftet sogleich nach der Berührung an der Pipette fest und wird mit ihr dicht unter die Oberfläche des Wassers emporgezogen. Jetzt müssen 2 Operationen vorbereitet und zu gleicher Zeit ausgeführt werden. Eine zweite Capillarpipette, die weit genug ist, um das ganze Ei aufzunehmen, wird in die rechte Hand genommen und die mit der ersten Pipette verbundene Gummiröhre in den Mund gesteckt. Durch Saugen mit dem Munde wird der die Polspindel enthaltende Teil des Eies in die engere Pipette gesogen. Gleichzeitig wird die weitere Pipette in das Wasser neben das Ei gebracht (Fig. 10). Das Ei wird sogleich durch den Capillarstrom in die weitere Pipette mitgerissen. Der in die feine und der in die grobe Pipette gelangte Teil des Eies werden dadurch auseinandergezogen und sind nur noch durch einen dünnen Faden miteinander in Verbindung, welcher sogleich in der Mitte durchreißt.

Die weitere Pipette wird daraufhin geprüft, ob sie nur ein Ei enthält und dieses Ei wird in ein Uhrglas mit Seewasser ausgeblasen. Bei sorgfältigem Verfahren wird das Ei durch die Entfernung der Polspindel nur um einen geringen Bruchteil verkleinert.

Die operierten Eier kommen dann auf 5 Minuten in kohlensäurehaltiges Seewasser, und um ihr weiteres Verhalten zu beobachten, in gewöhnliches Seewasser.

Literatur: Mc Clendon (Arch. Entw.-Mech., Bd. 26, 1908 [Asterias Forbesii]). Die übrigen, die nähere Beschreibung der Vorrichtungen enthaltenden Arbeiten waren mir nicht zugänglich. Mc Clendon (Journ. of Exp. Zool. 1908), derselbe (Biol. Bull., Bd. 12, 1907).

B. Methoden zur Beobachtung von Gestaltsveränderungen und Materialumordnungen, sowie von topographischen Beziehungen überhaupt.

I. Immobilisierung* lebender Eier.

a) MORGAN und BORING

wendeten zur Immobilisierung des Froscheies ein direktes Feststecken mit Nadeln an.

Jedes Ei liegt in einem kleinen Uhrglas, welches am Boden einen Paraffinüberzug besitzt. Sehr feine Nadeln wurden durch den Dotter in das Paraffin gesteckt und dadurch das Ei ohne Kompression in seiner Lage erhalten. Feine Glasnadeln erwiesen sich als weniger geeignet. Die Stellung der ersten Furche wird auf dem Paraffin markiert. Ebenso das Centrum des grauen Halbrandes.

b) „Plattenzwangslage" (O. SCHULTZE).

Die exakteste Methode zur Immobilisierung ist die Kompression zwischen Glasplatten. Diese Methode ist unter *D* 1 für Amphibien und für Seeigeleier beschrieben.

Die Beschreibung der besonders zum Zweck der Kompression konstruierten Apparate, des Kompressoriums von ZIEGLER etc., s. im Artikel: Lebendes Objekt, Beobachtung desselben.

c) PFLÜGERsche Zwangslage.

Für alle Amphibieneier mit quellbarer Gallerthülle, soweit sie künstliche Befruchtung gestatten, ist die PFLÜGERsche Zwangslage anwendbar. Die Methode ist von PFLÜGER in erster Linie für R. esculenta angegeben.

Das aus dem Uterus entnommene Ei wird trocken auf eine Uhrschale gesetzt und ein nicht zu großer Tropfen Samen zugesetzt, oder das Ei wird in einige Tropfen schon vorher in das Schälchen gebrachter Samenflüssigkeit gelegt. In beiden Fällen wird die überschüssige Flüssigkeit nach einigen Sekunden abgegossen. Das Ei haftet jetzt mit der Hülle fest am Glase. Diese kann außerdem nicht weiter quellen und liegt daher dem Ei ringsum mit Reibung an. Hierdurch wird die Fixierung bewirkt.

Zu der Art der Fixierung muß bemerkt werden, daß nach Untersuchungen von BORN auch bei strengster Fixierung, also geringster Quellung der Hülle nur die äußeren Rindenschichten fixiert bleiben, während im Innern des Eies die Substanzen an der Rindenschicht und unter sich verschieblich bleiben. Wird daher das Ei, dessen schwerere dotterreiche Hälfte normalerweise nach unten gerichtet ist, umgekehrt gelagert, so tritt im Innern ein langsames Zurückfließen des schweren Dotters ein, verbunden mit einem Aufsteigen des leichteren protoplasmatischen Anteils des Eies. Dieses Fließen dauert an, bis wieder ein den verschiedenen spezifischen Gewichten entsprechender Gleichgewichtszustand erreicht ist.

O. SCHULTZE gibt für die PFLÜGERsche Zwangslage eine eingehende Anweisung. Diese bezweckt, eine größere Anzahl Eier gleichzeitig auf möglichst genau demselben Entwicklungsstadium und unter demselben Grade von Zwangslage zu erhalten.

„Man setzt die mit einer trockenen feinen Lanzette oder mit fein zugespitzter Pinzette aus dem Uterus genommenen Eier einzeln auf trockene Glasplatten in der gewünschten Lage auf, legt die Platte mit den Eiern auf einen großen Teller und läßt aus einem Zerstäubungsapparat so lange einen feinen Wasserregen über die Platte gehen, bis nach einigen Sekunden diese mit einer gleichmäßigen Wasserschicht bedeckt ist." Die Platte wird „jetzt in die bereit stehende Schale mit Samenwasser hineingelegt". Der Grad der Quellung ist verschieden je nach dem Verweilen im Samenwasser. „Um bestimmte Resultate zu erhalten . . . . kommt es . . . . auf genaues Einhalten der Zeit nach einzelnen Minuten an. Vor dem Übertragen in die feuchte Kammer läßt man ca. eine Minute lang das Wasser von der auf Fließpapier auf die Kante gestellten Platte ablaufen. Die Erfahrung lehrt, daß für alle Eier gültige Angaben, die immer zu den gleichen Resultaten führen, auf die Minute genau nicht möglich sind." Grund dafür sind individuelle Verschiedenheiten.

---

* Statt Immobilisierung wird auch Fixierung gesagt. Da man mit Fixierung in der biologischen Technik etwas ganz anderes bezeichnet, ziehe ich den ersten Ausdruck vor.

Während bei Anwendung der PFLÜGERschen Zwangslage die Anwesenheit der Gallerthülle des Froscheies eine zweckmäßige Ausnutzung erfährt, ist sie im übrigen vielfach ein Hindernis für das Operieren an den Eiern.

Ich möchte daher die Aufmerksamkeit auf die übrigens bekannte Tatsache lenken, daß die Froscheier nach dem Austritt aus dem Ovar durch die Bauchhöhle in den Eileiter überwandern. Auf diesem Wege sind sie ohne die Hülle zu erlangen.

Ich habe diesen Umstand benutzt, um das Gewicht des einzelnen Froscheies, sowie seinen Wasser- und Trockengehalt festzustellen, was an den mit Hüllen versehenen Eiern nicht mehr direkt möglich ist. Zweifellos bilden die Eier in diesem Zustande auch für eigentlich experimentelle Zwecke ein günstiges Objekt.

Zur Fixierung von Forelleneiern verwendet RAUBER aus Kupferdraht hergestellte und darauf versilberte Klemmen. In ihrer Form entsprachen letztere den „Serres fines der Chirurgen; doch ist ihre Federung eine sehr zarte und ihre beiden Arme laufen in einen passend großen Ring aus. Beide Ringe, deren Durchmesser etwas kleiner ist als der Eidurchmesser, liegen in parallelen Ebenen und umgreifen federnd das Ei, ähnlich einer kleinen geburtshilflichen Zange. Hat man ein Ei damit gefaßt, so kann ihm jede Stellung im Brutwasser gegeben werden."

Literatur: ROUX (Arch. Mikr. Anat., Bd. 24, 1884), PFLÜGER (Arch. Ges. Physiol., Bd. 31, 32 und 34, 1883 und 1884), RAUBER (Sitzber. Naturf. Ges. Leipzig, 1884), SCHULTZE (Arch. Mikr. Anat., Bd. 55, 1900).

II. Anbringung von Marken.

1. Zum Studium von Materialverlagerungen, besonders während der Gastrulation und bis zur Bildung der Medullarwülste bedient sich ROUX beim Frosch der oben beschriebenen Anstichmethode (pag. 371). Da hierbei sehr ausgedehnte Defekte zu abnormen Umlagerungen führen müssen, so wird man die heiße Nadel nur ganz kurze Zeit im Ei verweilen lassen, oder sich der kalten Nadel bedienen.

2. Bei Hühnerembryonen haben FOL, ASSHETON, KOPSCH, PEEBLES Markierungsoperationen an oder in der Nähe des Primitivstreifens ausgeführt und beschrieben.

FOL hat zur Ermittlung der Reihenfolge, in der die Urwirbel sich anlegen, nach Ausschneiden eines Stückes der Schale mit Hilfe eines „thermocautère effilé" zu beiden Seiten der ersten Somiten eine Brandmarke angebracht. „L'œuf ayant été refermé avec soin et remis en incubation pendant encore 48 heures, il en résulta un embryon à peu près normal . . . ."

Für die Methode ASSHETONS zitiere ich die kurze Beschreibung des Autors. „The egg was first of all opened at one side, and a bristle inserted into the yolk at some distance away from the blastoderm, to mark its anterior and posterior axis.

The yolk, with its surrounding albumen, was then turned out into a glass vessel having a rather greater capacity than that of an ordinary egg shell.

The yolk was arranged so that the blastoderm floated uppermost, and a wire or celluloid ring was placed over it to prevent the yolk from floating to the surface.

A fine sable hair was then inserted in the blastoderm, and its position measured by a micrometer eye-piece and recorded in tenths of a millimetre. The vessel was filled up with albumen and covered with a glass lid, and placed in the incubator at a temperature of 104° F."

Die Eier entwickeln sich langsamer als normale, erreichen jedoch nach 48 Stunden ein Stadium entsprechend einem normalen, 30—36 Stunden bebrüteten, mit 9—10 Somitenpaaren.

KOPSCH (98) operiert am Primitivstreifen „vermittelst des elektrischen Stromes an bestimmten Stellen verschieden alter Keimscheiben (12—24 Stunden bei 39° C Innentemperatur des Brutapparates bebrütet). Zur Vornahme der Operation wurde ein Loch von 10—15 *mm* Durchmesser in die Eischale gemacht, welches nach der Operation vermittelst eines Deckglases und eines Wachsringes verschlossen wurde. Die Embryonen entwickelten sich bis zum 3. Tage . . . . . wie uneröffnete Kontrolleier". Länger wurden sie nicht bebrütet.

Dasselbe Verfahren hat KOPSCH auch bei Scylliumeiern angewendet, jedoch noch keine genaueren Angaben über die Methode gemacht. Ebensowenig haben dies RÜCKERT und KATSCHENKO getan.

PEEBLES macht die Verletzung mit einer heißen oder kalten Nadel oder führt nach ASSHETONS Vorgang ein tierisches Haar (sable hair) in das Blastoderm ein, dessen spätere Lage dann beobachtet wird. Zum Verschließen der Eier wird als beste folgende Methode beschrieben. Ein kleines Schalenstück mit anhaftendem Häutchen, welches ein wenig größer ist als die Öffnung, wird auf diese gelegt. Die Ränder dieses Deckels werden mit Streifen noch feuchten Eihäutchens (Membrane) bedeckt. Diese trocknen in einigen Minuten und verschließen das Ei dicht.

3. Bei Ctenolabrus- und Serranuseiern bringt MORGAN die Marken (speziell zur Bezeichnung der Richtung der ersten Furche) auf der Eihülle an.

Die Eier werden aus dem Wasser genommen und abgetrocknet. Dann wird eine mit fein zerteiltem Carmin bedeckte Nadel horizontal in der gewünschten Richtung über die Eier herübergezogen. Diese kommen dann wieder in das Wasser zurück und diejenigen Eier, an denen genügend Farbenteile haften bleiben, werden ausgesucht.

Die Methode ist nur bei Eiern anwendbar, welche sich gar nicht oder nur bei sehr roher Behandlung in den Hüllen drehen oder verschieben. Die Eier der genannten beiden Teleostierarten sind nach MORGAN genügend unverschieblich.

4. Falls die zu beobachtenden Eier auf einer Unterlage aufliegen, lassen sich die embryonalen Richtungen auch auf dieser markieren.

PFLÜGER markierte bei Eiern von R. esculenta, welche in PFLÜGERscher Zwangslage (s. pag. 378) gehalten waren, die Richtung der ersten Furche auf dem Uhrglase durch zwei in der Verlängerung der Furchungsebene gezogene Diamantstriche.

Solche Markierungen sind aber nur zulässig, wenn für eine hinreichende Fixierung der Eier gesorgt ist.

Dieses Verfahren leitet dazu über, die Lage der Organe jedesmal auf verschiedenen Stadien durch Zeichnung zu fixieren und dann die Zeichnungen untereinander zu vergleichen. Eine hierher gehörige Methode hat ROUX zur Bestimmung der Richtungsbeziehungen zwischen der ersten Furchungsebene und der Medianebene angewendet. Wie aus der Versuchsanordnung unmittelbar hervorgeht und besonders KOPSCH betont, kann die Methode nur sehr ungenaue Resultate geben und soll daher nicht mitgeteilt werden.

FRANCIS B. SUMNER (I, 2) bediente sich feiner Glasnadeln oder der elektrischen Kauterisation. Die Glasnadeln werden nach der beim CHABRYschen Apparat angegebenen Methode hergestellt.

SUMNER beschreibt die Methode E. B. WILSONS: Die Nadel wird 4—5 *mm* über dem zugespitzten Ende abgebrochen und mit Hilfe einer feinen, an den Enden umgebogenen Pinzette an der gewünschten Stelle eingeführt. Sie bleibt dort liegen. Bei dem Gebrauch des elektrischen Verfahrens müssen die Drähte mit einer Feile zugespitzt werden. Den Strom lieferte ein Apparat von 8 Mesco Trockenzellen, nebeneinander geschaltet. Helle Rotglut ist erforderlich. Als Material verwendet SUMNER Fundulus, Exocötus, Salvelinus und Batrachus. Die Arten zeigen folgende wichtige Eigenschaften: Fundulus ist in jeder Hinsicht sehr brauchbar. Exocötus ist wegen seiner raschen Entwicklung außerordentlich angenehm, aber nur wenige Tiere bleiben am Leben. Salvelinus und Batrachus erleichtern die Operationen wegen der Größe ihrer Eier, haben aber den Nachteil einer so langsamen Entwicklung, daß die operierten Objekte gewöhnlich abstarben, ehe das gewünschte Entwicklungsstadium erreicht war. Für die Aufzucht ist es von Wichtigkeit, daß man die Eier von Exocötus und Fundulus sogleich wieder in Seewasser zurückbringen kann. Die von Salvelinus und Batrachus halten sich länger und bleiben lange am Leben, wenn man sie in einer feuchten Kammer hält.

Die Anbringung von Marken am Keimhautrande der Forelle mittelst des elektrischen Stromes gestaltet sich nach KOPSCH so:

Als Material diente Salmo fario und irideus (bezogen aus der kaiserlichen Fischzuchtanstalt bei Hüningen).

Die Eier werden in einem Bruttrog mit beständigem Zu- und Abfluß von Wasser gehalten. In dem Bruttrog hängen zwei kleinere Kästchen aus Messingdrahtgeflecht, die zur Aufnahme der operierten Eier dienen, jedes Kästchen enthält vier Unterabteilungen von je 25 *ccm* Bodenfläche.

Nur Eier mit ganz durchsichtiger Schale sind brauchbar. Sie müssen den Rand der Keimscheibe und die Embryonalanlage deutlich erkennen lassen, wenn sie bei durchfallendem Licht unter Abhaltung des auffallenden betrachtet werden.

Zu diesem Zweck wird von einem mit Hohlspiegel und Kondensor versehenen Mikroskop der Tubus entfernt. Das Ei kommt in einen kleinen, flachen Korktrichter, der in die Öffnung des Objekttisches eingesetzt wird. Die untere Öffnung des Trichters beträgt 3 bis 4 *mm* Durchmesser, die obere höchstens 5,5 *mm*. Der mittlere Durchmesser des Forelleneies ist = 4,5 *mm*.

„Unter besonders günstigen Verhältnissen gelingt es, bei dieser Anordnung die einzelnen Keimbezirke schon auf Stadien zu erkennen, in welchen der Umschlag eben an einem Teil der Peripherie aufgetreten ist. ... Denjenigen Punkt, an welchem der Umschlag zuerst aufgetreten ist, erkennt man an der größeren Dunkelheit. Die Medianlinie des späteren Embryos schon auf diesem Stadium mit Sicherheit festzustellen, gelingt auch an besonders durchsichtigen Eiern. ... Auf etwas ältere Stadien — eben gebildeter Kopf oder rautenförmige Embryonalanlage ... — ist die Erkennung der Topographie viel leichter, namentlich durch die Anordnung der Ölkugeln in der Gegend der Embryonalanlage und des Keimscheibenrandes. ...

Außerordentlich günstig sind solche Eier, an denen der „innere Ring“ (H. Virchows) vorhanden ist. Unter innerem Ring verstehen wir eine Bildung innerhalb des unter der Keimhaut befindlichen Dotters, welche durch eigenartige Lagerung der Ölkugeln und des optischen Verhaltens des oberflächlichen Dotterleibes ausgezeichnet ist, wie sie sich sonst nur im Bereiche des syncytischen Randringes findet ... statt eines Ringes können deren zwei oder drei vorhanden sein.“ Da sie weder zueinander noch zum Rand der Keimscheiben koncentrisch verlaufen und sich im Bereich der Embryonalanlage am meisten aneinander nähern, so gestatten sie eine genaue Bestimmung der Medianlinie des Embryos.

Für die Operationen und die gute Weiterentwicklung des Eies nach der Operation ist folgendes erforderlich:

Die Eischale muß unverletzt bleiben, weil der Dotter bald gerinnt, wenn sie durchbrochen ist. Die Verletzung des Embryos oder der Keimhaut darf nicht derartig sein, daß der Dotter durch die Wunde ausfließen kann. Die den Dotter fest umspannende Eihaut preßt nämlich den Inhalt heraus. „Am größten ist die Spannung nach Überschreitung des Äquators bis gegen Dotterlochschluß.“ Nach dieser Zeit gehen daher verhältnismäßig mehr Eier zugrunde als auf jüngeren Stadien.

Endlich darf der Dotter an der Operationsstelle nicht zur Gerinnung gebracht werden, „da der Fischdotter die unangenehme Eigenschaft hat, daß Gerinnungen, welche an einer Stelle auftreten, sehr leicht den ganzen Dotter in Mitleidenschaft ziehen“.

„Der elektrische Strom ist am besten geeignet ..., die genannten Bedingungen zu erfüllen: 1. durch die unverletzte Eischale hindurch zu wirken; 2. die Zellen so zu alterieren, daß sie entweder zugrunde gehen oder sich in atypischer Weise weiter entwickeln, ohne daß der Dotter an der Operationsstelle ausfließen kann oder gerinnt.

Die notwendigen Instrumente sind ein Akkumulator, eine Doppelnadel, eine Einschaltungsvorrichtung.

Der Akkumulator besteht aus drei Zellen, sogenannten Tudorzellen, deren jede eine Spannung von 2 Volt besitzt, so daß im ganzen 6 Volt zur Verfügung stehen. Die Doppelnadel ist die gewöhnliche zur Elektropunktur verwendete mit Platiniridiumspitzen. Als Einschaltevorrichtung, um den Strom beliebig unterbrechen und einschalten zu können, kann schon ein einfacher Druckknopf dienen, wie er bei elektrischen Klingelleitungen zur Anwendung kommt. Die Spitzen der Doppelnadel sind durch einen Lacküberzug bis auf die vordersten Punkte isoliert, damit der Strom nur zwischen den beiden Spitzen übergehen kann. Durch längeres oder kürzeres Abschneiden der Spitzen mittelst einer Schere kann man die Polenden nach Belieben kleiner oder größer gestalten, je nachdem man die Operationsstelle groß oder klein wünscht. Dies hängt aber, wie gleich bemerkt werden soll, auch von der Stärke des Stromes, seiner Einwirkungsdauer und der Stelle der Keimhaut ab, an welcher operiert wird. Die Entfernung beider Spitzen voneinander wählt man für gewöhnlich möglichst gering, doch kann sie auch nach Belieben vergrößert werden; man muß dann aber stärkeren Strom anwenden und die Stromschleifen sind größer. Dies ist insofern ein Nachteil, als durch dieselben auch andere Teile des Keims in Mitleidenschaft gezogen werden können.

Statt zwei Elektrodenspitzen kann man auch drei oder vier oder mehr wählen. Diese Anordnungsweise wird man anwenden z. B. wenn man zu beiden Seiten des Knopfes symmetrische Stellen des Randringes abtöten oder ein Stück Embryonalanlage von bestimmter Länge markieren will. Alsdann muß man aber darauf achten, daß die beiden Spitzen, welche Marken hervorbringen sollen, mit dem negativen Pol in Verbindung stehen, die dritte mit dem positiven.

Zur Ausführung der Operation bringt man das betreffende Ei auf den durchbohrten Korken in geeignete Lage, benetzt es mit ein Paar Tropfen physiologischer Kochsalzlösung, setzt die beiden Nadelspitzen auf die Eischale und drückt sie etwas an, wobei man darauf achtet, daß der negative Pol als der wirksamere auf die Stelle kommt, welche man operieren will. Die Dauer der Einwirkung des Stromes beträgt 10—15 Sekunden.

Die Übertragung der Eier aus dem Bruttrog geschieht am schonendsten mittelst einer genügend weiten Pipette (5—6 *mm* lichten Durchmesser). Mit dieser überträgt man sie in eine Glasschale und stellt diese auf den Arbeitstisch.

Man darf zu gleicher Zeit immer nur wenige Eier in der Glasschale auf dem Tische stehen haben, damit das wärmer werdende Wasser die Eier nicht schädigt, denn die Forelleneier sind beinahe ebenso wie die erwachsenen Forellen gegen höhere Temperatur und Sauerstoffmangel empfindlich.

Aus der Glasschale werden die Eier auf den Objekttisch des Mikroskopes gebracht mittelst eines kleinen Löffelchens, welches gerade ein Ei aufzunehmen imstande ist. Innerhalb des erweiterten oberen Teiles des Korkstückchens werden sie in die richtige Lage gebracht, mit physiologischer Kochsalzlösung benetzt und dann in der oben beschriebenen Weise operiert.

Das Befeuchten mit Kochsalzlösung ist ein wesentlicher und wichtiger Faktor. Es erlaubt mit verhältnismäßig schwachen Strömen zu arbeiten. ... Wenn nämlich das Ei in der angegebenen Weise auf dem Operationstisch liegt, so ist seine Oberfläche zwar noch feucht und mit Wasser durchtränkt, leistet aber dem Durchtreten des Stromes erheblichen Widerstand. Außerdem wird die Umgebung des positiven Pols schnell trocken und damit der Leitungswiderstand noch größer, so daß zu seiner Überwindung ein zu starker Strom gehört, welcher auf das Ei in der genannten Weise schädlich einwirkt. Alle diese Mißstände werden durch Anwendung der Kochsalzlösung vermieden. Erstens wird der Leitungswiderstand geringer, da das Leitungsvermögen mit der Zunahme des Kochsalzgehaltes wächst, und außerdem werden die Pole nicht so leicht trocken. Man kommt daher mit sehr schwachen Strömen aus. Die Kochsalzlösung schädigt bei der geringen Menge und der kurzen Zeit das Ei nicht; selbst wochenlang zur Probe in 0,7%iger Kochsalzlösung gehaltene Eier entwickelten sich normal.

Bei festem Andrücken der Nadelspitzen kann die Eihülle durchbohrt und das Ei verletzt werden; dadurch geht das Ei natürlich völlig verloren, weil der Dotter sofort gerinnt und ausläuft.

Nach Beendigung der Operation sieht man an der Stelle, an welcher die Eischale von den Nadelspitzen berührt wurde, nur einen helleren Punkt. Am unterliegenden Keim ist noch nichts zu sehen. An ihm tritt erst etliche Stunden später ein größeres oder kleineres weißliches Fleckchen auf, welches die Operationsstelle bezeichnet. Wenn es sehr kurze Zeit, innerhalb der ersten 10 Minuten nach der Operation auftritt, so ist Verdacht vorhanden, daß der Strom zu stark war oder zu stark eingewirkt hat. In diesem Fall kann man darauf gefaßt sein, nur wenige oder gar keine der operierten Eier einige Zeit weiter zu züchten. Sobald man aber nach den angegebenen Regeln verfährt, ist die Operation leicht und schnell auszuführen und der Erfolg sicher."

„Nach der Operation werden die Eier sehr sorgfältig mittelst des Löffelchens in eine Schale mit frischem Wasser übertragen" und kommen in die Brutbehälter zurück. Regelmäßige Besichtigung unter Durchleuchtung der Eier schadet ihnen nichts, wenn die Beobachtung nicht zu lange ausgedehnt wird.

Literatur: Assheton (Proc. Roy. Soc. London, Bd. 60, 1896), Fol (Arch. des Sc. Phys. Nat., III., Bd. 11, 1884), Katschenko (Anat. Anz., Bd. 9, 1888), Kopsch (Verh. Anat. Ges. Kiel, 1898), derselbe (Unters. über Gastrulat. und Embryobildung bei den Chordaten, Leipzig, 1904), Morgan (Anat. Anz., Bd. 8, 1893), Peebles (Arch. Entw.-Mech., Bd. 7, 1898), Pflüger (Arch. Ges. Physiol., Bd. 31, 1883), Roux (Zeitschr. Biol. 1885), Rückert (Verh. Anat. Ges., München 1891), Sumner (Arch. Entw.-Mech., Bd. 17, 1904).

III. Verwendung der Photographie.

Die Photographie als Abbildungsverfahren kann hier nicht berücksichtigt werden, sondern nur insofern sie als Forschungsmittel dient.

1. Kupffer hat die Photographie in diesem Sinne zuerst verwendet, und zwar zur Feststellung des Vorschreitens des Keimhautrandes bei Knochenfischen.

„Ich habe ein Stichlingsei, das unter dem mikrophotographischen Apparat fixiert war, in Intervallen von je einer halben Stunde photographieren lassen und dann an den Bildern das Verhältnis des vorschreitenden Keimhautrandes zu gewissen, in diesen Bildern wiederkehrenden, festen Punkten an der Eihaut verglichen."

2. Später hat meines Wissens zunächst Kopsch (95) die Photographie als Forschungsmittel verwendet. Sie dient ihm zur Feststellung der Richtungsbeziehungen der

ersten Furche zur Medianebene des Embryos und gestattet gleichzeitig ein Urteil über die Materialverschiebungen („Zellenbewegungen", KOPSCH) während der Gastrulation. Die während dieses Vorganges gemachten Daueraufnahmen zeigen die Kerne derjenigen Zellen, welche währenddessen ihren Ort verändert haben, als Striche, aus deren Länge sich unter Berücksichtigung der Kerngröße, der Vergrößerung und der Expositionszeit die Geschwindigkeit der Veränderungen feststellen läßt. Objekt ist Rana fusca.

Da die Gastrulation an der Unterseite des Eies stattfindet, so müssen die Aufnahmen von unten gemacht werden.

Die Eier selbst kommen bei der einen Modifikation des Verfahrens zwischen zwei Glasplatten in Zwangslage. Das Mikroskop, auf dessen Objekttisch das Plattenpaar befestigt ist, wird mit dem Fuße nach oben an einem Galgen angebracht. Darunter schließt sich der photographische Balg mit der Kassette in der bekannten Weise an.

Nach der späteren Modifikation (00) wird ohne Plattenkompression gearbeitet. KOPSCH benutzt einen Glasring von 65 *mm* Weite und 25 *mm* Höhe, dessen eine Seite von einer planparallelen Glasplatte als Boden verschlossen ist, während auf die andere eine ebenfalls planparallele Platte als Deckel gelegt wird. Auf die Mitte der Bodenfläche wird von außen her ein schmaler Streifen schwarzes Papier geklebt, dessen Rand als Definierlinie dient und mitphotographiert wird, um Bewegungen des Eies in einer horizontalen Ebene zu kontrollieren. Bewegungen des Eies senkrecht zur Horizontalebene und Drehungen um sich selbst können nicht kontrolliert werden. Ein Ei wird in der Nähe der Definierlinie mit dem weißen Feld nach unten aufgesetzt, der Samen ringsherum gleichmäßig zugesetzt, „um ungleichen Quellungen der Gallerthülle vorzubeugen", und nach 5 Minuten die Schale bis zur doppelten Höhe des Eies mit Wasser angefüllt. Gebildete Luftblasen werden durch Berührung mit der Spitze einer Lanzettnadel entfernt. Das Wasser wird nach $1^1/_2$ Stunden mit einer Pipette abgesaugt, die Wand der Dose mit befeuchtetem Filtrierpapier bedeckt, der Deckel aufgelegt und der Apparat mit Schraubenzwingen am Objekttisch des ganz wie bei der ersten Modifikation umgekehrt aufgestellten Mikroskopes befestigt.

Zur Orientierung über die notwendige Expositionszeit läßt sich nach KOPSCH angeben, daß bei Beleuchtung durch eine Sammellinse mit AUERschem Gasglühlicht und bei ca. 15facher Vergrößerung eine Expositionszeit von 15—60 Minuten verwendet wurde.

Um die Beziehungen zwischen der Richtung der Furchen und der Medianebene zu erkennen, müssen folgende Bestimmungen an den Photographien ausgeführt werden:

1. Der Mittelpunkt *C* des Eies wird bestimmt.
2. Die senkrechte Entfernung des *C* von der Definierlinie.
3. Die Richtung der ersten Furchungsebene durch Verbindung der beiden seitlichen Einschnitte mit einer Graden.
4. Die Medianebene durch eine Verbindungslinie zwischen der Mitte des Urmunds und der Mitte des Eies.
5. Der Winkel, den die erste Furchungsebene mit der Definierlinie macht.
6. Der Winkel, den die Medianebene mit der Definierlinie macht.
7. Aus 5 und 6 ist der Winkel zwischen Medianebene und erster Furchungsebene ohneweiters zu ersehen.

Entsprechende Messungen müßten zur Feststellung irgend welcher anderen Richtungsbeziehungen gemacht werden.

Anmerkung: Die Apparate von O. HERTWIG, MÜLLER und GREIL findet man im Artikel: „Mikrophotographie" beschrieben.

Literatur: KOPSCH (Sitzber. Ges. Naturf.-Freunde Berlin, 1895), derselbe (Int. Mon. Anat. Physiol., Bd. 17, 1900), KUPFFER (Jahresber. Komm. Wiss. Unters. Deutsch. Meere, Jg. IV, V und VI, 1878).

C. Einige besonders für die Entwicklungsphysiologie wichtige Apparate.

I. Chabrys Schießapparat (s. pag. 372).

II. Embryoskop von Gerlach.

GERLACH hat einen als Embryoskop bezeichneten Apparat* beschrieben, welcher eine kontinuierliche Beobachtung des Hühnerembryos während der Bebrütung ermöglicht.

„Das Embryoskop besteht aus zwei Teilen: 1. einem an die Eischale festzukittenden Stücke, das ich Aufsatzring *Ar* nennen will, und 2. aus einem in diesen einschraubbaren Verschlußstücke *Vs*."

„Der Aufsatzring ist eine niedrige, cylindrische Metallhülse, deren Wand eine Dicke von $1^1/_4$ *mm*, deren Lumen einen Durchmesser von 2 *cm* besitzt. Der untere Rand ist mit einer sattelförmigen . . . . Schweifung versehen, während der obere Rand eben ist. Von der äußeren Fläche der Hülle gehen, diametral gegenübergestellt, zwei . . . . Metallzapfen *Z* ab. An der Innenfläche ist nicht weit oberhalb des unteren Randes ein Diaphragma *Md* angebracht, dessen rundliche Öffnung einen Durchmesser von 13 *mm* zeigt." „Unmittelbar ober-

Fig. 11.

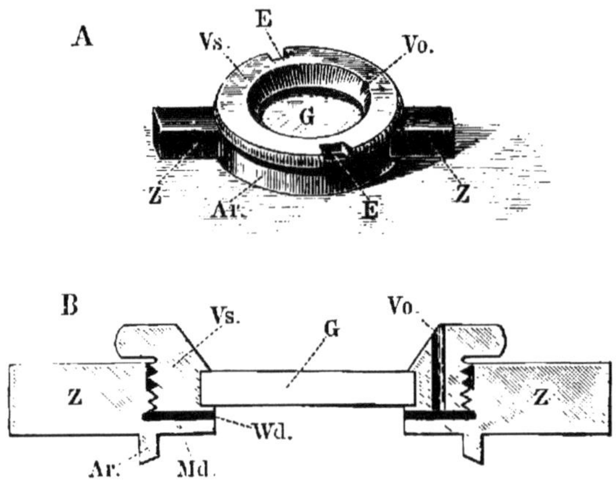

halb des Diaphragma ist in die innere Wand der Metallhülse eine sehr feine, circuläre Rinne eingedreht, in welche ein zweites, aus dünnem Wachstuch bestehendes Diaphragma *Wd* mit seinem Rande eingelassen werden kann. Dasselbe stimmt mit dem erstgenannten metallenen Diaphragma in Größe und Form völlig überein." „Oberhalb der circulären Rinne befinden sich an der inneren Wand der Hülse einige Schraubenwindungen, welche dem Verschlußstücke als Schraubenmutter dienen."

„Das Verschlußstück des Embryoskopes ist ein niedriger Vollcylinder, dessen periphere ringförmige Zone aus einem Metallringe, dessen centraler Teil aus einer runden, ziemlich dicken Glasscheibe *G* besteht." Der Rand des Verschlußstückes preßt sich beim Aufschrauben fest auf das Wachstuchdiaphragma an. Der Metallring verbreitert sich oben zu einem gerieften Rande. „Dieser Rand zeigt zwei diametral gegenübergestellte eckige Einschnitte *E*, in welche die Zinken eines kleinen Schlüssels hineinpassen . . . . Außerdem besitzt der Metallring des Verschlußstückes einen engen, kurzen, vertikal verlaufenden Bohrkanal *Vo*, der als Ventilöffnung zum Austritt überschüssiger Flüssigkeit dient.

Zu dem Embryoskop gehören folgende Nebenapparate: 1. Ein Trepan, dessen Öffnung etwas kleiner ist als die des Diaphragmas im Aufsatzringe. 2. Ein Führungsring für den Trepan. 3. Ein Schlüssel in Form eines Reißzeugschlüssels, der in die Einschnitte des Verschlußstückes paßt und die Anwendung größerer Kraft beim Einschrauben desselben gestattet. 4. Eine Metallgabel, mittelst welcher sich der Aufsatzring an den beiden an ihm befindlichen Metallzapfen fixieren läßt. Sie gestattet ein bequemes Festhalten des Aufsatzringes und damit des Eies beim Einschrauben des Verschlußstückes. Zum Aufkitten des Aufsatzringes auf das Ei dient ein Gemisch aus 2 Teilen Wachs und 3 Teilen Kolophonium. Der Kitt wird im Brütofen vorgewärmt und ein aus ihm gekneteter länglicher Wulst in die Furche zwischen der unteren Fläche des Diaphragmas und dem unteren Rande des Aufsatzringes, welcher über einer Spiritusflamme erwärmt ist, eingedrückt. Der Ring wird nun

---

* Der gesamte Apparat (6 Embryoskope mit Nebenapparaten) wird von der Firma Reiniger, Gebbert und Schall in Erlangen für 36 Mark geliefert.

auf das Ei gesetzt, die überschüssige Kittmasse entfernt und am freien Rande des Diaphragmas wie am unteren Rande des Aufsatzringes nochmals Schellack aufgestrichen. Das Ei wird eröffnet, wenn der Schellack erhärtet ist (6 Stunden im Brütofen, 12—14 in Zimmertemperatur).

Alle bei der Operation notwendigen Instrumente sowie ein zweites Ei werden mit Carbolsäure (3%) vorher desinfiziert und mit Carbolwatte abgetrocknet. Das desinfizierte zweite Ei wird am spitzen Pol geöffnet und das mehr dickliche Eiweiß in ein Glasschälchen abgegossen. Nachdem dann die Höhlung des Aufsatzringes und der von dem zu operierenden Ei gebildete Boden dieser Höhlung desinfiziert und mit physiologischer Kochsalzlösung ausgespült ist, wird mit dem Trepan das Ei eröffnet, das Schalenstück und die Schalenhaut entfernt und die Höhlung des Ringes bis an die obere Öffnung mit dem aus dem zweiten Ei gewonnenen Eiweiß angefüllt. Sämtliche Luftblasen müssen beseitigt werden. Dann wird das Wachstuchdiaphragma, welches nach der Desinfektion durch das Eiweiß in dem Schälchen gezogen worden ist, aufgelegt und das Verschlußstück unter Ausschluß von Luftblasen aufgesetzt und aufgeschraubt.

Im Brütofen müssen die Eier immer so liegen, daß das Embryoskop sich seitlich befindet, damit der Luftzutritt zum Embryo nicht behindert ist.

War das Ei, welches mit dem Embryoskop versehen wird, schon im Brütofen gewesen, so müssen sämtliche mit ihm in Berührung kommenden Flüssigkeiten und Apparate auf einem Wasserbade warm gehalten werden.

Die älteren derartigen Methoden findet man bei Gerlach zusammengestellt.

Literatur: Gerlach (Anat. Anz., Bd. 2, 1884).

III. Der Prismenrotator

ist für eine allseitige Beobachtung kleiner **opaker** Objekte von 0,5—3,0 *mm* Durchmesser bei auffallendem Lichte bestimmt. Die wesentlichen Teile sind ein großes Reflexionsprisma, dessen beide Kathetenflächen spiegeln und das seine Hypotenuse nach oben kehrt und ein kleines Prisma, dessen Hypotenuse spiegelt und das seine eine Kathete nach oben, seine andere dem Objekt zuwendet. Dieses liegt über der Mitte der einen Kathetenfläche des großen Prismas und kann hier von oben betrachtet werden. Verschiebt man den Apparat so, daß der Tubus des Mikroskopes über der Mitte der anderen Kathetenfläche steht, so erblickt man infolge doppelter Spiegelung die Unterseite des Objektes. Verschiebt man weiter so, daß der Tubus über der Mitte der Hypotenuse des kleinen Prismas sich befindet, so erblickt man eine Seitenansicht des Objektes. Das große Prisma ist mittelst des Knopfes K drehbar, wodurch man sämtliche Seitenansichten gewinnen kann, da das Objekt in der Drehungsachse liegt. Der Teilkreis T gestattet den Grad der Drehung zu bestimmen. — Die Prismen befinden sich in einem Glastroge, welcher mit Wasser gefüllt werden kann. — Der Pfeiler Pf trägt außer dem kleinen Prisma die Metallgabel F, welche zur Befestigung einer kleinen Glühlampe für Beleuchtung des Objektes bestimmt ist und im Falle des Nichtgebrauches beiseite geschlagen oder abgenommen werden kann.

Fig. 12.

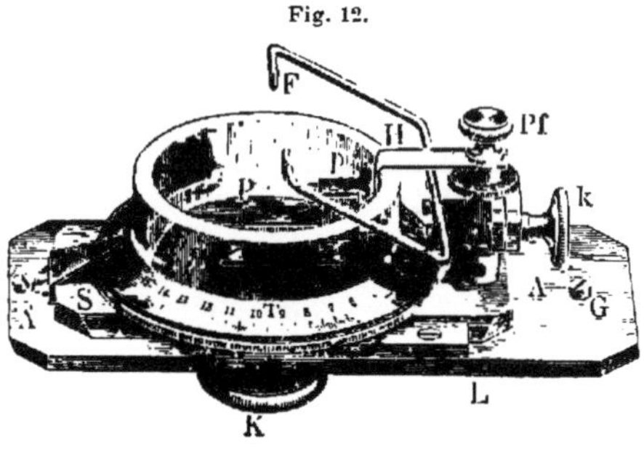

Was die erhaltenen Bilder betrifft, so ist bei der Seitenansicht (einfache Spiegelung) rechts und links vertauscht. Die Firma Zeiss konstruiert jedoch noch ein zweites Modell mit doppelter Spiegelung, welches diesen Fehler vermeidet. Diese doppelte Spiegelung macht gleichzeitig eine Verschiebung des Apparates in zwei aufeinander senkrechten Richtungen notwendig, welche durch zwei kreuzweise aufeinander gesetzte Schlitten ermöglicht wird.

Das Arbeiten mit dem Prismenrotator würde sich also etwa wie folgt gestalten:

1. Fixierung des ganzen Apparates auf dem Objekttisch des Mikroskopes durch Einsetzen des flachen, runden Bodenvorsprungs in die centrale Tischöffnung, und zwar so, daß

der Prismenträger vom Beobachter aus rechts steht. Dabei steht zunächst der Schlitten so weit rechts wie möglich.

2. Deponierung des Objekts und eventuell Fixierung auf der Hypotenuse des großen Prismas, und zwar möglichst in der Drehungsachse des Tellers. Anfüllen des Trogs mit derjenigen Flüssigkeit, in welcher das Objekt untersucht werden soll.

3. Beobachtung des Objekts von oben.

4. Der Schlitten wird so weit nach links verschoben, bis man den Einschlag der (unsichtbaren) Feder merkt. Damit ist die geeignete Stellung zur

5. Beobachtung von unten erreicht. Tubus senken, bis das Bild erscheint. Dann behufs Gewinnung der Seitenansicht des Objekts:

6. *a)* Beim einfachen Apparate Verschiebung des Schlittens so weit nach links als möglich;

6. *b)* beim komplizierteren Apparate Verschiebung des einen Schlittens erst so weit nach links, dann des anderen dazu senkrechten so weit auf den Beobachter zu als möglich.

7. Drehung des Teilkreises entweder direkt oder mittelst des Knopfes, um alle Seitenansichten des Objektes zu gewinnen.

Die Schwierigkeiten bei der Benutzung des Prismenrotators beruhen darauf, daß es bei dunklen Objekten schwer hält, die Unterseite genügend zu beleuchten, um sie mit Leichtigkeit beobachten zu können, sowie zweitens darauf, daß die Eier auf dem Spiegel hinreichend fixiert sind. Ich habe mir in letzterer Hinsicht mit verschiedenen zur Stütze aufgelegten kleinen Gegenständen zu helfen gesucht.

SAKUJIRO IKEDA hat den Apparat an einem sehr günstigen Objekt, den Eiern von Racophorus Schlegelii, ausprobiert. Diese sind nach seiner Beschreibung absolut pigmentlos und man kann daher u. a. die Urdarmhöhle schwach durchscheinen sehen.

IKEDA verfuhr zum Fixieren der Eier auf dem Spiegel so: Er erhitzt ein Deckgläschen von der Größe der oberen Fläche des Spiegels nur so weit, als man es mit dem Finger noch gerade ertragen kann. Darauf wird das Ei rasch gesetzt und haftet daran fest infolge der Koagulation der Eihülle durch die Erwärmung. Das Deckgläschen mit dem Ei wird nun vermittelst flüssig gemachter Gelatine auf dem Spiegel in gewünschter Lage festgeklebt.

Literatur: IKEDA (Journ. Coll. of Sc. Univ. Tokyo, Bd. 17, Art. 3).

IV. Der Capillarrotator*

dient zur Betrachtung kleiner durchsichtiger Objekte von allen Seiten in durchfallendem Licht. Der wesentliche Teil ist eine Glascapillare, in welche das Objekt eingesaugt wird und die um ihre Achse gedreht wird. Die Capillare ruht in der Rinne einer metallenen Platte von der Form eines englischen Objektträgers. Die Platte ist von dem Ausschnitt *o* durchbrochen, dessen Boden ein auf einem Vorsprung ruhendes Glasplättchen bildet. Die dadurch entstehende Kammer wird zur Beobachtung mit Cedernholzöl ausgefüllt. Die Doppelklammer *F*, welche leicht federt, dient zur Sicherung einer ruhigen Rotation der Capillare.

Der Träger der Capillare befindet sich rechts an der Grundplatte. Die Vorrichtung „besteht im wesentlichen aus einer axial durchbohrten Welle mit in Grade geteilter Trommel

Fig. 13.

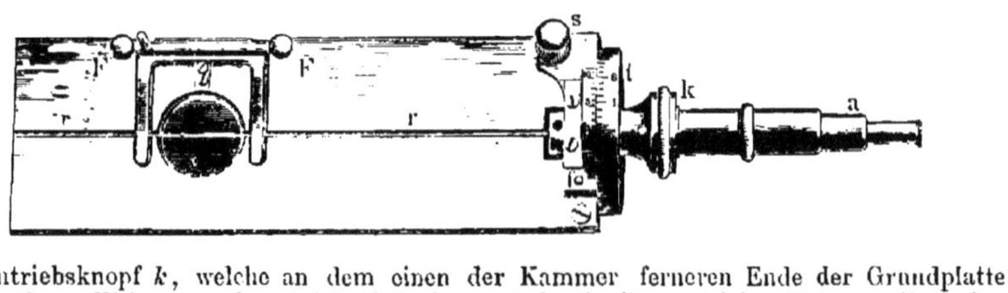

und Antriebsknopf *k*, welche an dem einen der Kammer ferneren Ende der Grundplatte in besonderer Weise so gelagert ist, daß sie samt der in ihrer axialen Bohrung liegenden Capillare in bezug auf die Grundplatte gehoben und gesenkt werden kann, um einmal das Einlegen und Herausnehmen der Capillaren zu erleichtern und andrerseits eine Anpassung

* Der Preis der Apparate ist: Prismenrotator mit einfacher Spiegelung Mk. 62, mit doppelter Spiegelung Mk. 75, Capillarrotator Mk. 50.

an verschiedene Capillardicken zu ermöglichen. Diese Beweglichkeit wird dadurch erreicht, daß das Lager für diese Welle, dessen Deckel zugleich den Nonius für die Gradtrommel trägt, auf einer einseitig befestigten, platten Feder *f* aufgesetzt ist, die es von der Oberfläche der Grundplatte abzuheben strebt. Diesem Bestreben wirkt eine Schraube *s* mit gerändertem Kopf am freien Ende der Lagerplatte entgegen, durch deren Anziehen die Achsenbohrung der Welle ganz in die Tiefe der großen Längsrinne gesenkt werden kann, während sie sich beim Lösen der Schraube allmählich bis über die Oberfläche der Grundplatte erhebt und dadurch eben eine Entfernung der Capillare ohne Inanspruchnahme auf Biegung ermöglicht."

„Nach außen erweitert sich die axiale Bohrung der Welle mit konischem Übergange zu erheblich größerem Durchmesser und ist an ihrem Ende innen mit Schraubengewinde versehen. In dieses Gewinde schraubt der eigentliche Capillarträger, dessen in die hohle Welle eintauchendes, zugespitztes hohles und längsgeschlitztes Ende sich in dem Hohlkonus der Welle durch Stauchung zusammenzwängt und so die Capillare in ähnlicher Weise festklemmt wie die bekannten Schraubenbleistifte das in sie eingelegte dünne Graphitstäbchen.

Die andere Seite des Capillarträgers wird von einem doppelten Rohrauszug eingenommen, der ähnlich wie ein Fernrohrauszug konstruiert ist und dazu dient, das überstehende Capillarende vor dem Abbrechen bei zufälligem Anstoßen zu bewahren."

Gebrauchsanweisung:

„1. Ausschrauben des Capillarträgers aus der Wellenhöhlung. Aufklappen der Doppelklammer *F*.

2. Einführung der Capillare in den Capillarträger vom Rohrauszug her.

3. Lösen der Schraube *s*, welche die Rotationswelle nach unten hält.

4. Einführung der Capillare in die axiale Bohrung der Welle und des Schraubengewindes des Capillarträgers in das entsprechende der Welle.

5. Vorsichtiges Anziehen dieses Gewindes, bis die Capillare eben den Drehungen der Welle folgt.

6. Senkung der Welle und Capillare durch Wiederanziehen der Schraube *s*, bis die Capillare auf dem Rinnengrunde angelangt ist.

7. Fixieren des durch die Kammer verlaufenden Capillarstücks durch Senkung der Doppelklammer *F*.

8. Fixieren des ganzen Apparates mittelst der Objektklammern des Mikroskoptisches auf diesem, und zwar so, daß die Längsachse von links nach rechts verläuft und die Rotationsvorrichtung sich rechts befindet. Die Kammer kommt centrisch über die Tischöffnung.

9. Sicherung des überstehenden Capillarteils durch Anziehen des Rohrauszuges.

10. Anfüllen der Kammer mit Cedernholzöl."

11. Einstellung des Objekts „eventuell nachdem die Klemmvorrichtung des Capillarträgers etwas gelockert ist, durch Längsverschiebungen der Capillare in der Rinne."

V. In derselben Weise wie der Capillarrotator läßt sich auch der CHABRYsche Apparat verwenden.

Ich habe mir zu diesem Zweck den Apparat in stark vereinfachter Form herstellen lassen. Die Schießvorrichtung fällt vollständig fort. Ebenso habe ich auch die

Fig. 14.

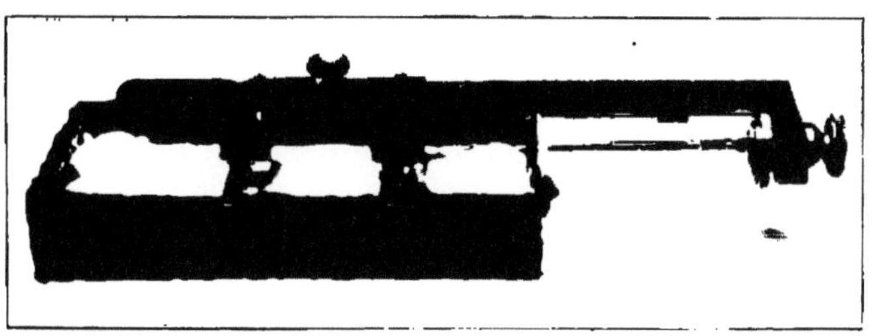

Kreisteilung rechts an dem Drehknopf fortgelassen. Die beigegebene Abbildung (Fig. 14) macht die Vorrichtung ohne weiteres verständlich. Das die Capillare an die Glasplatte pressende Stück kann gegen ein anderes ausgewechselt werden, welches das Einlegen stärkerer Röhrchen erlaubt. Zur Beobachtung ist natürlich wie bei der KOPSCHschen Modifikation des CHABRYschen Apparates ein Tropfen Wasser auf die Capillare zu bringen und ein Deckglas darauf zu decken, um die bei direkter Beobachtung durch die Capillare entstehende Verzerrung des Bildes zu vermeiden.

D. Methoden zum Studium der Entwicklung unter veränderten äußeren Bedingungen.

I. Mechanisch veränderte Eiform.

a) Einsaugen in Capillaren.

ROUX hat 1885 Eier von R. fusca „in möglichst enge Glasröhren" aspiriert.

Nach O. HERTWIG wird bei Fröschen (speziell R. fusca) die gequollene Gallerte der befruchteten Eier so weit als möglich an die Dotterhaut heran abgeschnitten. Das eine Ende eines feinen Glasröhrchens wird auf das Ei gesetzt und mit dem Mund gesogen, bis das Ei in die Capillare eingetreten ist.

b) Kompression zwischen Glasplatten.

1. Ein, wenn auch unvollkommenes Verfahren ist zuerst von PFLÜGER angegeben worden. Die Einzelheiten dieses Verfahrens s. im Original.

2. Kompression bei Amphibieneiern. Man bedient sich zweier gleich großer Glasplatten, von denen die eine als Grundplatte (O. SCHULTZE), die andere als

Fig. 15.

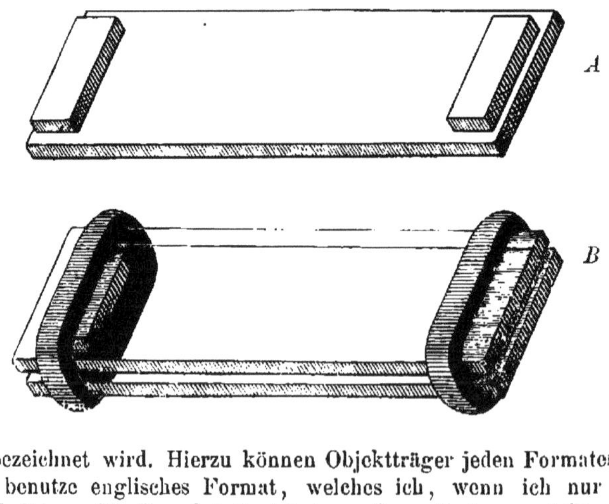

Deckplatte bezeichnet wird. Hierzu können Objektträger jeden Formates genommen werden, ich benutze englisches Format, welches ich, wenn ich nur ein Ei aufsetzen will, halbiere. Die Grundplatte trägt an ihren Enden zwei Glasstreifen von gleicher Dicke. Diese werden auf der Platte mit Canadabalsam oder mit Deckglaskitt in möglichst dünner Schicht aufgekittet. In die Grundplatte wird mit einem Diamantstift die Stärke der Glasstreifen (der Plattenabstand) eingeritzt. — Statt die Glasstreifen aufzukitten, kann man sie ohne Kitt auf die Gasplatte legen. In diesem Fall wird die Dicke der Streifchen auf ihnen selbst eingeritzt. Ein Vorteil dieses Verfahrens ist die Vermeidung des Fehlers, der durch ungleiche Dicke der Kittschicht entstehen kann. Man hält alsdann die Streifchen in besonderen Schächtelchen nach der Größe zusammenliegend. Bequemer für die Ausführung zahlreicher Versuche ist es, die Platten mit aufgekitteten Seiten fertig daliegen zu haben. Das Verfahren mit Nichtaufkittung ist von Herrn Prof. TONKOFF im anatomisch-biologischen Institut zu Berlin angewendet worden, jedoch noch nicht von ihm publiziert.

Die erforderliche Dicke der Glasstreifchen ist bei den einzelnen Species sehr verschieden und schwankt auch noch individuell innerhalb einer gewissen Breite.

Für Rana fusca darf sie nach BORN nicht viel unter 1,4 *mm* sinken, da sonst das Ei platzt. Ich habe je nach der Größe der Eier und Dicke der Gallerthülle Plättchen von 1,35—1,55 verwendet. Meine Angaben sowie die von BORN beziehen sich auf Eier, deren Gallerthülle keine Substanz entnommen worden ist. Besonderen Messungen BORNS zufolge verhält sich bei maximaler Kompression der Dickendurchmesser zum größten Durchmesser des scheibenförmig abgeplatteten Eies wie 2 : 3, ja selbst wie 1 : 2 (Fig. 15).

Zur Befestigung der beiden Glasplatten aufeinander dienen Gummiringe, welche an jedem Ende über das Plattenpaar geschoben werden. Die fertig käuflichen Gummiringe zerreißen leicht. Man schneidet daher aus einem Stück Schlauch Ringe von $^1/_4$—$^1/_2$ *cm* Breite. Für englisches Objektträgerformat braucht man eine Schlauchweite von etwa 12—13 *mm* im Lichten. Nur die besten Sorten roten Schlauches genügen den Anforderungen. BORN benutzte Bindfaden zum Fixieren der Deckplatte, der Gebrauch von Gummiringen dürfte indes vorzuziehen sein.

Ausführung: Auf ein Plattenpaar darf immer nur ein Ei genommen werden.

Nachdem das Ei auf die Grundplatte gesetzt ist, nimmt man diese in die linke Hand zwischen den Daumen auf der einen und zwei oder drei der übrigen Finger auf der anderen Längsseite. Auf die horizontal gehaltene Grundplatte legt man nun die Deckplatte so auf, daß sie ebenfalls zwischen den genannten Fingern festgehalten wird. In dieser Haltung werden beiderseits die Gummiringe herübergeschoben. Das Plattenpaar muß daher so gehalten werden, daß es über die Finger beiderseits noch ein Stück hervorragt.

Das Aufsetzen der Eier geschieht bei Froscheiern am besten vor der Befruchtung bei noch nicht gequollener Hülle. Später verschiebt sich das Ei sehr leicht beim Aufsetzen der Glasplatte und es läßt sich kein so hoher Grad der Kompression (BORN) anwenden, ohne das Ei zum Platzen zu bringen. Nach dem Aufsetzen des Eies wird der Samen zugesetzt, indem man denselben mit einem Pinsel um das Ei streicht und nun sofort komprimiert. Dies gilt für Froscheier. Bei den Eiern von Triton, wo die Hülle weniger stark quillt, kann man zu jeder Zeit mit dem gleichen Vorteil komprimieren, man tut es daher zweckmäßigerweise erst dann, wenn es für den Versuchszweck erforderlich ist. Das Tritonei läßt sich stärker komprimieren, wenn man die sehr pralle äußere Hülle vorher anschneidet, als bei unverletzten Hüllen. Jedoch muß man sich vorsehen, das Ei hierbei nicht ganz aus den Hüllen zu isolieren, was sich aber bei einiger Vorsicht leicht vermeiden läßt.

Je nachdem man die Eier in der Richtung der Achse oder in der darauf senkrechten Richtung zu komprimieren beabsichtigt, muß ein verschiedenes Verfahren eingeschlagen werden. Natürlich ist auch Kompression in jeder anderen beliebigen Richtung möglich, aber nur die beiden angegebenen Hauptrichtungen sollen beschrieben werden. Die Beschreibungen gelten speziell für das Ei von Rana fusca, welches bis auf ein kleines, weiß erscheinendes Feld an dem vegetativen Pol, d. h. der Unterseite, schwarz pigmentiert ist.

a) Kompression in der Achse. Bei dem einen Verfahren setzt man das Ei mit dem weißen Pol nach oben auf die Grundplatte und dreht nach der Besamung und dem Auflegen der Deckplatte das Plattenpaar um. Nach dem anderen Verfahren (BORN) wird das Ei mit dem weißen Pol nach unten aufgesetzt. Man muß daher die Grundplatte vor der Kompression umdrehen, und während man sie freihält, die Stellung des Eies mit einer Nadel oder einem Pinsel noch einmal korrigieren. Dann wird die Grundplatte wieder normal gelagert und das Auflegen und die Fixierung der Deckplatte ausgeführt.

b) Kompression senkrecht zur Achse (BORN). Die Grundplatte wird auf ihre Längskante gestellt und das Ei mit dem weißen Pol nach unten seitlich an die Platte angesetzt. Es haftet infolge der klebrigen Beschaffenheit der Hülle leicht an der Glaswand, ohne herabzugleiten. Darauf wird das Ei durch Anlegen der Deckplatte fixiert und die Platte durch die Rippe befestigt. Das Plattenpaar wird dann senkrecht im Wasser aufgestellt.

Bei anderen Amphibieneiern als denen von R. fusca (und R. arvalis) hat man bei der Orientierung Schwierigkeiten. Bei R. esculenta gewährt das weiße Feld noch einigen Anhalt, jedoch ist die Orientierung schon schwieriger. Noch mehr ist es bei den übrigen Amphibieneiern der Fall. Um nun auch bei diesen eine möglichst genaue Orientierung zu erhalten, empfiehlt es sich, die Eier nach der Befruchtung so lange in nicht komprimiertem Zustande in Wasser zu lassen, bis sie sich von selbst der Schwere nach einstellen und die von selbst eingestellten Eier zu komprimieren. Dies müßte wohl am besten unter Wasser geschehen, da die gequollene Hülle an dem herausgenommenen Ei zerrt und seine freie Drehung behindern kann. Dies ist nur ein Vorschlag.

Sobald die 1. Furche aufgetreten ist, sind die Schwierigkeiten der Orientierung natürlich geringer.

Die Aufstellung der mit einem Ei beschickten Kompressionsplatten kann in Wasser geschehen. Angenehmer für eine fortlaufende Beobachtung ist es, sie in einer feuchten Kammer aufzuheben. Man gibt alsdann soviel Wasser mit einer Pipette zwischen die Platten, daß die Gallerthülle genügend quellen kann und das Ei ringsum von etwas Wasser umgeben ist. Unzweckmäßig wäre es, den ganzen Raum zwischen den Platten mit Wasser auszufüllen, da erstens dann doch leicht Wasser auf den Objekttisch des Mikroskopes läuft und andrerseits der Austausch der Respirationsgase viel weniger lebhaft erfolgen kann, da die der Luft ausgesetzte Oberfläche des Wassers dann eine verhältnismäßig viel geringere ist.

Hat man sehr viel Plattenpaare aufzustellen, so benutzt man eine feuchte Kammer mit mehreren Etagen.

3. Anwendung der Plattenkompression auf Seeigeleier. Die zu komprimierenden Eier müssen membranlos sein. Dies geschieht nach der auf pag. 366 angegebenen Methode.

Um die Eier zu schonen, komprimiert man sie nicht von vornherein, sondern beginnt mit der Kompression erst dann, wenn der spezielle Versuchszweck es erfordert.

Das Verfahren ist nach DRIESCH folgendes: Man bringt eine „mittelstarke Borste“ quer auf den Objektträger, dem einen Ende desselben genähert. Ein Haufen Eier „mit nicht zu wenig und nicht zu viel Seewasser“ wird in die Mitte gebracht und ein rechteckiges Deckglas auf Eier und Borste gelegt. Das Präparat kommt unter eine mit Wasserdampf möglichst gesättigte Glocke.

Bei diesem Verfahren befinden sich die Eier in sehr verschieden starker Kompression, und zwar sind diejenigen am stärksten komprimiert, welche am weitesten von der Borste entfernt liegen. Die Kompression macht außerdem die Eier nicht zu einer planparallelen Scheibe, sondern zu einer keilförmigen. Dieser im Prinzip stets vorhandene Übelstand wird um so mehr abgeändert, je länger das verwendete Deckglas ist. Außerdem ist bei den sehr kleinen Eiern die Höhendifferenz zwischen den Plattenabständen an zwei in der Längsrichtung des Objektträgers diametral gegenüber gelegenen Punkten eines Eies sehr gering.

Das Verfahren ist angewendet bei Sphaerechinus granularis und Echinus microtuberculatus (DRIESCH) und bei Nereïs (WILSON).

Das Kompressorium von ZIEGLER siehe Artikel Lebendes Objekt, Beobachtung desselben.

Keilförmige Kompression der Amphibieneier führt BORN aus, indem er nur auf einer Seite der Grundplatte einen Glasstreifen aufkittet. Hierbei weichen die Eier bei starker Neigung gegen die Basis zu aus, bei geringerer (6°) gelingt die keilförmige Kompression.

Bei den Eiern von Asterias Forbesii wendet H. DEAN KING die Kompressionsmethode in folgender Weise an. Die Arme der Seesterne werden aufgeschnitten und die reifen Eier in Schalen mit Seewasser übertragen. Die mit einer weiten Pipette aufgenommenen Eier kommen auf den Objektträger und werden mit einem großen Deckglase bedeckt, welches an jeder Seite und in der Mitte durch kleine Streifen von dünnem Papier gestützt ist. Das überschüssige Wasser wird dann mit Filtrierpapier abgesaugt, bis ein genügender Kompressionsgrad der Eier erreicht ist.

Literatur: Dean King (Arch. Entw.-Mech., Bd. 21, 1906), Driesch (Zeit. Wiss. Zool., Bd. 55, 1892), Hertwig (Arch. Mikr. Anat., Bd. 42, 1898), Pflüger (Arch. Ges. Physiol., Bd. 34. 1884), Roux (Breslau. Ärztl. Zeitschr. 1885), derselbe (Ges. Abhandl., Bd. 2, Leipzig 1895), Wilson (Arch. Entw.-Mech., Bd. 3, 1895).

II. Temperatur, Licht, Elektrizität, Centrifugalkraft, Schwerkraft.

Die hierher gehörige Literatur habe ich, soweit sie Methodisches enthält, möglichst vollständig zusammengestellt. Im übrigen werden die hierher gehörigen Apparate, soweit sie zum mikroskopischen Instrumentarium rechnen, in anderen Teilen der Enzyklopädie besprochen. Eine Auswahl des methodisch wertvollsten erfolgt im Anschluß an die Literaturzusammenstellung.

Der Zweck der hierher gehörigen Versuche ist die Ermittlung des gesetzmäßigen Zusammenhanges zwischen den äußeren Faktoren, deren Wirkung das Ei ausgesetzt ist und seiner Entwicklungsweise. Sie erreichen ein eingehendes Verständnis der natürlichen, im Freien bzw. in der Natur vorliegenden Entwicklungsbedingungen. Sie besitzen ferner teratologischen Wert.

Versuche über die Entwicklung und das Verhalten der Geschlechtsprodukte bei verschiedenen Temperaturen.

1. Vorrichtungen.

Bei Versuchen mit konstanten Temperaturen von gewünschter Höhe bedient man sich zunächst der als Brutschränke zum Einbetten etc. in den histologischen und embryologischen Laboratorien verwendeten Einrichtungen.

Von diesen Apparaten abgesehen, ist besonderer Erwähnung wert ein von W. Pfeffer konstruiertes Zimmer mit konstanten Temperaturen. Der Raum ist 4,6 *m* lang, 3 *m* breit und 3 *m* hoch und bietet somit Platz genug, gleichzeitig die verschiedensten Kulturen und Versuchsanordnungen unterzubringen. Die in ihm zur Verfügung stehenden Temperaturen beginnen mit 22,5° über dem Boden und steigen bis 37° C unter der Decke. Die Apparate etc. werden in verschiedener Höhe auf Regalen untergebracht. Die Heizung geschieht von einem Nebenraum her durch einen Meidinger-Ofen (B_4 aus Kaiserslautern), als Heizmaterial dient Koks. Die Heizkosten stellen sich bei kontinuierlicher Erhaltung der gesamten Temperaturen jährlich auf noch nicht 200 Mark (1895).

Weitere Einzelheiten siehe in den Berichten der Deutschen botanischen Gesellschaft, Jahrg. 1895, Bd. XIII, pag. 49—54.

2. Einzelne Tierarten.

Seeigel. Nach Peter liegt die günstigste Temperatur für Spherechinuseier, innerhalb welcher die Entwicklung normal verläuft, zwischen 14 und 25°. Für Echinus ist die höchste Temperatur, welche normale Entwicklung ergibt, 23°. Normales Plutei erhält man jedoch trotz Abnormitäten im Verlauf der Entwicklung noch bei 31° für Spherechinus, bei 26° für Echinus.

3. Temperatureinwirkung zur Erregung „Künstlicher Parthenogenese“ siehe daselbst. Y. Delage, Greeley, Lillie.

Literatur: Driesch (Zeitschr. Wiss. Zool., Bd. 53 u. 55, 1892 u. 1893), Hertwig (Sitzber. Ak. Wiss., Berlin 1897), derselbe (Arch. Mikr. Anat., Bd. 51, 1898), Peter (Arch. Entw.-Mech., Bd. 20, 1906), Pfeffer (Ber. Deutsch. Bot. Ges., Bd. 13, 1895), Przibram (Echinodermen in Bronns Klassen und Ordn., Bd. 2, Leipzig 1902), Sala (Sitzber. Ak. Wiss., Berlin 1893), Teichmann (Arch. Entw.-Mech., Bd. 16, 1903), Whitney (Arch. Entw.-Mech., Bd. 24, 1907).

Röntgenstrahlen und Radiumstrahlen.

Bei den Experimenten ist vor allem zu beachten, daß Strahlenquellen von geringer Intensität unwirksam sind. Kontrollkulturen unter gleichen Bedingungen sind stets erforderlich.

Zur Orientierung über den Grad der Bestrahlung beachte man folgende Angaben von SCHAPER und SCHMIDT.

1. Die Angaben von SCHAPER beziehen sich auf das Radium. Er verwendete 10 *mg* Radiumbromid. Es befand sich in einer Vertiefung einer etwa 1 *cm* dicken Hartgummischeibe, welche oben durch ein festangefügtes dünnes Glimmerplättchen abgeschlossen war. Durch den Glimmer treten nur die β- und γ-Strahlen nach außen, während die α-Strahlen völlig absorbiert werden.

Bei den Bestrahlungsversuchen wird nach geeigneter Festlegung der lebenden Objekte die Radiumkapsel mit der Seite der Glimmerplatte dem Objekt bis auf 3—10 *mm* genähert.

Folgende Expositionszeiten hat SCHAPER mit dem Erfolg deutlich hervortretender Schädigungen bei verschiedenen Objekten angewendet:

Eier von Rana esculenta in grober Furchung	15	Stunden
Embryonen von R. esculenta mit offener Medullarrinne	15	„
Embryonen von R. esculenta vor Schluß der Medullarrinne	5	„
Embryonen von R. esculenta 4,5—5,3 *mm* lang	$1^1/_2$—5	„
„ „ „ „ 7—8,5 „ „	8—24	„
Larven von Rana fusca 18—28 *mm* lang (8—10 *mm* Abstand)	24—30	„
Larven von Triton 17—19 *mm* lang (10 *mm* Abstand)	8	„

2. In folgender Versuchsanordnung studierte SCHAPER die Wirkung der Emanation. Die Larven wurden in einer kleinen flachen Schale mit möglichst wenig Wasser zusammen mit der Radiumkapsel in ein 2000 cm^3 fassendes, hermetisch verschlossenes Glasgefäß gebracht, wobei Vorkehrungen getroffen waren, daß die Larven von den Strahlen des Radiums nicht getroffen wurden.

3. Über den erforderlichen Grad der Intensität der Röntgenstrahlen gibt SCHMIDT folgendes an, welches speziell für Eier vom Axolotl Geltung hat:

Die Eier wurden in einer mit Wasser gefüllten Petrischale mit einer MÜLLERschen Wasserkühlröhre, 30 Minuten lang, bestrahlt. Die Entfernung des Focus von den Eiern betrug ca. 12 *cm*. „Die Erythemdosis“ (d. h. die Röntgenstrahlendosis, welche auf der menschlichen Haut in der Regel ein leichtes Erythem hervorruft) war nach Schätzung mit dem Radiometer von SABOURAND und NOIRE erheblich überschritten.

Für jedes morphologisch charakteristische Entwicklungsstadium der Larve werden sowohl aus der Versuchszucht wie aus der Kontrollzucht gleichzeitig einige Larven konserviert.

4. Mit Bestrahlung von Samenflüssigkeit hat CH. R. BARDEEN gearbeitet. Die aus dem Hoden und Samenleiter zweier Männchen gewonnene dickliche Samenmasse wird etwas verdünnt und in zwei Teile geteilt. Die eine Hälfte wird zur Kontrolle aufbewahrt, die andere starken x-Strahlen ausgesetzt. Die Bestrahlungsdauer variierte von $^1/_2$ bis zu 2 Stunden. Die (nicht den Strahlen ausgesetzten) Eier werden dann mit dem bestrahlten und mit dem normalen Samen befruchtet.

Zusatz. Hier möchte ich einen Vorschlag für eine Versuchsanordnung bringen, mit deren Ausführung ich im Jahre 1903 begonnen hatte, die ich aber aus äußeren Gründen fortzuführen unterlassen mußte. Das Verfahren bezweckt die Beschränkung der Strahlenwirkung auf bestimmte Bezirke des Eies. Das gegebene

Mittel zur Lokalisierung der Wirkung besteht in der Verwendung von schützenden Platten, welche für diejenigen Strahlen, deren Einwirkung gewünscht wird, undurchlässig oder schwer durchlässig sind. Zunächst sind Bleiplatten ins Auge zu fassen. Jedoch will ich mich auf Vorschläge über das mit den meisten Vorteilen verwendete Material nicht weiter einlassen. Erhält eine solche Platte eine feine Durchbohrung und bringt man an dieser die Strahlenquelle an, so kann man einen kleinen Bezirk einer Gastrula oder Blastula bestrahlen. Dasjenige Organ, welches, nachdem die Entwicklung weiter fortgegangen ist, eine Schädigung aufweist, ist aus der bestrahlten Partie hervorgegangen. Um z. B. die ganze Medianebene einer Froschblastula zu zerstören, muß ein länglicher Schlitz verwendet werden, den man dadurch herstellen kann, daß man 2 Platten, deren Ränder parallel liegen, nahe aneinander bringt. Der Vorteil, den das Verfahren bieten wird, beruht vor allem darauf, daß das ganze Ei keine Schädigung erleidet. Insbesondere fallen sämtliche mechanischen Verletzungen und alle Infektionsquellen fort und die Beschaffenheit der das Ei umgebenden Flüssigkeit wird in keiner Weise verändert. Zur genauen Orientierung über die von den Strahlen getroffenen Stellen bringt man zunächst eine Beleuchtungsquelle über dem Schlitz oder der Öffnung an und ersetzt diese nach erfolgter Einstellung des Objektes durch die Strahlenquelle.

Literatur: Bardeen (Journ. of Exper. Zool., Bd. 5, 1907), Bohn (C. R. Ac. Sc., Paris, Bd. 136, 1903), Gilman und Baetjer (Amer. Journ. of Physiol., Bd. 10, 1904), Perthes (Arch. Klin. Chir., Bd. 71, 1903), derselbe (Deutsch. Med. Wochenschr., 1904), Schaper (Anat. Anz., Bd. 25, 1904), derselbe (Deutsch. Med. Wochenschr., 1904), Schmidt (Arch. Mikr. Anat., Bd. 71, 1908), Schwarz (Arch. Ges. Physiol., Bd. 100, 1903), Tur (C. R. Soc. Biol., Paris, Bd. 57, 1904).

Centrifugalkraft.

Die Centrifugierversuche bezwecken, eine Veränderung der Lage der verschiedenen, spezifisch schweren Substanzen im Ei zu erzielen, um die Abänderungen zu beobachten, welche man dadurch am normalen Ablauf der Entwicklungsvorgänge hervorbringen kann. Die Versuche dienen zum Studium des Problems der prospektiven Potenz und geben Aufschlüsse über den Bau des Eies, die Zahl der verschiedenen auf diese Weise trennbaren Substanzen, ihre Anordnung und Beschaffenheit.

Alle Arten von Centrifugiervorrichtungen lassen sich verwenden, gleichgültig, zu welchem Zweck sie ursprünglich erfunden sind. Es kommen also Handcentrifugen, solche mit Wasserantrieb, elektrischem Antrieb usw. zur Verwendung. Nur diejenigen Apparate jedoch, welche möglichst große Centrifugalkräfte zu erzeugen geeignet sind, sind mit Vorteil verwendbar, da sich gezeigt hat, daß sehr erhebliche Kräfte zur Verlagerung der im Innern der Eier befindlichen Teile erforderlich sind.

Bei allen Versuchen ist die Dauer der Rotation, die Anzahl der Umdrehungen in der Minute und die Entfernung des centrifugierten Gegenstandes von der Umdrehungsachse zu verzeichnen.

Aus den beiden letzten Daten ergibt sich die zur Wirkung gelangende Kraft nach folgender Formel. Ihre Größe ist gleich:

$\frac{4 \pi^2 r m}{t_2}$, wobei t die Umdrehungszeit in Sekunden bezeichnet. Legt man statt t die Umdrehungszahl pro Sekunde = n zugrunde, so lautet die Formel $4 \pi 2 r m . n^2$.

Da die Größe der Schwerkraft den Wert m g hat, so ergibt sich die Centrifugalkraft, in Schwerkraftseinheiten ausgedrückt zu $\frac{4 \pi^2 r}{g . t^2}$ oder $\frac{4 \pi^2 r . n^2}{g}$, dabei bedeutet g die Erdbeschleunigung = 981 *cm* pro Sekunde.

Was die Beurteilung der von den verschiedenen Autoren verwendeten Vorrichtungen betrifft, so dürfte denjenigen der Vorzug zu geben sein, welche die

Anwendung der größten Kräfte bieten und neben einer dadurch ermöglichten vollständigen Sonderung der verschiedenen Bestandteile noch den Vorteil raschen Arbeitens für sich haben.

Demgemäß sind zuerst die von T. H. MORGAN und von LYON verwendeten Centrifugen zu nennen:

MORGAN benutzt eine kleine Handcentrifuge. Die inneren Enden der Röhre, in denen sich die Eier befinden, sind 10 *cm*, die äußeren $11^1/_2$ *cm* von der Rotationsachse entfernt. Es wurde mit 1600 Umdrehungen in der Minute gearbeitet. Für Rana silvatica gilt folgendes: Eine Dauer von mehr als 10 Minuten hatte solche Anomalien zur Folge, daß sich keine Embryonen entwickelten. Die besten Erfolge wurden erzielt bei 7 Minuten Dauer; unter 5 Minuten erhielt man keine gut hervortretende Wirkung.

Für die Kröte (Bufo variabilis) ist die beste Zeit 3 Minuten, längere Dauer verhindert die Entwicklung des Embryos. Kröteneier sind also viel empfindlicher. (Der direkte Effekt dieser Centrifugierung ist die Bildung eines durchsichtigen Polfeldes, welches dadurch entsteht, daß die Pigment- und Dotterkörner vom Eischeitel weggetrieben werden.)

Ebenfalls eine Handcentrifuge benutzt LYON. Er arbeitet mit 10.000—12.000 Umdrehungen des Röhrchens pro Minute. Das geschlossene Ende des Röhrchens ist 8 *cm* von der Achse entfernt. Die 10.000—12.000 Umdrehungen entsprechen einer Handumdrehung der Kurve von 100—120mal. Einer Umdrehung von 12.000 Malen entspricht am Ende des Röhrchens eine Kraft vom 6400fachen der Schwerkraft.

Die für die einzelnen Tierarten zur Trennung der spezifisch verschieden schweren Bestandteile erforderlichen Zeiten sind folgende: Bei Arbazia sind die verschieden schweren Bestandteile nach 1—2 Minuten vollständig voneinander getrennt. Bei den Eiern von Cynthia tritt nach 1 Minute eine vollständige Trennung in 3 Lagen ein. Nach derselben Zeit war die Trennung bei der „common garden spider" beendigt (2 Lagen). Ferner läßt sich leicht Trennung in verschiedene Lagen erzielen bei Asteriaseiern, Chaetopterus und Phascolosoma.

Eine Vorrichtung, um die Orientierung der Eier beim Centrifugieren zu beherrschen, habe ich angegeben. Die Eier (das Verfahren ist an Froscheiern ausprobiert) werden auf einen Objektträger aufgesetzt und dieser in einer Glasröhre durch ein am Boden befindliches Korkstück mit Einschnitt und einen Einschnitt am Stopfen in unveränderter Lage erhalten. Anstatt die Eier aufzusetzen, kann man sie auch zwischen zwei Glasplatten immobilisieren und diese in die Korkstücke einsetzen.

Fig. 16.

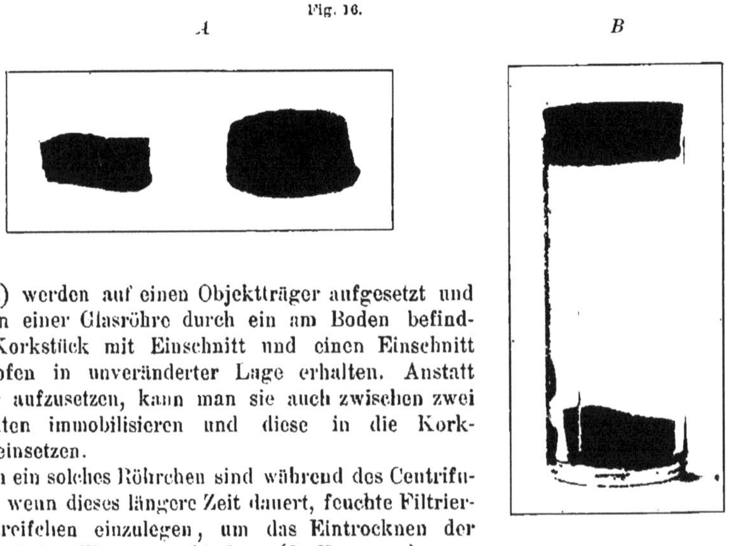

In ein solches Röhrchen sind während des Centrifugierens, wenn dieses längere Zeit dauert, feuchte Filtrierpapierstreifchen einzulegen, um das Eintrocknen der Hülle und der Eier zu verhindern (O. HERTWIG).

Bei fast allen Methoden ist mit der inneren Umlagerung der Substanzen auch eine mehr oder weniger starke äußere Formveränderung der Eier verbunden. LYON führte den Kunstgriff ein, die Eier in einer Lösung von gleichem spezifischen Gewicht zu centrifugieren. Dadurch wird die Anwendung ungeheurer Kräfte ermöglicht, ohne daß eine äußere Formveränderung des Eies stattfindet. Nur die verschieden schweren Teile im Innern des Eies werden davon betroffen. Die Eier werden in einer Gummilösung in Seewasser centrifugiert. Einige Tropfen der Seewassergummilösung von gleichem spezifischen Gewicht mit den Eiern kommen auf den Boden der Röhre, darüber Seewasser mit den zu centrifugierenden Eiern. Bei Beginn der Rotation werden die Eier in die Gummilösung getrieben und bleiben in dieser ohne Formveränderung. Durch Kontrollversuche muß festgestellt werden, daß der verwendete Gummi keine Schädigung auf die Entwicklung der Eier ausübt. Nach dem Centrifugieren werden die Eier in Uhrgläsern ausgewaschen. Es wird eine beträchtliche Menge Wasser zugegeben, so daß der Gummi sich nur noch in sehr verdünnter Lösung befindet. Um die Lagerung der Eier noch in der centrifugierten Lösung beobachten zu können, werden zweckmäßigerweise zum Centrifugieren Capillarröhrchen verwandt.

Über die von den übrigen Autoren angewendeten Vorrichtungen orientiere man sich mit Benutzung der hier verzeichneten Literatur:

Literatur: GURWITSCH (Verh. Anat. Ges., Jena 1904), HERTWIG (Arch. Mikr. Anat., Bd. 53, 1899), derselbe (Ebenda, Bd. 63, 1904), derselbe (Sitz. Akad. Wiss., Berlin 1897), LILLIE (Journ. of Exp. Zool., Bd. 3, 1906), LYON (Arch. Entw.-Mech., Bd. 23, 1907), derselbe (Amer. Journ. Physiol., Bd. 15, 1906), MORGAN (Arch. Entw.-Mech., Bd. 22, 1906), derselbe (Ebenda, Bd. 15, 1902), RAUBER (Ber. Nat. Ges. Leipzig, Jg. 1884), ROUX (Ges. Abh., Bd. 2), WETZEL (Arch. Mikr. Anat., Bd. 63, 1907).

Schwerkraft.

Die hierher gehörigen Versuchsanordnungen sind zum größten Teil ganz spezieller Art und nur unter Darlegung der damit verbundenen Kontroversen etc. verständlich.

Literatur: BORN (Arch. Mikr. Anat., Bd. 24, 1884), KATHARINER (Arch. Entw.-Mech., Bd. 12, 1901), PATTEN (Zool. Anz. 1894), PFLÜGER (Arch. Ges. Physiol., Bd. 31 u. 34, 1883 u. 1884), RAUBER (Sitz. Nat. Ges., Leipzig 1884), ROUX (Arch. Entw.-Mech.), Bd. 5 u. 10, 1897 u. 1900), SCHULTZE (Verh. Anat. Ges., Straßburg 1894), derselbe (Arch. Mikr. Anat., Bd. 55, 1900).

III. Chemische Einflüsse des umgebenden Mediums.

a) Vorbemerkung.

Die Herstellung von Lösungen und die dabei zu beachtenden Regeln werden als bekannt vorausgesetzt.

Für Versuche an Süßwassertieren werden die betreffenden Stoffe einfach dem Süßwasser zugesetzt. Wenn die im Süßwasser enthaltenen geringen Mengen gelöster Stoffe die Quelle von Versuchsfehlern bilden würden, so muß man von destilliertem Wasser ausgehen. Für dessen Verwendung gelten die auf pag. 396 gegebenen Vorsichtsmaßregeln.

An dieser Stelle ist in erster Linie die Herstellung geeigneter Flüssigkeiten zu besprechen, welche dazu bestimmt sind, für Wasserorganismen möglichst normale Bedingungen zu schaffen.

b) Flüssigkeiten für Süßwasserorganismen.

Hier ist zu beachten, daß die normalsten Bedingungen immer dadurch zu erzielen sind, daß man das Material in Wasser weiter züchtet, welches aus demselben Teich, See etc. entnommen ist, in welchem man die Organismen im Freien vorfand.

Operierte Amphibienlarven soll man nach BORN zunächst in physiologischer Kochsalzlösung aufziehen, die nach einigen Tagen zu verdünnen und schließlich durch reines Wasser zu ersetzen ist.

SCHAPER wendet sich jedoch gegen die Verwendung der physiologischen Kochsalzlösung, die keineswegs ein indifferentes Mittel vorstellt. Er verwendet statt dessen die LOCKEsche isotonische Flüssigkeit, die weit bessere Resultate gibt.

Die Rezepte für LOCKEsche isotonische Flüssigkeiten lauten:

a) Für Säuger:		*b)* Für Amphibien:
0,02%	$CaCl_2$ (wasserfrei!)	0,02%
0,01%	KCl	0,01%
0,9 %	NaCl	0,6 %
0,01—0,03%	$NaHCO_3$	0,01—0,03%

Auch HARRISON wendet sich gegen die physiologische Kochsalzlösung. Er züchtet die Froschlarven von Anfang an in kaltem Leitungswasser. Dadurch vermeidet er erstens den stets sehr bald erforderlich werdenden unbequemen Ersatz der Kochsalzlösung durch Wasser und zweitens die schädliche Wirkung des Kochsalzes, welche sich, abgesehen von der Begünstigung der allerersten Wundheilungsprozesse, sehr bald durch Kränklichkeit und Zurückbleiben in der Entwicklung bemerklich macht.

Bei der Herstellung der physiologischen Kochsalzlösung wie auch der LOCKEschen Flüssigkeit wird man gewöhnlich vom destillierten Wasser ausgehen. Reines Quellwasser, welches fast gar keine gelösten Salze enthält, ist natürlich, wo es zur Verfügung steht, statt dessen verwendbar.

Nimmt man jedoch destilliertes Wasser, so beachte man stets folgendes:

1. Alles aus Kupferapparaten destillierte Wasser ist auf Kupfergehalt verdächtig. Ist die Destillation auf diese Weise erfolgt oder ist die Darstellungsweise unbekannt, so muß der Verdampfungsrückstand wenigstens eines Liters auf Kupfer durch Zusatz von $K_4Fe(CN)_6$ geprüft werden. Ist der Ausfall der Probe positiv, so kann das Kupfer (HERBST) auf zwei Weisen entfernt werden:

a) Durch tropfenweisen Zusatz einer $^1/_8$%igen $K_4Fe(CN)_6$-Lösung. Jeder Überschuß muß vermieden und mit dem Filtrat müssen vorher Probekulturen angesetzt werden.

b) Durch 24stündiges Stehenlassen mit einem Überschuß von $CaHPO_4$ unter wiederholtem Schütteln. $Ca_3P_2O_8$ fällt weniger vollständig aus. Ebenso ist die Ausfällung mit Magnesiumcarbonat weniger vollständig. Ist, wie oben für die Herstellung künstlichen Seewassers angegeben, schon $CaHPO_4$ im Überschuß zugefügt worden, so ist hier schon eine Ausfällung des Kupfers geschehen.

2. Man vermeidet das Kupfer ganz, wenn man aus Glasgefäßen umdestilliert. Die Gefäße müssen (HERBST) aus Jenenser Glas sein, da von gewöhnlichen Glassorten zuviel Substanz in Lösung geht. Aus dem Jenenser Glase geht (HERBST) Magnesium und Zink in das Wasser über. Wie besondere mit Zink angestellte Versuche ergaben, können die aus dem Glase übergegangenen Mengen nicht von schädlichem Einfluß sein. Gebrauchte Glaskolben sind einwandfreier als neue, da nach OSTWALD die Oberfläche von Glasgeräten weniger angreifbar wird, wenn sie einige Zeit der Wirkung von Wasserdämpfen ausgesetzt waren.

c) Seewasser.

Zur Herstellung oder Beschaffung künstlichen Seewassers ist folgendes zu bemerken:

1. Fertige konzentrierte Lösung künstlichen Seewassers, welche zur Verwendung im Aquarium nur verdünnt zu werden braucht, kann man vom Berliner Aquarium (Berlin W., Schadowstraße) beziehen.

2. HERBST (97) hat zwei etwas voneinander abweichende Verfahren angegeben:

a) Nach dem ersten löst man zunächst in 100 Gewichtsteilen destillierten Wassers $NaCl$ 3 *g*, KCl 0,07 *g*, $MgSO_4$ 0,26 *g*, $MgCl_2$ 0,5 *g*, $CaSO_4$ 0,1 *g*.

Zu der Lösung dieser Stoffe wird eine Messerspitze phosphorsauren Kalks zugesetzt und die Flüssigkeit unter öfterem Umschütteln ca. 15 Stunden stehen gelassen und abfiltriert.

Die nun folgende Operation bezweckt einen Gehalt an $CaCO_3$. Hierfür sind zwei Verfahren angegeben. Nach dem ersten umständlicheren wird gefälltes Calciumcarbonat zugesetzt und, um es zu lösen, Kohlensäure im langsamen Strom $^1/_2$—$1^1/_2$ Stunden (je nach der Flüssigkeitsmenge) hindurchgeleitet. Das mit Kohlensäure bis oben gefüllte Gefäß bleibt ca. 12 Stunden verschlossen stehen. Vom ungelösten Carbonat wird abfiltriert, die Flüssigkeit mit Luft geschüttelt und in flachen Schalen vor Staub geschützt stehen gelassen. Hierbei entweicht noch Kohlensäure und wird weiterhin Luft aufgenommen. Der von neuem ausgefallene kohlensaure Kalk wird abfiltriert. Die Lösung bleibt einige Tage stehen und ist fertig, wenn kein Kalk mehr ausfällt. Nach dem zweiten einfacheren Verfahren wird Magnesiumcarbonat gepulvert zugesetzt und Luft 20—24 Stunden lang hindurchgeleitet. Hierbei bildet sich durch Umsetzung des $MgCO_3$ mit dem schon vorhandenen $CaSO_4$ sowohl $MgSO_4$ wie auch das beabsichtigte $CaCO_3$.

b) Spätere Vorschriften HERBSTS (01) enthalten folgende Abänderungen:

1. Statt 0,07% KCl wird 0,08%, statt 1,0% $CaSO_4$, später 1,6% genommen. Diese Änderungen sind nicht wesentlich.

2. Die weitere Abweichung betrifft die Phosphate und Eisensalze. Der Zusatz dieser Salze wurde unterlassen und ein sekundäres Phosphat höchstens zur Erzielung einer gewissen Alkalinität hinzugesetzt. Die praktische Brauchbarkeit derartigen, vom natürlich vorkommenden abweichenden Seewassers ist für die Entwicklung der Seeigellarven von HERBST erwiesen, für andere Objekte muß es als unentschieden bezeichnet werden.

Bemerkungen.

Statt der angegebenen Menge von $MgCl_2$, 0,5%, enthält das Wasser des Mittelmeeres 0,32%. Die Zahl wurde von HERBST infolge der Feuchtigkeit des Magnesiumchlorids erhöht. Um genau bestimmte Mengen davon zuzusetzen, muß eine bestimmte Menge Salz abgewogen und gelöst werden. Der Titer der Lösung wird bestimmt und daraus der Trockensalzgehalt des feuchten Magnesiumchlorids bestimmt.

Alle obigen Zahlen beziehen sich übrigens auf trockene Salze und ohne Krystallwasser. Jedoch ist es nach HERBST nicht nötig, die Salze stets vom Krystallwasser zu befreien, da geringe Mengendifferenzen ohne Belang sein sollen. Für die Gesamtkonzentration der Lösung ist zu beachten, daß nach LÖB das Optimum des Wachstums für Tubularia aus dem Mittelmeer bei einem Salzgehalt von 2,5 liegt, während der Salzgehalt des Mittelmeeres 3,8 beträgt. Ferner kann man nach HERBST das Seewasser mit 20—25% Süßwasser verdünnen, ohne die Entwicklung der Eier zu alterieren.

Falls es, wie in den Versuchen von HERBST, erforderlich ist, bis ins kleinste über die chemische Zusammensetzung des künstlichen Seewassers, welches man verwendet, orientiert zu sein, muß man natürlich von destilliertem Wasser ausgehen.

Handelt es sich aber nur darum, eine brauchbare Zuchtflüssigkeit zu erhalten, so wird man einfach von Brunnen-, Leitungs- oder Quellwasser ausgehen. Ist das verwendete Wasser kalkhaltig, so braucht man für den Kalkgehalt weiter keine Sorge zu tragen und das Verfahren vereinfacht sich erheblich.

Ich kann z. B. aus eigener Erfahrung berichten, daß die künstliche Befruchtung von Phallusia und die Aufzucht schwimmender Larven in ganz normaler Weise in folgender Mischung vor sich ging: NaCl 3,— *g*, KCl 0,07 *g*, $MgSO_4$ 0,26 *g*, $MgCl_2$ 0,5 *g*, $MgHPO_4$ eine Messerspitze, $MgCO_3$ eine Messerspitze, (Berliner) Leitungswasser 100 *ccm*.

d) Behandeln der Objekte beim Übertragen in die künstlichen Mischungen.

Objekte, welche sich zu Boden senken, bringt man nach HERBST in großer Menge in ein Gefäß mit wenig Wasser, so daß sie sehr dicht liegen, entnimmt daraus welche mit einer Glaspipette und bringt wenig Eimaterial (2 Tropfen) in ein Gefäß mit 20 *ccm* der Versuchslösung, läßt zu Boden setzen, gießt ab und füllt noch einmal mit der Versuchsflüssigkeit auf. Wünscht man auch die letzten Spuren der ursprünglichen Flüssigkeit zu entfernen, so kann das Abgießen solange wiederholt werden, bis man sicher zu sein glaubt, bzw. sich durch eine Reaktion von der Abwesenheit des etwa störend wirkenden Körpers überzeugt.

Freischwimmende Larven bringt HERBST in möglichst großer Zahl in ein Salznäpfchen. Durch Beklopfen der Wand sammeln sie sich am Boden an, werden herauspipettiert und in ein Näpfchen mit der Versuchsflüssigkeit übertragen. Das Zusammenklopfen und Herauspipettieren wird nach Erfordern wiederholt.

e) Einfluß der Entziehung des Sauerstoffs auf Eier und auf Embryonalentwicklung.

Folgende Wege sind eingeschlagen worden:

α) Zum Studium der Entwicklung von Asterias Forbesii unter möglichstem Sauerstoffausschluß verfährt H. DEAN KING so: Kleine Flaschen werden fast ganz mit frischem Seewasser gefüllt und 25—35 Minuten gekocht. Dann werden sie mit einem Gummistöpsel verschlossen und Hals und Stöpsel mit Paraffin überzogen. Nach eingetretener Abkühlung wird eine Quantität reifer Eier direkt aus dem Ovarium des Seesterns so rasch als möglich in die geöffnete Flasche übertragen und diese sofort wieder auf dieselbe Weise verschlossen. Die Eier werden nach der für den Versuch erforderlichen Zeit herausgenommen.

b) J. LOEB und W. H. LEWIS entziehen den Sauerstoff den Seeigeleiern dadurch, daß sie sie in Gaskammern halten, in welchen die Luft durch einen mächtigen Strom sorgfältig gereinigten Wasserstoffs vertrieben war.

c) Eine andere Methode von LOEB und LEWIS besteht darin, daß man die Eier (vom Seeigel Arbacia) mit wenig Seewasser in kleine offene Fläschchen bringt, welche in Reagensröhrchen gestellt werden. Diese enthalten eine frisch bereitete Lösung von 180 *g* KOH in 120 *ccm* Wasser, welcher eine Lösung von 5 *g* Pyrogallol in 15 *ccm* Wasser zugefügt war. Die Reagensgläser werden versiegelt.

f) Wirkung von Salzlösungen und Lösungen anderer Stoffe auf Befruchtung, Bastardierung, Färbung und Embryonalentwicklung.

Für die Ausführung aller dieser Versuche muß als durchgehende Regel gelten, daß die Zeitangaben stets zu variieren sind, so daß man stets eine Anzahl Eier längere, und andere kürzere Zeit, als angegeben in den Lösungen liegen läßt. Genau das gleiche gilt für die angegebenen Konzentrationen.

a) Befruchtung und Bastardierung.

Das hier Gegebene ist durch Nachschlagen in dem Artikel: Lebendes Objekt etc. zu ergänzen.

1. Befruchtung.

1. Um bei Patella die normale Befruchtung zu erleichtern, verwendet E. B. WILSON (04) alkalisiertes Seewasser.

2. Zahlreiche experimentelle Anordnungen, um bei Ciona die fast stets erfolglose Befruchtung der Eier durch den Samen desselben Tieres zu erreichen, bzw. die Ursache der Erfolglosigkeit der Befruchtung zu ergründen, gibt MORGAN (04) an. Entsprechende Experimente s. dort für Cynthia und Molgula.

2. Mittel zur künstlichen Hervorrufung von Dottermembranen.

1. O. und R. HERTWIG entdeckten zuerst (1887), daß unbefruchtete Seeigeleier eine für die Untersuchung durch das bewaffnete Auge völlig normale Befruchtungsmembran bilden, wenn man sie in Seewasser bringt, das mit Chloroform versetzt ist.

2. Nach HERBST (93) ist in derselben Weise und mit demselben Erfolg verwendbar Kreosot, Nelkenöl, Xylol, Toluol, Benzol, Silbersalze (Seeigel). Nach LOEB (05) bei Asterina und Strongylocentrotus Benzol oder Amylen (1 *ccm* auf 50 Seewasser).

3. Die Eier von Thalassema mellita bilden eine Befruchtungsmembran nach Behandlung mit Säuren. S. künstliche Parthenogenese.

4. Ferner wirkt nach LOEB (04) bei Strongylocentrotus purpuratus eine $^1/_2$ bis $1^1/_2$ Minuten dauernde Behandlung mit einer Mischung, welche auf 50 *ccm* Seewasser einer $\frac{n}{10}$-Lösung einer Fettsäure (Ameisensäure, Essigsäure, Butter-, Propion-, Valerian- oder Capronsäure) enthält.

Auch in verschiedenen colloidalen Lösungen, Hühnereiweißlösung, Seifenlösung, im Serum verschiedener Tiere lassen sich am Seeigelei künstliche Befruchtungsmembranen erzeugen (LOEB 08).

Die Eier kommen darauf in normales Seewasser zurück. Sphaerechinus ist hierzu nicht zu verwenden, da nach derselben Behandlung bei ihm keine Abhebung der Membran eintritt, wenn auch der Kern zuerst Anfänge zur Entwicklung aufweist (HERBST 06).

Hinweis: Die Methoden zur Erzeugung künstlicher Parthenogenese sind in einem besonderen Abschnitt behandelt.

3. Bastardierung.

1. Eine schon von OSKAR HERTWIG angegebene einfache Methode (I, 15) zur Vermehrung von befruchteten Eiern bei Bastardierung besteht darin, daß man die unbefruchteten Eier einige Zeit liegen läßt. Die Methode ist bei verschiedenen Seeigeln von verschiedenem Erfolg. Sie erhöht nach VERNON die Anzahl der Bastarde in der Kombination von $\frac{\text{Sph.} ♂}{\text{Strg.} ♀}$. Dagegen kommt der Erfolg nicht deutlich zum Ausdruck bei der umgekehrten Kombination von $\frac{\text{Strg.} ♂}{\text{Sph.} ♀}$.

2. Eine Vermehrung der befruchteten Eier in Bastardkultur von $\frac{\text{Ech.} ♂}{\text{Sph.} ♀}$ erzielt man nach HERBST (06), wenn man die Sph.-Eier vor der Befruchtung auf eine Minute in Süßwasser bringt. Dadurch werden einige Eier zerstört, die Hauptmasse aber bleibt lebensfähig. Selbst nach 3 Minuten Aufenthalt in Süßwasser bleibt noch ein zu Versuchen ausreichender Prozentsatz von Bastardlarven übrig. Die Methode bewährte sich bei mehrmaligen, zu verschiedenen Zeiten angestellten Versuchen.

3. Nicht ganz so gleichmäßig wirkt folgende Methode für $\frac{\text{Strg.} ♂}{\text{Sph.} ♀}$, durch welche HERBST in der Mehrzahl der Fälle allerdings eine Vermehrung der Anzahl der Bastarde erzielen konnte. 40 *ccm* Seewasser werden mit 3 Tropfen einer $^1/_{10}$-Normallösung von Na COH versetzt.

4. Die Wärme bewirkt ebenfalls eine Erhöhung der Anzahl der Bastarde, jedoch tritt die individuelle Disposition so stark in den Vordergrund, daß die Vermehrung fast nur theoretischen Wert besitzt. Für $\frac{\text{Strg.} ♂}{\text{Sph.} ♀}$ ergab sich um 24° herum die größte Ausbeute.

5. Folgendes Verfahren von HERBST stellt eine Methode zur künstlichen Vermehrung der mütterlichen Charaktere von Bastardlarven vor.

Eine Mischung von 50 *ccm* Seewasser mit 3 *ccm* einer $^1/_{10}$-Normallösung von Essigsäure, Buttersäure oder Valeriansäure wird hergestellt.

In diese Lösung kommen die Eier auf 2—8 Minuten.

Ein- bis zweimaliges Waschen der Eier mit Seewassermischung durch Abgießen. Als Waschflüssigkeit dient Seewasser, welchem auf 100 *ccm* eine Menge von $1^1/_2$ *ccm* einer $^1/_{10}$-Normalnatronlauge zugesetzt worden ist. Statt dessen kann auch mit sterilisiertem Seewasser gewaschen werden. Es muß dann so oft wiederholt werden, daß angenommen werden kann, daß keine Säurespuren mehr sich im Seewasser befinden.

Die Eier werden beobachtet und sobald der Kern größer und undeutlich geworden ist, bzw. ein großer heller Hof in den Eiern aufgetreten ist, wird die Befruchtung mit Strg.-Samen ausgeführt. Ein Teil der Eier wird unbefruchtet zur Kontrolle aufgehoben. Das Verfahren beruht also darauf, Eier zu bastardieren, welche schon die Anfänge einer selbständigen parthenogenetischen Entwicklung zeigen.

6. Die künstliche Bestardierung zwischen Echiniden einerseits und Crinoiden sowie Asteriden andrerseits durch Anwendung besonderer Flüssigkeiten.

Bastardierung zwischen Asteriden und Echiniden.

Die LOEBschen Versuche (03 und 04), $\frac{\text{Asterias ochracea} ♂}{\text{Strong. purpurat.} ♀}$ (27. April und 9. November) und Seeigeleier mit Seestern- und Holothuriensamen (10. Februar) sind mit amerikanischen Arten angestellt. In Neapel gelang GODLEWSKI jun. die Bastardierung nach den LOEBschen Methoden zwischen Echiniden und Asteriden nicht (November bis Februar).

Bastardierung zwischen Crinoiden und Echiniden.

Die Eier von Sphaerechinus granularis, Strongylocentrotus lividus und Echinus microtuberculatus lassen sich mit Samen von Antedon rosacea bastardieren nach folgendem Verfahren:

1. Seewasser wird auf 70° erwärmt und abkühlen gelassen.

2. Je 100 *ccm* des sterilisierten Seewassers werden mit 0,25—0,50—0,75—1,0—1,25—1,50—1,75 und 2,0 *ccm* $\frac{n}{10}$-Na OH-Lösung versetzt und die verschiedenen Lösungen in ebensoviele Schalen verteilt.

3. Arme von Antedon werden mit Leitungswasser gründlich ausgespült, die abgerissenen Pinnulen werden in den Schalen zerzupft.

4. Abspülen der Seeigel mit Leitungswasser von außen, Öffnen und Ausspülen von innen.

5. Die Ovare werden in steriles Seewasser übertragen. In dieses werden durch Anschneiden und Zerreißen des Ovars die Eier entleert. Mit einer Pipette werden dann gleiche Eimengen in die einzelnen Schalen verteilt.

6. Nach 5—6 Stunden ist das natronhaltige Wasser abzugießen und durch steriles Seewasser zu ersetzen, dies besonders deshalb, damit der Überschuß der bald faulenden Spermatozoen entfernt wird.

Antedon ist in Neapel das ganze Jahr hindurch geschlechtsreif zu finden. Jedes Tier kann mehrere Tage hintereinander verwandt werden, indem man immer nur einen Arm verbraucht.

Die Zahl der erhaltenen Bastardierungen kann bis zu 80% unter günstigen Bedingungen ansteigen. Man hat dabei zu beobachten, daß eine nicht zu große Menge Eier mit viel Sperma befruchtet wird. Da andrerseits eine allzu große Menge Sperma über das Optimum hinaus wieder die Anzahl der Bastardierungen herabsetzt, so setzt man am besten mehrere Schalen mit ungleichen Mengen Sperma an.

Ferner ist besonders folgendes Ergebnis von GODLEWSKI zu beachten: „Die Copulation der an der heterogenen Befruchtung teilnehmenden Geschlechtsprodukte ist nur bei einem gewissen Alkalinitätsgrad des umgebenden Mediums möglich. Diese Hydroxylionenkonzentration, bei welcher die heterogene Befruchtung möglich ist, ist für verschiedene Geschlechtsprodukte sogar derselben Eltern verschieden und schwankt nur innerhalb enger Grenzen. Bei der sukzessiven Erhöhung der Hydroxylionenkonzentration werden bei jedem Wechseln der Alkalinität des umgebenden Mediums immer diejenigen Geschlechtsprodukte miteinander copulieren, deren individueller Beschaffenheit die betreffende Konzentration entspricht. Damit ist also die Tatsache zu erklären, daß bei sukzessiver Alkalinitätserhöhung die Zahl der heterogen befruchteten Eier zunimmt."

Dies illustriert z. B. folgender Versuch, welcher die höchsten erhaltenen Prozentzahlen für heterogene Befruchtung aufweist.

Es wurden dazu 5 Echinusweibchen und 5 Antedonmännchen verwendet. Jedesmal kamen andere Geschlechtsprodukte miteinander in Berührung.

Exp.: „Befruchtung in sterilisiertem Seewasser mit Zusatz von 0,5 cm^3 $\frac{n}{10}$-Na OH auf 100 cm^3 des Seewassers. Die Flüssigkeit wurde 4mal nach je 2 Stunden abgegossen, jedesmal mit dem neuen Sperma im Seewasser von immer mehr zunehmender Alkalinität (0,75—1,0—1,25—1,5 cm^3 $\frac{n}{10}$-Na OH auf 100 cm^3 des Seewassers) ersetzt."

Die Anzahl der befruchteten Eier betrug:

	Nr. 1	Nr. 2	Nr. 3	Nr. 4	Nr. 5
1. Im obigen Versuch	74%	66%	84%	16%	50%
2. In einem mit denselben Geschlechtsprodukten, aber ohne Erneuerung des Samens und ohne Konzentrationserhöhung ausgeführten Versuch	24%	9%	8%	1,5%	4%

Die Bastarde erreichen folgende Entwicklungsstadien:

Sphaerechinus-Antedon	Strongylocentrotus-Antedon	Echinus-Antedon
Gastrulastadium	in einzelnen Fällen bis zum Pluteus.	

b) Furchung (und Zellteilung).

1. Der normale Anschluß der Furchungszellen aneinander wird verhindert durch kalkfreies Seewasser. Siehe oben (pag. 369).

Eine andere künstliche kalkfreie Seewassermischung, welche zur Aufzucht von Kalkschwämmen (Sycandra raphanus) in carbonatfreiem oder kalkfreiem Seewasser dient, gibt MAAS an. Sie besteht aus:

Erstes Rezept:		oder	Zweites Rezept:	
			(dieselben Bestandteile ohne $CaSO_4$)	
$NaCl$ . . . etwas über	30 *g*		$NaCl$ . . . etwas über	30 *g*
KCl	0,7 "		KCl	0,7 "
$MgCl_2$	4–5 "		$MgCl_2$	4–5 "
$MgSO_4$	2,5 "		$MgSO_4$	2,5 "
$CaSO_4$	1 "		Wasser	1 *l*
Wasser	1 *l*			

2. Flüssigkeit: Seewasser, dem 20% Flußwasser zugesetzt ist. Züchtet man hierin Seeigeleier, so lassen sich zahlreiche Abweichungen, besonders auf dem Achtzellenstadium, beobachten. In besonders charakteristischen Fällen besteht der Keim aus 4 Mikro- und 4 Makromeren.

3. Erzeugung von Plasmateilung ohne Kernteilung bei Protozoen nach PROWAZEK. Trypanosomen werden in folgender Mischung gehalten: Zu 10 *ccm* physiologischer Kochsalzlösung werden 2—3 Ösen einer 0,3%igen Salzsäure gesetzt. Hiervon nimmt man höchstens 2 Ösen Flüssigkeit, welche dem frischen Blut einer mit Trypanosomen infizierten Maus zugesetzt werden.

4. Unterdrückung der ersten Furche. Seeigeleier kommen kurz vor der ersten Teilung auf einige Zeit in Seewasser, welchem 2,5% Äther zugesetzt worden ist. Sie werden dann wieder in reines Seewasser übertragen.

Andere Methoden zur Erreichung desselben Zweckes sind: Schütteln auf dem genannten Stadium oder Übertragung in eine Temperatur von ungefähr —2° auf 15 Minuten.

c) Embryonalentwicklung.

Bei der Prüfung der besonderen Wirkungen bestimmter Stoffe ist wie überall darauf zu achten, daß alle nicht in Betracht kommenden Nebenbedingungen der Versuche gleich sind, insbesondere müssen die Stoffe in einer Konzentration gewählt werden, bei der sie gleichen osmotischen Druck ausüben.

Nach JENKINSON findet man in der folgenden Tabelle von einer größeren Anzahl von Stoffen angegeben, in welchem Prozentsatz sie einer 0,625%igen Lösung isotonisch sind.

Natriumchlorid	0,625	Strontiumnitrat	1,71
Ammoniumchlorid	0,567	Magnesiumnitrat	1,2
Lithiumchlorid	0,45	Natriumbromid	1,09
Kaliumchlorid	0,789	Ammoniumbromid	1,03
Calciumchlorid	0,905	Lithiumbromid	0,92
Bariumchlorid	1,69	Kaliumbromid	1,26
Strontiumchlorid	1,245	Calciumbromid	1,63
Magnesiumchlorid	0,77	Bariumbromid	2,41
		Strontiumbromid	2,01
Ammoniumjodid	1,53	Magnesiumbromid	1,5
Lithiumjodid	1,42		
Kaliumjodid	1,75	Ammoniumsulfat	1,07
Natriumjodid	1,59	Lithiumsulfat	0,89
		Kaliumsulfat	1,416
Ammoniumnitrat	0,84	Natriumsulfat	1,15
Lithiumnitrat	0,73	Magnesiumsulfat	1,9
Kaliumnitrat	1,07		
Natriumnitrat	0,901	Rohrzucker	6,6
Calciumnitrat	1,33	Dextrose	3,43
Bariumnitrat	2,12	Harnstoff	1,14

Ebenfalls nach JENKINSON sind die Wirkungen obiger Lösungen auf Froscheier zusammengestellt.

Ammoniumjodid, Ammoniumbromid: Töten auf frühen Furchungsstadien.

Bariumbromid, Ammoniumchlorid: Töten auf späten Furchungsstadien.

Ammoniumnitrat, Lithiumjodid, Calciumbromid: Nur eine dorsale Lippe wird gebildet. Stirbt während der Gastrulation.

Strontiumchlorid, Calciumchlorid, Bariumchlorid, Strontiumbromid, Calciumnitrat, Strontiumnitrat: Die Gastrulation schreitet bis zur Bildung des halbmondförmigen Urmundes vor. Stirbt während der Gastrulation.

Kaliumjodid, Magnesiumbromid: Ein kreisförmiger Urmund wird gebildet. Stirbt auf dem Gastrulationsstadium ab.

Lithiumbromid, Ammoniumsulfat, Natriumjodid: Eine Neuralplatte und Neuralfalten bilden sich, aber kein Neuralrohr. Folgende Organanlagen differenzieren sich: Chorda dorsalis, Leber, Neuralleiste, Ganglion V und X.

Kaliumbromid, Kaliumchlorid, Lithiumchlorid, Lithiumsulfat, Kaliumnitrat, Lithiumnitrat: Die Medullarfalten kommen teils zum Schluß (Kaliumbromid, Kaliumchlorid, Kaliumnitrat), teils bleiben sie ganz oder teilweise offen. Der Blastoporus schließt sich in der KCl-Lösung, bleibt aber gewöhnlich offen. — Die Störung der Entwicklung zeigt sich besonders darin, daß der Embryo im ganzen eine mehr oder weniger sphärische Form behält. Die innerste Haut der Hülle bleibt dem Embryo dicht anliegend. Die Lumina der inneren Höhlen (Gehirn, Auge, Ohrbläschen, Darm) sind ungewöhnlich eng und ihre Wandungen sehr stark.

Kaliumsulfat, Natriumbromid, Natriumchlorid, Natriumnitrat: Die Differenzierung schreitet erheblich weiter fort. Blastoporus und Medullarplatten schließen sich jedoch nur ausnahmsweise. Die inneren Körperhöhlen sind an Größe etwas reduziert. Die Embryonen verlängern sich aber und können ausschlüpfen.

Rohrzucker, Magnesiumchlorid, Magnesiumnitrat, Magnesiumsulfat: Der Blastoporus schließt sich, jedoch später als normal. Die Medullarfalten bleiben ganz oder nur in der Gegend des Mittel- und Hinterhirns offen. — Die Eimembran dehnt sich aus, der Embryo verlängert sich und schlüpft aus. — Die Größe der Körperhöhlen ist nicht oder nicht nennenswert reduziert. — An den freiliegenden Teilen der Medulla tritt graue Degeneration auf. — Die innere Differenzierung geht weiter als in der vorhergehenden Gruppe, ausgenommen beim Traubenzucker, wo sie hinter der vorhergehenden zurückbleibt.

Dextrose: Sie bildet eine Gruppe für sich. So weit die Entwicklung vor sich geht, ist sie der Form nach ganz normal, nur daß die Lumina des Gehirns, des Ohrbläschens, der Augenblase und des Infundibulum reduziert und ihre Wandungen sehr stark sind. — Die Entwicklung ist außerordentlich langsam und der Embryo stirbt, bevor der Differenzierungsgrad der vorhergehenden Klasse erreicht ist.

Harnstoff: Die Entwicklung ist den Formen nach und zeitlich normal. Die Larven erreichen denselben Differenzierungsgrad wie in der Lösung von Magnesiumsalzen. Dann sterben sie.

Natriumsulfat: Die ganz normalen Larven leben wochenlang in der Lösung.

Literatur: ARIOLA (Arch. Entw.-Mech., Bd. 16, 1903), BATAILLON (Arch. Entw.-Mech., Bd. 11 u. 12, 1901), BROWN (Amer. Journ. of Physiol., Bd. 16, 1905 [Fundulus]), DRIESCH (Mitt. Zool. Stat. Neapel, Bd. 11, 1893), FISCHEL (Arch. Entw.-Mech., Bd. 22, 1906 [Bastardierung]), GURWITSCH (Anat. Anz., Bd. 11, 1895), derselbe (Arch. Entw.-Mech., Bd. 3, 1896), HEFFNER (Arch. Entw.-Mech., Bd. 26, 1908 [Echinidenlarven, Mehrfachbildung, kalkfreies Seewasser nach HERBST]), HERBST (Mitt. Zool. Stat. Neapel, Bd. 6 . . .), derselbe (Biol. Centralbl., Bd. 13, 1893), derselbe (Arch. Entw.-Mech., Bd. 5, 11, 21 u. 22, 1897, 1901 u. 1906), HERTWIG (Morph. Jhb., Bd. 1 u. 4, 1875 u. 1878), derselbe (Jena. Zeitschr. Nat., N. F., Bd. 17, 1890), derselbe (Exper. Stud. am tier. Ei I, Jena 1890), derselbe (Sitz. Akad. Wiss., Berlin 1897), HERTWIG, O. und R., (Jena. Zeitschr. Nat., Bd. 20, 1887), JENKINSON (Arch. Entw.-Mech., Bd. 21, 1906), KING (Arch. Entw.-Mech., Bd. 21, 1906), KUPELWIESER (Biol. Centralbl., 1906 [Bastardierung von Echinodermen und Mollusken]), LOEB (Univ. of California Publ. Physiol., Bd. 1 u. 2, 1904 u. 1905), derselbe (Arch. Ges. Physiol., Bd. 103, 1904), derselbe (Arch. Entw.-Mech., Bd. 22 u. 26, 1907 u. 1908 [Bastardierung zwischen Echinodermen und Mollusken]), LOEB und LEWIS (Amer. Journ. of Physiol., Bd. 6, 1892 [Arbaciaeier, KCN-Lösung]), LÖWENSTEIN (Arch. Entw.-Mech., Bd. 24, 1907), MAAS (Arch. Entw.-Mech., Bd. 22, 1906), MORGAN (Arch. Entw.-Mech., Bd. 16, 1903), derselbe (Journ. of Exper. Zool., Bd. 1, 1904), PROWAZEK (Arch. Entw.-Mech., Bd. 25, 1908), RAUBER (Sitz. Naturf. Ges., Leipzig, Jg. 10, 1883), RAWITZ (Arch. Entw.-Mech., Bd. 11 u. 12, 1901 [Entkernung reifer Holothurieneier, die dann mit Seeigelsperma befruchtet werden, Ephebogenesis]), REINKE (Arch. Entw.-Mech., Bd. 26, 1908 [Salamanderlarven, Gehirnentwicklung, Ätherlösung]). SOLLMANN (Amer. Journ. of Physiol., Bd. 16, 1906 [Fundulus, verschiedene Gifte]), STOCKARD (Journ. of Exper. Zool., Bd. 3, 1906 [Fundulus, Lithiumchlorid]), derselbe (Arch. Entw.-Mech., Bd. 23, 1907 [in einer $^1/_8$ n-Lösung von $MgCl_2$ erhält man 50% Cyclopia Fundulus]), derselbe (Journ. of Exper. Zool., Bd. 4, 1907 [Fundulus, Seewasser, Süßwasser, dest. Wasser]), TEICHMANN (Arch. Entw.-Mech., Bd. 6, 1903), TENNENT und HOGUE (Journ. of Exper. Zool., Bd. 3, 1906 [Seesterneier, CO_2-haltiges Seewasser]). WILSON (Arch. Entw.-Mech., Bd. 13,

1901), derselbe (Journ. of Exper. Zool., Bd. 1, 1904), YOUNG (Arch. de Zool., Bd. 6, 1883), derselbe (Arch. des Sc. Phys. Nat., Bd. 14, 1885).

E. Methoden zur Erzeugung künstlicher Parthenogenese.

Das Verfahren besteht am häufigsten darin, daß die unbefruchteten Eier einige Zeit in einer Lösung von höherer Konzentration als Seewasser verweilen und dann wieder in gewöhnliches Seewasser übertragen werden. Statt der Erhöhung der Konzentration werden auch andere physikalische Agenzien bzw. der Zusatz von kleinen Mengen gewisser Stoffe verwendet, welche nicht durch Erhöhung des osmotischen Druckes, sondern durch andere Eigenschaften wirken.

I. Seeigel.

Die hier zunächst zu beachtenden Vorsichtsmaßregeln gelten natürlich ebenso für alle übrigen Tierarten.

a) Alle Gefäße und Geräte müssen mit Süßwasser gereinigt werden. Die Instrumente werden durch Kochen in Wasser oder durch Erhitzen in einer Flamme sterilisiert.

b) Die verwendeten Weibchen werden mehrmals mit Süßwasser, am besten unter der Leitung, abgespült. Sind Männchen dazwischen geraten, so müssen die mit ihnen in Berührung gekommenen Gefäße und Instrumente sofort entfernt werden und dürfen nicht mehr zur Benutzung kommen (LOEB). In bezug auf die Verunreinigung mit Seeigelsperma macht LOEB darauf aufmerksam, daß die reifen Männchen dazu neigen, das Wasser in den Gefäßen mit Sperma zu erfüllen, in welchen sie ins Laboratorium gebracht werden. Die Entleerung der Eier erfolgt entweder, indem man die Unterfläche der Weibchen mit warmem Seewasser bespült (HUNTER) oder die Tiere werden geöffnet und die Eier mit einer Pipette dem Ovar entnommen.

c) Das benutzte Seewasser wird auf 65—70° erhitzt und wieder abkühlen gelassen. Zur Sättigung mit Sauerstoff wird es mit Luft geschüttelt oder in flachen Schalen stehen gelassen. Oder man läßt es aus dem Hauptgefäß durch einen fein ausgezogenen Heber in dünnem Strahl in die tiefer gestellten Schalen ausfließen (HUNTER).

d) Es wird neben dem Hauptversuch stets ein Kontrollversuch mit reinem sterilisiertem Seewasser angesetzt.

e) Die Lösungen müssen eine Temperatur von ungefähr 20° haben. Diese wichtige Versuchsbedingung ist von DONCASTER (briefliche Mitteilung an LOEB) gefunden worden.

Die beste Methode für Seeigel besteht darin, die Konzentration des Seewassers durch Zusatz von Natriumchlorid oder Kaliumchlorid zu erhöhen. Von beiden ist Kaliumchlorid vorzuziehen, da es meist zur Bildung eines einzigen Embryos aus einem Ei führt, während bei Verwendung von Natriumchlorid Polyembryonie die Regel bildet.

Die Eier kommen auf eine gewisse Zeitdauer in eine Lösung von bestimmter Konzentration und werden dann in normales steriles Seewasser zurückgeführt, in welchem die Entwicklung selbst vor sich geht.

Die größte Schwierigkeit besteht darin, die erforderliche Konzentration und die richtige Zeitdauer genau zu treffen. Da sich aber die Eier aller Individuen ganz verschieden verhalten, so lassen sich die Daten dafür nicht ein für allemal ermitteln. Es muß daher eine Anzahl von Lösungen verschiedener Konzentration verwendet werden und die Eier sind aus jeder in gewissen Zeitabschnitten in kleinen Mengen zu entfernen.

Nach LOEB benutze man für Seeigel als Ausgangslösung eine $2^1/_2$ n KCl-Lösung, welche natürlich nur ungefähr richtig zu sein braucht (etwa $18^1/_2$%ig). Es kommen dann in 7 Gefäße je 100 *ccm* Seewasser, eins davon bleibt ohne Zusatz, den anderen werden der Reihe nach 8, 10, 12, 14, 16 und 18 *ccm* der $2^1/_2$ n-Lösung zugesetzt. Die Seeigeleier werden in möglichst gleichen Mengen in jede Schale gegeben. In der Kontrollschale darf keine Entwicklung auftreten. Aus den übrigen Schalen werden die Eier in kleineren Portionen in Zwischenräumen von $^1/_2$ Stunde herausgenommen. Sie bleiben wenigstens $^1/_2$ Stunde und höchstens 2 Stunden in der Lösung.

Außer den angegebenen Lösungen sind für Seeigel noch wirksam:

Nach Loeb (00) bei Arbacia eine Mischung von gleichen Teilen einer $\frac{20}{8}$ n $MgCl_2$-Lösung und Seewasser. Darin sollen die Eier etwa 2 Stunden verweilen.

Nach Wilson ist für Toxopneustes lividus gleichfalls eine solche Mischung am geeignetsten.

Nach Wilson (01) gelingt die künstliche Parthenogenese in den späteren Perioden der Frühlingslaichzeit oft am allerbesten, und zwar mit Eiern, welche sich mit Sperma nicht mehr befruchten lassen. Die Zeitdauer der Einwirkung beträgt 1—2 Stunden. Je später die Jahreszeit, desto länger muß die Einwirkung dauern. Außerdem ist dann auch eine starke Konzentration der Lösung zu wählen.

Ein weiteres Mittel an Stelle der genannten Lösungen bildet nach Hunter konzentriertes Seewasser.

Seewasser wird durch Abdampfen auf dem Wasserbade auf $^3/_4$ seines Volumens eingedunstet. In dieser Flüssigkeit sollen die Eier von Arbacia 2 Stunden 20 Minuten verweilen. Konzentriertes Seewasser ist noch nicht wirksam, wenn es auf $^4/_{10}$, nicht mehr wirksam, wenn es auf die Hälfte eingedampft wird.

Alle bisherigen Methoden, denen das eine gemeinsam ist, daß sie eine Einwirkung hyperisotonischer Lösungen vorstellen, erzeugen insofern nicht ganz normale Seeigellarven, als die Befruchtung ohne Membranbildung verläuft und die Larven am Boden des Gefäßes herumschwimmen und nicht bis an die Oberfläche gehen.

Folgendes Verfahren ergibt jedoch für Strongylocentrotus purpuratus eine normale Befruchtungsmembran und Larven von ganz normalem Verhalten:

1. Die Eier kommen auf $^1/_2$—$1^1/_2$ Minuten in eine Mischung, welche enthält: 50 *cm*³ Seewasser und 3 *ccm* $\frac{n}{10}$-Fettsäure. Als Fettsäure kann dienen: Ameisensäure, Essigsäure, Buttersäure, Propionsäure, Valeriansäure oder Capronsäure.
2. Übertragen in normales Seewasser, in welchem sich sogleich eine Befruchtungsmembran bildet.
3. Ist die Membran aufgetreten, so kommen die Eier sogleich auf 20—50 Minuten in eine Mischung, welche auf 100 *ccm* Seewasser 15 *ccm* einer $2^1/_2$fachen normalen Lösung von NaCl enthält.
4. Die Eier werden wieder in Seewasser ohne Zusatz zurückgebracht.

Dieses Verfahren ergibt 90—100% parthenogenetischer Larven. Die Behandlung mit den Säuren allein führt nur zur Membranbildung, die Nachbehandlung mit hyperisotonischer Lösung muß daher hinzugefügt werden.

Zur Erhöhung der Konzentration des Seewassers sind auch noch verschiedene andere Stoffe brauchbar, deren Erfolg jedoch nicht so günstig ist wie der oben angeführten.

II. Seesterne.

Allgemeine Regeln siehe oben unter I. Seeigel.

Bei Asterias (Forbesii) gelingt die Erzeugung künstlicher Parthenogenese durch mechanische Einwirkung (Mathews).

Die Eier müssen vorher die Polkörper ausgestoßen haben. Daher läßt man sie zunächst 2—4 Stunden in sterilisiertem Seewasser liegen.

Sie werden darauf in einem Reagenzröhrchen 5—6mal kräftig auf- und niedergeschüttelt.

Bei einer Asterina-Art (Loeb, Bay of Monterey) ist die oben angegebene Behandlung mit Fettsäuren (siehe Seeigel) geeignet, um Membranbildung und Embryonalentwicklung zu veranlassen, jedoch muß die Konzentration der Fettsäure etwas erhöht werden (zit. nach Lefevre).

Ein zweites wirksames Verfahren zur Erzeugung von künstlicher Parthenogenese bei Asterias Forbesii besteht in der Anwendung vorübergehender Abkühlung. Dabei sind folgende Punkte zu beachten (A. W. Greeley):

1. Der Zeitpunkt des Abkühlens. Die Eier dürfen weder vor der Reife, noch mehrere Stunden nach der Reife aufs Eis gesetzt werden, sondern sobald die Reife vollendet ist (ca. 4—5 Stunden nach Entleerung der Eier).
2. Die Temperatur beträgt am besten 4 oder 5° C.

3. Die Dauer der Kälteeinwirkung soll 6 oder 7 Stunden betragen.

4. Vermeidung mechanischer Erschütterung.

Ferner ist folgende Lösung bei Asterias wirksam: Seewasser, welchem auf 100 *ccm* 3—5 *ccm* einer $\frac{n}{10}$ H Cl-Lösung oder einer entsprechenden Lösung einer anderen unorganischen Säure zugesetzt worden ist. Die Eier müssen darin 3—20 Minuten verweilen. Vermeidung von Erschütterungen (LOEB).

Mit der Anwendung dieser Lösungen ist Agglutination und Auftreten von Riesenembryonen verbunden.

Ebenso wie Kälteeinwirkung ist bei Asterias Forbesii auch vorübergehende Wärmeeinwirkung ein wirksamer Faktor (DELAGE und LILLIE).

Das Verfahren ist nach LILLIE folgendes:

1. Die Einwirkung der Temperaturerhöhung wird in folgender Weise gehandhabt: Die Eier werden in einen kleinen Becher, in welchem sich ein Thermometer befindet, übertragen. Seewasser, welches eine etwas höhere als die gewünschte Temperatur besitzt, wird in den kleinen Becher hineingefüllt, bis dessen Inhalt genau die gewünschte Temperatur aufweist. Die Temperatur wird während der Versuchsdauer konstant erhalten, indem man den Becher in ein größeres Gefäß mit Wasser von etwas höherer Temperatur eintaucht. Nach Ablauf der für den Versuch festgesetzten Zeit wird der Inhalt des kleinen Bechers rasch in eine große Menge Seewasser gegossen, welches normale Temperatur besitzt. Die hierbei nicht zu vermeidende mechanische Erschütterung bedingt keinen Versuchsfehler, da sie zu einer Zeit vorgenommen wird, wo sie unwirksam ist.

2. Die Manipulation muß innerhalb der Zeit zwischen der begonnenen Auflösung des Keimbläschens und der Ablösung des ersten Richtungskörpers vorgenommen werden. Der günstigste Zeitpunkt liegt etwa 10—20 Minuten vor der Ausstoßung des ersten Richtungskörperchens. Nach diesem Zeitpunkt bis zur Vollendung der Reife erzielt man abnorme Formveränderungen und unregelmäßige Furchung. Nach vollendeter Reife beschleunigt die Einwirkung der Wärme nur die Koagulation des Eies, welche sonst langsamer bei reifen, unbefruchteten Eiern in Gegenwart von Sauerstoff eintritt.

Vornahme der Erwärmung innerhalb der ersten 5 Minuten nach Herausnahme der Eier aus dem Tiere verhindert dauernd die Entwicklung.

Die Abscheidung des ersten Polkörpers findet etwa 1 Stunde nach der Herausnahme der Eier statt.

3. Die bei der Erwärmung wirksamen Temperaturen sind 35—38°. Die Dauer der Einwirkung richtet sich nach der angewendeten Temperatur, sie ist aus folgenden Zahlen zu ersehen:

Dauer der Einwirkung	Angewendete Temperatur
70 Sekunden	35°
40—50 „	36°
30 „	37°
20 „	38°

4. Um möglichst gute Resultate zu erzielen, sind die Eier vor der Erwärmung auf 1 Stunde in eine $\frac{n}{2000}$ K C N-Lösung in Seewasser zu legen. Sie werden dann in dieser Lösung erwärmt und werden nach dem Erwärmen noch etwa 5 Minuten in einer solchen Lösung gehalten, um dann erst in Seewasser zurückzukommen.

III. Anneliden.

Für Thalassema mellita gibt LEFEVRE folgende Methode ausführlich an:

Weibliche und männliche Tiere sind leicht zu unterscheiden. Die mit Eier gefüllten Tuben schimmern hellgoldgelb durch die durchscheinende Körperwandung, der Samen dagegen mit weißer Farbe.

Die von den Männchen getrennten Weibchen werden mit Süßwasser gründlich abgewaschen. Die nach dem Öffnen des Körpers hervorquellenden Tuben werden mit sterilisiertem Seewasser gründlich abgewaschen, geöffnet und die Eier in sterilisiertes Seewasser entleert. (Über Sterilisierung des Seewassers etc. siehe I. Seeigel.)

Die parthenogenetische Entwicklung wird durch kurzdauernde Behandlung mit verdünnten Säuren angeregt. Als solche sind wirksam: Salpetersäure, Salzsäure, Schwefelsäure, Kohlensäure, Essigsäure, Oxalsäure. Theoretisch ist es wichtig, daß hier im Gegensatz zu den Angaben von LOEB für Seeigel auch zweibasische Säuren wirksam sind.

Der Parthenogenese geht eine typische Membranbildung voraus.

Die zur Anstellung der Versuche erforderlichen Daten sind in folgender nach LEFEVRE zusammengestellten Tabelle enthalten:

Das kohlensaure Seewasser wurde durch 10 Minuten langes Einleiten von CO_2 in Seewasser erhalten.

In bezug auf diese Zeit- und Konzentrationsangaben gilt dasselbe wie oben für Seeigel angegeben, beide sind nach Möglichkeit zu variieren, um den für das verwendete Material günstigsten Zeitpunkt und Konzentrationsgrad abzupassen.

Prozentzahl der erhaltenen schwimmenden Trochophora-Larven	Verwendete Säuremischung	Dauer der Einwirkung in Minuten
55	17 *ccm* $\frac{m}{10}$-HNO_3 + 83 *ccm* Seewasser	5
60	15 „ $\frac{m}{10}$-HCl + 85 „ „	5
35	10 „ $\frac{m}{20}$-H_2SO_4 + 90 „ „	8
50	12 „ $\frac{m}{20}$-Oxalsäure + 88 „ „	8
60	15 „ $\frac{m}{10}$-Essigsäure + 85 „ „	5
50	CO_2 + Seewasser	60

Chaetopterus-, Amphitrite- und Nereïseier zeigen künstliche Parthenogenese als Wirkung kräftigen Schüttelns (s. Seesterne). (Loeb, Fischer nach Angabe von Mathews.) Daher ist bei Anwendung der folgenden Methoden für Chaetopterus und Amphitrite jede Erschütterung zu vermeiden.

Bei Chaetopterus ist ferner wirksam nach Loeb: Behandeln mit einer Lösung, der auf 100 *ccm* Seewasser 1—2 *ccm* einer $2^1/_2$ normalen Lösung von KCl, KNO_3 oder K_2SO_4 zugesetzt worden ist. Es ist nicht erforderlich, die Eier aus dieser Lösung wieder herauszunehmen.

Die parthenogenetische Wirkung dieser Lösung ist stets verbunden mit dem Auftreten von Agglutinierung der Eier aneinander und infolgedessen der Bildung von Riesenembryonen.

Für Amphitrite ist noch mit Erfolg nach Loeb anwendbar das Übertragen in eine Mischung von 100 *ccm* Seewasser mit 2—5 *ccm* einer normalen Calciumnitrat- oder Calciumchloridlösung. Auch hier ist es nicht nötig, die Eier wieder in Seewasser zurückzubringen.

Auch diese Lösungen wirken wie die obigen für Chaetopterus agglutinierend.

Literatur: Delage (C. R. Ac. Sc., Paris, Bd. 133, 1901), derselbe (Arch. de Zool. Epér., Ser. 3, Bd. 9, 1901 [Erhöhung der Temperatur]), Greeley (Amer. Journ. of Physiol., Bd. 6, 1902 [Asterias, Temperaturerniedrigung]), derselbe (Biol. Bull., Bd. 6, 1903 [Temperaturverhältnisse]), Hertwig (Festschr. Gegenbaur, 1896 [Strychnin, Seeigel]), Hunter (Amer. Journ. of Physiol., Bd. 6, 1901), Kostanecki (Bull. Ac. Sc. Cracovie, 1904), derselbe (Arch. Mikr. Anat., Bd. 64, 1904 [Mactra, K CL]), Lefèvre (Journ. of Exper. Zool., Bd. 4, 1907 [Thalassema mellita]), Lillie (Journ. of Exper. Zool., Bd. 5, 1908 [Temperaturerhöhung, Asterias, Arbacia]), Loeb (Amer. Journ. of Physiol., Bd. 3, 1900), derselbe (Arch. Entw.-Mech., Bd. 13, 1902 [Methodik, Allgemeines]), derselbe (Univ. of California Publ. Physiol., Bd. 2, 8, 14 u. 16, 1905), Lyon (Amer. Journ. of Physiol., Bd. 9, 1903 [Strongylocentrotus und Arbacia]), Mathews (Amer. Journ. of Physiol., Bd. 4 u. 6, 1900 u. 1901), Scott (Biol. Bull., 1903), derselbe (Journ. of Exper. Zool., Bd. 3, 1906 [Amphitrite]), Wilson (Arch. Entw.-Mech., Bd. 12, 1901 [Toxopneustes, $MgCl_2$ und Seewasser]).

F. Verwachsungsversuche mit Embryonen.

I. Amphibien (Born).

Für die Beurteilung des Materiales gilt nach Born folgendes.

Tritonenlarven sind sehr weich und empfindlich, daher wenig geeignet. Dasselbe gilt nach Harrison für Amblystomalarven. Bufo variabilis und calamita, sowie Pelobates fuscus zeichnen sich durch große Energie der Flimmerbewegung aus, ihre Immobilisierung macht daher Schwierigkeiten. Pelobates ist insofern noch günstiger wie die beiden Bufoarten, als er ein größeres Wundheilungsvermögen besitzt. Die Larven von Pelobates, wenigstens die jüngeren, haben einen kreisrunden Querschnitt, was ihre Immobilisierung erschwert.

Das Wundheilungsvermögen ist bei Rana fusca und arvalis schlecht, jedoch ist arvalis weniger empfindlich gegen Verletzungen. Bei Rana fusca führt die geringste Verletzung nach Born gewöhnlich in 2—3 Tagen zum Untergang der Larve. Jedoch hat Bell mit Erfolg Rana fusca neben esculenta benutzt.

Bombinator igneus besitzt ein großes Wundheilungsvermögen, seine Widerstandskraft ist größer als die von Rana fusca, reicht jedoch nicht an Rana esculenta heran. Bombinator gewährt als Material den großen Vorteil, mehrere Laichperioden von April bis Juni zu haben.

Von amerikanischen Fröschen sind Rana silvatica, palustris und virescens nach HARRISON sehr geeignet. Nach GIARDINA ist Discoglossus pictus ebenfalls sehr brauchbar.

Rana esculenta ist nach BORN das eigentlich klassische Objekt. Die Gründe dafür sind nach BORN:

1. Sein großes Wundheilungsvermögen.

2. „Die Larven von Rana esculenta sind in den für uns in Betracht kommenden Stadien ganz besonders reich an Dotter. Die Dottersubstanz selbst ist sehr weich und klebrig; es gilt dies nicht nur für die eigentlichen Dotterzellen des Bauches . . ., sondern auch für alle anderen Teile.“

3. Die Flimmerbewegung ist sehr schwach.

Das zum Operieren geeignetste Stadium sind nach BORN Larven „von 3 bis 3,5 *mm* Länge. Bei diesen ist die Schwanzknospe schon etwas länger, der Kopf ist deutlich abgesetzt, die Haftnäpfe treten an ihnen mächtig hervor, die Kiemengegend bildet eine scharf abgegrenzte Anschwellung. Natürlich muß die Wahl des Stadiums sich nach dem Zweck der Untersuchung richten.

Das Auspellen der Embryonen aus den Hüllen mit Schere und Pinzette soll in physiologischer Kochsalzlösung vorgenommen werden. Zur Übertragung aus einem Gefäß in ein anderes werden die Embryonen oder ihre Teile in Glasröhrchen eingefangen und übertragen. Zur Orientierung über Amphibienlarven in operativer Hinsicht vgl. ferner SCHAPER.

Instrumentarium. Die Operation kann mit bloßem Auge ausgeführt werden, wenn es sich nicht um ganz genaues Einhalten bestimmter Lagen des Schnittes handelt. Muß man den Effekt und die Ausdehnung der Operation genau bestimmen, so verwendet man das binokulare Mikroskop.

Zum Schneiden benutzt BORN eine stark konvexe, dünne Impflanzette. E. F. BELL verwendet feine scharfe Scheren und eine fein geschärfte Lanzette. Die Schneiden müssen sich gut berühren und genau von gleicher Länge sein. Beim Schärfen der Instrumente ist eine starke Lupe notwendig.

E. F. BELL nimmt die Operation in einer 3—4%igen Kochsalzlösung vor. Einige Krystalle von Chloräthon dienen zur vollständigen Anästhesierung der Embryonen. Die operierten Embryonen bleiben in der Schale mit Salzwasser, bis die Wunde sich geschlossen hat. Dazu genügt gewöhnlich weniger als $^1/_2$ Stunde. Dann werden sie entweder direkt in gewöhnliches Regen- oder Süßwasser übertragen oder mit stufenweiser Verdünnung der Salzlösung. Zur Anästhesierung von Larven von Salamandra maculosa benutzt REINKE Äther.

BORN schneidet die Larven in Pappschalen oder Glasschalen, die mit Kork ausgelegt sind. Am schonendsten für die Messer dürfte es vielleicht sein, die Schalen mit Paraffin auszugießen. Diesem in der ersten Auflage gemachten Vorschlage entspricht E. F. BELL, welcher die Operation des Durchschneidens in kleinen Schalen von 4—5 *cm* Durchmesser vornimmt, deren Boden mit einer Paraffinlage bedeckt ist.

Zur Verschiebung und richtigen Lagerung der Embryonen dienen feine weiche Pinsel. Die Immobilisierung der Stücke wird durch Stücke von Silberdraht erreicht, welche 1—1,5 *cm* lang und 0,4—1,5 *mm* dick sind. Diese Stücke müssen in geeigneter Weise gelagert werden. Die beiden umstehenden Figuren veranschaulichen die Lagerung für die beiden hauptsächlichsten Fälle. Fig. 17 entspricht der Verheilung mit parallelen Achsen nebeneinander, Fig. 18 der Verheilung hintereinander.

Aufzucht. Die Kochsalzlösung muß nach einigen Tagen allmählich verdünnt und schließlich durch reines Wasser ersetzt werden. Den Vorzug vor der Kochsalzlösung verdient LOCKEsche Flüssigkeit. S. pag. 395.

Ungemein wichtig ist es nach BORN, „für reichliche Sauerstoffzufuhr zu sorgen. Man kann darin gar nicht weit genug gehen. Ich habe die besten Resultate bekommen, als ich schon die Kochsalzlösung zu durchlüften begann“.

Verluste hat man besonders am zweiten bis dritten Tage nach der Vereinigung und dann am 10. bis 20. Tage, wenn die Larven zur Nahrungsaufnahme übergehen.

Die Ernährung erfordert von jetzt ab die besondere Aufmerksamkeit des Experimentators. Die Froschlarven sind als Omnivoren zu betrachten, nicht wie man früher glaubte als Phytophagen. Es sind ihnen daher sowohl pflanzliche Nahrungsstoffe als tierische zu reichen. Als pflanzliche Nahrung empfiehlt BABAK Blütenköpfe, Blätter und Stengel von Stellaria media. Diese Pflanze empfiehlt sich für Ernährung rein vegetabilischer Art. Für gemischte Nahrung dürften sich Wasserpflanzen und Algen der Aquarien bzw. des Süßwassers am besten bewähren, da mit ihnen gleichzeitig schon eine gewisse Menge tierischer Nahrung gegeben ist. Als besondere tierische Nahrung ist neben der pflanzlichen Nahrung zu reichen Rindfleisch (Pferdefleisch ist wegen toxischer Eigenschaften nicht zu empfehlen), Frosch- und Fischfleisch. Gern genommen wird auch Fleisch von Krabben und Mollusken.

Vereinigung verschiedener Arten. Bei der Vereinigung von Rana esculenta mit fusca oder arvalis muß man jüngere esculenta mit älteren fusca oder arvalis paaren, da esculenta schneller wächst. Wegen der früheren Laichzeit von

Fig. 17.

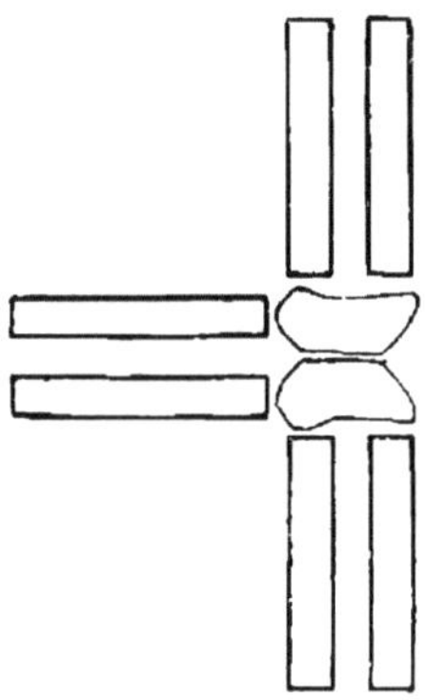

Fig. 18.

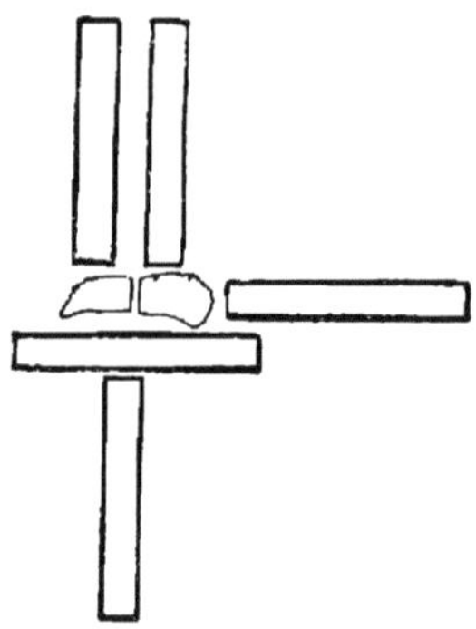

fusca und arvalis muß man den Laich in Eiswasser oder wenigstens kalt halten, bis esculenta-Laich zu haben ist, oder man läßt sich esculenta aus dem Süden schicken.

Nach HARRISON ist die Kombination von Rana palustris und virescens sehr günstig, da sie sich durch einen lebhaften Farbenkontrast unterscheiden. Die Eier und Embryonen von palustris sind hell gelblichbraun, die von virescens dunkelbraun, fast schwarz. R. virescens laicht früher als R. palustris, für das Erhalten von gleichaltrigem Laich gilt daher dasselbe wie für fusca und esculenta. Zur Vereinigung von Larven verschiedener Gattungen empfiehlt BORN Rana esculenta und Bombinator igneus.

Literatur: BABAK (Arch. Entw.-Mech., Bd. 21, 1906), E. F. BELL (Arch. Entw.-Mech., Bd. 23, 1907), BORN (Arch. Entw.-Mech., Bd. 4, 1896 u. 1897).

II. Lepidopteren.

Verwachsungsversuche an Schmetterlingspuppen sind von H. E. CRAMPTON angestellt. Arten mit kurzen Puppenstadien sind wenig geeignet, ausgezeichnet dagegen die überwinternden Puppen. Die besten Resultate gaben Philosomia cynthia, Samia cecropia, Callosomia promethea, Telea polyphemus und Actius luna.

Die Puppen werden mit einem starken Knorpelmesser oder einem schweren Rasiermesser durchschnitten. Der zuerst operierte Komponent wird mit der Wundfläche nach oben placiert, um das Herausfließen von Hämolymphe zu verhindern.

Beim Zusammenbringen der beiden Komponenten muß jede Spur von Luft vermieden werden. Wenn der Kontakt der Wundflächen nicht von selbst vollkommen ist, so darf man einen Komponenten etwas drücken, bis der Inhalt beider Puppen in Kontakt und die Luft ausgetrieben ist. Der Rand der Vereinigungsfläche muß sorgfältig mit geschmolzenem Paraffin bedeckt werden. Dasselbe gilt von allen an den Tieren bestehenden Wunden. Paraffin ist jedem anderen Verschlußmaterial vorzuziehen. Es soll nicht über 50° heiß sein.

Die wenigsten Verwachsungen können ohne operative Hilfe ausschlüpfen. Gewöhnlich muß das Paraffin und ein Teil der Hülle mit Hilfe einer Zange entfernt werden. Den auskriechenden Exemplaren muß ein Pflanzenstengel oder sonst ein Gegenstand zum Hochklettern gegeben werden, damit sie ihre Flügel entfalten können.

III. Verschmelzung von Eiern.

Den Transplantationen bei Embryonen reihen sich Methoden an, welche die Verschmelzung von Eiern zum Ziel haben.

a) Ältere Methode von DRIESCH zur Verschmelzung von Echinidenkeimen.

Die Eier werden 3—5 Minuten nach der Befruchtung membranlos gemacht durch Schütteln (pag. 366). Die der Membran beraubten Eier, welche eine äußerst weiche plastische Beschaffenheit haben, kommen in kalkfreies Seewasser, welches durch Zusatz einiger Tropfen $^1/_2$%iger Natronlauge (6 Tropfen auf 20 *ccm*) alkalisch gemacht ist. Nach 10—20 Minuten kommen die Eier wieder in normales Seewasser zurück.

Die Ausbeute an verschmolzenen Bildungen ist nur gering und stark von der Individualität der Eier abhängig. Unter günstigen Umständen erhält man etwa 20 Doppelbildungen bei 1000 Eiern.

Auch aus bloß geschütteltem Material erhält man zuweilen Doppelbildungen, jedoch nach DRIESCH unter 1000 Eiern nur etwa 2—3 Verschmelzungen.

b) Ein noch einfacheres Verfahren ist von HERBST und von DRIESCH angegeben. Man läßt Eier von Echinus microtuberculatus am Ende der Reifezeit 24 Stunden oder etwas länger in größeren Mengen dicht gedrängt beieinander liegen, man findet dann bei der Durchmusterung eine große Anzahl von Verschmelzungen vor. Die Versuche sollen am Ende der Reifezeit (in Neapel im Mai) angestellt werden (DRIESCH und HERBST).

c) Verschmolzene Eier in großer Zahl erhält man nach LOEB nebenher bei einigen der Experimente zur Erzeugung künstlicher Parthenogenese.

„Alle die Ionen, welche bei Seesternen, Amphitrite und Chaetopterus Parthenogenese herbeiführen, veranlassen auch gleichzeitig Agglutination der betreffenden Eier und Bildung von Riesenembryonen."

Siehe oben: Künstliche Parthenogenese.

Gelegentliche Beobachtungen über Verschmelzung von Eiern sind von ZOJA, MORGAN u. a. mitgeteilt worden, ohne daß daraus eine Methode abzuleiten wäre.

Literatur: DRIESCH (Arch. Entw.-Mech., Bd. 17, 1904), LOEB (Arch. Entw.-Mech., Bd. 13, 1902).

G. Methode zum Studium der Cytotaxis isolierter Blastomeren.

Eine Methode zum Studium cytotaktischer Erscheinungen an den isolierten Furchungskugeln von R. fusca hat ROUX angegeben. Es muß in betreff dieser Methode auf die Originalabhandlung verwiesen werden.

Die in Zeitschriften enthaltene Literatur findet sich am Ende der einzelnen Abschnitte oder im Texte selbst angegeben. Hier folgen nur die größeren zusammenfassenden Werke, welche außer einer Darstellung der Ergebnisse der experimentellen Morphologie die Literatur und nebenher auch Hinweise auf Methodik bieten.

1. Das gesamte Gebiet behandeln:

O. Hertwig: Allgemeine Biologie. Jena 1905.

O. Hertwig: Handbuch der vergleichenden und experimentellen Entwicklungslehre der Wirbeltiere. Jena 1906.

E. B. Wilson: The Cell in development and inheritance. 2. Aufl. New-York und London 1906.

H. Przibram: Einleitung in die experimentelle Morphologie. Leipzig 1904.

H. Przibram: Experimental Zoologie. Leipzig von 1907 ab, soweit erschienen.

Ch. B. Davenport: Experimental Morphology. 2. Aufl. New-York u. London.

E. Korschelt und K. Heider: Lehrbuch der vergleichenden Entwicklungsgeschichte der wirbellosen Tiere. Allgemeiner Teil. Erste Lieferung. Jena 1902.

W. Roux: Gesammelte Abhandlungen. Leipzig 1895.

J. von Uexküll: Leitfaden für das Studium der experimentellen Biologie der Wassertiere. Mit 15 Abbildungen. Wiesbaden 1905.

O. Maas: Einführung in die experimentelle Entwicklungsgeschichte. Wiesbaden 1903.

P. Röthig: Handbuch der embryologischen Technik. Wiesbaden 1904.

2. Einzelne Tierklassen behandeln.

T. H. Morgan: The Development of the Frog's Egg. An introduction to experimental Embryology. 2. Aufl. New-York u. London. 2. Aufl., deutsch, Leipzig 1904, übersetzt von Solger.

H. Przibram: Experimentelle Biologie der Seeigel. Bronns Klassen und Ordnungen. Bd. 2, Abt. 3. Echinodermen, s. pag. 1169—1295. Leipzig 1902.

P. Bachmetjeff: Experimentelle entomologische Studien vom physikalisch-chemischen Standpunkt aus. Bd. 1, Leipzig 1901; Bd. 2, Sofia 1907.

Wetzel, Breslau.

Exsiccator. Die in den chemischen Laboratorien gebrauchten Exsiccatoren können auch in der Mikrotechnik oft recht gute Dienste leisten, z. B. um das Wasser aus Glycerinwassergemischen zu entfernen und so die Objekte in reines Glycerin überzuführen, vor allem aber bei der Einbettungstechnik, um das Eindringen der Einbettungsmassen zu erleichtern und die Luft aus den Präparaten zu entfernen. (Näheres s. bei Paraffin und Celloidin.)

Exsudate siehe: Blut.

F.

Faeces. Es kann nicht Aufgabe dieses Kapitels sein, alles das anzuführen, was über die mikroskopische Untersuchung der Faeces bekannt ist. So muß vor allem Abstand genommen werden von einer genaueren Wiedergabe oder selbst nur einer Aufzählung der normalerweise und in pathologischen Verhältnissen mikroskopisch zu findenden Bestandteile der Faeces. Eine solche Aufzählung würde dem Zwecke dieser Enzyklopädie widersprechen. In dieser Hinsicht muß auf die verschiedenen monographischen Bearbeitungen der Darmkrankheiten verwiesen werden, besonders aber auf das ausführliche Werk von SCHMIDT und STRASBURGER.

Nur einige allgemeine Bemerkungen über die Technik der mikroskopischen Untersuchung der Faeces sind hier am Platze. Diese Technik ist eine so einfache, so leicht zu erlernende, daß es eigentlich recht wunderbar erscheint, wenn von so vielen Ärzten eine mikroskopische Untersuchung des Stuhlganges gescheut wird. Für die meisten Fälle genügt es durchaus, mit einem Glasstabe oder noch besser mit einem Holzstabe, den man nach der Verwendung wegwerfen kann, einen kleinen Teil des zu untersuchenden Stuhlganges in nicht zu dünner Auflagerung auf einem Objektträger auszubreiten, und zwar in der Weise, daß eine möglichst große Partie des Objektträgers bedeckt wird. Dann untersucht man, ohne mit einem Deckglase zu bedecken, zunächst mit schwacher, eventuell noch mit stärkerer Vergrößerung. Unter Umständen wird es dann natürlich noch nötig sein, wenn man auf die Untersuchung irgend einer besonderen Stelle sein Augenmerk zu richten gezwungen ist, das Präparat mit einem Deckglase zu bedecken, und die stärksten Vergrößerungen anzuwenden. Für die meisten, praktisch in Betracht kommenden Fälle genügt aber, wie gesagt, die Anwendung schwächerer Objektive.

Handelt es sich um besonders dünnflüssige Faeces, so tut man gut, die Centrifuge zu Hilfe zu nehmen, nach dem Centrifugieren die oberen Partien der im Centrifugierröhrchen verteilten Massen wegzugießen und die unteren zu untersuchen.

Eine besondere Färbung ist fast stets unnötig. Unter Umständen kann es sich darum handeln, ob man es mit Schleim zu tun hat oder nicht. Dann wird mit Thionin untersucht, worüber im einzelnen im Kapitel über Schleimfärbung nachzulesen ist. Hier nur der Hinweis, daß man natürlich auch in diesem Falle frisch, d. h. ohne weitere Vorbehandlung der zu untersuchenden Probe untersucht. A. HECHT benutzt zum Zwecke des Schleimnachweises eine Mischung von gleichen Teilen einer 2%igen Brillantgrün- und 1%igen Neutralrotlösung. Ein Tropfen dem Stuhlpartikelchen zugesetzt und gut vermischt färbt die Stuhlmasse grün; die Flüssigkeit wird mit Filtrierpapier abgesaugt: der Schleim färbt sich rot, ebenso ein Teil der Zellkerne, Bacterien und Pflanzenzellenmembranen, blaugrün das Fibrin, das Zellprotoplasma, die mit alkalischen Seifen imbibierten zelligen Elemente. Die Untersuchung auf Stärkekörner wird so vorgenommen, daß man das zu untersuchende Teilchen zunächst am besten in LUGOLscher Lösung zerdrückt oder verreibt und dann erst auf den Objektträger bringt (ROSENHEIM). Man benutzt eine etwas verdünnte Lösung der gewöhnlichen LUGOLschen Mischung. (Näheres siehe unter Jod, dort auch über den Nachweis der Cellulose.) Für die Untersuchung auf Fettsubstanzen gelten die allgemeinen Prinzipien, die an einer anderen Stelle dieses Buches auseinandergesetzt werden. Es handelt sich um Neutralfett, Fettsäuren und Seifen. Nur sei daran erinnert, daß die Fettsäurekrystalle — im Gegensatz zu den Fettsäureschollen — sich nicht mit den üblichen Fettfärbemitteln färben, ebensowenig die Seifen.

Wenn eine besondere Untersuchung auf Blut notwendig wird, so bedient man sich der TEICHMANNschen Probe. STRZYSOWSKI hat für den Nachweis des Blutes in den Faeces eine besondere Modifikation angegeben. Die am schwärzesten gefärbten Partien der Faeces werden mit einem Tropfen einer Natriumjodidlösung (1 : 500) und konzentrierter Essigsäure gekocht. Die dann entstehenden Häminkrystalle sind dunkler als die gewöhnlichen gefärbt.

Für die Untersuchung auf tierische und pflanzliche Parasiten gelten die allgemeinen, anderwärts besprochenen Regeln.

Bacterienfärbungen werden auf Trockenpräparaten vorgenommen. SAHLI färbt zuerst nach GRAM, dann mit 10fach verdünntem Carbolfuchsin nach, um die nach beiden Methoden sich färbenden Bacterien nebeneinander zu sehen.

Literatur: Die verschiedenen Lehr- und Handbücher der Darmkrankheiten. Im besonderen sind zu erwähnen: HECHT (Wien. klin. Wochenschr., 1908), VAN LEDDEN-HULSEBROCH (Makro- und mikroskopische Diagnostik der menschlichen Excremente, 1899), SAHLI (Untersuchungsmethoden, Bd. I, 5. Aufl., 1909), SCHMIDT und STRASBURGER (Die Faeces des Menschen im normalen und krankhaften Zustande, 2. Aufl., 1905). Ferner: STRZYSOWSKI (Therap. Monatsh. 1901).

Masse, Berlin.

Färbung. Als Färbung bezeichnet man denjenigen Vorgang, bei welchem ein an sich ungefärbter oder wenig gefärbter Körper durch Behandlung mit der Lösung eines Farbstoffes (s. Anilinfarbstoffe) von diesem letzteren so durchdrungen wird, daß er nach Beendigung des Verfahrens eine andere und tiefere Farbe zeigt, als sie ihm von Haus aus eigen war.

Als zu färbende Materialien kommen in erster Linie die Textilfasern in Betracht, für welche in jahrtausendelanger Übung die verschiedenartigsten Färbeverfahren ausgebildet worden sind, welche vorbildlich sind für die Färbung irgend welcher anderen Substanzen. In der Textilindustrie unterscheidet man scharf zwischen Färberei und Druckerei, bei der Färberei wird der Gesamtmasse des behandelten Fasermaterials eine gleichmäßige Färbung gegeben, die Druckerei ist eine lokalisierte Färbung, bei welcher durch geeignete Kunstgriffe bestimmte Teile des behandelten Materials gefärbt, andere ungefärbt gelassen oder in einer anderen Farbe gefärbt werden. Die theoretischen Grundlagen der Färberei und des Druckes sind identisch. Bezüglich der Methoden, durch welche die Effekte der Druckerei erreicht werden, siehe weiter unten.

Geschichte der Färberei. Die Färberei ist ein uraltes Gewerbe, dessen Anfänge in vorgeschichtliche Zeiten zurückreichen und auch bei solchen Völkern sich finden, welche jetzt noch im Naturzustande existieren. Da fast alle Textilfasern mit nur wenigen Ausnahmen weiß oder in blassen, wenig ausgesprochenen Tönen gefärbt sind, so führen Schönheitssinn und Streben nach Zweckmäßigkeit in gleicher Weise zur Färbung der Materialien für die Bekleidung des Menschen. Alle alten Kulturvölker haben hervorragende und vielfach originelle Leistungen auf dem Gebiete der Färberei zuwege gebracht. Die ältesten Angaben über Färberei oder gefärbte Stoffe finden sich in der Mahabharata, in den geschichtlichen Werken der Chinesen (welche die Erfindung der Färberei dem Begründer der Seidenindustrie, dem Kaiser Hoang-Ti, 2650 v. Chr. zuschreiben) und im Herodot. Bei den Azteken und Inkas fanden die Spanier eine hochentwickelte, an originellen Methoden reiche Färbekunst. Bei den Ägyptern blühte schon zu Herodots

Zeiten die Krappfärberei. Bekannt ist ferner die Kunstfertigkeit der Phönizier in der Purpurfärberei, welche später nach Griechenland und Rom verpflanzt wurde. Nach neueren Untersuchungen war die Purpurfärberei der Indigofärberei sehr nahe verwandt. Die alten Germanen und Britannier bedienten sich des aus Waid gewonnenen Indigos, mit welchem sie gelegentlich auch die eigene Haut färbten, geradeso wie jetzt noch bei Naturvölkern eine Färbung der lebenden Haut vielfach vorkommt.

Im Mittelalter erfolgte die Weiterbildung der Färberei zunächst in Byzanz. Sie wurde von hier nach Venedig und dem übrigen Italien verpflanzt und entwickelte sich in späterer Zeit auch in Frankreich. Etwas später erfolgte die Ausgestaltung der Färberei in den mitteleuropäischen Ländern, Deutschland, den Niederlanden und England. Die Färbematerialien wurden fortwährend vermehrt, teils durch die Feststellung färberischer Eigenschaften bei Naturprodukten, welche früher der Färbung nicht gedient hatten, teils durch den Import neuer Färbematerialien aus entlegenen Produktionsländern In dieser Weise erhielt die europäische Färbekunst nacheinander den Kermes, die Orseille, das Rot- und Blauholz, den Indigo und die Cochenille als besonders wichtige Färbematerialien neben vielen anderen von geringerer Bedeutung. Eine besonders reiche Ausbeute lieferte in dieser Hinsicht vom 16. Jahrhundert an das neuentdeckte Amerika. Die Einführung der künstlichen synthetischen Teerfarbstoffe hat vom Jahre 1860 an eine weitere durchgreifende Umgestaltung der Färbekunst herbeigeführt und gleichzeitig auch die wissenschaftliche Erklärung der auf rein empirischem Wege gefundenen und vielfach höchst verwickelten Färbeprozesse erleichtert.

Wesen des Färbeprozesses. Man kann zwischen Färbung im strengeren Sinne des Wortes und Pigmentierung unterscheiden. Bei der letzteren wird lediglich ein intensiv gefärbter unlöslicher Körper durch Klebstoff auf der Faser oder dadurch, daß man ihn sich im Innern der Faser bilden läßt, in derselben waschecht befestigt. Bei der eigentlichen Färbung wird die Faser in das sogenannte Färbebad, eine in der Mehrzahl der Fälle wässerige Lösung eines wirklichen Farbstoffes, hineingebracht, wobei sie der Lösung den Farbstoff entzieht und ihn dauernd festhält, so daß selbst nachträgliches Waschen mit dem im Färbebade verwandten Lösungsmittel ihn nicht wieder von der Faser zu entfernen vermag. Solche Färbungen, welche lediglich durch die Wechselwirkung des Farbstoffes und der Faser im Färbebade zustande kommen, bezeichnet man als „substantive Färbungen“. Ihnen gegenüber stehen die „adjektiven Färbungen“, welche als ein Mittelding zwischen der eigentlichen Färbung und der Pigmentierung aufgefaßt werden können. Auch bei dieser Art der Färbung wird die Faser in das Färbebad eingeführt, in welchem der Farbstoff gelöst ist, aber für das Zustandekommen der Färbung ist die Mithilfe eines dritten Körpers erforderlich, welcher in den meisten Fällen vorher der Faser einverleibt, weniger häufig mit dem Farbstoff dem Färbebade zugesetzt wird. Dieser dritte Körper, welcher die Färbung erst vermittelt, wird nach uraltem Sprachgebrauch als „Beize“ bezeichnet. Da sich in den meisten Fällen nachweisen läßt, daß die Wirkung der Beize darauf beruht, daß sie mit dem Farbstoff unlösliche, tiefgefärbte Verbindungen, sogenannte Lacke, zu bilden vermag, so läuft das Endresultat der adjektiven Färbungen auf dasselbe hinaus wie die Pigmentierung, d. h. darauf, daß der Lack, weil er unlöslich und gleichzeitig im Innern der Faser abgelagert ist, durch Waschmittel nicht mehr von der Faser entfernt werden kann. Ein besonderer Fall der adjektiven Färbung ist derjenige, wo ein substantiver Farbstoff als Beize für einen in einem zweiten Färbungsprozeß anzuwendenden adjektiven dient, indem er sich mit diesem zu einem unlöslichen, intensiv gefärbten Körper zu vereinigen vermag. Färbeverfahren, welche auf diese Erscheinung sich stützen, sind namentlich in neuerer Zeit mehrfach bekannt geworden. Man hat in früherer Zeit ziemlich scharf zwischen substantiven und adjektiven Farbstoffen zu unterscheiden versucht, ein genaueres Studium der Farbstoffe sowohl wie der Färbeprozesse hat aber gezeigt, daß eine derartige

Unterscheidung sich nicht durchführen läßt, weil die Natur des Färbeprozesses ebenso sehr von der Faser wie von dem Farbstoff abhängt. Es gibt keinen Farbstoff, der sich nicht für gewisse Fasern als substantiv erweisen ließe. Die allermeisten Farbstoffe sind substantiv für gewisse Fasern, während ihre Anwendung auf andere Fasern die Benutzung adjektiver Färbemethoden verlangt. Die meisten Farbstoffe, welche ihrer Natur nach zu der Klasse der Sulfosäuren gehören, sind für adjektive Färbungen wenig geeignet, weil sie nicht imstande sind, mit irgend welchen bekannten Beizen völlig wasserunlösliche Lacke zu liefern. Mit ihnen hergestellte adjektive Färbungen würden daher bei andauernder Einwirkung von Wasser allmählich ausgelaugt werden, was unvereinbar mit der für jede Färbung in erster Linie zu stellenden Forderung der Waschechtheit ist. Indessen hat die Färberei sich auch diese Erscheinung zunutze gemacht, indem sie die wasserlöslichen Lacke von Farbstoffen aus der Klasse der Sulfosäuren ihrerseits als substantive Farbstoffe verwendet. Ein solches Verfahren bildet gewissermaßen die Umkehrung der adjektiven Färbung, bei welcher die Lackbildung der Färbung vorausgeht. Der Wert derartiger Methoden beruht auf dem Umstande, daß in sehr vielen Fällen die Lacke der Farbstoffe ganz anders gefärbt sind als die Farbstoffe selbst. Alle derartigen Färbeverfahren sind neueren Datums, sie beschränken sich auf die Farbstoffklassen der Oxyketone (Sulfosäuren der Alizarinfarbstoffe) und Chinonoxime (Sulfosäuren der Nitrosophenole).

Während die Pigmentierung irgend welcher Erklärung kaum bedarf, da der sich abspielende Vorgang in dem angewandten Verfahren selbst klar zutage liegt, während ein gleiches auch für die adjektive Färbung gilt, bei welcher nur die chemische Erklärung der Lackbildung unter Umständen auf Schwierigkeiten stößt, ist der Vorgang der substantiven Färbung außerordentlich schwierig zu erklären und seit mehr als einem halben Jahrhundert der Gegend spekulativer Betrachtungen und experimenteller Untersuchungen. Bis zum Jahre 1890 unterschied man im wesentlichen zwei einander scharf gegenüberstehende Theorien der Färbung, nämlich die sogenannte chemische und die mechanische. Die chemische Theorie des Färbeprozesses nimmt an, daß zwischen der Substanz der Faser und der Substanz des Farbstoffes eine chemische Verbindung zustande komme, welche in Wasser unlöslich sei. Es soll also überall da, wo eine substantive Färbung sich abspielt, die Substanz der Faser die Rolle einer Beize übernehmen, gleichzeitig aber auch den Träger des aus ihr und dem Farbstoffe entstehenden Lackes bilden. Den gegen diese Theorie zu erhebenden Einwand, daß in einer fertigen substantiven Färbung stöchiometrische Proportionen zwischen der Menge des angewandten Farbstoffes und der Menge der vorhandenen Faser bisher nicht nachgewiesen sind, kann man mit Leichtigkeit dadurch entkräften, daß man sagt, es würde in der praktischen Durchführung des Färbeprozesses niemals die Gesamtmenge der angewandten Faser durch Vereinigung mit dem Farbstoff zu einem Lack verbraucht, sondern man inhibiert den Färbeprozeß eben dann, wenn durch Entstehung einer genügenden Menge von Lack die gewünschte Intensität der Färbung erreicht sei. Dem läßt sich entgegen halten, daß auch lediglich zum Zwecke des Versuches bis zu dem Punkte durchgeführte Färbungen, wo die Faser keinen Farbstoff mehr aufnimmt, keinerlei einfache Molekularverhältnisse zwischen Faser und Farbstoff erkennen lassen. Da die meisten Farbstoffe ein erhebliches Molekulargewicht besitzen, so müßten sich, wenn die sogenannte chemische Theorie des Färbeprozesses richtig wäre, Färbungen erhalten lassen, bei welchen die Menge des Farbstoffes vielleicht die Hälfte oder doch wenigstens einen sehr großen Bruchteil des Gesamtgewichtes der gefärbten Faser ausmacht. Das ist aber nicht der Fall, sondern für die allermeisten Farbstoffe kommt der Färbeprozeß schon bei einer Farbstoffaufnahme von höchstens 5% zu Ende, bei vielen noch viel früher. Die meisten in der Praxis hergestellten, rein substantiven Färbungen enthalten nicht mehr als 2—3% Farbstoff. Die sogenannten beschwerten Färbungen, wie sie in der Seidenfärberei vorkommen, verdanken nachweislich die Gewichtszunahme beim Färbeprozeß der Aufnahme anderer Substanzen durch die Faser, welche mit dem Färbeprozeß selbst nichts zu tun haben. Der eben erwähnte schwerwiegende Einwurf gegen die chemische Theorie der Färbung ist von den Anhängern derselben und speziell von E. KNECHT nur für den Spezialfall der Wollfärbung mit einigem Erfolg bekämpft worden. KNECHT stützt sich auf die bekannte Tatsache, daß Wolle durch hydrolytische Agenzien und auch schon durch reines Wasser allmählich zersetzt wird, wobei sie in Amidosäuren der Fettreihe zerfällt. Das erste Zersetzungsprodukt der Wolle ist eine derartige Säure von noch unaufgeklärter Konstitution, die sogenannte Lanugininsäure. Indem nun KNECHT nachwies, daß diese letztere mit der Mehrzahl der basischen Farbstoffe unlösliche Lacke liefere, stellte er die Hypothese auf, daß die Färbung der Wolle durch allmähliche Zersetzung derselben zustande kommt, wobei die Lanugininsäure in dem Maße ihrer Bildung wechselnde Mengen von Farblacken erzeuge. Abgesehen davon, daß man auch hier die Forderung stellen muß, daß bei einer genügend langen Fortsetzung des Färbeprozesses die Wolle sich schließlich ganz in Lanugininlack verwandeln müßte, würde die KNECHTsche Erklärung nicht ausreichen für das Verständnis der zahllosen durch neuere Farbstoffe bewirkten substantiven Baumwollfärbungen. Ferner läßt uns diese Hypothese vollständig im Stich für die Erklärung der Erscheinung bei derjenigen Faser, welche mit fast allen Farbstoffen sich substantiv färben läßt, nämlich der Seide, für welche irgend welche Zersetzung durch noch so lange fortgesetztes Kochen mit Wasser sich nicht hat nachweisen lassen.

Die sogenannte mechanische Theorie des Färbeprozesses, welche bis jetzt ebensowenig wie die chemische ihre sämtlichen Anhänger verloren hat, kann als eine Theorie kaum bezeichnet werden, da sie es ganz und gar ablehnt, irgend welche Erklärungen über den Vorgang selbst zu geben, und in allem, was bis jetzt für sie vorgebracht worden ist, lediglich nur eine Umschreibung der zu erklärenden Tatsache bildet, daß eine Färbung zustande kommt. Die Anhänger der sogenannten mechanischen Theorie perhorrescieren den Gedanken einer chemischen Wechselwirkung zwischen Faser und Farbstoff. Sie sagen, der Farbstoff würde von der Faser aufgenommen und festgehalten, ohne sich mit ihr irgendwie zu verbinden, gerade so, wie Farb- und Riechstoffe auch von Tierkohle aufgenommen und festgehalten würden. Da für die Wirkung der Tierkohle ebensowenig eine Erklärung bekannt ist wie für den Färbeprozeß, so wird dieser letztere durch den stets aufs neue herangezogenen Vergleich mit der Tierkohle nicht im geringsten erklärt. In neuerer Zeit haben die Vertreter dieser Richtung sich in der Weise geholfen, daß sie für den rätselhaften Vorgang ein neues Wort geschaffen haben, welches indessen ebensowenig ein Verständnis anzubahnen imstande ist wie der Vergleich mit der Tierkohle. Dieses Wort ist die gemeinsame Bezeichnung des Färbeprozesses, der Tierkohlewirkung und vieler ähnlicher Erscheinungen als „Adsorption". Der Begriff der Adsorption in dem Sinne der Molekularphysik ist bis jetzt nicht genügend definiert worden.

Im Jahre 1890 trat OTTO N. WITT mit einer neuen Erklärung des Färbeprozesses auf, welche vielfach diskutiert worden ist und eine große Anzahl von Anhängern gewonnen hat, da sie in ihrer Anwendung jedenfalls nicht so schwerwiegenden Bedenken begegnet, wie die geschilderten älteren Anschauungen und außerdem den Vorzug bietet, daß sie sich in gleichmäßiger Weise auf alle substantiven Färbungen ohne Rücksicht auf die Substanz der Faser anwenden läßt. Die Theorie kann als „Lösungstheorie" bezeichnet werden, sie faßt den Färbeprozeß als einen chemischen Vorgang auf und sieht in der gefärbten Substanz eine chemische Verbindung, jedoch nicht nach den Molekularverhältnissen, sondern nach schwankenden Verhältnissen, genau so wie sie beim Zustandekommen irgend welcher Lösungen obwalten. Die gefärbte Faser wird als starre Lösung des Farbstoffes in der Substanz der Faser charakterisiert und vollständig in Parallele gestellt mit gefärbten Gläsern und anderen Objekten, für welche die Natur als starre Lösungen anerkannt ist. Es mag indessen hier sogleich erwähnt werden, daß die Betrachtung der Faser als starre Lösung zeitlich etwa zusammenfällt mit der Einführung des Begriffes der starren Lösung in die physikalische Chemie oder eher der Einführung dieses Begriffes noch etwas vorauseilt.

Im Sinne der WITTschen Lösungstheorie spielt sich der Prozeß der substantiven Färbung in nachfolgender Weise ab: Der Farbstoff wird der Faser in Form einer wässerigen Lösung dargeboten, die Substanzen aller bekannten Fasern sind Colloide; sie sind daher imstande, von Lösungen durchdrungen zu werden. Zwischen der Faser und der Lösung des Färbebades beginnt im Augenblick der Berührung das Spiel der Osmose. Durch dialytische Wirkung werden fortwährend Moleküle des Farbstoffes in das Innere der Faser getragen. In allen Fällen nun, wo die Löslichkeit des Farbstoffes in Wasser und in der Substanz der Faser annähernd die gleiche ist, wird sich bald ein Gleichgewicht zwischen Faser und Farbbad einstellen, bei welchem ein gegebenes Volum der Faser etwa dieselbe Menge von Farbstoff enthält wie das gleiche Volum des Färbebades. Sobald dieses Gleichgewicht erreicht ist, wandern fortdauernd ungefähr ebenso viele Moleküle des Farbstoffes aus der Faser in das Färbbad wie aus dem Färbebad in die Faser. In einem solchen Falle wird irgend welche Intensität der Färbung nicht erreicht werden können. Die aus dem Färbebad herausgenommene und mit Wasser leicht abgespülte Faser wird eine blasse Färbung zeigen, welche aber bei andauerndem Verweilen in reinem, namentlich in fließendem Wasser vollkommen verschwinden wird. Ganz anders gestalten sich die Verhältnisse, wenn die Löslichkeit des Farbstoffes in der Substanz der Faser erheblich größer ist als seine Löslichkeit in dem Wasser des Farbbades. In diesem Falle werden naturgemäß stets weniger Moleküle Farbstoff aus der Faser ins Bad als aus dem Bade in die Faser wandern. Das Resultat ist eine fortdauernde und der Zeit proportionale Zunahme der Intensität der Färbung der Faser im Vergleich zur Intensität der Färbung des Bades. Ist die Löslichkeitsdifferenz außerordentlich groß, so kann schließlich auch die Menge des von der Faser aufgenommenen Farbstoffes im Vergleich zu der Menge des in dem Bade zurückgebliebenen unendlich groß werden. In diesem Falle sagt der Färber, der Farbstoff „ziehe aus dem Bade vollständig aus“. Ganz analog dem Grade des Ausziehens ist die Waschechtheit der Faser, d. h. ihr Verhalten bei dem auf das Färben folgenden Waschen mit reinem Wasser. Es gibt kaum irgend welche vollkommen substantive Färbung, welche bei andauerndem Waschen mit Wasser nicht etwas „blutet“, d. h. ein wenig von dem vorhandenen Farbstoff an das Wasser wieder abgibt. Aber bei sehr waschechten Färbungen ist die Menge des an das Waschwasser abgegebenen Farbstoffes außerordentlich klein, weil eben die Löslichkeitsdifferenz zwischen Faser und Wasser außerordentlich groß ist.

Die Erklärung des Färbeprozesses als Lösungserscheinung stößt bei vielen Personen auf die Schwierigkeit, sich an den Begriff der starren Lösung zu gewöhnen, was sehr natürlich ist, da dieser Begriff ein neu geschaffener ist. Als vermittelnde Brücke ist von dem Urheber der Lösungstheorie der Vergleich mit der Theorie der Ausschüttelung herangezogen worden, bei welcher zwei miteinander nicht mischbare Lösungsmittel (z. B. Wasser und Äther) um den Besitz einer in beiden löslichen Substanz (z. B. Resorcin) kämpfen. Auch bei diesem Prozesse tritt, lediglich durch osmotische Wirkung, ein Gleichgewichtszustand ein, welcher die gelöste Substanz zwischen beiden Lösungsmitteln, proportional ihrer verschiedenen Löslichkeit in denselben und proportional dem Mengenverhältnis der beiden Lösungsmittel verteilt. Es ist zur Genüge bekannt, daß auch bei der Ausschüttelung die in beiden Lösungsmitteln lösliche Substanz selten vollständig nur in ein Lösungsmittel übergeht. Durch Wiederholung der Ausschüttelung mit immer neuen Mengen desjenigen Lösungsmittels, in welchem die gelöste Substanz leichter löslich ist, kann schließlich die Menge der in dem anderen Lösungsmittel zurückbleibenden gelösten Substanz unendlich klein gemacht werden. Im völlig gleichen

Sinne pflegt der Färber die Färbebäder, welche zur Herstellung einer Färbung bereits gedient haben, mit neuen Mengen zu färbender Fasern zu beschicken, um ihnen den von der ersten Färbung noch unvermeidlich anhaftenden Farbstoff möglichst vollständig zu entziehen. Sehr häufig wird sogar noch ein dritter oder vierter „Nachzug" veranstaltet. Bei Farbstoffen, welche nicht gut ausziehen, d. h. deren Löslichkeit in der Faser nicht sehr viel größer ist als im Wasser des Färbebades, wird aus dem gleichen Grunde das Färbebad sogar fortdauernd weiter benutzt und immer nur durch Ersatz des verdampfenden Wassers und des von der Faser aufgenommenen Farbstoffes auf die ursprüngliche Menge und Konzentration gebracht.

Die Lösungstheorie des Färbungsprozesses erklärt namentlich auch eine Erscheinung, welcher die anderen über den Färbeprozeß aufgestellten Theorien vollständig ratlos gegenüber stehen, nämlich das ungleich rasche Aufgeben des Farbstoffes aus dem Färbebade auf die Faser. Farbstoffe, bei denen die Löslichkeitsdifferenz zwischen Faser und Färbebad sehr groß ist, ziehen außerordentlich rasch aus. Dies kann unter Umständen so rasch geschehen, daß der Färber nicht die Zeit hat, die Faser in allen ihren Teilen mit dem Färbebad gleichmäßig in Berührung zu bringen. Bei solchen Farbstoffen, welche, wie der Färber sich ausdrückt, auf die Faser „anfallen", werden die von dem Färbebade zuerst bespülten Teile der Faser dunkler gefärbt als die anderen, und es hält schwer, eine gleichmäßige Färbung zu erzielen. Das in ihrer verschiedenen Löslichkeit in der Substanz der Faser bedingte ungleich rasche Auffärben verschiedener Farbstoffe macht es notwendig, große Vorsicht beim Färben mit Farbstoffgemischen anzuwenden. Beispielsweise wird nicht jegliches Gemisch aus einem roten und einem blauen Farbstoff die Faser violett färben, sondern wenn der rote Farbstoff rascher aufzieht als der blaue, so wird die erzielte Färbung zunächst rot erscheinen und erst bei längerem Verweilen im Färbebade durch nachträgliche Aufnahme des blauen Farbstoffes violett werden. Veranstaltet man mit einem solchen Färbebade einen oder mehrere Nachzüge, so wird jeder folgende Zug eine andere Nuance besitzen als der vorhergehende. Bei der Vermengung einer größeren Zahl von Farbstoffen werden sich ähnliche, nur noch kompliziertere Erscheinungen einstellen. Der Färber darf daher zur Erzielung gleichmäßiger Färbungen nur solche Farbstoffe aus gemischtem Färbebade auffärben, für welche ein annähernd gleiches Färbevermögen erfahrungsgemäß besteht. Färbungen mit mehreren verschiedenen Farbstoffen von verschiedenem Färbevermögen werden zweckmäßig nicht in einem und demselben, sondern in mehreren aufeinander folgenden Färbebädern vorgenommen, von denen jedes nur einen der zu benutzenden Farbstoffe enthält. Da aber bei solchen aufeinander folgenden Färbebädern die gefärbte Faser immer mit dem Farbstoff der vorhergehenden Bäder „blutet", so ist auch dieser Tatsache Rechnung zu tragen. Aus derartigen Verhältnissen ergeben sich Schwierigkeiten, welche der Färber dadurch zu überwinden pflegt, daß er fast immer „auf Nuance färbt", d. h. er hat während der Ausführung der Färbung eine kleine Probe fertig gefärbter Faser zur Hand, mit welcher er durch fortwährende Vergleichung der noch im Entstehen begriffenen Färbung die Ausgestaltung derselben kontrolliert. Die Erzielung bestimmter Mischfärbungen durch Zusammenmengen von Farbstoffen nach gegebenen Gewichtsverhältnissen wird äußerst selten durchgeführt, weil die geschilderten Erscheinungen es unmöglich machen, die Farbstoffe in demselben Verhältnis auf der Faser zu fixieren, in welchem sie im Färbebade zusammengemischt wurden. Aus demselben Grunde hat sich die Einführung von fertigen Gemischen verschiedener Farbstoffe in den Handel nur selten bewährt.

Gerade so wie verschiedene Farbstoffe ein und derselben Faser gegenüber in der substantiven Färbung eine verschieden große Affinität beweisen, verhalten sich auch verschiedene Fasern einem und demselben Farbstoff gegenüber, selbst in dem Falle, wo beide befähigt sind, sich mit dem betreffenden Farbstoff substantiv anzufärben. Bringt man in ein nur einen Farbstoff enthaltendes Färbebad gleichzeitig Wolle und Baumwolle, Wolle und Seide, Seide und Baumwolle oder gar mehrere verschiedene Fasern, so färben sich dieselben verschieden rasch an und erscheinen daher nach Beendigung des Färbeprozesses verschieden dunkel gefärbt. Dieser Umstand wird um so wichtiger, je mehr die Textilindustrie sich in der Herstellung aus verschiedenen Faserstoffen gemischter Gewebe vervollkommnet. Atlasse, Plüsche und andere verschiedenseitige Gewebe werden mehr und mehr in der Weise gefertigt, daß die Schauseite fast ganz aus der kostbareren Faser, z. B. Seide oder Wolle gebildet wird, während die nicht in Erscheinung tretende Unterseite, welche nur zur Erzielung des Griffes, der Dicke und Dauerhaftigkeit des Gewebes bestimmt ist, aus billigerer, aber festerer Baumwollen- oder Leinenfaser besteht. Das Durchschimmern der Unterseite durch die Schauseite ist nicht merklich, so lange beide Fasern im hellen Naturzustande vorliegen, wenn aber bei der Färbung durch selektive Farbstoffaufnahme die beiden Fasern eine ganz verschiedene Nuance annehmen, so kann dieses Durchschimmern sehr störend werden. Die Erörterung der Kunstgriffe, durch welche derartige Übelstände im praktischen Färbereibetriebe vermieden werden können, würde hier zu weit führen. Übrigens läßt sich die selektive Farbstoffabsorption zur Erzielung hübscher mehrfarbiger Effekte ausnutzen. Färbt man z. B. ein aus Baumwolle und Wolle hergestelltes gemustertes Gewebe in einem Gemisch zweier substantiver Farbstoffe, von denen der eine wesentlich nur auf Baumwolle, der andere direkt wesentlich nur auf Wolle zieht, so erscheint die fertige Färbung in den zwei Nuancen der beiden gemischt angewendeten Farbstoffe und das Muster, welches in ungefärbtem Zustande kaum bemerkbar war, tritt in deutliche Erscheinung.

Die selektive Färbung ist von ROBERT KOCH, PAUL EHRLICH u. a. in der mikroskopischen Färbetechnik in sinnreicher Weise und mit höchst wertvollen Resultaten ausgenutzt worden, indem dieselben histologische und andere mikroskopische Präparate, in welchen die verschiedenen Gewebselemente ein verschiedenes Färbevermögen besitzen, in Farbstoffen anfärbten und nachträglich wieder auswuschen. Durch die von vornherein auftretende verschieden starke Färbung und das beim nachträglichen Waschen ungleich starke Bluten erscheinen in dem fertigen Präparat die verschiedenen Elemente desselben ungleich stark gefärbt. Die mit einem sehr starken Färbevermögen begabten Bacterien sind auf diese Weise in vielen Fällen überhaupt erst erkennbar gemacht worden. Das ungleich starke Färbungsvermögen verschiedener Farbstoffe für verschiedene Gewebselemente ist in der Weise verwertet worden, daß mikroskopische Präparate in den Gemischen von färberisch möglichst ungleichartigen Farbstoffen gefärbt wurden, wobei sich ein mehrfarbiges mikroskopisches Bild ergab.

Die Lösungstheorie erklärt befriedigend auch die Tatsache, daß Färbebäder durch geeignete Zusätze, welche sich in der schließlich erzielten Färbung gar nicht wiederfinden, in ihrem Verhalten der Faser gegenüber ganz außerordentlich beeinflußt werden können. In erster Linie kommen dabei solche Zusätze in Betracht, welche nach dem Gesetz der Aussalzung die Löslichkeit des Farbstoffes in dem Färbebade wesentlich beeinflussen. Es ist üblich und in vielen Fällen unbedingt notwendig, Farbstoffen, welche aus den Natriumsalzen von Sulfosäuren bestehen, behufs besserer Ausnutzung des Färbebades andere mehr oder weniger stark aussalzende Natriumsalze, wie Kochsalz, Glaubersalz, Natriumphosphat u. dgl. m., beizumengen. Aus dem gleichen Grunde werden Farbbädern, welche mit den Chloriden basischer Farbstoffe angesetzt werden, andere ebenfalls aussalzend wirkende Chloride, wie z. B. Kochsalz, Chlorzink u. dgl., beigegeben. Im umgekehrten Sinne, d. h. die Löslichkeit des Farbstoffes im Bade vergrößernd und dadurch den Prozeß verlangsamend (was namentlich bei Farbstoffen, welche den Fehler des „Anfallens“ haben, von Wichtigkeit ist) wirken andere Zusätze, wie Alkohol und Glycerin. In der mikroskopischen Färbetechnik wird auf Veranlassung von PAUL EHRLICH ein

Zusatz von Anilin zu den Tinktionsflüssigkeiten mit großem Vorteil verwendet. Von besonderer Wichtigkeit sind die dem gleichen Zweck dienenden, aber in der Art ihrer Wirkung eigenartigen Zusätze, welche die Seidenfärberei verwendet, um das Anfallen der Farbstoffe zu vermeiden, welches bei ihr infolge der außerordentlich großen Färbefähigkeit der Seide besonders gefährlich ist. Diese Zusätze bestehen in löslichen Proteinkörpern, welche den Farbstoff in lockerer chemischer Bindung im Färbebade zu halten scheinen, aus der er nur allmählich freigemacht und in dem Maße seines Freiwerdens auf die Seidenfaser übertragen wird. Der wichtigste Zusatz dieser Art ist die beim Entschälen der Rohseide selbst gewonnene Bastseife, welche mit Schwefelsäure bis zur sauren Reaktion versetzt und dann mit dem Namen „Gebrochene Seife“ bezeichnet den Färbebädern in wechselnder Menge zugesetzt wird. In Ermanglung genügender Mengen von gebrochener Seife werden mit Schwefelsäure angesäuerte Lösungen von Tischlerleim benutzt.

Ganz allgemein kann man sagen, daß substantive Färbungen bei den aus Proteinkörpern bestehenden Fasern gewöhnlich aus angesäuertem Bade vorgenommen werden, was bei der Wolle schon deshalb notwendig ist, weil die durch Kochen mit reinem Wasser rasch erfolgende Schädigung der Wolle durch die Gegenwart von Säuren hintangehalten wird. Verschiedene Farbstoffe erfordern verschieden starke Zusätze an Säure, in den meisten Fällen wird Schwefelsäure zum Ansäuern des Bades benutzt. Nächst derselben ist bei säureempfindlichen Farbstoffen die gelinder wirkende Essigsäure von Wichtigkeit. Cellulosefasern, speziell Baumwolle, werden substantiv fast immer aus neutralen oder schwach alkalischen Bädern gefärbt, was schon deshalb Vorteile bietet, weil die Cellulose gegen alkalische Flüssigkeiten vollständig unempfindlich ist, während sie von Säuren leicht angegriffen wird. Bei Baumwollfärbungen, welche aus saurem Bade erfolgen müssen, wird mit Vorliebe Essigsäure zur Ansäuerung benutzt. Mehr oder weniger verholzte Pflanzenfasern (Hanf, Jute, Cocosfasern und viele andere) verhalten sich Farbstoffen gegenüber verschieden und stehen im allgemeinen in ihrem Benehmen in der Mitte zwischen den reinen Cellulosefasern und der Wolle.

Die adjektiven oder Beizenfärbungen sind, wie schon erwähnt, im großen und ganzen als Pigmentierung aufzufassen, welche aber unter Zuhilfenahme von wirklichen Farbstoffen hergestellt wird, indem man diese im Innern der Faser in die möglichst unlöslichen Lacke überführt. Von der Widerstandsfähigkeit dieser Lacke gegen die lösende Wirkung des Wassers und gegen zersetzende Einflüsse verschiedener Reagenzien hängt die Echtheit der so erzielten Färbungen ab.

Die angewandten Beizen sind sehr mannigfaltig, und es können nur die wichtigsten derselben namentlich aufgeführt werden. Ihrer Wirkungsweise nach kann man die Beizen in solche unterscheiden, welche schon unlöslich in der Faser fixiert sind, wenn dieselbe dem Färbebade zugeführt wird, und solche, welche ebenso wie der Farbstoff selbst im Momente der Lackbildung noch im löslichen Zustande sich befinden. Die erstgenannte Sorte von Beizen ist die vollkommenere, denn bei ihr beschränkt sich der osmotische Vorgang des Färbens lediglich auf eine Einwanderung der Farbstoffmoleküle in das Innere der Faser, wo dieselben sofort von der unlöslichen Beize festgehalten werden, während diese, eben weil sie unlöslich ist, nicht aus der Faser heraus und in das Färbebad gelangen kann. Bei der Verwendung der Beizen dagegen, welche im Momente der Lackbildung noch löslich sind, findet eine doppelte Osmose statt. Während nämlich Farbstoffmoleküle in die Faser einwandern und dort mit einem Teil der Beize sich zu unlöslichem Pigment vereinigen, wandert ein anderer Anteil der Beize aus der Faser heraus in das Farbbad, wo sich der gleiche Vorgang vollzieht. Aber der hier gebildete Lack kommt der Faser nicht zugute, sondern scheidet sich als gefärbter wertloser Schlamm aus. Dies bedingt nicht nur einen Verlust an Beize und Farbstoff und damit eine unnötige Verteuerung der Färbung, sondern es hat noch den weiteren Übelstand, daß eine gewisse Menge dieses feinen Schlammes sich rein mechanisch auf der Oberfläche der Faser absetzt, diese scheinbar tiefer färbt, dabei aber nur so locker mit ihr verbunden ist, daß bloße Reibung eine Trennung beider Teile bewirkt. Derartige Färbungen sind, wie der Färber sich ausdrückt, nicht „reibecht". Die Prüfung auf diese Art der Echtheit erfolgt durch starkes Reiben der fertigen trockenen Färbung gegen ein Blatt weißen Papiers oder gebleichter Leinwand. Eine tadellos reibechte Färbung darf bei dieser Probe keinerlei farbige Spur hinterlassen. Die Bildung schlammiger Lackniederschläge in den Färbekufen kann auch bei löslichen Beizen durch allerlei Kunstgriffe verringert werden. Am wichtigsten ist bei solchen Färbungen die richtige Regulierung der Konzentration des Färbebades, wobei derjenige Zustand gesucht werden muß, bei welchem die Einwanderung des Farbstoffes in die Faser möglichst rasch erfolgt, jedoch ohne daß dabei ein fleckiges Anfallen der Färbung stattfindet.

Eine andere Einteilung der Beizen findet statt je nach der allgemeinen Natur der benutzten Farbstoffe. Basische Farbstoffe erfordern als Beizen Körper von saurem Charakter, welche mit ihnen unlösliche Salze zu bilden vermögen. Umgekehrt erfordern Farbstoffe von phenolischem Charakter für den gleichen Zweck Beizen von basischer Natur. Im großen und ganzen kann man sagen, daß nur solche Farbstoffe für Beizenfärbungen verwandt werden, welche reine Aminbasen oder reine Phenole sind, während die in der Farbenindustrie so vielfach hergestellten Sulfosäuren von Farbstoffen mehr für substantive Färbungen Anwendung finden. Der in der mangelnden Unlöslichkeit der meisten Derivate von Sulfosäuren liegende Grund dieser Tatsache ist bereits besprochen worden, desgleichen wurde erwähnt, daß die wasserlöslichen Lacke einzelner solcher Sulfosäuren ihrerseits als Farbstoffe benutzt werden. Dies kann entweder in der Weise geschehen, daß der wasserlösliche Lack von vornherein als Farbstoff in den Handel gebracht wird (wie es z. B. bei den Eisenverbindungen der Sulfosäuren von Nitrosophenolen geschieht), oder dadurch, daß die lackbildende Substanz vor oder bei der Färbung der Faser einverleibt wird (so verfährt man bei den Sulfosäuren der Alizarinfarbstoffe in ihrer Anwendung auf Wolle und Seide). Im letzteren Falle vollzieht sich also eine substantive Färbung, trotzdem daß während des Färbeprozesses eine Beize benutzt wird.

Die wichtigsten Beizen für basische Farbstoffe sind die Gerbstoffe, und zwar hauptsächlich die Gruppe der eisenbläuenden Gerbsäuren. Da die basischen Farbstoffe ohne Ausnahme auf Wolle und Seide substantiv zu färben imstande sind, so sind ihre gerbsauren Lacke hauptsächlich für die Färberei der Baumwolle und anderer Cellulosefasern von Wichtigkeit. Es mag indessen hier erwähnt werden, daß Gerbsäure sich auch mit der Substanz der Seide chemisch zu vereinigen vermag, und daß den so entstehenden Verbindungen die Fähigkeit der substantiven Aufnahme basischer Farbstoffe fast ganz abhanden gekommen ist. Infolgedessen wird eine Vorpräparation mit Gerbsäure unter Umständen dann auf Seide vorgenommen, wenn man verhindern will, daß diese sich in Farbstofflösungen färbt. Es dient also hier der Gerbstoff gerade dem entgegengesetzten Zwecke wie in der Baumwollfärberei.

Als Gerbstoff verwendet man in der Färberei, wo der Preis es erlaubt, reines, aus Galläpfeln hergestelltes Tannin. Wo es auf Billigkeit ankommt, verwendet man statt desselben die Auszüge solcher Gerbmaterialien, welche möglichst hell gefärbt sind, wie z. B. Sumach, Galläpfel, Knoppern, Myrobalanen und Dividivi. Je dunklere Auszüge ein Gerbmaterial liefert, desto mehr ist seine Anwendung auf dunkle und trübe Färbungen beschränkt. Da alle Gerbstoffe in Wasser leicht lösliche Verbindungen sind, so haftet ihnen der eben erwähnte Übelstand der doppelten Osmose im Färbebade an. Indessen ist es erwiesen, daß die Gerbstoffe sich der Cellulose gegenüber ähnlich verhalten, wie es substantive Farbstoffe tun, d. h. sie werden aus wässerigen Färbebädern von der Faser bis zu einem gewissen Grade ausgezogen und bei genügend langem Verweilen ist der Gerbstoffgehalt einer gebeizten Faser prozentisch größer als der Gerbstoffgehalt des benutzten Beizbades. Aber die Gerbstoffe gehören zu den Substanzen, welche unvollständig ausziehen, und es ist niemals möglich, ein Beizbad vollständig an Gerbstoff zu erschöpfen. Aus demselben Grunde blutet auch die Gerbstoffbeize stark in dem Färbebade, und es ist nicht möglich, die Farbschlammbildung in dem Färbebade ganz zu vermeiden. Um nun diesen Übelstand zu beseitigen, pflegt man den von der Faser aufgenommenen Gerbstoff häufig vor der Färbung in ein unlösliches, aber zur Lackbildung noch hinneigendes Derivat zu verwandeln. Dies kann geschehen durch Eintauchen in die Lösung von anderen Substanzen, welche befähigt sind, mit den Gerbstoffen total unlösliche Niederschläge zu erzeugen. Am wichtigsten sind in dieser Hinsicht die Antimonverbindungen, welche in der Form wasserlöslicher Salze, wie Brechweinstein, Antimondoppeloxalate und Doppelchlorüren zur Anwendung kommen. Die solchergestalt auf der Faser niedergeschlagenen Antimon-Tanninverbindungen bilden eine in Wasser völlig unlösliche und daher in Färbebädern ohne Trübung sich auffärbende Beize, deren Farblacke sogar der Wirkung warmer Seifenbäder einigermaßen Widerstand leisten, was für Beizenfärbungen besonders wichtig ist. In der Druckerei der Baumwolle (s. weiter unten) wird häufig zuerst der bloße Tanninlack des Farbstoffes auf der Faser erzeugt und diesem wird dann nachträglich durch eine Behandlung mit Antimonsalzlösung die gewünschte Echtheit und Widerstandsfähigkeit gegeben.

Weniger wichtig als die Gerbstoffbeizen sind andere in der Baumwollfärberei für basische Farbstoffe benutzte Beizungen. Erwähnt werden mag das früher vielfach versuchte sogenannte „Animalisieren“ der Baumwolle, bei welchem diese letztere mit Proteinkörpern, wie Albumin, Leim, Casein oder den Lösungen von Seidenabfällen in verschiedenen Agenzien imprägniert und nachträglich ausgefärbt wurde, wobei man annahm, daß die färbende Wirkung des Farbstoffes der Hauptsache nach dem Proteinkörper gegenüber zur Geltung kam und daß die so erhaltene Proteinfarbstoffverbindung als unlöslicher Farblack die Cellulosefaser imprägniert. Da die Färbungen der Proteinkörper durchaus nicht auf der Bildung unlöslicher chemischer Verbindungen beruhen (was durch die Lösungstheorie erklärt wird), so ist es nicht zu verwundern, daß das erwähnte „Animalisieren“ der Baumwolle nicht immer, sondern nur dann zum Ziele führte, wenn der Proteinkörper selbst durch geeignete Hilfsmittel in der Baumwolle unlöslich gemacht wurde. Dies geschah z. B. beim Albumin durch Koagulierung in der Hitze, beim Leim durch unlöslichmachende Zusätze, wie Chromsalze, Gerbstoffe u. dgl. Fast alle auf Animalisierung der Baumwollfaser beruhenden Färbungen leiden an dem Übelstande, daß die Faser durch die in ihr enthaltenen, im trockenen Zustande hornigen Proteinkörper hart und borstig gemacht wird.

Eine andere Beize, deren ausgedehnte Verwendung in der Baumwollfärberei eine Erwähnung verdient, ist die sogenannte „Türkischrotölbeize“, die einzige, welche ohne Unterschied für basische und saure Farbstoffe Verwendung finden kann. In ihrer ursprünglichen Form ist diese Beizmethode als sogenannte „Weißbeize“ mit dem Türkischrotverfahren aus dem Orient zu uns gekommen. Sie bestand darin, daß Olivenöl in Aschenlauge oder Sodalösung emulgiert und mit der entstandenen milchigen Lösung Baumwolle imprägniert wurde, welche alsdann längere Zeit der Wirkung von Licht und Luft dargeboten wurde. Dieses Verfahren wurde sechs- bis achtmal wiederholt, die so präparierte Baumwolle wurde dann der weiteren Beizung mit Tonerdesalzen unterworfen, zeigte sich aber auch schon vor derselben geeignet zur Aufnahme und Fixierung der verschiedensten, namentlich auch basischen Farbstoffe. Die Weißbeize beruht auf einer allmählichen Verseifung und gleichzeitigen Oxydation des Öles. Ihre Wirkung auf basische Farbstoffe dürfte hauptsächlich dem Vorhandensein von Oxystearinsäure oder auch Oxyölsäure auf der Faser zuzuschreiben sein. Da diese Säuren einigermaßen den die Grundlagen der Gerbstoffe bildenden Oxybenzoesäuren vergleichbar sind, so erklärt sich ihre Fähigkeit, mit basischen Farbstoffen unlösliche Lacke zu bilden. Da die Weißbeize außerordentlich umständlich ist und 8—10 Wochen in Anspruch nimmt, so hat man versucht, sie durch oxydierende Zusätze zu den Weißbädern, z. B. durch

Zusatz von Terpentinöl, welches die Bildung von Wasserstoffsuperoxyd veranlaßt, abzukürzen, was auch einigen Erfolg hatte. Heute verwendet man die Weißbeize überhaupt nicht mehr, sondern statt ihrer eine Behandlung mit dem in Wasser löslichen Türkischrotöl. Dieses letztere besteht im wesentlichen aus freier Ricinusölsäure, welche durch Verseifung von Ricinusöl mit Schwefelsäure erhalten wird und bekanntlich mit der Oxyölsäure isomer und ihr ähnlich konstituiert ist, woraus sich ihre gleichartige Wirkung erklärt. Die Türkischrotbeize hat die Eigenschaft, außerordentlich feurige, dabei aber auch sehr lichtunechte Farblacke zu erzeugen. Der letztere Umstand ist der Grund dafür, daß man die Türkischrotbeize jetzt nie mehr für sich allein, sondern stets nur in Verbindung mit anderen Beizen anwendet, wobei diese letzteren die gewünschte Widerstandsfähigkeit gegen Licht hervorbringen, während gleichzeitig der der Türkischrotbeize eigene Glanz der Nuance zustande kommt.

Es mag endlich hier noch erwähnt werden, daß gewisse, auf Baumwolle substantiv färbende Farbstoffe aus der Familie der Azofarben, wie z. B. Chrysamin, gleichzeitig als Beizen für basische Farbstoffe dienen können, wobei als endgültige Färbung eine Mischnuance der beiden sich gegenseitig befestigenden Farbstoffe erhalten wird. Die Wirkung beruht in diesem Falle darauf, daß der substantiv färbende mit dem nachträglich aufgebrachten basischen Farbstoff in Wasser unlöslich gefärbte Verbindung, d. h. einen Lack, zu bilden vermag.

Von den Farbstoffen, welche einen phenolischen Charakter besitzen, sind nur diejenigen für adjektive Färbungen verwendbar, welche in Wasser völlig unlösliche Metallacke zu bilden vermögen. Dies ist nicht der Fall bei allen Nitrophenolen und bei der Farbstoffgruppe des Aurins. Auch die Phtaleine (Eosin und seine Verwandten) sind für Beizenfärbungen wenig geeignet, so weit sie nicht den sogleich für die beizenfärbenden sauren Farbstoffe zu erwähnenden Bedingungen entsprechen. Immerhin bilden sie unlösliche Bleilacke, welche gelegentlich Verwendung finden.

Für die Entstehung von Metallsalzen, welche in vollkommener Weise den Charakter der Farblacke besitzen, ist es notwendig, daß sowohl von seiten des Farbstoffes wie von seiten der Beizen gewisse wohldefinierte Bedingungen erfüllt sind. Als Beizen können nur solche Metallhydroxyde oder basische Salze in Betracht kommen, welchen ein Sesquioxyd von der allgemeinen Formel Me_2O_3 zugrunde liegt. In erster Linie ist dabei an die Tonerde, das Eisenoxyd und Chromoxyd zu denken, aber auch andere Sesquioxyde zeigen sich regelmäßig geeignet, als Beizen zu wirken, wie es am Berylliumoxyd und den seltenen Erden nachgewiesen worden ist. Mit den von derartigen Sesquioxyden sich ableitenden Beizen vermögen alle diejenigen Farbstoffe sich zu Lacken zu vereinigen, welche in ihrem Molekül zwei oder mehrere Hydroxylgruppen in benachbarter Stellung enthalten. Dies trifft zu bei sämtlichen Alizarinfarbstoffen, beim Naphtazarin, Gallein und Cörulein, sowie bei manchen neueren Farbstoffen, deren Synthese unter spezieller Berücksichtigung der eben genannten Forderung ausgeführt worden ist. Die genannte, den Charakter eines Gesetzes tragende Bedingung kann dadurch etwas erweitert werden, daß es in gewissen Fällen zulässig ist, eine der beiden benachbarten Hydroxylgruppen durch eine andere saure Gruppe, speziell Carboxyl, zu ersetzen. Von dieser Möglichkeit ist bei dem Aufbau gewisser beizenfärbender Azofarbstoffe Gebrauch gemacht worden.

Die aus den genannten Beizen und Farbstoffen sich ergebenden unlöslichen färbenden Verbindungen charakterisieren sich als Lacke im strengsten Sinne des Wortes, d. h. sie widerstehen der Einwirkung auch solcher Agenzien, welche nach den allgemein gültigen Gesetzen der chemischen Verwandtschaft zersetzend auf sie einwirken sollten, wenn sie als gewöhnliche Salze aufzufassen wären. Sie werden somit weder von mäßig verdünnten starken Mineralsäuren (z. B. Salzsäure, Schwefelsäure etc.), noch von starken Basen in verdünnter wässeriger Lösung (Kalilauge, Natronlauge, Ammoniak usw.) zersetzt. Infolgedessen sind die Färbungen, welche auf der Bildung dieser merkwürdigen Körper beruhen, durch besondere Echtheit, Widerstandsfähigkeit und Dauerhaftigkeit ausgezeichnet.

Das Verhalten dieser typischen Metallacke gegen die erwähnten Einflüsse macht von vornherein die noch immer vielfach verbreitete Ansicht unwahrscheinlich, daß diese Lacke gewöhnliche Salze der Sesquioxyde mit den betreffenden Phenolen seien. In der Tat hat sich in keinem Falle für einen derartigen Lack die normale Zusammensetzung eines solchen Salzes nachweisen lassen. In einigen wenigen Fällen können vielleicht diese Lacke als basische aufgefaßt werden; in der großen Mehrzahl der Fälle aber zeigt es sich, daß es gar nicht die Hydrate der Sesquioxyde sind, welche mit dem Farbstoff den Lack erzeugen, sondern basische Salze anderer Säuren. So ist z. B. der dem Türkischrot zugrunde liegende Alizarin-Tonerdelack nicht etwa aus Tonerde und Alizarin herstellbar, sondern die auf dem Gewebe zu fixierende Tonerdeverbindung muß ein basisches Acetat sein. In einzelnen Fällen erweist es sich als vorteilhaft, daß diesem basischen Acetat eine gewisse Menge von basischem Nitrat beigemengt sei. Ferner hat man die Erfahrung gemacht, daß bei der Herstellung solcher Färbungen der Kalkgehalt des zum Ansetzen der Färbebäder dienenden Wassers eine sehr wichtige Rolle spielt. Mit kalkfreien Wässern, wie sie in einzelnen Gegenden vorkommen, lassen sich unter Umständen solche Färbungen überhaupt nicht erzielen, wenn man nicht den Färbebädern den nötigen Kalkgehalt durch Zusatz von Kreide oder organischen Kalksalzen gibt. Diese Beobachtungen haben dazu geführt, daß namentlich von HORACE KÖCHLIN genauere Untersuchungen über die Wirkung der Gegenwart von Metalloxyden, die wie der Kalk nach dem Typus MeO gebaut sind, auf das Zustandekommen solcher Lackfärbungen gemacht worden sind. Es sind Magnesium-, Zink-, Blei-, Barium- und andere Oxyde angewendet worden und in allen Fällen hat man eine ganz bestimmte Wirkung auf die Nuance und Tiefe der erzielten Färbung konstatieren können. Unter solchen Umständen ist man zu der Annahme berechtigt, daß auch diese Oxyde sich an dem Zustandekommen des Lackes beteiligen, der demgemäß als eine chemische Verbindung von höchst kompliziertem Bau erscheint.

Eine ganz besondere Art der Färberei ist die Küperei. Als „Küpen" bezeichnet man Färbebäder, in welchen der Farbstoff nicht als solcher, sondern in Form seiner um zwei Wasserstoffatome reicheren Leucoverbindung enthalten ist. Die Methode des Küpens kann in allen den Fällen Anwendung finden, in welchen es sich um total unlösliche Farbstoffe handelt, deren zugehörige Leucoverbindung leicht in wässerige Lösung gebracht werden kann und sich durch die bloße oxydierende Wirkung des Luftsauerstoffs in den ursprünglichen Farbstoff zurück zu verwandeln vermag. Die Methode der Küpenfärberei ist von größter Wichtigkeit für den Indigo, dessen Anwendung fast ausschließlich durch Küpen erfolgt; sie kann aber auch für andere Farbstoffe, die den angegebenen Bedingungen entsprechen, Verwendung finden. In neuester Zeit sind sehr viele dem Indigo in der Anwendung ganz ähnliche Küpenfarbstoffe auf den Markt gekommen. Die Wirkung der Küpe beruht darauf, daß bei der Berührung der mit dem Küpenbade vollgesogenen Faser mit der Luft der durch den Sauerstoff regenerierte Farbstoff unlöslich in der Faser niedergeschlagen und befestigt wird. Sehr förderlich ist es für diese Art der Färberei, wenn die fragliche Leucoverbindung substantive Eigenschaften für die zu färbende Faser besitzt, wie es z. B. mit dem Indigoweiß der Fall ist. Bei solcher Sachlage bringt die Faser beim jedesmaligen Eintauchen in die Küpe eine größere Menge von farbstoffgebender Substanz mit sich empor, als bloß dem Volumen des aufgesogenen Farbbades entsprechen würde. Auch wird in diesem Falle die Menge des bei der Oxydation nur oberflächlich auf der Faser abgelagerten und daher abspülbaren Farbstoffes im Vergleich zu der Menge des von der Faser wirklich festgehaltenen kleiner werden.

Die Indigoküpe ist stets alkalisch, weil das Indigweiß nur in Alkali löslich ist. Zur Ansetzung der Indigoküpe sind auch nur solche Reduktionsmittel brauchbar, welche in alkalischen Flüssigkeiten zu wirken vermögen. Als solche kommen in Betracht: Zinkstaub, die durch Reduktion von sauren Sulfiten entstehenden Hydrosulfite, Glucose und sauerstoffbedürftige Mikroorganismen. In allen Küpen muß ein Überschuß an Reduktionsmitteln vorhanden sein, weil an der der Luft dargebotenen Oberfläche der Küpe eine fortwährende Rückbildung von Farbstoff erfolgt, welche infolgedessen als farbige Haut (Blume) auf der Küpe schwimmt. Alle Küpen werden als kontinuierliche Färbebäder benutzt, deren Verlust an Farbstoff und Reduktionsmittel fortwährend durch Zugabe einer frisch hergestellten, besonders konzentrierten Lösung der Leucoverbindung ersetzt wird („Ernährung“ der Küpe durch Zusatz von „Stammküpe“).

Sowohl die Erzeugung von sesquioxydischen Farblacken wie die Küpenfärberei sind uralte Errungenschaften der Industrie. Der Indigo ist seit den ältesten Zeiten von allen Völkern, die sich seiner bedienten, verküpt worden. Auch die Purpurfärberei des klassischen Altertums war unzweifelhaft eine Küpenfärberei, wie sich aus der von der Kaiserin Eudoxia Makrembolitissa verfaßten Beschreibung der Erscheinungen beim Purpurfärben ergibt. Das Färben mit Krapp unter Zuhilfenahme von Tonerde und Eisenbeizen ist als Kunstfertigkeit der Ägypter bei Herodot beschrieben und läßt sich auch in Persien und Indien bis in die allerältesten Zeiten hinein verfolgen. Die am Krapp ermittelten Methoden der Beizenfärberei sind später auf die anderen natürlichen Pflanzenfarbstoffe übertragen worden, von welchen die meisten den Charakter komplizierter Polyphenole mit benachbarter Stellung der Hydroxylgruppen besitzen. Die Färberei basischer Farbstoffe mit Hilfe von Tannin und anderen Gerbstoffen hat wesentliche Bedeutung erst seit Einführung der zahlreichen basischen Teerfarbstoffe erlangt.

Eine besondere Abart der Färberei ist das „Pflatschen“ (französisch „foulardage“, englisch „padding“), welches da, wo es anwendbar ist, nicht nur eine sehr sparsame Ausnutzung des Färbebades gestattet, sondern namentlich in Verbindung mit dem sogleich zu besprechenden Zeugdruck unter Umständen die einzig zulässige Färbemethode bildet. Das „Pflatschen“ oder „Klotzen“ ist nur für Gewebe anwendbar und besteht darin, dem Gewebe nur so viel Färbebad zuzuführen, als es durch Capillarität aufzunehmen und festzuhalten vermag. Die geringe Menge des angewandten Färbebades bedingt selbstverständlich eine sehr große Konzentration desselben. Das „Pflatschen“ ist infolgedessen nur bei leicht löslichen Farbstoffen durchführbar. Es kann einseitig oder zweiseitig ausgeführt werden, bei der zweiseitigen Ausführung wird das Gewebe im gespannten Zustande durch das konzentrierte Färbebad hindurchgezogen und sogleich auf eine Walze aufgerollt, in diesem Zustande bleibt es eine Zeitlang liegen, bis der Färbeprozeß sich in der feuchten Masse abgespielt hat. Die bei konzentrierten Färbebädern leicht auftretende Gefahr des unegalen Färbens wird hier durch die gleichmäßige Passage des gespannten Gewebes im Färbebad und das sorgfältige Aufrollen unter Vermeidung aller Falten beseitigt. Natürlich ist eine derartige Färbung nur unter Zuhilfenahme maschineller Einrichtungen möglich. Nach Beendigung des Färbeprozesses wird das Gewebe von den wertlosen Resten des Färbebades durch Waschen befreit. Das einseitige „Pflatschen“ ist eigentlich eine Art des Zeugdrucks, es besteht darin, daß das konzentrierte und passend verdickte (s. weiter unten) Färbebad mittelst einer gleichmäßig gerauhten Walze, gewöhnlich einer gravierten Kupferwalze nur auf eine Seite des Gewebes aufgetragen wird. Durch sehr sorgfältiges Abstimmen der Verdickung des Färbebades hat man es in neuerer Zeit dahin gebracht, irgend welchen Geweben zwei vollständig verschieden gefärbte Seiten zu geben, was unter Umständen, z. B. bei der Herstellung von Futterstoffen, von sehr großem Werte sein kann. Der Färbeprozeß beim „Pflatschen“ vollzieht sich nach denselben Grundsätzen, welche weiter oben für das Färben überhaupt entwickelt wurden, aber dadurch, daß beim „Pflatschen“ die in Färbebädern sonst auftretenden Strömungen so gut wie vollständig beseitigt sind, hört die waschende

Wirkung, welche sonst jedem Färbebad eigen ist, vollständig auf, was unter Umständen in der Technik der Druckerei von größtem Werte sein kann.

Zeugdruck. Als „Zeugdruck" bezeichnet man diejenige Abart der Färberei von Textilerzeugnissen, bei welcher die Färbung nicht gleichmäßig über das ganze Material sich erstreckt, sondern nur an einzelnen Orten desselben auftritt; es wird also die Färbung lokalisiert. Dadurch, daß man den Färbungen verschiedene Gestalt gibt und gleichzeitig auf einem und demselben Stück Stoff mehrere verschiedene Färbungen vornimmt, können die mannigfaltigsten Effekte in Farbe und Zeichnung erzielt werden. In seinen Effekten lehnt sich der Zeugdruck vielfach an die Erzeugnisse der Buntweberei an und imitiert dieselbe mitunter auf das täuschendste. Andrerseits kann er sich auch von derartigen Nachahmungen frei machen und eigene Bahnen wandeln, auf denen er schließlich mit den graphischen Gewerben zusammentrifft, welche, auf Papier als Unterlage arbeitend, in erster Linie der Kunst dienstbar sind. Während aber die graphischen Künste die von ihnen benutzten Materialien ausschließlich durch Klebstoffe und Firnisse auf der Unterlage befestigen, muß der Zeugdruck der Forderung genügen, waschechte Erzeugnisse hervorzubringen. Der Zeugdruck ist ebenso wie die Färberei außerordentlich alt und schon in allen Kulturländern frühzeitig geübt worden.

Die Methoden des Zeugdruckes sind außerordentlich mannigfaltig; nur die wichtigsten derselben können hier kurz besprochen werden. Man kann zwischen solchen Methoden unterscheiden, welche sich noch an die gewöhnlichen Verfahren der Färberei anlehnen oder dieselben zur Hilfe nehmen und solchen, welche vollkommen eigene Wege einschlagen. Die letzteren sind in der Neuzeit mehr im Gebrauch, während die ersteren zweifellos ein größeres Alter besitzen; doch sind sie infolge der eigenartigen Effekte, welche sie liefern, bis auf den heutigen Tag nicht entbehrlich geworden.

Wohl die älteste Methode des Zeugdruckes ist der bis auf den heutigen Tag in Indien in großem Umfange betriebene „Bandanadruck", welcher auch als „Tie-and-Dye-Prozeß" bezeichnet wird. Derselbe ist für jeden beliebigen Farbstoff anwendbar und besteht darin, daß der zu bedruckende Stoff mit Hilfe von Nadel und Faden in verschiedene Falten gelegt zusammengenäht oder auch mit Knoten durchsetzt wird. Wird das so vorbereitete Stück nunmehr in ein gewöhnliches Färbebad gebracht, so kann an den festgenähten und geknoteten Stellen die Flüssigkeit nicht eindringen, diese Stellen bleiben daher weiß. Durch mehrfache Wiederholung des Verfahrens unter Verwendung immer anderer Knotungen und anderer Färbebäder lassen sich die verschiedenartigsten, oft sehr reichen Effekte zustande bringen. Ein analoges Verfahren wird heute noch in Europa zur Herstellung gemusterter Strickgarne benutzt, indem die Strähnen derselben vor dem Färben an denjenigen Stellen verschnürt werden, welche ungefärbt bleiben sollen.

Bei dieser Art des Zeugdruckes sind irgend welche Druckformen noch nicht erforderlich, bei jeder anderen aber ist dies der Fall, wenn man nicht an die Stelle des eigentlichen Druckes eine dem gleichen Zweck dienende Handmalerei setzen will. Die von dem Zeugdruck verwendeten Formen können aus dem verschiedensten Material hergestellt werden und ebenso, wie dies bei den graphischen Künsten der Fall ist, die zur Aufnahme der Farben bestimmten Stellen erhaben oder vertieft ausgeschnitten tragen. Im ersteren Falle haben wir es mit dem Hochdruck oder Reliefdruck, im anderen Falle mit dem Tiefdruck zu tun. Die Hochdruckformen werden häufig als „Model" bezeichnet, sie können aus dem verschiedensten Material hergestellt sein. Am häufigsten wird Birnbaumholz benutzt, daneben finden Letternmaterial, Messing und Kupfer Verwendung. Größere Flächen werden zur Erzielung eines gleichmäßigeren Druckes nicht selten mit Filz belegt. Der Tiefdruck findet hauptsächlich bei den mechanischen Druckverfahren Anwendung, die Formen sind nichts anderes als Kupferstiche auf flachen oder cylindrisch gestalteten Kupfer- oder Messingplatten.

Bei allen mit Hilfe von Druckformen irgend welcher Art hergestellten Effekten ist es Bedingung, die aufgedruckte Masse so vorzubereiten, daß sie nicht infolge der Capillarität des Gewebes von diesem aufgesaugt und verschleppt werden kann. Nur in diesem Falle ist eine Reinheit der Konturen erzielbar. Wo die aufzudruckenden Substanzen nicht, wie dies z. B. bei Fetten und Harzen der Fall ist, an sich die geeignete Konsistenz besitzen, muß durch geeignete Zusätze dieselbe herbeigeführt werden. Als solche können bei allen wässerigen Lösungen Substanzen dienen, welche diesen eine schleimige oder dickliche Beschaffenheit geben, also die verschiedenen Gummiarten, Stärkekleister, Tragant, Dextrin u. dgl. Man bezeichnet diese Substanzen als „Verdickungsmittel", sie sind in einer solchen Menge zu verwenden, daß der Capillarität des Gewebes gerade die Wage gehalten wird. Unter Umständen wird die Wirkung dieser Substanzen noch dadurch erhöht, daß man den Druckfarben sehr poröse Körper zusetzt, welche durch ihre eigene Porosität der Capillarität des Gewebes entgegenwirken. Solche Zusätze sind Pfeifenton, Kaolin, Kreide u. dgl.

Diejenige Form des Zeugdruckes, welche unter Verwendung von Mödeln dem oben geschilderten Bandanadruck am nächsten steht, ist die „Reservage". In ihrer einfachsten Gestalt besteht dieselbe darin, auf das Gewebe Substanzen aufzudrucken, welche die Saugfähigkeit desselben für Wasser vernichten. Beim nachfolgenden Ausfärben kann dann das Färbebad an den bedruckten Stellen nicht eindringen, wodurch die gesuchten farbigen Effekte zustande kommen. Auch hier kann man durch mehrfache Wiederholung des Verfahrens unter Benutzung verschiedenartiger Färbebäder eine reiche Mannigfaltigkeit erzielen. Hierher gehört der bei den malayischen Völkern übliche und zu hoher Vollkommenheit gebrachte „Batikdruck", bei welchem die angewandte Reservage aus Gemischen von Dammarharz mit Wachs besteht, welche im geschmolzenen Zustande aufgemalt oder mit warmen Kupfermödeln aufgedruckt werden. Durch Knillen und Knittern des mit der Reservage bedruckten Gewebes in kaltem Wasser werden Sprünge in der Reservage erzeugt, welche bei dem nachfolgenden Färbeprozeß in der Form haarfeiner, verästelter Zeichnungen zur Wirkung kommen. In der europäischen Industrie findet ein ähnliches Verfahren Anwendung in der Seidendruckerei; hier wird geschmolzenes Paraffin auf die zu färbende Seide aufgedruckt. Alle derartigen Verfahren verlangen die Anwendung kalter oder nur lauwarmer Färbebäder und sind infolgedessen nicht sehr bequem. Man hat daher statt der geschmolzenen Harze schleimige und nach dem Auftrocknen schwer in Wasser wieder lösliche Stoffe als Reserven benutzt. Ein derartiges Verfahren wird in Japan ausgeführt, wo ein aus dem Mehl einer besonderen Art von Reis (Oryza glutinosa) gekochter, äußerst zäher Kleister als Reserve auf Seidenstoffen höchst sinnreiche Verwendung findet. Die europäische Industrie verwendet steifen Roggenmehlkleister zum gleichen Zwecke. Derartige Reserven heißen „Schutzpappe". Da sie nach Beendigung des Färbeprozesses durch andauerndes Waschen und vielfaches Bürsten entfernt werden müssen, was sehr mühsam ist, so geht ihr Gebrauch mehr und mehr zurück, doch findet Schutzpappe auch bei uns gelegentlich noch in der Indigofärberei Verwendung.

Als „chemische Reserven" bezeichnet man auf das zu färbende Gewebe aufgedruckte Substanzen, welche dadurch, daß sie das nachträglich aufgebrachte Färbebad lokal zersetzen, das Gewebe vor dem Gefärbtwerden schützen. So kann man z. B. anilinschwarz zu färbende Gewebe dadurch mit einem Muster versehen, daß man vorher alkalische Druckfarben auf dasselbe aufbringt. Da die Entwicklung des Anilinschwarz nur in saurer Lösung vor sich geht, so wird an den alkalisch gemachten Stellen kein Anilinschwarz sich bilden können; dieselben werden also weiß bleiben. Eine der am häufigsten verwendeten chemischen Reserven ist Zinkstaub, derselbe wirkt auf die allermeisten Farbstoffe reduzierend, indem er sie in die zugehörigen farblosen Leucoverbindungen verwandelt und somit den Farbstoff zerstört, ehe er in das Gewebe eindringen kann.

Bei den meisten Reserven muß die nachfolgende Färbung nicht in einem gewöhnlichen Färbebade, sondern durch das Verfahren des „Pflatschens" geschehen, weil nur dieses eine Gewähr dafür bietet, daß die aufgedruckte Reserve nicht während des Färbens heruntergewaschen wird.

In einem gewissen Gegensatz zu der Reservage stehen die Methoden des Ätzdruckes, bei welchem die auf das vorgefärbte Gewebe aufgedruckte Mischung den gefärbten Farbstoff zerstört, so daß nach dem Waschen die ungefärbte Faser wieder freigelegt wird. Der Ätzdruck läßt sich natürlich nur dann anwenden, wenn chemische Reaktionen bekannt sind, die eine Zerstörung des Farbstoffes ohne gleichzeitigen Angriff des Gewebes gestatten. Dies ist ziemlich häufig der Fall. So z. B. läßt sich das Alizarin ebenso wie seine nächsten Verwandten durch schwach angesäuerte Chlorkalklösung zerstören, welche Baumwolle noch nicht angreift. Das auf diese Tatsache gegründete, unter dem Namen „Türkischrotätzdruck" bekannte Verfahren gestaltet sich in der Weise, daß auf den türkischrot gefärbten Stoff verdünnte Lösungen von Weinsäure oder Zitronensäure aufgedruckt werden. Alsdann wird der Stoff durch Chlorkalklösung gezogen. Da diese in ihrem normalen alkalischen Zustande das Alizarinrot nicht angreift, an den bedruckten Stellen aber unter Bildung von freier unterchloriger Säure zersetzt wird, so werden naturgemäß nur diese Stellen weiß geätzt. Dieses Verfahren läßt sich wie die meisten anderen Ätzverfahren in der Druckerei dadurch ausgestalten, daß man gleichzeitig mit der Ätzung farbige Effekte auf den geätzten Stellen hervorbringt. Dies kann z. B. dadurch geschehen, daß man der Ätzfarbe Bleisalze zusetzt, wodurch in der Chlorkalkpassage Chlorblei auf den geätzten Stellen niedergeschlagen wird, welches sich bei einer nachträglichen Behandlung des Gewebes mit einer Lösung von Kaliumbichromat in gelbes Bleichromat verwandelt, welches nun waschecht fixiert ist. Oder man kann der Ätzfarbe in Oxalsäure verteiltes sogenanntes lösliches Berlinerblau zusetzen. Dieses wird von Chlorkalk ebenfalls nicht angegriffen, da ihm aber durch das Chlorkalkbad die lösende Säure entzogen wird, schlägt es sich waschecht fixiert in den gleichzeitig weiß geätzten Stellen nieder, wodurch blaue Effekte auf rotem Grunde zustande kommen. Durch nachträglichen Überdruck gelber Farbe lassen diese sich, so weit erforderlich, wieder in Grün verwandeln.

Auf einer anderen Reaktion beruht der (von CAMILLE-KÖCHLIN ausgebildete) ebenfalls vielfach ausgeübte Ätzdruck auf mit Indigo geküpten Geweben. Der gegen Licht und die meisten chemischen Einflüsse höchst widerstandsfähige Indigo wird durch Oxydationsmittel leicht zerstört. Schon Bichromat greift ihn energisch an, während die normalen Chromate ohne Wirkung auf ihn sind. Bedruckt man daher indigoblaue Gewebe mit einer verdickten Lösung von normalem (gelbem) Kaliumchromat, so findet zunächst keine Reaktion statt. Beim Eintauchen des Gewebes in sehr verdünnte warme Schwefelsäure aber wird das normale Chromat in Bichromat übergeführt, welches den Indigo, mit dem es in Berührung ist, augenblicklich unter Bildung von Isatin oxydiert. Um zu verhindern, daß ein Überschuß aufgedruckten Chromates in dem Säurebad sich anhäuft und nun auch die nicht mit Ätzfarbe bedruckten Teile des Gewebes angreift, setzt man dem Säurebade Oxalsäure zu, welche diesen Überschuß zerstört. Auch hier kann man durch einen Kunstgriff farbige Effekte hervorbringen, indem man der aufgedruckten Bichromatfarbe Albumin zusetzt und demselben beliebige Pigmente beimischt. Durch die Wirkung der warmen Schwefelsäure wird das Albumin koaguliert und die Pigmente werden waschecht auf dem Gewebe befestigt.

Während beim Alizarin und Indigo oxydierende Ätzfarben Verwendung finden, geschieht gerade das Umgekehrte bei Geweben, die mit einem der zahllosen Azofarbstoffe vorgefärbt sind. Hier kann durch Aufdruck von Zinnsalzlösungen oder Hydrosulfiten eine lokalisierte totale Reduktion des Farbstoffes und damit eine Ätzung vorgenommen werden.

Während Reserve- sowohl wie Ätzdruckmethoden die dem Druck vorangehende oder nachfolgende Verwendung normaler Ausfärbungen, eventuell in der

Form des „Pflatschens", zur Voraussetzung haben, gibt es auch Methoden, die von der gleichzeitigen Benutzung der eigentlichen Färberei unabhängig sind; dies sind die Verfahren zum Aufdruck der sogenannten Tafel- und Dampffarben. Bei beiden handelt es sich um die lokale, durch die bereits besprochenen mechanischen Hilfsmittel des Zeugdruckes vorgenommene Applikation sehr konzentrierter Färbebäder, welche auf die Faser entweder in substantiver Weise oder durch die nachfolgende Abscheidung eines Lackes einwirken. Bei den jetzt nur noch wenig gebräuchlichen Tafelfarben spielt sich die Befestigung des aufgedruckten Farbstoffes durch bloßes Trocknen eventuell unter Mitwirkung des Luftsauerstoffes ab. Bei den Dampffarben wird sie dagegen durch die nachfolgende Behandlung des Gewebes mit trockenem Dampf zuwege gebracht.

Dampffarben, bei denen die Farbstoffe in rein substantiver Weise auf den Geweben befestigt werden, finden fast nur für tierische Fasern, also für Seide und Wolle Anwendung. Sie bestehen aus passend verdickten, leicht angesäuerten konzentrierten Lösungen der erforderlichen Farbstoffe. Der schon beim Aufdruck beginnende Färbungsprozeß geht durch die Erhitzung mit Hilfe des Dampfes zu Ende, beim nachfolgenden Waschen wird das Verdickungsmittel entfernt; der ganze Vorgang unterscheidet sich von einer gewöhnlichen substantiven Färbung nur durch die Lokalisation und die größere Konzentration des Färbebades. Die substantiven Baumwollfarbstoffe finden im Zeugdruck geringere Verwendung, weil es unter ihnen kaum irgend welche gibt, deren Färbebehälter vollständig ausgezogen werden. Wenn man sie in konzentrierter Lösung auf Baumwollgewebe aufdruckt, so „bluten" trotz des nachfolgenden Dämpfens die bedruckten Stellen beim Waschen, wodurch die unbedruckten weißen Stellen des Gewebes beschmutzt werden.

Bei Baumwolle bedient man sich daher im Zeugdruck mit Vorliebe adjektiver Färbungsmethoden, indem man die Druckfarben so zusammensetzt, daß durch das nachfolgende Dämpfen die Bildung eines Farblackes eingeleitet wird. Für basische Farbstoffe bedient man sich zu diesem Zwecke einer ganz allgemeinen Methode, welche darin besteht, daß man der Druckfarbe außer dem nötigen Farbstoff auch noch die erforderliche Quantität Tannin sowie eine erhebliche Menge von Essigsäure zusetzt. Die Essigsäure verhindert zunächst die Bildung eines Tanninlackes, beim nachfolgenden Trocknen und noch mehr beim Dämpfen verflüchtigt sie sich aber, wobei Farbstoff und Tannin in Wechselwirkung treten und im Innern der Faser der gewünschte Lack entsteht. Um diesem die erforderliche vollkommene Waschechtheit zu geben, wird das gedämpfte Gewebe gewöhnlich noch vor dem Waschen durch die Lösung eines Antimonsalzes passiert.

Die Bildung der Metallacke beizenfärbender saurer Farbstoffe im Zeugdruck wird in ganz ähnlicher Weise zustande gebracht. Auch hier wird die sesquioxydische Beize in Form ihres Acetats unter Zugabe freier Essigsäure gemeinsam mit dem Farbstoff auf das Gewebe aufgedruckt, wobei beide zunächst reaktionslos bleiben. Beim Dämpfen bildet sich der Lack, während gleichzeitig die die Lösung beider Reagenzien begünstigende Essigsäure verfliegt. Dieser moderne „Alizarindruck" beruht in letzter Linie auf denselben Prinzipien wie das uralte, schon von den Ägyptern und von allen Völkern des Orients ausgeübte Verfahren des Krappdruckes, dessen Ausführung allerdings eine ganz andere ist. Hier werden zunächst die Beizen für sich allein, gewöhnlich auch in Form ihrer Acetate, auf das Gewebe aufgedruckt und dieses wird nachträglich in einer Krapp- oder Alizarinbrühe ausgefärbt. Da für die meisten Alizarinfarbstoffe die verschiedenen Beizen (Tonerde, Eisen, Chrom) verschiedene Färbungen ergeben, da ferner das Gewebe an den nicht mit Beize bedruckten Stellen weiß bleibt, so zeigt ein mit verschiedenen Beizen bedrucktes Gewebe nach der Ausführung eine bunte Zeichnung.

Schließlich sind noch diejenigen zahlreichen und zum Teil außerordentlich wichtigen Druckmethoden zu erwähnen, bei welchen unlösliche Pigmente direkt in der Faser gebildet werden. So z. B. liefert eine Anilinsalz, Kaliumchlorat und Kupfer- oder Vanadinsalz enthaltende Druckfarbe nach dem Aufdruck durch bloßes Verhängen in warmen Räumen oder durch kurzes Dämpfen das außerordentlich echte, fast unzerstörbare Anilinschwarz. Durch Aufdruck verdickter Lösungen von Diazoverbindungen auf Gewebe, die mit β-Naphtol oder anderen geeigneten Substanzen imprägniert sind, werden lokal unlösliche Azofarbstoffe, die sogenannten „Eisfarben" gebildet. Eine erschöpfende Aufzählung aller hierher gehörigen Methoden würde den engen Rahmen dieses Aufsatzes überschreiten.

Witt, Berlin-Westend.

Färbungen, Allgemeine Methode der histologischen. Alle mikroskopischen Färbungen haben in erster Linie den Zweck, die Struktur der Gewebe zu verdeutlichen; erst in zweiter Linie und einstweilen nur nebenher kommen die Farben auch als mikrochemische Reagenzien in Betracht. Die Möglichkeit der Erzeugung einer färberischen Differenzierung im einzelnen ist nun im hohen Grade abhängig von der Eigenschaft der Färbbarkeit der Gewebe im allgemeinen. Diese allgemeine Färbbarkeit wird durch die notwendigen Vorbehandlungen der Gewebe, wie sie in der Fixierung und Härtung gegeben sind, häufig in starkem Grade beeinflußt. Es muß also die Vorbehandlung möglichst so geleitet werden, daß die allgemeine Färbbarkeit erhalten, vielleicht sogar gesteigert, nicht aber herabgedrückt wird.

Einfluß der Eiweiß fällenden Mittel. Die allgemeine Erfahrung der Mikroskopiker hat gelehrt, daß bei Fixierung durch Alkohol eine vortreffliche Färbbarkeit hinterbleibt. Der Alkohol fällt die Eiweißkörper durch Wasserentziehung; eine vollständige Koagulation, d. h. Unlöslichmachung der Eiweißkörper, tritt erst bei längerer Wirkung des Alkohols ein. Da die Eiweiße im übrigen durch Alkohol wenig verändert werden, so hinterbleibt eine gewisse Form der Färbbarkeit, die etwa als die natürliche Färbbarkeit der Gewebe bezeichnet werden kann. In chemischer Beziehung dürfte diese Art der Färbbarkeit wahrscheinlich annähernd mit der genuinen Reaktionsfähigkeit der Eiweißkörper (genuine oder native Basen- und Säurekapazität) zusammenfallen. Ist es den Umständen nach möglich, Zellen und Gewebe durch vorsichtiges Auftrocknen auf dem Objektträger zu fixieren (Ehrlich, Blutpräparate), so wird man ebenfalls eine natürliche Reaktionsfähigkeit erhalten.

Nur wenige andere Fixierungsmethoden ergeben qualitativ gleich gute Resultate wie der Alkohol. In erster Linie nennen wir das Sublimat (lösen sich 9% in 0,6%iger NaCl-Lösung), welches die Aufnahmefähigkeit für Farben zu steigern scheint und die Nuance derselben nicht beeinflußt. In zweiter Linie, und zwar besonders empfehlenswert in Beziehung auf Färbbarkeit, ist die Trichloressigsäure (bis 5%ige Lösungen), welche alle Eiweißkörper (auch Mucine) ausfällt, und hierzu kämen vielleicht auch noch Carnoys Gemisch (Alkohol + Chloroform + Essigsäure) und eventuell die reine Essigsäure (van Beneden, Fixierung tierischer Eier). Alle anderen Mittel ändern die Färbbarkeit in qualitativer Beziehung oder drücken sie herunter.

Am stärksten drückt die Osmiumsäure die allgemeine Färbbarkeit herunter. Präparate, die in 1%iger Osmiumsäure gehärtet wurden, sind in keiner Weise (außer durch Abscheidung des metallischen Osmiums; Metallimprägnation) typisch färbbar; man erhält zwar allerhand Farbenreaktionen, dieselben sind aber durchaus inkonstant und ungleichmäßig. Die Färbbarkeit osmierter Stücke wird teilweise wieder hervorgerufen durch oxydierende Mittel (Kalium bichromicum nach R. Heidenhain oder noch besser freies Chlor in Gestalt des offizinellen Chlorwassers) oder durch nachträgliche Einwirkung von Sublimat. Bei Stücken, die in reiner Osmiumsäure fixiert waren, wird man allerdings auch damit nicht viel erreichen, wohl aber bei Stücken, die der Wirkung von Osmiumgemischen ausgesetzt waren (z. B. nach Einwirkung von Sublimat-Osmium Einlegen der Stücke in reines Sublimat auf 8 Tage oder Chlorieren der Schnitte auf dem Objektträger).

Von anderen Mitteln ist es besonders die Salicylsäure, für sich allein oder in Gemischen angewendet, welche die Färbbarkeit, und zwar unwiederbringlich, herabdrückt; das Gleiche gilt von starken Mineralsäuren (z. B. nach Macerationen in 20%iger Salpetersäure, 5%igem Königswasser).

Spezifisch verändert wird die Färbbarkeit zunächst nach Anwendung der Pikrinsäure; sie beeinflußt den Farbenton der Carmine und Hämatoxyline bzw. kann sie für diese Farben sogar als Differenzierungsmittel in Betracht kommen. Gegen Anilinfarben soll Pikrinsäure tolerabler sein (RAWITZ). Vor allen Dingen aber wirken die vielfach gebrauchten chromhaltigen Fixierungsmittel verändernd auf die Färbbarkeit ein. Gewebe, die mit MÜLLERscher Flüssigkeit, Chromsäure etc. behandelt wurden, enthalten entweder von Anbeginn an oder aber sicher nach einiger Zeit Chromoxyd (chromsaures Chromoxyd nach UNNA). Daher sind Präparate aus derartig fixierten Geweben immer sauer (falls nicht absichtlich neutralisiert bzw. alkalisiert wurde) und neigen zu oxydierenden Wirkungen. Beide Eigenschaften sind verderblich für Pflanzenfarben. Die Gegenwart von Chrom wirkt ferner als Beize für Hämatoxylin- und mancherlei Anilinfarben, so daß sie die primäre Färbbarkeit völlig verändert. Ähnlich würden sich in Kupfersulfat erhärtete Gewebe verhalten.

Wird in Sublimat gehärtet, so ist dringend anzuraten, nach der Jodierung der Präparate das überschüssige Jod möglichst vollständig zu entfernen (am besten durch eine 0·25%ige Lösung von Natriumthiosulfat). Das Jod hindert zwar die Färbung an sich nicht, es zerstört aber über längere Zeit hin die Farbe, besonders Hämatoxylin- und Anilinfarben.

Es ist schwer, aus dem Verhalten der Farbstoffe gegenüber verschieden fixierten Geweben ein allgemeines Prinzip herauszulesen. Sieht man von vielen Einzelheiten ab, so kann man sagen, daß die Einführung von mehrwertigen Metallen in das Eiweiß (Chrom- und Quecksilberalbuminate) die Färbung erleichtert, wenn auch mitunter spezifisch verändert (Chromierung), daß hingegen der Gebrauch starker Säuren, durch welche die im Protoplasma vorfindlichen Metalle (Ca, Mg) extrahiert werden, auf die nachfolgende Färbung schädigend wirkt.

Auswaschung. Die fixierten Präparate müssen, wenn Säuren oder Metallsalze angewendet wurden, gut ausgewaschen werden. Es soll hierdurch verhindert werden, daß die imbibierten Fixierungsmittel auf die Farben chemisch einwirken: man will eine möglichst reine Reaktion zwischen den koagulierten Eiweißkörpern und den Farbkörpern haben. Gutes Auswaschen befördert zudem die Diffusion zwischen Farblösung und Gewebe. Wäscht man nicht aus, so werden die Farblösungen die Auswaschung übernehmen und in diesem Falle wird das Diffusionsgefälle häufig in der ersten Zeit in der Richtung Gewebe ⇛ Farblösung verlaufen, während wir das umgekehrte Diffusionsgefälle Farblösung ⇛ Gewebe haben wollen. Die Diffusion wird sehr erheblich dadurch angeregt, daß wir die Gewebe mit Alkohol durchtränken: der letztere wird durch eine wässerige Farblösung schleunigst extrahiert und verdrängt. Ausnahmen: Man wäscht solche Fixierungsmittel nicht oder nur unvollkommen aus, welche man als Beizmittel im Gewebe erhalten will, z. B. MÜLLERsche Flüssigkeit vor der Färbung mit carminsaurem Natron.

Bevor man ans Färben geht, hat man sich zu entscheiden, ob man das ganze Stück durchfärben will — „Durchfärbung" — oder ob man lieber die einzelnen Schnitte in Arbeit nimmt — „Schnittfärbung". Für Durchfärbung eignen sich Anilinfarben nicht, weil sie ein zu geringes Durchdringungsvermögen besitzen. Sollte dennoch ein Versuch gewünscht werden, so müßten die Farben in alkoholische Lösung gebracht werden (vgl. Theorie der histologischen Färbungen). Im allgemeinen wird man bei der Stückfärbung auf Carmine und Hämatoxyline angewiesen sein und man wird zudem eine Methode wählen müssen, bei der man des Erfolges einigermaßen sicher ist (Alauncarmin, Boraxcarmin etc.; Alaunhämatoxylin, Chromhämatoxylin). Nur zu leicht wird beim Durchfärben überfärbt oder zu wenig gefärbt. Daher werden beinahe alle feineren Färbungen Schnittfärbungen sein müssen; man färbe und kontrolliere fleißig unter dem Mikroskop. Beschäftigt man sich mit sehr feinen Arbeiten, so ist es dringend notwendig, das gefärbte, in Wasser liegende Objekt mit einer guten Wasserimmersion genau zu untersuchen (etwa das vorzügliche System D* von ZEISS), um des Färbungserfolges sicher zu sein.

Es gibt in Rücksicht auf das Mechanische im allgemeinen zweierlei Verfahrungsweisen, nämlich progressive und regressive Färbungen. Bei dem progressiven Prozeß werden dünne Farblösungen angewandt und diese läßt man über längere Zeit hin auf das Gewebe einwirken; also z. B. man färbt die auf dem Objektträger fixierten Schnitte in einer sehr verdünnten BIONDIschen Lösung über 24 Stunden. Wird das Gewebe aus dieser Farbe herausgebracht, so soll es definitiv fertig gefärbt sein, d. h. es soll jetzt keine weitere Prozedur mehr folgen, welche den Zweck hat, die nach Maßgabe der natürlichen Affinität der Gewebe ohne besondere Einwirkung des Arbeitenden entstandene Färbung weiterhin abzuändern. Werden die Schnitte zum Zweck der Aufstellung in Balsam mit Alkohol übergossen, so wird zwar ein Teil der Farbe, besonders das Methylgrün, herausgespült. Indessen handelt es sich hier nicht um die fest gebundene Farbe, denn beim Übergießen mit Alkohol heben nur in den ersten Sekunden sich einige Farbwolken ab. Der Rest sitzt so fest im Schnitt, daß es total unmöglich ist, das Gepräge der Färbung durch weitere Einwirkungen zu verändern. Daher haben wir hier den Typus eines progressiven Verfahrens, bei welchem der Endeffekt der Färbung gänzlich außer der Willkür des Arbeitenden liegt. Die wissenschaftliche Bedeutung derartiger Färbungen ist darin enthalten, daß in diesen Fällen die spezifische Affinität der Gewebebestandteile zu den Farben das einzig maßgebende Prinzip ist; wir können daher aus derartigen Tinktionen mit gutem Rechte Rückschlüsse auf die chemische Konstitution der Gewebe ziehen.

Es gibt einige Verfahrungsweisen, welche durchaus streng dem Begriffe der progressiven Färbung entsprechen. Dies wird besonders dann der Fall sein, wenn die betreffende Farbe weder durch Wasser noch auch durch Alkohol extrahiert werden kann. Hierher gehört die Vanadiumhämatoxylinfärbung mit ihrer merkwürdigen Polychromie, es gehören hierher auch viele saure Anilinfarben, die, wenn einmal aufgefärbt, durch kein gewöhnliches Mittel mehr beeinflußbar sind (z. B. Anilinblau, Cörulein, Brillantschwarz etc.). Wir haben also in der Tat eine Klasse der progressiven Färbungen in strengem Sinne; wir möchten aber hieran noch eine zweite Klasse der progressiven Färbungen im weiteren Sinne anschließen, ohne im übrigen auf dieses Schema der Einteilung allzu viel Gewicht legen zu wollen.

Es gibt nämlich viele Färbungsweisen, bei denen zwar über lange Zeit hinaus extrahiert wird, um die in den Geweben nur lose gebundene Farbe möglichst gut zu entfernen, bei denen aber doch keineswegs die Absicht besteht, durch die Extraktion einen bestimmten Differenzierungseffekt zu erzielen. Hierher möchten wir die vielen indifferenten Carmin- und Hämatoxylinfärbungen rechnen, bei denen das ganze Stück gefärbt und wieder ausgezogen wird. Das Resultat ist meist eine allgemeine Gewebefärbung mit Hervorhebung der Kerne, jedoch ohne besondere Differentiation im einzelnen. Auch kann für sicher gelten, daß in den gedachten Fällen meist nur sehr wenig Farbe entfernt wird; dies gilt z. B. auch für Durchfärbungen mit Alauncarmin, BÖHMERschem, DELAFIELDschem, ja sogar für Chromhämatoxylin.

Es würde sehr vorteilhaft für die Wissenschaft sein, wenn es möglich wäre, mit progressiven Färbungen allein auszukommen. Leider sind wir häufig gezwungen, das durch den natürlichen Vorgang des Färbungsprozesses gelieferte Endresultat willkürlich zu modifizieren, indem wir beträchtliche Farbstoffmengen aus den gefärbten Geweben wiederum extrahieren und den Farbkörper auf ganz bestimmte Strukturteile beschränken, welche eben unserer Absicht nach färberisch hervorgehoben werden sollen. Es hat sich nämlich gezeigt, daß unter den Strukturteilen der Gewebe gar viele sind, die nach dem progressiven Verfahren nur schlecht zur Ansicht gebracht werden können, da sie sich zwar mit Farbe beladen, aber aus dem übrigen Färbungsbilde des Schnittes nicht sonderlich hervortreten. In diesen Fällen wird man zum Ziele gelangen, wenn man die Vorbehandlung und Färbung so leitet, daß bei einer eindringenden Extraktion des Schnittes die gedachten Strukturteile den Farbstoff in stärkerem Grade zurückbehalten als die übrigen Gewebebestandteile. Gewöhnlich ist anfängliche Überfärbung des Schnittes einerseits und zweitens ein spezifisch ausgesuchtes Extraktions- oder Differenzierungmittel nötig. Dies ist das regressive Verfahren der Färbung, als deren klassisches Beispiel wir die Markscheidenfärbung nach WEIGERT nennen.

Die regressiven Färbungen sollten, wenn irgend möglich, so behandelt werden, daß sie „elektiv" wirken, d. h. es sollte ein bestimmter Gewebebestandteil entweder ganz allein tingiert oder doch so gut charakterisiert werden, daß eine Verwechslung mit anderen Gewebebestandteilen nicht möglich ist.

Es ist nicht zu leugnen, daß der definitive Ausfall des Färbungsbildes der regressiv behandelten Präparate in vielen Stücken von der Willkür des Arbeitenden abhängt, namentlich dann, wenn mit Farbstoffen gearbeitet wird, die überhaupt launisch sind und nur mit schwerer Mühe zu einer einigermaßen konstanten Wirkung gebracht werden können. Man bedenke, daß bei den meisten Färbungen dieser Art es in das Belieben des Mikroskopikers gestellt ist, die Entfärbung je nach Wunsch früher oder später zu unterbrechen, und so werden unter Umständen sehr verschiedene Bilder entstehen können. Wenn es dann überdies in der Natur des Farbstoffes selber liegt, daß die Regression desselben ungleichmäßig bald so, bald anders ausfällt, dann wird eine fast regellos zu nennende Buntheit der Bilder entstehen. Dies gilt unserer Meinung nach vom Safranin und Gentianaviolett, mit denen die Ära der regressiven Färbungen begann (FLEMMING). Beide Farbstoffe wirken, regressiv behandelt, immer ungleichmäßig, und zwar das Gentianaviolett noch viel ungleichmäßiger als das Safranin.

Es wird sich mithin fragen, auf welche Weise man bei Anwendung des regressiven Verfahrens zu konstanten Resultaten kommt. Hier lassen sich in der Tat einige allgemeine Verhaltungsmaßregeln aufstellen.

1. Da die regressiven Färbungen auf jedem Stadium der Prozedur eine eingehende Kontrolle verlangen, so kann mit Vorteil nur der mikroskopische Schnitt, bzw. eine dünne Gewebeplatte regressiv behandelt werden. Größere Gewebestücke werden nur ausnahmsweise eine Behandlung per extractionem zulassen.

2. Bei allen empfindlichen Methoden, welche mit Entfärbung arbeiten, ist eine absolut gleichmäßige Dicke der Gewebslamelle erforderlich. Daher werden meist nur Schnitte, und zwar nur dünne Schnitte in Betracht kommen können, welche zudem gleichmäßig dick sein müssen und beim Schneiden nicht gequetscht werden dürfen. Es gilt die Regel: Schnitte von gleicher Dicke, welche auch in sich gleichmäßig dick sind, entfärben sich gleich schnell und liefern Bilder von gleichmäßiger Färbung.

3. Ferner kommt die Konstitution des Farbstoffes in Betracht. Es eignen sich besonders Hämatoxylin und basische Anilinfarben, weniger die sauren, weil die letzteren großenteils sehr echte Färbungen liefern und sich schlecht extrahieren lassen. Der Farbstoff sollte ferner ein bestimmter chemischer Körper (kein Gemenge!) und chemisch rein sein. Ferner sollte er so beschaffen sein, daß er eine einigermaßen feste Verbindung mit dem Gewebe eingeht. Ist dies letztere der Fall, dann wird er auch bei der Extraktion nicht launisch sein.

4. Es ist irrig anzunehmen, daß man wegen der notwendigen Überfärbung der Schnitte konzentrierte Lösungen der Farbstoffe haben müsse. Vielmehr gilt als Regel, daß der konzentrierte Farbstoff die Schnitte zwar rasch anfärbt, später

aber, bei der Entfärbung, dazu neigt, ungleichmäßige Bilder zu liefern. Der verdünnte Farbstoff hingegen wird die Überfärbung der Schnitte nur langsam herbeiführen, aber bei der Extraktion ein viel gleichmäßigeres Resultat liefern. Der Grund hierfür ist der, daß sich über die Dauer der Zeit hin die chemischen Affinitäten der Gewebebestandteile gegenüber der Farbstofflösung besser geltend machen können. Auch macht „viel Wasser" den Farbstoff chemisch aktiv (durch Dissoziation). Es wird also in diesem Falle bei der Entfärbung die Physik der Sache zurücktreten und die chemische Affinität besser zum Vorschein kommen.

5. Geht man auf die Darstellung ganz bestimmter Gewebebestandteile aus, so suche man die Verwandtschaft derselben zum Farbstoff durch Auffindung und Anwendung spezifischer Beizmittel zu steigern.

6. Die Extraktion soll so geleitet werden, daß sie möglichst langsam vor sich geht. Man befasse sich überhaupt nicht mit „Methoden", bei welchen die Differentiation innerhalb weniger Sekunden vor sich gehen soll. Hierbei werden immer ungleichmäßige Resultate erzielt.

7. Da für den Effekt, den die Entfärbung liefert, die Dichte der Gewebebestandteile, also ein physikalischer Faktor, wesentlich in Betracht kommt, so muß man von vornherein darauf sehen, daß man diesen Faktor gehörig ausnützt. Man kann also z. B. versuchen, diejenigen Gewebebestandteile, welche man nicht gefärbt haben will, quellen zu lassen; diese Teile werden dann die Farbe schneller abgeben. Das wirksamste Mittel indessen, welches auf Ausnutzung der Dichte ausgeht, ist ein Verfahren, nach welchem man das Molekularvolumen während der Färbungsprozedur im Schnitt selbst wachsen läßt. Man färbt z. B. einen bestimmten Strukturteil mit einer Farbe *A* und schickt dann eine zweite Farbe *B* nach, von der man genau weiß, daß sie mit *A* sich chemisch fest verbindet. Hierdurch wird das Molekularvolumen in loco vergrößert; die Farbe wird schwer extrahierbar und bleibt vornehmlich in den dichteren Strukturteilen sitzen, soweit nicht nach chemischem Prinzip eine anderweitige Fixation der Farbstoffe statthatte.

Dies sind die allgemeinen Regeln, welche für regressive Färbungen in Betracht kommen; es bleiben uns zur Besprechung noch übrig: 1. die Beizmittel, 2. die Differenzierungsflüssigkeiten.

Geht man darauf aus, für irgend eine Farbe ein Beizmittel zu suchen, so wird man verlangen müssen, daß das in Frage gezogene Mittel mit der Farblösung einen in Wasser unlöslichen, stark gefärbten Niederschlag gibt. Trifft dies zu, dann wird der betreffende Stoff nur dann wirklich als Beize dienen können, wenn er auch mit dem Gewebe eine Verbindung von relativer Festigkeit einzugehen vermag. Denn die Beize muß die Vermittlerin zwischen dem Gewebe einerseits und der Farbe andrerseits spielen. Es wird also viele chemische Körper geben, die sich sehr gut mit den Geweben vereinigen, aber zu den Farben keine Verwandtschaft zeigen, und ebenso werden Körper vorkommen, die mit den Farben unlösliche Niederschläge bilden, doch aber selber mit dem Gewebe nicht vereinigt werden können.

Ja es kommen chemische Körper vor, die beim Versuch im Reagensglas sehr schöne Verbindungen mit der Farbe bilden, die andrerseits auch eine sehr starke Verwandtschaft zu den Geweben zeigen, die aber eigenartiger Weise, wenn sie auf die Gewebe appliziert werden, nunmehr die Verwandtschaft zu der Farbe verloren haben. Daher bringt das Aufsuchen tauglicher Beizen öfters an unerwarteter Stelle Enttäuschungen.

Zum Begriff der Beize gehört unserer Meinung nach, daß sie imstande sein muß, sich mit dem Eiweißkörper chemisch umzusetzen, bzw. sie muß solide Verbindungen mit dem Eiweiß eingehen. Daher sind alle bisher in der Histologie benutzten Beizmittel solche Körper, welche Eiweiß aus Lösungen chemisch ausfällen, und hiermit wiederum steht in Zusammenhang, daß manche unserer Fixierungsmittel an sich als Beize wirken.

Bei uns in der Histologie ist der Bedarf an Beizen im ganzen gering, da die meisten Farben sehr gut „substantiv", d. h. ohne Beize verwendbar sind.

Speziell haben die basischen Farben eine so große Färbekraft, daß von der bewußten Anwendung bestimmter Beizmittel gewöhnlich abgesehen wird. Gleichwohl ist in Rechnung zu ziehen, daß, wie schon oben erwähnt wurde, manche unserer Fixierungsmittel an sich als Beize wirken, und dies gerade auch für basische Farbstoffe (Chromsäure, Kaliumbichromat). Desgleichen wirken viele saure Anilinfarben, wenn mit ihnen zuerst gefärbt wird, als Beize für nachfolgende basische Farben. Auf jeden Fall liegt die Sache so, daß man für basische Farben saure Beizen und für saure Farben basische Beizen (Metalloxyde) wird haben müssen.

Zu den sauren Farben muß das Hämatoxylin gerechnet werden, welches ohne Beize überhaupt nicht anwendbar ist. Man benutzt in diesem Falle Kupfer-, Eisen-, Aluminium-, Chrom- und Vanadiumsalze, welche so gewählt werden, daß sie leicht Metalloxyde an das Gewebe abgeben. Färbt man ein Hämatoxylinpräparat mit sauren Anilinfarben nach, so bemerkt man leicht, daß jene Metalloxyde auch auf die Anilinfarbe als Beize wirken. Chromoxyd wirkt nach allen Richtungen hin als Beize, indem es bald als Säure, bald als Base fungieren kann, daher auch die Präparate aus MÜLLERscher Flüssigkeit so gut verwendbar sind.

Als Differenzierungsmittel versuche man für Hämatoxylin zunächst Säuren (z. B. schwache Essigsäure, welche hinterher durch kohlensaures Alkali neutralisiert werden muß; Chromsäure), ferner Eisenalaun (differenziert alle Hämatoxylinfarben), Oxydationsmittel (Kaliumpermanganat), Reduktionsmittel (schweflige Säure), starke Basen (WEIGERTS Differenzierungsflüssigkeit), schließlich auch Pikrinsäure oder Jod.

Anilinfarben kann man mit reinem Wasser meist nicht differenzieren. Man versuche zunächst Alkohol oder Methylalkohol. Letzterer ist ein kräftiges Differenzierungsmittel und wirkt vorzüglich. Bei basischen Anilinfarben würde eventuell ein Zusatz von Säure zum Alkohol in Betracht kommen. An Stelle der Säure kann unter Umständen mit großem Vorteil eine saure Anilinfarbe, besonders Orange G, verwendet werden, welches ein kräftiges Extraktionsmittel ist. Allgemein verwendbar scheint das Anilinöl zu sein, dessen Lösungskraft durch Zusatz von Xylol herabgedrückt werden kann. Auch Aceton und Eisessig wirken lösend auf Anilinfarben.

In Betracht kommt ferner die Behandlung der Farblösungen. Als Lösungsmittel nehmen wir der Regel nach Wasser, eventuell unter Zusatz von etwas Alkohol (10%), um die Haltbarkeit zu erhöhen (Antisepsis). Die Lösungen der meisten Anilinfarben, auch der Carmine, halten sich gut. Die Hämatoxyline verändern sich indessen beim Stehen stark und verderben mit der Zeit. Aus diesem Grunde ist die Anwendung der Lösungen von Haematoxylinum purissimum sehr erschwert, weil der günstige Zeitpunkt, an welchem die Lösung die richtige „Reife" hat, abgepaßt werden muß (siehe die einschlägigen Artikel). Will man der Bequemlichkeit halber eine konzentrierte Stammlösung von Hämatoxylin (Hämatein) über längere Zeit hin aufbewahren, so muß man in absolutem Alkohol oder Glycerin lösen.

Farben, die wasserunlöslich sind, werden nicht gerne benutzt. Dies ist auch theoretisch gerechtfertigt, da das Wasser durch seine dissoziierende Wirkung die chemische Aktivität der Farbstoffe begünstigt. In der Regel finden 0,5 –1%ige Lösungen Verwendung. Doch sei wiederholt darauf hingewiesen, daß man in vielen Fällen bei sehr viel stärkerer Verdünnung sehr viel besser färbt. So z. B. erhält man mit Gentiana und Safranin notorisch die besten Färbungen bei geradezu homöopathischer Verdünnung. Konzentrierte Anilinfarben schmieren leicht und färben inkonstant; dies ist bei verdünnten Lösungen nicht der Fall.

Jede Farbe, die man noch nicht kennt, untersuche man vor der Anwendung im Reagensglas, besonders auf Zusatz von Säuren oder Alkali. Blaßt z. B. eine Farbe auf Zusatz von Alkali ab, so wissen wir, daß wir die Schnitte nicht alkalisch aufheben dürfen; wir könnten z. B. eine solche Farbe nicht mit Hämatoxylin kombinieren, da dieses der Regel nach vor dem Einschließen alkalisch gemacht werden muß. Will man eine Mehrfachfärbung mit Anilinfarben machen, so muß man ebenso mit den betreffenden Farben vorher im Reagensglas aufeinander reagieren, um zu sehen, ob sich Farbänderungen, Fällungen etc. bilden. Daß man bei jeder Anilinfarbe, die zum ersten Male in Anwendung gezogen werden soll, die chemische Konstitution nachschlägt, ist selbstverständlich; der Kenner wird aus der Strukturformel allein schon sich ein ungefähres Bild von der mutmaßlichen Wirkung auf die Gewebe machen können.

Über die Mehrfachfärbungen nur wenige Worte. Der einzelne Farbstoff hat gewöhnlich eine beschränkte Potenz. Man färbt mit ihm bestimmte Strukturgebilde, hat aber nebenher den Wunsch, auch die übrigen Gewebselemente einigermaßen gut hervortreten zu sehen. Zu diesem Zweck wird dann ein zweiter Farbstoff herangezogen. Es ist aber nicht möglich, die vielen Strukturbestandteile gänzlich verschiedener Art, welche ein mikroskopischer Schnitt enthält, gleicher Zeit durch ebenso viele verschiedene Farben gleich deutlich und different zur Darstellung zu bringen. Je mehr Farbstoffe in Anwendung gezogen werden, desto bunter, aber auch desto unreiner und inkonstanter werden der Regel nach die Bilder. Daher begnüge man sich, wenn möglich, mit Doppelfärbungen und vermeide die meist unnötigen Vielfachfärbungen.

In bezug auf die Ausführung unterscheiden wir sukzedane und simultane Mehrfachfärbungen. Bei den sukzedanen Färbungen wird meist der Zweck verfolgt, einen bestimmten Gewebsbestandteil elektiv zu färben und das Übrige durch eine Kontrastfarbe erkennbar zu machen (z. B. Kombination von Chromatin- und Protoplasmafärbung). Man kann dann entweder die grundierende Farbe vorausschicken und die elektive Färbung nachholen (was meistens das bessere ist) oder man färbt erst elektiv, um dann eine „Nachfärbung“ folgen zu lassen. Hierbei ist natürlich darauf zu achten, wie die beiden Farben miteinander reagieren; am besten wären sie so zu wählen, daß sie sich chemisch untereinander gar nicht beeinflussen (z. B. Färbung von Rückenmarksschnitten in Carmin, nachfolgende Färbung der Markscheiden). Färbt man mit basischen und sauren Anilinfarben hintereinander, so kann man beinahe sicher sein, daß sie sich chemisch miteinander umsetzen. Die Gesamtwirkung läßt sich dann nicht voraussagen.

Dieser Umstand, daß saure und basische Farben miteinander reagieren und die sogenannten Neutralfarben erzeugen, kann typisch benutzt werden (siehe die einschlägigen Artikel). Hier handelt es sich nicht mehr um einfache Summation der Farbwirkungen, vielmehr werden dadurch ganz neue Wirkungen im Schnitt erzeugt, welche jede einzelne der Farben für sich allein angewendet nicht haben könnte.

Ebenso handelt es sich nicht mehr um ein einfaches Übereinanderfärben bei der Methode der systematischen Präokkupation oder der subtraktiven Tinktion (UNNA, M. HEIDENHAIN). Hierbei handelt es sich darum, daß man die Affinität, die ein bestimmter, schwierig zu färbender Strukturbestandteil für irgend eine Farbe hat, ausnutzen und stärker zur Geltung kommen lassen will. Dies erreicht man in folgender Weise. Man sucht sich eine Farbe A aus, welche den betreffenden Strukturbestandteil x überhaupt nicht, wohl aber alle übrigen Teile des Schnittes in gleichmäßiger und möglichst echter Weise progressiv anfärbt; diese Farbe läßt man zunächst auf den Schnitt einwirken. Dann schickt man zweitens eine Farbe B nach, von der man weiß, daß sie zu x eine wenigstens schwache Affinität besitzt. Diese zweite Farbe B muß aber so beschaffen sein, daß sie eine energische Überfärbung mit nachfolgender Extraktion erlaubt, sie muß also typisch regressiv behandelt werden können. Bei der Entfärbung werden alle Strukturbestandteile, welche schon durch A ihre Affinitäten gesättigt hatten, die Farbe B leicht und rasch abgeben, so daß sie definitiv im Tone von A gefärbt bleiben, während x, welches durch A nicht tingiert wurde, für sich allein die Farbe B zurückbehält (Beispiel: Centralkörperfärbung durch Eisenhämatoxylin nach Vorfärbung mittelst Bordeaux und Anilinblau). So haben wir dann eine elektive Kumulation der Farbe in dem gesuchten Strukturbestandteil erreicht.

Den größten wissenschaftlichen Wert aber haben die simultanen Doppelfärbungen nach EHRLICH oder differentiellen Kombinationsfärbungen. Bei diesem Verfahren werden die Anilinfarben nach bestimmten Prinzipien zusammengegossen und man färbt aus dem Gemisch (vgl. besonders die Darstellung bei PAPPENHEIM, Grundriß der Farbchemie, Berlin 1901). Die Gemische bestehen nun entweder 1. bloß aus sauren Anilinfarben, oder 2. bloß aus basischen Anilinfarben, oder 3. aus einem Gemenge saurer und basischer Anilinfarben. Mit A. FISCHER bezeichnen wir die Gemische der beiden ersten Klassen als „homogene", die Gemische der letzteren Klasse, welche aus chemisch durchaus differenten Körpern bestehen, als „heterogene". Während nun die Mehrfachfärbungen aus homogenen Gemischen im allgemeinen nur Rückschlüsse auf physikalische Verschiedenheiten der Gewebe zulassen, sind es die Färbungen aus heterogenen Gemischen, welche auch Schlüsse auf die mikrochemische Konstitution der Gewebe ermöglichen. Denn aus heterogenen Gemischen färben sich in ganz konstanter Weise bestimmte Strukturteile im Tone der Farbbasen, andere im Tone der Farbsäuren. Man kann daher die Materie des Schnittes zunächst in basophile und oxyphile Substanz sondern und dann ferner unter Hinzuziehung physiologisch-chemischer Daten weitere Schlüsse ziehen. *Heidenhain*, Tübingen.

Theorie der histologischen Färbungen.

Eine allgemeine Antwort auf die Frage nach der Natur des Färbeprozesses kann es nicht geben, weil zweifellos sehr verschiedenartige Prozesse den äußerlich gleichen Effekt der Färbung verursachen können. Wenn wir überhaupt einen möglichst allgemeinen Einblick in das Wesen des Färbeprozesses gewinnen wollen, so wollen wir von den einfachsten Formen der Färbung ausgehen. Wir werden erkennen, daß die hier mitwirkenden Kräfte schon komplexer Natur sein können. Diese „einfachsten Formen" der Färbung sind in folgender Weise gemeint. Es werde ein in chemischer Beziehung möglichst schonend vorbehandeltes (etwa nur durch Alkohol fixiertes) Gewebe* der wässerigen Lösung eines beliebigen, wenn nur in Wasser löslichen, Farbstoffs ausgesetzt. Alsdann entzieht das Gewebe der Lösung den Farbstoff in einem gewissen Grade. Wir nennen diesen Vorgang die direkte oder substantive Färbung. Sobald wir, sei es zur Einleitung der Färbung oder zur Abänderung des direkten Färberesultates, der Beihilfe eines dritten Körpers, einer Beize im weitesten Sinne, bedürfen, haben wir es mit einer Komplikation zu tun, die wir zunächst ganz ausschalten wollen.

Der von uns betrachtete einfachste Färbungsprozeß gehört, im weitesten Sinne, zu den Adsorptionen, wofern man sich meinem Vorschlag anschließt, darunter einen jeden derartigen Vorgang zu verstehen, bei dem ein gelöster Stoff an einer Oberfläche (d. i. Grenzfläche zweier „Phasen" im physiko-chemischen Sinne) sich anreichert, gleichgültig vermöge welcher Kräfte dies geschieht.

Die verschiedenen Erklärungsmöglichkeiten für die Adsorptionen sind dann einfach für den speziellen Fall der Färbung zu prüfen.

Bei den Adsorptionen können wir nun vor allem unterscheiden zwischen den physikalischen und den chemischen. Betrachten wir zunächst die

1. Physikalischen oder mechanischen Adsorptionen.

Sie beruhen auf dem Vorhandensein der Oberflächenspannung. Diese entsteht durch die zwischen den Molekeln einer Flüssigkeit oder eines festen Körpers herrschende Anziehung, Kohäsion genannt. Inmitten einer Flüssigkeit wird ein Partikel derselben allseitig gleichmäßig angezogen, die oberflächlich gelegenen

* Mit gar nicht vorbehandelten, frischen Geweben wird ein entsprechender Versuch oft dadurch vereitelt, daß unvorbehandelte Zellen für die meisten Substanzen, so auch Farbstoffe, impermeabel sind und daher Wechselwirkung zwischen Protoplasma und Farbstoff unmöglich ist. Besteht aber Permeabilität, so gelten die obigen Betrachtungen ebenso wie für fixierte Objekte, siehe vitale Färbung.

Molekeln werden dagegen nur nach innen gezogen. Es verhält sich daher die Oberfläche einer Flüssigkeit wie ein gespanntes Häutchen, welches einzuschrumpfen sucht mit einer meßbaren Kraft, die man als Oberflächenspannung bezeichnet. Hierbei ist zunächst vorausgesetzt, daß die Oberfläche gegen den leeren Raum stößt. Grenzt die Oberfläche aber gegen einen anderen Stoff, so besteht auch zwischen den Molekeln der beiden Stoffe eine Anziehung, die Adhäsion. Ist diese gleich der Kohäsion, so ist die Spannung der Oberfläche = 0; ist die Adhäsion kleiner als die Kohäsion, so ist die Spannung positiv, wenn auch, je nach den Umständen, kleiner als gegen den leeren Raum — oder, was fast dasselbe ist, gegen Luft. Aber auch wenn die Adhäsion größer ist als die Kohäsion, erleidet die Oberfläche eine Pressung. Niemals kann daher die Oberflächenspannung negativ werden; d. h. es gibt nur Oberflächen, die sich zusammenzuziehen suchen (Oberflächen mit negativer Spannung, die sich also zu dehnen suchen, entstehen nur durch Mitwirkung elektrischer Kräfte).

Die Oberflächenspannung sucht sich nun auf jede mögliche Weise zu verkleinern. Bei einer einheitlichen Flüssigkeit ist dazu allerdings keine Gelegenheit gegeben. Wenn aber in der Flüssigkeit ein Stoff gelöst ist, der ihre Oberflächenspannung herabsetzt, so gilt zunächst durchgehend die Regel, daß ein solcher Stoff die Oberflächenspannung um so stärker herabsetzt, je konzentrierter die Lösung ist, wenn auch diese Einwirkung keineswegs einfach proportional der Konzentration ist. Dem Prinzip der „maximalen Oberflächenentspannung" wird also Genüge getan, wenn die Oberfläche der Flüssigkeit mit einem solchen gelösten Stoff sich anreichert, und zwar so weit, bis dem Bestreben, infolge der Diffusionskräfte diesen Konzentrationsunterschied wieder auszugleichen, die Wage gehalten wird. Hiernach sieht man, daß ein Stoff um so besser adsorbiert werden wird, je stärker sein vermindernder Einfluß auf die Oberflächenspannung ist. Ferner sieht man, daß die Adsorption zu einem echten, dynamischen Gleichgewicht führt und reversibel ist. So ist es in der Tat bei der Adsorption z. B. von Aceton, Alkohol, Estern, Fettsäuren in wässeriger Lösung u. dgl. an der Oberfläche von Tierkohle. (Auf die Tatsache, daß auch einige Stoffe [Zucker] in gleicher Weise, wenn auch wenig, von Kohle adsorbiert werden, die die Oberflächenspannung des Wassers nicht herabsetzen, wollen wir hier nicht näher eingehen.) Man sieht sofort, daß nicht ein einziger von denjenigen Vorgängen, die wir nach allgemeinem Sprachgebrauch als „Färbung" bezeichnen, diesen Anforderungen genügt. Wenn eine Farbstoffadsorption reversibel ist, d. h. wenn sie durch Waschen mit reinem Wasser leicht rückgängig gemacht wird, sagen wir sogar gewöhnlich, der betreffende Farbstoff färbe das betreffende Substrat nicht.

Von komplizierteren Fällen der mechanischen Adsorption wollen wir den folgenden mit Rücksicht auf unser Thema näher betrachten. Es befinde sich in Lösung ein Salz, gebildet aus der Säure S.H und der Base B.OH, zusammen also BS. Dieses dissoziiert in wässeriger Lösung erstens elektrolytisch in die Ionen B + und S —, und zweitens hydrolytisch in die Base B.OH und die Säure SH. Mag die hydrolytische Dissoziation auch noch so gering sein, ganz kann sie (aus Ursachen, die aus dem Massenwirkungsgesetz folgen) niemals fehlen. Wir machen nun weiterhin über die Adsorbierbarkeit dieser 5 verschiedenen Molekülarten folgende Annahmen:

1. BS ist wenig oder nicht adsorbierbar,
(2. B + ist adsorbierbar oder auch nicht),
3. S— ist wenig oder nicht adsorbierbar,
4. BOH ist stark adsorbierbar,
5. SH ist wenig oder nicht adsorbierbar.

Die Adsorbierbarkeit von B + bleibe also dahingestellt: sie hat keinen Einfluß. Da sich die positiven Ionen allein nicht in wägbarer Menge aus der Lösung entfernen können, wird von B + nichts adsorbiert, selbst wenn es an sich gut adsorbierbar ist (statt dessen würde nur eine elektrische Potentialdifferenz entstehen).

Da nun BOH adsorbierbar ist, so wird es adsorbiert, und in dem Maße, wie es aus der Lösung verschwindet, durch hydrolytische Dissoziation von BS neu gebildet, wobei aber gleichzeitig die freie Säure SH entsteht. In der Tat findet sich nach FREUNDLICH und LOSEV die berechnete Menge HCl vollkommen in Lösung, wenn man z. B. Methylviolett durch Kohle adsorbiert.

Nun hat aber die freie Farbbase, BOH, die also von der Kohle gut adsorbiert wird (weil sie oberflächenentspannend wirkt), meist eine besondere Eigenschaft, nämlich, wohl durch Polymerisation, unlösliche Stoffe zu bilden. Dadurch wird die von der Kohlenoberfläche zunächst in gelöster Form adsorbierte Farbbase als unlöslich daselbst niedergeschlagen. Dadurch wird das Adsorptionsgleichgewicht gestört und die Adsorption schreitet weiter. Es stellt sich somit ein ganz anderes Gleichgewicht ein, als wenn wir es mit lauter löslichen Körpern zu tun hätten. Bringen wir nunmehr die farbbeladene Kohle in reines Wasser, so kann ihr die Farbe nur in dem äußerst minimalen Maße entzogen werden, wie die Farbbase in Wasser löslich ist, was praktisch fast = 0 ist. Daher die Irreversibilität dieses ursprünglich rein mechanischen Vorganges; man beachte auch die chemische Wirkung dieses mechanischen Prozesses, welcher scheinbar den basischen Farbstoff in freie HCl und freie Farbbase spaltet.

Zu erweisen wäre nur noch die Grundannahme, daß die Farbbase BOH besonders gut adsorbierbar ist. Da sie in Wasser gewöhnlich kaum merklich löslich ist (von kolloidaler Lösung müssen wir natürlich absehen!), können wir direkt experimentell dieses nicht erweisen. Da aber bei organischen Körpern fast durchgängig Schwerlöslichkeit mit sehr geringer Oberflächenspannung und daher guter Adsorbierbarkeit verbunden ist, so liegt es sehr nahe, auch den Farbbasen diese Eigenschaft zu vindizieren. Überall sehen wir nämlich in den homologen Reihen der Alkohole, Säuren etc., daß von Glied zu Glied die Erhöhung der Schwerlöslichkeit parallel geht mit der Adsorbierbarkeit aus wässeriger Lösung oder, was damit Hand in Hand geht, mit dem erniedrigenden Einfluß auf die Oberflächenspannung des Wassers in wässeriger Lösung.

Noch vor kurzem glaubte ich, daß hierbei noch unklare Punkte bestehen. Die soeben gegebene Darstellung scheint mir jedoch kaum Lücken zu lassen.

Wenn wir nun fragen, welche der histologischen Färbungen auf diese mechanische Weise zustande kommen, so müssen wir uns nach Stoffen umsehen, die wie die Kohle ein gutes mechanisches Adsorptionsvermögen besitzen, d. h. Stoffe, gegen die Wasser eine hohe Oberflächenspannung besitzt. Mit Sicherheit können wir diese Eigenschaft von den uns interessierenden Stoffen nur der Cellulose zuschreiben (Pflanzenzellmembranen, Holz, Filtrierpapier, Baumwolle).

Man muß allerdings eine Unklarheit bei dieser Auffassung zugeben. Die gegebene Erklärung für die sehr erschwerte Reversibilität der Farbstoffadsorption trifft nur eben bei den Farbstoffen zu. Es werden nun aber auch Eiweißkörper und Albumosen in einer ebenso schwer reversiblen Weise von Kohle adsorbiert, ohne daß es möglich ist, eine gleiche Erklärung heranzuziehen. Solange diese Adsorptionen nicht völlig aufgeklärt sind, ist es auch noch immer möglich, daß die Auffassung der Farbstoffadsorption durch Kohle sich noch etwas ändern kann.

Über die Natur des auf der Kohlen- bzw. Celluloseoberfläche haftenden Farbstoffes ist gestritten worden. Die erwähnte Tatsache, daß sich die zu erwartende Menge freie Säure im Farbbade findet, beweist zunächst, daß bei basischen Farbstoffen nur die Farbbase adsorbiert wird. Bei sauren Farbbasen ist das nicht immer so, es scheint von der Natur des Farbstoffes sowie von der Reaktion der Lösung abzuhängen, ob der saure Farbstoff in reversibler (d. h. von Wasser extrahierbarer Weise) adsorbiert wird, oder, wie man sagt, nicht oder nicht waschecht färbt, oder die reine Farbsäure, und dann in irreversibler Weise, gebunden wird. Darüber wären weitere Untersuchungen erwünscht. In den Fällen nun, wo die freie Farbbase oder die freie Farbsäure adsorbiert wird, findet sie sich an der Oberfläche niemals in der Nuance, wie sie sonst auftritt, sondern in der Nuance der Farbsalze. Bei der Cellulose kann man das naturgemäß müheloser als bei der Kohle beobachten. Cellulose färbt sich mit Fuchsin rot, obwohl die präparativ dargestellte Base des Fuchsins, das Rosanilin, farblos ist; in Eosin rot, obwohl Eosinsäure gelb ist, usw. Ja sogar, wenn man Cellulose mit den Lösungen der freien Farbbasen oder -säuren in geeigneten Solvenzien behandelt, färbt sie sich augenblicklich in der Nuance der Farbsalze. Lösungen der farblosen Eosinsäure in Toluol färben Papier rot, Lösungen der roten Nilblaubase in Toluol färben Papier blau*, Lösungen der farblosen Rosanilinbase in ammoniakalischem Wasser oder in Toluol färben Papier rot usw. Die dieser Erscheinung früher gegebene Deutung ist die, es bilde sich ein Salz der betreffenden Farbbase, bzw. Farbsäure mit dem Cellulosemolekül, welches also amphoter sei und bald als Säure, bald als Base fungiere. Gerade bei Kohle und Cellulose ist aber Salzbildung gar nicht denkbar. Die Ursache für diesen Farbenumschlag liegt vielmehr in folgendem: Die freien Farbbasen und -säuren neigen außerordentlich zur Tautomerie und vielleicht auch Polymerie. So gibt es z. B. von der Fuchsinbase erstens die farblose Carbinolbase, zweitens die rote Fuchsoniminbase und drittens das von v. BAEYER dargestellte gelbrote Polymerisationsprodukt der letzteren. Die wirkliche Frage lautet nunmehr: Warum erscheint die Farbbase auf der Celluloseoberfläche immer gerade in derjenigen Form, in der sie auch die gewöhnlichen wasserlöslichen Salze mit den einfachen Säuren bildet? Eine allgemeine Antwort können wir darauf noch nicht geben, jedoch wird folgende Betrachtung die nötigen Anhaltspunkte geben. Nehmen wir das willkürliche Beispiel des (Para-)Fuchsins. Es hat die typische Eigenschaft der organischen Farbstoffe, in zwei leicht ineinander überführbaren, tautomeren Modifikationen aufzutreten.

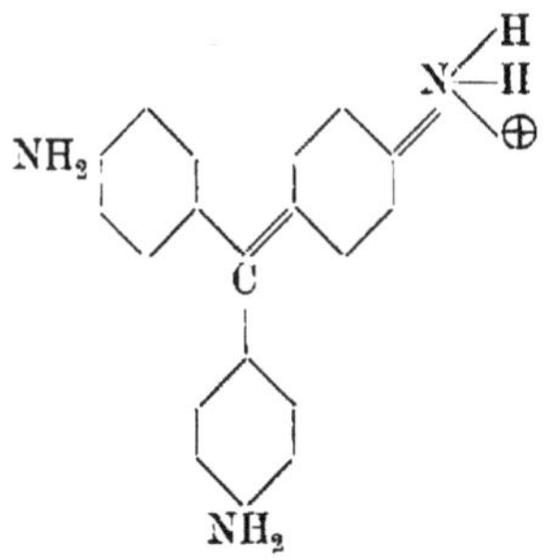

I.

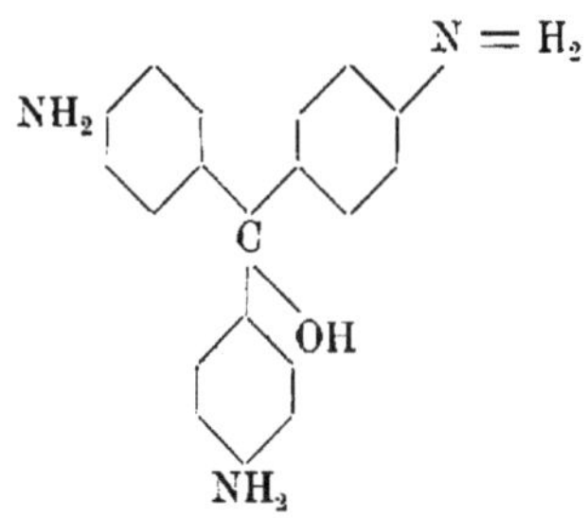

II.

1. Die Fuchsoniminform findet sich in Form der Salze und des Ions (als welches es in der Formel dargestellt ist). II. Die Carbinolbase findet sich, wenn die Farbbase (d. h. ein Molekül vom Typus I mit OH an Stelle von ⊕) bei einem Überschuß von Alkalien dargestellt wird. Der Vorgang der Überführung von der einen Form in die andere ist nämlich folgender: Bezeichne ich das Iminion mit J^+, das Carbinol mit C, so findet folgender Vorgang statt:

$$J^+ + OH' \rightleftarrows C$$

Daraus folgt nach dem Massenwirkungsgesetz

$$[J^+] \,.\, [OH'] = k \,.\, [C] \text{ oder } \frac{[C]}{[J^+]} = \frac{1}{k}[OH']$$

wo k eine Konstante und die Klammern die Konzentration der eingeklammerten Molekülart bedeutet. In Worten lautet die letzte Formel: Es sind stets beide Molekülarten vorhanden, aber das Verhältnis von Carbinolform zur Iminform ist proportional der OH'-Konzentration, d. h. der Alkalinität der Lösung.

* Der Einwand von M. HEIDENHAIN, es bilde sich an der Luft ein Carbonat der betreffenden Farbbasen, ist nicht stichhaltig.

Wenn nun Cellulose aus einer Lösung von Fuchsin die rote Farbbase an sich reißt, so ist gar keine Ursache, daß diese nun in die farblose Carbinolform übergehen sollte; nur eine hohe Konzentration von OH'-Ionen könnte dies bewirken.

Und wenn andrerseits Cellulose aus der farblosen Lösung der Rosanilinbase das Rosanilin mit roter Farbe aufnimmt, so hat man sich das folgendermaßen vorzustellen: Die Cellulose ist als feuchte Cellulose zu betrachten. Absolutes Austrocknen färbbarer Substrate beseitigt die Färbbarkeit durch solche Toluolfarbstofflösungen vollkommen; Wiederanfeuchten ruft die Färbbarkeit augenblicklich wieder hervor, wie ich nachweisen konnte. Die eigentlich färbende Lösung ist also die Wasserschicht, deren Farbstoffgehalt sich durch Austausch mit der Toluolfarblösung einstellt. Es handelt sich also im Grunde um eine Färbung aus wässeriger Lösung heraus.

Die soeben geschilderten Vorgänge können nun noch, wie schon oben erwähnt wurde, durch eine zweite Umwandlungsmöglichkeit des Farbstoffmoleküls kompliziert werden, nämlich durch eine Polymerisation nach dem Schema

$$x \quad J.OH \rightleftarrows P$$

wo P die polymerisierte Base ist. x ist wahrscheinlich = 2.

Hieraus folgt wieder

$$[P] = k_1 . [J\,OH]^x.$$

Das bedeutet: in wässerigen Lösungen, wo die Konzentration von J OH, wie wir sahen, minimal ist, ist die Konzentration von P, dem Polymerisationsprodukt, in einem noch viel höheren Grade minimal. Sobald aber das Molekül J OH in reichlicher Menge, z. B. also bei der Adsorption, entsteht, polymerisiert es sich in äußerst hohem Maße.

Ich glaube, daß hiermit der Einblick in das Wesen der mechanischen Farbstoffadsorption, so kompliziert diese auch sein mag, befriedigend gegeben ist, leugne allerdings nicht, daß ein weiteres Eindringen in dieses Gebiet hie und da Abänderungen der Auffassung hervorrufen mag, denn die gesamten systematischen Forschungen auf diesem Gebiete sind noch durchaus neuen Datums.

2. Die chemische, speziell elektrochemische Adsorption.

Sehr viele Objekte, welche in vorzüglicher Weise Farbstoffe aufnehmen, haben kein nachweisbares mechanisches Adsorptionsvermögen. Das letztere kann man am besten mit einem derartigen Stoff prüfen, welcher stark erniedrigend auf die Oberflächenspannung des Wassers wirkt, dabei aber chemisch möglichst wenig reaktionsfähig, vor allem weder saurer noch basischer Natur ist, und gleichzeitig quantitativ leicht bestimmbar ist. Als solchen habe ich das Aceton mit Erfolg angewendet. Es zeigt sich nun, daß Farbstoff adsorbierende, in Wasser unlösliche Pulver, denen man nach ihrer chemischen Konstitution saure oder basische Eigenschaften oder beide zugleich zuschreiben konnte, absolut kein mechanisches Adsorptionsvermögen besitzen (z. B. Kaolin, Kieselgur, Kieselsäure — als Typen saurer Körper; Eisenhydroxyd, Tonerde — als Typen basischer Körper). Trotzdem nehmen alle diese Substanzen große Mengen Farbstoffe in wässeriger Lösung, und zwar in irreversibler oder fast irreversibler Weise auf. Dabei nehmen aber die sauren Substanzen nur basische, die basischen Substanzen nur saure Farbstoffe auf. Dieses deutet auf den chemischen Charakter dieser Färbungen hin. Diese chemische Natur der Färbung wurde in verschiedener Weise von M. Heidenhain und Suida hervorgehoben, während von mir noch dazu der Nachweis geliefert wurde, daß alle diese Substanzen überhaupt kein mechanisches Adsorptionsvermögen besitzen, wegen mangelnder Grenzflächenspannung gegen Wasser. Einige tatsächliche Angaben entnehme ich dem von M. Heidenhain verfaßten Artikel der ersten Auflage dieser Enzyklopädie wörtlich.

Zinnoxyd (SnO_2), welches in Wasser vollkommen unlöslich ist, ergibt weder in der Kälte, noch auch in der Wärme mit den am besten anfärbenden Mitteln irgend eine Reaktion. Die im Reagensglas zu Boden sinkenden Pulver sind ungefärbt.

Antimonoxyd (Sb_2O_3), ebenfalls in Wasser unlöslich, färbt sich weder aus sauren noch aus basischen Anilinfarben in irgendwie erheblichem Maße an. Die ursprünglich eingetretene geringe Oberflächenfärbung geht beim Waschen auf dem Filter sofort verloren. Hämatoxylinum purissimum ergibt eine schwach blaue Anfärbung, ein Beweis, daß mit der „Adsorption" auch eine chemische Umsetzung — Bildung von Antimonhämatoxylin — verbunden ist; oder vielmehr: wir haben eine chemische Kondensation von Hämatoxylin auf unlöslichem Antimonoxyd.

Zinkoxyd (ZnO), wegen seiner Beständigkeit und Unlöslichkeit als Anstreicherfarbe benutzt, wird durch eine Lösung von Haematox. puriss. sofort blau gefärbt — Bildung des entsprechenden Zinklackes. Die gelbliche Lösung von Alizarinrot S wird durch Zinkoxyd sofort violett gefärbt: das zu Boden fallende Pulver ebenso schön violett durch Bildung des entsprechenden Zinkalizarinsalzes. Eine wässerige Suspension von Zinkoxyd in der Kälte mit dem unlöslichen (gelblichen) Alizarinorange durchgeschüttelt ergibt sofort orangerote Verfärbung; beim Kochen geht die Nuance stark ins Rosenrote. Die rote Farbe der wässerigen Lösung von Säurealizarinblau BB schlägt auf Zusatz von Zinkoxyd sofort ins Blaue um. Sediment schön blau gefärbt. Resultat: Die als Säuren wirkenden Alizarine, ebenso das Hämatoxylin bilden mit Zinkoxyd sofort die entsprechend gefärbten Salze. Die Anfärbung des „unlöslichen" Pulvers beruht auf chemischer Umsetzung.

Die unlöslichen basischen Wismutsalze, welche als Magisterium Bismuthi in der Medizin benutzt werden, nämlich ein Gemenge von $Bi\begin{cases}NO_3\\NO_3\\OH\end{cases}$ und $Bi\begin{cases}NO_3\\OH\\OH\end{cases}$ ergeben sehr bemerkenswerte Resultate, nämlich: 1. sie färben sich im allgemeinen mit sauren Anilinfarben stark an (Chromotrope 2 R, 6 B, 2 B, 7 B; Ponceau 2 R, Tropäolin 000 Nr. 1, Neucoccin), 2. sie erzeugen mit den Lösungen der Alizarine sofort die entsprechende Salzfarbe (Alizarinrot S, Säurealizarinblau BB); die zu Boden fallenden Sedimente zeigen ebenso die lebhafte Farbe der Alizarinsalze; 3. sie verhalten sich fast vollkommen refraktär gegen basische Anilinfarben (Methylviolett, Methylenblau), indem sie nur mit Thionin und Toluidinblau schwache Anfärbungen ergeben. Hierbei zeigt sich eine ins Rote gehende Metachromasie; wird die adsorbierte Farbe in Lösung gebracht, so geht sie eo ipso wiederum in den blauen Ton der originalen Farblösungen zurück. Es liegt also eine echte Metachromasie vor. Resultat: Die basischen Wismutsalze verlieren ihren Charakter als Basen nicht durch ihre Unlöslichkeit; daher kondensieren sie die sauren Anilinfarben einschließlich der Alizarine auf ihrer Oberfläche, wobei die Nuance der entsprechenden Salze zum Vorschein kommt. Die basischen Farben werden nahezu vollkommen verschmäht, aber nicht ganz; die diesbezüglichen Anfärbungen erklären sich aus dem Umstande, daß die Hydrate des Wismuts $Bi\begin{matrix}/\!/\\ \diagdown OH\end{matrix}$ und $Bi\begin{matrix}/\\ \\ \end{matrix}\!\!\begin{cases}OH\\OH\end{cases}$ als Wismutsäure wirken können.

Tonerdehydrat ($Al_2[OH]_6$) ist als eine hornartige, sehr harte Masse leicht erhältlich, welche sehr fein pulverisiert gute Farbenreaktionen liefert. Theoretisch betrachtet, könnte es als Base und als Säure wirken; diese Fähigkeit, nach zwei Seiten zu reagieren, ermöglicht die weitgehende technische Anwendung des Tonerdehydrates als Beizmittel. Reaktionen mit sauren Farben: Haemat. puriss. färbt sofort stark blau an; ebenso färben alle sauren Anilinfarben stark an; die Pulver bleiben auf dem Filter beim Waschen stark gefärbt zurück. Die Alizarine kondensieren sich auf Tonerde in den lebhaften Farben der Salze. Das Gleiche gilt vom Chromotrop 7 B (Violettfärbung des Pulvers). Lichtgrün S: Das Sediment ist weiß, die darüber stehende Lösung stark entfärbt, nur leicht grün. Die Farbe wird also durch das Pulver fast vollständig zersetzt. Basische Anilinfarben: Malachitgrün und Neutralrot werden beim Durchschütteln mit Tonerde zersetzt. Methylenblau, Toluidinblau, Thionin, Methylviolett färben die Pulver stark an; beim Waschen auf dem Filter zeigt sich, daß die Pulver an der Oberfläche, dort, wo sie mit „viel" Wasser in Berührung stehen, weiß gewaschen werden, während, obwohl große Quantitäten von Wasser durch die Filter geschickt werden, die tieferen Schichten des Sedimentes gefärbt bleiben. Toluidinblau und Thionin färben metachromatisch, rosa, an; beim Ablösen der Farbe durch viel Wasser geht der Farbenton wieder in Blau über. Resultat: Tonerde wird leicht angefärbt und wirkt besser als Base denn als Säure. Die Salzbildung erkennt man wiederum am besten an der Wirkung der Alizarine, da die Oberflächenfarbe der Pulver nicht die Farbe der freien Alizarine, sondern die der Alizarinsalze ist. Manche Farbstoffe werden beim Durchschütteln mit Tonerde so zersetzt, als seien sie der Einwirkung einer freien Base ausgesetzt.

Der medizinische Bolus ist ein fein durchgesiebter, möglichst reiner Töpferton. Seiner Zusammensetzung nach ist er ein saures Aluminiumpolysilicat (von der wahrscheinlichen Formel: $[SiO_3]_3Al_2 \cdot Al_2O_5H_4$). Dieses Mittel ist äußerst billig und sehr leicht aus jeder Apotheke in bestem Zustande zu beschaffen. Wegen der äußerst feinen Verteilung seiner Masse eignet er sich zu „Adsorptionsversuchen" in hohem Grade. Basische Anilinfarben: Die basischen Farben werden beim Durchschütteln mit Bolus vollständig quantitativ ausgefällt, so daß das Lösungsmittel (Wasser) in krystallklarem Zustande hinterbleibt. Die Farblösung darf jedoch über eine gewisse geringe Konzentration nicht hinausgehen; andernfalls bleibt ein Teil des Farbstoffes in Lösung. In letzterem Falle sedimentiert der Bolus schwierig; ja es kann eine dauernde milchige Trübung hinterbleiben, welche durch die noch in suspenso befindlichen Tonteilchen erzeugt wird. Ist die Farbe dagegen vollständig ausgeschüttelt, so sinkt das Sediment im Reagensglas meist mit scharfer Grenze zurück, ähnlich wie die fallende Quecksilbersäule in der Thermometerröhre, wobei das Wasser völlig klar über dem Bodensatz stehen bleibt. 1 *kg* Bolus bindet etwa 7 *g* Toluidinblau oder Methylviolett. Saure Anilinfarben: Es gelingt nicht, selbst sehr geringe Mengen saurer Anilinfarben (Lichtgrün FS, Säurefuchsin, Palatinrot, Naphtolgrün etc.) aus der wässerigen Lösung durch Bolus vollständig auszufällen. Demgemäß bleibt die Flüssigkeit gefärbt und ein Teil des Bolus in suspenso (vgl. oben). Und doch besteht eine geringe Verwandtschaft zu sauren Farbkörpern, da der Bolus, mit verschiedenen Alizarinlösungen gekocht, jedesmal schwache Verfärbungen im Ton der entsprechenden Salze zeigt. Auch färbt Haematox. puriss. den Ton sofort blau an. Resultat: Der Töpferton kondensiert auf sich gemäß seiner geringen Acidität die basischen Anilinfarben. Durch saure Anilinfarben wird er wenig beeinflußt. Daß gleichwohl im Prinzip eine Reaktionsmöglichkeit nach beiden Richtungen hin besteht, erklärt sich in derselben Weise wie bei der Tonerde ($Al_2[OH]_6$).

Es wurden dann ferner eine große Reihe von Versuchen mit Magnesiumoxyd, der Magnesia usta der Medizin (MgO), angestellt. Dieser Körper wird wohl meist als unlöslich angesehen, kann aber als in geringerem Grade löslich angenommen werden, da er in wässeriger Suspension offenbar Wasser zu addieren vermag und teilweise in Magnesiumhydroxyd übergeht ($Mg[OH]_2$). Letzteres aber ist im Verhältnis von 1 : 40.000 Wasser löslich. Diese geringe Löslichkeit genügt, um den Körper chemisch als starke Base, etwa wie CaO, erscheinen zu lassen. Magnesia usta, in wässeriger Suspension mit den Alizarinen durchgeschüttelt, ergibt sofort die Farbe des entsprechenden Alizarinsalzes; die Chromotrope werden durch das Mittel sofort umgefärbt und der Bodensatz zeigt die Farbe der bezüglichen Lacke. Freie Farbsäuren, wie die Indigoblaumonosulfosäure und die freie Säure des Naphtolgelbs, werden sogleich gebunden. Die Triphenylmethanfarbstoffe erleiden die nämliche Zersetzung wie durch freie Basen, allerdings nicht augenblicklich, sondern durch eine allmählich sich vervollständigende Umsetzung.

Diesen Beispielen möchte ich folgende hinzufügen. Ein vorzüglicher Typus eines sauren Adsorbens ist Kaolin (ein saures Magnesiumsilicat), eines basischen Adsorbens Tonerde, durch überschüssiges NH_3 aus $AlCl_3$ gefällt und mit viel Wasser durch Dekantieren oder Centrifugieren gewaschen. Kaolin färbt sich mit jedem basischen Farbstoff, aber mit rein sauren Farbstoffen wie Eosin und Pikrinsäure nicht einmal spurenweise; Tonerde adsorbiert jeden sauren Farbstoff, basische kaum in Spuren.

Außerdem ist besonders durch die ausgedehnten Untersuchungen von M. Heidenhain nachgewiesen worden, daß gelöste Eiweißkörper durch saure und basische Farbstoffe gefällt oder in ihrer Farbe verändert werden. Ich kann allerdings nicht verhehlen, daß die Resultate dieser ausgedehnten Untersuchungen, die ein großes Tatsachenmaterial zutage förderten, gerade für die Theorie des Färbeprozesses vieldeutig sind. M. Heidenhain beobachtet u. a. folgendes: Congorot ist in saurer Lösung blau, in alkalischer rot. Wenn man eine durch Essigsäure blau gefärbte Congorotlösung mit Eiweiß versetzt, wird sie mehr oder weniger rot. Heidenhain deutet das in dem Sinne, daß das Eiweiß eine so starke Verwandtschaft zu der freien (blauen) Congorotsäure habe, daß trotz Gegenwart der Essigsäure sich ein (rotes) Salz dieser Säure mit dem Eiweiß bilde. Die treffende Deutung ist aber nach meiner Meinung folgende. Die Farbe des Congorots ist — es sei hier unerörtert warum — bei einem Gehalt der Lösung von rund mehr als $^1/_{2000}$ *g* Wasserstoffionen pro Liter blau, bei einem geringeren Gehalt rot. Wenn man nun zu Essigsäure Eiweiß zufügt, so wird Essigsäure vom Eiweiß in großen Mengen „gebunden“, d. h. die Konzentration der H-Ionen geht stark zurück. Daher die Farbenänderung.

Auch die von Heidenhain beobachtete Tatsache, daß Schnitte in Lösungen von Farbbasen sich im Tone der Farbsalze anfärben, kann nicht als zwingender Beweis für die eine oder die andere Auffassung herangezogen werden, nachdem nachgewiesen wurde, daß auch chemisch so indifferente Stoffe wie Cellulose und Kohle dasselbe tun.

Die Erklärung dieser Tatsache ist von mir soeben gegeben worden. Trotzdem also die Beweiskraft der Heidenhainschen Fällungs- und Anfärbeversuche nicht endgültig ist, haben sie ein großes Tatsachenmaterial zutage gefördert, welches auf die Weiterentwicklung der Theorie förderlich wirkte und in der Sache, daß es viele chemische Färbungen gibt, hat er zweifellos Recht behalten, wie sich hauptsächlich daraus ergibt, daß viele der bestfärbbaren Materialien überhaupt kein mechanisches Adsorptionsvermögen besitzen.

Es ist also evident, daß in vielen Fällen salzartige Verbindungen zwischen Farbstoff und Substrat entstehen. Daß die Reaktionen als „Adsorptionen" imponieren, liegt daran, daß dem Eindringen von Stoffen in das Innere der festen Partikel enorme Widerstände entgegenstehen, wie ja die Diffusion im festen Aggregatzustand kaum meßbar langsam erfolgt. Voraussetzung für solche Färbungen ist die Unlöslichkeit der an der Oberfläche entstehenden Farbsalze.

Die Erörterung, wie weit die Bildung des unlöslichen Farbsalzes geht, wie der Grad der Färbung von der Konzentration der Farblösung abhängt, ist theoretisch hier nicht in Kürze wiederzugeben. Ich verweise auf meinen Artikel im Handbuch der Biochemie (herausgeg. von C. OPPENHEIMER, Verlag von G. Fischer, 1909). Dagegen mag erwähnt werden, daß rein empirisch für alle irgendwie gearteten, mechanischen oder chemischen Adsorptionen irgend welcher Körper wie auch der Farbstoffe angenähert das Gesetz gilt

$$C = k \cdot c^{\alpha}.$$

Hier ist C die Konzentration des Farbstoffes, wie er nach vollendeter Färbung des Substrates im Farbbade zurückbleibt, c bedeutet die Menge des Farbstoffs, die auf der Gewichtseinheit des färbbaren Substrates nach beendeter Färbung haftet; k und α sind Konstanten. k ist abhängig von der spezifischen Oberfläche des Substrates (d. i. die Oberfläche, welche 1 *g* der Substanz hat), also von der Zerteilung des Pulvers; ferner von der Adsorbierbarkeit. α ist gewöhnlich zwischen $^1/_2$ und 1, jedoch selten eine runde Zahl.

3. Färbung durch Lösung.

In einer beschränkten Zahl von Fällen besteht die Färbung einfach darin, daß der Farbstoff seiner (gewöhnlich wässerig-alkoholischen) Lösung durch das (immer nur flüssige!) Substrat entzogen wird, weil letzteres ein besseres Lösungsmittel für den Farbstoff darstellt. O. N. WITT war der Ansicht, daß allgemein jede Färbung auf etwas Ähnlichem beruhe und faßte die Färbung, wo das Substrat festen Aggregatzustand hatte, einfach als „starre Lösung" im Sinne von VAN 'T HOFF auf. In Wahrheit trifft diese Auffassung nur bei der Fettfärbung zu (vgl. das Nähere bei Artikel „Fett"). Wenigstens muß man sich in der Weise ablehnend gegen die WITTsche Theorie verhalten, wenn man dem Begriffe der „Lösung" nicht ein ganz verwaschenes Gepräge geben will. Ich möchte daher M. HEIDENHAIN entschieden beistimmen, wenn er die (auch von mir früher geübte) unscharfe Präzisierung der „Lösung" verwirft.

Literatur: BLITZ (Ber. Deutsch. Chem. Ges., Bd. 37 u. 38, 1904 u. 1905), FREUNDLICH (Zeitschr. Physiol. Chem., Bd. 57, 1907), FREUNDLICH u. LOSEV (Ebenda, Bd. 59, 1907), GEORGIEVICZ (Chemikerzeitung, Bd. 26, 1902), derselbe (Mitt. d. Techn. Gewerbemuseums Wien, 1894), GIBBS (Thermodynamische Studien, Leipzig 1892), HEIDENHAIN (Arch. Ges. Physiol., Bd. 90, 96 u. 100, 1902 u. 1903), derselbe (Zeitschr. Wiss. Mikr., Bd. 17, 1900), derselbe (Münch. Med. Wochenschr., 1903), MICHAELIS (Arch. Ges. Physiol., Bd. 97 u. 101, 1906 u. 1904), derselbe (Beitr. Physiol. Chem., Bd. 8, 1906), derselbe (Sitzber. Physiol. Ges. Berlin in Med. Klinik, 1909), MICHAELIS u. RONA (Biochem. Zeitschr., Bd. 15, 1908), SCHMIDT (Zeitschr. Physik. Chem., Bd. 15, 1904), SUIDA (Monatsh. Chem., Bd. 25, 1904), derselbe (Zeitschr. Physiol. Chem., Bd. 50, 1904), THOMPSON (Application of dynamics to physicochemistry, Leipzig, 1890), TRAUBE (Ber. Deutsch. Chem. Ges., Bd. 27, 1884), derselbe, (Journ. Prakt. Chem., Bd. 31, 1887), WALKER u. APPLEYARDS (Journ. of Chem. Soc., Bd. 69, 1896).

Michaelis, Berlin.

FARRANTSsches Gemisch siehe: Einschlußmittel.

FEHLINGsche Lösung siehe: Zucker in pflanzlichen Geweben.

Feinblau, syn. Anilinblau, spritlöslich.

Fernambukholz, auch Rotholz oder Brasilholz genannt, ist das Holz der zu den Leguminosen gehörigen Gattung Caesalpinia, die sich in großer Verbreitung im mittleren und südlichen Amerika, in Ostindien, Afrika und auf den Antillen findet. Auch andere Gattungen, wie Balsamodendron (Kaliforniaholz) und Baphia (Cambaholz), liefern ein ähnliches Holz.

Aus dem Rotholz wird schon seit Jahrhunderten ein in der Färberei viel verwendetes Extrakt, das Rotholzextrakt, bereitet. Sein wirksamer Bestandteil ist das Brasilin (siehe dort). Heute wird das Rotholz in der technischen Färberei nur noch in sehr beschränktem Maße verwendet, da die mit ihm erzeugten Farben wenig licht- und waschecht sind. Als Beizen finden in der Rotholzfärberei Tonerde, Zinn-, Eisen-, Kupfer- und Chromsalze Anwendung, welche alle rot, braun oder blaurot gefärbte Lacke liefern.

In der Mikrotechnik ist das Rotholzextrakt an Stelle von Hämatoxylin von manchen Seiten empfohlen worden, und zwar hauptsächlich in Modifikationen der WEIGERTschen Markscheidenfärbung. FLECHSIG benutzt dazu das käufliche Extrakt des japanischen Rotholzes, löst 1 *g* in 10 *g* absolutem Alkohol, verdünnt mit 900 *ccm* Wasser und setzt je 5 *ccm* einer konzentrierten wässerigen Lösung von Glaubersalz und Weinsteinsäure zu. BREGLIA stellt sich das Extrakt selbst dar, indem er 7—10 *g* des zerkleinerten Holzes 5—6 Tage lang mit 95%igem Alkohol stehen läßt, dann gut durchschüttelt und abgießt. Der erste Autor stellt im Schnitt den Chromlack dar und differenziert nach PAL, der letztere den Kupferlack und differenziert nach WEIGERT.

Literatur: BREGLIA (Giorn. Ass. Nat. Med. Napoli, Jahrg. 1, 1889), FLECHSIG (Arch. Physiol., 1899).

Ferricyankalium, Kaliumeisencyanid, Kalium ferricyanatum, rotes Blutlaugensalz, $K_3Fe(CN)_6$ entsteht durch Oxydation von Ferrocyankalium mittelst Chlor. Deshalb enthält auch das technische Salz gewöhnlich noch Chlorkalium. Es krystallisiert in dunkelroten, rhombischen Prismen vom spez. Gew. 1,85. Sie sind in Wasser von 10° zu 36%, in kochendem Wasser zu 77,5% löslich, in Alkohol unlöslich. Die wässerige Lösung zersetzt sich bei längerem Stehen leicht unter Bildung von Ferrocyankalium und Blausäure. Ferricyankalium ist besonders in alkalischer Lösung ein kräftiges Oxydationsmittel und wird durch Reduktionsmittel zu Ferrocyankalium reduziert. Verdünnte Salz- oder Schwefelsäure scheiden in der Kälte den leicht löslichen Ferricyanwasserstoff ab, in der Wärme aber Cyanwasserstoff. Eisenoxydsalze bringen in der Lösung nur eine braune Verfärbung hervor, Eisenoxydulsalze dagegen rufen eine Abscheidung von TURNBULLS Blau: $Fe_3[Fe(CN)_6]_2$ hervor. Die Ferricyanide des Natriums und Ammoniums verhalten sich ganz ähnlich.

In der technischen Färberei wird das Ferricyankalium zur Erzeugung von TURNBULLS Blau auf der Faser benutzt, außerdem aber auch als Beize für manche Anilinfarben, mit denen es unlösliche Niederschläge bildet.

Die Hauptanwendung in der Mikrotechnik findet das Ferricyankalium zusammen mit Borax zum Entfärben von Hämatoxylinpräparaten nach der WEIGERTschen Methode und ihren verschiedenen Modifikationen (näheres siehe Nervenfasern, Markscheiden). Auch von seiner Eigenschaft, mit manchen Anilinfarben, besonders Thiazinen, schwer lösliche Verbindungen zu bilden, wird hie und da Gebrauch gemacht.

Ähnlich wie das Ferricyankalium in der Photographie in Verbindung mit Natriumthiosulfat zum Abschwächen von Negativen benutzt wird, kann es auch bei der Silberimprägnation zum Bleichen zu dunkler Schnitte Verwendung finden.

Ferrifuchsin, Ferrisafranin, Ferrivesuvin } siehe: Elastin.

Ferrocyankalium, Kaliumeisencyanür, Kalium ferrocyanatum, gelbes Blutlaugensalz, $K_4Fe(CN)_6 + 3H_2O$, wurde früher durch Erhitzen von Blut und

Pottasche dargestellt, heute benutzt man zu diesem Zwecke andere stickstoffhaltige Stoffe, wie Leder, Horn, Haare etc. Man verkohlt dieselben und schmilzt sie mit Pottasche und Eisen zusammen. Das Ferrocyankalium bildet gelbe, weiche Oktaeder vom spez. Gew. 1,86. Sie lösen sich in Wasser von 10° zu 28%, in Alkohol sind sie unlöslich. Die wässerige Lösung zersetzt sich leicht. Auf 100° erhitzt, verlieren die Krystalle ihr Krystallwasser und zerfallen zu einem weißen Pulver. Mineralsäuren scheiden aus den wässerigen Lösungen Ferrocyanwasserstoffsäure ab, in der Wärme dagegen machen sie aus ihr Cyanwasserstoff frei. Durch Oxydation wird das Ferrocyankalium in Ferricyankalium übergeführt. Eisenoxydulsalze bilden mit Ferrocyankaliumlösung weißes Kaliumferroeisencyanür, Eisenoxydsalze, Berlinerblau.

In der Mikrotechnik dient das gelbe Blutlaugensalz vor allem zur Darstellung von Berlinerblau und als Reagens auf Eisen. Setzt man zu einem Salz der schweren Metalle Ferrocyankaliumlösung, so entsteht ein unlösliches Ferrocyanid des betreffenden Metalles. Diese Eigenschaft ist von ROBIN und LEBER benutzt worden, um mit Hilfe von Kupfersulfat unlösliches Ferrocyankupfer zu erzeugen in einer Injektionsmasse oder auf dem Gewebe.

Literatur: LEBER (Arch. Ophthal., Bd. 14, 1868), ROBIN (Traité).

Fett. Die im tierischen Organismus in geformtem Zustande vorkommenden fettartigen Substanzen sind zunächst die eigentlichen Fette, die Glycerinester der Fettsäuren, von denen die verbreitetsten die Palmitin-, Stearin- und Ölsäure sind. Unter Umständen treten auch die freien Fettsäuren und die Kalksalze der Fettsäuren auf. Zu den fettartigen Substanzen gehören ferner das Myelin der markhaltigen Nervenfasern; das Pigment der Ganglienzellen, dessen Fettnatur von ROSIN nachgewiesen worden ist („Lipochrom"). Auch sonst scheint es vorzukommen, daß gelbe Pigmente in naher Beziehung zum Fett stehen. Ferner sind in degenerierenden Geweben, besonders Nieren, doppeltbrechende fettähnliche Substanzen beschrieben worden, die nach PANZER Cholesterinester, besonders der Ölsäure oder anderer ungesättigter Fettsäuren sind.

Im allgemeinen haben die fettartigen Substanzen so hervorstechende physikalische Eigenschaften, daß man sie in frischen Präparaten ohne weitere Hilfsmittel erkennen kann. Die eigentlichen Fette haben ein sehr starkes Lichtbrechungsvermögen, infolgedessen ihre Tröpfchen dunkle Konturen haben und das auffallende Licht mehr reflektieren als andere Substanzen. Die letztere Eigenschaft läßt sich nur bei schwächeren Vergrößerungen feststellen, bei Anwendung von Objektiven, deren Abstand vom Objekt groß genug ist, um dem auffallenden Licht Zutritt zu gewähren.

Von einfachen mikrochemischen Reaktionen dient ferner zur Erkennung des Fettes die Unlöslichkeit in verdünnten Säuren und Alkalien, die Löslichkeit in Alkohol, Äther und Chloroform. Die freien Fettsäuren treten in Form von charakteristischen Nadeln auf, die häufig zu Büscheln gruppiert sind. Die Cholesterinester sind durch ihre Doppelbrechung charakterisiert. Daß trotzdem das Bedürfnis nach besonderen mikrochemischen Fettreagenzien vorliegt, hat darin seine Begründung, daß es einerseits auch andere Substanzen von hohem Lichtbrechungsvermögen gibt als Fett, die sogar die Vorliebe des Fettes, in feinen Körnchen aufzutreten, teilen: die eosinophilen Granula und die Zymogenkörnchen des Pancreas und der anderen Speicheldrüsen, und andrerseits die Löslichkeitsverhältnisse nicht immer maßgebend sind; z. B. gelingt es sehr schwer, die kohlenstoffreicheren Fettsäuren, wachsartige Fette etc. unter dem Mikroskop in Alkohol zu lösen.

Das Bedürfnis nach Fettreagenzien beruht aber noch auf einem anderen Umstand. Da bei den gewöhnlichen Prozeduren, denen man die Organe zur Herstellung von Schnitten unterwirft, fettlösende Mittel, wie Alkohol, Äther, Chloroform, Xylol, zur Anwendung gelangen, so bemühte man sich, Reagenzien zu finden, welche das Fett unlöslich in den genannten Mitteln machen. Beim Myelin genügt dazu die Fixation in Chromsäure oder Chromaten. Bei den anderen Fetten gelingt es nur mit Hilfe von Osmiumtetroxyd, OsO_4 (Osmiumsäure, Überosmiumsäure). Dieses wird durch Fett zu metallischem Osmium reduziert, welches in äußerst feinkörniger Form und intensiv schwarzer Farbe sich an Stelle des Fettes niederschlägt. Dieses schon seit langer Zeit gebräuchliche Mittel ist aber einerseits ein nicht durchaus spezifisches Reagens auf Fett, andrerseits ist nicht jede Fettart imstande, Osmiumsäure direkt zu reduzieren.

Wie nämlich von ALTMANN nachgewiesen worden ist, wird die Osmiumsäure nur vom Olein reduziert, nicht aber von Palmitin- und Stearinfett. Diese Angaben von ALTMANN haben durch STARKE eine Bestätigung erfahren, er fügte jedoch die wichtige Beobachtung hinzu, daß auch bei anderen Fetten, wenn sie einmal mit Osmiumsäure durchtränkt worden sind, nachträglich die Schwärzung eintritt, sowie sie in Alkohol gebracht werden. Diese auffällige Tatsache kann sich vielleicht derartig erklären, daß nicht eigentlich das Stearin- oder Palmitinfett die Osmiumsäure reduziert, sondern der in diese eindringende Alkohol; und in der Tat sind ja gerade die Fette diejenigen Gewebselemente, welche im Gegensatz zu den übrigen mehr oder weniger eiweißähnlichen Stoffen der Gewebe eine intermolekulare Diffusion des Alkohols zulassen. Man muß dabei nur die Annahme machen, daß die Osmiumsäure zunächst in unveränderter Form von dem Fett festgehalten wird; die Art und Weise, wie dies geschieht, können wir zwar nicht mit Sicherheit angeben, jedoch liegt es nahe, auch hier an einem einfachen Lösungsprozeß zu denken, so daß man sich vorstellen mag, daß die Osmiumsäure aus der wässerigen Lösung durch das Fett gleichsam ausgeschüttelt wird.

STARKE hat in seiner eingehenden Untersuchung ferner gefunden, daß die Wirkung der Osmiumsäure verschieden ausfällt, wenn zur nachträglichen Behandlung absoluter, bzw. sehr starker, als wenn verdünnter Alkohol benutzt wird. Nur in dem letzten Fall wird ein jedes Fettkörnchen in seiner Gesamtheit geschwärzt, während bei Anwendung von sehr starkem Alkohol durch eine Kombination der fettlösenden Kraft desselben mit seiner Osmiumsäure reduzierenden Eigenschaft nur eine partielle Schwärzung eintritt. Es entstehen dann die sogenannten Ringkörner ALTMANNS. Der Äthylalkohol ist durch Aldehyd oder Amylalkohol nicht zu ersetzen.

Es ist allerdings auch eine andere Erklärung für die Alkoholwirkung möglich. Wie wir nämlich später bei den eigentlichen Fettfärbungen sehen werden, färben sich die Fette entweder in flüssigem Zustande oder doch wenigstens in einem bei Temperaturen, die nicht weit unter dem Schmelzpunkt liegen, vorkommenden weichen Zustande. Diese Bedingung erfüllt unter normalen Verhältnissen nur das Oleinfett, daher färben sich die höher schmelzenden Fette und Wachse erst beim Anwärmen. Möglicherweise beruht auch die Reaktionsfähigkeit des Oleinfettes gegen Osmiumsäure nicht auf einer spezifischen Eigenschaft des Ölsäuremoleküls, sondern einfach auf der halbflüssigen Beschaffenheit des Oleinfettes bei gewöhnlicher Temperatur, und in diesem Sinne wirkt der Alkohol bei den höher schmelzenden Fettsorten vielleicht nur als Lösungs- oder Quellungsmittel und bewirkt das Reagieren der jetzt weich gewordenen Fettsäure gegen das Osmium. Ich wage auf Grund der bisher angestellten Versuche noch nicht die beiden erwähnten Möglichkeiten zu entscheiden.

Wenn die Osmiumsäure reduziert wird, muß die Ölsäure offenbar oxydiert werden; die Produkte, welche bei diesem Prozesse entstehen, sind noch nicht untersucht worden. Das in feinster Form niedergeschlagene metallische Osmium läßt sich durch eine Reihe von Oxydationsmitteln nachträglich wieder in Osmiumtetroxyd verwandeln; die Eigenschaft kann man einerseits dazu benutzen, um alte Lösungen von Osmiumsäure, welche sich geschwärzt haben, zu regenerieren. Für diesen Zweck empfiehlt sich als Oxydationsmittel am meisten das Wasserstoffsuperoxyd, welches unter lebhafter Sauerstoffentwicklung die geschwärzte Osmiumsäure wieder vollkommen gebrauchsfähig macht. Andrerseits kann man nach UNNA sowie SOLGER die Oxydierbarkeit des feinkörnigen metallischen Osmiums dazu benutzen, um absichtlich in den Schnitten das Osmium wieder zu entfernen. Man kann zu diesem Zweck außer dem Wasserstoffsuperoxyd auch altes ozonhaltiges Terpentinöl und dergleichen benutzen. Will man, daß die Fettschwärzung durch Osmium im Dauerpräparat gut erhalten bleibt, so muß man Canadabalsam, der in Terpentin gelöst ist, sorgfältig vermeiden und nur Xylolbalsam nehmen. Es scheint, daß die Leichtigkeit, mit der die Osmiumschwärzung durch Terpentin verschwindet, von der Natur des Fettes abhängt; es gibt wenigstens Fettarten, bei denen die Schwärzung schwerer, und solche, bei denen sie leichter zu vernichten ist; ja es kommt sogar vor, daß das Osmiumfett bei der Paraffineinbettung teilweise gelöst wird, was sich durch eine graue Färbung des Chloroforms bemerkbar macht. Unter welchen Umständen dieser unliebsame Vorgang eintritt, habe ich nicht ermitteln können.

Bristol gibt an, daß das Osmiumtetroxyd durch organische Substanzen zum Osmiumdioxyd reduziert wird.

Auch Starke ist auf Grund des alten Berzeliusschen Handbuchs der Chemie dieser Ansicht. In neueren Lehrbüchern der Chemie wird von der Existenz des OsO_2 nichts mehr angegeben.

Der Vorteil der Osmiumsäure liegt darin, daß osmiertes Fett in Alkohol, Xylol usw. nicht mehr löslich ist und daher die Einbettung in Paraffin und Celloidin gestattet, allerdings dringt die Osmiumsäure schwer in das Innere der Organe ein, so daß man gut tut, nicht mehr als 1 *mm* dicke Stücke zu osmieren. Bei sehr fettreichen Organen, wie Knochenmark oder Fettgewebe, beschränkt sich aber auch dann die völlige Osmierung auf die alleroberflächlichste Schicht. Man kann übrigens auch Gefrierschnitte von Organen, welche in Formol fixiert worden sind, einzeln osmieren und hat dann eine größere Sicherheit, daß die Osmierung vollkommen wird.

Ein zweites Prinzip, um Fett zu färben, beruht auf der Anwendung von organischen Farbstoffen, welche nur Fett färben. Das älteste dieser Mittel ist das Alkannin, $C_{15}H_{14}O_4$, ein in der Alkannawurzel (der Wurzel von Anchusa tinctoria) enthaltener Farbstoff. Seine Strukturformel ist völlig unbekannt. Beim Destillieren mit Zinkstaub wird es zu Methylanthracen reduziert. Der Farbstoff ist bisher nicht krystallisiert erhalten worden. Er ist unlöslich in Wasser, löslich in Alkohol, Äther, Ligroin und besonders fetten Ölen, und zwar mit schöner dunkelrosenroter Farbe. In Alkalilauge löst er sich mit blauer Farbe. Säuren scheiden aus der Lösung den roten Farbstoff wieder ab. Das Alkannin ist daher ein schwach saurer Farbstoff. In der Technik kommt es meist in Form eines Alkannawurzelextrakts zur Verwendung und dient zum Färben von fetten Ölen, Pomaden usw.

Mit dem Aufschwung der Anilinfarbenfabrikation lernte man eine andere Reihe von Farbstoffen kennen, welche Fett zu färben imstande sind, und zwar zunächst das Dimethylamidoazobenzol

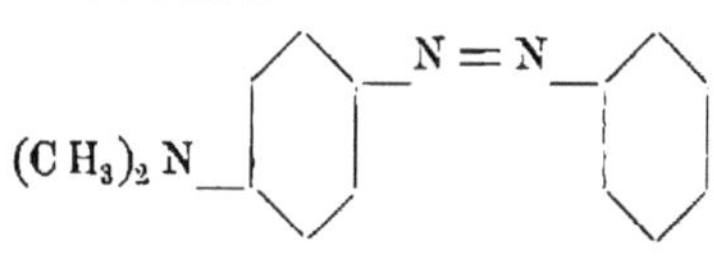

also einen basischen Farbstoff. Die freie Base ist gelb gefärbt, in Wasser unlöslich, dagegen löslich in Alkohol, Fetten, Chloroform usw. Mit Säuren bildet es Salze, welche ziemlich schwer in Wasser mit rosenroter Farbe löslich sind. Der Basencharakter des Farbstoffes ist sehr schwach. Im Gegensatz zu allen in der Histologie als Kernfarbstoffe gebräuchlichen basischen Farbstoffen besitzt er nur eine basische, nämlich eine Dimethylamidogruppe, während die sonst üblichen basischen Farbstoffe meist 3 basische Gruppen enthalten (z. B. Methylenblau, Fuchsin). Noch schwächer ausgeprägt ist der basische Charakter in dem um 2 Methylgruppen ärmeren Amidoazobenzol, welches überhaupt nur mit konzentrierteren Säuren Salze bildet, welche schon durch die bloße Verdünnung mit Wasser dissoziiert werden. Die Löslichkeitsverhältnisse des Amidoazobenzols sind dieselben wie die des Dimethylamidobenzols.

Andere basische Farbstoffe, welche sich durch sehr geringe Basizität auszeichnen und daher als freie Base in alkoholischer Lösung Fett färben, sind z. B. Indophenol von der Konstitution

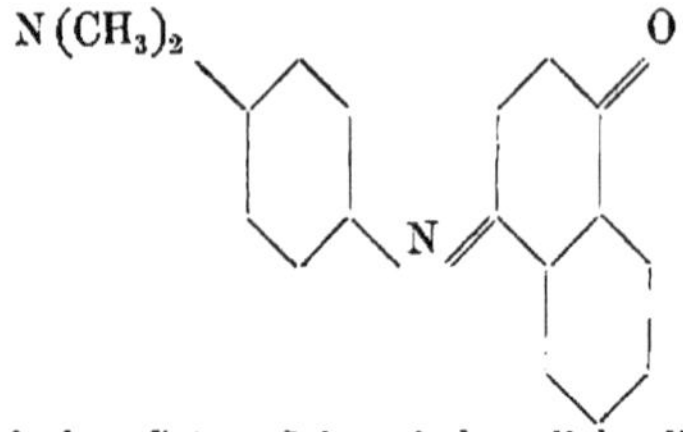

welches das Fett blau färbt. Seine Salze sind rötlichgelb, sehr unbeständig und färben das Fett nicht. Ferner das Tetramethyldiamidoanthrachinon,

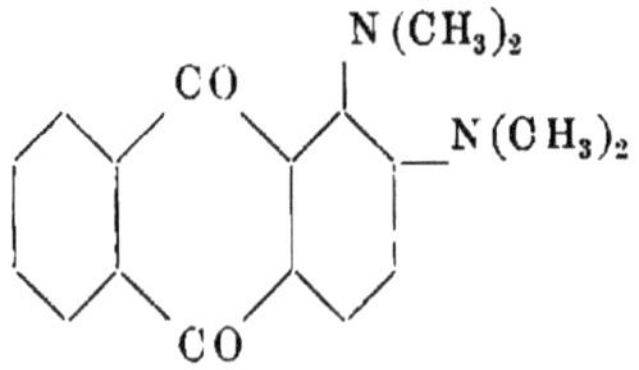

dessen beide Amidogruppen durch die gleichzeitige Gegenwart der beiden CO-Gruppen in ihrer Basizität stark geschwächt werden. (Beide Farbstoffe nach Herxheimer.)

Ferner gibt es auch schwach saure Farbstoffe, welche in Form der freien Farbsäuren aus alkoholischer Lösung Fett färben.

Wir haben es also hier mit einer kleinen Gruppe von Farbstoffen zu tun, welche sehr wenig ausgesprochene basische Eigenschaften besitzen. Sie bilden den Übergang zu denjenigen Farbstoffen, welche völlig indifferent sind, weder sauren, noch basischen Charakter zeigen.

Der Begriff der indifferenten Farbstoffe, welchen ich in diesem Sinne in meiner Untersuchung über die Fettfarbstoffe eingeführt habe, ist nach dem Gesagten leicht verständlich. Denselben Namen wendet Pappenheim für diejenigen Farbstoffe an, welche sowohl saure wie basische Eigenschaften besitzen. Ich möchte aber diese Farbstoffe lieber als amphotere bezeichnen und den Namen der indifferenten Farbstoffe auf diejenigen beschränken, welche überhaupt keine salzbildenden Gruppen besitzen. Zum besseren Verständnis dieses Begriffes sei ein kleiner Exkurs in die Farbstoffchemie gestattet.

Die organischen Farbstoffe lassen sich auf eine Reihe von Muttersubstanzen zurückführen, welche zwar eine Eigenfarbe besitzen, aber nicht die Fähigkeit haben, andere Substanzen zu färben. Diese nennt man Chromogene, so z. B. ist das Chromogen der Azofarbstoffe das Azobenzol.

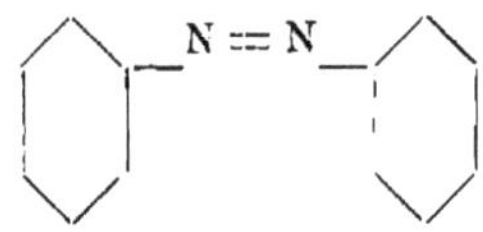

Dieses ist ein völlig indifferenter Körper, welcher weder mit Säuren noch mit Basen Salze zu bilden imstande ist, nur gegen konzentrierte Schwefelsäure zeigen die Stickstoffatome des Azobenzols basische Eigenschaften.

Aus dem Azobenzol wird nun durch das Hinzutreten einer Amidogruppe ein basischer Farbstoff:

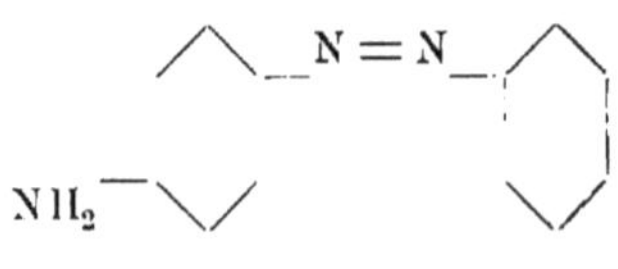

Amidoazobenzol, durch das Hinzutreten z. B. einer Hydroxylgruppe ein saurer Farbstoff:

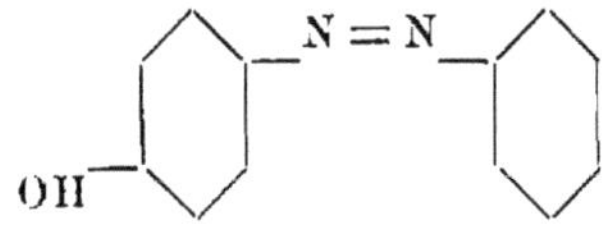

Oxyazobenzol.

Ein indifferenter Farbstoff ist nun entweder das Azobenzol an sich oder nach Hinzutreten einer indifferenten, weder sauren noch basischen Gruppe, Oxymethyl, OCH_3, Oxäthyl, OC_2H_5 usw. Ein einfacher indifferenter Farbstoff wäre demnach z. B.

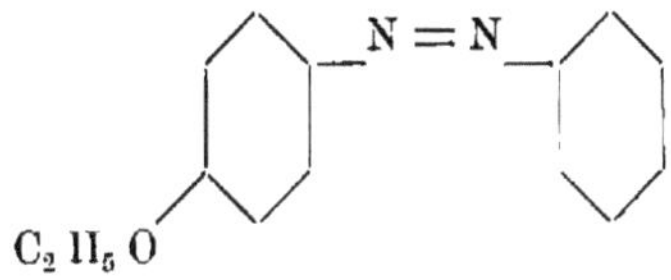

Äthoxyazobenzol.

Indifferente Farbstoffe können aber noch auf andere Weise entstehen. Es haben nämlich diejenigen Oxyazofarbstoffe, welche die Hydroxylgruppe in Orthostellung zur Azogruppe enthalten, die Eigenschaft, im Augenblick ihres Entstehens die Umlagerung eines Wasserstoffatoms in ihrem Molekül durchzumachen, so z. B. entsteht aus

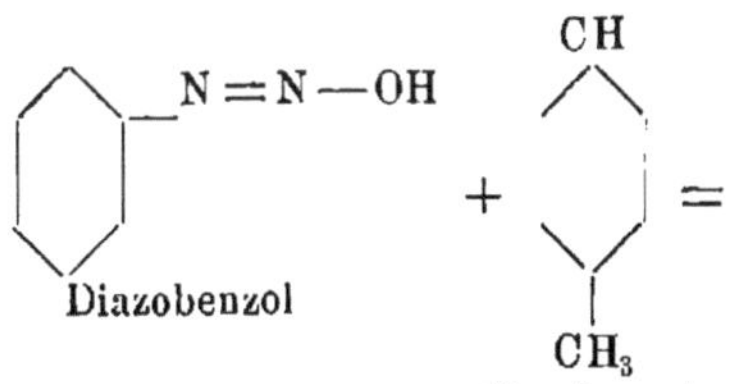

Diazobenzol Parakresol

der Regel nach in alkalischer Lösung der Farbstoff

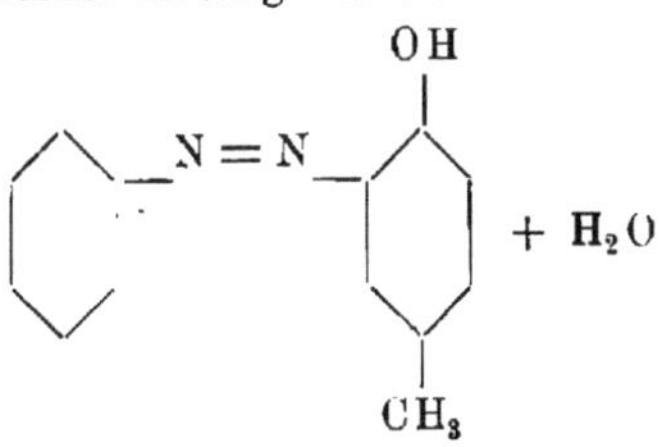

Benzolazoparakresol. Dieses lagert sich aber sofort um zu

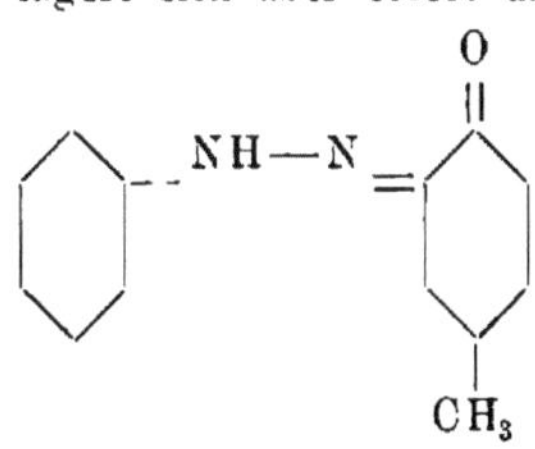

Wie man sieht, ist das eine H-Atom, welches vorher an den Sauerstoff gebunden war, an das eine N-Atom gewandert und die saure OH-Gruppe ist in das indifferente $=O$ verwandelt worden. Der Beweis dafür, daß der Farbstoff wirklich keine OH-Gruppe enthält, wird dadurch erbracht, daß er mit Alkalilauge keine in Wasser lösliche Verbindung eingeht, was jeder mit einer OH-Gruppe versehene Körper der aromatischen Reihe (ein Phenol) tut. Diese Konstitution besitzt der

Körper aber nur, solange er in wässeriger Lösung suspendiert ist; in alkoholischer Lösung bildet der Körper mit Leichtigkeit Alkalisalze und zeigt daher, daß er die erste Konstitution besitzt. Solche Körper, die je nach den Bedingungen durch eine intramolekulare Atomwanderung ineinander übergehen können, bezeichnet man als tautomer.

Die indifferenten Farbstoffe können also von dreierlei Natur sein.

I. Die Chromogene selbst, soweit sie als solche in freiem Zustande als gefärbte Körper existenzfähig sind, z. B. das Azobenzol.

II. Die Chromogene nach Hinzutreten einer indifferenten Atomgruppe.

III. Die Orthooxyazokörper vermöge ihrer Tautomerie.

Von den indifferenten Farbstoffen wird man sich für die Histologie nur die farbkräftigsten aussuchen. Von DADDI ist das Sudan III (Berlin)

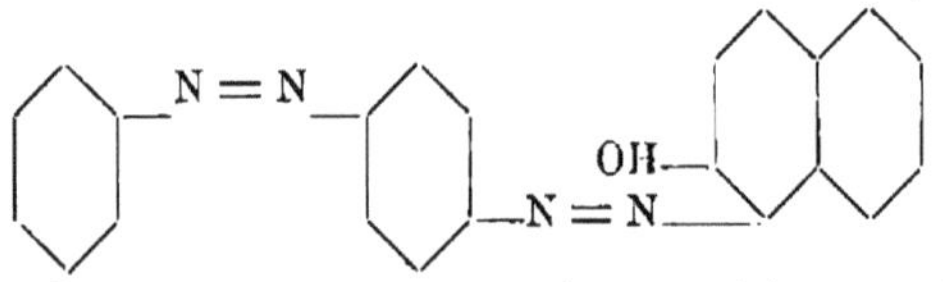

Benzol-Azobenzolazo-β-Naphtol in die Technik eingeführt worden. Nachdem ich das Prinzip des Farbstoffcharakters in diesem Molekül erkannt hatte, fand ich in einem höheren Homologon dieses Farbstoffes

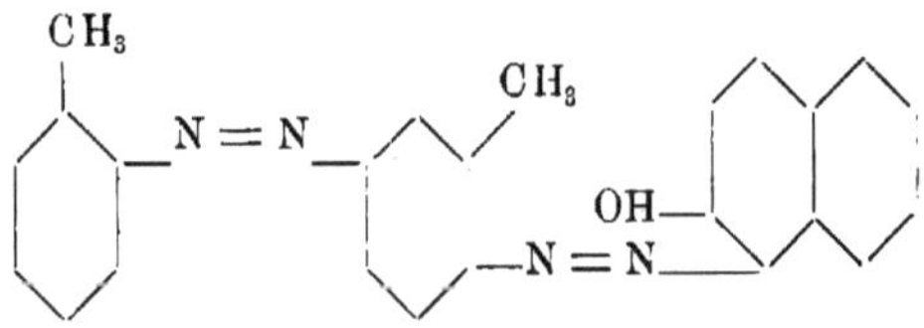

Toluolazotoluolazo-β-naphtol, Scharlach R oder Fettponceau (Kalle) einen noch farbenkräftigeren Repräsentanten der Gruppe. Es bildet ein dunkelrotes Pulver, welches in Wasser, Säuren und Alkalien, Glycerin absolut unlöslich ist, in Eisessig, höheren Fettsäuren, fetten Ölen, flüssigem oder geschmolzenem Paraffin, Chloroform löslich ist, in Xylol etwas schlechter; in Alkohol löst es sich mit roter Farbe, in konzentrierter Schwefelsäure mit blauer Farbe, wobei offenbar eine Salzbildung zwischen den Azogruppen und der Schwefelsäure stattfindet, welche aber schon beim bloßen Verdünnen mit Wasser wieder aufgehoben wird. Diese Löslichkeitsverhältnisse sind bei allen indifferenten Farbstoffen die gleichen. Für die Histologie am wichtigsten ist, daß sie sich in allen Fetten, auch in Myelin, in den doppeltbrechenden Cholesterinestern in verfetteten Organen und sogar in dem Lipochrom der Ganglienzellen in gleicher Weise lösen. Manchmal kann man auch die Eigenschaft, daß sie sich in Paraffin lösen, zum Färben des Paraffins mit Nutzen anwenden. Die Färbung des Fettes auch in Schnitten beruht allein auf einem Lösungsprozeß, nicht auf einer salzartigen Bindung zwischen dem Fett und dem Farbstoff. Der Farbstoff wird aus dem schlechteren Lösungsmittel, dem Alkohol, durch das bessere Lösungsmittel, das Fett, einfach ausgeschüttelt. Flüssige oder wenigstens schmierige Konsistenz ist Vorbedingung für die Färbung. Bei fettartigen Substanzen, die bei Zimmertemperatur ungefärbt bleiben, gelingt die Färbung im Brutschrank. Die Fettfärbungen sind daher ein treffendes Beispiel für diejenigen Färbungen, welche ohne chemische Prozesse zustande kommen, die man daher als rein physikalisch bezeichnen kann.

Die praktische Anwendung der Fettfärbemethoden. Obgleich die Osmiumsäure an sich ein vorzügliches Fixierungsmittel auch für die übrigen Gewebe ist, so kombiniert man sie wegen ihrer äußerst geringen Diffusionsfähigkeit am besten mit anderen Fixierungsmitteln: mit Chromsäure (nach FLEMMING) oder Platinchlorid (nach HERMANN). Die Rezepte für die Fixierung sind in den betreffenden Artikeln nachzusehen. Für die Osmierung von Gefriermikrotomschnitten empfiehlt sich eine vorhergehende Fixation des Stückes in 10%igem Formol je nach der Größe des Stückes 3 Stunden oder beliebig länger und Einlegen der Schnitte nach gründlicher Auswaschung in Wasser in eine 1—2%ige Lösung von Osmiumsäure oder in zusammengesetzte FLEMMINGsche Lösung für eine Stunde, dann wiederum Abspülen in Wasser. Nachfärbungen der Kerne sind nicht leicht, weil die Osmiumsäure das Färbevermögen stark herabdrückt, geeignet ist das Safranin nach FLEMMING. Die Schnitte können entwässert und in Canadabalsam eingeschlossen werden.

Trockenpräparate kann man auch in der Weise osmieren, daß man sie unter einer Glasglocke bei gewöhnlicher Temperatur den Dämpfen einer wässerigen Lösung von Osmiumsäure für mehrere Stunden aussetzt.

Die Anwendung der organischen Fettfarbstoffe gestaltet sich folgendermaßen.

Das erste Prinzip ist Vermeidung aller fettlösenden Substanzen: absoluter Alkohol, Xylol, Canadabalsam. Schwächerer Alkohol schadet nicht, jedoch ist es ratsam, niemals stärkeren Alkohol als 70%igen mit den Schnitten in Berührung zu bringen, besonders die Ölsäure löst sich leicht in höher konzentriertem Alkohol.

Trockenpräparate werden am einfachsten dadurch fixiert, daß man sie den Dämpfen von Formaldehyd aussetzt. Man füllt z. B. den Schwefelsäurenapf eines Exsiccators mit ein wenig Formol und legt die beschickten Objektträger oder Deckgläschen vermittelst einer Unterlage auf den Napf, die bestrichene Seite nach oben. Nach 5—10 Minuten ist die Fixation mit Sicherheit beendet. Dann legt man die Präparate auf eine Viertelstunde in eine gesättigte, filtrierte Lösung von Scharlach in 70%igem Alkohol. Diese Lösung ist viele Wochen haltbar.

Das Farbschälchen muß zugedeckt werden, weil beim Verdunsten des Alkohols der Farbstoff in büschelförmig angeordneten Nadeln ausfallen und das Präparat beschmutzen kann. Dann spült man das Präparat ganz kurz mit 70%igem Alkohol ab und bringt es in Wasser. Das direkte Übertragen aus der Farblösung in Wasser kann wiederum zu Niederschlägen Anlaß geben, ist aber trotzdem ratsam, wenn man jede geringste Spur Fett erkennen will. Die Niederschläge sind an ihrer Büschelform leicht zu erkennen und nicht zu verwechseln. Zur Nachfärbung der Kerne eignet sich z. B. BÖHMERsches Hämatoxylin oder Methylenblau. Der Einschluß der Präparate erfolgt entweder in Glycerin oder in Lävulosesirup. Diesen stellt man sich her, indem man Lävulose mit einer sehr geringen Menge Wasser anrührt und einen Tag im Brutschrank stehen läßt. Die Lävulose hat den großen Vorzug vor dem Glycerin, daß sie schneller eindringt und stärker aufhellt, die Hämatoxylinfärbung wird aber durch Lävulose allmählich zerstört. Es ist deshalb ratsamer, mit Methylenblau oder Toluidinblau nachzufärben. Um von Schnitten eine Fettfärbung zu erhalten, verfährt man folgendermaßen: Die Organstücke werden in 10%iger Formollösung 24 Stunden fixiert, mit Wasser eine oder mehrere Stunden ausgewaschen, mit dem Gefriermikrotom geschnitten, die Schnitte in Wasser gebracht, in 70%igem Alkohol kurz abgespült und in die oben angegebene Scharlachlösung $^1/_4$ Stunde eingelegt, dann wiederum mit 70%igem Alkohol kurz abgespült, mit Hämatoxylin, bzw. mit einer dünnen wässerigen Methylenblaulösung nachgefärbt, mit Wasser abgespült und in Lävulose, bzw. Glycerin eingelegt. Bei Schnitten zeigt sich die Überlegenheit der Lävulose über das Glycerin besonders.

Von HERXHEIMER ist eine Methode angegeben worden, um die Färbung mit Scharlach bedeutend abzukürzen. Wie schon oben angegeben wurde, bildet das Scharlach R in alkoholischer Natronlauge mit Leichtigkeit ein Natriumsalz, welches in Alkohol viel leichter löslich ist als der freie Farbstoff. Infolgedessen kann man in alkoholischer Natronlauge eine viel konzentriertere Scharlachlösung herstellen, als in gewöhnlichem Alkohol. Bringt man fetthaltige Präparate in eine solche Lösung, so diffundiert das freie Scharlach in die Fetttröpfchen hinein und läßt das Natron im Alkohol zurück, in derselben Weise, wie man aus salzsaurem Dimethylamidoazobenzol in wässeriger Lösung durch Fett die freie Base extrahieren kann. Da die HERXHEIMERsche Lösung viel konzentrierter ist als die gewöhnliche alkoholische, so erreicht die Fettfärbung viel früher als bei dieser ihr Maximum, schon nach 1—2 Minuten. Die Natronlauge, welche in wässeriger Lösung auf alle Gewebe schädigend einwirkt, schadet in alkoholischer Lösung dem Gewebe fast gar nicht. Jedoch kann ich nicht so weit gehen wie HERXHEIMER, dieser Lösung überhaupt jede schädigende Wirkung abzusprechen. Bei Trockenpräparaten kommt es doch leicht vor, daß die Zellen bei dieser Lösung fortschwimmen und auch bei Schnitten quillt mitunter das Protoplasma. Das Rezept für die Lösung ist: Alcohol absolutus 70, 10⁰/₀ige Natronlauge 20, Wasser 10, Scharlach R zur Sättigung.

Sollte daran gelegen sein, das Fett blau zu färben, so benutzt man dazu eine gesättigte Lösung von Indophenol in 70⁰/₀igem Alkohol. Die Gegenfärbung kann z. B. mit Alauncarmin stattfinden.

Anilinfarbstoffe wurden zur Fettfärbung zuerst von RANVIER und DADDI angewandt. RANVIER benutzte „Chinolinblau" (Cyanin). Ich weiß nicht, welchen Farbstoff RANVIER in Händen gehabt hat. Wirkliches Chinolinblau löst sich nicht in Fett. DADDI benutzt den Farbstoff Sudan III zuerst. Er stellte auch fest, daß bei Tieren sich das Fettgewebe auch nach Verfütterung dieses Farbstoffes rot färbt. Eine Beschreibung der Sudanfärbung geben ARNOLD, ROSENTHAL und M. COHN. Die ersten theoretischen Untersuchungen über die Fettfärbung wurden von mir angestellt, indem ich einige in der Industrie den Farbenchemikern seit längerer Zeit bekannte Grundsätze benutzte. Ich kam zuerst zu dem Resultat, daß allein die indifferenten Farbstoffe die Eigenschaft haben, Fett zu färben. Später jedoch zeigten HERXHEIMER und ich, daß es auch saure und basische Farbstoffe gibt. Ich konnte aber nachweisen, daß diese nicht einfach den sonst gebräuchlichen basischen und sauren Farbstoffen gleichzusetzen sind, sondern sich in chemischer Beziehung den indifferenten Farbstoffen eng anreihen.

Eine eigenartige physiologische Wirkung der Farbstoffe (Scharlach R, gelöst in Olivenöl) ist von B. FISCHER beschrieben worden; bei subcutaner Injektion erzeugt es am Kaninchenohr atypische Epithelwucherungen.

In neuester Zeit sind auch Methoden entstanden, die Fettsäuren oder ihre Salze mikroskopisch in loco zu färben. Zunächst fand BENDA eine Methode, um die Nadeln der freien Fettsäure und des fettsauren Kalks, welche sich vor allem bei der Fettgewebsnekrose finden, isoliert zu färben. BENDA fand nämlich, daß diese Krystalle sich in einer Lösung von Kupferacetat blau färben. Er führt diese Reaktion darauf zurück, daß sich ein Salz der Fettsäure mit dem Kupfer bildet, welches die ausgesprochene Blaufärbung zeigt. Den Chemikern war die Leichtigkeit, mit der sich das fettsaure Kupfer bei bloßer Berührung von Fettsäure mit einem Kupfersalz bildet, wie es scheint, noch nicht bekannt. Das Eigenartigste ist, daß sich dieses Salz auf der Basis der alten Fettsäurenadeln bildet, ohne daß eine Umkrystallisation stattfindet. Man pflegt solche Prozesse als Pseudomorphismus zu bezeichnen. Das fettsaure Kupfer hat hier zwangsweise eine Krystallform angenommen, welche eigentlich nicht ihm, sondern der freien Fettsäure, bzw. dem fettsauren Kalk zukommt. Auch hierbei stellte sich durch die erschöpfende Untersuchung von BENDA heraus, daß im wesentlichen die Ölsäure an dieser Reaktion beteiligt ist. Mit Olsäure gelang die Reaktion in der Kälte sofort, dagegen mit Palmitin- und Stearinfetten erst bei längerer Einwirkung bei 40⁰ oder bei Siedetemperatur. Ich möchte auch hier die Vermutung aussprechen, daß die rasche Reaktion gerade der Ölsäure gegenüber dem Kupfer nicht eine spezifisch chemische Reaktion der Ölsäure ist, sondern daß sie nur auf dem halb flüssigen Zustande derselben beruht; da nun im Körper stets Gemische verschiedener Fettsäuren vorkommen, so wird man annehmen dürfen, daß eine prompte Reaktion gegen Kupfer nicht an das Vorhandensein reiner Ölsäure geknüpft ist, sondern daß auch die höheren Fettsäuren, wenn sie durch Vermischung mit der Ölsäure in einem weicheren Aggregatzustand gelangt sind, sich ebenfalls an der Reaktion beteiligen. Die intensivsten Färbungen, die bei durchfallendem Licht meergrün, bei auffallendem bläulich erscheinen, kommen nadelförmigen Fettsäurekrystallen zu. In Glycerin ist die Färbung haltbar; vor der Einbettung in dasselbe kann man eine Gegenfärbung des Gewebes mit Alaunhämatoxylin vornehmen oder auch mit einfacher WEIGERTscher Hämatoxylinlösung, welche die Gewebe infolge ihrer vorherigen Durchtränkung mit Kupfer mit dem von der Markscheidenfärbung her bekannten blauschwarzen Ton färbt.

Nach F. FISCHLER kann man nun die schwache grüne Kupferfarbe dadurch kenntlicher machen, daß man die gekupferten Schnitte in wässeriger oder besser in alkoholischer 10%iger Hämatoxylinlösung färbt. Es bildet sich der Kupferlack des Hämatoxylins mit blauschwarzer Farbe; man kann mit WEIGERTscher Lösung von Ferricyankalium und Borax differenzieren. Die Färbung von Seifen in situ geschieht derart, daß man das Gewebe in Formol, das mit salicylsaurem Kalk gesättigt ist, fixiert. Es bildet sich fettsaurer Kalk, der dann weiter wie oben behandelt wird.

Literatur: ALTMANN (Die Elementarorganismen, Leipzig 1894), ARNOLD (Arch. Pathol. Anat., Bd. 163, 1901), COHN (Zeitschr. Klin. Med., Bd. 38, 1899), DADDI (Arch. Ital. Biol., Bd. 26, 1896), FISCHER (Centralbl. Allgem Pathol., Bd. 17, 1906), derselbe (Münch. Med. Wochenschr. 1906), FISCHLER (Centralbl. Allgem. Pathol., Bd. 15, 1904), HERXHEIMER (Deutsch. Med. Wochenschr. 1901), MICHAELIS (Ebenda. 1901), derselbe (Arch. Pathol. Anat., Bd. 164, 1901), PANZER (Zeitschr. Physiol. Chem., Bd. 48, 1903), PLATO (Arch. Mikr. Anat., Bd. 50, 1897), RANVIER (Traité), ROSENTHAL (II. Ber. Pathol. Ges. 1900), ROSIN (Deutsch. Med. Wochenschrift 1896), SOLGER (Centralbl. Med. Wiss., Bd. 21, 1883 u. Anat. Anz., Bd. 8, 1893), STARKE (Arch. Physiol. 1895), UNNA (Monatsh. Prakt. Dermat., Bd. 2, 1883). *Michaelis*, Berlin.

Fettablagerung (Fettinfiltration und Fettdegeneration). Das Auftreten von Fett in den verschiedenartigsten Gewebszellen gehört zu den häufigsten krankhaften Erscheinungen. In der überwiegenden Anzahl aller Fälle ist das Fett von außen (aus dem Blute und den Säften) in den Zelleib niedergeschlagen worden, und das Krankhafte besteht darin, daß es dort festgehalten und nicht weiter verarbeitet wird. Ob überhaupt eine Umwandlung von Zellprotoplasma in Fett vorkommt (Fettmetamorphose VIRCHOWS), ist zweifelhaft und wird neuerdings immer mehr bestritten (PFLÜGER, ROSENFELD, BENEKE, LUBARSCH, DIETRICH, ARNOLD u. a.). Trotzdem kann eine Unterscheidung zwischen Fettinfiltration und Fettdegeneration noch aufrecht erhalten werden in dem Sinne, daß bei der reinen Infiltration der krankhafte Zustand der Zelle allein in der übermäßigen Anhäufung von Fetttropfen sich äußert ohne sonstige morphologische oder irreparable biologische Veränderung der Zelle, während bei der Fettdegeneration sich zu der Ablagerung von Fett noch eine weitere (morphologisch nachweisbare) Degeneration der Zelle hinzugesellt, die sowohl Folge der übermäßigen Fettablagerung, bzw. der ihr zugrunde liegenden Erkrankung sein, als auch ihr vorausgehen kann. Das Fett tritt bald in großen, bald in kleinen Tropfen auf; bald liegt in der einzelnen Zelle nur ein, bald mehrere Tropfen. Die Größe der Tropfen und ihre Anzahl ist für die Frage, ob Fettinfiltration oder Degeneration vorliegt, bedeutungslos, wenn auch bei der Fettinfiltration der Leber z. B. meist nur große Fetttropfen in den Leberzellen sich finden. In den Nieren dagegen, im Hoden, in Gefäßepithelien (z. B. bei Resorption von Fett nach Fettembolie) treten auch bei rein infiltrativen Zuständen zahlreiche kleine Fetttropfen auf; auch dort, wo normalerweise Fett in Zellen auftritt, wie im Knorpel, Hoden, Schilddrüse, Pancreas, Thymus, Nebenniere, vielen embryonalen Organen, ist es oft in Form kleiner Tropfen vorhanden und wahrscheinlich an Cytosomen (Liposomen) gebunden. Der Nachweis des Fettes an frischen Präparaten bedarf hier keiner näheren Besprechung. Dagegen ist die Sichtbarmachung des Fettes für Dauerpräparate von Wichtigkeit. Wir haben dazu 2 Methoden: 1. die Osmierung des Fettes, 2. die Fettfärbung.

1. Die Osmierung des Fettes.

Am besten sind die Ergebnisse, wenn man sehr kleine und dünne Gewebsstücke in Chromosmiumgemischen (FLEMMINGscher Lösung, ALTMANNschem Gemisch) 3—4 Tage härtet, dann gründlich in fließendem Wasser auswäscht und

Gefriermikrotomschnitte anfertigt. (Im Notfalle genügt auch eine Härtung in MÜLLERscher Flüssigkeit 3—4 Tage, Nachhärtung in 1%iger Osmiumlösung 1—2 Tage.) Die Schnitte werden dann nochmals in 1%ige Osmiumlösung gebracht, wo sie 24 Stunden im Dunkeln (oder 4 Stunden im Brutschrank) verbleiben. Nach SCHMORL tritt die sekundäre Schwärzung des Fettes noch besser ein, wenn man die gründlich ausgewässerten Schnitte mit absolutem Alkohol behandelt. Danach entweder Untersuchung in Glycerin oder Kali aceticum oder nach vorausgegangener Kernfärbung mit ½—1%iger Safraninlösung Entwässern in absolutem Alkohol, schnelles Aufhellen in Benzin, Einschluß in Canadabalsam.

Hat man nicht in Osmiumgemischen gehärtet, sondern in Formol, so müssen die Formolgefrierschnitte erst noch auf 24 Stunden in 1%ige Osmiumsäure oder FLEMMINGsche Lösung gebracht werden. Weiteres Verfahren im wesentlichen wie oben.

Die osmierten Stücke in Paraffin oder Celloidin einzubetten, empfiehlt sich nicht, da durch die zur Vorbereitung für die Einbettung nötigen Reagenzien ein Teil des osmierten Fettes noch gelöst werden kann. Im allgemeinen sind die Präparate nicht dauerhaft, wenn man sie nicht in dickem Balsam ohne Deckglas aufbewahrt. Ein Mangel der Methode besteht auch darin, daß in Osmiumsäure auch fettfreie, z. B. gerbstoffhaltige Massen geschwärzt werden.

2. Färbung mit Sudan III oder Scharlach.

Die Stücke werden in Formol, Formol-MÜLLER oder MÜLLERscher Lösung gehärtet und dann nach Auswässern Schnitte mit dem Gefriermikrotom angefertigt. Auch Gefrierschnitte von nicht gehärtetem Material sind brauchbar, geben aber für gewöhnlich nicht so gute Resultate. Die Schnitte werden aus dem Wasser zunächst 5 Minuten in 50%igen Alkohol und darauf in die Farbstofflösungen gebracht. Die Farbstoffe dürfen nur in 70—85%igem Alkohol gelöst sein; man benutzt gesättigte Lösungen, worin die Schnitte 10 Minuten bis ½ Stunde bleiben. Darauf Abspülen mit 50%igem Alkohol, gutes Auswaschen in destilliertem Wasser, Nachfärben mit Hämatoxylin oder besser noch Hämalaun, längeres Liegenlassen in destilliertem Wasser, wo sie gut nachbläuen. Aufbewahrung in Glycerinleim. Der Färbung mit Scharlach R (Fettponceau) wird von HERXHEIMER nachgerühmt, daß sie intensiver das Fett färbt und eine bessere Nachfärbung gestattet, wenn man alkalisch-alkoholische Lösungen benutzt. Er benutzt folgende Lösung:

Alcohol absol. 70,0, Aq. dest. 10,0, 10%ige Natronlauge 20,0, Fettponceau bis zur Sättigung.

Darin färbt man 2—3 Minuten und verfährt im übrigen in der oben angegebenen Weise. Man erhält übrigens gleich gute Resultate mit Sudan, wenn man auch hier etwas Natronlauge zusetzt. Das Fett erscheint intensiv rot gefärbt, Myelin leicht rosarot; Kerne blau, Fettsäurekrystalle bleiben ungefärbt. Auch die fetthaltigen Abnutzungspigmente färben sich, z. B. das braune Pigment in den Ganglienzellen, den Nebenhoden- und Samenbläschenepithelien, auch den Zwischenzellen des Hodens und oft auch das bei der braunen Atrophie in Herzmuskeln, Leber usw. auftretende Pigment. Für das Studium der Fettablagerungen bieten diese Methoden das beste, wenn auch nicht alle Fette gefärbt werden. Man kann auch andere Färbungen und Reaktionen, wie z. B. Amyloidfärbung und Eisenreaktion, mit den Fettfärbungen verbinden.

Zur Darstellung der Fettgewebsnecrosen im Pancreas und umgebenden Fettgewebe empfiehlt sich die von BENDA angegebene Härtung in der WEIGERTschen Kupferchromalaunessigsäurebeize mit 10% Formol (2—4 Tage im Brutschrank. Anfertigung von Gefriermikrotomschnitten und Färbung mit Sudan und Hämatoxylin). Necrotische Teile grün, normales Fett rot, Kerne blau.

Sehr gut ist auch die von HERXHEIMER angegebene Färbung mit Acetonscharlach (man löst Fettponceau bis zur Sättigung in einem Gemisch von Aceton und 70%igem Alkohol zu gleichen Teilen). Man verfährt im übrigen wie bei der gewöhnlichen Scharlachfärbung. Bei allen diesen Färbungen ist die Farbflüssigkeit am besten jedesmal vor dem Gebrauch zu filtrieren und darauf zu achten, daß die Schälchen gut zugedeckt sind, weil beim Verdunsten des Alkohols oder Acetons der Farbstoff ausfällt und störende Niederschläge auf den Schnitten erzeugt. Will man eine Blaufärbung des Fettes haben, so nimmt man eine konzentrierte Lösung von Indophenol in 70%igem Alkohol, färbt 20 Minuten und wählt als Kontrastfärbung eine Vorfärbung mit Lithioncarmin. Eine Methode, bei der durch ein und denselben Färbeprozeß das Fett different von den übrigen Bestandteilen zur Darstellung gebracht wird, ist von LORRAIN SMITH angegeben und auch von SCHMORL empfohlen worden. Man bedient sich des Nilblausulfats oder Neumethylenblaus in konzentrierter wässeriger Lösung, färbt 10 bis 20 Minuten, spült gründlich in Wasser oder besser noch in 1%iger Essigsäure ab und bettet in Glycerin oder Glycerinleim ein. Die Neutralfette erscheinen dann leuchtend rot, Kerne dunkelblau, Zellinhalt hellblau gefärbt, während Fettsäuren als dunkelblaue, glänzende Tropfen hervortreten. Ich habe mit dieser Färbung bei Anwendung von G. GRÜBLER bezogener Farbstoffe sehr ungleichmäßige Resultate, mitunter sehr schöne, mitunter aber auch wenig brauchbare Präparate erhalten; im ganzen war stets weniger Fett gefärbt, wie in den mit Acetonscharlach gefärbten Kontrollschnitten.

Im Anschluß an diese Methoden zur Färbung der Neutralfette hat FISCHLER ein besonderes Verfahren zum Nachweis von Fettsäuren ausgearbeitet: 1. Kleine Stücke werden in 10%iger Formalinlösung mehrere Stunden fixiert und dann mit dem Gefriermikrotom geschnitten. 2. Kupfern der Schnitte in konzentrierter Lösung von essigsaurem Kupfer 2 bis 24 Stunden im Brutschrank (im allgemeinen genügen 2—3 Stunden, 24 Stunden ist oft ungünstig für die Schnitte). 3. Auswaschen in destilliertem Wasser. 4. Färben der Schnitte ca. 1/2 Stunde in WEIGERTS alkoholischer Hämatoxylinlösung (Hämatoxylin 1,0, Alcohol absol. 10,0, Aq. dest. 10,0, konzentrierte Lithioncarbonicumlösung 1,0. 5. Differenzieren in stark verdünnter WEIGERTscher Borax-Ferricyankaliumlösung (Ferricyankalium 2,5, Borax 2,0, Aq. dest. 100,0) bis die roten Blutkörperchen entfärbt sind. Die Fettsäuren werden hierbei tiefschwarz gefärbt, man kann in Canadabalsam einschließen oder auch noch das Neutralfett mit Scharlach färben. Dieselbe Methode kann man zum Nachweis von Seifen anwenden, wenn man bei der Fixierung die löslichen Calcium- und Natriumsalze durch Zusatz von Calcium salicylicum zu der 10%igen Formollösung bis zur Sättigung in unlösliches fettsaures Calcium umwandelt.

Literatur: BENDA (Arch. Pathol. Anat., Bd. 161, 1900), DADDI (Arch. Ital. Biol., Bd. 26, 1898), HERXHEIMER (Deutsch. Med. Wochenschr. 1901), MICHAELIS (Arch. Pathol. Anat., Bd. 164, 1901), RIEDER (Arch. Klin. Med., Bd. 59, 1899), ROSENTHAL (Verh. Deutsch. Pathol. Ges., Bd. 2, 1899), SATA (Beitr. Pathol. Anat., Bd. 27, 1899), SCHMORL (Untersuchungsmethoden, 2. Aufl.), UNNA (Monatsh. Prakt. Derm., Bd. 26, 1898). *Lubarsch,* Düsseldorf.

Fette Öle und Fette, pflanzliche, siehe: Öle, pflanzliche.

Fettfarbstoffe, pflanzliche, oder Lipochrome werden die in Bacterien, Pilzen, auch wohl Blättern auftretenden gelben und roten Farbstoffe genannt, die die Eigenschaft besitzen, sich mit konzentrierter Schwefelsäure tiefblau zu färben, wobei meist kleine, blaue „Lipocyankrystalle“ entstehen. Jodjodkaliumlösung färbt die Stoffe grün.

Literatur: ZOPF (Zeitschr. Wiss. Mikr., Bd. 6, 1888). *Magnus,* Berlin.

Fettponceau, Azofarbstoff, Amidoazotoluol-azo-β-Naphtol (Höchst). Dunkelrotbraunes Pulver, das in Wasser unlöslich, in Alkohol schwer löslich ist. In Schwefelsäure mit blaugrüner Farbe löslich. Zur Fettfärbung verwendet (siehe dort).

Fettresorption siehe: Darm.

Feuchte Kammer siehe: Lebendes Objekt, Beobachtung desselben.

Fibrillen in Pflanzenzellen. Als reizleitende Strukturen, auf deren Ähnlichkeit mit Nervenfasern hingewiesen wurde, sind in den Wurzeln kurz hinter der Spitze, zumal im Plerom bei zahlreichen Pflanzen fibrillenartige Bilder beschrieben worden. Feine Fibrillen laufen einzeln oder in Strängen in der Längsrichtung von Zellwand zu Zellwand. Sie sind sehr leicht zerstörbar, so daß sie schon vor dem Absterben der Zelle, allein auf den Wundreiz hin, aufgelöst werden. Bei der Lebendbeobachtung gelingt es hauptsächlich, sie durch Vitalfärbung mit 1%iger Methylenblaulösung für wenige Augenblicke scharf hervortreten zu lassen, man sieht dann auch, daß sie oft in verschiedenen Zellen untereinander korrespondieren.

Beim Studium konservierten Materials ist darauf zu achten, daß durch Abschneiden der Wurzel ziemlich weit von der Spitze Wundreiz möglichst vermieden wird. Zur Fixierung hat sich Pikrinschwefelsäure folgender Zusammensetzung am besten bewährt: 100 Vol. kalt gesättigter wässeriger Pikrinsäure; ½% Eisessig, ½% Schwefelsäure und „Flemming“, als Durchfärbung Paracarmin und Hämalaun; als Schnittfärbung: Smaragdgrün, Fuchsin S nach vorhergegangener Tanninbeize, Flemming 3 Farben, Heidenhain, letztere beide zum Studium der Einzelheiten. In jedem Falle färben sich die Fibrillen intensiver wie das umgebende Plasma, besonders bei Heidenhain. Bei Pikrineisessigschwefelsäure kann häufig eine deutliche Scheide um die einzelnen Fibrillen wahrgenommen werden. Material: Allium Cepa und besonders große Verhältnisse in den großen Mittelzellen des Farnes Aspidium decussatum, wo auch noch feine Ausläufer des Hauptbündels hervortreten (Nemec). — Alle diese Angaben werden von anderer Seite zurückgeführt auf Plasmaströmungen und Vacuolenwände (Haberlandt). Diesen Fibrillen ähnlich sind die sich vom übrigen Plasma unterscheidenden fädigen Verbindungen zwischen Zellkern und Choroplasten (Lidforss). Fixierung während einiger Sekunden durch Osmiumdämpfe, dann für wenige Minuten in 10%igen Alkohol und in immer um 5% steigenden Konzentrationen bis zum absoluten Alkohol. Färbung mit Fuchsin-Jodgrün nach Zimmermann. Aufbewahrung in Glycerin-Gelatine. Geeignetes Objekt: Kartoffelknolle.

Literatur: Haberlandt (Ber. Deutsch. Bot. Ges., Bd. 20, 1901), Lidforss (Kinoplasmatische Verbindungsfäden, Lund 1908), Nemec (Reizleitung und reizleitende Strukturen bei den Pflanzen, Jena 1901), Zimmermann (Beitr. Morphol. Physiol. Pflanzenzelle, Bd. 2, 1).

Magnus, Berlin.

Fibrillensäure siehe: Neurofibrillen.

Fibrinfärbung. Bis zum Jahre 1886 war das Problem einer elektiven Fibrinfärbung noch nicht aufgeworfen, viel weniger war es gelöst. In diesem Jahre erlaubte ich mir auf der Naturforscherversammlung in Berlin die ersten auf Fibrin gefärbten Präparate vorzulegen und über die Methode zu sprechen. Die ausführliche Veröffentlichung erfolgte in den „Fortschritten der Medizin“, 1887, Nr. 8. Das von mir bei dieser Gelegenheit in die Technik neu eingeführte Prinzip bestand in der Benutzung des (mit Xylol verdünnten) Anilinöls zur Entfärbung mit Methylviolett gefärbter und danach mit Jodjodkalium behandelter Schnitte. Bis dahin war das Anilinöl noch nie zur Differenzierung, sondern im Gegenteil nach dem Vorgange von Ehrlich als die Färbung verstärkender Zusatz verwendet worden.

Alkohol, der sonst als Differenzierungsflüssigkeit auf (in der oben angeführten Weise) gefärbte Schnitte benutzt wurde, durfte bei der betreffenden Methode nicht verwendet werden, da er das Fibrin wieder entfärbte. Man konnte ihn aber auch vollkommen entbehren, weil das Anilinöl, das ja ca. 5% Wasser zu lösen vermag, auch gleichzeitig als Entwässerungsmittel fungierte, so daß die Schnitte (nach gründlicher Abspülung mit reinem Xylol) direkt in Balsam eingeschlossen werden konnten. Freilich brachte die Notwendigkeit, bei dieser Methode den Alkohol ganz zu vermeiden, zunächst recht beträchtliche Schwierigkeiten in der Ausführung mit sich. Wenn man nämlich versucht, mit einer wasserhaltigen Flüssigkeit durchtränkte Schnitte in Anilinöl zu bringen, so bemerkt man, daß die Schnitte ungemein schrumpfen und zu einem nicht mehr entwirrbaren Klümpchen sich zusammenballen. Um dies vermeiden zu lernen, dazu habe ich viel Zeit verbraucht. Ich versuchte alle möglichen Kunstgriffe, bis sich denn schließlich herausstellte, daß man in ungemein einfacher Weise die Schrumpfung der Schnitte verhindern könnte. Man braucht nämlich das Auswaschen mit Anilinxylol nur (statt in einer Schale) auf dem Objektträger in der Weise vorzunehmen, wie es W. H. Welch zu ganz anderen Zwecken schon im Jahre 1876 gezeigt hatte. Man tupft also die auf dem Glase gut ausgebreiteten Schnitte durch aufgedrückte mehrfache Lagen von Fließpapier gründlich ab. Sie werden dabei zwar nicht vollkommen trocken, aber sie bleiben nur feucht, nicht mehr naß. Solche abgetupfte Schnitte lassen sich nun mit Leichtigkeit, ohne irgend welche Schrumpfungen zu erleiden, mit Anilinölxylol differenzieren und entwässern. Sie bleiben glatt am (gut gereinigten) Objektträger haften. Höchstens lösen sie sich (von nicht ganz sauberen Objektträgern) erst später etwas ab, dann sind aber die wässerigen Bestandteile so weit entfernt, daß eine Schädigung der Schnitte nicht mehr zu befürchten ist.

Die dieser Differenzierung und Entwässerung durch Anilinölxylol vorangehenden Prozeduren knüpften an bereits bekannte Methoden an. Ich empfahl zur eigentlichen Färbung ein mit Methylviolett (Gentianaviolett, Krystallviolett etc.) gesättigtes Anilinwasser, zur weiteren Behandlung das aus der GRAMschen Färbung her bekannte Jodjodkalium. Will man Doppelfärbungen erhalten, so verwendet man, wie ich in der Mitteilung angab, irgend ein Carmin, mit dem man die Kerne vorher tingiert. Das Carmin wird durch Jod ebensowenig wie durch Anilinöl alteriert.

Statt des einfachen mit Methylviolett gesättigten Anilinwassers habe ich dann auch die von mir (als Modifikation des ursprünglich von EHRLICH erfundenen Verfahrens) angegebene Mischung benutzt (gesättigte wässerige Methylviolettlösung 88 Teile, Alkohol 12 Teile, Anilinöl 2 Teile).

Einige andere kleine Modifikationen kamen dann noch hinzu, als ich bei meinen langjährigen Bemühungen, eine brauchbare elektive Neurogliafärbung zu finden, mich auch immer wieder mit der Fibrinfärbungsmethode beschäftigen mußte. Es war mir zunächst nur möglich gewesen, in Alkohol gehärtete Stücke zur Fibrinfärbung zu benutzen. Bei meinen Neurogliastudien fand ich aber ein Mittel, auch Präparate aus MÜLLERscher Flüssigkeit oder dergleichen auf Fibrin in der angegebenen Weise zu tingieren. Ich habe dieses Mittel in meinem Buche „Beiträge zur Kenntnis der normalen menschlichen Neuroglia“ (1895) veröffentlicht, es scheint aber nicht sehr bekannt geworden zu sein. Man braucht nämlich die Schnitte aus gechromten Präparaten nur zu reduzieren, um eine brauchbare Fibrinfärbung an ihnen vornehmen zu können. Das erreicht man schon durch mehrstündiges Einlegen in 3—5%ige wässerige Oxalsäurelösung. Noch besser ist es übrigens, wenn man für solche und für andere schwer färbbare Präparate nach den Prinzipien der Neurogliafärbung überhaupt verfährt, also erst noch eine Behandlung mit einer $^1/_3$%igen Lösung von übermangansaurem Kalium vorausschickt und dann nach Abspülen der Schnitte in Wasser eine energischere Reduktion folgen läßt.

Bei den Versuchen über Neurogliafärbung hat sich dann auch herausgestellt, daß für die bloße Fibrinfärbung eine einfache Lösung von Methylviolett in 70- bis 80%igem Alkohol ohne Zusatz von Anilinöl genügt, namentlich wenn man die in der eben erwähnten Weise mit Mangan behandelten und dann reduzierten Schnitte verwendet. Für die bei unserer Methode, wie ich gleich von vornherein angab, auch eintretende Mikroorganismenfärbung hingegen ist eine wässerige Lösung von Methylviolett, namentlich eine solche mit Anilinölzusatz vorzuziehen. Diese Mikroorganismenfärbung bezieht sich auf dieselben Arten wie die klassische GRAMsche Methode, nur ist sie sicherer und ausgiebiger. Die Mikroorganismen bekommen einen dunkleren Farbenton wie das Fibrin.

Auch die Anilinxylolmischung habe ich bei Gelegenheit der Neurogliafärbung insofern verändert, als ich die Menge des Anilinöls verminderte. Ursprünglich war die Mischung so, daß 2 Teile Anilinöl auf 1 Teil Xylol genommen wurden. Später habe ich Anilinöl und Xylol zu gleichen Teilen benutzt, wodurch eine schonendere, wenn auch etwas langsamere Differenzierung ermöglicht wurde.

Was nun die Bedeutung der Fibrinfärbung, wie sie eben skizziert wurde, anbetrifft, so handelt es sich dabei nur insofern um eine „Reaktion“ auf Fibrin, als eben gerade dieses, und zwar in seinen feinsten Fäserchen hervorgehoben wird.

Man kann es daher auch unter Umständen nachweisen, unter denen es sich sonst der Kenntnisnahme entziehen würde. Hingegen darf man ja nicht den Schluß machen, daß nun alles, was sich bei unserer Methode blau färbt, auch Fibrin sein müßte. Ganz abgesehen von Mikroorganismen werden auch viele Kerne blau tingiert, ebenso rote Blutkörperchen, Keratin, gelegentlich auch Bindegewebe (namentlich in trockenen Paraffinpräparaten), Glycogen (LUBARSCH), Zellgranula (LUBARSCH) etc. Im allgemeinen schadet aber die Mitfärbung derartiger Gewebselemente nicht viel, denn alle die genannten Dinge wird man kaum mit fädigem Fibrin verwechseln. Nur für die Neuroglia ergeben sich manchmal Schwierigkeiten, auf die wir aber an dieser Stelle nicht näher einzugehen brauchen.

Umgekehrt kann man auch nicht behaupten, daß etwa alle geronnenen Stoffe die Färbungsreaktionen des Fibrins geben sollten. Das geschieht weder bei den echten Verkäsungen, noch bei Koagulationsnecrosen. Ja sogar die Umwandlungsprodukte des fädigen Fibrins brauchen nicht immer die blaue Farbe anzunehmen. Namentlich gilt das für die Substanzen aus dem Sammelbegriff „Hyalin“, die ihren Ursprung von fädigem Fibrin herleiten. Eine Zeitlang färben sie sich zwar nach unserer Methode, aber allmählich verlieren sie die Fähigkeit, die blaue Farbe anzunehmen, resp. festzuhalten. Es ist aber bemerkenswert, daß andrerseits manche der ungefärbt „hyalin“ erscheinenden Massen durch die Färbung sich deutlich als aus Fäden bestehend erweisen.

Der wesentliche Wert der Methode liegt also darin, daß man durch Verwendung derselben dem fädigen Fibrin bis in seine verborgensten Fädchen nachgehen kann, die ohne die Färbung namentlich bei Anwesenheit anderer Formbestandteile sich dem Nachweis entziehen würden.

Wie wir mehrfach hervorgehoben haben, lehnt sich die beschriebene Fibrinfärbungsmethode an die GRAMsche Methode der Mikroorganismenfärbung an. Insofern, als unsere Methode wie diese zur Färbung von Mikroorganismen benutzt wird, ist sie auch als eine Modifikation der GRAMschen Methode zu betrachten, denn hierbei wird im Vergleich zu der letzteren wohl eine Verbesserung erzielt, aber doch nichts wesentlich Neues dargestellt. Wollte man aber die Methode der eigentlichen Fibrinfärbung als eine bloße Modifikation der GRAMschen ansehen, so wäre das ebenso ungerechtfertigt, als wenn man die GRAMsche Methode als eine bloße Modifikation der von mir erfundenen Färbung der Mikroorganismen mit Hilfe von Methylviolett überhaupt auffassen wollte. Ich habe ja zuerst gezeigt (1875), daß es möglich sei, Bacterien durch derartige „kernfärbende Anilinfarben“ elektiv zu tingieren, hatte auch bereits darauf hingewiesen, daß es unter Umständen wünschenswert sei, der Auswaschung durch Alkohol eine Behandlung mit verdünnter Säure (Essigsäure) vorauszuschicken, und so könnte denn ein Mißgünstiger auf den Gedanken kommen, die GRAMsche Färbung als eine simple Modifikation meiner Färbungsmethode anzusehen, an die sie sich ja in der Tat direkt anlehnt. Das wäre aber ganz falsch. Die GRAMsche Methode ist nämlich weit davon entfernt, meine Methode bloß sicherer oder ausgiebiger zu machen, sie ist vielmehr ein neues, sehr wichtiges Unterscheidungsmittel großer Gruppen von Bacterien geworden, von denen sich die einen „jodbeständig“ zeigen, während die anderen durch die Benutzung der Jodierung ihre Farbe verlieren. Es handelt sich also wirklich um eine neue Methode.

Aus demselben Grunde ist auch die von mir angegebene Fibrinfärbungsmethode nicht als eine Modifikation der GRAMschen Färbung zu betrachten, an die sie sich ebenso anlehnt, wie diese sich an meine ursprüngliche Bacterienfärbung anlehnte. Auch bei der Fibrinfärbung wurde ein neues Prinzip in die histologische Technik eingeführt, durch die ein bis dahin nicht elektiv darstellbares Formelement in den Schnitten färberisch hervorgehoben werden konnte. Dieses Prinzip ist denn auch späterhin für andere Zwecke von verschiedenen Autoren verwendet worden. Ich selbst habe es dann für die Neurogliafärbung verwendet und bei dieser Gelegenheit teils schon veröffentlichte, teils noch in der Entwicklung begriffene Verbesserungen auch der eigentlichen Fibrinfärbungsmethode aufgefunden.

Wie es immer geht, wenn in der wissenschaftlichen Technik ein neues Ziel nicht nur gezeigt, sondern auch als erreichbar hingestellt worden ist, so hat man sich auch in diesem Falle, nachdem das Problem der Fibrinfärbung erst einmal aufgeworfen und als lösbar erwiesen worden war, vielfach bemüht, teils Verbesserungen an der von mir angegebenen Methode vorzunehmen, teils auf anderen Wegen dasselbe zu erreichen.

Manche der Modifikationen sind so geringfügiger Art, daß es sich nicht verlohnt, auf dieselben einzugehen. Andere sind tiefgreifender. Zu diesen gehören die verschiedenen Veränderungen, die der unermüdliche Methodenforscher UNNA angegeben hat. UNNA hat gute Gründe, gewisse Übelstände, die die ursprünglich von mir angegebene Methode gerade für die Haut hatte, abstellen zu wollen. Vor allem störte ihn bei seinen Bacterienuntersuchungen in der Haut der Umstand, daß das Keratin sich durch die von mir mitgeteilte Methode ebenfalls blau färbte, so daß die in der betreffenden Schicht enthaltenen Bacterien nicht hervortraten. Sodann wollte er die etwaige Mitfärbung des leimgebenden Bindegewebes vermeiden. Andere Gründe waren mehr sekundärer Art. UNNA veränderte daher die Methode, ohne sie im Prinzip anzutasten, doch in allen ihren Unterabteilungen. Als Farbflüssigkeit benutzte er nicht die Anilinölmischung des Methylvioletts, sondern eine Lösung, die 1,5% des Farbstoffs, 10% Alaun enthielt und die keinen Alkoholzusatz bekommen hatte. Zur Jodierung verwendete er nicht die von mir von der GRAMschen Färbung her übernommene Jodjodkaliumlösung, sondern eine (immer neu zu improvisierende) Lösung von Jod in Wasserstoffsuperoxyd. Endlich nahm er zur Auswaschung zwar, wie ich, eine Mischung von 2 Teilen Anilin und 1 Teil Xylol, aber er verrieb das Anilinöl vorher mit Goldorange. Hierdurch sollte einmal die Entfärbung leichter vonstatten und sodann die störende Mitfärbung des Keratins und Collagens vermieden werden.

Später (1895, a. a. O.) hat er angegeben, daß man statt der Methylviolettlösung auch Methylenblau verwenden könne, wobei er aber wieder die Jodjodkaliumlösung statt der Jodwasserstoffsuperoxydmischung bevorzugte. Zur Auswaschung ging er hierbei wieder auf die reine Anilinölxylolmischung (d. h. ohne Zusatz von Orange) zurück. Gelegentlich hat er auch angegeben, daß man mit Gentianaviolett und Jod behandelte Schnitte statt mit Anilinölxylol auch mit Camphervasogenanilin entfärben könne, um das Fibrin tingiert zu erhalten.

Von anderen Modifikationen sei noch der von ELISE WOLFF gedacht, die an Stelle des Anilinölzusatzes zur Farbflüssigkeit Lithium carbonicum vorschlug. (2 Teile einer gesättigten Lösung von Lithium carbonicum mit 1 Teil konzentrierter alkoholischer Gentianaviolettlösung. Für Bacterienfärbung kehrt sich das Verhältnis der beiden Lösungen um.)

SABOURAUD beizt die Schnitte (vor der Färbung in Anilinölgentianaviolett) mit einer Mischung, die außer Wasser 0,5% Tannin und 10% Alkohol enthält. Nach der Färbung werden dann die Schnitte nach seinem Vorschlage zwar auch mit Jod behandelt, aber zuletzt nicht in Anilinölxylol, sondern in einer Mischung von Xylol und Nelkenöl ausgewaschen.

Andere Autoren sind von den für meine Methode geltenden Prinzipien ganz abgewichen und haben versucht, auf anderen Wegen zu demselben Ziel zu gelangen. Auch hier treffen wir wieder UNNA an, der eine neue Färbungsart in zwei Modifikationen (a. a. O.) angegeben hat.

Zunächst benutzte er das von ihm erfundene und nach ihm von anderen Autoren so vielfach und mit so gutem Erfolg verwendete polychrome Methylenblau. In einer Lösung desselben färbt er 15—20 Minuten, spült mit Wasser ab und behandelt dann die Schnitte mit einer starken wässerigen Tanninlösung (33,3%). Darauf erneutes Abspülen in Wasser, Auswaschen in Alkohol etc. Statt des Methylenblau kann man sich nach einer späteren (1895, a. a. O.) Angabe von ihm auch des Carbolfuchsins bedienen. Im übrigen verfährt man mit diesem in ganz entsprechender Weise. Bei diesen beiden Methoden ist freilich eine Gegenfärbung nicht empfehlenswert.

Endlich hat KOCKEL das Fibrin auf einem ganz neuen Wege dadurch dargestellt, daß er die Schnitte nach den Prinzipien der von mir angegebenen Markscheidenfärbungsmethode behandelte. Es ist dabei nicht nötig, daß die Präparate in chromhaltigen Lösungen gehärtet waren, sondern es genügt, wenn man die Schnitte aus wie immer gehärteten Stücken nachträglich mit 1—5%iger Chromsäure beizt. Der Überschuß der Chromsäure wird dann herausgewaschen, man färbt darauf mit der von mir für die Markscheidenfärbung empfohlenen Hämatoxylinlösung und differenziert (unter Kontrolle des Mikroskopes) in der ebenfalls zur Markscheidenfärbung benutzten alkalischen Lösung von rotem Blutlaugensalz. Nachher werden die Schnitte mit 10%iger Alaunlösung gewaschen, wodurch der Untergrund heller wird, und endlich kann man noch mit Carmin oder Safranin eine Kernfärbung hinzufügen. Bei dieser Färbungsmethode wird die störende Mitfärbung von Keratin und Collagen ebenfalls vermieden. Die Präparate sind auch sehr haltbar.

Auch MALLORY hat das Fibrin mit Hämatoxylin gefärbt, und zwar in der Weise, daß er die Schnitte mit bloßer Hämatoxylinlösung färbte, dann mit Eisenchlorid behandelte, dann wieder Hämatoxylin zugab, in Wasser abwusch, mit Eisenchlorid differenzierte etc.

Nach FRÄNKEL eignet sich die BESTsche Carminlösung (siehe Glycogen) in ganz vorzüglicher Weise zur Färbung des Fibrins. Es empfiehlt sich, immer frisch bereitete Lösungen zu verwenden, da die Färbekraft der Lösung mit der Zeit stark abnimmt. Die Kerne färbt man am besten mit Hämatoxylin.

Literatur: FRÄNKEL (Sitz. Biol. Abt. Ärztl. Ver. Hamburg, 1908), KOCKEL (Centralbl. Allgem. Path., Bd. 10, 1899), MALLORY (Journ. of Exper. Med., Bd. 5, 1900), SABOURAUD (Annal. de l'Inst. Pasteur, Bd. 6, 1892), WEIGERT (Fort. Med. 1887), derselbe (Festschr. zum 50jähr. Jub. des ärztl. Ver. Frankfurt a. M., 1895), WOLFF (Zeitschr. Wiss. Mikr., Bd. 15, 1898), UNNA (Monatschr. Prakt. Derm.. Bd. 16 u. 20, 1893 u. 1896).

WEIGERT, Frankfurt † (ergänzt).

Finder. Unter dem Namen Finder oder auch Objektmarkierer hat man eine ganze Anzahl Apparate oder Vorkehrungen beschrieben, welche dazu dienen sollen, einen bestimmten Punkt in dem mikroskopischen Präparat wiederzufinden. Eine einfache derartige Vorrichtung, die allerdings nur an einem festen viereckigen Mikroskoptisch anzubringen ist, beschreibt DE VESCOVI. Er ritzt nämlich in den Tisch zwei Paar Linien ein, die durch die Mitte gehen und von denen die einen parallel mit den Seiten laufen, während die anderen die Diagonalen bilden. Beide können eventuell mit Farbe, die einen mit weißer, die anderen mit roter angelegt werden. Will man einen bestimmten Punkt markieren, so bringt man einfach da, wo diese Linien die langen Kanten des Objektträgers kreuzen, Marken an in der entsprechenden Farbe und wird so immer die gesuchte Stelle leicht und genau einstellen können.

Einen komplizierteren Apparat, der an Stelle des Objektivs eingeschraubt wird und um die zu markierende Stelle mittelst einer Diamantspitze einen Kreis zieht, hat SCHIEFFERDECKER beschrieben und ist von WINKEL (Göttingen) zu beziehen. Ähnliche Apparate werden unter dem Namen Objektmarkierer von LEITZ und Finder von ZEISS verfertigt.

Fischleim. Unter diesem Namen versteht man einen Leim, der durch Auskochen von Haut, Darm und Schwimmblase verschiedener Fischarten der unteren Donau gewonnen wird. Er stellt ein vorzügliches Klebemittel dar und wird auch in der Mikrotechnik vielfach verwendet.

Fixation. (Theorie und Allgemeines.) „Fixierung" und „Härtung". *Untersuchungsrichtungen. Die drei Aeren der Fixierer. Die totale Härtung resp. Gerinnung der Zellsubstanz als die Bedingung der Fixation. Energische Fällungsfähigkeit allein nicht äquivalent mit der sogenannten „guten" Fixation. Diffusion* *der Fixierer. Gute Diffusion allein auch nicht äquivalent mit der „guten" Fixation. Die Bedeutung der Essigsäure und der Konservierung der Fette; die periphere Wirkung. Isotonie spielt keine Rolle. Wahrscheinliche Bedingungen der sogenannten „guten" Fixation. Fällungsfähigkeit der Fixierer. Die vier Arten der Kunstprodukte. Tierische und pflanzliche Zellen. Der Hoden als Testobjekt. Fixation durch Injektion, Kochen, Gefrieren, Trocknen und durch Dämpfe. Die notwendigsten Arten der Fixierer. Literatur.*

Von den Alten wurden die weichen Organe, um sie schnittfähig zu machen, „gehärtet". In den achtziger Jahren schlich sich unbemerkt der Begriff „Fixieren" in die histologische Terminologie ein, ein Begriff, der anfangs vollkommen adäquat mit dem des „Härtens" ein und dasselbe besagte, in neuerer Zeit aber eine besondere Bedeutung erlangte. Vom histologischen Usus wird aber der Begriff „Fixieren" eigentlich nicht bestimmt, zumeist bloß umschrieben, bzw. dessen Zweck angegeben. Endzweck ist die rasche Abtötung der lebenden Zellen, dergestalt, daß sie womöglichst in unverändertem Zustande erhalten bleiben. Der in dieser Umschreibung ausgedrückte Zweck, mit dem als solchem ohnehin kein Begriff bestimmt werden kann, bildet einen im höchsten Maße unbestimmten Faktor. Der vollständige Mangel einer annehmbaren Definition charakterisiert das illusorische Wesen des unbemerkt emporgetauchten Begriffes der „Fixierung". Von den ihm anhaftenden Illusionen befreit, enthält er in Wirklichkeit nichts anderes, als den einfacheren Begriff der Alten, die Härtung. Die Begriffe der Härtung und Fixierung künstlich auseinander zu halten, ist in der Tat nicht statthaft. Es ist außer Zweifel, daß die Fixierung in erster Reihe die totale Härtung, resp. Gerinnung der Eiweißkörper der Zellen bedingt. Ob eine Härtung der Eiweißkörper der Zellen ohne Veränderung ihrer Form und ihrer Substanzmasse, sowie ihrer Struktur erreichbar ist, ist noch Sache der Diskussion. Am nächsten scheint diesen heiklen Anforderungen die Wirkung der Osmiumsäure zu stehen (Kaiserling und Germer, Berg, Sjövall).

Die auf die Fixation bezüglichen Daten und Forschungen werden erstens auf Grund histologischer Arbeiten angegeben, in denen wohl von Fixation die Rede ist, aber nur als von einem untergeordneten Hilfsmittel, ohne sie einer besonderen Kritik zu würdigen. Von größerem Werte sind diejenigen histologischen Arbeiten, welche einzelne Fixiermittel besonders empfehlen und kritisch beleuchten. Es ergeben auch die physiologisch-chemischen Untersuchungen, obgleich sie nicht direkt im Interesse der Fixation angestellt wurden, diesbezüglich wichtige Daten. Am kleinsten ist schließlich der Kreis derjenigen Arbeiten, welche speziell die Frage der Fixation, wenn auch nur von einer gewissen Seite, aber gründlich zu beleuchten streben. Diese Arbeiten sind in der nachstehenden Literatur mit * bezeichnet. Besonders hervorzuhebende Werke nach dem Erscheinen der ersten Auflage dieser Enzyklopädie sind die Arbeiten Manns und Bergs (siehe Literatur).

Eine endgültige Lösung der Fixationsfrage ist nur von einer gründlichen Vereinigung aller dieser verschiedenen Untersuchungen — der histologischen (pflanzlichen, tierischen), physikalischen und chemischen — zu erwarten. Ein Werk, das sowohl die histologischen wie auch die physikalischen und chemischen Tatsachen und Faktoren in gleichem Maße würdigen und umfassen würde, gibt es derzeit noch nicht.

In der Anwendung der Fixiermittel können drei Aeren unterschieden werden: die erste, in welcher außer dem Alkohol und dem beliebten Trocknen die Chromsäure und ihre Salze angewandt wurden. Der Umstand, welcher die letzteren beliebt machte, war in erster Reihe deren makroskopisch sichtbare, geringere, schrumpfende Wirkung gegenüber dem Alkohol; einen besonderen Ruf erlangten sie einfach infolge der makroskopisch vorteilhaften Härtung des Auges und des Centralnervensystems. Die Anwendung dieser Fixiermittel neben beschränktem Gebrauch einiger anderer (Salpetersäure, Sublimat) blieb allgemein vorherrschend bis zu den achtziger Jahren. Flemming, der zuerst eine größere Reihe von Fixiermitteln von strengeren cellulären Gesichtspunkten kritisierte, führte durch seine auf exakter histologischer Grundlage glücklich zusammengesetzte Flüssigkeit am Ende der achtziger Jahre einen Wendepunkt herbei.

Die günstige Aufnahme des neuen Mittels gab den Anstoß zu dem Wettstreite der Fixierungsflüssigkeiten, der noch in unseren Tagen in vollem Gange ist und zu einem enormen Heranwachsen der empfohlenen Flüssigkeiten führte. Es kann aber nicht geleugnet werden, daß die hervorragende kritische Methode des Meisters bei manchem Forscher in den Hintergrund trat, was häufig zu einer unmotivierten Vermehrung der Fixiermittel führt. Während in FLEMMINGS Arbeiten und sogar in der ihm vorangehenden Zeit die Furcht vor den Kunstprodukten sich sehr lebhaft kundgibt, waren FLEMMINGS streng kritische Untersuchungen eigentümlicherweise von entgegengesetzter Wirkung; sie haben die Furcht vor Kunstprodukten einzelner zerstreut und das Vertrauen in die Fixierung entschieden gehoben. Einzelne Warnungsrufe verhallen wirkungslos in dieser Aera, ja es konnte sogar die kritische Arbeit von KAISERLING und GERMER dem Märtyrertum der Geringschätzung und Nichtbeachtung nicht entgehen.

Obgleich seit frühester Zeit die Fällungserscheinungen bei den Fixationen mehr weniger als beachtenswert bezeichnet wurden, sind sie ausführlicher und übersichtlicher erst in neuerer Zeit durch FISCHERS, MANNS und BERGS Untersuchungen erörtert worden, so daß man die heutige dritte Aera der Fixationsuntersuchungen wohl als die der chemischen bezeichnen kann.

Es leidet theoretisch keinen Zweifel, daß die in erster Reihe aus Eiweißarten bestehende Zellmasse nur durch Gerinnung und Fällung (Osmiumsäure? Formalin?), ausgenommen das Gefrieren und Trocknen, in festen Zustand übergeführt wird. Nun ist aber daran nicht zu zweifeln, daß in den Schnitten die Zellsubstanz in festem Zustande sich befinden muß und mithin den wahren Zweck des Fixierens nur die vollständige Härtung resp. Fällung bilden kann. Jedes auf einer anderen Basis beruhende Verfahren ist irrationell, da nach einer nichthärtenden Behandlung schließlich die Nachbehandlung die Härtung resp. Fällung herbeiführen muß.

Die Anwendung des reinen Kal. bichr. oder der MÜLLERschen Flüssigkeit ist also irrationell und hat sich auch in der Praxis nicht bewährt, da diese für sich selbst gar nicht oder nur nach längerer Zeit imstande sind, die Organe zu härten; im Gegenteil haben sie eventuell eine macerierende Wirkung. Nicht bloß irrationell, sondern zweifellos ein Attentat ist die Anwendung alkalischer Lösungen (Lysol, Laugenalkohol), da diese die Zellbestandteile lösen können. Derselben Beurteilung unterliegen die Säuren, wenn sie für sich allein angewendet werden, da sie im Überschusse ebenfalls lösend wirken können.

Daß es bei der subjektiv und gewöhnlich sogenannten „guten" Fixation — was mit der Lebenstreue der Bilder bei weitem nicht als gleichgeltend genommen werden darf! — sich in erster Reihe um die totale Härtung resp. Fällung der Eiweißstoffe der Zellen handelt, geht aus mehreren Tatsachen klar hervor. Das Kal. bichr. ist für sich allein kein Eiweißfäller und dem entsprechend bekanntlich auch kein guter Zellfixierer; Kal. bichr. in Kombination mit Essigsäure hingegen fällt ausgezeichnet das Eiweiß und ist demgemäß zugleich auch ein hervorragend guter Fixierer. Ebenso auffallend tritt dieses Verhältnis in den Untersuchungen BURCHARDTS hervor, wonach Calcium, Barium, Cuprum bichromicum gute Kernfixierer sind, was vollkommen mit der eiweißfällenden Fähigkeit dieser Salze übereinstimmt, im Gegensatze zur schlechten Kernfixierung des nicht fällungsfähigen Kal. bichr. Der Umstand, daß die Essigsäure nicht nur in denjenigen Fällen, in welchen das Durchsäuern eine Bedingung der Fällung ist, sondern auch bei den meisten Fixationen im allgemeinen vorteilhaft wirkt, was vom chemischen Gesichtspunkte aus sich mit der Tatsache deckt, daß bei saurer Reaktion auch die Fällungen sicherer und vollkommener zustande kommen, kann auch für die Notwendigkeit des Fällens bei vielen Fixationen sprechen.

Tabelle der makroskopisch sichtbaren Veränderungen der Eiweißkörper durch die Fixierer nach MANN modifiziert.

Fixierer	Amphopept.	Deut.-album.	Prot.-album.	Serum-album.	Globulin	Hämoglobin	Nucleoalbum.	Nuclein	Nucleinsäure	Protamin	Gelatin
	S. A.	S. A.	S. A.	S. A.	S. A.	S. A.	S. A.	S. A.	S. A.	S. A.	S. A.
3% Salpetersäure	⊙	⊙	♁	♁	♁	+	×	+	+	⊙	⊙
1% Chromsäure	⊙	+	+	+	+	+	+	+	+	+	+
10% Essigsäure	⊙	⊙	♁	♁	♁	♁	+	+	+	⊙	⊙
Konz. Pikrinsäure	×	×	×	× ?	× ?	× ?	× ?	×	×	—	×
2% Tannin	× ?	× ?	× ?	+	+	+	+	+	?	+	+
1% Osmiumsäure	+	+ ⊙	+ ⊙	+ ⊙	+ ⊙	+	⊙	⊙	⊙	—	⊙
2·5% Kal. bichr.	⊙	+ ⊙	+ ⊙	+ ⊙	+ ⊙	+	+ ⊙	⊙	⊙	+	?
2·5% Sublimat	+	+	+	+	+	+	+	+	+	+	+
1% Plat. chlor.	+	+	+	+	+	+	+	+	+	+	+
100% Alkohol	×	×	×	+	+	+	+	+	×	×	+
100% Aceton	×	×	+	+	+	+	+	+	×	×	+
10% Formaldehyd	⊙	+ ⊙	+ ⊙	+ ⊙	+	+	?	?	⊙	⊙	⊙
10% Lysol	⊙	⊙	⊙	⊙	⊙	⊙	⊙	—	⊙	—	—

S = sauer, A = alkalisch, + = in Wasser unlösliche Fällung, ⊙ = keine Fällung, × = in Wasser lösliche Fällung, × ? = in Wasser sehr leicht lösliche Fällung, ♁ = Fällung im Überschusse des Fixiers löslich.

(In MANNS Tabelle sind sauer und alkalisch verkehrt angegeben.)

Der Satz, daß ein gewöhnlich und subjektiv als „gut" anerkanntes Fixiermittel nur eine energische Härtung, resp. Fällungsfähigkeit besitzendes Reagens sein kann, darf nicht umgekehrt werden, das heißt, es darf nicht gefolgert werden, daß jedes gut fällende Mittel zugleich auch gut fixiere. Eben deshalb geht es vom histologischen Standpunkt aus nicht an, z. B. Sublimat, die FLEMMINGsche Flüssigkeit, Chromsäure und Tannin, wie in FISCHERS dritter Gruppe, zusammenzufassen, da trotz der ihnen gemeinsamen guten Fällungsfähigkeit ihre histologischen Bilder sich außerordentlich voneinander unterscheiden. Hingegen gehören die Reagenzien der zweiten Gruppe FISCHERS — Osmiumsäure, Kal. bichrom., ALTMANNsche und MÜLLERsche Flüssigkeit — auch den histologischen Bildern gemäß, zusammen.

Ein augenfälliges Beispiel für die histologisch sehr verschiedene Bedeutung der guten Fäller bietet das Tannin, da die mit ihm vorgenommenen Versuche trotz seiner ausgezeichneten Fällungsfähigkeit ein überaus schlechtes Resultat gaben. Lehrreich ist die Objektivität FISCHERS, der sich über das Tannin, welches er in seine letzte Gruppe der Fixierer einreiht, wo alle Fällungen wasserunlöslich sind, doch derart äußert: „Nach eigenen Erfahrungen an Wurzeln von Vicia Faba und an der Magen- und Darmwand des Hundes kann ich Tannin nicht als Fixierungsmittel empfehlen, das man sans façon anwenden könnte." Der Grund dieser seiner vollkommen richtigen Erfahrung liegt darin, daß die Diffusion des Tannins noch geringer ist als die des Gummi arabicum. Das Tannin dringt demzufolge überhaupt nicht, oder derart langsam in die Gewebe, daß die Zellen, sich selbst überlassen, zugrundegehen und die Nachbehandlung hat nur mehr Zelltrümmer zu fällen. Schon dieses bisher unbeachtet gebliebene physikalische Moment zeigt deutlich, daß gute Fällungsfähigkeit gar nicht äquivalent mit guter Fixierungsfähigkeit ist, und dies bewog mich dazu, diesen in allererster Reihe zu berücksichtigenden wichtigen Faktor der Fixation — die Diffusion —, ohne welche überhaupt keine Rede von Fixation sein kann, systematisch zu untersuchen.

Auf Seite 468, 469 ist eine Tabelle angegeben, aus welcher die Diffusionsschnelligkeit der einzelnen Fixierer ersichtlich ist. Die Pünktlichkeit der abgemessenen Diffusionen reicht bei den meisten Fixierern bis auf $^1/_4$—$^1/_5$ *mm*. Nur bei Sublimat habe ich bei wiederholten Versuchen größere Differenzen bekommen, wovon ich in der Tabelle den Mittelwert gezeichnet habe. Die dunklen Stellen der Streifen bedeuten die mit freiem Auge sichtbare peripherische Wirkung. Am schlechtesten diffundieren Uranylacetat, Platinchlorid, Tannin. Am schnellsten 5%ige Salpetersäure und die stärkeren Lösungen des Formalins, in der Tabelle ist nur die Diffusion des 1:10 in den Handlungen beziehbaren Formalins angegeben.

Beachtenswert ist, daß von den vier untersuchten Organen die Diffusion in die Niere bei sämtlichen Flüssigkeiten am schnellsten vor sich geht. Hirn und Leber geben beiläufig gleiche Resultate. Die Diffusion in die Milz steht mit wenigen Ausnahmen dazwischen. Es stellte sich auch die eigentümliche Tatsache heraus, daß an den Schnittflächen der Organe die Diffusion bemerkbar langsamer ist als an ihren natürlichen Flächen. Die Erklärung dieses Unterschiedes kann höchstwahrscheinlich darin gesucht werden, daß an den Schnittflächen die aussickernden Säfte durch die Fixierer gefällt, sofort eine zusammenhängende Kruste bilden („membranogene" Wirkung der Chemiker), welche für die Diffusion den betreffenden Fixierern einen besonderen Widerstand leisten. Da eine derartige diffusionshemmende Kruste an den natürlichen Flächen der Organe nicht zustande kommt, so glaube ich auf diese Weise die Differenz der Diffusionsschnelligkeit erklärt zu haben.

Was den Temperaturunterschied anbelangt, vollzieht sich die Diffusion bei 35° C, wie zu erwarten ist, natürlich schneller wie bei 20° C. Bei beiden Temperaturen habe ich die Diffusion parallel untersucht. Bei einigen Fixierern ist die Diffusion bei 35° annähernd das Doppelte als bei 20° C. Nur die Diffusion der Osmiumsäure scheint durch die Wärme nicht beschleunigt zu werden, was ich darauf zurückzuführen meine, daß in der Wärme die Konzentration der Osmiumlösungen durch die bekannte große Flüchtigkeit der Osmiumdämpfe bedeutend vermindert wird. Der Einfluß der Konzentrationsdifferenzen der Lösungen, z. B. bei Kali bichrom., Salpetersäure, ist auch aus der Tabelle ersichtlich: natürlich diffundieren die stärkeren Lösungen schneller, die schwächeren langsamer.

Vergessen wir aber nicht, daß gute Diffusion allein, ebensowenig wie starke Fällungsfähigkeit allein, äquivalent mit guter Fixation ist. Es erwächst demnach die Frage, warum ist der eine gute Eiweißfäller ein guter Fixierer und der andere trotz ähnlicher Diffusionsverhältnisse ein schlechter?

Theoretisch würde zunächst der Gedanke nahe liegen, daß die verschiedene Lösbarkeit der gefällten Substanzen die Unterschiede in der Nachbehandlung hervorrufe, wofür Beispiele in der I. Klasse der III. Gruppe Fischers — Alkohol, Pikrinsäure, Pikrinschwefelsäure — zu finden wären. In Wirklichkeit aber ist es nicht die Nachbehandlung, die die charakteristischen Bilder dieser Fixierer hervorruft. Erstens ist an Herauslösungen nur bei Schnitten zu denken, da aus den in toto behandelten Objekten das Eiweiß überhaupt nicht herausdiffundieren kann; dann ist es leicht zu beweisen, daß die charakteristischen Bilder dieser Reagenzien auch auf den mit Ausschluß jeder Nachbehandlung verfertigten Schnitten erhalten werden; man kann sich auch überzeugen, daß die Reagenzien, z. B. Alkohol, Kali brom., schon allein unmittelbar auf die lebende Zelle wirkend, die für dieselben charakteristischen Bilder hervorrufen, sowie man dieselben in Schnittpräparaten findet. Das bedeutet aber bei weitem nicht, daß die Nachbehandlung, wie dies durch die genauen Untersuchungen Bergs nachgewiesen worden ist, ohne Einfluß wäre; ich muß aber betonen, daß der Charakter des mikroskopischen Bildes hauptsächlich doch von dem ersten Eingriffe, von der Fixation abhängig ist, wenn auch die Nachbehandlungen nach Berg in ihren schädlichen Wirkungen fast jenen bei der Fixation gleichkommen.

Es scheint, daß bei der guten Fixation ein gewisser geteilter Verlauf des Fällungsprozesses angenommen werden muß, im Gegensatze zu den unmittelbaren, vehementer fällenden, eigentlich schrumpfend wirkenden Flüssigkeiten. Hinsichtlich der Diffusionsverhältnisse finden wir nämlich, daß gerade bei den besten Fixierern, den Essigsäuregemischen (Kal. bichromicum-Essigsäure, Osmiumessigsäure), die Wirkung eigentlich gradatim zur Geltung gelangt. Zunächst vollzieht die Essigsäure die Durchsäuerung und teilweise auch die Fällung und erst später, wenn das nach der ersteren diffundierende Kal. bichrom. oder Osmiumsäure die nötige Konzentration erreicht hat, kommt die totale Härtung zustande. Zwar wie aus BERGS, SJÖVALLS Untersuchungen und wie auch aus der beiliegenden Tabelle ersichtlich ist, ruft die Osmiumsäure auch an und für sich eine bedeutende Härtung der Objekte hervor, so kann der Essigsäure in der Tiefenwirkung auch bei den Osmiumessigsäuregemischen doch eine Rolle zugesagt werden.

In den Essigsäuregemischen wird die Zelle also für die folgende totale Härtung von der Essigsäure sozusagen präpariert, das heißt: durch die rasche Diffusion der Essigsäure werden — was wohl am meisten ins Gewicht fallen mag — die Zellen auch in den tieferen Schichten rasch getötet, so, daß die totale Fällung sich erst bereits im getöteten Zelleibe vollzieht. Diesen gut fixierenden und gut fällenden Essigsäuregemischen gegenüber wirken die einfachen energischen Fällungsmittel, z. B. Alkohol, Pikrinsäure, Sublimat, Trichloressigsäure, vehement, man könnte sagen, ohne jede Vorsicht, auf die Zelle ein und liefern demgemäß mehr oder weniger geschrumpfte Fällungsbilder. Wie es scheint, gereicht ihnen ihre unmittelbar in der Zelle zur Geltung gelangende energische Fällungsfähigkeit geradezu zum Nachteil.

Bei der sogenannten guten Fixation kommt ja unbedingt die rasche Wirkung in Betracht; es ist aber unter rascher Wirkung in erster Reihe die rasche Tötung der Zellen zu verstehen, nach welcher, wie es scheint, eine vorsichtige mittelbare, sekundäre Härtung resp. Fällung erwünscht wäre. Dieses mittelbare Fällen scheint den Schlüssel zu dem schrumpfungslosen Härten zu ergeben.

Ein besonderes Beispiel für die unmittelbare energische Wirkung bietet die peripherische Wirkung der FLEMMINGschen Flüssigkeit, welche zu einer besonderen Kontroverse führte. FLEMMING erklärt die peripherische Wirkung seiner Flüssigkeit aus der gleichartigen Lichtbrechung der fixierten Zellbestandteile; RAWITZ nimmt eine Zertrümmerung des Chromatins, DRÜNER einen detritusartigen Zerfall desselben an. Man nennt auch diese Erscheinung „Überfixation“, welchen Begriff SJÖVALL vollkommen richtig, als mystisch bezeichnet. FISCHER führt die in der Rede stehende peripherische Wirkung, wie auch überhaupt die Wirkung der Chromosmiumessigsäure, in erster Reihe auf die Chromsäure zurück. Nun leidet es aber vom histologischen Standpunkt aus keinen Zweifel, daß die Osmiumsäure in der Wirkung der FLEMMINGschen Flüssigkeit den ersten Rang einnimmt, wofür wohl nichts Anderes angeführt zu werden braucht, als daß das histologische Bild der FLEMMINGschen Flüssigkeit von dem der Chromessigsäure wesentlich abweicht, was notgedrungen auf die Rechnung der Osmiumsäure gesetzt werden muß. Nun ist es aber zu betonen, daß am auffallendsten beim Zustandekommen der peripherischen Wirkung die hervorragende Rolle der Osmiumsäure zur Geltung kommt, woran ein Histologe wohl nie gezweifelt haben mag; nur muß die Erklärung bloß dahin modifiziert werden, daß diese homogenisierten Bilder nichts Anderes sind, als die Resultate der unmittelbar an der Peripherie des Objektes zustande kommenden Einwirkung der starken Osmiumsäure.

Die homogenen Bilder der Osmiumsäure, des Kal. bichrom. und auch des Formalins glaube ich höchstwahrscheinlich auch auf den Umstand zurückführen zu können, daß eben diese drei Reagenzien die Fette derart konservieren, daß sie auch durch die Nachbehandlungen nicht ausgelöst werden. Man denke z. B. nur an die Myelinkonservierung dieser drei Reagenzien; bei allen übrigen Fixierern wird der bedeutende Fettgehalt der Zellen bei der Nachbehandlung vollkommen ausgelöst. Da die Menge des verschiedenen Fettgehaltes der sämtlichen Trockensubstanzen der Zelle von 10—50% variiert, d. h. Fett bildet neben den Eiweißkörpern die größte Masse der Zellen, so ist deren Konservierung eine bedeutende Rolle in dem Charakter der Bilder beizumessen. Es sei besonders die Aufmerksamkeit darauf gelenkt, daß mit dieser Konservierung der Fette zwei Erscheinungen parallel hervorgerufen werden; erstens wird bei diesen drei Fixierern das Bild der Zellen mehr oder weniger homogen und dann, was in praktischer Hinsicht besondere Beachtung verdient, nimmt die Färbbarkeit der Schnitte bedeutend ab, ähnlich wie bei den lebenden Zellen die Gegenwart der OVERTONschen Lipoide die Färbbarkeit erschwert.

Eine besondere Verwandtschaft zwischen Osmiumsäure und Formalin muß hervorgehoben werden. Osmiumsäure fällt die Eiweiße für sich selbst gar nicht; fast ganz ähnlich verhält sich das Formalin: dem gegenüber härten sie beide die Organstücke in auffallendster Weise, viel stärker als manche gut fällende Mittel.

Die Ursache der Verschiedenheit der Fixation im Innern des Objektes gegenüber den peripherischen Teilen ist leicht zu demonstrieren, indem man z. B. in eine Eprouvette auf 1—2 *ccm* unverdünntes Eiweiß vorsichtig eine fällende Flüssigkeit gießt, wobei sofort eine Membran, der „membranogenen" Wirkung der Chemiker entsprechende geronnene Schicht entsteht, oberhalb welcher die Fixiermittel, unterhalb derselben das nicht gefällte Eiweiß sich befindet. Es ist überraschend, daß das Eiweiß auch bei den am besten diffundierenden Fällern unter der im Momente des Darübergießens entstandenen Schichte tagelang in unverändertem Zustande verbleibt, was seine Erklärung in der erwähnten hemmenden Wirkung der geronnenen Membran findet. 96%iger Alkohol läßt erst in 6—7 Tagen eine 2 *cm* hohe Eiweißschicht gerinnen; noch langsamer fällt im Wege der Diffusion z. B. konzentrierte Pikrinsäure, 2%ige Chromsäure; etwas rascher in die Tiefe wirkt die Kali bichr.-Essigsäureverbindung.

Die sehr langsame Gerinnung der verschieden tiefliegenden Schichten durch die Diffusion, wofür auch die beiliegende Diffusionstabelle nähere Angaben bieten kann, demonstriert augenfällig der Umstand, daß auch die verschieden tiefliegenden Zellschichten in ein und demselben Stücke eines Organes sehr verschieden konserviert werden können. Wenn wir noch bedenken, daß mit dieser Verschiedenheit der Konservierung eine modifizierte Färbung Hand in Hand geht, so wird es selbstverständlich, daß man aus ein und demselben Präparate die verschiedensten Zellbilder gewinnen kann; wer diese Möglichkeit der Verschiedenheit in ein und demselben Schnitte nicht beachtet, wird entweder ganz willkürlich ausgesuchte Bilder für lebenstreue halten, oder es kann auch der Fall vorkommen, daß jemand aus der Verschiedenheit der Bilder auf verschiedene Zustände der Zellen schließt, welch beide Irrtümer in der Literatur gar nicht selten zu finden sind. Diese Verschiedenheiten in der Fixation und Härtung gehen in manchen Fällen so weit, daß nicht nur die Zellen zweier Schichten, sondern auch die zwei Hälften ein und desselben Kerns total verschieden fixiert und gefärbt erscheinen können (TELLYESNICZKY, 02 u. 05).

Jeder, der außer den histologischen Bildern auch die chemischen und physikalischen Wirkungen der Fixierer beachtenswert fand, mußte sicherlich auch daran gedacht haben, ob denn nicht in der Isotonie der Fixierungsflüssigkeiten die Lösung der schwierigen Aufgabe der lebenstreuen Fixation zu suchen sei.

Auf den ersten Blick scheint es wirklich, daß die Isotonie für die Lösung dieser heiklen Aufgabe, der lebenstreuen Fixation, berufen wäre. Doch ist es durch die exakten Untersuchungen BERGS klar nachgewiesen worden, daß die Isotonie keinen Einfluß auf die Fixation hat. Allgemein verständlich kann man, glaube ich, die Bedeutungslosigkeit der Isotonie bei der Fixation derart beleuchten, daß die Isotonie, welche für die lebenden Zellen unvermeidlich ist, bei der Abtötung hingegen, resp. bei der Härtung der Zellen ihre Rolle gänzlich verliert, weil bei der Härtung der Zellen ganz andere, und zwar chemische Einflüsse notgedrungen ganz und gar in den Vordergrund treten; man könnte sagen, ebenso wie die Isotonie für die schon abgetöteten, gehärteten Zellen ohne jedwelchen Einfluß ist, so kommt ihr auch selbst bei der Abtötung, resp. Härtung keine Rolle mehr zu. Die Richtigkeit dieser Auffassung kann man leicht auch mit Beispielen belegen. BERG bringt als Beispiel besonders die Pikrinsäure vor, welche auch in konzentrierter Lösung stark hypisotonisch ist und doch keine Quellung hervorruft, sondern starke Verminderung der Porosität. Als ein zweites, leicht verständliches Beispiel ist erwähnenswert, daß die Osmiumsäure, welche auch in $1^{0}/_{0}$iger Lösung sehr hypisotonisch ist, im Volumen und der Struktur der Zellen fast keine Veränderung hervorruft, wie es KAISERLING und GERMER schon durch ihre präzisen Messungen genau nachgewiesen haben, was durch BERGS Forschungen seine schönste Bestätigung fand. „Es ist also die Fixation der Vacuolisation, resp. Fällung nicht proportional, sie ist ohne Vacuolisation, d. h. ohne Kunstprodukt möglich.“ Die Folgerung BERGS bezieht sich auf die Osmiumsäure. Vgl. auch SJÖVALL.

Bei den meisten Flüssigkeiten ist der Zeitdauer der Fixation Bedeutung beigelegt worden; es steht aber außer Zweifel, daß der Fixierer, nachdem er einmal seiner Pflicht der totalen Härtung entsprochen, selbst die beste Konservierungsflüssigkeit ist; denn eine Veränderung im Organe ist eben dann ausgeschlossen, wenn es in demselben Medium, in welchem es fixiert wurde, verbleibt; um so möglicher aber, wenn es in ein neues Medium gebracht wird (s. BERG).

Alles deutet darauf hin, daß für die Charaktere der fixierten Bilder in erster Reihe drei Faktoren verantwortlich gemacht werden können, und zwar erstens die

Fig. 19.

Fig. 20.

Diffusion, zweitens die oben angedeutete Entstehungsweise der Fällungen und drittens besonders noch die Konservierung der Fette.

Über die Frage der lebenden Strukturen kann man mit FISCHER vom Gesichtspunkte der Fällungen soviel sagen, daß der ursprünglichen Form diejenigen Teile der Zellen am ähnlichsten bleiben, welche auch im Leben in kompakterem und festerem Zustande sich befanden. Solche kompaktere Gebilde sind die Chromosomen, Caryosomen, Nucleolen, Spermiumköpfe. In dem ganzen übrigen Inhalte der Zellen werden die Veränderungen augenscheinlicher hervorgerufen.

Die Fixationsveränderungen sind zum größten Teile auf Fällungen oder nach der allgemeinen Definition BERGS auf Vacuolisationserscheinungen zurückzuführen. Nach BERG sind nämlich die Fällungen mit der Vacuolisation der Eiweißkörper homologe Erscheinungen. Für die makroskopisch sichtbaren Veränderungen der Eiweißkörper soll auf die oben angegebene Tabelle MANNS hingewiesen sein.

Die mikroskopische Form, in welcher die Eiweißkörper ausgefällt werden, sind: 1. Gerinnsel, 2. Granula, auf welche besonders FISCHER die Aufmerksamkeit gelenkt hatte (Fig. 19), 3. die von WETZEL und BERG beschriebenen Hohlkörper, Cavula (Fig. 20) und 4. die von BERG als granulierte Häute bezeichneten Gebilde. Wenn man außer diesen Kunstprodukten die bedeutenden Volumenveränderungen, welche bei sämtlichen Fixationen unvermeidlich sind (s. BERG), außerdem die durch die Diffusion unberechenbar verschieden ausfallenden Wirkungen und dazu noch die Nachbehandlungen, deren schädliche Wirkung nach

Diffusionsschnelligkeit der Fixierer bei 20° C.

Nach 12 und 26 Stunden ist auch die Härte angegeben. 1 bedeutet die Härte, welche jener der frischen Organe gleichkommt.

		1 Stunde Millimeter: 1 2 3 4 5	4 Stunden Millimeter: 1 2 3 4 5 6 7	12 Stunden Millimeter: 1 2 3 4 5 6 7 8	Härte	26 Stunden Millimeter: 1 2 3 4 5 6 7 8	Härte
Konz. wässer. Uranylacetat + 2 T. Wasser	Leber.				0·5.		1.
	Milz.				0·5.		0·5.
	Niere.				1.		1.
	Hirn.				1.		1.
$^1/_{10}$% *Platinchlorid*	Leber.				0·5.		1.
	Milz.				1.		0·5.
	Niere.				1·5.		1.
	Hirn.				1		0·5.
$^1/_3$% *Platinchlorid*	Leber.				1·5.		1.
	Milz.				1·5.		1.
	Niere.				1·5.		1.
	Hirn.				1·5.		1.
20% *Tannin*	Leber.				1·5.		1.
	Milz.				1·5.		2.
	Niere.				1·5.		1·5.
	Hirn.				1.		1·5.
0,75% *Pikrinsäure*	Leber.				2.		1.
	Milz.				2.		1·5.
	Niere.				2.		1·5.
	Hirn.				2.		1.
$^1/_2$% *Osmiumsäure*	Leber.				2.		1·5.
	Milz.				2.		1·5.
	Niere.				1·5.		1·5.
	Hirn.				1·5.		1.
2% *Osmiumsäure*	Leber.				3·5.		3·5.
	Milz.				3·5.		4.
	Niere.				3·5.		4.
	Hirn.				2·5.		3.
1% *Silbernitrat*	Leber.				1·5.		1·5.
	Milz.				1·5.		1·5.
	Niere.				1.		1·5.
	Hirn.				1.		1.
1% *Chromsäure*	Leber.				2.		1·5.
	Milz.				2.		1.
	Niere.				2.		2.
	Hirn.				1.		1.
7,5% *Sublimat*	Leber.				2.		2·5.
	Milz.				2.		2.
	Niere.				2.		2.
	Hirn.				1.		2.
Flemmingsche Flüssigkeit, 1% Chromsäure 15, 2% Osmiumsäure 4, Essigsäure 1	Leber.				2.		2.
	Milz.				1·5.		1·5.
	Niere.				1·5.		1·5.
	Hirn.				1·5.		1·5.

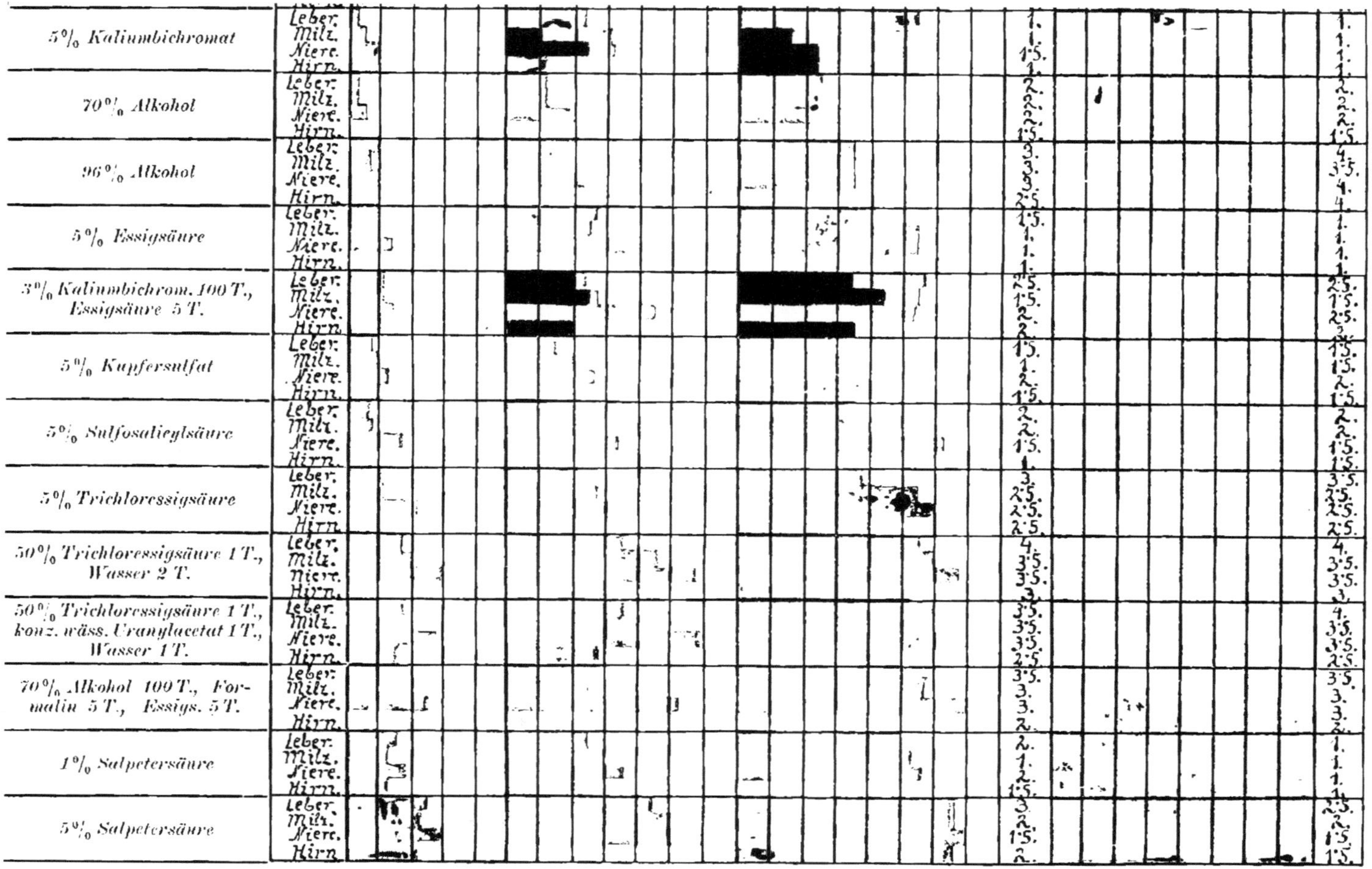
5 % Kaliumbichromat
Leber. Milz. Niere. Hirn.
1. 1. 1·5. 1.
1. 1. 1. 1.
70 % Alkohol
Leber. Milz. Niere. Hirn.
2. 2. 2. 1·5.
2. 2. 2. 1·5.
96 % Alkohol
Leber. Milz. Niere. Hirn.
3. 3. 3. 2·5.
4. 3·5. 4. 4.
5 % Essigsäure
Leber. Milz. Niere. Hirn.
1·5. 1. 1. 1.
1. 1. 1. 1.
3 % Kaliumbichrom. 100 T., Essigsäure 5 T.
Leber. Milz. Niere. Hirn.
2·5. 1·5. 2. 2.
2·5. 1·5. 2·5. 3.
5 % Kupfersulfat
Leber. Milz. Niere. Hirn.
1·5. 1. 2. 1·5.
1·5. 1·5. 2. 1·5.
5 % Sulfosalicylsäure
Leber. Milz. Niere. Hirn.
2. 2. 1·5. 1.
2. 2. 1·5. 1·5.
5 % Trichloressigsäure
Leber. Milz. Niere. Hirn.
3. 2·5. 2·5. 2·5.
3·5. 3·5. 2·5. 2·5.
50 % Trichloressigsäure 1 T., Wasser 2 T.
Leber. Milz. Niere. Hirn.
4. 3·5. 3·5. 3.
4. 3·5. 3·5. 3.
50 % Trichloressigsäure 1 T., konz. wäss. Uranylacetat 1 T., Wasser 1 T.
Leber. Milz. Niere. Hirn.
3·5. 3·5. 3·5. 2·5.
4. 3·5. 3·5. 2·5.
70 % Alkohol 100 T., Formalin 5 T., Essigs. 5 T.
Leber. Milz. Niere. Hirn.
3·5. 3. 3. 2.
3·5. 3. 3. 2.
1 % Salpetersäure
Leber. Milz. Niere. Hirn.
2. 1. 2. 1·5.
1. 1. 1. 1.
5 % Salpetersäure
Leber. Milz. Niere. Hirn.
3. 2. 1·5. 2.
2·5. 2. 1·5. 1·5.

Berg fast mit jener der Fixation gleichkommt, in Betracht zieht, so haben wir wohl genügend festgestellte Tatsachen, welche bei der Beurteilung der Fixationsbilder uns zur Vorsicht in den Folgerungen mahnen können.

Aus den von Wasielewski an pflanzlichen Zellen angestellten Untersuchungen ergibt sich, daß die Fixierungsflüssigkeiten sich pflanzlichen und tierischen Zellen gegenüber auffallend gleichartig verhalten. Er kam nämlich trotz sorgfältigen Suchens nach Verschiedenheiten im wesentlichen zu demselben Resultate wie Tellyesniczky bei den Zellen des Hodens. Dieses gleichartige Verhalten verdient schon deshalb Beachtung, weil danach die pflanzlichen und tierischen Zellen den zahlreichen untersuchten chemischen Reagenzien gegenüber auf gleiche Weise reagieren. Die übereinstimmenden Resultate sind dem Umstande zuzuschreiben, daß in beiden Fällen Zellen von embryonalem Charakter als Versuchsobjekte dienten.

Wie es zwischen embryonalen pflanzlichen und tierischen Zellen keinen merkbaren Unterschied gibt, gibt es auch in der Fixation gleicher Organe verschiedener Tiere keine nennenswerte Differenz. Auffallender ist jedoch der Unterschied bei den verschiedenartig differenzierten Zellen ein und desselben Individuums. Eine sehr widerstandsfähige und den Reagenzien gegenüber wenig empfindliche Zelle ist z. B. die multipolare Nervenzelle. Am empfindlichsten unter sämtlichen Zellen des Körpers ist das Ei wie auch die Zellen des Hodens. Außer dem parallelen Verhalten der pflanzlichen Zellen hat es sich noch in mehreren Fällen erwiesen, daß zur Beurteilung der Wirkung einer Fixierungsflüssigkeit sich allgemein, hauptsächlich die Zellen des Hodens vorzüglich eignen. Wenn nämlich ein Fixiermittel die den fällenden Reagenzien gegenüber so sehr empfindlichen Hodenzellen gut fixiert, so wird es auch eo ipso die widerstandsfähigeren übrigen Zellen gut fixieren; umkehren jedoch läßt sich dieser Satz nicht. Am schnellsten und sichersten können wir uns also über den Wert eines Fixiermittels orientieren, wenn wir den Hoden als Testobjekt nehmen. Am besten eignet sich natürlich der Hoden des Salamanders oder Tritons, deren Spermiogonien und Spermiocyten die Verunstaltungen infolge ihrer Größe und wahrscheinlich ihres größeren Wasserreichtums am auffallendsten darbieten.

Man könnte glauben, daß die Fixierung durch Injektion in die Blutgefäße am besten und leichtesten ausführbar wäre (Golgi, Kolossow, Mc Farland). Leider kompliziert sich das Verfahren dadurch, daß bei den fällenden Fixierern eine doppelte Injektion nötig ist. Erstens muß das ganze Blut mit warmer Kochsalzlösung aus dem ganzen Tiere vollständig ausgespült werden — sonst stockt die Injektion durch die Gerinnung des Blutes in der Kanüle und in den Gefäßen sofort — und erst nachher kann der Fixierer injiziert werden. Abgesehen von der Umständlichkeit dieses doppelten Injektionsverfahrens gelingt eine gleichmäßige Ausspülung und Injektion des ganzen Tieres nur selten gut; nichtsdestoweniger kann diese Methode nicht außer acht gelassen werden, ebensowenig wie das Fixieren bei erhöhter (35° C) Temperatur, welch letzteres Verfahren durch die beschleunigte Diffusion schon eine bedeutend schnellere Fixation hervorruft, ohne das Verfahren zu sehr zu komplizieren und ohne daß man dabei die Gefäße ganz entleeren muß.

Das Fällen im kochenden Wasser gegenüber den chemischen Fällungsmitteln wird ganz in den Hintergrund gedrängt, obgleich es unzweifelhaft ebensoviel, als viele chemische Fixiermittel leisten kann. Die Fällung des mit Essigsäure durchtränkten frischen Materials durch Kochen dürfte gute Dienste leisten, und es ist gar kein Grund vorhanden, dieses Verfahren nicht anzuwenden, welches in neuerer Zeit von E. Landau untersucht und empfohlen wurde.

Das Härten durch Gefrieren wird meistens nicht, wie es am berechtigtsten erschiene, zur Untersuchung frischer, lebender Organe angewendet, sondern dient eher bloß als technischer Kunstgriff zur Beschleunigung des Verfahrens. In Anbetracht dessen, daß beim Gefrieren die Eiweißstoffe nicht nur nicht gefällt, sondern überhaupt nicht denaturiert werden, ferner, daß das Gefrieren nicht einmal die Lebenserscheinungen aufhebt, scheint diese Methode zur Untersuchung der Verhältnisse lebender Organe berufen zu sein, da der Wert der erwähnten Tatsachen durch einzelne Nachteile (RETZIUS) nicht wesentlich beeinträchtigt wird.

Bei der Würdigung der verschiedenen Methoden dürfen wir auch des Trocknens nicht vergessen, denn wenn auch durch das Trocknen den Zellen der ungefähr 80% betragende Wassergehalt entzogen wird, und mithin auf ein Erhaltenbleiben der Form gar nicht zu hoffen ist, so wird dennoch etwas damit erzielt, was ein anderes Verfahren nicht gewährt, nämlich, daß die Zelleiweiße getrocknet, ohne Hinzutun jedweder Reagensstoffe, unter das Mikroskop gebracht werden können, was für die mikrochemische Untersuchung der Zelleneiweiße vorteilhaft sein könnte, da die Eiweiße durch das Trocknen weder gefällt noch denaturiert werden. Von diesem Gesichtspunkte aus ist das von ALTMANN empfohlene Gefrieren und Trocknen im Vakuum rationell und stehen der Verbreitung dieser Methode gewiß nur technische Schwierigkeiten im Wege.

Ausnahmsweise kann auch die von WASIELEWSKI zur Verhinderung der Zellcontractionen vorgeschlagene Anwendung von Narcoticis vor dem Fixieren von Nutzen sein. Die energische, momentane Contraction der lebenden isolierten Zelle auf Einwirkung sämtlicher Fixiermittel ist in der Tat auffallend, wovon man sich z. B. an mit Nadeln isolierten Ganglienzellen des Ganglion Gasseri eines Frosches leicht überzeugen kann. Die im ersten Augenblicke des Kontaktes mit dem Fixiermittel eintretende energische Contraction ist zweifellos noch als Reaktion der lebenden Zelle zu betrachten. Die Zellen in den Organstücken scheinen auf die Einwirkung der allmählich diffundierenden Fixiermittel sich minder energisch zu contrahieren.

Das Fixieren in gasförmigen Medien (Jod, Osmiumsäure, Essigsäure) ist in jeder Hinsicht von untergeordneter Bedeutung, da es bloß bei Membranen oder isolierten Zellen in Betracht kommen kann und da die meisten Reagenzien überhaupt nicht flüchtig sind. Nichtsdestoweniger liegt kein Grund vor, der Gasfixation irgend eine Bedeutung beizumessen, da die Gase der Lösungen gegenüber ungemein langsam in die Gewebe diffundieren.

Alles zusammengefaßt können wir gegenwärtig folgenden Standpunkt einnehmen.

Ein Teil der bisher empfohlenen Reagenzien muß beiseite gelegt werden: so die nicht härtenden Reagenzien, dann die lösend wirkenden alkalischen Medien, wie auch die reinen Säuren, welche zwar Gerinnung hervorrufen, jedoch im Überschusse lösend wirken. Auch steht es außer Zweifel, daß wir nicht einmal die sicher härtenden Fixiermittel sämtlich nötig haben, ganz abgesehen von den auffallend schrumpfend wirkenden Reagenzien. Drei Arten von Fixiermitteln entsprechen vollkommen all den Anforderungen, welche wir an die Fixation überhaupt stellen können.

Die erste Gruppe dieser unentbehrlichen Flüssigkeiten bilden die Osmiumessigsäurekombinationen, zumal die FLEMMINGsche Flüssigkeit, deren Eigenschaft, die fettartigen Bestandteile zu konservieren, eventuell sichtbar zu machen, nicht minder Beachtung verdient, deren Verwendbarkeit aber infolge der langsamen Diffusion der Osmiumsäure beschränkt ist. Die Osmiumsäure allein scheint bei speziellen cellulären Untersuchungen noch eine große Zukunft zu haben, da sie nach allen bisherigen exakten Forschungen den lebenstreuen Zustand der Zellen am besten konserviert. Eine vielfachere Anwendung nebst ausgezeichneter Konservierung der Zellen gewähren die auf Chromsalze-Essigsäurekombinationen beruhenden Flüssigkeiten, zumal die einfache Kal. bichrom.-Essigsäure (100 *ccm* 3%iges Kal. bichrom., 5 *ccm* konzentrierter Essigsäure).

Obgleich die Färbbarkeit der mit letzterem Fixiermittel behandelten Organe weit besser ist als bei den Osmiumgemischen, ist dieselbe immerhin bei beiden als erschwert zu betrachten und vermögen überdies beide auch selbst die Organe zu färben. Aus diesem Grunde scheint eine dritte Gruppe der Fixierer notwendig zu sein, nämlich jener, welche bei genügend guter Fixation die besten und leichtesten Färbungen gewähren, ohne selbst die Objekte zu färben. Hierauf beruht die Anwendung des Sublimats und des Formols, aber nicht für sich allein, sondern wiederum in Kombination mit anderen Reagenzien, besonders mit Essigsäure; am einfachsten 100 *ccm* konzentriertes Sublimat, 5 *ccm* konzentrierter Essigsäure oder 100 *ccm* Formol, 5 *ccm* konzentrierter Essigsäure.

In diese Gruppe gehört auch der Alkohol, dessen reine (80—90%, nicht absolut!) Anwendung gegenüber den vorigen mehr aus praktischen Rücksichten berechtigt erscheint; mit Essigsäure angesäuert kann der Fixierungswert des Alkohols ebenfalls erhöht werden. Die neuerdings empfohlene Trichloressigsäure für sich allein bietet, wie ich mich überzeugt habe, trotz ihrer sehr guten Diffusion keinen Vorteil. Die ebenfalls neu empfohlene Kombination der Trichloressigsäure mit Uranylacetat ist theoretisch ganz unverständlich, da ja das Uranylacetat fast keine Diffusionsfähigkeit besitzt (siehe Tabelle). Heutzutage benutzen wir im Institute für Kurszwecke allgemein eine Mischung, eingeführt vom Assistenten Béla v. Lükö: 100 *ccm* Alkohol 70—80%, 5—10 oder mehr *ccm* Formalin und 5 *ccm* Essigsäure.

Literatur: Diejenigen Arbeiten, welche mit der Frage der Fixation am innigsten im Zusammenhange stehen, sind mit * bezeichnet. Die auf die einzelnen Mittel bezüglichen Daten sind am umfangreichsten in erster Reihe in Manns „Physiological Histology“, 1902, Oxford, dann in Lee-Mayers „Grundzüge der mikroskopischen Technik“, 3. Aufl., Berlin 1907 zusammengestellt.

*Altmann (Die Elementarorganismen und ihre Beziehungen zu den Zellen, 2. Aufl., Leipzig 1894), derselbe (Arch. Anat. 1892), derselbe (Zeitschr. Wiss. Mikr., Bd. 9, 1892), derselbe (Arch. Anat., 1881), Arnold (Arch. Mikr. Anat., Bd. 52, 1898), Auerbach (Organologische Studien, Breslau 1874), Benda (Verh. Anat. Ges., Würzburg 1888), *Berg (Arch. Mikr. Anat., Bd. 62, 1903, Bd. 65, 1904), derselbe (Anat. Anz., Bd. 31, 1907), *derselbe (Die Fehlergröße bei den histologischen Methoden, Berlin 1908), Berthold (Studien über Protoplasmamechanik, 1886), Blum (Zeitschr. Physiol. Chem., Bd. 22), derselbe (Zeitschr. Wiss. Mikr., Bd. 10, 1893), derselbe (Anat. Anz., Bd. 9, 1894), derselbe (Anat. Anz., Bd. 11, 1896), derselbe (Ber. Senckenb. Nat. Ges., Frankfurt 1894 u. 1896, ref. Zeitschr. Wiss. Mikr., 1896), Boveri (Jena. Zeitschr. Nat., Bd. 21, 1887, ref. Zeitschr. Wiss. Mikr., Bd. 5, 1888), Bokorny (Jhb. Wiss. Bot., Bd. 20, ref. Zeitschr. Wiss. Mikr., Bd. 7, 1890), Brass (Zeitschr. Wiss. Mikr., Bd. 1, 1884), *Burchardt (Cellule, Bd. 12, 1897), Balbiani (Zool. Anz., Bd. 13, 1890, ref. Zeitschr. Wiss. Mikr., Bd. 8, 1891), *Bütschli (Untersuchungen mikroskopischer Schäume, Leipzig 1892), derselbe (Untersuchungen über Strukturen, Leipzig 1898), derselbe (Arch. Entw.-Mech., Bd. 11), Carnoy (Cellule, Bd. 2, 1886, ref. Zeitschr. Wiss. Mikr., Bd. 3, 1886), Brüner (Jena. Zeitschr. Nat., Bd. 29, 1895, ref. Zeitschr. Wiss. Mikr. 1895), Eisen (Zeitschr. Wiss. Mikr., Bd. 14, 1897), Farland (Journ. of App. Micr.), *Fischer (Anat. Anz., Bd. 9 u. 10, 1894 u. 1895), *derselbe (Fixierung, Färbung und Bau des Protoplasmas. Kritische Untersuchungen über Technik und Theorie in der neuen Zellforschung, Jena 1899), *Flemming (Arch. Mikr. Anat., Bd. 13 u. 17, 1877 u. 1879), derselbe (Centralbl. Med. Wiss. 1879), *derselbe (Zellsubstanz, Kern und Zellteilung, Leipzig 1882), derselbe (Zeitschr. Wiss. Mikr., Bd. 1, 1884), derselbe (Arch. Mikr. Anat., Bd. 29, 37 u. 45, 1887, 1891 u. 1895), Flesch (Ebenda, Bd. 16, 1879), Friedenthal und Poll (Sitz. Ges. Naturfreunde, Berlin 1907), Fülleborn (Zool. Anz., Bd. 24, 1901), Graf (State Hosp. Bull. 1897, ref. Neurol. Centralbl., Bd. 16, 1897), Gage (Proc. Amer. Soc. Micr. 1890, ref. Zeitschr. Wiss. Mikr., Bd. 9, 1892), *Hardy (Journ. of Physiol., Bd. 24), Hannover (Arch. Anat., 1840), Heidenhain (Festschr. f. Kölliker, Leipzig 1892), derselbe (Arch. Mikr. Anat., Bd. 43, 1894), derselbe (Zeitschr. Wiss. Mikr. 1896), Heine (Zeitschr. Physiol. Chem., Bd. 21, 1896), derselbe (Zeitschr. Wiss. Mikr., Bd. 22, 1905), Helly (Ebenda, Bd. 20, 1903), Henle (Arch. Mikr. Anat., Bd. 20, 1882), Held (Arch. Anat., 1897, Suppl.), derselbe (Arch. Anat., 1899), *Hermann (Arch. Mikr. Anat., Bd. 39, 1889), derselbe (Ergebn. Anat., Bd. 1, 1892 und Bd. 2, 1893), derselbe (Anat. Anz., Bd. 9), Hertwig (Morph. Jhb., Bd. 2, 1876), Hrdlicka (Brain preservatives, Washington 1906), Hoyer jun. (Verh. Anat. Ges., Straßburg 1894), Hoppe-Seyler (Über die chemische Zusammensetzung des Eiters, Med.-chem. Unters., H. 4), Janosik (Böhm. Akad. Wiss., Prag 1893), Juliusberger (Neurol. Centralbl. 1897), *Kaiserling und Germer (Arch. Pathol. Anat., Bd. 133, 1893), Kellikot (Trans. Amer. Micr. Soc., Bd. 17, Zeitschr. Wiss. Mikr., 1896), Klein (Quart. Journ. of Micr. Soc. 1879), Kanthak und Pigg (ref. Zeitschr. Wiss. Mikr., Bd. 14, 1897), Kollossow (Zeitschr. Wiss. Mikr., Bd. 5, 1888), derselbe (Zeitschr. Wiss. Mikr., Bd. 9, 1892), derselbe (Zeitschr. Wiss. Mikr., Bd. 9, 1892), Korsch (Anat. Anz., Bd. 11, 1896), Kossel (Sitz. Akad. Wiss. Berlin, Bd. 18 u. 19, 1896), Krasser (Bot. Centralbl., Bd. 52, 1892, ref. Zeitschr. Wiss. Mikr., Bd. 9, 1892), Krauss (Trans. Amer. Micr. Soc., Bd. 17, 1896, ref. Zeitschr. Wiss. Mikr., 1896), *Kultschitzky (Zeitschr.

Wiss. Mikr., Bd. 4, 1887), LANDAU (Sitz. Nat. Ges., Dorpat 1906), LEE (Zeitschr. Wiss. Mikr., Bd. 9, 1892), LO BIANCO (Mitt. Zool. Stat. Neapel, Bd. 9, 1890, ref. Zeitschr. Wiss. Mikr., Bd. 8, 1891), LACHI (Monit. Zool. Ital., 1895, ref. Zeitschr. Wiss. Mikr. 1895), LAVDOWSKY (Zeitschr. Wiss. Mikr., Bd. 17, 1900), MANN (Anat. Anz., Bd. 8. 1893), MARINA (Neurol. Centralbl., 1897), MERCIER (Zeitschr. Wiss. Mikr., Bd. 11, 1894), NEMEC (FÜNFSTÜCKS Beitr. Wiss. Bot., Bd. 4, 1900, ref. Zeitschr. Wiss. Mikr., Bd. 17, 1900), ORTH (Berl. Klin. Wochenschr., 1896), OVERTON (Zeitschr. Wiss. Mikr., Bd. 7, 1890), PARKER and Floyd (Anat. Anz., Bd. 11). PLENGE (Münch. Med. Wochenschr. 1895, 1896), PERENYI (Zool. Anz., Bd 5, 1882), QUINCKE (WIEDEMANNS Ann., Bd. 7, 9. 10, 11 u. 53), derselbe (Arch. Ges. Physiol., Bd. 19), RABL (Morph. Jhb., Bd. 10. 1884), derselbe (Zeitschr. Wiss. Mikr., Bd. 11. 1894), RAWITZ (Arch. Mikr. Anat., Bd. 44, 1895), derselbe (Anat. Anz., Bd. 10, 1895). RATH (Zeitschr. Wiss. Zool., Bd. 57, 1893). derselbe (Anat. Anz., Bd. 11, 1895), REINKE (Arch. Mikr. Anat., Bd. 43 u. 44, 1894 u. 1895), REIMAR (Zeitschr. Wiss. Mikr., Bd. 12, 1895 und Fort. Med., Bd. 12, 1894), RITTER (Arch. Pathol. Anat. 1901), RUDNEW (Zeitschr. Wiss. Mikr., 1907), SEHRWALD (Zeitschr. Wiss. Mikr., Bd. 6, 1889), SOUZA (C. R. Soc. Biol. Paris, Bd. 4 u. Zeitschr. Wiss. Mikr., Bd. 5, 1888), *SJÖBRING (Anat. Anz., Bd. 17, 1900), *SPALTEHOLZ (Mikroskopie und Mikrochemie, Leipzig 1904), STOWELL (Mikrosk., Bd. 4. 1884, Zeitschr. Wiss. Mikr., Bd. 1, 1884), SCHULTZE (Arch. Mikr. Anat., Bd. 1 u. 2, 1865 u. 1866), SCHULTZE und RUDNEFF (Ebenda, Bd. 1, 1865), SCHAPER (Anat. Anz., Bd. 13, 1897), SCHWARZ (COHNS Beitr., Bd. 5, 1892), *STÖLZNER (Zeitschr. Wiss. Mikr., 1906), *SJÖVALL (Anat. Hefte, 1905), *TELLYESNICZKY (Arch. Mikr. Anat., Bd. 52, 1898), derselbe (Ergebn. Anat., 1902), derselbe (Arch. Mikr. Anat., Bd. 60 u. 66, 1902 u. 1905), TRZEBINSKI (Arch. Pathol. Anat., Bd. 107, 1887), VAN BENEDEN (Arch. de Biol., Bd. 4, 1883), VAN BENEDEN und NEYT (Bull. Ac. Roy. Bruxelles, Bd. 14, 1887, ref. Zeitschr. Wiss. Mikr., Bd. 5, 1888), VAN GEHUCHTEN (Anat. Anz., Bd. 3, 1888), VIRCHOW (Arch. Mikr. Anat., Bd. 24, 1885). *WASIELEWSKI (Zeitschr. Wiss. Mikr., Bd. 16, 1899), WADDINGTON (Journ. Roy. Micr. Soc., London 1883, ref. Zeitschr. Wiss. Mikr., Bd. 1, 1884). *WEIGERT (Ergebn. Anat., Bd. 3, 5, 6 u. 7, 1894, 1896, 1897 u. 1898), *WETZEL (Verh. Physiol. Ges., Berlin 1903), ZACHARIAS (Bot. Zeitschr. 1881, 1882, 1883 u. 1887), derselbe (Ber. Deutsch. Bot. Ges., Bd. 14, 1896), ZENKER (Münch. Med. Wochenschr. 1896).

v. Tellyesniczky, Budapest.

Fixiernatron siehe: Natriumhyposulfit.

Flagellaten siehe: Protozoen.

Flavopurpurin, ein Alizarin der chemischen Fabrik Gauhe & Co. in Eitorf.

Flechtenfarbstoffe. Sehr viele Flechten scheiden Farbstoffe auf ihren Membranen aus; es sind grüne, blaue, rote und braune bekannt, deren Verhalten gegen eine Reihe von Reagenzien, hauptsächlich Kalilauge und Salpetersäure, untersucht ist.

Literatur: BEHRENS (Tabellen, 4. Aufl., 1908), ZIMMERMANN (Bot. Mikrotechnik, 1892).

Magnus, Berlin.

Flechtensäure siehe: Chrysophansäure.

Flemming'sche Dreifachbehandlung. FLEMMING verwendet eine sogenannte Dreifachbehandlung zur Darstellung der Centriolen und chromatinlosen Strukturen in Zellen von Gewebsplatten von Salamanderlarven, besonders des parietalen Bauchfells, der Lunge und des Lungenmesenteriums.

Diese Gewebsplatten, welche sich in toto als Präparate benutzen lassen, werden Larven entnommen, die in FLEMMINGschem oder HERMANNschem Gemisch* fixiert und längere Zeit (ungefähr 2 Monate) darin aufbewahrt sind.**

Darauf kommen sie auf 2—3 Tage in eine wässerige oder schwach alkoholische Lösung von Safranin, welche, falls sie nicht (nach längerem Stehen) schon nach Anilinöl riecht, mit etwas Anilinwasser versetzt wird. Sie werden dann in destilliertem Wasser abgewaschen und mit neutralem oder ganz schwach angesäuertem Alkohol ausgezogen, aber nicht so lange, daß nur noch das Chromatin der Kerne gefärbt ist. Das Präparat muß vielmehr etwas „überfärbt" bleiben und

---

* HERMANN empfiehlt für Salamandra: Platinchlorid von 1% 15 *ccm*, Osmiumsäure von 2% 2 *ccm*, Eisessig 1 *ccm*. Auch FLEMMING setzt sein eigenes Gemisch, wo es sich um Fixierung von Salamandergeweben handelt, mit nur 2 Teilen 2%iger Osmiumsäure zusammen. Vgl. FLEMMINGsches Gemisch.

** Wenn die Larven aus den Osmiumgemischen herauskommen, werden sie 24 Stunden lang in fließendem Wasser ausgewaschen und dann entweder sofort durch Zerzupfen zerlegt oder bis zur Verarbeitung in einem Gemisch von Glycerin, Alkohol und Wasser zu gleichen Teilen aufbewahrt.

darf man daher dem absoluten Alkohol, welchen man zum Ausziehen benutzt, allerhöchstens $^1/_{10}$% Salzsäure zusetzen.

Nach kurzem Waschen mit destilliertem Wasser kommen die Objekte dann auf 1—3 Stunden in eine sehr dunkle wässerige Lösung von Gentiana, dann wieder nach kurzem Waschen in destilliertem Wasser in eine konzentrierte oder doch ziemlich starke wässerige Lösung von Orange G, in der sich Farbe aus ihnen löst. Aus dieser werden sie (nach wenigen Minuten, oder, bei sehr dünnen Objekten, auch früher), während noch blaue Farbwolken herausgehen, in absoluten neutralen Alkohol übertragen, worin sie anfangs eine Mischfarbe von Braungelb und Violett, dann mehr reines Violett abgeben. Noch während Reste dieser Farbe austreten, werden sie in ein anderes Schälchen mit absolutem Alkohol und nach kurzem Verweilen darin auf Nelkenöl oder Bergamottöl übertragen. Auch hierin (in Bergamottöl weniger) gehen noch leichte Farbwolken heraus; am besten, bevor dies ganz aufgehört hat, wird in Lack eingeschlossen.

Die Methode will genau abgepaßt sein und liefert wechselnde Ergebnisse. Man soll das Chromatin purpurrot, die achromatischen Spindelfäden graubraun, grau oder auch violettgrau, die Centriolen ebenso oder leicht rötlich gefärbt erhalten. Die Centriolen und Spindeln geben aber die Farbe sehr leicht ab. Es kommt darauf an, die kurze Zeit abzupassen, wo diese Dinge gerade noch Farbe halten. Daher darf man nicht so lange warten, bis sich keine Farbe mehr aus dem Präparat löst; wobei man dann allerdings zuweilen auch ungleiche Färbungen bekommt, stärkere Reste von Orange in den einen Kernen und Zellen, während andere davon fast frei sind.

Auf welche Weise die Färbung der Centriolen und Spindelfasern zustande kommt, läßt sich nicht sagen. Nach M. HEIDENHAIN und FLEMMING kann es so geschehen, daß durch die Wirkung des sauren Orange auf die im Präparat imprägnierten beiden basischen Vorfarben neue neutrale Farbstoffe entstehen, welche im Überschuß des Orange löslich sind.

Darauf gründet sich eine Modifikation der FLEMMINGschen Dreifachbehandlung von REINKE, welcher durch Mischung von Orange- und Gentianalösung einen neutralen Farbstoff (neutrales Gentiana) herstellt und mit diesem färbt.

REINKE, welcher am gleichen Objekt wie FLEMMING (Gewebsplatten der Salamanderlarve) gearbeitet hat, verfährt folgendermaßen.

Die Objekte werden zunächst 24 Stunden lang in einer konzentrierten Lösung von Kalium sulfurosum gebeizt, dann in Wasser kurz ausgewaschen und 1 bis 2 Stunden lang mit Safranin gefärbt. Darauf kommen sie wieder in Wasser, werden hier gründlich ausgewaschen und dann auf 24 Stunden in ein Gentiana-Orangegemisch gebracht, welches folgendermaßen bereitet wird.

Zu einer konzentrierten wässerigen Lösung von Gentiana setzt man einige Tropfen einer ebensolchen Lösung von Orange G. Es bildet sich ein neutraler Farbstoff (neutrales Gentiana, REINKE), der die Lösung trübt. Man verdünnt mit Wasser, wodurch die Lösung wieder so gut wie klar wird.

In die verdünnte, unfiltrierte Lösung bringt man die Objekte auf 24 Stunden hinein, spült sie dann mit Wasser ab, taucht sie kurz in absoluten Alkohol ein und überträgt für kurze Zeit in Nelkenöl.

Das Resultat ist dasselbe wie bei der FLEMMINGschen Dreifachbehandlung.

Das „neutrale Gentiana" ist nach REINKE in Wasser schwer, in Alkohol leicht löslich. Um es filtrieren und konservieren zu können, setzt man zu der Stammlösung $^1/_3$ Volumen Alkohol hinzu. Beim Gebrauch erscheint es aber zweckmäßig, diese alkoholische Lösung noch mit Wasser zu verdünnen. Mit ihr bekommt man ebenfalls in kurzer Zeit (wenige Minuten) die Centriolen gefärbt, doch ist für sehr gute Präparate eine längere Zeit notwendig.

Mit einer alkoholischen Lösung des Niederschlages von „neutralem Gentiana" hat auch BENSLAY gearbeitet; er hat nicht Membranen, sondern aufgeklebte Schnitte damit gefärbt.

Auf solche läßt sich die FLEMMINGsche Dreifachbehandlung in der Tat ebenfalls mit sehr gutem Erfolg anwenden, wenn auch der Hauptzweck, zu welchem die Methode ursprünglich von FLEMMING angegeben wurde, Darstellung der Centriolen, an aufgeklebten Schnitten kaum erreicht wird; jedenfalls ist mir dies bei früherem jahrelangem Gebrauch nicht gelungen. Verzichtet man von vornherein auf eine Centriolenfärbung, so kann man auch in der Weise verfahren, daß man nach der Färbung in Safranin und Gentianaviolett und Abspülen des letzteren in Wasser sofort in den zur Entwässerung bestimmten Alkohol überführt, dem man etwas Orange G zugesetzt hat, weiter in Nelkenöl, in welchem die Differenzierung vor sich geht. Um ein Abblassen der Schnitte zu verhindern, muß das Nelkenöl, wie neuerdings auch v. WINIWARTER und SAIMONT angeben, mit Xylol sorgfältig ausgewaschen werden.

Aufs wärmste wird die FLEMMINGsche Dreifachbehandlung für die Färbung aufgeklebter Schnitte von v. WINIWARTER und SAIMONT empfohlen, welche folgendermaßen vorgehen. Sie färben zunächst mit einer Lösung von Safranin in 50%igem Alkohol. Weitaus die besten Resultate gab eine 1%ige Lösung eines nicht mehr erhältlichen Safranins, welches aus der ehemaligen Fabrik von Trommsdorff stammte. Von Safraninen des Handels färbten am besten, und zwar in ½%iger Lösung, Safranin 20 von GRÜBLER, Safranin 1 von DE HAEN und Safranin O von SCHUCHARDT. Nach der Safraninfärbung werden die Schnitte in destilliertem Wasser mehrere Male gewaschen. Dann kommen sie auf 24 Stunden in eine 1%ige wässerige Lösung von Gentianaviolett, weiter, nach Abspülen in destilliertem Wasser, in eine wässerige Lösung von Orange G für ungefähr eine Minute. Die Konzentration des Orange G hängt von dem zu färbenden Objekt ab. Aus dem Orange G werden die Schnitte in absoluten Alkohol gebracht, dem 6—8 Tropfen eines Gemisches zugesetzt sind, welches aus gleichen Teilen von absolutem Alkohol und Salzsäure besteht. Beim Auftreten der ersten violetten Farbwolke (nach ungefähr 2—3 Sekunden) werden sie in reinen absoluten Alkohol und weiter in Nelkenöl übertragen, welchem etwas absoluter Alkohol zugesetzt ist. Hier findet die Differenzierung statt, welche ziemlich langsam vor sich geht und unter dem Mikroskop kontrolliert werden kann. Man überträgt weiter in reines Nelkenöl und wäscht dieses schließlich wieder sorgfältig mit Xylol aus (nachdem man das Nelkenöl vorher hat abtropfen lassen, indem man den Objektträger senkrecht auf eine Lage von Filtrierpapier stellt). Der zum Eindecken gebrauchte Balsam muß in Xylol (nicht in Chloroform) gelöst sein.

Literatur: BENSLAY (Biol. Bull., Boston, Bd. 2, 1900), FLEMMING (Arch. Mikr. Anat., Bd. 37, 1891), derselbe (Arch. Anat., 1897), HEIDENHAIN (Arch. Mikr. Anat., Bd. 43, 1894), REINKE (Arch. Mikr. Anat., Bd. 44, 1895), v. WINIWARTER und SAIMONT (Arch. de Biol., Bd. 24, 1908).

Meves, Kiel.

Flemming'sches Gemisch ist ein Gemisch von Chrom-, Osmium- und Essigsäure.

1882 empfahl FLEMMING ein Gemisch von folgender Zusammensetzung, welches gewöhnlich als schwaches bezeichnet wird:

Chromsäure etwa 0,25%
Osmiumsäure etwa 0,1% } in Wasser.
Eisessig etwa 0,1%

Wenn man diese Vorschrift auf einprozentige Lösungen umrechnet, so erhält man folgende Formel:

1%ige Chromsäure 25 *ccm*, 1%ige Osmiumsäure 10 *ccm*, 1%ige Essigsäure 10 *ccm*, destilliertes Wasser 55 *ccm*.

Anzuwenden bei sehr kleinen Objekten, besonders dünnen Membranen und Gewebsplatten, wie z. B. ausgeschnittenen Kiemenblättern der Salamanderlarve, jungen Keimscheiben, ferner bei Ausstrichpräparaten, z. B. von Amphibienblut.

Zu diesem schwachen Gemisch kann man eventuell noch einen Zusatz von 1% Kochsalz machen, wovon ich bei meinen Arbeiten über Amphibienblut gute Resultate gesehen habe.

Für größere und festere Objekte benutzt man das von FLEMMING 1884 angegebene sogenannte **starke Gemisch**, welches den Vorzug hat, daß es in solche besser eindringt. Es setzt sich folgendermaßen zusammen:

1%ige Chromsäure 15 *ccm*, 2%ige Osmiumsäure 4 *ccm*, Eisessig 1 *ccm*.

HERMANN hat 1889 eine Modifikation des starken FLEMMINGschen Gemisches eingeführt, in welchem die Chromsäure durch Platinchlorid ersetzt war. Für Säugetiere empfahl er: 1%iges Platinchlorid 15 *ccm*, 2%ige Osmiumsäure 4 *ccm*, Eisessig 1 *ccm*; für Salamandra aber riet er, den Osmiumgehalt herabzusetzen und nur 2 *ccm* 2%iger Osmiumsäure zu nehmen. Auch FLEMMING hat später bei der Fixierung von Salamandergeweben eine Chromosmiumessigsäure mit nur 2 *ccm* 2%iger Osmiumsäure (auf 15 *ccm* 1%iger Chromsäure und 1 *ccm* Eisessig) verwandt, ohne daß er jedoch von dieser Änderung seiner Technik Mitteilung gemacht hätte. Wenn er in seinen klassischen Arbeiten aus dem Jahre 1891 angibt, „schwächeres Osmiumgemisch" gebraucht zu haben, so ist damit nicht das oben an erster Stelle aufgeführte schwache Gemisch, sondern ein starkes Gemisch gemeint, welches 2 Teile 2%iger Osmiumsäure statt 4 Teilen enthält.

In dem starken Gemisch werden größere und dichtere Objekte fixiert, z. B. Stücke von Hoden, Lymphknoten, Milz von Wirbeltieren, ganze Salamanderlarven etc.

Das starke Gemisch bewirkt nun aber bei zarten Objekten, z. B. bei Embryonen, eine nicht unerhebliche Schrumpfung, welche auf seinem Gehalt an 1%iger Chromsäure beruht. Man kann diesem Übelstand dadurch abhelfen, daß man das starke Gemisch mit dem gleichen Quantum destillierten Wassers verdünnt (eventuell können auch noch stärkere Verdünnungen angezeigt sein). Da auf diese Weise aber auch die beiden anderen Bestandteile des Gemisches auf die Hälfte herabgesetzt werden, habe ich es neuerdings vorgezogen, mir für etwas größere, aber zarte Objekte ein Gemisch mit ½%iger Chromsäure herzustellen. Ich gebrauche also: ½%ige Chromsäure 15 *ccm*, 2%ige Osmiumsäure 2—4 *ccm*, Eisessig 1 *ccm*.

Wird eine Darstellung der **Chondriosomen** (Mitochondrien, Chondrioconten) beabsichtigt, so ist die Essigsäure in dem starken Gemisch nach der wichtigen Empfehlung* BENDAS auf ein Minimum zu beschränken. Man setze das Gemisch für diesen Zweck folgendermaßen zusammen: ½—1%ige Chromsäure 15 *ccm*, 2%ige Osmiumsäure 3—4 *ccm*, Eisessig 3 Tropfen. Zu der Chromsäure gebe ich neuerdings 1% Kochsalz hinzu. Für ganz kleine Objekte ist auch das schwache Gemisch (eventuell mit 1% Kochsalz) anwendbar.

Zur Fixierung empfiehlt es sich nicht, Gemische zu verwenden, die lange gestanden haben, weil bei längerer Aufbewahrung derselben die Osmiumsäure sich leicht verflüchtigt.

Während es im allgemeinen Regel ist, zur Fixierung ein Flüssigkeitsquantum zu nehmen, welches ca. 80—100mal größer ist als das eingelegte Stück, kommt man bei dem starken FLEMMINGschen Gemisch mit viel weniger aus. Nach FLEMMING braucht die Flüssigkeitsmenge nur etwa 4mal größer zu sein als das eingelegte Stück, kann jedoch nach Belieben auch größer sein. Wenn man dagegen schwaches Gemisch gebraucht, muß man größere Flüssigkeitsmengen verwenden.

Die zu fixierenden Objekte bleiben in den Gemischen im allgemeinen nicht unter 1—2 Tagen; in den stärkeren können sie auch mehrere Wochen und sogar monatelang belassen werden. Sie können dabei ohne Schaden am Licht und selbst an der Sonne stehen (FLEMMING).

Nach der Fixierung werden die Objekte in fließendem Wasser 24 Stunden lang ausgewaschen und hierauf in Alkohol von steigender Konzentration nachgehärtet.

Für das Arbeiten mit dem FLEMMINGschen Gemisch ist es notwendig, die verschiedenartige Wirkung desselben an der Oberfläche und in der Tiefe eingelegter Stücke zu kennen.

---

* Dieser Empfehlung liegt eine Beobachtung v. BRUNNS zugrunde, nach welcher Essigsäure die Mitochondrien löst.

Gesetzt, wir hätten ein dichteres Objekt von einiger Größe, aber unter 0,3 *cm* Durchmesser, mit dem starken Gemisch fixiert, so haben wir auf einem Schnitt folgendes Bild.

An der Peripherie, wo die Wirkung der Osmiumsäure überwiegt, zeigt die Zellsubstanz bei den meisten Färbungen ein blasses homogenes Aussehen; jedoch lassen sich durch geeignete Methoden ausschließlich an dieser Stelle die Chondriosomen (Mitochondrien, Chondriconten) darstellen. Im Kern der meisten Zellarten macht die Osmiumsäure lediglich die Nucleolen deutlich, und zwar in großer Schärfe, während das Kerngerüst nach ihrer Einwirkung ganz unkenntlich oder doch äußerst blaß erscheint und den meisten Chromatinfärbungen Widerstand leistet.

Ein geringer Teil der Osmiumsäure aber geht mit den beiden anderen Säuren ins Innere und diese Kombination erzeugt dort die schönen und scharfen Darstellungen der chromatinhaltigen Kernstrukturen, welche man in gleich ausgezeichneter Weise durch kein anderes Fixierungsmittel erhält.

Will man diese letzteren möglichst durchweg haben, so muß man schwächere Gemische anwenden, muß aber berücksichtigen, daß diese in größere oder festere Stücke nicht hinreichend eindringen (vgl. FLEMMING).

Über die zahlreichen Modifikationen des FLEMMINGschen Gemisches, insbesondere für botanische Zwecke, vgl. den Artikel Osmiumgemische.

Literatur: BENDA (Ergebn. Anat., Bd. 12, 1902), FLEMMING (Zellsubstanz, Kern und Zellteilung, Leipzig 1882), derselbe (Zeitschr. Wiss. Mikr., Bd. 1, 1884), derselbe (Arch. Mikr. Anat., Bd. 37 u. 45, 1891 u. 1895), HERMANN (Ebenda, Bd. 34, 1889), MEVES (Arch. Mikr. Anat., Bd. 72, 1908). *Meves*, Kiel.

Flimmerepithel. Zum Studium der Flimmerbewegung eignet sich vor allem das Epithel des oberen Abschnittes der Atmungsorgane der höheren Wirbeltiere, ferner das Epithel der Mund- und Rachenhöhle der Amphibien. Nach LENHOSSÉK finden sich die schönsten Flimmerzellen des Wirbeltierkörpers im Nebenhoden des Kaninchens. Ziemlich niedrige kubische Zellen mit mächtigen Geißeln, eines der schönsten Objekte seiner Art, trifft man im Gehörorgan der Petromyzonten. Ein ausgezeichnetes, durch die Untersuchungen ENGELMANNS berühmtes Objekt bildet das Kiemenepithel der Lamellibranchiaten und das Darmepithel derselben (Cyclas, Anodonta und andere). Um das letztere lebend zu erhalten, durchtrennt man den Schließmuskel und halbiert in physiologischer Kochsalzlösung den Fuß der Länge nach. Es liegt dann die Darmschleimhaut frei zutage. Außerordentlich große Flimmerzellen finden sich nach FRENZELS Angabe im Darm der Larve von Tenthredo salicis, einer Blattwespe.

Die Untersuchung wird natürlich vor allem im frischen Zustand zu erfolgen haben mit einer geeigneten Zusatzflüssigkeit: Physiologische Kochsalzlösung, Seewasser (für marine Lamellibranchier), Humor aqueus, Blutserum etc. Zur Maceration der Epithelzellen leisten Drittelalkohol, 0,1—0,2%iges Osmium, MÜLLERsche Flüssigkeit (EWALD), Chloralhydrat 2—5%, konzentrierte wässerige Borsäure (ENGELMANN), eventuell mit etwas Wasser verdünnt, gute Dienste. Zur Fixation eignen sich sowohl Osmiumgemische als auch Sublimatgemische. Letztere besonders zur Darstellung der Centralkörperchen. Außerordentlich schöne Resultate an dem Kiemenepithel von Anodonta ergab uns die JOHNSONsche Fixationsmethode (siehe Osmiumsäure). Als Färbungsmethode dürfte die Eisenhämatoxylinfärbung mit Rubinnachfärbung wohl die besten Bilder liefern. PRENANT fixiert den Oesophagus von Triton in Bouin oder Perényi, die Schnitte werden in einer wässerigen Eosinlösung vorgefärbt, mit Eisenalaunhämatoxylin behandelt und schließlich mit einer konzentrierten wässerigen Lichtgrünlösung nachgefärbt.

Um die Grenzen zwischen Flimmer-, resp. Cylinderepithel und geschichtetem Plattenepithel, z. B. im Kehlkopf, auch schon makroskopisch sichtbar zu machen, verfährt ZILLIACUS folgendermaßen: Die Schleimhaut wird, nachdem sie mit physiologischer Kochsalzlösung sorgfältig gereinigt ist, mit Pikrinsublimat (konzentrierte wässerige Pikrinsäure 1, konzentrierte wässerige Sublimatlösung 1, Wasser 2) 24 Stunden fixiert, 1 Stunde in fließendem Wasser gewaschen, 2—3 Tage mit konzentrierter wässeriger Pikrinsäure behandelt, in Wasser abgespült und 2 Minuten lang in Hämalaun gefärbt.

Literatur: Engelmann (Arch. Ges. Physiol., Bd. 23, 1880), Ewald (Zeitschr. Biol., Bd. 34, 1897), Frenzel (Arch. Mikr. Anat., Bd. 26, 1886), Gaule (Arch. Physiol. 1881), Henneguy (Arch. d'Anat. Micr., Bd. 1, 1898), v. Lenhossék (Verh. Anat. Ges., Kiel 1898), Prenant (Bibl. Anat., Bd. 7, 1899), derselbe (C. R. Soc. Biol., Paris 1905), Studnicka (Sitz. Böhm. Ges. Wiss., Prag 1899), Zilliacus (Utbredningen af skif-och cylinderepithel i mannikans struphufvud und olika aldrar., Helsingfors 1905).

Florideen siehe: Rhodophyceaceen.

Fluorescein, syn. Uranin, gelber Phthaleinfarbstoff, der in der technischen Färberei wenig benutzt wird, da er keine echten Färbungen ergibt, aber als Ausgangspunkt für die Darstellung des Eosins von Bedeutung ist. Es wird erhalten durch Erhitzen eines Gemisches von Resorcin und Phthalsäureanhydrid und hat die Formel

$$C \begin{cases} C_6H_3\text{—}OH \\ \quad\rangle O \\ = C_6H_3 = O \\ C_6H_4\,COOH \end{cases}$$

. Näheres siehe Eosin.

Flußsäure, Fluorwasserstoffsäure, HF. Farbloses Gas von stechendem Geruche, das sich sehr leicht in Wasser löst und so eine an der Luft rauchende, die Schleimhäute angreifende Flüssigkeit abgibt. Flußsäure wirkt stark ätzend; die Kieselsäure und ihre Salze werden durch Flußsäure zersetzt, hierauf beruht die Verwendung der Flußsäure zum Ätzen des Glases. Infolgedessen darf die flüssige Säure auch nicht in Glasgefäßen gehalten werden; man bewahrt sie in Platin- oder Guttaperchaflaschen auf.

Die Verwendung in der Technik beruht auf der erwähnten Eigenschaft, Kieselsäure zu lösen. Mayer bringt Kieselschwämme mit Alkohol in mit Paraffin ausgekleidete Gläser, in die dann vorsichtig tropfenweise Flußsäure eingetropft wird. So gelingt die Entkieselung innerhalb einiger Stunden, höchstens innerhalb eines Tages. Bei der Untersuchung der Tintinnodeen fand v. Daday, daß Flußsäure zwar die den Hülsen aufgeklebten Kieselplättchen auflöst, dagegen die Hülsen selbst nicht; hieraus folgt, daß die Hülsen nicht aus Kieselsäure, sondern aus einer chitinartigen Substanz bestehen. A. Fischer benutzt 45%ige Flußsäure zur Isolierung der Chromatophoren der Cyanophyceen, und zwar bringt er sie in einen mit dieser gefüllten Platintiegel. Vgl. auch Diatomeen.

Literatur: v. Daday (Mitt. Zool. Stat. Neapel, Bd. 7, 1887), Fischer (Bot. Zeit., Bd. 63, 1905), Mayer (Zool. Anz., 4. Jg., 1881). *Mosse,* Berlin.

Foraminiferen siehe: Protozoen.

Formaldehyd (Formol, Formalin). Der Formaldehyd, der Aldehyd der Ameisensäure, nach der neueren Nomenklatur Methanal benannt, ist der Aldehyd des Methans, des einfachsten organischen Körpers. Während das Methan (Sumpfgas) nur aus Kohlenstoff und Wasserstoff zusammengesetzt ist, enthält der Formaldehyd als ein Oxydationsprodukt desselben außerdem noch Sauerstoff. Die Stellung des Formaldehyds unter den Derivaten des Methans erhellt am besten aus folgender Zusammenstellung:

$$CH_4 = H\text{—}\overset{\displaystyle H}{\underset{\displaystyle H}{\overset{|}{\underset{|}{C}}}}\text{—}H = \text{Methan.}$$

$$CH_4 + O = H\text{—}\overset{\displaystyle OH}{\underset{\displaystyle H}{\overset{|}{\underset{|}{C}}}}\text{—}H = CH_4O = \text{Methylalkohol.}$$

$$CH_4 + 2\,O = \begin{array}{c} OH \\ | \\ H-C-OH \\ | \\ H \end{array} = CH_4O_2 = \text{Methylenglycol.}$$

Dies wiederum zerfällt in $CH_2O + H_2O$ = Formaldehyd und Wasser.

$$CH_4 + 3\,O = \begin{array}{c} OH \\ | \\ H-C-OH \\ | \\ OH \end{array} = CH_4O_3 = CH_2O_2 + H_2O = \text{Ameisensäure und Wasser.}$$

$$CH_4 + 4\,O = \begin{array}{c} OH \\ | \\ HO-C-OH \\ | \\ OH \end{array} = CH_4O_4 = CO_2 + 2\,H_2O = \text{Kohlensäure und Wasser.}$$

Der Formaldehyd ist also die zweite Oxydationsstufe des Methans.

A. W. Hofmann stellte ihn zuerst im Jahre 1867 dar, indem er Methylalkohol (Holzgeist) und Luft über eine glühende Platinspirale strömen ließ. Auch heute, wo der Formaldehyd längst im großen gewonnen wird, ist seine Bereitungsweise noch eine ähnliche, indem Methylalkohol mit Luft zerstäubt und beim Überleiten über glühende Kohle, Ziegelmehl etc. oxydiert wird.

Der Formaldehyd selbst ist ein farbloses, stechend riechendes und die Schleimhäute reizendes Gas. Seine wässerige Lösung, wie sie hauptsächlich unter den Namen Formol und Formalin, aber auch noch unter anderen Bezeichnungen vertrieben wird, enthält zumeist annähernd 40% Formaldehyd zum Teil als absorbiertes Gas, zum anderen in der Form des oben gekennzeichneten Methylenglycols.

Die Verbreitung des Formaldehyds nimmt zurzeit von Jahr zu Jahr zu; in Deutschland allein werden jetzt weit über 400.000 *kg* jährlich dargestellt. Die Verwendung des Präparates ist eine mannigfache sowohl in der chemischen Industrie zur Darstellung zahlreicher Farbstoffe (Rosanilin-, Aurin-, Acridinfarbstoffe u. a. m.) als in der Gerbereitechnik, der Photographie und namentlich auch in der Medizin.

Bei der einfachen Konstitution und bei der großen Reaktionsfähigkeit des Formaldehyds ist das auch keineswegs erstaunlich. Die Reaktionen vollziehen sich zumeist unter Austritt des Sauerstoffatoms, $O =$, das sich mit zwei Wasserstoffatomen zu H_2O verbindet, und Eintritt der Methylengruppe, $CH_2 =$, in die betreffende Verbindung an Stelle der beiden ausgetretenen Wasserstoffatome; jedoch ist hiermit die Umsetzbarkeit des Formaldehyds noch nicht erschöpft.

Die Geschichte des Formaldehyds in Theorie und Praxis der Medizin ist recht interessant:

Noch ehe der Formaldehyd angefangen hatte, für medizinisch-technische Zwecke eine Rolle zu spielen, hatte er durch Bayers Theorie, die Pflanze verwandle mittelst Reduktionsprozesse die von ihr absorbierte Kohlensäure zu Formaldehyd und baue aus diesem Stärke auf, für die physiologische Forschung eine erhebliche Wichtigkeit bekommen. Loew (Journ. Prakt. Chem., Bd. 33, und Ber. Deutsch. Chem. Ges., Bd. 22) stellte gewissermaßen in Bestätigung dieser Theorie in den Jahren 1888 und 1889 durch Kondensation von Formaldehyd in Gegenwart von Kalkmilch einen Zucker dar, den er Formose nannte; unter anderen Versuchsbedingungen gewann er dabei reichlicher ein gärungsfähiges Kohlehydrat, die Methose, die auch E. Fischer (Ber. Deutsch. Chem. Ges., Bd. 22) in einer gleichzeitigen Arbeit als Acrose isoliert und beschrieben hat. Acrose aber ist eine dem Traubenzucker sehr nahestehende Zuckerart.

Bedauerlicherweise hat jene geistvolle Assimilationstheorie, die durch die später erkannten keimtötenden Eigenschaften des freien Formaldehyds durchaus nicht angefochten wird, in der neueren Zeit trotz ihrer inneren Wahrscheinlichkeit der Forschung nur wenig Anregung mehr gebracht.

Loew (Münch. Med. Wochenschr. 1888) war auch der erste, der die antiseptischen Eigenschaften des Formaldehyds erkannt hat. Ihm folgten Buchner und Segall (Münch. Med. Wochenschr. 1889) nach, indem sie die sterilisierende Kraft des gelösten sowie des dampfförmigen Formaldehyds genauer erprobten.

Trillat (C. R. Ac. Sc. Paris, Bd. 114, 1890), dem auch ein Darstellungsverfahren des Formaldehyds zu verdanken ist, führte ihn zuerst in die medizinische Desinfektionstechnik ein, wo er seitdem als Zusatzflüssigkeit zum Zwecke von Dauersterilisierungen und zur Desinfektion in Dampfform eine ausgedehnte, im großen ganzen berechtigte Anwendung gefunden hat.

Den nächsten Fortschritt auf dem Gebiete der medizinischen Verwendung des Formaldehyds brachte die Beobachtung von Hauser, daß Gelatine, in der Mikroorganismen gewachsen waren, durch Formaldehyddämpfe so umgewandelt wird, daß sie nicht mehr verflüssigt werden kann und daß auch schon erweichte Gelatine hierdurch wieder fest wird, ohne daß im übrigen eine wesentliche Veränderung mit der Gelatine oder den Mikroorganismen vor sich geht.

Die Einführung des Formaldehyds in die histologische Technik geschah um dieselbe Zeit durch mich (F. Blum) auf Grund meiner Entdeckung, daß verdünnte wässerige Formollösungen (1 : 10) durch eine eigentümliche Umwandlung der organischen Materie die Gewebe aus ihrem festweichen Aggregatzustande in eine wesentlich härtere Modifikation überführen, wobei weder ihre makroskopische Beschaffenheit noch auch die mikroskopische Struktur und Färbbarkeit wesentlich verändert werden. Ich habe späterhin dargetan, daß jene Umwandlung durch chemisch wohl charakterisierbare Reaktionen des Formaldehyds hauptsächlich mit den Eiweißsubstanzen der Gewebe hervorgerufen wird. Auf diese Verhältnisse soll nachstehend nochmals des genaueren zurückgekommen werden.

Gleichzeitig mit meinen histologischen Untersuchungen erprobte mein Vater (J. Blum) den Formaldehyd als Konservierungsmittel für anatomische, zoologische und botanische Zwecke und führte dann auf Grund seiner günstigen Erfahrungen den Formaldehyd in die Konservierungspraxis ein.

Nach beiden Richtungen hin — sowohl in der histologischen als in der Konservierungstechnik — hat seitdem der Formaldehyd sich eingebürgert und sein Gebiet beständig erweitert. Viele Autoren haben sich an dem Ausbau beteiligt, wie die unten verzeichnete, innerhalb von 15 Jahren entstandene Riesenliteratur beweist; mancherlei Neues ist dabei aufgefunden und mancherlei Altes zum zweiten Male entdeckt worden; unsere — meines Vaters und meine — Angaben haben, wie ich mit großer Befriedigung aus den Publikationen ersehe, eine weitgehende Bestätigung gefunden, wenn auch recht oft gerade wir beim Zitieren der einzelnen Forscher übergangen worden sind.

Worauf beruht die Einwirkung des Formaldehyds auf das Gewebe?

Liegt hier ein physikalischer Prozeß, eine Fällung von Organbestandteilen in einem im übrigen für die Gewebsstücke indifferenten, nur zur Lösung ungeeigneten Fluidum vor, vergleichbar dem Aussalzen mittelst schwefelsaurem Ammonium, oder handelt es sich um eine chemische Reaktion, bei der bestimmte Substanzen mit dem in Wasser gelösten Formaldehyd sich so umsetzen, daß dabei konsistentere Körper entstehen?

Ganz fraglos ist, wie ich schon 1896 zeigen konnte, das letztere der Fall!

Der Formaldehyd vermag mit zahlreichen im Körper vorkommenden Stoffen, unter Wasseraustritt, Methylenverbindungen einzugehen; es entsteht, um nur ein Beispiel zu erwähnen, bei der Einwirkung von Formaldehyd auf Harnstoff eine in Wasser wenig lösliche Verbindung.

Ähnliche Umsetzungen lassen sich noch reichlich anführen, in denen fast stets der Formaldehyd mit Amidogruppen unter Wasserabscheidung zu Methylenverbindungen kondensiert wird. Selbstverständlich können solche im Organismus im Verhältnis zur Gesamtmasse nur spärliche Verbrennungsprodukte, die mit dem Formaldehyd in Reaktion treten, nicht für die Härtung der Gewebe durch Formaldehyd verantwortlich gemacht werden. Hierfür kommen allein die Eiweißkörper in Betracht, die den organischen Hauptbestandteil des Körpers ausmachen und den Anschauungen über ihre Konstitution nach recht wohl Angriffspunkte für den Formaldehyd bieten. Aus den Spaltungsprodukten hat man z. B. erschlossen, daß die Eiweißkörper Amidogruppen enthalten müssen, die, wie ja schon bemerkt, sich leicht mit dem Formaldehyd zu Methylenverbindungen umwandeln können. Mancherlei Beobachtungen sprechen übrigens dafür, daß die Umsetzung nicht bei allen Eiweißkörpern gleichmäßig verläuft. So viel aber kann man schon a priori annehmen, daß bei der Einwirkung von Formaldehyd auf Eiweiß Methylenkörper resultieren. Ich habe nun vor einer Reihe von Jahren die Entdeckung gemacht, daß zwar die

Eiweißkörper, die die Gewebe zusammensetzen, durch Formaldehyd wasserunlöslich und gehärtet werden, daß jedoch andrerseits Eiweißarten existieren, die unter bestimmten Bedingungen vom Formaldehyd nicht nur nicht gefällt, sondern im gewissen Sinne sogar löslicher als vorher gemacht werden. Als solche nenne ich das Serumalbumin und das Ovoalbumin. Beide verändern, mit wässerigen Lösungen von Formaldehyd zusammengebracht, ihre Eigenschaften derartig, daß sie nunmehr auch beim Kochen der Mischung gelöst bleiben. Das ist nicht etwa durch die Anwesenheit von überschüssigem Formaldehyd bedingt, denn diese neue Eigentümlichkeit bleibt auch bestehen nach vollkommener Entfernung des freien Formaldehyds, sondern es haben sich aus den genannten Albuminen unter der Einwirkung von CH_2O neue Eiweißkörper, die durch Hitze ungerinnbar sind, gebildet. Hierbei wird eine gewisse Menge von Formaldehyd verbraucht.

Spätere Autoren — BACH (Arch. des Sciences Phys. et Nat., Bd. 3, 1897), BENEDICENTI (Arch. Physiol. 1897), BECKMANN (Forschungsberichte über Lebensmittel etc. 1896), SCHWARZ (Zeitschr. Physiol. Chem., Bd. 31, 1901), SCHIFF (LIEBIGS Annal. Chem., Bd. 319) — haben diese Beobachtungen bestätigt und beträchtlich erweitert, indem sie teils dieselben, teils andere Eiweißkörper auf ihr Verhalten gegenüber Formaldehyd prüften und dessen Absorption oder die resultierenden Verbindungen genauer untersuchten. Die gewonnenen Verbindungen wurden von allen Bearbeitern als Methyleneiweißkörper angesprochen.

Was für unsere Zwecke von Wichtigkeit ist, ist der Umstand, daß nunmehr eine ganze Reihe von Eiweißkörpern bekannt sind, die sich mit Formaldehyd umsetzen und dabei ihr physikalisches oder chemisches Verhalten deutlich abändern. So ist z. B. bei dem Ovoalbumin nicht nur die Koagulierbarkeit durch Hitze aufgehoben, sondern es hat sich auch die Fällbarkeit durch Alkohol verändert, indem nur ganz konzentrierter Alkohol einen Niederschlag hervorruft, der im Gegensatz zu der Alkoholfällung des ursprünglichen Ovoalbumins nachher wieder in Wasser löslich ist; die wässerige Lösung aber verhält sich bei dem Formaldehydeiweiß vor wie nach der Alkoholbehandlung gleich. Eine Strukturveränderung durch Alkoholfällung findet also nicht statt. Andrerseits wird in Wasser lösliche Gelatine bei Einwirkung von Formaldehyd allmählich unter Absorption bestimmter Mengen von Formaldehyd völlig unlöslich.

Alle diese Beobachtungen beweisen eine chemische Einwirkung des Formaldehyds auf die Eiweißkörper, die man sich als eine Methylenierung vorzustellen hat.

Wenn SJÖBRING aus der Ähnlichkeit der Formaldehydfixation mit der Osmiumfixation, aus der Ersetzbarkeit der Osmiumsäure durch Formaldehyd und ferner aus mancherlei histologischen Eigenschaften der fixierten Gewebe zu dem Schlusse kommt, es handle sich bei der Formaldehydfixation um eine Oxydationswirkung, bei der „Formaldehyd mit Wasser unter Abspaltung von einem Molekül Sauerstoff in Methylalkohol nach der Formel $CHOH + H_2O = CH_3OH + O$ reduziert wird, dann zieht er aus seinen anatomischen Befunden einen Schluß auf die Chemie der Formaldehydeinwirkung auf Eiweißkörper, der keinerlei innere Wahrscheinlichkeit besitzt, und für den er auch kaum ein Analogon aus der gesamten Chemie des Formaldehyds oder der Eiweißkörper anführen kann. Man muß vielmehr die Befunde SJÖBRINGS für zufällig ähnliche Resultate von ihrem Wesen nach ganz verschiedenen Methoden ansehen. Fernerhin wird man sich daran erinnern, daß manche Autoren (HILT) die Osmiumsäure sogar für überflüssig bei der GOLGIschen Methode ansehen; gewiß also ein Schluß, der aus ihrer Ersetzbarkeit durch Formaldehyd nichts für die Art der Einwirkung auf das Gewebe zu beweisen vermag.

Es muß vielmehr daran festgehalten werden, daß die Formaldehydhärtung auf einer Methylenierung der das Gewebe zusammensetzenden Eiweißkörper beruht.

Ist die durch Formaldehyd bewirkte Methylenierung ausschließlich als eine Fixation zu betrachten, oder ist es berechtigt, daneben von einer Formaldehydhärtung zu sprechen?

Während SJÖBRING den Formaldehyd nur als Fixierungsmittel gelten lassen will und ihn hier unter die besten derartigen Präparate einreiht, schreiben z. B. A. B. LEE und PAUL MAYER in ihrem Buche: „Während über die Brauchbarkeit des Formaldehyds zum Fixieren die Ansichten der Forscher noch weit auseinandergehen, ist man sich von Anfang an über seine Verwendbarkeit zum Härten der Gewebe nicht im Zweifel gewesen."

Nun — der Formaldehyd ist sicher sowohl ein Fixations- wie ein Härtungsmittel. Durch seine chemische Einwirkung auf das Gewebe macht er dasselbe z. B. gegen die Koagulation durch Alkohol widerstandsfähig, fixiert das Zelleiweiß, so daß die bei ausschließlicher Alkoholhärtung so häufigen Schrumpfungsbilder zum großen Teil unterbleiben; andrerseits werden die meisten Organe und Organderivate dadurch gehärtet, daß die bei der Formaldehydeinwirkung entstehenden Methylenverbindungen unlöslicher sind als ihr Ausgangsmaterial. Es läßt sich somit der Formaldehyd im allgemeinen weder als ausschließliches Fixations- noch als reines Härtungsmittel ansprechen. Für die meisten Organe ist er beides; für Mucin z. B. ist er jedoch sicherlich kein Härtungsmittel.

Man muß eben den jedesmaligen Einzelfall, d. i. das Verhalten der einzelnen Eiweißkörper gegenüber dem Formaldehyd, prüfen; dabei wird man zumeist neben der Fixation die härtenden Eigenschaften des Formaldehyds mehr weniger ausgesprochen finden.

Ein sehr instruktives Beispiel der Verschiedenartigkeit der Einwirkung des Formaldehyds je nach der Art der Eiweißsubstanz läßt sich gewinnen, wenn man ein unverletztes Hühnerei über wässerige Formaldehydlösung aufhängt. Schon nach einer Woche ist das Ei genügend von Formaldehyd durchdrungen, um die definitiv bleibenden Verhältnisse erkennen zu lassen. Die äußere Schicht, das eigentliche Eiweiß, ist in eine mittelweiche, durchsichtige, klebrige Masse verwandelt, während der Eidotter als eine harte, schnittfähige Kugel darin suspendiert ist.

Hier läßt sich also ad oculos demonstrieren, wie verschieden sich die beiden Schichten des Eies verhalten: Die äußere Schicht wird in gewissem Sinne nur fixiert, die innere Schicht wird gehärtet.

In Wirklichkeit spielt sich an beiden Eibestandteilen derselbe Prozeß ab — die Methylenierung — die bei den Eiweißkörpern der Außenschicht zu halbfesten, an denen des Eidotters zu völlig erstarrten Produkten führt.

Zu prüfen bleibt noch, ob bei fortdauernder Einwirkung von Formaldehyd auf Eiweiß allmählich eine weitergehende Umsetzung eintritt. Ich habe in dem optischen Verhalten von gelöstem, mit Formaldehyd versetztem Eiweiß Anhaltspunkte dafür gefunden, daß dem so ist.

Neuere Arbeiten von FISCHER, HAMBURGER, H. STÖLTZNER und solche von W. BERG haben zur Lösung der Frage nach der Einwirkung des Formaldehyds dadurch beigetragen, daß sie teils das Strukturbild einzelner Eiweißsubstanzen unter dem Einfluß von Formaldehyd untersuchten, teils das Volumverhältnis von Organen nach Formaldehydeinwirkung prüften. Wenn auch nicht über das Wesen, so doch über die Brauchbarkeit der Formaldehydhärtung sind dadurch wichtige Resultate gezeitigt worden.

Welche Konzentration und Reaktion sollen die Formaldehydlösungen im allgemeinen besitzen?

Gelegentlich der Einführung des Formaldehyds in die mikroskopische Technik hatte ich die Anwendung einer 4%igen wässerigen Formaldehydlösung (auf das Zehnfache seines Volumens verdünntes Formol) angeraten. Meine damalige Empfehlung stützte sich auf vergleichende Betrachtungen, makroskopische und mikroskopische, von Organstücken, die mit wässerigen Lösungen von 0,4—40% Formaldehydgehalt (Formol 1 : 100 bis konzentriert) behandelt waren.

In der Folgezeit sind wiederholt schwächere und stärkere Lösungen empfohlen worden; die meisten Autoren aber haben sich meinem ursprünglichen Rezepte angeschlossen, so daß heute bei alleiniger Anwendung des Formaldehyds als Fixierungs- resp. Härtungsmittels kaum noch eine andere als 4%ige Formaldehydlösung (Formol, Formalin 1 : 10) angewendet wird.

PARKER und FLOYD haben nun, um die Volumzunahme zu vermeiden, die Gehirne bei der Behandlung mit Formaldehyd erfahren, angeraten, eine Mischung anzuwenden von 6 Vol. Alkohol (95%) und 4 Vol. Formol (2%), bei der keinerlei Volumveränderung eintreten soll. Ich habe hiergegen schon 1896 geltend gemacht, daß bei derartig behandelten Gewebsstücken, speziell in der Außenzone, die Strukturbilder anders aussehen, als wenn zuerst Formol (1 : 10) und dann Alkohol eingewirkt hat. Alle in der Zwischenzeit gesammelten Erfahrungen haben das Gleiche erwiesen. Wie gering übrigens die von PARKER und FLOYD gerügte Veränderung nur sein kann, das wird am besten durch die Befunde FLATAUs dargetan, der für Gehirne zu folgender Aufstellung gelangt: Konserviert in 96%igem Alkohol Abnahme 34% Gewicht, in $2^1/_2$%igem Kalium bichromicum von 32% Gewicht, in 10%igem Formol Zunahme von $1^1/_2$% Gewicht, in 5%igem Formol Zunahme von 9% Gewicht, in 1%igem Formol Zunahme von 23% Gewicht.

Nach H. STÖLTZNER schwanken die Werte der kubisch berechneten Volumszunahme bei Härtung mit 10%iger Formollösung je nach Organ und Tierart zwischen 1 und 24%. W. BERG findet bei der Leber eine geringe Volumsverminderung (—5,24%); bei der Milz eine Vermehrung um 12,27%.

Konzentrierte Lösungen von Formaldehyd anzuwenden, hat nur HOYER angeraten und wirft den schwächeren Lösungen vor, daß durch sie eine Quellung des Protoplasmas der Zellen eintritt. LEE bemerkt hierzu: „Indessen waltet hier sicher ein Irrtum ob; ich finde, daß in Präparaten mit $13^1/_3$%igem Formaldehyd (1 Vol. Formol und 3 Vol. Wasser) die Zellen enorm überfixiert sind und so homogen aussehen wie osmierte Zellen.“ Dieser von LEE vermutete Irrtum ließe sich aus einer Abschwächung der von HOYER benutzten Formaldehydlösung (Formalin) durch reichliche Bildung von dem für die Härtung unwirksamen Paraformaldehyd erklären.

PERUSINI kommt bei vergleichenden Untersuchungen zu dem Ergebnis, daß bei der Formolfixierung des Rückenmarks Achsencylinder und Markscheide in der 10%igen Lösung am besten sich erhalten.

SJÖBRING benutzt zum Fixieren das Formol vierfach mit Wasser verdünnt; er kommt zu dieser Konzentration von dem Gesichtspunkte aus, daß eine zweckentsprechende Fixierungsflüssigkeit vor allem mit dem Protoplasma isoton sein müsse, die in obiger Weise zusammengesetzte Flüssigkeit genüge für Säugetiergewebe im allgemeinen jener Bedingung. (Nachhärten in 95%igem Alkohol.) „In dem so behandelten Material ist fast alles, was wir in den Geweben darzustellen wünschen, in ausgezeichneter Weise konserviert, in einer Form, die sich fast überall als die vitale herausstellt.“

WEIGERT hinwiederum schreibt bei Besprechung seiner Neurogliafärbung bezüglich der vorbereitenden Formolhärtung: „Man hüte sich vor schwächeren Lösungen (NB. 1 : 10); diese fixieren nicht gut genug. Stärkere anzuwenden hat aber auch keinen Zweck, sie leisten auch nicht mehr.“ REIMAR, der vergleichende Untersuchungen zwischen 10%igen und 4%igen Formaldehydlösungen an verschiedenen Geweben vorgenommen hat, äußert sich dahin, daß ein irgendwie bemerkenswerter Unterschied nirgends zu ermitteln gewesen sei. „Auf die Isotonie der Formollösungen mit dem Safte der Gewebe hat man bisher so gut wie keine Rücksicht genommen“, schreibt MAYER in seinem mehrfach zitierten Lehrbuche (LEE und MAYER) und gibt an, daß er für Seetiere ausschließlich ein Gemisch von 1 Teil Formol und 9 Teilen Seewasser (also 4%igen Formaldehyd) benutzte. „Hierin werden, soweit ich sehen kann, die Gewebe durchaus befriedigend fixiert.“

Daß für die Fixierung der Säugetiergewebe zu histologischen Zwecken die Isotonie, wie sie SJÖBRING (siehe oben) verlangt, keine allzu große Rolle spielen kann, vielmehr die gebräuchliche 4%ige Formaldehydlösung (Formol 1 : 10) im allgemeinen ausreichend ist, dafür sprechen einige Erfahrungen, die ich in den letzten Jahren zu machen Gelegenheit hatte.

Härtet man Schilddrüsen der verschiedensten Tierklassen in 1 : 10 Formol, so geht, selbst dann, wenn die Organe nicht in toto, sondern zerlegt eingebracht werden, fast nichts von den in der Thyreoidea enthaltenen Eiweißkörpern in die Flüssigkeit über; der Gewebesaft dieses Organes bleibt also darin und wird fixiert. Ganz ähnlich verhält es sich mit anderen Geweben; auch sie geben nur Spuren ihres Gewebssaftes an die angeblich doch zu dünne Formaldehydlösung ab.

Da nun fernerhin der Formaldehydbehandlung beim histologischen Arbeiten fast stets eine Entwässerung nachfolgt, so dürfte der Isotonie der ersten Lösung kaum eine besonders erhebliche Bedeutung zukommen; es hat vielmehr das mikroskopische Resultat im fertigen Präparat über die Brauchbarkeit der einzelnen Lösungen zu entscheiden, und dieses hat, Einzelfälle ausgenommen, für die Verwendung einer ungefähr 4%igen wässerigen Formaldehydlösung gesprochen.

Schwache Lösungen (1—2% Formalin) zu gebrauchen zu dem Zwecke, sonst nicht deutlich sichtbare Zellen zur Schwellung zu bringen und dadurch sichtbar zu machen, rät Kenyon an, der im übrigen 4—8%ige Formalinlösung oder Formalinalkohol am geeignetsten für histologische Zwecke befunden hat. Zu einem ähnlichen Resultate ist auch Gerota gelangt, der wässerige Formollösungen von 4—6% oder alkoholische von 3—5% zur Gewebsfixation, für das Centralnervensystem aber 5—10%iges Formol empfiehlt. Zur Konservierung behufs Demonstration etc., worauf einzugehen nicht meine Aufgabe ist, sind die Formaldehydlösungen in sehr verschiedenen Konzentrationen und mit mannigfaltigen Zusätzen mit und ohne Glück zusammengesetzt worden.

Was die Reaktion der käuflichen Formaldehydlösungen angeht, so ist dieselbe ausnahmslos eine saure durch bei der Herstellung entstandene, beigemengte Ameisensäure. Ein Nachteil hat sich, wenigstens für die histologische Verwertung des Formaldehyds hieraus bisher, soweit ich sehe, nicht ergeben. Immerhin möge nicht unerwähnt bleiben, daß Neufville der Ameisensäure eine Steigerung der koagulierenden Eigenschaften des Formaldehyds (sicher mit Recht!) zugeschrieben hat und daß Mann bei der Vorbehandlung der Neurofibrillendarstellung ausdrücklich neutrales Formol anwendet.

Mann gibt an, er habe durch Stehenlassen über Magnesium- oder Natriumcarbonat das Formol neutralisiert. Offenbar hat Mann hier sein Verfahren nicht ausführlich beschrieben, da solche Lösungen stets doch einen Überschuß des Alkalis aufnehmen würden.

Spezielles Verhalten des Formaldehyds gegenüber einzelnen Geweben; Verwendbarkeit der mit Formaldehyd vorbehandelten Gewebe in der mikroskopischen Technik.

In Beziehung auf die Brauchbarkeit des Formaldehyds in wässeriger Lösung zum Fixieren und Härten der einzelnen Gewebe herrscht — soviel mir die Durchsicht der Literatur ergibt — immer noch eine ziemlich weitgehende Divergenz der Meinungen.

Während Sjöbring, wie oben angeführt, die der vitalen Struktur durchaus entsprechende Fixierung fast aller Gewebe rühmend hervorhebt, kommt Lee zu dem Resultat, daß „der Formaldehyd allein (NB. in 2—4%iger wässeriger Lösung) durchaus ungeeignet für cytologische Untersuchungen sei“. Ob Lee hier von einer ausschließlichen „Behandlung“ mit der Formaldehydlösung, ohne nachträgliche Entwässerung mittelst Alkohol spricht, ist mir aus Fassung und Zusammenhang nicht ersichtlich geworden. Die meisten übrigen Autoren stehen mit ihrem Urteil in der Mitte zwischen diesen beiden Extremen. Im folgenden seien einige derselben angeführt:

Reimar (l. c. pag. 17) schreibt: „Faßt man alles zusammen, so kann man über den Wert des Formols sagen, daß es in bezug auf Protoplasmafixierung dem Alkohol bedeutend überlegen ist, während Sublimat ungefähr in der Mitte zwischen ihnen steht, und daß es mit Hermannscher Mischung ziemlich gleichwertig ist. Alkohol gibt grobkörnige Protoplasmagerinnung etc. Sublimat gibt eine feinkörnige Gerinnung etc., Formol eine homogene oder sehr feine Gerinnung mit der besten Formerhaltung."

„In bezug auf Kernfixierung steht in erster Linie Hermannsche Mischung (resp. die ihr ähnlichen Lösungen Flemming, Rabl u. a.). Gute Resultate gibt auch Sublimat in kleineren Stücken, während Formol auch in größeren Stücken die Kernstruktur gut erhält. Alkohol gibt unregelmäßige und verzerrte Chromatinfiguren."

„Man kann daher sagen, daß Formol mit zu den besten und einfachsten Fixiermitteln gehört, daß es die Gewebe in einer den natürlichen Verhältnissen am meisten nahekommenden Weise erhält, wenn es auch kein Universalmittel ist."

Gerota (l. c.) sagt: „Das Formol wirkt günstiger auf das Protoplasma der Zellen und auf das Albumin, als der Alkohol und das Sublimat; das Protoplasma wird nur wenig gefällt und bildet ein weniger opakes Koagulum.

Das Formol ist nicht für alle Gewebe zu verwenden; aber im allgemeinen ist es besser als der Alkohol, kommt dem Sublimat und der Osmiumsäure gleich oder übertrifft sie in der Fixierung der Kerne.

Es fixiert am besten die Gestalt der Blutkörperchen, aber es löst das Hämoglobin.

Das Formol ist für das Studium des Centralnervensystems vorteilhafter als das Kaliumbichromat."

Giuseppe dell' Isola faßt sein Urteil dahin zusammen:

„1. Es ist nicht richtig, daß das Formalin den Organen ihre natürliche Farbe erhalte; es ist deutlich festgestellt, daß es die roten Blutkörperchen und das Hämoglobin zerstört, alle Pigmente angreift und zerstört, mit Ausnahme der schwarzen, die wir in der Chorioidea des Auges und in der Malpighischen Schicht der Haut wiederfinden.

2. Formol wirkt schädlich auf Bindegewebe und Muskelgewebe und ist daher bei den Organen, wo diese Gewebe vorherrschen, zu vermeiden (Uterus, Herz, Muskel, Lymphdrüsen).

3. Es ist zur Härtung von Embryonen nicht zu verwenden. Dasselbe gilt von den Eiern, die ungewöhnlich hart werden.

4. Es konserviert wunderbar die Struktur des Protoplasmas und des Kerns und kann angewendet werden beim Studium der Organe, bei denen Zellvermehrung stattfindet, weil es die caryokinetischen Figuren erhält.

5. Es fixiert sehr gut die Schleimhäute und Epithelien.

6. Es ist durchaus erforderlich, beim Studium des Centralnervensystems die Mischung von Formolbichromat (eine Lösung von Kaliumbichromat von 10% und Formol von 10% zu gleichen Teilen) zu Hilfe zu nehmen für 1—2 oder 3 Tage, mit darauffolgendem Einlegen in Silbernitrat von 0,75% für 2 oder mehr Tage, sowohl bei ausgewachsenen wie bei embryonalen Organen; dasselbe gilt für die Weigertsche Färbung."

Lubarsch äußert sich folgendermaßen: „Ich selbst kann auf Grund ausgedehnter Erfahrungen das Formol als Fixierungsmittel sehr empfehlen und mich im großen und ganzen den Ausführungen Reimars anschließen. Gerade für die Zwecke des pathologischen Histologen scheint sie (die Wirkung des Formols) eine ausgezeichnete zu sein, weil sie nicht nur alle besonderen Gewebsstrukturen erhält, sondern auch alle Färbungsmethoden gestattet. Sie ist insoferne eine förmliche Universalmethode, die nach meinen Erfahrungen nur Nachtheile hat: 1. für den Glycogennachweis, 2. für den Nachweis feinster Protoplasmastrukturen, 3. durch die allerdings nicht unbedeutenden Schrumpfungen, die das Formol namentlich an Leichenmaterial hervorruft. Doch teilt sie diesen Nachteil mit fast allen übrigen Methoden, die dafür außerdem noch andere Nachteile besitzen."

Wenn dell' Isola in seiner ersten These den Satz aufstellt, daß die roten Blutkörperchen und das Hämoglobin von dem Formaldehyd zerstört werden, und wenn Gerota zwar nicht bezüglich der Blutkörperchen, aber bezüglich des Hämoglobins sich ähnlich ausspricht, so ist dieses Urteil nicht vollständig durch die Tatsachen gerechtfertigt. Es bildet vielleicht einen Hauptvorzug der Formaldehydbehandlung, daß Blutkörperchen und Blutfarbstoff in einer ganz ausgezeichneten Weise konserviert werden, wofern man nur nicht allzu verdünnte Lösungen anwendet oder konzentriertere nicht allzu lange einwirken läßt. Beachtet man diese Vorsicht, dann kann man sich leicht von der Erhaltung auch des Hämoglobins überzeugen. Bringt man nämlich die in der Formaldehydlösung scheinbar ihres Blutfarbstoffes verlustig gegangenen Gewebe in Alkohol, so ändert sich schon nach kurzer Zeit — oft nach wenigen Minuten — das gesamte Aussehen: die Farbe des Gewebes wird eine lebhaftere, es nähert sich das Bild demjenigen des frischen Präparates und der verschwunden gewesene Blutfarbstoff tritt allmählich in aller Deutlichkeit, oftmals mit schön sattroter Farbe zutage. Dementsprechend zeigt das mikroskopische Präparat wohlausgebildete und nur wenig schwächer als bei frischer Entnahme gefärbte Blutkörperchen. Eine Auslaugung von Blutfarbstoff findet bei Verwendung der 4%igen Formaldehydlösung (Formol, Formalin 1 : 10) nur in ganz geringem Maße statt; bei schwächeren Konzentrationen ist sie entsprechend intensiver. Eine Zerstörung des Blutfarbstoffes auf Nimmerwiedersehen durch allzu lange Einwirkung des Formaldehyds tritt frühestens nach monatelangem Verweilen in der Flüssigkeit und auch hier nicht regelmäßig ein. Immerhin hat man diese Möglichkeit beim Arbeiten mit Formaldehyd zu berücksichtigen.

Das merkwürdige Verhalten des Blutfarbstoffes — sein Verschwinden und seine Rückkehr — haben wir (mein Vater und ich) schon bei unseren ersten Versuchen mit Formaldehyd entdeckt und bereits im Jahre 1893 und später zu wiederholten Malen beschrieben.

Melnikow-Raswedenkow, der irrtümlich glaubte, im Jahre 1905 die genannte Entdeckung als erster gemacht zu haben, und sie 1907 veröffentlichte, Jores, Kaiserling, Pick u. a. haben, an unsere Beobachtung des Verhaltens des Blutfarbstoffes anknüpfend, Konservierungsverfahren für anatomische Präparate unter Verwendung geeigneter Salzzusätze etc. ausgearbeitet, die für manche makroskopische Zwecke mehr zu leisten scheinen, als unser einfaches, die histologische Verwendung nicht beschränkendes Formaldehyd-Alkoholverfahren. Littlejohn und Strauch empfehlen für größere Leichenteile nach ähnlicher Vorbehandlung Aufbewahrung über Formaldehyd-Glycerinwatte. Giuseppe Fornario fixiert die durch den Alkohol wieder hergestellte natürliche Färbung der Formolpräparate durch Zugabe von Pikrinsäure und Eisessig. Worauf die oben beschriebene Umwandlung des Hämoglobins beruht, ist zurzeit trotz der Feststellung des spektroskopischen Verhaltens in den verschiedenen Stadien (Melnikow-Raswedenkow, Kaiserling) noch keineswegs geklärt; ich möchte am ehesten glauben, daß es sich auch hier um die Bildung eines methylenierten Derivates handelt, das bei Wasserentziehung seine bräunliche Farbe in Rot umändert. Auch die Anschauung von Takayama, daß Formaldehyd in gemeinem Blute Methämoglobin erzeugen und daß Alkohol dieses zu Kathämoglobin umwandle, entbehrt des Beweises.

Sehr erwähnenswert ist das Verhalten der Cornea bei der Formaldehydhärtung; sie bewahrt, wie mein Vater gezeigt hat, ihre Durchsichtigkeit und nimmt gleichzeitig an Konsistenz beträchtlich zu; dadurch wird das Auge in einer wunderbaren Naturtreue erhalten (J. Blum, Hermann, Guaita, Retzius, Andogsky u. a.), während es in seiner Gewebsstruktur zudem vorzüglich fixiert wird.

Auch Schleimgewebe verändern sich kaum; wirkt dann aber Alkohol darauf, so tritt die gleiche Schrumpfung ein, wie bei ausschließlicher Alkoholbehandlung.

Fett wird von Formaldehyd nicht verändert; eine Fettgeschwulst wird kaum gehärtet, obwohl die Fettzelle als solche gut fixiert wird. Hier muß die Nachbehandlung die Schnittfähigkeit erst herstellen.

Als Ergebnis der zahlreichen Untersuchungen läßt sich aussprechen, daß der Formaldehyd als Vorbereitungsmittel zur histologischen Untersuchung für kein Organ oder Gewebe unbrauchbar ist; daß er aber in vielen Fällen Gleiches und Besseres leistet wie die anderen Fixierungsmittel.

Fast zu einem Universalmittel wird der Formaldehyd dadurch erhoben, daß man die mit ihm vorbehandelten Gewebe den allermeisten Fixierungen, Beizen, Imprägnationen und Färbungen nachträglich noch unterwerfen kann. Die Fixierung und Härtung mittelst Formaldehyd und nachträgliche Entwässerung durch Alkohol (96%igen) habe ich an einer großen Reihe von normalen und pathologischen Geweben erprobt. Am Gehirn fand van Gieson diese Methode für manche Zwecke geeignet und rühmt, daß das Myelin gut erhalten bleibe. Ähnlich berichtet Gerota, der Gehirne in toto einlegte, bei manchen außerdem Injektionen von den Gefäßen aus vornahm.

Dölken ist wohl der einzige Autor, der planmäßig die Nachbehandlung mit Alkohol zu umgehen suchte. Er setzt den Formaldehydlösungen nachträglich solche Stoffe zu, die mit Formaldehyd feste Kondensationsprodukte bilden, z. B. Resorcin mit etwas Glycerin und einige Tropfen Schwefelsäure. Die Masse erstarrt in kurzer Zeit und Schnittfähigkeit ist vorhanden. Irgend einen Vorteil gegenüber den sonst gebräuchlichen Methoden dürfte dies Verfahren kaum bieten. Für die Zwecke seiner Neurogliafärbung behandelte Weigert mit Formaldehyd vor und legte dann in eine wässerige Lösung von Kupferacetat, Chromalaun und Essigsäure ein. Nach SCARPATETTI gelingt die WEIGERT-VASSALEsche Methode vorzüglich an Schnitten, die von Präparaten nach Formolhärtung kommen, ohne vorheriges Einlegen in MÜLLERsche Flüssigkeit oder Chromsäure. Schnitte von Rückenmark oder Gehirn, welche 3 Tage bis mehrere Monate in 5—10%iger Formollösung gelegen hatten und in 95%igem Alkohol nachgehärtet worden waren, wurden direkt aus dem Alkohol in 1%ige Hämatoxylinlösung gebracht. Nach 5 Minuten in konzentrierte, neutrale Kupferacetatlösung für 5 Minuten; dann Abspülen in Wasser, Differenzierung in einer Mischung von 2 Natrium biboracicum, 2,5 Ferricyankalium und 100 destillierten Wassers; Abspülen in konzentriertem Lithiumcarbonat, Abspülen, Einschluß: die Achsencylinder sind gefärbt, jedoch nicht die Markscheiden. Die Fasern lassen sich bis in die Rinde verfolgen; die Tangentialfasern sind deutlich gefärbt. Es färben sich außerdem die Ganglienzellen der Gehirnrinde. Degenerationsherde werden scharf markiert; Zellkern und Gefäßinhalt werden schwarzblau gefärbt. In MÜLLERsche Flüssigkeit nachträglich einzulegen, haben mehrere Autoren empfohlen. Hierzu schreibt jedoch EDINGER: „Es ist in letzter Zeit mehrfach die Angabe gemacht worden, daß man durch Nachbehandlung der Formolstücke (1 : 10 Formol) mit MÜLLERscher Flüssigkeit diese Stücke für die Markscheidenfärbung verwenden könne. Aber die Resultate sind, soweit ich sie nachprüfte, doch recht mangelhaft gewesen. Vortreffliche, immer gut durchgebeizte Stücke aber erhält man, wenn man nach einem neuen Verfahren von WEIGERT vorgeht: die Gehirne kommen 3—4 Tage in Formol — sie können auch monatelang da bleiben —, dann werden sie etwas abgewaschen und eingelegt in WEIGERTsche Flüssigkeit: Kal. bichrom. 5,0, Alumen chromicum 2,0, Aqua ad 100. Da bleiben sie — in der Kühle — 5 Tage etwa. Das reicht zu völligem Eindringen der Chromsalze aus. Dann Alkohol, Einbetten, Kupfern nach bestimmten Vorschriften, Schneiden.

BOLTON härtet zunächst mehrere Wochen bis Monate in 5%iger Formalinlösung; dann trägt er Stücke von $^1/_4$ Zoll im Quadrat und höchstens $^1/_8$ Zoll Dicke in 0,5—2%ige Ammoniumbichromatlösung für 1—5 Tage ein; dann folgt für 24 Stunden das Silberbad (1%ige Silbernitratlösung).

GUDDEN härtet zunächst mit 5—10%iger Formollösung, dann mit 96%igem Alkohol, bettet in Celloidin ein, schneidet und behandelt die Schnitte während 10 Stunden mit 0,55%iger Chromsäure, um sie hierauf nun nach WEIGERT zu färben.

Auch für die GOLGIsche Methode ist das zuerst mit Formaldehyd gehärtete Material nicht verloren (HOYER jun.; ja es vermag der Formaldehyd sogar nach LACHI, DELL' ISOLA, DURIG, FISH die Osmiumsäure bei dem schnellen GOLGIschen Verfahren zu ersetzen. Von Färbungen ist, soviel ich sehe, bis jetzt keine bekannt gegeben worden, die an Formaldehydpräparate unmöglich wäre. Ich selbst konnte berichten, daß die mit Formaldehyd gehärteten und mit Alkohol entwässerten Gewebe für Hämatoxylin sowie Anilinfarben, speziell auch WEIGERTsche Fibrin-Mikroorganismenfärbung empfänglich bleiben. REIMAR, der, wie oben erwähnt, Formaldehydpräparate in Vergleich mit Sublimat- und Alkoholpräparate zog, fand sie färbbar durch Carmine, Hämatoxyline und Anilinfarbstoffe. Leucocyten ließen deutlich die eosinophilen wie die basophilen Granulationen erkennen. VAN GIESON, LACHI, (l. c.), DELL' ISOLA (l. c.) haben mit Erfolg die WEIGERTsche, MARCUS die WEIGERT-PALsche Methode am Nervengewebe, das mittelst Formaldehyd gehärtet war, angewendet. SIEMERLING rügt allerdings, daß wochenlanges Verweilen in Formol (1 : 10) Gehirne ungeeignet zur Zellfärbung mit Anilinfarben mache; die Schnitte nehmen dann den Farbstoff schlecht an. Ferner bilde sich eine Randzone, welche makroskopisch eine ungewohnte graugelbe Färbung zeige und eine vollständige Fixation der tangentialen Fasern mit den üblichen Methoden der Markscheidenfärbung nicht zulasse.

Bei der vitalen Methylenblaufärbung haben RAMON Y CAJAL und PLOSCHKO nachträglich die Schnitte in 10%ige Formollösung eingebracht und auf diese Weise die Schnitte gehärtet. BENDA behandelt zur Darstellung der durch Anilinfarben darstellbaren Nervenzellstrukturen die Gewebsstücke zuerst 3 Tage lang mit Alkohol (95%) und hierauf $^1/_4$ bis 24 Stunden mit 1%iger Formaldehydlösung, dann schneidet er auf dem Gefriermikrotom.

WRIGHT kocht die Gewebsstücke mit 10%iger Formollösung behufs schnellerer Fixierung; wäscht dann aus, läßt gefrieren und schneidet den Block.

Blutpräparate schlägt HUBER sowie EDINGTON vor, in Formaldehydgas (über 10%iger Lösung) zu fixieren und sie dann mit Eosin-Methylenblau zu färben.

Zu erwähnen bleiben mir noch die zahlreichen Mischungen, die mit Formaldehyd vorgenommen und für spezielle Zwecke dienstbar gemacht worden sind, auf die des genaueren einzugehen jedoch nicht meine Aufgabe ist.

Formaldehyd-Alkohol.

Daß PARKER und FLOYD (l. c.) eine Formol-Alkoholmischung: Alkohol (95%) 6 Vol., Formol (2%) 4 Vol., für Gehirne empfohlen haben, ist schon früher angeführt; auch KENYON (l. c.) hält für histologische Zwecke eine alkoholische Formaldehydlösung für besser. In ähnlichem Sinne haben sich einige andere Autoren, die ich nicht sämtlich hier anführen kann, geäußert, ohne jedoch von einem Vorzug des mikroskopischen Bildes dieser Präparate gegenüber den erst mit Formaldehyd und dann mit Alkohol behandelten Geweben Überzeugendes berichten zu können. Zur Fixierung von Blutdeckglaspräparaten hat BENARIO den Formaldehydalkohol empfohlen (1 Formol + 9 Wasser + 90 Alkohol). GULLAND, der sich sehr ausführlich mit diesem Thema beschäftigt hat, bevorzugt eine 10%ige alkoholische Formollösung und Färbung besonders mit Eosin und Methylenblau.

MARINA behandelt das Centralnervensystem mit einem (frischen) Gemisch von 100 *ccm* 90%igen Alkohols, 5 *ccm* Formol und 0,1 *g* Chromsäure und wechselt täglich (im ganzen 4—8mal), wäscht dann mit 45%igem Alkohol aus, schneidet und färbt nach NISSL, HELD oder WEIGERT.

Formaldehyd-Kalium-, resp. Ammoniumbichromat.

Eine Mischung von Formaldehyd mit MÜLLERscher Flüssigkeit ist von mehreren Seiten empfohlen worden. ORTH verwendet auf 100 Teile MÜLLERscher Flüssigkeit 10 Teile Formol. Nach diesem Rezepte wird das Gemisch meistens bereitet. SIEMERLING (l. c.) macht darauf aufmerksam, daß auch bei Vorhärtung in jenem Gemische doch noch eine Nachbehandlung mit MÜLLERscher Flüssigkeit nötig sei und daß jeder einzelne Schnitt in 0,5%ige Chromsäurelösung gelegt werden müsse. Die weitere Färbung nach WEIGERT oder WEIGERT-PAL gehe in der gewöhnlichen Weise vor sich. Andere Autoren hinwiederum haben speziell für das Centralnervensystem Gemische von anderer prozentiger Zusammensetzung empfohlen. DURIG z. B. legt $^1/_2$ *cm* dicke Stücke für 3 Tage in eine wässerige Lösung von Formol (4 bis 6%) und Kaliumbichromat (3%); FISH (l. c.) gebraucht:

MÜLLERS Fluid 100 *ccm*, Formalin 10% 2 *ccm*, Osmic acid 1% 2 *ccm*.

Formaldehyd-Pikrinsäure.

Die Beobachtung, daß Pikrinsäure sehr gut fixiert, aber die Affinität für Hämatoxylin herabsetzt, während andrerseits die Formalinmethode die feinsten Zellstrukturen zerstört, aber vortreffliche Färbungsverhältnisse bietet, brachte GRAF zur Kombination beider Mittel. Er gebraucht 5 verschiedene Mischungen:

1. 1 Vol. in Wasser gesättigte Pikrinsäure und 1 Vol. 5%ige Formollösung,
2. 1 Vol. in Wasser gesättigte Pikrinsäure und 1 Vol. 10%ige Formollösung,
3. 1 Vol. in Wasser gesättigte Pikrinsäure und 1 Vol. 15%ige Formollösung,
4. 95 Vol. in Wasser gesättigte Pikrinsäure und 5 Vol. konzentrierte Formollösung,
5. 90 Vol. in Wasser gesättigte Pikrinsäure und 10 Vol. konzentrierte Formollösung. Fixierung $^1/_2$ bis 2 Stunden, dann Härtung in allmählich konzentriertem Alkohol (Untersuchungsobjekt eine gewisse Blutegelart).

Die mit dieser Methode zur Anschauung gebrachten Einzelheiten in der Zellstruktur sind nach den Beschreibungen und den beigegebenen Abbildungen ausgezeichnet.

MANN (l. c.) behandelt das Centralnervensystem mit einer Lösung von 5 *ccm* Formol, 1 *g* Pikrinsäure und 2,5 *g* Sublimat in 100 *ccm* Wasser und vermochte hiernach sogar die Fibrillen der Nervenzellen schön darzustellen.

BOUIN rühmt ein Gemisch von Formol und Pikrinsäure als Vorbereitungsmittel zur Untersuchung von Salmonideneiern.

Formaldehyd-Zinkchlorid.

FISH (l. c.) empfiehlt: Water 200 *ccm*, Formalin 50 *ccm*, Sodium chloride 100 *g*, Zinc chloride 15 *g*.

In dieser Flüssigkeit beläßt er Gehirne 7—10 Tage und länger, injiziert eventuell auch die Gefäße damit, überträgt dann in $2^1/_2$%ige wässerige Formalinlösung und von da in andere fixierende Agenzien „with most excellent results".

Formaldehyd-Kupfersulfat.

NELIS fixiert Spinalganglien 24 Stunden lang in einem Gemisch von 1 Liter 7%igen Formols und 5 *ccm* Eisessig, worin 20 *g* Kupfersulfat und Sublimat bis zur Sättigung aufgelöst sind. Es soll die Zellen nicht schrumpfen lassen und alle Färbungen erlauben.

Formaldehyd-Platinchlorid.

BOUIN verwendet in der HERMANNschen Flüssigkeit an Stelle der Osmiumsäure Formol.

RETTERER hat Verknöcherungen am Knorpel untersucht, der 6—12 Stunden in 50 Vol. 5%iger Lösung von Platinchlorid, 50 Vol. Formol und 3 Vol. Essigsäure gelegen hat und dann lange mit Wasser abgespült worden war.

Formaldehyd-Farblösungen.

WERMSEL wendet für Blutpräparate und Mikroorganismen die Methode von BENARIO (siehe oben) an, vereinfacht sie aber, indem er Fixierung und Färbung zusammenzieht. Außer Fuchsin, das ausfiel, lösten sich alle untersuchten Farbstoffe in dem Formol. Als die besten Formolfarblösungen empfiehlt WERMSEL:

1. Methylenblau, gesättigte wässerige Lösung 20 *ccm*, Formol 2,5%ige wässerige Lösung 100 *ccm*.

In bezug auf die Konzentration der Farbstoffe entspricht diese Lösung der LÖFFLERschen. Diese Farblösung wurde als Universalfärbemethode benutzt.

2. Eosin F. Eosin (bläulich), 1%ige Lösung in 60%igem Alkohol 100 *ccm*, Formol, 10%ige wässerige Lösung 20 *ccm*. Zum Färben von Blut.

3. Methylenblau F. B. Methylenblau, gesättigte wässerige Lösung 1 Teil. Formol, 4%ige wässerige Lösung 1 Teil. Färbung für Eiter und Gonocokken im Harnsediment.

4. Gentianaviolett F. (Zur Färbung nach GRAM.) Gentianaviolett, 10%ige alkoholische Lösung 10 *ccm* Formol, 2,5%ige wässerige Lösung 100 *ccm*.

NB. Die Konzentration des Formols spielt keine große Rolle. Alle Farblösungen in Formol müssen in dunklen Gefäßen gehalten werden.

OHLMACHER hatte schon früher ähnliche Versuche angestellt. Er rühmt seine Mischung und hebt hervor, daß sie sich auch für Schnittpräparate eignet.

Schnellhärtung mittelst Formaldehyd.

Der Formaldehyd ist auch zum Zwecke rascher Fertigstellung von mikroskopischen Präparaten nutzbar gemacht worden, und zwar haben die einen Autoren zuerst die 4%ige Formaldehydlösung auf kleine Gewebsstücke einwirken lassen und alsbald danach auf dem Gefriermikrotom geschnitten (CULLEN, PLENGE), während die anderen (PICK und andere) in umgekehrter Weise vorgegangen sind, indem sie zunächst auf dem Gefriermikrotom Schnitte anfertigten und diese dann in Formaldehydlösung brachten. Da das letztere Verfahren mir für die Zwecke der Schnellanfertigung mikroskopischer Dauerpräparate einige Vorteile zu bieten scheint, gebe ich hier die Vorschrift von PICK wieder, bei deren Innehaltung man allerdings in überraschend kurzer Zeit (6—8 Minuten) zum Ziele kommt.

1. Anfertigung der Gefrierschnitte mit JUNGS Hobelmikrotom.
2. Übertragen in 4%ige Formaldehydlösung bis 1/4 Minute.
3. Formaldehydalauncarmin 2—3 Minuten.
4. Auswaschen in Wasser 1/2 Minute.
5. Alkohol von 80% 1/2 Minute.
6. Absoluter Alkohol 10 Sekunden.
7. Carbolxylol 1/2 Minute.
8. Canadabalsam.

Ganze Gewebsstücke gleichzeitig zu fixieren und zu färben mittelst Alauncarmin-Formaldehydlösung schlägt — ähnlich wie PICK — SCHRIDDE vor und führt die gefärbten Stücke nach Auswaschung in fließendem Wasser über in Ammoniakalkohol. Den so gewonnenen Präparaten rühmt er nach besonders gute Erhaltung der Kernstruktur, der Zellgrenzen und der feineren Protoplasmastruktur.

Der käufliche Formaldehyd, seine Benennung und seine Beschaffenheit.

Der Formaldehyd wird seit seiner Einführung in die Medizin unter den verschiedensten Bezeichnungen vertrieben; zwei davon haben sich Eingang in die histologische Literatur verschafft: Formol und Formalin. Nachdem nun aber die deutsche Pharmakopöe beide Namen hat fallen lassen und nur von dem Formaldehydum solutum spricht, halte ich es für an der Zeit, daß auch in den Publikationen die Benennungen Formol und Formalin verschwinden und nur mehr über den Formaldehydum solutum, den gelösten Formaldehyd, berichtet wird.

Unter Formaldehydum solutum hat man alsdann eine konzentrierte wässerige Lösung zu verstehen, die ungefähr 40% Formaldehyd enthält.

Wer genau eingestellte Formaldehydlösungen verwenden will, wird gut tun, die Stammlösung auf ihre Stärke zu prüfen, da der käufliche, gelöste, angeblich 40%ige Formaldehyd nicht selten durch Bildung und Ausfallen von Paraformaldehyd wesentlich an Gehalt eingebüßt hat.

Die Prüfung geschieht durch Versetzen und Stehenlassen einer genau gemessenen Formaldehydprobe mit titrierter Ammoniaklösung im Überschuß in einer Flasche mit eingeschliffenem Glasstopfen unter Zusatz von etwas Wasser. Nach einigen Stunden gibt man quantitativ dem Gemische soviel Normalsalzsäure zu, daß die Lösung stark sauer reagiert. Nunmehr wird unter Benutzung von Cochenilletinktur als Indicator mit Normallauge zurücktitriert. Der Endpunkt ist erreicht, sobald das Gelb der Flüssigkeit in Rot umschlägt. Aus der Differenz der verbrauchten Normallauge und Normalsalzsäure läßt sich erkennen, wie viel Ammoniak noch (zum Binden der Säure) frei war; hieraus hinwiederum wie viel Ammoniak von Formaldehyd absorbiert war. Da nun die Reaktion zwischen Formaldehyd und Ammoniak sich nach der Gleichung vollzieht:

$$\underset{\text{Formaldehyd}}{6\,CH_2O} + \underset{\text{Ammoniak}}{4\,NH_3} = \underset{\text{Wasser}}{6\,H_2O} + \underset{\text{Hexamethylentetramin}}{N_4(CH_2)_6}$$

so entspricht jedem verbrauchten Molekül Ammoniak 1,5 Molekül vorhandenen Formaldehyds oder, da das Molekulargewicht des Ammoniaks 17, dasjenige des Formaldehyds 30 ist, ist für je eine Gewichtseinheit (z. B. Gramm) verbrauchten Ammoniaks $\frac{45}{17} = 2{,}647\,g$ Formaldehyd zu setzen.

Daß die käuflichen Formaldehydlösungen stets durch Ameisensäure sauer reagieren, ist schon erwähnt. Soll das ausgeglichen werden, so neutralisiert man am besten mittelst Lauge oder Soda unter Tüpfelung auf Lackmuspapier.

Zusammenfassung.

Der Formaldehyd hat sich seit seiner Einführung in die histologische Technik als ein äußerst brauchbares Fixierungs- und Härtungsmittel erwiesen. Die Einwirkung auf die Gewebe beruht auf einer Methylenierung hauptsächlich der Eiweißkörper.

Die für histologische Zwecke brauchbarste Konzentration der wässerigen Formaldehydlösung, Spezialfälle ausgenommen, ist eine solche mit 4% Formaldehyd = 10% Formaldehydum solutum. Es empfiehlt sich aber der Einfachheit halber, die Stärke einer Lösung nicht nach dem darin enthaltenen gasförmigen Formaldehyd, resp. Methylenglycol anzugeben, sondern unter Fallenlassen aller Handelsnamen ausschließlich nach den zugesetzten Volumprozenten von Formaldehydum solutum, d. i. von käuflicher 40%iger Formaldehydlösung. Da das Gewebe aus der umgebenden Lösung Formaldehyd absorbiert, ist stets für eine reichliche Flüssigkeitsmenge Sorge zu tragen und dem Formaldehyd von allen Seiten Zutritt zu verschaffen — am besten, indem man das Gewebe von den Gefäßwänden fernhält; bei Gehirnen z. B. durch Aufhängen an der Art. basil. nach DELTRIUS. Das Zehnfache an zugesetzter Formaldehydlösung dürfte im allgemeinen genügen. Die gebrauchten Lösungen können durch Ergänzung des verloren gegangenen Formaldehyds wieder nutzbar gemacht werden.

Mit Formaldehyd behandelte Gewebe sind fast für alle anderen Fixierungs- und Härtungsmethoden nachträglich noch zugängig. Auch für Imprägnationen und Färbungen bleiben die Gewebe tauglich. Während für die Erhaltung der gröberen Gewebs- und Zellstruktur selbst jahrelanges Verweilen in Formaldehydlösungen unschädlich ist, empfiehlt es sich, bei feineren histologischen Untersuchungen die Gewebsstücke nicht länger als einige Wochen in der Lösung zu belassen.

Literatur: ALLAIN (Thèse Bordeaux 1902), ALLEGER (Proc. Amer. Micr. Soc., Vol. 15, 1894), AMASO (Arch. di Anat. Pathol. Sc. Affin. Vol. 1), ANDOGSKY (Arch. Angenheilk., Bd. 30, 1895), ANDRÉ (Zeitschr. Wiss. Mikr., Bd. 24, 1907), v. BARDELEBEN (Verb. Ges. Deutsch. Nat., 68. Vers., II. Teil), BENARIO (Deutsch. Med. Wochenschr. 1894), BENDA (Neurol. Centralbl., Jg. 14, 1895), derselbe (Centralbl. Allgem. Path., Bd. 6, 1895), BERG (Inaug.-Dissert. Berlin, 1903), derselbe (Arch. Mikr. Anat., Bd. 62), derselbe (Arch. Physiol. 1904), derselbe (Arch. Mikr. Anat., Bd. 65), derselbe (Anat. Anz., Bd. 31), BERGONZOLI (Boll. del Naturalista, Jg. 16, Fasc. 1, und Boll. Scient., Jg. 17, Nr. 1). BETHE (Anat. Anz., Bd. 11, 1895), BETTI (Boll. del Naturalista, Jg. 19, 1899), BLANCHARD (Bull. Soc. Zool. France, Bd. 20, 1895), F. BLUM (Zeitschr. Wiss. Mikr., Bd. 10, 1893), derselbe (Anat. Anz., Bd. 9, 1894), derselbe (Münch. Med. Wochenschr. 1894), derselbe (Anat. Anz., Bd. 11, 1896), derselbe (Amer. Natur., Bd. 31, 1897), derselbe (Berl. Klin. Wochenschr., Jg. 38, 1901), J. BLUM (Zool. Anz. 1893), derselbe (Ber. Senckenberg. Naturf. Ges. Frankf. 1894 u. 1896), BOLTON (Brit. Med. Journ. 1898), derselbe (Lancet 1898), BORN (Schles. Ges. Vaterl. Kultur 1894), BOUIN (Arch. d'Anat. Micr., Bd. 1, 1897), derselbe (Bibl. Anat., Bd. 6, 1898), derselbe (Arch. de Biol., Bd. 17, 1901), derselbe (C. R. Soc. Biol. T. 55), BRANCA (Journ. de l'Anat., Bd. 25. 1899), BURZYNSKI A. (Poln. Arch. Biol. Med. Wiss. Bd. 1), BUSCH (Neurol. Centralbl., Jg. 15, 1896), CHENZINSKY (Centralbl. Allgem. Path., Bd. 7. 1896), COATS (Journ. of Path. Bact., 1894), COHN (Bot. Centralbl., Bd. 57, 1894), A Comparative Anatomist (Amer. Natur., Bd. 31, 1897, CORNING (Anat. Anz., Bd. 17, 1900), CULLEN (Centralbl. Allg. Path., Bd. 6, 1895), derselbe (Bull. John Hopkins Hosp., Bd. 8), DALL (Science, N. S., Bd. 6), VON DAVIDOFF (Anat. Anz., Bd. 11, 1896), DEETJEN (Münch. Med. Wochenschr. 1897), derselbe (Centralbl. Bact., Bd. 23, 1898), DEVEREUX MARSHALL (Tr. Ophthal. Soc. United Kingdom, Bd. 5, 1895), DEXLER (Zeitschr. Tiermed., Bd. 5), DIEDERICHS K. (Zeitschr. Angew. Mikr., Bd. 7), DÖLLKEN (Zeitschr. Wiss. Mikr., Bd. 14, 1897), DU BOIS (Arch. de Sc. Phys., Genève 1899), DONALDSON (Journ. of Morphol., Vol. 9), DUBOSCQ (Arch. de Zool. Expér., [3], Bd. 6, 1899), DURIG (Anat. Anz., Bd. 10, 1895), ECCLES (Brit. Med. Journ., Bd. 1, 1894), EDINGER (Artikel „Methoden der Untersuchungen" in SCHMIDTS Jahrbücher, Bd. 246, 1895), EDINGTON (Centralbl. Bact., Abt. 1, Bd. 28), EHLERS (Verh. Deutsch. Zool. Ges., Leipzig 1894), EISLER (Verh. Anat. Ges., Berlin 1895), ESCHERICH (Entomol. Nachrichten, Jg. 22. 1896), FABRE-DOMERGUE (Bull. Mus. d'Hist. Natur., Paris 1895), FISCHER (Anat. Anz., Bd. 10, 1895), FISH (Proc. Amer. Micr. Soc., Bd. 17, 1895), FLATAU (Anat. Anz., Bd. 13, 1897), FORNARIO G. (C. R. Soc. Biol., T. 64), FORSSMANN (Brit. Journ. Dent. Soc., Bd. 38), FRÄNKEL (Münch. Med. Wochenschrift, 41. Jg., 1894), FREEBORN (New York Med. Journ., Bd. 63), FÜLLBORN (Zool. Anz. 1901), GAGE (Micr. Bull. Soc. News, Bd. 12, 1895), GEROTA (Anat. Anz., Bd. 11, 1895), derselbe (Journ. Intern. de l'Anat. Physiol., Bd. 13, 1896), VAN GIESON (Anat. Anz., Bd. 10, 1895), GOTTSTEIN (Hyg. Rundsch. 1894), GRAF (State Hosp. Bull. New York 1897, Ref. i. Centralbl. Allg. Path., Bd. 9, 1898), GRÖNROOS (Anat. Anz., Bd. 15, 1888), GUAITA (Sperimentale 1894), GUDDEN (Neurol. Centralbl., Jg. 16, 1897), GULLAND (Scottish Med. Surg. Journ., Zeitschr. Wiss. Mikr., Bd. 17,

1900), Gumprecht (Centralbl. Innere Med. 1896), Gutmann (Deutsch. Med. Wochenschr., Jg. 29), Hamburger (Osmotischer Druck und Ionenlehre in den medizinischen Wissenschaften. Wiesbaden 1902, Bd. 3), Harvey (Medicine, Bd. 4), Hauser (Münch. Med. Wochenschr., 40. Jg., 1893), derselbe (Münch. Med. Wochenschr., 40. Jg., 1893), Hermann (Anat. Anz., Bd. 9, 1893), Hodenpyl (Med. Rec. 1898), Hofer (Verh. Deutsch. Zool. Ges., Leipzig 1894), Hornell (Natur. Science, Bd. 7, 1895), Hoyer jun. (Verh. Anat. Ges., Straßburg 1894), Huber (Journ. of Appl. Microsc., Bd. 1), Huber (Charitéannalen, Jg. 27), Dell' Isola (Boll. R. Ac. Med. Genova, Bd. 10, 1895), Jelgersman (Psychiatr. en Neurol. Bladen 1891), Jores (Centralbl. Allgem. Path., Bd. 7, 1896), Kadyi (Poln. Arch. Biol. Med. Wiss., Bd. 1), v. Kahlden (Centralbl. Allgem. Path., Bd. 6, 1895), Kaiserling (Berl. Klin. Wochenschr., 32. Jg., 1896), derselbe (Verh. Ges. Deutsch. Naturf., München 1899), Keibel (Anat. Anz., Bd. 15, 1899, Nachtrag, ebenda), Keiller (Amer. Journ. Anat., Vol. 2), Keith (Proc. Anat. Soc. Great Britain und Journ. of Anat. Physiol., Bd. 30, N. S., Bd. 10). Kellicott (Microscope [N. S.], Bd. 4, 1896), Kenyon (Amer. Natur., Bd. 29, 1895), derselbe (Amer. Natur., Bd. 31, 1897), derselbe (Science, N. S., Bd. 6), Kitschel (New York Med. Journ., Bd. 57, 1895), Klunzinger (Jahresber. Ver. Vaterl. Naturk. Württemberg, 54. Jg., 1898), Köhler et Lumière frères (Bibl. Anat. 1895), Kopsch (Anat. Anz., Bd. 11, 1896), derselbe (Verh. Anat. Ges., Berlin 1895), Krauss (Microscope [N. S.], Bd. 4, 1896), Kronthal (Neurol. Centralbl. 1899). Krückmann (Centralbl. Bact., Bd. 15, 1894), derselbe (Klin. Monatsbl. Augenheilk., 32. Jg., 1894), derselbe (Ebenda), Lachi (Monit. Zool. Ital., 6. Jg., 1895), derselbe (Anat. Anz., Bd. 10, 1895), Lanwer (Diss.-Inaug. Freiburg, Bremen 1899), Lanzillotti-Buonsanti (Mon. Zool. Ital., 5. Jg., 1894), derselbe (Atti Assoc. Med. Lombarda 1894), Leber (Münch. Med. Wochenschr. 1894), Lee (Anat. Anz., Bd. 11, 1895), Lee und Mayer (Grundzüge), Lenartz (Leitfaden der Mikroskopie und Chemie am Krankenbett, 1895), Linsbauer (Sitz. Zool. Bot. Ges. Wien, Bd. 44, 1894), Littlejohn H. (Journ. of Pathol. and Bact., Edinburgh and London 1902), Lubarsch (Technik, in: Ergebn. Allgem. Pathol. Morph. u. Physiol. 1895), derselbe (Deutsch. Med. Wochenschr., Jg. 29), Mann (Verh. Anat. Ges. Kiel, 1898), Maignan (C. R. Soc. Biol., Bd. 5 [10. Série], 1898), Mankowsky (Centralbl. Allg. Path., Bd. 17), Marcano (Arch. de Méd. Expér., Sér. 1, T. 11), Marcus (Neurol. Centralbl., 14. Jg., 1895), Marina (Neurol. Centralbl., Bd. 16, 1897), Melnikow-Raswedenkow (Centralbl. Allgem. Path., Bd. 7, 1896), derselbe (Beitr. Path. Anat., Bd. 21, 1897), derselbe (Centralbl. Allgem. Path., Bd. 8, 1897), derselbe (Ebenda, Bd. 9, 1898), derselbe (Ebenda, Bd. 11, 1900), Milani (Zool. Anz. 1897), Minakow (Centralbl. Allgem. Path., Bd. 8, 1897), Monti (Rendic. Ist. Lomb., Ser. 2 und Gazz. Med. Lombarda, 57. Jg.), Murbach (Journ. Appl. Microscop. Bd. 3, 1900), Neufville (Bull. Soc. Philomat. 1898/99), derselbe (Bull. Mus. d'histoire Natur. 1899), Neumayer (Anat. Anz., Bd. 29), Nicolas (Bibl. Anat. 1895), Ohlmacher (Med. News 1895, vgl. Centralbl. Bact., Bd. 18. 1895), De Oliveira (Ann. Sc. Nat. Porto, 2. Jg., 1895), Orth (Berl. Klin. Wochenschrift 1896), Osipow (Neurol. Bote, Bd. 5, 1897, Ref. Mon. Psych., Bd. 3), Parker and Floyd (Anat. Anz., Bd. 11, 1895), Penzig (Malpighia 1894), Perusini G. (Zeitschr. Heilk., Bd. 27, Nr. 7, 1906), Pfister (Neurol. Centralbl., 17. Jg., 1898), Pick (Gynäkol. Centralbl., Bd. 20, 1896), derselbe (Ebenda, Bd. 22, 1898), derselbe (Berl. Klin. Wochenschr., 37. Jg., 1900), Pilliet (C. R. Soc. Biol., [S. 10], T. 2, 1895), derselbe (C. R. Soc. Biol., [10], T. 4, 1897), Pintner (Verh. Zool. Bot. Ges. Wien, Bd. 44, 1894), Plenge (Münch. Med. Wochenschr. 1896), derselbe (Arch. Pathol. Anat., Bd. 144, 1896), Ploschko (Anat. Anz., Bd. 13. 1897), Ramon y Cajal (Rev. Trimestr. Micr. Madrid, Bd. 1, 1896, Ref. Zeitschr. Wiss. Mikr., Bd. 14, 1897), Rawitz (Leitfaden 1895), Redenbaugh (Amer. Natur., Bd. 29, 1895), Reimar (Fort. Med., Bd. 12, 1894), René (Bull. Soc. Anat. Paris, 69. Jg., 1894), Retterer (Journ. de l'Anat., 36. Jg., 1900), Retzius (Ref. Virchows Jahresber., Bd. 1, 1894), Reverdin (Rev. Méd. Suisse Romande, Décembre 1897), Reynès (Marseille Méd. 1902), Sainton und Kattwinkel (Deutsch. Arch. Klin. Med., Bd. 60, 1898), Salén (Hygiea, N. F., Bd. 1), v. Scarpatetti (Neurol. Centralbl., Bd. 16, 1897), Schawlowsky (Arb. V. Kongr. Pirogowschen Ges. Russ. Ärzte, Bd. 1, 1894 [russisch]), Schorr (Centralbl. Allgem. Path., Bd. 18). Schreiber (Anat. Anz., Bd. 14, 1898), Schridde u. Fricke (Centralbl. Allgem. Path., Bd. 17, Nr. 18 u. 23), Schultze (Münch. Med. Wochenschr., 44. Jg., 1897), Scott (Journ. of Pathol. Bact., A. 7, 1900), Shaper (Journ. New York Micr. Soc., Bd. 13, 1897), Siemerling (Neurol. Centralbl., 18. Jg., 1899), Sjöbring (Anat. Anz., Bd. 17, 1900), Smirnow (Arch. Mikr. Anat., Bd. 52, 1898), Stein (Deutsch. Med. Wochenschr., Jg. 29), Sternberg (Centralbl. Allgem. Path., Bd. 10, 1899), Steuer (Mitt. Sekt. Naturk. Österr. Tourist.-Klubs, 7. Jg., 1895), derselbe (Ebenda, 8. Jg., 1896), Stöltzner (Zeitschr. Wiss. Mikr., Bd. 23, 1906), Strauch (Zeitschr. Ethnol., Jg. 36), Strong (Anat. Anz., Bd. 10, 1895), Stroud (Amer. Natur., Bd. 31, 1897), Summer (Mem. New York Acad. Sc., Bd. 2, 1500), Takayama (Beitr. zur Toxikol. u. gerichtl. Med. F. Enke, Stuttgart 1902), Tellyesniczky (Arch. Mikr. Anat., Bd. 52, 1898), derselbe (Ergebn. Anat., Bd. 11, 1908), Thilo (Anat. Anz., Bd. 19, 1901), Trichera (Boll. d. Natur., 18. Jg., 1901), Vasoin (Zeitschr. Wiss. Mikr., Bd. 21), Waller (Nat. Soc., Bd. 10), Weber (Neurol. Centralbl., 17. Jg., 1898), Wehr (Ref. Centralbl. Chir. 1896), Weigert (Technik, in: Ergeb. Anat., Bd. 3, 1893, 1894), derselbe (Abh. Senckenb. Naturf. Ges. Frankfurt, Bd. 19, 1895), Weltner (Sitz. Ges. Naturf. Freunde, Berlin 1898), Wermsel (Ref. Zeitschr. Wiss. Mikr., Bd. 16, 1899), Wijhe (Versl. wit nat. Afd. Wet. Amsterdam, D. 5), Wortmann (Bot. Zeitschr., 52. Jg., 1894), Wright (Centralbl. Allgem. Pathol., Bd. 12), Zacharias (Forschungsber. Biol. Stat. Plön., Bd. 3, 1894).

Blum, Frankfurt a. M.

Formaldehyd tritt in Pflanzenzellen als erstes Produkt der Kohlenstoffassimilation in Blättern auf. Er kann direkt nachgewiesen werden durch 1%ige Lösung von Diphenylamin in Schwefelsäure. Es entsteht Grünfärbung.

Literatur: GRAFE (Österr. Bot. Zeitschr., Bd. 56, 1906).

Francein, roter Anilinfarbstoff, der in Wasser, Alkohol, Äther, Chloroform und Benzin löslich ist.

Von LÉON als Kern- und Schleimfärbungsmittel empfohlen in folgender Lösung: Francein 1 *g*, Borax 2 *g*, Wasser 100, Alkohol 300. Färbung 12 Stunden, Abspülen in Wasser. Nachfärbung in BÖHMERschem Hämatoxylin.

Frangulin siehe: Glycoside.

Fruchtzucker siehe: Lävulose.

Fuchselin siehe: Elastin und Resorcin.

Fuchsin, Syn. Rubin, Magenta, Solferino, Rosein, Erythrobenzin (Berlin, Elberfeld). Gemische von salzsaurem oder essigsaurem Rosanilin und Pararosanilin. Die Rosanilin- und Pararosanilinbase:

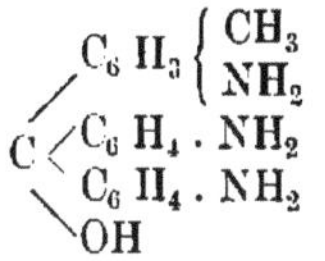 und 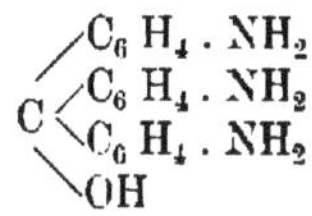

stellen rote, in Wasser schwer, in Alkohol leicht lösliche Krystallblättchen dar. Ihre Salze sind intensiver rot gefärbt und in Wasser etwas leichter löslich. Am leichtesten löslich ist das Acetat, schwerer das Sulfat, Chlorhydrat, Pikrat und Bromhydrat. Im großen wird das Fuchsin durch Oxydation des sogenannten Rotöls dargestellt, eines Gemisches von Anilin, Orthotoluidin und Paratoluidin mittelst Arsensäure oder salpetersaurem Quecksilberoxydul oder Nitrobenzol in Gegenwart eines Metallchlorids. Durch das letztere Verfahren wird ein giftfreies Produkt hergestellt, während die beiden ersten Verfahren arsen- resp. quecksilberhaltige Farbstoffe liefern. Das Handelsprodukt enthält außer anderen Verunreinigungen noch größere oder geringere Mengen von Phosphin. Das reinste Fuchsin kommt unter den Namen Diamantfuchsin, Diamantrubin (Berlin) in den Handel.

Das Fuchsin stellt kleinere oder größere, metallisch glänzende Krystalle dar, die sich in Wasser von 15° ungefähr zu 0,3% lösen; in Alkohol sind sie leichter löslich. Die wässerige Lösung färbt sich mit Salzsäure gelb, mit Natronlauge entfärbt sie sich fast gänzlich unter Abscheidung der Rosanilinbase. In konzentrierter Schwefelsäure ist der Farbstoff mit gelber Farbe löslich.

Wird die Rosanilinbase bei höherer Temperatur mit rauchender Schwefelsäure behandelt, so bildet sich eine Sulfosäure, deren Natronsalz das Säurefuchsin (s. dort) ist.

In der technischen Färberei wird das Fuchsin ziemlich viel verwandt und meist (Baumwolle) mit Hilfe von Brechweinstein und Gerbsäure auf der Faser fixiert oder (Wolle) direkt aus saurer (Schwefel- oder Essigsäure) Lösung gefärbt. Die Fuchsinfärbungen sind weder sehr licht-, noch seifen-, noch walkecht.

Trotzdem das Fuchsin wohl einer der am frühesten in die Mikrotechnik eingeführten Farbstoffe gewesen ist, hat es sich doch keine allzu große Verbreitung verschafft. Das Fuchsin ist ein recht gutes Kernfärbungsmittel, es färbt Schleim und Knorpelgrundsubstanz intensiv rot und leistet auch zur Bacterienfärbung gute Dienste. Als Farblösungen benutzt man entweder konzentrierte wässerige Lösung oder 1%ige Lösung in 5%igem Carbolwasser mit 10% Alkohol (ZIEHL) oder konzentrierte Lösung in reinem 2%igen Carbolwasser oder 1,5%ige Lösung in 1,5%iger alkoholischer (40—50%) Borsäure (LÜBIMOFF).

Zum Differenzieren dient meistens Alkohol oder auch Alkohol mit Zusatz von 10% Anilin (NISSL) oder auch Pikrinsäure (ZIEHL). Zu Doppelfärbungen eignen sich Methylenblau und Jodgrün. So färbt BAUMGARTEN Chromsäurematerial

24 Stunden lang in einer verdünnten alkoholischen Lösung (8—10 Tropfen konzentrierte alkoholische Fuchsinlösung auf 10 *ccm* Wasser), Abspülen in absolutem Alkohol, Färbung 4—5 Minuten in konzentriertem wässerigen Methylenblau, Differenzieren in absolutem Alkohol, Nelkenöl, Balsam. Ruhende Kerne blau, Mitosen rot. Über die Doppelfärbungen mit Jodgrün, Methylenblau oder Methylgrün vgl. die letzteren Farbstoffe.

CAJAL färbt zuerst in einer konzentrierten wässerigen Fuchsinlösung, spült in Wasser ab und überträgt für 5 Minuten in eine Lösung von 0,25 *g* Indigcarmin in 100 *ccm* konzentrierter wässeriger Pikrinsäure. Noch bessere Resultate erhält man, wenn man nach POLL die Reihenfolge umkehrt und zunächst 5 Minuten in Indigcarminpikrinsäure, dann ebenso lang in Fuchsin färbt und in absolutem Alkohol differenziert. RUSSEL färbt zur Darstellung der fuchsinophilen Granulationen Müllermaterial 10—30 Minuten mit konzentriertem Fuchsin in 2%igem Carbolwasser, 3—5 Minuten Auswaschen in Wasser, 1/2 Minute in absolutem Alkohol und Nachfärben 5 Minuten lang in 1%igem Jodgrün in 2%igem Carbolwasser, absoluter Alkohol, Xylol, Balsam. Kerne grün, Zelleinschlüsse rot. KLEIN färbt zu demselben Zweck zunächst in DELAFIELDschem Hämatoxylin, differenziert in Salzsäurealkohol und spült in Wasser ab. Dann folgt Färbung in erwärmtem 1%igen Carbolfuchsin und abwechselndes Differenzieren in konzentriertem alkoholischem Fluorescin und absolutem Alkohol, Xylol, Balsam. Auch die ALTMANNschen Granulamethoden geben gute Resultate für die Darstellung dieser fuchsinophilen Körperchen. Über die NISSLsche Färbung vgl. Nervenzellen. Eine 1%ige wässerige Fuchsinlösung leistet nach ROSIN vorzügliche Dienste zur Färbung von in MÜLLERscher Flüssigkeit gehärtetem und in Celloidin eingebettetem Centralnervensystem. Färbung der Schnitte 20 Minuten, Abspülen in Wasser und Differenzieren in absolutem Alkohol, bis keine Farbwolken mehr abgehen. Markscheiden gelb, Achsencylinder braun, Nervenzelleib rot, Kerne braunrot, Glia violettrot.

Literatur: BAUMGARTEN (Zeitschr. Wiss. Mikr., Bd. 1, 1884), CAJAL (Manual de histologia normal y técnica micrografica, Valencia 1897), KLEIN (Beitr. Pathol. Anat., Bd. 11, 1892), LÜBIMOFF (Centralbl. Bact., Bd. 9, 1888), POLL (Verh. Anat. Ges.. Berlin 1908), ROSIN (Neurol. Centralbl., Bd. 21, 1902).

Fuchsinophile Granulationen siehe: Fuchsin.

Fuchsin S siehe: Säurefuchsin.

G.

Gallein, Pyroninfarbstoff, Oxydationsprodukt des Pyrogallophthaleins

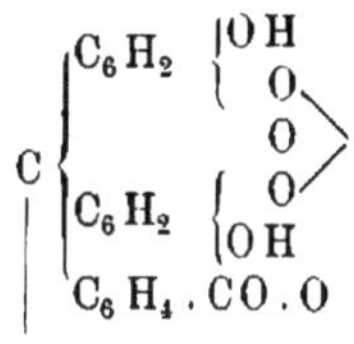

(Berlin, Elberfeld). Violette Paste oder Pulver (Gallein-W.-Pulver), in kaltem Wasser, Äther, Benzol und Chloroform fast unlöslich, in Alkohol mit dunkelroter Farbe löslich. Die Lösung färbt sich mit Natronlauge blau, mit Salzsäure braun. In Schwefelsäure ist der Farbstoff mit roter Farbe löslich. Chromsalze und Eisensalze liefern mit Gallein einen schön rotviolett gefärbten Lack, Alaun einen mehr purpurroten. In der technischen Färberei wegen seiner geringen Lichtechtheit nur wenig verwandt mit Chrom- oder Aluminiumbeizen.

Dieser außerordentlich nützliche Farbstoff ist bis jetzt sowohl in der technischen als auch mikroskopischen Färberei nur sehr wenig verwendet worden, obwohl er unseres Erachtens sehr schätzenswerte Eigenschaften besitzt. Man kann ihn sowohl mit Eisenchlorid als auch mit Bichromat oder besser Chromalaun nach Art des Hämatoxylins verwenden. Für gewöhnliche Kernfärbungen genügt es, wenn man einen Überschuß des Farbstoffs in einer 2—3%igen Alaunlösung einige Minuten kocht und nach dem Erkalten filtriert. Man erhält so eine Färbeflüssigkeit, die in wenigen Minuten sehr distinkte Kernbilder liefert.

Aronson färbt Schnitte von Material, das in Erlitzkischer Flüssigkeit fixiert war, 12—24 Stunden in einem Bade, das besteht aus 3—4 *ccm* Galleinpaste, 20 *ccm* Alkohol, 100 *ccm* Wasser und 3 Tropfen konzentrierter Sodalösung. Die Differenzierung erfolgt nach Weigert oder Pal oder in sehr verdünnter Chlorkalklösung. Nachher kommen die Schnitte in Lithiumcarbonat, bis sie rot werden, und können eventuell in Methylenblau nachgefärbt werden.

Pfeifer v. Wellheim behandelt Süßwasseralgen zuerst mit eisenchloridhaltigem Alkohol und färbt sie dann in einer konzentrierten alkoholischen (90%) Galleinlösung, die zehnfach mit 90%igem Alkohol verdünnt ist. Überfärbte Präparate werden mit Salzsäurealkohol differenziert.

v. Schrötter färbt Rückenmarksschnitte aus Müller 15—20 Minuten in einer heiß gesättigten Lösung von Gallein in Brunnenwasser und behandelt dann mit 5%iger Sodalösung.

Gallenblase. Zur mikroskopischen Untersuchung der Gallenblase empfiehlt es sich, kleine Stückchen der Wand mit Igelstacheln auf Wachsplatten aufzustecken und in Sublimat, Zenker oder Formol (Hendrickson) zu fixieren. Man kann auch zunächst den Ductus choledochus anschneiden, die Galle auslaufen lassen und dann die Fixationslösung injizieren und vermeidet so die störende Muskelcontraction. Da die Galle schon sehr bald nach dem Tode die Schleimhaut maceriert, so darf nur ganz lebend frisches Material benutzt werden. SHIKINAMI fixiert die Gallenblase in toto eine Stunde lang in Zenker, schneidet dann auf und läßt die Stücke noch 24 Stunden in der Flüssigkeit. Zur Färbung der Schnitte empfiehlt sich neben anderen hauptsächlich die VAN GIESON- und die CALLEJAsche Methode (vgl. Hämatoxylin und Indigcarmin), welche beide die Muskulatur sehr schön zur Anschauung bringen.

Die Nerven der Gallenblase sind untersucht worden von RANVIER und DOGIEL. Ersterer schneidet die Blase heraus und füllt sie nach Entleerung der Galle vom Ductus choledochus aus mit frisch ausgepreßtem Citronensaft. Nach 5—10 Minuten kann sie aufgeschnitten und vergoldet werden. DOGIEL behandelt Stücke der Gallenblasenwand auf dem Objektträger mit Methylenblau.

Literatur: DOGIEL (Arch. Anat. 1899), HENDRICKSON (Anat. Anz., Bd. 17, 1900), RANVIER (Journ. de Microgr., Bd. 10, 1886), SHIKINAMI (Anat. Hefte, Bd. 35, 1908), SUDLER (Proc. Amer. Ass. Anat. 1900).

Gallencapillaren siehe: Leber.

Gallerte der Eier, Entfernung derselben siehe: Eau de Javelle und Embryologische Methoden.

Gallertgewebe. Zur Untersuchung des Gallertgewebes eignet sich der Flossensaum von Amphibienlarven, vor allem sind Pelobateslarven zu empfehlen. Man maceriert die Tiere mehrere Tage lang in wenig zwei- bis dreifach verdünnter MÜLLERscher Flüssigkeit, pinselt dann das Epithel ab und färbt in Alauncarmin oder Hämatoxylin. Einschluß in Glycerin oder Balsam. Sehr zu empfehlen ist auch die Maceration in Carmalaun.

Ein anderes vorzügliches Objekt zum Studium des Schleimgewebes bildet das an vielen Stellen die Schädelknorpel umgebende weiche Gewebe der Rochen, Haie und Cephalopoden. Hier erzielt man die besten Präparate durch Einstichinjektionen mit 0,1—0,5%iger Osmiumsäure und Anfertigung von Rasiermesserschnitten.

Das Schleimgewebe der WHARTONschen Sulze des Nabelstrangs zeigen am schönsten menschliche Embryonen des 3.—5. Monats. Fixation entweder wie vorher durch Einstich oder mittelst ZENKERscher oder CARNOYscher Flüssigkeit. Paraffineinbettung und Färbung in Hämatoxylin-Rubin.

Ein außerordentlich schönes Gallertgewebe findet man auch in der Schmelzpulpa von menschlichen Zahnanlagen des 2.—4. Embryonalmonats.

Gallertscheiden siehe: Schleime, pflanzliche.

Gallussäure, Acidum gallicum, Trioxybenzoesäure:

$$C_6H_2\begin{cases}(OH)_3\\ CO.OH + H_2O\end{cases}$$

findet sich in großer Verbreitung neben der Gerbsäure im Pflanzenreich, so in den Galläpfeln, dem Sumach (Zweige von Rhus coriaria), den Wurzeln von Helleborus, Colchicum etc. Sie wird meistens aus Galläpfeln dargestellt und bildet farblose Krystallnadeln, die sich zu 0,7% in kaltem und zu 30% in kochendem Wasser, zu 20% in Alkohol und zu 2,5% in Äther lösen. Sie schmilzt bei 200° und zerfällt bei höherer Temperatur in Kohlensäure und Pyrogallol. Die wässerige Lösung reagiert schwach sauer und wird beim Stehen an der Luft allmählich unter Braunfärbung zersetzt. Sie fällt Eiweißkörper nicht, wirkt als mäßig kräftiges Reduktionsmittel und scheidet aus Gold- und Silbersalzlösungen die Metalle ab. Mit Eisenoxydsalzen gibt sie einen blauen Niederschlag, nicht mit Eisenoxydulsalzen.

Auf diesem Verhalten gegen Ferrisalze beruht ihre Verwendung in der Mikrotechnik. (Näheres siehe: Eisenchlorid.)

Ganglienzellen siehe: Nervensystem, Nervenzellen, Neurofibrillen.

Gaskammern siehe: Lebendes Objekt, Beobachtung desselben.

Gastropoden siehe: Mollusken.

Gaultheriaöl, das Öl des Krautes von Gaultheria procumbens, fast rein aus Salicylsäuremethylester, $C_6H_4—OH—CO_2—CH_3$, bestehend. Angenehm gewürzartig riechende Flüssigkeit von aromatischem Geschmack. Spez. Gew. 1,81 bei 16°. Leicht mit Alkohol, ebenso mit Benzol, Äther, Toluol, Xylol, Chloroform, Petroläther mischbar. Ebenso verhält sich das Methylsalicylat.

Sowohl das in der Natur vorkommende Öl wie das Methylsalicylat sind in der Mikrotechnik als Medium zur Durchtränkung verschiedener Objekte benutzt worden, und zwar das erstere von STIEDA, dann von UNNA, von diesem besonders nach Fuchsinfärbung auch zur Verdünnung des Canadabalsams. GUÉGUEN bringt die fixierten und entwässerten Präparate zuerst in ein Gemisch von Methylsalicylat und absolutem Alkohol zu gleichen Teilen, dann in Gemische von steigendem Gehalt an Salicylat, endlich in reines Salicylat. Dann wird in der Wärme Paraffin in allmählich steigenden Dosen zugesetzt, bis die Objekte in reines Paraffin übergeführt werden können.

Literatur: GUÉGUEN (C. R. Soc. Biol., Bd. 5, 1898), STIEDA (Arch. Mikr. Anat., Bd. 2, 1866), UNNA (Mon. Prakt. Derm., 1885). *Mosse,* Berlin.

Gefäße siehe: Blutgefäße.

Gefäßbündel der Pflanzen. Über die Färbung der einzelnen Elemente der Gefäßbündel vergleiche Zellmembranen, pflanzliche, zumal unter *b)* Verholzung, Doppelfärbung.

Zum Studium des Verlaufes der Gefäßbündel im Stengel müssen, etwa mit einem Handmikrotom, sukzessive Querschnitte angefertigt werden. Sie werden auf Pauspapier gezeichnet und läßt sich dann durch Übereinanderlegen der einzelnen Bilder eine körperliche Vorstellung gewinnen. Der Gefäßbündelverlauf der Blätter kann bei günstigen Objekten (z. B. Impatiens parviflora) an aufgehelltem frischen oder Alkoholmaterial (siehe Aufhellung pflanzlicher Gewebe, Methode 2) gut studiert werden (STRASBURGER). Bei sehr stark aufgehellten Blättern wendet man mit Vorteil „Dunkelfeldbeleuchtung" an (SCHUSTER). Am lebenden Objekt treten die Gefäßbündel oft scharf hervor, wenn man schwache Eosinlösung aufsaugen läßt. (Weiße Blumenblätter, durchsichtige Stengel von Impatiens parviflora). Ebenso läßt man auch in Blätter konzentrierte wässerige Fuchsinlösung aufsaugen, härtet in Alkohol, extrahiert gleichzeitig das Chlorophyll und überträgt durch Nelkenöl in Canadabalsam, alle trachealen Elemente heben sich dann schön rot ab (ZIMMERMANN).

Literatur: SCHUSTER (Ber. Deutsch. Bot. Ges., Bd. 26, 1908), STRASBURGER (Gr. b. Pr., 4. Aufl.), ZIMMERMANN (Bot. Mikrotech., pag. 146). *Magnus,* Berlin.

Gefriermethoden. Einleitung. Wenn die Medizin, seit sie auf wissenschaftlichen Grundlagen ruht, den Traum einer Panacee ein für allemal aufgegeben hat, so hat sie dies in erster Linie der Arbeit der Naturforscher im weitesten Sinne des Wortes zu verdanken. Alle, die in die strenge Schule der Naturforschung gegangen sind, und nicht zuletzt die Anatomen, haben sich längst gewöhnt, bei der Wahl der anzuwendenden Methoden individualisierend zu Werke zu gehen, und bei der fast erdrückenden Fülle von bewährten oder wenigstens gepriesenen Vorschriften, die den Inhalt der modernen mikroskopischen Technik bilden, ist dies heute mehr geboten denn je. Gerade daraus, daß wir über eine ganze Reihe von Härtungs- und Fixierungsmitteln zu verfügen haben, geht hervor, daß wir bei der Untersuchung des großen Kreises tierischer Gebilde oder wenn wir uns auf den Menschen beschränken, bei der Durchforschung des an sich schon recht umfangreichen Gebietes der normalen und pathologischen Gewebelehre den mannigfaltigsten Indikationen zu genügen haben werden. Dazu kommen noch, wie besonders von HELLER hervorgehoben wurde, die Anforderungen, die der Unterricht an den akademischen Lehrer und, wie wir hinzufügen können, das praktische Bedürfnis an den obduzierenden Anatomen stellen.

Gesetzt, es käme bei unseren mikroskopischen Untersuchungen nur darauf an, lückenlose Reihen möglichst dünner, vorher durchgefärbter Schnitte zu erhalten, so könnte der Anfänger in der histologischen Technik sich füglich an der Einübung der Paraffinmethode genügen lassen. Nun muß aber das einzubettende Material, wenn man es nicht nach ALTMANN bei sehr niederer Temperatur ausfrieren lassen will, erst genügende Zeit entweder von vornherein in Alcohol absolutus oder in Alkohol von allmählich bis zur absoluten Stufe steigender Konzentration gelegen haben, es muß ferner das Chloroform-, Terpentin- oder Xylolbad passiert haben, ehe man nur daran denken darf, es in die Einbettungsmasse zu versenken. Daß durch diese Vorbehandlung an dem zu untersuchenden Material manche chemische oder physikalische Veränderungen herbeigeführt werden, ist zweifellos; dazu kommen noch die Alterationen, die es eventuell schon vorher durch die vorausgegangene Einwirkung von Sublimat (ich erinnere an die unter Umständen durch dieses Reagens bewirkten Niederschläge in Form von Granulis), chromsaure Salze (ungenügende Fixierung der Kern- und Zellstrukturen, braune Färbung gewisser zelliger Elemente der Markzone der Nebenniere, HENLE), Formol (Vacuolenbildung in gewissen Drüsenzellen) usw. erlitten hat. Eine Zelle fixieren heißt eben, wie ich das an einer anderen Stelle (SOLGER) des näheren ausgeführt habe, bis auf weiteres (d. h. bis wir nicht idealere Fixierungsmittel kennen gelernt haben) sie abtöten und gleichzeitig in ihrer Struktur und Architektur mehr oder weniger verändern. Aus diesen Veränderungen können wir aber unter Umständen wertvolle Schlüsse ziehen.

Im günstigsten Fall ist also erst nach Ablauf einer Reihe von Tagen daran zu denken, wenn man nicht mit einem sehr unvollkommenen Ergebnis sich zufrieden geben will, die Schnitte aus Paraffin- oder Celloidinmaterial unter dem Deckglas geborgen zu sehen, und damit nun wirklich in den Besitz der wertvollen Aufschlüsse zu gelangen, die diese Methoden in Aussicht stellen.

Wir verfügen nun über eine Methode, welche es erlaubt, durch die meisten frischen Organe oder Gewebe binnen wenigen Minuten Schnitte zu legen, die auch bei nur kurzer Übung dünn genug ausfallen, um mit einer Ölimmersion durchmustert zu werden. Kann man sich etwas mehr Zeit gönnen (15—70 Minuten), so ist man sogar in der Lage, gefärbte Schnitte in Canadabalsam aufgestellt vorlegen zu können. Wer möchte leugnen, daß dies unter manchen Umständen sehr erwünscht sein kann? Freilich gehört dazu ein kleiner Apparat, der aber so einfach ist, daß er fast überall improvisiert werden kann. Er besteht aus einer etwa 5 *cm* langen und $2^1/_2$ *cm* breiten, vernickelten, 0,5—0,7 *mm* dicken Metallplatte, deren obere Fläche im allgemeinen plan, zugleich aber etwas rauh oder gerieft ist, während von der unteren Fläche in Abständen von 2 *mm* mehrere dünne Längsleisten von 1—2 *mm* Höhe abgehen, welche die Oberfläche nicht unerheblich vergrößern. Diese Platte wird durch eine Schraube etwa handhoch über einer Tischplatte schwebend befestigt, derart, daß sie über deren Rand etwas vorsteht. Sie dient zur Aufnahme des zu schneidenden Materials. Hierzu kommt noch ein Äthersprayapparat, dessen Glasgefäß etwa 150—175 *ccm* Flüssigkeit faßt, und ein für histologische Zwecke dienliches Rasiermesser. Durch Zerstäuben von etwa 40—50 *ccm* Äther gegen die mit Vorsprüngen versehene Unterfläche der Platte gelingt es, bei gewöhnlicher Zimmertemperatur binnen wenigen Minuten (1—2 Minuten) eine Kälte zu erzeugen, die hinreicht, das Material 1—2 *mm* hoch gefrieren zu machen, so zwar, daß sich mit der gleichfalls gekühlten Klinge die feinsten Schnitte ihm entnehmen lassen. Eine wesentliche Bedingung muß jedoch erfüllt sein, der Äther muß von guter Qualität (0,720 spez. Gew.) sein. Diesen einfachen Apparat möchte ich jedem empfehlen, der sich ein Urteil über die Leistungen der Gefriertechnik bilden will. Er wird, glaube ich, damit rascher zum Ziele kommen, als wenn er sofort sich eines der größeren Mikrotome bedienen würde.

Der Apparat, den ich eben schilderte, stellt nur die wesentlichen Stücke des ROYschen Gefriermikrotoms dar, das, in England konstruiert, etwa um das Jahr 1880 nach Deutschland kam. Um diese Zeit sah ich es wenigstens zuerst im pathologischen Institut zu Leipzig in Tätigkeit. An dem vollständigen Instrument wurde ein gewöhnliches, plankonkaves Rasiermesser in eine Art Zange eingespannt, die um eine vertikale Achse sich drehte. Das Messer, mit der rechten Hand in Bewegung gesetzt, mähte gleichsam in horizontaler Richtung einen Schnitt ab, während eine mit der linken Hand geführte Mikrometerschraube die Objektplatte um eine beliebige Höhe emporhob. Das Instrument war mit einem Fläschchen ausgestattet, das einen Teil des zerstäubten Äthers wieder auffing. Ich hielt mich zuerst genau an das ursprüngliche Modell und die vorgeschriebene Technik, kam aber bald davon ab, namentlich deshalb, weil mir die Messerführung unbequem war und eine größere, zusammenhängende Reihe von Schnitten, die ich zunächst im Auge hatte, sich, wenn man nicht noch den Fuß in Tätigkeit setzen wollte, wie das RUTHERFORD (1885) wirklich tat, nur unter Zuhilfenahme eines Gehilfen erzielen ließ, der kontinuierlich den Spray handhabte, sonst war das Material nach wenigen Schnitten wieder aufgetaut und bei wiederholtem Auftauen lief man Gefahr, mehr oder weniger Material bei erneutem Schneiden zu verlieren. Andrerseits erschien mir auch bald dieses wiederholte Frierenlassen und Auftauen des Materials bedenklich, und um nicht die Struktur zu schädigen, verzichtete ich auf die Herstellung von Schnittreihen* ganz und beseitigte dann auch die nunmehr nutzlos gewordene Messerführung, da es mir damals nicht auf rasche Anfertigung einer größeren Anzahl von Übersichtspräparaten ankam, sondern auf feinere Untersuchungen. Der Apparat wurde dadurch viel einfacher und was ich auf der einen Seite an Gleichmäßigkeit und Sicherheit der Messerführung einbüßte, das gewann ich wieder dadurch, daß die Schnittrichtung eine vollkommen freie wurde.

Eine solche „Gefrierplatte für freihändiges Schneiden" (SOLGER) samt Sprayapparat, für dessen Y-förmige Kanüle zwischen Gefrier- und Fußplatte eine Führung angebracht ist, liefert die Firma Ernst Leitz (optisch-mechanische Werkstätte, Zweiggeschäft Berlin NW., Luisenstraße 45) zu einem angemessenen Preise.

Das ROYsche Äthermikrotom ist übrigens weder das erste Modell eines Gefriermikrotoms, bei dem der Ätherspray verwandt wurde, noch das erste Gefriermikrotom überhaupt. Vorher und nachher wurden eine ganze Reihe solcher Instrumente konstruiert, von denen manche wohl nur noch historisches Interesse beanspruchen können. Sie sollen in der folgenden geschichtlichen Skizze, die von den ersten Versuchen der Erhärtung der Gewebe durch starke Abkühlung für mikroskopische Zwecke auszugehen haben wird, zum Teil wenigstens vorgeführt werden.

Einer der ersten, wenn nicht der erste, der Gewebe behufs histologischer Untersuchung gefrieren ließ, war COHNHEIM. Er exponierte in einer Kältemischung, die nicht näher bezeichnet wird, frische Muskeln vom Frosch oder Säugetier einer Temperatur von etwa —6—8°. Die an solchem gefrorenen Material gewonnenen Querschnitte zeigten ihm eine viel größere Gleichmäßigkeit und Ausdehnung als die mit dem Doppelmesser am frischen Gewebe erzielten. Die bessere Methode führte auch zu einer besseren Kenntnis des tatsächlichen Verhaltens, nämlich zum Nachweis der nach ihm benannten Felder, wenn dem Entdecker derselben auch ihre richtige Deutung nicht gelang, denn er sah die matten Felder des Schnittes als die Querschnittsbilder der Disdiaclasten BRÜCKEs oder der Sarcous elements von BOWMAN an. Die erhaltenen Querschnitte läßt er in einer indifferenten Flüssigkeit (verdünntem Blutserum, Kochsalzlösung von 0,5%) unter Vermeidung jedes Druckes, also am zweckmäßigsten nach KÜHNEs Vorschlag in einer niedrigen, feuchten Kammer an der unteren Fläche des Deckglases ausbreiten. Es folgte die Arbeit von KÖLLIKER, der zuerst die bemerkenswerte Be-

* Gegen Schnittreihen aus konserviertem und dann zum Gefrieren gebrachten Material habe ich natürlich nichts einzuwenden.

obachtung machte, daß das Querschnittsbild der Muskelfaser, ohne Zusatz untersucht, sich wesentlich anders ausnehme als nach Hinzufügung von $^1/_2$%iger Kochsalzlösung u. dgl.; er nennt die Gefriermethode, die er besonders bei verschiedenen drüsigen Gebilden, ferner bei Embryonen verschiedener Herkunft „mit Vorteil" angewandt habe, eine „ausgezeichnete und großer Ausdehnung fähige". Später äußerten sich BOLL und RANVIER über das Verfahren. BOLL behandelte die Gland. submaxillaris des Kaninchens, nachdem sie auf dem Wege des Einstichs mit Höllensteinlösung injiziert war, in folgender Weise: Er legte die Drüse auf ein Glastischchen, das er sich selbst aus einer Glasröhre herzustellen pflegte, und dessen 2—3 *cm* langer Fuß in eine Kältemischung vergraben wurde, so daß „die Platte nebst dem zu gefrierenden Gewebe möglichst von allen Seiten von den Eisstücken" umgeben war. Den die Wärme schlecht leitenden Glasfuß faßte die linke Hand, während die rechte „mit abgekühltem Rasiermesser eine fast unbegrenzte Anzahl feinster Schnitte abtragen" konnte. RANVIER bediente sich eines etwas komplizierteren Gefrierapparates, des modifizierten PENANTschen, der aber noch kein Mikrotom war, man schnitt ohne Messerführung aus freier Hand mit abgekühlter Klinge.

Die Aufgabe, ein Gefriermikrotom zu konstruieren, hatte mittlerweile RUTHERFORD gelöst; er hatte zu diesem Zwecke ein nach dem Prinzip der Cylindermikrotome gebautes Instrument hergestellt, bei dem das von einer Lösung von Gummischleim umschlossene frische Material durch eine Kältemischung zum Gefrieren gebracht wurde. Statt der Kältemischung und statt des von VIGNAL vorgeschlagenen Zerstäubens von zuvor verflüssigtem Ammoniak benutzten dann COPPINGER und HUGHES (1876) den Ätherspray, der erst in der jüngsten Zeit in der Kohlensäure (JOHNE), im Chloräthyl (BLUNTSCHLI) und in der flüssigen Luft (BRISSEY) Konkurrenten* erhielt. Von den älteren Modellen wäre noch zu nennen das von SMITH (1878), gleichfalls ein Cylindermikrotom, bei dem nicht nur das Material, sondern auch das Messer durch den Ätherspray abgekühlt wurde. LEWIS versah (1879) das STIRLINGsche Mikrotom (Cylindermikrotom) mit einer Gefrierkammer. Eine ganze Reihe anderweitiger Modelle folgten ihm, wobei bald das eine, bald das andere System der Objektbewegung zur Ausführung gelangte. Wir betrachten zuerst kurz die Instrumente mit vertikaler Hebung der Objektklammer oder des Objekttisches (Cylindermikrotome und System Schanze). Dabei sind wieder zweierlei Formen auseinander zu halten, selbständige Gefriermikrotome und Vorrichtungen für Gefrierplatten oder -kästchen als Nebenapparate für Paraffin- und Celloidinmikrotome. PLENGE tritt mit Recht für eine vollkommene Trennung des Gefriermikrotoms von den Vorrichtungen zum Schneiden eingebetteter Objekte in Paraffin oder Celloidin ein. Auf jeden Fall verlangt die Vorrichtung nach dem Gebrauch eine sorgfältige Reinigung und ausgiebiges Ölen, einerlei, ob sie selbständig oder beigegeben ist.

Dem zuerst genannten Prinzip der vertikalen Objekthebung folgt ebenso, wie das ROYsche auch das CATHCARTsche, von KITT benutzte und von LÜPKE verbesserte Gefriermikrotom. Dieser Apparat ist mit einem hobelähnlichen Messer ausgestattet, das auf zwei das Objekttischchen flankierenden Glasleisten verschoben wird. Das mit freier Hand geführte Messer kann unter einem beliebig zu variierenden Winkel auf das Objekt wirken.** Das von SCHANZE (Pathol. Institut, Leipzig) konstruierte, nunmehr von G. MIEHE (Hildesheim) gelieferte Instrument, das als einfaches sowie als Gefriermikrotom zu verwenden ist, hat unter anderen ORTH erprobt befunden.

Auch die nach dem System RIVET-LEYSER gebauten Mikrotome, bei denen das Objekt längs einer schiefen Ebene verschoben wird, wurden mit Gefrierkästen

* KATZ benutzt statt dieser chemischen Körper das Anästhol (Monochloräthan).

** Ein solches Cathcartmikrotom, das gleich starke Schnitte bis unter 0,012 *mm* herab lieferte, fertigte im Jahre 1893 mit den von LÜPKE angegebenen Verbesserungen Mechaniker Erbe (Tübingen).

und Gummigebläse ausgestattet. Hier wie dort handelt es sich eben um hohle, durchbrochene, einem schlechten Wärmeleiter (Filz) aufsitzende Metallkammern, gegen deren obere, meist etwas rauhe oder geriefte Platte der Ätherspray wirkt. Solche Vorrichtungen werden zurzeit in Deutschland wohl allen Mikrotomen beigegeben (Becker, Göttingen, R. Jung, Heidelberg). Der zuletzt genannte Mechaniker hat aber auch ein gesondertes Gefriermikrotom (Katalog Nr. 119, sogenanntes Studentenmikrotom) hergestellt, einen kompendiösen Apparat, der an jeder Tischecke angebracht werden kann. Ursprünglich für Ätherspray berechnet, ist er nunmehr auch für die Verwendung von flüssiger Kohlensäure und Chloräthyl (BLUNTSCHLI) eingerichtet. Auch die automatischen Mikrotome nach MINOT werden von E. Zimmermann in Leipzig mit einer Gefriervorrichtung ausgerüstet, welche — ähnlich wie bei anderen Modellen — nach dem Wortlaut des von ihm versandten Kataloges (1900, pag. 17) „aus einer hohlen, mit seitlichen Öffnungen versehenen Metallkapsel besteht, die zur besseren Isolation auf einer Filzplatte montiert ist. Gegen die freie Seite der Metallkapsel, welche plan und gerieft ist und zur Aufnahme der frischen Objekte dient, wirkt der zerstäubte Äther. Die Ausstrahlöffnung für den Äther ist durch eine Silberspitze vor Oxydation möglichst geschützt, ebenso ist zum Schutz vor Verunreinigungen das Ende des Saugröhrchens mit einem kleinen Filter versehen. Der Äther wird in einer flachen Flasche mit Metallverschraubung vor Verdunstung bewahrt und soll ein spezifisches Gewicht von 0,720 haben. Die zu schneidenden Objekte können bis 4 *mm* stark sein."

Die genannte Leipziger Firma hat das „kleine Mikrotom nach MINOT" nunmehr für Anwendung der Äthylgefriermethode, welche auf Reisen und entlegenen Stationen bequemer zu verwenden ist als das Kohlensäureverfahren, mit einer passenden, zur Aufnahme der Objekte dienenden Gefrierkammer ausgestattet, die es ermöglicht, auch in wärmeren Klimaten und ohne besonderen Kostenaufwand wegen zu starken Verbrauchs von Äthylchlorid arbeiten zu können. WOLFF, dessen Aufsatz ich diese Angaben entnehme, hält es nun bei Herstellung von Gefrierschnitten für sehr wichtig, daß sie bei den ZIMMERMANNschen Mikrotomen „sofort nach ihrer Bildung auf einer feststehenden" Messerfläche deponiert werden. Von dieser Fläche kann man sie sehr bequem nach abwärts über den Messerrücken hinweg in eine Schale fließen lassen, eventuell durch Aufträufeln von Wasser diese Bewegung unterstützen. Viele Objekte lassen sich befriedigend schneiden, wenn man sie nach Auswaschen der 10%igen Formollösung, die zu ihrer Fixierung diente, mit destilliertem Wasser benetzt, zum Gefrieren bringt. Erscheint es wünschenswert, gewisse Objekte vor dem Schneiden unter Vermeidung von Alkohol noch einzubetten, so empfiehlt sich die Durchtränkung mit Gelatine, die in gefrorenem Zustand sich vortrefflich schneiden läßt (WOLFF).

Der von NOLL neuerdings konstruierte Gefrierapparat beruht auf dem Prinzip, „durch Verdunsten von Äther im Vacuum die zum Durchfrieren der Objekte erforderliche Kälte zu erzeugen".

Vor kurzem hat JOHNE ein schon oben genanntes, ursprünglich für Äther berechnetes Modell (das von CATHCART-LÜPKE) für Verwendung von flüssiger Kohlensäure eingerichtet. Das Einströmungsrohr ist im Innern der zur Aufnahme der Kohlensäure bestimmten Gefrierkammer rechtwinkelig nach oben gebogen, so daß die durch den Gummischlauch* einströmende, gasförmig gewordene Kohlensäure gegen die Gefrier-, bzw. Objektplatte getrieben wird. Durch ein der Einpflanzungsstelle des zuführenden Rohres gegenüberliegendes Ausströmungsrohr tritt die Kohlensäure als stark zischender Nebelstrahl mit großer Gewalt nach außen. Die Abkühlung der Objektplatte tritt sofort ein und ist sehr beträchtlich. Stücke von 8—10 *mm* Dicke und 2 *cm* Länge und Breite sind nach 3—5 Sekunden langer Einwirkung der Kohlensäure hinreichend gefroren. Selbst in den heißesten Sommermonaten, wo der Ätherspray manchmal versage, soll man bei Anwendung dieses Ge-

* LEITZ (Berlin) bedient sich statt dessen eines Messingrohres.

friermittels noch zum Ziele kommen. Celloidinpräparate aus Alkohol sind vorher in Wasser abzuspülen. Die Verwendung der unter einem Druck von 60 Atmosphären in einem eisernen Cylinder flüssig gehaltenen Kohlensäure ist nach JOHNE absolut ungefährlich, nur müsse man den Cylinder vor Erwärmung durch direkte Sonnenstrahlen oder durch Ausstrahlung eines daneben stehenden, stark geheizten Ofens schützen. Doch wird man, wie mir scheint, auch dem Sicherheitsventil seine volle Aufmerksamkeit zuwenden müssen.

Statt der flüssigen Kohlensäure verwendet R. KRAUSE feste, die man aus jener erhält, wenn man sie in einen aus bestem Seidensamt (Samtseite nach außen) gefertigten Sack einströmen läßt. Der so entstandene Kohlensäureschnee läßt sich leicht in beliebige Formen pressen. Die „Kohlensäurepatronen“ werden in doppelwandige Glasgefäße (Dewargefäße) gelegt, in denen sie durch eine Feder immer gegen den Deckel mit dem Objekttisch angedrückt werden, um sie so bis zum letzten Rest ausnutzen zu können. Die Kosten für ein einstündiges Frieren stellen sich etwa auf 10 Pfennige. Die von dem Apparat gelieferte Kälte ist so beträchtlich, daß es leicht gelingt, „im Verlauf von 20—30 Minuten einen menschlichen Bulbus vollkommen schnittfähig durchzufrieren“. Um das Objekt fester auf dem Tisch haften zu machen, empfiehlt es sich, seinen freien Rand mit einigen Tropfen Wasser oder etwas filtriertem Hühnereiweiß oder Gelatine (5—10%ig) zu umgeben. Will man das Auftauen sehr dünner Schnitte vermeiden, so muß auch noch das Messer gekühlt werden. Auch dies erreicht man durch Applikation einer mit Kohlensäurepatronen gefüllten Glasröhre, die in eine längs der oberen Rückenkante des Messers eingeschliffene Rinne gelegt wird. — Daß man die beschriebenen Gefriervorrichtungen auch dazu benutzen kann, Paraffinblöcke von niedrigem Schmelzpunkt, eventuell samt Messer abzukühlen, braucht kaum besonders erwähnt zu werden. An Stelle des Objekttisches wird dann nur eine Paraffinklammer eingeschraubt.

Aufsetzen des Materials auf die Objektplatte. Saftreichere Gewebe und Organe (Leber, Niere, namentlich die der niederen Wirbeltiere, Speicheldrüsen u. dgl.) haften nach dem Gefrieren der metallenen Unterlage fest an. Stückchen von schmaler Basis kann man dadurch stützen, daß man mehrere von ihnen aneinander lehnt. Saftlosere Objekte dagegen lösen sich, namentlich dann, wenn man, um eine ebene Schnittfläche zu schaffen, mit einem ersten, kräftigen Messerzug die obere Kuppe entfernen will, manchmal ab. Dann reicht es vollkommen aus, zwischen das aufzusetzende Objekt und die Oberfläche der Metallplatte etwas Blut gleicher Herkunft oder statt dessen einen Tropfen einer dickflüssigen Lösung von Gummi arabicum einzuschalten. MEISSNER empfiehlt, auf die gut befeuchtete Metallplatte ein Stück sogenannten Josephpapiers zu legen, um das Abspringen des gefrorenen Blockes zu verhindern.

Ich untersuche in der Regel oder wenigstens zunächst die mit trockener Klinge hergestellten Schnitte, wie KÖLLIKER und BOLL, ohne Zusatzflüssigkeit. Auch wenn die Schnitte, wie das nach dem Auftauen die Regel ist, anfangs etwas zusammengeschoben erscheinen, gelingt es doch meistens ohne Schwierigkeit, sie direkt von der Klinge mit Hilfe der Nadel auf den trockenen Objektträger zu bringen, sie auszubreiten oder einigermaßen auseinander zu ziehen und mit dem bereit gehaltenen Deckglas zu bedecken. Ein Wachsrand schützt sie vor Vertrocknung und sichert zugleich das Deckglas in seiner Lage bei Anwendung einer Ölimmersion. Auch das beste Zupfpräparat wird gegen Bilder, wie man sie auf diese Weise erhält, zurückstehen müssen, und ein Schnitt mit dem Doppelmesser nicht minder. Bei Beurteilung derselben ist — das halte ich für wichtig — die Einwirkung jeder Zusatzflüssigkeit, mag sie nun „indifferent“ heißen oder nicht, auszuschließen, nur die niedere Temperatur, der, wenn irgend möglich, das Gewebsstück nur einmal ausgesetzt wird, kommt als fremdes, alterierendes Moment in Frage. An dieser Stelle möchte ich der von ROSEMANN festgestellten Gefrierpunktsbestimmungen gedenken. Der Gefrierpunkt des menschlichen Blutes beträgt etwa — 0,57°. Für das

Kaninchenblut ergaben sich die Werte 0,56 bis 0,67°. Dagegen schwankte für die Leber der Gefrierpunkt zwischen —0,69 bis —0,73°, für die Muskeln zwischen —0,82 bis —0,89°. Die Gefrierpunkte dieser Organe liegen also durchweg unter dem des Blutes, besonders bei den Muskeln, „in denen wir ja besonders lebhafte Zersetzungsvorgänge anzunehmen haben" (l. c. pag. 11).

Zum Schluß dieses Abschnitts haben wir uns noch etwas mit dem Messer zu beschäftigen. Ich pflege, wie schon bemerkt, aus freier Hand zu schneiden, und zwar mit unbenetzter Klinge. BÖHM und OPPEL empfehlen, beim Schneiden gefrorener Objekte das Messer ausgiebig mit 1—3%iger Chromsäure oder — was mir mit Rücksicht auf die Klinge weniger bedenklich vorkommt — mit physiologischer Kochsalzlösung zu benetzen, damit der Schnitt sofort schwimme und sich nicht aufrolle. Bei höherer Temperatur der Umgebung wird das Messer, in Watte und wasserdichtes Papier eingehüllt, zweckmäßig vorher auf Eis gelegt oder die Klinge direkt mit Äther besprüht, in beiden Fällen ist sie vor dem Gebrauch sorgfältig zu trocknen.

Nach BÖHM und DAVIDOFF (Lehrb. d. Histologie d. Menschen, 2. Aufl.) lasse man den Schnitt in einem Tropfen physiologischer Kochsalzlösung, Wasser etc. auftauen und sich ausbreiten. Selbstverständlich kann die Abkühlung des Messers durch die oben angegebenen Mittel nur von vorübergehender Dauer sein. Eine kontinuierliche Abkühlung erzielt man durch eine an das Messer anzuschraubende Kühlvorrichtung, wie E. ZIMMERMANN eine solche herstellt (Temperiervorrichtung, Katalog pag. 16), oder durch Benutzung eines Kühlmessers (STOSS), das von Eiswasser durchströmt wird. Von dem zugehörigen Eisbehälter geht zugleich auch ein kalter Luftstrom aus, der eigentlich zum Abkühlen des Paraffinblocks bestimmt ist, aber, wie mir scheint, ebensogut in den Dienst des Gefrierverfahrens gestellt werden kann. Die Verwendung eines auf die eine oder andere Weise (siehe auch oben, pag. 60, KRAUSES Verfahren) gekühlten Messers lohnt sich schon deshalb, weil die Übertragung ganz oder teilweise gefrorener Schnitte auf den Objektträger rascher und für die Schnitte gefahrloser sich bewerkstelligen läßt als die aufgetauter.

Wir unterrichten uns nun zuerst über die Verwendbarkeit des Gefrierverfahrens bei frischen Objekten. Aus den bisher mitgeteilten technischen Angaben geht schon hervor, daß die Leistung dieses Verfahrens nicht nur derjenigen des Doppelmessers gleichkommt (vgl. Über das Doppelmesser u. a., ORTH, pag. 32 ff., BEHRENS, KOSSEL und SCHIEFFERDECKER, pag. 113 ff., BÖHM und OPPEL, § 6), sondern sie auch noch übertrifft: denn es lassen sich auch noch von den kleinsten Stückchen des Untersuchungsmateriales einige Schnitte ohne Schwierigkeit entnehmen. Selbst knorpelige Teile können unter Umständen vor dem Schneiden dem Gefrieren unterworfen werden, weil es dann gelingt, auch das Perichondrium und die umgebenden Weichteile überhaupt mit in den Schnitt zu bekommen. Daß solche Schnitte an Gleichmäßigkeit, Dünne und manchmal auch an Ausdehnung die mit dem Doppelmesser gemachten übertreffen, das lehren jedem schon die ersten Versuche auf diesem Gebiete.

Es kann in vielen Fällen von Bedeutung sein zu wissen, wie das mit keinem anderen Reagens behandelte und daher chemisch und — nach dem Auftauen — auch physikalisch nahezu wenigstens unveränderte Gewebe oder Organ sich ausnimmt; dann wird man natürlich auf jeden Zusatz verzichten und die unter Umständen noch halb gefrorenen Schnitte direkt von der Klinge auf den Objektträger bringen. Man kann aber auch, von verschiedenen Gesichtspunkten geleitet, die Schnitte erst noch der Einwirkung irgend einer mehr oder weniger indifferenten oder fixierenden Flüssigkeit aussetzen, z. B. physiologischer Kochsalzlösung, Argent. nitric., Osmiumsäure, Chromsäure, Kaliumbichromat, Formaldehyd, Alkohol usw., sei es, daß man sie von den sehr leicht auftretenden Luftblasen befreien will, was man durch Einlegen in abgekochte Kochsalzlösung, abgekochtes Wasser oder in 50%igen Alkohol (PLENGE) erreicht, oder daß die Schnitte resistenter und für die Aufnahme von Farbstoffen vorbereitet werden sollen (MÜLLERsche Flüssigkeit, Alkohol etc.). Am besten eignen sich für eine solche vorläufige, vielfach nur der Orientierung dienende Behandlung*, mit der man sich selbstverständlich nur selten begnügen wird, Muskeln, sämtliche drüsigen Organe (Drüsengranula), Lunge, Fettgewebe oder fetthaltige Gewebe überhaupt, Gewebe mit nicht alkoholbeständigen Pigmenten, Haut. Besonders wichtig für die gerechte Beurteilung der Methode scheinen mir die Erfahrungen W. KÜHNES am gefrorenen Froschmuskel zu sein. Er fand, wie COHNHEIM berichtet, daß die Erregbarkeit eines Froschmuskels, welcher der Einwirkung einer Kältemischung ausgesetzt und gefroren war, nach dem Auftauen ganz wohl erhalten ist, vorausgesetzt, daß die Temperatur nicht zu niedrig, d. h. nicht unter — 6 bis — 8° C gesunken war und daß außerdem die Kälte nur kurze Zeit gewährt hatte, mithin sei der Schluß gerechtfertigt, daß die Struktur der Muskelfasern keine Veränderung erlitten habe. Diese Erfahrungen geben zugleich einen wertvollen Fingerzeig, welche Kautelen bei einer erfolgreichen Verwendung des Gefrierverfahrens innegehalten werden müssen. Daß „das Gefrieren und Wiederauftauen keineswegs ein gleichgültiger Vorgang" sei, darauf hat schon ORTH vor Jahren hingewiesen. Auf Schnittserien, zu deren Herstellung das Präparat lange Zeit in gefrorenem Zustand erhalten oder mehrmals in denselben versetzt werden muß, möge man, wie schon oben bemerkt, lieber verzichten, denn dabei müssen notwendig schwere mechanische oder chemische Schädigungen der Zellstruktur oder ihrer Einschlüsse gesetzt werden. Man lasse das nicht zu umfangreiche Material (einige Millimeter Seite) nur einmal gefrieren, schneide die obere, noch ungefrorene Partie ab, um eine plane Schnittfläche zu gewinnen, und nehme die Schnittpräparate aus der mittleren Zone, die durch Eiskrystalle nocht nicht weißgrau, aber doch durch die Kälte schneidbar geworden ist (SOLGER). Bei diesem vorsichtigen Vorgehen beschränkt man auch das Auftreten von Luftblasen in den Schnitten (ORTH). Über andere Mittel gegen diesen störenden Übelstand siehe oben. Daß sich frische Gefrierschnitte direkt mit Pikrocarmin färben und zugleich fixieren lassen, braucht kaum besonders hervorgehoben zu werden.

Ein nicht geringer Vorteil, den besonders pathologische Anatomen und medizinische Praktiker zu schätzen wissen, liegt endlich in der Schnelligkeit, mit der beim Gebrauche eines Gefriermikrotoms noch während der Operation oder der Sektion gefärbte, in Canadabalsam aufgestellte Schnitte demonstriert werden können. So ist man, wenn man dem Vorschlage von KELLY und PICK folgt, in der Lage, ein solches Präparat nach 12 Minuten vorlegen zu können, denn die mit dem Gefriermikrotom angefertigten Schnitte kommen sofort auf 4 Minuten in 4%iges Formol, dann in 80%igen, hierauf in absoluten Alkohol und zuletzt in Carbolxylol. BEHR braucht zur Herstellung eines in Hämalaun-Eosin gefärbten Präparates etwa $^3/_4$ Stunden. In der Berliner Klinik für Hals- und Nasenkranke wird seit Jahren, wie ALEXANDER berichtet, folgendes Verfahren geübt, das etwas längere Zeit (etwa 68 Minuten) beansprucht: Einlegen der mit Mikrotom hergestellten Schnitte in heißes Wasser, Hämatoxylin, absoluten Alkohol, Xylol.

Mindestens ebenso empfehlenswert wie diese Vorschriften, nach denen die Fixierung durch Formol, bzw. durch eine höhere Temperatur vollzogen wird,

* Wenn ein solches Verfahren von Zoologen „vernachlässigt" und selbst „getadelt" wird (LEE und MAYER, pag. 111), so wird damit von den Herren Kollegen auf biologischem Gebiete uns Anatomen nur aufs neue dringend, wenn auch vielleicht unbeabsichtigt, ans Herz gelegt, vergleichende Anatomie und selbst die reine Zootomie nach unserer Weise zu betreiben. Bei keiner anderen Unsersuchungsmethode tritt z. B. — um nur einen Punkt zu nennen — die scharfe Gliederung des Querschnittsbildes der Froschniere in eine gelbkörnige, graukörnige und helle Zone so scharf hervor wie an Gefrierschnitten. (Über die Bedeutung der gelbkörnigen Zone s. SOLGER III, pag. 422; vgl. auch A. ECKERS und R. WIEDERSHEIMS Anatomie des Frosches, 2. Aufl.). — Die Brauchbarkeit der Gefriermethode haben unter den Zoologen neuerdings ARTOM (für die Fixierung der beschalten Eier von Ascaris megalocephala) und WOLFF gebührend hervorgehoben. Vgl. auch R. KRAUSE, pag. 289.

scheint mir das von KITT innegehaltene Verfahren, das ebenfalls darauf abzielt, in unmittelbarem Anschluß an eine Sektion oder an die Schlachtung eines Tieres gefärbte Schnitte vorlegen zu können. Er betupft den auf dem Spatel („Fischer") liegenden Schnitt, der aus „Wasser" (besser wohl physiologischer Kochsalzlösung) kommt, in seiner Mitte mit einem Tropfen Alkohol, um ihn vor dem Einrollen zu schützen, und härtet ihn dann einige Minuten in Alkohol, worauf dann die Färbung mit Boraxcarmin oder einem anderen Färbemittel vorgenommen werden kann.

Fassen wir das, was wir über die Anwendung der Gefriermethode auf frisches Material den mitgeteilten Tatsachen entnehmen können, zusammen, so gelangen wir zu folgenden Sätzen: Die Methode liefert beinahe ebenso rasch als das Doppelmesser Schnitte, aber von vollkommenerer Beschaffenheit als dieses, andrerseits erhält man weit schneller als bei jedem mit einer Einbettungsmasse arbeitenden Verfahren — und zwar bemißt sich der Unterschied nach Tagen oder Wochen — bei Operationen, Sektionen, Schlachtungen von Tieren, gefärbte Dauerpräparate und bekommt dadurch Fingerzeige, wo subtilere, zeitraubendere, aber auch im allgemeinen leistungsfähigere Methoden einzusetzen haben. Sie macht uns endlich auf Schnitten mit Zelleinschlüssen bekannt, die in den üblichen Flüssigkeiten schwer oder gar nicht sich fixieren lassen.

Manchen Organen und Geweben gegenüber versagt sie aber. So findet man an Schnitten durch das zum Gefrieren gebrachte kindliche und fötale Rückenmark nach FLECHSIG „in sämtlichen makroskopisch grau erscheinenden Regionen des Markes das Gewebe auf einzelne Linien" zurückgezogen. Das sind jene feinen oder groben Lücken, Risse oder Spalten, von denen schon im Jahre 1874 KEY und RETZIUS sprachen, vor denen beide später nochmals warnten und auf die in allen technischen Lehrbüchern hingewiesen wird.

Gefrierschnitte aus markhaltigen Nervengebieten sind wegen der zahllosen Myelintropfen, in welche die wieder auftauenden Markscheiden zerfließen, erst recht unbrauchbar, wie ja schon nach dem allbekannten makroskopischen Verhalten des centralen Nervensystems unter diesen Umständen zu erwarten war.

Das eben erwähnte Auftreten solcher Lücken und Risse vermeidet man, wenigstens bei Untersuchung der von mir genannten Organe ganz sicher, wenn man die Organe nur einmal und nicht zu lange gefrieren läßt. Auch ALTMANN hat über diesen Übelstand „bei irgend eiweißreicheren Organen nicht zu klagen gehabt". Manchen anderen Übelständen von geringerer Bedeutung läßt sich gleichfalls abhelfen. So treten in Gefrierschnitten, die man einige Zeit für Unterrichtszwecke frisch aufbewahren will, bald eine große Menge von niederen Organismen (Spaltpilze, Schimmelpilze) auf. Dagegen verwendet HELLER mit Erfolg eine 1%ige Chloralhydratlösung, von welcher er eine Quantität der physiologischen Kochsalzlösung zusetzt. Wie man dem Auftreten von Luftblasen begegnet, wurde schon oben erwähnt.

Das Arbeiten mit dem Gefriermikrotom wird endlich auch von der umgebenden Temperatur beeinflußt, und zwar weit mehr als die Handhabung der Paraffinmethode. Daher bemängeln es LEE und MAYER, von denen der eine in Nyon, der andere in Neapel lebt, daß es in warmen Klimaten, namentlich im Sommer nur schwer möglich sei, brauchbare Schnitte mit dieser Methode zu erhalten. Die Verwendung von Äthylchlorid, Kohlensäure oder flüssiger Luft als Kältequelle dürfte auch dann zum Ziele führen. Mancher Mißerfolg am Äthermikrotom mag, wie ich aus eigener Erfahrung weiß, darauf zurückzuführen sein, daß der zur Verfügung stehende Äther bezüglich seiner Qualität einiges zu wünschen übrig ließ; darauf sowie auf eine Vorrichtung zum Kühlen des Messers ist natürlich bei höherer Temperatur der Umgebung besonders zu achten.

Bei der bisher betrachteten Verwendung des Gefrierens hatte man in erster Linie den Zweck im Auge, frisches Material unter Ausschluß von Alkohol und anderen härtenden Reagenzien rasch schneidbar zu machen. Die Schnitte konnten dann je nach Bedürfnis weiter behandelt werden. Nun hat ALTMANN ein Gefrierverfahren angegeben, von dem er rühmt, es erhalte die Reaktionsfähigkeit der Gewebe und die Formen der Elemente, seiner Bioblasten, in ihrem natürlichen Zustande. Die Präparate, welche die beiden Gefriermethoden liefern, unterscheiden sich insofern sehr wesentlich voneinander, als ALTMANNS Verfahren, das übrigens besondere Einrichtungen verlangt, Objekte liefert, die in ihrem Volumen zwar unverändert, aber vollständig wasserfrei sind. Dies sei sogar der einzige Unterschied, durch welchen sie von dem frischen Zustand differieren. Man soll dies dadurch erreichen, daß man frische Organstückchen gefrieren und im gefrorenen Zustand bei einer Temperatur von unter — 20° C oder noch besser bis nahe an — 30° C heran einige Tage lang über Schwefelsäure im Vakuum vollständig austrocknen läßt. Solche ausgefrorene Objekte werden dann im Vakuum direkt mit geschmolzenem Paraffin durchtränkt und erst die Schnitte den fixierenden Reagenzien und Färbeflüssigkeiten ausgesetzt. Daß bei Behandlung der Objekte mit geschmolzenem Paraffin und später mit Xylol die in der zuletzt genannten Flüssigkeit löslichen Substanzen verloren gehen, braucht kaum besonders erwähnt zu werden.

Vielleicht läßt sich auch die vitale Methylenblaureaktion nicht bloß nach vorheriger Einwirkung von Ammoniumpikrat-Ammoniak (APÁTHY), sondern auch direkt und ausschließlich durch ein solches „Austrocknen unterhalb der kritischen Temperatur“ bis zum Einschluß der Schnitte in Canadabalsam konservieren (ALTMANN).

Während bisher die zu schneidenden Objekte direkt oder höchstens durch Vermittlung einer indifferenten Flüssigkeit oder einer leimähnlichen Masse der Gefrierplatte aufgesetzt wurden, haben wir nun vor allen Dingen der Mittel zu gedenken, mit welchen die frischen Objekte mehr oder weniger innig durchtränkt wurden, um sie länger im überlebenden Zustand zu erhalten, um sie leichter schneidbar zu machen oder um deren Schrumpfung vorzubeugen. Hier ist in erster Linie das von ROLLETT empfohlene Eiweiß zu nennen. Er bringt kleine, dem lebenden Tiere eben entnommene Muskelstückchen in Eiweiß frisch gelegter Hühnereier, setzt sie dann mit den daran hängenden Eiweißtropfen auf ein Gefriermikrotom und bringt sie, nachdem sie aufs neue mit Eiweiß beträufelt sind, zum Gefrieren. Man schneidet sie mit gut gekühltem Messer. Der noch gefrorene Schnitt wird auf einen Objektträger gelegt und kann direkt in dem auftauenden Eiweiß untersucht werden. Letzteres kann später durch verdünntes Glycerin (2 Teile Glycerin und 1 Teil Wasser) verdrängt werden, die Schnitte werden darin durchsichtiger, ohne zu schrumpfen. Querschnitte in Muskeln dagegen, die ohne Zusatz von Eiweiß zum Gefrieren gebracht werden, schrumpfen in Glycerin.

Die gegenwärtig dominierenden Einbettungsverfahren mit Paraffin und Celloidin verlangen beide durchaus die längere Einwirkung von Alkohol; je nachdem man die eine oder die andere wählt, muß das Objekt auch durch Xylol, Chloroform u. dgl. oder Äther hindurchgeführt werden, alles Substanzen, welche gewisse Zelleinschlüsse (Fett, gewisse Pigmente, Vorstufen von Secret) auflösen. Material, das mit Solutionen von Chromsäure, chromsauren Salzen etc. kürzere oder längere Zeit vorbehandelt worden war, läßt sich ohne Schwierigkeit zum Gefrieren bringen, doch ist es zweckmäßig, die Objekte vorher durch Auswaschen in Wasser von den Fixierungsflüssigkeiten zu befreien. Man kann also auf diese Weise hinreichend feine Schnitte erhalten, ohne das Material der Einwirkung von Alkohol ausgesetzt zu haben. Besonders für die Erhaltung der farbigen Blutkörperchen, die an frisch gefrorenem Materiale sehr leicht zerstört werden, erweist sich vorheriges Einlegen in MÜLLERsche Flüssigkeit (1—3—24 Stunden lang) als vorteilhaft. Sind bei kürzerer Einwirkung des Kaliumbichromats solche Schnitte noch sehr zerreißlich, so bringe man sie noch auf einige Zeit in stark verdünnte MÜLLERsche Lösung, um dem Verkrümmen und Zusammenrollen vorzubeugen und sie, nachdem sie resistenter geworden sind, ohne daß sie Schaden leiden, in Farblösung übertragen zu können (HELLER, ORTH).

An fixierten Objekten soll die Bildung von Eiskrystallen verhindert werden, wenn man das zu schneidende Material vorher mit einer Lösung von Gummi arabicum durchtränkt und es auf der Gefrierplatte mit einem Mantel dieser Substanz umgibt, wie ich das schon in den achtziger Jahren von einem englischen Kollegen, der vorübergehend in Halle arbeitete, ausüben sah (vgl. auch LEE und MAYER, pag. 112). Andere bringen vor dem Schneiden die Objekte in Zuckersaft (2 Teile Zucker und 1 Teil Wasser, HAMILTON) oder in ein Gemenge von Gummischleim und Zuckersaft (COLE). Auch machen sich dann Ungleichheiten der Konsistenz weniger störend bemerklich. Wer damit noch nicht auskommt, mag Dextrinlösung (WEBB 1890) oder Gelatine mit Gummi arabicum und Traganth (JACOBS 1885) versuchen, die zu ähnlichem Zwecke empfohlen wurden.

Will man solche Gefrierschnitte aus fetthaltigem, in MÜLLERscher Lösung fixiertem Material noch nachträglich zum färberischen Nachweis des Fettes tingieren, so kann dies nach der Methode von DADDI mit Sudan III geschehen. Hier wird der Alkohol allerdings nicht ganz vermieden, denn es gelangt eine alkoholische Lösung des Farbstoffs zur Verwendung, aber auch sie wirkt, wenn man von Stückfärbung absieht, auf Schnitte nur etwa 5 Minuten ein.

Besonders gut eignet sich Material, das in Formol fixiert war, zur weiteren Behandlung auf dem Gefriermikrotom. Die Kombination beider Methoden stellt wohl, wie wir gleich sehen werden, das rascheste Verfahren, Dauerpräparate zu gewinnen, überhaupt dar. Die Konzentration ist die übliche (4%iger Formaldehyd oder 10%ige Formollösung); die Fixierungsflüssigkeit kann vorher in Wasser ausgewaschen werden, es ist aber nicht absolut erforderlich, nach PLENGE eher von Nachteil, da Formallösungen direkt zum Gefrieren gebracht werden können, wenn auch das Eis solcher Lösungen nicht so stark ist als das Eis aus reinem Wasser, weshalb auch nicht ausgewaschenes Formolmaterial nicht so hart gefriert als solches, das mit Wasser oder Salzlösungen imbibiert ist. Deshalb empfiehlt es sich, zum Anfrierenlassen harter Gewebe, wie Knorpel, Cutis u. dgl., Wasser zu nehmen (PLENGE).

Wahrscheinlich war CULLEN der erste, der das Formol im Bunde mit der Gefriertechnik zur raschen Herstellung von Dauerpräparaten, zur Vorführung von solchen womöglich noch während der Operation oder Sektion verwandte. Das Verfahren, das dann von HODENPYL insofern verbessert wurde, als dieser die Schrumpfung und Verzerrung der Schnitte beseitigen lehrte, besteht im wesentlichen aus folgenden Maßregeln: Man härte die auf dem Gefriermikrotom zu schneidenden Objekte 1—2 Stunden oder länger in 10%iger Formollösung, wasche sie vor dem Aufsetzen auf die Gefrierplatte 1—2 Minuten in Wasser aus und bringe die Schnitte direkt in eine Eiweißlösung von folgender Zusammensetzung: Eiweiß 50 *ccm*, Aqua dest. 150 *ccm*, konzentrierte, durch Zusatz von Lithiumcarbonat etwas alkalisch gemachte Salicylsäurelösung 50 *ccm*, hierzu noch als Konservierungsmittel etwas Campher. Die Schnitte werden mittelst dieser Eiweißlösung auf Deckgläschen aufgeklebt. Um das Eiweiß koagulieren zu lassen und um später nach vorgenommener Färbung die Präparate in Canadabalsam aufstellen zu können, ist Passieren durch Alkohol, bzw. Alkohol und Äther erforderlich.

Etwas einfacher gestaltet sich das CULLENsche Verfahren unter den Händen von PLENGE. Er härtet gleichfalls in 4%iger Formollösung, entnimmt, wenn noch während der Sektion gefärbte und in Canadabalsam eingeschlossene Schnitte demonstriert werden sollen, schon nach $^1/_4$—$^1/_2$ Stunde dem eingelegten Materialwürfel Scheiben von etwa 0,5 *mm* Dicke mit dem Doppelmesser oder dem Rasiermesser, um sie sodann auf dem Gefriermikrotom zu zerlegen. Gewöhnlich aber härtet er möglichst glatt geschnittene Scheiben von etwa 1 *cm* Seitenlänge in 4%iger Formollösung, läßt in dieser Lösung oder in Wasser anfrieren und fängt die Schnitte in Wasser auf, das durch Kochen luftfrei gemacht ist, oder noch besser in 50%igem Alkohol, denn in diesem entweichen die störenden Luftbläschen, die sich regelmäßig in Gefrierschnitten finden, noch leichter als in abgekochtem

Wasser. Nun kann man, wenn man konzentrierten Alkohol vermeiden will, die Schnitte entweder in ungefärbtem Zustand in Wasser oder Glycerin untersuchen oder sie mit Farbstoffen weiterbehandeln, um sie schließlich durch die bekannten Etappen hindurch in Canadabalsam zu überführen. Auch bei den Balsampräparaten waren nach PLENGE sämtliche Zellgranulationen, Fetttröpfchen, Pigmente vollkommen erhalten, nur der Versuch, Glycogen nachzuweisen, mißlang. Für Rückenmark und Gehirn gibt das Verfahren schon nach 1—2stündiger Einwirkung des Formaldehyds vortreffliche Resultate. PLENGE verwandte das Gefriermikrotom von JUNG (Katalog Nr. 119), das schon von SCHIEFFERDECKER (Zeitschr. Wiss. Mikr. 1892) beschrieben und empfohlen wurde.

Eine weitere Verwendung der Kombination von Formolfixierung und Gefrierverfahren gibt neuerdings FAJERSZTAJN an, und zwar für die Untersuchung der Medulla oblongata, des Rückenmarks und der peripheren Nerven. Die vom gefrorenen Formolmaterial erhaltenen Schnitte werden mit einer Chromsäurelösung gebeizt, in Hämatoxylin gefärbt und nach PALS Vorschrift differenziert. Es bildet sich bei dieser Behandlung ein Chromlack, der, in der Regel wenigstens, an den Achsencylindern festhaftet.

So ganz unbedenklich scheint mir übrigens die Fixierung in Formol nicht zu sein. Ich habe wenigstens in Drüsenzellen (Gl. submaxillaris des Menschen) massenhafte Vacuolen wahrgenommen und auch in Rückenmarksstücken nach dieser Vorbehandlung ähnliche Kunstprodukte gesehen. Wenn es nur darauf ankommt, rasch Übersichts- und Orientierungspräparate zu bekommen, wird man darüber hinwegsehen können und mit dieser Einschränkung die Ansicht FAJERSZTAJNS teilen dürfen, daß „die Anwendung der Gefriertechnik am Formolmateriale augenscheinlich an Verbreitung zunehme". Allein ein treues Zellenfixierungsmittel ist das Formol nicht. Man muß daher in der Tat mit PLENGE die Methode von BENDA eine „Ergänzung" seines Verfahrens nennen. BENDA fixiert in Alkohol, behandelt hierauf erst mit Formaldehydlösung, wäscht gründlich in Wasser aus und stellt dann erst die Gefrierschnitte her. „Ein so hergerichtetes Gewebsstück gefriert sehr leicht und schneidet sich wie Modellierwachs. Als Zeichen, daß die Durchtränkung beendet, ist das Untersinken der vorher auf der Formollösung schwimmenden Stücke anzusehen" (MEISSNER). Nach dieser Methode lassen sich ohne Schwierigkeit Schnitte von 5, ja selbst von 3 μ herstellen.

Bei solchem fixierten und nachträglich gewässerten Material, das zum Gefrieren gebracht wird, ist es aber, wie H. KÜHNE hervorhebt, schwer, den „für das Schneiden richtigen Kältegrad des Eises zu treffen und denselben dauernd auf gleicher Höhe zu erhalten". Infolge davon kommt es zu Abgleiten des Messers und zu ungleichmäßigen Schnitten oder, wenn man dem Taupunkt zu nahe kommt, zu Ablösung des Materials von der Metallplatte. Dies läßt sich vermeiden, wenn man Anethol oder reines Anisöl (0,1 Anisi pur. von Schimmel & Comp., Leipzig bezogen) verwendet, denn es erstarrt schon, je nachdem es älter oder frischer ist, bei höherer oder niederer Zimmertemperatur, bei 6, 18, sogar schon bei 21° R und verlangt daher wenig Äther zum Gefrieren. Ist es in der Flasche erstarrt, so muß das Gefäß in heißes Wasser getaucht werden. Das in 2 *mm* dicke Stückchen geschnittene Material wird durch Auflegen auf Fließpapier von Alkohol befreit und dann auf 24 Stunden in reines Anisöl gebracht. Die Entfernung dieses Öls aus den Schnitten bewirkt man durch Alcohol absolutus. Zweckmäßig ist es, das Gefäß mit Alkohol direkt unter dem Messer aufzustellen, wie das z. B. an dem Gefriermikrotom von KATSCH zu ermöglichen ist.

Schließlich mag noch erwähnt werden, daß die namentlich in England und Amerika vielverwandten Gefrierapparate ihre weite Verbreitung zum Teil wenigstens dem Umstande verdanken, daß in diesen Ländern der Äthylalkohol viel teurer ist oder wenigstens war als bei uns.

Literatur: ALTMANN (Die Elementarorganismen und ihre Beziehung zu den Zellen, 1894), ARTON (Zeitschr. Wiss. Mikr., Bd. 25, 1908), BARDEEN (John Hopkins Hosp. Bull.,

Bd. 12, 1901), Benn (Münch. Med. Wochenschr. 1903), Behrens, Kossel und Schiefferdecker (Die Gewebe des menschlichen Körpers und ihre mikroskopische Untersuchung, Bd. 1, 1892), Benda (Centralbl. Pathol. Anat., Bd. 6, 1895), Bluntschli (Zeitschr. Wiss. Mikr., Bd. 20), Böhm und Oppel (Taschenbuch, 2. Aufl., 1893), Boll (Inaug.-Diss., Berlin 1869), Brissey (C. R. Soc. Biol., Paris, Bd. 62), Cathcart (Journ. of Anat. Phys., Bd. 17. 1883), Cohnheim (Arch. Path.-Anat., Bd. 34, 1865), Cullen (John Hopkins Hosp. Bull., Bd. 6, 1896), Dadi (Arch. Ital. Biol., Bd. 26), Fajersztajn (Poln. Arch Biol.-med. Wiss. Bd. 1, 1901), Frey (Das Mikroskop, 6. Aufl., 1877), Heller (Zeitschr. Wiss. Mikr., Bd. 2, 1885), Hodenpyl (Med. Rec. 1899), Hughes (Journ. of Anat. Phys., Bd. 10, 1876), Johne (Zeitschr. Tierm., N. F., Bd. 1, 1897), Katz (Deutsch. Med. Wochenschr., Jg. 29), Key und Retzius (Nord. Med. Ark., Bd. 2, 1874), dieselben (Biologische Untersuchungen, Bd. 2, 1882), Kitt (Österr. Monatschr. Tierh., Bd. 14, 1889), Kölliker (Zeitschr. Wiss. Zool., Bd. 16, 1866), Krause (Zeitschr. Wiss. Mikr., Bd. 25), Kühne (Centralbl. Bact., Bd. 12, 1892), Lee und Mayer (Grundzüge, 1898), Lewis (Journ. of Anat. Physiol., Bd. 11, 1877), derselbe (Brain und Dublin Quart. Journ. med. Sc., Bd. 67, 1879), Lüpke (Deutsch. Tierärztl. Wochenschr., Bd. 1, 1893), Meissner (Mikr. Techn. d. ärztl. Sprechst., Berlin 1896, 2. Aufl., 1902), Noll (Zeitschr. Wiss. Mikr., Bd. 18, 1901), Orth (Curs. d. norm. Histol., 4. Aufl., 1886), Pick (Allg. Med. Centralbl., Bd. 67), Plenge (Arch. Pathol. Anat., Bd. 144, 1896), Ranvier (Techn. Lehrb.), Rollett (Denkschr. Akad. Wiss. Wien., Bd. 51, 1885), Rosemann (Mit. Naturw. Ver. Neuvorpommern, Jg. 33, 1901), Rutherford (Monthly Micr. Journ., Bd. 10, 1873), Solger I (Abh. Naturf. Ges. Halle, Bd. 15, 1882), derselbe II (Anat. Anz., Bd. 9, 1894), derselbe III (Unters. Naturl. Mensch., Bd. 15, 1895), derselbe IV (Festschr. f. Gegenbaur, Bd. 2, 1896), derselbe V (Zeitschr. Wiss. Mikr., Bd. 19), Stoss (Ebenda, Bd. 8, 1891), Wolff M. (Ebenda, Bd. 25), Wright (Centralbl. Pathol. Anat., Bd. 12, 1901).

Schlußbemerkung. Die meisten der zitierten Arbeiten lagen mir im Original vor, wobei ich von den Herren Prof. Maurer (Jena), Prof. R. Krause (Berlin) und Dr. M. Wolff (Bromberg) in dankenswerter Weise unterstützt wurde; die Angaben einiger Autoren kenne ich jedoch nur aus Referaten der Zeitschr. f. wissenschaftl. Mikroskopie. Solger (Neisse.)

Gehirn siehe: Nervensystem.

Gehirnmikroskop siehe: Mikroskop.

Gehirnmikrotom siehe: Mikrotom.

Gehörorgan. Die histologische Bearbeitung des Gehörorgans gehört anerkanntermaßen zu den schwierigsten Kapiteln der histologischen Technik. Einmal besitzt das häutige Labyrinth der höheren Wirbeltiere einen außerordentlich komplizierten Bau, die einzelne Teile sind durch weite, mit Flüssigkeit erfüllte Räume voneinander getrennt, die Membrana basilaris mit dem ihr aufsitzenden Cortischen Organ brückt sich frei durch den Ductus cochlearis durch, die einzelnen Bestandteile jenes Organs liegen nicht dicht aneinander, sondern lehnen sich nur leicht, durch Zwischenräume getrennt aneinander, alles das sind Momente, die eine außerordentlich subtile Technik verlangen. Dazu kommt noch, daß die kompliziertest gebauten Teile des Gehörorgans tief in den Knochen eingebettet und den fixierenden Agentien nur schwer zugänglich sind.

Bei den niederen Wirbeltieren etwa bis zu den Amphibien aufwärts liegen die Verhältnisse in dieser Beziehung nicht so ungünstig. Bei Fischen und Amphibien gehört meist keine besondere Geschicklichkeit dazu, das häutige Labyrinth mit einem scharfen Skapell, eventuell mit Hilfe der Knochenzange freizulegen und der Fixationslösung zugänglich zu machen. Ähnlich liegen auch die Verhältnisse bei vielen Nagetieren, besonders bei dem für diesen Zweck gerade mit Vorliebe benutzten Meerschweinchen. Hier ragt die Schnecke frei in die große Höhle der Bulla hinein und ihre Knochenwand ist, wenigstens bei jungen Tieren, so dünn, daß man das Schläfenbein nach breiter Eröffnung der Bulla direkt in die Fixationslösung einlegen kann. Bei den meisten anderen höheren Wirbeltieren aber wird man das knöcherne Labyrinth an einer oder mehreren Stellen (Schneckenbasis und vorderer Bogengang) öffnen müssen, um die Fixationslösung eindringen zu lassen. Das hat aber sein Mißliches, denn mit der Eröffnung des knöchernen Labyrinths, die im übrigen unter Flüssigkeit, Fixationslösung oder physiologischer Kochsalzlösung vorgenommen werden soll, ändern sich die Spannungsverhältnisse in demselben und man erhält häufig Verzerrungen und Zerreißungen der Reissnerschen Membran und selbst der Membr. basilaris. Wir können deshalb vor dieser Methode nur warnen und in jedem Falle, in dem es nur irgendwie angängig ist, empfehlen, die Fixationslösung von der Carotis, bei kleineren Tieren auch von dem Herzen resp. der Aorta aus zu injizieren. Man präpariert dann das Felsenbein heraus und läßt es noch einige Zeit in der Lösung liegen.

Es gibt aber leider Fälle, wo, wie z. B. beim Menschen, eine Injektion von den Blutgefäßen sich aus äußeren Gründen verbietet. Will man hier gute Präparate erhalten, so muß man bald nach dem Tode fixieren, und da läßt sich leider eine solche Injektion häufig nicht machen. In solchen Fällen empfehlen wir die folgende Art des Vorgehens, die uns schon einige Male sehr gute Dienste geleistet hat. Man geht mit einem recht dünnen, am besten gläsernen Tubenkatheter durch die Nase in die Tuba Eustachii ein und injiziert 0,5%ige Osmiumsäure in die Paukenhöhle. Der Katheder muß so dünn sein, daß die Luft neben ihm entweichen kann. Dann nimmt man nach 24 oder 48 Stunden das Schläfenbein heraus und legt es für einige Tage in toto in Pikrinsublimatessigsäure ein. Auch bei großen Affen (Orang-Utan, Schimpanse) haben wir auf diese Weise gute Präparate erzielt.

v. Stein öffnet die Schnecke in warmer Gelatinelösung (10% Gelatine in physiologischer Kochsalzlösung) und läßt sie 1—2 Stunden im Brutschrank in derselben. Nach dem Erkalten wird dann die Gelatine durch Formoldämpfe (ein paar Stunden) unlöslich gemacht und das Präparat in beliebiger Weise fixiert.

Scott öffnet beim Neugeborenen zunächst den oberen und hinteren Bogengang und dann das Tegmen tympani ohne Verletzung der Gehörknöchelchen und fixiert 48 Stunden in Zenker.

Zur Fixation des häutigen Labyrinths hat man vor allen anderen die Osmiumsäure und ihre Gemische empfohlen. So fixiert Retzius die eröffnete Schnecke ½ Stunde in 0,5%iger Osmiumsäure und legt dann für die gleiche Zeit in 0,5%iges Goldchlorid ein, Ranvier fixiert 12 Stunden in 2%iger Osmiumsäure und überträgt dann in oft zu wechselnde 2%ige Chromsäure, Flesch fixiert in einer 0,25%igen Chromsäure mit 0,1% Osmiumsäure, Waldeyer in 0,2- bis 1%iger Osmiumsäure oder 0,001%igem Chlorpalladium. Prenant benutzt 1%ige Osmiumsäure oder Flemmingsche Flüssigkeit, Tafani eine Mischung von 20 *ccm* 0,4%igem Kaliumbichromat und 5 *ccm* 1%iger Osmiumsäure (1—2 Tage). Katz (88, 90) legt die Schnecke zunächst in 0,5%ige Osmiumsäure für 10 Stunden und setzt dann 0,3%ige Chromsäure mit 0,5% Essigsäure zu. Nach 4 Tagen wird diese Chromessigsäure gewechselt. Später (07) hat er dann für das Kaninchen den folgenden Modus procedendi empfohlen. Nach Eröffnung des oberen Bogenganges wird die Schnecke in 0,5%ige Osmiumsäure mit 1% Essigsäure eingelegt und nach 2 Stunden die doppelte Menge von 0,5%iger Chromsäure oder 0,5%igem Platinchlorid mit 1% Essigsäure zugesetzt. Nach 4 Tagen wird die Chrom- resp. Platinchlorid-Essigsäure gewechselt und weitere 4 Tage einwirken lassen. Ganz ähnlich verfährt Beyer. Wir ziehen von den Osmiumgemischen die Hermannsche und Flemmingsche Flüssigkeit allen anderen vor und lassen in derselben eine Meerschweinchenschnecke 3—4 Tage liegen. Ein längerer Aufenthalt schadet aber auch nichts. Auch die Podwyssotzkysche Flüssigkeit leistet nach unserer Erfahrung für den vorliegenden Zweck vorzügliches. Von den nicht osmiumhaltigen Gemischen ist die Zenkersche Flüssigkeit zur Fixation des Labyrinthes wohl die empfehlenswerteste. Sie empfiehlt sich besonders zur Injektion. Sie hat den großen Vorteil, daß sie neben guter Erhaltung eine vorzügliche Färbbarkeit garantiert. Auch Rickenbacher lobt die Zenkersche Flüssigkeit, ebenso Scott für das Labyrinth des Neugeborenen. In neuerer Zeit hat man dann auch Formalin und Formalingemische empfohlen. Kishi fixiert in 4%igem Formalin, dem er auf 100 Teile 10 Teile 1%iger Osmiumsäure zusetzt. Held, Wittmaack und Kolmer verwenden Mischungen von Formalin, Kaliumbichromat und Essigsäure. Wittmaack löst 5 *g* Kaliumbichromat in 85 *ccm* Wasser, setzt 10 *ccm* Formalin und 3 *ccm* Essigsäure zu und läßt die Schnecke darin ohne zu wechseln 6—8 Wochen im Brutschrank. Ähnlich verfährt Kolmer.

Auf die Fixation folgt dann nach eventuellem Auswaschen die Entkalkung, über deren Details man den Artikel Knochen und Zähne vergleiche. Speziell für das Labyrinth sind empfohlen worden 0,25%ige Chromsäure (WALDEYER), 0,5%ige Chromsäure mit 2—5% Salpetersäure (KATZ). WITTMAACK behandelt seine, wie oben, fixierten Präparate nach 24stündigem Auswaschen 1—4 Wochen lang mit einer Mischung von 10 *ccm* Formalin, 3—5 *ccm* Essigsäure und 100 *ccm* Wasser, entkalkt dann bis zu 14 Tagen in Formalin-Salpetersäure, überträgt in Osmiumsäure-Kaliumbichromat für 1—3 Wochen und behandelt darauf mit Pyrogallussäure. Ferner sind noch zur Entkalkung empfohlen worden konzentrierte Pikrinsäure, 5%ige Salpetersäure, Alkohol-Salpetersäure, Phlorogluzinsalzsäure und 5%ige Trichloressigsäure. Sehr empfehlenswert ist es, die Entkalkung erst nach der Einbettung vorzunehmen. (Näheres siehe Knochen und Zähne.)

Im allgemeinen ist die Celloidineinbettung der Paraffineinbettung vorzuziehen, doch liefert die letztere, richtig gehandhabt, für das Labyrinth kleiner und junger Tiere noch recht gute Resultate. Auch kombinierte Celloidin-Paraffineinbettung kann unter Umständen recht wertvoll sein.

Zur Untersuchung der vielumstrittenen Nervenendigung in den Maculae, Cristae und dem CORTIschen Organ kann sowohl die Golgi- als auch die Methylenblaumethode, als auch die CAJALsche und BIELSCHOWSKYsche Neurofibrillenmethode herangezogen werden. Zur ersteren eignen sich nur die noch nicht oder ganz wenig verkalkten Schnecken von neugeborenen Mäusen, Kaninchen oder Meerschweinchen der letzten Schwangerschaftswoche. Näheres sehe man in dem Artikel „Golgimethode" ein.

Die Methylenblaufärbung gestaltet sich bei niederen Wirbeltieren sehr einfach. MORILL legt die herauspräparierten Ampullen von Scyllium in physiologische Kochsalzlösung, der er so viel Methylenblaulösung zusetzt, daß die Flüssigkeit eben noch durchsichtig ist, läßt das Ganze bei 30° $^5/_4$ Stunden lang stehen, wobei ab und zu Luft durchgeblasen wird, setzt dann 10—15 Minuten der Luft aus und fixiert. NIEMACK schüttelt das häutige Labyrinth des Frosches in ganz dünner Methylenblaulösung bis zur Schaumbildung, läßt noch $^3/_4$ Stunden darin und fixiert dann. Für die höheren Wirbeltiere lassen diese primitiven Methoden im Stich. Wir empfehlen hier Injektion von 0,5—1%iger Lösung von Methylenblau chemisch rein, krystallisiert (Höchst) in die Vena femoralis. Alle 5—10 Minuten wird 1 *ccm* injiziert bis zum Tod des Tieres. Dann wird die Schnecke frei präpariert $^1/_4$—$^1/_2$ Stunde an der Luft liegen gelassen und in 10%igem Ammoniummolybdat mit Zusatz von etwas Osmiumsäure fixiert über Nacht. Auswaschen 2 Stunden in fließendem Wasser und Entkalken in 5%iger Trichloressigsäure mit Zusatz einer Spur Platinchlorid. Auswaschen in fließendem Wasser 24 Stunden, Entwässern und Einschluß in Paraffin. Diese Methode liefert häufig, allerdings durchaus nicht immer sehr gute Resultate. Am meisten eignen sich nicht zu junge Kaninchen (6—9 Monate) und Katzen.

CAJAL hat mit seiner Methode an Hühnerembryonen gearbeitet, KOLMER empfiehlt zur Darstellung der Neurofibrillen mit derselben junge Mäuse bis zum 20. Tag nach der Geburt, bei denen man noch nicht zu entkalken braucht. BIELSCHOWSKY und BRÜHL fixieren in 20%igem Formalin, entkalken in 5%iger Salpetersäure und übertragen dann nochmals für einige Tage in 20%iges Formalin. Dann werden die mit dem Gefriermikrotom hergestellten Schnitte 24 Stunden im Dunkeln in 4%iges Silbernitrat gebracht, abgespült, einige Minuten in Silberammoniak (siehe Neurofibrillen) übertragen, in schwach angesäuertem Wasser (1 Tropfen Essigsäure auf 20 *ccm* Wasser) so lange gelassen, bis sie etwas heller werden, und in 20%igem Formalin reduziert.

Die Blutgefäße des inneren Ohres injiziert man am besten von der Art. basilaris aus unter konstantem Druck (180 *mm* Quecksilber). Die Kanüle wird nach Wegnahme der Pars basilaris des Occiput, des vorderen Bogens des Atlas und des Dens epistrophei eingebunden und die Arterie an ihrer Teilungsstelle in die Artt. profundae cerebri dextra und sinistra unterbunden. Man kann auch noch bequemer in die eine Art. vertebralis einbinden und die andere abbinden (EICHLER). Weniger gute Resultate ergibt die, allerdings viel bequemere Injektion von der Art. carotis communis. Um den Abfluß des Blutes zu ermöglichen, wird eine weitere Kanüle in die Vena jugularis interna und in den angebohrten Confluens sinuum eingelegt und dieselben erst geschlossen, wenn die Injektionsmasse ganz rein aus ihnen abfließt (EICHLER).

Die Corrosionsmethodik des Gehörorgans kann, da sie wesentlich makroskopischen Zwecken dient, hier nicht näher besprochen werden. Wir verweisen in dieser Beziehung auf die unten zitierten Arbeiten von EICHLER, SIEBENMANN, STEINBRÜGGE, BARTH, BRÜHL und DENKER.

Für die Bearbeitung des mittleren und äußeren Ohres gelten die gewöhnlichen histologischen Methoden. Auch hier empfehlen wir ZENKERsche Flüssigkeit oder Pikrinsublimatessigsäure im Gegensatz zu ESCHWEILER, der den 50%igen Alkohol als Fixationsmittel empfiehlt. BONDY lobt Formalin in 10%iger Lösung. Für die Darstellung der Nerven des Trommelfells eignet sich vor allem die RANVIERsche Citronensaftmethode, doch gibt auch die oben beschriebene Methylenblaumethode recht gute Resultate.

Literatur: ASAI (Anat. Hefte, Bd. 36, 1908), BARTH (Arch. Anat., 1889), BEYER (Arch. Ohrenheilk., Bd. 64, 1905), BIELSCHOWSKY und BRÜHL (Arch. Mikr. Anat., Bd. 71, 1908), BONDY Anat. Hefte, Bd. 35, 1908), BRÜHL (Anat. Anz., Bd. 14, 1898), CAJAL (Trab. Lab. Investig. Biol. Univ. Madrid, Bd. 3, 1904), DENKER (Anat. Hefte, Bd. 9, 1900), EICHLER (Abh. Sächs. Ges. Wiss. Leipzig, Bd. 18, 1892), ESCHWEILER (Arch. Mikr. Anat., Bd. 53, 1898), FLESCH (Arch. Mikr. Anat., Bd. 16, 1879), HELD (Abh. Sächs. Ges. Leipzig, Bd. 28, 1902), KATZ (Monatschr. Ohrenheilk., Jg. 1888), derselbe (Arch. Ohrenheilk., Bd. 31 u. 74, 1890 u. 1902), KISHI (Zeitschr. Wiss. Zool., Bd. 71, 1902), KOLMER (Arch. Mikr. Anat., Bd. 70, 1907), MORILL (Journ. of Morph., Bd. 14, 1897), NIEMACK (Anat. Hefte, Bd. 2, 1892), PRENANT (Int. Monatschr. Anat., Bd. 9, 1892), RETZIUS (Das Gehörorgan der Wirbeltiere, Stockholm 1884), RANVIER (Technisches Lehrbuch), RICKENBACHER (Anat. Hefte, H. 51, 1902), SCOTT (Proc. Anat. Soc. Great Britain, March, 1908), SELIGMANN (Frankfurt. Zeitschr. Pathol., Bd. 1, 1907), SIEBENMANN (Die Blutgefäße im Labyrinth des menschlichen Ohres, Wiesbaden 1894), v. STEIN (Anat. Anz., Bd. 17, 1900), STEINBRÜGGE (Centralbl. Med. Wiss. 1885), TAFANI (Arch. Ital. Biol., Bd. 6, 1884), WALDEYER (STRICKERS Handbuch der Lehre von den Geweben, Leipzig 1871).

Geißelfärbung. Unter Geißeln versteht die Bacteriologie die meist außerordentlich feinen, fadenartigen Bewegungsorgane zahlreicher, beweglicher Bacterienarten. Sie bestehen aus Protoplasmasubstanz, übertreffen meist die Länge des Bacillus um das Vielfache und sind ihm bald in der Einzahl, bald in der Mehrzahl entweder an seinen Enden oder rings um ihn herum angeordnet. Im ungefärbten oder gefärbten Präparat sind sie wegen ihrer Feinheit nicht ohne weiteres sichtbar, sondern erfordern besondere Methoden. Nur erwähnt GÜNTHER, daß er an sehr großen Spirillen die Geißeln mehrmals im einfachen hängenden Tropfen wahrgenommen habe. Die ältesten Methoden, sie sichtbar zu machen, stammen von R. KOCH. Zuerst gelang es ihm, bei einigen Bacillen- und Spirillenarten in einfachen, angetrockneten, ungefärbten Deckglaspräparaten bei gewisser Beleuchtung Geißeln sichtbar zu machen und zu photographieren. Sein Verfahren wird nach GÜNTHER am besten folgendermaßen ausgeführt: Die in Wasser suspendierten Bacterien werden in dünnster Schicht auf dem Deckglase ausgebreitet, man läßt die ausgebreitete Wasserschicht verdunsten und befestigt das Deckglas dann so auf einem Objektträger, daß es, die Bacterienschicht nach unten gekehrt, mit seinem Rande auf einem Rähmchen von dünnem Papier ruht, welches mit dem Objektträger sowohl wie mit dem Deckglas durch Canadabalsam verbunden wird. Bei Anwendung von Ölimmersion, ABBÉschem Kondensor und mittelweiter Blende sieht man dann bei passendem Material ohne weiteres die Geißelfäden.

Gleichzeitig beschrieb R. KOCH auch eine Methode, sie mit konzentrierter wässeriger Lösung von Campecheholzextrakt zu färben. Doch lassen sich damit nur bei einigen Arten die Geißeln darstellen, welche bei den meisten Arten offenbar gegen die übliche Fixierung durch Erhitzung recht empfindlich und außerdem wenig aufnahmefähig für Farben sind. Auch die Verteilung des Materials in sehr dünner Schicht spielt zum Gelingen des Präparates eine große Rolle.

Die Verteilung geschieht in der in dem Artikel Abdominaltyphus genau beschriebenen Weise; die Fixierung mit angewärmtem Objektträger, wie dort angegeben oder durch Eintragen der letzten Öse in einem Wassertropfen, dem 1—2 Ösen 2⁰/₀iger Osmiumlösung zugesetzt sind. Um die Geißeln für die Farben aufnahmefähig zu machen, bedarf es eines vorherigen Beizprozesses, den die meisten neueren Methoden zwecks „Anrauhung" der Geißeloberfläche vor die Färbung eingeschoben haben.

Das erste derartige Verfahren wurde von LÖFFLER angegeben. Seine Vorschrift lautet: Geringe Mengen von Reinkultur werden in einem Tröpfchen Wasser suspendiert und von diesem ersten Tröpfchen eine Anzahl weiterer Wassertröpfchen, welche auf Deckgläschen mit der Platinöse aufgetupft sind, besäet. Die Deckgläschen müssen durch Erhitzung in konzentrierter Schwefelsäure, Abspülung in Wasser und Ammoniakalkohol und Putzen mit einem sauberen, fettfreien Tuche peinlichst gereinigt sein (siehe auch Geißelfärbung bei „Abdominaltyphus"). Die Tröpfchen werden dann mit der Platinnadel vorsichtig verteilt. Nachdem die Deckgläschen lufttrocken geworden sind, werden sie durch die Flamme gezogen, um sie zu fixieren. Nunmehr wird auf das leicht erwärmte Deckgläschen die Beize aufgeträufelt und während der $^1/_2$—1 Minute dauernden Färbung bis zur Dampfbildung (nicht bis zum Kochen!) erwärmt. Hierauf folgt die Abspülung der Beize mit einem kräftigen Wasserstrahl und vollständige Entfernung des Wassers durch Abspülung mit absolutem Alkohol. Darauf wird die Farblösung aufgetropft, wiederum 1 Minute erwärmt, mit Wasser abgespült, getrocknet und in Canadabalsam eingeschlossen.

Die Vorschrift für die Zusammensetzung der Beize nach LÖFFLER lautet: Man setzt zu 100 *ccm* einer 20⁰/₀igen Tanninlösung 50 *ccm* kaltgesättigte Ferrosulfatlösung und 10 *ccm* wässerige oder alkoholische Fuchsin-, Methylviolett- oder Wollschwarzlösung.

Für die meisten Bacterien empfiehlt LÖFFLER noch einen besonderen, für jede Art empirisch bestimmten Alkalizusatz, und zwar setzt er von einer 1⁰/₀igen Natronlauge zu 16 *ccm* Beize zu bei Cholera $^1/_2$—1 Tropfen, bei Typhus 20 bis 22 Tropfen, bei Subtilis 28—38 Tropfen, bei malignem Ödem 36—37 Tropfen, bei Pyocyaneus 5—6 Tropfen, bei Spirillum rubrum 9 Tropfen. Doch stellten eine Reihe von anderen Autoren fest, daß diese Zusätze unwesentlich seien.

Als Farbe verwandte LÖFFLER eine Anilinwasserfuchsinlösung, die folgendermaßen bereitet wird: 4 *ccm* Anilinöl werden mit 100 *ccm* Aq. dest. mehrere Minuten gut geschüttelt und klar filtriert; hierzu werden 4 *g* Fuchsin zugesetzt, gelöst und die Lösung nochmals filtriert.

Nach unseren Erfahrungen im Breslauer hygienischen Institut erzielt man mit LÖFFLERs Methode sehr gute und bei Innehaltung gewisser Vorsichtsmaßregeln (siehe die ausführliche Darstellung bei Abdominaltyphus) auch fast stets gute Bilder. Besonders wichtig ist es, daß das verwandte Material sich in einem Entwicklungsstadium befindet, in welchem lebenskräftige, zur Färbung besonders geeignete Geißeln vorhanden sind, d. h. in einem relativ frühen Stadium. Am besten tut man daher, vor Anfertigung des Geißelpräparates die Beweglichkeit der betreffenden Kultur zu prüfen und nur gut bewegliche Bacterien zu verwenden. Zur Vermeidung lästiger Niederschläge empfiehlt es sich, nach GÜNTHERs Vorschlag nicht Gelatine- oder gar Bouillonkulturen, sondern hauptsächlich Agar-Oberflächenkulturen zur Entnahme von Material für Geißelpräparate zu benützen. Die Alkalisierung der Beize (siehe oben) ist auch nach unseren Beobachtungen nicht nötig, ebenso wie die Erwärmung der Beize oder Farbe, als welche wir konzentriertes Carbolfuchsin benutzen.

Selbst in gelungenen Präparaten sind nur bei einem Teil der Individuen die Geißeln gut gefärbt; bei vielen sind sie nur schattenhaft angedeutet, bei vielen schließlich gar nicht sichtbar. Meistens findet man auch vereinzelte, von dem Bacterienleib losgerissene Geißelfäden. Die Bacterienkörper sehen in derartigen Präparaten plumper und größer als in gewöhnlichen gefärbten Präparaten aus. Dies rührt davon her, daß durch diese technische Behandlung auch die sogenannte Rindenschicht mitgefärbt wird, die sonst ungefärbt bleibt.

Zur Vermeidung der für jede Bacterienart verschiedenen, von LÖFFLER empfohlenen Zusätze zu der Beize hat R. BUNGE eine Änderung derselben dahin vorgenommen, daß 25 Teile einer 20fach verdünnten Eisenchloridlösung mit 75 Teilen einer gesättigten wässerigen Tanninlösung versetzt werden. Dieser Mischung wird direkt vor dem Gebrauch soviel einer 3%igen Wasserstoffsuperoxydlösung zugesetzt, bis sie rötlichbraun wird. Nach der Filtrierung ist die Beize sogleich brauchbar. BUNGE läßt sie 1 Minute unter gelindem Erwärmen auf die wie bei LÖFFLER angefertigten Deckglaspräparate einwirken. Hierauf werden sie in Wasser abgespült und in ebenfalls leicht erwärmtem Carbolfuchsin oder Carbolgentianaviolett gefärbt. Hierauf wiederum Abspülen in Wasser und weitere Behandlung in der gewöhnlichen Weise.

Eine weitere Modifikation der Beize haben KÖRNER-FISCHER angegeben. Ihre Beize besteht aus Tannin 2,0, Aq. dest. 20,0, Ferrosulfatlösung (1 : 2) 4,0 und gesättigte alkoholische Fuchsinlösung 1,0. Dieselbe hat unter Erwärmen eine Minute einzuwirken und wird dann mit Wasser abgespült. Hierauf folgt Nachfärbung mit Anilinwasserfuchsin, Carbolfuchsin oder gesättigtem wässerigem Fuchsin. Hierauf Abspülen in Wasser usw.

Ein von den bisher beschriebenen wesentlich abweichendes Verfahren hat VAN ERMENGEM angegeben. Auch er legt zunächst sehr großen Wert auf die peinlichste Säuberung der Deckgläschen. Dieselben werden in einer Mischung von Kal. bichrom. und Acid. sulfuric. conc. aa. 60,0, Aq. dest. 1000,0 gekocht, dann mit Wasser und Alcohol absol. mehrmals abgespült und ohne Abwischen in aufrechter Stellung unter einer Glasglocke getrocknet.

Zur Untersuchung verwendet er nur junge Agarkulturen, von welchen Präparate in starker Verdünnung und feiner Verteilung angefertigt werden. Nach Fixierung der Schicht wird ein Tropfen einer aus 1 Teil 2%iger Osmiumsäure und 2 Teilen 10%iger Tanninlösung bestehenden Beize aufgebracht und entweder in der Kälte ½ Stunde oder unter Erwärmung auf 55—60° 5 Minuten zur Einwirkung gebracht. Darauf folgt Abspülung mit Wasser und absolutem Alkohol und Eintauchen des Präparates auf einige Sekunden in eine 0,25—0,5%ige Silbernitratlösung, darauf ohne Abspülen in eine Mischung von Acid. gallic. 5,0, Tannin 3,0, Cal. acetic. pur. 10,0, Aq. dest. 350,0 auf wenige Sekunden, darauf wiederum ohne Abspülen nochmals in die Silberlösung, wo es fortwährend bewegt werden muß, und von wo es nochmals auf kurze Zeit in die andere Lösung und dann wieder in das Silberbad zurückkommt, bis sich dasselbe zu schwärzen beginnt. Hierauf Abspülen in Wasser, Trocknen usw. Statt des Silberbades kann auch ein Gold-, Quecksilber- oder Uranbad etc. verwendet werden. Die Bacterienleiber erscheinen nach dieser Methode dunkelbraun, die Geißeln dunkelschwarz.

PEPPLER empfiehlt zur Färbung der Geißeln sowohl von Tetanus als anderer Bacillen eine Modifikation der LÖFFLERschen Methode. Seine Technik ist folgende:

Die Reinigung der Objektträger, die PEPPLER den Deckgläsern vorzieht, geschieht auf folgende Weise: ½stündiges Kochen in 4%iger Kaliumpermanganatlösung (unter häufigem Umrühren); darauf ½stündiges Kochen in 20%iger Salzsäure darauf gutes Abspülen mit Wasser, bis alle Säure entfernt ist, wovon man sich mittelst Lackmuspapiers überzeugt. Darauf ausgiebiges Abspülen in mehrfach gewechseltem konzentriertem Alkohol, der von den Objektträgern nicht abgetrocknet, sondern abgebrannt werden muß.

Auf einen so gereinigten Objektträger bringt man einen großen Tropfen Wasser und beschickt diesen mit einer großen Menge Kultur. Bei Tetanus eignet sich eine 3—4tägige, bei 37° gewachsene Kultur. In dem so beschickten Tropfen läßt man das Material einige Minuten weichen, ohne stärker umzurühren, und bringt dann davon auf einen zweiten Objektträger eine kleine Öse auf, die durch 2- bis 4maliges Darüberstreichen vorsichtig verteilt wird.

Dieses Präparat läßt man nunmehr lufttrocken werden, fixiert durch einmaliges Ziehen durch die Flamme und träufelt nun PEPPLERsche Beize (siehe unten) auf, die man ohne Erwärmen 1—5 Minuten wirken läßt. Darauf wird mit einem kräftigen Wasserstrahl abgespült und die PEPPLERsche Farblösung (s. unten) aufgeträufelt, die man 2 Minuten einwirken läßt. Darauf Abspülen mit Wasser, Trocknen usw.

Will man die Geißeln noch dunkler gefärbt erhalten, so kann man nach PEPPLER noch eine Jodjodkalilösung 1 Minute lang zur Bildung einer Pararosanilinverbindung einwirken lassen; doch sollen derartige Präparate nach kurzem abblassen. Die Zusammensetzung der PEPPLERschen Beize ist folgende: Einer unter gelindem Erwärmen bereiteten Lösung von 20,0 Tannin in 80,0 destillierten Wassers werden, wenn sie auf 20° abgekühlt ist, 15,0 einer wässerigen, schwefelsäurefreien 2,5%igen Chromsäurelösung langsam in kleinen Portionen unter fortwährendem Umschütteln zugefügt. Nach 4—6tägigem Stehen (möglichst bei einer Temperatur von 18—20°) wird durch ein doppeltes Faltenfilter unter Vermeidung stärkerer Abkühlung filtriert. Die so gewonnene Beize ist eine klare, dunkelbraune Flüssigkeit, welche, ohne dadurch an Beizkraft zu verlieren, einen geringen, hellbraunen Niederschlag fallen läßt, der sich bei einer Temperatur von 20° nach einiger Zeit wieder löst. Wenn nötig, muß vor dem Gebrauch nochmals filtriert werden.

Als Farblösung verwendet PEPPLER folgendes Gemisch: Konzentrierte alkoholische Gentianaviolettlösung (5:100,0) 10,0, Acid. carbolic. liq. 2,5, Aq. dest. ad 100,0. Die Lösung bleibt einige Tage ruhig stehen und wird dann, ohne aufzuschütteln, filtriert. Statt Carbolgentianaviolettlösung eignet sich auch eine ebenso hergestellte Carbolfuchsinlösung.

Neuerdings hat ZETTNOW eine Methode mit Antimonbeize und Äthylaminsilber angegeben, welche sehr gute Präparate liefert, allerdings peinliche Befolgung aller Vorschriften verlangt. Wir lassen daher die Originalvorschriften folgen.

„Die Färbung geschah auf folgende Art: 1. Zur Herstellung der Antimonbeize löst man *a)* 2 *g* Tartarus stibiatus in 40 *ccm* Wasser, *b)* 10 *g* Tannin in 200 *ccm* Wasser. Man erwärmt die Tanninlösung auf 50—60°, setzt alsdann 36—37 *ccm* der Brechweinsteinlösung hinzu und erhitzt das Gemisch, bis der Niederschlag sich völlig gelöst hat; hierauf gießt man etwas von der klaren Beize in ein Reagensglas und stellt es in kaltes Wasser; nach dem Erkalten in 5—8 Minuten muß die Beize ordentlich trübe werden, jedoch nicht zu stark: ist letzteres der Fall, erscheint also die Flüssigkeit milchweiß, so fügt man zu der Hauptmasse ein wenig festes Tannin: bleibt sie jedoch hell, so setzt man noch 1 *ccm* der Brechweinsteinlösung hinzu. Eine gut gelungene Beize soll beim Erkalten in 5 Minuten anfangen, sich zu trüben; der Niederschlag nimmt bei längerem Stehen, z. B. nach 1—2 Tagen zu, soll jedoch nicht so stark werden, daß er sich absetzt; derartig trübe Beize soll beim Erhitzen in einem Reagensglase, z. B. durch Einsetzen in Wasser von 75—80°, sich leicht und völlig klären; sie hält sich viele Monate lang: um Bildung von Fadenpilzen bei längerem Stehen zu vermeiden, wirft man ein erbsengroßes Stück Thymol in die Flüssigkeit.

2. Äthylaminsilber wird auf folgende Weise dargestellt: Man übergießt 2—3 *g* Silbersulfat mit 200 *ccm* Wasser und schüttelt einige Zeit, um eine gesättigte Lösung zu gewinnen: von dieser unbegrenzte Zeit haltbaren Lösung gießt man eine beliebige Menge in ein Reagensglas, setzt etwa das gleiche Volumen Wasser hinzu und fügt hierauf tropfenweise mit Hilfe einer Glasröhre von der 33%igen käuflichen Äthylaminlösung so viel hinzu, bis der zuerst entstehende gelbbraune Niederschlag von Silberoxyd sich eben wieder gelöst hat und die Flüssigkeit völlig klar geworden ist. Diese Auflösung ist ebenfalls lange haltbar; eine etwa nach einigen Tagen auftretende bräunliche Färbung schadet nicht.

3. Der Ausstrich der Bacterienmasse ist mit besonderer Sorgfalt vorzunehmen; niemals darf hierzu die Flüssigkeit im Agarröhrchen benutzt werden. Zur gleichmäßigen Verteilung der Bacterien sind reine durch Erhitzen auf Eisenblech von Fett völlig befreite Deckgläschen notwendig. Zur Herstellung einer geringen Menge Flüssigkeit, welche nicht zu viel Bacterien enthält, bringt man auf einen Objektträger einen kleinen, und, 3—4 *cm* von ihm entfernt, einen größeren Wassertropfen, entnimmt hierauf dem Agarbelag eine Spur und überträgt so viel in den kleinen Tropfen, daß dieser deutlich getrübt ist. Da genügend Nährstoffe hierdurch mitübergeimpft werden, so leiden die Geißeln der Bacterien nicht; alsdann setzt man zu dem größeren Tropfen 1—2 Ösen von einer 2%igen Osmiumsäurelösung und überträgt eine Öse Flüssigkeit aus dem kleinen Tropfen, so daß die Bacterien in vollem Leben abgetötet werden; eine kleine Öse dieser Flüssigkeit wird auf das Deckglas übertragen und ausgebreitet. Nach dem Trocknen darf nur an den Rändern ein geringer Anflug zu erkennen sein, sonst mißlingt die Färbung, da sich wegen der mitübergeführten Nährstoffe die ganze bestrichene Fläche bei der späteren Behandlung braun färbt und die Geißeln verdeckt, während ein guter, d. h. nicht zu viel Bacterien enthaltender Ausstrich nur schwarze Ränder zeigt, in denen alsdann die Geißeln sich meist auch noch vom Untergrunde gut abheben.

4. Zur Beizung werden die Ausstriche zweimal in üblicher Weise durch die Flamme gezogen, um die Bacterien zu fixieren. Hierauf mit der Schichtseite nach unten in ein Blockschälchen gelegt, alsdann mit der durch Erhitzen im Reagens-

Fig. 21.

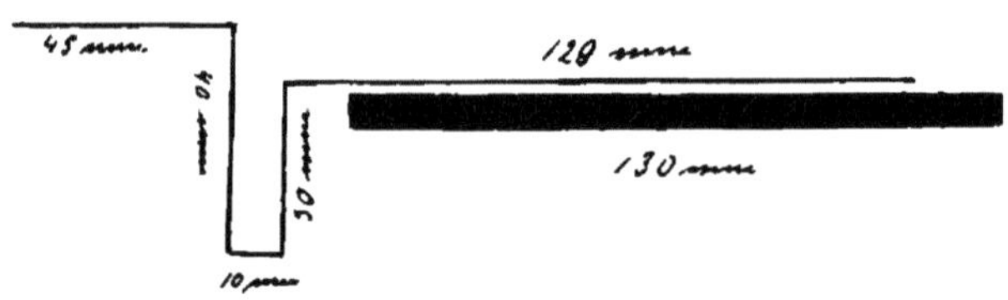

glas geklärten Beize reichlich übergossen und, mit Glasplatte bedeckt, auf eine etwa 100° heiße Stelle für 5—7 Minuten gestellt. Ich benutze für diesen Zweck eine dicke eiserne Platte, welche vorgewärmt die Temperatur während dieser Zeit behält. Man kann sich auch einer über kochendem Wasser liegenden dünneren Platte bedienen oder die Schälchen für 15—20 Minuten in den Brutofen von 70° setzen. Sind die Schälchen so heiß geworden, daß man sie gerade noch auffassen kann, so nimmt man sie von der Platte, entfernt die Deckel und läßt erkalten, bis die Flüssigkeit eben anfängt, sich zu trüben; alsdann spült man die Deckgläser sehr sorgfältig ab, besonders dort, wo die Pinzette sich befindet, und behandelt sie mit Äthylaminsilber.

5. Zur Versilberung gibt man 3—4 Tropfen des Äthylaminsilbers auf das Deckglas und erhitzt, bis die Flüssigkeit stark raucht und die Ränder des Ausstriches nicht nur gelb, sondern schwarz erscheinen: Zur gleichmäßigen Erhitzung des Deckglases empfiehlt es sich, die kleine, von mir angegebene Vorrichtung (siehe Fig. 21) zu benutzen. Ein Streifen Weiß- oder Schwarzblech, mittelstark, 4,5 *cm* breit, 24 *cm* lang, wird derartig gebogen, wie die Fig. 21 es andeutet; dann auf einem kleinen Brett, 1,5—2 *cm* dick, 6—7 *cm* breit, 12—13 *cm* lang, mit Nägeln befestigt und zum Erhitzen des Vorsprunges *a* durch eine Flamme auf einen Dreifuß gelegt; zwei an die Längsseiten angenagelte, 20—22 *cm* hohe Bleche, an den unteren Kanten 1—1,5 *cm* nach außen gebogen, können den Dreifuß ersetzen. Legt man nun die Zange mit dem Deckglas so auf, daß das letztere sich über dem Vorsprung *a* befindet, so wird *s* sehr gleichmäßig erhitzt; infolge dessen gehen die Umsetzungen auch an allen Stellen des Präparates gleich stark vor sich. Alsdann spült man ab und untersucht in Wasser oder Canadabalsam.

Ein gut gelungenes Präparat zeigt auf völlig hellem und klarem, nicht etwa gelbem Untergrunde die schwarz gefärbten Geißeln; bei zu geringer Erhitzung erscheinen diese oft gelbbraun."

Alle diese komplizierten Methoden, so wertvoll sie auch zweifellos für das Studium der Geißeln sind, werden übertroffen von der neuerdings ermöglichten Untersuchung lebender Präparate bei Dunkelfeldbeleuchtung, durch die wir erst einen wahren Einblick in die Gestalt und Funktion der Bewegungsorgane gewinnen (vgl. hiezu den Artikel Mikroskop).

Literatur: BUNGE (Fort. Med., Bd. 12, 1880), FLÜGGE (Mikroorganismen, I, 1896). GÜNTHER (Einführung in das Studium der Bacteriologie, 1898), KOCH (Cohns Beitr., Bd. 2, 1877). LÖFFLER (Centralbl. Bact., Bd. 6 u. 7, 1889 u. 1890), PEPPLER (Ebenda 1901), VAN ERMENGEM (Trav. Lab. d'Hyg. Bact. Univ. Gand, I, 1893), ZETTNOW (Zeitschr. Hyg., Bd. 30), derselbe (Klin. Jhb. 1907). *Heymann*, Breslau.

Geißeln siehe: Cilien der Pflanzen.

Gelatine. Die beste französische Gelatine kommt in den Handel in Form von farblosen, ganz durchsichtigen, geruch- und geschmacklosen Blättern. Sie wird hergestellt aus sorgfältig gereinigten Kalbsfüßen. Geringere Sorten von Gelatine werden aus gewöhnlichem Leim hergestellt, man läßt ihn mit 20%iger Essigsäure quellen, wäscht in Wasser aus, verflüssigt und gießt auf Glasplatten aus.

Gelatine wird in der Mikrotechnik in ausgedehntem Maße zur Herstellung von Injektionsmassen verwendet (s. dort). Auch als Einbettungsmasse kann sie mit Vorteil für sehr wasserhaltige Gewebe Verwendung finden, die bei der Behandlung mit Alkohol schrumpfen würden. Die Härtung der Gelatine erfolgt nach dem Erkalten in 70%igem Alkohol, Formol oder Chromsäure. Die Eigenschaft der Gelatine, nach Zusatz von Kaliumbichromat im Licht unlöslich zu werden, benutzt HENNEGUY zum Aufkleben von Paraffinschnitten. Man löst 1 *g* farblose Gelatine in 5000 *ccm* destilliertem Wasser durch Erwärmen und setzt eine Spur Kaliumbichromatlösung zu, so daß eine auf weißem Untergrund kaum erkennbare Gelbfärbung entsteht. Auf dieser Lösung werden die Schnitte auf dem Objektträger gestreckt, der Überschuß entfernt und am Licht eintrocknen lassen.

Gelenke. Zu mikroskopischen Untersuchungen der die Gelenke auskleidenden Synovialmembranen, der Gelenkzotten und Gelenkknorpel injiziert man am besten konzentrierte Sublimatlösung oder 0,5%ige Osmiumsäure mit der Spritze in das uneröffnete Gelenk, öffnet dann und legt die Gelenkenden in die gleiche Flüssigkeit. Nach dem Auswaschen und Entwässern kann man dann kleine Stückchen mit dem Rasiermesser abtrennen und in Paraffin einbetten. Auch die Vergoldung dünner, mit dem Rasiermesser losgetrennter Lamellen nach der RANVIERschen Zitronensaftmethode liefert gute Resultate. Zum Studium der Resorptionswege innerhalb der Gelenke injiziert man sterilisierte Aufschwemmungen von Tusche, Zinnober, Lösungen von indigschwefelsaurem Natron in die Gelenkhöhle des lebenden Tieres, tötet nach bestimmter Zeit und fixiert in absolutem Alkohol.

Literatur: BRAUN (Deutsch. Zeitschr. Chir., Bd. 39, 1895), HAMMAR (Arch. Mikr. Anat., Bd. 43. 1894).

Gentianablau 6 B, ein spirituslösliches Anilinblau (Berlin).

Gentianaviolett. Der in der Mikrotechnik mit diesem Namen belegte Farbstoff ist in der Chemie nicht bekannt. Das im Handel befindliche Produkt stellt eine Mischung von Krystallviolett, Methylviolett und Dextrin dar (Berlin).

Dieser viel benutzte Farbstoff ist wohl von WEIGERT und EHRLICH in die Mikrotechnik eingeführt und zur Bacterienfärbung benutzt worden. Seine ausgedehnte Verwendung in der histologischen Technik verdankt er hauptsächlich der Empfehlung FLEMMINGS und BIZOZZEROS. Gewöhnlich verwendet man eine konzentrierte Lösung des Farbstoffes in Anilinwasser (EHRLICH), es lösen sich ungefähr 1,5%, oder konzentrierte alkoholische Lösung (FLEMMING), oder man setzt zu Anilinwasser soviel einer konzentrierten Gentianaviolettlösung, bis sich auf der Oberfläche ein metallisches Häutchen bildet (GRAM). UNNA löst 1,5 *g* Gentianaviolett in 100 *ccm* konzentrierter wässeriger Alaunlösung.

Zur Färbung mit Gentianaviolett eignet sich Material aus den verschiedensten Fixationsflüssigkeiten, vor allem aber findet es Verwendung zur Färbung von Flemming- und Hermannpräparaten. Die Dauer der Färbung (je dünner die Schnitte, desto distinkter) beträgt wenige Minuten bis zu einer halben Stunde. Die Differenzierung der stark überfärbten Präparate erfolgt am besten nach der GRAMschen Methode mittelst Jodjodkalium.

BIZOZZERO hat diese Methode etwas abgeändert. Er färbt die Schnitte 5 bis 10 Minuten, wäscht 5 Sekunden in absolutem Alkohol aus, überträgt für 2 Minuten in Jodjodkalium (LUGOL), dann 20 Sekunden in absoluten Alkohol, 30 Sekunden in $1^0/_0$ige wässerige Chromsäure, 15 Sekunden in absoluten Alkohol, nochmals 30 Sekunden in Chromsäure, 30 Sekunden in absoluten Alkohol, Nelkenöl und Balsam. So kompliziert dieses Verfahren auf den ersten Blick erscheint, so einfach ist seine Ausführung, wenn man sich die Gläser mit den betreffenden Flüssigkeiten in der richtigen Reihenfolge nebeneinander aufstellt. Man erhält mit dieser Methode eine ganz vorzügliche und distinkte Kernfärbung. Treibt man die Entfärbung sehr weit, so erscheinen nur noch die Nucleolen und vor allem die Mitosen tiefblau gefärbt. Die oben angegebenen Zeiten brauchen nicht genau innegehalten zu werden und müssen je nach der Schnittdicke und der Art des Materials modifiziert werden. Die Chromsäure kann man ohne Schaden ganz weglassen.

Will man dieser reinen Kernfärbung mit Gentianaviolett eine Plasmafärbung anschließen, so kann dies sehr bequem so geschehen, daß man statt des reinen absoluten Alkohols eine konzentrierte Lösung eines sauren Farbstoffes in absolutem oder $95^0/_0$igem Alkohol verwendet, z. B. Orange G, Rubin S oder Erythrosin. Dabei ist aber zu beachten, daß dann die Differenzierung bedeutend rascher vor sich geht.

BRAZZOLA hat zuerst die Kombination der Gentianaviolettfärbung mit der FLEMMINGschen Safraninfärbung empfohlen, später hat ihr HERMANN allgemeinere Anerkennung verschafft. Aus dieser Kombination hat sich dann die FLEMMINGsche Dreifachfärbung entwickelt (s. dort und Safranin).

Wie schon vorher bemerkt, bildet das Gentianaviolett einen der zur Bacterienfärbung am meisten benutzten Farbstoffe, auch zur Geißel-, Fibrin- und Amyloidfärbung leistet es vorzügliche Dienste (s. die betreffenden Artikel).

Zu erwähnen wäre noch seine Verwendung zur Darstellung der Epithelfasern nach KROMAYER in Anlehnung an die WEIGERTsche Fibrinfärbung (s. Haut).

Literatur: BIZOZZERO (Arch. Pathol. Anat., Bd. 85 u. 102, 1882 u. 1885), derselbe (Arch. Ital. Biol., Bd. 4, 1883), BRAZZOLA (Mem. Ac. Sc. Bologna, Bd. 8 u. 9. 1888), EHRLICH (Deutsch. Med. Wochenschr. 1882), FLEMMING (Zeitschr. Wiss. Mikr., Bd. 1, 1884), GRAM (Fort. Med., Bd. 2, 1884), KROMAYER (Arch. Mikr. Anat., Bd. 39, 1892), UNNA (Monatschr. Prakt. Derm., Bd. 19, 1894), WEIGERT (Arch. Pathol. Anat., Bd. 84, 1881).

Georginenfarbstoff siehe: Pflanzenfarbstoffe.

Gephyreen siehe: Würmer.

Gerbsäure siehe: Tannin und Gerbstoffe in Pflanzen.

Gerbstoff in Pflanzen. Unter Gerbstoffen wird eine größere Gruppe von Stoffen (Gallus-, Gerbsäuren, Glycoside der Gallussäuren und Tannin) zusammengefaßt, die mit Eisensalzen eine blaue oder grüne Färbung annehmen. Werden stark gerbstoffhaltige Gewebe (z. B. Längsschnitte durch junge Rosenzweige mit Zellzügen, die glänzende gerbstofführende Vacuolen enthalten) mit Eisenchlorid oder Eisenacetat (verdünnte Lösung) behandelt, so tritt sehr schnell intensive Färbung ein. Ferner ist der Nachweis mit Kaliumbichromat empfehlenswert, das außerdem aufs schärfste die Lokalisierung des Gerbstoffes erkennen läßt, wenn auch noch eine Reihe anderer Stoffe mit ihm ähnliche Fällungen geben. Der voluminöse rotbraune Niederschlag ist (im Gegensatz zu Eisenverbindungen) im Überschuß des Lösungsmittels unlöslich. Die zu untersuchenden Gewebe werden zweckmäßig im ganzen für einen oder mehrere Tage in konzentrierte wässerige Lösung gebracht, eventuell unter die Glocke der Wasserluftpumpe (BERTHOLD, 1888), und dann erst geschnitten. Sie werden konserviert in konzentriertem oder 70%igem Glycerin. — Die mit gerbstoffartigen Stoffen infiltrierten Membranen gewisser nicht mehr leitungsfähiger Holzzellen (Kernholz) und Samen werden durch Kaliumbichromat gleichfalls braun gefärbt. — Osmiumsäure wird wie durch viele andere pflanzliche Stoffe (s. z. B. Öle, pflanzliche), so besonders rasch durch Gerbstoffe reduziert und eine bläuliche bis schwarze Färbung hervorgerufen, die durch Wasserstoffsuperoxyd rückgängig gemacht werden kann. In der lebenden Zelle kann Gerbstoff durch Methylenblau nachgewiesen werden, mit dem es, selbst in sehr geringen Mengen, Fällung gibt. Die zu untersuchenden Zellen werden in eine 0,001—0,0005%ige Lösung von Methylenblau gebracht und tritt dann sehr schnell im Zellsaft ein krystallinischer Niederschlag auf (PFEFFER). Fixiert kann diese Färbung werden durch 2—24stündige Einwirkung konzentrierter wässeriger Pikrinsäurelösung, Auswaschen in Wasser, sukzessive durch Alkohole, Xylol in Canadabalsam (ZIMMERMANN). Doch soll in gleicher Weise Methylenblau auch von anderen Körpern zur Ausfällung gebracht werden. In seinen Reaktionen dem Gerbstoff sehr ähnlich, also wohl eine gerbstoffartige Verbindung ist der rote Zellsaft vieler Pflanzen (OVERTON).

Literatur: LIDFORSS (Lunds Univ. Arsskr., Bd. 28, 1882), OVERTON (Jhb. Wiss. Bot.' Bd. 32, 1899), PFEFFER (Arb. Bot. Inst. Tübingen, Bd. 2), WAAGE (Ber. Deutsch. Bot. Ges. 1890), ZIMMERMANN (Bot. Mikrotech., pag. 228). *Magnus*, Berlin.

Geruchsorgan. Bei kleineren Tieren kann man den ganzen Vorderkopf, nachdem man den Unterkiefer exarticuliert, das Gehirn entfernt und den Hinterkopf durch einen dicht hinter dem harten Gaumen angelegten frontalen Sägeschnitt abgetrennt hat, in toto in die Fixationslösung einlegen. Man tut aber dann gut, durch vorsichtiges Evakuieren die Luft aus der Nasenhöhle zu entfernen, da sich sehr leicht Luftblasen in den Muscheln fangen und den Zutritt der Fixationslösung zu der Schleimhaut verhindern. Bei größeren Tieren empfiehlt es sich, das Präparat noch dicht neben der Medianlinie in sagittaler Richtung zu halbieren. Will man nur kleine Schleimhautstückchen aus den verschiedenen Regionen der Nasenhöhle einbetten, so warte man, bis das Präparat in 80- oder 90%igem Alkohol liegt, die Schleimhaut ist dann genügend gehärtet und kann vorsichtig vom Knochen losgelöst werden.

Zur Fixation empfehlen sich konzentriertes wässeriges Sublimat (bei 40°) (SUCHANEK, GOERKE, DOGIEL), Zenker (von MIHALKOVICS), Pikrinsublimatessigsäure (NEUBERGER), 1%ige Osmiumsäure (DOGIEL), Osmiumdämpfe (GOERKE), FLEMMINGsche Flüssigkeit (DOGIEL). Will man den Knochen mitschneiden, so muß man natürlich vorher entkalken. Einbettung in Paraffin, bei größeren Objekten und Übersichtsschnitten in Celloidin. Für das Geruchsorgan von Petromyzon empfiehlt BALLOWITZ Fixation in konzentriertem Sublimat mit 5% Essigsäure, absoluten Alkohol oder Flemming, KAMON für Esox und Trigla Zenker oder konzentriertes Sublimat.

Zum Isolieren der einzelnen Elemente der Riechschleimhaut hat MAX SCHULTZE mehrtägige Maceration in kalt gesättigter wässeriger Lösung von Oxalsäure empfohlen. DOGIEL fixiert zu diesem Zweck zunächst 24 Stunden in 1%iger Osmiumsäure, wäscht in Wasser aus und maceriert dann 1—3 Tage lang in ganz wenig destilliertem Wasser oder 1%igem Chloralhydrat. DISSE maceriert 3 Tage lang in MÜLLERscher Flüssigkeit oder 24 Stunden in PACINIscher Lösung.

Zur Untersuchung der Nervenendigung in der Riechschleimhaut hat vor allem die Golgimethode vielfach Anwendung gefunden. CAJAL läßt die Präparate 1—2 Tage in dem Osmiumbichromat, READ 3—4 Tage, GRASSI und CASTRONUOVO 7 Tage, DISSE empfiehlt die doppelte oder dreifache Behandlung nach CAJAL, READ die gemischte Golgimethode. (Näheres s. Golgimethode.) Aber auch die vitale Methylenblaufärbung gibt unter Umständen recht brauchbare Resultate.

Literatur: BALLOWITZ (Arch. Mikr. Anat., Bd. 65, 1904), CAJAL (Nuevas applicaciones del metode de coloracion de Golgi, Barcelona 1888), DISSE (Anat. Hefte, Bd. 17, 1894), DOGIEL (Arch. Mikr. Anat., Bd. 29, 1887), GOERKE (Ebenda, Bd. 50, 1897), GRASSI und CASTRONUOVO

(Ebenda, Bd. 34, 1889), KAMON (Ebenda, Bd. 64, 1904), v. MIHALKOVICS (Anat. Hefte, H. 34/35, 1898), NEUBERGER (Centralbl. Physiol., Bd. 11, 1897), READ (Amer. Journ. Anat., Bd. 8, 1908), SCHULTZE (Untersuchungen über den Bau der Nasenschleimhaut, Halle 1862), SUCHANEK (Arch. Mikr. Anat., Bd. 36, 1890).

Geschmacksknospen siehe: Zunge.

Geschwülste. Wenn auch wegen des großen Interesses, das das Geschwulstproblem in Anspruch nimmt, zahlreiche Untersuchungsmethoden zur Erforschung der Geschwülste angegeben sind, so kann man eigentlich doch nicht sagen, daß es besondere Methoden der Geschwulstuntersuchung gibt, sondern man muß vielmehr betonen, daß, je nach den besonderen Zwecken der Untersuchung, sehr verschiedene Methoden und häufig zahlreiche verschiedenartige Methoden angewendet werden müssen. Auch ist es klar, daß, je nach der besonderen Gewebsart, die die Hauptmasse der Geschwulst ausmacht, besondere Methoden in Anwendung kommen können, z. B. bei Osteomen oder knochenhaltigen Mischgeschwülsten Entkalkungsmethoden. Will man überhaupt von Geschwulstuntersuchungsmethoden sprechen, so hat man sie einzuteilen in allgemeine und besondere Methoden.

I. Allgemeine Methoden.

Die einfachste allgemeine Methode für alle Arten von Geschwülsten ist die Untersuchung in frischem Zustande. Handelt es sich um sehr zellreiche Blastome, so genügt es oft, mit dem Messer über die Schnittfläche zu streifen, wodurch man Material zur Feststellung der Art, Form und Größe der Zellen gewinnt; sind dagegen die Geschwülste fester und reicher an Stützsubstanz, so ist es nötig, feine Stückchen der Geschwulst zu zerzupfen, wodurch man einen gewissen Einblick in die Struktur der Neubildung gewinnen kann. Immerhin sind diese beiden Methoden doch für viele Fälle nicht ausreichend und es kann dabei sogar dem Erfahrenen unmöglich sein, eine Differentialdiagnose zwischen Sarcom und Carcinom zu stellen. Solche Zupf- und Quetschpräparate kann man vorteilhaft nach ARNOLD auch mit einer ganz schwachen Lösung von Methylgrün in 0,6%iger NaCl-Lösung färben.

Da aber für die vollständige Erkennung der Geschwülste vielfach die Betrachtung gehärteter und eingebetteter Stücke keineswegs genügt, ist es nötig, Gefriermikrotomschnitte kurze Zeit in Formalin gehärteter Stücke anzufertigen, wobei meist die Zellstrukturen nur wenig verändert werden und sich vor allem auch alle regressiven Vorgänge (Fettablagerungen etc.) gut nachweisen lassen.

Zur Härtung und Einbettung der Geschwülste benutzt man die gebräuchlichen Methoden; kommt es einem besonders auf den Nachweis der Wucherungsvorgänge an, so müssen natürlich die Methoden gewählt werden, die Kernteilungsfiguren und Zellstrukturen am besten fixieren, also FLEMMINGsche Flüssigkeit, ZENKERsche Flüssigkeit, Sublimateisessig etc.

Liegt einem an besonders schöner und distinkter Färbung, weniger an der Fixierung der Teilungsfiguren, so kann man besonders bei Operationsmaterial, weniger bei Leichenmaterial, MÜLLERsche Flüssigkeit mit Vorteil verwenden; besser noch die ORTHsche Mischung von Formalin und MÜLLERscher Flüssigkeit.

Zur Färbung der Geschwülste kann man natürlich auch keine Universalmethoden angeben: sehr häufig ist Eisenhämatoxylin-van Giesonfärbung zu empfehlen; sollen die Bindegewebsfasern besonders hervorgehoben werden, ist die MALLORY-RIBBERTsche Färbung vorteilhaft; sehr zweckmäßig kann es sein, die Färbung auf elastische Fasern nach WEIGERT mit einer Eisenhämatoxylin-van Giesonfärbung oder auch einer Methylgrünpyroninfärbung nach PAPPENHEIM zu verbinden; in Gliomen muß von vornherein bei der Härtung und Konservierung auf die zum Nachweis und Färbung der Gliafasern geeigneten Methoden Rücksicht genommen werden. Zum Studium der Zellanhäufungs- und Entzündungsvorgänge in Geschwülsten ist die Färbung mit Methylgrünpyronin nach PAPPENHEIM, mit den Triacidlösungen, ferner auch nach LEISHMAN, ROMANOWSKY-ZIEMANN empfehlenswert.

II. Rasche Methode für Schnitte.

Will man schnell ein Schnittpräparat haben, um Gewißheit über die Natur einer Geschwulst zu erhalten, so ist die folgende Methode von LUBARSCH für diesen Zweck eine sichere und auch eine einfache: 1. Sehr kleine dünne Stücke der betreffenden Objekte werden für $^1/_2$ Stunde auf Watte in ein Reagierglas gelegt, welches mit absolutem Alkohol gefüllt ist, der nach 15 Minuten gewechselt werden muß; 2. die Stücke werden dann in Anilinöl gelegt und kommen dann für $^1/_2$ Stunde in das Paraffinöfchen, welches eine Temperatur von 55° haben muß; 3. Abtrocknen mit Fließpapier, dann Einlegen etwa $^1/_2$ Stunde lang in Xylol, welches wenigstens zweimal gewechselt werden muß, jedenfalls so lange, bis keine gelbe Farbe mehr abgegeben wird; 4. Einschluß in Paraffin und schneiden; 5. Färben und Konservieren.

Auf diese Weise kann eine Diagnose in 1—3 Stunden nach der Operation an völlig einwandsfreien mikroskopischen Schnitten gestellt werden, zu demselben Zweck ist auch die von HENKE angegebene Acetonhärtung und -einbettung zu empfehlen.

III. Spezielle Methoden.

Die folgenden speziellen Methoden umfassen die meisten der speziellen Untersuchungen, welche wünschenswert und oft nötig sind, um mikroskopische Untersuchungen von Geschwülsten zu unternehmen.

1. Für Zelleinschlüsse in Carcinomen.

Um Zelleinschlüsse in Carcinomen mit Gewißheit darstellen zu können, ist eine sehr viel feinere Fixierung nötig als wie die für gewöhnliche histologische Zwecke gebrauchte. Die beste Fixierung hierfür ist HERMANNS Mischung: 1%ige Platinchloridlösung 15 Teile, 2%ige Osmiumsäurelösung 4 Teile, Eisessig 1 Teil.

Das Verfahren ist folgendes: 1. Kleine Stücke der Geschwulst werden in HERMANNS Mischung für 24 Stunden fixiert; 2. Auswaschen in fließendem Wasser 24 Stunden; 3. Härten in Alkohol: 30% 24 Stunden, 70% 24 Stunden, absolut. 24 Stunden; 4. Einbetten in Paraffin durch Cedernöl, schneiden und nach der japanischen Methode aufkleben; 5. Entparaffinieren durch Xylol, übertragen in absoluten Alkohol und dann in Wasser; 6. Behandeln mit der gewöhnlichen, käuflichen Lösung von Wasserstoffsuperoxyd, bis die schwarze Farbe aus dem Präparat entfernt ist, 15—30 Minuten; 7. Auswaschen; 8. Färben mit HEIDENHAINS Eisenhämatoxylin in folgender Weise: *a)* 4%ige Lösung von Eisenalaun 2 Stunden, *b)* Auswaschen in Wasser, *c)* wässerige Lösung von Hämatoxylin 0,5% $^1/_2$ Stunde, *d)* Auswaschen in Wasser, *e)* wieder Einlegen in die Eisenalaunlösung, bis das Protoplasma beinahe farblos ist, und die Kerne schwarz, *f)* Auswaschen in fließendem Wasser 1—2 Stunden; 9. Färben 1%iger Lösung von Bordeauxrot (GRÜBLER), bis der Schnitt genügend rot ist, 15—30 Minuten (diese Lösung muß neutral erhalten werden, und wenn dieselbe, wie häufig vorkommt, sauer wird, muß sie mit einem Alkali neutralisiert werden): 10. Auswaschen mit wenig Alkohol für einen Augenblick, Aufhellen in Origanumöl und Einschließen in Cedernöl oder mit Fließpapier abtrocknen, oder auch an der Luft trocken werden lassen und dann direkt in Cedernöl einschließen. Die Zelleinschlüsse sind gelblich- bis kupferrot gefärbt: die Kerne schwarz, das Bindegewebe dunkelrot. Ein ganz ähnliches Resultat erhält man mit Neutralrot (EHRLICH), 1%iger wässeriger Lösung, die in der nämlichen Weise wie Bordeauxrot angewandt wird, doch ist das Resultat besonders bei dickeren Schnitten hier nicht so konstant.

Diese Zelleinschlüsse färben sich übrigens auch oft sehr charakteristisch und distinkt bei einfach fixierten und mit Triacidlösungen gefärbten Präparaten, doch wird die angegebene Methode von keiner anderen übertroffen.

2. Probeauskratzung aus der Gebärmutter und aus der Scheide.

In diesen Fällen ist zuweilen eine spezielle technische Methode nötig: in allen Fällen muß die Technik sehr sorgfältig ausgeführt werden, so daß die Diagnose von Wert sein kann.

Zuerst ist die Art des Stückes, welches untersucht werden soll, von großer Wichtigkeit. Auskratzungen aus der Gebärmutter, wenn sie nicht ganz genau untersucht werden, geben zu viel Irrtum Anlaß: wenn z. B. die Stücke so orientiert sind, daß die Drüsen schräg geschnitten sind, geben sie leicht Trugbilder, so daß womöglich eine Probeexcision gemacht werden sollte, weil bei Auskratzungen eine richtige Orientierung oft sehr schwierig ist. Jedenfalls ist es nötig, recht viel von dem durch Auskratzung gewonnenen Material zu untersuchen, weswegen Paraffineinbettung, am besten nach dem Schnellhärtungs- und Schnelleinbettungsvorfahren von LUBARSCH zu empfehlen ist. Färbungen können dann in beliebiger Weise angewendet werden; man klebt die Schnitte in bekannter Weise auf den Objektträger fest, so daß auch die kompliziertesten Färbungen keine Schwierigkeiten machen.

3. Für Cysteninhalt und retrograde Metamorphosen der Geschwülste.

Hier ist in erster Linie stets die Untersuchung in frischem Zustande anzuwenden. Weiter kommen dann alle die speziellen Methoden zum Nachweis von Fett, Glycogen, Hyalin, Schleim, Kalk usw. in Betracht. Die besonderen hierfür in Betracht kommenden Vorschriften findet man in den betreffenden Artikeln besprochen.

Lubarsch, Düsseldorf.

Getrocknete Pflanzen, Untersuchung, siehe: Aufhellung pflanzlicher Gewebe.

Giesonfärbung siehe: Hämatoxylin.

Giftdrüsen: Zur mikrotechnischen Bearbeitung der Giftdrüsen der Reptilien, der Hautdrüsen der Amphibien eignen sich alle jene bei den Drüsen beschriebenen Methoden und sehe man dort das Nähere ein.

Literatur: CALMELS (Arch. de Physiol., Bd. 15, 1883), DRASCH (Arch. Anat. 1895), ENGELMANN (Arch. Ges. Physiol., Bd. 5, 1870), HEIDENHAIN (Arch. Mikr. Anat., Bd. 35, 1891), LINDEMANN (Ebenda. Bd. 53, 1898), NICOGLU (Zeitschr. Wiss. Zool., Bd. 56, 1893), SCHULTZ (Arch. Mikr. Anat., Bd. 34, 1890), SEEK (Inaug.-Diss., Dorpat 1891).

Gilsonsches Gemisch, Lösung von 20 *g* Sublimat in einer Mischung von 15 *ccm* Salpetersäure (1,45 spez. Gew.), 4 *ccm* Eisessig, 100 *ccm* 60%igem Alkohol und 880 *ccm* Wasser.

Gitterfasern siehe: Leber.

Glaskörper siehe: Sehorgan.

Glastinte. Versetzt man chinesische Tusche oder Kremserweiß mit Wasserglas, so erhält man ein Gemisch, das sich sehr gut zum Schreiben auf Glas eignet. Eine durch starkes Reiben wieder entfernbare Glastinte erhält man nach UNNA durch Mischen von 7,5 *g* Zinkoxyd, 7,5 *g* Gelatine und 15 *g* destilliertem Wasser.

Literatur: UNNA (Monatsh. Prakt. Derm., Bd. 32, 1901).

Glia siehe: Neuroglia.

Glimmer, Marienglas, russisches Glas bildet einen der wesentlichsten Bestandteile des Granits, Gneises und Glimmerschiefers und tritt an manchen Stellen in großen Massen auf (Thüringen). Die tafelförmigen Krystalle lassen sich leicht (am besten unter Wasser) in feine Blättchen spalten, welche bei den besten Sorten völlig farblos und durchsichtig sind. Chemisch besteht der Glimmer aus Doppelsilikaten des Kaliums, Natriums, Lithiums und Magnesiums.

In der Mikrotechnik wird der Glimmer vielfach an Stelle von Deckgläsern verwendet. Man bezieht ihn entweder schon gespalten und geschnitten oder kauft Glimmerabfall und schneidet und spaltet sich die Platten selbst. Sehr praktisch ist seine Verwendung zum Aufkleben von Serienschnitten und zu Kurszwecken, da sich die einzelnen Platten bequem zerschneiden lassen.

Globoide siehe: Calciumverbindungen in Pflanzenzellen.

Glühlampen siehe: Mikroskopierlampen.

Glühlicht, AUERsches, siehe: Mikroskopierlampen, auch Mikrophotographie.

Glutamin als pflanzliches Amid neben Asparagin in Runkelrüben, Kürbiskeimlingen etc., mikrochemisch kaum von ihm zu trennen, außer etwa durch die BORODINsche Probe und durch größe Löslichkeit in Wasser (siehe Asparagin).

Literatur: SCHULTZE (Ber. Deutsch. Chem. Ges., Bd. 16, 1883 und Zeitschr. Physiol. Chem., Bd. 20, 1894). *Magnus,* Berlin.

Glycerin, ein dreiatomiger Alkohol, $C_3H_5(OH)_3$, wird erhalten aus tierischen und pflanzlichen Fetten, die zusammengesetzte Äther von Glycerin und Fettsäuren darstellen, durch Spaltung derselben mittelst gespannter Wasserdämpfe, besonders bei der Stearinkerzenfabrikation. Das so entstandene Rohglycerin wird eingedampft und durch Destillation gereinigt. Das Glycerin bildet ein dickflüssiges, farb- und geruchloses Liquidum von süßem Geschmack. Bei langsamer Abkühlung auf 0° krystallisiert es in rhombischen Krystallen. Es siedet bei 250° und brennt, auf 150° erhitzt, mit blauer Flamme. Sein Brechungsexponent beträgt bei 20° 1,4561. Mit Wasser und Alkohol mischt es sich in jedem Verhältnis; es vermag manche Körper, besonders längere Zeit mit ihnen erwärmt, in größeren Mengen zu lösen als Wasser, es lösen sich z. B. bei 15,5° in Glycerin: Alaun 40%, Ammoniumcarbonat 20%, Atropin 3%, Bleiacetat 20%, Borsäure 10%, Brechweinstein 5,5%, Gerbsäure 50%, Jod 1,9%, Kaliumbichromat 25%, Kaliumarsenat 50%, Kaliumchlorat 3,5%, Kaliumcyanid 32%, Kupferacetat 10%, Kupfersulfat 30%, Morphinacetat 20%, Natriumbiborat 60%, Natriumbicarbonat 8%, Natriumcarbonat 98%, Natriumchlorat 20%, Oxalsäure 15%, Phosphor 0,2%, Quecksilberchlorid 7,5%, Quecksilbercyanid 27%, Schwefel 0,1%, Strychninnitrat 4%, Veratrin 1%, Zinkchlorid 50%, Zinksulfat 35%. In Äther, Chloroform, Benzol etc. ist es unlöslich. Konzentrierte Schwefelsäure bildet mit Glycerin die Glycerinschwefelsäure, Salpetersäure führt es in Glycerinaldehyd über, Chlor- oder Bromwasserstoffsäure bilden Glycerinchlor- oder Glycerinbromhydrine. Metalloxyde, z. B. Bleioxyd, Kupferoxyd lösen sich in Glycerin zu einer nach kurzer Zeit außerordentlich fest werdenden Masse unter Bildung von Metallglyceriden (Glycerinkitt).

In der Mikrotechnik bildet das Glycerin eines der am häufigsten verwendeten Agenzien einmal als Zusatz zu Farb- und Fixationslösungen, ferner wegen seiner konservierenden Eigenschaften und seines mittelhohen Brechungsindex als Einschlußmittel und als Aufhellungsmittel.

Glycerinäther und **Glycerinäthermischung.** Auf der Suche nach milderen Entfärbungsmitteln für basische Anilinfarben, als Alkohol und Anilinöl fanden sich bei einer größeren Versuchsreihe über die verschiedenartigsten Alkohole und Äther (1891—1892) solche im Kreosol, Styron, Glycol und Glycerinäther. Auf Schnitte angewandt, welche in polychromer Methylenblaulösung (GRÜBLER) gefärbt sind, geben sie durch ihre langsame und ungleichmäßigere Entfärbung Gelegenheit zur Einzelfärbung verschiedener Gewebselemente, welche auf andere Weise schwierig darstellbar sind, wie: des Granoplasmas der Bindegewebszellen, der Bacterien der Hornschicht, der Mitosen an Alkoholschnitten, der Streptobacillen des weichen Schankers und der Gangrän etc. Von diesen vier milden Entfärbungsmitteln hat seit 1892 der Glycerinäther in Form der bei GRÜBLER und SCHUCHARDT vorrätigen Glycerinäthermischung wegen seiner bequemeren Handhabung die übrigen verdrängt.

Den Glycerinäther kann man als ein Anhydrid des Glycerins betrachten, da sein Molekül 3 Moleküle H_2O weniger enthält als 2 Moleküle Glycerin ($C_6H_{10}O_3 = 2\,C_3H_8O_3 - 3\,H_2O$).

Der Glycerinäther wird dargestellt durch trockene Destillation von Glycerin mit 2% Salmiak und findet sich hauptsächlich in den mittleren Fraktionen der Destillation. In reinem Zustande angewandt entfärbt er zu stark und besitzt nicht die für den praktischen Gebrauch erforderliche, dickflüssige Konsistenz. Da außerdem der Preis des reinen Glycerinäthers ein hoher ist, wird statt desselben gewöhnlich die „Glycerinäthermischung" angewandt, welche nur wenige Prozent Glycerinäther enthält. Man stellt dieselbe dar, indem man nach Beendigung der Destillation die mittleren oder selbst alle Fraktionen wieder vereinigt und soviel absoluten Alkohol — etwa ein Drittel des Gewichtes — hinzusetzt, bis sich dieselben mischen, und dann ungefähr ebensoviel Glycerin, damit die Konsistenz eine zum Arbeiten bequeme wird.

Die käufliche Glycerinäthermischung wird in unverdünntem Zustande nur selten angewandt, z. B. zur Darstellung von Hornbacterien. Beim gewöhnlichen Gebrauch nach der Färbung mit polychromer Methylenblaulösung wird sie zweckmäßigerweise auf den 4. Teil mit Wasser verdünnt. Ihre bemerkenswertesten Eigenschaften bei dieser Entfärbung sind folgende:

Von den gleich stark gefärbten Substanzen: Kernchromatin und Granoplasma wird bei fortgesetzter Entfärbung im Gegensatz zu den sonst gebräuchlichen Entfärbungsmitteln zuerst das Kernchromatin entfärbt.

Die Mastzellen werden durch Glycerinäther derart entfärbt, daß die Mastzellenkörnung vollkommen frei von Methylenblau, rein rot, erscheint*, während die Kerne blau bleiben. Alle sonstigen Entfärbungsmittel zeigen die Mastzellengranula in einer Mischfarbe.

Nach Entfärbung mit Glycerinäther müssen die Schnitte besonders gut in Wasser abgespült werden, ehe sie in Alkohol, Öl und Balsam kommen, da im Schnitte verbleibende Reste des Glycerinäthers nachträglich eine völlige Entfärbung herbeiführen.

Bisher als notwendiges Komplement der Färbung mit polychromer Methylenblaulösung anerkannt, bildet diese Mischung ein allgemein anwendbares Entfärbungsmittel, welches bei milder Wirkung besonders gute Differenzierungen herbeiführt.

Literatur: Unna (Monatsh. Prakt. Derm., Bd. 12, 1891), derselbe (Ebenda, Bd. 13, 1891), derselbe (Ebenda, Bd. 19, 1894). *Unna*, Hamburg.

Glyceringelatine. Um die wertvollen Eigenschaften des Glycerins als Einschlußmittel noch zu erhöhen, hat man vielfach versucht, durch Zusätze von Gelatine, Hausenblase oder Gummi arabicum eine feste Einschlußmasse zu erzielen, die bei schwacher Erwärmung flüssig ist. Von den zahlreichen Vorschriften sei hier nur die von Kaiser angeführt. Man weicht 7 *g* Gelatine 2 Stunden lang in 42 *g* destilliertem Wasser ein, setzt 50 *g* Glycerin und 1 *g* Carbolsäure zu, erwärmt unter Umrühren 10—15 Minuten und filtriert heiß durch angefeuchtete Glaswolle. Unter Umständen kann eine derartige Glyceringelatine als Einschlußmittel ganz gute Dienste leisten, doch wird man meistens mit reinem Glycerin bessere Resultate erzielen.

Glycerinseife, Transparentseife, wird erhalten durch Lösung von gewöhnlicher Seife in der gleichen Gewichtsmenge Glycerin unter Erwärmen.

Flemming hat diese Transparentseife als Einbettungsmittel empfohlen. Man löse die käufliche Seife in warmem Alkohol auf dem Wasserbade und übertrage die mit Glycerin durchtränkten Objekte je nach ihrer Größe bis zu einer Stunde in sie. Man benutze zunächst 90%igen Alkohol und setze soviel Wasser zu, daß die Masse nach dem Erkalten völlig durchsichtig bleibt. Sie wird nach einigen Tagen vollkommen fest und erlaubt die Anfertigung ziemlich feiner Schnitte. Man schneidet mit trockenem Messer. Die Seife wird aus den Schnitten durch gründliches Waschen mit destilliertem Wasser entfernt.

Nach Döllken ist die Glycerinseife ein ungeeignetes Einschlußmittel, da die Objekte durch das immer vorhandene freie Alkali stark schrumpfen. Er stellt sich eine Natronseife so her, daß er in kochende 20—30%ige Natronlauge Ricinus- oder Stearinöl so lange einträgt, bis die Masse eben noch alkalisch reagiert. Dann

* Derartig rein rote Färbungen der Mastzellengranula sind sonst nur durch Styronentfärbung erhalten worden.

läßt man erkalten und erstarren. Die noch vorhandene Natronlauge wird entfernt durch Auspressen und Dialysieren. Zur Einbettung benutzt man eine 3—5%ige Seifenlösung in destilliertem Wasser bei 30—40°, der man, um sie durchscheinend zu machen, auf 50 *ccm* je 5 *ccm* Alkohol und Glycerin zusetzt. Die Objekte bleiben in der warmen Lösung 2—3 Tage, dann läßt man offen stehen, eindunsten und erstarren (vgl. auch Paraffineinbettung).

Glychämalaun siehe: Hämatein.

Glycogen, $C_6H_{10}O_5$, ist ein normaler Weise in allen embryonalen Organen (mit Ausnahme des Nervensystems), sowie in den meisten Organen des Erwachsenen — hier fehlt es nur konstant in Brustdrüse, Knochen und dem gesamten Nervensystem — vorkommender Körper. In den meisten Organen des Erwachsenen ist es jedoch in so geringer Menge vorhanden, daß es mikrochemisch nicht nachweisbar ist, während in den meisten embryonalen Geweben der mikrochemische Nachweis leicht gelingt (ausgenommen Lymphknoten, Blut, Milz, Hoden, Ovarien, Knochen). Nur in Leber, Muskeln, den Epithelien der HENLEschen Schleife der Nieren, dem Knorpel, sowie den geschichteten Plattenepithelien der Haut und Schleimhäute, den Epithelien des Fundus uteri und den Eihäuten, den Epithelkörperchen, der Hypophyse, spurweise auch extracellulär im normalen Blute gelingt die mikrochemische Reaktion. — Optisch ist das Glycogen durch seinen starken Glanz und seine Strukturlosigkeit charakterisiert, morphologisch bekommt man es meist in Körner-, Kugel- und Schollenform gewöhnlich innerhalb des Zelleibes zu sehen, doch kann man sich bei Untersuchung lebensfrischer Zellen davon überzeugen, daß diese Formen erst postmortal entstehen, wenn die noch zähflüssigen Bestandteile des Zelleibes in Form von Kugeln ausgepreßt werden. Neuerdings ist es auch bei verschiedenen krankhaften Zuständen in den Kernen von Leber- und Nierenepithelien, Gefäßwanddeckzellen und Leucocyten gefunden worden. Ursprünglich ist das Glycogen gleichmäßig in der Zelle verteilt und die durch Jod bewirkte Färbung ist diffus (EHRLICH, LUBARSCH), nur in den granulierten Leucocyten des Eiters erscheint das Glycogen von vornherein körnig, wohl weil es an die Zellgranula gebunden ist (LUBARSCH), wie dies auch bezüglich der Leber von ARNOLD nachgewiesen ist. Chemisch gilt es als leicht löslich in Wasser, doch ist diese Löslichkeit sehr verschieden und im allgemeinen von der Festigkeit der Verbindung zwischen Glycogen und Glycogenträger abhängig. Oft betrifft auch die große Löslichkeit nicht das reine Glycogen, sondern erst das nach Anstellung der Jodreaktion sich bildende Jodglycogen. Leicht löslich ist das Glycogen der Leber, der Niere, des Blutes und der Muskeln, schwer löslich dagegen das der geschichteten Epithelien und des Knorpels. Von dem unter krankhaften Verhältnissen vorkommenden Glycogen ist leicht löslich das Glycogen der Eiterkörperchen, der Knochensarcome, Hodentumoren, Muskelgeschwülste, sowie mancher Nieren- und Schilddrüsengeschwülste, auch der Chorioepitheliome.

Durch Behandlung mit Speichel wird Glycogen unter Umwandlung in Zucker gelöst.

Beim Auftreten des Glycogens unter krankhaften Bedingungen (Glycogeninfiltration und -degeneration) kann man folgende Fälle unterscheiden (LUBARSCH).

1. Im Blute bei Vermehrung des Zucker- und Peptongehaltes extra- und intracellulär, sowie bei zahlreichen mit Hyperleucocytose und Knochenmarkreizungen verbundenen Krankheiten.
2. In weißen Blutkörperchen bei Eiterungen und Entzündungen.
3. Bei Kreislaufstörungen in der Niere (Stauung, Anämie und Infarktbildungen).
4. In tuberkulösen und syphilitischen Neubildungen.
5. In Nierenepithelien und Kernen der Leberzellen bei Diabetes.
6. In echten Neoplasmen: *a)* in solchen, die von normaler Weise Glycogen enthaltenden Zellen ausgehen, *b)* die von glycogenfreien Zellen abstammen.

Zum Nachweis des Glycogens dient in erster Linie die charakteristische Jodreaktion, in zweiter Linie Färbemethoden, von denen aber die meisten an

Sicherheit hinter den Jodmethoden zurückstehen. Die Jodreaktion besteht in der Dunkelbraunfärbung des Glycogens durch verdünnte Jodjodkalilösung.

Eine Verwechslung mit Amyloid ist teils durch die morphologischen und Lagerungsverhältnisse — das Glycogen liegt meist innerhalb der Zelle — teils durch die große Wasserlöslichkeit, die Veränderung durch Speichel sowie den negativen Ausfall der Jodschwefelsäurereaktion und der Gentianaviolettfärbung auszuschließen.

Die Vornahme der Reaktion geschieht bei Blut und Eiter an Deckglas- oder Objektträgertrockenpräparaten, bei den anderen Geweben an frischem oder gehärtetem Material. Bei den Trockenpräparaten sind alle für die Herstellung guter Blutpräparate notwendigen Vorsichtsmaßregeln anzuwenden (Herstellung möglichst dünner Schichten, Vermeidung von Drücken und Quetschen der Zellen), starke Erhitzung der Präparate ist zu vermeiden, ebenso nachträgliche Härtung der Trockenpräparate in Ätheralkohol. Am vollständigsten tritt die Reaktion ein bei dem EHRLICHschen oder BARFURTHschen Verfahren, doch ist auch die LANGHANSsche Methode zu empfehlen. Von Färbungen kommt für Trockenpräparate nur die Gentianaviolettmethode von LUBARSCH und die BESTsche Methode in Betracht. Bei Untersuchung frischer Schnitte ist die EHRLICHsche und BARFURTHsche Methode am meisten zu empfehlen.

EHRLICHs Jodgummimethode.

Man behandelt mit einem Gemisch von starker LUGOLscher Lösung (1 Teil auf 100 Teile dicken Gummischleims) und bewahrt die Präparate dann auf. Für Schnitte von gehärteten Objekten nicht zu empfehlen, da sie zu undurchsichtig bleiben.

BARFURTHs Jodglycerinmethode.

Färbung und Konservierung in einem Gemisch von (1 Teil LUGOLscher Lösung und 2 Teilen Glycerin. Die Präparate sind durchsichtiger, aber weniger dauerhaft, da das Jod vom Glycerin bald ausgezogen wird.

LANGHANSsche Methode.

Sie ist besonders geeignet für Schnitte von gehärtetem Material, aber auch für Deckglastrockenpräparate; dagegen nicht für Schnitte von ungehärteten Objekten.

1. Einwirkenlassen von LUGOLscher Lösung 5—10 Minuten.
2. Entwässern in einem Gemisch von offizineller Jodtinktur 1, Alcoh. absolut. 4 Teile.
3. Aufhellen und Aufbewahren in Origanumöl.

Besonders gut werden die Präparate, wenn man nach meinem Vorschlag eine Vorfärbung mit alkoholischem Carmin nach P. MAYER vornimmt. Die Kerne erscheinen rot, das Glycogen braungelb. Die Präparate, die erst nach einigen Tagen die scharfen Unterschiede erkennen lassen, halten sich einige Monate, besonders wenn man zur Verhinderung der Verdunstung des Öls die Deckgläschen mit einem Rahmen von Paraffin und Siegellack versieht. Auch kann man, wenn die Reaktion geschwunden, die ganze Prozedur nochmals vornehmen.

Die Methode von DRIESSEN.

Man kann sowohl in Celloidin wie in Paraffin eingebettete Objekte benutzen. Die Schnitte kommen aus Alkohol:

1. In alkoholische konzentrierte Cochenillelösung oder in P. MAYERS saure Carminlösung.
2. Entfärben in 96%igem Alkohol, bis die Kerne einen schön roten Farbenton annehmen.
3. Alcohol absolut. 3 Minuten.
4. Hineinbringen in eine Jod-Carbolxylollösung auf 3—5 Minuten.
5. Bei Überfärbung Abspülen in Carbolxylol.
6. Einbetten in Canadabalsam.

Die Jodcarbolxylollösung wird folgendermaßen hergestellt: Gleiche Teile LUGOLscher Lösung und Carbolxylol werden im Reagensglas energisch geschüttelt, wonach sich jodhaltiges Carbolxylol als obere Flüssigkeit von dem schwereren Wasser absetzt; von dieser Flüssigkeit werden vorsichtig mit Pipette einige Tropfen entnommen und auf die Schnitte gebracht.

Die Methode gibt gute Resultate, die Präparate sind etwas klarer wie die nach der LANGHANS-Methode, aber kaum dauerhafter.

Die Methode von KAN KATO-BLEIBTREU.

Gefriermikrotom- oder Zelloidinschnitte von in absol. Alkohol gehärteten Objekten werden neben einem großen Tropfen bis zu 20% Alkohol enthaltenden Wassers auf den Objektträger gelegt. Nun wird ein Ferricyankalikrystall mit einer (nicht aus Metall bestehenden) Pinzette gefaßt und in dem Tropfen bis zur Gelbgrünfärbung bewegt, dann einige Jodkalikryställchen in diesen Tropfen eingelegt, worauf man diese ganze Flüssigkeit über den Schnitt fließen läßt. Man prüft jetzt unter dem Mikroskop vor Auflegen des Deckglases den Erfolg der Reaktion, saugt nach Eintritt derselben die Flüssigkeit möglichst vollständig mit Fließpapier ab und schließt in Lävulose- oder Achroodextrinsyrup ein.

Die Methode hat den großen Vorteil, daß es mit ihr gelingt, auch in solchen Organen Glycogen nachzuweisen, in denen bisher der mikrochemische Nachweis trotz des durch die chemische Analyse nachgewiesenen hohen Glycogengehalts völlig mißlungen war, wie im Eierstock des Frosches. Für genauere Studien über Lagerung des Glycogens in den Zellen scheint mir dagegen die Methode nicht empfehlenswert.

Die Glycogenfärbungen.

Färbung von Glycogen kommt nur für Schnitte von gehärtetem Material, allenfalls Trockenpräparate in Betracht. Das Material muß in absolutem Alkohol gehärtet sein. Zwar wird das Glycogen, wenn es wenig wasserlöslich ist, auch in Sublimat, Formol und selbst MÜLLERscher Flüssigkeit konserviert und auch bei diesen Härtungen sind die Färbungen anwendbar. Da sich aber die Löslichkeit des Glycogens — namentlich bei pathologischen Objekten — niemals mit Sicherheit im voraus beurteilen läßt, ist die Härtung in absolutem Alkohol unter allen Umständen vorzuziehen. Die Bedeutung der bisher eingeführten Glycogenfärbungen ist im allgemeinen die, daß 1. durch differente Färbung von Kernen und Glycogen letzteres besonders gut hervortritt; 2. durch die völlige Aufhellung der Objekte die Beziehungen des Glycogens zu den einzelnen Zellbestandteilen viel klarer erkennbar sind; 3. die Präparate sich länger halten, wie die mit Jodreaktion. — Als Nachteil steht dem gegenüber eine gewisse Unsicherheit der Methoden. Auch handelt es sich nicht um specifische Färbungen etwa in dem Sinne, daß nur Glycogen und nichts anderes nach der betreffenden Methode färbbar sei — solche Methoden gibt es ja auch für andere Stoffe nicht. Man muß deshalb Form und Lagerung mit in Betracht ziehen, ferner auch zur Kontrolle die Jodreaktion und eventuell das Verhalten zum Speichel mit heranziehen. Die besten Resultate liefert die BESTsche Methode, die alle übrigen, auch die von mir eingeführte Gentianaviolettmethode an Sicherheit erheblich übertrifft.

Die Gentianaviolettfärbung nach LUBARSCH.

Die in Alkohol gehärteten Objekte müssen in Paraffin eingebettet und die Schnitte nach der japanischen Methode auf den Objektträger aufgeklebt werden.*

1. Vorfärbung mit MAYERschem Carmin, Differenzierung mit salzsaurem Alkohol, Abspülen mit absolutem Alkohol.

---

* An und für sich wären auch Celloidinschnitte brauchbar, aber gerade bei ihnen ist es viel schwerer, die einzelnen Prozeduren so rasch vorzunehmen wie nötig. Jedenfalls sind manche Mißerfolge anderer Autoren darauf zurückzuführen, daß nicht Paraffinschnitte benutzt wurden.

2. Färbung mit starkem Anilinwassergentianaviolett* 1—2 Minuten; eventuell noch kürzer unter leichtem Erwärmen.

3. Ganz kurzes Abspülen mit Wasser.

4. Ganz rasches, wiederholtes Abspülen mit GRAMscher Jodlösung, im ganzen höchstens 5—10 Sekunden.

5. Gründliches Abtrocknen mit Fließpapier oder Klosetpapier.

6. Entwässern und Differenzieren in Anilinöl-Xylol (2 : 1) oder auch reinem Anilinöl.

7. Gründliches Auswaschen in Xylol. Einbetten in Balsam.

Die Kerne sind rot, das Glycogen dunkelblau bis violett. Die Färbung gelingt auch bei dem leicht löslichen Glycogen der Leber, der Muskeln und der Placenta; nur wird mitunter etwas weniger Glycogen gefärbt als durch Jod; es kommt auch vor, daß die Methode bei schwer löslichem Glycogen, z. B. der Hauptepithelien, mitunter nicht alles Glycogen färbt; doch sind das nur Ausnahmen. Es ist gut, die fertigen Präparate zunächst etwa 1—2 Tage dem Tageslicht auszusetzen, weil dadurch die Farbengegensätze schärfer hervortreten, dann aber an einem vor Licht geschützten Orte aufzubewahren. Die Präparate halten sich in der Regel $^3/_4$—1 Jahr unverändert; man kann, wenn sie ausgebleicht sind, die Gentianaviolettfärbung wiederholen. Die Behauptung A. CZERNYS, daß der gefärbte Körper nicht Glycogen, sondern Hyalin sei, ist gänzlich unrichtig, wie nicht nur durch den Vergleich mit Jodpräparaten, sondern vor allem durch die nachträgliche Lösung der blau gefärbten Körner und Kugeln durch Speichel bewiesen ist.

Die Jodhämatoxylinfärbungen nach LUBARSCH.

Es handelt sich hier eigentlich nicht um eine Färbung des Glycogens, sondern mehr um eine Kombination der Jodreaktion mit Hämatoxylinfärbung. Auch hier sind nur auf Objektträger aufgeklebte Paraffinschnitte gut zu verwenden.

1. Färbung mit Jodhämatoxylin (alte DELAFIELDsche Hämatoxylinstammlösung 10,0, GRAMsche Lösung 10,0, Aq. dest. 5,0; das Ganze zu filtrieren und vor Tageslicht zu schützen) ca. 5 Minuten.

2. Direktes Ausspülen mit absolutem Alkohol.

3. Gründliches Abtrocknen mit Seiden- und Klosettpapier, Aufhellen in Xylol, Einbetten in Canadabalsam.

4. Man läßt die Präparate 1—2 Tage bei Tageslicht liegen.

Die Kerne sind deutlich blaurot bis graublau gefärbt; das Glycogen erscheint gelbbraun. Nicht selten gelingt die Doppelfärbung nicht gut; dann empfiehlt es sich, nach der Hämatoxylinfärbung noch LUGOLsche Lösung 5—20 Sekunden einwirken zu lassen. Ein Nachteil der Methode besteht darin, daß bei leicht löslichem Glycogen seine Form in den Zellen verändert wird, so daß es mehr diffus die Zelle ausfüllt und nicht die körnige Struktur darbietet. Auch kann die Methode bei ganz leicht löslichem Glycogen ganz versagen. Für solche Fälle ist eine Färbung mit alkoholischer Lösung: konzentrierter alkoholischer Jodlösung 8,0 *ccm*, DELAFIELDsche Stammlösung 4,0 *ccm*, Aq. dest. 3,0 (Anwendung wie bei der wässerigen Lösung) vorzuziehen. Nur ist die Kernfärbung hierbei oft keine sehr scharfe, so daß man mit MAYERschem Carmin verfärben kann. Doch kann auch diese Methode sowohl bei leicht wie bei schwer löslichem Glycogen ganz im Stich lassen. Stets versagen beide Jodhämatoxylinmethoden bei den hypernephroiden Neubildungen der Niere und Nebenniere.

Die Methode von ALFR. FISCHER.

Alkoholhärtung. Paraffineinbettung. Aufheben der Schnitte auf dem Objektträger mit Alkohol.

* Die Anilinwassergentianaviolettlösung stellt man aus 2 Stammlösungen her, die lange haltbar sind. Lösung 1: 33 *ccm* absol. Alkohols + 9 *ccm* Anilinöl + Gentianaviolettpulver im Überschuß. Lösung 2: Konzentrierte wässerige Gentianaviolettlösung. Zum Gebrauche mischt man 3 Teile Lösung 1 mit 17 Teilen Lösung 2.

Die Schnitte kommen in 10⁰/₀ige wässerige Tanninlösung, darauf Abspülen mit 1⁰/₀ Kal. bichrom. und Einlegen auf 10—15 Minuten in 10⁰/₀iges Kal. bichrom., worin das Glycogen fast unlöslich wird. Darauf 10 Minuten langes Färben in Safraninanilinwasser- oder Anilinwassergentianaviolettlösung. Abspülen in Wasser. Möglichst schnelle Entwässerung in Alkohol, Xylol, Canadabalsam. Glycogen erscheint rot oder blau.

Die Färbung soll elektiv sein, hat mir jedoch keine schönen und sicheren Resultate ergeben.

Die Methode von VASTARINI-CRESI.

Alkoholhärtung möglichst frischer Gewebsstücke. Einbettung in Paraffin oder Celloidin. Färbung der Schnitte in Schälchen (nicht aufgeklebte Schnitte) 2 bis 48 Stunden in WEIGERTS zur elastischen Faserfärbung angegebenen Resorcin-Fuchsinlösung oder in alkoholischer Lösung von Kresofuchsin. Danach gründliches Auswaschen in 30⁰/₀igem Alkohol, Entwässern, Aufhellen in Xylol, Einbetten in Canadabalsam. Glycogengranula intensiv rot.

Die Färbung wird von BALLI empfohlen, hat sich mir aber bisher nicht als zuverlässig erwiesen.

Die Carminfärbung nach BEST.

Man benutzt folgende Lösung: Carmin 1,0, Ammon. chlorat. 2,0, Lith. carbonic. 0,5 werden mit Aq. dest. 50,0 gekocht (1mal aufkochen genügt). Nach dem Erkalten Zusatz von Liq. ammonii caust. 20,0. Im Dunkeln aufbewahrt bewahrt die Lösung ihr Färbevermögen, das sie vom 2.—3. Tage der Herstellung an gewinnt, einige Wochen. Die Färbung geschieht folgendermaßen: 1. Vorfärbung mit BÖHMERschem oder DELAFIELDschem Hämatoxylin (intensive Färbung wünschenswert). 2. Färbung eine Stunde in frisch hergestellter Mischung von obiger Carminlösung 2 Teile (die Lösung wird kurz vor Herstellung der Mischung filtriert), Liq. ammonii caust. 3 Teile, Methylalkohol 6 Teile. Die Mischung, die nicht filtriert werden darf, ist immer frisch herzustellen. 3. Entfärben in mehrfach zu erneuernder Mischung von Methylalkohol 2 Teile, Alcoh. absol. 4 Teile, Aq. dest. 5 Teile oder Liq. ammonii caust. 1 Teil, Alcoh. absol. 2 Teile. Die Entfärbung dauert 10—20 Minuten. 4. Abspülen mit 80⁰/₀igem Alkohol, Entwässern, Aufhellen etc. Die Methode ist nur für Celloidinschnitte souverän und läßt bei Paraffinschnitten öfters im Stich. An Celloidinschnitten übertrifft sie aber, wie Präparate von BEST und eigene Untersuchungen mir gezeigt, **alle übrigen Methoden bei weitem.** Sie ist durchaus sicher und zuverlässig und deckt auch die geringsten Mengen von Glycogen auf; selbst das auch mit der Jodmethode oft schwer nachweisbare Glycogen der weißen Blutkörperchen wird aufs deutlichste gefärbt, ebenso tritt das Glycogen der Kerne und seine Lagerung in ihnen besser hervor, als mit allen andern Methoden. Die Methode bildet somit eine große Bereicherung unserer histologischen Technik.

Neuerdings ist es übrigens nach Mitteilungen von J. ARNOLD und von RUD. OPPENHEIM gelungen, die Bestfärbung auch an Paraffinschnitten vorzunehmen. Letzterer verfährt folgendermaßen: Die Stücke kommen aus Alkohol 15 Minuten in reines Aceton, dann 20 Minuten in Xylol, eine Stunde in Xylolparaffin, eine Stunde in Paraffin. Die aufgeklebten Schnitte müssen möglichst gründlich entparaffiniert werden. Dann Färbung nach BEST in der angegebenen Weise. Die Resultate sind nach meinen Erfahrungen zwar ziemlich gut aber in vielen Fällen findet sich weniger Glycogen, wie bei Celloideinbettung. Etwas umständlicher ist die Methode von ARNOLD, der die Paraffinschnitte mit einer Celloidinschicht überzieht und dann wie Celloidinschnitte weiter behandelt. Am allerbesten hat sich nach Untersuchungen von mir und meinem Assistenten Dr. KLEESTADT folgendes Verfahren bewährt: Die Objekte werden mindestens 4—5 Tage in Celloidin eingebettet, dann in Ätheralkohol von Celloidin befreit und wieder in

Paraffin eingebettet, wobei es ziemlich gleich ist, ob man Aceton-Xylol- oder Chloroformparaffineinbettung macht, doch scheint die Acetonparaffineinbettung die leuchtendsten Färbungen und schärfsten Bilder zu ergeben. Zahlreiche Kontrolluntersuchungen haben gezeigt, daß die Bestfärbung dann genau so gut ausfällt und ebenso reichlich Glycogen aufdeckt, wie bei Celloidineinbettung, der Methode von OPPENHEIM aber an Zuverlässigkeit überlegen ist und elegantere und sichere Präparate ergibt, wie ARNOLDS Methode. Der Celloidineinbettung ist diese Methode vorzuziehen, weil die Schnitte dünner sind und bequem glatt auf den Objektträger angeklebt werden können, was vor allem bei der Beurteilung der Lage des Glycogens wichtig ist.

Literatur: ARNOLD (Arch. Pathol. Anat., Bd. 193, 1908), BARFURTH (Arch. Mikr. Anat., Bd. 25, 1885), BEST (Verh. Deutsch. Pathol. Ges., 1901), derselbe (Zeitschr. Wiss. Mikr., Bd. 23, 1906), CZERNY (Verh. Intern. Med. Congr., 1900), DRIESSEN (Centralbl. Pathol. Anat., Bd. 16, 1907), EHRLICH (Zeitschr. Klin. Med., Bd. 6, 1883), FISCHER (Anat. Anz., Bd. 26, 1905), KANKATO (Arch. Ges. Physiol., Bd. 127, 1909), LANGHANS (Arch. Pathol. Anat., Bd. 120, 1891), LUBARSCH (Ebenda, Bd. 135, 1894), derselbe (Ergeb. Allgem. Pathol., Jg. 1, Abt. 2, 1895), OPPENHEIM (Arch. Pathol. Anat., Bd. 194, Beiheft 1908), VASTARINI-CRESI (Atti R. Accad. Med. Chir. Napoli 1907). *Lubarsch,* Düsseldorf.

Im Pflanzenreich ist Glycogen hauptsächlich als Reservestoff in Pilzen weitverbreitet (in den Schlauchzellen vieler Hutpilze, bei der Hefe und zumal charakteristisch für das Epiplasma bei der Sporenbildung im Ascus der Ascomyceten), ebenso auch in den Cyanophyceen. Die rotbraune Färbung mit Jodlösung verschwindet beim Erwärmen etwa auf 60° (im Gegensatz zu den Alkaloiden, siehe diese) resp. wird schwächer. Dies wird am sichersten daran zu erkennen sein, ob beim Wiedererkalten der in destilliertes Wasser übertragenen tingierten Objekte gegen weißes Papier gehalten eine Dunklerfärbung eintritt. Die Reaktion ist durch die Anwesenheit einer Reihe von Stoffen, zumal Salzen, sehr beeinflußbar, auch scheinen die verschiedenen Farbentöne verschiedene Modifikationen des Glycogens anzuzeigen, wie sie ebenso von der Konzentration des Jods bedingt werden. Um vergleichbare Reaktionen zu bekommen, wird die Anwendung folgender Lösung empfohlen; Jod 0,1 *g*, Jodkalium 0,3 *g*, Aq. dest. 45 *g*.

Literatur: CLAUTRIAU (Mém. Ac. Roy. Belge, Bd. 53, 1895), ERRERA (Bot. Zeitung, 1886). *Magnus,* Berlin.

Glycole sind zweiwertige Alkohole von der allgemeinen Formel $C_n H_{2n}(OH)_2$. Es sind dicke, farblose Flüssigkeiten von süßlichem Geschmack, die in Wasser und Alkohol leicht, in Äther schwer löslich sind.

In der mikroskopischen Technik sind Äthylen- und Propylenglycol von UNNA angewandt worden. UNNA entfärbte zur Darstellung von Mikroorganismen im Horngewebe mit Borax-Methylenblau (Borax, Methylenblau aa. 1,0, Aq. dest. 100,0) vorgefärbte Schnitt- oder Druckpräparate mit Glycol nach vorherigem Abspülen in Wasser, und zwar braucht die Entfärbung für erstere 2—5, für letztere 5 Minuten. Ferner verwandte UNNA Glycol zur Differenzierung aller Zellen und Intercellularsubstanzen nebst Hervorhebung der Plasmazellen; er färbte mit einer auf 100,0 eingekochten, aus 1,0 Methylenblau, 1,0 Kali carbonicum, 100,0 Aqua destillata, 20,0 Spiritus bestehenden Farblösung, dem sogenannten „polychromen Methylenblau“ (siehe auch Glycerinäther).

Literatur: UNNA (Monatsh. Prakt. Dermat., Bd. 13, 1891), derselbe (Zeitschr. Wiss. Mikr., Bd. 8, 1891). *Mosse,* Berlin.

Glycose siehe: Zucker in pflanzlichen Geweben.

Glycoside sind Verbindungen in Pflanzen von komplexem Charakter, die nur die gemeinsame Eigenschaft besitzen, unter der Einwirkung von Mineralsäuren, Alkalien und mehr oder weniger spezifischen Enzymen (siehe dort) in Zucker (meist Glucose) und andere Verbindungen zerlegt zu werden, von denen wenigstens eine der aromatischen Reihe scheint angehören zu müssen. Zu ihrem mikrochemischen Nachweis dient oft ihre Reduktion FEHLINGscher Lösung (siehe: Zucker in Pflanzenzellen), die entweder direkt oder nach Erwärmung mit verdünnter Schwefelsäure eintritt. Sonst werden sie vielfach durch ihre Spaltungsprodukte nachgewiesen: das **Amygdalin** (in bitteren Mandeln und Blättern des Kirschlorbeers) durch die Blausäure (siehe: Enzyme, Emulsin), das **Sinigrin** (myronsaures Kali) der Cruciferen durch Allylsenföl (mit Alkannatinktur siehe: Öle, pflanzliche; das fette Öl wird durch Äther ausgezogen, das Enzym-Myrosin zugesetzt), das **Coniferin** (siehe: Zellenmembrane, pflanzliche), durch das **Vanilin**, die **Gerbsäure** durch Gallussäure (siehe: Gerbstoff in Pflanzen), das **Indican** durch Indigo. Indican wird beim Absterben der Zellen in Indigblau verwandelt.

Werden junge Blätter von Indigopflanzen, z. B. von Isatis, in festgeschlossenem Gefäß Alkohol- oder Chloroformdämpfen 24 Stunden lang ausgesetzt, so können als Hauptsitz des Indicans resp. Indigos nach Ausziehen des Chlorophyllfarbstoffs im Alkohol die Chlorophyllkörner festgestellt werden (Molisch). Für Digitalis, Frangulin, Hespidin, Krappfarbstoff, Salicin, Saponin, Solanin, Phlorizin etc. existieren Spezialfarbenreaktionen, hauptsächlich mit Kalilauge und Schwefelsäure, ohne sicherlich eindeutig zu sein (Zimmermann).

Literatur: Molisch (Ber. Deutsch. Bot. Ges., Bd. 17, 1899), Guignard (C. R. Ac. Sc. Paris, Bd. 110, 1890, und Bd. 111, 1890), Zimmermann (Bot. Mikr., Tübingen 1892).

Magnus, Berlin.

Goldmethoden. 1. Eigenschaften der in der mikroskopischen Technik gebräuchlichen Goldverbindungen und allgemeine Bemerkungen über die Goldmethoden. Die Goldmethoden sind den wichtigsten Forschungsmitteln in der Histologie beizuzählen. Diese Methoden lassen sich sogar in gewissen Fällen durch andere nicht vertreten.

Die Art der Färbung mit Goldsalzen gehört in erster Linie zu den sogenannten Imprägnationen. Es gibt jedoch Methoden, in welchen das Gold ein unvergleichliches Mittel für echte Tinktion bildet.

Die Goldimprägnation ist in der Regel eine positive Imprägnation; es färben sich nämlich die Zellen und Fasern, die Intercellularsubstanzen hingegen werden gar nicht oder nur schwach gefärbt.

Zur Färbung mit Gold werden fast ausschließlich das Goldchlorid und seine Doppelsalze: Goldchloridnatrium und Goldchloridkalium verwendet.

Das Goldchlorid (Chlorgold, Goldchlorür, $AuCl_3$, Aurum chloratum) ist eine rotbraune, krystallinische, hygroskopische Masse. Wir erhalten es gewöhnlich auch in Verbindung mit 2 Teilen Wasser ($AuCl_3 + 2H_2O$), welches dann auch Aurum chloratum fuscum genannt wird.

Das unter dem Namen Goldchlorid (Aurum chloratum) im Handel befindliche Präparat enthält gewöhnlich neben Wasser auch Salzsäure. es stellt sich demnach als Goldchlorid-Chlorwasserstoff ($AuCl_3 + HCl + 4H_2O$, Aurum chloratum acidum s. Aur. chloratum chlorhydricum s. flavum) dar.

Diese letztere Verbindung erhält man durch Auflösen von Gold in Königswasser und Eindampfen der Lösung. Sie tritt in gelben tafel- resp. nadelförmigen Krystallen auf, welche an der Luft leicht zerfließen (deshalb ist der Goldchlorid-Chlorwasserstoff in wohlverschlossenen Gefäßen aufzubewahren) und in Wasser, Alkohol, Äther sich leicht lösen. Die Lösung zeigt eine saure Reaktion, besitzt gelbe Farbe und herben, metallischen Geschmack.

Reines Goldchlorid ($AuCl_3$) enthält 64,86% Gold, Goldchlorid ($AuCl_3 + 2H_2O$) etwa 58% und Goldchlorid-Chlorwasserstoff ($AuCl_3 + HCl + 4H_2O$) bloß 47,76% Gold.

Goldchloridkalium und Goldchloridnatrium (besser Goldchlorid-Chlorkalium und Goldchlorid-Chlornatrium) sind Doppelsalze, welche man erhält, wenn man reines Goldchlorid oder reinen Goldchlorid-Chlorwasserstoff mit den betreffenden Chloriden in äquivalenten Mengen zusammenbringt und die Lösung beider Salze zur Krystallisation eindampft.

Goldchlorid-Chlornatrium ($AuCl_3 + NaCl + 2H_2O$, Auronatrium chloratum crystallisatum) bildet orangegelbe, rhombische tafel- oder säulenförmige Krystalle, welche an der Luft vollkommen beständig sind. Dieselben sind in Wasser

(1:1) und in Alkohol leicht löslich. Die Lösung reagiert schwach sauer. Der Goldgehalt beträgt ungefähr 49,44%.

Das offizinelle Goldchlorid-Chlornatrium (Auronatrium chloratum officinale, Pharm. Germ. Ed. III.) stellt ein Gemenge von Goldchlorid-Chlornatrium mit Kochsalz dar, ist deshalb eine an Gold ärmere Verbindung, denn sie enthält 61,93 Teile Goldchlorid-Chlornatrium und 38,07 Teile beigemengten Chlornatriums. Das offizinelle Goldchlorid-Chlornatrium enthält demnach ca. 30% Gold.

Das offizinelle Präparat unterscheidet sich von der obigen reinen Verbindung dadurch, daß seine Krystalle beim Liegen an der Luft allmählich Feuchtigkeit anziehen.

Das Goldchlorid-Chlorkalium ($AuCl_3 + KCl$ oder $KAuCl_4$) tritt teils in hellgelben, nadelförmigen Krystallen, wenn es aus stark saurer Lösung krystallisiert, teils in gelben, durchsichtigen, rhombischen Tafeln auf, wenn man sie aus der neutralen oder schwach sauren Lösung erhält.

Das Goldchlorid und dessen Salze werden in Verbindung mit organischen Substanzen durch Sonnenlicht reduziert, was verschiedene Agentien erleichtern. Zu solchen reduzierenden chemischen Agenzien gehören: Wasserstoffhyperoxyd, welches augenblicklich die Reduktion bewirkt, verschiedene organische Säuren, dann arsenige, phosphorige, salpetrige und schweflige Säure, Salzsäure und Chromsäure, Natrium und Kalium causticum, Eisenvitriol, Phosphor, Eisen, Kupfer und andere Metalle. Von diesen vielen reduzierenden Agenzien werden in der mikroskopischen Technik vor allem Lösungen von Ameisensäure, Citronensäure, Essigsäure, Weinsäure und Salzsäure verwendet.

NABIAS hat noch andere Reduktionsmittel untersucht, nämlich (04) Anilin und (05) substituierte Aniline, wie das Methylanilin, das Äthylanilin, das Dimethylanilin, das Diäthylanilin, das Orthotoluidin, das Paratoluidin, das Metaxylidin. Das Paraphenyldiamin und Phenylhydrazin sind starke Reduktionsmittel. Von den Phenolverbindungen wirkt das Diamidophenol stark, von den drei Dioxybenzolen, dem Brenzkatechin, dem Resorcin und dem Hydrochinon, erzielt man mit dem Resorcin die besten Resultate. Das Pyrogallol reduziert stark, das Phloroglucin schwach, die Gallussäure und das Tannin wirken schwach, aber mitunter sehr gut; das Guajacol reduziert schwach. Die Glycose in einem alkalischen Medium wirkt sehr schön.

Damit die Reduktion erfolge, ist es nicht notwendig, daß beide Faktoren, d. i. das Sonnenlicht und diese reduzierende Substanzen einwirken. Sowohl das Sonnenlicht allein, als auch die erwähnten Agenzien sind imstande, die Reduktion hervorzurufen.

Das Sonnenlicht allein bewirkt jedoch keine Reduktion der reinen Goldlösungen, deshalb ist auch das übliche Aufbewahren derselben im Dunklen unnötig. Einige Autoren empfehlen sogar zum Zwecke des besseren Gelingens der Färbung, die Goldlösungen in weißen Flaschen direkt dem Sonnenlicht auszusetzen (LINDSAY, JOHNSON, APÁTHY). Die Gefäße, in welchen die Goldlösungen aufbewahrt werden, müssen jedoch dicht verschlossen sein, damit nicht irgend ein organischer Stoff (Staub) in das Gefäß gelangt, was einen Niederschlag von metallischem Gold bewirken würde.

Gewebssubstanz bildet mit Goldsalzen eine Verbindung, aus welcher durch Reduktion das Gold in Form eines äußerst feinen, doch mikroskopisch nachweisbaren Niederschlages sich ausscheidet, indem es gleichzeitig dem von Goldchlorid durchtränkten Gegenstande eine dunkel purpurne Färbung, oft mit einer violetten Nuance verleiht. Dieser Niederschlag ist in Cyankalium löslich. In Anbetracht dessen, daß verschiedene Gewebselemente zu den Goldverbindungen eine verschiedene Verwandtschaft zeigen und daß dieselben mit einer verschiedenen Geneigtheit mit Gold sich verbinden, erlangt man an vergoldeten Präparaten eine Differenzierung der Gewebselemente. Eine spezielle Elektivität zeigen das Goldchlorid und seine Salze für den Achsencylinder der Nervenfaser, deshalb bildet auch das Gold für das Nervengewebe, sowohl des peripherischen, als auch centralen Systems ein ungemein wertvolles, ja sogar unumgängliches Forschungsmittel. Überdies findet das Gold auch bei der Untersuchung des Muskel- und Bindegewebes Anwendung.

Allzu starke Mitfärbung anderer Gewebsteile läßt sich nachträglich durch Behandlung mit einer $^1/_4$—$^1/_2$%igen Cyankaliumlösung (CYBULSKI) mildern.

REDDING beseitigt die Überfärbung mittelst einer schwachen Lösung von rotem Blutlaugensalz.

Die Goldmethoden gehören zu den am meisten launischen in der mikroskopischen Technik; bei ihrer Anwendung ist das Resultat immer ungewiß. Es gelingt oft nicht, die an einem gutgefärbten Goldpräparate sichtbaren Einzelheiten auch auf zehn nachfolgenden Imprägnationen zu erhalten: einige derselben gelingen gar nicht, andere geben wegen der gleichzeitig entstehenden Niederschläge sehr unklare (verschleierte) Bilder, an anderen endlich kommen die feinsten Einzelheiten des Baues nicht zum Vorschein. Bei einem Goldpräparate kann man demnach niemals mit aller Gewißheit behaupten, daß in demselben alle Einzelheiten aufgetreten sind und daß gewisse Einzelheiten, welche ein scheinbar gelungenes Präparat nicht wiedergegeben hat, auch in der Wirklichkeit nicht bestehen.

Wenn wir einerseits zu ungunsten der Goldmethoden ihre Unzuverlässigkeit hervorgehoben haben, müssen wir andererseits anerkennen, daß sie manchmal Details aufdecken, welche mittels anderer Methoden nicht zu erhalten sind.

Das Gelingen der Vergoldung ist offenbar von gewissen Bedingungen abhängig, welche man bisher genau festzustellen nicht imstande war. Als Folge der Launenhaftigkeit der Vergoldungsmethoden muß das Bestehen einer großen Menge ihrer Modifikationen angesehen werden.

Die Goldmethoden haben noch das Unangenehme, daß die Präparate in Bezug auf Haltbarkeit oft viel zu wünschen übrig lassen. Die Ursache davon ist wieder nicht genau bekannt. Wahrscheinlich ist hier die Genauigkeit der Arbeit, die vollständige Beendigung der Reduktion von größter Bedeutung. Vielleicht wirkt hier auch das vorangehende Sonnen der Goldlösungen (JOHNSON) günstig ein. In gewissen Fällen übertrifft jedoch die Goldtinktion an Haltbarkeit die meisten anderen Färbungen. (Der Autor selbst ist im Besitze solcher vor 13 Jahren gemachten Imprägnierungen, welche bisher ganz unverändert geblieben sind.)

Der Beschreibung der einzelnen Goldmethoden und ihrer Modifikationen wollen wir einige Bemerkungen in Betreff des Untersuchungsmaterials und allgemeine Maßregeln, welche beim Vergolden zu beobachten sind, vorausschicken.

Die Goldmethoden werden entweder an ganz frischen oder wenigstens nicht auf andere Art vorbehandelten Geweben ausgeübt, sei es an einem mit organischen Säuren behandelten Material (Vorvergoldung, APÁTHY) oder schließlich an fixierten und gehärteten Geweben (Nachvergoldung, APÁTHY).

Was die Beschaffenheit des für Vorvergoldung anzuwendenden Gewebes betrifft, ist es nicht unumgänglich nötig, daß es ganz frisch sei, denn nach DRASCH ist das Material, welches mehrere Stunden an einem kühlen Orte gelegen hat, in manchen Fällen vorzuziehen.

Nicht jedes Untersuchungsmaterial stellt sich für das Gelingen des Vergoldens gleich günstig dar. Einige Wirbellose, z. B. Lumbricus und Hirudineen (APÁTHY), liefern das am meisten geeignete Material, sodann folgen die Reptilien (z. B. Pseudopus Palasii), hierauf die Säuger, Amphibien, schließlich die Vögel und Fische.

Nach KÜHNEs Erfahrungen könnte man, wenn man mit den günstigsten Objekten beginnt (wenigstens für motorische Nervenendigungen), folgende Reihen zusammenstellen: Eidechsen, Schlangen, Kaninchen, Katze, Maus, Ratte, Hund,

Frosch, Meerschweinchen, Igel, Schildkröten, Salamander, Tritonen, Proteus, Kröte, Unke, Vögel; die ungünstigsten Resultate liefern Knochenfische und manche Wirbellose.

Die zum Vergolden einzulegenden Stücke dürfen nicht sehr dick sein, damit die Goldchloridlösung leicht eindringt und vor allem, damit das Objekt hinreichend durchsichtig verbleibt, was namentlich in den Fällen von Bedeutung ist, wenn dasselbe im ganzen untersucht werden soll. Das Goldchlorid koaguliert nämlich das Gewebe, wodurch letzteres die Durchsichtigkeit, welche es während des Lebens besaß, verliert.

Was die Konzentration der in der mikroskopischen Technik gebrauchten Lösungen betrifft, bedienten sich verschiedene Autoren verschiedener Verdünnungen von 0,005% bis 1%.

Nach Ansicht mancher Autoren liefert das Aurum chloratum flavum (APÁTHY) und Goldchloridkalium (HOYER) die am meisten zufriedenstellenden Resultate und dies wahrscheinlich aus dem Grunde, weil dasselbe im Handel die geringsten Schwankungen in seiner Zusammensetzung aufweist und dessen Lösungen weniger veränderlich und dauerhafter sind.

Als allgemeiner Grundsatz hat hier zu gelten, daß die Quantität der Lösung das Volumen des Objektes mehr oder weniger um das Zehnfache übertreffen soll.

Die Dauer der Einwirkung der Goldlösungen auf die Objekte ist in den einzelnen Methoden sehr verschieden. Jedenfalls muß das Eintauchen im Dunkeln geschehen. Die Objekte, welche in die Goldlösung einzutauchen sind, müssen vor dem Einlegen wegen der stark contrahierenden Wirkung dieser letzteren gespannt werden. Lange Objekte sind auf ein Glasstäbchen zu binden, Häute dagegen müssen über einem Rahmen aus weichem Holze oder Kork ausgespannt und mit Kaktus- oder Igelstacheln befestigt werden.

Wie bereits erwähnt, werden die goldgetränkten Stücke gewönlich in schwachen Lösungen organischer wässeriger Säuren dem Sonnenlichte ausgesetzt. An erster Stelle steht die Ameisensäure. APÁTHY macht darauf aufmerksam, daß er mit einer Lösung der konzentriertesten krystallisierbaren Ameisensäure (spez. Gew. 1,223) die besten Resultate erreicht hat. Die Anwendung von Säuren hat hier gleichzeitig mehrere Aufgaben zu erfüllen: sie soll auf den Fortgang der Reduktion günstig einwirken und verhindern, daß das Wasser infolge der Löslichkeit des alkalischen Glases alkalisch werde, was die sofortige Reduktion des Goldsalzes zu pulverigem Golde zur Folge hätte (APÁTHY); gleichzeitig hat sie die Aufhellung des Objektes zu bewirken. Diese Flüssigkeit ist in einer großen Menge zu gebrauchen.

Wenn die Reduktion im Tageslicht vorgenommen wird, ist es von Wichtigkeit, daß die Lichtstrahlen auf das in dem sauren Wasser befindliche Objekt womöglich von allen Seiten einwirken. Zu diesem Zwecke ist es am vorteilhaftesten, die Glasdose, in welcher sich das Objekt befindet, auf ein zweites ähnliches, mit dem Boden nach oben gewendetes Gefäß zu stellen, indem man sich hierbei weißen Papiers oder einer Spiegelplatte als Unterlage bedient. Hierbei muß dafür gesorgt werden, daß die direkten Sonnenstrahlen eine nachteilige Temperaturerhöhung des Wassers über 20° C nicht bewirken (APÁTHY).

Es ist besonders zu beachten, daß man während der Arbeit metallische Instrumente nach Tunlichkeit vermeidet und dieselben durch Glasstäbchen und Glasnadeln ersetzt.

II. Übersicht über die Goldmethoden. Nach diesen allgemeinen Bemerkungen wollen wir die einzelnen Methoden und deren Modifikationen in chronologischer Ordnung besprechen. Die wichtigeren Methoden werden wir ausführlicher beschreiben, andere bloß kurz berühren.

Die Einführung der Goldsalze in die mikroskopische Technik ist COHNHEIMS Verdienst (1866).

COHNHEIM empfiehlt zur Färbung der sensiblen Nerven in der Hornhaut kleine Stückchen frischer Hornhaut in eine $^1/_2$%ige Goldchloridlösung einzulegen, der ein wenig verdünnte Essigsäure zugesetzt ist, bis dieselben eine deutlich strohgelbe Farbe annehmen, was für die Froschcornea 15—20 Minuten, für die des Kaninchens ca. 1 Stunde erfordert. Dann werden die Stückchen in destilliertem Wasser abgespült und für 2—3 Tage in mit etwas Essigsäure angesäuertes Wasser eingelegt, bis das Gold reduziert ist. Das Sonnenlicht beschleunigt den Prozeß der Reduktion, so daß manchmal schon 6—8 Stunden ausreichen können. Die Stücke können sodann in angesäuertem Glycerin oder Balsam eingeschlossen werden.

Solche Präparate zeigten intensiv gefärbte Nervenfasern, sowohl deren Markscheide als auch Achsencylinder. Überdies traten die Hornhautzellen samt ihren Ausläufern sehr schön hervor, wobei die Kerne sich schwächer färbten als das Protoplasma.

ARNOLD geht nachstehends vor, um das Verhalten der feineren Spiralfasern der sympathischen Ganglienzellen darzustellen. Er löst in 1%iger Essigsäure 0,02 bis 0,05% Goldchloridkalium auf und läßt das Präparat für 3—4 Stunden in dieser Mischung, bis die ersten Spuren violetter Färbung eintreten. Sodann überträgt er es in 1%ige Essigsäure, bis es ordentlich gefärbt ist, was gewöhnlich 3—5 Tage dauert. Sodann wird das zerzupfte Präparat noch in angesäuertem Glycerin auf einem Objektträger und einer weißen Unterlage dem Lichte ausgesetzt.

COURVOISIER setzt zuerst ein etwas zerzupftes Ganglion der Wirkung einer 0,2%igen Essigsäure durch $^1/_2$—1 Tag aus, dann zerzupft er es weiter auf einem Objektträger und setzt das Präparat nach Zusatz von 0,1%iger Goldchloridlösung dem Lichte aus. Das Präparat muß natürlich vor Verdunstung der Lösung, sei es durch beständige Erneuerung derselben, sei es durch Benützung einer feuchten Kammer, bewahrt werden.

BASTIAN (1868) säuert eine 0,05%ige Goldchloridlösung mit Salzsäure an (1 Tropfen auf je 75 *g*) und bedient sich zur Reduktion einer Mischung von gleichen Teilen Alkohol und Ameisensäure. Die Wirkung kann durch Wärme beschleunigt werden.

NATHUSIUS gebraucht sehr schwache Lösungen von Chlorgold (0,005 auf 100 *g* Wasser) und reduziert die Schnitte mit einer Lösung von schwefelsaurem Eisenoxydul.

JOSEPH bedient sich zur Darstellung der Knochenzellen folgender Methode: Die Schädelknochen von Tritonen, von welchen das anhaftende Gewebe abgeschabt wird, bleiben 1—1$^1/_2$ Stunden in einer 1%igen Chlorgoldlösung und kommen dann behufs Reduktion in mit einigen Tropfen Essigsäure versetztes Wasser. Nach 24—36 Stunden werden feine Schnitte mit dem Rasiermesser angefertigt und in Glycerin untersucht.

HEITZMANN bedient sich bei ähnlichen Untersuchungen derselben Methode.

GERLACH erhält mittelst Vergoldung ausgezeichnete Bilder des Verlaufes der feinen Nervenfibrillen.

Die Schnitte, welche von einem in 1—2%iger Lösung von doppelchromsaurem Ammoniak während 15—20 Tagen erhärteten Mark herrühren müssen, werden 10—12 Stunden (bis sie blaßlila erscheinen) in einer 0,01%igen Lösung von Goldchloridkalium, welche ganz schwach mit Salzsäure angesäuert ist, belassen sodann in destilliertem Wasser abgewaschen, welches ebenfalls sehr wenig Salzsäure enthält (1 auf 2000 bis 3000 Teile Wasser). Von hier werden die Schnitte für die Dauer von 10 Minuten in ein Gemenge von 1000 Teilen 60%igen Alkohols und 1 Teil Salzsäure, sodann in absoluten Alkohol (einige Minuten) und Nelkenöl übertragen, um endlich in Canadabalsam eingeschlossen zu werden. Die erlangten Präparate sind nicht dauerhaft.

HENOQUE, KLEIN und CHRSCHTSCHONOVITSCH bedienen sich derselben Methode zum Zwecke der Darstellung der feinsten Nervenverzweigungen und ihrer Endigungen.

Die zu untersuchenden Objekte kommen für 30—45 Minuten in eine $^1/_2$%ige Goldchloridlösung, worauf sie für 12—24 Stunden in destilliertes Wasser übertragen werden. Die Reduktion geschieht in einer fast gesättigten Lösung von Weinsteinsäure, welche zum Zwecke der Beschleunigung der Reduktion samt dem Objekte zu erwärmen ist. Dies wird am besten durch Eintauchen des ganzen Gefäßes in Wasser bewirkt. Dieses Wasser erwärmt HÉNOQUE bis zum Kochen, die zwei anderen Forscher dagegen nur bis zu 50° C, indem sie behaupten, daß eine höhere Temperatur für die Gewebe schädlich sei. Die Reduktion geht hier sehr rasch vor sich, was sich dadurch kundgibt, daß die Stückchen plötzlich (mehr weniger im Verlaufe einer Viertelstunde) eine bräunliche, purpurrote oder violette Farbe annehmen. Die Stückchen werden dann in Alkohol nachgehärtet und in Schnitte zerlegt.

BOLL bedient sich bei der Untersuchung der nervösen Centralorgane der GERLACHschen Methode, macht jedoch auf Grund eigener Erfahrungen wichtige Bemerkungen und führt die Bedingungen an, von welchen das Gelingen der Färbung abhängt, er behauptet nämlich, daß die Wirkung des doppelchromsauren Ammoniaks nicht über 8 Tage dauern soll, daß die Schnitte mit dem Alkohol nicht in Berührung kommen dürfen, weil sonst Fällungen leicht eintreten, schließlich, daß die Schnitte in einer nicht zu großen Menge der Goldchloridlösung ungefähr 12 Stunden zu verbleiben haben, was jedoch über 18 Stunden nicht auszudehnen ist.

HOYER gebraucht zur Darstellung der Nerven der Cornea eine $^1/_2$%ige Lösung von Goldchloridkalium. Je nach der Dicke der Cornea verbleibt dieselbe in dieser Lösung von $^1/_2$—1 (vom Kaninchen und Meerschweinchen) bis 2—5 Stunden lang (vom Menschen und von größeren Tieren, und zwar vorteilhafter in schwach mit Essigsäure angesäuerter Lösung). Wenn die gut imbibierte Hornhaut durch 16—24stündigen Aufenthalt (bei kühlerer Temperatur auch länger) in 30—60 *ccm* destillierten Wassers sich schwach graublau zu färben beginnt, setzt man dem Wasser 1—2 Tropfen Pyrogallussäure hinzu und läßt dieselbe $^1/_4$—$^1/_2$ Stunde lang einwirken. Die Stücke werden in Schnitte zerlegt und entweder in Glycerin oder in Dammarlack oder Canadabalsam eingeschlossen.

NESTEROWSKY verfährt folgendermaßen, um die Nerven der Leber darzustellen: Die durch die Vena portarum mit einer $^3/_4$%igen Kochsalzlösung ausgewaschene Leber wurde gefroren und in Schnitte zerlegt. Die letzteren wurden auf folgende Art vergoldet: Sie kommen unter Lichtabschluß für 20—25 Minuten in $^1/_4$%ige Chlorgoldlösung. Aus dieser werden sie in eine wässerige Lösung von Glycerin (11 Teile Wasser und 1 Teil Glycerin) gelegt, welcher auf je eine Unze des Gemisches je 2 Tropfen konzentrierter Essigsäure (Acid. acet. concentr.) zugefügt wurden. Nach 5—15 Tagen sind die Präparate in einem Gemisch aus gleichen Teilen Wasser und Glycerin, dem 1% Oxalsäure oder Essigsäure zugefügt wurde, unter dem Mikroskope zu untersuchen.

Wenn solche Präparate nichts besonderes darstellten, wurden sie dem Einfluß des Lichtes ausgesetzt. Nach 2 Stunden wurde jedem Präparate je 1 Tropfen Ammoniak, welches mit Schwefelwasserstoff gesättigt war, zugefügt und das Präparat wiederum der Einwirkung des Lichtes ausgesetzt. Nach 24 Stunden sind die Nerven schon wahrnehmbar und erst am 4. Tage ist das Präparat fertig. In seltenen Fällen, und zwar besonders dann, wenn ein zu großer Tropfen Schwefelammonium dem Präparate zugefügt wurde, verschwindet am 5. Tage die ganze Zeichnung.

Die fertigen Präparate kann man mit Asphalt umgeben oder in Dammarlack einschließen.

Diese Methode beschreibt LAWDOWSKY folgendermaßen: Die schon imprägnierten Schnitte werden sehr kurz mit einem Tropfen Schwefelammoniak behandelt. Sodann entfernt man diese Flüssigkeit schnell mit Fließpapier und ersetzt sie durch reines Glycerin. Die metallischen Niederschläge werden darin gelöst, wodurch die Färbung distinkter erscheint. Diese Methode ist ebenso für periphere Nervenendigungen, wie auch für das Centralnervensystem anwendbar. Die Präparate sind im Dunkeln aufzubewahren.

LÖWIT modifiziert zur Färbung der Nerven der glatten Muskeln die vor ihm angewendeten Methoden auf die Art, daß er das Gewebe vor der Vergoldung der Wirkung der Ameisensäure aussetzt, was die Aufquellung des Gewebes bewirkt und das Eindringen des Goldes erleichtert. Er verwendet hierzu ein Gemisch von 1 Teil Ameisensäure und 2 Teile Aqua dest. Kleine (1—2 *mm* dicke) Stückchen verbleiben darin ca. $^1/_2$ Minute, d. i. so lange, bis sie durchsichtig geworden sind. Sodann werden dieselben in 1—2 *ccm* einer $1^0/_0$igen Goldchloridlösung übertragen. Nach 10—15 Minuten werden sie, nachdem sie ganz gelb geworden sind, im Dunkeln in verdünnte, sodann nach 24 Stunden für dieselbe Dauer in reine Ameisensäure eingelegt. Endlich werden die Stückchen im dest. Wasser zerzupft und in Glycerin untersucht.

FISCHER bedient sich in seinen Arbeiten über den Bau der MEISSNERschen Tastkörperchen und über die Nervenendigung in quergestreiften Muskeln einer Modifikation der LÖWITschen Methode.

a) 2—3 *mm* dicke Stückchen Haut bleiben in einer Mischung von gleichen Teilen Wasser und Ameisensäure (1,12 spez. Gew.), bis die Epidermis sich abhebt. Dann werden sie auf eine Viertelstunde in $1—1^1/_2{}^0/_0$ige Goldchloridlösung eingelegt und endlich behufs der Reduktion Goldsalzes erst einer verdünnten Ameisensäure (1 Teil Säure zu 1—3 Teile Wasser) 24 Stunden und dann der unverdünnten Ameisensäure weitere 24 Stunden im Dunkeln ausgesetzt. Nach Härtung in absolutem Alkohol werden die Stückchen in Schnitte zerlegt und entweder in Glycerin oder nach Nelkenöl in Dammarharz eingeschlossen.

b) Kleine Muskelstückchen werden in verdünnter Ameisensäure (Säure von 1,06 spec. Gew. 1 Teil zu 2 Teilen Aqua dest.) behandelt, bis sie durchsichtig werden. Schon in der Ameisensäure werden sie mit Nadeln möglichst auseinandergezerrt, damit die Goldlösung leichter eindringe. In diese $1^0/_0$ige Goldchloridlösung werden die Stückchen direkt aus der Ameisensäure gebracht und bleiben darin eine Viertelstunde. Dann werden die Muskelstückchen mit dest. Wasser abgewaschen und in eine Lösung von Ameisensäure (von 1 : 3 Teilen Wasser) übertragen, in welcher sie 24 Stunden bleiben.

THIN and EWART empfehlen die Injektion von $^1/_4{}^0/_0$iger Goldchloridlösung, lauwarm, von Arterien aus, als eine Methode nicht nur für die Herstellung von Linsenpräparaten, sondern auch für das Studium fast aller Gewebe. Für die Linse verfahren sie so, daß sie 10 Minuten nach der Injektion die Augen (Frosch) herausnehmen und noch für 15 Minuten in eine $^1/_2{}^0/_0$ige Goldchloridlösung einlegen, um sie dann in eine Mischung von Glycerin und Wasser zu bringen. Nach 24 Stunden wird die Linse für einige Minuten in eine starke Lösung von Hämatoxylin mit Alaun gebracht und dann in Glycerin zerzupft.

ARNSTEIN untersucht die Nerven der behaarten Haut, indem er die Haut zum Zwecke der Entfernung des Epithels zuerst 24 Stunden der Wirkung von Kalkwasser aussetzt. Er schneidet sie nach Abspülen im Wasser in kleine Stücke (höchstens 1 *cm* im Quadrat) und legt dieselben auf 5 Minuten in eine $^1/_4{}^0/_0$ige Chlorgoldlösung ein. Die Reduktion beginnt schon nach einigen (2—3) Minuten, was sich dadurch kundgibt, daß das ganze Hautstück einen Stich ins Bräunliche erhält. Jetzt wird das Präparat in destilliertem Wasser der weiteren Reduktion überlassen. Nach 24 Stunden ist dieselbe bereits vollendet und das Hautstück erscheint intensiv violett. Da es gewöhnlich von einem körnigen Niederschlag durchsetzt ist, löst ARNSTEIN denselben in $^1/_4{}^0/_0$iger Cyankalilösung auf. Überfärbte Präparate kann man mittelst dieser Lösung entfärben und eine reine Färbung der Achsencylinder erhalten, welche auf einem beinahe farblosen Grunde purpurrot erscheinen. ARNSTEIN schreibt der vorhergehenden Kalkwasserbehandlung eine schnellere und vollständigere Reduktion und eine distinktere Färbung zu.

Dann Einlegen in absoluten Alkohol, Nelkenöl und Dammarlack.

FLECHSIG bedient sich bei Untersuchungen des Centralnervensystems eines in 1%iger Lösung von doppelchromsaurem Ammoniak erhärteten Materials. Die Schnitte werden in destilliertem Wasser abgespült, sodann gelangen sie in eine $^1/_2$%ige Goldchloridlösung, wo sie für $^1/_4$—$^1/_2$ Stunde verbleiben. Nach neuerlichem Abwaschen in destilliertem Wasser werden sie in eine 10%ige Lösung von Natron caust. übertragen. Hier geht die Reduktion sehr schnell vor sich. Nach einigen Stunden werden die Schnitte herausgenommen, in destilliertem Wasser abgewaschen und in Canadabalsam eingeschlossen.

RANVIER gibt zwei Vergoldungsmethoden an, welche er in seinem Traité technique, I. Bd., 1875—1882 beschrieben hat.

a) Die eine Methode mit Citronensäure gebraucht er für die Hornhaut und die Muskeln.

Für die Darstellung der Hornhautzellen gibt ihm folgendes Verfahren die besten Resultate: Kleine Stückchen der Cornea werden für 5 Minuten der Wirkung von frischem, durch Flanell filtrierten Citronensaft ausgesetzt. Dann werden sie eine Viertelstunde in 1%iger Lösung von Goldchloridkalium gelassen und endlich in mit Essigsäure angesäuertem Wasser am Tageslicht reduziert.

Für die Darstellung der Nervenendigungen in der Cornea und in den Muskeln bedient er sich nachstehender Methode: Kleine Muskelstückchen werden 5 bis 10 Minuten in frischem, durch Flanell filtrierten Citronensaft gelassen, dann abgespült und in 1%ige Goldchloridlösung für durchschnittlich 20 Minuten gebracht. Nach abermaligem Abwaschen werden die Stückchen in 50 *ccm* destillierten Wassers, dem zwei Tropfen Essigsäure zugesetzt wurden, übertragen, wo sie 24—48 Stunden bleiben. Da solche Präparate nicht genug dauerhaft sind, kombiniert RANVIER dieses Verfahren mit dem von LÖWIT, indem er die Stückchen aus Gold unter Lichtabschluß in einige Kubikzentimeter einer Lösung von 3 Teilen Wasser und 1 Teil Ameisensäure überträgt. Nach 24 Stunden werden die Stückchen in reines oder mit Ameisensäure angesäuertes Glycerin eingelegt.

b) Die zweite Methode ist die folgende: Man bereitet ein Gemisch von 4 Teilen 1%igen Goldchlorids und 1 Teil Ameisensäure, welches zum Kochen gebracht und wieder abgekühlt wird. Das Aufkochen soll die elektive Wirkung des Goldes auf die Nerven verstärken und eine größere Neigung zur Reduktion bewirken.

Je nach dem Gewebe beläßt man die Stückchen in dieser Lösung 10 Minuten bis $1^1/_2$ Stunden, nämlich bis zur völligen Durchtränkung. Sodann spült man dieselben in Wasser ab und legt sie im Dunkeln in verdünnte Ameisensäure (1 : 4 Wasser) ein oder beläßt sie am Licht in mit Essigsäure angesäuertem Wasser.

Will man Schnitte aus vergoldeten Objekten anfertigen, so legt man die Stückchen zum Zwecke der Härtung für 24 Stunden oder länger in Alkohol ein, welcher gleichzeitig den weiteren Fortschritt der Reduktion hemmt.

GOLGI wendet zur Darstellung der Sehnennerven nachstehende Methode an: Die in 2%iger Lösung von doppelchromsaurem Kali gehärteten Objekte kommen zunächst auf 10—20 Minuten in eine 1%ige Lösung von Arsensäure, bis sie durchsichtig werden, dann auf 20—30 Minuten in eine $^1/_2$%ige Lösung von Goldchloridkalium. Die Stückchen werden nach vorläufigem Abwaschen mit Wasser in eine 1%ige Lösung von Arsensäure übertragen, an welcher an der Sonne innerhalb 24—30 Stunden die Reduktion eintritt. Diese letztere Lösung wird gewechselt, sobald sie braun wird. Die Objekte werden in Glycerin eingeschlossen.

RETZIUS. Bei der Untersuchung der quergestreiften Muskelfasern erhielt RETZIUS die besten Resultate mit dem Goldchlorid.

Entweder nach kurzer Vorbehandlung mit Ameisensäure (1%) oder ohne dieselbe wurden die dem lebenden Tiere entnommenen Muskeln in eine $^1/_5$- bis $^1/_2$%ige Goldchloridlösung getaucht und in derselben vorsichtig mit Nadeln auseinandergezogen; nach etwa 25 Minuten wurden sie in 1%ige Ameisensäure gebracht und dem Lichte ausgesetzt. Die Färbung gelang ebenso gut im Dunkeln, mit oder ohne Amylalkohol. Nach 10—20 Stunden waren die Präparate fertig.

Carrière benutzt in seinen Untersuchungen der Herbstschen und Grandryschen Körperchen im Entenschnabel die von Böhm angegebene Methode. Er geht nämlich folgendermaßen vor: Die Stücke gelangen zuerst für 20 Minuten in 50%ige Ameisensäure, sodann nach dem Abwaschen für dieselbe Zeitdauer in 1%ige Goldchloridlösung, um nach neuerlichem kurzen Abspülen in Pritchardsche Lösung (Amylalkohol 1, Ameisensäure 1, Wasser 98) übertragen zu werden. In diesem Gemisch verbleiben sie im Dunkeln 24 Stunden.

Marchi bedient sich bei seinen Untersuchungen der Terminalorgane der Nerven in den Sehnen der Augenmuskeln zweier Methoden. Die eine ist die oben beschriebene Methode Golgis, in welcher er bloß insofern eine Änderung eintreten läßt, daß er 3 Tage lang eine 2%ige Lösung von doppelchromsaurem Kali, sodann 30 Minuten 1%ige arsenige Säure oder Essigsäure und ebensolange 1%ige Goldchloridlösung auf das Gewebe einwirken läßt.

Die zweite Methode ist von Manfredi angegeben worden, welche von ähnlichen, früher angewendeten Methoden sich dadurch unterscheidet, daß ganz frische Gewebe, nachdem sie $^1/_2$ Stunde in 1%iger Goldchloridlösung belassen wurden, in $^1/_2$%ige, auf 36° C erwärmte Oxalsäurelösung übertragen werden, wo sie bis zur Abkühlung dieser letzteren verbleiben und sodann in Glycerin aufgehoben werden.

Bremer modifiziert bei der Prüfung der Nervenendigungen in quergestreiften Muskeln Löwits Methode auf nachstehende Art: Er setzt zuerst die Muskeln der Wirkung einer 25%igen Ameisensäure aus, bis sie durchsichtig sind, sodann überträgt er sie für 15—20 Minuten in 1%ige Goldchloridlösung, hierauf legt er sie für 24 Stunden in eine 25%ige, sodann in eine 50%ige Ameisensäure für dieselbe Zeitdauer, schließlich verbleibt das Material 2—3 Wochen in 20%igem ameisensaurem Glycerin, wo es sich etwas entfärbt und stark maceriert.

Ciaccio stützt sich bei der Untersuchung der motorischen Nervenendigungen teils auf die Methode von Löwit, teils auf jene von Ranvier. Kleine Stücke von Muskeln werden auf 5 Minuten in frisch ausgepreßten und filtrierten Citronensaft getaucht. Nach Abspülen in destilliertem Wasser werden sie auf $^1/_2$ Stunde bei Lichtabschluß in 1%iger Lösung von Goldkadmiumchlorid gebracht und alsdann nach abermaligem Auswaschen zuerst 12 Stunden im Dunkeln, dann ebensolange bei Licht in leicht mit Ameisensäure (1%) angesäuertem Wasser liegen gelassen. Endlich werden die Stückchen nach nochmaligem Auswaschen im Priceschen Glycerin zerzupft, worin sie sich in Fasern auflösen.

Obige Methode hat der Autor auch an der Cornea erprobt und erhielt sehr zufriedenstellende Resultate. Dieses Verfahren soll nicht so unsicher sein wie andere ähnliche und soll auch zur Bildung der störenden Niederschläge minder geneigt sein.

Gruenhagen wendet zum Nachweis der Nerven der Ciliarfortsätze des Kaninchens folgende Vergoldungsmethode an: Er bringt die Iris für 2—3 Stunden in verdünnte Essigsäure (12 Tropfen Essigsäure in 100 *ccm* Wasser), dann für 1 Stunde in 10 *ccm* einer $^1/_2$%igen Goldchloridlösung und endlich unter Lichtabschluß für 2—4 Tage in eine verdünnte Ameisensäure (1:4).

Cybulski bedient sich zur Färbung der Nerven in der Schnauze und Oberlippe vom Ochsen einer Modifikation der Hénocqueschen Goldmethode. Damit die Goldlösung bei der bedeutenden Dicke der Epidermis hinreichend einwirke, bereitet Cybulski aus ganz frischen Stückchen der mit einer dünnen Lage der Lederhaut abgetragenen Epidermis, mittelst eines befeuchteten Rasiermessers feine Schnitte, welche in $^1/_2$—$^1/_{16}$%ige Goldchloridlösung übertragen werden. Nach $^1/_4$—$^3/_4$ Stunden kommen die Schnitte für höchstens $1\,^1/_2$—2 Stunden in destilliertes Wasser, hierauf in eine verhältnismäßig große Menge gesättigter oder zur Hälfte verdünnter Weinsteinsäurelösung. Diese wird in hermetisch verschlossenem Gefäß in Wasser von 50—60° C Wärme gestellt. Die Reduktion erfolgt oft schon nach $^1/_4$ oder $^1/_2$ Stunde. Manchmal tritt sie erst später ein und dann wird die Erneuerung der Säure nötig.

VIALLANES behandelt die Gewebe der Insekten zuerst mit 1%iger Osmiumsäure, bis sie braun werden, und dann mit 25%iger Ameisensäure 10 Minuten lang. Dann werden die Objekte in 0,02%ige oder noch schwächere Lösung von Goldchlorid für 24 Stunden (im Dunkeln) übertragen, endlich in 25%iger Ameisensäure im Licht belassen, bis sie reduziert sind.

FREUDs Verfahren zum Studium des Faserverlaufes im Centralnervensystem gibt sehr ähnliche Resultate wie die WEIGERTsche Hämatoxylinfärbung, ist jedoch unsicherer und umständlicher:

1. Härtung in Kal. bichr. oder in ERLICKIscher Flüssigkeit, dann in Alkohol.
2. Schneiden und kurzes Abspülen der Schnitte in destilliertem Wasser.
3. Färben 3—5 Stunden lang in einem Uhrschälchen mit 1%iger Goldchloridlösung, welcher das gleiche Volumen starken (94%) Alkohols zugesetzt wird.
4. Auswaschen in destilliertem Wasser.
5. Übertragen mit Holzstiften oder Glasnadeln auf 2—3 Minuten in Natron caust. fusum 1 : 5—6 Wasser.
6. Abwaschen in destilliertem Wasser.
7. Einbringen auf 5—6—15 Minuten in 10—12%ige Jodkalilösung, wo die Schnitte rosa werden. Nach 5—15 Minuten ist die Färbung vollendet.
8. Abwaschen in Wasser; dann Alkohol, Nelkenöl, Balsam.

„So behandelte Präparate zeigen die groben und feinen markhaltigen Fasern in ausgezeichneter Deutlichkeit dunkelbraun bis schwarz auf lichtrotem oder blau auf ungefärbtem Grunde.“

MAYS bedient sich zum Zwecke des Studiums der Nervenausbreitung im Muskel einer Kombination der Osmiumsäuremethode mit der Goldimprägnation. Der Zusatz des Goldchloridkaliums soll die störende Bräunung der Muskelsubstanz verhindern, die bei der einfachen Osmiumsäurebehandlung auftritt.

Für dünne Muskeln verfährt man folgendermaßen:

Man lege die frisch präparierten Muskeln in folgendes frisch bereitetes Gemisch ein: ½%ige Goldchloridkaliumlösung 1,0, 2%ige Überosmiumsäure 1,0, Wasser 20,0, bis die baumförmige Nervenverästelung unter dem Mikroskope erkennbar ist. Hierauf übertrage man die Objekte in das von EWALD benutzte Glyceringemisch: Glycerin 40,0, Wasser 20,0, ca. 25%ige Salzsäure 1,0.

Da dickere Muskeln doch stark nachdunkeln, empfiehlt MAYS für dieselben folgende Methode:

Der frische Muskel kommt erst auf 12 Stunden in eine reichliche Quantität einer 2%igen Lösung von Eisessig und dann in ein frisches Gemisch: ½%ige Goldchloridkaliumlösung 1,0, 2%ige Osmiumsäure 1,0, 2%ige Essigsäure 50,0.

Wenn die nötige Färbung der Nerven erreicht ist (nach etwa 2—3 Stunden), werden die Muskeln in die obige mit Salzsäure angesäuerte Glycerinmischung für einige Stunden übertragen.

Hier werden die Muskeln durchsichtig und die Nerven erscheinen schwarzbraun in bernsteinfarbigem, glashellem Muskel. Leider färbt sich nur ein kleiner Teil von den marklosen Nerven.

Die besten Resultate erhält jedoch MAYS mit nachstehender Methode: Man lasse den Muskel in 0,5%iger Arsensäure vollkommen aufquellen und bringe ihn dann auf 20 Minuten in folgendes frisch bereitetes Gemisch von: 1%ige Goldchloridkaliumlösung 4,0, 2%ige Osmiumsäure 1,0, 0,5%ige Arsensäure 20,0.

Hierauf wird der Muskel in Wasser abgespült und in einer 1%igen Arsensäurelösung auf einem Wasserbade, welches auf 45° C erhalten wird, der Sonne ausgesetzt. Nach 3 Stunden kommt er in das Salzsäureglyceringemisch und kann sofort untersucht werden.

An gelungenen Präparaten sind alle, auch die marklosen Nervenfasern, dunkelviolett gefärbt, die Muskelfasern bleiben ungefärbt oder sind nur schwach bräunlich.

MIURA empfiehlt zur Darstellung eigentümlicher netzartiger Gebilde in der Leber folgende Goldimprägnation: Ganz frische oder einige Tage in MÜLLERscher

Flüssigkeit konservierte Leberstücke kommen zuerst in eine Traubenzuckerlösung (100 H_2O + 20 Sacchar. tart. + 1 Natr. chlorat.) für 8—12 Stunden, dann in 0,5%ige Goldchloridnatriumlösung für 12—24 Stunden. Danach gelangen sie wieder in die Traubenzuckerlösung entweder auf 12—48 Stunden bei gewöhnlicher oder (weniger gut) auf 2—3 Stunden in Brutofentemperatur (40—50° C). Hier erfolgt die Reduktion, indem die Stücke dunkelviolett erscheinen. Dann werden die Stücke mit dem Gefriermikrotom geschnitten und in Glycerin untersucht. Sie können auch in Celloidin eingebettet werden.

Was die Natur der Geflechte anbelangt, so werden dieselben von den einen als Nervennetze, von den anderen als Netze elastischer Fasern gedeutet.

BOCCARDI gibt zur Untersuchung der Nervenendigungen in den Froschmuskeln eine Modifikation der Methode RANVIERS an. Auch hier behandelt man zunächst die Muskeln mit Citronensaft und Goldchlorid oder einer Mischung von Goldchlorid und Ameisensäure. Nach Abspülen mit destilliertem Wasser werden die Stückchen für etwa 2 Stunden in eine 0,1—0,3%ige Oxalsäurelösung oder besser in folgende Mischung übertragen: Acid. formic. pur. 5 *ccm*, Acid. oxal. 1% 1 *ccm*, Aq. dest. 25 *ccm*, dann werden sie in Wasser abgespült und in Glycerin eingelegt.

DELAGE bringt Planarien (Convoluta Schultzii O. Sch.) zuerst für 2 Minuten in Drittelameisensäure (33 Teile Ameisensäure, 100 Teile Aq. dest.) und dann für 10—12 Minuten in eine reichliche Menge 1%iger Goldchlorürlösung; dann werden sie in 2%ige Ameisensäure übertragen, in welcher sie im Dunkeln bis zur vollständigen Reduktion verbleiben, was 1—3 Tage dauert. Sind die Objekte zu dunkel geworden, so kann man sie in einer ½%igen Cyankaliumlösung entfärben, was verschieden lang (2—24 Stunden) dauert. Will man das Entfärben unterbrechen, so muß man das Cyankalium durch 2%ige Ameisensäure ersetzen. Einschluß in Glycerin oder Balsam.

Von allen Geweben färbt sich das Nervensystem am ehesten und entfärbt sich zuletzt.

DRASCH bedient sich bei seinen Untersuchungen des Dünndarms und Geschmacksorgans mehr weniger derselben Methode: Er verwendet nämlich ein nicht ganz frisches Material, welches 10—24 Stunden (Dünndarm), ja sogar 24—48 Stunden und noch länger (Geschmacksorgan) an einem kalten Orte (+4—6° C) lag.

Er ist nämlich zu der Überzeugung gelangt, daß eben ein gewisser Grad von Zersetzung für das Gelingen der Vergoldung notwendig ist und daß in diesem Falle die Vorbehandlung der Gewebe mit Citronensäure, Ameisensäure, Kalkwasser, welche nach Ansicht des Autors die Gewebe in einen für die Vergoldung günstigen Zustand bringen sollen, wegfallen kann.

Solche Objekte werden im Dunkeln in eine ½%ige Goldchloridlösung gebracht. Nach ½—¾ Stunde gelangen sie in verdünnte Ameisensäure (10:50 Teile Wasser und für das Geschmacksorgan 5—10 Tropfen Ameisensäure in eine halbe Eprouvette Wasser). Nach vollzogener Reduktion werden die Präparate in Glycerin übertragen, welches so lange gewechselt wird, bis es keine Säure enthält.

Der Prozentgehalt der Goldlösung und der Ameisensäure scheint hier keine Rolle zu spielen. Die Präparate, welche nach ihrer Entfernung aus der Goldlösung hart waren und deren Epithel nicht gequollen war, zeigten eine distinkte Färbung, jene dagegen, welche stark erweichten und deren Epithel zu quellen begann, waren mißlungen.

GRIEB modifiziert für das Studium des Verdauungskanals bei Helix aspersa das Verfahren von RANVIER und LÖWIT auf nachstehende Art: Der Darm wird zunächst in destilliertem Wasser tüchtig gewaschen, dann direkt in eine 1%ige Goldchlorürlösung auf 5—7 Minuten und endlich direkt in ein Gemisch von 4 Teilen destillierten Wassers und 1 Teil Ameisensäure für die Dauer von 24 Stunden ins Dunkle übertragen.

KÜHNE gebraucht zur Untersuchung der motorischen Nervenendigungen neben der LÖWITschen und GOLGIschen Methode folgende Modifikationen derselben:

a) Vorsäuern mit Ameisensäure von $^1/_2$%, Goldchlorid von 1%, Nachbehandlung mit einer Mischung von Glycerin und Wasser zu gleichen Teilen, welcher $^1/_4$—$^1/_5$ Vol. Ameisensäure zugesetzt worden, im Dunkeln. (Besonders brauchbar für die Muskeln der Warmblüter.)

b) Wie *a*, aber ohne Vorsäuern (für Kaltblüter).

c) Eine Abänderung der GOLGIschen Methode, bestehend im Einlegen der Muskelstreifchen in eine Mischung von Arsensäure $^1/_2$%, Goldchloridkalium $^1/_4$% und von Osmiumsäure 0,1%, Nachbehandlung mit Arsensäure 1% und Reduktion durch Sonnenlicht. (Am besten für Reptilien.)

KOLOSSOW wendet speziell für alle bindegewebigen Bildungen folgendes Verfahren an: Die Objekte werden je nach der Größe im Laufe von 2—3 oder mehreren Stunden mit 1%iger Goldchloridlösung, welcher auf 100 Teile 1 Teil Salzsäure zugesetzt wurde, durchtränkt, dann flüchtig mit Wasser abgespült und im Dunkeln in $^1/_{50}$—$^1/_{100}$%iger Chromsäurelösung 2—3 Tage reduziert. Dann Auswaschen im Wasser, dann Alkohol, Nelkenöl und Einschluß des Präparates in Canadabalsam.

CATTANEO bedient sich bei Untersuchung der Nervenendigungen in den Sehnen nachstehender Methode: Die vom Muskel abpräparierte Sehne wird für 15 Minuten in eine 0,5%ige Lösung von Arsensäure eingelegt, dann kommt sie in eine reichliche Menge einer 0,5—1%igen Lösung von Goldchloridkalium. Nach einer halben Stunde, nachdem das Präparat eine leicht strohgelbe Färbung angenommen hat, wird es in destilliertem Wasser gut ausgewaschen und in einer 0,5- bis 1%igen Lösung von Arsensäure für die Dauer eines Tages dem Sonnenlichte ausgesetzt.

Endlich wird das Präparat in destilliertem Wasser gut ausgewaschen und in Glycerin eingeschlossen.

MERCIER führt zwei UPSONsche Methoden an, welche zwar kompliziert sind, jedoch sehr schöne Färbungen der Achsencylinder und Zellen geben.

Die Methoden können nur auf Stücke des Centralnervensystems, welche zuerst durch mehrere Wochen in 1%iger, sodann durch 4—6 Monate in 2- bis 2,5%iger wässeriger Lösung von Kali bichromicum gehärtet wurden, Anwendung finden. Die Härtung ist im Dunkeln durchzuführen.

Die gehärteten Stücke werden in destilliertem Wasser möglichst rasch abgespült und kommen für 2—3 Tage in 50%igen Alkohol, welcher mehrere Male erneuert werden soll.

Sodann überträgt man die Stücke für 2—4 oder mehrere Wochen in 95%igen, öfters zu wechselnden Alkohol, bis sie eine deutlich grünliche Farbe zeigen.

Die so vorbereiteten Stücke werden in Celloidin eingebettet und geschnitten. Beim Schneiden ist ein 80%iger Alkohol zu gebrauchen. Die Schnitte können nach zwei Methoden gefärbt werden:

Methode I. Die Schnitte werden je nach der Dicke für 1—2 Stunden in eine 1%ige Goldchloridlösung, welcher 2% Salzsäure zugesetzt wurden, eingelegt. Dann werden sie in destilliertem Wasser abgespült und gelangen in eine frisch hergestellte Mischung von: 10%ige Kalilösung 5 *ccm*, Ferricyankalium Spur (d. h. nicht einmal ein halberbsengroßes Stück), wo sie $^1/_2$ Minute bleiben. Nach gründlichem Abwaschen werden die Schnitte für $^1/_2$ Minute zum Zwecke der gänzlichen Entfernung von Ferricyankalium und der hierdurch bedingten Vorbeugung der späteren Bildung eines Niederschlages von Berlinerblau in eine 10%ige Kalilösung eingelegt.

Um sich die Gewißheit zu verschaffen, daß solche Niederschläge sich trotz dieser Vorsicht nicht bilden, kann man die Schnitte unmittelbar (unter Weglassung von Ferricyankalium) nach Ausspülen in destilliertem Wasser für $^1/_2$ Minute in eine 10%ige Kalilösung übertragen. Von hier überträgt man die Schnitte in destilliertes Wasser, spült dieselben gut ab und bereitet sodann nachstehende reduzierende Flüssigkeit:

Acidum sulfurosum 5 *ccm*, 3%ige Tinct. Jodi 10—15 Tropfen, mischen und hinzufügen Liquor ferri chlorati 1 Tropfen.

Unmittelbar nach Herstellung dieser Mischung werden die Schnitte einzeln in dieselbe gebracht, wobei zu beachten ist, daß der ganze Schnitt auf einmal überschwemmt werde. Sobald der Schnitt eine schöne rosarote Farbe zeigt (aber nicht länger!), was sofort geschieht, muß er sogleich mit destilliertem Wasser abgewaschen werden. Sodann Alcohol absolutus 5—15 Minuten, Nelkenöl, Canadabalsam.

Die Präparate sind im Dunkeln aufzubewahren.

Methode II. Die Schnitte kommen für 2 Stunden in folgende Flüssigkeit: 1%ige Goldchloridlösung 5 *ccm*, Ammonium vanadicum (gesättigte Lösung) 10 Tropfen, Acidum hydrochloricum 3 Tropfen.

Nach Abwaschen in destilliertem Wasser werden die Schnitte in folgende, frisch herzustellende, reduzierende Flüssigkeit gebracht.

Vor allem sind folgende zwei Lösungen zu bereiten:

a) Zinnlösung: Zu einem gewissen Quantum 3%iger Jodtinktur wird soviel Zinnchlorid zugefügt, bis die Farbe derselben weiß oder gelblich wird. Diese Lösung ist gut haltbar.

b) Eisenlösung: Einfache Herstellung einer gesättigten Lösung von Ferrum phosphoricum in Aqua destillata.

Mit Hilfe dieser beiden Lösungen wird die reduzierende Flüssigkeit II vorbereitet: Zinnlösung 15 Tropfen, Aqua dest. 3 *ccm*, Eisenlösung 3—5 Tropfen, Acidum sulfurosum 3 *ccm*. In dem Augenblicke, in welchem Acidum sulfurosum zugefügt wird, entsteht ein dichter Niederschlag und eben jetzt muß der Schnitt in die Mischung gebracht werden.

Die für die erste Methode angegebenen Vorsichtsmaßregeln gelten auch hier, jedoch in einem noch verschärften Grade. Der rot gefärbte Schnitt wird in Wasser rasch abgewaschen und hierauf nach Methode I weiter behandelt.

Obregia gebraucht das Gold zu dem Zwecke, um die nach Golgi mit Sublimat oder Silber behandelten Präparate dauerhaft zu machen.

Solche Präparate werden in Schnitte zerlegt, wobei man sich eines wenigstens 94%igen Alkohols bedient. Die Schnitte gelangen aus absolutem Alkohol in folgende Mischung: 1%ige Goldchloridlösung 8—10 Tropfen, Alcohol absol. 10 *ccm*. Diese Mischung ist 1/2 Stunde vor dem Gebrauche herzustellen und dem diffusen Lichte auszusetzen. Die Schnitte verbleiben in der Goldlösung im Dunkeln je nach der Dicke 15—30 Minuten. Das Silber wird allmählich durch Gold ersetzt, das Quecksilber in Goldamalgam umgewandelt; es treten schließlich schwarze Zeichnungen auf weißem Felde hervor. Darauf werden die Schnitte zuerst in 50%igem Alkohol, dann in destilliertem Wasser abgespült, endlich in eine 10%ige Lösung von unterschwefligsaurem Natron gebracht, in der sie je nach der Dicke 5—10 Minuten verbleiben. Schließlich werden die Schnitte gründlich gewaschen. Solche Schnitte können nachgefärbt und unter einem Deckgläschen in Dammarharz eingeschlossen werden.

Ziehen empfiehlt für das Centralnervensystem als Ersatz für die Golgische Methode folgendes Verfahren:

Kleine, womöglich lebenswarme Stückchen des Centralnervensystems legt man in eine Mischung von gleichen Teilen einer 1%igen Goldchloridlösung und einer 1%igen Sublimatlösung. Hier verbleiben die Stücke mindestens 3 Wochen, besser mehrere (bis 5) Monate. Werden reichliche Mengen der obigen Flüssigkeit verwendet, so ist ein öfteres Wechseln derselben nicht nötig. Die metallisch-rotbraun aussehenden Präparate werden ohne Einbettung in dünne Schnitte zerlegt und kommen zur Differenzierung entweder in verdünnte (1 : 4) Lugolsche Lösung oder in verdünnte Jodtinktur, welche man je nach der Dicke der Schnitte verschieden lang einwirken läßt. Die Dauer der Entfärbung spielt hier eine wichtige Rolle. Durch entsprechende Variierung derselben kann man verschiedene Elemente deutlich gefärbt erhalten. Dann gründliches Auswaschen in absolutem Alkohol, Nelkenöl,

Canadabalsam. Metallinstrumente, mit Ausnahme des Mikrotommessers, sind möglichst zu vermeiden. Diese Methode färbt ebenso markhaltige wie auch marklose Nervenfasern, ferner Nerven- und Gliazellen blaugrau.

PIANESE macht bei der Untersuchung der Nerven des Pericards folgende Erfahrungen: Die mit Goldchlorür behandelten Präparate fielen gleich gut aus, wenn man die Stücke nach der Imprägnation statt in Citronensaft oder Ameisensäure in 2%iger Essigsäure oder 4%iger arseniger Säure oder 1%iger Osmiumsäure macerieren ließ. Goldchlorid und Kali machten ebenfalls die feinen Nervennetze deutlich.

Folgende Methode ist sehr zu empfehlen: Das Objekt wird nach der Maceration in Ameisensäure oder in Zitronensaft und nach der Imprägnierung mit Goldchlorür statt in Ameisensäure auf 12 Stunden in ameisensaures Hämatoxylin oder Carmin getan. Auf einem gleichmäßigen leicht bläulichen (Hämatoxylin-) oder rosafarbenen (Carmin-) Grunde erscheinen die Nervenfasern intensiv violett. Man bereitet das Ameisensäurehämatoxylin auf nachstehende Weise:

6 *ccm* einer gesättigten alkoholischen Lösung von Hämatoxylin werden mit 50 *ccm* einer gesättigten wässerigen Lösung von Alaun vermischt. Nachdem die Mischung 8 Tage am Lichte verweilt hat, werden 20 *ccm* Ameisensäure und 5 *ccm* neutrales Glycerin hinzugefügt und filtriert. Nach 6—8stündigem Färben wäscht man die Objekte sorgfältig in destilliertem Wasser, entwässert und schließt sie in Balsam ein.

Ameisensäurecarmin dagegen stellt man auf folgende Weise her: 20 *ccm* Ameisensäure werden mit 40 *ccm* destillierten Wassers vermischt und bis zum Aufkochen erhitzt. Dann wird die Flüssigkeit mit Carmin in Pulverform gesättigt und warm filtriert. Beide Lösungen halten sich lange.

BERNHEIM geht zur Verfolgung der marklosen Nervenfasern der Harnblase beim Frosche und Salamander auf folgende Weise vor:

1. 2%ige Essigsäure oder 1%ige Essigsäure, der man auf 10 *ccm* 4 Tropfen Ameisensäure zugesetzt hat, durch 15 Minuten. 2. 1%ige Goldchloridlösung 20 Minuten lang oder $1^1/_2$%ige Lösung 7 bis 10 Minuten lang. 3. Nach gutem Waschen in destilliertem Wasser Übertragung in folgende Reduktionsflüssigkeit: 10 *ccm* der LÖWITschen Mischung von 1 Teil Ameisensäure und 3 Teilen Wasser, der man ein Körnchen schwefligsauren Natriums ($NaHSO_3$) zugefügt hat. Die Terminalfibrillen nehmen einen bräunlichen Ton an.

LEPKOWSKI empfiehlt zur Darstellung der Dentinkanälchen folgende Methode: $^1/_2$—$^3/_4$ *mm* dicke Sägeschnitte vom Zahne werden auf 24 Stunden in ein Gemisch von 6 Teilen 1%iger wässeriger Lösung von Goldchlorid und 3 Teilen reiner Ameisensäure gelegt. Dann werden sie in destilliertem Wasser gewaschen und in einer Mischung von Gummi arabicum und Glycerin 24 Stunden reduziert. Nach abermaligem Waschen werden sie entwässert, in Celloidin oder Paraffin eingebettet und geschnitten. Solche Schnitte zeigen stellenweise feine Dentinkanälchen, welche mit den sich bildenden Niederschlägen ausgefüllt sind.

GEBERG modifiziert bei Untersuchung der Innervation der Gaumenhaut bei Schwimmvögeln unwesentlich die Methode von C. ARNSTEIN. Er setzt nämlich das Objekt einer 1—2tägigen Einwirkung von Kalkwasser aus, entfernt dann das Epithel und legt das Präparat für ca. 30 Minuten in eine $^1/_2$%ige Chlorgoldlösung oder in eine $^1/_2$%ige Goldchloridnatriumlösung ein. Die Reduktion erfolgt in angesäuertem Wasser. Überfärbte Präparate werden mit $^1/_4$%iger Cyankaliumlösung behandelt.

APÁTHY bedient sich mit dem besten Erfolge nachstehender Methode, um die Beschaffenheit der leitenden, resp. contractilen Primitivfibrillen der Muskelfaser von Ascaris, Lumbricus und Hirudo nachzuweisen:

Man verwendet zur Fixierung entweder: *a)* eine Mischung von gleichen Teilen einer mit Sublimat gesättigten $^1/_2$%igen Kochsalzlösung und Alcohol absolutus oder *b)* eine Lösung von 3% Sublimat und $^1/_2$% Kochsalz in 50%igem Alkohol.

Die Fixierung dauert 12—24 Stunden. Für Ascaris ist eine siedende Lösung, für Hirudineen eine kalte vorteilhafter. Sodann werden die Objekte allmählich durch 50—90%igen Alkohol durchgeführt. Dem letzteren wird zur vollkommenen Entfernung des Sublimats Jodtinktur hinzugefügt. Im weiteren Verlaufe bettet man die Objekte in der gewohnten Weise in Paraffin ein. Dünne Schnittserien werden in 1%iger Goldchloridlösung ins Dunkle gestellt. Nach 24 Stunden wird die Goldchloridlösung mittelst Löschpapier von den Schnitten vollkommen entfernt. Jetzt kommt der Objektträger direkt in ein reichliches Quantum von 1%iger Ameisensäure, worin er 24 Stunden dem diffusen Tageslicht ausgesetzt wird. Dann gründliches Auswaschen der Säure in destilliertem Wasser, resp. gleich in 70%igem Alkohol und Einschluß in Gummisirup, resp. Harz.

Pfeiffer. Unter mehreren anderen Methoden der Färbung der Süßwasseralgen liefert dem Autor auch das Goldchlorid mit Pyrogallussäure günstige Resultate. Er verfährt folgendermaßen:

Die fixierten und gut ausgewaschenen Algen kommen vor Belichtung geschützt auf eine bis mehrere Stunden in eine Mischung von 1—3 Teilen 1%iger wässeriger Chlorgoldlösung, 1 Teil konzentrierter wässeriger Lösung von essigwolframsaurem Natron und 2—4 Teilen Wasser. Nach genügender Durchtränkung werden sie in Wasser rasch abgespült und darauf in ein Gemisch von 1 Teil konzentrierter wässeriger Pyrogallussäure und 9 Teile destillierten Wassers übertragen. Hier bleiben die Objekte so lange, bis man sicher ist, daß alles Gold reduziert ist (mindestens 20 Minuten). Dann werden sie stundenlang in Wasser gewaschen und beliebig eingeschlossen.

Frey hat eine Methode erfunden, bei welcher das Gold nicht die marklosen Fasern und Achsencylinder, sondern die Markscheiden färbt. Man verfährt folgendermaßen: Kleine Hautstückchen (bis 0,1 *ccm* groß) werden am besten im Eisschrank mindestens 2 Wochen lang in einer 2%igen wässerigen Lösung von doppelchromsaurem Ammoniak gehärtet, dann etwa 10 Minuten lang in fließendem Wasser gewaschen und für eine Stunde in ein Goldbad übertragen, welches 1% Goldchlorid und 1% Salzsäure enthält. Nach wiederholtem oberflächlichen Abspülen kommen sie in 0,02%ige Chromsäure, in welcher bei Lichtabschluß die Reduktion in etwa 24 Stunden vor sich geht. Behufs Entfernung des in den Geweben reichlich gebundenen, aber noch nicht reduzierten Goldes zerlegt man am besten die Gewebsstückchen mittelst des Gefriermikrotoms in 30—50 μ dicke Schnitte, trocknet dieselben auf dem Objektträger an und setzt sie der Einwirkung einer starken Lösung von Natriumhyposulfit aus. Nachher werden sie gut gewaschen, nochmals getrocknet und direkt in Balsam eingeschlossen.

So behandelte Schnitte zeigen neben den markhaltigen Nerven noch das Stratum granulosum der Epidermis und das Fettgewebe in einer dunkelblaugrünen bis bläulich schwarzen Farbe auf einem farblosen oder blaßgelben Grunde. Die entstehende Färbung ist eigentlich eine Niederschlagsfärbung, weil hier das Gold in einzelnen Körnchen von etwa 0,3 μ Größe sich niederschlägt.

Apáthy führt zur Untersuchung des leitenden Elementes des Nervensystems zwei Methoden der Vergoldung an: die eine nennt er Vorvergoldung, die andere Nachvergoldung. Die erste beruht auf der Vergoldung frischer, die zweite auf der Vergoldung schon fixierter Gewebe.

a) Vorvergoldung: Das frische Objekt kommt im Dunkeln in eine 1%ige Lösung von Aurum chloratum flavum auf mindestens 2 Stunden, sehr dünne Membranen länger bis über Nacht; dann direkt auf 2 Stunden in eine 1%ige Ameisensäurelösung. In derselben soll das Objekt 6—8 Stunden lang ununterbrochen von allen Seiten belichtet werden. Die Ameisensäurelösung kann nach der ersten Stunde, wenn sie dunkel geworden ist, durch eine frische Flüssigkeit ersetzt werden, wobei jedoch das Objekt so wenig wie möglich zu bewegen ist. Die Säure kann nachher ausgewaschen werden. Das Objekt wird direkt in konzentriertes

Glycerin oder Gummisirup eingeschlossen, kann aber auch in Balsam eingelegt werden. Diese Behandlung gibt auch an einem bereits länger toten, ja sogar an einem tagelang macerierten Material gute Resultate.

b) Nachvergoldung. Dieses Verfahren ist nichts anderes als die im Jahre 1893 von demselben Autor (siehe vorher) für Muskelfibrillen angegebene, jedoch weiter entwickelte Methode.

Für diese Methode ist fixiertes Material erforderlich. Die Gewebe der Wirbellosen werden 16—24 Stunden lang (dünne Membranen 4—5 Stunden) in Sublimat (konzentrierte Lösung in 0,5%iger Kochsalzlösung) oder höchstens halb so lang in Sublimatalkohol (obige Sublimatlösung und Alcohol absolutus zu gleichen Teilen) fixiert. Bei Wirbeltieren gibt ein in einem Gemisch von gleichen Teilen einer 1%igen Osmiumsäure und einer konzentrierten Sublimatlösung in ½%iger Kochsalzlösung fixiertes Material, welche Lösungen unmittelbar vor dem Gebrauche miteinander zu mischen sind, die besten Resultate. Die Einwirkungsdauer sei hier dieselbe, aber man wasche die Objekte nachher mindestens 6 Stunden lang in fließendem Wasser, und die ganze Behandlung muß bis zum Einbetten in Paraffin bei sorgfältigem Lichtabschluß geschehen, damit die Osmiumsäure möglichst wenig bräune. Dann werden die Objekte mit wässeriger Lösung von Jodjodkalium (1% KJ und ½% J) 6—8 Stunden lang ausgewaschen und in 95%igen oder stärkeren Alkohol über Nacht gelegt. Der Rest des Sublimates wird aus den Geweben in einer alkoholischen Lösung von Jod und Jodkalium (½% J und 1% KJ in 95%igem Alkohol) entfernt, bis das Objekt durch und durch gelb geworden ist; dann Alcohol absolutus, reines Chloroform (oder 4 Teile Chloroform und 1 Teil Äthyläther) und Paraffin oder Einbettung in Celloidin.

Die mit Wasser oder Eiweißwasser aufgeklebten Paraffinschnitte oder die nach der Bergamottmethode aufgeklebten Celloidinschnitte gelangen durch die üblichen Medien in destilliertes Wasser, wo sie 2—6 Stunden bleiben, oder man stellt sie nach Abspülen in destilliertem Wasser in eine 1%ige Ameisensäurelösung auf 1 Minute, spült sie wieder gut in H_2O ab und kann sie sofort weiter behandeln. Es werden nämlich die Objektträger in Tuben in eine 1%ige Lösung von Aurum chloratum flavum auf 24 Stunden, mindestens über Nacht hineingestellt. Dann kurzes Eintauchen in destilliertes Wasser oder nur Abwischen der Goldlösung mit Filtrierpapier von dem Objektträger und Aufstellen der einzelnen Objektträger in mit 1%iger Ameisensäurelösung gefüllte Glastuben, in der Weise, daß die Schnitte nach unten schauen.

Jetzt sollen die Präparate sofort von allen Seiten durchlichtet werden und nach beendeter Belichtung oder erst nach 24 Stunden werden sie in destilliertem Wasser abgespült und in konzentriertes Glycerin, Gummisirup oder Balsam eingeschlossen. Die Schnitte können noch vor dem Einschluß in beliebiger Weise (am besten in einer Hämateinlösung) nachgefärbt werden. Das ganze Verfahren bis zum Einbetten soll möglichst kurz dauern, da sonst die Neurofibrillen die Fähigkeit der Differenzierung bald einbüßen. In Paraffin halten sich die Objekte unbegrenzt lange, in Celloidin jedoch nur dann, wenn die Celloidinblöcke in Glycerinleim aufgehoben werden. Von den Vormedien der Paraffineinbettung darf nur Chloroform gebraucht werden. Die Differenzierung des Leitenden gelingt am besten, wenn die Schnitte 7—10 μ dick sind.

Zettnow (1899) bedient sich unter anderem auch der Goldmethode zum Zwecke der Geißelfärbung bei Bacterien. Die mit Formol fixierten und entsprechend gebeizten Bacterienpräparate werden nämlich in neutraler Goldchloridlösung 1 : 2000 bis zur kräftigen Dampfbildung erwärmt. Sind die Geißeln zu schwach gefärbt, so kann das Präparat auf folgende Weise verstärkt werden: Auf das gut abgespülte Goldpräparat kommen 4 Tropfen Pyrogallollösung (2 *g* Citronensäure in 150 *ccm* Wasser gelöst, dazu 0,5 *g* Pyrogallol und — gegen Schimmelbildung — ein Stückchen Thymol) und 1 Tropfen 1%iger Silbernitratlösung. Nach 1 Minute Abspülen und noch einmal wiederholen.

RAMON Y CAJAL gebraucht zur Färbung der Achsencylinder der centralen Nervenfasern *a)* Pyrogallussäure mit Goldchlorid (eine der besten und sichersten Methoden) oder *b)* Tannin mit Goldchlorid.

Ad *a)*. Die Stücke werden 10 Tage oder besser noch länger in der folgenden Mischung gehärtet: Pyrogallol 3 *g*, Wasser 70 *ccm*, Formol 30 *ccm*. Einbetten in Celloidin oder Paraffin. Übertragen der Schnitte unter Vermeidung von metallischen Instrumenten in Wasser, dem einige Tropfen Ammoniak zugesetzt sind und dann für 1/2 Stunde in eine gesättigte und filtrierte Lösung von Lithiumcarbonat oder von Ammoniumcarbonat. Gründliches Auswaschen in destilliertem Wasser und Übertragen in eine Goldchloridlösung von 1 : 2000 bis 3000 oder einfacher in ein mit Wasser gefülltes Porzellangefäß, dem man einige Tropfen einer 1%igen Goldchloridlösung zusetzt, bis die Lösung leicht gelblich erscheint.

Die Reduktion vollzieht sich in der Dunkelheit im Laufe von 30 Minuten bis zu 12 Stunden. Licht und organische Säuren (z. B. Ameisensäure) beschleunigen die Reduktion, aber schaden der Schönheit. Am besten ist es, die Schnitte im Gold zu überfärben (1—12 Stunden), bis sie schwarz und undurchsichtig sind, und dann die Schnitte in LUGOLscher (oder GRAMscher Lösung), während 5—60 Minuten zu differenzieren. Jetzt kommen die Schnitte in ein Lösungsmittel für Jodgold, z. B. in eine 20%ige Lösung von unterschwefligsaurem Natrium. Schließlich gründliches Auswaschen in Wasser, Alkohol, Lack.

Bei Verwendung der Celloidineinbettung kommen die Schnitte in Wasser, um den Alkohol zu entfernen, dann für 1—2 Stunden in eine wässerige 3%ige Lösung von Pyrogallol, da das Alkohol das Pyrogallol ausgezogen hat. Dann sorgfältiges Auswaschen in destilliertem Wasser, Alkohol, Goldchlorid etc.

Ad *b)*. Die Stücke werden in einer Mischung von Tannin 5 *g*, Wasser 70 *ccm*, Formol 30 *ccm* gehärtet. Sonst entspricht die Methode in Ausführung der vorigen, der Goldniederschlag ist jedoch weniger fein.

Nach OBREGIAS Vorgang bedienen sich mehrere Untersucher der Vergoldungsmethode, um die mit GOLGIschen Silberimprägnationen gefärbten Nervenelemente zu fixieren. Diese Methoden werden wir hier nebeneinander zusammenstellen:

FAJERSZTAJN gebraucht zur Differenzierung und Fixierung des nach spezieller Methode entstandenen Silberniederschlages in den Achsencylindern eine 0,3%ige Chlorgoldlösung, von der 1—3 Tropfen in ein 10—15 *ccm* Alkohol (96%ig) enthaltendes Schälchen gebracht werden. Nach 12—24stündigem Verbleiben (im Dunkeln) der Schnitte in dieser Flüssigkeit werden die Achsencylinder schwarz oder tiefbraun. Dann können die Präparate in der gewöhnlichen Weise in Canadabalsam unter dem Deckglas aufbewahrt werden.

HOFMANN bedient sich einer Modifikation der Methode von OBREGIA. Die nach GOLGIscher Methode imprägnierten und vollständig entwässerten sehr dünnen Stücke des Froschherzens gelangen auf 1—2 oder mehrere Minuten in eine schwache Lösung von Goldchlorid in absolut wasserfreiem Alkohol, dann werden sie gewässert und wie gewöhnliche Schnitte nachbehandelt. Die Stückchen können in Paraffin eingebettet und in dünne Schnitte zerlegt werden.

BIELSCHOWSKY (02) gebraucht die Vergoldung, um den Silberniederschlag in den Achsencylindern haltbar zu machen. Die mit ammoniakalischer Silbernitratlösung (siehe Neurofibrillen) behandelten und in Formol reduzierten Schnitte gelangen in das folgende Goldbad: Zu je 10 *ccm* Brunnenwasser füge man 2 Tropfen einer 1%igen wässerigen Goldchloridlösung. Dem Gesamtbade werden einige Tropfen gesättigte Boraxlösung und einige Tropfen 10%ige Kaliumcarbonatlösung hinzugefügt. In diesem Bade nehmen die Schnitte einen grauen oder graubraunen Ton an. Die imprägnierten Gewebsteile werden dunkler, der gelbliche Grundton wird entfernt. Aus dem Goldbade kommen die Schnitte für einige Minuten in 10%ige wässerige Lösung von Natriumthiosulfat (Fixiersalz). Hierdurch werden die letzten Reste ungenügend fixierten Silbers aus den Schnitten entfernt. Dann Entwässerung in steigendem Alkohol, Cajeputöl, Xylol und Canadabalsam.

BIELSCHOWSKY (03) gebraucht, um die Färbung der mit ammoniakalischen Silbersalzen imprägnierten Schnitte dauerhaft zu machen und stärker zu differenzieren, ein schwach saures Goldbad von folgender Herstellungsweise: Zu je 10 *ccm* Wasser werden 2—3 Tropfen einer 1%igen Goldchloridlösung hinzugefügt, dann Ansäuerung mit 2—3 Tropfen Eisessig. Die Schnitte bleiben in dieser Goldlösung, bis der braune Ton vollkommen verschwunden ist und einem grauen oder grauvioletten Platz gemacht hat. Zum Zwecke der Entfernung des nicht genügend reduzierten Silbers kommen die Schnitte auf wenige Sekunden (auf 30 Sekunden nach BIELSCHOWSKY und POLLACK (04) in eine 5%ige Lösung von Natriumthiosulfat (Fixiernatron $Na_2S_2O_3$), welche 1 Tropfen der konzentrierten Lösung von saurem schwefelsauren Natrium (sog. saurer Sulfitlauge) auf 10 *ccm* Wasser enthält. Sorgfältiges Auswaschen, Entwässern in steigendem Alkohol, Carbolxylol (Carbolgehalt nicht über 10%), Canadabalsam.

MARESCH bedient sich derselben Vergoldungsmethode, um die Imprägnationsbilder der Gitterfasern der Leber und der feinsten Bindegewebsfibrillen zu fixieren, welche nach BIELSCHOWSKYs Silbermethode dargestellt wurden.

BIELSCHOWSKY (05) gebraucht bei seiner verbesserten Methode der Darstellung der Achsencylinder (auch peripherischer Nervenfasern) mittelst Formols und der ammoniakalischen Silbersalzlösungen folgende Vergoldung, welche die feinsten nervösen Elemente erst sichtbar macht, und gleichzeitig die Polychromasie hervorruft, welche die Unterscheidung nervöser und bindegewebiger Elemente ermöglicht. Die reduzierten Schnitte kommen aus Formol auf etwa 1 Stunde (bis der Grundton des Gewebes ein rötlich violetter ist) in ein neutrales Goldbad: 5 Tropfen einer 1%igen Goldchloridlösung auf je 10 *ccm* Wasser. Dann gelangen die Schnitte auf 30 Sekunden in eine 5%ige Lösung von Natriumthiosulfat. Sorgfältiges Auswaschen in destilliertem Wasser, steigender Alkohol, Carbolxylol (höchstens 10% Carbol), Canadabalsam.

ZIMMERMANN (08) modifiziert die Methode von BIELSCHOWSKY zur Darstellung der Bindegewebsfibrillen und gebraucht zur Fixierung des Silberbildes einer Goldchloridlösung 1 : 1000, in welcher die Schnitte 1 Stunde verbleiben. Nach Abspülen mit Brunnenwasser kommen die Schnitte in eine 5%ige Lösung von Fixiernatron (Natriumhyposulfat). Dann gründliches Auswaschen (6—12 Stunden) in Brunnenwasser, Alkohol, Xylol, Canadabalsam.

GOLOVIN gebraucht zur Fixierung der Färbung der Nematoden etc. intra vitam mit Neutralrot unter anderem das Goldchlorid, welches in einer ¼—1%igen Wasserlösung das Neutralrot in den Geweben sehr gut präzipitiert.

V. TOMPA erzielte mittelst APÁTHYs Jodwasser-Goldchlorid-Ameisensäure-Tinktionsmethode an meristematischen Pflanzengeweben gute Resultate. Ältere pflanzliche Dauergewebe gelangen nur nach folgender Vorbehandlung der Schnitte: Schnitte aus Alkoholmaterial kommen auf 24 Stunden in eine schwache Lösung von nicht zersetztem Zinnchlorür (0,5 *ccm* konzentrierte Lösung auf je 10 *ccm* destilliertes Wasser). Dann gelangen die Schnitte in destilliertes Wasser, das mit etwas Salzsäure angesäuert wurde (1 Tropfen verdünnter Salzsäure auf ein kleines Uhrglas) werden abgespült und übertragen auf 10 bis höchstens 30 Sekunden in eine 0,1%ige wässerige Lösung von Aurum chloratum flavum, welche in demselben Grade wie das Abspülwasser angesäuert wurde. Die Goldchloridlösung soll auf beiläufig 25° C erwärmt sein. Hierauf werden die Schnitte in dem schon vorhin gebrauchten, angesäuerten Wasser leicht abgespült und in einer 50%igen wässerigen Glycerinlösung mindestens 24 Stunden lang liegen gelassen. Steigender Alkohol, Chloroform, Chloroformbalsam.

NABIAS führt eine neue Methode der augenblicklichen Färbung des Nervengewebes mit Goldchlorid ein, bei der das Gold durch das Jod empfindlich gemacht wird, so daß die schwächsten Reduktionsmittel die Reduktion hervorrufen. Die Schnitte aus dem Nervensystem nach Fixierung in Alkohol, Sublimat, in den FLEMMINGschen Flüssigkeiten oder sonst in einem Fixierungsmittel, welches Jod eintreten läßt, werden auf dem Objektträger zuerst mit einer Jodlösung, am besten mit der GRAMschen Lösung (Jod 1, Jodkalium 2, destilliertes Wasser 300 oder mehr bis zu 1000), so lange behandelt, bis sie gelb werden. Nach flüchtigem Abwaschen in destilliertem Wasser gelangen die Schnitte in eine 1%ige Goldchloridlösung, wo sie wieder bleichen. Nach wiederholtem Auswaschen mit destilliertem Wasser werden die Schnitte mit Anilinwasser behandelt (1 Anilin auf 100 bis 1000 *ccm* destilliertes Wasser). Wenn die Anilinlösung stark ist, werden die Schnitte sofort dunkel, wenn die Lösung verdünnt war, erst nach einigen Augenblicken lila, rosa oder malvenfarbig. Dann Auswaschen in destilliertem Wasser, steigender Alkohol, Xylol, Canadabalsam. Diese Umänderung der Farbe kann auch erst nach Entwässerung durch Behandlung mit Xylolanilin (Xylol 100 *ccm*, Anilin 1 *ccm*) erhalten werden. Resorcinlösung $^1/_{100}$, $^1/_{1000}$ und selbst $^1/_{10.000}$ ruft auch sehr schön diese Umänderung der Farbe hervor und läßt die Kerne deutlich hervortreten. Die Achsencylinder erscheinen schön imprägniert und ihre Fibrillen treten gut hervor, wenn das Gewebe, soweit möglich, mit isotonischen Flüssigkeiten fixiert wurde.

JORIS bedient sich zur Färbung der Neurofibrillen des colloidalen Goldes (aus der chemischen Fabrik von Heyden in Radebeul-Dresden). Kleine Stückchen des Nervengewebes werden in Sublimat, Formol, Salpetersäure, Essigsäure oder Pikrinsäure fixiert. Das Fixierungsmittel muß eine deutlich saure Reaktion haben. Verfasser hat die folgenden Fixierungsflüssigkeiten benutzt: 1. Essigsäure 5 *ccm*, destilliertes Wasser 100 *ccm*, Sublimat 7—8 *g*. Zeitdauer 4—6 Stunden. Auswaschen in jodiertem Wasser. 2. Formol 10 Teile, Salpetersäure 6 Teile, H_2O 100 Teile. Zeitdauer cca. 24 Stunden.

Kurzes Auswaschen in Wasser und Übertragen in eine 5%ige wässerige Lösung von molybdänsaurem Ammoniak für 8—12 Stunden. Auswaschen, steigender Alkohol, Chloroform, Paraffineinbettung. Cca. 10 μ dicke Schnitte werden auf dem Objektträger mit destilliertem Wasser aufgeklebt. Chloroform, Alkohol, destilliertes Wasser mehrmals erneuert während mehrerer Stunden, um Alkohol und Überschuß des Molybdates gründlich zu entfernen. Jetzt bedeckt man die Schnitte mit einer 1,5%igen wässerigen Lösung von colloidalem Golde. Nach 10 Minuten ist die Färbung vollzogen. Abwaschen in destilliertem Wasser und Montieren in üblicher Weise. Neurofibrillen werden purpurrot gefärbt. Die intracellulären Fibrillen sind auch bei Geweben darstellbar, die 24 Stunden und länger nach dem Tode behandelt werden. Die extracellulären Fibrillen aber meist nur an frischen Präparaten.

WUNDERER gebraucht zur Färbung der Terminalkörperchen der Anamnien folgende Vergoldungsmethode: Kleine (bis 2 *cm* Durchmesser) Stücke kommen bis zur leichten Braunfärbung in 5%ige Ameisensäure, der auf 100 *ccm* etwa 10 *ccm* einer 2%igen Osmiumsäurelösung zugesetzt wird. Nach dem Auswaschen bringt man die Gewebsstücke in eine 1%ige Goldchloridlösung, worin sie im Dunkeln 2—6 Stunden, bis sie einen ausgesprochen gelben Farbton angenommen haben, verbleiben. Nach dem Abspülen in Wasser werden die Stücke in 20 bis 25%ige Ameisensäure übertragen. Darin verbleiben sie vorerst im Dunkeln etwa 12 Stunden und dann noch im Tageslicht etwa 24 Stunden, nämlich bis zur vollständigen Reduktion des Goldchlorids. Dieser Flüssigkeit wird schon hierbei von Zeit zu Zeit Glycerin zugesetzt und schließlich werden die Stücke in einer Mischung von gleichen Teilen Glycerin und Wasser mit Zusatz von 1% Ameisensäure aufbewahrt. Man erhält auch gute Resultate, wenn die Stücke statt mit der Osmium-Ameisensäure mit einem Gemisch von je 5 Teilen Formols und konzentrierter Ameisensäure und 100 Teilen Wasser 15—20 Minuten lang vorbehandelt wurden.

* * *

Unsere Zusammenstellung der Goldmethoden macht keinen Anspruch auf Vollständigkeit. Wenn wir die hier angeführten Methoden überblicken, ersehen wir, daß der überwiegende Teil derselben für periphere Nervenendigungen, ein Teil zum Nachweis des Nervenfaserverlaufes in Centralnervenorganen und bloß einige zu anderen Zwecken dienen.

Die meisten von den erwähnten Methoden können den von Apáthy sogenannten Vorvergoldungen, ein kleinerer Teil dagegen den sogenannten Nachvergoldungen beigezählt werden; bei einigen Methoden geht dagegen gleichzeitig mit der Fixierung der Gewebe (z. B. mittelst der Osmiumsäure) auch ihre Färbung mit einem Goldsalze vor sich.

Literatur: Apáthy (Zeitschr. Wiss. Mikr., Bd. 10, 1893), derselbe (Mitt. Zool. Stat., Neapel, Bd. 12, 1897), Arnold (Arch. Pathol. Anat., Bd. 41, 1867), Arnstein (Sitz. Ak. Wiss., Bd. 74, 1876), Bastian (cit. nach Gierke, Zeitschr. Wiss. Mikr., Bd. 1, 1884), Bernheim (Arch. Physiol. 1892, Suppl.), Bielschowsky (Neurol. Centralbl., Bd. 21 u. 22, 1902 u. 1903), derselbe (Journ. Psychol. Neurol., Bd. 4, 1905), Boccardi (Lav. Ist. fisiol. Napoli, Bd. 1, 1886), Boll (Arch. Physiol., Bd. 4, 1873), Bremer (Arch. Mikr. Anat., Bd. 21, 1882), Cajal (Riv. Trimestr. Microgr., Bd. 5, 1900), Carriere (Arch. Mikr. Anat., Bd. 21, 1882), Cattaneo (Arch. Ital. Biol., Bd. 10, 1888), Chrschtschonovitsch (Sitz. Ak. Wiss. Wien, Bd. 63, 1871), Ciaccio (Rend. Acc. Sc. Ist., Bologna 1882 und Arch. Ital. Biol., Bd. 3, 1883 und Journ. de Micrograph., Bd. 7, 1883), Cohnheim (Arch. Pathol. Anat., Bd. 38, 1867), Courvoisier (Centralbl. Med. Wiss., 1867), Cybulski (Zeitschr. Wiss. Zool., Bd. 39, 1883), Delage (Arch. Zool. Expér., Ser. 2, Bd. 4, 1886), Drasch (Sitz. Ak. Wiss. Wien, 1881), derselbe (Ebenda, 1884), derselbe (Sitz. Sächs. Ges. Wiss., Bd. 14, 1887), Fajersztajn (Neurol. Centralbl., Bd. 20, 1901), Flechsig (Die Leitungsbahnen im Gehirn und Rückenmark des Menschen, Leipzig 1876), Fischer (Arch. Mikr. Anat., Bd. 12, 1876), derselbe (Ebenda, Bd. 13, 1877), Freud (Arch. Anat., 1884 und Centralbl. Med. Wiss., 1884 und Brain, Bd. 7, 1884), Frey (Arch. Anat., 1897, Suppl.), Geberg (Int. Mon. Anat. Physiol., Bd. 10, 1893), Gerlach (in Strickers Handbuch der Lehre von den Geweben, Leipzig 1871), Golovin (Zeitschr. Wiss. Mikr., Bd. 19, 1902), Golgi (Mem. Acc. Sc. Torino, Bd. 32, 1880), Grieb (Mem. Soc. Ital. Sc. 3, Bd. 6, 1887), Gruenhagen (Arch. Mikr. Anat., Bd. 22, 1883), Heitzmann (Wien. Med. Jhb., 1872), Hénocque (Arch. de l'Anat. Physiol., 1870), Hofmann (Arch. Anat., 1902), Hoyer (Arch. Mikr. Anat., Bd. 9, 1873), Joris (Bull. Acad. Méd. de Belgique, 1904), Joseph (Arch. Mikr. Anat., Bd. 6, 1870), Klein (Centralbl. Med. Wiss., 1871), derselbe (Quart. Journ. Micr. Sc., Bd. 11 u. 12, 1870), Kolossow (Zeitschrift Wiss. Mikr., Bd. 5, 1888), Kühne (Zeitschr. Biol., Bd. 23, N. F. Bd. 5, 1887), Lawdowsky (cit. nach Gierke, Zeitschr. Wiss. Mikr., Bd. 1, 1884), Lepkowski (Anat. Anz., Bd. 7, 1892), Löwit (Sitz. Ak. Wiss. Wien, Bd. 71, 1875), Marchi (Arch. Ophth., 28. Jg., Bd. 1, 1882 und Arch. per le Sc. Med., Bd. 5, 1882), Maresch (Centralbl. Pathol. Anat., Bd. 16, 1905), Mays (Zeitschr. Biol., Bd. 20, 1884), Mercier (Zeitschr. Wiss. Mikr., Bd. 7, 1890), Miura (Arch. Pathol. Anat., Bd. 97, 1885), Nabias (Bibl. Anat., T. 12, 1904), derselbe (C. R. Soc. Biol., Paris, T. 56, 1904), derselbe (Ebenda, T. 59, 1905), Nathusius (Arch. Anat., 1869), Nesterowsky (Arch. Pathol. Anat., Bd. 63, 1875), Obregia (Ebenda, Bd. 122, 1890), Pfeiffer von Wellheim (Jhb. Wiss. Bot., Bd. 26, 1894), Pianese (Giorn. Intern. Sc. Med. Napoli, Jg. 14, 1892), Ranvier (Traité technique, I. Ed., 1875—1882), Retzius (Biol. Unter., Jg. 1881), Thin und Ewart (Journ. of Anat. Physiol., Bd. 10, 1876), Tompa, von (Zeitschr. Wiss. Mikr., Bd. 20, 1903), Viallanes (Ann. Sc. Nat., Bd. 14, 1883), Wunderer (Arch. Mikr. Anat., Bd. 71, 1908), Zettnow (Zeitschr. Hyg., Bd. 30, 1899), Ziehen (Neurol. Centralbl., Bd. 10, 1891), Zimmermann (Zeitschr. Wiss. Mikr., Bd. 25, 1908).

Szymonowicz, Lemberg.

Goldorange, Syn. Helianthin, Tropaeolin D, Orange III, Azofarbstoff, das Natrium- oder Ammoniumsalz des Sulfanilsäure-azo-dimethylanilins:

$$\left(C_6H_4\left\langle\begin{matrix}SO_3Na\\ N=N.C_6H_4N(CH_3)_2\end{matrix}\right.\right)$$

(Ludwigshafen). Ockergelbes, in Wasser und Alkohol lösliches Pulver. In Schwefelsäure mit brauner Farbe löslich, beim Verdünnen schlägt die Farbe in rot um. Die wässerige Lösung färbt sich mit Salzsäure rot, mit Natronlauge entsteht ein brauner Niederschlag. Färbt Baumwolle nach Behandlung mit zinnsaurem Natron oder Alaun, Wolle in schwefelsaurem Bade orangerot.

Von Griesbach in die Mikrotechnik eingeführt, ist es in nicht zu dünner wässeriger Lösung besonders zur Färbung von Drüsen empfohlen worden. Bergonzini hat das Orange G in der Ehrlich-Biondischen Lösung durch Goldorange ersetzt. Er löst je 0,2 *g* Methylgrün, Fuchsin S und Goldorange in 100 Wasser, mischt dann einen Teil der Fuchsinlösung mit je zwei Teilen Methylgrün und Goldorangelösung. Die Mischung wird durch Baumwolle filtriert und ist lange haltbar. Es färben sich die Kerne grün, Bindegewebe rot, Erythrocyten orange, Granulationen der Mastzellen je nach ihrem Charakter grün, rot oder orange.

EBBINGHAUS färbt Hautschnitte zunächst in einer konzentrierten wässerigen Lösung von Goldorange 15 Minuten, differenziert in Salzsäure-Alkohol, neutralisiert mit Ammoniakwasser und färbt nach mit Hämatoxylin. Das Keratin erscheint intensiv orange.

Literatur: BERGONZINI (Anat. Anz., Bd. 6, 1891), EBBINGHAUS (Centralbl. Pathol. Anat., Bd. 13, 1902), GRIESBACH (Arch. Mikr. Anat., Bd. 22, 1883).

Goldsize, Goldgrund, ein Deckglaskitt, der nach BEALE folgendermaßen hergestellt wird: 75 *g* Leinöl, 3 *g* Mennige und 1 *g* Umber werden 3 Stunden lang gekocht, die klare Flüssigkeit wird abgegossen und mit gleichen Teilen Bleiweiß und gelbem Ocker verrieben und gekocht. Man benutzt die nach dem Absetzen sich bildende klare Lösung, die eventuell mit Terpentinöl verdünnt werden kann.

GOLGI-MAZZONIsche Körperchen siehe: Nervenendkörperchen.

Golgische Methode.

I. Zur Theorie der Golgischen Methode.

Unter der Bezeichnung „GOLGIsche Methode" (reazione nera) versteht man die Behandlung von Organen oder Geweben mit einer Lösung von doppeltchromsauren Kali, so daß sie mehr oder weniger damit durchtränkt werden und dann nach dem Einlegen in bestimmte Silberverbindungen (oder eine Lösung von Hydrargyrum bichloratum) an gewissen histologischen Elementen einen äußerst feinkörnigen Niederschlag erhalten, der aus einer Chromsilberverbindung (Chromsublimatverbindung) besteht und der diese Elemente vor anderen nicht gefärbten besonders deutlich werden läßt. Das Sonderbare und Charakteristische bei diesem Vorgang ist weiterhin, daß in dem ganzen so behandelten Präparat nicht alle Gewebselemente derselben Klasse zugleich gefärbt werden, sondern nur einige wenige, und daß sich die Färbung fast nie auf eine Gewebsart oder Zellart beschränkt, sondern daß fast immer mehrere genetisch und histologisch verschiedene Gebilde von ihr beeinflußt werden. So können z. B. in einem Stück Gehirn neben nervösen Elementen Gefäße, Neuroglia und Bindegewebsfasern, in einer Drüse Secretcapillaren, Epithelgrenzen und Nervenfasern imprägniert werden.

Neben den Niederschlägen, die sich an histologisch präformierten Bildungen halten, kommen fast immer auch solche Niederschläge vor, die keine Beziehung zu histologischen Elementen erkennen lassen, die man meist als störende Niederschläge bezeichnet hat. Sie sind in der Tat in verschiedener Hinsicht störend. Einmal können sie die Färbung der histologischen Details direkt verdecken, andrerseits können sie die absonderlichsten Formen annehmen, so daß sie Bildungen vortäuschen, die in Wirklichkeit strukturell nicht vorhanden sind.

Aus allen diesen erwähnten Besonderheiten der Methode hat man ihr schwere Vorwürfe gemacht und hat deswegen gemeint, sie wäre gefährlich und überhaupt nicht geeignet, uns eine Anschauung von dem wahren Verhalten des Baues der Organe etc. zu geben. Man hat geraten, nur das an den GOLGIschen Bildern zu glauben, was andere Methoden auch zeigen. Dieser Skepticismus ist zu weitgehend; dann brauchte man ja überhaupt keine neuen Methoden, während doch die Geschichte zeigt, daß neue Methoden wirklich epochemachende Bedeutung haben können, und die hat in der Tat die GOLGIsche, deren Resultate zum Teil wenigstens Allgemeingut der Wissenschaft geworden sind; das braucht nur angedeutet zu werden, denn die Erfolge und Errungenschaften, die wir der wunderbaren Methode verdanken, gehören nicht hierher.

Ein weiterer recht eigenartiger Vorwurf ist ihr gemacht worden, indem man sagte, daß man an den vollständig schwarz gefärbten oder unter dem Mikroskope schwarz erscheinenden Nervenzellen z. B. keine histologischen Details erkennen könne. Gewiß nicht. Aber verurteilen wir die WEIGERTsche Markscheidenfärbung, weil sie nicht auch die Achsencylinder oder die Ganglienzellen färbt, oder die Elastinfärbung, weil sie nicht auch die Kerne deutlich macht? Hat denn je ein Mensch gesagt, daß die GOLGIsche Methode andere Methoden entbehrlich macht?

Man kann gerade dieser Reaktion Einseitigkeit gewiß nicht vorwerfen, denn, wie wir sehen werden, gibt es kaum eine andere Methode, die so vielseitig ist. Man darf doch billigerweise nicht alles von ihr verlangen. Zu tadeln sind nur die einseitigen Anwender der Methode, an denen es freilich nicht gefehlt hat, wenn sie auch gegenüber denen, die sie planmäßig als ein Hilfsmittel neben vielen anderen benutzt haben, verschwindend wenige sind.

Die weiteren Vorwürfe, die der Reaktion gemacht sind, betreffen ihre Launenhaftigkeit und die Schwierigkeit, Kunstprodukte von den naturwahren Bildern zu unterscheiden. Über die Launenhaftigkeit werden sich im allgemeinen nur die zu beklagen haben, die sich mehr gelegentlich mit der Methode befaßt haben; wir werden bei der Beschreibung der verschiedenen Operationen darauf zurückkommen.

Niederschläge verschiedenster Art finden sich freilich in den Präparaten oft. Ich glaube aber, daß bei sorgfältigem Beobachten und bei Rücksichtnahme auf die verschiedenartigen Modifikationen der Methode das Wesentliche, d. h. das, was die Form der Elemente richtig wiedergibt, ziemlich sicher von den Trugbildern unterschieden werden kann. FRIEDLÄNDER hat in Substanzen, die sicher nicht diese Struktur hatten, z. B. in Eiweiß, Käse, Celloidin etc., dendritenartige Bildungen nach der GOLGIschen Methode erhalten. Bei Betrachtung der von ihm abgebildeten Niederschläge glaube ich so gut wie sicher angeben zu können, daß niemand derartiges für Nervenfortsätze oder dergleichen mehr halten wird. Wenn das nach dem Bilde schon gesagt werden kann, wie viel leichter wird die Entscheidung an den Präparaten gegeben werden können.

Daß eine gewisse Vorsicht bei der Beurteilung der GOLGIschen Präparate notwendig ist, wird jeder zugeben müssen; daß mancher Untersucher, der weder in der Histologie überhaupt noch in den Bildern, die die verschiedensten Methoden bieten, bewandert ist, grobe Fehler auch mit der GOLGIschen Methode wird begehen können, wird niemand leugnen, aber soll das der Methode zur Last gelegt werden? Die groben Niederschläge, die meist typische Krystallformen von doppeltchromsaurem Silber zeigen, werden natürlich niemals dem Erkennen Schwierigkeiten machen; bald wird man mit der nötigen Beobachtungsgabe auch Dendritenformen, wie sie FRIEDLÄNDER abgebildet hat, und wie sie eben in allen möglichen Organen vorkommen können, richtig würdigen lernen, so daß derartige Vorwürfe absolut unberechtigt sind. Aber alle diese Bedenken sind es, die in neuerer Zeit ein gewisses Vorurteil gegen diese Methode haben aufkommen lassen, das bei ihrer Vorzüglichkeit gewiß ungerechtfertigt ist, das auch nur so zu erklären ist, daß sich jetzt eine Reaktion gegen die aus der GOLGIschen Methode gezogenen Theorien geltend gemacht hat, die teilweise wohl berechtigt ist, doch nicht so weit im Urteil gehen darf, daß die Theorie der Methode als solcher zur Last gelegt wird. Die Errungenschaften der GOLGIschen Methode sind auf den verschiedensten Gebieten so außerordentliche, wie sie kaum eine andere Methode aufzuweisen hat; daß sie noch keine historische Methode geworden ist, daß sie immer noch manche Aufgabe zu lösen berufen sein wird, ist gewiß. Daß sie wirklich ein wenig in Mißkredit gekommen ist, zeigen schon die wenigen technischen Angaben, die seit der ersten Auflage dieses Werkes nachzutragen sind.

Viel beschäftigt hat die Autoren die Frage, wie die Bilder der Färbung zustande kommen, wie die Zusammensetzung des Niederschlages ist, wo er sich befindet, und woher es kommt, daß die Methode so elektiv ist, daß nur wenige Zellen z. B. aus einer ganzen Gruppe reagieren.

Daß der Niederschlag aus doppeltchromsaurem Silber (Ag_2CrO_4) besteht, ist a priori unwahrscheinlich, da immer $AgNO_3$ im Überschuß vorhanden ist. Dazu kommt, daß das Kaliumbichromat sicher nicht als leicht und vollkommen auswaschbare Substanz in den Präparaten vorhanden ist, wie FICK meint, sondern daß es Verbindungen mit den eiweißhaltigen Teilen der Organe eingeht, eine Eigenschaft des Salzes, die nicht unbegreiflich ist, da wir die Verbindungen dieser Substanz mit anderen organischen Produkten wenigstens aus ihren Wirkungen z. B. bei den photo-mechanischen Reproduktionsverfahren kennen. Daß das Silber in Metallform in den fertigen Präparaten vorhanden sei, ist deswegen nicht möglich, weil der Niederschlag in H_3N und unterschwefligsaurem Natron vollständig löslich ist. Die in der Literatur fast allgemein angenommene Meinung, daß der Niederschlag aus doppeltchromsaurem Silber besteht, kann man aber meiner Ansicht nach nicht aufrecht erhalten, da wir, wie eben ausgeführt, als wahrscheinlich annehmen müssen, daß das Bichromat teilweise wenigstens an Eiweißmoleküle gebunden ist. Ich glaube, daß der Niederschlag in einer Eiweißsilberchromatverbindung besteht, über deren Zusammensetzung natürlich nichts ausgesagt werden kann, da wir die Art der Bindung des Chromates an die Eiweißteile nicht kennen. Es ist auch wahrscheinlich, daß diese Eiweißchromate je nach der verschieden langen Einwirkungsdauer verschiedene Zusammensetzung haben, daß zum Zustandekommen des Niederschlages vielleicht ganz bestimmte mehr oder weniger vollständige Bindungen des Eiweißes mit dem Bichromat vorhanden sein müssen, die dann z. B. erklären würden, warum bei Überhärtung, d. h. zu vollständiger Sättigung der Verbindung keine oder nur unvollständige Niederschläge gebildet werden. Diese Vorstellung, die natürlich nur im großen und ganzen die Eigenarten der GOLGIschen Methode verständlich macht, wird dadurch fernerhin gestützt, daß wir andrerseits organische Silberverbindungen kennen, die mit Bichromaten keinen Niederschlag geben; sie könnte dann auch eine Vorstellung davon geben, warum die Färbung eine elektive ist, d. h. warum immer nur einige Gruppen von Zellen etc. gefärbt werden und warum das Material ganz frisch sein muß. Es kann der Niederschlag eben nur bei einer ganz bestimmten Chromeiweißverbindung eintreten*, die infolge unbekannter Reaktionen nur frische und unter diesen auch nur in einem bestimmten Zustande befindliche Eiweißmoleküle besitzen. Durch die cadaverösen Veränderungen etc. könnten die Eiweißteile so verändert werden, daß sie nicht mehr die für den Niederschlag günstige Chromatverbindung eingehen können. Müssen wir doch nach unseren allgemeinen Anschauungen annehmen, daß das lebendige Eiweiß eine andere chemische oder chemisch-physikalische Beschaffenheit hat als eben abgestorbenes.

Unter Umständen gelingt freilich die Reaktion auch noch längere Zeit nach dem Tode, aber daraus können wir nicht unbedingt einen Beweis entnehmen gegen die eben erwähnte Anschauung. Man weiß ja nicht, wie nach dem Tode die Zellen reagieren, und ob unter den Absterbeveränderungen nicht gerade solche sind, die für die geeignete Verbindung günstig sind.**

Die Einwirkung des Lichtes ist für das Zustandekommen der Imprägnierung vollkommen irrelevant, wie die Versuche von HILL beweisen, der ein Gehirn in zwei Hälften teilte, die eine Hälfte unter vollkommenen Ausschluß des Lichtes, die andere Hälfte bei Zutritt des direkten Sonnenlichtes nach GOLGI behandelte; beide Hälften zeigten keine prinzipiellen Unterschiede in der Imprägnation der Zellen und Fasern.

WEIGERT meint, daß die große Unregelmäßigkeit in der Färbung in einer Unregelmäßigkeit beim Eindringen der für die Imprägnation erforderlichen Flüssigkeit zu suchen sei. „Von den beiden für die Imprägnierung erforderlichen Substanzen kann meines Erachtens nur das Silber, resp. Quecksilber für die Unregel-

* WEIGERT, der offenbar ähnliche Vorstellungen hat, sagt allerdings ziemlich unbestimmt, das Material oder die Zelle, die sich färbt, müsse „reaktionsfähig“ sein.

** SMIDT meint, daß es sich in der GOLGIschen Methode um keine chemische, sondern um eine galvanische Reaktion der gefärbten Elemente handle. Da sich nach L. HERMANN absterbender Nerveninhalt negativ zum ruhenden, normalen verhalte, so wirke dieser als Kathode für das abgeschiedene Silber, das sich bei der Elektrolyse ja an der Kathode niederschlägt. Es scheint mir zu vieles gegen die Anschauung zu sprechen, als daß hier näher darauf eingegangen werden kann. Daß physikalisch-chemische Prozesse hier mitwirken, ist freilich nicht ausgeschlossen.

mäßigkeit im Eindringen verantwortlich gemacht werden. Das doppelchromsaure Kali dringt zwar nicht gerade sehr rasch, aber doch sehr regelmäßig in die Organe ein. Vom Silber hingegen wissen wir, daß es sehr schwer in die Organstücke eindringt, selbst dann, wenn diese vorher nicht mit Chrom gebeizt waren. War das aber auch noch der Fall, so kommt als erschwerendes Moment noch das hinzu, daß dann die Silberlösung noch eine Schicht von Chromsilberniederschlägen zu passieren hat, ehe sie überhaupt erst an die Oberfläche der Organstücke selbst gelangt."

„Solche Chromsilberniederschläge bilden sich aber immer, wenn auch an den verschiedenen Stellen der Oberflächen in sehr wechselnder Dicke und Dichte. Je nachdem nun an einer Stelle die Niederschläge mehr oder weniger stark angehäuft sind, kann das Silber mehr oder weniger leicht an das Organ, das es imprägnieren soll, herangelangen. Schon hierdurch ist es erklärlich, daß die Silberlösung in unregelmäßigen Strömungen in die Tiefe vordringen kann. Hierzu kommt aber noch, daß die Organe selbst gewiß kein so einheitliches Gefüge haben, wie es nötig wäre, wenn die imprägnierende Flüssigkeit sie ganz gleichmäßig durchdringen sollte."

Wie die Organe verschiedener Tiere auf die GOLGIsche Methode verschieden reagieren, indem manche wegen ihres lockereren Baues besser gefärbt werden und embryonale Organe deswegen vor allem für die Methode besonders geeignet sind, so dürften auch, wie WEIGERT meint, in jedem Organ Stellen mit lockererem und solche mit festerem Gefüge vorkommen.

„Nehmen wir aber," fährt WEIGERT fort, „ein unregelmäßiges Eindringen der Lösungen an, so genügt das vollkommen zur Erklärung dafür, daß auch die Imprägnierung in so unregelmäßiger Weise erfolgt. Es hängt eben ganz vom Zufall ab, ob ein solcher Silberstrom gerade auf eine mit Chrom gebeizte Zelle trifft, oder ob er an ihr vorübergeht."

Gewiß ist es wahrscheinlich, daß das Silber unregelmäßig eindringt. Ich kann mir aber nicht vorstellen, wie dies allein genügen soll, die Unregelmäßigkeit der Imprägnation zu erklären, denn schließlich kommt doch die Silberlösung an alle Stellen des Organstückchens, und da hängt es denn vielleicht doch, wie ich oben ausführte, von dem betreffenden Beizzustande der Zelle ab, wie sie dem Strom des Silbers gegenüber reagiert.

Noch ist von einer ganz besonders eigentümlichen Wirkungsweise der GOLGIschen Methode zu reden.

Es imprägnieren sich mit ihr nicht unregelmäßig hier und da ganz beliebige Bruchstücke von Zellen, sondern meistens wird z. B. eine einzige Zelle aus einer größeren Gruppe ganz allein mit allen ihren Fortsätzen, Neuriten, Collateralen etc., vollständig gefärbt. Dies ist für die Anschaulichkeit der Bilder von größtem Vorteil und diese Tatsache ist ja auch ganz besonders für die Theorie ausgebeutet worden. WEIGERT erklärt diese Eigentümlichkeit in folgender Weise. „Wenn die Silberlösung in den erwähnten unregelmäßigen Bahnen ins Gewebe vordringt, so trifft sie dabei zunächst allerdings auf ein ganz beliebiges Strukturelement, das für die Reaktion empfänglich ist und nun durch das entstehende amorphe Chromsilber geschwärzt wird. Kommt nun noch weitere Silberlösung in diese selbe Gegend, fließen hier vielleicht ursprünglich getrennte Silberströme zusammen, so kann diese weitere Silberlösung auch zu weiteren Niederschlägen verwendet werden. Wir wissen aber, daß neu entstehende Niederschläge die Tendenz haben, an schon vorhandene ähnliche anzuschießen. Setzen wir das auch hier voraus, so fragt es sich, wo wird das Anschießen dieser sekundären Niederschläge an die primären vor sich gehen? — Nur in den für die Reaktion geeigneten Bestandteilen! Diese müssen aber weiter, wenn sie zu sekundären Anschießungen an die primären Niederschlagscentren geeignet sein sollen, mit jenen primären Centren in einem Kontiguitätsverhältnisse stehen. Ist also zuerst ein Stückchen von einer Ganglienzelle zufällig primär geschwärzt, so müssen sekundäre Niederschläge bei weiterem Zutritt von

Silberlösung in dem übrigen Teile der Ganglienzelle, resp. in ihren Ausläufern entstehen.“ So kann dann ein vollständiges Neuron ganz allein gefärbt werden.

Diesen Vorgang kann man übrigens, wie auch GOLGI erwähnt hat, bei der langsam wirkenden Sublimatmethode beobachten, wenn man von Zeit zu Zeit Schnitte von den in der Imprägnierung begriffenen Organen macht.

Eine gewiß nicht unwichtige weitere Frage ist die: wo befindet sich der Niederschlag, der z. B. eine Nervenzelle oder eine Faser färbt? ROSSBACH und SEHRWALD haben die scheinbar paradoxe These aufgestellt: die GOLGIsche Methode sei keine Methode, Ganglienzellen und ihre Fortsätze zu färben, sondern sie sei eine Methode, durch die die lymphefühlenden Bahnen und Räume des Gehirns mit amorphen oder krystallinischen Massen erfüllt und dadurch auf das deutlichste sichtbar gemacht werden. Die Launenhaftigkeit der Methode erkläre sich ganz einfach durch die verschiedene Weite und Füllung dieser Räume durch Lymphe. Die Färbung trete am sichersten bei mittlerer Füllung der Räume ein. Daß diese Annahme nicht richtig sein kann, leuchtet bei kurzer Überlegung ein, denn mit anderen Methoden als mit den GOLGIschen sind diese „Lymphräume“ nicht darstellbar, und viele andere Gewebe, außer den Nervenzellen, die auf GOLGI reagieren, enthalten sicher an den Stellen keine Lymphräume. Dann müßten trotz der Einwände von KRONTHAL, wie BELMONDO ganz richtig hervorhebt, oftmals die Schnitte durch Ganglienzellen schwarze Ringe mit heller Mitte zeigen. Nach allen zahlreichen Erfahrungen und in Übereinstimmung mit der oben gegebenen Theorie von der Zusammensetzung des Niederschlages kann man meiner Meinung nach gar nicht daran zweifeln, daß die Zellen etc. in Substanz gefärbt werden.

JUSCHTSCHENKO, dessen Anschauungen jedenfalls auch durch die SEHRWALDschen Vorstellungen beeinflußt sind, der aber den präexistierenden Lymphraum leugnet, meint, daß die Bichromatmischung eine Schrumpfung der Elemente bedinge, so daß um sie herum ein feiner Spaltraum entsteht, in dem sich dann das Silber niederschlägt; ebenso sollen in der Zelle Spalträume entstehen, die mit dem Silberniederschlag angefüllt werden. Die ungleichmäßige Schrumpfung hält er für eine wichtige Vorbedingung zur Entstehung eines Niederschlages.

KRONTHAL hat ferner nachgewiesen, daß die imprägnierten Zellen größer sind als die nicht imprägnierten. Er hat eine imprägnierte Zelle entfärbt und dann mit Methylenblau nachgefärbt, dabei fand er, daß die letztere Zelle kleiner ist als erstere. Obgleich mir bei dieser Methode nicht absolut ausgeschlossen zu sein scheint, daß die Zelle nicht noch nachträglichen Schrumpfungen bei der angegebenen Behandlungsmethode ausgesetzt ist, scheint mir die zugegebene Größenzunahme der Zelle durchaus nicht die Berechtigung zu liefern, annehmen zu müssen, daß diese ein Beweis wäre für das Vorhandensein des von SEHRWALD und ROSSBACH angenommenen Lymphraumes. Es ist sehr wohl verständlich, wie auch WEIGERT und ZIMMERMANN annehmen, daß die Niederschläge etwas über die Grenze des Zellleibes hinausgehen. Viele Gebilde, die an sich selbst sehr zart und dünn sind, zeigen aber auch nicht die Spur derartiger Vergröberungen, wenigstens nicht, wenn die Reaktion in vollendeter Weise vor sich gegangen ist.* Bei zu langer Einwirkung der Reagenzien kann sehr wohl eine Klumpenbildung etc. an feinen Nervenfasern etc. eintreten, die bei guter Reaktion vermieden wird. Auch eines weiteren Umstandes, den WEIL und FRANK hervorgehoben haben, müssen wir hier gedenken. Diese Forscher fanden nämlich, daß bei der Anwendung der verschiedenen Golgimethoden (cf. unten) die Fortsätze der Zellen verschieden aussehen, z. B. mit kleinsten dornenartigen Fortsätzen besetzt oder ziemlich glatt sind. Alle diese Umstände sind zu berücksichtigen und in ihnen liegt eine gewisse Gefahr, da man nun einmal um die schon oben erwähnte Tatsache nicht herumkommt, daß zur Beurteilung der Golgibilder eine gewisse Erfahrung notwendig ist, wenn man ver-

* Dies hatte auch KÖLLIKER schon hervorgehoben.

meiden will, Unwesentliches für etwas Wichtiges und Ausschlaggebendes zu halten. Ich glaube aber auch zugleich, daß ein aufmerksamer Beobachter nicht Gefahr laufen wird, diesen Zufälligkeiten der Methode zum Opfer zu fallen.

Ein nicht zu verkennender Nachteil haftet der Methode nun insofern an, als es unmöglich ist, die so hergestellten Präparate und Schnitte wie gewöhnliche Schnitte in Balsam unter dem Deckglase aufzubewahren. Wenn man auf diese Weise die Präparate zurecht macht, dann zeigt sich sehr bald, daß sie verderben, so daß sie zum weiteren Studium so gut wie unbrauchbar werden.

Samassa nimmt an, daß durch die Diffusionsströme die doppeltchromsauren Silberteile aus dem mit dem Deckglas bedeckten Präparat an den Stellen, wo sie ursprünglich liegen, herausgeschwemmt werden. Wenn die Präparate ohne Deckglas aufgehoben werden, wie Golgi angab (cf. unten), sind die Diffusionsströme sehr viel schwächer und haben diese zerstörende Kraft nicht.

Dagegen macht Fick gewiß mit Recht geltend, daß, wenn die Stärke des Diffusionsstromes gleich dem Produkt aus der Diffusionskonstante und der Konzentrationsabnahme der beiden benachbarten Schichten ist, die Stärke bei unbedeckten Präparaten größer sein muß als bei bedeckten, erstere also unbedingt eher verderben müßten, was den Tatsachen eben nicht entspricht. Fick hat dann ferner auf die durchaus richtige Tatsache aufmerksam gemacht, daß das Verderben der Präparate nicht in einer Entfärbung der Zellen etc. besteht, sondern daß eine „Verfärbung" platzgreift, die darin besteht, daß die Umgebung des Silberniederschlages diffus gelb bis gelbbraun gefärbt erscheint, als wenn die Niederschläge zerflossen wären. Feuchte Luft begünstigt ebenso wie Lichteinfluß das Verderben, relative Trockenheit und Aufbewahren der zugedeckten Präparate in der Dunkelkammer verhindert den Ruin der Schnitte aber nicht.

Dagegen kann ein in Lack eingeschlossenes Präparat durch Erhitzen vorsichtig vollkommen entwässert werden, und wenn der Lack ganz trocken geworden ist, kann es, ohne Schaden zu nehmen, mit einem Deckglas bedeckt werden (cf. unten die Angaben von Huber). Deswegen nimmt Fick an, daß minimale Wasserreste, die natürlich immer in den Schnitten zurückbleiben und bei gedeckten Präparaten nicht verdunsten können, aber wohl bei ungedeckten, den Niederschlag lösen, zum Zerfließen bringen und so das Präparat verderben, was mir auch am wahrscheinlichsten ist.

II. Allgemeine Technik der Golgischen Methode.

a) Angaben von Golgi.

Im Anfange der siebziger Jahre des neunzehnten Jahrhunderts hat Golgi seine Methode angewandt und publiziert. Die genaueren Angaben stammen vom Jahre 1873. Dann hat er bei vielen späteren Gelegenheiten weitere Vorschriften gegeben.

Die Methode wurde schon von Golgi in verschiedenen Modifikationen benutzt, die man gruppieren kann: 1. als die Silbermethode, 2. als die Sublimatmethode. Damit ist die Lösung zugleich bezeichnet (Argentum nitricum, Hydrargyrum bichloratum corrosivum), die zur Bildung des Niederschlages benutzt wird, während die beizenden oder härtenden Mischungen immer Kali bichromicum oder ein ähnlich wirkendes Chromsalz (cf. pag. 564) enthalten müssen. Die Silbermethode erleidet wiederum einige Abänderungen, in dem sie entweder als langsame, schnelle oder gemischte Modifikation Anwendung findet.

1. Die langsame Silbermethode. Die passendste Lösung für die Härtung ist die nach der Müllerschen Vorschrift bereitete Flüssigkeit (Kalium bichromicum 2,0 *g*, Natrium sulfuricum 1,0 *g*, Aqua destillata 100,0 *g*). Es ist aber zweckmäßig, von acht zu acht Tagen die Dosis des Bichromates zu vergrößern, so daß man bis zu 3,5 *g*, 4 *g* und 5,0 *g* auf 100,0 Aqu. dest. kommt. Die Resultate sind um so besser, je frischer das zu untersuchende Material ist.

Die Dauer der Imbibierung hängt nicht nur von der Konzentration der härtenden Flüssigkeit, sondern auch von der Temperatur der Umgebung ab. In der Kälte muß sie länger dauern, dagegen können in der Wärme die Unterschiede sehr groß sein. Die Reaktion, die man im Sommer binnen 30—40 Tagen erhalten kann, gelingt im Winter oft erst nach drei, vier und mehr Monaten. Daher lassen sich keine genauen Regeln aufstellen, und die guten Resultate hängen zum Teil vom Zufall ab. Der schwierigste und zugleich wichtigste Teil der Methode ist die Bestimmung der Zeitdauer, nach der der zweite Teil des Verfahrens, die Übertragung der Stücke aus dem Bichromat in das Silbernitrat zu erfolgen hat. Den Mangel an bestimmten Regeln muß man durch zahlreiche Versuche ersetzen, die die man von Zeit zu Zeit anstellt. In der kalten Jahreszeit ist es zweckmäßig, erst drei Monate nach dem Einlegen in das Bichromat Versuche anzustellen, nachdem man es von zehn zu zehn Tagen erneuert hat. Bei dem allmählichen Übergange von der kalten zur warmen Jahreszeit soll man die Versuche verhältnismäßig früher anstellen und die Zeit der Wiederholungen abkürzen. In der wärmsten Jahreszeit kann man die Versuche der Reaktion mit dem Silbersalze nach 30—40 Tagen beginnen und sie in Zwischenräumen von 4—5 Tagen wiederholen. „Was die Regel der Aufeinanderfolge der verschiedenen Einwirkungen auf die Nervenzellen und -Fasern und auf die Bindegewebselemente betrifft, so muß ich erklären, daß es mir noch nicht gelungen ist, sie mit Sicherheit zu bestimmen, denn unter anscheinend gleichen Bedingungen habe ich nicht selten ganz verschiedene Resultate erhalten. Ich kann jedoch behaupten, daß die Aufeinanderfolge der Reaktionen auf die verschiedenen Gewebe in der Regel (beim Riechlappen) folgende ist: 1. Bündel von Nervenfasern, die die oberflächlichste Schicht der Bulbi bilden und in die Glomeruli eindringen. 2. Große Nervenzellen, die in regelmäßiger Reihe an der inneren Grenze der grauen Schicht liegen. 3. Bündel von Nervenfasern der weißen Substanz. Fast gleichzeitig oder wenig später die kleinen pyramidalen Zellen, die in den von den Fasern der Nervenbündel gelassenen leeren Räumen in derselben Schicht liegen. 4. Bindegewebselemente und Blutgefäße. Diese werden fast immer, auch in den früheren Perioden, zugleich mit den Nervenzellen und -Fasern gefärbt, bald in der einen, bald in der anderen Schicht am besten; aber ihre vollständigste, ausgedehnteste und zierlichste Färbung tritt beständig erst in einer vorgeschrittenen Härtungsperiode ein. 5. Ohne bestimmte Regel, d. h. bald gleichzeitig mit den Bindegewebselementen, bald mit den Nervenfasern, färben sich die großen einzeln liegenden, in der mittleren inneren Schicht zerstreuten Nervenzellen."

Die verwendete Silberlösung ist einprozentig, jedoch kommt man auch mit 0,50- und 0,75%iger aus, die aber nach 12, 15, 20 Stunden erneuert werden muß, wenn sie eine gelbliche Farbe bekommt. In dem Silber können die Präparate unbeschadet lange liegen bleiben. Gewöhnlich ist nach 24, höchstens 48 Stunden die Reaktion beendet. Das längere Verweilen in der Silberlösung verbessert die Resultate nicht.

Es ist vorteilhaft, nicht zu große Stücke für diese Methode zu wählen (cca 1—2 *cm* Seitenlänge).

Um die Abhängigkeit von der äußeren Temperatur zu umgehen, kann man die Organe auch in einem Thermostaten bei 20—25° härten, wobei dann natürlich die Zeit der Härtung abgekürzt wird; die Imprägnationsbilder erscheinen aber bei den auf diese Weise erhaltenen Präparaten etwas vergröbert.

Um eine möglich gute Imbibierung der Organe zu erreichen, kann man auch eine 2,5%ige Lösung von Kaliumbichromat in die Gefäße injizieren. Dabei bilden sich allerdings in den feineren Gefäßen oft Niederschläge, die ein weiteres Vordringen der injizierten Flüssigkeit verhindern.*

* Hill setzt dem Kalium bichromicum, das injiziert wird, um die Contraction der Gefäße zu verhindern, 1% Milchsäure hinzu. Tooth macht zu demselben Zwecke dem Tiere zugleich eine Morphiuminjektion.

Eine Beschleunigung der Härtung erzielt man nach den Angaben von GOLGI auch dann, wenn man statt der MÜLLERschen Flüssigkeit die ERLICKIsche Mischung benutzt (Kalium bichromicum 2,5 *g*, Cuprum sulfuricum 0,5, Aq. dest. 100,0). Die Resultate sind aber auch hierbei keine besonders guten, ähnlich wie bei der Härtung im Brütofen. Dagegen hat GOLGI gute Erfolge erhalten, wenn er Mischungen von ERLICKIscher Flüssigkeit mit MÜLLERscher Flüssigkeit (letztere in steigenden Verhältnissen) mischte (ERLICKI 20—50%, MÜLLER 80—50%).

Die Veränderung der Konzentration der Silberlösung ist mitunter doch von besonderem Vorteil; denn GOLGI fand, daß für Stücke, die zu kurze Zeit gehärtet waren, schwächere (0,5) Lösungen, dagegen für Stücke, die zu lange in der Härtungslösung gelegen hatten, stärkere Lösungen (1%) von Vorteil sind.

2. Die schnelle Silbermethode. Einen wesentlichen Fortschritt hat GOLGI mit dieser Modifikation erreicht, indem die Härtung hierbei ganz bedeutend abgekürzt wird. Sie ist es denn auch, die bei weitem am häufigsten von den Autoren angewendet worden ist. Vorbedingung ist auch hier, daß man möglichst frische Organe und recht kleine Stücke (0,5—1 *cm* Seitenlänge) benutzt.

Die Modifikation besteht darin, daß der Härtungsflüssigkeit Osmiumsäure zugesetzt wird. Wie die Osmiumsäure wirkt, ist theoretisch vollkommen unklar.

Die Härtungsflüssigkeit hat folgende Zusammensetzung: Kalium bichromicum 2—2,5% 8 Teile, Acidum osmicum 1% 2 Teile.

Neuerdings empfiehlt GOLGI: Kalium bichromicum 3% 2 Teile, Acidum osmicum 1% 1 Teil.

Wenn die Organe zwei bis drei Tage (die Zeit hängt sehr von der Beschaffenheit des Organes ab — davon unten mehr) in dieser Mischung verweilt haben, können sie schon mit gutem Erfolge in die Silberlösung gebracht werden. An den unmittelbar darauffolgenden Tagen (3—4—5) zeigen die Präparate gewöhnlich noch reichlichere Färbungen, dann aber nimmt die Reaktionsfähigkeit ab, um gegen den 10. bis 12. Tag ganz aufzuhören. Die Stücke müssen in der Silberlösung, von der man sich immer vergewissern muß, ob sie noch Argentum nitricum enthält, aufbewahrt werden, in Alkohol verderben sie sehr schnell.

3. Die kombinierte Silbermethode. Diese hat manche Bequemlichkeit. Die Organe kommen in die oben erwähnte MÜLLERsche Flüssigkeit und können dann sogleich oder nach einem Zeitraum von 3—4 und 25—30 Tagen weiter behandelt werden.

Wenn man während dieser ganzen Zeit in Zwischenräumen von 2—3—4 Tagen einige Stückchen in die Osmiumbichromatmischung überträgt, so bekommt man ebensoviele sekundäre Reihen von Stückchen, welche einzeln (1—2 auf einmal) in die Silbernitratlösung eingebracht werden und vom 3. oder 4. Tage ihres Aufenthaltes in der Mischung an bis zum 8. oder 10. mit Sicherheit Präparate mit allen aufeinander folgenden Abstufungen und Kombinationen und von der überraschendsten Feinheit, wie sie bei der ursprünglichen Methode beschrieben worden sind, liefern.

Die Vorteile dieser Methode sind sehr einleuchtend: 1. die Sicherheit, die Reaktion in vielen Abstufungen hervorzubringen, wenn man über eine gewisse Anzahl von Stückchen verfügt; 2. die lange Zeitdauer, während der man die Reaktion ausführen kann, die man aber auch in wenigen Tagen erreichen kann, was eine genaue Untersuchung sehr erleichtert.

4. Die Sublimatmethode. Sie hat ihre besonderen Vorteile auch neben der Silbermethode. Die Präparate, an denen die Reaktion gelungen ist, erscheinen schwarz, wenn man sie unter dem Mikroskope bei durchfallendem Lichte betrachtet. Bei auffallendem Lichte dagegen bemerkt man, daß die Elemente vollkommen weiß sind, ja unter stärkerer Vergrößerung zeigen sie deutlich Metallglanz. Die besonderen Vorteile bestehen darin, daß man größere Stücke verwenden kann, daß das Gelingen absolut sicher ist, ohne daß man sich an strenge Regeln über den Aufenthalt in der Härtungsflüssigkeit zu binden braucht, und endlich darin, daß die

Präparate, die man erhält, keine besondere Fürsorge bei der Aufbewahrung erfordern, sondern auf die gewöhnliche Weise behandelt werden können.

Die Technik besteht ebenfalls aus zwei Hauptvorgängen: *a)* der Härtung in Kalium bichromic. und *b)* der Übertragung in eine Sublimatlösung.

Die Härtung erfolgt in der gewöhnlichen, unter 1. geschilderten Weise. Es macht für den Erfolg nichts aus, ob man nacheinander konzentriertere Lösungen anwendet, z. B. von 1, 2, 3%, oder die Stücke sogleich in MÜLLERsche Flüssigkeit einlegt. Im allgemeinen ist es zweckmäßig, daß die Stücke etwas klein sind, aber dies ist nicht durchaus notwendig, man erhält auch gute Resultate mit sehr großen Stücken, ja sogar mit ganzen Gehirnen. In diesem letzteren Falle würde jedoch die konservierende Flüssigkeit lange Zeit gebrauchen, um einzudringen, und die centralen Teile könnten faulen, ehe sie ihre Wirkung erfahren hätten. Darum ist es für diese Fälle notwendig, eine sorgfältige Injektion mit dem Bichromat vorauszuschicken, so daß das Reagens durch das ganze Organ gut verteilt wird.

Um feine, reichliche Reaktion zu erzielen, ist es sehr passend, in der Zeit zwischen dem 20. und 30. Tage die Härtung zu unterbrechen, doch ist auch eine Zeit von 2, 3 und 4 Monaten und mehr noch durchaus vorteilhaft zum Gelingen der Reaktion.

Die Sublimatlösung enthalte 0,25—1,0% Hydrargyrum bichlorat. corr. in destilliertem Wasser. In diese Lösung werden die Stücke unmittelbar aus der Bichromatlösung übertragen.

Die Reaktion erfolgt viel langsamer als im Silbernitrat. Bei kleinen Stücken sind nicht weniger als 8—10 Tage nötig, bei größeren dagegen bis über 2 Monate. Je länger die Einwirkung des Bichromates gewesen ist, um so länger muß auch der Aufenthalt im Sublimat sein, aber desto vollständiger und zierlicher gelingt auch die Reaktion. Zuerst muß man täglich die Sublimatlösung erneuern, später nur dann, wenn sie eine gelbe Farbe angenommen hat. Die ersten Spuren der Reaktion beginnen 3—4 Tage nach dem Einlegen, aber nur in hier und da auftretenden kleinen Flecken. Wenn die Reaktion ihr Maximum erreicht hat, dann sehen die Stücke blaß aus und zeigen das Aussehen frischen Hirngewebes, das man leicht in Wasser abgewaschen hat.

In der Sublimatlösung kann man die Stücke mit Vorteil beliebig lange liegen lassen, nicht nur wegen der Möglichkeit einer weiteren Ausbreitung der Reaktion, sondern auch, weil sie dadurch eine zur Ausführung feiner Schnitte sehr geeignete Härte bekommen. Bei kürzerer Einwirkung der Reagenzien färben sich meist nur die Ganglienzellen, erst bei langer Einwirkung auch die Nervenfasern mit ihren Collateralen.

Die Schnitte müssen, ehe sie in Glycerin oder Lack eingeschlossen werden, sehr sorgfältig ausgewaschen werden. Ohne diese Vorsicht bildet sich einige Tage nach der Einschließung auf den Schnitten ein Präzipitat in der Form eines schwarzen Staubes oder nadelförmiger Krystalle, die das Präparat in hohem Grade entstellen. Sonst bietet die Behandlung der Schnitte gar nicht Besonderes.

Will man die weiße Quecksilberverbindung schwärzen, so kann man dazu eine Lösung von Natriumsulfit oder Hyposulfit benutzen. Der Prozeß muß aber sehr sorgfältig überwacht werden, weil sonst die Schnitte leicht verderben. GOLGI empfiehlt daher folgende Methode:

Die Flüssigkeit, die der photographischen Praxis angehört, hat folgende Zusammensetzung:

a) Aqua dest. 1000,0, unterschwefligsaures Natron 175,0, Alaun 20,0, Schwefelcyanammonium 10,0, Chlornatrium 40,0. Diese Mischung bleibt 8 Tage ruhig stehen und wird dann filtriert.

b) Wasser 100,0, Aurum chloratum 1,0.

Man mische: Lösung *a* 60 *ccm*, Lösung *b* 7 *ccm*, altes kombiniertes Bad 40,0 *ccm*.

Die Mikrotomschnitte werden:

1. In destilliertem Wasser gewaschen.
2. Eintauchen für 1—2 Minuten in die oben angegebene Mischung. Die Schnitte werden schwarz.
3. Neues sorgfältiges Waschen in Wasser.
4. (Eventuell) Nachfärben mit Carmin. Am besten saures Carmin, und zwar in einer Verdünnung mit Essigsäure und Alkohol (zu gleichen Teilen). Die Flüssigkeit muß eine gesättigt rote Farbe haben.
5. Waschen in Wasser, Alkohol, Nelkenöl, Balsam.

Es ist nun noch nötig, die weitere Behandlung der mit den Silbermethoden gewonnenen Präparate nach den Angaben von GOLGI zu schildern. Die mit dem Rasiermesser oder dem Mikrotom hergestellten Schnitte werden zunächst mehrfach und sorgfältig mit Alkohol gewaschen, um jede Spur von Argentum nitricum, das sie ja natürlich enthalten, möglichst vollständig zu entfernen. Geschieht das nicht, dann bräunen sich die Schnitte nachträglich so stark, daß sie unter Umständen ganz unbrauchbar werden. Aus starkem (96%igem oder absolutem Alkohol) bringt GOLGI die Schnitte alsdann in Kreosot und darauf in Ol. Terebinthin. Von da kommen sie in Dammarlack.

Da nun die Schnitte nicht mit einem Deckglase bedeckt werden können, weil sie sonst, wie schon im allgemeinen Teil (cf. pag. 556) angegeben wurde, leicht verderben, muß man sie genügend mit Dammar auf dem Objektträger bedecken und, vor Staub geschützt, trocknen lassen. Ist dies ordnungsmäßig geschehen, dann sind die Präparate unbegrenzt lange Zeit haltbar. Um die Schnitte nun auch mit den stärkeren Systemen betrachten zu können, hat GOLGI empfohlen, sich Objektträger von Holz zu bedienen, die einen quadratischen Ausschnitt haben, der von unten mit einem Deckgläschen bedeckt werden kann. Auf dieses Deckglas bringt man den oder die Schnitte, die mit Dammarlack in der oben geschilderten Weise bedeckt werden. Wenn der Lack trocken geworden ist, dreht man den Objektträger um und beobachtet dann von der Unterseite. Solche Präparate kann man an Stellen, die günstig liegen, auch mit Immersion betrachten.

Die von GOLGI gegebenen allgemeinen Originalvorschriften genügen für alle Fälle, um mit der Methode brauchbare, vollendet klare Präparate zu erhalten. Die GOLGIsche Reaktion ist anwendbar vor allem auf das Centralnervensystem. Hier werden beim ausgebildeten wie beim fetalen Organ Ganglienzellen mit allen ihren Fortsätzen (in toto oder mit in ihnen enthaltenen Strukturen), Gliazellen, Nervenfasern, und zwar sowohl die Achsencylinder von markhaltigen und marklosen, wie die Scheiden gefärbt. Die Nerven mit ihren Endigungen können in allen Organen gefärbt werden, dies betrifft also gleichmäßig die motorischen wie die sensiblen und sensorischen Endapparate und Nervenbahnen. Natürlich sind die höheren Sinnesorgane in dieser Aufzählung einbegriffen. Außer den eigentlich nervösen Teilen werden in allen Organen, so weit vorhanden, Gefäße und Bindegewebsfasern gefärbt. Letztere sind meist daran leicht zu erkennen, daß sie eine deutliche, durchscheinend bräunliche Farbe angenommen haben, während die Nervenfasern schwarz oder tief dunkelbraun aussehen. Epithelzellen können entweder in toto gefärbt erscheinen, oder es werden an ihnen die Grenzen durch Färbung der sogenannten Kittsubstanz deutlich, oder, wenn vorhanden, können in ihnen Strukturen, Secretcapillaren etc. gefärbt werden. Ebenso können unter Umständen auch einzelne Flimmerhaare imprägniert werden. Häufig bleibt der Kern ungefärbt, so daß er als helle, weiße oder braune Stelle hervortritt. Auch die Spermatozoen sind so färbbar. In den Bindesubstanzen können die zelligen Elemente tingiert werden (z. B. Cornea-, Knochen- und Knorpelzellen, Dentinkanälchen etc.) oder auch die Grundsubstanz und die in ihr liegenden Fibrillen. Muskelfasern werden mitunter in toto imprägniert, mitunter kann aber auch die anisotrope Substanz der quergestreiften Fasern allein gefärbt erscheinen. Nicht nur Wirbeltiere, die ich bisher im Auge hatte, sondern auch Wirbellose können mit bestem Erfolge der Reaktion unterworfen werden. Von letzteren werden im allgemeinen ähnliche Bestandteile gefärbt, wie sie oben aufgezählt worden sind. Bei Insekten färben sich sehr vollständig die Tracheen.

Man sieht die enorme Vielseitigkeit der Methode, die natürlich der Beurteilung der Präparate, wie schon erwähnt, gewisse Schwierigkeiten bieten kann, die aber auch wieder ein sehr großer Vorzug ist. Das eine ist aber besonders hervorzuheben: man hat es nicht absolut sicher in der Hand, vorher zu bestimmen, was für Elemente man in einem Präparat gefärbt erhält. Dieser Umstand ist der Methode als „Launenhaftigkeit“ vorgeworfen worden, d. h. mit anderen Worten natürlich nur, daß man nicht weiß, woran es liegt, daß einmal dies, das andrre Mal jenes bei anscheinend genau gleicher Behandlungsweise gefärbt wird.

Aus diesem Grunde sind nun auch eine Unzahl von Modifikationen von fast allen Forschern, die mit der Methode gearbeitet haben, angegeben worden. Sicher bessere Resultate haben nur wenige erreicht.

Ehe ich auf diesen Abschnitt der Darstellung eingehe, möchte ich noch einige Winke allgemeiner Natur geben, die für den, der die Methode zum erstenmal anwendet, nützlich sein mögen.

Fast aussichtslos ist es, mit Sicherheit erwarten zu wollen, an einem kleinen, verfügbaren Stückchen eines Organes ein bestimmtes histologisches Element etwa gar isoliert gefärbt erhalten zu wollen.* Es ist fast immer dem Zufall unterworfen, wenn man in solchem Falle Erfolg hat. Man möge zunächst beachten, daß für die Silberfärbung bestimmte Tiere verschieden gut zu brauchen sind. Vor allem vorteilhaft sind hierfür Embryonen oder ganz junge Tiere. Hier färben sich z. B. auch die Nervenfasern oder Achsencylinder besonders leicht, nicht deswegen, weil sie nicht von Markscheiden umgeben sind — denn auch in weißer Hirnsubstanz färben sich Achsencylinder —, sondern weil die verschiedenen Flüssigkeiten so sehr leicht in die Tiefe dringen können. Aus diesem Grunde ist z. B. das Gehirn des Igels für die Imprägnationen besonders geeignet (HILL). Diese Beobachtung wird man bei den verschiedenen Organen bestätigt finden. Des weiteren ist von Wichtigkeit, worauf auch schon mehrfach aufmerksam gemacht wurde, daß das Material möglichst frisch sein muß. Dann nehme man nicht zu wenige, kleine Stücke. Für das Centralnervensystem eignen sich besonders die langsame und die gemischte Silbermethode und die Sublimatmethode, die für die peripherischen Nerven etc. nicht so geeignet sind. Für alles brauchbar ist die rasche Methode, für die auch die weiteren Vorschläge bestimmt sind. Man verlasse sich nicht zu sehr auf spezielle Modifikationen, die von den Bearbeitern bestimmter Gebiete angegeben sind, da auch sie durchaus nicht sicher einen bestimmten Erfolg garantieren. Zunächst nehme man reichlich von der Fixierungsflüssigkeit und lege in ein Glas nicht zu viel Stücke. Es ist nicht nötig, die Fixierung im Dunkeln vorzunehmen; dagegen wird man wohl vermeiden, die Mischung wie alle Kalium bichromicum enthaltenden Lösungen dem grellen Sonnenlichte auszusetzen. Braune, mit Kork verschließbare Präparatengläser haben sich für alle derartigen Zwecke vorzüglich bewährt. Man nehme nun vom zweiten Tage der Fixierung an in Zwischenräumen von 12 oder 24 Stunden einzelne Stückchen des Organes und lege sie in die 0,75%ige Silberlösung, die man vorrätig halten kann, da ältere Lösungen vorteilhafter sind als frisch zubereitete. Um zu reichliche Niederschläge in der Silberlösung zu vermeiden, die sofort entstehen, wenn man die fixierten Stückchen direkt aus der Bichromatmischung einlegt, kann man die Präparate ganz kurz mit destilliertem Wasser oder mit gebrauchter Silberlösung abspülen. Jedenfalls sorge man dafür, daß die Silberlösung, in der das Organ gefärbt werden soll, klar und in reichlicher Menge vorhanden ist. In der Silberlösung verweilen die

* Damit soll nicht davon abgeraten werden, eventuell auch wertvolles, in geringer Menge vorhandenes Material der Imprägnation zu unterwerfen. Erhält man an ihm keine brauchbaren Bilder, so sind, namentlich in den Osmiumbichromatgemischen, die Organe so gut fixiert, daß man sie nach Entfernung des Silbersalzes z. B. mit unterschwefligsaurem Natron zu anderen Zwecken noch wohl verwenden kann.

Stückchen mindestens 24 Stunden. Wenn man so in den genannten Intervallen eine Reihe von Tagen (länger wie 10 Tage ist fast nie nötig) hindurch Material in die Silberlösung bringt, dann kann man mit Sicherheit darauf rechnen, gute Erfolge zu erzielen und mannigfache Gewebselemente imprägniert zu erhalten. Fügt man zu dieser Art der Behandlung noch die unten näher zu erläuternde doppelte oder dreifache Imprägnation nach CAJAL, dann wird man ein vollkommenes Fehlschlagen der Reaktion nie erleben.

Beim Anfertigen der Schnitte empfiehlt es sich vor allem, das Rasiermesser zu gebrauchen. Die Methode bringt es mit sich, daß dicke Schnitte im allgemeinen viel mehr zeigen als dünne, an denen man die einzelnen Elemente nur auf kurze Strecken hin verfolgen kann. Jedenfalls mache man die ersten Schnitte, die darüber orientieren sollen, ob das Präparat überhaupt die weitere Behandlung lohnt, immer mit dem Rasiermesser. Handelt es sich darum, zu besonderen Zwecken dünne große Schnitte oder Serien durch Organe anzufertigen, dann wird man freilich nicht ohne Mikrotom auskommen. Sehr brauchbar ist zu dem Zwecke das Gefriermikrotom, nur beachte man, daß man die Schnitte nicht zu lange im Wasser oder im Alkohol lasse, da beides den zarten Silbergebilden schädlich ist; man beeile sich, sie in Xylol überzuführen, wo man sie ohne Sorge längere Zeit aufbewahren kann. Häufig wird man auch durch Einklemmen von den Organen zwischen Sonnenblumenmark oder Klemmleber mit dem Mikrotom Schnitte anfertigen können. Doch ist für manche Zwecke das Einbetten nicht zu umgehen. Hierbei handelt es sich kaum jemals darum, das Organ mit Einbettungsmasse vollkommen zu durchtränken, sondern nur es damit zu umgeben, so daß es festgehalten wird. Außerdem haben die aus den Osmiumgemischen kommenden Stücke meist eine zum Schneiden sehr günstige Konsistenz.

Will man in Celloidin einbetten, so entwässere man die Präparate möglichst schnell; dazu sind höchstens bei den doch nicht dicken Stücken wenige ($^1/_4$—2) Stunden erforderlich. Ebensolange lasse man die Präparate in dünnem Celloidin. Dann werden sie mit dicker Celloidinlösung überzogen und damit zugleich auf ein Stückchen Kork oder besser Holz aufgeklebt. Läßt man die Präparate an der Luft kurze Zeit stehen und dann in 70%igem Alkohol verweilen, dann kann man sie mit dem Mikrotom gut schneiden.

Schneidet man größere Stücke, die, weil sie ja nicht vollständig durchdrungen sind, leicht bröckeln, so kann man die Schnittfläche vor dem Anfertigen der Schnitte mit einer dünnen Schicht Celloidin überpinseln; sobald sie erstarrt ist, was durch Auftröpfeln von 80%igem Alkohol beschleunigt werden kann, kann man den Schnitt ausführen (LENHOSSEK).

Je nach der Dicke der Stückchen dauert die ganze Manipulation $^1/_2$ bis 5 Stunden. Membranöse Organe (z. B. Retina) kann man auch sehr zweckmäßig so einbetten, daß man Stücke von cca. 1—1 $^1/_2$ *ccm* Seitenlänge entwässert, in Collodium legt und sich dann aus dem käuflichen feuchten Celloidin kleine dicke Plättchen von entsprechender Größe schneidet. Zwischen zwei solchen Plättchen, deren dem Präparat zugewendete Seiten mit dünner Celloidinlösung haftend gemacht worden sind, legt man dann die Membran; ein kurze Zeit dauernder leichter Druck befestigt die Teile untereinander und nach kurzem Verweilen in 70%igem Alkohol kann das Organ geschnitten werden. Auf diese Weise kann man z. B. sehr leicht Flächenschnitte großer Retinabezirke erhalten, weil zugleich die Membran in einer Ebene vorzüglich ausgebreitet wird.

Nach ähnlichen Prinzipien verfährt man bei der Parraffineinbettung. Da hier häufig das Organstück nur mit Paraffin umgossen zu werden braucht, kann das Verweilen im absoluten Alkohol und im Xylol sehr abgekürzt werden. Im einzelnen brauchen wohl kaum weitere Angaben gemacht zu werden, da diese Technik eben außerordentlich einfach ist.

Die Befürchtung von SEHRWALD, daß beim Einbetten und Schneiden die feinen Niederschläge aufgelöst würden, sind jedenfalls übertrieben; nach meinen

Erfahrungen schaden diese kurz dauernden Manipulationen nicht im geringsten. Daß in verschiedenen der dabei in Anwendung kommenden Flüssigkeiten Silberbichromat in Spuren gelöst wird, ist nicht unwahrscheinlich. Gewiß werden diese Medien aber immer gesättigt werden durch die dem Präparate anhaftenden groben Niederschläge.

Zur Beurteilung der GOLGIschen Präparate sei noch auf einige Beobachtungen aufmerksam gemacht, die gewiß nicht ohne Bedeutung sind. SEHRWALD hat darauf hingewiesen, daß durch die Imprägnierung die Ganglienzellen z. B. in ihren physikalischen Eigenschaften ganz erheblich verändert werden, sie werden spröde und leicht zerbrechlich, wie man bei manchen Präparaten z. B. beobachten kann, die in Paraffin eingebettet waren, namentlich in solches von hohem Schmelzpunkt, das durch seine hohe Temperatur schrumpfend auf die Organe einwirkt. Dann sehen z. B. die Spitzenfortsätze von Großhirnganglienzellen wie zickzackförmig gebrochene Stäbe aus. Je stärker die Schrumpfung ist, um so stärker ist auch die Knickung. Unter Berücksichtigung dieser Tatsachen kann man die Größe der Schrumpfung, die die Zellen erleiden, berechnen, die zwischen 21,7% und 26% schwankt. Man darf natürlich nicht dem Irrtum verfallen, die geknickte Form für etwas Normales zu halten.

Auf einen anderen wichtigen Punkt haben WEIL und FRANK aufmerksam gemacht. Gelegentlich der Untersuchung der Frage, wie weit es möglich ist, normale oder von den auf verschiedene Weise vergifteten Tieren stammende Ganglienzellen mit der GOLGIschen Methode zu unterscheiden, wofür die Ergebnisse negativ waren, machten sie folgende bedeutsame Beobachtung. Ihre Resultate waren nämlich bei gleichem Material verschieden, je nachdem sie die schnelle GOLGIsche Methode, die gemischte, die langsame oder die COXsche Sublimatimprägnation verwendeten. Varicositäten und feine Seitendornen an den Zellfortsätzen traten fast immer bei den schnellen Methoden auf, während sie bei den langsamen ausblieben, ganz unabhängig davon, ob die Tiere vergiftet waren oder nicht. Auch zeigte sich, daß bei derselben Methode dasselbe Material auch nicht immer dieselben Bilder gab. Dies mahnt zur größten Vorsicht bei der Verwendung der gewonnenen Bilder zur Aufstellung von Hypothesen und zeigt, daß man derartige feine Strukturverhältnisse, die eine Methode aufdeckt, nicht etwa unbedingt für präformierte halten darf.

b) Modifikationen.

Unter den zahlreichen Modifikationen der GOLGIschen Methoden müssen hier zunächst die berücksichtigt werden, die allgemeineren Zwecken dienen, in einem weiteren Abschnitt können dann einige wichtige, für spezielle Aufgaben geeignete Modifikationen zusammengestellt werden.

Die Sublimatmethode, die vor allem für das Centralnervensystem Verwendung findet, ist durch COX in bedeutsamer Weise modifiziert worden und ist auch für die Retina mit Vorteil verwendet worden (KRAUSE). Diese Methode unterscheidet sich dadurch wesentlich von der ursprünglichen Angabe, daß beide Flüssigkeiten (Kalium bichromicum und Sublimat) zu gleicher Zeit einwirken, nicht nacheinander.

COX bringt folgende Mischung zur Anwendung:

Kalium bichromicum 5% 20 Vol., Hydrargyrum bichlor. corr. 5% 20 Vol., Kalium chromatum 5% 16 Vol., Aqua destillata 30—40 Vol.

Bei der Zubereitung achte man darauf, daß die Kaliumchromatlösung hinzugefügt wird, nachdem sie mit dem angegebenen Quantum Wasser verdünnt ist. Dies darf man nicht unberücksichtigt lassen, um den Niederschlägen des Mercurichromates vorzubeugen. Man nehme nicht zu große Stücke (höchstens ein halbes Rattengehirn z. B.). Nach 3—4 Tagen bemerkt man in den Zellen eine gelbe körnige Verbindung, die jedenfalls aus einer Quecksilberoxydulverbindung besteht. Zur vollständigen Imprägnierung läßt man die Organe zwei und mehr

Monate in der Lösung. Im Sommer genügt zur vollkommenen Imprägnierung, wie auch VON LENHOSSEK angegeben hat, ein Monat, ja bei kleinen Stücken noch kürzere Zeit. Die Schnitte werden am besten mit dem Gefriermikrotom gemacht. Wenn die Einbettung in Paraffin oder Celloidin nicht sehr schnell vor sich geht, leiden die Imprägnationen erheblich. Die Schnitte werden dann für eine bis zwei Stunden in eine 5%ige Lösung von Natriumcarbonat gelegt, wobei der Niederschlag schwarz wird; dann werden sie in Wasser ausgewaschen und durch Alcoh. absolutus und irgend ein Öl, das mit Filtrierpapier entfernt wird, in einem Lack von folgender Zusammensetzung eingeschlossen:

Sandarak 75 Vol., Campher 15 Vol., Ol. Terebinth. 30 Vol., Ol. Lavendul. 22,5 Vol., Alcoh. absolutus 75 Vol., Ol. Ricini gtt. 5—10 Vol.

Will man die Schnitte mit einem Deckglas bedecken, dann warte man, bis die Harzschicht gut trocken geworden ist, bedecke diese mit Ricinusöl und drücke dann das Deckglas so stark als möglich an, damit das überflüssige Öl entfernt wird.

Die Methode zeichnet sich durch außerordentliche Sicherheit aus.

Für die Silbermethoden ist statt des Kaliumbichromates auch das Ammonium bichromicum (GOLGI) und das Natrium bichromicum (KALLIUS) empfohlen worden. Letzteres scheint besonders schnell durchzudringen und gibt für viele Fälle gute Resultate. Mit anderen Chromverbindungen (Cuprum chromicum und Lithium bichromicum) erhält man auch Imprägnationen, die aber entschieden weniger vollständig sind als bei Verwendung des Kalium bichromicum.

SALA hat folgende Salze einer eingehenden Prüfung unterzogen: die des Natrium, Calcium, Magnesium, Rubidium, Lithium, Zincum, Cuprum. Er fand, daß die Salze von K, Na, Li, Rb und von Ca, Mg bessere Resultate geben als vom Cu und Zn. Die Rb-Verbindung ist unter Umständen der K-Vermischung vorzuziehen. Die anderen geben aber vor dem K keine Vorzüge. Das Ca-Salz hat besondere Neigung, die tangentialen Fasern der Hirnrinde zu färben, weswegen man wohl bisweilen zu diesem Salze greifen sollte.

Um die teure Osmiumsäure zu ersetzen, hat man mit Erfolg das Formaldehyd (HOYER, DURIG, KOPSCH, STRONG, GEROTA etc.) in Anwendung gebracht. Bei der Imprägnierung des Gehirns hat sich dieser Ersatz sehr vorteilhaft erwiesen, für die übrigen Anwendungsarten hat das Formol die Osmiumsäure trotz brauchbarer Resultate nicht zu verdrängen vermocht.

KOPSCH hat für allgemeine Zwecke folgende Methode angewendet.*

Das Material braucht nicht ganz frisch zu sein. 40 *ccm* einer 3,5%igen Kalium bichromicum-Lösung werden mit 10 *ccm* des käuflichenFormols kurz vor dem Gebrauch gemischt. Legt man größere Stücke in die Lösung, dann muß man sie bald wechseln. Nach 24 Stunden ersetzt man die Lösung durch eine 3,5%ige Kaliumbichromatlösung. Hierin verbleiben die Stücke bis zum Übertragen in die Silberlösung. Zwischen 2—6 Tagen schwankt die Zeitdauer der Imbibierung. Die störenden Niederschläge werden hierbei sehr vollständig vermieden; darin besteht ein Hauptvorteil der Methode. (Weitere spezielle Angaben über die Formolmethode werden noch bei den einzelnen Organen gegeben.)

In dem Wechsel der Konzentration der Kaliumbichromatlösung besteht eine häufig von den Autoren geübte Modifikation der GOLGIschen Mischung. Am häufigsten wird die von CAJAL angegebene 3,5%ige Lösung allgemein angewendet. Diese Mischung wird dann in der Literatur häufig als die CAJALsche Mischung bezeichnet, obgleich dies nicht die einzige Konzentrationsänderung ist, die der spanische Forscher angegeben hat.

Bemerkenswert ist jedoch eine andere Modifikation, die CAJAL verwendet hat, und die seitdem oft mit bestem Erfolge gebraucht ist. Es ist das die soge-

* KOPSCH färbte damit Augenganglien von Loligo, Großhirnrinde von Ratte, Maus, Kaninchen, Kleinhirnrinde von Kaninchen, Rückenmark von der Maus, Lobus olfactorius vom Kaninchen, Leber von der Katze, Magen vom Kaninchen, Netzhaut vom Kalb, Schwein, Großhirn vom Menschen.

nannte doppelte und dreifache etc. Imprägnierung. Hat sich herausgestellt, daß die gewöhnliche Behandlung keine guten Resultate gegeben hat, dann kann man die Präparate in die schon gebrauchte Osmiumbichromatlösung zurückbringen, oder man kann auch eine neue Mischung ansetzen, die aber weniger Osmium enthält (20 *ccm* der Bichromatlösung und 2 oder 3 *ccm* der 1%igen Osmiumsäure). Zuviel Osmiumsäure macht die Gewebe leicht brüchig. Nach einigen Tagen (ausprobieren!) kommen die Organe dann wieder für mindestens 24 Stunden in die Silberlösung. LENHOSSEK läßt die Stücke bei der zweiten Behandlung immer zwei Tage in der Chromatmischung, in der Silberlösung dann mehrere Tage, da nach seiner Erfahrung die Reaktion langsamer eintritt. Eventuell kann man dieselbe Manipulation noch ein- oder zweimal wiederholen. So erreicht man oft außerordentlich sichere Resultate, und diese Methode von CAJAL ist eine der wichtigsten Modifikationen, die an der GOLGIschen Methode vorgenommen sind.

Es ist eine alte Erfahrung, daß Stücke, die zu lange Zeit in den Chromatgemischen gelegen haben, sich nicht mehr mit Silber imprägnieren lassen; um dem abzuhelfen, hat GOLGI vorgeschlagen, diese Präparate in einer halb gesättigten Lösung von Cuprum aceticum so lange zu waschen, bis sie keinen Niederschlag mehr geben, und dann für 5—6 Tage in die Osmiumchromatgemische zurückzubringen. Die meist dann wieder gut gelungenen Schnitte halten sich unter dem Deckglas auch in eingedicktem Cedernholzöl unverändert. Damit ist eine sehr nützliche Methode gefunden, mit der man wertvolles Material sehr gut retten kann. Man kann aber, wie GOLGI neuestens angibt, diese Verjüngung auch so vornehmen, daß man die Stücke auch 8 Stunden bis 10 Tage und länger in ein Gemisch gleicher Teile einer 2—3%igen Lösung von Kalium bichromicum und einer 4—5%igen von Kupfersulfat bringt und von da direkt in das Silberbad legt. (Weiteres cf. pag. 574.)

Statt der Lösung von Argentum nitricum ist neuerdings von GUDDEN vorgeschlagen worden, die jetzt zahlreich in den Handel gebrachten organischen Silberverbindungen anzuwenden, die zum Teil gute Resultate gegeben haben. Besonders wird Aktol (milchsaures Silber) empfohlen, das auch in Stücke von 2—3 *ccm* sehr gut eindringt. Es färben sich verhältnismäßig mehr Zellen mit zahlreichen Ausläufern. Durchaus nicht alle von der Industrie jetzt dargebotenen Verbindungen sind aber brauchbar, da manche mit Kalium bichromicum überhaupt keinen Niederschlag geben, oder nur bei neutraler Reaktion.

Ich habe auch vor längerer Zeit schon einige derartige Verbindungen versucht (Ichthargan, Argentum Thiohydrocarburosulfonicum solubile und Aktol) und kann mich dem günstigen Urteil von GUDDEN anschließen. Beim Ichthargan färbt sich die Grundsubstanz des Präparates gelblich bis gelbbräunlich, was aber der Klarheit des Bildes keinen Eintrag tut. Auch mir schienen sich mehr Zellen bei geringen störenden Niederschlägen gefärbt zu haben. Eine sichere Entscheidung kann aber wohl erst eine sehr ausgedehnte vergleichende Prüfung geben, da eben die Erfolge bei der GOLGIschen Methode stets sehr wechselnde sind.

HILL hat statt des Höllensteins eine $^3/_4$%ige Lösung von Silbernitrit, der man $^1/_{1000}$ Ameisensäure zusetzt, angelegentlichst empfohlen. Ich besitze darüber keine eigenen Erfahrungen.

Zusätze zur Argentum nitricum-Lösung sind von einer Reihe von Forschern empfohlen worden (GEHUCHTEN, CAJAL, LENHOSSEK, KOLOSSOW etc.), diese sind aber fast alle wieder verlassen worden, da sich doch mit der Zeit herausstellte, daß sie unnütz sind. So hat man Acidum aceticum, Acidum formicicum, Acidum osmicum in geringen Quantitäten zugegeben. Es ist aber unnötig, nähere Vorschriften zu geben, da die Erfolge unklar sind. Einen Schaden scheinen geringe Mengen dieser Substanzen nicht zu machen.

Sehr störend sind häufig bei den Präparaten die oft äußerst voluminösen peripherischen Niederschläge, die wichtige Stellen der Schnitte ganz bedecken können, da sie auch in die Substanz des Organes eindringen. Namentlich bei dünnen Membranen (Retina) kann dadurch viel verdorben werden. MARTINOTTI hatte angegeben, die Präparate mit einem Brei aus Filtrierpapier und Wasser einzuhüllen und so die Oberfläche zu schützen. Da der Schutz aber nur ein sehr geringer ist, hat SEHRWALD dafür Gelatine vorgeschlagen, die sich nun in der Tat auch bestens bewährt hat. Man fertigt eine 10%ige Gelatinelösung an, die natürlich warm zur Anwendung kommt. Man kann, wie SEHRWALD angibt, darin die Stücke, die man aus der Bichromatlösung genommen hat, ehe sie in die Silberlösung kommen, in einem kleinen Kästchen einbetten, oder man kann die Präparate auch durch mehrmaliges Eintauchen und dazwischen Erkaltenlassen mit einem dünneren Gelatineüberzug versehen. Die Imprägnation wird gar nicht beeinträchtigt. Vor dem Einbetten und Schneiden muß die Gelatine vollkommen entfernt werden, da sie sonst nach Paraffineinbettung als knochenharte Masse das Schneiden äußerst erschwert. Eintauchen in warmes Wasser, das, um die Färbung nicht zu schädigen, mit doppeltchromsaurem Silber gesättigt ist, löst die Gelatine in kurzem auf. Dieses Verfahren leistet meist ganz vorzügliche Dienste.

CAJAL empfiehlt, die Oberflächen mit einer Schicht geronnenen Blutes zu bedecken; dies hat den Vorteil, daß es nicht vor dem Schneiden entfernt zu werden braucht. ATHIAS schlägt vor, die Stücke vor dem Einlegen in die Silberlösung in Oblatenstücke einzuhüllen. Die beiden aufeinanderliegenden Blätter der Oblaten werden getrennt, und die körnige, nicht die glatte Seite der mit Wasser oder einer Lösung von Kaliumbichromat angefeuchteten Oblate wird leicht an die Oberfläche des Stückes angedrückt, so daß sie ihr leicht adhäriert; darauf läßt man sie eine kurze Zeit an der Luft trocknen, um den Zusammenhang zu festigen.

Mir hat sich die SEHRWALDsche Gelatinemethode so bewährt, daß mir das Bedürfnis nach einer anderen nicht gekommen ist.

Die Niederschläge, die sich im Innern der Präparate sehr häufig an und in den Gefäßen finden und die Ausführungsgänge der Drüsen so stark anfüllen, daß sie störend sind und verhindern, daß man zugleich gefärbte Ganglienzellen, Nerven etc. verfolgen kann, hat DOGIEL damit zu umgehen versucht, daß er die Gefäße und Gänge mit roter oder blauer Leimmasse injizierte. Diese durchscheinende Masse hindert dann das Studium der Golgipräparate nicht im mindesten. Wenn man die Organe nicht zu lange in der Silberlösung läßt, wird die Farbe der Leimmassen auch nicht im geringsten verändert. Besonders bei der Leber, in der man die verschiedenen Gefäße mit blauer oder roter Masse injizieren kann, erhält man, wie ich mich selbst überzeugt habe, außerordentlich instruktive Bilder.

Sehr zahlreich sind die Bemühungen gewesen, die GOLGIschen Präparate deckglasbeständig zu machen. Es ist leicht verständlich, daß es für manche Fälle wünschenswert war, die Präparate nachzufärben, bequem bei stärksten Vergrößerungen zu betrachten usw.

Die angegebenen Methoden beruhen im wesentlichen auf zwei Prinzipien. Einmal hat man durch Einschluß in schnell trocknendem oder schnell getrocknetem Harz die Diffusionsströme verhindern und der Lösung der Silberverbindung vorbeugen wollen, und zweitens hat man diese Silberverbindung in eine haltbarere Substanz überzuführen versucht.

Auf die von GOLGI selber angegebenen Methoden gehe ich hier nicht mehr ein. Statt der von GOLGI vorgeschlagenen hölzernen Objektträger kann man die umgekehrten Deckgläschen, an denen die Präparate im Balsam festgeklebt sind, auch mit Wachsfüßchen auf einem gewöhnlichen Objektträger befestigen. Die freie Seite des Deckgläschens ist dann dem Objektive des Mikroskopes zugewendet.

EDINGER benutzt statt der in der Tat etwas unsoliden Wachsfüßchen kleine Glasperlen, die an den vier Ecken des Deckgläschens auf dem Objektträger befestigt werden.

Fr. Dr. Belcher benutzt Glimmerplättchen von 18×24 *mm*, auf denen die Präparate mit Canadabalsam angetrocknet werden. Dann wurden diese Platten auf Objektträger mit einem bandartigen Ausschliff von 1—1,5 *mm* Tiefe und 15 bis 88 *mm* Breite mit Canadabalsam aufgekittet.

Von den oben erwähnten Methoden wird diese den Vorteil besitzen, daß das Deckglas nicht so weit über die Fläche des Objektträgers herausragt, sie hat aber den großen Nachteil, daß zu ihr nicht das gewöhnliche Glasmaterial der Laboratorien benutzbar ist.

Cajal verfuhr zur Haltbarmachung der Präparate so, daß er schnell trocknende Lacke benutzte. Die Schnitte wurden wiederholt in Alkohol gewaschen, in Terpentinöl übertragen, mit reinem Benzin behandelt und ohne Anwendung von Deckgläsern auf den Objektträger gelegt, der mit einem aus Kopal, Mastix, Kolophonium und Benzin bestehenden Firnis überzogen ist. Da dieses Harzgemisch sehr flüssig ist, so muß es schichtenweise aufgetragen werden, um das Trocknen zu beschleunigen. Für die Dauerpräparate erwiesen sich die Balsame als die zweckmäßigsten, die sehr schnell trocknen und einen hohen Brechungsindex haben. Die Schnitte müssen absolut trocken werden in dem Balsam und zu diesem Zweck längere Zeit unbedeckt aufbewahrt werden. Später können sie nach der gewöhnlichen Methode mit einem Deckgläschen bedeckt und erwärmt werden, und für diesen definitiven Verschluß eignet sich vorzüglich ganz trockener, geschmolzener Canadabalsam.

Zu der ersteren Art der Haltbarmachung der Präparate ist ferner die Methode von Huber zu zählen, die folgendermaßen ausgeführt wird. Die Schnitte sind aus dem starken Alkohol für 15 Minuten in Kreosot, dann für einige Minuten in Terpentinöl zu legen. Auf dem Objektträger werden sie dann sehr gut mit Fließpapier abgetrocknet, mit Terpentinbalsam bedeckt und dann über der Flamme, unter Vermeidung von Blasenbildung allmählich erhitzt, bis der Canadabalsam unter fortwährendem leichten Dampfen so eingedickt ist, daß er beim Erkalten sofort hart wird. Auf den heißen Balsam wird dann ein erhitztes Deckglas leicht aufgedrückt und das Präparat ist haltbar eingeschlossen. Man muß sich natürlich sorgfältig vor zu heftigem Erhitzen hüten, aber dann leistet die Methode Gutes. Die Präparate scheinen fast unbegrenzt haltbar zu sein.

Sehrwald hat dann vorgeschlagen, außer dem Alkohol, der zum Entwässern benutzt wird, auch das Xylol und den zum Einschluß verwendeten Canadabalsam mit doppeltchromsaurem Silber zu sättigen, dann könne man wohl die Schnitte mit einem Deckglase zudecken. Es ist bestritten worden, daß in Xylol das Silbersalz löslich ist, ich glaube doch, daß geringe Mengen gelöst werden können. So verschlossene Präparate halten sich nun in der Tat länger als die in gewöhnlichem Damar oder Balsam eingeschlossenen, aber doch verderben sie nach einiger Zeit, was nach den oben angeführten Gründen auch nicht zu verwundern ist.

Die Umwandlungen des Salzes in ein beständigeres hat Sehrwald auf die verschiedensten Weisen versucht*; er verwirft aber alle diese Methoden, weil sie die Feinheit der Bilder zerstören sollen.

Für bestimmte Zwecke kommt man nun aber bei Golgipräparaten sicherlich nicht ohne ein derartiges Beständigmachen des Silberbildes aus. Um nur ein Beispiel anzuführen, braucht man zur Entscheidung der Frage, wie die Secretcapillaren der Speicheldrüsen, Belegzellen und Leberzellen sich zu den Zellen selbst verhalten, unbedingt die Färbung der Zellen, die eben unmöglich ist, wenn man das unbeständige Salz nicht in ein resistenteres verwandelt. Außerdem glaube ich in Übereinstimmung mit vielen Autoren sagen zu können, daß bei vorsichtiger Behandlungsweise auch die feinsten Niederschläge nicht zerstört werden.

* Sehrwald hat auch, was mir früher entgangen war, das Hydrochinon zu dem Zwecke schon versucht.

Diese „Fixierung“ der Golgipräparate beruht zum Teil darauf, daß die Silberverbindung in eine andere übergeführt wird, oder daß sie in metallisches Silber reduziert wird. Auch Kombinationen beider Prinzipien können Verwendung finden.

OBREGIA* verwandelt das Silbersalz in ein Goldsalz. Die Schnitte kommen aus dem Alkohol in eine Mischung Goldchloridlösung 1% 8—10 Tropfen, Alcohol absolut. 10 *ccm*, die eine ½ Stunde vorher angesetzt werden soll und dem diffusen Lichte ausgesetzt wurde. Sofort nach dem Einlegen der Schnitte stellt man das Gefäß ins Dunkle. Das Silber wird allmählich durch das Gold ersetzt (das Quecksilber in Sublimatpräparaten in Goldamalgam verwandelt). Schließlich treten schwarze Zeichnungen auf weißem Felde hervor. Je nach der Dicke der Schnitte muß die Flüssigkeit 15—30 Minuten einwirken. Etwas mehr schadet nicht viel. Darauf werden die Schnitte rasch in 50%igem Alkohol, dann in destilliertem Wasser abgespült, endlich in eine 10%ige Lösung von unterschwefligsaurem Natron gebracht, in der sie je nach der Dicke 5—10 Minuten verweilen. Zu lange Einwirkung schadet! Schließlich werden die Schnitte in destilliertem Wasser gründlich ausgewaschen. Während der Gold- und Natronbehandlung dürfen die Schnitte nur mit Glasnadeln berührt werden. Jede beliebige Nachfärbung ist möglich.

PAL verwandelt das Silber in den Schnitten durch Behandlung mit Natriumsulfid in Schwefelsilber, um dann nachfärben zu können. Will man nach WEIGERT die Markscheiden färben, so muß man die Schnitte aufs sorgfältigste in Wasser abwaschen und für 24 Stunden in eine ½%ige Lösung von Chromsäure bringen. Dann werden die Präparate des Centralnervensystems in der üblichen Weise nach WEIGERT gefärbt.

Auch ZIMMERMANN hat die Silberverbindung in Schwefelsilber umgewandelt. In eine Schale mit 100 *ccm* Alcohol absolut. werden unter Umrühren 2—3 Tropfen besten Schwefelammoniums geträufelt und dahinein die Schnitte aus dem Alkohol gebracht. Das Schwefelammonium dringt sehr schwer ein, man muß es daher ½—1 Stunde unter häufigem Umrühren einwirken lassen. Hat man etwas zuviel Schwefelammonium genommen oder zu lange einwirken lassen, so können sich die Niederschläge zum Teil oder ganz lösen und so verschwinden. Mit einiger Vorsicht bekommt man jedoch sehr schöne Präparate, die man nach dem Auswaschen in Alkohol beliebig nachfärben kann.

Sehr leicht kann man ferner — SEHRWALD hat das auch alles ausprobiert — die Silberverbindung der Schnitte in Chlor-, Jod- oder Bromsilber überführen, das dann leicht durch Einwirkung des Lichtes in metallisches Silber verwandelt werden kann.

GREPPIN bringt die Schnitte zu dem Zwecke in eine Lösung von 10%igem Acidum hydrobromicum. Die ursprünglich gelbbraune Farbe der Schnitte macht augenblicklich einer strohgelben, dann einer weißen Platz. Wässert man solche Präparate gründlich aus, so sind sie sehr unveränderlich. Durch Sonnenlicht kann das Bromsilber reduziert werden, wobei dann die einzelnen Formelemente schwarz und scharf hervortreten.

ZIMMERMANN verwandelt den Niederschlag in Chlorsilber. Die Schnitte werden aus dem Alkohol in folgende Flüssigkeiten übertragen: Physiologische Kochsalzlösung 100, Alkohol 96% 200.

Wegen des geringen Kochsalzgehaltes muß man ein größeres Flüssigkeitsquantum nehmen. Während man umrührt, bemerkt man, wie die Präparate, resp. die Niederschläge sehr schnell blaßgelb werden, wenn auch die Schnitte dick sind. Es geht also die Umwandlung sehr schnell vor sich. Beobachtet man sie auf dem Objektträger, so sieht man sie bei dünneren Schnitten fast plötzlich eintreten, während sich die Flüssigkeit durch chromsaures Natron gelb färbt. Der Vorsicht

* Vor OBREGIA hat nach den Angaben von FLECHSIG HELD die Goldfärbung angewendet.

halber läßt man am besten die Schnitte 10—15 Minuten in der Flüssigkeit (häufig umrühren) und überträgt sie dann in 75—96%igen Alkohol, worin sie auf weißem Untergrund im hellen Zimmer liegen bleiben, bis die Niederschläge genügend dunkel erscheinen, was bei genügendem Licht in einem halben Tage erreicht ist. Schneller wirkt direktes Sonnenlicht, doch wird, wenn man nicht vorsichtig ist, der Grund leicht etwas zu dunkel. Zum Nachfärben empfiehlt ZIMMERMANN Thionin oder Safranin. Das erstere färbt am schönsten, wenn man anfangs dem Kalium bichromicum statt der Osmiumsäure Formaldehyd zugefügt hatte. Es färben sich z. B. bei Präparaten vom Centralnervensystem die ganzen Ganglienzellen blau, so daß unvollständig mit Silberniederschlägen gefärbte Zellen durch die Thioninfärbung noch ergänzt werden.

KALLIUS, der bei dem Umwandeln des Niederschlages in Chlor-, Jod- oder Bromsilber keine besonders guten Resultate hatte, benutzte dann zur Reduktion des Silbersalzes zu metallischem Silber den photographischen Hydrochinonentwickler. Von dem käuflichen sogenannten fünffachen Hydrochinonentwickler: Hydrochinon 5,0 *g*, Natrium sulfurosum 40,0 *g*, Kalium carbonicum 75,0, Aq. dest. 250,00, nimmt man 20 *ccm* auf cca. 250 *ccm* Wasser. Vor dem Gebrauche läßt man die Lösung am besten einige Tage stehen. In dunkler Flasche hält sie sich wochenlang, wird nur etwas gelblich. Wenn der Entwickler sehr lange gestanden hat, muß man sich vor dem Gebrauche davon überzeugen, ob er noch reduzierend wirkt. Vor dem Gebrauche gießt man zu einem Schälchen dieser Flüssigkeit ungefähr den dritten Teil bis die Hälfte absoluten Alkohol. Man darf aber nicht zuviel Alkohol hinzufügen, da sonst die Pottasche ausgefällt wird. Sollte ein derartiger Niederschlag auftreten, so braucht man nur von der Hydrochinonlösung eine geringe Menge zuzusetzen, dann wird das Kalium carbonicum in ganz kurzer Zeit wieder aufgelöst. Der absolute Alkohol darf deswegen nicht fortgelassen werden, weil sonst die Schnitte, die ja gewöhnlich aus mehr oder weniger starkem Alkohol kommen, einer zu heftigen Diffusionsströmung ausgesetzt werden, die mitunter Niederschläge aus dem Gewebe herausschwemmt. Hierin bleiben die Schnitte, die man vorher durch häufiges Wechseln des Alkohols möglichst vollständig von dem in ihnen enthaltenen Argentum nitricum befreit hat, mehrere Minuten. Um kontrollieren zu können, ob die Reduktion beendet ist, kann man dann die Schnitte in eine Lösung von Fixiernatron bringen, das den nicht reduzierenden Niederschlag auflöst. Wenn man erst einige Male die Methode benutzt hat, wird man diese Probe entbehren können.

Die Schnitte, die sich fast immer grauschwarz gefärbt haben, werden dann in 70%igem Alkohol 10—15 Minuten lang ausgewaschen, kommen für 5 Minuten in eine Lösung von unterschwefligsaurem Natron (cca. 10,0 : 50,0) und zuletzt in eine Schale mit mehrfach zu wechselndem destillierten Wasser, worin sie bis zu 24 Stunden verweilen mögen. Meist hat dann der Grund der Schnitte eine helle weißliche bis leicht gelbliche Farbe angenommen, auf dem die schwarzen Silberbilder sehr deutlich hervortreten. Die Präparate vertragen dann jede weitere Behandlung. Selbst die feinsten Niederschläge brauchen sich nicht zu verlieren und die Präparate sind unbegrenzt haltbar.

CURRERI hat wie viele andere Forscher mit der Methode gute Erfolge erzielt. Als besonders brauchbare Modifikation gibt er an: Aq. dest. 100, Solfito di soda 7,5 *g*, Hydrochinon 1 *g*. Vor dem Gebrauch mit 5—10 Vol. Wasser zu verdünnen. Nach einigen Minuten kommen die Schnitte in 20—25%ige Lösung von Fixiernatron. $^1/_2$—5 Minuten, je nach der Dicke, kommen sie in reichlich Wasser für 1 Stunde. Dann folgt eine Vergoldung (Goldchlorid 1 *g*, Acetato di soda 30, Aq. dest. 1000). Sobald die gewünschte Farbe eingetreten ist (sehr kurze Zeit!), folgt Fixage, eventuell Nachfärbung mit Methylenblau.

Auf Stücke sind alle diese Fixierungsmethoden nicht anwendbar. STÖHR hat aber dicke Schnitte mit Hydrochinon reduziert und sie dann nach dem Einbetten in feine Schnitte zerlegt.

III. Spezielle technische Vorschriften.

Im folgenden seien einige von den speziellen Angaben für bestimmte Organe und Gewebe zusammengestellt. Natürlich sind nicht für alle derartige Spezialvorschriften vorhanden. Für die hier nicht aufgezählten Fälle genügen die im allgemeinen Teile angeführten Vorschriften vollkommen.

1. Centralnervensystem.

Am allerbesten eignen sich zum Studium kleinere Tiere oder Embryonen, deren Gehirne etc. leicht in toto geschnitten werden können und dann topographisch übersichtliche Bilder liefern.

Für das Gehirn des Menschen hat FLATAU eine genaue Vorschrift der Sublimatmethode gegeben, die gute Resultate liefert.

Das Gehirn (eventuell 1—2 Tage p. m.) wird in toto 2—3 Monate in einer 3—4%igen Lösung von Kalium bichromicum gehärtet. Dann entnimmt man aus den zu untersuchenden Stellen kleinere Stücke und legt sie in eine wässerige Sublimatlösung von 1:1000; auf jedes Stück muß mindestens 30 *ccm* Flüssigkeit kommen. In den ersten 2—3 Wochen wechselt man alle 2—3 Tage, bis keine gelbe Farbe mehr abgegeben wird. Alsdann bleiben die Stückchen 9—12 Monate in der letzten Flüssigkeitsmenge. Die Sublimatbehandlung muß im Dunkeln stattfinden. Darauf werden die Stücke in Celloidin eingebettet.

SALA hatte beim Pes hippocampi die besten Erfolge mit der langsamen Golgimethode (Tränkung des Stückes während 20—30 Tagen in 2%iger doppeltchromsaurer Kalilösung und 0,75%iger Silbernitratlösung) und mit dem raschen Verfahren (Tränkung der Stücke während 4—5 Tagen in 2%iger Lösung von Kali bichromicum, hierauf 24—30 Stunden in einer aus zwei Teilen einer 1%igen Osmiumsäurelösung und acht Teilen einer 2%igen doppeltchromsauren Kalilösung bestehenden Mischung und schließlich in 0,75%iger Silberlösung).

Zur Färbung der Elemente des Ammonshornes hat CAJAL die einfache und oft auch die doppelte schnelle Imprägnation benutzt. Die Zeit der Fixierung schwankt zwischen zwei und vier Tagen. Sehr vorteilhaft hat sich auch die Methode von COX erwiesen. Diese wurde folgendermaßen angewendet: Nicht zu große Stücke kommen in die oben pag. 563 angegebene Lösung. Hierin bleiben die Stücke 2 bis 3 Monate im Winter, mindestens einen Monat im Sommer. Beschleunigend wirkt ein vorheriges Einlegen in Alkohol (30%) für ½—1 Stunde. Die Schnitte kommen in starken Alkohol (90%), in Nelkenöl und dann in Xylol-Dammar (ohne Deckglas). Auch diese Methode gibt bessere Resultate bei jungen Tieren als bei alten. Wenn es sich darum handelt, die Nervenfasern, Zellkörper und Protoplasmafortsätze zu färben, dann ist diese Methode ausgezeichnet, sollen aber feinste Collateralen gefärbt werden, dann gibt CAJAL der GOLGIschen Silbermethode den Vorzug, weil bei der COXschen Methode die feinsten Fasern blasser sind und sich nicht so deutlich abheben.

Für das Studium des Corpus callosum und der Großhirnrinde benutzt CAJAL besonders kleine, einige Tage alte Tiere.

Der günstigste Zeitpunkt, um eine Färbung der Rindenzellen zu erhalten, ist nicht bei allen Tieren der gleiche. Bei der Maus z. B. ist die beste Zeit zwischen dem 8. und 25.—30. Tage. In den ersten Tagen nach der Geburt sind die Elemente noch so wenig entwickelt, daß man keine guten Bilder erhält. Beim Kaninchen ist die Gehirnrinde bei der Geburt schon besser entwickelt und der günstigste Zeitpunkt liegt daher der Geburt näher, zwischen dem 1.—15. Tage. Bei den Embryonen der Mäuse, Ratten, Kaninchen imprägnieren sich die Nervenzellen nur sehr unsicher, dagegen die Epithelien, Blutgefäße und Nerven sehr sicher, falls die zur Härtung bestimmte Zeit 2—3 Tage nicht überschreitet. Bei neugeborenen Säugetieren einer gewissen Größe, Kaninchen, Meerschweinchen, Katze und natürlich erst recht, wenn sie älter sind, muß man die Stücke in Osmiumbichromat zwei, drei oder fünf Tage härten. Die Zeit der Härtung wechselt je nach der Tierart und je nach dem Alter, dasselbe gilt von der Färbung bestimmter Elemente und der Nichtfärbung anderer. So muß man, um die Zellen der Molekularschicht beim Kaninchen zu färben, ungefähr 5 Tage härten (Kaninchen von 8 Tagen), während die Collateralen der weißen Substanz 6—7 Tage erfordern. Sehr wichtig ist es, um gute Resultate zu erzielen, daß man stets dieselbe Temperatur anwendet. Verfasser hat während des Winters eine solche von 25—26° gewählt (Thermostat). Bei niederen Temperaturen erfordert die Härtung mehr Zeit, deren Dauer man durch Versuche feststellen muß. Die Dicke der einzulegenden Stücke sollte 0,5 *cm* nicht überschreiten, für ein solches Stück würden dann 25—30 *ccm* der Härtungsflüssigkeit erforderlich sein.

Bisweilen erhält man schlechte Resultate, weil die Härtung zu lange gedauert hat. In diesem Falle bringe man das Präparat nach dem Silberbade noch einmal in die Härtungsflüssigkeit für 24—36 Stunden und dann wieder in Silber. Man erhält so oft Imprägnationen, die vollständiger sind als sonst und sich sogar auf die bindegewebigen muskulären und knorpeligen Elemente erstrecken. Auch nervöse Elemente färben sich dann, die sich sonst fast niemals färben.

Zur Vermeidung der Niederschläge auf der Oberfläche kann man die MARTINOTTIsche und SEHRWALDsche Methode wählen (siehe diese pag. 566) oder auch Arachnoides und Pia auf der Oberfläche sitzen lassen. Oft erreicht man auch mit einer auf dem Präparat hergestellten Blutschicht den Zweck.

Der Zusatz von 1—2 Tropfen konzentrierter Chromsäurelösung zur Härtungsflüssigkeit erwies sich als günstig zur Färbung der Collateralen. Die Säure beschleunigt die Härtung und erleichtert bei kleinen Säugetieren das Schneiden des Rückenmarkes zugleich mit der Wirbelsäule, da sie eine Entkalkung des Knochens bewirkt.

ANDRIEZEN hat speziell für das menschliche Gehirn von einer komplizierteren Fixierung besondere Vorteile gehabt. Das Material war cca. 24 Stunden alt. 3—4 *mm* dicke Stücke kamen in reichliche Menge von Kalium bichrom. 2% 95 Teile, Acid. osmic. 1% 5 Teile im Dunkeln für 24 Stunden. Kurz vor der Anwendung wurden 100 *ccm* der Mischung ein Tropfen einer konzentrierten Lösung von Acidum chromicum und ein Tropfen Acid. formicic. pur. zugesetzt. Alsdann kam das Material in eine Mischung von Kalium bichromic. 2½% 90 Teile, Acid. osmic. 1% 10 Teile für zwei Tage. Darauf bis zu vier Tagen in Kalium bichr. 3% 80 Teile, Acid. osmic. 1% 20 Teile.

Nach dem Abwaschen der Präparate in destilliertem Wasser (1—2 Sekunden lang) kamen sie in 0,75%ige Lösung von Argent. nitr., die zuerst bald (5 bis 15 Minuten) gewechselt wurde, an einem Glashaken frei aufgehängt 3—6 Tage in den Brütofen bei 25—27° C. Nach Einbettung in Celloidin wurden die Schnitte in einer Mischung von Xylol und Pyridin (aa.) aufgehellt und ohne Deckglas in Xylol-Dammar aufbewahrt.

Zur genauen Untersuchung der Ganglienzellenentwicklung bei der Maus hat STEFANOWSKA die schnelle Golgimethode, eventuell mit doppelter und dreifacher Anwendung benutzt. In den ersten Tagen nach der Geburt ist die Imprägnation sehr schwierig; unter sonst gleichen Bedingungen geht die Imprägnierung des Gehirns bei sehr jungen Mäusen weit langsamer vor sich als beim erwachsenen Tiere. Läßt man die Hirnrinde einer erwachsenen Maus drei oder vier Tage in der Osmiumbichromatlösung und zwei oder drei Tage im Silbernitrat, so erhält man ausgezeichnete Präparate, die vollständig durchsichtig sind und keine oberflächlichen Niederschläge zeigen. Bei der jungen Maus gebraucht man dagegen oft die dreifache Zeit. Ist der Aufenthalt in den Reagenzien nicht lange genug gewesen, so zeigen sich nur einige Zellen imprägniert, diese treten deutlich hervor, sind aber äußerst selten. Die oberflächlichen Niederschläge abzuhalten, ist die Methode von SEHRWALD gut geeignet. Trotz aller Bemühungen gelingt es kaum, genaue Regeln aufzustellen: unter denselben Umständen waren die Präparate bald gut, bald schlecht. Die Schwierigkeiten mindern sich mit der fortschreitenden Entwicklung, vom 8. Tage nach der Geburt an kann man auf sichere Resultate rechnen. Auch die störenden Niederschläge werden immer geringer.

Ein möglichst schneller Tod der Tiere (Dekapitation) soll für die Erhaltung der Zellen wichtig sein, denn durch die Aufregung, Schmerz etc. sollen die Zellen alteriert werden.

MONDINO bringt ganz frische Kleinhirne in MÜLLERsche Lösung oder in 2%ige Kaliumbichromatlösung, oder, was noch besser ist, er injiziert durch die Carotiden in das in der Schädelhöhle belassene Gehirn die MÜLLERsche Flüssigkeit langsam unter konstantem Druck, bis wegen der eingetretenen Härtung und der Verstopfung der Capillaren keine Flüssigkeit mehr hindurch läuft. Dann wird das Gehirn mit oder ohne Häute aus der Schädelkapsel entfernt und kommt für einige Monate in MÜLLERsche Flüssigkeit. Je länger die Stücke in dieser Flüssigkeit verweilen, um so länger müssen sie auch in der Sublimatlösung bleiben. Diese wird $^1/_2$%ig genommen; sobald sie gelb geworden ist, muß sie gewechselt werden, hört dies auf, so kann die Flüssigkeit, wenn sie nur in reichlicher Menge vorhanden ist, auf den Präparaten stehen bleiben. So bleiben sie mindestens drei Wochen stehen, ehe man die Schnitte anfertigt. Das Gehirn wurde mit Paraffin umgossen und auf dem GUDDENschen Mikrotom geschnitten.

Zur Imprägnation des Kleinhirnes benutzte ATHIAS Embryonen oder Neugeborene von Säugetieren, bei denen man stets leicht die Neurogliazellen färben kann. Für die Nervenzellen sind zwei bis vier Tage der Einwirkung des Osmiumbichromatgemisches erforderlich, für die Nervenfasern fünf bis sechs Tage. Die doppelte Imprägnierung war oft vorteilhaft.

CAJAL hat das Gehirn von Vögeln so behandelt, daß er frische Stücke auf zwei oder mehr Tage in MÜLLERsche Flüssigkeit brachte, dann auf 24 Stunden oder länger in ein Gemisch von Osmiumsäure und MÜLLERscher Flüssigkeit übertrug. Seltener wurde ein Gemisch von Kaliumbichromat mit Osmiumsäure benutzt. Den Silberlösungen wurde gelegentlich mit Vorteil etwas Essigsäure (cf. pag. 565) zugesetzt, auch werden öfter etwas schwächere Osmiumbichromatmischungen verwendet, als GOLGI empfohlen hatte.

Ganz besonders vorteilhaft hat sich für das Centralnervensystem der Ersatz der Osmiumsäure durch das Formaldehyd erwiesen. KOPSCH empfiehlt, das Gehirn in seiner Mischung (cf. pag. 564) 3—6 Tage zu lassen. Längere Einwirkungsdauer schadet nicht viel. Allerdings wurden die Blutgefäße meist sehr vollständig gefärbt, was mitunter störend ist. Niederschläge sind nicht sehr zahlreich, darin besteht der Hauptvorteil der Methode.

STRONG empfiehlt statt der Osmiumsäure ebenfalls Formaldehyd. Er nimmt die Mischung einer 3,5%igen Kalium bichromicum-Lösung 100 Teile mit Formol 2,5 5 Teile. Nach einigen Tagen kommen die Stücke (Gehirn vom Erwachsenen) in 1%ige Silberlösung. Oder man kann auch die Objekte, nachdem sie 1—2 Tage in der angegebenen Bichromat-Formolmischung gelegen haben, in eine Mischung von 2 Teilen einer 5%igen Lösung von doppeltchromsaurem Kali mit 1 Teil Formol bringen. Nach 12—24 Stunden kommen die Stücke dann in Silberlösung. Es soll diese Modifikation noch besser sein als die von dem Verfasser angegebene Lithiumbichromatmethode. Für embryonales Gehirn empfiehlt der Verfasser allerdings Lithium bichromicum mit Formol, da diese Mischung besser härtet.

Auch bei der Formolmodifikation kann, wie DURIG gezeigt hat, die doppelte Methode der Imprägnation Verwendung finden. Er legte $^1/_2$ *cm* große Stücke für 3 Tage in Formol 4—6% (die Stammlösung als 40% berechnet) und Kalium bichromicum 3%; dann wie gewöhnlich in die Silberlösung. Nach 2 Tagen kamen die Stücke wieder in das erste Gemisch zurück, dann wieder in die Silberlösung, der eine Spur von Ameisensäure zugesetzt war. Länger als 8 Tage sollen die Stücke nicht in der Silberlösung verweilen.

VASSALE und DONAGGIO fügen Aldehyd zur fixierenden Flüssigkeit der GOLGIschen Methode. Sie verfahren folgendermaßen: Kleine Stücke von höchstens

1 *cm* Seitenlänge kommen für 15—20 Tage in ein Gemisch von 5 Teilen konzentriertem Aldehyd auf 100 Teile einer 3—5%igen wässerigen Lösung von doppeltchromsaurem Kali. Nach den ersten Tagen wechselt man die Flüssigkeit einmal. Genau zu dem Zeitpunkt, zu dem sich die Stücke anfangen dunkler zu färben, überträgt man sie zur gewöhnlichen Weiterbehandlung in die Silberlösung.

Man kann, wie GEROTA, LENHOSSÉK und BOLTON gezeigt haben, die beiden Flüssigkeiten auch nacheinander einwirken lassen. Ersterer empfiehlt 1—2 Wochen in Formol gehärtete Gehirne für 3—5 Tage in eine 4%ige Lösung von Kalium bichromicum und dann für 10—20 Tage und länger in die Silberlösung zu bringen.

BOLTON härtet zunächst die ganzen Gehirne in 5%iger Formalinlösung. (Menschliche Gehirne in 2—12 Monaten.) Dann werden Stücke von nicht mehr als 3 *mm* Dicke ausgeschnitten, diese in Formol (5%) in Keile zerschnitten, die eine Basis von 6 *mm* haben und ein Stückchen weiße Substanz enthalten. Diese kommen dann in eine 1%ige Lösung von Ammonium bichromic., ohne ausgewaschen zu sein, bis zu 5 Tagen. Dann kommen sie in eine 1%ige Silberlösung für 24 Stunden.

Für das Rückenmark hat LENHOSSÉK bei der schnellen GOLGIschen Methode folgende Termine für günstig zur Färbung bestimmter Gebilde gefunden:

1. Neuroglia 2—3 Tage, 2. Nervenzellen 3—5 Tage, 3. Nervenfasern, Collateralen 5—7 Tage.

NANSEN hat für die Färbung des Rückenmarkes von Myxine folgende Modifikation angewendet. Das Rückenmark wird zusammen mit den nächst umgebenden Teilen dem lebenden Tiere entnommen und in Stücke von ein oder ein paar Zentimeter Länge zerschnitten. Diese kommen für eine Stunde in eine 2—2,5%ige Lösung von doppeltchromsaurem Kali, dann für 24 Stunden in eine von 3% und mehr, dann für 3 Tage in eine Mischung von Kalium bichromicum 3% 4 Teile, Acid. osmic. 1% 1 Teil.

Je nach der Temperatur geben auch Lösungen mit mehr oder mit weniger Osmium bessere Resultate. Dann kommen die Präparate in Silbernitrat, zuerst Abwaschen in einer 0,5%igen Lösung, dann für 1 Tag in eine stärkere (bis 1%), Schneiden, Montieren wie gewöhnlich.

MONTI hat für Fische die Mischung von 4 Teilen 3%igen Kaliumbichromats und 1 Teil ½%iger Osmiumsäure vorgeschlagen. Die Lösung ist zu erneuern, sobald sie nicht mehr nach Osmium riecht. Am 4. oder 5. Tage kommen die Präparate in das Silberbad. MONTI hat alle Manipulationen im Dunkeln vorgenommen.

Das Rückenmark junger und älterer Kaulquappen behandelt ATHIAS so, daß er jüngere Tiere 2—3 Tage, älterere 3—5 Tage in der Osmiumbichromatlösung ließ, dann für 1—2 Tage in die Silberlösung brachte. Mitunter ergab erst die doppelte oder dreifache Imprägnation gute Resultate. Am besten gelingt sie bei Tieren von 2—3,5 *cm* Länge.

Auch beim Nervensystem von Wirbellosen hat sich die GOLGIsche Methode ausgezeichnet bewährt. Kleine Tiere (Crustaceen etc.) kann man ganz oder in Teile zerlegt (Antennen), ohne sie zu schneiden, imprägnieren und aufhellen. Für Pulmonaten hat NABIAS vorgeschlagen, die Ganglien gleich nach der Behandlung mit Osmiumsäure und Sublimat in Celloidin einzubetten und erst die Schnitte mit Höllenstein zu behandeln.

Die Gliazellen in dem Nervensystem von Helix können am besten dargestellt werden bei Einwirkung von 5%iger Lösung von Kaliumbichromat gemischt mit 1%iger Osmiumsäure für die Zeit von 8—10 Tagen. Die Silberlösung ist dann 0,75—1%. RETZIUS empfiehlt für Lumbricus die Stücke 3 Tage lang in Osmiumbichromat zu lassen, dann in die Silberlösung zu legen. Die Härtung erfolgt bei 25—30°.

Für die Untersuchung des sympathischen Nervensystems empfiehlt CAJAL folgendes: Hierzu eignen sich Embryonen weit mehr als erwachsene Tiere und von diesen besonders Hühnerembryonen vom 14.—18. Tage der Bebrütung. Von den Abteilungen des Sympathicus ist der Halsteil am günstigsten, nicht nur wegen der bedeutenden Größe seiner Ganglien, sondern hauptsächlich auch, weil diese Ganglien so nahe an den Spinalganglien liegen, und man daher leicht ihre Verbindungen zu verfolgen vermag. Besonders günstig liegt hierfür das Ganglion cervicale supremum. Die Stücke des Halses werden in dem Bichromatosmiumgemisch 3 Tage gehärtet. Man achte darauf, daß die prävertebralen Weichteile so weit erhalten bleiben, daß die sympathischen Ganglien noch von ihnen bedeckt sind, damit die Härtungsflüssigkeit sie mit einer gewissen Langsamkeit erreicht. Dann kommen die Stücke in eine Silbernitratlösung von 0,75% oder 0,5% für 36 Stunden. Darauf bringe man die Präparate in dieselbe Härtungsflüssigkeit oder in eine neue, die Osmiumsäure in einem Verhältnis von 2 : 20 enthält; dann lasse man die Stücke nach schnellem Abwaschen in destilliertem Wasser für 36—48 Stunden in der Silberlösung.

Die sympathischen Nerven und Spinalganglien färbt GEHUCHTEN auf folgende Weise. Die dem durch Chloroform getöteten Tiere entnommenen Stücke kommen in eine Lösung von Kalium bichrom. 3% und Osmiumsäure 1% im Verhältnis von 4 : 1. Darin verweilen sie 3 Tage im Dunkeln bei Stubentemperatur. Nach schnellem Abwaschen in destilliertem Wasser kommen sie in 0,75%ige Silberlösung. Der Zusatz von Ameisensäure ist überflüssig. Nach dortigem Verweilen von 2 Tagen (im Dunkeln) werden sie wieder schnell in destilliertem Wasser abgewaschen und kommen in dieselbe Bichromatmischung wie zu Anfang für 3 Tage; darauf kommen sie wieder in die Silberlösung nach kurzem Abwaschen, wo sie mindestens 2 Tage verbleiben müssen.

JUTSCHTSCHENKO färbt die sympathischen Ganglien so, daß er die Präparate, die je nach Größe 1, 2, 5, 7 Tage in der Chromatosmiummischung gelegen haben, nach kurzem Abspülen in Wasser und leichter Abtrocknung auf Fließpapier in eine 2—3%ige, 0,25—0,5% Osmiumsäure enthaltende Lösung von Argentum nitricum bringt, wo sie 2—3 Tage bleiben.

Auch um spezielle Strukturen der Ganglienzellen und Fasern zu untersuchen, eignet sich die GOLGIsche Methode ausgezeichnet.

GOLGI hat drei verschiedene Methoden angegeben, nach denen man die nach ihm benannten netzförmigen Strukturen in den Ganglienzellen färben kann. 1. Nach seiner schnellen Methode, wobei er folgende neue Modifikation benutzt:

Kalium bichromic. 3% 2 Teile, Acidum osmicum 1% 1 Teil.

Die netzförmigen Strukturen färben sich früher als die Körper der Ganglienzellen nach der klassischen Methode. Man muß aber sehr sorgsam die Zeit ausprobieren, die von so vielen äußeren Umständen abhängig ist, daß sich keine näheren Angaben machen lassen. 2. Nach der schnellen indirekten Methode; die Stücke werden so wie oben angegeben gehärtet und dann mit der oben angegebenen Verjüngungsmethode behandelt, durch die Stücke, die monatelang im Osmiumbichromat lagen, noch gerettet werden können. Die Mischung hat die Zusammensetzung:

Kalium bichrom. 2 oder 3%, Cuprum sulfuricum 4 oder 5% zu gleichen Teilen.

Die Zeit, die zur Verjüngung notwendig ist, hängt von der Zeit der Härtung ab, sie schwankt zwischen 8 Stunden und 10 Tagen und mehr. Dann kommen die Stücke direkt in die Silberlösung. Statt des Cuprum sulfuricum kann man auch Cuprum aceticum nehmen, muß dann aber die Mischung filtrieren. Stücke, die gar zu lange schon in der ersten Lösung fixiert waren, behandelt man mit halb verdünnten gesättigten Lösungen des Kupfersalzes. Dann muß man die Präparate aber vor der Silberbehandlung in das Osmiumbichromatgemisch zurückbringen.

3. Methode von VERATTI. Die Stücke kommen in folgende Lösung:

Kalium bichromic. 5% 30 Teile, Platinchlorid 1‰ 30 Teile, Acid. osmic. 1% 15—30 Teile. Die weitere Behandlung ist wie bei 1. oder 2.

Um die Methoden kennen zu lernen, empfiehlt GOLGI die Spinalganglien junger Tiere zu benutzen (besonders Meerschweinchen [SUCHANOW]). Läßt man die Präparate 5, 10, 15 Tage in der 3. Mischung, 1, 2, 3 Tage in der Verjüngungsflüssigkeit, dann bekommt man gute Resultate.

Für die Färbung der an den peripherischen Nerven beobachteten feineren Strukturen hat GOLGI ebenfalls seine Methode verwendet.

Einem soeben getöteten Tiere (am besten Kaninchen) wird mit der größten Vorsicht irgend ein Nerv entnommen und sogleich in die Flüssigkeit von folgender Zusammensetzung gelegt:

Kalium bichromicum 2% 10 Teile, Acid. osmic. 1% 2 Teile.

Wenn die Festigkeit des Nervenstammes einigermaßen zugenommen hat, was ungefähr nach einer Stunde der Fall ist, zerschneide man ihn der Länge nach in 0,5—1 *ccm* lange Stücke, die sogleich in die Flüssigkeit zurückgebracht werden müssen. 4 Stunden nach dem Beginn der Härtung fängt man an, ein Stückchen der Nerven in eine 0,5%ige Argentum nitricum-Lösung zu legen, und fährt damit von 3 zu 3 Stunden fort. Im Silber müssen die Stücke mindestens 8 Stunden liegen. Dann Alkohol, Terpentinöl, Dammar.

Eine zweite Methode besteht darin, daß peripherische Nerven oder auch Rückenmarkfasern in die Bichromatlösung gebracht werden. Während letztere aber 10—15 Tage darin verweilen müssen, genügen für erstere 4—6—8 Stunden bis zu einem bis höchstens 2 Tagen. Während dieser Dauer werden von Zeit zu Zeit Nervenstückchen aus dem Bichromat in das Silber übertragen.

Aus dem Silbernitrat kommen die Präparate in Alkohol, in dem sie eine Art von Auswaschung erleiden müssen, indem man den Alkohol zwei- oder dreimal erneuert, um das salpetersaure Silber fortzuwaschen. In dem Alkohol können die Fasern vorsichtig zerzupft werden und dann werden sie durch einen 10—15 Minuten dauernden Aufenthalt in absolutem Alkohol vollständig entwässert, in Terpentinöl durchsichtig gemacht und zuletzt in Dammarfirnis eingeschlossen. Hierauf muß die Vollendung des Präparates den Sonnenstrahlen überlassen werden. In diesem Zustande nehmen die Fasern in einer Zeit, die zwischen wenigen Tagen im Sommer und mehreren Wochen im Winter wechseln kann, während der rote Niederschlag sich auflöst, zuerst eine diffus-strohgelbe Färbung an; dann werden in ihnen die Spiralfäden nach und nach deutlich und die Umrisse der trichterförmigen Apparate erscheinen mit allen ihren Verschiedenheiten.

Die nach dem ersten Verfahren erhaltenen Präparate bieten den Vorteil, die Spiralen deutlicher und regelmäßiger zu zeigen, lassen sich aber im Dammar nicht erhalten. Die der zweiten Art lassen die Spiralen nur schwierig in bedeutender Ausdehnung und Regelmäßigkeit erkennen, haben aber den Vorteil, auf unbestimmte Zeit haltbar zu sein.

SALA hat dann die trichterförmigen Stützapparate und andere feine Strukturen an den peripherischen Nerven nach den von VERATTI (s. oben) vorgeschlagenen Modifikationen dargestellt.

2. Retina.

Diese hat den Untersuchern meist große Schwierigkeiten gemacht und doch sind bei einiger Vorsicht ganz leicht zufriedenstellende Resultate zu erzielen, so daß ich wohl sagen kann, daß bei richtiger Wahl des Objektes ein vollständiges Versagen der Methode bei diesem Organ nicht zu fürchten ist. Die ausführlichsten technischen Anleitungen hat hierfür CAJAL gegeben, dem auch auf diesem Gebiete zweifellos die größten Erfahrungen zur Seite stehen.

Bei der Retina ist nach CAJAL die schnelle GOLGIsche Methode etwas unsicher, namentlich für die kleinen Netzhäute der Fische, Reptilien und Batrachier. Im allgemeinen kann man sagen, daß, je zarter die Netzhaut ist, um so schwieriger eine gute Imprägnierung zu erhalten ist. Deshalb ist es gut, unter den Tieren einer Familie diejenigen zu den Versuchen zu benutzen, die die dicksten Netzhäute besitzen. So erhält man z. B. fast immer zufriedenstellende Resultate bei der Retina von Lacerta viridis, während unter den gleichen Verhältnissen es fast unmöglich ist, die zarte Netzhaut von Lacerta agilis zu färben. Bei diesen hat man noch am meisten Erfolg, wenn man statt der einfachen die doppelte Imprägnierung anwendet.

Verfasser legt die hintere Bulbushälfte nach Entfernung des Glaskörpers in die gewöhnliche Osmiumbichromatmischung. Nach 24—48 Stunden trocknet man die Stücke auf Fließpapier und bringt sie für 24 Stunden in die 0,75%ige Silberlösung. Für die doppelte Imprägnierung bringt man die Stücke in dieselbe Osmiumbichromatlösung, im Falle diese noch Osmiumsäure enthält. Ist das nicht mehr der Fall, dann setzt man einige Tropfen frischer Osmiumsäure zu. Oder man kann auch eine neue Mischung ansetzen, die aber dann weniger Osmium enthält als die erste (20 *ccm* der Bichromatlösung und 2 oder 3 *ccm* der Osmiumsäure). Zuviel Osmiumsäure macht die Gewebe zu leicht brüchig. Dann kommen die Stücke wieder für mindestens 24 Stunden in Silber. Nach oberflächlichem Umgießen mit Paraffin werden die Retinae in dicke Schnitte zerlegt.

Die Niederschläge auf der Oberfläche hat CAJAL vermieden, indem er die Retina vor dem Silberbad mit einer dünnen Schicht Celloidin umgab, das aber nicht antrocknen darf; oder z. B. mit Peritoneum bedeckte. Am zweckmäßigsten hat sich die Aufrollung der Retina erwiesen: Wenn man den Glaskörper entfernt hat, löst man die Retina, nachdem man sie am Opticuseintritt abgeschnitten hat, vorsichtig mit Hilfe eines feinen Pinsels von der Chorioidea ab und rollt sie so zusammen, daß sie einen dicken cylindrischen Körper darstellt. Um die Wiederaufrollung in der Flüssigkeit zu vermeiden, taucht man diese Rolle kurz in eine 2%ige Celloidinlösung, wartet einige Sekunden ihr Erstarren ab und legt das Ganze sofort in die Osmiumbichromatlösung. Die aufgerollte Retina härtet wie eine kompakte Masse, behält ihren Zusammenhang auch während des Schneidens, wobei die Schnitte die ganze Dicke des Stückes umfassen können. So vermeidet man die Oberflächenniederschläge, nur an der ersten Aufrollungswindung findet man solche. Ferner ist bei der Dicke des Stückes eine übermäßige Härtung nicht zu befürchten, so daß, welches auch die Zeit der Härtung sein mag, ob 1, 2 oder 3 Tage, man immer Windungen findet, die gute Reaktion zeigen. Natürlich ist auch hierbei die doppelte oder dreifache Imprägnation verwendbar. Ist die Retina von mittlerer Größe (Kaninchen, Hund etc.), so kann man aus ihr einen einzigen Block machen, bei den größeren Säugern (Pferd, Ochs, Schaf) ist es besser, sie in 2 oder 3 Stücke zu zerlegen, um eine unvollkommene Härtung der centralen Teile zu verhüten.

KALLIUS hat ferner erkannt, daß auch bei der Retina sich die einzelnen Elemente sehr gut färben lassen, wenn man die Stücke verschieden lange in dem Osmiumbichromatgemisch läßt. Dabei fand sich, daß sich nach 12stündigem Verweilen in der Härtungsflüssigkeit häufig nur Stäbchen und Zapfen und einzelne Bipolare, nach weiteren 12 Stunden andere Bipolare und die parareticulären Zellen, dann die Opticusganglienzellen, dann die Nervenfasern färben lassen; wenn die nervösen Elemente sich nicht mehr sehr gut imprägnieren lassen wollen, dann erscheinen die Stützzellen und die Neurogliazellen. Die Reihenfolge ist zwar keine absolut konstante, es kommen natürlich manche Abweichungen vor, aber diese Methode erleichtert sicher das Studium der einzelnen Elemente. Statt des Kaliumbichromates hat KALLIUS besonders vorteilhaft das leicht lösliche Natriumsalz in derselben Konzentration gefunden. Dieses gestattet allerdings nicht die doppelte Imprägnierung, die sich auch kaum als nötig erwiesen hat. Gerade bei der Netzhaut ist die Vermeidung der oberflächlichen Niederschläge absolut geboten, dafür hat sich die SEHRWALDsche Methode besonders bewährt.

Neuerdings hat weiterhin MARENGHI besondere Vorschriften gegeben, um an der Retina vorzügliche Resultate zu erhalten. Er härtet die Retina, nachdem der Bulbus halbiert ist, oder in situ, indem er das Tier mit der Osmiumbichromatmischung injiziert, der einige Tropfen (auf 100 *ccm*) einer gesättigten Lösung von Schwefelcyankalium zugefügt sind. Letzteres beschleunigt die Härtung ganz außerordentlich. Nach 8, 10, 16, 20 Stunden kommen die Stücke in die Silberlösung. Später bekommt man keine guten Resultate. Dann kann man aber mit Vorteil die nach GOLGIS Vorschriften ausgeführte Verjüngungsmethode benutzen. Um die oberflächlichen Niederschläge zu vermeiden, wurden die Netzhautstücke in die Schalenhaut von Eiern eingehüllt. Von theoretischen Erwägungen ausgehend, fand MARENGHI es für besonders vorteilhaft, wenn er der Bichromatlösung einige Tropfen Acidum nitricum zusetzte oder die Retinastücke ganz kurze Zeit in eine verdünnte wässerige Lösung dieser Säure tauchte. Seine Resultate sprechen für seine Methode.

KOPSCH hat seine Formolmischung mit Erfolg auch für die Netzhaut angewendet. Am zweiten Tage färben sich fast nur Stäbchen und Zapfen und die MÜLLERschen Stützfasern, die Imprägnation der Bipolaren und parareticulären Zellen etc. erfolgt nach einer Einwirkung von 3—6 Tagen. Dann werden die Resultate schnell schlechter.

Auch für den centralen und peripherischen Sehapparat von Wirbellosen (Cephalopoden) hat sich die GOLGIsche Methode vorzüglich bewährt (KOPSCH, v. LENHOSSÉK).

3. Peripherische Nervenendigungen etc.

Meist genügen die im allgemeinen Teile gegebenen Vorschriften, nur einige besonders bemerkenswerte Modifikationen der Methoden seien hier angeführt.

Die wichtigste scheint mir hiervon die von SMIRNOW zu sein, der die Nerven in der Haut von **Lumbricus** vorzüglich damit darstellen konnte: Stücke des Wurmes von 1,5—2 *ccm* werden in eine Mischung von gleichen Teilen einer 5%igen Lösung von Kalium bichromicum und einer 1%igen Lösung von Osmiumsäure gelegt. Nach 5—28 Tagen werden die Stücke herausgenommen und auf 24 bis 36 Stunden in eine 0,75—1%ige Lösung von salpetersaurem Silber übertragen. Dann werden sie in 70%igem Alkohol abgespült, geschnitten, in Terpentinöl aufgehellt und in Dammar eingeschlossen. Mit der gewöhnlichen Methode sind diese freien Endigungen nicht oder doch nur sehr selten darstellbar, man kann damit vielmehr nur die spezifischen Sinneszellen in der Haut und centrale Nervenelemente etc. färben.

Ferner gelang es ihm, mit einer ähnlichen Lösung die Tastkörperchen in der Planta pedis zu färben.

Hautstücke von 1 *cm* Länge wurden in die ALTMANNsche Mischung (5%ige Lösung von Kalium bichromicum und 2%ige Osmiumsäure zu gleichen Teilen) für 3—5—10 Tage gebracht; dann wurden sie in einer schwachen Lösung von Argentum nitricum 1:1000 abgespült und blieben dann in einer 1%igen Lösung 18—30—48 Stunden. Auch im Oesophagus des Frosches wurden die Nerven von SMIRNOW nach der oben angegebenen Methode gefärbt (ALTMANN).

KULTMANOW hat mit der SMIRNOWschen Modifikation auch die Nervenfasern zwischen den Epithelzellen der Magendrüsen gefärbt.

Zur Färbung der Tastorgane an menschlichen **Embryonen** hat LOWELAND die schwarze Reaktion mit Erfolg benutzt. Die Hauptsache ist, daß das Material ganz frisch verwendet wird. Allerdings konnte er nie wissen, wie lange vor der Ausstoßung die cca. 4 Monate alten Embryonen schon abgestorben waren. Nach 38—46 Stunden nahm der Autor die Embryonen aus der Osmiumbichromatmischung und legte sie in die Silberlösung. Da aber die einfache Färbung gewöhnlich keine Resultate gab, kamen die Stücke zum zweiten Male für 24 bis 48 Stunden in die erste Lösung und dann in die Silberlösung. In manchen Fällen war es nötig, ein drittes und selbst ein viertes Mal den Prozeß zu wiederholen. Die Konzentration der Silberlösung kann zwischen 0,5 und 1% schwanken. Vorteilhaft erwies sich eine Umhüllung mit Gelatine, um die störenden äußeren Niederschläge zu vermeiden. Der Aufenthalt im Dunkeln ist unnötig. Im Winter stelle man die Präparate warm. Die Einbettung in Celloidin oder Paraffin hat sich gut bewährt.

Um die freien Endigungen in der Haut der Amphibien darzustellen, wählten EBERTH und BUNGE pigmentarme Stellen der Haut von Rana temporaria. (Am besten bewährte sich der Daumenballen des Männchens.)

In die frisch bereitete Lösung von Kalium bichrom. 3,5% 4 Teile, Acid. osmium 1% 1 Teil kamen möglichst kleine Stücke und blieben dort bei einer Temperatur von 23° 5—8 Tage. Dann kamen die Stücke in eine 0,75%ige Lösung von Arg. nitr., von der 200 *ccm* mit einem Tropfen reiner Ameisensäure versetzt wurden.

Hierin bleiben sie im Dunkeln, aber nicht mehr im Wärmeschrank, durchschnittlich 3—6 Tage.

TIMOFEJEW hat behufs Färbung der Nervenendigungen an den männlichen Geschlechtsorganen die GOLGIsche Methode so modifiziert, daß er in einer Mischung von 5%igem Kalium bichrom. 2 Teile, Acid. osmic. 1 Teil (oder auch von beiden gleiche Teile) fixierte; darin blieben die frischen, 1 *cm* langen Stücke bei 25° C 6—7 Tage im Thermostaten. Die Flüssigkeitsmenge übertraf die des Objektes wenigstens um das 10—15fache. Dann kamen sie für 1—2 Tage in eine 1%ige wässerige Lösung von salpetersaurem Silber. Die Menge der Silberlösung übertraf die des Präparates um das 30—60fache. Auf je 400 *ccm* der Silberlösung setzte Verfasser einen Tropfen Ameisensäure und einige Stückchen schwefelsaures Natron.

Um die Lebernerven gefärbt zu erhalten, soll man nach BERKLEY $1^1/_2$ *mm* dicke Scheiben der Leber noch warm in eine gesättigte und mit dem gleichen Volumen warmen Wassers verdünnte Pikrinsäurelösung bringen. Nach 15—30 Minuten werden sie ohne Auswaschen in eine Mischung gebracht, die folgende Zusammensetzung hat: Kalium bichrom. in Wasser (konzentriert in Sonnenlicht) 100 Teile, Osmiumsäure 2% 16 Teile.

Die Lösung muß mehrere Tage vor dem Gebrauche hergestellt und dem vollen Sonnenlicht ausgesetzt sein. Die Härtung der Präparate muß aber in absoluter Dunkelheit geschehen bei einer Temperatur von nicht weniger als 25° C. Nach 48 Stunden kommen die Stücke in die Silberlösung für 5—6 Tage. (Einbetten in Celloidin, Schneiden, Entwässern, Bergamottöl, Xylol, Canadabalsam.)

Um die peripherischen Ganglienzellen des Nervus olfactorius in der Riechschleimhaut (z. B. vom Hunde) zu färben, lasse man die Stücke nach GRASSI und CASTRONOVO 7 Tage lang in dem gewöhnlichen Osmiumbichromatgemisch und lege sie dann in Argentum nitricum. CAJAL erhielt schon nach 24—48 Stunden gute Resultate.

Zur Färbung der Nerven des Ovarium hat v. HERFF als Härtungsmittel benutzt: Kalium bichromic. 60,00, Acid. osmicum 1% 500,00, Aqua destillata 2000,00. Darin bleiben die Stücke 6—14 Tage; die Flüssigkeit muß aber häufig erneuert werden. Am besten ist es, verschieden lange Einwirkungsdauer zu benutzen und von Zeit zu Zeit Stücke in schwach angesäuerte Argent. nitric.-Lösung zu legen. Die Schnitte werden nach LAWDOWSKY in Sandarakharz eingeschlossen. Man stellt sich eine Lösung von 30 *g* reinstem Sandarakharz in 40—50 *ccm* absoluten Alkohols und eine zweite mit demselben Quantum Alkohol verdünnte Lösung her. Die Schnitte, in absolutem Alkohol entwässert, werden auf dem Objektträger mit der schwachen Sandaraklösung durchtränkt und dann mit der starken Lösung überstrichen. Man muß darauf achten, daß die Schnitte nicht zu stark eintrocknen und daß sich keine Luftblasen bilden. Nach wenigen Minuten sind die Schnitte leidlich trocken. Waren die Schnitte schlecht entwässert, so bildet sich ein weißer, wolkiger Niederschlag, der sich mit Alkohol leicht entfernen läßt. Bei dem Eintrocknen des Harzes entstehen stets Risse, die man dadurch leicht wegbringt, daß man die Präparate kurze Zeit mit Alkohol überpinselt und dann mit verdünntem Canadabalsam überstreicht.

Zum Haltbarmachen der Präparate benutzt HERFF das Einlegen der Schnitte in LUGOLsche Lösung, in der das Silbersalz in Jodsilber verwandelt wird.

Eine ungewöhnlich lange Einwirkungsdauer der Härtungsflüssigkeit empfiehlt die Methode von WINTERHALTER, der, um sympathische Ganglienzellen im Ovarium zu färben, folgende Modifikation benutzte: Menschliche Ovarien kamen für 6—8 Wochen in das mehrfach gewechselte Kalium bichromicum-Osmiumgemisch und 2—4 Tage in die wiederholt gewechselte Silberlösung. Es werden ziemlich große Stücke verwendet.

4. Verschiedenes.

Für die Secretcapillaren der Belegzellen hat KUTMANOW die SMIRNOWsche Methode (pag. 577) als besonders geeignet gefunden. KOPSCH konnte sie ebenso wie die Gallencapillaren sehr gut mit der Formolanwendung erhalten. Über die Methode von DOGIEL, die beim Studium der Drüsen wertvoll ist, cf. pag. 566.

Zum Studium der Muskelfasern ist nach den Angaben von FUSARI die GOLGIsche Methode der Goldmethode weit überlegen. Sowohl die aus Körnchen zusammengesetzten Longitudinalfasern wie die queren Verbindungsfasern werden viel deutlicher mit ihr sichtbar.

TIRILLI fand die GOLGIsche Methode auch für das Studium des Knochengewebes geeignet. Es ist vorteilhafter, sich dabei platter Knochen, z. B. der Schädelknochen eines fast reifen Kaninchenembryos, zu bedienen. Es erscheinen dann die Knochenkörperchen auf einem hellgelb gefärbten Untergrunde mehr oder weniger stark braun gefärbt, und zwar ist die Färbung im Centrum der Elemente weniger stark als in der Peripherie und in den Ausläufern.

Es färben sich dabei nicht alle Elemente, sondern nur zerstreute Gruppen von 5—30.

Um die Endigung der Tracheen und der Nerven in den Flügelmuskeln der Insekten darzustellen, legt CAJAL 3—4 *mm* lange Stücke 12—24 Stunden in die Fixierungsflüssigkeit; dann für 24 Stunden in die Silberlösung. In 40%igem Alkohol werden die Stücke zerlegt, in Nelkenöl aufgehellt und nach Behandlung mit Terpentin in Balsam auf gewöhnliche Weise eingeschlossen. Auch kann man die Präparate oberflächlich in Paraffin einbetten und schneiden. Sind die Muskelfasern sehr leicht zu isolieren, dann findet man die Niederschläge nur in den Tracheen und den nervösen Elementen. In den nicht isolierbaren Muskeln sind die Querstreifen außer den Tracheen oft gefärbt. Die Tracheen färben sich sehr leicht, so daß man dort kaum Mißerfolge hat, schwieriger imprägnieren sich die nervösen Elemente.

Die elektrischen Organe von Raja und Torpedo sind ebenfalls dankbare Objekte der Färbung. BALLOWITZ isolierte cca. 1 *cm* lange Stückchen des elektrischen Gewebes mit einem scharfen Messer und legte sie in die Osmiumbichromatmischung, zum Teil mit doppeltem Osmiumsäurezusatz. Nach 3—4 Tagen kamen die Stücke in die Silberlösung und zeigten dann die Zwischensubstanz in den elektrischen Elementen, die elektrischen Stäbchen und das Nervenendnetz gefärbt.

IV. Anhang. Methoden, die auf ähnlichen Prinzipien beruhen wie die Golgische.

1. BÖHM und OPPEL haben uns mit einer Methode bekannt gemacht, die speziell zur Darstellung der sogenannten Gitterfasern (KUPFFER) der Leber, Milz und Lymphknoten dient. Sie schließt sich unmittelbar an die GOLGIsche an. In Alkohol gehärtete Stücke dieser Organe kommen auf 24 Stunden in eine $^1/_2$%ige wässerige Lösung von Kalium chromicum flavum; dann spült man sie in einer sehr dünnen Lösung von Argentum nitricum (einige Tropfen einer 0,75%igen Lösung auf 30 *ccm* Aq. dest.) ab und bringt sie in eine 0,75%ige Lösung von Argentum nitricum. Nach ungefähr 24 Stunden ist die Reaktion beendet. Paraffineinbettung ist ausführbar.

Für größere Stücke kann man mit Vorteil stärkere Lösungen des Chromsalzes (bis 4%) anwenden. Auch 3%ige Lösung von Kaliumbichromat und $^1/_2$%ige

Chromsäure gibt ähnliche Resultate. JACKSON empfiehlt zuerst die Stücke (Knochenmark) 12—24 Stunden in GILSONsche Lösung einzulegen.

2. Auch auf einem Silberniederschlag beruht die von TARTUFERI angegebene Methode, die Hornhautzellen mit ihren Ausläufern zu färben: Man lege die Hornhaut eines erwachsenen Tieres ungefähr für 3 Tage oder auch noch länger in eine Lösung von unterschwefligsaurem Natron (15 *g* auf 100 *ccm* Aq. dest.) bei einer mittleren Temperatur von 26°, übertrage sie dann in ein Gefäß, welches sehr fein pulverisiertes Chlorsilber in etwas Wasser enthält, und lasse sie hierin 2 Tage oder länger.

Läßt man die Hornhaut eines erwachsenen Tieres in der Lösung von unterschwefligsaurem Natron länger liegen als oben angegeben, oder legt man die eines sehr jungen Tieres während zweier Tage ein und behandelt dann mit Chlorsilber, so werden die Hornhautzellen nicht oder nur unvollkommen gefärbt, während jetzt im Gegensatz dazu unzählige elastische Fasern in der ganzen Dicke deutlich hervortreten. Die Präparate erhalten sich lange völlig unverändert. Etwas modifiziert wurde dann im Jahre 1893 die Methode folgendermaßen angegeben: Die ganz frischen Objekte werden je nach ihrer Größe und histologischen Beschaffenheit auf 7 oder mehr Tage in eine 10-, 15- oder 30%ige Lösung von unterschwefligsaurem Natron getan und kommen dann auf 1—3 Tage in destilliertes Wasser, das das Objekt aber nur eben bedecken darf und Chlorsilber suspendiert enthält. Sie werden während dieser Zeit in einem Ofen auf 26—36° erwärmt. Nach Eintritt der Reaktion werden sie (eventuell bis 2 Tage lang) mit destilliertem Wasser ausgewaschen und in Alkohol gehärtet. Ein anderes Verfahren besteht darin, daß die Objekte auf 1—8 Tage oder länger in eine 1—2%ige Lösung von unterschwefligsaurem Natron gelegt werden und darauf bei der oben angegebenen Temperatur mit einer 1%igen Lösung desselben Salzes, dem Chlorsilber im Überschuß zugefügt wird, behandelt werden.

3. MARTINOTTI hat, um elastische Fasern zu färben, folgende Vorschriften gegeben: Frische Stücke von 2—3 *ccm* kommen in eine 2%ige Lösung von Acidum arsenicosum für cca. 24 Stunden. Wenn man Organe mit anhaftendem Knochen behandeln will, empfiehlt es sich, eine konzentriertere Lösung zu nehmen, da dann der Knochen zugleich entkalkt wird. Darauf läßt man die Stücke 5 bis 15 Minuten in MÜLLERscher Flüssigkeit und legt sie in Silberlösung von folgender Zusammensetzung: 2 *g* Argent. nitr. löst man in 3 *ccm* destillierten Wassers; dazu fügt man 15—20 *ccm* Glycerin (très pure à 30°). Die hineingelegten Stückchen schwimmen zunächst auf der Lösung, binnen 24 Stunden sind sie aber untergesunken und dann ist die Reaktion beendet. Man kann die Präparate auch noch länger darin lassen. Dann wäscht man sie schnell in destilliertem Wasser und härtet sie in Alkohol, den man öfters wechselt. Sie halten sich im Alkohol sehr gut. Nachdem die Schnitte in 0,75% NaCl eingetaucht sind, kann man sie in Balsam einschließen. Vor allzu intensivem Licht sind sie zu schützen.

4. Schließlich sei noch der sehr schöne Resultate gebenden Methode von KRONTHAL gedacht, der andere Reagenzien ausprobiert hat, um sicherere Resultate zu erhalten.

Zunächst wird ameisensaures Blei dargestellt, indem man in eine wässerige Lösung von essigsaurem Blei langsam Ameisensäure eintropft. Es bilden sich feine weiße Krystallnadeln, die unter allmählichem weiteren Zutropfen von Ameisensäure schließlich das ganze Gefäß erfüllen. Das ameisensaure Blei ist in Wasser viel schwerer löslich als das essigsaure Blei, weshalb auch bei der Reaktion Essigsäure frei wird. Von dem ameisensauren Blei wird die Flüssigkeit abfiltriert und der Rückstand in Wasser zu einer gesättigten wässerigen Lösung von ameisensaurem Blei gelöst. In ein Gemisch von gleichen Teilen dieser Lösung und 10%iger Formollösung bringt man die frischen Stückchen von Gehirn und Rückenmark für 5 Tage und überführt sie dann, ohne auszuwaschen, direkt in ein Gemisch von gleichen Teilen 10%iger Formollösung und Schwefelwasserstoffwasser. Diese

Mischung riecht nur ganz schwach nach Schwefel. Man gießt von diesem Gemisch, um es nicht durch das Einwerfen der Präparate stark zu färben, vorher etwas auf die Stückchen, verfährt also ganz ähnlich wie beim Einlegen der Golgipräparate in die Silbermischung. In dem Schwefelwasserstoffformolgemisch bleiben die Präparate, die sich bald dunkel färben, 5 Tage, dann kommen sie in allmählich verstärkten Alkohol und werden in Celloidin eingebettet; die Schnitte werden in Carbolxylol aufgehellt und in Xylolcanadabalsam unter dem Deckglas aufgehoben. Sie sind, so weit die Erfahrungen reichen, unbegrenzt haltbar. Wenn das Schwefelwasserstoffwasser freien Schwefel enthält, verfärben sie sich etwas und es treten auch Niederschläge in den Präparaten auf.

Die Ganglienzellen und Nervenfasern sind von feinsten Körnchen angefüllt, die in den Gewebebestandteilen so dicht stehen, daß sie meist nicht mehr als Einzelkörperchen wirken. Die Vollständigkeit der Färbung ist so groß, wie nicht annähernd in den Golgipräparaten. Darin liegt aber, wie mir scheint, leider zugleich ein gewisser Nachteil der Methode, die freilich überraschende Bilder gibt, denn es ist so nicht leicht möglich, Elemente in dicken Schnitten auf weite Entfernungen hin zu verfolgen. Für die Pathologie hat die Methode insofern Bedeutung, als sich schon makroskopisch Unterschiede bemerkbar machen: wo es sich um eine Degeneration des Nervengewebes ohne Wucherung handelt, heben sich die entarteten Stellen hell gegen das Gesunde ab, wo es aber zu Proliferation von Gewebe gekommen ist, erscheint das Erkrankte dunkel gegen das Gesunde.

Auch bei ganzen Gehirnen erreicht man Färbungen der Rinde. Ein solches Gehirn lag 14 Tage in einer Mischung von 2,5 Liter 10%iger Formollösung und 2,5 Liter einer kalt gesättigten wässerigen Lösung von ameisensaurem Blei. Dann kam es ohne Abwaschung in eine Mischung von 2,5 Liter 10%iger Formollösung und 2,5 Liter Schwefelwasserstoffwasser, worin es wieder 14 Tage verblieb. Die weitere Konservierung geschah in einer Mischung von gleichen Teilen 90%igen Alkohols und reinen Glycerins, das zur Hälfte mit Wasser verdünnt war. Sämtliche Zellen der Rinde sind tadellos gefärbt, so daß man auf diese Weise das ganze Gehirn systematisch durchforschen kann. Die Färbung der Rindensubstanz ist, wie man auf einem Durchschnitt durch das Gehirn sieht, nur in der Tiefe der Windungen und an den Stellen ausgeblieben, auf denen das Gehirn gelegen hat. Die Windungstiefen dürften aber auch leicht zu tingieren sein, man braucht sie nur durch eingelegte Wattebäuschchen etwas klaffen zu lassen und so den Reagenzien besser zugänglich zu machen; um die Lagerungspunkte zu färben, muß man das Organ weich betten. Das gesamte Innere des Organs erschien weiß; doch würde es nach KRONTHALS Annahme auch gelingen, das Innere zu färben, wenn man vorher die betreffenden Mischungen einspritzt. Wenn man Durchschnitte eines frischen Gehirnes in die Flüssigkeit legt, so erhält man natürlich auch Färbung der grauen Substanz im Innern. Diese dringt einige Millimeter tief ein, und wenn man vorsichtig die äußerste schwarze Schicht fortschneidet, kommt man auf Ebenen, in denen die graue Substanz sich schwarz gegen die grau gefärbte weiße abhebt. So dürfte die Methode auch für die makroskopische Demonstration verwendbar sein.

*Literatur**: ANDRIEZEN (Brain 1894), ATHIAS (Bibl. Anat., Bd. 5, 1894), derselbe (Journ. de l'Anat. Physiol., Bd. 33, 1897), AZOULAY (C. R. Soc. Biol. Paris, Ser. X, Bd. 1, 1894), derselbe (Bull. Soc. Anat. Paris, Jahrg. 69, Ser. 5, Bd. 8, 1894), BALLOWITZ (Zeitschr. Wiss. Mikr., Bd. 13, 1896), BEHRENS, KOSSEL, SCHIEFFERDECKER (Das Mikroskop), BELMONDO (Sulla teoria della colorazione nera del GOLGI, Reggio Emilia, Stefano Calderini 1889), BERKLEY (Anat. Anz., Bd. 8, 1893), BOLTON (Lancet 1898), RAMON Y CAJAL (Rev. Trimetr. Histol. Pathol., Jahrg. 1, 1888), derselbe (Int. Mon. Anat. Physiol., Bd. 6, 1889), derselbe

* Dieses Verzeichnis kann keinen Anspruch auf absolute Vollständigkeit machen, weil sehr häufig technische Vorschriften in Arbeiten enthalten sind, die es zuerst nicht vermuten lassen und es unmöglich war, sämtliche Arbeiten, die in Betracht kommen könnten, zu erhalten. Leider waren mir auch einige wenige der hier angeführten Arbeiten unzugänglich.

(Nuevas aplicaciones del método de coloración de Golgi. Barcelona 1889), derselbe (Anat. Anz., Bd. 4, 1889), derselbe (Anat. Anz., Bd. 5, 1890), derselbe (Zeitschr. Wiss. Mikr. Bd 7, 1890). derselbe (Cellule, Bd. 7, 1891), derselbe (Trab. Lab. hist. Facult. Medicina Barcelona 1891), derselbe (Estructura del asta de Ammon y fascia dentata, Madrid 1893), derselbe (Cellule, Bd. 9), Ceni (Riforma Med., Jahrg. 10, 1893, und Centralbl. Pathol. Anat., Bd. 5, 1894), Cipollina (Boll. Acc. Med. Genova. Jahrg. 2. 1896), Corning (Anat. Anz., Bd. 17, 1899), Cox (Arch. Mikr. Anat., Bd. 37, 1891), Curreri (Anat. Anz.. Bd. 32. 1908), Dogiel (Anat. Anz.. Bd. 10, 1895), Donaggio (Riv. Sper. Freniatr. Med. Leg., Bd. 22, 1906), Durig (Anat. Anz., Bd. 10. 1895), Eberth und Bunge (Anat. Hefte. Bd. 2. 1892), Federici (Boll. Acc. Med. Roma 1900), Fick (Zeitschr. Wiss. Mikr.. Bd. 8. 1891), Flatau (Arch. Mikr. Anat., Bd. 45. 1895), Flechsig (Arch. Physiol. 1889 und Zeitschrift Wiss. Mikr.. Bd. 7. 1890), Friedländer (Zeitschr. Wiss. Zool., Bd. 58, 1894). derselbe (Zeitschr. Wiss. Mikr.. Bd. 12, 1895), Fusari (Atti Acc. Sc. Med. Nat. Ferrara, Jahrg. 67. 1894), derselbe (Ebenda, Bd. 67, 1894), derselbe (Ebenda), Fusari e A. Panasci (Atti Acc. Torino, Bd. 25, 1890). van Gehuchten (Cellule, Bd. 6. 1890), derselbe (Ebenda, Bd. 8, 1893), Perota (Int. Mon. Anat. Physiol., Bd. 13, 1896), Golgi (Arch. per le Sc. Med.. Bd. 3, 1879), derselbe (Ebenda, Bd. 4, 1880), derselbe (Ebenda, Bd. 8. 1884), derselbe (Sulla fina anatomia deglia organi del sistema nervoso, Milano, Hoepli 1886), derselbe (Riforma Med., Jahrg. 7, Bd. 2, 1891), derselbe (Rend. Ist. Lombardo Sc. Lett. Milano, Bd. 24, 1891), derselbe (Arch. Ital. Biol., Bd. 19, 1893). derselbe (Untersuch. über den feineren Bau des centralen und peripherischen Nervensystems. Aus d. Ital. übersetzt von R. Teuscher, Jena, G. Fischer, 1894), derselbe (Boll. Soc. Med. Chir. Pavia, Bd. 2 und Arch. Ital. Biol. 1898). derselbe (Rend. Ist. Lomb. Sc. Lett., Bd. 31 und Gazz. Med. Lomb., Jahrg. 57, 1898), derselbe (Boll. Soc. Med. Chirurg. Pavia, Bd. 1 und Arch. Ital. Biol., Bd. 30, 1898), derselbe (Arch. Ital. Biol., Bd. 31, 1899), derselbe (Cinquentenaire de la Soc. de Biol., Vol. jubil. Paris 1899), derselbe (Comm. Soc. Med. Chir. di Pavia 1899), derselbe (Verh. Anat. Ges. Pavia 1900), Grassi und Castronovo (Bullet. Mens. Acc. Catania 1890), dieselben (Arch. Mikr. Anat., Bd. 34, 1889), Greppin (Corresp. Schweiz. Ärzte, Jahrg. 18, 1888), derselbe (Arch. Psych., Bd. 20, 1889), derselbe (Arch. Anat., 1889, Suppl.), Gudden (Neurol. Centralbl., Jahrg. 20, 1901), Hanot und Levi (C. R. Soc. Biol. Paris. Ser. X. Bd. 2, 1895), v. Herff (Zeitschr. Geburt. Gynäk., Bd. 24, 1892), Hill (Brain, Bd. 83, 1896), Huber (Anat. Anz., Bd. 7, 1892), Jackson (Arch. Anat. 1904), Juschtschenko (Archiv. Psichiatrii 1896, russisch), Kallius (Anat. Hefte, Bd. 2, 1892), derselbe (Anat. Hefte, 1894, Heft 10), Kingsley (Journ. Appl. Micr., Bd. 2, 1899). v. Kölliker (Zeitschr. Wiss. Zool., Bd. 49 und 51, 1890. 1891), Kopsch (Anat. Anz., Bd. 11, 1896), Krause (Verh. Anat. Ges. München 1891), Kronthal (Arch. Pathol. Anat., Bd. 130, 1892), derselbe (Neurol. Centralbl., Bd. 18, 1899), Kutmanow (Int. Mon. Anat. Physiol, Bd. 13, 1896), Lachi (Anat. Anz., Bd. 10, 1895), Lee und Mayer (Grundzüge), v. Lenhossék (Der feinere Bau des Nervensystems im Lichte neuester Forschungen, 2. Aufl., Berlin 1895), Loweland (Trans. Amer. Micr. Soc., Bd. 19, 1897), Marpmann (Centralbl. Bact., Bd. 15, 1894), Martinotti (Atti Congr. Med. Assoc. Med. Ital., Pavia und Riforma Med. 1887), derselbe (Arch. Ital. Biol., Bd. 11, 1889), derselbe (Ann. di Freniatr., Bd. 1, 1889), Mondino (Arch. per le Sc. Med., Bd 8), derselbe (Zeitschr. Wiss. Mikr., Bd. 2, 1885), Monti (Ricerche innervaz. organi trofici Cranioti infer., Torino 1898), Nabias (Recherches histolog. et organ. centres nerveux Gastéropodes. Bordeaux 1894), Nansen (Bergens Museums Aarsberetning. for 1886), Nichols (Journ. Appl. Micr., Bd. 3, 1900), Obersteiner (Anleitung z. Studium des Baues der nervösen Centralorgane im gesunden und kranken Zustande, Leipzig-Wien 1888), Obregia (Arch. Pathol. Anat., Bd. 122, 1890), Oppel (Anat. Anz.. Bd. 5, 1890), Pal (Wien. Med. Jhb., N. F., Jahrg. 1886), Pellizzi (Giorn. Acc. Med. Torino, Jahrg. 57, 1894), Pollack (Die Färbetechnik des Nervensystems. 2. Aufl. 1898. Berlin), Retzius (Biol. Unters., Bd. 3. 1892), derselbe (Ebenda), Robertson und Macdonald (Journ. of Mental Sc., Bd. 47, 1901), Rossbach und Sehrwald (Zentralbl. Med. Wiss. Jahrg. 26, 1888), G. Sala (Anat. Anz., Bd. 18, 1900), L. Sala (Zeitschr. Wiss. Zool, Bd. 52, 1891), derselbe (Comm. Acc. Sc. Med. Nat. Ferrara, 28. Juni 1897), Samassa (Zeitschr. Wiss. Mikr., Bd. 7, 1890), Sehrwald (Zeitschr. Wiss. Mikr., Bd. 6, 1889), derselbe (Ebenda), derselbe (Ebenda), Smidt (Neurol. Centralbl., 1899), Smirnow (Int. Mon. Anat. Physiol.. Bd. 10, 1893), derselbe (Ebenda), derselbe (Anat. Anz., Bd. 9, 1894), Stefanowska, Institut Solvay Trav. de Laborat., Bd. 2, 1898), Strong (Brit. Assoc. Advancem. Sc., Oxford (1894), derselbe (Proc. New York Acad. Sc. Biol. Sect., Bd. 15, 1895 und Anat. Anz., Bd. 10, 1895), derselbe (Journ. of Neurol., Bd. 6, 1896), Sruchanow (Neurol. Centralbl., 1902), Tal (Gaz. Ospedali 1886), Tartuferi (Anat. Anz., Bd. 5, 1890). derselbe (Boll. Sc. Med. Bologna, Ser. 5, Bd. 4 und Monit. Zool. Ital., Bd. 4, 1893), Timofejew (Über die Nervenendigungen in den männlichen Geschlechtsorganen der Säugetiere und des Menschen, Kasan 1896, russisch), Tirelli (Atti Acc. Lincei Roma, Bd. 6, 1890), Vassale und Donaggio (Riv. Sper. Freniatria Med. Leg., Bd. 21, 1895), Waldeyer (Deutsch. Med. Wochenschr., 1891), Weigert (Ergebn. Anat., Bd. 5, 1895), Weil und Frank (Arch. of Neurol., Bd. 2, 1899), Winterhalter (Arch. Gynäk., Bd. 51, 1896), Wyrubow (Überschau [Obosrenje] über Psychiatrie, Neurolgie u. experimentelle Psychologie v. Bechterew, Heft 12, 1897 [russisch]), Zimmermann (Arch. Mikr. Anat., Bd. 52, 1898).

Kallius, Greifswald.

Gonocokken. Die von A. NEISSER im Jahre 1879 entdeckten Gonococken, kaffeebohnenähnliche Diplocokken, deren Einzelkörper (von 1,25 μ Länge, 0,8 μ Breite) durch einen dünnen Spalt derartig getrennt sind, daß die konkave Seite diesem Spalte zugekehrt ist, färben sich leicht mit basischen Anilinfarbstoffen (Methylviolett, Fuchsin, Gentianaviolett, Dahlia, Safranin und Methylenblau). Für praktische Zwecke genügt meist eine seit langen Jahren von der Breslauer Universitätshautklinik übliche Herstellung des Präparates auf dem Objektträger. Das Secret wird auf dem Objektträger fein verstrichen, getrocknet, dreimal schnell über die Flamme gezogen. Es folgt Übergießen des Präparates mit LÖFFLERs Methylenblau oder konzentrierter wässeriger Methylenblaulösung, Abspülen mit Wasser, Trocknen und Besichtigung mit Ölimmersion ohne Deckglas. Schöne Bilder erhält man durch Färbung mit Kresylechtviolett 1 : 10.000 (HOMBERGER), wobei die dunkelviolett gefärbten Gonocokken sehr deutlich und scharf bei schwachgefärbten blauen Kernen hervortreten.

Für Deckglastrockenpräparate empfiehlt LANZ folgende Methode: Das 1/2—1 Minute mit Acid. trichloracetici 5,0, Aq. dest. 20,0 behandelte, mit Wasser abgespülte, wieder getrocknete und fixierte Präparat wird 2—5 Minuten mit folgender Lösung gefärbt: Kal. caustici 5% 1—2 gtt., Aq. dest. 30,0, Zusatz von soviel alkoholischer gesättigter Methylenblaulösung, bis die Lösung dunkelblau erscheint. Eventuelle Nachfärbung der Präparate mit schwacher wässeriger Eosin- oder Bismarckbraunlösung.

Von den folgenden Gonocokkenfärbungen beruht ein Teil auf dem von VON SEHLEN angegebenen Prinzip, mit Hilfe eines Gemisches von Anilinfarben eine Doppelfärbung von Gonocokken und Zellelementen zu erreichen.

SCHÜTZ bringt das Präparat für 5—10 Minuten in eine kalt gesättigte filtrierte Lösung von Methylenblau in 5%igem Carbolwasser, spült nach Abwaschen in Aqua destillata einen Moment in Essigsäurewasser (5 gtt. Acid. acetici dil., 20,0 Aq. dest.) ab und färbt mit sehr dünner wässeriger Safraninlösung nach. Die Gonocokken werden blau, die Epithelien blaßblau, die Eiterzellen, deren Kerne sowie die Kerne der Epithelien „lachsfarben“.

Folgende drei Verfahren mit Eosin und Methylenblau lassen die Leucocytenleiber rosa, die Gonocokken und Leucocytenkerne blau erscheinen. NEISSERS Verfahren (zitiert bei PAPPENHEIM): Färbung in gesättigtem alkoholischen Eosin unter Erwärmen: Absaugen des Eosins mit Fließpapier; gesättigte alkoholische Methylenblaulösung 1/4 Minute; Abspülen in Wasser; Trocknen; Montieren. KLEINS Verfahren (zitiert bei FINGER): Fixation in Alkohol-Äther aa. 40 Minuten; Färbung in Eosin-Methylenblau (0,5 Eosin gelöst in 100,0 konzentrierter wässeriger Methylenblaulösung) 10—15 Minuten; Abspülen, Trocknen, Montieren. HAM färbt 15—20 Minuten mit konzentrierter Methylenblaulösung in 5%igem Carbolwasser, entfärbt 3 Sekunden mit einer Essigsäurelösung (10 gtt. Acid. acet. glaciale auf 1/4 *l* Wasser) und färbt mit 1%iger wässeriger Eosinlösung nach.

SIMONELLI empfiehlt folgende modifizierte MAY-GRÜNWALD-Färbung: In je 1 Liter Wasser werden gesondert gelöst 1 *g* Eosin und 1 *g* Methylenblau; die Lösungen werden gemischt und das Gemisch bleibt 2—5 Tage in Ruhe; Filtration; Spülen des Filterrückstandes mit Aqua destillata und Trocknen desselben. Mit der gesättigten Lösung des Filterrückstandes in Methylalkohol werden die Präparate 4—10 Sekunden gefärbt.

Von SCHÄFFER rührt folgende Methode her: Färbung des auf dem Objektträger gleichmäßig dünn verstrichenen und fixierten Secrets in Fuchsin 0,1, Alkohol 20,0, 5%iges Carbolwasser 200,0, 5—10 Sekunden. Abspülen in Wasser. Nachfärben in 10 *ccm* 1%igem Äthylendiamin (von Scherings grüner Apotheke, Berlin) mit 2—3 gtt. 10%iger wässeriger Methylenblaulösung, bis neben dem rötlichen Farbenton sich eine deutlich blaue Farbennuance bemerkbar macht (etwa 40 Sekunden). Gonocokken schwarzblau, Protoplasma der Leucocyten zart hellrot. Kerne schwach blau, eventuelle Spermatozoen sehr deutlich gefärbt: Kopf blau, Schwanzstück rot.

Diese Methode hat den Vorteil, daß — ein gleichmäßig dünnes Aufstreichen des Secrets vorausgesetzt — sie eine gute Färbung der Spermatozoen gestattet, und sie auch in altem, angetrocknetem Eiter noch sehr lange gut gefärbte Gonocokken nachweisen läßt; sie dürfte also unter Umständen für gerichtsärztliche Fragen von Bedeutung sein.

Pick und Jacobsohn: 1. Aufstreichen des Eiters auf dem Deckgläschen, resp. Objektträger, Trocknen; 2. dreimaliges Durchziehen durch die Flamme; 3. Färben höchstens 8—10 Sekunden in Aq. dest. 20,0, Carbolfuchsin gtt. 15, konzentrierte alkoholische Methylenblaulösung gtt. 8; 4. Abspülen in Wasser; 5. Trocknen; 6. bei Deckglastrockenpräparaten eventuell Canadabalsam. Die Lösung ist stets frisch zu bereiten. Fränkel (Modifikation dieser Methode) färbt 5 Minuten mit: Carbolfuchsin gtt. 50, konzentrierte alkoholische Methylenblaulösung gtt. 8, Aq. dest. 20,0. Cokken dunkelblau, Kerne hellblau, Plasma rosa.

Lanz empfiehlt folgende Farbflüssigkeit, die allerdings auch den Nachteil geringer Haltbarkeit hat: 2%ige wässerige Carbolfuchsinlösung 1 Teil, gesättigte wässerige Thioninlösung 4 Teile; Färbung $^1/_4$—$^1/_2$ Minute.

Ein kompliziertes Verfahren rührt von Löffler her: Zu 4 Teilen Borax (2,5%) -Methylenblau (1%) wird 1 Teil polychromes Methylenblau gegeben und diese Lösung mit der gleichen Menge einer Lösung von 0,05% Bromeosin B extra oder extra A. G. (Höchst) versetzt. Bei älteren, gereiften Boraxmethylenblaulösungen nimmt man besser 0,05‰ige Bromeosinlösungen. Färben der mit Alkohol-Äther aa. fixierten Präparate unter leichtem Erwärmen 1 Minute. Eintauchen des Präparates in: Tropaeolin 00 (konzentrierte wässerige Lösung) 5,0, Essigsäure 0,5, Wasser 100,0. Abspülen in Wasser. Entfärben mit 117 Teilen Alkohol, 20 Teilen 1‰igem Bromeosin, 3 Teilen Essigsäure, die Gonocokken halten den Farbstoff fest, während die Zellkerne blaßblau erscheinen.

v. Wahl empfiehlt folgende Dreifarbenmischung: Konzentrierte alkoholische Auraminlösung 2 *ccm*, Spiritus 95% 1,5 *ccm*, konzentrierte alkoholische Thioninlösung 2,0 *ccm*, konzentrierte wässerige Methylgrünlösung 3,0 *ccm*, Wasser 6,0 *ccm*. Färbung 5—15 Sekunden. Die Gonocokken werden rotviolettschwarz.

Eine empfehlenswerte Färbung ist Pappenheims Methylgrün-Pyroninmethode: Färbung 3—5 Minuten mit einer 5%igen carbolwässerigen Lösung von Methylgrün 2,0, Pyronin 1—3,0. Die Gonocokken werden dunkelrot, die Kerne blaugrün bis lila. An Stelle von Pappenheim-Unnas bei Grübler erhältlichen Mischung (Methylgrün 0,15, Pyronin 0,25, Alkohol 2,5, Glycerin 20,0, $^1/_2$iges Carbolwasser ad 100,0) empfiehlt Krysztalowicz speziell für die Gonocokkenfärbung Pappenheims Farbstoff in folgender Zusammensetzung zu gebrauchen: Methylgrün 0,15, Pyronin 0,25, Alkohol 2,5, Glycerin 20,0, 2%iges Carbolwasser ad 100,0. Färbung 20 bis 30 Sekunden. Leucocytenkerne hellgrünlich, Plasma der Leucocyten leicht rosa, Epithelien hochrosa, deren Kerne blauviolett; Gonocokken purpurrot.

Eine Doppelfärbung mit Thionin und Pikrinsäure rührt von v. Leszczynski her. Seine Thioninlösung hat folgende Zusammensetzung: Konzentrierte wässerige Thioninlösung 10 *ccm*, Aq. dest. 88 *ccm*, Acid. carbol. liquef. 2 *ccm*, seine Pikrinsäurelösung: Konzentrierte wässerige Pikrinsäurelösung, wässerige 1‰ige Kali causticum-Lösung aa. Färbung je 60 Sekunden in der Thionin- und Pikrinsäurelösung, Tauchen der Präparate ohne vorherige Wasserspülung für 5 Sekunden in Alc. abs., dann Wasserspülung und Trocknen. Montieren. Eiterkörperchen strohgelb bis citronengelb, Kerne derselben rotviolett, Kerne der Epithelien etwas heller, Protoplasma derselben hellgelb, Gonocokken schwarz.

Die genannten Doppelfärbungen stellen alle keine für Gonocokken spezifische Färbung dar (nur v. Leszczynski behauptet das für seine Methode, eine Angabe, die noch der Nachprüfung entbehrt), aber sie ermöglichen es doch, unter Umständen vereinzelte Gonocokken durch besonders drastische Färbung hervortreten zu lassen. Eine geeignete Methode für diesen Zweck ist die Pappenheims. Den Wert der Schaefferschen Methode habe ich oben schon betont.

Eine besondere differentialdiagnostische Bedeutung für die Gonocokkendiagnose liegt in der Anwendung des GRAMschen Verfahrens. Der Gonococcus wird nach GRAM nicht gefärbt und diese Tatsache ist in vielen Fällen ein ausschlaggebendes diagnostisches Kennzeichen der Gonocokken gegenüber anderen ähnlichen Diplocokkenformen.

Nachdem ROUX, ALLEN und WENDT auf die Entfärbung des Gonococcus nach GRAM hingewiesen, haben STEINSCHNEIDER und GALEWSKY festgestellt, daß von den vier Diplocokkenarten, die neben den Gonocokken in der gonorrhoisch infizierten Urethra vorzukommen pflegen, nur zwei seltene Arten ebenfalls sich nach GRAM entfärben, so daß in 95% der Fälle die Anwendung der GRAMschen Färbung sichere diagnostische Schlüsse zuläßt.

STEINSCHNEIDER und GALEWSKY verfahren folgendermaßen: Färbung in Anilinwassergentianaviolett 25—30 Minuten, Abspülen in Wasser, Jodjodkaliumlösung 5 Minuten, Alcohol absolutus bis zur Entfärbung, Abspülen, Nachfärben mit Bismarckbraun.

HOGGE und KIEFER variieren die Zeitdauer der Färbung; TOUTON empfiehlt zur Nachfärbung verdünnte Safraninlösung, STEINSCHNEIDER CZAPLEWSKIsche Fuchsinlösung (Fuchsin 1,0 verrieben mit 5,0 Acid. carbol. liquef., dazu 50,0 Glycerin und 100,0 gekochtes destilliertes Wasser; diese Stammlösung wird mit der neunfachen Menge Wasser verdünnt).

VAN DEN BERG macht darauf aufmerksam, daß intracelluläre Gonocokken die Färbung festhalten, wenn das Präparat nicht länger als 30 Sekunden dem Alc. abs. ausgesetzt wird und die Farbstofflösung nicht zu dünn ist. Zur Entfärbung aller Gonocokken ist eine Einwirkung des Alkohols von wenigstens $2^1/_2$ Minuten notwendig. Doch darf man die Entfärbung nicht über 4 Minuten ausdehnen, da sich dann auch die pyogenen Cokken entfärben. Besser als Alc. abs. entfärbt NICOLLEs Acetonalkohol (Alc. abs. + $^1/_3$—$^1/_6$ Aceton).

WEINRICH betont die Sicherheit der GRAMschen Färbung für den Nachweis der Gonocokken. Die Ausführung derselben erfolgt nach WEINRICH folgendermaßen: Färbung 1—3 Minuten in EHRLICHs Anilingentianaviolett (gesättigte Alkoholgentianaviolettlösung 10,0, Anilinwasser 5% 90,0) oder dem haltbareren FRÄNKELschen Carbolgentianaviolett (gesättigte Alkoholgentianaviolettlösung 10,0, Carbolwasser $2^1/_2$% 90,0); darauf kommen die Präparate, ohne sie mit Wasser abzuspülen, für 1—3 Minuten in LUGOLs Jodjodkalilösung (Jodi 1,0, Kal. jodat. 2,0, Aq. dest. 300,0), darauf, wieder ohne in Wasser abzuspülen, in Alc. abs., bis der abtropfende Alkohol farblos ist; darauf Abspülen in Wasser, Nachfärben in Bismarckbraun (Aq. dest. 70,0 erhitzt, Bismarckbraun 3,0, Alkohol 96% 30,0 umzurühren und zu filtrieren).

LÖFFLER hält für die beste Handelsmarke für die GRAMsche Färbung das Methylviolett 6 B, das er in 10%iger Lösung in 1—2%igem Carbolwasser verwendet. Vor der Entfärbung in Alkohol bringt er die Präparate für 1 Minute in 5%ige wässerige Salpeter- oder Schwefelsäure oder 3%igen Salzsäurealkohol.

Eine besondere Stellung nimmt die Anwendung des Neutralrots auf frisches gonorrhoisches Urethralsecret ein. UHMA hat festgestellt, daß, wenn man einen Tropfen Trippereiters frisch mit Neutralrot zusammenbringt, nur eine Anzahl Gonocokken sich tief fuchsinrot färben, während im übrigen das Gesichtsfeld völlig farblos bleibt. Während UHMA an eine gewisse Spezifität des Neutralrots für die Gonocokken glaubt, hat PLATO betont, daß eine Spezifität des Farbstoffes für die Gonocokken nicht vorliegt, sondern daß das Neutralrot als vitale Leucocytenfärbung vorzugsweise solche Substanzen eiweißartiger Natur färbt, die durch die Phagocyten aufgenommen sind. PLATO ist der Ansicht, daß diese Methode praktisch zum Auffinden vereinzelter Gonocokken Verwendung finden könnte. PLATO bringt das Neutralrot entweder in Substanz oder in physiologischer Kochsalzlösung zu dem Tropfen Urethralsecret.

PLATOS Untersuchungen finden eine Bestätigung in den Arbeiten von RICHTER, HERZ, HIMMEL und WINKLER. Der letzte Autor wies mit RUZICKAS Methode nach, daß die mit Neutralrot gefärbten intracellulären Gonocokken tatsächlich leben.

Während die Untersuchung auf Gonocokken in Secreten und Flocken unter den obigen Methoden eine keineswegs schwierige ist und durch die einfache Methylenblaufärbung unter Zuziehung des GRAMschen Verfahrens (nach WEINRICHS Vorschrift), bei sehr spärlichen Gonocokken eventuell durch die SCHÄFFERsche oder PAPPENHEIMsche Färbung, fast stets ein Entscheid sich treffen läßt, ob Gonocokken vorhanden sind oder nicht, ist die Gonocokkenuntersuchung in Gewebsschnitten dadurch erschwert, daß es nicht leicht ist, den Augenblick zu finden, in dem die Schnitte aus dem Alc. abs. zu nehmen sind, damit die Gonocokken nicht mitentfärbt werden.

TOUTON empfiehlt folgende Methode: Färbung 10—15 Minuten in Carbolfuchsin (Fuchsin 1,0, Alc. abs. 10,0, 5%iges Carbolwasser 100,0), Entfärbung in Alc. abs. bis zur mikroskopisch deutlichen Differenzierung der Gewebe, Bergamottöl, Canadabalsam. Eiterzellenkerne und die meisten Gonocokken sehr dunkelrot, Epithelkerne ziemlich dunkel, Protoplasma rosa.

JADASSOHN färbt 3—5 Minuten in SAHLIS Boraxmethylenblau und entfärbt in mit wenig Tropfen Essigsäure angesäuertem Wasser 1—2 Minuten oder er färbt in dünner wässeriger Thioninlösung. Der Hauptwert ist nach JADASSOHN auf die Beschleunigung der Entwässerung zu legen; dies kann man dadurch erreichen, daß man die Schnitte nach fast momentanem Aufenthalt in Alc. abs. in einer Mischung von Alc. abs. 1 Teil auf 4 Teile Xylol zur Aufhellung bringt.

MICHAELIS (bei LEYDEN) betont ebenfalls die Notwendigkeit des kurzen Verweilens der Schnitte in Alc. abs. Er färbt 1—2 Stunden in konzentrierter wässeriger Methylenblaulösung oder in LÖFFLERS Methylenblau, wäscht die Schnitte in Aq. dest. aus, bis nur die Kerne und Cokken gefärbt sind und färbt in einer ganz dünnen Eosinlösung nach, bis eine schwache Rosafärbung sichtbar ist.

MOREL und DALOUS färben Schnitte nach Alkohol- oder Sublimatfixation 1—2 Minuten mit Methylenblau 1,0, Formaldehyd 40% 4,0, Aq. dest. 100,0 (statt Methylenblau ist auch Methylenblau-Thionin 3:1 zu verwenden), und waschen dann in leicht mit Essigsäure versetztem Wasser; der Formolzusatz wirkt als Beize.

Eine gute Färbung für Schnitte stellt PAPPENHEIMS Pyroninmethylgrün dar. In der von UNNA modifizierten GRÜBLERschen Carbolmethylgrün-Pyroninmischung bleiben die Schnitte in einem 30—40° warmen Wasserbad im Reagensgläschen 5—10 Minuten, dann rasches Abkühlen des Reagensgläschens in kaltem Wasser, Abspülen in Wasser, Alkohol, Bergamottöl, Balsam. Auch in der von KRYSZTALOWICZ angegebenen Zusammensetzung ist PAPPENHEIMS Methode für Gewebsschnitte brauchbar.

Das polychrome Methylenblau UNNAS empfiehlt ZILLER in folgender Weise zu verwenden: Fixieren und Härten der Schnitte beliebig; Färbung der aufgeklebten Paraffinschnitte oder vom Celloidin befreiten Schnitte 8—24 Stunden in PRANTERS Orceinlösung: Orcein D (GRÜBLER) 0,1, offic. Salpetersäure 2,0, 70%iger Alkohol 100,0. Abspülen kurze Zeit in 70%igem Alkohol, Wasser. Färbung in polychromem Methylenblau 10 Minuten bis 1 Stunde. Aq. dest. Gründliches Differenzieren in Glycerinäther (1—2 Teile des GRÜBLERschen Glycerinäthers auf 5 Teile Wasser). Gründliches Abspülen in Aq. dest., Alkohol 70%, Alc. abs., Xylol, Balsam. Diese Methode gibt eine gute Färbung der Gonocokken und Zellkerne.

Zur Untersuchung von Flecken der Wäsche auf Gonocokken kratzen KRATTER und WACHHOLZ-NOWAK die Secretschüppchen ab und lassen sie vor der Färbung in Wasser anfquellen. HEGER-GILBERT laugt die Flecke mit einer isotonischen NaCl-Lösung (0,9:100,0) aus, die mit Natr. bicarbonicum leicht alkalisch gemacht und mit 2% Albumin versetzt wird. PÉCHÈRE spannt den Flecken, die beschmutzte

Seite nach unten, über ein Uhrglas. Nach vorsichtigem Anfeuchten sammeln sich an der unteren Fläche genügend untersuchbare Tropfen.

Der kulturelle Nachweis der Gonocokken tritt gegenüber dem mikroskopischen ganz zurück. An der Breslauer dermat. Klinik haben sich Mischungen von menschlichem Blutserum oder Ascitesflüssigkeit mit Agar im Verhältnis von 1—3 am brauchbarsten erwiesen.

Literatur: Allen (Journ. of Cut. Diseas. 1887), van den Bergh (Centralbl. Bact., Bd. 20, 1896), Czaplewski (Hyg. Rund. 1896), Finger (Die Blennorrhöe der Sexualorgane. 5. Aufl., 1901), Fränkel (Zeitschr. Hyg. 1899), Hasse (Der Gonococcus Neisser etc., I. D. Straßburg 1893), Heger-Gilbert (Presse Méd. 1908), Herz (Prag Med. Wochenschr. 1900). Himmel (Ann. de l'Inst. Pasteur 1902), Hogge (Ann. Mal. Genito-Urinaries 1893). Homberger (Centralbl. Bact., Bd. 27. 1900), Jadassohn (Verh. Kongr. Deutsch. Dermat. Ges., 1894), Kiefer (Berl. Klin. Wochenschr. 1896), Kratter (Ebenda, 1890), Krzysztalowicz (Monatsh. Prakt. Dermat., Bd. 36, 1903), Lanz (Deutsch. Med. Wochenschr. 1894), derselbe (Ebenda. 1898), v. Leszczynski (Arch. Dermat., Bd. 71, 1904), v. Leyden (Deutsch. Med. Wochenschr. 18 3), Löffler (Ebenda, 1906), derselbe (Ebenda, 1907). Morel-Dalous (Journ. Mal. Cut. 1905), Neisser (Centralbl. Med. Wiss. 1879), Neisser und Schäffer (Ergebn. Allg. Pathol. 1896), Nicolle (Ann. de l'Inst. Pasteur, Bd. 9, 1895), Pappenheim (Monatsh. Prakt. Dermat., Bd. 31. 1903), Pick und Jacobsohn (Berl. Klin. Wochenschr. 1896). Plato (Ebenda, 1899), derselbe (Allg. Med. Centralbl. 1900), Pécnère (Presse Méd. 1908), Richter (Dermat. Zeitschr. 1900). Roux (Arch. Gén. Méd.. Bd. 2, 1886), Schäffer (Ergebn. Allg. Pathol. 1896). derselbe (Verh. Kongr. Deutsch. Dermat. Ges. 1895), Schmidt (Über Gonocokkenfärbung I. D. München 1902), Schütz (Münch. Med. Wochenschrift 1889), v. Sehlen (Verh. Kongr. Deutsch. Dermat. Ges. 1894). Simonelli (Di un metodo rapido di coloratione del gonococco etc. Siena 1905). Steinschneider (Ärztl. Sachverst.-Zeit. 1898), derselbe (Verh. Kongr. Deutsch. Dermat. Ges. 1889), Touton (Arch. Dermat. 1889), derselbe (Berl. Klin. Wochenschr. 1894). Uhma (Arch. Dermat., Bd. 50. 1899), Unna (Monatsh. Dermat., Bd. 35. 1902, cf. auch Bloch, Unnas Lehren, Berlin 1905). Wachholz-Nowak (Vierteljahresschr. Gerichtl. Med. 1895), v. Wahl (Centralbl. Bact., Bd. 33, 1903), Weinrich (Ebenda, 1898). Wendt (New York Med. News 1887), Winkler (Dermat. Centralbl. 1908). Zieler (Centralbl. Pathol. Anat., 1903).

Julinsburg. Posen.

Gram'sche Färbung. Im Jahre 1884 hat Chr. Gram eine Färbemethode angegeben, welche eine isolierte Färbung der meisten Bacterienarten in Schnitten gestattet. Dieselbe ist dadurch zu einer Universalmethode in der Bacteriologie geworden und hat auch für andere Zweige der Mikrotechnik eine hohe Bedeutung erlangt. Das Prinzip der Gramschen Färbung besteht darin, daß die mit einem Anilinfarbstoff überfärbten Präparate für kurze Zeit in Jodjodkalium (Jod 1 *g*, Kalium jodat. 2 *g*, Wasser 300 *g*) gebracht und dann mit Alkohol differenziert werden. Durch die Behandlung mit Jod wird eine große Anzahl Bacterien und auch manche Gewebselemente so beeinflußt, daß sie den Farbstoff ungemein festhalten, während die anderen Gewebsbestandteile ihn unter dem Einflusse des Alkohols rasch abgeben.

Als Farblösung benutzte Gram das Ehrlichsche Anilinwassergentianaviolett (100 *ccm* Anilinwasser versetzt mit 11 *ccm* konzentrierter alkoholischer Gentianaviolettlösung). Man kann statt dessen auch Methylviolett oder Viktoriablau verwenden. Färbung mehrere Minuten, dann Übertragen für die gleiche Zeit in Jodjodkalium. Die braunschwarz gefärbten Schnitte werden dann in 95⁰/₀igem Alkohol so lange differenziert, bis kein Farbstoff mehr abgeht, und durch Nelkenöl oder Xylol in Balsam gebracht.

Günther hat die Methode unerheblich modifiziert, indem er die Differenzierung in Alkohol nach $^1/_2$ Minute unterbricht und in 3⁰/₀igen Salzsäurealkohol überträgt für 10 Sekunden, um dann in reinem Alkohol die Differenzierung zu beenden.

Nach Löffler eignet sich am besten eine 10⁰/₀ige Lösung von Methylviolett 6 B oder BN in $2^1/_2$⁰/₀igem Carbolwasser, er spült aus der Farblösung in Wasser gründlich ab, bringt für 2 Minuten in die Jodjodkaliumlösung, dann eine Minute in 5⁰/₀ige Schwefelsäure oder Salpetersäure, dann absoluter Alkohol oder 30⁰/₀iger Acetonalkohol, Xylol, Balsam. An Stelle der Jodjodkaliumlösung wird vielleicht noch vorteilhafter das Jodkalium-Wasserstoffsuperoxydgemisch von Unna benutzt.

Um den Kernen eine Kontrastfärbung zu geben, kann man entweder mit Pikrocarmin vor- oder mit Bismarckbraun nachfärben.

Es hat sich gezeigt, daß nicht allen Bacterien die Eigenschaft zukommt, durch die Behandlung mit Jod den Farbstoff festzuhalten, sondern daß eine ganze Anzahl derselben nicht „jodfest“ sind, also den Farbstoff im Alkohol ebenso wie die Gewebselemente abgeben. Zu diesen Bacterien gehören: Cholerabacillus, Typhusbacillus, Rotzbacillus, Rauschbrandbacillus, Gonococcus, Pneumoniebacillus, Bacillus des malignen Ödems u. a. m.

Auch in der histologischen Technik hat die GRAMsche Färbung eine große Verbreitung erlangt, besonders in der Modifikation von BIZOZZERO (siehe Gentianaviolett). Am leichtesten gibt bei der GRAMschen Entfärbung das Protoplasma den Farbstoff ab, dann folgt das Chromatin der Kerne und am längsten halten die Nucleolen den Farbstoff fest. Länger als das Chromatin der ruhenden Kerne halten die Chromosomen der sich teilenden Kerne die Farbe. Von anderen Gewebsteilen sind besonders die Mastzellenkörner und das Stratum corneum der Epidermis jodfest.

Literatur: GRAM (Fort. Med. 1884), GÜNTHER (Deutsche Med. Wochenschr. 1887), LÖFFLER (Deutsche Med. Wochenschr., Jg. 32, 1906), UNNA (Dermat. Studien. Hamburg 1887).

GRANDYsche Körperchen siehe: Nervenendkörperchen.

Granoplasma. Im Gegensatz zu den mancherlei specifischen, geformten Körnungen des Protoplasmas, deren Kenntnis wir EHRLICH, ALTMANN u. a. verdanken, schließt jedes Protoplasma, allerdings in sehr verschiedener Menge, eine einheitliche, amorph körnige Substanz ein, die ich Granoplasma genannt habe. Ihre Kenntnis datiert erst seit der Anwendung stark basischer Farbstoffe, wie Azurcarbonat, Pyronin für die Protoplasmafärbung und der Beschränkung der Fixation der Gewebe auf einfache Wasserentziehung durch starken Alkohol. Denn die früher allgemein und auch jetzt noch nebenher gebräuchlichen Fixationsmittel, wie Formalin, Sublimat, Chromsäure und chromsaure Salze usf., verbinden sich so fest mit dem Granoplasma, daß eine gute Färbung und daher eine tinktorielle Analyse desselben nachher nicht mehr möglich ist. Das Granoplasma gehört aller Wahrscheinlichkeit nach zu den Paranucleoproteiden, ist stark sauer (basophil) und zeichnet sich durch leichte Löslichkeit in schwacher (physiologischer) Kochsalzlösung und Serum aus. Man kann selbst den Schnitten von in Alkohol fixierten und in Celloidin eingebetteten Geweben das Granoplasma noch durch schwache Kochsalzlösung vollkommen entziehen.

Morphologisch betrachtet ist das Granoplasma eine amorphe, fein- oder grobkörnige, pulverige Substanz, welche die Hohlräume (Waben) des Spongioplasmas (siehe diesen Artikel) austapeziert und bei stärkerer Ansammlung mehr oder weniger ausfüllt. Da es im Gegensatz zu dem formgebenden Teil der Zelle, dem Spongioplasma, leicht und stark tingibel ist, so beruht die heutige tinktorielle Darstellung des Gesamtprotoplasmas der Hauptsache nach auf der Färbung des eingeschlossenen Granoplasmas. So ist die NISSLsche Färbung der Ganglienzellen nichts mehr und nichts weniger als eine Granoplasmafärbung und die NISSLschen Körperchen oder „Tigroidschollen“ sind Granoplasmaanhäufungen und mit den hier angeführten Methoden leicht und gut darstellbar. Dazu kommt noch, daß das Granoplasma schon durch schwache Kochsalzlösung, Serum und die Gewebslymphe gelöst wird und in dieser Form häufig in das benachbarte Spongioplasma — wie auch in das Collagen des umliegenden Gewebes — diffundiert und dieses auch mehr basophil macht. Am meisten imbibiertes Granoplasma besitzen normalerweise stark tingible Epithelien, wie die Deckepithelien der Haut. In pathologischen Zuständen häuft sich auch in den Bindegewebszellen viel amorphkörniges Granoplasma an, besonders in den Zellen der Granulome. Dadurch schwellen die Spindelzellen zu ovalen und kugligen Gebilden an, indem sie ihre Fortsätze mehr und mehr einziehen. Schließlich runden sich die kleineren von Granoplasma erfüllten Zellen zu den von mir sogenannten

Plasmazellen (siehe diesen Artikel) ab, während die größeren, mehrkernigen Spindelzellen durch Zerklüftung in Gruppen kleinerer Plasmazellen zerfallen. Die so auf verschiedene Weise entstandenen Plasmazellen vergrößern sich weiter und zerfallen dann wieder durch amitotische Zerklüftung in Gruppen von Tochterzellen, die Plasmatochterzellen.

Diesen progressiven Erscheinungen relativ einfacher Art gegenüber zeigt das Granoplasma eine Reihe verschiedenartiger und höchst bedeutsamer regressiver Zustände. Die wichtigste regressive Veränderung ist die Granolyse, die durch Überschwemmung der Zellen mit Gewebssaft bei Ödem und Entzündung hervorgerufen wird. Dadurch wird das Granoplasma der Zellen aufgelöst und der wabige, spongiöse Bau des Protoplasmas, das Spongioplasma desselben, bloßgelegt. So entstehen die Schaumzellen der ödematösen Granulationen, des Milzbrandödems etc. Bei den meisten Granulomen geschieht die Auflösung des Granoplasmas nur punktweise und es entstehen dadurch verkleinerte Plasmazellen mit ausgenagten, wie abgebrochenen Rändern, indem mit den Granoplasmabrocken auch ganze Stücke des Spongioplasmagerüstes abbröckeln, — die atrophischen Plasmazellen. Die Atrophie des Granoplasmas geht schließlich so weit, daß nur fast nackte Kerne übrig bleiben, an denen anklebend eine gute Färbung noch vereinzelte Klümpchen und Schollen von Granoplasma nachweisen kann. Bei akuten Überschwemmungen des Gewebes mit Gewebssaft trifft man häufig große Mengen von derart abgebröckeltem Zellbrei in den Lymphspalten zwischen den im höchsten Grade atrophischen Zellen, so z. B. bei Mycosis fungoides, in exquisiter Weise.

Der Erweichung und Lösung des Granoplasmas, der Granolyse, gegenüber steht eine ebenso interessante regressive Metamorphose, die aber zur Erhärtung und Bindung des Granoplasmas führt, die hyaline Degeneration. Dieselbe begleitet in der Haut z. B. alle chronisch-entzündlichen Prozesse, alle Granulome und malignen Neubildungen als eine ständige Erscheinung. Nur das Granoplasma wandelt sich dabei in die hyalinen Kugeln um, während das Spongioplasma und die Kerne erhalten bleiben. Die mit den Hyalinkugeln kleinsten bis größten Kalibers gefüllten Zellen platzen schließlich und entleeren dieselben in die Lymphwege. Paradigmen für diese Veränderung des Granoplasmas bilden das Rhinosclerom und die Actinomycose. Eine besonders interessante Form bildet das krystalloide Hyalin, bei der die hyalinen Cylinder, Kegel, Tafeln und Prismen in den Plasmazellen entstehen und nach deren Platzen noch durch anklebende Reste von ihnen gekennzeichnet sind.

Um alles Granoplasma nachzuweisen, müssen die dem Lebenden oder der Leiche entnommenen Stücke direkt und möglichst rasch in absolutem Alkohol gehärtet werden und dürfen nicht mit den gerbenden Extraktivstoffen von Kork, Holz etc. in Berührung kommen. (Näheres siehe Plasmazellen.)

Die einfachsten und besten Methoden zur Färbung des Granoplasmas sind die folgenden drei.

I. Pol. Methylenblau—Glycerinäthermethode.

1. Polychrome Methylenblaulösung (GRÜBLER) 2 Minuten.
2. In Wasser gut abspülen.
3. Glycerinäthermischung (GRÜBLER) 1 Teil auf 4 Teile Wasser $^1/_2$ Minute.
4. In Wasser sehr gut, cca. 2 Minuten, abspülen.
5. Alcohol absol., Bergamottöl, Balsam.

II. Carbol+Pyronin+Methylgrünmethode (von UNNA modifizierte PAPPENHEIMsche Methode).

1. Carbol + Pyronin + Methylgrünmischung (GRÜBLER) 5—10 (!) Minuten warm, bei 30—40° im Reagiergläschen, am besten im Wasserbade.

2. Schnitt möglichst rasch durch Eintauchen des Reagiergläschens in kaltes Wasser abkühlen.

3. Schnitt aus der Farbflotte mit Platindraht herausnehmen und in Wasser abspülen.

4. Alcohol absol., Bergamottöl, Balsam.

III. Pol. Methylenblau—Anilin+Alaunmethode.

NB. Bei dieser Methode muß — wie bei allen Anilinentfärbungsmethoden — ausnahmsweise das Celloidin vor der Färbung entfernt werden; die Methode paßt also nicht für sehr brüchige Schnitte.

1. Entfernung des Celloidins in Alkohol + Äther, Abspülung in Alcohol absol. und zuletzt in Wasser.

2. Polychrome Methylenblaulösung (GRÜBLER) 5 Minuten.

3. In Wasser gut abspülen.

4. Auf dem Spatel mit Fließpapier gut abtrocknen.

5. Durch rasche Senkung des Spatels den Schnitt in die Mitte einer Alkohol + Xylolmischung (2 Teile Alkohol auf 3 Teile Xylol) eintauchen, so daß er rasch fortgespült wird und ihn bis zur Entwässerung (1 Minute) darin lassen.

6. In Xylol vom Alkohol befreien, cca. 1 Minute.

7. In der Anilin + Alaunmischung entfärben, 5—10 (!) Minuten.

NB. Die Mischung wird dargestellt, indem in ein Glas mit Anilinöl gepulverter Alaun 1—2 Finger breit hoch geschichtet wird. Das überstehende Anilinöl nimmt langsam Aluminiumsulfat auf und entfärbt um so stärker, je älter die Mischung ist. Letztere wird durch Zugabe von frischem Anilinöl zu dem alten Alaun erneuert.

Literatur: UNNA (Monatsh. Prakt. Dermat., Bd. 12, 1891), derselbe (Berl. Klin. Wochenschr., Nr. 49, 1892), derselbe (Monatsh. Prakt. Dermat., Bd. 19, 1894), derselbe (Deutsch. Med. Zeitg., Nr. 98, 1895), derselbe, Plasmazellen. Encyklopädie der mikroskopischen Technik von EHRLICH, KRAUSE etc. 1903). *Unna* sen., Hamburg.

Granula siehe: ALTMANNsche Methoden, s. auch Vitale Färbung.

Gregarinen siehe: Protozoen, s. auch Parasiten, tierische.

Grünlichblau, syn. für Anilinblau, spirituslöslich.

Grünpulver, veraltete Bezeichnung für Methylgrün.

Guajacaharzreaktion siehe: Enzyme.

Guanin siehe: Alkaloide.

Gummi, pflanzliche, siehe: Schleime, pflanzliche.

Gummi arabicum, das aus den Stämmen und Zweigen ausgeflossene, an der Luft gehärtete Gummi von Acacia Senegae und einigen anderen Acaciaarten. Die weißlichen oder gelblichen Stücke sind in der doppelten Menge Wasser leicht löslich, in Alkohol und Äther unlöslich. Brechungsindex 1,514 bei 17°.

Gummi arabicum hat in der mikroskopischen Technik zunächst als Einbettungsmasse Verwendung gefunden, so von KLEBS, HEIDENHAIN (vgl. BLOCHMANN), STRICKER. SERVEL bettet in einem Gummiglyceringemisch (3 : 1) ein; ebenso benutzen R. HERTWIG und JOLIET eine Gummiglycerinlösung, JOLIET nimmt auf ein Uhrschälchen mit Gummilösung 6—10 Tropfen reinen Glycerins. HOYER untersucht in einem Sirup, der Gummi und Kalium aceticum oder Gummi und Chloralhydrat mit einem Glycerinzusatz enthält. Ähnlich benutzt FARIS eine Mischung von 60 Gummi arabicum, je 45 Glycerin und Wasser, 1 Thymol. Als Einschluß- und Untersuchungsmedium empfiehlt APÁTHY für Methylenblaupräparate einen Gummisirup folgender Zusammensetzung: Es werden je 50 *g* Gummi arabicum, nicht kandierten Rohrzuckers, destillierten Wassers auf dem Wasserbade mit einem Zusatz von 5 *cg* von Thymol zubereitet. Die Präparate seien 5—6 Jahre haltbar.

BELAJIFF untersuchte mikroskopisch kleine Pflanzen, z. B. Algen, zur Konservierung des grünen Chlorophylstoffes in verdünnten Gummilösungen.

Zur Untersuchung der Hornfasern von Hircinia bettet SUKATSCHOFF in Gummiglycerin ein, das aus 1 Teil Glycerin und 10 Teilen einer dicken Lösung von Gummi arabicum besteht, an der Luft eintrocknet und dann mit dem Rasiermesser geschnitten werden kann. Ähnlich verfahren die Botaniker, so SCHACHT bei der Untersuchung von großen Pollenkörnern, z. B. von Malva crispa. Es wird in Alkohol gehärtetes Material in einen Tropfen einer dicken Gummilösung gebracht und mit dem Rasiermesser geschnitten. Analog geht FLÖGEL bei der Untersuchung von Diatomeen zum Studium der Zellwandungen vor.

Ferner findet Gummi arabicum bei der Gefriermethode Verwendung. HAMILTON durchtränkt die Gewebe mit Zuckersaft und bringt sie dann in dicken Gummisaft und in diesem zum Gefrieren. COLE verwendet direkt ein Gemisch von Gummischleim und Zuckersaft, JACOBS ein Gemisch von Gummi und Tragant.

Bei der Injektionstechnik benutzt BJELUSSOW eine sirupöse Mischung von 1 Teil in Wasser gelöstem Borax, 2 Teile Gummi arabicum; die Mischung wird mit Wasser versetzt und durch Leinwand gedrückt. Zum Aufkleben von Paraffinschnitten auf den Objektträger verwendet FLÖGEL eine Gummilösung (1 : 20); FRENZEL setzt dazu noch von einer wässerigen Chromalaunlösung, Glycerin und Alkohol hinzu. STRASSER stellt gummiertes Papier zum Aufkleben von Paraffinschnitten her (Gummi 50, Glycerin 20, Wasser 100). Endlich wird eine Gummilösung zum Aufkleben von Etiketten auf die Objektträger nach folgendem Rezept empfohlen: Man löst 100 *g* Gummi arabicum in 250 *ccm* Wasser, fügt dann eine Lösung von 2 *g* krystallisierten Aluminiumsulfates in 20 *ccm* Wasser hinzu (Journ. of the Chemical Society, zitiert nach LEE-HENNEGUY, Traité des Méthodes techniques, pag. 474).

LANGLEY und ANDERSON bringen zur Marchifärbung die in 2%iger Bichromatlösung oder in MÜLLERscher Flüssigkeit fixierten Stücke in ein Gemisch von Gummi und Bichromat; die Gefrierschnitte kommen dann in Bichromat allein, dann in die MARCHIsche Lösung.

Vgl. ferner Knochen und Zähne.

Literatur: APÁTHY (Zeitschr. Wiss. Mikr., Bd. 9, 1892), derselbe (Mitt. Zool. Stat., Neapel 1897), BELAJIEF (Scripta Botanica Horti Petropolitan., Bd. 3, 1892), BJELUSSOW (Arch. Anat. 1885), BLOCHMANN (Zeitschr. Wiss. Mikr., Bd. 1, 1884), COLE (Journ. Roy. Microsc. Soc., Bd. 4, 1884), FARIS (Microscope, Bd. 10, 1890), FLÖGEL (Arch. Mikr. Anat., Bd. 16, 1870), derselbe (Zool. Anz., Bd. 6, 1883), FRENZEL (Arch. Mikr. Anat., Bd. 25, 1885), HAMILTON (Journ. of Anat. Physiol., Bd. 12, 1878), HERTWIG (Jena. Zeitschr. Naturw., Bd. 14, 1880), HOYER (Biol. Centralbl., Bd. 2, 1882), JACOBS (Americ. Nat., Bd. 19, 1885), JOLIET (Arch. Zool. Expér., Bd. 10, 1882), LANGLEY und ANDERSON (Journ. of Physiol., Bd. 24, 1899), SCHACHT (Jhb. Wiss. Bot., Bd. 2), SERVEL (Arch. de Physiol., Bd. 2, 1874), STRASSER (Zeitschr. Wiss. Mikr., Bd. 7, 1890), SUKATSCHOFF (Zeitschr. Wiss. Mikr., Bd. 17, 1900). *Mosse,* Berlin.

Gummiglycerin siehe: Gummi arabicum.

Gummigutt, Gummi Cambagia, ist der durch Verletzung des Stammes ausfließende Saft eines in Hinterindien heimischen Baumes, Garcinia Morella, und bildet cylindrische Stücke von gelbgrüner Farbe. Es enthält als Hauptbestandteil neben Gummi die Cambagiasäure, ein in Alkohol lösliches saures Harz. Gummigutt liefert mit Wasser eine Emulsion, die vielfach als Malerfarbe Verwendung findet.

Über seine Verwendung in der Injektionstechnik vgl. Artikel Injektion der Blut- und Lymphgefäße.

Guttapercha bildet den eingetrockneten Milchsaft einer in Hinterindien heimischen Sapotacee: Isonandra Gutta. In rohem Zustand bildet sie eine rötliche, in gereinigtem eine gelbbraune, zähe, amorphe Masse, die bei 50° weich, bei 100° klebrig wird und bei 150° schmilzt. Sie ist unlöslich in Wasser, verdünnten Säuren und Alkalien. An Alkohol und Äther gibt sie 22% löslicher Stoffe ab und schwillt in Äther und ätherischen Ölen zu einem zähen Teig an. Leicht löslich ist sie in Chloroform, Schwefelkohlenstoff, Benzin und Terpentinöl. Sie besteht im wesentlichen aus einem Kohlenwasserstoff, der Gutta und Oxydationsprodukten derselben. Eine Lösung von Guttapercha in Chloroform (1:10) ist unter dem Namen Traumaticin offizinell.

Die Guttapercha hat als Klebemittel und als Zusatz für manche Injektionsmassen in der Mikrotechnik eine sehr beschränkte Anwendung gefunden.

Gymnospermen siehe: Coniferen und Centrosomen, pflanzliche.

Gyps, Calciumsulfat, $CaSO_4 + 2\,H_2O$, findet sich in großen Mengen in der Natur als Anhydrid, Alabaster, Gypsstein, Marienglas etc. als weiches, weißes Mineral, das sich bei 12° zu 0,273%, bei 100° nur zu 0,217% in Wasser löst, das Maximum der Löslichkeit liegt bei 35°. In Alkohol ist der Gyps unlöslich, in Glycerin lösen sich 0,957%. Wird pulverisierter Gyps auf 150° erhitzt, so verliert er sein Krystallwasser, gebrannter Gyps. Der Fähigkeit des letzteren, beim Zusammenbringen mit Wasser dasselbe wieder aufzunehmen und zu einer harten Masse zu erstarren, verdankt der Gyps seine Anwendung in der Technik.

In der eigentlichen Mikrotechnik findet der Gyps kaum Verwendung, dagegen dient er zur Herstellung von Injektionsmassen für makroskopisch anatomische Präparate, zum Eingypsen von Knochen für Korrosionsinjektionen etc.

Gypskrystalle siehe auch Calciumverbindungen in Pflanzenzellen.

H.

Haare siehe: Haut, siehe auch Auge (Wimpern).
Hadromal siehe: Zellmembranen, pflanzliche.
Hämacalcium siehe: Hämatein.
Hämastrontium siehe: Hämatein.

Hämatein ($C_{16}H_{12}O_6$, genauere Konstitution nicht sicher bekannt), von seinem Entdecker CHEVREUL 1810 Hämatin genannt, entsteht aus dem Hämatoxylin ($C_{16}H_{14}O_6$) durch vorsichtige Oxydation, indem man dieses z. B. in heißer wässeriger Lösung mit Kaliumhypermanganat oder Wasserstoffhyperoxyd, rotem Blutlaugensalz, Quecksilberoxyd, Ammoniumpersulfat etc. versetzt; treibt man die Oxydation zu weit, so geht das Hämatein in Oxalsäure über. Auch beim Stehenlassen einer Lösung an der Luft oder Durchleiten von Luft durch sie bildet es sich, und selbst die Krystalle des Hämatoxylins überziehen sich allmählich mit einer ganz dünnen Schicht davon. Krystallisiert ist das Hämatein im Handel nicht zu haben; die technische Art seiner Bereitung ist nicht bekannt. P. MAYER stellt es durch Oxydation des Hämatoxylins mit einem Fünftel des Gewichtes an Natriumjodat dar (s. pag. 595). Es ist löslich in Wasser, Alkohol, Glycerin, Essigsäure, Äther, besonders leicht und mit violetter Farbe in Alkalien, unlöslich in Chloroform und Benzol. Alte Lösungen verderben durch Oxydation.

Für den Mikrotechniker genügt an Stelle des reinen Hämateins meist eine alte Lösung von Hämatoxylin in Alkohol oder Glycerin, besser jedoch das Hämateinammoniak ($C_{16}H_{12}O_6 + 2\ NH_3$?), das man sich leicht selbst bereiten, aber auch z. B. bei Grübler & Hollborn in Leipzig käuflich haben kann. Nach P. MAYER löst man 1 *g* Hämatoxylin durch Erwärmen in 20 *g* destillierten Wassers, filtriert, wenn nötig, gibt 1 *ccm* Ammoniak (von 0,875 spez. Gew.) hinzu und gießt die Flüssigkeit in eine Schale, die so geräumig ist, daß jene darin nicht höher als $^1/_2$ *cm* steht. Man läßt nun bei gewöhnlicher Temperatur (womöglich in der Sonne) an einem staubfreien Orte das Wasser und Ammoniak verdunsten und kratzt den Rückstand, der etwa 1 *g* betragen muß, von der Schale los; zum Umrühren verwende man nur Spatel aus Glas, Porzellan oder Platin. Verdunstet die Flüssigkeit zu rasch, so kann ein Teil des Hämatoxylins wieder auskrystallisieren; man muß dann etwas Ammoniak und eventuell auch etwas Wasser hinzusetzen. Abdampfen in der Wärme ist schädlich.

Das Hämateinammoniak ist nicht krystallisiert. In obiger Weise dargestellt, fällt es nicht allemal gleich dunkel aus: vielleicht enthält es noch Stufen zwischen dem Hämatein und Hämatoxylin. Die Handelsware leidet an demselben Fehler. Jedenfalls muß es sich ganz in Wasser oder Alkohol lösen, und die Lösung darf durch Essigsäure nicht merklich trübe werden, sonst ist die Oxydation zu weit gegangen. In den Färbgemischen leistet das Hämateinammoniak dieselben Dienste wie das Hämatein.

A. Hämatein (oder Hämateinammoniak) ohne weiteren Zusatz wird zum Färben bisher noch weniger gebraucht als das Hämatoxylin (s. pag. 598); auch bei seinen Verbindungen mit Chrom, Eisen, Kupfer etc. wird an seiner Stelle fast stets das Hämatoxylin verwandt. Viel wird dagegen neuerdings die Verbindung mit Aluminium benutzt, da sie vor der analogen des Hämatoxylins den Vorzug besitzt, sofort zum Gebrauch fertig zu sein.

B. Hämatein mit Aluminium. Beim Mischen einer wässerigen Lösung von Hämatein mit relativ wenig Alaunlösung bildet sich ein Niederschlag von Hämateintonerde, dessen Zusammensetzung nicht näher bekannt und wohl nicht immer gleich ist. Sie löst sich im Überschuß von Alaun (auch in Chloraluminium, in Säuren etc.) und dient so zum Färben der Zellkerne, denn diese binden aus reiner Alaunlösung die Tonerde an sich, bei Gegenwart von Hämatein auch dieses.

Obwohl man das Hämatein und die Tonerde den Geweben nacheinander zuführen kann und dann auch Färbungen erzielt, so geschieht dies doch nur selten (s. unten bei Hämalaun). Allermeist werden beide Komponenten in einer und derselben Lösung dem Objekte dargeboten. Je nach der Zusammensetzung des Färbgemisches fallen die Färbungen in verschiedenen Tönen von Blau bis Rot aus: neutrale Gemische tingieren mehr blau, saure mehr rot. Gewöhnlich verleiht man den Geweben, die aus einem sauren Gemische kommen, einen blauen Ton durch Übertragen in ganz schwaches Ammoniak, besser aber, da dieses zarten Objekten leicht schadet, durch Auswaschen mit Brunnen- oder Leitungswasser, das stets etwas alkalisch reagiert, oder durch Zusatz von Natriumbicarbonat oder Kalium- oder Natriumacetat (1 : 200 bis 1 : 100) zum Waschwasser (oder später zum Alkohol). Die Bläuung beruht nicht auf einem einfachen Neutralisieren der Gewebe, denn die genannten Acetate schlagen selbst bei Gegenwart von freier Essigsäure den Farbstoff blau nieder; vielmehr wird die Tonerde ausgefällt und reißt das Hämatein mit sich.

Hämateingemische mit relativ zu viel Hämatein haben eine große Neigung zum Überfärben. Man korrigiert das Zuviel hinterher durch Auswaschen mit Alaunlösung, noch leichter mit ganz schwachen Säuren (Salzsäure von $^1/_{10}$, $^1/_5$ oder $^1/_2$ %, Oxalsäure, Weinsäure), muß aber Alaun oder Säure gründlich wieder entfernen: entweder durch viel reines Wasser (oder Alkohol), oder besser durch Ammoniak oder Natriumbicarbonat (in 70 %igem Alkohol). Am besten vermeidet man natürlich die Überfärbung, indem man die Objekte nicht zu lange in den Färbgemischen läßt. — Sehr schwache Gemische überfärben selbst bei tagelanger Wirkung nicht leicht, liefern aber keine reine Kernfärbung, wenigstens nicht, wenn man das starke Färbgemisch nur mit Wasser verdünnt. Will man also reine Kernfärbung haben, so muß man entweder ein dazu taugliches starkes Gemisch nehmen oder es mit Alaunlösung verdünnen oder bei Verdünnung mit Wasser etwas ansäuern. Enthält ein Gemisch viel Glycerin und nicht zugleich Säure, so liefert es nie eine reine Kernfärbung. Manche Forscher wollen geradezu eine Färbung sämtlicher Teile der Zelle, natürlich in verschiedenen Tönen von Violett und Blau, während andere das Plasma lieber mit besonderen Färbmitteln tingieren (s. hierüber unten, Nr. 9). Auch zur ganz präzisen Färbung des Schleims läßt sich ein Gemisch (Muchämatein, s. unten, Nr. 7) bereiten.

Die Farbe hält sich in Balsam, bleicht aber gern etwas und zuweilen aus unbekannten Ursachen sogar stark aus, besonders nahe beim Rande des Deckglases. Hat man beim Färben irgendwie Säuren angewandt, so muß man sie vor dem Einschließen in Balsam sorgfältig auswaschen (s. oben). Auch darf man nie Balsam nehmen, der mit Terpentinöl verdünnt ist (s. auch bei Hämalaun). In Glycerin scheint sich die Farbe nicht sonderlich lange zu halten, jedoch fehlen darüber zuverlässige Ermittelungen.

Für wässerige Gemische eignet sich am besten eine Lösung von Alaun, für alkoholische eine von Chloraluminium in 70 %igem Alkohol.

1. Hämalaun nach P. MAYER. 1 *g* Hämatein (oder Hämateinammoniak) wird durch Erwärmen in 50 *ccm* Alkohol von 90% gelöst und zu einer Lösung von 50 *g* Alaun in 1 *l* destillierten Wassers gegossen. Nach dem Erkalten wird eventuell filtriert. (Man kann auch das Hämatein durch Zerreiben im Mörser mit etwas Glycerin lösen.) Neuerdings löst MAYER 1 *g* Hämatoxylin in 1 *l* destillierten Wassers, gibt 0,2 *g* Natriumjodat (zur raschen Erzeugung des Hämateins) und 50 *g* Alaun hinzu, läßt sich beide Salze durch Umschütteln lösen und filtriert.

Das Hämalaun ist sofort zum Gebrauch bereit; es ist etwa von der Farbe des Boraxcarmins, wird aber allmählich mehr blauviolett, besonders in Flaschen von leicht zersetzbarem Glase, und bildet an den Wänden der Flasche, auf dem Boden und an der Oberfläche Niederschläge; man schöpft daher am besten mitten aus der Flasche mit einer Pipette und wischt diese, bevor man das Hämalaun aus ihr herausfließen läßt, außen gut ab. Es färbt Schnitte sehr rasch, manchmal fast augenblicklich, eignet sich auch vorzüglich zum Durchfärben; dies kann allerdings 24—48 Stunden dauern, und das Auswaschen mitunter ebenso lange. Meist resultiert in den Schnitten eine reine Kernfärbung und läßt sich jedenfalls durch Auswaschen mit Alaunwasser (1—2%iger Lösung von Alaun) erzielen; dies gilt auch vom Durchfärben. Man wasche aber ja den Alaun (des Hämalauns oder Alaunwassers) gründlich wieder aus, da er sich sonst im Balsam als Krystalle bemerkbar macht, und wende nach dem destillierten Wasser Leitungswasser oder ein anderes Mittel zum Bläuen der Farbe (s. pag. 594) an. Auch zum Verdünnen des Hämalauns (bis auf $^1/_{20}$) nehme man Alaunwasser, nie Leitungswasser. Beim Überführen der gefärbten Objekte in Balsam (oder Paraffin etc.) vermeide man Bergamott- und Nelkenöl und verwende Chloroform, Xylol oder Benzol: auch der Balsam sei nur in einem dieser drei Stoffe gelöst.

Wie beim BÖHMERschen Hämatoxylin (siehe pag. 599) braucht man sich auch beim Hämalaun nicht genau an obige Proportionen zu halten, sondern kann durch Mischung einer Alaunlösung von gewünschter Stärke mit einigen Tropfen einer Lösung von Hämatein in Alkohol oder Glycerin ein Hämalaun extemporieren. Oder man behandelt die Objekte nacheinander mit wässeriger Lösung von Hämatein und von Alaun, oder umgekehrt, und erhält so je nach den Umständen nur die Kerne oder auch das Plasma gefärbt.

2. Saures Hämalaun nach P. MAYER. Zu Hämalaun setzt man 2% Eisessig (oder 4% Essigsäure von 50%) oder 5% Chloralhydrat und $^1/_{10}$% Citronensäure. Anwendung wie oben, Auswaschen mit Leitungswasser erforderlich. Färbt noch präziser als das Hämalaun und hält sich länger unzersetzt.

3. Glychämalaun nach P. MAYER. Man zerreibt 0,4 *g* Hämatein (oder Hämateinammoniak) in einem Mörser mit einigen Tropfen Glycerin und setzt dazu eine Lösung von 5 *g* Alaun in 30 *ccm* Glycerin und 70 *ccm* destillierten Wassers. Eventuell zu filtrieren. Hält sich jahrelang (etwas Alaun kann auskrystallisieren), wirkt ziemlich rasch und sehr stark, gibt aber keine scharfe Kernfärbung; will man diese, so muß man mit Alaunwasser oder schwacher Säure auswaschen. — Das ähnliche Gemisch von RAWITZ (1 *g* Hämatein, 6 *g* Ammoniakalaun, je 200 *ccm* Wasser und Glycerin) ist zwar relativ sehr arm an Alaun, aber die Hämatein-Tonerde wird hier durch das Glycerin in Lösung gehalten statt wie sonst durch den Alaun.

4. Gemische ähnlich dem Hämalaun. Ein frisches Alaunhämatoxylin, das noch kaum färbt, läßt sich durch rasches Überführen des Hämatoxylins in Hämatein sofort zu einem Färbmittel von den Qualitäten des Hämalauns umgestalten, wenn nur die richtigen Proportionen zwischen Alaun und Hämatein darin gewahrt sind. Als Oxydans verwendet HANSEN Kaliumhypermanganat, indem er ein Gemisch von Hämatoxylin, Alaun und Wasser damit kocht. Indessen ist nach MAYER die Gegenwart des Mangans in der Lösung unvorteilhaft. Theoretisch richtiger führt HARRIS dem Hämatoxylin den Sauerstoff durch Quecksilberoxyd zu, da dieses und das aus ihm entstehende Oxydul sich mit dem Hämatein nicht verbinden:

er erhitzt die fertige Lösung von 1 *g* Hämatoxylin und 20 *g* Alaun in 200 *ccm* Wasser mit $^1/_2$ *g* Quecksilberoxyd zum Kochen; jedoch enthält sein Gemisch relativ zu viel Hämatein.

Nach MAYERS Versuchen ist das Magnesiumhyperoxyd unbrauchbar, dagegen sind nicht übel Kalium- oder Ammoniumhypersulfat, am besten jedoch wirkt das Natriumjodat. Man muß sich aber bei allen diesen Mitteln genau an die Vorschriften halten, weil durch zu starke Oxydation das Hämatein zum Teil oder ganz in Oxalsäure übergeht. Andrerseits sind die Versuche von UNNA, durch Zusatz eines reduzierenden Mittels (z. B. Schwefel) zu einem reifen Gemische die weitere spontane Oxydation zu verhüten, nicht erfolgreich gewesen. Ziemlich unveränderliche Gemische sind das von EHRLICH (siehe pag. 599) und das von APÁTHY (siehe unten, Nr. 5).

5. Hämateinlösung I A nach APÁTHY. Sie besteht aus gleichen Teilen „Hämateintinktur", Glycerin und Alaunlösung (9 %, Alaun, 3 % Eisessig und $^1/_{10}$ % Salicylsäure in destilliertem Wasser), dient besonders zur Färbung der nervösen Primitivfibrillen, färbt also nicht nur die Kerne. Sie eignet sich für Schnitte und zum Durchfärben, hält sich auch einige Jahre lang. — Die Hämateintinktur ist eine 1 %ige Lösung von Hämatoxylin in 70 %igem Alkohol, die in nicht ganz voller Flasche bei gewöhnlicher Temperatur 6—8 Wochen gestanden haben muß und dann ziemlich viel Hämatein enthält. In Neapel ist sie bereits nach einem Jahre zum Teil überoxydiert, scheint sich dagegen in kühlerem Klima viel länger zu halten.

6. Hämacalcium nach P. MAYER. Je 1 *g* Hämatein (oder Hämateinammoniak) und Chloraluminium, 50 *g* Chlorcalcium, 10 *ccm* Eisessig (oder Essigsäure von 50 % 20 *ccm*) und 600 *ccm* Alkohol von 70 %. Man reibt die beiden ersten Stoffe fein, löst sie in der Säure und dem Alkohol heiß oder kalt und setzt zuletzt das Chlorcalcium hinzu.

Das Gemisch ist rotviolett; färbt es zu rot, so wasche man die Objekte mit 2 %iger Lösung von Chloraluminium in 70 %igem Alkohol oder $^1/_2$—1 %iger Lösung von Kaliumacetat in absolutem Alkohol aus; meist aber genügt schon das Waschen mit neutralem Alkohol. In manche Objekte dringt es nicht gut ein; man kann das vermeiden, indem man es ansäuert oder besser die Objekte vor dem Färben einige Zeit in angesäuerten Alkohol legt. Überhaupt dürfen diese nicht alkalisch reagieren. Wird hierauf geachtet, so ist das Ausziehen der Farbe mit saurem Alkohol nicht nötig. Bei anderen Objekten (z. B. Hydroiden) dringt das Hämacalcium besser ein, wenn man es mit $^1/_3$ seines Volumens an Glycerin verdünnt oder die Menge des Aluminiumchlorids (bis auf das Achtfache) erhöht. Es färbt aber nie so gut wie Hämalaun und ist nur für solche Objekte zu empfehlen, die keine wässerigen Farblösungen vertragen, wenn sie einmal in Alkohol gewesen sind (für solche eignet sich von den Carmingemischen besonders das Paracarmin).

Das Hämacalcium setzt bereits nach einigen Monaten stark ab. Von diesem Fehler ist das Hämastrontium frei, das analog jenem mit Chlorstrontium statt Chlorcalcium bereitet wird (aber ohne Essigsäure) und ebenso färbt.

7. Muchämatein nach P. MAYER. Es gibt ein wässeriges und ein alkoholisches. Zur Bereitung des wässerigen verreibt man 0,2 *g* Hämatein mit einigen Tropfen Glycerin und setzt dazu 0,1 *g* Chloraluminium, 40 *ccm* Glycerin und 60 *ccm* destillierten Wassers. Filtrieren kaum nötig. Alkoholisches: 0,2 *g* Hämatein, 0,1 *g* Chloraluminium, 100 *ccm* Alkohol (von 70 %), 1—2 Tropfen Salpetersäure. (Statt des Hämateins kann man die gleiche Menge Hämatoxylin plus $^1/_6$ des Gewichtes an $NaJO_3$ nehmen oder jenes nach HARRIS durch Kochen mit HgO oxydieren.; s. oben Nr. 4.)

Beide Lösungen dienen zur Färbung des Schleimes in Schnitten oder dünnen Membranen; namentlich die wässerige färbt ihn, und nur ihn, gewöhnlich ungemein rasch. Die Kerne mag man vorher mit Paracarmin färben.

Neigt der Schleim stark zum Quellen, z. B. in der Haut von Fischen, so empfiehlt sich seine Färbung mit dem alkoholischen Muchämatein (oder Mucicarmin), da sonst namentlich auf den Schnitten die Bilder leicht unklar werden. Man muß dann auch beim Fixieren wässerige Gemische möglichst vermeiden.

8. Elasthämatein nach HARRIS für elastisches Gewebe. In 1 Liter 50%igen Alkohols werden 1 *g* Chloraluminium und 2 *g* Hämatoxylin heiß gelöst, durch 6 *g* Quecksilberoxyd oxydiert, filtriert und mit 10 Tropfen HCl versetzt. Nach dem Färben werden die Schnitte erst in saurem (1% HNO_3), dann in reinem Alkohol gewaschen.

9. Doppelfärbungen. Diese sind meist nur für ganz spezielle Zwecke empfohlen worden. In der Regel färbt man in den Stücken die Kerne mit irgend einem Gemisch, das Hämateintonerde enthält, also Hämalaun oder einem Alaunhämatoxylin, und tingiert nachher in den Schnitten das Plasma oder sonstige Bestandteile der Zelle in anderer Weise. Zwar läßt sich z. B. das Hämalaun hierzu mit Carmalaun, Säurefuchsin, Indigcarmin etc. mischen; besser aber färbt man mit diesen Stoffen nachher besonders, weil man so die Plasmafärbung leichter regeln kann.

Von Eosin, das gewöhnlich ebenfalls getrennt angewendet wird, löst sich in den Alaunhämatoxylinen nur sehr wenig. EHRLICH nimmt auf 200 *ccm* seines Hämatoxylins (s. pag. 599) nur ½ *g*, und selbst dies mag noch zu stark wirken. Gewöhnlich tingiert man aber die Schnitte mit dem Eosin in ganz schwacher wässeriger Lösung nach und zieht eventuell die Überfärbung durch Alkohol aus; oder man färbt mit wässeriger Eosinlösung 24 Stunden lang vor und erst dann mit dem Alaunhämatoxylin oder -hämatein. Unnötig sind wohl die Gemische von RENAUT (konzentrierte Lösung von Alaun in Glycerin, vermengt mit alter alkoholischer Lösung von Hämatoxylin und wässeriger von Eosin); die Objekte färben sich darin natürlich äußerst langsam.

Scharfe Kontraste gibt das Orange G: gewöhnlich in 1%iger wässeriger Lösung, aber auch wohl in starkem Alkohol gelöst, meist, nachdem man in toto mit Hämalaun gefärbt hat, oder vorher. Es läßt sich ferner mit Säurefuchsin kombinieren; auch dieses allein liefert in wässeriger oder alkoholischer Lösung gute Bilder.

Pikrinsäure wird zum Nachfärben der Schnitte selten angewandt. Man muß dabei sehr vorsichtig sein, da sie das Blau der Hämateintonerde angreift. Vielleicht am besten, jedenfalls am bequemsten, nimmt man sie in Benzol gelöst. Gebräuchlicher ist die Nachfärbung mit Pikrinsäure und Säurefuchsin nach VAN GIESON (Vorschrift ungenau); sie wurde durch SCHAFFER und HANSEN zur Unterscheidung von Bindegewebe und Muskulatur umgestaltet. Jener verwendet 0,1—0,15 *g* Säurefuchsin auf 100 *ccm* kalt gesättigter Pikrinsäurelösung, dazu unter Umständen 2 Tropfen Eisessig; er überträgt die Schnitte nachher direkt in Alkohol von 95%. HANSEN sieht der größeren Schärfe der Färbung halber in der Regel von der Vorfärbung mit einem Alaunhämatoxylin ab. Er nimmt auf 100 *ccm* Pikrinsäurelösung (von 1,15—1,20%) 5 *ccm* 2%iger Lösung von Säurefuchsin, versetzt sie beim Färben mit ganz wenig Essigsäure (auf je 9 *ccm* nur 1 Tropfen der 2%igen Säure), spült die Schnitte, die gewöhnlich schon nach 1—2 Minuten typisch gefärbt sind, 2—4 Sekunden lang mit Wasser ab, dem etwas von dem Färbgemisch (2 Tropfen auf je 3 *ccm*) zugesetzt worden ist, und bringt sie von da direkt in 96%igen Alkohol, dann durch absoluten und Xylol in Balsam; der Alkohol zieht die überschüssige Pikrinsäure aus.

Statt der Pikrinsäure nimmt APÁTHY Ammoniumpikrat (in 500 *ccm* einer konzentrierten Lösung 1 *g* Säurefuchsin gelöst) und färbt damit die zuvor mit Hämalaun gefärbten Schnitte nach.

Für Schnitte durch den Magen (auch durch Eier) wird nach Alaunhämatoxylin Congorot (½% in Wasser gelöst) verwandt.

Safranin in Verbindung mit Alaunhämatoxylin kann in verschiedener Weise benutzt werden. So färbt FOÀ die Schnitte durch Knochenmark 1—3 Minuten lang in einem Gemisch von 5 Teilen BÖHMERS Hämatoxylin, 4 Teilen Safraninlösung (1% in Alkohol und Wasser) und 20 Teilen Wasser, wäscht sie aus und färbt sie eventuell mit einer schwachen Lösung von Pikrinsäure oder Orange nach. — REGAUD färbt die Schnitte erst mit Hämalaun, dann mit Safranin (nach ZWAARDEMAKER) und differenziert die Färbung mit saurem Alkohol. — C. RABL färbt zuerst das Plasma mit sehr verdünntem Gemisch von DELAFIELD 24 Stunden lang so hell, daß die Farbe allein gar nicht zu brauchen wäre, wäscht mit Wasser, dann mit saurem Alkohol, färbt mehrere Stunden lang in PFITZNERS Safranin und wäscht mit neutralem Alkohol aus.

C. Hämatein mit anderen Metallen. Die vielen mit Erfolg verwendbaren Kombinationen lassen sich wenigstens ebenso bequem mit Hämatoxylin anfertigen und werden auch fast nur damit gemacht (s. pag. 600 ff.).

Literatur: UNNA (Zeitschr. Wiss. Mikr., Bd. 8, 1892); s. auch bei Hämatoxylin.

Mayer, Neapel.

Hämatin siehe: Hämatein.

Hämatoxylin ($C_{16}H_{14}O_6$, Oxybrasilin, genauere Konstitution nicht sicher bekannt), der färbende Stoff im Blauholz (s. dieses). Man gewinnt es aus dem Holz durch Ausziehen mit wasserhaltigem Äther, Abdestillieren des letzteren, Mischen des Rückstandes mit Wasser und Umkrystallisieren (am besten unter Zusatz von Ammoniumbisulfit, um die Oxydation zu verhindern) aus Wasser. Es bildet farblose, meist aber durch Oxydation außen etwas braune Krystalle mit 1 oder 3 Molekülen Krystallwasser, schmeckt süß und löst sich in Wasser, Glycerin und Alkohol ziemlich leicht. (Die Lösungen oxydieren sich, besonders bei Gegenwart eines Alkalis, schon an der Luft und gehen dabei in das Hämatein oder noch höhere Stufen über.) Es ist nicht flüchtig, verhält sich wie eine schwache Säure und bildet Salze, die begierig Sauerstoff aufnehmen und zu Hämateaten werden. Zum mikrotechnischen Färben taugt es allein nur ganz selten (s. unten A), vielmehr muß stets eine Basis entweder im Objekte bereits vorhanden sein oder eigens hineingebracht oder dem Gewebe zugleich mit dem Hämatoxylin dargeboten werden. Als Basen kommen hierbei hauptsächlich in Betracht Aluminium, Chrom, Eisen, Kupfer, weniger Molybdän, Vanadium und einige andere Stoffe. Die Salze aber, die hierbei entstehen, die sogenannten Farblacke, enthalten nie das Hämatoxylin selber, sondern wenigstens das Hämatein oder noch höhere, nicht genau bekannte Stufen.

Den zu färbenden Geweben bietet man das Aluminium in Form von Alaun oder Aluminiumchlorid etc. gewöhnlich zugleich mit dem Hämatoxylin (oder Hämatein) dar; hingegen bringt man das Eisen, Kupfer, Chrom etc. in der Regel allein mit dem Objekt in Berührung, später erst das Hämatoxylin (seltener Hämatein), und dann entsteht aus der Verbindung der beiden Körper im Objekte ein Farbsalz (Lack), worin das Hämatoxylin wohl immer höher oxydiert ist als nur zu Hämatein. Bei dieser Art von Färbung, die meist zu speziellen Zwecken dient, ist im Namen gewöhnlich auch die Basis angegeben (z. B. Färbung mit Eisenhämatoxylin), während man unter Färbung mit Hämatoxylin schlechtweg fast immer eine solche mit Hämatoxylin (oder Hämatein) und Aluminium versteht. Diese Redeweise ist aber ungenau; man sollte stets angeben, welche Art von Lösung man benutzt (z. B. Hämatoxylin nach BÖHMER oder nach EHRLICH, oder Hämalaun) oder wenigstens sagen: gefärbt mit Hämateintonerde.

A. Hämatoxylin allein wird zum Färben bisher fast nur in der Botanik gebraucht: man bringt auf dem Objektträger zu den Objekten etwas Hämatoxylin in Substanz und läßt Dämpfe von Ammoniak hinzutreten; der Farbstoff löst sich unter Bildung von Hämateinammoniak violett auf und färbt besonders die Zellkerne (dies scheint auf der Gegenwart von Aluminium, Eisen oder Kupfer in den pflanzlichen Geweben zu beruhen). Tierische Gewebe hingegen färben sich mit Hämatoxylin (oder Hämatein) allein nur sehr wenig, speziell die Kerne wohl nie, falls sie nicht etwa aus den Fixiermitteln die dazu nötigen Basen bereits aufgenommen haben. (Die freie Nucleinsäure bindet nach P. MAYER das Hämatein allein nicht, wohl aber aus Alaun die Tonerde, aus Hämalaun die Hämateintonerde).

Als sehr empfindliches chemisches Reagens auf Eisen und Kupfer ist das Hämatoxylin mehrfach empfohlen worden; nach P. MAYER lassen sich auch

Spuren von Aluminium damit nachweisen, jedoch sehen sich die Verbindungen der drei genannten Metalle mit dem Hämatoxylin recht ähnlich, also reicht dieses Reagens zur Unterscheidung nicht aus.

B. Hämatoxylin mit Aluminium. Ein frisches Gemisch der wässerigen oder alkoholischen Lösungen von Hämatoxylin und Alaun oder Chloraluminium ist fast wasserhell und färbt die Objekte kaum. In der Regel dauert es Monate, bis das Gemisch reif geworden ist, d. h. bis sich genug Hämatoxylin zu Hämatein oxydiert, und dieses sich mit dem Aluminium verbunden hat. Da sich nun nicht sofort alles Hämatoxylin oxydiert, so kennt man den Gehalt an wirksamem Farbstoff stets ganz ungenau. Ferner schreitet die Oxydation zwar langsam, aber unaufhörlich fort und verwandelt das Hämatein in Körper, die nicht mehr färben; so sind denn die gewöhnlichen Hämatoxylingemische Gemenge von unreifen, reifen und überreifen Bestandteilen, daher in ihrer Wirkung häufig unberechenbar. Endlich aber reagieren allmählich die Gemische, die Alaun enthalten, gegen Lackmuspapier immer weniger sauer und färben dann manchmal anders als zu Beginn (z. B. den Schleim).

Wenn sich also auch die sogenannten Hämatoxyline viel rascher und sicherer mit fertigem Hämatein (s. pag. 593) bereiten lassen, so kann man doch immer noch in einer für die Praxis ziemlich ausreichenden Weise vom Hämatoxylin ausgehen, indem man dieses in Lösung vorrätig hält: entweder 1 : 10 in absol. Alkohol, oder 1 : 100 in 70%igem Alkohol oder in Glycerin. Solche Lösungen enthalten bereits nach einigen Wochen ziemlich viel Hämatein und können dann in entsprechender Proportion statt des festen Hämatoxylins oder Hämateins verwandt werden.

Weitere allgemeine Angaben über die Färbung mit Hämatoxylin und Aluminium s. pag. 594. Von den Gemischen, die hierher gehören, verdienen folgende eine genauere Erörterung.

1. Alaunhämatoxylin nach BÖHMER (1865). Zu einem Uhrglase voll Alaunlösung (1 : 240 Wasser) setzt man einige Tropfen braun gewordener Hämatoxylinlösung (1 : 12 absol. Alkohol). Von historischem Interesse als das älteste Gemisch dieser Art. — BÖHMER wäscht die Schnitte mit Lösung von Weinsäure in Alkohol aus und schließt sie in Ricinusöl oder Glycerin ein. Er hat auch schon beobachtet, daß die mit Chromgemischen oder Kupfervitriol behandelten Objekte sich mit Hämatoxylin allein (in Wasser gelöst) färben, allerdings weniger distinkt als bei Gegenwart von Alaun.

2. Alaunhämatoxylin nach DELAFIELD (fälschlich nach GRENACHER oder PRUDDEN benannt). Zu 400 *ccm* einer gesättigten Lösung von Ammoniakalaun (1 Teil löst sich in etwa 11 Teilen Wasser) setzt man eine Lösung von 4 *g* Hämatoxylin in etwa 25 *ccm* starken Alkohols und läßt das Gemisch in einer offenen Flasche 3—4 Tage stehen. Dann filtriert man, gibt 100 *ccm* Glycerin und ebensoviel Methylalkohol hinzu, filtriert wieder, läßt das Gemisch so lange (wenigstens 2 Monate) offen stehen, bis es dunkel geworden ist, und schließt nun erst die Flasche. Es hält sich nicht lange unzersetzt und ist wenig empfehlenswert. Zum Färben verdünnt man es mit viel Wasser, läßt aber die Objekte, da es sehr stark färbt, nicht zu lange darin. — BÜTSCHLIs saures Hämatoxylin ist eine sehr starke Verdünnung des DELAFIELDschen Gemisches mit so viel Essigsäure, daß sie entschieden rot ist; es färbt die Kerne schärfer. — HARRIS macht die lange Reifung des Hämatoxylins dadurch überflüssig, daß er es mit Quecksilberoxyd direkt in Hämatein überführt (s. pag. 595).

3. Alaunhämatoxylin nach EHRLICH. Man löst 1 *g* Hämatoxylin in 50 *ccm* absoluten Alkohols, setzt dazu 5 *ccm* Eisessig, je 50 *ccm* Glycerin und Wasser, endlich Alaun im Überschuß und läßt dies Gemisch in einer offenen Flasche dunkelrot werden. Es hält sich, gut verschlossen, jahrelang unverändert. Schnitte färbt es sehr rasch, soll auch Stücke gut durchfärben und nicht überfärben. Von allen älteren Gemischen gibt es die schärfste Kernfärbung. —

MANN nimmt statt des Hämatoxylins $^1/_4$—1 *g* Hämatein. — Das Gemisch von FRIEDLÄNDER ist weniger rationell als das von EHRLICH, da es viel zu viel freies Hämatein enthält und sich auch schon bald zersetzt. — Über APÁTHYs Hämateinlösung s. pag. 596, Nr. 5.

4. Alkoholisches Hämatoxylingemisch nach KLEINENBERG. Es ist ein inkonstantes Gemisch von Hämatoxylin, das zum Teil in Hämatein übergegangen ist, Chlorcalcium, Chloraluminium, Salzsäure und Alkohol (von 60—65%); seine Bereitung ist umständlich und nicht rationell. Es wird nur in den Fällen dienlich, wo aus irgend welchen Gründen ein wässeriges Färbegemisch vermieden werden soll, und läßt sich dann am besten durch MAYERs Hämastrontium (s. pag. 596, Nr. 6) ersetzen.

5. Über die Doppelfärbungen, speziell die mit Eosin, sowie mit Pikrinsäure und Säurefuchsin s. pag. 597.

C. Hämatoxylin mit Chrom. Bereits 1865 nebenher von BÖHMER verwandt (s. pag. 599), absichtlich aber erst von R. HEIDENHAIN, dann von APÁTHY und besonders von WEIGERT. Stets wird das Hämatoxylin durch einen Teil der Chromverbindung (Chromsäure, Chromate etc.) zu Hämatein und noch darüber hinaus oxydiert und bildet nun mit dem übrigen Chrom ein Farbsalz. Entweder wird in die Objekte erst das Hämatoxylin und dann das Chromsalz eingeführt oder umgekehrt.

1. Hämatoxylinchrom nach R. HEIDENHAIN s. pag. 602.

2. Hämatoxylinchrom nach APÁTHY. Bei dieser Methode kommt nur Alkohol von 70—80% zur Verwendung. Die Schnitte gelangen zuerst in 1%ige Lösung von Hämatoxylin und dann entweder halb so lang (Schnitte von 10—15 μ) oder doppelt so lang (Schnitte von 25—40 μ) in 1%ige Lösung von Kaliumbichromat. Letztere Lösung macht man durch Vermischen 5%iger wässeriger Lösung mit dem Vierfachen von 80—90%igem Alkohol unmittelbar vor dem Gebrauch, schützt sie auch samt den Objekten darin vor dem Licht und erneuert sie mehrere Male. Ausgewaschen werden die Objekte ebenfalls im Dunkeln in 70%igem Alkohol. Die Färbung soll durchsichtiger ausfallen und die Objekte sollen mehr geschont werden als bei der Methode von HEIDENHAIN. — Ähnlich verfährt PLATNER. — Celloidinschnitte behandelt APÁTHY 10 Minuten mit der Hämatoxylinlösung, trocknet sie mit Fließpapier ab und bringt sie im Dunkeln auf 5—10 Minuten in Alkohol von 70%, dem nur einige Tropfen der 5%igen Lösung von Kaliumbichromat zugesetzt worden sind. Die Schnitte werden stahlblau bis stahlgrau; ohne das Abtrocknen würde sich das Celloidin mitfärben.

3. Hämatoxylinchrom nach HENNEGUY. Die Schnitte werden auf 10 Minuten in $^1/_2$%ige Lösung von Hämatoxylin in 90%igem Alkohol gebracht, dann mit Wasser ausgewaschen, 10 Minuten lang mit 2%iger wässeriger Lösung von Kaliumbichromat behandelt, wieder ausgewaschen und nun auf 5 Minuten in 1%ige wässerige Lösung von Kaliumhypermanganat gelegt. Eventuell Nachfärbung mit Safranin oder Fuchsin etc.

4. Hämatoxylinchrom nach HANSEN. 10 *g* Chromalaun in 250 *ccm* Wasser durch Kochen gelöst, dazu 1 *g* Hämatoxylin in 10—15 *ccm* Wasser heiß gelöst; zu dem erkalteten Gemisch erst etwa 5 *ccm* Schwefelsäure, dann tropfenweise eine Lösung von 0,55 *g* Kaliumbichromat in 20 *ccm* Wasser. Vor dem Gebrauche zu filtrieren.

5. Hämatoxylinchrom nach O. SCHULTZE. Die in Chromgemischen fixierten und mit Alkohol im Dunkeln ausgewaschenen Objekte werden in $^1/_2$%iger Lösung von Hämatoxylin (in 70%igem Alkohol oder Wasser) durchgefärbt. Anders fixierte Objekte werden vorher mit Kaliumbichromat gebeizt.

6. WEIGERTs Methode zur Färbung der Markscheiden und ihre zahlreichen Abänderungen siehe bei Nervenfasern.

D. Hämatoxylin mit Eisen. In der Regel wird zuerst das Eisen in die Schnitte eingeführt, dann nach flüchtigem Abspülen das Hämatoxylin (oder

Hämatein), und zum Schluß wird die diffuse, viel zu starke Färbung durch Auswaschen mit einer Säure oder der Lösung des Eisensalzes — die hier verwendeten Salze reagieren alle sauer — soweit abgeschwächt und distinkt gemacht, wie es das Ziel der Forschung verlangt. Die chemischen Vorgänge sind analog denen beim Chrom (s. oben) und gleich diesen nicht genau bekannt. Die Hauptmethoden sind folgende:

1. Hämatoxylineisen nach BENDA. Die Schnitte kommen auf 24 Stunden in Liquor ferri sulf. der Pharmakopoe, der mit dem gleichen Volum destillierten Wassers verdünnt ist, werden dann erst mit destilliertem, darauf mit Leitungswasser gut ausgewaschen und in 1%ige Hämatoxylinlösung übertragen, wieder gewaschen und in dünner Essigsäure (5—30%) oder stark verdünntem Liquor ferri sulf. (1 : 20 Wasser) differenziert.

2. Hämatoxylineisen nach M. HEIDENHAIN s. pag. 603.

3. Hämatoxylineisen nach BÜTSCHLI. Die Schnitte kommen nacheinander in eine schwache Lösung von Eisenacetat, Wasser und $^1/_2$%ige Lösung von Hämatoxylin. Sie werden ganz tief braunschwarz oder blauschwarz, müssen daher, um nicht undurchsichtig zu werden, äußerst dünn sein.

4. Hämatoxylineisen nach WEIGERT. Direkt vor dem Gebrauche werden gleiche Raumteile 1%iger Lösung von Hämatoxylin in 96%igem Alkohol und des Gemisches von 4 *ccm* Liq. ferri sesquichlor. (enthält 10% Fe), 1 *ccm* Salzsäure (25% HCl) und 95 *ccm* Wasser zusammengegossen und darin die Schnitte einige Minuten lang gefärbt. — DE WITT benutzt ein ähnliches Gemisch zur Färbung der elastischen Fasern.

5. Hämatoxylineisen nach HANSEN. Die Lösung von 10 *g* Eisenalaun in 150 *ccm* Wasser wird in die von 1,6 *g* Hämatoxylin in 75 *ccm* Wasser gegossen, das Gemisch bis zum Kochen erhitzt und unter Luftabschluß erkalten gelassen. Vor dem Gebrauche zu filtrieren. Reine Kernfärbung durch Zusatz von verdünnter Schwefelsäure erzielbar.

6. Über die Färbung der Markscheiden nach KAISER siehe bei Nervenfasern.

E. Hämatoxylin mit Kupfer. Bereits nebenbei von BÖHMER angewandt (s. pag. 599). Auch hier wird zuerst das Kupfer in die Gewebe (meist in toto, aber auch Schnitte) eingeführt, nachher das Hämatoxylin; die diffuse Färbung wird, wenn man besonders die Kerne tingiert haben will, wie beim Eisen durch eine Säure, oder zur Tinktion der Nervenfasern durch ein Gemisch von Borax und rotem Blutlaugensalz, auch wohl durch Kaliumhypermangat und schweflige Säure distinkt gemacht.

Die wichtigeren Methoden sind folgende:

1. Methode von WEIGERT für die Nervenfasern. S. dort.

2. Hämatoxylinkupfer nach BENDA. Die Schnitte von Material aus FLEMMINGs Gemisch kommen in eine konzentrierte Lösung von Kupferacetat (1 Tag lang bei 40° C, sonst 2 Tage), dann nach gutem Auswaschen mit Wasser auf einige Minuten in eine 1%ige wässerige Lösung von Hämatoxylin, werden bis zu hellgelb in $^1/_5$%iger Salzsäure entfärbt und zur Entfernung der Säure wieder in die Kupferlösung gelegt, wo sie blaugrau werden; dann werden sie gewaschen und in Balsam gebracht. Besonders zum Studium der Spermatogenese.

F. Hämatoxylin mit Molybdän. Wesentlich zur Tinktion des Nervensystems. MALLORY färbt die Schnitte in einem alten Gemisch von 1 Teil Hämatoxylin, 6—10 Teilen Chloralhydrat, 1 Teil 10%iger Phosphormolybdänsäure und 100 Teilen Wasser. — S. auch unten bei G. — RIBBERT wendet die Methode für Bindegewebe an, beizt aber die Schnitte vorher mit der Säure und verwendet ein anderes Gemisch von MALLORY: 10 *ccm* 10%ige Säure, 1,75 *g* Hämatoxylin, 5 *g* Carbolsäure, 200 *ccm* Wasser. — KODIS braucht: Hämatoxylin 1 *g*, Molybdänsäure 1,5 *g*, Wasser 100 *ccm*, dazu als Oxydans etwas HgO oder H_2O_2.

G. Hämatoxylin mit anderen Metallen. Mit Magnesium (Hämatoxylin in Magnesiawasser gelöst) als Basis hat P. MAYER nur wenig haltbare Färbungen erhalten. — HERMANN behandelt zur Färbung des Zellplasmas seine Objekte erst in toto mit Hämatoxylin (in Alkohol) und differenziert dann die Paraffinschnitte nach PAL; da er aber zur Fixierung sein Platinosmiumgemisch verwendet, so ist nicht klar, welches Metall als Basis für die Färbung dient. — M. HEIDENHAIN nimmt Vanadium: er färbt die Schnitte von Material aus Sublimat mit einem Gemisch von 2 Teilen $^1/_2$%iger wässeriger Lösung von Hämatoxylin und 1 Teil $^1/_4$%iger wässeriger Lösung von Ammoniumvanadat, das aber nur vom 5.—10. Tage nach der Bereitung brauchbar sein, besonders das Zellplasma färben und starke Metachromasien hervorbringen soll. (Näheres siehe pag. 604.) — MALLORY verwendet als Basis Wolfram (200 *ccm* 10%iger Lösung von Phosphorwolframsäure, 800 *ccm* Wasser, 2 *ccm* Wasserstoffhyperoxyd, 1 *g* Hämatoxylin). — GUIGNARD behandelt Material aus Alkohol mit 10%iger Lösung von Zinksulfat und erhält dann mit Hämatoxylin eine Färbung, die sich aber nicht unverändert in Balsam überführen läßt. — DONAGGIO färbt Schnitte durch Material aus Kaliumbichromat in einem Gemisch von $^1/_2$ *g* Hämatoxylin, 10 *g* Zinnammonchlorid und 90 *ccm* Wasser und entfärbt sie nach PAL. — BOLTON bringt zur Färbung der Markscheiden und Achsencylinder Gefrierschnitte der mit Formol fixierten Gewebe erst in wässerige Lösungen der Salze von Mangan, Wismut, Kobalt, Nickel, Uran, Zink etc., färbt sie dann im Gemisch von KULTSCHITZKY (1 *g* Hämatoxylin, 100 *ccm* 2%iger Essigsäure) und differenziert die Färbung nach PAL. Besonders gut soll die Beizung mit 1%iger Osmiumsäure oder 2%iger Lösung von Eisenalaun oder Ammoniummolybdänat sein.

Literatur: MAYER (Mitt. Zool. Stat. Neapel, Bd. 10, 1891), derselbe (Ebenda, 1892), derselbe (Zeitschr. Wiss. Mikr., Bd. 16, 1899), LEE und MAYER (Grundzüge, 3. Aufl., 1907), ROST (Monographie des Hämatoxylins, Dresden 1904). *Mayer*, Neapel.

Hämatoxylin-Chromsalze. Die Ära der modernen Hämatoxylinfärbungen wurde eröffnet mit der Entdeckung des Chromhämatoxylins durch R. HEIDENHAIN. Zwar war dasselbe schon seit undenklichen Zeiten in Benutzung zur Schwarzfärbung der Gespinnstfasern (Blauholzextrakt mit Chrombeize), allein man wußte in der Histologie nichts davon. R. HEIDENHAIN zeigte nun, daß man prachtvolle schwarze bis eisengraue Totalfärbungen der geweblichen Strukturen erzielen kann, wenn man die am besten in Alkohol oder Pikrinsäure fixierten Stücke in einer 0,5—1%igen Lösung von Hämatox. puriss. färbt und später eine Beize von 0,5—1%igem doppeltchromsaurem Kali nachfolgen läßt (ebenfalls auf 12—24 Stunden). Das Chromsalz muß vorzüglich ausgewaschen werden, ehe die Einbettung der Stücke erfolgt. Die Schnitte von möglichst geringer Dicke dürfen mit ätherischen Ölen nicht in Berührung gebracht werden, da sie sonst leicht verbleichen, und müssen wegen der leichten Oxydierbarkeit der Farbe mit wenig neutralem Balsam unter einem großen Deckglas eingelegt werden.

Diese Färbung ist für gewisse Zwecke auch heute noch unentbehrlich, denn wir haben kein anderes Verfahren, welches einerseits die „Durchfärbung" ganzer Stücke gestattet, andrerseits trotz dieser so primitiven Technik viele Feinheiten der Plasma- und Kernstruktur zeigt. Demgegenüber scheint es bedauerlich, daß der gewünschte Färbungseffekt oft nicht eintritt, vielmehr das Gewebe sich vergilbt, schwächlich und unscharf tingiert zeigt. Dieser Übelstand wird wahrscheinlich durch zwei verschiedene Ursachen bedingt, nämlich: 1. durch saure Reaktion der Gewebe (nach Sublimathärtung, Chromsäure etc.), 2. durch die oxydierende Wirkung des Kaliumbichromates. Die Vorschläge, die zur Verbesserung des Verfahrens später gemacht worden sind, sind zahlreich genug (APÁTHY, R. HEIDENHAIN, V. KOSTANECKI); wir vereinigen unsere Erfahrungen mit denen der Autoren und empfehlen folgende Punkte der Berücksichtigung:

1. Möglichst gutes Auswaschen sauer fixierter Stücke, eventuell Neutralisation derselben.

2. Färbung aus einer relativ starken, also 1%igen wässerigen Hämatoxylinlösung.

3. Benutzung einer schwachen Lösung von Kalium bichromicum (wahrscheinlich genügt 0,1%), um die oxydierende Wirkung abzuschwächen. Es ist beinahe sicher, daß der Chromlack ebensogut auch durch äußerst verdünnte Lösungen produziert wird.

4. Lösung des chromsauren Salzes in Alkohol (APÁTHY), wodurch die Zersetzung des Salzes (Säureabspaltung) gehemmt wird.

5. Gutes Auswaschen des chromsauren Salzes in Leitungswasser oder destilliertem Wasser, welchem ein wenig kohlensaures Alkali zugesetzt ist.

6. Vermeidung ätherischer Öle bei der Einbettung, eventuell Schwefelkohlenstoffeinbettung.

Zuletzt hat O. SCHULTZE auf Grund vieler Versuche und vortrefflicher Resultate eine neue Formel angegeben. Er vermeidet die Vergilbung des Chromlackes, welche, wie angedeutet, darauf beruht, daß die Oxydation des Farbstoffes zu weit fortschreitet, dadurch, daß er zuerst mit einer chromhaltigen Flüssigkeit beizt und darauf die Hämatoxylinlösung einwirken läßt. Danach verfährt man wie folgt:

1. Fixierung am besten in Chromosmiumessigsäure (FLEMMING) oder Kaliumbichromat-Osmiumsäure (Kaliumbichromat 3% — 45 *ccm*, Osmiumsäure 2% — 15 *ccm*).

2. Ausziehen der Stücke in 50%igem Alkohol im Dunkeln, ein bis mehrere Tage.

3. Färbung in einer Lösung von 0,5% Hämatoxylin in 70%igem Alkohol, 24 Stunden und länger.

4. Alkohol von 70%, Alc. abs., Einbettung.

Literatur: HEIDENHAIN (Arch. Mikr. Anat., Bd. 27), SCHULTZE (Zeitschr. Wiss. Mikr., Bd. 21). *Heidenhain,* Tübingen.

Hämatoxylin-Eisen. Das Eisenhämatoxylin wurde zuerst durch BENDA in die histologische Technik eingeführt. Später haben verschiedene Autoren Eisenhämatoxylinfärbungen beschrieben. Die jetzt wohl allgemein gebräuchliche Methode, welche besonders zur Darstellung der Centralkörper benutzt wird, rührt von M. HEIDENHAIN her.

Es werden beliebig fixierte Präparate, am besten jedoch solche aus Sublimat, Alkohol, Trichloressigsäure oder CARNOYscher Flüssigkeit möglichst dünn (großzellige Gewebe 5—6 μ, kleinzellige Gewebe im Mittel 3 μ) und gleichmäßig (!) geschnitten, aufgeklebt und in einer 2,5%igen Lösung des violetten Eisenalauns (schwefelsaures Eisenoxydammon) 3—12 Stunden lang gebeizt. Hierbei sollen die Objektträger senkrecht in der Beizflüssigkeit stehen, damit etwaige Niederschläge von Eisenoxyd sich nicht auf den Schnitten absetzen können. Alsdann wird kurz mit Wasser abgespült und in reiner, 0,5%iger, 4—6 Wochen alter Lösung von Hämatoxylinum purissimum gefärbt. Am besten nimmt man das WEIGERTsche Hämatoxylin, welches auf die Hälfte verdünnt wird. Gefärbt wird 12—24—36 Stunden lang. Hierauf differenziert man in der Beizflüssigkeit. Die Differenzierung geht langsam vor sich und muß unter dem Mikroskop kontrolliert werden. Zu dem Behufe darf die Entfärbungsprozedur beliebig oft unterbrochen werden. Dies geschieht am besten und in vollständig unschädlicher Weise dadurch, daß man den aus der Beizflüssigkeit herausgezogenen Objektträger in einem Gefäß, welches 1—2 *l* Leitungswasser enthält, abspült. Nicht destilliertes Wasser zersetzt das Eisensalz sofort und sistiert demgemäß die weitere Entfärbung. Die Kontrolle feinerer Färbungen geschieht am besten an der Hand der Wasserimmersion D* von ZEISS, welche einen sehr weiten Focalabstand besitzt und für die Untersuchung in Wasser liegender Schnitte Vorzügliches leistet. Ist der gewünschte Extraktionseffekt erreicht, so wird eine Viertelstunde lang in fließendem Wasser abgespült und in Balsam eingeschlossen. Cave: ätherische Öle, dicke

Balsamschicht, kleines Deckglas, vielmehr: Xylol, wenig neutraler Balsam, großes Deckglas; Nachfärbungen: saure Anilinfarben, besonders Rubin. Die Schnitte dürfen in letzterem Fall schwach sauer eingelegt werden.

Im praktischen Gebrauch der E.H-Färbung hat sich als wichtige Regel ergeben, daß man die einmal gebrauchte Farbstofflösung nicht fortgießen darf, sondern immer wieder und wieder verwenden soll, da die Färbungen im Laufe von Wochen immer besser zu werden pflegen. Währenddessen wird die Farbstofflösung mit der Zeit dunkler; stellen sich Niederschläge ein, so soll man filtrieren.

Durch diese Methode werden dargestellt: In erster Linie Centralkörper, Kerne (Chromatin), Schlußleisten; ferner auch die Centralkapseln, die Basalstücke der Cilien und Darmstäbchen, gewisse faserige Differenzierungen des Zelleibes (Wimperwurzeln, Pseudochromosomen etc.), verschiedene Formen der Secretgranula (in den Speicheldrüsen, Pancreas, überhaupt in Eiweißdrüsen) und Pigmentkörner (genuines Pigment der Nieren), NISSLsche Granula und schließlich nicht zum wenigsten die Streifen Q (auch Z) der Muskelsubstanz.

Da die Methode ursprünglich als Centralkörperfärbung ausgearbeitet worden war, so ergab sich bald das Bedürfnis, das Zellprotoplasma samt allen Einschlüssen möglichst stark zu entfärben, während hierbei die Centralkörperfärbung unangetastet bleiben sollte. Diesen Zweck erreicht man, wenn man die Schnitte vor der Eisenhämatoxylinfärbung mit Bordeaux R oder Anilinblau vorfärbt (siehe Methode der substraktiven Tinktion im Artikel „Allgemeine Methode der histologischen Färbungen"). Beim Differenzieren stellt sich dann heraus, daß der gesamte Zelleib die Farbe sehr viel rascher und vollständiger entläßt, als dies sonst der Fall ist, während die Centralkörper selbst die Farbe zurückbehalten. Ein Übelstand ist bei dieser Abänderung des Verfahrens, daß sich die Kerne sehr stark entfärben (besonders bei Anwendung von Bordeaux R).

Literatur: BENDA (Verh. Physiol. Ges. Berlin, Jg. 1885—1896), HEIDENHAIN (Festschr. KÖLLIKER, 1892), derselbe (Zeitschr. Wiss. Mikr., Bd. 13, 1896), HELD (Arch. Anat., 1897, Suppl.). *Heidenhain,* Tübingen.

Hämatoxylin-Vanadium. Gießt man eine wässerige Lösung von reinem Hämatoxylin mit einer Lösung von Ammoniumvanadat zusammen, so erhält man sofort eine prachtvoll blaue Farbe, welche indessen mikroskopische Schnitte nur diffuse tingiert. Läßt man die Lösung einige Tage stehen, so färbt sie darauf vollkommen different, und zwar polychrom: Bindegewebe und Schleimstoffe blau, Muskeln meist goldfarben, rote Blutkörperchen und Drüsengranula gelb bis orange, Zellprotoplasma braun. Nach einigen weiteren Tagen verliert sich indessen die Färbekraft der Lösung wiederum vollständig.

Die hier geschilderten Erscheinungen beruhen darauf, daß beim ersten Zusammengießen der Lösungen ein Hämatoxylin-Vanadiumlack entsteht, welcher indessen durch die oxydierenden Eigenschaften des Vanadiumsalzes sukzessive weiterhin verändert wird; es „reift" somit die Lösung in kurzer Frist und es treten in ihr verschiedene Hämatoxylinfarben von sehr verschiedener Nuance auf, welche wahrscheinlich eben nichts anderes sind als verschiedene Oxydationsstufen des Vanadiumlackes. Zu dieser Zeit besteht die erwähnte polychrome Färbekraft des Gemisches. Jedoch in kurzer Zeit werden alle diese Farbkörper so vollkommen oxydiert, daß die inzwischen gelblich gewordene Lösung keine histologische Tinktion mehr ergibt. Aus der hier vorgetragenen Anschauung ergeben sich die notwendigen Erfordernisse der technischen Behandlung. Man darf den Luftsauerstoff nur bis zu einem gewissen Zeitpunkt einwirken lassen und muß die Flüssigkeit alsdann unter gänzlichem Luftabschluß aufbewahren. Die Schnelligkeit der Oxydation wird abhängen: 1. von dem Volumen der Flüssigkeit und 2. von der Ausdehnung der Oberfläche, durch welche der Luftsauerstoff hinzutreten kann. Nach den neueren Erfahrungen von M. HEIDENHAIN bekommt man ein typisches Farbengemisch auf folgende Weise.

Es werden 200 *ccm* einer $^1/_2$%igen Lösung von Haematoxylinum purum mit 100 *ccm* einer $^1/_4$%igen Lösung von Ammoniumvanadat (E. MERCK, Darmstadt) zusammengegossen. Diese 300 *ccm* setzt man in einer offenen Kochflasche von 500 *ccm* der Oxydation aus. Der Flüssigkeitsspiegel hat hier eine ganz bestimmte Größe und die Umsetzungen erfolgen in ganz gesetzmäßiger Weise. Je nach 24 Stunden schüttelt man die Lösung einmal um, damit die oberflächlichen, stärker oxydierten Schichten in der übrigen Flüssigkeitsmasse verteilt werden. Nach einigen Tagen beginnt man Probefärbungen zu machen und nimmt als Testobjekt, am besten den Querschnitt einer Amphibienlarve; sobald das Bindegewebe und der Schleim sich kräftig blau färben, während die Muskulatur goldbraun, die roten Blutkörperchen gelb sich tingieren, unterbreche man den selbsttätigen Oxydationsprozeß, indem man die Mischung unter Luftabschluß bringt. Hierzu benutzt man am besten einen Scheidetrichter von 500 *ccm* Inhalt, in welchem man die Mischung unter einer dicken Schicht von Paraffinum liquidum aufbewahrt. Zum Färben zapft man sich durch den unteren Glashahn des Trichters ein wenig von der Farbe in eine flache Schale ab; sollten Paraffintröpfchen darin herumschwimmen, so muß man filtrieren.

Diese Färbung wird angewendet auf Schnitte aus Sublimat, Trichloressigsäure, Alkohol, oder man benutzt ein Fixierungsgemisch von konzentriertem Sublimat 100, Trichloressigsäure 2, Eisessig 1. Die Stücke aus letzterer Mischung und aus Trichloressigsäure müssen sofort in 90%igen Alkohol übertragen werden (um die Quellung des Bindegewebes zu vermeiden). Schnittdicke nicht über 6 μ. Die Färbung ist rein progressiv und geht sehr rasch von statten, weswegen man die Tinktion der Schnitte gut kontrollieren muß. Bei der Fertigstellung der Präparate ist nur noch darauf zu achten, daß sie im Xylol nicht längere Zeit verweilen dürfen, weil letzteres die Farbe extrahiert. Dagegen halten sich die Präparate in Balsam unbegrenzt. Die Färbungseffekte sind oft außerordentlich überraschend und die Methode eignet sich für viele feinere Untersuchungen.

Literatur: HEIDENHAIN (Zeitschr. Wiss. Mikr., Bd. 25). *Heidenhain*, Tübingen.

Hämatozoen siehe: Blutparasiten.

Häminkrystalle siehe: Blut, forensisch.

Hämachromogenkrystalle können ähnlich wie Häminkrystalle zum Nachweis von Blutfarbstoff benutzt werden, wie zuerst DONOGÁNY und später KOBERT nachgewiesen haben. Zu ihrer Darstellung verfährt man nach BÜRKER so, daß man die zu untersuchende Probe mit möglichst wenig Wasser auslaugt und einen Tropfen der erhaltenen Flüsigkeit mit einem Tropfen Pyridin und einem Tropfen frischen Schwefelammoniums versetzt mit dem Deckglas bedeckt und mit Lack umrandet. Nach kurzer Zeit verwandelt sich der Tropfen in einen Brei gerade gestreckter oder gebogener Krystalle.

Literatur: DONOGÁNY (MALYS Jahresber. für die Fortschr. der Tierchemie, Bd. 23, 1894), KOBERT (Das Wirbeltierblut in mikrokrystallographischer Hinsicht, Stuttgart 1901), BÜRKER (Münch. Med. Wochenschr. 1909).

Hämoglobinkrystalle siehe: Blutkrystalle.

Hämosporidien siehe: Blutparasiten.

Hängender Tropfen siehe: Lebendes Gewebe, Untersuchung desselben.

Harnblase. Zur Fixation der Harnblasenwand eignen sich vor allem die CARNOYsche (EGGELING), die ZENKERsche und die FLEMMINGsche Flüssigkeit (DOGIEL), konzentriertes Sublimat (ZIMMERMANN), Alkohol (HAMBURGER), Alkoholformol (LENDORF). Wenn es nicht auf die Untersuchung der Blasenwand im kontrahierten Zustand ankommt, tut man gut, die Blase mit der Fixationsflüssigkeit von der Harnröhre aus zu füllen; andernfalls steckt man kleine Stücke der Wandung mit Igelstacheln auf Wachsplatten auf. Nach LENDORF soll man auch für letzteren Zweck gute Resultate erhalten, wenn man Formol in das Rectum injiziert. Ist die Blase noch mit Urin gefüllt, so kann man sie abbinden, ausschneiden und in die Fixationslösung einlegen.

Das Schneiden der Stückchen in Paraffin macht nicht selten Schwierigkeiten, da sich dieselben nur recht schwer mit Paraffin durchtränken. Man sollte sie deshalb möglichst lange (24 Stunden) in einem weichen Paraffin bei möglichst niederer Temperatur belassen.

Zur Maceration der Blasenepithelien können die gewöhnlichen Mittel Drittelalkohol, verdünnte MÜLLERsche Flüssigkeit, dünne Osmiumsäure, Alauncarmin etc. mit Vorteil Verwendung finden.

Zur Färbung der Nerven der Harnblase kann man sowohl die Methylenblau- als die Goldmethode verwenden. Im ersteren Falle entleert man die Blase des eben getöteten Tieres, spült mit Kochsalzlösung aus und injiziert in die Blase eine $^1/_4$%ige Methylenblaulösung. Nach 2—3 Stunden wird geöffnet und die Schleimhaut der Luft ausgesetzt. LENDORF verwendet bei Mäusen zu demselben Zwecke subcutane oder intraperitoneale Injektion gesättigter Methylenblaulösung. Bei größeren Tieren färbt er auf dem Objektträger. Auch zur Vergoldung tut man gut, sich der Injektionsmethode zu bedienen. Man injiziert zunächst 2%ige Essigsäure oder Citronensaft, läßt 10—20 Minuten liegen, öffnet dann und legt die Stücke in Goldchlorid ein (näheres siehe Goldmethoden). Reduktion in verdünnter Ameisensäure, der man nach BERNHEIM ein Körnchen schwefligsauren Natrons zusetzt. Vor dem Verbringen in die Goldlösung kann man mittelst eines Pinsels versuchen, das Epithel möglichst zu entfernen. CUCCATI injiziert zum Studium der Nerven eine Lösung von pikrinsaurem Ammoniak.

Literatur: BERNHEIM (Arch. Physiol. 1892), CUCCATI (Mem. Ac. Sc. Ist. Bologna, Bd. 9, 1889), DOGIEL (Arch. Mikr. Anat., Bd. 35, 1890), EGGELING (Anat. Anz., Bd. 20, 1901), HAMBURGER (Arch. Mikr. Anat., Bd. 17, 1880), LANDAU (Arch. Physiol. 1881), LENDORF (Anat. Hefte, H. 56/57, 1901), WOLF (Arch. Mikr. Anat., Bd. 19, 1881), ZIMMERMANN (Ebenda, Bd. 52, 1898).

Harnleiter. Für ihn gelten im wesentlichen dieselben Behandlungsmethoden wie für die Harnblase. Um eine Verkrümmung bei der Fixation zu vermeiden, bindet man ihn am besten auf einen Glasstab fest.

Harnsäure. Zum Nachweis der Harnsäure in Geweben fixiert SAINT-HILAIRE die Objekte in Alkohol und bettet in Celloidin ein. Die Schnitte kommen für einige Minuten in 5—10%ige Kupfersulfatlösung und dann direkt für 1 bis 2 Minuten in eine siedende gesättigte Lösung von Natriumbisulfit. Es bildet sich dadurch schwer lösliches harnsaures Kupferoxydul. Dann sorgfältig in Wasser auswaschen und Behandeln mit einer Lösung von Ferrocyankalium. Die Harnsäureconcremente erscheinen rot gefärbt. COURMONT und ANDRÉ behandeln Paraffinschnitte von Material, das in Carnoy fixiert war, zuerst mit 1%igem Ammoniak, dann mit 1%iger Silbernitratlösung. Nach sorgfältigem Auswaschen wird mit einem photographischen Entwickler behandelt, wieder ausgewaschen und mit Hämatoxylin-Eosin gefärbt. Die als harnsaures Silber fixierte Harnsäure erscheint tief schwarz.

Literatur: COURMONT und ANDRÉ (C. R. Soc. Biol. Paris, Bd. 57, 1904), SAINT-HILAIRE (Zeitschr. Physiol. Chem., Bd. 26, 1898).

Harnsedimente. Zur Untersuchung der Sedimente empfiehlt sich neben der gewöhnlichen mikroskopischen Untersuchung (im durchfallenden Licht) die Verwendung der Dunkelfeldbeleuchtung, welche bei schwacher Vergrößerung einen raschen Überblick gestattet und bei starker Vergrößerung auch ohne besondere Vorbereitung schon gewisse Feinheiten in der Struktur von Zellen, Cylindern, Krystallen leichter erkennen läßt. Zur Anwendung eignet sich besonders der Spiegelkondensor von REICHERT, der an jedem größeren Mikroskop angebracht werden kann (POSNER).

Färbung des Sediments. Sie kann in doppelter Absicht geschehen, einmal zu dem Zweck, Bestandteile, welche in einem ungefärbten Präparat desselben wenig oder gar nicht erkennbar sind, überhaupt besser hervortreten zu lassen, und zweitens, um gewisse morphologische Verhältnisse, Besonderheiten der verschiedenen im Sediment vorkommenden Zellformen, ihrer Struktur, Kernverhältnisse usw. zu erforschen und eventuell auf ihre Herkunft, auf die Natur des zugrunde liegenden Krankheitsprozesses Schlüsse zu ziehen, endlich zur Erkennung von Bacterien.

Handelt es sich nur um den erstgenannten Zweck, so genügt der Zusatz einer nicht konzentrierten Lösung irgend eines in der mikroskopischen Färbetechnik gebräuchlichen Farbstoffs oder auch der bekannten LUGOLschen Jodlösung (Jod 0,2, Kal. jodat. 0,4 0,5, Aq. 200). Dabei färben sich vorzugsweise alle morphotischen Bestandteile, während die krystallinischen Gebilde, die ausgefallenen Salze usw. gewöhnlich nur schwach oder gar nicht sich färben, aber trotzdem wegen ihrer stärkeren Lichtbrechung sichtbar bleiben, wie in dem ungefärbten Präparat. Nur die Harnsäure und ihre Salze pflegen (goldgelb) gefärbt zu erscheinen, da sie im sauren Urin auftreten, der dunkler gefärbt ist als alkalischer Urin, und aus dem sie den Farbstoff niederreißen.

Im übrigen sind die krystallinischen Sedimente schon danach leicht zu unterscheiden, ob sie in saurem oder alkalischem oder auch neutralem Urin auftreten.

Im sauren Urin treten, wie gesagt, die gewöhnlich mehr oder weniger goldgelb gefärbten Urate (als Ziegelmehlsediment) auf in Form feinster Körnchen und die Harnsäure selbst in ebenso gefärbten Krystallen von Tonnen, Rosetten etc. Jene Urate könnten allenfalls mit Micrococken verwechselt werden, lassen sich aber leicht von ihnen unterscheiden dadurch, daß sie sich beim Erwärmen lösen, daß auf Zusatz einer Säure die Harnsäure aus ihnen in großen Krystallen sich ausscheidet und daß sie, wie gesagt, sich nicht färben lassen wie Bacterien (siehe unten).

Ferner findet man in saurem Urin oxalsauren Kalk in der charakteristischen Oktaeder- (Briefkuvert-) Gestalt, seltener in Zwillingskrystallen in Form von Hanteln oder Trommelschlägeln. Sie lösen sich nicht in Essigsäure, dagegen in Mineralsäure.

Zu erwähnen ist ferner Cystin, welches in farblosen, sechsseitigen Tafeln auskrystallisiert und in Ammoniak leicht löslich ist.

Wegen anderer, im sauren Urin seltener vorkommender Sedimente, wie Leucin und Tyrosin u. a. m., muß auf die Lehrbücher der Medizin verwiesen werden.

Im alkalischen oder auch neutralen Urin kommen vor:

Tripelphosphate (phosphorsaure Ammoniakmagnesia) in farblosen Prismen (Sargdeckelkrystalle), die sich in den schwächsten Säuren schon lösen, kohlensaurer und phosphorsaurer Kalk und Magnesia, ebenfalls in allen Säuren löslich, die ersten unter Aufbrausen. Endlich in neutralem oder schwach alkalischem Harn: harnsaures Ammoniak, goldgelbe Kugeln, die häufig mit kleinen Krystallspitzen besetzt sind (Morgenstern-Formen), aus denen auf Zusatz von Säuren reine Harnsäure in rhombischen Tafeln und Drusen sich ausscheidet.

Wichtiger ist die Sedimentfärbung zur Erkennung der morphologischen Struktur der Zellen und Zellbestandteile.

Da für diesen Zweck es oft wünschenswert ist, verschiedene Färbungen, sei es in einzelnen Farben, sei es mit Farbgemischen zur Anwendung zu bringen, so ist es nötig, wenn nicht schon durch bloßes Absetzenlassen des Urins ein starkes Sediment sich bildet, ein solches durch Centrifugieren des Urins zu gewinnen. In jedem Falle tut man gut, den auf die eine oder andere Art gewonnenen Bodensatz mit physiologischer Kochsalzlösung zu waschen, schon um Reste des Urins, der durch seine gelösten Bestandteile, durch seine Reaktion den Ausfall der Färbung beeinträchtigen kann, zu entfernen, ganz besonders aber zur Entfernung von Eiweiß, welches ja in solchen Urinen, deren Sediment morphotische Bestandteile enthält, fast immer vorhanden ist und die Erkennung empfindlich stört.

Man erreicht diese Reinigung schnell und genügend, wenn man das Sediment oder Centrifugat, nachdem man die überstehende Harnschicht vorsichtig abgegossen hat, mit der Kochsalzlösung übergießt und centrifugiert und das Verfahren nach Abgießen der Lösung mit einer neuen Portion derselben ein- oder zweimal wiederholt.

Will man das Sediment durch Absetzenlassen gewinnen oder kann aus irgend einem anderen Gunde der Urin nicht in ganz frischem Zustande zur Untersuchung kommen, so muß man ihn, um ihn vor der Zersetzung zu bewahren, durch welche die morphotischen Elemente bis zur Unkenntlichkeit verändert werden, mit ein paar Tropfen Chloroform durchschütteln oder ihm einige Thymol- oder Campherkrystalle zusetzen.*

---

* Doch ist zu bemerken, daß konservierte Präparate im allgemeinen sich weniger gut färben als frische.

Das, wie angegeben, gewonnene Sediment kann man ohne weitere Vorbereitung und am schnellsten mit Methylenblau färben, welches die Kerne gut hervortreten läßt, im übrigen aber die einzelnen Zellformen, soweit sie sich nicht durch ihre Größe unterscheiden, nicht besonders differenziert.

In diesen Beziehungen leisten Gemische von basischen und sauren oder verschieden stark basischen Farbstoffen bessere Dienste, namentlich das EHRLICHsche Triacid, ferner PAPPENHEIMs Pyroninmethylgrün.

Um mit EHRLICHs Triacid zu färben, wird das Präparat auf dem Objekt- oder Deckglas an der Luft oder schneller durch vorsichtiges Erwärmen über einer Flamme getrocknet, die Färbeflüssigkeit mit dem auf dem Objektglas getrockneten Präparat sanft verrieben oder das Deckglas mit dem getrockneten Präparat nach unten auf der Färbeflüssigkeit schwimmen gelassen und getrocknet, besser an der Luft als über der Flamme. Denn je langsamer das Trocknen erfolgt, um so besser gelingt die Färbung. Hierauf wäscht man das Präparat ganz kurz erst mit Wasser, dann mit wenig Alkohol, läßt es trocknen und schließt es in Canadabalsam ein (SENATOR).

Bei dieser Färbung erscheinen die hyalinen Cylinder, ebenso wie die Grundsubstanz anderer Cylinder und das Protoplasma der Zellen violett, ebenso die neutrophile Körnung, die Kerne der Zellen blau oder blaugrün, die roten Blutkörperchen (bzw. der Blutfarbstoff) orange. Fettkörnchen bleiben ungefärbt und heben sich dadurch von den anderen Elementen ziemlich deutlich ab.

Mit PAPPENHEIMs Pyroninmethylgrünmischung, die am besten jedesmal frisch bereitet wird, färbt man das auf dem Deckglas fixierte Präparat, oder man bestreicht erst das Deckglas mit der Farbmischung, läßt sie darauf antrocknen, bringt etwas von dem Sediment mit einer Platinöse auf den Farbstoff und verreibt sanft möglichst gleichmäßig. Das Deckglas wird dann mit dem gefärbten Präparat nach unten auf einen hohl geschliffenen Objektträger gelegt und die Ränder mit weißem Vaselin bestrichen, um das Präparat vor Verdunstung zu schützen.

In dem so behandelten Präparat sieht man sofort, besser aber nach 12—24 Stunden, die hyalinen Cylinder violett, andere dunkler blau, das Protoplasma der großen Plattenepithelien ganz schwach gefärbt, dasjenige der meisten anderen Zellen, z. B. der Nierenepithelien, blaßrosa bis violett, das der multinucleären Leucocyten gar nicht oder schwach gefärbt, den meistens schmalen Protoplasmarand der einkernigen Leucocyten (Lymphocyten oder Plasmazellen?) rot. Die Kerne erscheinen blau, von verschiedener Größe, central oder exzentrisch. Bei den Nierenepithelien ist der Kern bläschenförmig, central mit einem oder mehreren rot gefärbten Kernkörperchen, die einkernigen Leucocyten zeigen einen großen central oder excentrisch gelegenen Kern mit einem roten Kernkörperchen. Die Granulierung des Protoplasmas und die Chromatinstruktur der Kerne ist im Harnsediment nicht wohl zu erkennen. Bacterien färben sich mit PAPPENHEIMs Mischung intensiv rot.

Um freies oder in Zellen eingeschlossenes Fett (Fettkörnchen, verfettete Zellen) zu erkennen, kann man das Sediment ohne weiteres oder nach der vorher beschriebenen Vorbereitung mit $^1/_2$%iger Osmiumsäurelösung behandeln, wobei alles Fett schwarz erscheint, oder mit Sudan oder Scharlachrot, welche es rot färben.

Zur Konservierung von Harnsedimenten behufs späterer Untersuchung oder Demonstration gibt es verschiedene Methoden. Nach ROHNSTEIN versetzt man das Sediment mit dem Doppelten bis Dreifachen einer 2%igen Formollösung, schüttelt gut durch und läßt absitzen. Dann gießt man ungefähr die Hälfte der Flüssigkeit ab, schüttelt den Rest gut durch und ersetzt die abgegossene Menge von Flüssigkeit durch ebensoviel von folgender Mischung: Formol 20, Glycerin 125, Aq. dest. 200. In dieser Mischung hält sich das Material lange Zeit.

Eine Methode, wobei die Präparate zugleich in haltbarer Weise gefärbt werden, ist die folgende, von MARTIN COHN angegebene. Das Präparat wird auf sorgfältig gereinigte Deckgläschen gestrichen, leicht an der Luft getrocknet und das Deckglas mit dem angetrockneten Präparat für etwa 10 Minuten in eine Schale mit 10%iger

Formollösung getan, ohne zu schütteln, weil dadurch leicht das Sediment heruntergespült werden könnte. Nach kurzem Auswaschen in Wasser wird das Deckglas — behufs Fettfärbung — in eine konzentrierte Lösung von Sudan in 70%igem Alkohol für etwa 10 Minuten gelegt und $^1/_2$—1 Minute in 70%igem Alkohol abgespült. Außerdem kann man zur Erkennung der Kernverhältnisse mit Hämatoxylin oder Alauncochenille färben und in Wasser abspülen. Das Präparat wird in Glycerin eingeschlossen und durch Anwendung eines luftdicht schließendes Kitts vor Verdunstung geschützt. CANNATA endlich wäscht den Bodensatz mit physiologischer Kochsalzlösung gut aus und fixiert ihn 2 Tage in FOLscher Lösung (Chromsäure 1% 25 *ccm*, Osmiumsäure 1% 2 *ccm*, Essigsäure 1% 16 *ccm*, Aq. dest. 263 *ccm*). Die Flüssigkeit wird dann abgegossen, das Centrifugat mit physiologischer Kochsalzlösung gewaschen und die Deckgläschen bestrichen, lufttrocken fixiert, nach ZIEHL gefärbt und eingebettet.

Literatur: CANNATA (Riforma Med. 1908). COHN (Zeitschr. Klin. Med., Bd. 38, 1899), POSNER (Berlin Klin. Wochenschr. 1908), ROHNSTEIN (Fort. Med., 1902), SENATOR (Arch. Pathol. Anat., Bd. 131). *H. Senator*, Berlin.

Hausenblase. Unter der Bezeichnung Hausenblase kommt die innere Haut der Schwimmblase von Fischen aus der Ordnung der Knorpelganoiden in getrocknetem Zustande in den Handel. Hausenblase geht durch Kochen in Leim über. Sie dient zur Herstellung von Gelees, des sogenannten englischen Pflasters usw.

In der mikroskopischen Technik hat sich KLEBS der Hausenblase als Medium zur Untersuchung bedient; er mischt eine konzentrierte Lösung mit dem halben Volumen Glycerin. BEHRENS löst 25 *g* in 100 *ccm* heißen Campherwassers, mischt mit 100 *ccm* Glycerin, kocht auf und filtriert durch feuchte Glaswolle. DEBES macht eine Lösung von 3 *g* Hausenblase in 75 *g* Eisessig, nimmt von dieser Lösung 5 *g* und verdünnt sie mit einer Mischung von 3 *g* absoluten Äthylalkohols und 1,5 *g* Isobutylalkohols. Die Flüssigkeit dient zur Fixation von Diatomaceen.

Literatur: DEBES (Zeitschr. Wiss. Mikr., Bd. 6, 1889), KLEBS (Arch. Mikr. Anat., Bd. 5, 1869). *Mosse*, Berlin.

Haut. Epithelfasern. Zum Studium der Protoplasmafasern in den Epithelzellen sowie der außerhalb der Zellen verlaufenden sogenannten HERXHEIMERschen spiraligen Fasern, deren Deutung als Protoplasmafasern jetzt von den meisten Autoren anerkannt wird, dienen folgende Färbemethoden:

Zunächst die WEIGERTsche Färbung, mittelst welcher es HERXHEIMER gelang, die nach ihm benannten Fasern zuerst zu finden, und für deren Ausführung er folgende Regeln aufstellt: 1. Härtung in Alkohol; 2. Entcelloidinieren mittelst Alkohol und Äther aa; 3. Einlegen der Schnitte für 2 Stunden in Alcohol absol.; 4. Färbung auf dem Objektträger für 5—10 Minuten in gesättigter Lösung von Anilinwassergentianaviolett; 5. 1 Minute in LUGOLsche Lösung; 6. Entfärbung in Anilinxylol, bis deutliche tiefblaue Färbung eintritt; 7. Xylol, Canadabalsam.

Eine Modifikation dieser Methode HERXHEIMERS siehe unter Keratohyalin.

KROMAYER gibt folgendes Verfahren an: 1. Paraffineinbettung der in absolutem Alkohol gehärteten Stücke. Messer haarscharf, schräg zum Messerschlitten gestellt. Einstellung des Präparats so, daß die Epidermis zuerst getroffen wird. Schnitte von 0,002—0,003 *mm* in öfters zu wechselndes Xylol gebracht, dann in absoluten Alkohol, der ebenfalls einmal zu wechseln ist; dann Hinzufügung von Wasser zum Alkohol, bis er nur wenige Prozent der Mischung beträgt; dann Färbung auf dem Objektträger. 2. Färbung 5 Minuten mit einer Lösung von gleichen Teilen konzentrierten Anilinwassers und konzentrierter wässeriger Lösung von Methylviolett. 3. Bei dünnen Schnitten 1 Sekunde Jodjodkalilösung, bei dickeren Schnitten Kontrolle durch die Lupe. 4. Anilin 1 zu Xylol 2, eventuell bei dünneren Schnitten stärkere Verdünnung des Anilins mit Xylol. Kontrolle der Entfärbung unter dem Mikroskop. Im richtigen Moment Unterbrechung der Entfärbung durch Übergießen der Schnitte mit Xylol. Vorfärbung mit Alauncarmin.

Außerdem beschrieb KROMAYER noch folgende Modifikationen dieses Verfahrens: 1. Färbung mit Bismarckbraun (oder Safranin); 2. kurze Färbung mit Methylviolettanilinwasser; 3. Abspülen im Wasser; 4. Abtrocknen; 5. Übergießen mit Anilinxylol (2:3); 6. Xylol, Balsam; oder 1. und 2. wie vorher; 3. kurze

Jodierung (Jodkalilösung); 4. Ausziehen mit Aq. dest. 2, Alcohol absol. 1—2; 5. Trocknen des Schnittes mit Fließpapier; 6. Montierung in Paraffin. liquidum.

Richard Fischel empfiehlt folgende Modifikation der Kromayerschen Epithelfaserfärbung:

Die möglichsten dünnen Schnitte (—5 μ) werden nach Extraktion des Paraffins

a) in Anilinwasser und konzentriertem Gentianaviolett 6 B āā 10—15 Minuten lang gefärbt;

b) gründliches Auswaschen in Wasser;

c) 1 Sekunde bis 1 Minute Lugolsche Lösung;

d) Auswaschen in Wasser, vorsichtiges Abtrocknen mit faserfreiem Filtrierpapier, so daß eine Spur feinsten Glanzes zurückbleibt (Cave vollständiges Abtrocknen!);

e) Differenzierung mit Anilinxylol (1:2, 1:3, 1:1, je nach der Dicke des Schnittes); das Anilin wird auf dem Wasserbade oder am besten im Paraffinschrank auf 56° erhitzt.

Wenn keine sichtbaren Wolken mehr abgehen:

f) Xylolübergießung;

g) Balsam.

Unna benutzt folgende Methoden, welche neben der Färbung der Epithelfasern auch die übrigen protoplasmatischen Substanzen gut färben:

a) Die Wasserblau-Orceinmethode: 1. Schnitte auf 10 Minuten in eine 1%ige, wässerige, neutrale Lösung von Wasserblau (Alkaliblau); 2. Abspülen in Wasser; 3. 5—10 Minuten in neutrale, spirituöse (1%ige) Orceinlösung (Grübler); 4. Alcohol absolutus; 5. Öl, Balsam.

b) Hämatoxylin-Pikrinmethode*: 1. Schnitte für 1/2 Stunde bis eine Nacht in Hämatoxylin von Delafield oder Mayer oder Unna (Hämatoxylin 0,5, Spiritus 10,0, Sol. H_2O_2 10,0, Glycerin 10, Soda 0,1, Alaun 2,5, Aq. ad. 100); 2. leichte Abspülung in Wasser; 3. 1/2 Minute gesättigte, wässerige Pikrinlösung; 4. 20—30 Sekunden in 1/2%ige spirituöse Pikrinsäurelösung zur Entwässerung; 5. Alcohol absolutus zur Abspülung des überflüssigen Pikrins; 6. Öl, Balsam.

c) Hämatoxylin-Orceinmethode: 1. Schnitte eine Nacht in der Hämatoxylinflotte; 2. nach Abspülen im Wasser 10—20 Minuten in der spirituösen neutralen Orceinlösung; 3. Alcohol abs., Öl, Balsam.

d) Jodmethode: 1. Färbung von Celloidinschnitten in Gentiana 1,5, Alaun 10, Aq. dest. 100, 1 Stunde im Schälchen; 2. nach Abspülen in Wasser Jodierung in einem Schälchen mit 5%iger Jodkalilösung unter Zusatz eines Jodkrystalls; 3. Schnitte auf den Objektträger gebracht, leicht abgetrocknet; 4. Überspülung mit Anilin 10, Xylol 40 (1/2—1 Minute); 5. Auftropfen von Anilinxylol āā 10,0 (1/2 Minute); 6. Xylol, Balsam.

Vorfärbung mit Alkoholcarmin nach Mayer oder Hämatoxylin.

Eine andere Darstellung der Epithelfasern Unnas ist folgende: Von einer vorrätig zu haltenden Lösung (Wasserblau 1,0, Orcein 1,0, Eisessig 5,0, Glycerin 20, Spiritus 50, Aqua ad. 100) wird in einem Reagensglas 1 *g* mit 0,3 *g* einer 1%igen Lösung von spritlöslichem Eosin in 80%igem Alkohol und 0,3 *g* einer 1%igen Hydrochinonlösung gut gemischt. Färbung 10 Minuten in der Kälte. Abspülen in Wasser. Färbung 10 Minuten in 1%iger Lösung von Safranin (O. Grübler). Wieder abspülen in Wasser. Kaliumbichromat (1/2%ige wässerige Lösung) 10—30 Minuten. Abspülen in Wasser. Alcohol absolut., Öl, Balsam. Epithelfasern safraninrot. Protoplasma des Epithels dunkelblau bis dunkelviolett. Kerne und Kernkörperchen leuchtend rot. Im Bindegewebe rote Kerne, violettes Granoplasma. Leucocythenkerne rot neben blauen neutrophilen Granulationen. Collagen blau. Elastin rot.

Das Keratohyalin. Das Keratohyalin — von Ranvier jetzt körniges Eleidin genannt —, welches sich in den Zellen der Körnerschicht in Form feinster Körnchen vorfindet, ist in starken Mineralsäuren löslich und in Pepsinsalzsäure ver-

* Ähnlich ist die von Schütz angegebene Hämatoxylin-Pikrin-Eisenmethode: 0,01 *mm* dicke entcelloidinierte Schnitte von Alkoholpräparaten kommen für 24—48 Stunden in eine 10%ige wässerige Lösung von Extr. Ligni Campechian. pur. Man wäscht sie in destilliertem Wasser aus, überträgt sie für 5—10 Minuten in eine gesättigte, wässerige Pikrinsäurelösung, wäscht wieder in Wasser aus und läßt sie 24 Stunden in frischer 1%iger wässeriger Lösung von schwefelsaurem Eisenoxydul nachdunkeln. Auswaschen, Entwässern in Anilin oder Alkohol, Canadabalsam, Ölimmersion, Condensor, enge Blende. Die feinen Details sind nicht länger als 3 Wochen sichtbar.

daulich, es löst sich nicht in schwachen Lösungen von Alkalien sowie in kohlensauren Alkalien in der Kälte. Die Körnchen quellen unter Abrundung in verdünnten alkalischen Lösungen auf und treten besonders scharf durch Ammoniak hervor. Nach RANVIER lösen sie sich durch 10stündige Maceration der Schnitte in 10%iger Natriumchloridlösung zu einer diffusen, mit Pikrocarmin sich rot färbenden Substanz auf. Sie werden als eine Begleiterscheinung des Verhornungsprozesses beobachtet (UNNA). Außer mit RANVIERS Pikrocarmin werden sie mit Hämatoxylin, nach SORRENTINO besonders nach vorheriger Fixation in Pikroschwefelsäure mit der Pararosanilin-Jodmethode UNNAS, mit der VAN GIESONschen Methode (Hämateinsäurefuchsin und Pikrinmethode), mit der Wasserblauorceinmethode UNNAS, mit der WEIGERTschen und GRAMschen Methode zur Darstellung gebracht*.

Zum Ersatz der beiden letztgenannten Methoden empfiehlt HERXHEIMER folgendes Färbeverfahren: Einlegen von Schnitten, die 24 Stunden in absolutem Alkohol gelegen haben, in Anilinwassermethylviolett (1/2 Stunde lang). Entfärbung mit käuflichem 2%igen Mentholvasogen (von Pierson in Hamburg). Abtupfen damit 1/4—1/2 Stunde lang. Dann Xylol, Canadabalsam. UNNA benutzt das Camphervasogen als Entfärbungs- und Entwässerungsmittel für Schnitte, die in polychromer Methylenblaulösung gefärbt und mittelst roten Blutlaugensalzes gebeizt sind.

Andere von UNNA angegebene Methoden sind:

1. Hämateinfärbungen: *a)* Überfärbung mit Hämatoxylin; *b)* Einlegen der Schnitte für 10 Sekunden in 1/2‰ige Kal. permangan.-Lösung; *c)* Entfärben in Alkohol.

2. *a)* Wie vorher; *b)* anstatt Kal. permangan.-Lösung 33%iges Eisenvitriol; *c)* Alkohol.

3. *a)* Wie vorher; *b)* 20 Minuten in 10%iger Lösung von gelbem Blutlaugensalz; *c)* Entfärbung in salzsaurem Alkohol.

4. Vorfärben in einer starken Hämateinlösung, Nachfärbung mit Safranin, Kerne rot, Keratohyalin blau.

Eine neue und einfache Methode der Färbung von Keratohyalin und Epithelfasern in der Haut gibt A. PASINI in folgender Vorschrift: 1. 10 Minuten in 2%iger wässeriger Lösung von Acidum phosphowolframicum. 2. Kurzes Abspülen in destilliertem Wasser. 3. 15—20 Minuten in der Färbemischung: 10 Tropfen Wasserblauorceinmischung + 12 Tropfen Eosin BA zu 2%iger in Alkohol 50% + 1 Tropfen gesättigter, wässeriger Säurefuchsinlösung + 5 Tropfen neutrales Glycerin. 4. Abspülung in destilliertem Wasser. 5. Absoluter Alkohol. 6. Abermaliges Eintauchen auf wenige Sekunden in die Wolframphosphorsäurelösung. 7. Absoluter Alkohol, Xylol, Canadabalsam. Epithelfasern und -kerne dunkelrot, Keratohyalinkörner rot, Protoplasma der Stachelschicht blau, Hornschicht gelblichrot.

FICK und KEGEL empfehlen Färbung der Schnitte für 3—4 Minuten in konzentrierter wässeriger Lösung von Kresylechtviolett, dann Auswaschen in Wasser, Differenzierung in 95%igem Alkohol, bis das Bindegewebe farblos, das Epithelprotoplasma lichtblauviolett erscheint, dann Entwässerung in Alcohol absolutus. Xylol. Canadabalsam. Keratohyalingranula violettrot, rostfarben oder lachsfarben. Keratin dunkelblauviolett. Stratum spinosum violett.

Das Eleidin. Das Eleidin — RANVIERS huile essencielle — ist nach BUZZIS Untersuchungen eine in topographischer, morphologischer und chemischer Hinsicht von dem Keratohyalin verschiedene Substanz, welche sich in Form von Tröpfchen, Tropfen, Flatschen und Bändchen in der basalen Hornschicht vorfindet und auch die basale Hornschicht eines jeden Schweißporus durch die ganze Hornschicht hindurch begleitet. Über die Entstehung des Eleidins ist nichts Bestimmtes

* Nach RABL besitzt das Keratohyalin nicht überall die gleiche chemische Beschaffenheit. Die eine Art desselben läßt sich mit Hämatoxylin färben, die andere nicht; diese letztere läßt sich bei Nachbehandlung mit sauren Anilinfarben zur Anschauung bringen, und zwar sind dies die Körner, die in der Marksubstanz und inneren Wurzelscheide der Haare vorkommen.

bekannt. BUZZI stellt allerdings in neuerer Zeit die Frage zur Diskussion, ob es trotz seiner sonstigen Verschiedenheit doch nicht in letzter Instanz von dem Keratohyalin abstammt*. Seine tinktorielle Darstellung geschieht nach folgenden Methoden:

1. Nach RANVIER: *a)* Härtung 24 Stunden in 96%igem Alkohol, Trockenschneiden; *b)* Färbung auf dem Objektträger in ammoniakalischem Pikrocarmin (1 : 1000); *c)* Auswaschen in Wasser; *d)* Einschluß in neutralem Glycerin. Eleidin gelbrot.

2. Nach BUZZI: Die Färbung gelingt nach seinen älteren Angaben mit Alkanna, Osmiumsäure, spirituslöslichem Nigrosin, sulfosaurem Nigrosin. Schneiden ohne Einbettung, Differenzierung in Alcohol absolutus, Einschluß in Glycerin.

Neuere Methoden BUZZIS:

1. Das Eleidin läßt sich nicht allein an frischen oder nur kurze Zeit in Alkohol konservierten Hautstücken, sondern auch in solchen, die mehrere Jahre in Alkohol gelegen haben, nachweisen.

Das Congorot in schwachen Lösungen ist ein vorzügliches Färbemittel: *a)* Färben dünner Hautschnitte einige Minuten lang in einem Uhrschälchen voll Wasser mit 2—3 Tropfen der 1%igen wässerigen Congorotlösung; *b)* Abspülen in Wasser. Schnitt diffus, schwach rosarot, Eleidin intensiv rot.

Bei Behandlung der Schnitte mit schwachen Säuren geht die rote in eine blaue Farbe über und bleibt so, bis die Säure neutralisiert wird. Zur Doppelfärbung von mit Congorot behandelten Schnitten eignet sich Hämatoxylin. Eleidin rot, Keratohyalin blau.

2. Indophenol, Orcein, namentlich aber Orseilleextrakt sowie auch andere als nach der RANVIERschen Vorschrift bereitete Pikrocarminlösungen färben das Eleidin.

Zur Konservierung werden die gefärbten Schnitte (auch solche nach Congorotfärbung) in Alkohol entwässert, dann Nelkenöl und Canadabalsam.

3. Nach DREYSEL und OPPLER:

I. *a)* Härtung der Hautstücke 2—3 Tage in absolutem Alkohol, Einbringung in ein Gemisch von Alkoholäther $\overline{aa}$ für 24 Stunden, dann dünnes, später dickes Celloidin. Oberflächliches Trocknen der eingebetteten Stücke an der Luft, Aufbewahrung in 80%igem Spiritus. Schnittstärke 0,02—0,03 *mm.* Trocken schneiden. Die trockenen Schnitte kommen entweder auf den bereits mit der Farblösung bespritzten Objektträger oder in ein Farbschälchen. *b)* Färbung in: Carmin, Liquor Ammonii caustici, gesättigte wässerige Pikrinsäure $\overline{aa}$ 1,0, Aq. dest. 200,0. Vor Verwendung der Farblösung läßt man das Ammoniak abdampfen, entweder im Wasserbade oder in offener Schale. Sorgfältiges Filtrieren der Lösung vor dem Gebrauch. Färbung $^1/_2$—6 Minuten. *c)* Glycerin.

Zur Herstellung von Dauerpräparaten: Einlegen der Schnitte aus der Farbe für kurze Zeit in $^1/_2$%igen pikrinsauren Alkohol, dann Alcohol absolutus, Nelkenöl, Canadabalsam.

Zur Doppelfärbung: *a)* Vorfärbung 1 Minute mit Pikroammoniakcarmin. *b)* Reichliches Wasserspülen zur Entfernung der Pikrinsäure. *c)* Färbung in stark verdünnter Alaunhämatoxylinlösung 24 Stunden. *d)* Abspülen in Wasser, Alkohol, Nelkenöl, Canadabalsam.

Die Färbung gelingt nicht immer, Hauptbedingung: dünne Schnitte. Besser Durchfärbung mit wässeriger Thionin- oder Methylenblaulösung.

II. Färbung mit wasserlöslichem Nigrosin (GRÜBLER): *a)* Färbung 1—2 Minuten in einem Schälchen mit Wasser, dem 5—6 Tropfen einer 1%igen wässerigen Nigrosinlösung zugesetzt sind. *b)* Doppelte Abspülung der Schnitte in Alkohol, dann Nelkenöl, Canadabalsam.

* RABL (l. c.) hält die Eleidintropfen für in Auflösung begriffene Keratohyalinkörner und schlägt dafür den Namen Keratoeleidin vor.

4. Nach FRICKENHAUS:

a) Frische Haut trocken geschnitten nach Einklemmung umgebogener Haut in zwei kleine Holzbrettchen oder Korkstückchen. *b)* Die Färbung schließt sich sofort dem Schneiden an. *c)* Konzentration der Farblösung 1:1000 Wasser. Stammlösungen: Wasserblau 1, Wasser 1000 oder Alkaliblau 1,0, Wasser 20,0, Spiritus 10,0, ungefähr je 1 Tropfen dieser Lösung auf je 10 Tropfen Wasser. *d)* Dauer der Färbung 2—5—10 Minuten, eventuell Nachfärben in Eosinlösung. *e)* Alkohol, Bergamottöl, Canadabalsam.

III. Doppelfärbung:

A. Mit Darstellung des unverhornten Epithels: 1. Wasserblau, bzw. Alkaliblau 1:100, Wasser 2—5—10 Minuten. 2. Wasser. 3. Pikrocochenille (UNNA, GRÜBLER) $1/_4$—$1/_2$ Stunde. 4. Wasser 12—24 Stunden. 5. Schwach saurer Alkohol 1 Tropfen zur Schale Alkohol (80%), kurz. 6. Wasser. 7. Alcohol absol. 8. Bergamottöl. 9. Canadabalsam.

B. Mit Darstellung des Keratohyalins und des unverhornten Epithels: 1. Wasserblau, bzw. Alkaliblau (1:1000) 2—10 Minuten. 2. Wasser. 3. Alaunhämatoxylin + H_2O_2 $1/_2$ Stunde.* 4. Wasser 12—24 Stunden. 5. Entfärben in schwach angesäuertem Wasser und einigen Tropfen Glycerin oder in schwach angesäuertem Alkohol (s. vorher). 6. Wasser, Alcohol absol., Bergamottöl, Canadabalsam.

Pigment. Zum Studium der Lage des Pigments eignen sich sowohl ungefärbte Schnitte als auch Kontrastfärbungen mit Boraxcarmin und Alauncarmin. Zur tinktoriellen Darstellung des Hämosiderins in Schnitten mit Hautblutungen eignet sich nach UNNA die Färbung der Schnitte mit basischen Farben, am besten Carbolfuchsin und nachfolgende Entfärbung mit konzentrierter Tanninlösung, bis nur noch leichte Kernfärbung vorhanden ist. Alsdann ist das Hämosiderin scharf rot gefärbt. Dasselbe wird erzielt bei Färbung mit polychromer Methylenblaulösung und Tanninentfärbung. Das Hämosiderin erscheint tief blauschwarz, Kerne rein blau. Melaninhaltigen Pigmenten wird bei der Carbolfuchsinmethode alle Farbe durch das Tannin entzogen, während bei der Methylenblaumethode das Melanin hellgrün gefärbt bleibt und so von dem blauschwarz gefärbten Hämosiderin differenziert werden kann. Eine weitere Differenzierungsmöglichkeit der Melanine von den Hämosiderinen liegt in der von mir zuerst nachgewiesenen, von BARLOW, DREYSEL bestätigten Fähigkeit der meisten melaninhaltigen Pigmente, Osmiumsäure zu reduzieren. Das melaninhaltige Pigment verliert im Gegensatz zum Fett diese Fähigkeit, wenn es mit Chromsäure vorbehandelt wird. Hämosiderine geben nie die Osmiumreduktion (DREYSEL).

SCHREIBER und SCHNEIDER empfehlen zur Färbung des Hautpigments das von LEVADITI und BERTORELLI angewendete Silberimprägnationsverfahren und legen das Hauptgewicht auf die Dauer der Versilberung, welche bei frischen Objekten 6—8 Tage, bei älteren 10—12 Tage betrug, während die Gewebsstücke in der Reduktionsflüssigkeit meist 48 Stunden, ab und zu noch länger verblieben.

Der Eisengehalt des Pigments wird in Schnitten nachgewiesen: *a)* Durch Ferrocyankalium und Salzsäure. Einlegen der Schnitte für einige Minuten in eine 2%ige wässerige Ferrocyankalilösung, dann in Glycerin, dem $1/_2$% Salzsäure zugesetzt ist. Hämosiderin: blau, eventuell nach Auswaschen der Schnitte Nachfärbung mit Alauncarmin. Zur Herstellung von Dauerpräparaten setzt man auch der gewöhnlichen Lithioncarminlösung einige Tropfen Ferrocyankaliumlösung hinzu, entfärbt mit salzsaurem Glycerin oder salzsäurehaltigem Alkohol (1 Teil HCl auf 100 Teile 70%igen Alkohols), dann Auswaschen in Wasser, Alcohol absol., Canadabalsam. *b)* Durch Schwefelammonium. Einlegen der Schnitte in eine frisch bereitete Schwefelammonlösung, 5—20 Minuten lang, bis sie eine dunkelgrüne oder schwarzgrüne Farbe angenommen haben, dann rasches Abspülen in Wasser,

---

* Hämatoxylin 1,0 gelöst in Spiritus 95% 100, Alaun 1,0 gelöst in Wasser 300 und Sol. H_2O_2 15 (neutralisiert). Beide Lösungen zu mischen.

Die Solut. H_2O_2 enthält 10% H_2O_2 nach Volumen und 6% H_2O_2 nach Gewicht.

Untersuchung in schwach schwefelammoniumhaltigem Glycerin. Eisen: kleine schwarze oder schwarzgrüne Pigmente. Eventuell kann man die Schnitte aus dem Wasser in Alkohol, Nelkenöl, Canadabalsam bringen.

Das gelbe Pigment in Xanthomen ist fetthaltig (Lipochrom) und wird durch Osmiumsäure, bzw. FLEMMINGsche Lösung, durch Sudan III und Alkannatinktur zur Darstellung gebracht.

Zum Studium des Stromas der Pigmentzellen, eventuell bei massenhafter Anhäufung von Pigment zur Aufklärung des Gesichtsfeldes ist es zuweilen notwendig, die Schnitte zu bleichen, d. h. ihnen den Farbstoff zu entziehen.

Dasselbe geschieht entweder nach UNNA mit Wasserstoffsuperoxyd oder mit Chlorwasser oder nach der von ZIMMERMANN empfohlenen MAYERschen Methode: In ein 100 *ccm* haltiges Gläschen, welches mit kleinen Kali chloricum-Krystallen angefüllt ist, wird 96%iger Alkohol, dem einige Tropfen konzentrierter Salzsäure zugefügt werden, gefüllt. In diese Flüssigkeit kommen die frischen Hautstücke für 24 Stunden, hierauf in 96%igen Alkohol, der häufig gewechselt werden muß, dann Färbung, wie gewöhnlich.*

Nägel. Nach HELLER gibt nur die Herstellung von Schnitten durch den Nagel, die Nagelwälle und das Nagelbett oder die Nagelwurzel verwertbare Resultate. Eine getrennte Untersuchung der Nagelplatte und der übrigen Teile des Nagels genügt nicht. Da eine Trennung des Nagelbettes vom Periost nicht möglich ist, so muß man die Schnitte auch durch die Phalanx legen. Seine Methodik ist folgende: 1. Einlegen von den durch Formalininjektionen konservierten Leichen entnommenen Nagelphalangen für einige Tage in MÜLLERscher Flüssigkeit, um die Blutkörperchen in den Gefäßen zu konservieren. 2. Nach der Auswässerung Entkalkung in Salpetersäure (1:3—4) 4—6 Tage hindurch. 3. Nach erneuter Auswässerung Durchtränkung mit Alkohol, Äther, Celloidin in gewöhnlicher Weise.

HELLER hält eine sehr sorgfältige Einbettung in Celloidin für erforderlich. Gewöhnlich läßt er die Phalanx 8—10 Tage in den Celloidinlösungen und entfernt vor dem Aufkleben auf dem Kork des Mikrotoms die volare Hälfte des Phalanx. Das Präparat wird in die Schnittrichtung, durch auf beiden Seiten aufgestellte Stecknadeln gestützt, gestellt. Um den Kork wird ein das Präparat um einige Millimeter überragender Papierrand gelegt, welcher mit Celloidin ausgegossen wird. Der Kork wird in ein Schälchen gelegt und durch andere Korkstücke vor dem Umfallen geschützt. Das Schälchen kommt in ein verschließbares Gefäß, dessen Boden 2—3 *cm* hoch mit Alkohol bedeckt ist. Unter Alkoholdämpfen erstarrt die Celloidinmasse, so daß nach 24—48 Stunden die Einbringung in Alkohol erfolgen kann.

Die Färbung kann alsdann mit allen möglichen Färbemethoden geschehen. Im einzelnen werden folgende Färbeverfahren empfohlen:

1. Nach GULDBERG zeigt, wenn man Schnitte von Nagel und Nagelmatrix mit verschiedenen Anilinfarben behandelt, z. B. mit Safranin, Methylenblau und Gentianaviolett, und nachher in salzsaurem Alkohol (Alkohol mit einigen Tropfen Salzsäure) entfärbt, die Nagelsubstanz eine größere Affinität zu den Farbstoffen und wird sogar noch intensiver gefärbt als die Kerne der Matrixzellen. Dasselbe geschieht an Schnitten von Präparaten, die vorher mit Kali bichromicum oder Chromsäure oder mit einem Gemisch von Chromsäure, Osmiumsäure und Essigsäure behandelt worden und nachher in Alkohol gehärtet sind. Die Nagelsubstanz färbt sich immer stark braun, wenn sie längere Zeit in einer dünnen Lösung (1—2%) von Kali bichromicum oder Chromsäure (½%) gelegen hat. — Die Übergangszone erscheint bei frischen, in Alkohol gehärteten, mit Eisessig behandelten,

---

* JANDER benutzt zur Zerstörung dunkler Pigmente eine Lösung, bestehend aus 1%iger Chromsäurelösung 70, Salpetersäure 3, Wasser 200 Raumteile. Fixierte und entwässerte Objekte werden aus dem starken Alkohol in Wasser zurückgebracht und auf 12—24—48 Stunden in die Lösung im Dunkeln gelegt. Dann Auswaschen mit Wasser und Entwässerung durch Alkohol gleichfalls im Dunkeln. Hierauf Färbung der Schnitte.

wie bei den in Kali bichromicum (1—2%) oder in Chromsäure (1/2%) und sodann in Alkohol gehärteten und in Glycerin aufgehellten Schnitten als eine bräunliche oder graubräunliche mehrschichtige Zellenlage.

2. ZANDER läßt zur Unterscheidung der Zellschichten des Nagelgrundes eine wässerige 1%ige Lösung von Methylorange (von TROMMSDORF in Erfurt) eine halbe Stunde oder zweckmäßig noch länger auf einen Schnitt einwirken. Dieser wird durchweg gelb gefärbt, besonders intensiv aber die von ZANDER so benannte „Begrenzungsschicht“. Absoluter Alkohol entfärbt den Schnitt allmählich vollkommen. Am längsten wird die Farbe von der „Begrenzungsschicht“ zurückgehalten. Kombiniert man mit dieser Tinktion noch eine reine Kernfärbung durch Alauncarmin, so erhält man bei rechtzeitigem Abschluß der Extraktion durch Alkohol sehr instruktive Bilder. Während die Epidermiszellen die violette Alauncarminfarbe annehmen, zeigt sich die Begrenzungsschicht mehr oder weniger intensiv gelb und die in ihr liegenden Kernreste bismarckbraun. Bequemer ist folgende Methode: Eine 1%ige wässerige Lösung von Methyleosin (TROMMSDORF) färbt in wenigen Augenblicken dünne Schnitte prächtig rot. Die Zellkerne, in höherem Grade aber noch die Begrenzungsschicht, nehmen einen dunkleren Ton an. Ohne Schaden kann man die Präparate selbst tagelang in der Lösung belassen; starker Alkohol extrahiert immer die Farbe bis zu einem gewissen Grade. Es besitzen die Körper der Epidermiszellen alsdann einen schwach rötlichen Hauch, die Kerne zeigen ein mattes, etwas ins Bläuliche spielendes Rot, die Begrenzungsschicht aber ist glänzend purpurrot gefärbt.

3. Schöne und lehrreiche Bilder liefert das von WEIGERT für die Untersuchung des Centralnervensystems und von MICHELSOHN für dermatologische Zwecke empfohlene Säurefuchsin: 1. Färbung mehrere Stunden in konzentrierter, wässeriger Lösung von Säurefuchsin; 2. Abspülen in Brunnenwasser, bis keine Farbwolken sich mehr bilden; 3. Entfärbung in alkoholischer Kalihydratlösung; 4. Abspülen in destilliertem Wasser; Alkohol, Bergamottöl, Canadabalsam.

ECHEVERRIA empfiehlt direkte Einbettung des Nagels in Celloidin, Aufkleben auf Holz, das mit einem Einschnitt versehen ist, um die eine Ecke des Nagels hineinstecken zu können. Die Schnitte werden entcelloidiniert, kommen: 1. fünf Minuten lang in eine 1%ige Eosinlösung. 2. Nach Auswaschen in Wasser eine Minute in Gentiana-Anilin. 3. Nach Auswaschen in Wasser eine Minute lang in JK- und H_2O_2-Lösung. 4. Werden mit Fließpapier getrocknet und mit Pikroanilinöl entfärbt. 5. Xylol und Canadabalsam. Gefärbt Zellkonturen und Bacterien.

Oder die Schnitte kommen für höchstens 10 Minuten in Gentiana-Alaunlösung, werden dann mit Wasser ausgewaschen, 1 Minute lang der JK- und H_2O_2-Lösung ausgesetzt, getrocknet, mit Pikroanilinöl entfärbt, dann Xylol, Canadabalsam.

Diese Methode ist für bacteriologische Untersuchungen vorzuziehen.

Haare. Jede Haarprobe soll zunächst nach WALDEYER, besonders wenn es sich um forensische Zwecke handelt, völlig ungereinigt und ohne alle Zusätze zuerst mit 30—40facher, dann mit 100—120facher und nach Bedürfnis mit 250—300facher, beziehungsweise noch stärkerer Vergrößerung untersucht werden. Dann setzt man demselben Haar destilliertes Wasser, beziehungsweise eine 60%ige Kochsalzlösung zu, analysiert unter Zuhilfenahme der notwendigen chemischen Reagenzien die Natur der etwaigen Verunreinigungen, reinigt dann die Haare vorsichtig durch Abpinseln oder Schütteln im Wasser, eventuell durch leichtes Abreiben mit Seidenpapier, durch Behandeln mit Ammoniak und Äther oder auch mit verdünnten Säuren (20%ige Salpetersäure, 10%ige Salzsäure oder 2—5%ige Essigsäure) und untersucht dann abermals in Wasser oder Glycerin. Zur Herstellung von Dauerpräparaten schließt man solche Haare in FARRANTsche Lösung oder Glycerinagar ein oder umrandet Glycerinpräparate mit Dammarlack, Asphaltlack oder Kröniglack. Die Behandlung mit Säuren empfiehlt WALDEYER besonders für dunkle Haare, die dadurch ein wenig aufgehellt werden und deren Zeichnung bei Haaren mit enganliegenden Schuppen deutlicher hervortritt.

Die Fasern und Rindenzellen des Haarschafts, welche ausschließlich aus Hornsubstanz bestehen, zeichnen sich dadurch aus, daß sie auch bei tagelanger Einwirkung eines verdünnten Glycerinpepsinextrakts in der Wärme nicht gelöst werden. Zur Zerlegung des Haares in seine einzelnen Bestandteile erwärmt man dasselbe vorsichtig in konzentrierter Schwefelsäure, am besten im Uhrglas, wobei sich die Cuticularschuppen ablösen, die Rindenschicht und die Markschicht in ihre Bestandteile zerfallen, oder kocht es in 30—33%iger Kalilauge, wodurch die WALDEYERschen Hornfibrillen sichtbar werden, oder läßt das Haar tagelang in Kalilauge oder wochenlang in Ammoniak (MOLESCHOTT) verweilen, um es dann, sorgfältig zerzupft, in Wasser oder Glycerin zu untersuchen.

VON NATHUSIUS bedient sich zur Gewinnung der Hornzellen gleichfalls des Ammoniaks, indem er die Haare in ein mit 10%igem Ammoniak gefülltes, mit eingeschliffenem Glasstöpsel versehenes Glasfläschchen legt und dasselbe 48 Stunden lang in die Röhre eines mäßig warmen Stubenkachelofens bringt. Ob die Einwirkung bereits genügend weit vorgeschritten ist, kann man durch einfaches Schütteln feststellen, indem die Haare zerfallen und sich in Flöckchen verteilen. Untersucht wird außer in Wasser in verdünnter Chlorcalciumlösung. Zusatz von Goldchlorid nach vorherigem Auswaschen und Zerzupfen macht die Bilder durch Erhöhung der Refraktion noch schärfer, doch heben auftretende Niederschläge und starke Schrumpfung diesen Vorteil bald auf. Durch Behandlung mit Goldchlorid werden die Hornzellen für gewisse Zeit auch gegen Einwirkung erhitzter Kalilauge resistent, nach einiger Zeit wirkt letztere jedoch auflösend.

Durch Kochen weißer Haare in Natronlauge lassen sich aus den Haarzellen Kerne isolieren, die lange dünne Fäden darstellen und keratoid verwandelt sind. (KÖLLIKER.)

Tinktorielle Darstellung der Hornzellen erübrigt sich in den meisten Fällen. Empfohlen wird wässerige Methylgrünlösung, welche diese Zellen zwar leicht färbt, sie aber bald zur Schrumpfung bringt. Zur Färbung der Hornsubstanz eignen sich sonst alle Hornfärbemethoden, wie die VAN GIESONsche (Keratin gelb), die EHRLICHsche Triacidfärbung (Keratin rot), die Pikrinsäure (Keratin gelb) und andere.

Die Pigmentzellen, welche in den Rindenzellen dunkler Haare enthalten sind, müssen bei manchen Untersuchungen des Haarschafts ihres Farbstoffs beraubt werden, zu welchem Zweck das von UNNA empfohlene Wasserstoffsuperoxyd sowie das Chlorwasser sich eignen. Diese Mittel entfärben jedoch nur die Pigmentkörner, indem sie den Farbstoff zerstören (s. Pigment), lösen aber das in den Körnern enthaltene geformte Stroma nicht auf.

Will man sich vom Luftgehalte eines Haares überzeugen, so setzt man nach WALDEYER zum trockenen Haare Wasser hinzu; man sieht dann dasselbe in den Markkanal eindringen und die Luft verdrängen; betrachtet man ein so angefeuchtetes Haar, während es wieder trocknet, so kann man sich vom allmählichen Wiedereindringen der Luft überzeugen.

Zum Studium des Gesamthaars, beziehungsweise seiner Stellung in der Haut, härtet man die betreffenden Stücke am besten in Alkohol oder zunächst in MÜLLERscher Flüssigkeit und dann in Alkohol und bettet die gehärteten Stücke in Paraffin (WALDEYER) ein. Die mit dem Mikrotom hergestellten Schnitte werden ungefärbt in Glycerin untersucht oder in Pikrocarmin, Hämatoxylin, Methylenblau, Safranin, Fuchsin gefärbt und dann nach vollständiger Entwässerung in bekannter Weise aufgehellt und konserviert. Auch eignen sich für diese Zwecke alle sonstigen bekannten Gewebsfärbungen der Haut.

Im einzelnen sind einige besondere Haarfärbungen empfohlen worden:

Zur Tinktion der inneren Wurzelscheide des Haares empfiehlt UNNA das Jodmethylanilin, das, an Alkoholpräparaten angewendet, beim Ausziehen durch Alkohol an den verhornten Zellen der Wurzelscheide in tiefblauer Farbe haften bleibt und nach Pikrokarminfärbung schöne Doppeltinktion zeigt.

Für FLEMMINGs Färbung eignen sich Präparate, die in Kalium bichromicum vorgehärtet und in Alkohol nachgehärtet sind, doch auch reine Alkoholpräparate, nur daß an letzteren die Färbung der inneren Wurzelscheide weniger hell und leuchtend, mehr stahl- oder violettblau ausfällt. Die Schnitte werden einige Stunden bis 1 Tag lang in mittelstarkem Pikrocarmin, dann einige Stunden in mittelstarkem GRENACHERschen Hämatoxylin (Bereitung s. in FLEMMING, Zellsubstanz Kern und Zellteilung, 1882, pag. 383) gefärbt und nach Waschung in Wasser nach Belieben in Balsam oder Glycerin eingelegt. Die Bindegewebsfibrillen erscheinen rosa bis rot, die Muskeln gelbrötlich, alle Zellkörper ähnlich, Zellkerne dunkelpurpurn bis violett. Die Hornsubstanz des Haares pikringelb (in allen Chrompräparaten grünlich), die eben verhornenden Zellen der Haarmatrix bräunlich, die innere Wurzelscheide, soweit sie verhornt ist, von einem brillanten Lichtblau. Die Doppelfärbung gelingt an Präparaten, die längere Zeit in Kalium bichromicum gelegen haben, nicht mehr so gut.

Nach JOSEPH und LOEWENBACH sind noch folgende Methoden empfehlenswert:

1. Von GUENTHER: *a)* Fixierung in MÜLLERscher Flüssigkeit, Härtung in Alkohol, Einbettung in Paraffin, Schneiden. *b)* Färbung 12 Stunden in verdünntem BÖHMERschen Hämatoxylin. *c)* Differenzierung in salzsaurem Alkohol, Auswaschen in ammoniakalischem, dann in reinem Wasser. *d)* Färbung 6 Stunden in einem Uhrschälchen Wasser mit Zusatz von 3 Tropfen konzentrierter wässeriger Pikrinlösung und 8 Tropfen Eosinlösung, Auswaschen in 70⁰/₀igem Alkohol. *e)* Alkohol, Xylol, Balsam.

Keratohyalin und unterster Teil der Besenhaare rot, Haare selbst gelb, Cuticula gelb, rote Blutkörperchen orange, Kerne und Keratin blau.

2. Von NORRIS-SHAKESPEARE: *a)* Färbung 20 Minuten in zu gleichen Teilen zusammengesetzter, filtrierter Mischung von Carmin 2,0, Borax 8,0, Wasser 130,0 und Indigocarmin 8,0, Borax 8,0, Wasser 130,0. *b)* 20 Minuten in konzentrierter, wässeriger Oxalsäurelösung. *c)* 20 Minuten in Alcoh. absol. *d)* Xylol, Balsam.

Äußere Haarwurzelscheide rot, HENLEs Schicht hellgrün, HUXLEYs Schicht dunkelviolett, Cuticula grün, Markzellen rot.

Die besten Färbungen auf Trichohyalin, das nach VÖRNER weder mit Keratohyalin noch mit Eleidin identisch ist, gaben nach GAVAZZENI folgende Farbstoffe bei langer Färbung (eine Nacht und länger) in sehr verdünnten (0,1—0,5⁰/₀₀igen) Lösungen (z. B. 1—2 Tropfen der 1⁰/₀igen Farblösung auf 1 Schälchen Wasser):

a) basische: Safranin, Brillantgrün, Fuchsin;

b) saure: Eosin, Pikrinsäure, Orange, Crocein, Ponceau, Carmine (besonders Alauncarmine und Lithioncarmine). Diese zeigen Keratohyalin und Trichohyalin in kontrastierenden Nuancen von Rot.

Als Kontrastfärbungen sind nach GAVAZZENI die besten:

a) Hämalaun (eventuell durch jede gute Alaun-Hämateinlösung zu ersetzen) — Safranin — Tanninmethode (UNNA);

b) Hämalaun-Eosinmethode 1. Hämalaun $1/2$—1 Stunde, 2. Wasserlauge, 3. Eosin (2 Tropfen einer wässerigen 1⁰/₀igen Eosinlösung in eine Petrischale Wasser) 24—48 Stunden, 4. Wasser, gut abspülen, 5. Alkohol, Öl, Balsam;

c) Hämalaun-Pikrinsäuremethode (GAVAZZENI). 1. Hämalaunlauge 1 Stunde, 2. Wasserlauge, 3. Alkohol, 4. Gesättigte alkoholische Pikrinsäurelösung, 2 Minuten, 5. Alkohol, Öl, Balsam;

d) Hämalaun-Pikroindigocarminmethode (GAVAZZENI). 1. Hämalaun 1 Stunde, 2. Wasserlauge, 3. Pikroindigocarmin 5—10 Minuten, 4. Wasser, gut abspülen, 5. Alkohol bis Farbstoff abgeht, 6. Öl, Balsam.

Pflanzliche Parasiten. Zur Untersuchung der Morphologie der Dermatophyten des Favus, der Trichophytie, der Pityriasis versicolor empfiehlt sich nach BALZER Entfettung der Schuppen in Alkoholäther $\overline{aa}$, Färbung in wässeriger oder alkoholischer Eosinlösung, Montierung in 40⁰/₀iger Kalilauge oder in Chloroform-Canadabalsam. Bessere Resultate gibt nach UNNA die BOECKsche Methode, bei welcher die mit Alkoholäther entfetteten Schuppen $^1/_2$—1 Minute in eine aus 16 Teilen $5^0/_0$iger Boraxlösung, 20 Teilen gesättigter, wässeriger Methylenblaulösung, 24 Teilen destillierten Wassers bestehende Farblösung gebracht, dann $^1/_2$ bis 1 Minute in eine schwache, wässerige, stets frisch herzustellende Resorcinlösung und dann für einige Minuten bis eine Stunde in Alkohol gelegt werden. Dann folgt vorsichtige Entfärbung der Epidermis mit Wasserstoffsuperoxyd, dann wieder kurze Zeit Alkohol, darauf Xylol, Xylolbalsam.

A. KRAUS verwendet zur Färbung der Hyphomyceten im Horngewebe eine Methylenazurlösung (GRÜBLER, Leipzig). Die pilzhaltigen Schuppen läßt man 5 Minuten in der Farblösung, dann in Wasser, bis keine Farbwolken mehr abgehen, dann Alkohol, bis die Schuppen einen feinen grünlichen Schimmer annehmen, dann Xylol, Canadabalsam. Pilzhaltige Haare werden zunächst mit Alkoholäther entfettet, werden etwas länger — 10 Minuten — gefärbt und etwas länger in Alkohol differenziert.

Für einfache Untersuchungen genügt auch Aufhellen der Schuppen oder Haare mit $30^0/_0$iger Kalilauge, eventuell leichtes Erhitzen auf einem Objektträger, Bedecken mit einem Deckglas, Untersuchung.

Favus. Die mikroskopische Untersuchung der Favuspilze geschieht entweder an den Scutula, bzw. Haaren oder an Schnitten, welche von Reinkulturen der Pilze stammen oder an durch Biopsie gewonnenen Gewebsstücken.

Die Darstellung von Favuspräparaten der Scutula und Haare gelingt nach MALASSEZ durch: 1. 24stündiges Verweilen der Haare in Alkohol und Äther; 2. 12 Stunden in absolutem Alkohol; 3. $40^0/_0$ige Kalilauge in der Kälte bis zur vollständigen Aufhellung; 4. Abwaschen in Wasser, Entfernung der überschüssigen Kalilauge durch eine saure Lösung von Kali aceticum; 5. Färbung mit Eosin; 6. Einschluß in Glycerin.

KELLOG empfiehlt folgende Methoden zur Färbung der Scutula: Vorbereitende Behandlung: Erweichung des stark ausgetrockneten Materials in warmem Wasser, dann in bekannter Weise Einschluß in Celloidin und Schneiden. Dann kommen die Schnitte noch einmal auf 10 Minuten in warmes Wasser oder in eine bis zur Erzeugung von Dämpfen erwärmte 2—$5^0/_0$ige Sodalösung, dann Abspülen in Wasser und Übertragung in die Farblösung.

Zum Studium der lebendigen Hyphen und Sporen:

I. 1. Polychrome Methylenblaulösung 10 Minuten; 2. Abspülen im Wasser; 3. Abtrocknen auf dem Objektträger; 4. Entfärbung mit Anilinöl und $1^0/_{00}$ HCl; 5. Anilin, Xylol, Balsam.

Zum Studium auch der abgestorbenen Teile des Scutulums:

II. 1. Säurefuchsin-Tanninlösung nach UNNA 24 Stunden; 2. Abspülung mit angesäuertem Wasser, am besten auf dem Objektträger, Abtrocknung; 3. Polychrome Methylenblaulösung, einige Tropfen über der Flamme, bis Dämpfe aufsteigen, erwärmt, mit salzsaurem Wasser abgespült, wobei der Schnitt blau sein muß; 4. Abtrocknung des Schnittes, nochmals Säurefuchsin-Tanninlösung, wobei der Schnitt blaurot wird; 5. gründliche Abspülung auf dem Objektträger und Abtrocknung; 6. Anilinöl und $10^0/_0$ Tannin; 7. Anilin, Xylol, Balsam.

III. 1. Gentianaviolettlösung 5 Minuten; 2. Abspülen in Wasser; 3. Säurefuchsin-Tanninlösung 2 Minuten im Schälchen; 4. gründliche Auswaschung in Wasser; 5. auf dem Objektträger abtrocknen; 6. Anilinöl und $1^0/_0$ salzsaures Anilin; 7. Anilin, Xylol, Balsam.

L. WÄLSCH färbt Scutula nach folgendem Verfahren: 1. Färbung 10—15 Minuten in einer Mischung von Anilinwasser 7 Teile, konzentrierte alkoholische Gentianaviolettlösung 1 Teil. 2. In frisch bereiteter Mischung von $H_2O_2 + 5^0/_0$ige wässerige Jodkalilösung āā 3 Minuten. 3. Entfärbung in $1^0/_0$iger Salzsäureanilinmischung (2—10 Stunden). 4. Alkohol, Origanumöl oder Xylol, Canadabalsam. Vorfärbung von Mikrotomschnitten mit Pikrocarmin oder Pikrocochenille.

Für die mikroskopische Untersuchung von Favuskulturen haben NEEBE und UNNA folgendes Verfahren angegeben: 1. Zerlegung einer ganzen Kultur in 1 *cm* breite Stücke; 2. Härten in absolutem Alkohol, Einbettung in Celloidin; 3. Anfertigung von 3 μ dicken Schnitten; 4. Einlegen der Schnitte in Alkoholäther, dann in Alkohol; 5. Antrocknen der Schnitte auf dem Objektträger; 6. Färben nach WEIGERTs Fibrinfärbemethode. Pilze: blauviolett, Agar entfärbt.

Anstatt Gentianaviolett kann man Fuchsin verwenden und dann anstatt mit Jodjodkaliumlösung mit einer verdünnten Lösung von Kaliumbichromat den Farbstoff auf dem Pilz fixieren.

Schließlich ist folgendes Verfahren von SABRAZÈS zur Färbung von durch Biopsie der behaarten Kopfhaut entnommenen Scutula zu erwähnen: 1. Einlegen von in Alkohol fixierten Stücken in toto in Pikrocarmin oder Alauncarmin, Einschluß in Paraffin, Serienschnitte; 2. modifizierte WEIGERTsche Färbung (halbstündiges Verweilen der Objektträger in Anilinwassergentianaviolettlösung).

Der Favuspilz entfärbt sich nach GRAM sowohl im Scutulum wie in Kulturschnitten.

Trichophytie. Außer den bereits am Anfang dieses Kapitels genannten Untersuchungsmethoden BALZERs und BOECKs sind folgende spezielle Färbungsmethoden angegeben:

1. Nach MALCOLM MORRIS wird das zu untersuchende Haar einige Sekunden zur Entfernung des überflüssigen Fettes in Äther gewaschen. Dann kommt es in die Farblösung: Anilinwasser 30 Teile, 5%ige alkoholische (70% Alkohol) Gentianaviolettlösung 10 Teile, darin bleibt es 5 Minuten bis 1 Stunde (zur Darstellung der großsporigen Pilze ist letztere Zeit erforderlich, außerdem muß die Lösung 5 Minuten über einer Spiritusflamme erhitzt werden). Trocknen mit Fließpapier, dann 1 2 Minuten in eine Lösung von reinem Jod und Jodkalium in Wasser. Trocknen. Entfärben. 10—15 Minuten in Anilinöl oder in Anilinöl + 2 bis 4 gtt. HNO_3. Aufhellen einige Sekunden in reinem Anilin; Xylol, Canadabalsam. Statt obiger Farblösung kann man auch eine Gentianaviolettlösung, 5% in 70%igem Alkohol, oder eine 5%ige wässerige Fuchsinlösung mit etwas Alkohol oder eine 2%ige Lösung von Carbolfuchsin nehmen.

2. Nach H. G. ADAMSOHN. Vorbehandlung mit 5—10%iger Kali causticum-Lösung 10—30 Minuten lang. Dann Abspülen mit 15%igem Alkohol. Dann Trocknen und, falls Schuppen vorhanden sind, Fixieren durch Erwärmen über der Flamme. Hierauf wenig modifizierte WEIGERTsche Färbung.

Pityriasis versicolor. Die Färbung des Microsporon furfur gelingt in vivo, wenn man die erkrankten Hautstellen mit Methylenblau einpinselt. Die nach einer halben Stunde mechanisch entfernten Schuppen zeigen unter dem Mikroskop die Pilzelemente gefärbt. Im übrigen vergleiche den Anfang dieses Kapitels.

Erythrasma. Für Dauerpräparate des Microsporon minutissimum empfiehlt BALZER nach Maceration der Schuppen in Äther Färbung einige Stunden hindurch in Eosin oder in alkoholischer Lösung von Chinolinblau, Entfärbung und Einschluß in Canadabalsam, der in viel Chloroform gelöst ist, eventuell auch Einchluß in Glycerin.

Actinomycosis. Die beste Färbung sowohl der Kolben, Körner und Mycelfäden gelingt nach der GRAMschen Methode. CIECHANOWSKY färbt mit salzsaurem Orcein so lange nach, bis die Actinomycesdrusen als dunkelblau gefärbte Punkte auf dem roten Hintergrund des Gewebes scharf hervortreten. Es erscheinen das centrale Fadengerüst blau, die Peripherie (Keulen, soweit vorhanden) rotviolett. Kerne dunkelbraun. Zur Tinktion der kolbigen Gebilde empfiehlt BABES, verdächtigen Eiter oder zerdrückte Actinomyceskörner schnell auf dem Deckglas zu trocknen, 24 Stunden mit Anilinsafranin (konzentrierte wässerige Safraninlösung mit 2% Anilinöl auf 60° C erwärmt und warm filtriert) zu färben. Dann Jodjodkaliumlösung, Alkohol, Nelkenöl.

Blastomycose. Die Hefepilze färben sich leicht nach GRAM und WEIGERT. Zur Färbung der Parasiten in Schnitten benutzte BUSCHKE die WEIGERTsche Tinktion, Nachfärbung mit Carmin; ferner die RUSSELsche Färbung (Carbolfuchsin, Jodgrün).

Bei Färbung der Hefepilze mit Eosin-Agar nehmen dieselben nach SELENEW teils einen violetten, teils bläulichen, teils graulichen Farbenton an.

CURTIS färbt Schnitte mit alkalischem Methylenblau 10:1000 und entfärbt mit wässeriger Pyrogallussäurelösung 1:100.

Etwas umständlich, doch empfehlenswert zur Darstellung der Hefezellen ist die MÖLLERsche Färbung: 1. Bestreichen des Deckglases und nach Zusatz von Jodjodkalilösung lufttrocken werden lassen; 2. Fixieren der Hefen durch Aufkochen in Glycerin; 3. Abspülen in Wasser; 4. Einlegen für 2—3 Stunden in eine 3%ige Lösung von schwefelsaurem Eisenammoniak; 5. Abspülen in destilliertem Wasser; 6. Färben mindestens 30 Minuten in einer gesättigten Lösung von Hämatoxylin in Brunnenwasser; 7. Abspülen in destilliertem Wasser; 8. Entfärben 15 Sekunden bis 1 Minute in der Lösung unter 4 (zweckmäßig noch zu verdünnen); 9. Abspülen in Wasser, 10. Einlegen in Lävulose oder in Canadabalsam (BUSSE).

Keloidacne. SECCHI glaubt bei der Keloidacne Blastomyceten nach folgender Methode nachgewiesen zu haben: 1. Fixation der Schnitte in einer gesättigten Sublimatlösung mit Zusatz von 2% Kaliumbichromat, Einschluß in Celloidin, das vor der Tinktion mit Ätheralkohol $\overline{aa}$ entfernt wird; 2. nach einem Aufenthalt der Schnitte von fünf Minuten in EHRLICHschem Gentianaviolett LUGOLsche Lösung, Alkohol: 3. dann MARTINOTTIsche Safraninlösung (1% alkoholische Safraninlösung ein Teil, destilliertes Wasser zwei Teile); 4. 90%iger Alkohol, dem 1‰ Chromsäure beigemischt war; 5. absoluter Alkohol, Bergamottöl, Canadabalsam.

PELAGATTI gibt 8 verschiedene Methoden der Blastomycetenfärbung an, die er bei 6 pathologischen Objekten (Carcinom, Rhinosclerom, Epitheliom, Acnekeloid, Scrofuloderma, Condylomata acuminata) studiert hat:

I. Carbolfuchsin 5 Minuten, Wasser, polychromes Methylenblau 5 Minuten, Wasser, Alkohol, Öl, Balsam.

II. Polychromes Methylenblau 10 Minuten, Wasser, rotes Blutlaugensalz (2%) 5 Minuten, Wasser, Alkohol, Öl, Balsam.

III. Magentarot 2% 5 Minuten, Wasser, Wasserblautanninlösung (nach UNNA) 5 Minuten, sonst wie bei II.

IV. Wasserblautanninlösung 5 Minuten, Wasser, Carbolfuchsin 5 Minuten, Wasser, Alkohol mit 1 Jodkrystall auf das Schälchen 2 Minuten, Alkohol, Öl, Balsam.

V. Polychromes Methylenblau 10 Minuten, Wasser, Alkohol mit einem Jodkrystall aufs Schälchen 5 Minuten, sonst wie bei IV.

VI. Säurefuchsinlösung (2%) 10 Minuten, Wasser, gesättigte wässerige Lösung von Pikrinsäure 5 Minuten, gesättigte spirituöse Lösung von Pikrinsäure 3 Minuten, Alkohol, Öl, Balsam.

VII. Polychrome Methylenblaulösung 10 Minuten, Wasser, konzentrierte (33%) wässerige Tanninlösung, durch einige Körner Säurefuchsin portweinrot gefärbt, 15 Minuten, Wasser, Alkohol, Öl, Balsam.

VIII. Starke Vorfärbung mit Hämatoxylin (DELAFIELD), Wasser, Safraninlösung (2%) 10 Minuten, Wasser, konzentrierte wässerige Tanninlösung 5 Minuten, Wasser, Alkohol, Öl, Balsam.

P i e d r a n o s t r a s. Bei Färbung der Haarquerschnitte mit UNNAs Methylenblaulösung fand Frau Dr. W. TRACHSLER die Pilzherde im metachromatischen Violett, während das Haar das Blau der Lösung festhält. Diese Reaktion unterscheidet die Pilzgattung der Piedra von der des Favus und Trichophytons, doch nehmen nicht alle Sporen die violette Farbe an.

Literatur: ADAMSOHN (The Brit. Journ. Derm., Bd. 7, 1895), BABES (Arch. Pathol. Anat., Bd. 105), BOECK (Forhandl. Norske Med. Selskab. Kristiania 1887), BUSCHKE (Verh. Deutsch. Derm. Ges. 1899), BUSSE (Die Hefen als Krankheitserreger. Berlin 1897), BUZZI (Monatsh. Prakt. Derm., Bd. 7, 1888; Bd. 8, 1889; Bd. 23, 1896), CIECHANOWSKY (Centralbl. Bact., Bd. 33), CURTIS (Ann. de l'Institut PASTEUR 1896), DREYSEL und OPPLER (Arch. Derm., Bd. 30, 1895), ECHEVIERRA (Monatsh. Prakt. Derm., Bd. 20, 1895), FICK und KEGEL (Centralbl. Allg. Pathol. Bd. 13, 1902), FRICKENHAUS (Monatsh. Prakt. Derm., Bd. 23, 1896), GAVAZZENI (Monatsh. Prakt. Derm., Bd. 47,

1908), Günther (Inaug.-Diss. Berlin 1890). Heller (Die Krankheiten der Nägel. Berlin 1900), Herxheimer (Arch. Derm. 1889), Jander (Zeitschr. Wiss. Mikr., Bd. 48), Joseph und Loewenbach (Derm. Histol. Technik. Berlin 1900), Kromayer (Verh. Deutsch. Derm. Ges. 1890/91), derselbe (Arch. Derm. 1890), derselbe (Arch. Mikr. Anat., Bd. 39), derselbe (Derm. Zeitschr. 1897), Kellog (Monatsh. Prakt. Derm., Bd. 21, 1890), Kraus (Centralbl. Bact., Bd. 37, H. 1). Malassez (Vgl. Bodin [Ann. de Derm., Bd. 5, 1894]), Malcolm Morris (Monatsh. Prakt. Derm., Bd. 23, 1897), Mayer (Arch. Mikr. Anat., Bd. 41, 1893), Michelsohn (Mon. Prakt. Derm. 1883), Möller (Centralbl. Bact., Bd. 12). Neebe und Unna (Ebenda, Bd. 16, 1893), Pasini (Ebenda, Bd. 47, 1908), Pelagatti (Giorn. Mal. Ven., Bd. 6, 1897). Rabl (Arch. Mikr. Anat., Bd. 48, 1896), Ranvier (Arch. de Phys., Bd. 3, 1884), Sabrazès (Ann. de Derm. 1892), Schreiber und Schneider (Münch. Med. Wochenschr., Nr. 37, 1908), Schütz (Arch. Derm., Bd. 36, 1897), Secchi (Monatsh. Prakt. Derm., Bd. 23, 1896), Selenew (Russ. Zeitschr. Haut. Ven. Krankh. 1906), Trachsler (Monatsh. Prakt. Derm., Bd. 22, Nr. 1), Unna (Monatsh. Prakt. Derm., Bd. 19, 1894), derselbe (Derm. Stud., H. 4), derselbe (Monatsh. Prakt. Derm., Bd. 20, 1895), derselbe (Ebenda, Bd. 8, 1889), derselbe (Ebenda, Bd. 37, 1903), derselbe (Arch. Mikr. Anat., Bd. 12), Wälsch (Arch. Derm., Bd. 31, 1894), Weigert (Centralbl. Med. Wiss. 1882). Speziellere Literatur für die dermatologische Färbetechnik bei Ledermann und Ratkowski (Die mikroskop. Technik im Dienste d. Derm. Wien 1894), dieselben (Arch. Derm., Bd. 28, 31 u. 37, 1894 u. 1896), Ledermann und Blanck (Die mikroskopische Technik etc. Berlin 1902, Sonderabdruck aus Derm. Zeitschr. Bd. 9), Ledermann (Die mikroskopische Technik mit besonderer Berücksichtigung der Färbetechnik. Wien 1903), Max Joseph (Derm.-Histol. Technik. Berlin 1905), S. Ehrmann (Wien 1908) u. a. *Ledermann*, Berlin.

Hefe werden alle diejenigen Entwicklungsformen der Pilze genannt, bei denen fortgesetzt durch Sprossung, daher auch Sproßpilze genannt, ohne Hyphenbildung neue sporenartige ellipsoidische Gebilde entstehen. Während bei einzelnen die Zusammengehörigkeit mit höheren Pilzformen festgestellt ist, ist dies für die wichtigsten, hauptsächlich die alkoholische Gärung bedingenden Hefeformen („geformte Fermente") nicht gelungen (Saccharomyceten), so bei der Bierhefe, S. cerevisia, der Weinhefe, S. ellipsoideus. Für eine gewisse Selbständigkeit spricht hier die unter gewissen Bedingungen eintretende endogene Sporenbildung, die an die der Hemiasci erinnert.

Bei den meisten Formen ist Sporenbildung aus kräftig wachsendem Material jederzeit leicht zu erzielen. Ein üppiges Wachstum erreicht man durch Überimpfen („Auffrischen") der Hefe (eventuell aus Hefegelatinereinkulturen, s. unten) in etwa 10 *ccm* sterilisierter Bierwürze (s. diese) etwa im „Pasteurkolben", wo sie bei Zimmertemperatur einen Tag bleibt, dann wird abgegossen, frische Würze aufgefüllt und 24 Stunden bei 25° gären gelassen. Der Bodensatz enthält dann zur Sporulation genügend kräftige Zellen, die auf feuchte Gipsblöcke (hergestellt mit Verbandgips und Wasser in Blechkästchen durch Klopfen möglichst luftfrei gemacht) ausgesäet werden. Die Gipsblöcke stehen zur Hälfte in Wasser oder auch auf feuchtem Fließpapier, mit Glasglocke bedeckt in Thermostaten von 25—30° und tritt unter Umständen etwa nach 20 Stunden (Bierhefe) Sporenbildung ein. Die Schnelligkeit der Bildung, ebenso wie das Temperaturoptimum (gewöhnlich bei 19 und 25° probiert) sind wichtig zur systematischen Unterscheidung der Hefe, ebenso auch zur Trennung der Kultur- und wilden Rassen.

Zahlreiche hauptsächlich in ihrem physiologischen Verhalten verschiedene Rassen sind bekannt, über die zum Teil nur Gärungsversuche in einer Reihe sehr sinnvoller Apparate, wie den Pasteurschen, Hansenschen, Carlsbergskolben Auskunft geben können. Die Reinzucht der Hefen, die für das Gärungsgewerbe von größter Wichtigkeit, geschieht im großen in komplizierten Hefereinzuchtapparaten, im kleinen nach den in der Bacteriologie üblichen Methoden auf Nährgelatine, am besten $5^1/_2$% Gelatine, mit gehopfter (oder ungehopfter) Bierwürze (s. diese). Die zur Herstellung von Bacterienreinkulturen fast ausschließlich gebräuchlichen Verdünnungsmethoden werden hier jedoch meist nur zur Feststellung des Keimgehaltes der Flüssigkeiten benutzt, während im allgemeinen die direkte mikroskopische Aussonderung vorgezogen wird. Hefe wird mit Nährlösung (Würze) vermischt, in feinen Tropfen auf die untere Seite des Deckglases gespritzt und unter dem Mikroskop in feuchter Kammer die Tropfen ausgesucht, die nur eine Zelle enthalten, und bezeichnet. Am nächsten Tage haben sich die Zellen reichlich vermehrt und wird der Tropfen mit der Platinöse, dem ein Körnchen sterilisierter Gelatine anhaftet, abgehoben und auf Nährgelatine im Reagensrohr übertragen. — Oder Hefe wird in flüssiger Nährgelatine verteilt, die auf dem Deckglas ausgebreitet wird. Dann werden die isoliert liegenden Zellen bezeichnet, am nächsten Tage die Stelle mit der Platinöse abgehoben und übertragen. — Zum Zählen der Hefe sind ähnliche Apparate wie die Blutkörperchenzählapparate konstruiert worden.

Außer 1. gehopfter und ungehopfter Bierwürze (s. diese), den üblichen Nährlösungen für Brauereien, kommen noch folgende mit oder ohne Gelatine in Betracht: 2. Weinmost, einheimischer oder konzentrierter, zu beziehen von Favara und Figli, Mazarro del Vallo, Sizilien, aus weißen Trauben vor der Konzentration filtriert 1:4 Wasser und etwas weinsaures Ammon (für Schimmelpilze das Doppelte Wasser) (WORTMANN). 3. Hefewasser, 50—100 *g* stärkefreie Preßhefe mit 1 *l* Wasser $^1/_4$ Stunde kochen und filtrieren (PASTEUR). 4. 10%ige Rohrzuckerlösung mit 0,05% Weinsäure. 5. 100 *ccm* Wasser, Zucker 15 *g*, salpetersaures Ammoniak 1 *g*, saures phosphorsaures Kali 0,5 *g*, dreibasisch phosphorsaurer Kalk 0,05 *g*, schwefesaure Magnesia 0,5 *g* (A. MEYER) u. a.

Literatur: JÖRGENSEN (Mikroorganismen der Gärungsindustrie, 3. Aufl., Berlin, Parey, 1892), LINDNER (Mikroskopische Betriebskontrolle in den Gärungsgewerben, Berlin, Parey, 1895).

Von mikrochemisch leicht nachweisbaren Inhaltsstoffen sind Eiweiß (s. Eiweißstoffe in Pflanzenzellen), Glycogen (s. dieses), Gerbstoffe erwähnenswert. Die Darstellung des Hefeinvertin s. Zucker in pflanzlichen Geweben.

Die Darstellung der Kerne der Hefe ist relativ schwierig. Fixierung mit konzentrierter wässeriger Sublimatlösung, sukzessive Alkohollösung. Deckglaspräparate hergestellt durch Verdunstung des Alkohols werden mit HEIDENHAINS Eisenhämatoxylin gefärbt (Eisenalaun 3 Stunden, Auswaschen, Hämatoxylin 6 bis 12 Stunden, Eisenalaun 1—2 Tage) oder Gentianaviolett in Anilinwasser, Auswaschen mit Wasser und Alkohol. Fixierung nach RATH. 10—30 Stunden bei 35°; Färbung FLEMMINGs 3 Farben (WAGER). Auch polychromes Methylenblau wird empfohlen (GUILLERMOND). Vgl. Artikel „Vitale Färbung".

Literatur: GUILLERMOND (C. R. Ac. Sc. Paris, Bd. 132, 1901), WAGER (Ann. Bot., Bd. 12, 1898). *Magnus,* Berlin.

Hefeinvertin, Darstellung desselben siehe Zucker in pflanzlichen Geweben.

Heizbarer Objekttisch siehe: Lebendes Gewebe, Untersuchung desselben.

Helianthin, Syn. für Goldorange (Ludwigshafen), auch für Azogelb (GEIGY). KULTSCHITZKY färbt Schnitte von Milz, die in Müller fixiert war, 2 bis 3 Minuten in einer 0,25%igen Lösung von Säurefuchsin in 3%iger Essigsäure, wäscht in 2%iger Essigsäure aus und färbt nach in 0,5%iger Lösung von Helianthin in 2%iger Essigsäure, bis die Schnitte orange werden, dann Alkohol. MASSLOW färbt Schnitte von Milz, die nach KULTSCHITZKY fixiert ist, $^1/_4$ bis $^1/_2$ Stunde in Hämatoxylin, wäscht in destilliertem Wasser aus und färbt $^1/_4$ bis $^1/_2$ Stunde in mit Essigsäure angesäuerter 0,25%iger wässeriger Lösung von Rubin S, Auswaschen in Wasser und $^1/_4$ Stunde lang nachfärben in mit Essigsäure angesäuerter wässeriger Lösung von Helianthin, Auswaschen in Alkohol, Bergamottöl, Balsam. Kerne blau, Hämoglobin rot, Protoplasma gelb. PELAGETTI färbt zunächst 6—12 Stunden in UNNAschem Hämatein, Waschen in Wasser, Lithionwasser, Waschen in Wasser, Nachfärben in 1%iger Wasserblaulösung in 5%igem Tannin 2—5 Minuten, Auswaschen, Nachfärben in einer 1%igen Helianthinlösung in 5%igem Tannin. Kerne braun, Protoplasma hellgelb, Collagen braungelb, Muskulatur grün, Erythrocyten rot.

Literatur: KULTSCHITZKY (Arch. Mikr. Anat., Bd. 46, 1895), MASSLOW (Ebenda, Bd. 51, 1897), PELAGETTI (Monatsh. Prakt. Derm., Bd. 38, 1904).

Heliozoen siehe: Protozoen.

Helvetiablau, Syn. für Methylblau (GEIGY).

Hemipteren siehe: Arthropoden.

HERBSTsche Körperchen siehe: Nervenendkörperchen.

HERMANNsche Flüssigkeit siehe: Platinchlorid.

Herz. Zur Fixation der Herzmuskulatur eignet sich nach HEIDENHAIN die konzentrierte Sublimatlösung ganz vorzüglich. Die besten Färbungsresultate erhält man, wenn die Stücke 2—3 Tage in der Lösung liegen bleiben. SOLGER fixiert in schwacher FLEMMINGscher Lösung oder in 1%igem Palladiumchlorür, TEDESCHI in Alkohol oder in MÜLLERscher Flüssigkeit (8 Tage), SCHWARZ in

10%igem Formol, MARCEAU bevorzugt die ZENKERsche Flüssigkeit, doch darf man die Objekte höchstens $2^1/_2$ Stunden in ihr belassen, MORIYA legt die Herzmuskulatur für einige Tage in Alkohol von 80—93%, dann entweder direkt in 2%iges Bichromat oder zunächst noch 24 Stunden in 5—10%ige Salpetersäure. Im Bichromat bleiben sie 4—6 Tage, dann gründliches Auswaschen und Entwässern. Färbung der Paraffinschnitte nach der von BENDA modifizierten Gliafärbung (s. Neuroglia). Um die Herzmuskelfasern in den verschiedenen Stadien der Contraction zu erhalten, fixiert JUSCHANITZKY kleine Stückchen des schlagenden Herzens in Salpetersäure-Alkohol.

Das Herz kleiner Tiere kann man in toto fixieren, bei größeren Tieren füllt man es mit Fixationslösung und legt dann in ein größeres Quantum ein oder man schneidet Papillarmuskeln oder Stücke der Wand heraus und steckt sie mit Igelstacheln auf.

Um das Herz in Diastole zu fixieren, vergiftet man die Tiere am besten mit Chloralhydrat (2—3 *g* pro Kilo Körpergewicht) und unterbindet vor der Herausnahme sämtliche abführenden Gefäße. Stillstand in Systole erhält man durch Injektion von Chlorbariumlösung von einer Vene aus bis zum Eintritt des Todes.

Zur Färbung eignen sich besonders die von HEIDENHAIN beschriebenen Neutralfärbungen (s. dort).

Als Macerationsflüssigkeiten für Herzmuskulatur empfehlen sich Kalilauge (32,5%), Holzessig (1 : 3 Wasser), Salicylsäure, Salpetersäure (20%).

Zur Darstellung der Zellgrenzen des Endocards spült man nach RANVIER die Innenfläche der Vorhöfe und der Ventrikel flüchtig mit destilliertem Wasser ab und behandelt dann mit 0,2—0,3%iger Lösung von Silbernitrat. Bei kleinen Tieren kann man das Herz von den Venen aus mit letzterer Lösung durchspülen, Abwaschen mit destilliertem Wasser und Abtragen kleiner Stücke der Innenfläche mit der krummen Schere.

Um das Endothel des Pericards zu imprägnieren, bringt TONKOFF Stücke des Pericards in 0,05—0,1%ige Lösung von Silbernitrat für $^1/_2$ Minute unter fortwährendem Umschütteln, dann wird in destilliertem Wasser bei Sonnenlicht reduziert, 24 Stunden in HOYERschem Pikrocarmin gefärbt und in gleiche Teile Wasser und Glycerin eingelegt, worin das Endothel abgelöst werden kann.

Zur Färbung der Herznerven eignet sich besonders das Methylenblau. SMIRNOW injiziert beim Frosch eine Pravazspritze 1—4%iger Methylenblaulösung in das Gefäßsystem. Nach $^1/_4$—$^1/_2$ Stunde öffnet er Brust- und Bauchhöhle und nach einer weiteren Stunde das Herz selbst und legt es in die Fixationslösung ein. VALEDINSKY legt zur makroskopischen Sichtbarmachung der Herznerven das Herz für beliebig lange Zeit in konzentrierte wässerige Carbolsäure. Die herauspräparierten Nerven färbt er 24 Stunden in Pikrocarmin und zerzupft. Oder er bettet sie in Celloidin ein und färbt mit Hämatoxylin-Eosin. (Vgl. auch den Artikel Methylenblaufärbung, vitale.) MICHAILOW spült das isolierte Säugetierherz zunächst von der Aorta aus mit körperwarmer RINGERscher Flüssigkeit durch und schickt dann eine $^1/_8$—$^1/_{12}$%ige Methylenblaulösung in der gleichen Flüssigkeit, die mit Sauerstoff gesättigt war, nach.

Zur Färbung der Nerven des Pericards legt PIANESE die frischen Stücke für 6—8 Stunden in sein Ameisensäure-Hämatoxylin ein. Man vermische 6 *ccm* einer konzentrierten alkoholischen Hämatoxylinlösung mit 50 *ccm* einer konzentrierten wässerigen Alaunlösung, lasse 8 Tage im Lichte stehen und setze 20 *ccm* Ameisensäure und 5 *ccm* Glycerin zu. Nach der Färbung auswaschen in Wasser, Alkohol, Xylol, Balsam. Es färben sich auch die Grenzen der Endothelzellen.

Die Blutgefäße des Herzens injiziert man am besten von den Coronararterien, bei kleinen Tieren von der Aorta aus. Zur Injektion der Lymphgefäße empfiehlt BOCK das Herz in warmer physiologischer Kochsalzlösung durch Kneten von

Blut möglichst vollkommen zu befreien und dann durch Einstich mit Berlinerblau zu injizieren.

Literatur: Bock (Anat. Anz., Bd. 27, 1905), Heidenhain (Ebenda, Bd. 20, 1901), Juchanitzky (Centralbl. Physiol., Bd. 18, 1905), Marceau (Thèse de Nancy, 1902), Michailow (Int. Mon. Anat., Bd. 25, 1908), Moriya (Anat. Anz., Bd. 24, 1904), Pianese (Giorn. Int. Sc. Med. Napoli, Bd. 14, 1892), Ranvier (Technisches Lehrbuch), Schwarz (Arch. Mikr. Anat., Bd. 53. 1898), Smirnow (Kasan 1891), Salzer (Anat. Anz., Bd. 18, 1900), Tedeschi (Atti Ac. Fisiocrit., Bd. 9, 1895), Valedinsky (Anat. Hefte, Bd. 27, 1905).

Hessisch Gelb. Sekundärer Disazofarbstoff, der durch Kombination von Diamidostilbendisulfosäure mit Salicylsäure entsteht (Berlin, Elberfeld). Ockergelbes Pulver, das sich in Wasser mit gelbbrauner, in Schwefelsäure mit rotvioletter Farbe löst. Die wässerige Lösung färbt sich mit Natronlauge rot, mit Salzsäure entsteht ein schwarzer Niederschlag.

Hessisch Purpur, dem vorigen sehr nahestehend, an Stelle der Salicylsäure mit Naphtylamin oder Naphtylaminsulfosäure kombiniert. (Berlin, Elberfeld). Rotes oder braunes Pulver, das sich in Wasser mit roter Farbe, in Schwefelsäure mit blauer Farbe löst. Die wässerige Lösung färbt sich mit Natronlauge mehr rot, mit Essigsäure oder Salzsäure entsteht ein blauschwarzer Niederschlag.

Heteropoden siehe: Mollusken.

Hexapoden siehe: Arthropoden.

Hirudineen siehe: Würmer.

Hitze als Fixationsmittel. Die Eigenschaft vieler löslicher Eiweißkörper, durch Hitze aus ihrer Lösung in unlöslicher Form ausgeschieden, koaguliert zu werden, ist für sich allein in der Mikrotechnik nur in geringem Maße verwertet worden. Die Gerinnungstemperatur der verschiedenen Eiweißkörper ist eine sehr verschiedene. Einigermaßen konstant ist sie nur bei den Albuminen, hier schwankt sie zwischen 70 und 73°, bei den Globulinen dagegen schwankt sie zwischen 55° (Fibrinogen) und 93° (Globulin).

Man verwendet die Hitze als Fixationsmittel in der Form des heißen Wassers und läßt die Objekte nur kurze Zeit, wenige Sekunden oder Minuten darin. Sind die Objekte nicht zu groß, so werden sie in dieser Zeit in allen ihren Teilen die Temperatur des Wassers angenommen haben und die in ihnen enthaltenen koagulierbaren Eiweißkörper werden koaguliert sein. Man wird diese Methode da mit Vorteil anwenden, wo es auf ein momentanes Abtöten, die Fixation irgend eines physiologischen Zustandes, z. B. Contractionszustände von Muskelfasern ankommt. Was die Erhaltung der Elemente anlangt, so scheint die Methode in manchen Fällen brauchbare Resultate zu liefern. Nach den Untersuchungen von Landau eignet sich die Hitzefixation für Lunge, Drüsen, Centralnervensystem recht gut. Kernteilungsfiguren werden gut erhalten. Er bringt die Objekte zunächst für 10 bis 20 Minuten in 0,9%ige Kochsalzlösung, der er 2—3% Essigsäure zusetzt und fixiert dann 20—25 Minuten in heißem Wasser.

Weit häufiger aber erscheint die Anwendung der Hitze dann indiziert, wenn es sich um Objekte mit schwer durchdringlicher Hülle handelt, und hier bildet die Hitze das wichtigste Fixationsmittel. Man kann einmal die Objekte wie oben in heißes Wasser bringen oder man legt sie in eine heiße Fixationslösung ein. Es wird dann die Hitze das primär fixierende Mittel sein, und in zweiter Linie wird erst das die Lösung darstellende Fixativ zur Wirkung kommen. In ausgedehnterem Maße wird von dieser Methode bei dem mikrotechnischen Bearbeiten der Arthropoden Gebrauch gemacht. (Vgl. auch den Artikel: „Fixation".)

Literatur: Landau (Sitz. Nat. Ges. Dorpat, Bd. 15, 1906).

Hoden. Nur die Hoden von kleinen Tieren lassen sich mit Vorteil ganz und ohne Ablösung der Albuginea fixieren, schon bei Tieren von der Größe einer Ratte oder eines Meerschweinchens wird man mit dieser Methode nicht mehr gute Erfolge haben. Das Zerteilen solcher größerer Hoden vor der Fixation hat aber unleugbare Nachteile, da auch bei der vorsichtigsten Dissektion doch das weiche Hodengewebe leicht zerquetscht wird und aus der Schnittfläche hervorquillt. Man hat deshalb sich bemüht, die Hodenkanälchen in situ zu fixieren und dazu vor allem die interstitielle Injektion benutzt. Der Hoden wird vorsichtig bis auf die Albuginea freigelegt, die Kanüle einer Pravazspritze unter die letztere eingeführt und unter gelindem Druck 1—2 *ccm* der Fixationslösung injiziert. Man kann bei größeren Hoden diese Prozedur an drei bis vier Stellen wiederholen und das ganze Organ fixieren. Hat die Lösung einige Minuten eingewirkt, so kann man ohne Schaden die Albuginea abpräparieren (REGAUD) oder den Hoden zerschneiden (PLATO) und ihn dann in der Fixationslösung einlegen. Natürlich kann neben dieser interstitiellen oder subalbuginealen Injektion auch die Einführung der Fixationslösung von der Art. spermatica int. her erfolgen.

Von den Fixationsmitteln werden für den Hoden im allgemeinen die Osmiumgemische und vor allem das FLEMMINGsche und HERMANNsche bevorzugt (GERMANO, BENDA, DRÜNER, MEVES, PLATO, SABATIER, RAWITZ, PETER, LOISEL, JANSSENS, SCHREINER, DUESBERG u. v. a.). Sie geben nach dem Urteil der gewiegtesten Autoren immer noch die besten Resultate. (Über das Nähere vgl. FLEMMINGsche Flüssigkeit und Platinchlorid.) Es sind auch für diesen Zweck vielfach Modifikationen dieser beiden Fixationslösungen angegeben werden, vor allem Kombinationen mit Sublimat. NIESSIG verwendet ein Gemisch von 50 *ccm* konzentrierten Sublimats, 25 *ccm* 10%igen Platinchlorids, 20 *ccm* 2%iger Osmiumsäure und 5 *ccm* Eisessig; MAXIMOW zieht die PODWYSSOZKYsche Lösung vor (15 *ccm* 2%iger Chromsäure, 15 *ccm* 1%igen Sublimats, 8 *ccm* 2%iger Osmiumsäure und 12—15 Tropfen Eisessig). Um die ungleichmäßige Fixation der einzelnen Gewebsschichten zu vermeiden, empfiehlt EISEN an Stelle des Osmiumtetroxyds das Osmiumchlorid in 0,1—0,5%iger Lösung oder noch mehr das Iridumchlorid in 0,2—0,5%iger Lösung mit Zusatz von 1% Eisessig. Auch die VOM RATHsche Platinchloridpikrinosmiumessigsäure wird von einzelnen Untersuchern zur Fixation von Amphibienhoden empfohlen.

REGAUD benutzt die FLEMMINGsche Flüssigkeit nur als Vorfixation, er injiziert sie subalbugineal, zieht die Albuginea ab und hängt den Hoden in Bichromatessigsäure nach TELLYESNICZKY auf. STEPHAN fixiert Selachierhoden in Flemming, überträgt dann die Stücke in eine Mischung von gleichen Teilen Acetum pyrolignosum und 1%iger wässeriger Chromsäure für 24 Stunden und dann für die doppelte Zeit in 2%iges Bichromat.

Neben den Osmiumgemischen hat sich dann in den letzten Jahren auch die Sublimatfixation immer mehr Anhänger erworben, besonders auf die Empfehlung v. LENHOSSÉKs; so empfehlen konzentriertes Sublimat: ETZOLD für Hoden vom Sperling, V. LENHOSSÉK für Rattenhoden (bei 35°), MEVES für Meerschweinchen; Sublimatessigsäure: DRÜNER für Salamandra (konzentriertes Sublimat 15, Eisessig 15, Wasser 300), MEVES für das gleiche Objekt, SABATIER für Selachierhoden (20% Eisessig); Alkoholsublimatessigsäure: V. LENHOSSÉK für Rattenhoden (konzentriertes Sublimat 75, absoluter Alkohol 25, Eisessig 5), LOISEL für den Sperling, REGAUD für die Ratte (Dauer nur einige Stunden, sonst starke Schrumpfung; ZENKERsche Flüssigkeit: TELLYESNICZKY für Eidechsenhoden, MEVES für Salamandra und Meerschwein, PETER für Knochenfische, PLATO für Kater. JANSSENS verwirft für den Tritonhoden alle sublimathaltigen Flüssigkeiten, nur FLEMMINGsche und HERMANNsche Flüssigkeit geben brauchbare Resultate. Von anderen Fixationslösungen sind noch gelegentlich für den Hoden empfohlen worden: Pikrinformolessigsäure (konzentrierte Pikrinsäure 15, Formol 5, Eisessig 1) von BOUIN (Meerschwein), REGAUD (Ratte) LOISEL (Maus, Igel), konzentrierte wässerige Pikrinsäure (SABATIER).

Zur Darstellung der Hodenkrystalloide eignet sich am besten Fixation in absolutem Alkohol (REINKE). Die Endothelbekleidung der Tunica propria der Samenkanälchen weist REGAUD so nach, daß er zunächst eine interstitielle Injektion mit folgender Lösung macht: 3 Teile (konzentrierte Pikrinsäure 80, 1%ige

Osmiumsäure 20) und 1 Teil 1%igen Silbernitrats. Man läßt ihr dann eine interstitielle Alkoholinjektion folgen, schneidet den Hoden, wenn er hart geworden ist, in Scheiben und reduziert die in Balsam gebrachten dicken Scheiben im indiffusen Licht.

Will man recht feine Paraffinschnitte vom Hoden erhalten, so tut man gut, den Aufenthalt im absoluten Alkohol möglichst zu beschränken oder vor der Einbettung die Tunica propria vorsichtig mit der Pinzette abzuziehen.

Als Färbungsmethoden kommen hauptsächlich die HEIDENHAINsche Eisenhämatoxylinmethode, die FLEMMINGsche Dreifachfärbung, die BENDAsche Safranin-Lichtgrünfärbung, die EHRLICH-BIONDIsche Dreifachfärbung in Betracht. (Über die Dreifachfärbung von Eisen vgl. Rutheniumrot.)

Zur Darstellung der Nerven des Hodens ist bis jetzt hauptsächlich die schnelle Golgimethode herangezogen worden (SCLAVUNOS, TIMOFEEW, ZILIMBARIS, GAUFINEZ).

Da es sich bei Hodenuntersuchung in der überwiegenden Zahl der Fälle um Studien über Spermatogenese handelt, so wird man natürlich den Hoden zu der Zeit einlegen, wenn die Spermatogenese im vollen Gang ist. Für die vielbenutzte Salamandra ist das September oder Oktober, man nehme frisch eingefangene Tiere (HÄCKER). Bei Rana esculenta fällt das Maximum der Tätigkeit in den August, Rana fusca Juni bis September (NUSSBAUM). Für Reptilien, Vögel und die winterschlafenden Säugetiere dürfte die günstigste Zeit das erste Frühjahr sein, wenn die Tiere eben aus dem Winterschlaf erwacht sind. Bei Meerschwein, Ratte, Maus, Kaninchen findet man das ganze Jahr hindurch günstiges Material.

Literatur: BENDA (Verh. Anat. Ges. Göttingen 1893), BOUIN (Arch. d'Anat. Micr., Bd. 1, 1897), DRÜNER (Jena. Zeitschr. Nat., Bd. 28 u. 29, 1894), DUESBERG (Anat. Anz., Bd. 28, 1906), EISEN (Journ. of Morph., Bd. 17, 1900), ETZOLD (Zeitschr. Wiss. Zool., Bd. 52, 1891), GAUFINEZ (Arch. Ital. Anat., Bd. 7, 1903), GERMANO (Int. Mont. Anat., Bd. 9, 1892), HÄCKER (Praxis und Theorie der Befruchtungslehre, Jena 1899), v. LENHOSSÉK (Arch. Mikr. Anat., Bd. 51, 1897), LOISEL (Journ. de l'Anat. 1900 u. 1906), MAXIMOW (Beitr. Pathol. Anat., Bd. 26, 1899), MEVES (Arch. Mikr. Anat., Bd. 47 u. 54, 1898 u. 1899), NIESSING (Ebenda, Bd. 48, 1896), NUSSBAUM (Zool. Anz., Bd. 3, 1880), PETER (Arch. Mikr. Anat., Bd. 53, 1898), PLATO (Ebenda, Bd. 48, 1896), VOM RATH (Zeitschr. Wiss. Zool., Bd. 57, 1893), RAWITZ (Arch. Mikr. Anat., Bd. 53, 1898), REGAUD (Arch. d'Anat. Micr., Bd. 4, 1901), REINKE (Arch. Mikr. Anat., Bd. 47, 1896), SABATIER (Trav. Inst. Zool. Montpellier 1896), SCHREINER (Arch. de Biol., Bd. 21, 1905), SCLAVUNOS (Anat. Anz., Bd. 9, 1893), STEPHAN (Arch. d'Anat. Micr., Bd. 6, 1903), TELLYESNICZKY (Math. Nat. Ber. Ungarn, Bd. 13, 1897), TIMOFEEW (Anat. Anz., Bd. 9, 1893), ZILIMBARIS (Ber. II. Panhellenisch. Cong., Athen 1903).

Höllenstein siehe: Silbernitrat.

Hofmanns Violett, Syn. für Dahlia.

Hofmanns Grün, Syn. für Jodgrün.

Hollundermark, das Mark von Sambucus nigra wird vielfach zum Einklemmen kleiner Gewebsstückchen benutzt, die man mit den Fingern beim Schneiden schlecht halten kann.

Ein künstliches Hollundermark wird von MAYER so hergestellt, daß er verflüssigte Gelatine mit Ricinusöl gut durchschüttelt und nach dem Erkalten das fein verteilte Öl mit Alkohol auslaugt. Es entsteht dann eine feinporige, gut schneidbare Masse.

Hollunderrot siehe: Pflanzenfarbstoffe.

HOLMGRENscher Apparat siehe: Lebendes Gewebe, Untersuchung desselben.

Holothurien siehe: Echinodermen.

Holzessig, Acetum pyrolignosum, Holzessigsäure. Wird die bei der trockenen Destillation des Holzes entstehende dickflüssige, braune Masse destilliert, so geht zunächst der Methylalkohol über, das, was dann folgt, wird als roher Holzessig, Acetum pyrolignosum crudum bezeichnet. Er stellt eine braune, eigentümlich riechende Flüssigkeit dar, welche außer ungefähr 6% Essigsäure enthält Propionsäure, Buttersäure, Valeriansäure, Capronsäure, Methylalkohol, Aceton, Valerolacton, Adipinsäureketon, Methylpentamethylenketon, Essigsäuremethyläther,

Furfurol, Pyroschleimsäure, Pyridin, Kreosot und andere phenolartige Körper. Dem Gehalt an letzteren verdankt der Holzessig seine konservierenden und antiseptischen Eigenschaften.

Durch weitere Destillation des rohen Holzessigs wird der rektifizierte Holzessig erhalten. Acetum pyrolignosum rectificatum, der weniger harzartige Substanzen enthält. Er besitzt eine hellere Farbe, wird aber unter dem Einfluß des Lichtes bald dunkler.

Holzessig ist ein kräftiges Reduktionsmittel, roher stärker als rektifizierter; Kaliumpermanganatlösung wird fast momentan entfärbt. Dieser Eigenschaft verdankt der Holzessig seine Verwendung zur Nachbehandlung von Osmiumpräparaten (siehe Osmiumtetroxy), früher wurde er vielfach in 25- oder 50%iger Lösung als Macerationsmittel benutzt, besonders zur Darstellung der Nervenplexus im Darm. Er verleiht dabei den Präparaten gleichzeitig eine etwas bräunliche Färbung. Auch manchen Fixationsgemischen wird er zugesetzt, so in der REMAKschen Flüssigkeit (2%iges Kupfersulfat 50 *ccm*, 25%iger Alkohol 50 *ccm*, rektifizierten Holzessig 35 Tropfen).

Holzessigfarben. Zur Färbung alter, sonst schlecht färbbarer Chromsäurepräparate hat BURCHARDT Lösungen von Carmin und Hämatoxylin in Holzessig empfohlen. Vor allem sollen sie für Stückfärbungen geeignet sein. Den Lösungen darf niemals Wasser zugesetzt werden und es sollen auch die Stücke oder Schnitte direkt aus starkem Alkohol in sie übertragen werden. Zur Bereitung kann man gereinigten oder rohen Holzessig verwenden, doch scheint der erstere empfehlenswerter zu sein, da das rohe Präparat den Geweben eine sehr dunkle Färbung verleiht und sich leicht Niederschläge bilden.

Holzessig-Hämatoxylin. Man löse 2 *g* Kalialaun in 130 *g* Holzessig kalt durch Umschütteln und setze dann 0,5 *g* Hämatoxylin in wenig starkem Alkohol gelöst zu. Die Lösung muß 12 Tage reifen und ist völlig haltbar. Nach mehreren Monaten kann man der Lösung noch etwas Holzessig zusetzen. Färbung 1 bis 12 Stunden je nach der Größe der Stücke, dann gründliches Auswaschen in 50%igem Alkohol.

Holzessig-Carmin I. Man löse 2 *g* besten Carmins in 100 *g* Holzessig und koche über kleiner Flamme langsam auf die Hälfte ein. Nach dem Abkühlen filtrieren. Färbung 12—24 Stunden, Auswaschen in 50%igem Alkohol und differenzieren 2—3 Tage in Alaunalkohol, den man sich herstellt durch Schütteln von Alaun mit 50%igem Alkohol. Es lösen sich etwa 0,25%. Nach dem Differenzieren Auswaschen in reinem 50%igem Alkohol.

Holzessig-Carmin II. Man löse in 100 *g* Holzessig 3 *g* besten Carmins und 0,5 *g* Alaun und koche über kleiner Flamme auf die Hälfte ein. Färben 2 bis 24 Stunden und Auswaschen in 50%igem Alkohol. Während das Carmin I eine sehr intensive Färbung gibt, tingiert sich mit Carmin II ausschließlich das Chromatin. Am besten mischt man deshalb gleiche Teile von I und II, färbt 6 bis 24 Stunden, wäscht zunächst bis 12 Stunden in 50%igem Alkohol, dann doppelt so lang in Alaunalkohol und dann wieder in 50%igem Alkohol aus.

Literatur: BURCHARDT (Arch. Mikr. Anat., Bd. 53, 1898).

Holzreaktionen siehe: Zellmembranen, pflanzliche.

Homogene Immersion siehe: Mikroskop.

Horn siehe: Haut.

Hornfasern siehe: Coelenteraten.

Hornhaut siehe: Sehorgan.

Humor aqueus. Die die vordere und hintere Augenkammer erfüllende Flüssigkeit hat ein spez. Gew. von 1,003—1,009, ihr Brechungsindex beträgt 1,3349, sie enthält nach LOHMEYER 98,68% Wasser, 0,12% Eiweiß, 0,42% Extraktivstoffe, 0,68% Kochsalz, 0,01% Chlorkalium, 0,02% Kaliumsulfat, 0,02% Erdphosphate und 0,02% Kalkerde.

Das Kammerwasser wird vielfach in der Mikrotechnik als indifferente Zusatzflüssigkeit für frische Präparate benutzt. Man entnimmt es am besten dem eben getöteten Tier mittelst einer Pravazspritze, deren Kanüle man durch die Hornhaut in die vordere Kammer einführt.

Hyalin. Unter dem Namen Hyalin hat v. RECKLINGHAUSEN eine Reihe von Substanzen zusammengefaßt, die sowohl normalerweise wie vor allem unter krankhaften Verhältnissen in den verschiedensten Geweben vorkommen und durch folgende Eigentümlichkeiten gekennzeichnet sind. Das Hyalin tritt in Gestalt von Kugeln, korallenstockartigen und vielfach verästelten Balken auf, teilt mit dem Amyloid die starke Durchsichtigkeit und den Glanz, wird aber durch Jod nur strohgelb gefärbt. Es ist unlöslich in Wasser und Alkohol, ebenso in mittelstarken Säuren und Basen; dagegen wird es von starker Kalilauge und konzentrierter Salzsäure gelöst, ebenso von Magensaft bei Körpertemperatur. Alle hyalinen Substanzen haben große Affinität zu sauren Anilinfarbstoffen; da unter den Begriff des Hyalins eine Reihe von ihrer Entstehung nach verschiedenartigen Stoffen zusammengefaßt ist, hat man den Versuch gemacht, sie auch genetisch und färberisch zu trennen. KLEBS unterschied zuerst epitheliales Hyalin (Colloid) und conjunctivales (parablastisches) Hyalin, eine Einteilung, die ERNST dahin ausführte, daß bei der Anwendung der VAN GIESONschen Färbung ersteres orange bis gelbbraun, letzteres leuchtend rot gefärbt würde. LUBARSCH unterscheidet: I. Secretorisches und degeneratives, intracellulär gebildetes Hyalin (Colloid): *a)* epitheliales, *b)* conjunctivales. II. Extracellulär entstehendes Koagulationshyalin: *a)* hämatogenes, *b)* conjunctivales.

Bezüglich der Färbung gilt als Hauptsatz, daß alles Hyalin durch die Protoplasmafarbstoffe, insbesondere die sauren Anilinfarbstoffe stark gefärbt wird; die zur ersten Gruppe gehörigen Hyaline lassen sich aber meist auch durch Kernfarbstoffe mehr oder weniger intensiv färben, z. B. Schilddrüsencolloid und die RUSSELschen Fuchsinkörper, die wenigstens oft auch mit basischen Anilinfarbstoffen deutlich färbbar sind, doch ziehen auch sie bei Anwendung von Gemischen aus basischen und sauren Anilinfarbstoffen (EHRLICHsches oder BIONDIsches Dreifarbengemisch) stets die sauren Farbstoffe vor. Obgleich es somit eigentlich keine besonderen Methoden zur Hyalinfärbung gibt, so seien hier doch einige, die besonders elegante Bilder geben, angeführt. Zur Härtung sind ziemlich alle gebräuchlichen Methoden (Alkohol, Formol, MÜLLERsche Lösung, Sublimat, ZENKERsche Flüssigkeit, weniger die Osmiumgemische) gleichmäßig zu empfehlen. Zur Einbettung ist Paraffin dem Celloidin schon deswegen vorzuziehen, weil letzteres sich bei der Hyalinfärbung stark mitfärbt.

I. Färbung nach der WEIGERTschen Fibrinmethode.

1. Vorfärbung mit Alauncarmin, Borax- oder MAYERschem Carmin.
2. Färbung, Differenzierung etc. in bekannter Weise.

Kerne rot, Hyalin blau bis violett. Doch werden auch nicht hyaline, nur leicht ödematöse oder gequollene Bindegewebsfasern stark mitgefärbt.

II. Färbung nach VAN GIESON.

1. Vorfärbung (am besten Überfärbung) mit DELAFIELDschem Hämatoxylin.
2. Gründliches Auswaschen in Wasser.
3. Färbung mit VAN GIESONscher Lösung (nach KANTOROWICZ am besten 150 *ccm* konzentrierter wässeriger Pikrinsäurelösung + 3 *ccm* konzentrierter wässeriger Säurefuchsinlösung) 3—5 Minuten, bei dünnen Paraffinschnitten lieber nur höchstens 2—3 Minuten.
4. Auswaschen in Wasser etwa $^1/_2$ Minute.
5. Entwässern in Alkohol, Xylol, Balsam.

Kern braun, bzw. braungelb, Hyalin leuchtend rot oder orangefarben.

III. Färbung nach RUSSEL.

1. Färbung in konzentrierter Lösung von Fuchsin (Diamantfuchsin) in 2$^0/_0$igem Carbolwasser 10—30 Minuten.

2. Auswaschen in Wasser 3—5 Minuten.

3. Abspülen in absolutem Alkohol $^1/_2$—1 Minute.

4. Differenzieren und Nachfärben in Carbolsäurejodgrün (1 Jodgrün, 100 $5^0/_0$iges Carbolwasser) 5 Minuten.

5. Rasches Entwässern in Alcohol absolut., Xylol, Einbetten in Balsam.

Kerne grünblau, Hyalin leuchtend rot.

IV. Für viele hyaline Kugeln ist auch sehr zu empfehlen die Färbung mit Methylgrünpyronin nach PAPPENHEIM, wobei die hyalinen Kugeln ausgesprochen blau (oft himmelblau), die Körner der Plasmazellen dagegen rot erscheinen.

Literatur: ERNST (Beitr. Path. Anat., Bd. 11, 1891), derselbe (Arch. Pathol. Anat., Bd. 130, 1892), KANTOROWICZ (Centralbl. Allg. Pathol., Bd. 4, 1893), KLEBS (Allgem. Pathol., II. T., 1889), LUBARSCH (Ergebn. Allgem. Pathol., 1. Jg., Abteil. 2, 1895), v. RECKLINGHAUSEN (Allgem. Pathol. d. Kreislaufs u. d. Ernährung, 1883). *Lubarsch*, Düsseldorf.

Hydrochinon, Paradioxybenzol, $C_6H_4\begin{cases}OH\\OH\end{cases}$, entsteht bei der Reduktion von Chinon mittelst schwefliger Säure oder Oxydation von Anilin mit Chromsäure. Es bildet farblose, hexagonale Prismen, die in Wasser (cca. $6^0/_0$), Alkohol und Äther leicht, in Benzol schwer löslich sind. Oxydierende Körper führen es in Chinon über. Die wässerige Lösung färbt sich, namentlich bei Gegenwart von Alkali, beim längeren Stehen durch Sauerstoffaufnahme dunkelbraun. Lösungen von Metallsalzen werden durch Hydrochinon reduziert.

Der letzteren Eigenschaft verdankt das Hydrochinon seine Verwendung als photographischer Entwickler und Reduktionsmittel für Silber- und Golgipräparate. (Näheres s. Silbermethoden und Golgimethode.) Von PAPPENHEIM ist es in alkoholischer Lösung zur Fixierung von Anilinfarbstoffen (Pyronin + Methylgrün) empfohlen worden.

Literatur: PAPPENHEIM (Arch. Pathol. Anat., Bd. 166, 1901).

Hydroiden siehe: Coelenteraten.

Hydromedusen siehe: Coelenteraten.

Hydroxylamin, $NH_2(OH)$, ist als Ammoniak zu betrachten, in dem ein H durch die Gruppe OH ersetzt ist. Es ist nur in wässeriger Lösung bekannt, reagiert alkalisch und wirkt stark reduzierend, aus Silber- und Quecksilbersalzen fällt es die Metalle. Nach HEINISCH besitzt das Hydroxylamin antiseptische Eigenschaften.

UNNA verwendet das Hydroxylamin bei der Färbung der Mikroorganismen im Horngewebe, er benutzt eine $1^0/_0$ige Hydroxylaminchloridlösung. Dasselbe Salz benutzt HOFER zur Betäubung von Tieren. Er löst es in Wasser bis zu $1^0/_0$ und stumpft die Lösung durch Zusatz von kohlensaurem Natron bis zur neutralen Reaktion ab. Nachdem die Tiere in der Lösung gelähmt sind, werden sie mit dem Fixationsmittel direkt übergossen; hierbei sind aber alle leicht reduzierbaren Agenzien ausgeschlossen. HOFER hat günstige Erfahrungen an Protozoen, Hydroiden, Actinien, Planarien, Anneliden, Rotiferen, Mollusken u. a. gemacht.

Literatur: HOFER (Zeitschr. Wiss. Mikr., Bd. 7, 1896), UNNA (Monatsh. Prakt. Derm., Bd. 13, 1891). *Mosse*, Berlin.

Hymenopteren siehe: Arthropoden.

Hyphen der Pilze siehe: Schimmelpilze.

Hypochlorinreaktion siehe: Chromatophorenfarbstoffe der Pflanzen.

Hypophyse. DOSTOIEWSKY fixiert in $2,5^0/_0$igem Kaliumbichromat oder in 0,25—$0,5^0/_0$iger Osmiumsäure, LOTHRINGER in MÜLLERscher Flüssigkeit oder auch wohl in Pikrinschwefelsäure, in Alkohol oder Osmiumessigsäure. SAINT-REMY bevorzugt die FLEMMINGsche Flüssigkeit, doch ist derselben nach COMTE das Sublimat in $4^0/_0$iger Lösung (in $0,75^0/_0$iger Kochsalzlösung) weit vorzuziehen. SCAFFIDI rühmt eine alkoholische Lösung von Sublimat mit Essigsäure. In neuerer Zeit ist dann zur Fixation der Hypophyse hauptsächlich Formol benutzt worden, so von THOM, SCAFFIDI, CAGNETTO und BENDA in $10^0/_0$iger Lösung. Die beiden letzteren chromierten die in Formol fixierten Objekte durch Behandlung mit Chromsäurelösungen in bis zu 0,25 und 0,5% steigender Konzentration. JORIS zieht dem reinen Formol die BOUINsche Flüssigkeit (konzentrierte wässerige Pikrinsäure 75, Formol 20, Eisessig 5) bei weitem vor.

Bei der Färbung der Schnitte hat man vor allem eine färberische Differenzierung der Secretgranula angestrebt. FLESCH hat zu diesem Zweck die MERKELsche Doppelfärbung mit Boraxcarmin-Indigcarmin empfohlen, DOSTOIEWSKY Hämatoxylin-Eosin. Nach COMTE färbt Jodgrün die cyanophilen Zellen blauviolett, die eosinophilen und das Colloid grau. Die cyanophilen Zellen heben sich auch nach Färbung mit Bismarckbraun sehr gut durch ihre tiefbraune Färbung ab. SCAFFIDI färbt in einer Mischung von Orange und Säurefuchsin (näheres s. Orange G), CAGNETTO benutzt eine 2%ige Lösung von Säurefuchsin in Anilinwasser, färbt in der Wärme und differenziert in konzentrierter wässeriger Pikrinsäure. Eine Aurantiasäurefuchsinmischung bevorzugt auch JORIS (näheres s. Aurantia). BENDA färbt in dem EHRLICH-BIONDIschen Gemisch 2 Stunden, spült in Wasser und färbt nach mit einer Anilinwassermethylgrünlösung, spült in Leitungswasser ab, trocknet und differenziert unter dem Mikroskop mit Kreosot, dann Xylol und Balsam. Kerne grün, eosinophile Körner rot, neutrophile violett, Mastzellen blaßgrün, Erythrocyten orange. JUTAKA empfiehlt zur Darstellung der cyanophilen Granula die WEIGERTsche Fibrinfärbung.

Literatur: BENDA (Arch. Physiol. 1900), CAGNETTO (Zeitschr. Wiss. Mikr., Bd. 22, 1905), COMTE (Beitr. Pathol. Anat., Bd. 23, 1898), DOSTOIEWSKY (Arch. Mikr. Anat., Bd. 26, 1886), FLESCH (Zeitschr. Wiss. Mikr., Bd. 2, 1885), JUTAKA (Beitr. Pathol. Anat., Bd. 34, 1908), JORIS (Mém. Ac. Méd. Belgique, Bd. 19, 1907), LOTHRINGER (Arch. Mikr. Anat., Bd. 28, 1886), SAINT-REMY (C. R. Ac. Sc. Paris, Bd. 114, 1892), SCAFFIDI (Arch. Mikr. Anat., Bd. 64, 1904), THOM (Ebenda, Bd. 57, 1901).

I, J.

Janusgrün, Syn. Diazingrün, ein basischer Azofarbstoff, der durch Einwirkung von diazotiertem Safranin auf Dimethylanilin erhalten wird (Höchst). Dunkelgrünes (Marke B) oder rotbraunes (Marke G) Pulver, das sich in Wasser mit blauer Farbe löst. Die wässerige Lösung wird durch Reduktionsmittel entfärbt, Natronlauge gibt schwarze Fällung.

MICHAELIS benutzt den Farbstoff in sehr dünner Lösung (1 : 300.000 physiol. Kochsalzlösung) zur postvitalen Färbung der Basalfilamente in den Drüsenzellen von Pancreas und Parotis.

Literatur: MICHAELIS (Arch. Mikr. Anat., Bd. 55, 1900).

Idioblasten der Cruciferen siehe: Enzyme.

Igelstacheln. Die Stacheln von Erinaceus können an Stelle von Stecknadeln mit Vorteil dann verwandt werden, wenn es sich darum handelt, die aufgesteckten Präparate in Flüssigkeiten einzulegen, welche Metalle angreifen, oder welche durch Metalle zersetzt werden. Als Ersatz für Igelstacheln können unter Umständen die Stacheln mancher Cacteen dienen.

Immersionssysteme siehe: Mikroskop.

Indicane siehe: Glycoside.

Indifferente Medien siehe: Beobachtungsflüssigkeiten, indifferente.

Indifferenzstreifen siehe: Plasmabewegung.

Indigcarmin (Cörulein, Blaues Carmin), das Natronsalz der Indigblaudisulfosäure, $C_{16} H_8 N_2 O_2 (S O_3 H)_2$, bildet sich bei der Behandlung von Indigo mit rauchender Schwefelsäure. Es ist in Wasser ziemlich leicht löslich, wird aber durch Zusatz von Neutralsalzen wieder ganz ausgefällt. In absolutem Alkohol ist es fast unlöslich. Das Indigcarmin des Handels, das als Pulver oder Paste geliefert wird, enthält meist noch andere indigblausulfosaure Salze, die aber beim histologischen Färben nicht hinderlich sind.

In der Mikrotechnik dient das absolut reine Indigcarmin in wässeriger Lösung zur physiologischen Injektion (näheres siehe Injektion, physiologische), ferner das des Handels als ganz feines Präzipitat zum Injizieren von Gefäßen (0,15 *g* in 50 *ccm* Wasser und 40 *ccm* Glycerin gelöst, dazu unter Umrühren 10 *ccm* einer 20%igen Lösung von Chlornatrium; nach THOMA), hauptsächlich aber zum Färben. Hierzu taugen jedoch die einfachen wässerigen Lösungen des Indigcarmins nicht, da sie diffus tingieren, wohl jedoch in Verbindung mit Carmin zur Doppelfärbung: man färbt entweder mit einer Carminlösung vor, oder wendet beide Farbstoffe gleichzeitig an, z. B. nach MAYER eine Lösung von 1 *g* Indigcarmin in 500 *ccm* Wasser (oder 5%iger Alaunlösung) mit dem 4—20fachen an Carmalaun gemischt. Das Indigcarmin färbt dann weder die Kerne noch den Schleim, wohl aber das Plasma, und ist in Balsam haltbar.

SEILER färbt mit Boraxcarmin, differenziert in saurem Alkohol, wäscht gut mit neutralem Alkohol aus und färbt mit Indigcarmin (2 Tropfen einer gesättigten wässerigen Lösung auf 30 *ccm* Alkohol) nach. — Die früher viel benutzte Vorschrift von MERKEL (fälschlich von NORRIS u. SHAKESPEARE) zur Herstellung einer Lösung von Carmin und Indigcarmin in Boraxlösung ist nach MAYER unpraktisch und irrationell; auch ist die Lösung, weil stark alkalisch, den Geweben schädlich.

Indigcarmin (1 *g*), in gesättigter wässeriger Lösung von Pikrinsäure (400 *ccm*) gelöst, benutzt CALLEJA zur Nachfärbung der mit einem Carmingemisch vorgefärbten Schnitte; er fixiert die Plasmafärbung durch rasches Auswaschen in sehr verdünnter Essigsäure. SCHIEFFERDECKER stellt diese Methode der mit Säurefuchsin und Pikrinsäure zur Seite. Nach MAYERS Erfahrungen mit Unrecht, da das Blau und Gelb sich lange nicht so scharf voneinander abheben wie das Rot und Gelb. *Mayer*, Neapel.

Indigen, Syn. für Echtblau (Elberfeld).

Indigschwefelsaures Natron siehe: Injektion, physiologische.

Indischgelb, Syn. für Azogelb (Ludwigshafen).

Indoinblau, Monazofarbstoff, das salzsaure Salz eines Azokörpers, der durch Einwirkung von β-Naphtol auf diazotiertes Safranin entsteht (Ludwigshafen). Bronzeglänzendes Pulver, das in Wasser und Alkohol mit violetter, in Schwefelsäure mit grüner Farbe löslich ist. Die wässerige Lösung gibt mit Salzsäure blauen, mit Natronlauge violetten Niederschlag. Färbt ungebeizte Baumwolle.

COX benutzt zum Nachweis der Fibrillen in den Zellen der Spinalganglien eine 5%ige wässerige Lösung von Indoinblau B B, die er mit der Hälfte 5%iger Alaunlösung verdünnt. Die Schnitte kommen zunächst für 8 Stunden in eine 20—25%ige Tanninlösung, dann für 5—10 Minuten in 5%igen Brechweinstein, werden 10 Minuten ausgewaschen und 12—18 Stunden gefärbt. Die überschüssige Farblösung wird durch Abtupfen mit Fließpapier entfernt, dann wird mit einer Mischung von 3 Teilen Xylol und 2 Teilen absoluten Alkohols differenziert und durch Xylol in Balsam eingeschlossen. Das Material war 2—3 Tage in einer Mischung von konzentriertem Sublimat 30, 1%iger Osmiumsäure 10, Eisessig 5 oder konzentriertem Sublimat 15, 5%igem Platinchlorid 15, 1%iger Osmiumsäure 10, Eisessig 5 behandelt.

Literatur: Cox (Festschr. Niederländ. Psych. Ver., s' Hertogenbosch 1896), derselbe (Anat. Hefte, H. 31, 1898).

Indol, Reaktion auf Verholzung siehe Zellmembrane, pflanzliche.

Indophenol, $N \langle^{C_6H_4N(CH_3)_2}_{C_{10}H_6:O}$, Syn. Naphtolblau (Durand). Ein basischer Farbstoff, der in Form eines braunen Pulvers oder Teiges in den Handel kommt. Er ist unlöslich in Wasser, leicht löslich in Alkohol, Äther und Benzin. Reduktionsmittel führen den Farbstoff in Indophenolweiß über, das sich an der Luft wieder bläut. Der Farbstoff hat Ähnlichkeit mit dem Indigo und wird wie dieser aus der Küpe gefärbt.

Über seine Verwendung als Fettfarbstoff vgl. Artikel Fett.

Induline. Unter dem Namen Induline faßt man eine Farbstoffgruppe zusammen, die den Safraninen sehr nahe steht und sich von ihnen durch den Mangel von Sauerstoff in den freien Basen und die geringe Basizität unterscheidet. 1865 wurde das erste Indulin von CARO und DALE durch Einwirkung von Anilin auf salzsaures Amidazobenzol dargestellt. An Stelle des Amidazobenzols können Nitrobenzol oder Nitrophenol treten und es entstehen dann die Nigrosine.

Nach FISCHER und HEPP lassen sich die Induline alle ableiten von einem einfachsten Indulin folgender Konstitution:

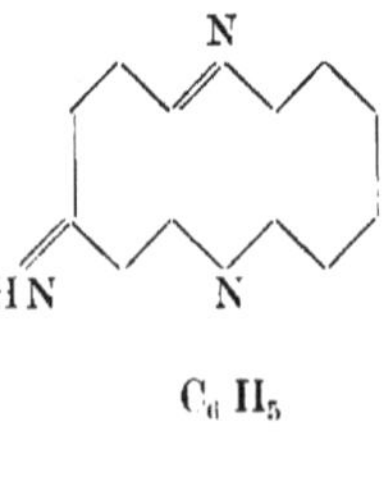

Die Induline sind in Wasser sehr schwer löslich, behandelt man sie aber mit konzentrierter Schwefelsäure, so entstehen die wasserlöslichen Induline. Hierher gehören Echtblau R und B (Berlin, Höchst), Solidblau (Geigy), Indulin R und B (Kalle). Es sind das alles bronzeglänzende, in Wasser, Alkohol und Schwefelsäure mit blauer Farbe lösliche Pulver. Die wässerige Lösung gibt mit Natronlauge braune Fällung.

Von CALBERLA in die Mikrotechnik eingeführt ist das Indulin später hauptsächlich von EHRLICH empfohlen worden. Zur Darstellung seiner acidophilen Granulationen benutzt er eine Lösung von je 2 *g* Indulin, Eosin und Aurantia in 30 *g* Glycerin. Es färben sich damit die erwähnten Granulationen rot, die Erythrocyten orange und die Leucocytenkerne schwarzblau. NIKIFOROFF benutzt dieselbe Lösung zur Färbung von Drüsenschnitten aus Sublimat. Er färbt die Schnitte 24 Stunden lang, spült in Wasser ab und bringt rasch durch Alkohol in Xylol. Die Färbung gibt nach unseren Erfahrungen für Darm- und Speicheldrüsen recht gute Resultate.

Literatur: CALBERLA (Morph. Jahrb., Bd. 3, 1877), NIKIFOROFF (Zeitschr. Wiss. Mikr., Bd. 8, 1891).

Influenzabacillus. Der Erreger der Influenza wurde von R. PFEIFFER 1892 entdeckt und gezüchtet. Die Influenzabacillen finden sich bei Influenzakranken hauptsächlich in dem grünen, stark eitrigen Sputum aus der Tiefe der Bronchien. Auch im Secret der übrigen Teile der oberen Luftwege finden sie sich, hier aber meist zusammen mit anderen Bacterien, namentlich Streptocokken und Pneumocokken, die das Bild häufig verwischen. Von den gelben, rein eitrigen Partien des Sputums werden geringe Mengen fein ausgebreitet, getrocknet, fixiert und mit verdünnter Fuchsinlösung (1 : 10 Wasser) 5—10 Minuten lang gefärbt. Man sieht dann bei starker Vergrößerung das Zellplasma und den Untergrund blaßrosa gefärbt, wovon sich die Zellkerne und die winzigen Influenzabacillen, leuchtend rot gefärbt, scharf abheben. Sie liegen meist in großer Zahl und in ganz charakteristischer Anordnung zu Haufen oder in Zügen zwischen und in den Eiterkörperchen. Man kann auch ca. 2 Minuten mit LÖFFLERschem Methylenblau färben, wobei die Influenzabacillen etwas dicker erscheinen als in Fuchsinpräparaten; auch mit schwachsaurem Gentianaviolett erhält man brauchbare Bilder. Bei der Färbung nach GRAM werden Influenzabacillen entfärbt. Zur Färbung von Reinkulturen werden dieselben Farblösungen verwandt.

Die Influenzabacillen sind äußerst feine und kleine Stäbchen, etwa 2—3mal so lang wie breit, mit sanft abgerundeten Enden. Durchschnittlich beträgt ihre Größe 0,2—0,3 : 0,5 μ. Namentlich in Reinkulturen trifft man auch längere Formen, die zu kurzen Scheinfäden ausgewachsen sind. Namentlich in älteren Reinkulturen findet man diese Scheinfäden, — anscheinend Involutionsformen. Häufig findet man aber auch ganz kurze Bacillen, die dann zu 2 aneinanderliegen (Teilungsformen), wodurch sie Ähnlichkeit mit dem FRÄNKELschen Diplobacillus pneumoniae erhalten.

Besonders schöne Bilder geben Schnitte durch das Lungengewebe bei Influenzapneumonie. Die möglichst feinen Schnitte werden mit verdünnter ZIEHLscher Lösung (1 Carbolfuchsin : 3 Wasser) $^1/_2$ Stunde gefärbt, dann in ganz schwach mit Essigsäure angesäuertem Alcohol. absol. (1—2 Tropfen konzentrierter Essigsäure auf ein Petrischälchen absoluten Alkohols) differenziert, bis die dunkelroten Schnitte einen rotvioletten Ton angenommen haben. Xylol, Canadabalsam. Die intensiv roten Bacterien heben sich deutlich von dem rosafarbigen Untergrund ab.

Auch in Pleuraexsudaten, im Blut, im Gehirn sind Influenzabacillen schon nachgewiesen worden, allerdings höchst selten (PFUHL u. a.). Namentlich die Blutbefunde von CANON u. a. dürften nach BECK auf Untersuchungsfehler zurückzuführen sein.

Die Züchtung gelingt nur auf hämoglobinhaltigen Nährböden, die man sich so herstellt, daß man z. B. Taubenblut auf Nähragar aufstreicht. Es entstehen dann feine tautropfenartige Kolonien, die in mit dünnem Fuchsin gefärbten Präparaten feine Stäbchen und mehr oder weniger lange Scheinfäden aufweisen.

Literatur: Beck (Influenza, in Kolle-Wassermanns Handb. d. pathol. Mikr., Bd. 3, 1903), Flügge (Mikroorganismen, Bd. 2). Pfeiffer (Deutsch. Med. Wochenschr. 1892). Pfeiffer und Beck (Ebenda). Pfeiffer (Zeitschr. Hyg., Bd. 13. 1893). *Heymann*, Breslau.

Injektion der Blut- und Lymphgefäße. Historisches. Die Erfindung der anatomischen Injektionsspritze durch Regnerus de Graaf im Jahre 1668, ferner die Beschreibung der ersten erstarrenden Injektionsmasse durch Swammerdam im Jahre 1672 und schließlich die Einführung der Methode der Quecksilberinjektionen durch Nuck im Jahre 1692 führten einen bedeutenden Umschwung in der anatomischen Forschung herbei. Durch die Injektionstechnik ist, wie Blumenbach sich ausdrückt, „nova quadam luce structura corporis humani illustrata est, et via quasi strata ad thesauros praeparatorum anatomicorum colligendos". In der Tat erregten die von Ruysch in kunstvoller Weise hergestellten und in seiner Privatsammlung vereinigten anatomischen Präparate, welche später von dem Zaren Peter dem Großen für 30.000 Goldgulden angekauft worden sind, nicht nur das Interesse der Fachgelehrten, sondern setzten alle Welt in Erstaunen. Außer der von Ruysch gegebenen Beschreibung seiner Präparate ist von diesen selbst leider nichts erhalten geblieben, da dieselben mit einer wenig haltbaren Fettmasse injiziert waren.

In der ersten Hälfte des 18. Jahrhunderts kamen außer der Injektionsspritze, welche wesentlich verbessert wurde, bereits andere Injektionsapparate zur Verwendung; so konstruierte Hales den ersten Apparat mit konstantem Druck und Homberg und Schacher benutzten die Luftpumpe bei Injektionen. Gleichzeitig wurden neue Injektionsmassen in die Technik eingeführt, und zwar Metalle zum Zwecke von Korrosionsinjektionen, mit Terpentin bereitete Massen (Monro), Leimmassen (Rouhault) und schließlich Harzmassen (Lieberkühn).

Mit Lieberkühn beginnt die Entwicklung der mikroskopischen Injektionstechnik, da er seine Injektionsapparate mittelst selbst angefertigter Mikroskope untersuchte. Seine Präparate waren von vollendeter Schönheit und gelangten ebenso wie ehedem die anatomischen Präparate von Ruysch zu großer Berühmtheit. Die Injektionsmethode von Lieberkühn wurde mit größeren oder kleineren Modifikationen von allen späteren Forschern bis auf Hyrtl nachgeahmt und erst verlassen, als man den Gebrauch von transparenten Massen, welche sich für mikroskopische Untersuchungen noch besser eigneten, kennen lernte.

Bei der Darstellung der neueren Injektionsmethoden ließ es sich nicht umgehen, auf die ältere anatomische Injektionstechnik zurückzugreifen, da beide miteinander zu eng verknüpft sind, als daß sich eine scharfe Grenze zwischen denselben ziehen ließe. Die diesbezügliche ältere Literatur ist jedoch nur insofern herangezogen worden, als es zum Verständnis und zur Vervollständigung der Übersicht über die Injektionstechnik erforderlich erschien. Mit der Entwicklung der modernen mikroskopischen Technik sind die älteren Methoden der Gefäßuntersuchung zwar zum größten Teil verlassen worden, doch sind die ehedem zu Injektionen benutzten Apparate und Substanzen, wie Leim, Terpentin, Harze und verschiedene Farbstoffe, nur mit wenigen Ausnahmen (Celloidin, Celluloid, Wasserglas) die gleichen geblieben und finden auch heute noch die gleiche Verwendung.

Behandlung der Tiere vor der Injektion. Was zunächst das menschliche Material betrifft, so ist es klar, daß für mikroskopische Untersuchungen möglichst frischen Leichen oder Leichenteilen der Vorzug vor älteren gegeben werden muß. Auch eignen sich jüngere Individuen besser zu Injektionen als ältere (Harting). Nach dem übereinstimmenden Urteil aller neueren Autoren gilt dies auch für Lymphgefäßuntersuchungen. Eine Vorwärmung des Materials ist nur in dem Falle erforderlich, wenn warmflüssige Leimmassen angewandt werden sollen. Dieselben Bemerkungen haben auch für nicht ganz frisches tierisches Material ihre Geltung. Frisch getötete Tiere eignen sich zu mikroskopischen Injektionen am besten.

Bezüglich der Tötung raten einige Autoren, wie Beale, die Tiere mittelst Kohlensäure zu ersticken oder dieselben aus einer gewissen Höhe plötzlich auf den Boden fallen zu lassen. Letzteres Verfahren dürfte wohl wegen der durch die Erschütterung hervorgebrachten Zerreißungen und Extravasate nicht immer günstig sein.

Oviatt und Sargent haben bei Injektionen mit glycerinösen Massen schlechte Erfolge erzielt, weil, wie sie behaupten, die Masse eine Contraction der Gefäße verursacht. Daher raten sie, die Tiere mit einem Gemisch von Äther und Amylnitrit erst zu betäuben und dann mit reinem Amylnitrit zu töten, oder man könne auch in der Weise vorgehen, daß man nach der Tötung die Tiere zuerst mit Normalsalzwasser, welches Amylnitrit enthält, injiziert und dann die Masse nachschickt, der man eventuell ebenfalls etwas Amylnitrit zufügt.

MAYER (88) rät, Seefische mit Süßwasser oder noch besser mit einer starken Lösung von Kaliumchlorid in Süßwasser abzutöten. Durch Kaliumchlorid dehnen sich nämlich die Hautvenen aus.

Nach den Erfahrungen des Referenten ist die Todesart des Tieres für den Ausfall der Injektion ohne Belang, wohl aber die Temperatur, die Reaktion und Konzentration der Massen, wenn dieselben unmittelbar nach dem Tode des Tieres injiziert werden. Warme Massen rufen bei wechselwarmen, kalte Massen bei warmblütigen Tieren eine reflektorische Contraction der Gefäße hervor. Ebenso wirken stark alkalische Flüssigkeiten und konzentrierte (Wasser entziehende) Lösungen. Die Nachteile von solchen Massen lassen sich jedoch leicht beseitigen, wenn man entsprechend temperierte, möglichst neutrale und weniger konzentrierte Massen verwendet. Referent läßt die Tiere meist zu Tode narkotisieren und injiziert dann unmittelbar, nachdem die notwendigen Präparationen vorgenommen sind, ohne abzuwarten bis „die allgemeine Starre der Teile einer beginnenden Erschlaffung Platz gemacht hat“ (HARTING).

Neuerdings rät HILL behufs Erweiterung der Gefäße 1% Milchsäure zur Injektionsflüssigkeit (Kaliumbichromat) hinzuzufügen und VASTARINI-CRESI setzt 1% Milchsäure der von ihm zur Durchspülung der Gefäße benutzten Flüssigkeit zu.

Zur Vermeidung der Koagulation des Blutes verleiben BRISSAUD und BAUER den Tieren Blutegelextrakt ein.

Behufs Injektion von niederen Tieren empfiehlt JOSEPH, die Tiere durch starke Abkühlung auf Eis zu lähmen.

FLEMMING tötete Mollusken in der Weise ab, daß er die Tiere gänzlich durchfrieren und dann langsam wieder auftauen ließ.

Um Seetiere abzutöten, wird man wohl am besten den Ratschlägen LO BIANCOs folgen.

Eine Durchspülung der Gefäße vor der Injektion ist meist überflüssig, kann aber bei Injektionen mit Silbernitrat notwendig werden. Statt der für gewöhnlich benutzten physiologischen Kochsalzlösung empfiehlt VASTARINI-CRESI in solchem Falle die isotonische 3,3%ige Lösung von krystallinischem Natriumsulfat.

Natürliche Injektionen von Blutgefäßen mit Blut werden unter Umständen erforderlich. ROBIN empfiehlt zur Fixierung der bluthaltigen Gewebe 10%igen Liq. ferri sesquichlorati, RETTERER und ZENKER MÜLLERsche Flüssigkeit.

Apparate und Hilfsinstrumente. Eine eingehende Beschreibung aller zu Injektionen empfohlenen Apparate ist im ersten Abschnitte des speziellen Teiles zu finden. Hier sei nur so viel erwähnt, daß von allen zu Injektionen benutzten Apparaten sich die Handspritze am besten bewährt und die komplizierten und kostspieligen Apparate mit konstantem Druck in neuerer Zeit fast vollkommen in den Hintergrund gedrängt hat. Außer der Spritze kommt für sehr feine Injektionen von zarten Objekten, Embryonen und niederen Tieren noch eine fein ausgezogene Glasröhre zur Verwendung. In dieselbe wird die Injektionsmasse aufgezogen, die Röhre alsdann in das Gefäß eingestochen und die Masse durch Blasen mit dem Munde oder mittelst eines Druckapparates (HOYER 1908) in das Gefäß eingetrieben.

Das Einbinden der Kanüle in das Gefäß. Während das Einbinden der Kanüle in gröbere Gefäße keine Schwierigkeiten bereitet, ist das Einführen und Einbinden der Kanüle in feinere Gefäße und Drüsengänge oft sehr mühevoll. Die wesentlichste Bedingung, welche vielfach wenig beachtet wird, ist eine gute und intensive Beleuchtung des Arbeitsfeldes womöglich durch direktes Sonnenlicht oder eine intensive künstliche Beleuchtung vermittelst einer Sammellinse. Nachdem das betreffende Gefäß ganz frei gelegt ist, was besser durch stumpfe Präparation als durch scharfe geschieht, wird unter demselben ein Ligaturfaden hindurchgeführt, welcher über dem Gefäß sogleich zu einer losen Schlinge geknüpft wird. Alsdann faßt man das Gefäß mittelst einer Pinzette an seinem distalen Teile, spannt es ein wenig an und schneidet es auf der Strecke zwischen der Pinzette und dem

Ligaturfaden mittelst einer feinen Schere seitlich quer an. Hierauf führt man die eine Branche der Schere in die Öffnung ein und macht von dem Querschnitt aus noch einen kurzen Längsschnitt. Ohne das Gefäß mit der Pinzette los zu lassen und die Öffnung im Gefäß aus dem Auge zu verlieren, versucht man nun eine entsprechend feine Kanüle einzulegen. Letztere befindet sich erst dann im Gefäßlumen, wenn sie sich leicht weiter vorschieben läßt. Ist dies der Fall, so wird der Ligaturfaden über der Kanüle fest zusammengezogen. Sollte das Einführen der Kanüle nicht gelingen, oder gleitet dieselbe in das Gefäß nicht leicht hinein, so sucht man statt der Kanüle zuerst einen glatt abgestumpften feinen Draht, eine Stricknadel oder eine Sonde von entsprechender Feinheit in das Gefäß hineinzuschieben. Hat man jetzt den richtigen Weg gefunden, so versucht man neben der Sonde die Kanüle einzuführen. Gelingt auch das Einlegen der Sonde nicht, so macht man am besten eine neue Öffnung in dem Gefäß. Bei Anwendung des binocularen Präparier-Gestelles von Zeiss, Reichert u. a. wird die Einführung der Kanüle in ein Gefäß außerordentlich erleichtert.

Rusconi durchsticht die Gefäßwand mit einer dicken dreikantigen Nadel und schiebt über dieselbe eine Federspule, welche ihm zugleich als Kanüle dient.

Einen speziell für pathologische Anatomen sehr brauchbaren Handgriff zur Gefäßinjektion hat Rindfleisch angegeben. Der pathologische Anatom kommt nämlich nicht selten dadurch in Verlegenheit, daß er ein Organ dann injizieren möchte, nachdem es durchschnitten ist. In solchen Fällen führt Rindfleisch einen langen, an der Spitze perforierten Katheter in ein angeschnittenes Gefäß so weit hinein, bis sich derselbe in dem Gefäß einkeilt. Wenn dann die Masse eingespritzt wird, so lassen sich auf diese Weise kleinere Gefäßgebiete wenigstens noch leidlich füllen.

Konaschko erleichtert sich das Einführen der Kanüle in feine Gefäße in der Weise, daß er das betreffende Gebiet zunächst mit farbloser Gelatine von dem nächsten dickeren Gefäße leicht injiziert, dann die Kanüle in das feine, durch die Gelatine ausgedehnte Gefäß einführt und nun die gefärbte Masse injiziert.

Bei Einstichinjektionen, die besonders zur Darstellung der Lymphgefäße ausgeführt werden, sticht man die Kanüle schräg zur Oberfläche des betreffenden Organes ein und stößt dieselbe dann noch um einige Millimeter parallel zur Oberfläche vor. Bei vorsichtigem Druck auf den Kolben der mit der Kanüle von vorneherein verbundenen Spritze dringt die Injektionsmasse in das Gewebe ein und bildet um das Kanülenende zunächst nur eine kleine Erhöhung. Bei weiterem Drucke füllt die Masse in einem Moment das ganze umliegende Capillarnetz der Lymphgefäße, vorausgesetzt, daß die Kanüle beim Einstechen in dasselbe hineingelangt ist. Indem man in der gleichen Weise schrittweise fortschreitet, lassen sich die Gefäßnetze auf ziemlich große Strecken anfüllen, ja bei weiterem Drucke gelangt die Masse in die tieferen Stämmchen hinein und dringt bis zu den regionären Lymphdrüsen vor. Entsteht nach dem Einstich nur eine Flüssigkeitsbeule ohne das Gefäßnetz an ihrer Peripherie, dann ist die Kanüle zu tief eingedrungen. Man muß dieselbe in einem solchen Falle wieder herausziehen und von neuem einstechen.

Die Auswahl der Massen bei Injektionen. Die Wahl der Injektionsmasse hängt einerseits von den Intentionen des Untersuchers, andrerseits von dem Objekte ab: von den Intentionen des Untersuchers insofern, als derselbe nicht immer sämtliche Blutgefäße eines gegebenen Organes gefüllt zu sehen wünscht, sondern oft nur einzelne Teile derselben, wie das arterielle, Capillar- oder venöse Gebiet, ferner die Drüsengänge oder Lymphgefäße; und vom Objekte ist die Auswahl der Masse insofern abhängig, als kaum eine Masse existiert, die zur Injektion eines jeden Organes und ferner zur Injektion von höheren und niederen Wirbeltieren und wirbellosen Tieren geeignet wäre. Mit vollem Rechte sagt auch der Meister der Injektionskunst Hyrtl: „Wer etwa der Meinung ist, daß man nur das Rezept einer feinen Injektionsmasse zu besitzen braucht, um die Capillargefäße aller Gewebe darstellen zu können, wird sich durch den Erfolg seiner Arbeiten bald enttäuscht finden. Keine einzige mikroskopische Injektionsmasse ist für alle Organe in gleichem Grade brauchbar.“

Will man nur die Arterien bis zu den Capillaren gefüllt sehen, so benutzt man zur Injektion sehr dickflüssige Leimmassen oder alkoholische Schellacklösungen, eventuell auch Korrosionsmassen. Sollen Arterien und Capillaren dargestellt werden, so hat man die größte Auswahl zwischen den wässerigen, Leim-, Eiweiß- und Ölmassen. Die transparenten Leimmassen liefern jedenfalls die schönsten Bilder, setzen aber eine sorgfältige Herstellung der Massen voraus. Die übrigen Massen sind zwar leichter zu bereiten, stellen sich aber in den Gefäßen nicht so schön dar, weil der Farbstoff körnig ausfällt oder die Masse das Gefäßlumen nicht gänzlich ausfüllt. Weit schwieriger sind Venen und von den Venen aus die Capillaren zu füllen, weil Klappen und das in den Venen aufgestaute Blut das Vordringen der Masse verhindern. An Leichenteilen läßt sich ein Teil des Blutes durch vorsichtiges Auspressen entfernen, bei frisch getöteten Tieren läßt man es durch Anschneiden der Vene ausfließen. Zu ausschließlicher venöser Injektion können, falls keine Klappen vorhanden sind, ebenfalls dickflüssige Leimmassen oder alkoholische Schellacklösungen und Korrosionsmassen benutzt werden. Zur Injektion des Capillargebietes von den Venen aus lassen sich die oben für arterielle Injektion angeführten Massen anwenden. Wird aber die Injektion durch die Klappen verhindert, dann bleibt kein anderer Weg übrig, als leichtflüssige Massen von der Arterie aus durch die Capillaren in die Venen zu treiben und derselben dann eine anders gefärbte dickflüssige Masse durch die Arterien bis zu den Capillaren nachzuschicken (Eichler, Spalteholtz).

Wo es sich darum handelt, in einem Objekte sämtliche Gefäße zu füllen, da wird man sich der Ölmasse oder des wasserlöslichen Berlinerblaues bedienen. Die Ölmasse gibt stets vollkommenere Injektionen, verlangt aber eine Fixierung der Präparate in starkem Alkohol. Für feinere histologische Untersuchungen wird man daher die gleichen Erfolge mit dem wasserlöslichen Berlinerblau zu erreichen suchen.

Ein gewisser Gefäßbezirk wird am sichersten stets von den nächsten ihm angehörenden Gefäßen injiziert. Ist der Zutritt zu dem Gebiete zu sehr erschwert und das Gefäß zu klein, um in dasselbe eine Kanüle einlegen zu können, so führt man letztere in das nächste größere Gefäß ein, unterbindet dann aber sorgfältig alle weiteren nicht in das betreffende Gebiet führenden Verzweigungen. Das vielfach geübte Verfahren, das ganze Tier auf einmal zu injizieren, falls man nur ein Organ oder einen bestimmten Bezirk gefüllt haben will, führt in der Mehrzahl der Fälle zu schlechten Resultaten.

Bei Doppelinjektionen injiziert man im allgemeinen zuerst die Vene und dann die Arterie mit verschieden gefärbten Massen. Eine drei- oder vierfarbige Injektion auszuführen, ist kaum möglich, und nur den geübten Händen Hyrtls gelang es, die Leber und die Nieren mit Pfortader (bei Amphibien) vierfach zu injizieren.

Zur Injektion von niederen Wirbeltieren sind ausschließlich kaltflüssige Massen anwendbar, wie die wässerigen, kaltflüssigen Leimmassen, Eiweiß-, Schellack- und Ölmassen.

Hinsichtlich der zur Injektion von wirbellosen Tieren, Drüsengängen und Lymphgefäßen geeigneten Massen sowie bezüglich der Korrosionsinjektionen sind die betreffenden Abschnitte nachzuschlagen.

Die Quantität der zu injizierenden Masse. Man halte stets eine größere Menge von Injektionsmasse in Bereitschaft, als zu einer Injektion voraussichtlich nötig ist, um während der Injektion eventuell nicht in Verlegenheit zu kommen. Hyrtl rät zwar, von Leimmassen nur so viel zu bereiten, als eben zu einer Injektion nötig ist, weil der übrig bleibende Rest verderbe, doch sind diese Befürchtungen heutzutage überflüssig, da sämtliche Massen, die Leimmassen nicht ausgeschlossen, sich sehr gut längere Zeit aufbewahren lassen.

Die Frage, wie viel Masse eingespritzt oder, mit anderen Worten ausgedrückt, wie weit eine Injektion getrieben werden soll, ist für die wesentlichsten in Betracht kommenden Fälle in folgender Weise zu beantworten:

Sollen lediglich nur die Arterien oder nur die Venen gefüllt werden, so benutzt man eine der oben angeführten Massen, die dickflüssige Leimmasse, die Schellack- oder Celloidinmasse und treibt von denselben so viel in die Gefäße ein, als dieselben nur fassen können. Dabei kann man einen recht starken Druck anwenden, ohne zu befürchten, daß die Gefäße platzen.

Bei Injektionen, die auch das Capillargebiet umfassen, muß der zu füllende Teil so weit freigelegt werden, daß derselbe möglichst vollständig zu übersehen ist.

Soll von den Arterien aus nur das arterielle Capillargebiet injiziert werden, dann treibt man unter mäßigem Druck so viel Masse ein, bis dieselbe an circumscripten Stellen an der Oberfläche des Organes sichtbar wird.

Wünscht man eine Injektion der gesamten Capillaren bis in die Venen hinein, so spritzt man so viel Masse ein, bis sich die ganze Oberfläche des Organs gleichmäßig in der Farbe der Injektionsmasse gefärbt hat.

Bei der Füllung der Capillaren von den Venen aus ist ein relativ sehr geringer Druck erforderlich, dagegen eine verhältnismäßig große Menge Masse. Dieselbe wird so lange injiziert, bis sich die ganze Oberfläche des Organs ziemlich gleichmäßig gefärbt hat. Über den Füllungsgrad der Gefäße gibt übrigens auch der an dem Spritzenkolben fühlbare Widerstand Auskunft; steigt derselbe bedeutend, so muß die Injektion jedenfalls unterbrochen werden, falls man umfangreiche Extravasate vermeiden will. Stellt sich schon bei geringer Füllung der Gefäße ein Widerstand ein, dann hat sich die Kanüle verstopft. In einem solchen Falle wird man dieselbe mittelst eines feinen Drahtes wegbar zu machen suchen oder dieselbe durch eine neue ersetzen.

Die Nachbehandlung der Injektionspräparate. Nach beendeter Injektion werden die betreffenden Gefäße am besten abgebunden. Unumgänglich notwendig ist dies bei Injektionen mit Ölmassen. Sind die injizierten Präparate klein, so werden sie in toto in die betreffende Fixierungsflüssigkeit getan. Größere Objekte zerschneide man besser in kleinere Stücke. Ein Ausfließen der erstarrenden und wässerigen Massen ist ausgeschlossen, nur mit Ölmassen gefüllte Präparate dürfen nicht angeschnitten und müssen in starkem Alkohol fixiert werden. Das beste Fixierungsmittel für Leiminjektionen ist ebenfalls Alkohol oder auch Formol. Im übrigen lassen sich fast alle in der mikroskopischen Technik üblichen Fixierungsmittel auch für Injektionsapparate verwenden, nur bei Eiweißmassen ist das Formol ausgeschlossen.

Die Literatur über allgemeine Injektionstechnik. Eingehendere Angaben über verschiedene bei Injektionen nützliche Handgriffe finden sich in den Werken von STRAUSS-DURCKHEIM, HARTING, FREY, HYRTL, ROBIN, RANVIER, BEALE.

Spezielle Injektionstechnik.

Apparate und Instrumente.

Historisches über die Injektionsspritze. Während die Spritze als solche bereits im klassischen Altertum bekannt war (vgl. HERODOT, II, 87. Über die Einbalsamierung der Toten bei den Ägyptern), ist dieselbe zur Gefäßinjektion erst im 17. Jahrhundert zur Anwendung gekommen. Die früheren Anatomen, wie GALEN und im Mittelalter STEPHANUS (ETIENNE), EUSTACHIUS, SYLVIUS (DUBOIS) u. a. machten sich die Gefäße in der Weise sichtbar, daß sie mittelst einfacher Röhren (tubuli) Luft oder Wasser in die Gefäße eintrieben.

Nach den Angaben von REGNERUS DE GRAAF hat er als erster eine Spritze eigener Konstruktion zu anatomischen Untersuchungen angewandt*: „excogitavimus atque in usum anatomicum introduximus instrumentum“, deren genaue Beschreibung und Abbildung in der Schrift „De usu syphonis“ 1668 zu finden ist. Die Spritze GRAAFS unterscheidet sich von den heutzutage zu groben Injektionen benutzten Spritzen insofern, als die Kanülen sehr lang waren und an die Spritze angeschraubt wurden.

* STRAUSS-DURCKHEIM schreibt die Erfindung der Injektionsspritze SWAMMERDAM zu und bezeichnet dieselbe ihm zu Ehren als SWAMMERDAMsche Spritze. Soweit Referent feststellen konnte, liegt hier ein Irrtum vor, denn SWAMMERDAM hat nicht die Spritze, sondern die erste Injektionsmasse erfunden.

Fast um die gleiche Zeit, nämlich im Jahre 1676, veröffentlichte Caspar Bartholin eine Beschreibung und Abbildung einer Spritze seiner eigenen Erfindung (Portal III, pag. 504), welche der ersten sehr ähnlich war. Nur an der Kanüle soll ein Hahn und seitlich eine Röhre mit einem Ventil angebracht gewesen sein, durch welche frische Masse in die Spritze eingezogen wurde, ohne daß letztere abgenommen zu werden brauchte.

Wesentlich verbessert wurde diese wenig handliche Spritze durch Monro und unabhängig von diesem durch Lieberkühn.

Bei dem Monroschen Instrument ist das Verschlußstück am vorderen Ende des Spritzenrohres abschraubbar. Die Kanülen werden auf das in eine kurze Röhre auslaufende Verschlußstück einfach aufgesetzt. Die größeren Kanülen besitzen, wie diejenigen Bartholins, seitlich eine Röhre zum Aufsaugen der Masse.

Die gleiche Beschreibung gilt auch für die Spritze Lieberkühns. Die dazu gehörenden Kanülen sind kurz, werden auf die Spritze ebenfalls nur aufgesetzt und mittelst einer eigens konstruierten Zange an der Spritze festgehalten.

Mit Hilfe der verbesserten Spritze sowie mittelst der gleichzeitig erfolgten Vervollkommnung der Injektionsmassen vermochte Monro, wie er selbst angibt, „ganz feine, haardünne Gefäße“ zu füllen: und nach dem Urteile Hyrtls hat es Lieberkühn zuerst dahin gebracht, Injektionen zu machen, welche die stärksten Vergrößerungen vertrugen. Hiermit war die Injektionsspritze auch in die mikroskopische Technik eingeführt und hat sich, ohne eine weitere prinzipielle Umgestaltung zu erfahren, in der gleichen Form bis zum heutigen Tage erhalten.

Material, Form und Größe der Spritze. Das Material, aus welchem die Injektionsspritzen angefertigt werden, ist Messing, Silber (Regnerus de Graaf, Rusconi, Teichmann), Neusilber, Aluminium (Dalla Rosa), Glas mit Metallmontierung, Glas mit Hartgummimontierung, schließlich nur Glas (Bonnet).

In der Form variieren die Spritzen insofern, als einige Autoren eine längere und schmälere, andere eine kürzere und dickere Form bevorzugen. Nach Ranvier muß „eine gute Spritze kurz und weit sein, damit man behufs Reinigung mit dem Finger bis auf den Boden gelangen kann“.

Für mikroskopische Injektionen darf die Spritze nicht groß sein, weil dieselbe sonst zu wenig handlich ist. Am bequemsten sind Spritzen von 10—30 *ccm* Volumen. Für Lymphgefäßinjektionen genügen Spritzen von 2—4 *ccm* Inhalt.

Einzelne Teile der Spritze. Das Spritzenrohr muß, mag es aus Metall oder Glas bestehen, im Innern sehr genau kalibriert sein, damit der Kolben in

Fig. 22.

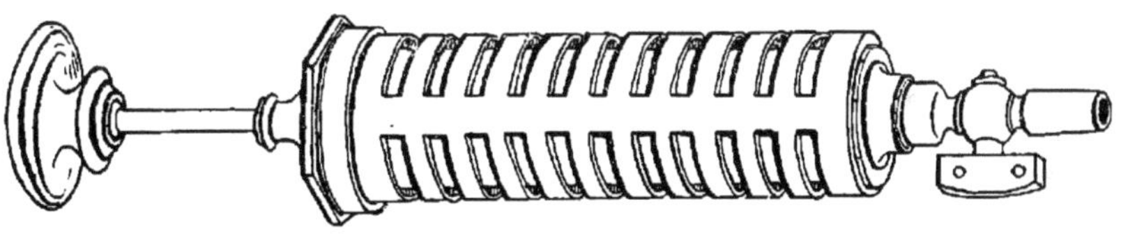

Spritze von Farabeuf.

demselben gleichmäßig hin und her gleiten kann. Jede Unebenheit im Rohre setzt dem Vorschieben des Kolbens einen Widerstand entgegen. Drückt man bei vorhandenem Widerstand während einer Injektion stärker auf den Kolben, so springt derselbe dann plötzlich über die Unebenheit hinweg und treibt mit einem Male sehr viel Masse unter hohem Druck in die Gefäße vor, so daß leicht Zerreißungen und Extravasate entstehen. Die äußere Fläche des Spritzenrohres ist meist glatt. Zweckmäßiger ist es jedoch, zwei ziemlich stark hervorspringende Ringe an dem Rohre anbringen zu lassen, den einen am hinteren Ende, den anderen am hinteren Drittel, wie es Frey, Robertson (zit. nach Beale) und Robin empfehlen. Auch ist es vorteilhaft, den Rand des hinteren Ringes kantig machen zu lassen, um das Fortrollen beim Hinlegen der Spritze zu vermeiden (s. Fig. 22). An Spritzen für Lymphgefäßinjektionen werden zweckmäßig Ringgriffe für Zeige- und Mittelfinger angebracht (s. Fig. 27; Bartels, Severeanu).

Für Massen, welche sehr heiß injiziert werden, empfehlen Robin und Fol die Spritze von Farabeuf, welche einen Mantel aus einem schlechten Wärmeleiter

(Kork) besitzt (s. Fig. 22). Das vordere Schlußstück des Spritzenrohres, welches mit einem kurzen Tubulus versehen ist, ist mit dem Rohre entweder fest verbunden oder abschraubbar. Die abnehmbaren Deckel sind besser zu vermeiden, da sich namentlich bei Glasspritzen die Verschraubung leicht lockert und dadurch undicht wird. Nur an der TEICHMANNschen Injektionsspritze für Kittmasse ist ein abnehmbares Endstück unbedingt notwendig.

Die innere, dem Kolben zugewandte Fläche des Schlußstückes ist am besten ganz flach. BECK (s. FLESCH) hat dasselbe in seiner mehr zu bacteriologischen Zwecken dienenden Mikrosyringe aushöhlen lassen, um durch einen an der Vorderfläche des Kolbens angebrachten, entsprechend gewölbten Knopf den toten Raum in der Spritze auf ein Minimum zu reduzieren. Auch GEROTA hat in der von ihm angegebenen Spritze eine ähnliche Anordnung treffen lassen.

Das hintere End- oder Deckelstück der Spritze ist durch ein Schraubengewinde oder durch einen Bajonettverschluß mit dem Rohre verbunden und besitzt in der Mitte eine Öffnung, welche die Kolbenstange durchläßt.

Kolben und Kolbenstange. Der Kolben soll in das Spritzenrohr genau hineinpassen und so dicht schließen, daß derselbe, wenn man die Ausflußöffnung

Fig. 23.

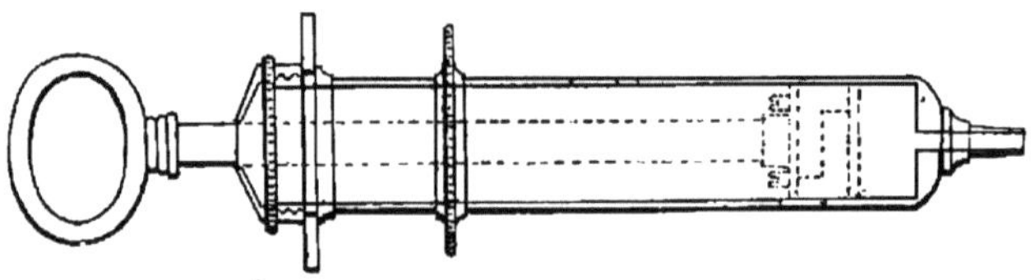

Spritze mit federndem Metallkolben von KATSCH.

der Spritze mit einem Finger zudrückt und den Kolben dann herauszieht, wieder ganz zurückschnellt. Die Dichtung des Kolbens geschieht meist mit Leder und wird von STRAUSS-DURCKHEIM, ROBIN und BEALE genau beschrieben. Behufs Erneuerung der Lederscheiben müssen einzelne Teile des Kolbens abnehmbar sein. Nach FREY ist der Kolben von Zeit zu Zeit mit Fett sorgfältig einzureiben, damit ein glatter und leichter Gang bewahrt bleibt. Schließt der Kolben nach längerer Zeit nicht mehr, so muß er für einen ganzen Tag in kaltes oder für einige Minuten in heißes Wasser gebracht werden. Nach jeder Injektion ist der Kolben sorgfältig zu reinigen.

In der Mikrosyringe von BECK (s. FLESCH) ist der Kolben mit Filz gedichtet, damit derselbe bei bacteriologischen Untersuchungen in der Hitze gut sterilisiert werden könnte. In Rücksicht auf diesen letzteren Umstand sind auch die von SCHIEFFERDECKER beschriebenen Regulatorspritzen nach Dr. OVERLACH konstruiert. Dieselben haben Asbestkolben, die der Beschreibung nach „einmal durch kurzes Eintauchen in Wasser ($^1/_4$ Minute) sehr rasch sich in brauchbaren Zustand versetzen lassen sollen, die dann aber vor allen Dingen in diesem Zustand durch eine Schraube, die auf den Asbestkolben drückt, sich ohne Mühe so einstellen lassen sollen, daß der Stempel immer leicht und gut schließend gleitet. Die Spritze bedarf keiner Schmierflüssigkeit".

Am vollkommensten ist die vom Mechaniker Katsch in München angefertigte und von SCHIEFFERDECKER beschriebene Spritze mit federndem Metallkolben (Fig. 23). Die zwei Messingteile, welche statt des Leders die Dichtung bewirken, werden durch zwei Federn im Innern des Kolbens so weit auseinander gehalten, daß der Kolben beim Einführen in das Spritzenrohr, welches außerordentlich genau kalibriert und geschliffen ist, der Wand vollkommen dicht anliegt. Die oben erwähnte Dichtigkeitsprobe gelingt mit dieser Spritze stets vollständig. Beim Injizieren dringt auch nicht das geringste Flüssigkeitströpfchen auf die rückwärtige Seite des Kolbens. Bei sorgfältiger Behandlung ist die Spritze in jedem Augenblick gebrauchstüchtig, versagt niemals und nutzt sich auch selbst bei häufigem Gebrauch nicht leicht ab. Nach langjähriger Erfahrung kann der Referent die

Fig. 24.

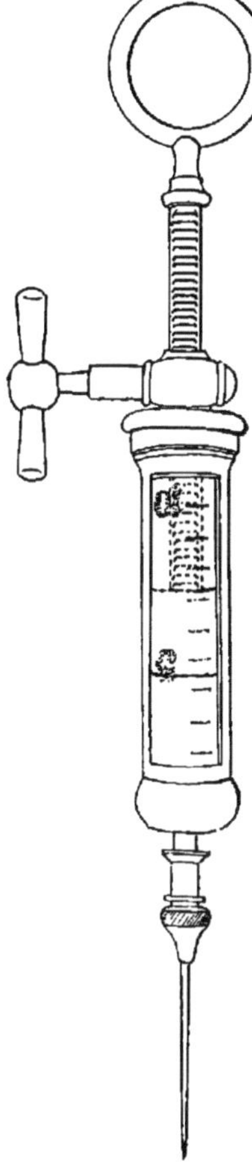

Spritze mit Zahnradbetrieb nach Dalla Rosa.

Fig. 25.

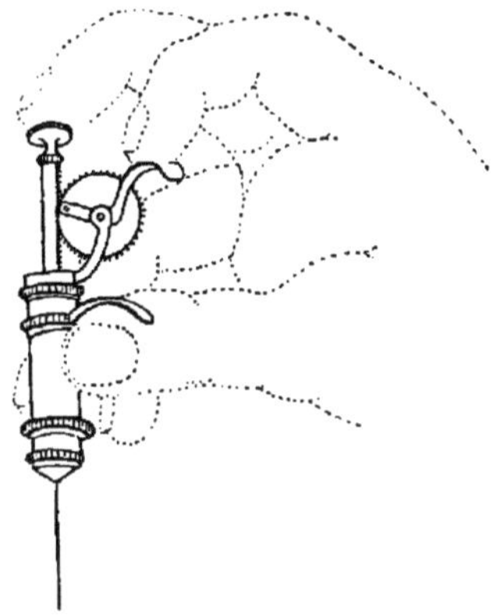

Mikrosyringe von Beck.

Fig. 26.

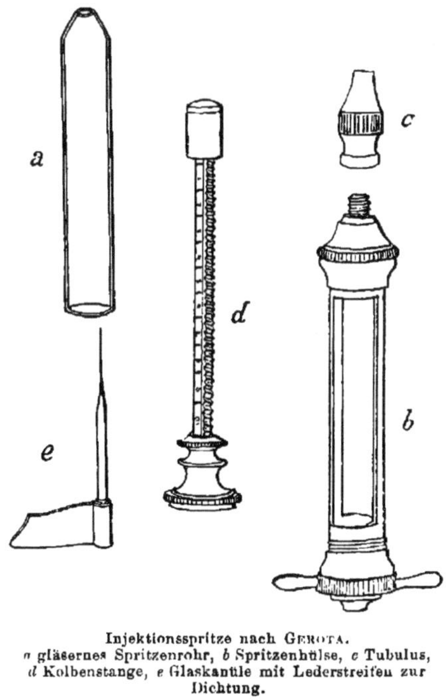

Injektionsspritze nach Gerota.
a gläsernes Spritzenrohr, *b* Spritzenhülse, *c* Tubulus, *d* Kolbenstange, *e* Glaskanüle mit Lederstreifen zur Dichtung.

Spritze nur aufs wärmste empfehlen. Freilich ist ihr Preis im Vergleich zu den gewöhnlichen Spritzen ein recht hoher.

In der von Bartels empfohlenen Rekordspritze (Fig. 27) ist das Rohr aus Glas, der Kolben aus Metall. Letzterer hat eine ihn rings umgebende Rinne, in welche ein federnder Metallring eingelegt ist. Derselbe dichtet nebst der in der Rinne befindlichen Luft den Kolben im Rohre vollkommen ab. Zu Blutgefäßinjektionen dient eine nach dem gleichen Prinzip hergestellte Spritze von 10 und 20 *ccm* Inhalt.

Die Kolbenstange ist mit dem Kolben entweder fest vereinigt oder mittelst eines Schraubengewindes verbunden. Der aus dem Spritzenrohre herausragende Teil der Stange wird am zweckmäßigsten mit einem Ringe versehen, der groß genug sein muß, um den Daumen aufzunehmen. Die quergestellten Handgriffe, wie solche an den Spritzen von KLEIN und BEALE statt des Ringes vorhanden sind, sind an histologischen Injektionsspritzen unpraktisch, weil es bei denselben wesentlich darauf ankommt, daß sie mit einer Hand bedient werden könnten. In der Öffnung des Deckelstückes darf die Kolbenstange beim Hin- und Herschieben keine Reibung erfahren.

Eine wesentlich andere Konstruktion besitzen die TEICHMANNschen Spritzen, aus denen die zähe Kittmasse durch einfachen Fingerdruck nicht ausgetrieben werden kann. TEICHMANN ließ daher die Kolbenstange mit einem engen Schraubengewinde versehen, welches in einer in das hintere Deckelstück der Spritze eingelassenen Mutter läuft. Bei diesen Spritzen wird also der Kolben beim Injizieren gewissermaßen in das Rohr hineingeschraubt. Behufs leichterer Handhabung der Spritze ist eine Vorrichtung (Nut) anzubringen, welche die Bewegung der Kolbenstange von der des Kolbens unabhängig macht. Einschaltung eines Druckschlauches zwischen Ausflußöffnung und Kanüle und Bajonettverschlüsse an den Deckelstücken, dem Schaltstück und den Kanülen vervollkommnen die Spritze (SIEBER,

Fig. 27.

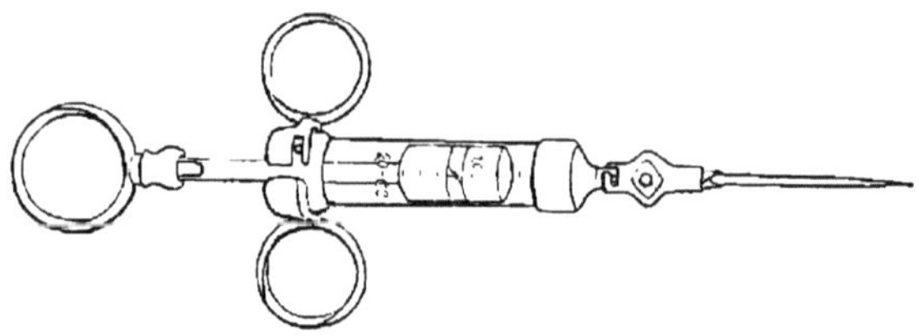

Rekordspritze für Lymphgefäßinjektion, von BARTELS modifiziert.

TANDLER, JORIS). Die TEICHMANNsche Spritze besteht aus Messing. DALLA ROSA hat sich eine Spritze von 5 *ccm* Inhalt mit Schraubengewinde aus Aluminium anfertigen lassen. GROSSER injiziert seine Eiweißmasse mit einer kleinen TEICHMANNschen Spritze.

Bereits von den älteren Anatomen wurde zur Bewegung des Kolbens ein Kammradbetrieb empfohlen. An denselben war das Kammrad an dem Deckelstück der Spritze befestigt und griff mit seinen Zähnen in die gezahnte Kolbenstange ein. Während STRAUSS-DURCKHEIM derartig konstruierte Spritzen verwirft, weil man beim Injizieren den Widerstand nicht fühle, empfehlen ROBIN und FOL dieselben für histologische Injektionen auf das wärmste. DALLA ROSA hat die ROBINsche Spritze zu Injektionen von oberflächlichen Lymphgefäßen in Anwendung gezogen, nachdem er dieselbe hatte etwas ändern lassen (Fig. 24).

In ähnlicher Weise konstruiert, aber gerade entgegengesetzt wirkend ist die Mikrosyringe von BECK (siehe FLESCH). Hier dient nämlich das Triebrad dazu, den Kolben aus der Spritze herauszuziehen. Wie Fig. 25 dartut, läßt sich die Spritze mit den Fingern einer Hand bedienen, indem der Kolben mit dem Mittelfinger herabgedrückt wird, hingegen ein Druck auf den am Rädchen befestigten Hebel mit dem Zeigefinger den Kolben wieder hebt. Soweit festgestellt werden konnte, liegen bisher keine Erfahrungen über die Funktionstüchtigkeit der Spritze bei histologischen Untersuchungen vor.

Kanülen und Hähne. Das Material, aus welchem die Kanülen bestehen, entspricht meistens demjenigen der Spritze, nur sehr feine Kanülen werden aus einem anderen Materiale angefertigt. Es gibt Kanülen aus Messing, Neusilber, Silber (v. THANHOFFER), Platin (TEICHMANN), Gold (RUSCONI), Stahl und Glas.

Die feinen Stahlkanülen sind entweder in Metall (BEALE empfiehlt Silber) oder Hartgummi gefaßt. Die älteren Anatomen verfertigten sich die Kanülen selbst, daher findet man in den älteren Techniken noch Vorschriften für die Herstellung derselben. Die älteren Kanülen hatten eine konische Form, doch sind dieselben nach ROBIN ungeeignet, weil sie aus den Gefäßen leicht herausgleiten. Zweckmäßiger sind die röhrenförmigen Kanülen, welche nach RANVIER an ihrem Ende eine kleine Verdickung und hinter derselben eine seichte Rinne für den Ligaturfaden besitzen sollen. Die behufs Befestigung des Ligaturfadens an den Kanülen seitlich angebrachten Häkchen (ROBIN und LEGROS) oder Querbalken (KLEIN, auch HARTING) sind überflüssig, da der Ligaturfaden in der Rinne genügenden Halt hat.

Um das oft schwierige Festbinden des Gefäßes an die Kanüle zu vermeiden, empfiehlt ANDRÉ eine Kanüle, welche von einer in 2 Hälften geteilten und an dem Ansatzstück befestigten Scheide umgeben ist. Mittelst eines verschiebbaren Ringes wird die Scheide, welche an ihrer Innenseite gezähnelt ist, an die Kanüle angepreßt. Die Kanüle wird in das Gefäß eingeführt und dann der Ring über die Scheide nach vorn geschoben.

Fig. 28.

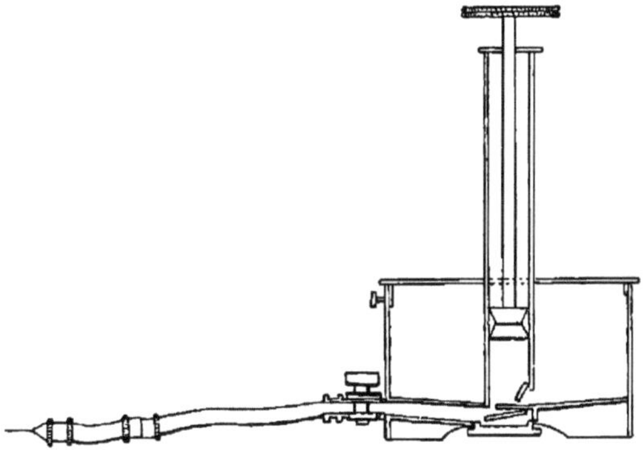

Injektionspumpe von STRAUSS-DURCKHEIM.

Fig. 29.

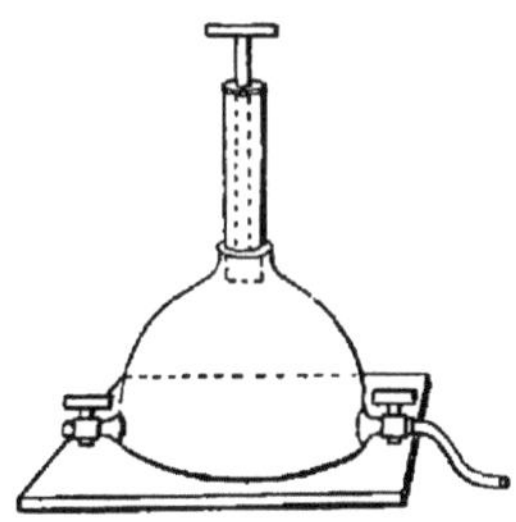

Luftverdünnungsapparat von STRAUSS-DURCKHEIM.

Die Ausflußöffnung der Metallkanülen ist behufs leichterer Einführung in die Gefäße am besten schräg abgeschliffen. Die abgeschliffene Spitze ist stumpf bei Kanülen, welche in die Gefäße eingeführt und eingebunden werden sollen, scharf bei Einstichkanülen. TEICHMANN rät, sich die Kanülen in der entsprechenden Weise selbst abzuschleifen. ROBIN und LEGROS empfehlen, an dem spitz zulaufenden Ende der Kanülen eine kleine knopfartige Verdickung anzubringen.

Seit MONRO und LIEBERKÜHN sind die Kanülen derartig konstruiert, daß dieselben auf den konisch auslaufenden Tubulus der Spritze einfach aufgesetzt und an demselben durch Reibung festgehalten werden. In den meisten Fällen ist diese Art der Befestigung ausreichend und am bequemsten. Die Befestigung der Kanüle am Tubus durch ein Schraubengewinde ist umständlich und in neuerer Zeit selbst an den TEICHMANNschen Spritzen verlassen und statt dessen der bereits von STRAUSS-DURCKHEIM empfohlene Bajonettverschluß angebracht.

Die Glaskanülen werden mittelst kurzer Kautschuckröhren mit dem Tubulus verbunden (HARTING, v. THANHOFFER, BONNET). GEROTA umwickelt das dicke Ende der Glaskanüle mit einem Streifen von feinem Handschuhleder (Fig. 26 *e*) und schraubt es dann in den im Innern mit einem Gewinde versehenen Tubulus (Fig. 26 *c*) ein.

Zur Injektion der Kopfgefäße empfiehlt SUCQUET eine Doppelkanüle mit einem Hahn. Die Kanüle wird in die beiden Carotiden eingebunden, und dann werden beide Kopfhälften auf einmal injiziert.

Wenn vorauszusehen ist, daß bei der Injektion eines Organes mehr Masse gebraucht werden wird, als eine Spritze faßt, so schaltet man von vorneherein einen Hahn zwischen Kanüle und Spritze, der bei erneuerter Füllung der Spritze abgedreht wird, damit die Masse aus dem Gefäß nicht ausfließt. Diese mit Hähnen versehenen Schaltstücke sind einerseits an die Kanülen, andrerseits an den Tubulus so angepaßt, daß sie entweder nur durch Reibung oder mittelst eines Bajonettverschlusses festgehalten werden.

SIEBER empfiehlt einen Zweiweghahn behufs erneuerter Füllung der Spritze.

STRAUSS-DURCKHEIM rät, zwischen Kanüle und Spritze ein längeres elastisches Rohr einzuschalten, um die Spritze ungezwungener bewegen zu können, ohne daß die Bewegungen auf die eingebundene Kanüle übertragen und dadurch das Gefäß geschädigt werde. Das Gleiche empfehlen HARTING, BONNET und neuerdings SIEBER und TANDLER (1904).

Injektionspumpe von STRAUSS-DURCKHEIM. Es sei an dieser Stelle sogleich die von STRAUSS-DURCKHEIM angegebene Injektionspumpe erwähnt, welche eine größere Quantität von Masse ohne Unterbrechung zu injizieren gestattet, und bei welcher die Kanüle mittelst eines längeren Schlauches mit dem Apparate verbunden ist. Wie aus Fig. 28 zu ersehen ist, wirkt der Apparat nach dem Prinzipe der Druckpumpe. Die Injektionsmasse befindet sich in dem Behälter, dieselbe wird von dort in das Spritzenrohr aufgesogen und dann in das Ausflußrohr durch den Druck auf den Kolben eingetrieben. Ventile verhindern das Zurücktreten der Masse.

Injektionapparate.

Apparate, bei denen der Luftdruck zur Injektion benutzt wird. Um die zahlreichen Mißerfolge, wie sie bei Injektionen von Gefäßen und Drüsengängen stets vorkommen, zu verringern, waren die Anatomen bereits in früheren Zeiten darauf bedacht, Injektionsapparate zu konstruieren, welche für das Gelingen der Injektionen größere Sicherheit gewähren könnten, als es mittelst der einfachen Spritzen möglich ist. Zu diesem Zwecke sind die verschiedensten Vorrichtungen ersonnen worden.

Die erste Gruppe der im folgenden aufgeführten Apparate umfaßt solche, welche darauf abzielen, aus den zu injizierenden Gefäßen oder Drüsengängen die Luft zu beseitigen, um damit der Masse einen leichteren und vollkommeneren Zugang zu verschaffen. Alle diese Apparate haben sich in der Technik keinen Eingang verschafft.

Die ersten diesbezüglichen Versuche entfallen bereits in das 17. Jahrhundert.

HOMBERG brachte das zu injizierende Organ unter den Rezipienten einer Luftpumpe, befestigte das betreffende Gefäß an einer durch den Hals des Rezipienten nach außen führenden kupfernen Röhre, pumpte den Rezipienten aus und goß alsdann in die Röhre eine leicht schmelzbare Metallegierung.

Als eigentlicher Erfinder der Injektionen mit Luftdruck gilt der Leipziger Professor SCHACHER, der Harzmassen zur Injektion benutzte. Nach der Angabe von LAUTH entspricht die Versuchsanordnung SCHACHERS im übrigen der obigen.

Nach der gleichen Methode wurde auch das Quecksilber zur Füllung der Gefäße benutzt, ohne daß dabei nach LAUTHS eigenen Erfahrungen wesentlich bessere Resultate erzielt worden wären.

STRAUSS-DURCKHEIM rät bei der Ausführung von sehr feinen Injektionen, aus den Gefäßen zuvor die Luft auszupumpen und benutzt hierzu den Apparat Fig. 29. Derselbe besteht aus einer Glasglocke, welche auf einer Glasplatte ruht. Im Halse der Glocke befindet sich eine pneumatische Pumpe, und seitlich sind zwei Röhren mit Hähnen angebracht. Das Objekt wird unter die Glocke gelegt und das betreffende Gefäß mit der einen in die Injektionsmasse leitenden Röhre verbunden. Hierauf werden die Hähne geschlossen und die Luft aus der Glocke ausgepumpt. Öffnet man dann den Hahn der Röhre, welche in die Masse taucht, so füllt letztere das Organ an.

Auch RANVIER (88) benutzte noch einen ähnlichen Apparat. Statt der Glocke nahm er eine weithalsige Flasche mit doppelt durchbohrtem Korken. Durch die eine Öffnung desselben führt er ein mit einem Hahne versehenes Trichterrohr ein, die andere verband er mit dem weiter unten erwähnten Glaskugelapparat. An die Trichterröhre wird eine Kanüle und das zu injizierende Gefäß gebunden, das Organ in die Flasche gebracht und letztere verstopft. Nachdem der durch den Hahn abgeschlossene Trichter mit Injektionsmasse gefüllt war, wurde die Luft mittelst des Glaskugelapparates verdünnt. Nach Öffnung des Hahnes strömte dann die Masse in das Organ ein.

Apparate, bei welchen verschiedenartige Druckkräfte benutzt wurden. Unter den im folgenden aufgezählten Apparaten der zweiten Gruppe sind sehr verschiedenartige Vorrichtungen zusammengestellt, welche sämtlich den Zweck verfolgen, mittelst eines möglichst gleichmäßigen und mehr oder weniger kontrollierbaren Druckes die Gefäße zu injizieren. Mit Ausnahme des Apparates von RUTHERFORD wird bei allen übrigen der Druck durch mechanische Kräfte

Fig. 30.

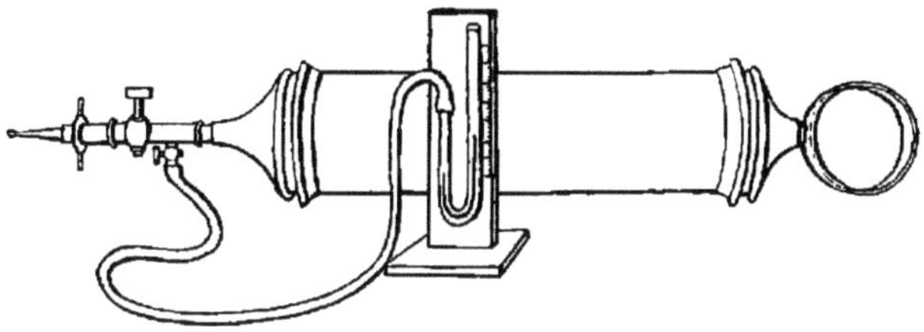

Spritze von RUTHERFORD mit Manometer.

hervorgebracht, und zwar entweder durch direkte Kompression der Injektionsmasse oder durch Kompression der über der Masse befindlichen Luftschicht. Es unterliegt wohl keinem Zweifel, daß einzelne dieser Apparate, wie derjenige LACAZE-DUTHIERS' und RANVIERS recht brauchbar sind und in gewissen Fällen besseres leisten als Injektionsspritzen, doch haben diese Apparate sowie alle übrigen trotz-

Fig. 31.

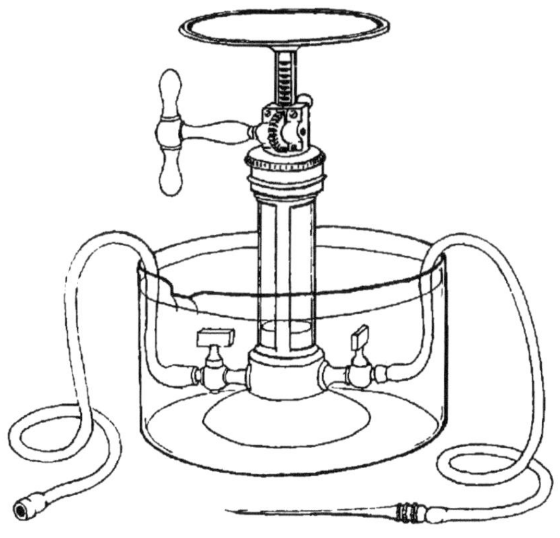

Injektionsapparat von LACAZE-DUTHIERS.

Fig. 32.

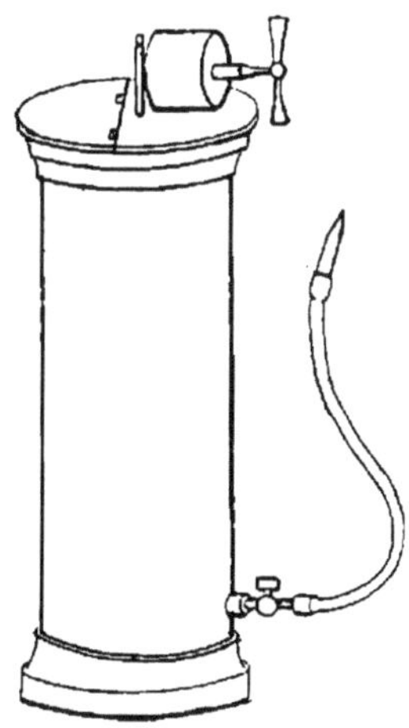

Irrigator ÉGUISIERS.

dem keine ausgedehnte Anwendung erfahren, wenigstens nicht in dem Maße wie die in dem nächsten Abschnitte aufgeführten Apparate mit konstantem Druck.

v. RECKLINGHAUSEN benutzte zu seinen Lymphgefäßinjektionen eine U-förmig gebogene Glasröhre, aus welcher die Masse durch den Druck von Quecksilber ausgetrieben wurde.

Um auch bei der einfachen Injektionsspritze die Intensität des Druckes kontrollieren zu können, hat RUTHERFORD, wie aus der Abbildung ersichtlich ist, zwischen die Spritze und Kanüle ein Manometer eingeschaltet (Fig. 30).

DAVIES suchte einen gleichmäßigen Druck in der Weise zu erzielen, daß er eine einfache Injektionsspritze auf einer schiefen Ebene fixierte und den Kolben durch entsprechend befestigte und mit Gewichten beschwerte Darmsaiten in das Spritzenrohr hineinziehen ließ.

van Wijhe empfiehlt für Injektionen mit Teichmannscher Masse, welche mit der Spritze ausgeführt mühsam und langdauernd sind, einen automatischen Apparat von folgender Konstruktion: Die Spritze steht mit der Ausflußöffnung nach unten gerichtet senkrecht in einem Gestell. Die Kolbenstange ist an ihrem Ende so geformt, daß man auf dasselbe schwere Eisenplatten anflegen kann. An dem Kolben ist ein Faden befestigt, der über eine Rolle mit einem Zeiger läuft. An der Bewegung des letzteren läßt sich ersehen, wieviel Masse und mit welcher Schnelligkeit dieselbe abläuft. Überdies ist an der Ausflußröhre der Spritze noch ein Manometer angebracht, welches die Druckintensität anzeigt.

Lacaze-Duthiers hat einen ähnlichen, speziell für feine Injektionen bestimmten Apparat konstruieren lassen (Fig. 31). Derselbe besteht aus einem aufrecht stehenden Glascylinder mit einem Fuß. Am unteren Ende des Cylinders geht jederseits eine mit einem Hahn ver-

Fig. 33.

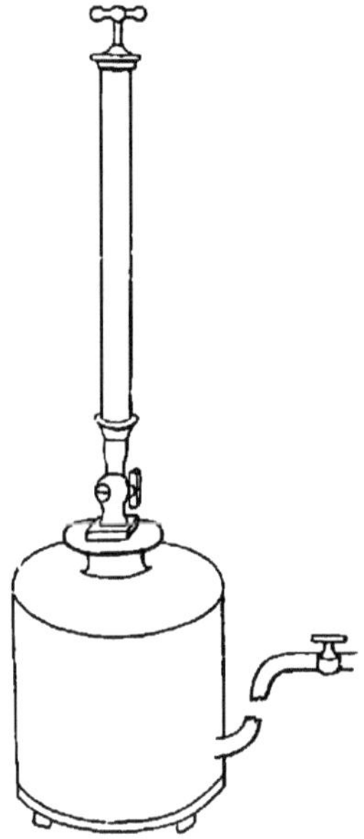

Apparat von Dermott.

Fig. 34.

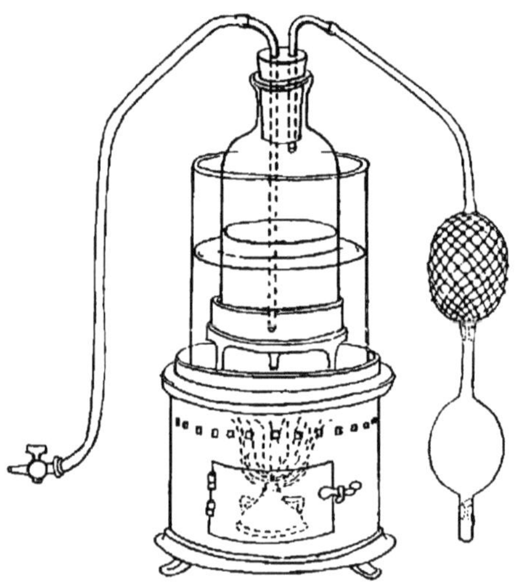

Apparat von Stein.

sehene kurze Röhre ab, welche mit einem längeren Schlauch versehen ist. In dem Cylinder bewegt sich wie bei einer Spritze ein Kolben, welcher mittelst einer am oberen Ende des Cylinders angebrachten Crémaillère gehoben werden kann. Das Hinabstoßen desselben geschieht entweder durch ein über das Ende der Kolbenstange hinübergespanntes starkes Gummiband oder auch durch Gewichte, welche auf das tellerförmig geformte Kolbenende aufgelegt werden. Behufs Füllung des Apparates wird der eine Hahn geschlossen und der am anderen Ende angebrachte Gummischlauch in die Injektionsmasse geleitet. Hierauf wird durch Drehen an der Crémaillère der Kolben gehoben und der Cylinder mit Masse angefüllt. Dann schließt man den Hahn, öffnet den anderen, durch welchen die Masse durch den Schlauch und die Kanüle in das Gefäß fließt und legt Gewichte auf die Platte auf. Benutzt man warmflüssige Massen, so wird der ganze Apparat in ein Becken mit warmem Wasser gestellt.

Auf dem gleichen Prinzipe, aber mit Federkraft getrieben, beruht der Irrigator Éguisiers (Fig. 32), welcher ursprünglich zu anderen Zwecken dient. Harting sagt, er habe mehrfach gelungene Injektionen mit demselben ausgeführt, welcher sich leichter handhaben lasse als der Ludwigsche Apparat (s. unten). Robin dagegen kann den Irrigator nicht empfehlen, weil man seine Druckkraft nicht regulieren könne.

Bei den im folgenden aufgezählten Apparaten wird die Injektionsmasse durch komprimierte Luft ausgetrieben. Zu denselben gehört in erster Linie der Apparat von Dermott (Fig. 33). Derselbe besteht aus einer Kondensationspumpe für die Luft und einem metallenen Behälter. Beide sind miteinander durch ein kurzes Rohr mit einem Hahn verbunden. Aus dem Behälter führt ein ebenfalls mit einem Hahne versehenes Rohr nach außen, an welchem mittelst eines elastischen Schlauches die Kanüle befestigt wird. Zum Gebrauche wird das

Gefäß mit Injektionsmasse gefüllt, der Hahn des Ausflußrohres geschlossen und dann die Luft mittelst der Pumpe komprimiert. Hierauf schließt man den ersten Hahn und öffnet den anderen, um die Masse ausfließen zu lassen.

In der gleichen Weise wirkt der Apparat von STEIN (Fig. 34), bei welchem die Pumpe durch zwei Gummiballons und der Behälter durch eine Flasche mit doppelt durchbohrtem Korken ersetzt ist. Für Injektionen mit warmen Massen wird die Flasche in ein Gefäß mit Wasser gestellt, welches durch eine darunter befindliche Flamme bis zu der nötigen Temperatur erwärmt wird. Eines gleichen Apparates bediente sich MAYER (88) bei der Injektion von Fischen. Mittelst doppelter Gummibälle wurde die Luft in einem mit einem Manometer versehenen großen Glasgefäße von etwa 10 Liter Inhalt bis zur gewünschten Höhe komprimiert.

BEALE empfiehlt zu dem gleichen Zwecke als Druckvorrichtung eine Gummiblase, welche zwischen zwei Brettern entweder durch Gewichte oder Sprungfedern zusammengedrückt wird.

Fig. 35.

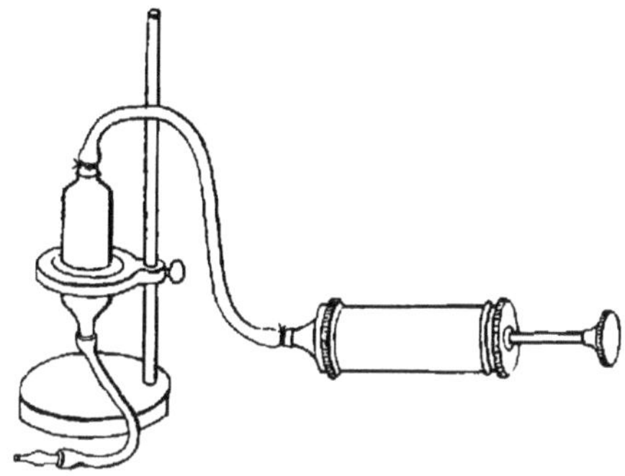

Apparat von RANVIER.

DELAGE erzeugte einen Druck von über 2 Atmosphären mittelst einer Spritze von 1 *l* Inhalt.

RANVIER benutzt als Druckvorrichtung bei seinem in Fig. 35 abgebildeten Apparate auch eine Spritze. (In dem von THANHOFFER beschriebenen und abgebildeten RANVIERschen Apparate ist die Spritze durch einen Gummiball ersetzt). RANVIER empfiehlt seinen Apparat ganz besonders für Injektionsflüssigkeiten, welche das Metall der Spritze angreifen. Derselbe besteht aus dem Mittelstück einer großen Pipette, deren oberer Teil durch einen Gummischlauch mit der Spritze in Verbindung steht, während an dem unteren Rohre ein mit einer Kanüle versehener Schlauch angebracht ist. Die Pipette wird mit der betreffenden Injektionsmasse gefüllt, die dann durch Vorstoßen des Spritzenkolbens ausgetrieben wird.

Hydrostatische Druckapparate. Fast sämtlichen Apparaten, welche nunmehr in der dritten Gruppe zusammengefaßt werden, liegt ein einheitliches Prinzip zugrunde, indem bei allen die gleichen Druckkräfte zur Anwendung gelangen. Dieselben verfolgen das eine Ziel, unter einem möglichst konstant bleibenden und meßbaren Drucke die Gefäße mit Injektionsmasse zu füllen. Die Konstruktion dieser Apparate ist von den Physiologen angeregt worden, welche von der richtigen Überlegung ausgingen, daß man behufs künstlicher Füllung der Gefäße die natürlichen Bedingungen, welche durch die Blutcirculation gegeben sind, nachahmen müsse. Da es weder mit der Spritze noch mit den meisten bisher besprochenen Apparaten möglich sei, den Druck während einer Injektion konstant zu erhalten oder denselben zu kontrollieren, so müssen Apparate konstruiert werden, welche nicht nur diese beiden Bedingungen erfüllten, sondern ferner noch gestatteten, den Druck je nach Bedarf zu verändern, d. h. zu steigern oder zu vermindern und die Injektion mit größerer oder geringerer Schnelligkeit vornehmen zu lassen. Das von den Physiologen erstrebte Ziel ist im Laufe der Zeit auch tatsächlich erreicht worden. Aus den ersten noch sehr unvollkommenen Anfängen sind durch Anbringung von verschiedenen Modifikationen schließlich recht komplizierte Apparate entstanden, die den weitgehenden Anforderungen entsprachen. Die Apparate sind eine Zeit lang besonders von LUDWIG und seiner Schule vielfach benutzt worden, doch haben sie sich trotzdem nicht eingebürgert, weil ihre Handhabung nicht so bequem war wie die der Spritze und letztere den Anatomen bei ihren Untersuchungen meist vollkommen ausreichte.

Mit Hilfe der neueren technischen Errungenschaften läßt sich leicht ein Apparat zusammenstellen, der den weitgehendsten Anforderungen bezüglich der willkürlichen Regulierung und Konstanz des Druckes entspricht. Dazu ist nötig ein Stahlcylinder mit komprimierter Luft und ein auf denselben aufschraubbares Druckreduzierventil (von der Firma Drägerwerk in Lübeck). Letzteres gestattet eine genaue Regulierung der ausströmenden Luft von $^1/_{10}$—5 Atmosphären. Das

Ventil braucht nur mit einem die Injektionsmasse enthaltenden Behälter und dieser mit der Kanüle verbunden zu werden, um den Apparat gebrauchsfähig zu machen. Ein nach diesem Prinzip gebauter Apparat wird von dem Referenten seit 2 Jahren mit ausgezeichnetem Erfolg zu Lymphgefäßinjektionen von Embryonen benutzt. (Näheres darüber s. Zeitschr. Wiss. Mikr., 1908.)

Hales war der erste, welcher zur Injektion der Gefäße statt der Spritze einen Apparat benutzte. Derselbe bestand aus einer kupfernen Röhre, welche mit einem Ende in das Ge-

Fig. 36.

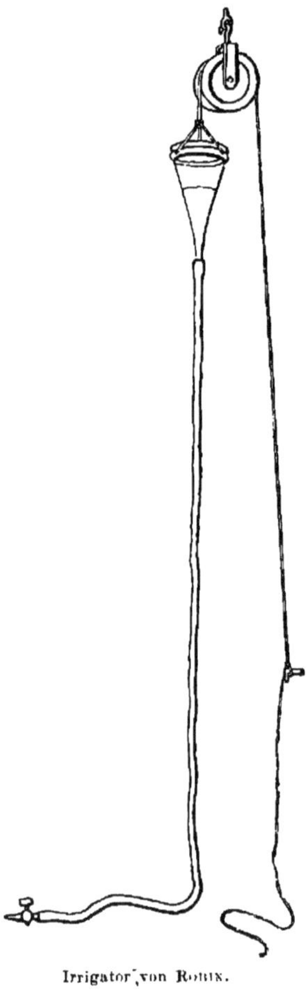

Irrigator von Robin.

Fig. 37.

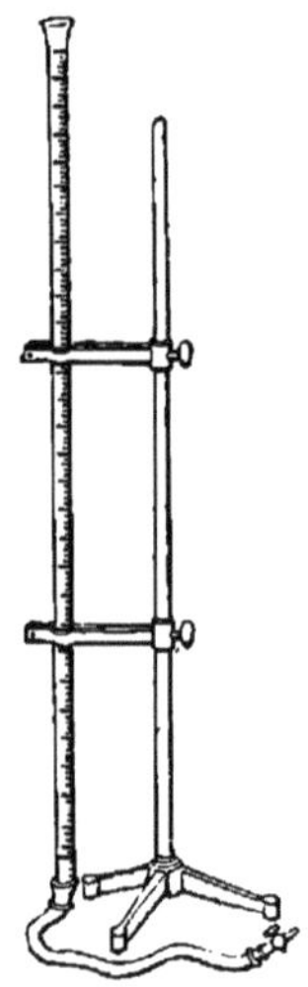

Apparat von Frey.

Fig. 38.

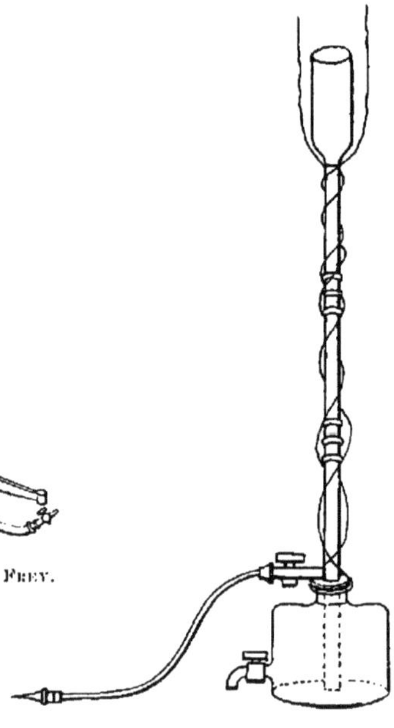

Injectoir von Strauss-Durckheim.

fäß eingebunden wurde, mit dem anderen mit einem $4^1/_2$—$5^1/_2$ Fuß langen Musketenlauf vereinigt wurde. Die Injektionsmasse wurde in die Röhre eingefüllt und floß infolge des eigenen Gewichtes in die Gefäße. War der Flüssigkeitsdruck noch zu gering, so wurde noch ein zweites Rohr auf das erste aufgesetzt, so daß beide zusammen eine Höhe von etwa 10 Fuß erreichten.

Ähnliche einfache Apparate sind auch in der mikroskopischen Technik zur Anwendung gelangt. Dieselben können jedoch nur in beschränktem Maße verwendet werden, da sie nur zu leicht- und kaltflüssigen Injektionsmassen dienen.

Robin gibt den in Fig. 36 abgebildeten Apparat an. Derselbe besteht aus einem 5 *m* langen Schlauche, dessen eines Ende mit einem Hahne und der Kanüle, das andere mit einem Trichter versehen ist. Letzterer kann mittelst einer über eine Rolle geschlagenen Schnur nach Belieben gehoben und in der nötigen Höhe fixiert werden. Die in den Trichter eingefüllte Masse fließt vermöge der eigenen Schwere in das zu injizierende Gefäß. Ranvier empfiehlt diese Vorrichtung zur Injektion ganzer Organe, deren Circulation vom pathologischen Standpunkte besonderes Interesse bieten könnte; doch genügt nach seiner Meinung bereits ein Schlauch von etwa $1^1/_2$ *m* Länge. Auch Fol empfiehlt den Apparat.

Beale stellt ein mit Injektionsmasse gefülltes Gefäß 3—4 Fuß hoch über dem Operationstisch auf und leitet daraus die Flüssigkeit mittelst eines Gummischlauches ab.

Beale, Frey und Dippel empfehlen statt des Gumischlauches mit Trichter eine lange Glasröhre. Nach Beale soll die Länge der Röhre 3—4 Fuß betragen; Frey und Dippel sprechen nur von einer an einem passenden Stativ angebrachten graduierten Trichterröhre, Fig. 37, an deren unterem Ende ein mit einem Hahne und einer Kanüle versehener Gummischlauch angebracht wird.

Für die im folgenden angeführten Apparate hat der von Ludwig zusammengestellte allgemein bekannte Apparat zum Vorbilde gedient, obwohl bereits vor Ludwig eine ganz ähnliche und auf dem gleichen Prinzipe beruhende Vorrichtung von Strauss-Durckheim konstruiert und unter dem Namen „Injectoir“ beschrieben und abgebildet worden war. Der Injectoir (Fig. 38) besteht aus einem $^{1}/_{10}$ *l* fassenden Gefäß mit breitem Halse, welches mit einem metallenen Ringe montiert und mit einer doppelt durchbohrten metallenen und mit einem Schraubengewinde versehenen Platte verschlossen wird. Durch die eine Öffnung der Platte führt eine lange, aus mehreren Teilen zusammengesetzte Röhre. Ihr oberes Ende

Fig. 39.

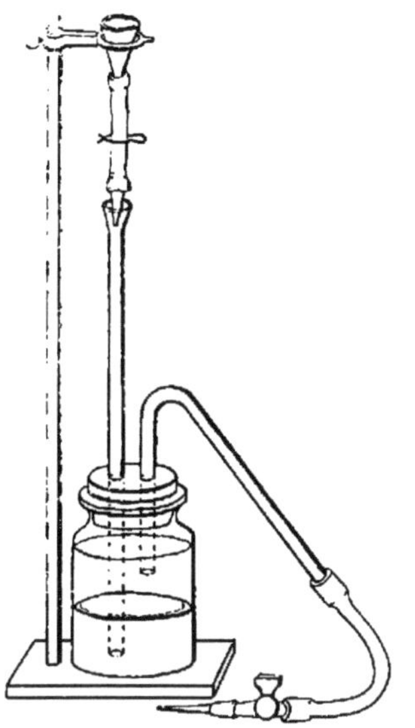

Injektionsapparat von Ludwig.

Fig. 40.

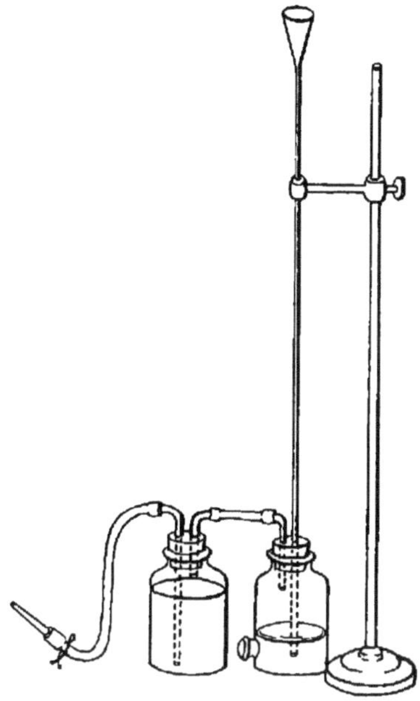

Der von Hering modifizierte Ludwigsche Apparat.

ist mit einem Trichter versehen, das untere reicht bis auf den Boden des Gefäßes. Durch die zweite Öffnung der Platte führt eine kurze, rechtwinklig nach außen abgebogene Röhre, welche mit einem Hahne versehen ist. An letzterer wird ein Gummischlauch mit einer Kanüle am Ende befestigt. An zwei sich um das lange Rohr schlingenden Fäden kann der Apparat in beliebiger Höhe aufgehängt werden. Zum Gebrauche wird das Gefäß mit Injektionsmasse gefüllt und dann durch den Trichter Quecksilber eingegossen, durch welches die Masse komprimiert und in die kurze Röhre hineingetrieben wird.

Der Ludwigsche Apparat, dessen Beschreibung Ludwig und Tomsa, Mac-Gillavry und Toldt geben, hat vor dem Strauss-Durckheimschen den Vorzug, daß sich derselbe aus den in jedem Laboratorium vorhandenen technischen Hilfsmitteln jederzeit schnell zusammenstellen läßt. Derselbe besteht, wie aus Fig. 39 ersichtlich ist, aus einer weithalsigen Flasche mit doppelt durchbohrten Korken. Durch die Bohrlöcher führen zwei Glasröhren, von denen die eine, senkrechte, bis zum Boden des Gefäßes reicht und über dem Korken mittelst eines kurzen Kautschukschlauches mit einer zweiten ebenfalls senkrecht stehenden verbunden wird. Am Kautschukschlauch befindet sich eine Schraubenklemme, durch welche das Lumen beider Röhrenstücke nach Belieben abgeschlossen werden kann. Dieser Teil des Apparates ist später in der in Fig. 39 dargestellten Weise umgeändert worden, indem über der Röhre ein mit einem Kautschukschlauch versehener Trichter angebracht ist, welcher mittelst der Schraubenklemme abgeschlossen werden kann und ein feines Ausflußröhrchen besitzt. Aus dem zweiten Bohrloche des Flaschenkorkes ragt eine winkelig abgebogene Röhre. Der eine Schenkel derselben endigt unmittelbar unter dem Korke, der andere dient zur Befestigung der Kanüle. Zum Gebrauche wird zuerst etwas Quecksilber in das Gefäß gegossen, dasselbe dann mit Injektionsmasse gefüllt und fest verschlossen. Hierauf wird in die Trichterröhre Quecksilber nachgegossen, bis sich die Injektionsmasse in Bewegung setzt. Da Ludwig und Tomsa mit warmflüssigen Leimmassen injizierten, so wurde der ganze Apparat in ein mit Wasser gefülltes Blechgefäß gestellt, welches durch eine untergestellte Lampe auf höchstens 52° C erwärmt wurde. Der Druck wurde durch Nachfüllen von Quecksilber konstant erhalten.

Alle Autoren, welche mit dem Ludwigschen Apparate Injektionsversuche angestellt haben, machen demselben die gleichen Vorwürfe, daß nämlich erstens die Injektionsmasse mit dem Quecksilber in unmittelbare Berührung kommt und daß man ferner fortwährend Quecksilber nachgießen muß, um den Druck konstant zu erhalten. Durch das Nachgießen entstehen jedoch bei bestehendem niedrigen Druck momentane ziemlich bedeutende Drucksteigerungen, welche auf die Injektion sehr nachteilig wirken.

Letzteren Übelstand suchte Mac-Gillavry dadurch zu beseitigen, daß er die mit einem Trichter versehene Röhre viermal rechtwinklig umbog, so daß sie außerhalb der Flasche unter die Verlängerung des Quecksilberniveaus herab und dann wieder emporstieg, in Gestalt etwa eines Manometers.

Fig. 41.

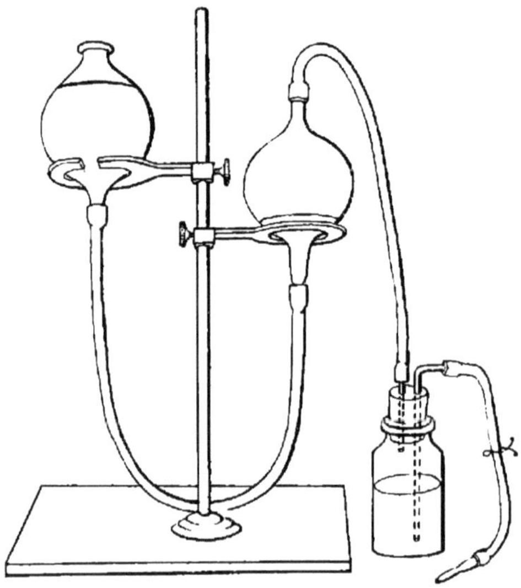

Ranviers Apparat.

Um das Quecksilber mit der Injektionsmasse nicht in unmittelbare Berührung kommen zu lassen und um ferner die Druckschwankungen noch mehr auszugleichen, führt Hering nach Toldts Angabe die Verbesserung ein, daß er eine zweite Flasche als Windflasche in den Ludwigschen Apparat einschaltete und zur Erzeugung des Druckes Quecksilber oder Wasser benutzte. Die Anwendung des Apparates ist aus Fig. 40 ersichtlich und bedarf daher keiner näheren Beschreibung.

Derselbe Apparat wurde zum Gebrauche noch wesentlich handlicher gemacht durch Robin, namentlich aber durch Ranvier und Fol. Statt des Trichters und der Windflasche benutzten die Autoren zwei gleich große Glaskugeln und verbanden sie unter einander mittelst eines Gummirohres. Außerdem wurde die eine Glaskugel noch mittelst eines Gummirohres mit der die Injektionsmasse enthaltenden Flasche vereinigt (Fig. 41). Die erste Glaskugel fungiert als Quecksilberreservoir, die zweite als Windkessel. Wird die erste höher gestellt, so fließt das Quecksilber aus derselben in die zweite über und komprimiert die Luft, welche ihrerseits die Injektionsmasse austreibt. Fol empfiehlt statt des Quecksilbers konzentrierte Chlorcalciumlösung zur Füllung der Kugeln. Pettit hat den Ranvierschen Apparat in der Weise modifiziert, daß er noch ein Manometer einschaltete und Wasser als Druckkraft benutzte. Neuerdings hat Lindemann einen Apparat beschrieben und abgebildet, welcher in seinem Prinzip dem Ranvierschen entspricht, nur etwas komplizierter ist.

Nach Toldts Angaben wurde Hering durch den von ihm konstruierten Apparat trotzdem nicht zufriedengestellt, weil der Druck in demselben während der ganzen Dauer der Injektion nicht konstant erhalten werden konnte. Daher traf Hering die Einrichtung, daß die die Kompression bewirkende Flüssigkeit aus einer Mariotteschen Flasche abfloß, und daß die Röhre, welche zum Windkessel führte, nicht bis auf den Boden desselben reichte und unter die Flüssigkeit tauchte, sondern dicht unter dem Korken der Flasche nach oben umgebogen mündete. Die ausströmende Flüssigkeit fällt daher tropfenweise auf den Boden des Windkessels herab. Hierdurch wird eine bedeutende Konstanz des Druckes erreicht, welchen man an dem am Windkessel angebrachten Manometer leicht ablesen kann. Doch auch dieser Apparat konnte keine allgemeine Anwendung finden, weil, falls man als Druckkraft Wasser benutzen wollte, man einen 5 *m* hohen Raum zur Verfügung haben müßte, um einen Druck von 300 *mm* Quecksilber zu erhalten. Hering konstruierte daher einen auf denselben Prinzipien beruhenden, aber mit Quecksilber arbeitenden Apparat, „welcher den gestellten Anforderungen bezüglich der Abmessung und Konstanz des Druckes, wie der Bequemlichkeit und Leichtigkeit der Handhabung Genüge leistet".* Derselbe stellt eine Kombination des

* Hering erwähnt den Apparat in einer seiner Arbeiten, behält sich aber die genauere Beschreibung desselben für später vor. Diese Beschreibung ist dann von Toldt geliefert worden.

soeben beschriebenen Apparates und derjenigen von Robin, Ranvier und Fol dar (Fig. 42). Der Apparat besteht im wesentlichen aus zwei Glaskugeln von je 8 *cm* Durchmesser, deren Lichtungen mittelst einer 32 *cm* langen Glasröhre in Verbindung stehen. Beide Kugeln nebst dem Rohre sind in einen Rahmen von Eisenblech gefaßt, welcher um eine durch seinen Mittelpunkt gehende Metallachse drehbar ist und in jeder beliebigen Stellung durch eine einfache Klemmvorrichtung fixiert werden kann. Das Ganze wird von einem auf einem Fußbrette senkrecht stehenden Stative getragen. Die eine Kugel wird mit Quecksilber gefüllt, und je nachdem dieselbe höher oder niedriger gestellt wird, wird der Druck erhöht oder vermindert. Die Höhe des Druckes, in Millimetern Quecksilber ausgedrückt, ist auf einem mit dem Rahmen der Kugeln drehbaren Metallbogen verzeichnet und kann an der vorderen Seite der Klemme, welche den Rahmen fixiert, abgelesen werden. Die Graduierung ist empirisch festgestellt. Hinsichtlich der Einzelheiten der Konstruktion muß auf das Original verwiesen werden, da dieselben hier zu viel Raum beanspruchen würden.

Fig. 42.

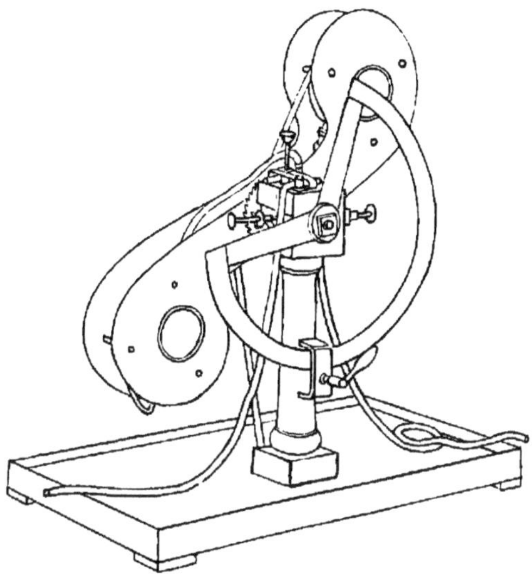

Apparat von Hering.

Ranvier hat den Heringschen Apparat in einer noch etwas modifizierten Form in Anwendung gezogen. Da nämlich Ranvier beobachtet hatte, daß abwechselnde Druckschwankungen das Eindringen der Injektionsmasse in die Gefäße fördern, so suchte er dieselben dadurch zu erzeugen, daß er an dem Heringschen Apparate die beiden Glaskugeln auf einem Brettchen befestigte und dasselbe durch ein excentrisches Rad in wippende Bewegungen versetzte. Die dadurch erzeugten Schwingungen des Quecksilbers riefen die gewünschten Druckschwankungen hervor. Auch dieser Apparat hat keine weitere Verbreitung gefunden.

Fig. 43.

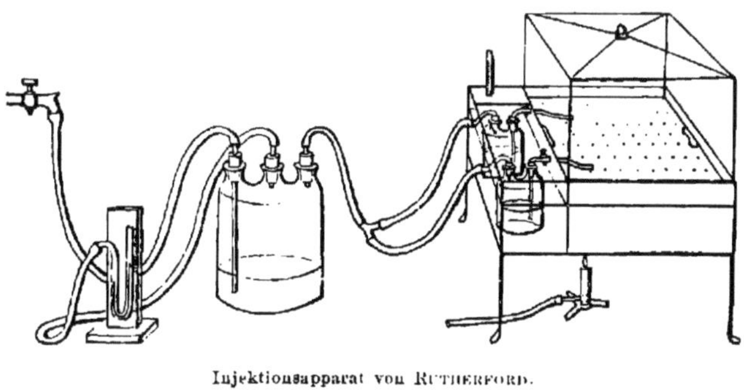

Injektionsapparat von Rutherford.

Obwohl die Verwendung des Wasserdruckes nach der Ansicht von Hering in den Injektionsapparaten nicht zweckmäßig ist, sind dennoch mit Wasserdruck arbeitende Apparate von verschiedenen Seiten angewandt und empfohlen worden.

In der im Jahre 1866 erschienenen neuen Auflage seines Werkes hat Harting einen Injektionsapparat beschrieben und abgebildet, welcher auf demselben Prinzipe beruht wie der von Hering modifizierte Ludwigsche (Fig. 40), nur daß der 2—3 *l* fassende Windkessel massiv aus starkem Bleche angefertigt und mit einem Standrohre und Manometer versehen ist. Das auf den Boden des Kessels hinabreichende Rohr wird mit der Wasserleitung, das vom Deckel abgehende mit einer die Injektionsmasse enthaltenden Wulffschen Flasche in Verbindung gesetzt. Durch an beiden Rohren angebrachte Hähne wird der Druck reguliert.

Eine ähnliche Anordnung zeigt der in Fig. 43 abgebildete Apparat von Rutherford, dem nur noch die Vorrichtung zum Vorwärmen der Präparate beigefügt ist.

Vom Mechaniker Jung in Heidelberg ist nach dem Berichte von Schiefferdecker ein großer Apparat nach dem Hering-Toldtschen Modell angefertigt worden, welcher zur Erzeugung des Druckes an die Wasserleitung angefügt wird. Soweit dem Referenten bekannt ist, findet sich der Apparat in verschiedenen anatomischen Instituten. Auf dem gleichen Prinzipe beruht der von Huber beschriebene und abgebildete Apparat.

Fig. 44.

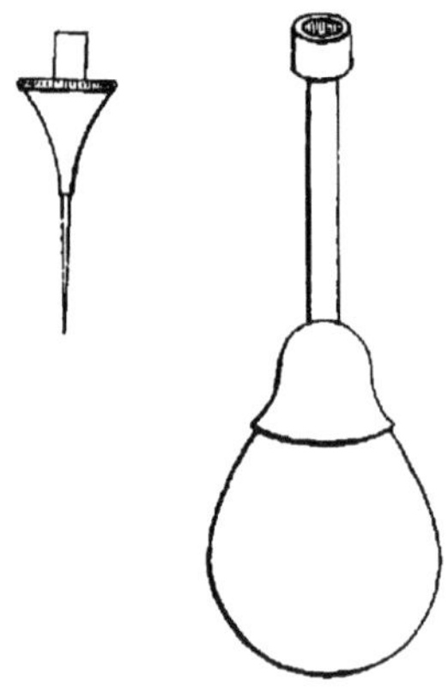

Injektionsbirne nebst Kanüle von Strauss-Durckheim.

Fig 45.

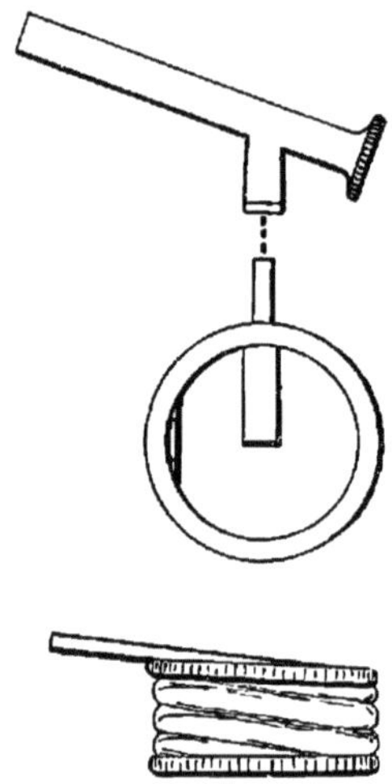

Clysette von Strauss-Durckheim, oben geöffnet. Teller von innen gesehen, unten geschlossen in Seitenansicht.

Schließlich hat v. Ebner, später auch Ranvier einen Apparat beschrieben, der sich dem zweiten Heringschen sehr nähert. Als Windkessel dient eine am Boden tubulierte Flasche von etwa 700 *ccm* Inhalt. Im Halse der Flasche befindet sich ein Kork mit drei Bohrungen. Von

Fig. 46.

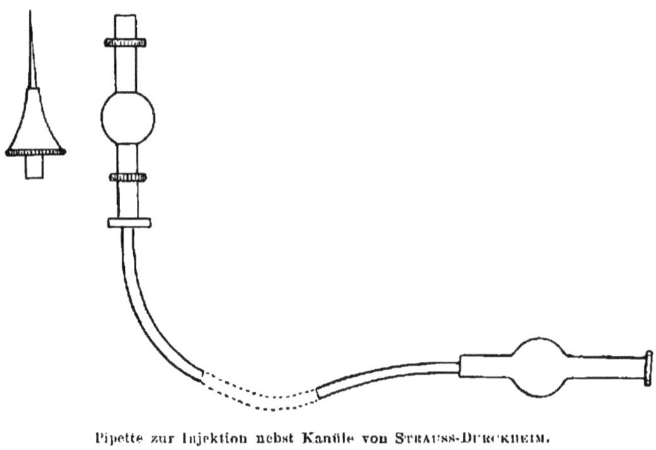

Pipette zur Injektion nebst Kanüle von Strauss-Durckheim.

den drei durch dieselben führenden Röhren leitet die eine zu der die Injektionsmasse enthaltenden Flasche, die zweite ist mit einem Hahne geschlossen und die dritte führt zu einem Manometer. Als Druckgefäß dient ein großer Trichter, der mittelst eines langen Schlauches mit dem Tubulus am Boden der Windflasche in Verbindung steht. Der Trichter ist an einer Schnur befestigt und kann in beliebiger Höhe fixiert werden. Der Apparat arbeitet stets mit derselben Wassermenge, weil, wenn alles Wasser aus dem Trichter in die Windflasche eingelaufen ist, der Trichter nur unter das Niveau des Windkessels gesenkt und die entsprechenden Hähne geschlossen, respektive geöffnet zu werden brauchen, um das Wasser zurückfließen zu lassen. Da nach v. EBNER das Quantum der verbrauchten Injektionsmasse im Verhältnis zur drückenden Wassermasse sehr klein ist, so daß sich der Druck während einer Injektion nicht merklich ändert, so ist die Anwendung komplizierter Apparate, wie z. B. des HERINGschen, unnötig. Einer ähnlichen Vorrichtung bediente sich VASTARINI-CRESI.

MYERS benutzt die Kraft eines Wasserluftdruckapparates. Von demselben geht ein sich teilendes Rohr aus. Ein Schenkel desselben führt zu einem Quecksilbermanometer, der andere zu einer die Injektionsmasse enthaltenden Flasche. An der am Boden derselben angebrachten Ausflußöffnung wird ein Gummischlauch mit Kanüle befestigt.

Fig. 47.

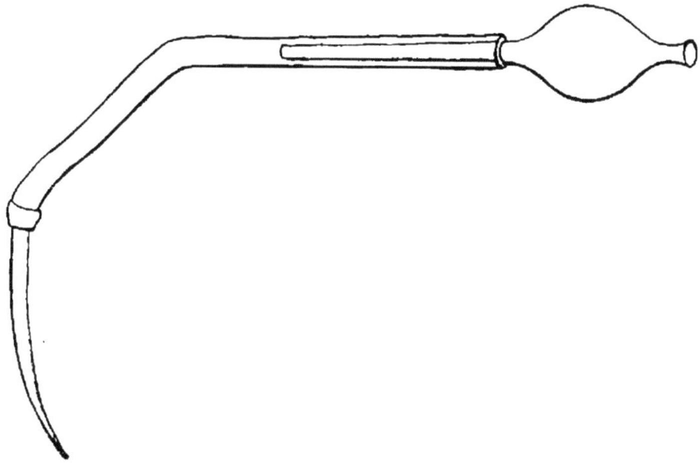

Injektionspipette von HARTING.

Kleine Injektionsapparate. Außer den Spritzen und großen Apparaten sind in der Injektionstechnik noch zahlreiche kleine Vorrichtungen zur Verwendung gelangt, welche sich besonders beim Injizieren von sehr zarten Objekten, niederen Tieren und Embryonen bewährt haben. Die Glaspipetten und die Injektionskanüle

Fig. 48.

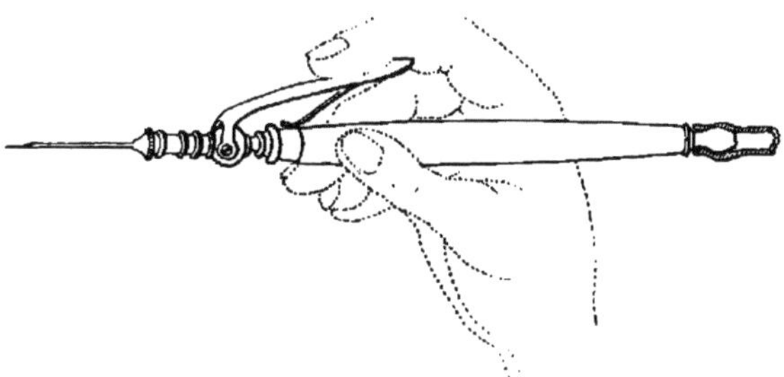

Kanülenhalter von LACAZE-DUTHIERS.

von LACAZE-DUTHIERS sind für diese feinen Arbeiten am meisten zu empfehlen, und zwar besonders in den Fällen, wo von einem regelrechten Einführen und Einbinden einer Kanüle wegen der Zartheit der Gefäße abgesehen werden muß. In solchen Fällen wird eines der genannten Instrumente in das betreffende Gefäß eingestochen und die Masse durch Blasen mit dem Munde eingetrieben. Werden sehr feine Kanülen notwendig, dann muß ein stärkerer Druck zur Überwindung des Widerstandes angewandt werden. Man verfährt dann entweder in der von DELAGE angegebenen Weise (pag. 647) oder benutzt einen Stahlcylinder mit komprimierter Luft (pag. 647).

Strauss-Durckheim empfiehlt für feinere Injektionen entweder eine Kautschukbirne von etwa 3 *ccm* Inhalt und etwa 2 *mm* Wanddicke Fig. 44 oder die Clysette Fig. 45, welche die Form eines kleinen Blasebalges hat. Beide Apparate dürften sich in der Praxis nur wenig bewähren.

Zur Injektion von Gasteropoden bediente sich Strauss-Durckheim einer noch einfacheren Vorrichtung (Fig. 46). Den wesentlichsten Bestandteil bildet eine Pipette, deren Glaskugel etwa 12 *mm* Durchmesser besitzt. Die von der Kugel abgehenden Glasröhren sind mit Metallröhren montiert, von denen die eine zur Aufnahme der Kanüle dient, die andere mit einem kurzen Gummischlauche versehen wird. An letzterem wird am anderen Ende eine einfache Glaspipette angesetzt, deren freies Ende mit einem bequem im Munde zu haltenden Mundstücke versehen ist. Die Erweiterung dieser zweiten Pipette dient zum Auffangen des abfließenden Speichels. Zur Injektion wird die Masse in die erste Pipette aufgezogen und nach Einführung der Kanüle durch Blasen mit dem Munde ausgetrieben.

Noch einfacher sind die von Harting für ähnliche Zwecke empfohlenen Vorrichtungen. Die eine besteht aus einer Glaspipette, deren Ende gebogen und in ein feines Röhrchen ausgezogen ist. Bequemer ist jedoch der in Fig. 47 abgebildete Apparat, der aus einer kurzen Pipette einer Gummiröhre und einem gebogenen und fein ausgezogenen Röhrchen besteht. Ähnlicher Vorrichtungen bedienten sich auch Budge und Delage. Auch Wertheim und Flint benutzen feine, an einem Ende ausgezogene Glasröhrchen, deren anderes Ende an einem $^1/_2$ Meter langen, mit einem Mundstücke versehenen Gummischlauche befestigt ist.

Von Rutherford wird zur Injektion von Lymphgefäßen eine fein ausgezogene Glasröhre empfohlen, auf welche ein kurzer, am freien Ende zugebundener Gummischlauch aufgesetzt ist. Einer gleichen Vorrichtung bedienen sich Moseley und Emery.

Der Kanülenhalter von Lacaze-Duthiers besteht aus einer Metallröhre, welche durch einen mit einer Feder versehenen Hahn geschlossen wird. Die Röhre wird mit Injektionsmasse gefüllt, die Kanüle aufgesetzt und dann in das Gefäß eingestochen. Ein leichter Druck auf den Hahn läßt die Masse ausfließen (Fig. 48).

Hilfsapparate und -Instrumente zur Injektion.

Hilfsapparate. Neben den im vorhergehenden aufgeführten Spritzen und größeren und kleineren Injektionsapparaten werden von den Autoren noch verschiedene Hilfsvorrichtungen empfohlen, welche die Injektion erleichtern oder bequemer gestalten sollen. Zu denselben gehören in erster Linie Apparate, welche zur Erwärmung der Massen und zur Vorwärmung der zu injizierenden Teile dienen. Die Apparate sind zu diesem Zwecke unzweifelhaft sehr geeignet konstruiert und leisten jedenfalls sehr gute Dienste, sind aber in einem Injektionsinstrumentarium nicht unumgänglich notwendig, weil dieselben sich gegebenenfalls aus den in jedem Laboratorium vorhandenen technischen Hilfsmitteln leicht ersetzen lassen.

Beale empfiehlt zum Verflüssigen und Warmhalten der Leim- und Gelatinemassen einen Satz von 4 kupfernen Kännchen. An jedem derselben ist außen in einer gewissen Höhe ein scheibenförmiger, flacher Ring angebracht. Ferner gehört hierzu ein größeres Wasserbad, welches durch eine mit 4 Öffnungen versehene Deckplatte geschlossen ist. Die Kännchen werden in die Öffnungen hineingesetzt und stützen sich mit ihrem Ringe auf die Deckplatte, ohne bis an den Boden des Wasserbades zu reichen.

Die zum Warmhalten der Flaschen, welche die Injektionsmassen enthalten, erforderlichen Gefäße sind bereits früher bei der Besprechung der Apparate erwähnt worden, so bei den Apparaten von Lacaze-Duthiers (pag. 646), Stein (pag. 647), Ludwig-Tomsa (pag. 650), Hering-Toldt (pag. 652), Rutherford (pag. 652). Dieselben bestehen im wesentlichen aus einem Glas- oder Blechgefäß, welches mit warmem Wasser angefüllt und eventuell durch eine untergestellte Flamme auf der nötigen Temperaturhöhe erhalten wird.

Der Apparat Rutherfords dient gleichzeitig zur Erwärmung der Injektionsmasse und des zu injizierenden Teiles. Wie aus Fig. 43 ersichtlich ist, besteht derselbe aus einem größeren auf Füßen aufgestellten Troge, der zur Hälfte etwa mit Wasser gefüllt und durch einen untergestellten Bunsenbrenner zu der gewünschten Temperatur erwärmt wird. Den linken Teil des Troges nehmen zwei mit Injektionsmasse gefüllte Flaschen ein, während in dem größeren rechten Teile eine durchlöcherte Platte befestigt und über dieselbe ein Glaskasten gestellt ist. In letzteren kommen die zu erwärmenden und zu injizierenden Präparate. Mittelst eines seitlich angebrachten Thermometers wird die Temperatur des Wassers kontrolliert.

Eine ähnliche Konstruktion zeigt der Hartingsche Injektionstrog (Fig. 49). Der linke Abschnitt desselben ist tiefer und dient zur Aufnahme der die Injektionsmasse enthaltenden Flasche, auf dem rechten, flacheren wird das Präparat ausgebreitet, welches mittelst der durchlöcherten Platte gehoben oder gesenkt werden kann. Der gleiche Apparat wird auch von Frey abgebildet und empfohlen.

Zu dem großen, in verschiedenen Instituten aufgestellten Injektionsapparat von Ludwig gehört ein gesonderter Tisch mit einem Trog und Glaskasten, in welchem selbst sehr umfangreiche Körperteile vorgewärmt werden können. Das unter der durchlöcherten Platte befindliche Wasser wird durch eine Reihe von Gasflammen erhitzt.

Um alle zu einer Injektion notwendigen Apparate und Instrumente bequem bei der Hand zu haben, hat sich FOL einen eigenen Injektionstisch konstruieren lassen, dessen Abbildung er in seinem Lehrbuche wiedergibt. Bei demselben ist der Glaskugel-Druckapparat (cf. pag. 650) unter dem Tische angebracht, und es werden die Glaskugeln mittelst einer kleinen Kurbel und Holzrolle auf und ab bewegt. Das zu injizierende Objekt und

Fig. 49.

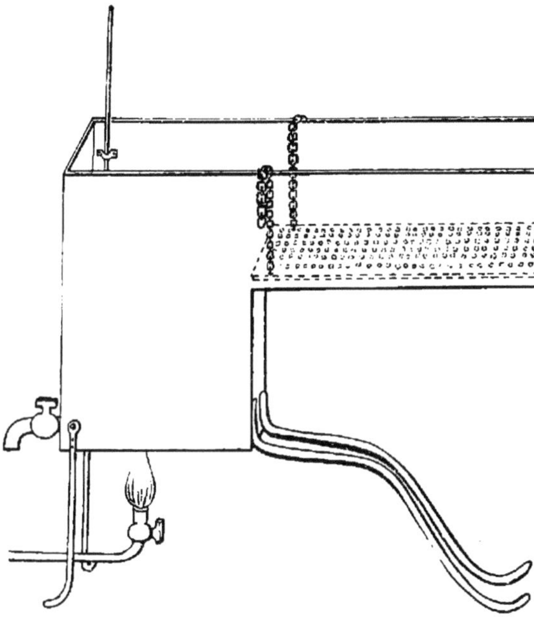

Injektionstrog von HARTING.

die Flasche mit Injektionsmasse befinden sich beide in einer mit Wasser gefüllten, im Tische eingelassenen kupfernen Pfanne, die von unten her durch kleine Gasflammen warm

Fig. 50.

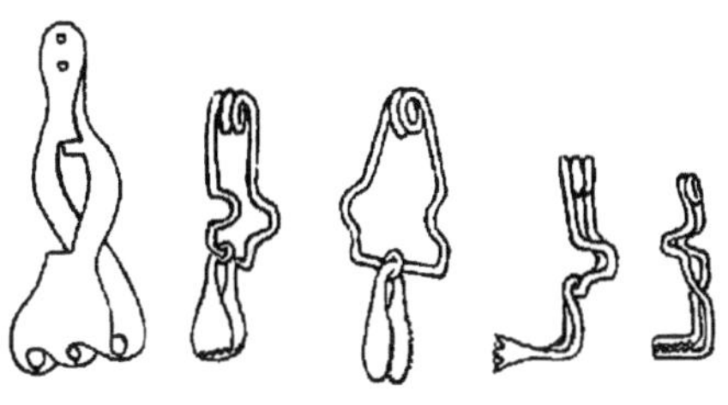

Klemmpinzetten (Serre fines).

Fig. 51.

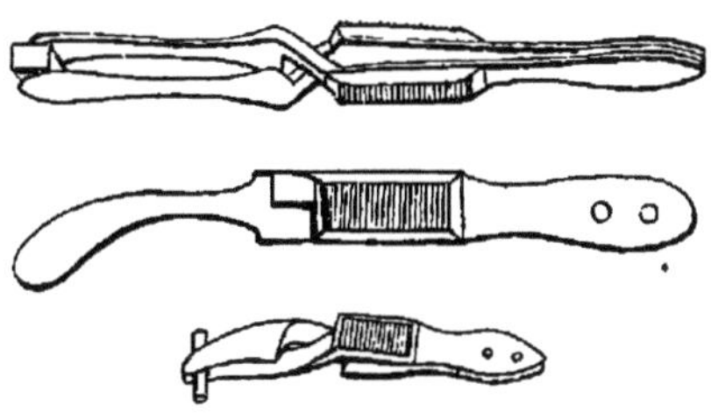

Klemmpinzetten (Bulls-nose oder Bulldog forceps).

gehalten wird. Der Tisch bleibt frei und dennoch hat man alles unter der Hand, was zur Injektion notwendig ist.

Hilfsinstrumente. Viel wesentlicher als die eben angeführten Apparate sind die von verschiedenen Seiten empfohlenen Instrumente, welche zum Anlegen von Ligaturfäden, zur Stillung der Blutung und zum Zuklemmen von angeschnittenen Gefäßen, aus denen die Masse bei der Injektion ausfließt, dienen. Besonders die letzteren erweisen sich bei jeder Injektion als unentbehrlich und sollten daher in keinem Instrumentarium fehlen.

Zum Anlegen von Ligaturfäden empfiehlt Beale gerade und krumme Nadeln, sowie eine Aneurysmennadel. Von der Gewohnheit des Injektors wird es abhängen, ob er dies oder jenes Instrument benutzt. Zur Unterbindung von gröberen Gefäßen eignet sich eine Aneurysmennadel ausgezeichnet, für feinere Gefäße zieht Referent eine gekrümmte feine Pinzette vor, mittelst deren der Faden unter dem Gefäß durchgeführt wird.

Zum Durchgängigmachen von Kanülen benutzt Robin feine Stahlnadeln. Da letztere jedoch meistens nicht die gehörige Länge besitzen, so dürften zu diesem Zwecke feine Drähte, die den Pravazschen Spritzen stets beigegeben werden, entsprechender sein.

Zur Stillung von capillaren Blutungen empfiehlt Robin die Anwendung eines Thermokauters.

Zum Zuklemmen von angeschnittenen Gefäßen dienen Klemmpinzetten, welche von Robin und Beale am ausführlichsten beschrieben und abgebildet werden. Die kleineren aus Draht gefertigten werden als „Serre-fines" (Fig. 50) bezeichnet, die anderen sind größer und den Pinzetten ähnlich (Fig. 51) und tragen den Namen „Bulls-nose forceps" (Beale) oder „Bulldog forceps" (Davies). Dieselben sind entweder gerade, gekrümmt oder unter einem rechten Winkel gebogen. Die Enden der Branchen sind entweder glatt, gerippt, zahn- oder klauenförmig in- oder aufeinandergreifend. Von Frey werden zum gleichen Zwecke Schieberpinzetten empfohlen.

Injektionsmassen.

Wässerige kaltflüssige Massen.

Historisches. Die wässerigen Massen sind als die ältesten Injektionsflüssigkeiten zu bezeichnen, da dieselben neben dem Lufteinblasen in die Gefäße am frühesten zu Injektionen benutzt wurden. So soll etwa ums Jahr 1518 nach den Angaben von Portal, Haller und Hyrtl, Berengarius Carpensis sich die Gefäße deutlicher sichtbar gemacht haben, indem er Wasser in dieselben einspritzte. Sylvius s. Dubois (1539) berichtet bereits von einigen mit gefärbten Flüssigkeiten ausgeführten Injektionen, zieht denselben jedoch das Einblasen von Luft vor.

Auch Eustachius (1563) bediente sich verschiedenartiger und gefärbter Flüssigkeiten zur Füllung der Gefäße. Glisson (1652) injizierte mit warmem Wasser, welches entweder mit Milch gemischt oder mit Safran gefärbt war, und bemerkt, daß man sich auch jeder anderen Flüssigkeit bedienen könne.

Von Willis (1659) wird ein „liquor tinctus" zur Injektion benutzt. Genauere Vorschriften über die Art und Bereitung von Injektionsflüssigkeiten finden sich bei Regnerus de Graaf (1664). Er gibt zunächst die Herstellung einer blauen Tinktur* an, falls dieselbe jedoch zu kostbar und ihre Bereitung zu schwierig sein sollte, so könne man „beneficio liquoris vulgaris" eine Tinktur aus Blumen, z. B. Veilchen, Rosen u. a. machen. Durch Zusatz von Kalkwasser, resp. Vitriolöl nehmen diese Flüssigkeiten verschiedene Nuancen an. Schließlich könne man auch eine Auflösung von Gummigutta oder Indigo benutzen. Beides gemischt gibt eine grüne Farbe. Schließlich könne man, wie dies Regnerus de Graaf bei Swammerdam gesehen hatte, das Blut in den Gefäßen durch Einspritzung von „spiritus acidus" (Salzsäure nach Hyrtl) wie Käse „instar casei" zum Gerinnen bringen.

Auch Caspar Bartholin (1675) und Nuck (1685) haben noch gefärbte wässerige Flüssigkeiten zur Injektion von Gefäßen benutzt.

Schon aus dem Umstande, daß neben den Einspritzungen von wässerigen Flüssigkeiten auch das Einblasen von Luft zur Verfolgung der Gefäße in Anwendung kam, ja von einigen sogar bevorzugt wurde, geht hervor, daß sich die Injektionen von Flüssigkeiten für präparatorische Zwecke nur wenig eigneten. Diese Methode wurde auch in der Folgezeit fast gänzlich verlassen, nachdem man die Vorzüge der erstarrenden, Wachs-, Talg- und Leimmassen erkannt hatte.

Erst in neuerer Zeit sind die wässerigen Massen wieder zur Aufnahme gelangt.

Verwendung der Massen. Die wässerigen kaltflüssigen Massen haben vor allen übrigen Massen den Vorzug, daß sie sich in der weitgehendsten und vielseitigsten Weise anwenden lassen. Da dieselben leicht flüssig sind und kalt injiziert werden, so sind sie auch zu einer mehr makroskopischen Darstellung der Gefäße von Wirbellosen und niederen Wirbeltieren besonders gut geeignet. Ganz unentbehrlich erweisen sie sich bei mikroskopischen Untersuchungen von Gefäßpräparaten, die in verschiedener Weise fixiert, in dünne Schnitte zerlegt und in mannigfacher Weise gefärbt werden sollen, und ferner bei Injektionen von Embryonen und Drüsengängen. Allerdings geben die wässerigen Massen im mikro-

* Es handelt sich wahrscheinlich um eine Kupfer enthaltende Flüssigkeit. Die betreffende Stelle lautet: „Paratur egregia tinctura caerulea, si spiritum salis ammoniaci obulum vel limaturam aeris infuderis."

skopischen Präparate keine so eleganten Bilder wie die transparenten Leimmassen, weil die Farbstoffe, falls dieselben nicht schon von vornherein körnig sind, in größeren oder kleineren Brocken durch die nachfolgende Fixierung der Präparate ausgefällt werden und die Masse die Lichtung der Gefäße nicht immer vollkommen ausfüllt. Aus diesem Grunde eignen sich diese Massen weniger zu Demonstrations- als zu Untersuchungspräparaten.

Vehikel. Von den Vehikeln kommt bei diesen Massen in erster Linie das Wasser in Betracht, alsdann Gemenge von Wasser und Glycerin und schließlich verschiedene mit Wasser mischbare Substanzen, wie Gummi arabicum, Hühnereiweiß, Blutserum, flüssiger Fischleim, kaltflüssige Gelatinelösungen und Wasserglas.

Farbstoffe. Die Anzahl der zur Färbung der wässerigen Vehikel benutzten Farbstoffe ist sehr groß. Die einen, und zwar die Mehrzahl der Farbstoffe, sind in Wasser unlöslich und opak und werden daher in Form von Suspensionen injiziert, die anderen sind in Wasser löslich, transparent, und werden als Lösungen injiziert. Die opaken Farbstoffe eignen sich zu mikroskopischen Injektionen weniger gut als die transparenten; sie verdecken nämlich erstens infolge ihrer Undurchsichtigkeit im mikroskopischen Bilde zu viel und zweitens füllen dieselben die Gefäße nur sehr ungleichmäßig aus, indem sie infolge ihres meist ziemlich hohen Gewichtes sich schnell sedimentieren und dadurch in den feinen Gefäßen leicht Verstopfungen, in den gröberen sehr verschiedenartige Farbentöne hervorrufen. Die gleichen Nachteile besitzt auch die Methode von KRAUSE, DOYÈRE, BOWMAN, BRECHET und BRÜCKE, bei welcher die Farbstoffe erst in den Gefäßen durch konsekutives Injizieren von zwei einen Niederschlag bildenden Flüssigkeiten entstehen. Nicht alle empfohlenen Farbstoffe besitzen auch eine entsprechende Durchlässigkeit für Licht und schließlich gestatten auch nicht alle Farbstoffe die Anwendung von vielen jetzt gebräuchlichen Fixierungsflüssigkeiten, weil sie von letzteren entweder gelöst oder wenigstens in ihrer Farbe verändert werden. Noch am günstigsten verhält sich in dieser Beziehung die chinesische Tusche, da sich dieselbe nicht leicht sedimentiert, eine genügende Intensität der Farbe besitzt und von keinem Reagens angegriffen wird. Aus den angeführten Gründen wird man daher jetzt höchstens nur im Notfall zu den opaken Farbstoffen bei wässerigen Injektionen seine Zuflucht nehmen, sich aber im übrigen eines der folgenden transparenten Farbstoffe bedienen.

Unter den transparenten, in Wasser löslichen Farbstoffen wären die Farbholzextrakte, die Anilinfarbstoffe, das Carmin und die zur Gruppe des Berlinerblau gehörigen blauen Farbstoffe zu nennen.

Extrakte von Campeche-, Fernambuc- und Santalholz hat BRECHET zu Injektionen benutzt, klagt jedoch über die Diffusionsfähigkeit des ersteren.

Die Anilinfarbstoffe sind, wie sich bereits ROBIN und LEGROS überzeugt haben, zu Injektionen ganz untauglich, weil dieselben durch die Gefäßwände diffundieren, in Alkohol meist löslich sind und sehr bald abblassen.

Das Carmin diffundiert in alkalischer Lösung durch die Gefäßwände, in sauren fällt es dagegen aus der Lösung aus. Die genaue Neutralisation der Carminlösungen ist, wie wir es bei den Leimmassen sehen werden, sehr schwierig. Man wird daher am besten eine der schwach sauren glycerinösen Lösungen (von BEALE oder KOLLMANN) zu Injektionen benutzen. In denselben ist das Carmin so feinkörnig ausgefällt, daß man sie als halbtransparent bezeichnen kann. Das Prinzip der Herstellung der Carminmasse ist fast durchgängig das gleiche. Das Carmin wird mit Wasser angefeuchtet, dann in etwas Ammoniak gelöst, das Glycerin zugefügt und hierauf mit angesäuertem Glycerin so lange tropfenweise versetzt, bis die Färbung der Lösung in eine hellrote umschlägt.

Bei den Injektionen mit Carminmassen stellt sich wiederum die Schwierigkeit in der Auswahl einer geeigneten Fixierungsflüssigkeit für die Präparate ein, welche das Carmin nicht angreifen. Chromsäure und ihre Salze, Salpetersäure und Schwefelsäure sind zu vermeiden.

Die aus Eisensalzen bereiteten blauen Farbstoffe sind unter den Namen Berlinerblau (bleu de Prusse), TURNBULLs Blau und neuerdings auch Pariserblau bekannt. Von den beiden ersteren existieren je zwei Modifikationen, von denen die eine in Wasser löslich, die andere unlöslich ist. Von diesen vier Modifikationen, die alle früher zu Injektionen benutzt wurden, kommt heutzutage nur noch das lösliche Berlinerblau in Anwendung. Die im Wasser unlöslichen Modifikationen sowohl des Berlinerblau wie auch von TURNBULLs Blau wurden früher in der Form von Suspensionen injiziert, geben aber in mikroskopischen Präparaten ebenso wie die opaken Farbstoffe überhaupt sehr ungleichmäßige Bilder und besitzen zum Teil die gleichen Nachteile wie letztere. Man war daher schon früher darauf bedacht, diese Farbstoffe in der löslichen Form anzuwenden.

Nach der Angabe von HARTING hat SCHROEDER VAN DER KOLK als erster lösliches Berlinerblau bei Injektionen benutzt und nach ihm HARTING.

Letzterer, ROBIN u. a. haben auch das unlösliche Produkt durch Zusatz von Oxalsäure löslich gemacht. In Oxalsäure gelöstes TURNBULLs Blau wurde von THIERSCH und FOL zu Injektionen angewandt. Doch ist von diesen Massen durchaus abzuraten, da die Oxalsäure die Gewebe stark angreift.

Sobald die lösliche Modifikation des Berlinerblau mehr bekannt wurde, fand dieselbe in der Technik eine ausgiebige Verwendung. Da das lösliche Produkt früher im Handel nicht vorhanden war, finden sich in zahlreichen älteren Lehrbüchern und Spezialarbeiten Vorschriften zur Herstellung desselben (cf. die Arbeiten von BRÜCKE, MAYER, CHABRY, HOYER). Heutzutage wird sich wohl niemand mehr dieser Mühe unterziehen, weil das Präparat vielfach im großen dargestellt wird und von Grübler in Leipzig leicht bezogen werden kann. Obwohl auch von TURNBULLs Blau ein lösliches Präparat hergestellt werden kann, so wird dasselbe dennoch nicht benutzt, weil das Berlinerblau schönere und tiefere Töne besitzt.

Zur Injektion wird das käufliche trockene lösliche Berlinerblau in Wasser gelöst und entweder in dieser Lösung oder besser mit einem Zusatz von Glycerin injiziert. Da das trockene Präparat bei langem Stehen allmählich in die unlösliche Verbindung übergeht, so empfiehlt es sich, dasselbe von vornherein mit Glycerin zu einem dicken Brei zu verreiben, der sich dann unbegrenzt lange unverändert hält. Zum Gebrauche wird eine konzentrierte Lösung mit Wasser bereitet und derselben noch etwa $^1/_3$ Volumen Glycerin hinzugefügt. Diese Lösung kann dann noch, wenn nötig, weiter mit Wasser verdünnt werden.

Das lösliche Berlinerblau durch eine Kochsalzlösung (PRUSSAK, MAYER) oder Alkohol (W. MÜLLER) auszufällen und dann erst zu injizieren, erscheint als eine überflüssige Manipulation, die keinerlei Vorteile mit sich bringt.

Außer dem löslichen Berlinerblau wird in neuerer Zeit unter dem Namen Pariserblau ein Präparat fabriksmäßig dargestellt, welches ebenfalls leicht löslich ist und sich sonst ebenso verhält wie das Berlinerblau, aber weit billiger ist als letzteres. Die Herstellung des Präparates ist Fabriksgeheimnis.

Das injizierte Berlinerblau wird in den Gefäßen teils durch die Berührung mit der Blutflüssigkeit, teils durch die Einwirkung der Fixierungsreagenzien ausgefällt und stellt sich im mikroskopischen Bilde in Form von Körnern dar, die jedoch miteinander so fest zusammenhängen, daß sie beim Schneiden des Präparates weder herausfallen, noch über dasselbe verstreut werden.

Kommt das Berlinerblau mit stark alkalischen Geweben, z. B. der Leber, in Berührung, so entfärbt es sich leicht und blaßt ab. Daher fügen verschiedene Autoren zu der Injektionsmasse schwache Säuren hinzu (HARTING Weinsäure, BEALE und ROBIN Salzsäure und MAYER Essigsäure). Empfehlenswerter ist es, die Injektionspräparate in sauren Fixierungsflüssigkeiten oder wenigstens in angesäuerten (ROBIN, VASTARINI-CRESI) zu erhärten. Auch kann man in der Weise verfahren, daß man die lösliche, sich entfärbende Verbindung von Berlinerblau nachträglich in die unlösliche farbenfeste überführt. Es geschieht dies am besten dann, wenn man die Präparate aus der Fixierungsflüssigkeit durch die Alkohole hindurchführt oder wenn man das Präparat von vornherein in Alkohol fixiert, dem man etwas Eisenchlorid zusetzt.

Das Berlinerblau ist gegen sämtliche Fixierungsreagenzien vollkommen widerstandsfähig. Sowohl aus diesem Grunde als auch wegen seiner sonstigen Vorzüge hat das Berlinerblau in der Injektionstechnik die häufigste und vielseitigste Anwendung gefunden.

Rein wässerige opake Injektionsmassen.

Krause, Bowman, Frey lassen durch konsekutive Injektionen von entsprechenden Lösungen in den Gefäßen Bleichromat entstehen. Nach Doyère läßt sich ebenso Berlinerblau, Jodquecksilber, Bleicarbonat und Bariumsulfat ausfällen und Brücke bildete Niederschläge von Ferrocyankupfer.

W. Müller läßt das Ferrocyankupfer nicht in den Gefäßen entstehen, sondern bereitet sich dasselbe zuvor und injiziert es in einer Lösung von Kalium bichromicum. Das genauere Verfahren ist folgendes: Der aus äquivalenten Mengen von Kalium chromicum und Cuprum sulfuricum gewonnene Niederschlag wird ausgewaschen und in überschüssiger Chromsäure aufgelöst. Aus dieser Lösung wird dann mittelst Kalium ferrocyanatum das Ferrocyankupfer ausgefällt. Dieses wird samt der entstandenen Lösung von doppelt chromsaurem Kalium zur Injektion benutzt.

Strauss-Durckheim empfiehlt zur Injektion Suspensionen von Gummigutta, Grünspan und Indigo in Wasser.

Taguchi empfiehlt chinesische oder, noch besser, japanische Tusche. Die letztere ist vorzuziehen, weil sie härter ist und daher beim Verreiben ein feineres Korn gibt. Man wählt eine mittelgute Sorte, reibt dieselbe auf einem feinen Reibestein an, bis man eine schwarze Flüssigkeit bekommt, die, auf gutes und dünnes Löschpapier getropft, keinen grauen Ring um den Tropfen entstehen läßt. Man injiziert mit der Tusche so lange, bis das Präparat ganz schwarz erscheint. Nach der Injektion darf das Präparat wenigstens in zerschnittenem Zustande nicht mit Wasser in Berührung kommen, sondern wird sogleich in die Fixierungsflüssigkeit gelegt. Mit der Masse lassen sich Blut- und Lymphgefäße, Capillaren, Saftlücken, Saftkanälchen injizieren. Diese Injektionsmasse hat folgende Vorteile: 1. Der Farbstoff wird weder durch Licht noch durch chemische Einwirkungen verändert. 2. Die Kohleteilchen verändern die Gewebe außerhalb der Gefäße nicht. 3. Der Farbstoff haftet der Gefäßwand so fest an, daß die Masse auf den Schnittflächen nicht wieder ausfließt. 4. Die Präparate können in Alkohol, doppeltchromsaurer Kalilösung, Chromsäurelösung, Pikrinsäurelösung erhärtet werden, ohne ihre Farbe zu verändern. 5. Die Präparate können in Glycerin frisch untersucht werden. 6. Die von dem injizierten Präparate hergestellten Schnitte können mit einem beliebigen Farbstoff nachgefärbt werden.

Emery verwendet nach der Angabe von Mayer als kaltflüssige Masse eine 10%ige, mit Ammoniak bereitete Carminlösung, welcher unter beständigem Rühren so lange Essigsäure zugesetzt wird, bis durch beginnende Fällung des Carmins die Farbe der Flüssigkeit in Blutrot umschlägt. Zur Verwendung gelangt nur die über dem geringen Niederschlage stehende klare Lösung. Nach der Injektion werden die Objekte sofort in starken Alkohol gebracht, damit das Carmin rasch gefällt werde. Handelt es sich nicht um eine Injektion der Capillaren, so erlangt man oft gute Resultate, wenn man die 10%ige Carminlösung allmählich so stark mit Essigsäure mischt, daß das Carmin zum Teil ausgefällt wird. Man muß die Masse vor dem Gebrauche umschütteln und eine kurze Zeit stehen lassen.

Harting benutzt das in Oxalsäure gelöste Berlinerblau oder auch das wasserlösliche nach entsprechender Verdünnung zu kalten Injektionen (das Genauere siehe unter den Leimmassen).

Nach Friedländer löst sich das vom Drogisten bezogene lösliche Berlinerblau erst nach Zusatz von Oxalsäure. Erst in einer solchen Lösung kann es zu Injektionen benutzt werden.

Mayer gibt zunächst einige bei der Injektion von Fischen zu beobachtende Kunstgriffe an und beschreibt dann die von ihm geübte Methode zur Herstellung des löslichen Berlinerblau. Dasselbe wird erst nach Durchspülung der Gefäße mit destilliertem Wasser oder Alkohol von 10% injiziert. Werden die Gefäße nicht ausgewaschen, so injiziere man besser das feinkörnige Präzipitat, welches man durch Mischen gleicher Volumteile von Berlinerblau und 10%iger Kochsalzlösung erhält. Ein Zusatz von Essigsäure zum Injektionswasser oder Berlinerblau ist praktisch, da letzteres in Gegenwart von Alkalien leicht verblaßt.

Wertheim empfiehlt eine Lösung von Berlinerblau ohne Glycerin zum Studium der Gefäßentwicklung von Hühnern und Forellen.

Siebenmann injiziert eine 2%ige wässerige Berlinerblaulösung zur Untersuchung der Blutgefäße des Labyrinthes.

Wässerige Massen mit einem Zusatz von Glycerin oder Alkohol.

Wie oben bereits erwähnt wurde, erweist sich ein Zusatz von Glycerin zu den wässerigen Injektionsmassen sehr vorteilhaft. Durch dasselbe wird das spezifische Gewicht des Vehikels wesentlich erhöht, so daß bei opaken Massen die in der Flüssigkeit suspendierten Farbstoffe sich weniger schnell sedimentieren. Infolge der stärkeren Konsistenz des Vehikels wird auch bei transparenten Massen eine bessere und gleichmäßigere Füllung der Gefäße bewirkt. Da das Glycerin überdies keinen nachteiligen Einfluß auf die Gewebe ausübt, so haben auch die meisten Autoren, welche Injektionen ausgeführt haben, stets die wässerigen, glycerinhaltigen Massen benutzt. Die Menge des der Masse zugesetzten Glycerins beträgt im Durchschnitt ein Drittel des Gesamtvolumens.

Von verschiedenen Seiten wird auch Alkohol allein (STRAUSS-DURCKHEIM-HOYER) oder Alkohol und Glycerin als Zusatz zur Injektionsflüssigkeit empfohlen. Die rein alkoholischen Lösungen diffundieren durch die Gefäßwände und lassen sich gleichzeitig zur Färbung derselben benutzen (HOYER). Welchen Zweck die Mischung von Alkohol und Glycerin haben soll, läßt sich aus den Arbeiten der Autoren nicht entnehmen. Nach der Ansicht des Referenten ist der Alkohol überflüssig.

Von Farbstoffen kommen sowohl die opaken als auch die transparenten, letztere vorzugsweise zur Anwendung.

Opake Massen.

Weiße Massen. FREY bereitet sich eine weiße Masse aus schwefelsaurem Baryt durch Ausfällung von Chlorbarium mit Schwefelsäure. Nach 12—14stündigem Stehen in einem hohen Glascylinder hat sich dasselbe vollkommen abgesetzt. Man gießt ungefähr die Hälfte der wieder klar gewordenen Flüssigkeit ab und versetzt den Rest mit einem Gemisch von je 30 *g* Alkohol und Glycerin.

LEBER benutzt zur Injektion von Augengefäßen schwefelsauren Baryt in Glycerin.

Gelbe Massen. HARTING gibt für gelbe Massen zwei Vorschriften an: nach der ersten wird ein Stück Gummigutta auf einem Teller wie eine Wasserfarbe abgerieben und dann mit Glycerin vermischt; nach der zweiten wird zu einer Mischung von gleichen Teilen Glycerin und Wasser eine ganz gesättigte alkoholische Lösung von Gummigutta zugesetzt. Beim Schütteln dieses Gemenges präzipitiert sich der Farbstoff in sehr feinen Körnchen, die aber ziemlich das gleiche spezifische Gewicht haben wie die Flüssigkeit und sich daher in derselben suspendiert erhalten.

ROBIN bereitet eine gelbe Masse, indem er 40 *ccm* einer konzentrierten Lösung von Cadmiumsulfat und 50 *ccm* Glycerin und 30 *ccm* einer konzentrierten Lösung von Schwefelnatrium und 50 *ccm* Glycerin mit einander vermischt. Das ausgefällte Cadmiumsulfür senkt sich ziemlich schnell. Man muß daher die Flüssigkeit vor dem Gebrauch jedesmal schütteln. Von dem Farbstoff fügt man 1 Teil zu einer Mischung von 2 Teilen Glycerin, 1 Teil Wasser und 1 Teil Alkohol. Die Cadmiummasse ist sehr feinkörnig, daher dem Chromgelb überlegen.

Grüne Massen. ROBIN zieht der Mischung von Gelb und Blau zu einer grünen Masse das SCHEELEsche Grün vor. Er mischt 80 *ccm* einer konzentrierten Lösung von arseniksaurem Kalium und 50 *ccm* Glycerin mit 40 *ccm* einer konzentrierten Lösung von Kupfersulfat und 50 *ccm* Glycerin. Die mit dieser Masse ausgeführten Injektionen sind nicht so elegant wie die roten, blauen und gelben, weil die Farbe weniger intensiv ist. Man muß daher mehr Farbe zu dem Vehikel (Glycerin 2, Wasser 1, Alkohol 1) hinzufügen.

Braune Massen. LEBER benutzte zur Injektion der Augengefäße außer Berlinerblau als rotbraune Masse eine Verbindung von Ferrocyankupfer mit oxalsaurem Ammoniak.

ROBIN findet die Masse von LEBER weniger schön und transparent als die Carminmasse. Er bereitet dieselbe in folgender Weise: 20 *ccm* einer konzentrierten Lösung von Kaliumeisencyanür und 50 *ccm* Glycerin werden mit 35 *ccm* einer konzentrierten Lösung von Kupfersulfat und 50 *ccm* Glycerin gemischt. Von der Mischung gibt man 1 Teil auf 3 Teile des Vehikels (Glycerin 2, Wasser 1, Alkohol 1).

Transparente Massen.

Rote Massen. Nach STRAUSS-DURCKHEIM geben Wasser oder Alkohol mit einem in denselben gelösten Farbstoffe tingiert eine gut eindringende Injektionsflüssigkeit ab. Als Farbstoff dient „Orseille", ein aus der Pflanze Lecanora tinctoria bereitetes Produkt, welches sich in destilliertem Wasser purpurn, in Brunnenwasser violettrosa löst, ferner Krapp (laque de garance) und „Orcanète", ein in verschiedenen zu der Familie der Boraginaceae gehörigen Pflanzen vorkommender Farbstoff, welcher mit Alkohol eine schöne kirschrote Farbe gibt, der aber in die Gewebe diffundiert.

Beale. Da ammoniakalische Carminlösung selbst nach Zusatz von etwas Alkohol und Glycerin aus den injizierten Gefäßen in die Gewebe diffundiert, gibt Beale folgende saure Carminlösung an: Carmin 5 Gran = 0,12 *g*, mit 8—10 Tropfen Salz- oder Essigsäure angesäuertes Glycerin ½ Unze = 14,62 *g*, Glycerin 1 Unze = 29,23 *g*, Alkohol 2 Drachmen = 7,31 *g*, Wasser 6 Drachmen = 21,92 *g*, Ammoniak 5 Tropfen. Man befeuchtet das Carmin mit etwa 5 Tropfen Wasser und löst dasselbe dann in 5 Tropfen Ammoniak. Hierauf fügt man etwa ½ Unze Glycerin hinzu und schüttelt. Alsdann wird das angesäuerte Glycerin tropfenweise und unter Umschütteln zugesetzt und die Mischung von Zeit zu Zeit mit Lackmuspapier auf ihre Reaktion geprüft. Zeigt sich keine deutliche saure Reaktion, so fügt man zu dem Rest von Glycerin noch einige Tropfen Säure und mischt dieses mit der Carminlösung. Schließlich werden Alkohol und Wasser vorsichtig zugesetzt.

Harting macht keine näheren Angaben über die zur Herstellung der Carminmasse nötigen Quantitäten, bemerkt nur, daß das Glycerin des Handels meist sauer reagiert. Man mische daher zunächst die ammoniakalische Carminlösung mit Glycerin und füge dann eventuell noch Säure hinzu.

Die rote Masse mit der blauen gemischt gibt eine violette.

Robin. 3 *g* Carmin werden mit Wasser befeuchtet und dann in einigen Tropfen Ammoniak gelöst. Die Menge des letzteren hängt von seiner Konzentration und der Qualität des Carmins ab. Hierzu mischt man 50 *g* Glycerin. Weitere 50 *g* Glycerin werden mit 5 *g* Essigsäure angesäuert und dann vorsichtig zur ersten Lösung zugefügt, bis dieselbe mit Lackmuspapier eine saure Reaktion zeigt. Von dieser Lösung mischt man 1 Teil mit 3—4 Teilen des Gemenges von 2 Teilen Glycerin, 1 Teil Wasser und 1 Teil Alkohol.

Kollmann mischt 1 *g* Carmin mit etwas Wasser, löst dasselbe dann durch 15 bis 20 Tropfen konzentrierten Ammoniaks und verdünnt es mit 20 *ccm* Glycerin. Weitere 20 *ccm* Glycerin werden mit 15—20 Tropfen konzentrierter Salzsäure versetzt und der Carminlösung unter Umrühren beigefügt. Die Masse nimmt eine hellrote Farbe an und enthält den Farbstoff in höchst feinen Körnchen suspendiert.

Prussak hat statt eines feinen Niederschlages von Berlinerblau auch einen solchen von Carmin mit wässerigem Glycerin versetzt, brauchbar gefunden.

Hoyer verwendet zur Injektion der Gefäße und gleichzeitiger Färbung der Gefäßwände eine Lösung von Carmin, welche nur einen geringen Überschuß von Ammoniak enthält, und setzt derselben etwa 20—25% Alkohol hinzu (1 Teil Carmin auf 80 Teile Lösung und 20 Teile Alkohol).

Blaue Massen. Beale bereitet sich das Berlinerblau selbst und gibt zwei Vorschriften dafür an: zwei weitere für die Bealesche Masse finden sich bei Frey, der dieselben außerordentlich lobt. Die vierte ist eine Modifikation von Frey:

	Beale I.			Beale II.		
Kalium ferrocyanatum	12 Gran	=	0,73 *g*	3 Gran	=	0,18 *g*
Glycerin	1 Unze	=	29,23 „	2 Unzen	=	58,46 „
Wasser	4 Unzen	=	116,93 „	1 Unze	=	29,23 „
Liquor ferri sesquichlor.	1 Drachme	=	3,65 „	10 Tropfen		
Alkohol	1 Unze	=	29,23 „	Konz. HCl = 3 Tropfen		

	Beale III.	Beale-Frey
Kalium ferrocyanatum	0,95 *g*	0,18 *g*
Glycerin	30,0 „	30,0 „
Wasser	120,0 *ccm*	15 *ccm*
Liquor ferri sesquichlor.	2—2,5 *g*	10 Tropfen
Alkohol	30,0 *g* Methylalkohol 5,5	Konz. HCl = 3 Tropfen

ad I. Man löst das Kalium ferrocyanatum in 1 Unze Wasser und ½ Glycerin und verdünnt die Lösung von Eisenchlorid in gleicher Weise mit 1 Unze Wasser und ½ Glycerin, alsdann fügt man tropfenweise die zweite zur ersteren. Schließlich setzt man den Rest des Wassers und den Alkohol hinzu. Für sehr feine Injektionen nimmt man nur die Hälfte des Eisenchlorids und des Kaliumeisencyanürs.

ad II. Die Masse wird in der gleichen Weise wie die erste bereitet.

ad III. Das Kaliumeisencyanür wird in 30 *ccm* Wasser gelöst und die Eisenchloridlösung mit 30 *ccm* Wasser verdünnt. Letztere wird vorsichtig in die erstere eingetragen. Ferner mischt man 60 *ccm* Wasser, 30 *g* Glycerin, 30 *g* Äthyl- und 5,5 *g* Methylalkohol und fügt dieses Gemisch unter Schütteln vorsichtig zu dem ersteren hinzu. Der Methylalkohol erscheint Frey überflüssig.

ad IV. Die nach dieser Vorschrift zubereitete Masse übertrifft nach Frey alle übrigen an Feinheit. Die 10 Tropfen Eisenchlorid werden mit 15 *g* Glycerin verdünnt. Gesondert werden die 0,18 *g* Kaliumeisencyanür in ein wenig Wasser gelöst und mit 15 *g* Glycerin verdünnt. Alsdann werden die beiden Lösungen miteinander unter starkem Schütteln vermischt und 15 *ccm* Wasser und 3 Tropfen starke Salzsäure zugesetzt.

Robin hat die Bealesche Vorschrift in folgender Weise modifiziert: 90 *ccm* einer Lösung von Kaliumeisencyanür (im Original steht „sulfocyanure de potassium“ = Rhodankalium) und 50 *ccm* Glycerin werden vorsichtig mit einer Lösung von 3 *ccm* Eisenperchlorid von 30° und 50 *ccm* Glycerin gemischt und in einem Verhältnis von 1 : 3 einer Mischung von Glycerin 2, Wasser 1 und Alkohol 1 Teil zugesetzt. Die Masse ist nach Roux sehr transparent. Da dieselbe bei Berührung mit Alkalien abblaßt, so fügt man derselben sowie auch dem Alkohol, in welchem das Präparat fixiert werden soll, einige Tropfen Salzsäure zu.

Doherty bereitet die blaue Masse nach folgender Vorschrift: Glycerin 28.4 *ccm*, Methylalkohol 28,4, Wasser 113,6. In der einen Hälfte des Gemisches werden 0.77 *g* Kaliumferrocyanür (im Referat der Arbeit, deren Original nicht zugänglich war, steht „Kaliumferrocyanid“ = rotes Blutlaugensalz), in der anderen 3,5 *ccm* englische Eisenchloridtinktur gelöst. Die letztere Mischung wird zur ersteren allmählich und unter Schütteln zugesetzt.

Harting. Man erhält eine recht dunkle Halbsolution von in Wasser unlöslichem Berlinerblau, wenn man dasselbe mit etwa dem dritten Teil Oxalsäure im Mörser zu einem feinen Pulver verreibt und unter fortgesetztem Reiben 8—10 Gewichtsteile destillierten Wassers zufügt. Das überschüssige Berlinerblau läßt man sich absetzen und gießt die klare Flüssigkeit ab, die entweder nur mit Wasser verdünnt oder etwa mit $^1/_3$ Glycerin versetzt zur kalten Injektion benutzt werden kann.

Robin empfiehlt nur in dringenden Fällen Berlinerblau in Oxalsäure zu lösen und Glycerin hinzuzufügen.

Friedländer. Das vom Drogisten bezogene lösliche Berlinerblau löst sich zuweilen erst nach Zusatz von Oxalsäure. Die Lösung kann direkt zur Injektion benutzt werden oder mit einem Zusatz von 5 Teilen Alkohol und ebensoviel Glycerin.

W. Müller rät, das lösliche Berlinerblau durch Zusatz von 90% Alkohol zu der konzentrierten Lösung auszufällen. Der Niederschlag ist äußerst fein und setzt sich erst nach längerer Zeit ab.

Prussak findet von den verschiedenen Massen zur Injektion der Gefäße der Trommelhöhle am brauchbarsten eine konzentrierte Lösung von Berlinerblau, welches nachträglich durch Zusatz von Kochsalz ausgefällt wird. Die Kochsalzmenge muß sehr allmählich der blauen Lösung zugefügt werden, und zwar nur in dem Maße, daß nicht weniger als ein halbes und nicht mehr als ein ganzes Prozent von NaCl in der Flüssigkeit gelöst ist. Die Absicht, welche mit diesem vorsichtigen Zusatz von NaCl erreicht werden soll, besteht darin, daß der Niederschlag möglichst feinkörnig wird. Zu der gefällten blauen Farbe mischt man ein gleiches Volumen Glycerin.

Richardson zieht das Turnbulls Blau dem Berlinerblau vor. Im folgenden ist seine Vorschrift unter I. die von Beale und Frey vorgenommenen Modifikationen unter II und III angegeben.

	I Richardson	II Beale	III Frey
Eisensulfat	10 Gran = 0,61 *g*	5 Gran = 0,12 *g*	0,62 *g*
Kaliumferrocyanid .	32 „ = 1,95 „	10 „ = 0,61 „	2.0 „
Wasser	als zur Lösung notwendig	1 Unze = 29.23 „	60 *ccm*
Glycerin	1 Unze = 29,23 *g*	2 Unzen = 58,46 „	Menge nicht angegeben
Alkohol	0	1 Drachme = 3.65 „	

Das Eisensulfat wird in ein wenig destillierten Wassers aufgelöst und demselben Glycerin zugefügt. Alsdann wird das Kaliumferrocyanid in Wasser gesondert gelöst, Glycerin hinzugefügt und dann Lösung 1 vorsichtig und unter Schütteln mit Lösung 2 gemischt. Harting findet in dieser Masse keine Vorzüge vor der mit Berlinerblau bereiteten Masse.

Mit Wasser mischbare, kalt zu injizierende und in Fixierungsreagenzien erstarrende Vehikel. Als bereits die Injektionstechnik sich zu entwickeln begann, waren die Anatomen darauf bedacht, eine Masse ausfindig zu machen, welche kalt zu injizieren wäre und in den Gefäßen erstarrte. Swammerdam und Regnerus de Graaf spritzten Salzsäure in die Gefäße ein und brachten dadurch das Blut zur Koagulation. Berg injizierte frisches defibriniertes Ochsenblut in die Gefäße und legt die injizierten Stücke dann in 1 : 20 verdünnte Schwefelsäure. Die von Regnerus de Graaf und verschiedenen anderen Forschern geübte Methode, durch Injektion von frischer Milch sich den Gefäßverlauf sichtbar zu machen, ist dann später insofern verbessert worden, als die Milch in den Gefäßen durch Benetzung der Präparate „mit starkem Essig oder einer verdünnten mineralischen Säure“ zur Koagulation gebracht wurde (Lauth). Strauss-Durckheim empfiehlt hierzu wegen des hohen Gehaltes an Casein Schaf- oder Ziegenmilch ohne oder mit Zusatz eines Farbstoffes. Nach der Injektion sollten die Präparate in eine schwache Essig-, Schwefel- oder Salzsäure enthaltende Flüssigkeit gebracht werden. Auch Brechet und Robin führen die Milch noch an und Robin außer den Säuren noch Alkohol als Koagulationsmittel; doch sei die Milch als Injektionsmasse wenig zu empfehlen, weil sie stets häßlichere Bilder liefere und daher nur im Notfalle zu benutzen sei.

Ebenso wenig günstige Resultate liefern Injektionen mit der von mehreren Seiten angegebenen Masse aus Gummi arabicum. In entsprechender Weise gefärbt (Zinnober) wurde dasselbe schon von BERRES zu Injektionen von Capillaren angewandt und demselben dann eine Harzmasse zur Füllung der gröberen Gefäße nachgeschickt. VOGT und YUNG verwenden eine konzentrierte, filtrierte und mit Chromgelb, Zinnober oder Berlinerblau gefärbte Lösung von arabischem Gummi und fixieren dieselbe durch Einlegen der Präparate in Alkohol.

Für makroskopische Zwecke ist diese Masse allenfalls noch brauchbar, nicht aber für mikroskopische Präparate, da das Gummi durch den Alkohol weiß wird und so hart, daß es unter dem Messer des Mikrotoms knirscht. Überdies erstarrt die Masse in den Gefäßen bei der Härtung sehr ungleichmäßig und es finden, wie die Autoren selbst angeben, Kontinuitätsunterbrechungen statt.

Die gleichen Nachteile treten auch bei der von BJELOUSSOW so sehr gerühmten, aus Gummi arabicum und Borax hergestellten Masse auf.

Inwieweit die von JACHTSCHINSKY, RIFFEL und ROBINSON angegebenen Massen mit Natrium- resp. Kaliumsilicat sich zu mikroskopischen Injektionen eignen, entzieht sich der Erfahrung. Für makroskopische Präparate werden die Massen sehr gelobt.

Von den kaltflüssigen erstarrenden Massen dürften sich die Massen mit Eiweiß und Serum und die neuerdings von TANDLER angegebene kaltflüssige Gelatinemasse noch am meisten bewähren. LAUTH, STRAUSS-DURCKHEIM, JOSEPH und GROSSER rühmen die Eiweißmassen außerordentlich, ebenso HAMBURGER und HOFMANN, weniger günstige Urteile über dieselben fällen ROBIN und VOGT und YUNG, weil, wie sie behaupten, die Masse die Gewebe nach der Fixierung nicht kontinuierlich ausfülle und daher den Präparaten ein häßliches Aussehen verleihe. Diese ungünstigen Urteile sind wohl hauptsächlich den Bildern zuzuschreiben, welche bei der Fixierung mit Alkohol entstehen. Mit Hilfe unserer modernen Fixierungsreagenzien dürfte die Koagulation des Eiweißes wohl gleichmäßiger ausfallen.

Zur Bereitung der Masse wird entweder Hühnereiweiß oder Blutserum benutzt, welche mit einem in Wasser löslichen oder unlöslichen, feinkörnigen Farbstoffe versetzt werden. Zur Fixierung der Injektionspräparate sind sämtliche Reagenzien außer Formol brauchbar, doch kann auch letzteres jedoch in Verbindung mit MÜLLERscher Flüssigkeit oder Pikrinsäure in Anwendung kommen (GROSSER).

BJELOUSSOW zählt neben der Billigkeit und leichten Handhabung seiner Masse eine Reihe von Vorzügen derselben auf, wonach die Masse eine geradezu universelle Anwendung finden könnte. Nach BJELOUSSOW eignet sie sich zum Injizieren von verschiedenen gefäßartigen Räumen, wie Drüsengängen, von lymphatischen Räumen, für Einstichinjektionen, vor allem aber für Blutgefäße bei niederen und höheren Tieren. Die Masse besteht aus Borax und Gummi arabicum. Von jedem wird gesondert eine konzentrierte Lösung hergestellt und beide in dem Verhältnis von einem halben Gewichtsteil Borax auf ein Gewichtsteil Gummi miteinander vermischt. Es entsteht eine gelatinöse zähe Masse, die in Wasser fast unlöslich ist. Um die Masse zur Injektion brauchbar zu machen, wird dieselbe unter allmählichem Zusatz von gewöhnlichem (nicht destilliertem) Wasser geknetet und ein- oder mehrmals durch eine feine Leinwand gepreßt. Die auf diese Weise erhaltene Masse läßt sich in diesem Zustand nach Belieben mit Wasser verdünnen und auf den gewünschten Grad der Konsistenz bringen. Die fertige Injektionsmasse kann dann mit trockenen Mineralfarben verrieben oder mit gelösten Pflanzenfarben je nach dem Ziele und den Erfordernissen der Injektion versetzt werden. Die injizierten Präparate werden alsdann in Spiritus aufbewahrt. Spiritus macht die Masse aufquellen (!), aber unlöslich. Nur in schwacher Essigsäure ist dieselbe löslich und kann auch mittelst dieser aus den Gefäßen wieder entfernt werden. Die Masse fließt beim Anschneiden aus den Gefäßen nicht aus, wird aber auch nicht hart und brüchig (!)

Eiweißmassen. LAUTH schreibt: „Eine sehr weit vordringende Masse besteht aus Eiweiß, welches man durch Zusatz von etwas Wasser flüssiger macht und mit einer recht fein gepulverten Farbe färbt. Die Masse wird sogleich fest, wenn man das Präparat in Weingeist bringt."

Nach STRAUSS-DURCKHEIM mischt man 1 Teil Eiweiß mit 2 Teilen Wasser, schüttelt tüchtig und läßt die Lösung 24 Stunden ruhig stehen. Alsdann seiht man sie durch Leinwand durch, färbt sie und injiziert. Die Präparate werden nach der Injektion in eine das Eiweiß ausfällende Flüssigkeit getan. Zur Färbung dienen Indigo, Berlinerblau, Carmin. Krapplack, Indischgelb. Die Masse läßt sich in gelöstem oder getrocknetem Zustande lange Zeit aufbewahren.

JOSEPH empfiehlt zur Injektion von Blutgefäßen von wirbellosen Tieren filtriertes Hühnereiweiß, mit oder ohne Zusatz der gewöhnlichen 1—5%igen Carminlösung. Zu den Vorzügen der Masse gehört, daß sich die injizierten Präparate in verdünnter Salpeter-, Chrom- oder Osmiumsäure fixieren lassen.

GROSSER. Da die meisten kaltflüssigen Massen, die den warmflüssigen in vieler Beziehung vorzuziehen sind, nur eine sehr beschränkte Auswahl in den Fixierungsmitteln zulassen, so empfiehlt GROSSER Tusche, welche in Hühnereiweiß suspendiert wird, damit ein Verstreuen der Körnchen auf der Schnittfläche vermieden wird. Das Verfahren ist folgendes: „Das Eiweiß wird vom Dotter getrennt, wie zur Darstellung von Aufklebe-Eiweiß mit einem Stabe kurze Zeit geschlagen und dann 12- 24 Stunden durch trockenes Filtrierpapier filtriert. Zusatz von Campherstückchen ist vorteilhaft, weil sich dann das Filtrat einige Tage brauchbar erhält; Thymol ist weniger zu empfehlen. Mit dem Filtrat wird dann, wie dies TAGUCHI für seine wässerige Masse beschreibt, ein Stück Stangentusche auf einem feinen Reibsteine oder einer matten Glasplatte angerieben, wobei man zweckmäßig immer nur einige Tropfen auf die Glasplatte gießt und verreibt, bis die Masse da, wo sie in ganz dünner Schicht ausgestrichen ist, dunkelgrau und etwas dickflüssiger wird oder, nach TAGUCHI, bis sie, „auf dünnes gutes Löschpapier getropft, zusammenhält und keinen grauen Ring um den Tropfen entstehen läßt". Die Konzentration darf nicht zu weit getrieben werden, weil sonst das Bindemittel zu fein verteilt wird, um die Körnchen noch zusammenzuhalten, und beim Schneiden doch Streuung eintritt. Diese kleinen angeriebenen Mengen werden direkt in der Spitze gesammelt." Als Spritze dient eine kleine Schraubenspritze mit feinen Kanülen wie für feine Injektionen mit TEICHMANNscher Masse. Die Tuschstange muß nach dem Gebrauche abgewischt werden, da beim Eintrocknen der Flüssigkeit die oberflächlichen Teilchen leicht abspringen und die Spritze wie auch die Gefäße leicht verstopfen. Außer in Formollösung, welche nur in Verbindung mit MÜLLERscher Flüssigkeit oder Pikrinsäure anwendbar ist, gerinnt die Masse in allen gebräuchlichen Fixierungsflüssigkeiten. Es lassen sich mit derselben die verschiedensten Organe gut und leicht injizieren mit Ausnahme der Leber, in welcher sich die Tuschkörnchen ganz unregelmäßig niederschlagen.

VASTARINI-CRESI fixiert die nach GROSSER injizierten Präparate in einer Mischung von Alkohol 75% = 100, Formalin 10, Pikrinsäure bis zur Sättigung.

HOFMANN (01, 08) empfiehlt statt Eiweiß Blutserum, weil es leicht in großer Menge zu beschaffen ist und leicht filtriert.

HAMBURGER mischt käufliche flüssige Tuschelösung (Perltusche von GÜNTHER und WAGNER) mit der Eiweißlösung im Verhältnis von 1:1 oder auch mit Pferde- oder Rinderserum im Verhältnis von 2:3.

Über die kaltflüssigen Gelatinemassen von JOSEPH, FOL und TANDLER ist unter den Leimmassen nachzulesen.

Leimmassen.

Historisches. Nicht lange nach der Einführung der Wachs- und Fettmassen in die anatomische Technik beschrieb ROUHAULT als erster eine Leimmasse zur Injektion der Gefäße. Die Idee hierzu hatte er von MÉRY (Professor der Anatomie am Hôtel-Dieu in Paris, gestorben 1722) erhalten, nachdem er zuvor bereits verschiedene andere Injektionsverfahren versucht hatte, ohne, wie es scheint, zu dem gewünschten Resultate gelangt zu sein. Die ersten guten Erfolge erzielte er mit der neuen Masse bereits im Jahre 1716. Trotzdem veröffentlichte er seine Methode nicht, weil er seine Injektionen für geringwertiger hielt als diejenigen von RUYSCH. Die Publikation der Methode erfolgte erst im Jahre 1718. Hiernach bestand seine Masse aus Genter Leim und Fischleim (colle de Gand et colle de poisson). Nähere Angaben über die Quantität des Leims und die Färbung desselben fehlen in der kurzen Mitteilung. Doch hat ROUHAULT offenbar schon verschiedene Farbstoffe benutzt, da er doppelte Injektionen ausführte: „J'ai injecté les veines et les artères de differentes couleurs, ce que l'on n'avait pas encore fait."

In den folgenden Jahren haben sich die Leimmassen in der anatomischen Technik nur wenig Eingang verschafft, was wohl hauptsächlich daran gelegen haben mag, daß sich dieselben für trocken aufzubewahrende Präparate durchaus ungeeignet erwiesen. Schon MONRO weist darauf hin, daß die Leiminjektionen nach dem Austrocknen unscheinbar und runzlig werden und überdies zu langsam erstarren („man kann den Körper nicht so lange aufbewahren, bis der Leim sich verdickt hat"). Daher rät MONRO, wie es später auch VOIGT und BERRES getan haben, nur die feineren Gefäße, die sich mit Leimmassen sehr gut füllen lassen, mit diesen zu injizieren und dann eine Wachsmasse (VOIGT und BERRES benutzten Harzmassen) nachzuschicken. In den älteren anatomischen Techniken (FISCHER, SHAW) findet man die Leimmassen auch nur unter den „feinen" oder „zarten" Injektionsmassen angeführt, weil mittelst derselben immer nur feinere Gefäße gefüllt wurden. Trotzdem haben jene Injektionsmassen bei mikroskopischen Untersuchungen eine nur beschränkte Anwendung gefunden, weil dieselben ausschließlich mit opaken Farbstoffen zubereitet waren, die eine Betrachtung der Präparate nur bei auffallendem Lichte und schwachen Vergrößerungen zuließen.

Einen wesentlichen Fortschritt bedeutete daher die Einführung von transparenten Farbstoffen in die Leimmassen. Wie in dem folgenden, von den transparenten Massen handelnden Abschnitt noch näher ausgeführt werden wird, hat GERLACH als erster die durchscheinende Carminmasse und fast gleichzeitig mit diesem SCHROEDER VAN DER KOLK eine blaue Masse zu Injektionen angewandt. Seitdem sind diese Massen noch wesentlich vervollkommnet und noch mehrere andere Farbstoffe zur Färbung eingeführt worden.

Verwendung der Leimmassen. Die Verwendbarkeit der Leimmassen ist keine so vielseitige wie die der kaltflüssigen wässerigen Massen. Infolge ihrer höheren Konsistenz eignen sie sich nicht zur Injektion von feinen Drüsengängen sowie von Lymphgefäßen. Für die Injektion der Blutgefäße muß auch noch insofern eine Einschränkung gemacht werden, als sich mit den warmen Leimmassen nur frisch getötete warmblütige Tiere gut injizieren lassen. Bei Leichenteilen von Tieren und Menschen, die stets erst behufs Injektion mit warmen Leimmassen vorgewärmt werden müssen, sind die Injektionsresultate weniger günstig. Bei wechselwarmen Wirbeltieren sowie überhaupt bei niederen Tieren, bei denen eine Erwärmung infolge der eintretenden Muskelstarre unausführbar ist, wird man von dem Gebrauche der warmen Leimmassen am besten absehen.

Bereitung des Vehikels. Nach MONRO sind alle Sorten von Leim zur Bereitung von Injektionsmassen anwendbar. Fischleim, der meist aus Hausenblase bereitet wurde, ist in der modernen Technik fast ganz verlassen worden, derselbe wurde angewandt von ROUHAULT, MONRO, SHAW, BERRES, STRAUSS-DURCKHEIM und BRECHET, neuerdings wieder von SKODA. Am häufigsten benutzte man früher Tischlerleim, von denen der Genter Leim (ROUHAULT) und der Kölner Leim (VOIGT) wohl nur eine bessere Sorte darstellen. Neuerdings wird speziell zur Bereitung der transparenten Massen nur noch Gelatine benutzt. Die früher käuflichen Leimsorten waren für diese Massen nicht verwertbar, weil dieselben zu unrein und zu intensiv braun waren. Die jetzt im Handel vorhandenen feineren Leimsorten würden sich zu den Massen wohl ebenso gut eignen wie Gelatine. Von letzterer verwendet man meist die unter dem Namen „französische Gelatine“ käufliche Sorte, nur FOL empfiehlt die zu photographischen Zwecken dienende Gelatine SIMEONS.

Bezüglich der Menge des zur Masse benutzten Leims, resp. der Gelatine lauten die Angaben der Autoren außerordentlich verschieden. In der Tat ist es auch schwer zu bestimmen, wieviel Leim zu einer Masse genommen werden soll. Man läßt daher besser das Gewichtsverhältnis des Leims außeracht und richtet sich nach der Konsistenz der Leimlösung. Im allgemeinen wird man sich stets eine konzentriertere Lösung bereiten, weil dieselbe ja durch den Zusatz von in Wasser suspendierten oder gelösten Farbstoffen dann noch genügend verdünnt wird. Sollte die Masse dennoch zu dickflüssig sein, so kann derselben immer noch etwas Wasser zugesetzt werden. Vor zu großer Verdünnung ist zu warnen, weil solche Massen nach der Fixierung zu sehr zusammenschrumpfen und unscheinbar werden. Konsistentere Massen sind stets vorzuziehen. Man erhält eine entsprechende Konsistenz der Masse, wenn man bei der Bereitung derselben den Leim oder die Gelatine höchstens 2 Stunden in Wasser aufquellen läßt (RANVIER läßt Gelatine nur $^1/_2$—1 Stunde quellen), das Wasser dann abgießt und den Leim in der Wärme löst. Läßt man Leim oder Gelatine 24 Stunden quellen, so nehmen dieselben zu viel Wasser auf, so daß die Masse dann zu dünnflüssig wird. Daß man speziell bei der Bereitung von transparenten Massen nur destilliertes Wasser benutzen darf, braucht kaum hervorgehoben zu werden.

Die meisten Autoren fügen außer den Farbstoffen keine weiteren Reagenzien, wie Glycerin, zu den Leimlösungen hinzu, und zwar wohl aus dem Grunde, weil ein Zusatz von Glycerin beim Injizieren selbst keinen nennenswerten Vorteil bietet und weil glycerinhaltige Massen sich noch schwerer aufbewahren lassen als glycerinlose. Indessen ist ein Zusatz von Glycerin nur zu empfehlen, weil dasselbe, wie wir sogleich sehen werden, bei der Konservierung der Massen, die heutzutage sehr gut möglich ist, von sehr günstigem Einfluß ist. ROBIN, welcher das Glycerin zuerst als Zugabe zu den Massen empfohlen hat, fügt der Leimlösung eine Quantität von Glycerin hinzu, welche der Hälfte des Gewichts des zur Lösung des Leims nötigen Wassers entspricht, und bereitet überdies die Farblösungen noch mit sehr viel Glycerin. Durch diese große Menge der letzteren wird die Injektionsmasse entschieden zu sehr verdünnt. Nach den Angaben von HOYER ist ein Zusatz von 5—10 Volumprozent Glycerin vollkommen ausreichend.

Konservierung der Leimmassen. Falls in einem Laboratorium häufiger Injektionen ausgeführt werden, ist es angenehmer und bequemer, stets verschiedenfarbige Massen zur Injektion in Bereitschaft zu haben, als dieselben jedesmal frisch herzustellen. Bevor eine gute Konservierungsmethode bekannt war, verzichteten die meisten Autoren auf den bei jeder Injektion übrig bleibenden Rest der Masse oder befolgten den Rat HYRTLS, sich immer nur so viel Masse zu bereiten, als zu einer Injektion notwendig sei, weil der Überschuß bald verderbe. Nur wenige Autoren haben sich mit der Konservierungsfrage näher beschäftigt und haben Ratschläge und Vorschriften erteilt, die sich jedoch nicht alle in der Praxis bewährt haben. Am wenigsten umständlich und dabei am sichersten ist die Konservierungsmethode von HOYER. Dieselbe beruht darauf, daß den Leimmassen, nachdem dieselben bereitet sind, Chloralhydrat in konzentrierter Lösung oder auch in Krystallen in einem Verhältnis von mindestens 2 Gewichtsprozenten hinzugesetzt wird. Das Chloralhydrat beeinträchtigt nicht im mindesten das Lösungsvermögen der Massen, nachdem sie starr geworden sind, verändert dieselben nicht, wirkt nicht schädlich auf die injizierten Gewebe und schützt die Masse jahrelang vor Fäulnis. Es ist auffallend, daß dieses Mittel bisher keine häufigere Verwendung gefunden hat.

Am einfachsten erscheint das Verfahren von FOL, wonach die fertige glycerinlose Leimmasse getrocknet wird. In diesem Zustande läßt sich die Masse nach den Angaben des Autors unbegrenzt lange aufbewahren. Wie jedoch Referent aus Erfahrung weiß, bleibt die Masse in dem getrockneten Zustande selbst in einem geschlossenen Gefäße auf die Dauer vor Verschimmelung nicht bewahrt und löst sich überdies selbst nach langdauernder Quellung sehr schwer.

FREY empfiehlt, die Gelatine bei der Bereitung der Masse in Wasser zu lösen, dem ein wenig Carbolsäure zugesetzt wird. Doch beeinträchtigt die Carbolsäure einerseits das Lösungsvermögen der Gelatine und verhindert andererseits wenigstens nicht auf die Dauer das Schimmeln derselben.

Ähnlich verfährt ROBIN, welcher die Gelatine in mit arseniger Säure versetztem Wasser löst und derselben noch nach ihrer Lösung einige Tropfen Carbolsäure hinzufügt. Um die Masse längere Zeit aufzubewahren, füllt ROBIN dieselbe in eine größere weithalsige Flasche, so daß über dem Niveau der Masse noch ein beträchtlicher Raum frei bleibt. An dem gut schließenden Stopfen wird ein kleiner Schwamm angebracht, der mit Alkohol und Terpentin getränkt wird. Der Schwamm darf jedoch die Masse nicht berühren. Diese Art der Aufbewahrung erscheint ganz rationell, doch fehlen dem Referenten darüber eigene Erfahrungen.

Weniger gut ist die Konservierungsmethode von HARTING, der die Gelatinemasse in einer Flasche unter Alkohol aufbewahrt. Hierdurch wird die Lösung der Masse sehr erschwert, weil dieselbe erst durch vielfaches Auswässern von dem Alkohol befreit werden kann.

THIERSCH fügt dem Lösungswasser der Gelatine schwefelsaures Chinin zu, und zwar 0,25 *g* auf 60 *g* trockenen Leims. Außerdem läßt er in der erwärmten Leimsolution Campherstücke sich lösen (ebenso KRAUSE) und setzt zu der fertigen Injektionsmasse noch einige Campherstücke hinzu. Schließlich legt er auf die bereits erstarrte Masse noch Campher. Auch diese Aufbewahrungsmethode ist nicht sicher, da weder Chinin noch Campher auf die Dauer vor Fäulnis schützen.

TANDLER setzt seiner kaltflüssigen Jodkalium-Gelatinemasse einige Thymolkrystalle zur Konservierung hinzu. Der wirksame, die Fäulnis aufhaltende Bestandteil ist in diesem Falle wohl das Jod, welches, wenigstens dem Geruche nach zu urteilen, in geringen Mengen frei wird.

Fixierung der Injektionspräparate. Das gebräuchlichste Fixierungsmittel für Leiminjektionspräparate ist Alkohol. Da es bei der Fixierung derartiger Präparate weniger auf die feinere Struktur der Gewebe, als vielmehr auf die Verteilungsart der Gefäße ankommt, und da die Präparate stets nur in dickeren Schnitten und mit schwachen Vergrößerungen betrachtet werden, so ist diese Methode der Fixierung auch am meisten zu empfehlen. Außer dem Alkohol käme noch das Formol in Betracht.

Opake Massen.

Farbstoffe für opake Massen. Die von den Autoren angegebenen Farbstoffarten sind sehr zahlreich. Aus leicht verständlichen Gründen werden diejenigen bevorzugt, welche die intensivste Farbe besitzen, am dauerhaftesten sind und die schärfsten Kontraste hervorrufen, d. i. die roten, gelben, weißen und schwarzen. Blaue oder grüne Farbstoffe werden seltener benutzt. Zu den gebräuchlichsten gehören Zinnober, Carmin, Chromgelb, Gummigutta, Blei- oder Zinkweiß, schwefelsaures Barium, Lampenschwarz, Kobaltblau und Berlinerblau.

Die käuflichen Farbstoffe, wie Zinnober, Kobaltblau müssen vor dem Gebrauch sehr fein zerrieben und dann noch am besten geschlemmt werden. Andere, wie Chromgelb, Berlinerblau und die weißen Farbstoffe werden auf den Rat der Autoren am besten stets frisch hergestellt, weil in den frisch gefällten Niederschlägen die Partikel am feinsten sind, sich dagegen bei längerem Stehen der ausgefällten Substanzen oder beim Trocknen derselben zu gröberen Körnern zusammenballen. Die frisch gefällten Farbstoffe werden mit Wasser flüchtig gewaschen und dann der Leimsolution zugesetzt. Einige Autoren verfahren auch in der Weise, daß sie die vorbereitete Leimlösung in 2 gleiche Volumina teilen und zu jedem derselben die entsprechenden Lösungen von Salzen hinzufügen. Durch Mischung der Leimsolutionen entsteht dann der Farbstoff in dieser selbst. Verschiedene trockene Farbstoffe, wie Indigo, Berlinerblau, Gummigutta, Lampenschwarz müssen nach der Vorschrift von LAUTH mit ein wenig Alkohol angerieben werden, weil dieselben sich im Wasser zu sehr zusammenklumpen.

Will man ganz sicher gehen, so seiht man die Masse nach Zusatz der Farbstoffe durch feinen Mousselin vor dem Gebrauche durch.

Für die Quantität der zu der Leimlösung zuzusetzenden Farbstoffe lassen sich ebensowenig wie für die Konzentration der Leimlösung bestimmte Verhältnisse aufstellen. Man wird im allgemeinen so viel Farbstoff zusetzen, daß die Masse intensiv gefärbt erscheint. Ein Überschuß von Farbstoff schadet weniger als ein zu geringer Zusatz. Daher raten auch SHAW und VOIGT z. B. von Zinnober „sehr viel“ zum Leime hinzuzufügen.

Die im folgenden aufgeführten speziellen Vorschriften zur Bereitung der opaken Leimmassen sind nach der Häufigkeit des Gebrauches der Farbstoffe geordnet.

Rote Massen. SHAW empfiehlt für feine Injektionen, besonders von mukösen Membranen, Darmschleimhaut, Nieren, Hoden, Nase, Knochen durchsichtigen Leim aus Pergamentspänen oder auch Fischleim, welchen er im Wasserbade schmilzt, durchseiht und dann stark mit Zinnober rötet. Man darf mit der Masse keinen ganzen Körper injizieren, sondern nur Teile desselben. Aufbewahrung der Präparate in Spiritus.

LAUTH sagt: „Die eindringendste Injektionsmasse, welche ich kenne und deren ich mich gewöhnlich bediene, ist feiner in Wasser aufgelöster Leim.“ 1 Gewichtsteil Leim läßt man in 3 Gewichtsteilen Wasser 24 Stunden aufweichen und verflüssigt ihn dann in der Wärme. Zu einem Pfund Leimmasse verwendet man $3^1/_2$ Unzen = 102.31 *g* Zinnober.

STRAUSS-DURCKHEIM empfiehlt für feinere Massen Gelatine, von welcher man im Sommer 12 Teile auf 100 Wasser, im Winter 7 auf 100 nimmt. Die beste Leimmasse erhält man aus Fischleim, den man vor dem Gebrauche in mehrmals gewechseltem Wasser aufquellen läßt. Zur Färbung desselben benutzt S. Carmin und Krapplack.

HYRTL läßt 4 Lot = 62,48 *g* feinen Tischlerleims durch 24 Stunden in Wasser weichen und löst denselben dann in einem halben Quart = 0,57 *l* destillierten Wassers. Als Farbstoff eignet sich am besten sehr fein zerriebener Zinnober.

BEALE nimmt 1 Unze = 31,10 *g* Gelatine auf 12 Unzen = 373,24 *g* Wasser und färbt mit Zinnober.

HARTING rät, konzentrierte Leimlösungen aus feinem Leim oder Gelatine zu bereiten (1 Teil Leim auf 4 Teile Wasser), die dann nach Belieben verdünnt werden können. Als Farbstoffe benutzt er rotes Schwefelantimon, Quecksilberjodid, basisch chromsaures Blei und Zinnober.

Das rote, frisch bereitete Schwefelantimon ist sehr feinkörnig, nur wirkt das immer darin vorhandene Schwefelwasserstoffgas nachteilig auf die messingenen Spritzen. Man nimmt 1 Teil davon auf 12 Teile Wasser, zerreibt dasselbe tüchtig und läßt es sich in einem Spitzglase absetzen. Sobald sich ein Drittel davon abgesetzt hat, vermischt man den im Wasser suspendierten Rest mit 12 Teilen konzentrierter Leimlösung. Das Quecksilberjodid wird in folgender Weise bereitet: „*a)* 1 Unze $5^1/_3$ Drachmen (= 48,72 *g*) Quecksilberchlorid werden in Wasser gelöst, so daß das Ganze dem Volumen von 32 Unzen (= 935,42 *g*) gleichkommt. *b)* 2 Unzen = 58,46 *g* Jodkali werden in Wasser gelöst, so daß das Ganze dem Volumen von 8 Unzen (= 233,86 *g*) Wasser gleichkommt. Zur Injektion werden 4 Maßteile der Solution *a*, 1 Teil der Solution *b* und 4 Teile der konzentrierten Leimsolution gemischt." In den feinsten Gefäßen erscheint die Masse allerdings gelb.

Das basisch chromsaure Blei hat zwar eine sehr lebhafte Farbe, zu feinen Injektionen ist es indessen zu grobkörnig und zu schwer.

Von den roten Farbstoffen ist Zinnober am meisten zu empfehlen. Derselbe muß fein zerrieben und geschlemmt werden, nachteilig wirkt seine Schwere. 1 Teil chinesischen Zinnobers wird mit 8 Teilen Wasser zusammengerieben. Man läßt dann das Gemenge einige Augenblicke in einem Spitzglase stehen, bis sich etwa $1/3$ Zinnober abgesetzt hat. Die darüber stehende Flüssigkeit wird mit 8 Teilen konzentrierter Leimlösung vermischt.

Frey. Eine feine Sorte Zinnober wird, mit kleinen Quantitäten beginnend, in einer Reibschale unter allmählichem Zusatz von Wasser möglichst sorgfältig verrieben. Zur Erhöhung des Colorits kann man ein wenig Carmin mit verreiben. Der Farbstoff wird alsdann in eine warme Leimlösung eingetragen. Anfänger nehmen oft zu wenig Farbstoff. „Eine gute Zinnoberinjektion muß ein zusammenhängendes korallenartiges Rot ergeben." Vor dem Gebrauch muß die Masse gut umgerührt werden, weil sich der Zinnober wegen seiner Schwere schnell absetzt.

Robin nimmt 50 *g* Gelatine auf 300 *g* Wasser, in welchem arsenige Säure gelöst ist; sobald die Gelatine im Wasserbade geschmolzen ist, fügt man 15 *g* Glycerin und einige Tropfen Carbolsäure hinzu. Färbung mit Zinnober.

Davies empfiehlt Leim, Gelatine oder Leim aus Pergamentspänen. Als Farbstoff wird fein zerriebener und geschlemmter Zinnober im Verhältnis von 1 : 8 Leimlösung zugesetzt.

Mall injizierte die Magengefäße mit einer mit Zinnober gesättigten Gelatinelösung, welche jedoch nur zur Injektion der gröberen Gefäße benutzt wurde, da dieselbe in die Capillaren nicht eindringt. Bei doppelten Injektionen wurde zuerst mit Berlinerblaugelatine injiziert und dann sogleich durch die Arterien die Zinnobermasse unter sehr hohem Druck nachgeschickt.

Rand benutzt für feine Gefäße eine Gelatinemasse, für gröbere eine Mischung von 75 Vol. geschmolzener Gelatine, 22 Vol. Kornstärke und 3 Vol. Farbstoff. Eine weichbleibende Masse zur Injektion von Glycerinpräparaten verfertigt Skoda aus 2 Teilen Fischleim, 1 weißen Dextrins und 0,5—1,0 Farbstoff.

Gelbe Massen. Bezüglich der von den Autoren angewandten Quantitäten von Leim oder Gelatine sowie über deren Zubereitung gelten die gleichen Vorschriften wie für die roten Massen.

Lauth benutzt $2^1/_2$ Unzen = 73,08 *g* Gummigutta oder Königsgelb (Chromgelb).

Strauss-Durckheim: Indischgelb.

Beale bereitet sich das Chromgelb stets frisch aus Bleiacetat und doppelt chromsaurem Kalium. Der feine Niederschlag wird mit warmem Wasser gewaschen und hierauf dem Leim zugefügt.

Harting bereitet seine gelbe Masse, die von Frey als zweckmäßig befunden wird, in folgender Weise: *a)* 4 Unzen $1^1/_3$ Drachme = 121,80 *g* essigsaures Blei werden in soviel Wasser gelöst, daß das Ganze dem Volumen von 16 Unzen = 467,711 *g* gleichkommt; *b)* 2 Unzen, 1 Drachme und 28 Gran doppelt chromsaures Kalium werden in soviel Wasser gelöst, daß das Ganze das Volumen von 32 Unzen = 935,42 *g* Wasser erreicht. Zum Anfertigen der Injektionsmasse nimmt man 1 Maßteil der Lösung *a*, 2 der Lösung *b* und 2 einer konzentrierten Leimsolution. Zuerst mischt man in einem besonderen Gefäße die beiden Salzlösungen, rührt die Mischung stark um und gießt sie alsdann in die Leimlösung. Die angegebene Ordnung muß eingehalten werden, weil sonst nicht alles Blei präzipitiert wird. Ferner darf die erste Mischung nicht lange stehen bleiben, weil das Präzipitat sonst grobkörnig wird.

Frey hält das Chromgelb für den besten und am leichtesten zu handhabenden Farbstoff unter allen opaken. Er löst 36 Gewichtsteile Bleizucker in 60 *ccm* Wasser und 15 Gewichtsteile doppelt chromsaures Kalium in 60 *ccm* Wasser, mischt die Lösungen, läßt absetzen, wäscht den Niederschlag mit destilliertem Wasser und trägt denselben in die Leimlösung ein. Ebenso verfahren v. Thanhoffer und Fol, der 60 Gewichtsteile Bleiacetat und 24 doppelchromsaures Kalium auf je 100 *ccm* Wasser nimmt.

Robin färbt die Gelatine entweder mit pulverisiertem Chromgelb oder mit Cadmiumsulfür. Letzteres bereitet er sich nach folgender Vorschrift: 40 *ccm* einer konzentrierten Lösung von Cadmiumsulfat und 50 *ccm* Glycerin werden mit 30 *ccm* einer konzentrierten Lösung von Schwefelnatrium und 50 *ccm* Glycerin gemischt, worauf sich das ausgefällte Cadmiumsulfür alsbald senkt. Von der gut durchgeschüttelten Mischung wird 1 Teil zu 3 Teilen der Leimsolution hinzugefügt. Wegen der Feinkörnigkeit ist diese Masse der Chromgelbmasse überlegen, trotzdem aber nicht transparent.

Davies mischt 1 Teil käuflichen Chromgelbs mit 6 Teilen Leimlösung oder bereitet die gelbe Masse nach folgenden Vorschriften: Bleiacetat 380 Gran = 22,54 *g*, doppelt chromsaures Kalium 152 Gran = 9,26 *g*. Leim 8 Unzen = 233,86 *g*. Man löst das Bleiacetat in der warmen Leimlösung und setzt das fein gepulverte doppelt chromsaure Kalium hinzu; oder man nimmt Bleiacetat 190 Gran = 11,57 *g*, neutrales Kaliumchromat 100 Gran = 6,09 *g*, Leim 4 Unzen = 116,93 *g*.

Weiße Massen. LAUTH fügt zur Leimsolution $3^1/_2$ Unzen = 102 *g* Bleiweiß oder Zinkblüte.

BEALE empfiehlt Bleiweiß, welches man sich am besten frisch aus Bleiacetat und Natriumcarbonat bereitet. Der Niederschlag wird ausgewaschen und der Leimlösung zugefügt.

HARTING gibt für kohlensaures Blei folgende Vorschrift: *a)* 4 Unzen $1^1/_3$ Drachme = 121,8 *g* Bleiacetat werden in Wasser gelöst, daß das Ganze dem Volumen von 16 Unzen = 467,71 *g* Wasser gleichkommt; *b)* 3 Unzen $1^1/_3$ Drachme = 92,57 *g* kohlensaures Natron werden in Wasser gelöst, daß das Ganze auch wieder 16 Unzen = 467,71 *g* Wasser gleichkommt. Zur Injektionsmasse nimmt man 1 Maßteil der Lösung *a*, 1 Teil der Lösung *b* und 2 Teile einer konzentrierten Leimsolution. Diese frisch bereitete Masse dringt besser ein. als eine mit käuflichem Bleiweiß hergestellte. Für gewisse Injektionen bewährte sich H. eine mit Zinkoxyd bereitete Leimmasse besser. 1 Teil Zinkoxyd auf 12 Teile Wasser und 12 Teile einer konzentrierten Leimlösung.

FREY meint: „Eine brauchbare weiße Masse läßt sich nur schwer erhalten, indem die meisten viel zu grobkörnig auszufallen pflegen.“ Leidliche Injektionen hat F. mit fein zerriebenem Zinkweiß erhalten, doch empfiehlt er mehr das schwefelsaure Barium, welches er sich folgendermaßen herstellt: Aus einer kalt gesättigten Lösung von etwa 120—180 *g* Chlorbarium wird in einem Glascylinder durch sorgsamen Zusatz von Schwefelsäure schwefelsaures Barium ausgefällt. Nach längerem Stehen wird die klargewordene Flüssigkeit vom Bodensatz abgegossen und dieser etwa zu dem gleichen Volumen einer konzentrierten Leimlösung zugefügt.

ROBIN benutzt als weiße Farbe Silberweiß (Bleicarbonat).

DAVIES nimmt Bleiweiß im Verhältnis von 1 auf 5 Teile Leimlösung. Das Bleiweiß stellt er sich in folgender Weise dar: Bleiacetat 190 Gran = 11,57 *g*. Kaliumcarbonat 83 Gran = 5.05 *g* oder Natriumcarbonat 143 Gran = 8,71 *g*, Leim 4 Unzen = 116.93 *g*. Das Bleiacetat wird in der warmen Leimlösung gelöst und durch Flanell geseiht. In einer kleinen Quantität Wasser wird das Kalium- oder Natriumcarbonat gelöst und dem Leim zugesetzt.

TOMSA und MALL benutzten zu ihren Injektionen Leim mit schwefelsaurem Barium.

Schwarze Massen. LAUTH nimmt 1 Unze = 29.23 *g* Lampenschwarz zu seiner Leimlösung, DAVIES 1 Teil Lampenschwarz auf 12 Teile Leimlösung.

EICHLER benutzt die von GRÜBLER in Leipzig bezogene Masse aus Kienruß und Leim.

SPALTEHOLZ: Zur Untersuchung der Gefäße in den Muskeln injiziert S. bei einem Drucke von 80 *mm* Hg zuerst eine Carminmasse und darauf bei 180 *mm* Hg eine aus Tusche, resp. Lampenruß bereitete Masse.

Blaue Massen. LAUTH fügt zu seiner Leimlösung 2—3 Unzen = 58—87 *g* Indigo oder 4 Unzen = 116 *g* Berlinerblau hinzu. STRAUSS-DURCKHEIM empfiehlt Indigo und Berlinerblau, ROBIN Berlinerblau.

DAVIES nimmt 1 Teil feine Smalte (Kobaltblau) auf 3 Teile Leimlösung.

SPALTEHOLZ (1893) injiziert mit einer $10^0/_0$igen Lösung von feinster französischer Gelatine, der er Ultramarin im Verhältnis von 30:100 zusetzt. Eine solche Masse passiert die Capillaren nicht.

Grüne Massen. HARTING mischt eine blaue und eine gelbe Masse zusammen. „Solche Gemenge fallen aber niemals schön aus, und nur im Notfalle wird man zu ihnen greifen.“

ROBIN zieht einer Mischung von Gelb und Blau das SCHEELEsche Grün vor, welches er sich in folgender Weise bereitet: 80 *ccm* einer konzentrierten Lösung von arseniksaurem Kalium werden zunächst mit 50 *ccm* Glycerin gemischt und ferner werden 40 *ccm* einer konzentrierten Lösung von Kupfersulfat mit 50 *ccm* Glycerin gemischt. Die beiden Lösungen werden zusammengegossen und zur Leimlösung zugesetzt. Die mit diesem Farbstoffe ausgeführten Injektionen sind nicht so elegant wie die roten, gelben und blauen, weil die Farbe weniger intensiv ist. Man muß dem Leim daher mehr Farbstoff zufügen, wodurch die Masse sehr opak wird. ROBIN führt die grüne Masse unter den transparenten an.

Transparente Massen. Mit dem Namen der transparenten Massen bezeichnet man diejenigen, welche den dem Leime zugesetzten Farbstoff in vollkommen gelöstem oder wenigstens in so fein verteiltem Zustande enthalten, daß sich die Massen bei durchfallendem Lichte homogen oder wenigstens durchscheinend darstellen. Die transparenten Massen eignen sich zu mikroskopischen Untersuchungen unvergleichlich besser als die opaken, weil sie selbst in dicken Präparaten eine hinreichend große Menge Licht durchlassen und daher einen besseren Einblick in die Verteilung der Gefäße gestatten. Die Plastizität der Gefäße, die bei der Betrachtung von mit opaken Massen injizierten Präparaten und bei auffallendem Lichte sehr deutlich hervortritt, geht bei transparenten Massen allerdings verloren, dagegen hinterlassen letztere, wie die Autoren hervorheben, namentlich bei Demonstrationspräparaten wegen ihres schönen Aussehens einen bleibenden Eindruck.

Über die Qualität und Bereitung des Vehikels ist bereits in der Einleitung zu dem Abschnitte über Leimmassen das Nötige angeführt. Auch bezüglich der Konservierung der transparenten Massen und der Fixierung der Präparate gilt das oben Gesagte. Nur den Farbstoffen soll hier eine kurze Besprechung gewidmet werden, weil von deren Zubereitung die Güte der Massen in hohem Grade abhängig ist.

Farbstoffe für transparente Massen. Von roten Farbstoffen ist das gelöste Carmin bei weitem am häufigsten zur Färbung der Leimmassen benutzt worden. Dasselbe hat sich auch am besten bewährt und übertrifft andere rote von den Autoren empfohlene Farbstoffe an Schönheit und Intensität der Farbe. Die Art und Weise, wie es am besten angewandt wird, soll unten noch genauer auseinandergesetzt werden. Von blauen Farbstoffen ist das wasserlösliche Berlinerblau respektive Pariserblau der geeignetste, obwohl es keineswegs so einfach ist, mittelst dieses Farbstoffes eine vollkommen homogene Masse herzustellen. Die diesbezüglichen Vorschriften sollen unten ausführlich angegeben werden. Von anderen Farbstoffen werden nur noch gelbe, grüne und braune benutzt, und zwar sind die gelben noch am meisten zu empfehlen, da dieselben die übrigen an Intensität der Farbe und Transparenz wesentlich übertreffen. Am geeignetsten erweist sich die mit reduziertem Silber hergestellte Masse von HOYER und die halbtransparenten mit Chromgelb bereiteten Massen.

Bereitung der transparenten Carminmasse. Das Carmin wurde von GERLACH nicht nur in die mikroskopische Tinktionstechnik, sondern auch in die Injektionstechnik eingeführt. Da das von ihm zur Injektionsmasse benutzte Carmin ein transparenter Farbstoff war, so knüpft sich an den Namen GERLACHs auch die Einführung der transparenten Injektionsmassen überhaupt.*)

Bei der Bereitung der roten Masse verfährt man im allgemeinen in der Weise, daß eine Quantität von Carmin mit etwas Wasser angefeuchtet und alsdann in Ammoniak gelöst wird. Hierauf kann die Lösung der Gelatinesolution zugesetzt werden. Da aber die Carminlösung, resp. die damit versetzte Gelatinelösung mehr oder weniger alkalisch ist, so diffundiert dieselbe leicht durch die Gefäßwände, was offenbar schon von GERLACH beobachtet worden ist, da er von der Färbung der Kerne spricht. Es ist deshalb notwendig, die Masse möglichst neutral zu machen, was von den verschiedenen Autoren in der verschiedensten Weise erreicht worden ist. Die meisten neutralisieren entweder die Carminlösung oder die Carminleimmasse durch Zusatz von verdünnter oder konzentrierter Essigsäure, was, wie aus den zahlreichen Vorschriften hierfür hervorgeht, keineswegs einfach ist. Bei der Neutralisierung wird nämlich der richtige Grad zu leicht überschritten, die Lösung wird dann schwach sauer und das Carmin fällt allerdings sehr fein verteilt körnig aus. Andere Autoren, wie THIERSCH, STEIN, HOYER, erzielen die Neutralisation einfach durch Verdunstenlassen des Ammoniaks. Es ist dies zweifellos die sicherere und eine nach den Erfahrungen des Referenten ganz untrügliche Methode. Nach HOYERS Angabe verfährt man dabei folgendermaßen: Die ammoniakalische Carminlösung wird in einer Kolbenflasche im Sandbade so lange erwärmt, bis sich das überschüssige Ammoniak verflüchtigt hat. „Solange noch freier Ammoniak vorhanden ist, bilden sich beim Sieden große Blasen in der Flüssigkeit, und letztere zeigt die gewöhnliche dunkel-purpurrote Färbung des carminsauren Ammoniaks; ist dagegen das ungebundene Ammoniak verflüchtigt, so zeigen sich kleine

*) GERLACH hat die Vorschrift für seine Injektionsmasse selbst nicht veröffentlicht. In seiner Arbeit: „Beitrag zur Strukturlehre der Windungen des Kleinhirns" sagt er: „Bereits vor 4 Jahren (also 1854) wurde ich bei Untersuchung der Wandungen injizierter Gefäße darauf aufmerksam, daß die Kerngebilde den Farbstoff sehr begierig aufnehmen und sich in dieser Beziehung anders verhalten als Zellen und Intercellularsubstanz", und in der Fußnote zu „Farbstoff": „Der zu meinen Injektionen mit roter Farbe angewandte Farbstoff ist bekanntlich carminsaures Ammoniak."

Die Beschreibung der Bereitung der roten Injektionsmasse wurde erst 1863 von FREY in der ersten Auflage seines Handbuches mit Erlaubnis des Verfassers geliefert.

Bläschen und die ammoniakalische Verbindung beginnt sich zu zersetzen, infolgedessen die Lösung die mehr hellrote Nuance annimmt. Man läßt nun erkalten, absetzen und trennt schließlich mittelst Filtration den später zu neuer Lösung zu verwertenden hellroten Absatz von der ziemlich vollständig neutralen dunklen Flüssigkeit." Diese wird dann zu der Leimlösung hinzugefügt. Läßt man die Leimlösung erkalten und läßt dieselbe hierauf noch einige Tage (natürlich nach vorausgegangenem Zusatz von Glycerin und Chloralhydrat) in einem offenen Gefäße stehen, dann kann man sicher sein, daß der letzte Rest von Ammoniak sich verflüchtigt hat und daß keine Diffusion mehr stattbaben wird.

Flint rät behufs Neutralisation der Leimmasse genau titrierte Flüssigkeiten zu gebrauchen.

Konaschko bedient sich zur Feststellung der Neutralität der Carminleimmasse der Dialyse durch eine tierische Membran (Mesenterium vom Frosch). Es wird ein Stück weißes Schreibpapier mit Blutserum oder physiologischer Kochsalzlösung benetzt und darauf das Mesenterium ausgebreitet. Auf dasselbe gibt man einen Tropfen der warmen Carminmasse. Ist die Masse neutral, so bleibt das Papier ungefärbt.

Landau folgt dem Rate von Flint (siehe unten).

Will man sich die Mühe der Herstellung der neutralen Carminlösung ersparen, so kann man auch das von Hoyer empfohlene und von Grübler in Leipzig schon fertig zu erhaltende trockene Präparat von carminsaurem Ammoniak verwenden, das in Wasser gelöst und der Leimmasse zugesetzt wird. Doch liefert dieses keine so schönen gesättigten Farbentöne wie die frisch bereitete Lösung.

Bei Einhaltung dieser sehr einfachen Vorschriften bleibt die rote Masse stets vollkommen homogen.

Rote Leimmassen *a)* mit Carmin. Gerlachsche Carminmasse nach Frey zitiert: 7 *g* möglichst feinen Carmins werden mit 4 *g* Wasser und $^1/_2$ *g* Ätzammoniak gelöst. Das Gemisch bleibt mehrere Tage lang nicht luftdicht verschlossen stehen und wird dann mit einer Solution feiner, weißer, französischer Gelatine zusammengebracht. Diese enthält 6 *g* Gelatine auf 8 *g* Wasser. Dann fügt man einige Tropfen Essigsäure hinzu und injiziert die Masse bei einer Erwärmung von 40—45° C.

Harting empfiehlt die Gerlachsche Injektionsmasse wegen ihres guten Eindringens und ihrer Durchsichtigkeit. „Beim Zubereiten der Auflösung muß man sich hüten, zu viel Ammoniak zu nehmen, weil der Leim dadurch zum Teil gerinnt und klumpig wird. Besser ist es, man nimmt einen kleinen Überschuß von Carmin, läßt die Solution sich setzen und fügt dann von der vorher mit Wasser verdünnten ammoniakalischen Flüssigkeit unter stetem Umrühren der Leimsolution so viel zu, daß eine ziemlich gesättigte Färbung hervorgebracht wird, die sich auch in einer sehr dünnen Lage noch deutlich erkennen läßt."

Frey gibt folgende Vorschrift: „Man halte sich eine Ammoniaklösung und eine solche von Essigsäure, von welchen man die zur Neutralisation erforderlichen Tropfenzahlen in leichter Weise vorher bestimmt hat. Etwa 2—2,5 *g* feinsten Carmins werden mit einer abgezählten Tropfenmenge der Ammoniaklösung (welche man nach Belieben größer oder geringer nehmen kann) und etwa 15 *ccm* destillierten Wassers in einer Schale unter Reiben gelöst und filtriert, wozu einige Stunden erforderlich sind und wobei durch Verflüchtigung ein Ammoniakverlust erfolgt. In eine filtrierte, mäßig erwärmte, konzentrierte Lösung feinen Leimes wird die ammoniakalische Carminsolution unter Umrühren eingetragen, etwas auf dem Wasserbade erwärmt und darauf die zur Neutralisation der ursprünglich benutzten Ammoniaklösung erforderliche Tropfenzahl langsam und unter beständigem Umrühren hinzugegeben. Man erhält so die Ausfällung des Carmins in saurer Leimlösung." Will man schneller zum Ziele kommen, so löse man das Carmin in Ammoniak, setze den gelösten Farbstoff der heißen Gelatine zu, fälle durch Essigsäure und filtriere das Ganze erst hinterher durch Flanell.

Teichmann löst Carmin in einem Überschuß von Ammoniak, mischt diese Lösung mit einer Leimlösung und fügt dann tropfenweise konzentrierte Essigsäure so lange hinzu, bis eine Farbenänderung eintritt. Man erhält einen Niederschlag, der aber so fein ist, „daß man ihn selbst bei Anwendung der stärksten Vergrößerungsgläser von dem in Ammoniak gelösten Carmin zu unterscheiden nicht imstande ist."

Thiersch. Eine Carminlösung von 1 Gewichtsteil Carmin, 1 Liq. ammonii caust. und 3 Wasser wird filtriert und einer Leimlösung zugesetzt, welche aus 1 Gewichtsteil Leim und 2 Wasser bereitet ist. Man nimmt 1 Gewichtsteil Carminlösung auf 3—4 Teile Leimlösung. Zur Beseitigung des Überschusses von Ammoniak träufelt man Essigsäure hinzu und kontrolliert die Reaktion durch den Geruch, bis ein mit Essigsäure benetzter Glasstab keine Nebel mehr zeigt und befeuchtetes Curcumapapier über die Masse gehalten sich nicht mehr bräunt. Auch läßt sich der Ammoniaküberschuß durch vorsichtiges Verdunsten bei 25—30° beseitigen.

Stein nimmt 3 Teile Carmin, 6 Teile Leim, 30 Teile destilliertes Wasser und so viel Ammoniak, als zur Lösung des Carmins nötig ist. Der Überschuß an Ammoniak wird eventuell auf dem Wasserbade verflüchtigt.

Robin. Man pulverisiert 3 *g* Carmin, befeuchtet es mit Wasser und fügt einige Tropfen Ammoniak hinzu. Die Menge des letzteren hängt von seiner Konzentration und der Qualität des Carmins ab. Hierzu gießt man 50 *g* Glycerin. Alsdann säuert man weitere 50 *g* Glycerin mit 5 *g* Essigsäure an. Diese zweite Flüssigkeit fügt man zur ersteren hinzu, bis dieselbe in die saure Reaktion umschlägt. Man prüft dieselbe durch angefeuchtetes Lackmuspapier. Von dieser Lösung fügt man 1 Teil zu 3—4 Teilen Gelatine (siehe oben bei den opaken Massen).

Davies empfiehlt zur Injektion statt der wässerigen Carminlösung von Beale eine Mischung derselben mit Gelatine. Außerdem gibt er noch folgende Vorschrift für die Carminmasse: Bestes Carmin 180 Gran = 10,96 *g*, Ammoniak $^1/_2$ Unze = 14,62 *g*, destilliertes Wasser 3—4 Unzen = 87,70 — 116,93 *g*. Die Mischung wird 24—36 Stunden ohne Hitze digeriert, bis das Carmin gelöst ist. In einer Winchester-Flasche wird eine Marke angebracht, bis zu welcher 16 Unzen = 467,71 *g* Wasser reichen. In die leere Flasche wird nun die Carminlösung hineinfiltriert und bis zu der Marke Wasser zugefüllt. Ferner werden 600 Gran = 36,54 *g* Kalialaun in 10 Unzen = 292,32 *g* Wasser gelöst und demselben unter beständigem Kochen eine Lösung von Natriumcarbonat zugesetzt, bis ein leichter, beständiger Niederschlag entsteht. Die Lösung wird filtriert und derselben Wasser bis zu 16 Unzen = 467,71 *g* zugesetzt. Die Lösung wird gekocht, zu der Carminlösung in der Winchester-Flasche zugefüllt und dann stark geschüttelt. Ein Tropfen dieser Lösung soll auf weißem Fließpapier keinen Farbenring geben. Ist viel Farbstoff in Lösung, so ist die Flüssigkeit nicht zu gebrauchen. Ist aber die Ausfällung des Farbstoffes vollkommen, so schüttelt man die Flüssigkeit wiederholt längere Zeit und läßt sie dann gut absetzen. Die klare Flüssigkeit wird abgegossen und der Niederschlag wiederholt mit Wasser gewaschen, bis letzteres mit Baryumchlorid keinen oder nur einen geringen Niederschlag gibt. Zur Injektionsmasse nimmt man 24 Unzen = 701,57 *g* der so zubereiteten Mischung und fügt 3 Unzen = 87,70 *g* guter Gelatine hinzu, welche man 12 Stunden hindurch darin aufquellen läßt, alsdann erwärmt man das Gemisch behufs Lösung der Gelatine im Wasserbade. Nach den Erfahrungen des Referenten erscheint die Masse ganz brauchbar (siehe auch Dale und Davies).

Carter: Carminum pur. 60 Gran = 3,65 *g*, Liq. ammon. fort. 120 Gran = 7,31 *g*, Acid. acet. 86 Tröpfchen, Gelatinelösung (1 auf 6 Wasser) 2 Unzen = 58,46 *g*, Wasser $1^1/_2$ Unze = 43,85 *g*. Man löst das Carmin in Ammoniak und mischt die Lösung mit $1^1/_2$ Unzen = 43,85 *g* heißer Gelatine. Zum Rest der Gelatine ($^1/_2$ Unze) fügt man die Essigsäure und tropft diese Lösung unter Umrühren zur ersteren.

Klein hat die Cartersche Masse in folgender Weise modifiziert: 4 *g* Carmin, 8 *ccm* Ammoniak, 8 *ccm* Wasser. Die filtrierte Lösung wird zu dem größten Teil der Gelatinelösung (1 auf 8 Wasser) zugefügt. Der Rest der Gelatinelösung wird mit 4—5 Tropfen Eisessig angesäuert und der ersteren zugesetzt.

Ranvier verwirft die Bealesche wässerige Carminlösung, weil dieselbe in den Gefäßen körnige Niederschläge gibt und empfiehlt statt dieser seine Carmingelatinemasse. Das Hauptgewicht wird auf die genaue Neutralisation derselben gelegt. 2,5 *g* Carmin werden mit etwas Wasser zerrieben und tropfenweise Ammoniak hinzugefügt, bis sich das Carmin gelöst hat. 5 *g* Leim werden $^1/_2$—1 Stunde in destilliertem Wasser quellen gelassen, abgespült und im Wasserbade gelöst. Hierzu wird die Carminlösung zugefügt. Die Mischung wird durch tropfenweise eingetragene Essigsäure neutralisiert. Die Reaktion prüft man durch den Geruch; hierauf wird die Masse durch Flanell filtriert.

Emery (zitiert nach Mayer) benutzt die Ranviersche Carminmasse, deren Reaktion er bei Zugabe der Essigsäure in der Weise prüft, daß er blaues Lackmuspapier in die Dämpfe hält. Beginnt sich dasselbe zu röten, so darf keine Essigsäure mehr zugefügt werden.

Ville ist der Ansicht, daß bei der Lösung von Carmin in Ammoniak ein Teil des letzteren gebunden werde, daß also nur der Überschuß neutralisiert werden müsse. Die Säure in der Gelatine lasse sich durch Auswaschen unter der Wasserleitung etwa 1 Stunde lang leicht entfernen, wobei aber die Gelatine ganz unter Wasser bleiben müsse. Die Neutralität wird besser als durch den Geruch durch empfindliches violettes Lackmuspapier ermittelt: sobald dieses nur noch ganz langsam blau werde, dürfe man keine Säure mehr zusetzen.

Hoyer: 1 *g* Carmin, cca. 1—2 *ccm* starker Ammoniaklösung, 6—8 *ccm* Wasser. Das Carmin wird gelöst und die ammoniakalische Carminlösung in einer Kolbenflasche im Sandbade so lange erwärmt, bis sich das überschüssige Ammoniak verflüchtigt hat (s. oben, pag. 670). Diese Lösung wird zu einer entsprechenden Quantität einer konzentrierten Gelatinelösung hinzugefügt und die Masse auf dem heißen Wasserbade digeriert, bis die dunkelviolettrote Färbung in eine hellrote Nuance überzugehen beginnt; man fügt dann 5 bis 10 Volumprozent Glycerin und mindestens 2 Gewichtsprozent Chloralhydrat (in konzentrierter Lösung) hinzu und bewahrt die Masse nach Durchseihung durch Flanell in offener Schale unter einer Glasglocke auf. Durch teilweises Eintrocknen erhält die Masse noch eine günstigere Konsistenz. Hierbei verflüchtigt sich auch noch der eventuell vorhandene Rest des Ammoniaks.

Fol hält die Konservierungsmethode der Leimmassen durch Zusatz von Chloralhydrat nach Hoyer für unzureichend und gibt für seine Massen folgende 2 Vorschriften an: 1 *kg* Simeons Gelatine für photographische Zwecke wird in Wasser quellen gelassen. Das überschüssige Wasser wird alsdann abgegossen und die Masse im Wasserbade zur Verflüssigung gebracht. Hierauf wird eine konzentrierte Lösung von Carminammoniak unter beständigem Umrühren zugegossen. Auf 1 *kg* Leim kommt 1 Liter Carminlösung. Letztere wird in folgender Weise bereitet: Eine starke Ammoniaklösung wird mit 3—4 Teilen Wasser versetzt und soviel Carmin zugegeben, daß ein ungelöster Überschuß zurückbleibt; kurz vor dem Mischen mit der Leimlösung wird die Flüssigkeit filtriert. Dem Leimcarmingemisch, welches stark nach Ammoniak zu riechen pflegt, setzt man alsdann soviel Essigsäure hinzu, daß die dunkelpurpurrote Farbe in die bekannte blutrote übergeht. Auf eine genaue Neutralisierung kommt es hierbei nicht an. Man läßt die Masse alsdann gerinnen, zerschneidet sie in Stücke und bindet sie in groben Tüllstoff. Bei energischem Quetschen mit der Hand unter Wasser tritt die Masse in feinen Nudeln durch den Stoff und wird durch mehrstündiges Waschen in einem in fließendes Wasser gestellten Siebe ausgewaschen und vom Säure- und Ammoniaküberschuß befreit. Die Nudeln werden gesammelt und wieder aufgelöst und die flüssige Masse auf große Blätter eines mit Paraffin durchtränkten Pergamentpapieres ausgegossen und getrocknet. Die getrocknete Masse, die sich mit Leichtigkeit vom Papier ablöst, wird in Streifen geschnitten und trocken aufbewahrt. Die trockene Masse besitzt alle Eigenschaften der schönsten frisch bereiteten Leimmasse nach Fol.

Die zweite Vorschrift lautet folgendermaßen: 1 Volumen starken Ammoniaks wird mit 3 Volumen destillierten Wassers vermischt und Carminpulver so lange hinzugefügt, bis ein auch nach stundenlangem Stehen und Schütteln ungelöster Rückstand übrig bleibt. Letzterer besteht vielfach aus Mehl, Kreide, Gyps. Die abfiltrierte Flüssigkeit wird mit Campherstückchen in einer gut verschlossenen Flasche aufbewahrt. Die käufliche Gelatine wird in Streifen zerschnitten oder auch noch besser die für photographische Zwecke zubereitete Gelatine genommen. Man läßt die Streifen in einer genügenden Menge der vorher bereiteten Carminlösung aufquellen. Hierauf werden die dunkelrot gefärbten Streifen herausgenommen, ganz kurz abgespült und in Wasser gelegt, welches mit einer Spur Essigsäure versetzt ist. Nach 1 Stunde kann man wieder einige Tropfen Essigsäure zusetzen, um das Ammoniak ganz zu sättigen. Nach einigen Stunden wirft man die blutrot gewordenen Leimblätter in ein Sieb, stellt dasselbe in ein größeres Gefäß mit Wasser und läßt Wasser mehrere Stunden lang durchrieseln. Hierauf nehme man die Gelatineblätter heraus und trockne sie. Im trockenen Zustande läßt sich die Gelatine beliebig lange aufbewahren und braucht dann nur je nach dem gewünschten Konzentrationsgrade in 10—20 Teilen Wasser quellen gelassen und aufgelöst zu werden. Nach Fol ist das erste Verfahren zwar komplizierter, gibt aber bessere und sicherere Resultate.

Nach Éternod ist die Neutralisation der roten Gelatinemasse sehr schwierig, und da letztere bei Überschreitung der Neutralität körnig wird, so verfährt er bei der Bereitung der Masse in der Weise, daß er die in reinem Wasser ausgewaschene Gelatine für mehrere Tage in eine neutrale Carminlösung einlegt und sich mit derselben imbibieren läßt. Alsdann wird die Gelatine in Wasser abgewaschen und im Wasserbade gelöst.

Böhm und v. Davidoff verreiben 4 *g* Carmin in 8 *ccm* Wasser und lösen es in Ammoniak. 50 *g* Gelatine werden auf 12 Stunden in destilliertem Wasser quellen gelassen, dann mit den Händen ausgepreßt und in einer Porzellanschale bei ungefähr 70° C geschmolzen. Hierauf fügt man die Carminlösung vorsichtig und unter Umrühren zur Leimlösung. Zu dieser Masse tröpfelt man etwa 25%ige Essigsäure so lange hinzu, bis die dunkelkirschrote Lackfarbe in eine ziegelrote und undurchsichtige Farbe eben umzuschlagen anfängt, „was von einem einzigen Tropfen Essigsäure abhängt“. Schließlich wird die Masse filtriert.

Landau nimmt: 1. 10 *g* der besten französischen Gelatine, welche 2 Stunden in destilliertem Wasser aufgeweicht wird, 2. dieselbe wird zwischen den Händen ausgepreßt und im Thermostaten bei 58—60° gelöst, 3. 5 *g* Carmin werden in 10 *ccm* destilliertem Wasser verrieben. 4. dazu werden 2 *ccm* Liq. ammonii caust. vom spez. Gew. 0,91 getan (2 *ccm* einer solchen Ammoniaklösung werden durch 8 *ccm* einer 30%igen Essigsäure [destilliertes Wasser 100, Acid. acet. glac. 90% 30] neutralisiert), 5. die so zubereitete Carminlösung wird im Thermostaten erwärmt und zur Gelatine hinzugefügt, 6. zu der alkalisch reagierenden Gelatine werden 8 *ccm* der 30%igen Essigsäure hinzugefügt. Tritt Trübung ein, dann wird tropfenweise wiederum Ammoniak bis zur Lösung derselben zugesetzt. Filtration durch Flanell.

Krause (1909) benutzt Boraxcarmin.

Rote Leimmassen *b)* mit anderen Farbstoffen. Von Fol und Miller werden zwei rote Injektionsmassen angegeben, deren rote Farbe nicht durch Carmin, sondern durch sehr fein verteiltes metallisches Silber hervorgebracht wird. Die Folsche Masse läßt sich nur ganz frisch bereitet verwenden, die Millersche gewinnt erst nach längerem Stehen am Lichte an Intensität der Farbe, doch ist dieselbe bei weitem nicht so schön wie die des Carmins.

Fol: Man löse 14 *g* Chlornatrium in 200 *ccm* Wasser und lasse darin 50 *g* Gelatine aufquellen. Der im Wasserbade geschmolzenen Masse setze man ganz allmählich und unter starkem Schütteln 30 *g* Silbernitrat auf 100 *ccm* Wasser hinzu. Die feinkörnige weiße Emulsion wird zum Erstarren beiseite gestellt. Dieselbe wird hierauf durch einen feinen Tüllstoff unter Wasser in Nudeln ausgepreßt, in fließendem Wasser gewaschen und dann in der Wärme wieder gelöst. Zur Reduktion des Silbers dient folgende Mischung: Wasser 300 Vol., alkoholische Lösung von Hydrochinon (1:20) 82 Vol. und eine wässerige Lösung von kohlensaurem Ammoniak (1:30) 60 Vol. Die entstehende Farbe ist purpurviolettrot.

Miller läßt 31 *g* (1 Unze) Gelatine in 310 *g* (10 Unzen) Wasser 1 Stunde quellen, löst dieselbe und seiht sie durch Flanell durch. Hierauf verteilt man die Lösung zu gleichen Teilen auf 2 Gefäße und setzt zu der einen Hälfte 0,13 *g* (= 2 Gran) Kochsalz, zu der anderen 0,6 *g* (= 10 Gran) Silbernitrat. Wenn beides gelöst ist, mischt man die beiden Lösungen miteinander und schüttelt 2—5 Minuten heftig. Schließlich werden noch 0,6 *g* (= 10 Gran) Citronensäure hinzugefügt. Nach der Angabe von Miller soll die Masse schön purpurrot und vollkommen durchsichtig sein.

Bereitung von transparenten blauen Massen.

Die zur Bereitung der blauen Leimmassen dienenden Farbstoffe sind unter dem Namen Berlinerblau und Turnbulls Blau allgemein bekannt und sind die gleichen, welche auch bei wässerigen Injektionen zur Verwendung kommen; unter der entsprechenden Rubrik sind die näheren Angaben über dieselben nachzusehen. In der in Wasser löslichen Form ist das Berlinerblau von Schroeder van der Kolk in den Fünfzigerjahren zur Färbung der Leimmasse eingeführt worden und ist bis zum heutigen Tage ohne wesentliche Modifikationen beibehalten worden. Das durch Zusatz von Oxalsäure in eine lösliche Form übergeführte, in Wasser unlösliche Berlinerblau wird zu Leimmassen gar nicht mehr benutzt, weil die Oxalsäure die Gewebe zu stark angreift. Ebenso ist das Turnbulls Blau durch das lösliche Berlinerblau gänzlich verdrängt worden, weil es von letzterem durch Schönheit und Intensität der Farbe übertroffen wird. Die Herstellung einer völlig transparenten Leimmasse mit Berlinerblau ist jedoch keineswegs so leicht, weil letzteres ohne besondere Vorsichtsmaßregeln mit einer Gelatinelösung gemischt sich stets zusammenklumpt und körnig wird, es sei denn, daß man sehr verdünnte Gelatinelösungen wie Ranvier benutzt. Nach den vielfachen Proben von Hoyer und den Erfahrungen des Referenten erhält man nur dann eine homogene Masse, wenn man folgendermaßen verfährt: Es wird zunächst von der konzentrierten Gelatinelösung eine kleine Quantität in ein Gefäß abgegossen, dieselbe mindestens zur Hälfte mit Wasser verdünnt und dann erwärmt. Zu dieser Gelatinemenge setzt man eine stark verdünnte und erwärmte Lösung von Berlinerblau. Man erhält eine klare, homogene, schwach blaue Lösung, die der ganzen Masse der konzentrierten warmen Gelatinelösung hinzugefügt wird. Bei allmählichem Zusatz einer größeren Quantität von nur noch mäßig verdünnter erwärmter Lösung von Berlinerblau zu dieser Mischung erhält man eine völlig homogene transparante saturierte Masse. Jede Abweichung von dieser Vorschrift ruft eine Koagulation des Leims und eine klumpige Ausfällung des Farbstoffes hervor. Zusatz von Chloralhydrat und Glycerin macht die Masse konservationsfähig; durch teilweise Konzentration beim allmählichen Eintrocknen erhält sie eine geeignetere Konsistenz und gesättigtere Färbung.

Blaue Leimmassen *a)* mit in Oxalsäure gelöstem Berlinerblau. Harting: Für die Bereitung der Masse ist reines Berlinerblau erforderlich, das man sich entweder selbst herstellt oder das käufliche mit einem gleichen Volumen konzentrierter Schwefelsäure zusammenreibt und dann gründlich auswäscht. Man nimmt dann 1 Teil Berlinerblau, 1 Teil Oxalsäure, 12 Teile Wasser, 12 Teile konzentrierte Leimlösung. Zuerst wird die Oxalsäure in einem Mörser fein gerieben und dann das Berlinerblau zugesetzt. Hierauf wird das Wasser langsam und in kleinen Portionen unter beständigem Verreiben zugefügt. Zuletzt gießt man die Farblösung zum Leim.

Robin erwähnt nur, daß man das käufliche Berlinerblau in Oxalsäure löst und der Gelatine zufügt.

Davies nimmt Berlinerblau 73 Gran (= 4,45 *g*), Oxalsäure 73 Gran (= 4,45 *g*), Leim 4 Unzen (= 116,93 *g*) und verfährt sonst wie Harting.

Blaue Leimmassen *b)* mit Turnbulls Blau. Thiersch: „Man bereitet sich 1. eine Leimlösung, welche auf 2 Teile Wasser 1 Teil Leim enthält; 2. eine gesättigte Lösung von schwefelsaurem Eisenoxydul in Wasser; 3. eine ebensolche gesättigte Lösung von rotem Blutlaugensalz in Wasser; 4. eine gesättigte Lösung von Oxalsäure in Wasser. Nun werden

12 *ccm* der Eisenlösung mit 2 Lot der Gelatinelösung bei 25° R gemischt. In einem zweiten Gefäß mischt man bei gleicher Temperatur 24 *ccm* der Blutlaugensalzlösung mit 4 Lot Gelatinelösung. Dieser letzteren Mischung setzt man zuerst 24 *ccm* der Oxalsäurelösung zu, rührt einige Male mit dem Glasstabe um, um dann sogleich die eisenhaltige Gelatine hinzuzufügen. Es findet nun unter fortwährendem Umrühren und bei einer Temperatur von 20—25° R ein allmähliches Ausfällen der blauen Farbe statt, welche im Status nascens von der Oxalsäure suspendiert wird. Da sich aber auch größere Flocken bilden, so erhitzt man schließlich im Wasserbade bis auf etwa 70° R und filtriert dann durch Flanell." Die Masse wird von FREY empfohlen. Ähnlich verfährt DALE.

FOL hat die Masse von THIERSCH in folgender Weise modifiziert: 120 *ccm* einer kalt gesättigten Lösung von schwefelsaurem Eisenoxyd werden mit 300 *ccm* der heißen Leimlösung vermischt. In einer anderen Schale werden 600 *ccm* der Leimlösung mit 240 *ccm* einer gesättigten Oxalsäurelösung und dann noch mit 240 *ccm* einer kalt gesättigten Lösung von rotem Blutlaugensalz vermischt; man trägt allmählich unter starkem Schütteln das erste Gemisch in das zweite ein, erhitzt das Ganze ¼ Stunde im kochenden Wasserbade, läßt die Masse gerinnen, preßt sie in Nudeln aus, wäscht sie und breitet dieselbe auf Wachspapier aus. Es müssen die Nudeln in diesem Falle direkt eingetrocknet werden, weil sich die Masse ohne Oxalsäurezusatz nicht gut einschmelzen läßt. Will man die trockene Masse gebrauchen, so lasse man sie in kaltem Wasser quellen und setze beim Erwärmen so viel Oxalsäurelösung hinzu, als nötig ist, um die vollständige Verflüssigung herbeizuführen.

Blaue Leimmassen *c)* mit löslichem Berlinerblau. SCHROEDER VAN DER KOLK zitiert nach HARTING. SCHROEDER bereitet sich die Masse in der Weise, daß er zunächst schwefelsaures Eisenoxydul mittelst Schwefel- und Salpetersäure in das Oxydsalz umwandelt. Letzteres mischt er mit Kaliumeisencyanür und Leim. Statt des schwefelsauren Eisenoxyds kann nach HARTING ebensogut Eisenchlorid genommen werden. Ferner wird noch angegeben, in welcher Weise das lösliche Präparat von Berlinerblau erhalten wird. In Anbetracht der Umständlichkeit des Herstellungsverfahrens darf wohl von den Einzelheiten der Vorschrift abgesehen werden, zumal da bei der Mischung der Farbstoffe mit der konzentrierten Leimlösung doch nur eine körnige Masse resultierte. In der mit TURNBULLS Blau hergestellten Masse sieht HARTING keine Vorzüge.

W. MÜLLER bereitet die blaue Masse durch Auflösen von 1 Teil Leim in 8 Teilen einer „nicht zu konzentrierten" Lösung des sogenannten löslichen Berlinerblaus.

BRÜCKE gibt zunächst zwei Vorschriften an, nach denen er sich das lösliche Berlinerblau bereitet hat. Zu der konzentrierten Lösung des Farbstoffes setzte er nur so viel Leimlösung hinzu, daß die Masse in der Kälte eben gelatinierte. Erwärmte man die Masse vor der Injektion auf etwa 60° C und füllte dieselbe in eine erwärmte Spritze ein, so brauchte das Objekt nicht vorgewärmt zu werden.

ROBIN zieht die etwas modifizierte BEALEsche Vorschrift allen anderen vor: 90 *ccm* einer Lösung von Kaliumeisencyanür (im Original steht „sulfocyanure de potassium" — Rhodankalium!) und 50 *ccm* Glycerin werden vorsichtig mit 3 *ccm* Eisenperchlorid von 30° und 50 *ccm* Glycerin gemischt. Diese Mischung wird im Verhältnis von 1 : 3 zur Gelatinelösung zugesetzt. Sowohl zur Masse als auch zum Alkohol, in welchem die injizierten Stücke fixiert werden sollen, rät ROBIN, einige Tropfen Salzsäure zuzufügen.

KLEIN benutzt zur Injektion der Lunge von der A. pulmonalis aus eine Masse, welche aus 2 Teilen Berlinerblau und 100 Gelatinelösung besteht.

RUTHERFORD löst 33 *g* Gelatine in 200 *ccm* destilliertem Wasser und fügt dazu vorsichtig 4 *g* lösliches Berlinerblau in 300 *ccm* Wasser.

RANVIER: Für die Injektion muß die Lösung des Berlinerblaus gesättigt sein. Zur Gelatinemasse nimmt man 25 Teile Berlinerblau auf 1 Teil festen Leims. Der Leim wird für ½—1 Stunde in destilliertem Wasser quellen gelassen, alsdann ausgewaschen und in einem Becherglase im Wasserbade gelöst. Das Berlinerblau wird in einem anderen Glase ins nämliche Wasserbad gebracht, so daß beide Flüssigkeiten die gleiche Temperatur bekommen. Der Leim wird dann nach und nach in das Berlinerblau gegossen und das Gemisch, das im Wasserbade bleibt, fortwährend mit einem Glasspatel umgerührt. Man fährt fort, zu erwärmen und umzurühren, bis der krümelige Niederschlag, der sich im ersten Augenblick bildet, verschwunden ist. Man erfährt, daß das Blau vollkommen aufgelöst ist, wenn der aus der Flüssigkeit entnommene Glasstab keine blauen Körner mehr auf der Oberfläche zeigt. Das Gemisch wird dann durch neues Flanell filtriert und wieder auf dem Wasserbade bis zu einer Temperatur von ungefähr 40° erwärmt, bis man mit der Injektion beginnt. Der Niederschlag, welcher sich immer auch mit dem besten Leim bildet, verschwindet, wenn man mit dem Erhitzen fortfährt. Es ist dies nach RANVIER ein sehr wesentlicher Punkt.'

EICHLER benutzt zur Injektion des Gehörorgans eine Masse, welche aus 250 *ccm* einer 2%igen Lösung von Berlinerblau und 50 *g* Leim in 250 *ccm* Wasser besteht. Dieselbe wird durch die Arterien in die Capillaren und Venen injiziert und dann zur Füllung der Arterien noch eine aus Kienruß und Leim bestehende Masse nachgeschickt.

HOYER (82) bereitet eine konzentrierte Gelatinelösung und eine konzentrierte Lösung des käuflichen, löslichen Berlinerblaus, welche in oben beschriebener Weise miteinander vermischt werden. Hierauf werden 5—10 Volumprozent Glycerin und mindestens 2 Gewichtsprozent Chloralhydrat in Krystallen oder konzentrierter Lösung zugefügt. Läßt man die Masse längere Zeit vor Staub geschützt an der Luft stehen, so erhält sie eine noch geeignetere Konsistenz und intensivere Färbung.

Landau löst 10 *g* Gelatine in der (pag. 673) beschriebenen Weise und fügt 20 *ccm* gesättigte, wässerige Berlinerblaulösung hinzu.

Gelbe Leimmassen. Thiersch bereitet 1. eine Lösung von Gelatine (1 Teil Gelatine auf 2 Teile Wasser); 2. eine Lösung von 1 Teil (neutralem) chromsaurem Kalium in 11 Teilen Wasser; 3. eine Lösung von 1 Teil salpetersaurem Bleioxyd auf 11 Teile Wasser. Man mischt 5 Teile Leimlösung mit 2 Teilen der Bleisalzlösung, in einem zweiten Gefäß 4 Teile Leimlösung mit 1 Teil chromsaurer Kaliumlösung. Beide Mischungen bringt man auf 25° R und vermengt sie unter fortwährendem Umrühren. Nach beendigter Ausfällung des Chrombleies erhitzt man im Wasserbade auf 70° R und filtriert durch Flanell. Harting und Hoyer finden diese Masse für feine Capillarinjektionen nicht dunkel genug. Auch soll nach Harting der Farbstoff leicht „durchschwitzen".

Nach Harting gibt die Masse von Thiersch, mit einer Carminsolution gemischt, ein lebhaftes Orange.

Hoyer (67) zieht seine Masse der Thierschschen vor, weil sie einerseits leichter herzustellen ist und andrerseits sich durch ihre gesättigte Farbe in den Gefäßen besser markiert. Dieselbe besteht aus: 1 Vol. Gelatinelösung von 1 Teil Gelatine auf 4 Teile destillierten Wassers, 1 Vol. einer kalt gesättigten Lösung von doppelt chromsaurem Kalium, 1 Vol. einer kalt gesättigten Lösung von neutralem essigsauren Bleioxyd (Bleizucker). „Der Hauptkunstgriff, auf den es wesentlich ankommt, um eine gleichmäßige, höchst feinkörnige Verteilung des Chromgelbs zu erzielen, besteht darin, daß man die Lösung des chromsauren Kali zunächst mit der durch Flanell filtrierten Leimlösung mischt und bis fast zum Sieden erwärmt und dann erst allmählich die gleichfalls erwärmte Bleilösung zusetzt. (Man kann die Bleilösung auch zunächst mit einem Teile der Leimlösung mischen und alsdann der mit chromsaurem Kali versetzten erhitzten Leimlösung unter starkem Rühren allmählich hinzufügen.) Die hierauf zur Körperwärme abgekühlte Masse ist sofort zur Injektion zu benutzen."

Nach Davies empfiehlt Dr. Goadby zur gelben Masse statt des Bleiacetats salpetersaures Blei zu nehmen, weil das in der anderen Masse entstehende Kaliumacetat die Gewebe angreife, während das salpetersaure Kalium die Gewebe eher konserviere. Die einzelnen Bestandteile der Masse werden in folgendem Verhältnis genommen: Gelatine 2 Unzen (= 58,46 *g*), Wasser 8 Unzen (= 233,85 *g*), konzentrierte Lösung von salpetersaurem Blei 8 Unzen (= 233,85 *g*), Kaliumbichromat 8 Unzen (= 233,85 *g*).

Robin. Die von Robin als transparent bezeichnete Cadmiummasse sei hier nur erwähnt. Da dieselbe von Frey als grobkörnige bezeichnet wird, so ist sie unter den opaken Massen angeführt worden (pag. 668).

Hoyer (82) gibt noch eine zweite Vorschrift für eine transparente gelbe Masse, welche in den Capillaren gelb, in gröberen Gefäßen bräunlich erscheint und folgendermaßen hergestellt wird: Eine konzentrierte Gelatinelösung wird mit dem gleichen Volumen einer 4%igen Silbernitratlösung versetzt und erwärmt; darauf wird eine ganz geringe Quantität einer wässerigen Pyrogallussäurelösung zugesetzt, welche binnen wenigen Sekunden das Silber reduziert. Die Masse wird dann mit Glycerin und Chloralhydrat wie die roten und blauen Massen versetzt und kann lange Zeit hindurch vorrätig gehalten werden. Die Masse verändert sich weder in Alkohol, noch in Chrom- oder Essigsäure, noch in chromsauren Salzen.

Grüne Leimmassen. Thiersch benutzt hierzu seine gelbe Masse: „Diese vollkommen durchsichtige Injektionsmasse gibt in beliebigen Mengen mit der blauen gemischt transparente grüne Massen von verschiedenen Nuancen."

Robin benutzt, wie oben (pag. 669) erwähnt, das Scheelesche Grün. Damit dasselbe zur Wirkung kommt, muß es der Masse in größerer Quantität zugefügt werden, wodurch aber die Masse opak wird.

Hoyer empfiehlt für eine grüne Masse die Mischung der Berlinerblaumasse mit seiner gelben Silbermasse.

Braune Leimmassen. Robin empfiehlt die von Leber angegebene wässerige braune Masse, welche aber weder so schön noch so transparent ist wie die rote Carminmasse, 1. 20 *ccm* konzentrierte Lösung von Kaliumeisencyanür, 50 *ccm* Glycerin; 2. 35 *ccm* konzentrierte Lösung von Kupfersulfat, 50 *ccm* Glycerin. Man mischt beide Flüssigkeiten unter Umschütteln und fügt davon 1 Teil zu 3 Teilen des Vehikels.

Tomsa benutzte zur Injektion von Hautgefäßen neben blauen Leimmassen auch solche, die entweder mit Eisenoxydhydrat oder Ferrocyankupfer gefärbt waren. „Bei Benutzung des im Wasser löslichen Eisenoxydhydrates als Färbemittel muß die im Dialysator gewonnene Flüssigkeit nachträglich durch Eindampfen eingeengt werden, weil sonst die Leimlösung unter dem Mikroskope zu hell erscheint. Der grobflockige Niederschlag von Ferrocyankupfer wurde mit oxalsaurem Ammoniak gelöst und die Lösung mit Leim gemengt, aus welchem vorher durch Oxalsäure der Kalk ausgefällt und abfiltriert war."

Fol. „Man lasse 500 *g* Gelatine in 2 Liter Wasser, in welchem man vorher 140 *g* NaCl aufgelöst hat, aufquellen, schmelze die Masse im Wasserbade ein und setze ganz allmählich unter starkem Schütteln eine Lösung von 300 *g* $AgNO_3$ in 1 Liter destillierten Wassers hinzu. Soll die Masse äußerst feinkörnig sein, so setze man beiden Lösungen das

3—4fache Volumen Wasser hinzu. Die Masse wird in Nudeln gepreßt (siehe pag. 673) und am hellen Tageslichte mit folgendem Gemisch umgerührt: Kalt gesättigte Lösung von oxalsaurem Kali $1^1/_2$ Liter und kalt gesättigte Lösung des schwefelsauren Eisenoxyduls 500 *ccm*. Die Operation ist beendet, wenn die ganze Masse durch und durch dunkelschwarz geworden ist. Man wäscht mehrere Stunden, schmilzt wieder ein und gießt die Masse in dünner Schicht auf Wachspapier aus. Die Farbe zeigt sich bei durchfallendem Lichte dunkelsepiabräunlich. Will man lieber einen grauschwarzen Ton haben, so setze man in der ersten Lösung 240 *g* Bromkalium statt des NaCl zu; die übrigen Operationen sind die gleichen wie bei der roten oder blauen Masse." Von den braunen Massen dürfte sich diese Masse noch am besten bewähren, doch liegen über dieselbe keine weiteren Erfahrungen vor.

Böhm und von Davidoff führen in ihrem Lehrbuche eine Angabe von v. Kupffer an, wonach mit Palladiumchloridlösung behandelte Stücke oder Schnitte von Präparaten, welche zuvor mit Berlinerblau injiziert waren, die blaue Farbe verlieren und eine tiefbraune beständige Färbung erhalten.

Kaltflüssige Gelatinemassen. In dem letzten Abschnitte über wässerige Massen sind bereits mehrere Massen angeführt worden, welche sich dadurch auszeichnen, daß dieselben bei gewöhnlicher Zimmertemperatur injiziert werden und erst nachträglich in den Gefäßen unter dem Einfluß der Fixierungsreagenzien erstarren. Zu diesen gehören nun noch die sogenannten kaltflüssigen Gelatinemassen, welche sich ebenso wie jene verhalten. Diese Massen haben den Vorteil, daß sie die Lichtung der Gefäße vollkommen ausfüllen, und daß die zu injizierenden Objekte nicht vorgewärmt zu werden brauchen, was besonders bei Injektionen von niederen Tieren von Wichtigkeit ist. Um dies zu erreichen, sind die Autoren in verschiedener Weise vorgegangen. Am einfachsten ist das Verfahren von Brücke, nämlich der Farbstofflösung nur soviel Leimlösung zuzusetzen, daß die Masse in der Kälte eben noch gerinnt. Fol führte die gewöhnliche Gelatine durch Kochen mit Ammoniak in eine bei niedriger Temperatur flüssig bleibende Modifikation über, die er Metagelatine nennt. Dem Referenten ist es jedoch nicht gelungen, dieselbe herzustellen. Am meisten zu empfehlen ist die Methode von Tandler, nach welcher die Gelatine durch Zusatz von Jodkalium flüssig erhalten wird.

Joseph empfiehlt außer dem Hühnereiweiß zu kalten Injektionen ein Gemisch von kaltflüssigem Leim und dem violetten, aus dem Campecheholz-Extrakt mit Alaun bereiteten Farbstoff.

Fol. „Statt Eiweiß und Albumin, die beide dickflüssig sind und in die Capillen schwer eindringen, empfiehlt Fol die Metagelatine. Läßt man eine Leimlösung mehrere Stunden mit geringer Ammoniakzugabe im Wasserbade in Siedehitze verweilen, so geht dieselbe nach und nach in einen Zustand über, wo sie durch Erkältung nicht mehr zur Gallerte gerinnen kann. In diese kaltflüssige Lösung kann man das lösliche Berlinerblau oder das Chromgelb eintragen. Man kann aber auch eine der oben angeführten rotbraunen oder schwarzen Leimmassen so lange abkochen, bis das spontane Gerinnungsvermögen verloren gegangen ist. Wird verdünnter Alkohol vorsichtig hineingemischt, so erhält die Masse eine dünnflüssigere Beschaffenheit und läßt sich mit Leichtigkeit bis in die feinsten Capillarnetze einspritzen. Das Objekt wird alsdann in starken Alkohol oder in Chromsäure gelegt, wo die Metagelatine bald erstarrt."

Tandler. 5 *g* möglichst salzfreier, feiner Gelatine werden in 100 *g* destillierten Wassers zum Quellen gebracht und dann geschmolzen. Zu derselben wird Berlinerblau und dann vorsichtig 5—6 *g* Jodkalium hinzugefügt. Die Masse bleibt bis zu einer Temperatur von 17° C dünnflüssig. Dieselbe kann mit einigen Thymolkrystallen versehen in einem Stöpselglase monatelang aufbewahrt werden. Die injizierten Objekte werden in 5%iger Formollösung fixiert und die so fixierte Gelatine ist „absolut säure- und basenfest". So lassen sich z. B. die injizierten Objekte tagelang in einer beliebigen Entkalkungsflüssigkeit halten, ohne daß die Farbstoffe (Berlinerblau oder Carmin) und die Gelatine verändert werden. Das Jodkalium schädigt weder das Protoplasma der Zellen, noch beeinträchtigt es die Färbung. Nach den Erfahrungen des Referenten darf die blaue Masse nicht in einem offenen Gefäße stehen gelassen werden, weil dieselbe sonst abblaßt und einen grünen Ton annimmt. Auch löst sich die in Formol fixierte blaue Masse in salzsäurehaltigem Alkohol im Reagensglase auf.

Vastarini-Cresi fixiert die mit Jodgelatine injizierten Präparate in mit $^1/_2$—1% Salpetersäure angesäuertem 90%igem Alkohol oder in einer Mischung von 100 Alkohol 90% und 5 Formalin.

Gelatinemassen, kombiniert mit Lösungen von Silbersalzen. In dem vorliegenden Werke ist der Darstellung der Endothelien mittelst Silbersalzen ein gesondertes Kapitel gewidmet. Es soll daher an dieser Stelle nur anhangsweise erwähnt werden, daß bei Gefäßuntersuchungen vielfach Kombinationen von Gelatine- und Silbersalzlösungen in Anwendung kommen.

Nachdem man mit Hilfe der Imprägnation mit Silberlösungen erkannt hatte, daß sich die Capillaren aus Endothelzellen aufbauen, suchte man diese Strukturverhältnisse weiter zu verfolgen. Injektionen von reinen Silbernitratlösungen bewährten sich nicht immer, weil die feinen Gefäße nicht genügend ausgedehnt wurden, ferner viel Flüssigkeit in das umliegende Gewebe diffundierte und dasselbe stark bräunte und schließlich, weil in den Gefäßen selbst störende Niederschläge von reduziertem Silber entstanden. Bessere Resultate erhielt CHRZONSZCZEWSKY, welcher eine mit Silbernitrat versetzte Gelatinelösung benutzte und RANVIER, welcher zunächst eine Silbernitratlösung injizierte und derselben dann eine Gelatinelösung nachschickte. Die Leimlösung noch mit Berlinerblau zu färben, ist überflüssig, weil die Silberlösung die Gefäße genügend kenntlich macht. Statt der gewöhnlichen Silbernitratlösung empfiehlt HOYER eine ammoniakalische Silberlösung, weil dieselbe nur die Endothelgrenzen allein zum Vorschein bringt und die umgebenden Gewebe ungefärbt läßt, wodurch die Bilder bedeutend an Klarheit und Anschaulichkeit gewinnen.

VALENTI und D'ABUNDO geben wiederum einer reinen 0,5%igen Silbernitratlösung vor Gelatineinjektionen den Vorzug, weil nach ihrer Ansicht durch letztere die Gefäße aus ihrer natürlichen Lage geschoben werden.

CHRZONSZCZEWSKY. $^1/_2$ Unze (= 14,62 *g*) feiner Gelatine wird in 4 Unzen (= 116,93 *g*) destillierten Wassers gelöst und dann eine Lösung von 1 Scr. (= 1,22 *g*) Silbernitrat in 2 Dr. (= 7,31 *g*) destillierten Wassers zugesetzt. Nach der Injektion müssen sämtliche injizierten Teile sogleich dem Lichte ausgesetzt werden. Parenchymatöse Organe werden in feine Stücke geschnitten und dann belichtet. Die dunkel gewordenen Präparate kann man mit Carmin und 1%iger Essigsäure behandeln und nachher in Glycerin einlegen, welches denselben Gehalt der Säure besitzt, oder trocken (in Dammarfirnis) einschließen.

ROBIN gibt folgende Vorschrift für Silbergelatine: Gelatine 50 *g*, Wasser 350 *g*. Nachdem die Gelatine verflüssigt ist, werden 100 *g* einer 1%igen Silbernitratlösung hinzugefügt und das Ganze wird durchgeseiht. Zur Injektion benutzt man Glasspritzen oder Apparate mit konstantem Druck. Nach beendigter Injektion läßt man die Stücke 24 Stunden liegen, ohne sie in irgend eine Flüssigkeit einzulegen, und setzt sie dann erst dem Lichte aus. Sollen die Präparate konserviert werden, so werden sie auf kurze Zeit in eine Lösung von unterschwefligsaurem Natron gelegt und dann in Glycerin, resp. nach Entwässerung mit Alkohol in Canadabalsam eingeschlossen.

RANVIER gibt folgende 3 Vorschriften für Injektionen mit Silberlösungen: 1. eine Lösung von Silbernitrat von 1:300 oder 1:500 Wasser; 2. ein Gemisch von 2, 3 und 4 Teilen einer konzentrierten Leimlösung und 1 Teil einer 1%igen Silbernitratlösung; 3. wird zuerst eine Silbernitratlösung injiziert und dann eine einfache oder mit löslichem Berlinerblau gefärbte Leimsolution.

HOYER (76, 82) fügt zu einer Silbernitratlösung von bestimmter Konzentration gerade so viel Ammoniaklösung hinzu, daß der ausgefällte Niederschlag sich eben wieder löst. Die Lösung wird dann mit Wasser so weit verdünnt, daß sie einer 0,75—0,50%igen Silbernitratlösung entspricht. Diese Flüssigkeit kann sowohl zur Imprägnation der Gewebe benutzt werden als auch zur Injektion. In letzterem Falle wird der Silberlösung eine konzentrierte Gelatinelösung nachgeschickt. „Die Herstellung der Lösung ist eine so einfache und mühelose, die damit erhaltenen Zeichnungen so tadellos und instruktiv, daß die mit reiner Höllensteinlösung hergestellten Präparate meist keinen Vergleich damit aushalten können."

VASTARINI-CRESI spült vor der Injektion der Silberlösung die Gefäße mit einer isotonischen 3,3%igen Lösung von krystallinischem Natriumsulfat durch, welchem behufs Erweiterung der Gefäße Milchsäure im Verhältnis von 1:100 zugefügt wird. Sobald durch die Venen klare Flüssigkeit abfließt, injiziert er ein Gemisch von 1 Teil einer 6,6%igen Lösung von Natriumsulfat und 1 Teil der ammoniakalischen Silbernitratlösung von HOYER. Hierauf spült er die Gefäße wiederum mit 3,3%iger Lösung von Natriumsulfat durch und schickt schließlich eine warme 10%ige Lösung von reiner Gelatine nach.

Mit Wasser nicht mischbare Massen (Wachs-, Talg-, Harz-, Öl-, Celloidin- und Kautschukmassen).

Historisches. SWAMMERDAM war der erste, der eine Wachsmasse zu Injektionen benutzte. Er bewahrte die Zusammensetzung der Masse längere Zeit als ein Geheimnis, veröffentlichte dasselbe aber schließlich in der kleinen Schrift: „Miraculum naturae sive uteri muliebris fabrica" im Jahre 1672. Die Einführung der Wachsmasse bedeutete einen großen Fortschritt in der Injektionstechnik, weil dadurch nicht allein die Erforschung des Gefäßsystems wesentlich gefördert wurde, sondern weil dadurch auch die Vorzüge von flüssig injizierten und in den Gefäßen erstarrenden Massen erkannt und damit der Weg zur Anwendung von sich ähnlich verhaltenden Massen angegeben war. RUYSCH lernte die neue Injektionsmethode unmittelbar bei SWAMMERDAM kennen, benutzte jedoch zu seinen berühmt gewordenen Injektionspräparaten hauptsächlich Talgmassen, deren Bereitungsmethode er samt seiner Präparatensammlung im Jahre 1717 an Peter den Großen verkaufte. Außer den Wachs- und Talgmassen wurden von den Anatomen der damaligen Zeit auch Harzmassen benutzt, welche später von LIEBERKÜHN und schließlich von HYRTL in hohem Grade vervollkommnet worden sind. Bei Anwendung aller dieser Massen liegt eine gewisse Unbequemlichkeit darin, daß die zu injizierenden Leichen oder Leichenteile vorgewärmt werden müssen. Um dies zu vermeiden, empfahlen MONRO und SUE besonders für feinere Injektionen Terpentin, welches mit einem Farbstoff, wie Zinnober, gefärbt wurde. Eine Masse, welche auch zur Füllung von gröberen Gefäßen geeignet und kalt zu injizieren war, stellte SHAW zusammen. Diese letztere wurde weiterhin von TEICHMANN wesentlich vervollkommnet. Eine gute Übersicht über die in früheren Zeiten benutzten Massen findet sich bei FISCHER und HYRTL.

Verwendung der Massen. Sämtliche eben angeführten Massen sind heutzutage noch im Gebrauch, doch ist ihre Verwendung hauptsächlich auf die makroskopische Anatomie beschränkt. Die Wachs- und Fettmassen werden zur Füllung der Gefäße und zur Darstellung von Hohlräumen (auch Ozokerit von HUNTINGTON), Sehnenscheiden, Gelenkkapseln u. a. benutzt. Neuerdings empfiehlt PELLANDA leicht flüssige Fette auch zur Injektion von Gefäßen, und zwar der Venen von den Arterien aus. Die Harzmassen kommen in ihrer früheren Form nur noch bei makroskopischen Korrosionsinjektionen zur Verwendung, dagegen werden die erst weit später bekannt gewordenen alkoholischen Harzlösungen auch in der mikroskopischen Anatomie sowohl zu Injektions- wie auch Korrosionspräparaten benutzt. Besonders geeignet haben sie sich bei Injektionen von einzelnen Gefäßgebieten (Arterien oder Venen allein ohne Capillaren) und ferner von Augengefäßen und niederen Tieren erwiesen. Die mit flüchtigen Ölen bereiteten Massen haben sich fast in unveränderter Form bis jetzt in der Technik erhalten und werden mit besonderem Erfolge in den Fällen benutzt, wo es sich darum handelt, eine möglichst vollkommene Injektion des gesamten Gefäßgebietes eines Organs zu erhalten, und ferner bei Injektionen von Lymphgefäßen. Die Kittmasse von TEICHMANN findet nur bei der makroskopischen Darstellung von Blut- und Lymphgefäßen Verwendung. Die Celloidinmassen eignen sich weniger zu mikroskopischen Schnittpräparaten als zu Korrosionen, die sowohl makroskopisch als auch mikroskopisch recht instruktive Bilder liefern. Neuerdings wird von FRANÇOIS FRANCK wieder Kautschuk, welcher bereits von BRECHET benutzt worden ist, empfohlen.

In Anbetracht der verschiedenartigen Zusammensetzung der in diesem Kapitel behandelten Injektionsmassen ist es nicht möglich, irgend welche allgemeineren Vorschriften über die Bereitung der Vehikel und über die Benutzung von Farbstoffen zu geben. Nur hinsichtlich der Fixierung der injizierten Präparate sei hier erwähnt, daß sich mit Ausnahme der mit alkoholischen Harzlösungen eingespritzten Präparate sämtliche am besten in Alkohol fixieren lassen. Für Ölmassen ist dies unbedingt notwendig, damit der Alkohol die flüchtigen Öle extrahiert. Um die mit alkoholischer Schellackmasse injizierten Teile zu härten und schnittfähig zu machen, benutzten HOYER, VIRCHOW, SCHUBERG Chromsäure, welche mit dem Schellack eine in Alkohol unlösliche Verbindung eingeht.

Wachsmassen. SWAMMERDAM beschreibt die Herstellungsmethode seiner Masse folgendermaßen: „Recipe cerae albae quantum videbitur, eamque liquefactam rubro, flavo, viridi, vel quo alio colore, qui vel magis arridet, vel rei convenientissimus est, tinge, et siphone qui cochlea adstrictum tubulum habeat, prosperanter excipe et . . . . . injice.“

STALPART VAN DER WIEL (1687) injizierte lediglich mit flüssig gemachtem Wachs.

STRAUSS-DURCKHEIM benutzt: 100 *g* weißes Wachs, 100 *g* Hammeltalg, 50 *g* venetianisches Terpentin. Man verflüssigt die Substanzen in der Wärme in der angegebenen Reihenfolge, erhitzt dieselben 1—2 Stunden über einem gelinden Feuer, setzt den Farbstoff zu und seiht sie alsdann durch.

Fettmassen. RUYSCH injizierte mit Talg, dem er im Sommer etwas Wachs hinzufügte. Zur Färbung diente Zinnober.

STRAUSS-DURCKHEIM empfiehlt für gröbere Injektionen folgende eigentümliche kaltflüssige Fettmasse, welche er Elaïdinmasse nennt. Zu 100 Teilen Olivenöl gibt man eine Mischung von 9 Teilen Salpetersäure von 38° und 3 Teile Salpetersäureanhydrit (Acide nitrique anhydre). Diese Mischung wird stark durchgeschüttelt und ein Farbstoff hinzugetan, welcher von der Salpetersäure nicht angegriffen wird. Hierauf injiziert man die

Masse. Ist das Olivenöl rein, so wird die Masse in 70 Minuten fest, enthält dieselbe aber nur $^1/_{100}$ Mohnöl, so wird das Festwerden um $^3/_4$ Stunden verzögert. Nimmt man weniger Säure, so erstarrt die Masse erst nach 10 Stunden. Man kann zu der Masse auch andere Öle, wie das Öl aus süßen Mandeln, bitteren Mandeln und Nußöl benutzen, doch erstarrt die Masse langsamer.

Robin bereitet eine fette Masse aus 40 *g* Fett, 10 *g* Walrat, 10 *g* weißem Wachs, 15 *g* Terpentin und einem Farbstoff.

Pellanda empfiehlt zur Injektion von Venen von den Arterien aus das zwischen 30 und 40° schmelzbare Palm- und Kokosnußöl, welche eventuell mit transparenten Farbstoffen, wie Oréanette, Curcuma oder fettfärbenden Anilinfarben (Violett B S, Blau V S, Anisolin 3 B) gefärbt werden.

Taguchi (01) injiziert eine Masse, welche nach folgender Vorschrift warm hergestellt wird: Oleum sesami 1000, Wachs 450, Zinnober oder Ultramarin 200, Firnis und Terpentinöl quantum satis.

Fischer empfiehlt neuerdings zu Injektionen Milch oder eine Lösung von Schweineschmalz in 5000 *ccm* Äther. Die injizierten Stücke werden alsdann in einer Mischung von 1000 Wasser, 75 Formol und 15 reiner Essigsäure durch 24 Stunden fixiert, auf dem Gefriermikrotom geschnitten, mit Sudan III oder Scharlach R tingiert und eventuell mit Hämatoxylin gegengefärbt.

Sabatier, Delage, Griesbach siehe pag. 690.

Harzmassen. Hales nimmt je 3 Unzen weißes Harz und Talg und färbt diese Mischung mit wohl pulverisiertem Zinnober oder Indisch, welches zuvor mit 8 Unzen Terpentin verrieben war.

Lieberkühns Masse bestand aus Wachs, Kolophonium mit einem geringen Zusatz von Terpentinöl und Zinnober als Farbstoff. Zur Injektion der feineren Gefäße wurde die Masse mit Terpentin verdünnt, doch meint Hyrtl, daß auch wohl zugleich mehr Zinnober hinzugefügt werden mußte, da Lieberkühn sonst keine so schönen und gleichförmigen Injektionen erreicht hätte.

Barths und Prohaskas Massen bestanden nach Hyrtls Angabe aus Wachs, Mastixfirnis, einer geringen Menge eines fetten Öles und einer großen Quantität Zinnober.

Berres benutzte zu seiner Injektionsmasse reinen, weingeisthaltigen Kopallackfirnis, dem $^1/_6$ des Gewichtes reines, mit etwas Terpentin im Sandbade aufgelöstes Mastix zugesetzt wird. Ein auf eine Steinplatte fallen gelassener Tropfen der Masse soll honigartig fadenziehend sein. Zuletzt wird Zinnober zugefügt. Vor einer Beimischung von venetianischem Terpentin, Wachs oder Fett warnt B., weil durch diese Substanzen der Zusammenhang der Masse geringer wird. Für gewisse Gefäßbezirke empfiehlt B. eine Kombination der Harzmasse mit einer Masse aus Gummi arabicum, Hausenblase oder Leim. Zuerst wird die Harzmasse und darauf die Gummimasse in die Spritze eingezogen, dann werden beide zugleich injiziert. Eine derartige Injektion ist meist vollkommener als eine solche mit Harzmasse allein.

Hyrtl benutzt zu seinen Injektionen eine Masse von folgender Zusammensetzung: Die im reinen Zustande käuflichen Malerfirnisse (Kopal- und Mastixfirnis) werden bis zur Sirupdicke abgedampft und mit ungefähr dem achten Teile Zinnober versetzt, welcher zuvor mit demselben Firnis auf einem Reibsteine gut verrieben wurde. Ein geringer Zusatz von Jungfernwachs gibt dieser Masse mehr Körper. Da diese Masse erst nach mehreren Wochen beim Trocknen an der Luft fest wird, so setzt H. zur Beschleunigung des Erhärtens dem Zinnober noch ein halbes Gewicht Mennige hinzu, welche mit Oliven- oder Mohnöl sehr fein zerrieben sein muß. Frey lobt die Masse.

Zu kalten Injektionen bedient sich H. der gleichen Masse, doch wird dieselbe in einer Serpentinschale unter allmählichem Zusatz von Schwefeläther zur Sirupdicke verrieben, derselben noch Zinnober im Verhältnis von 1 : 8 zugesetzt und das Ganze neuerdings mit Schwefeläther verrieben, bis die Masse vollkommen flüssig ist. In diesem Zustande wird die Masse schnell injiziert.

Alkoholisch Harzlösungen. Nach Strauss-Durckheim bediente man sich in früheren Zeiten einer alkoholischen Lösung von Siegellack (cire d'Espagne) zu Injektionen, doch könne er diese Masse nicht empfehlen, da dieselbe die Instrumente stark verunreinige, sich überdies die Harze in Alkohol nicht gut lösen und das Zinnober sich absetzt. Robin empfiehlt dagegen diese Masse ebenso wie Vastarini-Cresi.

Suquet färbt alkoholische Harzlösungen mit Lampenschwarz, Brechet mit einem der opaken Farbstoffe.

Hoyer (1876) findet alkoholische Schellacklösungen zur Erforschung der unmittelbaren Übergänge der Arterien in die Venen vorzüglich geeignet, weil die Masse von den Arterien aus injiziert die Capillaren nicht passiert, sondern nur bei eventuell vorhandenen Übergängen in die Venen eindringt. Die Masse eignet sich auch zu Korrosionspräparaten. Ihre Herstellung ist folgende: Eine Quantität von gutem Schellack wird in einer weithalsigen Flasche mit dünnem Boden mit so viel starkem Alkohol (von cca. 80%) übergossen, daß ersterer von letzterem gerade bedeckt wird. Nach 24 Stunden wird die Flasche im Wasserbade erwärmt, um den Rest des ungelöst gebliebenen Schellacks zur Lösung zu bringen. Alsdann wird die Lösung nach völliger Abkühlung, wenn nötig, mit Alkohol bis zur Konsistenz eines dünnflüssigen Sirups versetzt und durch ein Stückchen von mäßig dichtem Musselin durchgeseiht. Letztere Prozedur ist unumgänglich notwendig. Die entsprechende Färbung erhält die Masse entweder durch Beimengung einer konzentrierten und filtrierten alkoholischen Lösung von Anilinblau, Anilinrot, Anilinviolett oder einer Suspension von feinen körnigen Farbstoffen in Alkohol. Die Anilinfarben werden mit der Zeit unansehnlich, daher eignen sich für die Herstellung von länger aufzubewahrenden Präparaten die körnigen Farbstoffe besser. Die schönste und intensivste Färbung liefert Zinnober. Zu Korrosionspräparaten eignen sich ferner Schwefelarsen (Auripigment) und Berlinerblau. Eine Mischung beider gibt Grün. Für gelbe Farbe läßt sich auch frisch gefälltes Schwefelcadmium verwenden. Die mit Wasser fein verriebenen Farbstoffe übergießt man in Fläschchen mit Alkohol, läßt absetzen, gießt den durch das Wasser verdünnten Alkohol ab und setzt dafür starken Alkohol zu. Beim Umschütteln der Flaschen bildet sich durch eine Art von Schlemmungsprozeß ein Absatz von gröberen Körnchen, während der fein verteilte Farbstoff länger suspendiert bleibt und nun der Schellackmasse in solcher Quantität zugesetzt wird, daß dieselbe eine intensiv gesättigte Färbung zeigt. Nach Zusatz der körnigen Farbstoffe wird die Masse zweckmäßig noch einmal durch Musselin geseiht. — Zur Injektion von feinen Gefäßverzweigungen bedient sich H. einer mit Alkohol stärker verdünnten Schellackmasse, welche er mittelst eines die Verdampfung des Alkohols verhindernden Trichters durch Filtrierpapier filtriert. Hierauf wird ein Teil des Alkohols bis zur entsprechenden Konzentration der Masse wieder abdestilliert. Zur Färbung dienen die in Zinnkapseln käuflichen Wasserfarben der Maler, welche behufs Beseitigung des Bindemittels mit Wasser ausgewaschen und dann in Alkohol suspendiert werden. Um die Brüchigkeit der Masse für Korrosionspräparate zu verringern, ist ein Zusatz einer alkoholischen Lösung von venetianischem Terpentin ganz zweckdienlich.

Von H. Virchow ist die Masse von Hoyer zur Injektion der Augengefäße mit gutem Erfolg benutzt worden. Bellarminow zieht die gleiche Masse zur Injektion der Augengefäße allen anderen vor. Zur Färbung wird Zinnober oder Berlinerblau benutzt. Die Fixierung der Präparate geschieht in 0.2—0.3%iger Chromsäure. Zuckerkandl benutzte die Hoyersche Masse zur Injektion der Blutgefäße der Nasenhöhle und des Tränennasenganges.

Schuberg empfiehlt die Hoyersche Schellackmasse zur makroskopischen Injektion der Blutgefäße von niederen Wirbeltieren. Um das Aufbewahren der Tiere in Alkohol zu ermöglichen, werden dieselben in ½—1%iger Chromsäurelösung fixiert, welche mit Schellack eine in Alkohol unlösliche Verbindung bildet.

Kittmassen. Shaw empfiehlt für gröbere Injektionen eine Masse aus roter Mennige, gekochtem Leinöl von dicker Konsistenz und venetianischem Terpentin.

E. H. Weber hat die Masse von Shaw modifiziert, so daß dieselbe auch für mikroskopische Injektionen tauglich wurde. Auf 7 Teile Leinöl nimmt er 5 Teile venetianischen Terpentins. Zur Färbung der Masse verwendet er Mennige oder Bleiweiß, von welchen ein Gewichtsteil mit einem Gewichtsteil Masse vermischt wird.

Teichmann hat diese Massen noch mehr vervollkommnet. Seine rote Masse besteht aus 5 *g* geschlemmter Kreide und 1 *g* gewöhnlichen Zinnobers. Dieselben werden durchgemischt und durchgesiebt und mit 0.9—1,0 *ccm* durch Kochen eingedickten Leinöls so lange durchgeknetet, bis man eine dem Glaserkitt ähnliche Masse erhält. Vor der Injektion wird der Kitt mit etwa 0,75 *ccm* Schwefelkohlenstoff verdünnt und in die Spritze eingefüllt. Hat die Masse, wie z. B. bei der Injektion von ganzen Leichen, große Strecken zu durchlaufen, so muß man zunächst eine dünnflüssige Masse injizieren und dann eine dickflüssigere nachschicken. Das Verhältnis beider Massen ist folgendes:

	leichtflüssige Masse	dickflüssige Masse
Geschlemmte Kreide	5 *g*	5 *g*
Zinnober	1 *g*	1 *g*
Leinöl	1,2 *ccm*	1 *ccm*
Schwefelkohlenstoff	1.5—2,0 *ccm*	0,5 *ccm*

Die blaue Masse für Veneninjektion besteht aus 15 *g* Zinkweiß, 1 *g* Ultramarin, 2—2,5 *ccm* Leinöl, 1 *ccm* Schwefelkohlenstoff oder Schwefeläther; die weiße Masse aus 20 *g* Zinkweiß, 3 *ccm* Leinöl, 2 *ccm* Schwefeläther. Anders gefärbte Massen erhält man durch Mischung von entsprechenden Farben mit den Hauptbestandteilen, Kreide oder Zinkweiß und Leinöl. Die Massen lassen sich lange Zeit unter Wasser aufheben. Den bei einer Injektion übrig bleibenden Überschuß kann man abdampfen und unter Wasser aufheben.

Eine ausführliche Beschreibung der Darstellung der Teichmannschen Masse hat allerdings lediglich für makroskopische Zwecke Kollmann gegeben.

Ölmassen. Monro benutzte zu seinen Injektionen in Terpentin suspendierte Farbstoffe, wie Mennige, Zinnober und gereinigten Grünspan. Die größeren Gefäße füllte er dann mit gröberen, dickflüssigen Massen nach. Auf 1 Pfund (= 24 Lot) Terpentin kommen 6 Lot Zinnober oder Grünspan. Die Farbstoffe werden zuvor fein gepulvert, dann mit Terpentin gemischt, durchgeseiht oder auch nur dekantiert.

Sue nimmt auf 1 Pfund Terpentin 2—3 Unzen Zinnober und seiht die Massen mehrmals durch. Von anderen Farben benützt er Grünspan, Kobaltblau (cendre bleu), Berlinerblau, Indigo.

Shaw empfiehlt als eine sehr weit eindringende Masse ein Gemenge von Terpentin und Bleiweiß. Dieser Injektionsmasse kann man jede beliebige Färbung geben, wenn man das Terpentin zunächst mit dem betreffenden Farbstoff versetzt und dann das Bleiweiß hinzufügt. Der Farbstoff muß in ziemlich großer Quantität zugesetzt werden, damit er die weiße Farbe des Bleiweißes verdeckt.

Lauth empfiehlt für seine Einspritzungen reines Terpentin oder eine Mischung von 8 Teilen Weingeistfirnis, 1 Teil Terpentinfirnis und 1 Teil Farbstoff (Zinnober, Königsgelb, Bleiweiß, Lampenschwarz, Indigo, Berlinerblau).

Strauss-Durckheim benutzt zu Injektionen der Gefäße (bei Mollusken) Spermacet 25 Teile, venetianisches Terpentin 10 Teile, Lavendel- oder Terpentinöl 10 Teile. Als Farbstoffe dienen Zinnober, Carmin, Krapp, Orcanète, Berlinerblau, Lampenschwarz, Chromgelb. Die Masse schmilzt bereits bei 36°. Zur Injektion von sehr feinen Gefäßen dienen als Vehikel Lavendelöl oder Terpentin, welche mit Orcanète gefärbt werden. Man läßt das Färbekraut längere Zeit in den Ölen macerieren, wobei letztere allmählich die Farbe aufnehmen, doch wird dieselbe durch saure Fixationsmittel leicht verändert.

Brechet versetzt Firnis mit Alkohol oder Terpentin. Auch benutzt er geschmolzenes Diachylumpflaster.

Hirschfeld benutzte nach den Angaben von Robin zur Injektion von Capillaren Öl, welches mit einem trockenen Farbstoff verrieben wurde, alsdann wurde etwas venetianisches Terpentin hinzugefügt. Die Masse dringt zwar gut ein, bleibt aber lange flüssig.

Harting zieht fein zerstoßene Alkannawurzel mit Terpentinöl aus und dickt dieselbe dann auf dem Sandbade ein. Er benutzt diese Masse zur Injektion von lufthaltigen Räumen (siehe Injektion von Drüsengängen). In gleicher Weise verfahren Brücke und Waldeyer.

Robin benutzt Firnisse und flüchtige Öle (Terpentin), denen er der besseren Konsistenz wegen etwas Wachs hinzufügt. Zur Färbung dienen die Ölfarben der Maler in bester Qualität. Die empfehlenswertesten sind Zinnober, Berlinerblau, Chromgelb, Silberweiß (blanc d'argent). Da das Berlinerblau für reflektiertes Licht zu dunkel ist, mischt man es mit Weiß im Verhältnis von 1:5. R. füllt mit blauer Masse die Arterien, mit gelber die Venen. Die Mischung beider im Capillargebiet gibt ein schönes Grün, wogegen aus dem üblichen Rot und Blau eine häßliche Mischfarbe entsteht. Die mit gefärbten Firnissen bereiteten Massen bleiben lange flüssig und verunreinigen stark die Instrumente.

Hoyer (87) hat bei seinen Milzuntersuchungen unter anderem eine Ölmasse von folgender Zusammensetzung benutzt: 5 *g* Ölfarbe (das in Zinntuben käufliche Berlinerblau oder Chromgelb der Maler) werden mit 5 *g* eingedickten Leinöls in einer Reibschale gut verrieben und derselben dann cca. 30 *g* eines ätherischen Öls (Lavendel-, Fenchel-, Thymian- oder Rosmarinöl) zugesetzt, bis eine gleichmäßige sirupöse Flüssigkeit hergestellt ist. Dieselbe wird in eine gut schließbare Flasche eingefüllt, durch 12—24 Stunden stehen gelassen, alsdann von dem am Boden zurückbleibenden Rückstande abgegossen und zur Injektion benutzt. Die dekantierte Flüssigkeit kann unbegrenzt lange vorrätig gehalten werden, muß aber dann vor dem jedesmaligen Gebrauch durchgeschüttelt werden, weil sich ein Teil des Farbstoffes doch zu Boden senkt. Nach der Injektion müssen die Gefäße unterbunden werden, weil die Masse sonst ausfließt. Die Fixierung der Präparate geschieht in starkem Alkohol. Derselbe zieht die Öle aus und der Farbstoff schlägt sich an den Gefäßwänden nieder. Der Farbstoff ist derartig fein verteilt und bedeckt die Wände in so dünner Schicht, daß die Transparenz der Präparate durch denselben nicht beeinträchtigt wird.

In ganz ähnlicher Weise bereitete Ölmassen werden in neuerer Zeit fast ausschließlich zur Injektion von Lymphgefäßen benutzt (siehe diese, Gerota und Severeanu, auch Polano).

Asphaltmassen. Eine gesonderte Gruppe bilden wegen der Art des Farbstoffes und der Lösungsmittel die Asphaltmassen. Dieselben sind zu Blutgefäßinjektionen weniger verwendet worden als zur Injektion von Drüsengängen und Lymphgefäßen und sollen daher auch dort eingehender behandelt werden.

Rindfleisch benutzte den gewöhnlichen käuflichen Asphaltlack als solchen zu Gefäßinjektionen. Die injizierten Organe lassen sich in Alkohol schnell und gut erhärten, dürfen aber nicht in Canadabalsam eingeschlossen werden.

In dem Ludwigschen Laboratorium wurde das in Äther, Chloroform oder Benzol gelöste Asphalt vielfach zur Injektion von Gallengängen und Lymphgefäßen in Anwendung gezogen. Für letztere empfiehlt Rutherford das in Chloroform gelöste Asphalt.

Celloidinmassen. Robin und Legros benutzen Kollodium als Vehikel für Injektionsmassen und bereiteten dieselben in folgender Weise; 6 *g* Schießbaumwolle werden in einer Mischung von 200 *g* Schwefeläther und 20 Tropfen Alkohol gelöst. Hierzu fügt man 0,10 *g* eines Anilinfarbstoffes. Der rote (chlorhydrate de rosanilin = Fuchsin) muß zuvor in einigen Tropfen reinen Alkohols gelöst werden, der blaue (chlorhydrate de rosanilin triphénilique = Anilinblau) und der violette (chlorhydrate de rosalin triéthylique = Hofmanns Violett) können dem Kollodium unmittelbar zugefügt werden. Die mit dieser Masse injizierten Präparate werden in Glycerin konserviert, blassen darin allerdings bald ab. Ranvier hat diese Injektionsmasse versucht, findet dieselbe aber völlig unbrauchbar. Die Farbstoffe diffundieren in die Gewebe, und wenn man behufs Härtung der Präparate Alkohol verwendet, so werden die Farbstoffe gänzlich gelöst und ihr Diffundierungsvermögen hiermit noch gesteigert.

Kautschukmassen benutzte bereits BRECHET. FRANÇOIS-FRANCK löst Kautschuk in Schwefelkohlenstoff und fügt zur Färbung eine Malerfarbe (Zinnober oder Preußischblau) hinzu. Die Masse hat Sirupkonsistenz (siehe auch STEIN-Korrosionsmassen).

Korrosionsmassen.

In der anatomischen und histologischen Technik kommen neben den gewöhnlichen Injektionen noch häufig sogenannte Korrosionsinjektionen zur Verwendung. Dieselben beruhen darauf, daß Gefäße, Drüsengänge oder sonstige Hohlräume mit erstarrenden Massen gefüllt und darauf sämtliche dieselben umgebenden Gewebe durch Maceration, starke Alkalien oder Säuren korrodiert, d. h. vernichtet oder auch durch künstliche Verdauung aufgelöst werden. Es bleibt lediglich der aus der Injektionsmasse bestehende plastische Ausguß des Lumens des betreffenden Kanalsystems zurück, welcher makroskopisch oder mikroskopisch, am besten bei auffallendem Lichte betrachtet wird. ALTMANN, der eine eigene Korrosionsmethode, speziell für histologische Untersuchungen eingeführt hat, gibt folgende präzise, aber nicht leicht faßliche Definition des Korrosionsverfahrens. Nach ihm beruht die Korrosion darauf, „daß man eine Substanz, die sich durch ihre Widerstandsfähigkeit gegen eine zweite zerstörende Substanz auszeichnet, in das Gewebe hineinbringt, dann das Gewebe vermittelst dieser zweiten Substanz zerstört und aus den zurückbleibenden Formen der ersten widerstandsfähigen Substanz seine Schlüsse zieht“. Obwohl die Korrosionsinjektionen nicht in allen Fällen anwendbar sind, weil die meisten Massen in das Gebiet der Capillaren nur schwer eindringen, so ergänzen sie doch die mittelst der einfachen Injektionsmethoden erhaltenen Bilder in ausgezeichneter Weise, indem dieselbe die Anordnung und Form der Gefäße vortrefflich veranschaulichen. An der Hand von Korrosionspräparaten übersieht man die Verteilung der Gefäße eines Organs weit leichter und schneller (LANDAU), als dies an Schnitten von Injektionspräparaten möglich ist, es sei denn, daß man sich dieselben durch die mühsame Plattenmodelliermethode rekonstruiert.

Ausführliche Besprechungen und die Literatur der Korrosionstechnik finden sich in den Werken von HYRTL, BRÜHL, KRASSUSKAJA und WALDEYER.

Vehikel für Korrosionsmassen. Die Vehikel, deren man sich zu Korrosionsinjektionen bedient, sind sehr verschiedener Art: leicht flüssige Metalle, Harze, Celloidin, Photoxylin, Celluloid, osmierte Öle und Kautschuk. Am frühesten wurden zu Korrosionen Metalle angewandt, und zwar füllte nach HYRTLs Angabe zuerst BIDLOO (1765) die Lungen mit geschmolzenem Wismut und COWPER (1697) mit Blei. HOMBERG benutzte zu dem gleichen Zwecke zum ersten Male eine Mischung von Blei, Zinn und Wismut. Es ist dies bereits eine dem ROSEschen Metall ähnliche Legierung (ROSE: 2 Teile Wismut, 1 Blei, 1 Zinn, Schmelzpunkt 94° C; WOOD: 4 Teile Wismut, 1 Cadmium, 1 Zinn, 2 Blei, Schmelzpunkt 65° C). Mittelst der Metallegierungen lassen sich jedoch nur größere Hohlräume, größere Kanäle und Gefäße ausfüllen (bei Füllung der Lungen dringen dieselben allenfalls noch bis in die Alveolen), zu mikroskopischen Untersuchungen sind dieselben ungeeignet. Genauere Angaben über die Metallkorrosionen finden sich bei HYRTL und WICKERSHEIMER.

Nach den Angaben von STRAUSS-DURCKHEIM hat NICHOLS (1733) als erster* Harzmassen zu Korrosionen benutzt. Dieselben sind später von HUNTER modifiziert und verbessert worden. Die Harzmassen bestehen entweder aus einer Mischung von verschiedenen Harzen und Wachs oder aus Harzen, die in Alkohol gelöst sind. Erstere werden in der Wärme zusammengeschmolzen und werden warm in-

* HALLER (II, pag. 233) sagt von ihm: „nitidis injectionibus celebris“ und „Inventorem esse praeparationis viscerum, quae fit per erosionem.“

jiziert. Letztere bilden dickflüssige Lösungen, welche kalt injiziert werden. Als ein wesentlicher Vorzug dieser Massen ist anzuführen, daß dieselben die injizierten Räume sehr vollkommen ausfüllen und bei ihrer Erstarrung nicht wesentlich zusammenschrumpfen. Sehr nachteilig ist die Sprödigkeit der Massen, welche sich bei der Nachbehandlung von zarteren Präparaten, besonders bei ihrer Reinigung empfindlich geltend macht. Die Harzkorrosionen werden trocken aufbewahrt.

Das Celloidin oder vielmehr das Kollodium wurde sowohl zu gewöhnlichen als auch zu Korrosionsinjektionen zuerst von ROBIN eingeführt. Eine allgemeine Verbreitung erlangte diese Methode erst nach der Publikation SCHIEFFERDECKERS im Jahre 1882. Die Celloidinmassen haben vor den Harzmassen den Vorzug, daß dieselben bei weitem nicht so brüchig sind wie letztere, dagegen stärker zusammenschrumpfen. Die Aufbewahrung geschieht, wenn es sich um makroskopische Präparate handelt, am besten in schwachem Alkohol, wenn um mikroskopische, in Glycerin oder Glyceringelatine. Trocken lassen sich die Präparate nicht aufheben, weil dieselben zur Unkenntlichkeit einschrumpfen. Celluloid- und Kautschukpräparate werden dagegen ohne Schaden trocken aufbewahrt.

Farbstoffe. Zum Färben der Massen müssen Farbstoffe gewählt werden, welche von den Korrosionsflüssigkeiten nicht angegriffen werden. Eine universelle Verwendung gestattet Zinnober und das in Wasser unlösliche Berlinerblau, Kobaltblau und Porzellanerde. Harzmassen lassen sich auch mit anderen Farbstoffen färben, die den Korrosionsflüssigkeiten sonst nicht widerstehen, weil letztere die Harzmassen nicht durchdringen; als solche wären zu nennen Kremserweiß (Bleiweiß), Chromgelb, Neapler Gelb und verschiedene Anilinfarbstoffe. SCHIEFFERDECKER empfiehlt für Celloidinmassen Asphalt und Vesuvian zur Färbung.

Korrosionsverfahren. Nachdem die Organe injiziert sind, können sie meist sogleich der Korrosion unterzogen werden. Die mit Metallegierungen gefüllten Organe werden in starken Laugen oder auch durch Maceration in Wasser korrodiert. Für Celloidin- und Harzinjektionen benutzt man meistens Salzsäure, welche man in konzentriertem Zustande nur kurze Zeit, 3—6 Tage, oder verdünnt mehrere Wochen einwirken läßt. Einige Autoren wenden zu dem gleichen Zwecke die künstliche Verdauung mittelst Pepsin und Salzsäure an. Für zarte Objekte und mikroskopische Korrosionen wird Eau de Javelle empfohlen.

Nach genügender Einwirkung der Korrosionsflüssigkeiten werden die Präparate aus denselben vorsichtig in Wasser übertragen und in diesem am besten 24 Stunden ruhig liegen gelassen. Das Wasser in dieser Zeit ein- bis zweimal zu erneuern, ist vorteilhaft, weil dann die Weichteile meist schon von selbst abfallen und nur eine geringe Nachhilfe mittelst eines schwachen Wasserstrahles genügt, um das Präparat völlig freizulegen und zu reinigen.

Harzmassen. HUNTER benutzte nach der Angabe von STRAUSS-DURCKHEIM folgende Mischung zu Korrosionsinjektionen: 8 Unzen reines Harz, 10 Unzen weißes Wachs, 12 Unzen venetianisches Terpentin. SUE 10 Unzen gereinigtes Harz, 12 weißes Wachs, 6—8 Terpentin.

LIEBERKÜHN hat mit seiner pag. 680 beschriebenen Masse die Gefäße injiziert und das Parenchym mittelst Scheidewasser oder verdünnter Schwefelsäure zerstört.

BOGROS bereitet seine Korrosionsmasse in der Weise, daß er 1 Teil venetianisches Terpentin mit 3 Teilen Wasser 4—5 Stunden kochte, das Gemenge alsdann in kaltes Wasser goß und sorgfältig durchknetete. Hierauf wird das Terpentin wieder geschmolzen und so lange gekocht, bis alles Wasser verdampft war. Zu 8 Unzen des gekochten Terpentins fügte er 2 Unzen weißes oder gelbes Wachs und 3 Unzen Zinnober oder 1 Unze mit Öl angeriebenen Berlinerblaus. Vor dem Gebrauch wird die Masse durchgeseiht.

LAUTH. Statt der Masse von BOGROS, deren Bereitung langwierig ist, nimmt LAUTH 3 Teile weißes Geigenharz, 1 Teil weißes Wachs, 1 Teil Straßburger Terpentin und $^1/_3$ bis $^1/_2$ Teil Walrat.

STRAUSS-DURCKHEIM nimmt 3 Teile weißes Wachs, 2 Teile venetianisches Terpentin, 1 Teil Burgogner Terpentin (weißes Pech). Die Masse dringt in die feinsten Gefäße ein, ist biegsam und widersteht dem Fäulnisprozeß. Nimmt man gleiche Teile von den angeführten Substanzen, so erhält man eine festere, jedoch weniger gut eindringende Masse. Zur Färbung benutzt man am besten Grünspan.

HYRTL sagt: „Als allgemein gültige Regel mag es hingenommen werden, den Korrosionsmassen nur sehr wenig Wachs zuzusetzen und sie überwiegend aus abgedampften Firnissen und Harzen bestehen zu lassen. Sie dürfen sie Fett enthalten! Ich verstehe nicht, wie LAUTH Walrat empfehlen konnte. Jede fetthaltige oder zu viel Wachs enthaltende Korrosionsmasse zerfällt schon während ber Korrosion in Stücke." H. verwandte die pag. 680 angegebene Masse zu Korrosionsinjektionen. Die Präparate werden alsdann 2 bis 3 Wochen in Salzsäure gelegt, welche mit $^1/_6$ Wasser verdünnt wurde. Nach der Korrosion wurden dieselben mit reinem Wasser gut ausgewaschen und getrocknet. Um die Zerbrechlichkeit solcher Präparate zu vermindern, taucht H. dieselben wiederholt in eine Hausenblasenlösung und überstreicht die Hauptstämme noch besonders mit Hausenblasenlösung zur Festigung. Die beim Eintauchen in die Leimlösung zwischen nahe stehenden Zweigen entstehenden Häutchen von Leim müssen durch Anblasen mit einem Röhrchen zum Platzen gebracht werden.

ZONDEK hat das arterielle Gefäßsystem der Nieren an Korrosionspräparaten untersucht. Er bediente sich dabei der HYRTLschen Mastixmasse, welche er mittelst der TEICHMANNschen Spritze injizierte. Die Präparate werden in 60%iger Salzsäure 5—7 Tage korrodiert.

REJSEK. Man schmilzt 100 *g* weißes Wachs und 50 *g* Canadabalsam und fügt hierzu 50 *g* Mastixfirnis. Letzteren bereitet man in der Weise, daß man so viel Mastix in Alkohol löst, als sich lösen kann. Alsdann erwärmt man die Lösung über dem Wasserbade, bis dieselbe Sirupkonsistenz erlangt. Zur Färbung der Masse benutzt man die Ölfarben der Maler, wie Zinnober, Berlinerblau, Preußischblau und Kobaltblau. Abstufungen von hellerem und dunklerem Blau erhält man durch einen entsprechenden Zusatz von Kremserweiß. Zu gelben Massen verwendet man Neapler Gelb. Will man die feinsten Gefäße injizieren, so nimmt man mehr Canadabalsam und Mastix und weniger Wachs oder man fügt der oben beschriebenen Masse Terpentinöl hinzu. Die Masse sowie die Spritze müssen vor der Injektion erwärmt werden. Die Injektion muß schnell erfolgen. Die Korrosion geschieht in konzentrierter Salzsäure, der man ungefähr $^1/_8$—$^1/_4$ Wasser hinzufügt.

HOYER (76) empfiehlt seine alkoholische Schellacklösung auch zu Korrosionen. Die Anfertigung der Masse ist bereits oben pag. 680 beschrieben; hier sei nur noch das auf die Korrosionspräparate Bezügliche hervorgehoben. Zu feineren Korrosionen eignet sich die nach der obigen Vorschrift hergestellte Masse am besten, zu gröberen muß die Masse dickflüssiger bereitet werden, so daß dieselbe erst bei leichter Erwärmung flüssig wird. Zur Verringerung der Brüchigkeit werden der Schellackmasse 5% einer gleich konsistenten Lösung von venetianischem Terpentin in Alkohol zugefügt. Zur Zerstörung der Weichteile nimmt man konzentrierte Salzsäure, in welcher kleine Präparate höchstens einen Tag, größere ein bis mehrere Wochen verbleiben. Zweckmäßig erweisen sich hierbei kleine Porzellansiebe, auf welche die Präparate gelegt werden. Mittelst derselben lassen sich die zarten Präparate leicht aus der Säure herausnehmen und in Wasser übertragen, ohne wesentlichen Schaden zu leiden. Im Wasser bleiben die Präparate zunächst einige Zeit liegen, bevor man sie abspült, dann reinigt man sie, indem das Porzellansieb im Wasser vorsichtig gehoben und gesenkt wird. Ihre definitive Reinigung erfolgt mittelst der Spritzflasche. Die feineren Korrosionen lassen sich in erwärmtem Dammarlack zwischen Gläsern einschließen. BELLARMINOW hat die HOYERsche Masse zu Injektionen von Augengefäßen benutzt, welche in Eau de Javelle korrodiert wurden, und ZUCKERKANDL stellte mit der HOYERschen Masse Korrosionen der Gefäße der Nasenschleimhaut her.

C e l l o i d i n m a s s e n. ROBINS Kollodiummasse ist bereits oben pag. 682 beschrieben worden. R. hebt noch ausdrücklich hervor, daß er mittelst dieser Masse sehr schöne mikroskopische Korrosionen erhalten habe. Die Diffusion der Farbstoffe in die Gewebe hinein war nicht störend, weil die Weichteile durch Maceration in Wasser vernichtet wurden.

SCHIEFFERDECKER führte das Celloidin in die Korrosionstechnik ein. Zur Färbung der Masse empfiehlt S. Asphalt. Man pulverisiert letzteres und übergießt es in einem gut geschlossenen Glase mit Äther. Nach 24 Stunden, während welcher Zeit man die Masse hin und wieder umschüttelt, ist der Äther braun gefärbt. Man gießt ihn in ein anderes Glas ab und löst darin zerkleinertes Celloidin, bis die Lösung etwa wie ein schwerflüssiges fettes Öl fließt. Das Asphaltpulver kann man lange Zeit hindurch immer wieder zum Färben neuer Ätherportionen verwenden, da es sich nur wenig löst. Auch mit Vesuvian kann man eine gute braune Lösung darstellen. Man stellt zu diesem Zwecke eine konzentrierte Lösung von Vesuvian in absolutem Alkohol dar und löst darin Celloidin. Doch ist dieser Farbstoff weniger haltbar als Asphalt. Will man undurchsichtig rot oder blau färben, so stellt man sich eine Lösung von Celloidin in Alkohol und Äther aa. her und fügt pulverisiertes Zinnober oder Berlinerblau hinzu. Beide werden in einer Reibschale mit absolutem Alkohol zu einem dicken Brei angerührt und dann der Celloidinlösung zugesetzt. Man muß hierbei so wenig Farbstoff nehmen als irgend möglich, da die Masse sonst brüchig wird. Die so hergestellten Massen verwendet man entweder so, wie sie sind, oder preßt sie durch ein mit Äther angefeuchtetes Flanelltuch, um etwaige Brocken zu entfernen. Die Injektionsspritzen müssen gänzlich fettfrei sein, da Fett die Injektionsmasse brüchig macht. Sollte der Lederkolben der Spritze ohne Fett nicht schließen, so bindet man etwas Gaze herum. Die Kanülen werden vor dem Einbinden mit Äther gefüllt und kurz vor dem Einsetzen der Spritze noch nachgefüllt. Die Injektion macht man ziemlich schnell. Nach der Injektion werden die Spritze und Kanüle mit Äther gereinigt. Das injizierte Organ wird in ungereinigte und verdünnte Salzsäure gelegt, wo es so lange bleibt, bis das Gewebe zerstört ist und sich leicht abspülen läßt. Sodann spült man es unter dem konstanten Strahl einer Wasserleitung ab. Der Strahl kann dick sein, darf aber keine große Schnelligkeit besitzen. Sind die Präparate abgespült, so läßt man sie am besten noch einige Wochen in Wasser liegen und spült ab und zu nach, bis dieselben ganz rein sind. Alsdann wird das Präparat entweder in Glycerin oder in einer Mischung von Glycerin, Alkohol, Wasser zu gleichen Volumenteilen aufbewahrt. Der Vorteil dieser Masse besteht in ihrer leichten Anwendbarkeit und Zähigkeit, allerdings schrumpft sie ein wenig.

Hochstetter. Da die Schiefferdeckersche Masse bei zu geringem Zusatz von Farbstoff zu stark schrumpft, andrerseits nach größerem Zusatz brüchig wird, hat H., um diesem Übelstande abzuhelfen, dem Celloidin Kaolin zugefügt. Die Masse wird in der Weise hergestellt, daß die Porzellanerde mit reinem Äther entweder allein, wenn man eine weiße Masse erhalten will, oder mit Kobaltblau, Chromgelb oder Zinnober, welcher aber immer die Masse etwas brüchiger macht, zu einem möglichst feinen Brei zerrieben wird, welchen man dann sorgfältig einer vorher bereiteten Celloidinlösung von Honigkonsistenz beimischt. Die Menge der Porzellanerde richtet sich nach dem Kaliber des zu füllenden Gefäßes (je stärker das Gefäß, desto mehr Porzellanerde). Zur Injektion verwendet H. eine Teichmannsche Spritze. Die Masse wird besonders zur Füllung der Knochengefäße empfohlen.

Brödel hat nach der Schiefferdeckerschen Methode, die durch Mixter und Mall etwas modifiziert worden ist, die Blutgefäße der Niere dargestellt. Nachdem die Blutgefäße und das Nierenbecken ausgewaschen und dann durch Injektion von Alkohol und Äther von Wasser befreit waren, wurden mit Zinnober, Preußischblau und einem Arsenikpräparat gefärbte Celloidinmassen in die Arterien, Venen und das Becken eingespritzt. Hierauf wurden die Organe in eine Verdauungsflüssigkeit gebracht, welche aus 1 : 3000 Pepsin, das in 0,3 bis 0,5%iger Salzsäure gelöst war, bestand. Die Verdauung war innerhalb von 4 oder 5 Tagen bis zu 2 Wochen vollzogen. Alsdann wurden die Präparate ausgewaschen und in Glycerin aufbewahrt, dem einige Tropfen Carbolsäure zugesetzt waren.

Krassuskaja löst 30 Teile Photoxylin oder Celloidin in 600 Teilen Aceton und setzt 20 Teile Campher hinzu. Für feinere Injektionen wird die mit Berlinerblau oder Zinnober gefärbte Masse zuvor durch Flanell filtriert. Das injizierte Präparat wird erst nach 12 Stunden in Salzsäure gelegt. Ebenso verfährt Landau. Huber führt folgende Änderungen ein: Er bereitet eine Stammlösung aus 30 *g* Photoxylin und 550 Aceton, dazu fügt er eine Lösung von 20 *g* Campher in 50 *ccm* Aceton und bewahrt diese Mischung in einer mit einem Glasstopfen gut verschlossenen Flasche auf. Zur Färbung benutzt er Alkannin (fettlösliches Rot von Grübler), von welchem er 0,3—0,5 *g* in 20 *ccm* Aceton löst und zu 80 *ccm* der Stammlösung hinzufügt. Die Mischung wird durch Baumwolle mittelst der Champanschen Saugpumpe filtriert.

Storch verwendet zu makroskopischen Korrosionsinjektionen in Aceton gelöstes Celluloid, welches noch zäher ist als das Celloidin. Das käufliche Celluloid wird fein geschabt, die Späne in Aceton gelöst und mit Zinnober oder Kobaltblau gefärbt. Bei der Injektion von größeren Gefäßstämmen setzt man noch Kaolin hinzu, um der Masse mehr Körper zu geben. Die Farbstoffe machen die Celluloidmasse brüchig. Storch empfiehlt für Injektionen von Arterien oder Venen zarter Organe oder Organteile, wenn es sich um ein einfache Injektion handelt, die Celluloidlösung ohne Farbstoff zu gebrauchen und erst das fertige Präparat durch Eintauchen in eine Farblösung zu tingieren. Zur Korrosion dient verdünnte rohe Salzsäure, in welcher die Präparate 2—3 Monate verweilen. Die Säure wird in dieser Zeit 2—3mal gewechselt. Die fertigen Präparate werden trocken aufbewahrt.

Altmanns Korrosionsmethode. Altmann führt Fette durch Injektion oder Imprägnation in die Gewebe ein, härtet und schwärzt dieselben mittelst Überosmiumsäure und zerstört dann die Weichteile mit Eau de Javelle.

1. Das Injektionsverfahren. Man injiziert Olivenöl so lange vom Herzen aus oder durch eine Arterie, bis dasselbe aus den Venen ausfließt, und unterbindet dann durch eine Ligatur Arterie und Vene, damit das Öl nicht ausfließe. Da die Überosmiumsäure nur in geringem Grade in die Tiefe der Gewebe eindringt, zumal wenn dasselbe viel Fett enthält, so kann man nur dünne Membranen direkt in die Überosmiumsäure einlegen. Hat man es aber mit parenchymatösen Organen zu tun, so muß man dasselbe zunächst gefrieren lassen (in gestoßenem Eis mit salpetersaurem Natron überschüttet) und von dem gefrorenen Organ mit einem scharfen Messer dünne Scheiben abschneiden und diese in einer 1%igen Lösung von Überosmiumsäure fixieren. In dieser Lösung bleiben die betreffenden Teile etwa 24 Stunden und sind dann für die Korrosion mit Eau de Javelle fertig. — Die Korrosion nimmt man am besten in kleinen Glasschälchen vor, die eine Untersuchung ihres Inhalts bei durchfallendem Lichte und schwacher Vergrößerung gestatten. Je nach der Art des Gewebes und

je nach der Stärke des käuflichen Eau de Javelle dauert die Korrosion einige Minuten bis zu einigen Stunden. Man prüft daher von Zeit zu Zeit, wie weit sich die Gewebe mittelst Nadeln von einander trennen lassen. Bei zu langem Liegen werden nämlich auch die mit Überosmiumsäure geschwärzten Partien korrodiert und zerbröckeln. Die brauchbaren Teile der von der Korrosion zurückbleibenden Fettmassen werden mit einem Platinblech herausgefischt, der Überschuß von Eau de Javelle mit Fließpapier abgesaugt und das Präparat auf einen Objektträger in Glycerin übertragen. Man reinigt das Präparat eventuell noch dadurch, daß man reines Glycerin auf dasselbe vorsichtig auftropfen läßt. Zum ersten Versuch empfiehlt ALTMANN die Niere vom Kaninchen. Sehr günstig erweist sich die Korrosion ferner für die Untersuchung der Chorioidalgefäße, der Haut des Frosches, auch für die Lymphgefäße daselbst, ferner die Lymphgefäße des Periostes.

2. Das Imprägnationsverfahren. Zur Fettimprägnation und nachträglichen Korrosion verwendet ALTMANN 1 Vol. Olivenöl, $^1/_2$ Vol. Alcohol abs. und so viel Äther, bis sich das Ganze beim Schütteln klar mischt. In diese Mischung werden kleine Gewebsstücke behufs Durchtränkung eingelegt. Außerdem verwendet ALTMANN mit gutem Erfolge eine Mischung von zwei Teilen Ricinusöl auf 1 Teil Alkohol. In den Mischungen bleiben die Objekte 5—8 Tage, alsdann werden dieselben in Wasser oberflächlich abgespült und in eine 1%ige Lösung von Überosmiumsäure übertragen. Das Korrosionsverfahren ist dasselbe wie vorher. Nach dieser Methode lassen sich verschiedene interessante Beobachtungen anstellen an Nerven- und Muskelfasern, Knorpel, Epithelien, Bindegewebe, Lymphcapillaren, Retina usw.

v. STEIN löst den in der Zahntechnik benutzten Rosa-Kautschuk in Chloroform und füllt damit das Labyrinth des Felsenbeins. Das Objekt wird dann im Vulkanisier-Apparat gehärtet und dann in Salzsäure korrodiert. Die Präparate sind sehr dauerhaft.

Injektion von Drüsengängen.

Bei der Injektion von Drüsengängen kommen die gleichen vorbereitenden Präparationen und Handgriffe in Anwendung, welche bei den Injektionen von Gefäßen in dem allgemeinen Teile auseinandergesetzt worden sind. Von verschiedenen Seiten (von der Schule LUDWIGs, von RANVIER und v. EBNER) werden bei Drüseninjektionen Apparate mit konstantem Druck der Handspritze vorgezogen, weil das Gelingen der Injektion sicherer ist. Es ist unzweifelhaft, daß die Apparate sich für diese Injektionen sehr praktisch erweisen, unbedingt notwendig sind dieselben jedoch nicht, weil man mit gut funktionierenden Spritzen und bei vorsichtiger Injektion die gleichen Resultate erhält. Die meisten zu Gefäßinjektionen benutzten Massen wurden auch zu Drüseninjektionen in Anwendung gebracht, doch haben sie sich keineswegs alle gut bewährt. Die dickflüssigen Wachs-, Harz- und Leimmassen sind für feinere Injektionen von Drüsengängen gänzlich ungeeignet und können höchstens zur Füllung von gröberen Verzweigungen oder Kanälen oder Hohlräumen benutzt werden. Günstigere Resultate erzielt man mit Ölmassen, die auch vielfach zu dergleichen Injektionen benutzt worden sind. Dieselben dringen im allgemeinen sehr gut ein; wenn aber die Ausführungsgänge mit Secret gefüllt sind, so schiebt die Masse besonders in den engeren Gängen dasselbe vor sich her und verlegt letztere schließlich vollkommen, ohne in dieselben eingedrungen zu sein. Auch liefern mit Ölmasse injizierte Präparate sehr ungleichmäßige Bilder, welche durch unvollständige Füllung bedingt werden. Schließlich haben die Ölmassen die bereits öfters erwähnte nachteilige Seite, daß die damit injizierten Präparate in Alkohol fixiert werden müssen.

Die zur Injektion von Drüsen geeignetsten Massen sind die wässerigen oder glycerinhaltigen. Der Umstand, daß sich dieselben mit den Secreten leicht mischen, ermöglicht denselben ein tieferes Eindringen in die Drüsengänge und eine vollkommenere Füllung der Lumina. Bei der Wahl des Farbstoffes wird man darauf bedacht sein, denselben in dem betreffenden Vehikel möglichst fein zu verteilen oder noch besser zu lösen. Dabei muß der Farbstoff eine gewisse Transparenz und Intensität besitzen, und schließlich darf der Farbstoff von den üblichen Fixationsreagenzien nicht angegriffen oder verändert werden. Als ein solcher Farbstoff ist das lösliche Berlinerblau zu nennen, welches sowohl bereits früher wie auch in der neueren Zeit fast allgemein zu derartigen Injektionen benutzt worden ist, weil es alle angeführten Vorzüge in sich vereinigt. Dabei ist es ziemlich gleichgültig, ob das Berlinerblau in rein wässeriger oder in glycerinöser Lösung benutzt wird.

Leimmassen. Harting meint, daß sich zur Füllung von Bronchen und Lungenbläschen Wachsmassen besser eignen als Leimmassen.

Joh. Müller gelang es nach der Angabe von E. H. Weber, die Gallengänge beim Kaninchen mit Leim und Zinnober auszufüllen.

Beale empfiehlt zur Injektion der Leber Leimmassen, die mit Bleichromat, Zinnober, vor allem aber mit Preußischblau gefärbt sind. Die Leber wird zunächst durch die Pfortader mit warmem Wasser durchgespritzt, alsdann 24 Stunden in einem Tuche zwischen Schwämmen unter Druck liegen gelassen, um das Wasser möglichst zu beseitigen, und schließlich mit einer der Massen injiziert.

Robin empfiehlt zur Injektion von Drüsengängen die pag. 678 erwähnte Silbergelatine.

Friedenthal. Um das gesamte in den Lungen und Luftsäcken der Vögel enthaltene Luftquantum zu bestimmen, benutzt Friedenthal folgende Methode: Läßt man Tiere reinen Sauerstoff atmen, bis aller Stickstoff aus den Lungen und deren Nebenräumen entfernt ist, und verbindet dann die Trachea mit einem Rohr, welches in flüssige Gelatine taucht, so absorbieren die Gewebe nicht nur allen verfügbaren Sauerstoff, sondern sie nehmen auch alle geatmete Kohlensäure wieder auf, so daß die Gelatine ohne irgend einen Injektionsdruck alle Räume ausfüllt. Die Gelatine wird zweckmäßig mit irgend einem unlöslichen Farbstoff, wie chinesischer Tusche oder Berlinerblau gefärbt. Zur mikroskopischen Untersuchung der Lungen vermischt man am besten eine 10%ige gefärbte Gelatine mit dem gleichen Volumen einer 4%igen Formollösung. Die Verbindung der Gelatine mit dem Formol zu einem unlöslichen Körper erfolgt bei Körpertemperatur so langsam, daß die Selbstinjektion der Lungen durch sie nicht gehindert wird.

Ölmassen. Harting empfiehlt zur Füllung von lufthaltigen Räumen, Knochenzellenhöhlen, Zahnkanälchen, Tracheen, Intercellularräumen von Pflanzen folgendes Verfahren: Das zu injizierende Objekt kommt in einer gefärbten Flüssigkeit unter die Glocke einer Luftpumpe; wird dann die Luft ausgepumpt und läßt man nachher wieder neue Luft eintreten, so dringt die gefärbte Flüssigkeit in die früher mit Luft gefüllten Höhlungen. Doch muß die Flüssigkeit sehr intensiv gefärbt sein, Carmin oder Berlinerblau sind dazu unzureichend. Zu diesem Zwecke wird fein gestoßene Alkannawurzel mit Terpentinöl ausgezogen und der Auszug noch im Sand- oder Wasserbade eingedickt. Zahnkanälchen füllen sich bei einem Drucke von nur 4 *mm* erst nach 4—5 Tagen vollkommen. Das Einlegen solcher Präparate in Canadabalsam ist ausgeschlossen.

Asp injizierte Gallengänge mit einer Lösung von Alkannin in Terpentinöl. Die Lösung geht unter einem Drucke von 25 *mm* Quecksilber äußerst rasch in dem Gallengange vorwärts, dringt jedoch in den Gallencapillaren nicht weiter vor, sondern geht in die Zellen über. Zu ähnlichen Resultaten gelangte nach den Angaben von Asp E. H. Weber mit seiner spirituösen Lösung von Gummigutta. Asp wiederholte den Versuch Webers mit dem gleichen Erfolge, indem er das käufliche Gummigutta mit Alkohol auszog, die Lösung filtrierte und dann eindampfte. Schließlich injizierte er auch lösliches Berlinerblau.

Fleischel benutzte zur Injektion der Gallengänge eine Lösung von Alkannin in Terpentinöl, verwarf dieselbe aber bald, nachdem er sich überzeugt hatte, daß sich die Masse bei der Härtung der Objekte sehr langsam oder gar nicht eindickt und beim Schneiden das Präparat beschmutzt. Nach Fleischel eignet sich zur Darstellung der Gallencapillaren keine Masse besser als eine filtrierte Lösung von Asphalt in Chloroform. Auch wurde lösliches Berlinerblau angewandt.

Wässerige Massen. Eberth hält Leimmassen oder in Wasser suspendiertes Carmin zu Injektionen der Leber für untauglich und empfiehlt lösliches Berlinerblau oder auch chinesische Tusche.

Saviotti benutzte zur Injektion des Pancreas lösliches, nach Brückes Methode dargestelltes Berlinerblau. Da letzteres bei Berührung mit Pancreassaft wie überhaupt durch alle alkalischen Flüssigkeiten entfärbt wird, so wird das Pancreas nach der Injektion zweckmäßig in mit Essigsäure versetztem Alkohol fixiert. Nach 1—2 Tagen wird das Präparat in kleinere Stücke zerschnitten und in gleiche Teile von destilliertem Wasser und Essigsäure übertragen. Hierdurch wird die Farbe wieder vollkommen hergestellt.

v. Ebner verwendete zur Injektion der Speicheldrüsen und des Pancreas das lösliche, nach der Vorschrift von Brücke bereitete Berlinerblau, und zwar meist in wässeriger Lösung, seltener in Verbindung mit Glycerin.

Frey benutzt das Turnbullsche Blau zur Injektion von Drüsengängen, Harnkanälchen, Gallennetzen und Lymphbahnen. Sind die zu füllenden Gänge sehr klein, so nimmt man die doppelte Menge der Salze (schwefelsaures Eisenoxydul und rotes Blutlaugensalz) auf je 30 *ccm* Wasser. Auch kann man noch Glycerin hinzufügen. Zu den gleichen Zwecken verwendet Frey die früher beschriebene Masse mit schwefelsaurem Barium.

Hochstetter. Um Hohlräume im embryonalen Körper zu füllen, verfährt Hochstetter in folgender Weise: Die bereits fixierten Stücke werden nach Durchführung durch die Alkohole in eine Mischung von 1 Teil Nelkenöl auf 2 Teile Chloroform gebracht. Nimmt man die Objekte nach völliger Durchtränkung aus diesem Gemisch heraus, so beginnt das Chloroform alsbald zu verdunsten, wobei Luft aufgenommen resp. in die Hohlräume angesogen wird. Hochstetter ließ nun nicht Luft, sondern in Wasser verriebene chinesische Tusche mittelst eines kleinen Röhrchens, um das Präparat selbst nicht zu beschmutzen, aufsaugen. Die

Tusche bleibt an den Wandungen der Räume haften. Werden die Präparate dann in reines Nelkenöl eingelegt, so verschwindet das Wasser allmählich, und man erhält ein klares Bild der Dimensionen des Hohlraumes, z. B. der Trachea und Lungen.

Injektion von niederen Tieren.

In der allgemeinen Injektionstechnik sind neben den bei höheren Tieren üblichen Methoden bereits verschiedene bei der Injektion von niederen Tieren und auch Embryonen zu beobachtende Handgriffe angeführt worden. Die Schwierigkeiten, welche beim Injizieren von niederen Tieren dem Untersucher entgegentreten, sind so mannigfacher Art, daß es kaum möglich ist, irgend welche allgemeine Vorschriften zu geben. Für jede Tierart muß die geeignetste Methode erst ausprobiert werden. Die Schwierigkeiten liegen zunächst in der Narkotisierung oder Abtötung der Tiere, dann in der geeigneten Auswahl des Instrumentes, mit welchem die Injektion ausgeführt werden soll: ob Spritze mit stumpfer Kanüle zum Einbinden, oder spitzer Kanüle zum Einstich, oder fein ausgezogene Glasröhren resp. Pipetten nach Angabe von Strauss-Durckheim, Harting, Delage, Kanülenhalter nach Lacaze Duthiers. Schließlich kommt es auf die richtige Auswahl der Injektionsmasse an. Im allgemeinen wird man sich der kaltflüssigen Massen bedienen, und zwar der wässerigen oder glycerinösen Massen, ferner der Eiweiß-, Leim-, Harz- und Ölmassen. Bei der engeren Wahl ist dann der Zweck, den man mit der Injektion verfolgt, maßgebend, für mikroskopische Untersuchungen wird man die transparenten, für mehr makroskopische die opaken Massen bevorzugen.

Außer den in den früheren Abschnitten aufgezählten Injektionsmassen, sind im folgenden die speziell für niedere Tiere empfohlenen Vorschriften aufgeführt. Eine erschöpfende Zusammenstellung ist damit wohl sicher nicht gegeben, doch war es dem Referenten nicht möglich, mehr Literaturangaben zu finden.

Lauth führt an, daß man sich zur Injektion der Gefäße von Mollusken und Insekten der Milch bedient, welche man durch Benetzung der Präparate mit starkem Essig oder mit verdünnten mineralischen Säuren zur Gerinnung bringt.

Robin empfiehlt zur Injektion von Mollusken und Anneliden ebenfalls ungefärbte oder auch gefärbte Milch. Falls man sorgfältig zubereitete Massen nicht zur Hand hat, kann man auch verschieden gefärbte Tinten allein oder zu einer Gummi- oder Gelatinelösung zugemischt benutzen. Leichtflüssige transparente Massen (auch Terpentin) sind sonst am geeignetsten.

Strauss-Durckheim empfiehlt zur Injektion von Mollusken seine pag. 682 erwähnte ölige Masse. Für die feinsten Gefäße benutzt er den daselbst angegebenen Auszug von Orcanète in Terpentin oder Lavendelöl.

Moseley injiziert die Blutgefäße von Coleopteren in folgender Weise: Es wird der Flügel an einem lebenden großen Coleopter, z. B. Dytiscus, Hydrophilus, Melolontha, mit der Schere quer durchschnitten. Auf dem Querschnitt erscheint alsbald eine Reihe von Blutstropfen, welche die Lage der Blutgefäße bezeichnen. In diese wird die Injektionskanüle eingesetzt. Die letztere besteht aus einer in eine feine Spitze ausgezogenen Glasröhre. An das entgegengesetzte Ende der letzteren wird ein kleines Gummirohr angebunden, dieses wird mit Injektionsmasse gefüllt und am freien Ende fest verschlossen. Die Spitze der geladenen Kanüle führt man vorsichtig in das blutende Gefäß, so daß sie fest an die Wand desselben anschließt. Der nötige Druck wird durch das Zusammenpressen der Gummiröhre erzeugt. Von den Injektionsflüssigkeiten eignet sich am besten eine Lösung von Indigcarmin, sie schreitet in den Gefäßen rascher fort als eine Lösung des roten Carmins oder des Berlinerblaus. Nachteilig ist allerdings dabei, daß das Indigcarmin vom lebenden Tiere sehr rasch in die Drüsen ausgeschieden wird.

Joseph empfiehlt die pag. 677 angegebene Eiweiß- resp. kaltflüssige Leimmasse zur Injektion wirbelloser Tiere. Zur Erforschung von lacunären Kreislaufsbahnen wird die Methode der Autoinjektion mit Carmineiweißmasse empfohlen. Dabei ist es von Vorteil, die Tiere auf Eis liegen zu lassen, wodurch sie in Trägheit erhalten werden.

Flemming injizierte das Gefäßsystem von Unio und Anodonta. Zu diesem Zwecke läßt Flemming die Tiere durchfrieren. Hierauf legt man sie in schwach laues Wasser und findet dieselben nach etwa einer halben Stunde klaffend, schlaff und tot. Bei diesem Verfahren leisten die Muskeln der Injektion keinen Widerstand, während die Gewebe gut erhalten bleiben. Die Gefäße werden mit leicht flüssigen kalten oder auch nach leichter Vorwärmung der Tiere mit Leimmassen gefüllt. Um das Ausfließen der Masse zu vermeiden, tut Flemming Gypsbrei auf eventuell verletzte Stellen oder auch die Einbindungsstelle der

Kanüle (das Gleiche empfiehlt FLEMMING auch bei Injektionen von Wirbeltieren). — Trotzdem ist es FLEMMING nicht gelungen, eine wirklich vollkommene Injektion der gesamten Gefäße zu erhalten.

SABATIER injizierte Mollusken zu makroskopischen Untersuchungen mit einer Mischung von Schweineschmalz und Terpentin. Das Verhältnis beider variiert je nach der Jahreszeit. Im Sommer fügt er der Mischung noch etwas Talg oder Wachs hinzu. Zur Färbung benutzt er Ölfarben, wie Chromgelb, Zinnober und Ultramarinblau. Bei Injektionen zu mikroskopischen Studien wandte SABATIER entweder Terpentin an, das mit einer der Ölfarben gefärbt war, oder Gelatine. Letztere wurde entweder mit ammoniakalischem Carmin oder in Oxalsäure gelöstem Berlinerblau oder mit Chromgelb gefärbt. Auch das Einblasen von Luft ergab oft gute Resultate bei der Präparation der Gefäße.

DELAGE benutzte zur Injektion des Blutgefäßsystems von Crustaceen ausschließlich mit Chromgelb gefärbtes Schweineschmalz.

GRIESBACH bedient sich bei Injektionen von Mollusken der von SABATIER empfohlenen oder eigener selbst bereiteter Massen. Die kalten Massen sind den warmen vorzuziehen. Erstere bereitet er sich in folgender Weise: „Gleiche Teile von weißem und gelbem Wachs werden in Terpentinöl unter Erwärmen gelöst und nach dem Erkalten unter Umrühren mit Olivenöl oder Rüböl, in welchem Bleisulfat verrieben war, versetzt. Das Resultat ist eine weißlich-gelbe Flüssigkeit von Sirupkonsistenz, für manche Injektionen recht brauchbar. Statt des schwefelsauren Bleies habe ich mehrfach auch Bariumsulfat oder Jodblei mit dem Öl verrieben. Durch Zusatz von Walrath beim Lösen in Terpentin kann man die Masse dünnflüssiger machen.“ — Soll ein Injektionspräparat behufs mikroskopischer Untersuchung geschnitten werden, so empfiehlt GRIESBACH zur Füllung der Gefäße in der Kälte flüssigen Leim, einfachen Gummileim oder Gummi arabicum mit oder ohne Glycerinzusatz. Den Leim kann man mit verschiedenen Farbstoffen tingieren. Für die in Wärme flüssige Gelatinemassen hat GRIESBACH außer den bekannten Farbstoffen das Uranchlorid als Zusatz benutzt. Die herrlichsten Färbungen geben Anilinfarbstoffe, namentlich gewisse Azoverbindungen wie Biebericher Scharlach, Crocein, Tropaeolin 00, Tropaeolin 000 Nr. 2 etc., auch kann man Erythrosin, Safranin, Methylen- und Äthylenblau u. a. benutzen. Die besten Resultate hat bei den Injektionen die von FLEMMING angegebene Gefrierungsmethode geleistet.

Injektion der Lymphgefäße.

Historisches. Obwohl die Lymphgefäße bereits im Altertum bekannt gewesen sein sollen, fanden dieselben dennoch nicht die ihnen gebührende Berücksichtigung, ja gerieten vollkommen in Vergessenheit, bis sie im Jahre 1622 von ASELLI wieder entdeckt wurden. Als er nämlich zum Zwecke des Studiums der Bewegungen des Diaphragmas einen Hund eröffnete, der einige Stunden zuvor gefüttert worden war, erblickte er die durch natürliche Injektion strotzend gefüllten Chylusgefäße. Weitere Untersuchungen belehrten ASELLI, daß diese Gefäße zum größten Teil gegen eine Drüsenmasse, das Pancreas Aselli, gerichtet sind und daß dieselben Klappen besitzen. Die Beziehungen der Chylusgefäße zum Ductus thoracicus blieben ASELLI unbekannt, obwohl letzterer bereits 1563 von EUSTACHIUS beschrieben worden war. Im Jahre 1653 entdeckten T. BARTHOLIN und RUDBECK gleichzeitig, jedoch ganz unabhänging voneinander, die durch natürliche Injektion gefüllten Lymphgefäße an der Oberfläche der Leber.

Die Methode der Darstellung der Lymphgefäße durch natürliche Injektion ist dann noch vielfach zu Untersuchungen angewandt worden. Außer den älteren Anatomen bedienten sich dieser Methode CRUIKSHANK, J. MÜLLER, welche Milch oder gefärbte wässerige Flüssigkeiten, BRÜCKE, welcher mit Alkannawurzel gefärbtes Terpentin in den Darm einführte und durch die Chylusgefäße aufsaugen ließ. Vielfach wurde auch in der Weise verfahren, daß gefärbte Flüssigkeiten in Körperhöhlen, in Drüsengänge, in Blutgefäße oder subcutan eingespritzt wurden. Die Flüssigkeiten gingen dann zum Teil wenigstens in die Lymphgefäße über und ermöglichten damit ihre Untersuchung (MASCAGNI, LAUTH, HERBST, ROBIN, RANVIER, BODDAERT). Daß diese Methode, wie TEICHMANN sagt, keinen besonderen Erfolg versprechen konnte, liegt auf der Hand. RUYSCH blies die Lymphgefäße mit Luft auf und trocknete sie dann in diesem Zustande. Mittelst dieser Methode gelang es ihm, die bis dahin noch immer angezweifelte Existenz der Klappen in der unzweideutigsten Weise klar zu legen.

Von sehr wesentlichem Einfluß auf die Erforschung des Lymphgefäßsystems war die Einführung des Quecksilbers in die Injektionstechnik durch NUCK im Jahre 1692. NUCK selbst hatte bereits mittelst der Quecksilberinjektion die Lymphgefäße des Körpers „a capite ad calcem“, wie er sich ausdrückt, klar gelegt; ihm folgte eine Reihe von bedeutenden Forschern, von denen hier nur MONRO, CRUIKSHANK, MASCAGNI, WERNER und FELLER, FOHMANN, LAUTH, HYRTL, v. RECKLINGHAUSEN, SAPPEY, GEROTA, POLANO, SEVEREANU genannt werden sollen.

Außer den angeführten Methoden scheinen in früheren Zeiten auch Injektionen mit dickflüssigen, erstarrenden Massen allerdings ohne wesentliche Erfolge in Gebrauch gewesen zu sein. So erwähnt MASCAGNI, daß man die Lymphgefäße mit Hausenblase, Wachs, Talk oder verdünntem Gyps füllen könne. Desgleichen hat später v. PATRUBAN die Lymphgefäße mit Massen von Leim, Hausenblase, Harz, Wachs und Dextrin injiziert. Wesentlich vervollkommnet wurden dieselben durch HYRTL und TEICHMANN.

In neuerer Zeit kommen nur noch leichtflüssige, wässerige oder ölige Massen zur Verwendung.

Einer eigentümlichen Methode bedient sich LEAF: Innerhalb 4 Wochen injiziert er von der A. carotis und V. jugularis einer Leiche 50 Liter Formalinlösung von 1:7 Wasser + 1 Liter Spiritus. Die Lymphgefäße waren so gehärtet, daß sie deutlich sichtbar und leicht zu präparieren waren.

Die Literatur findet sich bei MILNE-EDWARDS, HYRTL, TEICHMANN, GEROTA, BARTELS, SEVEREANU.

Apparate zur Lymphgefäßinjektion. Außer den bei Quecksilberinjektionen benutzten Apparaten, welche aus dem Grunde unberücksichtigt geblieben sind, weil die Injektionen mit Quecksilber für die mikroskopische Technik überhaupt nicht in Betracht kommen, sind sämtliche bei Lymphgefäßinjektionen benutzten Apparate und Spritzen bereits angeführt worden. Am häufigsten werden kleine Spritzen mit feinen Stahlkanülen und die von GEROTA und BARTELS angegebene Spritze mit Glaskanülen benutzt, seltener die Spritze eigener Konstruktion von DALLA ROSA. Bei kleinen Objekten (Larven und Embryonen) kommen noch einfache Glaskanülen mit Gummischlauch zum Blasen mit dem Munde in Betracht und die vom Referenten (S. 647) angegebene Vorrichtung mit konstantem Druck.

Methoden des Injizierens. Infolge des Klappenreichtums der Lymphgefäße ist man in den meisten Fällen genötigt, die Gefäße in der Richtung des Lymphstromes, d. h. centripetal zu injizieren. HYRTL gibt jedoch an, daß es ihm gelungen ist, in gewissen Organen, besonders am Darm, recht gute und vollkommene Füllungen der Lymphgefäße durch Injektionen in centrifugaler Richtung zu erhalten, wenn man sich nur die Mühe nehme, den jedesmaligen durch die Klappen verursachten Widerstand durch sanftes Streichen zu überwinden. STILLING gelang es, auf diese Weise die Lymphgefäße der Nebennieren zu füllen.

Statt des mühsamen Einführens der Kanüle in die Lichtung des Gefäßes wird dieselbe jetzt stets in das Gewebe eingestochen. Bei Schleimhäuten gelingt dies sehr leicht, nicht aber bei der äußeren Haut. Hier macht man zunächst entweder mit einer feinen Starnadel (TEICHMANN) einen Einstich, oder man schneidet mittelst eines feinen Skalpells die Epidermis vorsichtig durch. Von dem Stich oder Schnitt aus wird die Kanüle, die bereits an der Spritze befestigt sein muß, der Hautoberfläche parallel eingeführt. HYRTL hat die gleiche Methode auch zur Lymphgefäßinjektion von drüsigen Organen benutzt. Um die oberflächlichen Lymphgefäße der Lunge zu füllen, führt man in die A. oder V. pulmonalis eine feine Metallröhre möglichst tief ein. Hierauf wird in die Röhre eine zweischneidige Nadel so weit eingeschoben, daß die Spitze aus dem Ende der Röhre etwas hervorragt. Mittelst dieser Nadel durchsticht oder durchschneidet HYRTL die Gefäßwände. Hierauf wird die Nadel samt Röhre herausgezogen und die Blutgefäße werden mit einer leicht flüssigen Masse injiziert. Man erhält ein Präparat der oberflächlichen Lymphgefäße der Lunge, „wie es noch nie gesehen, nicht einmal abgebildet wurde". Bei anderen Organen (Leber, Thymus, Gehirn, Nieren, Uterus, Milz) war der Erfolg der Injektion weniger sicher als an der Lunge, „doch eklatant genug, um das Verfahren als ein sich bewährendes zu empfehlen".

Injektionsmassen. GEROTA (1896) hat die meisten bei Lymphgefäßinjektionen benutzten Massen auf ihre Brauchbarkeit geprüft und ist zu dem Schlusse gelangt, daß sich die öligen Massen hierzu am besten eignen. Als Vehikel dient das von anderen bereits vielfach benutzte Terpentinöl oder Äther und als Farbstoff eine der käuflichen Malerölfarben in Zinntuben. Sehr unangenehm ist bei Anwendung dieser Massen der Umstand, daß dieselben Hände und Spritze sehr beschmutzen und die Farbe besonders von den Fingern schwer zu beseitigen ist. Auch haben die mit Ölmassen ausgeführten Injektionen den Nachteil, daß sich dieselben zu mikroskopischen Untersuchungen nicht verwenden lassen. Daher sind mehrere Autoren zu den schon früher vielfach benutzten wässerigen Massen wieder zurückgekehrt und empfehlen entweder das lösliche Berlinerblau oder die käufliche flüssige Tusche oder fein verriebene chinesische

Tusche (DALLA ROSA, LENDORF, JOSSIFOW). Schließlich werden zum genaueren Studium der Lymphgefäße noch Silbernitratlösungen benutzt. Dieselben wurden früher ohne weitere Zusätze injiziert, neuerdings empfiehlt RENAUT eine Mischung von Silbernitrat, Osmium- und Pikrinsäure, die zu Lymphgefäßinjektionen sich vorzüglich eignen soll.

HYRTLS Massen. HYRTL benutzte entweder die pag. 680 angegebene und mit Äther versetzte Harzmasse oder eine mit Mohnöl oder Terpentingeist verriebene und mit Chromgelb oder Kremnitzerweiß gefärbte Wachsmasse, die ebenfalls mit Äther flüssiger gemacht wurde.

TEICHMANNS Massen. TEICHMANN bediente sich in einzelnen Fällen der Masse von HYRTL oder der pag. 681 angeführten Masse von Zinkweiß, Leinöl und Äther. Dieselbe benutzt auch DALLA-ROSA.

Alkannamassen.

GENERSICH findet, daß in Terpentin gelöstes Alkannin die zweckmäßigste Injektionsmasse ist. Als Nachteile derselben führt er an: Beim Trocknen des Präparates wird die Alkanninlösung ausgepreßt, in Alkohol löst sie sich, in Glycerin und in wässerigen Konservierungsmitteln bleibt die Masse flüssig und in alkalischen Flüssigkeiten nimmt dieselbe eine blaue Farbe an. Zur mikroskopischen Untersuchung sind die Präparate gar nicht geeignet.

SCHWALBE injizierte die Lymphbahnen der Netzhaut und des Glaskörpers entweder mit Alkannin, welches in Terpentin gelöst war, oder mit löslichem Berlinerblau.

WALDEYER benutzte zu Einstichinjektionen in die Cornea und Sclera eine Lösung von Alkanna in Terpentin oder einen ätherischen Extrakt der Anacardiumnüsse. Die Farbe des letzteren ist sehr intensiv. Die damit injizierten Präparate „lassen sich aber auch nicht gut aufbewahren“.

TILLMANNS führte behufs Untersuchung der Lymphgefäße der Gelenke Berlinerblau, Alkannin, Orleans, indigoschwefelsaures Natron in die Gelenkhöhle ein, führte längere Zeit hindurch Streck- und Beugebewegungen aus und untersuchte dann, welche Wege der resorbierte Farbstoff eingeschlagen hat. Diese Versuche hatten meistens keinen Erfolg. Günstiger erwiesen sich Einstichinjektionen mit Berlinerblau oder Silbernitratlösung.

GEROTA hat Lösungen von Alkanna in Terpentin oder Äther zu Lymphgefäßinjektionen versucht, findet dasselbe aber ungeeignet, weil es durch die Gefäße etwas hindurchschwitzt und die sie umgebenden Fettschichten färbt. Er bereitet sich dasselbe in der Weise, daß er 1 *g* Alkanna in 3 *g* Terpentin löst, durch doppelt zusammengelegte Leinwand filtriert und darauf 15 *g* Äther hinzufügt.

Asphaltmassen. FLEISCHEL injizierte mit einer filtrierten Lösung von Asphalt in Chloroform die Gallengänge und findet, daß die Masse von dort auch leicht in die Anfänge der Lymphgefäße vordringt.

BUDGE benutzte zur Injektion der Lymphgefäße der Leber Berlinerblau oder eine konzentrierte Auflösung von Asphalt in Chloroform, der er unmittelbar vor dem Gebrauch noch $^1/_3$ Volumen Chloroform hinzufügte.

Zur Injektion von periostalen Lymphgefäßen hat BUDGE Lösungen von Asphalt in Terpentin, Chloroform und Benzol angewandt. Die Lösungen von Asphalt in Terpentin haben den Nachteil, daß sich nur wenig Asphalt löst und daher die injizierten Gefäße nur schwach hervortreten. Die Masse bleibt lange flüssig, setzt aber nach längerer Zeit dann doch den Farbstoff in festen Partikeln ab. Obwohl sich die Lösungen von Asphalt in Chloroform seit Jahren am besten erwiesen haben, zieht BUDGE für die Injektionen der periostalen Lymphgefäße eine Lösung von Asphalt in Benzol vor, weil sich erstens viel Substanz löst und zweitens weil die Lösung weniger flüchtig ist als Chloroform, aber flüchtiger als Terpentin. BUDGE bereitet die Masse in folgender Weise: Auf eine große Menge Asphalt wird Benzol gegossen und mehrere Tage in einer gut verschlossenen Flasche stehen gelassen. Vor dem Gebrauch wird je nach Umständen $^1/_3$—$^1/_2$ Volumen Benzol noch zugefügt und filtriert. RUTHERFORD empfiehlt das in Chloroform gelöste Asphalt zur Injektion von Lymphgefäßen.

GUTMANN injizierte die Cornea von möglichst frischen Augen probeweise mit dem ätherischen Extrakt der Anacardiumnüsse, ferner mit Asphalt in Chloroform in $10^0/_0$iger Konzentration oder schließlich mit einer 1- und $10^0/_0$igen Chloroformlanolinlösung. Am geeignetsten erwies sich die Asphaltmasse, welche sich sehr gleichmäßig nach allen Richtungen hin verbreitet, ohne daß der Farbstoff in die Umgebung der injizierten Teile diffundiert.

BOHEMANN konnte mit einer Asphaltchloroformlösung oder mit verriebener chinesischer Tusche nach TAGUCHI in der Magen- und Darmmuskulatur von Katzen und Schweinen die Lymphgefäßnetze im Bindegewebe zwischen den einzelnen Muskelbündeln, ja sogar die Räume zwischen den Zellen der Muskelbündel füllen.

GEROTA findet, daß das in Chloroform oder Benzol gelöste Asphalt zwar sehr gut eindringt, sich die Präparate ferner leicht aufbewahren und mikroskopisch untersuchen lassen, daß aber die Masse infolge der großen Flüchtigkeit des Chloroforms sich schnell eindickt und daß das Arbeiten mit derselben sehr unsauber ist. Das Benzol ist zwar weniger flüchtig, doch ist das Arbeiten mit der Benzolmasse ebenso unsauber.

v. RECKLINGHAUSEN benutzt Leinöl mit Kobaltblau oder Kremserweiß.

Ölmassen.

GEROTAS blaue Masse. Zu 2 *g* der in Stanniolttuben erhältlichen blauen Ölfarbe, welche die Maler mit dem Namen „Preußischblau" bezeichnen, gibt man 3 *g* reinen Terpentinöls und, nachdem man das Ganze in einem Porzellanmörser tüchtig verrieben hat, 15 *g* Schwefeläther hinzu, filtriert sodann durch doppelte feine Leinwand, besser durch Putzleder (BARTELS, SEVEREANU), und bewahrt die Masse in einer mit einem eingeschliffenen Glasstöpsel verschlossenen Glasflasche auf. Diese blaue Masse ist bei allen späteren Untersuchungen des Lymphgefäßsystems am häufigsten von den Autoren angewandt worden.

Schwarze Masse. Als schwarze Farbe benutzt GEROTA die unter dem Namen „absolut Schwarz" (ein aus der mineralischen Kohle — Tonschiefer — gewonnenes Pulver) käufliche Farbe. 5 *g* hiervon werden mit 5 *g* ungekochten Leinöls 10 Minuten lang in einem Porzellanmörser verrieben, sodann 10 *g* Terpentinöl und 10—15 *g* Äther hinzugesetzt. Die Masse wird filtriert und vor dem Gebrauch gut durchgeschüttelt.

Rote Masse. Zur roten Masse benutzt GEROTA den käuflichen, „unter Wasser geriebenen" Zinnober in feinster Pulverform. 5 *g* werden mit 15—20 Tropfen ungekochten Leinöls so lange in einem gewärmten Porzellanmörser verrieben, bis ein zäher Teig entsteht (10—15 Minuten), dieser wird mit 3 *g* Terpentinöl und 5 *g* Chloroform aufgeschwemmt, sodann filtriert und gut verschlossen aufbewahrt.

Alle angegebenen Massen sind zu jeder Injektion frisch zu bereiten, nur die blaue ist haltbar.

DALLA ROSA findet, daß die Injektionsmethode von GEROTA neben großen Vorzügen folgende Nachteile besitzt: Die Zubereitung der Masse ist umständlich und zeitraubend, ferner ist das Arbeiten mit derselben ein höchst unsauberes und schließlich verliert die Masse ihre blaue Farbe unter der Einwirkung von Fäulnis.

POLANO gibt zu trockenem, pulverisiertem Campher etwas Äther, bis jener vollständig aufgelöst ist, dann verreibt man in der Lösung Preußischblau oder Alkanna und setzt etwas Äther hinzu und filtriert durch Filtrierpapier. Für mikroskopische Zwecke ist die blaue Farbe empfehlenswerter. Fixierung ist in jeder beliebigen Flüssigkeit möglich.

SEVEREANU löst die Malerölfarbe statt in Leinöl in „Siccatif" und setzt etwas Terpentinöl hinzu.

Leimmassen.

TEICHMANN benutzt zur Injektion von sehr feinen Lymphgefäßen und Lymphknoten eine gefärbte Leimmasse. Die Farbstoffe bereitet sich TEICHMANN stets aus essigsaurem Bleioxyd und kohlen- oder chromsaurem Kali. Die Mischung der Salzlösungen geschieht in der Leimlösung. Den Niederschlag von chromsaurem Bleioxyd in der Leimlösung muß man bei einem geringen Überschuß des chromsauren Kali bis zum Kochen erwärmen, damit die Körnchen des Niederschlages eine scharfe und regelmäßige Form erhalten. Die Leimmasse mit Bleichromat wird in einer weithalsigen Flasche unter Wasser aufbewahrt und hält sich monatelang.

Auch Chlorsilber leistet in manchen Fällen ausgezeichnete Dienste. Man stellt die Masse in der Weise dar, daß man dem aufgelösten Leime zuerst eine Silbernitratlösung zusetzt und beides innig vermischt. Hierzu fügt man eine Kochsalzlösung. Macht man die Reihenfolge anders, so entsteht ein flockiger Niederschlag.

FREY empfiehlt 3 Teile der Silbernitratlösung mit der Leimsolution zu mischen und dann 1 Teil Kochsalzlösung hinzuzufügen.

HIS benutzte eine aus chromsaurem Blei und Leim zusammengesetzte Masse.

LANGER benutzte zur Füllung des Perichorioidealraumes im Auge entweder wässerige Berlinerblaulösung oder eine mit dieser versetzte Leimlösung. Hierbei wurde eine speziell zu diesem Zwecke konstruierte Kanüle angewandt, welche denen ähnlich ist, die in der Anatomie verwandt werden, wenn es sich darum handelt, Gefäße zu injizieren, ohne deren Kontinuität aufgeben zu müssen. „Eine solche Kanüle besitzt am Ende nicht eine abgeschrägte Spitze, sondern eine senkrecht auf ihre Längenachse aufgesetzte Platte, die eine der Oberflächenwölbung des Bulbus entsprechende Krümmung besitzt; über dem Rohre der Kanüle verschiebt sich ein zweites Rohr, das mit einer gleichen Endplatte versehen ist, welche vermittelst eines Schraubengewindes an die erste Platte angepreßt werden kann. An der zur Injektion passend erscheinenden Stelle wurde die Sclera vorsichtig in meridionaler Richtung eingeschnitten, bis das Gewebe der Chorioidea zur Ansicht kam; dann wurde durch diesen Schnitt die Endplatte der Kanüle zwischen Sclera und Chorioidea eingeschoben und die zweite Platte durch das Schraubengewinde angepreßt, so daß der Scleraschnitt durch die aneinandergedrückten Platten wieder vollständig verschlossen wurde." Das Verfahren hat den Vorteil, daß erstens die Kanüle sicher im Perichorioidealraume bleibt und zweitens, daß jede Verletzung der Aderhautgefäße sehr gut vermieden wird.

RANVIER (95) gibt an, daß die Lymphgefäße in der Froschhaut keine Klappen besitzen, man daher dieselben vom Centrum nach der Peripherie injizieren kann. Da das wässerige Berlinerblau mit der Lymphe einen Niederschlag gibt, so fügt RANVIER demselben eine geringe Menge Gelatine hinzu, die das Auftreten des Niederschlags verhindert. RANVIER verfährt bei der Darstellung der Lymphgefäße in der Weise, daß er einem Frosch vom Hinterbeine die Haut abzieht und den Hautstrumpf mit der Injektionsmasse füllt. Die Masse dringt dann in die Lymphgefäße von selber ein.

Gerota findet, daß die blaue Gelatinemasse die Gefäße zwar noch besser als die wässerige Lösung des Berlinerblaus füllt und sie daher anschaulicher macht, daß aber die relativ dickflüssige Masse schwieriger in den Gefäßen vordringt. Nachteilig ist dabei die Vorwärmung der Präparate.

Wässerige Massen.

v. Recklinghausen injiziert mit in Wasser suspendiertem Berlinerblau, Carmin und Chromoxyd.

Beale benutzt seine pag. 661 angeführten Massen auch zur Injektion von Lymphgefäßen. Letztere sind leichter aufzufinden, wenn das Gewebe nach vorausgegangener Blutgefäßinjektion etwas ödematös geworden ist.

Frey rät, vor der Injektion die Objekte entweder für längere Zeit ins Wasser zu legen, oder injiziert Wasser in die Blutgefäße, oder unterbindet den Ductus thoracicus. Die Lymphgefäße füllen sich hierdurch stärker und werden sichtbar. Zur Injektion empfiehlt er die von den englischen Autoren gebrauchten Massen, die blaue von Richardson und die rote von Beale; nur notgedrungen bediente sich Frey einer opaken Masse, welche er aus Chlorbarium und Schwefelsäure bereitete. Der Niederschlag von schwefelsaurem Barium wurde mit Alkohol und Glycerin aa. gemischt.

Die größte Anzahl der Autoren bediente sich zur Darstellung der Lymphgefäße des im Wasser löslichen Berlinerblaus mit oder ohne Zusatz von Glycerin. Von den Autoren seien hier erwähnt: Ludwig und Tomsa, Schwalbe, Tillmanns, Klein, Budge, v. Thanhoffer, Stilling, Disse, Langer, Ranvier, Lendorf. Stilling rät, das Berlinerblau in Brunnenwasser zu lösen, weil destilliertes Wasser die Gewebe zu sehr quellen läßt.

Gerota berichtet, das lösliche Berlinerblau biete die Vorteile, daß das damit injizierte Präparat mikroskopisch untersucht werden kann, dauerhaft ist und sich leicht aufbewahren läßt; nachteilig ist, daß das Berlinerblau keine genügende Durchdringungsfähigkeit besitzt und daher die Gefäße bei stärkerem Injektionsdruck leicht platzen.

Mit Tusche bereitete Massen.

Taguchi empfiehlt seine pag. 659 angeführte Masse zur Injektion von Lymphgefäßen und Saftlücken.

Dalla Rosa zieht den Gerotaschen Massen die im Handel vorkommende flüssige Tusche vor, welche noch 2—3mal mit Wasser verdünnt wird. Dieselbe dringt sehr gut vor und besitzt nicht die nachteiligen Eigenschaften der Ölmassen.

Jossifow fügt der Tusche bei Injektionen von größeren Stämmen noch Gelatine hinzu.

Lendorf hält das lösliche Berlinerblau und die Gerotaschen Massen zur Injektion von Lymphgefäßen der Muscularis der Harnblase für sehr geeignet, zur Injektion der Lymphgefäße der Mucosa zieht er jedoch chinesische Tusche vor. Dieselbe wird in einer reinen Schale mit Wasser angerieben. Hat man eine entsprechende Menge erlangt, so wird dieselbe in die Spritze aufgesaugt, indem sie zugleich durch Leder filtriert wird. Ein Stückchen gewöhnlichen Waschleders wird mit dünnem Bindfaden straff über die Mündung des metallenen Endstückes gebunden, das zur Aufnahme der Glaskanüle bestimmt ist. Beim Aufsaugen werden die größeren Partikelchen, welche die Kanüle verstopfen könnten, in dem Leder zurückgehalten. Diese Flüssigkeit eignet sich vorzüglich für die mikroskopische Untersuchung der Präparate. Die Farbstoffkörnchen häufen sich nämlich an der Peripherie der Gefäße an und lassen daher die Konturen deutlich hervortreten. Ferner erhalten sich die Lymphgefäße durchsichtig, so daß ihre Lage und ihr Verhältnis zur Umgebung leicht festzustellen ist. Die Injektionsspritze ist derjenigen Gerotas nachgebildet. Wesentlich ist dabei, daß die Packung der Spritze aus Kautschuk und ihr Kolben aus Metall bestehen. Jedenfalls muß letzterer mit einer Metallplatte an der der Flüssigkeit zugekehrten Seite versehen sein; sind diese Teile aus Leder, so werden leicht Partikelchen abgerissen, welche die Kanüle verstopfen. Die Kanüle ist aus Glas. Beim Ausziehen der Capillarröhre kommt es darauf an, sie möglichst kurz und zugleich spitz zu erhalten.

Silbernitratlösungen.

Robin empfiehlt statt der Silbernitratgelatine eine Silbernitratlösung von 1 auf 400 Wasser, welche in einer schwarzen Flasche aufbewahrt wird.

Klein injiziert mit einer $^1/_2$%igen Silbernitratlösung, spritzt aber darauf Wasser nach, damit der entstehende Niederschlag nicht zu voluminös wird, Caminiti bedient sich einer $^1/_2$—1%igen Silbernitratlösung.

Die meisten Autoren, welche sich der reinen Silbernitratlösung bedienen, empfehlen eine Konzentration von $^1/_2$—$^3/_4$%. Nur Ranvier benutzt eine Lösung von 1 : 500, welche er in die Arterien einspritzt, um die Lymphcapillaren darzustellen. Über die ammoniakalische Silbernitratlösung von Hoyer siehe pag. 678.

Renaut benutzt zur Injektion der Hautlymphgefäße lösliches Berlinerblau, welches er mittelst einer Pravazschen Spritze injiziert. Zum genaueren Studium der Lymphgefäße benutzt Renaut eine Mischung von folgender Zusammensetzung: In Wasser gelöste Pikrinsäure 4 Vol., Überosmiumsäure von 1 : 100 1 Vol.; zu dieser Mischung wird vor dem jedesmaligen Gebrauche eine Silbernitratlösung von 1 : 100 in wechselnder Quantität hinzugefügt. Meistenteils genügt auf 4 Vol. der Osmiumpikrinsäurelösung 1 Vol. Silbernitratlösung. Die Injektion wird in der gleichen Weise wie mit Berlinerblau ausgeführt. Die Präparate werden alsdann 24 oder 48 Stunden in starkem Alkohol fixiert. Die von denselben angefertigten Schnitte lassen sich in jeder Flüssigkeit färben. Die Lymphgefäße sind erweitert und die Endothelgrenzen sichtbar.

Stroganow injizierte die Lymphräume unter der Intima der Aorta in folgender Weise: Nach dem Ausschneiden des Arcus aortae wurden beide Enden mit Klemmpinzetten verschlossen und die aus dem Arcus entspringenden Gefäße bis auf den Carotidenast des Truncus anonymus unterbunden, in welchem ein Glasrohr befestigt wurde. Durch dieses Glasrohr wurde das Aortenstück mit Injektionsmasse gefüllt. Das ganze Aortenstück mit der an ihm angebrachten Vorrichtung brachte Stroganow in eine Flasche mit weiter Öffnung, welche er mit einem doppelt durchbohrten Stöpsel verschloß. Durch die eine Öffnung ging das in den Carotidenast gebundene Rohr, durch die andere eine Röhre, die mit einer leeren Spritze in Verbindung stand. Wird der Spritzenkolben etwas ausgezogen, so wird die Luft in der Flasche verdünnt und die Aorta bläht sich auf. Hierdurch wird gleichzeitig Injektionsmasse in die Gefäßwand eingetrieben und die Saftkanäle werden gefüllt. Nach 3—5 Stunden wird die Aorta ausgespült, in Alkohol gelegt und auf Flächenschnitten untersucht.

Literatur: Altmann (Arch. Mikr. Anat., Bd. 16, 1879), derselbe (Centralbl. Med. Wiss. 1878), André (Anat. Anz., Bd. 31, 1907), Aselli (De lactibus sive lacteis vasis. quanto vasorum necessariorum genere novo invento dissertatio, Milan 1627, 4°, zit. nach Burggraeve, Précis de l'hist.), Asp (Arb. Physiol. Anst. Leipzig, 8. Jg., 1873), derselbe (Ber. Sächs. Ges. Wiss. 1874), Bartels (Anat. Anz., Bd. 25, 1904), derselbe (Arch. Anat. 1906), derselbe (Anat. Anz., Bd. 30. 1907), Barth und Prochaska (zit. nach Hyrtls Zergliederungskunst), Casp. Batholin (Diaphragmatis structura nova. Accessit modus novus praeparandi viscera per injectiones liquidorum, cum instrumenti novi descriptione, Parisiis 1676, zit. nach Hyrtl und Portal, III, pag. 504). Bartholin T. (De lacteis thoracicis in homine brutisque nuperrime observatis historia anatomica, Copenhagne 1652, 4°, zit. nach Burggraeve, Précis de l'hist.). Beale (The microscope in medicine, IV. edition, London 1878), derselbe (How to work with the Microscope, V. edition, London 1880). Bellarminow (Anat. Anz., Bd. 3, 1888), Berengarius Carpensis (Isagogae breves, Bononiae 1522), derselbe (Commentaria cum amplissimis additionibus supra anatomiam Mundini, Bonon 1521, zit. nach Haller, Bd. 1, pag. 168, Portal, Bd. 1, pag. 276, und Hyrtl, pag. 585), Berg (Arch. Anat. Physiol. 1842), Berres (Anatomie der mikroskopischen Gebilde des menschlichen Körpers, Wien 1837), Bjeloussow (Arch. Anat. 1885), Blumenbachii (Introductio in historiam medicinae litterariam, Goettingae 1786), Boddaert (Verh. Anat. Ges., Gent. 1897), Bogros (Quelques considérations sur la scelettopée et sur les injections, Paris 1819, 4°, zit. nach Lauth), Boheman (Anat. Anz., Bd. 10, 1894), derselbe (Zeitschr. Wiss. Mikr., Bd. 12, 1895), Bonnet (Kurzgefaßte Anleitung zur mikroskopischen Untersuchung tierischer Gewebe, München 1884), Böhm und v. Davidoff (Lehrbuch der Histologie des Menschen, 2. Aufl., Wiesbaden 1898), Bowman (Philos. Trans. 1842, zit. nach Hyrtls Zergl., pag. 610), Brechet s. Rusconi (Ann. Sc. Nat., 2. Ser., Bd. 17, Zoologie, 1842), Brissaud und Bauer (C. R. Soc. Biol., Bd. 61, 1906), Brödel (Proc. Assoc. Amer. Anat. 1900), Brücke (Denkschr. Akad. Wiss. Wien, Bd. 2, 1851), derselbe (Arch. Mikr. Anat., Bd. 2, 1866), Brühl (Anat. Anz., Bd. 14, 1898), Budge (Arb. Physiol. Anst., Leipzig 1875), derselbe (Arch. Mikr. Anat., Bd. 14, 1877), Caminiti (Anat. Anz., Bd. 29, 1906), Carter (Dr. Carters Carmine Injecting Fluid. Arch. of Medicine, Bd. 3, zit. nach Beales How to work etc.), Chabry (Journ. de l'Anat. Phys., Bd. 18, 1882), Chrzonszczewsky (Arch. Pathol. Anat., Bd. 35, 1866), Ludwig C. F. (William Cruikshanks Geschichte und Beschreibung der einsaugenden Gefäße oder Saugadern des menschlichen Körpers, Leipzig 1789), Dale (Quart. Journ. Micr. Sc., Bd. 4, N. S., 1864), Dale und Davies (Ibidem), Dalla Rosa (Verh. Anat. Ges., Pavia 1900), Davies (The preparation and mounting of microscopic objects, II. edition, London 1873), Delage (Contribution à l'étude de l'appareil circulatoir des Crustacés Édriophthalmes marins. Arch. Zool. Exper. Gén., Bd. 9, 1881), Dermott (Med. Times, London, Canstatts Jahresbericht f. 1846), Dippel (Grundzüge der allgemeinen Mikroskopie. Braunschweig 1885), Disse (Arch. Mikr. Anat., Bd. 36, 1890), Doherty (Microsc. News, Bd. 4, 1884), derselbe (Zeitschr. Wiss. Mikr., Bd. 2, 1885), Doyère (C. R. Ac. Sc. Paris, Bd. 13, 1841), Eberth (Arch. Pathol. Anat., Bd. 39, 1867), v. Ebner (Arch. Mikr. Anat., Bd. 8, 1872), Eichler (Abh. Sächs. Ges. Wiss., Bd. 18, 1892). Emery (Fauna und Flora Golf Neapel, Bd. 2, 1880), Eternod (Guide technique du laboratoire d'histologie normale et éléments d'histologie générale, Genève-Bale-Lyon 1886), Eustachius (Opuscula anatomica, Venetiis 1564. De renum structura, pag. 135), Fischer (Anweisung zur praktischen Zergliederungskunst, nach Anleitung des Thomas Pole, „Anatomical Instructor", Leipzig 1791), derselbe (Centralbl. Pathol. Anat., Bd. 13, 1902), Fleischel (Arb. Physiol. Anst. Leipzig, 9. Jg., 1874), derselbe (Ber. Sächs. Ges. Wiss. 1875), Flemming (Arch. Mikr. Anat., Bd. 15, 1878), Flesch (Zeitschr. Wiss. Mikr., Bd. 5, 1888), Flint (John Hopkins Hosp. Rep., Bd. 9. 1900), Fohmann (Mémoire sur les vaisseaux lymphatiques, Bonn

1840), Fol (Zeitschr. Wiss. Zool., Bd. 38, 1883), derselbe (Lehrbuch der vergleichenden mikroskopischen Anatomie, Leipzig 1896), François-Franck (C. R. Soc. Biol., Bd. 55, 1903), Frey (Zeitschr. Wiss. Zool., Bd. 12, 1863), derselbe (Das Mikroskop und die mikroskopische Technik, 1. Aufl., Leipzig 1863), derselbe (Ebenda, 5. Aufl., Leipzig 1873), Friedenthal (Centralbl. Physiol., Bd. 13, 1899), Friedländer (Mikroskopische Technik, 5. Aufl., bearb. von Eberth, Berlin 1894), Galeni Claudii Pergameni (De anatomicis administrationibus, libri novem, Basileae 1531, L. 9), Genersich (Ber. Sächs. Ges. Wiss., Bd. 22, 1870), Gerlach (Mikroskopische Studien aus dem Gebiete der menschlichen Morphologie, Erlangen 1858), Gerota (Anat. Anz., Bd. 12, 1896), Glisson (zitiert nach Portal, Bd. 3, pag. 51), Griesbach (Arch. Mikr. Anat., Bd. 21, 1882), Grosser (Zeitschr. Wiss. Mikr., Bd. 17, 1900), Gutmann (Arch. Mikr. Anat., Bd. 32, 1889), derselbe (Zeitschr. Wiss. Mikr., Bd. 6, 1889), Hales (Statical essays containing haemostatics, London 1727; dasselbe deutsch: Hämostatik oder Erfahrungen, des Blutes Bewegungen zu erforschen, Statik des Geblüts, Halle 1748), v. Haller (Bibliotheca anatomica, Tiguri 1774, 4°), Hamburger (Zeitschr. Wiss. Mikr., Bd. 25, 1908), Harting (Das Mikroskop, deutsche Originalausgabe, Braunschweig 1858, 2. Aufl., 1866), Herbst (zit. nach Teichmann, Das Saugadersystem), Hill (Brain 1896), Hirschfeld (Des injections capillaires. Thèse, Paris 1848, zit. nach Robin), His (Zeitschr. Wiss. Zool., Bd. 12, 1863), Hochstetter (Anat. Anz., Bd. 1, 1886), derselbe (Zeitschr. Wiss. Mikr., Bd. 15, 1898), Hofmann (Zeitschr. Morph. Anthr., Bd. 3, 1901), derselbe (Zeitsch. Wiss. Mikr., Bd. 25, 1908), Homberg (Hist. Acad. Roy. Sc., Paris 1699), Hoyer (Arch. Mikr. Anat., Bd. 3, 1867), derselbe (Ebenda, Bd. 13, 1876), derselbe (Przyczynek do techniki histologicznej, Gazeta lekarska, Warszawa 1882), derselbe (Biol. Centralbl., Bd. 2, 1882), derselbe (Int. Mon. Anat. Phys., Bd. 4, 1887), Huber (The arteriolae rectae of the mammalian kidney, Amer. Journ. Anat., Bd. 6, 1906/1907, 4 Fig.), Hunter (Medical Commentaries, London 1740, zit. nach Strauss-Durckheim), Huntington (Proc. Ass. Amer. Anat. 1897), Hyrtl (Handbuch der praktischen Zergliederungskunst, Wien 1860), derselbe (Österr. Zeitschr. Pr. Heilk. 1860), derselbe (Zergliederungskunst), derselbe (Die Korrosionsanatomie, 1873), Jachtchinsky (Anat. Anz., Bd. 24, 1904), Joris (Thèse, Bruxelles 1903), Joseph (57. Jhber. Schles. Ges. Vaterl. Kultur 1879), Jossifow (Russki Wratsch, zit. in Schwalbes Jhb. 1904, I, pag. 30), Klein, Burdon-Sanderson, Foster, Brunton (Handbook for the Physiological Laboratory edited by Burdon-Sanderson, London 1873, Histology, Vascular System by Klein), Kollmann (Zeitschr. Wiss. Zool., Bd. 14, 1864), derselbe (Verh. Anat. Ges., Basel 1895), Konaschko (Zeitschr. Wiss. Mikr., Bd. 20, 1904), derselbe (Ebenda, Bd. 22, 1905), Krassuskaja (Bull. Labor. Biol. St. Petersbourg, Bd. 5, 1901 und Bd. 6, 1903, Ref. in Ergebn. Anat., Bd. 11, 1901 und Bd. 13, 1903), Krause, W. (Arch. Anat. 1837), Krause, R. (Zeitschr. Wiss. Mikr. Bd. 26, 1909, Lacaze-Duthiers (Arch. Zool. Expér., Bd. 3, 1874), Landau (Int. Mon. Anat. Phys., Bd. 24, 1908), Langer (Sitz. Ak. Wiss. Wien, Bd. 99, 1890), Lauth (Neues Handb. d. prakt. Anat., Stuttgart-Leipzig-Wien 1835/1836), derselbe (Essai sur les vaisseaux lymphatiques, Strasbourg 1824), Leaf (Lancet, 76. Jg., 1898), Leber (Denkschr. Akad. Wiss. Wien, Bd. 24, 1865), Lendorf (Anat. Hefte 1901), Lieberkühn (Mém. Acad., Berlin 1748, zit. nach Hyrtl), Lindemann (Zeitschr. Wiss. Mikr., Bd. 23, 1906), Lo Bianco (Mitt. Zool. Stat. Neapel, Bd. 9, 1890), Ludwig und Tomsa (Sitz. Akad. Wiss. Wien, Bd. 46, 1862), Mac Gillavry (Ebenda, Bd. 50, 1864), Mall (John Hopkins Hosp. Rep., Bd. 1, 1892), Mascagni (Paul Mascagnis Geschichte und Beschreibung der einsaugenden Gefäße oder Saugadern des menschl. Körpers, Leipzig 1789), Mayer (Mitt. Zool. Stat. Neapel, Bd. 2, 1881), derselbe (Ebenda, Bd. 8, 1888), derselbe (Zeitschr. Wiss. Mikr., Bd. 5, 1888), Miller (Amer. Monthly Micr., Bd. 9, 1888), derselbe (Journ. R. Microsc. Soc. 1888), derselbe (Zeitschr. Wiss. Mikr., Bd. 5, 1888), Milne Edwards (Leçons sur la physiologie et l'anatomie comp., Bd. 3 u. 4, Paris 1858), Monro (Abhandlungen von anatomischen Einspritzungen und Aufbewahrung anatomischer Präparate, Essays of the Med. Society at Edingburgh, 1. Jg., 1733, deutsch Frankfurt a. M. 1789), Moseley (Arb. Physiol. Anst. Leipzig, 6. Jg., 1871), derselbe (Ber. Sächs. Ges. Wiss., Bd. 23, 1872), Müller (Über den feineren Bau der Milz. Leipzig-Heidelberg 1865), derselbe (Arch. Mikr. Anat., Bd. 1, 1865), Müller J. (Physiologie, 1834), Myers (John Hopkins Hosp. Bull., Bd. 16, 1905), Nuck (Adenographia curiosa et uteri foeminei anatome nova, Lugduni Batavorum 1692), Oviatt et Sargent (Nitrite d'amyle comme vasodilatateur, zit. nach Lee und Mayer), v. Patruban (Arch. Anat. 1845), Peck and Higgins (Anat. Record 1907), Pellanda (Bull. Soc. Anat. Paris, 6. Série, Bd. 2, 1900), Pettit (Bull. Soc. Philomat. Paris, Bd. 6, 1894), Polano (Deutsch. Med. Wochenschr. 1902), Portal (Histoire de l'Anatomie et de Chirurgie, Paris 1770), Prussak (Arb. Phys. Anst. Leipzig, 3. Jg., 1868), derselbe (Ber. Sächs. Ges. Wiss., Bd. 20, 1869), Rand (Amer. Nat., Bd. 39, 1905), Ranvier (Traité technique und Technisches Lehrbuch, 1888), derselbe (C. R. Ac. Sc. Paris, Bd. 120, 1895), v. Recklinghausen (Die Lymphgefäße und ihre Beziehung zum Bindegewebe, Berlin 1862), Regnerus de Graaf (Opera omnia, Lugd. 1668. De usu syphonis), Rejsek (Bibliogr. Anat. 1896), Renaut (Traité d'histologie pratique, Paris 1897), Retterer (Journ. de l'Anat. Physiol. 1888, 1894), Richardson (Quart. Journ. Micr., Bd. 8, zit. nach Beale, How to work etc. und The Microscope in Medicine), Rieffel et Robinson (C. R. Soc. Biol. Paris, Bd. 60, 1906), Rindfleisch (Arch. Pathol. Anat., Bd. 30, 1864), Robin (Traité du microscope, Paris 1871), Rouhault (Hist. Acad. Sc., Paris 1718), Robinson (Bibl. Anat., Bd. 15, 1906), Rudbeck (Dissertatio anatomica exhibens ductus novos hepaticos aquosos, et vasa glandularum serosa cum figuris aeneis et observationibus anatomicis, Westeras 1653, 4°, zit. nach Burggraeve, Précis etc.), Rusconi (Giorn. Sc. Med. Chir., Pavia 1841, Ann. Sc. Nat., 2. Ser., Bd. 17, 1842. Canstatts Jhb. 1842, pag. 168), Rutherford (Outlines of practical histology, II. Edition, London 1876), Ruysch (zit. nach Hyrtls Zergliederungskunst und Burggraeve, Précis de l'histoire de l'anatomie, Gand 1840), derselbe (Dilucidatio valvularum in vasis lymphaticis et lacteis, Hagae Comitis 1665, zit. nach Portal, Historie), Sabatier (Ann. Sc. Nat., Bd. 5, 1877). Sappey (Description et Iconographie des Vaisseaux lymphatiques, Paris 1885), Saviotti (Arch. Mikr. Anat., Bd. 5, 1869), Schacher (zit. nach Hyrtls Zergliederungskunst), Schiefferdecker (Arch. Anat. 1882), derselbe (Zeitschr. Wiss. Mikr., Bd. 5, 1888), Schuberg (Zool. Anz. 1893). Schwalbe (Arb. Physiol. Anst. Leipzig, 7. Jg., 1872), Severeanu (Verh. Anat. Ges., Rostock 1906), derselbe (Bibl. Anat., Bd. 15, 1906), Shaw (Anleitung zur Anatomie, nach der 3. Ausgabe des engl. Originals übersetzt, Weimar 1823), Siebenmann (Die Blutgefäße im Labyrinthe des menschlichen Ohres, Wiesbaden 1894), Sieber (Anat. Anz., Bd. 24, 1904), Skoda (Ebenda, Bd. 29, 1906), Spalteholz (Abh. Sächs. Ges. Wiss., Bd. 14, 1888), derselbe (Arch. Anat. 1893), derselbe (Zeitschr. Wiss. Mikr., Bd. 9, 1892), Stalpartii van der Wiel (Cornelii filio, De nutritione foetus exercitatio, Lugd. Batav. 1687), Stein (Arch. Pathol. Anat., Bd. 39, 1867), derselbe (Das Licht im Dienste wissenschaftlicher Forschung, Leipzig 1877), v. Stein (Anat. Anz., Bd. 15, 1899), Stephanus C. s. Etienne Charles (De dissectione partium corporis humani, libros tres, Parisiis 1545, pag. 345), Stilling (Arch. Pathol. Anat., Bd. 109, 1887), Storch (Zeitschr. Tiermed., N. F., Bd. 3, 1899), Strauss-Durckheim (Traité pratique et théoretique d'anatomie comparative, Paris 1842), Stroganow (zit. nach v. Thanhoffer, Das Mikroskop), Sucquet (Mém. Ac. Imp. Méd., Paris 1842), Sue (L'anthropotomie, ou l'art d'injecter, de disséquer et d'embaumer, Paris 1749, 1765, zit. nach Strauss-Durckheim), Swammerdam (Miraculum naturae sive uteri muliebris fabrica, Lugd. Batav. 1672), Sylvius s. Dubois (Isagoge anat., Parisi 1541, zit. nach Hyrtl), Taguchi (Arch. Mikr. Anat., Bd. 31, 1888), derselbe (Zeitschr. Wiss. Mikr., Bd. 5, 1888), derselbe (Mitt. Med. Ges., Tokio 1901, zit. nach Schwalbes Jhb. 1901. III, pag. 6). Tandler (Zeitschr. Wiss. Mikr., Bd. 18, 1901), derselbe (Anat. Anz., Bd. 24, 1904), Teichmann (Das Saugadersystem, Leipzig 1861), derselbe (Sitz. Akad. Wiss. Krakau, Bd. 7, 1880), v. Thanhoffer (Das Mikroskop und seine Anwendung, Stuttgart 1880), Thiersch (Der Epithelialkrebs, namentlich der Haut, Leipzig 1865, auch Arch. Mikr. Anat., Bd. 1, 1865), Tillmanns (Arch. Mikr. Anat., Bd. 12, 1876), Toldt (Arch. Mikr. Anat., Bd. 5, 1869), Tomsa (Arch. Derm. 1873), Valentie d'Abundo (Atti Soc. Sc. Nat. Pisa Mem., Bd. 11, 1890), derselbe (Zeitschr. Wiss. Mikr., Bd. 8, 1891), van Wijhe (Verh. Anat. Ges., Kiel 1898), Vastarini-Cresi (Le anastomosi artero-venose nell' uomo e nei mammiferi, Napoli 1903), Ville (Gaz. Hebd. Sc. Med., Montpellier 1882; à part, Delahaye et Legrosnier, Paris 1882, zit. nach Lee und Henneguy, Traité des méthodes), Virchow (Verh. Physik.-Med. Ges. Würzburg, N. F., Bd. 16, 1881), derselbe (Zeitschr. Wiss. Zool., Bd. 35, 1881), Vogt et Yung (Traité d'anatomie comparée pratique, Paris 1888), Voigt (zit. nach Hyrtls Zergliederungskunst), Waldeyer (Mikroskopische Anatomie der Cornea, Sclera, Lider und Conjunctiva, Handb. d. ges. Augenheilkunde von Graefe und Saemisch, Bd. 1, Leipzig 1874), derselbe (Anat. Technik, Ergebnisse Anat. Entwickl., Bd. 14, 1904), Weber (Fr. Hildebrandts Handbuch der Anatomie, herausgegeben von E. H. Weber, Bd. 4, Vorrede, Braunschweig 1832), Werner et Feller (Vasorum lacteorum atque lymphaticorum anatomico physiologica descriptio, Lipsiae 1784), Wertheim (Zeitschr. Wiss. Mikr., Bd. 9, 1892), Wickersheimer (Kurze Anleitung zur Verwendung der Wickersheimerschen Flüssigkeit für anatomische Präparate mit einem Anhange über Metallkorrosionen, Berlin 1892), Willis (zit. nach Portal, Bd. 3, pag. 94, Fußnote), Zenker (Arch. Pathol. Anat. 1894). Zondek (Arch. Klin. Chir., Bd. 59, Berlin 1899), Zuckerkandl (Denkschr. Akad. Wiss. Wien, Bd. 49, 1885).

Dem Referenten nicht zugänglich gewesene Schriften:

Tulk and Henfry (Anatomical Manipulation, London 1844), Squire (Methods and Formulae used in the Preparation of animal and vegetable Tissues for microscopical Examination, London 1892), Whitman (Methods of Researches in microscopical Anatomy and Embryology, Boston 1885), Lee (The microtomist's vademecum, London 1891), Stirling (Outlines of practical histology, London 1890), Letellier (Bull. Soc. Linn. Normandie, 1888). Guignet (Journ. micrograph., Bd. 13, 1889), Garbini (Manuale per la technica moderna del microscopio, 3. éd., Milano 1891), van Heurck (Le microscope, 4. éd., Anvers et Bruxelles 1891). Knower (Anat. Record, Bd. 2), Mascagni (Vasorum lymphaticorum historia, Sienna 1785 u. 1787), Miller (John Hopkins Hosp. Bull., Bd. 16, 1905). Robertson (Annals and Magazine of Natural Hist., 1867). Schneider, Aimé (Tablettes Zool. Poitiers, Bd. 2, 1887).

Hoyer, Krakau.

Injektion, physiologische. Anknüpfend an die klassischen Untersuchungen von Wöhler über den Übergang von Stoffen aus dem Darmkanal in den Harn ist die physiologische Injektion erdacht und zuerst ausgeübt worden von Chrzonszczewsky, um die Gefäßverhältnisse in der Niere klarzustellen. Er injizierte dem lebenden Tiere eine Lösung von Carmin in Ammoniak und fand nach Unterbindung der Vena und Arteria renalis die Nierengefäße mit dem roten Farbstoffe gefüllt. Es wurde also bei dieser neuen Methode im Gegensatz zu der schon seit langer Zeit geübten künstlichen Injektion nicht der Druck des Spritzenkolbens oder sonstige ähnliche, äußere Mittel zur Fortbewegung der zur injizierenden Stoffe verwendet, sondern man überließ dieselbe den natürlichen Kräften.

Ursprünglich also zum Studium der Gefäßverhältnisse benutzt, erkannte man sehr bald, daß diese neue Methode sich auch sehr gut zur Darstellung anderer Hohlraumsysteme des Körpers eignete. So fand ihr Entdecker schon bei seinen ersten Versuchen, daß der Farbstoff sehr bald aus den Blutgefäßen in die Parenchymzellen übertrat und in die Nierenkanälchen ausgeschieden wurde und er konnte so nach Unterbindung des Ureters eine vollständige Injektion jener Kanälchen erzielen.

Später traten dann an die Stelle des carminsauren Ammoniaks geeignetere Farbstoffe und die Methode gewann eine sehr vielseitige Verbreitung. CHRZONSZCZEWSKY selbst injizierte mit ihr das System der Gallencapillaren, ARNOLD und seine Schüler haben ausgedehnte Versuche mit der physiologischen Injektion angestellt und gezeigt, daß man mit ihr in ausgezeichneter Weise die Kittsubstanzen an den verschiedenen Stellen des Körpers darstellen kann (ARNOLD, THOMA, KÜTTNER, ZELLER). Die größte Bedeutung aber gewann die Methode durch die Untersuchungen RUDOLF HEIDENHAINs über die Ausscheidung des Farbstoffes in den Nieren. Später ist dann auch die Methode in der Physiologie der Speicheldrüsen nutzbringend verwendet worden (ZERNER, ECKHARD, KRAUSE).

Was zunächst diejenigen Farbstoffe anbetrifft, welche für die physiologische Injektion in Betracht kommen, so dürfen sie selbstverständlich keine allzu giftigen Eigenschaften besitzen, da das Leben des Tieres während des Versuches immerhin eine gewisse Zeit lang erhalten bleiben muß. Außerdem soll der Farbstoff auch eine möglichst markante Färbung besitzen, um im Präparat leicht erkannt zu werden. Entweder benutzt man zur Injektion echte Lösungen oder Aufschwemmungen, welche den Farbstoff in sehr fein verteilter Form enthalten. Den weitaus größten Wert für die physiologische Injektion besitzt das indigschwefelsaure Natron, ferner kommen in Betracht Derivate des Carmins, die Carminsäure, das carminsaure Natron und carminsaure Ammoniak, schließlich eine Anzahl von Anilinfarbstoffen. Zu Farbstoffaufschwemmungen bedient man sich des Carmins, Zinnobers und der chinesischen Tusche. In dem Folgenden soll diesen Farbstoffen von unserem Standpunkte auch etwas näher getreten werden.

Indigschwefelsaures Natron. Löst man gepulverten Indigo in konzentrierter Schwefelsäure, so erhält man eine schöne blaue Lösung, welche drei gepaarte Schwefelsäuren des Indigos enthält: die Indigoblauschwefelsäure, Indigblauunterschwefelsäure und die Phoenicinschwefelsäure. Will man die erstere, die uns hier allein interessiert, isolieren, so löst man 1 Teil besten gepulverten Indigos in 6 Teilen rauchender oder 12 Teilen englischer Schwefelsäure in gelinder Wärme, läßt dann das mit Blase verschlossene Gefäß 2—3 Tage bei Zimmertemperatur und unter öfterem Umschütteln stehen und verdünnt mit viel Wasser. Trägt man in die filtrierte Lösung gereinigte Wolle ein, so absorbiert dieselbe die Indigblauschwefelsäure und Indigblauunterschwefelsäure, während die Phoenicinschwefelsäure zurückbleibt. Die gefärbte Wolle wird mit verdünntem kohlensauren Ammoniak behandelt, wobei die Ammoniaksalze der beiden Säuren in Lösung gehen. Die Lösung wird nun bei 50° eingedampft und der Trockenrückstand mit Alkohol behandelt. Es löst sich dann das indigblauunterschwefelsaure Ammoniak, während das indigblauschwefelsaure Ammoniak zurückbleibt. Aus dem letzteren erhält man die reine Säure, indem man mit essigsaurem Blei ausfällt, den ausgewaschenen Niederschlag mit Schwefelwasserstoff zersetzt und die zuerst farblose, später blau werdende Flüssigkeit vorsichtig eindampft. Die trockene Säure hat nach VORLAENDER und SCHUBERT die Formel:

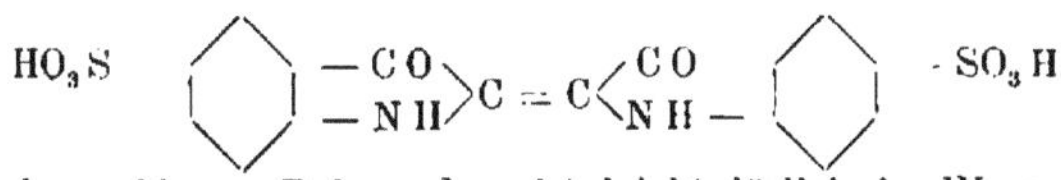

sie stellt ein schwarzblaues Pulver dar, ist leicht löslich in Wasser und Alkohol, leicht reduzierbar und bei höherer Temperatur zersetzlich. Bei der Reduktion geht sie in Indigweiß, bei der Oxydation mittelst Chromsäure in die gelbe Isatinschwefelsäure über. Die Salze der Indigblauschwefelsäure sind dunkelblau mit leichtem Kupferglanz, sie sind leicht löslich in Wasser und im Gegensatz zu den Salzen der Indigblauunterschwefelsäure unlöslich in Alkohol. Sie werden durch reduzierende Körper bei Gegenwart von freiem Alkali leicht entfärbt. Das Bleisalz der Säure ist in Wasser unlöslich.

Das im Handel vorkommende Indigcarmin, blauer Carmin, Indigo soluble stellt das Kali- oder Natronsalz der Indigblauschwefelsäure dar, verunreinigt mit den entsprechenden Salzen der Indigblauunterschwefelsäure und Phoenicinschwefelsäure. Es ist für unsere Zwecke ganz untauglich, da es in Alkohol zum Teil löslich ist. Das allein brauchbare indigblauschwefelsaure Natron wird erhalten durch Ausfällen der Lösung der Säure mit Soda und durch Auswaschen, Abpressen, Lösen in Wasser und Aussalzen gereinigt. Es ist in Wasser ziemlich leicht, in absolutem Alkohol gänzlich unlöslich. Durch kalt gesättigte Lösung von Chlorkalium wird es ausgefällt. In der Wollfärberei wird es durch Alaun oder Chlorbarium und Weinstein oder Zinnlösung auf der Faser fixiert, wobei das Tonerde-, Baryt- oder Zinnsalz der Indigblauschwefelsäure entsteht. In vorzüglicher Reinheit ist das indigschwefelsaure Natron durch die Neumarkt-Apotheke in Breslau zu beziehen (teuer).

Zur Fällung des indigschwefelsauren Natrons in den Organen hat CHRZONSZCZEWSKY konzentrierte wässerige Lösung von Chlorkalium, WITTICH eine solche von Chlorcalcium und HEIDENHAIN absoluten Alkohol empfohlen. Wir haben uns in unseren sehr zahlreichen Versuchen fast ausschließlich des letzteren bedient. Man kann den Alkohol zur Erhöhung der fällenden Wirkung noch mit Bleiacetat sättigen.

Die Carminsäure hat nach den Untersuchungen von MILLER und RHODE die Formel:

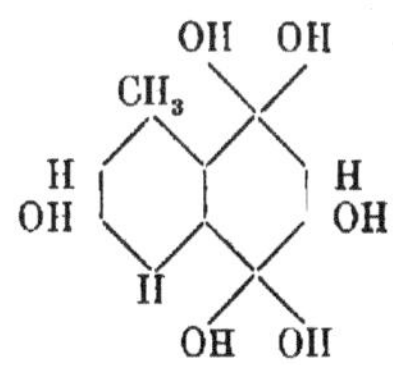

Sie ist ein Oxynaphtochinon und stellt eine rote amorphe Masse dar, welche in Wasser und Alkohol, in letzterem aber schwieriger löslich, sehr wenig in Äther und ganz unlöslich in Benzol und Chloroform ist. Ihre wässerige Lösung reagiert schwach sauer. In neuester Zeit ist sie von SCHUNCK und MARCHLEWSKI und VON MILLER und RHODE chemisch rein dargestellt worden. Ihre Alkalisalze sind in Wasser löslich, in Alkohol weniger oder gar nicht löslich, ihre Erd- und Schwermetallsalze dagegen in Wasser unlöslich. Die ersteren bilden rote, die letzteren violette, amorphe Körper.

Die Carminsäure und ihre Salze sind unseres Wissens bis jetzt zur physiologischen Injektion überhaupt noch nicht verwendet worden. Das, was man als carminsaures Ammoniak und carminsaures Natron bezeichnet, ist eine Lösung von Carmin in Ammoniak, resp. Natronlauge.

Das sogenannte **carminsaure Ammoniak** ist zur physiologischen Injektion, wie schon erwähnt, von CHRZONSZCZEWSKY zuerst empfohlen worden. Er löst 2 Drachmen (ungefähr 7,3 *g*) Carmin, in 1 Drachme (3,65 *g*) Ammoniak und verdünnt mit 1 Unze (29,2 *g*) destillierten Wassers. Verfährt man auf diese

Weise, so wird man trotz sorgfältigsten Filtrierens niemals eine klare Lösung erhalten, da, wie SCHMIDT treffend bemerkt, in dieser Lösung viel zu viel Carmin enthalten ist. Um eine klare Lösung zu erhalten, müßte man Ammoniak im Überschuß nehmen, was aber von den Versuchstieren schlecht vertragen wird. In der von CHRZONSZCZEWSKY vorgeschlagenen Form wird die Injektionsflüssigkeit von den Tieren in kleineren Quantitäten (20—30 *g*) meistens gut vertragen und auch prompt ausgeschieden. Vögel scheinen dagegen empfindlicher zu sein als Säugetiere (V. WITTICH). Bei den ersteren stellt sich nach der Injektion Asphyxie ein, die man aber durch künstliche Respiration leicht beseitigen kann. An Stelle des Ammoniakcarmins hat SCHMIDT Lösungen von Carmin in Natronlauge, Lithiumcarbonat oder Borax vorgeschlagen. Das erstere ist unter dem Namen carminsaures Natron in vorzüglicher Reinheit von MASCHKE dargestellt worden (zu beziehen durch die oben genannte Apotheke in Breslau). Es ist ein dunkelrotes, in Wasser leicht lösliches Pulver, das aus seinen wässerigen Lösungen durch Säuren oder Alkohol ausgefällt wird. Zur Fixation empfiehlt sich entweder das CARNOYsche Alkohol-Chloroform-Eisessiggemisch oder die Fixation nach KRONTHAL (s. Alkohol) oder reiner absoluter Alkohol. SCHMIDT empfiehlt auch Fixation in kochendem Wasser.

Von **Anilinfarbstoffen** haben bis jetzt nur wenige zur physiologischen Injektion Verwendung gefunden, abgesehen natürlich von der nicht hierher gehörigen vitalen Methylenblaufärbung und den zu anderen Zwecken angestellten Versuchen EHRLICHS. Es liegt das wohl einmal daran, daß eine große Zahl der Anilinfarbstoffe für solche Versuche zu stark giftige Eigenschaften besitzt, dann lassen sich die meisten derselben durch für unsere histologischen Zwecke brauchbare Fixationsmittel nur schwer fixieren, der Hauptübelstand aber liegt darin, daß sie bei der Injektion in die Gefäße die Gewebe diffus färben, wenigstens in ihrer großen Mehrzahl. Von Anilinfarbstoffen haben gelegentlich für unsere Zwecke Verwendung gefunden: Fuchsin, Anilinblau, Bismarckbraun, Alizarin, Eosin u. a.

Resümieren wir also noch einmal, so bleibt als weitaus wichtigster Farbstoff das indigschwefelsaure Natron übrig; über die Verwendbarkeit der Carminsäure und ihrer Salze, des Natroncarmins und der Anilinfarben für die physiologische Injektion müssen noch weitere Versuche angestellt werden.

Um den Farbstoff dem Blute einzuverleiben, kann man ihn entweder direkt oder indirekt in die Blutgefäße bringen. Das erstere Verfahren wird man, wenn irgend möglich, immer bevorzugen. Allein in manchen Fällen ist es nicht möglich oder doch nur mit großen Schwierigkeiten verbunden. In solchen Fällen kann man dann die verschiedensten Wege wählen.

Das bequemste wird immer die subcutane Einführung bleiben; man spritzt den Tieren die Farbstofflösung unter die Haut oder bringt ihnen auch kleine Mengen des trockenen Farbstoffes unter dieselbe. Das letztere ist besonders bequem beim Frosche: man legt einen kleinen Hautschnitt am Rücken an, bringt etwas trockenes indigschwefelsaures Natron in den Lymphsack und verklebt oder vernäht die kleine Wunde. Die Resorption findet ziemlich langsam statt, die Lymphflüssigkeit löst allmählich den trockenen Farbstoff und es gelangen so nach und nach geringe Mengen in die Blutbahn.

Viel rascher geht die Injektion von der Bauchhöhle aus, dieses Verfahren eignet sich besonders für Säugetiere. Am besten fixiert man das Tier so, daß der Oberkörper tief liegt, die Eingeweide sinken dann auf das Zwerchfell zu und man kann zwischen Nabel und Symphyse die Spritzenkanüle einstechen, ohne eine Verletzung des Darmes befürchten zu müssen. Da die Tiere dabei meistens stark die Bauchmuskeln kontrahieren, tut man gut, sie schwach zu narkotisieren. Sollten die Versuchstiere längere Zeit am Leben erhalten werden, so muß die Injektionsflüssigkeit sterilisiert und die kleine Operation aseptisch ausgeführt werden.

Mindestens ebenso rasch als vom Peritoneum aus findet die Resorption von der Lunge her statt. Man kann einem großen Kaninchen über 30 *ccm* in die Lungen bringen, ohne daß irgendwie bedrohliche Erscheinungen auftreten, nur muß man die Flüssigkeit möglichst langsam, am besten durch eine Trachealkanüle einfließen lassen.

Weniger gut ist die Einführung in den Verdauungskanal, da die meisten der hier in Frage kommenden Farbstoffe durch die Säure des Magens verändert oder ausgefällt werden. Gute Resultate haben wir in einzelnen Fällen bei Fischen durch die Injektion der Farblösungen von dem Rectum aus erhalten.

In den weitaus meisten Fällen aber wird man die Farblösung direkt in ein Blutgefäß, selbstverständlich in eine Vene, injizieren. Von solchen Venen kommen bei Säugetieren hauptsächlich in Betracht die Vena jugularis, Vena femoralis, die Ohrvene beim Kaninchen, bei Vögeln die Vena jugularis, bei Amphibien die Vena abdominalis. Im allgemeinen gilt als Regel, daß man möglichst weit peripher injizieren soll, um dem Farbstoff mehr Zeit zu lassen, sich auf dem Weg zum Herzen mit Blut zu mischen. Andernfalls können bei Injektionen von größeren Flüssigkeitsmengen vom Herzen aus bedrohliche Erscheinungen auftreten. Wir ziehen deshalb, wenn nicht andere Erwägungen dagegen sprechen, die Vena femoralis der Vena jugularis vor. Sie ist bei Tieren bis zum Kaninchen oder Meerschweinchen herab groß genug, um der Einführung einer Kanüle keine größeren Schwierigkeiten entgegenzusetzen.

Die Ohrvene ist beim Kaninchen besonders dann bequem, wenn es sich um eine einmalige Einführung des Farbstoffes handelt. Die Operation wird so ausgeführt, daß ein Diener den Körper des Tieres zwischen seinen Schenkeln fixiert, dann wird ein Ohr mittelst eines mit warmem Wasser getränkten Wattebausches etwas gerieben und an seiner Wurzel komprimiert. Es springt dann die Ohrvene sehr bald als dicker Strang hervor. Der Operateur faßt das Ohr an der Spitze und führt die mit etwas physiologischer Kochsalzlösung gefüllte Spritze in das Gefäß, die Spitze central gerichtet, ein. Wird nun die Kompression einen Moment unterbrochen, so strömt das Blut in die Spritze ein und überzeugt den Operateur so, daß die Kanüle auch wirklich im Gefäßlumen liegt. Nun wird die Spritze von der Kanüle abgenommen, mit Farbstoff gefüllt, wieder aufgesetzt und injiziert; bei letzterer Operation muß natürlich die Kompression aufhören. Man kann auf diese Weise ziemlich beträchtliche Mengen injizieren. Ist die Injektion beendet, so wird die Kanüle langsam zurückgezogen und der Diener kneift an der Injektionsstelle die Vene mit dem Daumennagel kräftig ein. Es schließt sich so das Gefäß, ohne daß ein Tropfen Blut oder Injektionsflüssigkeit verloren geht. Die kleine Operation stellt allerdings an die Geschicklichkeit des Dieners größere Anforderungen als an die des Operateurs. Die Spritzenkanüle muß aus Metall gefertigt sein, sie soll ferner möglichst scharf schneidend sein und darf keine allzu lange Spitze haben.

Im folgenden soll noch etwas näher auf die Technik der Injektion in die Vena femoralis eingegangen werden. Bei dem entsprechend narkotisierten (vgl. Artikel Narkose) und aufgebundenen Tier legt man entlang der Arteria femoralis (man fühlt das kräftig pulsierende Gefäß leicht durch die Haut durch), dicht unterhalb des POUPARTschen Bandes beginnend, einen mehrere Zentimeter langen Schnitt an. Nachdem man die Fascie gespalten hat, kommen die beiden Gefäße, Arterie und Vene, dicht nebeneinander, die letztere meist etwas nach innen und hinter der ersteren versteckt, zum Vorschein. Es wird nun die Vene mittelst zwei Pinzetten stumpf auf eine Strecke von 1—2 *cm* von der Arterie isoliert und zwei Seidenfäden mit einer gekrümmten Pinzette um sie gelegt. Der eine, am peripheren Ende der isolierten Strecke gelegen, wird fest zugeschnürt, der andere nur zu einer weiten Schlinge geschürzt, liegt am centralen Ende der isolierten Strecke. Er wird vom Assistenten gehalten und leicht angezogen. Nun wird mit einer spitzen Schere mit langen, dünnen Branchen die Gefäßwand leicht angeschnitten, in das entstandene Loch die eine Branche der geöffneten Schere eingeführt und die Gefäßwand in der Länge eines halben Zentimeters geschlitzt. Man schneide das Gefäß zunächst nicht zu tief ein, da die dünne Venenwand sonst leicht reißt. Wird während dieser Operation die centrale Schlinge vom Assistenten etwas angezogen, so fließt kaum ein Tropfen Blut. In die angelegte Öffnung wird nun die vorher mit physiologischer Kochsalzlösung gefüllte und mit Schlauch und Hahn oder Klemme geschlossene Kanüle eingeführt. Dabei läßt der Assistent die Schlinge etwas locker, die Kanüle schlüpft über die letztere in das Gefäß und wird durch Zuziehen der Schlinge fixiert.

Sind die Venen sehr eng und vor allem sehr dünnwandig, wie bei jungen Kaninchen und Meerschweinchen, so kann die Einführung der Kanüle erhebliche Schwierigkeiten bieten. Indem man nämlich die Vene anschneidet, klappen ihre Wandungen zusammen und die Öffnung ist dann nur sehr schwer zu finden. Man benutzt dann am besten einen sogenannten Finder, eine leicht gekrümmte, dünne Sonde, die ganz glatt und stumpf sein muß, suche damit zunächst in das Lumen hineinzugelangen und die Wundlippen etwas auseinanderzulegen. Hat man sich so genau über die Lage der Öffnung orientiert, so wird die Einführung der Kanüle leichter gelingen. Ein anderer kleiner Kunstgriff besteht darin, daß der Assistent die Schlinge etwas locker läßt, es strömt dann aus dem centralen Ende der Vene etwas Blut aus und läßt die Öffnung leichter erkennen. Das Wichtigste aber bleibt: von Anfang an das Gefäß gut isolieren und richtig anschneiden.

Beim Frosch kann man entweder nach Längsdurchtrennung der äußeren Haut die immer genau in der Mittellinie des Bauches subperitoneal verlaufende Vene von außen bloßlegen, oder man schlägt folgendes Verfahren ein. Dicht oberhalb der Spina pelvis wird nach Spaltung der äußeren Haut mit einer krummen Nadel ein doppelter Seidenfaden durch die mit einer Pinzette etwas angehobene Bauchwand gelegt, so daß die Einstichöffnung auf der linken, die Ausstichöffnung auf der rechten Seite der Mittellinie liegt. Der Faden wird am Nadelöhr durchschnitten, beide Fäden geknotet und zwischen beiden in einer Ausdehnung von 1 *cm* die Bauchwand quer durchschnitten. Man kann nun, nachdem man die Bauchwand rechts neben der Mittellinie noch eine Strecke weit längsgespalten hat, die letztere umklappen und sieht dann die ziemlich starke Vene vor sich liegen. Es wird nun weiter central ebenfalls mit einer krummen Nadel ein Seidenfaden um das Gefäß gelegt und die Kanüle in der beschriebenen Weise eingebunden.

Bei Vögeln wählt man am besten die rechte Vena jugularis, die am Hals dicht unter der Haut leicht zu finden ist, bei Fischen die Vena cardinalis anterior.

Die Kanülen, welche man zu allen diesen Versuchen benutzt, fertigt man sich am besten selbst aus verschieden dicken, nicht zu starkwandigen Glasröhren

Fig. 52.

an. Eine gute Kanüle soll eine etwas abgeschrägte, ganz glatt geknöpfte Spitze besitzen, wie obenstehende Fig. 52 zeigt. Die Dicke des Knopfes muß sich natürlich richten nach der Weite des zu benutzenden Gefäßes, für einen kleineren Hund etwa 2 *mm*, für Kaninchen 1—1,5 *mm*, für den Frosch höchstens 1 *mm*. Der Knopf soll zugespitzt, aber nicht zu lang sein. Die Ränder der Öffnung müssen sorgfältig abgeschliffen oder abgeschmolzen sein, um ein Durchstoßen oder Aufreißen der dünnen Venenwand zu vermeiden.

Zur Herstellung der Kanülen bedient man sich am besten eines kleinen Mikronbrenners, je feiner die Kanüle werden soll, desto kleiner muß die Flamme sein. Zuerst wird das Rohr unter beständigem Rotieren in der Mitte erhitzt und wenn es weich geworden, ausgezogen (Fig. 53), dann, wie Fig. 54 zeigt, etwas diesseits der Mitte und ebenfalls unter beständigem Rotieren wiederum, aber mit möglichst kleiner Flamme vorsichtig erhitzt und zu dem Knopf ausgezogen, dann mit der Glasfeile oder dem Glasmesser abgeschnitten (Fig. 55) und auf einem Abziehstein vorsichtig schräg abgeschliffen. Zum Schlusse kann man die Ränder

Fig. 53.

Fig. 54.

Fig. 55.

der abgeschliffenen Öffnung dadurch, daß man sie vorsichtig der Flamme des Mikronbrenners nähert, noch glätten.

Die Kanüle verbindet man am besten mittelst eines starkwandigen Kautschukschlauches mit einem Glashahn, an dessen anderem Ende ein zweites Schlauchstück die Verbindung mit der Bürette vermittelt. An die Stelle des Glashahns kann auch ein metallener Quetschhahn treten.

Fig. 56.

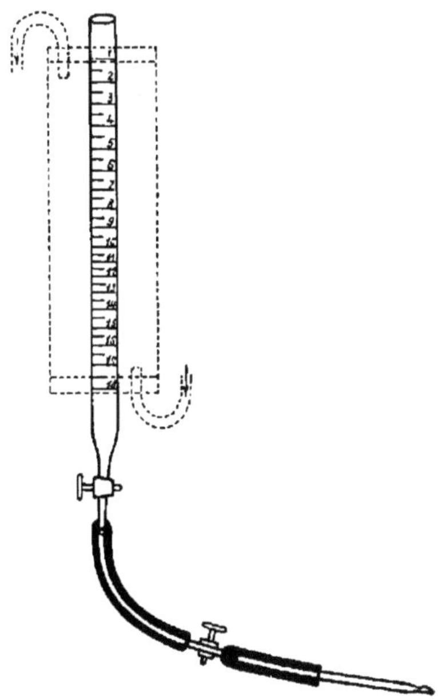

Als Reservoir für die zu injizierende Farblösung dient eine graduierte, mit Hahn versehene Bürette. Soll die Flüssigkeit körperwarm injiziert werden, so umgibt man dieselbe mit einem weiten, mit warmem Wasser zu füllenden und mit unterem Zu- und oberem Ablauf versehenen Glascylinder (Fig. 56).

Die Versuchsanordnung gestaltet sich dann folgendermaßen. Zunächst wird die in einem Stativ befestigte Bürette mit warmer, sorgfältig filtrierter Farblösung gefüllt, dann die Kanüle inklusive Gummischläuche und Glashahn mit physiologischer Kochsalzlösung vollgesaugt und der Hahn geschlossen. Die Vene wird präpariert, die Kanüle eingeführt und eingebunden und der Schlauch über die Spitze der Bürette gestreift, wobei man möglichst den Einschluß von Luftblasen vermeiden soll. Einige kleine Luftbläschen schaden übrigens nicht. Nun wird zuerst der Kanülen-, dann der Bürettenhahn geöffnet und die Flüssigkeit kann frei in das Gefäß einfließen. Es soll nicht zu lange Zeit zwischen dem Einbinden der Kanüle und dem Öffnen der Hähne vergehen, da sich sonst leicht Gerinnsel an der Einbindungsstelle bilden.

Die Menge der zu injizierenden Flüssigkeit richtet sich einmal nach der Größe des Tieres, dann nach dem Zweck, den man verfolgt, und schließlich nach der Art des zu injizierenden Farbstoffes.

Für die Injektion der Gallencapillaren wählt man am besten Tiere mit möglichst konsistenter Galle, also Fleischfresser, wie Hund und Katze, von Vögeln liefern Krähen die besten Resultate. Man injiziere möglichst viel Farbstoff, bei kleineren Hunden z. B. alle 10 Minuten 15—20 *ccm* einer konzentrierten Lösung von indigschwefelsaurem Natron und töte das Tier nach 1—2 Stunden. Hier kann man auch ganz zweckmäßig als Ort der Injektion eine Mesenterialvene wählen, der Farbstoff erscheint dann schon nach wenigen Minuten in der Galle. Sofort nach dem Tod werden kleine Stückchen der Leber in einem größeren Gefäß mit absolutem Alkohol aufgehängt, oder die Leber wird von der Aorta aus mit absolutem Alkohol injiziert. Beim Frosch bringt man zu dem gleichen Zweck eine Messerspitze des trockenen Farbstoffs in den Rückenlymphsack, vernäht die kleine Wunde und tötet das Tier am nächsten Tag. Zur Füllung der Nierenkanälchen genügen weit kleinere Mengen, für ein Kaninchen 20—40 *ccm*. Nach Tötung des Tieres spritzt man von der Art. renalis aus die Niere mit absolutem Alkohol oder noch besser mit dem CARNOYschen Fixationsgemisch aus.

Die Ausscheidung in den Speicheldrüsen begegnet größeren Schwierigkeiten, gibt aber, wenn sie gelingt, außerordentlich interessante Bilder. Am besten eignen sich Hunde. Man injiziere große Mengen, alle 15 Minuten 50 *ccm* der konzentrierten Farblösung. Reizung der Absonderungsnerven ist überflüssig, da die Tiere auch ohnedies reichlich speicheln. Nach 2—3 Stunden kann man das Tier töten.

Man hat die Methode der physiologischen Injektion dann auch für das Studium der Excretionsorgane der Wirbellosen herangezogen.

So hat SCHINDLER bei den Insekten in den MALPIGHIschen Gefäßen, SOLGER bei den Cephalopoden in den Venenanhängen Ausscheidung von Indigcarmin erhalten. Später sind dann diese Versuche in ausgedehnterem Maße von KOWALEVSKY und CUÉNOT wieder aufgenommen und fast auf alle Klassen der Wirbellosen ausgedehnt worden. Die Farbstoffe, es handelte sich um Ammoniakcarmin, indigschwefelsaures Natron, Lackmus und Bismarckbraun, wurden entweder in die Leibeshöhle der Tiere eingespritzt, oder die Tiere wurden mit den Farbstoffen gefüttert. Bei Cephalopoden kann man, wie wir das selbst getan haben, auch die Farbstofflösung mittelst einer T-Kanüle in die Aorta einspritzen, bei Crustaceen empfiehlt es sich, die Lösung auf die freigelegten venösen Ostien des Herzens aufzutropfen.

Literatur: ARNOLD (Arch. Pathol. Anat., Bd. 66 u. 73, 1876 u. 1878), CHRZONSZCZEWSKY (Ebenda, Bd. 31 u. 35, 1864 u. 1866), CUÉNOT (Arch. de Biol., Bd. 16, 1900), derselbe (C. R. Ac. Sc. Paris, Bd. 119, 1894), ECKHARD (Fest. LUDWIG. Leipzig 1887), HEIDENHAIN (Arch. Mikr. Anat., Bd. 10, 1874), derselbe (Arch. Ges. Physiol., Bd. 9, 1875), derselbe (HERMANNS Handbuch der Physiol., Bd. 5), KABREHL (Wien. Med. Jhb. N. F., Bd. 1, 1886), KOWALEWSKI (Biol. Centralbl., Bd. 9, 1889), derselbe (Bull. Ac. St. Pétersbourg, Bd. 13, 1894), KRAUSE (Arch. Mikr. Anat., Bd. 49 u. 59, 1897 u. 1901), KÜTTNER (Arch. Pathol. Anat., Bd. 66, 1876), MILLER und RHODE (Ber. Deutsch. Chem. Ges., 26. Jg.. Bd. 3, 1893), SCHINDLER (Zeitschr. Wiss. Zool., Bd. 30, 1878), SCHUNCK und MARCHLEWSKI (Ber. Deutsch. Chem. Ges., 27. Jg., 1894), SCHMIDT (Arch. Ges. Physiol., Bd. 48. 1891), SOLGER (Zool. Anz., Bd. 4, 1881), THOMA (Arch. Pathol. Anat., Bd. 64, 1875), VON WITTICH (Arch. Mikr. Anat., Bd. 11, 1875), ZELLER (Arch. Pathol. Anat., Bd. 73, 1878), ZERNER (Wien. Med. Jhb. N. F., Bd. 1, 1886).

Insekten siehe: Arthropoden.

Integument siehe: Haut.

Intercellularbrücken und **-lücken.** Zur Darstellung der wirklichen und vermeintlichen Intercellularbrücken ist vor allem die Eisenhämatoxylinmethode nach Fixation in Sublimat geeignet. Von anderer Seite sind noch empfohlen worden die Golgimethode, die VAN GIESONsche Färbung und die WEIGERTsche Fibrinmethode. Neuerdings hat KOLOSSOW eine Methode ausgearbeitet, mittelst deren es gelingt, Zellbrücken in allen möglichen Epithelien und Drüsen nachzuweisen. Er setzt der zur Fixation verwendeten Lösung eine größere Menge eines Neutralsalzes zu und bringt dadurch die Zellen zum Schrumpfen. Die Fixationslösung muß in das Gefäßsystem des zu untersuchenden Organs eingeführt werden, und zwar soll man so lange injizieren, bis die Oberfläche gleichmäßig dunkel erscheint. Die Lösung besteht aus 100 *ccm* 5%iger wässeriger Osmiumsäure, 0,5—1 *ccm* 30%iger Salpetersäure, 1 *ccm* Eisessig und 10—12 *g* Kalium nitricum. Diese Lösung wird innerhalb 2—3 Minuten injiziert, dann werden kleine Stückchen des injizierten Organs für 16—24 Stunden in 0,5%ige wässerige Osmiumsäure eingelegt. Am nächsten Tag kommen die Stücke in 10%ige wässerige Tanninlösung, die innerhalb der folgenden 24 Stunden so oft gewechselt wird, als sie sich noch dunkel färbt. Nun wird in Wasser ausgewaschen, in Alkohol entwässert und in Paraffin eingebettet. Die Schnitte sollen sehr dünn (2—3 μ) sein und brauchen nicht weiter gefärbt zu werden.

Man kann die Intercellularlücken auch durch Injektion füllen, und zwar entweder durch Einstichinjektion oder aber durch Injektion von indigschwefelsaurem Natron in das Gefäßsystem des lebenden Tieres.

Die die Intercellularlücken nach außen, resp. nach dem Lumen zu abschließenden Kittleisten werden am besten mit der Heidenhainschen Eisenhämatoxylinmethode zur Ansicht gebracht.

Literatur: Barfurth (Arch. Mikr. Anat., Bd. 38, 1891), Boheman (Anat. Anz., Bd. 10, 1895), Cohn (Anat. Hefte, H. 15, 1895), Hoehl (Anat. Anz., Bd. 14, 1897), Kolossow (Arch. Mikr. Anat., Bd. 52, 1898), Schaffer (Anat. Anz., Bd. 15, 1898), Werner (Inaug.-Dissert., Jurjew 1894).

Intercellularsubstanzen pflanzlicher Zellen siehe: Zellmembranen, pflanzliche.

Interferenzfarben siehe: Polarisationsmikroskop.

Intermedien. Als Intermedien sind von Mayer alle diejenigen chemischen Agenzien bezeichnet worden, welche entweder dazu dienen, zu mikrotomierende Objekte aus dem Entwässerungsalkohol in das Einbettungsmittel (Paraffin oder Celloidin) oder die fertigen Schnitte aus dem Entwässerungsalkohol in das definitive Einschlußmittel überzuführen. Ein solches Intermedium muß sich also einmal mit absolutem Alkohol mischen und zweitens ein möglichst gutes Solvens für das Einbettungs-, respektive Einschlußmittel sein.

Betrachten wir zunächst die Intermedien für Paraffin, so kommen hier in Betracht das wie das letztere selbst der Sumpfgasreihe angehörige Benzin, Ligroin und Petroleumäther, das Chloroform, das Benzol und seine Derivate (Anilin, Xylol, Toluol); die ätherischen Öle (Terpentinöl, Bergamottöl, Cedernholzöl und andere), außerdem noch der Schwefelkohlenstoff und der Tetrachlorkohlenstoff. Sie alle sind mit absolutem Alkohol klar mischbar, in Bezug auf ihre Lösungsfähigkeit für Paraffin aber zeigen sie große Differenzen. Am leichtesten wird das letztere gelöst von Schwefelkohlenstoff und den Kohlenwasserstoffen der Sumpfgasreihe, dann folgen das Chloroform und die Benzolverwandten und an letzter Stelle stehen die ätherischen Öle. Folgende Reihe gibt darüber näheren Aufschluß: Es löst sich Paraffin von 58° Schmelzpunkt bei 20° in Schwefelkohlenstoff zu 16—18%, in Benzin und Petroleumäther zu 14—15%, in Xylol zu 12%, in Chloroform zu 11%, in Toluol zu 10%, in Benzol zu 8%, in Cedernholzöl, Thymianöl und Origanumöl zu ungefähr 6%, in Bergamottöl zu 2—3%.

Von diesen Intermedien werden also die ätherischen Öle wegen ihrer geringen Lösungsfähigkeit für die Paraffineinbettung weniger in Frage kommen, am meisten empfehlen sich das Chloroform, das Benzol und seine Derivate und der Petroleumäther. Der Schwefelkohlenstoff ist in neuerer Zeit von M. Heidenhain als Intermedium sehr gerühmt worden. (Näheres siehe Paraffineinbettung.) Manche Intermedien machen bindegewebsreiche Organe sehr hart, das gilt vor allem von dem früher sehr viel benutzten Terpentinöl und in geringerem Grade auch von Xylol.

Zur Celloidineinbettung benötigt man überhaupt kein Intermedium, man kann gleich aus dem absoluten Alkohol in die Celloidinlösung überführen, eventuell auch noch eine Mischung von gleichen Teilen Alkohol und Äther einschalten.

Als Intermedien für den definitiven Einschluß der Schnitte in Harze, wie Canadabalsam, Dammarharz oder Kolophonium kommt vor allem das Xylol, daneben aber auch Chloroform und Benzin in Betracht. Terpentinöl sollte man ganz vermeiden, da es den meisten Färbungen schädlich ist.

Inulase siehe: Enzyme.

Inulin, $C_{12}H_{20}O_{10}$, findet sich im Zellsaft gelöst in vielen Pflanzen. Es ist unlöslich in Alkohol und Glycerin und wird in ihnen (gebräuchlich 50%iger Alkohol) nach längerem Liegen, mindestens 8 Tage, in Form von konzentrisch geschichteten kugeligen Gebilden ausgeschieden. Ihre Quellbarkeit und andere Gründe sprechen gegen ihre Sphärokrystallinatur (FISCHER). Sie sind anfänglich in kaltem, älteres Material nur in warmem Wasser löslich (Unterschied gegen die ähnlichen Calciumphosphatkrystalle, s. Calciumverbindungen in Pflanzen, 5. Calciumphosphat). 10%ige alkoholische Naphtollösung gibt nach Zusatz einiger Tropfen konzentrierter Schwefelsäure schwache, unter Deckglas erwärmt, intensive Violettfärbung. Thymol in gleicher Anwendung Rotfärbung (MOLISCH).

Literatur: MOLISCH (Sitz. Ak. Wiss., Wien, Bd. XCIII, II). FISCHER (COHNS Beitr., Bd. VIII, 1898). *Magnus*, Berlin.

Invertase siehe: Enzyme.

Jod und **Jodkalium.** Da Jod und Jodkalium in der mikroskopischen Technik häufig neben und füreinander Verwendung finden, dürfte eine gleichzeitige Besprechung am geeignetsten sein. Die anderen jodhaltigen Verbindungen werden dagegen gesondert abgehandelt.

Jod J. ist ein schwarzgrauer, in rhombischen Tafeln oder Blättchen vorkommender Körper von metallähnlichem Glanze; beim Erhitzen entwickelt er tiefblaue, eigentümlich riechende Dämpfe. Spezifisches Gewicht 4,948 bei 17°. Jod ist wenig in Wasser löslich, annähernd in 5000 Teilen. Es löst sich in 10 Teilen Weingeist mit brauner Farbe, ferner leicht in Äther, Glycerin und Jodkaliumlösung mit brauner, in Chloroform und Schwefelkohlenstoff mit violetter Farbe, wenig in Glycerin.

Die offizinelle Tinctura Jodi besteht aus einem Teil zerriebenen Jods und 10 Teilen Weingeist. Sie stellt eine dunkelrotbraune, nach Jod riechende Flüssigkeit dar, die sich in der Wärme ohne Rückstand verflüchtet.

Jod färbt Stärkekleister tiefblau. Es ist dies eine charakteristische Reaktion, die aber nur dem Jod, nicht seinen Verbindungen zukommt. Wenn man eine jodhaltige Flüssigkeit durch Filtrierpapier filtriert, nimmt dieses blaue Farbe an.

Jodkalium (Kaliumjodid, Kalium jodatum). Kaliumjodid ist ein in weißen Würfeln krystallisierendes Salz von scharfem salzigen Geschmack. 100 Teile Wasser lösen cca. 130 Teile bei 0°, cca. 200 Teile bei 100°. In 90%igem Alkohol lösen sich cca. 6%. Wässerige Jodkaliumlösung ist für reines Jod ein gutes Lösungsmittel.

Jod und Jodkalium haben in der mikroskopischen Technik zu den verschiedensten Zwecken ausgedehnte Verwendung gefunden, besonders in Form der LUGOLschen Lösung (Jod 1, Jodkali 2, Wasser 100), die meist mit 3—4 Teilen Wasser verdünnt wird.

Zunächst beruht die Verwendung auf der erwähnten Eigenschaft, Stärke zu bläuen. Zum mikrochemischen Nachweis stellt man sich eine Lösung so dar, daß man einige Tropfen der Jodtinktur in einige Kubikzentimeter destillierten Wassers bringt. Man kann dann das Reagens mit Filtrierpapier absaugen und eine konzentrierte wässerige Chlorhydratlösung einwirken lassen (A. MEYER). Diese bringt die Stärkekörner zum Quellen. Diese Modifikation ist zum Nachweis geringer Stärkemengen geeignet.

Dagegen benützt man konzentrierte Jodjodkaliumlösungen, wenn es sich darum handelt, in Mikrotomschnitten Stärke nachzuweisen.

Nach diesen Prinzipien kann man natürlich auch verfahren, wenn es sich um Stärkenachweis in den Fäces, im Mageninhalt etc. handelt. So wird oft die Frage zu entscheiden sein, ob Umwandlungen der Stärke eingetreten sind.

MEISSNER hat auf diese Weise untersucht, ob von Rhizopoden und Infusorien aufgenommene Stärkekörnchen eine Veränderung erfahren.

Zum Nachweis von Chitin dient eine Jodchlorzinklösung; es tritt Violettfärbung ein. Nach ZANDER nimmt man wenig Jod, wenig Chlorzink und viel Wasser (vgl. Chitin und Chlorzinkjod).

Zur mikrochemischen Untersuchung kleiner Objekte auf Chitin verfährt ZANDER folgendermaßen: Das Objekt wird mit Wasser unter ein Deckglas gebracht, von einer Seite ein Tropfen frisch bereiteter Jodjodkaliumlösung hinzugefügt, das Jod mit Wasser abgesogen, ein Tropfen Chlorzink hinzugefügt, worauf das braun gefärbte Objekt zum Teil entfärbt wird; das Chlorzink wird mit Wasser wieder entfernt, hierauf tritt violette Färbung ein.

Jod gibt ferner mit Amyloid und mit Glycogen charakteristische Reaktionen (siehe Amyloid, Corpora amylacea und Glycogen).

Eine wässerige Lösung von Jodjodkalium ist ferner eines der besten Reagenzien auf Alkaloide, indem es mit diesen einen rotbraunen oder scharlachroten Niederschlag gibt. So dient es nach ERRERA, MAISTRIAN und CLAUTRIAN zum mikrochemischen Nachweis der Alkaloide in den Pflanzen. Während sich Glycogen beim Erwärmen des Präparates entfärbt, ist dies bei den Alkaloiden nicht der Fall. So ist es möglich, Glycogen von den Alkaloiden mikrochemisch zu unterscheiden.

Jod und Schwefelsäure färben Cellulose blau. RUSSOW behandelt die zu untersuchenden Schnitte zunächst mit einer wässerigen Lösung von $^1/_3$% Jod und $1^1/_3$% Jodkalium und dann mit einem Gemisch von 2 Teilen konzentrierter Schwefelsäure und 1 Teil Wasser. Ähnlich bereiten V. BERTHOLD und HÖHNEL zum Nachweis von Pflanzenfasern eine Jodlösung so, daß zu 100 *g* einer 1%igen Jodkalilösung bis zur Sättigung Jod gesetzt wird. Mit dieser Lösung werden auf dem Objektträger die Fasern benetzt, dann wird mit Filtrierpapier getrocknet und 1—2 Tropfen einer Schwefelsäurelösung, bestehend aus 2 Teilen Glycerin, 1 Teil Wasser und 3 Teilen konzentrierter Schwefelsäure, die allmählich miteinander vermengt werden, hinzugesetzt.

Statt Jod und Schwefelsäure kann man auch eine Chlorzinkjodlösung benutzen, die Cellulose violett färbt. Nach BEHRENS löst man 25 Teile Chlorzink und 8 Teile Jodkalium in 8,5 Teilen Wasser und fügt so viel Jod, als gelöst wird, hinzu. Ähnlich benutzt MANGIN Chlorcalciumjod, Jodphosphorsäure (ferner vgl. Zellmembranen, pflanzliche).

Während es sich bisher um Verwendung des Jod, resp. des Jodkalium als mikrochemisches Reagens gehandelt hat, sollen jetzt die anderweitigen Verfahren der Mikrotechnik besprochen werden, bei denen Jod und Jodkalium eine Rolle spielen.

Zunächst handelt es sich um Fixationen. KENT fixiert Infusorien mit einer Jodjodkaliumlösung. Er bereitet eine gesättigte Lösung von Jodkalium in destilliertem Wasser, fügt Jod hinzu, so lange es gelöst wird, filtriert und verdünnt mit destilliertem Wasser, bis die Lösung gelbbraun gefärbt wird. Von der so bereiteten Flüssigkeit wird zu dem Wasser mit den Infusorien nur eine geringe Menge hinzugefügt. Ähnlich fixiert G. BERTHOLD die Meeresalgen. Er setzt einige Tropfen einer konzentrierten alkoholischen Jodlösung zum Meerwasser hinzu, bringt die Algen $^1/_2$—1 Minute in die Flüssigkeit und entfernt das Jod durch häufiger gewechselten 50%igen Alkohol. H. MÖLLER fixiert Hefen in 1%iger mit Jod gesättigter Jodkaliumlösung oder in derselben zehnfach verdünnten Lösung. Zum Studium der Embryonalentwicklung von Phyllodroma germanica fixiert CHOLODKOWSKY die Kokons in Jod (1), Jodkali (1), Wasser (300). OVERTON fixiert kleine Objekte, z. B. Volvoxkugeln, mit Joddämpfen; Jodkryställchen werden im Reagensglas erhitzt und die Dämpfe durch Umkehren des Glases über das Präparat gebracht. Zum Entfernen des Jods wird das Glas mit dem Präparat 2—3 Minuten bei cca. 40° erwärmt, wenn nötig, hierbei ein Tropfen destillierten Wassers hinzugesetzt.

Zum Fixieren von Radiolarien verwendet BRANDT gleiche Teile 70%igen Alkohols und Seewasser mit etwas Jodtinktur, so daß die Mischung deutlich gelb gefärbt ist, für $^1/_4$—$^1/_2$ Stunde, dann gewöhnliches Wasser und 30—70%igen Alkohol. Endlich verwendet DUBOSQ Jodjodkalium zum Studium der acidophilen Granula bei der Fixation des Blutes von Chilopoden vor der Färbung mit Säurefuchsin, DOMINICI eine Lösung von Jod und Sublimat in Alcohol absolutus zur Fixation von Bluttrockenpräparaten.

Als Macerationsflüssigkeit von Blut, Knochenmark, Haut, Schleimhäuten, serösen Häuten, verschiedenen Epithelien, Leber, Nieren, Rückenmark und Muskeln benützt J. ARNOLD eine Jodjodkalilösung, bestehend aus 10 Teilen einer 10%igen Jodkalilösung und 5—10 Tropfen einer Lösung von 10 *g* Jodkali und 5 *g* Jod in 100 *g* Wasser.

Um die einzelnen Bestandteile der Nierenzellen zu isolieren, verwendet ARNOLD (1902) eine Jodjodkaliumeosinmischung: zu 10 *ccm* einer 10%igen Jodkaliumlösung werden 1—2 Tropfen LUGOLscher Lösung und Eosin in Substanz hinzugefügt. Zur Isolierung der Polfäden, die an den frischen Sporen nicht sichtbar sind, leistet nach STEMPELL Jodtinktur gute Dienste.

Ausgedehnte Verwendung finden Jod und Jodkalium fernerhin beim Auswaschen von Objekten, die in Sublimatgemischen fixiert sind (siehe Sublimat). Zum Entfernen des Jods aus den Schnitten benutzt M. HEIDENHAIN eine zehnmal mit Wasser verdünnte 2·5%ige Lösung von Natriumthiosulfat.

Zur Darstellung von Präparaten von intra vitam mit Anilinfarbstoffen injizierten Geschwulstpartikeln fixiert HAUG mit Sublimat und bringt dann die Stücke in eine Lösung, bestehend aus Tinctura Jodi 2, Kal. jod. 1, Aq. dest. und Glycerin aa. 50.

Um jetzt zu den Färbungen überzugehen, muß zunächst der GRAMschen Methode gedacht werden (siehe dort). Eine ähnliche Methode benutzen HERMANN und HÄCKER bei der histologischen Untersuchung des Hodens.

Über die Verwendung der LUGOLschen Lösung bei der Fibrinfärbung nach WEIGERT siehe diese; hier kommen noch die Verfahren von KROMAYER, BENECKE, UNNA in Betracht.

Nach LEE werden mit Viktoriablau zu färbende Schnitte vorteilhaft vorher mit Jodtinktur behandelt. Die offizinelle Jodtinktur wird ferner benutzt zur Vorbehandlung von Schnitten, die mit dem BIONDIschen Dreifarbengemisch gefärbt werden (siehe dieses).

Bei der Färbung mit Bleu de Lyon nimmt TONKOFF etwas Jodtinktur zur Lösung des Farbstoffes in 36%igem Alkohol oder beizt die Schnitte in Jodtinktur.

Schnitte von Keimbläschen der Batrachier färben CARNOY und LEBRUN mit einem Hämateïngemisch und korrigieren mit Jodwasser. LUBARSCH färbt Glycogen mit Jodhämatoxylin. Siehe überhaupt Glycogennachweis, ferner besonders Amyloidmethoden, Haut, Knorpel, Neuroglia, Silbermethode.

Bei der Konservierung von Methylenblaupräparaten, die durch vitale Injektion erhalten sind, ist eine gesättigte Lösung von Jod in Jodkali empfohlen worden.

Bei Trockenpräparaten von Spermatozoen bemerkt man nach NEUMANN beim Zusatz von Jod (1), Jodkalium (2), Wasser (100) außer einem Aufquellen des Kopfes das Auftreten von rötlichbraunen Kügelchen; die unversehrt gebliebenen Teile zeigen die gewöhnliche gelbe Jodfarbe.

Um den physiologischen Jodgehalt der Zellen der Schilddrüsen nachzuweisen, hat JUSTUS ein Verfahren ausgearbeitet, über dessen Einzelheiten im Original nachgelesen werden muß.

Literatur: ARNOLD (Arch. Mikr. Anat., Bd. 52, 1898, Arch. Pathol. Anat., Bd. 169, 1902), BEHRENS (Tabellen), BETZ (Arch. Mikr. Anat., 1893), G. BERTHOLD (Jahrb. Wiss. Bot., Bd. 13, 1882), V. BERTHOLD (Fachzeitung für Warenkunde, 1883), BRANDT (Fauna u. Flora Golf Neapel, 1885), CARNOY und LEBRUN (Cellule, Bd. 12, 1897), CHOLODKOWSKY (Mém. Ac. St. Pétersbourg, Bd. 38, 1891), DOMINICI (C. R. Soc. Biol. Paris 1902), DUBOSQ (Arch. Zool. Expér., Bd. 6, 1899), ERRERA, MAISTRIAN et CLAUTRIAN (Ann. Soc. Belge Micr., Bd. 12), HÄCKER (Praxis und Theorie der Zell- und Befruchtungslehre), HAUG (Zeitschr. Wiss. Mikr., Bd. 8, 1891).

Heidenhain (Zeitschr. Wiss. Mikr., Bd. 25, 1908), Hermann (Arch. Mikr. Anat., Bd. 34, 1889), Höhnel (Die Mikroskopie der technisch verwendeten Faserstoffe), Justus (Arch. Pathol. Anat., Bd. 170, 1902), Kent (Journ. Roy. Micr. Soc., Bd. 3, 1883), Mangin (Bull. Soc. Bot. France, Bd. 35, 1888), Meissner (Zeitschr. Wiss. Zool., Bd. 46, 1888), Meyer (Das Chlorophyllkorn, Leipzig 1883), Möller (Centralbl. Bact., Bd. 12, 1892), Neumann (Arch. Pathol. Anat., Bd. 159, 1899), Nowikoff (Zeitschr. Wiss. Zool., Bd. 90, 1908), Overton (Bot. Centralbl. 1899 und Zeitschr. Wiss. Mikr., Bd. 7, 1890), Russow (Sitz. Nat. Ges. Dorpat., Bd. 6), Stempell (Zool. Jhb., Bd. 16, 1902), Tonkoff (Arch. Mikr. Anat., Bd. 56, 1900), Zander (Arch. Ges. Physiol., Bd. 56, 1897).

Mosse, Berlin.

Jodgrün syn. HOFMANNs Grün,

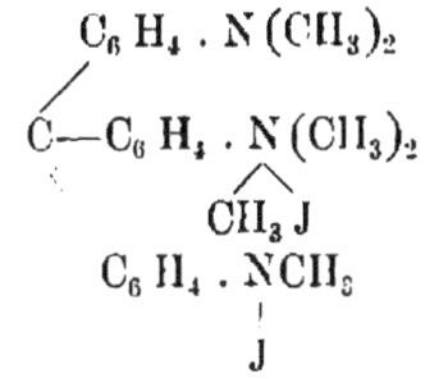

entsteht bei Behandlung des Methylvioletts mit Jodmethyl und kommt entweder in Form des Pikrats oder des Chlorzinkdoppelsalzes in den Handel. Das erstere ist in Wasser fast unlöslich, das letztere dagegen leicht löslich. Die wässerige Lösung wird durch Salzsäure oder Ammoniak entfärbt. In Deutschland wird das Jodgrün fabrikatorisch nicht mehr dargestellt, es ist von dem Methylgrün völlig verdrängt worden.

Von englischen Histologen (GIBBES, STIRLING, RICHARDSON) in die Mikrotechnik eingeführt, ist es in Deutschland hauptsächlich von GRIESBACH für histologische, von ZIMMERMANN für botanische Zwecke empfohlen worden. GRIESBACH benutzt zur Kernfärbung eine Lösung von 0,1 *g* Jodgrün im 35 *ccm* Wasser. ZIMMERMANN mischt 9 Teile 0,1%iger wässeriger Jodgrünlösung mit 1 Teil konzentrierter wässeriger Fuchsinlösung, Färbung 10 Minuten, dann Differenzieren in absolutem Alkohol, dem 1% Eisessig und 0,1% Jod zugesetzt sind. Protoplasma blaßrot, Nucleolen tiefrot, Chromatin blau. Die Farbmischung ist nicht haltbar, sie muß immer frisch hergestellt werden. CIACCIO hat für Material (Nebenniere, sympathische Ganglien), das in BOUINscher Flüssigkeit (Formol-Pikrin-Essigsäure) fixiert war, folgende Dreifachfärbung angegeben. Die Schnitte kommen für 30 Minuten in eine Lösung von 5 *g* Säurefuchsin in 10 *ccm* absolutem Alkohol und 100 *ccm* Wasser, dann für einige Minuten in gleiche Teile konzentrierter wässeriger Pikrinsäure und absoluten Alkohols. Sie werden dann in 70%igem Alkohol ausgewaschen und 2 Minuten gefärbt in einer Lösung von 1 *g* Jodgrün in 10 *ccm* absolutem Alkohol und 100 *ccm* Wasser. FELIX färbt Teleostierembryonen in toto zunächst in Boraxcarmin und dann in einer 2%igen Lösung von Jodgrün in 50%igem Alkohol. LEFAS verwendet zur Blutfärbung eine Kombination von Jodgrün und Säurefuchsin. Er löst 1 *g* Jodgrün und 1 *g* Säurefuchsin in 100 *ccm* destilliertem Wasser, filtriert und sterilisiert die Lösung. Färbung $^1/_2$—2 Minuten. Kerne braun, Protoplasma grün, Bindegewebe rot.

Auch als Schleim- und Amyloidfärbungsmittel hat das Jodgrün Verwendung gefunden. (Näheres siehe Artikel: Amyloid, Metachromasie, Schleimfärbung).

Literatur: Ciaccio (Arch. Ital. Anat., Bd. 5, 1906), Griesbach (Zool. Anz. 1882), Rosen (Cohn, Beitr., Bd. 7, 1895), Zimmermann (Beitr. zur Morphologie und Physiologie der Pflanzenzelle. Tübingen Bd. 2, 1893), derselbe (Zeitschr. Wiss. Mikr., Bd. 12, 1895).

Jodkalium siehe: Jod.

Jodsäure, HJO_3, farblose Krystalle, die in Wasser leicht löslich sind. In wässeriger Lösung ist die Jodsäure ein kräftiges Oxydationsmittel.

Jodsäure stellt nach LAVDOWSKY ein vortreffliches Reagens auf das Blut dar. Er vermischt einen kleinen Tropfen von Neuviktoriagrün oder von Methylviolett 6 B mit einem großen auf dem Objektträger befindlichen Tropfen einer 2%igen Jodsäurelösung, bringt in die Mischung einen Blutstropfen, bedeckt das Präparat mit einem Deckglase und untersucht so frisch die Blutkörperchen von Mensch und Säugetieren. MEVES benutzt eine 4%ige Lösung und setzt Neuviktoriagrün, Methylviolett oder Dahlia zu. Es färben sich damit in den Erythrocyten von Salamandra die Quermembranen.

Literatur: LAVDOWSKY (Zeitschr. Wiss. Mikr., Bd. 10, 1893), MEVES (Anat. Anz., Bd. 26, 1905).

Jodserum. Jodserum wird aus Amnioswasser von Säugetieren bereitet; es dienen dazu die Uteri von Schafen oder Kühen. Das durch Anstechen gewonnene Serum wird aufgefangen und mit einem Stückchen Jod versetzt. Man kann auch Serum mit viel Jodtinktur versetzen, stehen lassen, filtrieren und von diesem stark jodhaltigen Serum zu dem Serum, das benützt werden soll, zusetzen.

Das ist die Vorschrift von RANVIER. Künstliches Jodserum nach FREY besteht aus 270 *ccm* destillierten Wassers, 30 *ccm* Eiweiß, 2,5 *g* Kochsalz; es wird filtriert und Jodtinktur hinzugesetzt.

Jodserum ist von SCHULTZE als Untersuchungsmedium eingeführt. Auch BRASS untersucht lebende Gewebe u. a. in Jodserum. Ferner dient es als Macerationsflüssigkeit.

Literatur: BRASS (Zeitschr. Wiss. Mikr., Bd. 1. 1884), FREY (Das Mikroskop), RANVIER (Traité technique), SCHULTZE (Arch. Pathol. Anat., Bd. 30. 1864). *Mosse,* Berlin.

Jodtinktur siehe: Jod.

Jodviolett. Syn. für Dahlia.

Von JUERGENS ist das Jodviolett als Reagens auf Amyloid eingeführt worden, das gesunde Gewebe färbt sich damit blau, das degenerierte rot. Bald darauf empfahl EHRLICH den Farbstoff zur Darstellung der Mastzellengranulationen, er verwendet dazu eine konzentrierte Lösung des Farbstoffs in Drittelalkohol mit Zusatz von 5% Essigsäure.

Jodwasser siehe: Jod.

Jodxylol siehe: Jod.

Iridiumchlorid, $Ir\,Cl_4$, entsteht beim Lösen von verteiltem metallischem Iridium in Königswasser. Es ist mit rotbrauner Farbe in Wasser löslich. Schwefelwasserstoff führt es in Schwefeliridium, Kalilauge zunächst in Kaliumiridiumchlorid und bei weiterem Zusatz in Iridiumsesquichlorid: $Ir_2\,Cl_6$ über.

Iridiumchlorid empfiehlt EISEN als gutes Fixationsmittel entweder im Gemisch mit einem Teil Eisessig auf 100 Teile $^1/_5$—$^1/_2$%iger Iridiumchloridlösung oder zusammen mit Platinchlorid in folgender Zusammensetzung: $^1/_2$%iges Platinchlorid und $^1/_2$%iges Iridiumchlorid aa. 50, Eisessig 1. Beide Gemische fixieren bei kurzer, achtstundenlanger und bei monatelanger Behandlung die Objekte in gleich guter Weise. Nach einigen Stunden Auswaschen in Wasser folgt die Alkoholbehandlung. Auch für botanische Zwecke ist die Iridiumchlorideisessigmischung (1%ige wässerige Iridiumchloridlösung 25 *ccm*, Eisessig 65 *ccm*) empfohlen worden: so von REED für Zellenstudien an Keimlingen von Zea Mays und Phoenix dactylifera.

LEE findet, daß Iridiumchlorid ohne Platinchlorid überhaupt nicht fixiere!

Literatur: EISEN (Zeitschr. Wiss. Mikr., Bd. 14. 1897), LEE und MAYER (Grundzüge. pag. 51), REED (Ann. of Bot., Bd. 18, 1904). *Poll,* Berlin.

Iris siehe: Auge.

Irisblende siehe: Mikroskop.

Isobutylalkohol (Gärungsbutylalkohol), $\begin{matrix}CH_3\\CH_3\end{matrix}\!\!>\!CH-CH_2\,.\,OH$, ist in beträchtlicher Menge im Fuselöl enthalten und bildet den gewöhnlichen „Butylalkohol" des Handels; er ist der normalen Verbindung sehr ähnlich, siedet bei 108°, hat bei 20° das spec. Gew. 0,802. Löst sich bei Zimmertemperatur in etwa 10 Teilen Wasser und ist daraus durch Salze leicht abscheidbar. *Neuberg,* Berlin.

Der Isobutylalkohol ist von VAN HEURCK zur Präparation von Diatomeen empfohlen worden.

Literatur: VAN HEURCK (Traité des Diatomées, Anvers 1899).

Isolationsmethoden, mechanische, dienen zur Trennung einzelner Gewebsbestandteile und werden entweder allein an frischen Gewebsstücken angewandt oder im Anschluß an die durch andere Methoden (siehe Macerationsmethoden) herbeigeführte Auflockerung der Gewebe, oder auch nach vorausgegangener Fixierung und Härtung derselben. Über Isolieren von Eiteilen siehe Experimentell-Embryologische Methoden.

1. Zerzupfen mittelst feiner Stahlnadeln (Nähnadeln) oder Glasnadeln (in feine Spitzen über der Flamme ausgezogene Glasstäbchen) (für Muskeln, Nerven usw.) (genauere Vorschriften bei RANVIER, pag. 66 und 222).

POKROWSKI empfiehlt zum Zerzupfen außer Nadeln die Anwendung eines kleinen Borstenpinsels. Man hält dabei das Objekt mit einer Nadel fest und fährt mit einem kurzborstigen, nicht zu derben, aber vor allen Dingen nicht zu weichen Pinsel über das Präparat hinweg.

Das Zerzupfen wird in manchen Fällen erleichtert durch gleichzeitige Anwendung der „halben Eintrocknung." Bei dieser wird das Gewebe ohne Zusatzflüssigkeit auf den Objektträger gebracht und mäßig angespannt: es trocknet, namentlich am Rande, allmählich etwas ein und haftet dann so fest am Glase, daß sich einzelne Elemente bequem mit den Nadeln abziehen lassen (für Bindegewebe usw.) (RANVIER, pag. 68).

2. Auspinseln mit feinen Haarpinseln (roten Marderpinseln), zuerst von W. HIS für die Darstellung des Reticulums in der Milz, Lymphknoten, Thymus und ähnlichen Organen angewandt. Die Organe werden frisch verwendet oder vorher gehärtet. Für die Härtung benutzte HIS in der Regel verdünnten (cca. $70^0/_0$igen) Alkohol. Man breitet dünne Schichte der Organe auf dem Objektträger mit viel Flüssigkeit aus und entfernt durch wiederholtes Auftupfen mit dem Pinsel die auf dem Reticulum und in den Maschen desselben liegenden Zellen. BILLROTH spülte die Schnitte in Glycerin ab und pinselte in Glycerin aus. Untersuchung in Glycerin.

Die Schnitte können auch gefärbt und in Balsam eingeschlossen werden.

3. Schütteln in Flüssigkeiten. Entweder man bringt das Objekt oder Schnitte von ihm in ein Probierglas mit einer geringen Menge Flüssigkeit, schüttelt es darin und untersucht einen dem Grunde des Glases entnommenen Tropfen oder die Schnitte. Oder man überträgt ein kleines Gewebsstück mit einem Tropfen Flüssigkeit auf einen Objektträger. Dieser wird ungefähr um 20^0 geneigt, so daß sich der Tropfen etwas unterhalb des Objektes zusammenzieht, ohne wegzufließen. Dann wird das Objekt mit einer Nadel in der Flüssigkeit geschüttelt, und die losgelösten Elemente sammeln sich nach und nach im unteren Teile des Tropfen an (für Epithelien usw.). (RANVIER, pag. 69.) Eine analoge Methode in Verbindung mit Centrifugieren empfiehlt REICH besonders für die Elemente des Nervensystems.

BÖHM und OPPEL (pag. 156) empfehlen, Lymphdrüsenschnitte in mit Froschgalle versetztem Wasser zu schütteln; sie glauben so in kürzerer Zeit bessere Resultate erhalten zu haben. Einen auf Vorschlag von MERKEL vom Mechaniker WESTIEN in Rostock konstruierten Schüttelapparat beschreibt SCHIEFFERDECKER (pag. 161).

4. Klopfen. Man bringt das (macerierte) Gewebe auf einen Objektträger, legt ein Deckglas darauf, das man an allen vier Ecken durch kleine Wachskügelchen (Wachsfüße) unterstützt, und klopft nun mit einer Nadel sanft auf dem Deckglas umher, so daß dieses allmählich heruntergedrückt wird und die Zellen des Gewebes auseinander drängt (für Epithelien usw.) (LEE-MAYER, pag. 264). Das Material zu den Wachsfüßen empfiehlt VOSSELER durch Schmelzen von weißem Wachs und Hineinrühren von $^1/_2$—$^2/_3$ seines Gewichtes an venetianischem

Terpentin herzustellen. MAYS erreicht eine Isolierung der Nervenfasern an kleinen vorher mit Osmiumsäure behandelten Nervenstämmchen durch Klopfen mit einem Perkussionshammer auf dem Objektträger, bei genügendem Schutze vor allzustarkem Drucke durch Stützen des Deckglases und Lagerung der Nerven auf Fließpapier.

5. Zerdrücken der auf dem Objektträger liegenden Gewebsteile durch einen auf das Deckglas ausgeübten Druck, eventuell unter Anwendung eines „Kompressoriums". Früher vielfach, namentlich von den Zoologen angewandt.

6. Interstitielle Injektion oder künstliches Ödem von RANVIER (pag. 69) zur Trennung vielfach verschlungener Netze von Fasern (namentlich Bindegewebsfasern) angegeben. Ausführliches siehe in angeführter Originalvorschrift. RENAUT (pag. 197) empfiehlt zur Darstellung der Bindegewebszellen und ihrer Anordnung die interstitielle Injektion einer Lösung von 1 Teil Eosin in 100 Teilen Drittel-Alkohol (RANVIER).

Literatur: BILLROTH (Zeitschr. Wiss. Zool., Bd. 11, 1861), BÖHM und OPPEL (Taschenbuch), HIS (Zeitschr. Wiss. Zool., Bd. 10 u. 11, 1860 u. 1861), LEE und MAYER (Grundzüge), MAYS (Zeitschr. Biol., Bd. 22, 1886), POKROWSKI (Ref. Zeitschr. Wiss. Mikr., Bd. 15, 1898), RANVIER (Technisches Lehrbuch), REICH (Neurolog. Centralbl., 21. Jg., 1902), RENAUT (Traité), SCHIEFFERDECKER in: BEHRENS, KOSSEL und SCHIEFFERDECKER (Das Mikroskop), VOSSELER (Zeitschr. Wiss. Mikr., Bd. 7, 1890).

Spalteholz, Leipzig.

K.

Kaiserrot, Syn. für Methyleosin.

Kaliumacetat, $CH_3-CO.OK$, essigsaures Kalium, Kalium aceticum, entsteht durch Eintragen von Kaliumcarbonat in 30%ige Essigsäure und stellt ein weißes, krystallinisches, hygroskopisches Pulver dar. Es löst sich in Wasser zu 250% zu einer ganz schwach alkalisch reagierenden Flüssigkeit. In absolutem Alkohol ist es bei Zimmertemperatur zu cca. 30% löslich. Der Brechungsexponent der konzentrierten wässerigen Lösung beträgt 1,370. Der offic. Liquor Kalii acetici enthält 33,3—34,5% des trockenen Salzes.

Das essigsaure Kalium hat früher auf die Empfehlung von MAX SCHULTZE hin eine große Bedeutung als Einschlußmedium gehabt. Sein geringer Brechungsexponent macht viele feine Strukturen sichtbar, seine starke Wasseranziehung verhindert ein Verdunsten, auch manche Farbstoffe halten sich in ihm recht gut. Zum Einschluß verwendet man eine 50%ige oder konzentrierte wässerige Lösung. HOYER empfiehlt als Einschlußmedium eine Lösung von Gummi arabicum in Kaliumacetatlösung. O. SCHULTZE eine Lösung von gleichen Teilen Kaliumacetat, Methylalkohol und Wasser.

Kaliumalaun siehe: Alaun.

Kaliumarsenat, KH_2AsO_4, MACQUERsches Salz, arsensaures Kalium, entsteht beim Zusammenschmelzen von Arsenigsäureanhydrid und Kaliumnitrat. Farblose Krystalle, die in Wasser zu 5%, in Alkohol zu 4% löslich sind.

Kaliumarsenit, $KAsO_2$, Kaliummetarsenit, arsenigsaures Kalium stellt eine sirupöse Masse dar, welche entsteht, wenn man Arsenigsäureanhydrid mit Kaliumcarbonat kocht. Es ist in Wasser leicht löslich und in der Form des Liquor Kalii arsenicosi oder FOWLERscher Lösung offizinell. Dieselbe enthält ungefähr 1% Arsenigsäureanhydrid und einen Zusatz von Melissenspiritus.

VAN DER SPECK und UNNA benutzten Kalium arsenicosum als Entfärbungsmittel für Methylenblaupräparate zur Darstellung der Plasmazellen.

Kaliumbichromat siehe: Chromsaure Salze.

Kaliumcarbonat, K_2CO_3, kohlensaures Kalium, Pottasche wird technisch aus Holzasche, Schlempekohle, Wollschweiß oder Carnallit dargestellt. Weißes, amorphes Pulver, das beim Liegen an der Luft unter Wasseraufnahme zerfließt. Es löst sich bei 20° zu 112% in Wasser zu einer stark alkalisch reagierenden Flüssigkeit. In Alkohol ist das Salz unlöslich. Der offizinelle Liquor Kalii carbonici enthält bei einem spez. Gew. von 1,334 ungefähr 33% Kaliumcarbonat.

Kaliumcarbonatlösungen können als Macerationsmittel (s. dort) Verwendung finden. Vielfach dient das Salz auch dazu, Farbstofflösungen alkalisch zu machen.

Kaliumchlorat, $KClO_3$, chlorsaures Kali, Kalium chloricum, wird erhalten durch Einleiten von Chlor in Kalkmilch und Umsetzung des entstandenen

Calciumchlorats durch Chlorkalium. Es bildet farblose Blättchen, welche sich bei 15° zu 6%, bei 35° zu 12%, bei 100° zu 60% in Wasser mit neutraler Reaktion lösen. In absolutem Alkohol lösen sich cca. 0,8%. Mit Superoxyden erwärmt gibt es seinen Sauerstoff ab, mit organischen Körpern verrieben oder auch nur unvorsichtig gemischt explodiert es. Mit Salzsäure zersetzt es sich unter Bildung von freiem Chlor, ebenso, aber viel heftiger unter Explosion bei Zusatz von konzentrierter Schwefelsäure.

Das chlorsaure Kali wird in der Mikrotechnik hauptsächlich zur Entwicklung von Chlor mittelst Salzsäure verwendet. (Näheres s. Pigment.) Auch zum Maccerieren von Muskeln ist es in Verbindung mit Salpetersäure von KÜHNE benutzt worden.

Kaliumchlorid, KCl, Kalium chloratum, findet sich in der Natur als Sylvin, krystallisiert in Würfeln oder Oktaedern, ist in Wasser bei 15° zu 33,4% löslich, in Alkohol oder Salzsäure unlöslich. In der vierfachen Menge Wasser gelöst, erniedrigt sich die Temperatur der Lösung um 11°.

In der Mikrotechnik wird es als Zusatz zu physiologischer Kochsalzlösung benutzt, auch zur Ausfällung mancher Farbstoffe, z. B. von indigschwefelsaurem Natron, ist es verwendet worden.

Kaliumchromat siehe: Chromsaure Salze.

Kaliumcyanid siehe: Cyankalium.

Kaliumhydroxyd, KOH, Kalium hydricum, Kalium causticum, Ätzkali, kaustisches Kali, wird erhalten durch Eintragen von Ätzkalk in eine Lösung von Kaliumcarbonat und längeres Kochen. Der entstehende Liquor Kalii caustici wird abgezogen, eingedampft und in Stangenform gegossen (Kalium causticum fusum). Es stellt das letztere eine weiße, krystallinische Masse vom spez. Gew. 2,05 dar, die an der Luft begierig Wasser und Kohlensäure anzieht und dabei zerfließt. In Wasser ist es in der Hälfte seines Gewichtes löslich bei Zimmertemperatur, auch in Alkohol ist es leicht löslich, doch zersetzen sich die alkoholischen Lösungen bald unter Braunfärbung und Bildung von Essigsäure, Aldehyd etc. Als Normalkalilauge bezeichnet man eine Lösung von 56 *g* Kaliumhydroxyd in 1000 *ccm* Wasser.

Die Kalilauge ist ein in der Mikrotechnik sehr häufig gebrauchtes Reagens, sie hat wie alle stark alkalischen Medien (Natronlauge, Kalkwasser, Barytwasser, Ammoniak etc.) die Fähigkeit, die Kittsubstanzen zu lösen. Um aber dabei die Zellform und bis zu einem gewissen Grade auch die Zellstruktur zu erhalten, muß man die Lauge in starker Konzentration anwenden. Am besten eignet sich die von MOLESCHOTT empfohlene 32,5%ige Kalilauge: man löse 32,5 *g* Kalium causticum fusum in 67,5 *ccm* Wasser. Da die Kalilauge bei längerem Stehen durch Aufnahme von Kohlensäure leicht verdirbt, so soll man immer möglichst frische Lösungen benützen. (Näheres über ihre Anwendung siehe in dem Artikel Maceration.) Kalilauge ist ein gutes Lösungsmittel für viele Eiweißkörper, indem sie dieselben in Alkalialbuminate überführt, die im Überschuß der Lauge löslich sind, das gilt für Fibrin, Acidalbumin, Nuclein, Elastin etc. Das letztere ist in dünner Lauge unlöslich. Ganz unlöslich in Kalilauge ist das Chitin. Da die Kalilauge ein so gutes Lösungsmittel für die Eiweißkörper ist, kann sie auch als Aufhellungsmittel für tierische und pflanzliche Präparate dienen.

Kaliumhypochlorit siehe: Eau de Javelle.

Kaliumjodid siehe: Jodkalium.

Kaliummonochromat siehe: Chromsaure Salze.

Kalium-Natriumtartrat, Tartarus natronatus:

$$C_2H_2(OH)_2 \left\{ \begin{array}{l} CO.OK \\ CO.ONa \end{array} \right. + 4H_2O,$$

Seignettesalz, farblose, rhombische Säulen, die an der Luft leicht verwittern, in Wasser leicht löslich (bei 11° 40,5%), in Alkohol unlöslich sind.

Das Seignettesalz findet bekanntlich Verwendung zur Darstellung der FEHLINGschen Lösung; dieselbe wird hergestellt durch Vermischen von gleichen Volumina folgender drei Lösungen: 1. 34,639 *g* Kupfervitriol werden in 300 *ccm* Wasser gelöst und auf 500 verdünnt; 2. 60 *g* frisch geschmolzenes Natriumhydroxyd werden in 500 *ccm* Wasser gelöst; 3. 173 *g* Seignettesalz werden in 300 *ccm* Wasser gelöst und auf 500 verdünnt. Die Mischung wird immer frisch hergestellt und dient zum Nachweis von Zucker. WEIGERT setzt der zum Beizen verwendeten Kupferacetatlösung 5% Seignettesalz zu. (Näheres s. Nervenfasern [Markscheiden].)

Kaliumnitrat, KNO_3, Kalium nitricum, Salpeter, Kalisalpeter. bildet farblose, rhombische Prismen, die sich bei 15° zu 26%, bei 100° zu 247% in Wasser lösen, in Alkohol unlöslich sind. Bei höherer Temperatur ist es ein starkes Oxydationsmittel, das alle Metalle mit Ausnahme von Gold und Silber oxydiert. Die wässerige Lösung reagiert neutral und hat starke fäulniswidrige Eigenschaften.

Das Kaliumnitrat hat als Neutralsalz in der Mikrotechnik nur eine sehr geringe Verwendung gefunden, z. B. zur Vorbehandlung bei der Versilberung an Stelle von Chlornatrium oder in hochprozentiger Lösung, um Zellschrumpfungen hervorzurufen (KOLOSSOW).

Kaliumpermanganat, Kalium hypermanganicum, übermangansaures Kali, $KMnO_4$, bildet dunkelviolette, fast schwarze Prismen vom spez. Gew. 2,7, die in 16 Teilen kalten, in 3 Teilen siedenden Wassers löslich sind. Die Lösung ist purpurfarben. Kalium hypermanganicum ist eines der stärksten Oxydationsmittel. So werden Eisenoxydul- in Eisenoxydsalze bei Gegenwart von Schwefelsäure quantitativ übergeführt, ebenso Oxalsäure in Kohlendioxyd; die meisten organischen Stoffe werden zu Kohlensäure und Wasser oxydiert.

Auf seinen oxydierenden Eigenschaften beruht die Verwendung des übermangansauren Kali im chemischen Laboratorium, als Desinfektionsmittel, wobei man im Großbetriebe sich häufig des Natriumsalzes bedient, sowie in der mikroskopischen Technik. So wird es benützt, um das Unbrauchbarwerden, d. h. die Reduktion von Osmiumsäurelösungen zu verhindern (s. Osmiumsäure, auch über die Verwendung des Salzes nach der Fixation zur Entfernung aus den Schnitten).

Sowohl zur Bleichung osmierter Präparate wie zur Entfernung des Augenpigmentes verwendet PAUL MAYER das Verfahren von ALFIERI: die Schnitte kommen in eine Lösung von Kaliumpermanganat (1 : 2000), bis sie gründlich braun geworden sind, dann in eine Oxalsäurelösung 1 : 300.

Des weiteren dient es dazu, Hämatoxylinlösungen zum „Reifen" zu bringen, d. h. zu oxydieren; s. Hämatoxylin. Zum gleichen Zwecke ist es auch bei der HEIDENHAINschen Eisenalaun-Hämatoxylinmethode in Verwendung gekommen sowie von HERMANN zur Darstellung der Centralkörper benutzt worden. HENNEGUY ferner beizt 5 Minuten lang die Schnitte in einer 1%igen Lösung von übermangansaurem Kali vor der Färbung mit Anilinfarbstoffen und differenziert dann mit Alkohol. Über die weitere Verwendung des Salzes s. bei Silbermethoden, bei der Markscheiden- und Neurogliadarstellung in diesen Kapiteln, ferner bei Phosphorwolframsäure, bei der Bleichung von Celloidinschnitten durch die Chorioidea sowie bei der Darstellung der Corneafasern beim Auge, bei der LUSTGARTENschen Färbung der Smegmabacillen bei Syphilisbacillen. Das Kaliumpermanganat dient auch als Reagens auf Verholzung. (Näheres s. Zellmembranen, pflanzliche).

Literatur: HENNEGUY (Journ. de l'Anat. Physiol., 27. Jg., 1891), MAYER (Zeitschr. Wiss. Mikr., Bd. 24. 1907). *Mosse,* Berlin.

Kaliumquecksilberjodid ist eine Lösung von Quecksilberjodid und Jodkalium in Wasser, die als Einschluß- und als Quellungsmittel zuerst von STEPHENSON und DIPPEL Verwendung gefunden hat. Die Vorschrift der Darstellung ist bei den Autoren verschieden. STEPHENSON setzt beide Salze im Überschuß zu, so daß ein Teil von ihnen nicht in Lösung geht. Die so erhaltene Flüssigkeit hat dann ein spez. Gew. von 3,02 und einen Refraktionsindex = 1,68; niedrigere Indices werden durch Verdünnen mit Wasser erhalten. Nach LEE sind diese Lösungen für permanente Präparate nicht verwendbar.

BEHRENS nimmt 65 *g* Quecksilberjodid, 50 *g* Jodkalium, 25 *ccm* Wasser; der Index der filtrierten Lösung ist 1,712. Statt der wässerigen Lösung verwendet AMANN eine Lösung in heißem wasserfreien Glycerin; die sehr dickflüssige Lösung hat einen Index von 1,78—1,80. AMANN verwendet als Verschlußlack entweder Bernsteinlack oder besten Dammarlack mit 2% gekochtem Leinöl versetzt.

KAIN macht auf die Giftigkeit des Präparates aufmerksam; außerdem könne es leicht Immersionssysteme verderben.

Literatur: AMANN (Zeitschr. Wiss. Mikr., Bd. 13, 1896), DIPPEL (Bot. Centralbl., Bd. 11, 1882 und Zeitschr. Wiss. Mikr., Bd. 1, 1884), KAIN (Journ. R. Micr. Soc., Bd. 4, 1884), LEE-MAYER (Technik, 3. Aufl.), STEPHENSON (Journ. R. Micr. Soc., Bd. 2, 1882).

Mosse, Berlin.

Kaliumrhodanat, CN.SK, Schwefelcyankalium, Rhodankalium. Farblose, hygroskopische Krystalle, die sich in Wasser unter starker Abkühlung mit neutraler Reaktion in jedem Verhältnis lösen. Auch in Alkohol leicht löslich, Salpetersäure, Wasserstoffsuperoxyd, Chlor und andere Oxydantien färben konzentrierte Lösungen rot, Eisenoxydsalzlösungen färben sie blutrot. Im Überschuß zur Goldchloridlösung zugesetzt bewirkt es eine gelbe Fällung von Rhodangold—Rhodankalium, das zur Vergoldung benutzt wird.

Von STIRLING ist eine 10%ige wässerige Rhodankaliumlösung als Macerationsmittel für Epithelzellen empfohlen worden.

Kaliumsulfid, Kalium sulfuratum, Hepar sulfuris. Die Schwefelleber der Pharmakopoe ist ein Gemisch verschiedener Polysulfide (K_2S_3, K_2S_5) mit Kaliumthiosulfat und Kaliumsulfat, welches entsteht beim Zusammenschmelzen von Kaliumcarbonat und Schwefel. Rotgelbe Masse, die sich in 2 Teilen Wasser löst, in Alkohol wenig löslich. Säuren zersetzen die Schwefelleber unter Bildung von Schwefelwasserstoff.

MARCHESINI behandelt Nerven mehrere Monate mit MÜLLERscher Flüssigkeit, wäscht dann in destilliertem Wasser, überträgt zunächst für 24 Stunden in 1%ige Sublimatlösung, dann in 1%ige Lösung von Kaliumsulfid für 12 Stunden und schließlich für die gleiche Zeit in $^1/_2$%ige Osmiumsäure. Die zerzupften und in Glycerin eingeschlossenen Nervenfasern zeigen eine eigentümliche Querbänderung des Achsencylinders.

Literatur: MARCHESINI (Anat. Anz., Bd. 12, 1896).

Kaliumsulfit, K_2SO_3, Kalium sulfurosum, bildet ein weißes Pulver, das in Wasser leicht löslich ist. Säuren machen aus den wässerigen Lösungen schweflige Säure frei, die sofort in Wasser und Schwefeldioxyd zerfällt. Bei längerem Stehen geht das Kaliumsulfit nach und nach in Kaliumsulfat über.

K a l k siehe: Calciumverbindungen und Verkalkung.

K a l k s c h w ä m m e siehe: Coelenteraten.

Kalkwasser. Als Kalkwasser bezeichnet man eine wässerige Lösung von Calciumhydroxyd: $Ca(OH)_2$. Dieselbe wird hergestellt, indem man 1 Teil gebrannten Kalk, Calciumoxyd, CaO mit 1 Teil Wasser anrührt und wartet, bis er vollständig zu Pulver zerfallen ist. Dann verrührt man mit 50 Teilen Wasser, wartet einige Zeit, gießt die trübe Flüssigkeit ab und rührt den Bodensatz wiederum mit 50 Teilen Wasser an. Man verwahrt in gut schließender Flasche und benutzt die nach 24 Stunden über dem ungelösten Bodensatz stehende klare Flüssigkeit. Man erhält so eine alkalisch reagierende Flüssigkeit, welche bei Zimmertemperatur ungefähr 0,18% Calciumhydroxyd enthält. Da das Kalkwasser begierig aus der Luft Kohlensäure anzieht, soll es in gut verschlossenen und möglichst gefüllten Flaschen aufbewahrt werden.

Kalkwasser bildet ein geschätztes Macerationsmittel für Bindegewebe, vor allem für Sehnen. Läßt man Haut einige Zeit in ihm liegen, so kann man die Epidermis leicht abziehen.

Kammer, feuchte siehe: Lebendes und überlebendes Objekt.

Kammerwasser siehe: Humor aqueus.

Kaninchensepticämiebacillus, Bacterium cuniculicidum.

Färbt sich leicht mit der gebräuchlichen wässerigen Lösung der basischen Anilinfarbstoffe. Nach der GRAMschen Methode werden die Bacillen der Kaninchensepticämie entfärbt. Schnittpräparate behandelt man nach den bekannten Methoden.

Künnemann, Hannover.

Kanülen siehe: Injektion.

Kautschuk, Gummi elasticum, wird gewonnen aus dem Milchsaft vieler amerikanischer, indischer und afrikanischer Euphorbiaceen und Apocyneen. Er bildet eine weiße, amorphe Masse, die in Wasser und Alkohol unlöslich, in Chloroform, Benzol, Äther, Schwefelkohlenstoff teilweise löslich ist. Um eine vollkommene Lösung zu erhalten, läßt man Kautschuk am besten in Schwefelkohlenstoff quellen und fügt dann 10% absoluten Alkohol zu. Auch Terpentinöl löst den Kautschuk vollständig, doch müssen beide dann absolut wasserfrei sein (den letzteren trocknet man eine Woche lang über Schwefelsäure, das erstere schüttelt man mit 10% seines Gewichtes an englischer Schwefelsäure oder Chlorcalcium). In der Technik wird der Kautschuk, nachdem er gereinigt ist, mit Schwefel zusammengebracht, meist bei höherer Temperatur „vulkanisiert" und dann zu Schläuchen, Pfropfen etc. verarbeitet. Zum Aufbewahren der in der Mikrotechnik ja so häufig verwendeten Kautschukschläuche, -ballons etc. empfiehlt sich ein großes Glasgefäß, das in seinem Inneren ein kleines offenes Reservoir mit Petroleum hat. Hart und brüchig gewordene Kautschukschläuche setzt man zunächst Schwefelkohlenstoffdämpfen aus, erweicht sie dadurch und bringt sie dann in das oben erwähnte Gefäß.

Kautschuk ist ein Bestandteil vieler Kitte. So besteht z. B. der von FREY angegebene Kitt, der sich zum Kitten von Glas sehr gut eignet, aus 1 *g* Kautschuk und 10 *g* Mastix gelöst in 40 *ccm* Chloroform. Ein ähnlicher Kitt ist auch von MILLER angegeben worden. Durch Zusammenschmelzen von Kautschuk (alte Schläuche) und Paraffin erhält man ebenfalls einen vorzüglichen Verschlußkitt für Präparatengläser. Eine Lösung von Kautschuk in Schwefelkohlenstoff ist von FRANÇOIS-FRANCK als Injektionsmasse empfohlen worden.

Kehlkopf und **Trachea.** Zur Fixation von Kehlkopf und Trachea eignen sich neben absolutem Alkohol besonders Sublimat und Sublimatgemische, wie Pikrinsublimatessigsäure und ZENKERsche Flüssigkeit. GAULT und PRENAUT empfehlen zur Fixation die BOUINsche Flüssigkeit (Formalin 5, konz. wäss. Pikrinsäure 15, Eisessig 1). Man kann beide auch bei größeren Tieren in toto fixieren, muß aber darauf achten, daß sich keine Luftblasen z. B. an den Stimmbändern oder im Ventriculus Morgagni fangen und das Eindringen der Fixationslösung verhindern. Hat man die Wahl, so verwende man möglichst junge Tiere. Bei älteren Tieren muß man immer mit Kalkablagerungen und Verknöcherung rechnen und deshalb für einige Tage in eine Entkalkungsflüssigkeit übertragen.

Als Übersichtsschnitte empfehlen sich bei kleineren Tieren Frontalschnitte durch den ganzen Kehlkopf. Die Paraffineinbettung muß sehr sorgfältig geschehen, da sich das submuköse Gewebe schwer durchtränkt und dann beim Schneiden die Knorpel sehr störende Faltungen zeigen.

Von Färbungen empfiehlt sich vor allem die VAN GIESON-Färbung, welche Epithel, Bindegewebe, Drüsen, Knorpel und Muskulatur vorzüglich different darstellt. Daneben leistet die WEIGERTsche elastische Färbung kombiniert mit Pikrofuchsin und die verschiedenen Schleimfärbungsmethoden noch gute Dienste.

FUCHS-WOLFRING empfiehlt Hämatoxylin mit Congonachfärbung für das Studium der Drüsen, PRENANT Färbung mit Eisenhämatoxylin, Eosin und Lichtgrün zur Untersuchung des Epithels. Zur makroskopischen Differenzierung des Epithels kann die Methode von ZILLIACUS herangezogen werden (s. Flimmerepithel).

Literatur: FUCHS-WOLFRING (Arch. Mikr. Anat., Bd. 52, 1898), GAULT (C. R. Soc. Biol. Paris, 1905), PRENANT (Ebenda. 1907).

Keimscheiben, siehe: Embryologische Methoden.

Keimung von Pflanzensamen. Große Samen, zumal von Leguminosen, werden zweckmäßig nicht zu lange zuerst in Wasser in flachen Schalen eingeweicht, z. B. die Saubohnen, Vicia Faba, im Winter nicht mehr als 24 Stunden, im Sommer nicht über 12 Stunden, Erbsen, Pisum, nicht über 4 Stunden, ebensolange Kürbissamen. Sie werden dann in eine nicht zu flache, ziemlich warm stehende Holzkiste ausgesäet, die mit stark angefeuchteten, gut zerriebenen lockeren Sägespänen angefüllt ist, und fingerbreit ebenso zugedeckt; darüber wird noch ein Holzdeckel gelegt. So haben Saubohnen und Kürbissamen nach etwa 4 Tagen, Erbsen nach 2—3 Tagen ziemlich lange Wurzeln. Kleine Samen legt man zur Keimung zwischen feuchtes Fließpapier in zugedeckten Glasschalen aus.

Magnus, Berlin.

Keratine siehe: Zellchemie.

Keratohyalin siehe: Haut.

Kernchemie siehe unter Zellchemie.

Kernkörperchen siehe: Nucleolen.

Kernschwarz. Ein von PLATNER empfohlener Farbstoff unbekannter Zusammensetzung, es soll eine Metallbase gebunden an eine organische Säure sein (nach P. MAYER ist es eine Eisentinte). Es ist nur in Lösung zu beziehen. Die verdünnte Lösung färbt nur Kerne und Achsencylinder, die konzentrierte auch das Protoplasma, Bindegewebe und Markscheide. Zum Differenzieren dienen Alkalien oder saurer Alkohol. LEE benutzt auch das Kernschwarz als Plasmafarbstoff, er färbt Flemmingschnitte 2 Stunden in Kernschwarz, differenziert 2 Minuten in verdünntem Lithiumcarbonat, färbt dann in konzentrierter wässeriger Lösung von Viktoriablau, dann Differenzieren in Alkohol, Öl, Balsam.

Kernteilung, tierische. Zum Studium von Kernteilungsfiguren eignen sich vor allen Dingen die Gewebe von Embryonen oder jungen, kräftig wachsenden Tieren. Das klassische Material bilden in dieser Beziehung die Larven von Salamandra maculata oder von anderen caudaten Amphibien, wie Triton oder Siredon. Gibt man den im Mai eingefangenen, trächtigen Weibchen von Salamandra in einem geräumigen Terrarium Gelegenheit, in frisches, womöglich fließendes Wasser zu gehen, so werden sehr bald die Larven in größerer Anzahl abgesetzt. Man isoliert dieselben bald nach dem Absetzen in weißen Porzellanschalen und füttert sie am besten nach HÄCKER mit Tubifex oder, wenn sie schon etwas größer sind, mit kleinen Regenwürmern. Auch Daphnien eignen sich nach unserer Erfahrung vorzüglich als Futter.

Will man möglichst zahlreiche Mitosen haben, so läßt man die Larven erst einige Tage hungern und füttert sie dann reichlich. Am vierten Tage nach der Fütterung werden sie getötet (HÄCKER). Das letztere geschieht einfach durch Einlegen in FLEMMINGsche Flüssigkeit. Nachdem die Tierchen abgestorben sind, wird der Bauch aufgeschnitten, die Eingeweide vorsichtig hervorgezerrt und die Tiere wiederum für mehrere Tage, eventuell auch Wochen und Monate in dieselbe Flüssigkeit eingelegt.

Von anderen Fixationsflüssigkeiten kommen noch in Betracht $^1/_{10}$—$^1/_8$%iges wässeriges Platinchlorid für 24 Stunden (RABL), Platinchlorid-Osmiumsäure (16 Teile 1%iges Platinchlorid und 4 Teile 2%ige Osmiumsäure) 24 Stunden lang (VAN DER STRICHT), HERMANNsche Flüssigkeit mehrere Tage lang, ZENKERsche Flüssigkeit 6—12 Stunden.

Diejenigen Teile der Larve, welche die meisten Mitosen enthalten und sich am besten zur Untersuchung eignen, sind die Epidermis, die Lungen, die Mundbodenplatte oder die Kiemenblättchen, feine Knorpelblättchen und das parietale Bauchfell.

Die Epidermis kann man an den fixierten und ausgewaschenen Larven leicht mit einer Pinzette abziehen. Störend wirkt hier das Pigment, das jedoch, wenn man in der oben angegebenen Weise verfährt und die Larven in einer weißen Porzellanschale und an einem warmen Ort hält, sich möglichst reduziert. Noch besser eignet sich die Cornea, die man eben so leicht mit dem Rasiermesser oder der Pinzette entfernen kann. Zur Färbung der Epidermisfetzen nimmt man am besten Hämatoxylin.

Von den Lungen sucht man die heraus, deren Wandungen möglichst eben und glatt aufeinanderliegen, schneidet sie heraus und kerbt mit einem scharfen Skalpell beiderseits ein schmales Streifchen des Lungenrandes ab. Man kann dann die beiden Flächen als dünne Häutchen voneinander abziehen und färben (Flemming). Will man ungefärbt konservieren, so hebt man in einer Mischung von gleichen Teilen Wasser, Alkohol und Glycerin auf, in der das Material noch lange färbbar bleibt.

Auch die Kiemenblättchen ergeben sehr schöne Präparate, sie sind außerordentlich dünn, liegen im Innern der Mundhöhle und sitzen den Kiemenknorpelleisten auf.

Die Mundbodenplatte kann man nach Entfernung des Oberkiefers umschneiden und mit der Pinzette abziehen.

Aber auch, wenn man die ganzen Larven in Paraffin einbettet und in Schnittserien zerlegt, wird man in fast allen Organen zahlreiche Mitosen finden. Färbung mit Safranin oder mit Eisenhämatoxylin oder nach der Flemmingschen Dreifachfärbung, oder (für Zenkermaterial) nach der Ehrlich-Biondischen Dreifachfärbung.

Ein anderes viel benutztes Objekt zum Studium der Zellteilung ist der Hoden der erwachsenen Salamandra. (Näheres darüber siehe bei Hoden.)

Um Totalpräparate von Säugetiermitosen zu erhalten, empfiehlt Solger das Amnion der Ratte (Fixation in Pikrinsäure), Bianchi das Amnion der Maus. Beide geben ein ganz vorzügliches Material ab. Wir fixieren die Embryonen (8—15 *mm* Länge) in dem unverletzten Amnion 6—8 Stunden in Zenker oder Sublimatessigsäure, waschen in Wasser aus und übertragen in 20%igen Alkohol. Wenn das Präparat stufenweise im 70%igen Alkohol angelangt und jodiert ist, können Stücke vom Amnion herausgeschnitten und in beliebiger Weise gefärbt werden.

Für Schnittpräparate bietet der Darm der weißen Maus in seinen oberen Abschnitten ein recht gutes Objekt. Hier finden sich immer bei gut gefütterten Tieren in den Lieberkühnschen Krypten zahlreiche Mitosen. Fixation in Hermann, Flemming, Zenker oder Bichromat-Essigsäure nach Tellyesniczky.

Von Wirbellosen empfiehlt Löwenberg den Mitteldarm von Helix pomatia. Man nehme die Tiere im Frühjahr vorzeitig aus dem Winterschlaf, halte sie einige Tage im Arbeitszimmer, entferne den Deckel und füttere die Tiere nach dem Hervorkommen reichlich mit Kohlblättern. Drei Tage nach der Fütterung werden die Tiere getötet und mit Flemming fixiert.

Über die Mitosen in den befruchteten Eiern von Ascaris und Cyclops vergleiche man die Artikel Würmer und Arthropoden.

Literatur: Flemming (Arch. Mikr. Anat., Bd. 37, 1891), Häcker (Praxis und Theorie der Zellen- und Befruchtungslehre, Jena 1899). Hermann (Arch. Mikr. Anat., Bd. 37. 1891), Löwenberg (Verh. Biol. Ver. Stockholm. Bd. 4. 1892), Rabl (Anat. Anz., Bd. 4, 1889), Solger (Arch. Mikr. Anat., Bd. 33, 1889).

Kernteilung, pflanzliche. Vergleiche für einzelne Familien: Von Schizophycäen: Beggiatoa, für Bacterien: Cyanophycäen, Actynomyces, für Algen: Chlorophycäen, Conjugaten, Diatomeen, Characeen, Rhodophyceen, Meeresalgen, Moose (bei Centrosomen und Plasmaverbindungen), Myxomyceten, Pilze, Hefe, Coniferen.

Zur Lebendbeobachtung der Kernteilung bei höheren Pflanzen (bei niederen vgl. Spirogyra) ist das am gewöhnlichsten benutzte Objekt Haare junger Filamente der Blüten von Tradescantia virginica oder einer anderen Species. „Wir nehmen Blütenknospen zur Untersuchung, die ohne Stiel 5—6 *mm* Höhe messen. Wir öffnen diese Blüten und reißen zunächst mit einer feinen Pinzette die Anthere von dem Filament ab. Hierauf führen wir mit dem Skalpell einen Schnitt quer unter der Insertion des Fruchtknotens und der Filamente und heben diesen ganzen Teil aus der Blütenknospe heraus. Wir legen ihn in einen Tropfen 3%iger Zuckerlösung und befreien unter dem Simplex mit Nadeln die Filamente. Der Fruchtknoten sowie etwaige Teile des Blütenbodens werden aus dem Präparat entfernt.“ In der feuchten Kammer, wo die Haare $^1/_2$ Tag oder darüber in entwicklungsfähigem Zustand bleiben, muß der Tropfen möglichst flach ausgebreitet werden. $1^1/_2$ Stunden nach Beginn des Auseinanderweichens ist bei mittlerer Zimmertemperatur die Bildung der Tochterkerne vollendet (STRASBURGER, 1897). Als Beobachtungsflüssigkeit kann auch Hühnereiweiß dienen. Weiter sind geeignet die Ovula einiger Orchideen (TREUB), von einheimischen zum Beispiel Epipactis palustris, Gymnadenia conopea, weiter Monotropa hypopytis in 5%iger Zuckerlösung, wo auch die doppelte Befruchtung im Leben zu beobachten ist (STRASBURGER, 1900). Sehr geeignet, allerdings noch besser auf Mikrotomschnitten, sind auch Pollenmutterzellen von Larix, Liliaceen, z. B. Fritillaria, Lilium, weiter Helleborus, doch treten hier wie bei den oben erwähnten Objekten die Einzelheiten zumal der chromatischen Bestandteile bei Zusatz von Methylgrünessigsäure schärfer hervor. (In 1—2%iger Essigsäure wird soviel Methylgrün gelöst, daß die Flüssigkeit tief blaugrün erscheint [STRASBURGER, 1897].) So dient dieselbe überhaupt zur schnellen Orientierung über die Objekte, die für die eigentliche Fixierung (siehe unten) geeignet sind. Für Versuche über die Abhängigkeit der Kernteilung von äußeren Einflüssen: Temperatur, Gase, Anästhetica und ihrer relativen Unabhängigkeit vom übrigen Plasma haben sich Tradescantiahaare am besten bewährt (vgl. auch Conjugaten: Erzeugung kernloser Zellen). Die Beobachtung geschieht in einer feuchten Kammer, die die Durchleitung von Gasen ermöglicht, z. B. der ENGELMANNschen (DEMOOR). Die bisherigen Beobachtungen am lebenden Objekt sind am besten zusammengestellt bei ZACHARIAS, 1902.

Fixierung. Beim Konservieren pflanzlicher Organe hat man sich stets die typische Beschaffenheit pflanzlicher Zellen vor Augen zu halten. Ein relativ dünner Plasmamantel wird eingeschlossen von der festen elastischen Zellhaut und umschließt den meist beträchtlichen Zellsaft, der durch seinen hohen osmotischen Druck die Zellwände straff hält und so zum größten Teil die Festigkeit der krautigen Organe bedingt. Jede Schädigung des Protoplasten, resp. sein langsames Absterben nimmt ihm die Fähigkeit, den Durchtritt des Zellsaftes zu verhindern, es treten Contractionen ein und zugleich Schrumpfungen der ganzen Pflanze, wie aber zumal der Protoplasten bis zur Unkenntlichkeit (vgl. Plasmolyse). Es handelt sich also bei der Fixierung pflanzlicher Gewebe in erster Linie darum, ein möglichst schnell tötendes Mittel anzuwenden, um eine Gerinnung der Protoplasten hervorzurufen, ehe eine Contraction stattgefunden hat. Dennoch läßt sich oft bei einer sonst völlig befriedigenden Fixierung eine geringe Loslösung des Protoplasten von der Zellwand nicht vermeiden. Die Zellwände, zumal aber die cuticularisierte Epidermis und Kork, setzen dem Eindringen der Fixierungsflüssigkeit einen erheblichen Widerstand entgegen. Es empfiehlt sich dann die Fixierung in etwas stärkerer Konzentration anzuwenden, also z. B. starke FLEMMINGsche Lösung zu wählen, wobei dann allerdings oft die äußersten Zellen zu starke Einwirkung erfahren. (Über „peripherische“ Wirkung siehe Fixation pag. 465.) Ähnlich ist es auch, wenn es sich um die gute Konservierung nicht frei zu präparierender Organe handelt, z. B. des Embryosacks in vielen Samenknospen. Man erhält bei Anwendung stärker wirkender Fixierungsmittel dann von diesem oft sehr gute Bilder, während die Zellen des Nucellargewebes schlecht fixiert sind, wobei allerdings auch der große Unterschied des Plasmagehaltes von Bedeutung sein kann. In anderen Fällen kann ohne Schaden die Epidermis abpräpariert werden. Überhaupt ist anzuraten, mit möglichst kleinen Stücken zu operieren, falls nicht etwa, wie z. B. beim Studium der Fibrillen in Wurzelspitzen, der sich sehr schnell verbreitende Wundreiz störende Veränderungen im Objekt hervorruft. So kann gröbere Präparation bis zum Übertritt von Zellkernen in die Nachbarzellen führen (MIEHE).

Weiter ist zu bedenken, daß ein großer Teil pflanzlicher Gewebe mit luftführenden Intercellularen durchzogen ist, die das Eindringen der Fixierungsflüssigkeit erschweren. In solchen Fällen wird eine vorsichtige Benutzung der Luftpumpe von Wert sein.

Handelt es sich nur um ein Konservieren, sei es zu makroskopischen Zwecken, sei es zum Studium der Zellgerüste (der Zellmembran), so ist das gebräuchlichste und bestbewährte Mittel 96%iger Alkohol (oder, wenn nicht allzugroße Schrumpfung zu befürchten ist, Alcoh. absol.). Die starke Bräunung gewisser Pflanzen (Monotropa, Pyrola) wird vermieden durch Zusatz von schwefliger Säure zum Alkohol, der nach 24 Stunden mit reinem Alkohol gewechselt wird (OVERTON). Um die so gehärteten Objekte, die meist bröcklig werden, leichter schneiden zu können, werden sie vorteilhaft vorher 1 Tag in eine Mischung von $^1/_2$ Glycerin und $^1/_2$ Alkohol gebracht. — In neuerer Zeit wird auch Formol 4% (1:10 der käuflichen Lösung) anscheinend mit Erfolg zur gröberen Konservierung in Anwendung gebracht. — Für die Fixierung zu feineren cytologischen Untersuchungen sind ziemlich alle auf tierischem Gebiet gebrauchte Methoden erprobt worden, auch einzelne ausschließlich für pflanzliche Gewebe vorgeschlagen worden. Dennoch besitzen eigentlich nur sehr wenige eine allgemeine Verwendbarkeit. Systematisch wurden die Fixierungsgemische für die Wurzelspitzen der Nebenwurzel von Vicia faba von WASIELEWSKI untersucht und ihre Brauchbarkeit etwa entsprechend der Häufigkeit ihrer Anwendung gefunden. Der vielfach verwendete Alkohol ist eigentlich nur brauchbar für feinere Untersuchungen über die Zellmembran (siehe diese) und gibt sonst, oft wohl zumeist durch den starken Wasserentzug, verzerrte Bilder, bietet aber durch sein leichtes und schnelles Eindringen bei der Fixation notwendig großer Stücke nicht zu unterschätzende Vorteile, ebenso durch die Einfachheit der Weiterbehandlung.

Die FLEMMINGsche Flüssigkeit hat für cytologische Studien eine so weite Verbreitung gefunden, daß mit Recht gesagt werden konnte, man beurteile die Güte der Fixierungsflüssigkeit nach der Ähnlichkeit mit den Resultaten der FLEMMINGschen und daß auf ihr beinahe unsere ganze Mitosenforschung beruhe. Sie wird für pflanzliche Zwecke in folgenden Zusammensetzungen gebraucht. Ähnlich dem von FLEMMING angegebenen starken Gemisch: 1%ige Chromsäure 16 *ccm*, 2%ige Osmiumsäure 3 *ccm*, Eisessig 1 *ccm* angegeben (MOTTIER) zur Fixierung der Pollenmutterzellen und für viele andere Objekte (STRASBURGERs Institut, Bonn). Bei der Fixierung der Wurzelspitzen erhielt HOF mit starkem Gemisch gute Resultate, nur waren die achromatischen Figuren verquollen. Dis besten Resultate erhielt er mit folgender Mischung: 1%ige Chromsäure 15 *ccm*, 2%ige Osmiumsäure 2 *ccm*, Eisessig 1 *ccm*, destilliertes Wasser 18 *ccm*. Sie hat sich auch sonst im Bonner Institut bei leicht zu durchtränkenden Objekten bewährt, bei Meeresalgen wird statt Wasser Meerwasser verwandt. Die schwache FLEMMINGsche Flüssigkeit: 1%ige Chromsäure 10 *ccm*, 1%ige Osmiumsäure 4 *ccm*, 1%ige Essigsäure 4 *ccm*, Wasser 22 *ccm* wird meist nur für Pilze gebraucht. Mit ungefähr gleich gutem Erfolg wird daneben das teuerere HERMANNsche Gemisch und, wenn Osmiumsäureschwärzung vermieden werden soll, das MERKELsche Gemisch angewandt. Durch Osmium geschwärzte Präparate und auch sonst alle mit Osmiumsäure fixierten Objekte kommen vor der Färbung für etwa $^1/_2$ Stunde in eine Mischung von 4 Vol. 70%igen Alkohol + 1 Vol. Wasserstoffsuperoxyd, das die Färbung, wenn nicht bessert, so doch jedenfalls nicht ungünstig beeinflußt. Auch warmes Xylol oder Terpentinöl entfernt die Osmiumschwärzung. — Ein Nachteil der Fixierung liegt in der schlechten Konservierung der Zellmembrane, die oft stark verquellen. — Plasma und Zellgerüst werden durch Sublimatgemische gut erhalten, deren allgemeiner Verwendbarkeit ihr schweres Eindringen entgegensteht, so daß bei ihrem Gebrauch besonders auf kleine Stücke zu achten ist, eventuell auch die Fixation unter der Luftpumpe vorgenommen werden muß. Von ROSEN wird die von KEISER angegebene Sublimateisessigmischung als brauchbar angegeben. 10 *g* Sublimat, 300 *g* destilliertes Wasser, 3 *g* Eisessig. Gute Resultate besonders bei nachfolgender Färbung mit Fuchsin-Jodgrün. Speziell für Farne gibt ROSEN Carnoymischung: 6 Vol. Alkohol, 1 Vol. Essigsäure, 3 Vol. Chloroform an. Auch HEIDENHAINS 0,5%ige Kochsalzlösung, mit Sublimat gesättigt, wird mit Vorteil gebraucht. In gewissen Fällen (Fibrillen und auch Kernteilung) hat sich eine Modifikation der KLEINENBERGschen Pikrinschwefelsäure bewährt (siehe Fibrillen).

Kann auch hier nicht näher darauf eingegangen werden, inwieweit die durch Fixierung erhaltenen Bilder den lebenden Formen entsprechen, sollen doch gewisse gerade häufig bei Pflanzen auftretende Kunstprodukte Erwähnung finden. Besonders charakteristisch ist das sogenannte Sichelstadium des Nucleolus. Vielfach zeigt sich in Sexualzellen in der der Chromosomenreduktion vorhergehenden Kernveränderung (Synapsis) der Nucleolus allein oder neben einem anderen gewöhnlichen Nucleolus kugelschalenartig an der Peripherie des Kerns ausgebreitet. Daß es sich hierbei um ein Kunstprodukt (STRASBURGER, 1895, contra ZIMMERMANN) handelt, ist jüngst gezeigt worden. Werden Wurzelspitzen von Zwiebeln, die sonst diese Erscheinung niemals zeigen, fixiert in absolutem Alkohol 95 *ccm*, Chloroform 5 *ccm*, Eisessig 1 *ccm*, 1%ige Chromsäure 1 *ccm*, so sind viele Nucleolen der äußeren Schichten halbkugelartig nach der inneren Peripherie des Kernes gedrängt, ebenso wie auch oft die Hauptmasse des Chromatins (SCHAFFNER). Letzteres Kunstprodukt tritt auch sonst häufiger auf. — Die Größe der Kernvacuole, in der der Nucleolus liegt, hängt nach WASIELEWSKI bei gleichem Objekt (Wurzeln von Vicia faba) hauptsächlich von der Art des Fixierungsmittels ab; eine große Vacuole liefert Sublimat und insbesondere die Salpetersäure enthaltenden Gemische. Dagegen ist dieselbe ganz oder fast ganz verschwunden bei Pikrinsäure, Chromosmiumsäure usw. Die meisten Fixierungsflüssigkeiten halten zwischen diesen Extremen die Mitte. Auch die Struktur des Zellplasmas, ob mehr körnig, fädig oder vacuolig, scheint ganz von dem gebrauchten Fixierungsmittel abzuhängen. Über Centrosomen vergleiche das unter diesem Artikel Gesagte, außerdem FISCHER.

Als geeignete Objekte für Kernteilung im allgemeinen sind folgende zu empfehlen:

Wurzelspitzenlängsschnitte von Keimpflanzen (siehe Keimung) von Vicia faba (Kernteilung hauptsächlich von 11—1 Uhr vormittags), die dünnen Nebenwurzeln sind leichter als die dicke Hauptwurzel zu fixieren, Podophyllum peltatum, Allium cepa, Hyacinthus orientalis, alle mit langen Chromosomen. Für einzelne Stadien: für Längsspaltung der Chromosome, ebenso für ihr Auseinanderweichen: die erwähnten Vicia faba-Wurzeln, für Kernfaden mit „geldrollen“artigen Chromatinkörnern: Embryosack der Liliaceen, für Zerfall in Chromosome: Wurzeln von Allium cepa, für Reduktionsteilung, X- und ◇-förmige Chromosome: Pollenmutterzellen von Tradescantia und anderen Liliaceen, für das Wiederauftreten des Nucleolus: Wurzeln von Zea Mays. Strukturveränderung des Chromatins infolge von Reizung: Droseratentakel (ROSENBERG, HUIE), Orchideenwurzeln (Neottia) mit endotropher Mycorrhiza (W. MAGNUS).

Über die Untersuchungsmethoden durch Differenzieren der einzelnen Bestandteile, durch Verdauen und Härten siehe Zellchemie (vgl. auch Conjugaten).

Färbung. Ebenso wie für die Fixierung sind auch zum Färben der Pflanzenzellen ziemlich alle Methoden der tierischen Histologie zur Anwendung gekommen, doch sind es auch hier nur relativ wenige, welche allgemeiner benutzt werden. Fast ganz scheiden die Stückfärbungen, das Durchfärben der ganzen Objekte, aus, da die pflanzliche Membran teils die Farbe selbst beim Eindringen speichert, teils ihr überhaupt den Eintritt verwehrt. Empfohlen wird Paracarmin nach Härtung in Alkohol von 60% für Wurzelspitzen von Allium, Solanum etc. Nach Fixierung mit Chromsäuregemischen gelingt schwer eine Färbung mit Boraxcarmin (NEMEC). — Der FLEMMINGschen Fixierung läßt man mit bestem Erfolg die FLEMMINGsche Dreifachfärbung folgen, die bei richtiger Anwendung eine sehr feine Differenzierung der einzelnen Strukturbestandteile hervorruft, wenn auch gerade sie durch ihre Launenhaftigkeit wenig geeignet ist, aus den Farbentönen selber Schlüsse zu ziehen, z. B. aus Violettfärbung auf ruhendes Chromatin oder aus Rotfärbung auf Nucleolarsubstanz. Ist die Färbung „gut“ gelungen, so sollen sein: Gerüst der ruhenden Kerne violett, Nucleolen rot, Chromosomen rot, Plasma matt gräulichbraun, Spindelfasern (Kinoplasma) im Gegensatz hierzu hellblau (bei vielen Objekten jedoch nicht zu erzielen, am besten bei Liliaceen), Polkappen dunkelgrau. Die Färbung hat im Bonner botanischen Institut (STRASBURGER) folgende Ausarbeitung gefunden: Die Objektträger mit den entparafinierten Präparaten kommen für etwa 12 Stunden (1 Nacht) — es genügen auch manchmal 1—2 Stunden — in eine 1%ige Lösung von Safranin (GRÜBLER spirit. lösl.) in Alcoh. abs., der durch das gleiche Volumen Wasser verdünnt ist. Hierzu werden einige Tropfen Anilinwasser gefügt. Nach Abspülen mit Wasser wird mit sehr schwach salzsaurem ($^1/_{10}$%) 70%igen Alkohol schnell differenziert und in absolutem Alkohol ausgewaschen. Das Präparat enthält jetzt vorteilhaft noch mehr Safranin, als die endgültige Färbung haben soll. Der Alkohol wird in Wasser abgespült und die Schnitte in konzentrierte wässerige Gentianaviolettlösung übertragen, in der sie $^1/_2$—5 Minuten, meist 2 bleiben. Es richtet sich dies ganz nach dem Objekt und wechselt bei nahe verwandten Pflanzen. Die Objekte werden abgespült mit noch gerade rötlich erscheinender Orange G-Lösung (etwa 1 *ccm* konzentriert plus 5 *ccm* destillierten Wassers), 10 Sekunden bis 1 Minute oder auch länger, mit absolutem Alkohol ausgewachen, bis keine groben Gentianaflocken herausgehen, dann in Nelkenöl so lange differenziert und unter dem Mikroskop kontrolliert, bis die gewünschte Tönung erzielt ist, schließlich in Canadabalsam eingebettet. — Wird die FLEMMINGsche Färbung nach anderer als FLEMMINGscher Fixierung oder ähnlichen Gemischen gebraucht, besonders nach Alkoholfixierung, sollte der Färbung eine 24stündige Beize mit durch Oxydation gebräunter 1%iger Chromsäure vorausgehen, dann etwa 2 Stunden mit Wasser auswaschen, eventuell muß mit Alkohol nachgehärtet werden.

Besonders nach Fixierung mit Sublimatgemischen wird, namentlich zur scharfen Hervorhebung der Nucleolen, Fuchsin-Jodgrün gebraucht. Die Präparate kommen zunächst für etwa 8 Minuten in ein frisch bereitetes Gemisch von 1 Vol. konzentrierter wässeriger Fuchsinlösung + 9 Vol. 0,1%iger wässeriger Jodgrünlösung. Sie werden ausgewaschen in einem Gemisch von 100 *ccm* absoluten Alkohols + 1 *ccm* Eisessig + 0,1 *g* Jod, ohne vorheriges Auswaschen in reinem Alkohol direkt mit Xylol aufgehellt, schließlich in Canadabalsam eingeschlossen. Die Resultate sind nicht sehr zuverlässig, bei zu kurzem Verweilen der Farblösung ist nur der grüne Farbstoff eingelagert, bei längerem Verweilen erscheint dagegen die scharf differenzierte Doppelfärbung, bei sehr langer Tinktion geht schließlich die grüne Färbung immer mehr in Violett und Rotviolett über (ZIMMERMANN). Öfters angewendet wird auch die BIONDIsche Färbung. Noch nicht recht erprobt ist die ROMANOWSKYsche Eosin-Methylenblaufärbung (siehe Blut und Blutparasiten). Von unter Umständen zu empfehlenden Hämatoxylinlösungen kommen außer dem HEIDENHAINschen Hämatoxylineisenalaun das P. MAYERsche Hämalaun (siehe Hämatin) in Betracht (ZIMMERMANN) und das Hämatoxylin nach EHRLICH für Myxomyceten (JAHN).

Literatur: DEMOOR (Arch. de Biol., Bd. 13, 1894), FISCHER (Protoplasma), HOF (Bot. Centralbl., Bd. 76, 1898), HUIE (Quart. Journ. Micr. Sc. 1897 u. 1899), JAHN (Fest. SCHWENDENER), MAGNUS (Jhb. Wiss. Bot., Bd. 35, 1900), MIEHE (Flora, Bd. 88, 1901), MOTTIER (Jhb. Wiss. Bot., Bd. 30, 1897), NEMEC (Flora, Bd. 86, 1899), OVERTON (Zeitschr. Wiss. Mikr., Bd. 7, 1889), ROSEN (COHNS Beitr., Bd. 7, 1895), ROSENBERG (Physiol.-cytol. Unters. an Drosera, Upsala 1899), SCHAFFNER (Journ. of Appl. Micr., Bd. 2, 1900), STRASBURGER (Jhb. Wiss. Bot., Bd. 28, 1895), derselbe (Gr. Bot. Pract.), derselbe (Bot. Zeitschr. 1900), TREUB (Naturh. Verh. Ak. Amsterdam 1878), ZACHARIAS (Ber. Deutsch. Bot. Ges., Bd. 20, 1902), ZIMMERMANN (Die Morphol. und Physiol. des pflanzl. Zellkerns. Jena 1896). *Magnus*, Berlin.

Kieselsäure in Pflanzen. In den Zellmembranen, hauptsächlich auch in den Haaren vieler höherer Pflanzen (Brennhaare von Urtica, Sternhaare von Deutzia scabra), ebenso in denen der Diatomeen ist reichlich Kieselsäure inkrustiert. Bei reichlichen Mengen, und wo es auf die Strukturfeinheiten ankommt, geschieht der Nachweis wie bei der Präparation der aus Diatomeenschalen gefertigten Testobjekte (s. Diatomeen), sonst einfach durch Glühen des Objektes zusammen mit einem Tropfen konzentrierter Schwefelsäure, bis die Asche schneeweiß geworden, oder ganz auf feuchtem Wege, indem man zuerst das Objekt mit konzentrierter Schwefelsäure bis zur vollständigen Schwärzung behandelt und dann 20%ige Chromsäure hinzufügt (MILIARAKIS).

Bei kieselsäurearmen Objekten hat einer vorsichtigen Vorbehandlung mit Salpetersäure ein vorsichtiges Glühen zu folgen. Reine Kieselskelette müssen sich mit Fluorwasserstoffsäure lösen, ebenso wie die Kieselsäure durch Fluorwasserstoffsäure aus der Membran entfernt wird (s. Diatomeen).

Literatur: MILIARAKIS (Die Verkieselung lebender Elementarorgane bei den Pflanzen, Würzburg 1884), ZIMMERMANN (Bot. Mik., 1893). *Magnus*, Berlin.

Kieselschwämme siehe: Cölenteraten.

Kirschgummi (Cerasin), das aus dem Stamme der Obstbäume ausschwitzende Gummi, enthält die Salze des Arabins und des Metarabins, die ersteren lösen sich in Wasser, die letzteren nicht.

EISMOND setzt eine dicke Lösung von Kirschgummi dem Wasser zu, das kleine, sich lebhaft bewegende Wassertiere enthält, und lähmt dieselben dadurch mechanisch. (Vgl. auch Zellmembranen, pflanzliche.)

Literatur: EISMOND (Zool. Anz., Bd. 13, 1890).

Kitte siehe: Deckglaskitte, Asphalt, Bernsteinlack, Goldsize, Kautschuk, Zinkweiß.

Kittsubstanzen. Die klassische Methode zur Demonstration der Kittlinien zwischen den Epithelzellen ist die Versilberung (vgl. Artikel Silbermethoden). Man kann aber auch durch Imprägnation mit anderen Metallverbindungen gute Resultate erzielen. So bringen ACHARD und AYNAUD seröse Häute zunächst in Ferricyankalilösung, dann in Ferrosulfatlösung und erzeugen so in der Kittsubstanz einen Niederschlag von TURNBULLs Blau. Oder sie bringen zuerst in 1%ige Tanninlösung und dann in 0,75%ige Ferrosulfatlösung und erzeugen einen Niederschlag von gerbsaurem Eisenoxyd. Oder sie imprägnieren mit Palladiumjodür dadurch, daß sie zunächst in eine Jodkalium-, dann in eine Palladiumchloridlösung einlegen.

Auch durch die vitale oder postvitale Methylenblaufärbung lassen sich die Kittlinien an vielen Stellen (Lunge, Pericard, Harnblase, Cornea etc.) außerordentlich schön darstellen.

Literatur: ACHARD und AYNAUD (C. R. Soc. Biol. Paris, Bd. 61, 1906).

Klebermehl siehe: Eiweißstoffe in Pflanzenzellen.

KLEINENBERGsche Flüssigkeit siehe: Pikrinsäure.

Knochen und Zähne, Methoden zu ihrer Untersuchung.

A. Entkalkung. Um organische Gebilde, welche anorganische Bestandteile in größerer Menge enthalten, in einen schnittfähigen Zustand zu überführen, ist die möglichst schonende Entfernung der letzteren notwendig.

Bei der Entkalkung hat man es mit der Auflösung und Entfernung von Kalksalzen aus Knochen, Zähnen oder verkalkten Weichgeweben verschiedener Art zu tun. Zu diesem Zwecke können nur Säuren verwendet werden. Diese lösen jedoch nicht nur die Kalksalze, sondern bewirken auch bedeutende Veränderungen an den Weichteilen, bringen besonders collagenes Bindegewebe, welches bei Knochen und Zähnen die Hauptmasse der organischen Grundlage ausmacht, zur Quellung bis zur Unkenntlichkeit.

Zur Entkalkung werden sowohl anorganische als organische Säuren verwendet und sie lassen sich nach ihrer Wirkung in rasch, energisch und langsam, schonend entkalkende einteilen. Diese Unterschiede in der Wirkung decken sich nicht mit der verschiedenen chemischen Natur der Säuren; ganz allgemein kann man nur sagen, daß Mineralsäuren die stärkste entkalkende Wirkung besitzen, während die organischen Säuren (nach ZACHARIADÈS die Ameisensäure) die stärkste Quellung hervorrufen.

Von einer Säure, die zur Entkalkung angewendet wird, muß man verlangen: 1. daß sie in dem angewendeten Prozentverhältnisse oder Gemische keine Quellung des leimgebenden Bindegewebes hervorrufe, auch die übrigen Gewebeelemente, besonders die Kerne und damit die Färbbarkeit nicht wesentlich beeinträchtige; 2. daß sie ein großes Lösungsvermögen und eine große Lösungsgeschwindigkeit für Kalksalze besitze; 3. daß sie im Stück keine Niederschläge hervorrufe, vielmehr leicht und ebenfalls ohne wesentliche Quellung aus dem Stück entfernt werden kann.

Nach den systematischen Untersuchungen von J. SCHAFFER (02) bewirken Phosphor-, Milch-, Ameisen- und Essigsäure schon an und für sich, auch in stärkerer Konzentration Quellung des collagenen Bindegewebes und besitzen ein geringes Kalklösungsvermögen, sind daher im allgemeinen als Entkalkungsmittel nicht zu empfehlen. Immerhin kann die entkalkende Wirkung der Ameisen- und Essigsäure unter besonderen Bedingungen ausgenützt werden, doch dürfen sie nur in Verbindung mit stark quellungswidrigen Mitteln (Osmiumsäure, Goldchlorid) oder auf mit solchen Mitteln oder mit Formalin vorbehandelte Objekte, niemals auf frische oder gewöhnlich in Chromsalzen, Alkohol, Sublimat usw. fixierte angewendet werden.

Zur Entkalkung massiger Knochen und Zähne kommen eigentlich nur in Betracht die Salz-, Salpeter-, Trichloressig- und schwefelige Säure, welche das stärkste, in dieser Reihenfolge abnehmende Kalklösungsvermögen besitzen. Salz- und Salpetersäure bewirken in wässerigen Lösungen von 3—10 Gewichtsprozent keine Quellung des leimgebenden Bindegewebes. Wohl tritt aber eine solche bei stärkerer Verdünnung der Säure, und zwar steigend mit der Verdünnung (bei Salpetersäure bis 1 : 5000, ZACHARIADÈS 00), also beim unmittelbaren Auswaschen ein. Trichloressigsäure und noch mehr schwefelige Säure bewirken dagegen stets Quellung, doch kann diese durch vorangehende Behandlung des frischen Objektes mit Formalin vermieden werden. Die Quellung nach Trichloressigsäure nimmt beim Auswaschen zu, nach schwefeliger Säure geht sie zurück; doch verursacht diese Säure Niederschläge, die aber in Wasser leicht löslich sind.

Salzsäure schädigt bei längerer Einwirkung das Chromatin, während Salpetersäure als Fixierungsmittel empfohlen worden ist (ALTMANN, 81). 20%ige Salpetersäure entkalkt nur wenig rascher als 5%ige, doch können die starken Lösungen macerierend auf das Gewebe einwirken. 5%ige Lösung, im Wasserrad von THOMA (97) angewendet, vermag 0,42 *g* des dichtesten Knochens binnen 10 Stunden ohne Spur einer Quellung zu entkalken. Die meisten Zusätze zur Salpetersäure verzögern ihre Wirkung; in geringem Grade Phloroglucin, stärker Formalin, am stärksten Alkohol. Setzt man die Lösungsfähigkeit der 5%igen wässerigen Säure mit 4,5 an (so viel Gramm Knochenasche lösen 100 *ccm*), so ist die derselben Säuremenge in 50%igem Alkohol 3,56, in 70%igem Alkohol 2,05, in 95%igem Alkohol nur mehr 0,8. Außerdem bewirkt wasserhaltiger Alkohol als Lösungsmittel der Säure beträchtliche Verkürzung der leimgebenden Fibrillen unter gleichzeitiger Verdickung. 5%iger Kalialaun als Vehikel erhöht ein wenig die Lösungsgeschwindigkeit der Säure und verhindert die beim Auswaschen auftretende Quellung nahezu. Formalin verzögert die Wirkung ein wenig, verhindert aber auch die Quellung, so daß beide Gemische als gleichzeitig fixierende und entkalkende Flüssigkeiten nicht unrationell sind.

In der Regel soll man aber nur gut fixiertes Material der Entkalkung unterwerfen, wobei jedoch im Auge zu behalten ist, daß Fixierung mit starkem Alkohol, Sublimat — sowohl in gesättigter wässeriger Lösung als mit Pikrinsäure oder als ZENKERsches Gemisch — und auch FLEMMINGs starkes Chromosmiumessigsäuregemisch die Quellbarkeit der collagenen Fibrillen nicht aufzuheben vermag, wohl aber Formalinfixierung. Es dürfen also auch fixierte Stücke nach der Entkalkung in Salpetersäure, die von allen untersuchten Säuren am meisten zu empfehlen ist, nicht einfach ausgewaschen werden, wenn man die nachträgliche Quellung vermeiden will. Dies gelingt, wenn man die Stücke aus der Salpetersäure auf 24 Stunden in eine 5%ige Lösung von Lithium- oder Natriumsulfat überträgt und dann erst gründlich (24—48 Stunden) auswäscht.

Weiters muß hier bemerkt werden, daß eine große Anzahl unserer besten Fixierungsmittel ebenfalls aus Säuren oder Säuregemischen bestehen und dann gleichzeitig fixierend und entkalkend wirken können. Diese Entkalkungsmethode ist jedoch nur auf kleinste Gewebestücke anwendbar und hat deshalb, sowie aus anderen Gründen (schädliche Einwirkung der entweichenden Kohlensäure auf die noch unfixierten Gewebe (FOL), schlechte Färbbarkeit bei dem notwendig langen Verweilen in den meist wenig kalklösenden Flüssigkeiten usw.) nur einen beschränkten Wert. Ernstlich in Betracht zu ziehen ist da nur das Gemisch von FLEMMING, für schwach verkalkte Bildungen ZENKERs Flüssigkeit oder andere Eisessiggemische.

Zartere Objekte, bei denen es sich um die Erhaltung gegenseitiger Lagebeziehungen handelt (Gehörorgane, Schädel kleinerer Tiere, zoologische Objekte mit kalkhaltigen Skeletteilen [Seeigel, Kalkschwämme usw.]), sollen vor der Entkalkung sorgfältig in Celloidin eingebettet werden. Hat dieses die richtige Konsistenz durch Härtung in 80—85%igem Alkohol und ist es blasenfrei, dann können die Stücke ohne jeden Schaden in Wasser übertragen werden, bis sie untersinken, und dann in die wässerige Säuremischung. Die Operation soll stets im Wasserrad von THOMA vorgenommen werden*; dadurch ist die möglichst rascheste Entkalkung gewährleistet; dann werden die Celloidinblöcke in 5%iges Lithium- oder Natriumsulfat übertragen auf 24 Stunden und wenigstens ebenso lange in fließendem Wasser ausgewaschen und im steigenden Alkohol bis zum 85%igen nachbehandelt. Das Celloidin verliert während der ganzen Prozedur nichts von seiner Konsistenz und Durchsichtigkeit.

Trockene, macerierte Knochen sollen vor der Entkalkung in Wasser oder ½%iger Kochsalzlösung bis zur vollständigen Durchtränkung (auf Stunden) eingelegt werden.

Nach diesen allgemeinen Bemerkungen lasse ich nun die gebräuchlichen Entkalkungsmittel in alphabetischer Reihe folgen; einige von ihnen werden nur der Vollständigkeit wegen angeführt, ohne besonderen praktischen Wert zu besitzen. Zusammenfassende Darstellungen und zum Teil kritische Besprechungen der Entkalkungsmittel siehe bei BUSCH (79), HAUG (91, 02), J. SCHAFFER (93, 02) und P. ZIEGLER.

1. Ameisensäure bewirkt, wie erwähnt, die stärkste Quellung des collagenen Gewebes. Sie kann daher nur nach Anwendung sehr energischer Härtungsmittel zur Entkalkung verwendet werden. FOL empfiehlt vorhergehende Fixierung in starker Osmiumsäure. Auch nach Goldchloridbehandlung kann sie als Entkalkungs- und Reduktionsmittel zugleich in Betracht kommen (COLQUHOUN). LEPKOWSKI (92) hat zur gleichzeitigen Färbung und Entkalkung des Zahnbeines ein Gemisch von Goldchlorid (6 Teile einer 1%igen Lösung) und Ameisensäure (3 Teile reiner, konzentrierter) vorgeschlagen, in dem das Goldchlorid teilweise auch der Quellung entgegenzuwirken scheint. Die von mir verwendete Säure hatte ein spez. Gew. von 1,2 und entkalkt das Gemisch 1—1½ *mm* dicke Zahnbeinscheiben (Mensch) gut in 24 Stunden.

PANSINI hat Ameisensäure zur Entkalkung der Selachierwirbel vor der Vergoldung angewendet. RÖMER gibt ihr — mit Unrecht — für die Entkalkung von Zähnen vor allen anderen den Vorzug. Höchstens 2 *mm* dicke Scheibchen werden in 33⅓%ige wässerige Säure gelegt und nach 5–8 Tagen, in welchen die Säure dreimal zu erneuern ist, 24 Stunden lang in destilliertem Wasser ausgewaschen. Für dünnere oder weniger stark verkalkte Schnitte genügen 2—3 Tage. Um Zähne nach der Entkalkung nach GOLGI zu färben, entkalkt er in gleichen Teilen MÜLLERscher Flüssigkeit und 33⅓%iger Ameisensäure. Nach

* CORAINI (02) suspendiert die zu fixierenden oder entkalkenden Stücke an Glashaken in einem gut verschließbarem Becherglas auf einem Gestell von Glasröhren. Der Apparat gestattet eine gleichzeitige Behandlung vieler Objekte.

meinen Erfahrungen verdient die konzentrierte, also cca. 90%ige Säure den Vorzug, da sie rascher entkalkt und weniger quellen macht. Das Auswaschen in Wasser (Verdünnung der Säure) steigert die Quellung bedeutend und ist daher direktes Übertragen in starken Alkohol besser.

2. Arsensäure wurde in 4%iger Lösung, die auf 50° C zu erwärmen ist, von MARTINOTTI empfohlen. SQUIRE verwendet sie auf 30–40° erwärmt.

3. Chromsäure, Chromsäuregemische und chromsaure Salze. Reine Chromsäure besitzt eine sehr geringe entkalkende Wirkung; bei längerer Einwirkungsdauer setzt sie die Färbbarkeit der Präparate bedeutend herab und endlich ruft sie in stärkeren Lösungen beträchtliche Schrumpfungen hervor. Sie soll daher nach BUSCH (79) höchstens in 1%igen Lösungen für wenig kalkhaltige Gewebe (fetale oder sehr jugendliche Knochen) angewendet werden. WALDEYER hat 1/4–2%ige Chromsäure zur Entkalkung der Schnecke empfohlen. Aber selbst bei Anwendung stärkerer Lösungen (2% nach THIERSCH) dauert die Entkalkung Monate.

Besser eignet sich die Chromsäure vermöge der Schrumpfung, welche sie bewirkt, als Zusatzflüssigkeit zu anderen, energischer entkalkenden Säuren. Zu diesem Zwecke scheint sie zuerst von H. MÜLLER und ROLLETT mit Salzsäure gemischt worden zu sein. PRITCHARD und WALDEYER haben dann zur Entkalkung der Schnecke 1/2%ige Chromsäure, ersterer mit einem Zusatz von 1/2–1%, letzterer mit 2% Salpetersäure empfohlen. BAYERL verwendete 3%ige Chromsäure und 1%ige Salzsäure zu gleichen Teilen; FLEMMING ein Gemisch von Chromsäure, Salzsäure und Spiritus.

Für sehr zarte Objekte empfiehlt HAUG (91, 2), ohne seines Gewährsmannes FLESCH (78) zu gedenken, Chromosmiumsäure: 1%ige Osmiumsäure 10,0, 1%ige Chromsäure 25,0, Wasser 65,0. Nachbehandlung mit 70%igem Alkohol im Dunkeln. Auch 1%ige Chromsäure mit 1% Salzsäurezusatz (schon von BUSCH empfohlen) wirkt nach diesem Autor schonend und rascher.

BUSCH verwendet zur Entkalkung jugendlicher Knochen 1–2%ige Salpetersäure mit Zusatz von 1/10% Chromsäure oder 1% chromsauren Kali. FOL gibt eine Formel von SEILER: 1%ige Chromsäure 70,0, Salpetersäure 3,0, Wasser 200,0.

Nach ZIEGLER entkalkt Chromsalpetersäure (1%ige Chromsäure mit 1–5% Salpetersäurezusatz) rasch, die Färbbarkeit bleibt gut, die Zellen schrumpfen aber stark.

Das nach ZIEGLER von BARTH und ENDERLEN zur Entkalkung empfohlene FLEMMINGsche Gemisch soll nur durch den geringen Gehalt an Chromsäure wirken. Dies ist nicht zutreffend; der stärkere Entkalkungsfaktor ist die Essigsäure und gibt das zuerst von VAN DER STRICHT und mir (1893) empfohlene FLEMMINGsche Gemisch, auf kleine Stücke angewendet, bei häufigem Wechsel der Flüssigkeit ausgezeichnete Bilder. Bei längerer Einwirkungsdauer (Monate) vermag sie auch größere Knochenstücke unter guter Erhaltung der Textur zu entkalken.

Auch einfache Chromessigsäure (1%ige Chromsäure, der man nach Bedarf wiederholt Essigsäure zusetzt) vermag in cca. 14 Tagen ein menschliches Felsenbein unter Erhaltung guter Färbbarkeit zu entkalken, wie die vom Grafen SPEE auf dem Anatomenkongreß in Bonn 1901 demonstrierten Präparate bewiesen.

Die MÜLLERsche Flüssigkeit vermag bei der notwendigen langen Einwirkungsdauer fetale Knochen, die nicht zu groß sind, in einen schnittfähigen Zustand überzuführen, ohne jedoch, wie HAUG meint, zugleich fixierend zu wirken. Ihr schlechter Einfluß auf die Zellkerne ist bekannt. Ihre geringe, aber sehr schonende entkalkende Wirkung kann nach HAUG durch Zusatz von Salpetersäure (1/3–1/2%, nach BEHRENS 0,3–1%) erhöht werden. SCHMORL (1899) setzt 3% Salpetersäure zu.

Zur Entkalkung stark verkalkter und größerer Objekte ist die MÜLLERsche Flüssigkeit untauglich. Auf der unvollkommen entkalkenden Wirkung dieser Flüssigkeit beruht die von POMMER nachgewiesene Eigentümlichkeit, daß an bereits gut schneidbar gewordenen Knochen aus MÜLLERscher Flüssigkeit der Unterschied zwischen den (bereits vor der Entkalkung) kalkhaltigen und kalklosen Partien deutlich ausgeprägt bleibt. Vgl. auch SCHMORL (1907).

4. Citronensäure, die von PAETSCH und P. ZIEGLER untersucht worden ist, wirkt nach letzterem Autor gut, ähnlich wie Phosphorsäure (s. diese), aber weniger günstig auf die Zellen.

5. Essigsäure besitzt nach BUSCH eine ziemlich bedeutende, nach SCHAFFER (1902) die geringste entkalkende Kraft, macht aber wie alle organischen Säuren stark quellen. Sie soll daher nur mit einer Zusatzflüssigkeit, die der Quellung entgegenwirkt, verwendet werden. P. ZIEGLER nimmt dazu gesättigte Kochsalzlösung, der er 10% Essigsäure zusetzt. Zellen gut erhalten, gut färbbar, aber geschrumpft. Diese Schrumpfung kommt natürlich auf Rechnung der Fixierung vor der Entkalkung. Ein Gemisch von gesättigter Kochsalzlösung in Wasser und konzentrierter Essigsäure von 1,06 spez. Gew. zu gleichen Teilen entkalkt langsam, aber schonend, ohne Quellung oder Schrumpfung.

Graf SPEE verwendet als Zusatz Chromsäure (s. diese). J. HART empfiehlt 6%igen Eisessig, welcher dünne Zahnschliffe in cca. 10 Stunden entkalkt (bei CHOQUET, pag. 81, falsch wiedergegeben); ein ganzer Zahn (Milcheckzahn mit weit offener Wurzel) braucht zur Entkalkung 60–65 Stunden.

Zenkers Gemisch wird zur gleichzeitigen Fixierung und Entkalkung von v. Korff, Sacerdotti und Frattin u. a. empfohlen.

6. Holzessig (Acetum pyrolignosum rectif.) in unverdünntem Zustande bewirkt ziemlich starke Quellung und entkalkt langsam, so daß er nur für fetale und kleine Knochen in Betracht käme. Härtet nach Behrens zugleich etwas.

7. Milchsäure in 10%iger Lösung wird von Haug und P. Ziegler als langsam, aber gut und schonend wirksam, was Zellen und Färbbarkeit anlangt, bezeichnet. Rote Blutkörperchen werden stark ausgelaugt. Nach Busch bewirkt sie starke Quellung, was ich bestätigt fand.

8. Phosphorsäure wurde zur Entkalkung jugendlicher Knochen zuerst von Strelzoff empfohlen. Haug, der sie in 10—15%iger Lösung verwendet, findet die Entkalkungsdauer relativ lang, die Färbbarkeit nicht immer sehr gut. P. Ziegler hingegen empfiehlt sie sehr. 10%ige Lösung vermag einen Meerschweinchenhumerus in 6 Tagen zu entkalken: keine wesentliche Schrumpfung, gute Färbbarkeit. Ich finde im Gegenteil, daß die Phosphorsäure eine ziemlich beträchtliche Quellung bewirkt, und zwar verdünnte (10%ige) Lösung mehr als konzentrierte (spez. Gew. 1.3). Diese Quellung nimmt mit der Dauer der Einwirkung zu; Entkalkungsfähigkeit gering. Für nachfolgende Färbungen wenig geeignet (Behrens).

9. Pikrinsäure in gesättigter wässeriger Lösung von Ranvier (1868), neuestens von Gardner empfohlen. Sie wirkt sehr langsam (die Tibia des Neugeborenen braucht etwa 3 Wochen zur Entkalkung [v. Kahlden]) und dringt wenig tief ein: da sie aber auch gleichzeitig ein Fixierungsmittel ist, gibt sie für ganz kleine oder wenig verkalkte Objekte sehr gute Bilder. Retterer (1905) schreibt ihr ganz ungerechtfertigt zerstörende Wirkungen auf Grenzscheiden und Osteocyten zu: andrerseits empfiehlt er Pikrin-Salpetersäure zur Entkalkung; diese verwendet auch A. Da Costa-Ferreira. Zur rascheren Entfernung der Pikrinsäure aus den Geweben setzt man dem Alkohol, in den die Stücke nach der Entkalkung kommen, Lithium carbonicum in Substanz oder in gesättigter wässeriger Lösung zu (Jelinek*). Zusatz von 3—5% Salpetersäure (Fol, Haug) beschleunigt die Wirkung. Nach P. Mayer-Lee wirken Pikrinsalz- oder Salpetersäure so rasch, daß die reichliche Entwicklung von Kohlensäure oft mechanisch das Gewebe verletzt. Pikrinschwefelsäure ist wegen der Bildung von Gypskrystallen nicht zu verwenden, auch nicht zur (von Fol empfohlenen) Fixierung kalkhaltiger Gewebe.

10. Salpetersäure wurde zur Entkalkung von Knochen schon von J. Gerlach und Boll empfohlen; nachdrücklicher später von Strelzoff, der ihr nachrühmte, daß sie schnell entkalke und keine Quellung verursache. In der Tat ist sie eines unserer besten Entkalkungsmittel, da sie auch Zellen- und Kernstrukturen, sowie die Färbbarkeit gut erhält. Was die auch von Busch ausgesprochene Meinung anlangt, daß sie durchaus keine Quellung hervorrufe, so ist dies mit Vorbehalt zu nehmen.

Wie aus den angeführten Erfahrungen von Zachariadès hervorgeht, hängt der Grad der Quellung, welche die wässerige Säuremischung hervorruft, von der Konzentration der Säure ab und hat schon Busch rein empirisch beobachtet, daß längeres Verweilen in verdünnter Säure mehr schadet als kurzes in 10%iger. Ich habe über die Quellungserscheinungen, welche die Salpetersäure besonders an collagenem Gewebe hervorruft, ausgedehnte Versuche angestellt, deren praktische Ergebnisse im allgemeinen Teil angeführt wurden.

Eine Reihe von Autoren empfiehlt einfach wässerige Lösungen der Säure zur Entkalkung.

Busch verwendet chemisch reine Salpetersäure vom spez. Gew. 1,25, die er mit Brunnenwasser auf 10 Volumenprozente verdünnte. Für zarte Knochen geht er auf 1% und darunter, was nach Gewichtsprozenten einer Säure von 0,4 und darunter entspricht. Boll empfiehlt eine 5—10%ige, besonders aber die 5%ige Lösung der offizinellen Säure. Haug wählt 3—9%ige Lösungen der reinen Säure (spez. Gew. 1,5—1,2); nach Ziegler entkalkt 5%ige Lösung ziemlich rasch, ohne zu starke Quellung hervorzurufen, erhält Zellen- und Kernstrukturen gut, ebenso die Färbbarkeit, nur schrumpfen die Zellen. Zagelmaier entkalkte in 10%iger Salpetersäure mit „sehr gutem Erfolg". Hopewell-Smith empfiehlt 1% Lösung; Stöhr nimmt 9 *ccm* Säure vom spez. Gew. 1,18 auf 300 Wasser (0,9 Gewichtsprozente).** Behrens empfiehlt 3—9% Säure.

Die Mehrzahl der Autoren verwendet die Salpetersäure gemischt mit quellungshemmenden Mitteln verschiedenster Art.

Chromsäure (siehe diese); die geringen Zusätze an Salpetersäure sollten die schwache entkalkende Wirkung der Chromsäure unterstützen (Pritchard, Waldeyer, Busch (79), Seiler, Ziegler).

---

* Zeitschr. Wiss. Mikr., Bd. 11, 1894.

** Die Reduktion der Angaben verschiedener Autoren auf einen vergleichbaren Maßstab, als welcher doch nur der Gewichtsinhalt an Säure gelten kann, ist bei der Ungenauigkeit vieler Angaben schwer möglich. Häufig wird z. B. von einer 5%igen Säure gesprochen, während es sich um 5 Volumprozente einer Säure handelt, deren spez. Gewicht nicht angegeben wird.

Kochsalz in (der viel zu schwachen) $^1/_2$%igen Lösung von HAUG oder mit Alkohol kombiniert nach seiner Formel: Salpetersäure (spez. Gew. 1.5—1.2) 3—9, 70%iger Alkohol 100, Kochsalz 0,25. ZIEGLER nimmt ein Gemisch von gesättigter Kochsalzlösung und 95%igem Alkohol zu gleichen Teilen, dem er 5% Salpetersäure zusetzt.

Alaun von GAGE in gesättigter, wässeriger Lösung mit dem gleichen Volumen Wasser verdünnt und 5% Salpetersäure.

Formol; SCHMORL (99) empfiehlt 20 Teile Salpetersäure auf 100 Formol (d. h. 10 Volumprozente des käuflichen Präparates). FISCHOEDER 5—10%ige Salpetersäure-Formollösung; v. KAHLDEN 10%ige Formollösung, der 5% Salpetersäure zugesetzt sind. Vor dem Färben ist es gut, die Schnitte auf eine Stunde in 1%ige Sodalösung zu bringen.

Alkohol; THOMA (86) war der erste, welcher den Salpetersäure-Alkohol zu einer exakten Entkalkungsmethode verwertet hat. Er bringt die Knochen in ein Gemisch von fünf Raumteilen 96%igen Alkohols auf einen Raumteil offizineller*, reiner, konzentrierter Säure, das öfter zu erneuern ist. Auch umfangreiche Stücke sind in zwei bis drei Wochen vollständig kalkfrei. Von besonderem Werte ist das weitere Verfahren, das THOMA zur vollständigen Entsäuerung der Objekte eingeschlagen hat. Die Stücke werden in Alkohol abgespült und in reinen 95—96%igen Alkohol übertragen, der präzipitierten, kohlensauren Kalk (offizinell)** [ROUSSEAU (99) benutzt Kreidepulver] im Überschuß enthält. Darin werden die Objekte (bei häufigem Umschütteln und mehrmaligem Wechsel) in 8—14 Tagen vollkommen säurefrei, ohne mit Wasser in Berührung zu kommen. Die Methode hat ZIEGLER keine gute Resultate ergeben; er fand die Zellen stark geschrumpft, schlecht färbbar, die Stücke werden ganz brüchig. Letzteres kann bei größeren Stücken, die lange in der Mischung weilen müssen, eintreten, wenn man nicht fleißig wechselt. Die Färbbarkeit finde ich gut, die Schrumpfung der Zellen bezieht sich auf die vorhergehende Fixierung. Aber die Dauer der ganzen Prozedur ist eine sehr lange und die Schrumpfung beträchtlich. Dadurch wird das Objekt auch schwerer schneidbar. GAGE entkalkt in 67%igem Alkohol (95%iger Alkohol 66 Teile, Wasser 33 Teile). LEE und MAYER in 70%igem Alkohol mit 3% Säuregehalt; P. MAYER empfiehlt auch 90%igen Alkohol mit 5% Säure, STEIN 85%igen Alkohol mit 15—40 Teilen Säure vom spez. Gew. 1,4, STUDNIČKA (06.2) in Alkohol mit 3% Säure. Hierher gehörte auch das von LEPKOWSKI (97) und STEPHAN (98) zur Fixierung und Entkalkung empfohlene Gemisch von PERENYI, welches eigentlich [nach P. MAYER-LEE, pag. 35] nichts anderes ist als ein cca. 30%iger Alkohol, der 5% Salpetersäure enthält.

MANN (02) verwendet 2% Sublimatlösung mit 1% Säure.

Endlich muß als quellungshemmender Zusatz das von ANDEER und HAUG empfohlene Phoroglucin erwähnt werden. HAUG hat es nicht sehr glücklich geradezu als „Entkalkungsmittel" bezeichnet und hat eine Phloroglucinentkalkungsmethode ausgebildet, von der ZIEGLER sagt, daß sie ihm einen vollständigen Mißerfolg ergeben habe; die Entkalkung sei nicht gleichmäßig, die Präparate würden sehr hart, schlecht färbbar, die Zellen hochgradig geschrumpft, die Knochenbälkchen ohne jede feinere Struktur. Ich kann diese Klagen ZIEGLERS nur teilweise gerechtfertigt finden und habe schlechte Erfahrungen nur mit der alkoholischen Phloroglucinmischung von HAUG (siehe unten) gemacht. Bei Verwendung frisch bereiteter, wässeriger Stammlösung, die mit 100—200 Teilen 20%iger Salpetersäure verdünnt war, habe ich gefunden, daß die Färbbarkeit der Präparate nicht leidet und daß das Phloroglucin in Verbindung mit Salpeter- oder Salzsäure starke Schrumpfung hervorruft.

Nach ANDEER (84) vermag Phloroglucin in richtig proportionierter Mischung mit Salzsäure die härtesten Knochen binnen wenigen Stunden in eine weiche, plastische Masse umzuwandeln und werden unter seiner Mithilfe die zartesten Gewebe geschont und die letzte Spur von Kohlensäure aus dem Knochenknorpel entfernt. Er empfiehlt eine gesättigte wässerige Lösung (eine Messerspitze Phoroglucin auf 1 *l* Wasser), der für verschiedene Knochen verschiedene Mengen reiner Salzsäure zugesetzt werden. Für Knochen von Batrachiern von 5—10%, von Cheloniern und Vögeln 10—20%, von Sängetieren von 20—40%. Auswaschen in fließendem Wasser bis zur Entsäuerung. Für gewöhnliche Säugetierknochen empfiehlt er, die gesättigte, wässerige Phloroglucinlösung mit dem gleichen Volumen Salzsäure zu versetzen.

HAUG hat die Methode modifiziert: 1 *g* Phloroglucin wird mit 10 *ccm* reiner, nicht rauchender Salpetersäure (1,4 spez. Gewicht) langsam und sehr vorsichtig unter leichtem Schütteln erwärmt. Es bildet sich unter lebhafter Reaktion [weshalb das Erwärmen unterbleiben kann und die Mischung unter dem Abzug des chemischen Herdes vorgenommen werden soll (SCHAFFER (93)] eine dunkelrubinrote Flüssigkeit, die mit 50 *ccm* destillierten Wassers zu verdünnen ist. Diese Stammlösung kann bis zu 300 *ccm* mit Salpetersäure von 20% verdünnt werden; weiter hinaus reicht die „schützende" Wirkung des Phloroglucins nicht. Fetale, jugendliche und Knochen niederer Tiere werden in dieser Flüssigkeit schon binnen $^1/_2$ Stunde weich, aber auch für größere, ältere und härtere Knochen genügen Stunden.

* Als spez. Gew. der offizinellen Säure gibt das Arzneibuch für das Deutsche Reich an 1,153. BEHRENS (Tabellen) 1,157; FREY (pag. 82) 1,2 und ZIEGLER 1,3.

** Man kann sich ihn auch einfach durch Fällung aus einer Chlorkalklösung mit doppeltkohlensaurem Natron herstellen, indem man den Niederschlag gut auswäscht.

Für Zähne muß man den Prozentgehalt der Salpetersäure auf 35% erhöhen. Dann folgt zur gründlichen Entsäuerung 2 Tage lang Auswaschen in fließendem Wasser. Auch Salzsäure kann gewählt werden, muß aber stärker genommen werden (30%, für Zähne 45%) und soll 0,5% Kochsalz zugesetzt werden.

Zur langsamen Entkalkung empfiehlt Haug Phloroglucin 1,0, Acid. nitr. 5,0, Alkohol 7,0, Wasser 30,0.

Ferreri hat zur Entkalkung des Labyrinthes folgende Mischung empfohlen: 1 *g* Phloroglucin wird in der Wärme in 100 *g* Wasser und 10 *ccm* Salzsäure gelöst und nach dem Erkalten 200 *ccm* 60%igen Alkohols zugesetzt. Die Stücke kommen auf 30—40 Tage in die Flüssigkeit, die jede Woche zu wechseln ist, und werden in 70% Alkohol ausgewaschen.

Orth (96) hebt hervor, daß an Knochen, welche in einem Gemische von Müllerscher Flüssigkeit, die 10% Formol enthält, nach der Entkalkung mit Salpetersäure-Phloroglucin Blutkörperchen, Knochenmark und Knochengewebe sehr gut erhalten erscheinen.

Aus meinen Eingangs mitgeteilten Untersuchungen (02) ergibt sich eine Kritik der vorstehenden Angaben von selbst, aber auch die Notwendigkeit, meine eigenen, früher an dieser Stelle gemachten Mitteilungen teilweise abzuändern. Ein Zusatz zur wässerigen Salpetersäure ist nicht nur überflüssig, sondern meist schädlich. Daher hat Küster in der neuen Auflage der Tabellen von Behrens mit Recht die Phloroglucinmethode, mit der auch Schmorl (07) keine guten Erfahrungen gemacht hat, weggelassen. Dagegen führt er neben der Thomaschen Vorschrift auch die von P. Mayer-Lee an (5% HNO_3 in 90%igem Alkohol). **Aber gerade vor dem Gebrauche der stark alkoholischen Säuremischung muß gewarnt werden.** Der Alkoholzusatz verzögert die Entkalkung ungebührlich, ja macht sie bei massigen Knochen und Zähnen unmöglich. Preiswerk hat mit Alkohol-Salpetersäure nur Mißerfolge gehabt und nach Schmorl (07) kommt es bei ihrer Anwendung zu einem eigentümlichen scholligen Zerfall der Knochensubstanz, was ich bestätigen kann. P. Mayer-Lee hat solche fatale Nebenwirkungen — offenbar an zarteren Objekten, sicher nicht an menschlichen Knochen oder Zähnen — nie bemerkt; die beträchtliche Verzögerung der Entkalkung im alkoholischen Gemisch steht jedoch experimentell fest. Eine Maceration bei Anwendung der wässerigen Säure, wie sie Preiswerk fürchtet, ist bei Anwendung 3—5%iger Lösungen ausgeschlossen, doch ist es überflüssig, selbst Zähne 3—4 Wochen in 5%iger Säure zu belassen, wie dies Reich tut — nach den reichen Erfahrungen, welche sich stud. med. F. Schlemmer in der histologischen Bearbeitung von Zähnen in unserem Institute erworben hat, braucht kein Zahn über 8 Tage, sofern man nur fleißig die Säure wechselt. Dasselbe muß beim Entsäuern mit dem Natrium- oder Lithiumsulfat geschehen, das rasch sauere Reaktion annimmt — oder zu stärkerer Säure (10–15%) zu greifen, wenn man nur die Entkalkung im Wasserrad vornimmt und die Säure öfter wechselt. Wenn Fischer glaubt, daß Trichloressigsäure rascher entkalkt als Salpetersäure, so kann sich dies nur auf das alkoholische Gemisch der letzteren beziehen.

Aber auch zur Entkalkung in Celloidin eingebetteter Stücke, wozu ich das alkoholische Säuregemisch noch empfohlen habe, ist es überflüssig, wie schon oben bemerkt wurde. Wenn M. Lurje mit dieser Methode keine befriedigenden Resultate hatte und deshalb auch das alkoholische Gemisch empfiehlt, so lag der Fehler offenbar an der Celloidineinbettung. Die wässerige Salpetersäure beeinträchtigt die Schneidbarkeit des Celloidins nicht im geringsten, wenn dieses die richtige Konsistenz hat und blasenfrei ist. Für das Studium der Struktur und Entwicklung des Zahnschmelzes hat die Entkalkung vorher eingebetteter Stücke in der Tat schon manches geleistet. Zutreffend ist, wie Richter bemerkt, daß bei der Entkalkung fertiger Zähne im Celloidin der durch Auflösung des Schmelzes entstandene Hohlraum mit neuem Celloidin ausgefüllt werden soll, da sonst der Zahn beim Schneiden ausweicht. Man trocknet die Höhle, so weit als zulässig, aus, frischt ihre Wände durch Bestreichung mit Schwefeläther an und füllt sie mit dickem Celloidin aus, das man wieder etwas verdunsten läßt, wieder auffüllt und schließlich in 82%igem Alkohol zum Erstarren bringt.

Wenn auch unter Umständen alle hier besprochenen Entkalkungsmethoden Anwendung finden können, so muß **als rascheste und schonendste, die alle anderen überflüssig macht, die in 5%iger wässeriger Salpetersäure mit nachfolgender Behandlung in 5%igem Lithium- oder Natriumsulfat (24 Stunden) und gründlichem Auswaschen in fließendem Wasser, eventuell nach vorangegangener Celloidineinbettung bezeichnet werden. Die Stücke sollen in gut fixiertem Zustand und nur aus Wasser in die Säure eingebracht und in dieser bewegt werden (Wasserrad), was die Entkalkungsdauer, die nicht unnötig überschritten werden soll, auf das Minimum herabdrückt. Bei stark verkalkten, massigen Stücken soll die Säure besonders anfangs wiederholt gewechselt werden; ebenso das Lithium- oder Natriumsulfat.**

Stein hat die Entkalkung auch nach vorhergegangener Paraffineinbettung versucht, jedoch ohne guten Erfolg: die Entkalkung geht viel langsamer vor sich und das Paraffin wird bröckelig.

11. **Salzsäure** ist wegen des schädigenden Einflusses, welchen sie auf die feinere Struktur der Zellen und Kerne sowie auf die Färbbarkeit ausübt, als Entkalkungsmittel

nicht zu empfehlen. Mit Recht wird ihr jetzt wohl allgemein die schonender wirkende Salpetersäure vorgezogen.

Sie wurde mit verschiedenen quellungshemmenden Zusätzen verwendet; so mit Chromsäure (s. dort), Phloroglucin (s. unter Salpetersäure), Alkohol (Arnold, 87, Preiswerk); Waldeyer empfiehlt zur Entkalkung des Labyrinthes 0,001%iges Chlorpalladium mit 1/10 Teil Salzsäure; Squire zum Entkalken von Zähnen Glycerin 95, Salzsäure 5: Choquet bringt den Zahn in 10%ige Salzsäure, welcher er nach 15 Stunden reine Salpetersäure bis zu 22% zufügt. Vollständig entwickelte Zähne sind im Laufe des 4. Tages entkalkt. Diese Methode verzichtet jedoch auf die Erhaltung feinerer histologischer Strukturen.

Behrens und Küster führen heute noch die von Ranvier (Traité. 1. Ed.) empfohlene 50%ige Salzsäure als Entkalkungsmittel für Ossificationspräparate an.

Zur Entkalkung macerierter Knochen leistete die durch v. Ebner ausgebildete Methode vorzügliche Dienste; sie erhält, wie ich gegen P. Ziegler hervorheben muß, die fibrilläre und lamelläre Struktur des Knochengewebes sehr gut. v. Ebner (75) verwendete als quellungshinderndes Mittel eine 10—15%ige Kochsalzlösung, der er 1—3% Salzsäure zusetzt. Die Säure muß der Größe des zu entkalkenden Knochenstückes entsprechen und oft erneuert werden; so entkalkte Knochen unterscheiden sich durch ihr weißes Ansehen und ihre Undurchsichtigkeit von dem gelblichen, durchscheinenden, gequollenen Knochenknorpel.

Zur Neutralisierung wird der entkalkte Knochen in fließendem Brunnenwasser ausgewaschen und wieder in zur Hälfte verdünnte, kalt gesättigte Kochsalzlösung gebracht, deren bald auftretende saure Reaktion durch Zusatz stark verdünnter Ammoniakflüssigkeit neutralisiert wird.

Noch besser scheint mir, die entkalkten Stücke, ohne sie mit Wasser in Berührung zu bringen, in häufig gewechselter und umgeschüttelter 10—15%iger Kochsalzlösung zu entsäuern.

Vivante überträgt die Stücke nach gründlichem Auswaschen in eine Lösung von kohlensaurem Natron. Lee und Mayer empfehlen zur Neutralisierung ebenfalls schwache Ammoniak- oder Sodalösung, während Haug vor dieser Art der Neutralisierung warnt.

Eine alkoholische Kochsalz-Salzsäuremischung, wie sie verschiedene Autoren v. Ebner zuschreiben*, ist von diesem niemals angegeben oder verwendet worden. Schmorl (07) und Fasoli (05) legen aber einer alkoholischen Mischung eine gewisse Bedeutung für die Entkalkung kindlicher Knochen bei.

Haug gibt folgende Formel: HCl 1,0—5,0, Alkohol 70,0, H_2O 30,0, NaCl 0,5, in welcher der geringe Kochsalzgehalt wohl kaum als quellungshindernd in Betracht kommt.

12. Schwefelige Säure wird in gesättigter, wässeriger Lösung (cca. 5%) als beste Entkalkungsflüssigkeit von P. Ziegler empfohlen. Sie entkalkt rasch und gleichmäßig (Extremitäten von Triton in 2—3 Stunden, Humerus des ausgewachsenen Meerschweinchens in 1—2 Tagen, ohne die feineren Strukturen und Färbbarkeit zu beeinträchtigen.

Ihr starkes Entkalkungsvermögen beruht auf der Umwandlung des unlöslichen Tricalciumphosphates in das leicht lösliche Monocalciumphosphat. Die Säure wird durch 24stündiges Auswaschen entfernt. Zur vorhergehenden Fixation eignet sich am besten 4%ige Formollösung; unzweckmäßig sind Sublimat- oder Osmiumgemische. Schwefelige Säure bringt collagenes Gewebe zum Quellen; die Quellung ist aber nicht sehr stark und geht beim Auswaschen größtenteils zurück. Die Entkalkungszeit ist etwas länger wie bei der wässerigen Salpetersäure; immerhin kann diese Säure zur Entkalkung sehr empfohlen werden. Nach Küster und Behrens entpigmentiert sie.

13. Trichloressigsäure in 5%iger wässeriger Lösung (alkoholische ist unwirksam) wurde von Partsch empfohlen. Sie soll rascher als Salpetersäure und energisch entkalken mit Schonung der zartesten Strukturen und Erhaltung der Färbbarkeit. Häufiges Schütteln und Wechseln der Flüssigkeit notwendig; Entsäuern 1—2 Tage in fließendem Wasser, Härten in steigendem Alkohol. Die große Entkalkungsfähigkeit dieser Säure kann ich bestätigen; der Schädel eines Frosches (nach Sublimat Fixierung) binnen 24 Stunden in 4%iger Lösung der Säure (Neuberger, Physiol. Centralbl., Bd. 9. 1897). Jedoch bewirkt sie eine stärkere Quellung collagenen Gewebes, welche bei starker Verdünnung der Säure wesentlich zunimmt. Das einfache Auswaschen in Wasser zur Entsäuerung ist daher nicht ratsam. M. Heidenhain empfiehlt daher, sofort in absoluten Alkohol zu übertragen, der oft gewechselt werden muß. Dabei muß man wieder mit Schrumpfungserscheinungen rechnen.

Fischer verwendet die 5%ige Säure mit 10% NaCl-Zusatz im Thermostaten bei 25° R zur Entkalkung und wäscht dann 48 Stunden in fließendem Wasser aus.

Anhang zur Entkalkung. Entkieselung. Als Lösungsmittel für die Silicate kann zu histologischen Zwecken nur die Flußsäure in Betracht kommen. Ihre eingreifende Wirkung erfordert aber besondere Vorsicht, auch für den Experimentator. Sämtliche Gefäße

* So: Friedländer, Mikr. Technik, 1. Aufl., 1886. — Behrens, Tabellen, 4. Aufl., 1908. — v. Kahlden, der sie geradezu als „v. Ebnersche Entkalkungsflüssigkeit“ aufführt, ohne die Originalangabe zu berücksichtigen. Ebenso W. D. Miller (01). — Schmorl (07), Haug u. a. Die Formel lautet: Salzsäure 2,5, Alkohol 500, Wasser 100, Chlornatrium 2,5.

und Instrumente, welche mit der Säure in Berührung kommen, müssen aus Guttapercha sein oder, wenn Glas verwendet wird, durch einen Paraffinüberzug geschützt sein.

P. Mayer (81) empfiehlt die gehärteten oder fixierten Objekte in Alkohol in ein mit Paraffin ausgekleidetes Glas zu bringen und tropfenweise Flußsäure zuzusetzen. Die Entsäuerung muß durch tagelanges Waschen in wiederholt gewechseltem, reinem Alkohol geschehen.

Bei der Einbettung der so entkieselten Weichteile ist eine Schrumpfung, Kompression oder Verschiebung, überhaupt mehr minder starke Veränderung der natürlichen Lagebeziehungen kaum zu vermeiden. Es ist daher vorzuziehen, auch die zu entkieselnden Hartgewebe nach regelrechter Fixierung und Härtung vorher gut in Celloidin einzubetten und nach dem Vorgehen von Rousseau (97 und 99) erst dann der Einwirkung der Flußsäure auszusetzen. Die Celloidinblöcke kommen in eine reichliche Menge (für 10 *ccm* Celloidin 50 *ccm* Alkohol) von 90%igem Alkohol 100,0, Fluorwasserstoffsäure 20—40 und verweilen darin unter wiederholtem Umschütteln 1—2 Tage; gründliches Waschen durch mehrere Tage in 85%igem Alkohol bis zur vollständigen Entsäuerung.

Vosmaer und Wijsman (Versl. Akad. Amsterdam 13. Deel. 1905) empfehlen Celluloidkammern zur Behandlung von Kieselnadeln unter dem Mikroskope.

B. Methoden zur histologischen Untersuchung des Knochengewebes und der Zähne. Die Methoden zur Untersuchung des Knochengewebes sind auch auf die Zahngewebe anzuwenden, da es sich um verwandte, teilweise (Cement) gleichartige Gewebe handelt. Die histologische Untersuchung des Schmelzes soll im Anhange des dritten Kapitels besprochen werden.

In der Einteilung des Stoffes halte ich mich an die von mir bereits an anderer Stelle (93) gegebene Zusammenstellung.

1. Untersuchung des frischen Knochengewebes. Diese ist wegen der Massigkeit der meisten Knochen nur in sehr beschränktem Maße möglich. Immerhin gibt es aber so dünne Knochenplättchen, daß sie ohne weiteres unter das Mikroskop gebracht werden können; so z. B. Plättchen vom Pflugschaarbein, Tränenbein, dünne Plättchen von pathologisch auftretenden Verknöcherungen (Rollett); die Ausbreitungen des Siebbeines, einzelne Spongiosabälkchen, kleine Stückchen aus der Fossa infraspinata und Fossa iliaca oss. il. (Busch, 79). Volkmann hat auch dünnste Knochenbälkchen mit der Pinzette ausgebrochen oder kleine Partikelchen stark rarefizierter Diploe mit Staarnadeln zerzupft. Frisch ausgebrochene Spongiosabälkchen hat auch v. Recklinghausen (91) zur Untersuchung verwendet. Im frischen Zustande können auch die dünnen platten Schädelknochen kleiner Säugetiere (das Stirnbein von Vespertilio, Nasenmuscheln der Hausmaus, Leydig, 54, 57, 85, die Scheitelbeine der Maus, des Maulwurfs usw.), die Schädelknochen von Urodelenlarven (Leydig, 85) untersucht werden. Man schabt von ihnen mit dem Skalpell die Weichteile ab und bringt sie in einer indifferenten Zusatzflüssigkeit, aber nicht in Glycerin, wie dies Retterer (05) tut, unter das Mikroskop. Nach Ewald sind die Flossenstrahlen oder die dünnen Knochenplättchen der Kiemendeckel kleiner Knochenfische (von 6—10 *cm* Länge) ein ausgezeichnetes Objekt, um die Knochenkörperchen im lebensfrischen Zustande zu untersuchen und sich zu überzeugen, daß die Lacunen nirgends mit Luft oder Kohlensäure gefüllt sind. Renaut (02) empfiehlt ebenfalls die verschiedenen Kiemendeckelknochen kleiner Cyprinoiden. Retterer (05) daneben auch die Gräten.

Die Gaumenzähnchen von Urodelen (Triton) lassen sich durch einfaches Zerzupfen der Gaumenschleimhaut in ½%iger Kochsalzlösung ebenfalls untersuchen.

2. Herstellung durchsichtiger Schnitte und Schliffe von nicht entkalkten Knochen und Zähnen. Spongiöser Knochen jüngerer Tiere (Epiphysen der Schenkelcondylen junger Kaninchen, Heitzmann) ist leicht schneidbar, so daß man ohne weiteres Schnitte anfertigen kann, die auch für stärkere Vergrößerung brauchbar sind. Nach Stephan (00) gilt dasselbe auch für die Knochen gewisser Meeresfische aus großer Tiefe (wie z. B. Cyclopterus, Trachypterus u. a.).

Auch aus der Compacta größerer Knochen sowie auch vom Zahnbein (J. Tomes) kann man sich mit einem starken Knorpelmesser ohne weiteres dünne Quer- und Längsschnitte herstellen (Böhm-Oppel u. a.). v. Recklinghausen hat die Methode an Knochen aus Alkohol geübt. Man erhält so jedoch nur kleine, oft durch Risse verunstaltete, gerollte Schnittchen.

Zur Herstellung größerer Längs- oder Querschnitte muß man sich der Schleifmethode bedienen. Diese wird in der verschiedensten Weise geübt. Handelt es sich um die Herstellung von Schliffen aus getrockneten, ihrer Weichteile beraubten Knochen, so ist eine sorgfältige Maceration und vollständige Entfettung unerläßliche Vorbedingung.

Genauere Vorschriften zur Maceration gibt uns L. Ranvier (89); im allgemeinen genügt es, wenn man frische Knochen, die man von allen anhaftenden Weichteilen befreit und deren Markhöhle man eröffnet hat, ohne sie eintrocknen zu lassen, in Wasser bringt und sie, am besten an einem warmen Orte, Wochen bis Monate stehen läßt; dann bürstet man sie unter starkem Wasserstrahle ab und läßt sie an einem luftigen Ort, aber nicht dem direkten Sonnenlichte ausgesetzt, trocknen. Sie müssen dann vollkommen weiß erscheinen; zeigen sie noch gelbliche, durchscheinende Stellen, so enthalten sie noch Fett und müssen nachträglich in Benzol, Toluol oder Xylol bei Brütofentemperatur entfettet werden.
Über Maceration siehe auch P. Lach und G. Mann.

Vor dem Kochen der Knochen behufs Maceration oder vor dem Gebrauche „verwester, im Laufe der Jahre ausgewaschener alter Knochen“ (Böhm und Oppel) zu histologischen Studien der normalen Knochenstruktur muß gewarnt werden.

Den so vorbehandelten Knochen spannt man in den Schraubstock ein und fertigt mit einer Laubsäge aus freier Hand möglichst dünne und ebene Sägeschnitte an; das gelingt bei kleineren Stücken leicht, zur Anfertigung großer, dünner Sägeschnitte gehört viele Übung. Zu diesem Zwecke ist es besser, sich einer rotierenden Kreissäge zu bedienen, wie dies Busch (79) getan hat. Man kann sie an einer gewöhnlichen Dreh- oder Schleifbank anbringen oder endlich sich einer eigenen Knochenschneidemaschine bedienen, wie sie z. B. von den Gebrüdern Csokor konstruiert worden ist.

Ich habe eine solche in der Weise anfertigen lassen, daß ich das von mir angegebene und von A. Fromme* ausgeführte Kranmikrotom mit einer horizontalen, durch ein Schwungrad in Rotation versetzten Kreissäge verbunden habe, während der Kran eine starke Klammer zum Einspannen der Knochen trägt.

Mittelst dieser Vorrichtung kann man auch frische Knochen in Serienschnitte zerlegen, die sich nach Reinigung vom Sägepulver sogleich zur mikroskopischen Untersuchung eignen.

Arndt empfiehlt zur Herstellung dünner Schnitte von macerierten oder frischen Knochen, Zähnen usw. eine Präzisionsdoppelsäge, die nach dem Prinzip des Doppelmessers arbeitet.

Die aus freier Hand gesägten Knochenplättchen müssen erst durchsichtig geschliffen und poliert werden. Handelt es sich um möglichst dünnste Präparate, so sind diese Prozeduren auch bei den mittelst der Schneidemaschine hergestellten Schnitten vorzunehmen.

Schwieriger ist die Herstellung von Durchschnitten (besonders Längsschnitten) durch Zähne. Querschnitte durch den schmelzfreien Teil können ebenfalls mit der Säge hergestellt werden. Längsschnitte oder Querschnitte durch die Krone werden am besten so angefertigt, daß man den Schmelz mit einem rotierenden Carborund-, Korund- oder Diamantrad**, wie es die Zahnärzte benutzen, unter Befeuchtung und ohne zu großen Druck durchschneidet, während man zur Fortsetzung des Schneidens im Zahnbein wieder besser zur Säge (feine Stahllaubsäge) greift. Morgenstern (85) zeichnet sich am Zahn die Ebenen, in denen er durchtrennen will, mit Linien vor; im Schmelz schleift er mit dem rotierenden Korundrad eine 1—2 *mm* tiefe Furche ein und vollendet die Durchtrennung mit der Schneidezange oder einer Separationsfeile.

W. D. Miller bedient sich zur Anfertigung von großen Zahndurchschnitten abwechselnd einer sehr dünnen, kantigen Feile und einer Säge.

Das Schleifen bis zur Durchsichtigkeit kann in verschiedener Weise vorgenommen werden. Entweder bedient man sich eines Schleifpulvers (Tripel,

* Vergl. Artikel Mikrotom.
** Empfohlen im Dental Cosmos, 1890.

HARTING; Bimssteinpulver, Schmirgel, Carborundpulver), mengt es auf einer matten Glasplatte mit Wasser zu einem Brei und schleift in diesem den Sägeschnitt, indem man ihn mittelst eines reinen Korkes andrückt, unter wiederholtem Umwenden, bis er durchscheinend ist. Bei dieser Methode ist das Entfernen des Schleifpulvers oft sehr mühsam.

RANVIER (89) und v. KOCH schleifen zwischen zwei Bimssteinen; LAWDOWSKY hat Glas- und Schmirgelpapier empfohlen. Ein rasches und sauberes Arbeiten gestattet der zur Herstellung durchsichtiger Schliffe zuerst von BUSCH (79) empfohlene Gebrauch von Feilen; dazu muß der Sägeschnitt stets aufgeklebt werden. BUSCH leimt auf einen polierten Klotz von hartem Holz auf. v. HÖHNEL und GEBHARDT (00) kitten den Schnitt nach einer schon von KOELLIKER (50) empfohlenen Methode mittelst erhitzten Canadabalsams, HOPEWELL-SMITH mittelst eines Tropfens Wasserglas (für trockenes Polieren) auf den Objektträger, MATSCHINSKY (95) mittelst Gummi arabicum oder Knochenleim, MILLER mit Gyps auf Holz, Stein oder Mattglas auf. Dies geschieht stets mittelst der zuerst durch Schleifen oder Feilen hergestellten Schliffläche. Die freie Fläche wird dann mit immer feineren Feilen bearbeitet, bis der Schnitt durchsichtig ist; dann wird er abgelöst und am besten zwischen zwei Spiegelglasplatten eingepreßt getrocknet oder auf demselben Objektträger fertig geschliffen, poliert und eingeschlossen (besonders für Zähne, GEBHARDT, 00). Über die Feilmethode von RUPRECHT siehe Kap. V.

Eine sehr zweckmäßige Befestigungsmethode zum Schleifen hat v. EBNER (05) empfohlen. Die aus freier Hand angeschliffenen Zähne werden auf 24 Stunden in eine alkoholische, mit Benzol geklärte Lösung von ungebleichtem Schellack gebracht, der zur Vermeidung saurer Reaktion etwas Natriumcarbonat zugesetzt ist. Dann werden die Zähne mit einem großen Tropfen der Schellacklösung auf den Objektträger aufgesetzt und bei Ofenwärme (Brutschrank) bis zum Festwerden des Schellacks belassen und nun auf dem Objektträger fein geschliffen, nach Lösung des Schellacks in Alkohol poliert.

Rasch und sauber kann man auch mittelst verschieden feiner Schleifsteine arbeiten, eine Methode, die FREY ausführlich beschreibt und von REINICKE angegeben worden ist.

Besonders zum Schleifen der Zähne ist sie der Feilmethode vorzuziehen, da der Schmelz bei letzterer leicht splittert.

Der Sägeschnitt wird zuerst auf einem gröberen (z. B. künstlichen Schmirgel-) Stein einfach mit dem Finger, den man durch Waschleder- oder Kautschuküberzug schützen kann, glatt und dünn geschliffen, gut abgewaschen und dann auf einem belgischen Abziehstein, Missisippi- oder Arkansasstein (v. HÖHNEL), lithographischem Schiefer (EHRENBAUM) unter mäßiger Befeuchtung bis zur möglichsten Dünne weiter behandelt; dann wird er wieder gewaschen und nach dem Trocknen erscheinen seine Flächen vollkommen spiegelnd und glatt. MILLER bedient sich zunächst eines großen horizontal montierten, rasch rotierenden Korundrades; ist die Platte cca. 1 *mm* dick, geht man zu einem feinkörnigen Stein über und endlich wird auf dem feinsten poliert. Ich finde das Schleifen auf horizontal rotierenden Schleifsteinen, über denen ein Tropfapparat angebracht ist, am bequemsten und raschesten.

Sehr zweckmäßig ist es auch, nach der Angabe GERLACHS (48) den Sägeschnitt auf einen größeren, stabilen Schleifstein mit einem kleineren, etwas rauheren anzudrücken und so zwischen beiden Schleifsteinen zu schleifen, was sehr rasch dünne Schliffe gibt.

WALKHOFF empfiehlt eine durch einen kleinen Elektromotor betriebene Schleifmaschine mit horizontal laufender Scheibe, die ständigen Wasserzufluß hat.

Um auf andere Weise hergestellte Schliffe zu polieren, muß man sie zunächst auf das sorgfältigste von allem anhaftenden Schleif- oder Feilpulver reinigen, was man am besten durch Bearbeiten mit einem steifen Pinsel unter Wasser, dann unter Alkohol erreicht.

Wenn der Schliff vollkommen trocken ist, reibt man ihn auf einer sorgfältig gereinigten, matten Glasplatte (HARTING), glattem Papier, auf Waschleder mit geschlemmter Kreide (STÖHR), auf einem Abziehstein usw., bis beide Flächen vollkommen spiegelnd erscheinen. Dabei muß man nicht nur jede Berührung mit den Fingern vermeiden, sondern sich eines reinen Korkes oder Waschleders bedienen.

In vielen Fällen empfiehlt es sich, die Sägeschnitte in einer harten, schleifbaren Masse einzuschließen, besonders wenn es sich um die Erhaltung zarter Knochenbälkchen (Spongiosa) oder um fossile Knochen handelt, deren organische Grundsubstanz verloren gegangen ist.

Auch um Sägeschnitte kleiner, gebrechlicher Knochen oder Zähne herzustellen, ist ein solcher Einschluß oft nötig. Dazu genügt oft ein Tropfen Siegellack; RANVIER (89) bedient sich zum Einschluß spongiöser Knochensubstanz der Durchtränkung mit dicker Gummilösung und nachfolgender Härtung in Alkohol. Selbstverständlich muß zur Benetzung des Schleifsteines auch Alkohol verwendet werden.

EHRENBAUM schmilzt die Objekte in 10 Teilen Kolophonium und 1 Teil gewöhnlichen Wachses ein; Schleifen mit Schmirgel von steigender Feinheit, Polieren auf reinem, mäßig feucht gehaltenem lithographischen Schiefer. Aufkitten der polierten Fläche durch Aufdrücken auf den erwärmten Objektträger. Wiederholen des Schleifens; Säubern und Trocknen des Schliffes. Behandeln mit Terpentinöl oder Chloroform. Einschluß in Canadabalsam.

v. EBNERs Schellackmethode s. oben.

Sehr empfehlenswert ist für gebrechliche Objekte das Einschmelzen in Canadabalsam.

Man erwärmt in einem eisernen Löffel dicken Canadabalsam, in den man das Stück gebracht hat, vorsichtig und ganz allmählich: zu starkes und rasches Erhitzen macht den Balsam brüchig. Durch öfteres Eintauchen einer Nadel in den Balsam und Prüfen desselben mit dem Fingernagel überzeugt man sich am besten, wann die gewünschte Konsistenz erreicht ist. Dies ist der Fall, wenn der der Nadel anhaftende Balsam rasch erstarrt und beim Aufdrücken mit dem Nagel keinen Eindruck erleidet, aber auch bei stärkerem Drucke nicht zerbröckelt. Das so eingebettete Stück kann man mit der Laubsäge in mäßig dicke Scheiben zerlegen oder man stellt sich die erste Schliffläche auf einem Schleifstein her. Nach Abglättung derselben kittet man das Stück mit dieser Fläche auf den Objektträger auf. Dazu erwärmt man wieder vorsichtig auf dem gut gereinigten Objektträger einen Tropfen Balsam, setzt das Stück mit der Schliffläche hinein und drückt es, wenn der Balsam die oben angegebene Konsistenz hat, fest auf (durch Beschweren mit einer Eisenplatte usw.), so daß zwischen der Schliff- und Glasfläche keine Luftblasen sichtbar sind. Dann wird das Stück zuerst auf einem rotierenden Schleifstein und endlich auf einem feinen Stein möglichst dünn geschliffen; gerade da löst er sich oft ab, wenn das Aufkitten nicht vollständig gelungen war.

Eine Einbettung der Knochenstücke oder Zähne muß stets vorgenommen werden, wenn man sie mit Erhaltung ihrer Weichteile zu Schliffen verarbeiten will.

Die Anfertigung feuchter Schliffe von frischen oder in Alkohol gelegenen Knochen hat zuerst VOLKMANN empfohlen. NEALEY macht auf die Vorteile aufmerksam, welche die Verwendung vollkommen frischer Zähne und Knochen zum Schleifen bietet. Auf der rotierenden Schmirgelscheibe (die dann mit $^1/_2$%iger Kochsalzlösung zu befeuchten ist) kann man in $^1/_2$ Stunde einen Längsschliff durch einen Zahn fertig haben. Die Elastizität der Gewebe ermöglicht die dünnsten Schliffe; die Schnelligkeit des Verfahrens gestattet die Zellen des Knochens wie frische zu färben. MATSCHINSKY (92) bettet zur Erhaltung von Periost und Spongiosa in Gummi arabicum ein; jedoch verzichtet seine Methode auf die Erhaltung der zelligen Elemente des Knochens, des Knochenmarks und Periosts. Vollkommener ist die Methode, welche v. KOCH (74) bei seinen Korallenstudien benutzt hat und die schon von MOSELEY (Journ. R. Micr. Soc., London 1880) für Knochen und später besonders von WEIL (87) auch für Zähne (und Knochen) empfohlen worden ist. Zur Geschichte dieser v. KOCH-WEILschen Methode vergleiche man die Aufsätze von WEIL (91), RÖSE (92, 2) und CHRISTENSEN.

WEIL macht an möglichst frischen Zähnen die Pulpa zugänglich durch Amputation von etwa 2—5 *mm* der Wurzel für Kronenschliffe oder so viel von der

Krone, daß die Pulpa an der Spitze von Dentin entblößt ist, für Wurzelschliffe. Am besten sägt man die Stellen mit einer Laubsäge oder Separierfeile ein und schneidet mit einer Sezierzange durch. Diese Methode ist entschieden dem später von WEIL empfohlenen Zersägen des frischen Zahnes in zwei oder drei Teile, wobei die Gefahr einer Ablösung der Pulpa größer ist, vorzuziehen. Unzulässig ist es auch, die Operationen unter fortwährender Berieselung des Zahnes mit Wasser vorzunehmen, wie WEIL empfiehlt. Vielmehr soll der Zahn sofort in die Fixierungsflüssigkeit kommen (am besten Alkohol-Formalingemisch [80—95% Alkohol 2, Formalin 1; vgl. SCHAFFER*] 24 Stunden). Nun zerschneidet er die Zähne mit der Laubsäge unter Befeuchtung mit Alkohol in Scheiben. Diese werden 1—2 Tage in wässeriger, 2—3 Tage in alkoholischer Boraxcarminlösung durchgefärbt, in 70%igem Alkohol, der 1% Salzsäure enthält, 12—36 Stunden extrahiert und dann 1/4 Stunde in 90%igen, 1/2 Stunde in absoluten Alkohol übertragen. (Diese Zeiten sind entschieden zu kurz.) Von da bringt er sie in ein ätherisches Öl (Nelkenöl) auf 12 Stunden oder mehr. Abspülen in reinem Xylol, Übertragen in viel Chloroform auf 24 Stunden. Diesem wird dann von auf dem Wasserbade zur Glashärte eingedampftem Canadabalsam] zugesetzt, zuerst (24 Stunden) wenig, dann immer mehr, bis zur Sättigung. Nun wird in einer Kochschale bei 60—70° wieder bis zur Glashärte eingedampft, der Zahn mit dem Stichel herausgeholt, weiter zerschnitten und geschliffen. Es ist klar, daß die Präparate um so besser gelingen werden, je langsamer man die Prozeduren vornimmt. Besonders muß man auf eine ausreichende Fixierung bedacht sein und sich vor zu starkem Erwärmen und zu raschem Eindampfen des Balsams hüten, da sonst Schrumpfungen der Weichteile unvermeidlich sind.

RÖSE hat zum Fixieren auch kurzes Aufkochen in 2%iger Sublimatlösung empfohlen, was mir bei der Struktur der Pulpa bedenklich erscheint. Beim Durchfärben sucht er saure Mittel zu vermeiden und färbt 8—14 Tage in GERLACHS Carmin (d. i. carminsaures Ammoniak), dem ein einfaches Auswaschen folgt. Nach RÖSE muß man ferner schon beim Überführen der Präparate vom absoluten Alkohol in ätherische Öle sehr vorsichtig zu Werke gehen und empfiehlt er an erster Stelle aus absolutem Alkohol in ein Gemisch von solchem und Xylol, allmählich in reines Xylol und aus diesem in eine dünne Lösung von Canadabalsam zu übertragen. Eindampfen bei 50° C im Wärmeschrank 3—4 Monate. Später verwendete RÖSE (92, 2) Cedernöl, und zwar bringt er die Objekte aus Alkohol in ein Gemisch von Alkohol und Cedernöl, dann in reines Cedernöl, weiter in ein Gemisch des Öles mit Chloroform oder Xylol, endlich in reines Chloroform oder Xylol. Zum Einbetten verwendet er nun Damarlack; dünne Lösungen in Chloroform oder Xylol, Eindampfen auf dem Sandbade, wobei man im Beginne möglichst geringe Temperaturgrade wählen muß; zum Schlusse kann man ohne Schaden etwas rascher eindampfen. Zweckmäßig ist es, nach Herstellung der ersten Schlifffläche (auf Arkansasstein und matter Glastafel) auf dem Objektträger mit heißem Canadabalsam aufzukleben und auf dem Objektträger fertig zu schleifen. Das ganze Vorgehen nimmt Monate in Anspruch, ergibt aber dann sehr brauchbare Präparate.

Neuerdings hat CHOQUET (nach HOPEWELL-SMITH versucht, das ganze Verfahren wesentlich abzukürzen (auf 4—5 Tage), was aber wohl auf Kosten der Präparate gehen dürfte. 6 Stunden in Formol fixieren, ebensolange Färben in alkoholischem Boraxcarmin (auch gleichzeitig in einem Gemisch von Formol und Boraxcarmin auszuführen; RAYSON SEARS); 1/2 Stunde differenzieren in salzsaurem Alkohol (50%), je 1/2 Stunde in 70-, 99- und 100%igem Alkohol; je 1 Stunde in absolutem Alkohol mit steigendem Xylolzusatz (10%, 23%, 33%, 50%), endlich reines Xylol. Diesem wird allmählich gepulverter Canadabalsam zugesetzt, bis eine dicke Lösung entsteht. Diese wird 2—3 Tage am Wasserbade eingedampft.

MUMMERY (Transact. Odontol. Soc. London 1890; Ref. im Dental Record, 1890, Vol. X) und CHRISTENSEN wiederholen im wesentlichen die Angaben von WEIL.

Von mehr historischem Interesse ist das bei CHOQUET wiedergegebene Verfahren von HYATT (Americ. mon. micr. journ. 1880), die mit der Pulpa fixierten und entwässerten Zähne mit Gummilack zu durchtränken und mit diesem in einen Klotz von weichem Holz einzukitten, mit welchem dann der Zahn auseinandergesägt wird.

---

* Zeitschr. wiss. Zool., Bd. 89. 1908.

Zagelmeier hat die ursprüngliche Vorschrift v. Kochs (74) befolgt und die fixierten Knochen aus absolutem Alkohol in eine gesättigte Lösung von Kopallack in Chloroform übertragen und letztere bei ungefähr 30° C zum Verdampfen gebracht. Das Harz wird weiter getrocknet, bis es vollständig hart ist und mit den eingeschlossenen Knochen in Scheiben zersägt werden kann. Zur Vorfärbung empfiehlt er carminsaures Ammoniak oder Hämatoxylin-doppelchromsaures Kali nach Apathy (Zeitschr. Wiss. Mikr., Bd. 5, 1888).

Gewarnt muß vor der Methode werden, welche W. D. Miller zur Anfertigung von Zahnschliffen mit den Weichgeweben empfohlen hat. Er bettet die in absolutem Alkohol, Müllers Flüssigkeit oder Orths Gemisch gehärteten Objekte in Celloidin ein und läßt dieses ganz hart werden, d. h. eintrocknen (wobei das empfohlene Nachhärten in 70%igem Alkohol natürlich gar keine Rolle spielt). Dann schneidet er Scheiben und schleift diese auf dem Korundrad. Bei der hochgradigen Schrumpfung, welche das Celloidin beim Trocknen erleidet, ist natürlich eine Dislozierung der Weichteile unausbleiblich.

Einer modifizierten v. Koch-Weilschen Methode bedient sich Kallhardt, um Kieferschliffe mit Erhaltung von Weichteilen und Zahngebilden in situ herzustellen. Er zersägt die in Formalin und Alkohol gehärteten Kiefer mit feinsten Stahlsägen unter Wasserbespülung in 3—4 *mm* dicke „Brettchen". Dabei werden die Zahnkeime durch die Säge oft aus ihrer Lage gerissen (was sich vielleicht durch Verwendung gefrorenen Materials vermeiden ließe). Dann werden die Scheiben 5—6 Tage in alkoholischem Boraxcarmin oder Lithioncarmin durchgefärbt. Der überschüssige Farbstoff wird in 1%igem Salzsäure-Alkohol, bzw. Lithioncarbonat entfernt. Danach Härtung in 70—100%igem Alkohol, reines Chloroform und von da in sehr dünne Chloroform-Canadabalsamlösung 6—12 Minuten, ebensolange in eine dickflüssige und dann im Brütofen ebensolange in dieselbe Lösung von der Konsistenz zähen Honigs. Dann bringt man die Stücke mit dem anhaftenden Balsam auf eine mit weißem Wachs überzogene Glasplatte zum Trocknen in den Brutofen auf 4—5 Tage, dreht sie dann um und läßt sie wieder trocknen. Dann schleift man auf einer nicht allzu rauhen, breiten Stahlfeile unter Wasserzufluß, dann auf einer feinen und endlich auf einem Arkansasstein. Die glatt polierte Fläche wird dann mittelst sehr harten (erst bei 50° flüssigen) Balsams auf den Objektträger aufgekittet und in der gleichen Weise fertig geschliffen. Trocknen, Befeuchten mit Toluol, Canadabalsam.

Wie diese Zusammenstellung zeigt, ist der individuellen Ausbildung der Schleifmethode ein weiter Spielraum geboten und wird man noch verschiedene, darauf bezügliche Angaben finden können. Ich verweise unter anderen auf Burkholder, Choquet, Hopewell-Smith, Latham, Tolputt, Walkkoff.

Anhang.

Die histologische Untersuchung des Schmelzes.

Die Ausbildung dieser Methoden verdanken wir hauptsächlich v. Ebner (90, 03, 05, 08), wo auch die übrigen Literaturnachweise zu suchen sind.

Bei der Untersuchung des fertigen Schmelzes ist man vornehmlich auf die Anfertigung von Schliffen angewiesen. Der Schmelz wird am besten mit dem Carborund-, Korund- oder Diamantrad in Scheiben geschnitten und diese vorsichtig dünn geschliffen, wobei die Einschmelzung in harten Canadabalsam oder Einschluß in Schellack nach v. Ebner (siehe oben) sehr zu empfehlen ist.

Zur Darstellung der bräunlichen Parallelstreifen von Retzius muß man getrocknete oder längere Zeit in starkem (absolutem) Alkohol gelegene Zähne benützen; feuchte Schliffe von anderen, nicht ausgetrockneten Zähnen zeigen in der Regel nur blasse Streifen.

Die Schregerschen Faserstreifen treten an radiären Längsschliffen besonders deutlich nach Ätzung mit verdünnter Salzsäure (Koelliker) (50) hervor. v. Ebner bringt den Schliff auf einem Löffel für wenige Sekunden in 5%ige Salpetersäure, tupft diese mit Filtrierpapier gut ab und überträgt erst dann in Wasser zum Auswaschen (Mündl. Mitt.).

Isolierte Bruchstücke von Schmelzprismen erhält man durch Absprengen oder Zertrümmern von Schmelzstückchen; v. Ebner (02, 03) gibt eine Methode zur Bestimmung des Brechungsquotienten der Schmelzprismen an. Leichter isoliert man die Prismen an sich bildendem Schmelz (Koelliker, 50). Hopewell-Smith bringt einen Zahn auf 30 Stunden in 10%ige Salzsäure und von dem erweichten Schmelz mit Nadeln eine Partie auf den Objektträger: beim Zerzupfen der Masse in Kochsalzlösung werden leicht Schmelzprismen (achsiale, ungelöste Teile dieser) isoliert. v. Ebner (05) kocht jugendlichen Schmelz in 10%iger Natron- oder Kalilauge und zerschüttelt ihn dann in Wasser oder zerzupft ihn mit Nadeln. Die Querstreifung der Schmelzprismen tritt an länger in (sauer reagierenden) Canadabalsam oder Damarharz eingeschlossenen Schliffen oder an mit verdünnter Salz-, Salpetersäure usw. geätzten Schliffen oder Splittern hervor.

An Zahnschliffen, welche man auf dem Platinbleche so lange erhitzt, bis das Zahnbein eine kohlenschwarze Farbe angenommen hat, werden die Schmelzprismen, bzw. die Spalträume zwischen ihnen besonders deutlich.

Die Kittsubstanz zwischen den Prismen hat schon J. Tomes durch Behandlung mit Säure als Netzwerk zwischen den Prismen isoliert. Ihr Vorhandensein ist schon durch die mechanische und chemische Isolierbarkeit der Prismen erwiesen. Man kann die Kittsubstanz durch Behandlung nicht ausgetrockneter Schmelzschliffe oder -splitter mit Ameisen-, $^1/_2$ bis $1^0/_0$iger Chrom- oder besonders Pikrinsäure sichtbar machen, welche Säuren zuerst die Prismen und erst später auch die Kittsubstanz lösen. J. Hart hat letztere als zartes Netzwerk an vergoldeten, frischen Schliffen, die er mit $6^0/_0$igem Eisessig entkalkt hatte, erhalten. (Vgl. pag. 727.) In ausgezeichneter Weise kann man die Kittsubstanz an jugendlichen, besonders an noch in der Alveole eingeschlossenen Ersatzzähnen darstellen, wenn man entkalkte Schnitte mit Congorot färbt. Aber auch die spärlichere Kittsubstanz jugendlichen, stärker verkalkten Schmelzes kann man an Schnitten erhalten, wenn man die Entkalkung nach vorhergegangener Celloidineinbettung vornimmt.

Ohne von dieser Empfehlung Notiz zu nehmen, hat C. F. Bödecker (06) eine Methode empfohlen, um den gesamten „protoplasmatischen" Inhalt des Schmelzes in annähernd richtiger Lage zu erhalten, die in jeder Hinsicht als irrationell bezeichnet werden muß. Er schlägt vor, die Präparate in dickem Celloidin mit einem Zusatz von $6-10^0/_0$ konzentrierter Salpetersäure zu entkalken. Schliffe von 30 μ Dicke bedurften 2 Wochen, 1 *mm* dicke Querschnitte von einem Bienspis über 2 Monate zur Entkalkung. Dann läßt er das Celloidin allmählich erhärten (unter der luftdichten Glasglocke mit einer Schale Chloroform) und bettet den Celloidinblock in Paraffin ein, weil er dünnere Celloidinschnitte wie 10—15 μ (in der zweiten Mitteilung (08) 25—30 μ) nicht erhielt. Das Irrationelle der Methode ist einleuchtend: der Zusatz der Säure schädigt die Konsistenz des Celloidins, was Bödecker selbst zugibt, ebenso wie den Nachteil, daß das saure Celloidin das Messer schädigt. Weiter wird aber der zarte organische Schmelzrest beim Erstarren des Celloidins doch verdrückt und deformiert und endlich wird etwas dickerer Schmelz im wasserfreien Celloidin überhaupt nicht vollkommen entkalkt. Fleischmann (09) hat auf meine Anregung eine viel zweckmäßigere Methode ausgearbeitet, bei der die geringsten Spuren der organischen Substanz und auch das Schmelzoberhäutchen in situ erhalten bleiben und gefärbt werden können. Ein gut gereinigter Schmelzschliff kommt aus $3^0/_0$iger Celloidinlösung auf einen mit Ätheralkohol gut gereinigten Objektträger, dem man eine leicht geneigte Lage gibt. Man übergießt ihn rasch mit einigen Tropfen einer $5^0/_0$igen Celloidinlösung, die über den Schliff wegfließt und ihn von allen Seiten umgibt, läßt an der Oberfläche erstarren und bringt zur vollständigen Erhärtung in $85^0/_0$igen Alkohol. In Wasser übertragen, löst sich der Schliff von selbst ab und kann nun im Celloidinhäutchen binnen $^1/_2$ Stunde in $5^0/_0$iger Salpetersäure entkalkt werden, was man am vollständigen Durchsichtigwerden erkennt. Auswaschen in Wasser und Färben, am besten in Safranin.

Nach v. Ebner (03. 2) läßt sich die Kittsubstanz im jugendlichen Schmelz durch die Färbung mit Thionin und Pikrinsäure (Schmorl, 99) scharf hervorheben. Die Kittsubstanz des ausgebildeten Schmelzes hat Smreker (03) durch Imprägnation mit Silbernitrat dargestellt, später (05) auch mit Fuchsin gefärbt. Man bringt die bis zur höchsten Feinheit geschliffenen Präparate — von frischen oder trockenen sowohl, als auch von in Alkohol oder Formalin aufbewahrten Zähnen — in die Silberlösung, deren Prozentgehalt von $^1/_5$ bis $5^0/_0$ schwanken kann, auf 6—1 Stunde. Hat man den Schliff längere Zeit in der schwachen Lösung bei diffusem Tageslicht belassen, wird einfach sehr gut ausgewaschen, mit wenigen Strichen auf dem Schleifstein der oberflächliche Silberniederschlag entfernt und in Glycerin untersucht, da in Balsam eingeschlossen die Präparate bald an Deutlichkeit verlieren. Später hat Smreker die Schliffe auf 3 Stunden in $5^0/_0$igen Silbersalpeter bei Dunkelheit eingebracht, dann direkt in Sonnenlicht reduziert. Weitere Behandlung wie oben; man muß nur im Auge behalten, daß die Imprägnation stets ziemlich seicht ist, daher bei der Entfernung der oberflächlichen Niederschläge nicht zuviel weggeschliffen werden darf.

Zur Färbung der Kittsubstanz mit Fuchsin hat Smreker sich der Methode von Ruprecht bedient. Ein sauber polierter Schmelzschliff wird in absolutem Alkohol entwässert, einige Zeit im Trockenkasten auf 110° erwärmt und warm in eine konzentrierte alkoholische Fuchsinlösung eingebracht, die man mehrere Male aufkochen läßt. Dann trocknen und wieder abschleifen mit feinem Bimsstein in Benzol, wieder polieren. Einschluß in harten Canadabalsam, den man kurz durch Erwärmen wieder flüssig macht. An vielen Stellen erscheint die Kittsubstanz prächtig rot.

Will man bei diesen Methoden reine Querschliffe von Schmelzprimen zur Ansicht bekommen, so empfiehlt Smreker (05) Kronenquerschliffe von Backen- und Malzähnen dicht unter dem Ansatz der Kronenhöcker.

Die ersten Versuche, Schmelz zu färben, stammen von Budas (03) und D. E. Caush. Über die Darstellung der Kittsubstanz mit Säure vgl. auch V. Andresen.

Das Schmelzoberhäutchen wird an frischen, nicht abgenutzten Zähnen durch Kochen in Säuren oder Alkalien isoliert. Nach Paul (Journ. of the Brit. Dental Assoc. 1896) kann es auch von in Ammoniumbichromat ($2^0/_0$) gehärteten, in schwachen Alkohol mit $5^0/_0$ Salpetersäure, oder an unmittelbar in Phloroglucin-Salpetersäure entkalkten Zähnen abgezogen, ausgewaschen und gefärbt werden. Der frisch gezogene Zahn kommt nur für wenige Minuten in die Säure-Phloroglucin-Mischung, bis sich die Membran zu sondern beginnt.

Dann wird der Zahn gut ausgewaschen, in EHRLICHS saurem Hämatoxylin gefärbt, wieder gewaschen, in wässeriger Eosinlösung nachgefärbt; dann wird die Membran abgestreift und in FARRANTsches Gemisch eingeschlossen.

Um das Schmelzoberhäutchen in situ am Durchschnitt darzustellen, entkalkt man radiäre Schmelzschliffe, die man nach FLEISCHMANN (08) am Objektträger in Celloidin eingeschlossen hat.

Die Entwicklung des Schmelzes untersucht man an gut fixierten und gefärbten Schnitten von Embryonen. Durch Maceration jugendlichen oder embryonalen Schmelzes in MÜLLERS Flüssigkeit lassen sich die Schmelzzellen mit ihrem besonderen cuticularen Deckel leicht isolieren (v. EBNER, 03, 2).

Bei der Verfolgung der Umwandlung des weichen, leicht schneidbaren, im feuchten Zustande sehr durchscheinenden und positiv doppelbrechenden Schmelzes des Neugeborenen in den fast ganz verkalkten negativ doppelbrechenden Schmelz des Erwachsenen spielt die Untersuchung im polarisierten Lichte eine große Rolle, worüber v. EBNER (03, 01 und 05).

3. Anfertigung von Schnitten durch entkalkte Knochen und Zähne.

Zu diesem Zwecke ist eine Entkalkungsmethode zu wählen, welche die collagenen Fibrillen der Grundsubstanz möglichst unversehrt erhält (siehe „Entkalkung"). Die weitere Behandlung der entkalkten Objekte ist die gleiche wie bei anderen Schnittpräparaten, nur ist für die Einbettung besonders endochondraler Verknöcherungspräparate entschieden der Celloidinmethode der Vorzug zu geben, da die leimgebenden Fibrillen und der hyaline Knorpel auch gegen Erwärmung sehr empfindlich sind. Über die Anfertigung von Paraffinschnitten durch Zahnbein siehe CORAINI (05).

Besonders sei hier darauf hingewiesen, welche Vorteile die Entkalkung nach vorhergegangener sorgfältiger Einbettung in Celloidin bietet; sie soll besonders bei zarten, verschieblichen Knochenbildungen (Spongiosa, Osteophytbildungen, Gehörknöchelchen usw.) und bei Zähnen jugendlicher Individuen angewendet werden, da sie eine Kompression und Lageveränderung der zarten Knochenbälkchen verhütet und die Erhaltung der organischen Substanz des Schmelzes sowie des Schmelzoberhäutchens in situ ermöglicht.

4. Die Darstellung der protoplasmatischen Einschlüsse der Knochengrundsubstanz und des Zahnbeins (Osteocyten und Ausläufer der Odontoblasten, Zahnbeinfasern).

Man kann diese entweder isolieren oder an Schnitten (Schliffen) durch Färbung, Imprägnation oder eine chemische Veränderung in situ deutlich hervortreten lassen.

Die Isolation der protoplasmatischen Knochenzellen, Osteocyten, gelingt verhältnismäßig leicht aus embryonalen Knochen; BROESIKE (82) empfiehlt zu diesem Zwecke Behandlung mit starker Salz- oder Salpetersäure, Kochen in starker Essigsäure oder Pepsinverdauung; behandelt man macerierten Knochen Erwachsener auf dieselbe Weise, so isoliert man nicht die Zellen, sondern ihre Grenzscheiden (vgl. Kap. 6a); BONNET schonende Entkalkung ganz frischer, dünner Knochenplättchen (Siebbeinlabyrinth von Mäusen), Färbung und Zerzupfung in Glycerin. Besser ist es, frische, dünne Knochenplättchen mit Fixierungsmitteln zu behandeln, welche zugleich entkalken (HERMANNsches Gemisch, SCHIEFFERDECKER, FLEMMINGs Gemisch) und dann mit Nadeln zu zerzupfen.

So gelingt es nicht selten, besonders wieder an embryonalen Knochen, die Zellen wenigstens teilweise zu isolieren.

Die protoplasmatischen Zahnbeinfasern hat J. TOMES isoliert, indem er von frisch gezogenen Zähnen dünne Schnitte in der Ebene des Kanälchenverlaufs machte und diese Schnitte entweder in der Richtung der Kanälchen mit dem Messer zerteilte, wobei die Fasern meist kurz abbrechen oder mit verdünnter Salzsäure entkalkte und dann zerzupfte. Um die Zahnbeinfasern wenigstens auf längere Strecken im Zusammenhange mit dem Odontoblastenkörper zu isolieren, nimmt man in MÜLLERscher Flüssigkeit oder $^1/_2$%ige Chromsäure (WALKKOFF) erhärtete Milchzähne, sprengt die Pulpahöhle auf, zieht ein Stück der oberflächlichen Pulpalage heraus und zerzupft es ohne oder nach vorhergegangener Färbung mit Nadeln in Glycerinwasser. Nach WALKKOFF isoliert man sie auch, wenn man frische Pulpen behutsam aus dem aufgesprengten Zahn herauszieht. Die Zahnbeinfasern hängen dann fransenartig an der Pulpa.

BOLL brachte einen frischen Zahn in dünne Chromsäure, deren Konzentration er durch tägliche Zusätze auf 2% und darüber steigerte. Dann setzte er noch einige Tropfen Salzsäure zu, wodurch die Grundsubstanz zu einer fast breiigen Masse wird. Durch Zerzupfen dieser erhielt er Präparate, an denen die Zahnbeinscheiden und aus diesen hervorragend die Zahnbeinfasern auf kurze Strecken isoliert erschienen.

FLEISCHMANN (05) färbt entkalkte Schnitte von in Formalin fixierten Zähnen stark mit Safranin und zerzupft sie dann mit Nadeln. Man sieht dann des öfteren die stark rot gefärbte Faser im isolierten Teil der Scheide. Hebt man zuerst die Pulpa vorsichtig ab, so daß sich die Fasern spannen und reißen und zerzupft man dann in gleicher Weise die centrale Partie des Dentins, so gelingt es an einzelnen Stellen, Scheiden zu isolieren, aus denen die Fasern herausragen.

Zur Darstellung der feinen verzweigten, peripheren Enden sind diese Isolationsmethoden jedoch unzureichend, ebenso wie zur Entscheidung der Frage nach dem Vorhandensein protoplasmatischer Ausläufer der Knochenzellen in den Kanälchen. Wohl aber kann da die Anwendung von starken Alkalien zum Ziele führen.

Man bringt nach ZACHARIADES (93) einen Schnitt durch frisch fixierten und entkalkten Knochen auf den Objektträger, behandelt ihn einige Sekunden mit 1%iger Osmiumsäure (zur Fixierung des Protoplasmanetzes!), wäscht aus und färbt ihn kurz mit einem Tropfen wässeriger, gesättigter Safraninlösung (oder 24 Stunden in schwacher wässeriger Lösung von Chinoleinblau). Dann wird der Schnitt mit einigen Tropfen 40%iger Kalilauge bedeckt und leicht erwärmt, bis er sich nach anfänglicher Schrumpfung wieder glättet. Die überschüssige Kalilauge wird abgesaugt und nun bedecke ich ihn mit dem hängenden Tropfen Glycerinwasser. (Versucht man, den Schnitt mit Wasser zu waschen, wie ZACHARIADES empfiehlt, so löst er sich ganz auf.) Das Ergebnis der Methode ist verschieden, je nach Grad und Dauer der Einwirkung der Kalilauge. Im Beginne derselben und bei nur leichtem Erwärmen gelingt es, die Grenzscheiden der Lacunen und ihrer Ausläufer samt ihrem Inhalt teilweise als zusammenhängendes Netz zu isolieren (das „protoplasmatische Netz“ von ZACHARIADES). Nach längerer Einwirkung lösen sich die Grenzscheiden auf und man erhält zackige Protoplasmakörper mit kürzeren und auch längeren Ausläufern, die aber im lamellären Knochen niemals dem Reichtum an Kanälchen entsprechen, noch so reiche netzartige Anastomosen bilden.

Aus macerierten und entkalkten Schnitten kann man, wie ZACHARIADES behauptet, in der Tat bei der gleichen Behandlung keine „Knochenkörperchen“ isolieren. Dies dürfte aber seinen Grund in der durch den Macerationsprozeß gesteigerten, bekannten (BROESIKE 82) Empfindlichkeit der Grenzscheiden gegen Kalilauge haben.

Zur Isolation der Zahnbeinfasern haben sich, nach einer (mir nicht zugänglichen) Mitteilung, MALASSEZ und GALIPPE des Kaliumhypochlorits (Eau de Javelle) und anderer Hypochlorite bedient (ZACHARIADES 89). Sie gelingt auch mittelst der Kalilaugenmethode von ZACHARIADES (FLEISCHMANN 05). Man hat sich aber auch bemüht, die Knochenzellen und Zahnbeinfasern in situ durch Färbung von der Grundsubstanz zu differenzieren.

Dies gelingt beim embryonalen Knochengewebe oder bei dem niederer Tiere leicht durch verhältnismäßig einfache Färbungen. Im lamellären Knochengewebe ist bisher auch mittelst komplizierter Färbungsmethoden ein zweifelloser Nachweis anastomosierender, protoplasmatischer Zellausläufer in den Kanälchen der Lacunen nicht erbracht worden.

Ich verweise hier auf meine Bemerkungen über diese Frage an anderer Stelle (93), welche ich aber dahin erweitern möchte, daß ich nunmehr im lamellären Knochen Erwachsener neben bald blättchenförmigen, bald leicht zackigen Zellen auch solche mit längeren anastomosierenden Ausläufern durch die Kalilaugenmethode von ZACHARIADES für nachweisbar halte (SCHAFFER 02, 1).

Zum Nachweise kernhaltiger Protoplasmakörper in den Lacunen genügen die gewöhnlichen Färbemethoden. Eine der einfachsten und ältesten besteht darin, daß man frische, dünne Knochenplättchen durch Schaben mit einem Skalpell vom Periost befreit, in Carmin färbt und in Glycerin einschließt. VOLKMANN hat an solchen Plättchen durch stark verdünnte schwarze Tinte die Zellgrenzen deutlich sichtbar gemacht. ROLLETT färbt dünne Schnitte von mittelst Chromsäure oder Chromsalzsäure entkalkten Knochen mit Carmin. Gute Bilder von Knochenzellen erhält man durch Doppelfärbung dünner Schnitte noch unverkalkter, mit Sublimat oder ZENKERscher Flüssigkeit fixierter (RETTERER 98) embryonaler Knochen mit Hämalaun-Eosin oder DELAFIELDS Hämatoxylin-Congorot. An solchen Präparaten treten auch die protoplasmatischen Ausläufer der Zellen deutlich hervor.

GARDNER stellt gelegentlich die Knochenzellen durch Färbung der in ihrem Protoplasma vorhandenen Kalkverbindungen dar. Schnitte aus unentkalkten Knochen in Alkohol werden 15—20 Minuten mit essigsaurem Kupfer gebeizt und mit wässeriger Alizarinlösung, der ein wenig konzentriertes Lithiumcarbonat zugesetzt ist, behandelt, entwässert und in Balsam eingeschlossen. In den centralen Teilen der Knochensubstanz treten die Knochenzellen ganz schwarz hervor.

Großen Schwierigkeiten begegnet die Deutung der Bilder jedoch im lamellären Knochen, wie schon die große Anzahl der empfohlenen Methoden zeigt.

Färbt man dünne Schnitte von lamellären Knochen, die in Formol oder im Gemische dieses mit MÜLLERscher Flüssigkeit fixiert und in Salpetersäure entkalkt worden sind, mit DELAFIELDS Hämatoxylin (verdünnte Lösung über Nacht) und allenfalls noch mit Eosin oder Congorot, so erhält man sehr zierliche Bilder der „Knochenkörperchen“.

Die Mehrzahl der Lacunen erscheint an solchen Präparaten durch einen tiefblau gefärbten Saum gegen den rot gefärbten Knochen abgegrenzt; anscheinend von diesem Saum ausgehend, sieht man die feinen Ausläufer graublau gefärbt und scharf differenziert die Grundsubstanz durchziehen. Der Protoplasmakörper färbt sich bei dieser Methode rot und kann man nur selten zweifellose Fortsätze desselben durch die blau gefärbte Grenzscheide der Lacune sich weiter fortsetzen sehen, so daß ich die gefärbten Ausläufer vorwiegend auf die Grenzscheiden der Kanälchen beziehen muß. Da die Erweichung der Knochen bei der Entkalkung und die dadurch bedingte Zusammendrückbarkeit derselben beim Schneiden auf die Wahrnehmbarkeit der ungemein zarten Ausläufer der Zellen nicht ohne Einfluß sein kann, ist die folgende Methode von ZACHARIADES (89) von großer Bedeutung in dieser Frage. Färbt man einen gut polierten Schliff vom frischen Knochen (Befeuchtung der Schleifsteine mit $^1/_2$%iger Kochsalzlösung) 24 Stunden in wässeriger Chinoleinblaulösung (einige Tropfen der alkoholischen Lösung auf 10 *ccm* destillierten Wassers; die entstehenden Niederschläge sind vor Einschluß des Schliffes abzupinseln), so färben sich die Knochenzellen metachromatisch rötlich und auch die Ausläufer treten stellenweise deutlich und scharf hervor. Ich habe mich der Metacarpalknochen des Kalbes hierzu bedient und gefunden, daß besonders an den unregelmäßigen Knochenzellen des Wurzelstockes, die noch embryonalen Typus besitzen, diese Ausläufer stellenweise deutlich und zweifellos protoplasmatische Zellfortsätze darstellen, welche bei jeder Einstellung rötlich gefärbt und manchmal auch deutlich körnig erscheinen. Je frischer, d. h. rascher post mortem der Schliff in die Färbeflüssigkeit gebracht wird, desto besser gelingt die Färbung. Schwieriger ist die Entscheidung an den platten Zellen des lamellären Knochens. Die Ausläufer sind da ungemein zart, erscheinen aber auch rötlich gefärbt. Behandelt man einen nicht mehr frischen oder trockenen Schliff von macerierten Knochen in derselben Weise, so erhält man teils leere Lacunen und Kanälchen; letztere erscheinen bei hoher Einstellung auch rötlich (infolge der schwächeren Lichtbrechung), werden aber bei tiefer farblos. Einzelne Lacunen besitzen einen blau gefärbten Inhalt (Detritus).

Nach Heitzmann treten die Ausläufer der Knochenzellen nach einfacher Entkalkung mit Milchsäure hervor.

Ranvier (74) empfiehlt zur Färbung der Knochenzellen das Purpurin. Es wird in 200 *g* $^1/_2$%iger Alaunlösung durch Kochen gelöst, heiß filtriert und das Filtrat mit 60 *ccm* Alkohol von 96% gemengt. Färbung der entkalkten Schnitte durch 24—48 Stunden, Auswaschen in Wasser, Einschluß in Glycerin.

W. Krause legt dünne Knochen in eine Mischung von 1%iger Osmiumsäure und 5%iger Salzsäure zu gleichen Teilen ein; unter günstigen Umständen bleibt die Grundsubstanz hell, die Knochenzellen gelblich, ihre Kerne zugleich deutlich.

Diese Beobachtung konnte ich auch an Schnitten durch Knochen machen, die in Pikrinsublimat fixiert und nach Thoma entkalkt worden waren.

Chevassu entkalkt zum Nachweis der protoplasmatischen Ausläufer in Pikrinsäure und färbt mit Essigsäurecarmin (Schweigger-Seidel) 12 Stunden in der feuchten Kammer; Einschluß in Glycerin, dem etwas von demselben Carmin zugesetzt ist. Auch Renauts Eosinhämatoxylin benutzte er mit Erfolg; Kerne der Knochenzellen dunkelviolett, Protoplasma rot, die Fortsätze desselben hellviolett.

Chiarugi entkalkt in Pikrinsalpetersäure mit 2 Teilen Wasser verdünnt und färbt wenige Minuten in 1%iger Eosinlösung; dann werden die Schnitte in 3—4%iger Kalilauge gewaschen, bis kein Farbstoff weggeht, auf einige Stunden in 1%ige Alaunlösung übertragen, in dieser untersucht und aufbewahrt, wozu sie aber sterilisiert sein muß. Solche Präparate sollen die Anastomosen der Protoplasmaausläufer zeigen. (Für den lamellären Knochen konnte ich dies nicht bestätigen; eine Täuschung durch Niederschläge, welche Alaun und Eosin geben, ist nicht ausgeschlossen.

Stephan (00) konnte an verschiedenen Fischknochen außer durch die Kalilaugenmethode auch durch Färbung mit Eosin und nachfolgende Differenzierung mittelst Ameisensäure, Färbung mit Thionin und anderen Anilinfarben, endlich Hämatoxylineosin protoplasmatische Ausläufer der Knochenzellen darstellen. Jedoch verhalten sich da nicht alle Arten gleich; während bei Lepidosteus die einfachsten Methoden genügen, gelingt die Darstellung bei Protopterus und Polypterus nur schwer mit der Kalilaugenmethode.

Endlich wurden zur Darstellung der Knochenzellen auch die Goldimprägnation und die Golgische Chromsilbermethode mit teilweisen Abänderungen empfohlen.

Joseph sowie Heitzmann bedienten sich der Goldmethode zur Darstellung der Knochenzellen. Ersterer brachte die Knochenstückchen (Schädelknochen von Tritonen) auf 1—1$^1/_2$ Stunden in 1%ige Goldchloridlösung und reduzierte in Wasser, das mit einigen Tropfen Essigsäure versetzt war. Anhaftendes Gewebe wurde mit einem feinen Messerchen unter der Goldchloridlösung abgeschabt. Nach 24—36 Stunden wurden feine Schnitte mit dem Rasiermesser angefertigt und in Glycerin untersucht. Nach Heitzmann sollen an solchen Präparaten die dunkelvioletten Knochenzellen auf dem blaßvioletten Grunde scharf hervortreten und Anastomosen zu sehen sein, die Joseph vermißte. W. Krause führt die Bilder von Anastomosen auf die Reduktion durch die eiweißhaltige Flüssigkeit in den Kanälchen zurück.

J. Hart konnte die Zahnbeinfasern mit ihren feinsten Verzweigungen färben, indem er gut gereinigte Schliffe von ganz frischen Zähnen (Befeuchten der Schleifsteine mit Kochsalzlösung) auf 10 Stunden vor Licht geschützt in 1%iges Goldchlorid brachte. Dann wurden sie auf ebenso lange Zeit (mit Holzspatel) in 6%igen Eisessig übertragen, weiter im Lichte reduziert und in chemisch reines Glycerin eingeschlossen.

Lepkowski (92) empfiehlt zu diesem Zwecke Sägeschnitte von $^1/_2$—$^3/_4$ *mm* Dicke auf 24 Stunden in ein Gemisch von 6 Teilen 1%iger Goldchloridlösung und 3 Teilen reiner Ameisensäure einzulegen; Waschen in destilliertem Wasser, Reduzieren in einer Mischung von Gummi arabicum und Glycerin 24 Stunden; abermals Waschen, Entwässern, Einbettung in Celloidin oder Paraffin.

Die Methode erscheint vom chemischen Standpunkte aus zum mindesten sehr verschwenderisch, da die Hauptmasse des Goldes durch die Ameisensäure reduziert wird. Der Rest genügt aber, um in der Tat die Zahnbeinfasern stellenweise scharf gefärbt hervortreten zu lassen. Jedoch ist das Ergebnis kein durchaus gleichmäßiges. Am Abgange der

Zahnbeinfasern finde ich diese meist ungefärbt, dagegen die Wandung der Kanälchen diffus blaugrau gefärbt. Weiters findet man Niederschläge deutlich zwischen Fasern und Kanälchenwand; endlich können die Fasern selbst intensiv schwarzblau imprägniert hervortreten. Die feinen Seiten- und Endfiederchen sind meist schwächer gefärbt, treten aber an günstigen Stellen immerhin in imponierender Menge hervor. Die Deutung der Bilder erfordert daher Vorsicht. Rudas (94) hat die Methode meiner Kritik gegenüber (93) in Schutz genommen, konnte aber selbst mittelst derselben weder eine Färbung, noch eine vollständige Entkalkung entzielen. Dazu darf man allerdings nicht die frischen Zähne unter Wasser zerschneiden und eine Ameisensäure von so geringem spez. Gew. (1,06) wählen. Die hier käufliche konzentrierte Säure besitzt ein solches von 1,2.

Wenn man die frischen, dünnen Zahnscheibchen zuerst in Goldchlorid bringt, dann reduziert, in reiner Ameisensäure (1,2) entkalkt und Celloidinschnitte anfertigt, so findet man das Gold von den Schnittflächen aus nur 20—40 µ tief, von der Cementoberfläche aus gar nicht eingedrungen. Dagegen dringt es von der Pulpahöhle längs der Zahnbeinfasern mehr minder weit vor und erscheinen hier die Zahnbeinscheiden scharf gefärbt. Färbt man einen solchen Schnitt noch mit Delafields Hämatoxylin und Eosin, so kann man die früher ungefärbten Zahnbeinfasern deutlich graublau gefärbt finden, als zarte, verästelte solide Fäserchen neben den dicken, hohlen Zahnbeinröhren. Diese Färbung betrifft aber nur solche Fasern, deren Scheiden von Gold nicht gefärbt waren (Schaffer, 02, 1).

Reich empfiehlt zur Darstellung der protoplasmatischen Fortsätze der Odontoblasten die von Beneke modifizierte Fibrinfärbung von Weigert:

Schnitte aus Orths Gemisch (Müllers Flüssigkeit 80, 4%iges Formalin 20) werden 10 bis 20 Minuten in Anilinwasser-Gentianaviolett (10 Anilinöl mit 100 Wasser schütteln, filtrieren und 5—10 Teile konzentrierte alkoholische Gentianaviolettlösung zusetzen) gefärbt, kurz in Wasser abgespült, 1 Minute in stark verdünnter Lugolscher Lösung behandelt, am Objektträger abgetrocknet und mit Anilinöl 2, Xylol 3 differenziert. Reines Xylol, Balsam. Scheiden hellblau, Zahnbeinfasern dunkelblau. Noch einfacher ist zu demselben Zweck die Färbung nach Mallorys Hämatoxylin-Phosphormolybdänsäuremethode. Scheiden dunkelblau, auch im unverkalkten Zahnbein, Fasern heller.

Mittelst der Golgischen Methode gelingt es, auch im lamellären Knochen den Inhalt der Lacunen und ihrer Ausläufer geschwärzt zu erhalten. Doch können diese Bilder kaum als Beweis für das Vorhandensein verzweigter und anastomosierender Knochenzellen gedeutet werden, da man ganz dieselben Bilder auch von macerierten und getrockneten Knochen erhalten kann.

Fusari hat mittelst der Golgimethode Knochenzellen und Zahnbeinfasern imprägniert, findet aber im embryonalen Knochen keine Anastomosen der ersteren.

Tirelli bringt embryonale Schädelknochen (von fast ausgetragenen Meerschweinchenembryonen) auf 8 Tage in Müllersche Flüssigkeit, die öfter gewechselt wird, dann in das starke Osmiumbichromatgemisch (1%ige Osmiumsäure 1 Teil, 3%iges Kaliumbichromat 4 Teile). Von da, nach längerem Auswaschen in destilliertem Wasser, in $^3/_4$%ige Silbersalpeterlösung im allgemeinen auf 30 Stunden. Entwässern. Aufhellen in Terpentinöl, Einschluß in Terpentincanadabalsam. Die Knochenzellen erscheinen gruppenweise bis in die feinsten „Ausläufer" schwarz gefärbt.

Vivante bediente sich teils einer Abänderung der vorigen Methode, teils empfiehlt er eine Färbung mit Chinoleinblau. Sehr kleine Stücke vom Stirnbein 4—6monatlicher Kälber werden nach dem Vorgehen von Tirelli behandelt. Aus dem Silbersalpeter kommen sie dann zur Entkalkung auf 20 Tage in v. Ebners Kochsalz-Salzsäuregemisch, wodurch auch die Niederschläge größtenteils entfernt werden sollen. Nach gründlichem Waschen übertragen in eine Lösung von kohlensaurem Natron, wieder auswaschen, nachhärten in Alkohol und einbetten in Paraffin. Die Schnitte werden mit Eiweiß aufgeklebt, mit Terpentinöl behandelt und in Dammarfirnis eingeschlossen, wobei sie auch das Bedecken mit einem Deckglase ohne Schaden erlauben sollen.

Die zweite Methode Vivantes ist folgende: Sehr kleine Knochenstückchen werden 5—6 Tage in Flemmings Gemisch fixiert, ausgewaschen und nach v. Ebner entkalkt (was bei sehr kleinen Stücken nicht nötig ist), wieder ausgewaschen und in kohlensaures Natron übertragen. Einbettung in Paraffin; Entfernen des Paraffins aus den Schnitten durch Terpentinöl; absoluter Alkohol. Dann kommen die Schnitte in eine 0,2%ige, alkoholisch-wässerige (die alkoholische Lösung ist mit 1 Teil Wasser zu verdünnen) Lösung von Chinoleinblau, welches sie binnen 1 Stunde tief violett färbt. Differenzieren in beiläufig 50%igem Alkohol, bis die Schnitte hellblau werden und in Wasser übertragen.

Die Entfärbung muß in dem Momente unterbrochen werden, in dem der Gegensatz in der Färbung von Zellen und Grundsubstanz am stärksten ist. Dann werden die Schnitte bei 40° C (im Brutofen) langsam getrocknet, mit Bergamottöl aufgehellt und in Dammarfirnis eingeschlossen.

Bouin empfiehlt zur Darstellung der Protoplasmaausläufer die Knochen neugeborener Blindschleichen nach Golgi zu behandeln, aber nur 2 Tage im Osmiumbichromatgemisch liegen zu lassen, da sie nach längerem Verweilen nicht mehr hervortreten sollen.

Hierher gehört auch die Chromsilbermethode von Röse (97), über welche man Kap. 6, *a* vergleichen möge. An mittelst ihr behandelten dünnen Knochenschliffen — die durch Bildung eines Silberspiegels an der Oberfläche bald undurchsichtig werden, dann wieder von beiden Seiten abgeschliffen und in flüssigen Balsam eingeschlossen werden — sieht man einesteils Knochenkörperchen (Lacunen) mit dicken, plumpen Ausläufern, die den Grenzscheiden entsprechen. Daneben aber auch solche mit außerordentlich zarten und feinen, die man nur auf die protoplasmatischen Ausläufer der Osteocyten beziehen kann.

5. Darstellung des Kanalsystems im Knochen und Zahnbein.

Um die Anordnung und Verlaufsweise der Gefäßkanäle im Knochengewebe deutlich zur Anschauung zu bringen, füllt man sie mit Farbstoffen oder färbt ihre Wandungen.

Zu diesem Zwecke injiziert man entweder einen gut macerierten und getrockneten Röhrenknochen vom Foramen nutritium aus mit löslichem Berlinerblau und verarbeitet den trockenen Knochen zu Schliffen, oder man nimmt nach Ranviers (89) Angabe die Füllung der Kanäle, bzw. die Färbung ihrer Wandung erst an den Schliffen vor.

Man überträgt die polierten Schliffe auf 10—20 Stunden in eine konzentrierte, ammoniakalische Carminlösung, läßt sie trocknen und schleift dann die beiden Flächen auf einem mit Alkohol befeuchteten Wetzsteine ab, bis die gefärbten Oberflächenschichten entfernt sind. Colquhoun hat versucht, Farben durch das Kanalsystem des frischen Knochens zu treiben, worüber weiter unten.

Übrigens gelingt es fast mit sämtlichen Methoden, welche zur Füllung der Lacunen und ihrer Ausläufer dienen, auch die Haversschen Kanäle deutlich zur Darstellung zu bringen; nur sind für den letzteren Zweck, wenn es sich um Übersichtsbilder handelt, dicke, stark aufgehellte Schliffe bei Lupenvergrößerung zu untersuchen.

Ich bespreche daher jetzt jene Methoden, welche die Lacunen und Knochenkanälchen, bzw. die Dentinröhrchen deutlich hervortreten lassen.

Die älteste und einfachste dieser Methoden ist die Füllung mit Luft. An dünnen und vollkommen polierten Trockenschliffen gut macerierter Knochen oder Zähne erscheinen die Lacunen und ihre Ausläufer, bzw. die Dentinröhrchen bis in die feinsten Zweigchen hinein mit Luft erfüllt und treten dadurch im durchfallenden Lichte schwarz auf weißem Grunde, im auffallenden weiß auf schwarzem Grunde hervor. Nach längerem Liegen in Flüssigkeit verschwindet das Bild größtenteils; Lawdowsky empfiehlt daher, die Schliffe vor dem Einschluß in Balsam mit einem dünnen Überzug von Gummi arabicum zu versehen. Frey verwendet zu demselben Zwecke eine warme Lösung filtrierter Gelatine.

Um auch Schliffe, an denen die Schleifspuren nicht ganz entfernt wurden, mit Erhaltung der Luftfüllung durchsichtig zu machen, bedient man sich aber am besten des von Krukenberg angegebenen Verfahrens des Einschlusses in harten Canadabalsam.

Auf dem Objektträger und dem Deckglas wird je ein Tropfen dicken Canadabalsams vorsichtig über nicht russender Flamme erwärmt, bis er rasch nach dem Erkalten erstarrt. Dann legt man den entfetteten und gut getrockneten Schliff zwischen beide harte Balsamlagen, verflüssigt durch abermaliges Erwärmen flüchtig den Balsam, drückt gleichmäßig das Deckglas auf und legt den Objektträger zur Abkühlung auf eine Metallplatte. Die Unebenheiten der Oberflächen erscheinen ausgeglichen, Lacunen und Kanälchen mit Luft gefüllt. War nicht aller Terpentin aus dem Balsam verdrängt, so kann letzterer bei zu langem Erwärmen oder im Laufe der Jahre doch noch in die lufthaltigen Räume des Knochens eindringen; um dies zu vermeiden, hat v. EBNER (87), besonders zum Einschlusse veraschter Schliffe, bei denen es sich um die Luftfüllung der Fibrillenröhren handelt, empfohlen, an Stelle des dickflüssigen, ganz alten, bereits fest und krümelig gewordenen Balsam zu nehmen. „Dabei ist es allerdings nicht möglich, alle Luft aus dem Balsam durch Erwärmen auszutreiben."

Um auch an Schnitten entkalkten Knochens, an denen Lacunen und Kanälchen im allgemeinen wenig deutlich hervortreten, diese durch Luftfüllung darzustellen, empfiehlt FLEMMING folgende Methode:

Der Knochen wird in einem Gemisch von Chromsäure, Salzsäure und Alkohol entkalkt; die Schnitte werden aus Wasser auf Glasplatten aufgetragen, mit Glasplatten bedeckt und so eingepreßt in Alkohol gehärtet, damit sie sich nicht rollen. Aus absolutem Alkohol oder Äther werden sie feucht auf den Objektträger gebracht, mit Filtrierpapier und einer zweiten Glasplatte bedeckt und getrocknet. (Für den einzelnen genügt es, den Schnitt mit dem Deckglas zu bedecken und mit einer der gebräuchlichen Drahtklemmen eingepreßt trocknen zu lassen.) Einschluß nach KRUKENBERGS Methode (s. oben). Man darf nicht zu dünne Schnitte nehmen; trotzdem gelingt die Luftfüllung nur in kleineren Partien der Präparate.

Leicht gelingt es auch am frischen, noch zellenhaltigen Knochen, Höhlen und Kanälchen bis in die feinsten Verzweigungen hinein durch Gasfüllung kenntlich zu machen.

„Wenn man von einem eben getöteten Tiere dünne Knochenplättchen (Vomer) mit ihrer Schleimhaut-, resp. Periostumhüllung unter Wasser von ihren Weichteilen befreit, so wird man stets unter dem Mikroskope das bekannte, dunkle Aussehen der sogenannten Knochenkörperchen und des von ihnen ausgehenden Kanalsystems wahrnehmen, das vollständig mit dem eines trockenen Knochenschliffes übereinstimmt." Auf diese Beobachtung gestützt, glaubte KLEBS, daß die sternförmigen Höhlen und die feinen Kanäle des ausgebildeten Knochens mit Kohlensäure gefüllt sind.

Ohne hier auf eine Erörterung dieses Befundes einzugehen [s. darüber meine Mitteilung (93)] sei nur hervorgehoben, daß von der Gasfüllung an frisch in indifferenten Zusatzflüssigkeiten untersuchten Knochenplättchen nichts zu sehen ist, wie nach mir auch EWALD betonte.

Diese tritt aber alsbald auf, wenn man dünne Knochenbälkchen oder -plättchen ganz frisch in Terpentin [BRÖSIKE (82)], Glycerin [v. RECKLINGHAUSEN (91), SCHAFFER (93), RETTERER (05)], absolutem Alkohol, Osmiumsäure (EWALD) untersucht. Letzterer empfiehlt daher, die dünnen Knochenplättchen der Kiemendeckel kleiner Fische auf 1—6 Stunden in absoluten Alkohol zu bringen, in Nelkenöl aufzuhellen und in Xylolcanadabalsam einzuschließen. Es erscheinen dann sämtliche Knochenlacunen samt ihren feinsten Ausläufern mit Luft gefüllt.

Zu demselben Zwecke hat schon früher v. RECKLINGHAUSEN (91) empfohlen, Schnitte von in Alkohol oder MÜLLERscher Flüssigkeit erhärteten Knochen mittelst eines starken Messers anzufertigen, sie mit absolutem Alkohol, dann Äther oder Chloroform („schon H. MÜLLER wußte es, auch TOMES und MORGAN führen es an, daß Chloroform die Knochenkörperchen sehr deutlich macht") zu behandeln, sie flüchtig auf dem Objektträger eintrocknen zu lassen und in Glycerin, Knochenöl oder dickflüssigem Wasserglas einzubetten. Bei Anwendung des letzteren bedeckt man statt mit dem Deckgläschen wegen der nachfolgenden Erstarrung besser mit einem Gypsplättchen.

Ein zweites Verfahren desselben Autors, die sogenannte Alaunmethode, besteht in der Behandlung der Schnitte mit Alaunlösung, welche man am besten mit kohlensäurehaltigem Wasser herstellt. Vollkommen genügt schon ein minutenlanges bis $^1/_4$stündiges Eintauchen in eine stark alaunhaltige Lösung von Alauncarmin. Eingeschlossen werden die Schnitte in Glycerin oder Alaunglycerin. Will man Dauerpräparate erhalten, so muß man die glyceringetränkten Präparate im Zustande vollster Gasinjektion und leicht abgetupft in Wasserglas einbetten.

Diese Methoden v. RECKLINGHAUSENs eignen sich im allgemeinen wenig für histologische Untersuchungen, da sie nur die Anfertigung kleiner, meist durch Risse verunstalteter Schnitte gestatten und die Gasinjektion nur kurze Zeit erhalten werden kann. Um die Haltbarkeit derselben zu erhöhen, empfiehlt APOLANT den Einschluß in Glyceringelatine. Eine kleine Menge wird auf Deckglas und Objektträger gebracht, flüchtig erwärmt, das Präparat im Zustande vollster Gasinjektion rasch eingebettet und sofort auf einer Metallplatte abgekühlt.

Um an Schliffen von macerierten Zähnen die feinen Seiten- und Endfiederchen der Dentinröhrchen mit Gas zu füllen, hat BAUME* die Schliffe kurze Zeit in Essigsäure oder Alaunlösung eingelegt.

Zahlreich sind die Methoden, Lacunen und Kanälchen mit Farbstoffen zu erfüllen, welche sich in der Untersuchungsflüssigkeit nicht lösen.

GERLACH (48) hat zuerst in den Lacunen und Kanälchen einen Niederschlag von Berlinerblau erzeugt. Die Knochenschliffe kommen aus Wasser in konzentrierte Lösung von Ferrocyankalium, in welcher sie 12 Stunden bleiben. Dann kommen sie auf 6 Stunden in konzentrierte Lösung von Eisensulfat, werden sorgfältig mittelst feiner Läppchen gereinigt und an der Luft vollkommen getrocknet. Danach werden sie mit Öl nochmals geschliffen (zwischen zwei Schleifsteinen), bis sie den höchsten Grad der Feinheit erlangt haben, und in Terpentinöl untersucht.

Ein zweites Verfahren GERLACHS (54) besteht in der Injektion des Kanalsystems (mit ammoniakalischem Carmin**) von der Markhöhle aus. Kleine, gut macerierte und sorgfältig entfettete Röhrenknochen werden an der Epiphyse zur Aufnahme der Kanüle angebohrt und dann die ganze Oberfläche des Knochens mit Schellack überzogen. Mittelst dieser Methode können jedoch nur wenige Lacunen und Kanälchen gefüllt werden, da die Luft aus ihnen nicht entweichen kann (nach HARTING); nach einer freundlichen Mitteilung L. GERLACHS soll beim Firnissen eine kleine Stelle zum Luftaustritt frei bleiben und der Knochen vor der Injektion, die bei sehr starkem Druck vorgenommen wird, etwas erwärmt werden. HARTING verwendete zur Füllung der Lacunen und ihrer Ausläufer im Wasserbade eingedicktes Extrakt der gepulverten Alkannawurzel mit Terpentinöl, in welches die Schliffe auf 4—6 Tage unter die Luftpumpe gebracht wurden. Solche Präparate lassen sich nicht in Canadabalsam aufbewahren.

RANVIER (75) empfiehlt zu demselben Zwecke folgende Methode: Die gut polierten Schliffe werden mit scharfem Skalpell abgeschabt, um das Schleifpulver, welches die Mündungen der Kanälchen verstopft, zu entfernen und kommen dann auf 1—2 Stunden in eine alkoholische Lösung von in Wasser unlöslichem Anilinblau, in welcher sie schließlich auf dem Wasserbade bis zur vollständigen Eintrocknung erhitzt werden. Dann schleift man beide Oberflächen in 2%iger Kochsalzlösung ab und schließt in salzhaltigem Glycerin ein.

Die schärfsten Bilder erhält man mittelst einer Modifikation dieser Methode, welche den Einschluß der Schliffe in Lack oder Balsam gestattet und die meisten übrigen derartigen Füllungsmethoden entbehrlich macht. Eine solche ist zuerst von ZIMMERMANN, eine weitere von RUPRECHT gegeben worden.

ZIMMERMANN bringt dünne Schliffe, welche in Xylol entfettet und gut getrocknet wurden (beides ist unerläßlich für das Gelingen des Verfahrens) in eine alkoholische, gesättigte Fuchsinlösung, in welcher sie wiederholt mehrere Minuten gekocht und langsam abgekühlt werden. Dann wird der Schliff auf die Schenkel einer Pinzette gelegt, so daß beide Flächen noch dick mit Farbstofflösung bedeckt sind und läßt man ihn da 2—3 Tage trocknen, schabt dann den Überschuß an Farbstoff mit einem Skalpell vorsichtig ab, schleift ihn nochmals in Xylol mittelst des Fingers, pinselt ihn in Xylol ab und schließt ihn in Xylolcanadabalsam ein. Durch vorhergehendes Erhitzen des Präparates tritt die Struktur des Knochengewebes deutlich hervor.

* Nach RÖSE (1892); ich fand bei BAUME (Odontolog. Forschungen, 1. T. und im Lehrbuch) nur Essigsäure empfohlen.

** J. GERLACH erwähnt diesen Farbstoff nicht an der zitierten Stelle, doch nennt ihn HARTING (Bd. 2).

RUPRECHT hat aus verschiedenen Gründen die Methode ZIMMERMANNS modifiziert und schlägt folgendes Verfahren vor: Ein Sägeschnitt von einem völlig fettfreien, gut macerierten Knochen wird mit den Feilen auf eine Dicke von 0,3 *mm* gebracht. Dazu müssen große Schnitte aufgekittet werden; kleinere legt man auf das vordere Ende einer groben, fest auf dem Tisch liegenden Feile und bearbeitet sie mit dem Ende einer anderen, etwas feineren. Der Feilstaub wird durch wiederholtes Abziehen mit einem Skalpell von beiden Seiten entfernt (RANVIER); dann erhitzt man den trockenen, für einige Minuten in Äther gelegten Schnitt schnell auf einer Glasplatte und läßt ihn von hier heiß wieder in Äther gleiten, wobei dieser etwas aufzischen muß. Nach 5 Minuten bringt man den Schnitt in siedende konzentrierte und filtrierte Lösung von Diamantfuchsin in absolutem Alkohol schnell und flach ein, läßt 5 Minuten kochen, dann erkalten und dampft dann das Farbbad samt den Schnitten bei 70° C zur Trockne ein. Der überschüssige Farbstoff wird mit dem Messer abgekratzt. Dann wird der Schnitt zwischen zwei matten Glasplatten mit Bimsstein, den man mit wasserfreiem Benzin 10 Teile auf Vaselinöl 1 Teil verreibt, geschliffen, auf dem Arkansasstein mit dem Finger ebenfalls mit Benzolvaselinöl nachgeschliffen, dann mit Benzin gut abgewaschen, getrocknet und zwischen Schreibpapier poliert. Zur Einbettung der Schliffe empfiehlt er helles Kolophonium, das in wasserfreiem, erwärmtem Benzol gelöst wird und beim Erkalten eine zähflüssige Konsistenz zeigt. Objektträger und Deckglas sind zu erwärmen, nach dem Einschluß zu beschweren. Weniger gute, aber leidliche Resultate ergeben auch Indulin, Bleu de Lyon und Methylviolett.

DONATI hat an Schnitten vollständig macerierter und getrockneter Knochen mit der Thioninmethode von SCHMORL (s. unten) eine ausgezeichnete Färbung der Lacunen und ihrer Ausläufer erhalten.

Nur der Vollständigkeit wegen erwähne ich noch die Methoden von WHITE und MATSCHINSKY. WHITE infiltriert die Schliffe mit einer Kollodiumlösung, die mit Fuchsin gefärbt wird. Die mäßig dünnen Schliffe kommen auf 24 Stunden oder länger in Äther und dann auf 3—4 Tage in die Farb-Kollodiumlösung, welche man sich bereitet, indem man Fuchsin in Äther-Alkohol löst und dann Schießbaumwolle zusetzt. Aus dem Kollodium werden die Stücke in Alkohol von 70—80 Prozent gebracht und können dann noch dünner geschliffen werden. Einschluß in dickem Canadabalsam oder Styrax, ohne oder mit nur geringem Erwärmen.

MATSCHINSKY (95) sucht die Kanälchen durch Versilberung von Schliffen deutlich sichtbar zu machen. Er bringt dünne, sorgfältig polierte Schliffe in Wasser, dann in 1%ige Silbersalpeterlösung auf 5—6 Stunden im Wärmeschrank. Nachdem man sie dem Lichte ausgesetzt hat, werden sie in destilliertem Wasser gewaschen, wieder auf einem Schleifsteine oder Mattglas abgerieben, getrocknet und in flüssigem Balsam eingeschlossen. Man kann auch unpolierte Schliffe nehmen, die dann aber 24 Stunden in der Silberlösung bleiben, nach dem Trocknen poliert, allenfalls abermals in die Silberlösung gebracht werden müssen.

Auch an lebenden oder frischen Knochen hat man versucht, die Knochenkanälchen durch Farbstoffe deutlich zu machen.

ARNOLD (87) hat den Farbstoff lebenden Tieren ins Blut einverleibt, und zwar infundierte er Fröschen größere Mengen von 0,2%iger Lösung von Indigcarmin innerhalb 24—48 Stunden. Die Knochen kamen dann gewöhnlich in absoluten Alkohol, dem nach 24 Stunden konzentrierte Salzsäure (4 : 100) zugesetzt wurde. In 24—48 Stunden sind die Knochen schnittfähig und werden die Schnitte in mit Chlorkalium gesättigtem Glycerin oder in Canadabalsam eingeschlossen. Neben den Knochenkanälchen können an solchen Schnitten auch die Lacunen mehr oder minder vollständig mit dem Farbstoff gefüllt erscheinen.

COLQUHOUN suchte Niederschläge in den Kanälchen der frischen Knochen hervorzurufen. Dünne Scheiben werden für einige Tage in eine 3%ige Lösung von doppeltchromsaurem Kali eingelegt; dann wird eine Fläche glatt geschliffen und das Plättchen auf 1—2 Wochen im Dunkeln in 1%ige Lösung von salpetersaurem Silber übertragen und nach der v. KOCHschen Methode geschliffen. Da das Silber nur wenig tief eindringt, darf man mit dem Schleifen nicht zu weit geben; dann wird der Balsam erwärmt, der Schliff umgekehrt und weiter geschliffen. Alle Lacunen und Kanälchen erscheinen dann schwarz. Auch Sublimatfixierung und nachfolgende Behandlung mit verdünntem Schwefelammonium kann angewendet werden. Man kann nach Entkalkung in Chromessigsäure auch Schnitte anfertigen.

Um an Schnitten das Kanalsystem bzw. Lacunen und Kanälchen deutlich hervortreten zu lassen, hat bereits J. GERLACH (54) die nach seiner Methode mit Carmin injizierten Knochen entkalkt und geschnitten. Ähnliche Versuche habe ich an den Zähnen durch Injektion einer Berlinerblau-Leimlösung gemacht; die durch Härtung in Formol säurefest gewordene Leimmasse* gestattet die nachfolgende Entkalkung.

Außerdem kommen hier die bereits erwähnten Verfahren von FLEMMING, ARNOLD und COLQHOUN sowie die ALTMANNsche Methode der Ölinjektion und die Thionin-Methoden von SCHMORL in Betracht.

Bei der ersteren (78) werden kleinste Stücke gut entfetteten und macerierten Knochens auf 8 Tage, am besten unter der Luftpumpe, in ein Gemenge von Olivenöl 2, Aether sulf. 1, Alcohol absol. 1 oder 2 Teile Ricinusöl und 1 Teil absoluten Alkohol gebracht, dann gut mit Wasser abgespült und auf 24 Stunden in 2%ige Osmiumsäure gebracht, wieder ausgewaschen und nach einer der gebräuchlichen Methoden entkalkt. Will man die Stückchen einbetten, so muß man die Paraffinmethode wählen und dabei, ebenso wie bei der Aufhellung und dem Einschluß der Schnitte alle Substanzen vermeiden, die osmiertes Fett lösen. Mir ergab diese Methode nur eine unvollständige Füllung der Lacunen und Kanälchen.

SCHMORL (99) härtet die Knochen in MÜLLERscher Flüssigkeit, Formol oder in einem Gemisch beider (100 : 10), entkalkt nach v. EBNER, THOMA, in Formol-Salpetersäure oder einem Gemisch von MÜLLERscher Flüssigkeit und Salpetersäure (100 : 3). Die Celloidinschnitte werden gut ausgewaschen und kommen auf 5—10 Minuten oder länger in eine wässerige Thioninlösung (2 *ccm* einer „konzentrierten" Lösung von Thionin in 50%igem Alkohol auf 10 *ccm* Wasser [neuerdings (07) 1 *ccm* Thioninlösung auf 10 *ccm* Wasser oder Carbolthionin nach NICOLLE]; dann werden sie in Wasser abgespült, auf 1/2—1 Minute in warmgesättigte Pikrinsäure übertragen, abermals in Wasser abgespült, in 70%igen Alkohol übertragen (10 Minuten), entwässert in 96%igem Alkohol, in Origanumöl aufgehellt und in Balsam eingeschlossen. Es bildet sich ein feiner Niederschlag in den Lacunen und Kanälchen, aber auch in anderen Gewebespalten. Um diese Farbstoffniederschläge zu entfernen, empfiehlt SCHMORL die Schnitte nach der Differenzierung in 70%igem Alkohol auf 1/2—1 Stunde in Wasser zu bringen und erst dann zu entwässern. Die Schnitte können mit DELAFIELDS Hämatoxylin vor- oder nachgefärbt werden.

Wenn die Methode gelingt, gibt sie vorzügliche Bilder, auch für die Darstellung der Zahnbeinkanälchen und ihrer Ausläufer. (Siehe unten.) Sie ist aber recht empfindlich und fordert exaktes Arbeiten; trotzdem versagt sie manchmal, wie auch SCHMORL (04) und FASOLI (05) zugeben. Wesentlich scheint es, frische, gut und rasch fixierte (Formol bei 37° C) und schonend, ohne Quellung entkalkte Knochen zu verwenden. Die Schnitte dürfen nicht mehr sauer reagieren, weshalb es gut ist, sie vor der Färbung leicht alkalisch zu machen oder, nach SCHMORL, der Farblösung 1—2 Tropfen Ammoniak zuzusetzen. Die Differenzierung im Alkohol ist genau zu überwachen und muß dieser, wie das Wasser, in dem man kurz abspült, sicher neutral sein.

Über eine Modifikation dieser Methode durch GOETSCH siehe SCHMORL (07).

Niemals versagt beim Nachweis von Knochenkörperchen und ihren Ausläufern die zweite von SCHMORL empfohlene Methode, die er nun als panoptische Knochenfärbung bezeichnet (04).

Der Autor hat sie ursprünglich (99) zur Färbung der Grenzscheiden nur an embryonalen und jugendlichen Knochen empfohlen. Ich machte dann (02, 1) darauf aufmerksam, daß die Methode auch an Knochen von Erwachsenen ausgezeichnete Bilder der Lacunen und Kanälchen gibt, daß nicht die Grenzscheiden gefärbt werden [gegen V. RECKLINGHAUSEN (01) und DONATI], aber gelegentlich

* Vgl. TANDLER, Mikroskop. Injektionen mit kaltflüssiger Gelatine. Zeitschr. Wiss. Mikr., Bd. 18, 1901.

diese mit einem Hof der angrenzenden Grundsubstanz. Die ursprüngliche (hier in der 1. Aufl. mitgeteilte) Vorschrift ersetzt nunmehr SCHMORL (07) hauptsächlich auf Grund von Untersuchungen FASOLIS durch folgende: Fixierung, Entkalkung und Einbettung (auch Gefrierschnitte sind zulässig, FASOLI) beliebig; nur Sublimatfixierung gibt unsichere Resultate und die Entkalkung soll stärkere Quellung oder Schrumpfung vermeiden (FASOLI). Am besten dünne Scheiben in Formalin, dann in MÜLLERS Flüssigkeit (6—8 Wochen, kürzer im Brutofen) nachhärten oder in ORTHS Gemisch (FASOLI). Übertragen der möglichst dünnen Schnitte auf 10 Minuten in Wasser, Färbung 5 Minuten in wässeriger Thioninlösung („konzentrierte" — wohl gesättigte — zur Hälfte mit Wasser verdünnt; nach FASOLI 2 : 10 Wasser), Abspülen in Wasser, Übertragen in Alkohol 1—2 Minuten, Abspülen in Wasser, Übertragen der Schnitte mit Glasnadeln in konzentrierte wässerige Phosphorwolframsäure (besser und billiger als Phosphormolybdänsäure; FASOLI) auf Sekunden bis länger. 5—10 Minuten Auswaschen, bis die Schnitte himmelblau gefärbt sind; 3—5 Minuten Fixieren der Färbung in Liqu. ammon. caust. 1—10, direktes Übertragen in 90%igem Alkohol, den man einmal wechselt, Entwässern, Carbolxylol, Balsam. Wände der Knochenhöhlen und ihrer Ausläufer intensiv blauschwarz, Zellen diffus blau, Lamellengrenzen und Kittlinien gut zu erkennen, auch die fibrilläre Struktur (siehe unten) tritt gut hervor.

Hier wäre noch die Methode von M. HEIDENHAIN zu erwähnen, bei der unter Umständen durch Ausfallen des Farbstoffes im eingeschlossenen Schnitt eine Füllung des Kanalsystems eintritt, während die Methode eigentlich zur Differenzierung alter und jüngerer Lamellensysteme dienen soll. Knochenschnitte aus Alkohol, in 5%iger Trichloressigsäure entkalkt, werden mit verdünnter Lösung von DELAFIELDS Hämatoxylingemisch gefärbt, dann in Boraxcarmin übertragen, mit schwachem Alkohol abgewaschen und in 75%igem aufbewahrt. Eingeschlossen werden die Schnitte in alkoholischem Glycerinleim (Gelatine 45 unter gelindem Erwärmen in 210 Wasser gelöst, mit 35 Glycerin versetzt und im Wärmeschrank bei 56° filtriert; dann unter heftigem Umrühren 70 Teile absoluten Alkohol zusetzen). Die Schnitte werden in den flüssig gemachten Leim gebracht und aus diesem mit erwärmtem Spatel auf den Objektträger. Das Deckglas wird stark aufgedrückt, so daß der Schnitt beide Glasflächen berührt und aller überschüssiger Leim ausgepreßt wird.

Wie schon betont, dienen diese Methoden auch zur Darstellung der Dentinröhrchen und Cementkörperchen. Zumeist bedienen sich die Autoren zu diesem Zweck der Thionin-Pikrinsäuremethode; so W. D. MILLER, der die Schnitte 2—24 Stunden im Thionin beläßt, auf 15—30 Sekunden in Pikrinsäure überträgt und irrtümlich von einer Färbung der „Dentinfasern" spricht; RICHTER, der 1/2 Stunde färbt, vor längerem Verweilen der Schnitte in 70%igem Alkohol dringend abrät und die Entwässerung möglichst beschleunigt wissen will; REICH und G. FISCHER, welche die Schnitte 3—12 Stunden in der Thioninlösung belassen.

Nach FASOLI und SCHMORL (07) färben sich aber auch mit der Thionin-Phosphorwolframsäuremethode die Zahnbeinröhrchen und Cementkörperchen vorzüglich.

Nach SOLGER (02) hat LESSING schon vor langen Jahren die Zahnbeinröhrchen durch Niederschläge mit Blei- und Chromsalzen gefüllt; SOLGER selbst hat vergebens versucht, die Kanälchen nach GOLGIS Methode zu imprägnieren, dagegen gelang ihm die Darstellung durch Goldchlorid in einer Anzahl von Fällen.

6. Methoden zur Untersuchung der Grundsubstanz.

a) Die Grenzscheiden des Kanalsystems. Die gewöhnlichste Methode, die Grenzscheiden darzustellen, ist ihre Isolation. Bekanntlich ist es R. VIRCHOW gewesen, welcher zuerst durch Maceration dünner Knochenplättchen (gekochter oder ungekochter) in konzentrierter Salzsäure (4—12 Stunden) und Zerschütteln auf dem Objektträger verästelte, sternförmige Körperchen isoliert hat.

Dasselbe gelang F. HOPPE durch Kochen des mittelst Salzsäure entkalkten Knochens unter erhöhtem Druck (im PAPINschen Topf) und FÖRSTER mittelst Salpetersäure; Knochenschliffe oder -splitter werden auf dem Objektträger direkt in einem Tropfen konzentrierter oder nur schwach verdünnter Salpetersäure gebracht, der man, um das Eintrocknen zu verhindern, etwas Glycerin zusetzt. Nach 24 Stunden kann man durch leichten Druck auf das Deckglas die „Knochenkörperchen" (d. h. die Grenzscheiden der Lacunen und Kanälchen) vollkommen isolieren.

Ähnlicher Methoden bedienten sich zahlreiche spätere Untersucher (vgl. BRÖSIKE (82) und es ist mittelst derselben gelungen, auch das resistentere Häutchen, welches die HAVERSschen Kanäle [KÖLLIKER (50), NEUMANN (63)] und Spongiosalücken (V. LANGER) auskleidet, isoliert darzustellen.

Nach BRÖSICKE (82) können die Grenzscheiden isoliert werden: am besten durch Salz- oder Salpetersäure, weiter durch kochende Essigsäure, konzentrierte Natronlauge, starke Oxalsäure, verdünnte Schwefelsäure, Kochen in Wasser und künstliche Verdauung. Besonders empfiehlt er seine Osmiummethode verbunden mit ALTMANNs Ölinjektion (s. diese).

$^1/_2$—1 *ccm* große Knochenstückchen kommen aus dem Ölgemisch zur Entkalkung in Salz- oder Salpetersäure (3—10%), werden gewaschen und zuerst auf 24 Stunden in 1%ige Osmiumsäure, darauf ebenso lange in gesättigte, wässerige Oxalsäurelösung (1:15) gebracht. So vorbehandelte Stückchen werden in einem Gemisch von Eisessig, Glycerin und Wasser zu gleichen Teilen auf dem Sandbade $^1/_4$—$^1/_2$ Stunde lang gekocht. Wenn sich von den Rändern des hineingelegten Stückchens kleine Fetzen loslösen und das Gemisch anfängt sich zu bräunen, nimmt man den Knochen heraus und schüttelt ihn auf einem Objektträger in Wasser aus. Wenn man das Wasser unter dem Deckglase vorsichtig durch Glycerin ersetzt, kann man sich solche isolierte Ausgüsse mit der umhüllenden Grenzscheide auch dauernd aufbewahren.

FASOLI isoliert die Grenzscheiden, indem er Schnitte entkalkten Knochens, die er mit dem Gefriermikrotom herstellt, einige Zeit mit Osmiumsäure und dann unter Erwärmen in einem Gemisch von gleichen Teilen Glycerin, Wasser und Essigsäure behandelt.

Als Beispiel einer Vorschrift, durch künstliche Verdauung die Grenzscheiden darzustellen, möge die von DE BURGH BIRCH gegebene dienen: 1 *ccm* Glycerinextrakt des Hundepancreas (nach V. WITTICHs Methode bereitet) wird in 1%iger Lösung von Natrium bicarbonicum auf 20 *ccm* verdünnt. In diese Flüssigkeit kommen Knochenschnitte, welche in 1%iger Chromsäure mit Zusatz von Salpetersäure entkalkt, in Alkohol nachgehärtet, 24 Stunden in Gummilösung eingelegt und mit dem Gefriermikrotom geschnitten worden waren.

Hierher gehört auch das Verfahren, welches ZACHARIADES (89) zur Isolation von „Zellen mit anastomosierenden Ausläufern“ angegeben hat. Der Knochen wird in Pikrinsäure entkalkt, ausgewaschen, in Alkohol übertragen und die Schnitte dann auf dem Objektträger in einer Glycerin-Essigsäuremischung einige Minuten bis zum Kochen erhitzt. Dann werden sie mit Wasser abgewaschen und mit Eosin nachgefärbt, dessen Überschuß mit einigen Tropfen Essigsäure entfernt wird. Auch mittelst der Kalilaugenmethode von ZACHARIADES (s. Kap. 4, pag. 740) kann man aus frischen Knochen im Anfange der Einwirkung die Grenzscheiden der Lacunen und Kanälchen isolieren. Später werden sie aber aufgelöst, was bereits BRÖSIKE (82) beobachtet hat.

Alle diese Methoden dienen auch zur Isolation der Zahnbeinscheiden. Der erste, welcher sie teilweise durch Zerreißen entkalkten Dentins isoliert hat, war J. MÜLLER (sein Archiv, 1836). KÖLLIKER (52) hat die Isolation durch Behandlung dünner Schnitte von entkalktem Zahnbein 12—24 Stunden mit Schwefel- und Salzsäure oder einige Stunden mit verdünntem kaustischem Natron oder Kali vorgenommen.

Mit den Zahnröhrchen im Zusammenhang isoliert man auch das Grenzhäutchen gegen die Pulpa.

Dies ist neuestens von FLEISCHMANN (06) auch mittelst der Methode von ZACHARIADES geschehen und v. EBNER (06) hat die Prozedur eingehend beschrieben. Man nimmt Längsschnitte von in 5%iger Salpetersäure entkalkten, in 5%igem Lithiumsulfat nachbehandelten und ausgewaschenen, in Celloidin eingebetteten Zähnen aus Alkohol oder Formalin, färbt stark mit konzentrierter alkoholischer Safraninlösung, wäscht in Wasser aus, präpariert unter der Lupe das Zahnbein frei und schneidet ein 3—4 *mm* langes Stück davon ab. Dann saugt man mit Filtrierpapier sorgfältig das Wasser ab und bringt auf den Schnitt einen großen Tropfen 40%iger Natron- oder Kalilauge. Nun erwärmt man über einer Spiritusflamme ziemlich rasch, bis der Schnitt sich krümmt, saugt dann die Lauge rasch mit Filtrierpapier ab, ohne den Schnitt zu berühren und bedeckt mit einem hängenden Tropfen Glycerinwasser. Der heikelste Teil des Verfahrens ist das Erwärmen und Absaugen der Lauge. Streckt sich der Schnitt nach der Krümmung gleich wieder, so löst sich die Grundsubstanz nach wenigen Minuten; die tiefrot gefärbten NEUMANNschen Scheiden mit ihrem trichterförmig erweitertem Anfange an dem ebenfalls rot gefärbten Grenzhäutchen treten deutlich hervor. Die Präparate halten sich nur 1—2 Tage.

Eine zweite Gruppe von Methoden läßt die Grenzscheiden auch in situ, an Schnitten oder Schliffen deutlich hervortreten.

Nach RÖSE (97) soll es mit Hilfe der Chromsilbermethode gelingen, an frischen Zahn- und Knochenschliffen alle organische Substanz (Protoplasma und leimgebende Substanz) schwarz zu färben. Schliffe von in Alkohol aufbewahrten Zähnen oder Knochen werden 24 Stunden lang in einer $^1/_2$%igen Lösung von gelbem chromsaurem Kali belassen, dann abgespült in sehr verdünnter Silbersalpeterlösung und auf weitere 24 Stunden in $^3/_4$%ige Silbersalpeterlösung übertragen. Dann poliert man beiderseitig auf einem feinen Arkansasstein und schließt die Schliffe in harten Canadabalsam ein. An so behandelten Schliffen treten die Knochenzellen, bzw. TOMESschen Fasern samt ihren Scheiden, sowie ihren Ausläufern (die RÖSE irrtümlich für modifizierte leimgebende Substanz hält*), schwarz gefärbt hervor.

Wendet man diese Methode an jugendlichen Knochen an, die mit GERLACHs Carmin durchgefärbt und nach V. KOCH-WEILscher Methode geschliffen worden waren, dann sollen die Zellkörper oder Zahnbeinfasern hell bleiben, die Grenzscheiden und Ausläufer sich dagegen tief schwarz färben.

HÖHL erhielt an in 96%igem Alkohol konserviertem Dentin eines jungen Hundes nach Doppelfärbung mit Eosin-Hämatoxylin nach GAGE** eine Rotfärbung des verkalkten Dentins und der Zahnbeinfasern, während sich die NEUMANNschen Scheiden intensiv blau färbten, was HÖHL auf ihren Kalkgehalt bezieht. In der dentinogenen Zone sind die Scheiden noch nicht nachweisbar.

Nach FLEISCHMANN (05) läßt sich an Schnitten aus Formalin oder MÜLLERs Flüssigkeit durch einfache Färbung mit DELAFIELDs Hämatoxylingemisch die Scheide als am stärksten gefärbt von der schwächer gefärbten Zahnbeinfaser und Grundsubstanz differenzieren. Dasselbe gelingt mittelst Safraninfärbung an frischen Schliffen: Fasern tiefrot, Scheiden heller rot, Grundsubstanz farblos oder blaßrosa.

V. EBNER (06) gibt an, daß sich mit WEIGERTs Resorcin-Fuchsin das unverkalkte Zahnbein blaß färbt, das verkalkte farblos bleibt, während sich die NEUMANNschen Scheiden ihrer ganzen Länge nach (also auch in der dentinogenen Zone) färben.

Wie bereits erwähnt (Kap. 4, pag. 741), färben sich die Grenzscheiden der Knochenlacunen auch an Schnitten in Formol fixierter Knochen nach DELAFIELDs Hämatoxylin stellenweise sehr deutlich.

SPULER bemerkt gelegentlich, daß sich an Durchschnitten von Knochen menschlicher Embryonen (vom Anfange des 5. Monates) die Wandung der Zellhöhlen und Kanälchen mit Orcein dunkler färbt. SPULER scheint dies (in Verbindung mit der Widerstandsfähigkeit dieser Wandschichten gegen Säuren und Alkalien) bereits auf das Vorhandensein von Grenzscheiden zu beziehen. Ein solches wird für embryonalen Knochen von BRÖSIKE (82) bestimmt in Abrede gestellt. Die Färbung der Wandschicht gelingt in embryonalen Knochen auch mittelst Congorot sehr auffällig und hat eine andere Bedeutung (vgl. Kap. 8).

Zur Färbung der Grenzscheiden hat SCHMORL (99) ursprünglich seine zweite Methode empfohlen.

Wie ich betont habe, färbt sich damit aber nur die Innenfläche der Lacunen, was auch FASOLI zugibt. Doch sollen nach SCHMORL (05) und FASOLI häufig einzelne Knochenkörperchen nach außen von der schwarzblauen Linie eine schwach graublaue Färbung der Grenzlinien zeigen. Besonders sollen sich die Grenzscheiden aber färben lassen an Schnitten aus MÜLLERs Flüssigkeit, die in alkoholischer Salzsäure-Kochsalzlösung (s. Entkalkung) ent-

---

* Vgl. dazu SCHAFFER, Bemerkungen zur Histologie des Knochengewebes (Anat. Anz. Bd. 14, 1898).

** Zeitschr. Wiss. Mikr., Bd 10, 1893.

kalkt worden sind, nach der Thioninfärbung mit einer Lösung von Phosphorwolframsäure in Glycerin behandelt, in Wasser abgespült, 1—2 Stunden mit 5% Kalialaun behandelt und in Glycerin untersucht werden. Die Grenzscheide tritt als hellrosa gefärbte, scharf begrenzte Zone hervor. Die Färbung ist inkonstant und nur kurze Zeit haltbar (Fasoli).

Ich erhielt mittelst der Pikrinsäure-Thioninmethode gelegentlich die Grenzscheiden scharf differenziert als farblose Hüllen im tiefgefärbten Knochen.

Colquhoun erhielt eine Färbung der Kerne frischer Knochen, sowie der Grenzmembranen der Gefäßkanäle und Lacunen durch folgendes Verfahren: Lange Röhrenknochen werden vom Periost befreit, die Öffnungen an der Oberfläche mit Holzstiften verschlossen, die Markhöhle gereinigt und durch einen Kautschukschlauch mit dem unteren Ende eines 12 Fuß langen Glasrohres, das an der Wand befestigt ist, verbunden. Dieses Rohr wird mit Färbeflüssigkeit — Pikrocarmin, Eosin, Safranin — und einem antiseptischen Zusatz gefüllt. In dem Maße, als der Knochen von außen trocknet, saugt er Flüssigkeit ein und nach beiläufig einem Monat ist die gewünschte Färbung erreicht. Die Schliffe werden nach der v. Kochschen Methode angefertigt; Umrisse der Kanälchen sehr undeutlich.

P. Ziegler bemerkt, daß an Schnitten mit Osmiumsäure fixierter Knochenstückchen es öfters in geradezu ausgezeichneter Weise gelingt, die Knochenkanälchen zur Ansicht zu bringen. Dies kann sich nur auf ihre Wandungen, d. h. Grenzmembranen beziehen.

Endlich findet man gelegentlich an fossilen Knochen aus dem Diluvium, in denen die organische Substanz erhalten ist, die Grenzscheiden der Lacunen an Schliffen als glänzende, kapselartige Säume hervortreten (J. Schaffer (89), S. 375).

b) Darstellung der fibrillären Struktur der Grundsubstanz. v. Ebner (75) hat zuerst an dünnen, gut polierten Knochenschliffen, die er in Wasser untersuchte, nachgewiesen, daß entsprechende Stellen des Schliffes je nach der Schliffrichtung bald punktiert, bald streifig erscheinen, und dieses Verhalten mit einer fibrillären Struktur des Knochens in Zusammenhang gebracht.

Um diese an Schnitten entkalkten Knochens sichtbar zu machen, verwendete v. Ebner seine Entkalkungsmethode (s. diese) mit nachfolgender Untersuchung der Schnitte in 10%iger Kochsalzlösung.

Auch an Schnitten durch frisch in Formalin oder Orths Gemisch fixierten, in 5%iger Salpetersäure mit Nachbehandlung in Lithiumsulfat entkalkten Knochen treten die Fibrillen in schwachlichtbrechenden Medien (Alkohol, Wasser) scharf hervor (Schaffer, 02, 1).

Um Knochenfibrillen oder Bündelchen von solchen zu isolieren, empfiehlt v. Ebner, von Knochen, die in der angegebenen Weise entkalkt wurden, Schabepräparate herzustellen. Man fährt mit einem bauchigen Skalpelle parallel der Oberfläche des Knochens hinweg und verteilt die abgeschabte Masse mit Nadeln in einem Tropfen Wasser auf dem Objektträger. Es gelingt auf diese Weise, infolge der dichten Verflechtung der Fibrillenbündel immer nur kurze Faserstücke zur Anschauung zu bringen.

Zur Darstellung der fibrillären Struktur des Zahnbeines mittelst dieser Methoden eignen sich besonders Hundezähne. Beim Menschen ist sie nur an jugendlichen Zähnen gut zu sehen; sehr deutlich wird die fibrilläre Streifung durch Glühen und Auskochen der Schliffe (s. weiter unten). Auch cariöses Zahnbein zeigt mitunter die fibrilläre Struktur ungemein deutlich. Dasselbe ist nach v. Ebner (08) auch an Schliffen durch die hintere, schmelzfreie Seite von Nagezähnen der Ratten und Mäuse der Fall.

Sehr deutliche Präparate, besonders auch von Querschnitten, an denen man sehr deutlich die Abwechslung im Aussehen der Lamellen erkennen konnte, hat Orth erhalten, wenn er Schabsel oder Schnitte des mit v. Ebners Flüssigkeit behandelten Knochens nach dem Auswaschen noch der künstlichen Verdauung unterzog.

Man bereitet sich nach Kühne die Verdauungsflüssigkeit, indem man Rinderpancreas mit Alkoholäther extrahiert, so daß es nach dem Abdunsten des Äthers eine weiße, leicht zerreibliche, trockene Masse bildet. Ein Gewichtsteil dieser wird mit 5 Teilen Salicylsäure von 1‰ 3—4 Stunden bei 40° C erhalten und dann durch ein leinenes Läppchen gepreßt. In dieser Flüssigkeit bleiben die Schabsel oder Schnitte einige Tage im Brutofen bei 37° C, werden dann mit Wasser ausgeschüttelt und in Wasser untersucht.

Eine andere Art, die fibrilläre Struktur darzustellen, beruht auf der Zerstörung der unverkalkten Fibrillen und nachträglicher Luftfüllung der an Stelle der Fibrillen freigewordenen feinsten Röhrchen in der verkalkten Kittsubstanz. Zu diesem Zweck veraschte v. EBNER möglichst dünne, polierte Knochenschliffe auf dem Platinbleche. Dabei muß man vorsichtig erwärmen, da sonst der Schliff sofort heruntergeschleudert wird. Ist er wieder vollständig weiß geworden, so ist er sehr brüchig und undurchsichtig. Er wird nun nach der von v. EBNER (87) modifizierten KRUKENBERGschen Methode (s. diese) eingeschlossen und läßt an den dünnsten Stellen, „die nicht dicker sind, als etwa die Distanz zweier Knochenkanälchen beträgt", dicht gedrängte, lufterfüllte Röhrchen erkennen, welche den Fibrillen vollständig entsprechen. Statt des Veraschens auf dem Platinbleche kann man die Schliffe auch kurze Zeit in Alkalien oder 8—12 Stunden im zugeschmolzenen Glasrohre in Wasser bei 120° C kochen.

BRÖSIKE (82) unterbricht zu demselben Zwecke das Glühen auf dem Platinbleche in dem Momente, in dem der Schliff nach dem Schwarzwerden wieder kaffeebraun wird. Untersucht man ihn dann in Glycerin oder einer anderen Flüssigkeit, so findet man die Fibrillen als braune Punkte oder Streifen in einer schwach gelblichen interfibrillären Substanz deutlich hervortreten.

FLEISCHMANN (07) hat die Fibrillenröhrchen im Zahnbeine durch die Methode v. EBNERS (Veraschen eines Schliffes auf dem Platinblech oder mehrstündiges Kochen im zugeschmolzenen Glasrohr bei 130°) dargestellt.

Sehr überzeugende Präparate betreffs der fibrillären Struktur geben manche fossile Knochen, in welchen an Stelle der zerstörten Fibrillen eine gefärbte Masse getreten ist (vgl. SCHAFFER 89).

Endlich liegen Versuche vor, die Fibrillen oder die Kittsubstanz zu färben oder durch Imprägnation deutlicher hervortreten zu lassen.

BRÖSIKE empfiehlt möglichst kleine, durch Salzsäure (Kochsalzlösung) entkalkte und durch Auswässern entsäuerte Knochenstücke auf 24 Stunden in 1%ige Osmiumsäure, dann auf ebensolange in kalt gesättigte Oxalsäure zu bringen und nach der v. EBNERschen Schabemethode zu untersuchen. Die Fibrillen erscheinen glänzend, ungefärbt, die Kittsubstanz hell carmoisin- bis dunkelburgunderrot.

MATSCHINSKY (95) bringt dünne, sorgfältig entfettete und polierte Schliffe aus Wasser in 1%ige Silbersalpeterlösung, dem Lichte ausgesetzt, bis der Schliff eine leicht braune Färbung anzunehmen beginnt. Dann wird er in destilliertem Wasser ausgewaschen. Der Glanz des Schliffes ist nun durch einen feinkörnigen Niederschlag an der Oberfläche verloren gegangen. Er wird daher wieder auf einem feinsten Schleifstein oder Mattglas abgerieben, doch so vorsichtig, daß nicht die ganze gefärbte Schicht entfernt wird. Einschluß in flüssigem Balsam. Die Methode beruht offenbar auf der ungleichen Abschleifbarkeit der quer- und längsgetroffenen Lamellen. Sie gibt, wie die folgende, stellenweise recht gute Bilder, hauptsächlich von der lamellären Struktur. Die Präparate gehen aber bald zugrunde.

Noch besser ist es, die Imprägnation im Dunkeln vorzunehmen (2 Stunden bei gewöhnlicher Temperatur, $^3/_4$ Stunden bei 36° C). Dann kann das nachfolgende Polieren länger dauern. Die Fasern und Bündel sollen dunkelbraun, die Zwischensubstanz farblos erscheinen. Die Präparate sind vor Licht zu schützen.

Neuestens hat STUDNIČKA (06, 1 und 2) mittelst der Methode von BIELSCHOWSKY die collagenen Fibrillen der Placoidschuppen und Zähne bei Selachiern geschwärzt. Im zellenlosen Knochen der Teleostier tritt die lamelläre Struktur und die diese durchbohrenden SHARPEYschen Fasern mittelst der Methode sehr deutlich hervor. Auch im fertigen Knochen höherer Tiere tritt sehr deutlich der lamelläre Bau des Gewebes, sowie der faserige Aufbau der Lamellen und besonders die SHARPEYschen Fasern hervor; in ausgezeichneter Weise die Faserung des embryonalen Knochens. (Die Bündel des geflechtartigen Knochens färben sich auch mit R. Y CAJALs Methode ausgezeichnet.) Auch im Zahnbein von Cavia und Mus will STUDNIČKA die Fibrillen gefärbt haben.

Studnička (06, 2) wendet die Methode an verschiedenen fixierten Objekten (am wenigsten geeignet Sublimatpräparate) und sowohl an Celloidin- als Paraffinschnitten an. Entkalkung mit 3% alkoholischer Salpetersäure. Die gut ausgewaschenen Schnitte kommen bis 4 Tage in 3%ige Lösung von $AgNO_3$, werden kurz in dest. Wasser abgespült und in die ammoniakalische Silberlösung übertragen, wo sie gelbbraun werden, wieder kurz abspülen und auf etwa 5 Minuten in 10%ige (d. h. 1 : 10) Formalinlösung übertragen, wo sie dunkelbraun werden; wieder kurz auswaschen und in $\frac{1}{2}\%$ige Goldchloridlösung legen, bis sie schwarz werden. Dann auf einige Sekunden in 5%iges Fixiernatron, gründlich auswaschen in Wasserleitungswasser, Alkohol, Öl, Xylol, Balsam.

Eine verläßliche Vorschrift gibt für die Methode neuestens A. Zimmermann (Zeitschr. Wiss. Mikr., Bd. 25, 1908, pag. 8).

In ausgezeichneter Weise tritt die fibrilläre Struktur an embryonalen Knochen hervor, die nach der Chinoleinblaumethode von Vivante (s. Kap. 4) gefärbt worden sind und in essigsaurem Kali untersucht werden.

Von wesentlicher Bedeutung für das Studium der fibrillären Knochenstruktur ist die Untersuchung im polarisierten Lichte. Man vgl. darüber v. Ebner (74—77), Schaffer (89) und Gebhardt (05).

c) Nachweis der Kittsubstanz. Hier kommen die im vorigen Abschnitte besprochenen Methoden in Betracht.

Kitt- und Ansatzlinien treten an mit Delafields Hämatoxylin gefärbten Schnitten entkalkten, in Formol fixierten Knochens dunkelblau hervor. Deutlich auch mittelst Schmorls zweiter Methode.

Brösike gibt an, daß an Schabepräparaten von Knochen, die nach seiner „Osmiummethode“ angefertigt wurden, die Fibrillen glänzend, ungefärbt, die Kittsubstanz dagegen hellcarmoisin bis dunkelburgunderrot erscheint. An nicht vollkommen veraschten Schliffen, die man in Glycerin untersucht, sieht Brösike (82) die Fibrillen als braune Streifen in einer schwach gelblichen interfibrillären Substanz.

An manchen fossilen, noch leimhaltigen Knochen kann die Kittsubstanz durch eine besondere Veränderung ihres Lichtbrechungsvermögens stellenweise deutlich hervortreten (vgl. Schaffer 89, pag. 364 u. f.).

Am einfachsten und sichersten gelingt die Darstellung der Kittsubstanz auf folgende Weise: Gut entfettete Knochenschliffe werden nach der Fuchsinmethode von Zimmermann oder Ruprecht (s. d.) behandelt und dann auf einem feinen Schleifstein mit dem Finger bis zur möglichen Grenze der Dünnheit geschliffen. Dann werden sie nach der Krukenbergschen Methode eingeschlossen, jedoch müssen beide Balsamlagen durch Erwärmen nochmals vollkommen flüssig gemacht und der Schliff durch Aufdrücken des Deckglases von dem heißen Balsam vollkommen durchdrungen werden. Kitt- und Ansatzlinien erscheinen dann stark glänzend und ebenso — an den dünnsten Stellen des Schliffes — die interlamelläre und interfasciculäre Kittsubstanz.

In ausgezeichneter Weise scheint eine Färbung der Kittsubstanz nach Fasoli und Schmorl (07) mittelst einer leichten Modifikation der Thionin-Phosphor-Wolframsäure-Methode zu gelingen. Während Fasoli seine oben mitgeteilte Methode zur Sichtbarmachung der Grenzscheiden mit der Modifikation hierzu empfiehlt, daß man eine stark alkalische Thioninlösung (1—2 Tr. Ammoniak) zur Färbung verwendet, gibt Schmorl (07) folgende Methode an: In Formalin fixierte, in Müllers Flüssigkeit nachgehärtete und in wässeriger Salpetersäure entkalkte Celloidin- oder Gefrierschnitte werden 10—30 Minuten in wässeriger Thioninlösung (konzentrierte mit Wasser aa) gefärbt, in Wasser abgespült, auf 1—3 Minuten in 96%igen Alkohol übertragen, wieder abgespült und 10—25 Minuten in wässeriger oder Glycerin-Phosphor-Wolframsäure differenziert. 2 Stunden oder länger in fließendem Wasser ausgewaschen, auf 1 bis 2 Stunden in 5%ige Kalialaunlösung übertragen, 3—12 Stunden ausgewaschen, Alkohol, Carbolxylol, Balsam. Kittsubstanz stark blau: häufig Niederschläge.

d) Darstellung der lamellären Struktur des Knochengewebes und Zahnbeins. Um die Lamellen an Knochenschliffen deutlich hervortreten zu lassen, hat v. EBNER (75) gut polierte Schliffe mit Terpentinöl oder Damarlack infiltriert; noch besser, wenn man sie mit altem zähem Canadabalsam, den man durch starkes Erwärmen flüssig macht, ganz durchtränkt.

HARTING legt die Schliffe auf einige Stunden in eine Lösung von Blutlaugensalz, spült sie dann mit Wasser gut ab und befeuchtet sie mit einer Eisenoxydsalzlösung. Der oberflächliche Farbniederschlag tritt am deutlichsten an den Rändern der konzentrischen Lamellen und in den Lacunen hervor.

Besondere Methoden zur Darstellung des lamellären Gefüges hat MATSCHINSKY (90, 92) angegeben. Ein sehr dünner, glatt polierter Schliff wird für 2—3 Tage in eine gesättigte, wässerige Anilinblaulösung gebracht, rasch in Wasser abgespült und zwischen zwei Blättern Fließpapier abgetrocknet. Dann wird der Schliff noch auf einer matten Glasplatte, einer Holzplatte oder Glanzpapier nachpoliert. Die streifigen Lamellen erscheinen gefärbt, die punktierten ungefärbt.

Oder: er bringt den Schliff auf 2—5 Minuten in 1%ige Lösung von Silbernitrat, „bis sich an dem Präparate eine milchige Nuance bemerkbar macht". Abspülen in Wasser, Trocknen zwischen zwei Fließpapierlagen, Einschluß in weichen oder harten Balsam. Die streifigen Lamellen färben sich viel stärker, ebenso die Kittlinien.

Um den lamellären Bau an Schnitten deutlich zu machen, genügt es, den Knochen nach einer der Methoden zu entkalken, welche die fibrilläre Struktur erhalten, und die Schnitte in schwach lichtbrechenden Medien zu untersuchen (Kali aceticum). Färbt man sie mit DELAFIELDs Hämatoxylin-Tonerde, dann sind die Lamellengrenzen auch nach Lackeinschluß deutlich sichtbar. Dasselbe ist der Fall bei SCHMORLs panoptischer und BIELSCHOWSKYs Silbermethode (STUDNIČKA (06).

v. EBNER (75) empfiehlt zu diesem Zwecke auch kurz andauerndes Kochen des entkalkten Knochens, wonach an Durchschnitten neben den Lamellengrenzen auch die Kittlinien und SHARPEYschen Fasern deutlich hervortreten.

Nach SCHIEFFERDECKER lassen sich durch langes Macerieren entkalkter Knochenschnitte in Wasser die HAVERSschen Lamellensysteme mehr oder minder vollständig trennen.

Leicht gelingt die Isolation der Lamellen auch mittelst der v. EBNERschen Schabemethode an Knochen, die mit Erhaltung der fibrillären Struktur entkalkt wurden (vgl. auch Abschn. *e*). Ohne Gewalt lösen sich am macerierten Knochen bei langem Liegen in 5%iger Salpetersäure die äußeren umfassenden Lamellen in großen Blättern ab.

Sehr deutlich zeigen den Wechsel der Lamellen auch Schnitte, die man nach einer mir von L. MERK mitgeteilten Methode behandelt: nach v. EBNER entkalkte und dann neutralisierte kleine Knochenstückchen kommen auf 24 Stunden in 10%ige Tanninlösung; hernach werden sie gründlich ausgewaschen und in 10%ige Eisenvitriollösung gebracht, wobei keine Wolken entstehen dürfen.

Die Zahnbeinlamellen, welche eine ganz andere Bedeutung besitzen wie die Knochenlamellen, treten an manchen Zahnschliffen schon bei schiefer Beleuchtung deutlich hervor. BENNETT* empfiehlt zu ihrer Sichtbarmachung Zahnschliffe oder ganze Zähne monatelang (1 bis 6) mit Glycerin zu behandeln.

e) Darstellung der SHARPEYschen Fasern. Daß an Schnitten von kurze Zeit gekochten, entkalkten Knochen die SHARPEYschen Fasern deutlich sichtbar werden [v. EBNER (75)], wurde bereits erwähnt. An nach RANVIERS Anilinblaumethode (Kap. 5) behandelten Schliffen treten sie als farblose, scharf begrenzte Kreise oder, wenn längsgetroffen, Striche hervor. Zu ihrer Iso-

* Transact. Odontol. Soc. Great Britain, 1888, Nov. Nach HOPEWELL-SMITH, pag. 30.

lation empfiehlt RANVIER (89) dünne, sorgfältig polierte Schliffe von platten Schädelknochen in $^1/_2$—1%iger Salzsäure zu entkalken und zu zerzupfen. Die Isolation gelingt auch mittelst der v. EBNERschen Schabemethode. Wenn man mit einem bauchigen Skalpell kräftig über die äußeren Generallamellen eines entkalkten Röhrenknochens streift, bekommt man oft Lamellen, in welchen zahlreiche SHARPEYsche Fasern wie Nägel in einem Brett stecken.

Zahlreiche Methoden zur Darstellung der SHARPEYschen Fasern an Schliffen und Schnitten hat KÖLLIKER (60, 86) empfohlen.

So kann man sie an Schliffen deutlich machen durch kurz andauerndes Glühen, Durchtränken mit Terpentinöl und Einschluß in Dammarlack.

Schon das Aufhellen von Knochenschliffen mit Terpentinöl (Xylol) allein und Einschluß in Canadabalsam (Dammarfirnis, STÖHR) bringt sie zur Anschauung.

An Schnitten werden sie sichtbar durch Behandlung mit 10—15%iger Kochsalzlösung, Alkohol oder Essigsäure verschiedener Konzentrationen, Oxalsäure, konzentrierter Salzsäure.

Zur Färbung der SHARPEYschen Fasern empfiehlt KÖLLIKER (86) Safranin, Lithioncarmin, besonders aber Indigocarmin in folgender Anwendung: Schnitte werden mit konzentrierter Essigsäure durchsichtig gemacht und sofort auf kurze Zeit ($^1/_4$—1 Minute) in unverdünnte Lösung von Indigocarmin gebracht, in destilliertem Wasser ausgewaschen und in Glycerin oder in Canadabalsam (in diesem Falle muß man wegen der Löslichkeit des Farbstoffes die Schnitte wohl trocknen lassen. Anmerk. d. Verf.) aufgehoben. Die Methode ist unsicher; wenn sie gelingt, so erscheinen die Fasern blaßrosa bis dunkelrot, die übrige Knochensubstanz blau.

v. RECKLINGHAUSEN (91) empfiehlt zur Sichtbarmachung der SHARPEYschen Fasern, Knochenschnitte auf dem Objektträger zu erwärmen, „bis sich Luftblasen bilden" (also in Wasser?) und sie dann in angesäuerter Chlormagnesiumlösung zu untersuchen.

Daß sich durch die BIELSCHOWSKYsche Silberimprägnation die SHARPEYschen Fasern gut darstellen lassen (STUDNIČKA), wurde schon betont. Gelegentlich, aber sehr unsicher [SCHMORL (07)] färben sie sich bei dem von BENEKE modifizierten Fibrinfärbeverfahren von WEIGERT (Centralbl. allg. Path. path. Anat., Bd. 4, 1893). Vgl. pag. 743.

TAFANI bedient sich zum Nachweise der SHARPEYschen Fasern, die er alle für unverkalkt hält, folgender Methoden: An Schliffen von lange Zeit macerierten und gut getrockneten Knochen erfüllt er die SHARPEYschen Röhrchen (KÖLLIKER) mit Farbstoff nach der Vorschrift, die RANVIER für die Füllung der Lacunen mit Anilinblau gegeben hat (siehe dort), nur bediente er sich des wasserunlöslichen Cyanins (Chinoleinblau).

Die zweite Methode dient zur Isolation der Fasern aus frischen Knochen. Kleine Stückchen kommen zur Entkalkung in ein Gemenge von 40 Teilen geättigter, wässeriger Pikrinsäure und 5 Teilen 1%iger Osmiumsäure. Dann werden von ihnen dünne Lamellen abgezogen, die noch mit Alauncarmin gefärbt und in Essigsäure ausgewaschen werden können.

f) Darstellung der elastischen Fasern im Knochen. Hier sind die Methoden zum Nachweise elastischer Fasern überhaupt anzuwenden und kommt zunächst ihre bekannte Widerstandsfähigkeit gegen Säuren und Alkalien in Betracht. Mittelst letzterer Reagenzien hat H. MÜLLER zuerst ihr Vorkommen im Knochen nachgewiesen.

Es ist zweckmäßig, sich frischer Knochen zu bedienen, da durch die Maceration das elastische Gewebe aufgelöst werden kann. v. EBNER (75) hat die elastischen Fasern außer durch kurzdauerndes Kochen in Natronlauge oder tagelanges Kochen in Wasser auch durch Färbung sichtbar gemacht. Nach seiner Methode entkalkte Schnitte werden auf 1—2 Tage in eine sehr verdünnte (schwach rosa gefärbte) Fuchsinlösung gebracht, in welcher sich nur die elastischen Fasern elektiv stark rot färben. Leider gelingt die Färbung mit den heutigen Fuchsinen nicht. Doch wirkt Magentarot ähnlich. (Siehe unten.)

BRÖSIKE (82) empfiehlt zur Isolation der elastischen Fasern Kochen der Schnitte in einem Gemisch von verdünnter Essigsäure und Glycerin.

KÖLLIKER (86) kocht die Schnitte mit Essigsäure, Oxalsäure und Salzsäure; zerstört sie in der Kälte mit Kali- oder Natronlauge. Endlich hat er sie mit Fuchsin oder Safranin nach FLEMMINGs Methode für Kernfärbung gefärbt.

In ausgezeichneter Weise gelingt es an frischen Knochen aus Formalin die elastischen Fasern, besonders aber auch die elastischen, röhrenförmigen Auskleidungen der Gefäßkanäle mittelst der Laugenmethode von ZACHARIADES darzustellen. Solche Präparate sind in Glycerin auch haltbar, wenn man die Lauge gut abgesaugt hat.

RENAUT (75) empfiehlt zur Darstellung der elastischen Fasern besonders Vogelknochen, in welchen sie ein typisches und reichliches Vorkommen bilden. Die Knochen werden frisch auf 24 Stunden in Alkohol gehärtet, in Pikrinsäure entkalkt, in Gummi eingebettet und geschnitten. Die Schnitte werden mit Pikrocarmin (RANVIER) gefärbt und in Carminglycerin eingeschlossen. Elastische Fasern ambragelb. Oder man zieht von so entkalkten Knochen (am besten Phalangen) Lamellen mit Pinzetten ab und zerzupft sie entweder nach Färbung mit Purpurin (24 Stunden) oder direkt in Wasser oder einem Tropfen Glycerin.

SCHÄFER färbt Schnitte von entkalkten Knochen in einer verdünnten Lösung von Magentarot in Glycerinwasser unter dem Deckglas. Reines Glycerin sowie Alkohol lösen die Farbe wieder auf. Die Färbung gelingt auch in maximal verdünnter Lösung des Farbstoffes (1—2 Tage).

SCHULZ färbt nach V. EBNER entkalkte und mit Salmiak neutralisierte Schnitte mit Orcein; entweder nach der Methode von HANSEN*, indem er gleiche Teile von Orcein 0,1, 95%igem Alkohol 20,0, Wasser 20,0 und Salzsäure 0,1, 95%igem Alkohol 20,0, Wasser 5,0 als Farbflotte benutzt, in der zweiten Lösung entfärbt, in destilliertem Wasser auswascht; Alkohol, Origanumöl, Balsam. Oder indem er nach UNNAS** schneller Methode 10—15 Minuten bei Brutofentemperatur färbt in Orcein, Salzsäure aa. 1,0, Alcoh. absol. 100,0, mit Alkohol abwäscht, aufhellt und einschließt.

Eine Reihe von weiteren Methoden, die elastischen Fasern im Knochen zu färben, führt KRYSZTALOWICZ an dieser Stelle unter „Elastin“ an.

7. Die Untersuchung der Weichteile der Knochen und Zähne.

Hier kommt außer der Herstellung von Schliffen mit Erhaltung der Weichteile nach der V. KOCH-WEILschen Methode die Anfertigung von Schnitten mannigfach fixierter und entkalkter Knochen sowie Zähne in Betracht, wobei die allgemeinen Regeln der histologischen Schnitt- und Färbetechnik zu beachten sind.

Das Knochenmark kann auch als Gewebe für sich entweder fixiert und geschnitten oder wie Blut als Deckglaspräparat behandelt werden.

Im ersten Falle verfährt man so, daß man z. B. einen langen Röhrenknochen von Feten oder jungen Tieren mit Meißel oder Zwickzange — RANVIER (89) empfiehlt eine starke Messerklinge der Länge nach aufzusetzen und mit dem Hammer auf ihren Rücken zu schlagen — der Länge nach aufsprengt, mit einer breiten Lanzennadel oder einem feinen Skalpell einen Klumpen Knochenmark herausnimmt und ihn in die Fixierungsflüssigkeit überträgt, in der er rasch erhärtet und seine Form behält, so daß er weiter wie ein anderes Gewebestück behandelt werden kann. ARNOLD (96) schiebt den Markcylinder, nachdem er die Epiphysenenden abgetragen, mittelst eines feinen Glasstabes aus seinem knöchernen Schafte so weit heraus, daß man kleine Stücke des Markes mit der Scheere abschneiden kann.

* Arch. Path. Anat., Bd. 137, 1894.

** Monatsh. Prakt. Dermat., Bd. 19, 1894.

Im zweiten Falle kann man einmal das Knochenmark als Flüssigkeit frisch in dünner Schicht ohne oder mit einer sogenannten indifferenten Zusatzflüssigkeit unter das Deckglas bringen. Ersteres ist mehr zu empfehlen, da nach MALASSEZ sowohl das von RANVIER angewendete Blutserum, als auch $^3/_4$%ige Kochsalzlösung die kernhaltigen roten Blutkörperchen bald entfärbt. JONES C. P. schwemmt das Knochenmark in 10%iger wässeriger, neutraler Glycerinlösung auf und streicht auf Deckgläser auf, um durch Zählung die Prozentzahlen der Markelemente festzustellen. Zweitens kann man das Knochenmark nach EHRLICHS Methode auf dem Deckglase in dünner Schicht ausstreifen und entweder durch Antrocknen (HESSE F. H.) oder sofortiges Übertragen in eine Fixierungsflüssigkeit fixieren.

Zur Untersuchung des frischen Knochenmarkes empfiehlt NEUMANN (68), markhaltige, besonders spongiöse Knochen mit dem Schraubstock oder einer Quetschzange auszupressen, einen kleinen Tropfen des hervorquellenden Markes durch ein Capillarrohr aufzusaugen und auf einen Objektträger zu übertragen, wo es in dünnster Schicht ohne Zusatzflüssigkeit ausgebreitet und sofort mit dem Deckglase bedeckt werden muß. Oder man stößt ein feines Glasröhrchen in den Markcylinder eines eben eröffneten Röhrenknochens und bringt ein Tröpfchen des sofort aufsteigenden Marksaftes auf das Objektglas.

WOLFF A. bohrt mit einem ausgekochten, gewöhnlichen Drillbohrer ein bis zwei Löcher in den Knochen eines lebenden Tieres und entnimmt mit einer ausgeglühten Platinöse das frische Knochenmark. Bei aseptischem Wundverschluß kann diese Entnahme wiederholt werden. Die Untersuchung wurde nach DEETJEN (VIRCHOWS Archiv, Bd. 164) auf dem heizbaren Objekttisch vorgenommen.

Die Deckglastrockenmethode wird nach H. F. MÜLLER zweckmäßig in folgender Weise gehandhabt: Man präpariert an jüngeren eben getöteten Tieren (Meerschweinchen, Kaninchen) so rasch als möglich die Rippen in der Weise heraus, daß am sternalen Ende ein Stück Knorpel bleibt, das vertebrale Ende durchtrennt und die Rippe dann durch Schaben vollständig von ihren Weichteilen befreit wird. Drückt man nun mit einer starken Pinzette auf das sternale Ende, so tritt am anderen Ende Mark in Form eines ausreichend großen Tropfens hervor. Nun faßt man ein sorgfältig (wie zur Blutuntersuchung) gereinigtes Deckgläschen zwischen Daumen und Zeigefinger der linken Hand (noch besser mit einer breiten Deckglaspinzette), so daß es horizontal liegt. Ein zweites Deckgläschen führt man mit einem freien Rande rasch über den Knochenmarkstropfen und zieht es mit der rechten Hand über die Fläche des ersten mit dem benetzten Saum in geneigter Lage so hinüber, daß die beim Aufsetzen in dem von beiden Gläschen gebildeten, spitzen Winkel angesammelte Flüssigkeit in möglichst gleichmäßigem Zuge auf dem ersten Deckglase ausgestrichen wird. Dabei ist es gut, das Auspressen des Knochenmarkes von einem Gehilfen vornehmen zu lassen. Man kann auf diese Weise ziemlich gleichmäßig dünne Schichten bekommen, jedoch erfordert die Methode Übung und werden die Zellen immerhin stark durcheinander geschoben. Daher ist es in vielen Fällen vorzuziehen, nach dem Vorschlage von MALASSEZ so zu verfahren, daß man mit einem frischen Stücke Knochenmark den Objektträger (oder das Deckglas, MUIR) einfach sanft und vertikal berührt. Man erhält so gleichsam einen Abklatsch einer Schnittfläche des Markes. Wenn JOLLY in der Mitte solcher Knochenmarksflecken eine zu dicke, abbröckelnde Schichte bekommt, so drückt er wohl das Markstück zu stark auf.

Will man eine Eintrocknung der Elemente vermeiden, so muß man so hergestellte Deckglaspräparate sofort fixieren, indem man nach MALASSEZ den Objektträger mit der beschickten Fläche nach unten über eine weithalsige Flasche mit starker Osmiumsäure deckt ($^1/_4$—2 Minuten) oder das Deckglas schwimmend auf erwärmte, gesättigte Kochsalzsublimatlösung ($^1/_2$ Stunde, MUIR) oder FLEMMINGS Gemisch (JOLLY) bringt.

Zur Differenzierung der einzelnen Zellformen und ihrer Granulationen empfiehlt MAXIMOW Fixieren in HELLYs Gemisch (ZENKERs Flüssigkeit, in welcher der Eisessig durch Formalin unmittelbar vor dem Gebrauch ersetzt wird), $^1/_4$ Stunde bei Brutofentemperatur, weiter bis zu 5 Stunden — nicht länger — bei gewöhnlicher: Auswaschen in fließendem Wasser, Nachhärten in steigendem Jodalkohol. Daneben ist Fixierung in absolutem Alkohol zur Erhaltung der Mastleucocyten-Granula nötig. Zur Färbung empfiehlt er die Eosin-Azur II-Methode nach HELLY (ZIEGLERs Beitr., Bd. 37, 1904) und eine modifizierte Dreifachfärbung nach DOMINICI: 20—30 Minuten Färben in gesättigter, wässeriger Orange G 5, Wasser 5, gesättigtem, wässerigem Jodeosin 2, rasch in 60%igem Alkohol Abspülen, $^1/_2$ Minute in $^1/_2$%iger wässeriger Lösung von Toluidinblau, Differenzieren in 60%igem Alkohol, 96% Alkohol, Bergamotteöl, Xylol, Balsam.

Über andere Fixierungsmethoden sowie über die Färbung sowohl der Schnitt- als Deckglaspräparate siehe PAPPENHEIM und MOSSE.

Zur Darstellung des Kanälchennetzes in den Megocaryocyten hat RETZIUS (Verhandl. Anat. Ges. 15. Vers. Bonn 1905) die langen Röhrenknochen ganz junger Tiere mit Sublimat-Pikrin-Eisessig oder CARNOYs Gemisch fixiert und die dünnen Schnitte nach der Eisen-Hämatoxylinmethode von M. HEIDENHAIN vor- und mit Toluidinsäurefuchsin oder Erythrosin nachgefärbt.

Um isolierte Zellen des fixierten Knochenmarkes zu erhalten, hat ARNOLD folgende Methoden empfohlen: 1. Ein ganz dünner, gefärbter Celloidinschnitt durch das Mark wird durch Nelkenöl auf dem Objektträger vom Celloidin befreit und mit einem (hängenden) Tropfen Canadabalsam bedeckt. Bei leichtem Druck auf das Deckglas zerfällt der Schnitt und man findet zahlreiche isolierte, sehr gut in ihrer Form und Struktur erhaltene Zellen (95). Oder 2. er (96) bringt möglichst kleine Stückchen auf 6 Stunden in 1%ige Osmiumsäure und zerschüttelt sie dann in EHRLICHs Hämatoxylineosinlösung.*

Zur Darstellung eigentümlicher Fasernetze im Knochenmark verwendete ENDERLEN ein zuerst von OPPEL für Leber und Milz angegebenes Verfahren: Härten der Stücke in Alkohol, Übertragen auf 24 Stunden in 10%ige wässerige Lösung von Kalium chromicum flavum; kurzes Abspülen mit destilliertem Wasser, dem einige Tropfen einer $^3/_4$%igen Silbernitratlösung zugesetzt sind. Darauf 24 Stunden in öfter zu wechselnde $^3/_4$%ige Silbernitratlösung, absoluten Alkohol, Schneiden ohne Einbettung, Toluol, Einschluß in Toluolbalsam ohne Deckglas.

Zur Färbung des Reticulums gibt JACKSON neben der OPPELschen Silbermethode eine komplizierte Eisen-Wolfram-Hämatoxylinmethode an. Auch Trypsinverdauung empfiehlt er zu ihrer Darstellung, nur darf vorher nicht mit Salpetersäure entkalkt werden. Sonst findet er am besten die gleichzeitige Fixierung und Entkalkung in GILSONs Flüssigkeit (80%ige Salpetersäure 15, Eisessig 4, Sublimat 20, 60% Alkohol 100, Wasser 880).

RETZIUS (l. c.) hat die Stützzellen mittelst der GOLGIschen Methode dargestellt.

Auch die Pulpa des Zahnes kann man für sich allein den gebräuchlichen Fixierungs-, Schnitt- und Färbemethoden unterwerfen. Bei Hundezähnen gelingt es nach WEIL (87) leicht, die ganze Pulpa aus ihrer Höhlung zu ziehen, wenn man die Wurzelspitze mit einer Zange abkneipt, wobei dann die Pulpa meist an dieser hängen bleibt. Auch an menschlichen Zähnen gelingt es, die Pulpa isoliert zu erhalten, wenn man die Zähne mit einer starken Zange der Länge nach aufsprengt und die Pulpa mit einem feinen Skalpell von ihrer Wandung ablöst.

Über die Ergebnisse verschiedener Fixierungs- und Färbungsmethoden solcher isolierter Pulpen vgl. HÖHL und WALKHOFF.

---

* Zeitschr. Wiss. Mikr., Bd. 3, 1886, S. 150.

Zur Untersuchung der feineren Zellenstruktur der Zahnpulpa findet Röse (92) unzweifelhaft am brauchbarsten die Holzessigmethode nach Mährenthal. Fixieren in Femmings Gemisch oder 1%iger Osmiumsäure, Härten in Alkohol, Entkalken in 5—10%iger Salpetersäure, abermals Härten und Übertragen in nicht gereinigten Holzessig, Einbettung in Paraffin.

Über die Darstellung der Blutgefäße der Pulpa vgl. Lepkowski (97); betreffs der Pulpanerven Boll, Morgenstern (96), Römer und Rygge (Methylenblau und Golgische Methode).

8. Methoden zum Studium der Entwicklungsvorgänge an Knochen und Zähnen.

Diese bestehen im wesentlichen in der Anfertigung von Schnitten durch gut fixierte embryonale Knochen und Zahnanlagen verschiedener Entwicklungsstadien und in möglichst scharf differenzierenden Färbungen.

Um die Nachteile der künstlichen Entkalkung zu umgehen, kann man entweder Schliffe nach der Koch-Weilschen Methode anfertigen (vgl. Zagelmeier, Kap. 2) oder, nach dem Vorschlage von Retterer (98), junges Knochengewebe wählen, noch bevor es verkalkt ist.

Besonders empfiehlt er die perichondrale Knochenkruste der Finger und die Knochenkappe der Endphalangen. Diese Stellen sind noch unverkalkt bei Kaninchenembryonen vom 23.—24. Tage (6—7 *cm* L.), Meerschweinchen von 4—6 *cm* L., Pferdeembryonen von 15 bis 20 *cm* L. und jungen Axoloteln am Ende des ersten Jahres bis zur ersten Hälfte des zweiten. Fixierung in gesättigter, wässeriger Sublimatlösung oder Zenkerscher Flüssigkeit. Zur Färbung empfiehlt er besonders Heidenhains Eisenhämatoxylinmethode.

Zur Untersuchung bereits verkalkter Knochen sind möglichst kleine Stücke zu wählen und am besten mit einer sauren Fixierungsflüssigkeit, welche gleichzeitig entkalkt, zu behandeln, z. B. Flemmings starkem Chromosmiumessigsäuregemisch. Solche Präparate vom embryonalen Scheitelbein geben besonders an Flachschnitten, nach der Methode von Vivante mit Chinoleinblau gefärbt und in essigsaurem Kali untersucht, vorzügliche Bilder von den Osteoblasten und ihren Beziehungen zur fibrillären Grundsubstanz.

Gardner fixiert und entkalkt zugleich in Pikrinsäure, während er zur Färbung die Methode empfiehlt, welche Wolters (Arch. Derm. Syph. 1892) zur Färbung des elastischen Gewebes angegeben hat. Sacerdotti e Frattin fixieren und entkalken in Zenkers Flüssigkeit. Färben mit Hämatoxylin-Eosin. v. Korff fixiert und entkalkt außer in Flemmings und Zenkers Gemisch auch noch in Sublimat-Alkohol-Eisessig. Nach Schaffer (02, 2) eignet sich dazu auch 5%ige Alaunlösung, die 5% Salpetersäure enthält. Färbt man solche Schnitte mit Hämatoxylin(Delafield)-Eosin, so färben sich die Markzellen stark rot, die Knorpelzellen nicht.

Die hydropisierten Knorpelzellen der Ossificationszone sind besonders empfindlich; nicht nur daß sie schon eine Reihe gewöhnlicher Fixierungsmittel zum Schrumpfen bringt (Pikrin-, Osmium-, Chromsäure, Alkohol; Da Costa Ferreira), werden sie auch durch gute Fixierungsmittel nur in dünnen Lagen unverändert erhalten; sie erscheinen bereits stark verändert, wenn man z. B. Metatarsi eines älteren Katzenembryos als Ganzes, wenn auch von der Muskulatur befreit, in die Fixierungsflüssigkeit bringt. Will man diese Zone möglichst gut erhalten, so muß man sie in Form eines Freihandschnittes, den man möglichst rasch nach Tötung des Tieres anfertigt, in Flemmings Gemisch, Zenkers oder Erlickis Flüssigkeit oder Platinchloridsublimat fixieren und dieses dünne Scheibchen dann erst einbetten und weiter zerlegen

Da Costa Ferreira rühmt als vorzüglich das von Retterer (00) empfohlene Gemisch von 3%ige Chromsäure 66, Formol 33, Essigsäure 8. Die Bilder sollen sich am meisten dem frischen Zustande nähern.

Für größere Knochen älterer Embryonen ist Müllersche Flüssigkeit, Orths Gemisch dieser mit Formol oder Erlickis Flüssigkeit mit 1% Essigsäure zu empfehlen, nur verzichtet man dabei auf feinste Zellstrukturen, besonders in der Ossificationszone.

Für das Studium der Zahnentwicklung ist es zweckmäßig, den Kiefer in Stücke zu zerschneiden, welche je eine Zahnanlage enthalten oder letztere herauszupräparieren und für sich zu fixieren. Das Formalin-Alkoholgemisch (1 : 2 Teilen 80—90%iger Alkohol) erhält die Zahnpapille, wenn auch schon Verzahnung im Gange ist, vollkommen in situ.

Zur Darstellung der v. KORFFschen Fasern eignet sich am besten Fixierung in FLEMMINGs Gemisch mit nachfolgender Färbung nach MALLORY (Anilinblau-Orange [v. EBNER (06), wo auch weitere Methoden]).

Die Färbung muß für die endochondralen Verknöcherungsvorgänge in erster Linie darauf hinzielen, Knorpel und Knochengewebe möglichst scharf zu trennen.

Dazu genügen im allgemeinen Doppelfärbungen mit einer basischen Farbe für den Knorpel und einer sauren für den Knochen.

Hier muß aber daran erinnert werden, daß die Knorpelfärbung ganz verschieden ausfällt, je nachdem die Chondroitinschwefelsäure bei der Vorbehandlung gelöst oder fixiert worden ist. MÜLLERs Flüssigkeit z. B. löst und extrahiert die Säure und der Knorpel gibt nicht mehr die charakteristischen Färbungen mit basischen Farben; wohl aber läßt sich jetzt der verkalkte Knorpel scharf vom unverkalkten differenzieren, was an z. B. mit ZENKERs Flüssigkeit gut fixierten Knorpeln nicht der Fall ist.

Im besonderen sei auf meinen Artikel (88) sowie auf folgende Färbungen hingewiesen.

Hämatoxylincarmin nach STRELZOFF. Vorfärben mit Hämatoxylin; Nachfärben mit ganz neutralem, carminsaurem Ammoniak, Entwässern und Eintauchen für einen Augenblick in sehr verdünnte Essigsäure oder schwache Alaunlösung. Präparate in Glycerin einzuschließen und im Dunkeln aufzubewahren. Kalkloser Knochen rot, kalkhaltiger fast farblos, Knorpel blau. An der Knorpelknochengrenze häufig Mischfarben. Präparate nicht haltbar.

Hämatoxylineosin nach BUSCH (77). Am besten an Knochen aus Chromsäure oder ihren Gemischen. Unverkalkter Knochen farblos, verkalkter rot, verkalkter Knorpel blau. Markzellenkörnung und rote Blutkörperchen leuchtend rot.

Hämatoxylincongorot gibt für embryonale Knochen aus MÜLLERschen Flüssigkeit vorzügliche Differenzierungen. Neugebildeter Knochen ziegelrot, der verkalkte blässer; besonders die schmalen, kapselartigen Säume um eben eingeschlossene Osteoblasten scharf hervortretend. Ebenso die SHARPEYschen Fasern (Wurzelstock von GEGENBAUR). Am besten Entkalkung in wässeriger Salpetersäure, Vorfärbung mit DELAFIELDS Hämatoxylintonerde, dünne Congorotlösung (1:300), aus der die Schnitte unmittelbar in 95%igen Alkohol zu übertragen sind, bis das Celloidin farblos ist. Osteoblastenkörper rot, Osteoclasten grau-blau.

Hämatoxylinpikrinsäure nach KUTSCHIN und KLAATSCH. Letzterer färbt stark mit Hämatoxylin, überträgt die Schnitte auf 1—2 Minuten in gesättigte Pikrinsäurelösung, eine halbe Minute in Eisessig. Gut auswaschen in Wasser; Balsameinschluß.

Zur Demonstration der Knorpelreste im Knochen empfiehlt KLAATSCH auch starkes Überfärben mit Methylviolett, kurzes Nachfärben in der wässerigen Pikrinsäurelösung, gründliches Entfärben in Eisessig. Entwässern, Balsameinschluß.

Indigocarmin nach MERKEL, BAYERL, FLESCH (85) u. a. Die Methode gibt, wenn es gelingt, sehr schöne Differenzierungen; das Ergebnis ist jedoch schwankend und scheint wesentlich von der Reinheit der Farbstoffe abzuhängen.

BAYERL verwendet in Chromsalzsäure entkalkte Knochen, bettet in Paraffin ein und färbt 15—20 Minuten in einem Gemisch von

Carmin . . .	2		Indigcarmin,	
Borax . . .	8	und	Borax aa. .	8
Wasser . . .	130		Wasser . . .	130

zu gleichen Teilen. Übertragen in gesättigte wässerige Oxalsäurelösung. Entwässern, Balsameinschluß. FLESCH bettet in Celloidin ein (das sich mitfärbt), färbt 24 Stunden bei gewöhnlicher, 2 Stunden bei Brütofentemperatur.

Knochen himmelblau, unverkalkte Zone farblos, Osteoblasten dunkelrot, rote Blutkörperchen grün. Dentin und Schmelz blaugrün in etwas verschiedenem Ton.

RÖSE (91) färbt die mit Boraxcarmin durchgefärbten Serien (Paraffin) mit Bleu de Lyon (leicht bläuliche Lösung in absolutem Alkohol) 12—24 Stunden nach. Distinkte Blaufärbung des Knochengewebes, zumal des Dentins und der Bindegewebsfibrillen.

v. Korff färbt mit Eisenhämatoxylin nach M. Heidenhain, differenziert, bis die verkalkt gewesenen Stellen sich zu entfärben beginnen, spült 15 Minuten in fließendem Wasser ab, überträgt in 95%igen Alkohol, dann auf 10—15 Minuten in alkoholische Lösung von Rubin S (cca. 1/4—1/2‰) oder Chromotrop. Verkalktes Gewebe tief schwarz (aber durchaus nicht alles schwarz Gefärbte ist verkalkt und nicht alles Entfärbte ist kalklos), unverkalktes ein rotes Flechtwerk. Präparate aus chromsauren Gemischen färbt er 1/2 Minute in Rubin S 2, Orange G 1, Glycerin 7, Wasser 100. Extrahieren in 93%igem Alkohol. Die Fibrillen der unverkalkten Grundsubstanz rot, verkalkte Stellen gelb.

Poll (mündliche Mitteilung) färbt in Ramon y Cajals Pikrinsäure (400) — Indigcarmin (1) — Gemisch 5 Minuten, überträgt direkt in konzentrierte wässerige Fuchsinlösung, direkt in absoluten Alkohol (5 Sekunden bis 1 Minute), Xylol, Balsam.

Osteoblasten. Askanazy färbt ihr basophiles Protoplasma an Schnitten aus Alkohol oder Formalin in stark verdünnten wässerigen Lösungen basischer Farben und untersucht in Glycerin oder Rohrzuckerlösung. Für Dauerpräparate empfiehlt er Färben in konzentrierten wässerigen Lösungen (Löfflers Methylenblau oder Unnas polychromes Methylenblau), Differenzieren in Alkohol oder Anilinöl-Alkohol 1 : 10. Zur gleichzeitigen Färbung der Knochensubstanz: 5 bis 10 Minuten in Löfflers Methylenblau, Abspülen in Wasser, 2—5 Minuten in 95%igem Alkohol + 2 Teile gesättigter alkoholischer Eosin- oder 5 Teile konzentrierter wässeriger Orangelösung. 1/2—1 Minute in reinem Alkohol.

Sacerdotti und Frattin haben die Osteoblasten auch isoliert; entweder frisch in Kochsalzlösung mit einer Spur Methylenblau oder aus Müllers Flüssigkeit mit 2 Teilen Wasser verdünnt, dann mit Pikrocarmin gefärbt und in Glycerin eingeschlossen. Die charakteristische Vacuole deutlich sichtbar. — Gardner empfiehlt, wie vor ihm schon die genannten italienischen Autoren zur besonderen Hervorhebung des Protoplasmas die mikrochemische Reaktion auf Phosphor nach Lilienfeld und Monti (Arch. Ital. Biol., 1893), wobei es sich stark färbt und auch die Vacuole deutlich hervortritt.

Zur isolierenden Färbung der Knorpelreste im endochondralen Knochen sind die metachromatischen Knorpelfärbungen, besonders die mit Safranin und Thionin, von großer Bedeutung.

Ersteres wurde zu diesem Zwecke zuerst von Bouma und mir (88) verwendet. Bouma färbt die mit 1/2%iger Chromsäure entkalkten und gut ausgewaschenen Schnitte in einer Safraninlösung von 1 : 2000 einige Minuten bis 24 Stunden; dann werden die Schnitte in mit Essigsäure angesäuertem Wasser ausgewaschen und in Glycerin eingeschlossen. Knorpel gelbbraun, Knochen rot. Die Färbung verblaßt bald.

Ich färbe jetzt die Schnitte 24 Stunden in einer ad maximum verdünnten Lösung von Safranin oder Thionin (1 Tropfen der 1%igen wässerigen Lösung auf 20 *ccm* Wasser). Im ersteren Falle tritt eine intensive Gelbfärbung, im letzteren eine Heliotropfärbung der verkalkten Knorpelgrundsubstanzreste ein, welche die geringsten Spuren dieser im Knochen erkennen läßt. Die Färbung muß vor dem Entwässern in 5%igem molybdänsauren Ammon fixiert werden, denn Alkohol zerstört sie sofort. Die Safraninfärbung hält jedoch, wenn mit Pikrinsublimat fixierte Knorpel verwendet wurden.

Vorzügliche Bilder für das Studium der Entwicklung geben embryonale Knochen, welche nach Schmorls Molybdän- oder Wolframphosphorsäuremethode gefärbt und mit Eosin nachgefärbt wurden. An solchen Präparaten kann man besonders die wenig gekannten Vorgänge bei der Entwicklung der Knochenkanälchen studieren.

9. Methoden zur Untersuchung der Wachstumserscheinungen im Knochen.

Die älteste, histologisch verwertbare Methode dieser Art ist die der Krappfütterung.

Wenn man Tieren (Hühnern, Tauben, Kaninchen) längere Zeit eine Nahrung verabreicht, welcher die gepulverte Wurzel von Rubia Tinctorum beigemengt ist, so nehmen — hauptsächlich, aber nicht ausschließlich (L. Schreiber) — jene Partien der Knochensubstanz, welche während der Krappfütterung gebildet werden, die rote Farbe an und diese schwindet erst wieder mit der Resorption dieses rotgefärbten Knochengewebes. Tötet man die Tiere nun verschieden lange Zeit nach der Krappfütterung, so kann man an den Schliffen der Knochen den Gang von Anbildung und Abbau der Knochensubstanz verfolgen.

Nach SCHREIBER ist die Ruberythrinsäure die den Knochen färbende Komponente der Krappwurzel.

RETTERER (06) hat die Knochen intravital auch durch Verfütterung anderer Farbstoffe (Methylenblau, Indigocarmin, Neutral- und Congorot) zu färben versucht.

Aber auch durch gewisse Färbungen von Schliffen oder Schnitten treten auffallende Unterschiede je nach dem Alter einzelner, kleinster Knochenpartien hervor.

V. EBNER (75) hat bereits beobachtet, daß bei Färbung entkalkter Knochenschnitte jugendlicher Individuen mit sehr verdünnter, wässeriger Fuchsinlösung neugebildete Lamellensysteme genau bis zur Kittlinie gleichmäßig lebhaft rot gefärbt waren, während die übrige, ältere Knochensubstanz ungefärbt blieb.

Dasselbe hat später POMMER bei Anwendung verschiedener Anilinfarben beobachtet.

Hierher gehört auch die unter Kap. 5 besprochene Doppelfärbung von M. HEIDENHAIN.

Nach SCHMORL (07) differenziert schon die einfache Fixierung des Knochens in ORTHs Gemisch altes und neugebildetes Gewebe gut, indem ersteres gelb, letzteres grün gefärbt erscheint.

Um an kalkhaltigen Schliffen die neuangelagerte Knochensubstanz durch Färbung hervorzuheben, hat MATSCHINSKY (90, 92) folgende Methode angegeben: Die entfetteten Schliffe von macerierten oder frischen Knochen werden aus Wasser direkt in die Farbstofflösungen übertragen. Am besten erwiesen sich (92) gesättigte wässerige Lösung von Safranin und die ZIEHL-NEELSENsche Farbmischung (Fuchsin 1,0, Alkohol 10,0, konzentrierte Carbolsäure 5,0, destilliertes Wasser 100,0).

Letztere besonders auch zur gleichzeitigen Darstellung der Knochenkanälchen. Schliffe aus frischen Knochen von Kindern bis zum ersten Lebensjahre darf man nicht über 24 Stunden, solche von Kindern bis zu 5 Jahren 48 Stunden, Schliffe von Knochen Erwachsener 3—7 Tage in der Farblösung weilen lassen. Schliffe von macerierten Knochen färben sich rascher; ebenso beschleunigt Brutofentemperatur die Färbung. Kleinere, macerierte Knochen können sogar auf 4—5 Tage als Ganzes in die Farblösung kommen und nachträglich zu Schliffen verarbeitet werden. Die gefärbten Schliffe läßt man trocknen und schleift sie dann (in Wasser oder Alkohol) weiter auf grobem Schleifstein, Naschdackpapier, um sie schließlich zu polieren und in Luft oder harten Canadabalsam einzuschließen.

Am geeignetsten fand ich das Dünnschleifen auf feinem Schleifstein mit Xylol befeuchtet.

Sehr scharf treten die neuapponierten, noch nicht verkalkten Knochenpartien auch an Schnitten hervor, welche nach der Thioninpikrinsäuremethode von SCHMORL hergestellt worden sind. Während nämlich die Kanälchen und Lacunen im verkalkten Knochen scharf gefärbt erscheinen, bleiben sie im unverkalkten, der selbst auch schwächer gelb gefärbt erscheint, farblos. Auch mittelst der Thionin-Phosphorwolframmethode läßt sich nach SCHMORL (04) an unvollständig entkalkten Schnitten (MÜLLERs Flüssigkeit) der kalkhaltige vom kalklosen Knochen gut differenzieren, indem ersterer rot, letzterer blau bis blaugrün erscheint.

Derselbe Autor empfiehlt neuestens (07) (S. 97) zur scharfen Differenzierung der verkalkten und unverkalkten Knochenpartien in MÜLLERs Flüssigkeit schneidbar gewordene, unvollständig entkalkte Knochenschnitte (nach Celloidineinbettung) $^1/_4$—$^1/_2$ Stunde in einer 2—5%igen Silbersalpeterlösung grellem Sonnenlicht auszusetzen, dann in destilliertem Wasser gut auszuwaschen und zur Entfernung des überschüssigen Silbers in eine 10%ige Lösung von Natrium subsulfurosum auf 1—2 Minuten zu übertragen. Gut Auswaschen und Färben mit Hämatoxylineosin. Alle verkalkten Partien tief schwarz, unverkalkter Knochen rot.

Die Silbermethode von Salge und Stoeltzner zur Differenzierung verkalkter und unverkalkter Partien ist nach Schmorl (07) nicht sicher. Stoeltzner zeigt neuestens, daß nicht nur Silber, sondern auch alle anderen untersuchten Metalle eine starke Affinität zum verkalkten Gewebe besitzen. Er behandelt mit einer Metallsalzlösung vor, wäscht gut aus und behandelt mit einem Reagens nach, das mit dem Metallsalz einen möglichst dunklen Niederschlag gibt, z. B. bringt er die Schnitte auf 5 Minuten in stark verdünnte Lösung von Silbernitrat, spült in Wasser ab und überträgt in verdünnte Lösung von Pyrogallol. Nachbehandlung mit Schwefelammonium gibt gelbbraune Färbung ausschließlich der verkalkten Substanz mit besonderer Hervorhebung der Konturen der Knochenkörperchen. Ähnlich wirken Vorbehandlung mit Plumbum acet., Kobaltnitrat, Kupfersulfat und Nachbehandlung mit Schwefelammonium oder Eisenchlorid-Tannin.

Um das Auftreten der Kalksalze in den Knorpelzellen zu verfolgen, hat Gardner unentkalkte, gut fixierte Schnitte mit Safranin, Thionin und Pikrinsäure gefärbt, wobei sich die Kalksalze lebhaft rot färben sollen (Niederschläge?) Das Auftreten der Kalksalze bei der direkten Ossification verfolgt er mittelst der oben (pag. 741) mitgeteilten Kupfer-Alizarinmethode.

Solger (00) hat an Rippen junger Kätzchen, die in Zenkers Flüssigkeit fixiert und mit Ehrlichs saurem Hämatoxylin durchgefärbt worden waren (Paraffinschnitte), an der Grenze zwischen verkalktem und unverkalktem Knochen eine intensiv violett gefärbte Zone feinster Körnchen nachgewiesen, die wohl den auftretenden Kalkkörnchen entsprechen und nichts mit den Fibrillen zu tun haben, wie Solger glaubte.

Um das verkalkte Zahnbein vom unverkalkten zu differenzieren, färbt v. Ebner (06) progressiv in sehr verdünnter Safranin- oder Thioninlösung; verkalktes Zahnbein metachromatisch gelb oder rot, unverkalktes farblos. Fixierung der Färbung in 5%igen Ammoniummolybdat gestattet Lackeinschluß.

Literatur: Altmann (Centralbl. Med. Wiss., 1878), derselbe (Arch. Mikr. Anat., Bd. 16, 1879), derselbe (Arch. Anat., 1881), Andeer (Centralbl. Med. Wiss., 1884, Int. Mon. Anat. Physiol., Bd. 1), derselbe (C. R. Ac. Sc. Paris, Bd. 126, 1898), Andresen (Deutsch. Monatsschr. Zahnheilk., Jg. 20, 1902), Apolant (Arch. Pathol. Anat., Bd. 121, 1893), Arndt (Zeitschr. Wiss. Mikr., Bd. 18, 1901 und Bd. 22, 1905), Arnold (Arch. Pathol. Anat., Bd. 71, 1887), derselbe (Ebenda, Bd. 140, 1895), derselbe (Ebenda, Bd. 144, 1896), Askanazy (Centralbl. Pathol. Anat., Bd. 13, 1902), Bayerl (Arch. Mikr. Anat., Bd. 23, 1884), Behrens, Kossel und Schiefferdecker (Das Mikroskop), Behrens-Küster (Tabellen, 4. Aufl., 1908), Bödecker (Zeitschr. Wiss. Mikr., Bd. 22, 1905 und Bd. 25, 1908), Böhm-Oppel (Taschenbuch, 5. Aufl.), Boll (Arch. Mikr. Anat., Bd. 4, 1868), Bonnet (Anleitung zur mikroskopischen Untersuchung tierischer Gewebe etc., München 1884), Bouin (Bibl. Anat., Jg. 4, 1896), Bouma (Centralbl. Med. Wiss., 1883), derselbe (Onderzoek. gedaan in het physiol. Labor. d. Univ. te Leiden, 6. T., 1884), Broesike (Centralbl. Med. Wiss., 1878), derselbe (Arch. Mikr. Anat., Bd. 21, 1882), de Burgh Birch (Centralbl. Med. Wiss., 1879), Burkholder (Journ. of Appl. Micr., V. 5, 1902), Busch (Verh. Physiol. Ges. Berlin, Nr. 14; Deutsch. Med. Wochenschr. 1877), derselbe (Arch. Mikr. Anat., Bd. 14, 1879), Caush (Brit. Journ. Dent. Sc., V. 47, 1907), Chevassu (Arch. de Physiol., 1881), Chiarugi (Boll. Soc. Cult. Sc. Med. Siena, Jg. 4, 1886), Choquet (Traité technique des préparations microscopiques à l'usage du Dentiste, Paris 1895), Christensen (Dental Cosmos, Bd. 36, 1894), Colqhoun (Journ. of Anat. Physiol., Bd. 34, 1899), Coraini (Per la raccolta e la decalcificazione dei denti etc., Napoli 1902), derselbe (La stomatologia, Milano, Nr. 4, 1905), da Costa Ferreira (A technica histologica etc., Istituto, Coimbra, 1903), Csokor (Verh. Anat. Ges., Wien 1892), Donati (Centralbl. Path. Anat., Bd. 14, 1903), v. Ebner (Sitz. Akad. Wiss. Wien, Bd. 70, 1874), derselbe (Ebenda, Bd. 72, 1875), derselbe (Ebenda, Bd. 75, 1877), derselbe (Arch. Mikr. Anat., Bd. 29, 1887), derselbe (Sitz. Akad. Wiss. Wien, Bd. 99, 1890), derselbe (Österr. Zeitschr. Stomatol., H. 14, 1903), derselbe (Deutsch. Monatsschr. Zahnheilk., Jg. 21, 1903), derselbe (Arch. Mikr. Anat., Bd. 67, 1905), derselbe (Sitz. Akad. Wiss. Wien, Bd. 115, 1906), derselbe (Histologie der Zähne mit Einschluß der Histogenese. Scheffs „Handb. d. Zahnheilk.", 3. Aufl., 1908), Ehrenbaum (Zeitschr. Wiss. Mikr., Bd. 1. 1884), Enderlen (Anat. Anz., Bd. 6. 1891), Ewald (Zeitschr. Biol., Bd. 34, 1896), Fasoli (Arch. Mikr. Anat., Bd. 66, 1905), Ferreri (Boll. R. Acc. Med. Roma, Jg. 18, 1892), Fischer (Deutsch. Zahnheilk. in Vorträg., H. 4/5, 1908), Fischoeder (Arch. Klin. Chirurg., Bd. 58, 1899), Fleischmann (Arch. Mikr. Anat., Bd. 66, 1905), derselbe (Ebenda, 68, 1906), derselbe (Öst.-ung. Vierteljahrschr. Zahnheilk., 1907), derselbe (Zeitschr. Wiss. Mikr., Bd. 25, 1909), Flemming (Zeitschr. Wiss. Mikr., Bd. 3, 1886), Flesch (Arch. Mikr. Anat., Bd. 16, 1878), derselbe (Zeitschr. Wiss. Mikr., Bd. 2, 1885), Förster (Arch. Pathol. Anat., Bd. 18, pag. 170), Fol (Lehrbuch), Frey (Das Mikroskop, 8. Aufl.), Fusari (C. R. Assoc. Anat., 4. sess., Montpellier 1902), Gage (Proc. Amer. Soc. Micr., Bd. 14, 1892), Gardner (Le Physiolog. Russe, Bd. 4, 1906), Gebhardt (Arch. Entwickl.-Mech., Bd. 10, 1900 und Bd. 20, 1905), Gerlach (Handbuch der allgemeinen und speziellen Gewebelehre. Mainz 1848), derselbe (Ebenda, 2. Aufl., Mainz 1854), Hart (Dental Cosmos, Bd. 33, 1891), Harting (Das Mikroskop, 2. Aufl. in 3 Teilen, Braunschweig 1866), Haug (Centralbl. Allg. Pathol., Bd. 2, 1891), derselbe (Zeitschr. Wiss. Mikr., Bd. 8, 1891), Heidenhain (Zeitschr. Wiss. Mikr., Bd. 22, 1905), Heitzmann (Wien. Med. Jhb., 1872), Hesse (Anat. Anz., Bd. 20,

1902 und Arch. Pathol. Anat., Bd. 167, 1902), Höhl (Arch. Anat., 1896), v. Döhnel (Zeitschr. Wiss. Mikr., Bd. 1, 1884), Hopewell-Smith (Dental Microscopy, 2. Aufl., London 1899), Hoppe (Arch. Pathol. Anat., Bd. 5. 1853), Jackson (Arch. Anat. Phys. 1904), Jolly (Arch. d'Anat. Micr., Bd. 3, 1900), Jones (Brit. Med. Journ., Febr. 1905), Joseph (Arch. Mikr. Anat., Bd. 6, 1870), v. Kahlden (Technik der histologischen Untersuchung patholog.-anatom. Präparate, 6. Aufl., Jena 1900), Kallhardt (Öst.-ung. Vierteljahrschr. Zahnheilk., Jg. 20, 1904), Klaatsch (Zeitschr. Wiss. Mikr., Bd. 4, 1887), Klebs (Centralbl. Med. Wiss., 1868), v. Koch (Anatomie der Orgelkoralle, Jena 1874), derselbe (Zool. Anz., Bd. 1, 1878), Kölliker (Mikroskopische Anatomie, Leipzig 1850 und 1852), derselbe (Würzburger Anat. Zeitschr., Bd. 1, 1860), derselbe (Zeitschr. Wiss. Zool., Bd. 44, 1886), derselbe (Handbuch der Gewebelehre, 6. Aufl., Leipzig 1889), v. Korff (Arch. Mikr. Anat., Bd. 69, 1906), Krause (Allgemeine und mikroskopische Anatomie, Hannover 1867), Krukenberg (Arch. Anat., 1849), Kutschin (Unters. Inst. Physiol., Graz 1870), Lachi (Monit. Zool. Ital., XIII, 1902), v. Langer (Denkschr. Akad. Wiss. Wien, Bd. 36, 1875), Latham (Int. Journ. Micr., London, S. III, F. II, pag. 241), Lawdowsky (Med. Bote, 1874 [Russ.], Ref. in Hofmann-Schwalbes Jhber., Bd. 3, 1875), Lee und Mayer (Grundzüge, 3. Aufl.), Lepkowski (Anat. Anz., Bd. 7, 1892), derselbe (Anat. Hefte, Bd. 8, 1897), Leydig (Arch. Anat., 1854), derselbe (Lehrbuch der Histologie, Frankfurt 1857), derselbe (Zelle und Gewebe, Bonn 1885), Lurje (Anat. Hefte, Bd. 31, 1906), Malassez (Arch. de Physiol., Jg. 14, 1882), Mann (Physiological Histology, Oxford 1902), Martinotti (Arch. Ital. Biol., Bd. 11, 1889), Matschinsky (Anat. Anz., Bd. 5, 1890), derselbe (Arch. Mikr. Anat., Bd. 39, 1892), derselbe (Ebenda, Bd. 46, 1895), Mayer (Zool. Anz., Jg. 4, 1881), Merkel (Unters. Anat. Inst., Rostock 1874), Miller (Öst.-ung. Vierteljahrschr. Zahnheilk., Jg. 17, 1901), Morgenstern (Deutsch. Monatsschr. Zahnheilk., Jg. 3, 1885), derselbe (Ebenda, Jg. 14, 1896), Mosse (Centralbl. Pathol. Anat., Bd. 16, 1905), H. Müller (Würzburg. Nat. Zeitschr., 1860), H. F. Müller (Sitz. Akad. Wiss. Wien, Bd. 98, 1889), Muir (Journ. of Anat. Physiol., Bd. 26, 1892), Nealey (Amer. Mont. Micr. Journ., Bd. 5, 1884. Ref. im Journ. R. Micr. Soc., London 1885), Neumann (Beiträge zur Kenntnis des normalen Zahnbein- und Knochengewebes, Leipzig 1863), derselbe (Arch. Heilk., Bd. 10, 1868), Orth (Cursus der normalen Histologie, 5. Aufl., Berlin 1888), derselbe (Berl. klin. Wochenschr., Jg. 33, 1896), Pansini (Giorn. Assoc. Med. Napoli, Jg. 2, 1891), Pappenheim (Arch. Pathol. Anat., Bd. 157, 1899), Partsch (Verh. Deutsch. Naturf., Wien 1894), Pommer (Zeitschr. Wiss. Mikr., Bd. 2, 1885), Preiswerk (Öst.-ung. Vierteljahrschr. Zahnheilk., Jg. 17, 1901), Pritchard (Quart. Journ. Micr. Sc., 1872), Ranvier (Arch. de Physiol., Bd. 1, 1868), derselbe (Ebenda, Bd. 6, 1874), derselbe (Ebenda, Bd. 7, 1875), derselbe (Traité technique d'histologie, 2. Edit., Paris 1889), v. Recklinghausen (Festschr. Virchows, 1891), derselbe (Verh. Deutsch. Path. Ges., 4. Tag, 1901), Reich (Das irreguläre Dentin der Gebrauchperiode etc. Jena, G. Fischer, 1907), Reinicke (Beitr. z. neuer. Mikrosk., 2. H., Dresden 1860, S. 57), Renaut (Arch. de Physiol., 1875), derselbe (C. R. Assoc. Anat., 4. Sess., Montpellier 1902), Retterer (C. R. Soc. Biol., X, Bd. 5, 1898), derselbe (Journ. de l'Anat., Jg. 36, 1900), derselbe (Ebenda, Jg. 41, 1905), derselbe (Ebenda, Jg. 42, 1906), Richter (Öst.-ung. Vierteljahrschrift Zahnheilk., 1903), Römer (Zahnhistologische Studie, Freiburg i. B., 1899), Röse (Arch. Mikr. Anat., Bd. 38, 1891), derselbe (Deutsch. Monatsschr. Zahnheilk., Jg. 10, 1892), derselbe (Anat. Anz., Bd. 7, 1892), derselbe (Ebenda, Bd. 14, 1897), Rollett (Vom Knochengewebe. In Strickers Handbuch der Gewebelehre, Leipzig 1871), Rousseau (Zeit. Wiss. Mikr., Bd. 14, 1897), derselbe (Bull. Soc. Belge Micr., Bd. 23, 1898), derselbe (Ann. Soc. Belge Micr., Bd. 24, 1899), Rudas (Mitt. Inst. Zool. u. vergl. Anat. Apathy. — Odontoskop. 3. Evfol. Füzet $^{3}/_{4}$. Aus dem Ungar. v. E. Néry, 1894), derselbe (Odontologische Blätter, Nr. 13 und 14, 1903), Ruprecht (Zeitschr. Wiss. Mikr., Bd. 13, 1896), Rygge (Intern. Mon. Anat., Bd. 19, 1902), Sacerdotti e Frattin (Anat. Anz., Bd. 32, 1902), Salge und Stoeltzner (Berl. Klin. Wochenschr., Nr. 14, 1900), Schäfer (Quart. Journ. Micr. Sc., 1878), Schaffer (Zeitschr. Wiss. Mikr., Bd. 5, 1888), derselbe (Sitz. Akad. Wiss. Wien Bd. 98, 1889), derselbe (Zeitschr. Wiss. Mikr., Bd. 10, 1893), derselbe (Centralbl. Physiol., 1902), derselbe (Zeitschr. Wiss. Mikr., Bd. 19, 1902), Schiefferdecker und Kossel (Gewebelehre, Braunschweig 1891), Schmorl (Centralbl. Pathol. Anat., Bd. 10, 1899), derselbe (Verh. Deutsch. Pathol. Ges., 8. Tag. Breslau 1904, 23), derselbe (Die pathologisch-histologischen Untersuchungsmethoden, 4. Aufl., Leipzig 1907), Schreiber (Arb. Pathol. Inst. Tübingen, Bd. 4, 1903), Schultz (Das elastische Gewebe des Periosts und der Knochen. Diss. Gießen 1895 und Anat. Hefte, Bd. 6, 1896), Solger (Deutsch. Med. Wochenschr., Nr. 13, 1900), derselbe (Ebenda, 1902), Spuler (Anat. Anz., Bd. 14, 1898), Squire (Methods and formulae used in the preparation of animal and vegetable tissues etc., London 1892), Stein (Anat. Anz., Bd. 17, 1900), Stephan (Arch. d'Anat. Micr., Bd. 2, 1898), derselbe (Bull. Sc. France Belg., Bd. 35, 1900), Stöhr (Lehrbuch der Histologie, 12. Aufl., Jena 1906), Stoeltzner (Arch. Pathol. Anat., Bd. 180, 1905), Strelzoff (Unters. Pathol. Inst. Zürich 1873), Studnička (Anat. Anz., Bd. 29, 1906), derselbe (Zeitschr. Wiss. Mikr., Bd. 23, 1906), Tafani (Arch. Ital. Biol., Bd. 8, 1876), Thoma (Arch. Pathol. Anat., Bd. 104, 1886), derselbe (Zeitschr. Wiss. Mikr., Bd. 8, 1891), derselbe (Zeitschr., Wiss. Mikr., Bd. 14, 1897), Tirelli (Atti R. Accad. Lincei, Roma, Rendiconti, Bd. 6, 1890), Tolputt (Journ. Micr. Nat. Sc., London, III, Bd. 5, 1895), Tomes (Philosoph. Transact., Bd. 146, 1856), Underwood (Journ. R. Micr. Soc., London 1890), Van der Stricht (Arch. de Biol., Bd. 9, 1889), Virchow (Verh. Physik. Med. Ges. Würzburg,

Bd. 1, 1850), Vivante (Int. Mon. Anat. Physiol., Bd. 9, 1892), Volkmann (Arch. Klin. Chir, Bd. 4, 1863), Waldeyer (in Strickers Handbuch der Lehre von den Geweben, Bd. 2, 1872), Walkhoff (Die normale Histologie menschlicher Zähne einschließlich der mikroskopischen Technik, Leipzig, A. Felix, 1901), Weil (Zur Histologie der Zahnpulpa. Habil.-Schrift. München u. Deutsch. Mon. Zahnheilk., 5. und 6. Jg., 1887 und 1888), derselbe (Zeitschr. Wiss. Mikr., Bd. 5, 1888), derselbe (Öst.-ung. Vierteljahrschr. Zahnheilk., Bd. 7, 1891), Withe (Journ. R. Micr. Soc., 1891), Wolff (Deutsch. Med. Wochenschr., 1903), Zachariades (C. R. Soc. Biol., 1889), derselbe (Ebenda, 1890), derselbe (Zeitschr. Wiss. Mikr., Bd. 10, 1893), derselbe (C. S. Soc. Biol., Paris, T. 52, 1900), Zagelmeier (Über die Anlage des Extremitätenskelettes bei Säugetieren und die Bildung von Knochensubstanz, Inaug.-Diss., Erlangen 1891), Ziegler (Festschr. f. Kupffer), Zimmermann (Verh. Anat. Ges., Berlin 1889). (Abgeschlossen Ende Januar 1909.)

Schaffer, Wien.

Knochenmark siehe: Knochen und Zähne, Untersuchung derselben. Über die Zellen des Knochenmarks vgl. den Artikel Blut.

Knopsche Nährlösung siehe: Algen, Kultur derselben.

Knorpelgewebe. Der Leser darf hier keine erschöpfende, historisch-kritische Darstellung aller jener Methoden erwarten, die für die histologische Untersuchung des Knorpelgewebes empfohlen worden sind. Eine solche Darstellung ist ohne Eingehen auf die Frage vom feineren Bau des Gewebes nicht möglich und würde den Rahmen dieses Werkes überschreiten. Ich muß mich im folgenden damit begnügen, eine Reihe von Methoden auszuwählen, welche die wesentlichen Strukturverhältnisse des Knorpelgewebes zu verfolgen gestatten. Nur im Kapitel „Knorpelzelle“ wurde eine größere Vollständigkeit angestrebt. Trotzdem werden sich gelegentliche Bemerkungen über den feineren Bau des Knorpelgewebes nicht umgehen lassen, da seine Erkenntnis zu enge mit der Methodik verknüpft ist. Die überaus zahlreichen älteren technischen Angaben können nur mit großer Vorsicht und Kritik verwendet werden, denn einerseits arbeiten sie mit Begriffen, die seither andere geworden sind (z. B. Zelle, Kapsel), andrerseits rufen viele von ihnen Strukturbilder hervor, welche als Kunstprodukte zu mannigfachen Täuschungen geführt haben (Zellfortsätze, Saftkanäle, interkapsuläre Streifensysteme).

I. Die Untersuchung der Knorpelzelle. Die Knorpelzelle ist ein sehr empfindliches Gebilde; daher ist zu ihrer Untersuchung in erster Reihe möglichst unversehrtes, lebendes oder überlebendes Gewebe zu verwenden. Technisch gestaltet sich diese Untersuchung verhältnismäßig leicht, da es einmal eine Anzahl dünner, durchsichtiger Knorpelplatten gibt, welche im lebenden oder überlebenden Zustande unter das Mikroskop gebracht werden können, dann besitzen aber auch dicke, massige Hyalinknorpel, sofern sie nicht verkalkt sind, eine Konsistenz, welche es ermöglicht, von dem noch lebenden Gewebe dünne Schnitte herzustellen.

Um lebendes Knorpelgewebe im Zusammenhang mit seinen ernährenden Gefäßen durch längere Zeit zu untersuchen, empfiehlt Prudden folgende Methode: Das Episternum eines curarisierten Frosches wird freigelegt, was ohne Verletzung der Gefäße und Störung des Kreislaufes gelingt; dann krümmt man den Kopf des Tieres so zurück, daß man unter das Episternum einen kleinen Glasblock, der den Objektträger vertritt, einschieben kann. Die dünne Knorpelplatte wird durch Irrigation mit frischer Amniosflüssigkeit, noch besser $^1/_2$%iger Kochsalzlösung vor dem Eintrocknen geschützt. So gelang es Prudden, die Knorpelzellen 12—48 Stunden lang völlig unversehrt zu erhalten.

Zur Untersuchung des überlebenden Knorpelgewebes empfehlen: Schwann Kiemenstrahlen der Fische, von denen er durch leises Streichen die Schleimhaut entfernte, Kiemenknorpel der Amphibienlarven; R. Heidenhain, Schleicher (79) die Kopfknorpel von Amphibienlarven; Rollett Processus xiphoideus, Episternalknorpel vom Frosch, die dünnen Knorpelplatten des Brust-Schultergürtels von Tritonen; Ranvier (72), Ewetzky (75) den Scleralknorpel vom Frosch; Flemming (79) den Sternalknorpel eines Amphibiums im ganzen, den Copulaknorpel, welchen man unverletzt samt dem Mundhöhlenboden einer lebenden Larve entnimmt, ebenso Kiemenbogenknorpel der Salamanderlarven; später hat Flemming (82, pag. 21 u. f.) die Kiemenleisten der Salamanderlarven als viel durchsichtiger, wie der Sternalknorpel des erwachsenen Tieres, empfohlen. Solger (94) empfiehlt den Scleralknorpel von 5—6 *cm* langen Exemplaren des Gasterosteus aculeatus.

Leicht lassen sich auch die membranartigen Knorpelplatten in der Ohrmuschel der Fledermäuse und kleinen Nager frei präparieren, indem man die

Ohrmuschel am Körper abtrennt und mit einer starken Pinzette vom Schnittrand aus den äußeren und, was schwerer ist, den inneren Hautüberzug abzieht.

Zur Anfertigung von Schnitten empfiehlt es sich, jeglichen Druck auf das zu schneidende Knorpelstück zu vermeiden. Man präpariert z. B. den Oberschenkelkopf des Frosches im Zusammenhang mit dem Femur frei und benützt letzteres als Stiel, um mit dem Rasiermesser dünne Scheibchen vom Knorpelüberzug abzuschneiden. Man kann das Femur auch in die Mikrotomklammer einklemmen und mit dem Mikrotommesser schneiden: nur muß man beachten, daß man bald auf verkalkten Knorpel stößt. Auch Gelenkknorpel, Rippenknorpel usw. des Menschen und der Säugetiere kann mit dem anhaftenden Knochen als Stiel in der Objektklemme befestigt — OVIATT empfiehlt dazu, den Rezipienten der (Neapler) Klammer mit heißem Paraffin zu füllen und ehe dieses zu erstarren beginnt, den Knochenstiel hineinzustecken — und so geschnitten werden.

Am besten ist es, die dünnen Knorpelplatten oder Schnitte ohne Zusatz in der Weise zu untersuchen, daß man das Präparat rasch mit Paraffin umsäumt [RANVIER (72)]. SCHLEICHER (79) hat andere frische Körperteile von größerer Konsistenz mit eingeschlossen, um so den Knorpel in einer feuchten Kammer zu halten. Andere Autoren haben Zusatz von sogenannten indifferenten Flüssigkeiten empfohlen, z. B. verdünntes Hühnereiweiß (R. HEIDENHAIN), oder, wie ROLLETT (71), zur unerläßlichen Bedingung gemacht. Dieser verwendete Humor aqueus, Serum; O. HERTWIG Jodserum, GENZMER (76), außer diesem auch $^1/_{40}$%iges Goldchlorid; FROMMANN das Blut. BIGELOW ebenfalls Humor aqueus und Peritonealserum desselben Tieres; SOLGER (94) ein Gemisch von zwei Teilen $^3/_4$%iger Kochsalzlösung mit einem Teil 1%iger Methylgrünlösung.

Da das Knorpelgewebe fast ausschließlich durch Osmose ernährt wird, ist es von größter Bedeutung, isotonische Zusatzflüssigkeiten zu verwenden, die für jeden einzelnen Fall ausprobiert werden müssen.

Schon PRUDDEN war es bekannt, daß längere Irrigation des Froschknorpels mit $^3/_4$%iger Kochsalzlösung eine leichte Retraktion der Zellen unter Bildung spitzenartiger Fortsätze bewirkt; SOLGER (94) spricht sogar von „lebhafter Schrumpfung". Daß an Knorpelzellen von Warmblütern auch in Humor aqueus und $^1/_2$%iger Kochzalzlösung bald Veränderungen auftreten, konnte ich selbst (89) beobachten. Im ersten Falle war die Lösung offenbar zu konzentriert, da für den Frosch eine 0,64ige Kochsalzlösung als isotonisch angegeben wird (HAMBURGER). DEKHUYZEN (84) gibt für die Froschknorpelzellen allerdings 0,8%ige Lösung als isoton an. RENAUT (04) fand 0,6%ige augenscheinlich isoton. Die Zellen verändern sich darin während 5—6 Stunden nicht merklich. In der Tat können durch zu starke Kochsalzlösung geschrumpfte Knorpelzellen durch Zusatz von Wasser vorübergehend wieder ihre normale Gestalt annehmen (CALUGAREANU), ja selbst unter Wahrung dieser absterben. Für den Menschen wurde 0,9%ige Kochsalzlösung als am meisten indifferent befunden (ENGELMANN).

Gewarnt muß vor dem Zusatz von Wasser zu frischem Knorpelgewebe werden, den EXNER, v. BRUNN (74) und selbst FLEMMING (79) und wahrscheinlich nach ihm SCHIEFFERDECKER (91) empfohlen haben. Wenn auch sogenannte indifferente Zusatzflüssigkeiten, falls sie nicht isoton sind, ähnliche Veränderungen an den Zellen hervorrufen können, so treten sie doch im Wasser am schnellsten auf. [Nach FLEMMING (79) $^1/_4$—$^1/_2$ Stunde nach Anfertigung des Präparates.]

Damit kommen wir auf die

Reagenseinwirkungen auf die Knorpelzelle

zu sprechen.

Zusätze der verschiedensten Art bewirken eine Retraktion der Knorpelzelle, die in vivo ihre Höhle vollkommen und mit mehr oder minder glatter Oberfläche ausfüllt. Die Retraktion geschieht entweder als einfache Loslösung unter Bildung eines pericellularen Spaltes oder die Zelloberfläche bleibt durch kurze oder längere, oft sehr regelmäßig erscheinende Fortsätze mit der Wandung verbunden.

Eine solche Loslösung wird bewirkt durch das einfache Absterben der Zelle (Leichenknorpel), durch Zusatz von Wasser und wässerigen Farblösungen [wässerige Eosinlösung, RENAUT (89)], durch Zusatz von Säuren, mäßig konzentrierter (1%iger) Kochsalzlösung (LACHMANN, R. HEIDENHAIN), sowie überhaupt bei Anwendung wasserentziehender Substanzen [Glycerin, v. BRUNN (74)] und vieler gebräuchlicher Härtungs- und Fixierungsflüssigkeiten (Alkohol, Chromsäure und ihre Salze, Formalin, $^1/_3$—1%ige Osmiumsäure, 1‰iges Silbernitrat, 1%iges Kupfersulfat, gesättigte, wässerige Pikrinsäure [BOUMA (84), DA COSTA FERREIRA] u. a. m.). Auch Induktionsschläge vermögen die lebende Knorpelzelle von ihrer Wandung loszulösen (R. HEIDENHAIN, ROLLETT, PRUDDEN u. a.).

Will man Knorpelzellen dauernd ungeschrumpft erhalten, so muß man dünne Platten oder Schnitte des lebenden Gewebes in $^1/_2$%iger Alaunlösung [RANVIER (72)], ein Gemisch von vier Teilen 1%igen Platinchlorids und einem Teil 2%iger Osmiumsäure [VAN DER STRICHT (92)], starkes Gemisch von FLEMMING [LOEWENTHAL (93)], gesättigte Sublimatlösung, $^1/_3$%iges Platinchlorid, HERMANNS Gemisch und ähnliche Fixierungsflüssigkeiten einlegen. RENAUT (89) empfiehlt, einem kleinen Würfel aus Knorpelsubstanz (2—3 *mm* Seitenlänge) 15—20 Minuten Osmiumdämpfen auszusetzen und neuestens (04) ein Gemisch von vier Teilen 1‰iger Kochsalzlösung und einem Teil 1%iger Osmiumsäure, in dem Form und Strukturfeinheiten erhalten bleiben. Aber selbst bei Anwendung dieser besten Fixierungsmittel zeigen stets nur wenige oberflächliche Lagen von Knorpelzellen ihre natürliche Form vollkommen erhalten.

Die an der lebenden Knorpelzelle sichtbare Fadenstruktur wird durch Reagenzien verschieden stark beeinflußt; am stärksten durch Alkohol, weniger durch Osmiumsäure (stärker wellige Biegungen, lokale Zusammenballungen des Fadenwerks, körnige Gerinnungen); Chromsäurepräparate in Dammarlack zeigen am ehesten lebensähnliche Verhältnisse [FLEMMING (82), pag. 24].

Die Veränderungen des Kerns der Knorpelzelle bei Einwirkung verschiedener Reagenzien sind besonders von FLEMMING (79) und SCHLEICHER (79 A, 80) genauer verfolgt worden. Um den in der lebenden Zelle kaum sichtbaren Kern deutlich hervortreten zu lassen, eignen sich alle Mittel, welche die Retraktion der Knorpelzelle verhindern; für frische Schnitte am einfachsten $^1/_2$%ige Alaunlösung [RANVIER (72)].

Die Färbung der Knorpelzelle bezweckte ursprünglich vornehmlich den Nachweis eines Kernes. Dieser gelingt nur an der abgestorbenen Zelle, da die lebende keine Farbstoffe aufnimmt. (Über sogenannte vitale Färbung siehe unten.) Um den Kern in der ungeschrumpften Zelle zu färben, empfiehlt RANVIER (74) frische Knorpelschnitte vom Frosch auf 24—48 Stunden in eine alkohol-alaunhaltige Lösung von Purpurin zu übertragen und dann in Glycerin zu untersuchen. (Zu kochender $^1/_2$%iger Alaunlösung wird in wenig Wasser zerriebenes Purpurin gebracht, heiß filtriert und 30% Alkohol zugesetzt; Kerne rot, Protoplasma farblos, nach BIGELOW oft „kontrahiert", Grundsubstanz zartrosa.) Für Säugetierknorpel empfiehlt sich vor der Färbung 24—48 Stunden Aufenthalt in gesättigter Pikrinsäure. BÜTSCHLI behandelte die frischen Objekte mit 0,1—1,0%iger Osmiumsäure, färbte dann mit Carmin oder BEALEschem Carmin und schloß in mit Salzsäure angesäuertem, verdünntem Glycerin ein. Stark gefärbter Kern in farblosem Protoplasma; „dabei geht jedoch in den meisten Fällen die feinere Struktur des Kerns verloren." BIGELOW empfiehlt Jodmethylviolett, leicht mit Essigsäure angesäuert, RENAUT (89) Pikrocarmin, Pyrosin oder Eosin-Hämatoxylin, SOLGER (94), wie erwähnt, Methylgrün-Kochsalzlösung 10 Minuten.

Zur Färbung der Knorpelzellen in toto hat RANVIER (72, pag. 268) die Vergoldung empfohlen; kleine Knorpelstückchen kommen auf 15 Minuten in $^1/_2$%ige Goldchloridlösung, werden gewaschen in destilliertem Wasser und in angesäuertem (ein Tropfen Essigsäure auf 50) reduziert.

ORTH (pag. 139) färbt Schnitte durch frischen Knorpel in wässeriger Methylgrünlösung, spült in Wasser ab und schließt in Kali aceticum ein; Zellen dunkelblaugrün, Grundsubstanz rötlich. Oder er färbt in 0,05%iger Safraninlösung einige Minuten, spült in mit Essigsäure angesäuertem Wasser ab; Zellen und Kerne rot, Grundsubstanz gelb.

HANSEN (05, pag. 706) färbt die Zellen an fixierten, eingebetteten Schnitten mit 0,4‰iger wässeriger Lösung von Methylviolett 5 B mit nachfolgender Untersuchung in 2%iger Kochsalzlösung oder verdünntem Kochsalzglycerin.

Im allgemeinen genügt die Doppelfärbung mit einem Kern- und einem Plasmafärbemittel an Knorpelschnitten, die ohne Retraktion der Zellen fixiert worden sind, um die Zellkörper von der Grundsubstanz zu differenzieren. Doch eignet sich nicht jede saure Farbe, den Körper der Knorpelzellen zu färben;

auch scheinen Vorbehandlung und Art des Knorpels Verschiedenheiten zu bedingen. So färbt sich z. B. der Zellkörper im harten Knorpel von Myxine (Alkoholmaterial; progressive Färbung — 24—48 Stunden — in stark verdünnten, wässerigen Lösungen — ein Tropfen der $^1/_2$— $1^0/_0$igen Lösungen auf 10 Wasser — rasche Entwässerung und Aufhellung) stark mit Congorot, Anilin- oder Methylblau; Thiazinrot, besonders aber Coerulein S lassen im Protoplasma sehr deutlich körnige Fäden hervortreten. Desgleichen Überfärbung mit DELAFIELDs Hämatoxylingemisch, dagegen zeigt der Zellkörper nicht die geringste Affinität zu Tropaeolin 000, indigschwefelsaurem Natron, Bordeaux R, Fuchsin S u. a.

Auch kurz dauernde Färbung in $1^0/_0$iger Eosinlösung mit nachfolgender Entwässerung läßt die Zellen des Myxineknorpels ganz ungefärbt. Wohl aber färbt sich der Zellkörper stark bei kurzdauernder Einwirkung von $2^0/_0$igem Fuchsin S mit nachfolgender Entwässerung. Nach RENAUT (77, pag. 211) zeigen die Zellen im frischen Knorpelschnitt nach Eosinbehandlung eine starke Rosafärbung, während die Grundsubstanz fast ganz ungefärbt bleibt.

Wichtiger sind jene Färbungen, welche eigentümliche Strukturen und Einschlüsse der Knorpelzellen nachweisen; hierher gehören zunächst faden- und strangförmige Bildungen (das Fadenwerk FLEMMINGs, die Strangwerke, Pseudochromosomen M. HEIDENHAINs, der Netzapparat von GOLGI-PENSA, der Fadenapparat von N. LOEWENTHAL), dann körnige Bildungen sehr verschiedener Art (Fadenkörner, Paraplasmagranula, oberflächliche Mikrosomenlage, Nebenkerne), weiter Sphäre und Centriolen, endlich Glycogen, Fett und Pigment.

Strang-Fadenwerke; M. HEIDENHAIN fixiert mit Sublimat und überfärbt nach seiner Eisenhämatoxylinmethode. Er erhielt damit in den Knorpelzellen des Salamanders eigentümliche, verzweigte Pseudofilarsysteme (Strangwerke); bei stärkerer Entfärbung schleifenförmige, meist unverzweigte Fäden, aber auch Ringformen. — PENSA (01) hat mittelst der Methode von GOLGI in den Zellen des Rippenknorpels vom Meerschweinchen einen netzförmigen Apparat nachgewiesen, wie GOLGI in den Nervenzellen. — N. LOEWENTHAL (07) fixiert den Oberschenkelkopf des Frosches in toto mit FLEMMINGs Gemisch ein paar Stunden lang, wäscht in fließendem Wasser aus und härtet in steigendem Alkohol nach. Freihandschnitte durch die oberflächlichen Schichten werden 20 Minuten in Hämalaun gefärbt und in verdünntem Glycerin untersucht. Im Zelleib zeigen sich ein bis drei knäuelförmige Fadenapparate, welche aus dickeren, schleifen-, haken- oder S-förmig gewundenen Fäden bestehen. — MEVES hat die Mitochondrienfärbung auf Knorpelzellen angewendet und findet, daß die intensiv gefärbten Fäden genau dieselbe Anordnung zeigen, welche FLEMMING an der lebenden Zelle beschrieben hat.

Paraplasmatische Körnchen im Inneren der Knorpelzelle sind schon im frischen Zustande sichtbar. Nach RENAUT (77) lassen sie sich mit Eosin als ungleichmäßig verteilte, dunkler gefärbte Gebilde hervorheben. Von einer größeren Anzahl von Autoren sind sie intravital gefärbt worden. — O. SCHULTZE brachte lebende Frosch- und Tritonenlarven in sehr verdünnte wässerige Lösung von Methylenblau (1 : 100.000—1,000.000) und fand nach mehrtägigem Aufenthalt Granula in den Zellen der Kiemenknorpel gefärbt, die er für entsprechend den ALTMANNschen hielt. MITROPHANOW bestätigte diese Beobachtung für die verschiedenartigste Einführung des Methylenblaus in den Organismus. — VEJNAR injizierte einem Frosch eine PRAVAZsche Spritze voll von einer $2^0/_0$igen Lösung chemisch reinen Methylenblaus. Nach 24—48 Stunden wurde das Tier getötet und es zeigten sich zahlreiche Zellen mit blauen Körnchen erfüllt. Aber auch eine schwach diffuse Färbung ganzer Zellen, wie der Zwischenzellsubstanz konnte er beobachten.

Wahrscheinlich handelte es sich auch bei den älteren Indigcarmin-Injektionen von GERLACH (75, 76) und J. ARNOLD (75, 76) um Färbung paraplasmatischer Körnchen und nicht lediglich um Farbstoffausscheidungen; doch soll von dieser Methode später die Rede sein. — MAYER S. (96) bringt lebende Frosch-

und Salamanderlarven in mit Neutralrot gefärbtes Wasser, wo sie bald eine rote Farbe annehmen; Salamandern wird der Farbstoff in die Bauchhöhle injiziert, Fröschen und Kröten in den Rückenlymphsack einverleibt; Säugetieren in eine Jugularvene oder unter die Haut injiziert (0,1 Neutralrot auf 100 Teile 0,5%iger Kochsalzlösung). Die Knorpelzellen zeigten regelmäßig zahlreiche rotgefärbte Granula. — ARNOLD (00) führte Fröschen Methylenblau oder Neutralrot in Substanz unter die Brusthaut oder in den Rückenlymphsack ein und untersuchte nach 24 bis 48 Stunden das Epi- oder Hyposternum in $^3/_4$%iger Kochsalzlösung oder ohne Zusatz. Aber auch bei Färbung dünner frischer Knorpelschnitte vom Femurkopf des Frosches in stark verdünnter Lösung von Methylenblau (0,03% in $^3/_4$%igem NaCl) oder gesättigter Lösung von Neutralrot in $^3/_4$%iger NaCl-Lösung durch einige Minuten lassen sich Körnchen nachweisen. — FISCHEL (pag. 451) hat die Körnchen in den Knorpelzellen von Amphibienlarven gesehen, die er in mit Bismarckbraun gefärbtem Wasser gehalten hatte. — RENAUT (04) schließt den frischen Schwertfortsatz vom Frosch in 0,6%ige Kochsalzlösung, der eine Spur Neutralrot zugesetzt war (so daß die Flüssigkeit kaum gefärbt erscheint) mit Paraffin ein und findet nach $^1/_2$ Stunde Körnchen im Protoplasma gefärbt. — ARNOLD (08) bedeckt das frische Episternum des Frosches mit einem Deckglase, das mit dem Farbstoff beschickt ist (man läßt die alkoholische oder wässerige Lösung in gleichmäßiger Schicht eintrocknen) ohne jeglichen Zusatz, umrandet mit Vaselin und legt es auf einen ausgehöhlten Objektträger; „solche Präparate sind tagelanger Beobachtung zugänglich". Nach einiger Zeit, wenigen Minuten bei Neutralrot, später bei Azur II und Methylenblau beginnen sich Granula immer mehr zu färben; dann auch Fäden, in welche diese Körnchen eingelagert erscheinen. Zuletzt enthält das Plasma vieler Zellen aus Körnchen und Fäden zusammengesetzte Netzfiguren.

Einschlüsse mehr kugeliger Natur wurden ebenfalls in überlebenden, vorwiegend aber in abgetöteten Zellen gefärbt. So färbt DEKHUYZEN (89) schon in der frischen Zelle sichtbare, grünlich glänzende Kügelchen mit Methylenblau (0,01% in 0,8%iger Kochsalzlösung); daneben auch kleinste Körnchen. — O. VAN DER STRICHT (92, pag. 184) beschreibt tingible Körper, welche sich nach Fixierung in FLEMMINGS, HERMANNS oder seinem Platinchlorid-Osmiumsäure-Gemisch (s. oben) stark mit Safranin färben. — H. RABL färbt mit Kernfärbemitteln kleine Kügelchen in den Knorpelzellen von Salamanderlarven, die vor dem Tode gehungert haben, und bezeichnet diese Kügelchen als Nebenkerne. — SCHAFFER (05, pag. 161) färbt in Schnitten des harten Myxineknorpels aus Alkohol mit basischen Farben (rektifiziertes und polychromes Methylenblau, Toluidinblau, Methylviolett, 24—48 Stunden in der stark verdünnten Farbe, Entwässern, Lackeinschluß), aber auch bei Überfärbung mit DELAFIELDS Hämatoxylingemisch feinste und größere Kügelchen im Zelleib. — N. LOEWENTHAL (07, pag. 19) färbt im Knorpel des Femurkopfes vom Frosch nach kurzer Fixierung mit FLEMMINGS Gemisch zerstreute Körner mit Hämalaun. — NOWIKOFF (pag. 216) färbt in Sublimat fixierte Knorpel in toto 24 Stunden mit Boraxcarmin, differenziert $^1/_2$ Stunde in 70%igem Alkohol, der $^1/_2$% Salzsäure enthält und fertigt dann Schnitte an. Diese färbt er in $^1/_2$%iger alkoholischer Lösung von Bleu de Lyon wenige Minuten, wäscht in 50—70%igem Alkohol aus und färbt mit $^1/_2$%iger wässeriger Bismarckbraunlösung ebenso lange nach, wäscht in Wasser aus, entwässert und hellt auf. Er erhielt dann gewöhnlich blau gefärbte Kügelchen im braungefärbten Zellprotoplasma. — Nach der Methode von ERLANGER mit Jodgrün-Säurefuchsin behandelt, färben sich die Kügelchen intensiv rot (Sublimatfixierung; Färbung in 2 Teilen Jodgrün, 1 Teil Säurefuchsin in 10%igem Glycerin gelöst).

Die Mikrosomenlage an der Oberfläche der Knorpelzellen färbt sich nach DEKHUYZEN (89) an frischen Schnitten in einer $^1/_{50}$%igen Lösung von chemisch reinem Methylenblau in 0,8%iger Kochsalzlösung samt der Kapsel. An Alkoholschnitten des harten Myxineknorpels konnte SCHAFFER (05, pag. 177) durch kurzdauernde Färbung mit Pikrofuchsin (100 gesättigte wässerige Pikrinsäure, 0,1 Säurefuchsin), nachfolgender Entwässerung und Aufhellung die Mikrosomenlage isoliert rot färben.

Zum Studium der Attraktionssphäre fixiert O. VAN DER STRICHT (92) in HERMANNs Flüssigkeit oder dem oben angegebenen Platinchlorid-Osmiumsäure-Gemisch 6 Tage, wäscht in fließendem Wasser aus, überträgt auf einen Tag in absoluten Alkohol, dann 12—24 Stunden in rohen Holzessig, wäscht ebenso lange aus und fertigt Celloidinschnitte an.

PENSA hat die Sphäre mit einem bis mehreren Centrosomen an Rippenknorpelschnitten vom erwachsenen Meerschweinchen mittelst der Eisenhämatoxylinmethode (M. HEIDENHAIN) nachgewiesen.

NOWIKOFF sah die Centralkörperchen am deutlichsten im Knorpel von Bombinatorlarven, die, in HERMANNscher Flüssigkeit fixiert und dann mit Safranin (Safranin 1, Wasser 100, 95%iger Alkohol 250; 24 Stunden, kurz auswaschen) und in BLOCHMANNs Flüssigkeit (0,01 triphenylrosanilintrisulfosaures Natrium auf 100 gesättigter wässeriger Pikrinsäure) 20—40 Minuten gefärbt, kurz ausgewaschen, rasch in steigendem Alkohol entwässert und in Xylolbalsam eingeschlossen worden waren.

Glycogen. Eines der ältesten Mittel, um die Knorpelzellen von der Grundsubstanz zu differenzieren, ist die Färbung mit Jod oder Jodjodkalium. Nach den unabhängigen Beobachtungen von RANVIER (63) und NEUMANN (70) färben sich Knorpelzellen mit schwachen Jodlösungen, die andere Gewebeteile nur gelblich färben, rot bis schwarzbraun. RANVIER (72, pag. 273) verwendet eine 2%ige Jodkalilösung, die mit Jod gesättigt ist, und führte diese Mahagonibraunfärbung auf den Gehalt an Glycogen zurück. Der chemische Nachweis konnte erst von PASCHUTIN erbracht werden, nachdem er JAFFÉ (nach NEUMANN, 77) nicht gelungen war. BARFURTH hat später das Glycogen in allen Knorpeln des Kaninchens nachgewiesen. Er färbte Objekte aus absolutem Alkohol mit LUGOLscher Lösung, die er mit Vorteil auch zur Hälfte mit Glycerin vermischte. Die Präparate sind nicht haltbar. — ARNOLD (08, pag. 364) bringt das frische Episternum des Frosches auf ein mit eingetrockneter Jodtinktur versehenes Deckglas und dieses auf einen ausgeschliffenen Objektträger oder er bringt einige kleinste Jodkryställchen auf den Boden einer feuchten Kammer, die er mit dem Deckglase, auf das die Knorpelplatte aufgelegt ist, bedeckt. Hier muß daran erinnert werden, daß sich das Glycogen nur in den Knorpeln gut oder mäßig gut genährter Tiere findet und beim Hunger verschwindet.

Um Dauerpräparate von glycogenhaltigen Zellen zu erhalten, hat Cl. BERNARD nach J-JK-Färbung in absoluten Alkohol fixiert, dem etwas Kali causticum zugesetzt war, dann die Freihandschnitte mit Terpentinöl aufgehellt und in Canadabalsam, jedoch ohne Deckglas eingeschlossen.

CREIGHTON hat Knorpelschnitte aus der wässerigen J-JK-Lösung (die beiläufig der sehr schwachen GRAMschen entsprach) möglichst getrocknet und in Akaziengummi-Glycerin oder FARRANTsche Lösung, in welcher die gesättigte Arsensäure durch Liquor jodi ersetzt worden war, eingeschlossen. Die Jodfärbung des Glycogens hat sich länger als ein Jahr gehalten.

Eine ähnliche Reaktion gibt auch das Methylviolett; es färbt die geringsten Spuren von Glycogen rubinrot.

Nach LUBARSCH (Enzyklop. I. Aufl., pag. 441) ist das Glycogen des Knorpels verhältnismäßig schwer in Wasser löslich; zu seiner Färbung empfiehlt er die mit Carmin nach BEST als eine Methode, die auch die geringsten Mengen von Glycogen aufdeckt.

Ich habe am Hyalinknorpel keine günstigen Ergebnisse mit dieser Methode erhalten; die Schnitte quellen und falten sich so stark, daß sie nicht mehr ausgeglättet werden können. Auch färbt sich (an Schnitten aus ZENKERs Flüssigkeit) Knochen und fibröses Gewebe leuchtend rot.

Das Glycogen läßt sich auch fixieren, d. h. mehr oder weniger unlöslich in Wasser machen.

RANVIER (91, pag. 75) empfiehlt dazu 1%ige Osmiumsäure, als fast noch besser gesättigte wässerige Pikrinsäure; man kann nach Auswaschen der Schnitte mit J-JK färben.

PEKELHARING (pag. 231) fixiert in einem Gemisch von Formol 10, 95%igem Alkohol 60, Wasser 30, härtet in immer stärkerem Alkohol nach, färbt mit der alkoholischen Carminlösung von P. MAYER und schließt (durch Benzol) in Paraffin ein. Die Schnitte werden mit warmem Alkohol aufgeklebt und mit Xylol, in dem Jod gelöst ist, aufgehellt. Auch Fixierung in FLEMMINGs Gemisch erhält das Glycogen, nur darf man nicht lange auswaschen. Um das Verschwinden der Jodfärbung im Balsam zu verhindern, setzt er diesem auch etwas in Xylol gelöstes Jod zu. Die neueren Methoden von D. COHNHEIM, L. DRIESSEN und A. FISCHER siehe unter Glycogen.

Fett. Das Fett in den Knorpelzellen, welches in kleinsten, mit paraplasmatischen Körnchen zu verwechselnden Tröpfchen (FLEMMING, 82, HAMMAR, PFEIFFER, SACERDOTTI) bis zu großen, die ganze Zelle erfüllenden Tropfen (LEYDIG, 54, pag. 340) vorkommt, wird durch die zum Fettnachweis gebräuchlichen Methoden dargestellt; Behandlung frischer Knorpelplatten oder Schnitte mit 1%iger Osmiumsäure, FLEMMINGs oder HERMANNs Gemisch, Sudan III, Scharlach siehe unter Fett.

RANVIER (72, pag. 267) färbt mit Chinoleinblau in absolutem Alkohol gelöst (an anderer Stelle empfiehlt er einige Tropfen der alkoholischen gesättigten Lösung auf 10 Wasser; 91, pag. 10) und überträgt in eine verdünnte Kalilauge, wodurch die Fetttröpfchen lebhaft blau gefärbt, die Grundsubstanz violett erscheinen soll.

Zur Darstellung von Fettknorpel eignen sich am besten die Knorpel des äußeren Ohres der Mäuse, Ratten, Fledermäuse, auch der Proc. xiphoides dieser Tiere, sowie die Kehlkopfknorpel der Nagetiere.

Pigment. Um Pigmenteinschlüsse in Knorpelzellen nachzuweisen, wird man jede verdeckende Färbung vermeiden und die Schnitte oder dünnen Knorpelplatten frisch oder nach Härtung in Formalin, Alkohol, Sublimat usw. ungefärbt untersuchen. Die geeignetsten Objekte sind die Scleralknorpel gewisser Amphibien und Reptilien (Menopoma, LEYDIG, 57; Rana, RANVIER, 72, pag. 265; Thalassochelys, LEUKART, LAUBER, 01; Cryptobranchus, LAUBER, 02, wo auch die älteren Beobachtungen aufgeführt werden).

Eine wichtige, wenn auch wenig geübte Methode ist die Isolierung der Knorpelzellen.

Gegenüber älteren Angaben über Methoden zur Isolierung von Knorpelzellen muß man vorsichtig sein, da vielfach isolierte Kapseln oder Zellhöfe für die Knorpelzellen (Chondrocyten) gehalten worden sind, worüber im II. Abschnitte. Immerhin liegen auch einige Angaben über die Isolation von wirklichen Knorpelzellen vor.

Bei der bekannten Widerstandsfähigkeit der Knorpelzellen gegen Kochen, starke Alkalien und Säuren (F. C. C. HANSEN, 05, pag. 773, Anm. 3) kann es bei Anwendung dieser Mittel gelingen, Zellkörper zu isolieren; daneben erhält man aber sicher auch, besonders im Beginne der Einwirkung Zellen mit anhaftenden Teilen der Grundsubstanz (Kapsel, Zellhof). So hat HOPPE durch Kochen menschlicher Rippenknorpel (kleine Scheibchen wurden in Glaskölbchen eingeschmolzen und 6—7 Stunden im PAPINschen Topfe gekocht) neben „Zellen mit scharfen doppelten Konturen“, solche, deren „Membrankonturen“ nur bei Beschattung sichtbar waren, isoliert. VIRCHOW (53) macerierte Knorpel von Kindern in konzentrierter Salzsäure und konnte alle Knorpelzellen, auch die kleinen und flachen am Gelenkrande isolieren. R. HEIDENHAIN (pag. 28) hat frische Knorpelschnitte (vom Nasendache des Frosches) mit einem Tropfen konzentrierter Salpetersäure bedeckt, 24—48 Stunden im feuchten Raume liegen lassen und so viele Knorpelzellen ganz frei bekommen. TILLMANNS (74) konnte durch Einwirkung von Kal. hypermanganicum auf frischen Knorpel die Zellen isoliert zwischen den Faserbündeln der Grundsubstanz erhalten. BABER macerierte Schultergürtel des Triton längere Zeit in 10%iger Kochsalzlösung und konnte durch stärkeren Druck auf das Deckglas die Zellen frei bekommen. J. BURG hob die Isolierbarkeit der Knorpelzellen durch die künstliche Pepsinverdauung hervor. Ebenso BICFALVI. Bei Einwirkung 0,5—1%iger HCl und frischer Hundemagenschleimhaut auf die Schnitte im Brutofen können die Zellen schon nach 1 Stunde leicht isoliert werden. „An solchen isolierten Zellen kann man sich überzeugen, daß sie keine Fortsätze besitzen.“ FOL (pag. 110) erhielt durch Einwirkung von Königswasser „recht brauchbare“ Präparate von Knorpelzellen. — Alle diese Methoden liefern jedoch nur stark veränderte Zellen und besitzen heute kaum mehr einen Wert. Doch hat schon M. SCHULTZE (pag. 25) gesagt: „Man kann an den Rändern dünner Knorpelschnitte die aus den Knorpelhöhlen herausgefallenen Protoplasmaklümpchen mit Kern, die Knorpelzellen, leicht als selbständige Gebilde isolieren, namentlich wenn man die Untersuchung in Humor aqueus vornimmt.“

F. C. C. HANSEN (05) weist darauf hin, daß ganz junge fetale Hyalinknorpel durch Druck leicht zerbrechen und die Zellen isoliert werden.

Am besten gelingt es, durch Zerreißen dünner, frischer Knorpelplatten mit Nadeln, z. B. vom Schultergürtel der Tritonen, an denen sich durch Schaben mit dem Skalpell die anhaftenden Weichteile leicht entfernen lassen, dann von grundsubstanzarmen oder sogenannten Zellknorpeln in $^1/_2$—$^3/_4$%iger Kochsalzlösung Knorpelzellen mechanisch vollkommen zu isolieren. Aber auch beim Zerzupfen dünner Schnitte durch frische oder fixierte Hyalinknorpel isoliert man leicht zahlreiche Zellen als vollkommen glattrandige Protoplasmakörper.

Artificielle und wirkliche Fortsätze der Knorpelzellen.

Solche Präparate sind wichtig zur Entscheidung der Frage, ob den abgerundeten Zellen typischer Hyalinknorpel normalerweise kurze, cilien- oder stachelförmige Fortsätze* zukommen, wie dies von manchen Autoren noch behauptet wird.

Solche wurden zuerst im Netzknorpel beschrieben, und zwar von H. MÜLLER im Ohrknorpel des Hundes, dann von O. HERTWIG im Ohrknorpel des Ochsen nach Behandlung mit 1%iger Osmiumsäure, von DEUTSCHMANN; SPULER will sie auch im Ohrknorpel des Neugeborenen gesehen haben.

Im Hyalinknorpel sah HEITZMANN (72, 73, 83) solche Fortsätze an frischen, in $^1/_2$%iger Kochsalzlösung untersuchten Schnitten von den Femurcondylen des Hundes, der Katze und des Kaninchens, besonders aber nach Imprägnation mit Silber und Gold. Das frische Gelenkende wurde durch Abspülen von der Synovia befreit und dann die Oberfläche mit dem Lapisstift durch einige Minuten bestrichen, das Objekt in Brunnenwasser übertragen und im Tageslichte einige Tage reduziert. Die oberste Lage schnitt HEITZMANN als unbrauchbar weg und untersuchte nur die unteren. Um die Zellen fand er einen tief gefärbten Saum, der radiär von zahlreichen Ausläufern durchbrochen wurde. Goldchlorid ließ er in $^1/_2$%iger Lösung 15—45 Minuten oder länger — bis zu 2 Stunden — einwirken, wusch dann aus und reduzierte im Tageslicht. Die Protoplasmakörper und ihre „Stacheln“ waren im ersten Falle hell, im letzteren dunkelviolett gefärbt.

Auch PETRONE (74) und FLESCH (79, 80) bedienten sich dieser Imprägnationen, um dieselben kurzen Zellausläufer nachzuweisen. VAN DER STRICHT (86) hatte beim Säugetierknorpel keine Erfolge mit diesen Methoden; doch hat er auf dünne Scheiben des Gelenkknorpels vom Kalb 1%ige Chromsäure oder 5%iges chromsaures Ammonium 24 Stunden lang einwirken lassen, gut ausgewaschen, in Paraffin geschnitten und mit Hämatoxylin-Eosin gefärbt und an diesen Objekten ebenfalls Zellfortsätze gesehen. Zum Teil waren es in der Tat solche, teilweise jedoch, in den tieferen Lagen mit rundlichen Knorpelzellen waren sie offenkundig (vgl. Fig. 23, Taf. III) durch Schrumpfung entstanden. Ähnliche „Zellfortsätze“ sah SPINA (86) an Knorpeln, die mit absolutem Alkohol behandelt worden waren.

FUSARI hat eine Methode angegeben, um das Vorhandensein zahlreicher, oft auch verzweigter Fortsätze an den Zellen typischer Hyalinknorpel nachzuweisen. Frische Frei-

* Nach F. C. HANSEN (05, pag. 766) handelt es sich nicht um Fäden oder Stacheln, sondern um die Wände eines Kammer- oder Wabenwerkes. Vgl. auch SCHLEICHER (79 A).

hand- oder Gefrierschnitte werden auf 24 Stunden oder länger mit 1%iger Lösung von Silbernitrat behandelt, dann gewaschen, entwässert und in Balsam eingeschlossen dem Sonnenlichte ausgesetzt. J. ARNOLD (98) bildet solche „Zellfortsätze" aus dem Schwertfortsatze des Frosches ab, den er 6 Tage lang in gut schließenden Gläsern mit Jodjodkaliumlösung behandelt hatte (zu 10 Teilen einer 10%igen Jodkalilösung 5—10 Tr. eines Gemenges, welches in 100 Wasser 10 JK und 5 J enthält); ARNOLD hat sich schon 1878 auf Grund seiner Injektionsversuche mit indigschwefelsaurem Natron für das Vorhandensein solcher Fortsätze im Hyalinknorpel ausgesprochen.

Wie schon betont wurde, sind alle diese Methoden geeignet, Retraktionen der lebenden Knorpelzellen hervorzurufen, welche mit der Bildung feiner Fortsätze verbunden sein kann. Zahl und Aussehen dieser „Fortsätze" können je nach der Art des Reagens und Knorpels sehr verschieden sein. Schon v. BRUNN (74) und PRUDDEN haben solche Fortsätze als Kunstprodukte, hervorgerufen durch die längere Einwirkung der Kochsalzlösung, erkannt. RETZIUS konnte mit Goldchlorid weder im Hyalin- noch im Netzknorpel wirkliche Zellausläufer wahrnehmen. BRÜCKNER, COLOMIATTI (73) und TILLMANNS (74) erklärten die Bilder schlechtweg als Kunstprodukte. Ebenso F. C. C. HANSEN (05, S. 763 u. f.), der sich ziemlich eingehend mit diesen Bildungen befaßt hat. Als Mittel, welche sie hervorrufen, bezeichnet er absoluten Alkohol, Sublimat, Sublimat-Eisessig und verschiedene andere Fixationsmittel. Wenig charakteristisch oder schwach entwickelt treten die Stacheln bei Anwendung leicht macerierender Flüssigkeiten, Jodjodkaliumlösung, Jodserum, 33%igem Alkohol, 2%iger Kochsalzlösung, Osmiumsäure und Formalin auf (05. pag. 764, Anm. 1).

Ich sah sie außerdem — neben oft vollkommen glattrandigen Zellen — auftreten bei Einwirkung von gesättigter, wässeriger Pikrinsäure, Pikrinsublimat, $\frac{1}{2}$%igem Goldchlorid, 1%iger Kochsalzlösung; dagegen vermißte ich sie nach Einwirkung von KULSCHITZKYS Flüssigkeit (50%iger Alkohol mit Kaliumbichromat und Kupfersulfat im Dunklen gesättigt und leicht mit Essigsäure versetzt) und auch von gesättigter wässeriger Sublimatlösung nahezu ganz.

In das Gebiet der Kunstprodukte gehören aber auch die längeren, radiären, oft anastomosierenden „Fortsätze", welche HASSE (67) im Knorpel der Vogelschnecke, sowie die „langen, protoplasmatischen Ausläufer", welche derselbe Autor (82, 1. Lief., S. 10, Fig. 11) bei gewissen Elasmobranchiern (Pristiophorus), FIBICH an Alkoholpräparaten der Sternal- und Tarsalknorpel eines fünfmonatlichen Embryo und Andere beschrieben haben. Diese „Ausläufer" bilden den Übergang zu den interkapsulären Streifen, die noch besprochen werden sollen.

Manche der genannten Autoren haben aber mit ihren Methoden sicher auch echte verzweigte oder mit feineren Ausläufern versehene Knorpelzellen gesehen, welche bekanntlich in den oberflächlichen Lagen der Gelenkknorpel jugendlicher Individuen und von Feten, in den Knorpeln mancher Selachier und Ganoiden, in ausgezeichneter Weise in den sogenannten Kopfknorpeln der Cephalopoden und an einigen anderen Stellen vorkommen.

In allen diesen Fällen ist der Nachweis der Zellfortsätze leicht mittelst einfacher Schnitt- und Färbemethoden zu erbringen. RETZIUS hat durch Vergoldung verästelte Zellen im Semilunarknorpel des Kniegelenkes und in den Randpartien des Knorpels der Patella, Tibia, des Femur, an einigen Stellen des Schultergelenkes und im Unterkiefer nachgewiesen, COLOMIATTI (73, 74) fand verästelte Knorpelzellen auch in den oberflächlichsten, von Synovia bespülten Lagen der Gelenkknorpel, und zwar nehmen die Ausläufer der Zellen gegen den Rand der Gelenkknorpel immer mehr an Länge zu. Diese verästelten Zellen sind bereits an frisch in $\frac{3}{4}$%iger Kochsalzlösung untersuchten Knorpeln sichtbar, werden jedoch viel deutlicher nach Färbung mit Carmin, Hämatoxylin-Fuchsin, am deutlichsten nach Gold- oder Silberimprägnation. Er brachte Gelenkknorpelstücke vom eben getöteten Tier nach Entfernung der Synovia bis zu 24 Stunden in 1%ige Lösung von Goldchlorid, besser Goldchloridnatrium, wusch die Stücke ab und reduzierte 24 Stunden in angesäuertem Wasser (1 Tr. Essigsäure auf 100) dem Lichte ausgesetzt. Auch an der Innenfläche der Quadricepssehne vom Hund, unmittelbar über ihrer Insertion an den oberen Rand der Patella, beschreibt C. (76) einen Knorpelüberzug, dessen oberflächliche Zellen deutlich verästelt sind und anastomosieren. Er wäscht die Insertionsstelle an der Patella mit Wasser, um die Synovia zu entfernen und legt sie in ein dunkles Gefäß mit frisch bereiteter 4%iger Silbernitratlösung auf 1 Stunde. Sorgfältig auswaschen in destilliertem Wasser und in diesem im Sonnenlichte reduzieren. TIZZONI hat 1—2 PRAVAZsche Spritzen voll einer 1- bis 3%igen Silbernitratlösung in die Gelenkhöhle injiziert, nach 7 Stunden bis 2 Tagen das Tier getötet, das Gelenk weit eröffnet, in destilliertem Wasser dem Lichte ausgesetzt und in Alkohol gebracht. Feine Flächenschnitte zeigen stark verästelte Zellen nur in der Randzone.

BUDGE (78) hat die Patella neugeborener Kinder und menschlicher Embryonen möglichst frisch in MÜLLERS Flüssigkeit gebracht, die Schnitte mit Eosin gefärbt, in Wasser ausgewaschen und in Kal. acet. untersucht. — O. VAN DER STRICHT (86) konnte außer mit der pag. 771 erwähnten Methode auch an Schnitten aus 1%iger Chromsäure, sowie an solchen durch eine in absolutem Alkohol fixierte Rotula vom Neugebornen, unmittelbar unter der

Oberfläche verästelte Zellen nachweisen. HAMMAR hat sich zum Nachweise verästelter Zellen im Gelenkknorpel einer Modifikation der Methode von BUDGE und der RANVIERschen Goldmethode bedient. Schnitte aus MÜLLERS Flüssigkeit werden stark mit DELAFIELDS Hämatoxylin gefärbt, ausgewaschen und einige Sekunden in Salzsäure- (½%) Alkohol (70%) differenziert, wieder ausgewaschen und in stark verdünnter Eosinlösung (alkohollösliches Eosin 1, 60%iger Alkohol 60; ½—1 Tropfen auf cca. 10 Wasser) gefärbt. Abspülen in Wasser, 24 Stunden differenzieren in Kochsalzglycerin (Glycerinwasser mit NaCl gesättigt), in dem die Schnitte auch untersucht werden. Zur Vergoldung bediente sich H. der ursprünglichen Methode von RANVIER (72, pag. 798): Kleine Stückchen von ½—1 *cm* Durchmesser werden 15—20 Minuten der Einwirkung des Citronensaftes und 30—45 Minuten der des Goldchlorids ausgesetzt. Analoge Bilder ergab auch Härtung in MÜLLERS Flüssigkeit und Färbung mit Methylviolett (½—1 Stunde in 0,15%iger Lösung, Abspülen in Wasser, Differenzieren in gewöhnlichem Glycerin 24 Stunden und Untersuchen in letzterem). Aber auch an Präparaten aus ges. wässeriger Pikrinsäure, ½%iger Osmiumsäure oder FLEMMINGS Gemisch sind die verzweigten Zellformen zu sehen, die feineren Ausläufer aber nur an Osmiumpräparaten. An solchen (2%ige Säure), aber auch an Chromsäurematerial (1—30%) sah auch CARON in den Randteilen der Gelenkknorpel verästelte Zellen. Solche beschreibt auch LIONTI in den oberflächlichen Lagen fetaler Knorpel an frischen oder in Pikrinsäure eingeschlossenen Knorpeln, ebenso nach einfacher Färbung mit Hämatoxylin-Eosin oder Carmin. Beim Erwachsenen vermißte er verästelte Zellformen.

HANSEN (05, pag. 780, Anm. 3) empfiehlt Flächenschnitte von den Gelenkknorpeln (Talus) des Kalbes nicht nur an den Übergangsstellen der Kapsel, sondern auch durch die oberflächlichen Schichten des Knorpels selbst. Die Verästelungen sind ohne Färbung sichtbar; zur Färbung empfiehlt er Methylviolett oder Eosin und Differenzierung in Salzglycerin, Untersuchen in Alaunglycerin sowie auch die Goldmethode.

Deutlich verästelte Zellen zeigen auch die Scleralknorpel gewisser Saurier (CHATIN) und Fische (LANGHANS) an gewöhnlich mit Hämatoxylin-Eosin gefärbten Schnitten. Ebenso die Knorpel vieler Selachier und Ganoiden: Chimaera monstrosa und die Kopfknorpel verschiedener Plagiostomen, LEYDIG (51, 52); die Knorpel vom Stör, LEYDIG (53, pag. 2); das knorpelige Rostrum von Scymnus, Notidaniden und der Dornhaie, GEGENBAUR (pag. 239); der Knorpel von Spinax und Acanthias, VAN DER STRICHT (86), der auch betont, daß hier (wie bei den Selachiern überhaupt) die Fortsätze plump, wenig zahlreich sind und nur selten anastomosieren.

Um die Anastomosen der verzweigten Zellen im sogenannten Cephalopodenknorpel nachzuweisen, hat RANVIER (72, pag. 272) mit Alkohol, Kaliumbichromat oder Pikrinsäure vorbehandelte Schnitte auf 1—2 Stunden in 1%iges Pikrocarmin eingelegt und in Glycerin untersucht. Das Netz färbt sich rot, die Grundsubstanz bleibt nahezu farblos. Auch Färbung der frischen Schnitte mit J-JK zeigt das Netz braun gefärbt sehr deutlich. — M. FÜRBRINGER behandelte Alkoholmaterial (Schnitte) längere Zeit mit „möglichst schwachen" Lösungen von „Silber und Osmium"; Behandlung mit Gold ergab keine positiven Resultate. Als eigene Methode empfiehlt er Färben der Schnitte mit Hämatoxylin, Auswaschen; Nachfärben 1—2 Minuten in gesättigter wässeriger Eosinlösung, aus dieser direkt 10—20 Minuten in gesättigte Lösung von Methylgrün (Vert en cristaux) in verdünntem Alkohol, Auswaschen in letzterem 3—5 Minuten; Behandeln der feuchten Schnitte am Objektträger mit Nelkenöl. Kurz bevor die emulsive Trübung verschwindet, schnell abtrocknen und einlegen in sehr eingedickten Canadabalsam. O. VAN DER STRICHT (86) hat Verzweigungen und Anastomosen bei Loligo an dünnen Schnitten in 1‰iger Chromsäure fixierter Knorpel mit Pikrocarmin ausgezeichnet braun gefärbt; weniger günstig waren Färbung mit Boraxcarmin, Hämatoxylin u. a. — PANSINI (90) findet durch Anwendung von Goldchlorid, Barytwasser (2% eine ⅓ Stunde auf frischen Knorpel) und 2%iger Essigsäure die Zellausläufer viel zahlreicher als bei anderen Methoden. Als solche bezeichnet er (91) Färbung mit Carmin- und Anilinfarben; besser ist die mit BÖHMERS Hämatoxylin. Am zahlreichsten sah er sie bei Doppelbehandlung mit Palladiumchlorid und Jodnatrium oder Jodkalium (gut ausgewaschene Knorpel aus MÜLLERS Flüssigkeit oder Sublimat auf 2 Tage in $^1/_{10}$%igem Palladiumchlorid in reichlicher Menge, dann 24 Stunden in 1%igem JK oder 1—2 Stunden in 4%igem JNa, Entwässern, Einbetten) sowie bei Vergoldung. Zu dieser bringt er ein Stück des frischen Kopf- oder Orbitalknorpels auf ein paar Stunden in 2%iges Kal. bichrom., wäscht gut aus in destilliertem Wasser und überträgt auf 1 Stunde im Dunklen in 1%iges Goldchlorid; Reduktion in 1%iger Ameisensäure 24 Stunden, Einbetten, Schneiden. Auch kurze Behandlung in ½%iger Osmiumsäure (wenige Minuten), gut auswaschen in destilliertem Wasser und Nachbehandlung ½—1 Stunde in 1%igem Silbernitrat färbt die Ausläufer intensiver als die Grundsubstanz. — CIPOLLINA (96) findet besonders vorteilhaft eine modifizierte GOLGIsche Methode. Kleine Stückchen, möglichst gut von den anhaftenden Weichteilen gereinigt, kommen auf 2—3 Tage in ein Gemisch von je 5 Teilen 10%igem Kal. bichr. und 10%igem Formalin und 1 Teil 1%iger Osmiumsäure. Von da in ¾%ige Lösung von Silbernitrat auf 24 Stunden oder länger. Flüchtige Behandlung (¼ Stunde) mit Alkohol und Paraffineinschmelzung. Manchmal hat er auch gute Resultate erhalten, wenn er nur in 10%igem Kal. bichr. fixiert und dann in Silbernitrat gebracht hat.

II. Die Untersuchung der Intercellular- oder Grundsubstanz.

Auch die Grundsubstanz zeigt bei der Behandlung mit Reagenzien Veränderungen mannigfacher Art, von denen es oft schwer fällt zu entscheiden, ob sie wirklichen oder nur scheinbaren Strukturen entsprechen. Im allgemeinen gilt der Grundsatz, daß Strukturbilder, die ausschließlich bei Anwendung gewisser Reagenzien in der Grundsubstanz auftreten und im frischen Gewebe in keiner Weise nachgewiesen werden können, mit größtem Mißtrauen zu beurteilen sind.

Gerade bei der Untersuchung der Grundsubstanz ist aber die Vorbehandlung mit Reagenzien nicht zu entbehren. Daher muß man sich von vornherein über die Wirkungen, welche verschiedene Reagenzien auf diese Grundsubstanz ausüben, klar sein. Da müssen vor allem zwei Grunderfahrungen im Auge behalten werden: 1. daß die Grundsubstanz des typischen Hyalinknorpels durch einen außerordentlich hohen Wassergehalt ausgezeichnet ist*.

Stark wasserentziehende Mittel werden daher beträchtliche Veränderungen in dieser Grundsubstanz bewirken. Man kann sich davon leicht überzeugen, wenn man z. B. eine Scheibe aus einem Rippenknorpel des Erwachsenen oder gar ein Stück Selachierknorpel in 95%igen Alkohol bringt. Der vorher milchartig weißliche Knorpel wird hornartig gelb und stark durchscheinend und nimmt um die Hälfte bis das Mehrfache seines ursprünglichen Volumens ab. Wenn es sich dabei nach den Untersuchungen Solgers (85—88, 92), welcher gezeigt hat, daß im normalen Gelenkknorpel durch absoluten Äthylalkohol einzelne Partien stark schrumpfen und gleichzeitig glasartig durchsichtig werden (Glasknorpel), andere unverändert, opak bleiben (Porzellanknorpel), auch nicht nur um das Ergebnis der einfachen Wasserentziehung, sondern auch um Erscheinungen der Anisotropie handelt, die mit der Funktion zusammenhängen, so ist es doch selbstverständlich, daß so hochgradige makroskopische Veränderungen auch mikroskopische bedingen, die in Form der „Alkoholstreifen" (Solger) bekannt und von vielen älteren und neueren Autoren als mannigfache, reelle Strukturen beschrieben worden sind. Der starke Alkohol ist daher zur Vorbehandlung des frischen Hyalinknorpels ungeeignet, wenn es sich um rein morphologische Studien handelt. Etwas anderes ist es, wenn es sich um die färberische Differenzierung der Grundsubstanz handelt; dann verhält sich in Alkohol konservierter Knorpel ähnlich wie frischer. Allerdings muß bei dem teilweise physikalischen Charakter der Knorpelfärbung auch da mit der durch Alkohol veränderten Struktur gerechnet werden.

Es gibt aber auch hyaline Knorpel von wesentlich geringerem Wassergehalt, welche schon im frischen Zustande eine festere Konsistenz besitzen, wie z. B. die sogenannten gelben oder harten Knorpel von Myxine und Petromyzon. Diese können, ohne daß man Kunstprodukte befürchten muß, in Alkohol gebracht werden.

Ähnliche morphologische Veränderungen wie starker Alkohol bewirken auch Äther (Budge, 78), stärkere Chromsäure (van der Stricht, 86), chromsaures Ammoniak (Nykamp), chromsaures Kali (Thin, 79), stärkere Osmiumsäure (Hertwig), Osmiumsäuredämpfe (Renaut, 87).

2. Daß die Stoffe, welche der Knorpelgrundsubstanz ihre spezifische Färbbarkeit verleihen, bei Vorbehandlung mit gewissen wässerigen Flüssigkeiten in Lösung gehen, der Grundsubstanz entzogen werden; solche Knorpel verhalten sich dann der Färbung gegenüber ganz anders als solche, in welchen diese Substanzen fixiert worden sind.

Nach F. C. Hansen (00, 05) ziehen Müllers Flüssigkeit, Chromsalze (doppeltchromsaures Ammoniak; van der Stricht, 86), Chromsäure, wässeriges Formalin usw. einen Teil der basophilen Substanz aus. Allerdings kommt es auf die Dauer der Einwirkung an, so daß Mittel, welche nur kurze Zeit (24 Stunden) einzuwirken brauchen, die Basophilie nur herabsetzen, ohne sie aufzuheben. Anders bei der wochenlang einwirkenden Müllerschen Flüssigkeit oder wasserhaltigem Alkohol. Zur Fixierung der Basophilie, d. h. spezifischen Färbbarkeit empfiehlt Hansen absoluten Alkohol, Formolalkohol, mit Überführung in starken Alkohol, Sublimatgemische (Pikrinsublimat, Eisessigsublimat, Zenkers Flüssigkeit) mit unmittelbarer Überführung in Alkohol und gründlichem Auswaschen in diesem ohne Jodbehandlung.

* Er beträgt nach Kossel (Behrens, Kossel, Schiefferdecker, Gewebelehre, Bd. 2, pag. 350) 54—70% des Gewebes; nach Bunge (Zeitschr. Physiol. Chemie, Bd. 28, 1899, pag. 300) 78,3% im Rippenknorpel vom 14 Tage alten Kalb; nach Grandis und Copello (Arch. Sc. Med., Bd. 26, 1902) 79% im Gelenkknorpel vom Kalb; nach Petersen und Soxhlet (Journ. Prakt. Chem., Bd. 7, 1811, pag. 179) 74% bei Selachiern, ja fast 93% bei Scymnus borealis nach Bunge (l. c.); nach Chevreuil (bei Solger, 91) 75%.

Die hervorstechendste Eigenschaft der Grundsubstanz typischen, fertigen Hyalinknorpels ist ihre territoriale Gliederung; erst in zweiter Linie kommt ihre fibrilläre Struktur in Betracht, die durchaus nicht bei allen Knorpeln in gleicher Deutlichkeit sichtbar gemacht werden kann, ja einigen sogar zu fehlen scheint.

A. Sichtbarmachung besonderer die Zellen umgebender Kapseln, Höfe und Territorien.

Wenn hier zum ersten Male der Versuch gemacht wird, diese Differenzierungen vom technischen Standpunkte aus übersichtlich zu besprechen, so muß auf die großen Schwierigkeiten hingewiesen werden, welche sich einem solchen Versuch entgegenstellen. Einmal sind die Begriffe Kapsel und Zellhof heute noch wenig feststehend und die Autoren bezeichnen als Kapsel so ziemlich alle Bildungen, welche in der Grundsubstanz konzentrisch um die Zellen angeordnet sind — von der echten Kapsel bis zu den interterritorialen Scheidewänden — und dann läßt zumeist eine und dieselbe Methode sowohl Kapsel als Zellhof und interterritoriale Substanz hervortreten. Immerhin gibt es eine Reihe von Methoden, welche ganz besonders für die Darstellung der einen oder anderen dieser Bildungen empfohlen worden sind.

Ein richtiges Verständnis für die territoriale Gliederung ist hauptsächlich durch die Untersuchung des harten Knorpelgewebes von Myxine (SCHAFFER, 05) und der Neunaugen (SCHAFFER, 96, 01, STUDNIČKA, 97) gewonnen worden. Man kann nach diesen Untersuchungen schon an frischen oder ungefärbten Schnitten aus Alkohol unterscheiden: unmittelbar um die Zelle — also die innerste Begrenzung der Zellhöhle bildend — einen gleichmäßigen, dünnen, stark lichtbrechenden Saum, die Kapsel; um diese einen schwächer lichtbrechenden breiteren Hof, den Zellhof oder, wenn er mehrere Zellen umschließt, den Zellbezirk, das Zellterritorium. Dieser Zellhof kann aus zwei differenten Zonen, dem inneren und äußeren Zellhof, bestehen, die für sich wieder eine zonale Gliederung zeigen können. Endlich finden sich die Zellhöfe getrennt durch Scheidewände von differentem Lichtbrechungsvermögen, die bald sehr schmal, wie Kittlinien, kaum wahrnehmbar, bald ungemein breit sind — interterritoriale Substanz, interterritoriales Alveolen- oder Balkenwerk.

a) Sichtbarmachung der Kapseln.

Was wir darüber bei den älteren Autoren lesen, ist kaum zu verwerten, da sie als Kapsel fast stets den Zellhof oder seine Begrenzung verstanden haben.

Die Kapsel ist, wie erwähnt, schon an vielen frischen Knorpeln (im mittleren Teil der Kiemenstrahlen von Fischen, TH. SCHWANN; im Femurkopf vom Frosch, R. HEIDENHAIN; besonders an leeren Zellhöhlen, DEKHUYZEN [89]; im ossificierenden Knorpel oberhalb der Verknöcherungsgrenze, VIRCHOW [53], v. BRUNN [74]; im Rippenknorpel älterer Leute, FREUND; im harten Knorpel von Myxine und Petromyzon, SCHAFFER [05] usf.) sichtbar.

Deutlicher werden sie durch Zusatz von Reagenzien; nach meinen Beobachtungen an Frosch- und Tritonknorpeln durch $^1/_3$%iges Platinchlorid, KULTSCHITZKYS* Flüssigkeit, Goldchlorid, 1%ige Kochsalzlösung; DEKHUYZEN faßt die innerste, bläulich glänzende Kapsel geradezu als ein Kunstprodukt, durch Einwirkung der 0,7%igen Kochsalzlösung entstanden, auf. SCHWANN und KÖLLIKER (49) empfehlen Zusatz von Essigsäure, RANVIER Pikrinsäure, REINKE 10%iges Lysol (Gelenkkopf vom Salamander); R. Y CAJAL 10%ige Kochsalzlösung für menschliche Rippenknorpel; FREUND Äther.

Eine große Rolle spielt die Isolation der Kapseln; doch wird hier im einzelnen Falle um so mehr zu prüfen sein, ob es sich wirklich um die Kapsel und nicht um den Zellhof handelt, als beide unmittelbare Zellprodukte sind, die innig miteinander zusammenhängen.

Rein mechanisch isoliert findet man die Kapsel gelegentlich am Rande ganz dünner Freihandschnitte in Alkohol oder Formalin fixierten Knorpels (harter

* 50%iger Alkohol im Dunklen mit doppelchromsaurem Kali und Kupfersulfat gesättigt.

Knorpel von Myxine) vorragen. Läßt man sehr dünne Freihandschnitte durch den Femurkopf vom Frosch (aus Formalin) unter dem Deckglas eintrocknen, so löst sich um manche Kapseln die Grundsubstanz ab, wodurch erstere isoliert erscheint. Nach VAN DER STRICHT (89) bleibt beim Zerzupfen von Gelenkknorpeln der Vögel manchmal eine doppelt konturierte Membran mit der Zelle im Zusammenhang.

Auch durch anhaltendes Kochen kann die Knorpelkapsel isoliert werden. HOPPE (53) hat auf diese Weise „Zellen mit scharfem, doppeltem Kontur" isoliert. Er schmolz den in kleine Scheibchen zerschnittenen Knorpel mit destilliertem Wasser in Glaskölbchen ein und kochte sie 6—7 Stunden im PAPINschen Topf bei 3—4 Atmosphären Druck.

Zahlreich sind die Angaben über Isolation der Kapseln durch chemische Agenzien. Am Beginne der Einwirkung von 5%iger Natronlauge oder 30%iger Chromsäure konnte ich am Myxineknorpel die Kapsel sich vom Zellhof loslösen und so isoliert sehen.

Nach R. HEIDENHAIN kann man die jüngste Kapsel nicht selten isolieren, wenn man die Schnitte durch frischen Hyalinknorpel (Nasendach des Frosches) mit einem Tropfen konzentrierter Salpetersäure im feuchten Raum 24—48 Stunden liegen läßt. Die Grundsubstanz erscheint dann zum größten Teil gelöst, viele Knorpelzellen ganz frei, andere von einer scharf konturierten Kapsel umgeben. Besonders deutlich wird die Kapsel namentlich, wenn man die Säure mit Fließpapier entfernt und durch destilliertes Wasser ersetzt. Nach ROLLETT (pag. 75) lösen verdünnte Schwefelsäure, konzentrierte Salzsäure, anhaltendes Kochen zuerst die Zellhöfe und am längsten widerstehen die Kapseln, d. h. unterbricht man im richtigen Moment, so kann man sie isolieren.

Endlich läßt sich die Knorpelkapsel durch Färbung besonders deutlich hervorheben.

Bevor ich auf diese Methoden eingehe, seien einige allgemeine und geschichtliche Bemerkungen über Knorpelfärbung vorausgeschickt.

Die allerersten Knorpelfärbungen mit Carmin (GERLACH, 58, BEALE) bezweckten hauptsächlich eine Trennung der Zellkörper von der Grundsubstanz; allerdings konnten auch schon durch Carminfärbung Differenzierungen in der Grundsubstanz hervorgerufen werden (BRODER). Weitere Erfahrungen lehrten, daß sich der Knorpel durch Färbung von anderen Geweben trennen läßt; hauptsächlich kam da das Knochengewebe in Betracht, so daß wir die ersten „spezifischen" Knorpelfärbungen den Ossificationsstudien verdanken. Eine der wichtigsten Färbungen ist die mit Hämatoxylin geworden, welche zuerst STRELZOFF angewendet hat. Er fand, daß sich Knorpel blau färbt, während Knochen ungefärbt bleibt. Diese Beobachtung wurde in der Folge von BRUNN (74), BUSCH, SPINA (80) und anderen bestätigt. Ich habe aber darauf aufmerksam gemacht (88), daß nicht jeder Knorpel sich mit Hämatoxylin blau färbt. Heute wissen wir, daß dabei verschiedene Umstände eine wesentliche Rolle spielen. Zunächst der Entwicklungsgrad des Knorpels; die ersten Entwicklungsstadien, welche morphologisch schon als Knorpel erkenntlich sind, aber erst eine prochondrale Grundsubstanz (SCHAFFER) besitzen (unreife Knorpel, GRADENIGO), färben sich nicht, erst jene mit protochondraler Grundsubstanz. Weiters kommt in Betracht die Art und mechanische Leistung des Knorpels; der weiche Cyclostomenknorpel färbt sich, der harte nicht (SCHAFFER, 96); endlich die Vorbehandlung. Bei der früheren Art, wässerige Härtungsflüssigkeiten anzuwenden (MÜLLERS Flüssigkeit, Chromsäure, wasserhaltigen Alkohol), werden, wie schon erwähnt, und zuerst F. C. HANSEN (00) betont hat, die Stoffe, welche der Grundsubstanz ihre spezifische Färbbarkeit verleihen, extrahiert, und an solchen Knorpeln färben sich nur die verkalkten Stellen mit Hämatoxylin blau. P. MAYER (96) scheint der Meinung zu sein, daß sein glycerinfreies Hämalaun Chondromukoid nicht färbt, während ich diesem Farbstoff eine ausgesprochene Affinität zur Knorpelgrundsubstanz zugesprochen habe (96, 03), die um so auffallender ist, als Hämalaun Schleim in Drüsenzellen und die Mastzellenkörnung in der Regel ungefärbt läßt.

Außer Hämatoxylin wurden dann eine große Menge von Anilinfarben in ihrem Verhalten zum Knorpelgewebe untersucht (die ersten von BRODER und LANDOIS, dann von RANVIER, 74, BAUMGARTEN, GRIESBACH, LIST u. a.), woraus sich einige wichtige Erkenntnisse für das Wesen der Knorpelfärbung ergaben. Zunächst fand man eine Reihe von Farbstoffen, welche einen hohen Grad von Spezifität für die Knorpelgrundsubstanz aufwiesen (Chinolein, RANVIER, 74, 91, VOGELPOEL; Methylviolett, CORNIL, RAUDNITZ; Safranin, BOUMA, RAUDNITZ, SCHAFFER, 88; Thionin, HOYER sen., R. KRAUSE, TERRAZAS, RETTERER, 00, KALLIUS).

Man war geneigt, diesen Färbungen eine besondere Bedeutung auch nach der chemischen Seite zuzusprechen, weil durch sie die Knorpelgrundsubstanz regelmäßig in einem metachromatischen Tone hervortrat. MICHAELIS (Enzyklopädie 1903, pag. 798) bezeichnet diese Eigenschaft als Chromotropie und führt außer den genannten Farbstoffen auch noch Methylenazur, Kresylviolett RR (Rotfärbung der Knorpelgrundsubstanz) und Neutralrot (Gelbfärbung) an. Ich habe an Gelenkknorpeln von Reptilien nach Formalinfixierung und Salpetersäureentkalkung durch progressive Färbung mit DELAFIELDS Hämatoxylingemisch ebenfalls eine sehr scharfe Metachromasie erzielt, indem sich die Chondrinballen intensiv violett, die Interterritorialsubstanz leuchtend hellblau färbten. Über metachromatische Färbung mit Hämatoxylin vgl. P. RÖTHIG (Zeitschr. Wiss. Mikr., Bd. 23, 1906, und Bd. 24, 1907, pag. 109), der die Beobachtung mitteilt, daß kalt gesättigte wässerige Hämatoxylinlösung metachromatisch färbt, ebenso bestimmte alkoholisch-wässerige Mischungen, nicht aber heiß gesättigte wässerige und rein alkoholische Lösungen. Über das Wesen der metachromatischen Färbung vgl. F. C. HANSEN (08).

Weiter wurde die Übereinstimmung der Knorpelfärbung mit der einiger anderer Stoffe hervorgehoben; so von EHRLICH mit der Mastzellenkörnung, von RAUDNITZ mit dieser und gewissen Muzinen (HOYER), mit Elastin von SCHAFFER (Sitzb. Kais. Akad. Wiss. Wien, Bd. 106, 1897, S. 391, Anm. 1).

Aus dieser färberischen Übereinstimmung jedoch auf eine Identität der in der Knorpelgrundsubstanz enthaltenen mit den anderen Stoffen zu schließen, ist um so mehr unzulässig, als sich bei Abänderung dieser oder Anwendung anderer Methoden deutliche Unterschiede ergeben. So verlieren die ausgesprochenen Schleimfärbemittel Thionin, Methylenblau, Toluidinblau und Vesuvin ihre Fähigkeit, Schleim zu färben, wenn man sie in stark saueren, alkoholisch-wässerigen Lösungen anwendet, während auch diese Knorpelgrundsubstanz stark färben. Darauf und auf der von F. C. HANSEN betonten Tatsache, daß die Grundsubstanz jungen Hyalinknorpels in ihrem ganzen Umfange basophil ist, beruhen die neueren Methoden von VAN WIJHE, BAKAY und LUNDVALL, Knorpelskelette von Embryonen als Ganzes isolierend zu färben. VAN WIJHE verwendete zuerst (00) 1%ige Safraninlösung in 70%igem Alkohol, jetzt (02) 1/4%ige Methylenblaulösung in 70%igem Alkohol, der man 1% Salzsäure zusetzt, nachdem das Objekt vorher in 5%igem Sublimat, 10%igem Formalin, ZENKERS Flüssigkeit oder Alkohol fixiert und 1—2 Tage in saurem Alkohol (1/4% Salzsäure) belassen worden war. Färbedauer 1—7 Tage. Differenzieren wieder in Salsäurealkohol, der gewechselt wird, bis er farblos bleibt, worauf Entwässerung in absolutem Alkohol und Aufhellung in Xylol erfolgt. BAKAY (siehe v. LENHOSSÉK) färbt mit 3%iger Salpetersäure vorbehandelte Stücke mit Bismarckbraun; LUNDVALL mit 1/4%iger Toluidinblaulösung in 70%igem Alkohol, die 1% Salzsäure enthält.

Andrerseits färben die von P. MAYER angegebenen Schleimfärbemittel Mucicarmin und Muchämatein Chondromukoid nicht, wie ich (Wien. Klin. Wochenschr. 1896, Nr. 45) im Gegensatz zu HOYER (Enzyklopädie 1903, pag. 1200) angegeben habe. — Die Färbung der Knorpelgrundsubstanz mit den Elastinfarbstoffen läßt sich durch längeres Differenzieren in Alkohol entfernen (PRANTER) oder nach P. MAYERS, von B. FISCHER bestrittener Angabe durch Zusatz von sehr wenig Eisenchlorid zum Resorcin- oder Kresofuchsin vermeiden. — Am auffallendsten ist die Ähnlichkeit des färberischen Verhaltens zwischen Knorpelgrundsubstanz und Mastzellengranula (SCHAFFER, Centralbl. Physiol., Bd. 21, 1907), doch färben sich letztere nicht mit Hämalaun, was auch H. RABL (in MRAČEK, Handbuch der Hautkrankheiten, 1901, pag. 21) bestätigt hat. Ein weiteres Ergebnis der Färbeversuche war die Erkenntnis, daß sich im fertigen Hyalinknorpel nicht die ganze Grundsubstanz gleichmäßig färbt, sondern, daß verschiedene Regionen zu bestimmten Farbstoffen eine besondere Affinität zeigen; besonders erkannte man schon frühzeitig ein gegensätzliches Verhalten zwischen den die Zellen umgebenden Höfen (Kapseln) und der restlichen Zwischensubstanz (LANDOIS, CORNIL, SCHIEFFERDECKER u. a.). DEKHUYZEN (86) drückte dies dadurch aus, daß er die primitiven Knorpelkapseln RANVIERS, d. h. die interterritoriale Substanz sowie NEUMANNS Pericellularsubstanz (wohl die Kapselsubstanz) als basophil, die subperichondralen Schichten des Knorpels und die sekundären Kapseln RANVIERS (wohl die äußeren Zellhöfe) als acidophil erklärte. Ähnlich TERRAZAS u. a.

Von wesentlicher Bedeutung war dann der Versuch MÖRNERS, diese verschiedene Färbbarkeit mit den verschiedenen chemisch in der Grundsubstanz nachweisbaren Stoffen in Zusammenhang zu bringen. Daran reihten sich die bedeutungsvollen Arbeiten HAMMARS und HANSENS. Ersterem verdanken wir den färberischen Nachweis einer territorialen Gliederung auch im Gelenkknorpel sowie die erste Knorpelfibrillenfärbung. HANSEN hat dem färberischen Nachweis der chemischen Komponenten der Knorpelgrundsubstanz den schärfsten Ausdruck verliehen. Zum Nachweis der Chondroitinschwefelsäure empfiehlt er die Färbung in stark verdünntem, stark saurem Methylenblau, welches nur die Verbindungen jener Säure, nicht aber die anderen basophilen Stoffe der Knorpelgrundsubstanz färben soll. Zum Nachweise des Collagens hat er eine Pikrofuchsinmethode ausgearbeitet (98), welche er als einzige einigermaßen sichere und zuverlässige Farbenreaktion auf Bindegewebe bezeichnet.

Zur Darstellung des Albumoids, das sich bei Anwendung der Pikrofuchsinmethode pikrophil erweist, empfiehlt HANSEN Färbung fixierter, uneingebetteter Schnitte ein paar Minuten oder länger in Methylviolett 5 B 1 : 2500, Abspülen in 2%iger Kochsalzlösung und Untersuchung in dieser oder in verdünntem Kochsalzglycerin (1 : 6—10 Wasser). Albumoid stark blauviolett, übrige Grundsubstanz rötlich bis farblos. Die Färbung kann mit 5%igem molybdänsaurem Ammoniak fixiert und die Schnitte in Balsam eingeschlossen werden. Isoliert läßt sich das Albumoid auch mit saurem Orcein (UNNA-TAENZER) und Resorcinfuchsin (WEIGERT) färben, wenn man vorher die Chondroitinschwefelsäure aus den Schnitten entfernt.

HANSEN hat auch echt chemische Färbung (Bildung des gefärbten Salzes) in der Knorpelgrundsubstanz durch Anwendung von Malachitgrünbase in Xylol oder wasserfreier Farbsäuren erzielt und ihre Bedeutung erläutert.

SCHAFFER (05) hat durch zahlreiche Versuche gezeigt, daß bei der färberischen Zerlegung der Knorpelgrundsubstanz physikalische Verhältnisse eine große Rolle spielen und daß eine Färbung mit basischen oder sauren Farbstoffen (im Sinne EHRLICHS) nicht berechtigt, auf eine Baso- oder Oxyphilie im chemischen Sinne zu schließen.

Nach diesen allgemeinen Bemerkungen kehre ich zurück zur Besprechung der Methoden, welche zur Färbung der Knorpelkapsel empfohlen worden sind.

Wie sehr die Auffassung des Begriffes „Knorpelkapsel" schwankt, erhellt auch aus den Angaben der Autoren über die Färbbarkeit der Kapseln. Während sie nach den einen sich mit basischen Farben (im Sinne EHRLICHS) färben, heben andere ihre Oxyphilie hervor; eine dritte Gruppe endlich beschreibt um eine und dieselbe Zelle basophile und oxyphile Kapseln aufeinander folgend, und zwar soll bald die erstere unmittelbar die Zelle umgeben, die nächste oxyphil sein oder umgekehrt (DEKHUYZEN, 89). Der Versuch, diese Verschiedenheit der Anschauungen zu erklären, führt zu dem Ergebnis, daß es einmal wirklich verschiedene Kapseln gibt (SCHAFFER, 98, 2) und zweitens verschiedene Dinge als Kapsel beschrieben worden sind.

Versuche, den mikroskopischen Charakter der Kapsel festzustellen, müssen mit besonderer Vorsicht angestellt werden und führen zu dem Ergebnis, daß im fertigen Knorpel die Kapsel basophiler Natur ist, daß auch der innere Zellhof diese Basophilie mit nach außen sinkender Stärke besitzt, während erst der äußere Zellhof ausgesprochen oxyphil sich erweist. Daher betreffen viele Angaben über Färbung von Kapseln wieder diese und den Zellhof, welche zusammen unter den verschiedensten Bezeichnungen (Chondrinballen, MÖRNER, substance chondrochromatique, RENAUT, 87; Mantelschicht, HAMMAR; Chondrimasse, DANEO; chromatische oder Kapselsubstanz, MORAWITZ usw.) zusammengefaßt werden.

Nach RANVIER (63) färben sich die Kapseln im Hyalinknorpel mit Jodtinktur oder Jodjodkalium schwächer als die Zellen.

v. BRUNN empfiehlt Schnitte vom Knorpel oberhalb der Ossificationsgrenze $^1/_2$ Stunde in blaßviolette Alaunhämatoxylinlösung einzulegen, in der die Zellen nicht schrumpfen, während sich die Kapseln intensiv blau färben. Ebenso fand GENZMER (75) die Kapseln sehr schön an Rippenknorpelschnitten vom Kaninchen, die mit Hämatoxylin gefärbt sind, in der Nähe der Verkalkungszone.

Als spezifischen Farbstoff für die Knorpelkapseln hat zuerst VOGELPOEL Chinolein empfohlen. Die Schnitte (Sclerotica vom Frosch, Zwischenwirbelbandscheibe vom Schwein aus absolutem Alkohol) kommen in ein gut geschlossenes Glas mit Wasser, das durch einige Tropfen der Farbe leicht violett gefärbt ist, auf 24 Stunden. Gut auswaschen und in Glycerin übertragen. Kapseln leicht violett, übrige Grundsubstanz ungefärbt. Embryonale Knorpel, die keine Kapseln besitzen, färben sich nicht. ORTH (pag. 142) färbt die Rippenknorpel alter Leute mit Anilinviolett. Kapseln und die nächst anstoßenden Teile der Grundsubstanz hellrot.

Nach DEKHUYZEN (89) färbt sich die „jüngste Kapsel", der grün glänzende Rand der Zellhöhle, den er für ein teilweises Kunstprodukt hält, mit Congorot, Marineblau und anderen sauren, nicht aber mit basischen Anilinfarben. Dagegen färben sich die „Kapseln", deren er mehrere nach außen von dieser jüngsten unterscheidet, mit Methylenblau, Cyanin und anderen basischen Farbstoffen. „Der frische Schnitt wird in 0,8%ige Kochsalzlösung gebracht, in der so viel einer $^1/_2$%igen Methylenblaulösung (frei von Zinkchlorid, umkrystallisiert aus Alkohol) in Wasser zugesetzt wird, daß eine $^1/_{50}$%ige Lösung entsteht."

R. Y CAJAL (89) gibt an, daß an Knorpeln, die mit Hämatoxylin gefärbt und mit Essigsäure differenziert werden, sich nur die Kapseln gefärbt erweisen.

Nach APOLANT kann man von einer wirklichen Knorpelkapsel nur sprechen, wenn sie sich mit Hämatoxylin blau färbt.

Sehr scharf läßt sich die Knorpelkapsel im harten Knorpel von Petromyzon und Myxine färberisch isolieren (SCHAFFER, 96). Freihandschnitte des in Alkohol erhärteten Knorpels werden einige Minuten in 1%iger wässeriger Eosinlösung gefärbt, in 95%igem Alkohol entfärbt und in Nelkenöl aufgehellt. Kapsel lebhaft rot, Zellhof farblos. Ähnlich gelingt die Trennung mit Methylviolett (siehe weiter unten).

Nach TERRAZAS ist Thionin ein gutes Mittel, im frischen oder überlebenden Knorpel (Zungenknorpel vom Frosch, Schwertfortsatz vom Meerschweinchen) die Kapsel zu färben. Er verwendet ½%ige wässerige Thioninlösung, färbt 5 Minuten und spült einfach mit Wasser ab; dann erscheinen die Kapseln heliotroprot, die Chondrinballen (d. h. Zellhöfe) weniger gefärbt.

Nach STUDNICKA (97) färben sich die Knorpelkapseln im gewöhnlichen Hyalinknorpel mit Bleu de Lyon, Hämalaun, DELAFIELDs Hämatoxylingemisch und Methylenblau; im harten Knorpel der Cyclostomen dagegen mit Eosin, Congorot, Nigrosin, aber auch mit Bleu de Lyon; bei Myxine sollen allerdings auch Kapseln vorkommen, die sich mit den erstgenannten basischen Farben blau färben sollen.

Sehr eingehende Färbungsversuche an Freihandschnitten in Alkohol fixierter harter Knorpel von Myxine hat SCHAFFER (05) angestellt, aus welchen sich betreffend die Knorpelkapsel folgendes ergibt: Die Kapsel läßt sich scharf und isoliert gefärbt hervorheben durch kurz dauernde regressive Färbung (1 Minute bis ½ Stunde) mit 1%igen wässerigen Lösungen von Eosin, Säurefuchsin, Tropaeolin 000, Goldorange, Metanilgelb, Methylblau, Bleu de Lyon; aber auch mit Methylviolett, Safranin, Anilinrot, Dahlia, Gentianaviolett, Diamantfuchsin. Am schwächsten färbt sich bei dieser Methode die Kapsel mit den sogenannten typischen Knorpelfärbemitteln Vesuvinbraun, Methylenblau, Toluidinblau und Thionin.*

Isoliert färbt sich die Kapsel auch bei progressiver Anwendung (1 Tropfen der ½—1%igen wässerigen Lösung auf 10 *ccm* Wasser, 24 Stunden) von Congorot, Methylblau oder Bleu II pour micrographie. Desgleichen, aber unter schwacher Mitfärbung des angrenzenden Zellhofes mit Eosin, Bordeaux R, Thiazinrot und -braun, Coerulein, Fuchsin S. Andrerseits auch mit maximal verdünnten Lösungen von Anilinrot, Dahlia, Gentiana- und Methylviolett, Chinolein; besonders alkoholecht mit Rhodamin und Pyronin. Nahezu vollkommen ablehnend verhält sie sich bei dieser Art der Färbung gegen Safranin, Methylen- und Toluidinblau, sowie Thionin.

Bei manchen regressiven Färbungen entfärbt sich die Kapsel früher als der Zellhof und kann dann kontrastierend mit einer anderen Farbe von entgegengesetztem oder aber auch gleichem chemischen Charakter nachgefärbt werden; z. B. progressive Färbung mit Methylviolett 5 B, 24 Stunden mit Alkohol ausziehen, Wasser und progressive Färbung mit 1%iger Eosinlösung. Kapseln rot, angrenzender Zellhof blau. Oder Vorfärben progressiv mit Bleu II pour microgr., Nachfärben ebenso in stark verdünntem Pikrofuchsin; Kapseln blau, innerer Zellhof rot, äußerer gelb.

Alle diese Färbungen, denen im allgemeinen die von den Autoren empfohlenen Knorpelfärbungen entsprechen, deuten nur auf physikalische Verschiedenheiten von Kapsel und Zellhof, ohne über deren Chemismus etwas auszusagen. Färbt man aber in Gemischen saurer und basischer Farben, wobei die entstehende Neutralfarbe im Überschuß einer der Komponenten gelöst sein muß, dann erhält man regelmäßig eine sehr widerstandsfähige Färbung der Kapsel mit dem basischen Farbstoffe, während sich der äußere Zellhof mit den sauren und der innere in einer Mischfarbe färbt. Man mischt z. B. 100 *ccm* 1‰ Eosin- und 88 *ccm* 1‰ Methylenblaulösung (rektifiziert) und färbt tagelang (3 Tage).** Kapsel blau, anschließender Zellhof lebhaft rot, äußerer blaßrosa.

Die Kapsel färbt sich schwach auch mit Hämalaun, deutlich mit DELAFIELDs Gemisch; besonders scharfe Bilder erhält man, wenn man mit Orange G oder

* Dieses muß in alkoholischer Lösung verwendet werden, da in der wässerigen sofort Niederschläge (krystallinische Farbstoffausscheidungen) entstehen.

** Vgl. H. LAURENT, Centralbl. Allg. Path., Bd. 11, 1900, pag. 86.

Metanilgelb progressiv vorgefärbte Schnitte mit tief veilchenblauem DELAFIELDschem Hämatoxylingemisch nachfärbt; Kapsel fast schwarzblau, Zellhof leuchtend gelb.

Auch mit saurem Orcein, besonders wenn man progressiv PRANTERS Gemisch 24 Stunden verwendet, erhält man eine isolierte Kapselfärbung. UNNAS stärkere Orceinlösung färbt auch den inneren Zellhof und die interterritoriale Substanz mit.

Speziell für den harten Knorpel von Myxine und Petromyzon charakteristisch ist die Pikrophilie, d. h. das Vermögen, auch aus maximal verdünnter Lösung sich mit Pikrinsäure anzufärben. Benützt man dazu stark verdünntes Pikrofuchsingemisch (0,1 Säurefuchsin auf 100 gesättigte wässerige Pikrinsäure — 1 Tropfen auf 10 *ccm* Wasser), so färbt sich Kapsel und innerer Zellhof leuchtend rot, äußerer gelb, interterritoriale Substanz rot. Färbt man mit dem unverdünnten Gemisch kurz, regressiv, erhält man eine Rotfärbung der Kapsel, innerer und äußerer Zellhof gelb.

Endlich läßt sich die Kapsel auch durch Imprägnation hervorheben. Nach COLOMIATTI (76) imprägnieren sich die Kapseln besonders leicht und intensiv mit salpetersaurem Silber. Die Methode, die er schon früher (74) empfohlen hatte, besteht darin, daß der ganz frische Knorpel in ein dunkles Gefäß mit frisch bereiteter 4%iger Silbernitratlösung auf 1 Stunde eingelegt, sorgfältig in destilliertem Wasser ausgewaschen und in solchem am Sonnenlichte reduziert wird.

RENAUT (89, pag. 373, Anm. 1) vergoldet Trachealknorpel von Lacerta muralis nach der Methode von LÖWIT 10—12 Minuten in Ameisensäure $^1/_3$, Wasser $^2/_3$, 20—25 Minuten in 1%igem Goldchlorid, zurück übertragen auf 24 Stunden in die Ameisensäure im Dunklen, dann 24 Stunden in konzentrierte Ameisensäure. Auswaschen und untersuchen in Glycerin, das mit Meersalz gesättigt ist. Dadurch wird die Reduktion des Goldes unterbrochen. Will man in gewöhnlichem Glycerin einschließen, so muß man nach einer Angabe von RANVIER die Schnitte vorher in starken Alkohol eintauchen. Man befreit den Knorpel von den anhaftenden Geweben und breitet ihn flächenhaft aus. Kapsel und interterritoriale Substanz rot, Zellhöfe fast farblos. Die Kapseln erscheinen vielfach porös.

b) Darstellung der Zellhöfe.

Die Zellhöfe sind als eine die Kapsel umgebende und an Breite meist übertreffende Zone an manchen frischen Knorpelplatten oder an Schnitten einfach in Alkohol fixierter Knorpel sichtbar. In den meisten Fällen umfassen sie mehr als eine, oft zahlreiche Knorpelzellen (groupes isogénétiques, RENAUT). Meist sind sie stärker lichtbrechend, als das sie trennende Fachwerk. Sie lassen sich auch durch Färbung hervorheben, wobei ihr innerer, die Kapsel unmittelbar umgebender Abschnitt die Basophilie dieser teilt, während die äußere Zone oxyphil ist. Endlich lassen sie sich durch mechanische Zerreißung oder chemische Lösung der interterritorialen Substanz isolieren. Mit Ausnahme der letzten Methode lassen alle anderen, welche die Zellhöfe oder -bezirke deutlich machen, naturgemäß auch die interterritoriale Substanz hervortreten. Umgekehrt sind selbstverständlich alle Knorpel, welche dieses interterritoriale Fachwerk erkennen lassen, zur Beobachtung der Zellhöfe (-bezirke) geeignet und wird in dieser Hinsicht auf den nächsten Abschnitt verwiesen.

Nach REMAK und BRODER zeigt der Schwertfortsatz des Kaninchens, besonders in seinem unteren Abschnitte deutliche „Kapseln" (i. e. Zellhöfe). Nach ROLLETT (pag. 71) sind schon am frischen Tritonknorpel die Zellterritorien durch körnige Trübungen in der Grundsubstanz angedeutet. Nach KOLSTER zeigt der Ohrknorpel vom Kaninchen besonders deutliche „Kapseln", i. e. Zellhöfe. Nach HAMMAR (pag. 826) tritt die Mantelschicht schon im frischen Gelenkknorpel durch ihren etwas stärkeren Glanz und Durchsichtigkeit hervor.

Hier sei betont, daß in den massigen Gelenkknorpeln deutliche Zellhöfe erst in den tiefen Lagen nachweisbar sind (HAMMAR).

In ausgezeichneter Weise sieht man die Zellhöfe an ungefärbten Freihandschnitten durch den harten Myxineknorpel (SCHAFFER, 97, pag. 176). Bei der Beobachtung des Zellhofes an frischem Material empfiehlt es sich ganz allgemein, schief oder schwach zu beleuchten (Planspiegel, herabgezogene Blendung).

Reagenswirkung. FÜRSTENBERG behandelt Knorpelschnitte mit verdünnter Schwefelsäure (1 : 25) oder Chromsäure. R. HEIDENHAIN bringt dünne Schnitte durch den Oberschenkelkopf vom Frosch in v. WITTICHs Flüssigkeit (Salpetersäure und chlorsaures Kali je eins auf 200 Wasser). Nach $1^1/_2$ Monaten ist die Grundsubstanz in polygonale Zellterritorien zerfallen, zwischen denen ein helleres Scheidewandsystem in Form eines zusammenhängenden Wabenwerkes durchgeht. BRODER färbt dünne Schnitte durch denselben Knorpel 20 Minuten in ammoniakalischer Carminlösung, wäscht aus und setzt auf dem Objektträger je einen Tropfen Wasser und Eisessig zu. Nach wenigen Sekunden zeigte sich die Zerteilung der ganzen Grundmasse in polygonale Felder, die 2—11 Zellen einschlossen und durch dunkelrot gefärbte Linien getrennt waren. Behandelt man mit Salpetersäure und chlorsaurem Kali vor und mit verdünnter Schwefelsäure nach (1 : 25), so erhält man auch am ausgewachsenen menschlichen Rippenknorpel nach $^1/_4$ Stunde Zerlegung in Zellterritorien.

BRODER benutzte auch verschieden starke Mischungen von Salpetersäure und chlorsaurem Kali. Schnitte vom Oberschenkelkopf des Frosches kommen auf 24—48 Stunden in die „schwache“ Mischung (HNO_3 40, H_2O 80, Kal. chlor. 3); nach Zusatz eines Jodkrystalles oder eines Tropfens Jodtinktur zeigen sie fast momentan eine Zerlegung in Zellterritorien. Rippenknorpelschnitte vom Erwachsenen kommen auf 6 Tage in die „mittelstarke“ Mischung (HNO_3 (spez. Gew. 1,16) und H_2O aa. 80, gesättigt mit Kal. chlor.) und werden mit alkoholischer Fuchsinlösung gefärbt.

BABER konnte nach zweitägiger Maceration des Schultergürtels vom Triton in Kalkwasser eine deutliche Zerlegung in die Zellterritorien sehen.

FLESCH (80) sieht sie im Intervertebralknorpel von Triton taeniatus, an Schnitten (die wahrscheinlich mit Chrom- oder Pikrinsäure behandelt waren).

MORAWITZ behandelt Knorpelschnitte einige Tage mit 2—5%iger Kalilauge und findet ein sehr deutliches Hervortreten der Chondrinballen oder Kapseln.

Isolierung. Läßt man nach FÜRSTENBERG etwas stärkere Schwefelsäure (1 : 10) mehrere Stunden auf frische Knorpelschnitte einwirken, so gelingt es, die „Mutterzellen“ (Zellterritorien) ganz zu isolieren. — R. HEIDENHAIN konnte durch Einlegen in Salpetersäure (spez. Gew. 1,16), die mit Kal. chlor. gesättigt, dann mit dem gleichen Volumen Wasser verdünnt war, nach 4 Tagen nicht selten einzelne Zellterritorien ganz und gar isoliert erhalten. Dasselbe soll jahrelanges Liegen in destilliertem Wasser oder 24 Stunden langes Macerieren im Brutofen bewirken. — Nach ROLLETT kommt es an feinen Schnitten durch Tritonknorpel leicht zum Zerfall in den Zellterritoriengrenzen entsprechender Richtung; Rippenknorpel von jungen Schaf- und menschlichen Embryonen aus MÜLLERs Flüssigkeit lassen sich durch Zerzupfen leicht in die Zellen mit ihren „Kapseln“, i. e. Höfen zerlegen. — Nach CARON lassen sich aus Schildknorpelschnitten des Menschen durch Einwirkung 30%iger Chromsäure die Chondrinballen isolieren, wenn man die Schnitte aus absolutem Alkohol in Wasser überträgt und dann erst die Säure einwirken läßt. Maceriert man Schädelknorpel von Ammocoetes in Wasser, so kann man durch Zerzupfen die Zellhöfe isolieren (SCHAFFER, 96, pag. 621).

Am leichtesten gelingt es nach H. MÜLLER, durch Zerzupfen des frischen Nickhautknorpel vom Hunde die prächtigsten „Knorpelkapseln“ zu isolieren. (Färbt man Schnitte durch den Nickhautknorpel aus Alkohol mit verdünntem sauren Orcein, dann färbt sich die eigentliche Kapsel als schmaler Saum um die Zellhöhle, während an Schnitten durch vergoldeten Lidknorpel sich die äußeren Grenzen der isolierbaren Zellhöfe imprägniert zeigen.) — Nach v. BRUNN (73) lassen sich die säulenförmigen Zellterritorien des ossificierenden Knorpels vom Kalb (Phalangen) durch Zerzupfen in gewöhnlicher Weise vergoldeter Schnitte isolieren.

Im harten Myxineknorpel läßt sich durch Behandlung mit starken Säuren der äußere Zellhof als widerstandsfähigste Schichte isolieren. Behandelt man die Schnitte mit $^1/_8$%iger HCl im Brutofen 14 Tage vor und setzt dann 5%ige NaOH zu, so wird der ganze Zellhof in konzentrische, nach außen zu immer dünner werdende Lamellen zerlegt (SCHAFFER, 05).

Färbung. LANDOIS war der erste, welcher mit einer „basischen" Anilinfarbe — Anilinrot — die Zellhöfe gefärbt hat.

EHRLICH hat dann zur Färbung der „Knorpelkapseln", d. h. Zellhöfe seine saure Dahliamischung empfohlen, mit welcher sich der verkalkte Knorpel nicht färbt. Die Färbung ist widerstandsfähig gegen Alkohol und stimmt mit der der Plasma-, d. h. Mastzellen überein.

SCHIEFFERDECKER (78) empfiehlt seine Eosin-Methylviolettfärbung, um im Trachealknorpel die territoriale Einteilung darzustellen; die Grenzen der Territorien erscheinen fast schwarzblau.

Nach RENAUT (87, pag. 1539) färben sich die „wolkenartig die Knorpelkapsel umgebenden Ringe" an in Osmiumdämpfen fixierten Kalbsknorpeln mit seinem Glycerinhämatoxylin violett.

Daß ORTH mit Anilinviolett die Zellhöfe hellrot, die übrige Zwischensubstanz bläulich sich färben sah, wurde schon erwähnt. Verwendet man die Farbe in starker Essigsäure gelöst, so färben sich Kapseln und die anstoßenden Teile der Grundsubstanz blau.

MÖRNER war der erste, welcher durch Färbung eine Trennung von Substanzen verschiedener chemischer Natur im Knorpel versucht hat. Er unterscheidet im Rippen-, Kehlkopf- und Trachealknorpel des erwachsenen Rindes ein collagenes „Balkennetz", das die Knorpelzellen nirgends berühren und in seinem Verlaufe keine einzige Knorpelzelle enthalten soll und die Felder, welche die Maschen des Balkennetzes ausfüllen, allein die Zellen enthalten und die er als „Chondrinballen" bezeichnet, da sie Chondromucoid und Chondroitsäure enthalten. Zur Färbung dieser Chondrinballen (inneren Zellhöfe) empfiehlt er nun folgende Methoden (MÖRNER hat frische Knorpelschnitte verwendet; vgl. HAMMAR, pag. 837, Anm. 2; man kann aber auch in 96%igem Alkohol konservierte verwenden; WOLTERS, MORAWITZ): *a)* 0,15%ige wässerige Lösung von Methylviolett $^1/_2$—2 Minuten; Abspülen in Wasser, 10%iger Essigsäure, bis das Netz, das zuerst auch gefärbt ist, farblos wird, *b)* dasselbe mit 0,15%igem Anilinrot, *c)* schwache Eisenchloridlösung, sorgfältiges Auswaschen, sehr verdünnte Lösung von gelbem Blutlaugensalz. Die Bestandteile der Chondrinballen gehen mit dem Eisenchlorid in Wasser unlösliche Verbindungen ein, wodurch das Eisensalz zurückgehalten wird, während das Collagen des Balkennetzes durch Auswaschen befreit werden kann.

H. HOYER sen. hat geglaubt, daß die Grundsubstanz des hyalinen Knorpels durch basische Farbstoffe in ganz gleicher Weise gefärbt wird wie Mucin. Dabei färbt sich die Grundsubstanz nicht gleichmäßig, sondern nimmt in der unmittelbaren Umgebung von Zellen und Zellgruppen eine wesentlich intensivere Färbung an, wodurch der Anschein von die Zellen umhüllenden „Kapseln" entsteht. — Nach HAMMAR färbt sich der äußere Zellhof, den er als „Knorpelkapsel" bezeichnet, lebhaft mit Eosin, während sich der innere — seine Mantelschicht — mit Hämatoxylin, bei Doppelfärbung mit Säurefuchsin und Malachitgrün mit letzterem färbt. TERRAZAS hat eine ganze Reihe von Färbungen angegeben, welche im wesentlichen eine Sonderung der stark basophilen Chondrinballen von der schwach basophilen „Interglobarsubstanz" und der oxyphilen subperichondralen Zone bezwecken.

1. VAN GIESONS Methode oder Eisenhämatoxylin nach HEIDENHAIN mit nachfolgender Pikrofuchsinbehandlung. Kapseln und Zellhöfe violett, oxyphile Substanz rot.

2. Dreifachfärbung nach RAMON Y CAJAL mit basischem Fuchsin. Dünne Knorpelschnitte aus Sublimat oder Alkohol 10 Minuten in einer gesättigten Lösung von basischem Fuchsin. Nach flüchtigem Abwaschen Übertragen in eine $^1/_4$%ige Lösung von Indigcarmin in gesättigter wässeriger Pikrinsäure 5 Minuten; flüchtiges Abwaschen in Wasser, dem auf ein Schälchen 4—5 Tr. Eisessig zugesetzt sind. Entwässerung, Bergamottöl, Balsam. Kapseln und Zellhöfe rot, alles Oxyphile blau.

3. Dreifachfärbung mit basischem Methylenblau. Frische oder in Alkohol gehärtete Knorpelschnitte 5 Minuten in 0,1%ige Lösung von Methylenblau ββ. Längeres Auswaschen

in Wasser, um die überschüssige Farbe zu entfernen. Auf 10 Minuten in Pikrofuchsin (0,1 auf 100 Wasser). Flüchtige Wasserspülung, Alkohol, Bergamottöl, Balsam. Kapseln und Chondrinballen blau oder tiefgrün, Interglobarsubstanz blaßblau, oxyphile Substanz lebhaft rot.

4. Thioninfärbung. TERRAZAS macht auf die auffallende Affinität dieses (zuerst von H. HOYER empfohlenen) Farbstoffes zur Knorpelgrundsubstanz aufmerksam. Dünne, frische Knorpelschnitte oder solche aus Alkohol, Sublimat kommen auf 5 Minuten in eine $^1/_2$%ige wässerige Thioninlösung, Abspülen in Wasser, Entfärben in Alkohol oder Alkohol-Anilinöl. Aufhellen, Balsam. Chondrinballen violett, Interglobarsubstanz blaß heliotrop, oxyphile Substanz hellblau.

5. Die Färbung mit einen roten und blauen basischen Farbstoff (bibasische Methode von RAMON Y CAJAL) zeigt, daß die basophilen Substanzen teils erythro-, teils cyanophil sind, teils sich mehr mit Fuchsin, teils mehr mit Methylenblau färben; besonders gut an den verkalkenden Gelenkknorpeln zu sehen. Im allgemeinen färbt sich die basophile Substanz blau, die oxyphile rot.

MOLL färbt menschliche Knorpel aus Alkohol (Celloidinschnitte) 6—24 Stunden in der sauren Orceinlösung von TÄNZER (0,5 Orcein, 40 Alc. abs., 20 Wasser, 20 Tropfen Salzsäure), differenziert ebenso lange in 80—90%igem Alkohol bis das Celloidin nahezu farblos ist; entwässert in 98%igem Alkohol und schließt nach Aufhellung in Balsam ein. Im Hyalinknorpel des Erwachsenen erscheint die Grundsubstanz rötlich, die Zellen mit einem mehr oder weniger großen Hof, den MOLL „Knorpelkapsel" nennt, intensiv blau. Im embryonalen, ossificierenden Knorpel färbt sich die Intercellularsubstanz blauviolett, das übrige Gewebe braunrot.

Ich konnte diese verschiedenen Farbennuancen an Rippenknorpel nicht erhalten, finde aber, daß sich das saure Orcein im allgemeinen dem Knorpelgewebe gegenüber wie ein basischer Farbstoff verhält, d. h. Kapsel und inneren Zellhof, sowie die Interterritorialsubstanz stark und haltbar färbt, die äußeren Zellhöfe (in der Mitte erwachsener Rippenknorpel) vollkommen ungefärbt läßt.* So erhält man an Rippenknorpel z. B. eine sehr scharfe territoriale Gliederung der Grundsubstanz.

Aus meinen Färbeversuchen (05) an harten Myxineknorpel ergibt sich betreffs des Zellhofes folgendes: Der innere Zellhof läßt sich färberisch von der Kapsel trennen, indem er besonders basische Farben progressiv angewendet bei nachträglicher Alkoholbehandlung am längsten festhält (Gentiana- und Methylviolett, Chinolein, Methylenblau, Thionin, Toluidinblau und Safranin). Die Kapsel kann dann kontrastierend z. B. mit Eosin, kurz, regressiv, gefärbt werden. Andrerseits zeigt er bei progressiver Färbung mit vielen sauren, wie basischen Farben ein ähnliches Verhalten, wie die Kapsel; nur färbt er sich stets mit geringerer und meist nach außen zu abnehmender Stärke. Auch mit DELAFIELDs Hämatoxylingemisch und bei langdauernder Einwirkung mit Hämalaun färbt er sich. Die schärfste und haltbarste Färbung gibt stark verdünntes Pikrofuchsin, progressiv angewendet. Vollkommen ablehnend verhält er sich gegen Methylblau und Congorot.

Der äußere Zellhof ist ausgesprochen xanthophil; er färbt sich lebhaft und haltbar mit Tropaeolin 000, Orange G, Metanilgelb, Goldorange, Pikrinsäure. Schwächere Affinität zeigt er gegen Säuregelb, Eosin, Bordeaux, während er gegen eine dritte Gruppe saurer Farben — Congorot, Methylblau, Säurefuchsin — sich vollkommen ablehnend verhält. Färbt man 24 Stunden mit 1%iger Safraninlösung und extrahiert man ebenso lange in Alkohol, so bleiben die äußeren Zellhöfe samt der interterritorialen Substanz stark rot gefärbt, während sich die inneren entfärben; dieses Bild entspricht MÖRNERs Balkennetz.

Auch die Methylenblaufärbung nach HANSEN (05, pag. 599 u. f.) deckt die stärkste Basophilie unmittelbar um die Zellen auf, während die äußere Grenze der Zellhöfe als kaum gefärbt sich von der wieder etwas stärker gefärbten Interterritorialsubstanz sondern läßt.

HANSEN verwendet das rein krystallisierte Methylenblau medicinale von MERCK in rein wässeriger Lösung, die jedesmal vor dem Gebrauch frisch zu bereiten ist. Er verwendet gewöhnlich Lösungen von 1 : 5000, unter Umständen stärkere (1 : 1000), oder

* Dieses Resultat erhielt ich aber nur an Schnitten aus Alkohol, die vor der Orceinfärbung 48 Stunden in Safranin gelegen waren, ohne eine brauchbare Färbung zu zeigen.

schwächere (1 : 10.000). Am empfindlichsten zum Knorpelnachweis wird die Methode, wenn man diese schwächere Lösung mit Zusatz von Salzsäure (2 Tr. 1%iger Salzsäure auf 3 *ccm*; die saure Lösung ist ziemlich dauerhaft und kann auch vorrätig gehalten werden) verwendet. Die Färbedauer ist 5—12 Minuten. Sehr zweckmäßig ist es, diese Methylenblaufärbung mit der Pikrofuchsinfärbung zu kombinieren. Zu diesem Behufe werden die Schnitte nach der Methylenblaufärbung gut in destilliertem Wasser abgespült, weil sich sonst Krystalle von Methylenblaupikrat bilden und nach Absaugen des überschüssigen Wassers unmittelbar in die Pikrofuchsinlösung (s. Abschnitt B) übertragen. Manchmal ist es zweckmäßig, vorher das Methylenblau mit Ferridcyankalium (3%ige Lösung im Dunklen) oder besser 5—10 Minuten in 5%iger Lösung von molybdänsaurem Ammoniak zu fixieren; dann wird gut in Wasser ausgewaschen und dann erst in Pikrofuchsin übertragen. HANSEN hat 5%iges molybdänsaures Ammoniak auch zur Fixierung des Thionins, Toluidinblaus usw. angewendet, wodurch die Metachromasie erhalten bleibt.

Imprägnation. ROLLETT (pag. 75) gibt an, daß sich durch längere Behandlung mit Goldchlorid mit nachfolgender Reduktion eine sehr schöne territoriale Zerlegung erreichen läßt; dabei bleiben die Zellhöfe wohl farblos, während sich Kapseln und interterritoriale Substanz stark färben (vgl. RENAUT, 89). — Nach FLESCH (85) erhält man bei Versilberung ganz frischer Schnitte durch den Femurkopf vom Frosch eine Imprägnation in der Umgebung der Knorpelzellen, die nach seinen Abbildungen den Zellhöfen entspricht.

STUDNIČKA (06) hat mittelst der BIELSCHOWSKYschen Silberimprägnation auch dieses Balkennetz in den harten Knorpeln von Petromyzon und Myxine intensiv gefärbt und so die Zellhöfe negativ deutlich hervorgehoben.

c) Darstellung der interterritorialen Substanz.

Eine Reihe von Methoden, welche geeignet sind, den netz- oder wabenartig zusammenhängenden Rest der Grundsubstanz zwischen den Zellhöfen hervortreten zu lassen, mußten naturgemäß schon im vorigen Kapitel berührt werden. Hier sei aber betont, daß MÖRNER auf Grund seiner regressiven Färbungen als „Balkenwerk", DANEO als albumoides Netz etwas anderes bezeichnet haben als die interterritoriale Substanz allein, nämlich diese zusammen mit den äußeren Schichten der Zellhöfe. Deshalb erscheint MÖRNERS oxyphiles Balkenwerk viel breiter als die meist schmalen Züge der interterritorialen Substanz, welche basophil, schwächer lichtbrechend als die angrenzenden Höfe und meist nicht homogen erscheinen.

In ausgezeichneter Weise ist das Fachwerk an frischen oder nur mit Alkohol behandelten Schnitten verschiedener Fische (Ganoiden, Selachier) zu sehen, besonders bei schiefer Beleuchtung; hier umfaßt eine Masche des Netzes meist eine große Anzahl von Zellen. Weiters an Durchschnitten der harten Knorpel von Myxine und Petromyzon, und zwar in der Mitte ohne weiteres, in der scheinbar homogenen Oberflächenpartie bei schiefer Beleuchtung. Aber auch im Rippenknorpel des Menschen in den tieferen Randpartien; dieselbe Angabe macht BRÜCKNER vom Rippenknorpel des Hundes. In den Knorpelplatten vom Triton hat schon ROLLETT die „körnig getrübten" Scheidewände abgebildet. Der Scleralknorpel der Taube zeigt bei centraler Beleuchtung eine anscheinend glasartige Intercellularsubstanz; blendet man stark ab, dann tritt ein ungemein zierliches und regelmäßiges polygonales Maschenwerk hervor, dessen gleichmäßige Balken die Zellhöfe trennen.

Sehr deutlich tritt es auch an ossificierenden Knorpeln dort, wo der erste Kalk sich ablagert, hervor; hier läßt es sich infolge dieser Kalkablagerung an Präparaten aus MÜLLERS Flüssigkeit stark mit Hämatoxylin färben. WOLTERS beobachtete dies am Epiphysenknorpel 10—12tägiger Kaninchen, ich in ausgezeichneter Weise im Trachealknorpel des Gecko. Auch im Epiphysenknorpel rachitischer Feten scheint es sehr deutlich sichtbar zu sein (MARGARUCCI).

Die leichtere Löslichkeit der interterritorialen Substanz geht schon aus der rein mechanischen oder chemischen Isolierbarkeit der Zellhöfe hervor (vgl. voriges Kapitel). Wenn daher viele Autoren von einer Isolierbarkeit des Balkenwerkes sprechen, dann handelt es sich um die mit den äußeren Zellhöfen verschmolzene interterritoriale Substanz. Nach KÖLLIKER (89) bleibt beim Kochen mancher Knorpel mit Wasser, durch Behandlung mit 35%iger Kalilauge (DONDERS), verdünnter Schwefel- oder Chromsäure (FÜRSTENBERG) in vielen Fällen zwischen den einzelnen Zellgebieten eine Zwischensubstanz zurück. — MÖRNER isoliert das Balkenwerk, indem er äußerst dünne Schnitte des Trachealknorpels etwa 2 Wochen mit 0,1—0,2%iger HCl bei 40° digeriert, die Säure mit Wasser auswäscht und die Schnitte in 0,1%ige KOH überträgt. Oder er taucht dünne Knorpelschnitte abwechselnd in konzentrierte Chromsäure (1 : 3) und spült sie mit Wasser ab. — MORAWITZ hat die Versuche MÖRNERS wiederholt. Er findet, daß künstlicher Magensaft bei 40° (½%ige HCl + Peps. pur.) in 12—24 Stunden die Chondrinballen löst; ähnlich käuflicher Pancreassaft. Ausgezeichnet färbt sich das Balkenwerk durch Behandlung mit MILLONs Reagens.

Von der Färbung der interterritorialen Substanz war gelegentlich schon im früheren Kapitel die Rede (BRODER, ROLLETT, TERRAZAS, STUDNIČKA, 06). Dieses Fachwerk ist leicht imbibierbar und kann daher bei kurz dauernder regressiver Färbung mit sauren oder basischen Farben hervorgehoben werden. Bei der Eisenhämatoxylinfärbung bleibt es oft allein gefärbt (SCHAFFER, 96).

In ausgezeichneter Weise färbt es sich am harten Myxineknorpel aus Formalin progressiv mit Thionin; am Froschoberschenkelkopf aus Formalin tritt es bei derselben Behandlung ebenfalls sehr scharf hervor, aber nahezu farblos, während die Höfe und Territorien stark gefärbt sind. Umgekehrt bei Färbung in maximal verdünntem DELAFIELDschen Hämatoxylingemisch: da tritt das interterritoriale Wabenwerk deutlich blau gefärbt zwischen den farblosen Zellhöfen hervor. Am menschlichen Rippenknorpel aus Alkohol erhielt ich es braun gefärbt mit saurem Orcein nach UNNA-TAENZER.

S. MAYER (05) hat in der Froschsclera durch verschiedene Einwirkung von Methylenblau und pikrinsaurem Ammoniak die interterritoriale Substanz blau gefärbt in Form eines Netzwerkes, welches an die Kittlinien eines Epithels erinnert.

Zur Färbung seines Balkenwerks empfiehlt MÖRNER 2—3%ige wässerige Lösung von Tropäolin 000 Nr. 2 (von SCHUCHARDT) 2 Stunden, Auswaschen in Wasser oder 4—5%ige wässerige Lösung von indigoschwefelsaurem Kali (von Gehe & Comp.) einige Minuten, Auswaschen in Wasser. Auch MORAWITZ rühmt diese letztere Methode, während WOLTERS damit keine deutliche Differenzierung erhielt. Bessere Bilder geben die von MÖRNER empfohlenen Doppelfärbungen: Vorfärbung mit Tropäolin; nach Auswaschen mit Wasser einige Sekunden in Methylviolettlösung (0,15%) und dann einige Minuten in 10%ige Essigsäure eingetaucht. Rasche Entwässerung und Aufhellen in Nelkenöl. Oder Vorfärbung mit Indigocarmin und Nachfärbung mit Anilinrot. Zur Kritik der MÖRNERschen Methoden vgl. SCHAFFER (03).

NOWIKOFF hat die interterritoriale Grundsubstanz (Zungenbeinknorpel junger Frösche) als ein Trabekelwerk von fibrillärem Bau durch Doppelfärbung mit Bismarckbraun-Bleu de Lyon (s. unter Zelle pag. 770) blau gefärbt dargestellt.

B. Die fibrilläre Struktur des Hyalinknorpels.

Gelegentliche Beobachtungen über eine fibrilläre Struktur der im allgemeinen homogen erscheinenden Grundsubstanz hyaliner Knorpel wurde schon frühzeitig, und zwar zuerst an pathologisch verändertem Knorpelgewebe (Knorpelnarben, -geschwülsten) gemacht. Zuerst soll LEIDY die fibrilläre Struktur des Hyalinknorpels beschrieben haben. GOODSIR hat diese Beobachtungen wiederholt und an Schnitten durch den Oberschenkelknorpel vom Menschen, die er einige Wochen in Wasser maceriert hatte, eine fibrilläre Zerklüftung nachgewiesen. KÖLLIKER (49) erwähnt, daß in rachitischen Gelenkknorpeln die Zwischensubstanz zwischen den reihenweise geordneten Zellen eine faserige ist. Dieselbe Angabe macht BRUNN (74) für normale Gelenkknorpel, doch bezeichnet er diese Stützfasern als „elastische".

RETZIUS führt eine Reihe von Knorpeln an, welche im frischen Zustande eine faserige Grundsubstanz erkennen lassen; so die Semilunarknorpel des Kniegelenks, die Randpartien des Knorpels der Patella, Tibia, Femur, an einigen Stellen des Schultergelenks, der Knorpel des Kiefergelenks.

BABER sieht in den oberflächlichen Schichten der Gelenkknorpel (die ja von kochsalzhaltiger Synovialflüssigkeit umspült werden und unter Druck stehen) normalerweise eine fibrilläre Struktur.

Nach W. KRAUSE ist im Rippen- und Schildknorpel ein faseriger Bau hier und da schon im frischen Zustande zu erkennen. Nach SOLGER (86) tritt am oberen Gelenkende der Tibia bei Individuen mittleren Alters unter ganz normalen Verhältnissen fibrilläre Zerklüftung auf. Eine deutliche fibrilläre Struktur zeigt nach VAN DER STRICHT (89, 90) der Gelenkknorpel erwachsener Vögel in seinen oberflächlichen Teilen an frischen Schnitten.

Um aber die auch in echten Hyalinknorpeln vorhandene fibrilläre Struktur sichtbar zu machen, muß man zur Reagenzienbehandlung schreiten.

TILLMANNS (74) hat zuerst vorher homogenen Gelenkknorpel von Hunden und Kaninchen durch Behandlung mit stärkeren „mitteldunkelviolett gefärbten" Lösungen von hypermangansaurem Kali, die täglich 4—6mal zu wechseln ist, oder 10%iger Kochsalzlösung (3—7 Tage lang) in einzelne Fibrillen und Fibrillenbündel aufgelöst. Auch mehrtägige Maceration ergab dasselbe Resultat.

BABER hat die Versuche TILLMANNS wiederholt und findet die Ergebnisse mit Kal. hypermanganicum sehr unsicher; besser die mit 10%iger NaCl. Aber die Maceration allein genügt nicht, sie muß mit Druck auf das Deckglas kombiniert werden. Man maceriert 1—2 Wochen, untersucht in einem Tropfen der Kochsalzlösung, indem man vorher einen mäßigen Druck mit der Spitze einer Nadel auf das Deckglas ausgeübt hat. Die fibrilläre Struktur kann wieder verschwinden; bleibt sie jedoch, dann kann man die Präparate in destilliertem Wasser auswaschen und in Kali aceticum einschließen. Auch Maceration in Kalkwasser (in gut verschlossener Flasche; vor der Untersuchung Auswaschen der Schnitte, Einschluß in Kali aceticum) mit starkem Druck auf die Schnitte bringt die Fibrillen zur Ansicht. Ebenso ½%ige Kochsalzlösung und Barytwasser; dieses darf nur ¼—3 Stunden einwirken, mit, manchmal auch ohne nachfolgenden Druck. Mit allen diesen Methoden hat aber BABER auch Scheinstrukturen in der Grundsubstanz hervorgerufen (intercelluläre Streifen und Fasern), die er nicht von der echten fibrillären Struktur trennt.

GENZMER (76) bestätigt die Beobachtung TILLMANNS, sah aber den faserigen Zerfall der Knorpelgrundsubstanz auch sehr schön auftreten, wenn er kleinere Knorpelstückchen mehrere Tage in Holzessig liegen ließ; an den Bruchenden solcher Knorpel ragen die Fasern in verschiedener Länge vor. Auch nach traumatischen, thermischen und chemischen Reizen an lebenden Rippenknorpeln von Kaninchen tritt nach 5—14 Tagen die Zerfaserung der Grundsubstanz auf, wie GENZMER (75) schon früher betont hatte.

EWALD und KÜHNE haben durch Trypsinverdauung im Hyalinknorpel ein collagenes „Netzwerk" dargestellt. TILLMANNS (77, 1) hat durch dieselbe Methode nach 20—24 Stunden oder nach 3—6 Tagen, je nach der Stärke der Verdauungsflüssigkeit, die deutlichste fibrilläre Struktur des vorher homogenen Hyalinknorpels erhalten. Legt man solche verdaute Präparate noch in 10%ige Kochsalzlösung, Kali hypermangan., Kalk- oder Barytwasser und schüttelt sie in diesen Flüssigkeiten, dann tritt der faserige Bau noch deutlicher hervor und lassen sich die Faserbündel und einzelne Fasern sehr leicht durch Zerzupfen oder leichten Druck auf das Deckglas isolieren.

Später hat TILLMANNS (77, 2) Schnitte oder Stückchen frischen Hyalinknorpels (Kniegelenksknorpel neugeborener Hunde und Schafe, Femurkopf vom Frosch, Rippenknorpel ausgewachsener Hunde, Gelenkknorpel vom Rind) einfach auf 20—24 Stunden in eine neutrale oder leicht alkalische Trypsinlösung bei 38 bis 40° C eingelegt (welche nach der Vorschrift KÜHNEs angefertigt war) und nach leichter Zerrung des Präparates oder durch Druck auf das Deckgläschen ohne weiteres sehr schöne Fibrillenbilder erhalten. Am besten waren sie, wenn sie sofort nach der Verdauung und Abwaschen in destilliertem Wasser untersucht wurden. Nachträgliche Färbung mit Carminhämatoxylin oder Pikrocarmin beeinträchtigt die Zartheit der Bilder.

TIZZONI hat durch Reizung des lebenden Knorpels die fibrilläre Struktur sichtbar gemacht (Kontinuitätstrennung, Einziehen von Seidenfäden, Injektion dünner Silbernitratlösung oder starke Ätzung der Gelenkoberfläche mit dem Lapisstift).

Bei der zweiten Methode war die Auflösung der Kittsubstanz eine so vollkommene, daß die Leucocyten zwischen den Fibrillen wandern konnten. Nach der dritten (Injektion $^3/_4$%iger Silbernitratlösung in die Kniegelenkshöhle) zeigte der Knorpel schon nach 4 Tagen eine deutliche fibrilläre Streifung mit Silberkörnchen zwischen den Fibrillen. Im Kniegelenksknorpel der Tibia konnte man durch Druck auf den Schnitt oder Zerzupfen die Fibrillen isolieren.

Nykamp behandelte feine Knorpelschnitte einige Tage in 5%igem neutralem chromsaurem Ammoniak und erhielt neben Bubnoffschen Linien auch Bilder der fibrillären Struktur; am deutlichsten traten diese aber nach 3—4tägiger Behandlung mit Kal. bichr. auf. Auch Pikrocarmin und manchmal Goldchlorid gaben gelegentlich eine Andeutung der fibrillären Struktur.

Bicfalvi brachte frische Schnitte durch hyalinen Knorpel in kleinen Schalen mit frischer Hundemagenschleimhaut und Salzsäure (von $^1/_{10}$‰—1%) bei 38—40° C auf 1—24 Stunden in den Brütofen; gut auswaschen, untersuchen in Glycerin. Bei Anwendung stark verdünnter HCl-Lösungen ($^1/_{10}$‰) traten nach 3—5 Stunden nur Bubnoff-Budgesche Linien auf; ebenso nach längerer Maceration der Knorpelschnitte in destilliertem Wasser (5—30 Tage). Bei Verwendung 0,1%iger HCl werden in der Grundsubstanz feine Fibrillen sichtbar; ebenso bei Einwirkung von 5%igem neutralem chromsaurem Kali oder hypermangansaurem Kali. — van der Stricht (86) verwendete zum Nachweise der Fibrillen neben 5%igem chromsaurem Ammoniak und Pikrocarmin hauptsächlich 1%ige Chromsäure, die er 24 Stunden bis 10 Tage auf dünne Knorpelschnitte einwirken ließ.

Über Kolsters Darstellung der Fibrillen ihm Ohrknorpel des Kaninchens siehe unter Elastischer Knorpel.

Hammar (94) hat die meisten dieser Methoden nachgeprüft. Zur Trypsinverdauung verwendete er Glycerinextrakt von Kalbspancreas 6 (beim Schild- oder Trachealknorpel vom Rind nur 3—4), 5%ige Sodalösung (wasserfreies Salz) 2, Wasser 12. Die Flüssigkeiten werden häufig erneuert, reichlich bemessen (100 bis 200 *ccm*). Nach dem Auswaschen in fließendem Wasser werden die Schnitte in Wasser untersucht. Anhaftende Ca- oder Ba-Krystalle werden durch 1%ige Essigsäure und Auswaschen entfernt. Am raschesten wirkt Kalk- und Barytwasser sowie die Verdauung. Weniger Chromsäure und Kaliumpermanganat, die schlechtesten Resultate ergaben Kochsalzlösung und chromsaures Ammoniak, das auch nach dreimonatlicher Einwirkung nur undeutliche Bilder hervorrief.

Nach Lionti macht 1—3%ige Chromsäure die fibrilläre Struktur sichtbar.

Auch durch Färbung und Imprägnation hat man die Knorpelfibrillen dargestellt.

Flesch (79) gibt an, daß man an Säugetierknorpeln mittelst der Fürbringerschen Methode (vgl. I, Cephalopodenknorpel) die fibrilläre Struktur auf das schönste zur Anschauung bringen kann. Daß es sich da nicht um eine Färbung, sondern um Sichtbarmachung (nicht maskierter, also auch am frischen Schnitt wahrnehmbarer; Schaffer) Fibrillen durch unvollkommene Aufhellung der Schnitte handelt, hat schon Hammar angegeben.

Hammar fertigt von einem in Müllers Flüssigkeit und später Alkohol gehärteten Gelenkknorpel — an dem man schon ohne Färbung bei Untersuchung mit der Immersion in Wasser oder Alkohol die Fibrillen sieht — möglichst dünne Schnitte senkrecht zur Gelenkoberfläche an. Die in Wasser übertragenen Schnitte werden mit halbgesättigter wässeriger Lösung von Säurefuchsin 5—10 Minuten gefärbt, in Salzsäurealkohol (70%iger Alkohol + $^1/_2$% HCl) differenziert, bis keine dicken Farbwolken mehr weggehen und in eine 1—2%ige Lösung von Malachitgrün in 90%igem Alkohol übertragen; nach beiläufig 5 Minuten in absolutem Alkohol abgespült, bis die anfangs blauschwarzen Schnitte anfangen, rote Flecke zu zeigen. Dann in Xylol aufgehellt und in Balsam eingeschlossen. An dünnen Stellen sieht man bei guter Beleuchtung und starker Vergrößerung äußerst feine, rotgefärbte Fibrillen sich deutlich von dem grasgrünen Grunde abheben. In den oberflächlichen Teilen des Knorpels tritt nur eine diffuse Rotfärbung ein.

F. C. Hansen verfährt zum Nachweis der Fibrillen in folgender Weise: Er entfernt aus den gut fixierten Schnitten behutsam die Chondroitinschwefelsäure durch Behandlung mit $^1/_2$—3%iger Kali- oder Natronlauge (1—3 Stunden), wäscht dann gut aus, fixiert den glatt ausgebreiteten Schnitt eventuell wieder in Alkohol, Pikrinsäure etc. und färbt nun nach seiner Methode (98) mit Pikrofuchsin (kaltgesättigte, wässerige Pikrinsäure 100, 2%iges Säurefuchsin 5, im Dunkeln zu halten; zu 9 *ccm* dieser Lösung kommt ein Tropfen 2%iger Essigsäure. Nach dem Färben, 1—2 Minuten, Abspülen in wenig Wasser, dem einige Tropfen der Färbeflüssigkeit zugesetzt werden, dann übertragen in 95%igen Alkohol, wechseln, absoluter Alkohol und aus diesem in Xylol, Balsam). Die Grundsubstanz soll überall feine rotgefärbte Fibrillen zeigen. Zu ihrer Wahrnehmbarkeit gehören Linsen von sehr hoher Apertur (1,4 mit Ocular 6—8), Öl auf dem Kondensor, sehr kräftiges Auerlicht und geeignete Abblendung.

Imprägnation; Studnička (06, 2) gibt an, daß er mittelst der Bielschowskyschen Methode auch „in einigen Fällen" die Bindegewebsfibrillen des Hyalinknorpels, die sonst sehr schwer nachweisbar sind, sichtbar machen konnte. In der Tat scheint ihm dies (06) aber nur mit den unmaskierten, meist noch zu Bündeln vereinigten Fibrillen der interterritorialen Züge und an rein perichondral entstandenen Knorpeln gelungen zu sein; nicht aber am „alten" Knorpel von Petromyzon oder dem von Myxine, die nach meiner Meinung keine Fibrillen besitzen.

Auch Levi gibt an, mit einer modifizierten Bielschowskyschen Methode die Fibrillen der Knorpelgrundsubstanz „mit einer bis heute ungekannten Deutlichkeit" gesehen zu haben. Zur Fixation empfiehlt er Flemmings oder Zenkers Gemisch — am ungeeignetsten sei Formalin, da es die Bindegewebsfibrillen zur Quellung bringe (doch nur länger im Licht gestandenes, das freie Ameisensäure enthält) — Paraffinschnitte, die fest haften müssen (japanische Methode); Behandlung der vom Paraffin befreiten Schnitte 24 Stunden bis mehrere Tage mit 2%igem Silbernitrat, 20—40 Minuten in der ammoniakalischen Silberlösung, rasch in destilliertem Wasser abwaschen, 5—10 Minuten in 5%igem Formalin, mehrere Minuten in Brunnenwasser waschen, zwei Stunden oder länger in 1—2‰igem Goldchlorid, waschen in Brunnenwasser, 10—15 Minuten in 5%igem Natriumhyposulfit, 12 Stunden in Brunnenwasser, entwässern, Xylol, Balsam.

Von großer Bedeutung für das Studium der fibrillären Struktur der Knorpelgrundsubstanz ist endlich die Untersuchung im polarisierten Lichte. Wenn Flesch (80, pag. 30) damit keine brauchbaren Resultate erhielt, so liegt dies nicht an der Methode. Nicht nur der Nachweis der Anordnung der Knorpelfibrillen gelingt leicht, sondern auch für das Verständnis ihres ersten Auftretens ist die Untersuchung im polarisierten Lichte von großer Bedeutung. Endlich kann sie in manchen Fällen die Unterscheidung echten Knorpels von knorpelähnlichen Geweben erleichtern; wie v. Ebner (96, pag. 477) betont, kehrt sich die Doppelbrechung des Knorpels durch Behandlung mit Phenol, Eugenol, Salicylaldehyd um, die des Chordagewebes nicht. Über die Methode und Ergebnisse vgl. Ranvier (72, pag. 275), v. Ebner (82, pag. 65) und Dekhuyzen (84).

C. Methoden zum Nachweis der Ernährungswege im Hyalinknorpel. Hier kommen nur jene Methoden in Betracht, welche am lebenden oder überlebenden Knorpel den Transport gefärbter Substanzen durch die Grundsubstanz zu verfolgen gestatten.

Reitz hat eine Suspension von Zinnober in die Jugularvene von Kaninchen injiziert und die Körnchen in der Grundsubstanz und in den Zellen des Knorpels wieder gefunden. Diese Versuche wurden von verschiedenen Autoren (Hutob, Hoffmnan und Langerhans, Nykamp, Spina u. a.) mannigfach abgeändert mit positivem und negativem Erfolge wiederholt.

Gerlach (75, 76) hat Fröschen Indigocarmin gelöst und in Substanz in den dorsalen Lymphsack und dann die enthäuteten Tiere nach 4—12 Tagen in absoluten Alkohol eingebracht, der nach 2 Stunden erneuert wurde. Der Farbstoff wurde nie in der Intercellularsubstanz, stets nur in den Zellen und um diese innerhalb der Knorpelzellhöhlen ausgeschieden. — Arnold (75, 76) hat lebenden Fröschen durch die Vena abdominalis große Mengen von Indigcarmin (0,2—0,4%ige Lösung 2—4 *ccm* 12—48 Stunden lang) in kontinuierlich fließendem Strom eingeleitet. Bei Kaninchen hat er parenchymatöse Injektionen in das die Knorpel (besonders des Ohres) umgebende Zellgewebe gemacht (2—3mal täglich ziemlich beträchtliche Mengen einer 0,4%igen Lösung). ARNOLD erhielt nun außer — der Hauptsache nach (75), — pericellulären Ausscheidungen, auch solche in Form radiärer Strichelungen in der Knorpelkapsel und strich- und punktförmige Ablagerungen in der interkapsulären Substanz. Diese Versuche hat ARNOLD später (78) wieder aufgenommen und betont, daß bei Infusion geringerer Farbstoffmengen Pigmentkörnchen nur um die Zellen und in diesen, nicht aber in der Intercellularsubstanz auftreten. Erst später und bei Einführung großer Farbstoffmengen werden sie auch in der Intercellularsubstanz sichtbar. — RETTERER (99, pag. 481) hat bei jungen Katzen und Kaninchen einige Rippen freigelegt und mit Wattebauschen bedeckt, die mit einer Lösung von Methylenblau in physiologischer Kochsalzlösung getränkt waren. Der Knorpel wurde nach 3 Stunden oder, indem er die Wunde abschloß, in Zeiträumen bis zu 26 Stunden untersucht. RETTERER fertigte entweder Freihandschnitte vom frischen Knorpel an oder fixierte in RAMON Y CAJALS Formol-Platinchlorid-Gemisch (einen Teil 1%iger Platinchloridlösung, Formol 40, Wasser 60) und nachher mit Ammoniumpikrat oder -molybdat.

Neuestens empfiehlt ARNOLD (08) das frisch abgetragene Epi- und Hyposternum des Frosches auf ein Deckgläschen mit eingetrockneter Lösung von Neutralrot oder Methylenblau zu legen und ohne jeglichen Zusatz in eine Glaskammer einzuschließen.

Hier müssen endlich gewisse pathologische Veränderungen im Knorpel Berücksichtigung finden, bei denen es zur Ablagerung fremder Stoffe in der Grundsubstanz oder in den Zellen kommt. So wurden bei Arthritis uratica Ablagerungen von harnsauren Salzen in büschel- oder radienförmiger Anordnungen um die Zellen beschrieben (CORNIL und RANVIER*). Weiters kommen Silberausscheidungen bei Argyrie [(RIEMER, WEICHSELBAUM, FLESCH (80)] und die Ochronose der Knorpel (VIRCHOW, Arch. Pathol. Anat., Bd. 37, ZAHN, BOSTROEM, HEILE u. a.) in Betracht.

D. Erzeugung von Schein- oder Pseudostrukturen (F. C. HANSEN) in der Grundsubstanz.

Schon in den vorhergehenden Kapiteln wurde wiederholt betont, daß eine ganze Reihe von Reagenzien in der Grundsubstanz den Anschein von Fasern, Streifungen, Kanälchen und langen Zellausläufern hervorrufen können, die vielfach für echte Stukturen gehalten wurden, heute jedoch als Scheinstrukturen erkannt worden sind. Hierher gehören alle radiär auf die Zellen oder Kapseln als Zentrum zulaufenden Bildungen, sowie alle jene Streifungen, welche senkrecht zum nachweisbaren Verlauf der echten Knorpelfibrillen, z. B. Perichondrium und den subperichondralen Lagen ziehen. Diese Scheinstrukturen entstehen bei Anwendung stark wasserentziehender Reagenzien (Alkohol, Äther) und sind als Schrumpfungsbilder, Knickungen, Stauchungen der echten Fibrillen [SOLGER (88)] oder dichtere Aneinanderlagerung dieser Fibrillen (F. C. HANSEN) gedeutet worden. Hierher gehören die fibrösen Septa von LANGHANS, die Saftkanäle und radiären Kanäle von BUDGE, Saftbahnen von VOGEL und WOLTERS, Fibras permeables von RAMON Y CAJAL, Fibrillen und Fibrillenbündel von ARNOLD, SPINA, HASSE, SPRONCK, ZUCKERKANDL, Zellausläufer von SPINA, FIBICH u. a.; diese Bildungen verschwinden, wenn man die Schnitte in Wasser oder Glycerinwasser überträgt. SPRONCK hat eine eigene Methode angegeben, um sie zu fixieren. Oder die Scheinstrukturen entstehen als Quellungsbilder, wahrscheinlich der Kittsubstanz, die bei Maceration und im Beginne der Lösung der Kittsubstanz auftreten; hierher gehören BUBNOFFS Linien (Maceration in $^1/_{10}$—$^1/_{80}$%iger Osmiumsäure), HERTWIGS radiäres Kanalsystem (1%ige Osmiumsäure). BABERS Fibrillen (10%ige Kochsalzlösung, Kalkwasser). NYKAMPS Zellausläufer (mit 5%igem Ammoniumchromat). BICFALVIS Spalten (Pepsinverdauung mit sehr schwachen Salzsäurelösungen), die Lamellen und radiären Strukturen. von FLESCH (Silbernitrat), RENAUTS Substance trabeculaire und Formation cloissonante (Osmiumdämpfe), VAN DER STRICHTS Fibrillen, Lamellen und interkapsuläre Bündel (1—3%ige Chromsäure, 5%iges Ammonium bichrom. 1%ige Osmiumsäure, FLEMMINGS Gemisch).

STUDNIČKA (05) sah Scheinstrukturen nach Behandlung mit Sublimat. MÜLLERS, FLEMMINGS und PERENYIS Flüssigkeit; ich sah sie im Oberschenkelkopf des Frosches nach Fixierung in Formalin (1 : 10) und im Zwischenwirbelknorpel vom Rind nach

* Manuel d'histologie path. Paris 1869, pag. 427 u. f.

Entkalkung in Phloroglucin-Salpetersäure. F. C. HANSEN rechnet hierher auch BÜTSCHLIs Wabenstruktur, die neuestens wieder NOWIKOFF nachzuweisen versuchte.

Elastischer Knorpel. Dieser ist auch in verhältnismäßig dünnen Schichten infolge des starken Lichtbrechungsvermögens seiner elastischen Einlagerungen undurchsichtig; vom frischen Knorpel hinlänglich dünne Schnitte anzufertigen, ist kaum möglich. Handelt es sich nur darum, die Anordnung der elastischen Substanz zu untersuchen, dann kann man den Knorpel, z. B. die Epiglottis vom Rind einfach an der Luft trocknen, in Äther-Alkohol gut entfetten und mit einem Skalpell von der mit Wasser befeuchteten Fläche Schabeschnitte anfertigen, die in Wasser oder $^3/_4$%iger Kochsalzlösung zum Aufquellen gebracht werden. So erhält man sehr dünne Schnitte. Will man die zelligen Elemente erhalten, dann muß man die gebräuchlichen Fixierungs- und Härtungsmethoden anwenden und dünne Mikrotomschnitte anfertigen. Zum Studium der Zellen dienen dieselben Methoden, wie beim Hyalinknorpel; zum Studium der Intercellularsubstanz kann man entweder die elastischen Fasern durch Färbung oder Behandlung mit stärkeren Laugen besonders hervorheben oder im Gegenteil entfernen.

Zur Färbung eignen sich in erster Linie alle speziell zum Nachweise des Elastins (siehe dieses) angegebenen Methoden. Nach F. C. HANSEN (pag. 655) kann aber die Chondroitinschwefelsäure auch elastische Fasern „maskieren", d. h. unfärbbar machen; andrerseits färbt sich mit saurem Orcein, Resorcin- und Kresofuchsin auch Chondromucoid. Die Färbung des letzteren läßt sich allerdings durch längere Differenzierung in Alkohol entfernen oder nach P. MAYER (07, pag. 394) durch Zusatz von sehr wenig Eisenchlorid zum Resorcin- oder Kresofuchsin vermeiden. Will man jedoch eine reine Färbung der elastischen Elemente erhalten, so empfiehlt es sich, die Schnitte vor der spezifischen Färbung durch Behandlung mit 1—3%iger Kali- oder Natronlauge und nachheriges Auswaschen von der Chondroitinschwefelsäure zu befreien.

Nach RANVIER (63) bleiben im Netz- und Faserknorpel die „Kapseln" mit Jodtinktur oder Jodjodkalium ganz ungefärbt, während Zellen und Grundsubstanz sich gleichmäßig färben, wenn die Jodlösung nicht zu stark war. Zur Fixierung empfiehlt RANVIER (72, pag. 269) absoluten Alkohol, 24 Stunden, und Färbung der Freihandschnitte mit Pikrocarmin, wobei sich die elastischen Fasern gelb färben.

HERTWIG empfiehlt zur Fixierung Osmiumsäure (1% durch 1—2 Stunden), welche die elastischen Elemente gelbbraun gefärbt in der farblosen Zwischensubstanz hervortreten läßt. Man kann die elastischen Fasern aber auch in „höchst verdünnter" wässeriger Lösung von Anilinblau (nach EWALD) stark färben. Zur Darstellung der elastischen Fasern allein setzt HERTWIG unter dem Deckglase starke Kali- oder Natronlauge zu und zieht mit Filtrierpapier wiederholt Wasser nach.

CORNIL empfiehlt violettes Methylanilin zur Färbung der Fasern und Zellen. — SCHIEFFERDECKER (78) färbt Schnitte durch den Arytaenoidknorpel mit alkoholischer Eosinlösung vor und mit 1%iger wässeriger Methylviolettlösung nach; elastische Fasern lebhaft rot, scharf abgehoben von der hellblauen Grundsubstanz. — SPINA (80) gibt an, daß sich im Ohrknorpel erwachsener (aber nicht alter) Kaninchen die den Zellen zunächst gelegenen „Kapseln" mit Eosin oder Carmin fast ebenso tief färben wie die Zellkörper, während die äußeren „Schalen" oft vollkommen ungefärbt bleiben; diese färben sich mit Hämatoxylin intensiver. — STIRLING empfiehlt Fixierung in Pikrinsäure, Färbung mit Pikrocarmin; elastische Elemente gelb, Bindegewebe rot. (Dasselbe erreicht man noch viel schärfer mit der Pikrofuchsinfärbung.) — GRIESBACH (86) färbt Ohrknorpel mit wässerigem Azoblau, überträgt in verdünnte Essigsäure und erhält eine dunkelrote Färbung der „Knorpelkapseln" auf farblosem Grunde. Farblos bleibt die elastische Substanz auch bei Färbung mit konzentrierter wässeriger Congorotlösung, während die „Kapseln" diffus hellrot gefärbt erscheinen.

KOLSTER hat die elastische Substanz aus dem Ohrknorpel des Kaninchens durch Trypsinverdauung entfernt. Dazu ist ein Aufenthalt von 6—10 Tagen bei 40° C in der Verdauungsflüssigkeit (ein Teil Trockenpancreas nach KÜHNE, zehn Teile Wasser mit Thymolzusatz) nötig. Nachbehandlung mit Barytwasser, 10%iger Kochsalzlösung oder chromsaurem Ammoniak (nicht zu starke Lösungen mit Vorsicht anzuwenden; Kalkwasser gab schlechte Resultate) ließ, besonders bei leichtem Druck auf das Deckglas die fibrilläre Struktur der Grundsubstanz deutlich hervortreten. Einschluß in Kaliumacetat oder Wasser.

PANSINI (91) empfiehlt als beste Methode Fixierung in Pikrinsäure und Färbung mit BÖHMERS Hämatoxylin. Nach der Fixierung kann man auch $^1/_4$—$^1/_2$ Stunde mit 30%iger Kalilauge behandeln, um das elastische Skelet isoliert zu erhalten. Embryonalen Netzknorpel härtet er in 2%igem Kalium bichrom. und färbt mit Natron-Pikrocarmin nach LOEWENTHAL (Zeitschr. Wiss. Mikr., Bd. 10, 1893).

Nach TERRAZAS gibt die Thioninfärbung unerreichte Bilder zur Darstellung der elastischen Netze, die ungefärbt auf violettem Grunde hervortreten. (Frische Schnitte 5 Minuten in 1/2%iger wässeriger Thioninlösung färben und in Alkohol oder Alkohol-Anilinöl entfärben, aufhellen.)

Nach HANSEN (05, pag. 706) färbt sich das Elastin des Netzknorpels auch sehr stark und dauerhaft blau mit Methylviolett 5 B (0,4‰ige Lösung) und Differenzierung in verdünntem Kochsalzglycerin.

Bindegewebsknorpel. Auf diesen sind alle Methoden und Färbungen anwendbar, die beim Hyalinknorpel geschildert worden sind. Besonders sind hier aber auch die sogenannten spezifischen Bindegewebsfärbungen zu empfehlen. LUNGHETTI fixiert in gesättigter Sublimatlösung oder 10%igem Formalin, entkalkt, wenn nötig, in 5%iger Salpetersäure und färbt mit einem saueren Hämatoxylingemisch (EHRLICH, APATHY, DELAFIELD); doch färben sich bei etwas dickeren Schnitten auch die Bindegewebsbündel, aber auch verkalkte Stellen mit. Daher empfiehlt er progressive Färbung in Methylen-, Toluidinblau oder Thionin (1 *ccm* der 1%igen Lösung auf 5 *ccm* Wasser 24 Stunden lang), differenzieren in 70%igem Alkohol mit 1/2% Salzsäure. — Die von LUNGHETTI beklagte Mitfärbung des Bindegewebes kann durch Anwendung der saueren Lösung oder maximal verdünnter Lösungen vermieden werden.

Man hüte sich, blasiges Stützgewebe (Sesamknoten der Achillessehne vom Frosch u. a.) für Bindegewebsknorpel zu halten.

Literatur: APOLANT (Über Faserknorpel, Inaug.-Diss., Berlin 1890), ARNOLD (Centralbl. Med. Wiss. 1875), derselbe (Arch. Pathol. Anat., Bd. 68, 1876), derselbe (Ebenda, Bd. 73, 1878), derselbe (Arch. Mikr. Anat., Bd. 52, 1898), derselbe (Ebenda, Bd. 55, 1900), derselbe (Anat. Anz., Bd. 32, 1908), derselbe (Arch. Pathol. Anat., Bd. 194, 1908), BABER (Journ. of Anat. Physiol., Bd. 10, 1875), BAKAY siehe v. LENHOSSÉK, BARFURTH (Arch Mikr. Anat., Bd. 25, 1885), BAUMGARTEN (Centralbl. Med. Wiss. 1876), BEALE (Arch. of Med., Bd. 2, 1861, Sekt. VI), derselbe (Quart. Journ. Micr. Sc., N. S., Bd. 3, 1863), BEST (Deutsch. Med. Wochenschrift 1902, Nr. 5), derselbe (Beitr. Pathol. Anat., Bd. 33, 1903), derselbe (Zeitschr. Wiss. Mikr., Bd. 23, 1906), BICFALVI (Centralbl. Med. Wiss. 1883), BIGELOW (Arch. Mikr. Anat., Bd. 16, 1879), BOSTROEM (Festschr. VIRCHOW 1891, Bd. 2), BOUMA (Centralbl. Med. Wiss. 1883), derselbe (ONDERZOEK. Physiol. Lab. Leiden, T. 6, 1884), BRODER (Ein Beitrag zur Histologie des Knorpels, Inaug.-Diss., Zürich 1865), v. BRUNN (Göttinger Nachr. 1873), derselbe (Arch. Anat. 1874), BRÜCKNER (Über Eiterbildung im hyalinen Knorpel, Inaug.-Diss., Dorpat 1873), BUBNOFF (Sitzb. Akad. Wiss. Wien, Bd. 57, Abt. 1, 1868), BUDGE (Arch. Mikr. Anat., Bd. 14, 1877), derselbe (Ebenda, Bd. 16, 1878), BÜTSCHLI (Zeitschr. Wiss. Zool., Bd. 29, 1877), BURG (Veränderungen einiger Gewebe und Secrete durch den Magensaft, Inaug.-Diss., Greifswald 1876), BUSCH (Deutsch. Med. Wochenschr. 1877), derselbe (Arch. Mikr. Anat., Bd. 14, 1878), R. Y CAJAL (La Crónica Med., Abril 1887), derselbe (Manual de Histologia, Valencia 1889), CALUGAREANU (C. R. Soc. Biol. Paris, Bd. 55, 1903), CARON (Les „voies du suc" dans le cartilage hyalin, Thèse, Lille 1894), CHATIN (C. R. Acad. Sc. Paris, Bd. 121, 1895), derselbe (Ebenda, Bd. 125, 1897), CIPOLLINA (Boll. Accad. Med. Genova, Bd. 2, 1896), COHNHEIM (Zeitschr. Angew. Mikr., Bd. 8, 1902), COLOMIATTI (Gaz. delle Clin., Bd. 9, 1873, Nr. 31), derselbe (Riv. Clin., Bologna 1874, Nr. 5), derselbe (Giorn. Accad. Med., Torino 1876), CORNIL (C. R. Acad. Sc., Paris 1875), DA COSTA FERREIRA (Istituto, Coimbra 1903), CREIGHTON (Microscopic researches on the formative property of Glycogen, Bd. 1, London, Black. 1896), DANEO (Gaz. Med., Torino 1892, Bd. 43), DEKHUYZEN (Het onderzoek van dierlijke weefsels, voornamelyk van het kraakbeen in het gepolariseerde licht. Acad. Proefschr., Leiden 1884), derselbe (Centralbl. Med. Wiss. 1886, Nr. 51 u. 52), derselbe (Weckbl. Nederl. Tijdschr. Voor Geneesk. 1889, Nr. 7), DEUTSCHMANN (Arch. Anat. 1873), DONDERS (Holländ. Beitr. 1846, H. 1), DRIESSEN (Centralbl. Pathol. Anat., Bd. 16, 1905), v. EBNER (Untersuchungen über die Ursachen der Anisotropie etc., Leipzig 1882), derselbe (Zeitschr. Wiss. Zool., Bd. 62, 1896), EHRLICH (Arch. Mikr. Anat., Bd. 13, 1877), ENGELMANN (Deutsch. Med. Wochenschr., 29. Jg, 1903), ERLANGER (Arch. Mikr. Anat., Bd. 49, 1897), EWALD und KÜHNE (Verh. Naturh. Med. Ver. Heidelberg, Bd. 1, 1876), EWETZKY (Med. Centralbl. 1875), EXNER (Leitfaden bei der mikr. Unters., Leipzig 1873), FIBICH (Anat. Anz., Bd. 24, 1903), FISCHEL (Anat. Hefte, Bd. 16, 1901), A. FISCHER (Anat. Anz., Bd. 26, 1905), B. FISCHER (Arch. Pathol. Anat., Bd. 172, 1903), FLEMMING (Arch. Mikr. Anat., Bd. 16, 1879), derselbe (Zellsubstanz, Kern und Zellteilung, Leipzig 1882), FLESCH (Sitzb. Physik. Med. Ges., Würzburg 1879), derselbe (Untersuchungen über d. Grundsubstanz des hyalinen Knorpels, Würzburg 1880), derselbe (Zeitschr. Wiss. Mikr., Bd. 2, 1885), FOL (Lehrbuch vgl. mikr. Anat., Leipzig 1896), FREUND (Beitr. z. Histolog. d. Rippenknorpel etc., Breslau 1858), FROMMAN (Sitzb. Jena. Ges. Nat. 1879), FÜRBRINGER (Morph. Jhb., Bd. 3, 1877), FÜRSTENBERG (Arch. Anat. 1857), FUSARI (Atti Accad. Sc. Med. Nat., Ferrara 1895,

69. Jg., H. 2), derselbe (Arch. Ital. Biol., Bd. 25, 1896), Gegenbaur (Untersuch. z. vgl. Anat. d. Wirbeltiere, Bd. 3, 1872), Genzmer (Centralbl. Chir., 2. Jg., 1875), derselbe (Arch. Pathol. Anat., Bd. 67, 1876), Gerlach (Wiss. Mitt. Physik. Med. Soc., Erlangen 1858, H. 1), derselbe (Centralbl. Med. Wiss. 1875), derselbe (Über das Verhalten des indigschwefelsauren Natrons im Knorpelgewebe lebender Tiere, Inaug.-Diss., Erlangen 1876), Goodsir (Anatom. and pathol. observations, Edinbourgh 1845), Gradenigo (Mitt. Embr. Inst. Univ. Wien 1887), Griesbach (Arch. Mikr. Anat., Bd. 22, 1883), derselbe (Zeitschr. Wiss. Mikr., Bd. 3, 1886), derselbe (Ebenda, Bd. 4, 1887), derselbe (Anat. Anz., Bd. 3, 1888), Hammar (Arch. Mikr. Anat., Bd. 43, 1894), Hansen (Anat. Anz., Bd. 15, 1898), derselbe (Anat. Hefte, Bd. 27, 1905, dänische Ausgabe 1900), derselbe (Zeitschr. Wiss. Mikr., Bd. 25, 1908), Hasse (Zeitschr. Wiss. Zool., Bd. 17, 1867), derselbe (Das natürliche System der Elasmobranchier usw., Jena 1882), R. Heidenhain (Stud. Physiol. Inst., Breslau 1863, II. T.), M. Heidenhain (Anat. Anz., Bd. 18, 1900), Heile (Arch. Pathol. Anat., Bd. 160, 1900), Heitzmann (Wien. Med. Jhb. 1872), derselbe (Wien. Med. Wochenschr. 1873), derselbe (Mikrosk. Morphol. d. Tierkörpers usw., Wien 1883), Hertwig (Arch. Mikr. Anat., Bd. 9, 1873), Hoffmann und Langerhans (Arch. Pathol. Anat., Bd. 48, 1869), Hoppe (De cartilaginis structura et chondrino, Berol. 1850), derselbe (Arch. Pathol. Anat., Bd. 5, 1853), Hoyer (Arch. Mikr. Anat., Bd. 36, 1890), Hutob (Wien. Med. Jhb. 1871), Kallius (Anat. Hefte, Bd. 30, 1905), Kölliker (Mitt. Nat. Ges., Zürich 1849), derselbe (Handb. d. Gewebelehre, 6. Aufl., Bd. 1, 1889), Kolster (Arch. Mikr. Anat., Bd. 29, 1887), R. Krause (Ebenda, Bd. 45, 1895), W. Krause (Allg. u. mikr. Anat., Hannover 1876), Lachmann (Arch. Anat. 1857), Landois (Zeitsch. Wiss. Zool., Bd. 16, 1866), Langhans (Ebenda, Bd. 15, 1865), Lauber (Anat. Hefte, Bd. 18, 1901), derselbe (Ebenda, Bd. 20, 1902), v. Lenhossék (Verh. Anat. Ges., Halle 1902), Leuckart (Organologie des Auges in Graefe-Saemisch, Bd. 2, 1. H., 1875), Levi (Monit. Zool. Ital., Bd. 18, 1907), Leydig (Arch. Anat. 1851), derselbe (Beitr. z. mikr. Anat. u. Entwicklung d. Rochen u. Haie, 1852), derselbe (Unters. über Fische u. Reptilien, 1853), derselbe (Arch. Anat. 1854), derselbe (Lehrbuch d. Histol., 1857), Lionti (Rif. Med., 11. Jg., 1895), derselbe (Sulla struttura della cartilagine jalina fetale ed adulta, Palermo 1896), List (Zeitschr. Wiss. Mikr., Bd. 2, 1885), Loewenthal (Ebenda, Bd. 10, 1893), derselbe (Anat. Anz., Bd. 30, 1907), Lubarsch (Enzyklopädie, 1. Aufl., Bd. 1, 1903), Lundvall (Anat. Anz., Bd. 25, 1904), Lunghetti (Zeitschr. Wiss. Mikr., Bd. 25, 1909), Margarucci (Il Policlinico, Bd. 3 C, 1896, H. 4), P. Mayer (Mitt. Zool. Stat. Neapel, Bd. 12, 1896), P. Mayer und Lee (Grundzüge d. mikr. Tech., 3. Aufl., 1907), S. Mayer (Prag. Med. Wochenschr., Bd. 30, 1905, Nr. 25), derselbe (Lotos 1896, Nr. 2), Meves (Anat. Anz., Bd. 31, 1907), Mitrophanow (Biol. Centralbl., Bd. 9, 1889/1890), Mörner (Zeitschr. Physiol. Chem., Bd. 12, 1888), derselbe (Skandinav. Arch. Physiol., Bd. 1, 1889), Moll (Centralbl. Physiol., Bd. 13, 1899), Morawitz (Arch. Mikr. Anat., Bd. 60, 1902), Müller (Würzburg. Nat. Zeitschr., Bd. 1, 1860), Neumann (Arch. Heilk., Bd. 11, 1870), derselbe (Arch. Mikr. Anat., Bd. 14, 1877), Nowikoff (Zeitschr. Wiss. Zool., Bd. 90, 1908), Nykamp (Arch. Mikr. Anat., Bd. 14, 1877), Orth (Cursus norm. Histol., 5. Aufl., 1888), Oviatt (St. Louis Med. Surg. Journ., Bd. 51, 1886), Pansini (Giorn. Assoc. Napol. Med. Natur., 1. Jg., 1890), derselbe (Ebenda, 2. Jg., 1891), Paschutin (Centralbl. Med. Wiss. 1884), Pekelharing (Petrus Camper, Bd. 1, 1901), Pensa (Boll. Soc. Med. Chir., Pavia 1901), derselbe (C. R. Assoc. Anat., 3. sess., Lyon 1901), Petrone (Riv. Clin., Bologna 1874, H. 7), derselbe (Giorn. Int. Sc. Med., 1. Jg., 1879, Nr. 3), Pfeiffer (Über den Fettgehalt fötaler Organe, Inaug.-Diss., Freiburg i. B. 1899), Pranter (Centralbl. Pathol. Anat., Bd. 13, 1902), Prudden (Arch. Pathol. Anat., Bd. 75, 1879), H. Rabl (Arch. Mikr. Anat., Bd. 45, 1895), Ranvier (Journ. de la Physiol., Bd. 6, 1863), derselbe (Traité technique 1872; deutsche Übersetz. von Nicati und v. Wyss, Leipzig 1888), derselbe (Arch. de Physiol. 1874), derselbe (Journ. de Microgr., Bd. 15, 1891), Raudnitz (Arch. Mikr. Anat., Bd. 22, 1883), Reinke (Anat. Anz., Bd. 8, 1893), Reitz (Sitzb. Akad. Wiss., Wien 1868, Bd. 57, Abt. II), Remak (Arch. Anat. 1852), Renaut (Arch. de Physiol., 2. S., Bd. 4, 1877), derselbe (C. R. Acad. Sc., Paris 1887, Bd. 104), derselbe (Traité d'Histol. prat., Bd. 1, 1889), derselbe (C. R. Assoc. Anat., 6. réun., Toulouse 1904), Retterer (C. R. Soc. Biol. 1899), derselbe (Journ. de l'Anat., Bd. 36, 1900), Retzius (Nord. Med. Ark., Bd. 4, 1872), Riemer (Arch. d. Heilkunde, 16. Jg., 1875), Rollett (in Strickers Handb. d. Lehre von d. Geweben, Leipzig 1871), Sacerdotti (Arch. Pathol. Anat., Bd. 159, 1900), Schaffer (Zeitschr. Wiss. Mikr., Bd. 5, 1888), derselbe (Arch. Mikr. Anat., Bd. 32, 1889), derselbe (Zeitschr. Wiss. Zool., Bd. 61, 1896), derselbe (Arch. Mikr. Anat., Bd. 50, 1897), derselbe (Zeitschr. Wiss. Zool., Bd. 70, 1901), derselbe (Anat. Anz., Bd. 23, 1903), derselbe (Zeitschr. Wiss. Zool., Bd. 80, 1905), Schiefferdecker (Arch. Mikr. Anat., Bd. 15, 1878), derselbe (mit Kossel, Gewebelehre, 1891), Schleicher (Bull. Acad. R. Belgique, 2. sér., Bd. 47, 1879), derselbe (Arch. Mikr. Anat., Bd. 16, 1979), derselbe (Arch. de Biol., Bd. 1, 1880), M. Schultze (Arch. Anat. 1861), O. Schultze (Anat. Anz., Bd. 2, 1887), Schwann (Mikroskop. Unters. etc., Berlin 1839), Solger (Arch. Pathol. Anat., Bd. 102, 1885), derselbe (Arch. Anat. 1886), derselbe (Festschr. f. A. v. Kölliker, Leipzig 1887), derselbe (Arch. Mikr. Anat., Bd. 31, 1888), derselbe (Deutsch. Med. Wochenschr. 1891, Nr. 34), derselbe (Ebenda, 1892), derselbe (Arch. Mikr. Anat., Bd. 42, 1894), Spina (Sitzb. Akad. Wiss., Wien 1879, Bd. 80), derselbe (Ebenda, Bd. 81, 1880), derselbe (Wien. Med. Jhb. 1886), Spronck (Anat. Anz., Bd. 2, 1887), Spuler (Sitzb. Physik. Med. Soc.), Erlangen 1895), Stirling (Journ. of Anat., Bd. 15, 1881), Strelzoff (Unters. Path. Inst.,

Zürich 1873). STUDNIČKA (Arch. Mikr. Anat., Bd. 48, 1897), derselbe (Ebenda, Bd. 51, 1898), derselbe (Anat. Anz., Bd. 14, 1898), derselbe (Arch. Mikr. Anat., Bd. 66, 1905), derselbe (Anat. Anz., Bd. 29, 1906), derselbe (Zeitschr. Wiss. Mikr., Bd. 23, 1906). TERRAZAS (Riv. Trimestr. Microgr., Madrid 1896, Bd. 1). THIN (Quart. Journ. Micr. Sc., Bd. 16, 1876), derselbe (Proc. R. Soc., London 1879, Bd. 28), derselbe (Ebenda, Bd. 38, 1885), TILLMANNS (Arch. Mikr. Anat., Bd. 10, 1874), derselbe (Arch. Pathol. Anat., Bd. 67, 1876), derselbe (Centralbl. Chir., 4. Jg., 1877), derselbe (Arch. Anat. 1877), TIZZONI (Arch. per le Sc. Med., Bd. 2, 1877), VAN DER STRICHT (Arch. de Biol., Bd. 7, 1886), derselbe (Ann. Soc. Méd., Gand. 1889), derselbe (Verh. Anat. Ges. 3. Vers., Berlin 1889), derselbe (Arch. de Biol., Bd. 10, 1890), derselbe (Bull. Acad. R. Belgique, 3. sér., Bd. 23, 1892), VAN WIJHE (Tijd. Nederl. Dierk. Ver. (2), Deel 6, 1900), derselbe (Proc. K. Akad. Wetensch., Amsterdam, 31. V. 1902), VEJNAR (Allg. Wien. Med. Zeitg. 1892), VIRCHOW (Arch. Pathol. Anat., Bd. 3, 1851), derselbe (Ebenda, Bd. 5, 1853), VOGEL (Die Saftbahnen des Hyalinknorpels, Inaug.-Diss., Bern 1883), VOGELPOEL (Onderzoek. Physiol. Labor., Leiden 1879, Bd. 5), WEICHSELBAUM (Allg. Wien. Med. Zeitg. 1878, Nr. 15), WOLTERS (Arch. Mikr. Anat., Bd. 37, 1891), derselbe (Ebenda, Bd. 38), ZAHN (Arch. Pathol. Anat., Bd. 72, 1878), ZUCKERKANDL (Sitzb. Akad. Wiss., Wien 1885, Bd. 91, Abt. III).

Abgeschlossen Ende Februar 1909. *Schaffer*, Wien.

Kobaltchlorür, $CoCl_2$, blaue Blättchen, welche sich an der Luft bald rot färben. In Wasser und Alkohol leicht löslich. Die rote Lösung wird beim Erhitzen blau, beim Erkalten wieder rot.

In der Mikrotechnik ist das Kobaltchlorür von PIANESE in 10%iger wässeriger Lösung mit Zusatz von 25% 2%iger Osmiumsäure und einer Spur Ameisensäure zur Fixation von Coccidienleber benutzt worden. Außerdem hat man das Kobaltchlorür und auch andere Kobaltsalze zur Beizung von Hämatoxylin versucht.

Literatur: PIANESE (Arch. de Parasitol. Paris, Bd. 2, 1899).

Kobaltprobe dient (zumal in der Pflanzenphysiologie) zur leichten Sichtbarmachung von Transpirationsvorgängen. Fließpapier wird mit einer etwa 5%igen Kobaltchlorürlösung getränkt, getrocknet und im Exsiccator aufbewahrt. Ganz trocken ist es hellblau und wird durch die geringste Spur von Feuchtigkeit rosa gefärbt.

Literatur: STAHL (Bot. Zeitschr., 1894). *Magnus*, Berlin.

Kochsalz siehe: Chlornatrium.

Königswasser, beim Mischen von 1 Teil Salpetersäure und 3 Teilen Salzsäure entsteht vor allem freies Chlor und daneben auch Stickoxydverbindungen des letzteren.

Man hat dieses freie Chlor benutzt in der Mikrotechnik zum Entpigmentieren, indem man die Präparate in ein sehr verdünntes Gemisch von Salz- und Salpetersäure einlegte (Salz- und Salpetersäure aa. 3,0, Wasser 100) und erwärmte.

Kohlenhydrate in Pflanzenzellen siehe: Glycogen, Inulin und Zucker in Pflanzenzellen.

Kohlensäure, Kohlensäureanhydrid, CO_2, farbloses Gas vom spez. Gew. 1,524; bei 0° und 32 Atmosphären Druck verdichtet es sich zu einer farblosen Flüssigkeit von 0,941 spez. Gew. Diese flüssige Kohlensäure erzeugt beim Verdunsten eine Kälte von —79° und erstarrt dabei teilweise zu einer schneeartigen Masse. Wasser nimmt bei 15° ungefähr ein Volum Kohlensäure auf, die Aufnahmefähigkeit steigert sich mit Zunahme des Druckes und Sinken der Temperatur. Die wässerige Lösung reagiert auf Lackmus schwach sauer.

Die Eigenschaft der flüssigen und festen Kohlensäure, beim Verdunsten hohe Kältegrade zu erzeugen, wird auch in der Mikrotechnik in neuerer Zeit vielfach benutzt bei der Anfertigung von Gefrierschnitten. (Näheres s. Gefriermethoden).

Auf die narkotisierende Wirkung der Kohlensäure hat zuerst FOL aufmerksam gemacht. In letzter Zeit hat v. UEXKÜLL ausgedehntere Versuche in dieser Hinsicht angestellt, er sättigte Seewasser durch Durchleiten mit Kohlensäureanhydrid und fand, daß bei Seeigeln schon nach 2 Minuten die Reflexe schwanden, ähnlich verhielten sich kleine Knochenfische, Krabben brauchten viel längere Zeit und Muscheln wurden gar nicht affiziert. Nach FOL eignet es sich für die meisten Echinodermen und Cölenteraten, nach LEE auch für Anneliden und Hirudineen. Der letztere gießt einfach eine Flasche Sodawasser in das die Tiere enthaltende Wasser.

Literatur: FOL (Zool. Anz., Bd. 5, 1882), LEE (LEE und MAYER, Grundzüge), v. UEXKÜLL (Mitt. Zool. St. Neapel, Bd. 12, 1896).

Kohlhernie (Plasmodiophoren) siehe: Myxomyceten.

Kollodium, Dinitrocellulose: $C_6 H_8 (NO_2)_2 O_5$, wird erhalten durch Eintragen von getrockneter und entfetteter Baumwolle in ein Gemisch von englischer Schwefelsäure und roher Salpetersäure oder von englischer Schwefelsäure und Kaliumnitrat. Die entstehende Kollodiumwolle ist unlöslich in Wasser, Alkohol und Äther, löst sich dagegen leicht in Ätheralkohol, Methylalkohol und Essigäther. Das Kollodium der Pharmakopoe wird hergestellt durch Befeuchten von 1 Teil Kollodiumwolle mit 3 Teilen 90%igem Alkohol und Lösen in 24 Teilen Äther.

Das in der Technik und in der Medicin so vielfach benutzte Kollodium hat auch in der Mikrotechnik mannigfache Verwendung gefunden.

Außer als Einbettungsmittel (Näheres s. Artikel Celloidin) dient es auch als Klebemittel in Verbindung mit Nelkenöl oder Ricinusöl.

SCHÄLLIBAUM mischt 3—4 Teile Kollodium und 1 Teil Nelkenöl, RABL 2 Teile Kollodium und 3 Teile Nelkenöl, STRASSER 2 Teile Kollodium, 3 Teile Äther und 1 Teil Ricinusöl (Näheres siehe Celloidinschnitt- und Paraffinschnittaufklebemethoden).

Kolloxylin siehe: Celloidin.

Kolophonium, Geigenharz, ist das von Terpentinöl befreite Harz von Pinusarten, besonders der Pinus australis und Pinus taeda. Es stellt eine glasartig durchsichtige Masse dar, die in Alkohol, Benzin, Terpentinöl, Benzol, Xylol, sowie auch in Essigsäure und Natronlauge löslich ist.

Die Lösungen von Kolophonium in den fünf zuerst genannten Lösungsmitteln finden als Einschlußmittel Verwendung, so Benzin- und Xylolkolophonium besonders von NISSL, BENDA, REHM, LORD bei der Darstellung der Nervenzellen (s. den Artikel Nervenzellen).

LEE verwendet eine Lösung von Kolophonium in Terpentinöl, die von KLEINENBERG eingeführt wurde.

RUPRECHT bettet bei seinem Verfahren der Imprägnation der Knochenhöhlen die Schnitte ebenfalls in einer Lösung von Kolophonium in wasserfreiem Benzol unter Erwärmen des Objektträgers ein.

EHRENBAUM benutzt eine Mischung von 10 Teilen Kolophonium und 1 Teil Wachs als Schleifmasse.

S. auch KRÖNIGscher Lack.

Literatur: EHRENBAUM (Zeitschr. Wiss. Mikr., Bd. 1, 1884), LEE und MAYER (Technik. 3. Aufl.), MAYER (Mitt. Zool. St. Neapel, 1880), RUPRECHT (Zeitschr. Wiss. Mikr., Bd. 13, 1896).

Mosse, Berlin.

Kompensationsokular siehe: Mikroskop.

Kompressorien siehe: Lebendes Objekt, Beobachtung desselben.

Kondensor siehe: Mikroskop.

Kopal ist ein Harz, das zu den härtesten aller Harze gehört. Nach HEYDENREICH haben die Kopale der verschiedenen Länder folgende Eigenschaften: Ostindischer, nach den Wäschereien an der Ostküste Afrikas auch Zansibarkopal genannt, ist farblos, gelb- bis dunkelrotbraun, durchsichtig; Bombaykopal rotgelb mit glasigem Bruch; Kopal von Sierra-Leone und Gabonkopal sind ebenfalls hart, während die anderen Sorten weicher sind.

HEYDENREICH verwendet einen Deckglaskitt bestehend aus gleichen Teilen Kopal- und Bernsteinlack (je 25 Gewichtsteile), 50 Teilen Leinölfirnis, 50—60 Teilen Ol. Lavandulae, 40—60 Teilen künstlichen Zinnobers (Eosin oder Zinnober).

Kopal wird ferner als Einbettungsmasse benutzt, und zwar von KOCH zum Schleifen von Korallen. Kopal wird mit Sand in einem Mörser verrieben, Chloroform hinzugetan, filtriert; in diese Lösung werden die vorher gefärbten Korallen getan, das Chloroform wird zum Verdunsten gebracht, dann werden Schliffe gemacht.

Literatur: HEYDENREICH (Zeitschr. Wiss. Mikr., Bd. 2, 1885), KOCH (Zool. Anz., Bd. 1, 1878).

Mosse, Berlin.

Korallen siehe: Coelenteraten.

Korkstoff siehe: Zellmembranen, pflanzliche.

Korrosion. Man versteht unter Korrosion ganz allgemein das Wegschaffen von Weichteilen oder Knochen um künstlich ausgefüllte Hohlräume freizulegen. Man bedient sich dazu entweder der konzentrierten oder verdünnten Mineralsäuren, vor allem Salz- und Salpetersäure oder der Laugen oder des nascierenden Chlors in Eau de Javelle oder Eau de Labaraque (Näheres s. in den Artikeln Knochen und Injektion).

Krapp siehe: Alizarin, Knochen, Vitale Färbung; siehe auch Glycosiden.

Krausesche Endkolben siehe: Nervenendkörperchen.

Kreosol, $C_8H_{10}O_2$, Methyläther des Homobrenzkatechins, findet sich im Buchenholzteer und bildet einen wesentlichen Bestandteil der gegen 220° siedenden Fraktion.

Unna verwendet Kreosol bei der Darstellung der Mastzellen. Er färbt mit polychromem Methylenblau, entwässert mit Alkohol oder Anilinöl und entfärbt in Kreosol; die Zeitdauer der Färbung muß unter dem Mikroskop festgestellt werden, sie erfolgt in einigen Minuten bis zu mehreren Stunden je nach Objekt und Stärke der Färbung. Die Mastzellen erscheinen kirschrot, die übrigen Bindegewebszellen blau. Vgl. Glycerinäther.

Literatur: Unna (Monatsh. Prakt. Dermatol., Bd. 12, 1891), van der Spek und Unna (Ebenda, Bd. 13, 1891). *Mosse,* Berlin.

Kreosot. Mit diesem Namen bezeichnet man die Destillationsprodukte verschiedener Holzarten, besonders den zwischen 180 und 300° siedenden Anteil des Buchenholzteers, der aus einem Gemenge verschiedener Phenole und deren Äther besteht. Das Kreosot enthält Phenol, Kresol, Phlorol, Guajacol, Kreosol und Derivate des Pyrogallols.

Wegen des Gehaltes an freien Phenolen reagiert Kreosot sauer; es zeigt die Reaktionen der in ihm enthaltenen Phenole, die zum Teil durch Überführung in Salze aus dem Gemisch isoliert werden können. *Neuberg,* Berlin.

Das Kreosot ist früher sehr häufig als Aufhellungsmittel benutzt worden. Dazu befähigt es einmal sein hoher Brechungsindex (1,539) und dann seine Fähigkeit, sich mit Alkohol glatt zu mischen. Es ist nicht sehr wasserempfindlich, da es sich zu cca. 0,8% in Wasser löst.

Celloidin wird nicht von ihm angegriffen, doch zieht es wegen seines Gehaltes an Phenol manche Anilinfarben aus. Auch osmiertes Fett löst es in beträchtlichem Maße. Sein Gehalt an Phenol bedingt auch seine Verwendung als Antisepticum zum Haltbarmachen von Gummilösungen, Farbstofflösungen etc. Auf die Dauer wird das Arbeiten mit Kreosot des durchdringenden Geruches wegen unangenehm.

In neuerer Zeit ist das Kreosot von Pavlow wieder als Entwässerungsmittel an Stelle des Alkohols empfohlen worden mit Xylol als Intermedium.

Kresofuchsin siehe: Elastin.

Kresylblau, Oxazinfarbstoff (Leonhardt). Grünes Pulver, das sich in Wasser und Alkohol mit blauer Farbe löst. Salzsäure und Natronlauge geben in der wässerigen Lösung braune Fällung. In der technischen Färberei für Seide und Baumwolle im Seifenbad, resp. nach Beizung mit Tannin-Brechweinstein benutzt.

Kresylechtviolett, ein Oxazinfarbstoff, Abkömmlung des Kresylblau (Leonhardt), kommt in den Handel in den Marken R extra, RR, RB, B, BB. Dunkelblaugrüne Pulver, die sich in Wasser und Alkohol mit blauvioletter Farbe mit roter Fluorescenz lösen. Die wässerige Lösung gibt mit Salzsäure eine rote, mit Natronlauge eine braune Fällung. In der technischen Färberei zum Färben von Baumwolle und Seide nach Beizung mit Tannin-Brechweinstein benutzt.

Von Ehrlich und Morgenroth in die histologische Technik eingeführt, ist es seit dieser Zeit vielfach benutzt worden (Herxheimer, Bielschowsky und Plehn, Pick u. a.) Es ist ein ganz vorzüglicher Kernfarbstoff, den wir unseren besten basischen Farbstoffen an die Seite stellen möchten. Man färbt entweder in einer dünnen wässerigen Lösung oder vielleicht noch besser in einer Anilinwasserlösung

(15—20 *ccm* einer konzentrierten alkoholischen (95%) Lösung auf 100 *ccm* Anilinwasser). Seine Hauptbedeutung beruht aber auf seinen metachromatischen Eigenschaften, die sich am schönsten bei Verwendung dünner wässeriger Lösungen zeigen. Im fixierten Präparat färben sich die Kerne violett, das Plasma rein blau, rein rot dagegen Schleim, Knorpelgrundsubstanz, Amyloid, Mastzellenkörner, Keratohyalin (Keratin dagegen blau). Noch schärfer tritt die Metachromasie hervor am Gefrierschnitt von frischem Material. Hier färben sich auch die Kerne rot. In Alkohol verschwindet die Metachromasie mehr oder weniger, man schließt deshalb die Präparate am besten in Lävulosesirup ein.

Literatur: Bielschowsky und Plehn (Neurol. Centralbl., Bd. 19, 1901), Ehrlich und Lazarus (Die Anämie in Nothnagels Spezielle Pathologie und Therapie, Wien, Bd. 8, 1898), Fick (Centralbl. Allgem. Pathol., Bd. 13, 1902), Herxheimer (Arch. Mikr. Anat., Bd. 53, 1898).

Kresylol, gelbbraune Flüssigkeit von neutraler Reaktion, die in Wasser unvollkommen, in Alkohol und Äther vollkommen löslich ist. Es besteht im wesentlichen aus verschiedenen Kresolen.

Das Kresylol ist von Nicolas zum Glätten von Formol-Gelatineschnitten benutzt worden.

Krönigscher Lack, ein Einschlußkitt, zu dessen Bereitung 2 Teile Wachs im Porzellanschälchen geschmolzen, dann nach und nach mit 7 Teilen Kolophonium verrührt werden. Das Gemisch wird durch Gaze filtriert; dann läßt man es erkalten.

Literatur: Krönig (Arch. Mikr, Anat., Bd. 27, 1886). *Mosse*, Berlin.

Krystalle in Pflanzenzellen siehe: Calciumverbindungen in Pflanzenzellen.

Krystalloide (Eiweiß-) siehe: Eiweißstoffe in Pflanzenzellen.

Krystallponceau, Monazofarbstoff (Berlin, Ludwigshafen), braunrote Krystalle, in Wasser und Alkohol mit roter, in Schwefelsäure mit violetter Farbe löslich. Die wässerige Lösung färbt sich mit Natronlauge braun, mit viel Salzsäure entsteht ein brauner, krystallinischer Niederschlag.

Krystallviolett, Chlorhydrat des Hexamethylpararosanilins:

$$C \left\{ \begin{array}{l} C_6H_4 . N(CH_3)_2 \\ C_6H_4 . N(CH_3)_2 \\ C_6H_4 \\ \quad | \\ N(CH_3)_2\,Cl \end{array} \right.$$

(Ludwigshafen) in Wasser und Alkohol leicht lösliche Krystalle. In Schwefelsäure mit gelber Farbe löslich, die beim Verdünnen in blau umschlägt. Die wässerige Lösung färbt sich beim Zusatz von Salzsäure erst blau, dann grün und schließlich gelb, mit Natronlauge entsteht ein violetter Niederschlag. Es färbt Wolle und Seide in neutralem oder saurem Bade, Baumwolle nach Beizung mit Brechweinstein und Tannin.

Das Krystallviolett ist ein sehr naher Verwandter des Methylvioletts und zum Teil auch in jenem enthalten. Es ist gleichfalls ein guter Kernfarbstoff, der sich auch zum Färben von Bacterien vortrefflich eignet und zu diesem Zwecke zuerst von Kühne empfohlen worden ist.

Hermann benutzt zur Färbung der Tuberkelbacillen eine Lösung von 1 *g* Farbstoff in 30 *ccm* 95%igen Alkohols. Von dieser Lösung tropft man in 1%iges Ammoniumcarbonat so lange ein, bis die Lösung auf Fließpapier einen dunklen Fleck gibt. Färbung der Trockenpräparate in der bis zum Sieden erhitzten Farblösung 1 Minute, dann 4—5 Sekunden $^1/_{10}$%ige Salpetersäure, dann kurz 95%igen Alkohol, Trocknen über der Flamme, Balsam.

Man kann auch nach der Salpetersäure eine Doppelfärbung mit 1%igem Eosin in 60%igem Alkohol einschieben. Für Schnitte nimmt man $^1/_4$%ige Salpetersäure und bringt nach dem Alkohol in Xylol.

Kromayer benutzt das Krystallviolett an Stelle des Gentianavioletts zur Färbung der Protoplasmafasern (Näheres s. Haut), Sjöbring empfiehlt es in 1%iger

Lösung in 50% igem Alkohol zur Vorfärbung bei der Eisenhämatoxylinmethode. (Über die Verwendung des Krystallvioletts zur Färbung der elastischen Fasern nach KÖPPEN s. Elastin, zur Färbung der Mitochondrien s. dort.)

Literatur: HERMANN (Ann. Inst. PASTEUR. Bd. 3, 1889), KROMAYER (Arch. Mikr. Anat., Bd. 39, 1892), KÜHNE (Dermatol. Stud., II. 6, 1887), SJÖBRING (Anat. Anz., Bd. 17, 1900).

Kühlvorrichtungen siehe: Mikrotom.

Kupfer. Zum Nachweis von Kupfer in den Geweben fixieren BOYCE und HERDMAN in. Alkohol und betten in Paraffin ein. Zur Verwendung dürfen nur kupfer-, eisen- und säurefreie Reagenzien kommen, auch soll längerer Aufenthalt in Wasser vermieden werden.

Die Schnitte werden in destilliertem Wasser kurz abgespült und kommen in eine 1½% ige Lösung von Ferrocyankalium, der man eventuell kurz vor dem Gebrauche das gleich Volum 0,5% iger Salzsäure zusetzt. In dieser Lösung färben sich kupferhaltige Teile rot. Oder man bringt die Schnitte in frisch bereitete Lösung von Ammoniumsulfhydrat, in der sich die kupferhaltigen Partien gelbbraun färben. Eine dritte Methode des Nachweises besteht endlich darin, daß man die Schnitte in ein Uhrglas mit Wasser bringt, in dem sich einige Hämatoxylinkrystalle befinden: die kupferhaltigen Teile färben sich intensiv blau.

Literatur: BOYCE und HERDMAN (Proc. Roy. Soc. London, Bd. 61, 1897).

Kupferacetat, Cuprum aceticum, Cupriacetat, neutrales essigsaures Kupfer $(C_2H_3O_2)_2Cu + H_2O$, bildet dunkelblaugrüne Krystalle vom spez. Gew. 1,914, bei 15° zu 70% in Wasser löslich, auch in Alkohol, besonders bei Zusatz von Essigsäure löslich.

Das Kupferacetat findet ähnlich wie die übrigen löslichen Kupfersalze in der technischen Färberei eine beschränkte Verwendung als Beize für Katechu und Blauholz, mit welchen es braun oder schwarz gefärbte Lacke liefert. Ähnlich wird es auch in ausgedehnter Weise in der Mikrotechnik als Beize für Hämatoxylin besonders zur Färbung der Achsencylinder nach der WEIGERTschen Methode verwendet. (Näheres s. Hämatoxylin und Nervenfasern.)

Das Kupferacetat ist ferner ein Bestandteil der besonders von französischen Histologen vielfach verwendeten RIPART und PETITschen Flüssigkeit. Dieselbe besteht aus Kupferacetat 0,3 *g*, Kupferchlorid 0,3 *g*, Eisessig 1 *ccm*, schwaches Campherwasser 75 *ccm* und destilliertes Wasser 75 *ccm*. Man kann noch eine Spur Osmiumsäure oder Sublimat zusetzen. Löst man in dieser Mischung etwas Methylgrün, so erhält man eine gleichzeitig fixierende und färbende Flüssigkeit, welche sich auch als Einschlußmedium für zarte Gewebe eignet. Von anderen Fixiergemischen, welche Kupferacetat enthalten, wären zu nennen das Gemisch von DUBOSCQ, es besteht aus gleichen Teilen 1% iger Osmiumsäure, 1% iger wässeriger Thioninlösung und 1% iger Essigsäure, in welcher 1% Kupferacetat und -chlorid gelöst war. DE WAELE fixiert zunächst ½ Stunde bei 65° in einer Mischung von 10 Teilen 5% iger Kupferacetatlösung und 1 Teil 2% iger Osmiumsäure, dann in HERMANNscher Flüssigkeit. Der resorbierte Zucker färbt sich schwarz. RUBASCHKIN fixiert Centralnervensystem zum Studium der Neuroglia in einer Mischung von 100 Teilen 2,5% igem Kaliumbichromat mit Zusatz von 0,5 bis 1,0 *g* Kupferacetat, 2,5—3,0 *ccm* Eisessig und 10 *ccm* Formalin.

Kupferammoniumoxyd, $CuO + 4(NH_4.OH)$, tiefblaue Flüssigkeit, die entsteht durch Lösung von Kupferblech in starkem Ammoniak. Es wird als Reagens auf Tunicin und Cellulose benutzt. (Näheres s. Zellmembranen, pflanzliche.)

Kupferbichromat siehe: Chromsaure Salze.

Kupferchlorid, $CuCl_2 + 2H_2O$, grüne, leicht zerfließliche Krystalle, die in Wasser und Alkohol leicht löslich sind. Die konzentrierte wässerige Lösung ist grün, die verdünnte blau. Bei cca. 100° verliert es sein Krystallwasser und bildet eine gelbbraune zerfließliche Masse. Das Kupferchlorid bildet einen Bestandteil der RIPART und PETITschen Flüssigkeit.

Kupfernitrat, $Cu(NO_3)_2 + 5H_2O$, Cuprum nitricum. Blaue Prismen, welche sich in Wasser und Alkohol sehr leicht lösen. Beim Erhitzen der Krystalle geht das Salz zunächst unter Abspaltung von Salpetersäure ein grünes basisches Kupfernitrat und dann in Kupferoxyd über.

TEMPÈRE empfiehlt ein Fixationsgemisch aus 0,2 *g* Kupfernitrat, 0,2 *g* Kupferchlorid, 1 *g* Carbolsäure, 1 *ccm* Eisessig und 99 *ccm* Wasser.

Kupfersulfat. Cuprum sulfuricum, Cuprisulfat, Kupfervitriol: $CuSO_4 + 5H_2O$, blaue Krystalle, in Wasser bei 20° zu 42,3% löslich, in absolutem Alkohol unlöslich. Die wässerige Lösung reagiert sauer. Bei 100° verliert es vier Moleküle, bei 200° auch das fünfte Molekül Krystallwasser und zerfällt zu einem weißen Pulver, das begierig aus der Luft Wasser anzieht und sich dabei blau färbt. Mit den Sulfaten der Alkalimetalle liefert es Doppelsalze, mit den Salzen der Schwermetalle gemischte Vitriole.

Das Kupfersulfat hat ausgedehnte Anwendung in der Mikrotechnik gefunden. Im wasserfreien Zustand dient es vielfach zum Entwässern von Alkohol und Äther, auch als Fixations- und Konservierungsmittel wird es benutzt.

Das Kupfersulfat ist fast niemals für sich allein für Fixation verwandt worden, sondern nur im Gemisch. v. WASIELEWSKI berichtet vom „abschreckenden Erfolg" der Fixation mit einer 5%igen Lösung. Nach FR. SCHWARZ löst es das Chromatin, nach MALFATTI ist Nuclein- und Nucleinsäure in konzentriertem Kupfersulfat unlöslich. MAGINI findet bei Anwendung einer 2%igen Kupfersulfatlösung zur Maceration des Lobus electricus von TORPEDO den Kerninhalt zerstört, Nucleolus und Membran, erhalten.

BEDOT fixiert für makroskopische und auch histologische Zwecke Siphonophoren durch Zusatz einer großen Menge von 15—20%iger Kupfersulfatlösung zu dem Meerwasser, in dem sich die Tiere befinden; nach einigen Minuten Zusatz von einigen Tropfen Salpetersäure, um Entstehen von Niederschlägen zu verhindern. Fixationsdauer 4—5 Stunden, dann Zusatz von 2 Vol. starker FLEMMINGscher Lösung auf je ein Vol. Kupfersulfat, darin bleiben die Tiere einen Tag. Mit der Pipette fügt man 25%igen Alkohol hinzu und steigert die Alkoholkonzentration ganz vorsichtig, so daß in 14 Tagen ein Alkohol von etwa 70% vorliegt. Aufbewahren in 90%igem Alkohol.

Kupfersulfatgemische. Kupfersulfat mit Essigsäure: FOL erwähnt ohne nähere Angabe der Zusammensetzung dieses Gemisch als gutes Härtungsmittel, zumal für Amphibieneier.

Kupfersulfat mit Alkohol und Holzessig: REMAK fixierte Froscheier in sechs Teilen Kupfersulfat, je 100 Teilen Wasser und 20—30%igen Alkohols mit einer Spur Holzessig. GÖTTE modifizierte dieses Gemisch nach FOL in folgender Weise: 2%ige wässerige Kupfersulfatlösung und 25%iger Alkohol aa. 50, rektifizierter Holzessig 35 Tropfen.

Kupfersulfat und Zinksulfat: FRIEDLÄNDER fixiert Siphonophoren in einem Gemisch von je einem Teile beider Substanzen auf acht Teile Wasser.

Kupfersulfat und Formol: KENYON fixiert das Bienengehirn in einem Gemisch von 1 Teil Formol und 2 Teilen 5%iger Kupfersulfatlösung; Färbung mit Hämatoxylin nach MALLORY.

Kupfersulfat mit Kaliumbichromat und Alkohol siehe: Chromsaure Salze.

Kupfersulfat mit Osmiumsäure siehe: Osmiumsäure.

Kupfersulfat mit Sublimat siehe: Sublimat.

Kupfersulfat, Sublimat, Eisessig und Formol siehe: Sublimat und Formol.

Literatur: BEDOT (Arch. des Sc. Phys. Nat. Genève [3], Bd. 21, 1889), FOL (Lehrbuch), FRIEDLÄNDER (Biol. Centralbl., Bd. 10, 1890), GÖTTE (zit. nach FOL, Lehrbuch), KENYON (Journ. of Comp. Neurol., Bd. 6, 1896), MAGINI (Arch. Ital. Biol., Bd. 22, 1894/95), MALFATTI (Ber. Med. Vereins zu Innsbruck, Jg. 20, 1891/92), REMAK (Untersuchungen über die Entwicklung der Wirbeltiere. Berlin 1855), SCHWARZ (COHNS Beiträge, Bd. 5, 1887), v. WASIELEWSKI (Zeitschr. Wiss. Mikr., Bd. 16, 1899).

Poll, Berlin.

Druck von Gottlieb Gistel & Cie. in Wien.